生态环境科技蓝皮书 2022

中国环境科学研究院

生态文明建设示范区
（生 态 工 业 园 区）

Ecological civilization construction demonstration area
(Ecological industrial park)

主　编 ◎ 姚扬　乔琦

副主编 ◎ 王帅　方琳　尹姝　苑雯
袁殷　解蕾　陈胜

中国环境出版集团 · 北京

图书在版编目（CIP）数据

生态文明建设示范区（生态工业园区）/ 姚扬，乔琦主编 .—北京：中国环境出版集团，2024.8
（生态环境科技蓝皮书 . 2022）
ISBN 978-7-5111-5377-7

Ⅰ. ①生… Ⅱ. ①姚… ②乔… Ⅲ. ①生态工业—工业园区—生态环境建设—研究报告—中国—2022 Ⅳ. ① X321.2

中国版本图书馆 CIP 数据核字（2022）第 244320 号

审图号：GS 京（2024）1167 号

责任编辑 田 怡
封面设计 今亮后声

出版发行 中国环境出版集团
（100062 北京市东城区广渠门内大街 16 号）
网 址：http：//www.cesp.com.cn
电子邮箱：bjgl@cesp.com.cn
联系电话：010-67112765（编辑管理部）
发行热线：010-67125803，010-67113405（传真）
印 刷 北京中科印刷有限公司
经 销 各地新华书店
版 次 2024 年 8 月第 1 版
印 次 2024 年 8 月第 1 次印刷
开 本 787 × 1092 1/16
印 张 15
字 数 223 千字
定 价 1680.00 元（全 11 册）

丛书编写委员会

前言

党的二十大报告中提出“必须牢固树立和践行绿水青山就是金山银山的理念，站在人与自然和谐共生的高度谋划发展”。生态文明建设示范区（生态工业园区）践行了“绿水青山就是金山银山”的理念，已成为引领工业领域绿色发展的典范。

国家生态工业示范园区自21世纪初由国家环境保护总局提出，目前，作为我国工业领域生态文明建设示范活动由生态环境部、商务部和科技部联合推动。二十余年来，历经试点探索、快速发展、有序发展等阶段，目前全国共有73个区获得了正式命名。在建设管理过程中，基本建立起了以《国家生态工业示范园区标准》和《国家生态工业示范园区管理办法》为核心的较完善的建设管理制度体系，形成了不断强化的监管机制。2022年，国家生态工业示范园区正式更名为生态文明建设示范区（生态工业园区）。多年来的建设实践成果表明，生态工业园区建设对于我国打好污染防治攻坚战、实现减污降碳协同增效具有重要支撑作用。在创造良好的减污降碳绩效的同时，示范园区还成为实现区域经济高质量发展的引擎、构建现代环境治理体系的标杆、环境治理体制机制创新的试验田、中国工业可持续发展模式的国际展示窗口。

当前，我国进入深入打好污染防治攻坚战的关键时期，实现碳达峰、碳中和战略目标任重道远，新时期必须践行习近平生态文明思想，站在人与自然和谐共生的高度谋划发展。生态工业园区的建设和管理面临全新的局面，也需要提出更高的要求。进一步完善园区制度体系，有序扩大园区规模，增强事中、事后的监管，创新宣传和激励的措施。通过下一阶段的努力，形成国家示范、省级带动、所有园区普遍开展生态化建设的示范园区建设新格局，使国家生态工业示范园区成为我国人与自然和谐共生发展的一面旗帜。

本书在总结我国生态工业园区起源、发展和现状的基础上，探讨了其走绿色发展道路的必然性和重要意义，分析了目前生态工业园区建设发展面临的机遇和挑战。对“十三五”时期我国生态工业园区开展了绩效评价，多领域介绍了国内典型的生态工业园区案例，并对我国生态工业园区未来发展的重点方向提出了展望。本书可供环境管理、工业园区管理、工业行业、城市规划等部门的管理人员以及工业生态学、环境管理科学等学科的研究人员进行生态工业研究、生态工业园区规划和建设时参考；也可作为大专院校生态工业教学的参考教材；同时也可供有志于工业园区建设，关心地方经济发展和环境保护的人士阅读参考。

本书由中国环境科学研究院科研团队组织编写，由姚扬、乔琦等编著，具体编写分工如下：第 1 章由苑雯编著；第 2 章由袁殷编著；第 3 章由方琳、尹姝编著；第 4 章由解蕾、方琳编著；第 5 章由姚扬编著。全书最后由姚扬统稿并定稿，乔琦审定。本书编著过程中受到了段宁院士、席北斗、欧阳朝斌、刘景洋、王璠、逯元堂、陈胜、王帅、薛婕、李鸣晓等的指导和协助，在此一并表示感谢。

限于编著者水平和编著时间，书中难免存在不足和疏漏之处，欢迎广大读者批评指正。

目录

1

中国生态工业园区二十年发展历程

ZHONGGUO SHENGTAI GONGYEYUANQU
ERSHINIAN FAZHAN LICHENG

1.1 理论基础

1.1.1 生态工业园区

生态工业园区（Eco-industrial Park，EIP）是依据循环经济理念、工业生态学原理和清洁生产要求而设计建立的一种新型工业园区。它通过物流或能流传递等方式把不同工厂或企业连接起来，形成共享资源和互换副产品的产业共生组合，建立“生产者—消费者—分解者”的物质循环方式，使一家工厂的废物或副产品成为另一家工厂的原料或能源，寻求物质闭路循环、能量多级利用和废物产生最小化。

传统工业是一种伴随着高消耗、高污染的线性且非循环的生产方式，“资源—加工—产品”的生产流程忽视了资源回收利用与废弃物的处理，在一定程度上又加重了资源消耗与环境污染，严重影响人类与自然的协调发展。因此，清洁生产、生态工业、循环经济等概念被提出，并得到了广泛应用。

2002 年 6 月 29 日，我国颁布了《中华人民共和国清洁生产促进法》，并于 2003 年 1 月 1 日起实施，其中对清洁生产的定义：清洁生产是指不断采取改进设计、使用清洁的能源和原料、采用先进的工业技术和设备、改善管理、综合利用等措施，从源头削减污染，提高资源利用效率，减少或者避免生产、服务和产品使用过程中污染物的产生和排放，以减轻或者消除对人类健康和环境的危害。由此可见，清洁生产的基本要点是清洁能源和原料、清洁的生产过程、清洁的产品，清洁生产的概念不仅含有技术上的可行性，还包括经济上的可营利性，体现了经济效益、环境效益和社会效益的统一。

工业生态学理论将工业系统看作一类特定的生态系统，同自然生态系统一样高效、和谐地运行，是物质、能量和信息流动的特定分配，而且依赖由生物圈提供的资源和服务。工业生态系统的核心是使工业体系模仿自然生态系统的运行规则，实现人类的可持续发展。国外最典型的案例即丹麦卡隆堡工业共生体，工业体系中的不同企业通过利用对方生产过程中产生的废物或副产品而紧密联系，形成了以发电厂、炼油厂、制药厂和石膏厂四厂为核心的工业共生和代谢生态群落关系。作为生态工业园区的雏形，卡隆堡是在商业活动的基础上逐步形成的，所有企业通过利用彼此的“废物”，实现“从副产品到原料”的合作，产生了显著的生态环境和经济效益。

根据2009年1月1日起施行的《中华人民共和国循环经济促进法》，循环经济，是指在生产、流通和消费等过程中进行的减量化、再利用、资源化活动的总称。减量化，是指在生产、流通和消费等过程中减少资源消耗和废物产生；再利用，是指将废物直接作为产品或者经修复、翻新、再制造后继续作为产品使用，或者将废物的全部或者部分作为其他产品的部件予以使用；资源化，是指将废物直接作为原料进行利用或者对废物进行再生利用。循环经济遵循“3R”原则，首先从生产源头控制，减少进入流程的物质量，过程中延长产品和服务的时间，最后把废弃物再次资源化，以减少最终处理量。生态工业园区是循环经济在工业领域一定区域层次的具体体现。

作为工业生产活动最集中的区域，工业园区是发展工业、促进区域经济发展的重要载体。由于产业集聚，可以提高土地集约利用程度，在管理成本降低的同时，规模效益得以发挥，竞争优势凸显。然而，工业园区在我国高速发展的同时带来了很多环境问题，包括资源能源的极大消耗、污染物大量集中排放等，给区域生态环境造成很多恶劣影响。因此，生态工业园区的建设成为解决工业园区环境问题，实现转型和区域经济可持续发展的主要途径之一。

1.1.2 生态工业园区特征和类型

根据2003年国家环境保护总局发布的《生态工业示范园区规划指南（试行）》（环发〔2003〕208号），生态工业示范园区具有以下主要特征：

（1）紧密围绕当地的自然条件、行业优势和区位优势，进行生态工业示范园区的设计和运行；

（2）通过园区内各单元间的副产物和废物交换、能量和废水的梯级利用以及基础设施的共享，实现资源利用的最大化和废物排放的最小化；

（3）通过现代化管理手段、政策手段以及新技术（如信息共享、节水、能源利用、再循环和再使用、环境监测和可持续交通技术）的采用，保证园区的稳定和持续发展；

（4）通过园区环境基础设施的建设、运行，企业、园区和整个社区的环境状况得到持续改进。

生态工业示范园区主要有以下两种类型：

（1）具有行业特点的生态工业园区，如广西贵港国家生态工业（制糖）示范园区；

（2）具有区域特点的国家生态工业示范园区，如对现有经济技术开发区和高新技术开发区改造的生态工业园区。

此外，按照当前的建设状态和园区单元间联系程度的不同，生态工业示范园区可分为以下几种类型：

（1）已具有较好生态工业雏形的工业区域或园区。建设重点是在完善已有的生态工业链的基础上，形成稳定的生态工业网。

（2）尚未建成或尚不具有规模的园区。建设重点是以生态工业的理论和方法，指导建设一个新的工业园区。

（3）门类较多、企业数量大的工业区域或园区（如我国的大批国家和地方级的科技园区和经济技术开发区）。建设重点是在这些园区中引进生态工业和循环经济理念，采用生命周期观点和生态设计方法，使产品生命周期中资源消耗最少、废物产生最小、易于拆卸回收，由此优化产品结构，并合理构建和完善产品链，从而提高资源效率，降低环境排放，为园区寻找新的增长点，促进园区的持续发展。

（4）虚拟园区。其园区企业在地理上分散，但仍然组成一个生态工业系统。建设重点是从废物循环利用、资源梯级利用入手，遵循市场价值规律，规划建设生态工业网络，建立企业间稳定、持久的物质和能量流动关系。

1.2 发展历程

我国生态工业园区的发展时间线如图 1-1 所示，可以分成 4 个阶段。

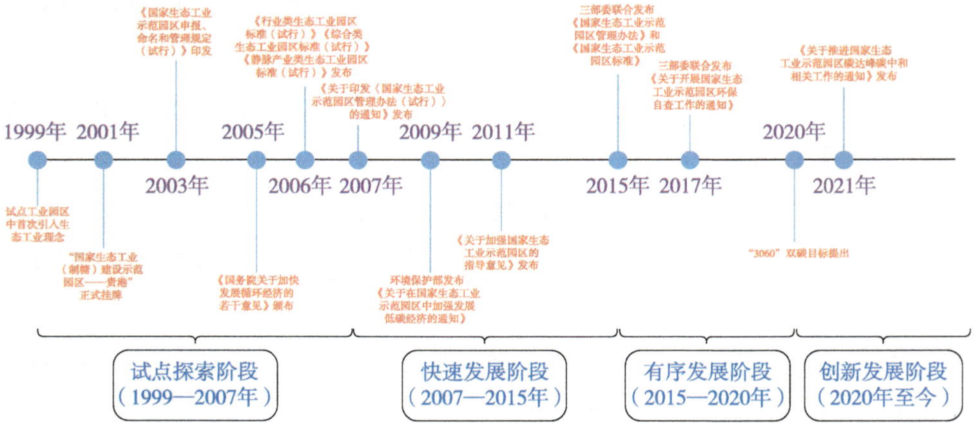

图 1-1　我国生态工业园区的发展时间线

1.2.1 试点探索阶段（1999—2007 年）

我国生态工业园区的历史可以追溯到 20 世纪末期。1999 年 10 月，生态环境部（当时为国家环境保护总局）和联合国环境规划署决定共同实施“中国工业园区的环境管理研究项目”，并在试点工业园区中首次引入生态工业理念。

2001 年 8 月 31 日，由国家环境保护总局授予的“国家生态工业（制糖）建设示范园区——贵港”牌匾正式挂牌，这标志着我国第一个国家生态工业（制糖）示范园区在贵港市宣布成立。贵港国家生态工业（制糖）示范园区建设的总体目标是以制糖工业为主要支柱，以生态工业理论为指导，以贵糖（集团）公司为龙头，发展和建设贵港市的制糖生态工业；通过建立工业生态示范园区，将这一产品产生的污染物作为另一产品生产的原料加以利用，形成企业产品间彼此相互依靠、互为上下游的工业生态链，实现资源利用最大化，污染物放量最小化，促进企业经济发展与环境保护的“双赢”。之后，在生态环境部（当时为国家环境保护总局）指导下，先后在山东鲁北、鞍钢、抚顺、包头等工业集中区和天津、烟台、大连、苏州等地区国家经济技术开发区和高新技术产业园区开展国家生态工业示范园区的建设探索。

2001 年 11 月，“广东南海国家生态工业建设示范园区暨华南环保科技产业园”作为一个全新规划型生态工业园区试点得到前国家环境保护总局批复同意建立（环函〔2001〕293 号），并提出园区的建设应以循环经济和生态工业理念为指导，以环境保护产业为主导产业，以华南环保科技产业园为依托，立足华南，辐射港、澳、台地区，提升广东省环保产业发展水平，促进广东省的经济结构调整和珠江三角洲地区的可持续发展，高标准、高起点建设我国第一个全新型国家生态工业示范园区。

2003 年 12 月 31 日，国家环境保护总局发布《关于印发〈国家生态工业示范园区申报、命名和管理规定（试行）〉等文件的通知》（环发〔2003〕208 号），明确了国家生态工业示范园区的申报条件，以及园区建设单位提出命名申请时应提交的材料，国家生态工业示范园区的创建和管理有了初步的规定和原则。

根据上述规定，2004 年 4 月，苏州工业园、苏州高新技术产业开发区、天津经济技术开发区通过国家环境保护总局审批，批准建设国家生态工业示范园区（环函〔2003〕324 号），这 3 个园区也于 2008 年成为首批获得国家生态工业示范园区的命名的 3 家开发区。

我国生态工业园区的发展伴随着循环经济理论的发展和实践。2005 年 7 月，《国务院关于加快发展循环经济的若干意见》（国发〔2005〕22 号）颁布，其中提出要按循环经济模式规划、建设、改造工业园区，并在 2010 年建设一批符合循环经济发展要求的工业（农业）园区。同年 10 月，为全面贯彻《国务院关于加快发展循环经济的若干意见》精神，结合环保工作推动循环经济发展，保护和改善环境，促进建设资源节约型和环境友好型社会，国家环境保护总局制定了《国家环保总局关于推进循环经济发展的指导意见》（环发〔2005〕114 号），提出深化循环经济试点和示范。深化生态工业、循环经济试点和示范工作；选择经济效益突出、资源合理利用、环境清洁优美的企业，进行环境友好企业示范。重点选择各类国家级、省级开发区、大型企业集团和资源再生利用产业（静脉产业）园区，进行生态工业示范；推动循环经济示范区、生态省（市、县）、生态示范区、国家环保模范城市、环境优美乡镇、文明生态村、绿色社区、绿色学校和环境友好工程等建设工作。加强对国家生态工业示范园区和循环经济示范区建设的指导和监督管理，一是发布国家生态工业示范园区和循环经济示范区的指标体系和验收标准，规范试点和示范工作；二是组织制定生态工业和循环经济的规划建设技术指南，指导各类试点和示范建设；三是加强对各类试点和示范单位的管理，包括现场监督检查，确保试点和示范单位能够通过持续改进，降低污染物排放总量，改善区域环境质量；四是及时总结全国循环经济试点经验，推广循环经济先进典型。各省（自治区、直辖市）环保部门要配合国家环境保护总局进行国家生态工业示范园区和循环经济示范区创建的指导和监督管理，发现重大问题的，要及时上报，并提出整改措施。

2006 年 3 月，生态工业园区评价指标体系通过了国家标准审议，为我国生态工业园区的标准化建设和管理提供了依据。9 月 1 日，我国生态工业园区开始依照《行业类生态工业园区标准（试行）》（HJ/T 273—2006）、《综合类生态工业园区标准（试行）》（HJ/T 274—2006）、《静脉产业类生态工业园区标准（试行）》（HJ/T 275—2006）3 类标准进行建设、管理和验收。至此，国家生态工业示范园区有了明确的管理办法和标准，可以指导园区的建设和发展。

1.2.2 快速发展阶段（2007—2015 年）

2006 年，第十届全国人民代表大会第四次会议批准了《关于国民经济和社会发展第十一个五年规划纲要》，“纲要”要求在“十一五”时期，加快建设资源节约型、环境友好型社会，单位国内生产总值能源消耗降低20%左右，主要污染物排放总量减少10%，将污染减排指标完成情况纳入经济社会发展综合评价体系，作为政府领导干部综合考核评价和企业负责人业绩考核的重要内容；要把节约资源作为基本国策，发展循环经济，保护生态环境，加快建设资源节约型、环境友好型社会，促进经济发展与人口、资源、环境相协调。推进国民经济和社会信息化，切实走新型工业化道路，坚持节约发展、清洁发展、安全发展，实现可持续发展。2008年3月，国务院机构改革，在国家环境保护总局的基础上，成立环境保护部。同年，中华人民共和国第十一届全国人民代表大会常务委员会第四次会议表决通过了《中华人民共和国循环经济促进法》，自2009年1月1日起施行。各类产业园区应当组织区内企业进行资源综合利用，促进循环经济发展；国家鼓励各类产业园区的企业进行废物交换利用、能量梯级利用、土地集约利用、水的分类利用和循环使用，共同使用基础设施和其他有关设施；新建和改造各类产业园区应当依法进行环境影响评价，并采取生态保护和污染控制措施，确保本区域的环境质量达到规定的标准。

在试点探索的基础上，随着国家对节约资源、循环经济、可持续发展的认知不断进步，国家生态工业示范园区的管理也逐渐规范化。2007年4月，在对广西贵港、包头（铝业）、鲁北（盐化工）、抚顺（矿业）等工业集聚区和天津、苏州、烟台、大连等地的国家级开发区生态工业园区建设试点总结的基础上，国家环境保护总局、商务部和科技部联合发布了《关于开展国家生态工业示范园区建设工作的通知》（环发〔2007〕51号），确定由国家环境保护总局、商务部和科技部组成国家生态工业示范园区建设协调领导小组（以下简称领导小组）共同推进国家生态工业示范园区建设工作，领导小组下设办公室，办公室设在环保部科技标准司。三部门领导小组联合推进，标志着国家生态工业示范园区管理机制的建立，示范园区建设进入规范管理阶段。

领导小组成立之后，先后发布多项标准、指导意见等管理政策，国家生态工业示范园区管理体系逐步完善。2007年12月，三部门领导小组发布了《关于印发〈国家生态工业示范园区管理办法（试行）〉的通知》（环发〔2007〕188号），明确提出国家生态工业示范园区的申报、创建、管理、命名和验收等管理程序的工作流程和具体要求。12 月，国家环境保护总局发布《关于发布国家环境保护行业标准〈生态工业园区建设规划编制指南〉的公告》（公告 2007 年第 85 号）。《生态工业园区建设规划编制指南》（HJ/T 409—2007）中提出生态工业园区建设规划编制大纲，指导园区编制建设规划，自 2008 年 4 月 1 日起开始实施。

根据新发布的管理办法，2008 年 3 月 31 日，环境保护部、商务部、科学技术部联合发文（环发〔2008〕9 号），批准苏州工业园区、苏州高新技术产业开发区、天津经济技术开发区成为国家生态工业示范园区。同年 5 月，三部委在天津经济技术开发区共同组织召开了第一次国家生态工业示范园区建设工作会议。会议总结交流了国家生态工业示范园区建设的成果和经验，研究部署了下一阶段的工作重点，并在会议上为首批获得国家生态工业示范园区的命名的以上 3 家开发区授牌。

2009 年 6 月，环境保护部发布修订后的《综合类生态工业园区标准》（HJ 274—2009），代替 HJ/T 274—2006，将指标扩展到 26 个。在同年 12 月，经商务部办公厅和科技部办公厅会签，环境保护部发布了《关于在国家生态工业示范园区中加强发展低碳经济的通知》（环办函〔2009〕1359 号），将发展低碳经济作为重点内容纳入国家生态工业示范园区建设和考核体系，要求各相关单位通过国家生态工业示范园区试点工作，积极探索园区和工业集聚区碳减排的有效途径。

2010 年是大量园区开展创建工作以及获得命名的一年。4 月，无锡新区、烟台经济技术开发区（环发〔2010〕46 号），山东潍坊滨海经济开发区（环发〔2010〕47 号）正式通过环境保护部、商务部和科技部三部委的审批，并得到了国家生态工业示范园区的命名。8 月，上海莘庄工业区、日照经济技术开发区正式通过环境保护部、商务部、科技部三部委的审批，并得到了国家生态工业示范园区的命名（环发〔2010〕103 号）。11 月，张家港保税区、昆山经济技术开发区、扬州经济技术开发区正式通过环境保护部、商务部、科技部三部委的审批，并得到了国家生态工业示范园区的命名（环发〔2010〕135 号）。

此外，为应对全球气候变化，领导小组同时要求国家生态工业示范园区建设单位在申报、建设、验收等各阶段，贯彻循环经济、低碳经济理念，通过产业调整优化、技术创新、管理升级等措施，不断提高能源利用效率和改善能源结构；并根据各园区特点从低碳产业、低碳生产、低碳产品、低碳生活等方面着手，积极探索园区和工业集聚区减少碳排的有效途径。

随着生态文明战略地位的提升，我国生态工业园区建设理论和内涵进一步深化，国家生态工业示范园区建设进入健康发展阶段。2011 年 12 月，在苏州工业园区召开的第二次国家生态工业示范园区工作会议上，领导小组在总结之前园区建设经验后提出“十二五”园区建设的总体目标和具体思路，为“十二五”期间园区建设奠定了基础。会后发布了《关于加强国家生态工业示范园区的指导意见》（环发〔2011〕143 号），明确了国家生态工业示范园区建设的重要意义、总体要求和重点任务，提出了园区生态化发展的制度、政策体系和保障措施，是保证我国园区建设健康发展的纲领性文件。

“十二五”期间，园区创建和验收数量逐年增加，为推进工业领域生态文明建设，适应新时期环境保护工作的重点和需求，环境保护部于 2013 年 6 月启动了《国家生态工业示范园区管理办法》（以下简称管理办法）和标准的修订工作，为后续的创新发展打下基础。

1.2.3 有序发展阶段（2015—2020 年）

党的十八大报告中将生态文明建设纳入“五位一体”的总体布局，明确要求着力推进绿色发展、循环发展、低碳发展；2015 年 1 月 1 日，第十二届全国人大常委会第八次会议表决通过的《中华人民共和国环境保护法》（修订案）开始施行；10 月，党的十八届五中全会上提出创新、协调、绿色、开放、共享五大发展理念，绿色发展成为工业园区下一步发展的主题。2016 年，国务院办公厅印发了《关于完善国家级经济技术开发区考核制度促进创新驱动发展的指导意见》（国办发〔2016〕14 号），鼓励绿色低碳循环发展，鼓励国家级经开区创建生态工业示范园区、循环化改造示范试点园区、国家低碳工业园区等绿色园区。同年，工业和信息化部也发布了《工业绿色发展规划（2016—2020 年）》（工信部规〔2016〕225 号），提出扎实推进清洁生产，推进各类园区进行循环化改造，积极促进低碳转型，开展工业低碳发展试点示范，发展绿色工业园区。

国家生态工业示范园区也与我国环保工作一起迈入新时期。2015 年 12 月，三部委联合发布了《国家生态工业示范园区管理办法》（环发〔2015〕67 号）和《国家生态工业示范园区标准》（HJ 274—2015），标志着国家生态工业示范园区建设工作迈入创新发展阶段。

新的管理办法和标准更加有效地指导和促进国家生态工业示范园区有序健康发展，并在我国生态文明建设中发挥重要支撑作用。《国家生态工业示范园区标准》（HJ 274—2015）自 2016 年 1 月 1 日起实施。之前的 3 项分类标准《行业类生态工业园区标准（试行）》（HJ/T 273—2006）、《综合类生态工业园区标准》（HJ 274—2009）、《静脉产业类生态工业园区标准（试行）》（HJ/T 275—2006）自 2019 年 1 月 1 日起废止。

2016 年 1 月，根据《国家生态工业示范园区管理办法》有关要求，环境保护部正式启动国家生态工业示范园区复查工作，即采用抽查方式对获得命名满 3 年的部分园区开展复查评估，配套制定了复查评估工作方案和报告编写提纲。截至 2019 年 12 月，先后有 46 家园区分四批开展了复查评估工作（2016 年 11 家，2017 年 11 家，2018 年 11 家，2019 年 13 家）。复查结果表明园区通过采取企业间废物交换与利用、物质和能量梯级利用以及基础设施共享等措施，积极构建以资源能源高效利用、废物循环利用、污染物减量排放为主要特征的绿色、循环、低碳的工业共生体系，取得较好的生态建设成效。部分园区存在产业结构不合理，多项指标不进反退等问题。针对问题园区，领导小组办公室组织专家指导其完成整改。

2017 年 4 月，经领导小组办公室研究决定，对批准建设已满 5 年但尚未提出验收申请的工业园区进行清理，达到验收标准的园区可于 2017 年 6 月 30 日前提出验收申请，对逾期未提出验收申请的园区视为创建未完成，将不再列入建设园区名单。环境保护部办公厅为此印发了《关于做好部分批准建设国家生态工业示范园区后续管理工作的通知》（环办科技函〔2017〕618 号）。清理整顿后数据显示（环科技〔2017〕16 号），参与国家生态工业示范园区创建单位为 93 家，其中 48 家获得命名（截至 2017 年 12 月，创建和命名园区数量无变化）。

为推进工业领域生态文明建设，中国环境科学研究院作为账号主体于 2017 年 5 月 4 日正式运营“中国生态工业”微信公众号，钱易院士受邀为公众号题写了卷首语。该公众号旨在团结和联络中国清洁生产、生态工业和工业污染防治领域的科研人员、工程技术人员和管理人员，组织产业生态化和工业污染防治技术的学术交流和科学考察，为中国产业生态化发展战略、科技政策、宏观规划等提供决策服务和技术信息服务。

2017 年 8 月，为充分发挥园区的示范引领作用，进一步强化园区管理机构环境监管责任，督促园区主动排查环境风险，有效消除环境隐患，全面落实风险管理和应急保障，领导小组办公室开展园区环保自查工作，三部委联合印发了《关于开展国家生态工业示范园区环保自查工作的通知》（环办科技函〔2017〕1301 号）。该项工作针对所有已命名和创建中的园区发放自查表，督促园区针对环境违法案件、环境突发事件、规划环评落实、危险废物管理等关键问题开展自查。截至 2017 年 11 月，自查反馈中有 14 家园区上报存在问题，根据当地处理情况已整改完成或在整改中。

2018 年，随着生态环境部的成立，国家生态工业示范园区建设协调领导小组在生态环境部的职能部门做了相应调整，由生态环境部科技与财务司联合商务部外资司和科技部成果转化与区域创新司持续推进国家生态工业示范园区创建工作。

国家生态工业示范园区建设的相关培训和成果交流也同步进行。2015 年 12 月 28 日，三部门领导小组还组织开展了 2015 年国家生态工业示范园区培训班，就新发布的《国家生态工业示范园区管理办法》《国家生态工业示范园区标准》（HJ 274—2015）以及国家生态工业示范园区复查要求等文件进行解读，同时总结和交流“十二五”期间国家生态工业示范园区建设的成果、经验和存在的问题，布置下一阶段的任务和工作，全国各省（自治区、直辖市）环境保护厅（局）、商务厅（委）和科学技术厅（委）代表，已获得命名、获批建设以及拟创建园区管理机构代表 200 余人参加了培训。2012 年和 2015—2018 年，领导小组先后在青岛、上海、北京、珠海、连云港、昆明召开了六次国家生态工业示范园区建设经验交流会（培训班），对进一步推动国家生态工业示范园区理念宣传、经验输出与交流具有重要意义，每次均包括政策解读、专家授课和园区交流3个环节，累计有700余人次参加了经验交流，与会代表反响强烈，对推动国家生态工业示范园区理念宣传、经验输出与交流，以及加强园区了解国家最新发展动态，学习管理政策，促进园区建设经验交流起到积极作用。

1.2.4 创新发展阶段（2020年至今）

“十四五”时期，我国社会经济进入发展新阶段。全面进入小康社会，在国际社会经济活动中发挥的作用进一步提升，应对气候变化贡献中国力量目标被提出，生态文明建设和高质量发展深入人心，环境管理和污染防治工作不断深入，突如其来的疫情防控形势复杂且有可能成为常态化，人民群众对人居环境质量的要求日益提高。

这一系列新形势和新要求为国家生态工业示范园区下一步的发展提出了新的方向。创新、低碳成为新的发展主题。

为应对气候变化，2020年9月22日，国家主席习近平在第七十五届联合国大会一般性辩论上表示，中国将提高国家自主贡献力度，采取更加有力的政策和措施，二氧化碳排放力争于2030年前达到峰值，努力争取2060年前实现碳中和。实现碳达峰、碳中和是一场广泛而深刻的经济社会系统性变革。为充分体现国家生态工业示范园区在促进减污降碳协同增效、推动区域绿色发展中的示范引领作用，《关于推进国家生态工业示范园区碳达峰碳中和相关工作的通知》于2021年9月发布，要求示范园区在建设、创建、验收和复查评估等各环节强化“双碳”目标要求，摸清园区碳排放现状，明确园区碳达峰、碳中和路径。这也意味着生态工业园区将成为我国工业领域碳达峰、碳中和的标杆和表率，为生态工业园区下一阶段创新发展揭开了序幕。

未来的10年，生态工业园区将向着低碳化、智慧化的方向不断地发展，创新带来的技术和机制的变革将成为驱动发展的原动力。我国的生态工业园区建设迈入新阶段。

1.3 发展现状

1.3.1 园区数量

截至 2021 年 7 月底，领导小组已批准 95 家工业园区开展国家生态工业示范园区建设，其中 65 家已获得“国家生态工业示范园区”命名。与 2006 年 12 月底建设情况相比，国家生态工业示范园区创建数量增长近 7 倍。

10 余年来，领导小组办公室启动并组织园区验收工作。2007—2021 年获批开展创建和验收命名的国家生态工业示范园区数量变化情况如图 1-2 所示。

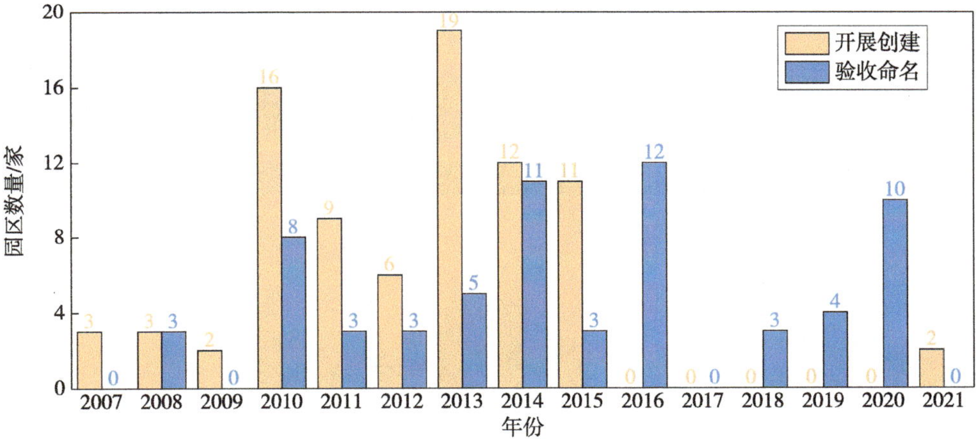

图 1-2　2007—2021 年获批开展创建和验收命名的国家生态工业示范园区数量变化情况

2010 年起，大量园区开展国家生态工业示范园区建设，尤其在 2013 年达到批准创建的园区数量高峰，共 19 家园区获批开展国家生态工业示范园区创建；通过验收获得命名的园区数量则集中在 2014 年、2016 年和 2020 年，这 3 年每年都有至少 10 家园区获得国家生态工业示范园区命名。2016—2019 年，随着新发布的《国家生态工业示范园区管理办法》（环发〔2015〕67 号）和《国家生态工业示范园区标准》（HJ 274—2015）开始实施，对园区创建的要求随着国家环境保护的要求不断提升，获批开展创建的园区数量增长逐渐放缓。2020 年，园区数量又有所增加，下一阶段，园区的创建仍将在突出示范意义的基础上有序健康开展。

1.3.2 空间布局

95 家开展国家生态工业示范园区创建的园区覆盖 24 个省级行政区，东部地区 69 家、西部地区 8 家、中部地区 14 家、东北地区 4 家，分别占开展创建园区总数的 72.6%、8.4%、14.7%、4.2%；65 家验收命名的国家生态工业示范园区覆盖 19 个省级行政区，东部地区 54 家、西部地区 5 家、中部地区 4 家、东北地区 2 家，分别占验收命名园区总数的 83.1%、7.7%、6.2%、3.1%。东部地区的创建及命名的园区多集中在长三角地区。截至 2021 年 8 月，各省级行政区获批开展创建和验收命名的国家生态工业示范园区数量如图 1-3 所示。

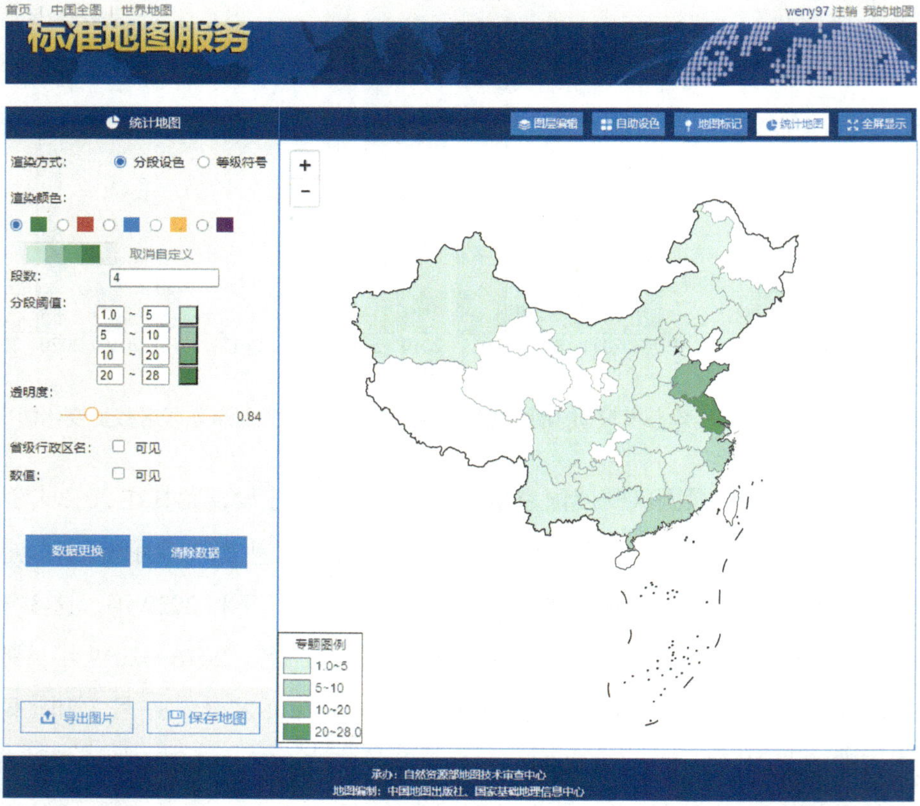

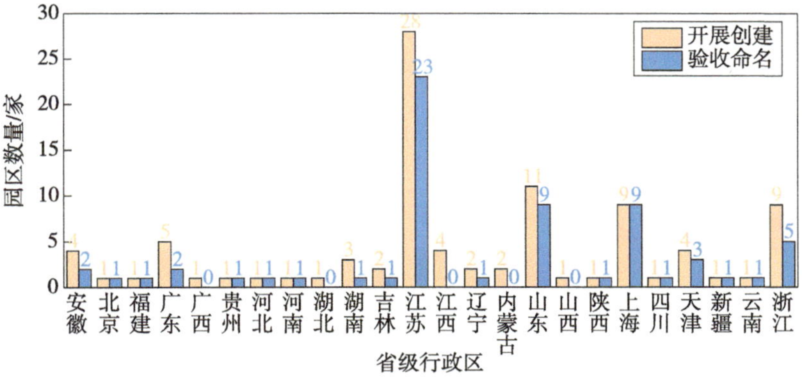

图 1-3　获批开展创建和验收命名的国家生态工业示范园区空间分布情况

注：按照 2020 年国民经济和社会发展统计公报中的片区划分方式，即将除港、澳、台的其他省级行政区划分为东部地区、中部地区、西部地区、东北地区。其中，东部地区是指北京、天津、河北、上海、江苏、浙江、福建、山东、广东和海南 10 个省级行政区；中部地区是指山西、安徽、江西、河南、湖北和湖南 6 省；西部地区是指内蒙古、广西、重庆、四川、贵州、云南、西藏、陕西、甘肃、青海、宁夏和新疆 12 个省级行政区；东北地区是指辽宁、吉林和黑龙江 3 省。

目前，95 家开展国家生态工业示范园区创建的园区地域分布表现：相对集中在东部地区，尤其是江苏、山东、上海、浙江，中部、西部和东北地区较少。其原因主要是由于东部地区具备较好的经济基础，也因此从业人员和居民对生态环保和绿色发展更为重视，一方面，管理者和相关从业人员在规划和建设过程中坚持了绿色环保的理念，为构建生态工业园区打下了良好的基础；另一方面，随着经济和社会的发展，居民对人居环境质量的要求也广泛提高，也推动了能耗、污染物排放等方面更严格标准和要求的实现。

1.3.3　产业分布

对目前 95 家开展国家生态工业示范园区创建的园区的主导产业进行整理，按照频次分析方法加以分析，如图 1-4 所示，其中园区主导行业中出现次数最多的依次为电子、电子信息，装备制造（包括高端装备制造或现代、先进装备制造等），汽车及零部件，新材料（包括功能新材料或金属新材料、化工新材料），生物医药（包括生物医药与医药器械、生物医药与生物技术等），机械制

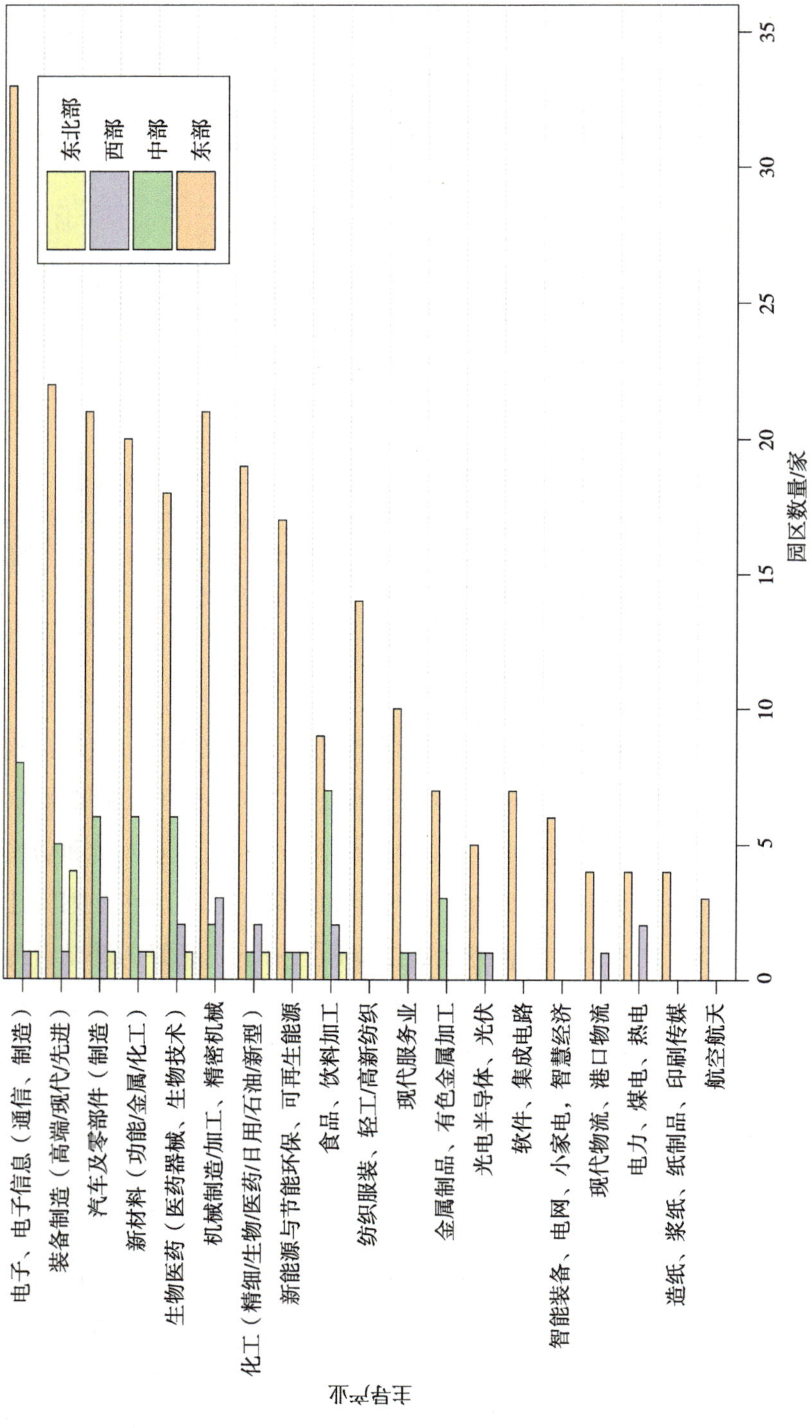

图 1-4　分地区园区主导产业情况

造或加工以及精密机械，化工（包括精细化工、生物化工、医药化工、日用化工、石油化工、新型化工等），新能源与节能环保以及可再生能源等产业类型。

其中，有43家园区以电子、电子信息产业为主导产业，而且集中分布在江苏、上海、广东、山东、江西、湖南等东部和中部地区，西部和东北部地区则相对较少，如图1-5所示。

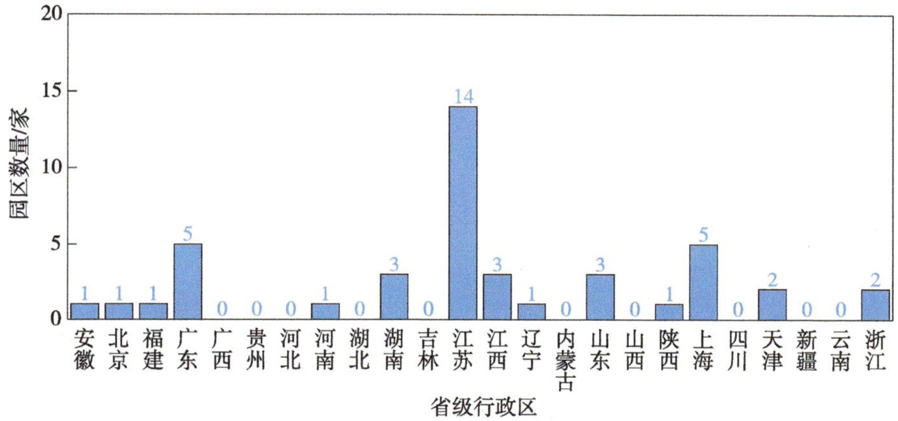

图 1-5　各省园区主导产业情况（电子、电子信息类）

如图1-6所示，而对于装备制造、汽车及零部件制造，以及机械制造加工等产业，除东部和中部地区外，在西部和东北部也有很多分布，如辽宁、吉林等传统工业大省（分别有32家、31家和26家园区涉及）。

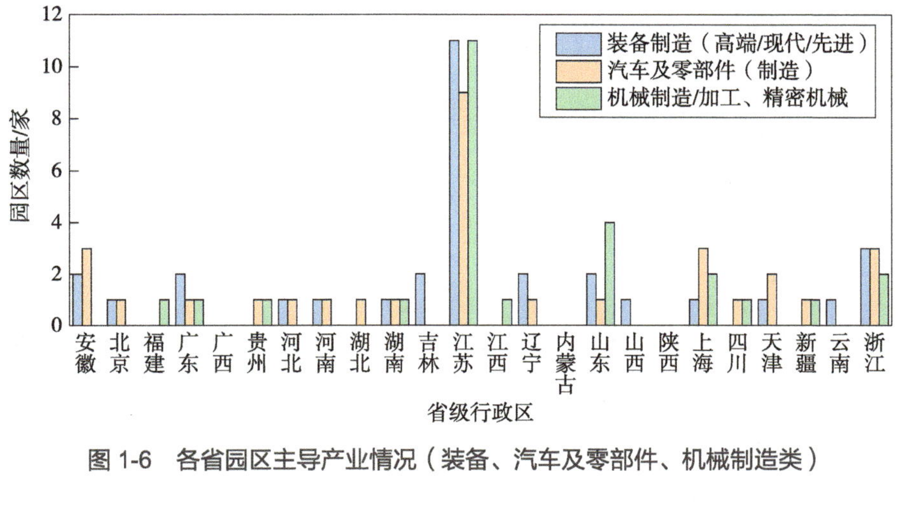

图 1-6　各省园区主导产业情况（装备、汽车及零部件、机械制造类）

如图 1-7 所示，新材料、新能源与节能环保相关产业也在东部和中部地区较为集中（分别有 28 家和 20 家园区涉及），如江苏、浙江、上海、山东、广东、安徽、江西等；生物医药和化工相关产业则在全国范围内都有分布（分别有 27 家和 23 家园区涉及）。

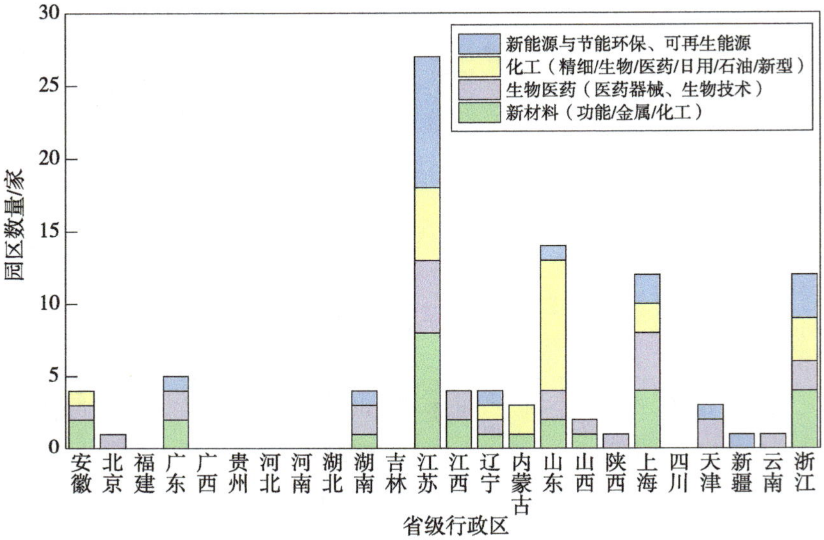

图 1-7　各省园区主导产业情况（新能源、化工、生物医药、新材料类）

除了电子信息这种本身附加值高的产业之外，出现较多的产业（如化工等流程型行业）以及新兴的生物医药、新能源新材料、光伏等产业都更适合在生态工业园区中发展，而离散型产业相对不容易形成行业间的共生关系。

1.3.4　省（自治区、直辖市）级生态工业园区

除了上述介绍的国家生态工业示范园区，若干省（自治区、直辖市）也开展了省级生态工业园区的建设工作。

（1）北京市

北京市生态环境局根据《北京奥运行动规划》提出的目标和任务，在 2001 年发布的《生态环境保护专项规划》中就提出“鼓励企业将循环经济理念贯彻到企业生产的各个环节，重点行业逐步开展循环经济建设，建设 1～2 个生态工业园

区”。2013 年 9 月，北京市人民政府印发《北京市 2013—2017 年清洁空气行动计划》（京政发〔2013〕27 号），要求建设生态工业园区，市经济信息化委、市环境保护局等部门以及相关区县政府加快推进工业开发区环境基础设施建设，鼓励开展生态化、循环化设计和改造；到 2017 年，19 个市级以上工业开发区按照《国家生态工业示范园区标准》（HJ 274—2015），基本建成生态工业园区。这一计划在 2016 年年底完成。2015 年 12 月和 2016 年 12 月，北京市经济和信息化委员会、北京市环境保护局分两批公示了“北京市生态工业园区”名单，见表 1-1、表 1-2。

表 1-1　第一批“北京市生态工业园区”名单

序号	所在区	开发区名称
1	—	北京经济技术开发区
2	昌平区	中关村生命科学园
3	密云区	北京密云经济开发区
4	顺义区	北京天竺空港经济开发区
5	通州区	中关村通州园光机电一体化产业基地
6	海淀区	中关村海淀园永丰高新技术产业基地
7	大兴区	大兴采育经济开发区
8		中关村大兴园生物工程与医药产业基地
9		北京大兴经济开发区
10	延庆区	北京延庆经济开发区

表 1-2　第二批“北京市生态工业园区”名单

序号	所在区	开发区名称
1	房山区	中关村房山园（北京高端制造业基地、北京良乡经济开发区、石化新材料科技产业基地）
2	顺义区	北京林河经济开发区
3	通州区	中关村通州金桥科技产业基地
4		中关村通州园（东区、西区、南区）
5	怀柔区	北京雁栖经济开发区
6	延庆区	北京八达岭经济开发区
7	门头沟区	北京石龙经济开发区
8	平谷区	北京兴谷经济开发区
9		北京马坊工业园区

（2）天津市

2012 年 9 月，天津市生态环境局发布《天津市生态市建设“十二五”规划》，提出进一步扩大循环经济、生态工业园区的建设实践。到 2015 年，深化天津经济技术开发区国家级生态工业园区建设成果，推动华苑科技园生态工业示范园区验收审核，正式挂牌为国家生态工业园区；推动空港经济区国家级生态工业园区建设规划评审，正式开展创建工作；推动临港经济区以装备制造、港口物流产业为主的生态工业园建设；推动南港工业区以石油化工、现代冶金及装备制造、港口物流产业为主的园区循环经济生态化建设；推动子牙循环经济产业园区国家级静脉产业生态工业园建设；选取一批有特色的区县工业示范园开展省级市级生态工业园区创建工作，全面推动天津市生态工业园区建设。2019 年 3 月，武清开发区获批天津首家市级生态工业园区。2020 年，天津市生态环境局组织编制了《天津市双城中间绿色生态屏障区生态环境保护专项规划（2018—2035 年）》，提出提升工业园区绿色发展水平，实施工业园区绿色改造，依托二三级管控区工业园区，全面开展各级生态工业园区、绿色园区等园区创建。2021 年年底前，3 个国家级工业园区达到国家级生态工业园区、绿色园区建设标准，市、区级工业园区全部达到市级生态工业园区、绿色园区建设标准。远期，规划保留的 17 个工业园区全部建成相应级别的生态工业园区、绿色园区。采用先进绿色制造技术，推进实施超低排放。

（3）上海市

上海市的生态工业园区建设工作也很早开始。2008 年 7 月，上海市环保局、市外资委、市经委、市科委联合发布了《关于本市进一步开展国家生态工业示范园区建设的通知》（沪环保科〔2008〕261 号），提出加大示范园区建设的推进力度。2011 年，上海市环境保护局等五部门联合发布了《关于开展上海市生态工业（产业）园区建设的通知》（沪环保科〔2011〕535 号）和《上海市生态工业（产业）园区管理办法（试行）》，提出了上海市生态工业（产业）园区建设标准。2021 年 2 月，经上海市生态环境局、上海市商务委员会、上海市科学技术委员会、上海市经济和信息化委员会、上海市张江高新技术产业开发区管理委员会研究，决定批准上海临港奉贤园区为上海市生态工业示范园区（沪环科〔2021〕46 号），并于

4月为上海临港奉贤园区举行了首家“上海市生态工业示范园区”的揭牌仪式。

（4）江苏省

作为拥有国家生态工业示范园区最多的省份，江苏省很早就开始了省级生态工业园区的建设工作。2008年3月，江苏省环保厅、省外经贸厅、省科技厅联合发布了《关于深入开展生态工业园区建设工作的通知》以及《江苏省省级生态工业园区管理办法（试行）》（苏环科〔2008〕11号），推进落实省级生态工业园区建设。2021年，江苏省生态环境厅还组织编制了《省级生态工业园区建设规范（征求意见稿）》。截至2021年4月，有56个通过验收并命名的省级生态工业园区，以及32个批准创建的省级生态工业园区，名单见表1-3。

表1-3 江苏省省级生态工业园区名单

通过验收并命名的省级生态工业园区			
序号	园区名称	批复文号	批复时间
1	南京江宁滨江经济开发区	苏环函〔2010〕516号	2010年12月31日
2	江苏金坛经济开发区	苏环函〔2010〕516号	2010年12月31日
3	江苏常州天宁经济开发区	苏环函〔2010〕516号	2010年12月31日
4	太仓港经济技术开发区	苏环函〔2011〕439号	2011年9月1日
5	江苏溧阳经济开发区	苏环函〔2011〕439号	2011年9月1日
6	江苏昆山花桥经济开发区	苏环函〔2011〕563号	2011年11月23日
7	江苏无锡惠山经济开发区	苏环函〔2012〕17号	2012年1月10日
8	江苏无锡蠡园高新技术产业园区	苏环函〔2012〕17号	2012年1月10日
9	江苏省常熟高新技术产业开发区	苏环函〔2012〕343号	2012年8月8日
10	江苏相城经济开发区	苏环函〔2012〕343号	2012年8月8日
11	江苏金湖经济开发区	苏环函〔2012〕559号	2012年12月10日
12	江苏省吴江汾湖高新技术产业开发区	苏环函〔2012〕559号	2012年12月10日
13	常熟新材料产业园	苏环函〔2012〕559号	2012年12月10日
14	江苏丹阳经济开发区	苏环函〔2013〕282号	2013年8月14日
15	江苏溧水经济开发区	苏环函〔2013〕282号	2013年8月14日
16	南京化学工业园区	苏环函〔2013〕440号	2013年11月19日
17	江苏高淳经济开发区	苏环函〔2013〕474号	2013年12月5日
18	江苏句容经济开发区	苏环函〔2013〕474号	2013年12月5日

续表

通过验收并命名的省级生态工业园区			
序号	园区名称	批复文号	批复时间
19	江苏扬中经济开发区	苏环函〔2013〕474 号	2013 年 12 月 5 日
20	南通高新技术产业开发区	苏环函〔2013〕474 号	2013 年 12 月 5 日
21	江苏建湖经济开发区	苏环函〔2013〕474 号	2013 年 12 月 5 日
22	江苏南通港闸经济开发区	苏环函〔2013〕474 号	2013 年 12 月 5 日
23	江苏常州戚墅堰经济开发区	苏环函〔2014〕113 号	2014 年 5 月 13 日
24	江苏如东经济开发区	苏环函〔2014〕113 号	2014 年 5 月 13 日
25	江苏省扬州高新技术产业开发区	苏环函〔2014〕113 号	2014 年 5 月 13 日
26	江苏姜堰经济开发区	苏环函〔2014〕113 号	2014 年 5 月 13 日
27	苏州浒墅关经济技术开发区	苏环函〔2014〕246 号	2014 年 10 月 16 日
28	如皋经济技术开发区	苏环函〔2014〕246 号	2014 年 10 月 16 日
29	江苏镇江京口工业园区	苏环函〔2014〕246 号	2014 年 10 月 16 日
30	江苏泰州高港高新技术产业园区	苏环函〔2014〕246 号	2014 年 10 月 16 日
31	江苏泗阳经济开发区	苏环函〔2015〕20 号	2015 年 2 月 10 日
32	靖江经济技术开发区	苏环函〔2015〕20 号	2015 年 2 月 10 日
33	江苏省镇江高新技术产业开发区	苏环函〔2015〕20 号	2015 年 2 月 10 日
34	江苏盱眙经济开发区	苏环函〔2015〕20 号	2015 年 2 月 10 日
35	江苏泰州海陵工业园区	苏环函〔2016〕45 号	2016 年 3 月 15 日
36	江苏淮安高新技术产业开发区	苏环函〔2016〕45 号	2016 年 3 月 15 日
37	江苏丰县经济开发区	苏环函〔2016〕45 号	2016 年 3 月 15 日
38	江苏淮安工业园区	苏环函〔2016〕45 号	2016 年 3 月 15 日
39	江苏扬州广陵经济开发区	苏环函〔2016〕45 号	2016 年 3 月 15 日
40	江苏苏州宿迁工业园区	苏环函〔2016〕264 号	2016 年 11 月 28 日
41	江苏兴化经济开发区	苏环函〔2016〕264 号	2016 年 11 月 28 日
42	江苏射阳经济开发区	苏环办〔2019〕23 号	2019 年 1 月 22 日
43	镇江经济技术开发区	苏环办〔2019〕23 号	2019 年 1 月 22 日
44	江苏东台经济开发区	苏环办〔2019〕23 号	2019 年 1 月 22 日
45	江苏泗洪经济开发区	苏环办〔2019〕23 号	2019 年 1 月 22 日
46	江苏亭湖经济开发区	苏环办〔2019〕23 号	2019 年 1 月 22 日

续表

通过验收并命名的省级生态工业园区			
序号	园区名称	批复文号	批复时间
47	江苏大丰经济开发区	苏环办〔2019〕23 号	2019 年 1 月 22 日
48	江苏灌云经济开发区	苏环办〔2019〕23 号	2019 年 1 月 22 日
49	江苏阜宁经济开发区	苏环办〔2019〕23 号	2019 年 1 月 22 日
50	江苏海门工业园区	苏环办〔2019〕23 号	2019 年 1 月 22 日
51	江苏无锡硕放工业园区（无锡空港经济开发区）	苏环办〔2019〕23 号	2019 年 1 月 22 日
52	江苏高邮经济开发区	苏环办〔2019〕23 号	2019 年 1 月 22 日
53	江苏宿城经济开发区	苏环办〔2019〕23 号	2019 年 1 月 22 日
54	沭阳经济技术开发区	苏环办〔2019〕23 号	2019 年 1 月 22 日
55	江苏沛县经济开发区	苏环办〔2019〕23 号	2019 年 1 月 22 日
56	江苏涟水经济开发区	苏环办〔2019〕23 号	2019 年 1 月 22 日
批准创建的省级生态工业园区			
序号	园区名称	批复文号	批复时间
1	扬子江国际冶金工业园	苏环科〔2005〕20 号	2005 年 9 月 16 日
2	中国精细化工（泰兴）开发园区	苏环科〔2005〕25 号	2005 年 9 月 16 日
3	宿迁经济技术开发区	苏环函〔2009〕60 号	2009 年 3 月 27 日
4	淮安清河新区	苏环函〔2010〕18 号	2010 年 2 月 8 日
5	江苏江阴—靖江工业园区	苏环函〔2010〕168 号	2010 年 5 月 27 日
6	海安经济技术开发区	苏环函〔2010〕168 号	2010 年 5 月 27 日
7	江苏启东经济开发区	苏环函〔2010〕267 号	2010 年 7 月 28 日
8	江苏江都经济开发区	苏环函〔2011〕53 号	2011 年 1 月 18 日
9	江苏丹徒经济开发区	苏环函〔2011〕370 号	2011 年 7 月 27 日
10	江苏江阴临港经济开发区	苏环函〔2011〕440 号	2011 年 8 月 18 日
11	江苏仪征经济开发区	苏环函〔2011〕561 号	2011 年 11 月 1 日
12	江苏洪泽经济开发区	苏环函〔2011〕561 号	2011 年 11 月 1 日
13	江苏淮安经济开发区（已创国家）	苏环函〔2011〕617 号	2011 年 12 月 17 日
14	海门经济技术开发区	苏环函〔2011〕617 号	2011 年 12 月 17 日
15	江苏省宿迁高新技术产业开发区	苏环函〔2012〕18 号	2012 年 1 月 12 日

续表

批准创建的省级生态工业园区			
序号	园区名称	批复文号	批复时间
16	江苏宝应经济开发区	苏环函〔2012〕18 号	2012 年 1 月 12 日
17	江苏徐州工业园区	苏环函〔2012〕344 号	2012 年 8 月 8 日
18	江苏新沂经济开发区	苏环函〔2012〕558 号	2012 年 12 月 10 日
19	江苏丰县经济开发区	苏环函〔2012〕558 号	2012 年 12 月 10 日
20	江苏睢宁经济开发区	苏环函〔2012〕558 号	2012 年 12 月 10 日
21	江苏邳州经济开发区	苏环函〔2013〕164 号	2013 年 4 月 22 日
22	南京浦口经济开发区	苏环函〔2013〕393 号	2013 年 10 月 21 日
23	江苏常州滨江经济开发区	苏环函〔2013〕393 号	2013 年 10 月 21 日
24	江苏南通崇川经济开发区	苏环函〔2013〕491 号	2013 年 12 月 13 日
25	江苏海州经济开发区	苏环函〔2013〕491 号	2013 年 12 月 13 日
26	江苏滨海经济开发区	苏环函〔2013〕490 号	2013 年 12 月 24 日
27	江苏省盐城高新技术产业开发区	苏环函〔2014〕29 号	2014 年 2 月 11 日
28	南京六合经济开发区	苏环函〔2014〕29 号	2014 年 2 月 11 日
29	江苏东海经济开发区	苏环函〔2014〕232 号	2014 年 10 月 16 日
30	江苏响水经济开发区	苏环函〔2014〕232 号	2014 年 10 月 16 日
31	江苏宜兴陶瓷产业园区	苏环函〔2016〕24 号	2016 年 3 月 15 日
32	宜兴经济技术开发区	苏环函〔2018〕15 号	2018 年 2 月 1 日

（5）山东省

山东省环保厅、省科技厅和省商务厅于 2009 年联合发布了《关于开展省级生态工业园区创建工作的通知》（鲁环发〔2009〕83 号），积极支持和鼓励省级经济开发区、高新区和企业集团开展生态工业园区的创建工作，并公布了山东省生态工业园区建设领导小组及办公室成员名单。2017 年 12 月 25 日，省环境保护厅、省科学技术厅和省商务厅联合印发《山东省省级生态工业园区管理办法》（鲁环发〔2017〕318 号），对生态工业园区的申报、建设、验收、命名和管理进行了统一规定，自 2018 年 2 月 1 日起实施，有效期至 2023 年 1 月 31 日。该管理办法中也提出了山东省省级生态工业园区考核标准，以及评价指标。截至

2013 年 7 月 1 日，有 2 个园区获得省级生态工业示范园区命名，4 个园区被批准建设，13 个园区获批开展规划编制等前期工作，见表 1-4。

表 1-4　山东省省级生态工业园区名单

通过命名的省级生态工业园区				
序号	名称	批准文号	批准时间	所在地区
1	山东阳谷祥光生态工业园区（山东阳谷祥光铜业科技园）	鲁环函〔2013〕12 号	2013 年 1 月 7 日	聊城
2	临沂经济开发区	鲁环函〔2013〕13 号	2013 年 1 月 7 日	临沂
批准建设的省级生态工业园区				
序号	名称	批准文号	批准时间	所在地区
1	山东德力西再生塑料工业园区	鲁环函〔2011〕805 号	2011 年 12 月 28 日	临沂
2	新泰经济开发区	鲁环函〔2011〕749 号	2011 年 12 月 28 日	泰安
3	山东信发集团	鲁环函〔2012〕454 号	2012 年 8 月 23 日	聊城
4	滕州经济开发区	鲁环函〔2013〕15 号	2013 年 1 月 7 日	枣庄
批准开展省级生态工业园区规划编制等前期工作的单位				
序号	名称	批准文号	批准时间	所在地区
1	龙口经济开发区	鲁环函〔2011〕4 号	2011 年 1 月 4 日	烟台
2	德州经济开发区	鲁环函〔2011〕4 号	2011 年 1 月 4 日	德州
3	济南高新技术产业开发区	鲁环函〔2011〕501 号	2011 年 8 月 10 日	济南
4	青岛经济技术开发区（黄岛区）	鲁环函〔2011〕804 号	2011 年 12 月 28 日	青岛
5	山东泉林纸业有限责任公司	鲁环函〔2011〕804 号	2011 年 12 月 28 日	聊城
6	东平工业园区	鲁环函〔2012〕290 号	2012 年 6 月 15 日	泰安
7	莒南经济开发区	鲁环函〔2012〕290 号	2012 年 6 月 15 日	临沂
8	潍坊经济开发区	鲁环函〔2012〕628 号	2012 年 11 月 19 日	潍坊
9	寿光经济开发区	鲁环函〔2012〕631 号	2012 年 11 月 20 日	潍坊
10	桓台经济开发区	鲁环函〔2013〕16 号	2013 年 1 月 7 日	淄博
11	垦利经济开发区	鲁环函〔2013〕17 号	2013 年 1 月 7 日	东营
12	淄川经济开发区	鲁环函〔2013〕331 号	2013 年 5 月 30 日	淄博
13	金乡经济开发区	鲁环函〔2013〕331 号	2013 年 5 月 30 日	济宁

西部地区的代表有四川、云南、广西等。

（6）四川省

四川省于2011年首次出台了《四川省省级生态工业园区标准（试行）（征求意见稿）》，并为首批10家生态工业园区建设试点单位授牌，分别为成都经济技术开发区、泸州酒业集中发展区、德阳经济技术开发区、绵阳经济开发区、广安经济技术开发区、四川西南再生资源产业园区、乐山（沙湾）不锈钢民生产业园、峨眉山市工业集中区、乐山（五通桥）盐磷化工循环产业园区、达州经济开发区（达州化工园区）。2017年，四川省环境保护厅对到期的《四川省生态工业园区管理办法（试行）》进行了修订完善，发布了《四川省生态工业园区管理办法（征求意见稿）》。

（7）云南省

云南省生态环境厅、省工业和信息化厅、省商务厅、省科学技术厅于2019年1月联合发布了《云南省生态工业示范园区创建办法》（云环发〔2019〕3号），立足云南省工业园区发展实际，按照“两步走”的建设策略，坚持国家级和省级生态工业示范园区创建分步走的原则，鼓励条件较好工业园区先行创建省级生态工业示范园区，逐步贴近《国家生态工业示范园区标准》（HJ 274—2015）的要求，分批分步骤创建国家级生态工业示范园区。

（8）广西壮族自治区

广西壮族自治区人民政府办公厅于2015年7月发布了《关于建设生态产业园区的实施意见》（桂政办发〔2015〕67号），提出建设一批生态产业园区，推动原有产业园区生态化改造，发展主导产业链型生态产业园区，要求到2017年，50%以上国家级园区、30%以上自治区级园区实施生态化改造，南宁、梧州、贺州等规划新建的生态产业园初具规模。到2020年，全部国家级园区和30%的自治区级园区完成生态化改造，其他自治区级园区全部启动生态化改造，构建起一批主导产业链型的生态产业园区，南宁、梧州、贺州生态产业园建成并发挥示范带动作用；初步建立起生态型产业体系，绿色产业集群优势进一步显现，资源产出率大幅提高。

（9）江西省

中部地区的代表有江西省等。江西省于2008年开始生态工业园区试点建设工作。2008 年 1 月，江西省人民政府办公厅转发《省中小企业局关于创建生态工业园区实施意见》（赣府厅发〔2008〕6 号），提出围绕建设生态工业园区的要求，分阶段逐步推进（到 2010 年，全省 94 个工业园区全面完成生态工业园区建设规划，集中污水处理厂全部建成并投入使用，园区污水管网铺设到位，入园企业实现污水达标排放，全省 30% 的工业园区建成省级生态工业园区；到 2013 年，全省 60% 的工业园区建成省级生态工业园区，20% 的工业园区建成国家级生态工业园区，基本实现园区内和企业间资源循环利用，污染物排放量得到有效控制和削减，资源利用效率有较大提高，资源回收利用体系和机制初步建立；再通过 3 年的努力，到 2016 年，全省工业园区基本完成生态化改造，初步建设成为基础设施完善、产业集聚发展、竞争优势突出、生态环境良好的产业聚集区，成为强化城市功能、充分体现人与自然和谐发展的新型工业区、环境保护的示范区）。2010 年 5 月，江西省人民政府办公厅印发了省中小企业局、省环境保护厅《关于进一步加强生态工业园区建设若干意见》（赣府厅发〔2010〕27 号），明确生态工业园区建设标准和相关支持、保障措施，提出加快推进生态工业园区建设，加大生态工业园区建设支持力度，省财政继续每年安排 3 500 万元生态工业园区建设专项资金，采取以奖代补的方式，奖励生态建设成效突出的园区。2011 年 1 月，江西省发展和改革委员会发布了《关于命名江西省首批省级生态工业园区的通知》（赣发改环资字〔2011〕186 号），有 20 家工业园区获得省级生态工业园区命名，见表 1-5。

表 1-5　江西省首批省级生态工业园区名单

序号	名称
1	南昌高新技术产业开发区
2	南昌经济技术开发区
3	南昌小蓝经济开发区
4	九江出口加工区
5	江西武宁工业园区
6	萍乡经济技术开发区
7	江西莲花工业园区

续表

序号	名称
8	新余高新技术产业开发区
9	景德镇高新技术产业开发区
10	江西鹰潭工业园区
11	赣州经济技术开发区
12	江西全南工业园区
13	江西宜春经济开发区
14	江西奉新工业园区
15	上饶经济技术开发区
16	江西横峰工业园区
17	井冈山经济技术开发区
18	江西吉州工业园区
19	江西抚州金巢经济开发区
20	江西抚北工业园区

2

生态工业园区政策解读

SHENGTAI GONGYEYUANQU ZHENGCE JIEDU

2.1 生态工业园区政策体系

截至目前，国家已出台了包括指导意见、管理办法、标准等一系列文件，以规范和指导生态工业园区的建设，初步构建起一个较为完备的国家生态工业示范园区管理制度体系。例如，在法律法规层面，制定了《中华人民共和国清洁生产促进法》《中华人民共和国循环经济促进法》《国家生态工业示范园区管理办法》（环发〔2015〕167 号）《关于加强国家生态工业示范园区建设的指导意见》等文件，为生态工业园区环境管理提供了行动纲领；在技术政策层面，出台了《国家生态工业示范园区标准》（HJ 274—2015）、《生态工业园区建设规划编制指南》、综合类、行业类及静脉产业类生态工业园区标准、《园区循环化改造实施方案编制指南》等技术指导性文件，规范和促进了各类各级开发区和工业集中区开展生态工业园区建设工作。同时，在组织机构层面，建立了相应的国家生态工业示范园区建设领导小组，开展相关的管理工作。领导小组针对 2006—2009 年陆续发布的园区管理办法和标准组织开展了修订工作，并于 2015 年 12 月发布修订后的管理办法和园区标准。

近年来，根据生态文明建设的新要求和我国生态环境工作的新形势，以及园区环境管理的工作需要，编制了《复查工作细则》《验收技术核查要点指南》

《专家库管理办法》等文件，对国家生态工业示范园区管理制度体系做出了进一步补充完善。

为积极应对气候变化，推动实现“双碳”目标，领导小组于 2021 年 8 月 27 日发布《关于推进国家生态工业示范园区碳达峰碳中和相关工作的通知》（科财函〔2021〕159 号），有利于充分发挥国家生态工业示范园区在促进减污降碳协同增效、推动区域绿色发展中的示范引领作用，该文件的出台也成为生态工业园区实现“双碳”目标的技术指南。

此外，部分国家级和省级工业园区，也出台了相应的生态工业园区规划建设规定。这些多层面、多类别的政策法规，为生态工业园区的建设提供了系统而有力的制度框架支撑，使我国的生态工业园区建设逐步走向科学化和规范化。

2.2 生态工业园区管理政策

2.2.1 国家政策解读

2007 年 12 月，国家环境保护总局、商务部、科学技术部联合发布了《国家生态工业示范园区管理办法（试行）》（环发〔2007〕188 号）（以下简称管理办法），文件对示范园区的申报、验收和管理提出了要求。随着国家对生态文明建设的重视不断提高，环境保护工作的重点不断调整，示范园区建设的管理内容也不断深化。2015 年 12 月 17 日，环境保护部、商务部和科学技术部联合发布新修订的《国家生态工业示范园区管理办法》（环发〔2015〕167 号），自发布之日起实施，原管理办法（环发〔2007〕188 号）废止。

新修订的管理办法进一步明确了示范园区在新时期生态文明建设和绿色发展中的定位；进一步适应新时期环境保护工作的新任务和新要求；进一步规范示范园区创建程序和要求，强化后期监管；进一步引导并激发创建示范园区动力。新修订的管理办法进一步对示范园区申报和创建、验收和命名等创建流程进行了清晰和细化，分别给出申请创建和申请验收应提交的材料清单，明确了技术核查和复查的核查要求，深化了示范园区管理的精细化程度。明确了创建过程的时间节点，避免由于专家论证、核查和验收时间弹性过大，导致部分园区创建工作缓慢，效率不高。

《国家生态工业示范园区管理办法》指出国家生态工业示范园区的创建主要分为 3 个阶段：示范园区申报与创建阶段、验收与命名阶段、监督与管理阶段。为强化国家生态工业示范园区建设规划的执行力度，在获批开展示范园区建设阶段，提出“规划调整报备”要求并明确报备内容。同时要求“获批开展建设后，每年提交年度评价报告”，且“不能按时按要求提交年度评价报告的”将撤销示范园区称号或从批准建设园区中除名。此外，针对获得命名阶段的园区，“每 3 年开展一次复查”并明确复查要求，“复查未通过，且整改后仍达不到要求的”园区将撤销示范园区称号或从批准建设园区中除名。为规范管理，提高园区建设规范性，针对工业园区创建示范园区中与要求不一致的等情况，增设了退出机制。

国家生态工业示范园区开展申报与创建阶段工作流程如图 2-1 所示。

国家生态工业示范园区验收与命名及监督与管理阶段工作流程如图 2-2 所示。

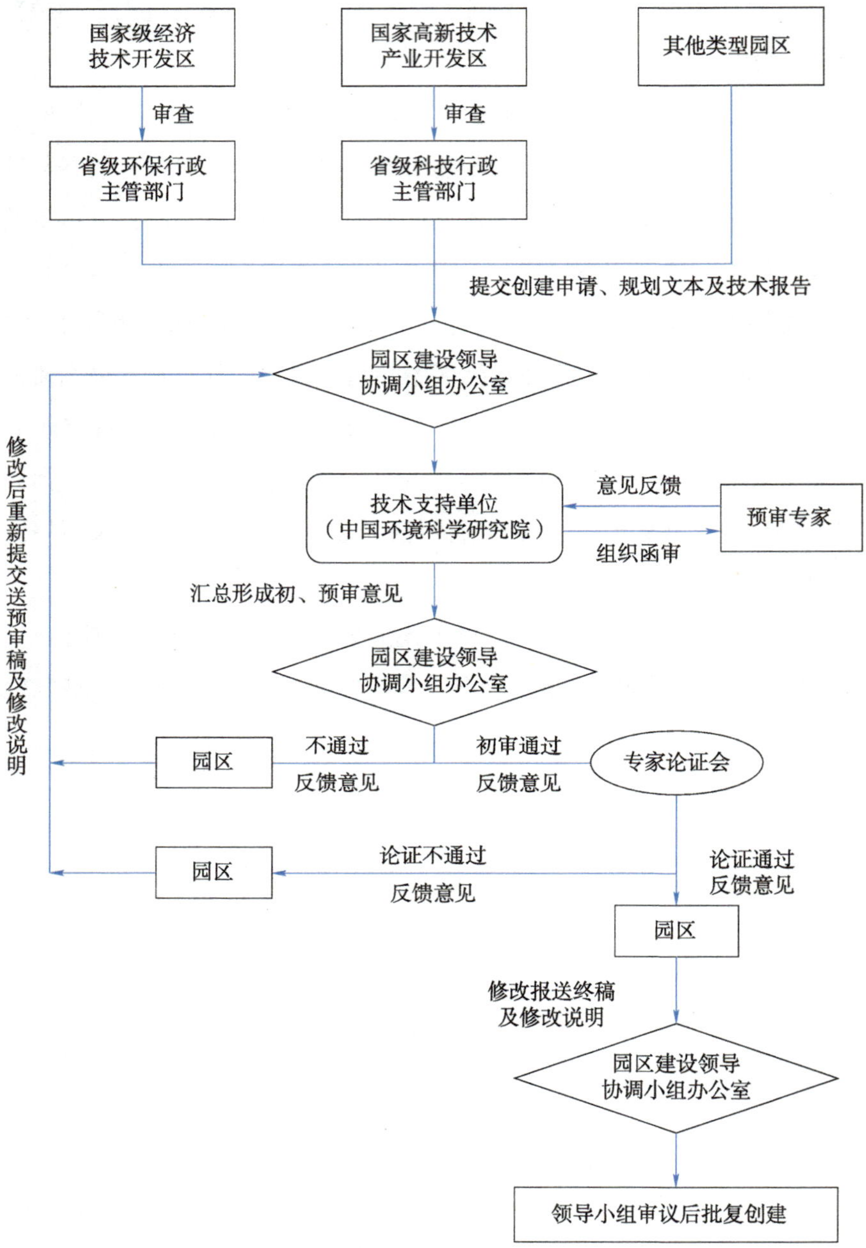

图 2-1　国家生态工业示范园区开展申报与创建阶段工作流程

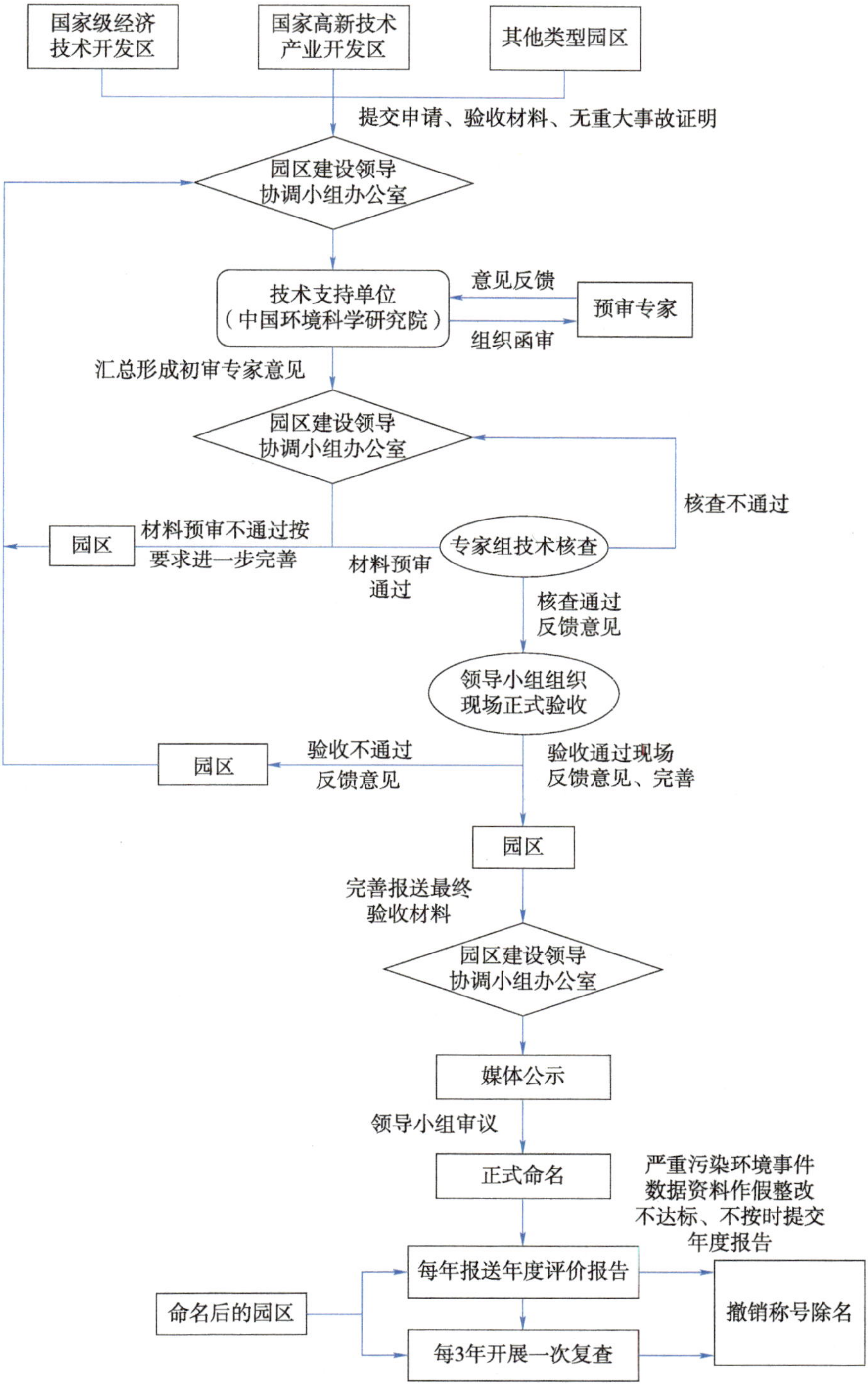

图 2-2　国家生态工业示范园区验收与命名及监督与管理阶段工作流程

2.2.2 地方政策解读

（1）《山东省省级生态工业园区管理办法》

《山东省省级生态工业园区管理办法》（以下简称《山东管理办法》）由山东省环境保护厅、山东省科学技术厅、山东省商务厅于2017年12月25日印发，对生态工业园区的申报、建设、验收、命名和管理进行了统一规定。《山东管理办法》自2018年2月1日起实施，有效期至2023年1月31日。

山东省省级生态工业园区是指依据循环经济理念、工业生态学原理和清洁生产要求建设，符合《山东管理办法》要求，并按规定程序通过审查，被授予相应称号的新型工业园区。省级生态工业园区主要针对国家和省级经济开发区、高新技术产业开发区，发展水平较高、具有特色的市级工业园区或其他特色园区进行创建。省环保厅、省科技厅和省商务厅组成的山东省生态工业园区建设领导小组负责生态工业园区的批准建设、命名和综合协调工作。领导小组下设办公室，负责生态工业园区建设的综合管理，以及推动国家生态工业示范园区的创建。

对于拟申报和创建省级生态工业园区的，《山东管理办法》除规定园区要符合完成区域环境影响评价、建立环境管理体系、危险废物管理经营达到国家规范化管理要求、园区内企业排放的各类污染物稳定达到国家及地方污染物排放标准和总量控制等条件外，还要求3年内未发生严重污染环境事件，或重、特大突发环境事件。

生态工业园区建设单位要根据建设规划和批复要求进行建设，在领导小组现场验收工作结束后，办公室在山东环境网站等媒体公示拟命名的园区信息，同时公布举报电话和邮箱，接受社会公众监督。通过审批的园区，由领导小组成员单位联合发文予以命名。领导小组对已命名的生态工业园区每3年复查一次，复查不合格的园区，将予以通报批评并责令其限期整改，对整改后仍达不到要求的取消命名。

《山东管理办法》规定，领导小组对有以下情况的生态工业园区撤销其称号并予通报，处于建设阶段的从批准建设园区中除名，且3年内不得再次申请建设：园区内发生严重环境违法事件，或重、特大突发环境事件的；园区发生重大变化，不能达到生态工业园区要求的；不按时提报年度自评价报告或报告内容弄虚作假的；收到与园区创建相关举报信息，经核实不能达到园区建设要求的。

（2）《上海市生态工业（产业）园区管理办法（试行）》

上海市环境保护局、上海市商务委员会、上海市科学技术委员会、上海市经济和信息化委员会、上海市张江高新技术产业开发区管理委员会五部门联合发布了《关于开展上海市生态工业（产业）园区建设的通知》（沪环保科〔2011〕535 号）、《上海市生态工业（产业）园区管理办法（试行）》（以下简称《上海管理办法（试行）》）、《上海市生态工业（产业）园区指标体系（试行）》，并成立了上海市生态工业（产业）园区推进工作小组，负责上海市生态工业园区创建、技术核查和验收等管理工作。

《上海管理办法（试行）》指出，上海市生态工业（产业）园区是指依据生态文明、循环经济、产业生态和清洁生产要求而建设的新型工业园区，分为综合类、行业类和静脉产业类生态工业园区。它适用上海市范围内的国家级及市级经济技术开发区、高新技术产业开发区、工业（产业）聚集区域、大型工业企业创建本市生态工业园区的申报、建设、验收、命名和管理。市环保局、市商委、市科委和市经信委联合组成的上海市生态工业（产业）园区建设领导小组，下设办公室，负责本市生态工业园区的规划审核、建设验收、命名和综合管理等工作，推动国家生态工业示范园区的创建。

对于拟申报和创建省级生态工业园区的，《上海管理办法（试行）》要求园区具有较为完善的基础设施，绿化率不低于 20%；近 3 年内未发生重大污染事故、生态破坏事件；完成区域环境影响评价，并按照 ISO 14001 要求建立环境管理体系，规模以上工业企业 ISO 14001 认证率达到 40% 及以上；园区内企业排放的各类污染物稳定达到国家及地方规定的排放标准，污染物排放总量达到主管部门核定的要求。

《上海管理办法（试行）》规定，上海市生态工业（产业）园区应符合《上海市生态工业（产业）园区指标体系（试行）》《行业类生态工业园区标准（试行）》（HJ/T 273—2006）、《静脉产业类生态工业园区标准（试行）》（HJ/T 275—2006）

要求进行建设，并通过资料核查、公众调查、现场验收3个阶段的验收程序。通过验收的园区，由小组成员单位联合发文予以命名。领导小组适时对园区开展调研和抽查，每两年对已命名的园区进行绩效评估，评估不合格的园区，将予以通报批评并责令其限期整改，对整改后仍达不到要求的取消命名。

此外，《上海管理办法（试行）》创新设定了激励机制，要求各级环境保护专项资金对生态工业（产业）园区建设中涉及的污染治理项目予以一定的支持。生态工业（产业）园区建设中涉及的重点节能项目，在同等条件下可优先获得上海市节能技术改造项目支持。园区企业申请高新技术企业，开展创建的市级园区申报国家级园区，在同等条件下优先支持。

（3）《江苏省省级生态工业园区管理办法（试行）》

2008年，江苏省环保厅、外经贸厅、科技厅联合发布《关于深入开展生态工业园区建设工作的通知》（苏环科〔2008〕11号），并颁布了《江苏省省级生态工业园区管理办法（试行）》（以下简称《江苏管理办法》），将生态工业园的创建提到了一个重要的高度，要求未开展创建工作的省辖市至少有一家开发区开展生态工业园区创建。在2008年全省环保科技工作会议上省环保厅赵挺副厅长要求，全省所有省级以上开发区都应开展生态工业园区创建工作，尤其是启动生态市（县）创建的地区，其辖区内的省级以上开发区更应积极开展创建。

江苏省省级生态工业园区是指依据循环经济理念、工业生态学原理及清洁生产要求而设计建立的一种新型工业园区。省级生态工业园区主要针对国家级、省级开发区或其他工业集中区以及大型企业为核心的工业聚集区进行创建。江苏省环保厅、外经贸厅、科技厅组成的江苏省生态工业园区建设领导小组负责推进生态工业园区建设的综合协调工作，办公室负责推进生态工业园区建设的日常工作。

对于拟申报和创建省级生态工业园区的，《江苏管理办法》规定园区需满足以下条件：地理位置（包括四至边界）、产业定位等得到省政府确认；已完成区域环境影响评价，并获得批准；园区管委会已建立环境管理体系，区内企业环境管理体系和清洁生产等工作已具备良好的基础；国家和地方有关环境保护法律、法规、制度及各项环境保护政策得到有效的贯彻执行，近3年内未发生重大污染事故或重大生态破坏事件；园区内所有企业排放的各类污染物稳定达到国家或地方规定的排放标准和污染物排放总量控制指标。

省级生态工业园区建设单位要根据建设规划和批复要求进行建设，建设规划和技术报告（报批稿）经办公室审查通过后，省环保厅、外经贸厅和科技厅联合发文批准同意其创建省级生态工业园区，在通过验收组的情况汇报、资料核查、现场考核和情况通报 4 部分考核验收后，由领导小组正式命名该园区为省级生态工业园区，并授予统一规格的标牌。

申请创建的园区，自批准同意创建之日起，应于每年 12 月底向办公室提交年度工作报告。办公室适时组织相关行政部门对园区进行调研和抽查，每 3 年对已命名的园区进行一次园区建设绩效评估，根据各园区提交的年度工作报告、调研和抽查情况以及绩效评估结果，适时发布全省省级生态工业园区建设的最新进展。同时，领导小组对成绩显著的建设单位给予表彰。

（4）《四川省生态工业园区管理办法（试行）》

四川省环境保护厅、商务厅、科技厅联合发布了《四川省生态工业园区管理办法（试行）》，并于 2017 年进行了修订完善，发布《四川省生态工业园区管理办法（征求意见稿）》。

2.3 不同类型生态工业园区技术政策

自 1999 年以来，我国按照生态工业园区理念开展园区建设的试点已经超过 20 年。根据工作侧重点不同，分别推行了国家生态工业示范园区、循环化改造园区、低碳工业园区、绿色园区等多种实践，取得了显著的环境绩效。截至目前，全国共有 95 个园区开展了国家生态工业示范园区建设，其中 51 个园区已正式得到了国家生态工业示范园区的命名，75 个园区开展了循环化改造，80 个园区开展了低碳园区试点建设，5 个国家级经济技术开发区获联合国工业发展组织认证授牌的丝绸之路“绿色工业园区”。以上园区都是生态工业园区的不同表现形式，根据不同时期的发展要求出台了相应的技术政策，完善了工业园区生态化建设与环境管理的政策体系。从不同维度，运用词频分析等定性与定量分析方法等对国内外产业不同园区发展评估相关政策文件进行分析解读和标准化系统分析，有利于全面了解中国生态工业园区在技术层面的管理机制。

2.3.1 国家生态工业示范园区

（1）评估目的

促进工业领域生态文明建设，推动工业园区实行生态工业生产组织方式和发展模式，促进工业园区绿色、低碳、循环发展，规范国家生态工业示范园区建设。

（2）适用对象

国家生态工业示范园区是具有法定边界和明确的区域范围，具备统一的区域管理机构或服务机构，由省级以上人民政府批准成立的各类工业园区。《国家生态工业示范园区标准》（HJ 274—2015）适用国家生态工业示范园区的建设和管理，可作为国家生态工业示范园区的评价依据，以及建设规划编制、建设成效评估的技术依据，也可作为其他相关生态工业建设咨询活动的参考依据。

（3）评估维度

国家生态工业示范园区标准从经济发展、产业共生、资源节约、环境保护、信息公开 5 个维度开展评估。

（4）指标体系结构

国家生态工业示范园区标准的评价指标包括必选指标和可选指标，由 5 个一级指标和 32 个二级指标组成完整的指标体系。

（5）评价计算方法

评价方法采取一票否决制，考核的 23 项指标包括 17 项必选指标和 6 项可选指标，如有任何一项指标不达标，即考核不通过。

（6）评价比较范围

该标准既包括将国家生态工业示范园区的经济发展、产业共生、资源节约、环境保护、信息公开等绩效与园区外的国家绩效进行横向比较，如高新技术企业工业总产值占园区工业总产值比例须不小于 30%；也包括将同一国家生态工业示范园区一段时间内的纵向比较，如单位工业增加值二氧化碳排放量年均削减率须不小于 3%。

（7）数据可得性

园区管理机构应指定或专门设立职能部门，负责评价指标涉及数据的调查收集、汇总统计工作，并协调各关联单位开展相关工作。

测算评价指标所需的相关数据，应尽量从法定统计渠道或统计文件中获取；无法获取的，园区管理机构应建立相应的数据收集统计工作机制。

（8）考核评价约束性

园区管理机构负责示范园区的申报、创建和管理工作。开展创建活动的工业园区应编制国家生态工业示范园区建设规划和技术报告（以下简称建设规划）。建设规划应参照《生态工业园区建设规划编制指南》（HJ/T 409—2007）编写。园区管理机构可自行或委托第三方机构编制建设规划。建设规划应对照相关标准明确园区验收考核指标，以及重点支撑项目。

园区管理机构向园区所在地省级环境保护、商务、科技行政主管部门提交示范园区创建申请，经三部门同意后，由省级环境保护行政主管部门报国家生态工业示范园区建设协调领导小组办公室（以下简称办公室）。示范园区建设规划通过论证后，领导小组成员单位联合发文批准工业园区开展示范园区建设。完成创建工作后开展验收和技术核查。验收工作结束后，办公室在环境保护部网站等媒体公示通过验收、拟命名的工业园区相关信息，接受社会公众监督，若收到举报信息属实且导致示范园区建设验收结果不能成立的，不予命名。自获得批准建设起满 5 年没有通过验收的工业园区，视为创建未完成，不再列入建设园区名单。获批开展示范园区建设和获得命名的工业园区每年应对生态工业建设绩效进行自评价，形成年度评价报告，报送办公室。自获得示范园区命名之日起，每 3 年开展一次复查。

领导小组对有以下情况的示范园区撤销称号；处于建设阶段的园区，从批准建设园区中除名。出现下列（1）和（2）情形的，3 年内不得再次申请创建：

（1）发生严重污染环境事件，或重、特大突发环境事件的；

（2）存在数据、资料弄虚作假的；

（3）复查未通过，且整改后仍达不到要求的；

（4）不能按时按要求提交年度评价报告的；

（5）发生重大变化，不再符合标准及相关要求，园区管理机构主动提出申请的；

（6）其他经核实并认定有必要的。

2.3.2 绿色园区

（1）评估目的

贯彻落实《中国制造 2025》《绿色制造工程实施指南（2016—2020 年）》，加快推进绿色制造，以促进全产业链和产品全生命周期绿色发展为目的，以企业为建设主体，以公开透明的第三方评价机制和标准体系为基础，保障绿色制造体系建设的规范和统一，以绿色工厂、绿色产品、绿色园区、绿色供应链为绿色制造体系的主要内容。加强政府引导和公众监督，发挥地方的积极性和主动性，优化政策环境，发挥财政奖励政策的推动作用和试点示范的引领作用，发挥绿色制造服务平台的支撑作用，提升绿色制造专业化、市场化公共服务能力，促进形成市场化机制，建立高效、清洁、低碳、循环的绿色制造体系，把绿色制造体系打造成为制造业绿色转型升级的示范标杆、参与国际竞争的领军力量。

（2）适用对象

从国家级和省级产业园区中选择一批工业基础好、基础设施完善、绿色水平高的园区。

（3）评估维度

评估维度包括能源利用绿色化、资源利用绿色化、基础设施绿色化、产业绿色化、生态环境绿色化、运行管理绿色化 6 个方面。

（4）指标体系结构

绿色园区评价指标体系包括能源利用绿色化指标、资源利用绿色化指标、基础设施绿色化指标、产业绿色化指标、生态环境绿色化指标、运行管理绿色化指标 6 个一级指标，以及 31 个二级指标。

能源利用绿色化指标：包括能源产出率、可再生能源使用比例、清洁能源使用率 3 个必选指标。

资源利用绿色化指标：包括水资源产出率、土地资源产出率、工业固体废物综合利用率、工业用水重复利用率 4 个必选指标，以及从中水回用率、余热资源回收利用率、废气资源回收利用率、再生资源回收利用率 4 个可选指标中选取的 2 个指标。

基础设施绿色化指标：包括污水集中处理设施 1 个必选指标，以及从新建工业建筑中绿色建筑的比例、新建公共建筑中绿色建筑的比例 2 个可选指标中选取 1 个指标，从 500 m 公交站点覆盖率、节能与新能源公交车比例 2 个可选指标中选取 1 个指标。

产业绿色化指标：包括高新技术产业产值占园区工业总产值比例、绿色产业增加值占园区工业增加值比例 2 个必选指标，以及从人均工业增加值和现代服务业比例 2 个可选指标中选取 1 个指标。

生态环境绿色化指标：包括工业固体废物（含危险废物）处置利用率、万元工业增加值碳排放量削减率、单位工业增加值废水排放量、主要污染物弹性系数、园区空气质量优良率 6 个必选指标，以及从道路遮阴比例、露天停车场遮阴比例 2 个可选指标选取 1 个指标。

运行管理绿色化指标：包括绿色园区标准体系完善程度、编制绿色园区发展规划、绿色园区信息平台完善程度 3 个必选指标。

（5）评价计算方法

工业园区绿色指数的计算方法如式（2-1）所示：

$$GI=\frac{1}{24}\left[\sum_{i=1}^{3}\frac{EG_i}{EG_{bi}}+\sum_{i=1}^{6}\frac{RG_i}{RG_{bi}}+\sum_{i=1}^{3}\frac{IG_i}{IG_{bi}}+\sum_{i=1}^{3}\frac{CG_i}{CG_{bi}}+\sum_{i=1}^{6}\frac{HG_i}{HG_{bi}}+\left(\text{or}\,\frac{HG_{bi}}{HG_i}\right)+\sum_{i=1}^{3}\frac{MG_i}{EG_{bi}}\right]\times 100 \tag{2-1}$$

式中 GI——工业园区绿色指数；

EG_i——第 i 项能源利用绿色化指标值；

EG_{bi}——第 i 项能源利绿色化指标引领值；

RG_i——第 i 项资源利用绿色化指标值；

RG_{bi}——第 i 项资源利用绿色化指标引领值；

IG_i——第 i 项基础设施绿色化指标值；

IG_{bi}——第 i 项基础设施绿色化指标引领值；

CG_i——第 i 项产业绿色化指标值；

CG_{bi}——第 i 项产业绿色化指标引领值；

HG_i——第 i 项生态环境绿色化指标值；

HG_{bi}——第 i 项生态环境绿色化指标引领值；

MG_i——第 i 项运行管理绿色化指标值；

MG_{bi}——第 i 项运行管理绿色化指标引领值。

（6）评价比较范围

省级工业和信息化主管部门根据本地区产业基础和特点、发展规划等实际情况，制定出台本地区的绿色制造体系建设实施方案，满足申请条件的园区按照绿色制造体系的相关标准开展创建工作并进行自评价。园区达到绿色园区标准时，委托第三方评价机构按相应的评价标准开展现场评价，评价合格的可按所在地区绿色制造体系实施方案的要求和程序，向省级主管部门提交绿色制造体系示范的总结报告。将工业园区的绿色制造体系建设的绩效与本地区的标准进行比较，择优推荐。

（7）数据可得性

园区按照绿色制造体系的相关标准开展创建工作并进行自评价，数据由园区自行填报，可获得性较高。

（8）考核评价约束性

绿色园区的考核评价采取“地方政府评估推荐—专家论证—中央政府认证公示—抽查监督”的全流程监管机制。考核评价省级主管部门负责组织对申报的园区进行评估确认，向工业和信息化部推荐园区名单，通过组织专家论证、公示、现场抽查等环节确定国家级绿色园区名单。在绿色制造公共服务平台定期公布列入绿色制造示范园区的绿色制造水平指标及先进经验等信息。不定期对园区自我声明信息开展抽查，对抽查不符合绿色制造示范要求的，从示范名单中除名，连续 3 次抽查无问题的，在 5 年内免予抽查。

2.3.3 低碳园区

（1）评估目的

深入落实国家碳排放目标、“十二五”时期和 2020 年控制温室气体排放行动目标，探索我国工业低碳发展模式、降低单位工业增加值碳排放和提升产业竞争力，以低碳技术创新与推广应用为支撑，以增强园区和企业碳管理能力为手段，以政策综合集成和机制创新为保障，充分发挥政府引导、企业主体作用，加快传统产业改造升级和新型低碳产业发展，带动我国工业整体技术水平和创新能力提升，走有中国特色的工业低碳发展道路。

选择一批基础好、有特色、代表性强、依法设立的工业园区，通过试点建设，大力使用可再生能源，加快钢铁、建材、有色、石化和化工等重点用能行业低碳化改造；培育积聚一批低碳型企业；推广一批适合我国国情的工业园区低碳管理模式，试点园区碳排放强度达到国内行业先进水平，引导和带动工业低碳发展。

（2）适用对象

①申报单位必须是列入《中国开发区审核公告目录》中的国家新型工业化示范基地、以工业为主的经济技术开发区和高新技术开发区等；

②有较好的工作基础，园区在节能减排、资源综合利用、清洁生产等方面取得了较好的成绩，有较强的低碳技术创新能力，园区在传统产业转型升级或低碳新兴产业发展上有一定的基础；

③对园区低碳发展有明确的目标和工作思路，落实实施方案有保障。

（3）评估维度

评估维度包括综合指标、产业低碳化、能源低碳化、管理低碳化、基础设施低碳化和资源综合利用 6 个方面。

（4）指标体系结构

低碳园区评价体系由综合指标、产业低碳化指标、能源低碳化指标、管理低碳化指标、基础设施低碳化指标和资源综合利用指标 6 个一级指标和 21 项二级指标组成，见表 2-1。

（5）评价计算方法

相关文件中未明确。

（6）评价比较范围

综合评价国家新型工业化示范基地、以工业为主的经济技术开发区和高新技术开发区等的节能减排、资源综合利用、清洁生产、低碳技术创新能力、传统产业转型升级或低碳新兴产业发展的水平。

表 2-1　低碳园区评价指标体系

一级指标	二级指标	单位
综合指标	单位生产总值二氧化碳排放量	t/ 万元
	万元生产总值能耗	kg 标准煤 / 万元
	单位工业增加值二氧化碳排放量	t/ 万元
	万元工业增加值能耗	kg 标准煤 / 万元
	碳生产力	万元 / t 二氧化碳
产业低碳化指标	第三产业增加值比重	%
	高技术产业产值占工业总产值比重	%
	战略性新兴产业产值占工业总产值比重	%
能源低碳化指标	煤炭占一次能源比例	%
	天然气占一次能源比例	%
	可再生能源占一次能源比例	%
	一次能源碳排放强度	二氧化碳 / t 标准煤
管理低碳化指标	重点企业清洁生产审核实施率	%
	开展能源审计和能耗诊断企业数量	—
	开展碳排放报告企业数量	—
	开展碳盘查企业数量	—
基础设施低碳化指标	新建公共建筑绿色建筑认证比例	%
	新建绿色建筑开工面积	万 m^2
资源综合利用指标	工业固体废物综合利用率	%
	工业用水重复利用率	%
	再生水利用率	%

（7）数据可得性

各类工业园区自主申报，并按要求将申报材料报送省级工业和信息化主管部门汇总。数据由园区自行填报，可获得性较高。

（8）考核评价约束性

省级工业和信息化、发展和改革主管部门联合进行初选，确定2～3家推荐名单，并将推荐名单和有关申报材料报工业和信息化部、国家发展改革委。专家对申报单位的申报材料进行评审，并提出推选意见，确定低碳工业园区试点名单。试点单位编制试点工作方案，工业和信息化部、国家发展改革委联合组织专家对试点实施方案进行论证，并对通过论证的实施方案予以批复。获得批复的试点园区，挂牌“国家低碳工业园区试点单位”，正式启动试点工作，组织实施试点工作方案，通过验收合格后可授予“国家低碳工业园区”称号，如定期复核不合格者，取消其“国家低碳工业园区”称号和政策优惠。

2.3.4 循环化改造园区

（1）评估目的

通过循环化改造，实现园区的主要资源产出率、土地产出率大幅上升，固体废物资源化利用率、水循环利用率、生活垃圾资源化利用率显著提高，主要污染物排放量大幅降低，基本实现“零排放”。同时培育百个国家循环化改造示范园区，示范、推广一批适合我国国情的园区循环化改造范式、管理模式，为各类产业园区通过发展循环经济，实现转型发展提供示范。

（2）适用对象

各类产业园区，包括经济技术开发区、高新技术产业开发区、保税区、出口加工区以及各类专业园区等。

（3）评估维度

评估维度涵盖资源产出、资源消耗、资源综合利用、废物排放、其他指标、特色指标6个方面。

（4）指标体系结构

园区循环化改造参考指标包括6个一级指标，20余个二级指标（含必选项），指标体系结构见表2-2。

表 2-2　园区循环化改造参考指标

分类	指标名称	单位
资源产出指标	园区 GDP	万元
	* 主要资源产出率	元 /t
	* 能源产出率	万元 /t 标准煤
	* 建设用地产出率	万元 /hm^2
	* 水资源产出率	元 /t
资源消耗指标	* 能源消耗总量	t 标准煤
	* 水资源消耗总量	t
	主要产品 1：单位能耗	t 标准煤 /t
	……	
	主要产品 1：单位水耗	m^3/t
	……	
资源综合利用指标	一般工业固体废物综合利用量	万 t
	* 一般工业固体废物综合利用率	%
	* 规模以上工业企业重复用水率	%
废物排放指标	* 二氧化硫排放量	万 t
	* 化学需氧量排放量	万 t
	* 氨氮排放量	万 t
	* 氨氮化物排放量	万 t
	* 单位地区生产总值 CO_2 排放量	t/ 万元
	工业固体废物处置量	万 t
	工业废水排放量	万 t
其他指标	* 非化石能源占一次能源消费比重	%
	可再生能源所占比例	%
特色指标		

注：标 * 为重点指标，属必填项。

（5）评价计算方法

相关文件中未明确。

（6）评价比较范围

在开展物质流分析的基础上，以可量化的指标，综合评价园区经济发展、社会发展和基础设施、产业结构调整、产业关联度、能源资源节约与循环利用、污染控制和管理、环境质量改善等方面，对园区循环化改造的经济、环境和社会效益进行分析评价，对园区循环化改造的各项成本及收益进行初步的全面系统的核算，评估园区循环化改造的成效。

（7）数据可得性

各地方循环经济发展综合管理部门、财政部门会同有关部门制定本地区园区循环化改造的推进工作方案，确定改造的目标、重点任务和推进措施，并推动、指导各类园区制定循环化改造实施方案。国家发展改革委会同有关部门组织成立园区循环化改造专家组，对各园区开展循环化改造提供技术服务指导。数据可获得性相对较高。

（8）考核评价约束性

各地循环经济发展综合管理部门依据《中华人民共和国循环经济促进法》，督促各类园区组织区内企业进行资源化利用，促进循环经济发展。国家发展改革委、财政部会同有关部门对各地推进园区循环化改造工作进行督导，对园区循环化改造成效开展评估。对工作开展较好的地区在园区循环化改造示范工程、重点项目安排等方面优先考虑，对循环化改造成效明显的园区，国家发展改革委、财政部将其优先确定为“国家循环经济示范园区”，并加强宣传推广。

2.3.5 国家级经济技术开发区综合发展水平考核评价办法

（1）评估目的

引导国家级经济技术开发区（以下简称国家级经开区）进一步明确发展定位，充分调动地方和国家级经开区加快转型升级、实现创新驱动发展的积极性，在全国范围内树立国家级经开区的典型范例和良好品牌，同时为各级管理部门提供决策参考。

（2）适用对象

考核评价对象包括国务院已批准设立的国家级经开区和申请新设立或升级

为国家级经开区的省级经济开发区。

（3）评估维度

该办法主要从经济发展、对外开放、科技创新、产业发展、区域带动、生态环保、行政效能7个维度对国家级经济技术开发区的发展水平进行综合评价。

（4）指标体系结构

在考核评价指标体系中，设定了产业基础、科技创新、区域带动、生态环保、行政效能5个一级指标，53项二级指标。其中，“产业基础”包括13项指标，主要反映国家级经开区经济发展、对外开放、财税收入、产业集聚、单位土地产出强度、基础设施等方面情况；“科技创新”包括15项指标，主要反映国家级经开区的科技平台、科技资源、科研能力及人才供应水平等方面的投资环境；“区域带动”包括12项指标，主要考核评价国家级经开区辐射带动示范作用的发挥，并同步反映各国家级经开区对所在地区实体经济的贡献度与支撑度；“生态环保”包括9项指标，主要反映生态环境建设、单位产值能耗、主要污染物排放等方面情况；“行政效能”包括4项指标，主要反映国家级开发区政府部门行政管理的效率。

（5）评价计算方法

各省级商务主管部门在商务部指导下开展考核评价初审、专家小组或第三方机构开展量化考核评价工作。遵循分类指导原则。针对国家级经开区发展阶段、园区性质和管理体制等方面的差异性，在指标体系内设置不同的指标权重。

（6）评价比较范围

针对国家级经开区东、中、西部地域差异和园区性质不同，商务部将对各大类一级指标及其中二级指标设置差异性的权重，在当年考核评价工作期间予以明确，以发挥导向作用，保证评价结果客观反映不同地域、不同发展阶段和园区性质的差异性。

（7）数据可得性

考核评价指标体系中数据来源均为国家级经开区所在地的相关部门，省级商务部门负责组织本行政区域内国家级经开区的考核评价信息收集和初审。各国家级经开区在每年6月30日前通过“国家级经开区信息一体化平台”填报考核评价数据及相关审核材料。在初审中，主管部门会对数据的时效性、完整性、准确性、逻辑性进行审核，以确保考核评价数据和审核材料真实有效。

（8）考核评价约束性

对申请新设立或升级为国家级经开区的省级经济开发区，给予2年培育期，待培育期满后进行实地考察，并进行考核评价，各项指标在被培育开发区中位居前列的，启动升级办理程序。为强化约束和倒逼机制，根据当年考核评价结果提出拟约谈、通报、建议退出的国家级经开区名单和处置建议。对当年考核评价结果处于后10名的国家级经开区，予以通报和约谈，指出其发展中存在的关键问题和薄弱环节，责令整改。对连续两次考核评价结果处于后5名的国家级经开区，建议降为省级经济开发区，按程序报国务院批准。

表 2-3　国家级经济技术开发区综合发展水平考核评价指标体系

一级指标	代码	二级指标	单位
产业基础	1	地区生产总值（地区 GDP）	万元
	2	出口总额	万美元
	3	其中：高新技术产品出口总额	万美元
	4	进口总额	万美元
	5	其中：高新技术产品进口总额	万美元
	6	实际使用外资金额	万美元
	7	单位土地地区生产总值产出强度	万元 /km^2
	8	劳动生产率	元 /（人·a）
	9	主营业务收入30（东部地区）/15（中西部地区）亿元及以上的制造业企业数量	个
	10	世界500强上榜企业投资研发中心、总部中心数量	个
	11	上市企业数量	个
	12	城市地下综合管廊配套能力	km/km^2
	13	每平方千米光纤里程数	km

续表

一级指标	代码	二级指标	单位
科技创新	14	实际用于科技创新的财政支出金额	万元
	15	规模以上工业企业研究与试验发展（R&D）经费支出占主营业务收入比重	%
	16	职业技能培训机构数量	个
	17	孵化器、众创空间数量	个
	18	省级及以上研发机构总数	个
	19	拥有省级及以上名牌产品的企业数量	个
	20	高新技术企业数	个
	21	高新技术企业主营业务收入占全区“四上”企业主营业务收入的比重	%
	22	硕士及以上学历人才数量占比	%
	23	具有高级职称的专业技术人才占比	%
	24	高技能人才占比	%
	25	每万人口发明专利拥有量	件/万人
	26	年度 PCT 专利申请量	件
	27	年度发明专利授权量	件
	28	技术合同交易额	万元
区域带动	29	地区生产总值（地区 GDP）占所在地级市地区生产总值（地区 GDP）比重	%
	30	公共财政预算收入占所在地级市公共财政预算收入比重	%
	31	税收收入占所在地级市税收收入比重	%
	32	实际使用外资占所在地级市实际使用外资比重	%
	33	高技术制造业产值占所在地级市高技术制造业产值比重	%
	34	第三产业增加值占所在地级市第三产业增加值比重	%
	35	设立产业引导基金、创业投资基金或其他政策性扶持基金个数	个
	36	企业数量增长率	%
	37	与其他国家级经开区合作共建的园区个数	个
	38	与其他地区合作共建的园区个数（经省级或以上政府认同的跨省合作园区）	个
	39	对口援疆、援藏、援助边境合作区个数	个
	40	土地开发利用率	%

续表

一级指标	代码	二级指标	单位
生态环保	41	单位地区生产总值能耗	t标准煤 / 万元
	42	单位地区生产总值水耗	m^3/ 万元
	43	单位地区生产总值化学需氧量（COD）排放量	kg/ 万元
	44	单位地区生产总值二氧化硫排放量	kg/ 万元
	45	单位地区生产总值氮氧化物排放量	kg/ 万元
	46	单位地区生产总值氨氮排放量	kg/ 万元
	47	通过 ISO 14000 认证企业数	个
	48	工业固体废物综合利用率	%
	49	再生水（中水）回用率	%
行政效能	50	（一站式）政务服务大厅在线审批率	%
	51	公共服务支出占公共财政预算支出比重	%
	52	是否独立设置安全生产机构	是 / 否
	53	是否通过 ISO 9001 质量认证	是 / 否

2.3.6 国家高新技术产业开发区评价指标体系

（1）评估目的

为了适应新形势对国家高新区的新要求，建立新的发展导向，引导国家高新区肩负起新的责任和使命，体现国家目标要求和政策导向的目标需要；为了做好国务院批准的《国家高新区扩区、改变区位和省级高新区升级的审批原则和审批程序》中提出的，对国家高新区主要指标进行排序的工作，在已有指标体系的基础上制定国家高新区新的评价指标体系。

（2）适用对象

国家高新技术产业开发区。

（3）评估维度

《国家高新技术产业开发区评价办法》中的评价指标体系定位于“政策评价”，强调高新区对国家导向目标的实现程度。评价从支撑性、投入性、产出性等不同角度入手，重点强调“自主创新、创业环境、内生增长、资源有效利用”等方面，以引导高新区的发展方向。

（4）指标体系结构

评价指标体系由知识创造和技术创新能力、产业升级和结构优化能力、国际化和参与全球竞争能力、高新区可持续发展能力 4 个一级指标构成，下设 44 个二级指标，其中定量指标共 39 个，定性指标共 5 个。

（5）评价计算方法

综合评价得分为一级指标加权得分之和，一级指标得分为所属二级指标加权得分之和，二级指标得分由该指标实际值及其排序经综合加权计算得到。定性指标通过定向公众问卷调查评价。科技部火炬中心每 2 年会对统计指标和评价指标进行微调，6～8 年进行综合修正和调整。

（6）评价比较范围

在设定评价指标时，充分考虑各高新区的土地面积、发展基础、支撑环境等差异，用“人均”“地均”等指标，并引入“区域测度指标”，不用总量等规模型指标，消除客观条件不平衡的影响，使评价结果和排序科学、公平、合理。

评价指标尽量能与国际通用指标对照，便于与国际接轨，并借鉴《OECD 科学技术和工业记分牌》，建立高新区评价记分牌，通过长期观察和分析大样本的统计指标，既能不断筛选出更科学的评价指标，完善高新区统计和评价指标，也能实现对每个高新区发展状况的动态监测。

（7）数据可得性

年度评价由科技部火炬中心组织开展，评价所涉及的数据源于经国家统计局批准、火炬中心组织实施的国家高新区年度统计调查。在指标的设定方面，该办法提出尽可能采用可统计的量化指标，并按照少、简、易操作的原则选择指标，指标数据可获得性相对较高。

（8）考核评价约束性

国家高新技术产业开发区实行竞争机制下的动态管理。国家科委制定《国家高新技术产业开发区考核标准及办法》，对开发区进行定期考核。经考核，对各项工作成绩优秀的高新区，给予表彰。对管理不善、发展缓慢的高新区，责令其限期整顿；经整顿无效的，将报请国务院取消其国家级高新技术产业开发区的资格。

表 2-4 国家高新区评价指标体系（2013 年修订版）

一级指标	二级指标
知识创造和技术创新能力	1.1 万人拥有本科（含）学历以上人数
	1.2 企业万元销售收入中 R&D 经费支出
	1.3 国家级研发机构数
	1.4 国家级孵化器数
	1.5 内资控股企业万人当年新增发明专利授权数
	1.6 管委会当年财政支出中对科技的投入额
	1.7 人均技术合同交易额
	1.8 工业增加值率
	1.9 企业利润率
	1.10 园区管委会的体制机制创新和有效运作评价
	1.11 园区发展符合国家导向评价
产业升级和结构优化能力	2.1 营业收入超 30 亿元高新技术企业数
	2.2 服务收入占营业总收入比例
	2.3 人均增加值
	2.4 高新技术企业数占企业总数比例
	2.5 国家级产业服务促进机构数
	2.6 万人当年新增的知识产权数（含注册商标）
	2.7 万人拥有的上市企业数量
	2.8 企业净资产利润率
	2.9 从业人员人均工资性收入占人均增加值比例
	2.10 园区科技金融发展状况评价
	2.11 园区战略性新兴产业和创新型集群培育及发展状况评价
国际化和参与全球竞争能力	3.1 海外留学归国人员和外籍常驻人员占从业人员的比例
	3.2 高新技术企业出口额占园区营业收入的比例
	3.3 技术服务出口额占出口总额的比例
	3.4 企业设立的境外分支机构数
	3.5 万人当年新增欧美日注册商标数
	3.6 万人当年新增欧美日专利授权数
	3.7 企业累计参与制定产业国际标准数

续表

一级指标	二级指标
国际化和参与全球竞争能力	3.8 当年内资控股企业的海外直接投资额
	3.9 园区实施人才战略与政策的绩效评价
	3.10 园区宜居性和城市服务功能的完善程度评价
高新区可持续发展能力	4.1 从业人员数增长率
	4.2 从业人员中硕士和博士占比
	4.3 企业数量增长率
	4.4 企业上缴税收总额增长率
	4.5 企业当年新增投资总额
	4.6 单位增加值综合能耗
	4.7 园区“政产学研资介用”合作互动与知识产权保护评价
	4.8 园区参与评价工作所报数据的客观性、准确性和完整性评价

2.3.7 其他省市、园区、企业的评估 / 评价 / 考核标准

除国家层面对于开发区、高新区等产业园区的考核评价办法外，地方层面对于各类产业园区的发展绩效评价政策、办法等也具有一定的代表性。地方考核评价政策、办法等往往兼顾考虑地方发展基础和产业园区发展阶段，其评价模式和评价指标体系等具有地方适宜性。在地方层面，关注产业园区以及企业发展绩效的主体包含政府、园区以及企业 3 个层面，因此本研究将从政府、园区、企业 3 个层面对产业园区社会绩效评价相关政策文件进行检索。其中，政府层面主要检索对象包含省、市层面的商务、发展改革、科技等部门，园区层面主要检索对象包含园区管理委员会下设相关部门，如宣传部、规划建设局、社会发展局、社会事业局、教育局、绩效考评局等，企业层面主要检索对象是指企业官方网站及企业内设相关部门。其中对政府层面相关文件的检索须兼顾考虑中国国内发展水平的地域差异，对园区和企业层面相关文件的检索则须兼顾园区 / 企业就园区 / 企业发展对内和对外的影响。

表 2-5　典型地方园区评价概况

检索层级	相关职能部门	文件形式
政府层面	省、市层面的商务部门、发展改革部门、科技部门等	评估 / 评价 / 考核办法等政策类文件
园区层面	园区管理委员会下设相关部门（如宣传部、规划建设局、社会发展局、社会事业局、教育局、绩效考评局等）	评估 / 评价 / 考核办法等政策类文件，园区年度发展报告，部门年度工作总结等
企业层面	企业内设相关部门	企业年度发展报告、总结报告，评价方法等

（1）浙江省美丽园区（开发区）评价

浙江省是中国经济最为发达、经济活跃度和增速最高的省份之一。商务部发布的 2019 年全国国家级经开区综合发展水平考核评价情况显示，前 20 强园区有 3 家位于浙江省内（嘉兴经开区、杭州经开区和宁波经开区），百强园区中有 13 家位于浙江省。同时，浙江省国家级经开区实际利用外资前 10 强开发区数量居全国第一。在实际利用外资排名中，嘉兴经开区实际利用外资列第 5 位，宁波经开区实际利用外资列第 9 位。在进出口总额 10 强中，宁波经开区位列第 8 位。

为在经济产出硬实力的基础上进一步增强园区在科技创新、制度完善、服务优化和环境美好等方面的软实力。2019 年，浙江省商务厅、发展改革委、经信厅、科技厅联合发布《关于印发浙江省美丽园区建设实施方案的通知》，提出建立美丽园区评价指标体系，实现营商环境、生态环境、文化、旅游等方面的协调发展，在 5 年时间内逐步推动全省范围内的美丽园区建设。计划首期选择 20 家工业园区作为美丽园区建设典型示范。

该计划所制定的美丽园区（开发区）评价指标体系按照各项任务要求，设置 6 项一级指标、48 项二级指标。考核范围覆盖园区投资环境的各个方面，分别为对外开放活力美、生产生活特色美、绿色生态环境美、数字信息智能美、高端创新结构美和营商环境服务美。

表 2-6　浙江省美丽园区（开发区）评价指标体系

一级指标	二级指标	单位	权重 / 分
对外开放活力美（20 分）	实际利用外资	万美元	5
	进出口总额	万美元	3
	国际产业合作园数量（省级 / 市级）	个	6
	实际利用外资增长率	%	3
	进出口总额增长率	%	3
生产生活特色美（20 分）	特色小镇（省级 / 市级）	有 / 无	2
	旅游景区创建数量	个	2
	基础设施投资额	万元	3
	拥有知名品牌（商标）数	个	2
	新产品产值率	%	1
	“四上”企业数	个	1
	“四上”企业平均净资产	万元	1
	“四上”企业主营业务收入	万元	1
	“四上”企业主营业务收入增长率	%	1
	税收收入	万元	1
	工业集中度	%	1
	产业聚集率	%	1
	土地利用率	%	1
	工业土地投资强度	万元 / 亩①	2
绿色生态环境美（15 分）	全省小城镇环境综合整治达标和省级样板乡镇情况（在开发区内）	有 / 无	4
	工业增加值能耗下降率	%	2
	清洁生产通过率	%	2
	循环化改造提升	有 / 无	2
	生态专项规划或环境评价报告	有 / 无	3
	通过 ISO 14000 环境管理体系标准认证		2

① 1 亩≈666.67 m^2。

续表

一级指标	二级指标	单位	权重 / 分
数字信息智能美（15 分）	智慧开发区平台建设	有 / 无	3
	数字化物业管理	有 / 无	3
	地理信息数字化	有 / 无	3
	园区门户网站和微信公众号（或 App）	有 / 无	3
	两化（信息化和工业化）融合获证企业、信息安全获证企业	有 / 无	3
高端创新结构美（15 分）	高新技术企业数	个	1
	新增企业发明专利授权数	个	1
	技改投入率	%	1
	每万人科技活动人员数	人	1
	科技活动经费支出强度	%	1
	高新技术企业产值占比	%	1
	国省千人才	人	2
	新批大好优项目数	个	1
	研发机构数	个	1
	土地税收产出率	万元 / 亩	1
	工业土地增加值产出率	万元 / 亩	1
	工业劳动生产率	万元 / 人	1
	工业企业主营业务利润率	%	1
	税收收入增长率	%	1
营商环境服务美（15 分）	“最多跑一次”改革当年评估排名所在县（市、区）结果		10
	综合行政服务平台	有 / 无	2
	开发区管理机构所属主要开发建设企业信用评级	评级	1
	开发区管理机构是否通过各项 ISO 体系认证（除 ISO 14000 标准）	数量	2

（2）陕西省高新技术产业开发区考核评价

为规范省级高新技术产业开发区（本节简称省级高新区）的认定管理，促进全省高新区高质量发展，陕西省科学技术厅依据《国家高新技术产业开发区管理暂行办法》《陕西省高新技术产业发展条例》等政策文件，结合陕西省发展实际，制定了《陕西省高新技术产业开发区考核评价管理办法》（本节简称《考评管理办法》）。考核评价管理工作由陕西省科学技术厅会同省发改厅、工业和信息化厅、自然资源厅、生态环境厅、省统计局等共同组织开展，评价工作原则上每年进行一次。具体考核评价工作由陕西省科学技术厅委托第三方机构开展。国家级高新区直接采纳科技部的评价结果。

陕西省级高新区评价指标体系包括园区开发能力、技术创新能力、产业发展能力、可持续发展能力、开放合作与辐射带动作用5个一级指标，下设38个二级指标。评价指标总分值100分，其中定量指标80分，定性指标20分。5个一级指标的分值分别为10分、30分、30分、15分、15分，一级指标分数再分解至二级指标。

评价采用上一年度相关统计数据和材料，评价方法以功效系数法为核心，采用综合加权汇总计算，得出每个省级高新区综合发展分值，再与加减项分数形成最终得分。高新区在评价年度内获得国家级奖励等情形，可酌情加分，单个评价年度内加分上限为5分。高新区在评价年度内发生重大安全事故、重大环保事故、严重违反建设规划或对社会造成重大不良影响的，一律按末位处理。

表2-7　陕西省级高新区评价指标体系

一级指标	二级指标	权重	指标类型
园区开发能力（10%）	1.1 累计开发面积	18%	定量
	1.2 区内工商注册企业数	20%	
	1.3 区内从业人员数	20%	
	1.4 工业总产值	22%	
	1.5 园区规划和基础设施建设评价	10%	定性
	1.6 体制机制创新和有效运作评价	10%	

续表

一级指标	二级指标	权重	指标类型
技术创新能力（30%）	2.1 万人拥有本科（含）学历以上人数所占比例	11%	定量
	2.2 企业 R&D 经费支出占主营业务收入比重	13%	
	2.3 企业新产品销售收入占主营业务收入比重	13%	
	2.4 万人市级以上研发机构数	11%	
	2.5 市级以上科技企业孵化器及众创空间数	10%	
	2.6 万人有效发明专利拥有量	11%	
	2.7 人均技术合同交易额	11%	
	2.8 园区“政产学研资介用”合作互动与知识产权保护评价	10%	定性
	2.9 园区及所在地政府出台支持高新区高质量发展政策评价	10%	
产业发展能力（30%）	3.1 高新技术企业数占企业总数比重	12%	定量
	3.2 企业人均营业收入	11%	
	3.3 高技术产业产值占比	12%	
	3.4 万人拥有的上市企业数	10%	
	3.5 万人科技型中小企业数	11%	
	3.6 单位土地总产值	13%	
	3.7 工业增加值率	11%	
	3.8 园区建立健全科技创新服务体系进展情况评价	10%	定性
	3.9 园区高新技术产业（含战略性新兴产业）和创新型集群培育发展状况评价	10%	
可持续发展能力（15%）	4.1 企业数量增长率	15%	定量
	4.2 高新技术企业增长率	15%	
	4.3 营业收入超过亿元的企业占企业总数的比重	18%	
	4.4 单位土地税收	14%	
	4.5 综合能耗产出率	18%	
	4.6 园区实施人才战略与政策的绩效评价	10%	定性
	4.7 园区宜居性和城市服务功能的完善程度评价	10%	

续表

一级指标	二级指标	权重	指标类型
开放合作与辐射带动作用（15%）	5.1 高新区工业总产值占所在城市工业总产值的比重	17%	定量
	5.2 高新区固定资产投资额占所在城市固定资产投资额的比重	17%	
	5.3 高新区出口额占所在城市出口额的比重	16%	
	5.4 港澳台商及外商投资企业占高新区企业的比重	15%	
	5.5 进出口额	15%	
	5.6 当地政府支持情况评价	10%	定性
	5.7 园区发展对所在城市的示范引领和辐射带动作用评价	10%	

《考评管理办法》中建立了相关机制以保障评价工作的有效推进。一方面，建立责任制度，各高新区管委会对统计数据和相关材料的真实性、及时性和有效性负责；虚报、瞒报以及不按要求上报评价相关资料，情节轻微的扣减一定分值，并进行通报批评；情节严重的将追究有关人员责任。另一方面，强化奖惩机制，根据年度评价结果给予一定的综合奖励，主要奖励在全国排名中名次进位明显的国家高新区和综合排名靠前的省级高新区；对排名后 2 位的省级高新区及全国评价排名后 10 位的国家高新区通报批评并限期整改。此外，坚持以建促升，根据评价结果选择基础较好、规模较大、主导产业明确、创新能力显著、区位优势明显的省级高新区，促升国家高新区。

（3）上海市开发区综合评价

从 2010 年开始，为促进上海市开发区加快实现“创新驱动、转型发展”，以新型工业化为发展主线，按照上海市工业区“十二五”规划的要求，上海市经信委委托行业协会从产业发展、资源利用、创新发展、投资环境等方面对上海市开发区（园区）展开了定期（每年一次）综合评价工作，以服务于园区可持续发展和精细化管理。

根据上海市经信委委托，上海市开发区协会和礼森（中国）产业园区智库组织合作开展了近 10 年的上海市开发区综合评价工作。根据《上海市开发区综合评价办法（2017 版）》，共有 108 家市级以上开发区、产业基地、区 / 镇级产业园区参加2019年开发区综合评价，数据来源为各园区上报的2018年度产业园区统计年报。

上海市开发区综合评价以导向性、科学性、综合性为工作原则，评价对象为本市相关开发区（其他产业基地、产业区块及工业集中区参照开展）。综合评价指标体系由产业发展、资源利用、创新发展、投资环境4个指数、11个分项指数以及68个单项评价指标构成。通过分别设置指标权重、评分标杆，计算综合评价指数、分项指数，进行开发区综合评价排名。评价指标见表2-8。

表2-8　上海市开发区社会绩效评价指标权重情况

指数	权重	分项指数	权重	单项指标	权重
产业发展（1）	0.35	经济规模（1.1）	0.4	……	……
		发展速度（1.2）	0.3	……	……
		发展质量（1.3）	0.3	园区销售利润率（1.3.1）	0.25
				人均劳动生产率（1.3.2）	0.2
				园区主导产业集聚度（1.3.3）	0.35
				从业人员平均劳动报酬（1.3.4）	0.2
资源利用（2）	0.25	土地集约（2.1）	0.5	……	……
		节能减排（2.2）	0.3	……	……
		环境保护（2.3）	0.2	……	……
创新发展（3）	0.25	战略性新兴产业和高新技术产业化（3.1）	0.55	……	……
		科技创新（3.2）	0.35	区内企业拥有专利数（3.2.1）	0.15
				R&D经费占主营业务收入比例（3.2.2）	0.2
				入选国家和本市相关人才计划的人员加权合计数（3.2.3）	0.3
				从业人员大专以上学历人数占比（3.2.4）	0.1
				研发人员比重（3.2.5）	0.05
				研发中心（机构）数（3.2.6）	0.1
				技术先进型服务企业数（3.2.7）	0.1

续表

指数	权重	分项指数	权重	单项指标	权重
创新发展（3）	0.25	创新平台（3.3）	0.1	是否建立高新技术企业孵化器（3.3.1）	0.4
				是否建立中小企业融资促进平台（3.3.2）	0.3
				是否建立创业投资服务机构（3.3.3）	0.3
投资环境（4）	0.15	产业发展环境（4.1）	0.4	园区集团总部和世界500强企业地区总部以及上市公司加权合计数（4.1.1）	0.3
				园区世界500强企业数（4.1.2）	0.3
				园区是否具有国际开放口岸（4.1.3）	0.1
				园区单位面积基础设施投入（4.1.4）	0.3
		管理服务环境（4.2）	0.6	园区是否编制完成所在区域控详规划（4.2.1）	0.1
				是否认定为国家新型工业化产业示范基地（4.2.2）	0.2
				是否为国家级开发区（4.2.3）	0.2
				是否认定为上海市品牌园区（4.2.4）	0.05
				是否认定为上海市生产型服务业功能区（4.2.5）	0.05
				是否认定为其他国家级或市级功能园区（4.2.6）	0.05
				园区管理机构是否通过ISO 14000和ISO 9001认证（4.2.7）	0.05
				园区是否设立专项发展资金（4.2.8）	0.2
				累计安全生产时间（4.2.10）	0.1

综合评价满分为1 000分，各开发区得分情况按以下方法计算确定。公式中：i代表某项指标，j代表某个开发区，X为该指标的实际值，A_1、A_2、A_3、A_4分别为各指标对应的满分值、优秀值、一般值和零分值，b_i为该指标的权重，Z_{ij}为各开发区的单项指标得分，Z_j为各开发区的总指数得分。

正指标X_i：指标数值越大，得分越高。

当$X_i > A_1$时，$Z_{ij}=b_i \times 1\,000$

当 $A_2 < X_i < A_1$ 时，$Z_{ij}=\{[(X_i-A_2)/(A_1-A_2)]\times 0.2+0.8\}\times b_i\times 1\,000$

当 $A_3 < X_i < A_2$ 时，$Z_{ij}=\{[(X_i-A_3)/(A_2-A_3)]\times 0.2+0.6\}\times b_i\times 1\,000$

当 $A_4 < X_i < A_3$ 时，$Z_{ij}=\{[(X_i-A_4)/(A_3-A_4)]\times 0.6\}\times b_i\times 1\,000$

当 $X_i < A_4$ 时，$Z_{ij}=0$

逆指标 X_i：指标数值越小，得分越高。

当 $X_i < A_1$ 时，$Z_{ij}=b_i\times 1\,000$

当 $A_1 < X_i < A_2$ 时，$Z_{ij}=\{[(A_2-X_i)/(A_2-A_1)]\times 0.2+0.8\}\times b_i\times 1\,000$

当 $A_2 < X_i < A_3$ 时，$Z_{ij}=\{[(A_3-X_i)/(A_3-A_2)]\times 0.2+0.6\}\times b_i\times 1\,000$

当 $A_3 < X_i < A_4$ 时，$Z_{ij}=\{[(A_4-X_i)/(A_4-A_3)]\times 0.6\}\times b_i\times 1\,000$

当 $X_i > A_4$ 时，$Z_{ij}=0$

目前的综合评价指标体系中，仅有以下 5 项指标为逆指标，分别为单位增加值综合能耗（2.2.1）、单位生产总值综合能耗（2.2.2）、单位生产总值新鲜水耗（2.2.4）、单位生产总值二氧化硫排放量（2.3.3）、单位生产总值 COD 排放量（2.3.4）。

分段指标 X_i：目前的综合评价指标体系中，仅有“综合建筑密度（2.1.6）”为分段指标。该指标的计算方法为

当 $0.35 < X_i < 0.45$ 时，$Z_{ij}=b_i\times 1\,000$；

当 $X_i < 0.35$ 时，按正指标计算，$A_2=0.3$，$A_3=0.25$，$A_4=0$。

当 $X_i > 0.45$ 时，按逆指标计算，$A_2=0.5$，$A_3=0.55$，$A_4=1$。

定性指标 X_i：

当 $X_i=A_1$ 时，$Z_{ij}=b_i\times 1\,000$

当 $X_i=A_2$ 时，$Z_{ij}=0.8\times b_i\times 1\,000$

当 $X_i=A_3$ 时，$Z_{ij}=0.6\times b_i\times 1\,000$

当 $X_i=A_4$ 时，$Z_{ij}=0$

总指数：$Z_j=\sum Z_{ij}$

（4）苏州工业园区工业企业资源集约利用综合评价

苏州工业园区地处我国经济最为发达、产业最为密集的长三角城市群核心位置，土地资源是园区发展的硬约束条件。因此，“向质量要效益、向空间要资

源，努力提高引进项目质量、单位投资强度和建筑容积率”的高质量发展理念贯穿苏州工业园区的发展历程。

为进一步提升单位资源产出率、加快淘汰低端低效产能，2017 年，《苏州市工业资源集约利用综合评价办法（试行）》（以下简称《办法》）正式出台。

《办法》提出，将对占地 3 亩以上的工业企业进行评价，把企业分为 4 大类进行管控管理。这项评价每年进行一次，按照评价得分高低排序分为 A（优先发展类，综合评价得分排在前 20%）、B（支持发展类，综合评价得分排在前 20%～50%）、C（提升发展类，综合评价得分排在前 50%～90%）、D（限制，综合评价得分排在后 10%）4 类。

《办法》出台的当年即实行，针对评价得出的 4 类企业，苏州工业园区管委会采取不同措施：对 A 类企业，重点支持继续促进其发展质量的提升；对 B 类企业，支持其生产工艺创新和转型升级；对 C、D 类企业，促进转型升级；对排名后 5% 的 D 类企业，逐步运用差别化的水电气价格、污水处理费、排污权有偿使用费和交易等手段，“倒逼”其技术整改或淘汰退出。

苏州工业园区工业企业资源集约利用综合评价指标体系见表 2-9。

表 2-9　苏州工业园区工业企业资源集约利用综合评价指标体系

指标	权重	备注
亩均税收（实缴税金 / 占地面积）	30%	为避免该类单项指标对企业综合评价结果产生过大影响，设定每项评价指标的得分最高不超过该项评价指标基准分的 1.5 倍，最低为零分。若该项评价指标数据空缺，则该项指标得零分。参评企业该类指标评价值除以该类指标基准值再乘以指标基准分，即该类指标评价得分
亩均销售（销售收入 / 占地面积）	20%	同上
全员劳动生产率（增加值 / 平均职工人数）	15%	同上
研发经费占销售的比重（研发经费支出 / 销售收入）	15%	有研发经费数据的企业，“研发经费占销售的比重”指标评价值最高的得基准分，其他企业按其“研发经费占销售的比重”评价值除以该指标最高值再乘以该指标基准分确定。没有研发经费数据的企业得零分

续表

指标	权重	备注
单位能耗增加值（增加值 / 总能耗）	10%	“单位能耗增加值”指标评价值最高的企业得基准分，其他企业按其“单位能耗增加值”指标评价值除以该指标最高值再乘以该指标基准分确定。没有销售数据的得零分
单位主要污染物增加值（增加值 / 主要污染物排放总当量）	10%	有主要污染物当量数据的企业，“单位主要污染物增加值”指标评价值最高的企业得基准分，其他企业按其“单位主要污染物增加值”指标评价值除以该指标最高值再乘以该指标基准分确定。没有主要污染物当量数据的企业，有销售数据的得基准分，没有销售数据的得零分

（5）青岛中德生态园指标体系

青岛中德生态园（Sino-German Ecopark）是由中德两国政府合作建设的首个可持续发展示范项目。园区自 2013 年 7 月启动建设以来，围绕“田园环境、绿色发展、美好生活”的发展愿景，在生态建设、绿色发展、改革创新等多方面先行先试，取得了显著的发展成效。迄今，园区先后获得“全国首批低碳城镇试点”“全国首家综合标准化示范园区”“国家绿色制造国际创新园”“全国智慧城市试点”“国家绿色生态示范城区”“全国首批新能源示范园区”“全国首批智能制造灯塔园区”等荣誉。

中德生态园于 2012 年建立了一套包含经济、社会、环境、资源 4 大类共 40 项条目的指标体系，作为园区规划建设全局的指引，以标准化实现管理模式的创新。该指标体系立足“生态、示范”两个关键因素，构建量化的指标体系，以促进社会、环境、资源与经济四维平衡发展，并通过实践确保可持续发展量化指标能操作、能实现。历时 5 年，经过园区逾 200 万 m^2 的建设实践检验，证明该指标体系符合国际国内城市可持续发展的趋势，可执行、可复制、可推广。2017 年，中德生态园管委会提出了创建国际一流园区的目标，并逐步开展指标评估和升级工作，为绿色生态建设奠定了良好的基础[①]。在指标体系的 40 条

① 孟凡奇，陈鹏，王佳成，等. 指标体系引导下的绿色生态建设——青岛中德生态园标准化实践［J］. 生态城市与绿色建筑，2018（2）：71-76.

评价指标中，包括34项控制性指标和6项引导性指标，其中控制性指标分为经济优化、环境友好、资源节约以及包容发展4类。除控制性指标外，还有环境空气质量提升、园区智能化系统高水平建设、海洋新兴产业发展优先、本地产业共生与配套完善、绿色设计理念推广、海洋文化特色突出6项引导性指标（表2-10）。

表2-10　青岛中德生态园指标体系

评价维度	一级指标	二级指标	2020年指标值
经济优化类指标	减少生产排放	单位GDP碳排放强度	180 tCO_2/百万美元
		企业清洁生产审核实施及验收通过率	100%
		单位工业增加值COD排放量	≤0.8 kg/万元
	提高利用效率	工业余能回收利用率	≥50%
		单位工业增加值新鲜水耗	≤7 m^3/万元
		工业用水重复利用率	≥75%
	转变产业结构	中小企业政策指数	5
		研发投入占GDP比重	≥4%
环境友好类指标	平衡宜居宜业	人均公园绿地面积	30 m^2/人
		区内地表水环境质量达标率	100%
		区域噪声平均值	昼间均值55 dB（A） 夜间均值45 dB（A）
		城市室外照明功能区达标率	100%
	降低建设影响	园区范围内原有地貌和肌理保护比例	40%
		绿色施工比例	100%
	保育生物多样	鸟类食源树种植株比例	35%
资源节约类指标	促进源头减量	绿色建筑比例	35%
		日人均生活用水量	≤100 L/（人·日）
		日人均生活垃圾产生量	≤0.8 kg/（人·日）
		建筑合同能源管理率	100%
	开展多源利用	分布式能源供能比例	≥60%
		可再生能源使用率	≥15%
		非传统水资源利用率	≥50%
		垃圾回收利用率	≥60%

续表

评价维度	一级指标	二级指标	2020 年指标值
资源节约类指标	完善设施体系	绿色出行所占比例	≥80%
		建筑与市政基础设施智能化覆盖率	100%
		开挖年限间隔不低于 5 年的道路比例	100%
		危险废物及生活垃圾无害化处理率	100%
包容发展类指标	共享幸福社区	民生幸福指数	≥90 分
		步行范围内配套公共服务设施完善便利的区域比例	100%
		步行 5 分钟可达公共绿地居住区比例	100%
		保障性住房占住宅总量的比例	≥20%
		本地居民社会保险覆盖率	100%
	加强交流合作	适龄劳动人口职业技能培训小时数	≥25 h/a
		中德国际交流活动频率	≥1 次 /a

3

“十三五”生态工业园区绿色绩效评价

"SHISANWU" SHENGTAI GONGYEYUANQU
LVSE JIXIAO PINGJIA

3.1 评价体系构建

3.1.1 评价原则

本次生态工业园区绿色绩效评价为编者团队生态工业研究领域科研成果，非国家生态工业示范园区管理部门发布的官方排名，不作为任何管理部门对园区的考核依据。

评价使用相关数据为园区提供。

3.1.2 评价内容

从经济发展、资源和能源利用、污染物排放、产业共生、生态环境、环境管理等方面对国家生态工业示范园区整体建设情况进行评价，重点评价 2020 年度绩效。

3.1.3 评价指标

评价指标参考《国家生态工业示范园区标准》（HJ 274—2015）指标体系中的指标。

3.2 绿色绩效整体评价

（1）经济高质量发展

工业园区是我国地方经济和区域发展的重要支撑力量，国家生态工业示范园区是其中理念先进、发展速度快、生产技术先进、建设效果显著的先进园区典范。2020 年度统计数据显示，各园区人均工业增加值平均水平为 51.44 万元 / 人，远超《国家生态工业示范园区标准》（HJ 274—2015）15 万元 / 人，同比增长 5.4%，较 2016 年的 46.63 万元 / 人增长 10.32%，其中山东阳谷祥光铜业工业园、上海化学工业经济技术开发区、青岛经济技术开发区、连云港徐圩新区、贵阳经济技术开发区均为 100 万元 / 人以上。有 7 家园区工业增加值 3 年年均增长率超过 15%，其中天津子牙经济技术开发区国家生态工业示范园区为 31.01%，其次为山东潍坊滨海经济开发区，也处在起步发展阶段，工业增加值年均增速达到 22.48%。

“十三五”时期，国家生态工业示范园区加强科技创新驱动社会生产力，不断优化产业结构，2020 年度园区高新技术企业产值占园区工业总产值的平均水平达到 50.04%，较 2016 年的 43.38% 增长 15.35 个百分点，其中宁波高新技术产业开发区的高新技术企业产值占比最高，达到 90.8%。

（2）资源利用集约优化

国家生态工业示范园区建设高度重视土地资源和水资源的集约、优化利用，园区注重工业用地的综合效益及用地功能、结构的合理性，通过科学规划、盘活存量、提高产业质量等方面实施多项举措，显著提升园区的土地资源产出水平。此外，园区通过生产工艺改进，建立企业内部、企业之间的水资源梯级、循环利用模式，完善园区基础设施，建设中水回用及雨水综合利用等工程，实现园区水资源重复利用量大幅提升，中水回用水平不断提高。园区在保持经济快速发展的同时，实现了土地资源和水资源的集约、高效利用。

①土地资源利用方面。2020 年度统计数据显示，各园区单位工业用地面积工业增加值平均数为 26.48 亿元 /km^2、中位数为 20.03 亿元 /km^2，有 36 家园区单位工业用地面积工业增加值超过 20 亿元 /km^2，其中北京经济技术开发区取得了单位工业用地面积产出 123.08 亿元 /km^2 的优异成绩，是《国家生态工业示范

园区标准》（HJ 274—2015）要求的 9 亿元 /km^2 的 13.68 倍。单位工业用地面积工业增加值 3 年年均增长率平均数为 6.86%、中位数为 4.59%，其中有 17 家园区超过 6% 的标准值，上海张江高科技园区达到 20.8%，成为土地资源产出发展最快的园区。

②水资源利用方面。国家生态工业示范园区实现新鲜水耗强度的有效降低，废水重复利用率和中水回用率都显著提升。2020 年度统计数据显示，国家生态工业示范园区单位工业增加值新鲜水耗平均数为 6.07 m^3/ 万元（同比下降 11.39%）、中位数为 3.54 m^3/ 万元，其中有 15 家园区单位工业增加值新鲜水耗低于 2 m^3/ 万元，其中山东阳谷祥光生态工业园区不超过 0.2 m^3/ 万元。共 21 家园区新鲜水耗弹性系数为负值，实现新鲜水资源消耗总量的负增长。园区工业用水重复利用率平均数为 81.64%、中位数为 88.11%，明显优于 75% 的标准值，其中有 28 家园区工业用水重复利用率超过 90%。国家生态工业示范园区不仅对新鲜水资源进行减量化和多级再利用，对中水也进行了集中式收集、处理和回用，其中 10 家园区中水回用率达到 30% 及以上，其中阳谷祥光铜业工业园再生水（中水）回用率高达 100%。

（3）能源利用低碳高效

节能减排是贯彻落实“双碳”目标的重要举措，也是推进经济结构调整、转变发展方式、实现工业园区高质量发展的必然要求。“十三五”期间，国家生态工业示范园区的示范建设中，通过加大节能投入，实施重点节能改造工程，推广节能技术，使用清洁能源等措施，实现节能降耗的显著成效。2020 年，我国基于推动实现可持续发展的内在要求和构建人类命运共同体的责任担当，宣布了“双碳”目标愿景。“双碳”目标为中国经济社会高质量发展提供了方向指引，是一场广泛而深刻的经济社会系统性变革，也对工业园区低碳发展提出了新要求。国家级生态工业示范园区创建，通过加大节能投入，实施重点节能改造工程，推广节能技术，使用清洁能源等措施，实现节能降耗的显著成效，强有力地支持了我国节能减排工作，助力实现“双碳”目标。

①综合能耗强度方面。2020 年度统计数据显示，各园区单位工业增加值综合能耗平均数为 0.27 t 标准煤 / 万元（同比下降 13%）、中位数为 0.16 t 标准煤 /

万元，65 家园区实现综合能耗强度不大于 0.5 t 标准煤 / 万元的标准，能耗强度最低的园区为贵阳经济技术开发区，仅为 0.025 t 标准煤 / 万元。

②弹性系数方面。共有 22 家园区的综合能耗弹性系数小于零，实现了综合能耗总量的负增长，上海青浦工业园区综合能耗弹性系数最低，为 -4.57。很多园区都开展了可再生能源如太阳能、风能、潮汐能等的开发和利用，其中连云港徐圩新区实现可再生能源使用量占综合能源消耗量比例高达 30.01%。

③碳排放强度削减方面。2020 年，单位工业增加值二氧化碳排放量年均削减率平均数为 7.78%、中位数为 5.92%，削减率大于 10% 的园区共有 11 家，其中贵阳经济技术开发区达到 87%。国家生态工业示范园区在节能降耗助力实现“双碳”目标方面成效突出，能源结构和能源种类逐步向低碳、清洁化转变。

（4）产业共生效果逐渐显现

国家生态工业示范园区通过实施重点项目，构建生态产业链网，实现废弃资源、能源的再利用，提升资源利用效率，减少废物及污染物排放，推进园区绿色低碳循环发展。2020 年，73 家园区实施了 6 项及以上用于构建生态产业链的重点项目，其中 32 家园区达到 10 项，上海化学工业经济技术开发区以实施了 62 项用于构建生态产业链的重点项目领跑所有园区。

2020 年，各园区工业用水重复利用率中值水平达到 89.35%，较 2016 年中值水平提升 3.54 个百分点。2020 年有 28 家园区工业用水重复利用率超过 90%，其中山东阳谷祥光生态工业园区、徐州经济技术开发区、张家港保税区暨扬子江化学工业园 3 家园区的工业用水重复利用率超过 98%。国家生态工业示范园区不仅对新鲜水资源进行减量化和多级再利用，对中水也进行了集中式收集、处理和回用，共有 29 家园区建设了中水厂，其中 10 家园区中水回用率达到 30% 及以上。

①工业固体废物综合利用方面。2020 年，43 家园区的工业固体废物综合利用率 90% 以上，其中 5 家园区高于 99%，连云港徐圩新区和郑州经济技术开发区为工业固体废物综合利用效果最好的园区，利用率达到 100%。

②再生资源循环利用方面。所有选择再生资源循环利用率的园区共 16 家，其中成都经济技术开发区、郑州经济技术开发区、连云港徐圩新区均达到 100%。

（5）污染物排放减量增效

在国家生态工业示范园区示范建设中，积极构建生态产业链网，在企业层面大力推广清洁生产，推进循环经济，全面控制园区污染物排放，成效显著。2020 年，各园区 COD、氨氮、SO_2 和氮氧化物 4 种污染物排放的综合弹性系数平均数为 −2.79、中位数为 −0.91，59 家园区实现污染物排放总量的负增长，园区整体污染物减排趋势明显，污染物减排效果最明显的为上海市工业综合开发区，污染物排放弹性系数为 −20。

①单位工业增加值废水排放量方面。2020 年，各园区废水排放强度平均数为 3.27 t/ 万元、中位数为 2.2 t/ 万元，废水排放强度小于 1 t/ 万元的园区共有 7 家园区，其中排放量最少的为宁波高新技术产业开发区 0.3 t/ 万元，其次为长春经济技术开发区 0.15 t/ 万元。

②单位工业增加值固废产生量方面。各园区平均数为 0.38 t/ 万元、中位数为 0.04 t/ 万元，其中有 5 家园区固体废物排放强度小于 0.01 t/ 万元，其中扬州维扬经济开发区工业固体废物排放强度仅为 0.002 t/ 万元。

（6）环境管理体系逐步完善

国家生态工业示范园区管理机构注重加强宏观管理能力，以政府引导、企业主体，市场推动为原则，在政策引导、机构建设和管理模式创新等方面实现环境管理的精准化、科学化。示范园区不断完善环境管理体系，提出多项环境管理底线要求，要求创建园区的重点污染源实现稳定达标排放；园区内国家重点污染物排放总量控制指标及地方特征污染物排放总量控制指标全部完成；园区内企事业单位未发生过特别重大、重大突发环境事件；园区具备污水集中处理设施；并达到 6 个 100%，即园区环境管理能力完善度达到 100%，园区重点企业清洁生产审核实施率达到 100%，园区环境风险防控体系建设完善度达到 100%，园区内固体废物（含危险废物）处置利用率达到 100%，园区重点企业环境信息公开率达到 100%，以及园区生态工业信息平台完善程度为 100%。这些指标及要求的实施有效提升了园区的环境管理水平，为园区开展生态环境保护工作及落实"减污降碳、协同增效"提供了坚实保障。各园区平均绿化覆盖率已达到 31.67%，使国家生态工业示范园区成为自然生态与工业生态结合的典范。

依据 2020 年创建中和已命名的国家生态工业示范园区统计数据，各指标整体绩效水平及特色园区见表 3-1。

表 3-1　各指标整体绩效水平及特色园区汇总

大类指标	序号	指标名称	单位	标准值	中位值	最优值	最优前 3 名园区（含未将该指标纳入考核指标的园区）
经济发展	1	高新技术企业工业总产值占园区工业总产值比例	%	≥30	45.22	90.80	宁波高新技术产业开发区 阳谷祥光铜业工业园 北京经济技术开发区
	2	人均工业增加值	万元 / 人	≥15	39.20	172.82	阳谷祥光铜业工业园 上海化学工业经济技术开发区 青岛经济技术开发区
	3	园区工业增加值 3 年年均增长率	%	≥15	6.15	31.01	天津子牙经济技术开发区 山东潍坊滨海经济开发区 广州南沙经济技术开发区
	4	资源再生利用产业增加值占园区工业增加值比例	%	≥30	0.39	72.25	天津子牙经济技术开发区 成都经济技术开发区 临沂经济技术开发区
产业共生	5	建设规划实施后新增构建生态工业链项目数量	个	≥6	8.00	62.00	上海化学工业经济技术开发区 扬州经济技术开发区 广州开发区
	6	工业固体废物综合利用率	%	≥70	92.05	100.00	连云港徐圩新区 郑州经济技术开发区 沈阳经济技术开发区
	7	再生资源循环利用率	%	≥80	88.34	100.00	连云港徐圩新区 成都经济技术开发区 郑州经济技术开发区

续表

大类指标	序号	指标名称	单位	标准值	中位值	最优值	最优前 3 名园区（含未将该指标纳入考核指标的园区）
资源节约	8	单位工业用地面积工业增加值	亿元 / 平方千米	≥9	20.37	123.08	北京经济技术开发区 上海闵行经济技术开发区 上海张江高科技园区
	9	单位工业用地面积工业增加值 3 年年均增长率	%	≥6	4.80	20.8	上海张江高科技园区 山东潍坊滨海经济开发区 广州南沙经济技术开发区
	10	综合能耗弹性系数	—	当园区工业增加值建设期年均增长率＞0，≤0.6	0.29	-4.57	上海青浦工业园区 阳谷祥光生态工业园区 昆明经济技术开发区
	11	单位工业增加值综合能耗	t 标准煤 / 万元	≤0.5	0.14	0.025	贵阳经济技术开发区 郑州经济技术开发区 南京高新技术产业开发区
	12	可再生能源使用比例	%	≥9	1.27	30.01	连云港徐圩新区 广州南沙经济技术开发区 张家港经济技术开发区
	13	新鲜水耗弹性系数	—	当园区工业增加值建设期年均增长率＞0，≤0.55	0.27	-6.13	长春经济技术开发区 昆明经济技术产业开发区 上海青浦工业园区
	14	单位工业增加值新鲜水耗	立方米 / 万元	≤8	3.50	0.20	阳谷祥光铜业工业园 宁波高新技术产业开发区 贵阳经济技术开发区

续表

大类指标	序号	指标名称	单位	标准值	中位值	最优值	最优前 3 名园区 （含未将该指标纳入考核指标的园区）
资源节约	15	工业用水重复利用率	%	≥75	87.10	99.95	阳谷祥光生态工业园区 徐州经济技术开发区 张家港保税区暨扬子江国际化学工业园
	16	再生水（中水）回用率	%	缺水城市达 20% 以上、京津冀区域达 30% 以上、其他地区达 10% 以上	22.42	100.00	阳谷祥光铜业工业园 廊坊经济技术开发区 天津经济技术开发区
环境保护	17	工业园区重点污染源稳定排放达标情况	%	达标	达标	达标	—
	18	工业园区国家重点污染物排放总量控制指标及地方特征污染物排放总量控制指标完成情况	—	全部完成	全部完成	全部完成	—
	19	工业园区内企事业单位发生特别重大、重大突发环境事件数量	—	0	0	0	—
	20	环境管理能力完善度	%	100	100.00	100.00	—
	21	工业园区重点企业清洁生产审核实施率	%	100	100.00	100.00	—
	22	污水集中处理设施	—	具备	具备	具备	—
	23	园区环境风险防控体系建设完善度	%	100	100.00	100.00	—

续表

大类指标	序号	指标名称	单位	标准值	中位值	最优值	最优前 3 名园区（含未将该指标纳入考核指标的园区）
环境保护	24	工业固体废物（含危险废物）处置利用率	—	100	100	100	—
	25	主要污染物排放弹性系数	—	当园区工业增加值建设期年均增长率＞0，≤0.3	-0.90	-20	上海市工业综合开发区 上海青浦工业园区 阳谷祥光生态工业园区
	26	单位工业增加值二氧化碳排放量年均削减率	%	≥3	5.71	87	贵阳经济技术开发区 南京高新技术产业开发区 长春经济技术开发区
	27	单位工业增加值废水排放量	t/ 万元	≤7	2.0	0.21	宁波高新技术产业开发区 长春经济技术开发区 上海闵行经济技术开发区
	28	单位工业增加值固体废物产生量	t/ 万元	≤0.1	0.04	0.002	扬州维扬经济开发区 上海漕河泾新兴技术开发区 贵阳经济技术开发区
	29	绿化覆盖率	%	≥15	32.00	55.76	珠海高新技术产业开发区 广州开发区 合肥高新技术产业开发区
信息公开	30	重点企业环境信息公开率	%	100	100.00	100.00	—
	31	生态工业信息平台完善程度	%	100	100.00	100.00	—
	32	生态工业主题宣传活动	次 /a	≥2	2.00	12.00	张家港保税区暨扬子江国际化学工业园 淮安经济技术开发区 上海市莘庄工业区 张家港经济技术开发区

3.3 分项园区绩效评价

3.3.1 分数核算方法

（1）排名方法

《国家生态工业示范园区标准》（HJ 274—2015）共有 32 项指标，其中必选指标 17 项，可选指标（多选一指标）15 项。根据必选指标和可选指标选择要求，对各园区提交的 2019 年度国家生态工业示范园区年度评价报告信息公开表数据进行赋分，并筛选各园区分数最高的 23 项指标，以算术平均数作为园区综合评分，由高到低排名。

（2）各指标赋分方法

23 项指标分为 10 项定性指标和 13 项定量指标，赋分方法不同。

定性指标是标准值为“达标”“全部完成”“具备”“100%”或“0”的各项指标（表 3-2），指标值与标准值一致赋 100 分，否则赋 0 分。

表 3-2 《国家生态工业示范园区标准》中定性指标

序号	定性指标名称	标准值
1	重点污染源稳定排放达标情况	达标
2	工业园区国家重点污染物排放总量控制指标及地方特征污染物排放总量控制指标完成情况	全部完成
3	工业园区内企事业单位发生特别重大、重大突发环境事件数量	0
4	环境管理能力完善度	100%
5	清洁生产审核实施率	100%
6	污水集中处理设施	具备
7	园区环境风险防控体系建设完善度	100%
8	工业固体废物（含危险废物）处置利用率	100%
9	重点企业环境信息公开率	100%
10	生态工业信息平台完善程度	100%

定量指标赋分时，如不达标赋 0 分，达标赋［60，100］，具体分值计算公式如下。为推进园区积极开展减污降碳，对弹性系数类指标区分赋值，当经济正增长且新鲜水耗、综合能耗、主要污染物排放下降时，从 90 分起赋值，如未下降则最高为 90 分，详见式（3-1）和式（3-2）。非弹性系数类定量指标赋分见式（3-3）。

当工业增加值较规划基准年正增长，弹性系数指标值 d_n 大于 0 时，计算公式如下：

$$D_n = 60 + \frac{d_0 - d_n}{d_0 - 0} \times 30 \tag{3-1}$$

当工业增加值较规划基准年正增长，弹性系数指标值 d_n 小于 0 时，计算公式如下：

$$D_n = 90 + \frac{0 - d_n}{0 - d_m} \times 10 \tag{3-2}$$

非弹性系数类定量指标标准值区间单一，计算公式如下：

$$D_n = 60 + \frac{d_n - d_0}{d_m - d_0} \times 40 \tag{3-3}$$

式中　D_n——第 n 个园区的弹性系数指标 d 的赋分分值；

d_m——指标 d 的园区数据集合中的最优极值，正向指标 d_m 为极大值，负向指标，d_m 为极小值；

d_n——第 n 个园区指标 d 的指标值；

d_0——指标 d 的标准值，参见《国家生态工业示范园区标准》（HJ 274—2015）。

3.3.2　排名结果

（1）综合排名结果

根据赋分核算方法，对 2020 年提交年度评价报告的 74 家创建中和已命名国家生态工业示范园区进行综合赋分排名（表 3-3）。赋分排名前 10 名的园区分别为上海闵行经济技术开发区、山东阳谷祥光生态工业园区、南京江宁经济技术开发区、郑州经济技术开发区、合肥高新技术产业开发区、广州南沙经济技术开发区、宁波高新技术产业开发区、江苏常州钟楼经济开发区、天津子牙经济技术开发区、张家港经济技术开发区。前10名中东部地区园区8家，中部地区园区2家，均为已命名园区。

表3-3　2020年度国家生态工业示范园区综合排名

排名	园区名称	地区	创建状态	分数
1	上海闵行经济技术开发区	东部	已命名	90.79
2	山东阳谷祥光生态工业园区	东部	已命名	90.63
3	南京江宁经济技术开发区	东部	已命名	90.30
4	郑州经济技术开发区	中部	已命名	90.26
5	合肥高新技术产业开发区	中部	已命名	90.23
6	广州南沙经济技术开发区	东部	创建中	90.12
7	宁波高新技术产业开发区	东部	已命名	90.10
8	江苏常州钟楼经济开发区	东部	已命名	89.45
9	天津子牙经济技术开发区	东部	已命名	89.39
10	张家港经济技术开发区	东部	创建中	89.19
11	福州经济技术开发区	东部	已命名	89.16
12	廊坊经济技术开发区	东部	已命名	88.76
13	昆山高新技术产业开发区	东部	已命名	88.60
14	上海青浦工业园区	东部	已命名	88.54
15	北京经济技术开发区	东部	已命名	88.42
16	乌鲁木齐经济技术开发区	西部	已命名	88.27
17	昆山经济技术开发区	东部	已命名	88.27
18	江苏武进经济开发区	东部	已命名	88.20
19	合肥经济技术开发区	中部	创建中	87.99
20	西安高新技术产业开发区	西部	已命名	87.83

74 家创建中和已命名的国家生态工业示范园区整体平均得分为 83.71，中位数为 84.97。已命名的 63 家示范园区平均分为 83.37，正在创建示范园区的 11 家园区平均分为 85.70，创建中园区比已命名园区平均分高 2.33 个百分点。按东、中、西和东北部地区划分，东部地区园区共 60 家，平均分为 83.50；中部地区园区共 6 家，平均分为 87.33；西部地区共 6 家，平均分为 82.73；东北部地区园区有 2 家，平均分为 82.15。

从各类统计口径下最小值、最大值、平均数和中位数分析，创建中园区整体水平明显优于园区平均水平，且分值较为集中，在［85.70，86.08］内；此外，中部地区园区也表现出优势，分值集中在［86.84，87.33］内，各园区发展水平相当；与东北部相比，中部、东部和西部地区园区的综合优势更为突出（图 3-1）。

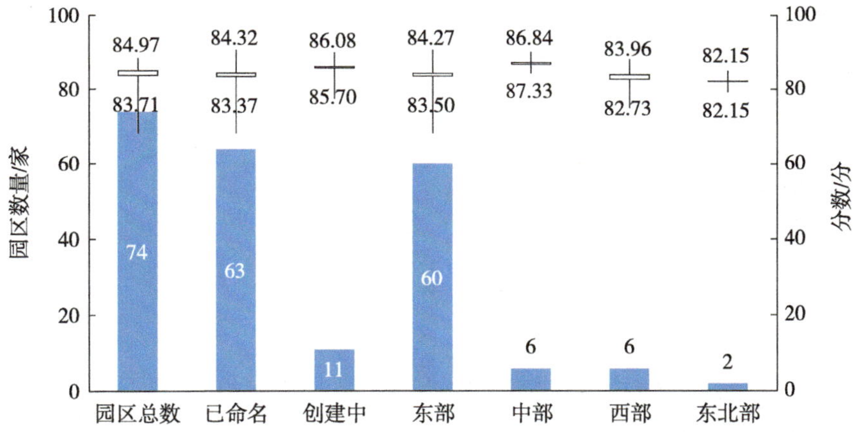

图 3-1　各类园区数量及综合发展水平

分析综合排名前 10 名园区优势指标（指单项指标达前 10 名）发现，13 个定量指标的前 10 名出现次数为 37 次，其中 6 个指标的第 1 名、5 个指标的第 2 名、个指标的第 3 名园区均在综合排名前 10 名园区名单中（表 3-4，表中括号内数字为该园区该项指标在 64 家园区中的排名）。

表 3-4　2020 年度综合排名前 10 名园区优势指标值及排名情况

综合排名	园区名称	高新技术企业工业总产值占园区工业总产值比例 /%	人均工业增加值 /（万元 / 人）	工业固体废物综合利用率 /%	单位工业用地面积工业增加值 /（亿元 / 平方千米）	综合能耗弹性系数	单位工业增加值综合能耗 /（t 标准煤 / 万元）	新鲜水耗弹性系数	单位工业增加值新鲜水耗 /（立方米 / 万元）	主要污染物弹性系数	单位工业增加值二氧化碳排放量年均削减率 /%	单位工业增加值废水排放量 /（t/ 万元）	单位工业增加值固体废物产生量 /（t/ 万元）	绿化覆盖率 /%
1	上海闵行经济技术开发区		86.18（6）		95.02（2）	−0.89（7）		−0.97（6）	1.13（5）			0.55（3）		
2	山东阳谷祥光生态工业园区		172.82（1）	99.7（3）	39.32（8）	−3.98（2）			0.197（1）	−17.88（3）		0.57（4）		
3	南京江宁经济技术开发区		75.47（10）		48.78（5）				1.57（8）					47.2（6）
4	郑州经济技术开发区	75.06（5）		100（1）			0.04（2）					1.05（10）		
5	合肥高新技术产业开发区	78.4（4）					0.05（5）							49.79（3）

续表

综合排名	园区名称	高新技术企业工业总产值占园区工业总产值比例 /%	人均工业增加值 /（万元 / 人）	工业固体废物综合利用率 /%	单位工业用地面积工业增加值 /（亿元 / 平方千米）	综合能耗弹性系数	单位工业增加值综合能耗 /（t 标准煤 / 万元）	新鲜水耗弹性系数	单位工业增加值新鲜水耗 /（立方米 / 万元）	主要污染物弹性系数	单位工业增加值二氧化碳排放量年均削减率 /%	单位工业增加值废水排放量 /（t/ 万元）	单位工业增加值固体废物产生量 /（t/ 万元）	绿化覆盖率 /%
6	广州南沙经济技术开发区	69（9）					0.053（8）	−0.43（10）						
7	宁波高新技术产业开发区	90.8（1）							0.26（2）		11.9（7）	0.21（1）		
8	江苏常州钟楼经济开发区					−1.37（4）		−0.46（9）						
9	天津子牙经济技术开发区					−1.3（5）			1.25（6）		16（4）	1（7）		
10	张家港经济技术开发区													

74家园区中，综合排名第1的园区是上海闵行经济技术开发区，该园区2010年11月获批创建，2014年3月被正式命名为国家生态工业示范园区。本次核算中，闵行经开区有6项定量指标为优势指标，其中单位工业用地面积工业增加值为95.02亿元/km^2，为各园区排名中第2名；单位工业增加值废水排放量为0.55 t/万元，为各园区排名中第3名。优势指标表明闵行经开区在土地集约利用和水资源节约利用方面表现突出。

第2名为山东阳谷祥光生态工业园区，该园区2011年6月获批创建，2013年2月被正式命名为国家生态工业示范园区。本次核算中，阳谷祥光生态工业园区有7项定量指标为优势指标，其中人均工业增加值和单位工业增加值新鲜水耗分别为192.82万元/人和0.197 m^3/万元，均为各园区排名中第1名；综合能耗弹性系数为−3.98，为各园区排名中第3名。优势指标表明阳谷祥光生态工业园区在经济发展和资源能源节约利用方面表现突出。

第3名为南京江宁经济技术开发区，该园区2013年4月获批创建，2016年8月被正式命名为国家生态工业示范园区。本次核算中，江宁经开区有4项定量指标为优势指标，其中单位工业用地面积工业增加值为48.78亿元/km^2，为各园区排名第5名；绿化覆盖率为47.2%，为各园区排名第6。优势指标表明江宁经开区在经济发展及绿色发展、环境保护方面表现突出。

前3名的园区突出展示了东部地区特别是长三角地区创建国家生态工业示范园区的成功案例。园区在保持经济快速发展的同时，实现了资源节约和污染减排，践行了绿色、低碳、循环发展的理念，成为全国工业园区领域生态文明建设的典范。

（2）具体分类指标排名结果

根据各指标赋分情况，对《国家生态工业示范园区标准》（HJ 274—2015）中经济发展、产业共生、资源节约、环境保护、信息公开5类指标的优势园区进行汇总，分项绩效排名十佳园区见表3-5。

表 3-5　2020 年度国家生态工业示范园区分项绩效十佳园区

分项绩效	排名	园区名称
经济发展指标	1	山东阳谷祥光生态工业园区
	2	宁波高新技术产业开发区
	3	天津子牙经济技术开发区
	4	连云港经济技术开发区
	5	上海化学工业经济技术开发区
	6	北京经济技术开发区
	7	合肥经济技术开发区
	8	合肥高新技术产业开发区
	9	郑州经济技术开发区
	10	芜湖经济技术开发区
产业共生指标	1	上海化学工业经济技术开发区
	2	昆山高新技术产业开发区
	3	天津港保税区暨空港经济区
	4	常州国家高新技术产业开发区
	5	张家港经济技术开发区
	6	扬州经济技术开发区
	7	江苏武进经济开发区
	8	山东阳谷祥光生态工业园区
	9	昆山经济技术开发区
	10	连云港徐圩新区
资源节约指标	1	上海闵行经济技术开发区
	2	南京江宁经济技术开发区
	3	广州南沙经济技术开发区
	4	山东阳谷祥光生态工业园区
	5	上海青浦工业园区
	6	江苏常州钟楼经济开发区
	7	宁波高新技术产业开发区
	8	昆山高新技术产业开发区
	9	廊坊经济技术开发区
	10	福州经济技术开发区

续表

分项绩效	排名	园区名称
减污降碳指标	1	贵阳经济技术开发区
	2	廊坊经济技术开发区
	3	昆明经济技术开发区
	4	青岛经济技术开发区
	5	合肥高新技术产业开发区
	6	南京江宁经济技术开发区
	7	郑州经济技术开发区
	8	乌鲁木齐经济技术开发区
	9	上海漕河泾新兴技术开发区
	10	上海闵行经济技术开发区
信息公开指标	1	张家港保税区暨扬子江国际化学工业园
	2	上海市莘庄工业区
	3	张家港经济技术开发区
	4	淮安经济技术开发区
	5	上海金桥经济技术开发区
	6	江苏常州钟楼经济开发区
	7	上海张江高科技园区
	8	上海化学工业经济技术开发区
	9	成都经济技术开发区
	10	合肥高新技术产业开发区
	10	郑州经济技术开发区
	10	乌鲁木齐经济技术开发区
	10	上海闵行经济技术开发区
	10	西安高新技术产业开发区
	10	南通经济技术开发区
	10	珠海高新技术产业开发区

1）经济发展指标分析

工业园区是我国地方经济和区域发展的重要支撑力量，国家生态工业示范园区是其中理念先进、发展速度快、生产技术先进、建设效果显著的先进园区典范。经济发展类指标包括"高新技术企业的工业总产值占园区工业总产值比例""人均工业增加值""园区工业增加值3年年均增长率""资源再生利用产业增加值占园区工业增加值比例"。根据标准考核要求以及园区数据填报情况，核算排名时选择四项指标中得分最高的一项指标作为该园区经济发展类指标的得分。

74家创建中和已命名的国家生态工业示范园区经济发展类指标平均得分为75.27，中位数为72.64。已命名的63家示范园区平均分为75.97，正在创建示范园区的11家园区平均分为71.28，已命名园区比创建中园区平均分高4.7个百分点。按东、中、西和东北部地区划分，东部地区园区共60家，平均分为75.07；中部地区园区共6家，平均分为83.26；西部地区共6家，平均分为73.03；东北部地区园区有2家，平均分为64.23（图3-2）。

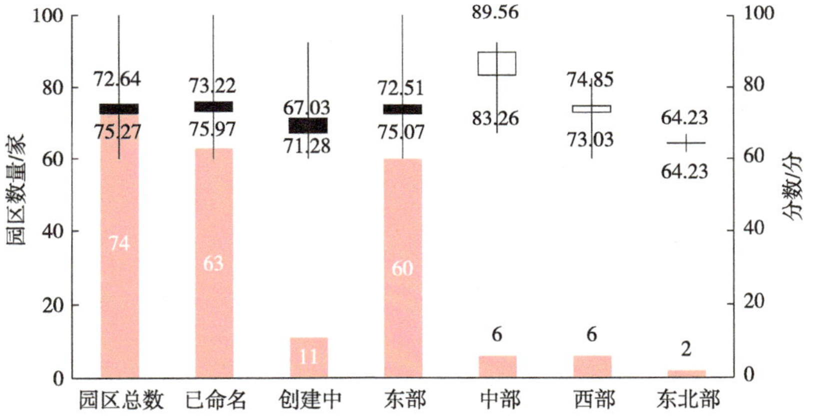

图3-2　各类园区数量及经济发展指标完成情况

从各类统计口径下最小值、最大值、平均数和中位数分析，已命名园区经济发展整体水平明显优于创建中园区，这与已命名园区中国家级园区多、经济发展基础好、区位和人才集聚优势明显有重要关系；中部地区园区大多位于所在省的政治和经济核心区，中位数表现出明显优势，归因于6家中部地区园区中有4家（合肥经济技术开发区、合肥高新技术产业开发区、郑州经济技术开发区和芜湖经济技术开发区）排名位列前十，显示出中部经济发展水平的提升；东部、西部地区整体发展水平相当，基本与园区平均发展水平持平；东北部地区的两家园区经济发展排名均靠后，较其他地区发展明显不足。

经济发展指标排名前20位的园区分布广泛，涉及安徽、北京、广东、贵州、上海、河南、浙江、江苏、山东、天津10个省（自治区、直辖市）；按区域分，东、中、西部地区分别有15家、4家和1家园区；其中的山东阳谷祥光生态工业园区、宁波高新技术产业开发区、天津子牙经济技术开发区、合肥高新技术产业开发区、郑州经济技术开发区、广州南沙经济技术开发区、江苏常州钟楼经济开发区7家园区为综合排名前10名的园区（表3-6）。

表3-6　2020年度国家生态工业示范园区经济发展指标分析

经济发展排名	园区名称	地区	创建状态	分数	综合排名	经济发展较综合排名变化
1	山东阳谷祥光生态工业园区	东部	已命名	100.00	2	+1
1	宁波高新技术产业开发区	东部	已命名	100.00	7	+5
1	天津子牙经济技术开发区	东部	已命名	100.00	9	+6
4	连云港经济技术开发区	东部	已命名	87.98	71	+67
5	上海化学工业经济技术开发区	东部	已命名	99.80	52	+47
6	北京经济技术开发区	东部	已命名	96.45	15	+9
7	合肥经济技术开发区	中部	创建中	92.24	19	+12
8	合肥高新技术产业开发区	中部	已命名	91.84	5	−3
9	郑州经济技术开发区	中部	已命名	89.64	4	−5
10	芜湖经济技术开发区	中部	已命名	89.47	40	+30
11	杭州经济技术开发区	东部	已命名	87.43	24	+13
12	广州南沙经济技术开发区	东部	创建中	85.66	6	-6
13	珠海高新技术产业开发区	东部	已命名	85.39	59	+46
14	无锡新区（高新技术产业开发区）	东部	已命名	85.36	41	+27
15	江苏常州钟楼经济开发区	东部	已命名	84.88	8	−7
16	青岛经济技术开发区	东部	已命名	83.58	39	+23
17	连云港徐圩新区	东部	已命名	83.57	55	+38
18	宁波经济技术开发区	东部	已命名	83.09	48	+30
19	徐州经济技术开发区	东部	已命名	82.42	44	+25
20	贵阳经济技术开发区	西部	已命名	82.33	28	+8

注："经济发展较综合排名变化"中正值表示该园区经济发展排名名次优于综合排名名次，负值表示差于综合排名名次。

在获得经济发展类指标单项满分的3家园区中，山东阳谷祥光生态工业园区围绕原有的铜冶炼及深加工主产业链，在扩展铜深加工产业链的同时，着力推动静脉产业发展，形成了“铜精矿/资源再生-铜冶炼-铜深加工-固体废物精加工利用”的完善产业链，铜产业集群优势凸显，有力推动了园区经济、社会的科学发展和跨越式发展，2020年园区工业总产值实现269.92亿元，高新技术企业工业总产值占比达到86.74%；

宁波高新技术产业开发区重点面向国内外高科技企业、长三角南翼地区的高新技术产业以及宁波本地的科技型企业，加大各类总部的引进力度，高新技术产业同比增长14.5%，高新技术企业工业总产值占比达到90.8%；

天津子牙经济技术开发区持续推进创新改革进程，加速产业结构战略性调整，全力提升经济发展水平，整体发展呈现稳中有进的良好态势，2020年实现工业总产值138.53亿元。

2）产业共生指标分析

产业共生类指标包括“建设规划实施后新增构建生态工业链项目数量”“工业固体废物综合利用率”“再生资源循环利用率”。根据标准考核要求以及园区数据填报情况，核算排名时多选一指标中得分最高的指标与必选指标的平均分作为该园区产业共生类指标的得分。

74家创建中和已命名的国家生态工业示范园区产业共生类指标平均得分为72.76，中位数为76.70。已命名的63家示范园区平均分为72.29，正在创建示范园区的11家园区平均分为75.46，创建中园区比已命名园区平均分高3.17个百分点。按东、中、西和东北部地区划分，东部地区园区共60家，平均分为72.68；中部地区园区共6家，平均分为74.37；西部地区共6家，平均分为69.97；东北部地区园区有2家，平均分为78.78（图3-3）。

从各类统计口径下最小值、最大值、平均数和中位数分析，创建中的11家园区中有7家均高于70分，其中天津港保税区暨空港经济区、张家港经济技术开发区、合肥经济技术开发区更是超过80分，使得创建中园区产业共生平均水平及中位数均优于已命名园区；西部地区产业共生类指标平均数和中位数均低于其他各类统计口径的数值，这归因于西部地区现有优势或主导产业主要是能源、原材料和重化工业等资源密集型产业，单一的资源密集型主导产业和初级家刚方式极大限制了产业链的延长产业集群的产业链缺损，此外，高新技术产业集群合作互动的创新机制不健全、资源高效利用理念普及度较低等均会导致产业共生指标的表现较差。

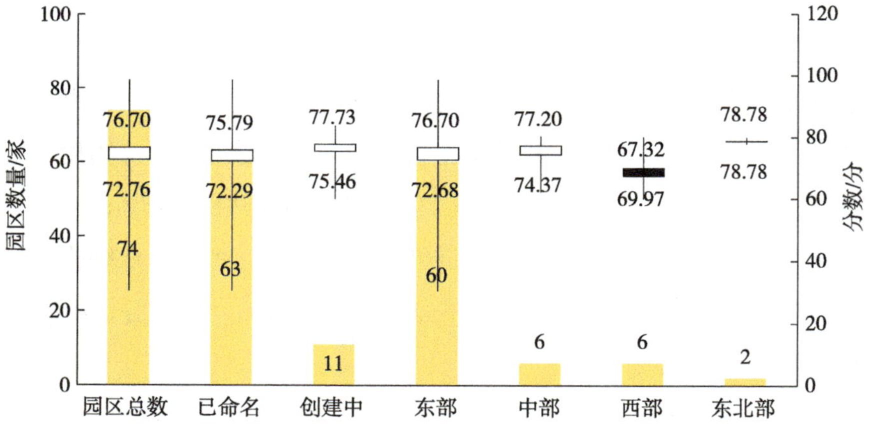

图 3-3 各类园区数量及产业共生指标完成情况

产业共生指标排名前 20 位的园区分布相对经济发展指标较集中，涉及安徽、福建、河南、江苏、辽宁、山东、上海、四川、天津、浙江 10 个省（直辖市）；按区域分，东、中、西、东北部地区分别有 15 家、3 家、1 家和 1 家园区；其中的张家港经济技术开发区、山东阳谷祥光生态工业园区、郑州经济技术开发区、合肥高新技术产业开发区 4 家园区为综合排名前 10 名的园区（表 3-7）。

表 3-7 2020 年度国家生态工业示范园区产业共生指标分析

产业共生排名	园区名称	地区	创建状态	分数	综合排名	产业共生较综合排名变化
1	上海化学工业经济技术开发区	东部	已命名	98.67	52	+51
2	昆山高新技术产业开发区	东部	已命名	84.20	13	+11
3	天津港保税区暨空港经济区	东部	创建中	83.78	32	+29
4	常州国家高新技术产业开发区	东部	已命名	83.13	22	+18
5	张家港经济技术开发区	东部	创建中	83.01	10	+5
6	扬州经济技术开发区	东部	已命名	82.57	29	+23

续表

产业共生排名	园区名称	地区	创建状态	分数	综合排名	产业共生较综合排名变化
7	江苏武进经济开发区	东部	已命名	82.36	18	+11
8	山东阳谷祥光生态工业园区	东部	已命名	81.94	2	-6
9	昆山经济技术开发区	东部	已命名	80.76	17	+8
10	连云港徐圩新区	东部	已命名	80.71	55	+45
11	宁波经济技术开发区	东部	已命名	80.47	48	+37
12	合肥经济技术开发区	中部	创建中	80.33	19	+7
13	郑州经济技术开发区	中部	已命名	80.00	4	-9
14	成都经济技术开发区	西部	已命名	80.00	69	+55
15	淮安经济技术开发区	东部	已命名	79.90	54	+39
16	沈阳经济技术开发区	东北部	已命名	79.84	60	+44
17	吴江经济技术开发区	东部	创建中	79.83	30	+13
18	福州经济技术开发区	东部	已命名	79.82	11	-7
19	合肥高新技术产业开发区	中部	已命名	79.81	5	-14
20	天津滨海高新技术产业开发区华苑科技园	东部	已命名	79.59	57	+37

注：“产业共生较综合排名变化”中正值表示该园区产业共生排名名次优于综合排名名次，负值表示差于综合排名名次。

获得产业共生类指标排名前三的园区中，上海化学工业经济技术开发区严格危险废物市内转移备案管理，突出危险废物资源化、减量化导向，深化危险废物区内闭环运行管理，从管理层面严控工业固体废物的处理方式，促进了园区内外工业固体废物的资源化利用；昆山高新技术产业开发区紧盯产业链关键环节、核心领域和延伸配套项目，新一代电子信息产业集聚效应不断强化，单体投资超 10 亿美元的丘钛智能视觉模组、富士康 5G 毫米波连接器、鼎昌鑫半导体载板等一批重大项目落地建设，此外，园区采取各项激励、补助措施鼓励企业构建生态工业链，推动资源能源集约利用；天津港保税区暨空港经济区工业固体废物综合利用量为 231 358 t，综合利用率可达 98.7%。

3）资源节约指标分析

资源节约类指标可评价土地资源、能源和水资源的节约使用情况，包括

“单位工业用地面积工业增加值”“单位工业用地面积工业增加值3年年均增长率”“综合能耗弹性系数”“单位工业增加值综合能耗”“可再生资源使用比例”“新鲜水耗弹性系数”“单位工业增加值新鲜水耗”“工业用水重复利用率”“再生水（中水）回用率”。根据标准考核要求以及园区数据填报情况，核算排名时多选一指标中得分最高的指标与必选指标的平均分作为该园区资源节约类指标的得分。

74家创建中和已命名的国家生态工业示范园区资源节约类指标平均得分为70.34，中位数为75.56。已命名的63家示范园区平均分为69.15，正在创建示范园区的11家园区平均分为77.15，创建中园区比已命名园区平均分高8个百分点。按东、中、西和东北部地区划分，东部地区园区共60家，平均分为70.33；中部地区园区共6家，平均分为78.85；西部地区共6家，平均分为65.95；东北部地区园区有2家，平均分为58.41。

从各类统计口径下最小值、最大值、平均数和中位数分析，创建中园区资源节约平均和中位水平均优于已命名园区，这与创建中园区数量少，创建积极性高，发展水平相当，践行低碳、绿色和循环经济理念较好相关；中部地区园区资源节约水平差距不大，5家园区全部70分以上，且其中4家为78分以上；东部地区整体表现也较好，60家中有近1/3家是资源节约前20名园区（图3-4）。

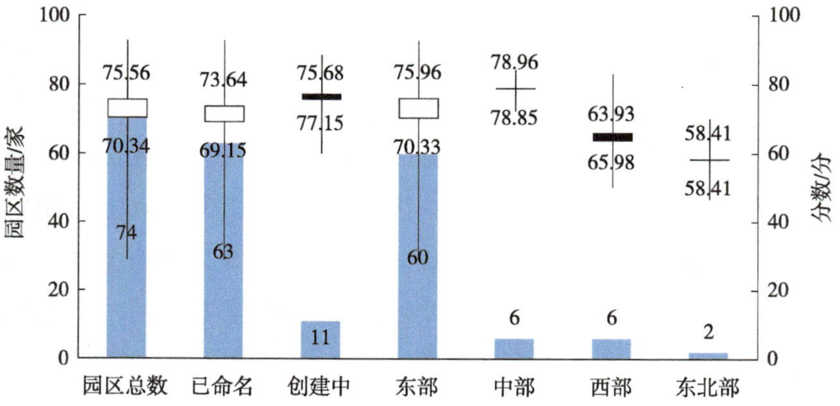

图3-4　各类园区数量及资源节约指标完成情况

资源节约指标排名前20位的园区分布广泛，涉及北京、福建、广东、河北、河南、江苏、山东、上海、天津、浙江、新疆 11 个省（自治区、直辖市）；按区域分，东、西和东北部地区分别有 18 家、1 家和 1 家园区；其中的上海闵行经济技术开发区、南京江宁经济技术开发区、广州南沙经济技术开发区、山东阳谷祥光生态工业园区、江苏常州钟楼经济开发区、宁波高新技术产业开发区、天津子牙经济技术开发区、郑州经济技术开发区、张家港经济技术开发区 9 家园区为综合排名前 10 名的园区（表 3-8）。

表 3-8　2020 年度国家生态工业示范园区资源节约指标分析

资源节约排名	园区名称	地区	创建状态	分数	综合排名	资源节约较综合排名变化
1	上海闵行经济技术开发区	东部	已命名	92.69	1	0
2	南京江宁经济技术开发区	东部	已命名	88.78	3	+1
3	广州南沙经济技术开发区	东部	创建中	88.57	6	+3
4	山东阳谷祥光生态工业园区	东部	已命名	88.01	2	−2
5	上海青浦工业园区	东部	已命名	87.75	14	+9
6	江苏常州钟楼经济开发区	东部	已命名	86.95	8	+2
7	宁波高新技术产业开发区	东部	已命名	86.93	7	0
8	昆山高新技术产业开发区	东部	已命名	86.63	13	+5
9	廊坊经济技术开发区	东部	已命名	86.09	12	+3
10	福州经济技术开发区	东部	已命名	86.06	11	+1
11	天津港保税区暨空港经济区	东部	创建中	85.61	32	+21
12	天津子牙经济技术开发区	东部	已命名	85.51	9	−3
13	上海市工业综合开发区	东部	已命名	85.15	49	+36
14	江苏武进经济开发区	东部	已命名	84.54	18	+4
15	郑州经济技术开发区	中部	已命名	84.33	4	−11
16	张家港经济技术开发区	东部	创建中	84.18	10	−6
17	连云港经济技术开发区	东部	已命名	84.07	71	+54
18	北京经济技术开发区	东部	已命名	84.04	15	−3
19	吴中经济技术开发区	东部	创建中	83.60	23	+4
20	乌鲁木齐经济技术开发区	西部	已命名	83.20	16	−4

注："资源节约较综合排名变化"中正值表示该园区资源节约排名名次优于综合排名名次，负值表示差于综合排名名次。

资源节约类指标总排名首位的是上海闵行经济技术开发区。定量单项满分的6家园区中，土地资源集约利用相关指标为满分的园区有北京经济技术开发区和上海张江高科技园区；能源高效利用相关指标为满分的园区有上海青浦工业园区和贵阳经济技术开发区；水资源高效利用相关指标为满分的园区有长春经济技术开发区、阳谷祥光铜业工业园区。以上各园区满分指标完成情况如下。

上海闵行经济技术开发区加快淘汰落后产能，吸引高端制造、新材料、军民融合、人工智能等产业落户，对存量资源老旧厂房进行回购及改造，积极推进落后产能地块的资源整合工作，实现单位工业用地面积工业增加值95.02亿元/km^2。

北京经济技术开发区强化优势产业领先地位，抓紧布局战略性新兴产业、未来产业，不断提升产业基础高级化、产业链现代化水平。探索土地全生命周期管理新机制，推进土地资源要素高效配置，推动园区高质量发展，以城市更新为突破点，保障产业用地高效集约利用。大力探索腾笼换鸟，盘活星网工业园用地，改造北人厂区为世界机器人大会永久会址。“十三五”期间形成高端汽车、产业互联网、生物医药和大健康3个千亿元级产业集群，新增以阿尔特为代表的近20家上市公司，以京东数科为代表的近10家独角兽企业，市场主体翻了一番，实现单位工业用地面积工业增加值123.08亿元/km^2。

上海张江高科技园区近年来加快推进两轮“五个一批”重点项目建设，同时加码培育“千亿级”规模产业集群，创新创业生态不断优化，营商环境持续提升，重大投资项目相继落地，实现单位工业用地面积工业增加值3年年均增长率为20.8%，远优于不小于6%的标准值。

上海青浦工业园区完善生态工业产业布局，成功引入协鑫集团、鑫广科技、国富氢能等一批科技、环保龙头企业，同时，园区还吸引了加氢站、电堆、氢瓶、整车等领域的头部企业落地，氢能产业链雏形初显。能源利用效率在产业转型中稳步调整，产业与能源结构趋于合理。2020年园区综合能耗为22.5万t标准煤，单位工业增加值综合能耗为0.13 t标准煤/万元，比2019年同期减少18.75%。

贵阳经济技术开发区经济稳步增长，2020 年完成规模以上工业增加值 251.6 亿元，同比增长 7.2%，同时紧紧围绕产业发展目标，高质量开展科技创新发展工作，高新技术企业数量由 2016 年的 41 家增至 2020 年的 111 家，总量增长 170%。园区能耗以电力和天然气为主，单位工业增加值综合能耗为 0.025 t 标准煤 / 万元。

长春经济技术开发区内企业通过推广清洁生产、实行环境质量管理体系、采用先进的工艺技术与管理技术，从源头上减少废水产生量，提高水资源综合利用率；同时污水管网覆盖范围进一步扩大，园区工业废水收集处理率达到 100%，生活污水集中处理率达到 100%。污水通过污水处理厂集中处理后达标排放，园区新鲜水耗弹性系数为 -6.13。

阳谷祥光铜业工业园建设了“循环用水、一水多用、串级使用”的水资源生态工业发展模式，大力实施中水回用工程，鼓励企业内部节水改造。通过实施祥光铜业副跨除盐水改造、电解冷凝水回收利用、中水回用等项目，使水资源重复利用率达到 99.95%。

4）减污降碳指标分析

减污降碳类指标包括 11 项必选指标和 2 项可选指标，即“工业园区重点污染源稳定排放达标情况”“工业园区国家重点污染物排放总量控制指标及地方特征污染物排放总量控制指标完成情况”“工业园区内企事业单位发生特别重大、重大突发环境事件数量”“环境管理能力完善度”“工业园区重点企业清洁生产审核实施率”“污水集中处理设施”“园区环境风险防控体系建设完善度”“工业固体废物（含危险废物）处置利用率”属于底线要求的 8 项定性指标，“主要污染物排放弹性系数”“单位工业增加值废水排放量”“单位工业增加值固体废物产生量”反映污染减排的 3 项定量指标，“单位工业增加值二氧化碳排放量年均削减率”反映碳减排的 1 项定量指标，“绿化覆盖率”反映园区绿色碳汇水平的 1 项定量指标。根据标准考核要求以及园区数据填报情况，核算排名时多选一指标中得分最高的指标与必选指标的平均分作为该园区产业共生类指标的得分。

74 家创建中和已命名的国家生态工业示范园区减污降碳类指标平均得分为

90.98，中位数为92.66。已命名的63家示范园区平均分为90.85，正在创建示范园区的11家园区平均分为91.74，创建中园区比已命名园区平均分高0.9个百分点。按东、中、西和东北部地区划分，东部地区园区共60家，平均分为90.66；中部地区园区共6家，平均分为93.25；西部地区共6家，平均分为91.22；东北部地区园区有2家，平均分为92.98（图3-5）。

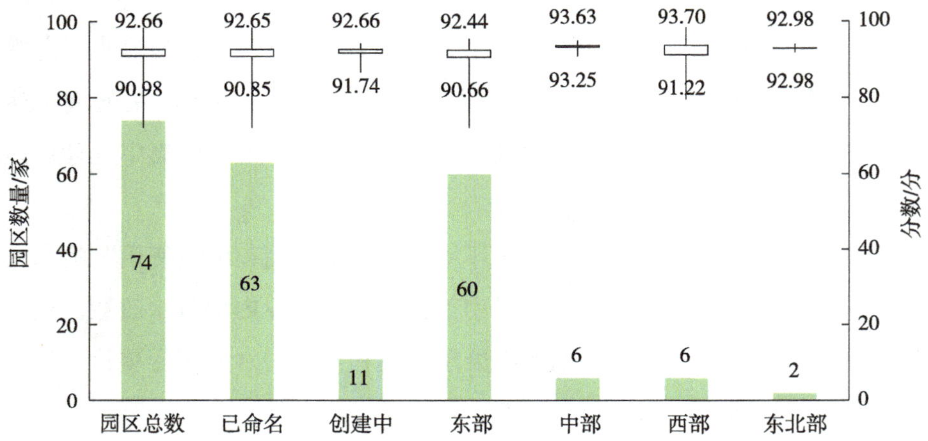

图3-5 各类园区数量及减污降碳类指标完成情况

减污降碳类指标因涉及多项底线类定性指标，且绝大多数园区是满分，因此减污降碳类指标整体得分水平高于其他大类指标。减污降碳类指标多反映5项定量指标的情况，从各类统计口径下最小值、最大值、平均数和中位数分析，已命名园区与创建中园区表现基本持平；中西部地区发展较为均衡，减污降碳类指标前10名中各有3家园区，表现优于东部和东北部地区。

减污降碳类指标排名前20位的园区分布广泛，涉及安徽、福建、广东、贵州、河北、河南、吉林、江苏、山东、上海、云南、浙江、新疆13个省级行政区；按区域分，东、西、中和东北部地区分别有13家、3家、3家和1家园区；其中的合肥高新技术产业开发区、郑州经济技术开发区、宁波高新技术产业开发区、上海闵行经济技术开发区、南京江宁经济技术开发区、广州南沙经济技术开发区6家园区为综合排名前10名的园区（表3-9）。

表 3-9　2020 年度国家生态工业示范园区减污降碳类指标分析

环境保护排名	园区名称	地区	创建状态	分数	综合排名	环境保护较综合排名变化
1	贵阳经济技术开发区	西部	已命名	98.34	28	+27
2	廊坊经济技术开发区	东部	已命名	95.39	12	+10
3	昆明经济技术开发区	西部	已命名	95.38	53	+50
4	青岛经济技术开发区	东部	已命名	95.22	39	+35
5	合肥高新技术产业开发区	中部	已命名	94.98	5	0
6	南京江宁经济技术开发区	东部	已命名	94.86	3	−3
7	郑州经济技术开发区	中部	已命名	94.72	4	−3
8	乌鲁木齐经济技术开发区	西部	已命名	94.58	16	+8
9	上海漕河泾新兴技术开发区	东部	已命名	94.45	21	+12
10	上海闵行经济技术开发区	东部	已命名	94.44	1	−9
11	宁波高新技术产业开发区	东部	已命名	94.42	7	−4
12	昆山经济技术开发区	东部	已命名	94.33	17	+5
13	福州经济技术开发区	东部	已命名	94.31	11	−2
14	广州南沙经济技术开发区	东部	创建中	94.24	6	−8
15	合肥经济技术开发区	中部	创建中	94.15	19	+4
16	烟台经济技术开发区	东部	已命名	94.10	66	+50
17	长春经济技术开发区	东北部	创建中	94.08	37	+20
18	临沂经济技术开发区	东部	已命名	94.04	38	+20
19	温州经济技术开发区	东部	已命名	93.94	27	+8
20	上海金桥经济技术开发区	东部	已命名	93.86	25	+5

注："环境保护较综合排名变化"中正值表示该园区环境保护排名名次优于综合排名名次，负值表示差于综合排名名次。

减污降碳类指标总排名首位的是贵阳经济技术开发区。环境保护类定量指标单项满分的 4 家园区中，污染减排相关指标为满分的园区有上海市工业综合开发区、宁波高新技术产业开发区和扬州维扬经济开发区；绿色发展相关指标为满分的园区有贵阳经济技术开发区和珠海高新技术产业开发区。以上各园区指标完成情况如下。

上海市工业综合开发区 2020 年 100% 完成了中小燃油燃气锅炉改造，并推动 25 家企业开展 VOC 专项治理工作及所有企业均完成一厂一方案编制、推动企业合法排污生产和加快推进新一轮规划环评实施等。主要污染物减排成效显著，COD 排放量 21.88 t，削减 8.6%，氨氮排放量 10.3 t，削减 47%，SO_2 排放量 0.99 t，削减 80%，主要污染物排放弹性系数降低至 -20。

宁波高新技术产业开发区依托宁波市区的污水处理厂处理园区内城市生活污水和生产废水，并建设完善的市政污水管网和雨水排水管网，实行雨、污分流，基本做到区内生产生活污水全收集、全处理，废水实现“零排放”，园区单位工业增加值废水排放量低至 0.21 t/ 万元。

扬州维扬经济开发区以汽车、微电子及半导体、生物健康科技、毛绒玩具制造为主导产业，单位工业增加值固废产生量仅为 0.002 t/ 万元。

贵阳经济技术开发区大力发展大数据电子信息、新能源与智能电网，能源结构得到升级；同时，持续深入开展以“防扬尘、禁焚烧、堵尾气、抓油烟、管工业”为重点的大气污染防治工作，在全市率先利用走航车对辖区工地扬尘、道路扬尘、餐饮油烟、机动车尾气等大气污染源进行了溯源分析，并形成联动机制，实现单位工业增加值 CO_2 排放量年均削减率 87%。

珠海高新技术产业开发区推进裕华聚酯、新金山五金、麒麟啤酒等企业锅炉燃料更换，通过改进生产工业和设备降低能源消耗，同时禁止企业使用煤类燃料，鼓励企业使用柴油、汽油、燃料油和液化石油气等相对清洁的能源，从源头上减少二氧化碳排放总量。在绿化覆盖率方面，园区所在珠海市构建自然与城市相融的生态区布局，全市森林覆盖率达到 36%，城市建成区绿地率达到 50%，珠海高新技术产业开发区绿化覆盖率也达到了 55.76%，显著优于 15% 的标准。

5）信息公开指标分析

信息公开类指标均为必选指标，包括“重点企业环境信息公开率”“生态工业信息平台完善程度”2 项反映规范信息化建设的定性指标和“生态工业主题宣传活动”1 项反映环保宣传的定量指标。根据标准考核要求以及园区数据填报情况，3 项指标的平均分作为该园区信息公开类指标的得分。

74家创建中和已命名的国家生态工业示范园区信息公开类指标平均得分为87.03，中位数为86.67。已命名的63家示范园区平均分为86.96，正在创建示范园区的11家园区平均分为87.39，创建中园区比已命名园区平均分高0.43个百分点。按东、中、西和东北部地区划分，东部地区园区共60家，平均分为86.82；中部地区园区共6家，平均分为87.78；西部地区共6家，平均分为88.44；东北部地区园区有2家，平均分为86.67。

信息公开类指标因涉及2项底线类定性指标，且绝大多数园区都是满分，因此信息公开类指标主要反映环保宣传的情况，又因74家园区中有39家园区的“生态工业主题宣传活动”指标值为标准值，因此该大类指标区分度并不明显。从各类统计口径下最小值、最大值、平均数和中位数分析，各个值相差不大（图3-6）。

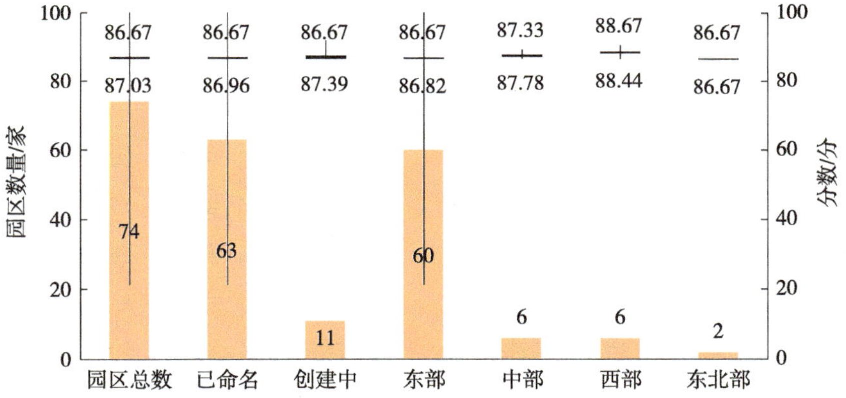

图3-6　各类园区数量及信息公开指标完成情况

信息公开指标排名前17位的园区（共34家）分布广泛，涉及安徽、广东、河南、江苏、山东、山西、上海、天津、四川、云南、浙江、新疆12个省级行政区；按区域分，东、中和西部地区分别有27家、3家和4家园区；其中的张家港经济技术开发区、江苏常州钟楼经济开发区、合肥高新技术产业开发区、郑州经济技术开发区、上海闵行经济技术开发区、南京江宁经济技术开发区、宁波高新技术产业开发区7家园区为综合排名前10名的园区（表3-10）。

表 3-10　2020 年度国家生态工业示范园区信息公开指标分析

信息公开排名	园区名称	地区	创建状态	分数	综合排名	信息公开较综合排名变化
1	张家港保税区暨扬子江国际化学工业园	东部	已命名	100.00	50	+49
2	上海市莘庄工业区	东部	已命名	92.00	42	+40
2	张家港经济技术开发区	东部	创建中	92.00	10	+7
2	淮安经济技术开发区	东部	已命名	92.00	54	+50
5	上海金桥经济技术开发区	东部	已命名	90.67	25	+20
5	江苏常州钟楼经济开发区	东部	已命名	90.67	8	+2
5	上海张江高科技园区	东部	已命名	90.67	31	+24
5	上海化学工业经济技术开发区	东部	已命名	90.67	52	+44
5	成都经济技术开发区	西部	已命名	90.67	69	+60
10	合肥高新技术产业开发区	中部	已命名	89.33	5	−5
10	郑州经济技术开发区	中部	已命名	89.33	4	−7
10	乌鲁木齐经济技术开发区	西部	已命名	89.33	16	+4
10	上海闵行经济技术开发区	东部	已命名	89.33	1	−12
10	西安高新技术产业开发区	西部	已命名	89.33	20	+6
10	南通经济技术开发区	东部	已命名	89.33	46	+31
10	珠海高新技术产业开发区	东部	已命名	89.33	59	+43
17	昆明经济技术开发区	西部	已命名	88.00	53	+36
17	青岛经济技术开发区	东部	已命名	88.00	39	+21
17	南京江宁经济技术开发区	东部	已命名	88.00	3	−16
17	宁波高新技术产业开发区	东部	已命名	88.00	7	−13
17	昆山经济技术开发区	东部	已命名	88.00	17	−4
17	合肥经济技术开发区	中部	创建中	88.00	19	−3
17	临沂经济技术开发区	东部	已命名	88.00	38	+15
17	吴江经济技术开发区	东部	创建中	88.00	30	+6
17	广州开发区	东部	已命名	88.00	43	+18
17	常熟经济技术开发区	东部	已命名	88.00	56	+30
17	青岛高新技术产业开发区	东部	已命名	88.00	51	+24
17	常州国家高新技术产业开发区	东部	已命名	88.00	22	−6

续表

信息公开排名	园区名称	地区	创建状态	分数	综合排名	信息公开较综合排名变化
17	武进国家高新技术产业开发区	东部	已命名	88.00	26	−3
17	连云港徐圩新区	东部	已命名	88.00	55	+25
17	上海市工业综合开发区	东部	已命名	88.00	49	+18
17	天津经济技术开发区	东部	已命名	88.00	61	+29
17	盐城经济技术开发区	东部	已命名	88.00	65	+32
17	南京经济技术开发区	东部	已命名	88.00	68	+34

注：“信息公开较综合排名变化”中正值表示该园区信息公开排名名次优于综合排名名次，负值表示差于综合排名名次。

获得信息公开类定量指标满分的园区是张家港保税区暨扬子江国际化学工业园，长期坚持宣传教育先行，从源头管控环境风险，积极组织环境日、安全生产月、职业病防治法宣传周活动，全年累计培训超 5 000 人，开展生态工业主题相关宣传活动 12 次，远优于 2 次 /a 的标准。

4

生态工业园区
绿色发展典型案例

SHENGTAI GONGYEYUANQU
LVSE FAZHAN DIANXING ANLI

4.1 资源能源高效利用——江阴高新技术产业开发区

江阴国家高新技术产业开发区原名江苏省江阴经济开发区，成立于 1992 年；1993 年 11 月，经省政府批准为省级开发区；2002 年 10 月，江苏省委、省政府赋予其国家级开发区的经济审批权和行政级别；2010 年 8 月，经省政府批复将其更名为江苏省江阴高新技术产业开发区；2011 年 6 月，国务院批复同意江阴开发区升级为国家级高新技术产业开发区（以下简称江阴高新区），2012 年，江阴市委、市政府明确高新区与城东街道实施一体化管理。

江阴高新区 2010 年启动国家级生态工业示范园区创建工作，组织编写了《江阴经济开发区国家生态工业示范园区建设规划》，并顺利通过专家论证会。2011 年 4 月，国家生态工业示范园区建设协调领导小组批准江阴经济开发区创建国家生态工业示范园区。2013 年 9 月，江阴高新区通过建设协调领导小组组织的验收，获得“国家生态工业示范园区”命名。2017 年，建设协调领导小组办公室对江阴高新区组织复查评估，评估结果为“优秀”。

4.1.1 绿色发展主要做法

（1）科技创新低碳化

为保障创新科技成果的转化，江阴高新区重点发展以健全完善市场化、资本化和产业化为主要内容的科技成果转化机制，加强公共服务体系建设，发挥示范区先行先试政策的引导激励作用，加快重大科技成果产业化进程。加快重大科技创新平台建设。高新区围绕主导产业的发展，坚持以企业为主体、以重大项目为依托，加快建设汽车核心部件、微电子技术及集成电路、新型功能材料产业技术研究院和生物疫苗公共技术服务平台 4 个重大创新平台，加快推进以高等教育为主要内容、与产业发展密切相关的城南大学科教园区建设，与区内多个科技企业孵化器、加速器以及一系列的企业研发中心、工程技术研究中心、院士工作站、重点实验室等共同构成高新区的重大创新平台体系。

高新区深入推进科技领军人才战略，加速集聚科技领军人才。充分发挥 3 个诺贝尔奖得主研究院的示范作用，以产业链部署创新链，以产业发展需求集聚人才，突出企业主体引进领军人才，依托重大项目以“双招双引”来集聚高端人才。强化引进科技服务人才，把引进科技领军人才与引进管理、融资、销售等领域的人才结合起来，组建综合型创业团队，强化科技中介服务，加快了科技创业企业成长步伐。

不断强化科技创新合作。实施以“新合作、新技术、新产业”为核心的“三新战略”，充分发挥中德技术转移中心的平台转化作用，年内确保落实国际技术转移项目 5 个以上；大力吸引国内外著名大学、一流科研机构、跨国公司研发机构和科技园区、科技中介等组织“走进来”，共建各类创新合作平台。大力推进政产学研合作，围绕主导产业发展方向，加强产业技术创新联盟建设，建立集科技研发、成果孵化、高新技术产业化于一体的“政产学研用”协同创新基地，年内确保落实产学研合作项目 20 个以上。

深入推进知识产权战略，完善创新要素与生产要素良性互动、创新成果和产业需求有机衔接的知识产权体系，加快创建国家知识产权示范园区；积极开展“百件专利大户培育”行动，确保实现专利申请超 2 000 件，其中发明专利申请 650 件，培育专利申请密集型企业 5 家。深入实施品牌、标准战略，力争年内建成国家级出口金属制品质量安全示范区、全国高性能特钢及制品产业知名品牌示范区。

（2）生产体系绿色化

1）高新、基地、链式产业升级循环化

科技创新推动产业升级。江阴高新区在生态工业示范园区建设过程中逐步进行产业升级，坚持一手抓重点重大项目的引进，一手抓战略性新兴产业的培育，加快推进传统产业转型提升和加速战略性新兴产业科技成果产业化。大力实施科技成果加速产业化战略，深入推进战略性新兴产业“加速科技成果产业化工作十六法”，累计培育年产出超亿元科技创业企业 12 家、超 5 000 万元创业企业 18 家，并形成了远景能源、紫米科技、力博医药、佰翱得等一批新的创新型经济龙头示范企业。大力实施科技创新创业战略，由诺贝尔奖得主分别牵头组建的科里生物医药中国（江阴）研究院、塞缪森生命科学中国（江阴）研究院和哈特穆特·米歇尔生物医药（江阴）研究院，相继落户高新区，累计引进各类创业企业 400 多家，集聚海内外各类高层次创新创业人才 5 000 多名、引进各类高层次创新创业团队近 500 个，拥有国家“千人计划”15 人、无锡“东方硅谷”领军人才 200 多人、诺贝尔奖获得者 3 人；建成三创载体 150 万 m^2，拥有国家高新技术创业服务中心、国家级科技企业加速器等 10 家国家级特色载体平台。大力实施科技人才资本合作战略，积极实践“企业家 + 科学家 + 金融家 = 大赢家”的发展模式，创新科技金融产品和服务，目前已集聚海德汇金、中科招商、光大创投等资金总规模超 30 亿元的 10 多家创投基金和科技中介服务机构，累计有 100 多个项目成功融资，有力推动了战略性新兴产业快速发展。大力实施自主创新战略，充分发挥法尔胜、兴澄特钢、天江药业承担的科研项目相继荣获国家科技进步二等奖，长电科技并购新加坡知名封装实验室和星科金朋公司等的创新示范作用，推动全区规模以上工业企业实现了研发机构的全覆盖，累计建立国家工程技术研究中心、重点实验室和国家企业技术中心 5 家，省工程技术研究中心 12 家。

突出龙头带动作用，突破主导产业转型升级。在龙头骨干企业的并购扩张、创新产业的集群发展、科技金融总部等高端服务业的跨越式成长 3 个方面实现新的突破。大力实施国际化战略，全面增强骨干企业的核心竞争力。加快实施“走出去”战略，全力推动龙头骨干企业的国际化步伐。推动兴澄特钢加快与世界顶级特钢企业的战略合作，积极开展全球范围内行业关联企业的并购整合，努力打造全球最具竞争力的特钢企业；法尔胜加快与国内龙头央企的合作进程，推进对法国知名精工机械企业的并购步伐，不断提升产品的市场占有率和国际竞争力；长电科技加快实施对新加坡知名封测企业星科金朋的并购计划，整合全球优势资源，迅速跻身全球封测行业前三；中南重工在收购大唐辉煌的基础上，加快进军文化产业领域，着力打造跨行业、多元化的企业集团；华泰汽车依托在自动变速器领域的技术优势以及中轶凯仑拥有全球顶尖的电动汽车制造技术，通过与德国采埃孚（ZF）公司等知名企业的强强合作，力争在全球汽车前沿技术领域争得一席之地。依托龙头骨干企业的带动作用和重大项目的建设，加速推动主导产业的集群发展。大力发展科技金融总部等高端服务业，着力打造现代服务业产业高地。充分依托原盈智城现有的载体平台以及海澜财富中心、华泰科技金融街区等重大项目，大力引进上市公司综合性总部、地区性总部和功能性总部，培育发展总部经济、现代金融、高科技创新研发等高端服务业，着力打造与先进制造业相匹配的千亿元级现代服务业产业集群。

2）促进资源和能源节约

江阴高新区在生态工业园区建设发展过程中，把培育生态企业作为基础工程来抓，积极推进资源能源的节约利用，使防治污染由末端治理为主向生产全过程控制转变。生态工业工作领导小组重视节能降耗，督导重点企业进行检查，设置管理机构、岗位、人员、计量器具到位、管理措施、考核奖励、节能降耗技改投入到位，节能降耗工作得到加强。

区内企业内外间资源能源的重复利用。兴澄特钢建成了制水、发电、供热、供汽等一系列基础工程，并将自身定为高科技材料的供应者（优特钢产品）；城市废弃物的处理站（废钢、废铁回收利用）；城市生产生活热源供应站（蒸汽、热水、煤气）；再资源化循环、再能源化转换，无害化排放的基地（废水、废气、固体废物等循环利用）。产品逐渐高、精、尖，水、气、渣废弃物全面利用，形成集团内部废物循环利用链。滨江热电厂自行设计铺设管道，利用区内纺织企业的碱性印染水进行脱硫，年节省石灰等药剂数万吨，形成了企业废物利用的局部利用链。瀚宇博德投资废旧电路板回收利用项目，回收板上的贵重金属，将母板粉碎成树脂的粉末进行回收作为制作建材等原料。江阴市环境工程公司利用技术优势，接手石油钢管企业内部预处理设施的建设和运营，形成统一管理，并回收企业酸洗后的废酸进行处理利用作为印染废水的助剂。金童油品厂将中油沥青废渣进行处理加工，提取有用的油制造柴油，并焚烧处理废渣。

推广区内中水回用。高新区严格控制污水总量，明确要求企业“增产不增污”，在注重经济效益的同时，注重环境和社会效益。光大集团建设区域中水回用工程，一期 1 万 t/d，目前已投运。其利用滨江污水处理厂尾水，通过超滤、反渗透等膜处理技术，回用于福汇纺织、兴澄特钢、瀚宇博德等企业，不断减少新鲜水的利用，还降低了污水的排放量，减少了污染物总量。瀚宇博德在增资扩产的同时规划研制应用超滤和膜反渗透技术中水回用 9 000 t/d，目前已投资 4 000 万元建成两套回用 7 000 t/d 的设施，提高区域水重复利用率和中水回用水平。该公司还积极开展节水活动，收集废水用于冷却补充水，日减少排量 900 t，为后续发展腾出了总量空间。长电科技投入 630 万元建设 3 套中水回用工程，年可节约水 85 万 t，节约水费 500 多万元。申利集团投资建设清泉水处理公司，日尾水回用能力为 2 500 t。

（3）管理服务系统生态化

1）生态化发展的制度和政策创新

江阴高新区在生态工业示范园区深化建设过程中，推进实践了多种发展制度和政策，保障经济发展的合理化和生态化。

优化招商策略，提高招商实效。实施产业链招商策略，以重特大项目的持续落地推动产业的转型升级；严格实行项目的招商服务终身制、开工限期跟踪制、审批协调报告制、每周协调推进制等制度，采取并联操作、提前介入等措施，推动项目快开工、快建设、快竣工。继续瞄准产业链高端、整机和终端、前沿技术和自主知识产权三大方向，加大了产业链招商力度。坚持以大引大、以优引优，紧盯世界 500 强、央企、知名民企的负责人，通过结交“大朋友”“洋朋友”，开展“从上而下”式的高效招商，不断引进大项目。借助兴澄特钢全球营销网络的招商力量，加大对特钢新材料产业链高端延伸项目的招引力度；

依托中芯国际、长电科技等行业龙头企业，力争引进高通、博通等全球IC产业领域一流企业的投资合作；在华泰汽车引进中铁凯仑电动商务车的基础上，吸引更多全球新能源汽车产业的优质项目，力争引进德国宝马公司在高新区建设中国南部地区的研发中心和制造工厂。认真分析已有的招商实践，不断总结招商经验，创新招商方式，提高招商实效。抽调精干招商人员组成“尖刀班”开展小分队招商，定目标、带任务、找关键，通过主动出击、高效洽谈，推动项目有效落地。

深入推进创新政策先行先试。依托自主创新示范区发展的需求，推动各类创新政策在江阴高新区先行先试，支撑引领无锡市发展方式转变和经济转型升级。一是建立创新型产业发展专项资金和引导基金。高新区财政每年度安排创新型产业集群发展专项资金和创新型产业发展引导基金总额5亿元左右，创新型产业集群发展专项资金主要通过企业技术创新补助、产业发展装备补贴、科技金融扶持、产业领军人才激励、科技服务业奖励来推动创新型产业集群发展，创新型产业发展引导基金主要用于引导社会资本积极投向战略性新兴产业领域。二是实施创新激励政策。率先落实好国家向全国推广的中关村1+6政策，积极复制推广中关村先行先试的新四条政策，在科技成果的处置权和收益权改革、科技企业股权激励、研发费用加计扣除、职工教育经费税前扣除、科研项目经费管理、高新技术企业认定、创投企业法人和合伙人企业所得税、技术转让企业所得税、企业转增股本个人所得税等方面，加大优惠政策的实施力度，有效激发企业的创新动力和活力。对于重大科技成果转化、企业研发机构建设、产学研合作、知识产权、品牌和标准建设、科技型企业上市等情况，给予企业技术创新补助。对有利于推动高新区创新型产业集群和科技金融服务业发展的领军人才团队项目给予项目资助；对于引进的创新型产业集群中带动性强的重大项目中的领军人才和高管人员实行年薪资助。三是强化科技金融合作。发挥金融创新对技术创新的助推作用，培育壮大创业投资和资本市场，提高信贷支持创新的灵活性和便利性，加快形成各类金融工具协同支持创新发展的良性局面。大力发展以“首投”为重点的创业投资。大力发展天使投资，以高新区国家级科技企业孵化器为依托，设立总规模1亿元的天使投资引导资金，促进天使投资支持种子期、初创期科技型中小企业发展壮大。大力发展以“首贷”为重点的科技信贷。发挥财政资金杠杆作用，引导金融资本和社会资金投入科技创新，建立科技担保、科技金融风险补偿等各类资金3亿元，营造科技、金融、产业一体化的生态环境，构建覆盖科技创新全链条的金融支撑体系。大力发展以“首保”为重点的科技保险。以体制机制创新为突破口，设立科技保险专项补贴，用于补贴科技型企业和研发机构投保科技保险所发生的保费支出，不断提高科技型企业的生存和发展能力。鼓励建立私募证券投资基金、开展大额股权交易，全力支持财富投资管理、融资租赁、商业保理等业务发展，推进传统金融机构、合规交易场所的理财产品创新，形成较为完善的金融投资体系，增强各类金融工具协同支持科技型企业技术创新和创新型产业发展的支撑作用。

以责任落实为核心，推动安全环保责任制落实。一是要落实党政领导责任。按照“党政同责、一岗双责、失职追责”要求，进一步细化落实责任，及时研究解决涉及安全环保的重大问题。高新区成立委员会，明确相应安全环保职责，确保在各自领域内更好地履行安全环保责任。充分发挥高新区安委会办公室组织协调、超前谋划、调查研究、跟踪督查作用，安委会严格实行安全环保警示通报、约谈问责、“一票否决”等制度。落实部门监管责任。按照“三个必须”要求，依法依规界定综合监管和行业监管的职责，做到各负其责，严防推诿、扯皮，坚决杜绝监管盲区。二是落实企业主体责任。按照企业安全环保责任“五落实五到位”规定，督促企业在安全投入、环保安全责任制、安全环保管理制度、安全环保监管机构等方面严格履行法律职责与义务，落实安全环保风险等级管理、隐患排查治理等制度。全面实施重点行业领域企业安全环保总监制度，推进企业安全标准化创建工作，开展提档升级工程，不断扩大创建范围。加强企业安全环保主体责任情况检查，对责任不落实、问题严重的企业，将会采取曝光等相关措施。

2）环境管理能力创新

切实落实环境保护目标责任制。实行生产者环境责任制，要求生产企业对其使用的原料、包装物、产品生产、消费过程及消费后的剩余物对环境的影响负责。根据污染物总量控制计划，按单位或企业层层分解，建立以企业及主管部门领导为核心的管理体系，明确各自的环境责任，以签订责任状的形式，将责任落实给企业领导者，达到目标管理的目的。

制定环保奖惩制度。制定环保奖惩条例，鼓励清洁生产，限制和规范企业的环境行为。对于重视环境管理、节能降耗、减少污染物排放，污染治理效果好等利于环境改善的企业，采取一定的奖励措施，对环保观念淡薄、浪费能源与资源的企业则予以重罚。对区内环境管理优秀的企业经验，给以奖励，并在区内积极推广。江阴高新区重视源头控制，绿色招商选商，实行环保一票否决制，20 多年来否决不符合环保的较大项目近 190 个，涉及投资额 40 多亿元。不断加大减排力度，已先后关闭、搬迁 10 多家“三高两低”企业。

落实动态信用评价制度。江阴高新区重点落实完善环境信用评价制度，形成刚性约束，根据企业的环境行为，每季度调整五级（绿、蓝、黄、红、黑）评定结果并第一时间公开。开展环评、排污许可证改革试点工作。江阴高新区积极配合市局探索环评、排污许可和网格化管理等制度有机结合和深度融合，开展“一证式管理”模式。推进建设项目环评制度改革。推进排污许可证改革。根据省环保厅的相关要求，开展排污权储备、租赁、融资试点，利用市场机制和配套政策鼓励第三方专业机构提供公共服务。服务环境监察调处工作，全面开展环境突出问题专项检查，深入贯彻实施新《中华人民共和国环境保护法》和《国务院办公厅关于加强环境监察执法的通知》，通过严格执法，让企业意识到，环境守法是不可逾越的底线，引导和倒逼企业不越底线、不踩红线、不碰高压线；强化信访调处，充分运用多部门参与的联动机制、高效快捷的配合机制和协助执行的网格机制，上下互补，多方合作，通过强有力的举措，有效解决了群众反响强烈的环境问题。

3）风险防控保障

江阴高新区编制了《江阴高新区环境风险评价报告》《突发性环境污染事故应急预案》《大气重污染应急行动方案》等应急预案，加强区域内企业环境应急预案编制和应急物资储备工作，定期开展环境突发事故应急演练工作，区域环境风险防范工作扎实推进。此外，全面深入开展环境保护大检查和“一厂一档”建设工作，区内规模以上企业全部完成了在线申报并建立污染源、风险源、隐患点等台账。

4）资金投入保障

江阴高新区在生态化建设过程中，加大环境保护投入。因功能要求起点高，建立伊始即坚持环保优先的科学发展理念，以高标准的规划引领开发建设，成立 20 年以来，狠抓基础设施的超前建设，累计投入 50 多亿元，形成了高标准立体式基础设施配套体系，供水、雨水、污水、电力、电信、天然气、蒸汽、广电等九大管线全覆盖，对工业废水企业全部安装 24 h 在线监控系统，初步实现了区域污水智能远程监控。分期建设的两个区内污水处理厂处理能力达到 15 万 t/d，出水稳定达到国家标准。2011 年以来，江阴高新区大力实施水环境综合整治，仅河道治理即已投入 2 亿多元，实现区内主要河道水质基本达到或优于Ⅳ类部分达到Ⅲ类水质标准。累计投入近 3 亿元实施造林绿化和生态修复工程，建成沿白屈港河规划控制防护绿化带，沿长江岸线一侧控制 150 米左右生态防护绿化带，沿开发区内主要道路和河流两侧控制 10 米防护绿化带，另外在变电站、工业区和居住区之间、沿高压走廊等地段，根据具体规划要求建设了相应宽度的防护绿地。

紧盯储备项目，狠抓外资到账。高新区围绕目前进行的重点外资储备项目，加强跟踪推进，加快项目注册落地和外资到账，重点推进兴澄世界顶级钢板深加工、中芯长电 3D 集成芯片后续项目、新加坡星科金朋封装项目、华泰科技金融街区、世茂御龙湾二期、帝斯曼尼龙二期等重大外资项目的注册和到账；推动宝马汽车南方制造工厂、施乐泰科新能源等重大外资项目的签约落地，超额完成 2.8 亿美元的外资到账任务。积极主动服务企业。利用高新区应急转贷资金，积极帮助企业化解融资难题，确保不发生系统性、区域性金融风险。

4.1.2 绿色发展成效与特色

（1）基础设施共享

1）信息集成共享

江阴高新区基于自身特点构建了各种服务平台，有利于物质和能量在园区、周围区域内进行流动和交换，为生态工业园管理者、园区企业、社区居民以及其他外部参与者在生态工业形成和发展的过程中，获取信息、传播信息、集思广益和思想碰撞的虚拟载体，克服生态工业运行障碍，提高能源效率、节约资源、废物最小化、清洁生产技术和应急反应等水平，对江阴高新区生态工业园区建设有很大的推动作用。

在项目投资审批服务平台建设方面，园区建有高效率的行政一体化服务中心，全面实行工业项目审批代办制、服务项目陪办制，为每一个投资的企业和项目提供全方位、零干扰、个性化的服务，也为区域内生活和社会管理提供一站式服务。高效、公开的电子政务系统，更为高新区的公共服务提供了一个有效的服务平台。

在企业科技创新服务平台建设方面，江阴高新区围绕国家创新型特色开发区的建设，建立了功能齐全、先进的创新科技公共服务平台。为园区企业提供了强大的科技创新服务能力。

同时，结合江阴市核心 CBD、各类城市综合体、新兴战略产业园、孵化器等载体建设，高新区形成了较强的公共服务平台。

在园区社会发展和商务配套方面，江阴高新区作为江阴市主城区的核心部位，既共享着江阴市的公共服务平台，也按规划分工建设相关平台，为地区提供有效的公共服务。

2）污染治理设施集成共享

江阴高新区与周边区域的基础设施共享程度也比较高。园区所需的电力、热力、自来水、天然气、工业气体等以及园区生活污水、工业废水、工业固体废物、生活垃圾等处置，均来自园区外部单位，由所在区域生产、提供服务，共享了区域内相关的基础设施并得到了稳定保障。而江阴高新区的表面处理园区，则承担了所在区域内外的专业特色表面处理任务，满足了区域发展的需要。江阴高新区内的电镀污水处理厂和印染废水处理厂，分别为江阴高新区内所有电镀企业和印染企业提供专业废水处理服务，成为区内共享的专业污水处理基础设施。位于无锡惠山经济开发区的无锡市海燕润滑油脂油品厂具备处置废矿物油的经营资质，年处理能力 1 500 t，江阴高新区内企业产生的废润滑油等危险固体废物经收集后送往该公司处理；惠山经济开发区内的无锡惠联垃圾热电有限公司是无锡市定点的生活垃圾焚烧处置单位，园区的生活垃圾可就近送至该公司处置，同时按照无锡市的规划，还将在惠联热电公司建设一个餐厨垃圾资源化综合利用设施，设计处理能力为 300 t/d，该项目完成后可以实现园区餐厨垃圾实现资源化利用。

高新区污水处理公司有 2 个：光大水务（江阴）有限公司滨江污水处理厂和江阴清泉水处理有限公司。高新区内污水处理厂现在的处理能力为 150 000 t/d。污水排放首先由企业进行预处理，达到开发区污水处理接入标准 COD＜500 mg/L（国家三级排放标准），然后集中输至区内污水处理厂进行处理，出水标准按国家强制标准、行业标准或《太湖地区城镇污水处理厂及重点工业行业主要水污染物排放限值》（DB 32/1072—2018）中最高标准执行。高新区大部分垃圾运至江阴市月城镇秦望山垃圾焚烧厂处理，少量进入花山填埋场填埋。

（2）资源能源节约

江阴高新区在生态工业园区建设发展过程中，把培育生态企业作为基础工程来抓，积极推进资源能源的节约利用，使防治污染由末端治理为主向生产全过程控制转变。XCTG 建成了制水、发电、供热、供汽等一系列基础工程，自身定位是高科技材料的供应者（优特钢产品）；城市废弃物的处理站（废钢、废铁回收利用）；城市生产生活热源供应站（蒸汽、热水、煤气）；再资源化循环、再能源化转换，无害化排放的基地（废水、废气、固体废物等循环利用）。通过企业内水、气、渣的全面利用，形成了企业内部废物循环利用链。

（3）推广中水回用

江阴高新区在注重经济效益的同时，还注重环境效益和社会效益。GDJT 建设区域中水回用工程，一期 1 万 t/d。利用 BJ 污水处理厂尾水，通过超滤、反渗透等膜处理技术，回用于 FHFZ、XCTG、HYBD 等企业，不断减少新鲜水的利用，还降低了污水的排放量，减少了污染物总量。HYBD 在增资扩产的同时规划研制应用超滤和膜反渗透技术中水回用 9 000 t/d，已投资 4 000 万元建成两套回用 7 000 t/d 的设施，提高区域水重复利用率和中水回用水平。该公司还积极开展节水活动，收集废水用于冷却补充水，日减少排量 900 t，为后续发展腾出了总量空间。CDKJ 投入 630 万元建设 3 套中水回用工程，年节约用水 85 万 t。SLJT 投资建设 QQ 水处理公司，日尾水回用能力为 2 500 t。

（4）环境污染整治

江阴高新区瞄准化学需氧量、二氧化硫、氨氮、氮氧化物等主要污染物减排任务，完成 JLYR 燃煤锅炉的关停工作，SLFZ 3 台导热油炉完成脱硫脱硝除尘改造，BJRD 顺利实施关停，ZYLQ 完成了石化行业 LDAR 技术应用，TJYY 和 XJZDZ 等企业开展了环境管理体系认证工作。此外，江阴高新区对印染行业进行了专项整治，加强处理设施提标改造推进力度，强化固体废物管理。

2020 年，在大气污染防治攻坚战中，江阴高新区完成了天然气锅炉低氮改造、VOCs 无组织排放治理、油气回收治理改造等 57 个大气污染防治工程项目；强化道路和建筑工地扬尘的管控，4 辆雾炮车对区内重点道路降湿作业做到全覆盖；建筑工地扬尘防治严格落实“六个 100%”，强化工地的实时管理，安装扬尘在线监控设施 28 套；加强重污染天气应急管控，制定高新区大气强化管控方案，落实重污染天气应急“削峰”举措；在秸秆禁烧期间，利用网格化管理建立巡查机制，一天两班巡查；开展专班联合巡查，建立江阴高新区污染防治百日攻坚专班，每日开展联合巡查。

“十三五”期间，江阴高新区坚持“环境就是民生，绿水就是美丽，蓝天也是幸福”的理念，以“长江大保护”为导向，推进节能减排、防污治污。建成智慧环保信息化监管平台，开展大气源解析，完成中小企业环保体检 256 家、第三方托管 118 家以及 4 个码头整治，关停“散、乱、污”企业 323 家。大力推进清洁生产，全区空气质量优良天数占到全年的 78.4%。

4.1.3 典型案例

（1）建立数字化监控手段

江阴高新区作为集以工业为主的产业园区和城市主城区两项功能于一身的综合性园区，充分认识到建设数字化监控中心对加强污染源和危险源监控、预防环境事故发生、针对紧急情况快速反映发挥着重要作用，这也是当前建设高质量工业园区的基本要求，大大提高了园区环境管理的手段和效率，降低了园区环境风险。数字化监控中心覆盖江阴高新区内 17 家重点污染源单位的污染物排放、污染治理设施运行等情况，包括 1 个中心（江阴高新区数字化环境监控中心）、2 个平台（环境基础信息平台、环境地理信息平台）、2 个网络（环境自动监测及视频监控通信网络、环保局及市级直属单位有线传输环保专网）和 8 个系统（园区及周边上下游空气质量监控系统、园区及周边水体质量监控系统、园区污染源废气排放监控系统、园区污染源废水排放监控系统、园区有毒有害气体有组织和无组织排放监控系统、园区污染治理过程监控系统、园区刷卡排污收费系统、视频监控子系统（图 4-1）。

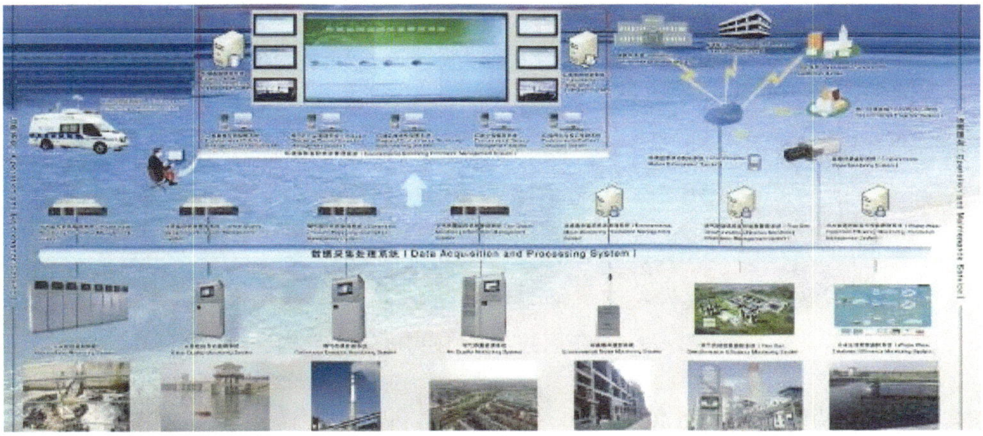

图 4-1　江阴高新区数字化监控中心方案

监控中心以先进显示技术为核心的系统，将各种监控视频、计算机文字、图像信号进行全数字控制和显示，实现对各种系统图像、文字、图片、动画以及视频（DVD、VCD、RMVB）信息的综合显示，形成功能完善、技术先进的综合信息显示系统，并提供一个交互式的灵活系统，以适应不断发展的多媒体显示需求。

通过数字化监控中心的建设，实现监控方式由末端监控向污染产生、治理、排放全过程监管的转变，将科学判断在线监测数据的有效性、准确掌握治理设施运行状况，为环境监察执法、总量减排、排污费核算等工作提供有力保障，大幅提高环境监管及决策水平，提升应急准备和响应能力，最大限度地降低高新区的环境安全事故风险（图 4-2）。

图 4-2　高新区数字化监控中心功能结构

（2）酸洗污泥协同处置项目

该项目是江阴市“绿岛”项目中的危险废物收集处置试点建设项目，利用 XCTG 现有 400 m^2 烧结区对酸洗污泥进行综合利用，即将酸洗污泥掺入混匀矿，经配矿、烧结形成烧结矿。项目完成后，年处理酸洗污泥能力为 10 000 t（其中 XCTG 处理 5 000 t，周边企业处理 5 000 t），年产烧结矿 411.84 万 t，副产品浓硫酸 0.80 万 t。基于共享理念，本项目废气、废水、固体废物污染防治设施均依托现有 400 m^2 烧结机系统，实现污染物的统一收集、集中治理、稳定达标排放，有效帮助中小企业降低污染治理成本。

（3）固体废物综合利用项目

XCTG 产生的固体废物主要有高炉渣、钢渣、除尘灰等，年产生量约

200 万 t，该企业围绕循环化和综合利用，建设了 90 万 t 钢渣热闷处理和 30 万 t 脱硫渣 / 铸余渣处理生产线。通过该项目的实施，渣中的废钢可回用于电炉炼钢、磁选粉可回用于烧结，回用率达 60.7%，尾渣可外售至水泥厂、制砖厂综合利用，综合利用率基本可达 100%，基本做到钢渣不出厂并全部综合利用。除尘灰无害化和资源化处理项目中，年处理约 20 万 t 含重金属电炉灰与高炉干法灰，有效分离出富锌产品，并产出不含重金属无污染风淬粒化渣产品，同时直接得到普通生铁，可直接用于特钢冶炼，甚至可以做微合金化的调节剂、冶炼降温剂使用，也可以直接外销，没有新废物产生实现除尘灰无害化和资源化处理。

（4）静脉企业助变废为宝

江阴高新区工业企业产生大量废塑料，为最大限度地减少资源浪费、降低工业固体废物对自然生态环境造成的不利影响，园区依托 HYJT 建设废塑料综合利用循环经济体系，已基本形成回收→再生→原料→产品→销售→再回收的化工新材料生态化产业链条。HYJT 旗下 6 家子公司实现了园区再生废塑料的资源化处理，年处置废塑料约 1.5 万 t，年外汇收入约 1 000 万美元（图 4-3）。

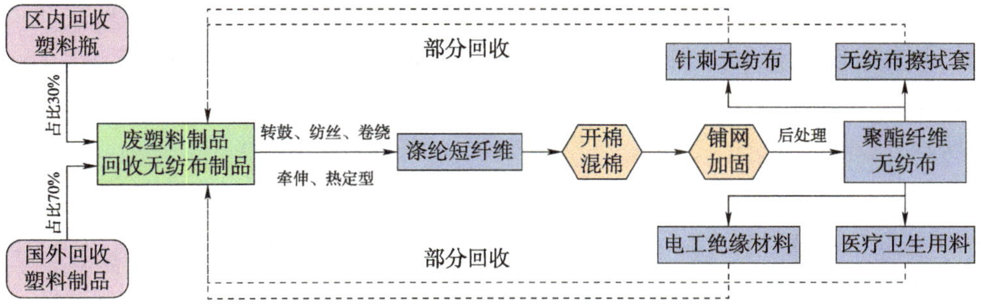

图 4-3　化工新材料生态化产业流程

（5）重金属废水零排放

KBRT 有限公司成立于 2008 年，生产厂址位于江阴市高新区博通路以东、澄张专用公路以南；该公司一期、二期、三期工程已相继建成投产，并于 2012 年 8 月通过“三同时”验收，目前，该公司主要产品及生产能力分别为超硬复合耐磨切割丝 15 000 t/a、钢帘线半成品 60 000 t/a、胎圈丝 60 000 t/a。

该公司在钢帘线和胎圈丝产品生产过程中会产生一定量含铜、锌元素的重金属废水，原有“重金属废水在线回用”处理系统在实际运行中，存在容易堵膜问题，导致设备运行的软化和出水效果差；且产生的浓缩液及污泥处置成本高，故该套处理设施运行、维护成本太高。对后续污水处理造成较大压力。为实现节能、降耗和增效目的，该公司经过重金属废水处理方案综合论证，购置了 2 台离心喷雾干燥机设备，利用生产中产生的高温炉气余热作为热源，采用“重金属废水喷雾干燥处理工艺”进行了重金属废水零排放处理设施技改。技改后，原重金属废水零排放处理装置作为备用废水处理设施。

离心喷雾干燥机设备利用生产中产生的高温炉气余热作为热源，采用“重金属废水喷雾干燥处理工艺”进行了重金属废水零排放处理设施技改，主要处理钢帘线和胎圈丝产品生产过程中产生的重金属废水。根据该公司三期环评资料以及产品生产工艺资料，重金属废水主要成分为硫酸铜、硫酸锌以及硫酸铁，含金属废水的产生量为 2 860 t/a。主要金属浓度为总铜 2 632 mg/L、总锌 1 510 mg/L、铁 1 310 mg/L。项目的实施有效地解决了两个问题：“重金属废水在线回用”处理系统在实际运行中，存在容易堵膜问题，设备的软化器较差，导致设备出水水质不理想；产生的浓缩液及污泥处置成本高，降低了处理设施运行、维护成本。项目年处理重金属废水规模可达 2 860 t（图 4-4）。

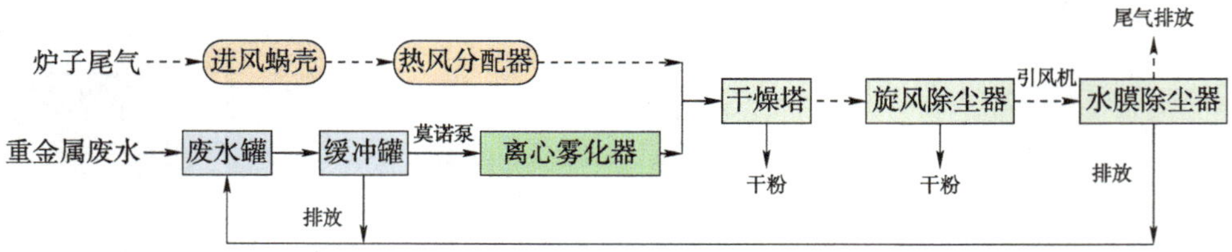

图 4-4　重金属废水处理零排放流程

项目采取的离心雾化干燥系统具有以下特点：①干燥速度快、废水经雾化后表面面积大大增加，在热风气流中瞬时可蒸发 95%～98% 的水分。完成干燥时间只需 5～15 秒，具有瞬时干燥的特点。②主要能源利用生产线加热过程中燃烧废气作为热源，有效进行能源再利用，采用特殊的分风装置，降低了热空气在设备内的阻力。③生产过程简化适宜连续生产，减少粉碎、筛选等工序提高产品纯度。重金属废水离心雾化干燥流程如图 4-5 所示。

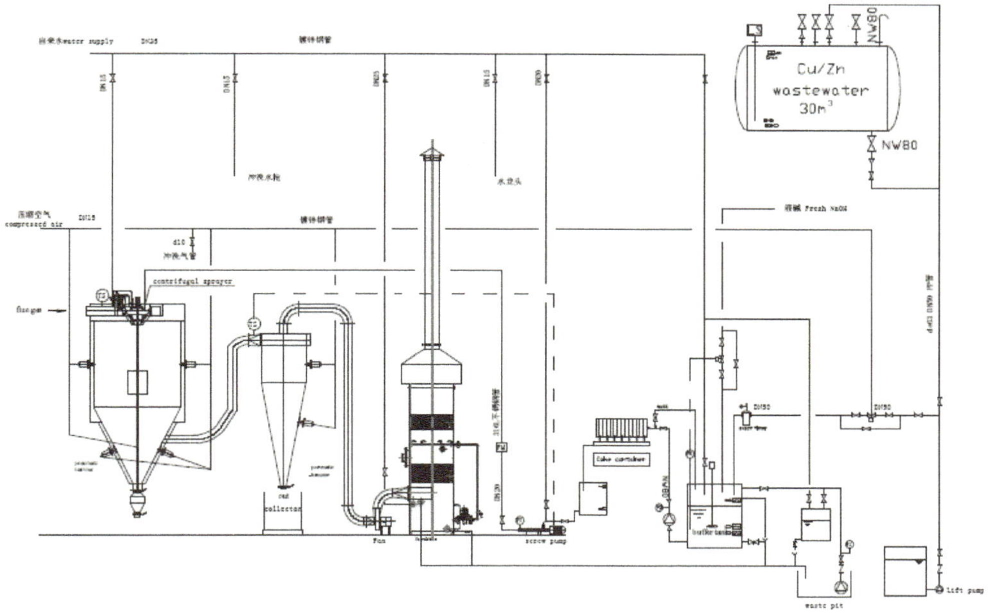

图 4-5 重金属废水离心雾化干燥流程

镀铜线排放的铜锌废水经收集后储存至罐区铜锌废水罐，胎圈丝化学镀生产线排放的含铜锡废水储存至罐区铜锡废水罐内。镀铜生产线燃气加热炉排放的高温废气经处理系统配备的引风机抽吸至离心喷雾干燥机顶部的空气分配器，后进入干燥器内作为热源。铜锌废水及铜锡废水分别由重力排放至干燥系统的缓冲罐内，然后利用莫诺泵提升至 2 台离心喷雾干燥机顶部的高速离心雾化器，离心形成雾状液滴后与干燥塔内的热气接触，并迅速干燥成粉末。形成的粉末大部分在干燥塔底与热风分离，并通过卸料阀排出。热风携带少量粉末进入旋风除尘器，实现二次气固分离，粉尘通过旋风除尘器底部的卸料阀排出。旋风除尘器排出的气体经水膜除尘器进行洗涤，净化后的尾气通过 15 米高的烟囱排放至大气。

水膜除尘器的循环水经一定倍数的浓缩后排放至地沟，与设备的冲洗水、罐体排放废水一同汇集后返回至铜锌废水罐内，进行循环处理。干燥塔及旋风除尘器底部排出的粉末经收集后资源化处置。

项目利用生产线加热时天然气燃烧的尾气作为热源，对重金属废水进行有效处理，不仅实现对生产环节燃气炉烟气的资源化利用，更使重金属废水实现零排放。

项目的先进性主要体现在以下几个方面：①本项目处理厂内重金属废水，处理后重金属废水可达到零排放。②加热利用生产环燃气炉尾气作为热源，符合能源再利用。③处理重金属废水后，产生的金属粉末，经收集后外售给金属回收单位综合利用；固体废物综合利用，实现废物资源化。

（6）成品油库油气回收

KBRT 有限公司成立于 2008 年，生产厂址位于江阴市高新区博通路以东、澄张专用公路以南；该公司一期、二期、三期工程已相继建成投产，并于 2012 年 8 月通过“三同时”验收。

油气回收项目在汽车发油区增加油气回收系统，成品油付油上装改为下装并增加泄压设施，配套对仪表、电气、可燃气体检测等进行改造、完善。新建油气回收装置一套及配套的回收控制系统，油气回收设施处理能力为 500 m^3/h。油气回收装置设计鹤管数共为 7 个；每个鹤管设计装油流量为 100 m^3/h，按单鹤管全部工作，同时装车流量为 700 m^3/h，汽液比按 1.1 取，装车流量最大为 770 m^3/h，装车岛同时作业系数取 0.6，油气量计算值为 462 m^3/h。油气回收设施处理能力为 500 m^3/h。

装车过程中产生的易挥发的有机物气体和空气（以下简称混合气）经过油气回收鹤管和专用的油气回收管道送入油气回收装置，混合气首先进入吸附塔进行吸附，吸附过程是将易挥发的有机物气体和空气分离，吸附剂将易挥发的有机物气体吸附，剩余气体（空气）达到《汽油运输大气污染物排放标准》（GB 20951—2020）的要求排放；解析过程是通过真空泵将附着在吸附剂上的易挥发的有机物气体脱离；解析过程富集的易挥发的有机物气体进入吸收塔进行喷淋吸收，喷淋介质为 92 号汽油（贫油），吸收后 92 号汽油（富油）回到汽油储罐。

油气回收流程如图 4-6 所示：

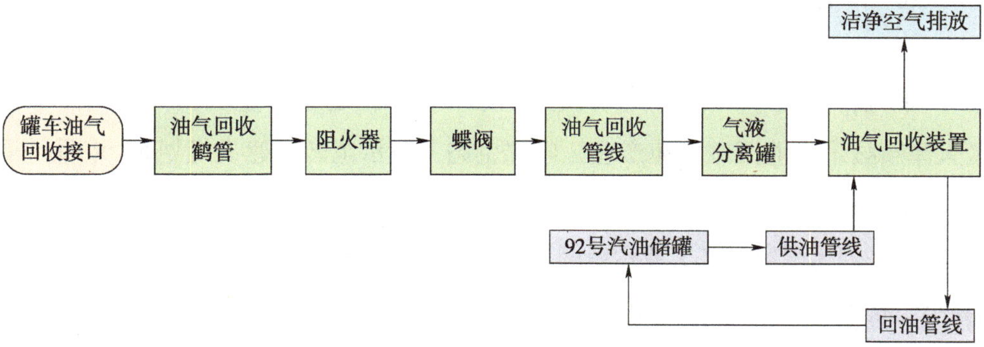

图 4-6　油气回收流程

油气回收项目节约了资源，提高资源使用效率，使得回收的油品可以再利用，是生态化建设的典型成果。

4.2　做好顶层设计——天津滨海高新技术产业开发区华苑科技园

天津滨海高新技术产业开发区（以下简称天津滨海高新区）于 1988 年经天津市委、市政府批准建立，1991 年被国务院批准为首批国家级高新技术产业开发区。现已发展为包括“一区四园”及两个街道，即华苑科技园、未来科技城（南区）、未来科技城（北区）、塘沽海洋科技园、新河街和新北街。

华苑科技园（原华苑产业区）位于天津市区西南部，1996 年开始建设，规划面积 11.58 km^2，由环内和环外两部分区域构成，其中环内面积 2 km^2，环外面积 9.58 km^2。华苑科技园是天津高新区的核心区，是市区内唯一成片开发的区域，地理位置优越，生活条件便捷，创新资源丰富，高端人才集聚，是天津市第一个“无燃煤区”和“ISO 14000 国家示范区”。已吸引 XMZ、FT、SX、WR、SY 等众多世界知名企业前来投资办厂，世界 500 强企业已有 24 家，企业总数已达 3 600 家。10 余年来，华苑科技园经济发展综合实力日趋增强，已成为天津市对外开放的重要窗口和新的经济增长点，在环渤海区域乃至中国北方经济发展中发挥着重要的服务、辐射和带动作用。园区牢牢把握高新技术产业园区特色，始终将科技创新作为发展动力，已成为滨海新区乃至天津市产业技术创新的核心区。

华苑科技园于2006年启动国家生态工业示范园区创建工作，组织编写了《天津新技术产业园区华苑产业区国家生态工业示范园区建设规划》，并顺利通过专家论证会。2008年8月，国家生态工业示范园区建设协调领导小组批准华苑产业区创建国家生态工业示范园区。2012年12月，华苑科技园经建设协调领导小组批准获得“国家生态工业示范园区”命名。2017年，建设协调领导小组办公室对华苑科技园组织复查评估，评估结果为“优秀”。

4.2.1 绿色发展主要做法

（1）提升园区定位，做好顶层设计

2014年年底，国务院批复天津滨海高新区建设国家自主创新示范区，2016年年初，《天津国家自主创新示范区发展规划纲要（2015—2020年）》获得科技部等14部委批准实施。自此，天津滨海高新区力争打造一个自主创新能力显著增强、高端新兴产业发达、创新和服务体系完善、高水平创新人才聚集、创新生态环境优化、富有创新发展活力的创新型园区，包括创新主体集聚区、产业发展先导区、转型升级引领区和开放创新示范区。

华苑科技园作为天津滨海高新区的核心区，发展起步早，已形成了以新能源、软件与现代信息技术、生物医药、高端装备制造和现代服务业为主导的五大产业体系。在国家自主创新示范区建设中，华苑科技园实施土地二次开发，编制了节能环保顶层设计方案，梳理了“十三五”时期重点开展的项目。

2020年是“十三五”迈向“十四五”的承上启下的关键之年。天津滨海高新区从顶层设计入手，高起点做好产业规划，为“十四五”时期产业进一步提质发展确定方向，编制了《天津滨海高新技术产业开发区国民经济和社会发展第十四个五年规划和二零三五年远景目标纲要》《天津滨海高新技术产业开发区“十四五”时期产业发展规划》《天津滨海高新区高质量发展战略咨询报告》《天津滨海高新区网络安全产品和服务产业集群建设方案》《“中国信创谷”发展规划》《天津滨海高新区 2020 年新动能引育“430”工作方案》等。

（2）突出高新属性，展现创新发展

华苑科技园是距天津中心城区最近的工业区，面积较小，不宜大规模发展重型工业。园区在产业链搭建方面突出天津滨海高新区特色，充分挖掘龙头企业、总部经济、特色产业发展潜力，以培育创新驱动力强的产业为主线，提升发展动能。近年来，华苑科技园产业高端化、高新化特征明显，以新能源、电子信息、生物医药、先进制造和现代服务业为主导的五大产业体系取得全面进展，呈现高端产业集聚、高新技术企业密集、高科技人才汇聚、高品质产品输出、主导产业高速发展、资源能源高效利用的“六高”特征。

电子信息产业方面，2020 年实现自主创新基地全国信创产业领域龙头项目投产，补充完善了高新区电子信息产业生态链条，形成了整体方案供给能力，构建起覆盖芯片、操作系统、整机（服务器）的国产化产品体系，进一步提升华苑科技园电子信息产业领先优势和核心竞争力。

生物医药产业方面，华苑科技园集聚 30 余家企业，涵盖了“细胞提取制备、细胞存储、质控检验、研发生产、应用转化”等方面，同时带动了冷链物流行业的快速发展。

截至 2020 年，天津滨海高新区拥有市级以上孵化器 13 家，其中国家级孵化器 9 家；市级以上众创空间 24 家，其中国家级众创空间 8 家。国家级孵化器和众创空间数据共计 17 家，位列全市第一。后续将分别从支持专业化载体建设、专业化运营团队、创业服务机构、在孵企业发展、大企业释放资源和载体跟踪服务 6 个方面进行创新，进一步提升高新区孵化载体水平。

（3）严格落实方案，防治大气污染

京津冀地区大气污染问题较为严重，华苑科技园作为天津市的重要工业园区之一，对于大气环境污染防治也采取了多项措施，加强环境监管。园区组建成立了空气质量保障小组，制定空气治理“五个一”工作方案和应急减排方案，明确相关各部门职责，开展涉气污染源排查，全力对各建筑工地、裸露地面、工业废气排放点进行重点监管。以大气管理网格为抓手，定区域、定人员、定职责、定标准、定流程、定考核，通过“六定”，将大气污染治理任务和目标落实到点，落实到人。通过对工地扬尘治理、路面撒漏治理、道路洒水保洁、企业强化排污管控等措施等，使园区内大气环境质量得到改善。

（4）龙头企业强力主导，生态工业日臻完善

华苑科技园以龙头企业为核心，纵向、横向延伸产业链，围绕技术含量高的“撒手锏”项目、影响带动力强的产业升级项目、产出效益好的节能减排项目等，策划实施了一大批具有重大战略意义的全产业链条项目集群，不断完善园区生态工业链网，构建工业共生网络，形成企业间互利共生的局面，从而促进了整个区域产业的生态化。

新能源电池行业。截至，整个天津滨海高新区的新能源电池集群企业数量达到156家，实现总收入220余亿元，锂离子电池为代表的主导及关联产品国内市场占有率超过7%。其中在华苑科技园内，聚集了力神电池、巴莫科技、蓝天电源等一大批国际国内有影响力的重点龙头企业，在动力电池、储能技术、智能电网等领域具备行业领先优势。与天津滨海高新区引入的国能新能源汽车、华泰汽车、波士顿电池等企业联合，构建新能源汽车全产业链的有效集聚。华苑科技园内动力电池储能技术产业化效能得到充分释放，产业规模和发展水平也跃升到新的台阶。

新能源光伏行业。目前，华苑科技园光伏发电产业以天津蓝天太阳科技有限公司、友达太阳能电池、尤尼索拉津能（天津）能源有限责任公司、天津蓝天太阳科技有限公司等核心企业为代表，上下游延伸产业链，形成了从晶硅光伏到薄膜光伏和聚光光伏组件，从单晶拉制到太阳能电池，从产品研发到安装服务的综合性光伏产业链。其拥有晶硅光伏产品、非晶硅光伏产品、新光伏材料产品3条产品线，核心研发力量强大，拥有关键技术设备，产品应用于航天设备、厂房光伏发电等，市场前景广阔。

在晶硅光伏产品线中，上游与环欧半导体结合，侧重于高品质单晶拉制、切割等工艺难度高、产品附加值高的生产工序，产品规格高，可满足航天空间站太阳能电池需要。中下游企业如天津蓝天太阳科技有限公司、友达太阳能电池等，依托于总部位于天津滨海高新区的中国电子科技集团十八所，侧重光伏组件成品制造、现场安装以及运行维护，主要工程包括太阳能电站建设、边疆

地区太阳能供电等。

在非晶硅光伏产品线中，以尤尼索拉津能（天津）能源有限责任公司为代表，形成以薄膜太阳能电池产品为核心，从非晶硅柔性太阳能电池板封装、串接、集成到大型工程安装、运行维护的产业链。上游还引入了非晶硅太阳能电池板核心组件的生产，进一步丰富链上产品。

在新光伏材料产品线中，园区瞄准新一代聚光光伏和新型节能 LED 光源，引进了天津蓝天太阳科技有限公司和福建三安集团超高亮度发光二极管（LED）外延片及芯片项目，形成以砷化镓等新材料为核心的新能源、新光源相结合产业链。

现代信息技术行业。现代信息产业作为华苑科技园的支柱产业，是华苑科技园科技活动的重要力量，是现有产业中盈利最多、科研技术人员拥有量最高、R&D 经费支出比例最高的产业。目前已聚集天津市 70% 的软件企业和 53% 的系统集成企业。园区以天地伟业、曙光计算机、飞腾 CPU 等一批具有自主知识产权的高新信息制造企业为核心，打造出高性能计算机、数据库与信息安全、安防物联网、软件服务外包等细分领域优势，形成了数字内容与创意、云计算、大数据、移动互联等新兴业态。

高端信息制造。高端集成电路制造是华苑科技园高端信息制造业的重要组成部分，以中环半导体为龙头的信息制造产业集群在华苑科技园已日臻成熟，逐步壮大，已形成环欧—中环—领先为主体的产业链，技术先进，是国内通信、家电、电气设备制造等企业主要供应商。同时配合高新区光伏发电上游硅材料的生产，发展起独具特色的硅材料 + 半导体器件 + 新能源产业链，构建园区内不同产业间的生态产业链网。

服务业。引入梦金园黄金珠宝集团有限公司和海泰珠宝城两大核心企业，打造天津高新区珠宝商贸产业集群，预计能够构建上下游千亿元级产业链条。华苑科技园内科技服务创新发展集群实力雄厚，为天津滨海高新区乃至整个天津市提供源源不断的技术研发和创新力量。

4.2.2 绿色发展成效与特色

（1）能源高效利用

“十三五”时期，华苑科技园将低碳发展作为国家生态工业示范园区建设的重点，通过取缔燃煤锅炉、加快培育高新产业发展、改进生产工艺，优化了区域能源结构、产业结构，降低了碳排放，并辐射带动周边地区低碳发展。作为天津市第一个“无燃煤区”和“国家 ISO 14000 环保示范区”，电力是其能源消费的绝对主要来源，2020 年占比达到 83.35%。2017—2020 年，园区综合能耗总量持续下降，年均降幅为 4.9%。2020 年，华苑科技园单位工业增加值综合能耗为 0.09 t 标准煤 / 万元，综合能耗弹性系数为 -1.66，单位工业增加值二氧化碳排放量年均削减率为 5.2%。

（2）水资源高效利用

在建区之初，华苑科技园便把中水利用纳入规划与建设工作，积极与咸阳路再生水处理厂接洽引入中水。自生态工业园区建设以来，园区投资实施中水管网铺设工程、中水接入点工程和中水管道连接工程等一系列具体工程，推进中水替代新鲜水使用。华苑科技园内企业节水意识强烈，主要表现在电子信息企业从生产工艺、设备选择使用等方面进行水资源高效利用，同时建设废水回用工程实现废水处理后的再利用。华苑科技园内共有 12 家企业接纳再生水进行回用。

（3）新能源示范应用

华苑科技园充分发挥在新能源领域的技术优势，加强新能源汽车及充电站、桩的示范应用。天津滨海高新区华苑科技园于 2015 年建成 HAT 充换电站，平均日换电约 105 车次，服务车辆累计行驶里程约 168 万千米，换电车辆替代燃油约 500 t，减少二氧化碳排放约 1 300 万 t。2016 年，华苑科技园国际创业中心和智慧山附近分别建立的 HUT 汽车充电桩和 TSL 超级充电桩，屏柜具备防电磁干扰功能，且充电效率高。充电基础设施的建设有力推动了绿色出行理念，降低了污染物的排放，为改善区域大气环境质量做出了贡献。

4.2.3 典型案例

（1）园区建设环保先行

天津滨海高新区华苑科技园将环境友好型园区建设作为一项重点工作常抓不懈，在规划、建设、招商、运行管理等各方面工作中坚持环保先行，使高新区在经济发展的同时，保持了优美良好的环境。在顶层设计方面，园区认真落实生态工业园区规划，把创建国家生态工业示范园区纳入中心工作，成立了由管委会主任挂帅的生态工业示范园区建设领导小组，高新区主要领导定期组织召开工作推动会，多次到现场调研、督促、检查，并将生态工业园创建工作内容列为管委会各级领导干部的绩效考核指标，这为创建工作提供了坚实的组织保障。此外，园区积极编制环境保护五年专项规划，制定环境保护重点任务和重点工程，保障环境质量不断改善。

建设10余年来，园区不断加强环境基础设施投入，持续推进生态工业园重点工程建设，先后开展建筑节能改造、垃圾再生系统、水资源再生回用、信息平台建设等各项工程，促进天津滨海高新区大气环境质量不断优化，区域环境噪声、交通噪声均达到了国家标准。打造了清风、净水、绿地、蓝天的优质生态环境，成为生态宜居的科技新城。

（2）废轮胎胶粉改性沥青

TJHT环保科技发展有限公司是商务委再生资源综合利用首批项目试点企业，是集废轮胎回收、胶粉加工、改性沥青及专用成套设备研发生产于一体的高新技术企业，现已成为行业内首家规模化胶粉改性沥青制造企业。企业在天津建成年产30万t废轮胎胶粉改性沥青示范基地，并在安徽、河北等地推广，自主研发的专利设备不仅能生产胶粉改性沥青，还可生产PE、SBS和其他复合改性沥青，已初步实现废轮胎资源综合利用上、中、下游一体化的产业链。

废轮胎胶粉改性沥青铺路作为一项重要的废轮胎综合利用技术，不仅能够大量消耗废轮胎，减少黑色污染，还能够提高路面使用性能，降低路面成本和养护费用，采用废轮胎胶粉改性沥青替代传统SBS改性沥青，不仅路面性能相当，实现废轮胎的综合利用，节约石油和橡胶资源，同时也具有显著的二氧化碳减排效益。

（3）垃圾资源化基础设施建设

华苑科技园于2014年投资建设垃圾处置中心，包含垃圾转运站和园林废弃物循环利用示范站两个子项目。每年，华苑科技园常规园林废物产量约7 000 t、餐饮垃圾产生量约2 850 t，园林废弃物循环利用示范站规模为年处理园林及餐饮垃圾1万t。

该项目采用密闭式发酵池、通气式移动垛发酵系统。园林垃圾处理车间：园林垃圾从处理线的一端加入，加入特制专用调理菌剂和辅料。通过微生物发酵使物料在1～2 d内升温达到60℃左右，经过2～5 d的时间，完成有机废弃物的彻底发酵、腐熟、灭菌、除臭过程。再经过1～2 d的快速脱水、灭杀杂草种籽和稳定化的过程后出料。此段时间不需要再加入菌剂，也不需要其他能源加热，完全利用原始加入的微生物菌群的自身特性发酵物升温，再利用专用设备完成翻倒、散热、脱水和堆垛，并重复此过程。当物料移动到处理线的另一端出料时发酵物水分降至25%左右，总质量减少至原来的1/3左右，体积减少至原来的1/3～1/5。有机废弃物变成褐色、疏松、没有不良气味的生物活性营养土或生物活性有机肥。

另外，园区在修剪过程中有直径在10 cm以上的树枝，完全粉碎生产有机肥存在浪费，经过切块后可以用于铺树穴。在切块过程中产生的小块及碎屑经粉碎后投放到园林垃圾处理线。

而餐厨垃圾具有较高的养分，所以是生物活性有机肥的很好的原料，为此在园林垃圾处理车间内设置一座餐厨垃圾处理车间。其基本原理是利用微生物降解菌产生多种酶，对分类后的有机垃圾（如果蔬、菜叶、菜根、食品残渣、鸡鸭鱼肉废弃物、虾蟹壳、蛋壳、骨头和泔脚等）可快速进行分解，即使是较难处理的顽固性垃圾也有独到的分解效果。96%的有机垃圾代谢成水蒸气、生物热能达标排放，4%的残余物还可作为有机肥的原料，整个处理过程无公害，不存在二次污染。符合国家垃圾处理的“减量化、无害化、资源化”就地处理的原则。

成品为园林垃圾的很好的原料，可以按比例直接投放到园林垃圾处理线，以此可以提高生物活性有机肥的养分和品质。

（4）废水回收外售

1）含砷、氨废水处理

天津 SAGD 有限公司专业从事 LED 外延片、太阳能外延片、芯片和应用产品的研发与生产，是全色系外延及芯片产业化生产基地之一。

①含砷废水处理

天津 SAGD 斥巨资打造废水治理系统，含砷废水主要包括经化学尾气处理器反应产生的高浓度含砷废水和清洗、研磨工艺等产生的低浓度含砷废水，全厂含砷废水由污水处理站统一收集处理。

含砷废水处理分 4 级絮凝沉淀处理工艺流程如下：

一级为高砷废水处理，加入含量 30% 氯化钙液、含量 30% 聚铝液及含量 6% 的漂液，让三氧化二砷转化为五氧化二砷，再加入含量 30% 聚铁液和 PAM 进行搅拌沉淀，然后进入板框压滤机，上清液进入滤液槽，上清液含砷浓度为 50 mg/L。

二级为低砷废水和一级处理后高砷废水混合废水，通过二级反应槽，二级反应槽分 4 个格，第一格加投投加氯化钙液和碱液酸液；第二格投加聚铝液；第三格投加聚铁液；第四格投加 PAM 液。槽体基本封闭。顶部安装减速机和搅拌系统。然后进入斜管沉淀，进行 2 h 沉淀，上清液溢流进入砷中间水池，泥浆进入泥浆池，上清液含砷浓度为 10 mg/L。

三级为含砷综合废水，三级反应同二级反应一致，出水再经过沙滤柱的过滤之后，出水含砷浓度不超过 0.2 mg/L。

四级为增加混凝沉淀，处理后如含砷废水出水不合格即不满足出水小于 0.15 mg/L，将自动回到三级反应槽进行再一次处理。通过总砷在线设备进行实时监测，浓度合格废水自动外排，含砷废水出水达到 0.15 mg/L 以下。

由于泥饼中含有 As，污泥作为危险废物交具有危险废物处理资质单位进行处理。含砷废水处理 4 级装置工艺流程如图 4-7、图 4-8 所示。

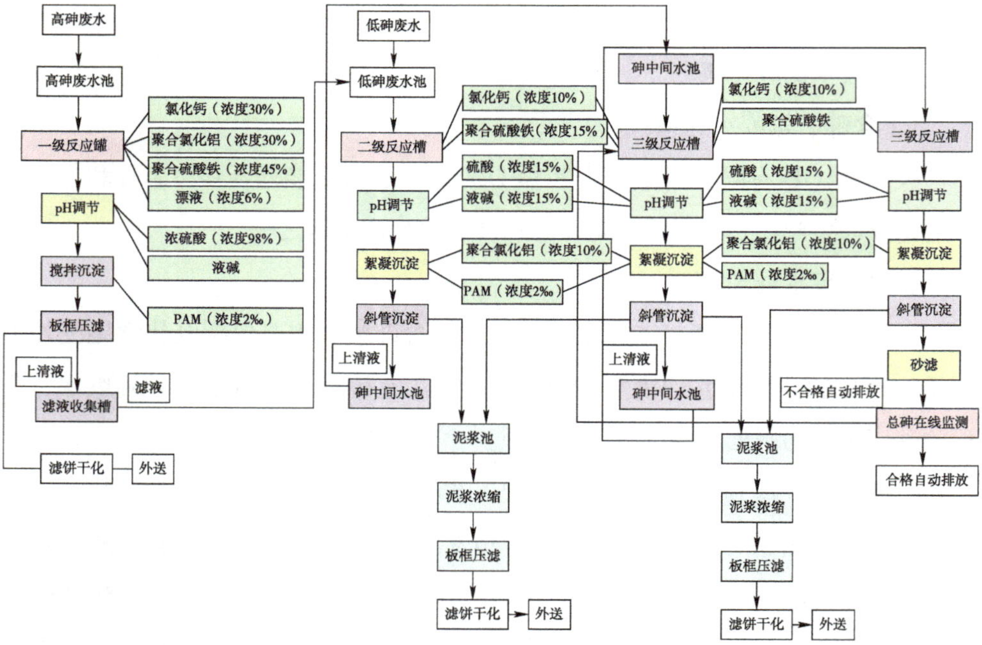

图 4-7　天津 SAGD 有限公司含砷废水处理工艺流程

图 4-8　天津 SAGD 有限公司含砷废水处理设备

②含氨废水回收

TJSAGD 公司于 2015 年投资 500 万元建立了氨气回收装置，将过去用硫酸吸附氨气的方法，升级改造为五级纯水吸收，生成一定浓度的氨水外卖，变废为宝。氨气吸收塔排水没有废水排放，这样可实现氨的二次利用，同时减少了全厂污染物排放。既能满足环保要求，又能达到节省资源、清洁生产的目的（图 4-9）。

图 4-9 天津 SAGD 有限公司含氨废水回收工艺

2）污水处理再生水回用系统

XHGXBJY 工程有限公司由中国医学科学院血液病医院（血液学研究所）与中源协和干细胞生物工程股份公司共同出资设立。公司主营业务为干细胞资源保存、干细胞工程系列产品的技术开发及产业化、干细胞临床移植；单克隆抗体诊疗技术研究开发和应用；基因药物和基因芯片的研发、生产和销售等。主营业务收入 2016 年度达到 18 013.8 万元。公司的干细胞项目被批准为国家干细胞工程产品产业化基地高技术产业化示范工程建设项目。

公司拥有目前世界上规模最大的干细胞库之一：天津市脐带血造血干细胞库，该库是首批通过国家卫生部执业验收的脐带血造血干细胞库，也是首批通过亚洲脐带血库组织验收的脐带血造血干细胞库，日处理脐带血能力 100 份，总储存量达到 30 万份。自 2001 年 4 月正式运营，现已接收国内外配型查询 6 377 次，为患者查找到 HLA（Human Leukocyte Antigen，人类白细胞抗原）4 个以上位点相合的无关供者脐带血的概率达到 99.23%，提供相合供体并移植成功的病例达 33 例。

①企业自建污水处理再生水回用系统

公司投入 69.8 万元自建了污水处理再生水回用系统，该项目使用膜生物反应器技术的同时配备消毒系统进行污水处理，处理后的污水达到了《污水综合排放标准》（GB 8978—1996）二级标准并符合《医疗机构水污染物排放标准》（GB 18466—2005）的要求。该项目设计规模日处理污水 300 t，目前实际使用规模日处理污水 150 t，设备运转率为 50%。考虑到今后企业发展的需要，为二期工程的相关设施扩容提供了预留。处理后的部分污水用于公司院区内的绿地灌溉（图 4-10）。

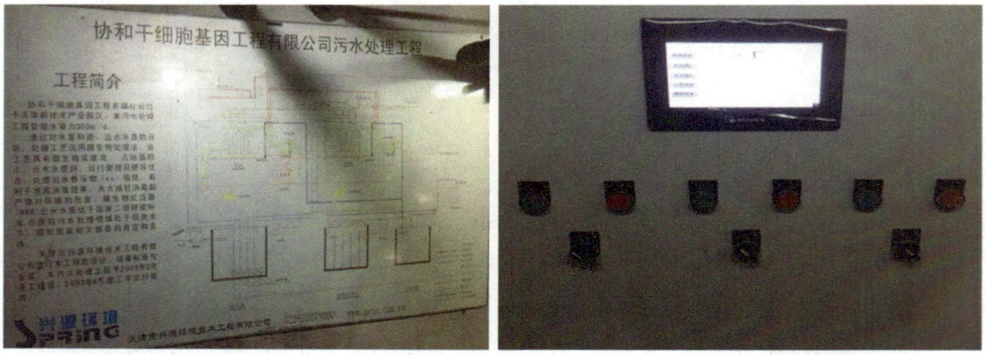

图 4-10　XHGXBJY 工程有限公司污水处理再生回用系统

②再生水回用

公司建立了“再生水回用管理制度”，要求绿地养护人员在灌溉季节必须从消毒池取水对绿地进行灌溉；污水站设备运行工作人员每日检查设备运行情况，检查消毒池水量，并对用于绿地灌溉的水量进行记录，同时监督绿地养护人员使用再生水回用的情况；公司相关部门管理人员不定期对绿地使用再生水灌溉情况予以抽查，对水资源利用进行量化统计。目前公司全年日均回用处理后的污水 36 t，每年约节约绿地灌溉水费 1.17 万元，节约水资源 1.3 万 t，系统运行至今累计节约水费 4.68 万元，累计节约用水 5.2 万 t。

此外，为了保证节约水资源和减少污水排放，公司采取了一系列相关措施。例如，为避免产生放射性废水，取消了同位素操作，改用生物标记；为避免产生大量洗衣废水，采用由公司外聘服务单位统一将实验室工作服送到公司以外集中洗涤；为避免对于制备纯水消耗大量水源和产生大量废水，取消了纯水设备而改用商品纯水。进入集中收集进入中水箱用于冲厕用水（图 4-11）。

图 4-11　XHGXBJY 工程有限公司再生水灌溉绿化

3）浓水再利用

天津 CFXMGTX 有限公司是制造、研发和销售光纤的专业生产企业。目前年产能力 2300 芯千米，2016 年销售收入约 10.9 亿元。2014 年以来，该公司从小到每天节约十几吨自来水、大到氦气回收再利用项目，累计投入达 600 余万元（氦气回收再利用项目、拉丝炉改造项目、纯水系统浓水再利用项目等）。

天津 CFXMGTX 有限公司将制备纯水的浓水进行 100% 回用，制备纯水工艺：原水—沙滤—碳滤—软化——级反渗透—二级反渗透—EDI—用水点。其中一级反渗透、二级反渗透和 EDI 机组会产生大量的浓水（浓水量和人工调节的回收率成反比）。以满产计算一天需要生产 30 t 超纯水，大概需要自来水 100 t，也就是有 70 t 自来水要当废水排放掉，现公司将这 70 t 废水全部利用：一级反渗透产生的浓水供冷却塔补水使用，这部分有 50～60 t，另外二级反渗透和 EDI 机组所产生的浓水水质较好，远高于自来水水质，这部分浓水分别回流至原水箱和二级水箱循环使用，这样大大降低了纯水设备的自来水用量，同时对排放的浓水进行循环利用（图 4-12）。

图 4-12　拉丝炉、拉丝塔循环水泵改造项目

4）含镍废水深度处理

天津 HOBDTCL 有限公司成立于 2000 年，国有控股企业，资产达到 473 239 万元。公司经营的产品全部由公司独立开发和生产，形成了区熔单晶硅、区熔硅片两大产品系列。熔硅单晶片的国内市场占有率超过 75%，全球市场占有率超过 18%，成为中国最大、全球第三的经销商。

含镍废水主要包括反应产生的高浓度含镍废水和清洗、研磨工艺等产生的低浓度含镍废水，全厂含镍废水由污水处理站统一收集处理。废水处理设施改造工程内容主要是在原有含镍废水二级处理系统的基础上，增加为含镍废水 4 级处理系统。

含镍废水处理分 4 级絮凝沉淀处理工艺流程如下：

一级为高镍废水处理，加入含量 30% 氯化钙液、含量 30% 聚铝液及含量 6% 的漂液，让溶液中的镍元素转化为三氧化二镍，再加入含量 30% 聚铁液和 PAM 进行搅拌沉淀，然后进入板框压滤机，上清液进入滤液槽，上清液含镍浓度为 50 mg/L。

二级为低镍废水和一级处理后高镍废水混合废水，通过二级反应槽，二级反应槽分 4 个格，第一格加投投加氯化钙液和碱液酸液；第二格投加聚铝液；

第三格投加聚铁液；第四格投加 PAM 液。槽体基本封闭。顶部安装减速机和搅拌系统。然后进入斜管沉淀，进行 2 h 沉淀，上清液溢流进入镍中间水池，泥浆进入泥浆池，上清液含镍浓度为 10 mg/L。

三级为含镍综合废水，三级反应同二级反应一致，出水再经过沙滤柱的过滤之后，出水含镍浓度不超过 0.2 mg/L。

四级为增加混凝沉淀，处理后如含镍废水出水不合格即不满足出水含镍浓度小于 0.15 mg/L，将自动回到三级反应槽进行再一次处理。通过总镍在线设备进行实时监测，浓度合格废水自动外排，含镍废水出水含镍浓度达到 0.15 mg/L 以下。

由于泥饼中含有镍元素，污泥作为危险废物交具有危险废物处理资质单位进行处理。

该公司 2015 年进行了清洁生产审核，通过对车间的深入调查以及对各种平衡进行评估分析，本着降低原材料、资源能源消耗、提高产品质量，充分回收利用水资源等清洁生产原则，涉及原辅材料、工艺技术改进、设备管理、过程控制等方面，共设计了 27 个清洁生产审核低费方案，共计投入 315 万元，全部建成运行之后每年提升经济效益 800 余万元，节电 381.55 万千瓦时，节水 8 万 t，废气中镍化氢和总镍等重金属污染物排放。

（5）启动循环化改造建设

华苑科技园自开展生态工业园区建设以来，积极推进产业集约、集聚、循环发展，先后获批成为国家环境管理体系试点单位，国家低碳工业园区试点、国家生态工业示范园区，循环经济发展具有较好的工作基础。为更好地承担起产业发展承载地的使命，华苑科技园成功申报了天津市园区循环化改造示范试点。

园区按照减量化、再利用、资源化原则，立足综合性工业园区循环发展特征，以提升承载能力、释放发展空间，实现可持续发展作为循环化改造的基本出发点，编制《天津滨海高新技术产业开发区园循环化改造示范试点园区实施方案》，指导循环化改造工作通过“做强 2 大产业体系，构建 3 大循环利用系统，建设 4 大保障体系，搭建 5 条循环产业链。”力争将园区打造成资源高效利用、能源梯级利用、废物循环利用、信息和基础设施高度集成与共享的循环经济发展先行区。为保证园区循环化改造目标指标的实现，针对循环经济产业关键链接和公共服务设施两大领域，从废弃物综合利用、能源梯级利用、水资源循环高效利用、循环经济产业关键链接、资源共享平台建设与公共服务设施循环化改造 5 个方面，提出 10 大循环化改造重点支撑项目，预计总投资 4.510 9 亿元。其中在华苑科技园国家生态工业示范园区建设范围内涉及 5 个重点支撑项目。

通过园区循环化改造，到 2020 年，资源能源产出率将明显提高，污染物排放强度显著降低，单位工业增加值二氧化硫、氮氧化物、化学需氧量和氨氮排放量均降低 5% 以上，园区环境质量得到明显改善，园区实现可持续发展。

4.3 勇当创新排头兵——合肥高新技术产业开发区

合肥国家高新技术产业开发区（以下简称合肥高新区）是 1991 年国务院首批设立的国家级高新区，面积 128 km^2，常住人口 30 余万，是芜蚌自主创新综合试验区核心区和合肥市“141 城市空间发展战略”西部组团的核心区域，先后荣获国家首批双创示范基地、国家自主创新示范区、国家创新型科技园区、国家知识产权示范园区、全国首家综合性安全产业示范园区、全国模范劳动关系和谐工业园区等多项国家级荣誉。在商务部公布的国家级经济技术开发区综合发展水平考核结果中，合肥高新区位于前列。

2010 年 9 月，合肥高新区获批创建国家生态工业示范园区。2014 年 9 月，园区被授予“国家生态工业示范园区”称号，成为中西部首批、安徽省首个国家生态工业示范园区。2018 年，建设协调领导小组办公室对合肥高新区组织复查评估，评估结果为“优秀”。

自 2010 年进行创建至今，合肥高新区始终围绕国家级生态工业园区建设的各项要求，借助打造“合肥综合性国家科学中心核心区”“世界一流高科技园区”之力，坚持生态优先和绿色发展，产业结构趋于合理，产业链条逐步完善，环境质量改善明显，园区、企业、居民和生态和谐相生，成为合肥市经济高质量发展的窗口和生态文明建设的重要阵地。

4.3.1 绿色发展主要做法

（1）坚持管理机制创新

合肥高新区推进环境管理机制创新，建立“环评管准入、许可管排污、执法管落实”固定源环境管理体系。构筑1+6“环保智库”，支撑政府科学决策和企业精准治污。建立重点区域重点企业环保工作联席会议和联合巡查制度，妥善处置涉环保邻避信访问题。在安徽省率先开设“环保学校”，在生态环保课上分类教学、定制培训、实战考试。建立企业互查互学制度和双向轮岗培训制度，提高企业管理水平。面向省级重点排污单位完善“环境信用评价”体系，建立健全“守信激励、失信惩戒”机制，监督企业污染防治、生态保护、环境管理、社会监督4类21项评价指标的完成情况。2020年，参评的21家企业中，环保诚信企业20家，环保良好企业1家。

落实规划环评制度，联动把关项目入园。2008年以来，合肥高新区严格落实规划环评对项目的刚性约束，实现已开发区域规划环评全覆盖，先后委托技术单位编制4本规划环评报告书，切实把园区规划环评结论和审查意见作为项目入驻、落地的先决条件，优先接收规划环评鼓励发展的行业，坚决杜绝引进规划环评要求禁止发展的产业，对不符合园区准入要求的项目不予审批。合肥高新区在审批项目环评文件前，分析项目涉及的规划及其环评情况，重点对照规划环评结论及审查意见对项目环评文件进行审批。为强化环评文本质量把关，环保分局充分利用中国环境科学研究院、合肥环保产业园、高等院校等优质平台建立了“环保智库”，充分论证环评文本中各项技术问题。园区创新通过政府购买服务委托第三方监理公司开展违法违规项目清查工作，为管理部门事中、事后监管提供重要线索和依据。

在项目入园的招商、选址等工作中，合肥高新区环保分局与招商、经贸、规划等部门形成联动机制，将审批“关口”延伸到信息收集、考察洽谈阶段，主动参与筛选、提前介入项目分析、跟踪调研招商和项目建设工作，将不符合国家产业政策或重污染难治理的招商信息和洽谈项目控制在“萌芽状态”，实现招商引资与环境保护的“双赢”；通过土地并联会、规划业务会，对项目选址进行把关，加强对环境敏感点的保护，提升区内居民幸福感，从源头降低邻避效应带来的社会稳定风险。

合肥高新区率先在安徽省针对重点企业清洁生产审核工作制定鼓励引导政策，对积极开展清洁生产审核、组织实施清洁生产技术改造、达到一定节能减排效益并通过认定的企业，给予每家 10 万元的一次性的“清洁生产审核奖”奖励。2010 年至今，园区累计有 47 家企业实施清洁生产审核（其中 46 家已通过审核；1 家技术文本修改中；43 家已通过验收），重点企业清洁生产审核实施率 100%。2017 年中高费方案实施数 9 个，投资 244.79 万元。

合肥高新区率先在安徽省开设“环保学校”，推行环境污染责任保险，2017 年累计有 31 家企业投保，保额达到 6 600 万元；创新采取政府购买服务辅助环境执法模式，激励社会资本参与环境保护的市场机制；向科技创新要手段，智慧环保已投入近 2 000 万元，打造“环保天网工程”，提高环境管理效率。

2016 年，合肥高新区印发扶持产业发展“2+2”政策体系的通知，政策体系具体涉及促进产业转型发展、鼓励自主创新促进新兴产业发展、鼓励高层次人才创新创业、加强科技金融服务促进经济发展。依托该政策体系，高新区首设“环保鼓励奖”和“环保技改奖”，给予总投资额 10%，总额不超过 100 万元的奖励，有效地使企业加大环保投入，提升绿色生产方式。2016 年至今，已兑现环保奖励资金约 1 000 万元。

（2）统一提高思想站位

合肥高新区充分认识到生态环境保护是一项业务性很强的政治工作，坚持开展每周局长读报和典型案例剖析活动，将政治理论和业务学习充分融合，不定期带队进行现场执法检查，创新建立“三个一”考核制度，提升队伍的专业能力，努力打造一支信念坚定、铁腕治污、勇于担当、业务过硬的环保队伍。2018 年，合肥高新区生态环境分局获人力资源和社会保障部、环境保护部联合表彰的“全国环境保护先进集体”。2020 年，获国务院第二次全国污染源普查领导小组办公室表彰的“第二次全国污染源普查表现突出的集体”。

2017 年以来，合肥高新区每年组织生态文明建设讲座，邀请国内知名专家参与宣教活动，不仅是对生态文明理念的宣贯，更是对生态环保一线生力军的培养。生态环境分局全面落实环保工作预防为主的工作内涵，勤宣贯、重监督，不定期组织召开座谈会，深入调研剖析群众关心的突出问题，指导企业走绿色发展之路，逐步形成汇聚多方力量的生态环保大格局。

（3）污染治理动态分析

实施精准治污。打好污染防治攻坚战中，合肥高新区主动作为，实行水环境治理“加减法”，推进环巢湖生态治理精品项目建设。园区地表水于2018年提前达到合肥市2020年阶段性目标考核要求。2016年，《人民日报》以“水清河晏还复来”为题，对合肥高新区“河长制”工作给予了高度肯定。针对重点行业污染源治理，合肥高新区创新建立不利气象条件下涉气企业环境管理预警体系，推进空气质量网格化监测微观站、企业污染防治设施（能耗）过程监控系统建设，实施科学治污，PM_{10}和$PM_{2.5}$平均浓度连续7年实现双下降。净土保卫战方面，合肥高新区对涉重金属企业进行摸排，确定清单，加强监管；对腾退企业地块提出具体的土壤治理和修复措施。

构建过程监控系统。合肥高新区长期思考如何在管理中体现科技创新。推进智慧环保建设，已投入2 000万元，分批建设“互联网+”生态环境保护应用系统，逐步实现污染源和生态环境全时监控，如启动合肥高新区工业“三废”智能监控系统、区域空气质量监测站、空气质量监测微观站等建设工作，实现环境管理信息化，运用科技手段弥补环境监察力量薄弱的问题。

2017年，园区启动“合肥高新区治理设施过程监控项目”，通过对所在区域企业进行全过程监控系统建设，更好地进行区域内环境管理工作。污染源过程监控系统可对企业污染源产生、污染治理过程、污染排放等在线数据进行监测、采集。通过建立相关模型，实现污染治理设施运行状态分析、排放数据真实性判定，同时可将信息实时传输至主管部门的污染源中心端过程监控系统，帮助合肥高新区环境监管部门掌握各企业治理设施的运行状况，判断是否正常运行。

污染源排放过程（工况）监控系统包括信息看板、实施工况看板、工况报警看板、数据中心看板、系统管理看板和工况报备等组成部门，可以远程实现对企业污染源运行治理、达标排放、节能减排等信息综合监控；溯源治理过程异常问题，提出异常处置意见，指导企业污染排放过程的达标正常运行；运用污染源过程监控系统中相关业务工作的申报业务内容，更好地服务于企业；为排污收费、总量核定、排污权交易及其他关联部门的应用提供依据。

（4）开展环境综合整治

坚持“人与自然和谐共生”是新时代中国特色社会主义基本方略的重要内容，“满目山湖绿意浓”是合肥高新区致力于生态文明建设的缩影。

全面落实水污染防治，做活“水文章”。合肥高新区精心打造源头活水，深入推进环巢湖生态治理精品工程，其中蜀峰湾南湖整治摘得“中国人居环境范例奖”。此前每年 5 月、6 月，集中暴发的蓝藻将蜀峰湾整片水域完全覆盖，湖水污水浑浊，气味难闻，是远近闻名的黑臭水体。2013 年，合肥市在全市范围内推行“河长制”，按属地管理原则逐级抓落实，市、县（区）、乡镇街道党委“一把手”担任各级“河长”，承担起全市所有河流湖泊的综合管治。2016 年 12 月，《人民日报》以“水清河晏还复来”为题，对合肥高新区“河长制”工作给予高度肯定，公众的“获得感”持续提升。2017 年，园区 3 条市级考核断面水质持续改善，其中斑鸠堰河、岳小河提前达到合肥市 2020 年阶段性目标考核要求。

突出抓好大气污染防治，做优“气文章”。近年来，合肥高新区委托科研单位编制园区年度空气质量改善程度分析报告，科学施策。通过新媒体手段建立“碧水蓝天”微信平台实时发布空气质量数据和预警信息。针对产城融合中的“邻避”难题，合肥高新区强化政策引导支持，推进实施 VOCs 整治项目，做到“国标”与“民标”的和谐统一。2014 年大气污染防治工作开展以来，高新区国控子站 PM_{10} 数据累计改善 30%，连续在全市考核中被评为“优秀”等次。

扎实开展土壤污染防治，做实“土文章”。园区开展土壤环境现状调查，与重点企业签订《土壤污染防治责任书》，并编制、落实《高新区土壤污染防治工作方案》。同时，园区高度重视生态修复工作，成立高新区绿化办，2017 年园区新增提升绿化面积 128.42 万 m^2，逐步构建森林生态网络。

提升人居环境质量。为推进合肥高新区可持续发展，提升综合实力，助力打造生态合肥、宜居合肥，建设美丽高新，合肥高新区在“绿肺”大蜀山西侧，放弃了约 5 000 亩可用于产业开发的地块功能，投资 1.67 亿元建成国家森林公园，践行了自然生态系统建设与产业发展的相互融合，充分体现“发展经济不以牺牲环境为代价”的发展理念。2020年，合肥高新区绿化覆盖率达到49.79%。同时，合肥高新区积极对柏堰湖、王咀湖开展生态治理修复工程，“一山、两湖”生态系统得到逐步完善。

（5）拓宽环境监察思路

合肥高新区环保分局监察大队紧紧围绕省、市环境监察执法工作要点，结合高新区与分局工作实际，以服务经济发展、改善环境质量、确保环境安全为主线，坚持宣传、服务、执法相结合理念，开展各项环境监察执法工作。

1）针对重点企业开展专项监察

合肥高新区编制《高新区工业污染源全面达标排放计划实施方案》，并按园区企业行业特征分步推进实施，有针对性地开展了涉化工、地热利用、工业堆场、地条钢等相关排查整治行动。环境隐患排查及联动检测工作涵盖辖区各类重点企业共20家，共发现环境隐患问题49处，主要分为完善备案类与限期整改类，目前已悉数完成整改。环境应急管理检查工作涉及辖区各类重点企业共20家，排查发现主要问题为部分企业环境应急管理档案资料不完善、环境应急物资不完善、环境应急培训与演练不充分、雨水截止阀或应急事故池需进一步规范等，目前已全部整改到位。结合危险废物督查考核、环境执法大练兵、随机抽查等工作，合肥高新区开展打击涉危险废物环境违法犯罪行为专项行动，2017年下半年共完成辖区2家涉重金属、7家医药等共22家重点企业现场检查工作，针对检查中存在部分危险废物标签信息填写不全、台账不规范等问题均已完成整改工作。

2）依靠环保督察助力风险识别

2017年，中央环保督察和省环保督察期间，转办信访件涉及合肥高新区的分别为51件和14件（不计重复投诉），环境监察人员在分局统一部署下逐一现场核实，切实解决了群众反映强烈、社会影响面广的环境隐患问题。为加强日常监管，合肥高新区创新采取政府购买服务方式，委托技术单位开展园区重点排污单位环境风险识别工作，截至目前，已完成会通、力世通、燕美等19家重点企业环境风险排查，建立“风险防控清单”，做到风险底数清，防控措施准。

3）创造学习机会加强各方能力建设

为打造环保铁军，加强环境监管能力建设，合肥高新区面向区内环境保护行政执法辅助人员开展培训，高新区环保办、高新区环保社会监督员等人员参加了培训和考试。在工作理念中，监察大队始终本着监管与服务并重的原则，培养企业法人代表自觉维护企业环保形象的意识。2017 年，合肥高新区面向重点企业或特定行业先后举办 6 次环境管理交流培训会议，为提高园区部分企业环境管理水平、推行污染防治设施第三方服务运营，提升企业污染治理效率做出了贡献。

4.3.2 绿色发展成效与特色

（1）编制特色规划

2019 年，合肥高新区明确“加强科技创新促产业转型，打造产业生态，构建低碳可持续发展方式”为主线，积极组织开展顶层设计，发布《合肥高新区绿色发展规划》，通过规划项目化，落实各类主体责任，提高市场主体和公众参与的积极性，努力搭建导向清晰、决策科学、执行有力、激励有效、多元参与、良性互动的环境治理体系。2020 年，中共中央办公厅、国务院办公厅印发《关于构建现代环境治理体系的指导意见》，提出建立健全环境治理的领导责任体系、企业责任体系、全民行动体系、监管体系、市场体系、信用体系、法律法规政策体系，这与合肥高新区编制《合肥高新区绿色发展规划》初衷不谋而合。2020 年 6 月，为持续推动工业园区高质量发展，增强园区发展内生动力，把脉问诊环境治理存在的不足，合肥高新区积极响应《关于构建现代环境治理体系的指导意见》要求，编制《合肥高新区环境治理能力现代化示范区建设方案》及配套研究报告，开展构建现代环境治理体系全国首批试点单位申报创建。

（2）调动各方力量

早在 2016 年，合肥高新区便成立了由管委会主要领导牵头、环保分局为常设办公室、多局办联合推进的环境保护委员会，搭建了合肥环保产业园、合肥环境技术服务联盟等市场平台，联合中国科技大学、中国环境科学研究院、安徽省环境科学院等智库力量开展科学决策，使“大环保”为特征的组织架构广泛应用于合肥高新区各项环保工作。结合环境质量为导向、目标责任考核为抓手的工作方法，国家生态工业示范园区建设、“河长制”管理、水污染防治、大气污染防治、土壤污染防治、节能环保产业建设、环保督察等各项环保工作得到统筹开展。依托《合肥高新区绿色发展规划》，合肥高新区环保分局编制《合肥高新区绿色发展规划年度目标及重点工作任务》，建立7大类30项绿色化指标体系，围绕目标值实现逐项梳理出2020年的54项重点支撑任务。各责任部门制定了"有明确指标、可量化考核"的分季度工作任务，领导小组办公室按月调度和按季考核。

合肥高新区环保分局成立10多年来，始终加强环保队伍建设。目前，合肥高新区环保分局管委会核定编制11人，环保协理员9人，内设综合处、环境管理处、环境监察大队、社区环保办4个机构。在提升业务水平方面，环保分局坚持每周学习制度，通过局长读报、典型案例讨论、现场执法大比武等活动，打造了一支信念坚定、铁腕治污、勇于担当、业务过硬的环保队伍。2018年2月2日，合肥高新区环保分局被人力资源和社会保障部、环境保护部授予"全国环境保护系统先进集体"荣誉称号。

合肥高新区管委会不定期邀请著名环保专家为园区干部群众及企业负责人开展生态文明专题讲座，每年为管委会领导、政府部门、社区、学校和企业订阅《中国环境报》，开展各类绿色创建活动，多举措"绿化大脑"，壮大全民"环保战士"队伍，让环境保护理念厚植全民心中。园区建立"信用环保"体系，变简单执法为服务提升，2017年有7家省控企业和16家市控重点企业为环保诚信企业，3家市控重点企业为环保良好企业。

（3）发挥创新资源优势

2020年，在抗击新冠疫情中，合肥高新区积极发挥创新资源优势，将"阻疫情、促生产"双重任务扛在肩上，瞄准"健康经济攻坚疫情治疗""人工智能应用疫情防护""数字技术保障生产生活"三大方向，开发战"疫"武器。病毒检测试剂、病毒疫苗和药品药物的制备，发热筛查和跟进随访设备制造，在线办公、在线教育和面试平台的研发，有力提升了高新区内外的疫情应急服务能力，同时也考验了园区生态工业链条构建的稳定性，为进一步优化产业结构提供了试验机会。

（4）壮大节能环保产业

党的十九大报告和全国生态环境保护大会均提到"壮大节能环保产业、清洁生产产业、清洁能源产业，推进资源全面节约和循环利用”。节能环保产业是安徽省加快培育和发展的 8 个战略性新兴产业之一，合肥高新区节能环保产业发展一直处于合肥市前列，被《合肥市节能环保产业发展规划（2014—2020）》列为全市发展节能环保产业的核心区和示范区，从项目布局、土地指标、税收减免等方面给予政策倾斜。2015 年 6 月，“合肥环保产业园”在高新区挂牌成立。根据《高新区环保产业园（启动区）管理办法》，环保产业园启动区设在高新区创新产业园，重点引进环境咨询服务、环境工程设计、环保科技型企业。2020 年统计数据显示，高新区拥有环保企业 296 家，其中环保制造型企业 93 家，环境服务型企业 203 家，涵盖技术研发、设备制造、环境治理、环境技术服务等产业链各环节。2020 年，环保产业营业收入 134 亿元，亿元以上企业 12 家，环保上市企业 4 家，高新技术企业 68 家。

1）做优顶层设计

合肥高新区为加强对全区节能环保产业发展的组织领导，经合肥高新区工委研究同意，成立合肥高新区节能环保产业推进领导小组。同时成立合肥高新区节能环保产业推进办公室，出台《高新区环保产业园（启动区）管理办法》，全力推进环保产业园规划建设、招商、管理和服务等工作。国家、省、市已制定具有前瞻性的节能环保产业发展规划，结合园区实际，合肥高新区已编制《合肥高新技术产业开发区节能环保产业发展规划（2015—2020）》。作为园区“十三五”期间节能环保产业发展的指导性和纲领性文件，规划对合肥高新区节能环保产业发展进行高标准、高起点、高水平的构思与方案设计，明确了产业定位和发展路径。

2）强化政策引导

依托园区“2+2”政策体系，在全国范围内首设“环保鼓励奖”“环保技改奖”，鼓励节能环保核心区内从事环保产业的企业参与环巢湖水环境综合治理项目，对中标环巢湖水环境综合治理项目的企业给予一次性补贴。同时建立环保“领跑者”制度，鼓励企业积极采取绿色生产方式，采用先进治理工艺进行提标改造和节能减排，对企业清洁生产和环保技改提供奖励，通过政策倒逼机制做大环保产业市场，推动行业发展。

3）做靓环保管家服务

环境保护部发布的《关于积极发挥环境保护作用促进供给侧改革的指导意见》提出，鼓励有条件的工业园区聘请第三方专业环保服务公司作为“环保管家”。为顺应园区企业实际需要，经合肥高新区节能环保产业促进办公室倡议，由国祯环保等环保企业于2016年联合发起建立公益性综合性环境技术服务平台，向企业、政府和社会提供解决各类环境问题的专业环境技术服务资源。目前，由水环境综合治理、环境监测、环境监理、环保咨询、污染治理和表面处理6个分盟构成，集合了国内外数十家环保技术服务单位。联盟以“创新为先、做大为要、服务为源、品牌为本”为发展理念，以“政府引导、企业主体，市场运作”为发展模式，目标是打造成国内最大的环境技术服务资源平台，建立至今举办了20余次环保公益讲座，为园区百余家企业提供环保服务，联合承担国家重要环保科研课题。“环保管家”既是环保产业发展的创新模式，更是政府管理部门延伸服务机制上的创新。

4.3.3 典型案例

（1）第三方服务提质增效

随着“十三五”时期打好污染防治攻坚战目标的实现以及第二次全国污染源普查的收尾，生态环境保护工作逐步迈向全面化、精细化，按照“提气、降碳、强生态，增水、固土、防风险”思路，需要合肥高新区深入打好污染防治攻坚战，持续改善生态环境质量。

面对日趋全面及复杂的管理要求与需求，合肥高新区积极与第三方环保服务机构开展合作，通过签订劳务派遣合同保证长期有10余名外聘工作人员参与生态环境分局的日常工作；同时加强国家级科研院所与本地企业的深度融合，发挥各自在不同领域的资源优势与技术优势，服务涉及顶层设计、方案编制、调查统计、信息填报、工程施工、污染监测、评估考核等多个环节。在强化监管网格化管理和“双随机”检查中，运用第三方环保管家巡查服务，加大环保执法的覆盖面和频次，及时查处群众反映的信访问题。在政产学研合作中，合肥高新区与中国环境科学研究院、安徽环境科技股份有限公司深入合作创建

“中国环境科学研究院合肥科技创新中心”，重点建设巢湖流域综合治理及水质管理、白色家电挥发性有机污染物治理、废旧锂电池等固体废物处置资源利用3个研发实验平台和1个政府环境智库。

（2）产业体系生态化

通过开展国家生态工业示范园区建设，合肥高新区积极打造企业内和企业间生态工业链条，现已形成10余条生态工业链，在节水、节能和污染减排方面取得良好的效益。例如DLMPLT（中国）有限公司年节约用水12 000 t、ZYJT（合肥）JY厂年中水回用8 000 t、AHFLXL有限责任公司年回收薄荷油1 500 kg、HFHS公司年节约天然气使用费约277万元、GLDQ（合肥）有限公司年削减非甲烷总烃排放5.8 t等。

（3）资源高效回收利用

1）污泥焚烧热能利用项目

污泥焚烧技术是将循环流化床锅炉改造后用于掺烧污泥，以原煤为主要燃料、污泥为辅助燃料，将城市污泥资源化利用的技术。国家“十二五”规划中明确提出加强城市生活垃圾资源化利用，鼓励利用城市垃圾焚烧发电。

合肥高新区的TYRD有限公司是一家热电联产企业，主要向合肥高新区、合肥市西区企事业单位、居民热用户集中供热并向华东电网输送电力。为解决合肥市的污水处理厂污泥处置问题，安徽省首家城市污泥焚烧项目在该公司建成投入运行。该项目分两期实施：一期项目总投资950万元，日焚烧污泥量120 t；二期项目总投资896万元，日焚烧污泥量240 t，年焚烧污泥量可达85 000 t。

污泥焚烧项目投入运行后，有效缓解了合肥城市污泥处理压力，并实现了城市污泥无害化处置与资源化利用，为合肥市营造一个良好的生态环境和投资环境，促进了经济、生态的和谐发展（图4-13）。

图4-13　污泥焚烧热能利用项目工艺流程

2）高温烟气余热回收利用项目

合肥 HSXXCL 有限公司有 2 套废气治理焚烧炉，焚烧燃料为天然气和车间内产生的废气，外排烟气温度高达近 250℃，高温烟气直排导致大量热能浪费。为此，公司购置高效换热器，将高温烟气通入高效换热器，将热能供给常温空气加热后再利用，将烟气管道排出温度降至 140℃，有效地实现了热能回收。具体改造工艺由一级新风换热器、二级新风换热器、新风风机、余热锅炉和排烟风机等组成，350～450℃的原始高温烟气首先进入新风换热器，换热后烟气温度下降至 250℃左右，同时新风被加热到 230℃左右，用于固化炉区，热风幕系统，化涂炉和热风吹扫装置的供热。230℃的烟气用于前处理水箱的供热，最后 140℃左右烟气通过排烟风机（新增）排到车间外部。热能回收装备改造完成后，公司天然气用量明显下降，每吨产品减少天然气消耗 7 m^3，年可节省天然气使用费约 277 万元，改造效果显著（图 4-14）。

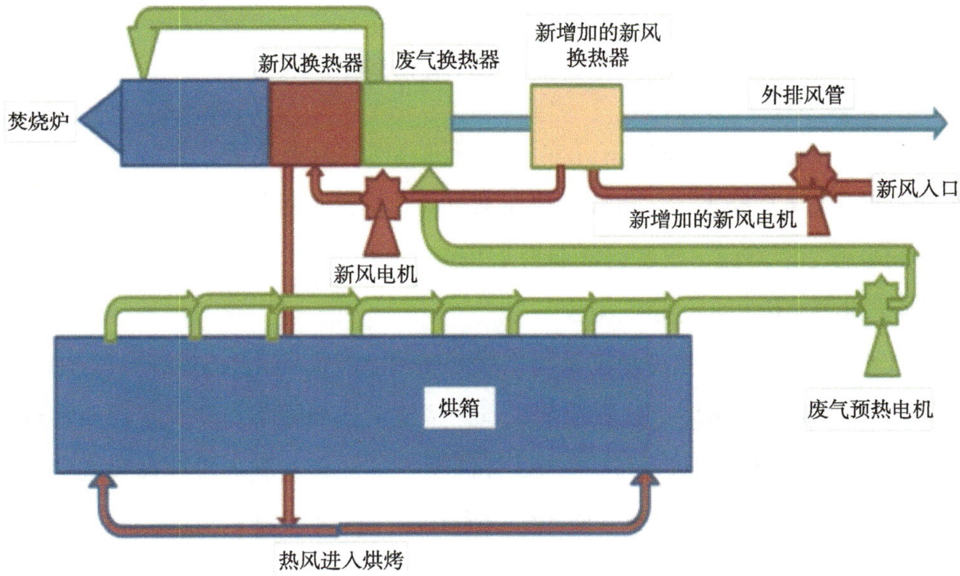

图 4-14　高温烟气余热回收利用项目工艺流程

3）VOCs 治理项目、空压机热回收改造项目

GLDQ（合肥）有限公司在 VOCs 整治工作中，坚持“多措并举、重点突

出、源头和过程控制优先、末端治理”的原则。根据珠海 GLDQ 股份有限公司两器烘干废气治理成功经验，经过优化改善确定两器烘干废气治理方案为“换热器冷却 + 高效除油设备 + 分子击断”，焊接废气治理方案为“三相浊液超氧纳米微气泡法”。在合肥高新区环保分局支持下，经过两个多月的施工安装及调试，首套以“分子击断”为核心技术的两器烘干废气处理设施以及焊接废气处理设施于 2017 年 11 月 30 日正式投入运行使用（图 4-15）。

图 4-15　VOCs 整治设施

此外，该公司投资 250 万元实施空压机热回收改造工程，安装空压机热回收装置及 100 t 存储水箱，以代替热泵系统为生活区提供热水。改造完成后，年可节约电费 209 万元，投资回报期为 1.2 年。

4）集中供热，实行超低排放

自 2014 年起，合肥高新区每年积极开展国家级循环化改造示范试点项目申报。2016 年获省级循环化改造示范试点，围绕关键补链项目（光伏产业补链项目、家电产业链补链项目、汽车产业补链项目）和公共服务设施建设项目（废水处理及水资源综合利用类、能源综合利用类、固体废物资源综合利用类、基础设施建设类），共规划实施 13 个重点支撑项目，计划总投资 72.5 亿元，目前 8 个项目已建成投用，5 个项目正在建设实施中。

合肥高新区集中供热规划严格落实《合肥市人民政府关于合肥市城市供热专项规划（2013—2020）的批复》（合政秘〔2015〕26 号）、《安徽省发展改革委关于合肥市西部组团热区热电联产规划的批复》（皖发改能源函〔2015〕311 号）

要求。辖区已建成两座热电厂（分别为新能热电和天源热电），其中天源热电装机容量为 4 × 75 t/h 中温中压循环流化床锅炉 +2 × 6 兆瓦背压式汽轮发电机组，配套建设布袋除尘设施、石灰石脱硫、SNCR 脱硝设施，并已安装废气在线监控装置。新能热电一期 A 标段装机容量为 2 × 75 t/ h 高温高压循环流化床锅炉和 2 × 9 MW 抽背式汽轮发电机组，配套建设高频电源电带除尘设施、石灰石 - 石膏湿法脱硫、低氮燃烧技术 +SCR 法脱销设施，并已安装废气在线监控装置。

4.4 建设静脉类项目——昆明经济技术开发区

1992 年 5 月，经中共云南省委、云南省政府同意，昆明市政府批准成立昆明经济技术开发区（经开区）。1993 年 3 月，云南省政府批准昆明经开区为省级经济技术开发区。1998 年 11 月，云南省政府批复同意昆明经开区为省级高新技术产业开发区。2000 年 2 月，经国务院批准，昆明经开区晋升为国家级经济技术开发区（以下简称昆明经开区）。2008 年 3 月，昆明市政府决定将官渡区阿拉彝族乡（阿拉街道）、呈贡县洛羊街道办事处划归昆明经开区托管，辖区总面积 156.67 km^2。

2013 年 2 月，昆明经开区启动创建国家生态工业示范园区筹备工作。2014 年 9 月，《昆明经济技术开发区国家生态工业示范园区建设规划》通过国家生态工业示范园区建设协调领导小组办公室组织的专家论证。2015 年 7 月，园区获批正式开展国家生态工业示范园区创建。2020 年 12 月，园区被授予“国家生态工业示范园区”称号，成为云南省首个国家生态工业示范园区。

4.4.1 绿色发展主要做法

（1）优化产业结构

开展国家生态工业示范园区创建以来，昆明经开区紧跟国家和省市推动产业结构转型升级的步伐，进一步明确了以工业为主导、二三产业互促共进的产业定位和发展方向。研究制定了《昆明经济技术开发区关于加快技术进步产业转型升级的若干意见实施细则》，修订调整了《昆明经济技术开发区产业发展指导目录》，编制完成了《昆明经济技术开发区产业布局及结构调整总体规划》和《昆明经济技术开发区分区（含官渡区阿拉街道、呈贡区洛羊街道）规划（2016—2030年）》，按照牛街庄鸣泉片区、出口加工区（羊甫片区）、信息产业基地、洛羊片区、大冲片区、普照海子片区、黄土坡片区、清水片区8大片区进行功能定位，为产业集聚、企业集群发展营造了优质的外部环境，实现“建园与建城”两轮驱动。“十三五”期间，园区基本形成了以装备制造、食品饮料、生物医药、光电子信息等先进制造业和现代物流、信息软件、金融服务、技术服务等现代服务业共生互促发展的良好态势。

（2）严把项目准入

昆明经开区始终坚持资源节约、环境友好、绿色低碳的集约型发展思路，坚决禁止高消耗低产出的项目进区落地，大力推进清洁生产，鼓励支持企业实施精细化的能耗管理。PZ水质净化厂工程位于入滇河道宝象畔，是昆明经开区与德国促进性贷款环境综合整治子项目之一，设计理念不断创新，最终建成地下式污水处理厂，地面建成绿地公园，有效缓解了污水厂运转压力，同时也实现了该流域范围内污水全收集全处理的目标，最大限度地削减了入滇池污染负荷，为滇池的保护做出了贡献。

4.4.2 绿色发展成效与特色

（1）推广分质供水

提高水资源利用率是生态工业建设的重要内容之一。昆明经开区根据不同企业、不同工艺对水质的特定需求，建立“集中处理、分质供水”的供水模式，实现水资源优质优用、低质低用和梯级利用。要求区域内新建企业建设中水回用对接端口，鼓励企业通过中水回用、企业梯级利用等手段，减少废水排放。在建筑工程项目中，明确规定规模居住小区必须建设中水设施。

（2）引进“吃废”企业

昆明经开区根据国家生态工业示范园区创建规划启动实施了一批静脉产业类项目，废水、工业固体废物、建筑垃圾、餐厨垃圾得到资源化利用，培育了ZDHB电力有限公司、NJY水质净化厂、PZ水质净化厂，QYRT环保科技有限公司、KMHH 环保工程有限公司等多家“吃废”企业，实现企业间废物的交换和资源化利用。

4.4.3 典型案例

（1）再生水循环利用

昆明经开区已在区内建成 NJY 水质净化厂、PZ 水质净化厂 2 座污水及再生水处理处置厂、再生水回用管网等，污水的日处理能力为 10 万 t，每日可提供 7.8 万 t 的再生水供区内的企业及市政设施使用，再生水主要用于企业生产、市政园林绿化、道路洒水降尘、施工工地洒水降尘、河道生态补水等，实现了水资源的重复利用。同时，依托企业力量，建设分散式再生水处理设施，累计年再生水回用量达到 304 万 t。

（2）建筑垃圾资源化利用

由 KMHH 环保工程有限公司承建的“昆明东片区建筑废弃物资源化处理示范项目”建成投产。该企业通过收集园区建筑废弃物，加工生产建筑材料，再供给园区建设使用。目前该项目实现年处理建筑废弃物能力为 200 万 t、年生产新型墙体材料 33.6 万 t、新型透水砖 15.6 万 t、新型道路材料 63 万 t 及再生骨料 80 万 t 的生产能力。

（3）工业固体废物资源化利用

YNDL 股份有限公司结合绿色工厂建设，实施了铸造废砂再生、废铁屑回熔、整机包装铁架循环利用等工业固体废物资源化利用项目，实现了铸造废泥芯及废砂、废铁屑和包装铁架的资源化和循环利用，减少了大量工业固体废物排放。企业每年可节约新硅砂材料成本费用约 50 万元、木包装箱 16 万套，同时每年减少 15 000 t 废砂和 2 300 t 铁屑处理量。

（4）污染物减排

1）烟气脱硫示范工程

某公司采用亚太环保第一代氨法脱硫技术——氨酸法技术，分别对 1、2、3、4 系列硫酸尾气进行氨法脱硫，每年减排二氧化硫 8 000 多 t，产业硫酸铵化肥 16 000 多 t，排放指标优于《硫酸工业污染物排放标准》（GB 26132—2010）

硫酸尾气污染物排放标准（图 4-16、图 4-17）。

图 4-16 烟气脱硫工程

图 4-17 烟气脱硫生产硫酸铵化肥

目前，该公司采用亚太环保第二代氨法脱硫技术（吸收氧化一体化技术）对艾萨炉、阳极炉、反射炉及收集的车间烟气除尘脱硫系统实施升级改造，以期实现全公司冶炼烟气排放口污染物排放浓度优于《铜、钴、镍工业污染物排放标准》（GB 25467—2010）。项目实施后将减排二氧化硫 3 000 多 t，生产 $(NH_4)_2SO_4$（硫酸铵）6 000 多 t。上述项目的实施，既大大降低了 SO_2 等主要污染物的排放，满足了区域环境容量要求，促进了企业清洁生产，又使项目实施方衍生出新的附加值产品，取得了显著的经济效益，实现了经济效益与环境效益的双赢。

2）烟气脱硫生产液体 SO_2 示范装置

某公司同时应用亚太环保核心技术建成 1 000 t/a 烟气脱硫生产液体 SO_2 示范装置，利用液体 SO_2 脱除铜冶炼烟尘中的砷，烟尘脱砷后，再回收有价及稀贵金属（图 4-18）。

图 4-18 烟气脱硫的生产液体 SO_2

4.5 变废为宝促生产——扬州经济技术开发区

扬州经济技术开发区（以下简称扬州经开区）始建于 1992 年 5 月，1993 年 10 月被江苏省人民政府批准为省级开发区；2005 年 6 月，经国务院批准，在开发区内设立扬州出口加工区；2007 年 5 月，经国家环境保护总局同意，创建国家生态工业示范园区；2009 年 7 月，升级为国家级经济技术开发区；经过 3 年建设，2010 年 8 月通过了由环境保护部、商务部和科技部三部门组织的验收，正式命名为国家生态工业示范园区。2017 年，国家生态工业示范园区建设协调领导小组办公室对扬州经开区组织复查评估，评估结果为“优秀”。

正式命名以来，扬州经开区持续推进国家生态工业示范园区建设，以太阳能光伏、半导体照明、智能电网、电子书为代表的“三新一网一书”战略新兴产业实现了较快发展，汽车装备等传统产业加快改造提升；在产业结构调整、淘汰落后产能、发展循环经济、引进绿色企业、资源循环利用等方面都开展了大量实践工作，获得显著的建设成效。扬州经开区拥有国家半导体照明产业化基地、国家绿色新能源产业基地、国家智能电网特色产业基地、国家级数字出版基地、国家火炬计划扬州汽车及零部件产业基地、国家科技兴贸创新基地、国家级高新技术创业服务中心、国家光电产品检测重点实验室、中国国际人才市场扬州市场、国家生态工业示范园区等 10 多个“国字号”品牌。

4.5.1 绿色发展主要做法

（1）积极引进生态工业项目

扬州经开区以生态工业示范园区建设为抓手，鼓励企业积极引进节能环保、绿色发展的生态工业项目，引导企业形成清洁集约生产方式、创造绿色产品、节约资源成本、提高综合效益的生态工业理念。截至 2020 年，扬州经开区共搭建 29 条生态工业链，极大促进了区内生态链网一体化良性发展和逐步完善。

扬州经开区在引进项目的同时严格项目准入审批制度。按照环保标准推行专家会审制度，组织专家对申请入驻经开区项目进行前置评审和实地考察，对项目科技含量和能源资源利用情况进行综合判断，坚持引进能耗低、无污染或轻污染项目，严格禁止高耗能、高污染企业进驻，充分发挥环保“一票否决”的作用。

（2）加强基础设施建设

扬州经开区着力提升基础设施的承载能力，推进 LY 污水处理厂 5 万 t/d 处理能力三期工程建设；完成 YZZFHJ 有限公司污泥干化项目建设，建成日处理 300 t 污泥的污泥干化厂一期工程；推进 YZWHRD 有限公司供气替代工程，铺设供热管线 15 千米，由 EDC 和 GKWNFDC 替代 WH 进行供汽等重大建设项目。扬州经开区充分利用太阳能光伏产业基础优势，积极推进清洁可再生能源的使用，组织实施“太阳能屋顶计划”，兴建了一大批光电一体化建筑。园区着力推进园区环境综合整治，实施《开发区黑臭河整治三年工作计划（2014—2016）》，2014 年完成童套河、二桥河 2 条黑臭河整治和八里、施桥 2 个乡镇污水管网建设；全面启动新城河、吕桥河两条黑臭河整治工作、中心河环境提升；完成吕桥河、吴州路等 4 条污水连通管建设，有效提升园区综合环境整治力度和绿化景观美观程度，加大生态环境建设与恢复。

（3）生态化发展的制度和政策创新

1）加强组织领导

扬州经开区于2006年被国家环境保护总局批准建设国家生态工业示范园区以来，根据《扬州经开区国家生态工业示范园区建设规划》着力开展建设，开发区与扬州市环保局共建了“扬州经开区创建生态工业园办公室”，园区环保局、经发局、招商局、城乡局、建设局、商务局、规划局、城管局、街道和各乡镇主要负责人为成员，配合办公室开展工作，共同推动国家生态工业示范园区建设工作。办公室定期召开例会，对示范园区重点工程项目完成情况实行定期汇报制度，并在年底进行考核通报。这有效地促进和推动了扬州经开区生态工业示范园区建设工作的开展，实现了园区经济效益与生态效益共同提升。

2）落实管理政策

严格执行国家有关节约能源、环境保护、清洁生产等法律法规，加强对高耗能、高污染行业监督检查，进一步淘汰落后生产能力。对国家明令禁止和淘汰的高耗能、高污染企业，坚决采取关停措施，对国家限制类企业、执行差别电价、运用价格杠杆等经济手段，推进企业进行技术改造。淘汰被列入国家和省政府明令淘汰关停的落后工艺、设备及产品506台（套），关闭电镀等“五小”企业23家，进一步提升了产业层次，减少了污染物排放。同时大力发展战略新兴产业，以太阳能光伏、半导体照明、智能电网、电子书为代表的新兴产业快速发展。

3）创新环保机制

环境保护机制不断完善。制定了一系列符合开发区特点的管理制度，严格履行环境管理职能，环境保护工作纳入开发区行政管理机构领导班子实绩考核内容，并建立了相应的考核机制。逐步形成了管委会统一领导、环保局统一协调、各部门分工协作、全社会共同参与的环境保护机制。

切实落实环境保护目标责任制。对照省、市“打好污染防治攻坚战”专项行动方案，编制了《开发区2020年度打好污染防治攻坚战任务书》，并印发有关部门和单位。管委会与10个部门和单位签订了《开发区2020年度“打好污染防治攻坚战”专项行动目标责任状》，同时明确将考核结果纳入工委、管委会年度总体考核。根据污染物总量控制计划，按单位或企业层层分解，建立以企业及主管部门领导为核心的管理体系，明确各自的环境责任，以签订责任状的形式，将责任落实给企业领导者。

严格落实各项环境制度。在项目筹备、实施、建设阶段，严格执行“三同时”，确保污染处理设施能够和生产工艺“同时设计”、和项目一道“同时施工”、与项目生产做到同时验收运行，保证区域环境规划的落实。对企业的“三废”排放的“双达标”实行严格的控制和监督。

新建项目实行会商制度。提前与招商、审批等部门对接，邀请专家就项目产业政策、产品工艺流程污染治理环节、污染因子及总量等环保问题问诊把脉，缩短环保审批流程，提高办事效率，确保优质项目早签约、早开工、早达产、早见效，淘汰落后类项目将其拒之门外，为高质量发展提供环保服务保障。

建立项目全程跟踪服务机制。主动为建设项目提供全方位环保服务，督促企业做好“三同时”制度落实，确保各项环保措施落实到位；深化网格监管能力，全面调动网格员力量，提高队伍建设水平，用好环保系统专网优势，不断推进线上、线下发现问题线索的快速反应、高效整改机制。

4）强化资金支持

积极跟踪国家和省与生态工业园区建设相关政策导向，努力争取相关资金支持；鼓励和吸引社会资本参与示范园区建设项目，采用合资、承包、股份制、股份合作制、BOT、PPP 等多种形式参与环境治理、生态修复、低碳循环等重点项目建设；以财政补偿、税费优惠等手段，保障省级循环化改造项目和低碳试点项目的实施，努力形成政府引导、社会参与的生态文明建设投融资机制。扬州经开区管委会设立开发区中小企业（民营企业）专项扶持资金，资金规模 5 000 万元，由区财政每年拨付。专项资金主要用于扶持工业企业做大做强、技改投入、两化融合、科技品牌、节能降耗、用地保障、融资担保和上市鼓励等方面。专项资金主要扶持年开票销售在 4 亿元以下的中小（民营）企业。

（4）推进工业企业节能降耗

扬州经开区组织申报永丰余的曝气系统节电、中石化的电机节能系统等节能项目 7 个；组织年耗 5 000 t 标准煤以上的重点用能单位参加能源管理培训，重点培训节能监管法律规范、重点用能单位节能管理办法、能源管理体系建设、节能信用体系建设等内容，提升扬州开发区能源管理水平、指导企业节能降耗。建设重点能源监测平台，进一步向绿色集约型发展铺平了道路。YFZZ 有限公司、JATYN 科技有限公司、RDXNY 科技有限公司、GKWNFD 有限公司等 8 家重点用能单位按规范接入重点用能单位能耗在线监测系统国家、省、市三级平台。2020 年扬州经开区单位工业增加值能耗较 2019 年降低 9.7%。

（5）倡导绿色低碳生活

依托国家生态工业示范园区建设，扬州经开区在发展循环经济、低碳产业、构建生态工业系统等方面开展了大量探索。2011 年成为省级低碳经济试点示范园区，2012 年授予“国家循环经济教育示范基地”称号；2014 年被评为江苏省首批循环化改造示范单位。示范建设提升了扬州经开区绿色、低碳、循环发展动力，区域经济与环境取得协调发展。

为进一步推广示范效应，扩大生态工业理念宣传，扬州经开区投资近 2 亿元打造了集研发、示范、展示、交易、创业孵化、产业服务于一体循环经济教育展馆。此外，园区精心设计了以产品循环和废物循环为主题的 2 条循环经济科普旅游路线，打造了 2 条循环经济科普旅游线路建设，并授予 8 家企业“园区循环经济教育示范企业”荣誉称号，重点打造综合展示馆、污水处理厂、太阳能电池生产工艺及光伏电站等对外开放场所。

扬州经开区制定出台《开发区城乡生活垃圾分类和治理攻坚战新三年行动计划（2020—2022）》，推进七大任务：一是构建生活垃圾“大分流、小分类”体系；二是完善生活垃圾分类投放体系；三是打造生活垃圾分类收集运输体系；四是构建生活垃圾分类协同处置体系；五是构建资源化利用回收体系；六是构建生活垃圾源头分类减量控制体系；七是构建生活垃圾分类可复制体系。2020 年，按照市级督查考核要求，结合行动方案，全部完成文汇街办、扬子津街办已建垃圾分类小区“三改四”工作。持续推进生活垃圾分类和治理，实现了公共机构生活垃圾分类全覆盖，新建垃圾分类投放亭 650 座，1 个垃圾分类乡镇投放设施建设工作已完成。截至目前，城市居民小区生活垃圾分类覆盖率已达 92.8%，城乡生活垃圾无害化处理率达到 100%，垃圾分类集中处理率已达 94.19%，超额完成了全年目标任务。

积极开展垃圾分类宣传活动。开展“垃圾分类，从我做起”环保小卫士城市志愿挑战活动，鼓励青少年学习和宣传垃圾分类知识；组织开展了“城管开放日”活动，向广大市民宣传“城市管理”“垃圾分类”知识，引导市民提高环保意识，推动垃圾分类习惯养成。

（6）完善城市绿化体系

贯彻绿色发展理念，建成马泊河一期、二期风光带；拓宽城市绿化实施范围和深度，除随路新增绿化外，完成沿江绿化提升工程和醒园周边环境整治，完成开发东路、扬子江南路全线文明城创建提升；竣工市警示教育基地，完成扬子津古渡公园内增绿补绿和新增（更换）设施；对标高质量发展目标，完成 2 千米花墙和 6 千米林荫道建设；2020 年，新增城市绿化 27 万 m^2，绿化覆盖率达 46.5%。

4.5.2 绿色发展成效与特色

（1）加快产业结构转型

扬州经开区坚持走新型工业化道路，努力建设国家生态工业示范园区，大力发展环境污染小、资源消耗低、附加值高的绿色、低碳产业，加快传统产业改造提升，加速产业结构转型升级。

扬州经开区大力发展新光源、新能源、智能电网、电子书等绿色环保产业，绿色产业规模已占规模以上产业产值 45%，其中，半导体照明产业形成了“衬底—外延片—芯片—封装—应用”完整产业链，上游 MOCVD 关键设备拥有 120 台，外延、芯片产量规模占全国近 1/5；太阳能光伏形成了“多晶硅料—晶硅拉棒、铸锭—硅片—电池片—电池组件”完整产业链，硅片、电池及组件产能达到 2 GW；智能电网产业吸引了 GE、ABB、ZGXD、GDNZ、WTDZ、XAJD 等一大批业内龙头相继落户扬州经开区；电子书产业核心产品电子纸占国际市场的 90% 以上。

传统产业方面，扬州经开区重点企业平均每年投入技改资金超过40亿元，已近30家企业获批省、市两化融合示范试点企业，建成省两化融合示范基地。以YP为代表的汽车及零部件产业加快两化融合，提高企业生产效率；以HX为代表的高端轻工产业加大技改投入，丰富产品功能，增强竞争力；以YL集团为代表的机械冶金产业增加研发投入，开发新产品，扩大企业规模。

（2）促进产业共生体系构建

围绕资源综合利用和产业循环发展，实施“链条延伸”和“产业共生”，引入新工艺，谋划新项目，建立新链接，构建全方位的生态工业体系。

扬州经开区在产业间开展“大循环”。通过应用示范，将产业间链条打通，实现产业互通、资源互换的循环体系。在现有产业基础上，形成了“太阳光—光伏发电系统—LED照明—灯光”的光电、电光转换系统，实现了能源循环利用。

企业间的“中循环”按照“横向耦合、纵向闭合”的原则，实行产业链延长招商、补链招商，引进建设产业链延伸关键项目，促进了企业间的首尾相连、环环相扣。引进XXGF和SFGD两家企业，将光伏切片生产过程中所产生的切削废液，经过回收还原，全部实现回收再利用，不产生二次环境污染，年循环利用切割浆料可达2万t。热电建材循环经济项目，由EDC、YDSN、GKWN发电厂、JQXX建筑材料有限公司等7家单位组成，实现粉煤灰渣、脱硫石膏、废水、焚烧树皮、污泥的循环利用，年产出水泥230万t、加气混凝土切块砖45万m^3，形成了相互依存的“三废”循环利用的共生体。引进产业链关键项目，促进产业链的闭环和废物的逐层削减，构建企业间的共生系统。

企业自身开展“小循环”。开发区鼓励企业通过工艺改进、技术创新等方式进行清洁生产，最大化实现资源内部循环使用，提升资源利用效率。YFY秸秆生物制浆循环利用项目，通过自主研发了20多年的生物制浆工艺流程，以秸秆为原料，年消耗区内农作物秸秆14万t，有效减少二氧化碳排放。JSWD的SCR脱硝催化剂项目，每年生产供应5万m^3脱硝催化剂，并引进韩国SCR再生技术，将废弃脱硝催化剂回收再利用，从而大大降低了电厂燃煤烟气中氮氧化物的排放。LY污水处理厂再生水及污泥干化项目，建设规模达7万t/a的中水项目，采用 AAO 工艺提标处理的再生水供应园区大型企业作为冷却水，有效提高了园区水资源综合利用率。投资 1.5 亿元建设污泥干化项目，采用热干化 + 电厂掺烧处置的循环经济技术路线，将含水率 80% 的污泥干化至含水率 15%，大大降低污泥焚烧消耗的能量，年节约标准煤 15 000 t。JSCYGD 有限公司 MOCVD 含氨尾气回收制取氨水项目，将废弃的氨气通过循环冷却吸收 20% 左右的氨水，年回收利用氨水废物 287 t，实现了危险废物零排放。

（3）资源能源利用效率不断提升

能源高效利用方面。开发区始终把节能降耗放在首位，不断提高能源利用效率，2020 年单位工业增加值能耗为 0.28 t/ 万元，较 2019 年降低 9.7%。永丰余造纸（扬州）有限公司废水处理厂沼气净化回收系统投产，年回收甲烷 7 877 t，处理后的生物天然气供民用，公司配套两套热电联产机组，采用秸秆废渣、污水处理产生的污泥替代部分燃煤，降低能源消耗；永丰余、港口污泥发电利用污水处理污泥发电，年消纳污泥 4 万余 t。

资源循环利用方面。2020 年，扬州经开区再生资源循环利用率达 99.65%；工业固体废物综合利用率达 91%，工业用水重复利用率为 81.6%，较 2019 年分别提高 3.6%、21.3%。

土地节约集约利用方面，印发了《关于提高开发区产业用地节约集约利用和推动经济高质量发展的实施意见》，加强项目用地准入，对新建工业项目实行投资强度、亩均开票销售和亩均税收控制制度，2020 年单位工业用地面积工业增加值为 12.75 亿元 / km^2，较 2019 年增加 41.5%。

（4）环境质量持续改善

空气质量持续向好。2020 年扬州经开区环境空气质量优良天数 293 天，其中优 92 天、良 201 天，优良天数比例为 80.1%，较 2019 年提高 11.9%，改善幅度位居全市第一，全省第五，完成省年度考核目标。2020 年，$PM_{2.5}$ 累计浓度为 36.7 μg/m^3，同比下降 16.3%，年均浓度值居全省第 6 位，浓度同比降幅居全省第 2 位；可吸入颗粒物（PM_{10}）年均浓度为 63 μg/m^3，同比下降 11.3%；臭氧（O_3）日最大 8 h 滑动平均值的第 90 百分位数为 176 μg/m^3，同比下降 1.1%；二氧化氮（NO_2）年均浓度为 32 μg/m^3，同比下降 8.6%；二氧化硫（SO_2）年均浓度为 8 μg/m³，同比下降 20.0%。

地表水达到序时进度。扬州经开区水环境监测以地表水为主，主要针对长江、京杭大运河、古运河等主要河流进行监测，其中长江设六圩口东 1 个监测断面，京杭大运河设施桥船闸、邗江运河大桥 2 个监测断面，古运河设邗江岔口南 1 个监测断面。截至 2020 年 12 月，涉及开发区 4 个国省考核断面达到考核目标，完成年初下达目标任务。

声环境质量达标。2020 年，开发区区域环境噪声平均等效声级平均值为 52.9 dB（A），为二级（较好）。各类功能区的昼、夜间噪声达标率分别为 97.5%、75.0%。交通干线噪声等效声级平均值为 67 dB（A），为一级（好）。

（5）环境管理不断完善

扬州经开区不断完善环境监管监测体系，先后建成了 1 座水质自动监测站、1 座大气自动监测站、1 座噪声自动监测站、3 家重点污染源和 2 家机动车尾气检测场远程视频和数据监控，20 余家重点污染源安装了在线监控装置，实现对水、气、声环境质量和重点污染源的实时监控。2020 年，主要污染物排放量占开发区全年排放总量 85% 以上的工业企业重点污染源 100% 稳定排放达标。大气主要污染物二氧化硫、氮氧化物排放量减少比例，水主要污染物化学需氧量、氨氮、总氮、总磷排放量较 2015 年减少比例，均达到减排目标考核要求。

扬州经开区实施积极开展 ISO 14000 环境体系认证引导政策，对通过认证的企业实行全额补助。截至 2020 年，开发区通过 ISO 14000 认证的企业已有 82 家，规模以上企业通过 ISO 14000 认证率已由 2006 年的不足 5% 提高到 65.1% 以上。2020 年完成 4 家企业清洁生产审核验收，2007—2020 年累计有 102 家企业开展清洁生产审核，重点企业清洁生产审核实施率 100%。

扬州经开区一贯重视环境保护工作，严格贯彻执行国家或地方的有关法律、法规、制度及各项政策，在执法过程中遵循有法必依、执法必严，并根据开发区经济情况及生态环境状况，制定了本地区生态环境保护及建设的政策措施；严格执行项目建设的环境影响评价和“三同时”制度，建设项目环评和“三同时”执行率达 100%；自开发区成立以来，未发生重大污染事故或重大生态破坏事件。

开展电镀行业专项整治。开发区涉及电镀行业整治1家，省级检查中发现3个环境管理问题，均已完成整改并通过省、市级验收组现场销号复核。

4.5.3 典型案例

（1）以热电厂为核心的热电、建材、中水生态工业链

由扬州经开区生态办牵头，构建了以EDC和污泥发电厂为核心，YDSN有限公司、YZJQ新型建筑材料有限公司、扬州港、LY污水处理厂等6家企业构成的“开发区热电建材行业产业共生体沙龙”民间组织，每年可就地利用粉煤灰、渣75万t，脱硫石膏15万t，废水6万t，林业剩余物1万t，污泥2万t，可生产水泥230万t、加气混凝土砌块砖15万m^3，总经济规模达3.7亿元。

EDC、GKWN发电厂和YFY造纸（扬州）有限公司自备蒸汽锅炉，因燃煤，每年产生大量的粉煤灰和脱硫石膏废物。为进一步处理园区内产生的大量粉煤灰和脱硫石膏，实现其综合利用，扬州经开区促使区内YDSN和JQJC等建材企业直接回收热电厂产生的粉煤灰和脱硫石膏用于制造建材。这几家建材企业收集了园区内产生的所有粉煤灰、脱硫石膏，并以此为原料，用于生产水泥和建材。以粉煤灰的再利用搭建的热电厂与建材厂之间的生态产业链，实现了园区内粉煤灰和脱硫石膏的100%回用，零排放，有效提升园区粉煤灰和脱硫石膏的综合处理能力，实现电厂炉渣在园区内的100%废物代谢。

LY污水处理厂年产生污泥2万t，全部用于区内GKWN发电厂作为燃料掺烧发电；此外区内有大量木材运输作业，会产生一定量树皮废物，也全部运往发电厂作为燃料掺烧。为解决LY污水处理厂三期建成后的污泥处理情况，GKWN发电厂也相应增设污泥热电机组，以增加对扬州LY污水处理厂三期建设后污泥的处理能力，使得扬州经开区内污水处理厂产生的污泥全部实现区内处理消化。

扬州经开区积极开展污水的再生回用。充分利用扬州市污水处理集中、出水水质较好的特点，将污水作为“第二水源”供给EDC冷却用水和城市绿化用水，有助于减轻扬州市水资源压力，节约城市的供水成本，大大改善城市的水环境。早在2009年，LY污水处理厂投资2亿元配套近期4万t/d、远期7万t/d的再

生水回用工程。再生水用于供应 EDC、GKWN 发电厂、YFY 纸业等大型企业用作冷却水。污水处理采用 AAO 处理工艺，再生水回用工程使用“混凝—微滤”深度处理工艺。

两个大规模热电厂需使用大量 SCR 脱硝催化剂，SCR 脱硝催化剂使用期为 3 年，其脱硝效率会降至标准以下，被称作失活的催化剂，需要淘汰作为危险固体废物处理。扬州经开区引入 JSWD 有限公司的 SCR 催化剂再生项目，采用特殊的处理技术，使已失活的催化剂再生，恢复其活性和选择性，每年可处理园区电厂产生的 20 000 m^3 废 SCR 脱硝催化剂，大大节省了 SCR 系统的运行成本，省去了处理失效催化剂的工作，消除了环境污染的隐患。

（2）秸秆制浆造纸生态工业链

扬州市位处江淮平原，为小麦及稻米等粮食作物主要生产区之一，农业秸秆产量巨大，每年生产约有 300 万 t 秸秆。近年来，随着农村经济发展和农民收入增加，农村居民用能结构发生明显的变化，煤、油、气和电等商品能源得到越来越普遍的应用，导致农作物秸秆已成为废弃物或占用农田进行堆积，浪费了大量的生物质资源。

传统的秸秆造纸技术采用化学制浆，造纸过程中会产生具有极高 BOD 和 COD 负荷的废水，并含有剧毒性极强致癌性物质，环境污染严重，因此并未得到有效推广。扬州经开区 YFY 造纸（扬州）有限公司引进集团研发的先进技术，通过生物制浆工艺流程，以农作物秸秆为主要原料，不添加化学药剂制程下，生产质量佳、能源消耗率低且环保的生物草浆，制浆废水易回收处理，克服了传统化学制浆的缺点。该项目投资 1.65 亿元，建设一条以秸秆为原料，年产 3.3 万 t 的草浆生产线，产品作为生产高质量瓦楞芯纸与箱纸板的原料。该项目可年产 6.6 万 t 草浆原料，项目全部达产后每年可相对减少森林砍伐量 20 万 m^3，减少二氧化碳排放 600 万 t（图 4-19）。

项目生产工艺是将微生物分解有机物的能力应用于非木纤维制浆过程，研发非木材纤维植物的生物制浆法，再以此生物制浆流程为基础发展农业秸秆造纸技术（图 4-20）。

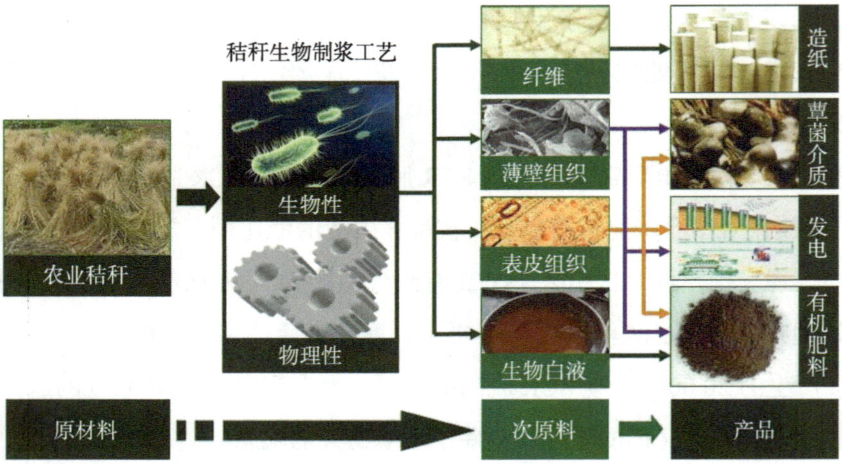

图 4-19　秸秆生物制浆生态产业链示意

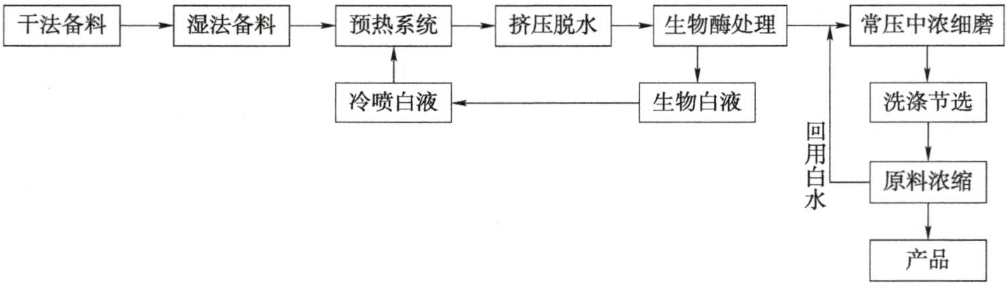

图 4-20　秸秆生物制浆法工艺流程

其中生物酶处理为农业秸秆造纸的关键步骤，本项目研发出以木聚糖醇为主要原料的生物酶的农用秸秆造纸工艺，改善传统化学工艺对纤维伤害大、污染严重的特点，保留秸秆纤维并提升纸基产品的质量，经测试评估本项目生产的秸秆纸基缓冲性优于传统回收浆。

4.6　环境友好示范区——贵阳经济技术开发区

贵阳经济技术开发区（以下简称贵阳经开区）始建于 1993 年 2 月，2000 年 2 月被国务院批准为贵州省首家国家级开发区。开发区位于贵阳市中心区南隅，距市中心 5 千米，所辖面积 63.13 km^2，首期规划建设面积 9.55 km^2。

2000年2月，国务院批准在贵阳经开区所在区域建立贵阳市第6个市辖行政区——贵阳市小河区，与开发区实行“两块牌子，一套人马”的管理体制。2012年，贵阳市人民政府对小河区行政区划进行了调整，按照《国务院关于同意贵州省调整贵阳市部分行政区划的批复》（国函〔2012〕190号），将小河区行政区域并入原花溪区，设立新花溪区，并且将原小河区相关社会事务交由新花溪区管理，贵阳经开区在花溪行政区域范围内独立运行，实际管辖面积99.8 km^2。

贵阳经开区以工业生态学理论为指导，建立以高新技术产业为主体、以工业共生和物质循环为特征的工业经济体系，在此基础上创建国家级生态工业示范园区。2009年，开发区管委会组织编制了《贵阳经济技术开发区国家生态工业示范园区建设规划》，并于2011年4月通过国家生态工业示范园区领导小组办公室主持的专家论证；2011年11月，生态环境部、商务部、科技部三部委同意贵阳经开区开展国家生态工业示范园区建设；2016年12月，贵阳经开区创建国家生态工业示范园区工作通过省级审查；2017年2月，向国家示范园区建设协调领导小组办公室提交了验收申请。

4.6.1 绿色发展主要做法

（1）优化产业布局，产业链条加速形成，区域综合实力不断增强

贵阳经开区大力发展高端装备制造业、大数据、新医药大健康和现代服务业“3+1”产业，以龙头带配套、以配套促龙头的形式，重点打造一批大企业引领带动，中小企业协同共生的产业集群。通过不断完善装备制造产业链、医药产业链大数据及电子信息产业链等产业链，优化产业结构，低碳经济持续发展，生态产业链条基本形成。在充分发挥原有工业优势的基础上，引入园区大项目培育关联度高的配套项目，积极构建“园中园”建设模式，形成大数据安全产业示范区、数字物流产业园、军民融合产业园、高端装备制造产业园、新医药大健康产业园5个特色产业园区，促进企业集群和产业链的延伸。目前辖区现有工业企业1 000多家，逐步形成了航空航天、电子信息、工程机械及应急装备、汽车及零部件、新医药大健康、烟草6大产业集群，成为全省工业化最具代表性的区域。

医药大健康产业方面，聚焦特色民族药、智能化医疗装备、健康养生及食品安全产业，全力推动企业与国内外优强企业深入合作，加强新品研制及产品深度开发，延长上下游产业链，着力发展保健品和中药（民族药），打造苗药“金字”品牌。加快推进医药产业智能化、服务化、生态化发展，打造家庭健康产品、医用传感器等智慧健康装备产品，促进新医药大健康产业扩大市场规模。

高端装备制造业方面，重点推进航空航天产业、工程机械及应急装备产业、汽车及零部件产业加快发展。

大数据产业方面，以大数据安全和数字物流为主要发展方向，大数据安全“1+1+3+N”总体架构全部落地，贵阳大数据安全产业示范区初步建成；同时数字物流产业快速发展，实现主营业务收入16亿元，同比增长567%。

现代服务业方面，以分散型电子商务园区建设为载体，全力打造以大数据为核心的高端产业聚集区，电子商务基地示范效用凸显。

（2）创新创业，激发经济发展活力

科技是第一生产力和第一驱动力。近年来，贵阳经开区将创新驱动作为经济发展的“加速器”，从政策出台、资金扶持、平台建设等方面，推动企业科技创新能力和水平的提升。在政策方面，制定出台了《贵阳经济技术开发区财政科研项目和资金管理办法（试行）》《贵阳经济技术开发区企业科技研发投入与创新能力建设资金补助办法（试行）》等一系列政策，构建了区域创新创业环境。目前，全区拥有200多家科技型企业，其中经科技部、省科技厅认定的各类梯度科技型企业120多家，拥有高新技术企业74家。在资金方面，研发投入不断加大，2018年规模以上企业（不含军工企业）的研发投入预计增幅为15%以上，区级财政研发投入占财政支出的4%，引导规模以上企业研发投入同比增长14.45%。在平台建设方面，率先在全省开展创新型孵化器建设。

专利是创新能力最直接的体现。近年来，贵阳经开区知识产权工作的质与量不断提升，2018年的专利申请量、授权量同比增幅分别为18.19%和22.77%，有效发明专利达525件；成果转化率的质与量不断提升，“RM系列矩形印制电路连接器产业化”等5个科技成果实施了转化，技术交易额达到7亿元。

人才是科技创新的第一资源。为强化支撑，贵阳经开区加快创新人才的引进和培养，全区会聚两院院士、国家级专家等20余人，各类人才总量达5万余人。

（3）突出环境治理，环境质量不断改善

创建工作开展以来，贵阳经开区通过实施“碧水”“蓝天”“绿地”工程，服务园区的污水处理厂增加到5个，污水处理能力达到27万t/天，提升了275%。阿哈水库饮用水水源水质达标率稳定在100%，麻堤河、陈亮河成功摘掉劣Ⅴ类河流的帽子，水质达到水体功能区要求；空气质量优良率不断提升，NO_2、SO_2、PM_{10}、$PM_{2.5}$浓度逐年下降。绿地率、森林覆盖率和人均公共绿地面积稳步提高，良好的生态环境已成为园区的一张亮丽名片。

（4）突出管理创新，环境监管能力不断提升

创新环境管理模式。贵阳经开区成立了以环保、林业、水务等部门为核心的生态促进局，全面统筹负责国家生态工业示范园区创建工作，将部门间协作变成了部门内协作，进一步细化和清晰各内设机构在国家生态工业示范园区建设中的职能和定位，强化协调配合，提高环境管理效率和针对性。

环境管理智慧升级。贵阳经开区在国家生态工业示范园区建设中以信息化建设作为推动环保管理变革、提升生态文明建设水平的有效手段和重要途径，投资1 200万元建设集大数据管理、固体废物交易、应急管理、信息公开、大数据应用分析于一体的生态环境大数据管理平台，以先进的理念和信息化技术采集、整合、分析各类环境信息，通过建立覆盖全面、技术先进的“水、陆、空”智慧环保管理平台，使园区环境信息化及环境大数据管理能力大大提升。

打好污染防治攻坚战。贵阳经开区深入实施蓝天、碧水、绿地、净地、节能减排“五项工程”。严格落实“河长制”，完成辖区3条河流及阿哈水库、胖水牛水库巡查及监管，开展饮用水水源地环境保护专项整治，工业废水达标排放率达100%，饮用水水源地水质达标率100%，麻堤河、陈亮河稳定达到Ⅳ类水体。

4.6.2 绿色发展成效与特色

（1）共享发展、生态链接，实现产业网络跨界延伸

贵阳经开区在国家生态工业示范园区创建伊始，就按照“龙头企业—产业链—产业集群—产业基地”的发展思路，在充分发挥原有工业优势的基础上，

以“盘存量、抓增量，以技改扶持、运行调度、拓展市场”为抓手，促进存量企业扩能增效提升产能，以园区建设和项目建设为抓手，促进增量企业快速建成投产，着力引进了一批科技含量高、产品附加值高、带动力强的龙头项目，通过以龙头带配套、以配套促龙头的形式，使产业链得到了延伸，产业集聚取得了一定成效，基本形成了以特种车辆和工程机械为龙头的装备制造产业、以平板电视为龙头的电子信息产业、以卷烟和制药为龙头的烟草医药产业 3 条产业链，初步形成了航空航天、电子信息、汽车制造、机电工程制造、生物医药、特色食品和大数据 7 大产业集群，配套能力得到进一步加强，产品质量逐步提高。同时，园区在产业链招商中，不仅关注单个产业链的发展，而且力求实现产业与产业间的链网构建，实现产业链的跨界延伸。

（2）开放发展、生态转型，不断优化产业结构

近年来，贵阳经开区立足于小孟工业园区等核心支撑，借鉴东部园区在国家生态工业示范园区建设中的经验，大力培育和发展新产业、新业态、新模式，以“退二进三”为重点，积极发展大数据产业、先进制造业、现代服务业、战略性新兴产业，实现了优化产业结构、促进经济转型升级、提升园区综合竞争力的总体目标。

贵阳经开区在国家生态工业示范园区创建伊始，通过“431 工程”（“4”即推动“电子信息、汽车制造、航空航天、电气工程机械制造”4 大优势产业集群引领发展；“3”即推动“智能制造、新材料、生物医药”3 大潜力产业集群跨越发展；“1”即促进现代服务业集群高端发展）的强力推进，产业结构调整成效显著。在“十三五”发展规划中更是提出要构建“3+1”为重点的现代化产业体系，加快构建以大数据为引领、以高端装备制造、大数据、大健康医药 3 大新兴产业为主导，现代制造业与现代生产性服务业协同发展的产业发展新格局。

（3）协调发展、生态整合，成立生态促进局全力开展创建工作

贵阳经开区在创建工作中，针对目前普遍存在的环境管理部门冗杂的问题，创新了园区环境管理模式，成立了以环保、林业、国土、水利等部门为核心的生态促进局，全面统筹负责国家生态工业示范园区创建工作，将部门间协作变成部门内协作方式，进一步细化和清晰各内设机构在国家生态工业示范园区建

设中的职能和定位，强化协调配合，提高环境管理效率和针对性。

生态促进局下设综合处、环境保护处、林业绿化处、水土保持处 4 个内设机构，主要负责生态工业示范园区创建工作，生态文明建设相关规划编制工作；依据主体功能区的划分，推动落实科学合理的城镇空间布局、产业发展布局、生态功能区布局；组织指导资源节约工作，统筹负责自然生态系统、环境保护、林业和园林绿化等工作；负责生态文明制度建设、生态文化建设等工作；负责拟订开发区内生态环境建设规划和污染防治规划并组织实施；承办开发区工委、管委交办的其他事项。

（4）创新发展、生态设计，助力环境管理智慧升级

贵阳经开区在国家生态工业示范园区建设中以信息化建设作为推动环保管理变革、提升生态文明建设水平的有效手段和重要途径，以先进的理念和信息化技术采集、整合、分析各类环境信息，通过建立覆盖全面、技术先进的“水、陆、空”智慧环保管理平台，使园区环境信息化及环境大数据管理能力大大提升。

贵阳经开区智慧环保管理平台以数据整合、协同互动、服务高效、智能分析、多维展示、科学决策为目标，拟通过推进数据资源全面整合共享、加强生态环境科学决策、创新生态环境监管模式、完善生态环境公共服务、统筹建设大数据平台、推动大数据试点等途径，实现环境基础信息管理、污染源、固体废物信息源态监管，通过对工业固体废物的监控、分析、预警、调控，实现环保及固体废物行政巡查执法线上系统。为贵阳经开区生态环境部门、企业、社会公众提供了智能化、可视化的环保信息管理应用，为环境管理提供有效的信息技术支持和服务，也为贵阳经开区国家生态工业示范园区建设提供信息支撑。

4.6.3 典型案例

（1）生态产品代谢类项目

1）航空航天产业项目

某航天企业在高端连接器、继电器、微特电机、光电、线缆组件、二次电源、控制组件和遥测系统等领域从事研制生产和技术服务，是国内集科研、生

产于一体的电子元器件骨干企业之一。现已在贵阳、上海、遵义、苏州、泰州、镇江、西安、成都和东莞等地成立控股子公司和研究机构，形成了集团化、跨地域、专业优势互补的产业化布局。产品广泛应用于航空、航天、船舶、兵器、核能、电子、通信、医疗、轨道交通、能源装备、网络设备、家用电器，以及新能源汽车等各个领域。近年来，先后承担了载人航天、探月、北斗、大飞机和高分辨率对地观测系统等国家重大工程和重大专项配套产品研制生产任务。该企业规划项目为航天精密仪器制造项目，涉及军品机密，项目效益为 9 亿元。

2）工程机械及汽车零部件产业项目

某重工企业设计、生产和销售 3.5 t 级至 70 t 级的履带式液压挖掘机和 6 t 级至 30 t 级的轮胎式液压挖掘机，以及用户需要以挖掘机为基础变形的特殊产品及其他特殊工程车。其生产销售的各型挖掘机广泛服务于油田、城建、港口、道路、机场、农田水利和其他特殊工程领域。项目年生产挖掘机 460 台，实现效益 0.65 亿元。

某液压企业是航空工业飞机液（气）压系统、燃油系统、环控救生系统和发动机控制元件科研生产专业化企业，是一个典型的军民结合型企业。产品主要是为飞机、飞机发动机及导弹发射车、雷达车、扫雷车、清障车、火炮、舰船、轨道交通等配套的液压阀、燃油电磁阀（活门、开关）、压力（差）信号器、高速数字电磁阀、比例电磁阀、操纵软轴、液压回转机构、液压油缸等。公司产品在大功率、高可靠性、高度集成化及机电液一体化等方面取得了进展。航空液压、燃油电磁阀、压力传感元件等军用产品及利用军品技术开发的部分民品在国内具有领先优势。主要体现：数字控制技术、负荷敏感技术、精密传感技术、大功率重量比控制技术、高效电磁力转换技术和精密偶件配合加工技术、平面密封超精密加工技术、尖边密封精密与超精密加工技术等，其研究与应用在国内处于先进水平。

3）电器机械及电力器材产业项目

某电线厂是一家以电线电缆生产销售为主营业务的集团企业，年设计生产能力 1 200 万米，主要生产架空绞线、塑料绝缘控制电缆多领域特种电线、电缆的生产能力扩大、技术加强。项目年产值 6 000 万元，年税收 300 万元，年利润

600 万元。

某生物科技企业主要从事智能化检查仪器、食品安全检测化学发光免疫试剂等产品的生产和研发。项目投资 2.4 亿元，总占地面积 50 534 m^2，总建筑面积 70 320 m^2，建立了包括抗原体产品线、胶体金产品线、试剂盒产品线等 8 条产品线，产品包括微生物试纸片、农残免疫试剂盒、维生素食品安全快速检测试剂盒等。该项目利用食品安全检测技术、农业大数据和农村电商等资源，创建了云站 + 众创众筹的商业运营模式，通过线上、线下的有机结合，推动生鲜农产品电商产业发展。

4）高端制造业项目

某电工企业主要承担了国产各机种航空电器开关以及飞机信号灯盒、控制盒等航空电子产品的配套工作，同时还肩负着航空发动机调控电器附件的科研与生产，是一家专业的航空电器科研制造企业，是航空工业系统中生产微动开关和以微动开关为基础的产品的专业化厂家，2020 年达到 4.2 亿元。

（2）废物代谢类项目

1）废物资源回收利用项目

废弃电器电子产品回收拆解项目用地 26 763 m^2，投资 1 811 万元。年拆解能力 50 万台，其中废电视 25 万台、废计算机 3 万台、废洗衣机 13 万台、废冰箱 6 万台、废空调 3 万台。2018 年产生废铜 305.611 t、废铝 106.14 t、废钢铁 2 648.448 t、废旧塑料 3 858.946 t。

某再生资源集散基地占地 33 300 m^2，投资 3 281.4 万元；2018 年产生废铜铝约 700 t、废钢铁约 9 000 t、废旧塑料约 300 t、废纸 8 000 t、废旧不锈钢约 600 t，收入 5 000 万元，利润 200 余万元。该项目使经开区机械装备废旧资源得到最大限度的回收，并促进资源快捷、有序流动，最终达到废旧物资循环利用的目的。

2）中水回用项目

某客车企业客车生产线主要建设客车生产所需的生产厂房及辅助配套设施、生活配套设施等。项目的实施，将形成年产大中轻型客车 5 000 辆的能力，其中 7 米商务客车 2 500 辆，中型客车 1 500 辆，大型客车 1 000 辆。为满足客车生产线易地搬迁技改项目的需要，公司决定投资建设处理能力为 60 m^3/h 的污水处理站，处理厂区内所有生产废水、生活污水；为充分节约水资源，提高水资源利用率，建设回用水量 200 m^3/ 天的深度处理设施；同时建设中水供应管网系统，中水用于绿化及厕所冲洗等方面使用，年节水量为 18 万 m^3/a，节约自来水费 40 多万元，项目不仅具有良好的经济效益，其社会效益也比较显著。

3）垃圾分类收集推广替代项目

由 HTFH 有限公司与 JCF 科技有限公司联合实施研制生产的“中型垃圾处理设备”是新型垃圾处理设备，具有国内先进水平。总投资 5 000 万元，垃圾源头处理设备使用成本极低，每吨垃圾的直接处理费用为 10 元以内，并可以使体积缩小 60%～70%，重量减少 50%～70%，可以为贵阳市垃圾运输及处理费用节省 100～120 元 / t，并大大减少了分类和处理的人力成本，每年节约的成本超过 2 000 万元，每年可达到 2 000 t 的污泥资源化。项目可实现垃圾中可回收资源的再利用，减少环境污染，产生一定的社会效益和经济效益，为园区实现循环经济良性发展模式奠定基础。

4）工业废料再循环项目

某电器企业通过改进生产工艺、新建模组生产项目、淘汰高能耗的设备，进行 source 板以及 T-CON 板的设计和开发。项目总投资 10 000 万元，实现销售 70 000 万元，新增利税 600 万元，为社会新增加 266 个就业岗位，并通过带动配套厂家解决就业人数 300 余人；并带动地方关联配套的塑料、橡胶、电子、机械制造等相关产业的迅速发展；带动云、贵、川、渝地区关联产业的聚集和升级，带动贵、川、渝地区各种电子信息产业新技术的不断创新和进步。通过工艺改进，可减少能耗的减少，工艺的改进，降低能耗约 68.5 t 标准煤 /a，减少固体废物排放量，工业固体废物进行综合利用，每年工业固体废物实现零排放，固体废物综合利用量增加 0.5 t/a，增加了相关的废物代谢项目，达到并超过规划指标。

（3）管理服务类项目

1）信息网络建设

智能化管理平台示范项目核心内容是建设信息互动平台、各专业化园区平台和园区企业子系统，项目建设内容包括信息互动平台、各专业化园区平台，园区企业子系统。信息互动平台主要负责园区信息互动、资信发布；各专业化园区平台主要负责门户、内部信息化系统；园区企业子系统主要负责门户、个性化信息化系统。具体包括基础数据采集、基础库建设、指标体系、数据分析、卫星地图等内容。项目总投资 1 000 万元，资金来源为中央资金 500 万元，企业自筹 300 万元，银行贷款 200 万元。

2）废物交换信息管理平台

工业固体废物交换平台及循环经济促进中心建设的核心内容是建设信息收集和互动平台，建设与运行面向贵阳经开区循环再利用专题网站。具体内容包括建设交换信息平台，通过现代信息技术和网络技术，借鉴国内外先进经验和模式，汇集多方面的力量和资源，充分利用数据仓库、数据挖掘、联机分析等先进的 IT 数据分析处理技术，对园区企业的工业固体废物进行监控、分析、预警、调控，为园区管理部门提供科学决策依据。通过固体废物交换平台及循环经济促进中心建设，推广循环再利用技术管理信息；开展企业循环再利用服务咨询包括：清洁生产、废物最小化、环境管理体系等；组织循环再利用培训等工作。

项目总投资 2 000 万元，通过项目的实施，综合运用信息化的优势与特点，能够有效地促进园区工业固体废物交换信息网络的形成，大大提高了固体废物综合利用的速度和有效性，提高固体废物的综合利用率，每年促进固体废物交换和综合再利用 1 000 t。通过开展企业循环再利用服务咨询包括清洁生产、废物最小化、环境管理体系等，为企业提供技术支撑，促进企业推广节能降耗技术，优化升级工艺流程，促进原料、能源、资源的循环利用，有效降低了单位 GDP 的能耗。

4.7 绿色生态设计引领——乌鲁木齐经济技术开发区

乌鲁木齐经济技术开发区于 2011 年启动了国家生态工业示范园区创建工作，成立了创建工作领导小组。2013 年 12 月，环境保护部、商务部和科技部正式批准乌鲁木齐经济技术开发区启动国家生态工业示范园区创建工作，是新疆首个获得创建批复的开发区，也是西北地区首个启动创建的国家经济技术开发区。2017 年

5 月，乌鲁木齐经济技术开发区通过国家生态工业示范园区省级预验收。2017 年 9 月，国家生态工业示范园区协调领导小组办公室组织专家组，对乌鲁木齐经济技术开发区国家生态工业示范园区创建工作进行技术核查。经过台账检查和现场察看，一致同意通过技术核查，推荐组织现场验收。2018 年 3 月，环境保护部、商务部和科技部联合发文命名乌鲁木齐经济技术开发区为国家生态工业示范园区。

4.7.1 绿色发展主要做法

（1）领跑丝绸之路五大中心建设，两业并举协调发展

乌鲁木齐经济技术开发区积极打造绿色产业链，通过绿色招商和优化选商吸引了一批具有国际竞争力的先进制造业，总投资达到 1 600 亿元，完善了风电、食品饮料、汽车及机械装备、新型建材 4 大主导产业，并建成了全国最大的风电产业基地和全疆最大的先进制造业基地。启动国家生态工业示范园区创建工作 5 年来，园区实现工业总产值 4 369 亿元，占乌鲁木齐市工业总产值的 40%。

园区坚持先进制造业与现代服务业“两业并举”，获批国家电子商务示范基地并形成规模，新疆软件园、天山云产业基地集聚效应显著，以商贸物流、城市综合体、总部经济、文旅健康为代表的现代服务业实现全面突破，产业结构由工业制造业为主向第二、第三产业协调发展转变。

（2）加快实施生态再造产城融合，区域特色低碳发展

创建国家生态工业示范园区以来，全区共引进大量现代服务业项目落户，推动了园区产城融合的步伐。近年来，共投入绿化资金 15 亿元，先后实施了大绿谷、小绿谷、白鸟湖坡地公园、王家沟及周边荒山绿化，打造了苏州路、新医路贯穿全区的绿色生态长廊，城区绿化覆盖率超过 40%，形成了“两带串五园”绿化生态格局，为我国西北地区生态再造积累了宝贵的经验。园区大力倡导绿色出行，新增公交车、投放公共自行车、新建徒步道，实现绿色交通全覆盖。高铁片区新能源供热项目一期工程对高铁站周边地区供热面积达 43 万 m^2，每年减少标准煤消耗 1 万 t；完成高铁核心片区 6.8 千米地下综合管廊工程，全面推进艾丁湖路、苏州路西延、新医路西延等 10.2 千米地下综合管廊；全区绿色建筑面积已近 300 万 m^2，建筑领域节能取得初步成效，打造了低碳园区建设

的闪亮名片。以改善区域环境质量为目标，园区持续深化重点领域和重点行业污染治理。园区积极关停“十五小”“新五小”企业，对锅炉实施煤改气，通过对居住区域 3 000 台自采暖燃煤小锅炉的清洁能源改造任务，近 3 万居民享受到集中供热服务。

（3）不断完善区域生态工业链网，资源高效循环发展

水资源循环利用方面。面对西北干旱地区水资源短缺的发展“瓶颈”，园区不断提高水资源综合利用效率，健全水循环体系，通过建设雨雪水收集工程，用于城市绿化建设，每年可回收利用雨雪水资源约 1 000 万 m^3。将食品饮料行业企业生产的中水水源点与现有绿化管网连接，实现用企业中水替代自来水灌溉市政园林绿化的目的，每年节约水资源将近 20 万 t，并探索建立了缺水型地区企业中水回用于市政绿化的建设运营和监管机制。自创建新疆首个节水型工业示范园区以来，园区大力发展废水低排放水平的产业类型，注重发展循环经济。

能源梯级利用方面。园区把提升能源基础设施效率作为优先方向，燃气—蒸汽联合循环热电联产电站项目利用清洁类能源发电，项目能源利用效率相对燃气锅炉提高近 10%；某热力公司通过热力管网分布式变频改造及智能热网监控项目可使单位面积耗热气量比行业平均水平低 23%；某企业通过锅炉烟气余热回收节能项目每年可节约天然气为 16.1 万 m^3；某企业液化工业气体制造项目通过综合节能技术，年节约变压器电力损耗 226.3 万千瓦时。园区不断推进企业开展强制性能源审计工作和在线电能监测，为企业开展节能降耗工作提供了有力支撑。

废弃物循环利用方面。某油品企业利用地沟油及植物油榨油废料，生成合成功能性绿色润滑基础油，以及有机钼型节能减排润滑油，此外还建设一条 1 000 万 m^2/a 的防水卷材生产线，削减了废弃物 2 万 t/a。某回收企业通过建立再生资源回收体系，每年可实现啤酒厂 90% 玻璃瓶的回收。

在园区的推动下，企业积极开展低碳产品设计和应用，为“一带一路”地区的绿色发展提供了强力保障。某环境企业推广应用 8 000 台小型化分散式干空气能间接蒸发制冷设备，应用于西部地区 400 万 m^2 建筑工程所需的间接蒸发制冷设备，每年直接节电约 4.5 亿千瓦时，减少 45.32 万 t 二氧化碳排放；某油品企业通过有机钼型节能润滑油产品研发项目可实现产节能型润滑油 3 000 t/a。

（4）打造“中国—中亚”合作标杆，生态文明共享发展

园区作为自治区首府向西开放的重要窗口，立足“一带一路”区位优势，通过中国—上合组织合作框架，先后开展了中国—中亚生态环保示范基地、中德低碳生态示范城区、联合国工业发展组织绿色丝绸之路项目示范工业园区等国际生态合作项目建设，构建了面向中亚的环保技术与产业国际合作服务平台，打造了西北地区生态环保产业发展新引擎，推动了绿色丝绸之路建设。

4.7.2 绿色发展成效与特色

（1）打造全国绿色低碳循环发展样板

园区为实现节能降耗、提升资源利用率，加速推进能源集约利用工程，通过推进和完善“煤改气”工程，不断优化能源消费结构，使园区在产业持续发展的同时，综合能耗基本保持稳定，为园区低碳转型奠定了扎实基础；深入开展水资源梯级利用工程，尤其食品饮料行业水资源循环利用特色显著，重点产业水资源利用效率不断提升，打造了新疆首个节水型工业园区；很多企业通过自主创新，自主研发绿色科技，推进废物循环利用，相关成果荣获国家科技进步奖和国际合作科技创新项目等荣誉，引领绿色低碳前沿。

（2）打造西北地区生态再造样板

乌鲁木齐经济技术开发区自创建生态园区以来，通过投入绿化资金 15 亿元打造了一大批重点工程项目，绿化覆盖率大于 40%，甚至优于大部分南方地区开发区。以污水深度处理回用为重点的水污染减排，探索了“企业—环保—绿化”的污水回用机制，有效解决了生态再造工程的生态需水问题。严格实行总量控制要求，积极推动大气、水、固体废物等重点领域污染减排与治理工作，重点开展以蓝天工程为重点的大气污染减排，配合乌鲁木齐市实施了全国最大规模的“煤改气”工程；以汽车行业为重点的 VOCs 特征污染减排，油站油气回收管线、油气回收性加油枪更新、储油库及装卸油台油气回收改造等，降低挥发性有机物排放水平。乌鲁木齐生态再造工程各种举措并行，效果显著，已成为西北地区生态再造的样板。

（3）打造生态文明国际合作创新样板

乌鲁木齐经济技术开发区在创建绿色丝绸之路生态园区过程中，不断加强顶层设计，加强环境管理制度创新，构建国际合作共建机制，推动各项环境管理平台建设，积极开展面向公众的环保宣传活动，群策群力构筑园区生态文明。依托乌鲁木齐经济技术开发区的地缘优势、港口优势和人文优势，在国家“丝绸之路经济带”战略的落实下，中国—中亚生态环保合作基地现已落地，成为服务国家战略、面向中亚生态环保国际合作、实现区域绿色发展、有效带动周边经济的战略发展点；中德低碳示范城区作为集绿色建筑、绿色交通、超低能耗建筑、绿色景观、地下资源利用、智慧片区建设于一体的园区示范型建设项目，起到了生态建设模范标杆作用。

4.7.3 典型案例

（1）绿色生态设计引领低碳智造

1）面向产品研发的生态设计

①抗磨减磨润滑油

某油品企业成立于 1995 年，是一家从事润滑材料生产研发销售并为客户量身定制润滑、降耗全面解决方案的润滑环保专业服务商，公司产品包括节能润滑油（脂）、合成型润滑油（脂）、环保装备制造等，产品涉及 20 余类、700 多种，出品的润滑产品凭借其优良稳定的品质得到了广泛的认可。同时公司致力于节能型润滑油的研发，积极开展产学研活动和科技创新，包括润滑油高压加氢精制工艺的开发、酯类合成润滑油工艺开发、烷基萘类高温导热油的合成工艺开发。

公司自主研发的 FK303 多功能抗磨减磨节能润滑油添加剂，相较于传统润滑油摩擦系数平均可降低 37.60%，能降低工作负荷对润滑油的剪切，提高发动机功率，节省燃油 12.4%；氧化和污染得到大幅改善，减少大气排放污染物 12.4%；延长发动机寿命；项目建成后可实现产节能型润滑油 3 000 t/a。

②防鼠节水滴灌带

某科技公司是一家集研发、生产、销售、设计、施工、咨询及服务于一体的国有大型生产企业，主要产品有 PVC 管道、内镶式滴灌带（管）、PE 软管带、管件等塑料节水灌溉器材。

自治区牧场面积23 597万亩，灌带遭鼠害危害面积为36.2%，牧草减产30%以上，且植物根系的向水性及土壤颗粒也极易堵塞滴水孔。公司对滴头、滴水孔进行重新设计，研发出地埋防堵、防鼠型内镶式滴灌带。产品自2014年研发以来，共生产400万米，已应用于9 600亩鼠害地块，实现地埋滴灌带防鼠功能，产量增加2倍，延长滴灌带使用寿命，很大程度上降低了灌溉成本（图4-21、图4-22）。

图4-21　使用防鼠型滴灌带前

图4-22　使用防鼠型滴灌带后

2）面向绿色供应链管理的生态设计

某开发企业主要经营各类废钢铁及废旧金属的回收、加工及销售，报废汽车的回收、拆解。多年来一直是某钢铁公司废钢资源控制战略的执行单位，承担着采购、加工和配送废钢的任务。

①废钢分类回收加工

我国铁矿石资源紧张，依赖进口，而废钢中含碳量一般小于 2.0%，硫、磷含量均不大于 0.05%，是钢铁循环利用的优势资源，是唯一可替代铁矿石用于钢铁产品制造的，某公司每年加工、挑选符合炉前需求的废钢达 50 万 t，对废钢的分类加工回收，配送合格废钢高达 80 万 t，减少铁矿石使用 75 万 t/a，节约综合能耗 60%，减少 CO、CO_2、SO_2 等废气排放 86%，减少废水排放 70%（图 4-23）。

图 4-23　废钢铁回收利用

②报废汽车原样拆解

作为自治区 21 家拥有报废汽车回收拆解资质单位中经营规模最大、综合实力最强的单位，国家环境保护总局指定的新疆唯一一家报废汽车回收拆解氟利昂回收中心，金业承担着 1 万～1.5 万辆 /a 的报废汽车拆解，占乌鲁木齐市近 20%，同时配套建立废油回收中心，废旧橡胶回收深加工区、废塑料分拣深加工区、废有色金属回收利用区等。

随着汽车工业的快速发展，报废汽车资源相应快速增加。合理处置废旧汽车、减少危害、减少环境污染和资源浪费，从而实现资源化循环回收利用报废汽车及废旧零部件，已成为关系到保护环境、节能减排、建设和谐社会的重大现实问题。物质再生行业是循环经济的基础产业，是保护环境的朝阳产业。作为再生行业的基础产业，报废汽车自身具有广阔的发展前景，除了拆解利用废钢外，还可开展相关的废旧橡胶（轮胎），有色金属，废油、废液、废玻璃等回收加工利用业务。

该项目的建设运行进一步提高了头屯河区的综合实力，不仅带动了整个区域循环产业的进步，对当地的经济发展起着良好的推动作用，而且增加了当地的财政税收，增加了就业机会。在一定程度上解决了当前我国报废汽车资源化利用水平低、废旧汽车管理效率低、废旧汽车堆放对城市郊区环境压力大的问题。该项目的建设运行对乌鲁木齐市城市生活环境的改善有着积极的作用，社会效益显著。

该项目一期总投资为 12 999.33 万元，年利润 4 133 万元。产生拆解废钢近期 2 万～3 万 t/a，实现回收加工氟利昂 3 t/a，回收加工废汽、机油 10 t/a，回收报废汽车废液 20 t/a，在条件具备后实现再制造汽车零部件 3 000 套 /a。大大减少了旧汽车堆放对城市环境造成的不利影响。拆解过程中产生的各类固体废物分类收集，危险固体废物按照规定暂存后交由有资质的单位处置，避免了二次污染，环境效益明显（图 4-24）。

图 4-24　废汽车拆解

③废油、废液、废橡胶、废塑、废胶条热值回收

随着报废汽车回收数量的增多，公司将橡胶颗粒加入高炉喷煤系统和焦炉，取代焦炭和优质配煤，在保证焦炭质量及煤气发生量且对环境无影响的前提下，回收

加工废旧轮胎 5 万条 /a，废旧橡胶 1 万 t/a，产生再生胶粉等产品 2 万 t/a。

3）面向清洁能源技术研发的生态设计

①干空气能源

某环境公司是专业从事干空气能蒸发制冷设备的开发研究、生产和工程应用技术研究的高新技术企业，公司积累了丰富的干空气能制冷技术的研发、应用和创新的实践经验，致力于向用户提供节能环保型和创新型的商用水蒸发制冷空调产品和相关服务，包括用于全空气系统的单级、多级和复合型的蒸发制冷空气处理机组，用于空气—水系统的间接蒸发式冷水机、新风机组、冷水机及空气处理机为一体的冷风冷水机并为用户提供基于蒸发制冷方式的高效、节能、可靠、安全的空调系统应用解决方案以及工程安装服务。

a. 干空气能间接蒸发冷水机

基于间接蒸发冷水机的温湿度独立调节的空调系统利用一台同时制备冷水和产生新风冷风的间接蒸发冷却设备来实现室内建筑的空调要求，显冷末端选型采用干工况风机盘管或辐射供冷的末端装置。冬季运行所需的热水温度可降低到 40℃，同时提高供热系统的效率；核心设备间接蒸发冷水机组的能效比（COP）可高达 18 以上；维护保养简便，运行管理方便，适用每层有空调机房的中小型的建筑（图 4-25）。

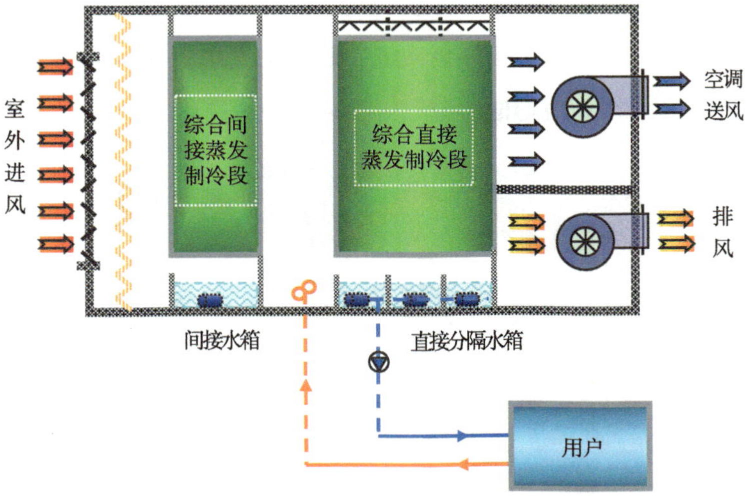

图 4-25　蒸发冷风冷水机流程

b. 干空气能多级蒸发制冷空气处理机

公司具有完全自主知识产权的 SZHJ-F 型干空气能多级蒸发制冷空气处理机，是指具有较高综合间接蒸发冷却效率的间接蒸发冷却器和直接蒸发冷却器构成的空气处理设备。间接蒸发制冷由于实现等湿降温的独特性能，在多级蒸发制冷机组中起着至关重要的作用，按照间接蒸发制冷可以实现的方式，多级蒸发制冷机组可分为内冷型和外冷型。

以湿球温度为基准的间接蒸发制冷效率，根据不同的气象地区条件和建筑室内控制参数可灵活选择，绿色使者的高效间接蒸发冷却器有诸多优点：节能75%；低品位能源干空气能替代传统能源，综合间冷效率达 75%～100%；绿色环保，无氟利昂（CFCs）排放，全新风运行，室内空气品质高；系统安全可靠，维护管理方便等。

②水源热泵

某科技公司是全球领先的风电设备研发及制造企业以及风电整体解决方案提供商，一直积极探索新能源领域内的创新与发展，将环保、节能贯穿整套生产链。

传统供暖行业采用燃煤燃气等方式将水加热后采暖，其能耗较高，浪费传统不可再生资源（如煤、天然气、油等），金风科技研发的水源热泵系统以水为载体进行冷热交换，通过水源热泵机组，冬季将水体中的热量“取”出来，供给室内采暖；夏季把室内热量“释放”到水体。水源热泵系统根据热交换系统形式不同，可分为水环式水源热泵系统、地表水式水源热泵系统、地下水式水源热泵系统地下环路式水源热泵系统（图 4-26）。

图 4-26　水源热泵系统

③风力发电

某有限公司是中国风电产业的先驱者，是国内风力发电设备制造龙头企业，拥有强大的研发能力和良好的运营记录。依托国家大力发展新能源的机遇和各项扶持政策的有力支持，公司长期坚持自主创新，目前已经成长为全球第四大风电装备研制企业，研发、设计和制造风力发电机组，产品除广获中国主要电力集团的采用外，还进入欧洲、美洲、澳洲、非洲等海外市场。

开发区以金风科技为风电产业龙头，已经建设成为风电机组研发、设备制造、技术、运营管理服务等完整体系的风电产业基地。依托金风科技集合其他相关企业，建立以风机制造为核心包括零配件和配套产品在内的横向耦合关系，引进补链项目，提高资源综合利用率（图 4-27）。

图 4-27　风力发电设备

（2）节能工程推动高效生产

1）能量系统优化工程

①废润滑油再生润滑脂工艺优化

某油品公司成立于 1995 年，是一家从事润滑材料生产研发销售并为客户量身定制润滑、降耗全面解决方案的润滑环保专业服务商。国内现有传统工艺会产生酸渣、无碱渣、无白土渣及可燃轻烃等二次污染物的排放；而国外高压加氢工艺设备投资大、安全风险大、工艺及操作复杂。公司研发出一套适合国内的润滑油再生润滑脂工艺及设备，不仅克服国内外传统工艺的缺点，而且废润滑油的来源适应性宽泛，无须要求控制废润滑油的来源、用途、黏度、酸值及杂质、水分、金属含量等指标；同时，公司对于通过一系列工艺优化和设备改进工程，在获得质量达标的再生润滑油基础油的前提下，大大降低润滑产品成本，提高经济效益。

工艺方面。通过将蒸馏过程中产生的可燃轻烃回收至管式汽化炉燃烧再利用或恒温蒸发器补热再利用，避免使用强酸、强碱、白土，从而减少二次污染；系统无须高压，投资更低、安全性更高、设备工艺及操作更为简单，易于推广实施。

设备方面有以下特点（图 4-28）：

a. 采用环境友好的真空恒温擦膜薄膜蒸发设备，将蒸馏过程中产生的可燃轻烃回收至管式汽化炉，通过蒸发器补热装置进行燃烧再利用，以补偿蒸发器内废润滑油汽化时带走的大量热量，保持蒸发器温度恒定，避免蒸发器内温度波动。

b. 采用浮阀塔板替代减压分馏塔所使用的泡罩塔板，处理量、操作弹性、分离效率均得到大幅提高。

c. 采用旋转式丝网除沫器，具有表面积大、自重小、孔隙率大、除沫效率高、压力降小以及使用方便等优点，安装于塔釜恒温蒸发器中心转轴上的支架带动刮板轴上方，避免了空塔大气速情况下塔顶溅液、雾沫夹带，保证专质效率，减少有价值物料的损失改善下游设备的操作条件，从而提高塔板分离效率，使产品质量得到提高。

d. 采用加热装置，直接通入精馏塔顶部产生的可燃轻质气体，不仅充分利用其热值而且消除气体排放，从而实现循环经济。

e. 公司还为该套生产体系设计并生产出成套设备的在线黏度监测系统和自动控制系统，降低操作设备的工作强度，提高设备工艺条件控制的稳定性和精度，进一步稳定产品质量，提高安全性能；制备的再生润滑油基础油色度浅、闪点高、氧化安定性好，产品质量高；废润滑油的收率达到 90% 以上，废润滑油处理规模为 2 万 t/a，投资回报高。

再生基础油收集装置

冷却及加热装置

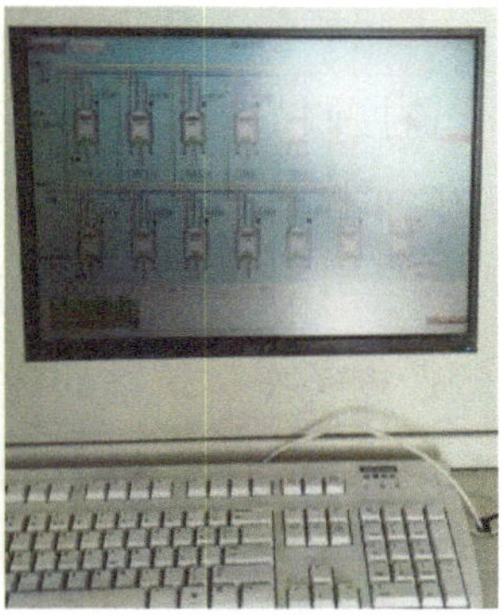

全自动控制系统

图 4-28　废润滑油再生润滑油脂

②热力管网建设

某热力公司是开发区区属的一家大型国有供热企业，公司主业是向开发区二期延伸区及部分胜天房产提供供热服务。公司自成立以来，高度重视节能减排工作，同时引进行业先进技术予以支持。

a. 热力管网分布式变频改造及智能热网监控建设

公司投资约 600 万元，针对所属换热站集中监控系统和一次网分布式变频供热系统节能技术改造：45 个换热站新增具备上传功能的现场自动控制系统，新配置 30 个无人值守换热站现场控制系统，实现热网的远程监控功能数据通信要实现热源锅炉参数传至热网监控中心，热网监控中心换热站参数传至 16 号换热站数据显示终端。

通过分布式变频供热系统节能技术改造项目的实施，解决了末端换热站难以调节的问题，使各个换热站热量根据所需进行调节，使供热系统更加平衡，调节更加便捷，分布式变频供热系统节能技术改造项目中对热源厂的循环水泵进行了改造，所选循环泵功率大幅下降，节能效果显著，供热安全保障进一步提高。

b. 分户热计量系统

公司吸取行业先进技术，对所属一次热力管网进行分布式变频改造和智能热网监控建设，通过此项改造，将以往大型循环泵拆除，并改为在换热站处安装小型循环泵，不仅使电能消耗大大降低，而且改善了水利失调的问题，保证了供暖质量。并且在分布式变频的基础上建设了外网监控调度中心，通过自动化监控调节技术与人工修正相结合，使得公司做到精细化调节和按需供热，不仅降低了过热热量损失，同时提升了供热质量。

采用通断时间面积法热计量系统，在建筑物热力入口安装热量表，计量采暖期内整座建筑物的耗热量；在采暖用户室内安装室温控制器调节采暖室温，各用户的分支管路上安装通断控制器控制供热通断时间达到控制室温平衡；系统依据各用户的采暖面积和累计供热通断时间计算分摊建筑物消耗的总热量。系统适用室内供暖系统应为共用立管为双管制的分户独立供暖系统，既可应用于新建集中供热住宅的分户热计量，也可应用于既有建筑供热住宅的热计量节能改造。既适用散热器采暖系统，也适用地板采暖系统。

该系统集计算机技术、通信技术、信息技术、网络技术、数据库管理技术、自动控制技术、供热水力平衡技术、节能技术等技术于一体，为供热系统运行管理节能和分户热计量提供了系统解决方案。同时集成热网能源管理系统方案，包括换热站及热源节能改造方案、供热管网水力平衡改造方案、热网监控调度方案等，最大限度地实现供热节能目标（图 4-29）。

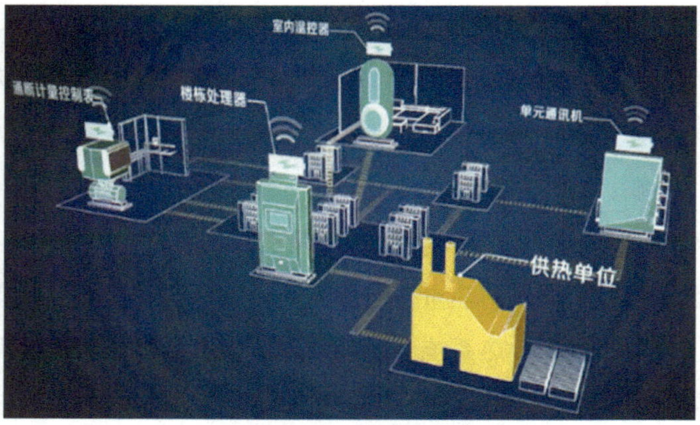

图 4-29　分户热计量系统示意图

2）余热余压利用工程

某有限公司于 2002 年 6 月 24 日成立。该公司新疆厂 2007 年建厂获得“第一批自治区级节水型企业”等荣誉称号；2010 年被评为开发区节能减排优秀企业；2011 年 5 月 19 日正式被评为“自治区循环经济试点单位”。该公司新疆厂采用锅炉冷凝水回用系统，用于收集蒸汽冷凝水回收存放和处理后的自来水暂存即锅炉给水，使锅炉蒸汽冷凝水循环利用率在 60% 以上，此项目节约了用水量和天然气，提高了能源的使用率，减少了废气的排放。

①锅炉烟气余热回收

现公司有 2 台分别为 5 t 和 6 t 的锅炉，主要用于生产和冬季办公供暖，为了防止锅炉尾部受热面腐蚀和堵灰，标准状态排烟温度一般不低于 180℃，最高可达 250℃，高温烟气直接排入大气不但造成大量热能浪费，同时也污染环境。蒸汽锅炉内水温极高，为 300℃左右，正常软化水补水的温度为 15℃左右，补水时由于补水温度和炉内水温温差过大，就会造成锅炉炉体碳钢材质的焊接点应力加大，长时间运行会损害锅炉使用寿命。

公司研究利用蒸汽锅炉烟气余热用于软化水补水预热，在燃气蒸汽锅炉上使用烟气余热交换器，通过水泵将水箱内的软化水泵往省煤器，在省煤器中通过 H 形鳍片管与高温烟气进行热交换，达到加热软化水的目的（图 4-30、图 4-31）。

项目实施后，可有效提高锅炉热效率，节约燃气费用和减少二氧化碳排放，并且补水温度提高后，可保护锅炉炉体，增加锅炉炉体的使用寿命，6 t/h 蒸汽锅炉补水的水蒸发量由 15℃加热到 85℃，可节约天然气 46 标准立方米 /h（热效率 90%），按每年 3 500 h、每标准立方米天然气 2.39 元计，每年可节约燃气费 38 万元。

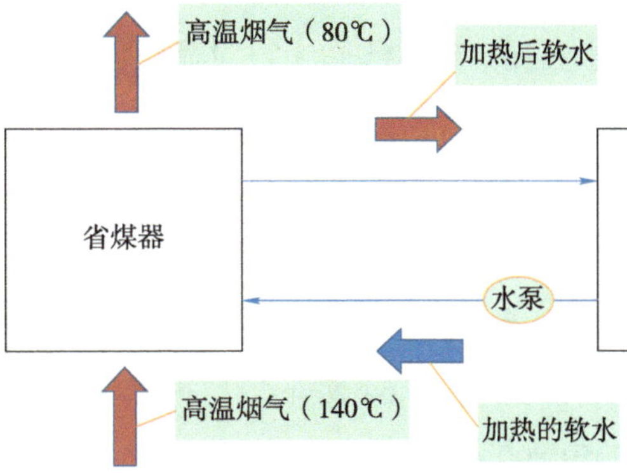

图 4-30　系统工作原理

图 4-31　实施现场展示

②蒸汽冷凝水回收

工厂果汁线巴氏杀菌机蒸汽管路产生大量的冷凝水，水温在 80℃以上，存在大量热能，由于此部分冷凝水直接排放到地沟，存在热能和水的浪费；与此同时，工厂热线产品在灌装后要通过冷瓶机进行逐级降温，而碳酸线产品需要通过暖瓶机升温，此过程消耗大量热能。

公司研究得出冷凝水回收后利用冷凝水中的热能满足此过程所需的热能，将减少工厂的能源消耗，实现果汁线冷瓶机无须使用蒸汽，汽水线暖瓶可节省蒸汽的耗用，锅炉节约用水。公司对果汁线进行热能循环利用改造：将果汁线巴氏杀菌机的蒸汽冷凝水收集后通过管路接到果汁线冷瓶机第一道喷淋段板式换热器对喷淋水进行加热使水温提高到 72℃以上，对灌装后产品进行热水喷淋；果汁线冷瓶机第一道喷淋段换热后仍含有大量热能的冷凝水通过板式换热器为汽水线暖瓶机提供热量；汽水线温瓶后被降温的水再回到锅炉房用于锅炉补水，减少自来水用量（图 4-32）。

项目实施后每班节约自来水 9 m^3，2016 年果汁线预计节水 2 691 万 m^3（229 班次），折合水费 7 502.04 元 /a（3.64 元 /m^3）；每标箱节约燃气 0.02 m^3，2016 年果汁线预计节气量 59 800 m^3（229 万 UC），折合燃气费 109 462 元 /a（2.39 元 / m^3）。共计节约 116 964.04 元。

图 4-32 系统工作流程

（3）污染物减排营造绿色园区

1）VOCs 减排

某工程企业是一家集研发、生产、销售于一体的高新技术企业，主要产品有油田用玻璃钢管、聚乙烯管等非金属管。

不饱和聚酯树脂是生产玻璃钢管道的主要原材料，由于树脂中添加了易挥发的苯乙烯，所以在生产时苯乙烯就会散发到空气中，给车间带来难闻气味，公司投资 140 万元，安装了一套空气净化装置，改善了车间内的空气质量。该空气净化装置在车间内各处散布了空气收集口，通过风机将车间内的空气收集进排气管道，每个收集口的空气进入活性炭吸附装置，经活性炭吸附废气中的挥发性有机物，净化后空气由吸附装置口排气筒达标排放。

2）氮氧化物减排

某钢铁企业采用国内先进循环流化床烧结烟气干法脱硫技术（LJS-FGD），对 3 台烧结机烟气进行脱硫处理，实现了烧结机烟气脱硫同步运行率达到

100%，外排二氧化硫浓度小于 180 mg/m^3，烟粉尘浓度小于 20 mg/m^3，氮氧化物浓度小于 62 mg/m^3，达到特别排放限值要求。年削减 SO_2 1.3 万 t。污染物排放达到超洁净排放标准，减排二氧化硫 3 000 t/a、氮氧化物 1 200 t/a。

3）固体废物减排

①利用工装尼龙楔替代易耗品木质楔

某企业生产部门在生产 1.5 兆瓦机舱时，在压紧偏航接脂盘的工序中需要使用木楔压紧。因为接脂盘与偏航轴承间隔大小不同，木楔往往需要二次加工后（削薄）后才能使用，但是削薄不可逆，导致木楔使用寿命较短。

将尼龙楔替代木楔后，由于尼龙楔的硬度高于木楔，在压紧偏航接脂盘的过程中，尼龙楔不易被卡入接脂盘与偏航轴承之间的缝隙。若是加工削薄后使用，随着重复利用的次数增加，尼龙楔将会报废，导致使用寿命大大降低。但是尼龙楔的韧性及强度高于木楔，对尼龙楔进行二次加工，在尼龙楔末端开约 1 毫米的缝隙，在保证能够压紧偏航接脂盘的情况下，提高了尼龙楔的收缩性（解决其硬度高的问题），替代后更利于实现公司的环保理念（图 4-33）。

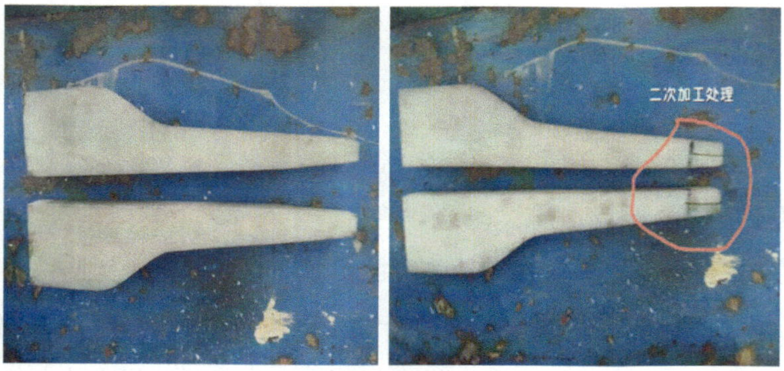

图 4-33 尼龙楔替代木楔工艺

②废旧油毛毡回收利用

某企业在生产 1.5 兆瓦叶轮时，带轮支撑内部油毡的凹槽存在油污及杂质，先前使用大布清理。由于凹槽较窄，手指不能进入，需要将大布折叠为四层，利用端子起压紧大布清理。由于大布易破损，使用时需要注意其承受能力。当前的方式清理效率不高，清理效果不理想，消耗大布且容易损坏零部件。公司先使用清理效果更好的废旧毛毡清理带轮支撑毛毡槽，再使用大布清理（图 4-34）。

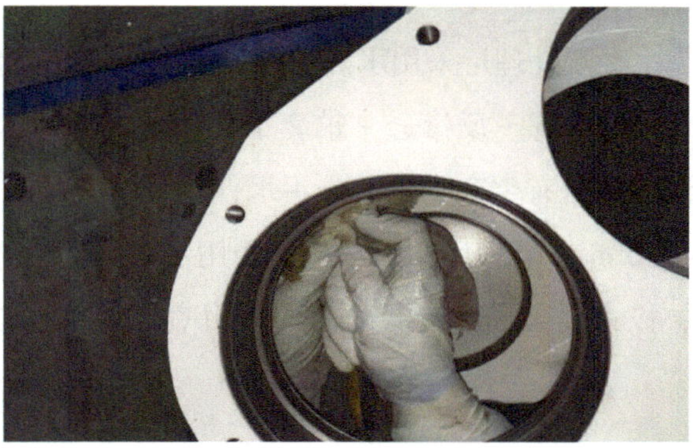

图 4-34　擦拭叶轮

改造后，工时由原来的单台平均作业 27 分钟降低为现在的单台平均作业 18 分钟，按照金风新疆总装厂排产 1 200 台计算，全年节约工时 180 h，按照工时单价 21 元计算，直接经济效益为 0.378 万元；该工序单台大布使用由原来的 0.2 匹降低为现在的 0.1 匹，按照新疆总装厂排产 1 200 台计算，大布 4 元 / 匹计算，全年节约大布 120 匹，直接效益 480 元，废弃物料替代大布回收使用，减少垃圾产生。

4）煤改气减排

为了改善乌鲁木齐市大气环境，特别是冬季的大气质量，还市民蓝天白云，乌鲁木齐经济技术开发区（头屯河）于 2012 年大规模启动了煤改气项目——居民自采暖小锅炉拆并集中供热工程。园区小锅炉拆并由区环保局负责建设，2012 年启动的小锅炉拆并项目规模为历年来最大，共新建 8 个燃气锅炉房，2 个换热站，供热范围分 20 个供热管网标段，供热管网总长度超过 35 万千米，户超过 2 500 户，接入用户超过 2 500 户，配套施水供水管网 3 163 米，电缆 7 650 米。

乌鲁木齐经济技术开发区（头屯河）煤改气工程总投资近 4 亿元，全部为市级投资。项目的运行为超过 3 万居民提供集中供热服务，相应开除小锅炉及土灶 4 000 余台，通过煤改气工程我区燃煤使用量减少 207 534 t，减排二氧化硫 2 393.65 t，减排氮氧化物 394.54 t，很大程度上减少了大气污染，还市民新鲜的空气、干净的生活环境和蓝天白云，社会、环境效益均十分显著。

（4）水资源循环利用创建节水型园区

1）中水回用作绿化用水

某钢厂工业废水深度处理厂采用水处理工艺技术“高效沉淀池 + 生化 +TGV 滤池”预处理工艺 + “超滤 + 反渗透 + 钠离子交换器工艺”深度处理水回用工艺。处理废水为该厂区所有生产、生活排污水，设计日处理能力 60 000 m^3，深度日处理能力 24 000 m^3。处理后的中水达到回用水指标，全部回用于厂区生产及绿化用水系统，极大提高了水资源的循环利用率，实现厂区工业废水零排放（图 4-35）。

图 4-35　中水回用工程

某有限责任公司是一家集啤酒制造、销售、运输于一体的外资企业，公司乌鲁木齐酒厂年生产能力 20 万 t。公司在外资经营的几年里，将节能工作融入各项管理工作，通过完善的能耗指标的可控和分析管理体系，坚持每天召开生产分析会，从“一滴水、一度电、一粒粮、以防天然气”等各项消耗成本指标分析，全面开展“精益生产管理”。公司投资 10 万元，利用污水处理达标排放的污水重复再利用，增加回收水罐和回收水管路，将处理过的污水引入公司所有厕所进行冲厕，经改造之后每个月可节约 1 000 m^3 自来水。2015 年与园林局合作，投资 195 万元新建中水回用系统，回用后的中水用于周边公共绿地的绿化，同时减小公司 COD 排放量，预计日处理中水量 1 000 m^3（图 4-36）。

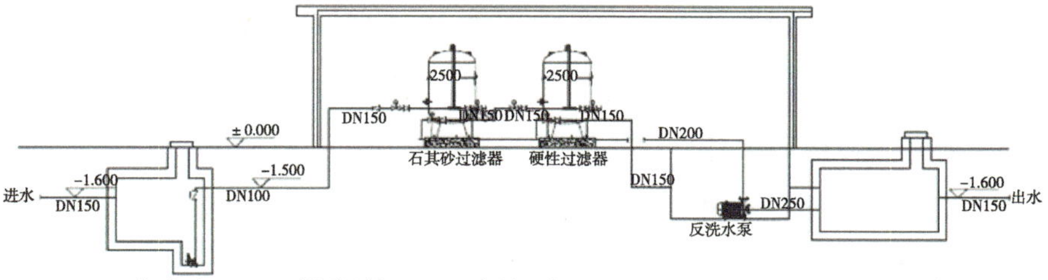

图 4-36　中水回用工程结构

2）冷凝水回用

某啤酒公司蒸汽冷凝水原来没有全部覆盖回收，2014 年年底对公司使用蒸汽冷凝水管线进行改造，在 2015 年年初改造的系统全面跟踪回收，回收率从 65% 上升到 76%，能源消耗有明显的下降（冷凝水回收直接加入锅炉使锅炉的效率从 89% 提升到 92%，吨蒸汽耗天然气的消耗从 80 m^3 下降到 77 m^3）。

公司每天会产生 2～5 t 90℃的蒸汽冷凝水，由于蒸汽冷凝水水质较好，又兼具一定的热能，直接排放实属浪费。因此，公司将使用后的 90℃蒸汽冷凝水回收至 3 t 冷凝水储罐，与 RO_2 生产的纯水混合为 70℃工艺热水，用于配置锅第一、第二道清洗步骤。改造后，不仅提高了水资源的利用效率，还回收了热能。

3）真空系统循环水回用

某啤酒公司原有生产工艺用真空泵采用自来水进行冷却和循环，每年消耗大量新鲜自来水，通过增加循环水箱、循环泵、冷却塔及换热器等设备，对管路进行改造，将原有自来水循环改为重复循环用水，只需补充少量循环过程中蒸发损耗，水资源重复利用率达到 96.7%，每年可节约用水 34.8 万 m^3。

4）园区中水厂建设

为了推进开发区循环经济和节能减排工作，开发区将中水回用项目作为一项重要的节能减排工程在全区广泛推广，以通过将污水处理厂和相关企业处理达标后的废水经过微滤、反渗透处理后回用于工业生产，从而大大削减开发区废水排放总量，提高中水回用率，减少废水对外环境的影响。

开发区先后对辖区内伊利食品有限责任公司、新疆蒙牛乳业有限公司、新疆统一企业食品有限公司、新疆中粮可口可乐有限公司、新疆中亚食品有限责任公司、红云红河烟草有限责任公司、新疆乌苏啤酒有限责任公司、新疆西尔丹是有限公司污水、康师傅有限责任公司等14家单位实施了中水改造项目，该项目有效地节约了开发区水资源，节约用水，园区投资环境得到显著提高。

（5）园区整体生态设计

循环经济产业链的构建和完善可以增加开发区经济结构的稳定性，提高开发区内企业之间的互利协作，增加开发区内部的物质和信息流量，降低生产成本，提高企业竞争力。

①电气机械和器材制造业

电气机械和器材制造业是开发区的核心产业，是开发区循环化改造系统的重要组成部分，在开发区循环化改造中具有关键的作用。园区逐渐形成了以核心企业为主导，以风电机组研发、设备制造、技术、运营管理服务等完整体系为代表，通过带动专用设备制造业、电子零配件、通用设备制造业等为其配套产业的风电产业链；以几家大汽车企业为龙头，汽车整车、零部件生产和代谢循环经济产业链；以报废电子信息产品回收利用为核心，以电子信息产品生产为纽带，连接电子信息行业与加工业，形成电子信息行业—电子信息产品生产加工—电子信息产品—报废电子信息产品回收利用—电子信息产品的循环产业链。电气机械及器材制造业循环经济产业链如图4-37所示。

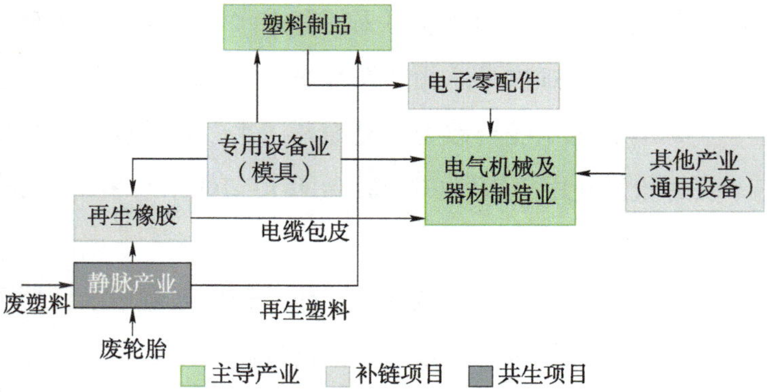

图4-37　电气机械及器材制造业循环经济产业链

②塑料制造业

塑料制造业是开发区的主导产业之一，园区逐渐形成以再生塑料回收为核心，以包装材料为纽带，连接塑料制品行业与饮料制品业、食品制造和农副产品加工，形成塑料化工制品—包装材料—农副产品加工—食品制造—饮料行业的循环产业链。循环经济产业链如图 4-38 所示。

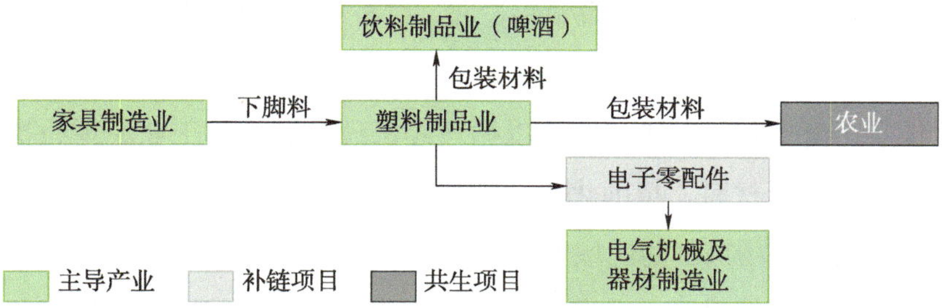

图 4-38　塑料制造业循环经济产业链

③饮料制造业

饮料制造业（啤酒）也是开发区的主导产业，据科学研究及实践证明，啤酒废酵母中含有 48%～55% 的蛋白质、23%～28% 的碳水化合物、6%～8% 的核糖核酸、2% 的 B 族维生素、1% 的谷胱甘肽以及丰富的氨基酸和众多的矿物质元素，其潜在再利用价值非常巨大。据此，园区逐渐形成以酒糟、酒精、废酵母等回收利用为核心，以废酵母加工、酒精提纯等生产为纽带，连接农副产品加工，形成饮料行业—食品制造—农副产品加工—生物制药—包装材料—塑料化工制品的循环产业链。循环经济产业链如图 4-39 所示。

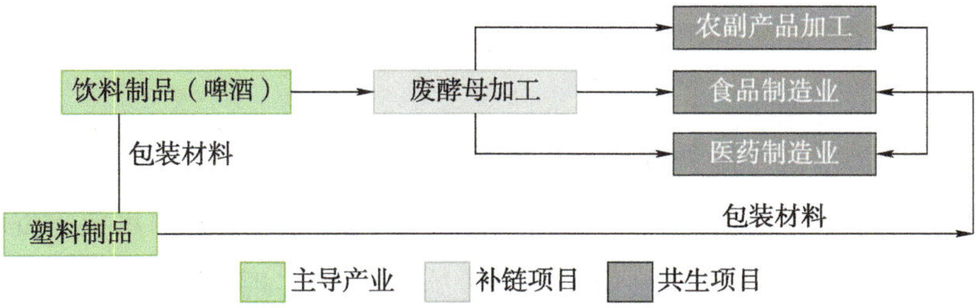

图 4-39　饮料制造业循环经济产业链

4.8　转型升级示范区——南通经济技术开发区

南通经济技术开发区（以下简称南通开发区）于 1984 年 12 月 19 日经国务院批准设立，是我国首批 14 个国家级经济技术开发区之一，辖区面积 146.98 km²（国家生态工业示范园区面积为 24.68 km^2）。2010 年 12 月，环境保护部、商务部、科技部三部委正式同意南通开发区开展国家生态工业示范园区建设（环发〔2010〕149 号）。2014 年 12 月 31 日，环境保护部、科技部、商务部三部委联合发文（环发〔2014〕199 号），正式批准南通开发区为国家生态工业示范园区。

近年来，南通开发区始终坚持以循环经济理念和生态工业原理为指导，以现代装备制造、新材料、精细化工、现代纺织为主导产业，大力推行企业清洁生产，构建基于市场机制的区域工业共生体系，实现区域层次的资源高效利用，最大限度地减少环境排放，改善区域环境质量，提高经济增长质量。合理进行功能布局，完善现有的产品代谢链和废物代谢链，促进区域产业结构优化和升级，促进主导行业的产品升级和生态化发展，不断发挥南通开发区在南通市和长江三角洲地区的产业和经济带动作用。

4.8.1 绿色发展主要做法

（1）创新思路抓引领，科学规划指导园区绿色发展

在“十三五”与“十四五”交替的重要过渡时期，南通开发区把握重要时机，以创新发展为核心思路，编制完成了《南通市经济技术开发区国民经济和社会发展第十四个五年规划纲要》，明确了南通开发区“建设国际化高端化的先进制造业集聚区”和“建设创新型生态型的南通南翼新城区”的发展定位，为园区下一阶段的发展指明了方向。

（2）污染物浓度控制到浓度、总量“双控制”转变

为加强南通开发区城市排水设施的建设、维护、管理和污水集中处理排放，促进节约用水，减少污水排放量，改善生态环境，实现从污染物浓度控制到浓度、总量“双控制”转变，2015 年南通开发区制定了《南通经济技术开发区刷卡排污管理实施办法》。

IC 卡刷卡排污总量控制系统由环保部门事先核定企业一年的排污量，控制指标包括污水排放量及化学需氧量、氨氮总量等。企业在每年的 12 月底前核定次年的排水总量，新、改、扩建企业从获得试生产许可之日起，核定当年排水总量。年度排水核定总量当年度未使用完的，不予结转下年。

当企业污水排放达到环保部门核定的年排放总量的 80% 时，总量控制仪会发出预警通知；当超过总量时，排放阀则会自动关闭。而当企业排放的污水污染物浓度超标时，水质在线检测仪也会发出关闭排放阀的指令，同时，自动采样器会对污水进行采样以供化验分析。

通过刷卡排污总量控制系统，环保部门可以实时掌握排污单位的污染物排放情况。在掌握企业排污情况的基础上，对于超标或超总量排放企业，环保部门可以通过该系统对企业排污口阀门进行关闭，真正实现了对企业排污行为的有效管控，从而倒逼企业加快转型升级步伐，减少污染物排放，实现排放浓度与总量的双达标。目前，南通开发区三批共 93 家重点企业刷卡排污系统投入运行，实现全面覆盖所有印染、化工、电极箔以及 500 t/d 以上水量的重点企业。

（3）以循环化改造示范试点为契机，优化创新产业链

南通开发区以循环化改造为契机，根据开发区内相关企业的实际情况、市场变化及国家政策导向，大力推进高性能动力电池和核电装备的产业化，高起点发展风力发电和光伏发电产品，争取在动力电池、核电装备、风力发电、光伏发电、生物质能和清洁能源等某一具体领域形成产业集群，具备较强的整体竞争能力。

1）构建新能源产业链

在动力电池产业领域，依托 NTRX 年产 7 000 t 三元材料（锂镍钴锰氧）、年产 3 960 t 三元前驱体（层状锂镍钴锰氧）、XZB 年产 5 000 t 动力电池电解液项目、NLT 年产六氟磷酸锂电解液原料 800 t、电解液 5 000 t 项目、NOK 年产 1 350 万块高性能动力电池项目，以电池原材料、电池的制造与封装项目为龙头，逐步向下游产品应用方向延伸；在光伏产业领域，依托 ZTGF 有限公司年产 2 800 万 m^2 太阳能电池背板项目、SW 新能源年产 200 兆瓦太阳能电池及组件项目、ZTGF 150 兆瓦光电建筑并网发电项目重点打造上游的多晶硅原料、硅锭 / 硅片生产，中游的太阳能电池制造、组件封装以及下游的光伏系统应用三大主要环节；依托 HYBL 公司 27 万 t/a 生物柴油项目壮大生物质能和清洁能源产业规模，积极研发符合节能环保要求的产品，重点打造可再生能源产品链延伸发展；在风力发电领域，鼓励发展新型高性能微型、小型风力发电机组和风能转换装置。

2）构建生物医药产业链

南通开发区目前有规模以上企业 10 余家。开发区生物医药产业经过几年的发展已形成一定规模，产业涵盖了制药、医疗器械、保健食品等领域，初步形成包括化学原料药及制剂、中成药与中药饮片、医疗仪器设备及器械、生物制药、医药批发、连锁药店、零售、流通，具备良好条件、产业链比较完整的现代化医药产业体系。

生物医药产业主要产品包括 3 大类：生产辛伐他汀片、克林霉素、吡嘧司特钾片等新型药物制剂；生产食用药菌、核酸药物等生物生化制品；生产自毁式注射器、电子机械血压计、听诊器等医疗器械。

3）构建现代服务产业链

经过近几年的不懈努力，南通开发区服务业创新初显成效，发展内涵进一步丰富。借力循环化改造契机，发展服务业实现产业转型，由生产中心向服务和创新中心的转变，使开发区逐步融入南通城市中心区建设。通过空间结构的提升、用地比例的优化、服务等级的提升将开发区建设成为一个综合性的现代新城区。构建符合南通开发区地域特色的现代服务产业链。以城市化为依托，以商贸流通为基础，以物流、总部经济等生产性服务业为重点，以软件和服务外包产业为突破口，确定“规模化、集约化、园区化”的发展策略，推动开发区现代服务业持续、高效、优质发展，通过加大服务业项目推进力度，实施双轮驱动，制定“总部经济、产业融合、突出重点、品牌创建”发展策略，推动南通开发区现代服务业持续、高效、优质发展，进一步提升开发区综合竞争力。

（4）提高园区发展定位，打造长江经济带国家级转型升级示范开发区

近年来，南通开发区始终坚持招商引资量质并举，不断聚焦高端产业。主动策应南通市“3+3+N”产业战略导向，围绕新材料、电子信息、医药健康、精密机械以及现代服务业等主导产业，以“20·100 项目招引计划”为抓手，提升组织程度，加大推进力度，优化招商平台，强化队伍建设，从严管理考核，不断完善精准化、专业化、产业化招商体系。紧扣“一特三提升”新要求，进一步深化产业招商，整合要素资源，强化绩效考评，全力招引重特大项目。积极呼应南通建设“上海北大门”新定位，扎实开展系列招商与对接活动，接轨

上海取得新成效。以长江经济带国家级转型升级发展示范开发区的建设为契机，提高园区的发展定位。着力推进特色产业发展，研究启动大数据、智能芯片、集成电路、感知元器件产业发展规划。着力推进企业培大扶强，常态化开展挂钩联系、日常走访、专题会办。着力推进服务经济壮大，加快服务业集聚区建设，电子商务、软件信息、楼宇经济、总部经济、服务外包等新业态加快发展。

（5）坚持以项目建设为中心，不断优化全程服务

为高效推进项目建设，推动南通开发区经济的发展，近年来，南通开发区坚持以项目建设为中心，不断优化全程服务、个性保障、容缺预审机制，深入开展相对集中的行政许可权试点改革，推进行政审批局实体化运作，行政服务效能进一步提升，一批重大项目加快转化。深入推进"不见面审批"改革，先行先试企业信用承诺不再审批试点，常态化开展"日晨会、周例会、月点评"，全力化解资源要素"瓶颈"，加快推动项目转化。

4.8.2 绿色发展成效与特色

（1）环境质量持续改善

2020年，南通开发区为实现美丽中国建设目标，统筹推进打好污染防治攻坚战和碳达峰、碳中和工作，推进减污与降碳协同增效，推动产业结构转型升级。一是严格锅炉淘汰及整治。按照市政府逐年淘汰燃煤锅炉要求，到2020年年底淘汰台橡实业2台40蒸吨燃煤锅炉，全面实现除热电企业外的40蒸吨及以下燃煤锅炉全部淘汰或清洁能源替代，同时3家热电企业全部实现超低排放。二是持续开展挥发性有机物治理工作。以化工园区为重点，实施《南通开发区化工区VOCs整治"一园一策"整治方案》，兼顾周边涉涂装的重工、船舶、机械制造等企业。通过低VOCs原料替代、末端治理提升、LDAR无组织管控、加强在线监控等措施，整体推进近90个治理项目。目前已有50余家企业长期开展治理工作。三是及时应对重污染天气。强化夏秋季VOCs管控，2020年制定落实涂装企业夏季错峰生产，并完善秋冬季重污染天气应急体系，制定完善开发区重污染天气应急预案，明确预警应急部门职责，建立完善并逐步增加大气排放企业清单，目前已增至230家。

空气环境方面，$PM_{2.5}$浓度为34.2 μg/m^3，同比下降6.8%，优良天数比例88.2%，上升5.9个百分点；水环境方面，3个断面全部实现优Ⅲ水质，分别达到Ⅱ类、Ⅱ类、Ⅲ类，实现辖区水质大幅改善；土壤环境方面，通过推进辖区内危废处置能力建设，有效缓解辖区内企业危废库存压力，危险废物存量由2018年年底的8 300 t减少至目前的2 600 t，圆满完成减存量控风险工作。上级交办的环境问题实现应销尽销；127家拟退出钢丝绳生产类企业已关停并转120家。

（2）项目建设提速增效

与昆山市、无锡经开区建立战略合作关系，打造“能达无忧办”项目服务品牌，完善市场化、专业化、产业化招商体系，以多种形式开展拜访、招引活动，全面掀起招商引资、项目建设新高潮。全年实际利用外资5.6亿美元，增长16.3%；新签约超10亿元项目24个，总投资650亿元；在手在批10亿元以上重大项目17个，总投资244亿元；新开工10亿元以上项目21个，13个省市重大项目全部开工；工业项目竣工率67.5%。在全市产业项目建设考评中位列开发园区第一。

（3）产业发展量质并举

医药健康、装备制造产业产值分别增长51.34%、25.57%；百强工业企业实现应税销售834亿元，增长4%；中天科技获得中国工业领域最高奖——中国工业大奖，罗莱生活科技获得2020年度“江苏省省长质量奖”，鹿得医疗在新三板精选层挂牌；净增国家高新技术企业45家，高新技术产业产值达到459.7亿元，增长5.6%；转转网、途顺信息、哈路信息、交通银行信用卡中心等服务业重点项目发展良好，石化平台交易中心实现营业收入295亿元，增长45%；设立南通集成电路测试产业研究院，新增国家级企业研发机构1个、省级3个，新签订实质性产学研合作项目突破100项，高分通过江苏省知识产权示范园区3年复核验收。南通产业技术研究院引进科创型企业128家。新入选“千人计划”1人、省“双创计划”项目7个、“江海英才”项目24个，资助额位列全市第一。与通州湾合作共建园区工作全面启动。南通综保区实现进出口80亿元，增长36%，研发进出口总量位列全省海关特殊监管区第一，在全市服务业集聚区发展考评中位列第一；跨境电商进口交易额2 012万元，位列全省第三；打私工作稳步推进。

4.8.3 典型案例

（1）中水回用示范工程

南通开发区管委会按照低碳环保、科技创新理念，从 2012 年开始实施南通开发区中水回用示范工程，主要对开发区内工业企业达标水进行深度处理，制成中水水质达到或优于《城市污水再生利用　工业用水水质》（GB/T 19923—2005），供开发区内企业再利用。

中水回用示范工程由南通 NDSW 有限公司负责设计规划、投资建设以及运营管理的所有职责，中水回用示范工程位于南通经济技术开发区港口工业三区。

项目一期工程设计处理能力为 4 万 t/d 制浆尾水，于 2013 年年底建成并投入运行；二期工程设计处理能力为 1.75 万 t/d 造纸尾水，于 2014 年 11 月初建成并投入运行。目前，制浆和造纸尾水平均处理量分别为 3.5 万 t/d 和 1 万 t/d，运行情况良好；系统回收率＞98%，有机物去除率＞95%，离子去除率＞92%，处理后的中水水质满足《城市污水再生利用　工业用水水质》（GB/T 19923—2005）水质要求，COD、浊度、硬度、pH 等主要水质指标均优于自来水。南通开发区中水回用示范工程具体工艺流程如图 4-40 所示。

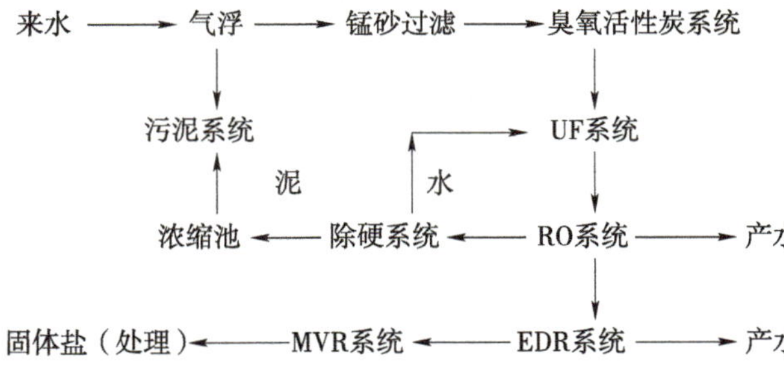

图 4-40　南通经济技术开发区中水回用示范工程具体工艺流程

南通开发区中水回用示范工程通过充分循环利用资源，每年为园区节约用水约 1 200 万 t，减少向水体排放 COD、BOD 分别为 900 t 和 240 t，节能减排效果明显。符合国家“节流优先、治污为本、科学开源、综合利用”的政策。对于我国长江流域、水资源短缺地区的制浆造纸企业和其他企业尾水循环利用具有推广示范效应；对促进节能减排、发展循环经济、高标准保护生态环境、节约水资源、改善人居环境具有重要现实意义。

（2）清洁生产改造

WZZZ有限公司围绕“节能、降耗、减污、增效”共提出12项清洁生产方案，其中无低费方案11项（包含节约浆板车间网部喷淋用水、减少木片消耗、优化制浆车间阻垢剂、更换绿液高分子絮凝剂、节约造纸车间消泡剂、更换阻尼器、填料泵新增变频器、停用造纸车间流送系统脱气真空泵、提高二氧化氯反应效率、降低石灰窑涤气器循环液pH、加强员工技能培训）、中高费方案1项（提高黑液换热效率）。11项无低费清洁生产方案，共投资3.2万元，产生经济效益3 685.64万元；中高费清洁生产方案，预计投资1 000万元。通过实施以上清洁生产方案的实施，共节约工业水3 121 500 t/a、木片23 280 t/a、阻垢剂50.2 t/a、消泡剂131 t/a、LBKP浆1 640 t/a、电1 224兆瓦时/a、氢氧化钠62.4 t/a、硫酸1 200 t/a、氯酸钠1 100 t/a、甲醇85 t/a，减排废水2 805 400 t/a。以上方案的实施有效降低制浆车间水耗、减少废水排放，在环境和经济上都取得了一定的效果。

其中，产生经济效益最多的两项措施分别为减少木片消耗以及提高黑液换热效率。木片占制浆车间成本的70%，成本高。公司技术人员通过稳定漂白滤液过滤机回收滤液中的纤维以减少漂白系统纤维流失，木片单耗可以从1 986.22千克/t降低为1 920 kg/t。该方案实施后，节约木片23 280 t、成本2 525.88万元。蒸煮工段经黑液换热器产生的热水量19 200 t/天，只有54%的热水被漂洗工段使用、46%的热水经洗浆机排到制浆废水排水处理系统，导致工业水耗大、废水产生量大。现增加一台黑液换热器，与公司现有换热器并联使用，热水的量10 320 m^3/h，满足漂洗工段热水生产需求，全年节约2 956 800 t工业水、减少废水排放量2 805 400 t，产生的经济效益为1 500.10万元。

（3）超低排放改造

NTMYRD有限公司是南通开发区唯一热电联产企业，承担着区内120多家企业的热源供应，是重要的基础能源设施。目前，公司规模为5台锅炉4台机组，总容量为540蒸吨/h和48兆瓦。公司一直重视环境保护工作，注重企业与环境保护的协调发展，始终以可持续发展为目标为南通开发区的快速发展，保护环境而努力。截至 2017 年 11 月 29 日公司已完成全厂超低排放改造，并于 2017 年 9 月 15 日起提前以超低排放标准执行。

为了积极响应《煤电节能减排升级与改造行动计划（2014—2020）年》（发改能源〔2014〕2093 号）、环境保护部关于《全面实施燃煤电厂超低排放和节能改造工作方案》（环发〔2015〕164 号）、《江苏省大气污染防治行动计划实施方案》（苏政发〔2014〕1 号）以及《关于编制南通市 2017 年大气污染防治工程项目的通知》（通大气办〔2016〕9 号）的通知，该公司自 2012 年开始筹措分步骤对污染治理设施进行提标改造，以提前达到超低排放标准的要求。

该公司自 2012—2017 年耗时 5 年多时间对污染治理设施分批改造完成。热电企业区别于其他火力发电企业，在污染治理设施改造期间需要首要考虑开发区供热情况，选择供热负荷下降择机停炉改造，在不影响开发区内供热的情况下，客服困难制定长期改造规划，对于该公司 1～5 号锅炉超低排放改造内容及现状做以下简述，具体改造分为 5 个部分，总投资 9 238.5 万元人民币：

①全厂 5 台锅炉除尘器改造，改造时间为 2012 年 5 月—2014 年 12 月，改造内容为将原有静电除尘器改造为电袋除尘器，改造后能够达到烟尘排放浓度不高于 10 mg/m^3。

②全厂 5 锅炉脱硝改造，改造时间为 2014 年 3—12 月，改造内容为 1 号、2 号、4 号、5 号煤粉锅炉各加装一套 LNB+SCR 脱硝装置；3 号循环流化床锅炉在原有低氮燃烧器的基础上加装一套 SNCR 脱硝装置，改造后能够达到氮氧化物排放浓度不高于 50 mg/m^3。

③全厂 5 台锅炉脱硫提标改造，改造时间为 2014 年 3—12 月，改造内容为 1 号、2 号、4 号、5 号煤粉锅炉脱硫系统将平板式除雾器更换为屋脊式除雾器增效稳定，并增设一层塔板和底部 3 台搅拌机以提高接触面积、降低流速、充分吸收，喷嘴由螺旋式改为窝壳空心锥式，提高脱硫剂使用量，实现脱硫增效；3 号循环流化床锅炉在炉外新建氧化镁湿法脱硫塔，改造后能够达到二氧化硫排放浓度不高于 35 mg/m^3。

④全厂 5 台锅炉湿电除尘器改造，改造时间为 2017 年 3—11 月，改造内容为对全厂 5 台锅炉 4 台脱硫塔上新建 4 台烟气湿式静电除尘器，对由于烟

气中水汽过大产生的煤灰颗粒及脱硫杂质进一步去除，使烟尘排放稳定达到 5 mg/m^3 及以下（将来可能重点地区烟尘排放燃气轮机排放标准）。

⑤ 3 号循环流化床锅炉 SCR 脱硝改造，改造时间为 2017 年 9—11 月，改造内容为在 3 号循环流化床锅炉原有 SNCR 脱硝的基础上增建 SCR 脱硝，形成 SNCR+SCR 联合脱硝的方式，对原由于煤质及脱硝剂喷射过多可能带来的氨逃逸遏制，使之稳定达到氮氧化物排放浓度不高于 50 mg/m^3。

综上所述，通过 5 个阶段的污染治理设施改造，该公司达到了烟气超低排放标准的目的。通过超低排放改造后，二氧化硫、氮氧化物、烟尘能够达到污染物年削减量分别为 1 115 t、2 023.1 t、307 t（图 4-41）。

图 4-41　超低排放改造设备

（4）废料处理

SDFLCL 有限公司成立于 2014 年，注册资本 1.376 亿元，投资总额 3.5 亿元，占地面积 100 亩。一期工程为年处理 3 万 t 危险废物和年处理 3 300 t 医疗废物的焚烧装置，二期预留年处理 3 万 t 危险废物生产线 1 条，是江苏省内处置标准最高的危险废物处置企业。项目于 2014 年 6 月正式开工建设，2015 年年底基本建成。2016 年 3 月取得省环保厅颁发的危险废物经营许可证，已具备年接收和处置危险废物 3 万 t、《国家危险废物名录》中 22 大类危险废物的能力。

该公司舍弃了传统的固体废物坑进料方式，采用破碎机直送，待处理固体废物采用货架式存放。危险废物焚烧系统由燃烧系统、余热利用系统和烟气处理系统等部分组成。主体设备包括破碎机、回转窑、立式二级燃烧室、余热锅炉、急冷塔、布袋除尘器、喷淋洗涤塔及烟囱。整个项目的工艺路线及设备选型均为世界一流水平。排放标准执行《危险废物焚烧污染控制标准》（GB 18484—2020），企业内控标准按照欧盟2000法令（垃圾焚烧标准）执行，欧盟2000法令规定二噁英类的排放限值为0.1 ng/m^3，优于国家标准0.5 ng/m^{3}的规定，其他各项废气指标均明显优于国家控制标准。

该公司被南通市环保局列入危险废物国控源监管单位，省、市、区三级环保部门对该项目实施严格的监管：依托全流程智能化固体废物管理实时监察系统开展实时监管；通过烟气在线监测设施，实时掌握污染物排放情况；在危险废物运输车辆安装GPS和视频装置，整个运输过程全程监管；加强各类污染物的监测；市、区环保部门将定期和不定期地对该项目的运行情况进行现场检查。

该公司针对危险废物和医疗废物分别采取焚烧、蒸汽灭菌的处理工艺如图4-42所示。

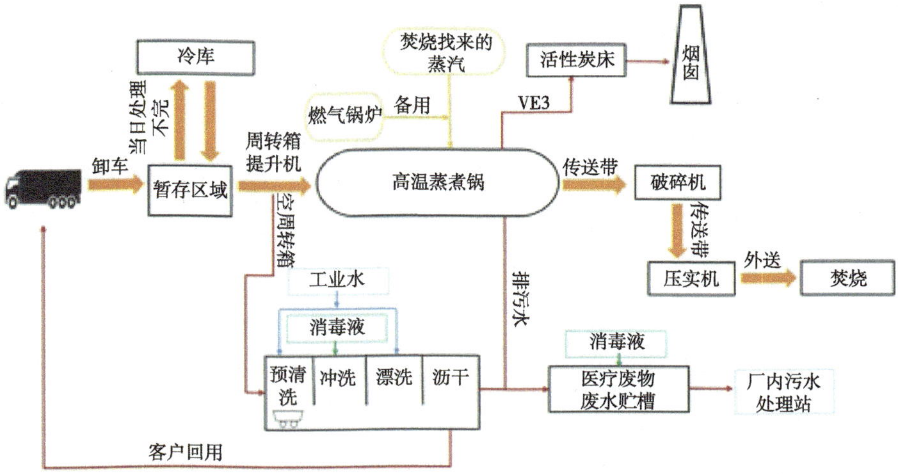

图4-42　危险废物、医疗废物处理工艺路线

该公司于2016年3月取得危险废物经营许可证，当年接收处置危险废物6 977 t，2017年全年接收处置危险废物12 597 t，2018年上半年接收处置危险废物9 189 t。此外，公司于2017年1月取得医疗废物经营许可，当年接收处置医疗废物2 799 t。

5

生态工业园区
新发展阶段展望

SHENGTAI GONGYEYUANQU
XINFAZHAN JIEDUAN ZHANWANG

作为我国的第三代工业园区，生态工业园区将生态学原理与工业生产理念相结合，改进了过去工业园区发展不能兼顾生态环境的不足，在促进我国经济生态化发展和实现循环经济方面发挥了巨大作用。经过多年快速发展，虽然我国生态工业园区取得了长足发展，但与发达国家生态工业园区相比还存在一定差距，同时面临着来自生态技术变革、经济体制改革、“互联网+”等方面的挑战。为此，有必要探索我国生态工业园区未来发展方向和模式，以引导我国生态工业园区始终走在正确轨道上，持续提高我国生态工业园区的竞争力。

5.1 “双碳”目标推动高质量发展

近年来，极端天气频发、温室效应严重，世界各国以全球协约的方式减排温室气体。2015 年巴黎会议前夕，我国承诺 2030 年前后实现碳达峰；2020 年 9 月，在第七十五届联合国大会一般性辩论上，我国提出碳达峰、碳中和的目标，国家主席习近平向全世界表示，中国将采取更加有力的政策和措施，并且承诺二氧化碳排放力争于 2030 年前达到峰值；在 2020 年 12 月的气候雄心峰会上，我国提出 2030 年，单位国内生产总值二氧化碳排放将比 2005 年下降 65% 以上。2021 年 3 月，《政府工作报告》提出扎实做好碳达峰、碳中和各项工作，意味着中国已正式将“碳中和”理念纳入顶层布局。“十四五”规划又对全社会范围控制碳强度、碳排放量降幅设置了具体目标，其覆盖对象既包括重点行业、重点企业，也包括“有条件的地方”，这无疑给生态工业园区在环保提升方面提出了更高要求。

我国气候调查显示，中国工业能源生产的二氧化碳排放量以及其他温室气体排放量分别占比约 80% 与 15%，工业能源消耗大约 30 万 t，煤炭大约占全国能源的 70%，是落实碳减排、解决环境问题的重要领域。对于能源消费结构而言，生态工业园区是我国经济绿色低碳转型的重要承载平台，实现低碳化生态工业园区的发展与开发，有利于我国能源消耗的数据分析，同时可以实现我国碳中和的目标。

5.1.1 “双碳”目标下生态工业园区减污降碳的发展方式

（1）开展污染物和温室气体排放数据共享和管理

推动碳中和目标下生态工业园区的碳污染减少以及温室气体的路径探析，有效治理生态工业园区的降碳与减少温室气体的协同发展工作，可以通过调查分析园区污染物与温室气体的排放数据，发挥园区产业链共享能源以及污染物治理的独特优势，建设良好的产业链，实现经济与能源一体化的目标。目前我国对于碳污染的治理以及固定化管理，核心仍在制定碳排放报告制度，是对于温室气体管理的良好方法，可以实现逐一管控管理，对于匹配的行业与产品进行一一对应，数据系统相互接通。同时，排放污染物许可证明也需要一定的参数推进企业化，单位污染物管理与温室气体的相互排放数据，采取统一的管理，相互补充，交叉管理，完善管理有效机制。

（2）严格防控污染物和温室气体

相关部门应采取良好的措施严格把控污染物与温室气体排放，应推崇政治政策来控制污染物与温室气体排放。对于表现较好的生态工业园区，应给予更大的政策优惠以及经济支持，推动其更好地管控污染物与温室气体。以专业的评价制度着手合理规划评价范围，充分发挥对污染物的把控作用，严格规划园区项目和不同层面的环境准入。国家应出台技术指南以及相关规范指导合理地影响碳排放的评价工作，严格限制烟能源消耗，减少污染，对于不符合要求的项目，应及时管控管理。

（3）积极发展低碳技术

加快低碳、脱碳技术的研发、推广和新技术储备，促进低碳技术、低碳企业优先发展；深入推进工业、建筑、交通、公共机构等重点领域节能，做好重点用能企业节能技术升级和能源管理能力提升；提升太阳能发电和风力发电稳定性，开展碳捕捉、碳储存等重要技术创新；发展循环经济，提高碳的利用效率，实现园区内高碳产业上下游产业链的低碳化。

（4）控制和提升资源、能源的利用率

应以园区清洁为契机，增强可利用资源的二次利用，实现合理化管理利用技术，实现减排废物以及对于废物的改造利用。改良园区整体技术的发展，改造园区的布局，重建园区的建设体系，从根本上解决管理与配套的问题，实现科学化管理的良好利用。解决园区管理应从源头控制污染，针对园区企业的共生利用，通过对企业多级串联循环、副产品交换、废物循环利用等，形成良好的产品链，提升企业的自生产清洁能力。同时筛选园区的重要行业进行考察，通过对园区的重点考察，学习良好园区的管理方法与资源配置方式，减少碳污染的排放以及污染物排放。

（5）探索碳价格和交易机制

协同推进碳市场建设，抓住碳交易作为碳中和的关键，创新碳交易模式。健全应对气候变化统计核算体系，探索适合区域碳交易的市场模式，建设服务全国的区域性低碳经济交易平台。发挥碳交易在生态价值转换、绿色金融等方面的作用，推动生态工业园区绿色低碳经济高质量发展。

（6）加强园区智慧化建设

智能化管理平台作为一种新兴的管理平台，强调的是数据分析及综合获得数据，通过互联网以及云计算等技术实现大数据的计算。通过对环境状况的监察，实现对园区碳污染排放的管理，以更加细致的方式实现对园区生态动态化的智慧化管理，建议大力推动园区智慧化建设，不断增强智慧化网络建设与云计算，对园区碳排放以及污染气体、温室气体的管控，从而用不断精细化的管理方式，提升园区降碳协同管理的能力。

5.1.2 相关案例

广东省政府在低碳理念指导下制定产业园区低碳发展的专项规划，确定产业园区的低碳发展目标、重点、保障措施、统计和考核指标等，将园区短期和长期目标相结合，在目标导向下促进产业园区低碳发展。

（1）低碳科学技术方面

①全低碳公共技术发展平台。以园区科技服务平台为基础，依托科研院校和机构，积极支持园区企业联合开展低碳生产工艺技术、新能源技术、节能减排技术、低碳监测评价评估技术等技术开发，形成低碳发展技术支撑和创新的综合平台。

②率先实施园区内产业低碳技术标准制定。组织园区重点先进企业和科研机构制定产业低碳技术标准，提高园区准入标准，确保园区企业在市场竞争中的优势地位。

③淘汰高耗能工艺、设备和产品。全面淘汰园区内高耗能落后机电设备产品，落实绿色发展理念、推进生态文明建设，促进企业转型升级、节能降耗和新旧动能转换，加强园区低碳产品的推广与应用。

④开展低碳改造技术研究。将节能、节水、节地、节材、资源综合利用和碳减排长期作为园区企业改造的基本要求，开展清洁生产、能源审计、能耗诊断，在改造中鼓励研发设计，降低生产性碳排放。

（2）新能源技术方面

①推进太阳能利用工程。利用现有金融、技术等平台创新光伏商业模式，运用园区可利用建筑区域建设光伏发电项目，打造“工业厂房屋顶光伏”“园区光伏”和“公共建筑光伏”。

②积极实施微电网工程。鼓励园区充分利用国家新能源微电网政策开展微电网试点建设，将各类分布式能源、储电蓄热（冷）及高效用能技术相结合，通过智能电网及综合能源管理系统，形成以可再生能源为主的高效一体化分布式能源系统。

③大力推广智慧能源技术。推进分布式能源站和智能电网建设，实现多能互补；积极拓展能源大数据采集范围，逐步覆盖电力、天然气等能源领域，实现多领域能源大数据集成融合，构建全面覆盖能源生产、运输、消费和储存的一体化信息管控平台。

④加强需求侧能源管理。加大对节能变压器的使用，加大低碳技术和节能产品在用户需求侧的推广；加快普及节能产品，建设节能办公示范园区；加快绿色照明推广应用，推进 LED 路灯节能改造计划，建设绿色照明示范园区。

⑤大力推动节能技术的应用。加大园区建设和运营过程中节能技术的应用，推行绿色物流主题，突出以科技、低碳、节能、环保为主要内容，最大限度地发挥高效率、低成本、低排放的运行模式的作用，打造低碳示范产业园区。

（3）低碳管理方面

①建立健全低碳评价体系。制定企业低碳发展管理技术规范，规范企业低碳行为标准，建设园区低碳建设发展评价指标体系，对园区建设发展进行碳排放指标限额和考核，逐步实现碳排放责任目标化。

②实行能耗统计和碳标识制度。研究建立单位工业产品能耗统计和碳标识制度，推行低碳企业认证，引导企业开展产品碳标识认证工作，提高企业产品竞争力；推行低碳发展认证及后评估工作，提高企业生产发展水平，降低企业生活排放。

③节约集约园区土地。提高园区内产业支持保障能力，对于进入园区的企业申请用地，实行节能低碳评估论证，加强用地项目资格审查，提高项目用地标准，严把能耗、水耗、碳排放水平等指标的落实。

④开展碳资产管理研究。建立碳排放报告、核查制度，支持和培育第三方审核评估机构开展碳审计、碳资产管理业务。引导和支持各类银行、贷款机构、融资担保机构低息贷款给经营节能减排业务的企业，减少节能减碳排企业的经营风险。

⑤推进合同能源管理。结合电力需求侧管理和资源综合利用，开展合同能源管理服务；鼓励太阳能光热企业通过合同能源管理方式开展供热服务。

广东省政府着力于探索广东产业园区低碳发展的长效机制，发挥引导作用，推动园区低碳转型。深化推进产业园区低碳试点工作，通过树立标杆园区，出台相关园区内企业、产品能耗和碳排放标准，鼓励引导园区低碳转型，并通过试点建设使得试点园区碳排放强度达到国内行业先进水平，助力早日实现“双碳”目标。

5.1.3 小结

在“双碳”目标下，生态工业园区需要转变以往的工作思路，根据节能减排的理念，构建新型的发展模式。同时，还需要注重对周边环境的保护，制定更加严格的节能减排措施，将节能减排落实到不同的工作环节，从而促进我国生态工业园区的稳定发展。

5.2 EOD 模式提供发展新思路

统计显示，我国生态工业园区主要集中在京津冀、长江三角洲和珠江三角洲等经济发达地区，由于经济、资金等因素，中西部等经济欠发达地区的生态工业园区的绿色可持续发展程度相对滞后。同时，以政府投资为主的格局与财政资金有限、适用范围严格之间的矛盾，造成生态产业园潜在市场与现实市场存在较大差距。此外，由于投资回报机制与生态产品价值转化机制不健全，生态环境治理与生态环境质量改善带来的价值提升相互割裂，生态工业园缺乏自我造血功能，可持续发展能力有待提高。因此，迫切需要对未来生态工业园开发的投融资模式进行创新，使其开发建设资金脱离依靠财政资金直接投资的传统路径，通过投融资模式创新充分撬动社会资金参与生态工业园区的建设，同时避免地方政府形成财政负债。

生态环境导向的开发（Eco-environment-oriented，EOD）模式（以下简称 EOD 模式）是一种创新性的项目组织实施模式，是以生态文明思想为引领，以可持续发展为目标，以生态保护和环境治理为基础，以特色产业运营为支撑，以区域综合开发为载体，采取产业链延伸、联合经营、组合开发等方式，推动公益性较强、收益性差的生态环境治理项目与收益较好的关联产业有效融合，统筹推进，一体化实施，将生态环境治理带来的经济价值内部化的项目组织实施方式。2016年印发的《国务院关于印发“十三五”生态环境保护规划的通知》中明确提出，探索环境治理项目与经营开发项目组合开发模式。2020年以来，生态环境部、国家发展改革委、国家开发银行联合印发《关于推荐生态环境导向的开发模式试点项目的通知》（环办科财函〔2020〕489号）、《关于同意开展生态环境导向的开发（EOD）模式试点的通知》（环办科财函〔2021〕201号）等文件，确定开展EOD模式试点工作。

EOD模式不但能够在一定程度上解决生态环境治理融资难的问题，而且能够提升生态环境治理项目造血能力，实现环保产业潜在市场向现实市场的转化，推进环保产业持续发展。在EOD理念下，生态工业园区不是依靠政府举债的财政支出模式进行发展，而是通过找到经济社会发展与生态环境保护之间的平衡点，生态环境治理成效为产业开发带来增量收益，并依靠产业开发反哺。生态环境治理的投入，有效缓解了政府投入的压力，并有利于企业（社会资本）和金融机构参与项目投入，有效破解了生态环境治理与产业发展的“瓶颈”。努力把环境资源转化为发展资源、把生态优势转化为经济优势，形成多目标建设推进的新路径，实现环境治理的商业化运作。立足长远，将生态建设和园区功能建设有机融合贯穿始终，通过生态环境的规划塑造，将区域内的生态资源要素转化为经济要素、产业要素和科技要素，同时根据开发区域的要素禀赋差异有针对性地制定发展模式，使生态工业园开发真正成为可复制、可推广的发展样板，为“十四五”时期生态文明理念在生态工业园发展中的实践提供新思路。

5.2.1 EOD模式在生态工业园中的实施路径

（1）分析EOD模式实施的可行性，明确生态环境治理目标

并非所有项目均可采用EOD模式实施，科学开展项目前期谋划是推进EOD项目实施的充分条件。结合区域生态环境治理需求，主要针对生态环境效益高、对关联产业具有较强的价值溢出的项目，合理确定项目实施边界和目标要求，开展项目谋划和顶层设计，明确项目建设内容、技术路线、投资估算等。产业开发项目应符合当地社会经济发展实际，选择与生态环境关联度高、经济

发展带动力强、项目收益好的项目，如“光伏+”、生物质能利用等清洁能源项目和生态农业、旅游、健康养生等项目。要结合项目收益水平等综合测算，合理确定产业开发项目的边界范围、建设内容等。分析生态环境治理项目与关联产业开发项目一体化实施的可行性。从项目区域范围、实施主体、技术路线、成本效益、政策要求、实施周期等方面，统筹分析生态环境治理项目与关联产业开发项目一体化实施的可行性，综合测算项目成本收益，在保障社会资本投资收益的前提下，尽可能实现项目成本收益平衡，减少政府资金投入。在项目层面无法实现成本收益平衡的项目，要明确政府投资规模和资金渠道的可能性，并在各自项目可行的前提下，开展 EOD 项目统筹设计。

（2）综合测算，建立项目内部反哺机制

在 EOD 项目实施过程中，要科学确定项目建设内容，将项目内的产业资源合理搭配、产业开发项目一体化实施，推动第一、第二、第三产业融合发展，实现生态环境资源化，产业经济绿色化，破解生态环境治理缺乏资金来源渠道、总体投入不足、环境效益难以转化为经济收益等“瓶颈”问题，提升生态工业园可持续发展能力。在 EOD 模式下，要将园区内生态环境治理后的溢价反哺到生态环境治理等公益类项目的建设中。在保证合理利润的情况下，当项目收益能够完全实现反哺生态环境治理项目，EOD 项目资金筹措主要依靠企业自筹，不需要政府资金投入；当项目收益难以覆盖 EOD 项目全部投资、经营成本和合理利润时，在企业自筹的基础上，需要运用政府投资补贴或者政府和社会资本合作的方式，政府对项目予以补助或付费，以确保企业获得合理利润。要明确政府投资规模和资金渠道的可能性，并与传统实施方式下政府资金投入及效益进行综合比较研判，确保通过关联产业开发项目实现对生态环境治理项目的反哺。

（3）试点先行，探索可复制推广的经验

试点是示范和推广的基础，通过试点取得经验后再加以推广。EOD 在生态示范园中的试点要在项目组织实施方式上创新，求精不求大，求效不求全，重在模式探索，总结经验，守正出新。在试点中不追求大体量、全区域、全要素，要因地制宜，量力而行。通过试点，分析 EOD 模式实施的适用条件、制约“瓶颈”、化解途径、实施路径，通过实践、认识、再实践、再认识等反复过程，在实践中获得真知和经验。但试点不等于示范，更不同于推广，要先试点、后总结、再推广，在试点的基础上总结可复制的经验，打造 EOD 与生态工业园有效结合的示范项目，而后以点带面、逐步推广。

5.2.2 相关案例

（1）中新天津生态城

中新天津生态城是中国、新加坡两国政府战略性合作项目，位于天津滨海新区北部，北京—天津城市开发轴线与环渤海工业区的交界处，建设之初 30 km^2 的合作区范围内，盐碱荒滩、废弃盐田及有污染的水面各占 1/3。

中新天津生态城建设由中国政府和新加坡政府共同投资，中方资金来源为中央财政、天津市财政、国家开发银行、各类商业银行贷款等，并以土地作为实物资产投资；新方以吉宝集团作为政府投资主体开展投资，双方共同组建中新天津生态城投资公司，负责资金筹集和项目建设，生态城内的基础设施和公共部分由生态城管委会负责运营管理，地块内具体项目则由相应开发公司负责运营管理。2008 年，中新天津生态城按照国际化标准，结合地域资源和环境特点，确定了生态环境健康、社会和谐进步、经济蓬勃高效的 22 条控制性指标和区域协调融合的 4 条引导性指标，以这些指标作为管理生态城发展建设的量化标准。在生态城内重点发展节能环保、科技研发、软件产业、总部经济、服务外包、文化创意、教育培训、会展旅游等高端、高质、高新产业。

2008 年 9 月 28 日，中新天津生态城开工奠基。经过 10 多年发展，项目极大地促进了对短缺的土地和水资源的高效更新和利用，已经成为一个资源节约、环境友好、经济蓬勃、社会和谐的生态新城，被联合国持续发展大会授予“全球绿色城市”称号，更被国务院批准为我国首个国家绿色发展示范区。中新天津生态城的主要经验：在建设之初便制定了高标准的生态导向建设指标体系及分解实施方案，并坚定不移地执行，同时在产业上选择了高端、高质、高新的低排放产业，确保了生态和产业的融合发展。

（2）江苏省泰兴高新技术开发区

2021 年 4 月，生态环境部、国家发展改革委、国家开发银行联合发布的

《关于同意开展生态环境导向的开发（EOD）模式试点的通知》，作为 36 个试点项目之一，泰兴高新区始终以生态环境治理为导向，通过特色产业运营为支撑，城市综合开发为基础，采用多种投融资方式，在让 EOD 模式落地生根的同时，形成可复制、可推广的 EOD 开发模式，为城市建设赋能。

在生态建设方面，泰兴高新区始终以打造良好的水生态为出发点，兴建泰兴高新区污水处理厂与尾水净化湿地，在解决宁通高速路以东污水管网未能全覆盖问题的同时，有效缓解园区面临的水环境质量提升带来的压力，为吸引战略性高端产业和人才奠定了良好的基础。

在产业发展方面，泰兴高新区通过环境综合整治和生态修复保护，促进土地升值溢价及财政收入增加，进而增强生态环保投入的内生动力。在水环境综合整治和生态修复的基础上，泰兴高新区将整治后的凤栖湖周边，建成凤栖特色小镇、邻里中心、凤栖湖开元颐居酒店（四星级）、工业旅游景点、泰兴高新区展览馆等，逐步实现综合开发的效益。同时，结合泰兴高新区节能环保产业发达的优势，建设科技企业孵化器，进一步为园区培育节能环保产业，以及园区生态环境第三方治理贡献力量。此外，产业开发和土地转让溢价的收益进一步反哺环境治理的资金投入，通过统筹推进、一体化实施，将生态环境治理带来的经济价值内部化，形成良好的循环，共同促进泰兴高新区生态环境高水平保护和区域经济高质量发展。

在投融资方面，多种投融资方式让 EOD 模式落地生根。作为泰兴高新区 EOD 一体化实施主体，泰兴高新区管委会与泰兴市智光环保科技有限公司建立合作关系，通过企业投资、银行贷款、债券、融资租赁、PPP 等多种投融资模式推进试点项目实施，推动建立了多元化生态环境治理投融资机制，减轻了政府开展生态环境治理的财政压力。

5.2.3 小结

EOD 模式作为一种区域开发策略，关键在于构建生态建设与经济发展之间协同、共生、互促的关系，考验的是投资人对生态建设和产业资源配置的能力。因此，运用好 EOD 模式，一方面应遵循城市发展、生态环境演进和产业转移分布的基本规律，扎实开展前期策划、规划和论证工作，因地制宜地作出决策；另一方面应借鉴成功案例经验，制定基于生态控制和协同融合的建设指标体系，一盘棋做好谋划，一张图纸干到底，坚持稳扎稳打，建立长效的实施机制。

5.3 信息化建设赋能智慧管理

信息化是当今世界经济、社会、科技发展的重要趋势，信息技术在推动科技进步和人类文明进步中的作用日益凸显。充分的信息是市场机制有效配置资源的前提，信息沟通不畅、信息获取困难是制约生态工业园区运行发展的主要障碍之一。我国的科学技术发展迅速，许多领域都已经开始向着智能化的方向发展，并取得了不错的成果，生态工业园区中的信息化建设也是近年来中国工业园区绿色发展中的新趋势。

信息化建设在生态工业园中具体体现为大数据应用及精细化、智慧化管理。大数据应用方面，生态工业园区可以通过大数据分析实时监控工业园区的生态效率与产生碳排放的数据，及时发现工业园区中的污染问题，并能够合理地给出治理方案，很大程度上加快了我国生态工业园区污染物处理的效率。生态工业园区发展精细化，可以将园区内的各种数据联系结合在一起，对所有的数据进行分析，从而精细地制定工业园区的发展规划，将工业园区的所有工作细化到每个人。工业园区的精细化、智慧化管理，推动了绿色工业园区的建设，提升工业园区的治污效率和专业化水平。智慧管理方面，从全生命周期角度出发，识别和追踪园区物质、能量输入 / 输出、污染物数量和性质、污染物迁移路径及其环境影响，研究园区经济活动与物质流动、资源消耗、环境效应之间的关系，揭示园区物质、能量代谢动态演化规律，研究多层次调控园区物质、能量代谢的方法，对于实施全流程污染预防和污染减排，改善区域环境质量具有重要应用价值，是园区精细化管理和生态化发展决策的重要支撑，也是建立中国工业园区生态化发展的基础理论和方法的关键性基础工作。

5.3.1 信息化建设三项重点工作助力生态工业园区发展

（1）解决沟通问题以实现信息共享

生态工业园区的建设需要投入大量的人力、物力和财力，而园区内各企业之间的沟通和交流存在严重的障碍，有了完善的互联网信息平台，就可以实现园区内各企业间信息的及时沟通与共享，企业可在园区网站上第一时间获取劳动力、生产、金融等各类市场上的最新资讯，有效提高资源配置的使用效率和有效性，最大限度地减少由于信息不对称所导致的人力、物力及财力的损失和浪费。

（2）建立合理科学的信息化共享平台

信息化共享平台的总体设计要区别于传统“孤岛”式设计，要能够实现生态工业园区信息数据从“简单堆砌”到“有机融合”的提升，要成为生态工业园区信息化的核心灵魂，帮助园区成为信息工业园区、创新工业园区、互联工业园区、高效工业园区，帮助园区管理者提高管理水平、丰富服务内涵、提升品牌价值，帮助园区企业降低运营成本、拓宽信息来源、简化和便捷办事流程、专注核心业务、提升创新能力，帮助园区员工营造轻松的工作环境、方便的生活环境。

为充分发挥信息化共享平台的作用，在搭建信息化共享平台时，还要根据业务内容与性质、服务对象、功能的不同等将其分为招商引资平台、产品服务平台、内部管理系统等。通过建设各类不同平台，不仅有利于园区更好地对企业进行管理，而且能满足企业的各项需求，提升园区工业企业的管理水平及产品服务的竞争力，为生态工业园区的发展抢得先机。

（3）实现信息技术集成共享

技术是制约企业发展的主要因素，技术的不足将严重影响企业的发展，并且产生“木桶效应”，继而影响整个生态工业园区的发展。这需要构建完善的信息系统，建立专业的技术部门，对企业的先进技术进行统一的分享与交流，通过建立帮扶制度，使技术缺乏的企业可以与技术先进的企业进行沟通，学习其先进技术，以改善企业自身技术不足的现象，促使产业结构优化，从而提升生态工业园区整体的发展布局。与此同时，以实现园区信息交换和共享为目的配备信息系统，让企业清晰地了解彼此的需求和信息，作为实现最低物质和能源消耗的信息基础，当然，为了完善工业园的发展，还需要多方信息的支持，如市场需求信息、废物取向信息、人才信息和有关法律法规等，提高完善工业园的顺利性。

5.3.2 相关案例

（1）上海青浦生态工业园

上海青浦生态工业园区就是利用互联网的功能建设网络信息平台，为信息的传播提供了有效途径。

园区通过完善信息系统的决策功能板块，辅助园区管理者进行园区规划、发展战略、园区管理制度、引导政策的制定和修正；通过完善管理运行功能板块，使园区各部门通过该板块实现管理和办公自动化，使园区日常运行管理的数据都能通过该系统方便获得；通过强化服务功能板块，为入园企业提供常规的基础设施和商务服务，帮助企业实现物质、能量、信息的集成。除此之外，上海青浦生态工业园区管理信息系统在现有系统功能模块的基础上，增设与外界交流模块：对园区内企业的污染行为进行监督和管理（定期发布等）；及时发布生态工业园区建设信息；构建信息交流平台，主要是与企业共享信息资源；为企业提供清洁生产技术和市场、人才等信息；发布物质循环使用和能量、水梯级利用的相关信息。

（2）克拉玛依石化生态工业园

克拉玛依市以石化生态工业园建设为基点，积极推进循环经济试点。建设初期，园区采用新工艺、新技术、新设备来发展循环经济取得了一定的成绩，但工业园区中的各企业大多数装置属于连续性生产，虽然自动化程度高，但是信息化管理还处于粗放阶段。

2008 年开始，园区通过利用信息化技术，采用 C/S（Client-Server）模式建立强大的数据库系统来指导生产经营管理，为园区的节能降耗、减污增效，发展循环经济提供准确的数据流。通过利用信息化技术提供的数据来优化调整工艺生产，实现节能降耗、降低成本、提高产品质量等方面，已初见成效。通过相关数据进行数理统计分析，从而得出指导生产或调整生产方案与流程的依据，具体体现在以下几个方面：

1）能源管理的分析应用

统计各部门、各车间能源消耗状况；监控设备运行耗能状况；提供产品能源单耗、各工序能耗、大能耗设备的能源利用实时监控等。通过对整个园区蒸汽管网的蒸汽传输损失的分析，从而指导整个蒸汽管网的运行管理、维护指导，甚至改扩分析研究。具体而言，通过对系统提供的各个装置蒸汽点数据分析，能够极大地减少能源浪费。

2）产品质量和数量的控制应用

统计分析生产过程中原料、中间产品及产品的质量和数量情况，各班组、装置、车间、分厂、公司的原料、中间品、产品的质量和数量分析数据报表。强大的数据共享能够使工艺人员及时了解本工段的产成品质量和数量，并根据指标情况及时调控生产单元，保证最大限度的产品合格率，提升产品质量和循环利用率。

3）生产管理的精细化和深化应用

信息化改革后，生产管理的精细化程度得到了极大地改善，如产品可以精细到牌号的管理，组织单位上可以精细到生产班组的管理。在这里，深化应用的主要工作就是把各个生产指标按照班组进行考核管理。

4）跟踪物流，发现问题，提升管理，实现生产管理从经验到定量的转变

生产调度等生产管理部门可以通过可视化物流跟踪，及时掌握整个生产过程，跟踪生产作业计划的执行情况，协调园区各生产装置之间、罐区之间、装置与罐区之间生产关系，通过园区内生产物流跟踪和移动超差报警，及时发现操作中存在的问题，合理安排物流，保障园区内的各企业安全平稳生产，帮助企业生产调度指挥人员发现生产“瓶颈”。

克拉玛依石化生态工业园通过对物流的综合跟踪管理，发现问题，有效降低了各种化工产品的损耗。过去产品跑、冒、滴、漏比较严重，有了这套系统，大的误差和问题可以直接由系统可以发现并定位，对于节能减排具有十分重要

的意义。此外，生产排产、生产调度优化，提高了生产效率和产品循环利用率，也使整个园区内的企业的精细化管理水平得到了提高。

5.3.3 小结

信息化技术用于工业园区发展循环经济，以实现园区的生态化建设，是未来研究的一个重要方向。通过生产管理过程中生产工艺技术，与大数据、信息化建设的集成，大力推进信息化与工业化融合，实现生产过程的能耗、物耗、资源的闭环管理与控制，为生态工业园区的节能减排、降低成本、提高产品质量和数量做出新的贡献，是我国在生态工业园区发展循环经济所面临的新机遇，还需要不断地努力与探索。

5.4 总结

生态工业园区作为一种新型的工业组织形态，是引领我国循环经济发展和生态文明建设的重要单元。只有密切关注国际生态工业发展前沿，充分了解和应用技术创新和制度改革的最新成果，我国生态工业园区才能持续保有内生增长动力。随着智能制造、互联网、物联网技术的发展，我国生态工业园区建设也进入一个转型升级时期，低碳经济、投融资方式创新、精细化管理、信息化及智慧管理将是未来我国生态工业发展的方向和重要内容。

生态环境科技蓝皮书 2022

中国环境科学研究院

中国工程机械环境管理

China Construction Machinery Environmental Management

尹 航　王军方　纪 亮　黄志辉　何卓识　等◎著

中国环境出版集团 · 北京

图书在版编目（CIP）数据

中国工程机械环境管理 / 尹航等著 . — 北京：中国环境出版集团，2024.8
（生态环境科技蓝皮书 . 2022）
ISBN 978-7-5111-5377-7

Ⅰ. ①中… Ⅱ. ①尹… Ⅲ. ①工程机械—环境管理—研究报告—中国—2022 Ⅳ. ① X76

中国版本图书馆 CIP 数据核字（2022）第 244318 号

责任编辑 田 怡
封面设计 今亮后声

出版发行 中国环境出版集团
（100062 北京市东城区广渠门内大街 16 号）
网 址：http：//www.cesp.com.cn
电子邮箱：bjgl@cesp.com.cn
联系电话：010-67112765（编辑管理部）
发行热线：010-67125803，010-67113405（传真）
印 刷 北京中科印刷有限公司
经 销 各地新华书店
版 次 2024 年 8 月第 1 版
印 次 2024 年 8 月第 1 次印刷
开 本 787 × 1092 1/16
印 张 6.5
字 数 118 千字
定 价 1680.00 元（全 11 册）

丛书编写委员会

前言

工程机械主要包括挖掘机、推土机、装载机、叉车、压路机、摊铺机、平地机等。我国是世界工程机械主要供应商之一，全球前十强主机生产企业中，我国占 3 家。2017—2021 年，我国工程机械销量快速增长，其中叉车、挖掘机、装载机、压路机、推土机、平地机销量分别年均增长 22.0%、25.0%、11.9%、2.9%、4.9%、11.5%，摊铺机销量基本保持不变。

2021 年，全国[①]工程机械一氧化碳（CO）、碳氢化合物（HC）、氮氧化物（NO_x）、颗粒物（PM）排放量分别为 25.4 万 t、11.4 万 t、143.9 万 t、7.5 万 t，分别占移动源排放的 2.8%、4.7%、13.6%、24.8%，其对移动源 NO_x 和 PM 排放贡献不容忽视。2017—2021 年，全国工程机械排放量并未与保有量同比增长，CO、HC、NO_x、PM 排放量分别年均下降 0.3%、4.8%、4.0%、3.8%。

近年来，按照《中华人民共和国大气污染防治法》和形势发展需求，我国

① 本书中全国数据暂不包括香港特别行政区、澳门特别行政区以及台湾省的数据。

初步建立涵盖环保信息公开、环保召回、排放控制区、编码登记等制度，兼顾新生产和在用环节的污染物排放标准体系。各地按照党中央决策部署，在推进提升新生产机械污染防治水平、划定排放控制区、开展编码登记、强化环保达标监管、建立完善污染治理体系等方面取得了积极成效。

为系统梳理工程机械法律法规标准政策体系，全景呈现我国工程机械环境管理成就，追踪国内外节能减排技术，特编制本书，希望能为社会各界深入了解工程机械环境管理提供参考。本书仍有许多不足之处，望各界批评、指正。

本书第 1 章由黄志辉、伊飞编写，第 2 章由何卓识、黄志辉编写，第 3 章由谷雪景、解淑霞编写，第 4 章由解淑霞、王宏丽、王明达、鲁嘉欣编写，第 5 章由李刚、田苗编写。

目录

1

工程机械行业发展状况

GONGCHENG JIXIE HANGYE FAZHAN ZHUANGKUANG

按照行业标准《工程机械定义及类组划分》（GXB/TY 0001—2011），工程机械指凡土石方工程、流动起重装卸工程、人货升降输送工程，市政、环卫及各种建设工程综合机械化施工以及同上述工程相关的生产过程机械化所应用的机械设备。本书中的工程机械主要涉及挖掘机、推土机、装载机、叉车、压路机、摊铺机、平地机等。

1.1 行业发展状况

1.1.1 企业情况

2021 年，全球前 10 强工程机械主机生产企业中，我国有 3 家企业上榜，徐工集团工程机械有限公司、三一重工股份有限公司、中联重科股份有限公司分别位列第 3、第 4 和第 7；前 50 强中，我国有 10 家企业上榜，除上述 3 家企业外，还包括广西柳工机械股份有限公司、中国龙工控股有限公司、山河智能装备股份有限公司、山推工程机械股份有限公司、中国铁建重工集团有限公司、浙江鼎力机械股份有限公司、潍柴雷沃重工股份有限公司。

2021 年，开展机型环保信息公开的非道路移动机械企业有 483 家。从各省（市）来看，山东、江苏、上海、福建、浙江工程机械生产企业分别为 177 家、79 家、35 家、28 家、21 家，山东和江苏遥遥领先（图 1-1）。

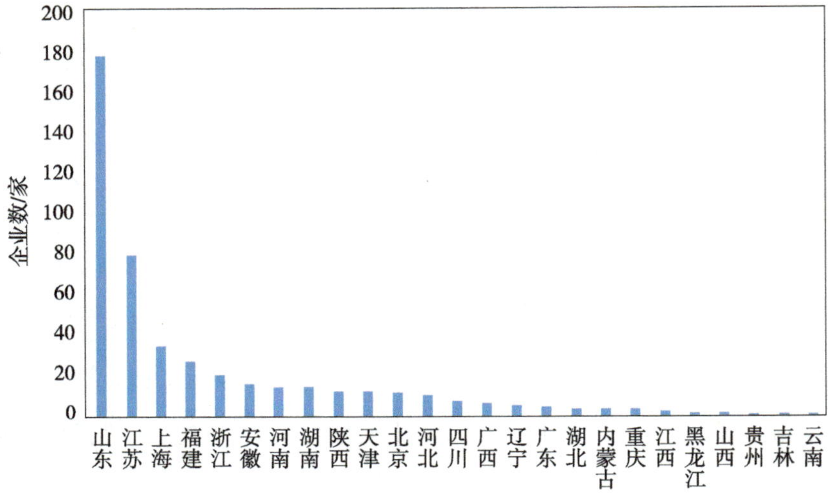

图 1-1 各省（区、市）工程机械主要生产企业数

1.1.2 产销量情况

受基建投资力度加大、“一带一路”持续推进以及存量设备更新需求等多重利好推进下，工程机械销量快速增长。2017—2021 年，上述机械总销量由 75.6 万台增加到 161.8 万台，年均增长 20.9%。其中，叉车销量由 49.7 万台增加到 109.9 万台，年均增长 22.0%；挖掘机销量由 14.0 万台增加到 34.3 万台，年均增长 25.0%；装载机销量由 8.9 万台增加到 14.1 万台，年均增长 11.9%；压路机销量由 1.7 万台增加到 2.0 万台，年均增长 2.9%；推土机销量由 0.6 万台增加到 0.7 万台，年均增长 4.9%；平地机销量由 0.5 万台增加到 0.7 万台，年均增长 11.5%；摊铺机销量基本保持不变，约 0.2 万台（图 1-2）。

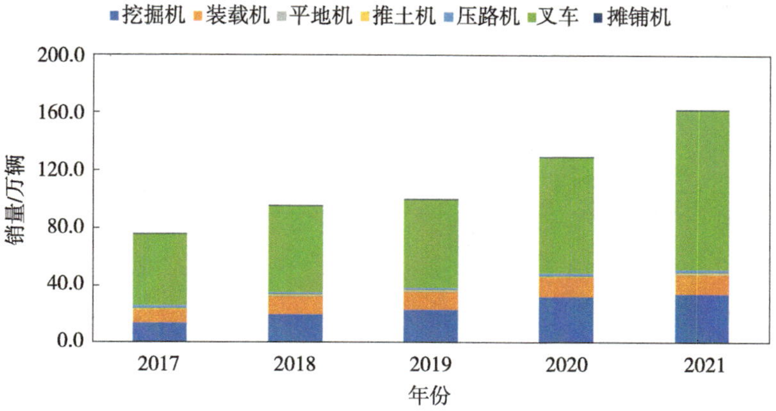

图 1-2 主要工程机械销量

从各省（区、市）柴油工程机械销量看，排名前五的省依次为山东、江苏、浙江、广东和河南，销量分别占全国的 9.3%、9.1%、7.4%、7.1%、4.9%，合计约占 37.8%（图 1-3）。其中，挖掘机平均功率为 93 kW，销量排名前五的省依次为江苏、山东、浙江、广东和安徽，分别占全国的 8.3%、8.1%、5.8%、5.8%、5.4%，合计约占 33.4%（图 1-4）；推土机平均功率为 128 kW，销量排名前五的省依次为安徽、江苏、广西、山东和湖北，分别占全国的 12.2%、8.1%、7.8%、6.5%、6.5%，合计约占 41.0%（图 1-5）；装载机平均功率为 140 kW，销量排名前五的省依次为山东、河北、山西、江苏和陕西，分别占全国的 7.6%、6.4%、5.8%、4.9%、4.8%，合计约占 29.6%（图 1-6）；叉车平均功率为 45 kW，销量排名前五的省依次为江苏、山东、浙江、广东和河北，分别占全国的 11.0%、10.8%、9.7%、9.0%、4.9%，合计约占 45.4%（图 1-7）；压路机平均功率为 97 kW，销量排名前五的省依次为江苏、山东、河北、安徽和四川，分别占全国的 8.5%、6.8%、5.3%、4.9%、4.8%，合计约占 30.3%（图 1-8）；摊铺机平均功率为 139 kW，销量排名前五的省依次为江苏、山东、河北、浙江和河南，分别占全国的 11.3%、8.5%、5.8%、5.8%、5.8%，合计约占 37.2%（图 1-9）；平地机平均功率为 136 kW，销量排名前五的省（区）依次为山东、新疆、河北、陕西和江苏，分别占全国的 8.1%、7.0%、6.4%、6.4%、6.1%，合计约占 34.0%（图 1-10）。

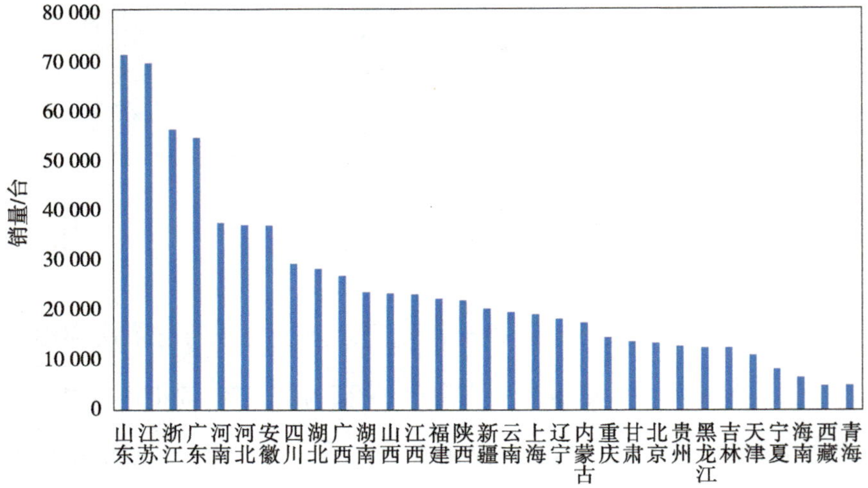

图 1-3　各省（区、市）主要柴油工程机械销量

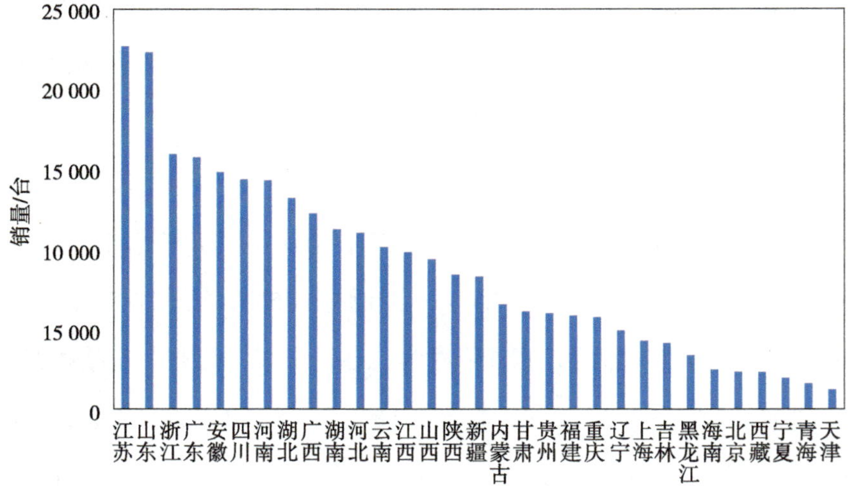

图 1-4　各省（区、市）柴油挖掘机销量

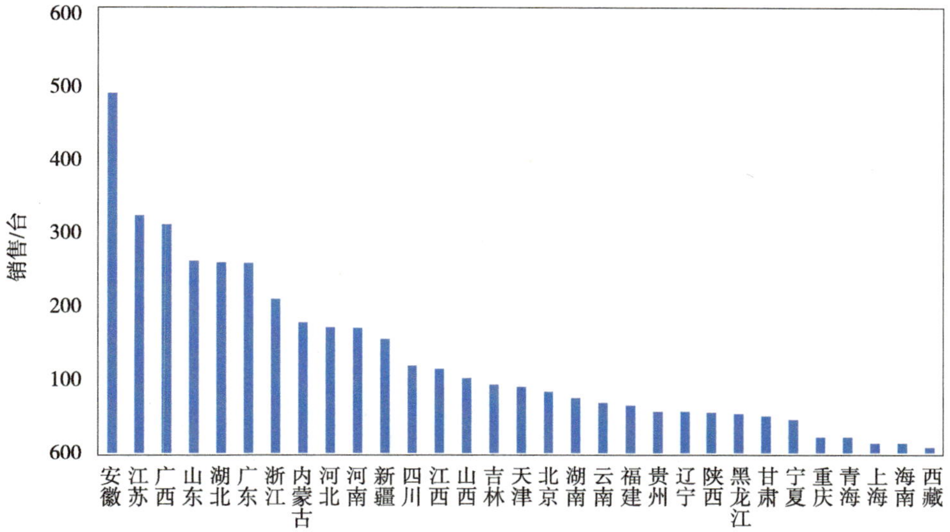

图 1-5　各省（区、市）柴油推土机销量

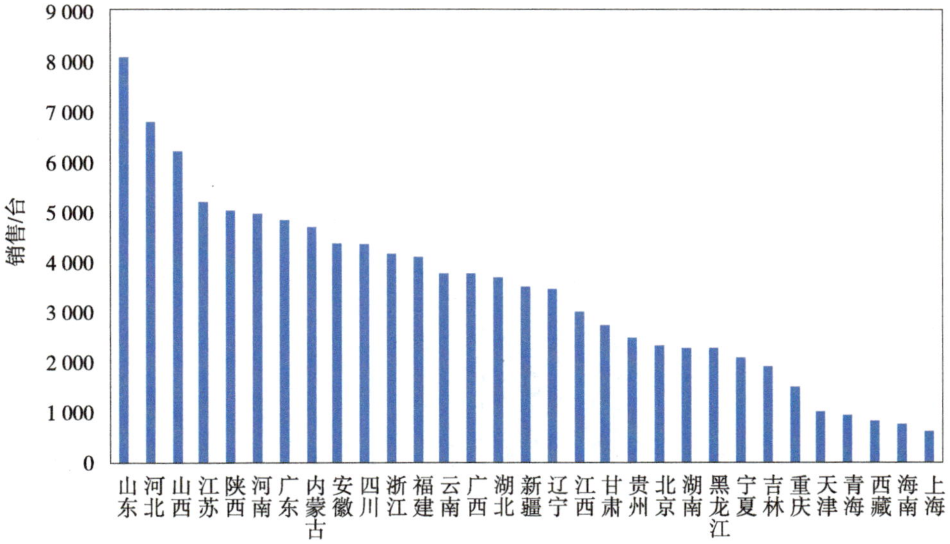

图 1-6　各省（区、市）柴油装载机销量

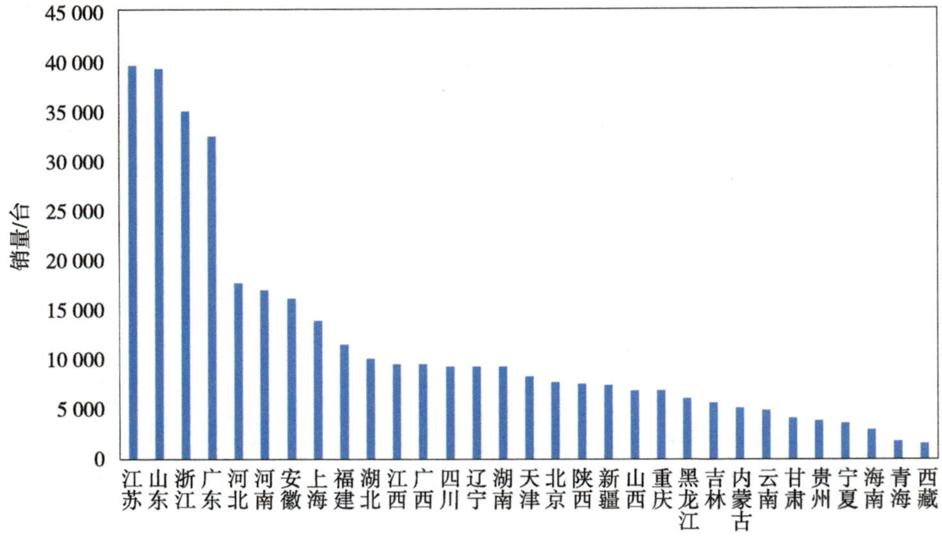

图 1-7　各省（区、市）柴油叉车销量

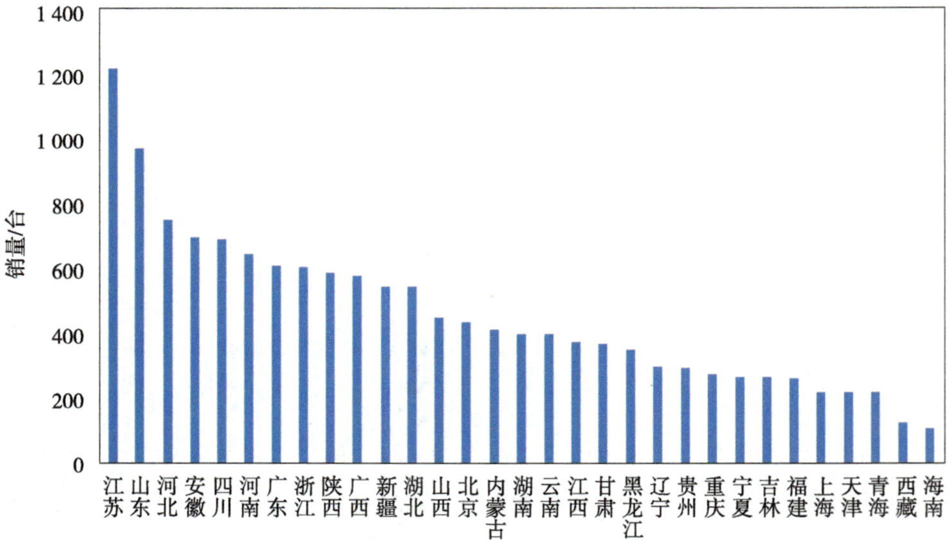

图 1-8　各省（区、市）柴油压路机销量

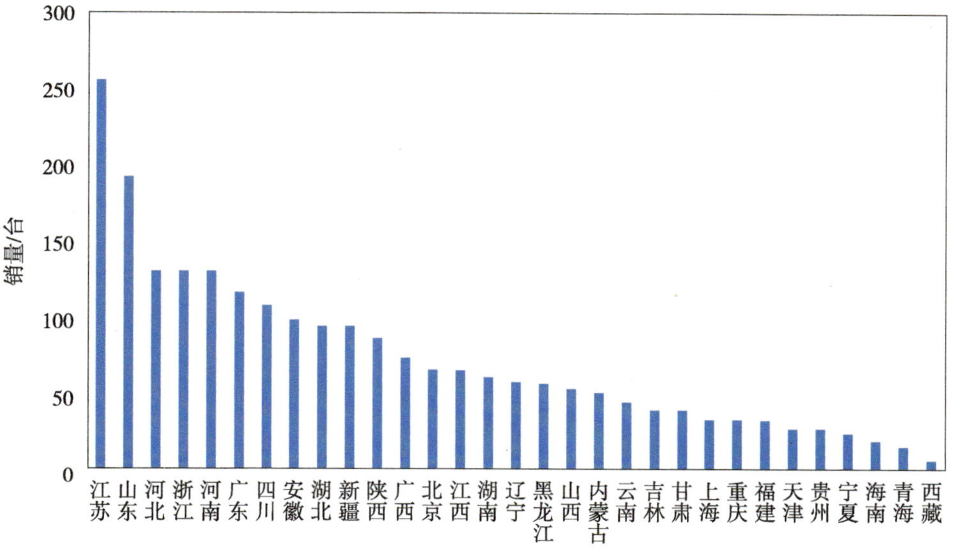

图 1-9 各省（区、市）柴油摊铺机销量

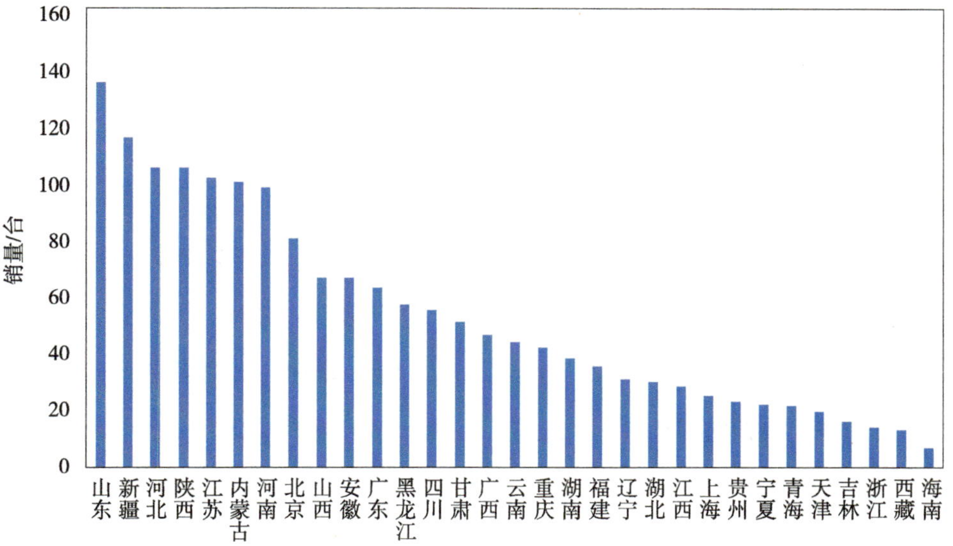

图 1-10 各省（区、市）柴油平地机销量

1.1.3 进出口情况

2021 年工程机械出口数量表现亮眼。我国工程机械产品主要出口美国、俄罗斯和日本，出口金额分别占 10.5%、6.3%、5.2%。其中，挖掘机、推土机、装载机、叉车、压路机、摊铺机、平地机出口量分别为 68 427 台、2 974 台、34 008 台、315 763 台、5 323 台、119 台、5 357 台，同比增长 97.0%、77.6%、38.2%、73.8%、68.3%、28.0%、93.2%。

1.2 工程机械保有情况

本报告中工程机械保有量使用销量和存活曲线获取；销量数据来源于中国工程机械工业年鉴或行业协会数据，存活曲线采用 NonRoad 模型中非道路移动机械存活曲线，使用寿命采用本地调查数据。

1.2.1 按机械类型划分的保有量

1.2.1.1 全国总体情况

初步估算，2021 年全国工程机械保有量 625.1 万台，其中叉车、挖掘机、装载机是工程机械保有量的主要来源，约占 96% 以上。挖掘机、推土机、装载机、叉车、压路机、摊铺机、平地机分别为 157.3 万台、5.6 万台、112.2 万台、333.1 万台、13.5 万台、2.0 万台、1.4 万台，分别占工程机械保有总量的 25.2%、0.9%、17.9%、53.3%、2.2%、0.3%、0.2%（图 1-11）。

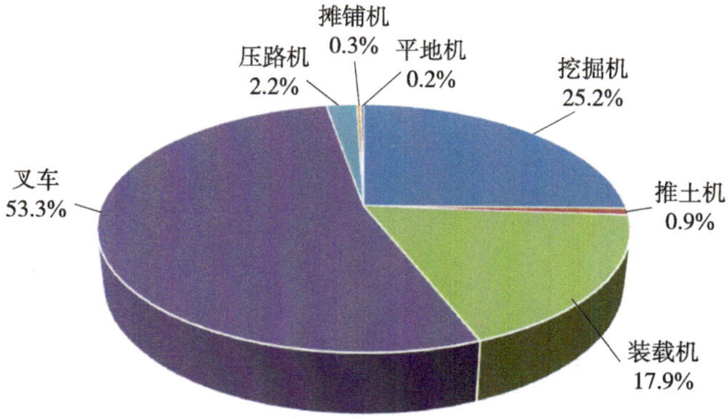

图 1-11　按机械类型划分的工程机械保有量

1.2.1.2　各省情况

工程机械保有量前五的省依次为山东、江苏、广东、浙江、河南，约占全国保有总量的 9.4%、9.0%、7.0%、6.9%、4.9%（图 1-12）。

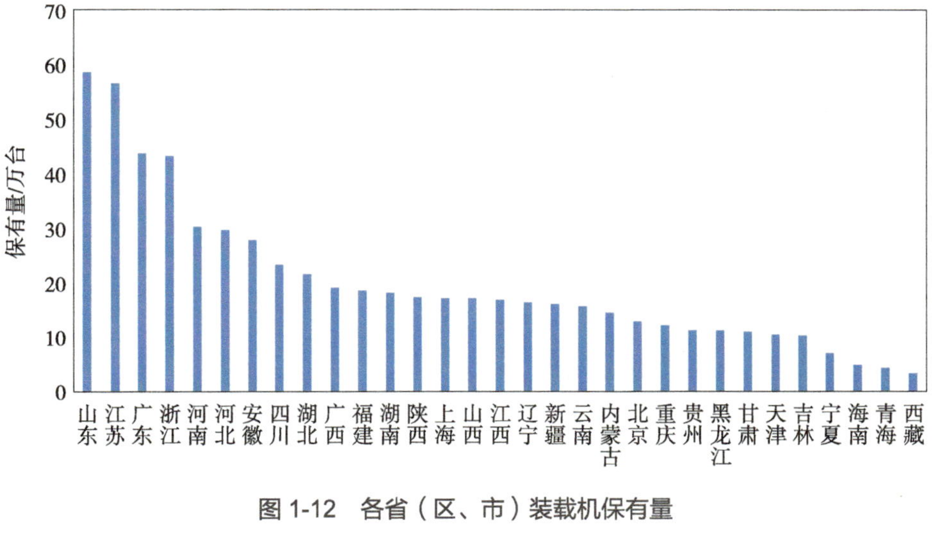

图 1-12　各省（区、市）装载机保有量

装载机保有量排名前五的省依次为江苏、山东、四川、安徽和河南，约占全国保有总量的 7.8%、7.7%、5.9%、5.6%、5.2%（图 1-13）。

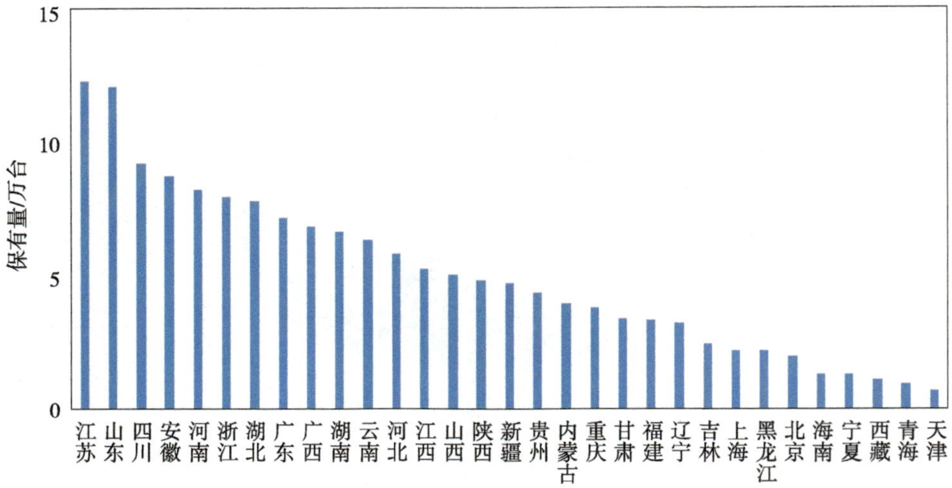

图 1-13　各省（区、市）挖掘机保有量

装载机保有量排名前五的省依次为山东、河北、河南、山西和内蒙古，约占全国保有总量的 7.5%、5.5%、5.4%、4.8%、4.6%（图 1-14）。

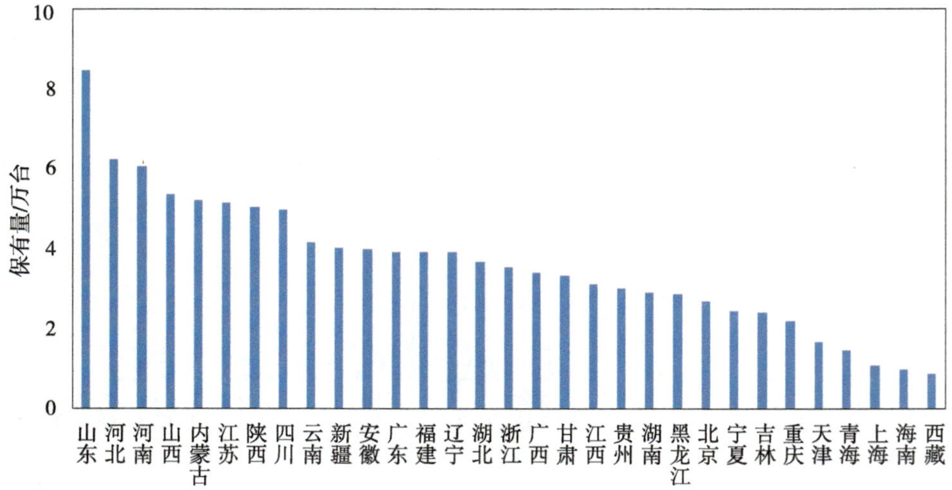

图 1-14　各省（区、市）装载机保有量

叉车保有量排名前五的省依次为江苏、山东、广东、浙江和河北，约占全国保有总量的 11.2%、11.0%、9.5%、9.2%、5.0%（图 1-15）。

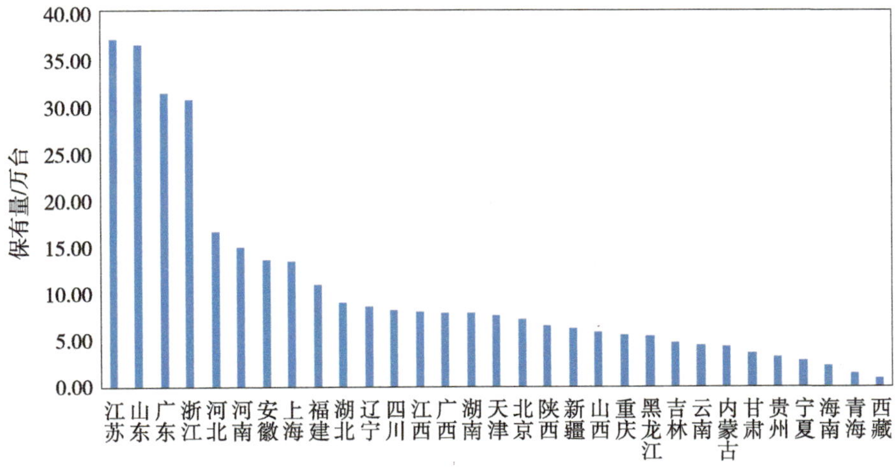

图 1-15　各省（区、市）叉车保有量

1.2.2　按排放阶段划分的保有量

1.2.2.1　全国总体情况

从排放阶段看，工程机械保有量以国三阶段为主。其中，国一及以前、国二、国三及以上、电动工程机械保有量分别为 31.9 万台、136.6 万台、303.4 万台、153.2 万台，分别占工程机械保有总量的 5.1%、21.9%、48.5%、24.5%（图 1-15）。

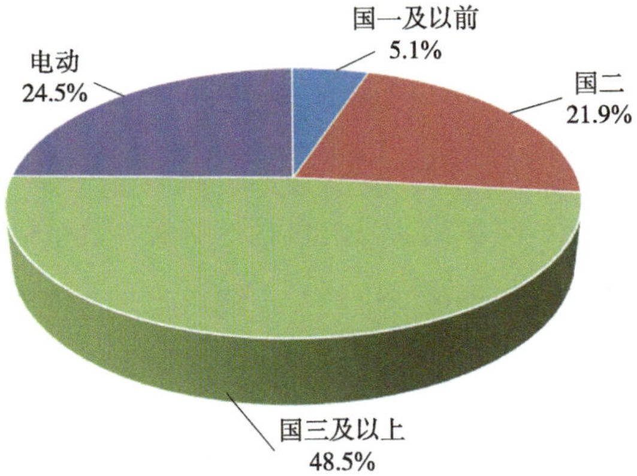

图 1-16　按阶段划分的工程机械保有量

1.2.2.2 各省情况

国一及之前工程机械保有量排名前五的省依次为山东、江苏、四川、河南和河北，约占全国保有总量的 7.6%、7.0%、5.3%、4.9%、4.8%（图 1-17）。

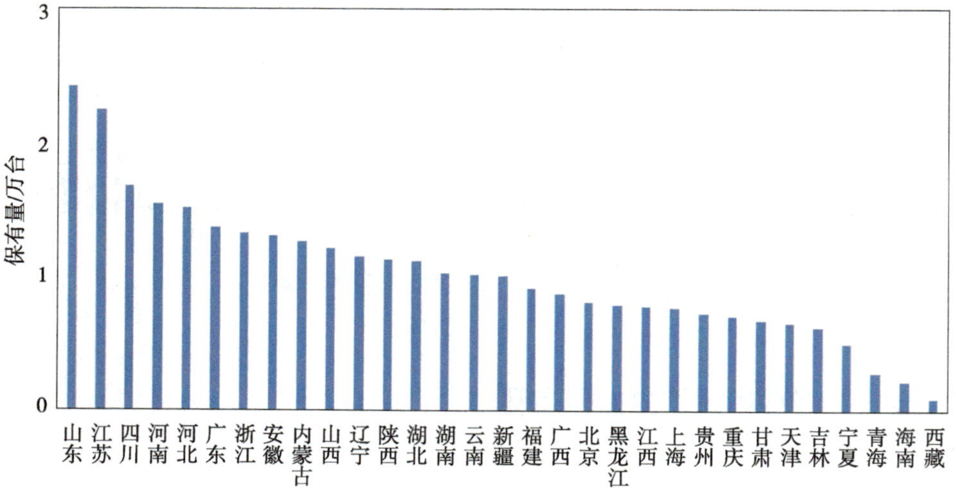

图 1-17 各省国一及之前工程机械保有量

1.3 新能源机械发展状况

工程机械正逐渐步入正轨。叉车是当前电动化比例最高的工程机械类型。2017—2021 年，纯电动叉车由 20.4 万台增加到 65.8 万台，年均增长 34.1%；纯电动叉车占比由 41% 增加到 60%，增加了 19 个百分点（图 1-17）。国内大部分企业已布局大型电动工程机械的研发，包括挖掘机、装载机、汽车起重机、场内牵引车等，主要用于高原地区建设施工、隧道施工、钢铁厂、电厂、港口码头、物流园区、矿山、煤场、煤炭企业、粮库等。电动装载机产品基本集中在吨位占比最大的 5 t 机型，技术相对成熟；电动挖掘机主要还在研发试用阶段。氢燃料电池非道路移动机械在国内也有开发和示范应用。

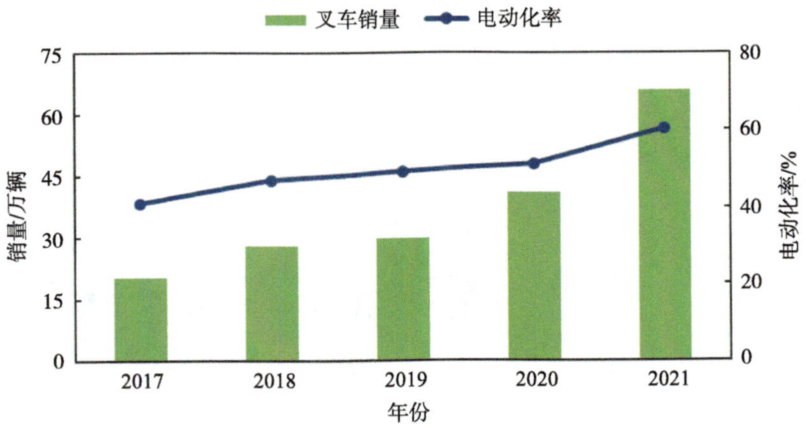

图 1-18 叉车销量与电动化率

2

工程机械主要污染物排放

GONGCHENG JIXIE ZHUYAO WURANWU PAIFANG

2.1 工程机械污染物排放现状

2.1.1 按机械类型划分的排放量

2021 年全国工程机械 CO、HC、NO_x、PM 排放量分别为 25.4 万 t、11.4 万 t、143.9 万 t、7.5 万 t。

从机械类型看，挖掘机四项污染物排放量分别为 6.7 万 t、4.2 万 t、52.2 万 t、3.9 万 t；推土机四项污染物排放量分别为 1.6 万 t、0.3 万 t、2.0 万 t、0.1 万 t；装载机四项污染物排放量分别为 11.3 万 t、5.0 万 t、60.4 万 t、2.7 万 t；叉车四项污染物排放量分别为 4.6 万 t、1.1 万 t、19.5 万 t、0.7 万 t；压路机四项污染物排放量分别为 0.4 万 t、0.5 万 t、7.9 万 t、0.02 万 t；摊铺机四项污染物排放量分别为 0.7 万 t、0.2 万 t、0.8 万 t、0.1 万 t；平地机四项污染物排放量分别为 0.1 万 t、0.1 万 t、1.1 万 t、0.02 万 t（图 2-1）。

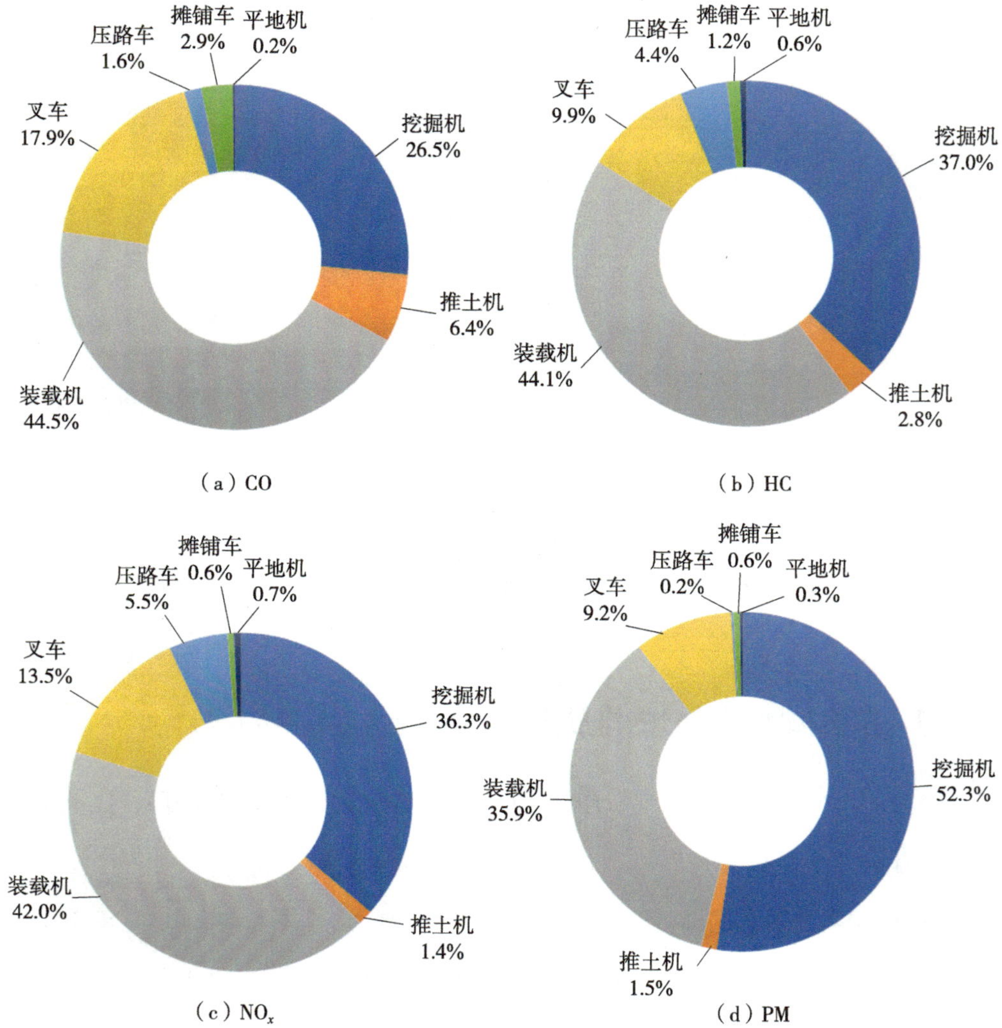

图 2-1　按机械类型划分的工程机械主要污染物排放量构成

2.1.2　按排放阶段划分的排放量

从排放标准看，国一及以前标准的工程机械排放 CO、HC、NO_x、PM 分别为 3.1 万 t、1.8 万 t、22.2 万 t、1.3 万 t；国二标准的工程机械排放 CO、HC、NO_x、PM 分别为 8.5 万 t、4.6 万 t、54.9 万 t、2.5 万 t；国三标准的工程机械排放 CO、HC、NO_x、PM 分别为 13.8 万 t、5.0 万 t、66.8 万 t、3.7 万 t（图 2-2）。

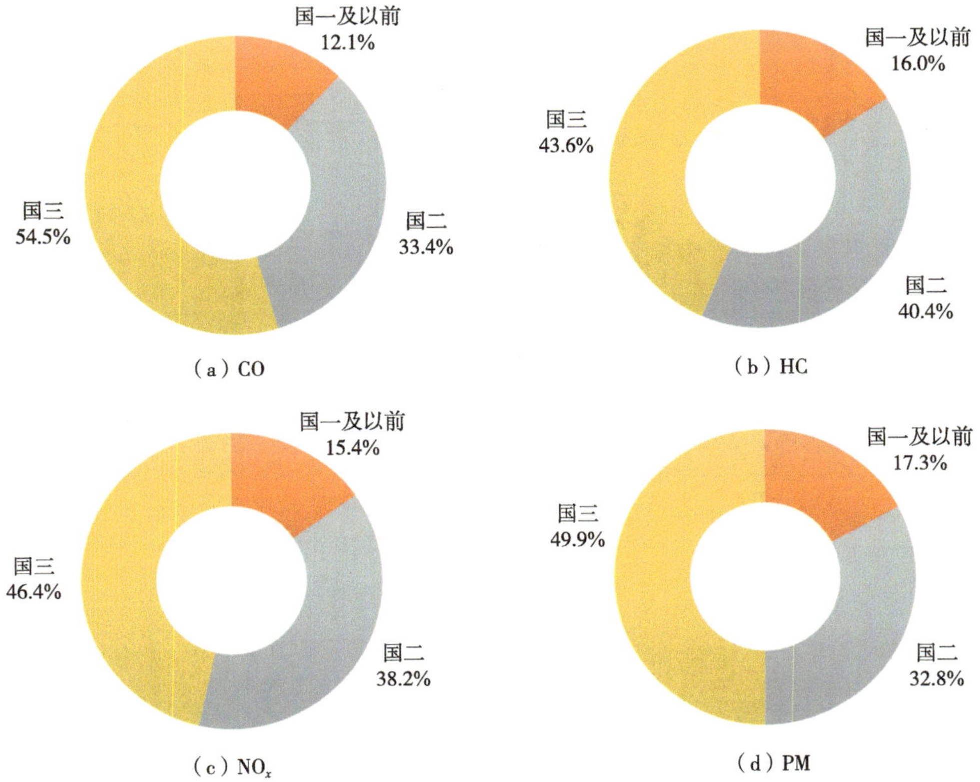

图 2-2　按排放阶段划分的工程机械主要污染物排放量构成

2.2 工程机械污染物排放变化趋势

2017—2021 年，工程机械 CO 排放量由 25.7 万 t 降低至 25.4 万 t，年均下降 0.3%；HC 排放量由 13.9 万 t 降低至 11.4 万 t，年均下降 4.8%；NO_x 排放量由 169.1 万 t 降低至 143.9 万 t，年均下降 4.0%；PM 排放量由 8.7 万 t 降低至 7.5 万 t，年均下降 3.8%（图 2-3）。

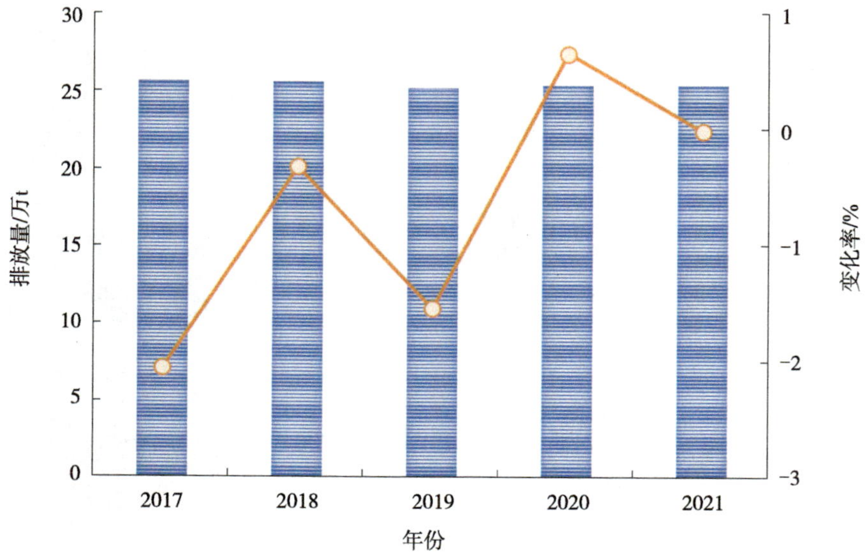
30
25
20
15
10
5
0
排放量/万t
1
0
−1
−2
−3
变化率/%
2017
2018
2019
2020
2021
年份

（a）CO

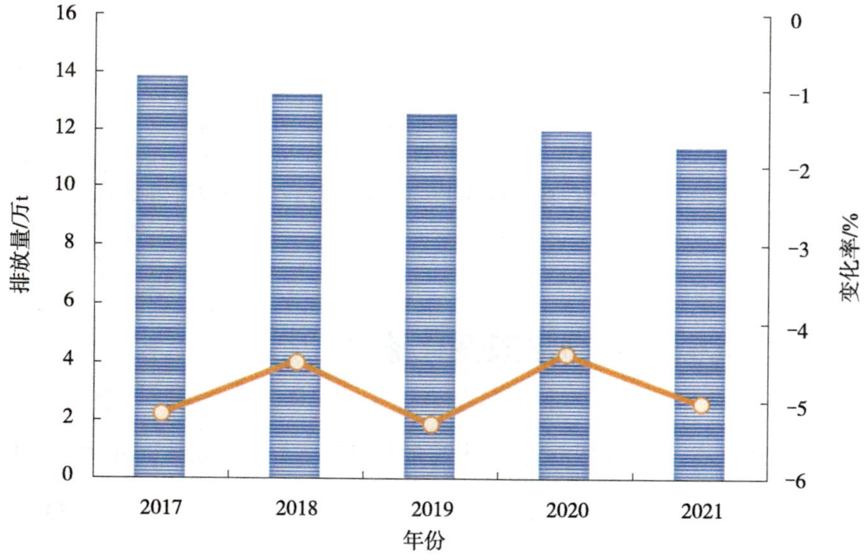
16
14
12
10
8
6
4
2
0
排放量/万t
0
−1
−2
−3
−4
−5
−6
变化率/%
2017
2018
2019
2020
2021
年份

（b）HC

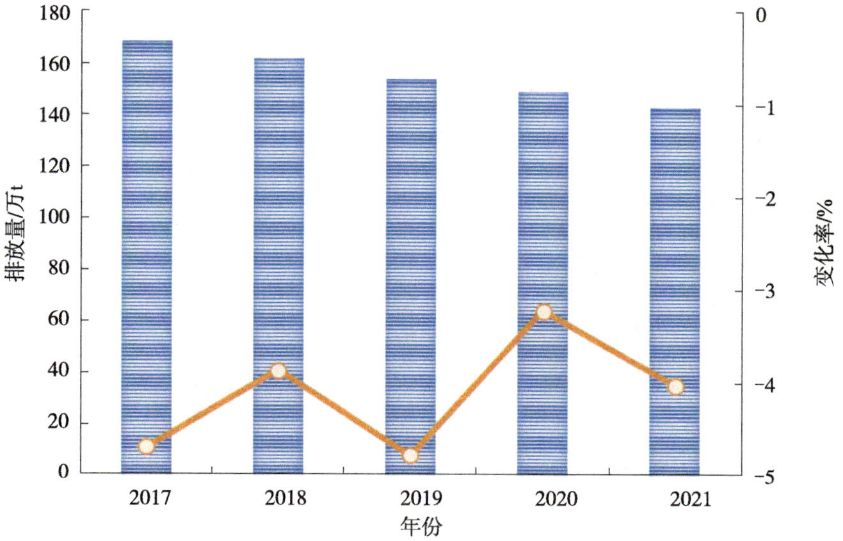

（c）NO_x

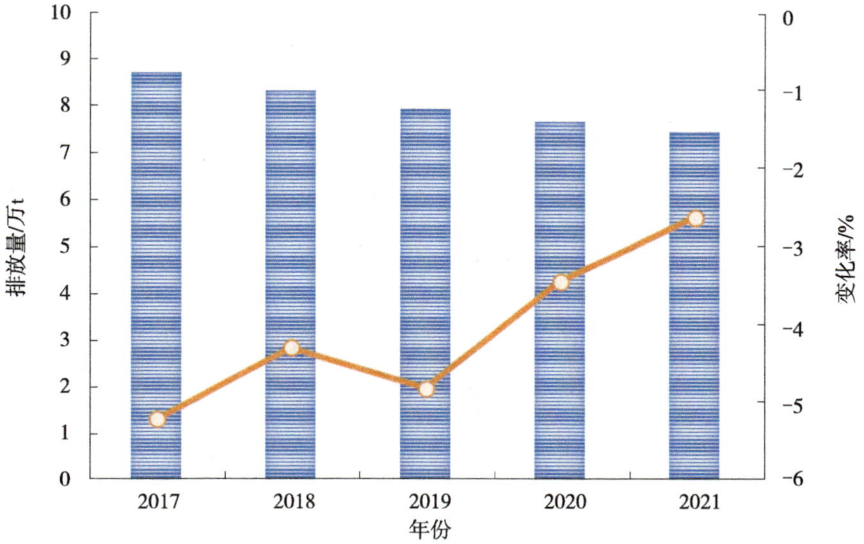

（d）PM

图 2-3　2017—2021 年工程机械主要污染物排放量变化趋势

3

工程机械相关法律法规标准体系

GONGCHENG JIXIE XIANGGUAN FALÜ FAGUI BIAOZHUN TIXI

3.1 大事件图

我国于 2007 年首次发布非道路移动机械大气污染物排放标准，规定了第一和第二阶段排放控制要求，标志着工程机械排放管控的开始；2014 年制定了第三阶段排放标准，并提出了第四阶段的预告性要求；2015 年第二次修订《中华人民共和国大气污染防治法》（以下简称《大气法》），初步建立非道路移动机械环保信息公开、环保召回、排放控制区等制度；2018 年发布《非道路移动柴油机械排气烟度限值及测量方法》，标志着在用机械排放检验制度的初步建立；2019 年印发《关于加快推进非道路移动机械摸底调查和编码登记工作的通知》（环办大气函〔2019〕655 号），标志着非道路移动机械编码登记制度的初步建立；2020 年发布非道路移动机械标准修改单和配套技术规范，明确了第四阶段排放控制要求。我国非道路移动机械排放控制发展历程如图 3-1 所示。

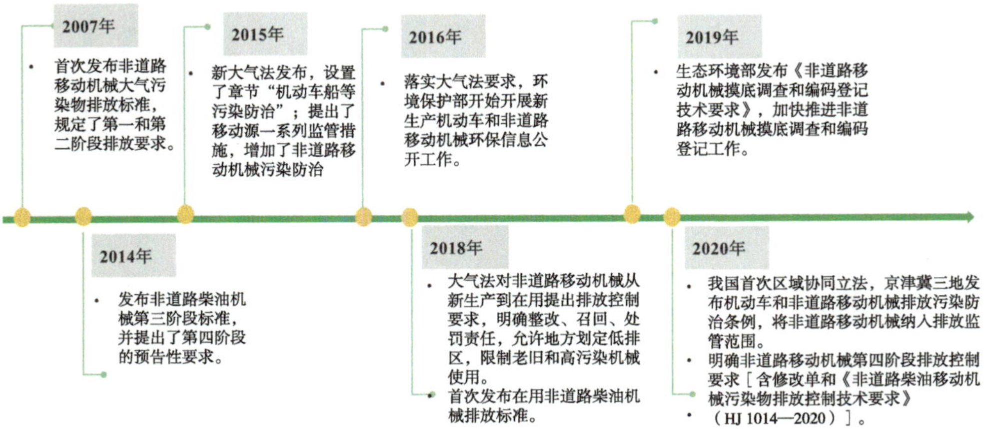

图 3-1　我国非道路移动机械排放控制发展历程

3.2　相关法律法规

《大气法》是工程机械等大气污染防治的上位法。《大气法》于 1987 年首次颁布，针对机动车船提出了原则性的要求，各级人民政府的环境保护、公安、交通、铁道、渔业管理部门根据各自的职责，对机动车船污染大气实施监督管理。现行的《大气法》为 2015 年第二次修订的版本，增加了非道路移动机械相关规定，明确了非道路移动机械的监管主体，增加了新生产非道路移动机械、在用机械、油品等监管要求及处罚条款，建立了环保信息公开、环保召回、排放控制区等制度，初步形成较完善的非道理移动机械管理体系。

为促进《大气法》中有关非道路移动机械相关要求的落地实施，目前各省（区、市）在进行大气污染防治条例地方性法规修订时，逐步将非道路移动机械专项条例内容吸纳到综合法规，也有城市在进行移动源专项立法时，增加了非道路移动机械相关内容。目前各地已有的相关非道路移动源的专项立法及政府规章等见表 3-1。

表 3-1　各地移动源专项法律法规基本情况

序号	条例及规章名称	发布或实施时间	类别
1	吉林省机动车和非道路移动机械排放污染防治条例	2022	省级条例
2	长沙市机动车和非道路移动机械排放污染防治条例	2022	市级条例
3	黔南布依族苗族自治州机动车和非道路移动机械排放污染防治管理办法	2022	市级条例
4	杭州市非道路移动机械排气污染防治规定	2022	市级条例
5	芜湖市机动车和非道路移动机械排气污染防治管理办法	2022	市级规章
6	漯河市机动车和非道路移动机械排气污染防治条例	2021	市级条例
7	西安市机动车和非道路移动机械排气污染防治条例	2021	市级条例
8	四川省机动车和非道路移动机械排气污染防治办法	2021	省级规章
9	郑州市机动车和非道路移动机械排放污染防治办法	2021	市级规章
10	海东市机动车和非道路移动机械排气污染防治办法	2021	市级规章
11	北京市机动车和非道路移动机械排放污染防治条例	2020	省级条例
12	天津市机动车和非道路移动机械排放污染防治条例	2020	省级条例
13	河北省机动车和非道路移动机械排放污染防治条例	2020	省级条例
14	济南市机动车和非道路移动机械排气污染防治条例	2020	市级条例
15	大庆市机动车和非道路移动机械排气污染防治条例	2020	市级条例
16	淮南市机动车和非道路移动机械排放污染防治条例	2020	市级条例
17	太原市机动车和非道路移动机械排气污染防治办法	2020	市级条例
18	武汉市机动车和非道路移动机械排气污染防治条例	2020	市级条例
19	许昌市机动车和非道路移动机械排气污染防治条例	2020	市级条例
20	桂林市机动车船和非道路移动机械排气污染防治条例	2020	市级条例
21	北京市非道路移动机械登记管理办法（试行）	2020	省级规章
22	北京市重型汽车和非道路移动机械排放远程监测管理车载终端安装管理办法（试行）	2020	省级规章
23	西宁市机动车和非道路移动机械排气污染防治管理办法	2020	市级规章
24	淮南市机动车和非道路移动机械排放污染防治条例	2020	市级规章
25	长春市机动车和非道路移动机械排气污染防治管理办法	2019	市级条例
26	佛山市机动车和非道路移动机械排气污染防治条例	2019	市级条例

续表

序号	条例及规章名称	发布或实施时间	类别
27	南宁市机动车和非道路移动机械排气污染防治条例	2019	市级条例
28	山东省非道路移动机械排气污染防治规定	2019	省级规章
29	上海市非道路移动机械申报登记和标志管理办法（试行）	2019	省级规章
30	宜宾市非道路移动机械排气污染防治实施办法（试行）	2019	市级规章
31	攀枝花市施工现场非道路移动机械排放监督管理规定	2019	市级规章
32	吕梁市机动车和非道路移动机械排气污染防治条例	2018	市级条例
33	乌鲁木齐市机动车和非道路移动机械排气污染防治条例	2018	市级条例
34	绵阳市机动车和非道路移动机械排气污染防治管理办法（试行）	2018	市级规章
35	成都市施工现场非道路移动机械排气污染防治实施办法	2018	市级规章
36	西安市机动车和非道路移动机械排气污染防治条例	2017	市级条例
37	成都市机动车和非道路移动机械排气污染防治办法	2017	市级规章

除地方大气条例和移动源专项条例中有关非道路移动源的要求外，地方政府也出台了政府规章作为法律法规实施的重要支撑，如山东省、成都市、绵阳市、攀枝花市、宜宾市等针对非道路移动机械或施工现场出台了管理办法，北京市和上海市出台了机械申报登记和标志管理办法等，为地方执法提供了依据，同时为后续进行相关立法奠定了实践基础，推动法律法规体系的不断完善。

3.3 相关排放标准

3.3.1 主要标准情况

（1）工程机械国一、国二标准

2007 年 4 月，国家环保总局发布了《非道路移动机械用柴油机排气污染物排放限值及测量方法（中国Ⅰ、Ⅱ阶段）》（GB 20891—2007），该标准为首次制订，规定了非道路移动机械用柴油机排气污染物第Ⅰ阶段和第Ⅱ阶段型式核准和生产一致性的排放限值和测量方法，适用于非道路移动机械装用的额定净功率不超过 560 kW 的柴油机；按照额定净功率段规定了 CO、HC、NO_x、PM 的排放量要求。

（2）工程机械国三、国四标准

2014 年 5 月，环境保护部发布了《非道路移动机械用柴油机排气污染物排放限值及测量方法（中国第三、四阶段）》（GB 20891—2014），规定了第三阶段非道路移动机械用柴油机排气污染物排放限值和测量方法，并提出了第四阶段的预告性要求，适用于工程机械、农业机械及其他机械类型装用的在非恒定转速下工作的柴油机的型式核准、生产一致性检查和耐久性要求。主要修订内容：一是加严了污染物排放限值；二是增加了瞬态试验循环（NRTC）；三是增加了 560 kW 以上柴油机的控制要求；四是优化了一致性检查的判定方法；五是增加了排放控制耐久性要求；六是增加了催化转化器载体体积和贵金属含量的试验要求；七是修订了试验用基准柴油的技术要求。

2020 年 12 月，生态环境部与国家市场监督管理总局联合发布了《非道路移动机械用柴油机排气污染物排放限值及测量方法（中国第三、四阶段）》（GB 20891—2014）修改单，并发布了其配套技术规范《非道路柴油移动机械污染物排放控制技术要求》（HJ 1014—2020）。主要修订内容包括：一是更加关注整机排放要求，新增车载法整机测试要求；二是新增颗粒物粒子数量限值要求；三是提出远程监控及定位要求；四是明确指定的劣化系数，将大幅降低企业的测试费用和研发成本；五是将三轮汽车纳入非道路标准统一管理。

（3）在用机械标准

2018 年 11 月，生态环境部、国家市场监督管理总局联合发布《非道路移动柴油机械排气烟度限值及测量方法》（GB 36886—2018）。该标准为首次制订，标准规定了非道路移动柴油机械排气烟度限值及测量方法，适用于在用非道路移动柴油机械和车载柴油机设备的排气烟度检验；明确了非道路移动柴油机械实际工作状态下烟度测量方法，采用不透光烟度法和林格曼烟度法，解决了非道路移动机械在使用阶段无标准可依的问题，标准还对排放控制区非道路移动机械达标排放提出了具体要求。按照标准要求，该标准于 2018 年 12 月 1 日起实施。

3.3.2 排放标准实施进程

我国于 2008 年正式实施非道路移动机械用柴油机国一阶段排放标准，2010 年实施国二阶段排放标准，2015 年实施国三阶段排放标准。国三阶段及以前基本未安装后处理装置，主要采用发动机机内净化。按照《非道路移动机械用柴油机排气污染物排放限值及测量方法（中国第三、四阶段）》（GB 20891—2014）修改单及配套技术规范要求，自 2022 年 12 月 1 日起，全面实施国四阶段排放标准。

年份 车型	1999	2000	2001	2002	2003	2004	2005	2006	2007	2008	2009	2010	2011	2012	2013	2014	2015	2016	2017	2018	2019	2020
非道路柴油移动机械	无控制要求									国一		国二					国三					

图 3-2 全国新生产非道路柴油移动机械排放标准实施进度

3.4 工程机械环境管理政策

2018 年，国务院发布了《打赢蓝天保卫战三年行动计划》，提出要加强非道路移动机械和船舶污染防治。开展非道路移动机械摸底调查，划定非道路移动机械低排放控制区，严格管控高排放非道路移动机械，重点区域 2019 年底前完成。推进排放不达标工程机械、港作机械清洁化改造和淘汰，重点区域港口、机场新增和更换的作业机械主要采用清洁能源或新能源。

同年，生态环境部联合发展改革委等 11 部委联合发布《柴油货车污染治理攻坚战行动计划》（环大气〔2018〕179 号），提出要开展清洁柴油机等行动，包括：

一是严格新生产发动机和非道路移动机械管理。全面实施非道路移动机械第四阶段排放标准，加强对新生产销售发动机和非道路移动机械的监督检查，严格实施非道路移动机械环保信息公开制度，依法实施环境保护召回。

二是加强排放控制区划定和管控。依法划定并公布非道路移动机械排放控制区，加强排放控制区工程机械监督检查，禁止超标排放工程机械使用，消除冒黑烟现象。

三是加快治理和淘汰更新。采取限制使用等措施促进老旧燃油工程机械淘汰，具备条件的加快治理改造，重点场所作业机械主要采用新能源或清洁能源。

四是强化综合监督管理。开展非道路移动机械摸底调查和编码登记，探索建立工程机械使用中监督抽测、超标后处罚撤场的管理制度，推进工程机械安装精准定位系统和实时排放监控装置。

2021 年，受工业和信息化部装备工业一司委托，中国工程机械工业协会编制了《工程机械行业“十四五”发展规划》，提出要重点突破六方面技术与产业化创新工程，包括新型高技术工程机械创新先导工程，工程机械智能制造推进工程，工程机械产品可靠性提升工程，工程机械检测、试验与评价数字化平台建设工程，工程机械产业链强基发展工程，工程机械工业互联网应用平台建设工程。

4

工程机械环境管理

GONGCHENG JIXIE HUANJING GUANLI

4.1 环保信息公开

《大气法》第五十二条规定，非道路移动机械生产企业应当对新生产的非道路移动机械进行排放检验。经检验合格的，方可出厂销售。检验信息应当向社会公开。

为贯彻落实《大气法》，环境保护部于2016年发布了《关于开展机动车和非道路移动机械环保信息公开工作的公告》（国环规大气〔2016〕3号），规定自2017年1月1日起，机动车生产、进口企业以随车清单方式公开机动车主要环保信息。信息公开内容主要包括生产、进口企业基本信息，污染控制技术信息和排放检验信息。

截至目前，各级生态环境主管部门建立了机动车和非道路移动机械检验信息核查机制，通过现场检查、抽样检查等方式开展环保信息公开工作的监督管理，督促机动车和非道路移动机械生产、进口企业按要求进行信息公开。

4.1.1 工程机械机型信息公开情况

2017年—2021年，共有483家工程机械企业、17 489个机械机型进行了环保信息公开，包括453家国内生产企业、16 592个机械机型和51家进口企业、941个机械机型。

机械机型数量前十省（区、市）共公开12 169个，占机械机型数量的92.2%。其中山东省占比最多，为21.4%。全国各省（区、市）工程机械机型信息公开数量及占比见下表。

表4-1 全国部分省级行政区工程机械机型信息公开数量及占比

省（区、市）名称	企业数/家	机械机型数量（个）
北京	12	217
天津	13	240
河北	11	285
山西	2	8
内蒙古	4	18
辽宁	6	467
吉林	1	2
黑龙江	2	22
上海	35	1 198
江苏	79	1 817
浙江	21	1 573
安徽	16	1 361
福建	28	3 213
江西	3	168
山东	177	3 741
河南	15	254
湖北	4	34
湖南	15	1 468
广东	5	36
广西	7	219
海南	—	—
重庆	4	24
四川	8	89

续表

省（区、市）名称	企业数 / 家	机械机型数量（个）
贵州	1	19
云南	1	11
西藏	—	—
陕西	13	1 005
甘肃	—	—
青海	—	—
宁夏	—	—
新疆	—	—
合计	483	17 498

注：—表示该省无工程机械制造企业

4.1.2　工程机械单机信息公开情况

2017—2021 年，全国共有 294 家机械企业上传 258.1 万台工程机械单机信息。其中，2017—2020 年主要为国三机械，2021 年起开始有国四机械上传信息公开信息。2017—2021 年工程机械单机信息数量见图 4-1。

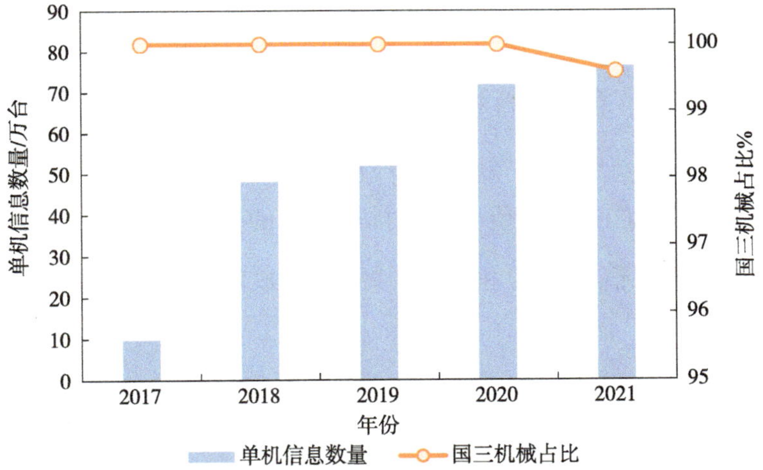

图 4-1　2017—2021 年工程机械单机信息上传数量

按照机械类别划分，2017—2021 年工程机械单机信息数量前三类叉车、挖掘机、装载机共公开了 238.0 万台，占工程机械单机数量的 92.2%。其中叉车占比最多，为 42.6%。工程机械不同机械类别占比见图 4-2。

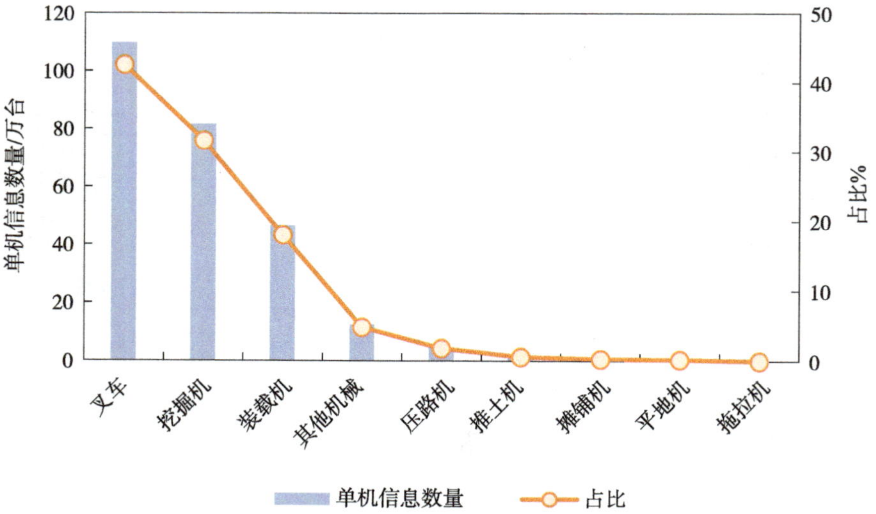

图 4-2　工程机械不同机械类别占比

4.1.3　新机械排放情况

随着非道路移动机械排放标准的加严，工程机械 CO、HC、NO_x、PM 等污染物排放逐步降低。新生产的单缸机、双缸机机械额定净功率均在 P_{max}<37 功率段，新机的排放阶段均为国三排放阶段。其中，新生产的国三单缸机和双缸机 CO 排放均值分别为排放限值的 58% 和 44%，$HC^{+}NO_x$ 排放均值分别为排放限值的 84% 和 76%，PM 的排放均值分别为排放限值的 58% 和 39%。

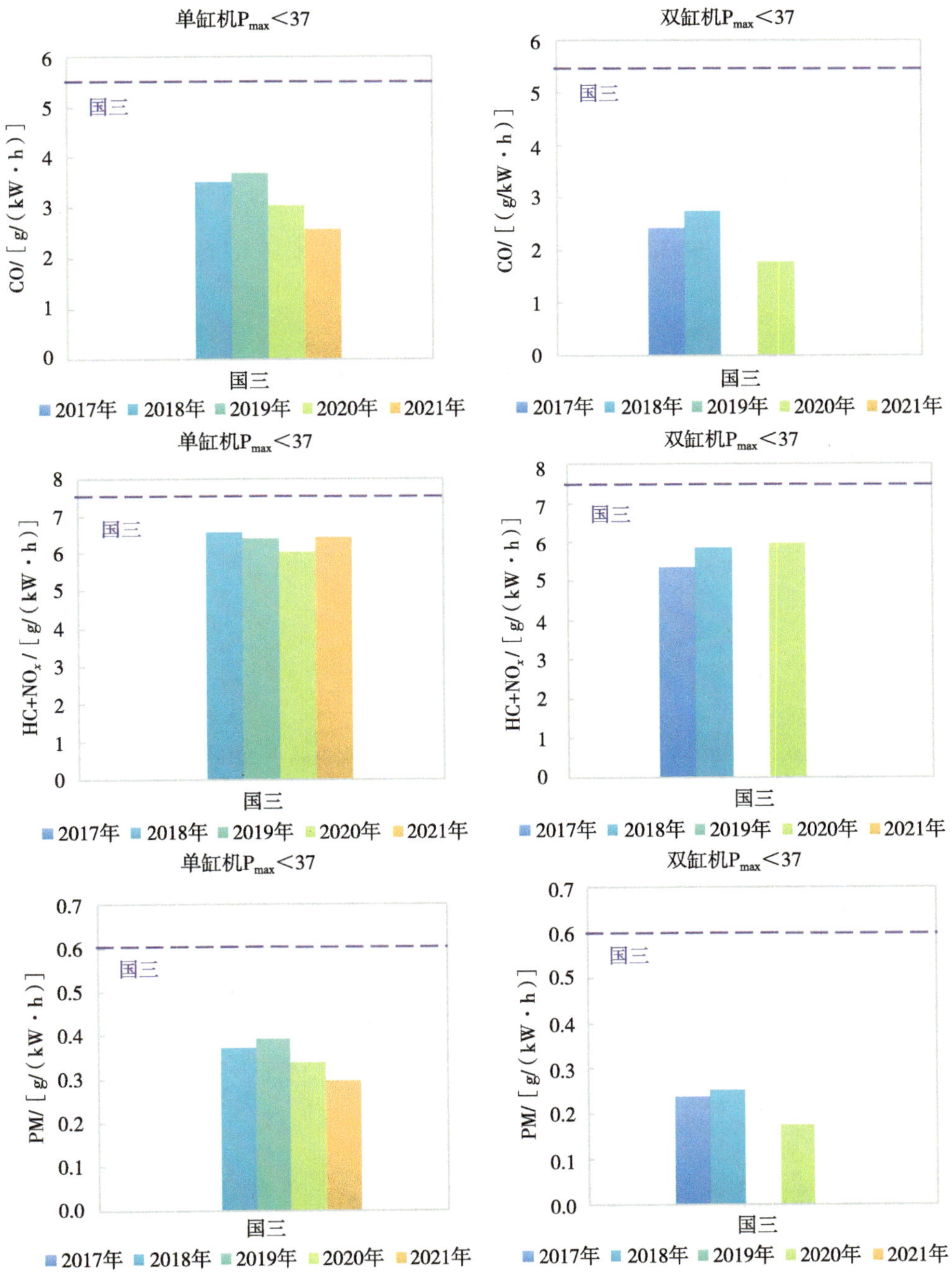

图 4-3　2017—2021 年新生产国三排放阶段单缸机和双缸机污染物排放情况①

① 为型式认证值的加权平均值，下同。

新生产的多缸机机械的额定功率范围分布较广。对于新生产的国三多缸机，额定功率在 $P_{max}<37$ 功率段、$37\leqslant P_{max}<75$ 功率段、$75\leqslant P_{max}<130$ 功率段、$130\leqslant P_{max}<560$ 功率段、$P_{max}>560$ 功率段的新机 CO 排放均值分别为排放限值的 41%、35%、27%、32%、88%，$HC^{+}NO_{x}$ 排放均值分别为排放限值的 85%、90%、90%、91%、84%，PM 排放均值分别为排放限值的 50%、63%、62%、76%、56%。

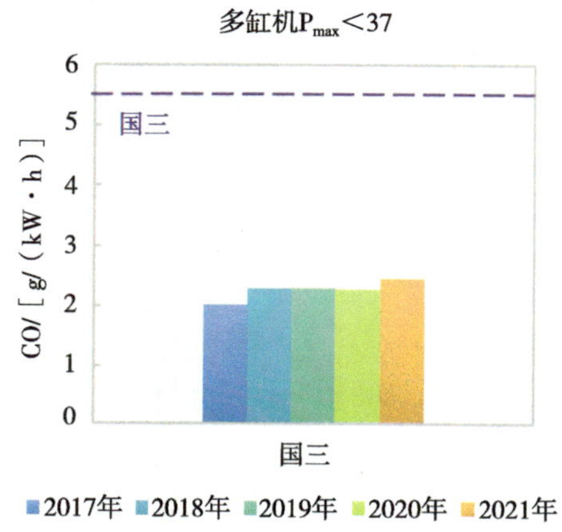

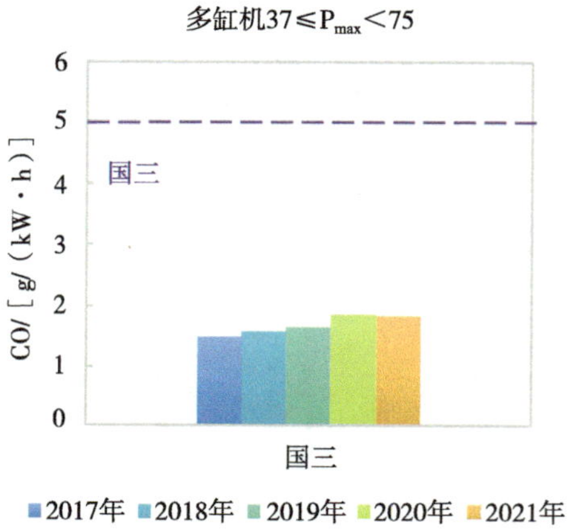

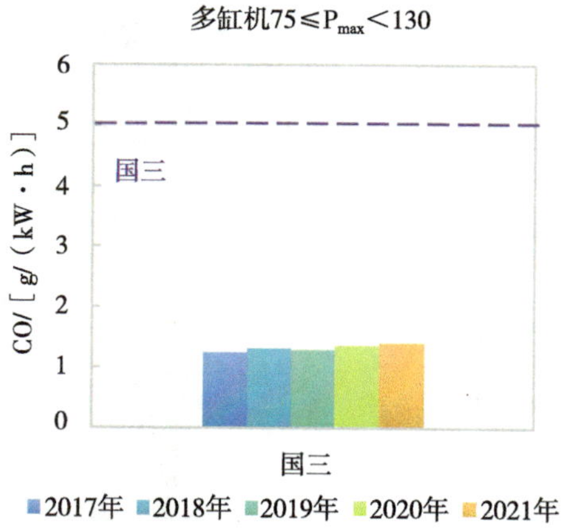

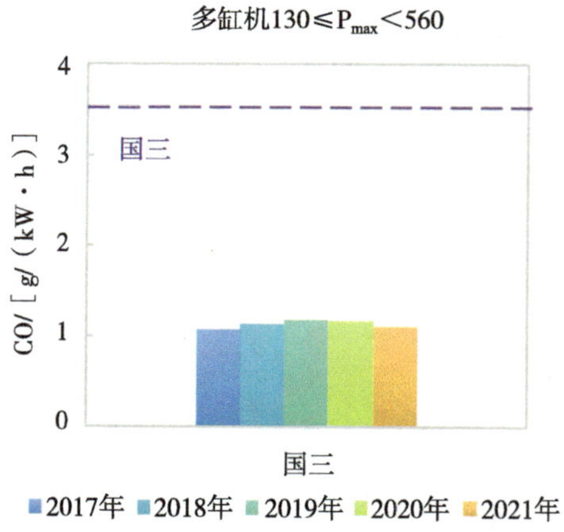

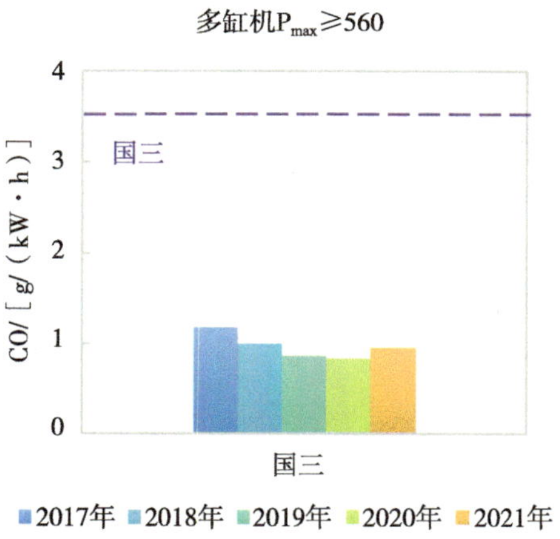
多缸机Pmax≥560
CO/[g/(kW·h)]
国三
2017年 2018年 2019年 2020年 2021年

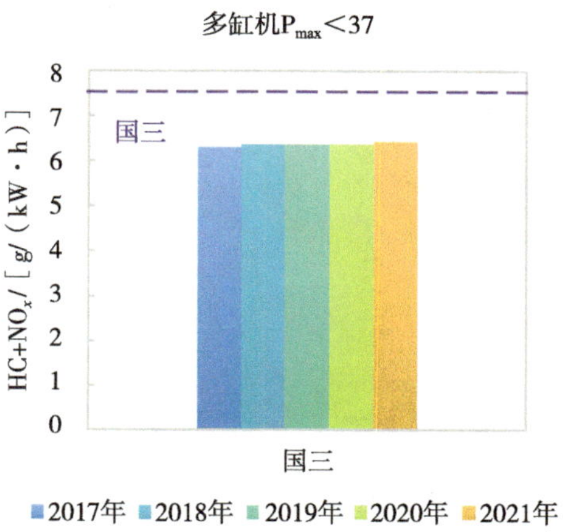
多缸机Pmax<37
HC+NOx/[g/(kW·h)]
国三
2017年 2018年 2019年 2020年 2021年

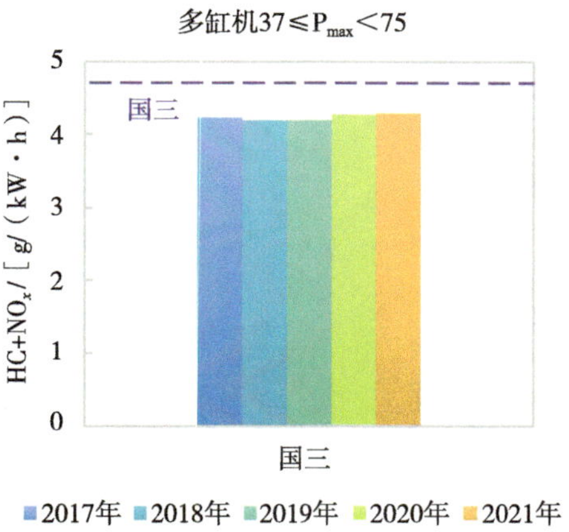
多缸机37≤Pmax<75
HC+NOx/[g/(kW·h)]
国三
2017年 2018年 2019年 2020年 2021年

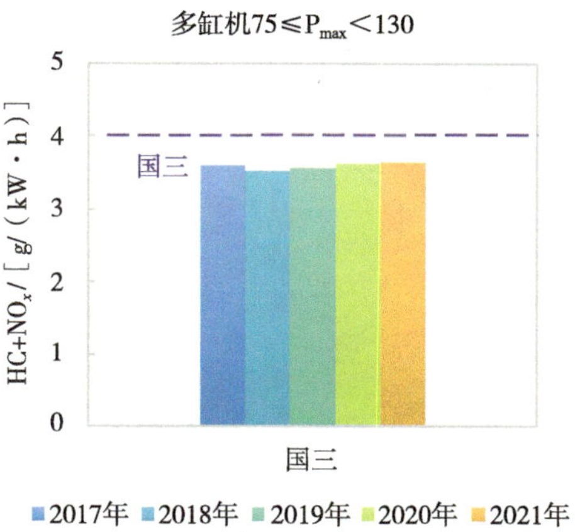
多缸机75≤Pmax<130
HC+NOx/[g/(kW·h)]
国三
2017年 2018年 2019年 2020年 2021年

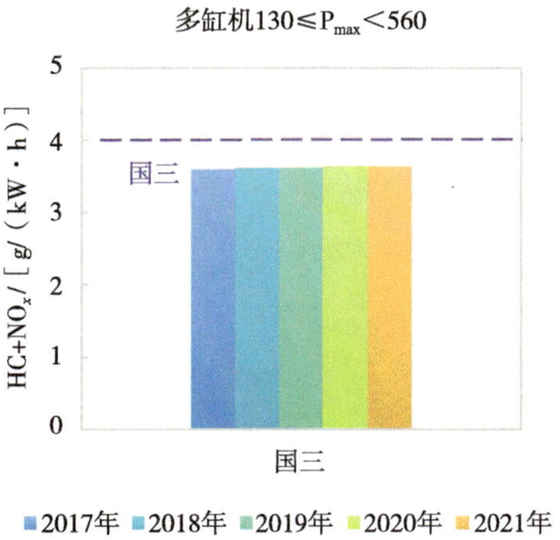
多缸机130≤Pmax<560
HC+NOx/[g/(kW·h)]
国三
2017年 2018年 2019年 2020年 2021年

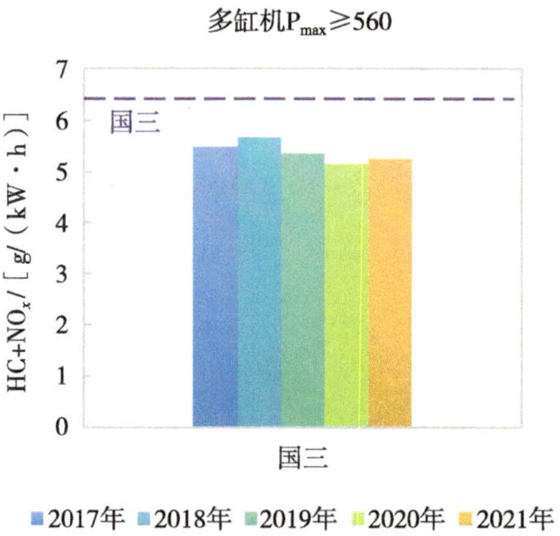
多缸机Pmax≥560
HC+NOx/[g/(kW·h)]
国三
2017年 2018年 2019年 2020年 2021年

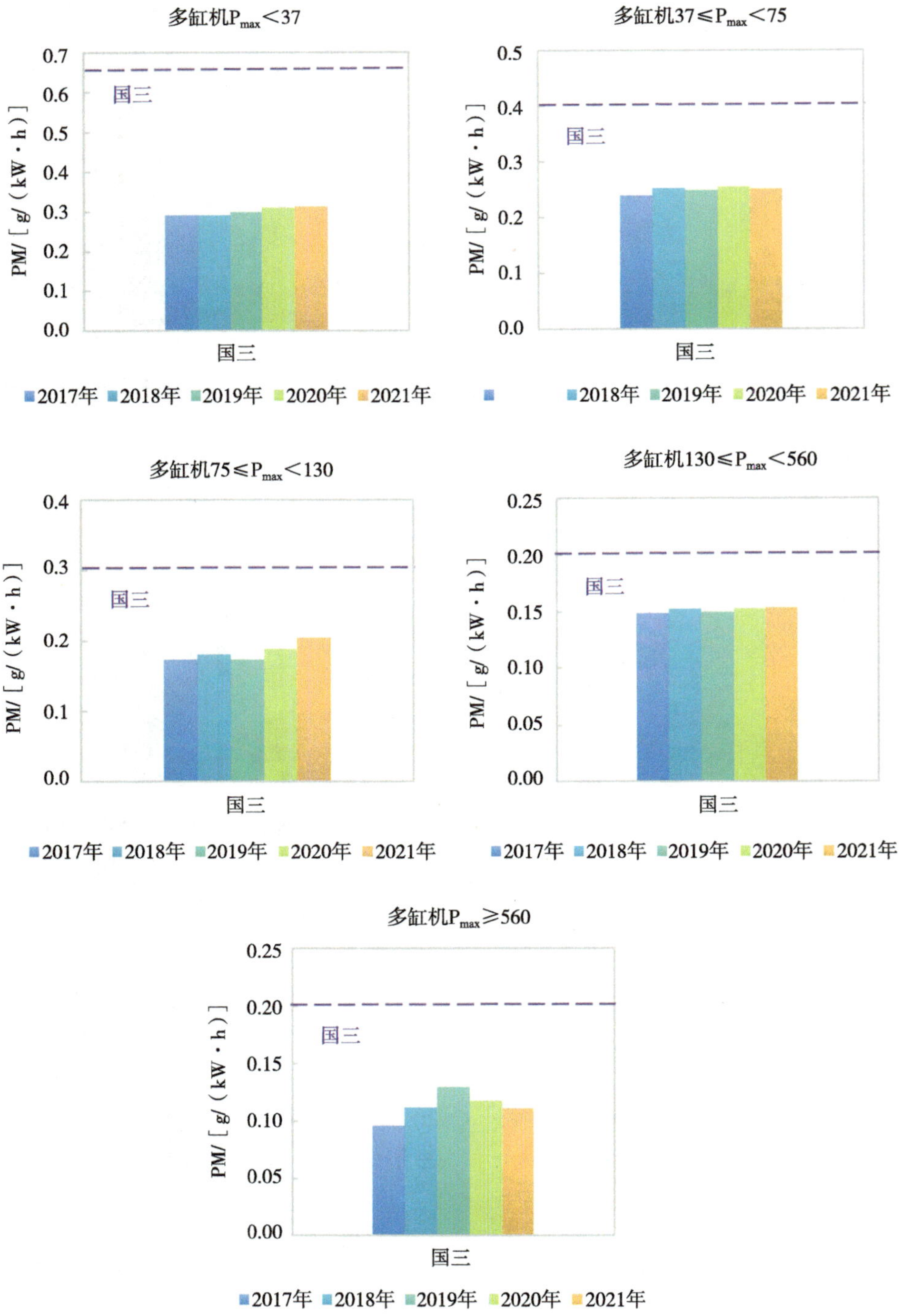

图 4-4　2017—2021 年新生产国三排放阶段多缸机污染物排放情况

对于新生产的国四多缸机，额定功率在 P_{max}<37 功率段的新机在 NRSC 和 NRTC 工况下 CO 排放均值分别为排放限值的 47% 和 80%，HC+NO_x 排放均值分别为排放限值的 92% 和 93%，PM 排放均值分别为排放限值的 43% 和 39%；额定功率为 37≤P_{max}<56 功率段的新机在 NRSC 和 NRTC 工况下 CO 排放均值分别为排放限值的 1% 和 1%，HC+NO_x 排放均值分别为排放限值的 83% 和 86%，PM 排放均值分别为排放限值的 14% 和 11%，PN 排放均值分别为排放限值的 1% 和 1%；额定功率为 56≤P_{max}<130 功率段的新机在 NRSC 和 NRTC 工况下 CO 排放均值分别为排放限值的 2% 和 21%，HC 排放均值分别为排放限值的 10% 和 3%，NO_x 排放均值分别为排放限值的 74% 和 71%，PM 排放均值分别为排放限值的 26% 和 18%，PN 排放均值分别为排放限值的 13% 和 3%；额定功率在 130≤P_{max}<560 功率段的新机在 NRSC 和 NRTC 工况下 CO 排放均值分别为排放限值的 0.3% 和 1%，HC 排放均值分别为排放限值的 4% 和 2%，NO_x 排放均值分别为排放限值的 54% 和 49%，PM 排放均值分别为排放限值的 27% 和 23%，NH3 排放均值分别为排放限值的 15% 和 34%，PN 排放均值分别为排放限值的 17% 和 3%。

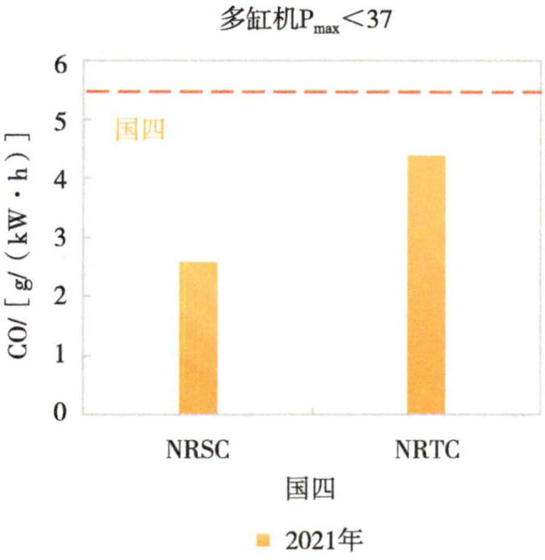

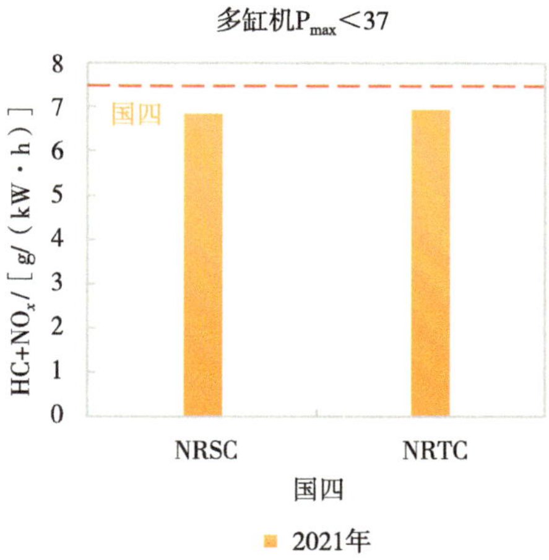

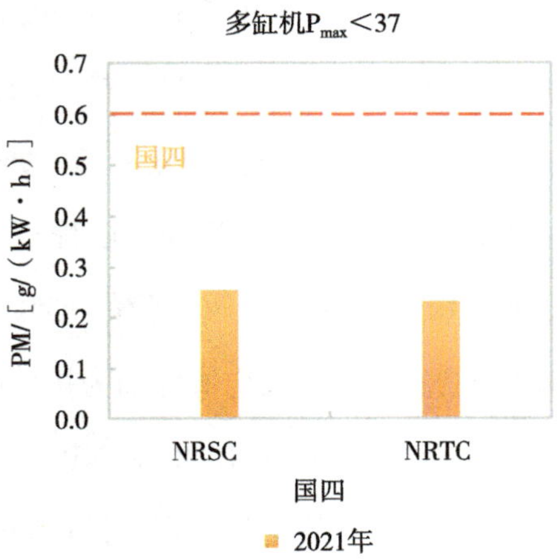
多缸机P_{max}<37
0.7
0.6
0.5
0.4
0.3
0.2
0.1
0.0
PM/［g/（kW·h）］
国四
NRSC
NRTC
国四
2021年

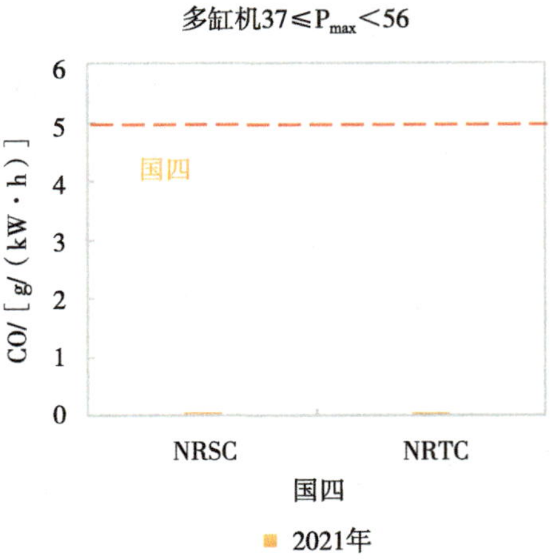
多缸机37≤P_{max}<56
6
5
4
3
2
1
0
CO/［g/（kW·h）］
国四
NRSC
NRTC
国四
2021年

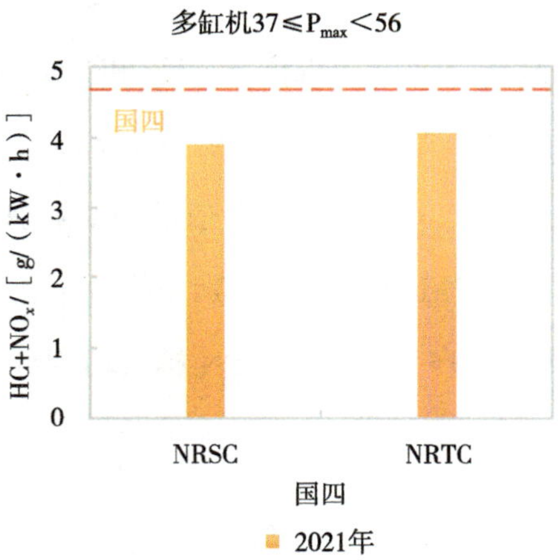
多缸机37≤P_{max}<56
5
4
3
2
1
0
HC+NO_x/［g/（kW·h）］
国四
NRSC
NRTC
国四
2021年

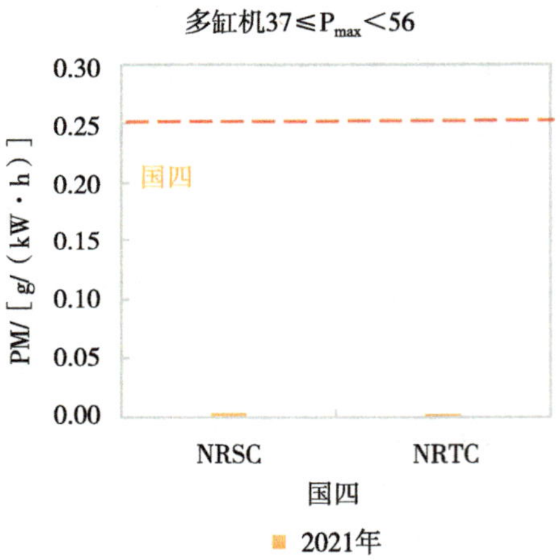
多缸机37≤P_{max}<56
0.30
0.25
0.20
0.15
0.10
0.05
0.00
PM/［g/（kW·h）］
国四
NRSC
NRTC
国四
2021年

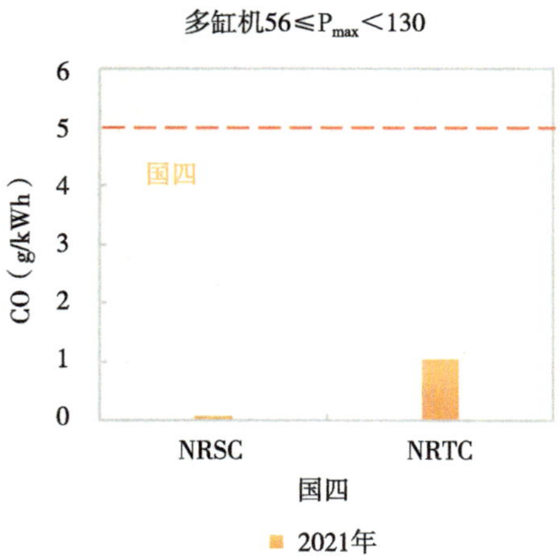
多缸机56≤P_{max}<130
6
5
4
3
2
1
0
CO（g/kWh）
国四
NRSC
NRTC
国四
2021年

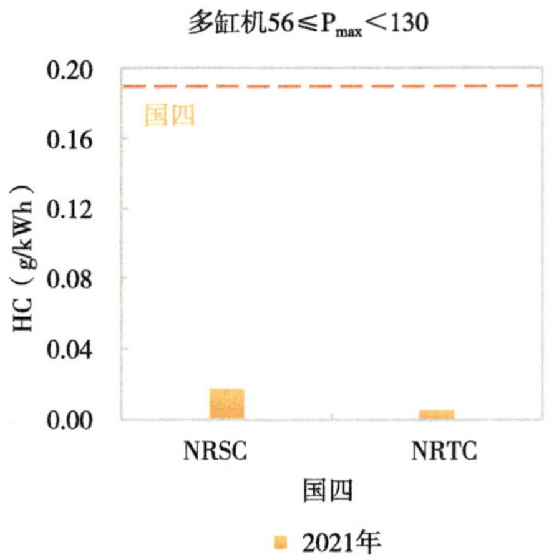
多缸机56≤P_{max}<130
0.20
0.16
0.12
0.08
0.04
0.00
HC（g/kWh）
国四
NRSC
NRTC
国四
2021年

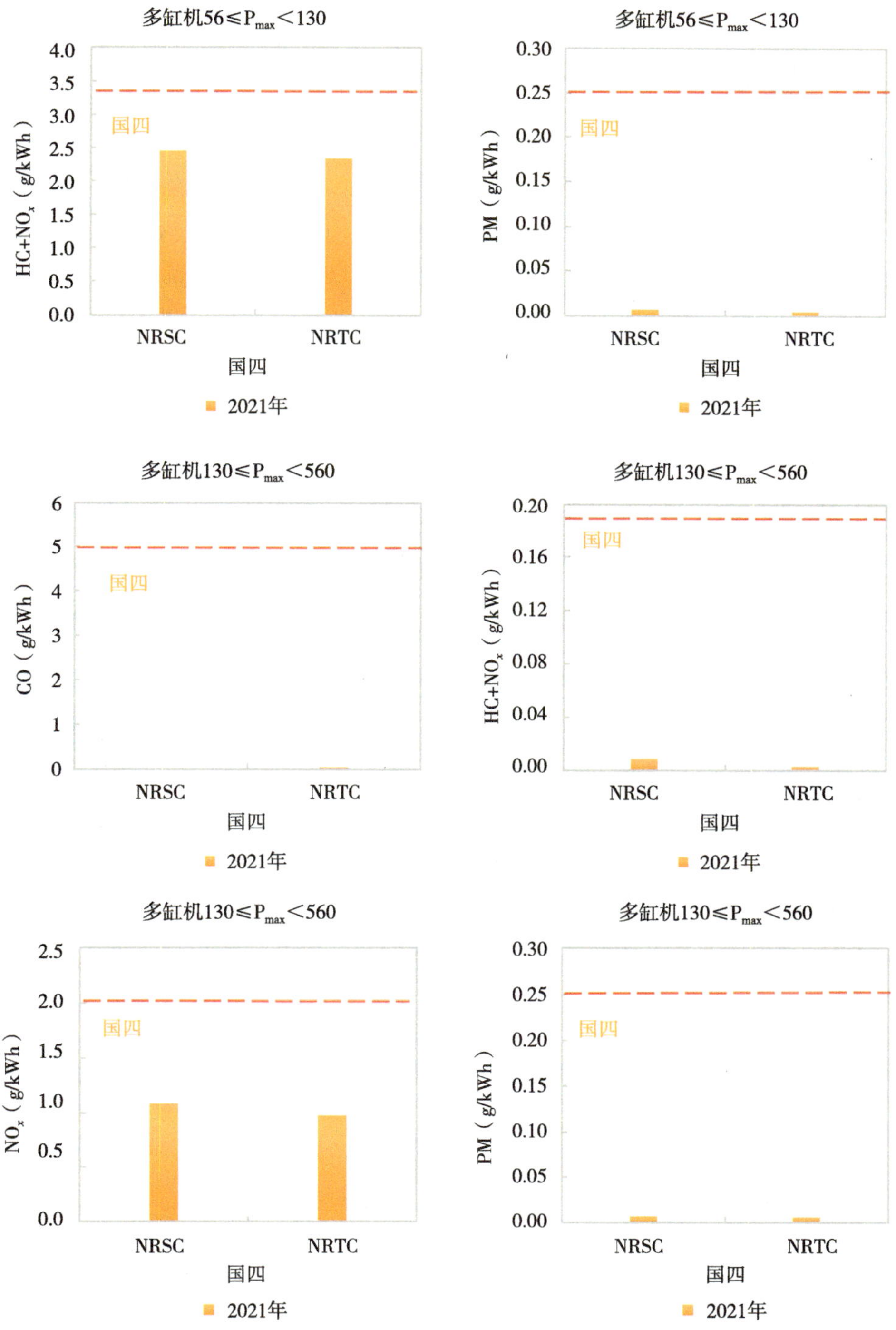

图 4-5　2021 年新生产国四排放阶段多缸机污染物排放情况

4.2 环保生产一致性检查

2015 年，大气污染防治法第五十二条规定，机动车、非道路移动机械生产企业应当对新生产的机动车和非道路移动机械进行排放检验；省级以上人民政府生态环境主管部门可以通过现场检查、抽样检测等方式，加强对新生产、销售机动车和非道路移动机械大气污染物排放状况的监督检查。按照该条规定，我国初步建立了非道路移动机械生产一致性检查制度。

2018 年 12 月，生态环境部等 11 部门联合发布《关于印发〈柴油货车污染治理攻坚战行动计划〉的通知》（环大气〔2018〕179 号），要求各地要加强对新生产销售发动机和非道路移动机械的监督检查，重点查验污染控制装置、环保信息标签等，并抽测部分机械机型排放情况。各省（区、市）对在本行政区域内生产（进口）的发动机和非道路移动机械主要系族的年度抽检率达到 60%，覆盖全部生产（进口）企业，重点区域达到 80%；对在本行政区域销售但非本行政区域内生产的非道路移动机械主要系族的年度抽检率达到 50%，重点区域达到 60%。

为贯彻落实《大气法》《柴油货车污染治理攻坚战行动计划》有关要求，各地积极开展新生产非道路移动机械环保一致性检查工作，取得积极成效。

（1）山东省

自 2017 年起，山东省每年对辖区内新生产、销售的非道路移动机械生产企业进行环保达标及一致性核查，实现生产企业和主要销售品牌全覆盖，从源头上有效预防了排放不达标车辆和机械流入市场。

2019 年 12 月，山东省人大常委会审议通过《山东省非道路移动机械排气污染防治规定》，成为全国首例专门为非道路移动机械排气污染防治量身制定的省级政府规章。该规定的出台为加强非道路移动机械排气污染防治工作起到极大的政策保障作用。

截至2021年年底，共开展非道路移动机械生产、销售企业核查288家次，覆盖339个机型系族。核查内容包括环保信息公开的合规性、污染控制装置的一致性及排放达标的稳定性，其中排放达标的稳定性测试主要围绕重点核查企业的可疑机械进行自由加速烟度测试和发动机台架测试开展。2017年以来，山东省通过开展生产一致性检查，共发现相关问题1 000余例，对于环保信息公开内容和环保信息标签不规范、机械环保信息未上传等问题，均已帮助企业限时整改，对违法生产超过污染物排放标准的8家非道路移动机械生产企业，按照《大气法》的相关规定进行了行政处罚，共处罚金434万余元。

（2）山西省

自2019年以来，山西省生态环境厅按照《关于开展机动车和非道路移动机械环保信息公开工作的公告》（国环规大气〔2016〕3号）要求，每年赴太原、大同、长治等城市开展非道路移动机械生产环节环保一致性监督检查，切实加强源头监管，严厉打击新生产非道路移动机械环保不达标等违法行为。

一是严格落实《柴油货车污染治理攻坚战行动计划》有关要求，每年对辖区内所有非道路移动机械企业的全部机械系族进行环保生产一致性检查，通过重点查验机械污染控制装置、环保信息标签等方式，对全地面起重机、轮胎起重机、自走式玉米收获机、履带式液压挖掘机等所有国三重点机型进行核查。二是推动建立企业交流平台，针对生产一致性检查中发现的企业环保信息公开意识不足、工作不规范的现状，及时跟进，通过交流咨询平台进行点对点指导帮扶，进一步推进企业信息公开工作进度。三是加大对非道路移动机械生产企业的宣贯教育，进一步落实企业主体责任，主动强化环保生产一致性管控，并定期进行信息公开自查自检，确保按要求真实、准确、及时、完整公开非道路移动机械环保信息。

（3）北京市

一是推进立法程序，优化顶层设计。2020 年 1 月，北京市人大常委会审议通过了《北京市机动车和非道路移动机械排放污染防治条例》，该条例细化了《大气法》中关于非道路移动机械排放管理的内容，明确了在北京市新生产、销售的非道路移动机械的发动机、污染控制装置、车载排放诊断系统、远程排放管理车载终端等设备和装置应当符合相关环保标准，为非道路移动机械生产一致性监督检查和执法提供了法律依据。二是落实准入管理，加强源头管控。北京市建立了针对京内销售的非道路移动机械准入机制，北京市生态环境局定期审核并发布北京市销售机械目录，对销售未纳入目录的机动车和非道路移动机械的企业依法进行处罚。三是强化达标监管，加强机型抽查。对照《柴油货车污染治理攻坚战行动计划》有关要求，针对北京市内非道路移动机械生产销售企业开展环保一致性监督检查，做到重点企业与机型全覆盖。四是建立跨区域协同机制，加强沟通协调。北京、天津、河北三地生态环境部门建立非道路移动机械生产一致性协同管理机制，从定期会商、联动执法、联合检查、联合督查和信息共享等方面，推进联合执法。

4.3 编码登记

2021 年，我国有 31 个省（区、市）已开展非道路移动机械编码登记工作。2021 年我国 31 个省（区、市）地方平台向国家平台上传非道路移动机械编码登记数据 71.8 万条，实施编码登记以来累计上传非道路移动机械编码登记数据 259.5 万条。

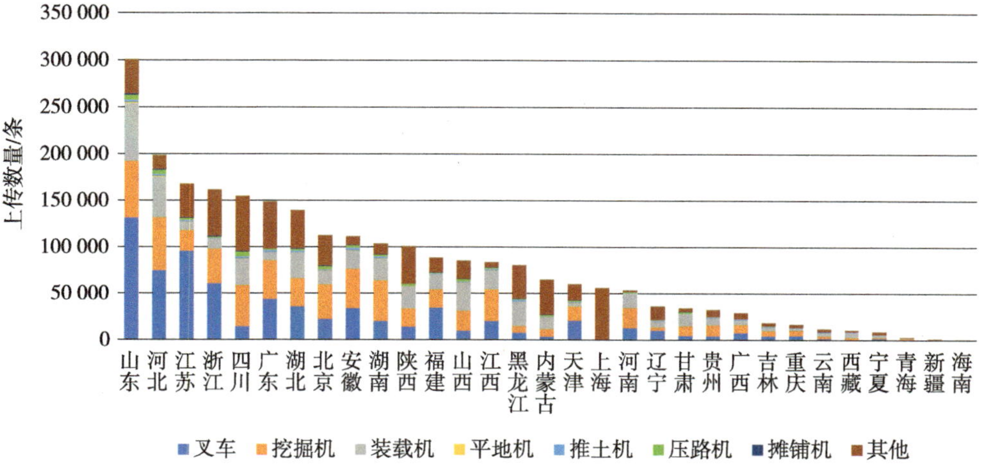

图 4-6 各省级行政区（区、市）编码登记机械构成及上传数量

全国已登记的机械类型构成如图 4-7 所示。国三占比最大，为 34.8%，其次为排放阶段为 X 的，即排放阶段不详的占 30.1%，国二阶段的占比为 21.1%，其余排放阶段的占比较小。从各省已登记的机械排放阶段构成来看，上海、河南、北京国二及以前排放阶段机械占比较低，占比分别为 31.1%、33.0%、36.3%；江苏、北京、海南电动机械占比较高，占比分别为 24.9%、20.8%、19.2%。

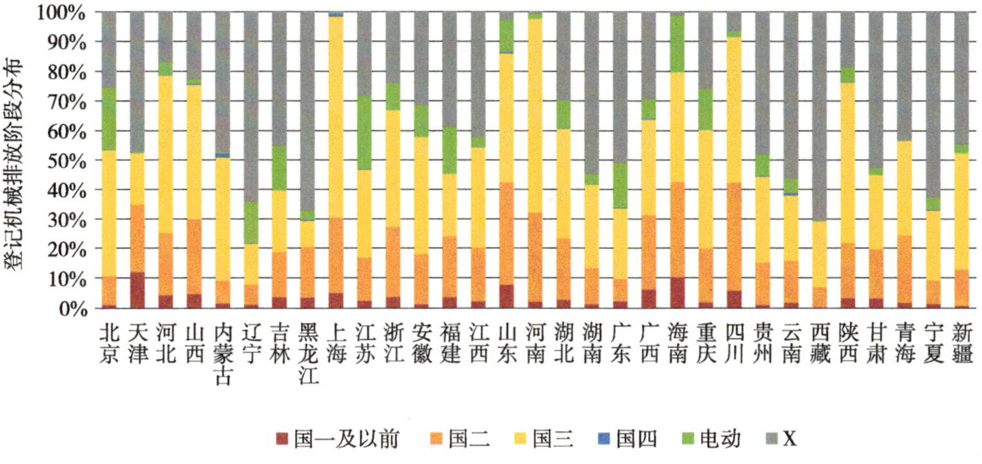

图 4-7 各省（区、市）非道路移动机械编码登记上传数据排放阶段构成

非道路移动机械编码登记为电动的机械种类主要包括叉车、机场地勤设备（飞机牵引车、摆渡车、旅客舷梯车、食品车、污水车、清水车等）、空气压缩机、起重机、挖掘机、装载机、堆高机、推土机、升降平台车、港口场内车辆、洒水车等，其中叉车量最大，占比为62.8%。

4.4 排放控制区划定

根据《大气法》第六十一条的规定，城市人民政府根据当地大气环境质量状况，划定并公布禁止使用高排放非道路移动机械的区域（以下简称“排放控制区”）。截至2021年年底，共有314个地级以上城市划定排放控制区，部分城市已经进行了低排放控制区修订工作，对低排放控制区内的非道路移动机械开展环保信息公开情况和编码登记查验、烟度和油品抽测等监督执法。

表4-2 地级及以上城市非道路移动机械排放控制区划定情况表

序号	省（区、市）	城市
1	北京	北京
2	天津	天津
3	河北	石家庄、唐山、秦皇岛、邯郸、邢台、保定、张家口、承德、沧州、廊坊、衡水
4	山西	太原、大同、阳泉、长治、晋城、朔州、晋中、运城、忻州、临汾、吕梁
5	内蒙古	呼和浩特、包头、乌海、赤峰、通辽、鄂尔多斯、呼伦贝尔、巴彦淖尔、乌兰察布、锡林郭勒、阿拉善、兴安盟
6	辽宁	沈阳、大连、鞍山、抚顺、本溪、丹东、锦州、营口、阜新、辽阳、盘锦、铁岭、朝阳、葫芦岛
7	吉林	长春、吉林、四平、辽源、通化、白山、松原、白城、梅河口、延边
8	黑龙江	哈尔滨、齐齐哈尔、鸡西、鹤岗、双鸭山、大庆、伊春、佳木斯、七台河、牡丹江、黑河、绥化、大兴安岭

续表

序号	省（区、市）	城市
9	上海	上海
10	江苏	南京、无锡、徐州、常州、苏州、南通、连云港、淮安、盐城、扬州、镇江、泰州、宿迁
11	浙江	杭州、宁波、温州、嘉兴、湖州、绍兴、金华、衢州、舟山、台州、丽水
12	安徽	合肥、芜湖、蚌埠、淮南、马鞍山、淮北、铜陵、安庆、黄山、滁州、阜阳、宿州、六安、亳州、池州、宣城
13	福建	福州、厦门、莆田、三明、泉州、漳州、南平、龙岩、宁德
14	江西	南昌、景德镇、萍乡、九江、新余、鹰潭、赣州、吉安、宜春、抚州、上饶
15	山东	济南、青岛、淄博、枣庄、东营、烟台、潍坊、济宁、泰安、威海、日照、临沂、德州、聊城、滨州、菏泽
16	河南	郑州、开封、洛阳、平顶山、安阳、鹤壁、新乡、焦作、濮阳、许昌、漯河、三门峡、南阳、商丘、信阳、周口、驻马店
17	湖北	武汉、黄石、十堰、宜昌、襄阳、鄂州、荆门、孝感、荆州、黄冈、咸宁、随州、恩施
18	湖南	长沙、株洲、湘潭、衡阳、邵阳、岳阳、常德、张家界、益阳、郴州、永州、怀化、娄底、湘西
19	广东	广州、韶关、深圳、珠海、汕头、佛山、江门、湛江、茂名、肇庆、惠州、梅州、汕尾、河源、阳江、清远、东莞、中山、潮州、揭阳、云浮
20	广西	南宁、柳州、桂林、梧州、北海、防城港、钦州、贵港、玉林、百色、贺州、河池、来宾、崇左
21	海南	海口、三亚、儋州
22	重庆	重庆
23	四川	成都、自贡、攀枝花、泸州、德阳、绵阳、广元、遂宁、内江、乐山、南充、眉山、宜宾、广安、达州、雅安、巴中、资阳
24	贵州	贵阳、六盘水、遵义、安顺、毕节、铜仁、黔西南、黔东南、黔南
25	云南	昆明、曲靖、玉溪、保山、昭通、丽江、普洱、临沧、楚雄、红河、文山、西双版纳、大理、德宏、怒江、迪庆

续表

序号	省（区、市）	城市
26	西藏	拉萨、日喀则、昌都、林芝、山南、那曲、阿里
27	陕西	西安、铜川、宝鸡、咸阳、渭南、延安、汉中、榆林、安康、商洛
28	甘肃	兰州、金昌、白银、天水、武威、张掖、平凉、酒泉、定西、临夏
29	青海	西宁
30	宁夏	银川、中卫、固原、石嘴山
31	新疆	乌鲁木齐、克拉玛依、哈密、昌吉、阿克苏、伊犁

5

工程机械排放控制技术

GONGCHENG JIXIE PAIFANG KONGZHI JISHU

柴油机机内控制技术包括增压中冷技术、废气再循环技术、电控喷射技术等；机外控制技术包括柴油机氧化催化技术（DOC）、颗粒物捕集技术（DPF）、选择性催化还原技术（SCR）等。

柴油机机内净化技术经历从机械控制到电控燃油系统，从单体泵到高压共轨，再到增压中冷技术以及EGR技术的应用，这些技术有效地改善了柴油机的燃烧过程，提高柴油机的动力性和经济性，有效降低了原机污染物的排放。随着标准的不断加严，柴油机的机外净化技术也越发复杂，从单一的DOC，再到SCR、DPF和ASC的加入，组合从DOC+DPF，到DOC+SCR再到DOC+DPF+SCR+ASC共同组成排气后处理系统。

5.1 国三机械排放控制技术

2015年10月1日起，非道路移动机械开始实施国三排放标准，以75～130 kW区间排放限值为例，NO_x排放水平较国二降低33.3%，PM排放水平无变化。从排放控制策略看，为了满足非道路移动机械国三标准，部分机械开始使用 EGR、DOC 等排放控制技术。根据 2017 年 7 月 1 日至 2021 年 12 月底道路移动机械环保信息公开数据统计，国三排放阶段的工程机械中，累计有 1.86 万机型、257.71 万台机械公开其环保信息。

单缸机主要应用于小功率非道路移动机械中，进行了信息公开的国三工程机械中，单缸机登记机型占总信息公开机械机型的 0.17%，占总国三信息公开机械台数的 0.01%。单缸机按照机型来看，额定净功率小于 8 kW 和 8～19 kW 的机械机型占比分别为 62.5% 和 37.5%。主要公开的机械类型是压路机，占比达到 85%。

国三单缸机目前绝大部分都未配备 EGR、DPF、SCR 等后处理装置，仅有少量机型安装了 DOC。单缸机相关信息见表 5-1。

表 5-1　单缸机与排放控制相关信息统计

功率段	P＜8 kW	8 kW≤Pmax＜19 kW
机型数	20	12
燃料喷射类型	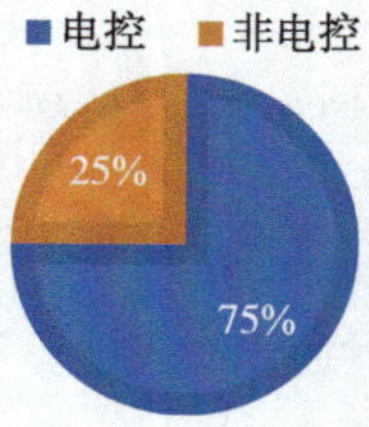	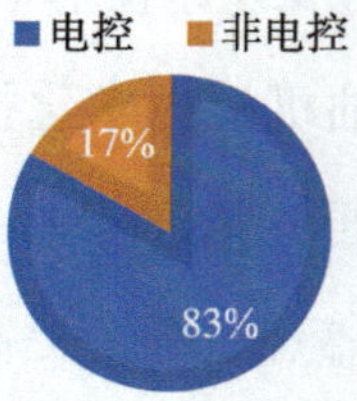
增压器配置情况	自然吸气	自然吸气
技术路线	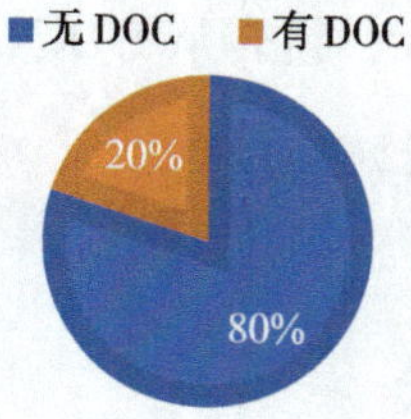	无机外后处理装置
主要应用场景	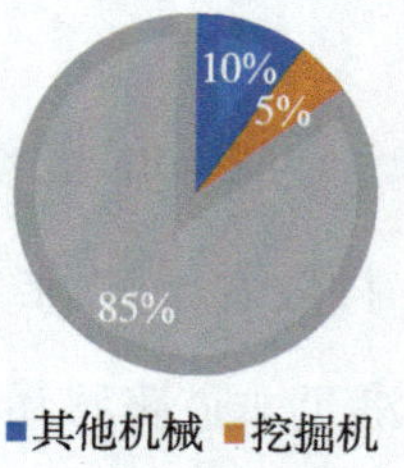	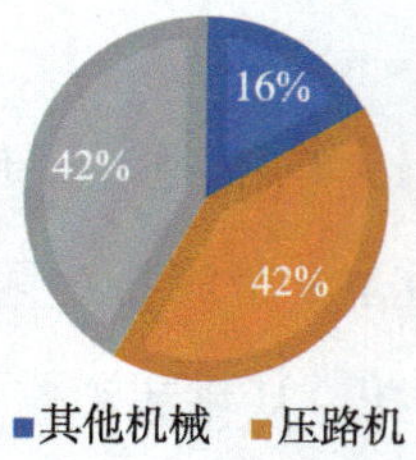

多缸机的应用更为广泛，涵盖所有功率段。进行了信息公开的国三排放阶段多缸机共有 1.86 万种机械机型、257.69 万台机械。其中四缸机机型占总机械机型的 67.1%，大于四缸的机械占总信息公开机械机型的 30.1%。

按机械类型来看（图 5-2），叉车进行信息公开的机型最多，其次为挖掘机，分别占进行了信息公开的机械机型的 32.4% 和 25.1%。叉车额定净功率为 8～560 kW 均有产品，挖掘机在各功率段均有产品。

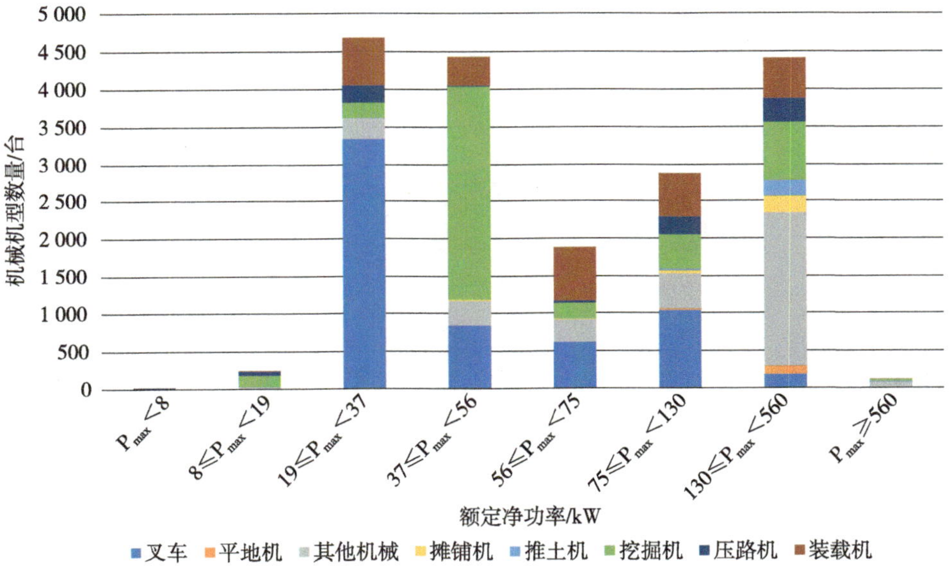

图 5-2　国三阶段分机械类型的已信息公开机械机型数量

按照发动机气缸数量来看（表 5-2），燃料喷射技术上，4 缸机及以上大部分机械均采用电控喷油。而小于 4 缸发动机的机械，主要为非电控方式。而且随着发动机气缸数增加，采用增压器的占比也逐渐增加。2 缸机均为自然吸气，而 4 缸以上机型 99% 采用增压器。EGR 方面，2 缸机均无 EGR，随着发动机缸数增加，使用 EGR 的机型占比也在增加，3 缸机中 5% 机型装配有 EGR，4 缸及以上发动机，有 10% 左右安装有 EGR。大部分机型未安装 DOC，仅有 4% 左右的 3 缸机以及 0.18% 的 4 缸机安装 DOC。

表 5-2　国三机械不同缸数排放控制路线对比

<table>
<tr><th>缸数</th><th>2 缸</th><th>3 缸</th><th>4 缸</th><th>>4 缸</th></tr>
<tr><td>机型数</td><td>5</td><td>453</td><td>12 532</td><td>5 650</td></tr>
<tr><td>清单数</td><td>12</td><td>56 136</td><td>1 717 092</td><td>803 673</td></tr>
<tr><td>功率段占比</td><td>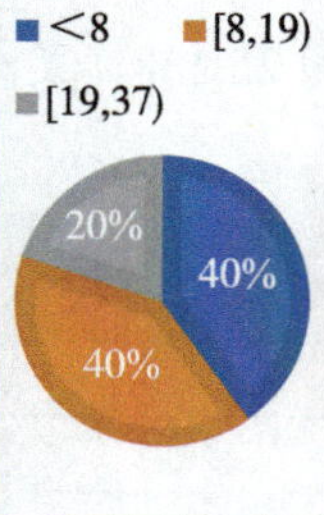
</td><td>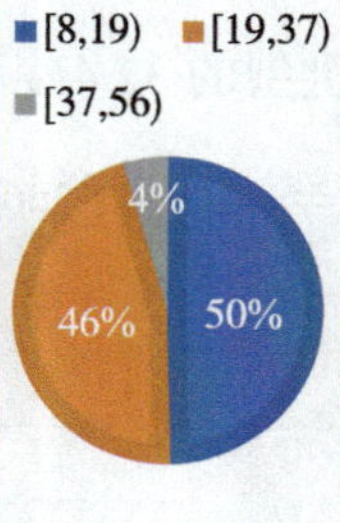
</td><td>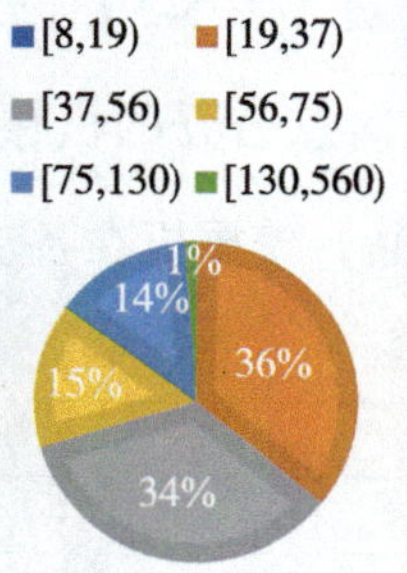
</td><td>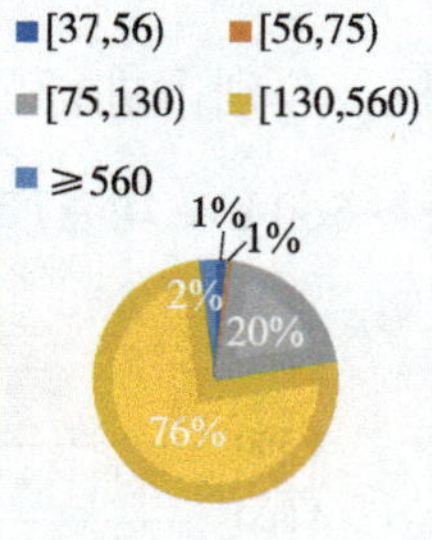
</td></tr>
<tr><td>燃料喷射类型</td><td>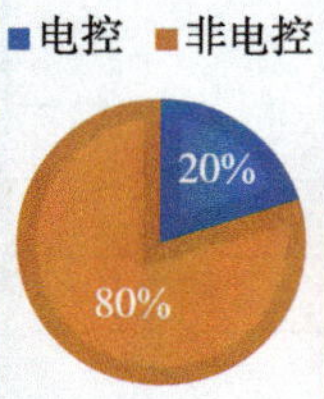
</td><td>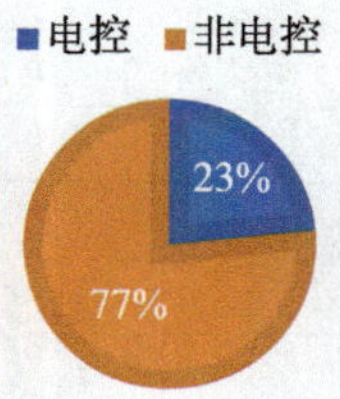
</td><td>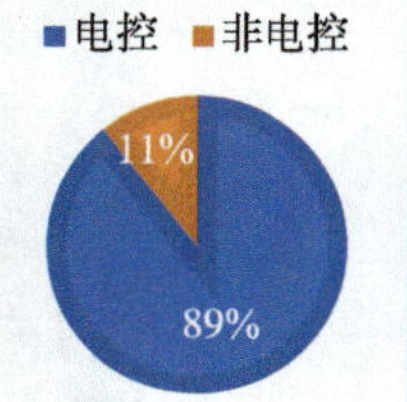
</td><td>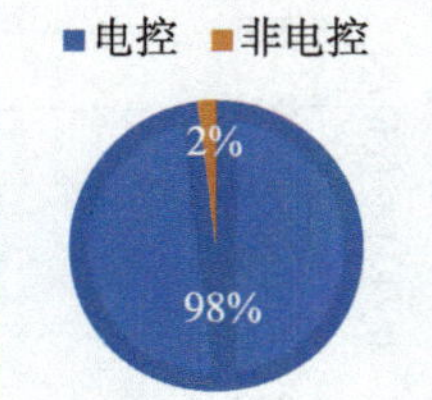
</td></tr>
<tr><td>增压器配置情况</td><td>均为自然吸气</td><td>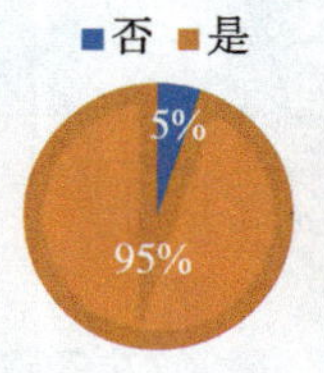
</td><td>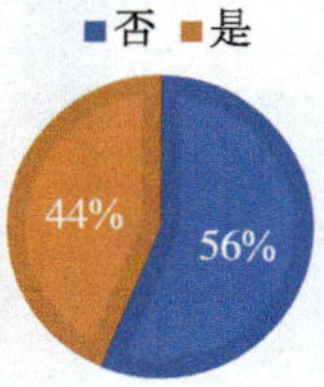
</td><td>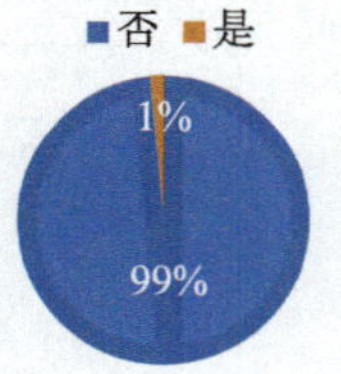
</td></tr>
<tr><td>后处理技术路线</td><td>均无</td><td>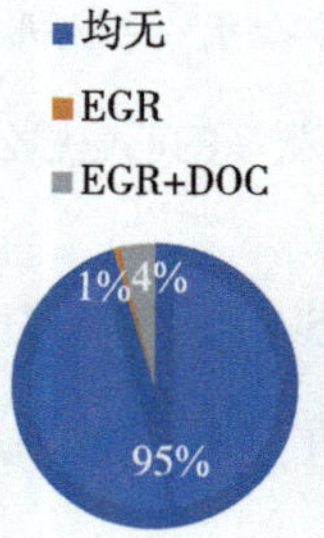
</td><td>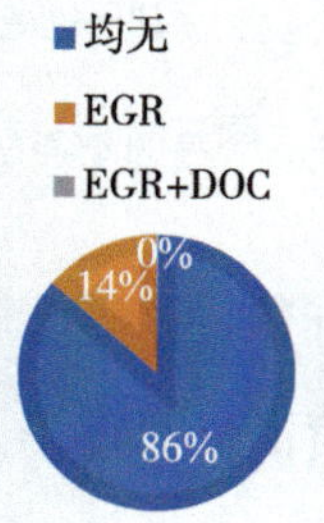
</td><td>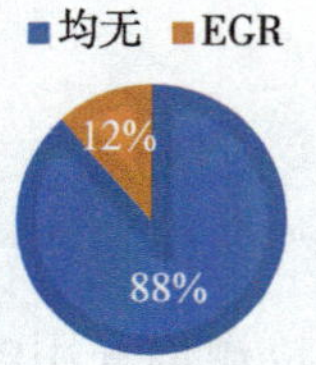
</td></tr>
</table>

不同额定净功率段的机型的排放控制技术见表 5-3。国三阶段污染排放限值相对宽松，不需要 SCR 或者 DPF。对于额定净功率 P_{max}<8 kW、8～19 kW、19～37 kW 的小功率机械，仍有 32%、88%、22% 的机型采用非电控的燃料喷射方式，且几乎均为自然吸气。P_{max}<8 kW 的机型中，有 18% 的机型安装 DOC，

其他机型没有任何后处理技术。

随着功率增大（P_{max}＞37 kW），90% 以上机型采用电控喷油的方式。采用涡轮增压的机型也迅速增高。P_{max}＞75 kW 的机型，均采用涡轮增压。后处理技术方面，13%～31% 的机型采用 EGR 进行机内净化，P_{max} 为 37～56 kW 和 75～130 kW 的机型中，分别有 1% 左右的机型采用 EGR+DOC 的排放控制技术路线。大部分机型不需要安装后处理技术也可以满足法规排放要求。

表 5-3　不同额定净功率段的排放控制技术

排放控制技术	燃料喷射类型	增压器配置情况	后处理技术路线
P_{max}＜8	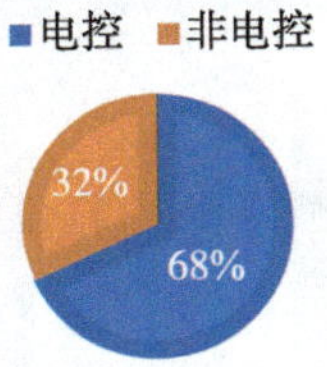	均为自然吸气	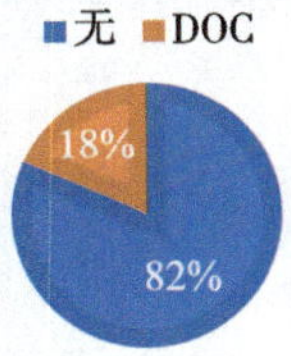
8≤P_{max}＜19	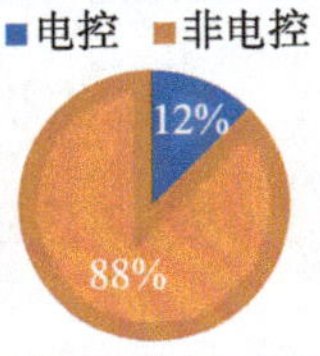	均为自然吸气	均无
19≤P_{max}＜37	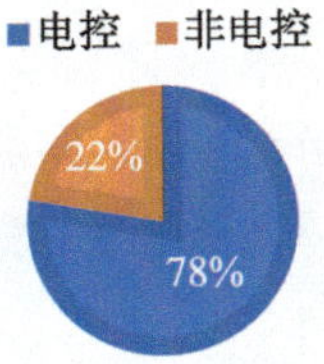	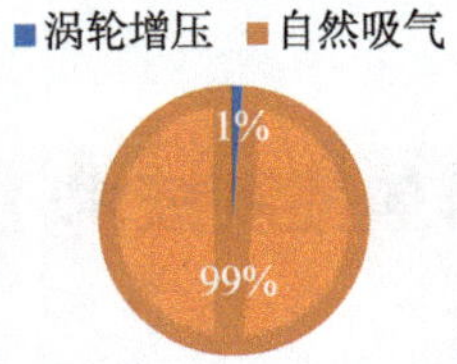	仅有 0.17% 机型采用 EGR，其他均无
37≤P_{max}＜56	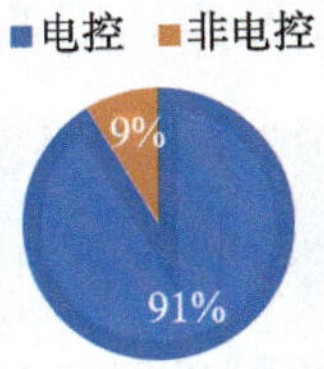	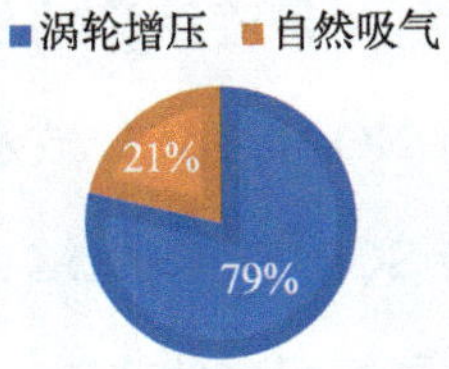	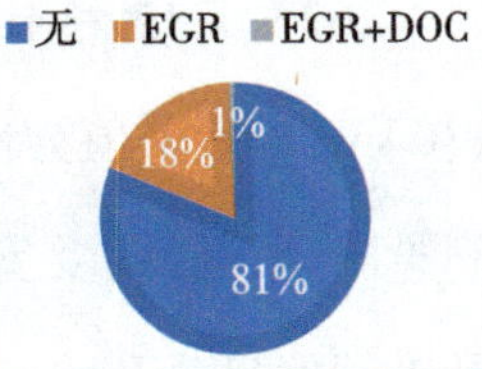
56≤P_{max}＜75	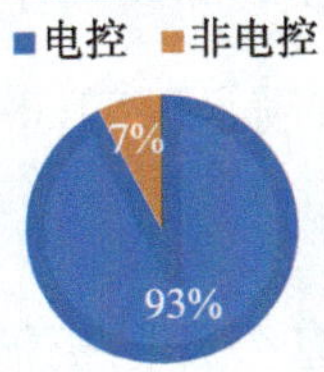	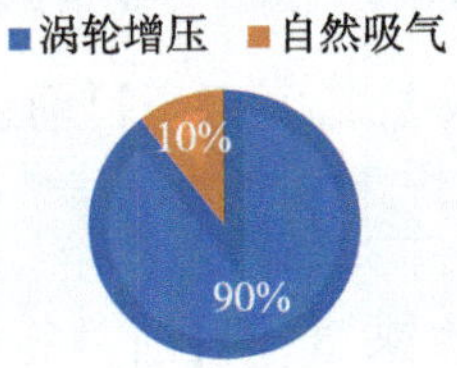	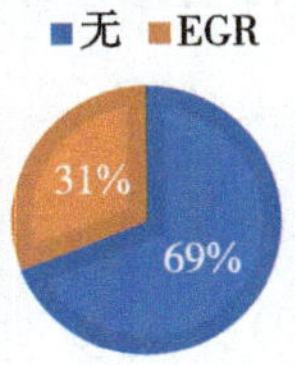

续表

排放控制技术	燃料喷射类型	增压器配置情况	后处理技术路线
$75 \leqslant P_{max} < 130$	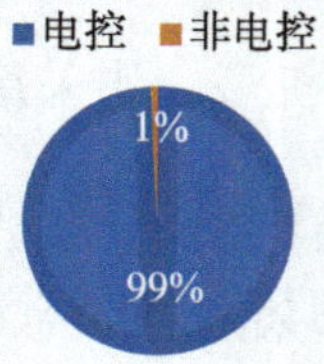	均为涡轮增压	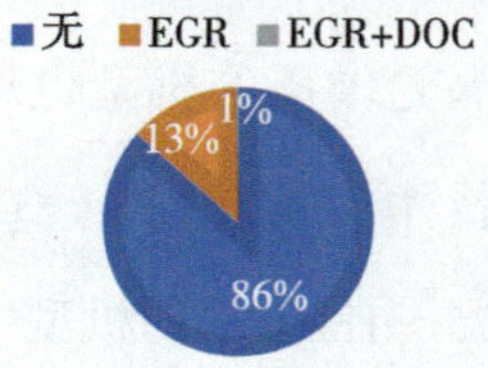
$130 \leqslant P_{max} < 560$	均为电控	均为涡轮增压	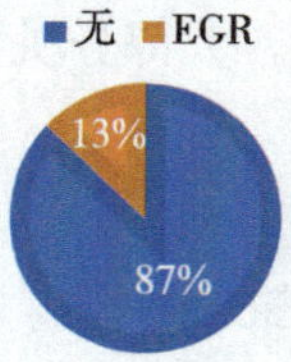
$P_{max} \geqslant 560$	均为电控	均为涡轮增压	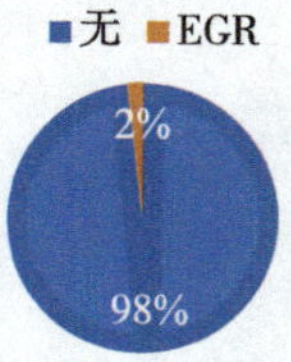

综上，进行信息公开的国三机械机型中，87.2% 的机械机型通过电控喷油和涡轮增压就可以做到排放水平达标，12.5% 安装了 EGR，极少部分机械（0.2%）同时安装 DOC。

5.2 国四机械排放控制技术

2022 年 12 月 1 日起，非道路移动机械开始实施国四排放标准，以 75～130 kW 排放限值为例，NO_x 和 PM 排放水平分别降低 17.5%、91.2%；从排放控制策略来说，需要安装 SCR+DPF+DOC 才能使排放合格。截至 2022 年 7 月底，已进行信息公开的符合国四标准的非道路移动机械机型有 1 783 个，公开的机械数有 1.85 万台，均为多缸机。截至目前还没有满足国四标准的单缸及 2 缸机进行信息公开。

从不同额定净功率来看，目前进行了信息公开的机械机型额定净功率段

（P_{max}）主要为 19～37 kW，占比达 66%；其次是 P_{max} 为 130～560 kW 的机型，占比为 13.3%；还未有 P_{max}<8<kW 以及 P_{max}>560 kW 的机械进行信息公开。具体功率段机型占比见图 5-3。从机械类型来看，主要登记机械类型为叉车，占总公开机型的 64.9%，其次是挖掘机，占总公开机型的 13.1%。

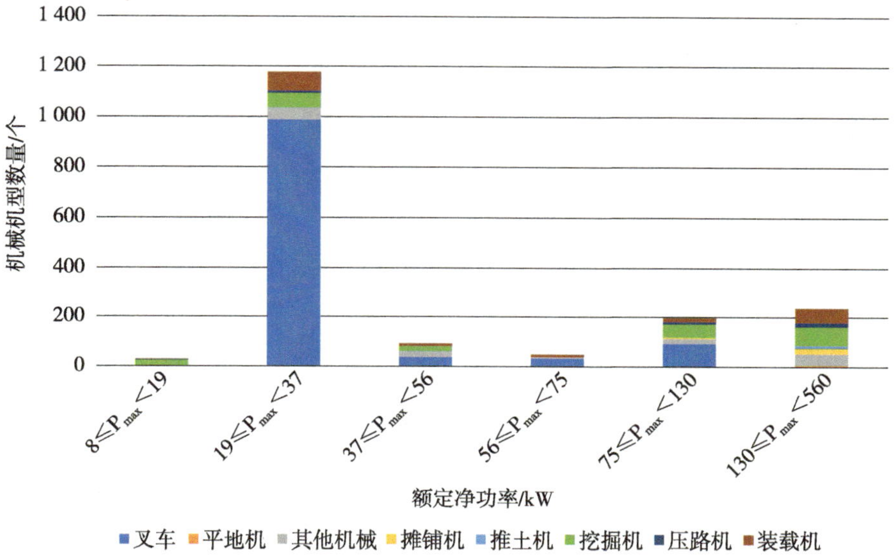

图 5-3 国四阶段分机械类型的已信息公开机械机型数量

国四阶段对于 P_{max}<37 kW 的并未加严排放限值，所以目前已公开机型中，几乎全部没有安装后处理技术。由于 P_{max}>37 kW 功率段的 PM 限值大幅加严至 0.025 g/（kW·h），所以此功率段的机械均安装了 DPF。NO_x 的限值相对宽松，14.8% 的机械机型安装 SCR，19.1% 的机型安装了 EGR。对于处在中间功率段（37～75 kW）的机械，全部采用的 EGR+DOC+DPF 的后处理技术路线。对于大功率机械来说，使用 SCR 的比例逐渐增加，P_{max} 为 75～130 kW 的机械中，虽然 73% 采用 EGR+DOC 控制 NO_x，但是已有 27% 采用 SCR 技术。到 P_{max} 为 130～560 kW 的机械中，79.3% 机型的机械采用 DPF+SCR，9.7% 机型的机械采用 EGR+DOC+DPF+SCR。具体比例见表 5-4。

表 5-4　国四标准不同额定净功率段的排放控制技术

排放控制技术	燃料喷射类型	增压器配置情况	后处理技术路线
$8 \leqslant P_{max} < 19$	均为非电控	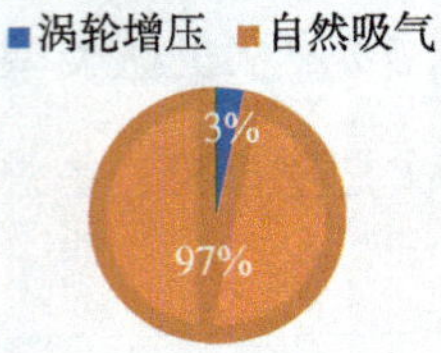	均无
$19 \leqslant P_{max} < 37$	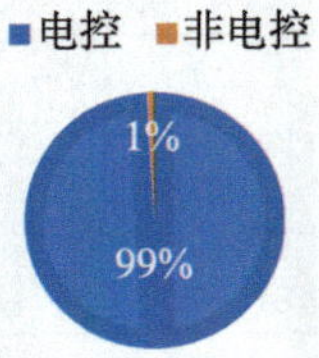	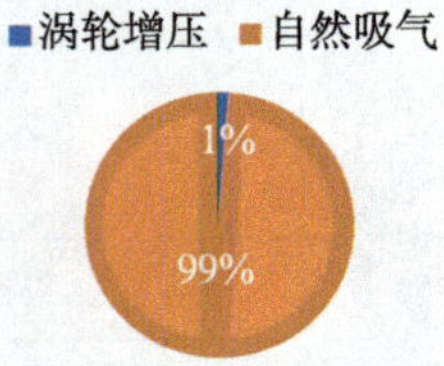	仅有 0.17% 采取 EGR+DOC，其他均无
$37 \leqslant P_{max} < 56$	均为电控	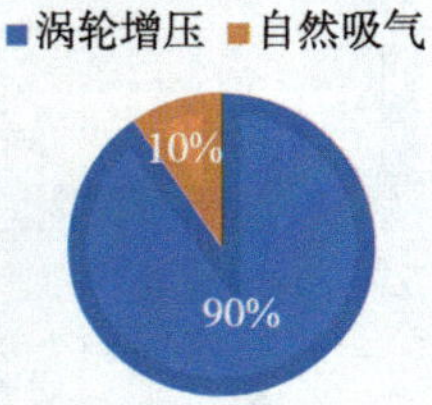	全部为 EGR+DOC+DPF
$56 \leqslant P_{max} < 75$	均为电控	均为涡轮增压	全部为 EGR+DOC+DPF
$75 \leqslant P_{max} < 130$	均为电控	均为涡轮增压	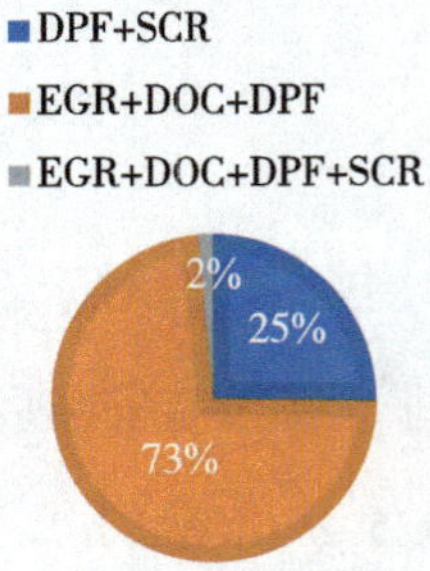
$130 \leqslant P_{max} < 560$	均为电控	均为涡轮增压	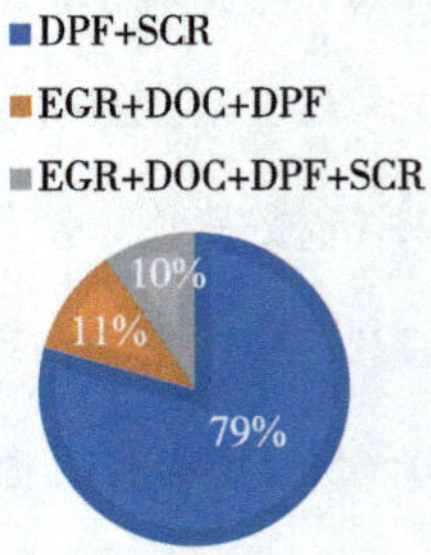

5.3 排放远程在线监控

非道路移动机械排放远程监控是未来非道路移动机械排放管理的重要手段，可实现非道路移动机械排放监测、超标预警和精准定位，极大提高非道路移动机械排放监管效率。2018 年底，生态环境部等多部委联合发布《柴油货车污染治理攻坚战行动计划》，在第三章第十四条中明确提出：推进工程机械安装精准定位系统和实时排放监控装置，2020 年年底前，新生产、销售的工程机械应按标准规定进行安装；进入重点区域城市划定的禁止使用高排放非道路移动机械区域内作业的工程机械，鼓励安装精准定位系统和实时排放监控装置，并与生态环境部门联网。

2018 年 8 月发布《非道路移动机械污染防治技术政策》，第七条中提出要推广排放远程监控技术，利用信息技术的进步和发展，通过安装卫星定位及远程排放监控装置、电子围栏平台建设、数据库动态分析等方法，逐步实现对各类非道路移动机械的远程排放监控。

2020 年，生态环境部发布《非道路柴油移动机械污染物排放控制技术要求》（HJ 1014—2020），规定了第四阶段非道路移动机械排放控制要求；明确了包括车载终端、通讯协议等非道路移动机械远程监控的技术内容。

2021 年 3—7 月，启动非道路移动机械远程排放服务与管理国家平台（以下简称平台）一期建设，包含对非道路移动机械远程排放车载终端所发送的数据进行收集、处理、转发、展示和管理功能（图 5-4）。

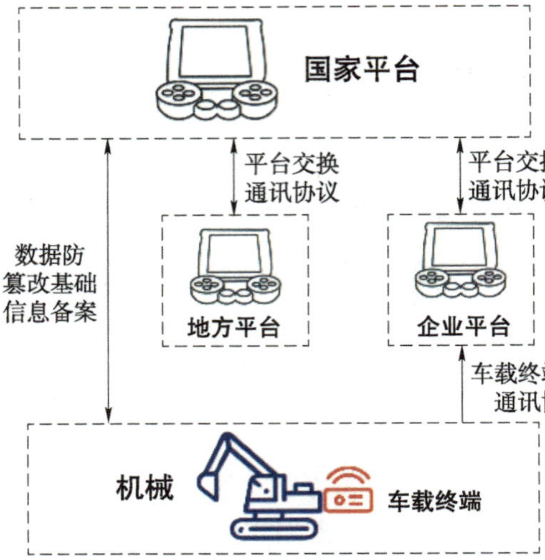

图 5-4 非道路移动机械远程排放服务与管理系统架构图

2021 年 7—12 月，平台进入一期试运行阶段。开展与部分地方平台和企业平台数据对接和转发工作，完成平台相关功能全流程验证，通过生态环境部信息系统管理安全测试，具备投入运行的基本条件。

2022 年 1 月至今，平台进入正式运行阶段。截至 2022 年 7 月 31 日，接入联网机械共计 541 台，联网企业 40 家，为今年 12 月 1 日全国统一实施非道路移动机械第四阶段排放标准打下坚实基础。

附　录

FULU

附录 1　美国工程机械排放标准简介

20 世纪 90 年代，修订《清洁空气法》，赋予美国国家环境保护局（U.S Environmental Protection Agency，EPA）控制非道路移动污染源的权力，将不以在公路上载人和载货为目的用途的移动机械设备划入非道路移动污染源。

（1）法规发展历程

美国对非道路移动源的大气污染控制，是从排放分担率最大的非道路移动机械用柴油机开始，属于该类别的有农业机械（如拖拉机）、工程机械（如挖掘机）、物料输送机械（如重型叉车）、多用机械（如发电机和泵）。

1994 年，EPA 发布了非道路移动机械用柴油机第一阶段排放标准（Tier1），这是美国第一套非道路移动源排放标准。该标准适用于 37～560 kW 功率范围的发动机，并在 1996—2000 年根据发动机功率段不同被逐步实施，减少了上述发动机 30% 的 NO_x 排放。其间 EPA 又补充了 37 kW 以下和 560 kW 以上功率段的第一阶段排放控制要求，并把 37kW 以下的船舶主机和辅机纳入该标准，1999—2000 年逐步实施。至此，该法规覆盖了非道路移动机械用的全部功率段柴油机。

1998 年，EPA 发布了第二和第三阶段排放标准（Tier2 和 Tier3）。2001—2006 年分功率逐步实施了 Tier2 排放标准，2006—2011 年分功率逐步实施了 Tier3 排放标准。这些标准在 Tier1 的基础上使 NO_x 和 PM 排放均分别再降低 60% 左右。2004 年 EPA 发布了第四阶段排放标准（Tier4），该标准在 2008—2015 年分功率逐步实施。到 2015 年，美国的非道路移动机械用柴油机全部实施第四阶段排放法规，与 Tier3 相比，部分功率段的 PM 和 NO_x 限值加严了 90%。

（2）适用范围

非道路移动机械用柴油机，功率小于 37 kW 船用柴油机。

（3）排放限值

美国非道路移动机械用柴油机各阶段排放限值及其实施时间如附图 1-1 所示。

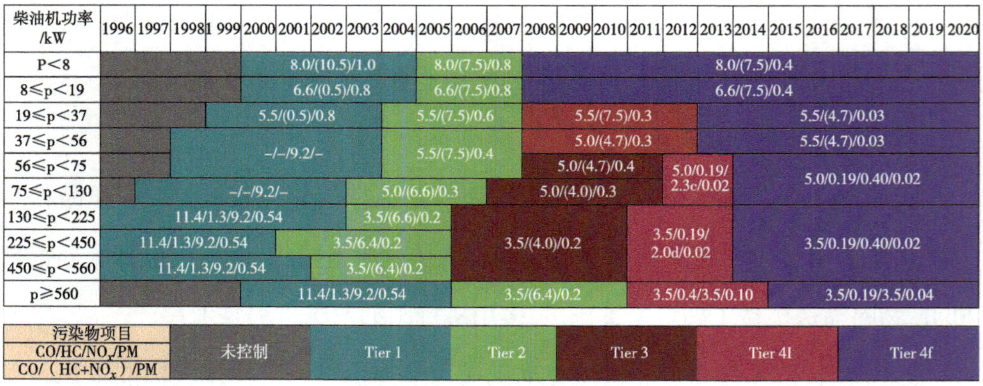

附图 1-1　美国非道路移动机械用柴油机各阶段排放限值及其实施时间

（4）测量方法

测量方法方面，第一～第三阶段排放法规采用的是发动机稳态测量工况（见附图 1-2）；从第四阶段开始，在稳态工况的基础上增加了瞬态工况（NRTC，见附图 1-3）测试要求，更接近于发动机实际使用中的状态。瞬态循环需进行一次冷启动循环和一次热启动循环，排放结果按照冷启动循环下测量结果占 5% 和热启动循环下测量结果占 95% 进行加权计算。大于 560kW 的柴油机仍采用稳态工况。

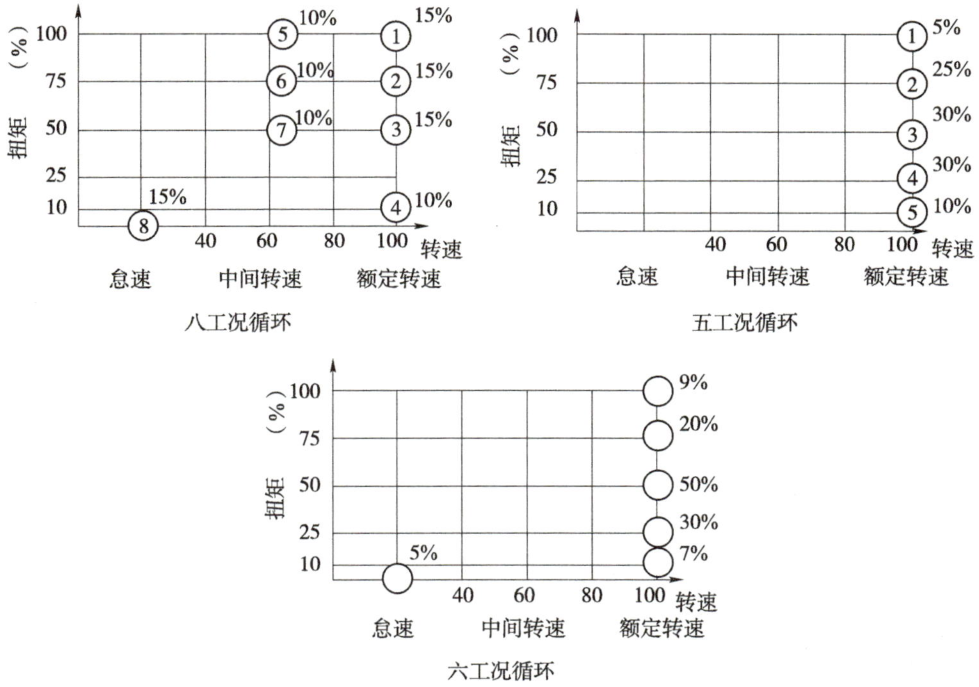

附图 1-2 非道路移动机械用柴油机稳态试验循环

①八工况循环（ISO8178-4 的 C1 循环），适用于非恒定转速柴油机。

②五工况循环（ISO8178-4 的 D2 循环），适用于恒定转速柴油机。

③六工况循环（ISO8178-4 的 G2 循环），适用于小于 19kW 的非恒定转速柴油机。

④四工况循环（ISO8178-4 的 E1 循环），适用于内河船机。

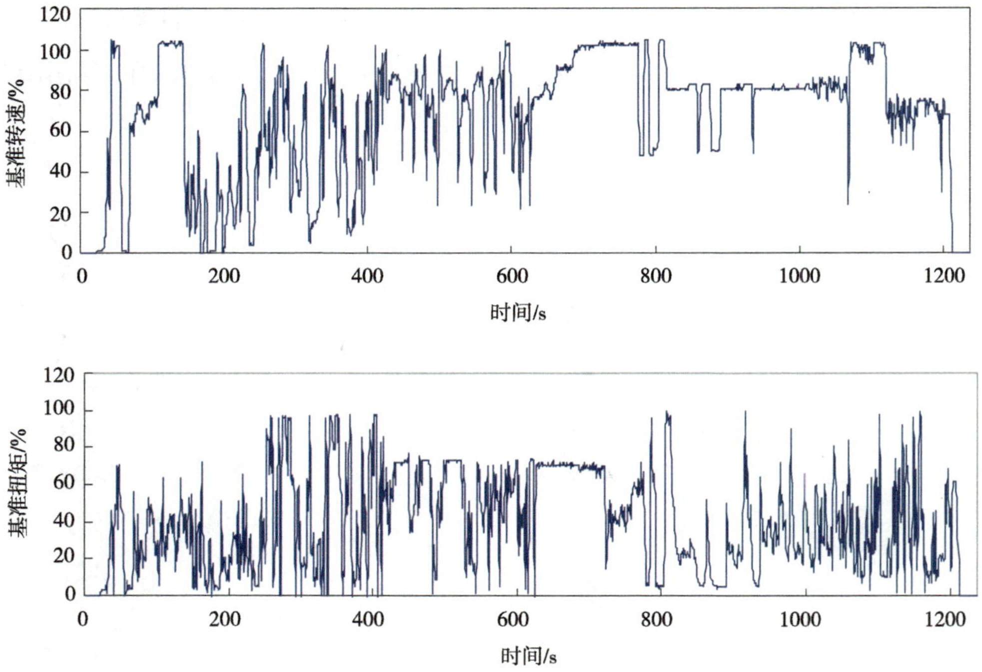

附图 1-3　非道路移动机械用柴油机 NRTC 循环

（5）有效寿命、召回期和质保期

1）有效寿命（useful life）

EPA 的有效寿命与欧盟基本是一样的，只是因为控制范围的不同，增加了 19 kW 以下发动机的有效寿命规定。同时有效寿命还有年限的规定，小时数和年限，以先到为准。耐久试验时间为柴油机有效寿命的 20%～30%，一般选取 25%。通过耐久性试验确定劣化系数。在整个试验过程中至少测试 3 次排放，即 0 小时、中间小时、耐久试验结束时，根据最小二乘法计算劣化系数，有效寿命的规定见附表 1-1。

附表 1-1 有效寿命的规定

功率 /kW	工作特性	额定转速	有效寿命	
			时间 /h	年限 /a
P<19	恒速 / 非恒速	任何转速	3 000	5
19≤P<37	恒速	≥3 000	3 000	5
	恒速	<3 000	5 000	7
	非恒速	任何转速		
P≥37	恒速 / 非恒速	任何转速	8 000	10

2）召回期（recall）

标准中规定，根据发动机的额定功率和额定转速确定需要召回检测的周期。召回发动机的类型不需要考虑发动机实际使用的年限或工作时间。

①对于额定功率小于 19 kW 的所有发动机、额定功率小于 37 kW 并且额定转速大于或等于 3 000 r/min 的恒速发动机，需要召回检测的周期是 2 250 h 或 4 a，以先到者为准。

②对于额定功率大于或等于 19 kW 并小于 37 kW 的所有其他发动机，需要召回检测的周期是 3 750 h 或 5 a，以先到者为准。

③对于额定功率大于或等于 37 kW 的所有发动机，需要召回检测的周期是 6 000 h 或 7 a，以先到者为准。

关于召回期的规定见附表 1-2。

附表 1-2 召回期的规定

功率 /kW	工作特性	额定转速	召回期	
			时间 /h	年限 /a
P<19	恒速 / 非恒速	任何转速	2 250	4
19≤P<37	恒速	≥3 000	2 250	4
	恒速 / 非恒速	任何转速	3 750	5
P≥37	恒速 / 非恒速	任何转速	6 000	7

3）质保期（warranty）

根据美国《空气清洁法》和 PART 89 标准规定，生产企业对其产品应提供相应的担保期：对于额定功率小于 19 kW 的所有发动机和额定功率小于 37 kW、额定转速超过 3 000 转的恒速发动机是 1 500 h 或 2 a，以先到者为准；对于其他发动机是 3 000 h 或 5 a，以先到者为准。如果生产企业对一些部件有较长质保期（收费或免费），则对这些部件的排放相关保证也应延长该质保期。详细规定见附表 1-3。

附表 1-3　质保期规定

<table>
<tr><th rowspan="2">功率 /kW</th><th rowspan="2">工作特性</th><th rowspan="2">额定转速</th><th colspan="2">质保期</th></tr>
<tr><th>时间 /h</th><th>年限 /a</th></tr>
<tr><td>P<19</td><td>恒速 / 非恒速</td><td>任何转速</td><td>1 500</td><td>2</td></tr>
<tr><td rowspan="2">19≤P<37</td><td>恒速</td><td>≥3 000</td><td>1 500</td><td>2</td></tr>
<tr><td>恒速 / 非恒速</td><td>任何转速</td><td rowspan="2">3 000</td><td rowspan="2">5</td></tr>
<tr><td>P≥37</td><td>恒速 / 非恒速</td><td>任何转速</td></tr>
</table>

（6）基准燃油

在 Tier1 和 Tier2 阶段，EPA 没有对非道路移动机械用柴油机用燃油中的硫含量做出具体规定，炼油工业中的硫含量最大为 0.5%，实际使用过程中硫含量基本在 0.3%。为了推动 Tier3 和 Tier4 阶段柴油机新技术的应用，EPA 对燃油中的硫含量做出了规定。2007 年 6 月开始，非道路用柴油机使用的柴油中硫含量不得超过 500 ppm①；2010 年 6 月开始，不同功率段非道路用柴油机陆续使用硫含量不得超过 15 ppm 的柴油。

① 1 ppm=1 × 10^{-6}。

附录 2 欧盟工程机械排放标准简介

欧盟非道路移动污染源标准体系与美国不同。美国分别发布非道路柴油机、汽油机、船用发动机、航空发动机、铁路机车发动机排放标准；欧盟逐步将上述领域内的发动机全部纳入一个标准。

（1）发展历程

1998 年 2 月 27 日，第一个欧盟非道路移动机械用柴油机排放法规以立法形式通过，即 97/68/EC 指令。该法规分为两个阶段：第 Ⅰ 阶段于 1998 年实施；第 Ⅱ 阶段于 2001—2004 年执行，法规的实施时间因柴油机功率输出大小不同而不同。排放法规涵盖的设备有工业用钻机、压缩机、轮式装载机、推土机、非公路用卡车、挖掘机、叉车、道路养护设备、铲雪机、机场地面支持设备、塔吊和移动式起重机。该法规不包括轮船、机车、飞行器和发电机组用柴油机。

2000 年 12 月 18 日，欧盟委员会对 Directive 97/68/EC 提出了修正案，将功率小于 19 kW 的非道路用汽油发动机纳入其中。以 COM（2000）840 文档出版的该提案，使欧盟与美国现行的小型发动机的排放标准在更大范围内取得一致。

2002 年 12 月 27 日，对 97/68/EC 指令进行第三次修订为 2004/26/EC 指令。控制范围增加了内河船、机车、轮轨用柴油机，提出了非道路柴油机的Ⅲ A、Ⅲ B、Ⅳ阶段的要求。

（2）适用范围

欧盟因为单缸机数量较少，且通过协会来进行管理，因此在非道路标准中没有进行管理，为了与美国排放法规相对应，从第三阶段开始，功率下限调整为 19 kW。

第 Ⅰ 阶段功率为 37 kW～560 kW。第 Ⅱ 阶段功率为 18～560 kW。第 Ⅲ 阶段分为Ⅲ A 和Ⅲ B 两个阶段，Ⅲ A 阶段功率为 19～560 kW；Ⅲ B 阶段功率为

37～560 kW。第Ⅳ阶段功率为 56～560 kW。2016 年 9 月，欧盟发布了Ⅴ阶段法规（EU）2016/1628，该法规控制范围修改为全功率段控制。

（3）排放限值及实施日期

欧盟非道路移动机械用柴油机排放法规的适用范围不断扩大，第Ⅰ阶段适用于 37～560 kW 的发动机排放标准，第Ⅱ阶段的适用范围扩大为 19～560 kW 的发动机，第Ⅴ阶段时适用范围扩大到所有功率段的发动机。各阶段排放限值及实施时间如附图 2-1 所示。从 2018 年开始，欧盟已陆续实施第Ⅴ阶段排放标准。由于不同类别发动机的技术升级所需的技术和成本存在较大差异，因此欧盟排放法规中对于同一阶段标准按照发动机类别规定了不同的实施时间。图 2-1 列出了欧盟非道路移动机械用柴油机各阶段污染物排放限值及其实施时间。

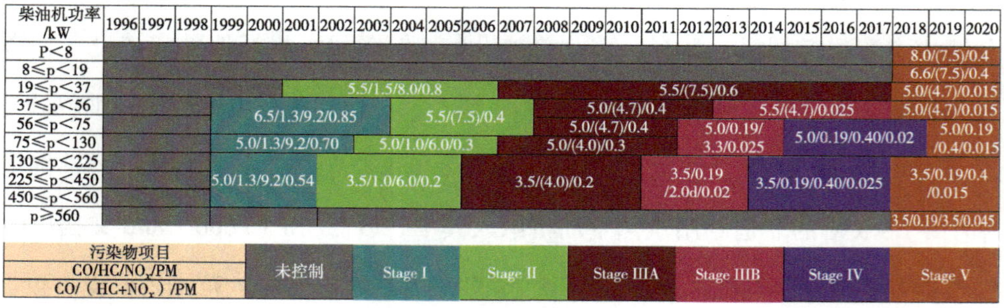

附图 2-1 欧盟非道路移动机械用柴油机标准污染物排放限值发展历程

欧盟与美国相应阶段的污染物控制项目基本相同，排放控制水平也基本相当。但欧盟从第Ⅴ阶段开始，对 19～560 kW 的发动机提出了颗粒物粒子数量（PN）的限值要求，将引导壁流式柴油颗粒捕集器（DPF）在非道路移动机械上的应用。美国的移动源排放标准中尚未引入 PN 要求。

欧盟从第Ⅴ阶段开始，还增加了对机械实际使用过程中进行排放测试的车载测量方法（PEMS），对有效寿命期内的机械进行排放测试，但没有制定限值或符合因子，目前只是要求生产企业进行检测和报告。

根据对搜集到的数据评估结果，欧盟将来可能会进一步调整排气污染物排放限值，同时研究提出潜在污染物的控制要求。随着世界各国对非道路移动机械在实际使用时的排放情况越来越重视，欧洲会逐步提高对在用非道路移动机械污染物排放的控制要求，针对高排放的机械会提出针对性的后处理改造措施，进一步降低在用机械的污染物排放。

（4）试验循环

标准在第Ⅰ、Ⅱ和ⅢA阶段，使用ISO8178中的稳态试验循环（NRSC），根据发动机类型的不同，又规定了不同的试验循环，比如用在工程机械、农用机械上的非恒定转速的发动机，使用八工况循环，用在发电机组、水泵上的恒定转速发动机使用五工况循环。在ⅢB和Ⅳ阶段除了稳态循环外，又增加了瞬态试验循环（NRTC），瞬态试验循环仅用于ⅢB、Ⅳ和Ⅴ阶段（不小于19 kW）非恒定转速的发动机。

对于非恒定转速柴油机进行八工况循环（如工程机械、农业机械用柴油机）情况见附表2-1。

附表2-1 非恒定转速柴油机试验循环

工况号	转速	负荷/%	加权系数
1	额定转速	100	0.15
2	额定转速	75	0.15
3	额定转速	50	0.15
4	额定转速	10	0.1
5	中间转速	100	0.1
6	中间转速	75	0.1
7	中间转速	50	0.1
8	怠速	—	0.15

第Ⅰ、Ⅱ和ⅢA阶段，对于恒定转速柴油机进行五工况循环（如发电机组、水泵等用柴油机）情况见附表2-2。

附表 2-2　恒定转速柴油机试验循环

工况号	转速	负荷 /%	加权系数
1	额定转速	100	0.05
2	额定转速	75	0.25
3	额定转速	50	0.3
4	额定转速	25	0.3
5	额定转速	10	0.1

在Ⅲ B、Ⅳ和Ⅴ阶段，引入了瞬态试验循环（NRTC），类似于车用机的 ETC 试验循环，该试验循环只适用于非恒定转速的非道路移动机械用柴油机。只是时间有所缩短，整个试验循环为 1 238 s，试验循环见附图 2-2。

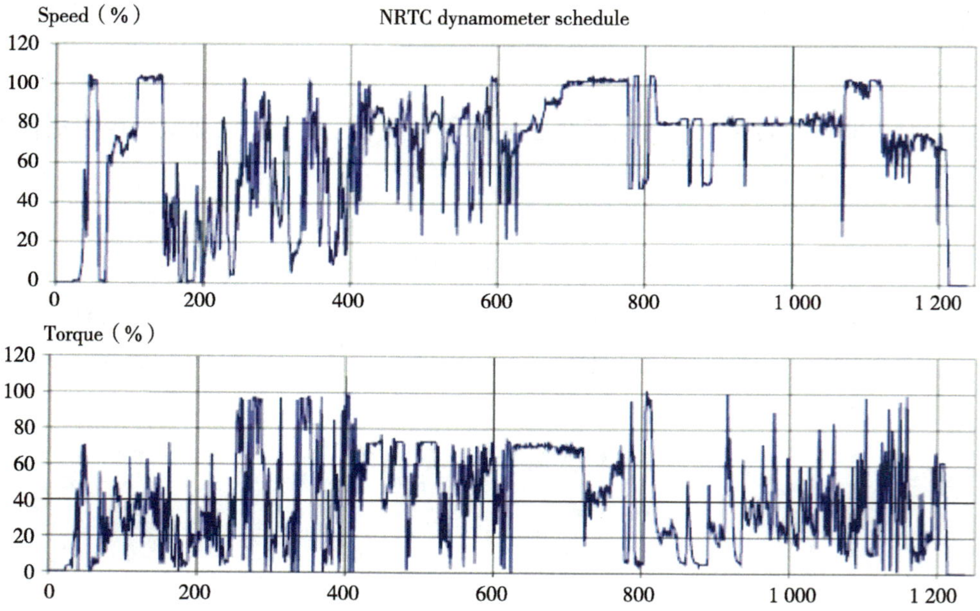

附图 2-2　NRTC 试验循环

（5）耐久性要求

从Ⅲ阶段开始，增加了有效寿命的概念，有效寿命指的是发动机在规定的时间内，各污染物排放结果要满足标准限值的要求。不同功率段的发动机，其有效寿命是不一样的，各功率段发动机的有效寿命见附表 2-3。标准要求至少选择发动机有效寿命的 1/4 来进行耐久性试验，制造厂应以良好的工程方法为基础，采用能够代表在用发动机排放性能劣化的试验循环，运行耐久性试验。试验可以在认证机构的进行，也可以在发动机制造厂进行，但要在型式认证机构的有效监督下。通过耐久性试验确定发动机各污染物的劣化系数。在整个耐久性试验过程中，至少测试 3 次排放，分别在磨合期结束时、耐久性试验结束时、耐久性试验期间选择的几个间隔点进行排放测试。

附表 2-3 有效寿命要求

柴油机类型	有效寿命 /h
≤37 kW（恒转速）	3 000
≤37 kW（非恒转速）	5 000
＞37 kW	8 000

劣化系数的计算方法如附表 2-4 所示。

一台 37kW 以上的非道路移动机械用柴油机，它的有效寿命为 8 000 h，我们可以选择有效寿命的 1/4，也就是 2 000 h 来进行耐久性试验。发动机磨合完毕进行第一次排放测试，CO 的结果为 2.23，1 000 h 的时候 CO 的结果为 2.26，2 000 h 的时候结果为 2.28。那么根据最小二乘法公式，我们可以计算出 a、b 的结果，如附表 2-4 所示，这样根据公式 $y=ax+b$，任何时间点的排放结果都能够计算出来，8 000 h 的时候计算得到 2.432，0 h 的时候结果为 2.232。再根据发动是否有后处理，可以算出劣化系数（DFs）。不带后处理使用加法计算：DFs=2.432-2.232=0.200，带后处理是用乘法计算：DFs=2.432/2.232=1.090。

附表 2-4 最小二乘法计算柴油机裂化系数

序号	试验时间 x/h	排放数值 y	备注
1	0	2.23	$\begin{cases} a=\dfrac{n\sum_{i=1}^{n}x_iy_i-\sum_{i=1}^{n}x_i\sum_{i=1}^{n}y_i}{n\sum_{i=1}^{n}x_i^2-\left(\sum_{i=1}^{n}x_i\right)^2} \\ b=\dfrac{1}{n}\sum_{i=1}^{n}y_i-\dfrac{a}{n}\sum_{i=1}^{n}x_i \end{cases}$
2	1 000	2.26	
3	2 000	2.28	
a	0.000 025	—	
b	2.232	—	
4	8 000	2.432	y=ax+b
5	0	2.232	—
劣化系数 DFs	加法计算	0.200	不带后处理
	乘法计算	1.090	带后处理

（6）基准燃油参数

随着标准限值的加严，发动机需要采用更先进的排放控制技术，例如高压共轨、单体泵、EGR、DOC 等，这些技术对燃油品质提出了更高的要求。例如，硫含量过高，会生成大量的硫酸盐，加速燃油系统的磨损，甚至造成喷油器的阻塞，影响燃油系统的正常工作，同时硫含量过高会严重影响排气后处理系统的正常工作，造成硫中毒等。因此从Ⅲ A 阶段开始，燃油硫含量降到了 300 ppm，从Ⅲ B 阶段开始，硫含量降到了 10 ppm，与车机第Ⅵ阶段燃油硫含量一致。各阶段燃油主要参数对比见附表 2-5。

附表 2-5 欧盟各阶段基准燃油参数

参数	十六烷值		硫含量 /ppm	
标准	最小	最大	最小	最大
欧Ⅰ、欧Ⅱ	45	50	1 000	2 000
欧Ⅲ A	52	54	—	300
欧Ⅲ B、欧Ⅳ	—	54	—	10

附录 3　日本工程机械污染防治相关法规情况

长期以来，日本十分注重对非道路机械的尾气排放进行规制。日本非道路移动机械的管理部门主要包括环境省、国土交通省、经济产业省三个部门。环境省是非道路法的担当部门，负责标准实施及后续执法工作。国土交通省负责发动机的型式指定等，经济产业省负责普及促进关联支援等。

20 世纪 80 年代末，日本工程机械占移动源保有量约 2%（按台数计算），其排放的 NO_x 和 PM 分别占移动源排放总量的 15% 和 8%,（约 14 万 t/a）。为了改善现场作业环境和大气环境，1991 年日本国土交通省发布的《低排放型工程机械指定制度》开始实施，主要是建立了黑烟净化技术 / 装置认定制度，并将安装了黑烟净化装置的工程机械（且满足其他排放基准）指定为“废气对策型建设机械”。到 1996 年，要求由国土交通省发包的直属工程必须使用指定的工程机械，90% 都道府县都采用了该制度。此后，该指定制度随着基准值的加严逐步加严。

2006 年 4 月 1 日环境省发布的《关于特定特殊机动车尾气规制的法律》开始施行，俗称《OFF-ROAD 法》。该法是日本第一部对非道路车辆的尾气排放进行规制的法律。目前，该法与上述《低排放型工程机械指定制度》同时实施。随着《OFF-ROAD 法》的施行，之前只适用于国土交通省直属工程的指定制度，扩大到所有施工现场。

实施《OFF-ROAD 法》的目的是通过促进发动机及机械生产企业进行尾气净化技术革新，来减少大气污染，建筑企业及租赁企业等使用者也需要履行使用者义务。对于发动机的管理主要包括初次认证、追加认证、量产自查。厂商在认证前应向日本国土资源部进行认证申请，将申请所需要的相关文件上传至国土交通省的系统中，完成电子申请。在取得认证之后，由日本环境省公开发动机与机械的名称、认可编号和额定功率，完成信息公开工作。在初次认证中，需要政府部门审查官在场的情况下，厂商利用自己的设备对具有排放代表性的发动机进行目击试验。量产时厂商对量产发动机进行排放试验，完成自查，自查结果无须向主管部门提交。对于机械的管理则要求机械上搭载的发动机必须取得认证，另外机械本身也需要进行申请。对于进口到日本的发动机或者机械，若要在日本境内使用，必须进行型式申请并需要排放达标标签。对于使用者，《OFF-ROAD 法》第 28 条规定：主管大臣要针对非道路车辆使用者所使用的车辆燃料种类及其他事项制定相关方针并予以公布。随后国土交通省率先制定了准则，其他部门据此进行制定。准则规定使用者义务包括对车辆进行检查维护，并使用符合要求的燃料等。关于检查维护，则是参考根据《劳动安全卫生法》实施的定期自主检查内容，在充分考虑使用者负担的同时进行决定。为了确保使用者履行义务，日本政府可要求使用者提交报告，以及进行现场检查，当确认因使用者的责任没有达到技术标准时，可命令其进行整改。

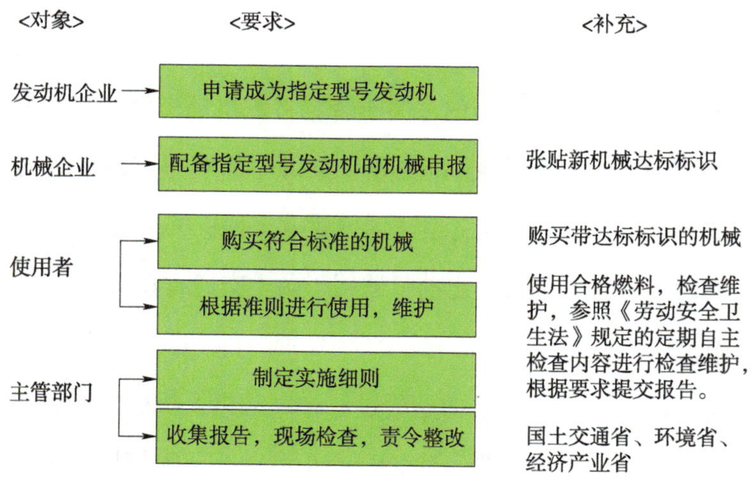

附图 3-1　日本《Off-road》法框架

附录 4　国内外先进经验介绍

（1）新能源工程机械

作为使建筑更可持续性的一部分，工程机械制造商正在推出传统工程机械的新能源版本。近年来，由于推动力度有所加强，新能源工程机械现在正在加入电动汽车和公共交通的行列，成为一种更加环保的选择。

新能源工程机械并不是一个新概念。混合动力电机已经存在多年，挖掘机、装载机、叉车和其他重型机械的全电动型号目前可以在世界各地租用或购买，如斗山山猫 E10e 紧凑型挖掘机、约翰迪尔原型 310 X 级 E-Power 电动反铲、科瓦科电气的 Elise 900 滑移转向器和 MiniZ 400 紧凑型多功能装载机，以及徐工集团的 XE35U-E 紧凑型挖掘机。

工程机械行业已经在用的和发展中的节能减排技术，涵盖绿色设计、绿色制造和绿色使用在内的全生命周期，以下将对主要的几种新能源技术进行介绍。

纯电驱动技术：纯电驱动是使用电动机这种单一能源输出的机械力作为驱动力的技术。由于国家政策的大力支持，纯电动技术在工程机械行业发展迅速，各厂家纷纷推出了纯电动的挖掘机、推土机、装载机、压路机、叉车等，效率提高一倍以上，更可贵的是可实现零碳排放。根据帕特里克·西森的报道，金门建筑在香港推出首批全电动工程机械项目——兴建香港科学园。在金门建筑工地，香港科技园公司（Hong Kong Science & Technology Parks Corporation）建立了先进制造中心，这种电池供电的起重机代表了即将到来的全电动建筑工地转变的先进案例。电动工程机械通常需要非常多的电力，因此大多数运营商在现场使用柴油发电机避免电网短路。但在这种情况下，称为 Enertainers 的大型露营者尺寸的锂离子电池为起重机和其他现场机器提供动力，提供了更清洁的能源选择。

电池成本的暴跌是提高可持续性和减少排放的一个因素。有三个主要障碍阻碍了承包商走向电气化：购买电气工程机械的成本更高，预算有限的人可用的选择相对较少，电池性能有限意味着操作需要过多的停止和启动才能充电。

燃料电池驱动技术：燃料电池有多种，但目前在工程机械中使用的只有氢燃料电池。这种电池以氢气为燃料，与氧气经电化学反应后透过质子交换膜产生电能。反应后生成水，不排放 HC、CO、NO_x 和 CO_2 等污染物，且发电效益高，我国使用氢能源的公交车已经行驶在多个城市的马路上。

近日，西班牙“首个”混合氢燃料电池系统正在该国部署，混合燃料电池（HFC）系统将被集成到加得斯北部的一个西班牙建筑工地上，作为一种使工地脱碳和分散对化石燃料依赖的手段。作为首先欧盟第五大经济体，西班牙政府承诺，最迟在 2050 年实现零碳排放。2021 年，西班牙能源和环境部更是宣布，到 2030 年，将关闭该国所有燃煤电厂，以期尽早实现零排放的目标。

光伏及风能利用技术：随着技术的发展，光伏、风能等清洁能源将是我国未来的主力能源。根据国际可再生能源署预测，到 2050 年，中国风电、光伏合计占总发电装机量比重将超过 70%。工程机械大多在野外工作，暴露在风吹日晒当中更有利于对光能和风能的充分利用，可为车辆空调和其他电器件提供源源不断的清洁能源。

新能源工程机械多种多样，不同的种类适用不同的工作环境，以大功率电动马达来代替发动机驱动的电驱动工程机械，例如山重建机的电动挖掘机就是以 电网电能作为动力源，通过电动机而非传统的柴油机来对外输出功率，具有高节能、小噪声以及零排放的显著优势，可适用于隧道、港口和城市建设等有电源的 场所。挪威公司 Nasta 生产了一台重 38 t 的电动挖掘机。“一些油耗非常高的机器很难配备电池来工作一整天，”Nasta 发言人表示“但大部分时间都可以用电缆从电网运行。”

LNG 工程机械的应用：工业生产中普遍使用天然气作为燃料，液化天然气

（LNG）及压缩天然气（CNG）是工业企业中普遍应用的两种天然气。LNG 采用压缩、冷凝的手段，在低温状态下液化后进入工业生产。CNG 通过天然气加压的方式，将其以气态的方式存储在容器中，其与管道天然气的成分相同。新能源工程机械的应用中，通常以 1∶3 的比例配制 CNG 与 LNG，保障发动机高效运转，实现了节约能源的目标。新能源研究中，我国的自主品牌机械研究取得了重要的成就。例如，我国研发出了 LNG 装载机，与传统的柴油机相比，其使用过程中排放的污染物较少，造成的能源消耗也较小，是现代工业企业节能减排的典范。

而天然气机械的推广普及则与加气站的设立密度息息相关，目前在市区或市郊的拌合站，由于周边天然气站较多，适合使用天然气机械，如天然气装载机、天然气搅拌车、天然气泵车等，而一些偏远地区则受加气站数量和工地运输、加气设备的限制，则不太适合使用，但是由于天然气设备在节能减排方面有很大的优势，以天然气为主要能源的新型工程机械设备是社会及行业的必然发展趋势。

混合动力驱动技术：混合动力是指驱动系统由两个或多个能同时运转的单个驱动系统联合组成。工程机械中常用的有油电混合动力和油液混合动力技术，目前以油电混合动力为主的工程机械已经获得了广泛应用。以挖掘机为例，从主要生产厂家的公开资料中发现，混合动力挖掘机节约燃料 30% 以上，同时提高工作效率 25% 以上。日本小松早在 2004 年就研制出了世界上第一台混合动力的液压挖掘机及 HB205、HB215 等型号的混合动力挖掘机。目前不仅在日国内进行大批量生产销售，也已经面向中国等国家进行生产和销售，沃尔沃 L220F 混合动力装载机也同样进行批量销售。斗山山猫配备混合动力液压 / 电动系统的新挖掘机系列在 2020 年底前上市销售。

对于外接电源不够方便的情况下，可使用双动力工程机械。如英国 LUCAS 公司的折叠式双动力随车起重机以及国内的双动力挖掘机，其通过发动机驱动行走，到达作业区后接入交流电供车载电动机驱动机械进行作业，不仅节能，还能降低施工费用、减小噪音。

（2）工程机械低排放控制区

随着世界上第一个零排放建筑工地出现，零排放建筑工地试点已在全球多个城市推进，以纯电动、氢能源动力为代表的工程机械新能源时代已经开启。在全球范围内，奥斯陆、哥本哈根、赫尔辛基和斯德哥尔摩等地零排放建筑工地开始陆续试点。

世界上第一个零排放建筑项目位于挪威首都奥斯陆。奥斯陆计划斥资百亿挪威克朗，在 2025 年前使用零排放的机械和交通工具，在 2030 年前完全禁止建筑工地的排放。该工程于 2019 年 9 月动工，并于 2020 年 11 月完工，全程几乎全部使用电动机械。由于该项目的成功，奥斯陆市政当局的目标是：所有建筑工程承包商都使用零排放设备。工地使用的是 Suncar HK 的 ZE85 电动挖掘机，这是第一台具有 CCS 连接的电动挖掘机，可在不到 1 h 的时间内充满电。由于城市空气污染的影响，以及建筑机械仍然相对不受监管，奥斯陆市议会希望利用规划许可，在 2030 年前完全禁止建筑工地的碳排放，而不是限制燃油动力的建筑设备。

2012 年，丹麦首都哥本哈根市议会通过《哥本哈根 2025 气候规划》；市中心试行零排放建筑工地，以建筑行业为重点的采购战略。争取到 2025 年，CO_2 总排量降低为零。2020 年，丹麦某承包商全程使用电动机械来完成在哥本哈根的第一个零排放建筑工地上铺设电缆。瑞典斯德哥尔摩自 1999 年以来，要求投标公共合同的承包商必须确保发动机符合特定的排放标准或进行改装，目标是到 2040 年建筑行业不再使用化石燃料。

芬兰首都赫尔辛基市于 2018 年 11 月 19 日发布了《赫尔辛基碳中和 2035 行动计划》，计划到 2025 年实现建筑工地 100% 无化石燃料、20% 无排放，到 2030 年实现零排放。赫尔辛基的碳中和计划包括未来在城市将试行“能源 +”

建设，全市自建项目将试行无排放建筑工地建设，并根据试点经验将无排放的模式和标准推广到所有建筑工地。由于零排放建筑工地试点项目，市议会已决定对未来所有外包基础设施和街道基础设施项目适用该采购的最低标准。

非道路移动机械（NRMM）是伦敦空气污染的一个重要因素。非道路移动机械低排放区利用市长和伦敦各区的规划权力，控制建筑工地上使用的工程机械排放。与超低排放区类似，NRMM 低排放区要求所有额定功率为 37～560 kW 的发动机满足相应排放标准，该标准取决于建筑工地的位置。目前的要求是，在伦敦中央活动区和机遇区（包括金丝雀码头）作业的工程机械需要满足第四阶段排放标准，在伦敦其他地区为第三阶段 B。NRMM 低排放区的标准将随着时间的推移逐渐变严。从 2025 年 1 月 1 日起，整个伦敦的标准将为第四阶段，从 2030 年 1 月 1 日起，整个伦敦的标准将是第五阶段。从 2040 年 1 月 1 日起，将只允许使用零排放机械。

除欧洲外，美国加利福尼亚州为推进非道路移动设备零排放，打造重卡零排放区，力争 2045 年前实现电力 100% 可再生。2018 年加利福尼亚就已经签署了碳中和令，在 2020 年向沃尔沃建筑设备提供 200 万美元资金支持，用于推进电动挖掘机和电动轮式装载机在美国加州的商业试点。

（3）工程机械低排放经济激励

积极规划并推进经济激励项目，可帮助应对现有工程机械减排的挑战。

美国国家环境保护（EPA）推出了一系列经济激励措施。2000 年，EPA 出台了自愿性柴油改进项目，进行新型柴油改进技术认证、发放资金鼓励并发布技术指南。2004 年，推出了国家清洁柴油行动，制定了技术改进激励措施并为发动机及相关设备减排提供技术援助。美国政府对购买新能源工程机械实施减税优惠，企业购买使用公司所生产的混合动力高空作业车时，能享受联邦税的减免优惠。

为推进非道路移动设备零排放，2018 年美国加利福尼亚州就已经签署了碳中和令，在2020年向沃尔沃建筑设备提供200万美元资金支持，用于推进电动挖掘机和电动轮式装载机在美国加州的商业试点。“非道路移动设备在南海岸空气盆地每天排放的NO_x占43 t”，加利福尼亚当地执行官员表示，此次拨款旨在加快非道路移动设备的零排放技术的部署，而非道路移动设备是南海岸空气盆地NO_x排放的主要来源之一。

日本对生产低排放、低噪音的环保型新能源工程机械设备生产企业提供税收、融资和售价等多方面的政策优惠，这在一定程度上鼓励并推动了新能源工程机械设备的发展。

由伦敦市长和伦敦交通局通过空气质量基金资助的伦敦低排放伙伴关系项目促进伦敦的12个区，与来自整个建筑业的行业合作伙伴和低排放技术供应商合作，引入更严格标准的工程机械，并划定非道路移动机械的低排放区，以减少建筑业的污染。伙伴关系通过以下方式改善伦敦的空气质量，包括与开发商和承包商一起测试新技术，帮助建筑业更加了解其对当地空气质量的影响，设立服务平台，为伦敦各区参与规划和监管工作的环境卫生和规划官员提供技术支持，并支持非道路移动机械（NRMM）平台登记。

此伙伴关系帮助在建筑工地附近居住或工作的许多人从更清洁的空气中受益。同时，该项目资助了一系列的减排措施，帮助卡姆登、伊斯灵顿、旺斯沃斯和兰贝斯减少排放。这些措施包括使用抑尘剂、使用柴油微粒过滤器（DPF）或专用燃料添加剂以及安装智能发电机。后者的技术是在发电机运行时储存电力，这样就可以在低需求期（如过夜）关闭。同时，该项目为建筑业开发了一个网站，帮助宣传建筑业如何影响空气污染以及如何减少这些影响的信息。

附录 5 深圳市电动叉车推广及燃油叉车治理的经验

《深圳市大气环境质量提升补贴办法（2018—2020 年）》针对在深圳市注册且具备本市环保审批手续的企业，提出对推广电动叉车或者完成燃油叉车治理企业的补贴，目前正在进行《深圳市大气环境质量提升补贴办法（2022—2025 年）》征求意见，对叉车的补贴要求、标准、流程等与之前的相同。

1）补贴要求

达到国Ⅱ及以上排放标准的柴油叉车，安装符合深圳市标准化指导性技术文件《在用柴油车及非道路移动机械安装颗粒捕集器技术规范》（SZDB/Z 280—2017）要求的柴油颗粒物捕集器，并经有资质检测机构检测达到深圳经济特区技术规范《在用非道路移动机械用柴油机排气烟度排放限值及测量方法》（SZJG 49—2015）排放限值要求，且承诺在机器寿命期一直使用柴油颗粒物捕集器的，每套柴油颗粒物捕集器按购置费用一次性给予补贴 1 万元。补贴金额不得超过柴油颗粒物捕集器购置费用。

2018 年 1 月 1 日起，全市新注册登记的电动叉车，按照电池容量每千瓦时予以 800 元补贴，每台电动叉车最高补贴不超过 4 万元。

2）申报材料

申请非道路移动机械类补贴的企业应当向辖区环保部门提交如下申报材料（一式两份）：

①补贴申报表。

②加盖申请企业公章的法定代表人身份证及营业执照复印件。

③环保审批文件。

④深圳市厂内机动车辆注册登记证。

⑤电动叉车或柴油颗粒物捕集器采购合同。

⑥有资质排气监测机构出具的监测报告（申请电动叉车补贴的企业除外）。

⑦有检测资质机构对柴油颗粒捕集器产品性能出具的发动机性能评价试验台架检测报告（申请电动叉车补贴的企业除外）。

⑧市人居环境委经公开招标确定的技术评估机构出具的现场核查意见。

⑨申请补助企业与供货商银行转账、发票等资金支付凭证。

3）补贴申请和审查流程

补贴申请和审查，按照企业改造、第三方技术机构（市人居环境委招标确认）现场技术评估、环保监管部门现场检查和初审、市人居环境委书面审查和现场抽查、公示、签署补贴协议、资金拨付等。

附录 6　高排放非道路移动机械禁用区通告主要内容

高排放非道路移动机械禁用区通告中一般包含以下内容。

（1）禁用区管控的非道路移动机械种类

禁用区管控的非道路移动机械种类主要有以下不同的表述方式。

1）明确提出管控的具体机械类型，如北京等城市，明确提出主要管控的是挖掘机、装载机、挖掘装载机、叉车等四类机械，这四类机械在全国范围属于保有量较大的非道路移动机械类型。

2）以主要应用场景明确管控机械类型，如宜昌提出禁用区管控的非道路移动机械主要有建筑工地工程机械（包含装载机、推土机、压路机、沥青摊铺机、非公路用卡车、挖掘机、叉车等）。

3）在非道路移动机械分类基础上对管控的非道路移动机械种类进行了细化，基本包含了全部的非道路移动机械，如河南三门峡等市。

（2）高排放非道路移动机械的定义

高排放非道路移动机械主要依据新机械的排放阶段和在用机械的排放水平来定义，主要可以分为以下几类。

①以新生产机械的排放阶段为依据提出：如山西忻州市提出国一及以下标准（2009 年 10 月 1 日前生产）的非道路移动机械为高排放非道路移动机械，福建福州市提出 2015 年 10 月 1 日（不含当日）前生产、进口的非道路移动机械为高排放机械。

②以在用机械排放标准为依据提出：如北京、内蒙古赤峰、河北石家庄等市，提出以《非道路柴油移动机械排气烟度限值及测量方法》（GB 36886—2018）为依据，不符合标准中Ⅲ类限值要求的为高排放机械。

③以新生产机械、在用机械等多种要求相结合的方式提出：提出多个条件，

只要满足其中一条的即为高排放非道路移动机械，如湖北黄冈市提出，机械符合国Ⅰ及以下排放标准的、不满足《非道路柴油移动机械排气烟度限值及测量方法》（GB 36886—2018）中规定的Ⅲ类限值要求的、排放黑烟等明显可视污染物其中任意一条的，即为高排放机械。

（3）禁用区范围

禁用区范围的确定主要考虑环境空气质量改善需求、影响人群、非道路移动机械使用高频区域、城市规划、区域发展规划等因素，范围通常包括城市核心或中心、建成区域以及市辖县（市）的重点区域、环境空气质量敏感区域等。

禁用区主要有以下几类：①将城市建成区和市辖县（市）人民政府所在地建成区化为禁用区，如黑龙江哈尔滨市的规定。②分区、县划定禁用区，如黑龙江双鸭山市将集贤县、友谊县、宝清县、饶河县、尖山区等区县的城市建成区划定为禁用区。③在城市建成区的基础上增加镇规划区及敏感点，如湖北省襄阳市的禁用区包括中心城区范围（北至汉十高速、西至襄荆高速、南至南外环、东至东外环围合区域），及牛首、尹集、卧龙镇（乡）集镇规划区及隆中风景区在内的整个区域；湖南省岳阳县禁用区包括县城建成区，国家、省、市、县重点工程项目及房地产开发项目施工区。④划定一类、二类不同禁用区范围，分别实行不同的要求（如广西玉林市），一类区域机械为城市核心区域，需要达到 GB 36886—2018 中规定的Ⅲ类限值，二类区域为紧邻城市核心区域的区域，禁止使用未达到 GB 36886—2018 中规定的Ⅰ类限值的非道路移动机械。

禁用区监管手段：目前禁用区监管手段主要有两类：①现场直接检查，包括非道路移动机械环保信息公开情况查验、烟度抽测、油箱油品质量监督抽测等；②采用信息技术进行监管，如实施机械编码登记、机械定位、禁用区电子围栏、机械电子标签、机械进出场登记等。

相关方职责：非道路移动机械的排放监管涉及到多个不同的部门，除了生态环境部门外，还涉及住房和城乡建设、农业农村、林业、园林、水利、市场监督、公安交警、交通运输、综合行政执法、发展改革、应急管理、自然资源、城市管理和综合执法、水务等相关管理部门。为了充分促进禁用区政策的落实，有多个城市在通告中提出了相关部门的职责要求。

河南南阳市禁用区通告中提出，城乡建设、交通运输、城市管理、重点工程、农业农村、林业、园林、水利、市场监督等有关部门，根据各自监管职责建立非道路移动机械管理制度，在日常管理工作中落实本通告要求；广东云浮市、河北邯郸等市禁用区通告中提出，在各类施工工地使用高排放非道路移动机械的，由施工审批监管部门责令立即停止使用，将高排放施工机械设备清退出场，并由环保部门依法予以处罚，工业企业使用高排放非道路移动机械进行生产活动的，由环保部门责令停止使用，并依法予以处罚。

禁用区通告中，除了提出相关管理部门的职责要求外，对于非道路移动机械的使用方，山东滨州市提出使用非道路移动机械的单位应强化企业主体责任，完善企业相关管理制度，严格按照法律法规要求使用自有或租赁的非道路移动机械；西藏阿里市提出禁用区的工程类项目，需要使用非道路移动机械的，由项目建设管理单位在项目发包时，通知施工单位办理环境备案，未办理的一律不得开工建设。

罚则：对于违反禁用区管理规定的罚则，各地根据地方法律法规情况进行了规定，主要有以下几类表述方式。①基于大气法，常见的说法是在禁用区内使用高排放非道路移动机械的，依据《大气法》有关规定予以处罚，以上位法作为主要处罚依据的，通常是地方法律法规中并没有相对应的更具体的规定，处罚相对比较困难。②基于地方法律法规，对于地方大气污染防治条例或机动车和非道路移动机械专项条例中有明确规定的，通常会在禁用区通告中列出，如浙江平湖市在通告中提到根据新修改的《浙江省大气污染防治条例》规定，在禁止区域内使用高排放非道路移动机械的，由生态环境等主管部门责令改正，处五千元以上五万元以下罚款。湖北省、广东省等省及唐山等市大气污染防治条例以及桂林、南宁等市的机动车和非道路移动机械排气污染防治条例中都有违规进入禁用区相应的处罚条款。

实施时间：对于禁用区的实施时间有以下几类不同的说法。①提出唯一的实施时间，主要按几种不同方式提出，一是在通告中提出具体开始实施时间，通常这种说法通告的发布日期与实施日期还有一个月左右的时间。二是通告发布即实施，这种情况通常在通告发布之前已经进行了相关的宣传沟通准备工作。三是在以上说明开始实施日期的基础上增加了补充，有的补充了 2 年或 5 年（如呼和浩特、赤峰等）的有效期。②除了提出唯一的实施时间外，还有的提出动态变化时间。一是随着时间推移加严排放阶段要求，如鄂州市提出自 2020 年 10 月 10 日起，禁用区内禁止使用达不到国Ⅱ排放标准的非道路移动机械；自 2021 年 10 月 10 日起，禁用区内禁止使用达不到国Ⅲ排放标准的非道路移动机械。二是随着时间推移扩大禁用区范围要求，如北京、河南驻马店等。三是分月份实施不同排放标准要求，如青海西宁市在 2021 年进行禁用区调整时提出，每年 3—11 月，禁用区使用的非道路移动机械需达到国Ⅱ级以上排放标准，其余时间段使用的非道路移动机械需达到国Ⅲ及以上标准。

附录 7　工程机械分类标准

工程机械是装备工业的重要组成部分。概括来讲，凡土石方施工工程、路面建设与养护、流动式起重装卸作业和各种建筑工程所需的综合性机械化施工工程所必需的机械装备，称为工程机械。主要用于国防建设工程、交通运输建设，能源工业建设和生产、矿山等原材料工业建设和生产、农林水利建设、工业与民用建筑、城市建设、环境保护等领域。

按照中国工程机械工业协会的分类，工程机械包括挖掘机械、铲土运输机械、起重机械、工业车辆、压实机械、路面施工与养护机械、混凝土机械、掘进机械、桩工机械、市政与环卫机械、混凝土制品机械、高空作业机械、装修机械、钢筋与预应力机械、凿岩机械、气动工具、军用工程机械、电梯及扶梯、工程机械配套件及其他专用工程机械共 20 类。

参考文献

[1] 中国工程机械工业协会 . 工程机械定义与类组划分 [S]. GXB/TY 0001-2011.

[2] 中华人民共和国全国人民代表大会常务委员会 . 中华人民共和国大气污染防治法 [EB/OL]. http://www.npc.gov.cn/npc/c12435/201811/c1b136abc5744e92b4377fa50d45d629.shtml

[3] 丁焰，贺泓，尹航，等 . 我国柴油车排放管控技术方案研究 [M]. 北京：中国环境出版集团，2021.

[4] 贾晨光 . 新能源工程机械特点研究 [EB/OL]. https://www.conequip.com/wp/news/short-list-of-electric-construction-machines

[5] 我国“碳达峰碳中和”目标下工程机械绿色发展的技术路径探讨 [EB/OL]. https://autodesk.com/

[6] London City Hall. Non-Road Mobile Machinery (NRMM)[EB/OL].

[7] 姜欢欢，黄新皓，刘金森，等 . 我国城市尺度实施非道路移动机械低排放控制区管理体系研究 [J]. 环境与可持续发展，2019，44(6): 80-84.

[8] 宋德山 . 新能源工程机械特点分析 [J]. 机械工程学报，2020，56(12): 123-130.

[9] 李媛媛，李丽平，黄新皓 . 美国非道路移动机械污染控制的启示 [J]. 环境科学研究，2021，34(5): 678-684.

生态环境科技蓝皮书 2022

中国环境科学研究院

长江经济带城市
绿色发展报告（2022）

Report on Urban Green Development
in the Yangtze River Economic Belt (2022)

李林子　李小敏　田　健　赵玉婷　等◎著

中国环境出版集团 · 北京

图书在版编目（CIP）数据

长江经济带城市绿色发展报告 . 2022 / 李林子等著 .
—北京：中国环境出版集团，2024.8
（生态环境科技蓝皮书 . 2022）
ISBN 978-7-5111-5377-7

Ⅰ. ①长… Ⅱ. ①李… Ⅲ. ①长江经济带—生态城市—环境规划—研究报告—中国—2022 Ⅳ. ① X321.25

中国版本图书馆 CIP 数据核字（2022）第 243895 号

审图号：GS 京（2024）1167 号

责任编辑 田 怡
封面设计 今亮后声

出版发行 中国环境出版集团
（100062 北京市东城区广渠门内大街 16 号）
网 址：http：//www.cesp.com.cn
电子邮箱：bjgl@cesp.com.cn
联系电话：010-67112765（编辑管理部）
发行热线：010-67125803，010-67113405（传真）
印 刷 北京中科印刷有限公司
经 销 各地新华书店
版 次 2024 年 8 月第 1 版
印 次 2024 年 8 月第 1 次印刷
开 本 787 × 1092 1/16
印 张 11.75
字 数 175 千字
定 价 1680.00 元（全 11 册）

丛书编写委员会

本书编委会

主　任：谢明辉

副主任：李小敏

成　员：李林子　　田　健　　赵玉婷　　许亚宣

姚懿函　　董林艳　　李亚飞　　赵　果

詹丽雯　　王　妍　　牛浩然

前言

实施长江经济带发展战略是以习近平同志为核心的党中央作出的重大决策部署。2016 年 1 月 5 日，习近平总书记在重庆主持召开推动长江经济带发展座谈会，提出“生态优先、绿色发展”的战略定位和“共抓大保护、不搞大开发”的战略导向，绘就了推动长江经济带发展的宏伟蓝图。五年来，“绿色发展”这一国家发展战略在长江经济带全面贯彻实施，该区域全面绿色转型力度之大、规模之广、影响之深，前所未有。长江经济带生态环境保护发生转折性变化，经济社会发展取得历史性成就，实现了在发展中保护、在保护中发展，沿江人民的幸福感、获得感和安全感与日俱增，长江经济带正阔步迈向绿色发展之路。

为科学测度长江经济带绿色发展进程，2021 年中国环境科学研究院和国家长江生态环境保护修复联合研究中心共同发布了《长江经济带城市绿色发展报告（2021）》（下文简称 2021 版报告）。2021 版报告聚焦长江经济带城市这一绿色发展的主要载体，基于绿色发展理论模型，针对处于不同发展阶段、承担不同功能的城市，构建了“框架一致、权重不同、指标灵活”的差异化指标体系；依据国土空间分区分类管控思想，将沿线130个城市（自治州）分为四类，基于2019年的截面数据开展了绿色发展分类评价和比较分析，帮助各类城市在绿色发展关键问题上寻找存在的差距和需要提升的方向；根据评价结果选取典型城市，初步凝练形成了六种可复制、可推广的城市绿色发展模式，为长江经济带沿线城市探索绿色发展路径提供了有益的参考。

2022年，课题组在已有研究的基础上继续开展长江经济带城市绿色发展评价研究，发布《长江经济带城市绿色发展报告（2022）》（下文简称2022版报告）。2022版报告总体延续2021版报告建立的差异化指标体系，对评价方法和指标进行了一定的创新和改进，基于2016—2020年130个城市（自治州）的面板数据开展绿色发展动态评价。在保持同类城市横向可比的同时，实现了时间维度上的纵向可比，力图全面展现五年以来长江经济带沿线城市绿色发展取得的成效；同时，深入识别不同城市绿色发展中仍然存在的问题和可能面临的挑战，进而提出沿线城市绿色发展的策略建议，以期为推动长江经济带绿色发展提供决策支撑。

2022版报告显示，2016年以来长江经济带130个城市（自治州）绿色发展取得积极进展。绿色发展在长江经济带得到了全面贯彻实施，在城市层面落地生根发芽，并转化为地方政府的实际行动。绝大多数城市呈现出绿色发展多维目标协同共进的局面，实现了更高质量、更有效率、更加公平、更可持续、更为安全的发展。没有出现经济发展与环境保护相互替代的问题，长江经济带沿线城市整体上进入经济发展与环境保护相对脱钩的发展阶段。报告也显示，当前长江经济带城市经济发展对传统路径的依赖依然严重，生态环境保护由量变到质变面临挑战，自然资源仍然面临较大的开发压力，生态保护修复任务依然艰巨，限制开发地区城市经济发展路径亟待探索，重点开发地区城市经济发展下行压力增大。报告提出，要充分发挥生态环境保护对产业绿色转型的倒逼作用，深化国土空间用途管控和生态环境分区管控，建立社会资本参与生态保护修复的长效机制，拓展生态产品价值实现路径，塑造经济发展创新驱动力和政策新机遇，推动长江经济带城市绿色发展迈向新台阶。

2020 年 11 月 14 日，习近平总书记在南京主持召开全面推动长江经济带发展座谈会，会上他再次强调，要坚定不移贯彻新发展理念，谱写生态优先绿色发展新篇章，使长江经济带成为我国生态优先绿色发展主战场。立足新起点，中国环境科学研究院围绕长江经济带绿色发展，将继续发挥跨学科优势，深入开展理论研究和实践创新，为深入打好长江保护修复攻坚战，推动长江经济带成为我国生态优先绿色发展主战场提供更加重要的科技支撑。

目录

1

长江经济带绿色发展
五年之变

CHANGJIANG JINGJIDAI LÜSE
FAZHAN WUNIAN ZHIBIAN

1.1 长江经济带绿色发展国家战略

1.1.1 绿色发展思想指引

实施长江经济带发展战略是以习近平同志为核心的党中央作出的重大决策部署。习近平总书记一直心系长江经济带发展，亲自谋划、亲自部署、亲自推动，多次深入长江沿线视察工作，多次对长江经济带发展作出重要指示批示，多次主持召开会议并发表重要讲话，站在历史和全局的高度，为推动长江经济带发展掌舵领航、把脉定向。

2016 年 1 月 5 日，习近平总书记在重庆主持召开推动长江经济带发展座谈会并发表重要讲话，深刻论述了推动长江经济带发展的重大意义，强调推动长江经济带发展必须从中华民族长远利益考虑，走生态优先、绿色发展之路，把修复长江生态环境摆在压倒性位置，共抓大保护、不搞大开发。

2018 年 4 月 26 日，习近平总书记在武汉主持召开深入推动长江经济带发展座谈会并发表重要讲话，强调指出新形势下推动长江经济带发展，关键是要正确把握整体推进和重点突破、生态环境保护和经济发展、总体谋划和久久为功、破除旧动能和培育新动能、自身发展和协同发展“5 个关系”，坚持共抓大保护、不搞大开发，探索出一条生态优先、绿色发展新路子，使长江经济带成为引领我国经济高质量发展的生力军。

2020 年 11 月 14 日，习近平总书记在南京主持召开全面推动长江经济带发展座谈会，再次强调要坚定不移贯彻新发展理念，推动长江经济带高质量发展，谱写生态优先绿色发展新篇章，打造区域协调发展新样板，构筑高水平对外开放新高地，塑造创新驱动发展新优势，绘就山水人城和谐相融新画卷，使长江经济带成为我国生态优先绿色发展主战场、畅通国内国际双循环主动脉、引领经济高质量发展主力军。

习近平总书记的三次重要讲话既一脉相承，又循序渐进，为推动长江经济带发展提供了思想指引和根本遵循。“生态优先、绿色发展”“共抓大保护、不搞大开发”始终是实施长江经济带发展战略的原则和基调，绿色发展是新发展阶段推动长江经济带高质量发展的重要体现和基本遵循。

1.1.2 绿色发展规划政策体系

为推动长江经济带发展，走出一条生态优先、绿色发展之路，2016 年 9 月，中共中央、国务院印发《长江经济带发展规划纲要》，提出要将长江经济带打造成为生态文明建设的先行示范带、引领全国转型发展的创新驱动带、具有全球影响力的内河经济带、东中西互动合作的协调发展带，确立了长江经济带“一轴、两翼、三极、多点”的发展格局：“一轴”是以长江黄金水道为依托，发挥上海、武汉、重庆的核心作用，以沿江主要城镇为节点，构建沿江绿色发展轴；“两翼”是发挥长江主轴线的辐射带动作用，向南北两侧腹地延伸拓展，提升南北两翼支撑力；“三极”是以长江三角洲城市群、长江中游城市群和成渝城市群为主体，发挥辐射带动作用，打造长江经济带三大增长极；“多点”是发挥三大城市群以外地级城市的支撑作用带动地区经济发展。

基于“生态优先、绿色发展”的战略定位，2016 年以来，国家从产业发展、生态环境保护、机制保障等方面，对长江经济带发展作出一系列精心部署和科学谋划。2017 年，工信部等五部委联合印发《关于加强长江经济带工业绿色发展的指导意见》（工信部联节〔2017〕178 号）；2018 年，《农业农村部关于支持长江经济带农业农村绿色发展的实施意见》（农计发〔2018〕23 号）、《关于加快推进长江经济带农业面源污染治理的指导意见》（发改农经〔2018〕1542 号）出台。2016—2020 年，《长江经济带生态环境保护规划》（环规财〔2017〕88 号）、《国务院办公厅关于加强长江水生生物保护工作的意见》（国办发〔2018〕95 号）、《长江保护修复攻坚战行动计划》（环水体〔2018〕181 号）等多个长江经济带生态环境保护规划和政策文件相继出台，2021 年，国家发展和改革委员会印发《关于加强长江经济带重要湖泊保护和治理的指导意见》（发改地区〔2021〕1617 号）。2018 年以来，财政部等相关部门相继印发《关于建立健全长江经济带生态补偿与保护长效机制的指导意见》（财预〔2018〕19 号）、《支持长江全流域建立横向生态保护补偿机制的实施方案》（财资环〔2021〕25 号）等文件；2021 年，中共中央办公厅、国务院办公厅印发《关于建立健全生态产品价值实现机制的意见》，着力构建绿水青山转化为金山银山的政策制度体系。

立足新起点，为科学谋划“十四五”长江经济带发展的战略举措，推动长江经济带发展领导小组办公室组织编制了《“十四五”长江经济带发展实施方案》（以下简称《实施方案》）和重点领域、重点行业的专项规划和实施方案，形成了以《实施方案》为统领，以综合交通运输体系规划和环境污染治理“4+1”工程、湿地保护、塑料污染治理、重要支流系统保护修复等系列专项实施方案为支撑的“十四五”长江经济带发展“1+N”规划政策体系。其中，作为“1+N”规划政策体系中的“1”，《实施方案》提出四大重点任务：一是强化生态环境系统保护修复，推动生态环境保护实现由量变到质变的飞跃；二是推动经济绿色低碳发展，调整优化能源结构，推动重点行业绿色转型，遏制“两高”项目盲目发展，破解生态产品价值实现瓶颈，推动制造业优化升级，塑造创新驱动发展新优势；三是促进城乡区域协调发展，打造区域协调发展新样板；四是保护传承弘扬长江文化，牢固树立和践行“绿水青山就是金山银山”理念，弘扬生态优先、绿色发展的新时代长江生态文化。

2022 年 9 月，生态环境部、国家发展和改革委员会等 17 个部门和单位联合印发《深入打好长江保护修复攻坚战行动方案》，提出从生态系统整体性和流域系统性出发，坚持生态优先、绿色发展，坚持综合治理、系统治理、源头治理，坚持精准、科学、依法治污，以高水平保护推动高质量发展，进一步夯实共抓大保护工作基础，努力建设人与自然和谐共生的绿色发展示范带。明确到2025年年底，长江流域总体水质保持优良，干流水质保持Ⅱ类，饮用水安全保障水平持续提升，重要河湖生态用水得到有效保障，水生态质量明显提升。聚焦持续深化水环境综合治理、深入推进水生态系统修复、着力提升水资源保障程度、加快形成绿色发展管控格局四大攻坚任务，提出28项具体工作，包括巩固提升饮用水安全保障水平、深入推进城镇污水垃圾处理、深入实施工业污染治理、深入推进农业绿色发展和农村污染治理、强化船舶与港口污染防治、严格国土空间用途管控、完善污染源管理体系、防范化解沿江环境风险、引导绿色低碳转型发展等。

1.1.3 绿色发展法律保障

“生态优先、绿色发展”的战略定位和“共抓大保护、不搞大开发”的战略导向不仅通过国家规划和政策体系中予以贯彻落实，而且被提升到法律层面。2020年12月通过的《中华人民共和国长江保护法》（以下简称《长江保护法》）作为推进长江经济带绿色发展的专门法和特别法，于2021年3月1日起正式施行，标志着推动长江经济带绿色高质量发展进入新阶段。

《长江保护法》是一部长江经济带绿色发展的促进法，通篇11次出现“绿色发展”，首次单独设立绿色发展专章，以推动形成绿色发展方式和生活方式，促进长江流域经济社会发展全面绿色转型，真正把绿色发展理念转化为法律。《长江保护法》第三条明确要求，长江流域经济社会发展，应当坚持生态优先、绿色发展，共抓大保护、不搞大开发，“生态优先、绿色发展”“共抓大保护、不搞大开发”被写入法律，成为长江流域各地区经济社会发展必须共同遵守的法律制度。《长江保护法》第六章专章11条规定绿色发展措施，包括调整产业结构和优化产业布局，推进产业升级改造和清洁化改造，加快危化品生产企业搬迁改造，实施节水技术改造、建设节水城市和园区，开展固体废物综合利用，支持港口、航道和船舶升级改造，建立健全基本公共服务体系等；《长江保护法》第六十七条明确提出开展绿色发展评估，要求国务院有关部门会同长江流域省级人民政府建立开发区绿色发展评估机制，并组织对各类开发区的资源能源节约集约利用、生态环境保护等情况开展定期评估。

1.2 长江经济带绿色发展五年成效

1.2.1 生态环境质量显著改善

2016年共抓大保护以来，长江经济带生态环境质量全面提升。长江流域水质发生显著变化，长江流域优良（Ⅰ～Ⅲ类）断面比例由2016年的82.3%上升到2020年的96.7%，上升了14.4个百分点，长江干流首次全线达到Ⅱ类水质；劣Ⅴ类水质比例由2016年的3.5%，到2020年首次实现消除劣Ⅴ类水体（图1-1）。与2016年相比，2020年长江经济带130个城市平均空气质量优良天数比例从2016年的81.8%上升到2020年的90.3%，细颗粒物年均浓度从2016年的44 μg/m^{3}下降到2020年的31 μg/m^3（图1-2）。2016—2020年，长江经济带造林总面积累计达到1 499.4万hm^2，11省市森林覆盖率平均提升3.5个百分点（图1-3）。

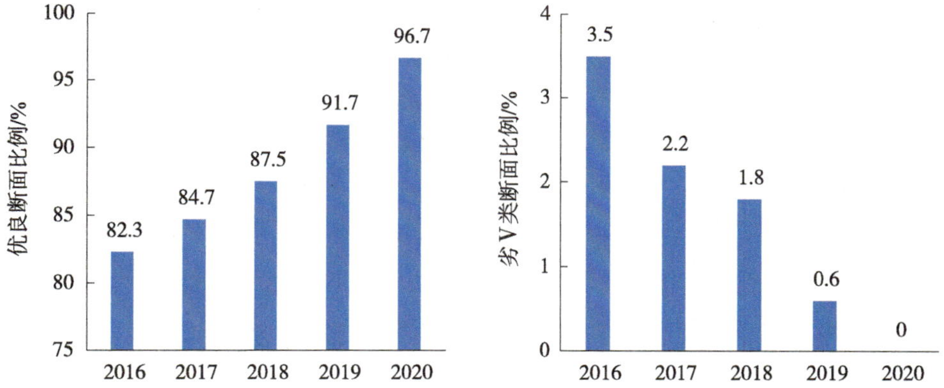

图1-1 2016—2020年长江流域水质状况

2016年以来，长江经济带大力推进生态环境综合整治。长江经济带城市集中式污水垃圾处理设施基本实现全覆盖，长江干流沿线城市、县城生活垃圾无害化处理率达到95%以上。有序开展化工污染治理，严格化工产业准入，大力

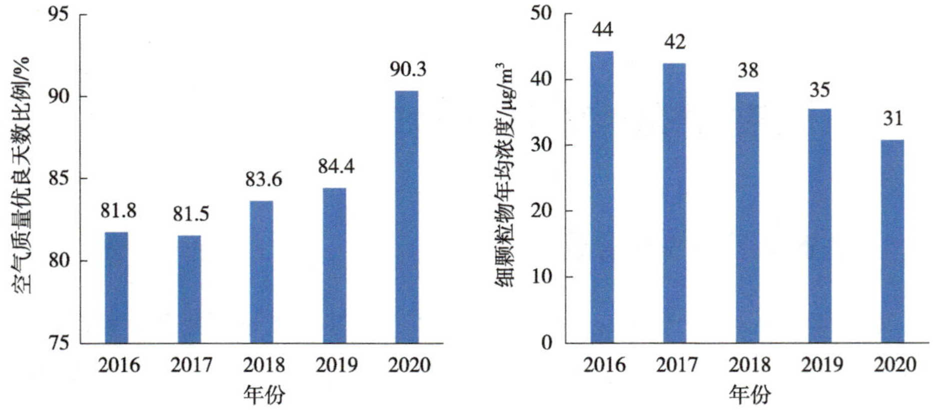

图 1-2　2016—2020 年长江经济带空气质量状况

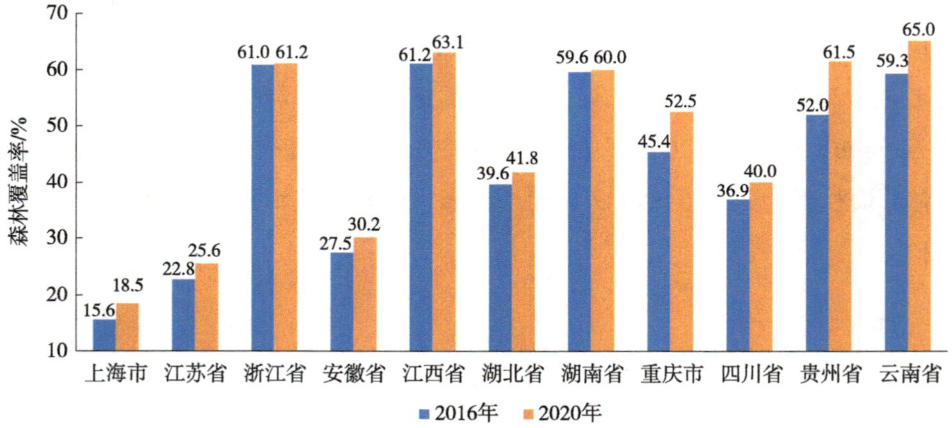

图 1-3　2016—2020 年 11 省市森林覆盖率

推动化工企业搬改关转，一大批高污染高耗能企业被关停取缔，沿江化工企业累计搬改关转超过 8 000 家，开展工业园区污水处理设施专项整治行动，长江干流沿线省级及以上化工园区基本实现污水达标排放。农业面源污染治理深入实施，持续推进化肥农药减量增效行动，加快畜禽粪污资源化利用和规模化养殖场建设，畜禽粪污综合利用率从 60% 提高到 75%。船舶污染治理成效明显，加快建设长江港口船舶垃圾和生活污水接收设施，基本实现船舶污染物港口接收或船舶移动接收全覆盖，推进港口码头岸电设备设施建设和船舶受电设备改造，2020 年累计使用港口岸电约 5 000 万度。尾矿库污染治理加快推进，“一库一策”实施污染防治，长江干流岸线 3 千米及主要支流岸线 1 千米停用超过三年的尾矿库基本完成闭库。全面推进长江岸线整治，彻底整改 1 000 余座非法码头和清理整治 2 000 余个违法违规项目，两岸绿色生态廊道逐步形成，沿江城市滨水空间回归群众生活。

1.2.2 经济增长质量持续提升

共抓长江大保护不仅没有影响经济发展，反而促进了高质量发展。2016 年以来，长江经济带经济增长保持较快发展态势，地区经济总量持续扩大，经济发展质量和效益不断提升，在全国经济发展格局中的重要性进一步凸显。长江经济带地区生产总值占全国的比重持续提高，2016 年、2017 年、2018 年、2019 年、2020 年的占比分别为 43.2%、43.8%、44.1%、46.5%、46.6%。产业结构不断优化，三产结构平均值比例由 2016 年的 8.0 : 42.9 : 49.1 调整为 2020 年的 7.2 : 38.7 : 54.0；服务业发展势头强劲，成为拉动区域经济发展的主要产业部门，11 省市的第三产业增加值占 GDP 比重均呈上升趋势，其中上海市第三产业占比超过 70%，除江西省之外的其他 9 省市第三产业占比均超过 GDP 的一半（图 1-4）。创新驱动经济发展的新模式正在形成，11 省市培育国家级众创空间超过 500 家、创新型企业超过 300 家，成为引领区域创新发展的重要载体和引擎；战略性新兴产业和高新技术产业保持较快增长，生物医药、集成电路、装备制造等产业规模占全国比重均超过 50%。

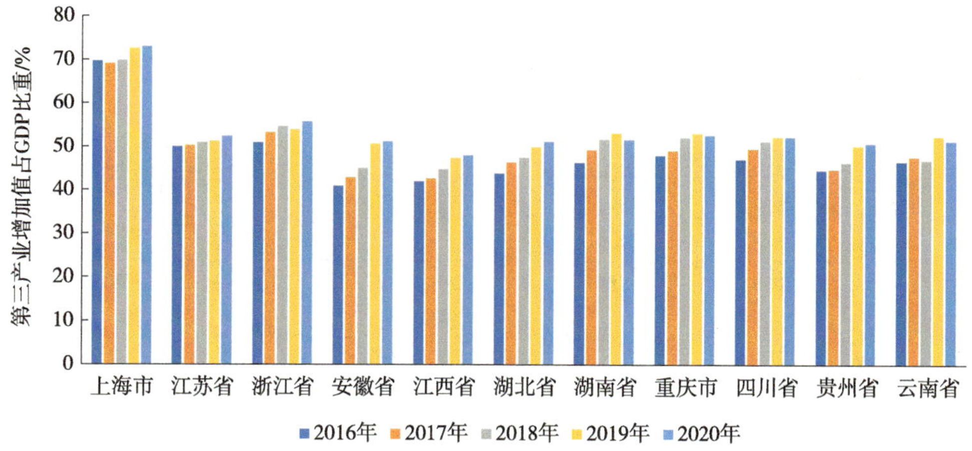

图 1-4 2016—2020 年 11 省市第三产业增加值占 GDP 比重

1.2.3 人民生活水平明显提高

2016 年以来，长江经济带沿线人民生活水平显著提升。人民收入水平持续提高，11 省市居民人均可支配收入的平均值，由 2016 年的 25 509 元提高到 2020 年的 34 894 元（图 1-5）。城乡间差距不断缩小，11 省市城镇和农村居民人均可支配收入比值的平均值，由 2016 年的 2.54 下降到 2020 年的 2.42（图 1-6）。

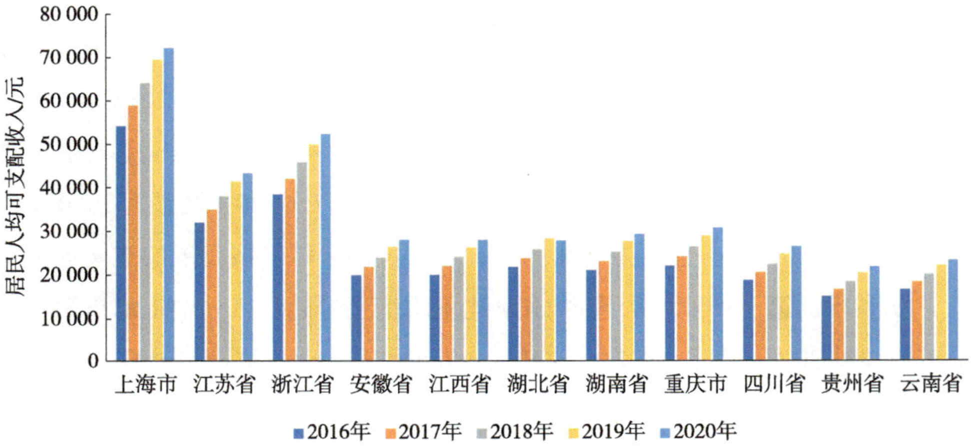

图 1-5 2016—2020 年 11 省市居民人均可支配收入

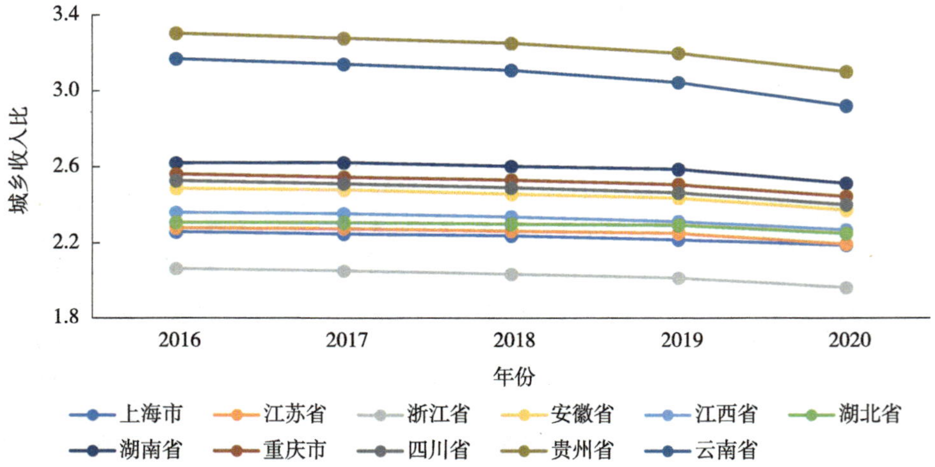

图 1-6 2016—2020 年 11 省市城乡收入比

2

长江经济带城市绿色发展评价方法沿承与创新

CHANGJIANG JINGJIDAI CHENGSHI LÜSE FAZHAN PINGJIA FANGFA YANCHENG YU CHUANGXIN

2.1 绿色发展内涵与概念模型

明确绿色发展内涵是开展绿色发展评价的基础，2021 版报告提出了新时期绿色发展的内涵：立足新发展阶段，绿色发展作为重要的新发展理念，是以解决人与自然和谐共生为目标，寻求自然系统、经济系统和社会系统共生共荣的可持续发展方式。绿色发展不仅具有系统共生性，即三大系统的整体和协调发展，而且具有目标多元性，即自然系统寻求自然资源资产的保值增值，以能够持续地为人类福祉提供不可或缺的资源和环境服务；经济系统寻求清洁、高效、低碳、循环生产生活方式的转型，并最终实现经济增长与资源环境耗损之间相对或绝对脱钩的“绿色增长”；社会系统寻求促进人类福祉改善的“绿色福祉”提升，以及促进绿色发展成果普惠的“绿色公平”实现。

在绿色发展内涵的基础上构建绿色发展的概念模型，表征自然系统、经济系统和社会系统三大系统的运行机制以及系统之间逻辑关系（图 2-1）。

- 自然系统寻求自然资源资产能持续提供人类福祉不可或缺的资源和环境服务。自然系统是经济系统和社会系统的基础，为经济系统和社会系统提供产品和服务，包括为经济系统提供生产所需的自然资源产品（如能源、水、耕地、林木、生物资源等）和汇服务功能（如吸收和净化经济系统排放的污染物质等），以及为社会系统提供生态产品（如为人类提供健康、安全和舒适的环境等）。绿色发展既要减缓经济社会活动对自然资源资产的耗损，维持自然资源资产的完好性以避免其下降可能产生的风险，也要以更积极的方式投资自然资源资产以抵消资产的折旧或耗损，如治理水土流失、恢复治理矿山、退耕还林还草等。

• 经济系统寻求与资源环境耗损之间相对或绝对脱钩的经济增长。所谓“脱钩”也就是利用更少的资源环境投入获得更多的经济产出，最直接的就是通过资源能源合理配置、资源能源高效利用、资源循环再生利用以及污染排放有效控制，实现经济系统清洁、高效、低碳、循环生产生活方式的转型。除了资源环境利用“绿色”之外，实现与资源环境耗损绝对“脱钩”的经济增长还取决于经济系统增长“绿色”，经济增长来源于经济结构优化升级、技术创新和绿色投资驱动，以及相关政策带来新的增长机遇等。

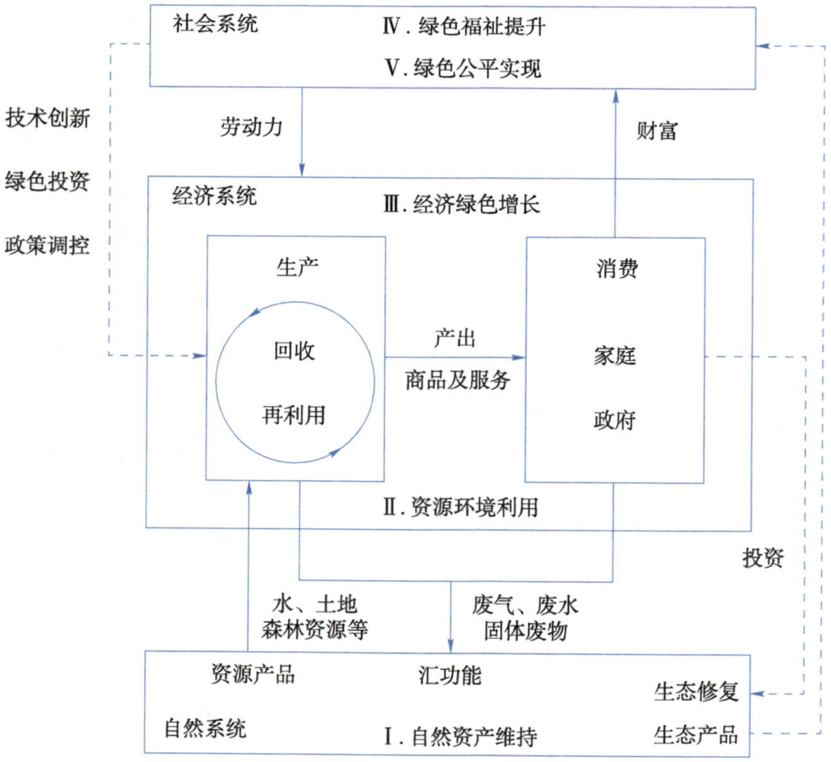

图 2-1　绿色发展概念模型

• 社会系统寻求“绿色福祉”提升及“绿色公平”实现。人类福祉既包括经济系统积累的物质财富，也包括自然系统提供的绿色福祉，例如，环境质量直接影响人类生存的健康、安全和舒适，进而影响人力资本，提升“绿色福祉”实际上也是让人类福祉整体上不因环境质量下降而降低。此外，绿色发展还关注分配的公平，例如，自然资源和环境服务获得的公平，让绿色发展的成果更多更公平惠及全体人民。

2.2 长江经济带绿色发展差异与城市分类

了解评价对象是开展绿色发展评价的前提。长江经济带横跨我国地理三大阶梯、东中西三大板块，覆盖 11 个省（直辖市）130 个城市（自治州），不同地区在绿色发展基础和功能方面存在比较大的差异。一方面，不同地区在自然资源禀赋、经济发展水平、产业结构层次和社会发展阶段等基础条件方面差距明显，例如，中游、上游地区人均地区生产总值仅分别为下游地区的 60% 和 49%。另一方面，不同地区在长江经济带绿色发展中承担的生态保障功能和发挥的经济社会作用不同，例如，保障国家和流域生态安全的重点地区多在上游，支撑和带动全国经济社会发展的重点地区多在中下游。因此，不同地区绿色发展面对的问题、相应的策略和选择的路径不尽相同。

考虑长江经济带上、中、下游地域分异显著，国土空间开发适宜性差异明显，2021 版报告借鉴国土空间分区分类管控的思想对长江经济带城市进行分类，以体现不同地区的差异性。基于国家和地区主体功能区划，按照“服从国家战略定位、服从流域整体分工、服从绝对主导功能”的原则，将长江经济带 130 个城市（自治州）分为四类，见图 2-2、表 2-1。

第一类城市 16 个，集中分布在下游长三角地区，长江三角洲地区是国家层面的优化开发区域，以世界性的城市群为目标，是带动全国经济社会发展的龙头。第一类城市都是国家主体功能区规划中所明确的长三角城市群中心、核心或节点城市，也是我国经济发展最活跃、开放程度最高、创新能力最强的城市。

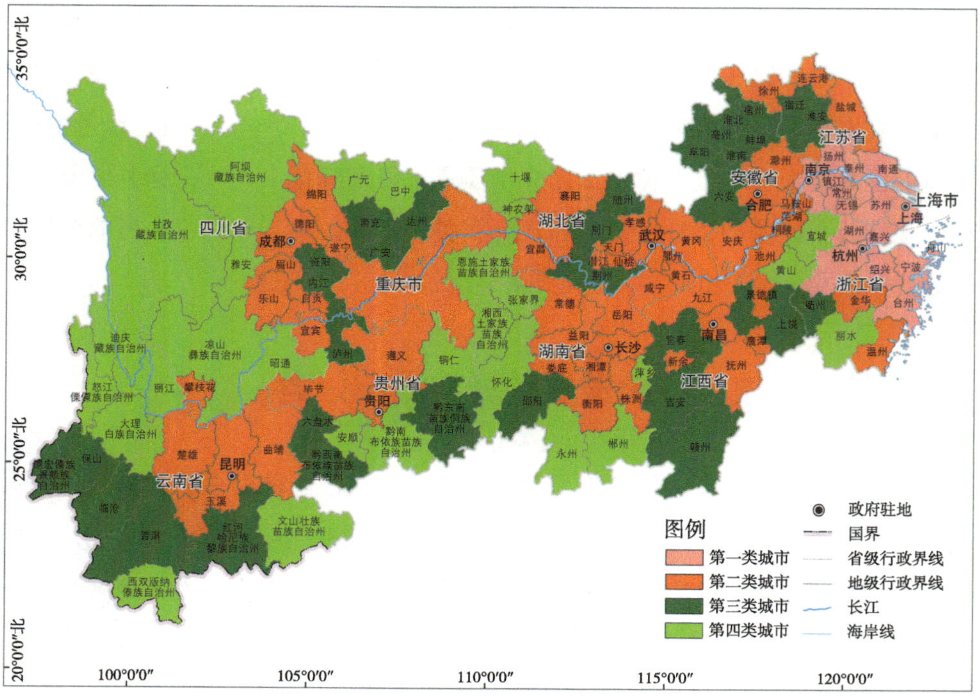

图 2-2　长江经济带城市（自治州）类型

第二类城市 54 个，主要分布在下游江苏东北部、安徽合肥及沿江地区、浙江，中游三大城市群所在的湖北、湖南和江西，上游成渝、黔中、滇中地区所在的四川、重庆、贵州和云南。东陇海地区、江淮地区、武汉城市圈、环长株潭城市群、鄱阳湖生态经济区、成渝城市群、黔中城市群、滇中城市群都是全国主体功能区规划中所明确的国家层面的重点开发区域，是支撑中国经济增长的重要增长极。第二类城市都是上述城市群（圈）或经济区中的中心、核心或辐射城市。

第三类城市 32 个，在长江上、中、下游 9 省市都有分布。长江流域是全国主体功能区规划中所明确的国家层面的农产品主产区，是保障农产品供给安全的重要区域。第三类城市主要位于国家或区域层面划定的农产品主产区集中分布的地区，包括江淮地区、金衢盆地、江汉平原、四川盆地等。

第四类城市 28 个，主要分布在长江中上游地区。第四类城市地处全国主体功能区规划中所明确的藏东南高原边缘森林生态功能区、川滇森林生物多样性功能区、桂黔滇喀斯特石漠化防治生态功能区、秦巴山区生物多样性生态功能区、三峡库区水土保持功能区、武陵山区生物多样性及水土保持功能区、南岭山地森林及生物多样性生态功能区等国家层面，以及皖南山区、浙西南山地等区域层面的重点生态功能区，是保障国家生态安全的重要地区。

表 2-1　长江经济带城市（自治州）分类结果

类型	省（市）	市（州）
第一类城市	上海市	
	江苏省	南京市、无锡市、常州市、苏州市、南通市、扬州市、镇江市、泰州市
	浙江省	杭州市、宁波市、嘉兴市、湖州市、绍兴市、舟山市、台州市
第二类城市	江苏省	徐州市、连云港市、盐城市
	浙江省	温州市、金华市
	安徽省	合肥市、安庆市、池州市、芜湖市、马鞍山市、铜陵市、滁州市
	江西省	南昌市、景德镇市、九江市、新余市、鹰潭市、抚州市
	湖北省	武汉市、黄石市、宜昌市、襄阳市、鄂州市、孝感市、黄冈市、咸宁市、仙桃市、潜江市、天门市
	湖南省	长沙市、株洲市、衡阳市、岳阳市、湘潭市、益阳市、常德市、娄底市
	重庆市	
	四川省	成都市、自贡市、攀枝花市、德阳市、绵阳市、遂宁市、乐山市、眉山市、宜宾市
	贵州省	贵阳市、遵义市、毕节市
	云南省	昆明市、曲靖市、玉溪市、楚雄彝族自治州
第三类城市	江苏省	淮安市、宿迁市
	浙江省	衢州市
	安徽省	蚌埠市、淮南市、淮北市、阜阳市、宿州市、六安市、亳州市
	江西省	赣州市、吉安市、宜春市、上饶市
	湖北省	随州市、荆州市、荆门市
	湖南省	邵阳市
	四川省	泸州市、内江市、南充市、广安市、达州市、资阳市
	贵州省	六盘水市、黔东南苗族侗族自治州、黔西南布依族苗族自治州
	云南省	保山市、普洱市、临沧市、德宏傣族景颇族自治州、红河哈尼族彝族自治州

续表

类型	省（市）	市（州）
第四类城市	浙江省	丽水市
	安徽省	黄山市、宣城市
	江西省	萍乡市
	湖北省	十堰市、恩施土家族苗族自治州、神农架林区
	湖南省	张家界市、郴州市、永州市、怀化市、湘西土家族苗族自治州
	四川省	广元市、雅安市、巴中市、阿坝藏族羌族自治州、甘孜藏族自治州、凉山彝族自治州
	贵州省	安顺市、铜仁市、黔南布依族苗族自治州
	云南省	昭通市、丽江市、怒江傈僳族自治州、迪庆藏族自治州、大理白族自治州、文山壮族苗族自治州、西双版纳傣族自治州

2.3 长江经济带城市绿色发展评价方法

2.3.1 绿色发展评价思路

绿色发展评价是衡量绿色发展进程、识别绿色发展潜力和短板、促进绿色发展的重要方法和有效手段。建立评价方法是开展绿色发展评价的重点和难点，在对国内外大量绿色发展相关评价方法系统研究，以及对长江经济带城市绿色发展基础和需求调研的基础上，构建绿色发展评价方法主要考虑以下几个方面：

第一，绿色发展评价方法应当符合绿色发展的理论内涵，要基于新发展阶段绿色发展的理论内涵及概念模型来构建长江经济带绿色发展评价框架。根据2.1节对绿色发展理论内涵的界定，绿色发展以实现自然系统、经济系统和社会系统的多维目标为目的，因此绿色发展评价框架应当能够体现三大系统的多维目标；同时，绿色发展多维目标的实现依赖于三大系统的良性运行和系统之间的正向交互，因此三大系统的运行交互机制也应当能够在绿色发展评价框架中得到反映。在绿色发展概念框架下发展起来的绿色发展评价方法，才能够匹配绿色发展的理论内涵，回答绿色发展的时代之问。

第二，绿色发展评价方法应当体现不同城市绿色发展的差异性，能够适应长江经济带上、中、下游不同地区在自然资源禀赋、经济发展水平、产业结构层次和社会发展阶段等绿色发展基础条件方面存在的巨大差距，以及在长江经济带绿色发展中承担生态保障功能和发挥经济社会作用的显著不同。传统的绿色发展评价指标体系的权重设置固定，绿色发展各个维度的相对重要性或优先级不会随国土空间或发展阶段改变而发生变化。对于长江经济带而言，如果用相同的一把“尺子”去测量拥有不同禀赋条件、处于不同发展阶段和需要发挥不同功能、作用的城市，那么不仅评价结果有失公允，而且难以真正反映各自需要优先或重点解决的问题，也不利于因地制宜引导绿色发展，故而需要为长江经济带不同类型城市打造差异化的评价标尺。

第三，绿色发展评价方法应当兼具可比性与灵活性，既能够通过评价反映出一个城市绿色发展在长江经济带同类城市中所处的水平以及绿色发展的动态变化趋势，又能够根据不同类型城市的特点以及统计数据的可得性等客观条件，灵活地开展评价。国际上以“仪表盘”指标体系为主流的绿色发展评价方法的最大优势就在于灵活性强，缺点是可比性差，而我国应用最广泛的综合指数指标体系则是可比性强、灵活性差，我们希望构建的长江经济带绿色发展评价方法能够择优汰劣，同时具有可比性和灵活性。

基于以上考虑，构建“框架一致、权重不同、指标灵活”的长江经济带绿色发展指标体系：“框架一致”就是绿色发展指标体系是在绿色发展概念框架下发展起来的，与绿色发展的理论内涵一致；“权重不同”就是对于不同城市类型，绿色发展多维目标、组成要素的相对优先性或重要性不同，因而反映到绿色发展指标体系上的权重也不同；“指标灵活”就是在综合指数指标体系下，根据不同城市类型的特色或重点，兼顾数据的可得性，可以灵活地选择具体评价指标。

2.3.2 绿色发展评价框架设计

基于绿色发展的理论内涵及概念模型构建长江经济带绿色发展评价框架，设计三级指标评价体系（表 2-2）。

一级指标：主要体现绿色发展的理论内涵，反映绿色发展的多维目标。如

2.1 节所述，绿色发展要实现三大系统的多维目标，自然系统寻求自然资源资产的保值增值，以能够持续地为人类福祉提供不可或缺的资源和环境服务，目标是“自然资产维持”；经济系统寻求绿色低碳循环的发展方式，并最终实现经济增长与资源环境耗损之间的相对或绝对脱钩，目标是“资源环境利用”和“经济绿色增长”；社会系统寻求促进人类福祉改善的绿色福祉，以及促进绿色发展成果普惠的绿色公平，目标是“绿色福祉提升”和“绿色公平实现”。因此，一级指标由绿色发展的五维目标组成，即自然资产维持、资源环境利用、经济绿色增长、绿色福祉提升和绿色公平实现，这五维目标也对应着绿色发展推动实现的更可持续、更有效率、更高质量、更为安全、更加公平的发展。

二级指标：在各一级指标下设置的二级指标，主要反映实现绿色发展目标的构成要素。自然资产维持的二级指标包括自然资源存量（自然资源的存量基础）、自然资源增量（通过自然恢复、生态修复等方式得到的自然资源增量）；资源环境利用的二级指标包括资源合理配置、资源高效利用、资源循环利用、污染有效控制；经济绿色增长的二级指标包括经济增长速度、经济增长结构（经济结构优化升级）、经济增长驱动（技术创新驱动、绿色投资以及新产业新业态带来新的经济增长机遇或增长点）、经济矫正政策（矫正市场外部性的绿色经济政策）；绿色福祉提升的二级指标包括环境健康、环境安全、环境舒适；绿色公平实现的二级指标包括收入分配公平（经济产出分配的公平性）和资源环境服务获得公平（全社会获得资源和环境服务的公平性）。

三级指标：在各二级指标下选择的三级指标，主要是绿色发展各要素的表征。国内外相关代表性指标很多，开展绿色发展评价时需要根据不同城市类型的特色或重点，同时考虑统计数据的可获取性，选择具体评价指标。

表 2-2　绿色发展三级指标评价体系

一级指标	二级指标	三级指标（可选）
自然资产维持	自然资源存量	人均水资源量、耕地保有量、森林（覆盖率）蓄积量、草原植被覆盖度、湿地保护率、重点生物物种种数保护率等
	自然资源增量	新增水土流失治理面积、新增矿山恢复治理面积、新增退耕还林还草面积等

续表

一级指标	二级指标	三级指标（可选）
资源环境利用	资源合理配置	非化石能源占一次能源消费比重、水资源开发利用率、土地开发利用率等
	资源高效利用	单位 GDP 能源消耗、万元 GDP 用水量、单位 GDP 建设用地面积等
	资源循环利用	工业用水重复利用率、工业固体废物综合利用率、生活垃圾分类收集率、农作物秸秆综合利用率等
	污染有效控制	主要污染物排放总量、污水处理率、生活垃圾无害化处理率、单位耕地面积化肥（农药）使用量等
经济绿色增长	经济增长速度	GDP 增速、人均 GDP 等
	经济增长结构	第三产业增加值占 GDP 比重、高耗能产业产值占工业总产值比重等
	经济增长驱动	研发经费支出占比、环境污染治理投资占比、战略性新兴产业增加值增长率、高新技术企业增加值增长率等
	经济矫正政策	环境税占全部税收比重、可再生能源上网电价等
绿色福祉提升	环境健康	细颗粒物（$PM_{2.5}$）浓度、饮用水中有害物质浓度等
	环境安全	污染耕地安全利用率、危险废物安全处置率、环境污染事故数量等
	环境舒适	空气优良天数比例、地表水水质优良比例、建成区绿地覆盖率等
绿色公平实现	收入分配公平	城乡收入比、农村居民人均可支配收入等
	资源环境服务获得公平	燃气普及率、农村自来水普及率、农村卫生厕所普及率等

2.3.3 绿色发展评价权重设置

绿色发展评价指标权重设置考虑不同类型城市绿色发展的差异性，能够反映不同类型城市绿色发展需要优先解决或重点关注的问题。2021 版报告设计了长江经济带绿色发展调查问卷，在长江经济带、绿色发展、国土空间规划等密切相关领域遴选出多位专家学者参与调查，采用基于群决策的层次分析法（Analytic Hierarchy Process，AHP），计算得到长江经济带四类城市绿色发展评价体系一级指标和二级指标的权重（表 2-3），三级指标的权重则在其所属的二级指标下进行平均权重处理得到。上述权重设置在 2022 版报告中将继续沿用。

表 2-3 长江经济带各类城市绿色发展权重分布

一级指标	权重 /%				二级指标	权重 /%			
	第一类城市	第二类城市	第三类城市	第四类城市		第一类城市	第二类城市	第三类城市	第四类城市
自然资产维持	7.0	6.5	29.5	57.3	自然资源存量	1.5	3.2	22.5	46.2
					自然资源增量	5.5	3.2	7.0	11.1
资源环境利用	18.1	32.9	23.5	8.5	资源合理配置	8.5	6.3	8.3	4.0
					资源高效利用	2.4	10.3	7.0	1.5
					资源循环利用	3.0	5.0	3.5	1.0
					污染有效控制	4.2	11.3	4.7	2.0
经济绿色增长	38.7	40.9	22.2	7.3	经济增长速度	2.3	12.1	4.4	0.5
					经济增长结构	14.5	13.1	7.2	2.2
					经济增长驱动	13.6	11.0	6.2	1.3
					经济矫正政策	8.3	4.7	4.4	3.3
绿色福祉提升	21.5	12.4	11.3	15.9	环境健康	8.5	4.8	5.0	6.5
					环境安全	9.1	5.6	4.0	7.4
					环境舒适	3.9	2.0	2.3	2.0
绿色公平实现	14.7	7.3	13.5	11.0	收入分配公平	6.3	4.5	9.3	7.5
					资源环境服务获得公平	8.4	2.9	4.2	3.5
合计	100	100	100	100	合计	100	100	100	100

一级指标权重排序反映了不同类型城市绿色发展重点目标任务的差异：①第一类城市的权重排序为经济绿色增长＞绿色福祉提升＞资源环境利用＞绿色公平实现＞自然资产维持，长三角是长江经济带中经济社会最为发达、同时环境问题也更加突出的地区，绿色发展应当率先转变经济增长方式、调整优化经济结构、提升科技创新能力，同时也要以安全健康的环境为目标，着力于绿色福祉的提升；②第二类城市的权重排序为经济绿色增长＞资源环境利用＞绿色福祉提升＞绿色公平实现＞自然资产维持，第二类城市经济基础和资源环境承载能力较强，有较大的发展潜力，重点应当在提高经济增长效益、调整优化经济结构、提升科技创新能力，以及有效控制污染物排放、高效合理利用资源能源等方面推动绿色发展；③第三类城市的权重分布总体较为均衡，权重排序为自

然资产维持＞资源环境利用＞经济绿色增长＞绿色公平实现＞绿色福祉提升，第三类城市是保障农产品供给安全的重要区域，绿色发展应当多路径兼顾，既要着力保护耕地资源，又要优化资源开发利用方式、提升经济增长效益、促进社会公平实现；④第四类城市的权重排序为自然资产维持＞绿色福祉提升＞绿色公平实现＞资源环境利用＞经济绿色增长，第四类城市是保障国家和流域生态安全的重要区域，绿色发展要以保护和修复自然资源资产为最重要的任务，增强生态服务功能。

二级指标权重排序反映了不同类型城市绿色发展具体优先方向的差异（图 2-3）：①第一类城市绿色发展最重要的几个方向依次是优化升级经济结构、提高创新能力和绿色投资、保障区域环境安全及健康；并且与第二类城市相比，第一类城市在绿色经济政策先行、环境污染健康问题改善等方面的需求也更强；②第二类城市绿色发展最重要的几个方向依次是调整优化经济结构、保持经济增长速度、减少污染物排放、加大科技创新和绿色投资；相比而言，经济增速、污染控制、资源效率等已经不是第一类城市绿色发展需要重点解决的问题，但仍是第二类城市绿色发展需要重点关注的方面；③第三类城市绿色发展最重要的几个方向依次是保护耕地资源的完好性、增加农民收入促进公平、合理配置

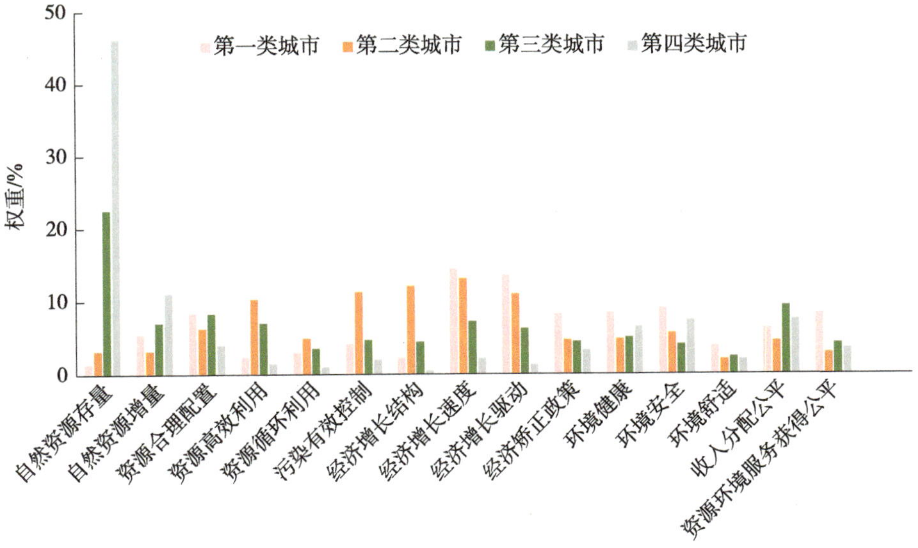

图 2-3　长江经济带各类城市绿色发展要素权重分布

农业资源；④第四类城市绿色发展最重要的几个方向依次是维持自然资源资产的完好性、开展自然恢复和生态修复、促进收入分配公平；与第一、第二类城市相比，最显著的差异就是维持自然资源资产的完好性是第三、第四类城市绿色发展的首要任务，同时，提升自然资源增量和促进收入分配公平也相对更加重要。

2.3.4 绿色发展评价指标与数据来源

在绿色发展评价体系框架中，根据不同城市类型的特色和重点选择三级指标，不同类型城市的一级指标和二级指标相同，三级指标设置有所差异。由于 2022 版报告在保持绿色发展同类城市横向可比的同时，还要实现时间维度上的纵向可比，需要综合考虑评价指标的统计一致性和数据可获性，因此，在保持 2021 版报告多数指标不变的同时，对少数指标进行了替代、调整或优化，调整后第一、第二类城市指标各 26 个，第三、第四类城市指标各 28 个。2022 版评价指标及权重分布见表 2-4，各指标的单位、属性、计算方法和说明等具体信息详见附录。

附录列出了表 2-4 中各指标的数据来源。总体来看，数据来源主要包括以下几类：（1）中国城市统计年鉴、能源统计年鉴、地方统计年鉴、国民经济与社会发展统计公报、水资源公报、生态环境状况公报等统计年鉴和公报；（2）中国科学院资源环境科学与数据中心、中国碳核算数据库、公众环境研究中心等数据库；（3）地方政府、生态环境局、住房和城乡建设局、农业农村厅等相关部门官网的信息公报；（4）公开的新闻报道；（5）“三线一单”等研究成果。

为了保证长江经济带沿线城市历年指标的一致性和可比性，需要对个别缺失数据进行处理。2022 版报告对缺失数据的处理方式大体可以分为两类：一是针对具有趋势性的指标数据，主要采用线性插值、趋势外推等处理手段；二是针对不具有趋势性的指标数据，主要采用就近取值、省级替代等处理手段。

2.3.5 绿色发展评价指标处理方法

2.3.5.1 指标无量纲化处理

2021 版报告主要测度 2019 年长江经济带绿色发展水平，开展的是绿色发展

表 2-4 长江经济带各类城市绿色发展评价指标体系

<table>
<tr><th rowspan="2">要素</th><th colspan="2">第一类城市</th><th colspan="2">第二类城市</th><th colspan="2">第三类城市</th><th colspan="2">第四类城市</th></tr>
<tr><th>指标</th><th>权重 / %</th><th>指标</th><th>权重 / %</th><th>指标</th><th>权重 / %</th><th>指标</th><th>权重 / %</th></tr>
<tr><td rowspan="3">1. 自然资源存量</td><td rowspan="3">1. 优先保护区面积占比</td><td rowspan="3">1.5</td><td rowspan="3">1. 优先保护区面积占比</td><td rowspan="3">3.2</td><td>1. 优先保护区面积占比</td><td>7.5</td><td>1. 优先保护区面积占比</td><td>15.4</td></tr>
<tr><td>2. 耕地面积占比</td><td>7.5</td><td>2. 林草地覆盖率</td><td>15.4</td></tr>
<tr><td>3. 森林覆盖率</td><td>7.5</td><td>3. 森林覆盖率</td><td>15.4</td></tr>
<tr><td rowspan="2">2. 自然资源增量</td><td rowspan="2">2. 水土流失面积减少</td><td rowspan="2">5.5</td><td rowspan="2">2. 水土流失面积减少</td><td rowspan="2">3.2</td><td rowspan="2">4. 水土流失面积减少</td><td rowspan="2">7.0</td><td>4. 水土流失面积减少</td><td>5.6</td></tr>
<tr><td>5. 当年人工造林面积</td><td>5.6</td></tr>
<tr><td rowspan="3">3. 资源合理配置</td><td>3. 煤炭消费占比</td><td>2.8</td><td>3. 煤炭消费占比</td><td>2.1</td><td>5. 煤炭消费占比</td><td>2.8</td><td>6. 煤炭消费占比</td><td>1.3</td></tr>
<tr><td>4. 水资源开发利用率</td><td>2.8</td><td>4. 水资源开发利用率</td><td>2.1</td><td>6. 水资源开发利用率</td><td>2.8</td><td>7. 水资源开发利用率</td><td>1.3</td></tr>
<tr><td>5. 土地开发利用率</td><td>2.8</td><td>5. 土地开发利用率</td><td>2.1</td><td>7. 土地开发利用率</td><td>2.8</td><td>8. 土地开发利用率</td><td>1.3</td></tr>
<tr><td rowspan="3">4. 资源高效利用</td><td>6. 碳生产率</td><td>0.8</td><td>6. 碳生产率</td><td>3.4</td><td>8. 碳生产率</td><td>2.3</td><td>9. 碳生产率</td><td>0.5</td></tr>
<tr><td>7. 水资源生产率</td><td>0.8</td><td>7. 水资源生产率</td><td>3.4</td><td>9. 水资源生产率</td><td>2.3</td><td>10. 水资源生产率</td><td>0.5</td></tr>
<tr><td>8. 土地资源生产率</td><td>0.8</td><td>8. 土地资源生产率</td><td>3.4</td><td>10. 单位耕地面积农业总产值</td><td>2.3</td><td>11. 土地资源生产率</td><td>0.5</td></tr>
<tr><td>5. 资源循环利用</td><td>9. 一般工业固体废物综合利用率</td><td>3.0</td><td>9. 一般工业固体废物综合利用率</td><td>5.0</td><td>11. 农作物秸秆综合利用率</td><td>3.5</td><td>12. 一般工业固体废物综合利用率</td><td>1.0</td></tr>
<tr><td rowspan="3">6. 污染有效控制</td><td>10. 单位工业增加值大气污染物排放</td><td>1.4</td><td>10. 单位工业增加值大气污染物排放</td><td>3.8</td><td>12. 单位工业增加值大气污染物排放</td><td>1.6</td><td>13. 单位工业增加值大气污染物排放</td><td>0.7</td></tr>
<tr><td>11. 单位耕地面积化肥使用量</td><td>1.4</td><td>11. 单位耕地面积化肥使用量</td><td>3.8</td><td>13. 单位耕地面积化肥使用量</td><td>1.6</td><td>14. 单位耕地面积化肥使用量</td><td>0.7</td></tr>
<tr><td>12. 污水处理率</td><td>1.4</td><td>12. 污水处理率</td><td>3.8</td><td>14. 污水处理率</td><td>1.6</td><td>15. 污水处理率</td><td>0.7</td></tr>
</table>

续表

要素	第一类城市		第二类城市		第三类城市		第四类城市	
	指标	权重 / %	指标	权重 / %	指标	权重 / %	指标	权重 / %
7. 经济增长速度	13. GDP 增速	1.1	13. GDP 增速	6.0	15. GDP 增速	2.2	16. GDP 增速	0.2
	14. 人均 GDP	1.1	14. 人均 GDP	6.0	16. 人均 GDP	2.2	17. 人均 GDP	0.2
8. 经济增长结构	15. 第三产业增加值占 GDP 比重	7.3	15. 第三产业增加值占 GDP 比重	6.6	17. 第三产业增加值占 GDP 比重	3.6	18. 第三产业增加值占 GDP 比重	2.2
	16. 六大高耗能产业占规模以上工业增加值比重	7.3	16. 六大高耗能产业占规模以上工业增加值比重	6.6	18. 农产品加工业与农业总产值之比	3.6		
9. 经济增长驱动	17. 研发经费占 GDP 比重	6.8	17. 研发经费占 GDP 比重	5.5	19. 研发经费占 GDP 比重	3.1	19. 研发经费占 GDP 比重	0.6
	18. 人均专利申请量	6.8	18. 人均专利申请量	5.5	20. 人均专利申请量	3.1	20. 人均专利申请量	0.6
10. 经济矫正政策	19. 特种行业用水价格	8.3	19. 特种行业用水价格	4.7	21. 特种行业用水价格	4.4	21. 特种行业用水价格	3.3
11. 环境健康	20. $PM_{2.5}$ 年均浓度	8.5	20. $PM_{2.5}$ 年均浓度	4.8	22. $PM_{2.5}$ 年均浓度	5.0	22. $PM_{2.5}$ 年均浓度	6.5
12. 环境安全	21. 水源地安全指数	9.1	21. 水源地安全指数	5.6	23. 水源地安全指数	4.0	23. 水源地安全指数	7.4
13. 环境舒适	22. 人均公园绿地面积	3.9	22. 人均公园绿地面积	2.0	24. 人均公园绿地面积	2.3	24. 人均公园绿地面积	2.0
14. 收入分配公平	23. 城乡收入比	3.2	23. 城乡收入比	2.2	25. 城乡收入比	4.6	25. 城乡收入比	3.8
	24. 农村居民人均可支配收入	3.2	24. 农村居民人均可支配收入	2.2	26. 农村居民人均可支配收入	4.6	26. 农村居民人均可支配收入	3.8
15. 资源环境服务获得公平	25. 供水普及率	4.2	25. 供水普及率	1.5	27. 供水普及率	2.1	27. 供水普及率	1.8
	26. 燃气普及率	4.2	26. 燃气普及率	1.5	28. 燃气普及率	2.1	28. 燃气普及率	1.8

水平的横向比较，故采用一般的极差法对三级指标的原始数据进行无量纲化处理，处理后的指标值都标准化为 0～100 的数值。2022 版报告需要测度 2016—2020 年长江经济带绿色发展进程，开展绿色发展进程的纵、横向比较，因此需要对极差法进行一定的改进，采用定基极差法进行无量纲化处理。定基极差法考虑了基期因素，以 2016 年作为基准年，其余各年相应进行基期调整处理，具体公式如下：

正向指标：
$$Y_{i,n}=\frac{X_{i,n}-X_{\min,2016}}{X_{\max,2016}-X_{\min,2016}}\times 100$$

逆向指标：
$$Y_{i,n}=\frac{X_{\max,2016}-X_{i,n}}{X_{\max,2016}-X_{\min,2016}}\times 100$$

式中，$Y_{i,n}$ 为第 n 年第 i 个指标标准化后的个体指数；X_i 为第 n 年第 i 个指标的原始统计值；$X_{\min,2016}$ 为基准年 2016 年第 i 个指标原始统计值的最小值；$X_{\max,2016}$ 为基准年 2016 年第 i 个指标原始统计值的最大值。采用定基极差法处理后的个体指数可能会大于 1 或小于 1，如果 $Y_{i,n}>1$，则该城市在第 n 年比 2016 年第 i 个指标表现最好的城市还要好；如果 $Y_{i,n}<0$，则该城市在第 n 年比 2016 年第 i 个指标表现最差的城市还要差；如果 $0\leqslant Y_{i,n}\leqslant 1$，则该城市在第 n 年比 2016 年第 i 个指标表现最差的城市好，比表现最好的城市差。通过基期极差法处理，各指标在时间和空间维度上均具有可比性，后期再评价不影响或颠覆历史值。

2.3.5.2 绿色发展综合指数计算

在对所有评价指标分别进行无量纲化处理得到个体指数的基础上，对各指标个体指数进行加权计算绿色发展综合指数。绿色发展综合指数计算公式如下：

$$Z=\sum_{i=1}^{N}W_iY_i$$

式中，Z 为绿色发展综合指数；Y_i 为第 i 个指标的个体指数；W_i 为第 i 个指标的权重；N 为指标个数，对于第一、第二类城市 N=26，对于第三、第四类城市 N=28。

3

长江经济带第一类城市绿色发展态势

CHANGJIANG JINGJIDAI DIYILEI
CHENGSHI LÜSE FAZHAN TAISHI

3.1 绿色发展综合进程

3.1.1 绿色发展水平显著提升

2016 年以来，长江经济带第一类城市绿色发展综合指数持续上升，所有城市的绿色发展水平都得到了改善，绿色发展取得明显成效（图 3-1）。2016—2020 年，16 个城市的绿色发展综合指数平均值从 2016 年的 62.13 提高到 2020 年的 70.09，增加了 7.96。

长三角城市群中，位于浙江省的第一类城市在绿色发展道路上保持了较为明显的优势（表 3-1）。其中，杭州绿色发展综合指数从 2016 年的 68.30 跃升至 2020 年的 81.06，近年来稳居第一类城市榜首；湖州绿色发展综合指数从 2016 年的第 7 名上升为 2020 年的第 3 名，嘉兴从 2016 年的第 14 名跻身 2020 年的第 7 名，绿色发展水平提升显著。

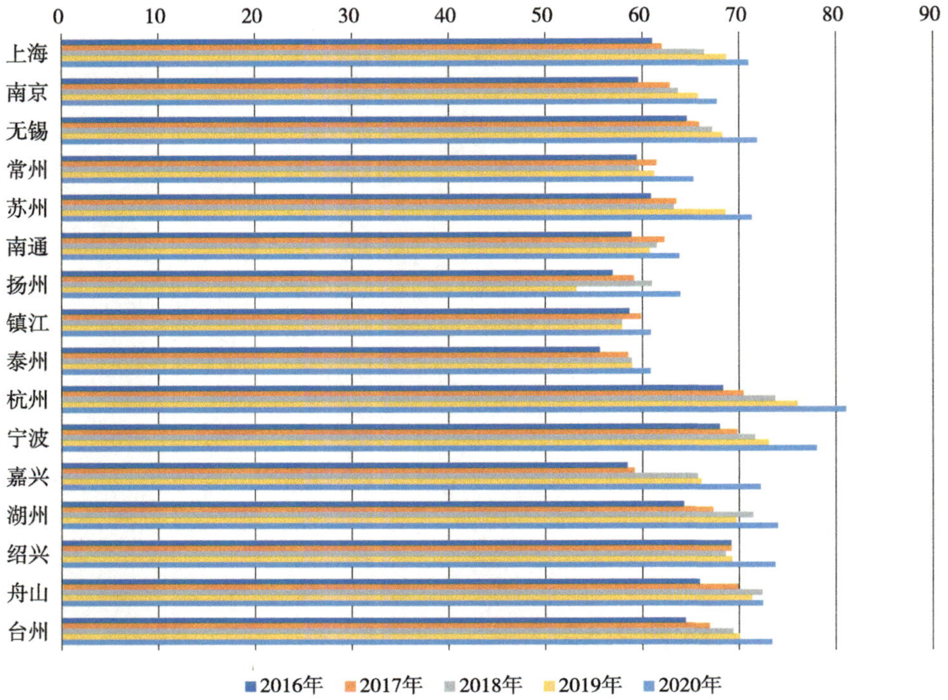

图 3-1　2016—2020 年第一类城市绿色发展综合指数

表 3-1　2016—2020 年第一类城市绿色发展综合指数及排名

城市	2016 年		2017 年		2018 年		2019 年		2020 年	
	指数	排名	指数	排名	指数	排名	指数	排名	指数	排名
上海	61.03	8	61.98	11	66.45	8	68.69	7	70.97	10
南京	59.56	10	62.84	9	63.74	10	65.77	11	67.73	11
无锡	64.61	5	65.88	7	67.21	7	68.26	9	71.88	8
常州	59.42	11	61.39	12	59.66	14	61.20	12	65.30	12
苏州	60.86	9	63.51	8	63.27	11	68.58	8	71.31	9
南通	58.89	12	62.23	10	61.46	12	60.70	13	63.85	14
扬州	56.92	15	59.08	15	60.95	13	53.16	16	63.95	13
镇江	58.64	13	59.76	13	57.87	16	57.85	15	60.86	15
泰州	55.61	16	58.48	16	58.89	15	58.91	14	60.85	16
杭州	68.30	2	70.40	1	73.68	1	75.97	1	81.06	1
宁波	67.99	3	69.79	3	71.58	3	73.02	2	78.05	2

续表

城市	2016 年		2017 年		2018 年		2019 年		2020 年	
	指数	排名	指数	排名	指数	排名	指数	排名	指数	排名
嘉兴	58.41	14	59.11	14	65.74	9	66.09	10	72.19	7
湖州	64.30	7	67.28	5	71.40	4	69.67	5	73.94	3
绍兴	69.15	1	69.15	4	68.60	6	69.21	6	73.70	4
舟山	65.91	4	69.93	2	72.36	2	71.27	3	72.44	6
台州	64.45	6	66.94	6	69.35	5	70.01	4	73.37	5

3.1.2 绿色发展多维目标协同共进，绿色福祉目标提升显著

除少数城市外，第一类城市中的大多数都实现了绿色发展五维目标的同步改善，经济绿色增长、绿色福祉提升、资源环境利用、绿色公平实现、自然资产维持指数均有不同程度的提升（图 3-2）。这说明，第一类城市总体实现了绿色发展三大系统间的正向交互，某一个维度（如经济增长）的改善并没有以另一个维度（如绿色福祉）的恶化为代价，绿色发展的五维目标正在实现协同共进。

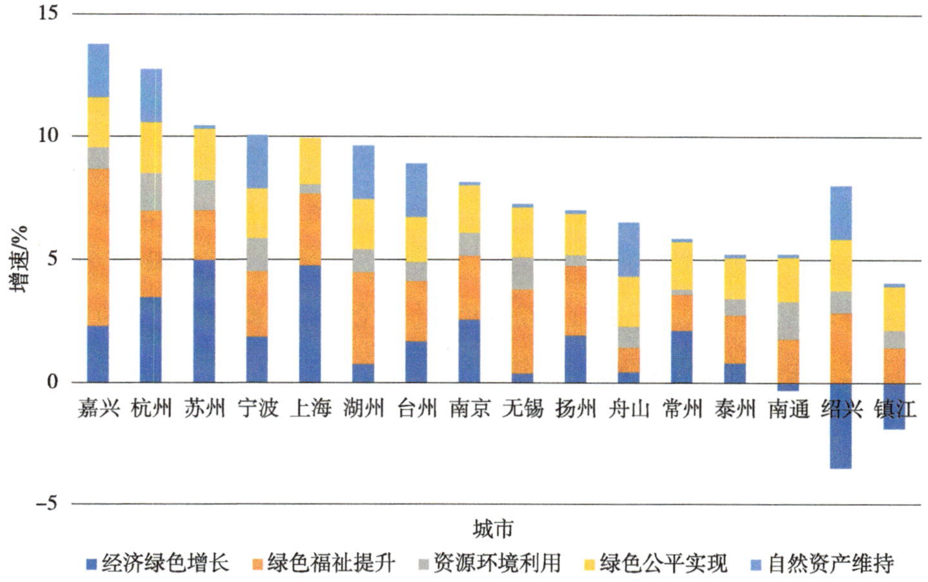

图 3-2　第一类城市绿色发展综合指数增速构成

绿色发展五维目标的改善程度在不同城市间有所差异。在绿色发展水平提升较快的城市中，以苏州、上海为代表的城市把经济绿色增长作为实现绿色发展的首选，而绍兴、镇江由于经济绿色增长指数下降，一定程度上拉低了绿色发展总体水平的提升。提升绿色福祉几乎是所有城市推动绿色发展的共同选择，其中以嘉兴、湖州为代表的城市由于绿色福祉提升速度较快，在绿色发展总体水平提升上获得了很大的优势。所有城市在资源环境利用、绿色公平实现方面均有不同程度的提升。浙江与江苏、上海相比，自然资产维持水平保持了较快提升。

3.2 绿色发展优先目标：经济绿色增长

3.2.1 经济绿色增长水平总体得到提升

经济绿色增长是第一类城市绿色发展的优先领域。2016—2020 年，第一类城市中的大多数都在经济绿色化方面做出了积极努力，实现了经济绿色增长水平的稳步提升（图 3-3）。其中，苏州、上海、杭州、南京、嘉兴、常州等城市升幅较大，超过了平均增速，绍兴、镇江、南通则出现了不同程度的下降。

如表 3-2 所示，上海的经济绿色化水平最高，经济绿色增长指数排名一直稳居第一类城市之首。经济绿色化基础较好的杭州、苏州继续“强优势”，经济绿色增长指数排名分别从 2016 年的第 4 名、第 6 名进一步上升至 2020 年的第 2 名、第 3 名。排名靠后的嘉兴则着力“补短板”，2020 年经济绿色增长指数排名已跃升至第 8 位。绍兴、镇江经济绿色增长指数排名下降较大，分别从 2016 年的第 3 名、第 8 名下降至 2020 年的第 9 名、第 16 名。

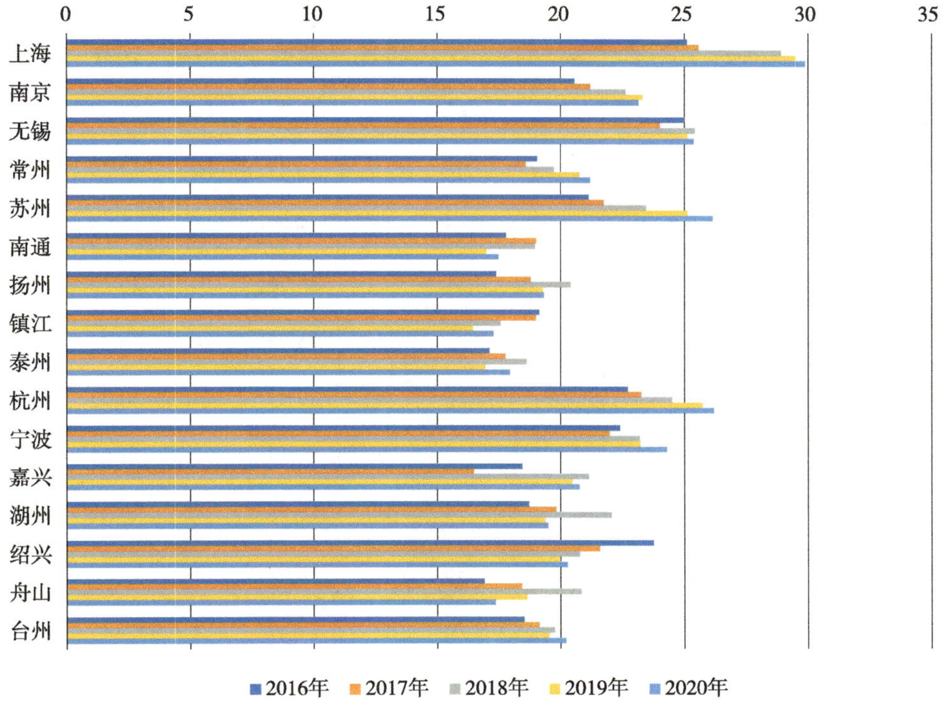

图 3-3　2016—2020 年第一类城市经济绿色增长指数

表 3-2　2016—2020 年第一类城市经济绿色增长指数及排名

城市	2016 年		2017 年		2018 年		2019 年		2020 年	
	指数	排名	指数	排名	指数	排名	指数	排名	指数	排名
上海	25.11	1	25.60	1	28.93	1	29.53	1	29.90	1
南京	20.59	7	21.23	7	22.65	6	23.32	5	23.17	6
无锡	24.99	2	24.03	2	25.44	2	25.14	4	25.39	4
常州	19.06	9	18.60	13	19.74	13	20.80	7	21.22	7
苏州	21.16	6	21.76	5	23.46	4	25.14	3	26.16	3
南通	17.80	13	19.03	10	18.97	14	17.01	14	17.51	14

续表

城市	2016年		2017年		2018年		2019年		2020年	
	指数	排名	指数	排名	指数	排名	指数	排名	指数	排名
扬州	17.39	14	18.80	12	20.42	11	19.29	12	19.34	12
镇江	19.14	8	19.01	11	17.58	16	16.47	16	17.29	16
泰州	17.12	15	17.77	15	18.63	15	16.97	15	17.96	13
杭州	22.72	4	23.26	3	24.51	3	25.76	2	26.20	2
宁波	22.41	5	22.00	4	23.21	5	23.23	6	24.30	5
嘉兴	18.45	12	16.51	16	21.16	8	20.49	8	20.77	8
湖州	18.72	10	19.83	8	22.07	7	19.38	11	19.51	11
绍兴	23.77	3	21.60	6	20.78	10	19.98	9	20.29	9
舟山	16.92	16	18.44	14	20.86	9	18.64	13	17.37	15
台州	18.53	11	19.14	9	19.76	12	19.54	10	20.23	10

3.2.2 科技创新驱动明显，结构优化有待加快

从图 3-4 可以看出，经济绿色增长指数增速较快的城市科技创新驱动指数增幅贡献普遍较大，经济绿色增长指数出现下滑的绍兴、镇江，经济驱动指数也下降明显。与科技创新驱动相比，经济结构优化调整的贡献尚不明显，仅杭州、常州、宁波经济结构优化升级成效较为明显，舟山、绍兴等城市经济增长结构指数甚至出现下降，拖后了经济绿色增长进程。多数城市经济矫正政策指数变化不大。受新冠疫情影响，2020 年经济增长速度指数普遍出现下降，但对第一类城市经济绿色增长指数的影响总体不大。

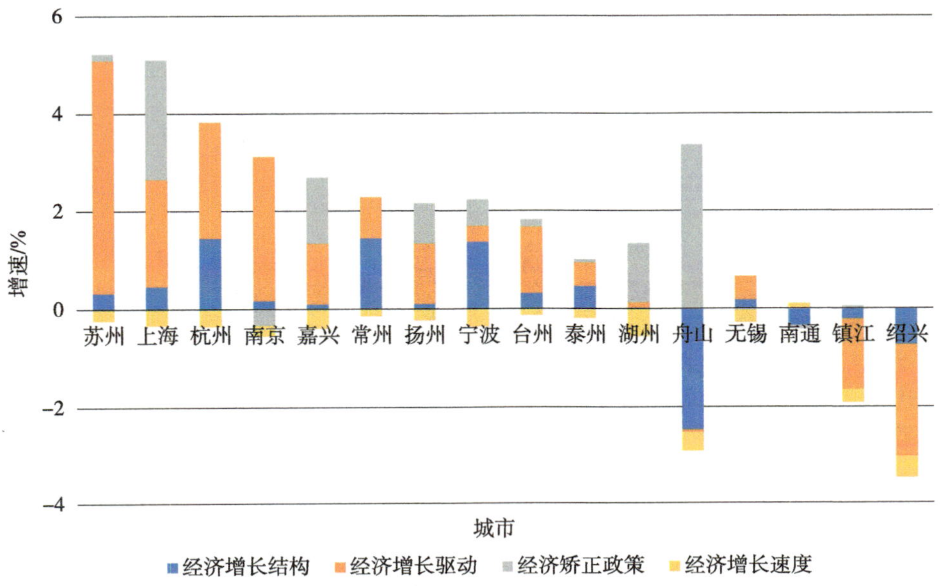

图 3-4　第一类城市经济绿色增长指数增速构成

1. 科技创新驱动成为经济绿色增长主要策略

多数城市经济增长驱动指数呈现上升趋势，表明以科技创新驱动经济绿色增长已成为第一类城市的共同选择。在科技创新研发投入方面，除镇江投入力度有所下降之外，其他城市都实现了不同程度的增长，其中苏州上升最为明显，2020 年研发投入比 2016 年提高了 1.3 个百分点（图 3-5）。在科技创新产出方面，苏州也是增长最为突出的城市，2020 年成为创新产出得分最高的城市，其他多数城市也都实现了不同程度的上升或相对稳定，但绍兴、镇江有较为明显的下降（图 3-6）。

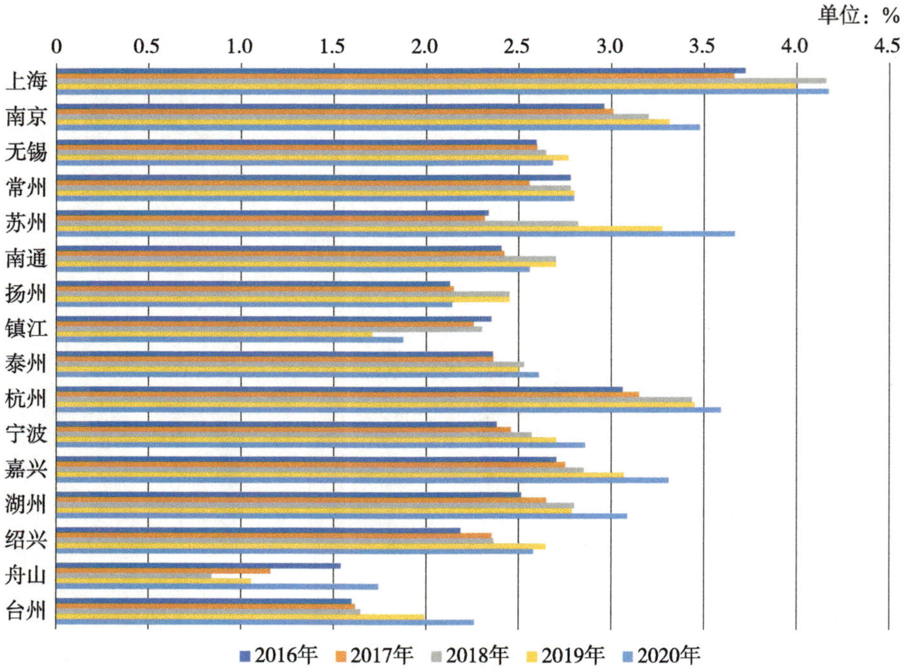

图 3-5　2016—2020 年第一类城市研发经费占 GDP 比重

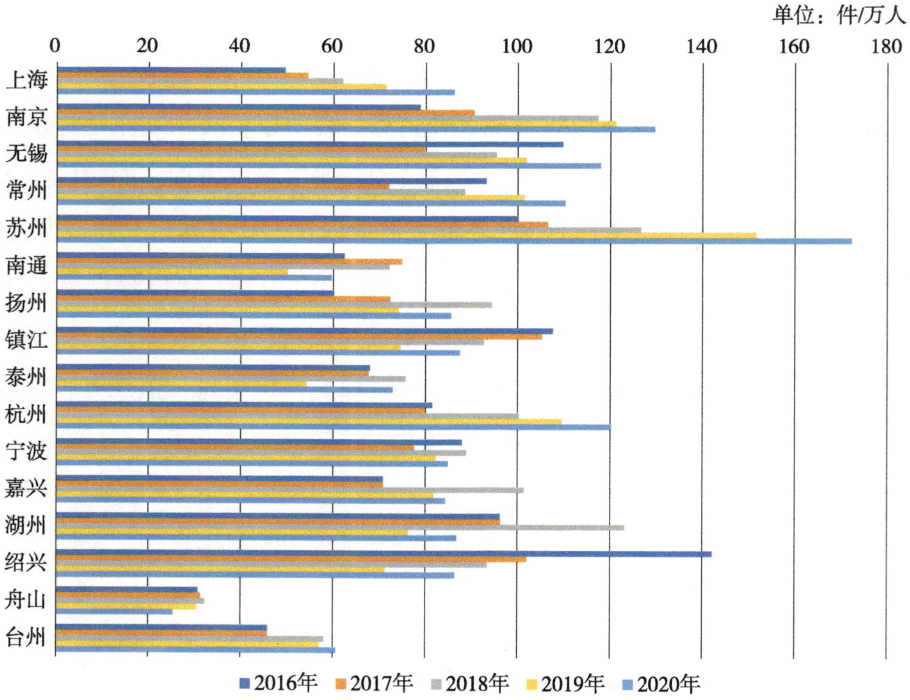

图 3-6　2016—2020 年第一类城市人均专利申请量

2. 经济结构优化升级步伐仍待加快

经济增长结构指数总体提升不大，促进经济结构优化仍然是第一类城市绿色发展需要着力突破的重点领域。虽然从产业结构来看，第三产业比重得分均有上升，表明第一类城市总体呈现经济服务化的趋势，其中，杭州、宁波服务业发展势头最为强劲（图 3-7）。但是从产业内部结构来看，超过一半的城市六大高耗能产业占规模以上工业增加值比重得分均有不同程度的下降，表明多数城市的高耗能、高污染行业不降反升。其中，舟山的扩张趋势最为明显，六大高耗能产业占比从 2016 年的 26.4% 扩张至 2020 年的 54.2%，增加了 1 倍；绍兴的高耗能产业也有比较大的增长，从 2016 年的 22.2% 增长至 2020 年的 33.0%。仅有常州等少数城市传统高耗能行业规模有所减小，其中常州从 2016 年的 40.0% 减小至 2020 年的 30.0%，在产业结构调整方面做出了较大的努力，见图 3-8。

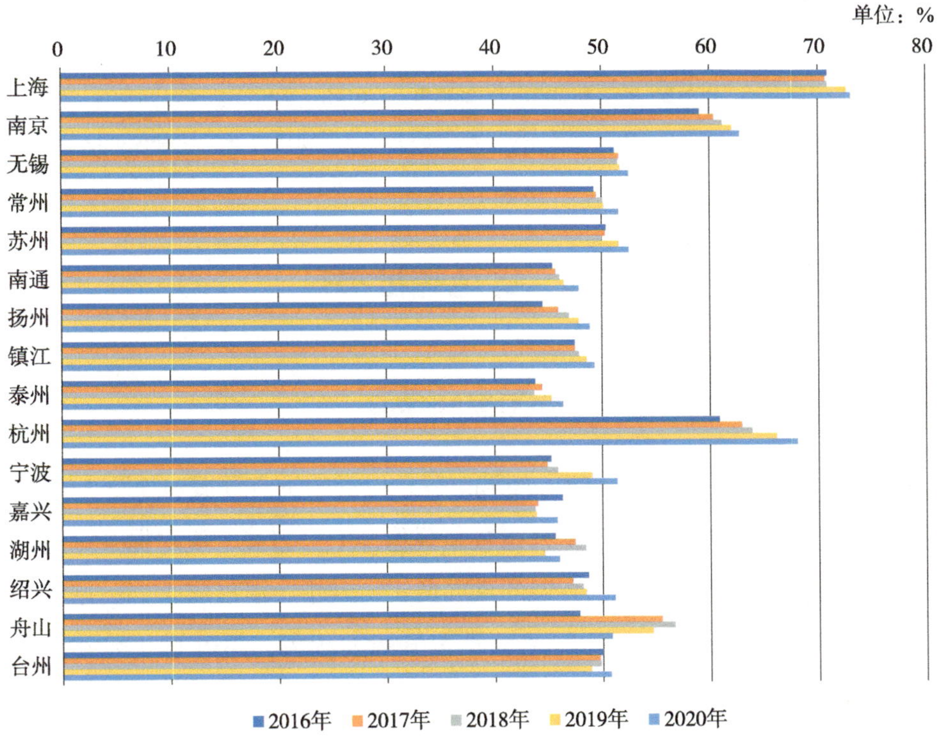

图 3-7　2016—2020 年第一类城市第三产业增加值占 GDP 比重

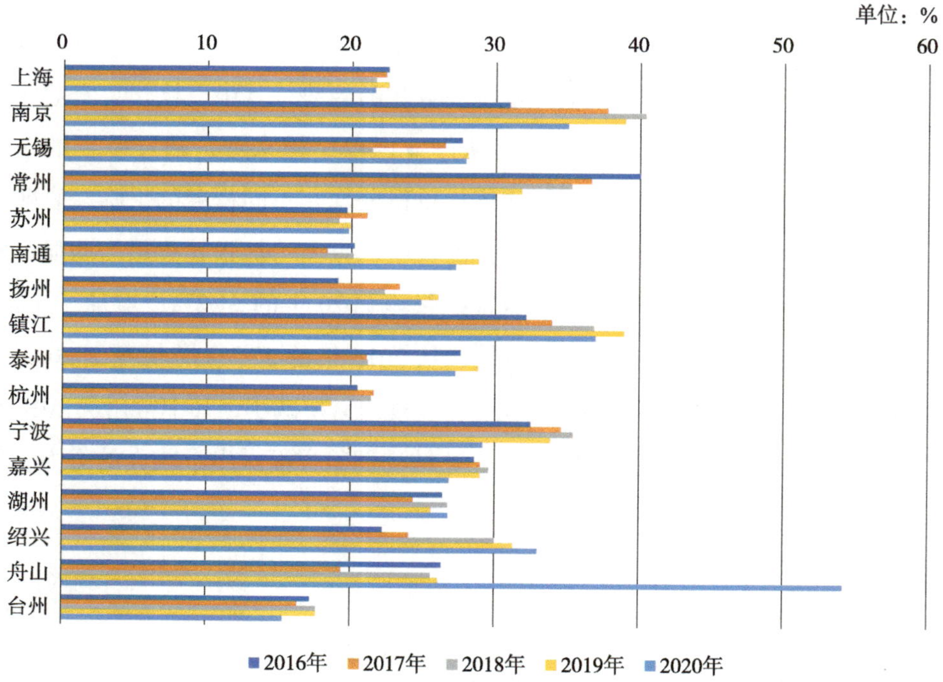

图 3-8　2016—2020 年第一类城市六大高耗能产业占规模以上工业增加值比重

3.3　绿色发展重要目标：绿色福祉提升

3.3.1　绿色福祉提升成为绿色发展的共识

提升生态环境绿色福祉是第一类城市绿色发展的重点领域。如图 3-9 所示，2016—2020 年第一类城市绿色福祉指数呈现稳步上升态势，说明提升绿色福祉已经成为所有第一类城市绿色发展的重要共识。其中，浙江省嘉兴、湖州、杭州，江苏省无锡和上海等城市绿色福祉提升幅度较大，超过第一类城市平均升幅。

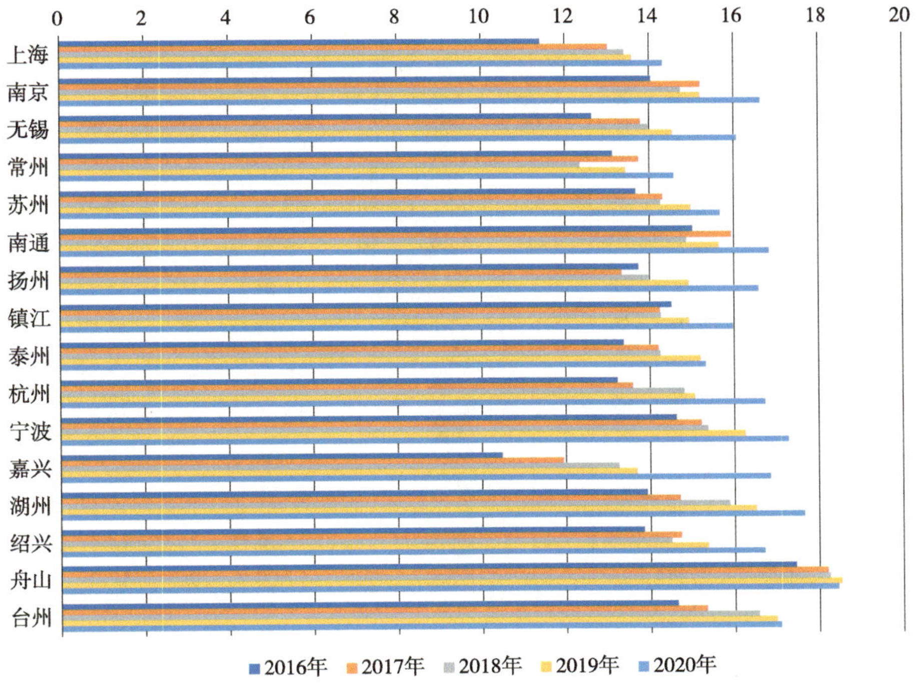

图 3-9　2016—2020 年第一类城市绿色福祉提升指数

如表 3-3 所示，长三角城市群中位于浙江省的第一类城市绿色福祉提升指数整体较高，占据了领先优势。2016 年以来，排名靠前的舟山、台州等城市牢牢把握领先局面，排名落后的城市则一路赶超，嘉兴从第一类城市末位到名列前茅，2020 年位列第 5，杭州、湖州分别从 2016 年的第 12 名、第 7 名上升至 2020 年的第 7 名、第 2 名，绿色福祉水平提升显著。

表 3-3　2016—2020 年第一类城市绿色福祉提升指数及排名

城市	2016 年		2017 年		2018 年		2019 年		2020 年	
	指数	排名	指数	排名	指数	排名	指数	排名	指数	排名
上海	11.41	15	13.02	15	13.41	14	13.60	15	14.33	16
南京	14.04	6	15.22	4	14.75	7	15.22	7	16.64	9
无锡	12.64	14	13.79	11	13.98	12	14.56	13	16.08	11
常州	13.13	13	13.74	12	12.36	16	13.44	16	14.59	15
苏州	13.68	10	14.31	8	14.27	9	14.99	10	15.68	13

续表

城市	2016年		2017年		2018年		2019年		2020年	
	指数	排名	指数	排名	指数	排名	指数	排名	指数	排名
南通	15.03	2	15.94	2	14.88	5	15.65	5	16.84	6
扬州	13.74	9	13.34	14	13.97	13	14.94	12	16.59	10
镇江	14.51	5	14.23	9	14.26	10	14.94	11	15.98	12
泰州	13.38	11	14.20	10	14.25	11	15.21	8	15.33	14
杭州	13.23	12	13.59	13	14.82	6	15.07	9	16.73	7
宁波	14.62	4	15.21	5	15.38	4	16.26	4	17.29	3
嘉兴	10.49	16	11.94	16	13.25	15	13.70	14	16.85	5
湖州	13.92	7	14.70	7	15.89	3	16.52	3	17.66	2
绍兴	13.84	8	14.72	6	14.50	8	15.37	6	16.71	8
舟山	17.45	1	18.20	1	18.26	1	18.53	1	18.47	1
台州	14.64	3	15.33	3	16.56	2	17.00	2	17.09	4

3.3.2 环境健康福祉提升显著，环境安全福祉总体改善

从图 3-10 可以看出，绝大部分的第一类城市环境健康指数都有较大幅度的上升，环境健康改善成为绿色福祉提升最为重要的体现。其中，杭州、湖州、无锡等城市环境健康指数上升最快，拉动了绿色福祉指数的提升。环境安全指数除泰州、舟山等少数城市有所下降外，多数城市都有不同程度的上升，其中又以嘉兴上升幅度最大。多数城市环境舒适指数都有增长，城市环境带给人们的舒适体验不断增强。

1. 空气环境健康提升显著

$PM_{2.5}$ 浓度是与人体健康密切相关的代表性指标，2016—2020 年所有城市的该项指标得分均呈现稳定上升态势。16 个城市的 $PM_{2.5}$ 年均浓度平均值从 2016 年的 44.8 μg/m^3 下降到 2020 年的 30.4 μg/m^3，降低了近 1/3。浙江省内城市从 2016 年普遍超标到 2020 年全部达到国家环境空气质量二级标准，且 $PM_{2.5}$ 年均浓度全部下降到 30 μg/m^3 以下。上海从 2016 年的 45 μg/m^3 下降到 2020 年的 32 μg/m^3，实现达标。虽然江苏省内城市 2020 年仍有常州、镇江、泰州等城市未能达标，但相对 2016 年 $PM_{2.5}$ 浓度也有较为明显的下降。见图 3-11。

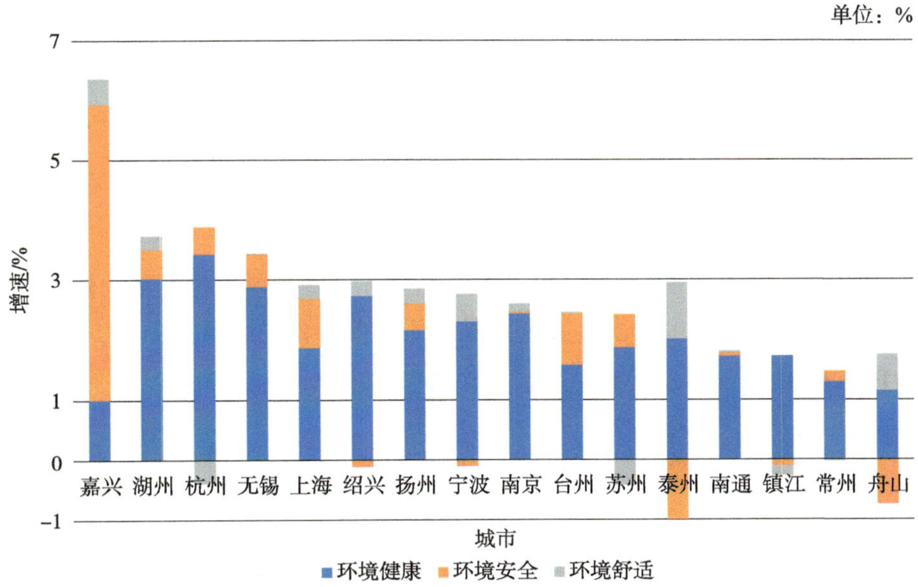

图 3-10 第一类城市绿色福祉提升指数增速构成

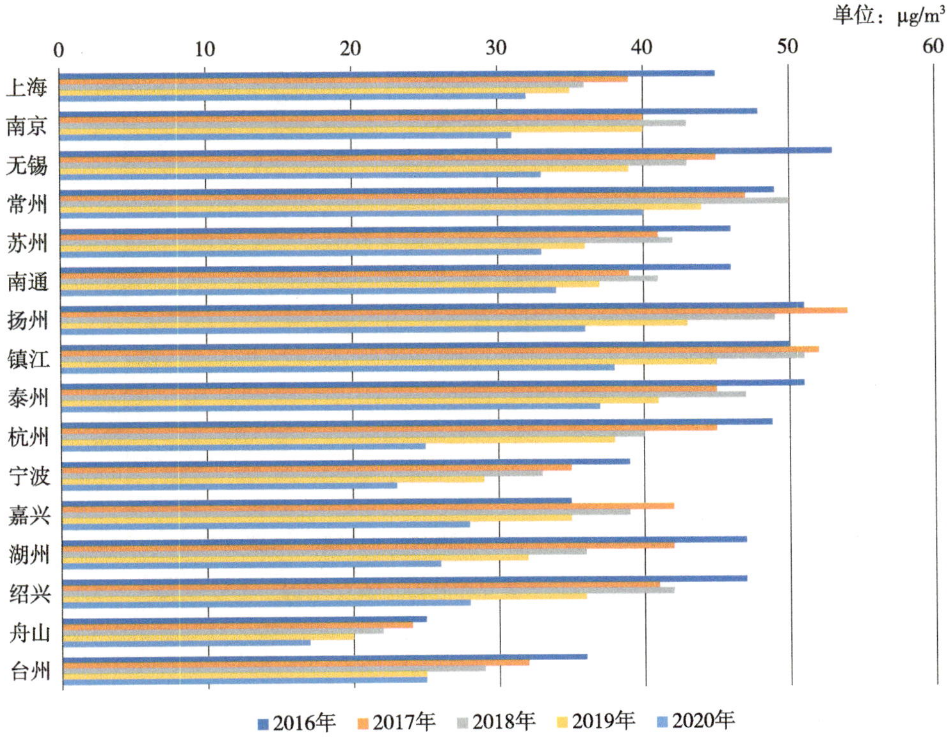

图 3-11 第一类城市 $PM_{2.5}$ 年均浓度

2. 水源地安全总体改善

多数城市水源地安全指数得分都有上升，表明水源地安全状况总体改善。作为环境安全的代表性指标，水源地安全指数是负向指标，其平均值从 2016 年的 9.62 下降到 2020 年的 7.21，降低了 1/4。其中，嘉兴的水源地安全状况改善程度最大，2016 年、2017 年、2018 年、2019 年、2020 年的水源地安全指数分别为 33.27、21.22、18.19、10.73、7.28，实现了持续且显著的改善。相比之下，泰州、舟山等少数城市水源地安全状况有所变差，其中，泰州、舟山水源地安全指数分别从 2016 年的 3.36、3.92 上升到 2020 年的 8.63、7.80。见图 3-12。

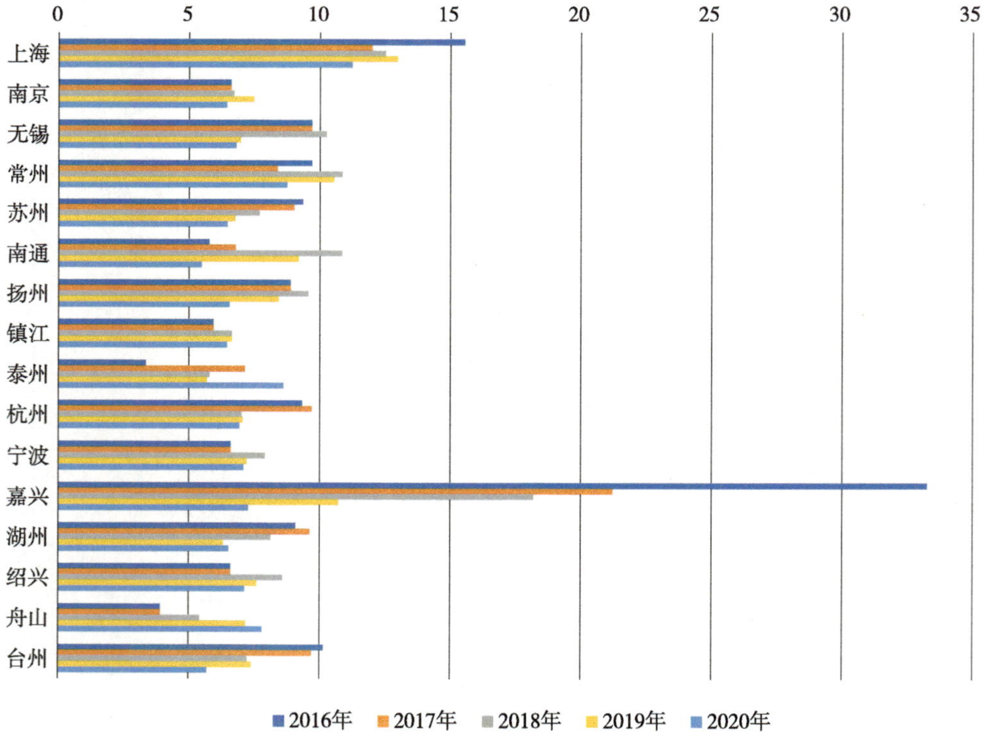

图 3-12　第一类城市水源地安全指数

3.4 绿色发展重要目标：资源环境利用

3.4.1 资源环境利用水平不断提高

提升经济发展对资源环境的利用、减小资源环境耗损也是第一类城市绿色发展的目标任务之一。2016—2020 年，所有第一类城市的资源环境利用指数都有上升，实现了资源环境利用能力和水平的稳定提升（图 3-13）。其中，杭州、南通、宁波、无锡、苏州等城市资源环境利用水平提升幅度较大，超过第一类城市平均增幅。

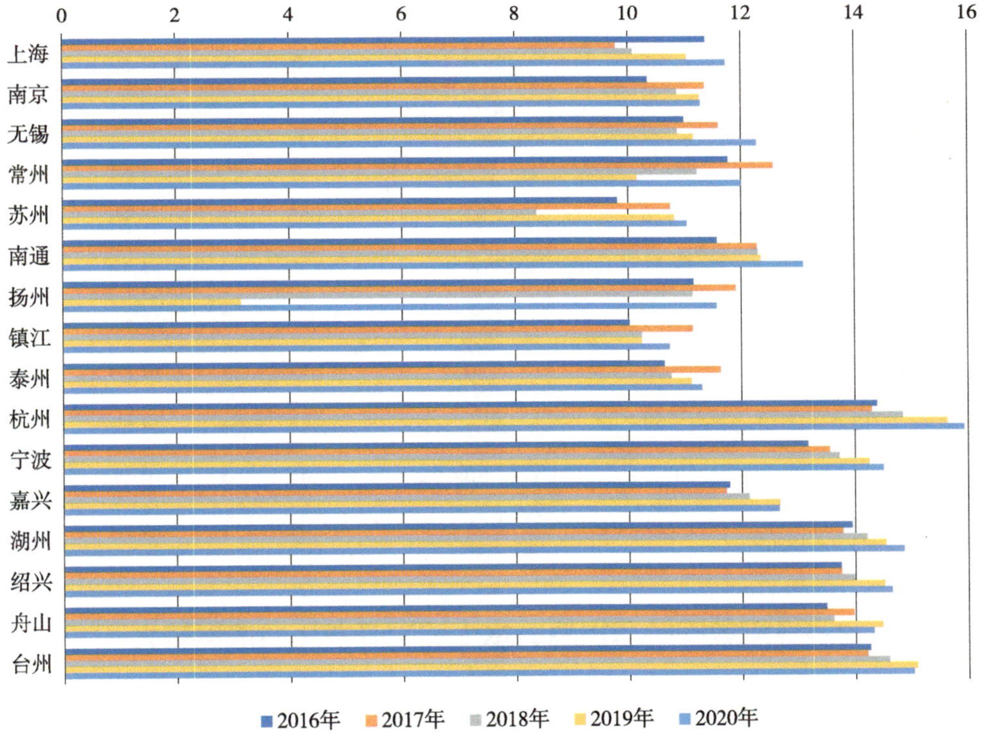

图 3-13 2016—2020 年第一类城市资源环境利用指数

如表 3-4 所示，浙江省的第一类城市资源环境利用指数整体较高，五年来，杭州、台州、湖州、绍兴、宁波、舟山等城市始终包揽第一类城市资源环境利用指数排名前列。其他城市资源环境利用水平也有不同程度的提升。

表 3-4　2016—2020 年第一类城市资源环境利用指数及排名

城市	2016 年		2017 年		2018 年		2019 年		2020 年	
	指数	排名	指数	排名	指数	排名	指数	排名	指数	排名
上海	11.34	10	9.76	16	10.06	15	11.01	12	11.71	11
南京	10.33	14	11.35	13	10.85	11	11.25	9	11.28	13
无锡	10.97	12	11.59	12	10.85	12	11.13	10	12.25	9
常州	11.75	7	12.55	7	11.20	9	10.14	15	11.98	10
苏州	9.80	16	10.74	15	8.36	16	10.80	13	11.04	15
南通	11.54	9	12.25	8	12.26	7	12.31	8	13.07	7
扬州	11.11	11	11.86	9	11.09	10	3.10	16	11.52	12
镇江	10.00	15	11.12	14	10.22	14	10.22	14	10.71	16
泰州	10.60	13	11.60	11	10.72	13	11.08	11	11.27	14
杭州	14.36	1	14.26	1	14.81	1	15.60	1	15.90	1
宁波	13.13	6	13.51	6	13.69	6	14.22	6	14.48	5
嘉兴	11.74	8	11.68	10	12.08	8	12.66	7	12.62	8
湖州	13.92	3	13.76	4	14.20	3	14.53	3	14.85	3
绍兴	13.69	4	13.69	5	13.95	4	14.48	4	14.62	4
舟山	13.47	5	13.94	3	13.86	5	14.46	5	14.31	6
台州	14.22	2	14.17	2	14.56	2	15.05	2	14.99	2

3.4.2　资源环境效率持续提高，水土资源开发压力依然较大

从图 3-14 可以看出，所有第一类城市在资源利用效率和污染控制水平方面均有提升，其中，杭州、上海等城市在资源高效利用，泰州、舟山等城市在污染排放控制方面提升最为突出。多数城市的资源配置和循环利用水平都有提升，但上海、泰州等城市出现下降，一定程度上拉低了资源环境利用指数提升。

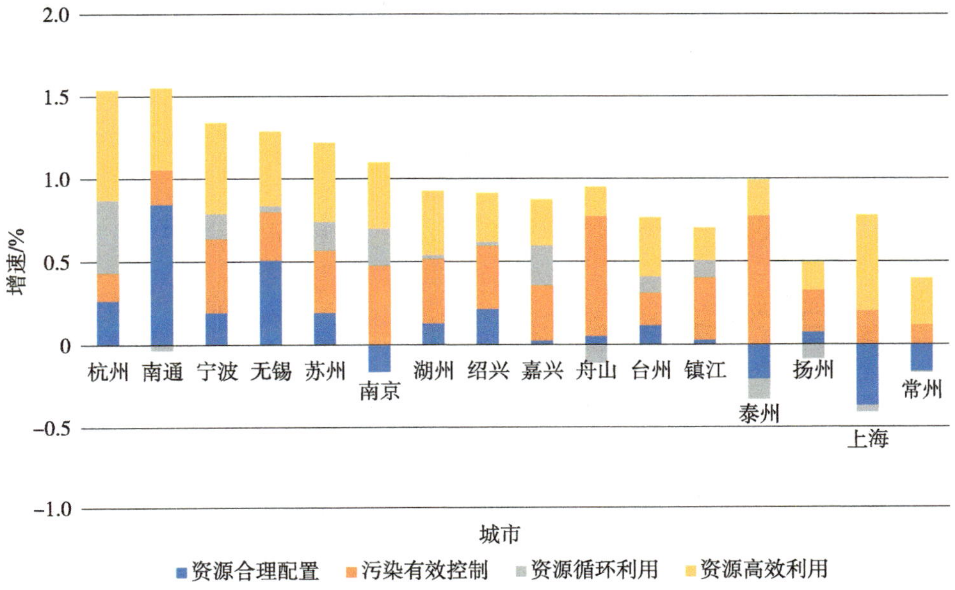

图 3-14　第一类城市资源环境利用指数增速构成

3.4.2.1　资源利用效率和污染控制能力不断提升

资源高效利用指数持续提升，经济系统不断向高效、低碳的方向转型。水资源生产率提升最为明显，2016—2020 年 16 个城市的平均值从 2016 年的 252.4 元 /m^3 上升到 2020 年的 379.1 元 /m^3，提升幅度达到 50.2%，其中，苏州和无锡的提升幅度分别高达 148.5% 和 112.3%（图 3-15）。碳生产率也有明显提升，16 个城市的二氧化碳生产率平均值从 2016 年的 8 534.9 元 /t 上升到 2020 年的 10 717.2 元 /t，提高了 25.6%，其中，宁波和湖州的提升幅度分别达到 77.5% 和 72.5%，舟山虽然提升幅度达到 70.4%，但是其二氧化碳生产率仅为 6 579.0 元 /t，相较于其他城市仍然处于较低水平（图 3-16）。

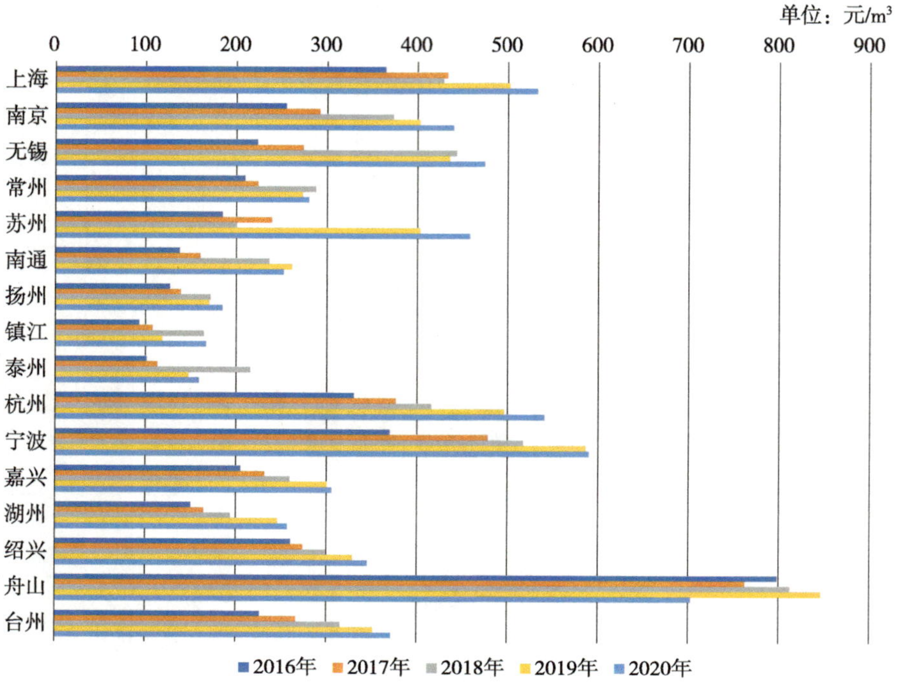

图 3-15　第一类城市水资源生产率

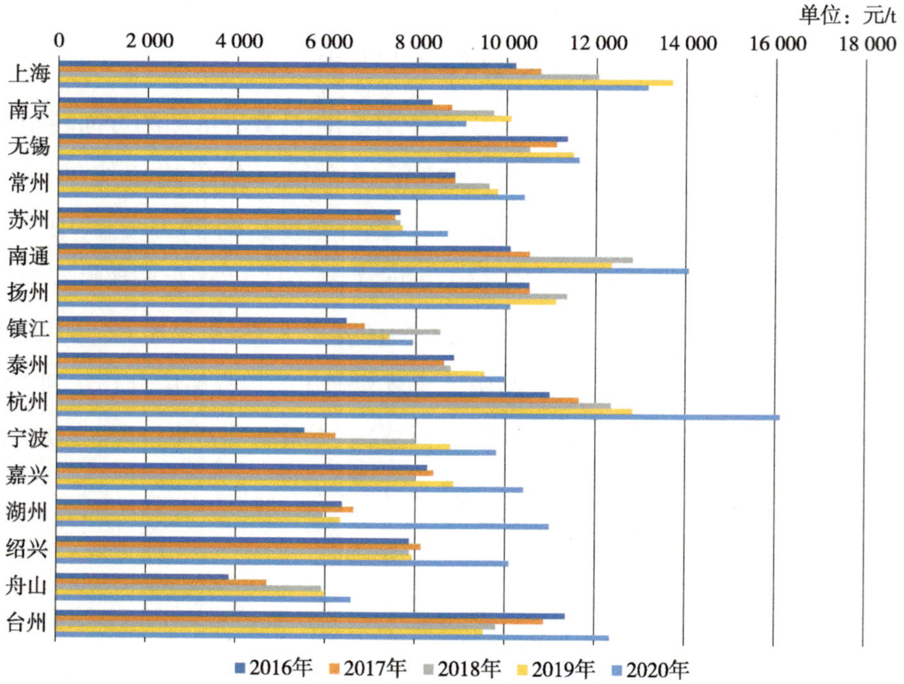

图 3-16　第一类城市碳生产率

污染有效控制指数持续提升，污染排放控制能力不断增强。单位工业增加值大气污染物排放量平均值从2016年的29.8 t/亿元下降到2020年的6.9 t/亿元，下降了76.9%，工业污染治理显著。其中，湖州从2016年的78.9 t/亿元下降到2020年的12.3 t/亿元，减排效果最为明显；南通、泰州、扬州、上海等多个城市的污染排放强度相较于2016年也都有非常明显的下降（图3-17）。

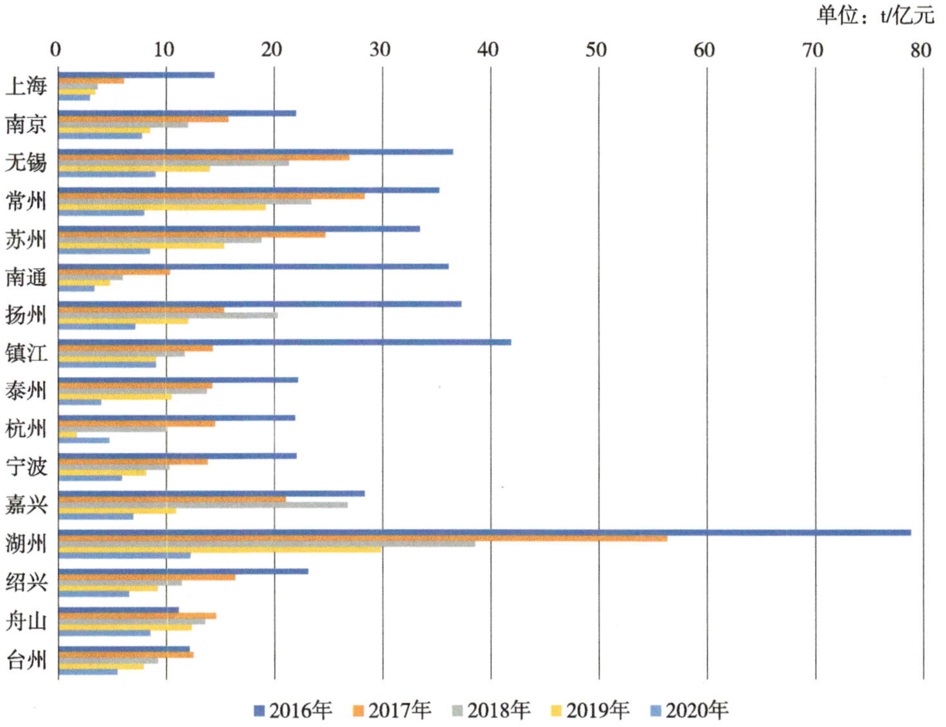

图3-17　第一类城市单位工业增加值大气污染物排放量

3.4.2.2　部分城市水土资源仍然面临较大开发压力

水土资源开发强度持续增大，部分城市水土资源面临较大的压力。如图3-18所示，到2020年，第一类城市中的上海和江苏省内城市的水资源开发利用率已经普遍接近或超过100%；上海土地开发强度已经接近50%，南京、无锡、苏州、嘉兴等城市的土地开发强度也都已经达到或接近30%的国际警戒线。

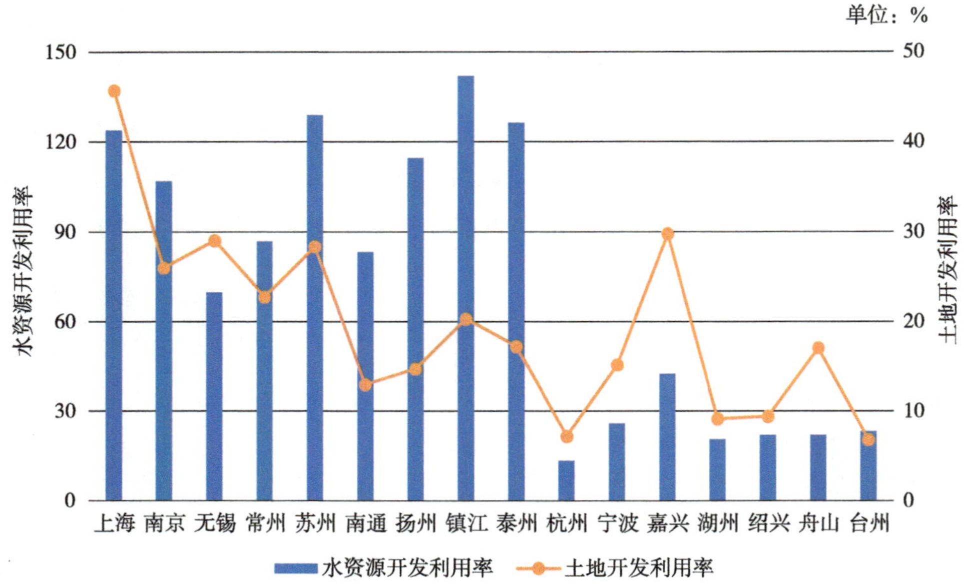

图 3-18　2020 年第一类城市水土资源开发利用率

3.5　绿色发展目标：绿色公平实现和自然资产维持

3.5.1　绿色公平实现程度稳步提升

2016—2020 年，第一类城市绿色公平实现程度全部稳步提升。如表 3-5 所示，16 个城市的绿色公平实现指数排名变化不大，苏州、无锡、常州稳居前三，上海、南京排名有所提升，长三角城市群第一类城市绿色公平实现指数提升速度总体相当。

表 3-5　2016—2020 年第一类城市绿色公平实现指数及排名

城市	2016 年		2017 年		2018 年		2019 年		2020 年	
	指数	排名	指数	排名	指数	排名	指数	排名	指数	排名
上海	12.85	6	13.28	6	13.74	5	14.25	5	14.73	5
南京	12.79	8	13.23	8	13.64	6	14.16	6	14.72	6
无锡	14.10	2	14.56	3	15.01	2	15.52	2	16.13	2

续表

城市	2016 年		2017 年		2018 年		2019 年		2020 年	
	指数	排名	指数	排名	指数	排名	指数	排名	指数	排名
常州	13.69	3	14.70	1	14.54	3	15.03	3	15.61	3
苏州	14.17	1	14.64	2	15.09	1	15.60	1	16.27	1
南通	12.82	7	13.29	5	13.61	8	14.01	8	14.60	7
扬州	12.88	5	13.26	7	13.63	7	14.02	7	14.56	8
镇江	13.23	4	13.63	4	14.03	4	14.46	4	15.02	4
泰州	12.74	9	13.13	9	13.48	9	13.88	9	14.42	9
杭州	11.57	14	12.58	14	12.51	14	13.05	14	13.63	14
宁波	11.74	12	12.70	12	12.64	12	13.16	12	13.74	12
嘉兴	11.95	10	12.93	10	12.87	10	13.41	10	13.99	10
湖州	11.57	15	12.56	15	12.49	15	13.01	15	13.59	15
绍兴	11.62	13	12.64	13	12.57	13	13.09	13	13.70	13
舟山	11.83	11	12.82	11	12.81	11	13.31	11	13.87	11
台州	10.73	16	11.69	16	11.55	16	12.02	16	12.55	16

3.5.2 自然资产维持水平总体稳定

2016—2020 年，第一类城市自然资产维持指数都得到不同程度的提升。自然资源禀赋相对较好的浙江省继续强优势，自然资产维持指数排名稳居长三角之首（表 3-6）。尤其在自然资产增值方面，浙江省大力投资水土流失综合治理，实施水土保持目标责任考核，水土流失面积减少幅度领跑长三角。

表 3-6　2016—2020 年第一类城市自然资产维持指数及排名

城市	2016 年		2017 年		2018 年		2019 年		2020 年	
	指数	排名	指数	排名	指数	排名	指数	排名	指数	排名
上海	0.28	16	0.28	16	0.28	16	0.28	16	0.28	16
南京	1.79	10	1.81	10	1.83	10	1.80	10	1.92	10
无锡	1.88	9	1.90	9	1.92	9	1.89	9	2.00	9
常州	1.76	11	1.78	11	1.80	11	1.77	11	1.89	11

续表

城市	2016年		2017年		2018年		2019年		2020年	
	指数	排名	指数	排名	指数	排名	指数	排名	指数	排名
苏州	2.03	8	2.05	8	2.07	8	2.04	8	2.16	8
南通	1.68	15	1.69	15	1.71	15	1.68	15	1.80	15
扬州	1.76	12	1.78	12	1.80	12	1.77	12	1.89	12
镇江	1.73	13	1.74	13	1.76	13	1.73	13	1.85	13
泰州	1.73	14	1.74	14	1.76	14	1.73	14	1.85	14
杭州	6.39	1	6.67	1	6.98	1	6.46	1	8.56	1
宁波	6.05	6	6.33	6	6.64	6	6.12	6	8.22	6
嘉兴	5.74	7	6.02	7	6.33	7	5.82	7	7.91	7
湖州	6.15	5	6.43	5	6.74	5	6.22	5	8.32	5
绍兴	6.17	4	6.45	4	6.76	4	6.25	4	8.34	4
舟山	6.23	3	6.51	3	6.82	3	6.31	3	8.41	3
台州	6.29	2	6.57	2	6.88	2	6.37	2	8.46	2

4

长江经济带第二类城市绿色发展态势

CHANGJIANG JINGJIDAI DIERLEI CHENGSHI LÜSE FAZHAN TAISHI

4.1 绿色发展综合进程

4.1.1 绿色发展水平总体改善

2016 年以来，长江经济带第二类城市绿色发展综合指数总体上升，54 个城市的绿色发展综合指数平均值从 2016 年的 47.14 提升至 2020 年的 50.64，增加了 3.50（图 4-1）。除 2020 年湖北省内城市出现较大波动外，多数城市的绿色发展水平都有不同程度的改善。

整体上看，第二类城市中省会城市的绿色发展水平一般高于省内其他城市的绿色发展水平。从表 4-1 可以看出，温州、长沙、金华、成都、绵阳、武汉等城市绿色发展水平优势明显，排名稳居第二类城市前列。近年来，宜宾深耕绿色发展之路，绿色发展成效尤为亮眼，绿色发展综合指数排名从 2016 年的第 46 名成功跻身 2020 年的前十；眉山、德阳、景德镇等城市的绿色发展综合指数排名也取得了较为明显的提升，提升幅度达到 16～24 名。

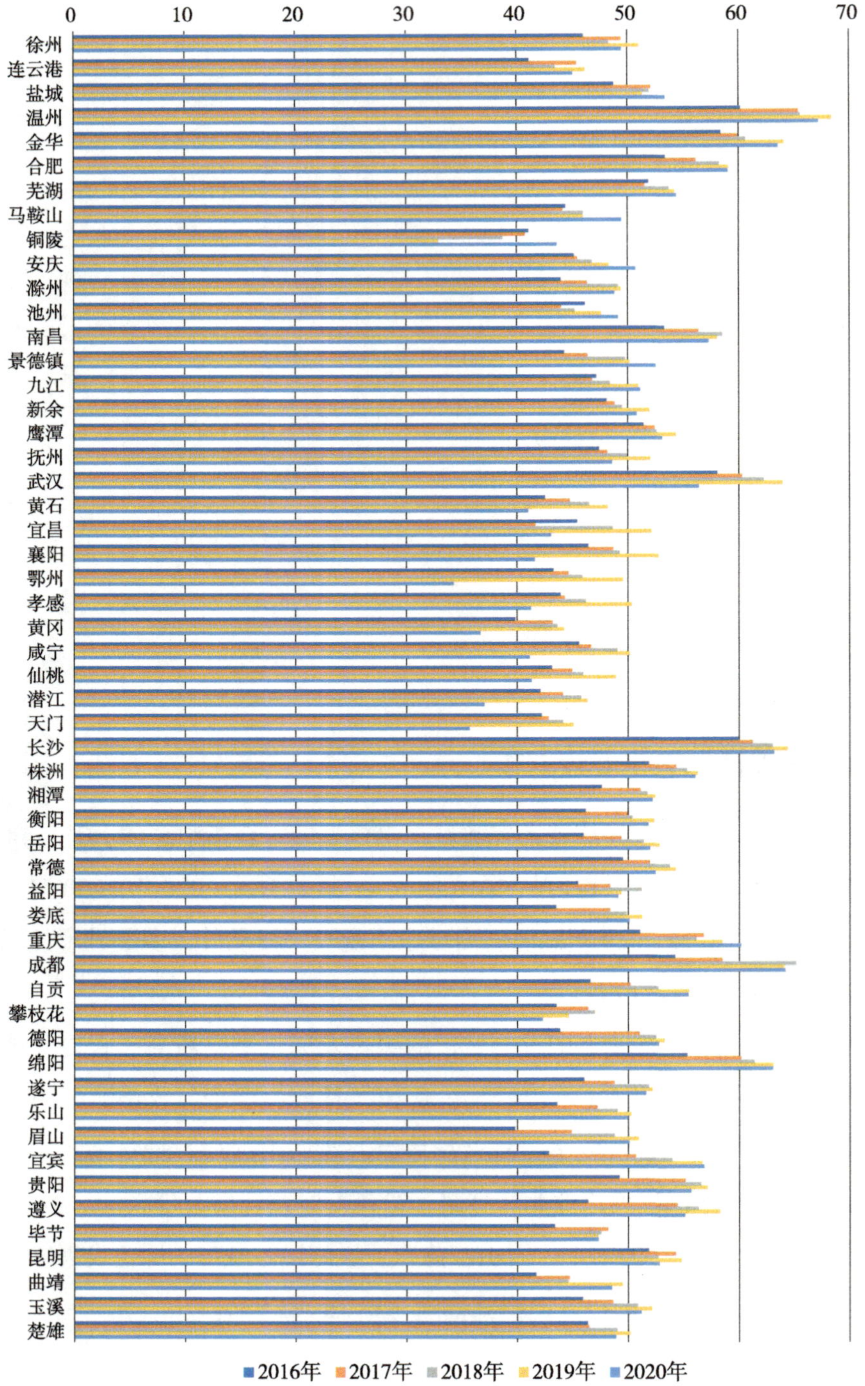

图 4-1　2016—2020 年第二类城市绿色发展综合指数

表 4-1　2016—2020 年第二类城市绿色发展综合指数及排名

城市	2016 年		2017 年		2018 年		2019 年		2020 年	
	指数	排名	指数	排名	指数	排名	指数	排名	指数	排名
徐州	46.03	27	49.41	23	48.28	39	51.02	31	49.45	33
连云港	41.13	51	45.39	41	43.46	53	46.14	49	45.06	42
盐城	48.75	16	52.06	15	51.96	20	51.36	29	53.41	16
温州	60.18	1	65.43	1	65.60	1	68.42	1	67.25	1
金华	58.42	3	59.92	5	60.63	6	64.12	3	63.61	3
合肥	53.40	7	56.16	9	58.28	8	59.11	7	59.05	7
芜湖	51.90	9	51.52	17	53.76	14	54.25	18	54.41	15
马鞍山	44.41	35	44.11	48	45.97	45	45.96	50	49.45	34
铜陵	41.06	52	40.72	54	38.72	54	32.89	54	43.60	43
安庆	45.17	34	45.43	40	46.77	42	48.24	44	50.73	29
滁州	43.96	37	46.31	39	49.12	32	49.33	42	48.80	38
池州	46.14	25	43.97	50	45.23	49	47.59	46	49.11	35
南昌	53.32	8	56.39	8	58.52	7	58.06	10	57.31	8
景德镇	44.25	36	46.34	38	49.78	29	50.15	38	52.52	20
九江	47.17	20	46.74	34	48.36	38	50.95	32	51.16	27
新余	48.09	17	48.76	25	49.50	30	51.94	28	50.84	28
鹰潭	51.43	12	52.42	14	52.63	18	54.35	16	53.10	17
抚州	47.37	19	48.10	31	49.91	27	52.02	27	48.57	39
武汉	58.06	4	60.28	3	62.27	4	63.96	5	56.41	10
黄石	42.53	47	44.70	44	46.48	43	48.15	45	41.00	50
宜昌	45.40	33	41.63	53	48.59	37	52.09	25	43.06	44
襄阳	46.39	22	48.63	27	49.21	31	52.76	21	41.60	46
鄂州	43.27	44	44.61	46	45.89	47	49.55	39	34.27	54
孝感	43.91	38	44.26	47	46.17	44	50.35	34	41.26	48
黄冈	39.83	53	43.16	51	43.62	52	44.21	53	36.66	52
咸宁	45.56	31	46.63	35	49.00	35	50.17	36	41.14	49
仙桃	43.12	45	44.92	42	45.93	46	48.87	43	41.30	47
潜江	42.08	49	44.09	49	45.77	48	46.31	48	37.04	51
天门	42.20	48	42.79	52	44.10	51	45.03	51	35.68	53
长沙	59.92	2	61.22	2	63.06	3	64.40	2	63.19	4
株洲	51.88	10	54.32	12	55.30	12	56.28	13	56.07	11
湘潭	47.57	18	51.08	18	51.75	22	52.45	22	52.23	22
衡阳	46.12	26	49.94	22	50.39	26	52.33	23	51.83	24
岳阳	45.92	29	49.33	24	51.41	23	52.82	20	51.98	23

续表

城市	2016年		2017年		2018年		2019年		2020年	
	指数	排名	指数	排名	指数	排名	指数	排名	指数	排名
常德	49.51	14	51.94	16	53.75	15	54.26	17	52.49	21
益阳	45.44	32	48.32	29	51.20	24	49.34	41	49.06	36
娄底	43.47	42	48.31	30	49.83	28	51.23	30	50.09	31
重庆	51.07	13	56.78	7	56.14	11	58.47	8	60.15	6
成都	54.23	6	58.48	6	65.16	2	64.09	4	64.17	2
自贡	46.54	21	50.15	21	52.70	17	55.45	14	55.42	13
攀枝花	43.50	41	46.34	37	46.94	41	44.60	52	42.27	45
德阳	43.82	39	51.01	19	52.54	19	53.24	19	52.76	19
绵阳	55.30	5	60.15	4	61.35	5	63.11	6	63.06	5
遂宁	45.99	28	48.67	26	51.84	21	52.15	24	51.60	25
乐山	43.57	40	47.15	33	49.01	34	50.23	35	49.97	32
眉山	39.76	54	44.83	43	48.74	36	50.91	33	50.12	30
宜宾	42.81	46	50.66	20	53.97	13	56.67	12	56.85	9
贵阳	49.21	15	55.15	10	56.55	9	57.13	11	55.67	12
遵义	46.33	23	54.43	11	56.34	10	58.27	9	55.12	14
毕节	43.35	43	48.09	32	47.54	40	47.24	47	47.30	41
昆明	51.83	11	54.29	13	52.71	16	54.80	15	52.84	18
曲靖	41.69	50	44.67	45	44.58	50	49.46	40	48.51	40
玉溪	45.87	30	48.56	28	50.84	25	52.09	26	51.21	26
楚雄	46.33	24	46.40	36	49.02	33	50.15	37	48.90	37

4.1.2 绿色发展多维目标总体提升，经济绿色增长目标有所滞后

第二类城市总体上都实现了资源环境利用、绿色福祉提升、绿色公平实现、自然资产维持等绿色发展多维目标的提升（图 4-2）。其中，又以资源环境利用水平提升最为显著，以宜宾、成都、眉山为代表的城市把资源环境利用水平提升作为绿色发展的首选，实现了绿色发展综合指数的较快提升。

相较于绿色发展其他维度的目标，第二类城市经济绿色增长目标总体滞后，经济增长势头明显不足。尤其是 2020 年新冠疫情暴发，约 76% 的城市经济绿色增长指数较 2016 年出现下降，其中以鄂州、襄阳、黄冈等湖北省内城市的下降最为明显。

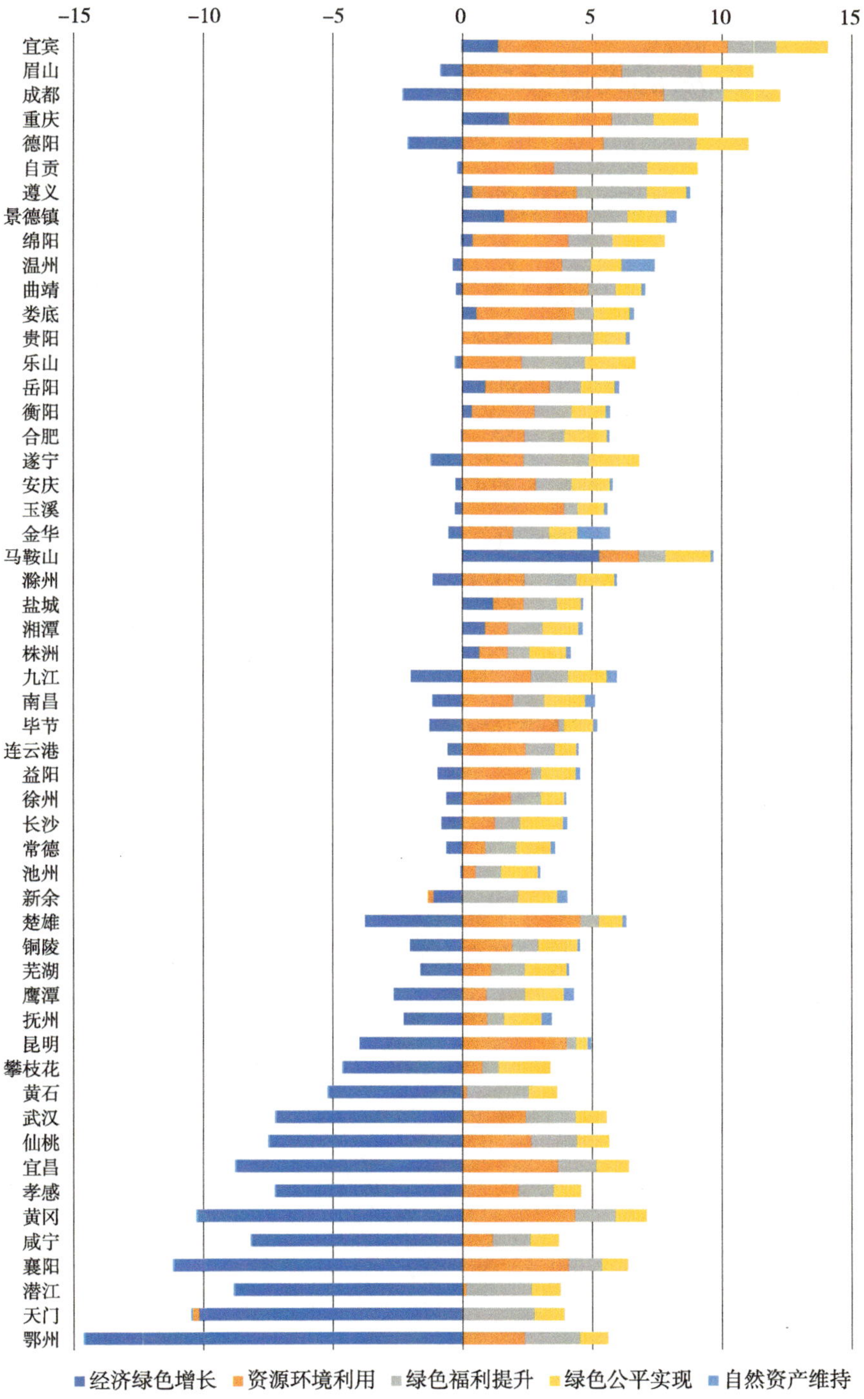

图 4-2　第二类城市绿色发展指数增速构成

4.2 绿色发展优先目标：经济绿色增长

4.2.1 经济绿色增长水平出现波动

经济绿色增长是第二类城市绿色发展的重点目标任务，但是相较于第一类城市，第二类城市经济绿色增长势头总体不足，2016—2020 年多数城市经济绿色增长指数都出现不同程度的波动，上升趋势难以为继（图 4-3）。

第二类城市中，省会城市合肥、成都的经济绿色化水平相对较高，经济绿色增长指数排名稳居同类城市的前两位。2016 年以来，景德镇、宜宾等城市经济绿色增长指数排名取得较快提升，分别从 2016 年的第 50 名、第 43 名上升至 2020 年的第 28 名、第 26 名。湖北省内鄂州、襄阳、宜昌等城市排名则出现较大幅度的下降。见表 4-2。

4.2.2 产业结构调整总体缓慢，经济增长驱动较为不足

保持平稳较快的经济增长是第二类城市经济绿色增长的重要考量要素，2020 年新冠疫情对第二类城市的经济增长造成严重冲击，造成所有城市经济增速指数下降，其中湖北省内城市 GDP 增速更是出现了负增长。与此同时，经济增长结构和驱动指数作为经济绿色增长指数的重要组成要素，却没有得到明显提升，未能抵消经济增速指数下滑带来的冲击，进而影响了经济绿色增长指数的提升。

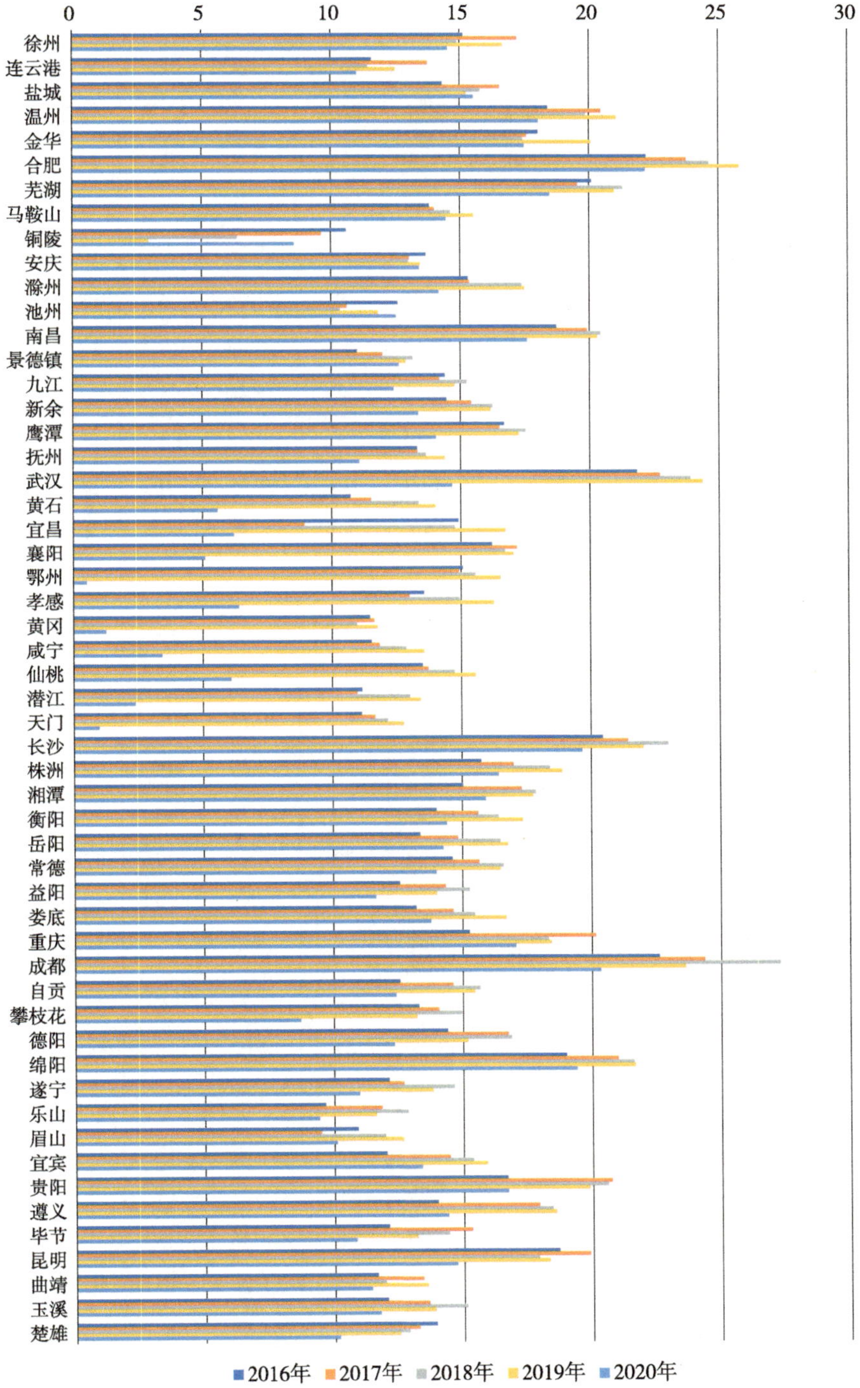

图 4-3　2016—2020 年第二类城市经济绿色增长指数

表 4-2　2016—2020 年第二类城市经济绿色增长指数及排名

城市	2016 年		2017 年		2018 年		2019 年		2020 年	
	指数	排名	指数	排名	指数	排名	指数	排名	指数	排名
徐州	15.15	17	17.21	15	14.90	34	16.66	23	14.55	16
连云港	11.58	45	13.76	35	11.44	51	12.51	50	11.02	37
盐城	14.33	25	16.54	19	15.79	24	15.26	32	15.54	13
温州	18.41	9	20.46	7	19.86	9	21.06	6	18.06	6
金华	18.03	10	17.60	13	17.44	16	20.07	9	17.51	8
合肥	22.21	2	23.76	2	24.64	2	25.80	1	22.17	1
芜湖	20.10	5	19.55	11	21.30	6	20.98	7	18.49	5
马鞍山	13.82	29	14.01	34	14.63	38	15.53	30	14.47	17
铜陵	10.60	53	9.63	52	6.37	54	2.95	54	8.59	44
安庆	13.69	30	13.04	41	13.01	44	13.46	42	13.44	25
滁州	15.31	15	15.37	24	17.41	17	17.51	16	14.18	21
池州	12.59	37	10.61	51	10.35	53	11.80	51	12.53	29
南昌	18.74	7	19.92	9	20.44	8	20.31	8	17.60	7
景德镇	11.01	50	11.99	44	13.17	42	12.89	46	12.63	28
九江	14.40	24	14.20	32	15.25	30	14.78	34	12.43	30
新余	14.47	22	15.42	23	16.24	23	16.17	27	13.37	27
鹰潭	16.69	12	16.50	20	17.53	15	17.27	18	14.06	22
抚州	13.33	34	13.32	39	13.66	40	14.39	35	11.08	36
武汉	21.82	3	22.72	3	23.90	3	24.37	2	14.67	15
黄石	10.73	52	11.52	49	13.38	41	14.03	36	5.60	48
宜昌	14.91	20	8.95	54	14.78	35	16.73	21	6.21	46
襄阳	16.20	13	17.16	16	16.71	19	17.04	19	5.11	49
鄂州	15.07	18	14.93	26	15.56	26	16.52	24	0.52	54
孝感	13.58	31	13.00	42	14.95	33	16.26	26	6.40	45
黄冈	11.47	47	11.63	48	10.96	52	11.76	52	1.27	52
咸宁	11.52	46	11.82	46	12.88	46	13.57	41	3.43	50
仙桃	13.51	32	13.73	36	14.75	36	15.55	29	6.10	47

续表

城市	2016年		2017年		2018年		2019年		2020年	
	指数	排名	指数	排名	指数	排名	指数	排名	指数	排名
潜江	11.16	48	10.96	50	13.01	43	13.42	43	2.39	51
天门	11.13	49	11.64	47	12.15	48	12.76	47	0.98	53
长沙	20.46	4	21.43	4	23.00	4	22.03	4	19.67	3
株洲	15.75	14	16.99	17	18.41	11	18.89	11	16.42	11
湘潭	15.03	19	17.30	14	17.86	14	17.77	15	15.93	12
衡阳	14.02	26	15.61	22	16.40	22	17.36	17	14.40	19
岳阳	13.37	33	14.83	27	16.46	21	16.76	20	14.27	20
常德	14.61	21	15.65	21	16.59	20	16.48	25	14.00	23
益阳	12.59	38	14.35	31	15.28	29	14.01	37	11.65	34
娄底	13.22	36	14.64	28	15.47	27	16.68	22	13.78	24
重庆	15.26	16	20.15	8	18.34	12	18.43	13	17.06	9
成都	22.61	1	24.37	1	27.28	1	23.64	3	20.36	2
自贡	12.57	39	14.62	29	15.67	25	15.46	31	12.42	31
攀枝花	13.30	35	14.07	33	14.95	32	13.23	44	8.72	43
德阳	14.40	23	16.74	18	16.88	18	15.19	33	12.35	32
绵阳	19.01	6	20.99	5	21.61	5	21.67	5	19.42	4
遂宁	12.14	40	12.70	43	14.66	37	13.84	39	10.98	38
乐山	9.67	54	11.83	45	12.87	47	11.63	53	9.43	42
眉山	10.92	51	9.50	53	11.99	49	12.69	48	10.11	41
宜宾	12.03	43	14.48	30	15.38	28	15.92	28	13.40	26
贵阳	16.70	11	20.74	6	20.60	7	19.87	10	16.73	10
遵义	14.01	27	17.92	12	18.45	10	18.59	12	14.40	18
毕节	12.10	41	15.32	25	14.44	39	13.22	45	10.85	39
昆明	18.70	8	19.88	10	17.92	13	18.32	14	14.74	14
曲靖	11.66	44	13.42	38	11.96	50	13.61	40	11.42	35
玉溪	12.04	42	13.65	37	15.12	31	13.90	38	11.77	33
楚雄	13.94	28	13.27	40	12.88	45	12.52	49	10.19	40

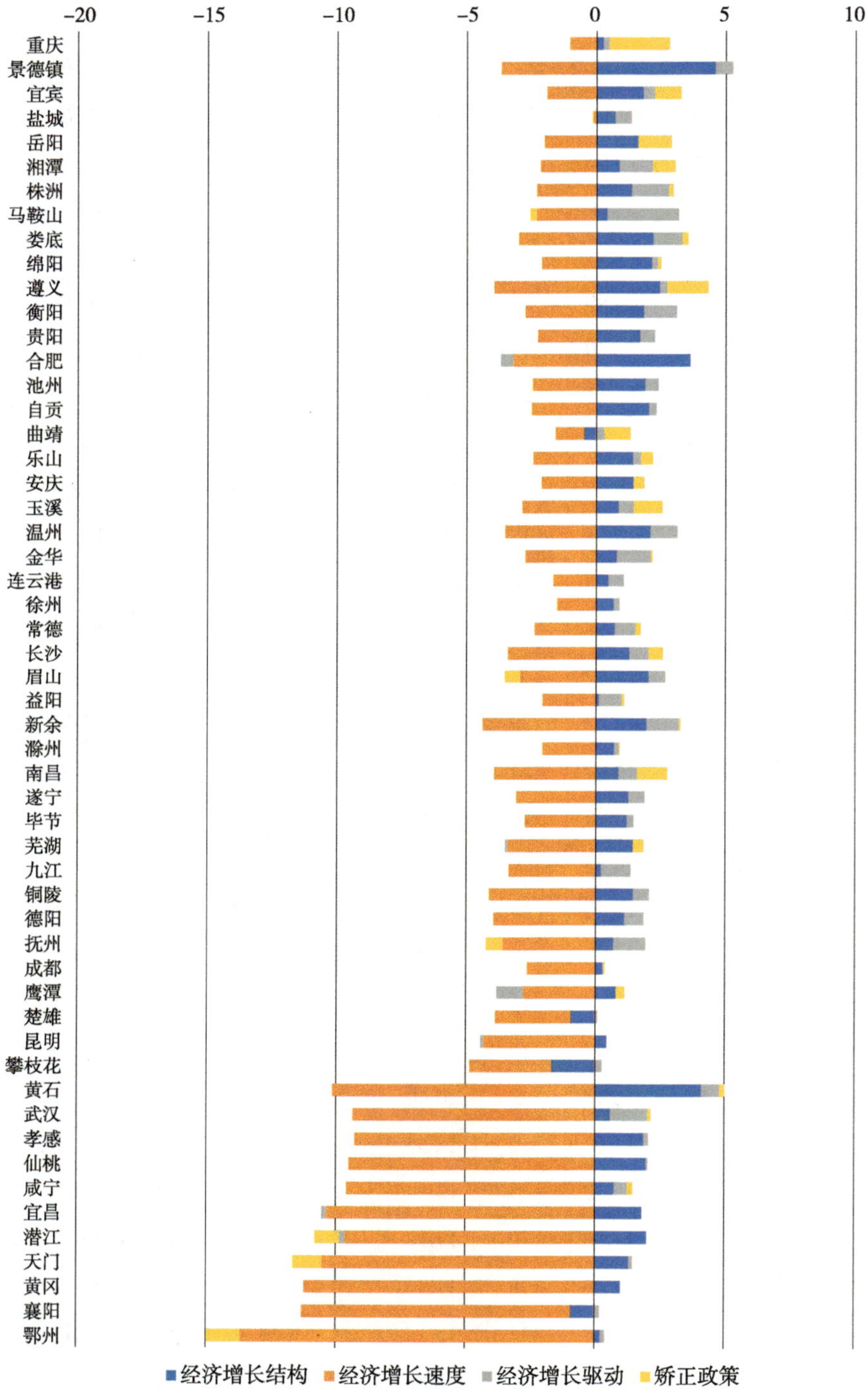

图 4-4　第二类城市经济绿色增长指数增速构成

4.2.2.1 产业结构优化有待加快

2016年以来，第二类城市经济增长结构指数总体提升幅度不大。从产业结构来看，除益阳、楚雄外，其他城市第三产业比重得分均有不同程度的上升，表明绝大多数城市将发展第三产业作为调整产业结构、加速经济服务化进程的重要手段，其中以合肥、眉山、宜昌等城市的表现较为突出，第三产业增加值比重提升幅度均超过10个百分点（图4-5）。从产业内部结构来看，2020年第二类城市六大高耗能产业增加值占规模以上工业增加值比重得分较2016年仅提高了0.16。虽然景德镇、黄石等城市六大高耗能产业增加值占规模以上工业增加值比重呈现下降趋势，但是以攀枝花、鄂州为代表的21个城市六大高耗能产业增加值占规模以上工业增加值比重不降反升，其中，攀枝花六大高耗能产业占比从2016年的27.6%增加至2020年的59.8%，增加了一倍多；鄂州的高耗能产业也有比较大的增长，从2016年的29.1%增加至2020年的47.5%（图4-6）。

4.2.2.2 经济增长驱动较为不足

经济创新驱动对经济绿色增长的带动明显不足。2016年以来，多数城市经济增长驱动指数上升幅度较小。在科技创新研发投入方面，虽然多数城市实现小幅上升，但是除绵阳等少数城市外，总体投入力度仍然偏小（图4-7）。在科技创新产出方面，多个城市都出现了下降（图4-8）。从城市分布特征来看，中心城市和重要节点城市在科技创新投入和产出方面均明显高于周边城市。根据五年平均值数据分析，合肥、成都、长沙等中心城市以及绵阳、德阳、芜湖、马鞍山、铜陵、鹰潭、株洲等一些重要节点城市在科技创新投入方面明显高于周边城市；合肥、成都、武汉、贵阳、南昌等中心城市，芜湖、马鞍山等重要节点城市以及浙江金华、温州在科技创新产出方面均明显高于周边城市。

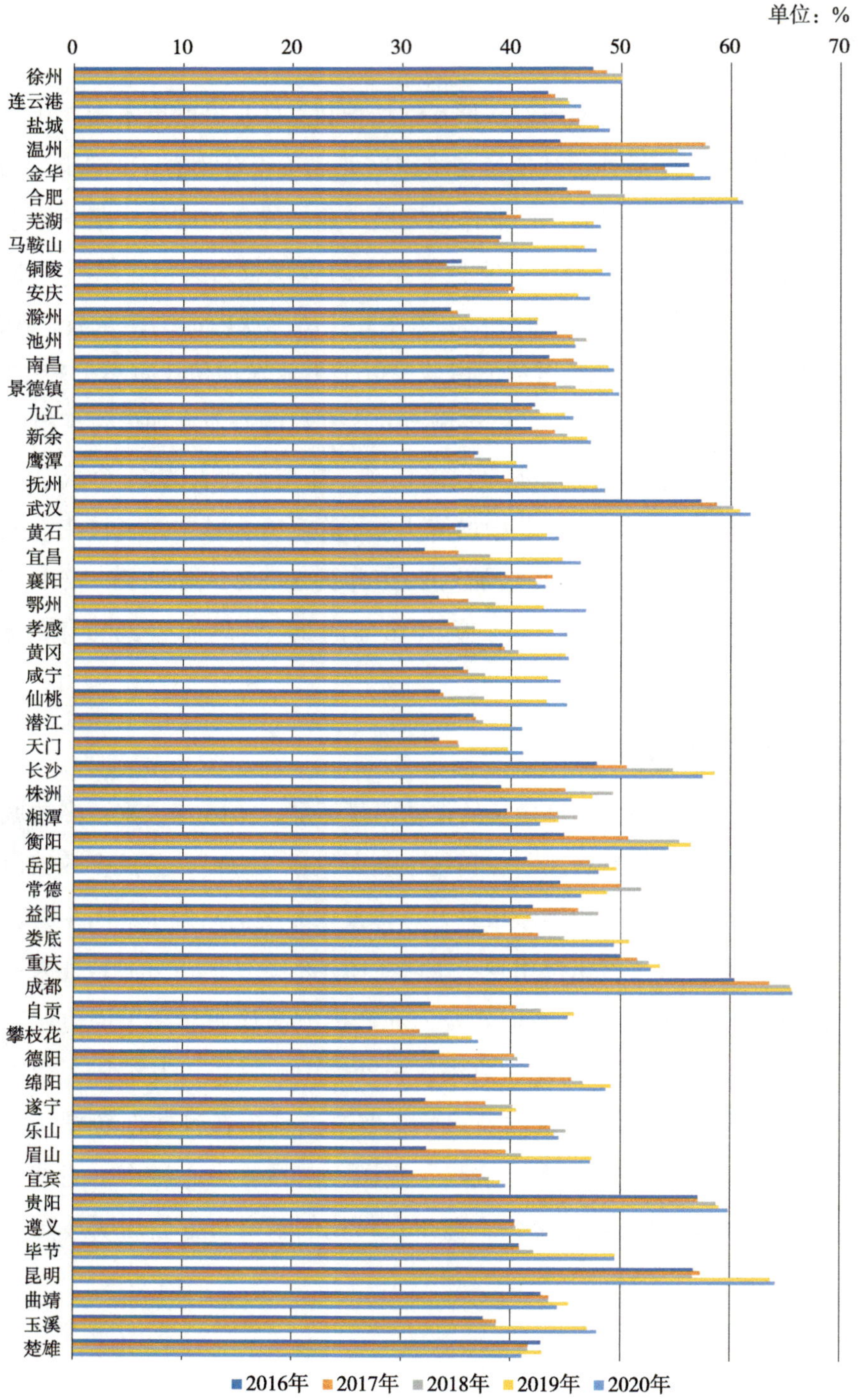

图 4-5　2016—2020 年第二类城市第三产业增加值占 GDP 比重

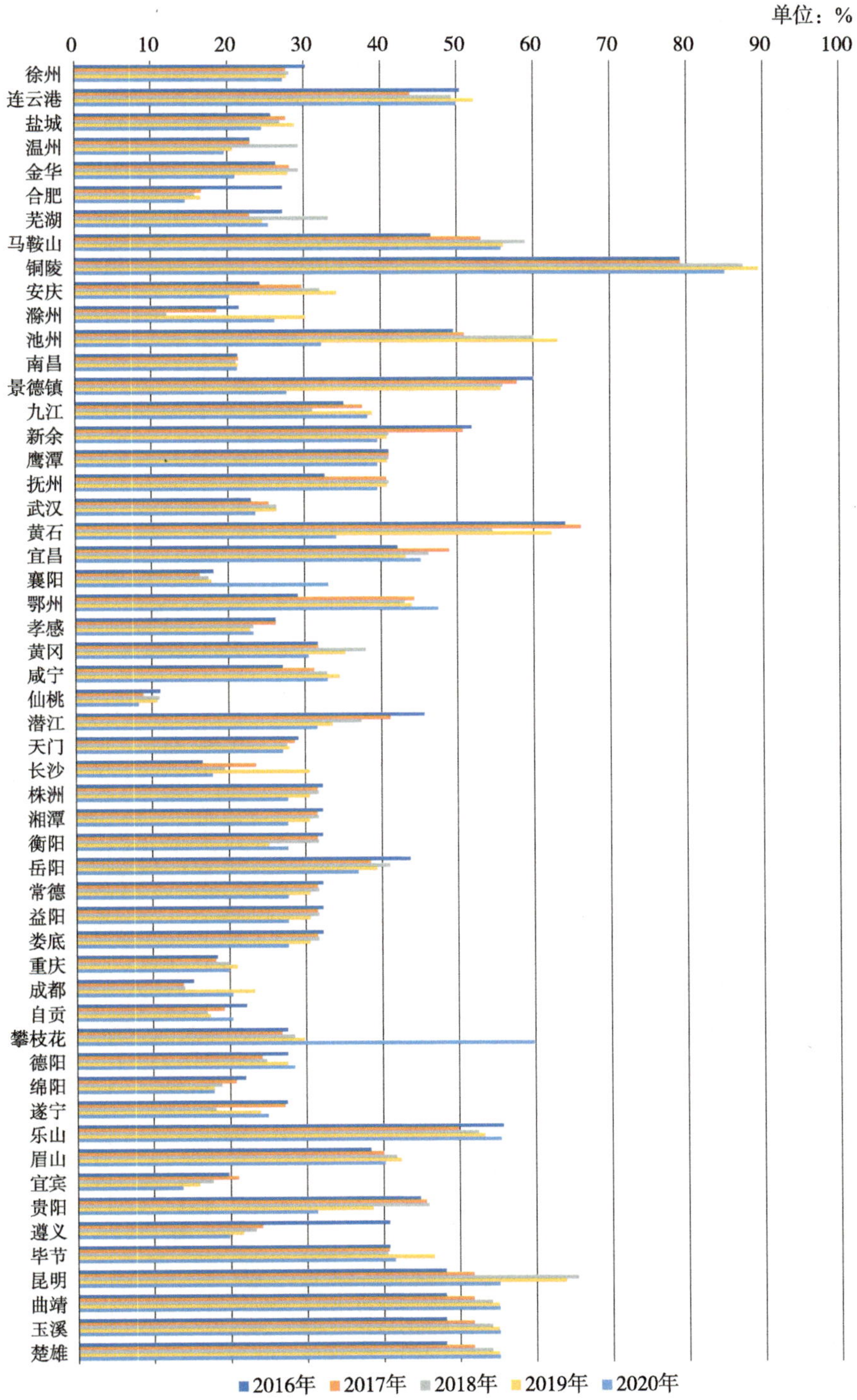

图 4-6　2016—2020 年第二类城市六大高耗能产业占规上工业增加值比重

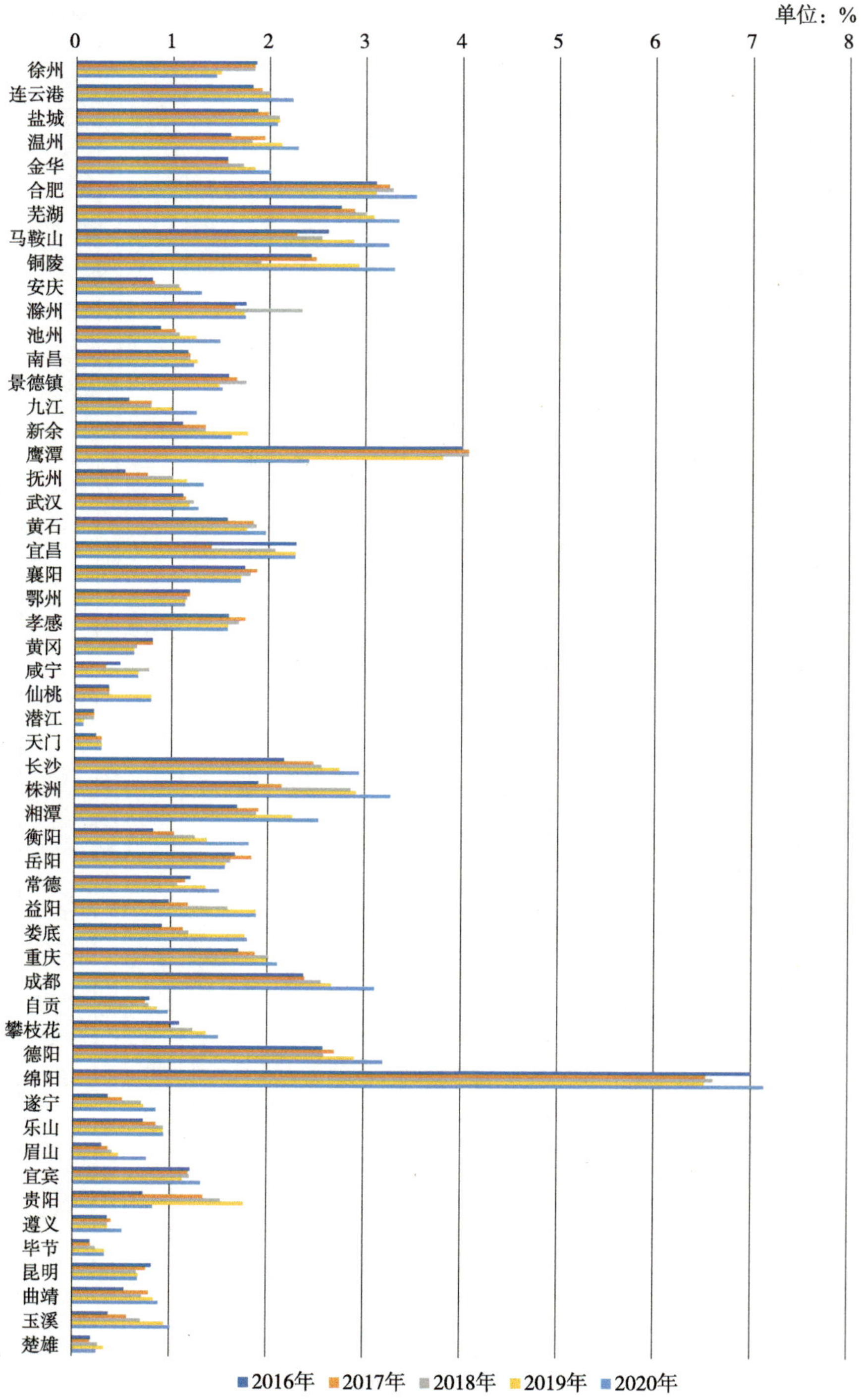

图 4-7　2016—2020 年第二类城市研发经费占 GDP 比重

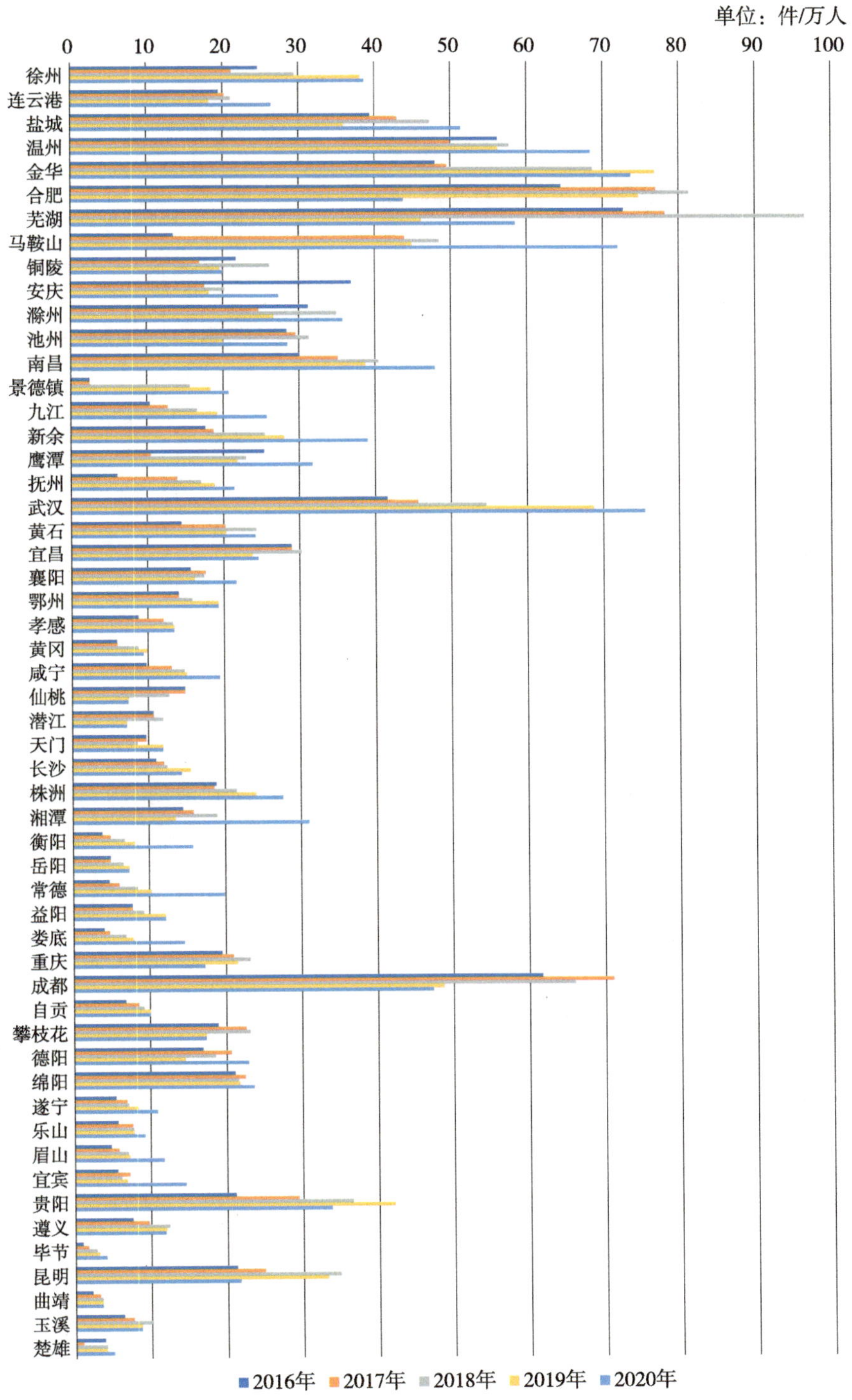

图 4-8　2016—2020 年第二类城市人均专利申请量

4.3 绿色发展重要目标：资源环境利用

4.3.1 资源环境利用水平明显提升

提升经济发展的资源环境利用水平、减小资源环境耗损是第二类城市绿色发展的重点目标任务。2016 年以来，第二类城市资源环境利用指数普遍取得较为明显的提升，成为推动绿色发展的重要贡献因素（图 4-9）。

第二类城市中，长沙、自贡资源环境利用水平相对较高，资源环境利用指数排名稳居同类城市前列。2016 年以来，地处西部地区的眉山、宜宾、成都、楚雄等城市着力提升资源环境利用水平，排名位次显著上升。其中，宜宾从 2016 年的第 22 名跃升至 2020 年的第 2 名，成都从 2016 年第 24 名跃升至 2020 年的第 4 名。见表 4-3。

4.3.2 资源环境效率显著提高，循环再生水平有待提升

从图 4-10 可以看出，绝大部分第二类城市在污染控制能力、资源利用效率和资源合理配置方面均有提升。其中，曲靖、娄底、毕节、宜宾、衡阳等城市在污染有效控制，成都、宜宾、昆明、遂宁等城市在资源高效利用，遂宁、成都、德阳在资源合理配置方面的提升较为突出。

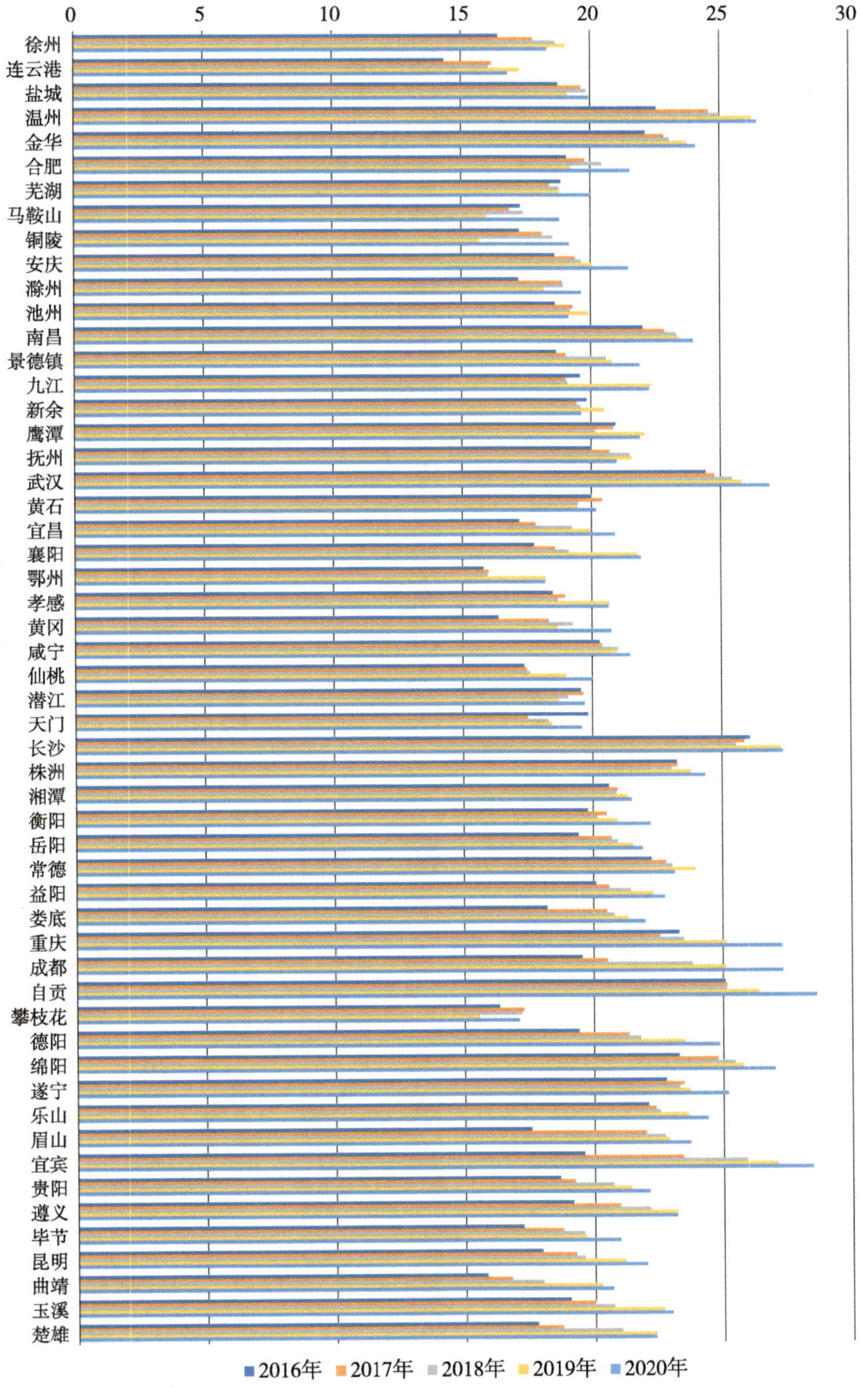

图 4-9　2016—2020 年第二类城市资源环境利用指数

表 4-3　2016—2020 年第二类城市资源环境利用指数及排名

城市	2016 年		2017 年		2018 年		2019 年		2020 年	
	指数	排名	指数	排名	指数	排名	指数	排名	指数	排名
徐州	16.44	49	17.81	47	18.67	46	19.07	43	18.34	51
连云港	14.35	54	16.19	53	16.07	53	17.29	51	16.81	54
盐城	18.77	32	19.65	30	19.85	31	19.13	42	19.95	43
温州	22.57	8	24.57	5	24.98	6	26.25	4	26.43	8
金华	22.12	10	22.85	10	23.08	11	23.74	11	24.09	13
合肥	19.10	29	19.79	28	20.46	28	19.27	41	21.53	30
芜湖	18.88	31	18.43	43	18.80	44	18.81	45	20.00	42
马鞍山	17.31	44	16.86	51	17.42	51	15.99	52	18.83	50
铜陵	17.25	46	18.14	45	18.56	47	15.71	53	19.19	48
安庆	18.62	36	19.42	32	19.65	32	20.10	36	21.48	32
滁州	17.23	47	18.91	39	18.96	43	18.21	50	19.66	45
池州	18.64	35	19.31	33	19.22	39	19.94	38	19.16	49
南昌	22.01	12	22.87	9	23.32	10	23.41	15	23.98	14
景德镇	18.67	34	19.05	36	20.59	27	20.83	32	21.90	28
九江	19.59	23	19.04	37	19.11	41	22.35	20	22.26	21
新余	19.84	20	19.45	31	19.60	33	20.51	34	19.63	46
鹰潭	20.96	13	20.87	18	20.17	29	22.07	22	21.89	29
抚州	20.03	17	20.72	19	21.50	18	21.57	24	21.00	35
武汉	24.44	3	24.76	4	25.46	4	25.83	5	26.90	7
黄石	20.01	18	20.42	25	19.50	36	19.49	40	20.20	40
宜昌	17.22	48	17.85	46	19.26	38	19.95	37	20.92	36
襄阳	17.80	41	18.60	42	19.13	40	21.79	23	21.91	27
鄂州	15.82	53	16.01	54	15.97	54	18.24	49	18.22	52
孝感	18.50	37	18.98	38	18.70	45	20.70	33	20.66	39
黄冈	16.39	50	18.34	44	19.27	37	18.67	47	20.75	37
咸宁	20.30	15	20.40	26	21.01	21	20.97	30	21.47	33
仙桃	17.38	43	17.47	49	17.61	50	19.01	44	20.05	41

续表

城市	2016年		2017年		2018年		2019年		2020年	
	指数	排名	指数	排名	指数	排名	指数	排名	指数	排名
潜江	19.57	25	19.67	29	19.06	42	18.70	46	19.72	44
天门	19.84	19	17.51	48	18.31	48	18.46	48	19.59	47
长沙	26.09	1	25.86	1	25.54	2	27.27	1	27.36	3
株洲	23.26	6	23.29	8	23.07	12	23.82	10	24.35	12
湘潭	20.62	14	20.95	17	20.92	23	21.35	28	21.50	31
衡阳	19.80	21	20.52	24	20.16	30	20.95	31	22.24	22
岳阳	19.44	26	20.71	20	20.95	22	21.55	25	21.93	26
常德	22.26	9	22.83	11	23.06	13	23.97	9	23.17	17
益阳	20.10	16	20.61	21	21.45	19	22.34	21	22.78	19
娄底	18.22	38	20.53	23	20.82	24	21.35	27	22.01	25
重庆	23.32	4	22.58	12	23.51	8	25.17	7	27.30	5
成都	19.57	24	20.55	22	23.84	7	25.12	8	27.34	4
自贡	25.09	2	25.16	2	25.16	5	26.41	3	28.64	1
攀枝花	16.35	51	17.31	50	17.22	52	15.58	54	17.13	53
德阳	19.42	27	21.37	15	21.81	17	23.53	14	24.87	10
绵阳	23.30	5	24.80	3	25.46	3	25.80	6	27.01	6
遂宁	22.80	7	23.48	6	23.34	9	23.73	12	25.19	9
乐山	22.10	11	22.39	13	22.57	15	23.65	13	24.41	11
眉山	17.59	42	22.01	14	22.75	14	22.91	17	23.73	15
宜宾	19.61	22	23.44	7	25.92	1	27.08	2	28.47	2
贵阳	18.68	33	19.24	35	20.75	25	21.44	26	22.14	23
遵义	19.18	28	20.99	16	22.16	16	23.20	16	23.20	16
毕节	17.26	45	18.78	40	19.60	34	19.69	39	21.00	34
昆明	17.98	39	19.28	34	19.60	35	21.18	29	22.02	24
曲靖	15.83	52	16.77	52	18.01	49	20.26	35	20.71	38
玉溪	19.06	30	20.01	27	20.74	26	22.68	18	23.01	18
楚雄	17.80	40	18.76	41	21.04	20	22.39	19	22.36	20

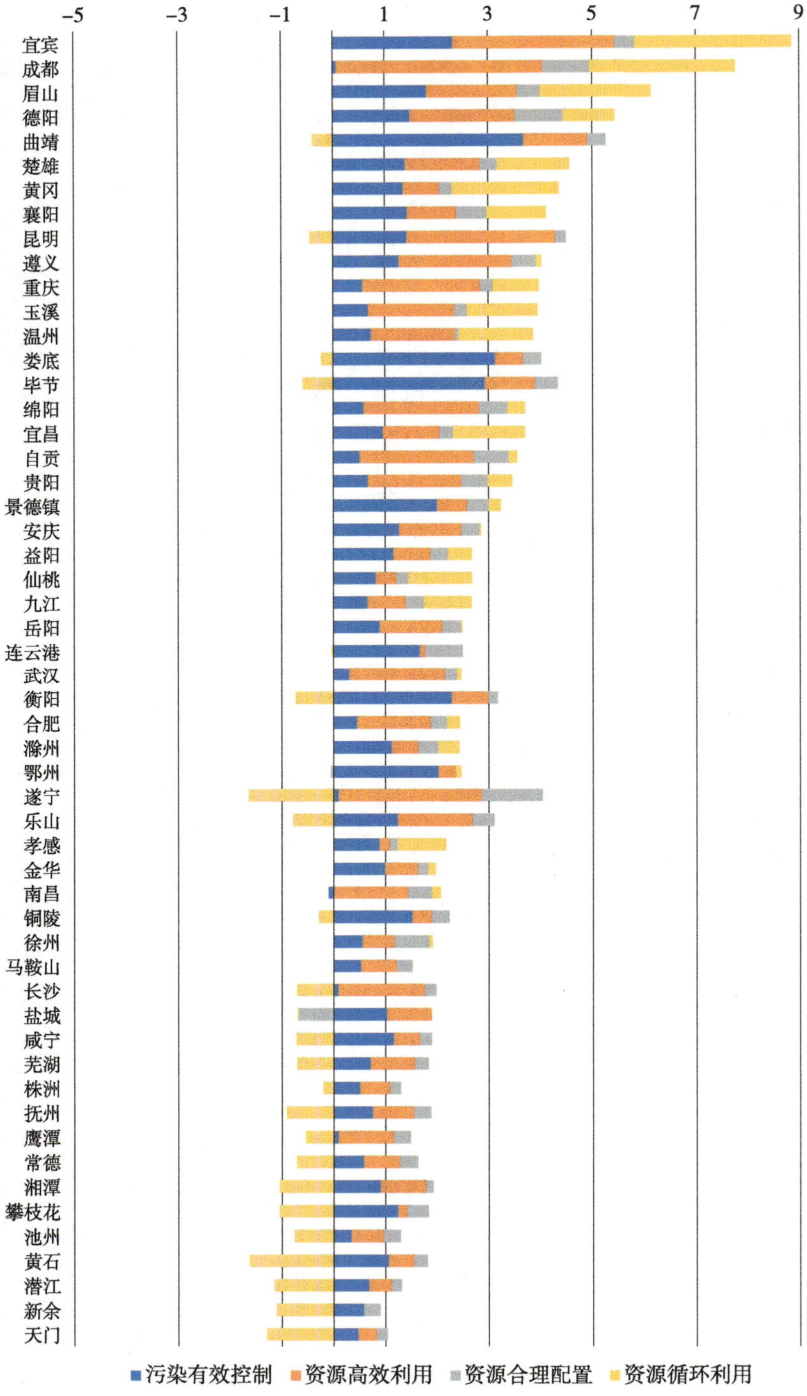

图 4-10　第二类城市资源环境利用指数增速构成

4.3.2.1 资源利用效率和污染控制能力不断提升

污染有效控制指数显著提升，经济增长的清洁化水平不断提升。在污染控制代表性指标中，单位工业增加值大气污染物排放量的降幅最为明显。2016—2020 年 54 个城市的平均值从 68.2 t/ 亿元降低到 28.0 t/ 亿元，降低幅度达到 58.9%。其中，曲靖、毕节和铜陵减排成效最为明显，工业污染物排放强度显著下降，2020 年相较于 2016 年分别下降了 312.7 t/ 亿元、243.6 t/ 亿元和 128.1 t/ 亿元（图 4-11）。

资源高效利用指数持续提高，经济增长的高效化和低碳化水平不断提升。水资源生产率提升明显，五年来 54 个城市的平均值从 2016 年的 122.3 元 /m^3 上升到 2020 年的 178.4 元 /m^3，提升幅度达到 45.8%。其中，滁州、宜宾的提升幅度分别达到 126.6%、89.0%（图 4-12）。碳生产率也有明显提升，二氧化碳生产率平均值从 2016 年的 8 906.9 元 /t 上升到 2020 年的 12 878.8 元 /t，提高了 44.6%。其中，成都和遂宁的提升幅度分别达到 156.8% 和 107.1%（图 4-13）。

4.3.2.2 循环利用水平有待进一步提高

资源循环利用水平有所提升，但提升幅度不大。2016—2020 年，第二类城市的一般工业固体废物综合利用率平均值从 2016 年的 76.9% 提高到 2020 年的 79.4%，仅提高了 2.5 个百分点（图 4-14）。2016 年以来，以宜宾、成都、眉山、宜昌为代表的 30 个城市资源循环利用水平有所提升，但也有部分城市出现不同程度的下降。整体来看，第二类城市的资源循环利用水平仍然偏低，尤其是中西部地区部分城市仍处于 60% 以下，工业固体废物资源化利用还有很大的提升空间。

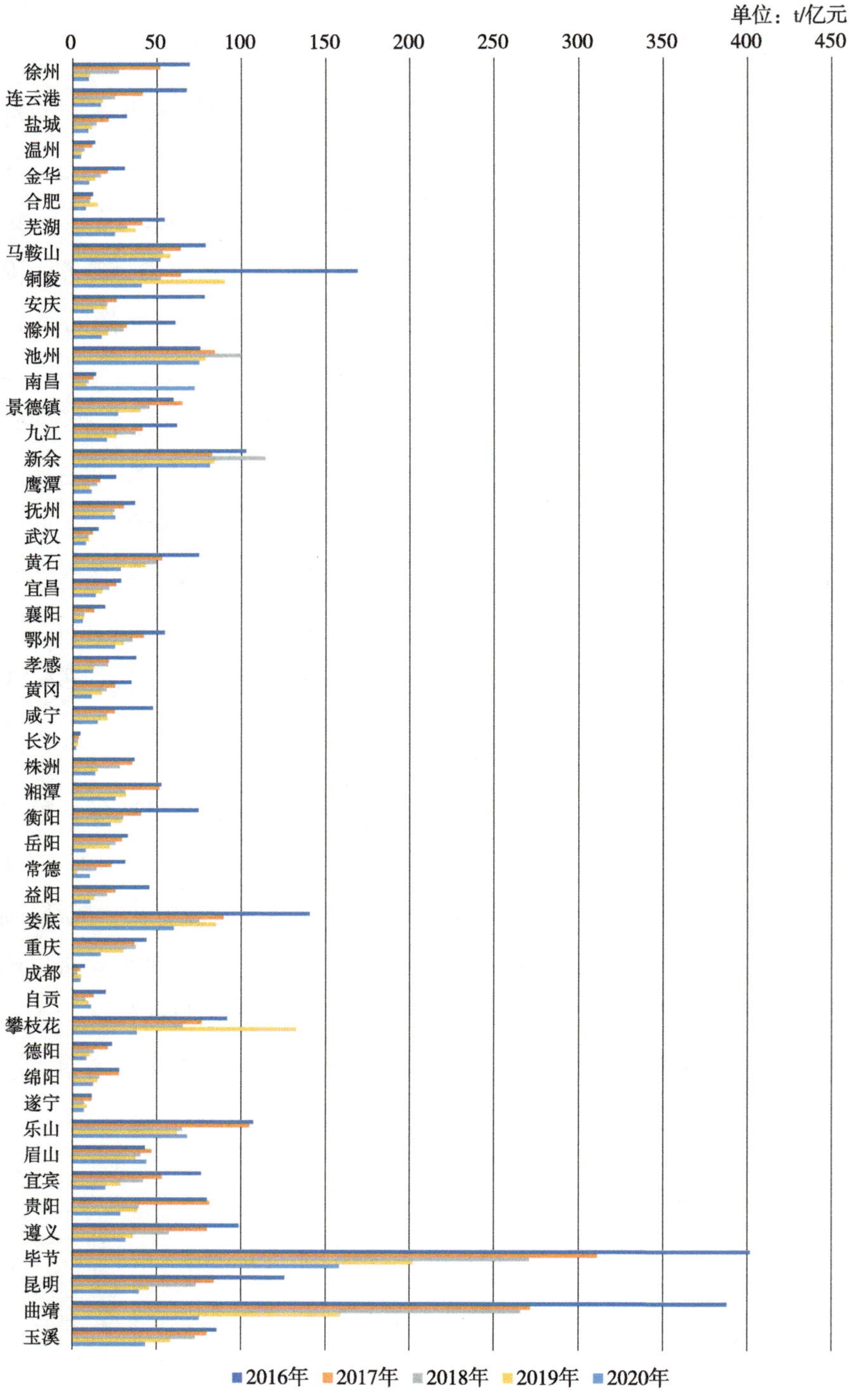

图 4-11　2016—2020 年第二类城市单位工业增加值大气污染物排放量

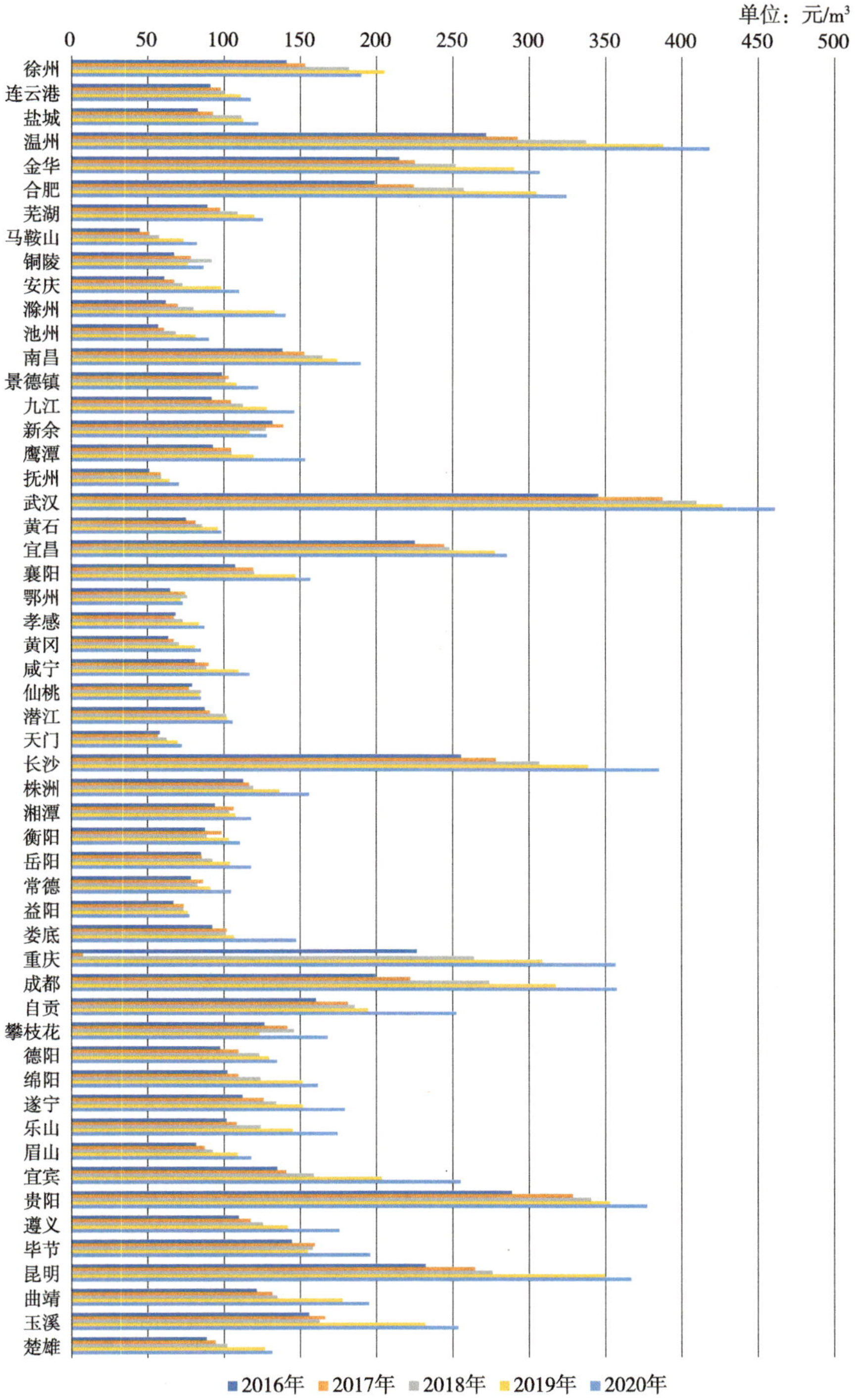

图 4-12　2016—2020 年第二类城市水资源生产率

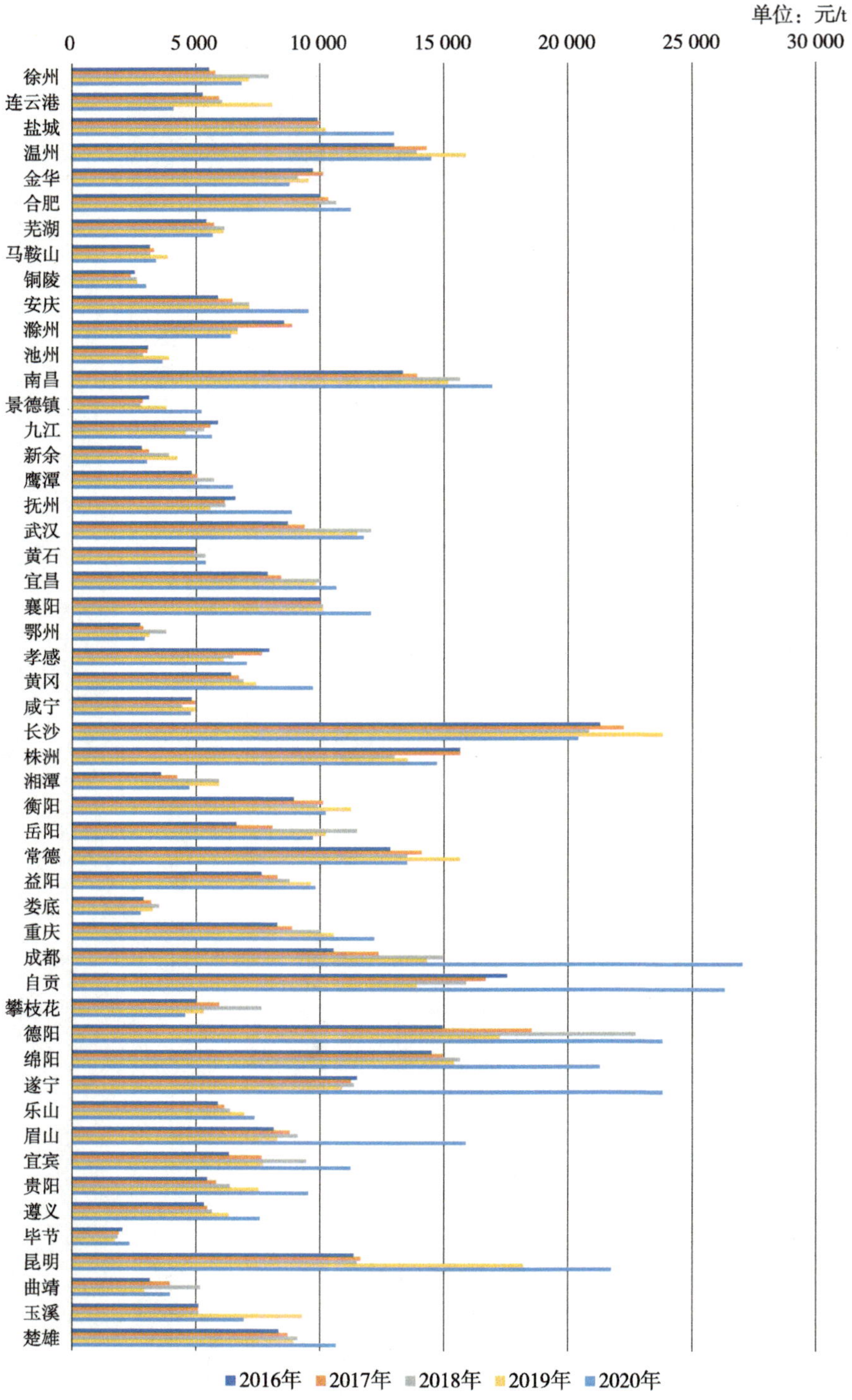

图 4-13　2016—2020 年第二类城市碳生产率

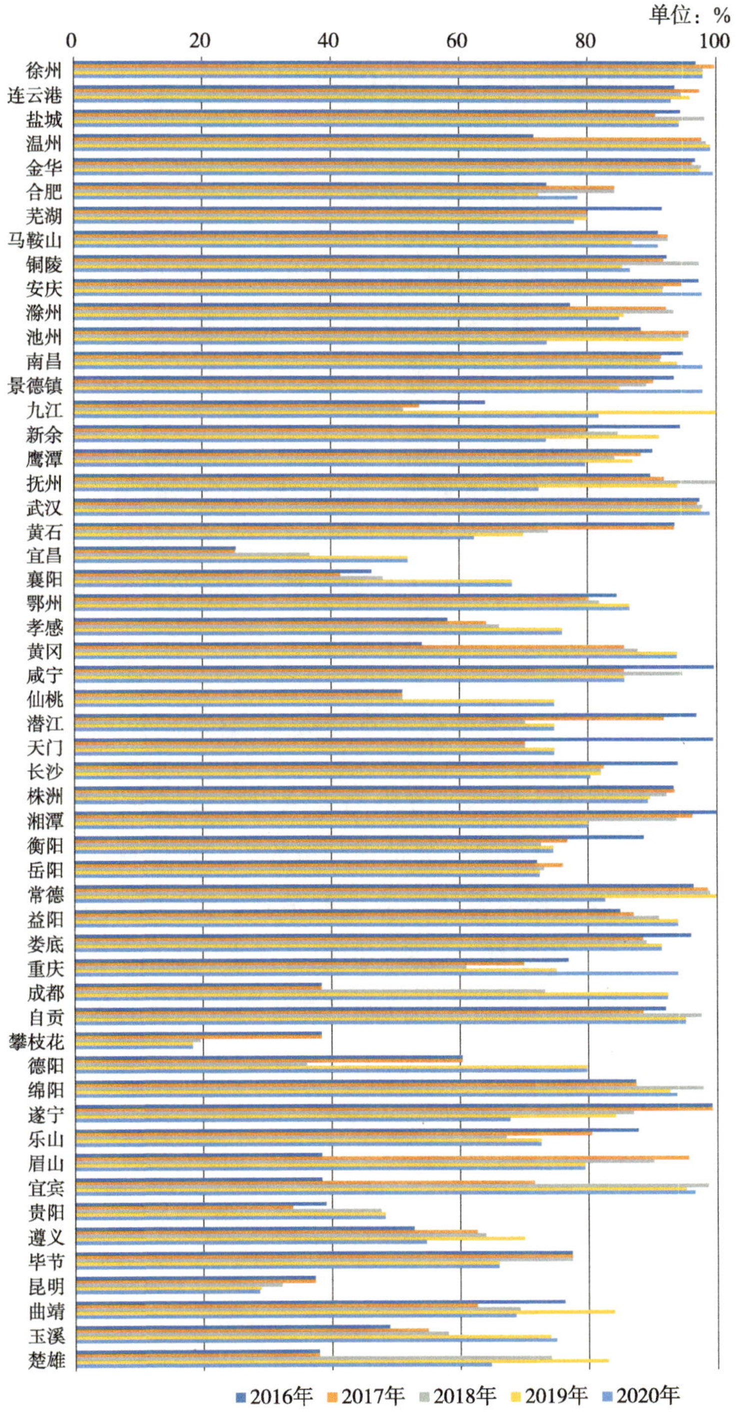

图 4-14　2016—2020 年第二类城市一般工业固体废物综合利用率

4.4 绿色发展重要目标：绿色福祉提升

4.4.1 生态环境绿色福祉得到改善

加快生态环境质量改善、增进民生福祉也是第二类城市绿色发展的目标任务之一。2016—2020 年，第二类城市绿色福祉指数明显上升（图 4-15）。其中，以德阳、自贡、眉山、天门、遵义等为代表的城市绿色福祉水平提升幅度较大，超过第二类城市平均增幅。

如表 4-4 所示，中西部地区贵州、云南、江西省内的第二类城市绿色福祉提升指数整体较高，排名处于领先地位。2016 年以来，眉山、天门、德阳、遂宁、乐山、黄石等城市着力改善生态环境质量，绿色福祉提升指数排名大幅提升，位次升幅均超过 20 名。

4.4.2 环境健康福祉提升显著，环境安全福祉总体改善

从图 4-16 可以看出，绝大部分第二类城市环境健康指数都有较大幅度的上升，环境健康改善成为绿色福祉提升最为重要的体现。其中，自贡、眉山、潜江、天门等城市环境健康指数上升最快，拉动了绿色福祉指数的提升。多数城市环境安全指数都有增长，但也有抚州、衡阳、铜陵、株洲等城市出现不同程度的下降，一定程度上拉低了绿色福祉指数的提升。多数城市环境舒适指数都有不同程度的上升，其中以乐山、遵义、自贡、黄石上升幅度最大。

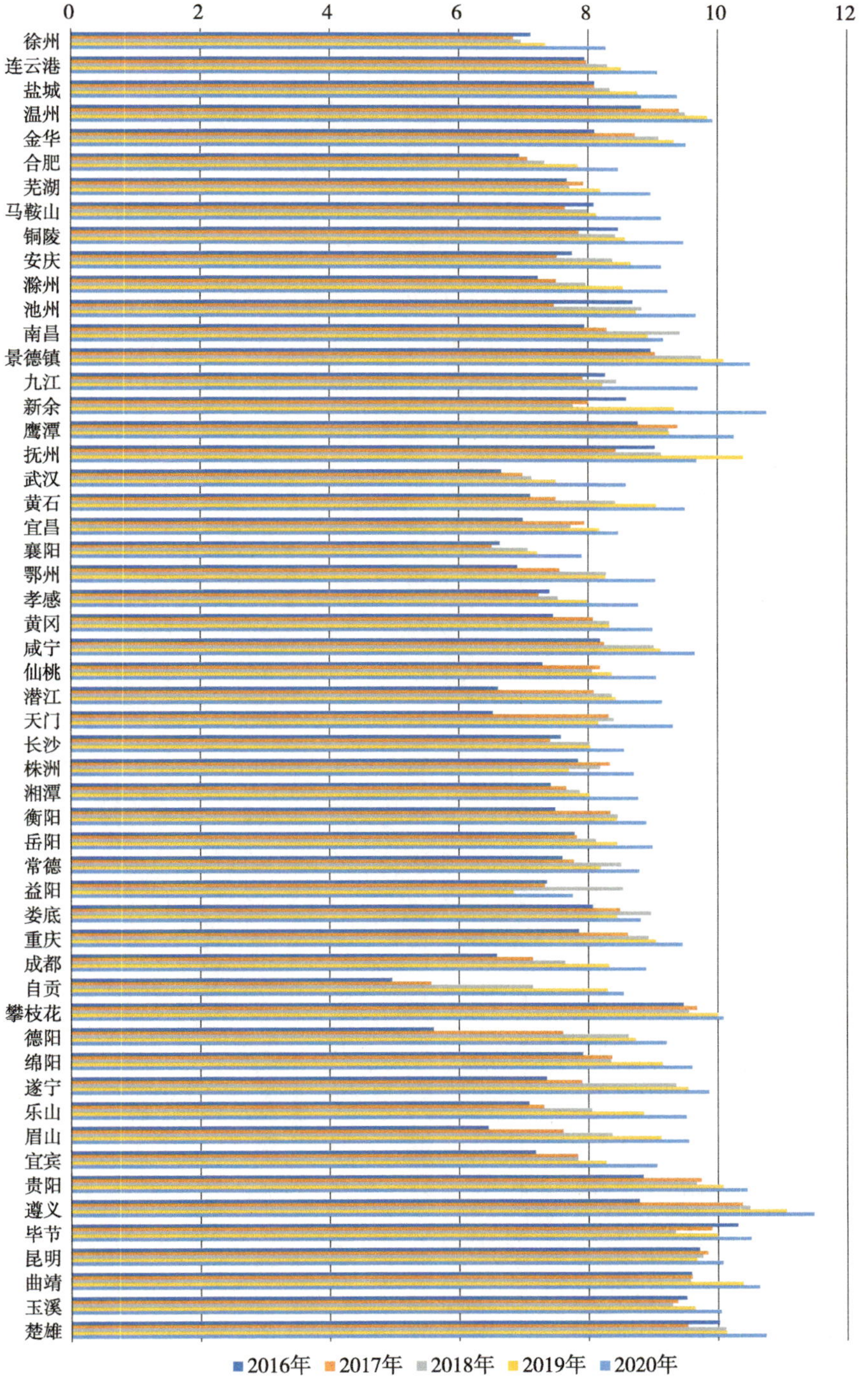

图 4-15　2016—2020 年第二类城市绿色福祉提升指数

表 4-4　2016—2020 年第二类城市绿色福祉提升指数及排名

城市	2016 年		2017 年		2018 年		2019 年		2020 年	
	指数	排名	指数	排名	指数	排名	指数	排名	指数	排名
徐州	7.12	41	6.85	52	6.97	54	7.35	52	8.27	52
连云港	7.94	23	7.98	27	8.30	34	8.51	29	9.07	33
盐城	8.10	19	8.10	23	8.33	32	8.76	23	9.38	25
温州	8.82	10	9.40	8	9.50	8	9.84	9	9.93	12
金华	8.10	18	8.72	12	9.09	15	9.33	14	9.52	21
合肥	6.94	45	7.07	50	7.33	50	7.85	49	8.47	51
芜湖	7.68	29	7.93	29	7.72	47	8.19	41	8.97	39
马鞍山	8.09	20	7.65	37	7.99	41	8.14	45	9.14	32
铜陵	8.47	15	7.86	32	8.42	25	8.58	27	9.48	23
安庆	7.76	28	7.52	41	8.38	28	8.66	26	9.14	31
滁州	7.23	39	7.51	42	7.97	42	8.54	28	9.24	27
池州	8.69	13	7.48	44	8.83	19	8.75	24	9.68	16
南昌	7.95	22	8.29	20	9.43	9	8.93	21	9.17	29
景德镇	8.97	8	9.04	11	9.75	4	10.10	5	10.51	6
九江	8.27	16	7.92	30	8.44	24	8.22	40	9.70	14
新余	8.59	14	8.01	26	7.78	45	9.33	13	10.76	2
鹰潭	8.77	12	9.39	9	9.25	13	9.26	15	10.26	8
抚州	9.04	7	8.43	15	9.13	14	10.41	2	9.68	15
武汉	6.66	47	6.99	51	7.14	52	7.51	51	8.59	47
黄石	7.11	42	7.50	43	8.42	26	9.06	19	9.50	22
宜昌	7.00	44	7.95	28	7.74	46	8.17	43	8.47	50
襄阳	6.64	48	6.51	53	7.07	53	7.22	53	7.91	53
鄂州	6.91	46	7.56	40	8.28	35	8.27	39	9.05	36
孝感	7.41	35	7.24	48	7.54	49	7.99	48	8.77	45
黄冈	7.47	33	8.08	25	8.33	33	8.34	35	9.01	37
咸宁	8.19	17	8.25	21	9.02	16	9.12	18	9.65	17
仙桃	7.30	38	8.18	22	8.07	38	8.37	34	9.06	35

续表

城市	2016 年		2017 年		2018 年		2019 年		2020 年	
	指数	排名	指数	排名	指数	排名	指数	排名	指数	排名
潜江	6.61	49	8.09	24	8.37	29	8.43	33	9.15	30
天门	6.53	51	8.32	19	8.40	27	8.16	44	9.32	26
长沙	7.59	31	7.42	45	8.02	40	8.04	46	8.56	48
株洲	7.85	26	8.34	18	8.19	36	7.71	50	8.71	46
湘潭	7.42	34	7.67	36	7.87	43	8.03	47	8.78	44
衡阳	7.50	32	8.34	17	8.46	23	8.44	32	8.90	40
岳阳	7.79	27	7.83	34	8.12	37	8.45	30	9.00	38
常德	7.60	30	7.78	35	8.51	22	8.19	42	8.79	43
益阳	7.37	36	7.34	46	8.54	21	6.86	54	7.76	54
娄底	8.07	21	8.49	14	8.97	17	8.45	31	8.81	42
重庆	7.86	25	8.61	13	8.93	18	9.05	20	9.46	24
成都	6.59	50	7.15	49	7.65	48	8.32	36	8.90	41
自贡	4.97	54	5.57	54	7.14	51	8.30	37	8.55	49
攀枝花	9.47	6	9.68	5	9.55	7	10.01	7	10.09	9
德阳	5.61	53	7.61	39	8.62	20	8.73	25	9.21	28
绵阳	7.91	24	8.36	16	8.35	31	9.15	16	9.61	18
遂宁	7.36	37	7.90	31	9.35	10	9.55	12	9.87	13
乐山	7.09	43	7.32	47	8.05	39	8.86	22	9.52	20
眉山	6.45	52	7.62	38	8.37	30	9.13	17	9.55	19
宜宾	7.19	40	7.84	33	7.84	44	8.28	38	9.07	34
贵阳	8.85	9	9.74	4	9.68	5	10.08	6	10.45	7
遵义	8.78	11	10.38	1	10.50	1	11.07	1	11.49	1
毕节	10.31	1	9.91	2	9.35	11	10.00	8	10.51	5
昆明	9.72	3	9.84	3	9.77	3	9.68	10	10.08	10
曲靖	9.60	4	9.60	6	9.58	6	10.39	3	10.64	4
玉溪	9.52	5	9.38	10	9.30	12	9.65	11	10.05	11
楚雄	10.02	2	9.53	7	10.12	2	10.13	4	10.74	3

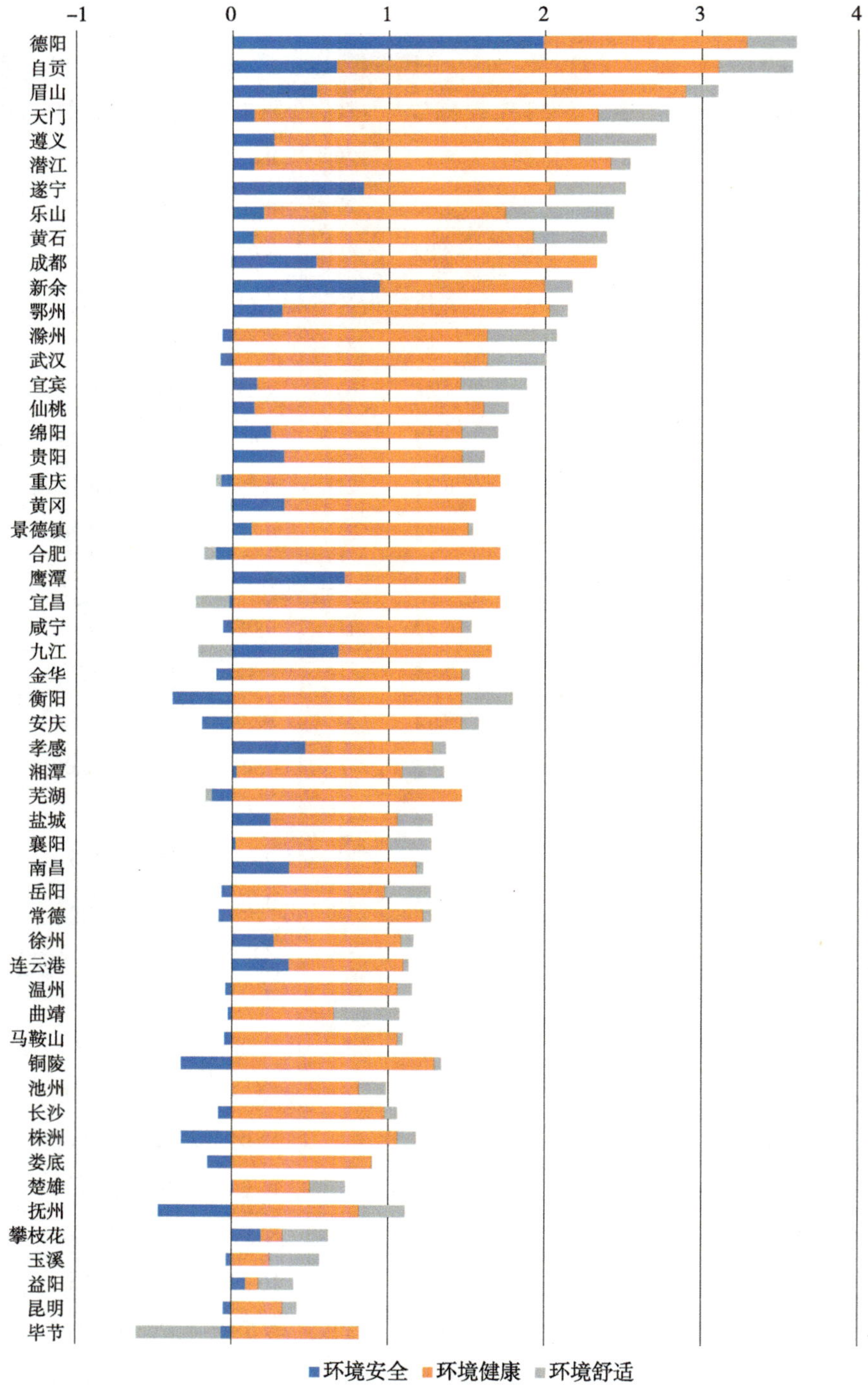

图 4-16　第二类城市绿色福祉提升指数增速构成

4.4.2.1 空气环境健康提升显著

2016—2020 年，所有城市的环境健康指数得分均呈现上升态势。54 个城市的 $PM_{2.5}$ 年均浓度平均值从 2016 年的 48.6 μg/m^3 下降到 2020 年的 33.6 μg/m^3，降低了近 1/3，其中，遵义、眉山、潜江、天门等城市降幅最大。从国家环境空气质量二级标准来看，2016 年仅有 6 个城市达标，达标率仅为 11.1%。到 2020 年，实现了 32 个城市达标，达标率提升至 59.2%。其中，云南、贵州、江西、浙江省内第二类城市全部稳定达到国家环境空气质量二级标准，虽然安徽未能实现全部城市达标，但未达标城市均处于准达标状态（图 4-17）。

4.4.2.2 水源地安全总体改善

2016—2020 年，第二类城市水环境安全指数平均值从 2016 年的 7.43 降低到 2020 年的 6.07，降低了 22.4%，表明水源地安全状况总体得到改善。其中，德阳的水源地安全状况改善程度最大，五年间水源地安全指数分别为 21.77、7.73、5.25、6.72、4.69，改善成效显著。相比之下，抚州、衡阳等城市水源地安全状况有所变差，水源地安全指数分别从 2016 年的 6.60、5.84 上升到 2020 年的 10.63、9.14（图 4-18）。

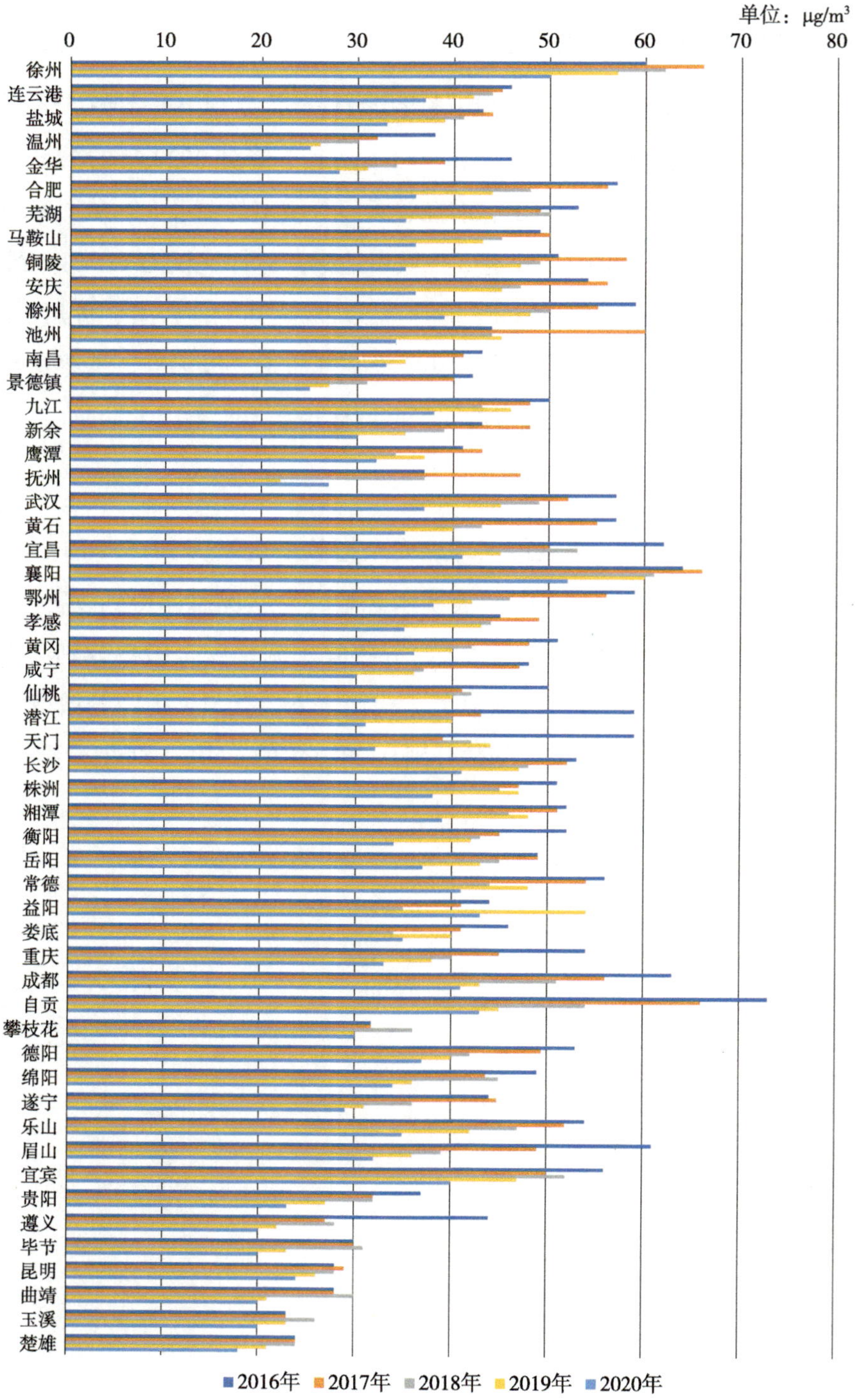

图 4-17　第二类城市 $PM_{2.5}$ 年均浓度

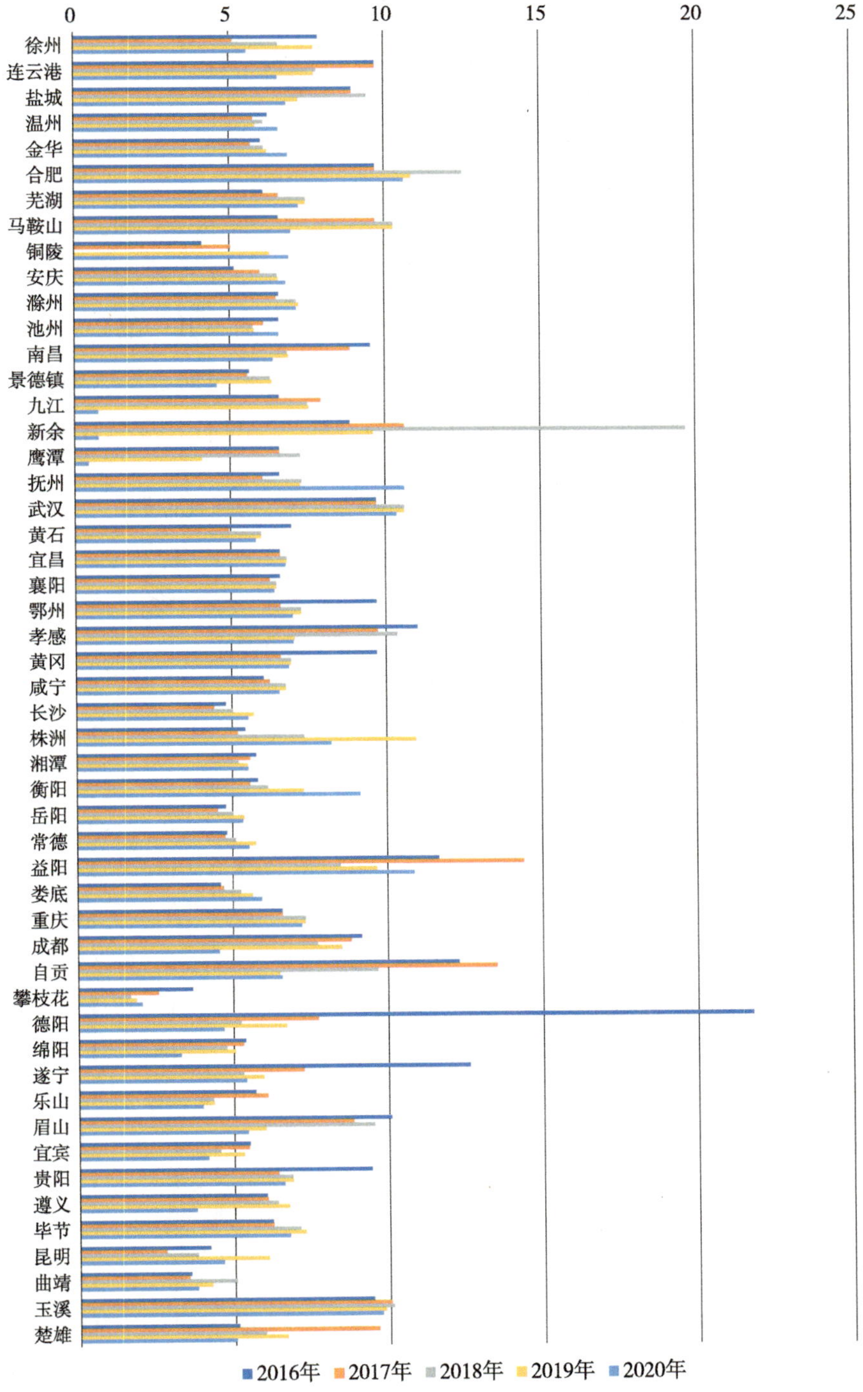

图 4-18 第二类城市水源地安全指数

4.5 绿色发展目标：绿色公平实现和自然资产维持

4.5.1 绿色公平实现程度稳步提升

2016—2020年，第二类城市绿色公平实现程度全部稳步提升。如表4-5所示，江苏、浙江省内第二类城市以及长沙市的绿色公平实现程度最好，稳居前列。四川省内城市绿色公平实现指数排名全部得到提升，其中绵阳排名升幅最大，由2016年的第42名提升至2020年的第20名。相对而言，云南、湖北省内城市绿色公平实现指数虽然也有提升，但升幅较小，导致其排名有所下降。

表4-5 2016—2020年第二类城市绿色公平实现指数及排名

城市	2016年		2017年		2018年		2019年		2020年	
	指数	排名	指数	排名	指数	排名	指数	排名	指数	排名
徐州	5.94	2	6.14	2	6.33	2	6.55	2	6.83	2
连云港	5.69	3	5.88	4	6.06	3	6.26	4	6.51	4
盐城	6.20	1	6.40	1	6.61	1	6.85	1	7.12	1
温州	5.52	4	5.97	3	6.05	4	6.37	3	6.70	3
金华	5.38	5	5.80	5	5.89	5	6.15	5	6.45	5
合肥	3.79	13	4.17	15	4.48	11	4.87	10	5.43	10
芜湖	3.98	8	4.35	13	4.66	7	5.05	7	5.60	8
马鞍山	3.76	14	4.15	16	4.48	10	4.90	9	5.49	9
铜陵	2.86	36	3.20	45	3.47	36	3.81	39	4.37	36
安庆	2.83	39	3.17	46	3.44	41	3.78	42	4.31	38
滁州	2.89	32	3.21	44	3.48	35	3.81	40	4.34	37
池州	3.29	22	3.62	30	3.88	22	4.20	22	4.71	22
南昌	2.86	37	3.54	36	3.53	31	3.89	32	4.42	34
景德镇	2.80	40	3.44	40	3.43	42	3.78	41	4.31	39
九江	2.45	50	3.11	48	3.07	49	3.40	48	3.94	47
新余	3.06	28	3.74	27	3.72	25	4.05	26	4.58	28
鹰潭	2.87	35	3.52	38	3.52	32	3.86	35	4.38	35
抚州	2.74	41	3.39	42	3.35	45	3.67	44	4.20	46

续表

城市	2016年		2017年		2018年		2019年		2020年	
	指数	排名	指数	排名	指数	排名	指数	排名	指数	排名
武汉	4.01	7	4.66	7	4.62	8	4.97	8	5.18	12
黄石	3.20	24	3.77	25	3.68	27	3.95	29	4.29	40
宜昌	3.49	17	4.09	19	4.01	19	4.30	19	4.73	19
襄阳	3.71	15	4.31	14	4.23	16	4.52	16	4.69	23
鄂州	3.83	12	4.45	11	4.40	13	4.72	14	4.89	15
孝感	3.49	16	4.10	17	4.03	17	4.32	18	4.54	32
黄冈	3.09	27	3.70	28	3.63	29	3.89	33	4.29	41
咸宁	3.46	18	4.06	20	3.98	20	4.27	20	4.55	30
仙桃	3.97	9	4.56	8	4.51	9	4.82	12	5.19	11
潜江	3.89	10	4.50	9	4.44	12	4.75	13	4.99	14
天门	3.84	11	4.46	10	4.36	14	4.64	15	4.99	13
长沙	4.46	6	5.17	6	5.16	6	5.82	6	6.12	6
株洲	3.22	23	3.90	22	3.82	23	4.15	23	4.63	26
湘潭	3.43	20	4.09	18	4.01	18	4.33	17	4.81	18
衡阳	3.40	21	4.04	21	3.94	21	4.26	21	4.72	21
岳阳	2.93	30	3.57	32	3.46	37	3.75	43	4.23	45
常德	2.91	31	3.55	33	3.45	39	3.59	46	4.25	42
益阳	3.19	25	3.83	23	3.73	24	4.02	27	4.52	33
娄底	2.24	51	2.91	50	2.82	52	3.12	51	3.61	49
重庆	2.52	49	3.33	43	3.23	47	3.61	45	4.25	43
成都	3.44	19	4.38	12	4.34	15	4.83	11	5.60	7
自贡	2.72	43	3.60	31	3.51	34	3.94	30	4.67	24
攀枝花	2.64	45	3.54	34	3.45	38	3.90	31	4.64	25
德阳	2.86	38	3.75	26	3.66	28	4.11	25	4.84	17
绵阳	2.73	42	3.63	29	3.55	30	4.00	28	4.73	20
遂宁	2.64	46	3.52	37	3.42	43	3.85	36	4.56	29
乐山	2.60	47	3.49	39	3.39	44	3.83	37	4.54	31
眉山	2.88	34	3.78	24	3.69	26	4.12	24	4.85	16
宜宾	2.64	44	3.54	35	3.45	40	3.88	34	4.61	27
贵阳	3.00	29	3.42	41	3.51	33	3.81	38	4.23	44

续表

城市	2016年		2017年		2018年		2019年		2020年	
	指数	排名	指数	排名	指数	排名	指数	排名	指数	排名
遵义	1.99	53	2.76	52	2.84	51	3.10	52	3.52	52
毕节	1.59	54	1.99	54	2.05	54	2.30	54	2.71	54
昆明	3.16	26	3.00	49	3.13	48	3.40	49	3.59	51
曲靖	2.59	48	2.86	51	2.99	50	3.24	50	3.59	50
玉溪	2.88	33	3.15	47	3.30	46	3.55	47	3.89	48
楚雄	2.17	52	2.43	53	2.56	53	2.77	53	3.08	53

4.5.2 自然资产维持水平总体稳定

2016—2020年，第二类城市自然资产维持指数排名整体变化不大。浙江省内城市自然资产维持水平位居第二类城市前列，多数城市自然资产维持指数得分均有不同程度的提升（表4-6）。在自然资产增值方面，多数省市保持了平稳上升态势，也有少数省市在水土流失治理方面力度有所减小，导致自然资源增量指数有所下降（图4-19）。

表4-6　2016—2020年第二类城市自然资产维持指数及排名

城市	2016年		2017年		2018年		2019年		2020年	
	指数	排名	指数	排名	指数	排名	指数	排名	指数	排名
徐州	1.39	40	1.40	40	1.41	40	1.39	40	1.46	39
连云港	1.57	34	1.58	34	1.59	34	1.57	35	1.64	33
盐城	1.35	42	1.36	43	1.37	43	1.36	41	1.43	41
温州	4.86	1	5.02	1	5.20	1	4.90	1	6.12	1
金华	4.78	2	4.95	2	5.13	2	4.83	2	6.05	2
合肥	1.36	41	1.37	41	1.38	42	1.33	44	1.45	40
芜湖	1.25	46	1.26	46	1.27	46	1.22	48	1.35	44
马鞍山	1.43	37	1.44	37	1.45	37	1.40	39	1.52	36
铜陵	1.88	28	1.89	28	1.89	28	1.84	29	1.97	28
安庆	2.27	13	2.28	13	2.29	13	2.24	12	2.36	15
滁州	1.30	45	1.30	45	1.31	45	1.26	46	1.39	43

续表

城市	2016 年		2017 年		2018 年		2019 年		2020 年	
	指数	排名	指数	排名	指数	排名	指数	排名	指数	排名
池州	2.94	3	2.95	3	2.95	3	2.90	4	3.03	4
南昌	1.76	30	1.78	30	1.80	30	1.52	37	2.14	20
景德镇	2.80	4	2.82	4	2.84	4	2.55	5	3.18	3
九江	2.45	6	2.47	6	2.49	6	2.21	16	2.83	5
新余	2.12	17	2.14	17	2.16	17	1.88	28	2.50	12
鹰潭	2.13	16	2.15	16	2.17	16	1.89	26	2.51	10
抚州	2.23	14	2.25	14	2.26	14	1.98	23	2.61	7
武汉	1.14	48	1.15	48	1.16	48	1.28	45	1.07	49
黄石	1.48	36	1.49	36	1.50	36	1.63	34	1.41	42
宜昌	2.79	5	2.80	5	2.81	5	2.94	3	2.72	6
襄阳	2.05	23	2.06	23	2.07	23	2.19	17	1.98	26
鄂州	1.65	33	1.66	33	1.67	33	1.80	30	1.58	34
孝感	0.94	52	0.95	52	0.96	52	1.08	51	0.87	52
黄冈	1.41	39	1.42	39	1.43	39	1.55	36	1.34	45
咸宁	2.09	21	2.10	21	2.11	21	2.24	13	2.02	25
仙桃	0.97	51	0.98	51	0.99	51	1.11	50	0.90	51
潜江	0.86	53	0.87	53	0.88	53	1.01	52	0.80	53
天门	0.86	54	0.87	54	0.88	54	1.01	53	0.79	54
长沙	1.32	44	1.33	44	1.34	44	1.24	47	1.49	38
株洲	1.80	29	1.81	29	1.82	29	1.71	31	1.96	29
湘潭	1.06	49	1.07	49	1.09	49	0.98	54	1.23	47
衡阳	1.41	38	1.42	38	1.43	38	1.33	43	1.57	35
岳阳	2.39	8	2.40	8	2.41	8	2.30	10	2.55	8
常德	2.12	18	2.13	18	2.14	18	2.03	21	2.28	18
益阳	2.18	15	2.20	15	2.21	15	2.10	19	2.35	16
娄底	1.72	32	1.73	32	1.74	32	1.64	33	1.88	30
重庆	2.11	19	2.12	19	2.13	20	2.21	15	2.09	23
成都	2.02	24	2.04	24	2.05	24	2.17	18	1.97	27
自贡	1.18	47	1.20	47	1.21	47	1.34	42	1.14	48
攀枝花	1.73	31	1.75	31	1.76	31	1.88	27	1.69	32

续表

城市	2016年		2017年		2018年		2019年		2020年	
	指数	排名	指数	排名	指数	排名	指数	排名	指数	排名
德阳	1.53	35	1.55	35	1.56	35	1.69	32	1.49	37
绵阳	2.35	11	2.36	11	2.38	11	2.50	6	2.30	17
遂宁	1.04	50	1.06	50	1.07	50	1.20	49	1.00	50
乐山	2.11	20	2.12	20	2.14	19	2.26	11	2.06	24
眉山	1.92	27	1.93	27	1.95	27	2.07	20	1.87	31
宜宾	1.35	43	1.36	42	1.38	41	1.50	38	1.30	46
贵阳	1.99	26	2.00	26	2.01	26	1.93	25	2.12	22
遵义	2.37	9	2.38	9	2.39	9	2.31	9	2.51	11
毕节	2.09	22	2.10	22	2.11	22	2.03	22	2.22	19
昆明	2.27	12	2.28	12	2.29	12	2.22	14	2.40	14
曲靖	2.01	25	2.02	25	2.03	25	1.96	24	2.14	21
玉溪	2.36	10	2.37	10	2.39	10	2.31	8	2.50	13
楚雄	2.40	7	2.41	7	2.42	7	2.35	7	2.53	9

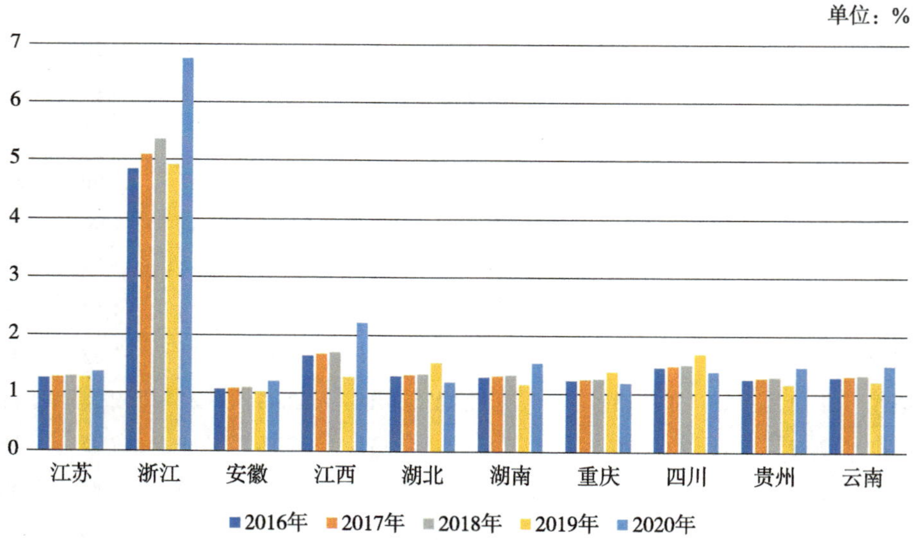

图 4-19　长江经济带沿线省市水土流失面积减少

5

长江经济带第三类城市绿色发展态势

CHANGJIANG JINGJIDAI DISANLEI CHENGSHI LÜSE FAZHAN TAISHI

5.1 绿色发展综合进程

5.1.1 绿色发展水平持续提升

2016—2020 年，长江经济带第三类城市绿色发展综合指数持续上升，32 个城市的绿色发展水平均得到不同程度的改善，绿色发展取得较好效果（图 5-1）。32 个城市的绿色发展综合指数平均值从 2016 年的 41.44 提高到 2020 年的 48.37，增加了 6.93。

第三类城市中，地处浙江金衢盆地的衢州牢牢占据绿色发展绝对优势，绿色发展综合指数远远领先于其他同类城市。位于四川盆地的城市绿色发展排名提升最快，2016—2020 年排名从第 7～19 名提升到第 2～9 名。相比而言，位于长江下游江苏、中游湖北、湖南以及上游云南的第三类城市绿色发展排名位次有所下降。见表 5-1。

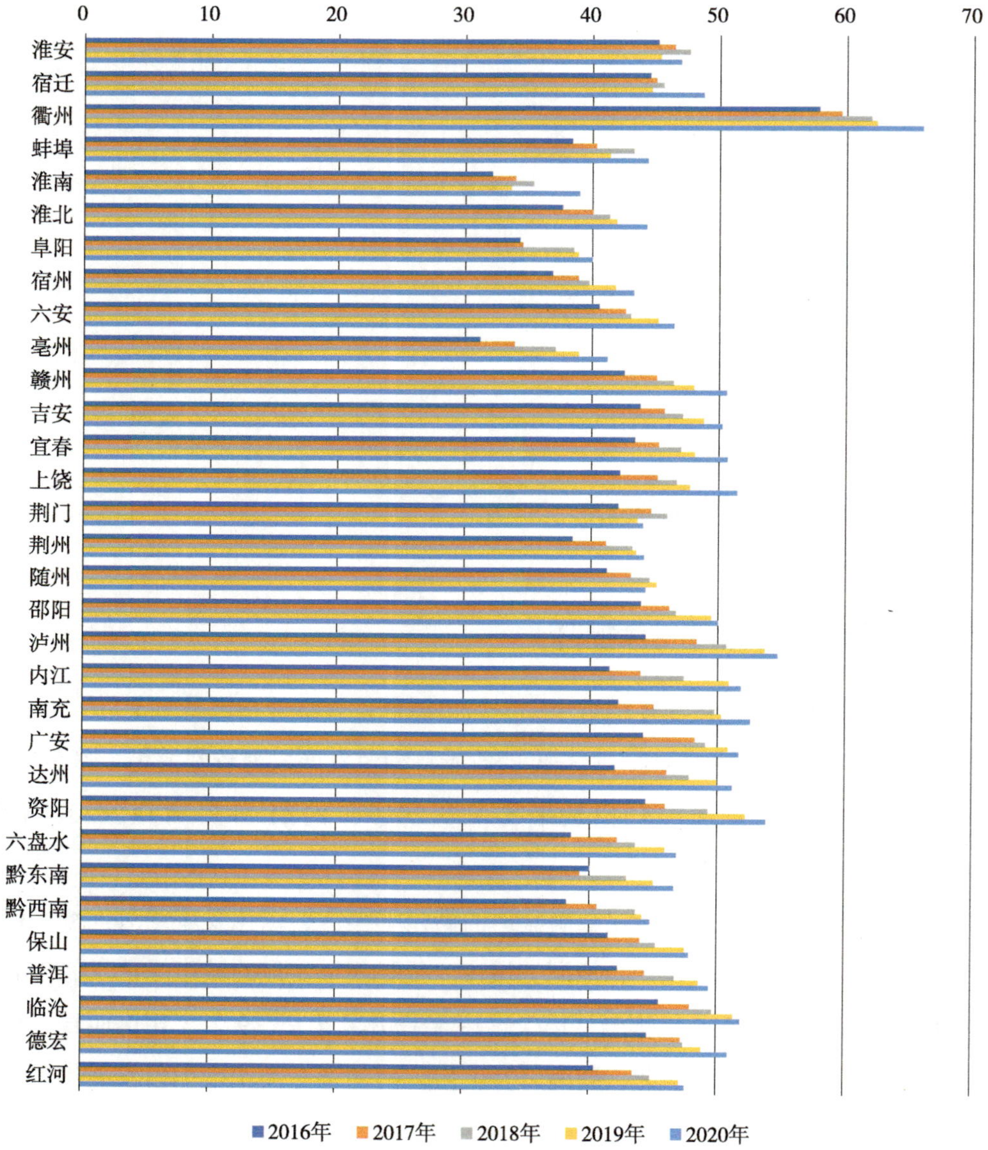

图 5-1　2016—2020 年第三类城市绿色发展综合指数

表 5-1　2016—2020 年第三类城市绿色发展综合指数及排名

城市	2016 年		2017 年		2018 年		2019 年		2020 年	
	指数	排名	指数	排名	指数	排名	指数	排名	指数	排名
淮安	45.17	3	46.41	6	47.66	8	45.34	19	46.94	19
宿迁	44.52	5	44.97	14	45.56	18	44.62	23	48.77	16
衢州	57.82	1	59.57	1	61.94	1	62.36	1	66.01	1
蚌埠	38.42	26	40.30	26	43.24	25	41.36	29	44.38	24
淮南	32.11	31	33.95	31	35.35	32	33.61	32	39.00	32
淮北	37.68	28	40.04	27	41.34	28	41.91	27	44.28	26
阜阳	34.28	30	34.51	30	38.55	30	38.89	31	40.00	31
宿州	36.91	29	38.90	29	39.76	29	41.84	28	43.30	29
六安	40.57	21	42.61	22	43.05	26	45.19	20	46.44	22
亳州	31.18	32	33.87	32	37.13	31	38.96	30	41.22	30
赣州	42.56	12	45.08	13	46.41	16	48.03	14	50.65	12
吉安	43.83	10	45.70	10	47.15	11	48.81	11	50.30	13
宜春	43.42	11	45.26	11	47.03	12	48.11	13	50.71	11
上饶	42.25	14	45.20	12	46.70	15	47.75	15	51.50	8
荆门	42.14	16	44.69	16	45.94	17	43.62	25	44.07	28
荆州	38.56	25	41.14	24	43.25	24	43.52	26	44.19	27
随州	41.25	20	43.11	21	44.61	21	45.13	21	44.31	25
邵阳	43.94	9	46.13	7	46.71	14	49.47	9	50.04	14
泸州	44.34	7	48.34	2	50.67	2	53.69	2	54.73	2
内江	41.50	19	43.93	19	47.32	10	50.88	5	51.85	6
南充	42.20	15	44.94	15	49.78	3	50.30	7	52.60	4
广安	44.17	8	48.22	3	49.08	6	50.83	6	51.69	7
达州	41.96	17	45.98	8	47.81	7	49.97	8	51.18	9

续表

城市	2016 年		2017 年		2018 年		2019 年		2020 年	
	指数	排名	指数	排名	指数	排名	指数	排名	指数	排名
资阳	44.37	6	45.89	9	49.31	5	52.20	3	53.84	3
六盘水	38.57	24	42.15	23	43.60	23	45.89	18	46.83	20
黔东南	40.02	23	39.23	28	42.90	27	45.01	22	46.63	21
黔西南	38.21	27	40.60	25	43.60	22	44.12	24	44.77	23
保山	41.51	18	43.97	18	45.22	19	47.50	16	47.86	17
普洱	42.26	13	44.35	17	46.71	13	48.61	12	49.44	15
临沧	45.49	2	47.94	4	49.70	4	51.34	4	51.93	5
德宏	44.58	4	47.21	5	47.42	9	48.87	10	50.94	10
红河	40.44	22	43.43	20	44.83	20	47.10	17	47.59	18

5.1.2 绿色发展多维目标实现提升，经济绿色增长目标总体滞后

第三类城市绿色发展五维目标权重分布总体较为均衡，表明绿色发展应当多路径兼顾。从第三类城市绿色发展综合指数增速构成来看，除经济绿色增长目标外，多数城市在自然资产维持、资源环境利用、绿色公平实现、绿色福祉提升等绿色发展多维目标上均实现了不同程度的改善（图 5-2）。这说明，第三类城市总体实现了绿色发展的多目标共进和多路径兼顾。

从绿色发展多维目标的改善程度来看，第三类城市在资源环境利用、绿色公平实现和绿色福祉提升目标上普遍取得了较大幅度的改善，在绿色发展进程较快的城市中，上述目标指数均有较为明显的提升。多数城市自然资产维持指数变化不大，总体稳中有升。相比而言，多个城市经济绿色增长指数出现明显下降，很大程度上拉低了所在城市的绿色发展进程，也显示出第三类城市经济发展势头不足，寻求经济绿色发展仍然是第三类城市共同的挑战。

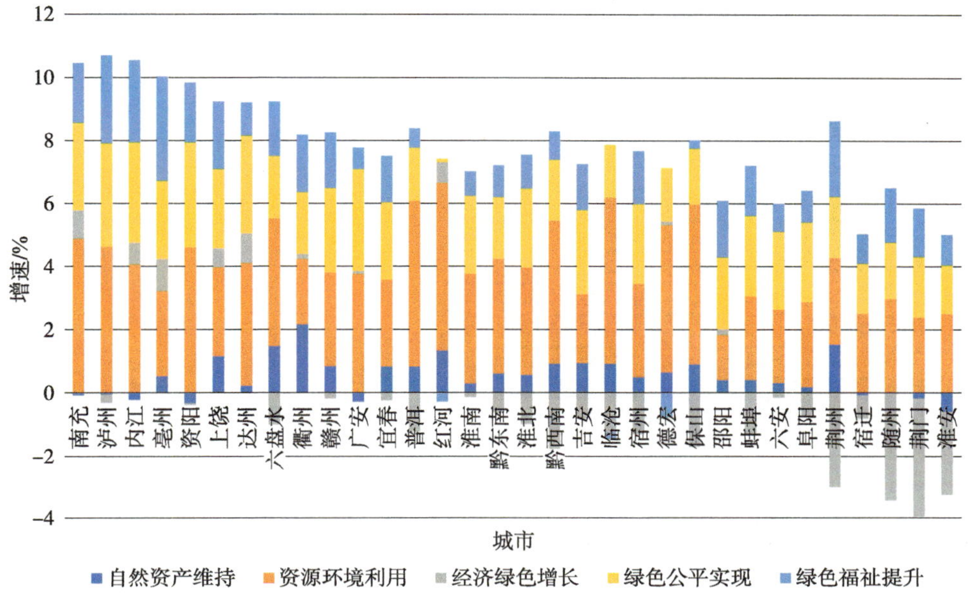

图 5-2　第三类城市绿色发展综合指数增速构成

5.2　绿色发展重要目标：自然资产维持

5.2.1　自然资产维持水平稳中有升

自然资产维持是第三类城市绿色发展的重要目标任务。2016 年以来，第三类城市自然资产维持指数变化不大，总体有所上升（图 5-3）。其中，以衢州为代表的城市有较为明显的提升，但江苏淮安、宿迁自然资产维持指数则呈现一定的下降态势。

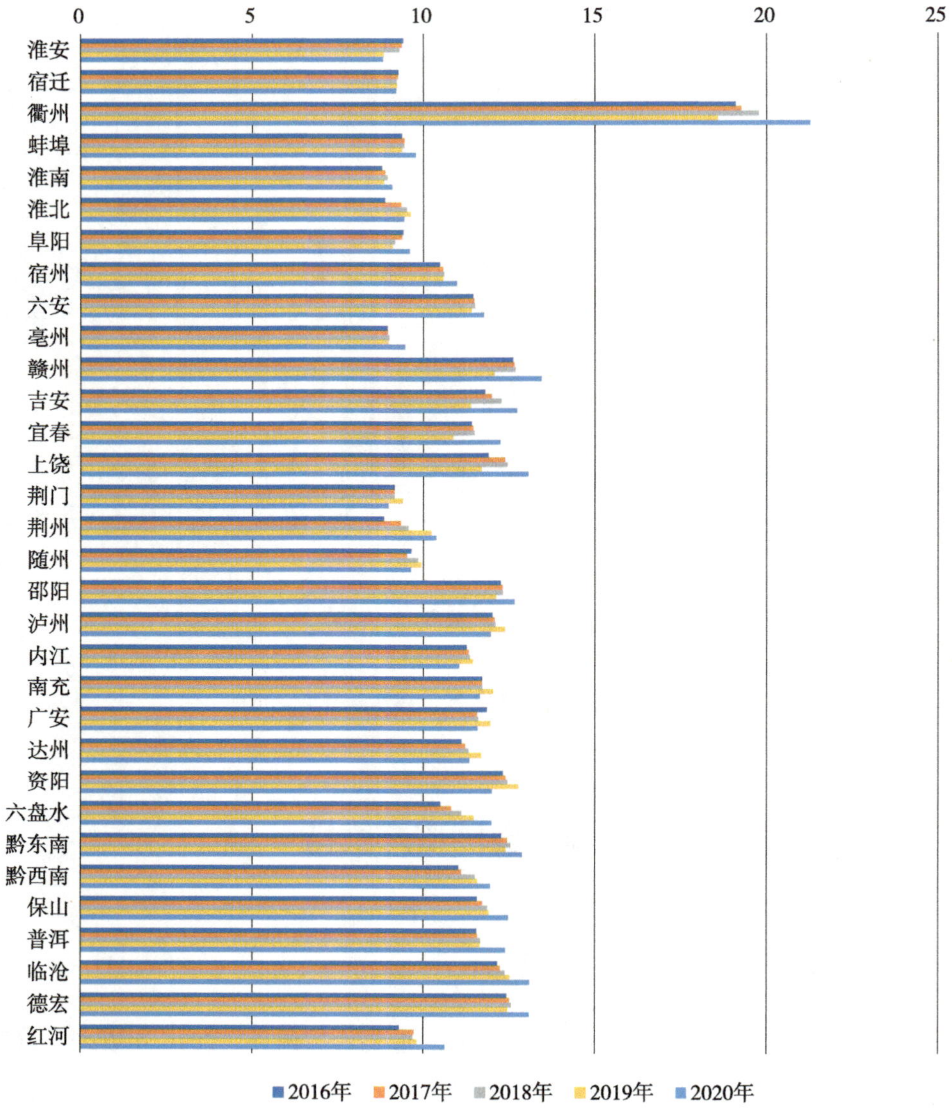

图 5-3　2016—2020 年第三类城市自然资产维持指数

第三类城市中，浙江衢州的自然资源资产维持能力最强，得分遥遥领先于同类其他城市，稳居第三类城市榜首。2016—2020 年，位于上游云南、贵州和中游江西的第三类城市自然资产维持指数排名均有不同程度的上升（表 5-2）。

表 5-2 2016—2020 年第三类城市自然资产维持指数及排名

城市	2016 年		2017 年		2018 年		2019 年		2020 年	
	指数	排名	指数	排名	指数	排名	指数	排名	指数	排名
淮安	9.41	24	9.37	26	9.30	27	8.84	32	8.81	32
宿迁	9.27	27	9.24	29	9.20	28	9.21	28	9.20	29
衢州	19.10	1	19.27	1	19.78	1	18.59	1	21.27	1
蚌埠	9.37	25	9.43	24	9.44	26	9.37	27	9.78	24
淮南	8.78	32	8.87	32	8.94	32	8.84	31	9.08	30
淮北	8.87	30	9.35	27	9.52	25	9.62	25	9.44	28
阜阳	9.41	23	9.38	25	9.16	29	9.09	29	9.60	26
宿州	10.48	21	10.56	21	10.60	21	10.57	21	10.98	21
六安	11.45	15	11.47	15	11.50	16	11.40	18	11.76	16
亳州	8.95	29	8.94	31	9.00	31	8.97	30	9.47	27
赣州	12.60	2	12.64	2	12.67	2	12.06	8	13.45	2
吉安	11.79	11	11.98	10	12.27	9	11.37	19	12.73	7
宜春	11.40	16	11.44	16	11.48	17	10.86	20	12.24	11
上饶	11.89	9	12.37	6	12.45	5	11.69	12	13.05	5
荆门	9.15	28	9.14	30	9.14	30	9.40	26	8.98	31
荆州	8.84	31	9.34	28	9.57	24	10.23	22	10.38	23
随州	9.65	22	9.52	23	9.84	22	9.92	23	9.64	25
邵阳	12.25	6	12.29	7	12.30	8	12.11	7	12.65	8
泸州	12.01	8	12.06	9	12.09	10	12.37	6	11.96	14
内江	11.26	17	11.32	17	11.35	18	11.44	17	11.04	20
南充	11.71	12	11.69	12	11.71	12	12.02	9	11.64	17
广安	11.84	10	11.55	14	11.59	14	11.95	10	11.57	18
达州	11.11	18	11.21	18	11.32	19	11.68	13	11.34	19
资阳	12.32	4	12.39	5	12.44	6	12.77	2	11.99	12
六盘水	10.50	20	10.80	20	11.10	20	11.46	16	11.98	13
黔东南	12.27	5	12.44	4	12.53	4	12.39	5	12.88	6
黔西南	11.02	19	11.09	19	11.51	15	11.58	15	11.95	15
保山	11.56	13	11.72	11	11.87	11	11.90	11	12.47	9
普洱	11.55	14	11.56	13	11.66	13	11.64	14	12.39	10
临沧	12.16	7	12.23	8	12.37	7	12.51	3	13.09	3
德宏	12.43	3	12.50	3	12.56	3	12.45	4	13.08	4
红河	9.29	26	9.72	22	9.70	23	9.81	24	10.63	22

5.2.2 自然资源存增量总体稳定，部分城市耕地资源保护有待强化

从图 5-4 可以看出，多数城市自然资源存量和增量指数均有上升。自然资产维持指数增速相对较快的荆州、六盘水、红河等市（自治州），自然资源存量指数均有较为明显的提升，尤其是在森林覆盖率指标表现方面，上述市（自治州）的森林覆盖率五年间提升幅度均超过 10 个百分点。浙江、江西则是在水土流失治理方面表现较好，以自然资源增量提升带动自然资产维持指数实现较快提升。

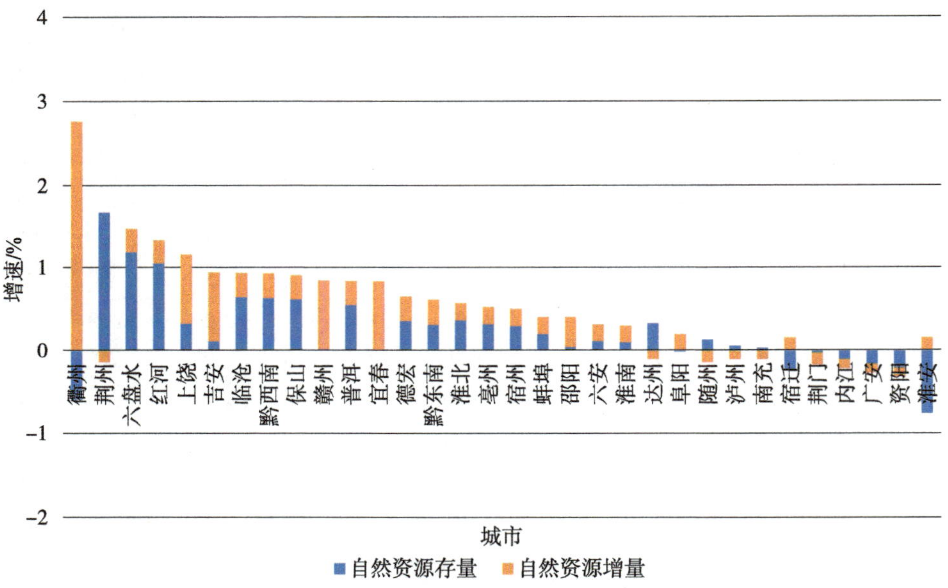

图 5-4　第三类城市自然资产维持指数增速构成

耕地资源保护是第三类城市绿色发展的重点任务。从耕地资源保护代表性指标表现来看，2016—2020 年第三类城市耕地资源总体上保持稳定，但是有部分城市耕地面积呈现明显的缩减态势，需要引起注意。尤其是位于长江下游江苏的淮安、宿迁等城市耕地面积占比下降明显，分别从 2016 年的 60.8%、63.1% 下降到 2020 年的 56.8%、58.1%（图 5-5）。这些城市作为我国农产品主产区集中分布的地区，在绿色发展进程中应当进一步强化对耕地资源的保护。

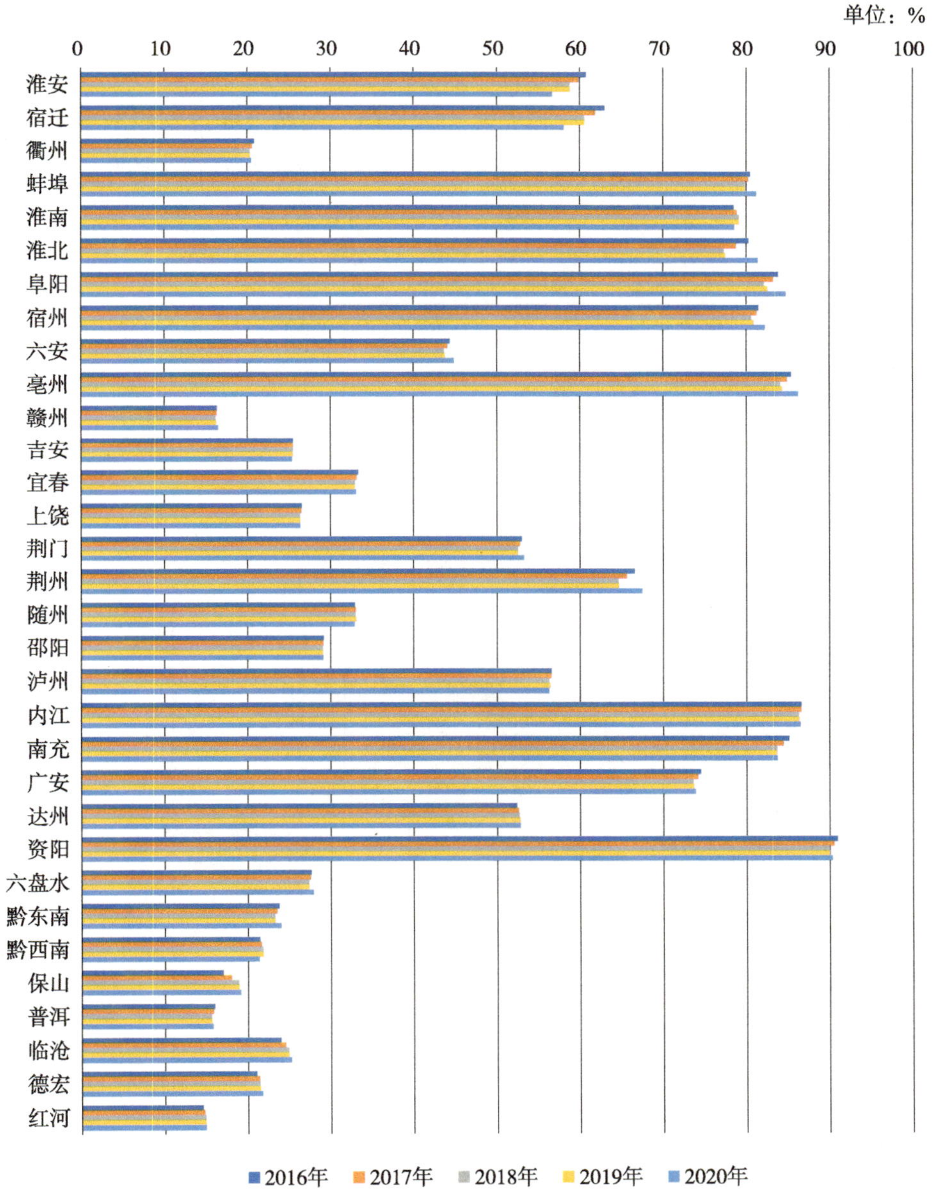

图 5-5　第三类城市耕地面积占比

5.3 绿色发展重要目标：资源环境利用

5.3.1 资源环境利用能力显著提高

提高资源环境效率、降低资源环境代价是第三类城市绿色发展的重要目标。如图 5-6 所示，2016 年以来所有城市资源环境利用指数均有较为明显的提升，

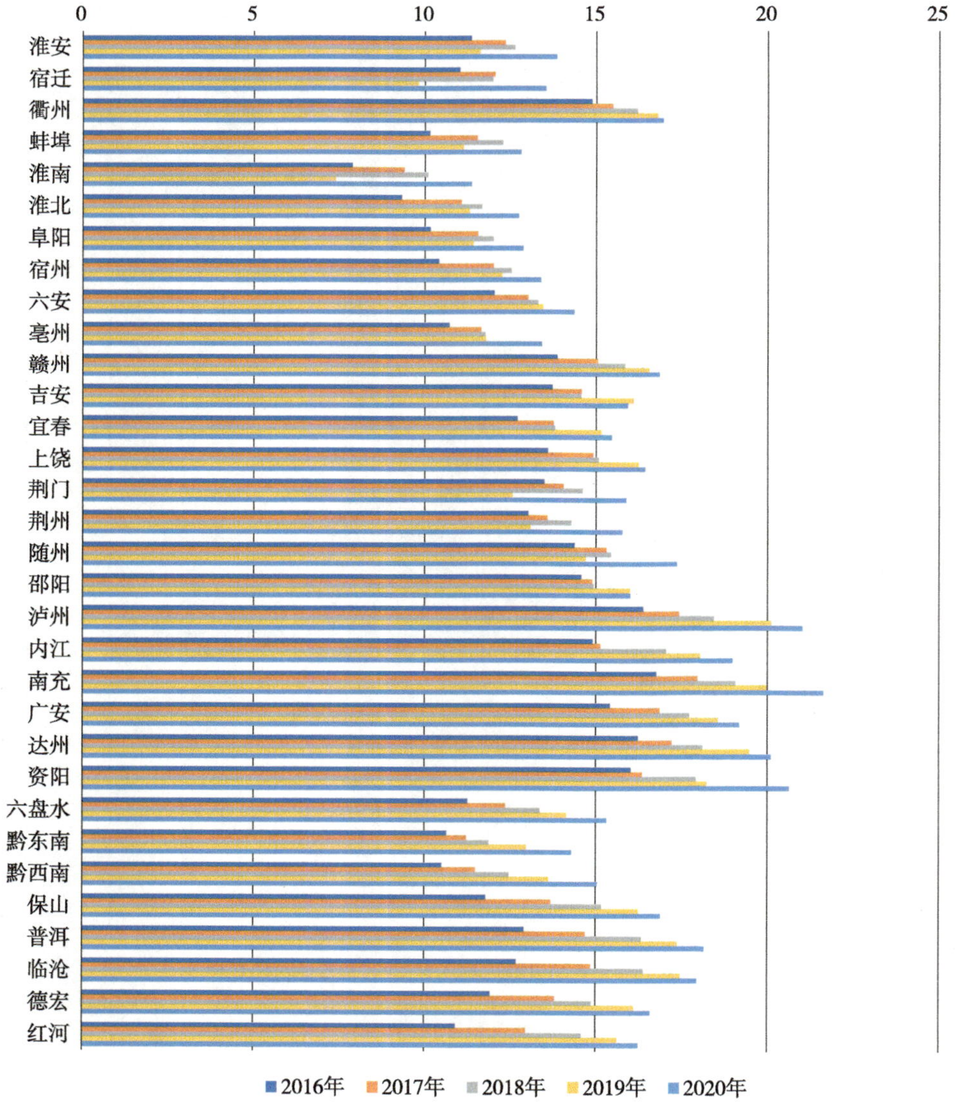

图 5-6　2016—2020 年第三类城市资源环境利用指数

提高资源环境利用能力已成为第三类城市推进绿色发展的共同选择。尤其是西部云南、贵州、四川充分利用后发优势加快追赶中、东部地区，资源环境利用能力和水平得到大幅提升。

表 5-3 可见，地处四川盆地的第三类城市资源环境利用水平最高，资源环境利用指数整体位居同类城市前列。2016 年以来，云南、贵州等西部城市着力“补短板”，资源环境利用指数排名取得较快提升。

表 5-3　2016—2020 年第三类城市资源环境利用指数及排名

城市	2016 年		2017 年		2018 年		2019 年		2020 年	
	指数	排名	指数	排名	指数	排名	指数	排名	指数	排名
淮安	11.35	21	12.32	23	12.61	23	11.60	27	13.85	25
宿迁	11.01	23	12.03	24	11.98	28	9.80	31	13.53	26
衢州	14.86	7	15.47	6	16.19	9	16.79	9	16.95	10
蚌埠	10.14	30	11.52	28	12.26	26	11.11	30	12.80	30
淮南	7.87	32	9.39	32	10.08	32	7.38	32	11.36	32
淮北	9.32	31	11.06	31	11.66	31	11.30	29	12.73	31
阜阳	10.16	29	11.54	27	11.99	27	11.40	28	12.86	29
宿州	10.41	28	12.00	25	12.52	24	12.24	25	13.38	28
六安	12.02	18	12.99	20	13.29	22	13.44	21	14.36	23
亳州	10.71	25	11.63	26	11.76	30	11.76	26	13.42	27
赣州	13.87	10	15.03	9	15.83	10	16.53	10	16.84	12
吉安	13.72	11	14.57	14	14.56	18	16.07	14	15.92	17
宜春	12.70	16	13.76	17	13.80	20	15.15	17	15.46	20
上饶	13.60	12	14.90	10	15.08	13	16.22	12	16.43	14
荆门	13.49	13	14.04	15	14.60	16	12.54	24	15.88	18
荆州	13.01	14	13.57	19	14.28	19	13.08	22	15.76	19
随州	14.37	9	15.30	7	15.44	11	14.69	18	17.36	9
邵阳	14.57	8	14.89	11	14.93	14	15.98	15	16.00	16
泸州	16.38	2	17.42	2	18.45	2	20.11	1	21.02	2
内江	14.91	6	15.12	8	17.04	6	18.05	6	18.99	6
南充	16.76	1	17.95	1	19.07	1	19.98	2	21.65	1
广安	15.40	5	16.85	4	17.72	5	18.57	4	19.19	5
达州	16.22	3	17.20	3	18.12	3	19.48	3	20.11	4

续表

城市	2016年		2017年		2018年		2019年		2020年	
	指数	排名	指数	排名	指数	排名	指数	排名	指数	排名
资阳	16.02	4	16.34	5	17.92	4	18.23	5	20.64	3
六盘水	11.26	22	12.34	22	13.36	21	14.13	19	15.32	21
黔东南	10.64	26	11.22	30	11.87	29	12.96	23	14.29	24
黔西南	10.50	27	11.48	29	12.46	25	13.62	20	15.05	22
保山	11.79	20	13.69	18	15.16	12	16.23	11	16.88	11
普洱	12.90	15	14.69	13	16.32	8	17.37	8	18.17	7
临沧	12.68	17	14.85	12	16.38	7	17.46	7	17.96	8
德宏	11.92	19	13.79	16	14.87	15	16.10	13	16.59	13
红河	10.91	24	12.94	21	14.59	17	15.62	16	16.24	15

5.3.2 资源利用效率提升显著，污染控制能力改善明显

从图 5-7 可以看出，所有第三类城市在资源配置合理性、资源利用效率、污染控制水平、资源再生循环 4 个方面，均实现了不同程度的提升，尤其是对资源的高效、循环利用，普遍受到了多数城市的重视。

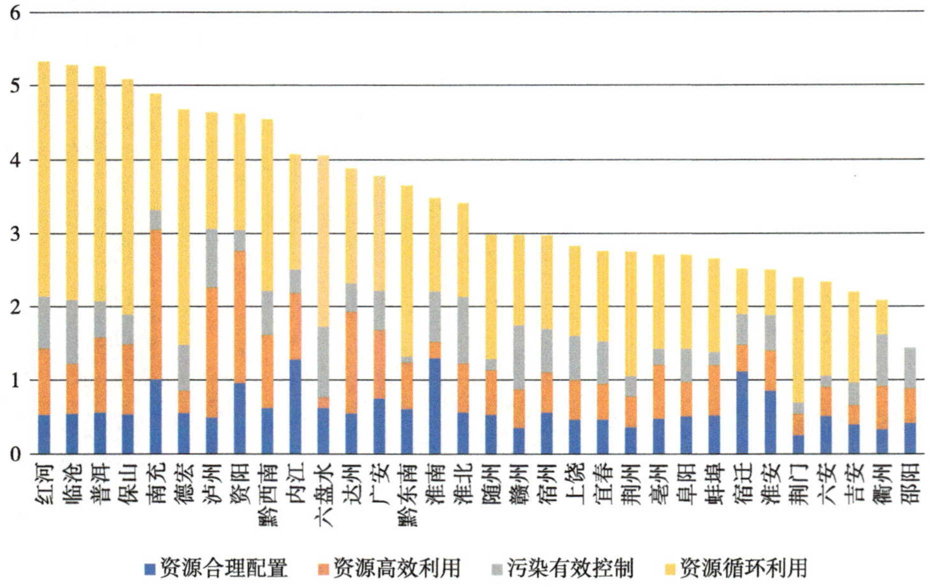

图 5-7 第三类城市资源环境利用指数增速构成

5.3.2.1 资源再生循环和利用效率显著提升

以表征第三类城市资源循环利用的代表性指标农作物秸秆综合利用率为例，2016—2020 年上升趋势明显，尤其是与中、东部地区存在明显差距的云南、贵州和四川，大力推进对农作物秸秆的循环利用，实现了和中、东部地区的并列（图 5-8）。

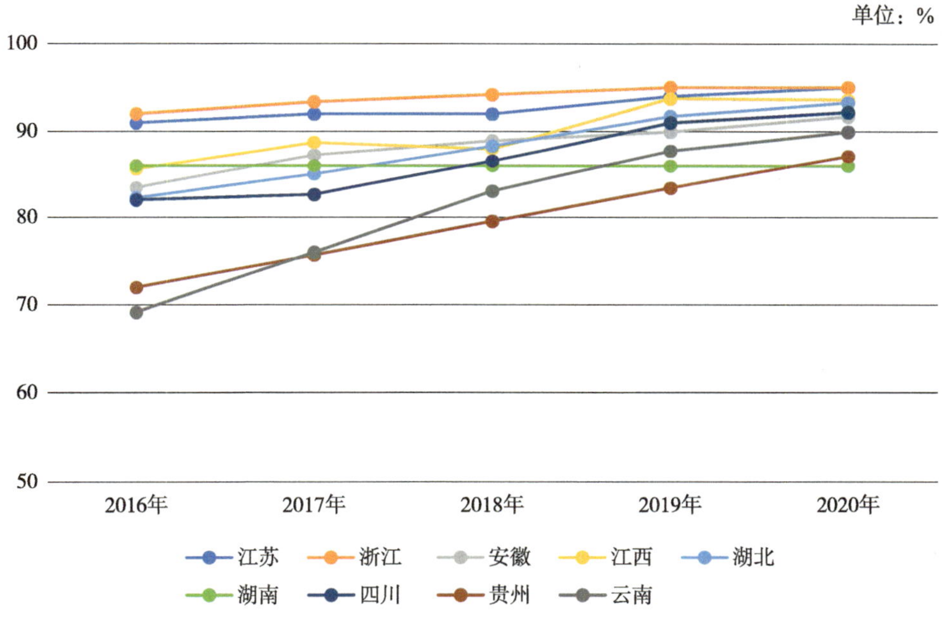

图 5-8　农作物秸秆综合利用率

水资源利用效率得到大幅提升，32 个城市水资源生产率平均值从 2016 年的 89.3 元 /m^3 上升到 2020 年的 136.5 元 /m^3，提升幅度达到 52.9%，其中，浙江衢州、安徽阜阳等城市的水资源生产率提升最快，大约翻了一番。总体来看，长江下游及上游四川、贵州的第三类城市水资源利用效率相对较高（图 5-9）。

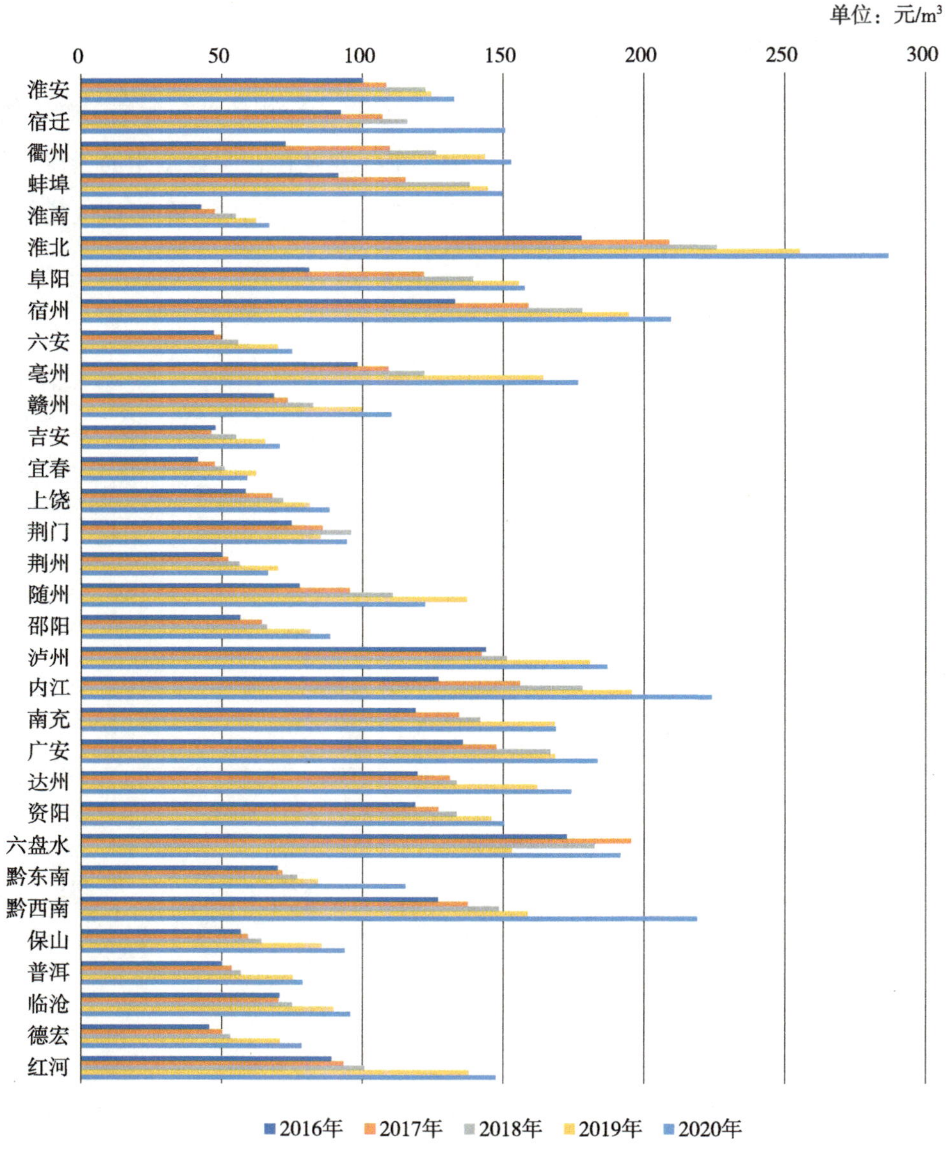

图 5-9　第三类城市水资源生产率

土地资源利用效率也有明显提升，32 个城市土地资源生产率平均值从 2016 年的 4.9 亿元 /km^2 上升到 2020 年的 6.7 亿元 /km^2，提高了 36.7%。整体来看，西部地区第三类城市的土地资源利用效率相对高于中、东部地区（图 5-10）。

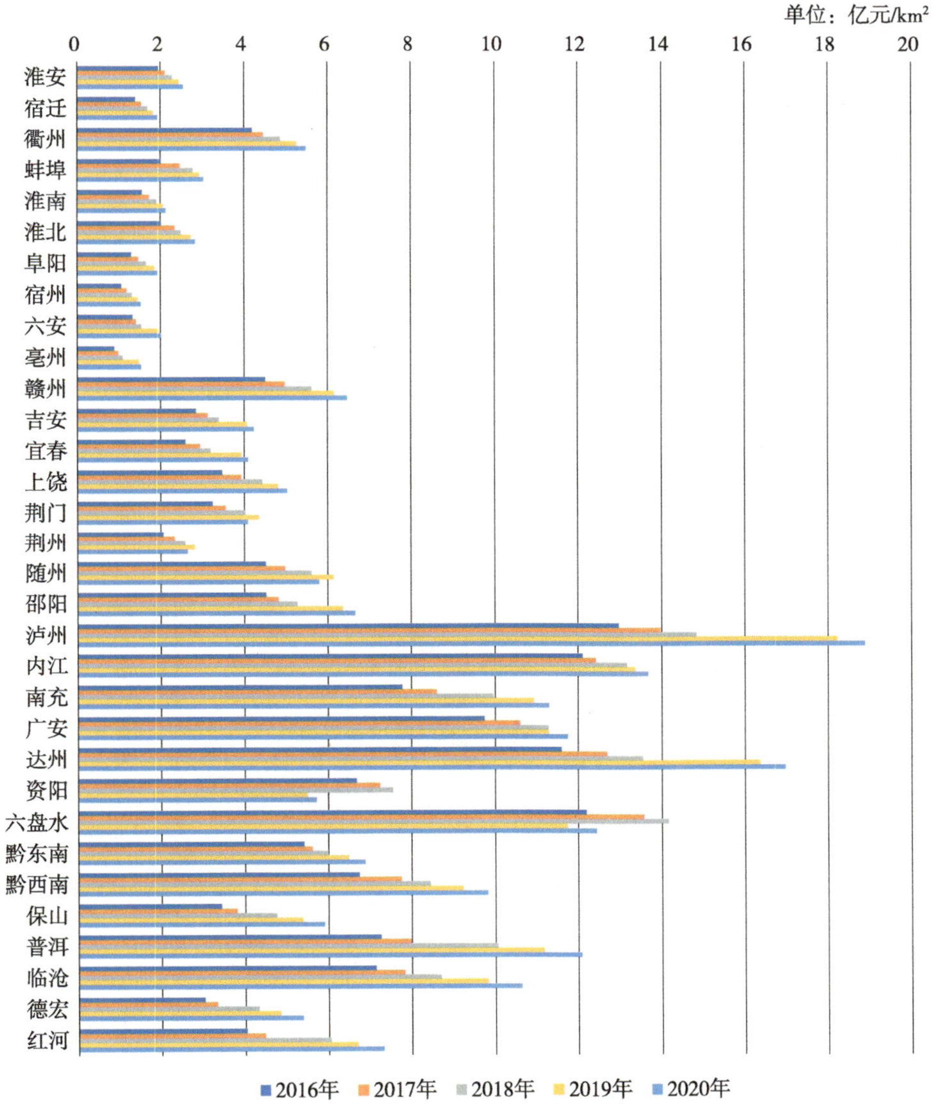

图 5-10　第三类城市土地资源生产率

5.3.2.2　农业污染治理能力得到改善

农业面源污染治理取得积极成效。32 个城市的化肥施用强度均呈现下降态势，2016—2020 年单位耕地面积化肥施用量平均从 2016 年的 24.2 kg/ 亩下降到 2020 年的 21.2 kg/ 亩[①]，下降了 12.8%。总体来看，长江中下游地区的化肥施

① 1 亩≈666.67 m^2。

用强度高于上游地区。中下游地区中，江苏淮安、宿迁，安徽蚌埠、淮南、淮北，湖北随州等城市虽然强度有所下降，但是依然停留在较高水平，2020 年单位耕地面积化肥施用量都在 30 kg/ 亩以上，农业源污染有效控制仍面临挑战（图 5-11）。

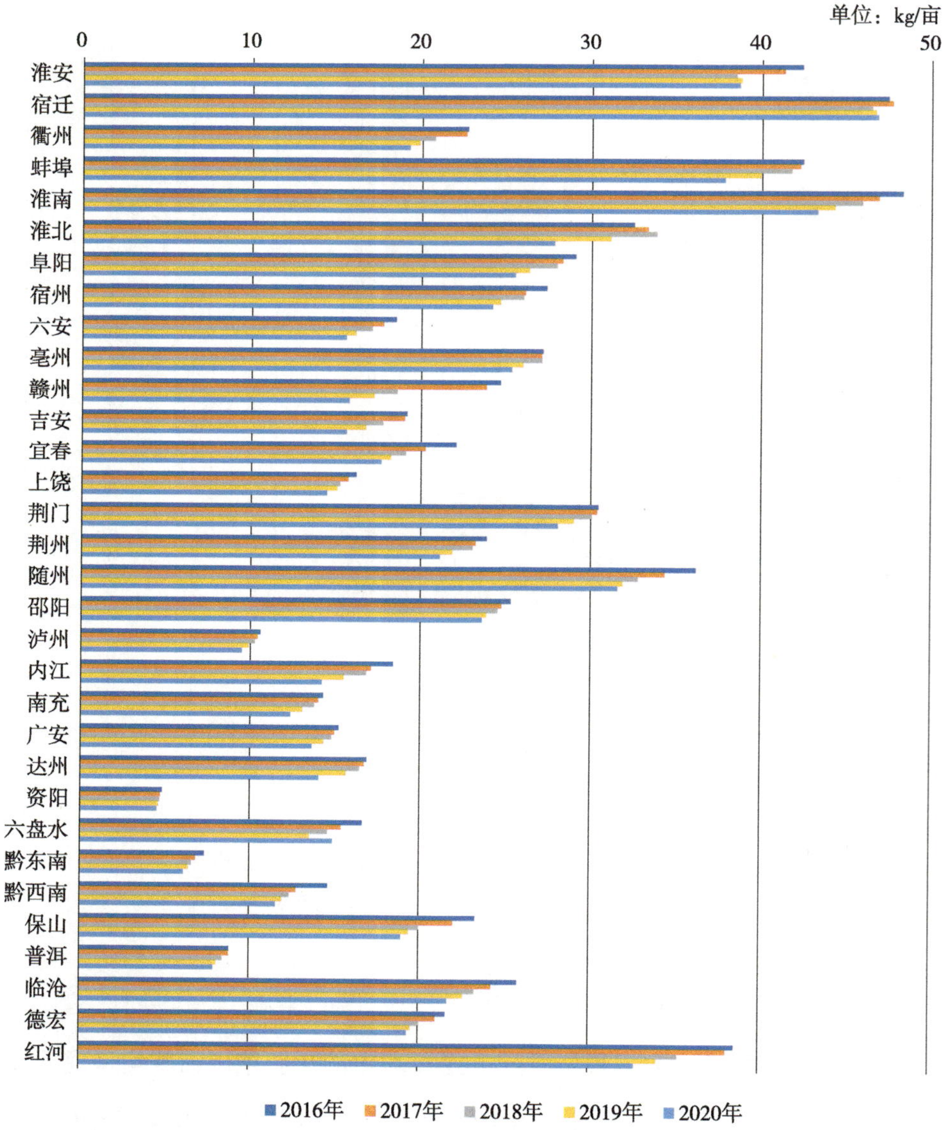

图 5-11　第三类城市单位耕地面积化肥施用量

5.4 绿色发展重要目标：经济绿色增长

5.4.1 经济绿色增长势头总体不足

对于第三类城市来说，经济绿色增长也是绿色发展的重要目标任务。2016—2020 年，第三类城市的经济绿色增长指数出现一定的波动，总体提升缓慢，经济绿色发展势头明显不足。尤其是 2020 年暴发的新冠疫情对第三类城市经济增长冲击明显，绝大部分城市都出现了下降（图 5-12）。

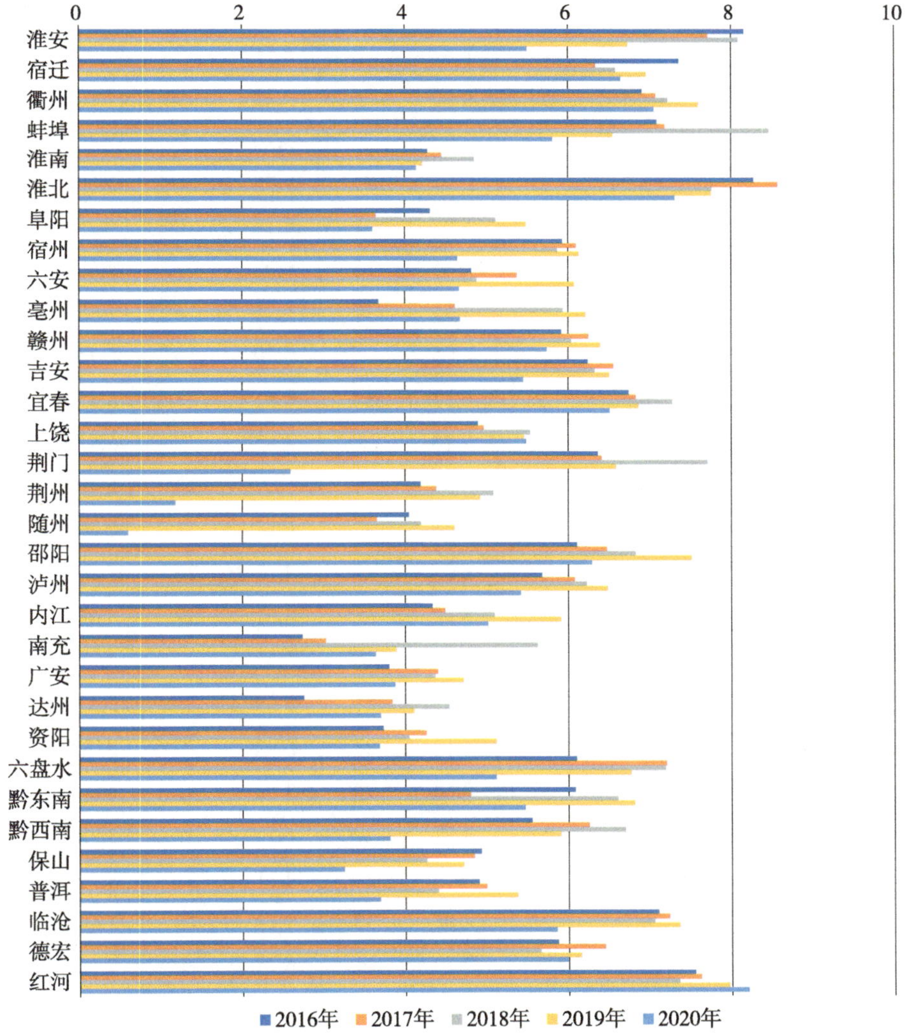

图 5-12　2016—2020 年第三类城市经济绿色增长指数

从表 5-4 可以看出，东部地区城市经济绿色增长水平总体高于中、西部地区城市。江苏宿迁、浙江衢州、安徽淮北、江西宜春以及云南红河等市（自治州）经济绿色增长指数在第三类城市中相对领先。

表 5-4　2016—2020 年第三类城市经济绿色增长指数及排名

城市	2016 年		2017 年		2018 年		2019 年		2020 年	
	指数	排名	指数	排名	指数	排名	指数	排名	指数	排名
淮安	8.16	2	7.72	2	8.09	2	6.74	10	5.50	11
宿迁	7.36	4	6.34	13	6.59	13	6.96	6	6.65	4
衢州	6.91	7	7.08	7	7.23	7	7.60	3	7.06	3
蚌埠	7.09	6	7.19	6	8.47	1	6.56	12	5.82	9
淮南	4.28	25	4.46	25	4.86	26	4.22	30	4.15	21
淮北	8.28	1	8.57	1	7.77	3	7.76	2	7.32	2
阜阳	4.31	24	3.64	31	5.11	22	5.49	22	3.60	28
宿州	5.93	14	6.10	16	5.88	18	6.14	18	4.65	20
六安	4.82	22	5.37	18	4.88	25	6.08	19	4.67	19
亳州	3.68	30	4.62	23	5.94	17	6.22	16	4.68	18
赣州	5.92	15	6.26	14	6.05	16	6.40	15	5.75	10
吉安	6.24	10	6.56	9	6.33	14	6.51	13	5.45	14
宜春	6.75	8	6.83	8	7.28	6	6.87	7	6.51	5
上饶	4.90	21	4.96	20	5.54	21	5.47	23	5.49	12
荆门	6.37	9	6.41	12	7.71	4	6.59	11	2.60	30
荆州	4.19	26	4.39	27	5.08	24	4.93	26	1.19	31
随州	4.05	27	3.65	30	4.20	31	4.61	29	0.61	32
邵阳	6.11	11	6.48	10	6.83	10	7.52	4	6.29	6
泸州	5.68	17	6.09	17	6.23	15	6.49	14	5.42	15
内江	4.34	23	4.49	24	5.10	23	5.92	20	5.02	17
南充	2.74	32	3.03	32	5.63	20	3.90	32	3.64	27
广安	3.80	28	4.40	26	4.37	29	4.72	28	3.88	22
达州	2.76	31	3.84	29	4.54	27	4.11	31	3.70	24
资阳	3.73	29	4.26	28	4.05	32	5.12	25	3.68	26
六盘水	6.10	12	7.21	5	7.20	8	6.77	9	5.12	16
黔东南	6.09	13	4.80	22	6.61	12	6.82	8	5.47	13

续表

城市	2016 年		2017 年		2018 年		2019 年		2020 年	
	指数	排名	指数	排名	指数	排名	指数	排名	指数	排名
黔西南	5.56	18	6.26	15	6.70	11	5.91	21	3.81	23
保山	4.93	19	4.84	21	4.26	30	4.72	27	3.25	29
普洱	4.90	20	5.00	19	4.40	28	5.38	24	3.69	25
临沧	7.10	5	7.24	4	7.05	9	7.37	5	5.86	8
德宏	5.88	16	6.45	11	5.66	19	6.16	17	5.99	7
红河	7.56	3	7.63	3	7.36	5	7.98	1	8.21	1

5.4.2 结构优化和增长动力不足，经济平稳较快增长面临挑战

从经济绿色增长指数增速构成上看，虽然多数城市经济增长结构指数和经济增长驱动指数有一定的上升，但是上升幅度偏小，对经济绿色增长水平提升的贡献非常有限，表明第三类城市普遍面临结构优化调整缓慢、经济增长动力不足等发展质量问题。在结构指数和动力指数增速放缓的同时，经济增速指数下降作用凸显，进一步拉低了第三类城市经济绿色增长指数的提升（图 5-13）。

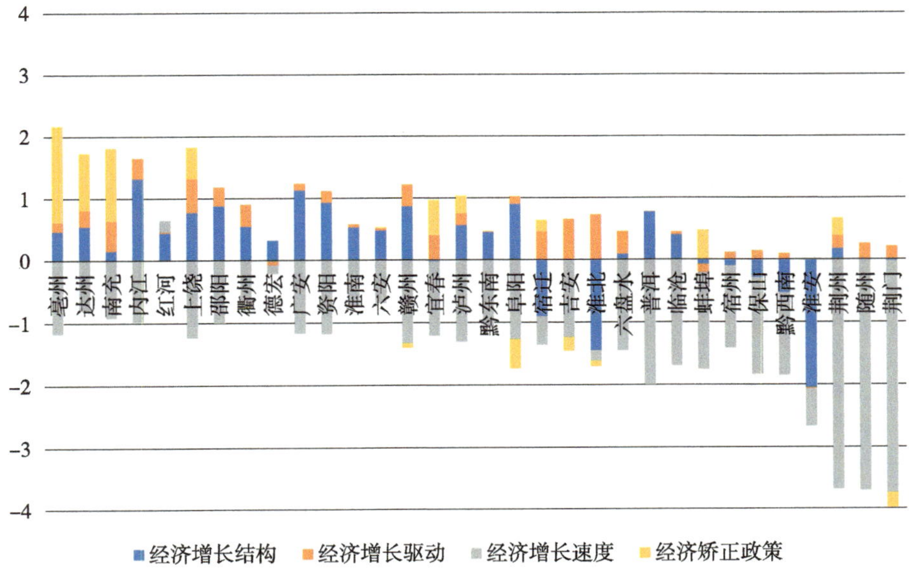

图 5-13　第三类城市经济绿色增长指数增速构成

5.4.2.1 经济结构优化和经济增长动力不足

在经济结构优化方面，以第三类城市代表性指标农产品加工业与农业总产值之比指标为例，除浙江衢州、湖南邵阳、贵州黔东南等少数市（自治州）有明显提高之外，大多数城市都未能实现提升。到2020年，仅衢州、荆门、泸州等少数城市农产品加工业与农业总产值之比达到2.4以上，即《国务院办公厅关于进一步促进农产品加工业发展的意见》（国办发〔2016〕93号）提出的主要目标（图5-14）。

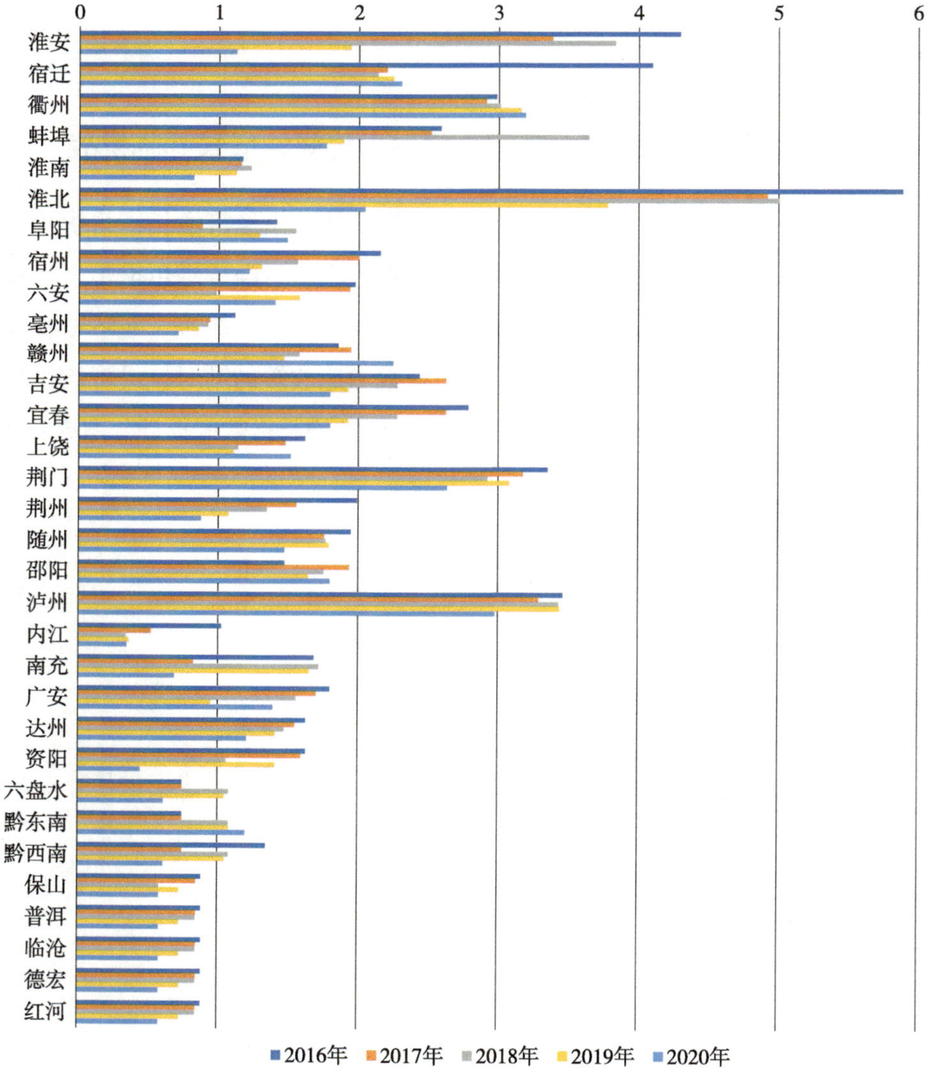

注：云南省第三类城市无单独统计数据，采用全省数据替代。

图5-14 第三类城市农产品加工业与农业总产值比

在经济增长驱动方面，第三类城市的科技创新能力普遍与第一、第二类城市存在较大差距，尤其是西部城市差距更为明显。以科技创新研发投入为例，虽然 32 个城市研发经费占 GDP 比重平均值从 0.7% 提高到 1.0%，但是投入力度仍然处于较低水平。2020 年，东、中、西部地区第三类城市研发经费占 GDP 比重平均值分别为 1.4%、1.3%、0.6%，西部城市与东、中部城市相比经济增长创新驱动更加不足（图 5-15）。

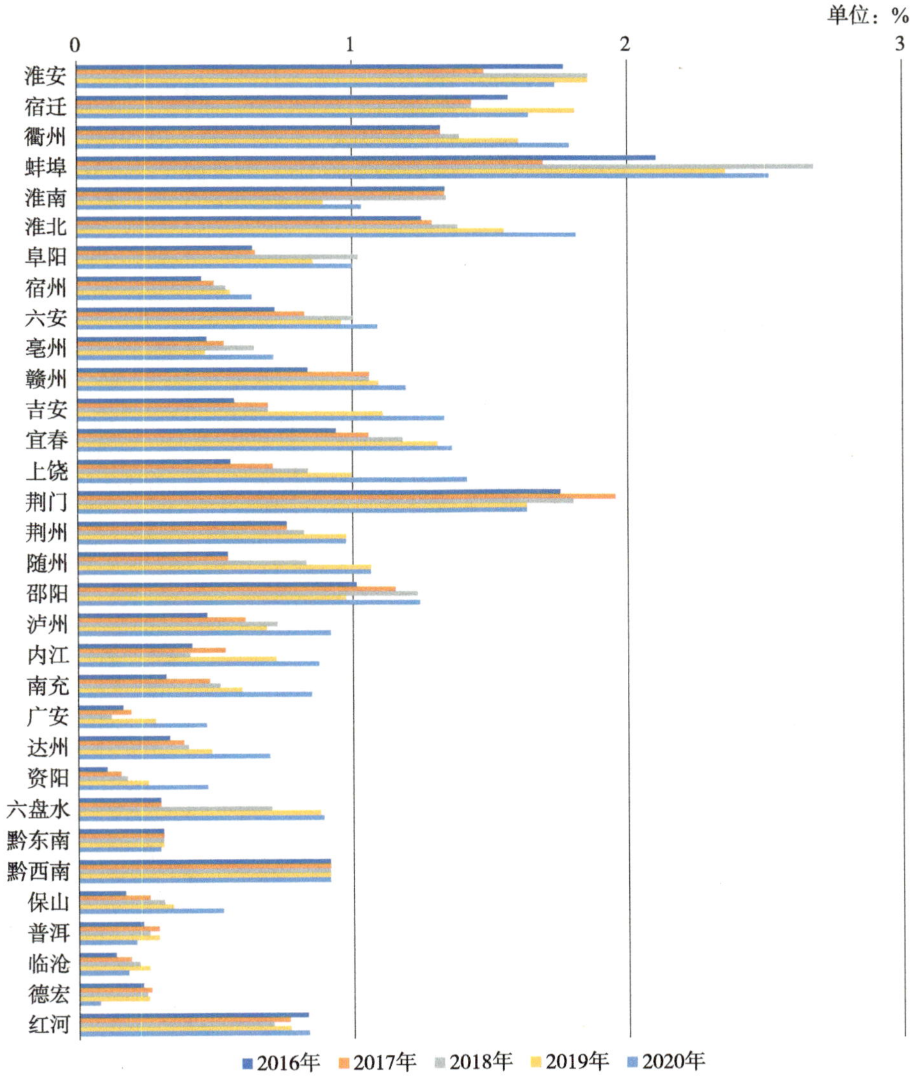

图 5-15　第三类城市研发经费占 GDP 比重

5.4.2.2 经济平稳较快增长面临挑战

第三类城市与第一、第二类城市相比经济发展水平总体偏低，保持经济平稳较快发展仍然是第三类城市绿色发展的重要任务。以 GDP 增速指标为例，2016 年、2017 年、2018 年、2019 年、2020 年 32 个城市的平均值分别为 8.4%、8.7%、8.2%、7.7%、3.3%，自 2017 年以来多个城市都出现明显的下降趋势，2020 年受新冠疫情影响经济增速进一步放缓，湖北省内城市更是出现了负增长（图 5-16）。

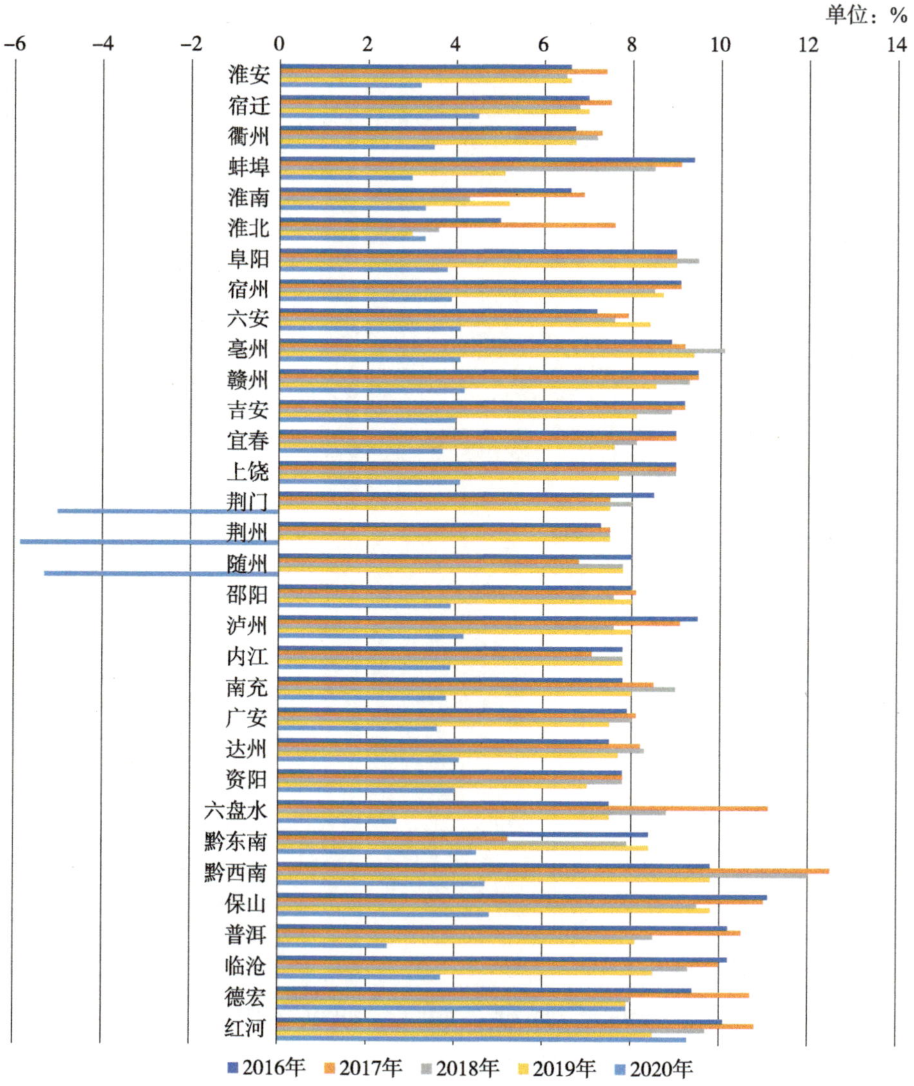

图 5-16 第三类城市 GDP 增速

5.5 绿色发展目标：绿色公平实现和绿色福祉提升

5.5.1 绿色公平实现程度显著提升

绿色公平实现也是第三类城市绿色发展的重要目标。如表 5-5 所示，2016—2020 年所有城市绿色公平实现指数都得到了显著提升，其中，四川省内城市提升幅度和位次上升最大，安徽、云南部分市州指数排名略有下移。

绿色公平实现指数在不同地区、不同省份之间仍然存在一定的差距，东部江浙地区三市领先于同类其他城市，排名稳居前三，中、西部湖北三市和四川省内部分城市排名也相对靠前，而西部贵州、云南省内城市则排名垫底。但是不同城市间的差异趋于缩小，32 个城市绿色公平实现指数的变异系数从 2016 年的 0.34 下降到 2020 年的 0.24。

表 5-5 2016—2020 年第三类城市绿色公平实现指数及排名

城市	2016 年		2017 年		2018 年		2019 年		2020 年	
	指数	排名	指数	排名	指数	排名	指数	排名	指数	排名
淮安	9.81	2	10.15	3	10.52	2	10.89	3	11.36	3
宿迁	10.46	1	10.84	1	11.19	1	11.57	1	12.06	1
衢州	9.53	3	10.22	2	10.43	3	10.94	2	11.49	2
蚌埠	6.06	7	6.64	8	7.15	7	7.75	7	8.63	8
淮南	5.13	15	5.69	18	6.15	18	6.71	18	7.60	18
淮北	5.15	14	5.68	19	6.18	15	6.76	16	7.66	15
阜阳	4.88	20	5.46	22	5.93	20	6.50	20	7.41	20
宿州	4.97	19	5.53	21	5.99	19	6.60	19	7.50	19
六安	5.15	13	5.70	17	6.17	17	6.74	17	7.63	17
亳州	5.49	10	6.05	15	6.51	12	7.10	14	7.98	14
赣州	3.04	30	4.11	29	4.20	29	4.82	29	5.72	28
吉安	4.55	23	5.60	20	5.69	21	6.32	21	7.22	21

续表

城市	2016年		2017年		2018年		2019年		2020年	
	指数	排名	指数	排名	指数	排名	指数	排名	指数	排名
宜春	5.56	9	6.54	11	6.59	9	7.18	11	8.03	13
上饶	4.40	26	5.40	24	5.43	24	6.04	24	6.93	23
荆门	7.60	4	8.58	4	8.66	4	9.23	4	9.52	4
荆州	7.28	6	8.24	6	8.21	6	8.70	6	9.23	5
随州	7.39	5	8.32	5	8.28	5	8.80	5	9.18	6
邵阳	4.69	22	5.74	16	5.68	22	6.19	22	6.97	22
泸州	5.07	17	6.46	13	6.43	13	7.17	12	8.35	11
内江	5.24	11	6.59	9	6.54	10	7.27	10	8.43	10
南充	4.88	21	6.24	14	6.17	16	6.88	15	7.66	16
广安	5.20	12	6.57	10	6.54	11	7.27	9	8.43	9
达州	5.12	16	6.47	12	6.40	14	7.10	13	8.23	12
资阳	5.64	8	7.03	7	7.00	8	7.74	8	8.97	7
六盘水	3.37	29	3.99	30	4.14	30	4.63	30	5.36	29
黔东南	2.80	32	3.44	32	3.59	32	4.08	32	4.74	31
黔西南	2.96	31	3.61	31	3.75	31	4.21	31	4.89	30
保山	4.40	25	4.84	26	5.09	25	5.56	25	6.17	25
普洱	4.42	24	4.85	25	5.09	26	5.54	26	6.10	26
临沧	4.98	18	5.44	23	5.68	23	6.10	23	6.64	24
德宏	4.38	27	4.80	27	5.04	27	5.48	28	6.08	27
红河	4.31	28	4.75	28	5.00	28	5.48	27	4.42	32

提高农民收入水平、缩小城乡差距是第三类城市绿色发展的重要目标任务。2016年以来第三类城市的收入分配公平指数稳定提升，32个城市的城乡收入比平均值、农村居民人均可支配收入平均值从2.47、11 303元分别减少、增加至2.34、15 837元。不同地区之间的差距仍然存在，2020年东、中、西部第三类城市的城乡收入比均值分别为2.20、2.17、2.54，农村居民人均可支配收入均值分别为17 251元、16 693元、14 338元。见图5-17～图5-18。

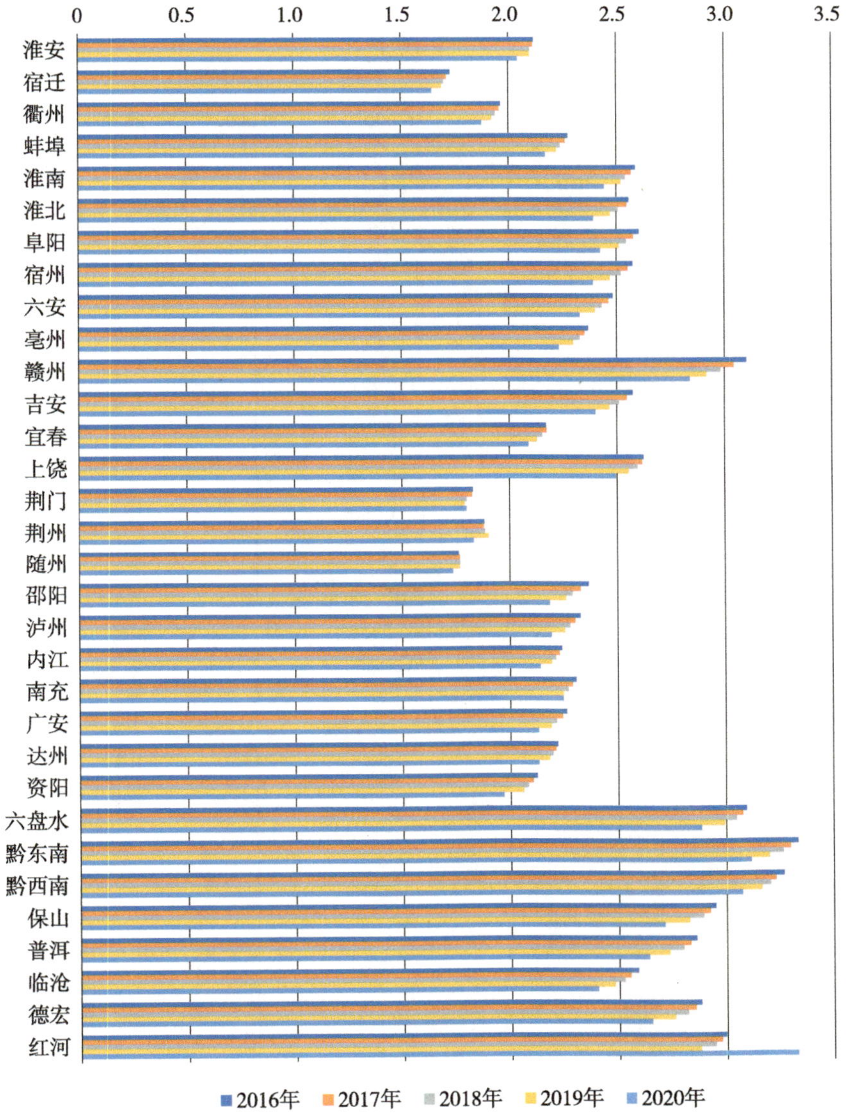

图 5-17　第三类城市城乡收入比

5.5.2　生态环境绿色福祉得到改善

2016 年以来，第三类城市生态环境绿色福祉得到改善，绝大部分城市的绿色福祉提升指数都有提高（表 5-6）。环境本底较好的浙江、江西、贵州省内城

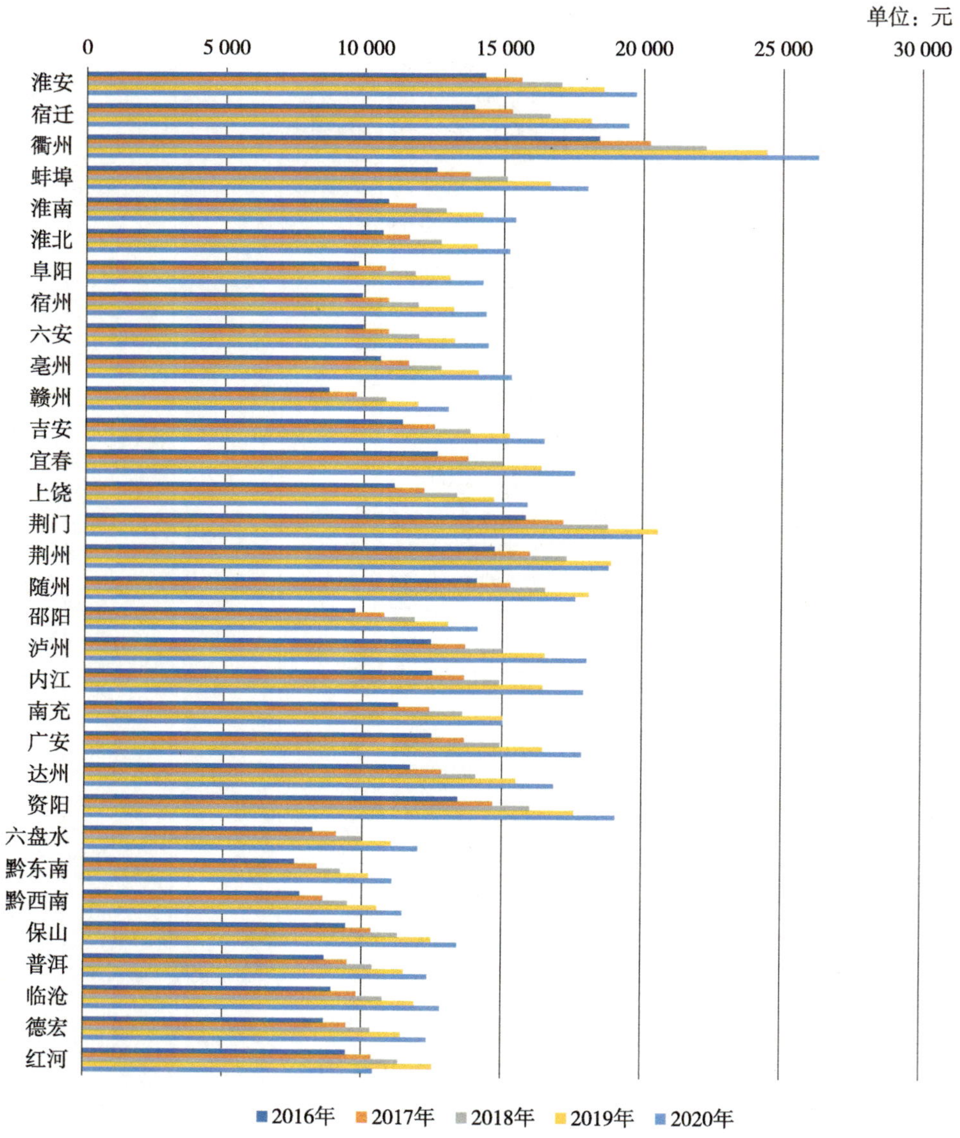

图 5-18　第三类城市农村居民可支配收入

市继续强优势，绿色福祉指数排名更进一层；绿色福祉相对落后的湖北、湖南、四川，加快补齐绿色福祉短板，排名位次也有了一定的上升。

表 5-6　2016—2020 年第三类城市绿色福祉提升指数及排名

城市	2016 年		2017 年		2018 年		2019 年		2020 年	
	指数	排名	指数	排名	指数	排名	指数	排名	指数	排名
淮安	6.45	18	6.85	16	7.14	21	7.27	22	7.43	24
宿迁	6.41	19	6.52	19	6.60	24	7.08	24	7.34	26
衢州	7.42	11	7.53	10	8.31	6	8.44	8	9.24	3
蚌埠	5.76	26	5.52	28	5.93	28	6.58	26	7.36	25
淮南	6.05	23	5.54	27	5.32	30	6.46	27	6.82	29
淮北	6.06	22	5.38	29	6.22	26	6.46	28	7.13	27
阜阳	5.51	28	4.50	31	6.36	25	6.42	29	6.53	31
宿州	5.11	31	4.71	30	4.77	31	6.29	30	6.79	30
六安	7.13	14	7.08	13	7.21	19	7.53	20	8.02	19
亳州	2.36	32	2.64	32	3.92	32	4.90	32	5.68	32
赣州	7.13	13	7.03	14	7.67	15	8.22	12	8.89	10
吉安	7.52	9	6.99	15	8.30	7	8.53	7	8.98	9
宜春	7.02	15	6.69	18	7.87	13	8.07	15	8.48	13
上饶	7.46	10	7.56	9	8.20	10	8.33	10	9.60	1
荆门	5.54	27	6.51	20	5.83	29	5.86	31	7.09	28
荆州	5.23	29	5.60	26	6.11	27	6.59	25	7.63	22
随州	5.79	24	6.32	22	6.85	23	7.11	23	7.52	23
邵阳	6.32	20	6.73	17	6.97	22	7.67	17	8.12	16
泸州	5.20	30	6.31	23	7.47	16	7.55	19	7.98	20
内江	5.77	25	6.41	21	7.29	18	8.21	14	8.38	14
南充	6.11	21	6.03	24	7.20	20	7.52	21	8.02	18
广安	7.93	8	8.85	3	8.86	4	8.33	11	8.62	11
达州	6.74	16	7.26	12	7.44	17	7.60	18	7.80	21
资阳	6.66	17	5.86	25	7.90	12	8.35	9	8.55	12
六盘水	7.33	12	7.80	8	7.79	14	8.89	2	9.06	8
黔东南	8.22	6	7.34	11	8.30	8	8.76	4	9.24	2
黔西南	8.17	7	8.17	7	9.19	3	8.81	3	9.07	7
保山	8.82	2	8.88	2	8.84	5	9.09	1	9.09	6
普洱	8.49	4	8.24	5	9.24	2	8.68	6	9.09	5
临沧	8.57	3	8.18	6	8.21	9	7.91	16	8.37	15
德宏	9.97	1	9.66	1	9.28	1	8.68	5	9.20	4
红河	8.37	5	8.39	4	8.19	11	8.21	13	8.09	17

以环境健康福祉代表性指标 $PM_{2.5}$ 年均浓度为例，32 个城市的平均值从 2016 年的 47.1 μg/m³ 下降到 2020 年的 33.8 μg/m³，减少了近三成。2016 年，普遍超标的浙江、江西、湖南、四川等省内第三类城市，到 2020 年，$PM_{2.5}$ 年均浓度已经达到或接近国家环境空气质量二级标准（图 5-19）。

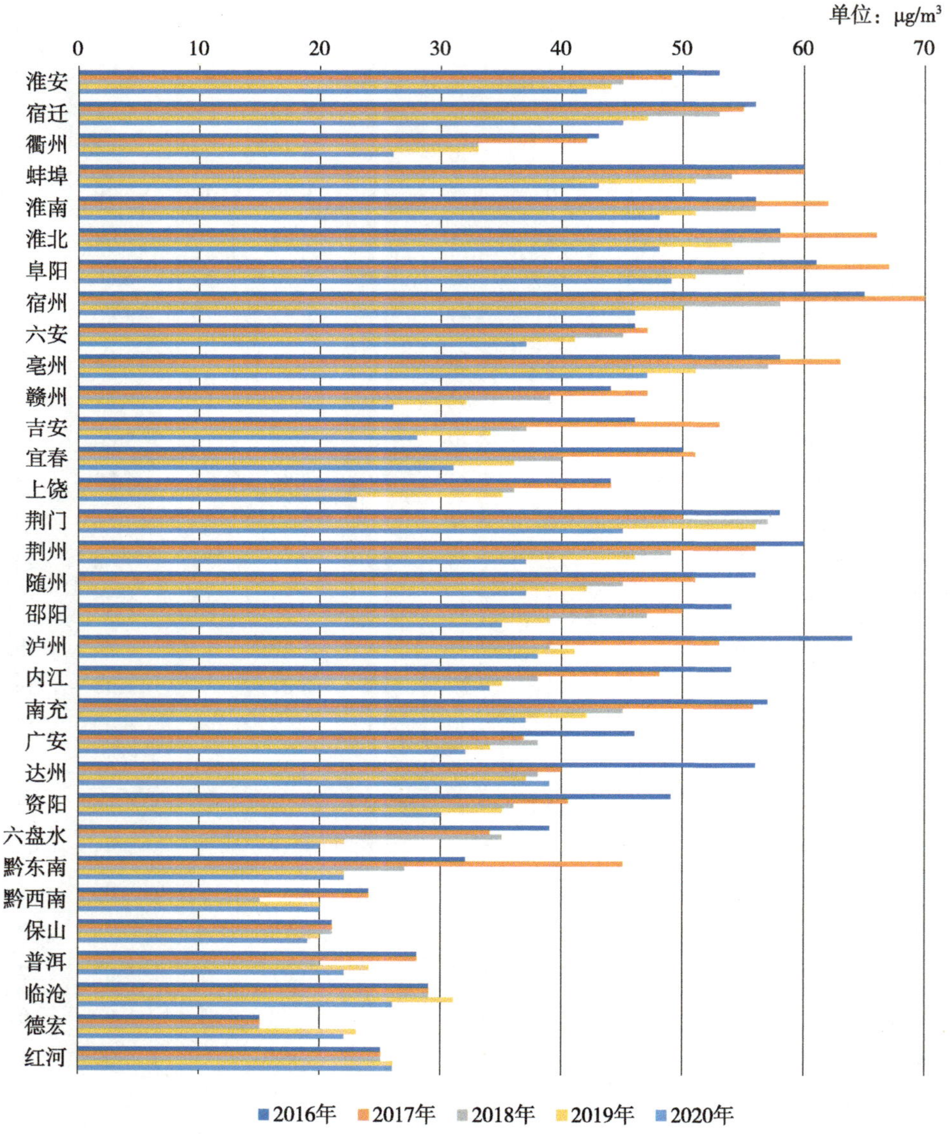

图 5-19　第三类城市 $PM_{2.5}$ 年均浓度

6

长江经济带第四类城市绿色发展态势

CHANGJIANG JINGJIDAI DISILEI
CHENGSHI LÜSE FAZHAN TAISHI

6.1 绿色发展综合进程

6.1.1 绿色发展水平持续提升

2016 年以来，长江经济带第四类城市绿色发展综合指数持续提升，28 个城市的绿色发展水平均得到提高，绿色发展取得积极进展（图 6-1）。28 个城市的绿色发展综合指数平均值从 2016 年的 59.01 提高到 2020 年的 63.90，增加了 4.89。

第四类城市中，位于浙江的丽水绿色发展综合指数领先，稳居同类城市第一，神农架、黄山分列第二、第三，云南、湖北省内多数城市排名也相对靠前。2016—2020 年，第四类城市的绿色发展综合排名位次总体变化不大，云南昭通、江西萍乡等少数城市排名有较为明显的提升。见表 6-1。

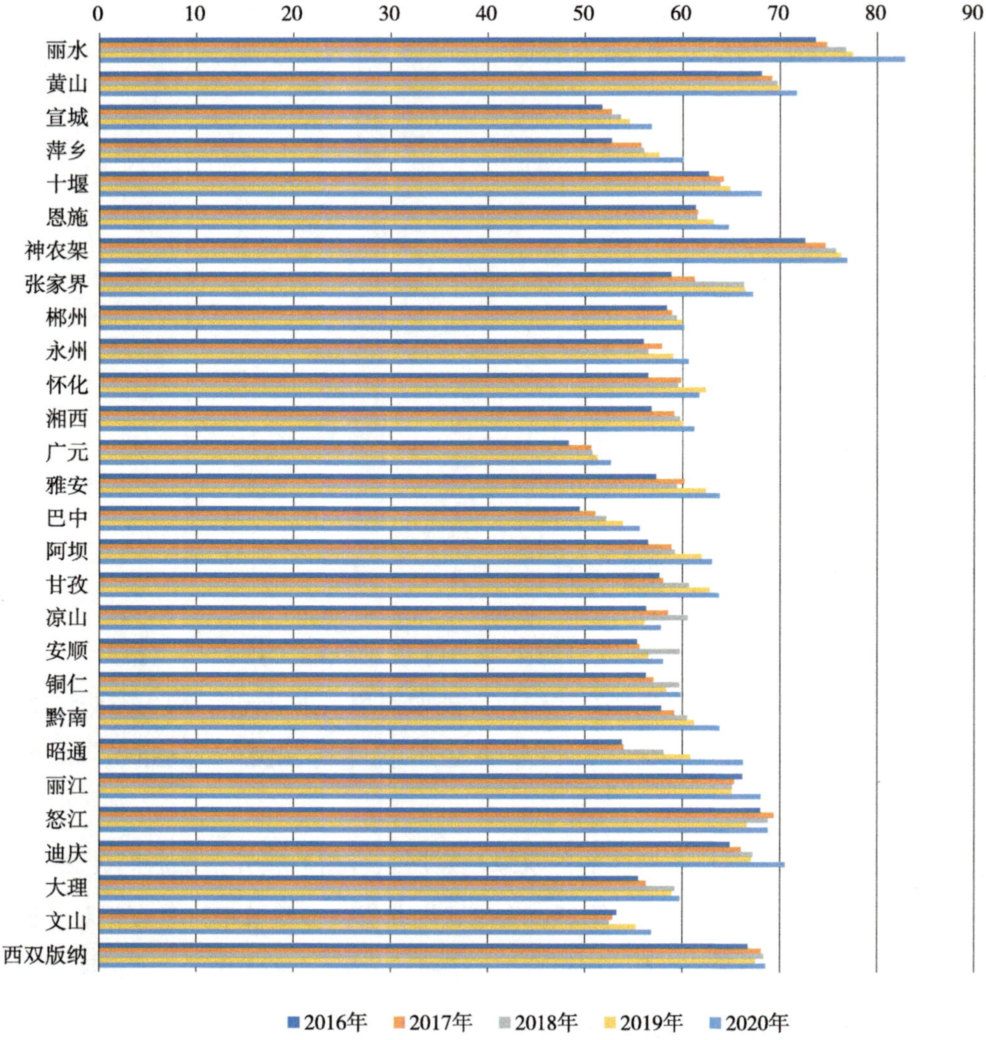

图 6-1　2016—2020 年第四类城市绿色发展综合指数

表 6-1　2016—2020 年第四类城市绿色发展综合指数及排名

城市	2016 年		2017 年		2018 年		2019 年		2020 年	
	指数	排名	指数	排名	指数	排名	指数	排名	指数	排名
丽水	73.66	1	74.86	1	76.80	1	77.53	1	82.87	1
黄山	68.13	3	69.19	4	69.74	3	69.99	3	71.72	3
宣城	51.74	26	52.68	26	53.63	25	54.52	26	56.80	26
萍乡	52.73	25	55.73	22	56.02	24	57.57	22	60.09	20
十堰	62.70	8	64.22	8	63.90	9	64.94	9	68.12	7
恩施	61.35	9	61.55	9	61.48	10	63.18	10	64.75	11
神农架	72.56	2	74.68	2	75.79	2	76.30	2	76.92	2
张家界	58.82	10	61.23	10	66.30	7	66.40	7	67.23	9
郴州	58.36	11	58.87	15	59.39	19	59.89	18	60.18	19
永州	55.96	20	57.84	19	56.45	23	58.99	19	60.63	18
怀化	56.44	16	59.77	12	59.51	17	62.39	12	61.73	16
湘西	56.79	15	59.08	14	59.69	14	60.06	17	61.23	17
广元	48.28	28	50.58	28	50.72	28	51.23	28	52.62	28
雅安	57.27	14	60.18	11	59.42	18	62.37	13	63.82	13
巴中	49.43	27	50.99	27	52.10	27	53.84	27	55.59	27
阿坝	56.44	17	58.82	16	59.17	21	61.95	14	63.04	15
甘孜	57.59	13	57.96	18	60.67	11	62.77	11	63.76	14
凉山	56.27	18	58.45	17	60.56	12	56.04	24	57.76	24
安顺	55.32	22	55.54	23	59.68	15	56.42	23	57.99	23
铜仁	56.22	19	56.95	20	59.63	16	58.30	21	59.82	21
黔南	57.79	12	59.12	13	60.50	13	61.18	15	63.84	12
昭通	53.78	23	53.89	24	58.01	22	60.84	16	66.25	10
丽江	66.16	6	65.31	7	65.12	8	65.09	8	68.07	8

续表

城市	2016年		2017年		2018年		2019年		2020年	
	指数	排名	指数	排名	指数	排名	指数	排名	指数	排名
怒江	68.01	4	69.40	3	68.77	4	66.61	6	68.77	5
迪庆	64.89	7	66.00	6	67.24	6	67.06	5	70.53	4
大理	55.45	21	56.20	21	59.19	20	58.87	20	59.72	22
文山	53.25	24	52.77	25	52.45	26	55.19	25	56.81	25
西双版纳	66.75	5	68.09	5	68.34	5	67.50	4	68.56	6

6.1.2 绿色发展多维目标协同共进，自然资产维持目标总体实现

在第四类城市绿色发展多维目标权重分配中，自然资产维持目标占据绝对权重，表明保护和修复自然资源资产是第四类城市绿色发展的优先任务。从第四类城市绿色发展综合指数增速构成来看，多数城市在自然资产维持指数有所提升或基本稳定的情况下，实现了其他多维目标的改善（图6-2）。这说明，第四类城市在维持自然资源资产完好性的同时，能够实现生态良好、生活富裕、经济发展多维目标的共赢。

从绿色发展多维目标的提升程度来看，多数城市的自然资产维持指数变化不大，总体有所提升，其中以昭通为代表的城市由于自然资产维持能力快速提高，拉动了绿色发展总体水平的大幅提升。绝大部分城市在绿色福祉提升、绿色公平实现、资源环境利用等方面均有较为明显的提升。在经济绿色增长方面，多数城市均有提高但程度不大，只有以丽水、张家界等为代表的少数城市经济绿色增长指数取得了较为明显的提升。

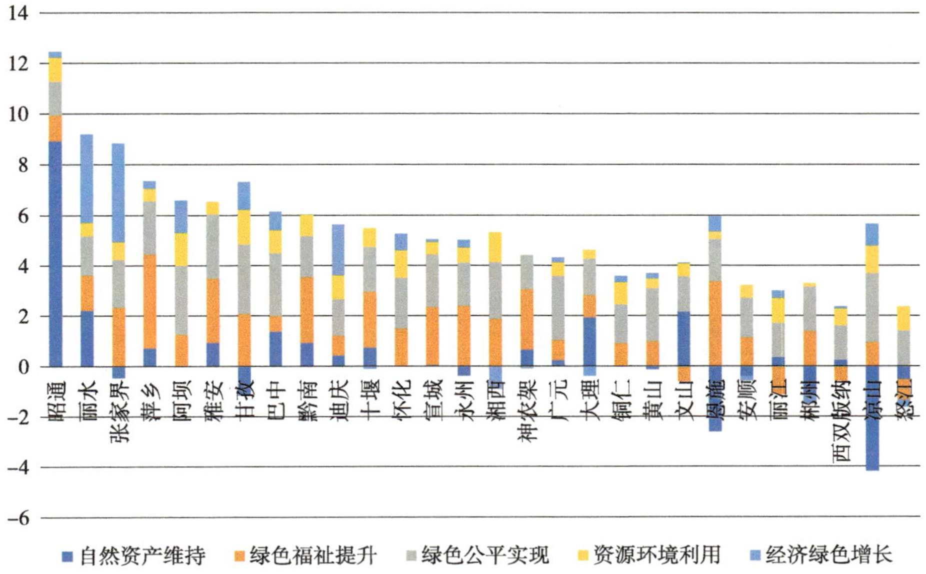

图 6-2 第四类城市绿色发展综合指数增速构成

6.2 绿色发展优先目标：自然资产维持

6.2.1 自然资产维持水平保持稳定

维持自然系统生态服务功能、保障流域生态安全是第四类城市绿色发展的最为优先和最为重要的领域。如图 6-3 所示，2016—2020 年，第四类城市自然资产维持指数变化不大，自然资产维持水平总体保持稳定，部分城市有所提升。

第四类城市中，下游丽水、黄山，中游神农架以及上游川滇森林生物多样性生态功能区覆盖的怒江、迪庆、西双版纳等市州的自然资产维持指数相对较高，自然资源禀赋及维持能力位居同类城市前列。2016 年以来，昭通自然资产维持指数位次排名上移最快，云南省内其他市州位次也有提升，而四川、湖南省内部分市州排名与 2016 年相比则有所下降。见表 6-2。

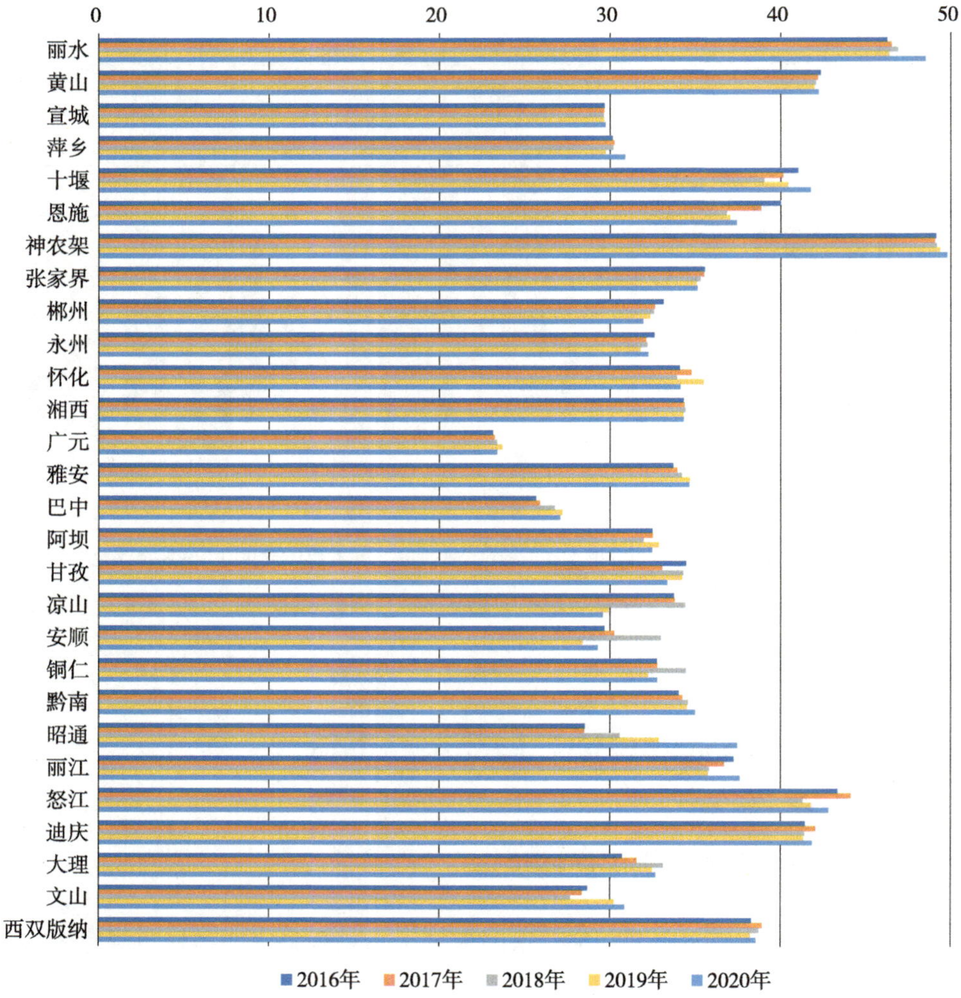

图 6-3　2016—2020 年第四类城市自然资产维持指数

表 6-2　2016—2020 年第四类城市自然资产维持指数及排名

城市	2016 年		2017 年		2018 年		2019 年		2020 年	
	指数	排名	指数	排名	指数	排名	指数	排名	指数	排名
丽水	46.27	2	46.53	2	46.91	2	46.40	2	48.50	2
黄山	42.36	4	42.22	4	42.11	3	42.03	3	42.25	4
宣城	29.68	23	29.67	24	29.64	25	29.65	25	29.75	24
萍乡	30.16	22	30.26	22	30.19	24	29.74	24	30.88	22

续表

城市	2016年		2017年		2018年		2019年		2020年	
	指数	排名	指数	排名	指数	排名	指数	排名	指数	排名
十堰	41.02	6	40.17	6	39.05	6	40.45	6	41.78	6
恩施	40.01	7	38.86	8	36.85	8	37.06	8	37.43	10
神农架	49.14	1	49.06	1	49.16	1	49.37	1	49.80	1
张家界	35.59	10	35.54	10	35.31	10	35.09	11	35.14	11
郴州	33.12	17	32.63	18	32.57	20	32.34	19	31.95	21
永州	32.61	19	32.11	20	32.20	21	31.77	21	32.24	20
怀化	34.11	13	34.80	11	33.94	17	35.52	10	34.14	15
湘西	34.34	12	34.37	12	34.44	13	34.32	14	34.33	14
广元	23.13	28	23.24	28	23.39	28	23.68	28	23.39	28
雅安	33.73	16	33.97	14	34.23	16	34.69	12	34.68	13
巴中	25.68	27	25.91	27	26.77	27	27.22	27	27.08	27
阿坝	32.49	20	32.51	19	31.97	22	32.87	16	32.48	19
甘孜	34.49	11	33.06	16	34.32	15	34.27	15	33.35	16
凉山	33.78	15	33.80	15	34.43	14	29.94	23	29.59	25
安顺	29.68	24	30.25	23	32.97	19	28.40	26	29.29	26
铜仁	32.76	18	32.77	17	34.47	12	32.25	20	32.78	17
黔南	34.06	14	34.26	13	34.61	11	34.52	13	35.01	12
昭通	28.54	26	28.50	25	30.57	23	32.86	17	37.48	9
丽江	37.27	9	36.73	9	35.83	9	35.78	9	37.64	8
怒江	43.36	3	44.15	3	41.32	5	41.85	4	42.83	3
迪庆	41.46	5	42.09	5	41.41	4	41.36	5	41.89	5
大理	30.73	21	31.56	21	33.12	18	32.47	18	32.68	18
文山	28.70	25	28.37	26	27.70	26	30.25	22	30.86	23
西双版纳	38.31	8	38.95	7	38.74	7	38.26	7	38.57	7

6.2.2 自然资源存量稳中有升，资源增量投入有待持续

从自然资产维持指数增速构成来看，虽然2016—2020年自然资源存量指数变幅总体不大，但是绝大部分城市都有所提升，没有城市出现明显下降，这表明，自然资源资产的完好性得到了较好的保护，自然资源环境保护受到了第四类城市的普遍重视。2020年自然资源增量指数与2016年相比，除少数城市能够维持增长外，多数城市保持不变或有所减少，这说明，投入自然资源修复的力度有待持续。见图6-4。

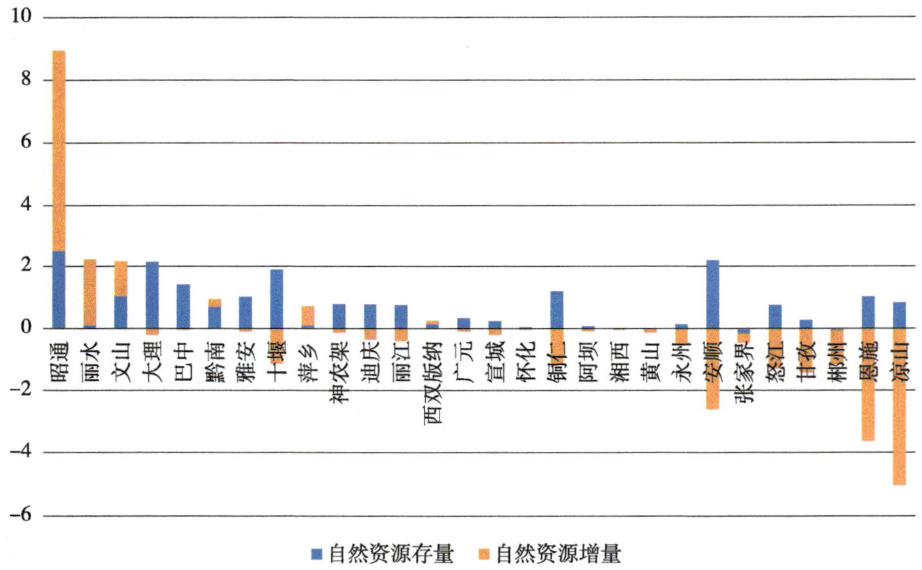

图6-4 第四类城市自然资产维持指数增速构成

6.2.2.1 自然资源资产保护取得明显成效

森林覆盖率是表征自然资源资产存量的代表性指标之一，2016—2020年绝大部分城市的该项指标得分均呈现稳定上升态势（图6-5）。28个城市的森林覆盖率平均值从2016年的61.8%提高到2020年的65.4%，上升了3.6个百分点。其中，昭通、安顺、大理等城市提升幅度最大，五年间森林覆盖率提升幅度均超过10个百分点。

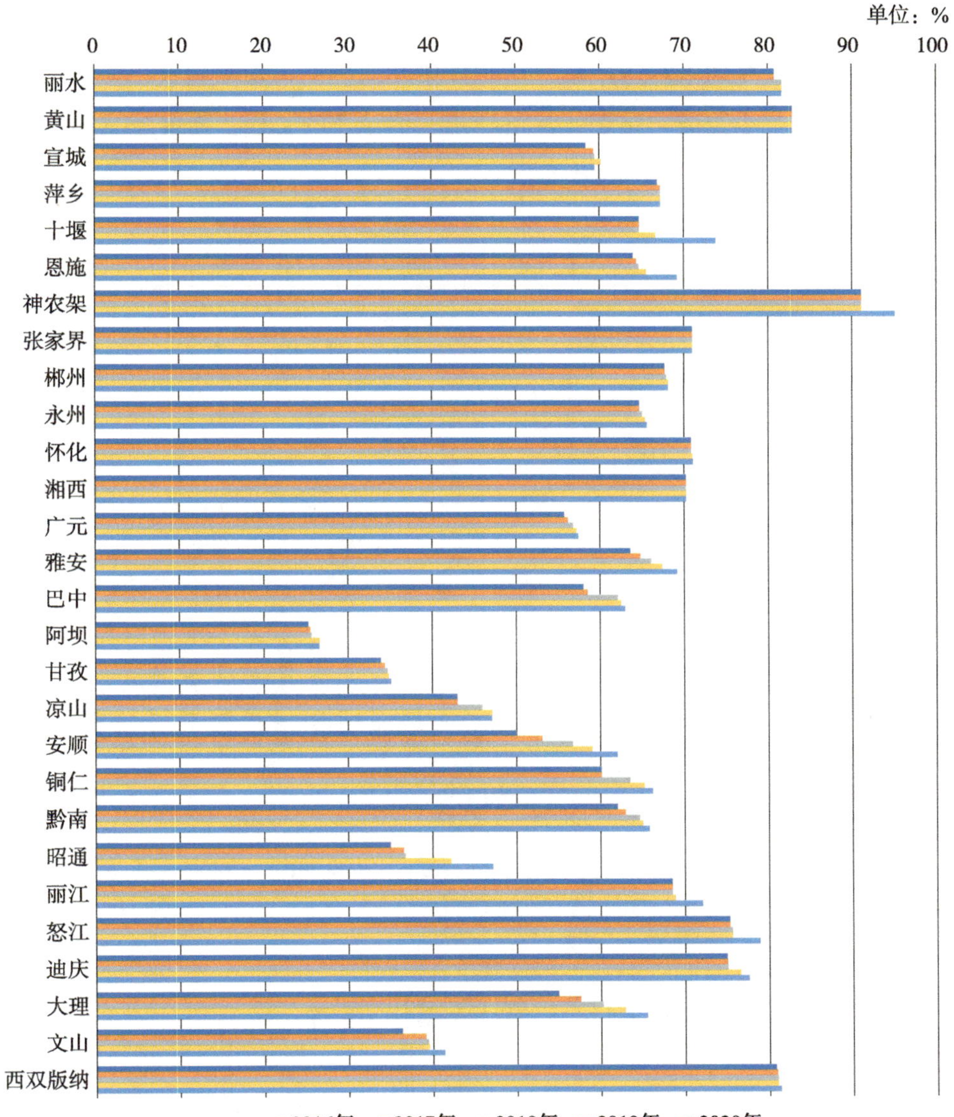

图 6-5　第四类城市森林覆盖率

6.2.2.2　自然资源修复投入力度有待持续

投入自然资源修复和治理也是第四类城市绿色发展的重要领域，2016 年以来，所有城市都在自然资产增值方面做出了努力，但是在努力程度上不同城市之间存在一定的差距。以当年人工造林面积指标为例（图 6-6），昭通近年来不断加大对林业修复建设的投入力度，通过实施重要生态系统保护和修复林草重大工程项目，五年间累计人工造林面积远超同类城市，相对而言，部分城市的修复力度呈现减小态势。生态修复治理是一项长期的工程，需要持续加大投入力度，以不断实现自然资产的增值。

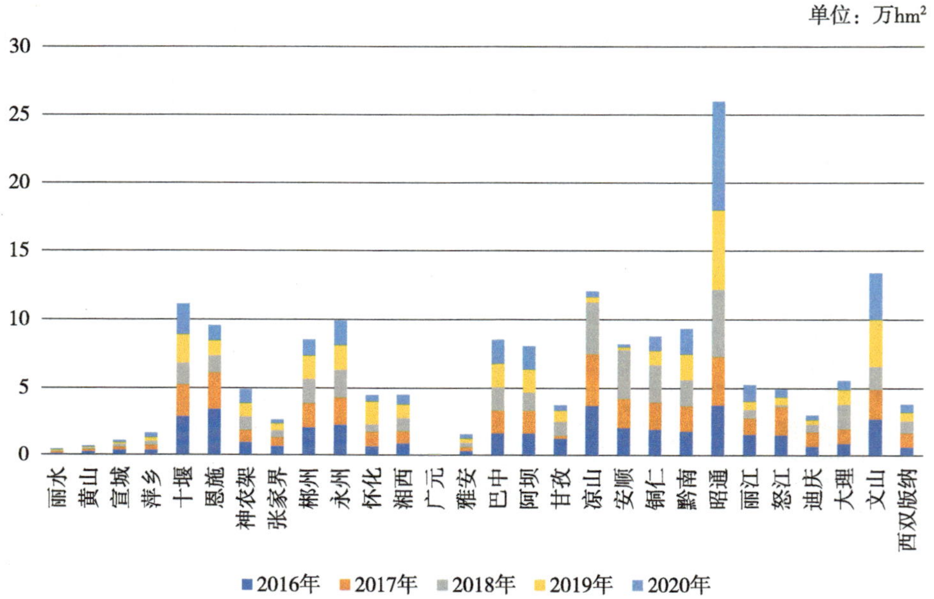

图 6-6　第四类城市当年人工造林面积

6.3　绿色发展重要目标：绿色福祉提升

6.3.1　生态环境绿色福祉持续改善

提升生态环境绿色福祉是第四类城市绿色发展的重点目标任务。2016—2020 年，大多数城市的绿色福祉指数都有提升，实现了生态环境绿色福祉的持续改善（图 6-7）。到 2020 年，除云南丽江、怒江等少数市州绿色福祉提升指数相较于 2016 年有所下降外，多数城市都实现了稳定提升，特别是长江中下游地区，有多个城市的提升幅度都超过了平均增幅。

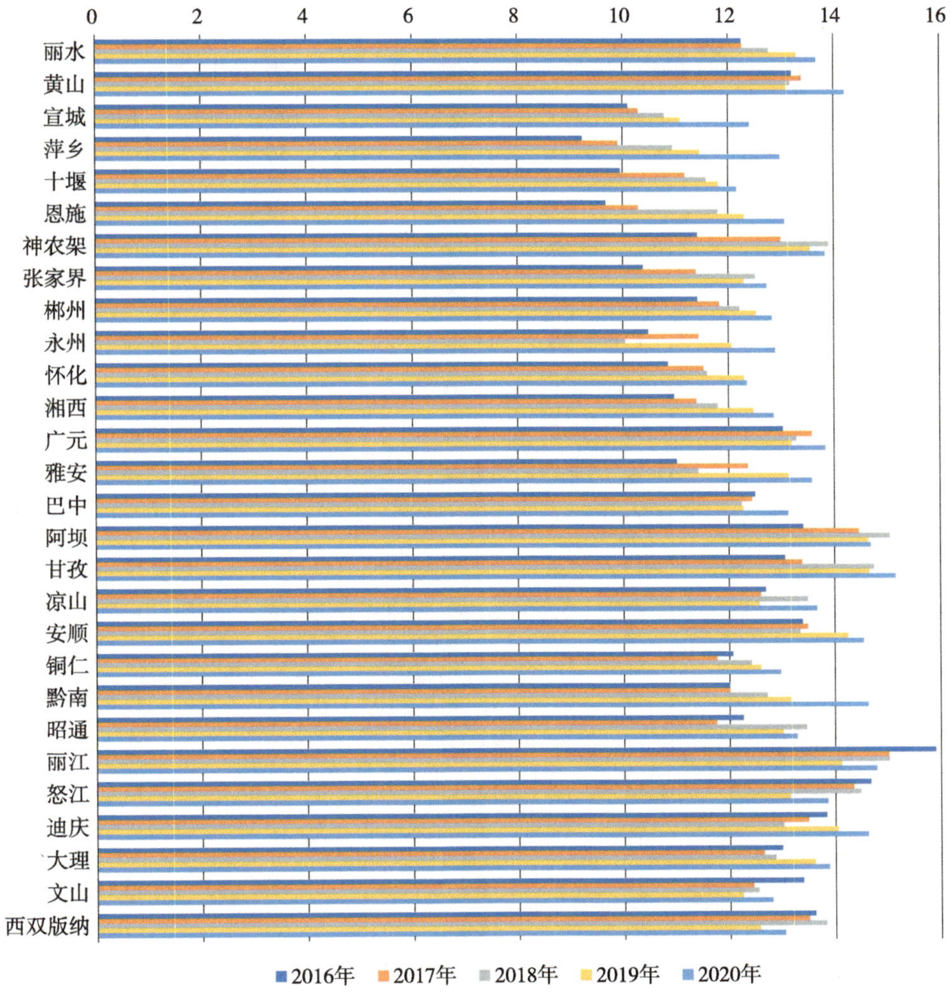

图 6-7 2016—2020 年第四类城市绿色福祉提升指数

第四类城市中，位于上游川滇森林生物多样性生态功能区、藏东南高原边缘森林生态功能区等国家重点生态功能区覆盖的云南、四川、贵州省内市州生态环境绿色福祉整体较高，指数排名位居同类城市前列。2016 年以来，地处中游国家重点生态功能区所在的湖北恩施、神农架，江西萍乡等城市的位次也有明显的提升，相对而言，云南文山、西双版纳等市州的排名位次则有一定的后移。见表 6-3。

表 6-3　2016—2020 年第四类城市绿色福祉提升指数及排名

城市	2016 年		2017 年		2018 年		2019 年		2020 年	
	指数	排名	指数	排名	指数	排名	指数	排名	指数	排名
丽水	12.25	15	12.27	16	12.77	14	13.29	8	13.67	12
黄山	13.20	8	13.38	8	13.17	11	13.10	13	14.21	7
宣城	10.10	25	10.29	27	10.79	27	11.09	28	12.40	26
萍乡	9.24	28	9.90	28	10.95	26	11.46	27	12.98	19
十堰	9.95	26	11.17	25	11.58	24	11.81	26	12.16	28
恩施	9.68	27	10.29	26	11.80	21	12.30	20	13.07	17
神农架	11.41	18	12.99	10	13.90	5	13.54	7	13.83	10
张家界	10.38	24	11.38	24	12.51	17	12.29	22	12.73	25
郴州	11.41	19	11.82	18	12.21	20	12.52	18	12.82	23
永州	10.48	23	11.43	22	10.04	28	12.06	25	12.88	21
怀化	10.85	22	11.52	21	11.60	23	12.29	21	12.35	27
湘西	10.96	21	11.39	23	11.80	22	12.47	19	12.85	22
广元	13.02	10	13.57	4	13.28	10	13.18	9	13.83	11
雅安	11.02	20	12.36	15	11.43	25	13.12	12	13.57	14
巴中	12.49	13	12.44	14	12.24	19	12.27	23	13.12	16
阿坝	13.40	5	14.45	2	15.04	1	14.63	2	14.68	3
甘孜	13.06	9	13.37	9	14.74	3	14.65	1	15.15	1
凉山	12.69	12	12.59	12	13.48	7	12.56	16	13.66	13
安顺	13.39	6	13.48	6	13.34	9	14.24	3	14.55	6
铜仁	12.06	16	11.76	19	12.42	18	12.59	15	12.97	20
黔南	12.00	17	12.00	17	12.72	15	13.16	10	14.63	4
昭通	12.26	14	11.75	20	13.45	8	13.00	14	13.27	15
丽江	15.90	1	15.01	1	15.03	2	14.11	4	14.79	2
怒江	14.67	2	14.35	3	14.48	4	13.14	11	13.85	9
迪庆	13.82	3	13.48	7	13.01	12	14.04	5	14.62	5
大理	12.99	11	12.64	11	12.86	13	13.60	6	13.87	8
文山	13.39	7	12.44	13	12.54	16	12.24	24	12.80	24
西双版纳	13.61	4	13.49	5	13.81	6	12.56	17	13.04	18

6.3.2 环境健康福祉改善明显，环境安全指数总体稳定

从绿色福祉提升指数增速构成来看，长江中下游地区指数增速较快的城市普遍在环境健康福祉方面取得了较大的改善，环境舒适指数也有明显的改善，环境安全指数得分总体变化不大，多数城市有所提升（图 6-8）。

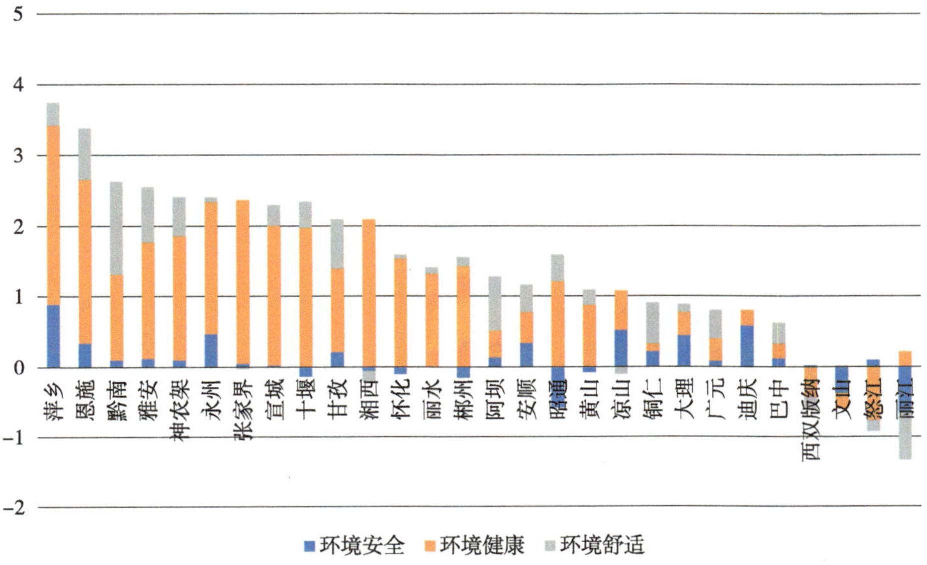

图 6-8　第四类城市绿色福祉提升指数增速构成

6.3.2.1 中下游城市环境空气健康改善明显

第四类城市相较于其他三类城市，环境空气质量本底较好，2016 年，28 个城市的 $PM_{2.5}$ 年均浓度平均值仅为 32.5 μg/m³，远好于同期其他三类城市。2016—2020 年，第四类城市继续向更高目标前进，环境空气质量进一步改善，到 2020 年，$PM_{2.5}$ 年均浓度平均值下降至 23.2 μg/m³；尤其是长江中下游安徽、江西、湖北、湖南等省内第三类城市，从普遍超标到全部达到国家环境空气质量二级标准，$PM_{2.5}$ 年均浓度平均降低近 20 μg/m³，与西部同类市州的差距大幅缩小。见图 6-9。

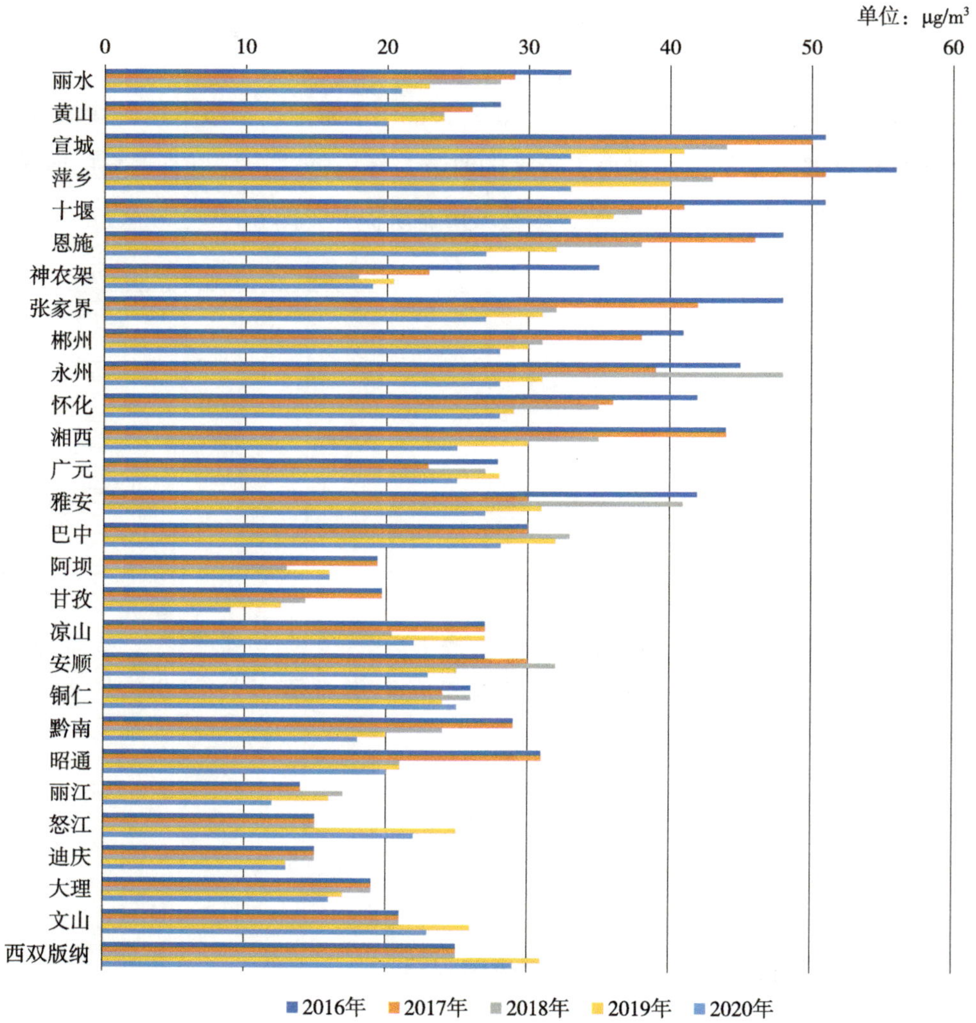

图 6-9　第四类城市 $PM_{2.5}$ 年均浓度

6.3.2.2　水源地安全指数总体稳定

第四类城市水源地安全指数相较于其他三类城市，总体也处于较好水平。2016 年，28 个城市的水源地安全指数平均值仅为 5.08，到 2020 年，进一步下降至 4.43。多数城市水源地安全状况保持稳定或进一步改善，只有少数城市有所变差，如云南丽江、昭通水源地安全指数分别从 2016 年的 1.86、3.30 上升至 2020 年的 6.15、7.10，需要引起一定的关注。见图 6-10。

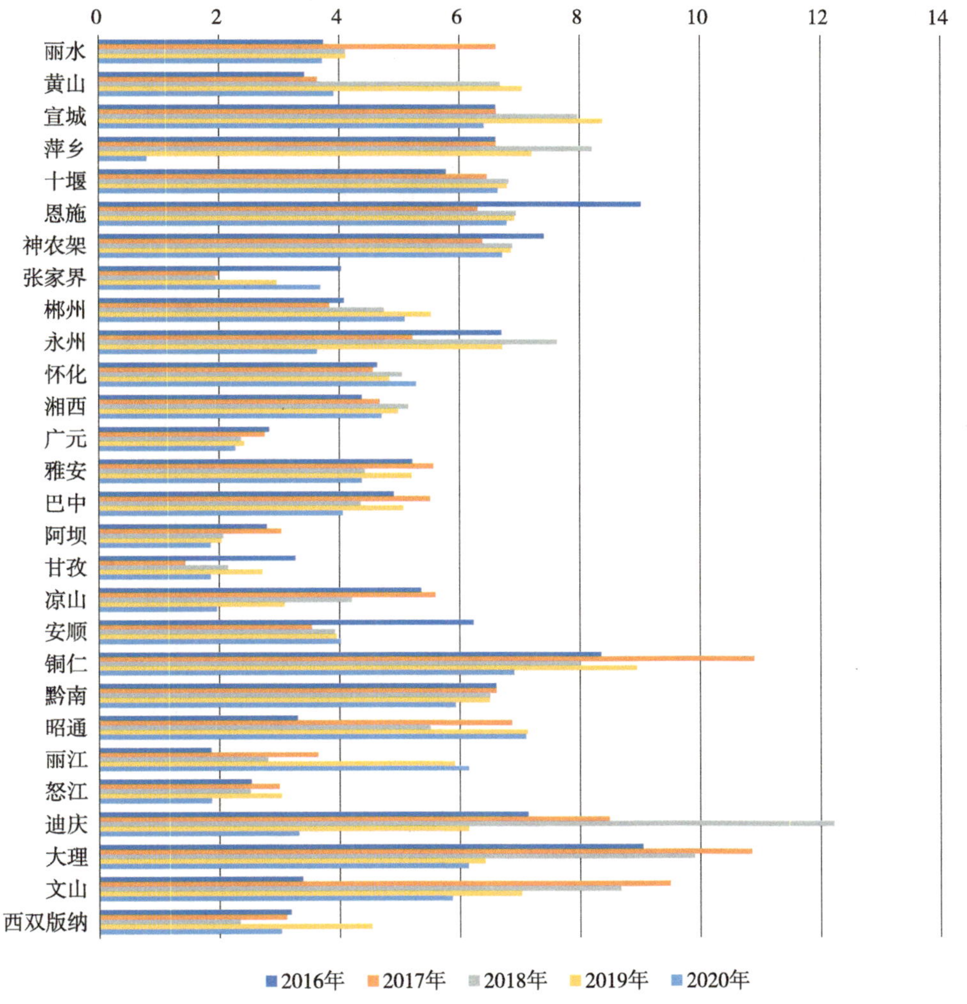

图 6-10　第四类城市水源地安全指数

6.4　绿色发展重要目标：绿色公平实现

6.4.1　绿色公平实现程度不断提升

长江经济带区域发展不均衡、城乡二元化问题在第四类城市中表现尤为突出，促进发展成果普惠共享、提高人民生活水平是这类城市绿色发展的重要目标任务。如图 6-11 所示，2016 年以来所有城市绿色公平实现指数都得到了显著提升。其中，四川省内各市州的提升幅度最大。

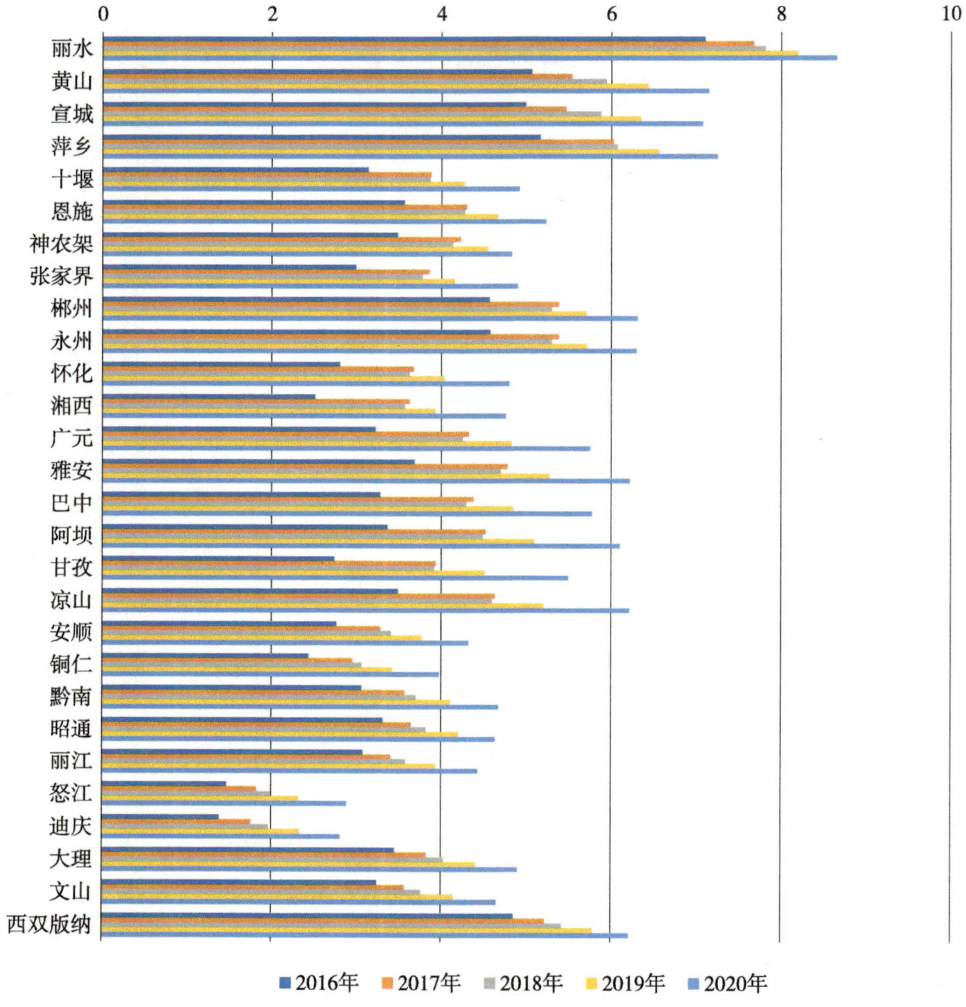

图 6-11　2016—2020 年第四类城市绿色公平实现指数

绿色公平实现指数的地区差异性依然存在，中、东部丽水、萍乡、黄山、宣城等城市的排名仍然稳居同类城市前列，位于西部贵州、云南省内市州的排名则相对落后。2016 年以来，不同地区城市间的差异性趋于缩小，28 个城市绿色公平实现指数的变异系数从 2016 年的 0.34 下降到 2020 年的 0.24。其中，位于四川省内的第四类城市排名进步最快，尤其是甘孜从2016年的第24名跃升至2020年的第13名，大大缩小了与中、东部城市的差距。见表6-4。

表6-4　2016—2020年第四类城市绿色公平实现指数及排名

城市	2016年		2017年		2018年		2019年		2020年	
	指数	排名	指数	排名	指数	排名	指数	排名	指数	排名
丽水	7.11	1	7.68	1	7.82	1	8.21	1	8.66	1
黄山	5.07	3	5.54	3	5.94	3	6.44	3	7.15	3
宣城	4.99	4	5.47	4	5.88	4	6.35	4	7.08	4
萍乡	5.16	2	6.03	2	6.07	2	6.56	2	7.26	2
十堰	3.14	18	3.88	16	3.87	17	4.28	17	4.92	15
恩施	3.57	9	4.30	13	4.28	12	4.67	13	5.24	14
神农架	3.48	11	4.23	14	4.14	14	4.55	14	4.83	18
张家界	2.99	21	3.86	17	3.78	19	4.16	19	4.90	17
郴州	4.57	7	5.39	6	5.31	6	5.71	7	6.32	5
永州	4.58	6	5.39	5	5.31	7	5.72	6	6.30	6
怀化	2.81	22	3.68	19	3.63	22	4.04	22	4.80	19
湘西	2.51	25	3.63	21	3.57	24	3.93	24	4.76	20
广元	3.22	17	4.33	12	4.26	13	4.83	12	5.76	12
雅安	3.69	8	4.78	8	4.70	8	5.28	8	6.23	7
巴中	3.28	15	4.38	11	4.30	11	4.85	11	5.78	11
阿坝	3.37	13	4.52	10	4.49	10	5.10	10	6.11	10
甘孜	2.74	24	3.94	15	3.93	16	4.52	15	5.50	13
凉山	3.49	10	4.64	9	4.60	9	5.21	9	6.22	8
安顺	2.77	23	3.29	25	3.41	25	3.78	25	4.33	25
铜仁	2.44	26	2.96	26	3.07	26	3.43	26	3.98	26
黔南	3.07	20	3.58	22	3.71	21	4.12	21	4.68	21
昭通	3.32	14	3.65	20	3.82	18	4.21	18	4.64	23
丽江	3.08	19	3.41	24	3.59	23	3.94	23	4.44	24
怒江	1.47	27	1.82	27	1.99	27	2.33	28	2.89	27
迪庆	1.39	28	1.76	28	1.97	28	2.34	27	2.82	28

续表

城市	2016年		2017年		2018年		2019年		2020年	
	指数	排名	指数	排名	指数	排名	指数	排名	指数	排名
大理	3.46	12	3.83	18	4.04	15	4.41	16	4.91	16
文山	3.25	16	3.58	23	3.76	20	4.16	20	4.66	22
西双版纳	4.86	5	5.23	7	5.43	5	5.79	5	6.22	9

6.4.2 生活水平总体改善，地区差距仍然明显

从绿色公平实现指数增速构成来看，2016—2020年，所有城市在收入分配公平和资源环境服务获得公平方面均有提升（图6-12），绿色公平实现指数升幅较大的市州在上述两个方面普遍都得到了较为明显的改善。

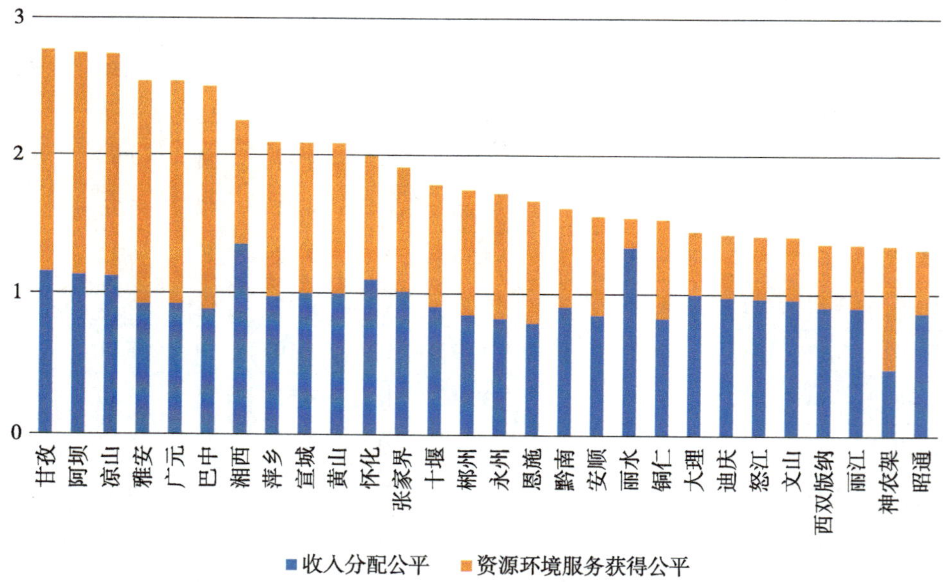

图6-12 第四类城市绿色公平实现指数增速构成

6.4.2.1 人民生活水平总体改善

相较于其他三类城市，第四类城市城乡收入差距更为明显，居民收入水平

更低。2016 年，28 个城市的城乡收入比平均值为 2.77，农村居民人均可支配收入平均值为 9 820 元，明显不及第一、第二类城市，也差于第三类城市。2016 年以来，第四类城市城乡差距不断减小，收入水平不断提高，到 2020 年，城乡收入比和农村居民人均可支配收入均值分别减小和增加至 2.58 和 14 045 元，人民生活水平总体得到改善。见图 6-13～图 6-14。

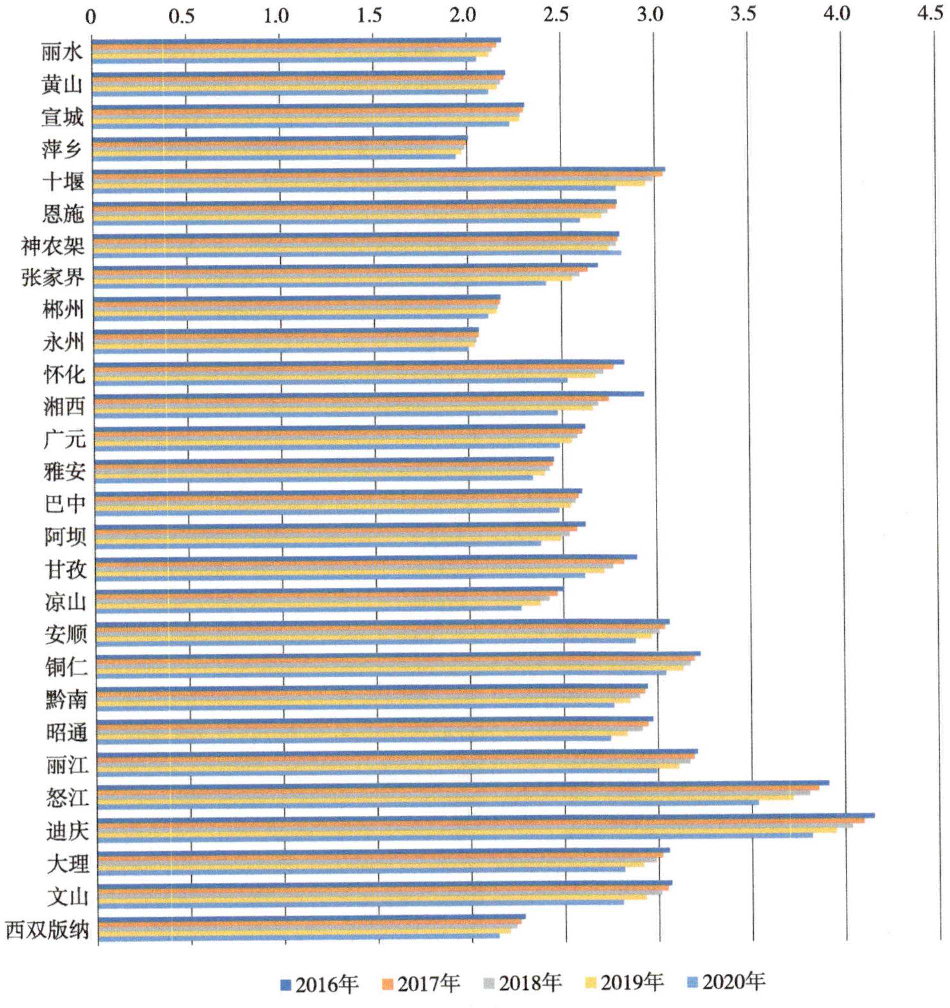

图 6-13　第四类城市城乡收入比

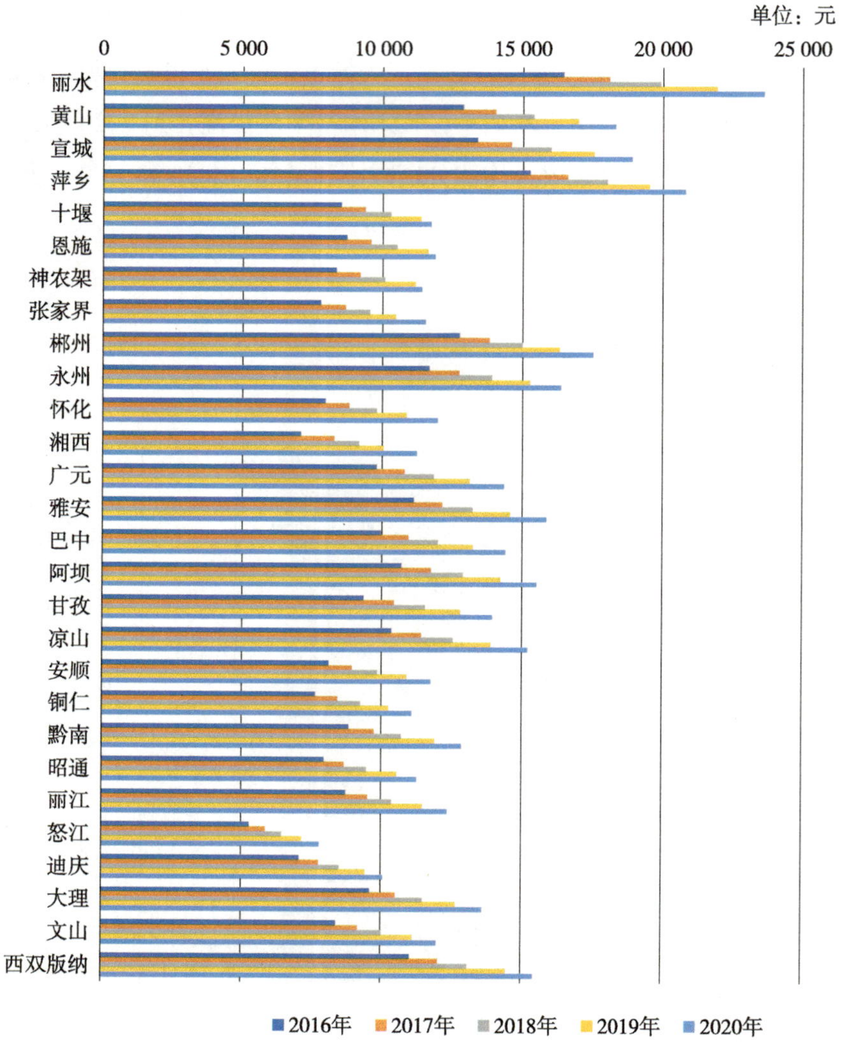

图 6-14　第四类城市农村居民可支配收入

6.4.2.2　地区之间差距仍然明显

虽然第四类城市人民生活水平总体改善，但是东、中、西部地区之间的差距仍然明显。2020 年，东、中、西部第四类城市的城乡收入比均值分别为 2.13、2.41、2.76，农村居民人均可支配收入均值分别为 20 292 元、13 840 元、12 989 元，其中收入水平最高的丽水达到 23 637 元，收入水平最低的怒江仅有 7 810 元。

资源环境服务获得公平的地区差异性也非常明显，以燃气普及率指标为例，东部地区远高于中、西部地区，尤其是西部贵州省、云南省与其他省市的差距更为明显（图 6-15）。

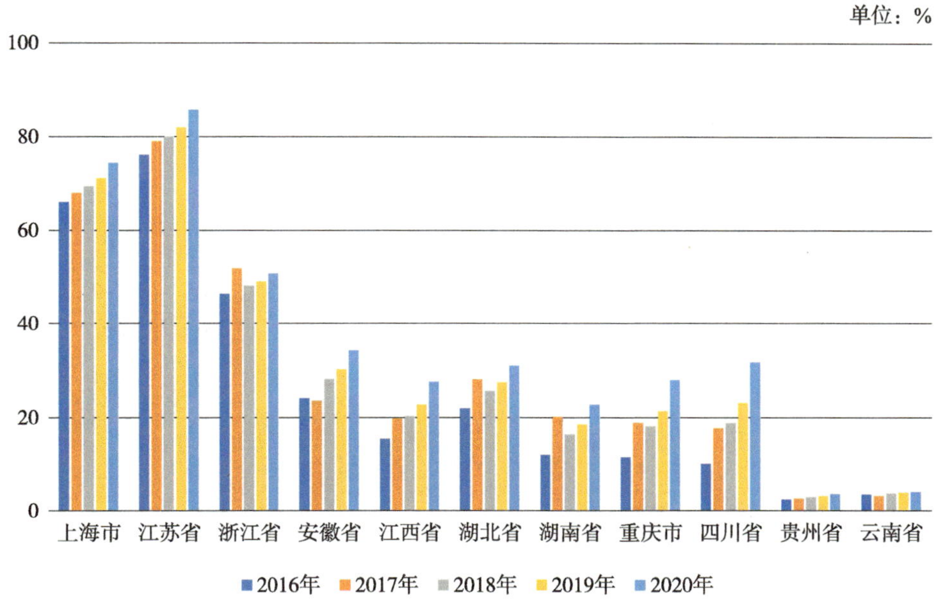

图 6-15 各省市燃气普及率

6.5 绿色发展目标：资源环境利用和经济绿色增长

6.5.1 资源环境利用水平不断提高

2016—2020 年，第四类城市资源环境利用指数稳步提升。尤其是以湖南湘西、四川阿坝、甘孜等市州为代表的多个中、西部城市提升明显，在环境污染控制和资源高效循环利用等方面加快补齐短板，资源环境利用指数排名位次取得积极进步。见表 6-5。

表 6-5　2016—2020 年第四类城市资源环境利用指数及排名

城市	2016 年		2017 年		2018 年		2019 年		2020 年	
	指数	排名	指数	排名	指数	排名	指数	排名	指数	排名
丽水	6.29	4	6.40	10	6.63	10	6.85	8	6.83	10
黄山	5.45	21	5.84	23	5.86	23	6.01	21	5.85	24
宣城	5.22	25	5.48	25	5.50	25	5.55	26	5.72	26
萍乡	5.71	16	6.00	17	5.95	21	6.15	19	6.21	19
十堰	6.15	7	6.41	9	6.69	8	5.81	24	6.89	9
恩施	6.14	8	6.14	14	6.26	14	6.38	14	6.45	16
神农架	6.61	3	6.50	6	6.58	11	6.51	11	6.58	14
张家界	6.29	5	6.75	3	6.98	3	7.08	2	7.01	7
郴州	5.97	12	6.12	15	6.10	16	6.15	18	6.12	21
永州	6.12	9	6.47	8	6.31	12	6.77	10	6.71	11
怀化	5.81	14	6.48	7	6.69	9	6.78	9	6.91	8
湘西	5.39	24	5.99	18	6.07	17	6.38	15	6.59	13
广元	6.73	1	7.13	1	7.21	1	7.11	1	7.28	2
雅安	6.71	2	6.89	2	6.79	6	7.01	5	7.22	4
巴中	6.20	6	6.52	5	6.83	5	7.03	4	7.11	5
阿坝	5.93	13	6.20	12	6.86	4	7.00	6	7.24	3
甘孜	6.00	10	6.28	11	6.75	7	6.94	7	7.38	1
凉山	5.99	11	6.53	4	7.02	2	7.07	3	7.10	6
安顺	5.09	26	5.10	27	5.26	28	5.32	28	5.59	28
铜仁	4.86	27	5.24	26	5.44	27	5.61	25	5.76	25
黔南	4.84	28	5.03	28	5.48	26	5.45	27	5.69	27
昭通	5.70	17	6.07	16	6.26	15	6.39	13	6.66	12
丽江	5.59	18	5.77	24	6.27	13	6.38	16	6.58	15
怒江	5.40	23	5.90	22	6.01	19	6.28	17	6.36	18
迪庆	5.42	22	5.97	19	6.04	18	6.46	12	6.40	17
大理	5.76	15	6.18	13	5.80	24	6.09	20	6.11	22
文山	5.52	19	5.92	20	5.95	20	5.94	23	6.05	23
西双版纳	5.48	20	5.91	21	5.86	22	5.99	22	6.16	20

6.5.2 经济绿色增长路径有待拓展

2016—2020 年，多数城市经济绿色增长指数实现提升，但是总体提升速度缓慢，经济绿色增长路径有待探索。如表 6-6 所示，第四类城市中，浙江丽水经济绿色增长指数提升和排名进步最为明显，从 2016 年排名靠后到 2020 年排名第 2，在经济绿色增长政策、经济结构优化调整、经济增长创新驱动等方面的提升均领跑同类城市，成为第四类城市实现经济效益转化的标杆。

表 6-6 2016—2020 年第四类城市经济绿色增长指数及排名

城市	2016 年		2017 年		2018 年		2019 年		2020 年	
	指数	排名	指数	排名	指数	排名	指数	排名	指数	排名
丽水	1.74	24	1.97	21	2.67	16	2.78	14	5.22	2
黄山	2.04	20	2.21	18	2.66	17	2.41	21	2.25	23
宣城	1.74	25	1.77	24	1.82	25	1.88	27	1.84	27
萍乡	2.47	14	3.54	8	2.87	14	3.66	9	2.76	13
十堰	2.44	15	2.59	14	2.70	15	2.60	18	2.36	22
恩施	1.95	21	1.95	22	2.29	21	2.76	15	2.56	15
神农架	1.91	22	1.90	23	2.02	23	2.33	24	1.87	26
张家界	3.56	8	3.70	6	7.72	1	7.77	1	7.45	1
郴州	3.29	9	2.91	12	3.20	13	3.17	10	2.97	11
永州	2.18	17	2.44	16	2.59	18	2.68	16	2.49	18
怀化	2.87	11	3.30	10	3.65	11	3.76	8	3.52	10
湘西	3.59	7	3.70	7	3.81	10	2.96	12	2.70	14
广元	2.17	18	2.31	17	2.59	19	2.44	20	2.37	21
雅安	2.14	19	2.18	19	2.27	22	2.26	26	2.13	25
巴中	1.77	23	1.73	25	1.97	24	2.47	19	2.50	17
阿坝	1.25	27	1.15	27	0.81	28	2.35	23	2.53	16
甘孜	1.30	26	1.31	26	0.94	27	2.40	22	2.38	20
凉山	0.32	28	0.89	28	1.02	26	1.25	28	1.18	28
安顺	4.40	2	3.42	9	4.70	4	4.68	4	4.24	7

续表

城市	2016年		2017年		2018年		2019年		2020年	
	指数	排名	指数	排名	指数	排名	指数	排名	指数	排名
铜仁	4.10	4	4.23	4	4.23	7	4.42	5	4.33	6
黔南	3.82	6	4.25	3	3.99	8	3.93	7	3.83	9
昭通	3.97	5	3.92	5	3.91	9	4.38	6	4.20	8
丽江	4.32	3	4.41	2	4.41	6	4.88	3	4.63	4
怒江	3.11	10	3.18	11	4.97	2	3.01	11	2.84	12
迪庆	2.80	12	2.71	13	4.81	3	2.86	13	4.81	3
大理	2.52	13	2.00	20	3.37	12	2.29	25	2.16	24
文山	2.40	16	2.47	15	2.50	20	2.61	17	2.43	19
西双版纳	4.50	1	4.52	1	4.50	5	4.91	2	4.58	5

7

长江经济带城市绿色发展策略

CHANGJIANG JINGJIDAI CHENGSHI LÜSE FAZHAN CELUE

7.1 长江经济带城市绿色发展特征与挑战

7.1.1 绿色发展的动态特征

7.1.1.1 绿色发展水平全面提高，经济与环境协同共进

2016—2020年，长江经济带城市绿色发展评价结果显示，2016年以来，130个城市（自治州）的绿色发展综合指数均有明显提升，绿色发展取得积极进展。这说明，绿色发展这一国家发展战略在长江经济带全面贯彻实施，绿色发展已经在城市层面落地生根发芽，并转化为地方政府的实际行动。其中，第一类城市中位于长三角的嘉兴、杭州、苏州，第二类城市中地处长江上游的宜宾、眉山、成都、重庆，第三类城市中位于四川盆地的南充、泸州、内江，以及第四类城市中地处国家重点生态功能区的昭通、丽水、张家界等城市，其绿色发展指数在同类型城市中增幅最大，绿色发展水平提升相对较快。

绝大部分城市绿色发展多维目标协同共进，经济绿色增长、资源环境利用、绿色公平实现、自然资产维持、绿色福祉提升指数得到同步提高，实现了更高质量、更有效率、更加公平、更可持续、更为安全的发展。经济发展与环境保护没有出现相互替代，尤其是大部分经济欠发达的第三、第四类城市摒弃了传

统的以生态环境换取经济发展的老路，践行了“既要绿水青山，又要金山银山，宁要绿水青山，不要金山银山”的绿色发展理念。整体来看，长江经济带城市绿色发展进入了经济发展与环境保护相对脱钩的发展阶段。

7.1.1.2 生态环境质量明显改善，健康安全福祉显著提升

良好的生态环境是最普惠的民生福祉，改善生态环境质量、提升环境绿色福祉几乎已经成为所有城市推动绿色发展的共同选择。2016 年以来，长江经济带沿线城市生态环境持续向好，尤其是多个环境制约曾经明显的城市，环境质量得到明显改善，环境健康和安全福祉指数提升显著，成为提高绿色发展综合实力的重要贡献来源。

2016—2020 年，长江经济带 130 个城市水源地安全指数平均值从 7.32 下降到 6.07，降低了 17%；水源地水质达到优、良类别的城市范围进一步扩大，分别从 2016 年的 21 个、67 个增加至 2020 年的 29 个、86 个；较差、差类别的城市范围则进一步缩小，分别从 2016 年的 5 个、2 个减少至 2020 年的 2 个、1 个（图 7-1）。细颗粒物年均浓度平均值从 2016 年的 44.3 $\mu g/m^3$ 下降到 2020 年的 31.0 $\mu g/m^3$，降幅达 30%；达到国家环境空气质量二级标准的城市个数从 2016 年的 33 个增加至 2020 年的 89 个，达标城市占比从约 1/4 扩大到 2/3 以上（图 7-2）。

7.1.1.3 资源环境效率持续提升，碳生产率明显提高

资源环境利用评价指标显示，2016 年以来长江经济带沿线城市资源环境利用效率全面提高，资源高效循环利用和环境污染有效控制水平显著提升。这表明，各类城市都把改善资源环境效率作为推动绿色发展的重要抓手，实现了以更少的资源环境投入获得更多的经济产出。如图 7-3 所示，130 个城市水资源生产率平均值从 2016 年的 1.6 万元 /m^3 提高到 2020 年的 2.4 万元 /m^3，提升幅度达 48.3%，其中，苏州、无锡、衢州、滁州等城市 2020 年的水资源生产率比 2016 年翻了一番以上。有统计数据的 112 个城市单位工业增加值大气污染物排放量平均值从 2016 年的 71.6 t/ 亿元降低到 2020 年的 28.1 t/ 亿元，下降幅度达 60.8%（图 7-4）。

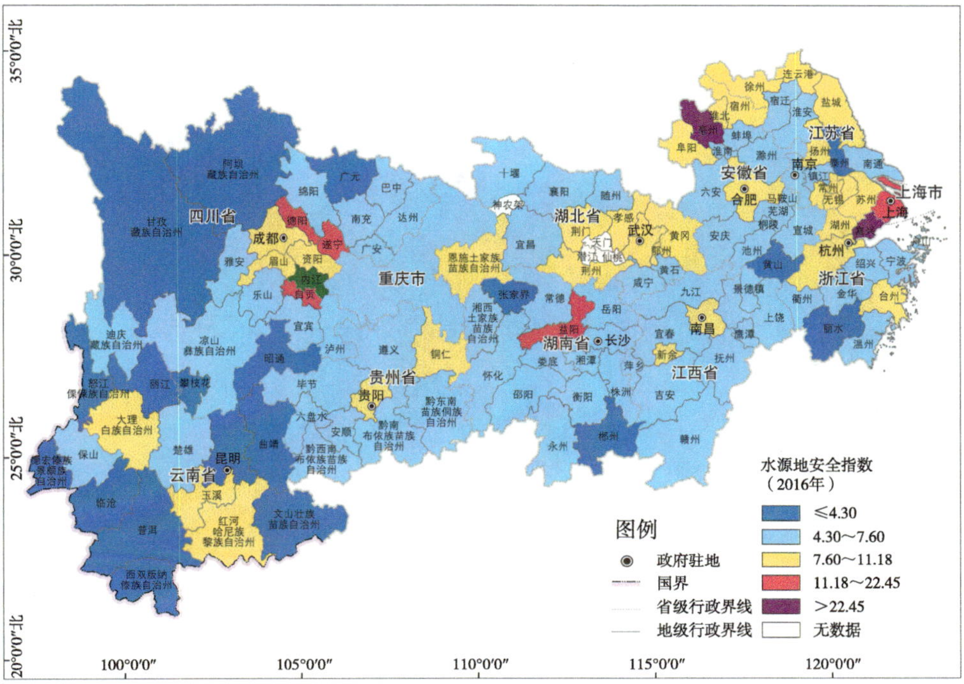

（a）2016年

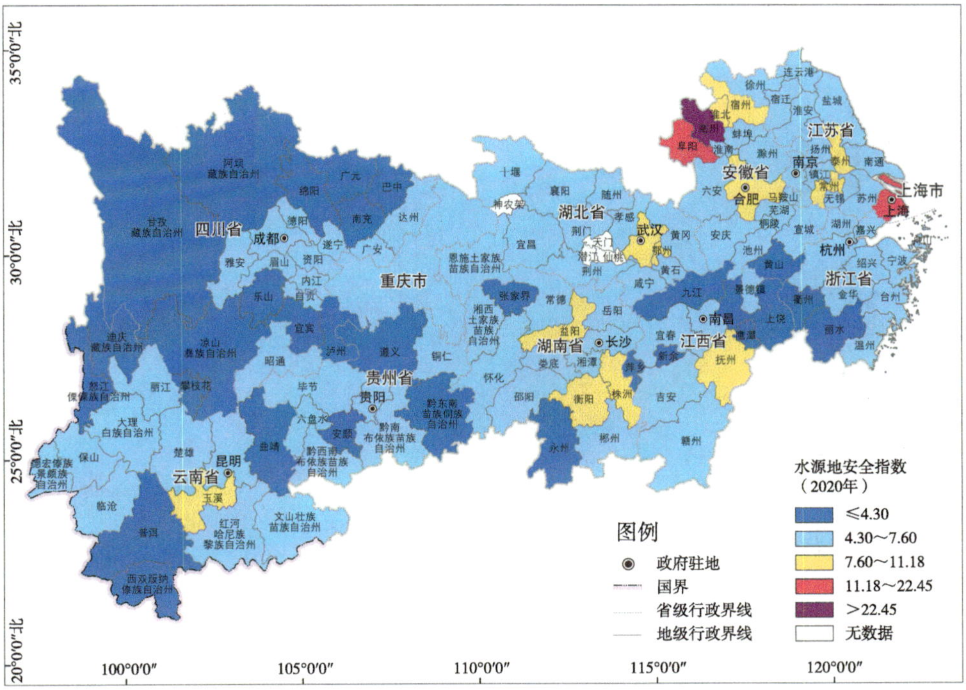

（b）2020年

图 7-1　2016 年、2020 年水源地安全指数

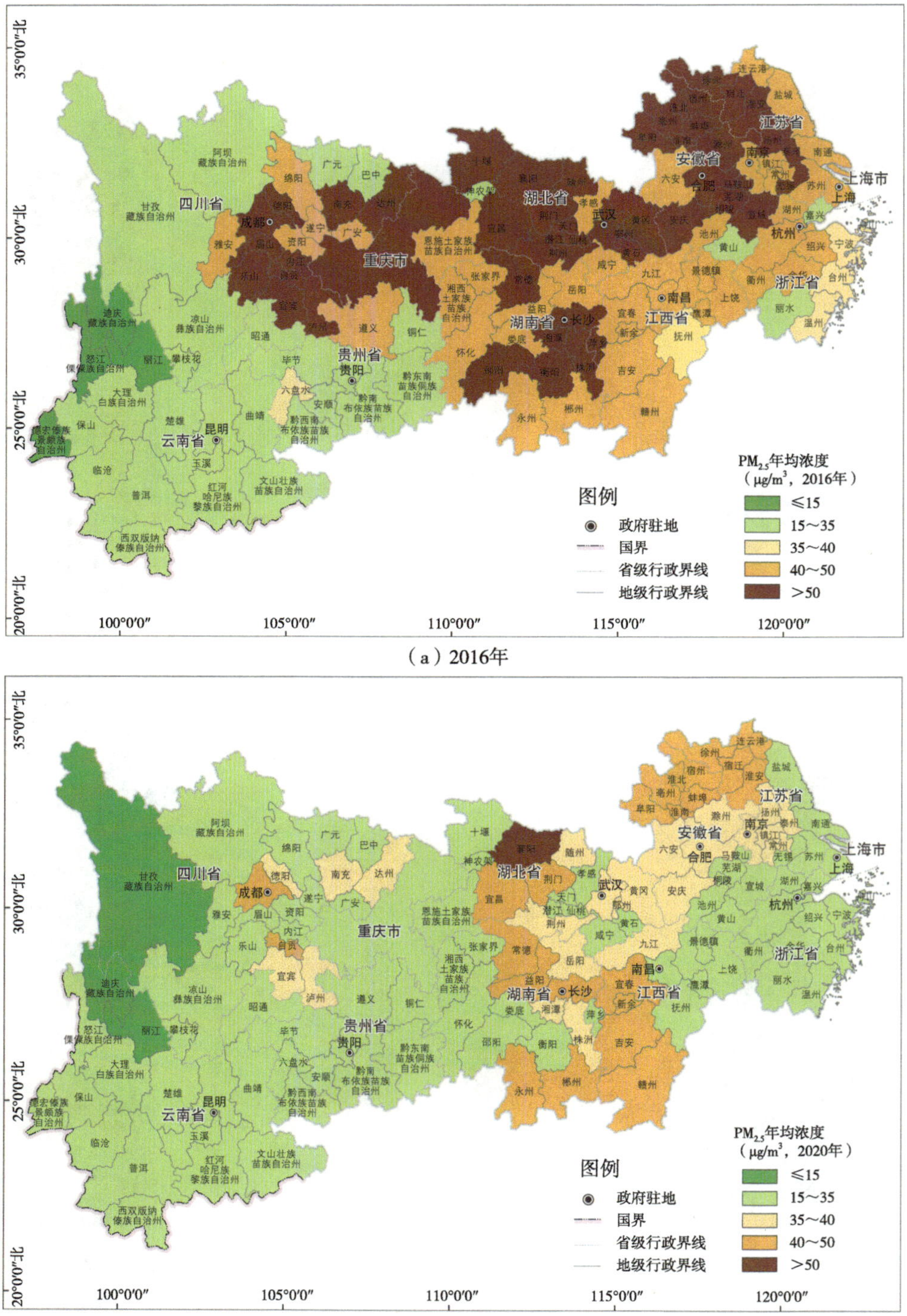

（a）2016年

（b）2020年

图 7-2　2016 年、2020 年 $PM_{2.5}$ 年均浓度

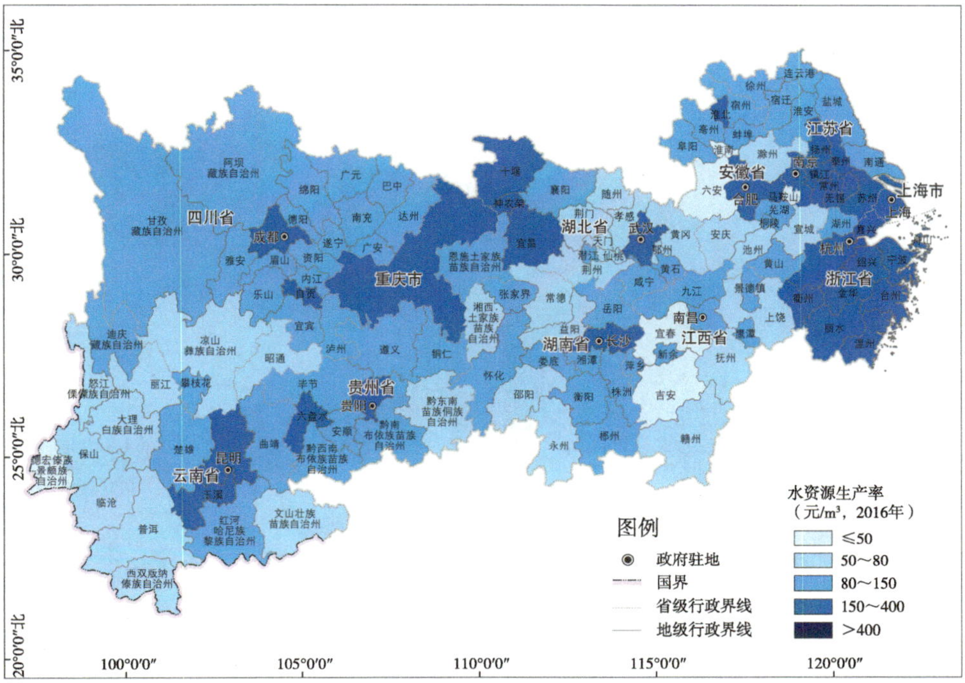

（a）2016年

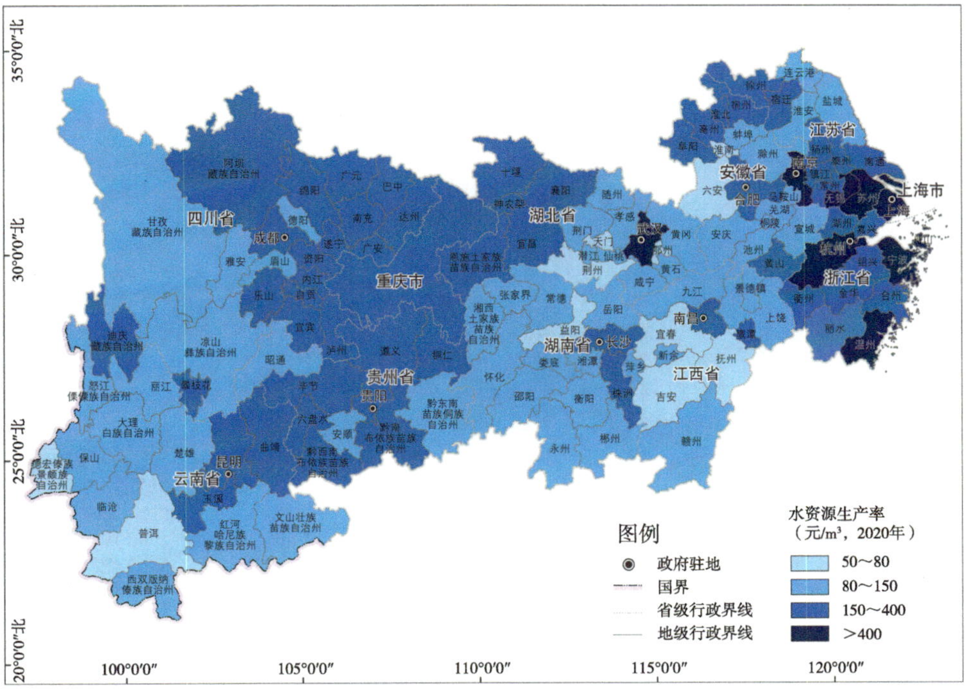

（b）2020年

图 7-3　2016 年、2020 年水资源生产率

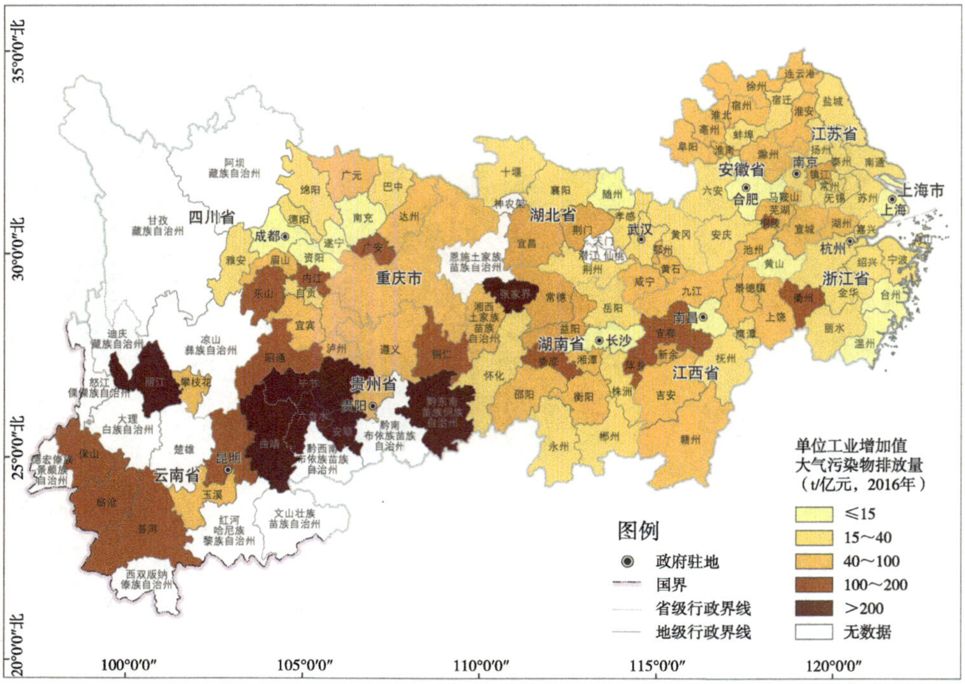

（a）2016年

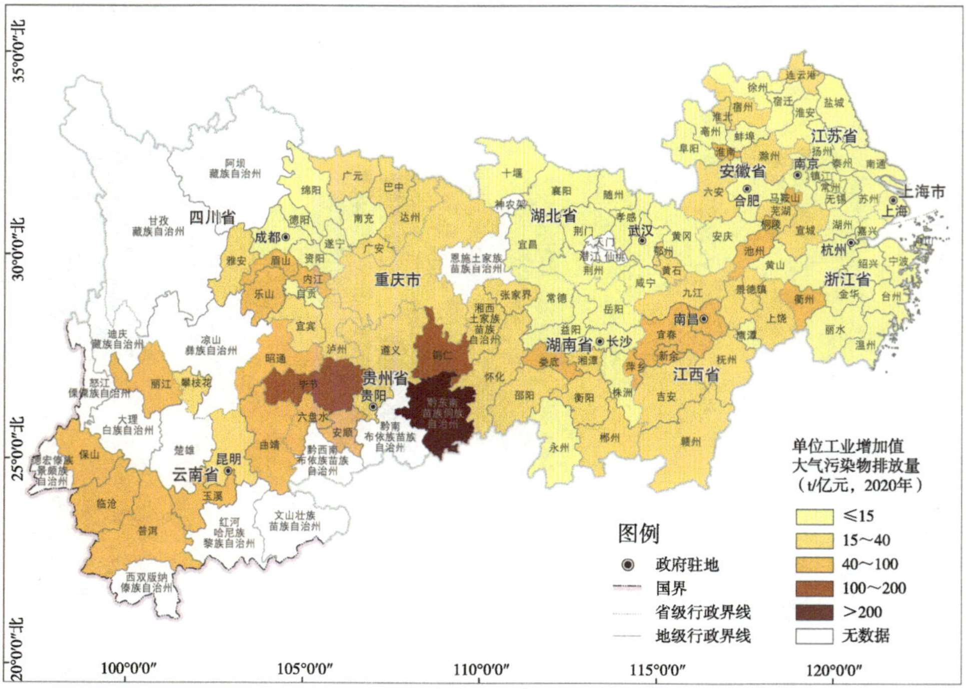

（b）2020年

图 7-4　2016 年、2020 年单位工业增加值大气污染物排放量

与此同时，沿线城市着力提高能源投入产出效率，单位产出能源消耗和碳排放持续降低，经济发展的绿色低碳转型更趋明显，碳排放的源头控制更加有效。2016—2020 年，130 个城市碳生产率平均值从 2016 年的 0.79 万元 /t 提高到 2020 年的 1.04 万元 /t，提升幅度达 31.7%（图 7-5）。

7.1.1.4 人民生活水平持续改善，环境公共服务短板加快补齐

共抓大保护以来，长江经济带沿线城市人民生活水平显著提高，实现了在发展中保护、在保护中发展。2016—2020 年，130 个城市农村居民人均可支配收入平均值从 2016 年的 13 764 元提高到 2020 年的 19 195 元，提升幅度达 39.5%；农村居民人均可支配收入达到 25 000 元和 15 000 元以上的城市分别从 2016 年的 10 个和 26 个增加至 2020 年的 20 个和 73 个；到 2020 年，除中、西部地区部分第三、第四类城市之外，绝大多数城市农村居民人均可支配收入都在 12 000 元以上（图 7-6）。

沿线城市加快补齐环境基础设施短板，资源环境公共服务获得能力得到明显改善，推动绿色发展水平不断提高。2016—2020 年，130 个城市污水处理率平均值从 2016 年的 86.7% 提高到 2020 年的 95.0%。到 2020 年，长江经济带超过 93% 的城市污水处理率达到 90% 以上，超过 73% 的城市污水处理率能够达到 95% 以上（图 7-7）。

7.1.2 绿色发展面临的挑战

7.1.2.1 经济发展的传统路径依赖严重，生态环境由量变到质变面临挑战

虽然长江经济带经济发展质量持续提升，经济结构整体呈现优化态势，但是经济发展的传统路径依赖依然严重，产业结构“偏重”“偏化”的状况并没有得到根本性转变。传统的高耗能、高污染产业规模仍然很大并持续扩张，部分重工业产能新增势头犹存，向中上游地区转移态势明显。2016—2020 年评价结果显示，多个第一、第二类城市六大高耗能行业规上工业增加值占比不降反升；到 2020 年，连云港、舟山、马鞍山、铜陵、攀枝花、乐山、昆明等多个城市六大高耗能行业占比都高达 50% 以上。2021 年中央环保督察指出，安徽、湖北等一些地方仍存在“两高”项目盲目上马的问题。

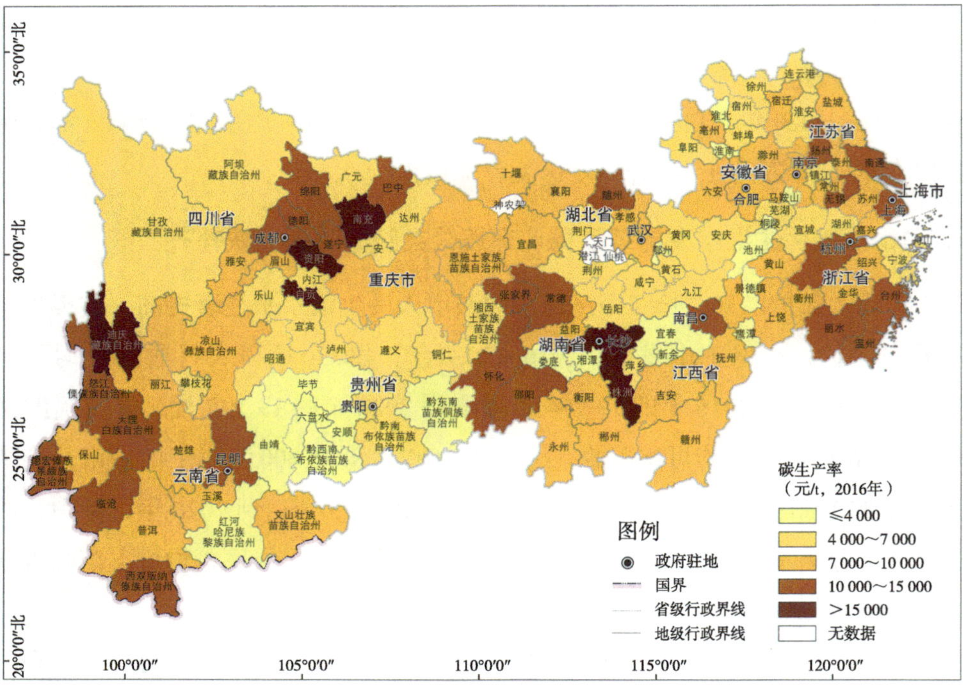

（a）2016年

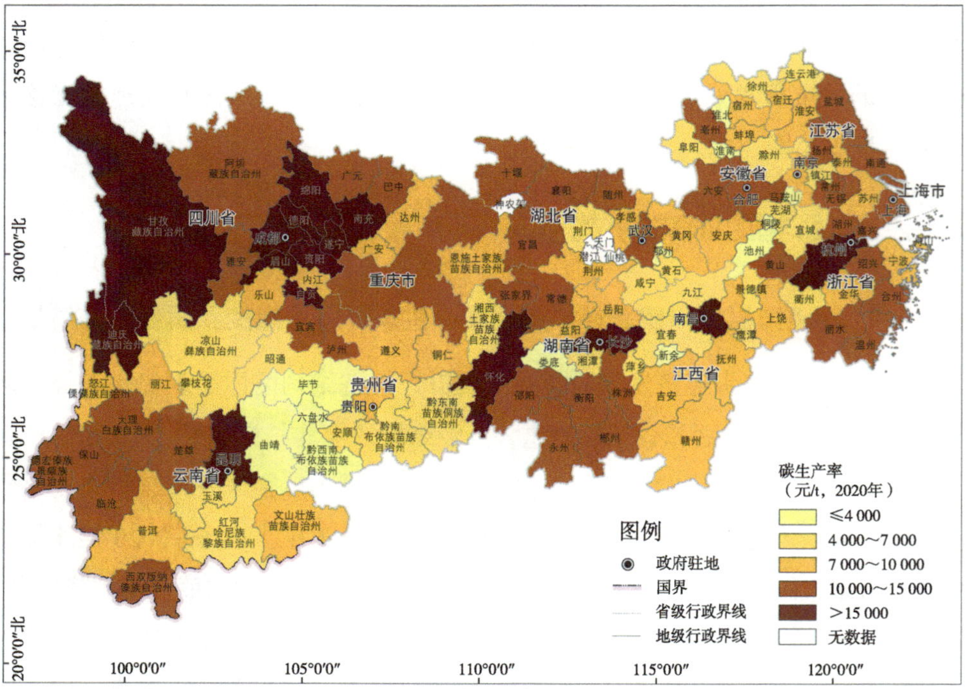

（b）2020年

图 7-5 2016 年、2020 年碳生产率

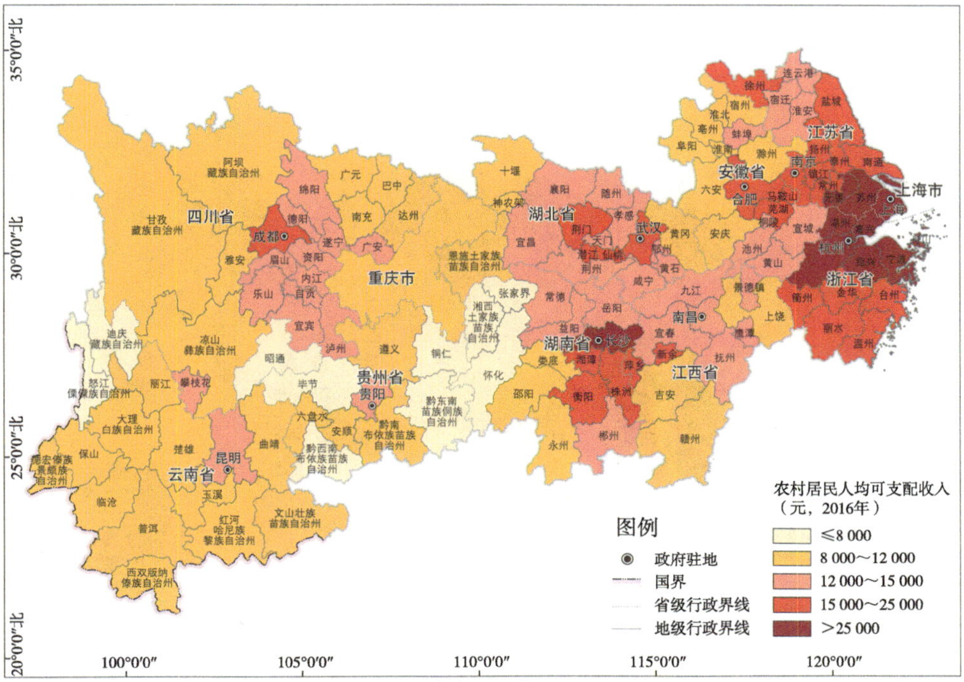

（a）2016年

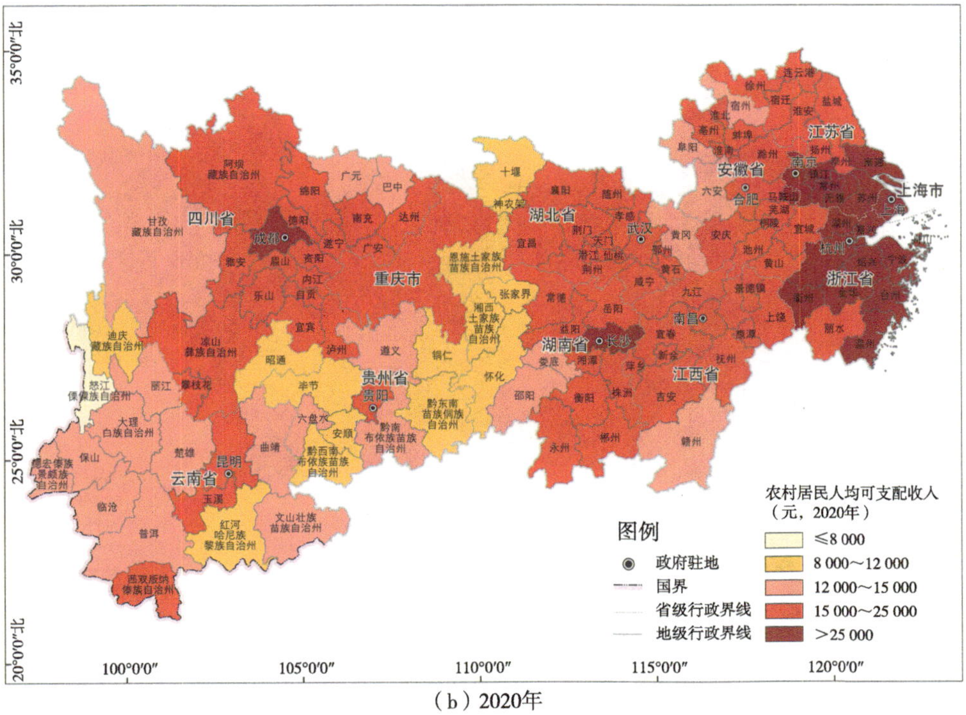

（b）2020年

图 7-6　2016 年、2020 年农村居民人均可支配收入

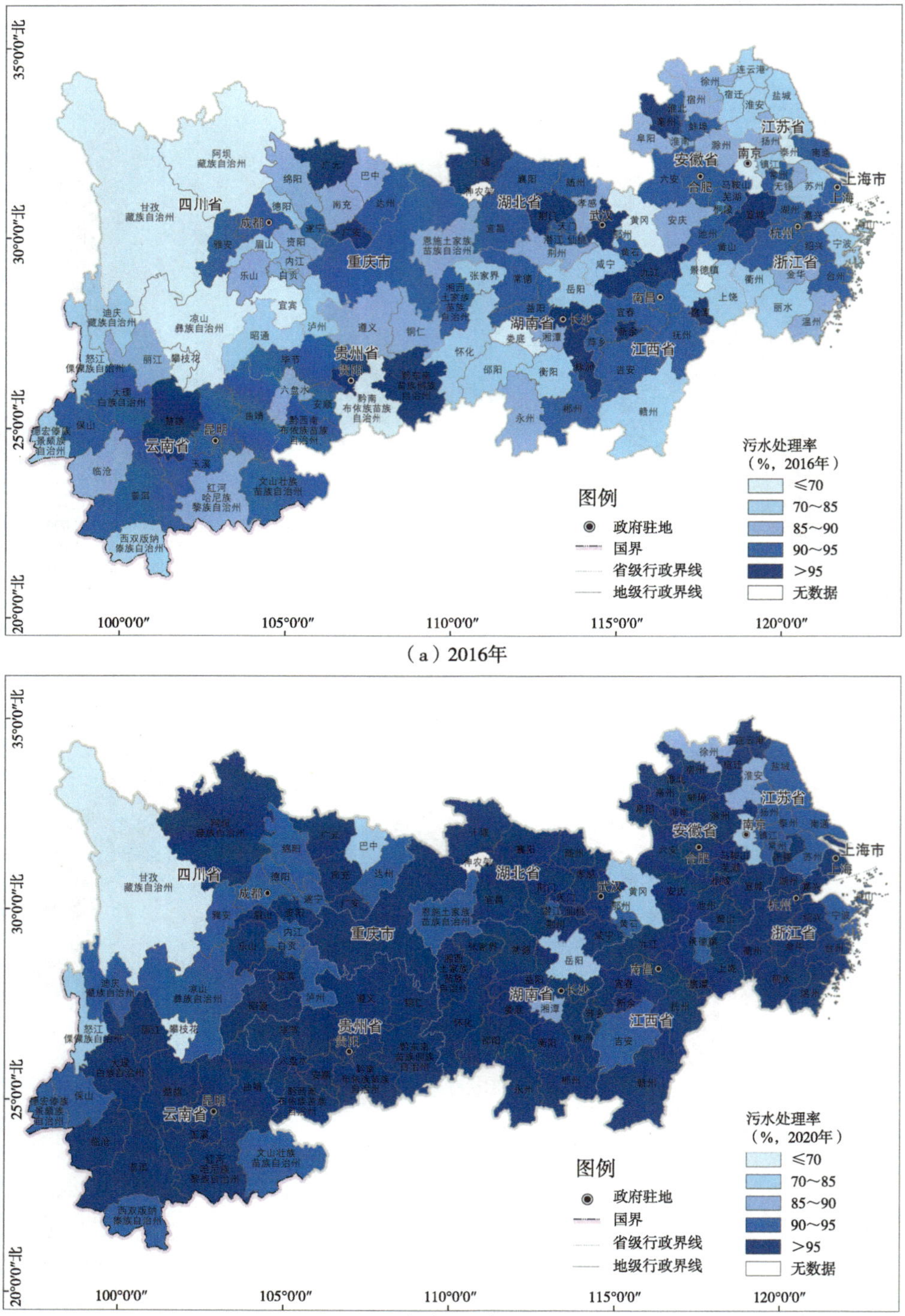

（a）2016年

（b）2020年

图 7-7　2016 年、2020 年污水处理率

工业产业是长江经济带经济发展的重要支柱，偏重化的产业结构意味着经济增长要对能源和资源环境产生高度依赖。尽管评价结果显示，2016 年以来长江经济带沿线城市能源资源投入产出效率持续提升，但是研究表明，如果仅靠效率提高，未来能源消费和碳排放仍将迅速增长，而在化石能源供应约束下经济增长将会受到负面影响，只有通过产业结构提升和能源结构改善，才能缓解能源约束对经济增长的负面影响。进入新发展阶段，引导和倒逼长江经济带传统产业绿色转型、遏制“两高”项目盲目发展，不仅是实现“双碳”目标的重要要求，更是促使经济发展摆脱传统路径依赖，实现经济健康持续发展的重要途径。

虽然共抓大保护以来长江经济带沿线城市生态环境质量持续向好，但是需要看到，仍然有接近 1/3 的城市到 2020 年环境空气质量尚未达标，部分城市所在水域保护压力依然很大，中下游干流沿线城市取水口和排污口交错分布，部分集中式饮用水水源地潜在水污染风险源多，饮用水安全保障有待进一步提高。而随着污染控制水平的不断提升，绝大多数城市污染治理已经进入效率递减阶段，污染减排的潜力和空间逐渐变小、变窄，污染减排成本可能急剧上升、治理难度显著加大。长江经济带生态环境要实现由量变到质变的飞跃，迫切需要经济发展发生结构性、根源性的转变。

7.1.2.2 自然资源仍然面临较大的开发压力，生态修复长效机制有待建立

虽然 2016 年以来长江经济带沿线城市资源利用效率全面提升，但是发展对资源的索取仍在增加，资源的供需矛盾持续加剧。评价结果显示，与 2016 年相比，2020 年长江经济带 130 个城市中约有 40% 和 90% 的地市水资源和土地资源开发利用率有所上升，尤其是下游地区城市上升明显。到 2020 年，上海市、江苏省超半数城市的水资源开发利用率都超过 100%；除上海市土地开发强度接近 50% 之外，长三角城市群中南京、无锡、苏州、嘉兴等城市的土地开发强度也都已经达到或接近 30% 的国际警戒线。自然岸线资源也面临过度开发的问题，根据调查，下游地区干流岸线开发利用比例高达 40% 左右，无锡基本已无自然岸线，常州、苏州的自然岸线保有率也低于 20%。

由于长期以来长江经济带沿线城市经济社会发展与江、湖争水、争地、争岸线，流域生态系统保护面临巨大挑战。根据调查，长江流域水资源一级区取用水量已超过 2 000 亿 m^3，但留存的生态环境用水比例不足 1%，由于沿线城市用水需求增加带来的水资源高强度开发，已经使长江流域汉江、岷沱江、嘉陵江等部分片区局地生态流量难以保障，造成水生态系统受到严重影响，水生生境破坏，生物多样性降低，部分河段水华频发等问题。城镇建设用地快速扩张，大量侵占生态空间和农业用地，加剧周边生态系统破碎化，重要湖泊生态功能已普遍受损。自然岸线开发导致河湖连通性降低、生态系统割裂，生产、生活和生态空间相互交错，相互影响，区域生态环境风险进一步加大。

未来随着城镇化进程持续推进，资源开发利用强度进一步增加，人、地、资源和生态系统之间的矛盾可能更加突出。近年来，长江经济带获批的国家级新区主要位于中上游地区，规划发展目标高，新城新区建设仍处于持续推进阶段。建设特大城市、城市群仍是长江经济带城镇化的主要方向，除上海市、江苏省提出城镇建设用地减量化之外，其余省市的城镇人口、城镇化水平和建设用地规划目标仍在增长。预计到 2025 年、2035 年，长江经济带城市建设用地分别增长 16%、22%，主要集中在长三角以及湖北、安徽、四川、江西等省市。其中，长三角地区未来城镇化发展以集约发展和内涵式增长路径为主，对区域生态系统影响可望减缓，而中游、上游地区城市土地资源有限，未来城镇化发展对生态保护可能产生较大压力。

与对自然资源的长期索取相比，对生态系统的修复力度明显不足，生态修复长效机制有待建立。由于历史上高强度的国土开发建设、资源开发利用等影响，长江流域生态功能退化严重，生态系统结构不完整，水生生境萎缩，生物多样性下降，濒危物种增加，部分珍稀物种濒临灭绝，重要湿地功能退化，水系连通性程度低，水生生物天然产卵场消失的状况尚未得到根本性好转，流域有 33.7 万平方千米水土流失面积亟待治理。虽然 2016 年共抓大保护以来，长江经济带沿线城市加大了对生态系统的保护修复力度，但是从评价结果来看，有些省市修复力度有所波动。当前，长江流域生态保护修复任务依然艰巨，而生态环境修复和改善具有长期性、艰巨性和反复性，需要付出长期艰苦努力，才能对受损生态系统“治本”，产生稳固成效。

7.1.2.3 限制开发地区城市经济发展路径亟待探索，重点开发地区城市经济发展下行压力增大

发展是解决我国一切问题的基础和关键。绿色发展不是不要发展，而是既要发展，又要绿色。没有绿色的发展是不可持续的，没有发展的绿色是不能持久的。从2016—2020年评价结果来看，以限制开发区为主的第三、第四类城市与第一、第二类城市相比，人民生活水平仍然存在较大差距，地区间发展不均衡的问题依然突出。如果把2016年共抓大保护以来的发展看作长江经济带绿色发展的第一阶段，这个阶段重点解决的是经济增长与资源环境耗损脱钩，也就是经济绿色化的问题，那么进入绿色发展的下一个阶段，还应当关注如何让限制开发地区的自然资产和生态环境成为促进经济增长的自然生产力，也就是绿色经济化的问题，这也是绿色发展更高层次的目标。

由于限制开发地区对于保障国家和长江流域生态安全、粮食安全来说意义重大，其自然资本具有更高的价值，因此首要的功能定位仍然是自然资产维持，必须要在保证自然资本功效持续提升的前提下提高发展功效，提升人民生活水平，以实现自然环境与经济社会更高水平的协调。如何将限制开发地区主要提供的生态产品或农产品所蕴含的经济价值转化为实际的经济效益，近年来有多个省市进行了研究探索和试点实践，并且在以浙江丽水、衢州等为代表的城市取得了积极成效和有益经验。但是总体而言，长江经济带第三、第四类城市经济发展路径还比较有限，经济价值转化能力有待提升。事实上，这类地区的经济效益转化不仅对于我国，而且对于全世界来说都是新课题，也是涉及诸多领域的复杂的长期工程，现阶段基础理论、技术规范、政策法规、体制机制等方面都很不完善，总体实现进程相对缓慢。

对于以城市化地区为主的第一、第二类城市来说，评价结果显示，相较于总体保持了较好经济发展趋势的第一类城市，主体功能定位为国家重点开发区的第二类城市，尤其是城市群周边城市经济下行压力增大，经济增长势头明显不足，突出表现为经济增长驱动力不足，技术创新引领驱动能力相对较弱。绿

色技术创新是引领经济绿色增长的第一动力，技术研发和创新投入对经济发展具有强大的推动作用，用绿色技术改造传统产业，发展绿色产业，从而培育形成新的经济增长点。在绿色发展进程中，非中心城市在创新要素投入和产出上有一定的劣势，自主创新能力严重不足，产业优势未能得到充分发挥，对经济绿色发展产生了一定的制约。

7.2 长江经济带城市绿色发展策略

7.2.1 发挥产业绿色转型之中生态环保倒逼作用

生态环境保护在引领和倒逼传统产业绿色转型方面能够发挥十分重要的作用，这一点已经在长江经济带绿色发展实践中得到验证。传统产业在长江经济带经济系统中所占份额大，其绿色转型对全面实现长江经济带绿色发展意义重大。要坚持严格的生态环境保护制度，以生态环境保护硬约束倒逼产业转型，减轻经济增长的资源环境负荷，助力经济发展摆脱传统路径依赖，从而实现经济健康持续发展。传统产业规模比重较大的第一、第二类城市区域条件相对有利、集聚红利和市场盈利机会相对较多，严格的环境规制可以进一步诱发更多的创新活动，助力产业获得更大的竞争优势。

引领和倒逼产业绿色转型和优化升级，关键要以生态环保硬约束，切断经济发展的传统路径依赖。重点以“三线一单”和环评审批为抓手，加强环境保护在源头和空间准入的把关。严格落实长江经济带发展负面清单制度，禁止新建、扩建不符合要求的高耗能、高污染项目，严把新上项目的碳排放关，遏制“两高”行业快速扩张的态势。

充分利用生态环保硬约束，引领产业绿色转移和优化布局。立足承接城市资源环境承载能力、资源禀赋条件和区域环境风险可控水平，强化生态环境底线约束，将转移产业的可持续发展和环境友好性作为产业转移的重要指标，引导产业合理转移、合理布局。严禁落后化工产能跨区域转移，加强对化工、有色、造纸、印染等产业跨区域转移的环境准入要求，实施最严格的环保、能耗、水耗、用地、安全标准，促进产业转移承接进程的清洁化、集约化、高端化。按照国家和地方有关规定推动重点地区沿江 1 千米内化工企业搬改关。加快推进城市人口密集区危险化学品生产企业搬迁改造，优化化工园区空间布局，引导搬迁改造企业进入一般或较低安全风险的化工园区。

7.2.2 深化国土空间用途管控和生态环境分区管控

国土空间用途管控是形成长江经济带绿色发展管控格局的重中之重，也是推动绿色发展的重要基础与保障。长江经济带出现人、地、资源矛盾突出的一个重要原因就是长期以来国土空间管理机制不健全、管控不到位，导致自然资源开发利用不合理，资源环境承载力超载。在此背景下，对长江经济带国土空间实施用途管制显得至关重要。自 2021 年起施行的《长江保护法》已经明确提出，国家对长江流域国土空间实施用途管制，长江沿线地方政府依照国土空间规划，对所辖长江流域国土空间实施分区、分类用途管制。2022 年发布的《深入打好长江保护修复攻坚战行动方案》提出，印发实施长江经济带（长江流域）国土空间规划。国土空间规划的主要内容为科学有序地统筹安排长江流域生态、农业、城镇等功能空间，划定生态保护红线、永久基本农田、城镇开发边界，优化国土空间结构和布局，统领长江流域国土空间利用任务。落实最严格的生态环境保护制度、耕地保护制度和节约用地制度，将三条控制线作为调整经济结构、规划产业发展、推进城镇化不可逾越的红线。未来，长江经济带沿线城市地方政府要严格所辖地区的国土空间用途管制，确保所有开发利用活动必须符合国土空间用途管制要求。相关产业发展、城镇发展、基础设施建设、资源开发利用、生态环境保护等规划编制过程中均需要分析与空间规划的符合性，优先保障生态安全、粮食安全和国土安全。

生态环境分区管控是生态环境管理的重要抓手，体现了资源环境作为经济发展内在要素的约束作用。生态环境分区管控体系将生态保护红线、环境质量底线、资源利用上线的约束落实到环境管控单元，并根据环境管控单元的特征提出针对性的生态环境准入清单，是推动长江经济带绿色发展的重要抓手。目前，长江经济带沿线省市已全部完成“三线一单”发布并全面进入落地实施应用阶段，建立了省级、重点区域和流域、市级及类环境管控单元的四级清单管控体系，明确了差异化分区管控要求。按照《深入打好长江保护修复攻坚战行动方案》的要求，下一步，沿线省市要加强“三线一单”成果在政策制定、环境准入、园区管理、执法监管等方面的应用，加强“三线一单”实施成效评估。

7.2.3 建立社会资本参与生态修复长效机制

深入推进长江水生态系统修复是《深入打好长江保护修复攻坚战行动方案》提出的四大攻坚任务之一，也是未来长江经济带推进绿色发展需要开展的重要任务之一。行动方案指出，要从生态系统整体性和流域系统性出发，强化山、水、林、田、湖、草、沙等各种生态要素的协同治理，以河湖为统领，统筹水资源、水生态、水环境，从源头上系统开展生态环境修复和保护。在深入推进水生态系统修复任务中，提出了八项具体工作，包括建立健全长江流域水生态考核机制，扎实推进水生生物多样性恢复，全面实施十年禁渔，实施林地、草地及湿地保护修复，深入实施自然岸线生态修复，推进生态保护和修复重大工程建设，加强重要湖泊生态环境保护修复，开展自然保护地建设与监管等。

由于长江流域历史欠账较多，生态系统受损退化问题突出，生态系统修复任务量大、面广，仅依靠中央财政和地方政府财力投入有限，难以保证生态系统修复的持续性。因此，必须动员全社会力量，吸引社会资本，通过各种渠道、利用各种形式，加大生态系统修复的投入，提升长江生态系统的质量，维护国家和流域生态安全。《国务院办公厅关于鼓励和支持社会资本参与生态保护修复的意见》提出，鼓励和支持社会资本参与生态保护修复项目投资、设计、修复、管护等全过程，明确社会资本可通过自主投资、与政府合作、公益参与等模式参与生态保护修复，并明晰了参与程序。

长江经济带沿线省市，尤其是对于财政支付能力较弱的市州，政府应提前规划设计，主动参与生态保护修复。加快推进改革创新，制定完善相关配套政策措施，通过生态保护修复与资源开发利用相衔接、资源有偿使用与产权制度安排相结合等政策措施，创新产权激励、释放关联权益，给予财税支持，发挥政府投入带动作用，拓宽投融资渠道，创新绿色金融产品。在长江山、水、林、田、湖、草、沙一体化保护修复、林业草原生态保护修复、矿山生态保护修复等重点领域鼓励支持社会资本参与，构建“谁修复、谁受益”的生态保护修复市场机制，建立社会资本参与长江生态保护修复的长效机制。

7.2.4 拓展生态产品价值实现路径

让“绿水青山”真正成为“金山银山”，是绿色发展更高层次的目标，也是未来长江经济带限制开发地区绿色发展需要重点解决的问题。生态产品价值实现是绿色经济化的重要途径，不仅能够解决优质生态资源定价不足的问题，补偿因保护而丧失发展机会的地区，而且能够改善当地人民生活水平，解决区域间发展不均衡的问题。因此，长江经济带绿色发展的下一阶段，建立和完善生态产品价值，实现相关政策体系、机制体制和实现路径，将成为一项重要的工作。

对于长江中下游经济发展水平较高、市场机制建设相对完善的地区，可以充分利用市场机制优势，构建生态产品及其价值实现的市场化运作和市场交易体系，将生态产品价值转化为经济价值。作为此类地区的典型代表，浙江丽水已有探索实践可为同类城市生态产品价值实现提供有益的经验借鉴：一是创新生态产品价值核算制度，开展市、县、乡、村四级生态产品总值核算，实现生态产品可量化；二是构建生态产品市场交易体系，建立市场化定价机制，提升生态产品溢价价值，实现生态产品可经营和可交易；三是创新生态金融产品和工具，将生态产品使用权（经营权）、未来收益权、生态信用等作为抵押，推出“三贷一卡”模式，实现生态产品可质押、可变现和可融资。当然，对于生态产品价值市场转化这样一项系统复杂的新课题，目前还有许多问题待解，未来，需要重点在生态产品价值核算、市场化经营、生态金融创新等关键领域取得新的突破。

对于长江上游生态脆弱又极其重要的重点生态功能地区，其自然资本具有更高且更加独特的价值，且经济发展水平相对落后，难以有效利用市场机制将生态产品价值转化为经济价值。由于这些城市（自治州）为保护生态系统、维护生态功能付出了额外的成本，并丧失了一部分发展机会，这些机会成本或经济损失难以单纯依靠市场机制进行合理补偿，必须发挥国家和地方政府在公共生态产品配置中的主导作用，建立跨区域的生态补偿机制，完善市场化、多元化的生态补偿，将生态保护的外部价值转化为货币化的现实价值，这也是生态产品价值实现的重要途径。未来，一方面应完善纵向生态保护补偿机制，探索建立国家层面的生态产品价值实现综合试验区，将上游重要生态功能区纳入其中，加强中央统筹和省市协同，尽快破解上游第四类城市生态产品价值实现的体制机制难题。另一方面要建立横向生态保护补偿机制，尽快打通省市间协同保护机制，由生态保护受益的省市向实施生态保护的省市提供经济补偿，探索拓展通过生态产业扶持、飞地经济、基于生态产品供给与使用的对口帮扶等多样化的横向保护补偿方式。

对于以提供农产品为主的限制开发地区，应积极探索拓展农产品生态价值实现路径，打造农产品生态价值实现与乡村振兴、群众致富深度融合的新机遇。作为此类地区的典型代表，浙江衢州已有探索实践为同类城市农产品生态价值实现提供有益的经验借鉴：衢州依托生态循环农业大力发展绿色有机农业，推动无公害、绿色、有机“三品”认证，打造特色生态农产品品牌，将绿色有机农业培育成当地重要的优势产业；同时，将农业与特色产业、乡村旅游、农耕文化、“互联网+”有机结合，促进农业“接二连三”，实现了农业增效、农民增收、乡村振兴的多目标共赢。事实上，农业领域的生态产品价值转化与增值也是生态产品价值实现的重要内容，可以成为第三类城市的重要经济增长点。相关地区通过深入挖掘当地资源优势和优势产业，立足生态农业、带动相关产业协调发展，构建科技含量高、附加值高的生态产业链，可大幅提升农产品的有效利用和价值转化程度。

7.2.5 塑造创新驱动力和政策新机遇

科技创新是引领绿色发展的第一动力。科技研发和知识创新等人造资本投入对长江经济带城市绿色发展具有积极的意义。对于自然资本相对缺乏的第一、第二类城市，技术创新人造资本可以替代自然资本，克服因自然资本不足带来的增长极限；对于自然资本相对重要的第三、第四类城市，人造资本可以与自然资本有机结合，促进自然资本保护和生态产品价值转化。未来，长江经济带要积极探寻符合绿色发展导向的经济增长新动力，创造有利于绿色技术创新和产业绿色转型的政策新机遇，塑造城市绿色发展新优势。

长江经济带沿线城市要进一步加大科技研发和创新投入，尤其是创新能力明显不足的城市，应大力实施创新驱动发展战略。目前第二类城市技术研发条件和研发能力与第一类城市相比，总体存在一定的差距，非中心城市的技术创新水平差距更加明显。未来，长江经济带应加强不同城市、中心城市与周边城市之间的技术联合，发挥长三角地区及城市群中心城市技术创新带动作用，出台相关政策，鼓励支持不同城市、部门、企业、高校之间共享创新资源，组建技术创新联盟，形成跨区域、跨部门、跨企业的科技联合体。建立科技投入的激励机制、科技研发风险分担机制和科技效益的分配机制，积极促成科技成果的交易、转让、使用。通过建立长江经济带内部科技一体化联盟，推进科技创新与成果运用，带动后发城市科技创新能力和水平大幅提升，打造区域科技创新核心竞争力。

技术创新必须与传统产业绿色转型和发展绿色产业充分结合，才能转化为经济绿色发展优势。传统产业的绿色转型关键在于绿色技术的研究开发和推广应用，要加大政策对绿色技术推广应用的支持力度，鼓励具有经济性的绿色技术优先产业化，加快推动钢铁、有色、石化、化工、建材等传统工业优化升级，加快工业领域低碳工艺革新和数字化转型。要以绿色技术创新为基点，大力发展资源节约型和环境友好型新兴绿色低碳产业，推动互联网、大数据、人工智能、第五代移动通信（5G）等新兴技术与绿色低碳产业深度融合，提高绿色低碳产业在经济总量中的比重。传统产业与新兴绿色产业的技术创新重点还应该有所区别，钢铁、化工、有色等传统产业的技术创新重点在于提高能源资源使用效率和降污减排，而新能源、新材料等新兴绿色产业的技术创新重点在于研发绿色核心技术，培育绿色新技术优势。

绿色产业不同于传统产业，往往面临成本高、利润率低、盈利周期长、融资难等问题，需要完善绿色产业的制度设计，创新绿色产业发展政策激励机制，特别是运用市场机制，制定相应的经济激励政策，包括金融政策、投资政策、价格政策、税收政策、排放权交易政策等。其中，绿色金融通过信贷、基金、债券等金融服务和制度安排，将社会资本引至绿色产业，缓解资金约束，是助推绿色产业发展的重要金融手段。目前，长江经济带已有多个省市正在推进绿色股票、绿色基金和“贴标”绿色债券的创新发展，多地成功首发绿色债券、设立绿色基金。未来，沿线省市应加强绿色金融政策的科学性和合理性构建，积极探索创新绿色金融产品，有效引导各类资源和要素向产业高质量绿色发展集聚。

附录　长江经济带城市绿色发展评价指标说明

要素	评价指标	单位	年份	属性	来源与计算方法
自然资源存量	优先保护区面积占比	%	2015	正向	优先保护区面积占比 = 优先保护区面积 / 国土面积 ×100% 来源：长江经济带各省市“三线一单”成果
	林草地覆盖率[1]	%	2016—2020	正向	林草地覆盖率 = 林地草地面积 / 国土面积 ×100% 来源：中国科学院资源环境科学与数据中心
	森林覆盖率[1,2]	%	2016—2020	正向	来源：各市（州）统计年鉴、国民经济与社会发展统计公报、新闻报道
	耕地面积占比[2]	%	2016—2020	正向	耕地面积占比 = 耕地面积 / 国土面积 ×100% 来源：中国科学院资源环境科学与数据中心
自然资源增量	水土流失面积减少占比	%	2016—2020	正向	水土流失面积减少占比 =（上年度水土流失面积 - 本年度水土流失面积）/ 上年度水土流失面积 ×100% 来源：中国水土保持公报
	当年人工造林面积[1]	万 hm^2	2016—2020	正向	来源：各市（州）统计年鉴、国民经济与社会发展统计公报、新闻报道
资源合理配置	煤炭消费占比	%	2016—2020	逆向	煤炭消费占比 = 煤炭消费总量（标准煤）/ 能源消费总量（标准煤）×100% 来源：中国能源统计年鉴（各市州以所在省的煤炭消费占比值替代）
	水资源开发利用率	%	2016—2020	逆向	水资源开发利用率 = 用水量 / 水资源总量 ×100% 来源：各省市水资源公报
	土地开发利用率	%	2016—2020	逆向	土地开发利用率 = 建设用地面积 / 国土面积 ×100% 来源：中国科学院资源环境科学与数据中心

续表

要素	评价指标	单位	年份	属性	来源与计算方法
资源高效利用	碳生产率	元 /t	2016—2020	正向	碳生产率 = 生产总值 / 二氧化碳排放总量 来源：公众环境研究中心（Institute of Public & Environmental Affairs，IPE）、各市（州）统计年鉴
	水资源生产率	元 /m^3	2016—2020	正向	水资源生产率 = 生产总值 / 用水总量 来源：各市（州）统计年鉴、水资源公报
	土地资源生产率	亿元 /km^2	2016—2020	正向	土地资源生产率 = 生产总值 / 建设用地面积 来源：各市（州）统计年鉴、中国科学院资源环境科学与数据中心
资源循环利用	一般工业固体废物综合利用率	%	2016—2020	正向	一般工业固体废物综合利用率 = 一般工业固体废物综合利用量 /（一般工业固体废物产生量 + 综合利用往年贮存量）× 100% 来源：中国城市统计年鉴、各市（州）生态环境局信息公告
	农作物秸秆综合利用率[2]	%	2016—2020	正向	来源：各省市生态环境状况公报、农业农村厅通知公告（各市州以所在省的农作物秸秆综合利用率替代）
污染有效控制	单位工业增加值大气污染排放量	t/ 亿元	2016—2020	逆向	单位工业增加值大气污染物排放量 =（工业二氧化硫排放量 + 工业氮氧化物排放量）/ 工业增加值 来源：中国城市统计年鉴、各市（州）统计年鉴
	单位耕地面积化肥使用量	kg/ 亩	2016—2020	逆向	单位耕地面积化肥使用量 = 农用化肥施用量（折纯量）/ 耕地面积 来源：各市（州）统计年鉴、中国科学院资源环境科学与数据中心
	污水处理率	%	2016—2020	正向	来源：中国城市统计年鉴、各市（州）统计年鉴
经济增长速度	GDP 增速	%	2016—2020	正向	来源：各市（州）统计年鉴
	人均 GDP	元	2016—2020	正向	来源：各市（州）统计年鉴

续表

要素	评价指标	单位	年份	属性	来源与计算方法
经济增长结构	第三产业增加值占GDP比重	%	2016—2020	正向	来源：各市（州）统计年鉴
	六大高耗能产业增加值占规上工业增加值比重[3]	%	2016—2020	逆向	六大高耗能产业增加值占规上工业总产值比重 = 六大高耗能产业增加值 / 规上工业增加值 ×100% 来源：各市（州）统计年鉴 说明：本报告中六大高耗能产业是指化学原料及化学制品制造业、非金属矿物制品业、黑色金属冶炼及压延加工业、有色金属冶炼及压延加工业、石油、煤炭及其他燃料加工业、电力热力的生产和供应业
	农业加工业总产值与农业总产值之比[2]	—	2016—2020	正向	农业加工业与农业总产值之比 = 农产品加工业总产值 / 农业总产值 来源：各市（州）统计年鉴 说明：本报告农产品加工业是指农副食品加工业、食品制造业、酒、饮料和精制茶制造业、烟草制造业、纺织业、纺织服装、服饰业、皮革、毛皮、羽毛及其制品和制鞋业、木材加工和木、竹、藤、棕、草制品业、家具制造业、造纸和制品业、印刷和记录媒介复制业、橡胶和塑料制品业
经济增长驱动	研发经费占GDP比重	%	2016—2020	正向	来源：中国城市统计年鉴、各市（州）统计年鉴
	人均专利申请量	件	2016—2020	正向	人均专利申请量 = 当年专利申请数 / 年末常住人口 来源：中国城市统计年鉴、各市（州）统计年鉴
经济矫正政策	特种行业用水价格	元/t	2016—2020	正向	来源：各市（州）水价信息
环境健康	$PM_{2.5}$ 年均浓度	$\mu g/m^3$	2016—2020	逆向	来源：中国城市统计年鉴、各市（州）统计年鉴、生态环境状况公报、真气网

续表

要素	评价指标	单位	年份	属性	来源与计算方法
环境安全	水源地安全指数	—	2016—2020	逆向	说明：指数≤4.3 水源地水质平均达到或优于Ⅱ类，且水源地环境问题整治已完成；4.3＜指数≤7.6 水源地全年达标，且水源地环境问题整治已完成；7.6＜指数≤11.18 水源地平均全年超标 1 次以内，且水源地环境问题整治已完成；11.18＜指数≤22.45 水源地平均全年超标 3 次以内，且水源地环境问题整治完成达到 50% 但不到 100%；指数＞22.45 水源地平均全年超标 4 次以上，且水源地环境问题整治完成不足 50% 来源：公众环境研究中心（Institute of Public & Environmental Affairs，IPE）
环境舒适	人均公园绿地面积	m^2/人	2016—2020	正向	来源：中国城市建设统计年鉴
收入分配公平	城乡收入比	—	2016—2020	逆向	城乡收入比＝城镇常住居民人均可支配收入/农村常住居民人均可支配收入 来源：各市（州）统计年鉴
	农村居民人均可支配收入	元	2016—2020	正向	来源：各市（州）统计年鉴
资源环境服务获得公平	供水普及率	%	2016—2020	正向	来源：各省市（州）统计年鉴、中国城市建设统计年鉴
	燃气普及率	%	2016—2020	正向	来源：各省市（州）统计年鉴、中国城市建设统计年鉴

注：[1] 为第四类城市特色指标，[2] 为第三类城市特色指标，[3] 为第一类和第二类城市特色指标。

生态环境科技蓝皮书 2022

中国环境科学研究院

土壤及地下水环境调查评估技术现状及展望

Present situation and prospect of soil and groundwater environmental survey and assessment techniques

主　编 ◎ 何连生　曹　莹
副主编 ◎ 李　强　董淮晋　汪素芳
孟　甜　刘晓雪　周　密

中国环境出版集团 · 北京

图书在版编目（CIP）数据

土壤及地下水环境调查评估技术现状及展望 / 何连生，曹莹主编 . — 北京：中国环境出版集团，2024.8
（生态环境科技蓝皮书 . 2022）
ISBN 978-7-5111-5377-7

Ⅰ . ①土… Ⅱ . ①何… ②曹… Ⅲ . ①土壤环境—调查报告—中国—2022 ②地下水—水环境—调查报告—中国—2022 Ⅳ . ① X21 ② X832

中国版本图书馆 CIP 数据核字（2022）第 243894 号

审图号：GS 京（2024）1167 号

责任编辑 田 怡
封面设计 今亮后声

出版发行 中国环境出版集团
（100062 北京市东城区广渠门内大街 16 号）
网 址：http://www.cesp.com.cn
电子邮箱：bjgl@cesp.com.cn
联系电话：010-67112765（编辑管理部）
发行热线：010-67125803，010-67113405（传真）

印 刷 北京中科印刷有限公司
经 销 各地新华书店
版 次 2024 年 8 月第 1 版
印 次 2024 年 8 月第 1 次印刷
开 本 787 × 1092 1/16
印 张 5.5
字 数 84 千字
定 价 1680.00 元（全 11 册）

丛书编写委员会

目 录

1

需求分析

XUQIU FENXI

1.1 政策解析

土壤和地下水生态环境保护关系米袋子、菜篮子、水缸子安全，关系美丽中国建设，是推进生态文明建设和维护国家生态安全的重要内容。“十三五”以来，我国在土壤污染防治攻坚战中推动立法并完善制度，相继出台《土壤污染防治行动计划》及《中华人民共和国土壤污染防治法》等法律法规，深入开展土壤污染详查、土壤污染防治制度体系建设不断优化，污染源头防控成效显著，风险管控和修复工程试点成效较为显著，受污染耕地安全利率达到 90% 左右，污染地块安全利用率达到 90% 以上，两个核心目标如期实现。在推进土壤和地下水生态环境保护方面取得了积极成效。

“十四五”规划和 2035 年远景目标的提出，要深入打好污染防治攻坚战。以土壤安全利用、强化危险废物监管与利用处置为重点，持续实施土壤污染防治行动计划。“十四五”土壤、地下水和农村生态环境保护规划中提出，到 2025 年，全国土壤和地下水环境质量总体保持稳定，受污染耕地和重点建设用地安全利用得到巩固提升。到 2035 年，全国土壤和地下水环境质量稳中向好，农用地和重点建设用地土壤环境安全得到有效保障，土壤环境风险得到全面管控。“十四五”时期是开启全面建设社会主义现代化国家新征程、向第二个百年奋斗目标进军的第一个五年，土壤、地下水和农业农村污染防治与美丽中国目标要求还有不小差距，到2035年实现土壤和地下水环境质量稳中向好的目标任务较为艰巨。

1.2 土壤和地下水调查评估需求分析

随着我国经济由高速增长阶段向高质量发展阶段转变，国家产业结构转型升级和绿色低碳发展持续推进，原有工业企业“退二进三”“退城进园”等政策的实施，全国各城市历史遗留污染问题逐步显现，土壤及地下水环境调查评估技术体系尚不完善，土壤污染防治形势较为严峻。一方面，我国土壤污染防治历史欠账多、治理难度大；另一方面，要不断应对新的土壤污染问题的出现和挑战。持续推进土壤环境调查和检测是预防土壤污染的关键性基础工作。土壤环境调查不仅可及时发现土壤污染隐患，准确掌握土壤污染状况，而且实现土壤污染预警，进一步分析污染成因，找出解决污染对策。农用地详查结果表明，我国农用地土壤污染状况总体稳定，但一些地区土壤重金属污染仍较突出，超筛选值耕地安全利用和严格管控的任务依然艰巨。重点行业企业用地调查表明，我国有色金属矿采选、有色金属冶炼、石油开采、石油加工、化工、焦化、电镀、制革等重点行业企业用地土壤污染隐患不容忽视，部分企业地块土壤和地下水污染严重。我国土壤污染调查技术工作起步晚、技术基础差，对城市污染地块名录、矿区土壤污染清单、农用地污染分区等系统识别能力有待提高。亟需发展基于大数据技术的土壤环境信息平台，为下一步实现土壤环境智能管理和现代化管理打好数据基础。

在地下水生态环境保护方面，以保护和改善地下水环境质量为目标，建立健全地下水污染防治管理体系。开展“双源”地下水生态环境状况调查评估，切实保障地下水型饮用水源环境安全，实施地下水重点污染源的源头预防和管控修复工程，积极探索保护依赖地下水的生态系统试点，分区管理、分类防控、协同治理，遏制地下水污染。目前我国地下水环境管理基础较为薄弱，地下水基础环境状况不清晰，相关法规标准和监管体系建设滞后不完善。应持续开展地下水基础环境状况调查评估，开展地下水污染防治重点区划定及污染风险管控。健全分级分类的地下水环境监测评价体系。实施水土环境风险协同防控。

我国当前的调查技术难以满足复杂场地的精度要求，风险管控技术的可持续性和精细化程度不高，土壤及地下水污染修复管控技术与装备的国产化、自动化水平偏低，存在后期管理薄弱的问题。亟需发展多尺度、多维度及全过程的土壤环境基础调查大数据信息平台建设，构建土壤生态健康评估体系、健全土壤生态环境可持续风险管控体系，建设土壤污染责任体系和监管信息平台，发展具有自主知识产权的污染地块监控、修复、预警和风险管控的技术装备体系，构建新型污染物筛选、特征污染物筛查、监测指标体系，健全分级分类的地下水环境监测评价体系，形成全过程跟踪调查评估技术体系等，为我国土壤及地下水污染保护、预防、应急、管控与修复提供多维度的科技支撑。

目前，我国污染场地环境调查评估标准建设仍处于初期阶段。调查评估导则尚缺乏采样技术标准支撑且难以满足复杂污染的精度要求；风险评估方法保守单一，未经大量实地验证；后期风险管控缺乏长期风险管理技术指导，给后期再利用留下环境安全隐患。亟需补充关于复杂污染的精细化调查技术体系，完善科学分类的风险评估标准，建立全过程管理的调查评估标准体系，新增新型污染物的监测指标标准体系，完善长期风险管控的风险管理标准体系等，持续建设完善系统化、现代化和中国化的污染场地环境调查评估标准体系。

2

现状与趋势

XIANZHUANG YU QUSHI

2.1 研究进展与趋势

利用 Web of Science 数据库进行分析，使用 Soil Groundwater 和 Investigation or Risk Assessment 作为主题词进行检索，文章类型限定为 Article 和 Review，语言仅限英语，检索时间为 2000—2022 年，共检索出 3 517 条文献信息。土壤及地下水环境调查评估技术领域的研究成果数量整体呈稳步上涨趋势，近几年的研究热度逐渐上升（图 2.1.1）。研究成果主要来自 116 个国家和地区的 203 个研究机构，其中我国研究成果数量最多，占总量的 20.7%；美国其次，占 18.2%；德国、印度和英国次之，分别占 9.2%、7.4% 和 5.2%。

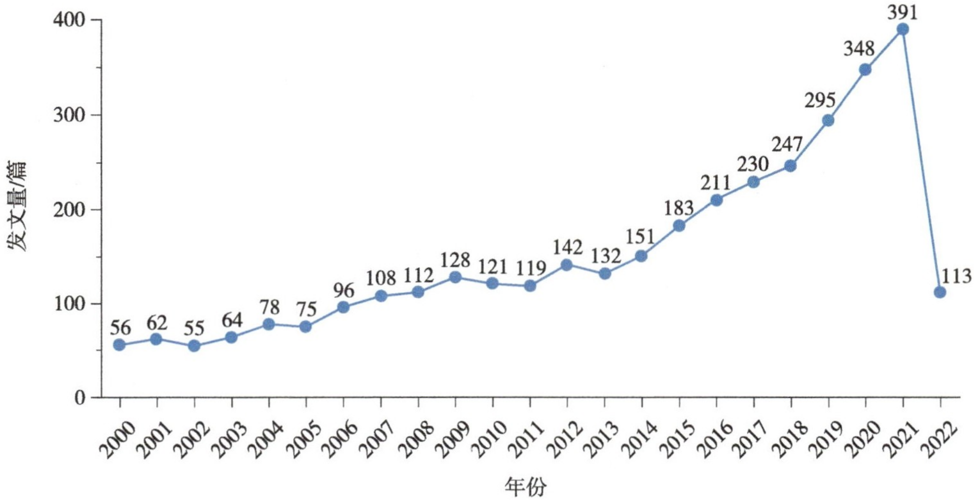

图 2.1.1 国际研究成果发表年度趋势

土壤及地下水环境调查评估技术领域主要技术研究方向集中在环境科学、水资源学、地质学、工程学、土壤学、公共环境职业健康、农学等学科（图 2.1.2）。其中，环境科学学科方向占文献总量的 52.6%，表明该技术领域不仅涉及环境科学，呈现与水资源学、土壤学、地质学、工程学、环境健康、农学等多种学科交叉融合特点。用可视化软件 VOS viewer 进行高频关键词数据分析，不同颜色的关键词集代表不同的热点研究方向（图 2.1.3）。从图中可以明显地看出，节点“contamination”“model”“transport”“heavy metals”的大小和位置均具有突出优势，是本领域的重要概念。环境污染调查评估、风险评估模型研究、污染物迁移转化规律、重金属污染等均是本领域热点或重要的研究方向。

图 2.1.2　主要技术研究方向分布

通过对“CNKI 中国知网”中的文献库进行研究回顾，以“土壤及地下水环境调查评估”为主题关键词，在搜索结果中筛选土壤及地下水环境调查评估的相关文章，2000—2022 年 5 月，共发表 844 篇文章（图 2.1.4）。总体来看，环境调查评估技术领域经历了四个阶段，2002 年前的缓慢增长阶段，2003—2006 年的逐年递增阶段，2007—2013 年的稳定波动阶段，2014 年至今的波动上涨阶段，该增长趋势与我国经济发展阶段转变和产业结构转型升级等因素的联系较为密切，“十三五”期间的发文量和研究热度显著提升。

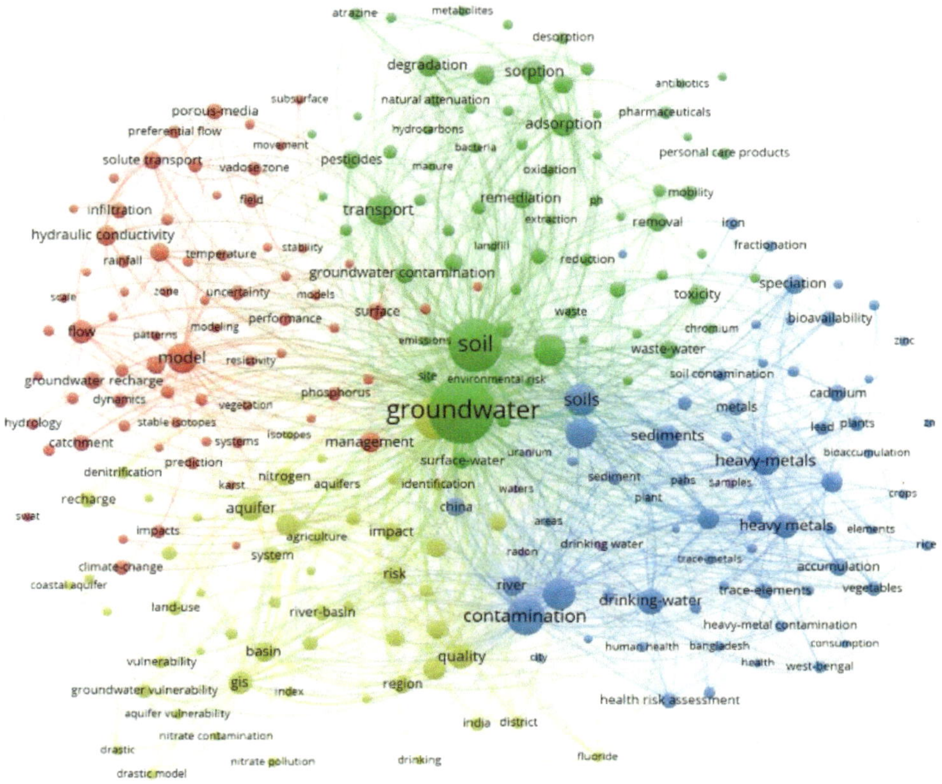

图 2.1.3　关键词共现分析

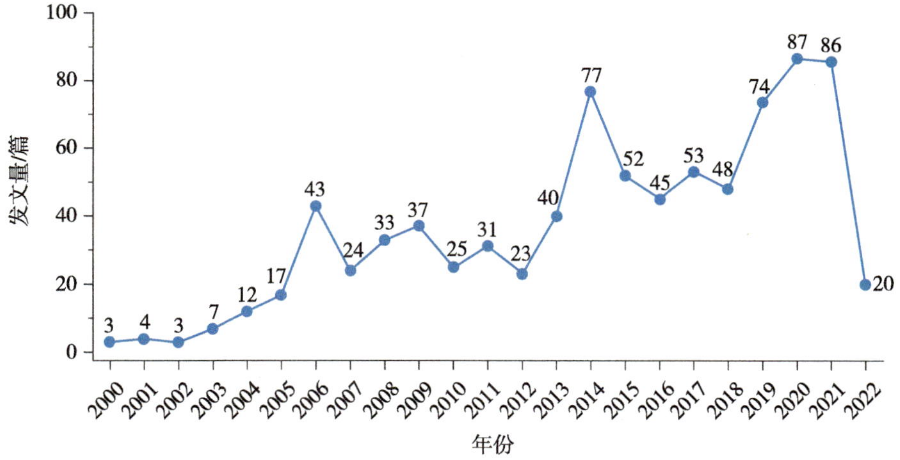

图 2.1.4　中文论文发表年度趋势

该技术领域涉及的学科主要分布于环境科学与资源利用、地质学、农业基础科学、矿业工程、自然地理学与测绘学、农业经济、建筑科学与工程、地球物理学、气象学、预防医学与卫生学、生物学等多种学科领域。该技术领域的主题分布结果表明，土壤及地下水环境调查、土壤环境质量、风险评估等是目前最主要的研究内容，同时也重点研究生态环境、重金属、饮用水水源地等方面内容（图 2.1.5）。

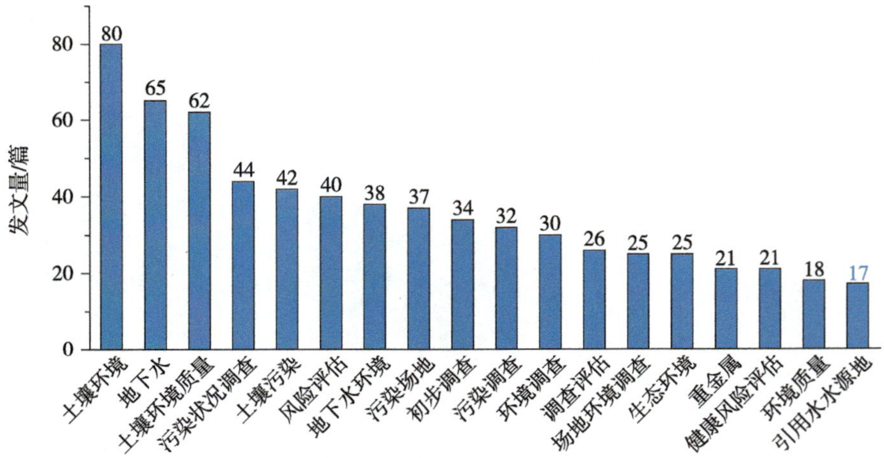

图 2.1.5　中文论文主题分布情况

借助智慧芽全球专利数据库开展专利信息检索分析，以“环境调查”“风险评估”“土壤”及“地下水”作为检索关键词，检索近 20 年的专利申请情况，共检索出 434 件相关专利，其中，发明专利 200 件，实用新型专利 166 件，授权发明专利 68 件。2014 年至今，专利数量呈快速增长趋势，“十三五”期间研究热度的提升较为明显（图 2.1.6）。目前，专利申请单位前十名主要为部分高校、科研单位与环境科技公司，专利申请量占申请总量的 24%，其中同济大学的专利数量达到 18 件（图 2.1.7）。通过 IPC 分类方法对土壤及地下水环境调查评估领域主要研究技术进行分析，其中提取工具（G01N1/08）相关专利的申请量居多，占申请总量的 20%（图 2.1.8）。其他如用化学方法（B09C1/08）、液体或流体（G01N1/10）、地面材料（G01N33/24）、污染土壤的复原（B09C1/00）、资源、工作流、人员或项目的管理（G06Q10/06）等相关专利的申请数量较高，均占申请总量的 5% 以上。相关专利申请信息分析结果表明，土壤采样装置、风险评估方法、相关修复方法、标准物质、洗井采样系统等相关专利是近年来的研究热点领域（图 2.1.9）。

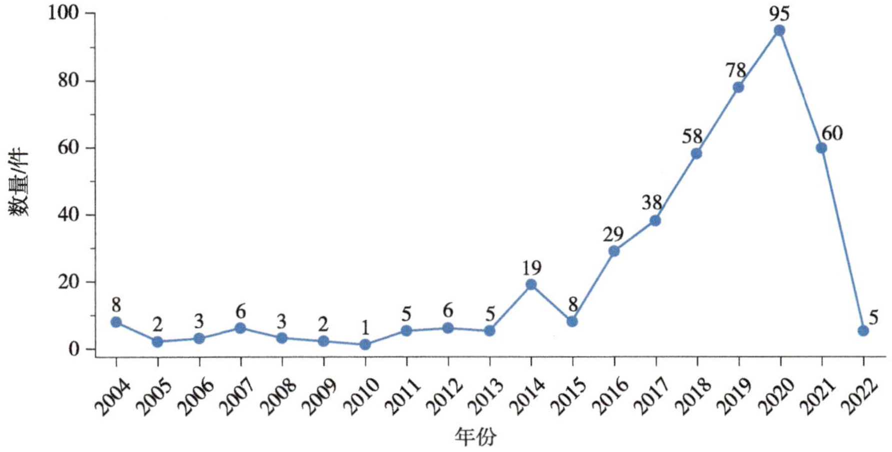

图 2.1.6　专利发表年度趋势

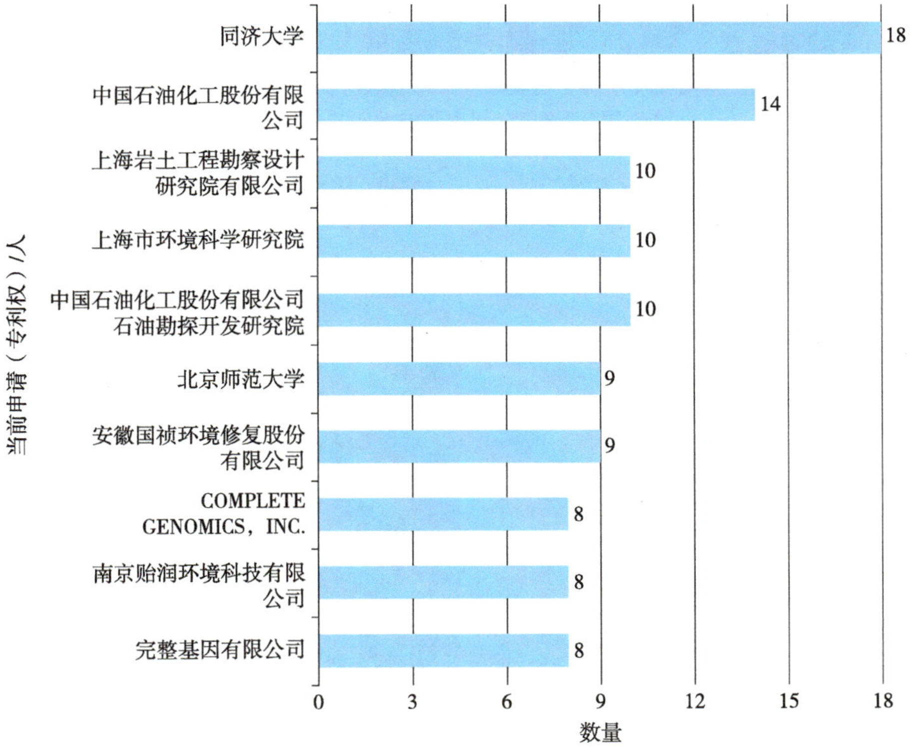

图 2.1.7　专利申请人（单位）前十名分布

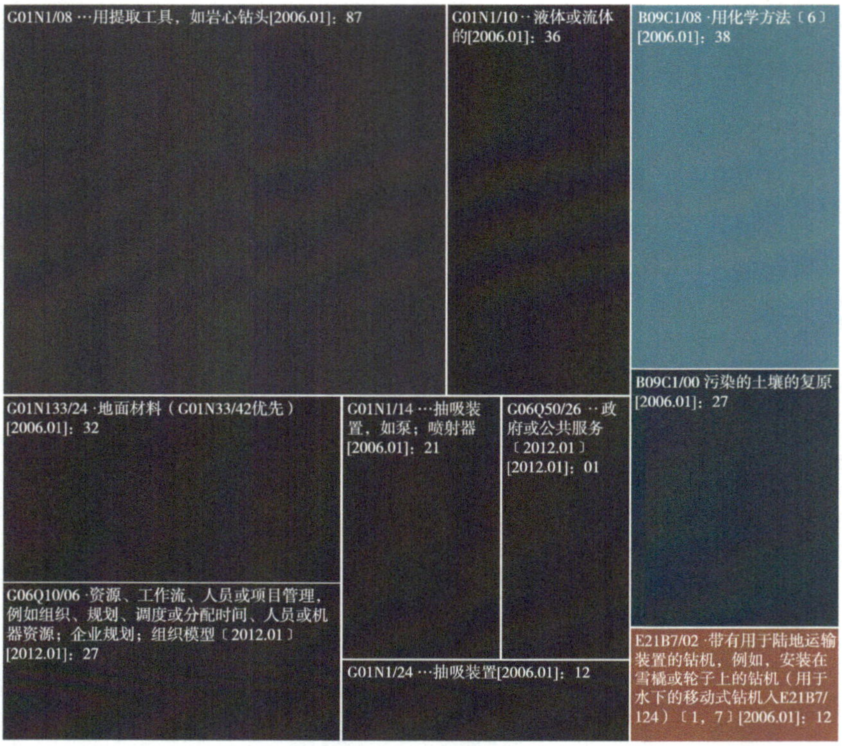

图 2.1.8　专利主要技术研究分布

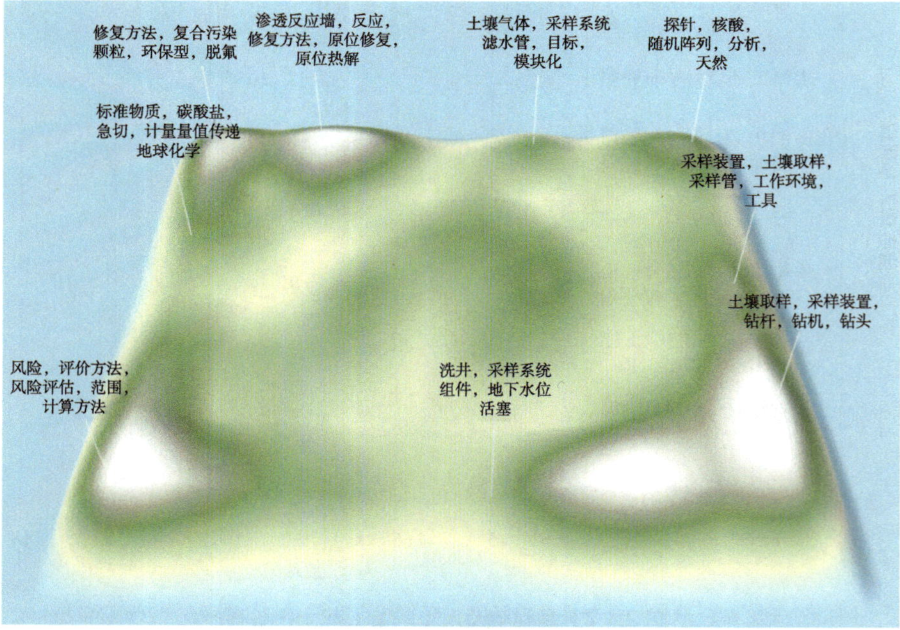

图 2.1.9　专利研究热点布局

2.2 基于调查评估相关标准导则规范统计

2.2.1 土壤调查评估标准现状

2.2.1.1 国际土壤调查评估标准现状

目前，国际上对于特定污染地块开展的土壤风险调查评估，普遍的做法是针对地块的不同规划用地方式和功能，制定基于风险管理的土壤环境风险筛选值，开展土壤污染调查和评估。国际标准化组织发布的 ISO 15175 就场地、土壤作为地下水污染源，提供了其在保持、释放和转化污染物方面的功能进行评估的原则和主要方法。ISO 14015 要求对土壤、空气、水等广泛的环境介质进行评价，以识别商业环境风险。美国材料与测试协会颁布的 ASTM E 1527-21、ASTM E 1903-19，针对污染场地调查的不同阶段分别制定了不同的评价程序。另外，美国 EPA 还制定了大量的风险评估手册，如 *Exposure Factor Handbook*，*Risk Assessment Guidance for Superfund Volume I*，*Volume II and Volume III*，*Draft Guidance for Evaluating the Vapor Intrusion to Indoor Air Pathway from Groundwater and Soil*，*Ecological Risk Assessment for Superfund*。目前大多数国家的地块评价方法和技术标准基本上是建立在 ASTM E 1527 的基础上，多年实践证明，这套技术方法对于快速有效地评估污染地块的现状起到了非常明显的作用。

2.2.1.2 国标、行标土壤调查评估标准现状

“十三五”期间，我国修订了 HJ 25 系列，在建设用地土壤状况调查、风险管控、修复监测、风险评估和土壤修复这些方面，建立了较为完整的土壤污染风险管控体系。2021 年 11 月实施的《中共中央 国务院关于深入打好污染防治攻坚战的意见》对进一步加强生态环境保护作出了全面部署，“十四五”期间将对土壤污染风险管控和修复标准规范进行完善。

近年来，生态环境部会同有关部门出台了《污染地块土壤环境管理办法

（试行）》《农用地土壤环境管理办法（试行）》《工矿用地土壤环境管理办法（试行）》等部门规章，不断完善土壤污染防治法规标准体系的建设。目前，我国国家标准涉及土壤调查评估和管控限值的现行标准有 4 个，包括《土壤环境质量　建设用地土壤污染风险管控标准（试行）》（GB 36600—2018）、《土壤质量　城市及工业场地土壤污染调查方法指南（试行）》（GB 36200—2018）、《土壤环境质量　农用地土壤污染风险管控标准（试行）》（GB 15618—2018）、《土壤质量　自然、近自然及耕作土壤调查程序指南》（GB/T 36393—2018）。环境保护部（生态环境部）制修订了《环境影响评价技术导则　土壤环境（试行）》（HJ 964—2018）、《建设用地土壤污染风险管控和修复术语》（HJ 682—2019）、HJ25 系列和《土壤环境监测技术规范》（HJ/T 166—2004）等适用于土壤调查评估的相关标准和监测规范。一系列的建设用地、农用地土壤调查评估技术标准颁布，有助于土壤现状调查工作规范、专业开展，使政府管理更加科学化和系统化，保证土壤调查效果，保护环境安全和人群健康，并对污染场地治理和开发利用具有重要的指导意义。

2.2.1.3　地标、团标土壤调查评估标准现状

《中华人民共和国土壤污染防治法》是我国首次制定土壤污染防治的专门法律，其中第十二条明确规定“省级人民政府对国家土壤污染风险管控标准中未作规定的项目，可以制定地方土壤污染风险管控标准；对国家土壤污染风险管控标准中已作规定的项目，可以制定严于国家土壤污染风险管控标准的地方土壤污染风险管控标准”。通过地方标准备案信息公布平台检索，中国大陆省市中北京市发布土壤调查评估相关标准最多、黑龙江次之，这些标准具有地域特点，北京市侧重污染场地、建设用地、垃圾用途地块的土壤调查评估。黑龙江是农业大省，侧重富硒、锗、锌、铁营养物质的土地调查评价。

近年来，协会组织发布了 14 项涉及建设用地、农用地和特定场地土壤调查评估的团体标准，制定了针对重金属污染、农药污染等特定场所的场地调查指南和规范。

图 2.2.1　我国发布土壤调查评估类地标的省市分布情况

随着污染地块修复工作的相继开展和相关研究的逐步深入，在实际环境调查工程实施过程中出现了诸多问题，部分省市、产业协会结合近年来地块污染调查、风险评估及修复积累的经验和教训以及国外最新研究成果，针对具体管理与技术需求，制定了一系列地方标准、团体标准。这些标准的发布和实施，更好地指导了特定地块环境调查与评估工作的开展。

2.2.2　地下水调查评估标准现状

2.2.2.1　国际地下水调查评估标准现状

国际上，美国发布了 ASTM D6030-15 *Standard Guide for Selection of Methods for Assessing Groundwater or Aquifer Sensitivity and Vulnerability*（选择评估地下水和含水层敏感性和脆弱性的方法的标准指南），用于评估土地使用管理、用水管理、地下水保护、政府监管和教育目的的敏感性和脆弱性方法，欧洲议会和理事会第 2000/60/EC 号指令建立了水政策领域的共同体行动框架，旨在保护所有水（包括地表水和地下水）的水资源，6 年后颁布的地下水资源政策框架 2006/118/EC，主要增加了对地下水水域造成风险的污染物的持续性变化趋势的鉴定标准等内容。

随着水环境质量日益改善，国外对于水质的评价重心已由专注水质达标转向针对生态环境问题的评价和防控，评价指标由常规污染物逐步发展到覆盖理化、生物和环境的综合指标，建立了相对较为完备的监测方法标准体系和质量管理体系，评价方法也由水环境质量标准向生态与健康评价方向转变。

2.2.2.2 国标、行标地下水调查评估标准现状

“十三五”期间，我国制修订了一系列地下水调查的评估标准、技术导则，包括《地下水质量标准》（GB/T 14848—2017）、《地下水超采区评价导则》（GB/T 34968—2017）、《环境影响评价技术导则　地下水环境》（HJ 610—2016）、《污染地块地下水修复和风险管控技术导则》（HJ 25.6—2019）、《地块土壤和地下水中挥发性有机物采样技术导则》（HJ 1019—2019）、《地下水环境监测技术规范》（HJ 164—2020）、《地下水监测规范》（SL 183—2005）、《区域地下水污染调查评价规范》（DZ/T 0288—2015）、《地下水水质标准》（DZ/T 0290—2015）。

水利、国土和生态环境 3 个部门的地下水监测调查工作侧重点有所不同，水利部门注重对地下水资源量的监测评价，国土部门重点关注对地下水位下降引发的地面沉降和地下水污染引起的地质环境破坏的监测，环保部门更关注地下水污染程度、范围的监测。相关地下水调查评估技术标准的颁布，有助于地下水污染情况调查工作规范、科学开展，对落实地下水污染防治分区管理具有重要的指导意义。目前，我国基于理化指标的地下水环境质量评价在我国水环境质量监测评价工作中占有主要地位。

2.2.2.3 地标、团标地下水评估标准现状

地方标准和团体标准涉及地下水的有 9 个。其中，地方标准 4 个，包括《山东水安全评价指南》（DB37/T 4499—2022）、《湖北省重点行业企业土壤及

地下水自行监测规范》(DB42/T 1514—2019)、《河南集中式地下水饮用水水源地基础环境状况调查技术规范》(DB41/T 2252—2022)、《陕西煤矿地下水监测规范》(DB61/T 1247—2019);团体标准 5 个,包括《石油化工企业场地地下水污染防治技术指南》(T/CAEPI 39—2021)、《矿区地下水污染防治技术规范》(T/HAEPCI 029—2020)、《垃圾填埋场地下水污染防治技术指南》(T/GIA 004—2020)、《地下水质量标准　石油类限值》(T/SBX 11—2018)、《集中式地下水饮用水水源地补给区污染源强评价与分级技术指南》(T/GIA 001—2018)。地方标准、团体标准具有制定速度快、定位准确的特点,制定的特定区域地下水调查评估标准富有一定的前瞻性和引领性,能够作为国家标准、行业标准的重要补充供相关地下水调查项目使用。

2.3　基于土壤和地下水采测方法统计

为全面贯彻落实《中共中央　国务院关于深入打好污染防治攻坚战的意见》的要求,2021 年生态环境部颁布了《"十四五"生态环境监测规划》《"十四五"土壤、地下水和农村生态环境保护规划》,规划指出深入打好污染防治攻坚战,切实加强土壤、地下水生态环境保护。

2.3.1　土壤调查采样和监测现状

基于中国标准服务网统计分析,输入 sampling of soil 关键词,检索时间从 1960—2022 年,勾选现行标准,共检索出 6 516 个标准。统计分析表明土壤调查采样标准整体上逐年增多,2013—2017 年增加速度最快。

发布标准主要来自英国、美国、德国、中国等 12 个国家和组织机构,其中排名前五的国家和机构有英国、美国、德国、国际标准化组织(ISO)和中国,分别占 17.9%、14.9%、13.2%、11.3% 和 9.6%。涉及领域主要有环保、保健和安全、采矿和矿产品、化工技术、石油及相关技术标准主要集中在环保、保健和安全领域,有 1 027 个标准,占总量的 15.8%。

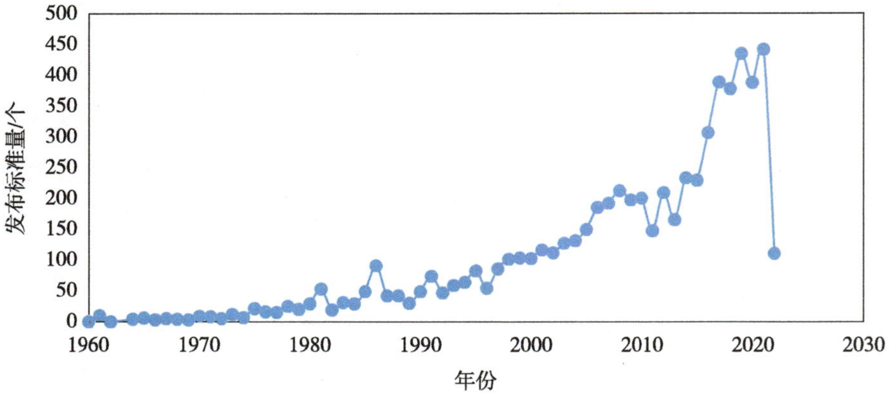

图 2.3.1　土壤调查采样标准发布趋势

美国有关土壤质量的标准和规范主要有美国环保局（US EPA）方法和美国测试与材料学会（ASTM）标准，提供了现场操作和实验室分析的标准和方法。ASTM 建立的有关土壤采样的标准方法已被许多国家采用，如加拿大和日本。《挥发性有机化合物废物和土壤采样标准指南》（ASTM D4547-20）、《挥发性有机分析土壤收集和储存用一次性手持式土壤芯取样器的标准指南》（ASTM D8170-20）、《用手动斗式螺旋钻对土壤和污染介质进行取样的标准实施规程》（ASTM D6907-22）、《固体废物评估的测试方法　物理 / 化学方法》（EPA/SW-846）、《土壤采样质量保证导则》（EPA-600/8-89-046）、《土壤采样的准备规范》（EPA-600/4-83-020）等。其中《固体废物评估的测试方法　物理 / 化学方法》（EPA/ SW-846）包含采样、污染物测试质量控制是一种比较综合的方法，囊括了 200 多个分析测试标准。《土壤采样质量保证导则》（EPA-600/8-89-046）和《土壤采样的准备规范》（EPA-600/4-83-020）以土壤采样和质量控制为主。美国材料与试验协会（ASTM）于 2021 年颁布了《场地环境评　价标准指南：第 1 阶段场地环境评定程序 》（E1527）和《场地环境评价标准指南：执行筛选程序》（E1528）。

2017 年，英国标准局（BSI）颁布了《对潜在污染场所的调查业务守则》（BS 10175：2011+A2：2017），该规范规定了一般土壤污染调查的程序和方法指导，包括采样准备、布点方法、样品采集方法、质量控制及报告编写等内容。

借鉴采纳《土壤样品长期和短期储存指南》（ISO 18512）、《土壤质量土壤 pH 的测定》（ISO 10390）和《土壤质量用于好氧菌评价的土壤样品收集处理和贮存导则》（ISO 1038226）。ISO 10381 以及 DIS 18400 系列土壤质量采样指南，包括调查方法、取样设计、取样方法及安全防护方法等。

日本数次修订《农业用地土壤污染防治法》，并制定了土壤质量标准和分析方法。2002 年发布《土壤污染对策法实施规则》，将挥发性有机物、重金属和农药类划为特定有害物质。针对土壤污染调查监测规定了点位布设、样品采集及样品分析检测等方法。

我国建设用地土壤环境监测点位的布设和样品采集等要求，执行《建设用地土壤污染状况调查技术导则》（HJ 25.1—2019）和《建设用地土壤污染风险管控和修复监测技术导则》（HJ 25.2—2019）相关规定，污染物分析测试一般参照 GB 36600—2018（试行）和 HJ/T 166—2004 中相应的现行国家环境保护标准，并随之更新。对于污染场地调查采样来说，在制订了合理的布点方案的前提下，现场调查的采样技术和设备对于保证样品的准确性起着至关重要的作用。85 项污染物包括属和无机物 13 项、挥发性有机污染物 31 项、半挥发性有机污染物 21 项、有机农药类 14 项、多氯联苯、多溴联苯和二噁英类 5 项、石油烃 1 项。多数挥发性有机物和半挥发性有机物均可分别采用一种至多种检测方法统一获得检测结果，可以在检测基本项目中一并检出。其中多环芳烃、多氯联苯、多溴联苯和二噁英类毒性极强，石油烃具有地域性。苯胺在正常环境中易降解，但在实践中污染地块中常有检出，北京、上海、浙江、重庆地方标准也均包括苯胺。在现场样品分析过程中，可采用便携式分析仪器设备进行定性和半定量分析。

GB 36600—2018（试行）删除了氨氮、氟化物、甲基叔丁基醚（MTBE）、苯酚、蒽、荧蒽、芴等多环芳烃指标以及锌、锡等金属指标，这些化合物毒性较小，对人体健康风险不大，此外蒽、荧蒽、芴等多环芳烃指标以及锌、锡等金属指标筛选值比较高，很少出现超标的情况。

我国农用地土壤环境质量监测点位布设和样品采集等要求应执行《土壤环境监测技术规范》（HJ/T 166—2004）相关规定，土壤污染物分析方法应执行相应的国家环境保护标准，并随之更新。各国农用地土壤环境标准在污染物指标选择、形态特征和浓度数值上存在较大差异，部分污染物标准值存在数量级的差异，各国农用地土壤环境标准涉及 29 个重金属及其他无机物指标。排名前六的国家（地区）为加拿大、捷克、中国香港、荷兰、奥地利和波兰，超过 10 个国家制定标准的无机污染物指标分别为 Cd、As、Pb、Hg、Ni、Zn、Cu 和 Cr，这 8 个指标与我国农用地土壤风险管控标准基本项目一致。各国农用地土壤环境标准涉及 9 类有机污染物指标，包括烃类、芳香烃类、多环芳烃类、卤代烃、二噁英、多氯联苯、农药类、石油烃类和其他有机污染物类。排名前五的国家（地区）为荷兰（8 类、82 种）、加拿大（8 类、63 种）、比利时布鲁塞尔（7 类、46 种）、比利时佛兰德（6 类、45 种）和中国香港（8 类、37 种），超过 10 个国家制定标准的有机污染物指标为多环芳烃、芳香烃、卤代烃和多氯联苯类；具体到污染物，苯并［*a*］芘、苯、乙苯、甲苯、二甲苯、多氯联苯、萘、荧蒽、苯并［*a*］蒽等 10 种有机物制定标准最多。我国土壤风险管控标准有机物指仅涉及苯并［*a*］芘、六六六和 DDT。

各国重金属标准主要采用总量指标，少数国家制定提取态指标。检测方法我国主要采用盐酸—硝酸—氢氟酸—高氯酸的“四酸消解法”，国外主要采用王水法（提取除晶格外的所有重金属），因晶格内的重金属难以释放到环境中，因此更能客观反映重金属的土壤污染风险。提取态指标国外主要采用硝酸铵提取法。

2.3.2 地下水调查采样和监测现状

基于中国标准服务网统计分析，输入 sampling of groundwater 关键词，检索时间为 1960—2022 年，勾选现行标准，共检索出 4 944 个标准。统计分析表明土壤和地下水调查地下水采样标准整体上波动增长，2011—2017 年增加速度最快。

美国、英国、德国、国际标准化组织（ISO）和中国等 12 个国家和组织机构，其中排名前五的国家有美国、英国、德国、国际标准化组织（ISO）和中国，分别占 21.2%、16.8%、10.6%、10.2% 和 10.1%。土壤和地下水调查地下水采样标准涉及领域主要有环保、保健和安全、采矿和矿产品、化工技术、冶金、石油及相关技术标准，主要集中在环保、保健和安全领域，有530个标准，占总量的10.7%。

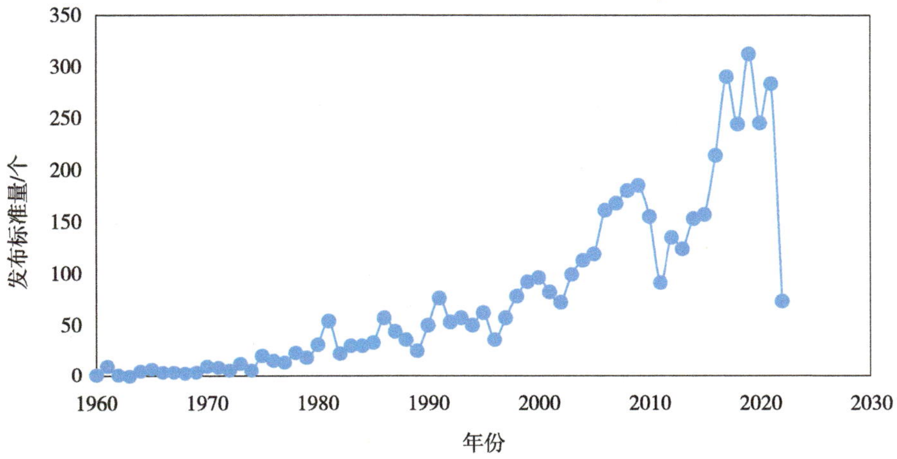

图 2.3.2　土壤和地下水调查地下水采样标准趋势

国外的地下水采样、前处理、分析测试均有各自不同的方法，根据不同目的可以选择组合包不同的方法。国际化标准组织（ISO）、德国标准化学会（DIN）、美国材料与试验协会（ASTM）、法国标准化协会（NF）、日本标准化组织（JIS）都制定了采样相关监测技术规范（见表2.3.1）。欧盟ISO 5667包括23项水质采样技术指南和不同环境介质的采样方法指南（见表2.3.2），其中与地下水相关的方法4项，包括Part 1—采样方案和采样技术导则、Part 3—水样的保存和处理、Part 11—地下水采样指南、Part 22 地下水监测点的设计和安装指南。国外地下水监测采样设备大致分为取样筒式采样器、惯性式采样器、气体驱动式采样器和潜水电泵式采样器4类，操作简便，分别使用不同类型监测井。美国区域地下水环境监测主要关注曾经或正在使用的杀虫剂、化肥、挥发性有机物和金属物质。监测指标分为两类：一是现场测试参数（5个）：溶解氧、pH、碱度、电导率、温度；二是实验室分析参数，如主要离子（15个）、营养成分（5项）、农药类（88项）、挥发性有机物（85项）、痕量元素（22项）、放射性和稳定性同位素（4项）等。我国地下水环境监测点布设、环境监测井建设与管理、样品采集与保存、监测项目和分析方法按照《地下水环境监测技术规范》（HJ 164—2020）执行。区域地下水监测点布设参照《区域地下水质监测网设计规范》（DZ/T 0308）相关要求执行，采样器具的材质和结构应符合《水质　采样技术指导》（HJ 494—2009）中的规定。样品采集一般按照挥发性有机物（VOCs）、半挥发性有机物（SVOCs）、稳定有机物及微生物样品、重金属和普通无机物的顺序采集。采集挥发性有机物（VOCs）水样时执行《地块土壤和地下水中挥发性有机物采样技术导则》（HJ 1019—2018）相关要求。借鉴发达国家地下水环境监测要求，（HJ/T 164—2020）补充修订了地下水采样和前处理洗井环节。地下水监测项目主要选择《地下水环境质量标准》（GB 14848—2017）的常规项目和非常规项目。将原先的 39 项监测指标增加至 93 项，其中常规指标 39 项，非常规指标 54 项，以常规指标为主，其中毒理学有机指标有原先的 2 项增加至 49 项，不同地区可根据实际情况补充选定非常规指标。地下水环境监测时的气温、地下水水位、水温、pH、溶解氧、电导率、氧化还原电位、嗅和味、浑浊度、肉眼可见物等监测项目为每次监测的现场必测项目。截至 2021 年年初，我国共有 281 个可用于地下水样品实验室测试的国家和行业标准方法，国标 43 个，行标 129 个、地质方法 69 个和水利方法 40 个，共涵盖 539 项测试指标，包括理化指标 17 项，无机化合物、离子（39 项），无机元素 78 项 ，有机物 395 项，放射性指标 2 项，微生物类 8 项。嗅和味、肉眼可见物 2 个指标，均各有一个指标方法，总硬度，溶解性固体、阴离子表面活性剂 、菌落数、总 α 放射性和总 β 放射性等 6 个指标各有 2 个标准方法，其余 31 个指标均有 3 个以上的标准方法，Mn、As、Zn、Pb、Cd、Cr（六价）、Cu、Se 和氨氮（以 N 计）9 个指标具有多个标准方法。

部分发达国家开展了针对有毒副产物的管控，US EPA 在系列技术指南中明确要求，修复过程产生的有毒副产物进行检测和监管。我国土壤和地下水修复的相关技术指南中仅《污染地块地下水修复和污染风险管控技术导则》（HJ 25.6—2019）提出了含氯有机物的降解产物具有一定的毒性风险，且未明确有毒副产物的监测和控制措施。

表 2.3.1　国外相关采样规范

国家、地区或组织	规范、标准或方法名称	标准或方法编号	英文名称	主要内容
国家标准化组织（ISO）	水质　采样　第 1-24 部分：环境水样采集与处理导则　第 10 部分：废水采样指南	ISO5667part1-24	Waterquality：Sampling：Part 10：Guidance on sampling of wastewaters	分别针对采样方案设计、采样技术导则、样品保存与处理、湖泊、饮用水、河流、锅炉车间水和水蒸气采样、水性沉积物、海水、废水、地下水、底泥、环境水样采集和处理质量保证等方便作了相关规定
德国标准化（DIN）	水质　采样　第 1 部分：采样方案和采样技术设计指南	DINENISO5667-1-2007	Water quality—Sampling—Part 1：Guidance on the design of sampling programmers and sampling techniques（ISO5667-1：2006）：English version of DIN ENIS05667-1：2007-04	采样流程设计、采样时间和频次、流量测量、采样技术、采样设备、样品运输保存、样品记录、采样安全及预防措施
法国标准化协会（NF）	水质　采样　第 3 部分：水样保存和处理	NFT90-511-3-2013	Water quality—Sampling—Part 3：Preservation and handling of water samples	水样分类、水样的保存
美国材料与试验协会（ASTM）	水中筛选法的质量控制标准指南	ASTMD6850-2003（2008）	Standard Guide for QC of Screening Methods in Water	水样的筛选方法、筛选方法质量控制体系、筛选方法的验证
美国材料与试验协会（ASTM）	地下水样品现场保存的标准指南	ASTM D6517-18	Standard Guide for Field Preservation of Ground Water Samples	地下水样品现场保存
美国材料与试验协会（ASTM）	地下水质量调查用井净化方法的标准指南	ASTM D6452-18	Standard Guide for Purging Methods for Wells Used for Ground Water Quality Investigations	地下水质量调查用井净化方法

续表

国家、地区或组织	规范、标准或方法名称	标准或方法编号	英文名称	主要内容
美国材料与试验协会（ASTM）	选择地下水监测井清洗和取样装置的标准指南	ASTMD6634/D6634M-14	Standard Guide for the Selection of Purging and Sampling Devices for Groundwater Monitoring Wells	地下水监测井清洗和取样装置的指南
美国环境保护局（EPA）	SW-846 第四章　有机物分析	SW-846 Chapter 4	Organic Analytes	有机物采样和样品制备方法
美国环境保护局（EPA）	SW-846 第三章　有机物分析	SW-846 Chapter 3	Inorganic Analytes	无机物采样和样品制备方法
美国国家公路与运输协会标准（AASHTO）	水样采集和防腐	AASHTOR24-1999	Standard Recommended Practice for Collection and Preservation of Water	水样的分类、采样频次、水样的采集和保存、采样过程注意事项、水样的管理和运输
美国环保（EPA）	污染物测试程序指南	40CFR Part 136	Guidelines establishing test procedures for the analysis of pollutants	测试程序的识别、样品的保存和保留时间、质控措施等
美国环保（EPA）	“国家消除污染排放制度”守法核查手册	EPA305-X-03-004	NPDES Compliance Inspection Manual	采用评估、抽样、运行状况审计、现场监测检查等核查方式，记录和保证核查对象符合的 NPDES 管理
俄罗斯（RU-GOST）	岩土勘测与测试　采样方法和地下水测量　第一部分：执行的技术原则	GOST R ISO 22475-1-2017	Methods for sampling and measuring groundwater. Part 1： Implementation of technical principles	本标准规定了土壤、岩石和地下水取样的技术原则。获取关于地下水状况的信息和进行水采样，以评估地下水、土壤、岩石和建筑材料之间的相互作用。本标准不要求为农业和生态土壤研究目的采集样品

表 2.3.2　欧盟 ISO 5667 水质采样内容

序号	方法名称	英文名称	年份
1	第 1 部分：采样方案和采样技术的设计指南	Part 1：Guidance on the design of sampling programmers and sampling techniques	2020
2	第 3 部分：水样的保存和处理	Part 3：Preservation and handling of water samples	2018
3	第 4 部分：湖泊（自然和人工）采样指南	Part 4：Guidance on sampling from lakes，natural and man-made	2016
4	第 5 部分：从自来水厂和管道分配系统采集饮用水指南	Part 5：Guidance on sampling of drinking water from treatment works and piped distribution systems	2006
5	第 6 部分：河流和溪流采样指南	Part 6：Guidance on sampling of rivers and streams	2014
6	第 7 部分：锅炉厂中水样和蒸汽采样指南	Part 7：Guidance on sampling of water and steam in boiler plants	1993
7	第 8 部分：湿沉降采样指南	Part 8：Guidance on the sampling of wet deposition	1993
8	第 9 部分：海水采样指南	Part 9：Guidance on sampling from marine waters	1992
9	第 10 部分：污水采样指南	Part 10：Guidance on sampling of waste waters	2020
10	第 11 部分：地下水采样指南	Part 11：Guidance on sampling of groundwaters	2009
11	第 12 部分：底泥采样指南	Part 12：Guidance on sampling of bottom sediments	2017
12	第 13 部分：污泥采样指南	Part 13：Guidance on sampling of sludges	2011
13	第 14 部分：环境水样采集处理的质量保证和质量控制指南	Part 14：Guidance on quality assurance and quality control of environmental water sampling and handling	2014
14	第 15 部分：污泥和沉积物样品的保存和处理指南	Part 15：Guidance on the preservation and handling of sludge and sediment samples	2009
15	第 16 部分：样品的生物测试指南	Part 16：Guidance on biotesting of samples	2017
16	第 17 部分：固体悬浮物采样指南	Part 17：Guidance on sampling of bulk suspended solids	2008

续表

序号	方法名称	英文名称	年份
17	第 19 部分：海洋沉积物取样指南	Part 19：Guidance on sampling of marine sediments	2004
18	第 20 部分：使用采样数据进行决策指导符合阀值和分类系统	Part 20：Guidance on the use of sampling data for decision making-Compliance with thresholds and classification systems	2008
19	第 21 部分：油轮和管道分配系统外的系统中饮用水采样指南	Part 21：Guidance on sampling of drinking water distributed by tankers or means other than distribution pipes	2010
20	第 22 部分：地下水监测点的设计和安装指南	Part 22：Guidance on the design and installation of groundwater monitoring points	2010
21	第 23 部分：地表水被动采样指南	Part 23：Guidance on passive sampling in surface water	2011
22	第 24 部分：水质采样的审核指南	Part 24：Guidance on the auditing of water quality sampling	2016
23	第 25 部分：取样水样储存时间验证指南	Part 25： Guideline on the validation of the storage time of water samples	2022

2.4 基于土壤和地下水采测的质控技术

为贯彻落实《中华人民共和国土壤污染防治法》，指导做好土壤与地下水污染状况调查过程中的质量控制，进一步提高调查工作质量。参照我国污染场地环境管理系列标准和规范等相关文件，借鉴国外污染场地修复工程监理先进经验，结合国内外污染场地相关管理经验和我国污染场地修复工程监理和质量控制工作实际，土壤和地下水污染状况调查质量控制采取密码平行样的方式，选取《土壤环境质量建设用地土壤污染风险管控标准（试行）》（GB 36600—2018）建设用地土壤污染第一类用地筛选值和管制值为土壤密码平行样比对分析结果评价依据，选取《地下水质量标准》（GB/T 14848—2017）地下水质量Ⅲ类标准限值为地下水密码平行样比对分析结果评价依据。现场采集 3 份土壤或地下水平行样品，其中 2 份送承担分析测试任务检验检测机构，开展实验室内平行分析，获得检测结果A和B及算术平均值C，另1份送第三方分析测试机构，开展实验室间比对分析，获得检测结果D。根据各实验室检测结果判断密码平行样质量控制是否合格。

土壤样品实验室内平行分析结果（A和B）和实验室间平行分析结果（C和D），A和B、C和D各比对结果均小于等于第一类筛选值，或均大于第一类筛选值且小于等于第一类管制值，或均大于第一类管制值时，判定比对结果合格；否则应当比较两个比对分析结果的相对偏差（RD），若检测无机物污染物，则A和B的RD小于等于30%，C和D的RD小于等于35%，比对结果为合格，其余为不合格，若检测挥发性有机污染物，则A和B的RD小于等于40%，C和D的RD小于等于50%比对结果为合格，其余为不合格。

地下水样品实验室内平行分析结果（A和B）和实验室间平行分析结果（C和D），A和B、C和D各比对结果均小于等于或大于地下水Ⅲ类标准限值（S），比对结果为合格；A和B、C和D各比对结果中一个大于S，一个小于等于S，计算相对偏差（RD），若检测无机物污染物，则A和B的RD小于等于30%，C和D的RD小于等于40%比对结果为合格，其余为不合格；若检测挥发性有机污染物/半挥发性有机污染物，则A和B的RD小于等于40%，C和D的RD小于等于50%比对结果为合格，其余为不合格。

表2.4.1 质量控制的主要内容与评估方法

适用范围	质控方式	污染物类别	分析结果	评判标准	评价依据
土壤	实验室内平行分析结果（A、B）/实验室间平行分析结果（C、D）	无机污染物/挥发性有机污染物	结果（A、B）（C、D）均≤第一类筛选值	合格	《土壤环境质量建设用地土壤污染风险管控标准（试行）》（GB 36600—2018）第一类用地筛选值和管制值
			第一类筛选值<结果（A、B）（C、D）均≤第一类管制值	合格	
			结果（A、B）（C、D）均>第一类管制值	合格	

续表

适用范围	质控方式	污染物类别	分析结果	评判标准	评价依据
土壤	实验室内平行分析结果（A、B）	无机污染物	结果A、B相对偏差（RD）≤30%	合格	《土壤环境质量建设用地土壤污染风险管控标准（试行）》（GB 36600—2018）第一类用地筛选值和管制值
		挥发性有机污染物	结果A、B相对偏差（RD）≤40%	合格	
	实验室间平行分析结果（C、D）	无机污染物	结果C、D相对偏差（RD）≤35%	合格	
		挥发性有机污染物	结果C、D相对偏差（RD）≤50%	合格	
地下水	实验室内平行分析结果（A、B）/实验室间平行分析结果（C、D）	无机污染物/挥发性有机污染物/半挥发性有机污染物	结果（A、B）（C、D）均≤S	合格	《地下水质量标准》（GB/T 14848—2017）地下水质量Ⅲ类标准限值（S）
			结果（A、B）（C、D）均>S	合格	
	实验室内平行分析结果（A、B）	无机污染物	若A>S，B<S或A<S，B>S，相对偏差（RD）≤30%	合格	
		挥发性有机污染物/半挥发性有机污染物	若A>S，B<S或A<S，B>S，相对偏差（RD）≤40%	合格	
	实验室间平行分析结果（C、D）	无机污染物	若C>S，D<S或C<S，D>S，相对偏差（RD）≤40%	合格	
		挥发性有机污染物/半挥发性有机污染物	若C>S，D<S或C<S，D>S，相对偏差（RD）≤50%	合格	

注：实验室内相对偏差计算公式：RD（%）=（A−B）/（A+B）×100

实验室间相对偏差计算公式：RD（%）=（C−D）/（C+D）×100

3

亟需突破的重点技术

JIXU TUPO DE ZHONGDIAN JISHU

3.1 突破精细化调查技术

3.1.1 全指标集成在线监测技术

现阶段在线监测技术仍只在地下水领域相对成熟，但地下水在线监测指标依旧限制在水位、水温、流量、pH、氨氮、浑浊度、COD、溶解氧等常规项目，对于地下水质量标准中同样被重点关注的重金属、VOCs等毒理学指标的在线监测亟待突破。土壤在线监测也几近空白，土壤环境调查大多以实验室分析为主，现场快筛为辅。现场便携可监测指标与土壤监测指标间建立关联关系模型，将成为土壤在线监测技术的突破口。

在现代化和信息化飞速发展的今天，基于物联网和云计算的环境保护工作如虎添翼，从“系统控制单元—通讯单元—取样单元—辅助单元—预处理单元—分析检测单元—远程控制单元”整体流程系统化建立全指标在线监测系统，是地下水和土壤在线监测未来发展的重要方向。

3.1.2 卫星遥感环境监测技术

为满足我国日益提高的对区域生态环境质量实时、动态监测及评价的需求，卫星遥感技术在环境监测领域的普及迫在眉睫。推动自主研制国产卫星遥感观测技术的提升，突破空间分辨率、时间分辨率、光谱分辨率和探测精度等方面的局限，研究建立适用于中国生态环境特点的遥感监测机理模型与算法，是构建生态环境立体遥感监测网络，拓宽生态环境遥感监测技术应用普适性的关键突破点。

3.1.3 无人机环境监测技术

无人机遥感技术因其安全、便捷、高效而被应用在环境监测领域。然而无人机环境监测技术的无阻碍应用还需解决三个“卡脖子”问题：一是无人机自身的稳定性、荷载体量、续航能力等的客观限制；二是为更加完美地实现与无人机的匹配和融合，环境监测设备亟需向更小巧、更轻便、功能更集成发展；三是无人机环境监测技术的顺利发展和广泛应用，随之匹配的行业标准和技术规范要予以支撑，标准化的环境监测技术手段才能有效促进监测领域的革新，确保数据“真、准、全、快、新”。

3.1.4 新污染物调查技术

新污染物主要包括持久性有机污染物、内分泌干扰物、抗生素及微塑料等，逐步受到广泛关注，是近年来污染物研究的热点。这些物质对生态环境或人体健康存在较大风险，但尚未纳入环境管理或现有管理措施仍然不足，大多数物质尚未发布国家与行业调查评估标准。

靶向分析是目前环境调查中新污染物检测的主要方法，其对标准品和先验信息的依赖却极大地限制了对未知污染物的监测。为了更全面地了解环境中存在的污染物，利用串联飞行时间高分辨质谱仪的非靶向筛查方法，不以特定目标物作为预设研究对象，不依赖已有的标准物质，针对整个环境样品中的质谱信息进行全谱分析，可以检测现有指标体系外的各种有环境风险的有机化合物及各种变体，在选择恰当的色谱和电离方法的前提下，所有在预处理过程中被保留的化合物均可以被识别。可以预见，非靶向技术将是近年来新污染物环境调查中检测领域的重要发展方向。

虽然非靶向技术可以分析全部组分，但是由于前处理过程影响，并不是所有的物质都能实现“从提取目标到标准样品验证”的完整分析过程。因此，为使高分辨质谱下的分析结果相互间具有可比性，完整、统一的前处理标准也是需要研究的一个课题。非靶向技术的数据库依赖大量的调查、实验以及计算化学模型的应用等，这些都需要做大量的工作。另外，非靶向技术所需要的 LC-QTOF/MS 及 GC-QTOF/MS 仪器成本较高，不便于普及，也是制约其发展的一个因素。同时也要将非靶向检测与传统的靶向检测相结合，在现在监测体系基础上，充分结合新技术，探讨社会成本较低的运行方式。

3.2 健全分级分类的地下水环境监测评价体系

土壤和地下水两介质中的污染物不可避免地产生物理迁移、化学反应和生物降解等的复杂、多维度地相互作用，为推动实现全面调查和科学评价，应坚持土壤与地下水的“协同监测、协同评价、协同治理”。

相较于土壤污染的非均相性，地下水因其自身具备流动、循环、开放的特点，使地下水监测更能揭示污染状况、迁移风险、变化规律和修复效果。为快速推进地下水环境监测高质量发展，深化完善水环境监测评价体系，支撑“地上—地下”协同监管，需要分级、分类健全监测指标，使之与实际调查区域污染物种类相匹配；需要分级、分类划定地下水类别，细化污染情况和应用场景；需要分级、分类建立评价限值，以环境风险为首要考量要素，明确区别污染人为成因和污染天然成因的实际情况。克服上述三个地下水环境监测评价体系建立难点，有助于精准支撑和引领我国环境调查评估发展。

3.3 完善风险评估及效果评估技术

国际上已发布的环境健康风险评估技术性文件，主要包括框架性指南、针对不同人群、不同毒性的应用性指南、方法性指南和参考性资料等。目前，我国环境风险评估技术尚缺乏针对不同毒性特征的框架性导则、不同人群和不同毒性类型评估技术、针对重点难点的详细性指导、相关参数的持续性更新等重要内容。亟待进一步完善针对不同环境介质、不同脆弱人群的适应性研究，新型污染物、污染积累和复合污染的风险评估研究，针对不同区域和背景的评估参数研究等基础性和前瞻性工作。

现有风险评估模型主要基于污染物在环境介质中的总量，未能考虑污染物的形态、吸附、降解等风险特性，各类参数的选取相对保守，且缺乏对环境及人群背景特点的综合研究，在实际应用过程中可能造成过高或过低的评估健康风险。因此，亟需综合构建系统化的风险评估技术体系，完善各类污染物风险特性研究、暴露参数的科学性研究、不同背景对风险评估的影响研究等工作内容。

现有场地修复效果评估技术仍不足以全面支撑各类污染场地的修复验收，如前期场地调查和后期效果评估的采样代表性无法良好兼顾污染空间变异性大的情形，土壤修复技术缺乏系统验证及稳定性评估体系，地下水修复技术尚不成熟且存在后期反弹风险等。因此，亟需系统完善复杂污染场地采样代表性研究，开展土壤及地下水的修复系统验证与稳定性评估研究，补充后期风险评估研究等重要工作。

3.4 形成全过程跟踪调查评估技术体系

为进一步提高后期地块安全利用率，破解污染治理修复或风险管控后期环境监管薄弱的问题，亟需建立精细的全过程土壤环境跟踪调查评估体系和长期跟踪监测和评估计划，切实加强污染地块全过程监督管理，确保污染修复或风险管控效果的可靠性和稳定性。

需进一步完善全过程质量控制体系，提升调查阶段、风险评估阶段、修复阶段及效果评估阶段的可靠性，确保场地环境安全利用。特别是在修复阶段，亟需形成修复全过程跟踪调查评估技术体系。国际上为了尽量降低修复过程中的不确定性，采取了运行与维护、监测评估与修复工程优化等一系列措施。因此，需建立修复技术的可行性测试研究技术，修复设施的运行维护、监测评估与工程优化研究技术、修复工程的竣工验收技术等，以降低修复全过程的不确定性风险。

4

展望

ZHANWANG

环境调查评估技术是摸清土壤和地下水污染状况，掌握土壤和地下水污染行为，识别污染环境风险并为管理决策提供参考依据的关键基础手段。提升土壤和地下水环境领域调查评估能力、监管能力和风险防控能力也是改善环境质量、加强生态文明建设的重要工作。为更好地支撑“十四五”污染防治攻坚战的工作，在新型监测技术、监测指标筛选技术、协同监管、风险评估体系建设等方面对环境调查评估技术提出了更高的要求。

环境调查方法的多样化，调查技术实时化、智能化、信息化的发展趋势愈加明显。无人机、卫星遥感等技术在时空尺度、调查精度等方面有了质的飞跃，能够准确识别和调控土壤微观尺度到宏观尺度的景观演变。发展基于大数据技术的环境信息平台，构建基于不同污染类型、不同污染特征和不同功能用途的全过程环境基础调查数据，为实现土壤和地下水环境现代化管理打好数据基础。

“十四五”期间，要提升土壤和地下水的环境风险防范能力。应重点开展环境风险评估体系建设，如建设用地的土壤污染预警、修复与管控等，进一步完善土壤污染风险管控标准体系。研究不同情况下地下水中特征污染物的释放、迁移转化和环境效应，建立以保护人体健康和防范土壤污染为核心的地下水风险管控标准体系。

附录

FULU

附录 1.1　国外相关土壤调查规范及标准

国家、地区或组织	规范 / 标准名称	编号 / 英文名称	主要内容
国际标准化组织（ISO）	土壤质量—与地下水保护有关的污染土壤的特性	ISO 15175　Soil quality—Characterization of contaminated soil related to groundwater protection	针对场地、土壤和土壤材料作为地下水污染源的作用及其在运输、降解和转化污染物方面的作用，该文件提供了评估场地、土壤及土壤材料的原则和主要方法的指导。它确定并列出了相关的监测策略、采样方法、土壤处理和分析方法。本国际标准适用于评估与饮用水水质、灌溉水质、工业用水和天然基流相关的污染物对地下水的影响
国际标准化组织（ISO）	环境管理—环境尽职调查评估指南	ISO 14015　Environmental management — Guidelines for environmental due diligence assessment	该文件提供了如何通过识别环境因素、问题和条件的系统过程进行环境尽职调查评估的指导，并在适当情况下确定其业务后果
美国材料与测试协会（ASTM E）	环境现场评估标准实施规程（Ⅰ）	ASTM E 1527-21　Standard Practice for Environmental Site Assessments: Phase I Environmental Site Assessment Proces	第一阶段环境现场评估规程环境现场评估过程
美国材料与测试协会（ASTM E）	环境现场评估标准实施规程（Ⅱ）	ASTM E 1903-19　Standard Practice for Environmental Site Assessments: Phase Ⅱ Environmental Site Assessment Process	第二阶段环境现场评估规程环境现场评估过程

续表

国家、地区或组织	规范 / 标准名称	编号 / 英文名称	主要内容
英国环保总署	污染场地管理规范程序	CLR11：Model Procedures for the Management of Land Contamination International Criteria for Soil Survey Assessment	该文件为污染地块的风险管理提供规范指导，开展层次化风险评估的工作程序和内容如下：第一层次，开发形成场地概念模型；第二层次，更新地块特征参数，推荐使用引入概率分析方法的 CLEA 模型计算土壤指导值；第三层次，结合污染物实际环境行为，开展详细定量风险评估
加拿大环境部长委员会	加拿大污染场地环境质量指导值	Interim Canadian Environmental Quality Criteria for Contaminated Sites	加拿大土壤质量指导值（SQGs）的制定同时考虑了人体健康与生态受体，取值原则是保护二者之中更为敏感的受体。土壤质量指导值可以评估疑似污染场地是否需要开展进一步调查，也可以用来识别场地风险等级，评价场地总体污染状况，并作为确定场地修复目标值的基础
加拿大环境部长委员会	基于生态环境保护和人体健康风险的土壤质量指导值制定规程	A protocol for the Derivation of Environmental and Human Health Soil Quality Guidelines	该文件规定了土壤质量指导值的制定条件与场景、加拿大联邦土壤质量指导值制定技术方法及联邦土壤质量指导值的参考值

附录 1.2　与土壤、地下水调查评估相关的地方标准

发布地区	标准号	标准名称	主要内容
北京市	DB11/T 1280—2021	建设用地土壤污染修复方案编制导则	该导则规定了建设用地土壤污染修复方案编制的原则、工作程序、内容与要求
	DB11/T 656—2019	建设用地土壤污染状况调查与风险评估技术导则	该导则规定了建设用地土壤、地下水污染状况调查与风险评估的技术要求；适用于开展建设用地土壤、地下水污染状况调查与风险评估
	DB11/T 1278—2015	污染场地挥发性有机物调查与风险评估技术导则	该导则规定了场地挥发性有机物污染调查、采样和呼吸暴露健康风险评估三个方面的技术要求
	DB11/T 1281—2015	污染场地修复后土壤再利用环境评估导则	该导则规定了污染场地修复后土壤再利用环境评估的工作程序、方法、内容及要求
	DB11/T 783—2011	污染场地修复验收技术规范	该规范规定了污染场地修复验收的内容和技术要求；适用于污染场地范围内的污染土壤和地下水修复效果的评价
	DB11/T 811—2011	场地土壤环境风险评价筛选值	该标准规定了用于住宅用地、公园与绿地、工业 / 商服用地等不同土地利用类型下土壤污染物的环境风险评价筛选值及使用规则
江苏省	DB32/T 4348—2022	土壤污染重点监管单位周边监测技术规范	该文件规定了土壤污染重点监管单位周边监测的程序以及基础信息调查、监测方案制订、现场采样、样品分析、质量保证及质量控制、监测结果分析、监测报告编制的要求
	DB32/T 4345—2022	建设用地非确定源土壤污染状况调查技术指南	该文件提供了建设用地非确定源土壤污染状况调查原则、程序、内容、方法和报告编制的技术指导；适用于建设用地存在使用历史不清、污染来源不明等情况的土壤及地下水污染状况调查

续表

发布地区	标准号	标准名称	主要内容
江苏省	DB32/T 4121—2021	耕地镉污染土壤修复效果评价规程	该文件规定了耕地镉污染修复效果评价的术语和定义、原则、方法与范围、指标、程序及相关技术要求
	DB32/T 4003—2021	加油站地块土壤污染状况调查技术指南	该文件规定了加油站地块土壤污染状况调查的基本原则、工作程序、现场安全、技术要求、报告编制和资料管理
	DB32/T 1754—2011	化工园区周边产地重金属含量评价技术规程	该文件规定了化工园区周边产地重金属含量评价的程序、评价指标与方法、结果报告编制，本标准适用于化工园区周边农产品重金属含量的监测及评价
	DB32/T 1934—2011	土地利用总体规划环境影响评价技术指南	该文件适用于江苏省辖市级土地利用总体规划编制、实施及实施后的环境影响评价工作
重庆市	DB50/T 725—2016	场地环境调查与风险评估技术导则	该导则规定了场地环境调查与风险评估的程序、内容、方法和技术要求；适用于场地环境调查和风险评估
	DB50/T 724—2016	污染场地治理修复验收评估技术导则	该导则规定了污染场地治理修复验收评估的术语和定义、总体要求、验收评估方法和验收评估报告编制。本标准适用于污染场地治理修复的验收评估工作
黑龙江省	DB23/T 2411—2019	富锗土壤评价技术要求	该标准规定了富锗土壤评价的术语、定义、评价原则和依据、评价目标和单元划分、评价分级标准、调查评价要求
	DB23/T 2410—2019	富锌土壤评价技术要求	该标准规定了富锌土壤评价的术语、定义、评价原则和依据、评价目标和单元划分、评价分级标准、调查评价要求
	DB23/T 2409—2019	富铁土壤评价技术要求	该标准规定了富铁土壤评价的术语、定义、评价原则和依据、评价调查评价要求

续表

发布地区	标准号	标准名称	主要内容
黑龙江省	DB23/T 2427—2019	森林土壤有机碳储量调查技术规程	该标准规定了森林土壤有机碳储量调查的土壤剖面点设置和调查取样、土壤容重、有机碳和砾石体积含量测定及土壤有机碳储量计算
	DB23/T 2071—2018	富硒土壤评价要求	该标准规定了富锗土壤评价的术语、定义、评价原则和依据、评价目标和单元划分、评价分级标准、调查评价要求
浙江省	DB33/T 2224—2019	土壤质量地质调查规范	该标准规定了土地质量地质调查的总则、设计书编写、野外工作方法、样品分析与质量要求、土地质量地球化学评价、异常查证、成果编制和质量管理等方面的要求
	DB33/T 892—2013	污染场地风险评估技术导则	该标准规定了污染场地人体健康风险评估的内容、程序、方法和技术要求。本标准使用于污染场地人体健康风险评估和污染场地修复建议目标值的确定
四川省	DB51/T 2724—2020	四川省农产品产地土壤环境质量评价技术规程	该文件规定了四川省农产品产地土壤环境质量评价的样品采集与分析、标准和方法等技术规范。本文件适用于四川省农产品产地土壤环境质量的安全评估和等级划分
	DB51/T 2723—2020	四川省耕地质量等级评价技术规范	该文件规定了四川省耕地质量等级评价的内容和方法
	DB51/T 2671—2019	川产药材产地土壤环境调查指南	该标准规定了川产药材产地土壤环境调查的术语和定义、目的、一般要求、调查方法、指标及分析方法、结果评价、报告编制大纲，适用于川产药材的产地土壤环境调查

续表

发布地区	标准号	标准名称	主要内容
广东省	DB44/T 2263.2—2020	耕地土壤重金属污染风险管控与修复风险评价	该文件规定了耕地土壤重金属污染风险评价的基本原则、工作程序、资料收集与分析、点位风险评价、治理单元风险评价和评价报告编制的要求；适用于开展耕地土壤重金属污染评价、风险类型和登记划分和重金属污染风险管控等工作
	DB4401/T 102.1—2020	建设用地土壤污染防治　第 1 部分：污染状况调查技术规范	该文件规定了建设用地土壤污染状况调查的术语和定义、基本原则和工作程序、第一阶段至第三阶段调查工作要求和报告编制等内容；适用于广州市辖区内建设用地用途变更及农用地变更为住宅、公共管理和公共服务用地的土壤污染状况调查工作
	DB44/T 15415—2014	土壤重金属风险评价筛选值　珠江三角洲	该标准适用于珠江三角洲区域内自然土壤、农业用地土壤，建设用地土壤；规定了监测的采样和分析方法
河南省	DB41/T 2255—2022	石油污染土壤修复验收技术规范	该文件规定了石油污染土壤修复验收的总则、资料审核与现场核实、监测方案要求、采样与实验室检测分析、修复效果评估及验收报告等要求
	DB41/T 2252—2022	集中式地下水饮用水水源地基础环境状况调查技术规范	该文件规定磷集中式地下水饮用水水源地基础环境状况调查资料收集、调查范围确定、现场调查、采样点布设、样品采集测试和水质评价等技术要求
	DB41/T 2092—2021	土壤质量调查评价规范	该文件规定了土地质量调查评价的基本要求、野外工作方法、样品采集与处理、数据分析、土地质量评价等主要内容

续表

发布地区	标准号	标准名称	主要内容
河南省	DB41/T 1948—2020	农用地土壤污染状况调查技术规范	该标准适用于土壤或农产品点位超标区域的农用地土壤污染状况调查和污染事故造成的农用地土壤污染状况调查。本标准规定了农用地土壤污染状况调查的基本原则和工作程序、资料收集、现场踏勘、人员访谈、调查范围、监测单元、监测点位、监测项目、样品采集、流转、制备和保存、监测时段、分析方法、评价方法、报告编制
广西壮族自治区	DB45/T 2556—2022	建设用地土壤污染风险筛选值和管制值	本文件适用于建设用地土壤污染风险筛查和风险管制。本文件规定了建设用地土壤污染风险筛选值和管制值以及监测要求
湖北省	DB42/T 1514—2019	湖北省重点行业企业土壤及地下水自行监测规范	该标准规定了湖北省重点行业企业土壤及地下水自行监测过程中一般要求，监测程序及技术要求及标准的使用
陕西省	DB61/T 1247—2019	陕西煤矿地下水监测规范	该标准规定了煤矿地下水监测总则、要求、监测资料整理与归档

附录 2.1　国外相关采样规范

国家、地区或组织	规范、标准或方法名称	标准或方法编号	英文名称	主要内容
国际标准化组织（ISO）	水质　采样　第1-24部分：环境水样采集与处理导则　第10部分：废水采样指南	ISO5667part1-24	Waterquality: Sampling: Part10: Guidance on sampling of wastewaters	分别针对采样方案设计、采样技术导则、样品保存与处理、湖泊、饮用水、河流、锅炉车间水和水蒸气采样、水性沉积物、海水、废水、地下水、底泥、环境水样采集和处理质量保证等方便做了相关规定
德国标准化（DIN）	水质　采样　第1部分：采样方案和采样技术设计指南	DINENISO5667-1-2007	Water quality—Sampling—Part 1:Guidance on the design of sampling programmers and sampling techniques（ISO5667-1:2006):English version of DIN ENIS05667-1:2007-04	采样流程设计、采样时间和频次、流量测量、采样技术、采样设备、样品运输保存、样品记录、采样安全及预防措施
法国标准化协会（NF）	水质　采样　第3部分：水样保存和处理	NFT90-511-3-2013	Water quality—Sampling—Part 3: Preservation and handling of water samples	水样分类、水样的保存
美国材料与试验协会（ASTM)	水中筛选法的质量控制标准指南	ASTMD6850-2003（2008)	Standard Guide for QC of Screening Methods in Water	水样的筛选方法、筛选方法质量控制体系、筛选方法的验证
美国材料与试验协会（ASTM)	地下水样品现场保存的标准指南	ASTM D6517-18	Standard Guide for Field Preservation of Ground Water Samples	地下水样品现场保存

续表

国家、地区或组织	规范、标准或方法名称	标准或方法编号	英文名称	主要内容
美国材料与试验协会（ASTM)	地下水质量调查用井净化方法的标准指南	ASTM D6452-18	Standard Guide for Purging Methods for Wells Used for Ground Water Quality Investigations	地下水质量调查用井净化方法
美国材料与试验协会（ASTM)	选择地下水监测井清洗和取样装置的标准指南	ASTMD6634/D6634M-14	Standard Guide for the Selection of Purging and Sampling Devices for Groundwater Monitoring Wells	地下水监测井清洗和取样装置的指南
美国环境保护局（EPA)	SW-846 第四章　有机物分析	SW-846 Chapter 4	Organic Analytes	有机物采样和样品制备方法
美国环境保护局（EPA)	SW-846 第三章　有机物分析	SW-846 Chapter 3	Inorganic Analytes	无机物采样和样品制备方法
美国国家公路与运输协会标准（AASHTO）	水样采集和防腐	AASHTOR24-1999	Standard Recommended Practice for Collection and Preservation of Water	水样的分类、采样频次、水样的采集和保存、采样过程注意事项、水样的管理和运输
美国环保局（EPA）	污染物测试程序指南	40 CFR Part136	Guidelines establishing test procedures for the analysis of pollutants	测试程序的识别、样品的保存和保留时间、质控措施等
美国环保局（EPA）	“国家消除污染排放制度”守法核查手册	EPA305-X-03-004	NPDES Compliance Inspection Manual	采用评估、抽样、运行状况审计、现场监测检查等核查方式，记录和保证核查对象符合的 NPDES 管理

续表

国家、地区或组织	规范、标准或方法名称	标准或方法编号	英文名称	主要内容
俄罗斯（RU-GOST）	岩土勘测与测试　采样方法和地下水测量　第一部分：执行的技术原则	GOST R ISO 22475-1-2017	Methods for sampling and measuring groundwater. Part 1：Implementation of technical principles	本标准规定了土壤、岩石和地下水取样的技术原则。获取关于地下水状况的信息和进行水采样，以评估地下水、土壤、岩石和建筑材料之间的相互作用。本标准不要求为农业和生态土壤研究目的采集样品

附录 2.2　欧盟 ISO 5667 水质采样内容

序号	方法名称	英文名称	年份
1	第 1 部分：采样方案和采样技术的设计指南	Part 1:Guidance on the design of sampling programmers and sampling techniques	2020
2	第 3 部分：水样的保存和处理	Part 3:Preservation and handling of water samples	2018
3	第 4 部分：湖泊（自然和人工）采样指南	Part 4:Guidance on sampling from lakes,natural and man-made	2016
4	第 5 部分：从自来水厂和管道分配系统采集饮用水指南	Part 5:Guidance on sampling of drinking water from treatment works and piped distribution systems	2006
5	第 6 部分：河流和溪流采样指南	Part 6:Guidance on sampling of rivers and streams	2014
6	第 7 部分：锅炉厂中水样和蒸汽采样指南	Part 7:Guidance on sampling of water and steam in boiler plants	1993
7	第 8 部分：湿沉降采样指南	Part 8:Guidance on the sampling of wet deposition	1993
8	第 9 部分：海水采样指南	Part 9:Guidance on sampling from marine waters	1992
9	第 10 部分：污水采样指南	Part 10:Guidance on sampling of waste waters10	2020
10	第 11 部分：地下水采样指南	Part 11:Guidance on sampling of groundwaters11	2009
11	第 12 部分：底泥采样指南	Part 12:Guidance on sampling of bottom sediments	2017
12	第 13 部分：污泥采样指南	Part 13:Guidance on sampling of sludges	2011
13	第 14 部分：环境水样采集处理的质量保证和质量控制指南	Part 14:Guidance on quality assurance and quality control of environmental water sampling and handling	2014
14	第 15 部分：污泥和沉积物样品的保存和处理指南	Part 15:Guidance on the preservation and handling of sludge and sediment samples	2009
15	第 16 部分：样品的生物测试指南	Part 16:Guidance on biotesting of samples	2017

续表

序号	方法名称	英文名称	年份
16	第 17 部分：固体悬浮物采样指南	Part 17:Guidance on sampling of bulk suspended solids	2008
17	第 19 部分：海洋沉积物取样指南	Part 19:Guidance on sampling of marine sediments	2004
18	第 20 部分：使用采样数据进行决策指导符合阈值和分类系统	Part 20:Guidance on the use of sampling data for decision making-Compliance with thresholds and classification systems	2008
19	第 21 部分：油轮和管道分配系统外的系统中饮用水采样指南	Part 21:Guidance on sampling of drinking water distributed by tankers or means other than distribution pipes	2010
20	第 22 部分：地下水监测点的设计和安装指南	Part 22:Guidance on the design and installation of groundwater monitoring points	2010
21	第 23 部分：地表水被动采样指南	Part 23:Guidance on passive sampling in surface water	2011
22	第 24 部分：水质采样的审核指南	Part 24:Guidance on the auditing of water quality sampling	2016
23	第 25 部分：取样　水样储存时间验证指南	Part 25: Guideline on the validation of the storage time of water samples	2022

附录 3.1　土壤质量检测指标推荐分析方法

序号	检测指标	分析方法	标准编号
1	采样	土壤环境监测技术规范	HJ/T 166
2		场地环境调查技术导则	HJ 25.1
3		场地环境监测技术导则	HJ 25.2
4		土壤检测　第 1 部分：土壤样品的采集、处理和贮存	NY/T 1121.1
5		森林土壤样品的采集与制备	LY/T 1210
6		地块土壤和地下水中挥发性有机物采样技术导则	HJ 1019
7		土壤质量　土壤采样技术指南	GB/T 36197
8		土壤质量　土壤气体采样指南	GB/T 36198
9		土壤质量　土壤采样程序设计指南	GB/T 36199
10		土壤质量　土壤样品长期和短期保存指南	GB/T 32722
11		农产品产地重金属污染土壤采样技术规范	DB51/T 2221
12		土壤柱状样采样方法　双管直推式钻进法	T/SXCAA 016
13	有机物的提取	土壤和沉积物　有机物的提取　超声波萃取法	HJ 911
14		土壤和沉积物　有机物的提取　加压流体萃取法	HJ 783
15	金属元素总量的消解	土壤和沉积物　金属元素总量的消解　微波消解法	HJ 832

续表

序号	检测指标	分析方法	标准编号
16	砷、镉、铜、铅、镍、锑、钴、钒	土壤和沉积物　12 种金属元素的测定　王水提取—电感耦合等离子体质谱法	HJ 803
17	镉、铜、铅、镍、锑、钴、铁	土壤　8 种有效态元素的测定　二乙烯三胺五乙酸浸提—电感耦合等离子体发射光谱法	HJ 804
18	铜、锌、铅、镍、铬	土壤和沉积物　铜、锌、铅、镍、铬的测定　火焰原子吸收分光光度法	HJ 491
19	汞、砷	土壤和沉积物　汞、砷、硒、铋、锑的测定　微波消解 / 原子荧光法	HJ 680
20	砷、镉、铜、铅、镍、锑、钴、钒、汞	前处理：沉积物、污泥和土壤的酸消解；分析：电感耦合等离子体质谱法	U.S.EPA3050B U.S.EPA 6020B
21	铜、锌、镍、铬、铅、镉	土壤质量　重金属测定　王水回流消解原子吸收法	NY/T 1613
22	铁、钒	土壤和沉积物　11 种元素的测定　碱熔—电感耦合等离子体发射光谱法	HJ 974
23	铜、铅、镍	土壤和沉积物　无机元素的测定　波长色散 X 射线荧光光谱法	HJ 780
24	铜	土壤质量　铜、锌的测定　火焰原子吸收分光光度法	GB/T 17138

续表

序号	检测指标	分析方法	标准编号
25	铅、镉	土壤质量　铅、镉的测定　石墨炉原子吸收分光光度法	GB/T 17141
26		土壤质量　铅、镉的测定　KI-MIBK 萃取火焰原子吸收分光光度法	GB/T 17140
27	镍	土壤质量　镍的测定　火焰原子吸收分光光度法	GB/T 17139
28	铬	土壤检测　第 12 部分：土壤总铬的测定	NY/T 1121.12
29	六价铬	土壤和沉积物　六价铬的测定　碱溶液提取—火焰原子吸收分光光度法	HJ 1082
30	汞	土壤和沉积物　总汞的测定　催化热解—冷原子吸收分光光度法	HJ 923
31		土壤质量　总汞的测定　冷原子吸收分光光度法	GB/T 17136
32		土壤质量　总汞、总砷、总铅的测定　原子荧光法　第 1 部分：土壤中总汞的测定	GB/T 22105.1
33	汞、砷、铅	土壤质量　总汞、总砷、总铅的测定　原子荧光法　第 3 部分：土壤中总铅的测定	GB/T 22105.3
34	有机汞（甲基汞、乙基汞）	环境甲基汞的测定　气相色谱法	GB/T 17132
35	氰化物和总氰化物	土壤　氰化物和总氰化物的测定　分光光度法	HJ 745

续表

序号	检测指标	分析方法	标准编号
36	砷	土壤质量　总砷的测定　二乙基二硫代氨基甲酸银分光光度法	GB/T 17134
37		土壤质量　总砷的测定　硼氢化钾—硝酸银分光光度法	GB/T 17135
38		土壤质量　总汞、总砷、总铅的测定　原子荧光法　第 2 部分：土壤中总砷的测定	GB/T 22105.2
39		土壤检测　第 11 部分：土壤总砷的测定	NY/T 1121.11
40	铍	土壤和沉积物　铍的测定　石墨炉原子吸收分光光度法	HJ 737
41	钼	森林土壤有效钼的测定	LY/T 1259
42	有效铜	森林土壤有效铜的测定	LY/T 1260
43	有效锌	森林土壤有效锌的测定	LY/T 1261
44	有效铁	森林土壤有效铁的测定	LY/T 1262
45	有效态锌、锰、铁、铜	土壤有效态锌、锰、铁、铜含量的测定　二乙三胺五乙酸（DTPA）浸提法	NY/T 890—2004
46	铁、铝、锰、硅、碳	森林土壤浸提性铁、铝、锰、硅、碳的测定	LY/T 1257
47	钙、镁、钠	土壤全量钙、镁、钠的测定	NY/T 296
48	有效钼	土壤检测　第 9 部分：土壤有效钼的测定	NY/T 1121.9
49	钙、镁	土壤检测　第 13 部分：土壤交换性钙和镁的测定	NY/T 1121.13
50		森林土壤交换性钙和镁的测定	LY/T 1245

续表

序号	检测指标	分析方法	标准编号
51	钴	土壤和沉积物 钴的测定 火焰原子吸收分光光度法	HJ 1081
52	硒	土壤中全硒的测定 原子荧光法	NY/T 1104
53	pH	土壤 pH 的测定 电位法	HJ 962
54		土壤 pH 的测定	NY/T 1377
55		森林土壤 pH 的测定	LY/T 1239
56	电导率	土壤 电导率的测定 电极法	HJ 802
57	氧化还原电位	土壤 氧化还原电位的测定 电位法	HJ 746
58	氯仿、四氯化碳、氯甲烷、1,1- 二氯乙烷、1,2- 二氯乙烷、1,1- 二氯乙烯、顺 -1,2- 二氯乙烯、反 -1,2- 二氯乙烯、二氯甲烷、1,2- 二氯丙烷、1,1,1,2- 四氯乙烷、1,1,2,2- 四氯乙烷、四氯乙烯、1,1,1- 三氯乙烷、1,1,2- 三氯乙烷、三氯乙烯、1,2,3- 三氯丙烷 、氯乙烯、苯、氯苯、1,2- 二氯苯、1,4- 二氯苯、乙苯、苯乙烯、甲苯、间 - 二甲苯+对 - 二甲苯、邻二甲苯、一溴二氯甲烷、溴仿 、二溴氯甲烷、1,2- 二溴乙烷	土壤和沉积物 挥发性有机物的测定 吹扫捕集 / 气相色谱—质谱法	HJ 605
59		土壤和沉积物 挥发性卤代烃的测定 吹扫捕集 / 气相色谱—质谱法	HJ 735
60		土壤和沉积物 挥发性有机物的测定 顶空 / 气相色谱—质谱法	HJ 642
61		土壤和沉积物 挥发性卤代烃的测定 顶空 / 气相色谱—质谱法	HJ 736
62		土壤和沉积物 挥发性有机物的测定 顶空 / 气相色谱法	HJ 741
63		前处理：土壤和固体废物中挥发性有机物吹扫捕集和提取 分析：挥发性有机物 气相色谱—质谱法	U.S.EPA 5035 U.S.EPA 8260D

续表

序号	检测指标	分析方法	标准编号
64	硝基苯、2-氯酚、苯并（a）蒽、苯并（a）芘、苯并（b）荧蒽、苯并（k）荧蒽、屈、二苯并（a，h）蒽、茚并（1,2,3-cd）、萘、多氯联苯（总量）、六六六（总量）、滴滴涕（总量）、六氯苯、2,4,6-三氯酚、五氯酚、3,3'-二氯联苯胺、苯胺、六氯环戊二烯、2,4-二硝基甲苯、2,4-二氯苯酚、2,4-二硝基酚	前处理：索氏抽提法；分析：半挥发性有机物　气相色谱—质谱法	U.S.EPA 3540C U.S.EPA 8270E
65	2-氯酚、苯并（a）蒽、苯并（a）芘、苯并（b）荧蒽、苯并（k）荧蒽、䓛、二苯并（a，h）蒽、茚并（1,2,3-cd）芘、六氯苯、2,4,6-三氯酚、五氯酚、苯胺、六氯环戊二烯、2,4-二硝基甲苯、2,4-二氯苯酚、2,4-二硝基酚、邻苯二甲酸（2-乙基己基）酯、邻苯二甲酸丁基苄基酯、邻苯二甲酸二正辛酯、3,3'-二氯联苯胺	土壤和沉积物　半挥发性有机物的测定　气相色谱—质谱法	HJ 834
66	苯并（a）蒽、苯并（a）芘、苯并（b）荧蒽、苯并（k）荧蒽、䓛、二苯并（a，h）蒽、茚并（1,2,3-cd）芘	土壤和沉积物　多环芳烃的测定　高效液相色谱法	HJ 784
67	苯并（a）蒽、苯并（a）芘、苯并（b）荧蒽、苯并（k）荧蒽、䓛、二苯并（a，h）蒽、茚并（1,2,3-cd）芘	土壤和沉积物　多环芳烃的测定　气相色谱—质谱法	HJ 805
68	氯丹（总量）、P,P'-滴滴滴、P,P'-滴滴伊、a-六六六、β-六六六、γ-六六六、滴滴涕（总量）、硫丹（总量）、六氯苯、七氯、灭蚁灵	土壤和沉积物　有机氯农药的测定　气相色谱—质谱法	HJ 835

续表

序号	检测指标	分析方法	标准编号
69	氯丹（总量）、P,P'-滴滴滴、P,P'-滴滴伊、a-六六六、β-六六六、γ-六六六、滴滴涕（总量）、硫丹（总量）、六氯苯、灭蚁灵	土壤和沉积物　有机氯农药的测定　气相色谱法	HJ 921
70	P,P'-滴滴滴、P,P'-滴滴伊、a-六六六、β-六六六、γ-六六六、滴滴涕（总量）	土壤质量　六六六、滴滴涕的测定　气相色谱法	GB/T 14550
71	敌敌畏、乐果	土壤和沉积物　有机磷类和拟除虫菊酯类等47种农药的测定　气相色谱—质谱法	HJ 1023
72	多氯联苯（总量）	土壤和沉积物　多氯联苯的测定　气相色谱—质谱法	HJ 743
73	多氯联苯（总量）	土壤和沉积物　多氯联苯的测定　气相色谱谱法	HJ 922
74	多氯联苯混合物	土壤和沉积物　多氯联苯混合物的测定　气相色谱法	HJ 890
75	苯胺	前处理：加压流体萃取，弗罗里硅土净化(U.S.EPA 3620C-2014)；分析：半挥发性有机物气相色谱—质谱法 (U.S.EPA 8270E-2018)	U.S.EPA 3545A U.S.EPA 3620C U.S.EPA 8270E
76	石油烃（C_{10}-C_{40}）	土壤和沉积物　石油烃（C_{10}-C_{40}）的测定　气相色谱法	HJ 1021
77	邻苯二甲酸（2-乙基己基）酯、邻苯二甲酸丁基苄基酯、邻苯二甲酸二正辛酯	土壤和沉积物　6种邻苯二甲酸酯类化合物的测定　气相色谱—质谱法	HJ 1184

续表

序号	检测指标	分析方法	标准编号
78	2- 氯酚	土壤和沉积物　酚类化合物的测定　气相色谱法	HJ 703
79	二噁英类	土壤和沉积物　二噁英类的测定　同位素稀释 / 高分辨气相色谱—低分辨质谱法	HJ 650
80		土壤和沉积物　二噁英类的测定　同位素稀释 / 高分辨气相色谱—高分辨质谱法	HJ 77.4
81	多溴联苯（总量）	土壤和沉积物　20 种多溴联苯的测定　气相色谱—高分辨质谱法	HJ 1243
82	石油烃（C_6-C_9）	土壤和沉积物　石油烃（C_6-C_9）的测定　吹扫捕集 / 气相色谱法	HJ 1020
83	氨基甲酸酯类农药	土壤和沉积物　氨基甲酸酯类农药的测定　高效液相色谱—三重四极杆质谱法	HJ 961
84		土壤和沉积物　氨基甲酸酯类农药的测定　柱后衍生—高效液相色谱法	HJ960
85	苯氧羧酸类农药	土壤和沉积物　苯氧羧酸类农药的测定　高效液相色谱法	HJ 1022
86	三嗪类农药	土壤和沉积物　11 种三嗪类农药的测定　高效液相色谱法	HJ 1052
87	酰胺类农药	土壤和沉积物　8 种酰胺类农药的测定　气相色谱—质谱法	HJ 1053

续表

序号	检测指标	分析方法	标准编号
88	二硫代氨基甲酸酯（盐）类农药总量	土壤和沉积物　二硫代氨基甲酸酯（盐）类农药总量的测定　顶空—气相色谱法	HJ 1054
89	草甘膦	土壤和沉积物　草甘膦的测定　高效液相色谱法	HJ 1055
90	多溴二苯醚	土壤和沉积物　多溴二苯醚的测定　气相色谱—质谱法	HJ 952
91	石油类	土壤　石油类的测定　红外分光光度法	HJ 1051
92	丙烯醛、丙烯腈、乙腈	土壤和沉积物　丙烯醛、丙烯腈、乙腈的测定　顶空—气相色谱法	HJ 679
93	醛、酮类化合物	土壤和沉积物　醛、酮类化合物的测定　高效液相色谱法	HJ 997
94	挥发性芳香烃	土壤和沉积物　挥发性芳香烃的测定　顶空—气相色谱法	HJ 742
95	毒鼠强	土壤　毒鼠强的测定　气相色谱法	HJ 614
96	氨氮、亚硝酸盐氮、硝酸盐氮	土壤　氨氮、亚硝酸盐氮、硝酸盐氮的测定　氯化钾溶液提取—分光光度法	HJ 634
97	水溶性氟化物、总氟化物	土壤　水溶性氟化物和总氟化物的测定　离子选择电极法	HJ 873
98	烧失量（铁、铝、钛、锰、钙、镁、磷）	森林土壤矿质全量素（铁、铝、钛、锰、钙、镁、磷）烧失量的测定	LY/T 1253

续表

序号	检测指标	分析方法	标准编号
99	硫化物	土壤和沉积物　硫化物的测定　亚甲基蓝分光光度法	HJ 833
100	挥发酚	土壤和沉积物　挥发酚的测定　4- 氨基安替比林分光光度法	HJ 998
101	氟化物	土壤质量　氟化物的测定　离子选择电极法	GB/T 22104
102		土壤检测　第 5 部分：石灰性土壤阳离子交换量的测定	NY/T 1121.5
103	阳离子交换量	森林土壤阳离子交换量的测定	LY/T 1243
104		中性土壤阳离子交换量和交换性盐基的测定	NY/T 295
105		土壤　阳离子交换量的测定　三氯化六氨合钴浸提—分光光度法	HJ 889
106	水溶性盐（全盐量）	土壤检测　第 16 部分：土壤水溶性盐总量的测定	NY/T 1121.16
107		石灰性土壤交换性盐基及盐基总量的测定	NY/T 1615
108		森林土壤水溶性盐分分析	LY/T 1251
109	水溶性和酸溶性硫酸盐	土壤　水溶性和酸溶性硫酸盐的测定　重量法	HJ 635
110	交换性钠	碱化土壤交换性钠的测定	LY/T 1248
111	可交换酸度	土壤　可交换酸度的测定　氯化钾提取—滴定法	HJ 649

续表

序号	检测指标	分析方法	标准编号
112	全氮	土壤质量　全氮的测定　凯氏法	HJ 717
113		森林土壤氮的测定	LY/T 1228
114		土壤检测　第 24 部分：土壤全氮的测定自动定氮仪法	NY/T 1121.24
115		土壤全氮测定法（半微量开氏法）	NY/T 53
116	全磷	土壤　全磷测定法	GB/T 9837
117	总磷	土壤　总磷的测定　碱熔—钼锑抗分光光度法	HJ 632
118	全磷、有效磷	森林土壤磷的测定	LY/T 1232
119	有效磷	土壤检测　第 7 部分：土壤有效磷的测定	NY/T 1121.7
120		土壤　有效磷的测定　碳酸氢钠浸提—钼锑抗分光光度法	HJ 704
121	有效硼	土壤有效硼测定方法	NY/T 149
122		土壤检测　第 8 部分：土壤有效硼的测定	NY/T 1121.8
123		森林土壤有效硼的测定	LY/T 1258
124	全钾、速效钾、缓效钾	森林土壤钾的测定（3.2　全钾　酸熔法）	LY/T 1234
125	全钾、全钠	森林土壤全钾、全钠的测定	LY/T 1254
126	全钾	土壤全钾测定法	NY/T 87
127	速效钾、缓效钾	土壤速效钾和缓效钾含量的测定	NY/T 889
128	交换性钾和钠	森林土壤交换性钾和钠的测定	LY/T 1246

续表

序号	检测指标	分析方法	标准编号
129	有机质	土壤检测　第 6 部分：土壤有机质的测定	NY/T 1121.6
130		土壤有机质测定法	NY/T 85
131		森林土壤有机质的测定及碳氮比的计算	LY/T 1237
132	有机碳	土壤　有机碳的测定　重铬酸钾氧化—分光光度法	HJ 615
133		土壤　有机碳的测定　燃烧氧化—滴定法	HJ 658
134		土壤　有机碳的测定　燃烧氧化—非分散红外法	HJ 695
135	容重	土壤检测　第 4 部分：土壤容重的测定	NY/T 1121.4
136		森林土壤土粒密度的测定	LY/T 1224
137	干物质、水分	土壤　干物质和水分的测定　重量法	HJ 613
138	含水率	海洋监测规范　第 5 部分：沉积物分析（19　含水率　重量法）	GB 17378.5
139	水分	土壤水分测定法	NY/T 52
140		森林土壤含水量的测定	LY/T 1213
141		森林土壤水分—物理性质的测定	LY/T 1215

附录 3.2 地下水质量检测指标推荐分析方法

序号	检测指标	分析方法	标准编号
1	采样	水质 湖泊和水库采样技术指导	GB/T 14581
2		水质采样 样品的保存和管理技术规定	HJ 493
3		水质 采样技术指导	HJ 494
4		水质 采样方案设计技术规定	HJ 495
5		水质 河流采样技术指导	HJ/T 52
6		地下水环境监测技术规范	HJ 164
7		地下水环境监测样品采集、保存和流转技术规定（试行）	—
8		地下水监测井建设规范	DZ/T 0270
9		地块土壤和地下水中挥发性有机物采样技术导则	HJ 1019
10		水质采样技术规程	SL 187—1996
11		区域地下水质监测网设计规范	DZ/T 0308
12	色度	水质 色度的测定 稀释倍数法	HJ 1182
13		水质 色度的测定（铂钴比色法）	GB 11903
14	臭和味	生活饮用水标准检验方法 感官性状和物理指标	GB/T 5750.4
15	臭	水质 臭的测定 嗅觉层次分析法（FPA 法）	DB37/T 4154

续表

序号	检测指标	分析方法	标准编号
16	浊度	水质　浊度的测定（分光光度法）	GB 13200
17		水质　浊度的测定（目视比浊法）	GB 13200
18		水质　浊度的测定　浊度计法	HJ 1075—2019
19		生活饮用水标准检验方法　感官性状和物理指标（2.1　浑浊度　散射法）	GB/T 5750.4
20		生活饮用水标准检验方法　感官性状和物理指标（2.2　浑浊度　目视比浊法）	GB/T 5750.4
21	肉眼可见物	生活饮用水标准检验方法　感官性状和物理指标	GB/T 5750.4
22	pH	水质　pH 的测定　电极法	HJ 1147
23		水质　pH 的测定　玻璃电极法	GB/T 6920
24		地下水质分析方法　第 5 部分：pH 的测定　玻璃电极法	DZ/T 0064.5
25	总硬度	生活饮用水标准检验方法　感官性状和物理指标（7.1　总硬度　乙二胺四乙酸二钠滴定法）	GB/T 5750.4
26		水质　钙和镁总量的测定　EDTA 滴定法	GB/T 7477
27		地下水质分析方法　第 15 部分：总硬度的测定　乙二胺四乙酸二钠滴定法	DZ/T 0064.15
28	溶解性总固体	生活饮用水标准检验方法　感官性状和物理指标	GB/T 5750.4

续表

序号	检测指标	分析方法	标准编号
29	硫酸盐	水质　硫酸盐的测定　重量法	GB/T 11899
30		地下水质分析方法　第 64 部分：硫酸盐的测定乙二胺四乙酸二钠—钡滴定法	DZ/T 0064.64
31		地下水质分析方法　第 65 部分：硫酸盐的测定比浊法	DZ/T 0064.65
32	氯化物	水质　硫化物的测定　流动注射—亚甲基蓝分光光度法	HJ 824
33		水质　氯化物的测定　硝酸银滴定法	GB 11896
34		大气降水中氯化物的测定　硫氰酸汞高铁光度法	GB 13580.9
35		水质　氯化物的测定　硝酸汞滴定法（试行）	HJ/T 343
36		氯化物　离子选择电极　流动注射法《水和废水监测分析方法》（第四版）国家环境保护总局（2002 年）	—
37		氯化物　电位滴定法《水和废水监测分析方法》（第四版）国家环境保护总局（2002 年）	—
38	铁、锰、铜、锌、铝、汞、砷、硒、镉、铅、铬、铍、钡	前处理：供 FLAA 或 ICP 分析总金属元素的水样酸消解和提取；分析：电感耦合等离子体质谱法	U.S.EPA 3010A U.S.EPA 6020B
39	铁、锰、铜、锌、铝、砷、硒、镉、铅、铬、铍、钡、硼、钴、钼、钠、镍、锑	水质　32 种元素的测定　电感耦合等离子体发射光谱法	HJ 776
40	铁、锰、铜、锌、铝、砷、硒、镉、铅、铬、铍、钡、硼、钴、钼、钠、锑、银	水质　65 种元素的测定　电感耦合等离子体质谱法	HJ 700
41	汞、砷、硒、锑	水质　汞、砷、硒、铋和锑的测定　原子荧光法	HJ 694

续表

序号	检测指标	分析方法	标准编号
42	铜、铅、锌、镉	水质　铜、锌、铅、镉的测定　原子吸收分光光度法	GB/T 7475
43		铜、铅、锌、镉　在线富集流动注射　火焰原子吸收分光光度法《水和废水监测分析方法》（第四版）国家环境保护总局（2002 年）	—
44		铜、铅、锌、镉　阳极溶出伏安法《水和废水监测分析方法》（第四版）国家环境保护总局（2002 年）	—
45		铜、铅、锌、镉　示波极谱法《水和废水监测分析方法》（第四版）国家环境保护总局（2002 年）	—
46	铊	水质　铊的测定　石墨炉原子吸收分光光度法	HJ 748
47	钾、钠	水质　钾和钠的测定　火焰原子吸收分光光度法	GB/T 11904
48	（总）汞	水质　总汞的测定　冷原子吸收分光光度法	HJ 597
49		水质　汞的测定　冷原子荧光法（试行）	HJ/T 341
50		水质　总汞的测定　高锰酸钾—过硫酸钾消解法双硫腙分光光度法	GB/T 7469
51	砷	水质　总砷的测定　二乙基二硫代氨基甲酸银分光光度法	GB/T 7485
52		水质　痕量砷的测定　硼氢化钾—硝酸银分光光度法	GB/T 11900
53		砷　新银盐分光光度法《水和废水监测分析方法》（第四版）国家环境保护总局（2002 年）	—
54		砷　氢化物发生　原子吸收分光光度法《水和废水监测分析方法》（第四版）国家环境保护总局（2002 年）	—

续表

序号	检测指标	分析方法	标准编号
55	镉	水质　镉的测定　双硫腙分光光度法	GB/T 7471
56	六价铬	水质　六价铬的测定　二苯碳酰二肼分光光度法	GB/T 7467
57		水质　六价铬的测定　流动注射—二苯碳酰二肼光度法	HJ 908
58	铅	水质　铅的测定　双硫腙分光光度法	GB/T 7470
59		水质　铅的测定　示波极谱法	GB/T 13896
60	铍	水质　铍的测定　铬箐 R 分光光度法	HJ/T 58
61		水质　铍的测定　石墨炉原子吸收分光光度法	HJ/T 59
62		铍　铬天箐 S 光度法　《水和废水监测分析方法》(第四版)国家环境保护总局(2002 年)	—
63	硼	水质　硼的测定　姜黄素分光光度法	HJ/T 49
64	锑	锑　5-Br-PADAP 法《水和废水监测分析方法》(第四版)国家环境保护总局(2002 年)	—
65		水质　锑的测定　火焰原子吸收分光光度法	HJ 1046
66		水质　锑的测定　石墨炉原子吸收分光光度法	HJ 1047
67	钡	水质　钡的测定　电位滴定法	GB/T 14671
68		水质　钡的测定　火焰原子吸收分光光度法	HJ 603
69		水质　钡的测定　石墨炉原子吸收分光光度法	HJ 602

续表

序号	检测指标	分析方法	标准编号
70	镍	水质　镍的测定　丁二酮肟分光光度法	GB/T 11910
71		水质　镍的测定　火焰原子吸收分光光度法	GB/T 11912
72		镍　示波极谱法《水和废水监测分析方法》（第四版）国家环境保护总局（2002 年）	—
73	钴	水质　钴的测定　火焰原子吸收分光光度法	HJ 957
74		水质　钴的测定　石墨炉原子吸收分光光度法	HJ 958
75		水质　钴的测定　5- 氯 -2-(吡啶偶氮)-1,3- 二氨基苯分光光度法	HJ 550
76		钴　5-Cl-PADAB 分光光度法《水和废水监测分析方法》(第四版）国家环境保护总局（2002 年）	—
77	钼	水质　钼和钛的测定　石墨炉原子吸收分光光度法	HJ 807
78	银	水质　银的测定　火焰原子吸收分光光度法	GB/T 11907
79		水质　银的测定　3,5-Br_2-PADAP 分光光度法	HJ 489
80		水质　银的测定　镉试剂 2B 分光光度法	HJ 490
81	硒	水质　硒的测定　2,3- 二氨基萘荧光法	GB/T 11902
82		水质　硒的测定　石墨炉原子吸收分光光度法	GB/T 15505
83		水质　总硒的测定　3,3’- 二氨基联苯胺分光光度法	HJ 811
84	铁	水质　铁的测定　邻菲罗啉分光光度法（试行）	HJ/T 345

续表

序号	检测指标	分析方法	标准编号
85	锰	水质　锰的测定　高碘酸钾分光光度法	GB/T 11906
86		水质　锰的测定　甲醛肟分光光度法（试行）	HJ/T 344
87	铜	水质　铜的测定　二乙基二硫代氨基甲酸钠分光光度法	HJ 485
88		水质　铜的测定　2,9- 二甲基 -1,10 菲罗啉分光光度法	HJ 486
89	锌	水质　锌的测定　双硫腙分光光度法	GB/T 7472
90	铝	铝　间接火焰原子吸收分光光度法《水和废水监测分析方法》（第四版）国家环境保护总局　（2002 年）	—
91	铁、锰	水质　铁、锰的测定　火焰原子吸收分光光度法	GB/T 11911
92	钠	地下水质分析方法　第 82 部分：钠量的测定火焰原子吸收分光光度法	DZ/T 0064.82
93	挥发酚	水质　挥发酚的测定　流动注射 -4- 氨基安替比林分光光度法	HJ 825
94		水质　挥发酚的测定　溴化容量法	HJ 502
95		水质　挥发酚的测定　4- 氨基安替比林分光光度法	HJ 503
96	阴离子表面活性剂	水质　阴离子表面活性剂的测定　流动注射—亚甲基蓝分光光度法	HJ 826
97		水质　阴离子表面活性剂的测定　亚甲蓝分光光度法	GB/T 7494
98	总氮、挥发酚、硫化物、阴离子表面活性剂和六价铬	水质　总氮、挥发酚、硫化物、阴离子表面活性剂和六价铬的测定　连续流动分析—分光光度法	SL/T 788

续表

序号	检测指标	分析方法	标准编号
99	高锰酸盐指数	水质　高锰酸盐指数的测定	GB 11892
100	氨氮	水质　氨氮的测定　纳氏试剂分光光度法	HJ 535
101		水质　氨氮的测定　水杨酸分光光度法	HJ 536
102		水质　氨氮的测定　蒸馏—中和滴定法	HJ 537
103		地下水质分析方法　第57部分：氨氮的测定纳氏试剂分光光度法	DZ/T 0064.57
104	硫化物	水质　硫化物的测定　亚甲基蓝分光光度法	GB/T 16489
105		地下水质分析方法　第67部分：硫化物的测定对氨基二甲基苯胺分光光度法	DZ/T 0064.67
106		地下水质分析方法　第66部分：硫化物的测定碘量法	DZ/T 0064.66
107		水质　硫化物的测定　亚甲基蓝分光光度法	HJ 1226
108		水质　硫化物的测定　碘量法	HJ/T 60
109	总大肠菌群	水质　总大肠菌群、粪大肠菌群和大肠埃希氏菌的测定　酶底物法	HJ 1001
110		水质　总大肠菌群和粪大肠菌群的测定　纸片快速法	HJ 755
111	菌落总数	水中菌落总数的测定显色平板计数法	T/HBFIA 0031
112	亚硝酸盐	水质　亚硝酸盐氮的测定　分光光度法	GB/T 7493
113		地下水质分析方法　第60部分：亚硝酸盐的测定分光光度法	DZ/T 0064.60
114		水质　亚硝酸盐氮的测定　气相分子吸收光谱法	HJ/T 197

续表

序号	检测指标	分析方法	标准编号
115	硝酸盐	水质　硝酸盐氮的测定　酚二磺酸分光光度法	GB/T 7480
116	氯化物、氟化物、溴化物、硝酸盐和硫酸盐	地下水质分析方法　第 51 部分：氯化物、氟化物、溴化物、硝酸盐和硫酸盐的测定离子色谱法	DZ/T 0064.51
117	硝酸盐	地下水质分析方法　第 59 部分：硝酸盐的测定紫外分光光度法	DZ/T 0064.59
118		地下水质分析方法　第 58 部分：硝酸盐的测定二磺酸酚分光光度法	DZ/T 0064.58
119	氰化物	水质　氰化物的测定　流动注射—分光光度法（异烟酸—巴比妥酸法）	HJ 823
120		水质　氰化物等的测定　真空检测管—电子比色法	HJ 659
121		水质　氰化物的测定　容量法和分光光度法	HJ 484
122	氟化物	水质　氟化物的测定　离子选择电极法	GB/T 7484
123		地下水质分析方法　第 54 部分：氟化物的测定离子选择电极法	DZ/T 0064.54
124		地下水质分析方法　第 53 部分：氟化物的测定茜素络合物分光光度法	DZ/T 0064.53
125		水质　氟化物的测定　氟试剂分光光度法	HJ 488

续表

序号	检测指标	分析方法	标准编号
126	碘化物	地下水质分析方法　第 56 部分：碘化物的测定淀粉分光光度法	DZ/T 0064.56
127		地下水质分析方法　第 55 部分：碘化物的测定催化还原分光光度法	DZ/T 0064.55
128		水质　碘化物的测定　砷铈催化分光光度法	DB61/T 1496
129		水质　碘化物的测定　离子色谱法	HJ 778
130	总 α 放射性	水质　总 α 放射性的测定　厚源法	HJ 898—2017
131	总 β 放射性	水质　总 β 放射性的测定　厚源法	HJ 899—2017
132	三氯甲烷、四氯化碳、苯、甲苯、二氯甲烷、1,2-二氯乙烷、1,1,1- 三氯乙烷、1,1,2- 三氯乙烷、1,2- 二氯丙烷、三溴甲烷、氯乙烯、1,1- 二氯乙烯、1,2- 二氯乙烯、三氯乙烯、四氯乙烯、氯苯、邻二氯苯、对二氯苯、三氯苯（总量）、乙苯、二甲苯（总量）、苯乙烯	前处理：水样吹扫捕集；分析：挥发性有机物—气相色谱质谱法	U.S.EPA 5030B U.S.EPA 8260D
133		水质　挥发性有机物的测定　吹扫捕集 / 气相色谱—质谱法	HJ 639
134		水质　挥发性有机物的测定　顶空 / 气相色谱—质谱法	HJ 810
135	2,4- 二硝基甲苯、2,6- 二硝基甲苯、萘、蒽、荧蒽、苯并（b）荧蒽、苯并（a）芘、多氯联苯（总量）、六六六（总量）、滴滴涕（总量）、六氯苯、2,4,6- 三氯酚、五氯酚	前处理：分液漏斗液—液萃取法；分析：半挥发性有机物的气相色谱—质谱法	U.S.EPA 3510C U.S.EPA 8270E
136	2,4- 二硝基甲苯、2,6- 二硝基甲苯	水质　硝基苯类化合物的测定　气相色谱—质谱法	HJ 716
137		水质　硝基苯类化合物的测定　液液萃取 / 固相萃取—气相色谱法	HJ 648

续表

序号	检测指标	分析方法	标准编号
138	萘、蒽、荧蒽、苯并（b）荧蒽、苯并（a）芘	水质 多环芳烃的测定 液液萃取和固相萃取高效液相色谱法	HJ 478
139	多氯联苯（总量）	水质 多氯联苯的测定 气相色谱—质谱法	HJ 715
140	邻苯二甲酸（2- 乙基己基）酯	水质 6 种邻苯二甲酸酯类化合物的测定 液相色谱—三重四极杆质谱法	HJ 1242
141	2,4,6- 三氯酚、五氯酚	水质 酚类化合物的测定气相色谱—质谱法	HJ 744
142		水质 酚类化合物的测定 液液萃取 / 气相色谱法	HJ 676
143	六六六（总量）、滴滴涕（总量）	水质 六六六、滴滴涕的测定 气相色谱法	GB 7492
144	六六六（总量）、滴滴涕（总量）、六氯苯、七氯	水质 有机氯农药和氯苯类化合物的测定 气相色谱—质谱法	HJ 699
145	2,4- 滴	水质 2,4- 滴的测定 固相萃取 液相色谱法	DB37/T 4148
146	莠去津和 2,4- 滴	水质 灭草松、莠去津和 2,4- 滴的测定 固相萃取—高效液相色谱法	B44/T 1153
147	涕灭威	水质 涕灭威的测定 固相萃取—液相色谱法	DB37/T 4161
148		水质 涕灭威的测定 液相色谱串联质谱法	DB63/T 1870
149	涕灭威、克百威	水质 涕灭威、克百威和甲萘威的测定 液相色谱法	T/CHES 42
150	敌敌畏、甲基对硫磷、马拉硫磷、乐果、毒死蜱	水质 28 种有机磷农药的测定 气相色谱—质谱法	HJ 1189
151	百菌清	水质 百菌清及拟除虫菊酯类农药的测定 气相色谱—质谱法	HJ 753
152	草甘膦	水质 草甘膦的测定 高效液相色谱法	HJ 1071

参考文献

[1] 孙宁，张岩坤，刘锋平，等．深入打好“十四五”土壤污染综合防治攻坚战的思考 [J]. 中国环境管理，2021，13(03): 74-78.

[2] 张红振，邓璟菲，李书鹏，等．我国“十四五”土壤生态环境保护发展建议 [J]. 环境保护，2020，48(08): 39-41.

[3] RAJENDRAN S, PRIYA T A K, KHOO K S, et al. A critical review on various remediation approaches for heavy metal contaminants removal from contaminated soils[J]. Chemosphere, 2022, 287: 132369.

[4] Song Y, Kirkwood N, Maksimović Č, et al. Nature based solutions for contaminated land remediation and brownfield redevelopment in cities: A review[J]. Science of the Total Environment, 2019, 663: 568-579.

[5] Visentin C, da Silva Trentin A W, Braun A B, et al. Application of life cycle assessment as a tool for evaluating the sustainability of contaminated sites remediation: A systematic and bibliographic analysis[J]. Science of the Total Environment, 2019, 672: 893-905.

[6] 姜林，樊艳玲，钟茂生，等．我国污染场地管理技术标准体系探讨 [J]. 环境保护，2017，45(09): 38-43.

[7] 陈梦舫，骆永明，宋静，等．中、英、美污染场地风险评估导则异同与启示 [J]. 环境监测管理与技术，2011，23(3): 14-18.

[8] 臧文超，丁文娟，张俊丽，等．发达国家和地区污染场地法律制度体系及启示 [J]. 环境保护科学，2016，42(4): 1-5.

[9] 牛静，李鹏，黄海，等．美国超级基金 5 年回顾政策对我国污染场地风险管理的启示 [J]. 中国环境管理，2015，7(2): 68-73.

[10] 马杰．我国挥发性有机污染地块调查评估中存在的问题及对策建议 [J]. 环境工程学报，2021，15(1): 3-7.

[11] GOVERNA R B M. Valutazioni sulle attività di monitoraggio delle acque sotterranee

in accordo con le direttive 2000/60/CE e 2006/118/CE in Piemonte[J]. Italian Journal of Groundwater, 2013, AS06028.

[12] Bowden G D, Pichler B J, Maurer A. A design of experiments (DoE) approach accelerates the optimization of copper-mediated 18F-fluorination reactions of arylstannanes[J]. Scientific Reports, 2019, 9(1): 1-10.

[13] 井柳新，刘伟江，王东，等 . 中国地下水环境监测网的建设和管理 [J]. 环境监控与预警，2013，5(2): 1-4.

[14] 宋家音，赵玲，滕应，等 . 污染场地采样调查技术与设备研究进展 [J]. 土壤，2021，53(03): 468-474.

[15] 王小庆，马义兵，黄占斌 . 痕量金属元素土壤环境质量基准研究进展 [J]. 土壤通报，2013，44(02): 505-512.

[16] 李勖之，姜瑢，王国庆，等 . 不同国家农用地土壤环境标准比较与启示 [J]. 环境科学，2022，43(02): 577-585.

[17] BM Freifeld. The U-tube: A New Paradigm for Borehole Fluid Sampling[J]. Scientific Drilling, 2009, 9(8): 41-45.

[18] 侯德义 . 我国工业场地地下水污染防治十大科技难题 [J]. 环境科学研究，2022，doi. 10.13198/j.issn.1001-6929.2022.04.18.

[19] 姚宇平 . 在线监测系统在地下水环境监测中的应用 [J]. 黑龙江环境通报，2017，12(4): 37-39，51.

[20] 蔡建楠，何甜辉，黄明智 . 高分一、二号卫星遥感数据在生态环境监测中的应用 [J]. 环境监控与预警，2018，10(6): 12-18.

[21] 王体健，高太长，张宏昇，等 . 新中国成立 70 年来的中国大气科学研究 : 大气物理与大气环境篇 [J]. 中国科学 : 地球科学，2019，49(12): 1833-1874.

[22] 高吉喜，赵少华，侯鹏 . 中国生态环境遥感四十年 [J]. 地球信息科学学报，2020，22(4): 705-719.

[23] GHOLIZADEH M H, MELESSE A M, EDDI L. Acomprehensive review on water quality parameters estimation using remote sensing techniques[J]. Sensors, 2016, 16(8): 1298.

[24] 胡义强，杨骥，荆文龙，等．基于无人机遥感的海岸带生态环境监测研究综述[J]. 测绘通报，2022(06): 18-24.
[25] 韦正峥，向月皎，郭云，等．国内外新污染物环境管理政策分析与建议 [J]. 环境科学研究，2022，35(02): 443-451.
[26] 周林军，梁梦园，范德玲，等．新污染物环境监测国际实践及启示 [J]. 生态与农村环境学报，2021，37(12): 1532-1539.
[27] 毛佳迪，于南洋，于红霞，等．环境中有机污染物的高通量筛查技术研究进展[J]. 环境化学，2020，39(01): 156-165.
[28] 马杰．地下水监测在污染场地管理中的重要作用，存在问题与对策建议 [J]. 环境工程学报，2022，16(4): 1063-1067.
[29] 段小丽．环境与健康标准体系研究 [J]. 环境资源法论丛，2021，13(00): 17-60.
[30] 张翼，王情，王苏玮，等．我国环境健康风险评估指南编制的思考 [J]. 环境与健康杂志，2019，36(12): 1046-1048.
[31] 呼红霞，丁贞玉，徐怒潮，等．污染场地风险管控与修复效果评估实践中的挑战和监督管理 [J]. 环境保护，2021，49(20): 16-20.
[32] 于靖靖，梁田，罗会龙，等．近 10 年来我国污染场地再利用的案例分析与环境管理意义 [J]. 环境科学研究，2022，35(5): 1110-1119.

生态环境科技蓝皮书 2022

中国环境科学研究院

中国大气复合污染（2022）

Air Pollution Complex in China (2022)

主 编 ◎ 李 红　高 锐　褚旸晰

中国环境出版集团 · 北京

图书在版编目（CIP）数据

中国大气复合污染 . 2022 年 / 李红，高锐，褚旸晰主编 . —北京：中国环境出版集团，2024.8

（生态环境科技蓝皮书 . 2022）

ISBN 978-7-5111-5377-7

Ⅰ . ①中… Ⅱ . ①李… ②高… ③褚… Ⅲ . ①空气污染控制—研究报告—中国—2022 Ⅳ . ① X510.6

中国版本图书馆 CIP 数据核字（2022）第 244321 号

审图号：GS 京（2024）1167 号

责任编辑 田 怡
封面设计 今亮后声

出版发行 中国环境出版集团
（100062 北京市东城区广渠门内大街 16 号）
网 址：http：//www.cesp.com.cn
电子邮箱：bjgl@cesp.com.cn
联系电话：010-67112765（编辑管理部）
发行热线：010-67125803，010-67113405（传真）
印 刷 北京中科印刷有限公司
经 销 各地新华书店
版 次 2024 年 8 月第 1 版
印 次 2024 年 8 月第 1 次印刷
开 本 787 × 1092 1/16
印 张 7
字 数 103 千字
定 价 1680.00 元（全 11 册）

丛书编写委员会

前言

过去十年，随着《大气污染防治行动计划》（简称“大气十条”）《打赢蓝天保卫战三年行动计划》先后实施，我国环境空气质量明显改善，人民群众蓝天幸福感、获得感显著增强。但重点地区、重点领域大气污染问题仍然突出，京津冀及周边等区域细颗粒物（$PM_{2.5}$）浓度仍处于高位，臭氧污染日益凸显，大气复合污染特征越来越突出，空气质量与美丽中国建设目标仍有较大差距。

为深入贯彻落实《中共中央 国务院关于深入打好污染防治攻坚战的意见》有关要求，支撑打好重污染天气消除、臭氧污染防治攻坚战，本书从中国环境科学研究院近年来以臭氧和 $PM_{2.5}$ 二次组分为代表的大气复合污染研究入手，在大气复合污染特征、成因、演变、来源解析和控制技术、管理手段等多个方面进行总结，结合国家、区域和城市层面的实践，较为充分地阐述我院在行业内的引领作用，形成综合大气复合污染特征、成因、演变、来源、管控和防治实践的蓝皮书。

本书的出版，将对于进一步推动我国 $PM_{2.5}$ 和 O_3 污染防治防治进程有一定帮助，为探索大气复合污染协同治理的中国道路提供科技支撑。

为全力支撑打好《空气质量改善行动计划（2021—2025 年）》提出的重污染天气消除和臭氧污染防治两大攻坚战，针对秋冬季细颗粒物（$PM_{2.5}$）污染依然突出、夏季臭氧（O_3）浓度缓慢上升、大气复合污染特征越来越突出、空气质量与美丽中国建设目标仍有较大差距的现状，本书从大气环境研究所近年来在 O_3 污染和 $PM_{2.5}$ 二次组分为代表的大气复合污染成因的研究入手，在大气复合污染特征、成因、演变、来源解析和控制技术、管理手段等多个方面进行总结，并结合区域和城市层面的应用案例，较为充分地阐述我院在行业内的引领作用，形成综合大气复合污染特征、成因、演变、来源、管控和防治实践的蓝皮书。

目录

1

导语

DAOYU

1.1 大气复合污染的定义

我国著名的大气环境化学专家唐孝炎院士于20世纪70年代初即开始兰州地区大气光化学烟雾研究，随即于20世纪80年代和90年代推动中国的酸雨研究。基于对我国大气污染问题的深刻认识，她于1997年首次提出了大气复合污染的概念，指出中国的城市大气污染正在从煤烟型污染向机动车尾气型污染过渡，而由于发达国家经历了近百年的环境污染问题在我国经济发达地区20年内集中爆发，在我国城市大气污染中出现了煤烟型与机动车尾气型污染共存的特殊大气复合污染的类型。大气复合污染概念的提出，为我国大气污染的控制提出新的思路，而对这个概念科学内涵的探讨，则是对大气化学理论研究的一个重要推动。

大气复合污染的定义，概括来说，快速的城市化导致大量的污染物集中释放到大气，多种污染物以高浓度同时存在，并发生复杂的相互作用。在污染现象上呈现出大气氧化性增强、大气能见度显著下降和环境恶化趋势向整个区域蔓延；在污染本质上体现为污染物之间源和汇的相互交错、污染转化过程的耦合作用，以及对人体健康和生态系统影响的协同或阻抗效应。

随着城市化、工业化、区域经济一体化进程的加快，我国大气污染正从局地、单一的城市空气污染向区域、复合型大气污染转变，部分地区出现区域范围的空气重污染现象，京津冀、长三角、珠三角以及其他部分城市群已表现出明显的区域大气污染特征，严重制约区域社会经济的可持续发展，威胁人民群众的身体健康。

1.2 大气复合污染的影响与危害

大量研究结果显示，以大气细颗粒物（$PM_{2.5}$）与臭氧（O_3）为代表的大气复合型污染正在成为影响人民生活质量和导致严重环境效应的重大污染问题[1,2]。$PM_{2.5}$ 的污染特征及其理化性质与其在大气中的非均相化学反应密切相关，并能引起能见度下降、酸雨频率增加、全球气候变化等一系列环境问题。$PM_{2.5}$ 中高浓度的元素碳、有机碳、硫酸盐、硝酸盐等主要化学组分有较强的光散射效应。灰霾期间总碳和硝酸盐对能见度的降低起主要影响作用，而非灰霾天气期间总碳和硫酸盐是造成大气能见度降低最主要的影响因素。此外，$PM_{2.5}$ 粒径小、比表面积大，易于富集空气中的有毒有害物质，并通过呼吸进入人体肺泡或血液循环系统，对人体健康造成严重危害[3,4]。美国自 1987 年实施可吸入颗粒物（PM_{10}）标准以来，共有 2 000 多项研究指出：对人体健康危害最大的是 $PM_{2.5}$。环境中 $PM_{2.5}$ 浓度每增加 10 μg/m^3，因心血管疾病死亡的风险就增加 12%。一份来自联合国环境规划署的报告称，$PM_{2.5}$ 每立方米的浓度上升 20 μg，中国和印度每年会有约 34 万人死亡。根据流行病学的统计分析，灰霾天气的出现，与人群患病率的增加，存在明显的相关关系。2004 年开始，北京大学医学部教授潘小川就开始监测空气中 $PM_{2.5}$ 的日均浓度。潘小川指出，$PM_{2.5}$ 的增加，与医院急诊相关疾病的病人人数呈正相关。$PM_{2.5}$ 每增加 10 μg/m^3，循环系统疾病和呼吸系统疾病的患者急诊数量增加 0.5%～1%。除了直接引发各种疾病之外，$PM_{2.5}$ 对于各种疾病患者的康复是极其不利的；尤其是对于老年人和儿童的身体健康与生命安全的危害特别严重[5]。

O_3 是一种高度活性的空气污染物，可以刺激呼吸道，从而引发一系列的不良健康反应。流行病学研究显示，无论是易感人群还是普通人群，O_3 的短期急性暴露都能够引起呼吸等系统的发病，增加哮喘、COPD 等疾病发病风险，O_3 暴露还可以增加心血管系统疾病、高血压、冠心病及中风的发病率和死亡率[6-8]。有研究[9]分析基于我国 31 个省（区、市）272 个城市 2013—2015 年的空气污染物浓度和特定死因的死亡数据等，研究包括 2.9 亿人口，约占中国总人口的 20%。研究结果表明，全国 O_3 暴露的年平均值是 77 μg/m^3，最高值是 113 μg/m^3。在全国平均水平下，8 小时日均臭氧浓度每增加 10 μg/m^3 会增加一定比例的日死亡数，分别有总死亡（增加 0.23%），心血管疾病死亡（增加 0.2%），高血压死亡（增加 0.6%），冠状动脉疾病死亡（增加 0.24%），中风死亡（增加 0.29%）。O_3 暴露对日死亡数的影响在不同地区不尽相同，比如，O_3 浓度每增加 10 μg/m^3 时，在北方每日总死亡增加 0.27%，而南方每日总死亡增加 0.21%。另外，季节也对其有影响，在温暖的季节（5—10 月），全国每日总死亡数增加 0.2%，而相对凉爽的季节（9 月至次年 4 月），全国每日总死亡数增加 0.43%。以上研究证明了短期暴露于 O_3 污染物会增加总死亡和心血管系统疾病的死亡。

O_3 作为一种强氧化性的空气污染物，不仅直接危害人体健康，而且损伤植物内部结构和生理功能，影响植物正常生长，特别是空气 O_3 浓度达到 80 μg/m^3 时，就会对敏感植物产生伤害和影响。大量研究表明，目前全球许多地方的 O_3 浓度已经能够造成农作物减产和生态系统服务下降[10, 11]，严重威胁粮食安全和生态安全[12-16]。我国是全球人口大国，粮食安全和生态安全不但关系到人们身体健康和小康社会建设，而且关系到社会和谐稳定和生态文明建设。O_3 对我国粮食生产的影响，从 20 世纪就引起了国内外学者的高度关注。1999 年，美国大气科学家在分析我国大气背景站的 O_3 观测资料[17]，就发现我国长江三角洲地区的 O_3 暴露剂量已经超过农作物减产 10% 的国外阈值，指出了我国未来工业化引起的 O_3 浓度增加，将极大影响我国粮食安全和世界粮食市场。1999—2000 年，国内科研机构和高校联合在长江三角洲农村地区开展了空气 O_3 浓度观测，得出 O_3 能够造成当地冬小麦减产 20%～30%[18]。21 世纪初，我国学者在长江三角洲、珠江三角洲和京津冀地区，开展了开顶式和开放式 O_3 熏气模拟实验，得出了 O_3 暴露剂量和农作物产量损失间的产量损失模型[18]，并发现了 2003—2012 年 O_3 能够造成珠江三角洲地区、长江三角洲水稻减产 2.7%～3.0% 和京津冀地区冬小麦减产 12.9%～17.1%[19, 20]。

1.3 我国大气复合污染的基本认识

当前，我国空气污染已从传统的颗粒物（TSP、PM_{10}）和二氧化硫（SO_2）污染转向以 $PM_{2.5}$ 和污染气体（O_3、SO_2、NO_x）等形成的复合型大气污染[21]。其中，$PM_{2.5}$ 和 O_3 尤为突出[22]。$PM_{2.5}$ 与 O_3 是影响我国环境空气质量的重要空气污染物，已成为制约我国下一步空气质量改善的重要因素。

2013 年以来，我国出台了一系列大气污染防治法规、政策、标准、行动计划和攻坚方案，特别是在京津冀及周边地区，大气污染防治力度前所未有。这些措施为我国环境空气质量带来了巨大改善，$PM_{2.5}$ 浓度大幅下降，以 $PM_{2.5}$ 为首要污染物的超标天数比例持续降低，空气重污染的天数也明显减少。与此同时，近年来我国 O_3 污染问题凸显[23-25]：在区域尺度上，O_3 污染程度和范围在不断扩大；在时间尺度上，某些城市 O_3 污染在春季已开始显现，污染出现的月份呈提早的趋势；在污染程度上，O_3 浓度年评价值（O_3 浓度日最大 8 小时平均值第 90 百分位数）呈现波动上升趋势。在我国多个地区虽然 $PM_{2.5}$ 浓度下降，但 O_3 浓度上升，空气质量优良天数的比例没有增长，甚至出现下降[26-28]。有研究发现，O_3 浓度的上升受颗粒物浓度下降的影响；同时，$PM_{2.5}$ 中二次气溶胶的浓度占比不断增加，NO_3^- 与 SOA（secondary organic aerosol，二次有机气溶胶）的质量浓度降幅低于 $PM_{2.5}$[29]，重度雾霾污染与二次气溶胶有很大关系[30]。综上，当前 O_3 已经成为继 $PM_{2.5}$ 之后我国环境空气中另一种主要超标污染物。虽然 $PM_{2.5}$ 污染有所减轻，但许多城市 $PM_{2.5}$ 尚未达到《环境空气质量标准》（GB 3095—2012）二级标准，$PM_{2.5}$ 中二次组分浓度的下降是未来 $PM_{2.5}$ 控制的重点。因此，$PM_{2.5}$ 与 O_3 是目前影响我国环境空气质量的重要空气污染物，已成为制约我国下一步空气质量改善的重要因素。为持续改善我国环境空气质量，确保空气质量优良率，明显增强人民的蓝天幸福感，并协同减少温室气体，需要从大气污染防控战略的角度，高度重视 $PM_{2.5}$ 与 O_3 污染协同控制[2]。

$PM_{2.5}$ 与 O_3 复合污染的协同治理，是“十四五”大气污染防治的重要方向，更是我国空气质量管理的重要转型节点。其不仅标志着我国大气污染防治事业在“十三五”成绩的基础上进入“十四五”典型污染物及其前体物精细化协同治理的新阶段，也标志着防治工作需要进入“季节—全年”“城市—区域”“行业—结构”等大协同的新局面，更对我国大气污染防治科技支撑提出了更高、更准、更细的新要求[31]。大气污染防治工作是我国生态环境保护的重要组成部分，并随着社会经济发展过程中出现的主要大气环境问题的演变而不断深化。几十年来，我国在大气污染控制和空气质量管理方面做了大量的工作并取得了显著成效，从酸雨防治及两控区的划定，到可吸入颗粒物防治，再到 $PM_{2.5}$ 防治和重污染过程应对。目前以 $PM_{2.5}$ 和 O_3 为典型代表的大气复合污染已经成为我国大气污染防治的核心方向，这是我国大气污染防治事业的重要战略转折点，也是污染防治与“碳达峰、碳中和”工作深度融合的里程碑[2, 32]。

2

污染现状与演变

WURAN XIANZHUANG YU YANBIAN

2.1 我国大气复合污染的时空分布特征

从空间分布特征来看，$PM_{2.5}$ 和 O_3 等污染物浓度较高的区域具有较好的空间一致性。以 2020 年数据为例，“2+26”城市、汾渭平原、苏皖鲁豫地区为全国 O_3 和 $PM_{2.5}$ 浓度最高的区域，区域 O_3 日最大 8 小时第 90 百分位平均浓度超过 160 μg/m³，超标率超过 10%；重点区域中“2+26”城市 $PM_{2.5}$ 年均浓度最高，其次是汾渭平原、苏皖鲁豫地区，均超过 45 μg/m³，日均值超标率均超过 15%；长江中游、长三角和成渝 O_3 日最大 8 小时第 90 百分位平均浓度为 139～152 μg/m³，均高于全国平均，超标率为 3.2%～7.6%；$PM_{2.5}$ 年均浓度为 35 μg/m³ 左右，日均值超标率为 6.5%～7.0%，珠三角 $PM_{2.5}$ 年均浓度较低，为 21 μg/m³，日均值超标率仅为 0.2%。重点区域的 PM_{10}、CO、SO_2、NO_2 浓度也表现出类似相对关系，$PM_{2.5}$ 浓度越高的区域，其一次污染物的浓度也相对较高，说明了各类污染物具有较好的同源性。

O_3 污染的空间分布与 $PM_{2.5}$ 分布特点略有不同的是，珠三角 $PM_{2.5}$ 年均浓度仅相当于长江中游和成渝地区 $PM_{2.5}$ 浓度的 60%，但其 O_3 污染程度高于长江中游和成渝地区。这一特点在长三角地区也有一定体现，其 $PM_{2.5}$ 年均浓度与长江中游和成渝地区相当，但 O_3 污染程度超过后者。从超标天中首要污染物的占比也可以看出，2020 年长三角地区和珠三角地区 O_3 为首要污染物的超标天数已经超过 $PM_{2.5}$，特别是珠三角最为突出，说明 O_3 污染逐渐成为该区域最主要的污染物（图 2-1～图 2-3）。

从时间分布特征来看，与秋冬季以 $PM_{2.5}$ 为主的颗粒物污染呈显著对照，O_3 污染主要出现在夏季及前后。我国 $PM_{2.5}$ 污染日均值超标月份集中在 11 月至次年 2 月的采暖季期间，主要受冬季边界层高度较低、污染排放增加等因素显著的影响（图 2-4）。而我国主要城市群 O_3 污染的时段特征不尽相同而受气候条件、地理地形等因素影响，不同地区应对时段不同。

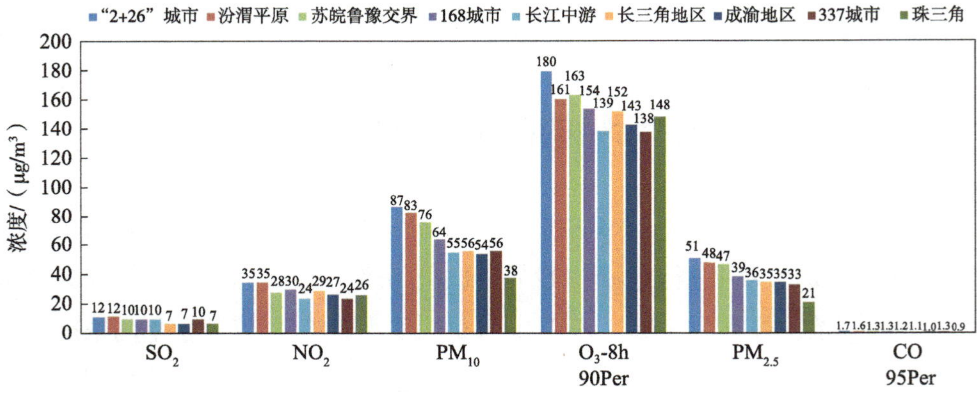

图 2-1　2020 年重点区域污染物浓度对比

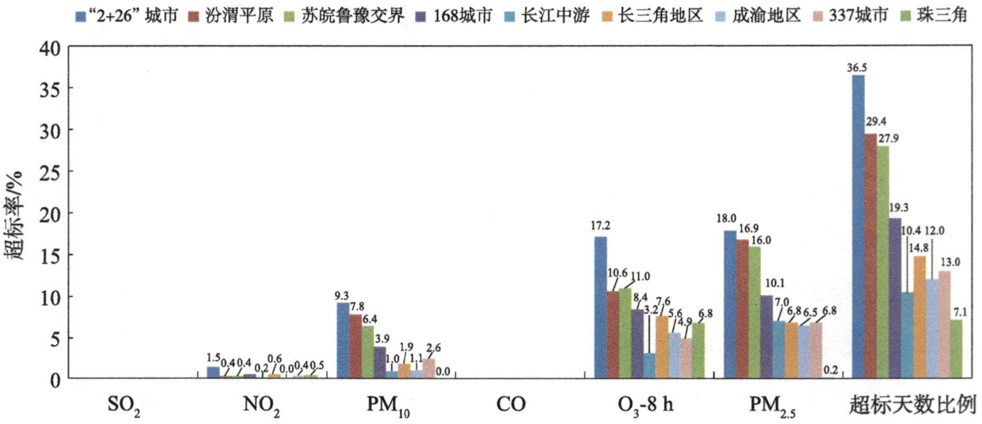

图 2-2　2020 年重点区域污染物超标天数比例

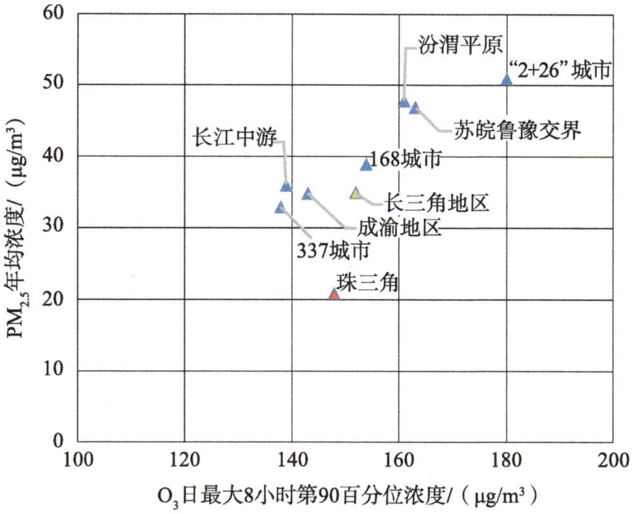

图 2-3　2020 年重点区域 $PM_{2.5}$ 浓度与 O_3 浓度对比

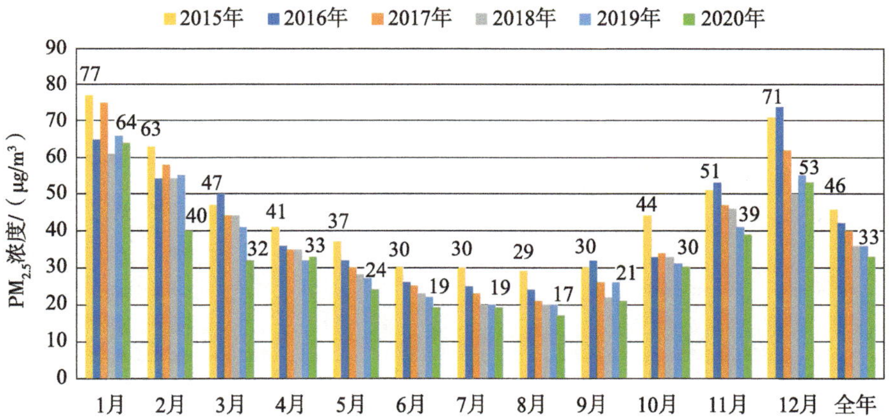

图 2-4　2015—2020 年全国 $PM_{2.5}$ 逐月浓度及超标天数变化趋势

图 2-4 为 2015—2020 年全国 $PM_{2.5}$ 逐月浓度变化。2015—2020 年，每年 $PM_{2.5}$ 浓度在 1—6 月呈逐月下降趋势，6—8 月保持平稳，9—12 月呈逐渐上升的月际变化规律。6—8 月全国平均浓度低于 30 μg/m³，最大月均值出现在 12 月或 1 月，其中 1 月居多。2015 年以来，有 4 个月 $PM_{2.5}$ 月平均浓度超过 70 μg/m³，依次是 2015 年 1 月、2015 年 12 月、2016 年 12 月、2017 年 1 月。

根据 O_3 最高浓度出现月份的不同，重点区域大致可以分为三类，O_3 污染防控部署可根据地域差异重点调整。

（1）每年 5—6 月 O_3 浓度最高的重点区域

5—6 月 O_3 浓度最高的重点区域主要包括京津冀及周边地区、长三角地区、长江中游地区和苏皖鲁豫地区，以京津冀地区为例，2015—2020 年，京津冀及周边地区“2+26”城市 O_3 日最大 8 小时第 90 百分位浓度分别为 145 μg/m³、154 μg/m³、181 μg/m³、182 μg/m³、196 μg/m³ 和 180 μg/m³，年平均浓度为 80 μg/m³、86 μg/m³、100 μg/m³、106 μg/m³、110 μg/m³ 和 106 μg/m³，呈波动上升趋势。每年 O_3 浓度自 4 月开始明显上升，月第 90 百分位浓度超过 150 μg/m³，月平均浓度超过 100 μg/m³，并持续至 9 月，10 月开始区域 O_3 浓度总体回落，但部分年份 10 月仍存在一定的 O_3 超标天数。每年 O_3 污染最重的月份均为 6 月，与 6 月区域干热气象条件有关。2019 年受高温特殊气象条件影响，区域 7 月、9 月的 O_3 浓度接近历年 6 月 O_3 污染最高水平（图 2-5）。

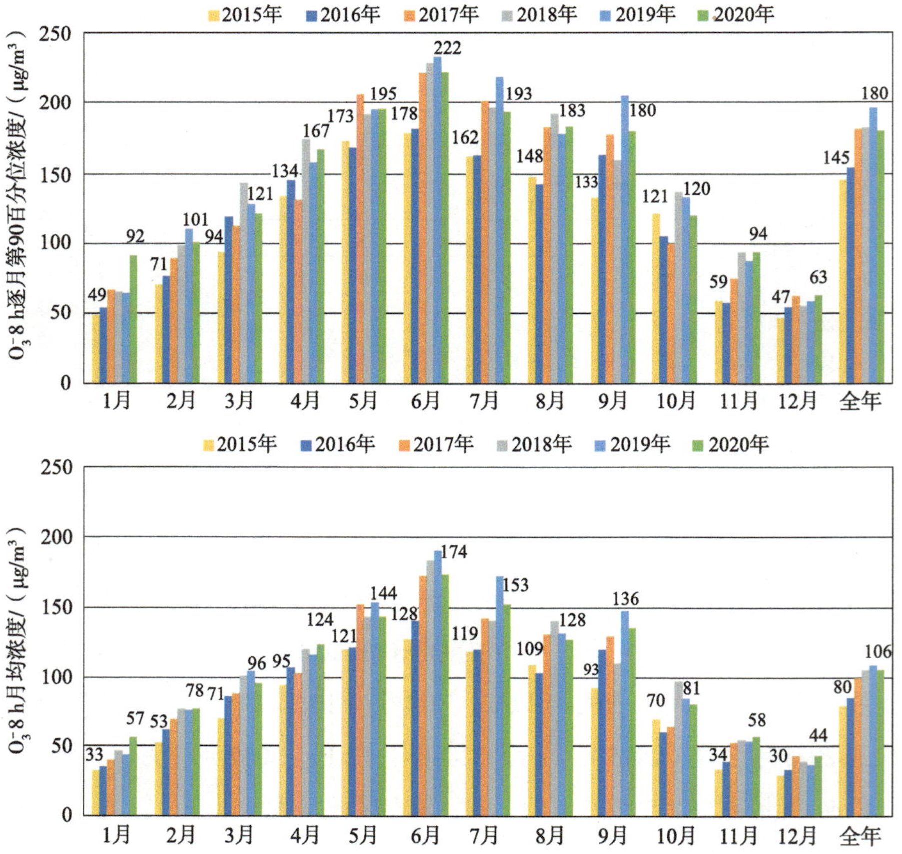

图 2-5　2015—2020 年“2+26”城市 O_3 逐月浓度变化趋势

（2）每年 8—11 月 O_3 浓度最高的重点区域

8—11 月 O_3 浓度最高的重点区域主要包括珠三角地区和长江中游地区，以珠三角地区为例，2015—2020 年，珠三角地区 O_3 日最大 8 小时第 90 百分位浓度分别为 133 μg/m^3、138 μg/m^3、151 μg/m^3、150 μg/m^3、176 μg/m^3 和 158 μg/m^3，年平均浓度分别为 76 μg/m^3、78 μg/m^3、86 μg/m^3、89 μg/m^3、100 μg/m^3 和 89 μg/m^3，呈波动上升趋势。每年 O_3 浓度在 8—11 月为全年最高，第 90 百分位浓度超过 150 μg/m^3，O_3 年平均浓度超过 100 μg/m^3。2019 年受高温特殊气象条件影响，区域 9—11 月的 O_3 浓度均远高于历年同期 O_3 污染最高水平（图 2-6）。

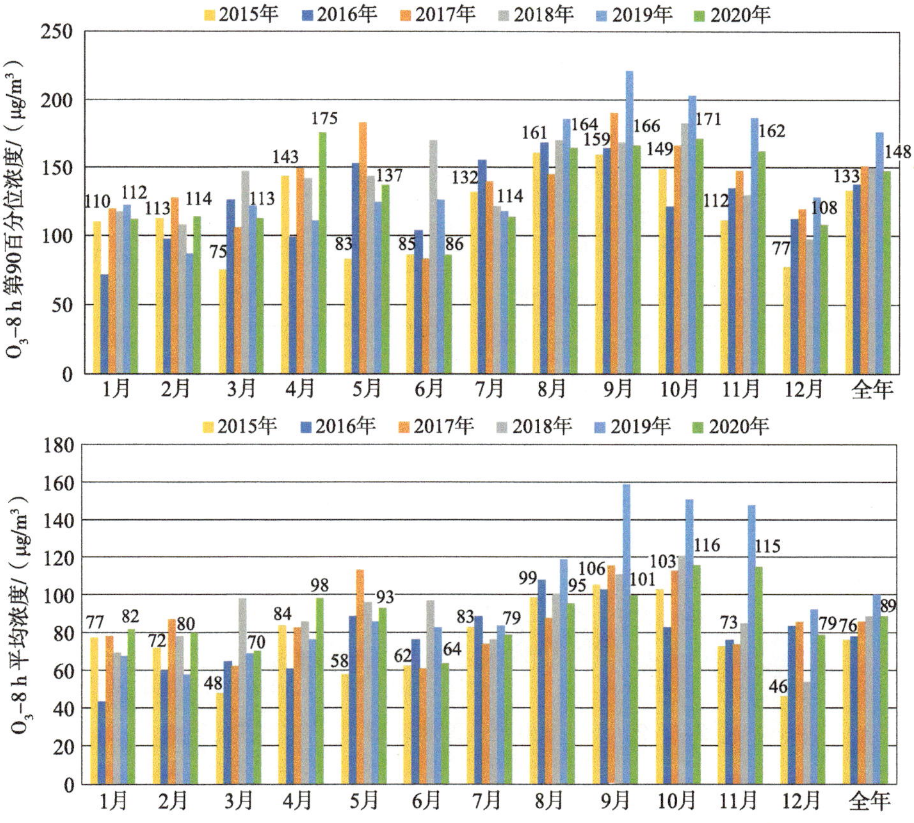

图 2-6　2015—2020 年珠三角地区 O_3 逐月浓度变化趋势

（3）每年 O_3 污染最重的月份主要出现在 5 月和 8 月的成渝地区

2015—2020 年，成渝地区 O_3 日最大 8 小时第 90 百分位浓度分别为 125 μg/m^3、

129 μg/m³、137 μg/m³、139 μg/m³、142 μg/m³ 和 143 μg/m³，年平均浓度为 70 μg/m³、77 μg/m³、79 μg/m³、83 μg/m³、80 μg/m³ 和 81 μg/m³，呈波动上升趋势。每年 O_3 浓度自 4 月开始上升，月第 90 百分位浓度超过 140 μg/m³，月平均浓度超过 100 μg/m³，并持续至 8 月，9 月开始区域 O_3 浓度总体回落。每年 O_3 污染最重的月份主要出现在 5 月和 8 月（图 2-7）。

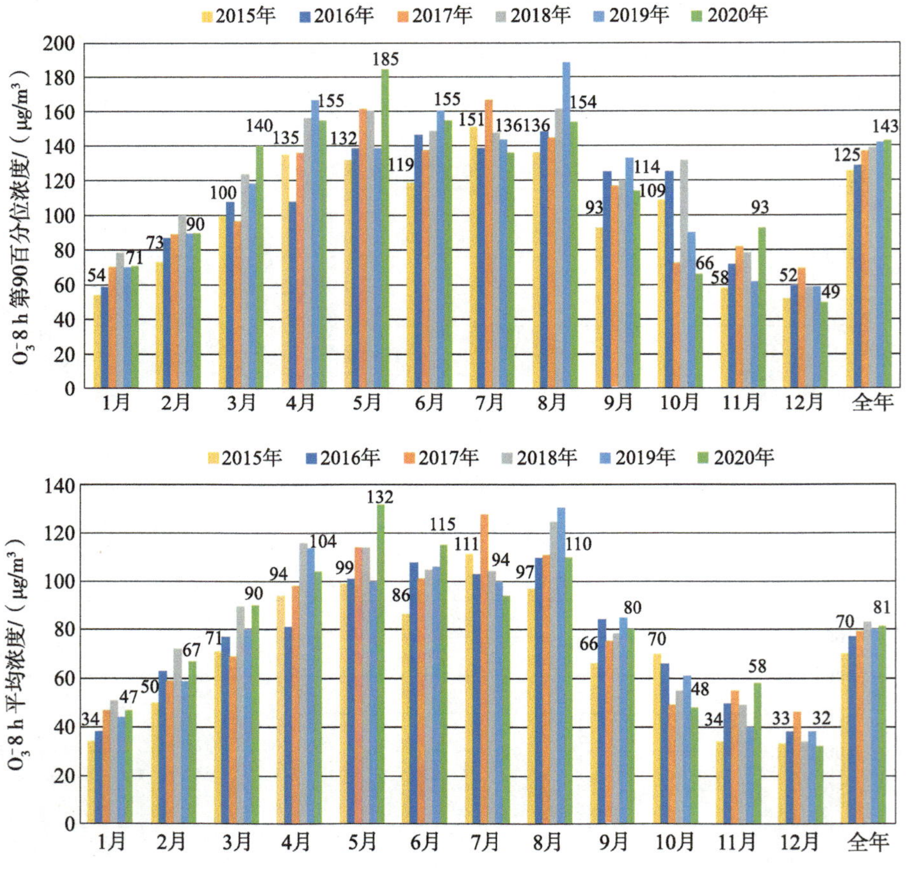

图 2-7　2015—2020 年成渝地区 O_3 逐月浓度变化趋势

从污染持续时间来看，2017—2020 年全国范围区域性 O_3 污染过程持续超过 10 天的次数分别为 8 次、6 次、6 次和？次。其中京津冀及周边地区“2+26”城市污染连片情况较为严重。

2.2 近年来我国大气复合污染的演变

“十三五”期间，全国环境空气质量明显改善，全国颗粒物 $PM_{2.5}$ 和 PM_{10} 浓度呈逐年改善变化趋势，全国 PM_{10} 年均浓度由 2015 年的 77 μg/m³ 逐年下降至 2020 年的 56 μg/m³，降幅达 27.3%，全国 $PM_{2.5}$ 年均浓度由 2015 年的 46 μg/m³ 逐年下降至 2020 年的 33 μg/m³，降幅达 28.3%。

全国 CO 和 SO_2 等一次污染物浓度下降幅度较大，NO_2 浓度呈平稳波动变化态势。CO 日均值第 95 百分位浓度由 2015 年的 1.9 mg/m³ 逐年下降至 2020 年的 1.3 mg/m³，降幅达 31.6%。SO_2 浓度下降趋势更为显著，由 2015 年的 23 μg/m³ 下降至 2020 年的 10 μg/m³，降幅达 56.5%。2015—2019 年全国 NO_2 平均浓度为 27～28 μg/m³，2020 年受新冠疫情影响，全国 NO_2 平均浓度下降至 24 μg/m³，与 2015 年相比下降 11.1%。

与其他污染物浓度变化趋势不同，近年来我国环境空气中 O_3 浓度呈波动上升趋势。2015—2020 年，全国地级及以上城市 O_3 日最大 8 小时第 90 百分位浓度的平均值分别为 123 μg/m³、126 μg/m³、137 μg/m³、139 μg/m³、148 μg/m³ 和 138 μg/m³，排除 2019 年的异常值，2020 年 O_3 浓度相比 2015 年上升 12.2%（图 2-8）。

随着 $PM_{2.5}$ 等主要污染物浓度持续下降，全国优良天数比例显著增加，重污染天数大幅减少，2020 年全国优良天数比例达到 87.0%，较 2015 年提高 5.8 个百分点。重污染天数比例为 1.2%，较 2015 年减少 1.6 个百分点，重污染天数减少 55%。但受 O_3 浓度上升因素影响，全国优良天数比例呈波动上升趋势，成效并不稳固；以 O_3 为首要污染物超标天数在全年占比由 2015 年的 12.2% 上升至 2020 年的 37.1%，特别是 2019 年 O_3 首要污染物占比高达 41.7%，已接近 $PM_{2.5}$ 贡献，2019 年全国优良天数比例同比下降 1.8 个百分点，主要是 O_3 超标天数大幅增加导致（图 2-9、图 2-10）。

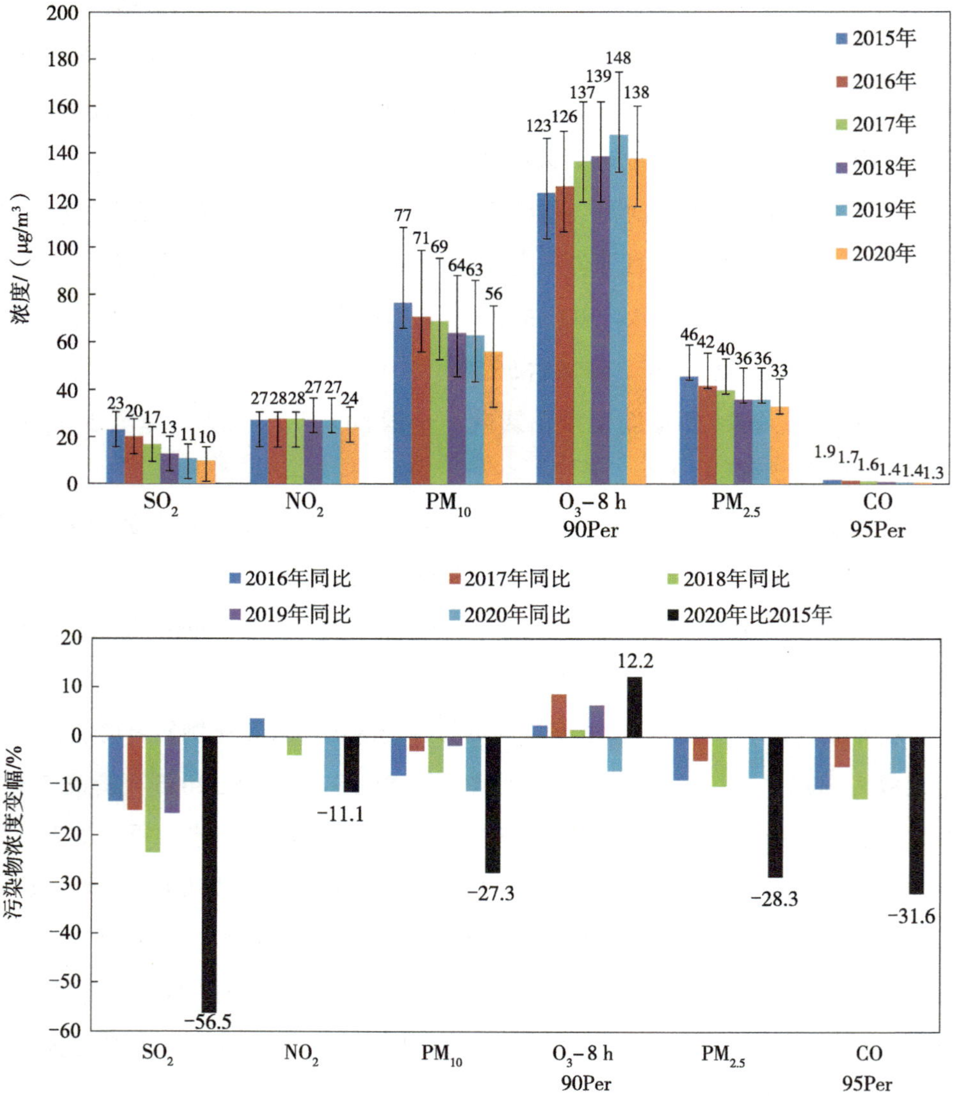

图 2-8　2015—2020 年全国地级及以上城市主要污染物浓度及变幅

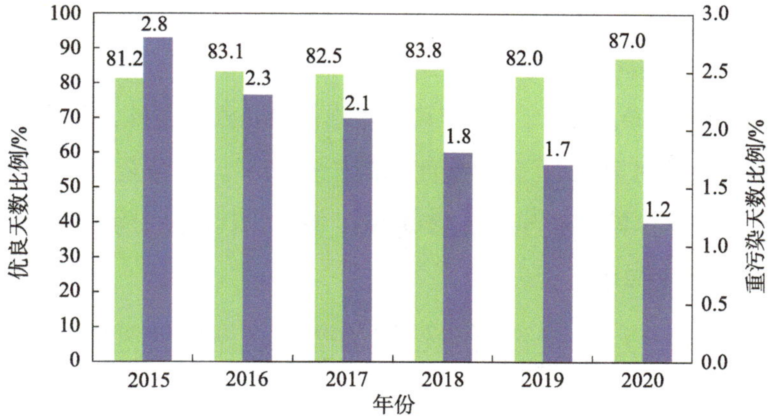

图 2-9　2015—2020 年全国地级及以上城市优良天数比例及重污染天数比例

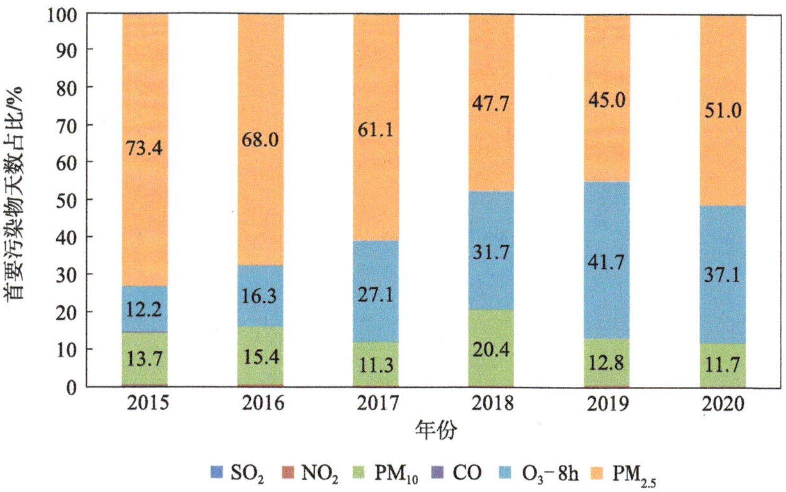

图 2-10　2015—2020 年全国超标天数中首要污染物占比

从各重点区域 O_3 浓度变化趋势来看，2015—2020 年，各重点区域 O_3 浓度变化趋势较为相似，O_3 年平均浓度总体呈平缓上升趋势，2019 年为特殊异常偏高年份，2020 年受新冠疫情影响略有偏低。总体来看上升态势较为显著。但部分重点区域 O_3 日最大 8 小时第 90 百分位浓度的上升态势弱于 O_3 年平均浓度的上升态势，例如，“2+26”城市 2017—2020 年第 90 百分位浓度分别为 181 μg/m^3、182 μg/m^3、196 μg/m^3 和 180 μg/m^3，在不考虑 2019 年异常数据情况下，2020 年浓度低于历史同期，汾渭平原、长三角和珠三角也表现出类似特征，可能与 2020 年疫情防控影响存在一定关系。

从各重点区域 O_3 浓度对比情况可以看出，除长江中游外，其他 6 个重点区域 O_3 日最大 8 小时第 90 百分位浓度均高于全国平均，是全国 O_3 污染热点地区。其中，“2+26”城市和苏皖鲁豫 O_3 浓度最高，其次是汾渭平原、长三角地区和珠三角（图 2-11）。

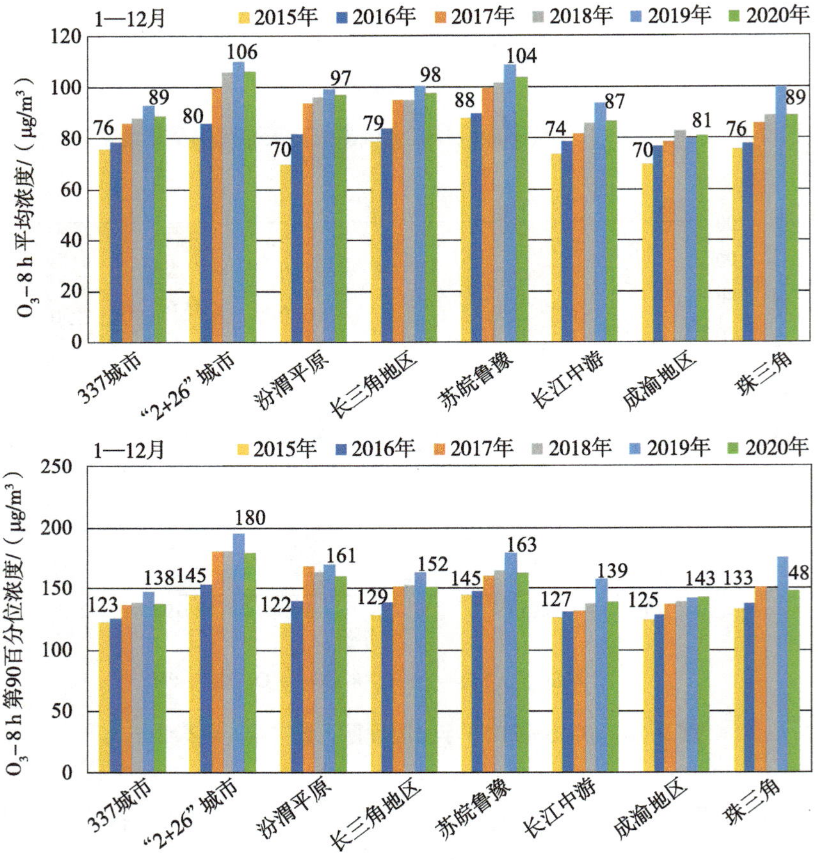

图 2-11　2015—2020 年全国及重点区域 O_3 浓度变化趋势

从各重点区域 $PM_{2.5}$ 浓度变化趋势来看，2015—2020 年，各重点区域 $PM_{2.5}$ 浓度变化趋势较为相似，均呈显著下降趋势，2019 年下降趋势趋缓，其中全国同比持平，汾渭平原、苏皖鲁豫、长江中游同比上升。2020 年，受疫情影响，

全国及重点区域 $PM_{2.5}$ 浓度同比显著下降，与 2015 年相比，全国 $PM_{2.5}$ 浓度下降 28.3%，“2+26”城市、汾渭平原、长三角地区分别下降 36.3%、14.3%、31.4%，苏皖鲁豫、长江中游、成渝地区和珠三角分别下降 29.9%、32.1%、30.0% 和 34.4%。

从各重点区域 $PM_{2.5}$ 浓度对比情况可以看出，除珠三角外，其他 6 个重点区域 $PM_{2.5}$ 年均浓度均高于全国平均，是全国 $PM_{2.5}$ 污染热点地区，其中“2+26”城市、汾渭平原和苏皖鲁豫 $PM_{2.5}$ 浓度显著高于全国其他重点区域（图 2-12）。

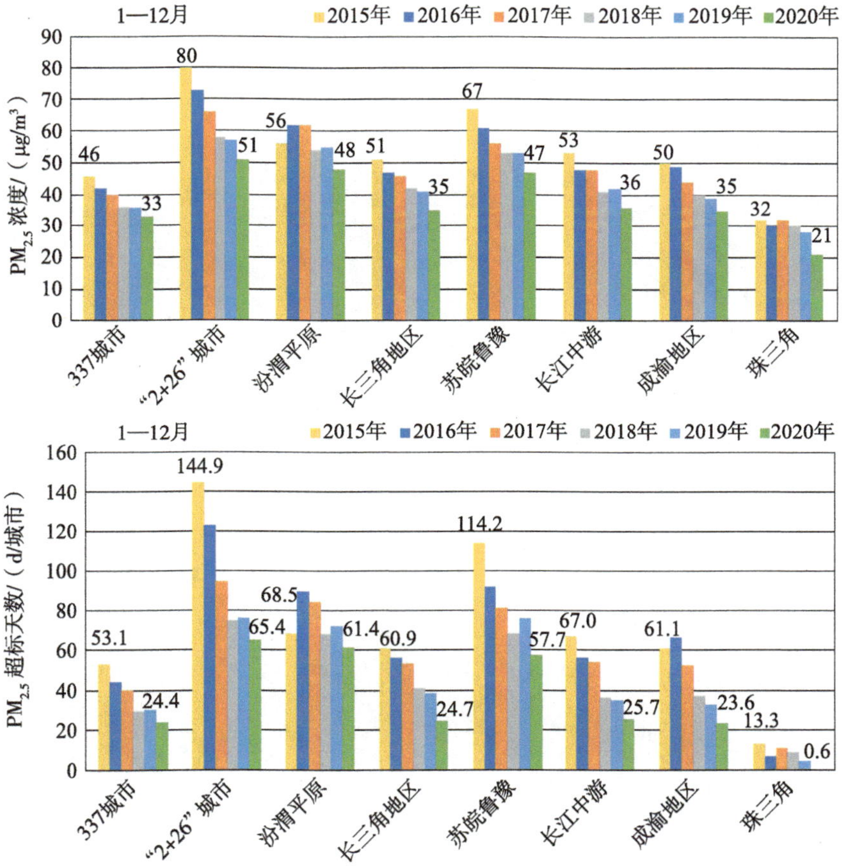

图 2-12　2015—2020 年全国及重点区域 $PM_{2.5}$ 浓度变化趋势

可以看出，近年来我国环境空气中 SO_2、CO 等一次排放污染物浓度和颗粒物浓度均显著下降，但 NO_2 浓度并未明显下降，且 O_3 浓度的逐年上升态势较为明显，开展 O_3 与 $PM_{2.5}$ 协同控制极为必要。

3

成因

CHENGYIN

3.1 大气复合污染形成的物理化学机制

3.1.1 $PM_{2.5}$与O_3的单项形成机制

（1）$PM_{2.5}$形成机制

化学成分复杂、来源广泛，按成因可分为一次组分和二次组分[19]，二次组分可再细分为二次有机气溶胶和二次无机气溶胶，其中，硫酸盐、硝酸盐及铵盐为二次无机气溶胶的主要组成部分，生物源及人为源排放的反应性有机气体是二次有机气溶胶的主要前体物。$PM_{2.5}$二次组分形成机制复杂，需要经过成核作用、物理过程和化学过程，即气体通过均相成核作用或非均相成核作用形成爱根核膜态与积聚膜态粒子，经过一段时间后爱根核膜粒子通过物理过程（颗粒碰撞合并、分子碰撞、凝聚）和化学过程（多相反应、化学吸附、液滴反应）完成粒子增长转变为积聚模态，积聚膜粒子因不易被干、湿沉降去除逐渐形成$PM_{2.5}$。

（2）O_3形成机制

对流层O_3由平流层输入或对流层污染物反应形成，平流层输入的O_3较少，而对流层污染物反应主要由NO_x及VOCs（挥发性有机物）通过光化学过程生成

O_3。NO_2 光解生成 O·并进一步与 O_2 反应生成 O_3，如式（3-1）和式（3-2）所示。

$$NO_2+hv \longrightarrow NO+O\cdot \tag{3-1}$$

$$O\cdot+O_2+M \longrightarrow O_3 \tag{3-2}$$

式中，hv 为光照，M 为催化剂。

O_3 形成后通过一定途径消除，对流层 O_3 的汇主要依靠与 NO 反应，如式（3-3）所示。

$$O_3+NO \longrightarrow NO_2+O_2 \tag{3-3}$$

一般情况下，对流层 O_3 浓度在（3-1）～（3-3）反应中保持平衡，但由于 RO_2·（由 VOCs 与·OH 反应转化而成）会与 NO 反应［式（3-4）］，使参与式（3-3）中的 NO 减少，进而使 O_3 的消除量减少，O_3 持续形成而消耗减少导致 O_3 污染发生。

$$NO+RO_2 \longrightarrow RO\cdot+NO_2 \tag{3-4}$$

（3）大气复合污染形成的物理化学机制

$PM_{2.5}$ 浓度与 O_3 浓度呈高度非线性关系。$PM_{2.5}$ 与 O_3 污染在大气中相互作用、互相影响，$PM_{2.5}$ 二次组分与 O_3 形成机制如图 3-1 所示。

$PM_{2.5}$ 二次组分与 O_3 形成主要围绕 NO_x（$NO+NO_2$）循环和自由基（$RO_x\cdot+HO_x$）循环。在 NO_x 循环中，NO_x 在大气氧化物（O_3、·OH）的作用下转化为硝酸盐并参与 $PM_{2.5}$ 的形成，O_3 在 NO_x 循环［式（3-1）～（3-4）］中形成。在自由基循环中 R·、RO_2·、RO·、HO_2·和·OH 是主要循环物质，VOCs 在·OH 作用下完成摘氢反应，形成 R·［式（3-5）］。

$$RH+OH \longrightarrow R\cdot+H_2O \tag{3-5}$$

R·在 O_2 的作用下被氧化为 RO_2·，如式（3-6）所示。

$$R\cdot+O_2 \longrightarrow RO_2 \tag{3-6}$$

RO_2·进一步与 NO 反应生成 RO·［式（3-4）］，RO·与 O_2 完成摘氢反应形成 HO_2·，并在 NO 的作用下形成·OH［式（3-7）和式（3-8）］。

$$RO\cdot+O_2 \longrightarrow R'CHO+HO_2\cdot \tag{3-7}$$

$$HO_2+NO \longrightarrow NO_2+OH \tag{3-8}$$

自由基循环在 NO_x 的作用下形成闭环，并加速 NO 向 NO_2 的转化，促进

NO_2 的光解。·OH 是自由基循环中的催化剂，推动自由基循环反应，使 VOCs 参与循环，在循环过程中消耗与生成同步进行。此外，自由基循环中的中间产物 R·、RO_2· 和 RO· 共同形成二次有机气溶胶。HONO、NH_3 以及 Cl· 是促进 $PM_{2.5}$ 与 O_3 复合污染形成的物质，HONO 光解提供·OH，NH_3 提供 N 元素，Cl· 加速 VOCs 转化并提供 Cl^-，通过供给物质基础及加速化学转化促进复合污染的发生。

3.1.2 大气复合污染的关键内在联系

$PM_{2.5}$ 与 O_3 形成机制复杂，总体上 $PM_{2.5}$ 与 O_3 复合污染特征表现为关联性、部分同源性、分异性及一致性，二者既存在联系又相互区别。$PM_{2.5}$ 与 O_3 污染特征关系如图 3-2 所示。

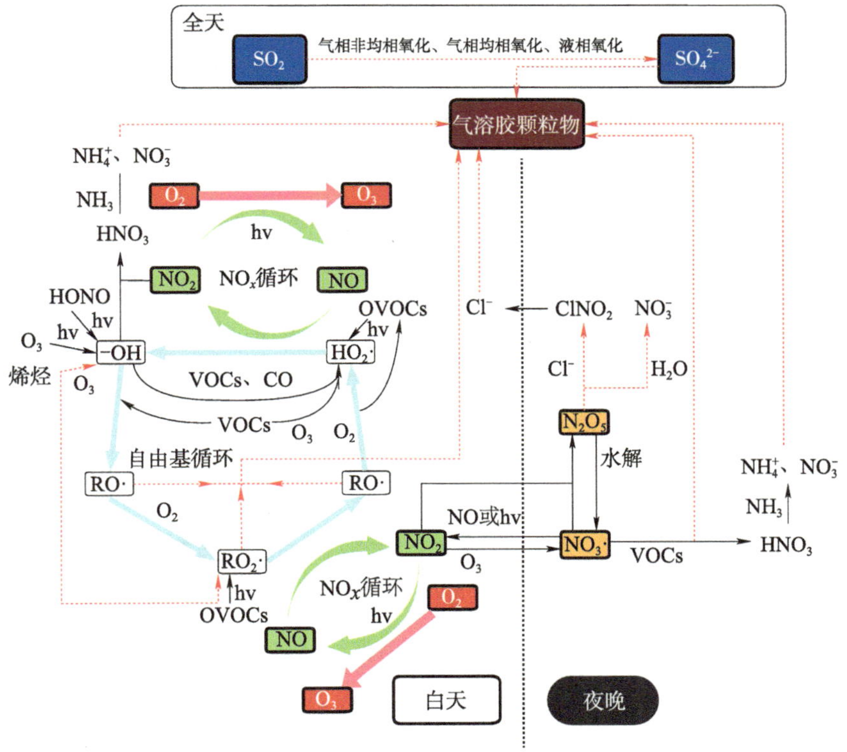

图 3-1 对流层中复合污染生成机制

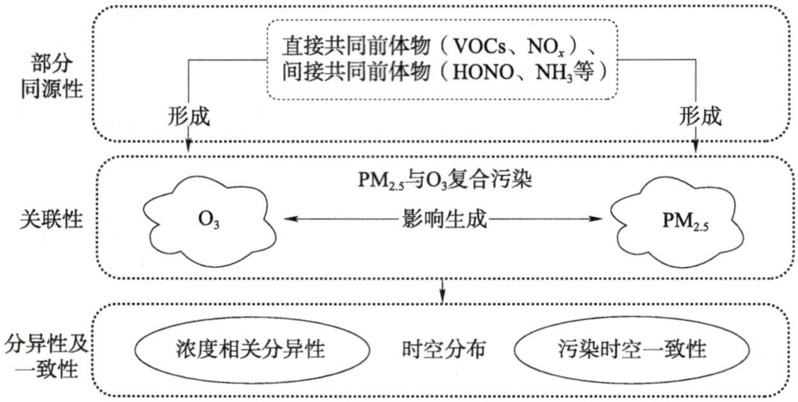

图 3-2 复合污染特征

（1）部分同源性

PM$_{2.5}$ 二次组分与 O$_3$ 形成机制复杂，需经过共同前体物的一系列反应形成，这些前体物可分为直接共同前体物和间接共同前体物。直接共同前体物指直接参与自由基循环与 NO$_x$ 循环，从而直接影响 PM$_{2.5}$ 二次组分与 O$_3$ 形成的前体物；间接共同前体物指间接参与自由基循环与 NO$_x$ 循环，从而间接影响 PM$_{2.5}$ 二次组分与 O$_3$ 形成的前体物（如 HONO、NH$_3$ 等）。NO$_x$ 和 VOCs 是 PM$_{2.5}$ 二次组分与 O$_3$ 形成的直接共同前体物。NO$_x$ 与 VOCs 形成 PM$_{2.5}$ 二次组分。VOCs 主要通过大气光氧化过程、成核过程、凝结和气 - 粒分配过程及非均相反应等化学过程生成 SOA（二次有机气溶胶）。NO$_x$ 在大气中通过均相和非均相反应被氧化为 NO_3^-，从而参与 PM$_{2.5}$ 中二次组分的形成。白天对流层中 NO_3^- 主要由 NO$_2$ 与 ·OH 反应生成，夜晚主要由 N$_2$O$_5$ 水解形成。NO$_x$ 具有氧化性，含量较高时能加速 VOCs 被氧化的过程。

NO$_x$ 与 VOCs 形成 O$_3$。NO$_2$ 光解产物—O（3P）参与对流层中 O$_3$ 的形成，正常情况下 O$_3$ 没有净形成和损失，VOCs 不直接参与 O$_3$ 的形成，但能减少 O$_3$ 的损耗。自由基循环物质 RO$_2$·、HO$_2$·分别与大气中的 NO 反应［式（3-4）和式（3-8）］，NO 被竞争使 O$_3$ 削减量减少，导致 O$_3$ 污染发生。

（2）关联性（PM$_{2.5}$ 对 O$_3$ 生成的影响、O$_3$ 对 PM$_{2.5}$ 生成的影响）

PM$_{2.5}$ 与 O$_3$ 复合污染在大气中体现关联性。PM$_{2.5}$ 与 O$_3$ 之间相互影响，即其中一种污染的形成过程受另一种污染的影响。

研究表明，$PM_{2.5}$ 主要通过干扰地球辐射强度、提供多相反应表面和影响边界层辐射通量与强度的方式影响 O_3 形成。

$PM_{2.5}$ 通过干扰地球辐射强度从而影响 NO_2 光解生成 O_3，气溶胶粒子浓度的升高可增加气溶胶光学厚度（AOD），使到达地表的光辐射强度明显降低，减少 NO_2 光解生成 O_3 的量。邵平等研究发现，在未进行 O_3 前体物控制措施前，单方面控制颗粒物浓度会使 O_3 浓度上升。$PM_{2.5}$ 可以提供多相反应表面（气相—固相、液相—气相、气相—气相等）进而影响 O_3 生成。研究发现，大气颗粒物表面可以发生 N_2O_5 水解［式（3-9）］以及对 $HO_2\cdot$ 的吸收，从而影响 O_3 前体物 NO_2 的生成。

$$N_2O_5+M \longrightarrow NO_2+NO_3 \tag{3-9}$$

适宜浓度的气溶胶有利于 O_3 生成。气溶胶可以通过散射作用来扩散太阳辐射，增加边界层内的辐射通量与强度，当气溶胶浓度适度增加且不太高时，气溶胶表面 NO_x 的光解速率会被增强，有利于 O_3 的生成。

Qu 等研究发现：当 $PM_{2.5}$ 浓度较高时，其通过影响地球辐射强度从而影响 O_3 生成的作用占主导地位；当 $PM_{2.5}$ 浓度较低时，其通过非均相反应影响 O_3 生成的作用占主导地位。Li 等研究发现，当 $PM_{2.5}$ 浓度高于 60 $\mu g/m^3$ 时，O_3 生成受到抑制。Shao 等研究发现，北京市 2006—2016 年由于 $PM_{2.5}$ 浓度下降导致 O_3 浓度升高了 37%，而当 $PM_{2.5}$ 浓度降至 40 $\mu g/m^3$ 时，O_3 浓度仅升高 7%。当 $PM_{2.5}$ 浓度进一步下降时，其与 O_3 浓度的相关性由负逐渐转变为正。

大气氧化是驱动二次颗粒物形成的动力，O_3 浓度的增加会增加大气的氧化性，促进大气颗粒物中二次组分的氧化生成；同时，在形成 O_3 过程中会生成一系列的氧化性物质，如 $\cdot OH$、H_2O_2、RCHO 等，O_3 与这些物质共同氧化大气中的 SO_2、NO_x 和 VOCs，从而促进二次气溶胶的形成。李红丽等统计了北京、上海和广州三个城市 O_3 浓度与 $PM_{2.5}$ 浓度之间的关系发现，O_3 浓度较低（$<160\ \mu g/m^3$）条件下的 $PM_{2.5}$ 浓度明显低于 O_3 中、高浓度（$\geq 160\ \mu g/m^3$）条件。

（3）分异性及一致性

$PM_{2.5}$ 与 O_3 复合污染在时空分布上体现一定的分异性和一致性。分异性表

现为 $PM_{2.5}$ 和 O_3 浓度之间的相关性随季节、地区及浓度的不同而改变。$PM_{2.5}$ 和 O_3 浓度在不同季节下相关性不同，其原因可能与光照辐射强度有关；同时，我国不同地区由于经度、离海距离以及地形地貌不同，其气候特征也不相同，因此不同地区的 $PM_{2.5}$ 与 O_3 浓度也不同，甚至同一区域的郊区与城市之间也存在较大差异。如李红等统计了京津冀地区、长三角地区、珠三角地区、成渝城市群及汾渭平原重点区域的 $PM_{2.5}$ 浓度（日均值，记为 $C_{PM_{2.5}}$）和 O_3 浓度（日最大 8 小时平均值，记为 C_{O_3}），结果表明，$PM_{2.5}$ 和 O_3 浓度之间的相关性随季节、地区及浓度的不同而改变。当 $C_{PM_{2.5}}<35\ \mu g/m^3$ 时，$C_{PM_{2.5}}$ 与 C_{O_3} 变化较为一致，与地区和季节相关性较小；当 $35\ \mu g/m^3 \leqslant C_{PM_{2.5}}<70\ \mu g/m^3$ 时，各区域 $C_{PM_{2.5}}$ 与 C_{O_3} 在春夏季呈正相关，在秋冬季相关性不明显；当 $70\ \mu g/m^3 \leqslant C_{PM_{2.5}}<150\ \mu g/m^3$ 时，京津冀和汾渭平原地区的 $C_{PM_{2.5}}$ 与 C_{O_3} 在春季呈正相关，在秋季呈负相关，冬季京津冀地区、长三角地区、成渝城市群及汾渭平原地区随 $C_{PM_{2.5}}$ 的增加，两者相关性由负变正；当 $C_{PM_{2.5}} \geqslant 150\ \mu g/m^3$ 时，C_{O_3} 开始随 $C_{PM_{2.5}}$ 的升高而减低。

$PM_{2.5}$ 与 O_3 复合污染的发生在时空分布上体现一致性。在空间上，不同季节发生 $PM_{2.5}$ 与 O_3 复合污染的主要区域一致；在时间上，同一区域在每年发生 $PM_{2.5}$ 与 O_3 复合污染的主要时段一致。如颜丰华等研究表明，2013—2017 年珠三角区域 $PM_{2.5}$ 与 O_3 复合污染共发生 60 次，主要发生在珠三角中西部区域，其中秋季发生次数占比为 52%。因此，在 $PM_{2.5}$ 与 O_3 协同防控中需要重点关注主要区域及时段，同时根据各地区差异进行差异化防控。

3.2 我国大气复合污染成因的研究历程

1972 年，唐孝炎院士推动成立中国首个环境化学专业，在 20 世纪 70 年代开展中国首个城市大气污染研究：兰州光化学烟雾，在 20 世纪 80 年代开展酸雨、臭氧层保护研究。1997 年，唐孝炎院士首次提出“大气复合污染”概念：大气复合污染概念的提出，为我国大气污染的控制提出新的思路，而对这个概念科学内涵的探讨，则是对大气化学理论研究的一个重要推动。

在 2014 年，国家自然科学基金委提出“大气复合污染”的重大研究计划。

2014年，国家自然科学基金委员会地球科学部会同数学物理科学部、化学科学部、生命科学部、工程与材料科学部、信息科学部、管理科学部、医学科学部、政策局在北京联合举办了主题为“中国大气灰霾的形成机理、危害与控制和治理对策”的第107期双清论坛。2014年国家自然基金委针对“中国大气复合污染的成因、健康影响与应对机制”联合重大研究计划立项，设立了国家自然科学基金《中国大气复合污染形成的成因与应对机制的基础研究》。围绕大气复合污染形成的物理与化学过程的重大科学问题包含揭示形成大气复合污染的关键化学过程和关键大气物理过程，阐明大气复合污染的成因，建立大气复合污染成因的理论体系；发展大气复合污染探测、来源解析、决策系统分析的新原理与新方法，提出控制我国大气复合污染的创新型思路。大气复合污染生成的关键化学过程包括自由基化学、颗粒物演变、表/界面机制、化学机理模块；大气物理过程与大气复合污染的生成包括大气物理过程的作用机制、边界层特征、气候变化影响、过程数值模拟；大气复合污染的来源识别技术原理与应对机制包含高分辨率源清单、源解析技术、集成预报与污染协同控制（图3-3）。

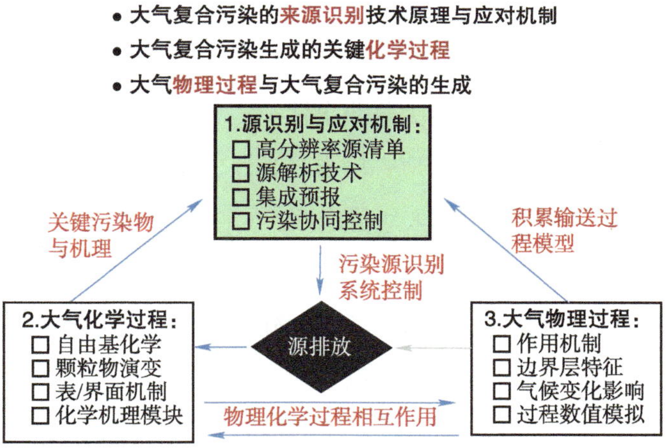

图3-3　大气复合污染形成的物理与化学过程

针对大气复合污染成因的研究，以学科交叉的形式基本建立起大气复合污染成因的理论框架（图3-4）：污染物与天气、气候相互作用；气溶胶表面非均相反应、辐射特性与大气稳定性；大气氧化性与新粒子生成的新机制；颗粒物表面非均相反应对冬季重污染形成的贡献。

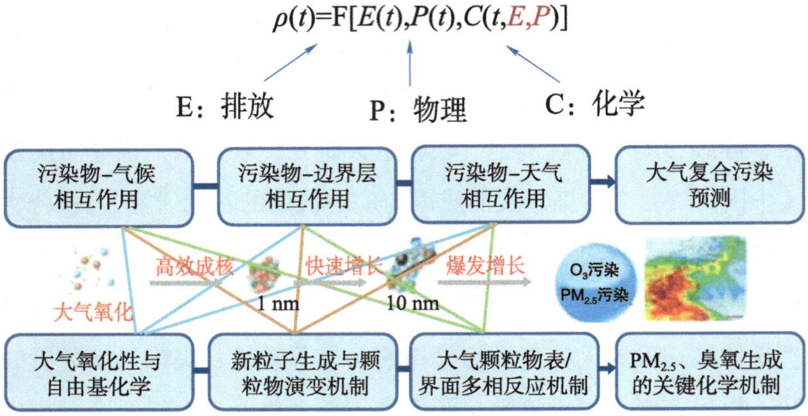

图 3-4　大气复合污染成因理论框架

大气污染与天气、气候的相互作用：

东亚冬季风年际变化对 $PM_{2.5}$ 的影响。

东亚夏季风年际变化对地表 O_3 的调制作用。

气溶胶与季风气候的相互作用。

气候变暖增加华北重污染频次和持续时间。

气溶胶非均相反应、辐射与大气稳定性：

高污染条件下黑碳非均相反应：增强吸光性、大气稳定性。

高层黑碳气溶胶增温 - 增加大气稳定性。

烟炱颗粒的光催化自氧化过程：ROS 的生成和增强的负面健康效应。

气溶胶表界面锰催化反应主导灰霾期间硫酸盐的快速生成。

基于水探针和显微拉曼测量微米级颗粒 pH。

$PM_{2.5}$ 降低的同时，臭氧浓度增加：（原因假设）

$PM_{2.5}$ 降低减少对太阳辐射的屏蔽，加快生成臭氧的光化学反应。

臭氧与前体物的非线性关系，氮氧化物的降低，增加臭氧浓度。

$PM_{2.5}$ 表面吸附自由基减少，有更多的自由基参与臭氧的生成反应。

提出臭氧和 $PM_{2.5}$ 污染的协同控制策略：

氨减排可显著降低 $PM_{2.5}$ 浓度，但有复杂的环境效应。

分区域精确制定氨减排。

总体来看，大气复合污染有多种环境效应，是多个学科的交叉与融合。一是天气动力学、大气物理、大气化学的交叉融合，包括污染与天气、气候的相互作用、气溶胶表面非均相反应、辐射与大气稳定性的研究；二是大气、工程材料、信息科学的交叉融合，包括多行业、多种类的污染来源；三是大气、环境、管理的交叉融合，包括 $PM_{2.5}$ 和 O_3 多污染协同的控制、分区域分时段的污染物减排策略等。

4

来源

LAIYUAN

4.1 大气复合污染的来源

我国的大气复合污染以 SO_2、NO_x、PM_{10} 为特征的传统煤烟型污染问题依然严重且尚未根本解决，VOCs、$PM_{2.5}$ 等污染问题又接踵而至；同时，一次污染物排放进入大气后，在一定的大气条件下发生传输、转化、耦合，引发二次气溶胶、臭氧等二次污染物的生成，造成了大气氧化性物种和颗粒物浓度增加、大气能见度显著下降，构成了如今以颗粒物和臭氧污染为主的大气复合污染。大气复合污染源主要包含以下几类：

（1）生产性污染来源，包括：①燃料的燃烧，主要是煤和石油燃烧过程中排放的大量有害物质；②生产过程中排出的烟尘和废气，以火力发电厂、钢铁厂、石油化工厂、水泥厂等对大气污染最为严重；③农业生产过程中喷洒农药而产生的粉尘和雾滴。

（2）由生活炉灶和采暖锅炉耗用煤炭产生的烟尘、二氧化硫等有害气体来源。

（3）交通运输性污染来源，汽车、火车、轮船和飞机等排出的尾气，其污染物主要是氮氧化物、碳氢化合物、一氧化碳和铅尘等。

经过多年的努力，我国一次 $PM_{2.5}$ 排放已有显著降低，部分地区 $PM_{2.5}$ 已转变为以二次生成为主，标志着大气复合污染防控进入新的阶段（臭氧蓝皮书）。

全国各城市空气质量统计显示，近年来所有超标天数中，以臭氧为首要污染物的天数最多，超过了以 $PM_{2.5}$ 为首要污染物的天数。由于 VOCs 和 NO_x 是臭氧与二次 $PM_{2.5}$ 形成的共同前体物，臭氧与 $PM_{2.5}$ 污染本质上同根同源，一体两面，因此臭氧与二次 $PM_{2.5}$ 防控需要开展 VOCs 和 NO_x 协同控制，如图 4-1 所示。

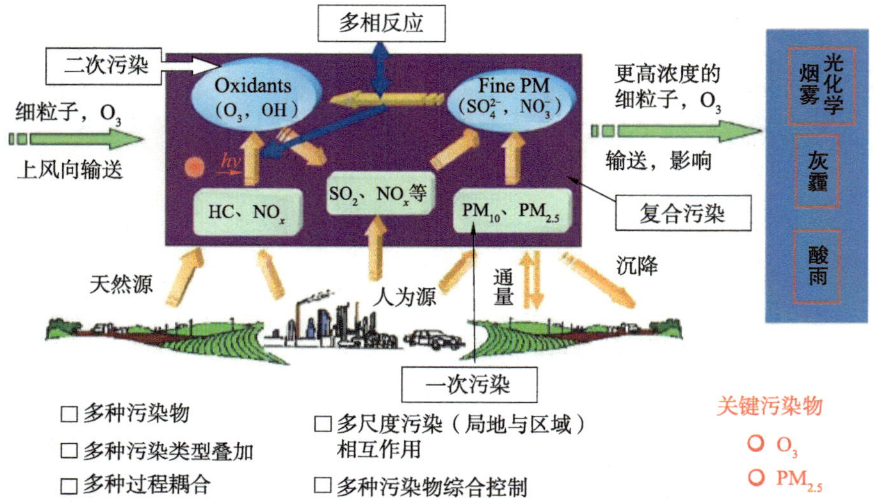

图 4-1 大气复合污染机制示意图（Shao et al.，2006）

4.1.1 $PM_{2.5}$ 的来源

大气中 $PM_{2.5}$ 的来源包括污染源直接排放的一次排放源，还包括由污染源排放的一次污染物经二次转化后形成的二次排放源。一次排放源包括风沙尘、土壤尘、植物花粉等天然源，以及生物质燃烧飞灰、机动车尾气尘、燃煤飞灰、建筑扬尘、工艺过程粉尘等人为源；二次排放源包括多种大气污染物 SO_2、NO_x、VOCs 和 NH_3 等污染物在大气中经过复杂的化学反应形成的 SO_4^{2-}、NO_3^-、NH_4^+ 等二次无机气溶胶（SIN）及二次有机气溶胶（SOA）。图 4-2 展示了浙江省沿海地区 $PM_{2.5}$ 成分谱归一化。图中 1～7 分别表示燃煤电厂尘、工业锅炉尘、垃圾焚烧尘、土壤风沙尘、道路尘、施工扬尘和城市扬尘。图中 A～J 分别表示冶钢过程、冶铁过程、铜制品过程、铝制品过程、医药危险废物焚烧、固体废物破碎、固体废物焚烧、污泥处置、船舶修造、橡胶制造。图 4-3 展示

了浙江省沿海地区 $PM_{2.5}$ 主要来源判定流程。

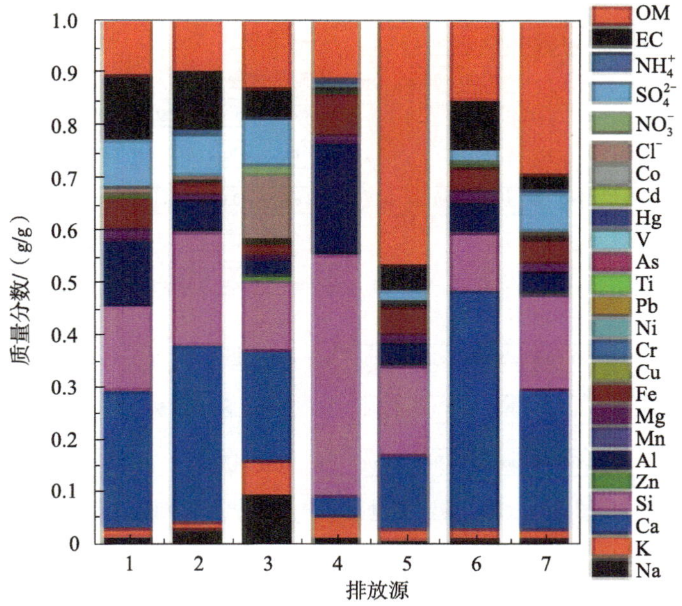

（a）除工艺过程尘外的其他尘类

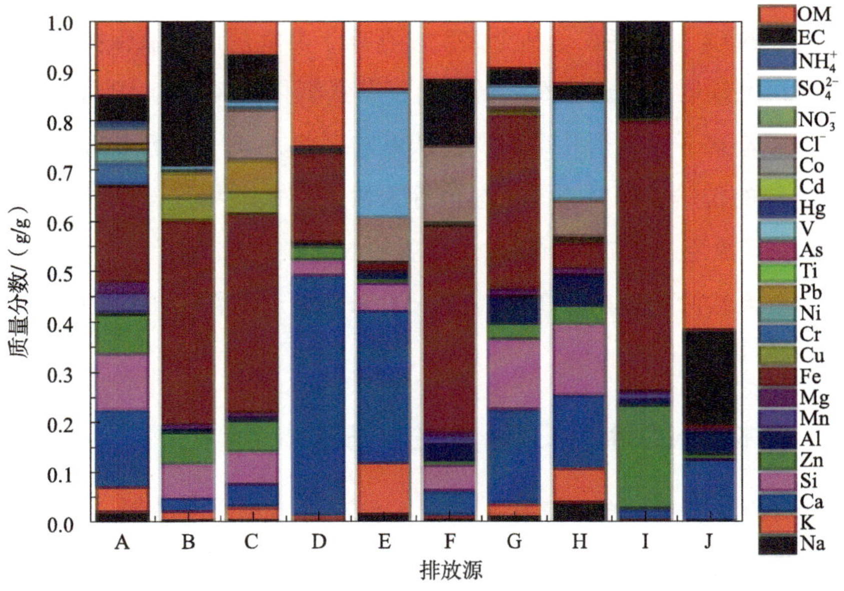

（b）工艺过程尘

图 4-2　浙江省沿海地区 $PM_{2.5}$ 成分谱归一化汇总

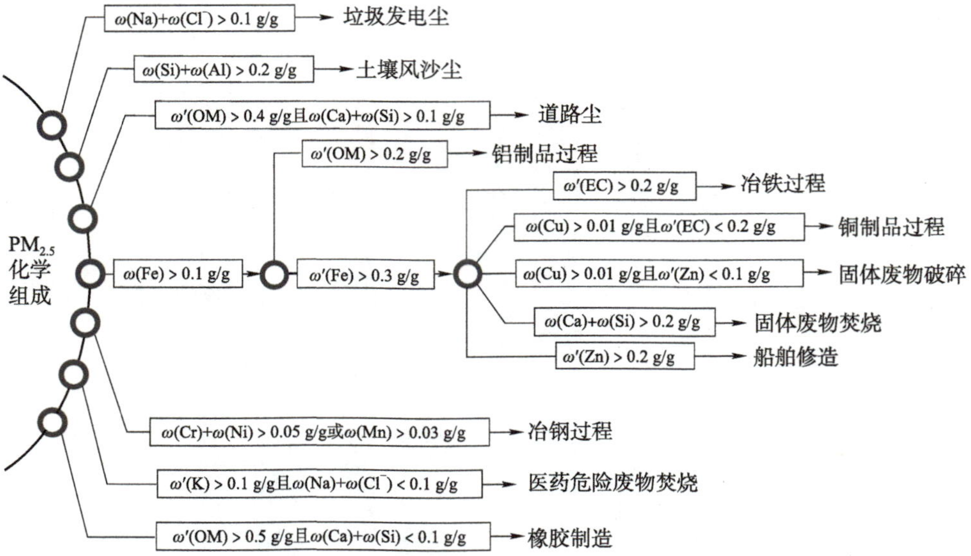

图 4-3　浙江省沿海地区 $PM_{2.5}$ 主要来源判定流程

4.1.2　O_3 的来源

大气中的 O_3 主要存在于两个高度，存在于臭氧层的臭氧保护着地球生物免受紫外线的辐射，而近地面的臭氧由于其强氧化性而成为主要污染物之一。目前，全球背景下臭氧有几个被广泛认可的来源：（a）平流层 O_3 从自由对流层向近地面的传输；（b）沼泽、湿地等天然源排放的甲烷与天然源（包括土壤、闪电、平流层 NO 的向下传输）产生的 NO_x 的原位反应；（c）生物源产生的 VOCs 与天然源产生的 NO_x 反应；（d）来自遥远的污染地区的臭氧的传输作用。

4.1.3　前体物 NO_x 和 VOCs 的主要来源

O_3 和 $PM_{2.5}$ 不仅具有同源性，还存在相互作用和地区差异。NO_x 和 VOCs 在光照条件下经过复杂的光化学反应生成 O_3 的同时，还会通过一系列氧化反应生成二次有机气溶胶（SOA）等二次颗粒物（图 4-4），其中 NO_x 通过氧化生成硝酸根离子（NO_3^-），VOCs 不充分氧化生成二次有机颗粒物，两者都是现阶段

$PM_{2.5}$ 的主要二次组分，如图 4-4 所示。因此，$PM_{2.5}$ 与 O_3 协同控制的关键在于削减两者共同前体物 NO_x 和 VOCs 的排放。

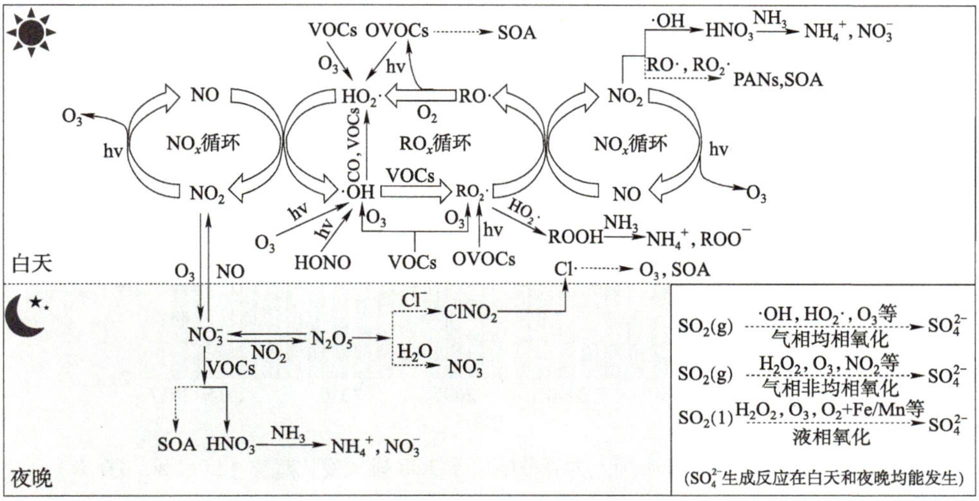

图 4-4 对流层中二次气溶胶和臭氧生成机制示意图

NO_x 的主要来源是工业、交通和电厂。VOCs 的来源可分为人为源和天然源。天然源包括生物排放（如植被、土壤微生物等）和非生物过程（如火山喷发、森林或草原大火等）。人为源主要包括化石燃料燃烧（如汽车尾气、煤燃烧等）、生物质燃料燃烧、油气挥发和泄漏（如汽油、液化石油气、天然气等）、溶剂和涂料的挥发（如油漆、清洗剂和黏合剂等）、石油化工、烹饪和烟草烟气等（图 4-5）。2010 年以后，溶剂使用和工业源 VOCs 排放逐年增加，而交通和居民源 VOCs 排放则得到了有效控制（Li et al., 2019）。OFP 较高的 VOCs 中，甲苯、二甲苯主要来自溶剂使用，乙烯和丙烯主要来自工业和居民源（Li et al., 2019）。在长三角、珠三角、成渝地区等区域，天然源 VOCs 年排放量与人为源的贡献在量级上具有可比性（Huang et al., 2011；Jiang et al., 2015；Liu et al., 2018b；Mao et al., 2016；Zheng et al., 2009；Zhou et al., 2019）。城市地区 VOCs 排放主要来自人为源，包括移动源、工业源、溶剂使用等。

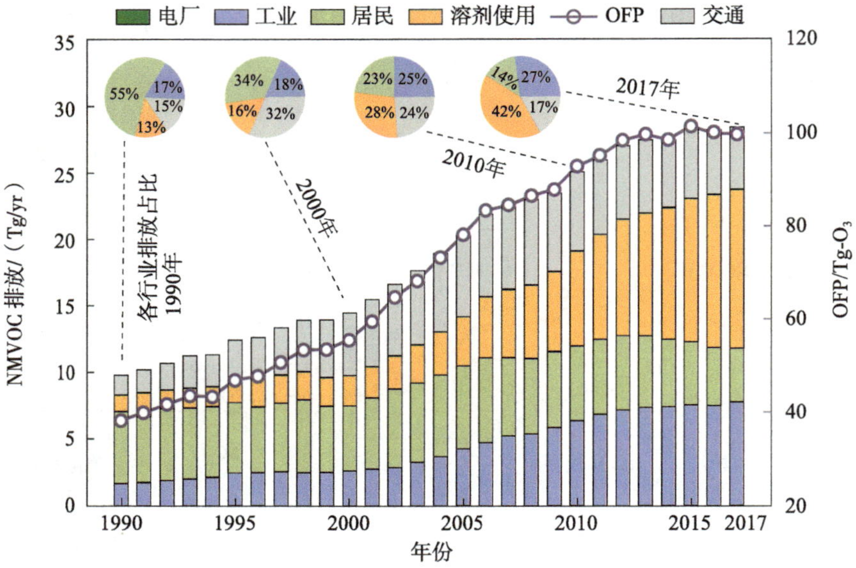

图 4-5　1990—2017 年中国人为源非甲烷 VOCs 排放变化趋势（Li et al.，2019）

图 4-6 展示了我国 16 个城市的 VOCs 来源解析结果，虽然地域相差较大，但从结果来看，VOCs 的来源具有一些共性。例如，机动车尾气的排放，在各地 VOCs 来源解析结果中均占重要比例，尤其是京津冀及周边地区的城市。从解析结果的横向比较可以看出不同地区 VOCs 的来源特征，京津冀及周边地区 VOCs 来源中机动车尾气的排放占比较大；长三角地区主要是油气挥发源、工业源和机动车尾气源占比较大。

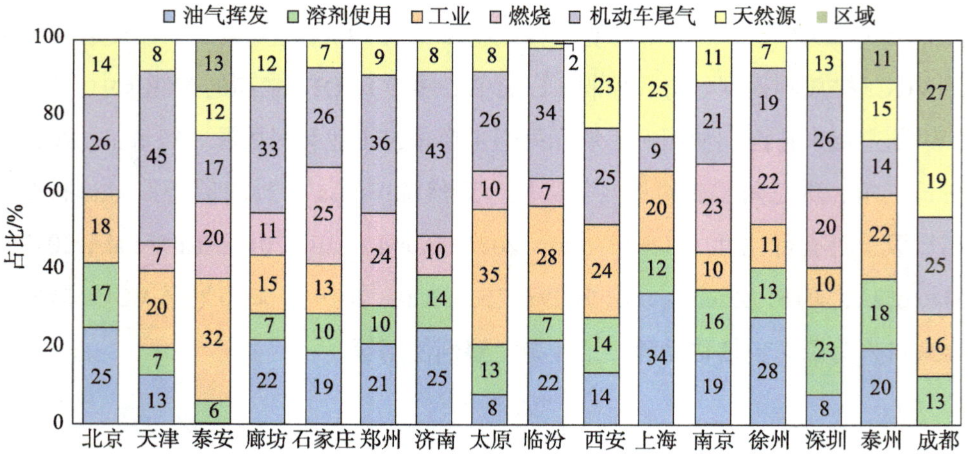

图 4-6　不同城市 VOCs 来源解析结果

图 4-7 展示了 2017 年我国 SO_2、NO_x、NH_3 和 NMVOC 的排放强度分布。可以看出，主要气态前体物的人为源排放集中在京津冀、长三角、珠三角和川渝等重点地区。2017 年京津冀、长三角、珠三角和川渝地区 SO_2、NO_x、NH_3 和 NMVOC 排放的部门构成如图 4-7 所示。钢铁行业和民用散煤对京津冀地区 SO_2 排放的贡献远高于其他区域，此外钢铁行业对长三角地区 SO_2 排放的贡献不容忽视。其他重点地区的 SO_2 排放主要来自电力和工业燃烧。川渝地区工业锅炉能耗更高，而且煤的硫分远高于其他区域，因此工业燃烧占 SO_2 排放的主导地位。NO_x 排放主要来自工业和交通，在四个重点地区机动车排放都占主

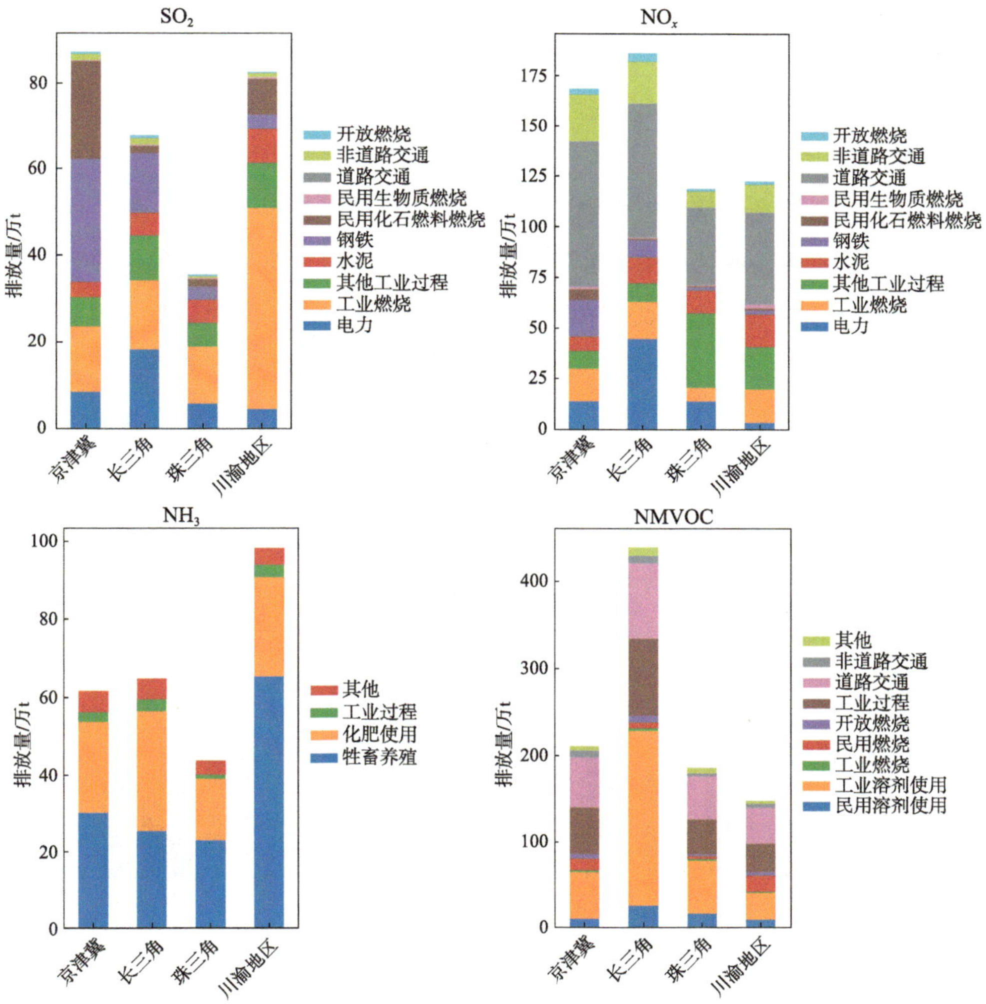

图 4-7　2017 年重点地区 SO_2、NO_x、NH_3 和 NMVOC 排放强度分布

导地位。电力和工业燃烧分别对长三角和珠三角地区的 NO_x 排放有重要贡献。氨排放主要来自牲畜养殖和化肥施用。其中，川渝地区的氨排放量远超其他地区。

4.2 影响大气复合污染形成的因素

气象条件对 $PM_{2.5}$ 污染和 O_3 污染的形成存在较大的影响。降雨、风速、气压、日照时长等因素均对 $PM_{2.5}$ 浓度变化有一定的影响。尤其在静稳天气条件下，不利的扩散条件可能使得区域发生持续的 $PM_{2.5}$ 重污染事件。由于低温和经常出现的静稳气象条件，冬季（11 月至次年 2 月）$PM_{2.5}$ 污染最严重。其他季节（3—10 月）全国 $PM_{2.5}$ 浓度基本在 75 μg/m^3 以下，空气质量为优或良，不构成 $PM_{2.5}$ 污染。

由于臭氧是光化学反应产物，因此臭氧的浓度与温度、湿度、辐射、边界层高度等气象条件密切相关，静稳、高温、低湿、光照充足的气象条件有利于臭氧污染的形成。因此臭氧的浓度特点表现为夏季最高，冬季最低，主要是由夏季光照充足、强烈，温度高导致的。而冬季光照较弱、温度较低，因此不利于光化学反应的发生及臭氧的生成，如图 4-8 所示。日变化则表现为清晨和夜晚的浓度较低，最高值主要集中在光照和温度较强的午后 13：00～15：00 时间段内，如图 4-9 所示。

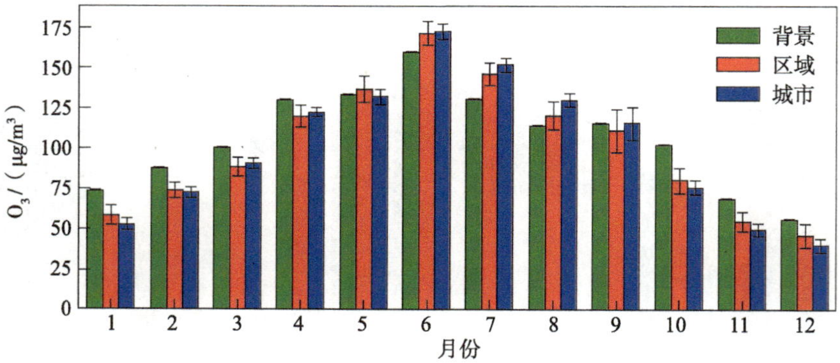

图 4-8　2020 年“2+26”城市地区各种大气环境下 O_3 浓度的月变化情况

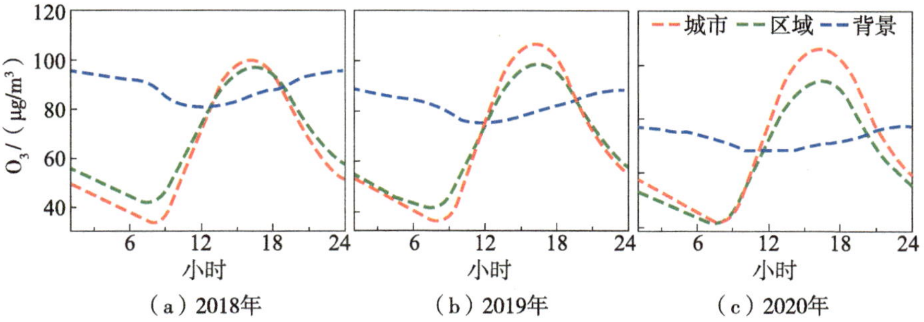

图 4-9 长三角地区各种大气环境下 O_3 浓度在 2018—2020 年的日变化情况

图 4-8 展示了 O_3 最大 8 小时在“2+26”城市及其附近的不同大气环境下的月变化特征。整体而言，O_3 最大 8 小时浓度表现出夏季高，冬季低的特点。O_3 最大 8 小时在不同大气环境下表现出类似的季节变化特征。O_3 最大 8 小时出现峰值的时间在日照比较强的 6 月。在 10—12 月，背景大气环境下 O_3 浓度比区域大气环境高，城市大气环境的 O_3 浓度最低。在 6 月，城市大气环境下的 O_3 浓度表现出最高值。

气象条件主要通过以下途径影响臭氧浓度：①辐射和气温等气象要素的变化导致大气氧化性发生变化，进而影响臭氧的光化学形成；②影响臭氧及前体物的输送和扩散过程；③影响植被 VOCs 等排放发生变化，间接影响臭氧浓度。图 4-10 展示了气象条件影响臭氧浓度的主要过程。

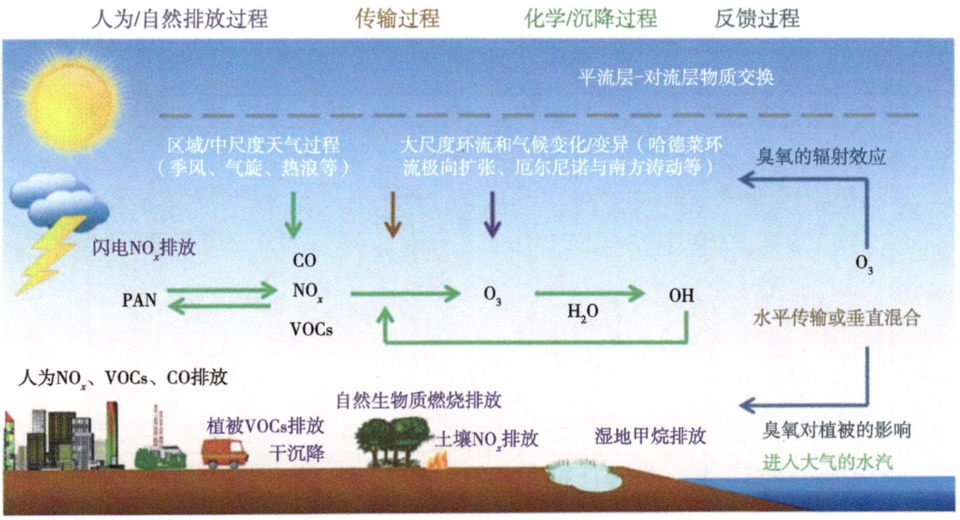

图 4-10 气象条件影响臭氧浓度的主要过程

$PM_{2.5}$与O_3复合污染在时空分布上体现一定的分异性[1]。两者浓度之间的相关性随季节、地区及浓度的不同而改变。$PM_{2.5}$与O_3浓度在不同季节下相关性不同，其原因可能与光照辐射强度有关；同时，我国不同地区由于经度、离海距离以及地形地貌不同，其气候特征也不相同，因此不同地区的$PM_{2.5}$与O_3浓度也不同，甚至同一区域的郊区与城市之间也存在较大差异。图 4-11 展示了 2020 年 MDA8 和$PM_{2.5}$的 Spearman 相关性，使用纬度进行染色。从全年的相关性可以看出，具有$R > 0.4$即强正相关性的区域主要集中于珠三角地区。珠三角地区由于在全年都具有较高的温度，以及当地发达的制造业排放出的大量 VOCs，使得珠三角地区具有较高的臭氧浓度，叠加珠三角地区的低$PM_{2.5}$浓度，导致臭氧与$PM_{2.5}$的相关性较好。对于各季节而言，可以看出在夏季，我国大多数城市的臭氧与$PM_{2.5}$之间均有较好的相关性，而在其他季节，两者的强相关性地区则主要在珠三角地区，这体现出了温度在臭氧生成中的影响。

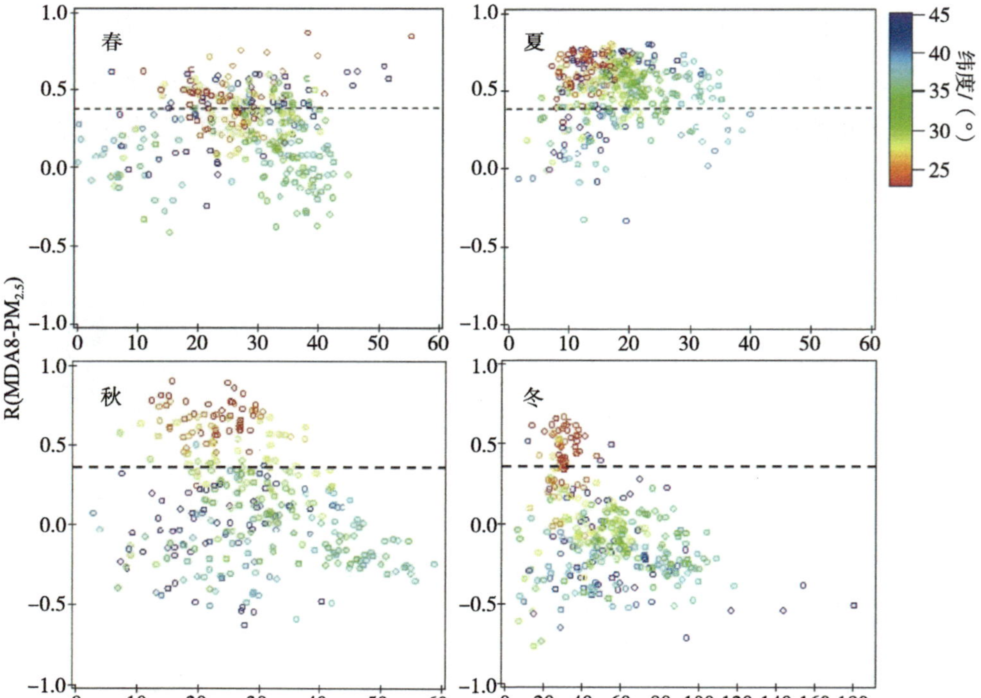

图 4-11　2020 年 MDA8 与$PM_{2.5}$各季节的 Spearman 相关性

5

溯源技术与控制技术

SUYUAN JISHU YU KONGZHI JISHU

5.1 监测和预报技术

5.1.1 监测技术

$PM_{2.5}$、臭氧、臭氧前体物（NO_x 与 VOCs）的监测手段均可分为手工监测方法与自动监测方法。表 5-1 列举了 $PM_{2.5}$、臭氧、NO_x 与 VOCs 的部分分析方法。

表 5-1　各项污染物分析方法

<table>
<tr><th rowspan="2">污染物</th><th colspan="2">手工监测方法</th><th colspan="2">自动监测方法</th></tr>
<tr><th>方法</th><th>相关标准</th><th>方法</th><th>相关标准</th></tr>
<tr><td rowspan="2">$PM_{2.5}$</td><td rowspan="2">重量法</td><td rowspan="2">《环境空气　PM_{10} 和 $PM_{2.5}$ 的测定　重量法》（HJ 618—2011）、《环境空气颗粒物（$PM_{2.5}$）手工监测方法（重量法）技术规范》（HJ 656—2013）</td><td>β 射线法</td><td>《环境空气中颗粒物（PM_{10} 和 $PM_{2.5}$）β 射线法自动监测技术指南》（HJ 1100—2020）</td></tr>
<tr><td>微量振荡天平法</td><td>暂无标准发布</td></tr>
</table>

续表

污染物	手工监测方法		自动监测方法	
	方法	相关标准	方法	相关标准
臭氧	靛蓝二磺酸钠分光光度法	《环境空气　臭氧的测定　靛蓝二磺酸钠分光光度法》（HJ 504—2009）	化学发光法	《环境空气　臭氧的自动测定　化学发光法》（HJ 1225—2021）
	紫外光度法	《环境空气　臭氧的测定　紫外光度法》（HJ 590—2010）	差分吸收光谱分析法	暂无标准发布
NO_x	盐酸萘乙二胺分光光度法	《环境空气　氮氧化物（一氧化氮和二氧化氮）的测定　盐酸萘乙二胺分光光度法》（HJ 479—2009）	化学发光法	《环境空气　氮氧化物的自动测定　化学发光法》（HJ 1043—2019）
			差分吸收光谱分析法	暂无标准发布
VOCs/OVOCs	高效液相色谱法	《环境空气　醛酮类化合物的测定　高效液相色谱法》（HJ 683—2014）、《环境空气臭氧前体有机物手工监测技术要求》	气相色谱-氢火焰离子/质谱法	《环境空气挥发性有机物气相色谱连续监测系统技术要求及检测方法》（HJ 1010—2018）
	罐采样/气相色谱-质谱法	《环境空气　挥发性有机物的测定　罐采样/气相色谱-质谱法》（HJ 759—2015）		
	吸附管采样-热脱附气相色谱-质谱法	《环境空气　挥发性有机物的测定　吸附管采样-热脱附气相色谱-质谱法》（HJ 644—2013）		

目前，$PM_{2.5}$ 的监测方法主要包括重量法、β 射线法和微量振荡天平法。重量法属于手工监测方法，其原理是分别通过一定切割特征的采样器，以恒速抽取定量体积空气，使环境空气中的 $PM_{2.5}$ 被截留在已知质量的滤膜上，根据采样前后滤膜的质量差和采样体积，计算出 $PM_{2.5}$ 的浓度。重量法测量 $PM_{2.5}$ 按照

《环境空气　PM_{10} 和 $PM_{2.5}$ 的测定　重量法》（HJ 618—2011）、《环境空气颗粒物（$PM_{2.5}$）手工监测方法（重量法）技术规范》（HJ 656—2013）的相关要求执行。微量振荡天平法和 β 射线法可实时测量环境颗粒物浓度，属于自动监测方法。微量振荡天平法是在质量传感器内使用一个振荡空心锥形管，在其振荡端安装可更换的滤膜，振荡频率取决于锥形管特征和其质量。当采样气流通过滤膜，其中的颗粒物沉积在滤膜上，滤膜的质量变化导致振荡频率的变化，通过振荡频率变化计算出沉积在滤膜上颗粒物的质量，再根据流量、现场环境温度和气压计算出该时段颗粒物标志的质量浓度。Beta 射线仪则是利用 β 射线衰减的原理，环境空气由采样泵吸入采样管，经过滤膜后排出，颗粒物沉淀在滤膜上，当 β 射线通过沉积着颗粒物的滤膜时，β 射线的能量衰减，通过对衰减量的测定便可计算出颗粒物的浓度。β 射线法测量 $PM_{2.5}$ 按照《环境空气中颗粒物（PM_{10} 和 $PM_{2.5}$）β 射线法自动监测技术指南》（HJ 1100—2020）规定的相关要求执行。微量振荡天平法暂未有相关标准发布。

环境空气臭氧的手工监测方法包括靛蓝二磺酸钠分光光度法、紫外光度法等方法；自动监测方法包括化学发光法、紫外荧光法、差分吸收光谱分析法等方法。靛蓝二磺酸钠分光光度法的原理是空气中的臭氧在磷酸盐缓冲溶液存在下，与吸收液中蓝色的靛蓝二磺酸钠等摩尔反应，褪色生成靛红二磺酸钠，在 610 nm 处测量吸光度，根据蓝色减退的程度定量空气中臭氧的浓度。紫外光度法的原理是当样品空气以恒定的流速通过除湿器和颗粒物过滤器进入仪器的气路系统时分成两路：一路为样品空气；另一路通过选择性臭氧洗涤器成为零空气，样品空气和零空气在电磁阀的控制下交替进入样品吸收池（或分别进入样品吸收池和参比池），臭氧对 253.7 nm 波长的紫外光有特征吸收。根据朗伯比尔定律公式，由透光率计算得出臭氧浓度。化学发光法的原理是样品空气以恒定的流量通过颗粒物过滤器进入仪器反应室，臭氧与过量一氧化氮混合，瞬间反应后发光，在一定浓度范围内样品空气中的臭氧浓度与发光强度成正比。上述三种方法均有标准发布。差分吸收光谱分析法的原理是气体样品中的臭氧在紫外波段具有特征吸收光谱，紫外光经过气体室被待测气体吸收，吸收后的紫外光进入光谱仪。通过对光谱信息的处理，分离出光谱中的快变部分，并对其进行反演计算，从而得到臭氧含量。目前暂未发布利用差分吸收光谱分析法测量臭氧浓度的相关标准。

NO_2 的测量方法很多，包括化学发光法、差分吸收光谱法、光腔衰荡光谱法、非相关宽带光腔增强光谱法、激光诱导荧光法、光腔衰减相移法、鲁米诺化学发光法等。目前技术最成熟、在环境监测领域应用最广泛的是化学发光法。该方法将 NO_2 在钼转化炉还原为 NO，然后通过检测 NO 与 O_3 反应产生的红外辐射来对 NO 进行定量。化学发光法运行稳定，成本较低，便于长期维护，但其缺点是容易受其他活性含氮物种的干扰。大气中的硝酸、亚硝酸、有机硝酸酯、颗粒态硝酸盐等进入钼转化炉都会生成 NO，导致 NO_2 数据被高估。据文献报道，其高估程度在不同地区从 6% 到 280% 不等。另外，现有测量技术的检测限一般为 10^{-10} ～ 10^{-9}，在超痕量（10^{-10}）以下的浓度范围难以准确定量。因此清洁地区和偏远地区的 NO_2 测量存在困难。NO_2 的自动分析参照《环境空气　氮氧化物的自动测定　化学发光法》（HJ 1043—2019）的要求进行。

目前，国内外对空气中 VOCs 的检测仪器方法主要为气相色谱法和气相色谱 - 氢火焰离子 / 质谱法。检测方式可分为离线采样 / 实验室检测和在线监测两大类。其中涉及的采样方式主要为容器捕集法、固体吸附剂采样法两大类。吸附剂又分为活性炭和热脱附管等几类。使用吸附剂对空气样品富集采样，具有方法检出限较低、测定成本低的优点，但存在采样时间长、吸附剂穿漏、解吸 / 解析效率低等缺陷。罐采样 / 气相色谱 - 质谱法，具有采样简单、可重复分析、高灵敏度等优点，但购置成本较高，并且采样时需考虑高浓度样品造成罐污染，以及环境湿度大时水对样品中 VOCs 的影响。离线采样分析可能存在采样时间长、采样过程中受人为干扰、样品在采样容器中较难保证稳定性等问题。因此，许多研究机构和仪器公司开发了大气中 VOCs 的连续自动在线监测技术和仪器，可以提高 VOCs 监测的时间分辨率，更好地帮助追踪大气中 VOCs 物质的大气化学过程。但总体而言，在线监测在技术、装备上还处在研究发展阶段，这也是目前环境大气 VOCs 监测存在的难点之一。我国 339 个地级及以上城市均已开展以非甲烷总烃为代表的 VOCs 总量监测，分析各城市 VOCs 浓度水平。已有 244 个城市完成自动监测站建设并开展联网。臭氧超标城市和其他 VOCs 排放量较高城市，开展 57～117 种 VOCs 组分监测。目前，臭氧超标城市中，已有 134 个城市开展了 VOCs 自动监测。

5.1.2 预报技术

随着计算机技术的飞速发展，近地层臭氧预报不但成为环境管理与空气质量研究的重要手段之一，而且已经列入许多发达国家的大气环境法规体系中，此外，臭氧预报也是目前我国空前发展的空气质量预报预警系统的重要组成部分。

一般来说，臭氧预报模型分为统计预报模型和数值预报模型。为满足统计预报要求的样本长度和检验要求，建立统计预报模型通常需要足够长的时间序列样本资料，由于气象条件对臭氧影响的时间尺度，至少以日平均或更长尺度平均浓度为预报因子，因此统计模型在大尺度空间或长时间序列分析方面具有一定优势。但在统计模型的样本区间内，一般假设前体物的排放是不变的，从而无法对污染物排放削减计划的环境效益进行定量化评估；此外，臭氧浓度水平取决于气象条件和大气化学反应过程，而且这种依赖关系是高度非线性的，统计模型无法表达这种非线性关系的物理内涵，也因此无法解释大气物理过程和大气化学转化是如何影响预报结果的。随着超级计算机技术的飞速发展，基于地球物理流体力学理论的数值预报方法，已经成为当前大气环境研究和管理的重要手段。

臭氧数值预报模型需要输入的资料包括静态或慢变化地理资料、初始和边界条件、气象资料、源排放资料。静态或慢变化地理资料包括地形，水陆边界等静态资料以及植被、叶面积指数（LAI）、土壤覆盖，土壤含水量、地面反照度等慢变化（如季节或年变化）资料，这些资料大部分由卫星反演资料生成（如 MODIS 资料），在不同地理位置具有不同的时空分辨率。初始化和边界条件较大气化学模型更容易获得，如 NCAR GRIB 资料、NOAA/NCEP 实时资料、ECMWF 全球资料、NCEP NOMADS GRIB 资料以及用于四维资料同化的观测资料等，具体要求可参照不同气象模型的初始化和边界条件生成的说明。物理传输过程需要三维风速场资料，由气象数值预报模型获得，在线耦合模型在运行中自动获取，离线模型则需事先独立运行气象预报模型 MM5 或 WRF 以获得气象资料，在使用气象模型的资料以前，需要对气象模型的预测能力和效果进行评估。源排放资料是指模拟区域内大气污染物排放率及其时空分布，是除气象资料之外的另一个至关重要的臭氧数值模拟输入资料，准确的污染源资料直接决定臭氧模拟结果的误差与偏差大小，所以源排放资料又是模型结果不确定性因素的主要原因之一。排放源一般分为人为源与自然源，人为源资料一般由各省市提供的排放源清单为基础，再利用源处理工具和模型进行处理以满足臭氧模型对源输入的格式要求。自然排放源包括生物排放、闪电产生的 NO_2 排放及野火燃烧产生大量的 CO、CO_2 和 NO_x 等。

模拟结果的验证和模型整体表现评估是预报可靠性的重要保障，是识别提高模拟质量因素的关键，由于不同的模型使用不同的方法和参数化方案，给客观和定量化比较模型与模型之间的结果带来困难，由于不同地区的自然条件与控制污染水平不同，在一个地区表现良好的模型并不意味着可以直接用于其他地区。利用实验结果和观测事实验证模型的预报效果和可靠性是最基本的方法，这包括利用模型区域现有的气象观测和环境监测资料、其他研究项目的观测，以及为模型评估而专门设计的实验结果等。许多严重的臭氧污染事件发生在特定的气象条件下，模型对这种特定条件的捕获也是检验模型预报能力的重要指标之一。

当前大部分地区都面临臭氧预报工作基础薄弱、预报条件不足的困难，结合先进地区经验，可以考虑从以下几个方面进行发展：一是关注前体物的排放源情况，特别是要注意源排放数据的本地化和精细化；二是重视气象数据的应用，做好气象要素与臭氧的相关性分析，关注气候变化对臭氧本底值变化的影响；三是注意案例库的建立和应用，为城市和区域层面预报提供标尺；四是拓展更多资料（如激光雷达、遥感监测数据等）的应用。

5.2 大气复合污染来源解析技术

5.2.1 颗粒物来源解析

大气颗粒物来源解析工作是科学、有效开展颗粒物污染防治工作的基础和前提，是制定环境空气质量达标规划和重污染天气应急预案的重要基础和依据。同时，大气颗粒物来源解析工作是一项长期、复杂且系统的技术性工作。大气颗粒物来源解析涉及多种技术方法、模型选择、样品采集与分析、化学成分谱的科学构建、模拟运算以及解析结果评估与应用等，必须强化技术要求和科学规范。2013 年，环境保护部发布了《大气颗粒物来源解析技术指南（试行）》（环发〔2013〕92 号），指导城市、城市群及区域开展大气颗粒物来源解析工作。该指南规定了开展大气颗粒物来源解析工作的主要技术方法、技术流程、工作内容、技术要求、质量管理等。

目前大气颗粒物来源解析技术方法主要包括源清单法、源模型法、受体模型法和源模型与受体模型联用。大气颗粒物来源解析技术方法的适用性见表 5-2。

表 5-2　主要大气颗粒物来源解析技术方法的适用性

技术方法	优势和局限性	必备条件	可达目标
源清单法	方法简单、易操作，定性或半定量识别有组织污染源	收集统计基准年研究区域各污染源污染物排放量	得到排放源清单及重点排放区域和重点排放源的污染物排放量
源模型法	定量识别污染的本地和区域来源，可预测；解析源强未知的源类尤其是颗粒物开放源贡献困难	建立与源模型要求相适应的高时间和高空间分辨率的排放源清单、气象要素场	定量解析本地和区域各类源的贡献；针对具有可靠排放源清单的点源，定量给出贡献值与分担率；对于面源和线源，定量解析各源类的贡献
受体模型法	可有效解析开放源贡献；定量解析污染源类，不依赖详细的源强信息和气象场；不可预测	采集颗粒物样品，分析颗粒物化学组成	定量解析各污染源类，尤其是源强难以确定的各颗粒物开放源类的贡献值与分担率，识别主要排放源类的来源
源模型与受体模型联用	定量解析污染源的贡献；工作量大，成本高	建立高分辨率的排放源清单和气象要素场；采集颗粒物样品	定量给出污染源贡献值与分担率；定量解析本地和区域各类源的贡献

源清单法首先应按照环境管理需求对颗粒物排放源进行分类。一般可将颗粒物排放源分为固定燃烧源、生物质开放燃烧源、工业工艺过程源、移动源。

其次应建立颗粒物排放源清单。调查各类颗粒物源的排放特征（包括位置、排放高度、燃料消耗、工况、控制措施等），根据排放因子和活动水平确定颗粒物排放源的排放量，建立颗粒物排放源清单。颗粒物排放因子应通过实测或文献调研获取，可参考《工业污染物产生和排放系数手册》及常用的国内实测排放因子数据。最后根据颗粒物源排放清单，统计颗粒物排放总量及各区域、各行业、各类颗粒物排放量，计算重点排放区域、重点排放源对当地颗粒物排放总量的分担率，定性或半定量识别主要颗粒物排放源。

源模型法首先需要依据拟进行源解析的地域范围选择适合的空气质量模型，一般情况下，小尺度采用简易模型，城市和区域尺度采用复杂模型。其次应建立高分辨率的排放源清单。简易模型排放源清单的编制参照《环境影响评价技术导则　大气环境》（HJ 2.2—2008）空气质量模型使用说明中有关排放清单的编制要求；复杂模型应建立多化学组分（包括 SO_2、NO_x、CO、NH_3、BC、OC、PM_{10}、$PM_{2.5}$、VOCs 等，其中 VOCs 依据复杂模型所采用的化学反应机制进行物种分配）、高空间分辨率（水平嵌套网格内层分辨率不低于 3 km × 3 km）、高时间分辨率（反映各类排放源季、月、日、小时变化规律）的排放源清单。最后进行空气质量模型的模拟计算。根据选定的空气质量模型要求，输入相应分辨率的地形高程、下垫面特征及环境参数。利用 MM5、WRF 等气象模式为空气质量模型系统提供三维气象要素场（水平方向嵌套网格内层分辨率不低于 3 km × 3 km，垂直方向边界层内分层不少于 10 层）。利用大气污染物环境背景值或实际监测资料作为模型运算初始条件，模型外层网格污染物浓度模拟结果作为内层网格的边界条件。收集模拟区域内各类监测数据进行模型结果校验。采用复杂模型内置的敏感性评估模块、源追踪模块、源开关法等，模拟建立颗粒物源排放与受体之间的对应关系，获得各地区各类污染源排放对环境浓度的贡献。源模型法解析结果可阐明颗粒物浓度的时空分布，结合源强变化和主要污染源分布情况分析颗粒物污染的时空演变，定量给出污染源贡献值与分担率，预测已知源强源类的颗粒物污染防治措施的环境效益，估算典型污染过程中各主要颗粒物排放源对环境空气颗粒物的贡献值，诊断典型污染过程的成因，估算本地和外来不同类别源对颗粒物环境浓度的贡献。

受体模型主要包括化学质量平衡模型（CMB）和因子分析类模型（PMF、PCA/MLR、UNMIX、ME2 等）。国内外广泛应用的是 CMB 模型法和 PMF 模型法。化学质量平衡模型（CMB）不依赖详细的排放源强信息和气象资料，能够定量解析源强难以确定的源类（如扬尘源类）的贡献，解析结果具有明确的物理意义。CMB 模型法首先需要对颗粒物源类进行调查、识别及主要排放源类的确定。其次需要对颗粒物源类和受体样品进行采集及化学分析，以及颗粒物源类和受体化学成分谱的构建。最后利用 CMB 模型软件（NKCMB 2.0 和 CMB 8.2）进行分析。PMF 模型法根据长时间序列的受体化学组分数据集进行源解析，不需要进行源类样品采集，提取的因子是数学意义的指标，需要通过源类特征的化学组成信息进一步识别实际的颗粒物源类。PMF 模型法应对颗粒物受体样品进行采集及化学分析，需要注意的是，PMF 模型法中受体样品应在同一点位进行采集，有效受体样品量不少于 80 个。PMF 模型法可选用的模型有 PMF 3.0 等。受体模型法可阐明环境空气中颗粒物化学组成的时空分布特征，用于判断颗粒物污染类型，明确颗粒物排放源谱特征；用于识别环境空气颗粒物中有毒有害成分的主要来源，根据不同颗粒物排放源粒径分布，确定细颗粒物排放因子，定量获得各颗粒物排放源类对不同季节、不同点位环境空气颗粒物的贡献值与分担率；用于明确颗粒物污染防治的方向，评估污染防治效果，定量获得典型污染过程中各颗粒物排放源类对环境空气颗粒物的贡献值与分担率；用于诊断典型污染过程的成因，把颗粒物开放源、有组织排放源和二次粒子纳入颗粒物目标容量总量控制，根据各颗粒物排放源类对不同季节环境空气颗粒物的贡献值与分担率，确定各颗粒物排放源类的控制目标。

对复合污染特征较为明显的城市或区域，可使用源模型与受体模型联用法对颗粒物来源进行详细解析。使用受体模型计算各源类对受体的贡献值与分担率，利用源模型模拟计算各污染源排放气态前体物的环境浓度分担率，解析二次粒子的来源。对于受体模型解析结果，使用源模型进一步解析具有可靠排放源清单的点源贡献。

要想做好颗粒物来源解析工作，必须对颗粒物进行准确的监测与分析。2020 年，生态环境部对《环境空气颗粒物来源解析监测技术方法指南（试行）》

（环办函〔2014〕1132 号）进行了修订。现行《环境空气颗粒物来源解析监测技术方法指南》规定了环境空气颗粒物源解析监测技术方法，主要包括污染源样品采集、环境受体样品采集、样品管理、颗粒物监测项目选择与分析方法，以及颗粒物样品采集、保存、制备和分析等全过程的质量保证与质量控制措施等，并建议各地根据所采用的环境空气颗粒物来源解析方法，结合本地区重点污染源排放清单、污染源颗粒物特征组分以及监测技术的可行性，科学合理地选择适合当地的监测技术方法。

5.2.2 臭氧来源解析

为增强环境空气臭氧污染防治的科学性和精准性，指导各地科学开展环境空气臭氧污染来源解析工作，2018 年生态环境部发布了《环境空气臭氧污染来源解析技术指南（试行）（征求意见稿）》（环办科技函〔2018〕594 号），规定了开展环境空气臭氧污染来源解析工作的主要技术方法、技术流程、工作内容、技术要求、质量管理等内容，指导城市及区域开展环境空气臭氧污染成因分析与来源解析工作。

臭氧的来源解析方法包括基于空气质量模型的来源解析方法（以下简称模型法）与基于观测的臭氧成因与 VOCs 来源解析方法（以下简称观测法）。模型法是以不同尺度数值模式方法定量描述臭氧前体物从排放到生成臭氧所经历的大气物理化学过程，定量估算不同地区和不同类别污染源排放对环境空气中臭氧及其前体物形成贡献的技术方法。观测法是根据臭氧与前体物观测数据，采用数据分析和模型方法判断臭氧形成的敏感性，并利用受体模型定量解析各 VOCs 污染源类对臭氧及其前体物形成贡献的技术方法。两种方法的适用性见表 5-3。

表 5-3 环境空气臭氧来源解析技术方法的适用性

技术方法	适用性	必备条件
模型法	定量识别臭氧污染的本地和区域来源，可预测；确定臭氧形成的敏感性；定量解析本地和区域臭氧前体物各类排放源对臭氧生成的贡献，定量给出贡献值与分担率	建立与空气质量模型要求相适应的高时间和空间分辨率的排放源清单、气象要素场

续表

技术方法	适用性	必备条件
观测法	识别臭氧污染的本地和区域来源；确定臭氧与其前体物之间的敏感性；识别对臭氧贡献显著的优势 VOCs 组分和 VOCs 主要排放源；定量解析各 VOCs 排放源类对臭氧生成潜势的贡献值与分担率	臭氧前体物监测技术和 VOCs 来源解析技术要求高。需要开展臭氧及其前体物，以及所有含活性氧化合物（NO_y）、PAN、H_2O_2、HONO、HNO_3 等化学指示剂的同步观测。监测数据质量保证与质量控制需要满足高水平要求

利用空气质量模型对臭氧污染过程进行模拟，需要准备模型使用的污染源排放清单（包括人为源和天然源），以及通过中尺度气象模型模拟得出的气象参数。

模型应包含平流输送、扩散、化学反应机理、清除等影响臭氧生成的大气物理化学过程，此类模型也应能够开展臭氧源解析和敏感性分析；模型源清单应包括 SO_2、NO_x、CO、NH_3、BC、OC、PM_{10}、$PM_{2.5}$、分物种 VOCs 等组分，时间分辨率不低于 1 h，能够反映各类排放源季、月、日、小时变化规律，并根据空气质量模型使用的化学机理对清单中的 VOCs 物种进行分配。根据选定的空气质量模型要求，输入相应分辨率的地形、下垫面特征及环境参数。模拟网格水平空间分辨率：研究全国范围内臭氧，网格分辨率不低于 45 km × 45 km；研究省际跨区域或省级范围，推荐使用多层嵌套模拟，水平嵌套网格内层分辨率不低于 15 km × 15 km；研究市级及以下范围，推荐使用多层嵌套模拟，水平嵌套网格内层分辨率不低于 5 km × 5 km；模拟时间分辨率不低于 1 h。利用中尺度气象模式为空气质量模型提供三维气象要素场（水平方向嵌套网格分辨率与污染源排放清单一致，垂直方向边界层内分层不少于 10 层）。利用大气污染物环境背景值或实际监测资料作为模型运算初始条件，模型外层网格污染物浓度模拟结果作为内层网格的边界条件。收集模拟区域内各类监测数据进行模型结果校验，模拟小时浓度需要与模拟网格相对应的监测点位小时浓度监测值进行比对，一般来说，比对结果相关系数不低于 0.6，偏差和误差在 0.5 之内。

模型法可以分析本地生成和外部传输臭氧前体物与臭氧的占比，获得各地区各类污染源排放对受体点环境臭氧浓度的贡献；可以识别出排放、传输、扩散及化学反应等模型输入参数对臭氧生成影响的敏感性，从而得到控制臭氧生成的关键因子；可以通过输入人为削减前体物 NO 或 VOCs 的排放量的排放清单，经过模拟得出不同前体物排放量下的臭氧浓度，并与基础排放情形下的臭氧模拟浓度进行对比，从而评估不同削减情景对环境中臭氧控制的效果。

基于观测的臭氧污染成因与 VOCs 来源解析方法主要包含臭氧及其前体物监测、臭氧及其前体物污染特征分析、臭氧生成敏感性分析和 VOCs 来源解析。影响环境空气臭氧浓度的各种因子主要包括 O_3、NO/NO_2、VOCs，以及气象因子（风速、风向、环境温度、气压、湿度、降水等）与太阳辐射强度，有条件的城市或者区域可增加测量 NO_y、PAN、H_2O_2、HONO、HNO_3 等。值得注意的是，VOCs 应进行分物种监测，以 C_2～C_{12} 的 56 种非甲烷总烃（PAMS）为目标化合物，各地也可根据地区污染排放特点及技术能力，增加萜烯类、α/β 蒎烯、醛酮类、含氮有机物、卤代烃等 VOCs 物种。基于观测的臭氧生成敏感性分析方法包括相对增量反应性方法（relative incremental reactivity，RIR）、经验动力学模拟方法（EKMA 曲线方法）和光化学指示剂比值法。

环境空气臭氧污染来源解析工作可以阐明臭氧浓度的时空分布规律，结合源强变化和主要污染源分布情况分析臭氧污染的时空演变特征；分析高浓度臭氧形成的主要大气物理化学过程，估算典型臭氧污染过程中各主要臭氧生成前体物排放源对环境空气臭氧的贡献值，诊断典型臭氧污染过程的来源贡献；研判臭氧与其前体物排放的敏感性，诊断臭氧污染成因，用于判断臭氧污染前体物控制方向估算本地和外地不同类别前体物污染源对臭氧环境浓度的贡献，明确臭氧及其前体物本地贡献与外地贡献（占比），包括区域内各城市的相互贡献，以及城市内各区县的相互贡献；确定环境空气中 NO_x 重点控制污染源与 NO_x 排放源类的控制目标；阐明环境空气中不同种类 VOCs 的浓度水平与时空分布特性，确定 VOCs 重点控制物种、重点控制行业与控制源，明确 VOCs 排放源类的控制目标。

6

控制技术

KONGZHI JISHU

6.1 污染溯源技术

基于我国污染源监测发展的现状，大气污染的普遍性和流动性，传统采用传感器和依靠单一站点监测的手段已无法满足当前精细化污染溯源和监测管理的需求。因此，近年来国内学者针对大气污染精准溯源分析的技术已开展诸多方面的研究，主要可以分为三个方面：立体监测、固定式监测和移动式监测。

6.1.1 立体监测

与传统的以点为主的地面监测相比，卫星遥感是一种获取大气污染物大范围、无缝隙分布的重要方式之一，可以提供稳定的长时间序列、地面或高空三维的大气组分信息。由于大气中的 O_3、SO_2、CO_2、CH_4、气溶胶光学厚度（AOD）和 $PM_{2.5}$ 等都具有固有的辐射和吸收光谱特征，通过卫星遥感测量的大气散射、吸收及辐射光谱特征值进行反演，从而可以得到大气组分的浓度值。

为了满足我国 NO_2、SO_2 和 CO 同时监测预报的空气质量标准，解决移动平台下遥测精度和速度等问题，中国科学院合肥物质科学研究院孙友文团队开发了 NO_2、SO_2 和 CO 污染遥感监测的算法，研制了高精度的太阳追踪系统和光谱仪系统，并集成 GPS、气象参数系统和反演算法开发了便携式大气污染遥感监测设备，并基于 NO_2 和 CO 遥感监测结果对 OMI 和 GOSAT 卫星产品进行了校验[1, 2]。该遥感监测设备满足了大气污染多平台一体化监测的技术需求，可用于工业园区中 NO_2、SO_2 和 CO 污染的快速监测，为工业园区实时大气污染提供了有效监测手段。此外，气体传感器也是目前工业企业检测厂界及其周边大气污染物浓度的一个常用手段，根据检测原理的不同，可分为半导体式、电化学式、气相色谱式、红外光学式、热学式、磁学式等。目前，半导体式和红外光学式为两类主流气体传感器技术，但由于各自存在检测下限、成本、能耗及选择性等方面的问题，开发便携低能耗的新型气体传感器，可以有效支撑环境监管要求。针对合成树脂、无机化工、石油化工、火力发电等重点行业固定污染源监测的最新标准和我国超低排放监测的要求，华中科技大学刘欢研究团队将量子点、石墨烯等气敏材料、纳米光学天线以及 MEMS 技术进行有效结合，通过构建传感节点和无线组网技术，开发了适合多组分（包含但不限于 CO、SO_2、NO_2、O_3、$PM_{2.5}$、PM_{10}、VOCs）大气污染物高精度在线监测的分布式无线气体传感网[3, 4]，可以实现对监测区域的精细化网格监控。将传感器采集的数据利用大数据和云平台技术综合分析区域内大气污染的变化趋势，同时整合国控、市控空气质量监测数据及污染源在线数据，可以更准确地监控城区道路污染、工地扬尘、企业等无组织排放对环境空气质量的影响，实现对造成大气污染的主要污染源的准确溯源，为从源头上治污提供科学依据。

对于 $PM_{2.5}$，由于其生成过程复杂，影响因素众多，大多数研究学者主要是通过 AOD 与 $PM_{2.5}$ 之间的高度相关性，利用统计学方法（如机器学习方法）或物理模式（图 6-1）等实现 $PM_{2.5}$ 的定量反演。但往往因为缺乏高精度的地表反射率库和气溶胶反演模型等，在某些复杂地表地区 $PM_{2.5}$ 遥感反演效果不佳，且难以应用到时空分辨率较高的静止卫星。针对光学卫星对 $PM_{2.5}$ 监测的时间滞后、空间不连续和缺乏垂直信息等问题，武汉大学的沈焕锋团队首次提出了基于深度学习的大气 $PM_{2.5}$ 遥感反演的方法[5, 6]，建立了精细的地表反射率库，结合静止卫星、极轨卫星和地面监测多个平台，实现了小时级别的大气 $PM_{2.5}$ 浓度实时反演，并研制了大气 $PM_{2.5}$ 实时无缝监测技术集成系统[7]，较大程度地提升了遥感在时空无缝监测方面的能力。

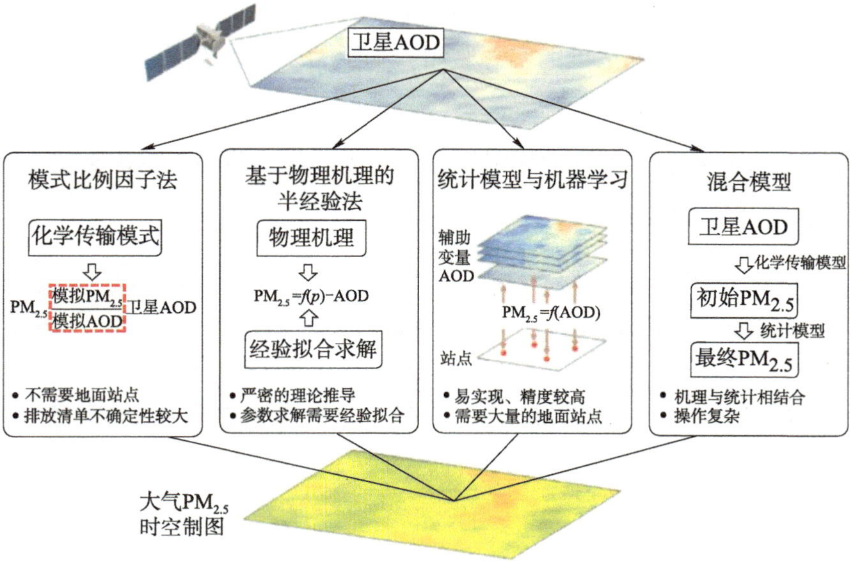

图 6-1 大气 $PM_{2.5}$ 遥感反演方法示意[8]

近年来，无人机的应用也越来越广泛，特别是在大气环境监测领域。相较于传统的地面作业的大气污染检测，无人机具有高空俯瞰的视角、监控范围广、响应能力强的优点，因此可以实现快速大气污染源溯源。刘奎[9]设计了一种基于无人机监测的大气污染源溯源可视化系统，主要包括天空端、地面端和系统端三大部分。天空端由气体检测系统和无人机系统构成，由天空端进行气体数据采集后，通过无线传输到地面端的地面站系统，地面站系统将气体检测数据进一步传输到数据存储系统，并对检测数据进行分析，最终通过可视化的结果进行数据展示。气体检测系统主要由不同的气体检测模块组成，目前在大气环境领域常用的检测项目包括 CO、SO_2、NO_2、O_3、$PM_{2.5}$、PM_{10}、VOCs、CO_2、甲烷（CH_4）、硫化氢（H_2S）、NH_3、风速风向、核辐射等。一次飞行任务可同时采集多种污染物的浓度分布数据，用户根据实际需求选择相应的检测模块。通过专业可视化分析平台，可直观看到大气污染物的三维立体分布，快速锁定污染源。在建筑工地的施工扬尘监管目前主要依靠人工巡查和定点监测，通过搭载有图像识别的无人机技术，可以快速高效、低成本的自动准确识别大范围内的施工扬尘污染源[10]。吴晓明等[11]将紫外差分光学传感器与无人机平台相结合，研发了基于无人机平台的固定污染源烟气监测系统，实现对固定污染源烟气中 SO_2 和 NO_x 排放浓度的实时监测。基于无人机的监测系统是对现有烟气连续监测系统的一个补充和扩展，监管人员可实现远距离、灵活的烟气排放监测，也可快速高效识别烟气的无组织排放，为环保部门提供更加真实可靠的污染源排放信息（图 6-2）。

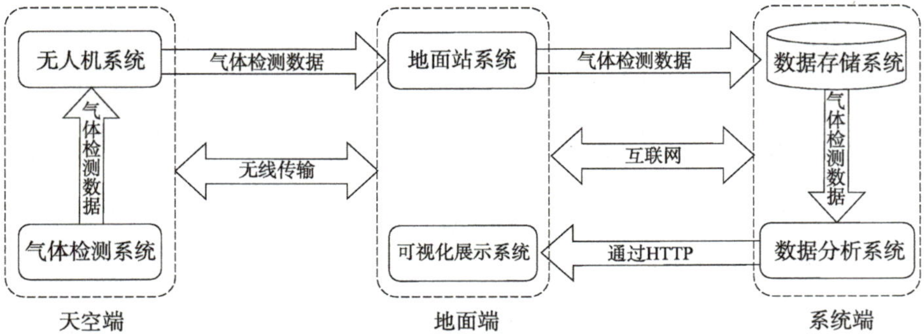

图 6-2　基于无人机监测的大气污染源溯源可视化系统[9]

6.1.2　固定式监测

NH_3 是大气中的唯一碱性气体，可与 SO_2、NO_x 等反应生成硫酸盐和硝酸盐等二次无机气溶胶，是 $PM_{2.5}$ 的重要前体物，对于雾霾形成有重要的影响。在当前 SO_2 和 NO_x 减排空间有限的情况下，加强 NH_3 的排放管控可以有效减少雾霾的发生，降低污染程度。而精准监测各个污染源 NH_3 排放量是开展精细化环境管理的基础，开发和研制高精度在线监测源排放 NH_3 的技术和设备，实现对 NH_3 的实时监测和快速定量是我国当前亟须解决的关键技术问题之一。目前，NH_3 的主要检测方法为分光光度法，无法实现 NH_3 的连续在线监测，在此背景下，中国科学院大连化学物理研究所的黄卫研究团队利用成本较低、结构简单的离子迁移谱（IMS）技术，发展了一种新型在线高精度监测大气污染源排放 NH_3 的技术。IMS 技术是在大气压条件下，根据不同离子迁移率的差异，在均匀弱电场作用下实现样品分离和检测。为规范 NH_3 的检测方法，中国科学院大连化学物理研究所于 2019 年发布了《大气环境中 NH_3 的离子迁移谱　在线快速测量方法》（Q/HWS 046—2019）。

固定污染源 VOCs 在线监测系统，可用于在线监测工业园区企业排放烟气中甲烷、非甲烷总烃、苯系物等挥发性有机物，可广泛应用于石油化工、电子、喷涂、制药等行业，测量准确度高，方法可靠。系统利用气体作流动相的色层分离分析方法，将样气中的非甲烷总烃、甲烷、苯系物等成分进行分离。在载气作用下，将相关分离气体逐次送入氢火焰离子检测器（FID 检测器）。通过挥发性有机物在线监测系统，可有效掌握园区固定污染源 VOCs 的排放情况，为制定减排和治理提供数据支持。与固定污染源 VOCs 在线监测系统类似，便携式非甲烷总烃分析仪一般使用氢火焰离子化检测器法，按照预处理单元对甲烷和总烃处理方式的不同，可分为便携式气相色谱 - 氢火焰离子化检测器法和便携式催化氧化 - 氢火焰离子化检测器法。气相色谱法分别在总烃柱、甲烷柱上测定总烃、甲烷的含量，两者之差即为非甲烷总烃的含量。催化氧化法分别通过总烃检测单元、甲烷检测单元（甲烷检测单元通过催化剂能够将除甲烷以外的其他有机化合物全部氧化为二氧化碳和水）测定总烃、甲烷的含量，两者之差即为非甲烷总烃的含量。

6.1.3 移动式监测

移动式监测方式也可称为走航监测，主要是通过驾驶搭载有常规监测仪、气象参数监测仪、VOCs 在线分析仪、$PM_{2.5}$ 在线源解析质谱监测系统等的移动监测车，在平常定点监测输出的时间、物种和浓度三要素之上，加入了实时的监测地理位置信息，环保部门从污染地图上便可以直观地看到区域及企业污染物排放情况，从而可以全面、快速地锁定重点污染区域。《2020 年挥发性有机物治理攻坚方案》提出：生态环境部组织重点区域各省（市）对重点工业园区和企业集群开展走航监测，排查突出问题，评估整治效果。鼓励各地开展 VOCs 来源解析，确定影响 O_3 生成的主要 VOCs 物种和排放行业，提高精准治污水平。

移动式 VOCs 监测系统[12]，将 GC-MS、飞行时间质谱仪等仪器融合在车载平台上，采样和检测系统高度集成，可实现环境空气和污染源废气中 VOCs

定性定量检测（图 6-3），具有实时准确、快速便捷的特点，节省了监测时间。车载式移动 VOCs 监测系统，可用于工业园区空气质量评价、VOCs 污染源溯源、污染源 VOCs 执法检查和 VOCs 污染物种库的建立等。走航监测可分为定点监测和移动式监测，定点监测主要是在一个固定监测点位完成监测任务后关机再开往下一个目标监测点，而移动式监测可以在车辆移动过程中实时完成污染物的监测，监测方式主要由实际工作的需要和仪器分辨率决定。VOCs 走航监测常搭载有高时空分辨率大气 VOCs 走航监测系统[13]，该系统包含车载式大气采样系统、环境空气快速监测预警溯源系统软件、飞行时间质谱仪工作站软件、GPS 记录仪等配置，具有灵敏度高、检测范围广、无须样品前处理直接检测等优点，可实时显示空气污染全组分谱图和实时超标报警提示，全面动态掌握污染情况，结合企业原辅料、生产情况、污染排放情况确定 VOCs 污染来源，为区域挥发性有机物的精细化管理提供数据支撑。

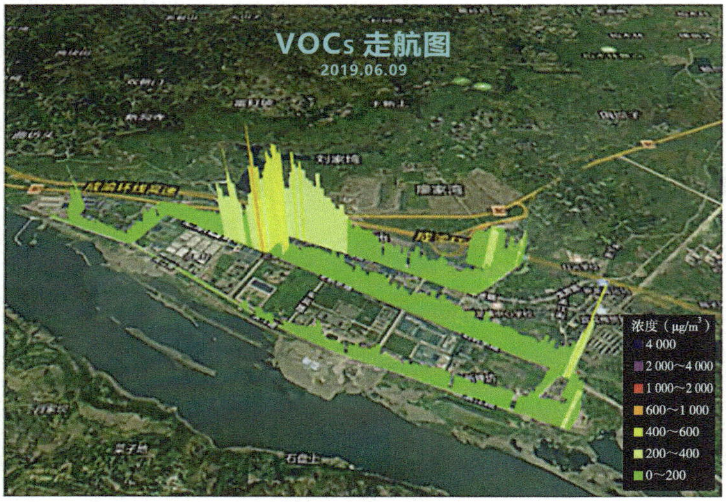

图 6-3　移动式 VOCs 走航监测结果[12]

掩日通量 - 傅里叶变换红外光谱法（SOF-FTIR）也是目前无组织 VOCs 排放监测的一个重要手段。固定式的 SOF-FTIR 检测设备是以太阳红外辐射为光源，将阳光导入傅里叶变换红外光谱仪，反演气体组分柱浓度分布，结合风速等数据推算 VOCs 的排放情况。SOF 已被欧盟列为场地 VOCs 无组织排放总体监测最佳实用技术。SOF-FTIR 在污染源无组织 VOCs 排放浓度和总量监测方面具有一定优势，当气象条件合适时，能够准确、快速地测量一定区域范围内污染物质的排放浓度分布情况和排放总量，为园区掌握无组织排放的情况提供数据支持[12, 14]。

颗粒物走航监测常见的是搭载有 $PM_{2.5}$ 在线源解析质谱监测系统[15]，如图 6-4 所示，$PM_{2.5}$ 在线源解析质谱监测系统包括三部分：在线单颗粒气溶胶质谱仪、污染源谱库、“指纹”比对模型及离线数据处理软件。该监测系统是一套拥有自主知识产权的在线源解析设备，基于先进的单颗粒飞行时间质谱测量技术，无须烦琐的前处理过程，可实时在线进行单颗粒气溶胶化学成分和径粒大小的同步监测，将源解析过程提高到小时级别，可实时监控污染源变化趋势，捕捉污染源瞬时变化，相较于常规源解析方法耗时久、多种仪器联用等问题，是非常大的进步。为政府部门制定大气污染防治规划提供依据，对确定污染治理重点和环境管理有十分重要的指导意义。

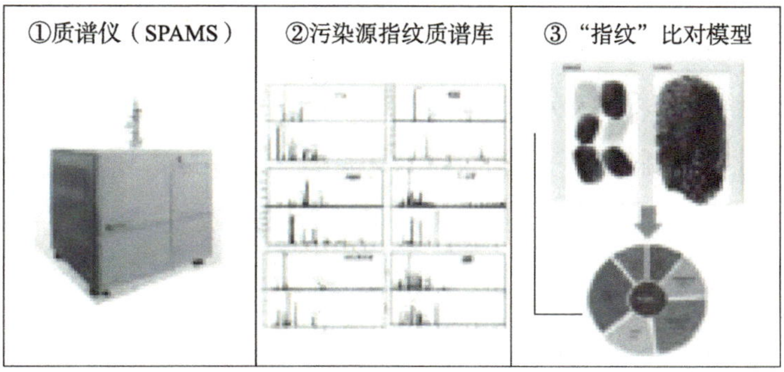

图 6-4　$PM_{2.5}$ 在线源解析质谱监测系统[15]

通过常态化的走航监测及时、快速掌握区域 VOCs、环境空气常规六参数实时动态变化状况和时空分布，可以快速发现问题区域、问题企业，并能实现对污染物进行精准溯源，从而更有效地制定大气污染物减排措施。走航监测系统也可以实现国控点 / 省控点周边区域进行摸排，排查区域问题，保障监测点位空气质量；实现区域内主要大气污染因子全面摸排，掌握区域内污染物因子排放特征以及污染水平；锁定问题区域、锁定问题企业、锁定问题工段，找出污染因子。另外对重点企业形成业务化走航，给出各区臭氧 / 颗粒物污染的优控行业清单和企业清单，从而提出切实可行的有针对性的管控措施，实现重点污染区域重点管控，实现臭氧 / 颗粒物污染天气分级管控优化突发事件应急预案，现场排查污染范围，及时反馈现场情况等，有效提高精准治污水平。

6.2 大气复合污染前体物控制技术

6.2.1 VOCs 控制技术

我国 VOCs 减排工作起步较晚，但是发展迅速。《重点区域大气污染防治“十二五”规划》《大气污染行动计划》《石化行业挥发性有机物综合整治方案》《“十三五”挥发性有机物污染防治工作方案》等一系列政策、方案、法规的出台，以及配套的标准、技术指南等发布和监管的加严，极大地推动了 VOCs 治理技术的发展与进步。

目前，我国 VOCs 减排技术主要包括环保型原辅材料替代技术及其配套工艺设备的改造等源头预防技术，泄漏检测与修复技术、蒸发散逸损耗技术以及工艺改造等过程控制技术，吸附技术、燃烧技术、膜分离技术、生物技术等末端治理技术。我国 VOCs 减排技术正从末端为主向源头为主、过程为辅、末端保证的方向发展。

6.2.2 源头预防

（1）源头预防技术

采用无毒或低毒、无 VOCs 或低 VOCs 含量的原辅材料代替或部分代替高毒性或高 VOCs 含量的原辅材料，以减少 VOCs 的排放量。高固体分材料、水基型材料和固态型材料因不释放或释放很少量的 VOCs 而被定义为环保型材料。过去由于法律法规不完善、监管力度不足，VOCs 源头预防技术在国内几乎没有应用，随着一系列 VOCs 控制政策、方案、法规的出台以及配套的标准、技术指南等发布和监管力度的加大，成熟源头预防技术在国内逐渐发展并推广。以汽车涂装行业为例，2010 年广东省颁布了当时世界最为严格的《表面涂装（汽车制造业）挥发性有机化合物　排放标准》（DB 44/816—2010），之后上海、北京、重庆、江苏等省（市）也出台了相应的标准，推动了我国汽车制造行业的涂料水性化。

（2）从“末端治理”向“源头控制”过渡

结合国外经验，VOCs 治理重心应从末端治理转向源头预防，从源头上减少 VOCs 的产生量和排放量。应健全 VOCs 防控法律法规体系，对各行业使用的原辅材料的 VOCs 含量加以限制，提高行业准入。实施更严格的生产工艺、技术、设备的环保标准，对不符合国家标准、行业标准要求的，一律不准投入使用；除此之外，更要提高重点行业领域关键岗位人员的清洁生产知识素养和技能，使之匹配岗位清洁生产的需要，然后推行清洁生产。现今，一些地方和企业在清洁生产源头管控和准入关口上把控不严、不实的现象仍然存在，如项目规划的环境评估还不到位；有些行业的生产工艺、技术以及使用的原辅材料存在“先天不足”的现象，使用 VOCs 含量多的原辅材料或者生产工艺中存在严重 VOCs 泄漏的；典型行业和重点企业的关键岗位人员环保素质以及清洁生产技能不能满足等。要真正实现清洁生产，从更宏观的角度来看，体制革新非常重要，建议国家各环保相关部门间相互协调，设立一个能够横向管理、综合协调的生态资产和生态系统监管部门，建立健全环境管理和生态建设的政绩考核制度、完善干部的绩效问责制度，对干部的环境功绩实行累积考量，对其决策失误带来的长期负面影响要追究行政、经济甚至法律责任；要真正实现清洁生产，还要技术创新、观念创新，研发更多低污染，甚至不污染的原辅材料以及工艺技术，取代旧的、污染大的原辅材料及工艺技术，真正从源头上实现减排。

6.2.3 过程控制

通过工艺改进、改变运行条件等减少 VOCs 的形成与挥发，更换设备、加强生产管理和技术维修以减少 VOCs 泄漏等，从而降低相关 VOCs 排放量，是目前实现 VOCs 减排的有效手段。

以涂装工艺为例，涂装有浸涂、流涂、滚涂、电着涂装、喷涂等方式。一般而言，浸涂和流涂多用于金属家具与涂装面积比较大的作业线，涂布效率可达 85% 以上；滚涂则多用于制罐和漆包线，涂布效率视操作条件而定，但一般可达 90% 以上；电着涂装则主要应用于导电性物质，涂布效率可达 90%～95%；喷涂可细分为 3 种形式：①气雾式，利用空气与涂料混合雾化喷出，虽涂布效率只有 30%～40%，但因操作方便而被广泛应用于中小型企业；②无气式，利用机械加压将涂料压喷而出，涂布效率略高于气雾式，60%～70%；③静电式，以喷涂方式进行电着涂装，分气雾静电技术和气压静电技术，涂布效率分别为 65%～75% 和 70%～80%。高效率的涂装技术节省了涂料的使用量，可同时解决生产成本和空气污染两大问题，应进行推广。

此外，许多依赖挥发性溶剂的涂料、印刷和装潢工艺已逐步被其他依赖于非挥发性溶剂的工艺所取代，如用流化床粉剂涂装线和紫外平板印刷术等。

化工行业普遍存在大量油品和有机溶剂的储存、输送、配给等生产环节，容易发生油品或溶剂的蒸发散逸损耗，是 VOCs 的重要排放源。蒸发散逸损耗主要包括操作损耗和静态呼吸损耗两部分。如不采取有效控制措施，在储运过程中因操作损耗和静态呼吸损耗等导致的无组织散逸损耗率可达 0.1% 以上。目前与之相关的控制技术和措施如下：①通过加装装卸料作业平衡管和在容器出口附加真空压力阀来控制。通过作业容器间的顶空气体平衡管可大大减少顶空气体的外泄。当储罐内外压力差异较小时，保护阀门是关闭的；当充入、倒空、外界温度气压有较大变化时引起的明显储罐内外的压差超过一定限值时，保护阀门会自动打开，以减小蒸发散逸损耗。②浮顶罐技术：浮顶罐的浮顶是一个漂浮在储液表面上的浮动顶盖，随着储液的输入和输出而上下浮动，浮顶与罐壁之间的环形空间内布置一个密封装置，使罐内液体在顶盖上下浮动时与大气隔绝，从而大大减少了储液的呼吸蒸发损失。采用浮顶罐储存油品时，可比固定顶罐减少油品损失 80% 左右。③蒸汽回收系统（vapor recovery unit，VRU）：为回收积累在原油、汽油储罐中的有机蒸汽，可将蒸汽在低压条件下从储罐中抽出，经管路输入一个分离器（如吸入洗涤器）以收集凝析出来的液体。在这个分离器中，蒸汽流经一个为 VRU 系统提供低压吸入的压缩机，为防止当排出储液或储液液面下降时在储罐顶部产生真空，VRU 系统还配置一个控制导阀以关闭压缩机并允许蒸汽回流到储罐；收集的凝析液通常反向循环回到储罐，而烃蒸汽则从 VRU 系统排入销售管线或作燃料使用。该系统可有效回收 95% 的有机蒸汽。④加油站油气回收：可将加油站在卸油、储油和加油过程中产生的油气，通过密闭收集、储存和送入油品输运罐，再运送到储油库集中回收并制成汽油，回收率可达 95%。包括卸油油气回收系统、汽油密闭储存、加油油气回收系统、在线监测系统和油气排放处理装置系统。

泄漏检测与修复（leak detection and repair，LDAR）是对工业生产活动中工艺装置泄漏现象进行检测和修复的一种技术。发达国家对石油化工装置危险化学物质泄漏评估和控制非常重视，企业泄漏检测、评估、管理与控制已经进入法制化、标准化和专业化轨道，形成较为完整的泄漏检测管理与修复体系。大型石化企业设备泄漏散逸的 VOCs 占这类企业 VOCs 排放的很大一部分。目前我国各地正积极开展 LDAR 制度的建设。泄漏检测与修复计划的运行流程包括：①需要对检测的设备组件进行标识，建立台账，定义可接受的泄漏浓度；②开展装置设备密封点泄漏检测工作，发现 VOCs 泄漏点，记录泄漏的浓度值；③组织人员对泄漏点进行修复，通过各种修复措施，确保修复效果；④检测人员再次对修复的泄漏点进行复测，以评估修复效果。泄漏检测对象应包括作业流体为 VOCs 占比不低于 10%（质量分数）的设备，包括泵、压缩机、安全阀、采样系统、阀门、法兰及其他连接件、气体回收装置和密闭、排放装置等。

6.2.4 末端治理

我国对 VOCs 的控制起步较晚，末端治理技术与国际平均水平有一定差距，目前 VOCs 的各种处理技术中，已经商业化成熟的技术包括活性炭吸附、焚烧、吸收、冷凝回收等；其他较为成熟的技术包括生物处理、膜分离等；而光催化降解和等离子体技术尚属开发中的未成熟技术，有待于对其存在的问题进一步研究完善。随着一系列 VOCs 控制政策、方案、法规的出台以及配套的标准、技术指南等发布和监管力度的加大，我国末端技术正从不更换、不活化吸附剂的简单吸附技术、直接燃烧技术、光催化技术、非热等离子体技术等五花八门的低效率技术向高效的吸附技术与燃烧技术及其组合技术集中。

石油化工、涂料生产、涂装、印刷、塑料、胶黏剂生产和使用等行业排放了大量 VOCs，VOCs 控制技术在典型行业应用较为广泛。一般而言，一个行业根据内部企业的发展水平而采用几种不同发展阶段的控制技术，如印刷行业主要采用传统的吸附回收法和热力燃烧法，也有部分企业采用催化燃烧法。

在国内，吸附技术等传统技术应用最为广泛。近年来，实用技术催化燃烧法和蓄热（催化）燃烧法的推广应用的速度非常快，吸附浓缩（催化）燃烧等组合技术也已开始应用推广并取得了初步成效；其他技术还包括生物法、等离子体和光催化等。生物法更多用于废气的深度处理，如生物除臭；等离子体和光催化的应用还处于发展阶段，一般只适用低浓度 VOCs 废气的处理。我国常见末端治理技术的发展应用情况如下。

（1）吸附法

a）吸附技术

吸附法是我国当前使用最为广泛的 VOCs 控制技术，应用于绝大多数的 VOCs 控制领域，该技术也是 VOCs 吸附浓缩、回收利用的主要技术。活性炭吸附容量大、效率高，是主流的吸附剂；分子筛及其改性材料因特殊的结构而具有选择性吸附能力，也得到了广泛应用。

由于吸附剂往往具有高的吸附选择性，因而具有高的分离效果，能脱除痕量物质（达 ppm 级），但吸附容量一般不高（约 40%，甚至更低）。吸附分离过程适用低浓度高要求的混合物的分离，吸附法还常常与其他净化方法（吸收、冷凝、催化燃烧等）联合使用。吸附法较为简单、处理效果显著，其吸附后通过气提解吸，收集物可回收利用，因此，吸附法作为一项实用的传统技术继续广泛应用于 VOCs 控制。

活性炭吸附法最适合处理 VOCs 浓度为 300～5 000 ppm 的有机废气，主要用于吸附回收脂肪和芳香族碳氢化合物、大部分含氯溶剂、常用醇类、部分酮类和酯类等，常见的有苯、甲苯、已烷、庚烷等；活性炭纤维吸附法可用于回收苯乙烯和丙烯腈等，费用较活性炭吸附法高得多。该法已广泛用于喷漆行业的苯、乙醇和醋酸乙酯，制鞋行业的三苯（苯、甲苯、二甲苯）和丙酮，印刷行业的异丙醇、醋酸乙酯和甲苯，电子行业的二氯甲烷和三氯乙烷的吸附回收。

b）吸附后处理技术

吸附剂都具有一定的吸附容量，吸附饱和后需要再生或更换。目前，主要吸附后处理技术有饱和后抛弃作为危险废物交由有资质公司处理、交由再生公司再生后重复使用、与冷凝技术或燃烧技术连用。与其他技术连用部分在组合技术中将进行详细介绍、饱和后抛弃只需加强监管无技术性问题，因此，这里只对再生技术（以活性炭为例）进行介绍。

废活性炭的再生有热再生、生物再生和湿式氧化再生等传统方法。这些方法或多或少存有再生炭损失大、二次污染等缺失。为克服传统再生方法的缺陷，近年来不断出现新兴的活性炭再生技术，如电化学法、超临界流体法和超声波法等。新兴技术虽解决了部分传统方法的缺点，但仍存在成本较高、设备要求技术高以及再生效果不稳定等，加大了企业生产成本。

（2）燃烧法

a）直接燃烧法

直接燃烧法作为一项 VOCs 销毁性技术，较为简单，在我国 VOCs 控制的初期应用较为广泛。在 VOCs 浓度较低的条件下，该技术改进为辅助燃烧，拓宽了应用范围。直接燃烧曾作为一项主要技术应用于石油开采、石油化工、制药、除臭等领域。但采用该技术处理 VOCs，浪费了 VOCs 有用组分以及燃烧产生的热能，还可能产生 NO_x 等二次污染。随着化学 / 化工原料和能源的日趋紧缺，并且环保法律法规日趋严格，VOCs 有用组分的回收利用和 VOCs 焚烧产生的热能的回收利用受到普遍关注。当前，直接燃烧法的使用逐渐减少。

b）催化燃烧法

催化燃烧法是在直接燃烧法的基础上发展起来的，是目前 VOCs 治理中应用最为广泛的一种方法，它借助催化剂，使起燃温度降低到仅为 200～300℃，从而大大节约了能源。催化燃烧法可以在较低的温度下运行，从而降低了辅助燃料消耗和运行费用，还具有以下优点：效率高，压降小，所需设备体积小，造价低，分解产物为无毒的二氧化碳和水，一般不产生氮氧化物。缺点是贵金属催化剂价格较高；当 VOCs 浓度低于 2～3 g/m^3 时所需热量不能自行补偿，运行费用高；催化剂活性受温度和废气中的杂质在催化剂表面影响而失活或中毒。

催化燃烧法常用于处理流量大、浓度低的 VOCs 气体，对气体流量的适应范围较大。目前国内生产的催化燃烧装置处理气量一般不超过 5 000 Nm^3/h，国产催化剂的空速小也限制了处理量的进一步增大。国内多家科研单位长期从事催化燃烧的应用研究，研究成果已得到推广应用。

c）蓄热燃烧技术

蓄热燃烧技术（RTO）在国内得到广泛应用，涉及 VOCs 排放的各个行业。目前国内已有上百套国外进口的 RTO 装置在运行。汽车制造工业排放的喷涂废气是 RTO 应用的重要行业，国内中外合资的汽车生产企业如广州本田、广州丰田、东风日产等著名企业均采用了 RTO 控制 VOCs。国内自主研发的 RTO 也日益成熟，工程应用的规模越来越大。

（3）吸收法

因 VOCs 一般都溶解于柴油或 200 号汽油等有机溶剂，可用柴油或 200 号汽油吸收 VOCs，吸收后的溶剂可用于燃料或稀释剂。这种方法操作方便、成本低，但吸收处理后一般尚有挥发气体残余，因有机溶剂本身易挥发，因此不能使 VOCs 降为零，若遇高温，则吸收率更低。吸收法作为一项 VOCs 回收技术，效率高、设备简单，在国内应用较广泛。但吸收剂的再生较为麻烦，设备腐蚀问题普遍存在，这限制了吸收法的使用。

（4）冷凝法

冷凝法可用于对涂料生产的反应釜高温有机气体的处理，先用直冷凝再螺旋冷凝，该法除气效果明显，易操作、运行成本低，但对低沸点气体效果不佳。冷凝法主要用于回收 VOCs 有用组分，要求组分浓度较高、沸点高，在组分的浓度较低和沸点较低的条件下，该技术难以应用。冷凝法结合其他技术（如吸附法、燃烧法），有效拓宽了应用范围。

（5）膜分离技术

膜分离技术回收废气中的 VOCs 在美国、德国、日本均成功实现了工业化生产。膜分离技术在我国环保行业的应用是从污水处理开始的，新型膜材料的研究开发使得膜分离技术在废气治理方面具有广阔的应用前景。膜分离技术可净化 H_2S、CO_2 等气体；固膜分离技术可用来回收氨，浓缩甲烷气，从 C5 和 C5 以下烷烃中分离乙烯、丙烯。膜分离技术已成功应用于化工、医药、环境保护等领域。膜分离技术是 VOCs 组分回收利用的重要技术，膜材料和处理工艺的改进将极大促进膜分离技术的推广应用。目前，膜分离技术正迅速成为石油化工、制药、食品加工等行业回收 VOCs 的有效方法，同时也是保证排气达到环保要求的好方法，越来越受到各行业的重视。

（6）生物净化法

VOCs 的生物净化法有直接微生物净化法、间接微生物处理法（先水吸收再废水生物处理）及植物净化法等。直接生物净化设备有生物吸收池、生物洗涤池、生物滴滤池、生物过滤池，其处理效果好、操作方便。其中生物过滤池技术成熟，应用较多。如德国和荷兰建有几百座废气生物滤池，运行效果都很好。间接微生物处理法是用水或弱碱液吸收 VOCs，其中含有的醇类、醛类等物质易溶于水，吸收后的废水再用生物降解，使废水达标排放。植物净化法就是厂区内增加绿化面积，利用绿色植物吸收和转化大气中的污染物来净化空气，这种方法适用大环境低浓度的污染。

生物处理技术对中、低浓度有机废气进行处理，具有适应性强、二次污染小、投资少、能耗和运行费用低等优点，但是也存在以下不足：占地面积大，对气体水溶性和生物降解性有要求，反应器启动、微生物驯化、处理过程持续时间长，运行中必须提供足够的营养元素和氧气等。

（7）组合技术

由于 VOCs 的种类繁多、组分复杂、物化性质各不相同，往往一种控制技术不可能完全处理所有 VOCs，如燃烧法和冷凝法仅对高浓度 VOCs 的去除在经济上是比较划算的；而吸附法和吸收法仅仅是对 VOCs 进行了转移，没有从根本上去除 VOCs，因此应根据污染物性质、污染物浓度、生产的具体情况、安全性、净化要求、经济性等条件，对各种控制技术进行工艺优化，采用新的组合或耦合技术，如冷凝 - 吸附、吸收 - 冷凝、吸附 - 催化燃烧、变压吸附 - 深冷、变压吸附 - 膜分离等组合工艺，进一步提高 VOCs 的去除率，降低成本和减少二次污染。今后 VOCs 治理技术将朝着运行稳定、能耗低、操作简单、制造成本低、管理维护简易等方向发展。

6.2.5 氮氧化物控制技术

在燃烧过程中 NO_x 不同的生成途径，控制 NO_x 废气排放的技术措施主要分为两大类：一类是燃烧前处理，燃烧前脱氮主要是燃烧前通过各种技术手段将燃料转换为低氮燃料；另一类是燃烧后处理，燃烧后脱硝主要指烟气净化技术，即把已生成的 NO_x 通过某种技术还原为 N_2 降低其排放量。

（1）低氮氧化物燃烧技术

低氮氧化物燃烧技术是改进燃烧设备或控制燃烧条件，以降低燃烧排放中 NO_x 浓度的各项技术。工业行业多采用减少过剩空气和分段燃烧、烟气再循环燃烧和低温空气预热等方法。在各种 NO_x 污染控制技术中，低 NO_x 燃烧技术是目前应用最广，相对简单、经济有效的方法。其缺点是降低 NO_x 排放效率较低（一般在 50% 以下）。

（2）烟气脱硝技术

对烟气进行处理，以降低 NO_x 的排放量，通常称为烟气脱硝。目前已开发了多项商业化的烟气脱硝技术，有选择性催化还原法（SCR）脱硝、选择性非催化还原法（SNCR）脱硝、吸收法化烟气中的 NO_x、吸附法净化烟气中的 NO_x 等。

（3）选择性催化还原法

脱硝选择性催化还原法是在一定的温度和催化剂作用下，利用氨或烃作还原剂可选择性地将 NO_x 还原为氮气和水的方法。SCR 技术是还原剂（NH_3）在催化剂的作用下，将烟气中的 NO_x 还原为 N_2 和 H_2O。此法利用 NH_3 来增加反应速率，使该工艺在温度 280～400℃时就能使用。“选择性”是指 NH_3 有选择地将 NO_x 进行还原的反应。该技术无副产品，脱硝效率能达到 80% 以上，是目前应用较为广泛的脱硝技术。

（4）选择性非催化还原法（SNCR）

SNCR 工艺是在 900～1 100℃范围内，无催化剂作用下，通过注入氨、尿素等化学还原剂可选择性地把烟气中的 NO_x 还原为 N_2 和 H_2O，以达到去除的目的。SNCR 工艺有效脱氮的温度范围较窄，当温度下降时，气体反应速率会迅速下降，脱氮能力也随之下降；当温度高于最佳温度时，形成 NO 的同时会加快 NH_3 的氧化，即降低脱氮效率。由于没有催化剂加速反应，为避免 NH_3 被氧化，温度又不宜过高。由于温度随锅炉负荷、运行周期的变化及 NO_x 浓度在锅炉中的不规律性，该工艺应用时变得较复杂，所以脱氮效率低，一般可使 NO_x 降低 50%～60%。

（5）吸收法净化烟气中的 NO_x

氮氧化物能够被水、氢氧化物和氨酸盐溶液、硫酸、有机溶液等吸收。其中，在水吸收法中，由于 NO_2 在与水反应生成硝酸的同时，也会生成 NO，而 NO 因其溶解度低不易被吸收，所以此法脱硝效果并不理想，但该法可回收硝酸，也能起到一定的净化作用。

7

管理

GUANLI

7.1 大气复合污染管理的相关标准

根据《中华人民共和国环境保护法》和《中华人民共和国大气污染防治法》等法律法规的要求，结合我国大气污染形势和社会经济发展情况，我国生态环境管理部门积极研究制定适合我国国情的大气污染防治标准，包含大气环境质量标准、大气固定源污染物排放标准、大气移动源污染物排放标准以及其他相关标准，涵盖了环境质量、监测技术、评价规范、排放限值等内容。

我国于 1982 年 4 月 6 日发布《大气环境质量标准》（GB 3095—1982）并于同年 8 月 1 日正式实施，为我国第一部环境空气质量标准。该标准将大气环境质量区分为三类，分别对应执行三级标准，监测和限制的空气污染物包括总悬浮颗粒物、飘尘、二氧化硫、氮氧化物、一氧化碳、光化学氧化剂。1996 年 10 月 1 日，新空气质量标准正式实施，并改名为《环境空气质量标准》（GB 3095—1996），监测和限制的空气污染物包括二氧化硫、总悬浮颗粒物、可吸入颗粒物、氮氧化物、二氧化氮、一氧化碳、臭氧、铅、苯并［α］芘、氟化物。2000 年 1 月 6 日，通过修改单的方式将 GB 3095—1996 做简单修改。2016 年 1 月 1 日《环境空气质量标准》（GB 3095—2012）替代 GB 3095—1996 及其修改单并正式实施，成为我国当前适用的环境空气质量标准。该标准第一次明确《环境空气质量标准》具有强制执行的效力，将二氧化硫、二氧化氮、一氧化碳、臭氧、颗粒物（粒径≤10 μm，也称可吸入颗粒物）和颗粒物（粒径≤2.5 μm，也称细颗粒物）纳入环境空气污染物基本项目并在全国范围内实施；调整了环境空气功能区分类，将三类区并入二类区；增设了细颗粒物和臭氧8小时平均的浓度限值；调整了可吸入颗粒物、二氧化氮、铅、苯并［α］芘的浓度限值。

我国以环境空气质量标准为核心，逐步建立和完善大气复合污染管理标准体系。在监测方面，已经发布实施了《环境空气质量标准》中规定的6种环境空气污染物基本项目的自动在线和手工监测方法，颗粒物中无机元素、水溶性阴阳离子、多环芳烃等组分以及环境空气挥发性有机物、醛酮化合物等污染物的测定方法。在空气质量评价方面，2013年发布实施《环境空气质量评价技术规范（试行）》（HJ 663—2013），规定了环境空气质量评价的范围、评价时段、评价项目、评价方法及数据统计方法等内容；2012年发布、2016年实施《环境空气质量指数（AQI）技术规定（试行）》，规定了环境空气质量指数日报和实时报工作的要求和程序。

以环境空气质量持续改善为核心，我国通过制定大气固定源和移动源污染物排放标准，逐步完善大气复合污染管理标准体系，严格控制各类污染物排放，降低涉气污染源排放到环境空气的污染物和反应物的浓度。我国大气固定源污染物排放标准涵盖近30个工业行业，控制污染物包括氮氧化物、二氧化硫、烟尘、非甲烷总烃等；同时，我国已发布实施固定污染源废气的各项污染物测定方法标准近40项。移动源污染物排放标准囊括了汽油和柴油机动车、非道路移动机械、船舶、摩托车等类型移动源，其中汽油和柴油机动车经历了由2007年开始的中国第一阶段到2020年发布实施并适用至今的中国第六阶段，同时配套发布实施了若干测量方法标准。

7.2 大气复合污染治理重要行动

根据《中华人民共和国大气污染防治法》第二章第十四条“未达到国家大

气环境质量标准城市的人民政府应当及时编制大气环境质量限期达标规划，采取措施，按照国务院或者省级人民政府规定的期限达到大气环境质量标准”和第十七条“城市大气环境质量限期达标规划应当根据大气污染防治的要求和经济、技术条件适时进行评估、修订”的有关要求，根据大气污染防治形势和社会经济技术等客观条件，我国积极开展大气污染防治工作，采取了一系列重要行动。

2013 年，国务院印发《大气污染防治行动计划》，明确目标：“到 2017 年，全国地级及以上城市可吸入颗粒物浓度比 2012 年下降 10% 以上，优良天数逐年提高；京津冀、长三角、珠三角等区域细颗粒物浓度分别下降 25%、20%、15% 左右，其中北京市细颗粒物年均浓度控制在 60 μg/m^3 左右”等目标。确定 10 条具体措施：一是加大综合治理力度，减少多污染物排放；二是调整优化产业结构，推动经济转型升级；三是加快企业技术改造，提高科技创新能力；四是加快调整能源结构，增加清洁能源供应；五是严格投资项目节能环保准入，提高准入门槛，优化产业空间布局，严格限制在生态脆弱或环境敏感地区建设“两高”行业项目；六是发挥市场机制作用，完善环境经济政策，中央财政设立专项资金，实施以奖代补政策；七是健全法律法规体系，严格依法监督管理，国家定期公布重点城市空气质量排名，建立重污染企业环境信息强制公开制度；八是建立区域协作机制，统筹区域环境治理；九是建立监测预警应急体系，制定完善并及时启动应急预案，妥善应对重污染天气；十是明确各方责任，动员全民参与，共同改善空气质量。同时，配套实施《大气污染防治行动计划实施情况考核办法（试行）》，敦促各级政府落实执行。

监测数据显示，2017 年，全国地级及以上城市 PM_{10} 平均浓度比 2013 年下降 22.7%；京津冀、长三角、珠三角等重点区域 $PM_{2.5}$ 平均浓度分别比 2013 年下降 39.6%、34.3%、27.7%；北京市 $PM_{2.5}$ 年均浓度降至 58 μg/m^3。考核结果显示，北京、内蒙古、黑龙江、上海、浙江、福建、山东、湖北、湖南、海南、四川、贵州、云南、西藏、青海 15 个省级行政区考核等级为优秀；天津、河北、辽宁、吉林、江苏、广东、重庆、新疆 8 个省级行政区考核等级为良好；山西、安徽、江西、河南、广西、陕西、甘肃、宁夏 8 个省级行政区考核等级为合格。全国和各省、市、自治区均全面完成《大气污染防治行动计划》确定的环境空气质量改善目标。

2018 年，我国大气污染防治工作已逐渐进入“深水区”，面临着产业结构、能源结构、运输结构、用地结构四大结构的优化调整。为此，国务院印发《打赢蓝天保卫战三年行动计划》，明确我国 2020 年大气污染防治目标为“二氧化硫、氮氧化物排放总量分别比 2015 年下降 15% 以上；$PM_{2.5}$ 未达标地级及以上城市浓度比 2015 年下降 18% 以上，地级及以上城市空气质量优良天数比率达到 80%，重度及以上污染天数比率比 2015 年下降 25% 以上；提前完成‘十三五’目标任务的省份，要保持和巩固改善成果；尚未完成的，要确保全面实现‘十三五’约束性目标；北京市环境空气质量改善目标应在‘十三五’目标基础上进一步提高”。确定 6 方面任务措施并明确量化指标和完成时限：一是调整优化产业结构，推进产业绿色发展；二是加快调整能源结构，构建清洁低碳高效能源体系；三是积极调整运输结构，发展绿色交通体系；四是优化调整用地结构，推进面源污染治理；五是实施重大专项行动，大幅降低污染物排放；六是强化区域联防联控，有效应对重污染天气。

数据显示，2020 年，全国地级及以上城市优良天数比率为 87%，比 2015 年上升 5.8 个百分点（目标 3.3 个百分点）；全国 $PM_{2.5}$ 平均浓度为 33 μg/m^3，$PM_{2.5}$ 未达标城市平均浓度比 2015 年下降 28.8%（目标 18%）；全国 $PM_{2.5}$、PM_{10}、O_3、SO_2、NO_2、CO 平均浓度同比分别下降 8.3%、11.1%、6.8%、9.1%、11.1%、7.1%。其中，O_3 浓度自 2015 年以来首次实现下降；NO_2 浓度在连续几年基本维持不变的情况下明显下降。全国各省、市、自治区全面完成各项治理任务，包括：积极推进钢铁、煤炭、煤电、水泥行业化解过剩产能；持续推进燃煤电厂超低排放改造，累计达 9.5 亿 kW，钢铁行业超低排放改造产能 6.2 亿 t；煤炭占一次能源消费比重持续降低，全国煤炭消费比重由 2017 年的 60.4% 降至 2020 年的 57% 左右，淘汰治理无望的小型燃煤锅炉约 10 万台，重点区域 35 t/h 以下燃煤锅炉基本清零，中央财政支持北方地区清洁取暖试点实现“2+26”城市和汾渭平原全覆盖，累计完成散煤替代 2 500 万户左右；全国淘汰老旧机动车超过 1 400 万辆，新能源车保有量 492 万辆，新能源公交车占比从 20% 提升到 60% 以上。2020 年全国铁路货运量较 2017 年增长 20% 以上；组织开展重点行业重污染天气应急减排措施绩效分级，覆盖钢铁、焦化等 39 个行业，以差异化管控鼓励“先进”，促进行业转型升级，重点区域共 27.5 万家涉气企业纳入应急减排清单。2020 年第四季度，京津冀及周边地区、汾渭平原 39 个城市 $PM_{2.5}$ 平均浓度为 62 μg/m^3，比 2016 年同期下降 39%；重污染天数比 2016 年同期下降 87%。各项任务指标均超额完成“十三五”目标要求，《打赢蓝天保卫战三年行动计划》圆满收官。

在此期间，我国通过总理基金“大气重污染成因与治理攻关项目”，组建了国家大气污染防治攻关联合中心（以下简称攻关中心）。攻关中心由中国环境科学研究院院长李海生研究员担任主任，采用“1+X”模式，即以中国环境科学研究院为主体，联合中国环境监测总站、环境保护部环境规划院、环境保护部卫星环境应用中心、北京大学、清华大学、南开大学、中国农业大学、北京工业大学、华北电力大学、中国科学院大气物理研究所、中国科学院生态环境研究中心、中国科学院合肥物质科学研究院、中国科学院遥感与数字地球研究所、中国科学院地球环境研究所、中国气象科学研究院、中国农业科学院、中国疾病预防控制中心等优势单位共同组成。攻关中心在成因机理、影响评估、精准治理、预测预报等方面实现了一批关键技术突破，弄清了区域秋、冬季大气重污染的成因，组织了专家团队深入“2+26”城市和汾渭平原开展“一市一策”技术帮扶，构建科学研究和行政管理深度融合的“边研究、边产出、边应用、边反馈、边完善”的协同创新工作模式，为我国顺利实施《大气污染防治行动计划》和《打赢蓝天保卫战三年行动计划》等大气污染防治管理工作提供有力的科技支撑。

当前，我国大气污染防治工作已进入“深水区”，臭氧和细颗粒物的复合污染形势更加突出。2021 年，生态环境部全面总结并推广攻关项目的组织实施机制和研究成果，强化臭氧污染防治科技支撑，提升各地细颗粒物和臭氧污染协同防控的科学性、精准性和有效性，结合生态环境科技帮扶行动安排，组织开展细颗粒物和臭氧污染协同防控“一市一策”驻点跟踪研究工作，制定了《细颗粒物和臭氧污染协同防控“一市一策”驻点跟踪研究工作方案》，组建了各城市驻点跟踪研究工作组，组织优势单位和优秀专家团队深入城市一线进行驻点跟踪研究和技术指导。

8

实践与应用

SHIJIAN YU YINGYONG

“十三五”以来，我国大气污染防治力度、深度、广度不断延伸，大气重污染成因攻关、“一市一策”、重大活动空气质量保障各项工作深入推进，全国大气 $PM_{2.5}$ 浓度显著下降。上述工作不仅是对单个城市和区域大气污染治理与多地区、多部门污染过程应急的实战检验，也是“十四五”我国大气污染防治、空气质量持续改善策略的综合实践。从效果来看，各项行动计划及重大活动保障不仅强化了各级地方政府空气质量的管理责任，压实了各地企业大气污染防治的主体责任，也实现了我国大气污染防治的先行探索，坚定了大气污染可防可控的信心。

8.1 大型活动空气质量保障

第 44 届世界遗产大会于 2021 年 7 月 16—31 日在福州市召开，本次会议是中国第二次承办，也是中国在文化和自然遗产保护领域承办的最高规格的国际会议；同时也是向世界展示中国生态文明建设成果、宣传福州市良好人文、生态风貌的重要机会和重大窗口。

为保障会期环境空气质量，由福州市生态环境局牵头组织，中国环境科学研究院、福建省环境科学研究院等单位受托开展空气质量保障方案编制及会期保障工作。项目工作借鉴杭州 G20 峰会、厦门金砖会议等重大活动空气质量保障工作经验，结合“一市一策”项目实践经验，在深入分析福州市历史同期空气质量及气象条件的基础上，识别影响大气环境质量的关键因子；此外，加强周边城市对福州空气质量影响研究，摸清传输通道城市范围，核定重点区域主要污染物减排量，分圈层、分阶段、分行业科学制定管控减排措施；同时，开展会期跟踪评估，研判空气质量变化形势，切实做好福州市及周边传输通道城市的空气质量保障协同工作并强化监督落实。最终，在各项污染物排放量5%～20% 的减排力度下，会议期间 $PM_{2.5}$、PM_{10}、O_3 等主要污染物浓度较过去3 年同期均值分别下降 33%、36%、31%，圆满完成了“颗粒物浓度日均值达到优，臭氧浓度优于二级标准”保障目标。主要做法如下：

（1）提早谋划是关键

坚持属地为主，福州市提前一年组建生态环境提升领导小组，全面梳理重点任务，有序开展城市面源及重点污染源专项整治；做好区域协调，福建省厅印发省级环境质量保障方案，督促省内地市贯彻落实；强化科技支撑，聘请专业团队，科学评估会期风险，编制保障方案并开展演练。

（2）分级应对是特色

坚持目标导向，全面梳理污染案例，深入开展成因及来源分析，确定重点区域重点污染物，建立不同污染物传输通道应对机制。针对福州市空气质量优良天数比例高、超标程度低的现状，分阶段、分级别编制会前、会中、会后及优、良、污染不同空气质量状况应对方案，严格落实科学、精准、依法治污总体要求，兼顾经济发展、社会影响与空气质量保障工作协调开展。

（3）重点削减是根本

扎实开展污染源结构分析和实地调研，全面摸清重点企业产排污关键节点和减排潜力，严格落实减排总量要求，制定城市面源综合整治，中心城区涉VOCs 行业排放重点削减，外围区域钢铁、建陶、化工行业和重型柴油车排放为重点的减排策略，系统科学开展污染防治。

（4）张弛有度是亮点

充分发挥监测、预报先行引领作用，加强重点时段气象条件及空气质量形势研判，全面开展气象、空气质量预报、管控效果每日跟踪评估，加强污染过程重点时段应对，及时调整重点管控区域及行业，做到“优良天气不折腾，污染应对不手软”。

（5）区域协同是保证

全面落实城市面源综合整治、严格达标监管，有效降低区域污染物背景浓度；综合利用大气超级站、雷达站、走航车、污染源在线监测、交通流量监测等手段，加强上风向及污染高值区域晨查、夜查，有效开展精准执法；针对重点时段，福建省厅组织开展省内周边地市互查互纠，切实提升防控效率。

8.2 城市大气复合污染跟踪研究

8.2.1 东营市大气复合污染跟踪研究实践

按照生态环境部的统一部署，中国环境科学研究院东营市“一市一策”跟踪研究工作组于 2021 年 5 月与东营市人民政府及东营市生态环境局进行了工作对接，并于 7 月初进驻东营市。基于 2019—2021 年东营市国控空气质量监测站点的环境空气质量监测数据及气象数据，工作组对东营市近年来 $PM_{2.5}$ 与臭氧复合污染特征以及 2021 年一次典型复合污染过程进行分析，梳理和明确了东营市复合污染防控形势与需求。

（1）东营市复合污染对空气质量影响情况分析

东营市 $PM_{2.5}$ 与 O_3 之间的相关性存在明显的时间变化特征，针对特定易发生复合污染过程的时段需要重点防范。

从 2019—2021 年东营市首要污染物（O_3、NO_2、$PM_{2.5}$、PM_{10}）年度统计天数整体情况来看，2019 年 328 天，2020 年 307 天，2021 年 299 天；2021 年较 2020 年减少 8 天，较 2019 年减少 29 天；整体呈逐年明显下降的趋势。其中 O_3、NO_2 和 $PM_{2.5}$ 的年度总天数都呈下降趋势，而 PM_{10} 的年度总天数没有整体下降趋势，呈先下降后升高的趋势。

2019—2021 年东营市在 4 月时，PM_{10} 以及 O_3 作为主导的首要污染物，随后在5—9月O_3作为主导首要污染物，首要污染物种类在逐步减少，但是作为主导的首要污染物天数在逐步增加。

（2）东营市$PM_{2.5}$与臭氧日评价值以及两者之间相关性变化情况分析

东营市$PM_{2.5}$与O_3的浓度以及两者之间的相关性均受到气象要素的影响，其相关性受到气温的影响最为显著，从而相关性表现出明显的时间变化特征。

2019—2021年东营市$PM_{2.5}$与O_3之间相关性存在年际、季节、月份的差异，存在一定的空间差异。2019—2021年9月相关性最强，相关性系数分别为0.77、0.73与0.78。除4月、5月与7月外，相关性的年际变化呈现出波动变化特征。其中2019—2021年4月、7月相关性逐年递增，5月则呈现出递减的趋势。2019—2021年春季的相关性系数分别为0.12、0.17与0.22，春季的相关性在逐年增加；夏季的相关性系数分别为0.72、0.65与0.60；秋季的相关性系数分别为0.35、0.16与0.12；冬季的相关性系数分别为−0.18、−0.13与−0.03，可以看出夏、秋与冬季的相关性均在逐年减弱。

随着风向从0.1～2.4 m/s降至0.9 m/s，O_3日评价值等级从优（$<100\ \mu g/m^3$）上升至重度污染（$>265\ \mu g/m^3$）；随着日均风速降低19%～60%，$PM_{2.5}$日评价值从优（$<35\ \mu g/m^3$）上升至重度污染（$>150\ \mu g/m^3$）；随着相对湿度从52%～66%下降至43%，O_3日评价值等级从优上升至重度污染。

随着日均气温从2～9℃上升至28℃时，O_3日评价值等级从优上升至重度污染；随着日均气温下降60%～80%时，$PM_{2.5}$日评价值从优上升至重度污染。随着日均降水量从0.21 mm降至0 mm，$PM_{2.5}$与O_3日评价值均从优上升至重度污染。

从不同温度等级下$PM_{2.5}$与O_3日评价值相关性系数变化情况来看，当温度等级处于从5～10℃上升至20～25℃时，相关性系数从0.02增加至0.69，两者之间的相关性显著增强；当气温＞25℃时，两者之间的相关性小幅降低至0.67；当气温处于5℃以下时，$PM_{2.5}$与O_3日评价值呈负相关关系，并且随着气温下降，相关性越强。随着气温从0～5℃降至−10～−5℃时，相关性系数从−0.31降至−0.70，相关性显著增强。

从不同国控站点的情况来看：春季，胜利站相关性系数最低为0.14，开发区管委会站点最高为 0.27；夏季，理想之城站点相关性系数最低为 0.55，市环保局站点最高为 0.70；秋季，理想之城站点相关性最低为 0.009，河口城区站点最高为 0.28；冬季，理想之城站点相关性系数最低为 -0.22，垦利区明丰路站点相关性系数最高为 -0.09。

（3）2021 年东营市典型大气复合污染过程分析

2021 年东营市典型大气复合污染过程中气温的变化是主导的气象要素，区域传输过程对第二个污染时段有一定影响；SOR（硫转化率）与 NOR（氮转化率）的变化以及 $PM_{2.5}$ 组分变化说明了此次过程主要以硝酸盐爆发式增长为主要原因，O_3 浓度的上升促进了 $PM_{2.5}$ 中硝酸盐的增长，导致 O_3 与 $PM_{2.5}$ 之间呈现出较强的正相关关系。

整个污染过程中平均风速为（0.5 ± 0.32）m/s，平均相对湿度为（65.9 ± 19.3）%，平均气温为（13.3 ± 5.4）℃，相对静稳、高温高湿的条件有利于二次颗粒物的生成。

第一个污染时期内 $PM_{2.5}$ 组分以硝酸盐为主要成分，平均占比 45%，大幅上升 15 个百分点，而有机物占比为 20%，下降 13 个百分点，铵根离子与硫酸盐占比分别为 18% 与 12%，变化幅度较小。第二个污染时期硝酸盐上升 8 个百分点。说明硝酸盐增长是本次污染过程的主要原因。

第一个污染时期，O_x 浓度显著上升，为（115 ± 38.6）$\mu g/m^3$，小时浓度在 29 日 15 时达到最高值 208 $\mu g/m^3$，此后逐渐下降；在此期间 SOR 与 NOR 同样显著上升，平均值分别为（39 ± 14）% 与（41 ± 16）%。第二个污染时期，O_x 浓度上升至（87.1 ± 29.8）$\mu g/m^3$，SOR 与 NOR 显著上升，平均值分别为（59 ± 13）% 与（36 ± 17）%。说明大气氧化性的上升导致 SOR 与 NOR 显著上升，从而导致硝酸盐占比增加，而由于传输作用的影响 SOR 在第二个污染时期变化幅度较小。

基于以上分析结论，初步提出东营市下一步复合污染防治工作建议。

①加强春季与秋季的颗粒物与臭氧协同防控工作

基于对 2019—2021 年东营市 $PM_{2.5}$ 与 O_3 作为首要污染物天数的统计发现，两者同时作为首要污染物现象的多发季节为春季与秋季。复合污染特征导致空气质量改善工作受到阻碍。因此，在 $PM_{2.5}$ 污染防控的前提下对 O_3 污染进行管控的协同防控措施要成为空气质量改善的重点工作内容。从污染发生的季节来看，协同防控的重点时期应当主要为春季与秋季，并且对于春、秋季气温回升的过程需要密切关注。

②强化对 VOCs 与 NO_x 源排放的管控措施

从目前的 $PM_{2.5}$ 组分来看，污染期间硝酸盐是主要成分，因此需要针对硝酸盐的前体物进行严格的管控措施，强化对机动车尾气与燃烧源的排放管控。针对 O_3 污染的逐渐上升导致的大气氧化性的上升，一方面要加强和 VOCs 与 NO_x 的协同减排，防范二次污染物的生成；另一方面需要针对排放的一次气态污染物（NO_x 与 SO_2 等）进行严格管控。

③开展离线和在线颗粒物加强观测

获得复合污染期间 $PM_{2.5}$ 关键组分的实时数据，分析 $PM_{2.5}$ 与 O_3 之间的相互作用关系，确定关键前体物，进行针对性的减排措施。同时针对不同的气象条件下相互作用机制进行解析，制定针对不同气象条件的管控措施。

8.2.2 广州大气复合污染跟踪研究

2021 年，国内 9 个中心城市中，广州市 O_3 浓度排名仅优于郑州，O_3 污染问题较为突出；广州市 $PM_{2.5}$ 浓度处于低位，进一步改善的难度指数级增加，面源、移动源和生物质燃烧源等涉及民生的源类贡献之和达 65%，减排空间收窄，$PM_{2.5}$ 中二次组分占比较大，与 O_3 存在同时污染现象，复合污染问题较为突出；移动源对氮氧化物贡献率高达 85%，环境空气 NO_2 浓度较高，在一定程度上促进了光化学污染的发生，移动源管控成为广州市大气污染防治的重点工作；广州市涉 VOCs 企业的治污问题比例高达 33%，VOCs 存在较大的减排空间。

为贯彻落实《中共中央　国务院关于深入打好污染防治攻坚战的意见》等文件精神，增强 $PM_{2.5}$ 和臭氧协同防治的科学性、针对性，进一步分析臭氧污染状况与成因，厘清臭氧来源，明确重点控制领域和区域，提出针对性防控措施，支撑广州市 $PM_{2.5}$ 和臭氧污染防治工作，通过对标国内外先进城市，开展空气质量中长期提升规划研究，$PM_{2.5}$ 及臭氧污染溯源与协同控制措施研究，大气污染气象条件影响研究，VOCs 和 NO_x 排放清单的细化、核查与核实，臭氧防控及关键污染物减排对策，臭氧污染预报预警与污染应急控制调度，VOCs 与 NO_x 治理措施对臭氧防控的成效跟踪评估等工作，科学精准地描绘广州市 $PM_{2.5}$ 和臭氧协同控制的实现途径和路线图，给出与国际一流并与粤港澳大湾区建设相适应的空气质量持续改善中、长期规划方案。因此，广州市组建由中国环境科学研究院为技术牵头单位、联合广州市环境保护科学研究院、中山大学、中国科学院广州地球化学研究所等优势单位，开展“广州市大气环境预警防控科研支撑”项目。

预计该项目将建立 1 个污染过程动态调度机制，构建 1 套治理措施对 O_3 防控的成效评估方法，描绘 1 张精细化减排作战地图和实现路线图，汇总 1 个典型大气污染过程案例库，形成全口径、年度化、精准化的 VOCs 和 NO_x 排放清单，涉 VOCs 和 NO_x 的减排对策，以及短期、中期、长期的空气质量提升及达标规划。

8.3 经验与启示

“十四五”期间，我国大气污染防治形势依然严峻，秋冬季 $PM_{2.5}$ 污染问题突出，夏季 O_3 浓度超标频繁，空气质量与美丽中国建设目标仍有一定差距。综合我国大气污染防治各项工作经验，切实支撑“十四五”空气质量持续改善，主要的经验与启示如下：

（1）摸清底数、动态更新，实现大气污染防治“挂图作战”

污染源排放清单是大气污染防治的基础，更是空气质量管理的重要抓手。目前，各地区已初步编制了大气污染源排放清单，但大多数时空分辨率仍未满足精细化管控的实战要求。此外，受疫情、经济形势影响，中小企业活动水平存在较大不确定性。建议持续开展污染源的深入调查，摸清重点来源及关键物种，明确重点区域和重点行业，并建立主要污染源组分清单及动态更新机制。

（2）科学评估、动态调整，提升管控措施针对性和有效性

科学的管控措施是落实精准减排及高效治污的保障，本地减排在污染过程

应对中起核心作用，上风向地区的污染物减排也是关键。建议进一步优化污染过程应对机制和能力建设，针对气象条件复杂、输送轨迹多变时节，建立不同传输通道减排预案；同时，及时开展污染过程复盘与管控成效评估，提高管控有效性，严防盲目扩大、“一刀切”。

（3）持续投入、聚焦重点，推进 $PM_{2.5}$ 和 O_3 复合污染协同防控

目前，我国已迈入大气污染防治“深水区”，空气质量持续改善面临较大压力，如何在污染物减排空间收窄、污染类型过渡转变的情况下，抓住重点、避免“按下葫芦起了瓢”。建议以近 5 年污染过程为重点，进一步加强 $PM_{2.5}$、O_3 污染成因、来源及变化情况分析，并推动污染过程诊断常态化运行，明确 $PM_{2.5}$ 和 O_3 污染协同防控重点行业及减排路径，系统制定减排策略。

（4）科技助力、持续提升，夯实精准治污支撑作用

提前预报、实时监测是大气污染形势研判的关键，监督执法是大气污染治理的最后一道防线。建议持续优化空气质量会商机制，推进“区域—省—市”空气质量会商交流，扩大污染预报视野；进一步加强数据融合应用，充分发挥监测、预报“真、准、全、快、新”引领作用，建立并完善“提前预判、及早发现、及时响应”的监测—预报—执法闭环响应机制，全面提升发现问题、解决问题的能力，有效提升执法效能。

（5）区域协同、齐抓共管，推进城市与区域空气质量稳步提升

“十四五”期间，我国大气污染防治面临重污染天气消除、$PM_{2.5}$ 和 O_3 污染协同防控的压力，需要多地配合、多措并举、共同应对。建议深挖各项行动计划的成功经验，更加精准划定各项污染治理管控区，系统谋划污染物治理工程，协同开展污染过程应对，共享联防联控红利；牢固树立“大环保”理念，形成“环保引领、部门配合、分工明确、全面参与”的污染治理模式，推进区域协同、齐抓共管工作不断走深走实。

参考文献

［1］H Chen，B Zhuang，J Liu，et al. Characteristics of ozone and particles in the near-surface atmosphere in the urban area of the Yangtze River Delta［J］. China，Atmos. Chem. Phys，2019（19）：4153-4175.

［2］李红，彭良，毕方，等 . 我国 $PM_{2.5}$ 与臭氧污染协同控制策略研究［J］. 环境科学研究，2019（10）：1763-1778.

［3］D Giuliani，J Lerner，A Porta. Human health risk associated to particulate matter and polycyclic aromatic hydrocarbon levels and their relation with preponderant sources in Gran La Plata［J］. Argentina，Environmental Science and Pollution Research，2021：1-16.

［4］D Yhab，C Xxab，L E Dan，et al. Air pollution increases human health risks of $PM_{2.5}$-bound PAHs and nitro-PAHs：a case study in the Yangtze River Delta［J］. China，Sci. Total. Environ，2021.

［5］杨新兴，冯丽华，尉鹏 . 大气颗粒物 $PM_{2.5}$ 及其危害［J］. 前沿科学，2012（1）：22-31.

［6］A Zf，C Admb，B Aa，et al. Economic losses due to ozone impacts on human health，forest productivity and crop yield across China，Environment International，131.

［7］晋乐飞，冯斐斐，段丽菊，等 . 臭氧对呼吸系统影响研究进展［J］. 中国公共卫生，2015，31（5）：685-689.

［8］殷鹏，Chen R，Wang L. 臭氧对健康有多大危害？［J］. 健康之家，2018（8）.

［9］P Yin，R Chen，L Wang，et al. Ambient ozone pollution and daily mortality：a nationwide study in 272 Chinese cities［J］. Environ. Health Perspect，2017（125）.

［10］Gina，Mills，Felicity，et al. Evidence of widespread effects of ozone on crops and（semi-）natural vegetation in Europe（1990—2006）in relation to AOT40- and flux-based risk maps［J］. Global Change Biol，2010（17）：592-613.

［11］F Yi，F Jiang，F Zhong，et al. The impacts of surface ozone pollution on winter wheat productivity in China–An econometric approach［J］. Environ. Pollut，2016（208）：326-335.

[12] Huangyi-Zong. Effects of ground—level ozone（O_3）pollution on the yields of rice and winter wheat in Yangtze River Delta［J］. 环境科学学报：英文版，2003.
[13] 冯兆忠，彭金龙 . 地表臭氧对中国主要粮食作物产量与品质的影响：现状与展望［J］. 农业环境科学学报，2020（4）：797-804.
[14] 冯兆忠，袁相洋，李品，等 . 地表臭氧浓度升高对陆地生态系统影响的研究进展［J］. 植物生态学报，2020（5）：526-542.
[15] Li，Pin，De，et al. Nationwide ground-level ozone measurements in China suggest serious risks to forests[J]. Environ. Pollut，2018.
[16] W Zhang，Z Feng，X Wang，et al. Quantification of ozone exposure- and stomatal uptake-yield response relationships for soybean in Northeast China[J]. Sci. Total. Environ.，2017（s 599–600）：710-720.
[17] W L Chameides，L Xingsheng，T Xiaoyan，et al. Is ozone pollution affecting crop yields in China?[J]. Geophys. Res. Lett.（1999）.
[18] H Wang，C S Kiang，X Tang，et al. Chameides，Surface ozone：A likely threat to crops in Yangtze delta of China[J]. Atmos. Environ.，2005（39）：3843-3850.
[19] 耿春梅，王宗爽，任丽红，等 . 大气臭氧浓度升高对农作物产量的影响 [J]. 环境科学研究，2014，27（3）：239-245.
[20] 姚芳芳，王效科，逯非，等 . 臭氧对农业生态系统影响的综合评估：以长江三角洲为例 [J]. 生态毒理学报，2008（2）：189-195.
[21] 李莉 . 典型城市群大气复合污染特征的数值模拟研究 [D]. 上海：上海大学，2013.
[22] 胡敏 . 北京大气细粒子和超细粒子理化特征、来源及形成机制 [M]. 北京：科学出版社，2009.
[23] K Li，D J Jacob，H Liao，et al. Ozone pollution in the North China Plain spreading into the late-winter haze season[J]. Proc Natl Acad Sci India Sect A（Phys Sci），2021.
[24] H Han，J Liu，L Shu，et al. Local and synoptic meteorological influences on daily variability in summertime surface ozone in eastern China. Atmos[J]. Chem. Phys，2020（20）：203-222.
[25] X Lu，L Zhang，Y Chen，et al. Exploring 2016—2017 surface ozone pollution over China：source contributions and meteorological influences，Atmos[J]. Chem. Phys，2019（19）：8339-8361.

[26] X Lyu, W Nan, G Hai, et al. Physics, Causes of a continuous summertime O_3 pollution event in Jinan[J]. A Central City in the North China Plain, 2019 (19): 3025-3042.

[27] Q U Yawei, T Wang, Y Cai, et al. Influence of atmospheric particulate matter on ozone in Nanjing, China[J]. Observational Study and Mechanistic Analysis, 2018.

[28] Z Tan, K Lu, M Jiang, et al. Exploring ozone pollution in Chengdu, southwestern China: A case study from radical chemistry to O_3-VOC-NO_x sensitivity, 2018 (636): 775-786.

[29] Z An, R J Huang, R Zhang, et al. Severe haze in northern China: A synergy of anthropogenic emissions and atmospheric processes, 2019.

[30] J Hu, L Wu, B Zheng, et al. Source contributions and regional transport of primary particulate matter in China, 2015 (207): 31.

[31] 姜华，高健，李红，等．我国大气污染协同防控理论框架初探 [J]. 环境科学研究，2022 (35): 601-610.

[32] Sun Y, et al. The influence of instrumental line shape degradation on NDACC gas retrievals: total column and profile. Atmos[J]. Meas. Tech, 2018, 11 (5): 2879-2896.

[33] Tian Y, et al. Characterisation of methane variability and trends from near-infrared solar spectra over Hefei, China[J]. Atmospheric Environment, 2018 (173): 198-209.

[34] Gao F, et al. Light-controllable fiber interferometer utilizing photoexcitation dynamics in colloidal quantum dot[J]. Opt Express, 2018, 26 (4): 3903-3914.

[35] Li M, et al. PbSe quantum dots-based chemiresistors for room-temperature NO_2 detection[J]. Sensors and Actuators B: Chemical, 2018 (256): 1045-1056.

[36] Li T, et al. Estimating Ground-Level $PM_{2.5}$ by Fusing Satellite and Station Observations: A Geo-Intelligent Deep Learning Approach[J]. Geophysical Research Letters, 2017, 44 (23): 11985-11993.

[37] Li T, et al. A Locally Weighted Neural Network Constrained by Global Training for Remote Sensing Estimation of $PM_{2.5}$[J]. IEEE Transactions on Geoscience and Remote Sensing, 2022 (60): 1-13.

[38] 武汉大学．大气 $PM_{2.5}$ 实时无缝监测发布系统 [简称：Greater]．中国计算机软件著作权：2019SR0535101，2019-03-22. 2019.

[39] 沈焕锋，李同文 . 大气 $PM_{2.5}$ 遥感制图研究进展 [J]. 测绘学报，2019，48（12）：1624-1635.

[40] 刘奎 . 基于无人机的大气污染源溯源可视化系统设计与实现 [J]. 机电信息，2021（20）：38-40.

[41] 马国鑫，韩豫，陆建飞，等 . 基于无人机的施工扬尘污染源自动监测系统设计与实现 [J]. 中国环境监测，2018，34（1）：151-156.

[42] 吴晓明 . 基于旋翼无人机平台的固定污染源烟气监测技术研究 [J]. 2016.

[43] 张栩，刘旭，吕苗，等 . 基于多源融合的工业园区 VOCs 监测体系构建 [A]. “十四五” VOCs 减排策略与监测治理研讨会暨挥发性有机物污染防治专业委员会第七届年会 . 2019. 郑州 .

[44] 喻雅萍，骆定辉，潘海华 . 基于走航监测的某医化园区 VOCs 排放特征研究 [J]. 广东化工，2022，49（8）：121-123.

[45] 程梦婷，李凌波，韩丛碧，等 . 红外掩日通量遥感监测技术在石化 VOCs 排放监测中的应用 [J]. 当代化工，2017，46（8）：1719-1722，1729.

[46] 崔倩 . SPAMS 走航监测系统在大气环境监测中的应用研究 [J]. 山西化工，2022，42（1）：287-288，295.

生态环境科技蓝皮书 2022

中国环境科学研究院

山水林田湖草沙一体化保护和修复：

基础理论、关键技术与实践案例

Integrated protection and restoration of mountain, water, forest, farmland, lake, grass and sand: Basic theory, key technologies and practical cases

主　编 ◎ 张惠远　张 哲　郝海广

副主编 ◎ 李毓琛　范 垚　秦 岩　张英博

孙丽慧　刘 浩　刘 鹏　周婷婷

中国环境出版集团 · 北京

图书在版编目（CIP）数据

山水林田湖草沙一体化保护和修复：基础理论、关键技术与实践案例 / 张惠远，张哲，郝海广主编 .—北京：中国环境出版集团，2024.8

（生态环境科技蓝皮书 .2022）

ISBN 978-7-5111-5377-7

Ⅰ.①山… Ⅱ.①张… ②张… ③郝… Ⅲ.①生态环境保护—研究报告—中国—2022 ②生态修复—研究报告—中国—2022 Ⅳ.① X321.2

中国版本图书馆 CIP 数据核字（2022）第 243890 号

责任编辑 田 怡
封面设计 今亮后声

出版发行 中国环境出版集团
（100062 北京市东城区广渠门内大街 16 号）
网 址：http：//www.cesp.com.cn
电子邮箱：bjgl@cesp.com.cn
联系电话：010-67112765（编辑管理部）
发行热线：010-67125803，010-67113405（传真）
印 刷 北京中科印刷有限公司
经 销 各地新华书店
版 次 2024 年 8 月第 1 版
印 次 2024 年 8 月第 1 次印刷
开 本 787 × 1092 1/16
印 张 11.25
字 数 166 千字
定 价 1680.00 元（全 11 册）

丛书编写委员会

前言

“山水林田湖草沙是生命共同体”系统理念是习近平生态文明思想的重要组成部分，是当前指导我国生态保护和修复工作的重要指引，在对自然界的整体认知和人与生态环境关系的处理方面提供了重要的理论依据，是推进绿色发展、建设生态文明的重要方法论指导。

生态系统是一个有机生命躯体，推进生态保护修复必须遵循自然规律，坚持尊重自然、顺应自然和保护自然。为积极贯彻落实党中央、国务院有关部署要求，加快山水林田湖草沙一体化保护和修复，2016年9月，财政部、国土资源部、环境保护部印发《关于推进山水林田湖生态保护修复工作的通知》，要求在全国开展山水林田湖草沙生态保护修复工程试点工作。2021年，财政部、自然资源部、生态环境部印发《关于组织申报中央财政支持山水林田湖草沙一体化保护和修复工程项目的通知》，以重点支持“三区四带”重点生态地区开展山水林田湖草沙一体化保护和修复。党的二十大报告指出，要推进美丽中国建设，坚持山水林田湖草沙一体化保护和系统治理。

推进山水林田湖草沙一体化保护和修复，必须坚持系统观念，注重综合治理、系统治理、源头治理，提升生态系统质量和稳定性。针对当前生态保护修复工程中存在的整体性不够、系统性不足、连续性较差、持续性不强等问题，从山水林田湖草沙生命共同体角度出发，统筹兼顾、整体施策、多措并举，并结合人类生产生活行为，有机融合区域内山、水、林、田、湖、草、沙等自然要素，推动实现区域复合生态系统的协调发展。

《山水林田湖草沙一体化保护和修复：基础理论、关键技术与实践案例》主要包括5大部分：基础背景、内涵解析与基础理论、生态保护修复关键技术、实践案例，以及展望。在梳理“山水林田湖草沙是生命共同体”理念提出和发展、国家推动山水林田湖草沙保护修复部署与要求等基础上，系统分析“山水林田湖草沙是生命共同体”的科学内涵、基本原理和基础理论，介绍生态保护修复的关键技术，以江西赣州、新疆额尔齐斯河流域和河北雄安新区为典型实践案例进行重点解析，总结经验做法和实施成效，最后对山水林田湖草沙生态保护修复应关注的重点问题及领域提出了展望。

通过本书的编写，期望能为推进山水林田湖草沙一体化保护和系统治理提供理论基础与技术方法，为开展区域山水林田湖草沙一体化生态保护修复提供参考借鉴。

目录

1

基础背景

JICHU BEIJING

山水林田湖草沙是不可分割的生态系统。从“山水林田湖草沙是生命共同体”到山水林田湖草沙一体化保护和系统治理，必须坚持尊重自然、顺应自然、保护自然，始终强调要按照生态系统的整体性、系统性及内在规律，统筹考虑自然生态各要素，进行整体保护、系统修复、综合治理。

1.1 “山水林田湖草沙是生命共同体”理念的发展

“山水林田湖草沙是生命共同体”理念科学界定了人与自然的内在联系和内生关系，是对马克思主义自然观和方法论的丰富与发展，为生态环境的系统治理提供了重要的理论依据，是当前和今后一段时期推进生态文明建设的重要方法论。同时，进一步唤醒了人类尊重自然、关爱生命的意识和情感，是新时代推进生态文明建设、实现人与自然和谐共生的行动指南。

1.1.1 “山水林田湖是生命共同体”理念提出

“山水林田湖是生命共同体”是指各自然要素之间的物质运动及能量转移，以及它们之间互为依存，又相互激发活力的复杂关系，使之有机地构成一个生命共同体。“山水林田湖生命共同体”从山、水、林、田、湖等自然要素复合生态系统视角，揭示了多层次国土空间主要自然要素的相互作用及其人地协同格局。

习近平总书记从生态文明建设的全局视角，提出了“山水林田湖是生命共同体”的论断。2013 年 11 月，习近平总书记在《关于〈中共中央关于全面深化改革若干重大问题的决定〉的说明》中指出，山水林田湖是一个生命共同体，人的命脉在田，田的命脉在水，水的命脉在山，山的命脉在土，土的命脉在树。用途管制和生态修复必须遵循自然规律，如果种树的只管种树、治水的只管治水、护田的单纯护田，很容易顾此失彼，最终造成生态的系统性破坏。习近平总书记的重要论述揭示了生态环境的整体性、系统性及其内在发展规律，为推进生态文明建设和生态保护修复提供了基本遵循。

2015 年 9 月，《生态文明体制改革总体方案》提出“按照生态系统的整体性、系统性及其内在规律，统筹考虑自然生态各要素、山上山下、地上地下、陆地海洋以及流域上下游，进行整体保护、系统修复、综合治理，增强生态系统循环能力，维护生态平衡”。

2016 年 3 月，《中华人民共和国国民经济和社会发展第十三个五年规划纲要》提出加强生态保护修复，实施八大山水林田湖生态工程，主要包括国家生态安全屏障保护修复、国土绿化行动、国土综合整治、天然林资源保护、新一轮退耕退牧、还林还草、防沙治沙和水土流失综合治理、湿地保护与恢复和濒危野生动植物抢救性保护。

1.1.2 “山水林田湖草是生命共同体”理念不断完善

2017 年 7 月，习近平总书记主持召开中央全面深化改革领导小组第三十七次会议，将“草”纳入山水林田湖同一个生命共同体之中，使“生命共同体”的内涵更加广泛、完整。

2018 年 5 月，全国生态环境保护大会正式提出习近平生态文明思想。习近平生态文明思想内涵丰富、博大精深，深刻阐明了人与自然的关系、发展与保护的关系、环境与民生的关系、自然生态各要素之间的关系等，系统回答了“为什么建设生态文明、建设什么样的生态文明、怎样建设生态文明”等重大理论和实践问题，为生态保护修复提供了科学的思想指引，成为新时代指引生态保护修复的重要科学观和方法论。“山水林田湖草沙是生命共同体”理念是习近平生态文明思想的重要组成部分，为推进美丽中国建设、实现人与自然和谐共生的现代化提供了根本遵循和行动指南，是在实施生态修复治理过程中，改变单纯为治理而治理观念，破解生态保护修复主体功能不突出，整体性、系统性、协调性不强问题的根本方法，是巩固提升生态资源优势，打通优质生态资源与产业发展的转化路径，以山水林田湖草系统治理促进高质量发展的必然要求。

党的十九大报告《决胜全面建成小康社会　夺取新时代中国特色社会主义伟大胜利》中指出“坚持人与自然和谐共生。建设生态文明是中华民族永续发展的千年大计。必须树立和践行绿水青山就是金山银山的理念，坚持节约资源和保护环境的基本国策，像对待生命一样对待生态环境，统筹山水林田湖草系统治理，实行最严格的生态环境保护制度，形成绿色发展方式和生活方式，坚定走生产发展、生活富裕、生态良好的文明发展道路，建设美丽中国，为人民创造良好生产生活环境，为全球生态安全作出贡献”。

1.1.3　山水林田湖草沙一体化保护和系统治理

推进生态文明建设，需要符合生态的系统性，坚持系统思维、协同推进。推进山水林田湖草沙一体化保护和修复，是贯彻落实习近平生态文明思想，切实践行“绿水青山就是金山银山”的绿色发展观、“良好的生态环境是最普惠民生福祉”的基本民生观、“人与自然是生命共同体”的科学自然观的具体行动。生态环境保护领域之所以能够发生历史性变革、取得历史性成就，一个重要原因就在于牢固树立、深入践行了“山水林田湖草是生命共同体”的系统思想，由各自为战转为全域治理，由多头管理转为统筹协同。

2020 年 8 月，习近平总书记主持召开中共中央政治局会议，在审议《黄河流域生态保护和高质量发展规划纲要》时指出，黄河是中华民族的母亲河，要把黄河流域生态保护和高质量发展作为事关中华民族伟大复兴的千秋大计，贯彻新发展理念，遵循自然规律和客观规律，统筹推进山水林田湖草沙综合治理、系统治理、源头治理，改善黄河流域生态环境，优化水资源配置，促进全流域高质量发展，改善人民群众生活，保护传承弘扬黄河文化，让黄河成为造福人民的幸福河。

2020 年 10 月，党的十九届五中全会审议通过了《中共中央关于制定国民经济和社会发展第十四个五年规划和二〇三五年远景目标的建议》，提出“坚持山水林田湖草系统治理”。2021 年 3 月，十三届全国人大四次会议通过并发布《中华人民共和国国民经济和社会发展第十四个五年（2021—2025 年）规划和 2035 年远景目标纲要》，提出“坚持山水林田湖草系统治理，着力提高生态系统自我修复能力和稳定性，守住自然生态安全边界，促进自然生态系统质量整体改善”，并具体设置了完善生态安全屏障体系、构建自然保护地体系、健全生态保护补偿机制等 3 项重点任务，进一步推动绿色发展，促进人与自然和谐共生。

2021 年 4 月，习近平总书记在中共中央政治局就新形势下加强我国生态文明建设进行第二十九次集体学习时提出，要提升生态系统质量和稳定性，坚持系统观念，从生态系统整体性出发，推进山水林田湖草沙一体化保护和修复，更加注重综合治理、系统治理、源头治理。要加快构建以国家公园为主体的自然保护地体系，完善自然保护地、生态保护红线监管制度。要建立健全生态产品价值实现机制，让保护修复生态环境获得合理回报，让破坏生态环境付出相应代价。要科学推进荒漠化、石漠化、水土流失综合治理，开展大规模国土绿化行动。要推行草原森林河流湖泊休养生息，实施好长江十年禁渔，健全耕地休耕轮作制度。

2021 年 10 月，习近平总书记在《生物多样性公约》第十五次缔约方大会领导人峰会上发表主旨讲话时强调，对山水林田湖草沙进行一体化保护和系统治理。

党的二十大报告明确指出，我们要推进美丽中国建设，坚持山水林田湖草沙一体化保护和系统治理，统筹产业结构调整、污染治理、生态保护、应对气候变化，协同推进降碳、减污、扩绿、增长，推进生态优先、节约集约、绿色低碳发展。

1.1.4 在实践中不断发展生命共同体理念

近年来，习近平总书记到全国多地考察调研，实地察看各地生态环境保护情况，反复强调“统筹山水林田湖草沙系统治理”，在实践中不断丰富、发展生命共同体理念。

2019 年全国两会期间，习近平总书记在参加内蒙古代表团审议时指出，内蒙古有森林、草原、湿地、河流、湖泊、沙漠等多种自然形态，是一个长期形成的综合性生态系统，生态保护和修复必须进行综合治理。

2021 年 3 月，习近平总书记在审议内蒙古代表团时提出，要保护好内蒙古生态环境，筑牢祖国北方生态安全屏障要坚持绿水青山就是金山银山的理念，坚定不移走生态优先、绿色发展之路。要统筹山水林田湖草沙系统治理，实施好生态保护修复工程，加大生态系统保护力度，提升生态系统稳定性和可持续性。

2021 年 4 月，习近平在广西考察时强调，要坚持山水林田湖草沙系统治理，坚持正确的生态观、发展观，敬畏自然、顺应自然、保护自然，上下同心、齐抓共管，把保持山水生态的原真性和完整性作为一项重要工作，深入推进生态修复和环境污染治理，杜绝滥采乱挖，推动流域生态环境持续改善、生态系统持续优化、整体功能持续提升。

2021 年 5 月，习近平在河南南阳考察时强调，加强生态环境保护，坚持山水林田湖草沙一体化保护和系统治理，加强长江、黄河等大江大河的水源涵养，加大生态保护力度，加强南水北调工程沿线水资源保护，持续抓好输水沿线区和受水区的污染防治和生态环境保护工作。

2021 年 6 月，习近平总书记在考察青海时强调，保护好青海生态环境是“国之大者”。要牢固树立绿水青山就是金山银山理念，切实保护好地球第三极生态。要把三江源保护作为青海生态文明建设的重中之重，承担好维护生态安全、保护三江源、保护“中华水塔”的重大使命。要继续推进国家公园建设，理顺管理体制，创新运行机制，加强监督管理，强化政策支持，探索更多可复制可推广经验。要加强雪山冰川、江源流域、湖泊湿地、草原草甸、沙地荒漠等生态治理修复，全力推动青藏高原生物多样性保护。

2021 年 7 月，习近平在林芝尼洋河大桥考察雅尼湿地时指出，要坚持保护优先，坚持山水林田湖草沙冰一体化保护和系统治理，加强重要江河流域生态环境保护和修复，统筹水资源合理开发利用和保护，守护好这里的生灵草木、万水千山。保护好西藏生态环境，利在千秋、泽被天下。要牢固树立绿水青山就是金山银山、冰天雪地也是金山银山的理念，保持战略定力，提高生态环境治理水平，推动青藏高原生物多样性保护，坚定不移走生态优先、绿色发展之路，努力建设人与自然和谐共生的现代化，切实保护好地球第三极生态。

根据 2023 年 7 月习近平总书记在全国生态环境保护大会上的讲话精神，要正确处理重点攻坚和协同治理的关系，要坚持系统观念，抓住主要矛盾和矛盾的主要方面，对突出生态环境问题采取有力措施，同时强化目标协同、多污染物控制协同、部门协同、区域协同、政策协同，不断增强各项工作的系统性、整体性、协同性。正确处理自然恢复和人工修复的关系，要坚持山水林田湖草沙一体化保护和系统治理，构建从山顶到海洋的保护治理大格局，综合运用自然恢复和人工修复两种手段，因地因时制宜、分区分类施策，努力找到生态保护修复的最佳解决方案。

1.2　我国山水林田湖草沙系统修复治理进展

自 20 世纪 70 年代以来，我国相关部门实施了系列山水林田湖草沙生态保护修复工程，如“三北”防护林工程、长江上游防护林体系建设与水土流失综合治理、黄河上中游水土流失区重点防治工程、退耕还林还草工程、京津风沙源治理工程，以及国土综合整治、国土绿化、流域水环境保护治理、生物多样性保护等。这些工程对维护国家生态安全发挥了重要作用，为全面推进生态保护修复积累了经验，生态保护修复取得了显著成效。

1.2.1　生态保护修复总体进展

（1）生态保护修复工程实践

我国一系列重大生态保护修复工程的实施具有鲜明的时代特征。王夏晖等全面回顾生态工程发展历程，依据生态保护理念和方法的不同，将我国生态工程分为启动实施、重点治理、系统修复三个阶段。其中，启动实施期（1978—

1999 年），实施了三北、沿海防护林、天然林资源保护等生态工程。重点治理阶段（2000—2012 年），启动了京津冀风沙源、退牧还草、湿地保护等生态工程。系统修复阶段（2013 年至今），实施了以山水林田湖草沙系统治理为代表的生态工程。

从 1978 年我国最早实施的三北防护林工程，到 2016 年启动的以山水林田湖草沙系统治理为代表的新时期重大生态保护修复工程，我国启动实施的生态保护与修复工程基本涵盖了森林、草原、湿地和海洋等重要生态系统，也覆盖了我国大部分较为敏感脆弱的生态空间。

（2）我国生态保护修复取得的成效

随着大规模国土绿化、湿地与河湖保护修复、防沙治沙、水土保持、生物多样性保护、土地综合整治、海洋生态修复等重点生态工程的持续推进实施，我国生态保护修复取得了显著成效，生态恶化趋势基本得到遏制，自然生态系统总体稳定向好。

表 1-1　我国生态保护修复工程及其发展（王夏晖等，2022）

发展阶段	工程名称	开始时间	实施背景	阶段特征
启动实施期（1978—1999 年）	三北防护林工程	1978 年	西北、华北和东北风沙危害和水土流失。	改革开放后，生态保护理念未得到足够重视，让步于经济发展，生态退化和自然灾害频发，启动实施了一些重大生态工程，但防沙治沙、水土流失、天然林保护等技术尚处于探索阶段，有待完善
	沿海防护林体系建设工程	1988 年	沿海地区台风、海啸等自然灾害频发，严重威胁人民群众生命财产安全。	
	长江流域防护林体系建设工程	1989 年	过度采伐森林，导致流域水土保持能力持续削弱，生态环境不断恶化。	
	天然林资源保护工程	1998 年	天然林资源过度采伐，导致林区森林资源危机。1998 年长江发生特大洪灾。	
	退耕还林还草工程	1999 年	由于盲目毁林开垦等，造成了严重的水土流失和风沙危害，自然灾害频频发生	

续表

发展阶段	工程名称	开始时间	实施背景	阶段特征
重点治理期（2000—2012年）	京津风沙源治理工程	2000年	京津乃至华北地区多次遭受风沙危害，特别是2000年春季，北方扬沙和沙尘暴天气多次影响首都。	进入新世纪，受可持续发展理念影响，坚持经济发展与生态保护并重，启动了一批新的重大生态工程，防沙治沙、草地修复、湿地保护、石漠化治理等单要素技术体系相对完备，但要素间系统修复技术研究不足
	退牧还草工程	2003年	西部地区受超载过牧等影响，天然草原加速退化。	
	湿地保护工程	2003年	受围垦和过度开发等影响，重要自然湿地及其生物多样性普遍遭受破坏。	
	岩溶地区石漠化综合治理工程	2008年	石漠化严重制约着西南熔岩地区经济社会发展	
系统修复期（2013年至今）	山水林田湖草生态保护修复工程试点	2016年	受高强度的国土和矿产开发利用等影响，我国一些生态系统破损退化严重，生态供给能力不断下降。	十八大以来，受生态文明理念影响，坚持生态优先、绿色发展，实施了山水林田湖草沙系统治理为代表的生态工程，在进一步完善单要素修复技术体系的同时，探索了以国土空间生态修复为主的多要素耦合、空间关联技术体系
	重要生态系统保护和修复重大工程	2020年	我国自然生态系统总体仍较为脆弱，经济发展带来的生态保护压力依然较大	

我国森林面积和森林蓄积连续30年保持“双增长”，成为全球森林资源增长最多的国家，荒漠化、沙化土地面积连续3个监测期实现了“双缩减”，草原综合植被盖度达到56.1%，草原生态状况持续向好。“十三五”以来累计完成造林面积2 829.1万hm^2，森林抚育面积3 292.1万hm^2，退耕还林还草265.2万hm^2，退牧还草766.7万hm^2，森林覆盖率达到22.96%，天然草原综合植被盖度超过55.7%。修复退化湿地面积30.45万hm^2，湿地保护率达52%以上。完成防沙治

沙 1 000 多万 hm^2、石漠化治理 130 万 hm^2。截至 2019 年底，荒漠化和沙化面积连续 15 年实现“双缩减”，岩溶地区石漠化土地总面积年均减少 38.6 万 hm^2，年均缩减率 3.45%。2016—2020 年，累计整治修复岸线 1 200 km，滨海湿地 2.3 万 hm^2。2000—2017 年全球新增的绿化面积中，约 25% 来自我国，贡献比例居世界首位。

通过实施濒危物种拯救工程，对部分珍稀濒危野生动物进行抢救性保护，通过人工繁育扩大种群，并最终实现放归自然。人工繁育大熊猫数量呈快速优质增长，大熊猫受威胁程度等级从“濒危”降为“易危”，实现野外放归并成功融入野生种群。曾经野外消失的麋鹿在北京南海子、江苏大丰、湖北石首分别建立了三大保护种群，总数已突破 8 000 只。此外，中国还针对德保苏铁、华盖木、百山祖冷杉等 120 种极小种群野生植物开展抢救性保护，112 种我国特有的珍稀濒危野生植物实现野外回归。

1.2.2 生态保护修复政策制度不断完善

加快山水林田湖草沙生态保护修复，实现格局优化、系统稳定、功能提升，关系生态文明建设和美丽中国建设进程，关系国家生态安全和中华民族永续发展。长期以来，受高强度的国土开发建设、矿产资源开发利用等因素影响，我国一些生态系统破损，功能退化严重，部分关系生态安全格局的核心地区在不同程度上遭到生产生活活动的影响和破坏，提供生态产品的能力不断下降。由于我国生态环境管理体制存在资源利用部门和生态环境监管部门职能交叉问题，生态保护与修复缺乏统一性、系统性和整体性考虑。同时，生态环境系统各要素流动性、区域内社会经济与生态环境协调性、流域上下游关联性极其复杂，容易导致山、水、林、田、湖、草、沙分散管理，各部门单独开展生态保护修复，缺少联合防控，没有形成合力，生态整治修复效果不尽理想。

党的十八大以来，中央和地方高度重视生态文明建设，党中央、国务院及有关部门出台系列法律法规和政策制度，共同推进生态保护修复。

（1）《生态文明体制改革总体方案》

2015 年 9 月，中共中央、国务院印发了《生态文明体制改革总体方案》，要求树立山水林田湖是一个生命共同体的理念，按照生态系统的整体性、系统性及其内在规律，统筹考虑自然生态各要素、山上山下、地上地下、陆地海洋以及流域上下游，进行整体保护、系统修复、综合治理，增强生态系统循环能力，维护生态平衡。

（2）《关于推进山水林田湖生态保护修复工作的通知》

为贯彻落实党的十八届五中全会精神和《生态文明体制改革总体方案》要求，加快山水林田湖生态保护修复，实现格局优化、系统稳定、功能提升，筑牢生态安全屏障，2016 年 9 月，财政部、原国土资源部、原环境保护部印发《关于推进山水林田湖生态保护修复工作的通知》，明确了实施矿山环境治理恢复、推进土地整治与污染修复、开展生物多样性保护、推动流域水环境保护治理和全方位系统综合治理修复五方面的山水林田湖生态保护修复重点内容，同时提出对地方开展山水林田湖生态保护修复的指导和支持，包括指政策技术指导和财政奖补等。

2016—2020 年，设立专项在全国推进山水林田湖草生态保护修复工程试点工作，分三批次共开展 25 个山水林田湖草生态保护修复工程试点。工程项目内容涵盖了矿山生态系统修复治理、水环境综合治理、农田整治、退化污染土地修复治理、森林草原生态系统修复治理、湖泊湿地近海海域生态修复、生物多样性保护等类型，目的在于解决环境污染、水土流失、生物多样性减少、农田质量低、人居环境恶化等突出生态环境问题。工程区域主要涉及黄土高原、青藏高原、川滇生态屏障、京津冀水源涵养区、东北森林带、北方防沙带、南方丘陵山地带等，与国家“两屏三带”生态安全战略格局和国家重点生态功能区分布相契合。

2021 年，为突出对国家重大战略的生态支撑，着力提升生态系统质量和稳定性，财政部、自然资源部、生态环境部印发《关于组织申报中央财政支持山水林田湖草沙一体化保护和修复工程项目的通知》，以“三区四带”重点生态地区为重点支持范围，确定了 10 个山水林田湖草沙一体化保护和修复工程项目，涉及地区包括贵州武陵山区、内蒙古科尔沁草原、山东沂蒙山区域、新疆塔里木河重要源流区（阿克苏河流域）、浙江瓯江源头区域、安徽巢湖流域、甘肃甘南黄河上游水源涵养区、辽宁辽河流域（浑太水系）、广东南岭山区韩江中上游、福建九龙江流域。2022 年，确定了河南秦岭东段洛河流域、云南洱海流域等第二批 9 个山水林田湖草沙一体化保护和修复工程项目。

（3）《关于建立以国家公园为主体的自然保护地体系的指导意见》

2019 年中共中央办公厅、国务院办公厅印发《关于建立以国家公园为主体的自然保护地体系的指导意见》，建立自然生态系统保护的新体制新模式。该指导意见的出台，是贯彻落实习近平生态文明思想、统筹山水林田湖草系统治理的具体举措，也是建立以国家公园为主体的自然保护地体系的根本遵循和指引，标志着我国自然保护地进入全面深化改革的新阶段。按照山水林田湖草是一个生命共同体的理念，改革以部门设置、以资源分类、以行政区划分设的旧体制，整合优化现有各类自然保护地，构建新型分类体系，实施自然保护地统一设置，分级管理、分区管控，实现依法有效保护。有利于系统保护国家生态重要区域和典型自然生态空间，全面保护生物多样性和地质地貌景观多样性，推动山水林田湖草生命共同体的完整保护，为实现经济社会可持续发展奠定生态根基。

（4）《全国重要生态系统保护和修复重大工程总体规划（2021—2035 年）》

2020 年 6 月，国家发改委、自然资源部印发《全国重要生态系统保护和修复重大工程总体规划（2021—2035 年）》，是党的十九大后生态保护和修复领域第一个综合性规划。该规划坚持山水林田湖草系统治理的基本理念，将改革和创新的思路作为一条主线，按照系统论的思路，将山水林田湖草作为有机整体进行研究，从自然生态系统演替规律和内在机理出发，制定综合性的保护和修复措施，着力解决自然生态系统各要素间割裂保护、单项修复的问题，从而促进自然生态系统质量的整体改善和生态产品供给能力的全面增强。规划涵盖了山、水、林、田、湖、草以及海洋等全部自然生态系统的保护和修复工作，是推进全国重要生态系统保护和修复重大工程建设的总体设计，是编制和实施有关重大工程专项建设规划的重要依据，对推动全国生态保护和修复工作具有战略性、指导性的作用。

（5）《山水林田湖草生态保护修复工程指南（试行）》

2020 年 8 月，为贯彻落实党中央、国务院关于统筹推进山水林田湖草一体化保护和修复的部署要求，指导和规范各地山水林田湖草生态保护修复工程实施，财政部联合自然资源部、生态环境部发布《山水林田湖草生态保护修复工程指南（试行）》简称《指南》。《指南》是我国第一个按照山水林田湖草是一个生命共同体理念系统指导我国生态保护修复实践、带有通则性质的规范，是一项重要的标志性成果。《指南》在全面总结 2016 年以来三批 25 个山水林田湖草生态保护修复工程试点经验和问题的基础上，与国际国内生态保护修复先进理念和有关标准充分衔接，为科学开展山水林田湖草一体化保护和修复提供指引。

为提升保护修复措施选择的科学性，明确了“自然恢复为主，人工修复为辅”要求，并强调“根据现状调查、生态问题识别与诊断结果、生态保护修复目标及标准等，对各类型生态保护修复单元分别采取保护保育、自然恢复、辅助再生或生态重建为主的保护修复技术模式”。为解决保护修复对象单一，各项目系统性不足问题，《指南》明确指出，“综合考虑自然生态系统的系统性、完整性，以江河湖流域、山体山脉等相对完整的自然地理单元为基础，结合行政区域划分，科学合理确定工程实施范围和规模。”这就要求山水工程的保护修复对象是由相互联系与作用的各类要素组成的有机整体。

1.2.3 生态系统修复治理开启新局面

山水林田湖草沙是“绿水青山”的基底，是生态系统的重要组成部分，在生态过程相互影响、相互制约，是不可分割的整体，也是决定区域发展空间以及资源环境承载能力的重要因素，在有机质生产、生态系统产品供给、生物多样性维持、气候调节、环境净化、涵养水源、土壤保持、防风固沙、文化休闲娱乐等方面发挥着重要作用。统筹山水林田湖草沙一体化保护和修复，实施好生态保护修复工程，加大生态系统保护力度，对于提升区域生态系统稳定性和可持续性、维护区域生态安全具有重要意义。

在生态保护修复工程实施的基础上，各地不断探索山水林田湖草沙系统治理，形成了许多经验做法，推动开启了新时期生态系统修复治理的新局面。各地对山水林田湖草沙系统治理的认识进一步提高，积极转变生态修复治理方式，多地基本形成“省负总责、部门协同、市县落实”的山水林田湖草沙系统治理工作体系。在管理体制方面，山水林田湖草沙生态保护修复试点地区基本建立了领导协调机制，新疆阿勒泰地区等地还成立了独立管理机构，对山水林田湖草生态修复治理实行统一调度。在资金筹措机制方面，江西赣州市通过整合专项资金、发行绿色债券等方式，筹措120多亿元的地方资金参与生态修复治理，拓宽资金投入渠道。在系统化治理方式方面，浙江实施“五水共治”“五土共治”，与“千村示范、万村整治”工程相结合，探索流域生态环境系统化治理方式；江西将“五河两岸一湖一江”作为一个整体，开展“三水共治”。

生态保护修复理念日益深入人心。各地对生态保护修复工作的重视程度明显提高，山水林田湖草整体系统保护的理念逐渐受到认可和推崇，通过系列生态治理工程实施，各地探索积累了一些生态保护修复典型经验做法，区域生态环境质量逐步改善，我国生态恶化趋势基本得到遏制，自然生态系统总体稳定向好。

表 1-2　44 个山水林田湖草生态保护修复工程概况

批次	试点地区	范围	区位特征	主要问题	工程部署
第一批 5 个试点 （2016 年）	青海祁连山生态保护修复	海东、海西和海北两州一市，总面积约 6 万 km^2	（1）我国北方重要生态安全屏障；（2）我国西北内陆重要的水源涵养功能区；（3）拥有独特的生物区系；（4）肩负着西北内陆流域经济社会绿色发展的重要任务	（1）生态空间遭受挤占，景观破碎化明显；（2）植被退化明显，水源涵养功能下降；（3）水电资源开发强度大，河道生态基流保证率低；（4）受气候等多重因素影响，区内冰川呈萎缩状态	通过生态安全格局构建、水源涵养功能提升、生态修复制度创新等 4 大类、10 个重点项目、52 项重点工程，有效解决祁连山区“山碎、林退、水减、田瘠、湿（湖）缩”的现实问题
	陕西黄土高原生态保护修复	涉及陕北、关中、延安市、铜川市等 6 个地级市的 41 个县区	（1）陕西黄土高原是连接我国东、中部地区和西北、西南地区的重要枢纽。陕西黄土高原地区位于我国黄土高原的中心地带；（2）陕西黄土高原是川滇国家级生态屏障重要组成部分，对保障黄河和长江中下游地区生态安全具有重要的作用；（3）陕西黄土高原地区是我国第三大煤炭生产基地，是国家重要资源的战略接续地之一	（1）水土流失严重，是最严重的生态问题。陕西黄土高原地区占全国面积不足 1%，但水土流失总量却占全国总量的 10%。（2）水资源短缺，时空分布严重不均陕西黄土高原人均水资源量是全省平均的三分之二，是全国平均的三分之一。（3）矿山开采造成生态破坏，表现为地质灾害、地形地貌景观破坏、水土和大气环境污染、含水层结构改变、压占损毁土地。（4）植被稀疏，林分质量差。森林覆盖率低、林分质量差的问题依然存在	整合山、水、林、田各个要素，建设“一南一北”两大山水林田湖生态保护修复试点片区，打造三个亮点工程。工程类型包括（1）水土流失综合治理与区域生态保护修复工程；（2）农田生态功能提升工程；（3）水资源保护与综合利用工程；（4）废弃矿山综合整治与生态修复工程；（5）荒漠化土地生态修复工程；（6）农村面源污染综合整治工程；（7）机制创新与能力建设

续表

批次	试点地区	范围	区位特征	主要问题	工程部署
第一批 5个试点 （2016年）	甘肃祁连山生态保护修复	以甘肃境内发源于祁连山地的各条河流的源头区、集流区为主要区域，涉及酒泉、张掖、武威、金昌、兰州、白银6市的12个县（区）和山丹马场，总面积9.63万 km^2	（1）祁连山是黄河上游重要的水源补给区和河西走廊内陆河唯一的水源供给区；（2）祁连山是我国西北乃至北方重要的生态安全屏障；（3）祁连山是我国西北地区重要的气候交汇区和敏感区；（4）祁连山是西北高海拔地区重要的生物物种基因库；（5）祁连山是我国西部重要的经济通道、文化纽带、民族走廊和战略长廊	（1）生态环境严重恶化，生态系统失衡。主要表现为冰川退缩、冰雪融化加剧；森林生态系统脆弱，林分质量下降；超载严重，草地退化；荒漠化、沙化呈蔓延态势；水资源涵养调蓄能力减弱，减洪滞洪功能下降。区域生态景观格局总体上呈现出沙漠向绿洲推进，雪线海拔上升的趋势；（2）大部分区域所属县（市、区、场）农村经济相对落后、贫困人口相对集中的地区，特别是地处祁连山国家自然保护区深部的高海拔地区，生态环境脆弱，生存环境艰苦，贫困面大、贫困发生率高；（3）民族团结和社会稳定问题	以森林、草地、湿地植被恢复和工程治理为重点，对山体、水体、森林、草地、田地、湿地进行修复及治理。主要建设任务包括山体环境修复和地质灾害治理，水环境生态修复，林草生态修复，田地生态修复，湿地生态修复，生态移民及能力建设
	江西赣州南方丘陵山地生态保护修复	赣州市全域，面积3.94万 km^2，占江西省总面积的23.6%	（1）赣江、东江、北江的源头区，其水源涵养和水质净化功能对江西省和珠三角区域都有重要意义；（2）华南生物多样性中心，生态安全屏障中南岭山地森林生物多样性保护优先区；（3）南方丘陵山地生态屏障组成部分；（4）原中央苏区与扶贫攻坚区	（1）水土流失问题严峻；（2）山洪地质灾害突出，属江西省最为严重的地质灾害多发、频发区之一；（3）稀土、钨矿等矿山开发导致土壤和水污染严重；（4）部分地区饮用水源地存在安全隐患，影响中下游地区水生态环境安全；（5）森林质量低、结构不合理；（6）工业和农业污染向农村扩散，农村畜禽养殖污染、土壤污染等环境问题突出	以区域内四大流域为主体，将生态修复空间划分为东北片区、西北片区、西南片区、东南片区，安排实施13个重点示范工程，62个具体项目。工程类型包括矿山环境治理修复和综合整治、水土流失治理、流域水环境综合治理、废弃钨矿治理与综合利用、土壤重金属治理、低质低效林改造等

续表

批次	试点地区	范围	区位特征	主要问题	工程部署
第一批 5个试点 （2016年）	河北京津冀水源涵养区生态保护修复	涉及把张家口、承德2市和保定市易县、涞水，面积8.09万km^2，为河北省总面积的43.13%	（1）张家口、承德、保定三市地处燕山-太行山区，是京津冀生态环境支撑区和水源涵养功能区的核心区域；（2）张家口，2022年冬奥会举办地	（1）林分质量下降、植被覆盖率低；（2）湿地植被破坏，重要湿地萎缩干化为碱滩、沼泽，永久湿地变为季节性湿地趋势明显；（3）水资源开发过度，部分河流生态功能基本丧失；（4）草原过度垦殖，水土涵养功能下降；（5）森林总量不足，分布不均；（6）水体局部污染严重	围绕“一线”“一湖”“两水系”，共安排生态修复工程项目1 396个。依据山水林田湖五大要素，将工程项目进一步划分为11大类，34小类。工程类型包括：矿山地质环境恢复治理、地质灾害防治、造林绿化、水土流失治理、水环境治理、河流和水库生态环境治理、湿地生态修复与保护、草地修复与保护、土地整治与土壤污染防治、农业面源污染治理、大气污染治理
第二批 6个试点 （2017年）	云南抚仙湖生态保护修复	云南抚仙湖流域，面积约674.69km^2	（1）是川滇森林及生物多样性生态功能区；（2）是无量山-哀牢山生物多样性保护重要区；（3）是珠江源头	水源涵养区植被覆盖率低、矿区裸露、石漠化、水土流失严重，面源及入河湖污染压力大，库塘湿地生境破坏，生物多样性面临挑战	共矿山修复与水源涵养类、水土资源调控类、生境修复类、控污治河类、湖泊保护与综合管理类五类工程

续表

批次	试点地区	范围	区位特征	主要问题	工程部署
第二批 6个试点（2017年）	福建闽江流域生态保护修复	涉及福建南平、三明、龙岩、宁德、福州等地市，面积60 992km^2	（1）海峡西岸经济区的重要组成部分；（2）对台产业合作基地和对外开放的综合通道；（3）保障我国东南地区和台湾海峡生态安全的重要屏障；（4）我国东南部地区重要的水源涵养地、水土保持地和生物多样性保护地	（1）森林生态功能退化显著，突出表现在水土保持、吸收二氧化碳、生物多样性保护和空气净化能力明显降低；（2）水环境污染问题突出，闽江是我国入海污染物排放总量最大5条河流之一，近年来化学需氧量、氨氮、总磷、重金属等主要排放总量居高不下；（3）水土流失严重，闽江流域是福建省水土流失最为严重的地区之一，全省22个水土流失治理重点县中，闽江流域就占了11席；（4）矿山生态环境破坏和地质灾害不断加剧；（5）生物多样性面临严峻挑战，动物栖息空间受到持续挤占，湿地面积锐减，呈孤岛化现象，严重影响本地动物和候鸟栖息繁衍；（6）自然灾害频发，主要自然灾害有气象灾害、洪涝灾害、海洋灾害、地震灾害、地质灾害、生物灾害和森林火灾等	按照“集中连片、要素协同、关键突破、持续共享”的思路，以闽江为骨架，支流流域为单元，兼顾自然保护区、生态功能区，实施水环境治理与生态修复、生物多样性保护、水土保持与农地生态功能提升、废弃矿山综合整治与地质灾害防治、机制创新与能力建设等5大类工程，实现对流域上游的水源涵养区，中下游的污染控制区、绿色发展区的系统化治理，以保障台湾海峡生态安全，提升我国东南生态屏障功能

续表

批次	试点地区	范围	区位特征	主要问题	工程部署
第二批 6个试点 （2017年）	广西左右江流域生态保护修复	崇左市和百色市的全部区域，以及南宁的3个区县，面积约5.83万km^2	（1）左右江流域是我国西南地区重要的生物多样性保护功能区；（2）左右江流域是我国重要的生态屏障；（3）左右江流域是珠江水系的重要水源区	（1）区域发展和保护矛盾突出；（2）生态保护历史遗留问题较多；（3）脱贫任务艰巨；（4）石漠化问题突出，水土流失严重	项目实施内容包括左右江流域水环境保护与综合整治、土地整治和土壤改良、石漠化防治与水土流失治理、矿山环境治理与修复、生态系统和生物多样性保护与恢复五大类，共308个子项目
	山东泰山区域生态保护修复	济南、泰安、莱芜三市，面积约1.35万km^2	（1）泰山区属于国家重点功能区县；（2）泰山属于世界文化与自然双重遗产	（1）泰山山体严重破碎，裸露严重；（2）森林资源锐减，生态环境失调；（3）土壤生态环境脆弱；（4）区域生物多样性遭受威胁	划分为泰山生态区、大汶河—东平湖生态区和小清河生态区三个片区，统筹协调、各有侧重地安排地质环境、土地整治、水环境、生物多样性和监管能力建设等5大类工程，形成“一山两水、两域一线”（泰山、大汶河、小清河，淮河流域、黄河流域和交通干线）总体布局
	吉林长白山区生态保护修复	涉及吉林市、延边州、通化市、白山市、梅河口市、江源区等地，面积3 278km^2	（1）东北地区重要的生态屏障；（2）生物多样性保护优先区域；（3）水源涵养重要区域；（4）民族边疆重地	（1）森林系统趋向破碎化，生态屏障功能减弱，原生主要建群树种比例大幅下降，原生针叶树种几乎消失殆尽；（2）资源过度利用、遗传资源丧失和流失、外来物种入侵等加剧了生物多样性下降趋势，东北虎、野山参等珍稀物种濒临灭绝；（3）矿山生态破坏、河流水质污染和耕地质量下降，区域生态产品供给能力减弱，耕地的犁底层深度近年来大幅降低，土壤酸化和退化明显	基于区域内生态系统要素的核心功能定位和突出问题，将长白山区划分为“一核、三流域”四大片区。通过“山、水、林、田、湖”多要素联动，“关键节点、扩散廊道、流域区域”多维度统筹，带动整个长白山区生态系统功能恢复和提升。系统推进生物多样性保护、森林保护与修复、矿山环境治理恢复、土地整治与修复和流域水环境保护治理等5大类工程，并通过推行PPP模式、建立省级生态补偿机制和探索环水有机农业等加大创新驱动

续表

批次	试点地区	范围	区位特征	主要问题	工程部署
第二批 6个试点 （2017年）	四川广安华蓥山区生态保护修复	广安市广安区、前锋区、华蓥市、邻水县4个县（市、区），面积约3 904km^2	（1）华蓥山是国家森林公园；（2）华蓥山位于上江上游重要生态功能区；（3）广安市是全国“五纵七横”交通干线上的重要节点；（4）广安市是重庆城市圈的四个副中心城市	（1）石漠化状况不断加剧；（2）水位下降、水体污染等水环境问题较为严重；（3）地面塌陷及滑坡、泥石流等生态环境问题日益凸显；（4）煤矿、石灰石等自然资源大规模无序开采，存在资源枯竭问题；（5）生态系统的整体状况不容乐观	打破了原有的县区界限、行业性质，突出小流域、小区域综合整治理念，将整个华蓥山区划分为“生态涵养修复区、生态保护发展区、产城核心功能区”3大分区6个亚区，按照“系统性修复、整体性保护、连通性治理、示范性引领”原则，启动矿山环境恢复治理等7项工作类型的6大工程
第三批 14个试点 （2018年）	内蒙古乌梁素海生态保护修复	整个河套灌区、乌梁素海海区、乌拉特前旗、乌拉特中旗与乌拉特后旗的阴山以南部分和磴口县的一部分，面积约1.63万km^2	（1）是我国“两屏三带”生态安全战略格局中“北方防沙带”的重要组成部分；（2）是阻隔乌兰布和沙漠和库布其沙漠连通的“重要关口”；（3）是关系黄河中下游水生态安全的“重要节点”；（4）是国家重要的商品粮油生产基地，是引领国家实施质量兴农战略的“重要区域”；（5）是黄河流域生物多样性保护的“重要地区”和国际候鸟迁徙的“重要通道”	（1）区域沙漠化进程严重，影响区域生态安全；（2）矿山环境问题突出，水土流失严重	以生命共同体为指导原则，以乌梁素海流域内的突出生态环境问题为导向，对治理分区内的重点环境问题进行保护与修复，部署七大重点工程项目

续表

批次	试点地区	范围	区位特征	主要问题	工程部署
第三批 14 个试点 （2018 年）	河北雄安新区生态保护修复	河北雄安新区全域，面积约 1 770km^2	（1）京津冀地区核心腹地，京津冀协同发展战略重要节点；（2）大清河水系重要的水量调节枢纽，海河流域的蓄滞洪区；（3）“太行山脉—渤海湾”“京南生态绿楔—拒马河—白洋淀”生态廊道关键生态节点和生态枢纽；（4）华北平原生物多样性保护核心区域	（1）白洋淀生态环境问题突出，表现为入淀水量不足、淀区水质污染严重、淀区沼泽化和生物多样性退化等；（2）森林蓄积总量不足且功能质量较差，森林覆盖率不足 11%；（3）人居环境质量亟待改善，农村生活污水处理、垃圾处置和纳污坑塘治理亟待加强；（4）生态环境监管能力有待进一步加强，生态环境监测体系不健全，信息化手段不足	立足新区“北城、中苑、南淀”空间布局和“一淀、三带、九片、多廊”生态安全格局，通过构建北部、南部和白洋淀工程片区，实施淀区生态功能提升、入淀河流水环境保护与治理、绿色生态空间建设、人居环境治理修复和新区生态环境数字化建设等 5 大类工程，实现对白洋淀外控污染输入、内抓污染削减和环淀缓冲区构建的系统化治理，为保障白洋淀“水体洁净”和新区整体生态安全以及建设“蓝绿交织、清新明亮、水城共融”的生态新区提供支撑

续表

批次	试点地区	范围	区位特征	主要问题	工程部署
第三批 14个试点 （2018年）	新疆额尔齐斯河生态保护修复	阿勒泰地区额尔齐斯河流域，面积约11.8万 km^2	（1）额河流域作为我国流入北冰洋的唯一国际性河流，是国际关注的跨境水安全问题焦点区域之一，是关系我国生态大国形象和生态权益的重要区域；（2）流域地处丝绸之路经济带新疆北通道的核心区，是支撑我国争取国际北冰洋权益的唯一战略区域，是我国西北唯一与俄罗斯接壤的能源大通道，是我国西北边疆重要的战略要冲；（3）是我国重要的有色金属战略资源储备区；（4）是重要生态功能区之一，是一带一路核心区的重要生态屏障，是直接影响国家生态安全格局的核心区域	（1）矿山治理修复任务重、难度大，两河源区生态风险持续高位；（2）生态用水短缺与湿地萎缩交织，两河一湖生态健康极其脆弱；（3）气候干旱与超载过牧压力叠加，草地生态功能严重退化；（4）森林老化、退化趋势加速，北疆水塔涵养调节功能明显下降；（5）绿洲人类活动持续加剧，两河流域生态环境问题逐步凸显；（6）生态系统破碎化与人工化增强，部分珍稀特有物种濒临灭绝；（7）生态保护修复条块分割，整体性系统性亟待加强	围绕山水林田湖草等要素，以问题为导向，以生态功能提升为目标，充分了解和认识流域内生态系统存在的主要问题以及面临的突出矛盾。依据区域突出生态环境问题与主要生态功能定位，对生态保护修复空间进行片区划分，并结合生态保护修复工程内容，确定相应工程布局。提出山地生态涵养功能提升、草地生态修复与持续利用、绿洲生态功能提升与人居环境改善、两河一湖生态保护与修复、生物多样性保护与荒漠化防治、生命共同体治理能力提升、两山转化与资源枯竭型矿山转型示范工程七类重点工程

续表

批次	试点地区	范围	区位特征	主要问题	工程部署
第三批 14 个试点 （2018 年）	山西汾河中上游生态保护修复	忻州市的宁武、静乐 2 县及太原市的娄烦、古交、尖草坪和万柏林 4 县（市、区），面积约 7 299.12km^2	（1）汾河中上游地区是华北平原的生态屏障；（2）汾河中上游地区是我国三北防护林体系的重要组成部分；（3）汾河中上游地区是黄河中游地区重要的生态建设区；（4）汾河中上游地区是京津冀地区乃至华北地区重要生物多样性保护区和山西最重要的水源涵养区；（5）汾河中上游地区也是山西省乃至华北平原重要的森林氧吧	（1）水源涵养地水生态保护修复形势严峻；（2）水土流失治理形势仍然严峻；（3）矿区生态环境破坏严重；（4）地质灾害治理任务依然繁重；（5）脆弱的农用地生态系统严重制约农业发展；（6）部分物种遭受威胁，生态系统完整性不断丧失；（7）生态环境恶化	以汾河上游管涔山生态保护修复重点区为核心，以“修山、护水、治污、保土、增绿、扩湿”为重点，按照“基础数据调查——梳理问题——确定目标——部署工程——制定保障措施”的思路进行方案编制。在实地调查的基础上，通过在试点区进行生态环境现状分析等多项专题研究，梳理各生态要素之间的内在联系，明确区域存在的生态环境问题，进而对试点区进行划区，在此基础上进行工程部署，共划分 5 大分区，确定 6 大工程

续表

批次	试点地区	范围	区位特征	主要问题	工程部署
第三批 14个试点 （2018年）	黑龙江小兴安岭三江平原生态保护修复	涉及伊春市、鹤岗市、佳木斯市、七台河市、双鸭山市及哈尔滨市依兰县6个地区，面积约9.96万 km^2	（1）大小兴安岭林区是我国重要的生态屏障，维系着东北和华北平原的生态安全；（2）黑龙江省是丹顶鹤等珍稀水禽的重要繁殖栖息地和迁徙停歇地；（3）试点区域是全国重要的产品提供功能区；（4）试点区域是我国湿地最集中、面积最大及其生物多样性最为丰富的关键地区之一；（5）试点区域是中俄两国界河主要所在地	（1）人为干扰强度剧烈，湿地面积萎缩；（2）森林蓄积量锐减、质量下降，生态屏障功能减弱；（3）生境变迁和破碎化，生物多样性减小；（4）草场面积急剧减小，质量退化；（5）历史遗留废弃矿山较多，生态破坏加剧；（6）水资源供需矛盾突出，局部区域水体功能下降；（7）局部地区水土流失严重，水源涵养功能受损	以恢复和提升小兴安岭 - 三江平原生态安全屏障功能和提供更多生态产品为核心目标，以重大生态问题为导向，以体制机制改革创新为动力，坚持人工修复与自然恢复相结合、建设与长效管护并举，统筹谋划、阶段实施，系统推进山水林田湖生态保护修复工程。按照优化生态空间管控与分区分类精准修复相结合的思路，结合区域的湖泊、山脉、河流等重要自然地理界线，构建两山（小兴安岭和完达山）、三带（黑龙江、松花江和乌苏里江）和多点（国家级自然保护区、国家森林公园、）的生态安全格局，形成“两屏一带一区”的总体布局，实施国土空间管控、森林保护修复、矿山环境治理恢复、土地整治与修复、生物多样性保护和水环境保护治理等六大类工程

续表

批次	试点地区	范围	区位特征	主要问题	工程部署
第三批 14 个试点 （2018 年）	重庆长江上游生态保护修复	重庆主城“两江四山”地区（即长江、嘉陵江交汇的平行岭谷区域），覆盖面积约 4 350 km^2	（1）西部大开发的重要战略支点；（2）“一带一路”和长江经济带国家发展战略的联结点；（3）长江上游重要的生态屏障；（4）成渝都市圈核心区域	（1）地表水污染及水生态问题，个别河流存在Ⅴ类及劣Ⅴ类水体，御临河存在水质超标风险；（2）两江沿线生态安全问题突出，是全国地质灾害隐患发育密度最大的地区；（3）历史遗留矿山地质环境恢复治理任务重，存在历史遗留和关闭矿山 355 个；（4）土地低效及土壤污染情况较重；（5）森林覆盖率低且质量较差，试点区内的森林覆盖率仅为 32.9%，远低于重庆市 46.5% 森林覆盖率的平均水平，且 10% 以上为林相较差的疏林地、灌木林地、未成林地等；（6）生物多样性安全面临威胁，受威胁鱼类种类占全国总数的 40%	对“两江”“三谷”“四山”分流域、分单元部署区域生态系统治理、矿山地质环境综合治理、两江沿线地质灾害治理、水环境保护和综合治理、国土绿化提升、土地整理与土壤污染修复、生物多样性保护等 7 大类工程，实现区域“江山一体，上下联动”的系统化治理

续表

批次	试点地区	范围	区位特征	主要问题	工程部署
第三批 14个试点 （2018年）	广东粤北南岭山区生态保护修复	涉及广东韶关市的10个县（市、区），面积1.84万km^2	（1）位于国家生态安全战略格局“两屏三带”中的南方丘陵山地带的核心区；（2）北江和东江饮用水水源型河流的重要水源涵养区；（3）我国生物多样性热点区域和保护优先区域之一；（4）粤港澳大湾区重要生态屏障	（1）矿山生态环境问题突出，地质灾害风险隐患较大；（2）土壤环境质量较差，部分耕地土壤污染严重。污染地块环境风险仍然存在，基层环境监管能力不足；（3）森林生态系统整体功能较低；（4）水土流失严重，岩溶地区石漠化问题突出；（5）流域水环境保护及治理任务重，主要表现为重金属污染问题突出、跨界水污染事件频发、污水处理设施及配套不完善、面源污染分散难治、个别水源风险隐患较大、环境监管工作亟待加强等	充分考虑粤北南岭山区生态保护修复工程的系统性和整体性，结合相关规划，将粤北南岭山区分为水源涵养与生物多样性保护、矿山及土壤生态修复、水污染防控与环境综合整治和环境安全保障与生态发展等生态环境功能分区，提出不同功能分区的生态保护修复工程措施，重点部署矿山环境治理恢复、耕地安全利益与土壤污染修复、生态系统和生物多样性保护、流域水环境保护及治理、生态系统综合治理修复等5大类工程
	湖北长江三峡生态保护修复	包括宜昌市5区1县1市，即西陵区、伍家岗区、点军区、猇亭区、夷陵区5区，秭归县1县，枝江市、宜都市2市，以及恩施州的巴东县和荆州市的松滋市，共10个县（市）区，面积约2.6万km^2	（1）湖北长江三峡地区是国家水土保持及生物多样性保护重点生态功能区；（2）湖北长江三峡地区是中华民族战略水源地；（3）湖北长江三峡地区是我国西南-中部地区重要的生态廊道；（4）湖北长江三峡地区是长江中下游重要的生态安全屏障	（1）化工围江对长江生态安全构成威胁；（2）城乡水环境污染问题突出；（3）长江岸线粗放使用和航运污染问题严重；（4）三峡库区消落带生态退化加剧；（5）水土流失面积广、危害大；（6）废弃矿区环境问题突出；（7）三峡地区珍稀物种濒危；（8）湖泊湿地面积萎缩功能退化	从生态系统整体性和长江流域系统性着眼，从源头抓起，打破部门和地域界限，统筹山水林田湖草等生态要素，按照源头治理、全局和局部相配套、治本和治标相结合、渐进和突破相衔接、整体推进和重点突破相统一的原则，针对生态环境存在的8个方面主要问题及其特性，构建以长江干流为经脉、以黄柏河、清江等主要支流为廊、以农田、矿山、森林、湖泊、城乡人居环境等片区为主的“一脉十一廊十八片区”的空间生态保护修复格局，部署7大任务、实施9大工程措施、建设18个重点项目

续表

批次	试点地区	范围	区位特征	主要问题	工程部署
第三批14个试点（2018年）	湖南湘江流域和洞庭湖生态保护修复	涉及长沙市等11市76个县（市/区），面积约10.13万 km²	（1）湖南省是国家“两屏三带”主体生态安全战略格局中南方丘陵山地带的主要组成部分；（2）湖南是长江流域农产品主产区的重要组成部分；（3）湘江是湖南省的最大河流；（4）洞庭湖是我国水量最大的通江湖泊，是“长江之肾”；（5）洞庭湖是长江中下游重要水源地、国际重要湿地和农副渔业生产基地	（1）历史遗留矿山生态环境问题恢复治理包袱重；（2）水环境污染风险隐患依然存在；（3）农业面源污染防控形势严峻；（4）农村人居环境亟待改善；（5）生态保护修复压力大	立足山水林田湖草是一个生命共同体，尊重自然，聚焦江湖关系，以“一江清流、一湖碧水”为主线，将山水林田湖草生态系统修复与生态扶贫、乡村振兴工作相结合，通过源头控制、过程拦截与末端治理，采用工程措施与生态补偿相结合、工程建设与技术集成相结合、重点治理与综合防治相结合的方式，整体性、系统性推进湘江流域和洞庭湖山水林田湖草生态修复工程。重点部署水环境治理与生态修复工程、农业与农村生态环境治理工程、矿区生态环境修复工程、生物多样性保护修复工程和生态技术方法与政策研究五大类工程
	宁夏贺兰山东麓生态保护修复	石嘴山市的大武口区、惠农区和平罗县，银川市的西夏区和贺兰县等共五个县区，面积约4 074 km²	（1）贺兰山是我国西北地区重要的生态屏障；（2）贺兰山东麓是黄河水土保持重要功能区和中下游水资源和水环境安全保障的源头区；（3）贺兰山是我国八大生物多样性中心之一的阿拉善—鄂尔多斯中心的核心区域，也是我国唯一位于北方的生物多样性中心；（4）宁夏平原是国家确定的“现代农业、旱作节水农业、生态农业”三大示范基地，也是全国四大自流灌区和十二个商品粮生产基地之一	（1）废弃矿山环境恶化，地貌破碎；（2）水资源短，水污染严重；（3）水土流失加剧，水蚀风蚀并存；（4）沙化面积大，盐碱化逐年加重；（4）植被覆盖率低，生态系统服务功能不足；（5）湿地面积萎缩，生态功能退化	结合试点区域矿山分布状况、黄河流经区域、生物多样性分布、基本农田分布提出构建以“修山护河治平原”三片区为主体的修护工程分区方案，重点围绕“修山、治污、增绿、固沙、扩湿、整地”六个方面，推进“贺兰山生态保护修复工程、黄河流域生态保护修复工程、平原地带保护和修复工程”3个片区8大工程17个重点建设项目

续表

批次	试点地区	范围	区位特征	主要问题	工程部署
第三批 14 个试点 （2018 年）	贵州乌蒙山生态保护修复	涉及毕节市的七星关区、大方县、黔西县、织金县、纳雍县、赫章县、威宁彝族回族苗族自治县，遵义市的赤水市、习水县、桐梓县和六盘水市钟山区，共 11 个县级行政区，面积约 3.5 万 km^2	（1）长江、珠江上游重要水源涵养区和生态屏障；（2）西南喀斯特土壤保持重要区；（3）革命老区和国家脱贫攻坚区	（1）矿山保护与开发矛盾突出，区域内有矿山 1 781 个，矿区总面积 2 072 km^2。地质灾害隐患大，已查明地质灾害隐患点 1 210 个；（2）水环境污染治理压力大；（3）森林覆盖率位于全省最低，生态建设任务繁重，森林资源管护力量弱；（4）水土流失严重，耕地禀赋差，产出水平低；（5）贵州草海高原喀斯特湖泊的水体污染和富营养化日趋严重，治理较为困难；（6）贫困人口较多，脱贫任务艰巨	以河流湖泊水系为骨架，以重要生态功能区为节点，以生态廊道和生物多样性为脉络，实现点、线、面修复的叠加效应，多维度、立体式推进。据此，将乌蒙山区山水林田湖生态保护修复工程划分为高原喀斯特湖泊（草海）生态保护修复区、乌江源矿山生态环境保护修复区和赤水河生物多样性生态保护修复区，实施矿山生态环境治理、水环境生态保护修复、水环境生态保护修复、湖泊湿地保护修复和草地生态环境保护等 5 大类工程
	浙江钱塘江源头区生态保护修复	新安江流域淳安县、建德市、开化县和常山县等四个县（市），总面积约 1.01 万 km^2	（1）钱塘江是浙江的母亲河；（2）千岛湖是长三角地区重要战略水源地、跨省流域生态文明建设共建共享先行区域；（3）试点范围内的淳化县和开化县是国家重点生态功能区；（4）钱江源是国家第四个获批的国家公园体制试点；（5）试点区域是《中国生物多样性保护战略与行动计划》实施的重点区域之一	（1）山体生态修复任重道远；（2）区域水质安全仍有隐患；（3）林分质量不高，森林安全需进一步强化；（4）技术支撑有待增强，能力建设滞后于生态保护要求；（5）意识仍有待提高，资金投入尚需进一步加大	应用生态系统理论，坚持保护优先、自然恢复为主、人工治理为辅，按照原真性、重要性和完整性原则，依据流域自然边界、生态系统服务功能和主要生态环境问题划定试点区域三大生态保护修复工程分区，围绕解决区域生态环境问题，统筹协调涉及农田、水体、森林、矿山等各要素的保护修复工作，系统部署水生态环境质量提升、矿山生态环境修复、水土流失防治、森林质量改善、土壤整治与土壤污染修复、生物多样性保护等 6 大生态保护修复工程

续表

批次	试点地区	范围	区位特征	主要问题	工程部署
第三批 14个试点 （2018年）	西藏拉萨河流域生态保护修复	西藏拉萨河流域，面积约3.2万km^2	（1）拉萨河流域处于重要的生态安全屏障的核心区域；（2）拉萨河流域是青藏高原整体生态环境最典型、类型最丰富的区域之一；（3）拉萨河流域是我国和亚洲地区重要的水源补给区之一、“亚洲水塔”的重要组成部分；（4）拉萨河流域是全球生物多样性最丰富的地区之一、“地球第三极”生物多样性的典型代表	（1）气候变化影响显著，流域生态隐患加剧；（2）流域生态环境脆弱，生态修复难度大；（3）城市发展进程加快，生态承载面临巨大挑战；（4）流域基础设施建设滞后，生态综合治理能力弱；（5）多头管理现象突出，体制机制有待完善	以解决拉萨河流域近期山水林田湖草保护与修复面临的实际突出问题为导向，统筹山上山下、上游下游，以水污染治理、水生态修复、水资源保护“三水共治”和工业、农业、生活、土壤污染“四源齐控”为主线，对拉萨河流域山水林田湖草各要素进行整体保护、系统修复、综合治理，在拉萨河的流经区域协同实施上游水源涵养、中下游环境综合整治、周边生态保护与修复3大生态修复工程
	河南南太行地区生态保护修复	安阳、新乡、济源、焦作、鹤壁等地区部分县（市区），面积约1.4万km^2	（1）南太行地区是中部地区重要的生态屏障，是构筑国家生态安全战略格局的关键节点；（2）南太行地区是太行山区水源涵养与土壤保持重要区的重要组成；（3）南太行地区是华夏文明的重要发祥地之一；（4）是国家级生物多样性保护优先区域；（5）南太行地区是国家南水北调中线工程的必经之地	（1）历史遗留矿山生态破坏问题突出；（2）流域水生态环境保护治理需求迫切；（3）重要生态系统受损退化严重；（4）土壤污染治理任重道远；（5）部分地区水土流失隐患较大	坚持问题导向、任务引领、工程支撑、管理保障，坚持山水林田湖草生命共同体的核心理念，坚持整体性、连通性、互补性和示范性四大原则，以实现“格局优化、系统稳定、功能提升”为目标，以“一山脉、两流域”为总体布局，紧紧围绕管控、修山、治水、护渠、复绿、整地、扩湿等综合性治理措施，聚焦重点区域和突出问题，因地制宜、分区分阶段修复，重点突出、统筹兼顾，坚持自然修复为主、人工干预为辅的方式，系统推进南太行地区流域水生态环境保护修复、矿山生态环境治理与修复、土地整治与土壤修复、重要生态系统保育与生物多样性维护等4大领域工作

续表

批次	试点地区	范围	区位特征	主要问题	工程部署
第一批 10个山水林田湖草沙一体化保护和修复工程（2021年）	贵州武陵山区	实施区域行政范围包含铜仁市的碧江区、万山区、松桃县、江口县、德江县、印江县、石阡县、沿河县、思南县、玉屏县，遵义市的务川县、道真县、正安县、绥阳县、湄潭县、凤冈县、余庆县，共计17个县，国土面积约为33 439 km^2	（1）位于以“三区四带”为核心的全国重要生态系统保护和修复重大工程总体布局中的长江重点生态区中的武陵山区生物多样性保护与水土保持国家重点生态功能区内；（2）位于实施区中东部的梵净山更是被誉为“生态王国”，拥有500 km^2的原始森林，是珍稀濒危动植物珍贵的栖息地，古老子遗植物的避难所，特有植物分化发育的重要场所；（3）实施区共分布有梵净山、麻阳河、佛顶山、大沙河、宽阔水5个国家级自然保护区，3个国家级风景名胜区，1个国家级森林公园，2个国家级地质公园，9个国家级湿地公园，4个国家级水产种质资源保护区；（4）贵州省武陵山区境内河流分属长江流域两大水系：沅江水系和乌江水系	（1）部分物种处于濒危边缘，遗传资源不断丧失和退化；（2）生物入侵问题不容忽视；（3）林业发展程度不均衡，林分组成不合理，树种单一；（4）生物资源过度利用和无序开发对生物多样性的影响加剧；（5）生态环境敏感性强，水土流失严重；（6）水土流失问题导致耕地质量严重受损；（7）贵州省武陵山区所处的喀斯特山地的生态系统稳定性弱，容易遭到破坏而产生石漠化；（8）矿山开采对地形地貌及土地资源的破坏；（9）喀斯特地貌生态环境退化问题严重，土壤退化问题明显；（10）城镇化、工业化的加速发展促使自然生态系统功能退化；（11）湿地质量逐步降低、生态功能逐步退化	结合武陵山区生态系统功能结构特点，综合考虑地理单元的完整性、生态系统的关联性、自然生态要素的综合性，围绕“一山四江五区”（“一山”，即梵净山世界自然遗产地保护；“四江”，即乌江、沅江、芙蓉江、洪渡河生态廊道建设；“五区”，即梵净山、宽阔水、佛顶山、麻阳河、大沙河五个国家级自然保护区保护保育），部署了梵净山生物多样性保护、乌江干流湿地修复及石漠化治理、沅江流域生态环境综合整治、芙蓉江流域水土保护修复、洪渡河流域石漠化及水土保持修复5个生态修复单元，重点实施保护保育、林业生态功能提升、河道水环境综合整治、农田生态功能提升、矿山生态环境修复、道路与居民区缓冲带建设六大类工程共计24个子项目

续表

批次	试点地区	范围	区位特征	主要问题	工程部署
第一批 10个山水林田湖草沙一体化保护和修复工程（2021年）	内蒙古科尔沁草原	项目实施区域位于科尔沁草原生态功能区核心区，约占功能区总面积的52.7%，考虑自然地理单元和生态系统完整性，结合行政区域划分，确定本项目的总体实施范围与通辽境内的西辽河流域边界重合，面积为50 438 km^2	（1）实施区域位于国家“三区四带”生态格局中的北方防沙带，属于沙漠化极敏感和防风固沙极重要区域；（2）该区域主要分布在马鞍形中部的低平区域，属半湿润半干旱过渡带，为温带大陆性季风气候，中部平原属第四系地层砂质结构，赋存较丰富的地下水资源；（3）项目实施区是大兴安岭南部山地、西辽河平原、辽西黄土丘陵区的链接带，区域内包括森林、湿地、沙地、草原等生态系统，具有丰富的生物多样性，植物类型以疏林草原为主，动物类型以草原动物和迁徙鸟类为主；（4）实施区域内生态保护红线面积15 313 km^2（占30%），主要为水源涵养和防风固沙两大类红线；其中自然保护地面积为5 963 km^2（占红线的39%），主要类型为森林、湿地、沙漠、草原等，包括2个国家级自然保护区及17个森林、草原、湿地和沙漠等国家级公园	（1）科尔沁草原退化严重；（2）科尔沁草原土地沙化问题突出；（3）地下水水位下降趋势明显；（4）农业用水量大、地下水超采；（5）山地、林地水源涵养功能下降；（6）来水大幅减少、河道断流和湿地萎缩	瞄准科尔沁草原生态功能提升这一核心目标，聚焦草原生态退化、土地沙化及地下水水位下降三个关键问题，在一张治理蓝图上，系统实施退化草原生态保护与修复、土地沙化综合治理、地下水超采治理三大任务，设计“退耕还草与草原生态修复工程、小流域综合治理与植被修复工程、矿山生态治理与植被修复工程、沙化土地综合治理工程、林地防风固沙功能提升工程、生物多样性保护工程、水资源节约与再利用工程、农田生态治理工程、河湖湿地保护和修复工程、生态保护和修复支撑体系建设工程”十类工程，布局“退化草原生态保护修复单元、土地沙化生态治理修复单元、地下水超采治理修复单元”三个单元，统筹推进山水林田湖草沙的整体保护、系统修复、综合治理，推动西辽河干流流域生态环境持续改善，提高科尔沁草原生态系统服务与生态屏障功能，保障我国北方生态安全

续表

批次	试点地区	范围	区位特征	主要问题	工程部署
第一批10个山水林田湖草沙一体化保护和修复工程（2021年）	山东沂蒙山区域	以山东临沂市北部山区的沂水县、蒙阴县、沂南县、平邑县、费县五个县为实施区域。该区地处鲁中南沂蒙山区，南接江淮平原，北连华北平原，东濒黄海，西通南水北调东线南四湖。属淮河流域，毗连黄河流域，为南水北调东线工程水源涵养地，面积9 217 km^2	（1）实施区具有北温带半干旱陆域生态背景，山脊是华北平原与江淮平原气候的天然界线，有明显的华北气候调节功能，具有华北平原生态屏障作用，对国家“三区四带”生态安全战略和南水北调供水安全战略支撑作用明显；（2）实施区为南水北调东线工程水源涵养地；（3）实施区位于淮河流域沂河上游的山区，地处华东与华北交汇处，具陆地森林—湿地—农田生态系统类型，主要服务于涵养水源、调蓄洪水、保持土壤等；（4）山地多，耕地少，土地利用率较高；（5）实施区位于山东省主体功能核心生态区，山东省国土空间规划将实施区规划为鲁中南山地丘陵生态屏障，沂河为重要河流水系形成的七条生态廊道之一，沂蒙山为八大生态绿心之一。（6）沂蒙山区是国务院支持发展的革命老区之一，人口密度大，资源环境负载大，民风淳朴、社会稳定	（1）国家级公益林退化问题；（2）实施区属于沂蒙山泰山国家级水土流失重点治理区；（3）沂河存在氮、磷污染风险，携带的泥沙淤积河道湖区，河湖萎缩；（4）河流生态涵养能力弱；（5）河道生态补水量不足；（6）防护林功能退化；（7）荒山绿化程度低；（8）矿山露天开采强度大	按照国家生态安全战略部署，对接国家黄河生态保护与高质量发展、淮河生态经济带发展战略，促进生态系统良性循环和永续利用，遵循生态系统的整体性、系统性、动态性、关联性。构建实施区“三山三水”的生态保护修复格局，着力解决生态环境问题，维护区域生态安全

续表

批次	试点地区	范围	区位特征	主要问题	工程部署
第一批 10 个山水林田湖草沙一体化保护和修复工程（2021 年）	新疆塔里木河重要源流区（阿克苏河流域）	实施区位于新疆西南部，阿克苏地区西北部，地处于天山中段的托木尔峰南麓、塔里木盆地北缘，阿克苏河冲积扇上，是塔里木河重要源流区。实施区涉及行政区包括阿克苏市、阿拉尔市、温宿县、阿瓦提县和乌什县 3 县 2 市，占阿克苏地区国土总面积的 27.71%。东西长约 320 km，南北宽约 216 km，面积 360.23 万 hm^2	（1）塔里木河是中国最长的内陆河、也是世界第二大内陆河，更是南疆人民赖以生存的母亲河，是塔里木生命之源；（2）流域沿线分布的阿克苏河绿洲、渭干河绿洲等众多生态空间，是新疆天山南坡生产、生活、生态的重要绿色屏障，是我国西部第一道最重要的安全防线；（3）在塔里木河“四源一干”支流中，阿克苏河是唯一一条常年向塔里木河输水的河流，也是塔里木河上游最重要的一条源流河；（4）阿克苏河水供养塔里木河生态廊道、绿洲屏障、生物多样性，对塔里木河干流流域供水安全、生态安全、生态环境演变和社会经济发展起着决定性的支撑作用；（5）实施区范围主要以塔里木河、阿克苏河、天山南麓、荒漠绿洲以及行政区域划分为骨架综合确定，包括雪山、戈壁荒漠、森林、草原、农田等多种生态类型用地，属于干旱区典型的荒漠绿洲生态系统	（1）北部山区水源涵养功能有待优化；（2）山前水土保持功能下降；（3）林地结构、基础设施及物种配置不尽合理；（4）森林质量不高对生物多样性造成威胁；（5）草原退化、草地质量下降；（6）农业用水持续增长、生态用水保障能力下降；（7）河岸两侧防风固沙功能仍需加强；（8）农田基础设施较差，抵御灾害能力弱；（9）艾西曼湖区域土地荒漠化严重	紧紧围绕深化布局柯柯牙荒漠绿化工程打造我国荒漠绿化标杆、筑牢我国塔里木河流域重要生态安全屏障、支撑我国北方防沙带生态安全格局体系等战略定位。构建“一河四区四廊”总体生态格局，即以“一河”（南部塔里木河）、“四区”（西天山南坡 - 山地水源涵养与生物多样性保护单元、山前荒漠草原水土流失防治单元、阿克苏河绿洲生态安全维护单元、塔河源河岸林保护及沙漠化防治单元）、“四廊”（阿克苏河、托什干河、库玛拉克河、台兰河）。坚持“一核心”（以水定目标），管住“两源头”（天山冰雪融水供水源和绿洲沙漠连接带边缘控水源），建好“三阶梯”（天山融雪保水阶、绿洲养水阶、沙漠控水阶），按照保源头、强躯干、治污染、修命脉、建屏障、提功能的策略思想，合理划分生态保护修复单元，统筹部署“多项工程”，综合采取河湖连通、养水覆被、封山育林、控畜育草、串绿成网、稳田护洲、排碱控漠等措施，系统规划、整体推进、精细布局山水林田湖草沙生态保护修复工程，推动阿克苏河流域水生态系统调水蓄水连通，林草生态系统涵水保土提质，农田生态系统节水提效稳定，湖泊生态系统保湖治漠防沙，构建“抓点、连线、带面”的生态保护修复格局，以提升区域生态安全，维护生态循环动态平衡，形成生态安全屏障和和谐共生的人居环境

续表

批次	试点地区	范围	区位特征	主要问题	工程部署
第一批 10个山水林田湖草沙一体化保护和修复工程（2021年）	浙江省瓯江源头区域	瓯江源头区域位于浙江省西南部，地处浙西南革命老区，包括丽水市莲都、龙泉、庆元、遂昌、松阳、云和、景宁、缙云和青田等县级行政区的瓯江流域范围，面积13 306.18 km^2	（1）瓯江源头区域属于浙闽山地生物多样性保护与水源涵养重要区，地处全国“三区四带”中的南方丘陵山地带——武夷山森林和生物多样性保护重点生态地区；（2）是华东地区森林面积保存较大和生物多样性较丰富的区域之一，对于整个浙江乃至华东地区的水土保持、气候调节、大气污染防治等具有重要的生态屏障功能，是现存或潜在乡土物种的分布点，对长三角地区整个生态系统的稳定性起到了决定性的作用；（3）瓯江源头区域水网丰富，多年平均年径流深为1 060 mm，多年平均年径流总量为139.25亿m^3；（4）区域湿地类型多样，面积比重大，主要有永久性河流湿地、洪泛平原湿地、库塘湿地、河口及海岸湿地等类型，湿地内生物多样性极为丰富、珍稀濒危物种种类多，也是多种水禽的越冬和珍稀候鸟迁徙的停息地	（1）生产生活对水土污染的压力依然存在；（2）有害生物入侵对生物多样性保护的威胁还未完全消除；（3）水环境质量的不稳定和局部质量下降问题并存；（4）局部的水土流失造成土地退化；（5）森林质量有待提升；（6）城镇化发展及生产生活对生物多样性保护造成较大压力；（7）珍稀野生濒危动植物保护有待加强；（8）国土空间格局不尽合理，生态、农业、城镇三大空间穿插交织，不利于保护开发；（9）海拔600 m以上重要生态空间未得到充分的保护和合理的利用；（10）生态空间过于破碎割裂，又缺少必要的廊道连通	基于区域原真性、完整性较好的生态系统本底，以创建“生态环境之标杆典范，山水中国之世界窗口”为追求，以生态产品价值实现机制改革为抓手，坚持“整体智治、唯实惟先”，注重保护修复的整体性、系统性、关联性、耦合性、科学性，扎实推进生态环境治理现代化，进一步巩固和提高区域生态环境质量和生态系统稳定性，提升生态服务功能和生态优势影响力。不断探索浙西南革命老区经济发展和生态环境保护相辅相成、相得益彰的绿色发展之路，努力打造全面展示浙江高水平生态文明建设和高质量绿色发展两方面成果和经验的重要窗口，着力探寻人与自然和谐共生的现代化发展之路，助力丽水建设全国生物多样性保护引领区、美丽中国先行示范区、全国生态产品价值实现机制示范区、中国碳中和先行区、全国生态环境健康管理创新区。按照整体性系统性的原则，统筹开展山水林田湖草沙一体化保护和修复工程部署，分3个修复单元一体实施5类工程，重要生态系统及生物多样性保护修复工程、森林生态保护修复工程、水生态保护修复工程、土地保护修复工程、矿山保护修复工程

续表

批次	试点地区	范围	区位特征	主要问题	工程部署
第一批10个山水林田湖草沙一体化保护和修复工程（2021年）	安徽巢湖流域	涉及合肥、芜湖、马鞍山、六安、安庆5市17个县（市、区），项目实施范围7 461 km^2	（1）地处“三区四带”国家安全总体布局中长江重点生态区，是长江生态安全的重要节点；（2）地处国家生态安全具有重要作用的皖江湿地洪水调蓄、大别山水源涵养与生物多样性保护功能区内	（1）江湖阻隔、水旱灾害冲击生境，导致水生态退化；（2）围垦导致环湖湿地面积减少，加剧生态系统退化；（3）农村生活和农业面源污染，危害生态系统健康；（4）城市快速扩张污染排放增加，干扰生态系统稳定；（5）矿山开发等人类活动加剧生态受损，生态服务能力降低	以提升流域生态系统稳定性和服务功能，促进生态系统良性循环和永续利用为核心，以实施完成或正在实施的防洪调蓄、灾害防治、污染治理等先导工程为基础，注重流域地理单元的完整性、生态系统的系统性、生态要素的关联性、生态斑块的连通性、发展保护的协调性，统筹推进流域“山水林田湖草”生命共同体保护与修复。根据巢湖流域以湖区为中心、以入湖河流为轴线的放射状特点，针对诊断出的生态问题与保护修复目标，划分“一湖两带八区”共11个生态修复单元，实施封山育林、节水养田、治河清源、修复湿地、智慧监管等措施，打造大别山丘陵山地生态屏障，提升流域水源涵养和生物多样性保育能力；构建农田-库塘-湿地一体的农田复合生态系统和海绵城市体系，提升水资源利用效率和氮磷资源化利用，减少入湖污染负荷，修复生态系统；修复环巢湖生态调蓄净化湿地，构建环湖生态屏障；修复入湖河流水网，配套实施引江济淮、江水西调等跨流域水资源调控工程，构建清水生态廊道；加强封湖禁渔和江湖连通，提升巢湖生态质量和稳定性，将巢湖流域建设成湖泊型流域一体化保护修复的样板，打造成为长江下游的重要生态屏障

续表

批次	试点地区	范围	区位特征	主要问题	工程部署
第一批10个山水林田湖草沙一体化保护和修复工程（2021年）	甘肃甘南黄河上游水源涵养区	包含夏河、碌曲、玛曲、临潭、卓尼及合作5县1市，实施范围2.885万 km^2	（1）甘肃甘南黄河上游水源涵养区是国家“两屏三带”生态安全战略中青藏高原生态安全屏障的重要组成部分，是国家生态安全屏障的核心区域，被整体纳入《全国主体功能区规划》重点生态功能区；（2）在甘肃主体功能区“三屏四区”规划中，项目区承担着构建青藏高原黄河上游国家生态安全屏障的战略重任和保护黄河生物多样性及水生态安全；（3）项目区是黄河重要的水源补给区，被誉为“中华水塔”，黄河甘南段的草地及湿地是黄河上游重要的“蓄水池”和“水源补给区”；（4）项目区是我国四大涉藏区之一，也是我国精准脱贫的重点区域，对于维护少数民族地区长治久安和全面推进乡村振兴战略具有重要意义	（1）草原退化依然严重，项目区退化草原占比达74.48%；（2）草地沙化势头不减，项目区沙化面积8.81万亩，潜在沙化面积54.31万亩；（3）历史矿山开采不合理，遗留问题较多，遗留矿山63座，由于前期矿山不合理开采以及过度开采，致使甘南黄河上游地区矿山周边生态破坏严重；（4）水土流失严重，水土保持能力下降，水土流失面积达到59.31万 hm^2；（5）湿地面积逐渐萎缩，生态环境恶化，涵养水源能力减弱，生物多样性退化；（6）森林质量整体不高，受自然及人为因素的干扰，森林和植被遭到破坏，水源涵养能力降低；（7）耕地质量不高，后备资源不足，坡耕地比例高，宜耕后备土地资源少	按照“一干两支十二单元”总布局，以黄河干流流域、洮河流域、大夏河流域为主，在流域内进一步划分了12个修复单元，选定了不同的修复模式，涵盖草原生态保护修复、林地生态保护修复、湿地保护修复、矿山生态修复、小流域生态保护修复、土地综合整治、生态环境监测预警与评价系统等七大重点建设内容，部署了25个重大项目200个子工程。

续表

批次	试点地区	范围	区位特征	主要问题	工程部署
第一批 10个山水林田湖草沙一体化保护和修复工程（2021年）	辽宁辽河流域（浑太水系）	涉及抚顺、沈阳、本溪、辽阳、营口、鞍山和盘锦等7市，项目区面积8.72 km^2	辽河是中国的七大河流之一，为辽宁的母亲河。从《全国重要生态系统保护和修复重大工程总体规划》“三区四带”看，浑太水系上游地处东北森林带，是国家重点生态功能区和保障东北地区生态安全的关键节点；浑太水系下游地处黄渤海海岸带，是国家重点海洋生态区，是保护沿海地区生态安全的重要屏障。从《全国生态功能区划》看，浑太水系中上游地处中长白山区水源涵养与生物多样性保护重要区，为我国东北地区重要的水源涵养区；浑太水系中游为辽河平原农产品提供功能区；浑太水系下游处于辽河三角洲湿地生物多样性保护功能区，是划定的海洋与海岸生物多样性保护优先区域，属于环渤海湾滨海湿地重点保护区域	（1）森林群落结构简单和森林生物疫情使东北森林带水源涵养能力下降，对国家生态安全构成威胁；（2）区域矿产资源集中高强度开采对生态环境破坏严重；（3）农产品提供区耕地减少及低效利用致使生态服务功能下降；（4）辽河口湿地萎缩导致区域生物多样性指标下降并威胁区域濒危物种；（5）浑太水系干支流工、农业及城镇化发展对水生态环境构成威胁；（6）浑太水系水源保护区水资源和水质保障压力大	在浑太水系流域内划分了7大生态保护修复单元，开展9项重点工程，精准部署33个子项目。以浑太水系为主线，重大工程主要集中在流域内的水源涵养区、农产品提供区和生物多样性保护区。统筹考虑了流域内山上的森林保护保育及矿山生态修复、山下的水土保持与防风固沙、水系干支流岸线生态修复、辽河平原农产品提供区功能保障及辽河口湿地生物多样性保护

续表

批次	试点地区	范围	区位特征	主要问题	工程部署
第一批10个山水林田湖草沙一体化保护和修复工程（2021年）	广东南岭山区韩江中上游	以梅州市为主的韩江中上游流域，涉及兴宁市、平远县、蕉岭县、大埔县、丰顺县、大埔县，蕉岭县、梅江区、丰顺县、兴宁市、五华县等县（市、区）	广东南岭山区韩江中上游所属区域南岭山地森林及生物多样性保护已纳入国家“双重”规划，位于国家生态安全格局“三区四带”中的南方丘陵山地带的核心区，已有5个县（市）被纳入国家重点生态功能区，是韩江源头水源涵养区，生物多样性丰富，是广东省和粤港澳大湾区重要生态屏障	（1）水土流失面积占流域范围的28.09%，水土保持能力不足，部分土地退化；（2）因不合理开发利用矿山导致生态破坏；（3）水生态环境存在问题，部分流域水质不达标，水资源量不足，跨省届污染压力较大；（4）森林生态功能不高，人工营造纯林占比较大，森林生态系统脆弱	以构建广东南岭山区韩江中上游生态安全格局为目标，实现广东南岭山区韩江中上游山水林田湖草沙一体化保护和修复工程的整体保护、系统修复，综合治理，将广东南岭山区韩江中上游分为南岭山地水源涵养区、梅江上游脆弱生态修复区、梅江中下游城乡生态提升区、韩江干流水生态保护区、榕江北河水生态保护区五大分区
	福建九龙江流域	流域面积14 741km²，试点范围涉及漳州、龙岩、泉州、厦门等市	位于国家“三区四带”重点生态地区，是我国东南沿海生态安全屏障的重要组成部分，流域森林覆盖率高，湿地资源丰富，具有重要的水源涵养、水土保持和生物多样性保护等生态服务功能	（1）过度水电开发破坏河流生态；（2）森林及采矿导致水土流失；（3）城市规模的扩大带来污染物排放量的增加；（4）养殖业的发展造成养殖废水污染加重	重点开展水环境治理与生态廊道建设、重要生态系统保护修复、农地生态功能提升与面源污染防治、矿山生态修复、机制创新与能力建设五大类工程，促进九龙江流域主要生态环境问题解决，提升流域生态系统稳定性，筑牢我国东南沿海生态安全屏障

续表

批次	试点地区	范围	区位特征	主要问题	工程部署
第二批9个山水林田湖草沙一体化保护和修复工程（2022年）	河南秦岭东段洛河流域	位于秦岭山脉东段、洛河流域，项目区总面积6.8万 hm^2	属于国家“三区四带”中的黄河重点生态区，生态保护价值独特，动植物种类繁多，是我国重要的生物多样性保护、水源涵养与水土保持功能区，现有各类自然保护地37个，分布国家一级、二级重点保护动植物116种	秦岭东段生物多样性保护不足，存在入黄支流流域水土流失与水生态功能退化等问题	部署30个子项目56个单位工程，包括水土流失治理、林地提质改造、水环境治理、土地综合整治、湿地修复、矿山生态修复等
	云南洱海流域	括大理市所辖的下关、太和、满江街道和大理、银桥、湾桥、喜洲、上关、双廊、挖色、海东、凤仪9个镇和洱源县所辖的邓川、右所、牛街、三营、茈碧湖、凤羽6个乡（镇）	该流域属于国家“三区四带”中的川滇生态屏障，是我国西南生态安全屏障的重要区域，是横断山南段生物多样性保护优先区域的关键地区，属于典型的高山-坝区-湖泊生态格局	生态系统敏感脆弱，区域多次爆发蓝藻水华，长期过度利用开发，保护模式单一，部分区域生态退化和水拖流失严重	项目围绕“一核心”（以水为核心目标），管住“一源头”（坝区农业面源、城乡生活等污染源），建好“一通道”（入湖清水通道），构建“一循环”（生产生活生态自然良性生态循环系统），划分6个保护修复单元，部署6大类重点工程，布局28个子项目
	湖北长江荆江段及洪湖	覆盖荆州全市8个县市区，总面积1.41万 km^2	项目区属江汉平原湖泊湿地洪水调蓄生态功能区，也是长江干支流河湖、湿地保护和修复重点区域	区域内长江岸线保护存在短板，湖泊湿地生态系统退化、农田生态系统保护不足、生物多样性受胁迫等生态环境突出问题	打造“一轴四区多点”修复格局：“一轴”为长江生态保护与修复主轴，范围包括长江干流水系及两岸5 km，全长483 km，面积5 351.53 km^2；“四区”即洪湖生态保育区、长湖生态保育区、江汉平原生态修复与绿色转型示范区和洞庭湖流域（湖北）生态功能提升区

续表

批次	试点地区	范围	区位特征	主要问题	工程部署
第二批 9个山水林田湖草沙一体化保护和修复工程（2022年）	广西桂林漓江流域	涉及桂林市行政管辖区域的荔浦1市，兴安、灵川、阳朔、平乐、恭城5县，叠彩、秀峰、象山、七星、雁山、临桂6城区	属于国家“三区四带”中的南方丘陵山地带，属于亚热带季风气候，生物多样性丰富	区域生态环境脆弱，历史遗留矿山、采石场、垦荒林地湿地还未得到全面修复。同时，流域内湿地面积减少，存在森林质量不高、水源污染、生态功能退化等问题	围绕漓江“一干九支、两山多点”的生态空间格局，以自然地理单元为对象，识别和诊断生态问题，将漓江流域划分3大分区、14个生态保护修复单元，设置8大类83个子项目
	四川黄河上游若尔盖草原湿地	项目区总面积3.7万km^2，涉及阿坝州内阿坝、若尔盖、红原、松潘4个县，6条流域	区内有世界最大的高寒泥炭沼泽湿地——若尔盖湿地，提供了黄河上游干流枯水期40%、丰水期26%的水量，是黄河上游水源主要补给地和生物多样性关键区	区内生态系统十分脆弱，生态恢复力总体一般。气候变化、疏干排水、过度放牧导致自然湿地萎缩。鼠虫害泛滥、畜牧超载、土壤侵蚀导致草地存在不同程度退化，珍稀野生动植物栖息地面积呈缩减和破碎化趋势，土地沙化问题突出，局部区域水源涵养功能不断降低	项目计划总投资52.55亿元（其中中央奖补资金20亿元），将通过三年时间、39个子项目的具体实施，从源头上、整体性、系统性、一体化推进该区域的生态保护与修复
	重庆三峡库区腹心地带	位于三峡库区腹地，包括万州区、涪陵区、丰都县、忠县、云阳县、石柱土家族自治县6个沿江区县	区域水资源丰富，水资源总量占三峡库区的27%，承担着保障长江中下游3亿多人饮水安全	水土流失、面源污染等问题严重	按照上游、中游、下游三个分区中，划定了8个修复单元，统筹部署了9项重大工程，54个子项目，计划总投资55.38亿元，系统推进上中下游、山上山下、左右岸、干支流综合治理与系统修复

续表

批次	试点地区	范围	区位特征	主要问题	工程部署
第二批 9个山水林田湖草沙一体化保护和修复工程（2022年）	江苏南水北调东线湖网地区	涉及扬州、淮安、宿迁、徐州4市19个县（市、区），面积1.95万km^2	处于国家“三区四带”生态安全格局的长江重点生态区，既是连通长江和黄河两大重点生态区的重要生态廊道，又是海岸带的重要生态安全屏障	矿山开采损毁生态系统结构、农田面源污染影响河湖水质、圈圩养殖造成湖泊湿地萎缩水系不畅等生态问题突出	以增强生态系统稳定性和生态服务功能，筑牢生态安全格局，保障水质安全为核心目标，统筹山水林田湖草沙一体化保护和修复，布局湿地保护修复、水生态修复治理、国土综合整治、矿山生态修复、智慧监管共5类25个成熟子项目，其中11个已经开工建设
	陕西秦岭北麓主体		是重要的生态屏障区，是国家南水北调中线工程重要水源涵养区	主要为历史遗留矿山问题，矿山选矿废水乱排造成水体和土壤污染，一些露天采石采矿活动损毁矿区地形地貌景观和植被	
	湖南长江经济带重点生态区洞庭湖区域	生态保护修复总面积796.93 km^2	是我国第二大淡水湖，在长江洪水调蓄和生物多样性维护方面具有十分重要的作用，是长江重点生态区的重要组成部分	主要为水体污染、水土流失、农业面源污染以及矿山问题	以实现洞庭湖区域“降磷增容”，打造高强度人类活动下生态安全与粮食安全协同的大湖区域山水林田湖草沙一体化保护与修复样板模式，筑牢长江重点生态区生态屏障为目标，部署环洞庭湖重要物种及栖息地保护修复等8大工程共50个子项目

2

内涵解析与基础理论

NEIHAN JIEXI YU JICHU LILUN

“山水林田湖草沙是生命共同体”理念科学界定了人与自然的内在联系和内生关系，山水林田湖草沙各自然要素在地域空间上共存，通过生态过程、社会过程耦合形成完整的社会-生态系统。山水林田湖草沙系统治理的本质是提升人类福祉，促进人与自然和谐共生。保护生命共同体需要充分认识要素之间联系，寻求系统化途径，不仅要提升生态系统的稳定性，更要促进社会发展转型，实现绿色高质量发展。

2.1 科学内涵

生态保护修复工程是一个复杂的系统。对山水林田湖草沙进行统一保护、统一修复是十分必要的，统筹考虑自然生态各要素、山上山下、地上地下、岸上水里、城市农村、陆地海洋以及流域上下游，必须冲破“博弈思维”，割舍“部门利益”，形成更高层面的协调机制，把各类生态资源纳入统一治理的框架之中，深入推进生态保护修复。

2.1.1 山水林田湖草沙共同构成了人类赖以生存发展的基础

山水林田湖草沙是生态系统的重要组成部分，在有机质生产、生态系统产品供给、生物多样性维持、气候调节、环境净化、涵养水源、土壤保持、防风固沙、文化休闲娱乐等方面发挥着重要作用，是人类生存及国家发展所依赖的重要基础。

2.1.2 “山水林田湖草沙”是一个有机整体

“山水林田湖草沙是生命共同体”理念中的山水林田湖草其实是对生态系统中各要素的概括，是一种“形”意，而不是完全一一对应或者仅限于此的“实”意。也就是说，山水林田湖草包括但不限于山地生态系统、河流生态系统、森林生态系统、农田生态系统、湖泊生态系统、草原生态系统，还包括了其他如湿地生态系统、荒漠生态系统等，其重点是突出不同生态系统之间的相互影响、相互制约、相互作用的哲学关系。“山水林田湖草沙是生命共同体”理念核心是不同生态系统之间相互关联、相互依存，是个有机的生命体，不能把某一部分孤立出来单独治理，而是要把整个生态环境作为一个有机体系统地综合考虑，同步协调，才能达到预期的效果。

2.1.3 “山水林田湖草沙”相互联系相互作用

“山水林田湖草沙是生命共同体”从本质上深刻揭示人与自然生命之根本，是不同自然生态系统间能量流动、物质循环和信息传递的有机整体，是人类赖以生存的基础。山、水、林、田、湖、草、沙作为自然生态系统，与人类有着极为密切的共生关系，共同组成了一个有机、有序的“生命共同体”。从自然资源的整体性和系统性特征看，自然资源各个要素之间是一个有机联系的、相互作用的整体，维系着人与自然之间的平衡和协调。对某一要素的破坏常常引起其他要素的链锁式反应。生态系统本身具有抗干扰能力、自我恢复能力，但是如果人类社会对生态系统的破坏和干扰超出这一能力，生态系统将发生不可逆转的退化。

2.1.4 “山水林田湖草沙”是价值观的转变

习近平总书记用“命脉”把人与山水林田湖沙连在一起，生动形象地阐述了人与自然之间唇齿相依的一体性关系，揭示了山水林田湖草沙之间的合理配置和统筹优化对人类健康生存与永续发展的意义。“山水林田湖草沙生命共同体”论断，充分体现了系统观念，强调在多重目标中寻求动态平衡，算大账、算长远账、算整体账、算综合账，避免因小失大、顾此失彼，反映了人类对生态健康安全和生态系统综合服务功能的客观需要和价值认同，对绿色产品、绿色空间、优美宜居的期待。

2.2 基本原理

2.2.1 生态系统具有整体性、系统性和综合性的基本特征

生态是统一的自然系统，是相互依存、紧密联系的有机链条。一是整体性，对于影响国家生态安全格局的核心区域、濒危野生动植物栖息地的关键区域，要将山水林田湖草作为一个整体，破除行政边界、部门职能等体制机制影响，开展整体性保护。二是系统性，对于生态系统受损严重、开展治理修复最迫切的重要区域，要将山水林田湖草作为一个陆域生态系统，在生态系统管理理论和方法的指导下，采用自然修复与人工治理相结合、生物措施与工程措施相结合的方法，开展系统性修复。三是综合性，对于环境问题突出、群众反映强烈的关键区域，要将山水林田湖草作为经济发展的一项资源环境硬约束，开展区域资源环境承载能力综合评估，合理调整产业结构和布局，强化环境管理措施，开展综合性治理。

2.2.2 生命共同体各要素之间普遍联系并相互影响

生命共同体各要素之间是普遍联系和相互影响的，不能实施分割式管理。实施分割式管理很容易造成自然资源和生态系统破坏。山水林田湖草生命共同体是由山、水、林、田、湖、草、沙等多种要素构成的有机整体，是具有复杂结构和多重功能的生态系统。生态系统具有外部性、不可逆性、不可替代性，这些性质是整体性和系统性的另一表现。生态系统各个要素之间是一个有机联

系、相互作用的整体，对某一要素的破坏常常引起其他要素的链锁式不良反应。例如，森林的破坏会造成水土流失，继而又会造成河流泛滥和水库淤塞，其后果又导致农业渔业的破坏或减产。所以，在生态系统的保护与修复过程中，要树立“山水林田湖”生命共同体的观念，要重视生态系统的整体性，并从生态经济系统的运用上对它进行整体性的管理和保护。

2.2.3 必须处理好局部与整体的关系

山水林田湖草沙生态系统是一个有机整体，山、水、林、田、湖、草等自然资源、自然要素是生态系统的子系统，是整体中的局部，而整个生态系统是多个局部组成的整体。人类开发利用山、水、林、田、湖、草其中一种资源时必须考虑对另一种资源和对整个生态系统的影响，要加强对各种自然资源的保护和对整个生态系统的保护。例如，在开发矿产资源时，就要处理好局部与整体的关系。如果不考虑开发一种资源对另一种资源的影响，不考虑资源开发对生态环境的影响，就会破坏伴生矿产、土地、水和其他动植物资源，会破坏矿区周围的生态环境。所以，一处矿产的开采必须考虑局部与整体的关系，要综合考虑资源间的相互影响和资源开发对生态环境的影响。

2.2.4 必须处理好发展与保护的关系

发展是人类永恒的主题，节约资源和保护生态环境是我国的基本国策。人类开发利用一种资源时会对另外的资源及其生态环境产生影响。如果管理不当，这种影响就会是负面的，即表现为负外部性。人类不仅需要更多的物质产品和精神产品，同时也需要更多的生态产品。人类如果只注重开发自然资源，从自然界获取物质产品，忽视了对自然界的保护，就会破坏山水林田湖草生命共同体。破坏了山水林田湖草生命共同体，也就破坏了我们生存和发展所需要的物质产品、精神产品和生态产品，也就破坏了人与自然这个生命共同体。因此，我们在开发利用自然资源时，必须要注意保护自然资源和生态环境，在不断推进社会经济发展的同时，推进自然资源节约集约利用和生态环境健康发展。

2.2.5 运用系统论的思想方法管理自然资源和生态系统

习近平总书记指出，要用系统论的思想方法看问题，统筹山水林田湖草系统治理。山水林田湖草生态系统，既具有山、水、林、田、湖、草等各类丰富的自然资源，又具有强大的调节气候、保持水土、涵养水源、保护生物多样性的等生态功能。要根据生态系统的多种用途、人类开发利用保护自然资源和生态环境的多重目标和我们所处时代的约束条件，运用系统的、整体的、协调的、综合的方法做好山水林田湖草自然资源和生态环境的调查、评价、规划、保护、修复和治理等工作，保持和提升生态系统的规模、结构、质量和功能。

2.3 基础理论

“山水林田湖草沙是生命共同体”的基础理论是以生态系统生态学为支撑，基于流域生态学、恢复生态学和景观生态学的理论共同诠释“山水林田湖草沙是生命共同体”的时空区域尺度及流域内部各生态系统之间的耦合机制。

2.3.1 生态系统生态学理论

山水林田湖草沙生命共同体的最基础支撑理论是生态系统生态学。“生态系统结构决定生态系统过程，而生态系统结构与生态过程产生生态系统功能，生态系统功能满足人类生存与发展的需求的过程又称之为生态系统服务”的级联模型是山水林田湖草沙生命共同体理论的主线，围绕区域内的土壤、植被、岸边带、水体等生态系统，种群生态学与群落生态学中关于生物个体、种群、群落之间相互影响、相互促进的作用机制以及生境理论共同丰富了山水林田湖草生命共同体的内涵，为山水林田湖草沙生命共同体内部生态系统的物质、信息、能量流动的方向、强度提供分析框架。

2.3.2 流域生态学理论

流域生态学是综合解决流域生态环境问题的生态学学科分支，流域生态学在山水林田湖草沙生命共同体理论中发挥的作用主要是诠释生命共同体的时空区域尺度与流域内部各生态系统之间的耦合机制。山水林田湖草沙生命共同体需要综合流域和区域生态环境问题的时空尺度，识别生命共同体存在的生态环境问题时空范围与程度，为生态保护修复策略提供准确数据基础。

水是山水林田湖草沙生命共同体中最活跃、最关键的因素，是整个自然资源系统中联系各种资源的桥梁和纽带。贯穿地球各个圈层的水循环，由于自然和人文因素的交叉作用导致生物地球化学等过程发生变化；生态系统发生动态演变，水在生态系统维护与退化治理中起着重要作用；维持良性水循环是生态环境可持续发展的关键所在。山水林田湖草沙生命共同体要诠释内部不同生态系统类型如森林、草地、城市、农村、河流、湖泊、海洋等生态系统之间的相互作用机制，在设计共同体生态保护修复策略与区域绿色发展的体系中需要充分适应、利用以水为纽带的流域生态学这些作用机制。

2.3.3 复合生态系统理论

“人的命脉在田，田的命脉在水，水的命脉在山，山的命脉在土，土的命脉在树”。一个区域的生态系统包括森林、草原、湿地、河流、湖泊、滩涂、荒漠等各要素，是一个多要素、复合生态系统。山水林田湖各自然要素之间通过物质运动及能量转移，形成互为依存、互相作用的复杂关系，使之有机地构成一个生命共同体。区域生态系统的整体性、系统性及其内在规律要求统筹考虑自然生态各要素、山上山下、地上地下、陆地海洋以及流域上下游，进行整体保护、系统修复、综合治理，增强生态系统循环能力，维护生态平衡和区域生态安全。

2.3.4 景观生态学理论

景观是区域生态安全的基础。景观格局决定着资源和物理环境的分布形式及组合，并与景观中的各种生态过程密切相关，对于抗干扰能力、恢复能力、系统稳定性和生物多样性有着深刻的影响。

区域生态安全要求山水林田湖草沙生态保护修复工程的设计和实施需要遵

循景观生态学的基本原理，在区域景观生态风险评估的基础上，并强调格局与过程安全及整体集成，通过优化景观格局来实现。以景观作为工程实施的基本单元，通过构建合理的板块、基质、廊道，在流域、区域范围内进行集成，发挥最大的生态保护效应。

2.3.5 生态系统服务及其权衡协同理论

生态系统服务是人类从生态系统中所获得的各种惠益，是联系生态系统过程与社会福祉的重要纽带，对于生态系统管理具有较好的应用前景。联合国2000—2005年开展的千年生态系统评估计划将生态系统服务分为供给服务、调节服务、支持服务和文化服务四类。生态系统服务之间存在着此消彼长的权衡或彼此增益的协同关系。权衡关系是指一种生态系统服务的使用增加造成另一种生态系统服务减少的情形，也称为冲突关系或竞争关系；协同关系是指两种生态系统服务同时增加或同时减少的情形。科学家在不同区域开展生态系统服务权衡研究，发现生态系统服务权衡关系是十分复杂的。因此，生态保护修复需要在明晰生态系统服务之间的权衡系统关系的基础上，确定生态系统保护修复的目标和工程。

2.3.6 恢复生态学理论

恢复生态学（Restoration Ecology）是研究生态系统退化的原因、退化生态系统恢复与重建的技术和方法及其生态学过程、机理的学科。1996年，美国生态学年会把恢复生态学作为应用生态学的五大研究领域之一，恢复生态学现已日益成为世界各国的研究热点。恢复生态学在加强生态系统建设和优化管理以及生物多样性的保护具有重要的理论和实践意义。针对森林、草地、农田、湿地、海岛和水体等退化生态系统的形成原因、恢复原理与方法等研究，为掌握山水林田湖草沙一体化保护和修复成效及其原因分析提供了理论基础。

2.3.7 可持续发展理论

人类社会和自然环境构成了一个复杂的社会 - 经济 - 自然复合生态系统。为了保障区域生态安全，需要把人和人类活动看作生态系统的一个有机组分，综合考虑区域生态环境问题的生态、经济和社会机制，提出切实的解决对策，实现人与自然的和谐共生。另外，我国生态保护重要区域和生态敏感脆弱区域也大多是经济社会发展水平较低的区域，承担着加快发展经济和改善民生的重担。生态保护与修复工程需要兼顾生态、经济、社会效益，要按照人口资源环境相均衡、经济社会生态效益相统一的原则，控制开发强度，调整空间结构，保护好绿水青山，给自然留下更多修复空间，给农业留下更多良田，给子孙后代留下天蓝、地绿、水净的美好家园。

可持续发展是“山水林田湖草沙是生命共同体”的最终发展目标，可持续发展科学是山水林田湖草沙生命共同体支撑理论的指导学科。在理论层面，山水林田湖草生命共同体理论要考虑整个生命共同体系统的完整性与可持续性：一是生态系统组成要素的完整性，即生态系统结构和功能的稳定，二是生态系统的可持续性，即生态系统在抵抗人类胁迫时具有继续进化和可持续发展的能力。通过有机融合各个子系统之间，保证生命共同体稳定、健康运转。在工程层面，山水林田湖草生态保护修复工程以提升生态系统功能为目标，以完整性与可持续性的原则，生态修复保护工程规划与建设实现由“各炒一盘菜”到“共办一桌席”的转变。

3

生态保护修复关键技术

SHENGTAI BAOHU XIUFU GUANJIAN JISHU

山水林田湖草沙是一个生命共同体，是相互依存、相互影响的大系统。生态保护修复是一个系统工程，需要全方位、全地域、全过程开展。总体看，我国现有生态保护修复主要包括矿山生态系统修复治理、水环境综合治理、农村土地综合整治、退化污染土地修复治理、森林草原生态系统修复治理、湖泊湿地近海海域生态修复、生物多样性保护等类型，涉及生态修复目标、生态调查监测评价、规划设计方案编制、工程技术、建设管理等工作程序。生态修复常应用于治理生态环境的工程，一般不需要通过人工的方式，特殊情况下，可借助人工模式作为辅助修复受到破坏的生态系统。

根据李红举等对我国现行生态保护修复相关标准进行梳理，自然资源、生态环境、水利、林业、农业、住建、交通、工业等部门依托业务工作成立了有关标准化委员会，制定并实施了350多项有关山水林田湖草生态保护修复方面的标准，其中国家标准85项、行业标准183项、地方标准83项。针对国家标准和行业标准，从专业领域看，主要涵盖矿山、流域水环境、森林、草原、荒漠、农田、湖泊湿地、海洋、生物多样性、农村地区、城镇地区等。从专业工作看，涉及生态功能分区、生态目标控制与质量标准、生态系统服务功能评估、生态风险评估、实施方案编制、生态调查、生态监测、定位观测等；从专业工程技术看，涉及水源地保护、小流域建设、水土流失综合治理、土壤修复、森林抚育、草地建设、生态岛礁建设、滑坡防治、泥石流防治、采空塌陷防治、防沙治沙、水污染治理、村镇环境保护、农村环境整治等。

3.1 生态保护修复关键技术流程

3.1.1 生态问题的识别与诊断

识别区域生态问题是制定生态保护修复方案的基础和前提。对生态问题的识别不应仅仅局限于单要素的功能缺陷分析，还应拓展至对多要素耦合作用的退化、综合功能的失衡及生态系统服务质量的衰退等问题的诊断上，以保障制定的生态保护修复规划方案的实施效果达到修复生态系统整体结构、提升系统综合功能的预期目标。在具体实践研究中，多数学者通过对研究区的自然资源开发利用强度、生态环境状况和社会经济发展情况进行综合分析和系统判断，识别研究区生态保护修复工作面临存在的主要问题。

3.1.2 生态要素耦合机制分析

山水林田湖草沙是一个生命共同体，人的命脉在田，田的命脉在水，水的命脉在山，山的命脉在土，土的命脉在树，精辟地体现了人地系统耦合的科学理论。促进人地和谐作为国土空间生态修复的总体战略目标，为实现人地和谐需统筹自然 - 经济 - 社会 - 生态系统组成要素，构建一体化的国土空间生态修复总体格局，通过分区分类精细化实施生态修复措施，最终实现人地复合系统的格局优化、系统稳定和功能提升。围绕水 - 土 - 气 - 生 - 人多要素耦合及自然社会系统互馈过程机理成为人地系统耦合研究的热点和关键科学问题。

生态修复通过对生态系统的保护、修复和重建，为提升生态系统质量和稳定性、守住自然生态安全边界提供了具体行动指南。当前我国所开展的山水林田湖草沙系统治理工作处于通过适当的人工支持加强自然资源要素的系统性布局和优化阶段，需要向促进社会 - 生态要素耦合的方向发展，加强耦合指标、耦合层次、耦合效应、耦合模型的研究，深入理解地理环境和人类活动两个子系统的耦合机制。

生态系统耦合关系研究常用的研究方法包括能值分析法、系统耦合模型、回归分析法、均衡度评价模型、耦合协调模型等。其中能值法是研究生态系统耦合的基本方法之一，它为定量评价生态系统结构与功能、分析生态过程的时空特征和动态演化、探索生态经济的实施途径和行为准则等提供耦合层面的理论框架和方法体系。系统建模与仿真是系统耦合理论和耦合系统研究的主要方法，仿真模拟、人工神经网络、灰色关联度模型、多学科设计优化算法、并行GSE系统优化方法等都被应用于耦合关系方面的研究。解析各生态要素耦合作用机理、探究山水林田湖草生命共同体统一管理，需要注意水这一能动要素对其他要素和整个系统的关键纽带作用。水土资源作为资源体系中的两个系统要素，具有耦合及相悖双重效应，水土资源耦合的研究方法主要包括基于系统工程理论的耦合模型、基于系统动力学的耦合模型等。

3.1.3 生态保护修复分区

我国地域辽阔，生态环境复杂多样，针对不同的生态环境系统，需从“山水林田湖草沙生命共同体”的理念出发，改变传统的单一生态保护治理模式，系统设置多层次、多要素的生态保护修复分区和修复工程。生态修复的分区划定应当依据区域的生态、农业和城镇三大空间的自然资源类型与主导生态功能，考虑到自然地理单元的完整性，再根据不同分区和单元内的生态特征与关键生态问题差异，因地制宜地制定生态修复方向和策略。

生态保护修复分区有助于推动山水林田湖草沙一体化保护和修复的整体性、系统性。生态保护修复分区本质上是一种空间政策表达，其目的在于维护区域生态系统健康和安全，最终实现区域可持续发展，即如何布局生态修复取决于国土空间生态安全格局的塑造需求。因此，从生态安全格局构建和实现角度进行生态保护修复分区是当前主流模式。但现有分区技术方案对高强度人类活动导致的土地利用景观变化考虑不足，不能很好的适应大尺度国土空间生态安全格局的塑造需求。

基于地理空间指标进行分区一直是生态修复规划设计中的常用方法，通常以全域、全过程、全要素为修复分区基本原则，结合地域特征构建分区指标体系，生态系统服务是其中常见的生态功能指标。此外，一些指标体系在关注区域生境质量和生态系统服务的基础上，强调了区域社会经济发展对生态环境的扰动，例如结合压力 - 状态 - 响应（PSR）框架构建区域生态敏感性评价体系，以综合划定生态保护和修复分区。目前，生态修复分区的主要技术方法有生态安全格局及生态重要性、生态敏感性评价，生态系统压力 - 状态 - 潜力评价法，多因素综合空间分析法，指标评价法，综合分析法等。近年来，以机器学习为基础理论的概率分布模型在识别保护修复区域中取得了广泛应用。常用的模型包括最大熵模型、人工神经网络、随机森林算法、最小阻力模型、小波变换、蚁群算法等。

在大尺度（国家、区域、省级）上，目前主要采用基于主导功能的生态修复分区方法，按三级分类，一级修复区主要依据地域（流域）、高程、植被、气候等地域分异规律划分，二级修复区主要依据水源涵养、水土保持、生物多样性等主导生态功能划分，三级修复区主要依据“三区三线”典型生态问题划分，因地域分异和生态问题的差异，能实现连续且有区分度的生态修复分区。而在市县一级的小尺度分区中，往往采用单一方法来进行生态修复分区，目前主要有以下几种：一是基于生态安全格局进行分区、二是基于生态系统服务价值分区、三是基于指标评价法确定生态修复分区。

3.1.4 生态保护修复全过程监管

我国的生态保护修复工作虽然取得了一定的成效，但是自然生态系统总体较为脆弱的现状没有得到根本解决，生态系统服务质量不高、生态保护压力较大、生态修复系统性不足、多元化投入机制尚缺、科技支撑能力不强等诸多问题依然在一定区域、未来一段时间内存在。亟需建立支撑山水林田湖草生态保护与修复的调查、监测、评估、预警、辅助决策等和生态修复规划的监督实施体系，共享行业与部门间信息、形成生态保护修复的合力。

生态修复涉及矿山地质、水环境、湿地、退化污染废弃地、生物多样性等内容，因此监管的内容也需涵盖这些方面。生态修复工作多以工程项目的形式开展，因此需以工程项目为主线对生态保护修复进行监管。

首先，对生态修复规划编制成果进行管理，将这些成果作为生态修复项目规划分析的依据。其次，对生态修复项目实施前、实施中、实施后以下要素的变化进行监测：（1）生态系统要素，包括生态修复项目对区域内的大气、地质、水文、植被、生物等的影响；（2）规划管控要素，包括国土空间总体规划、专项规划等规划对生态保护红线、森林覆盖率等底线指标的刚性要求；（3）项目管控要素，包括项目期限、使用资金等内容。最后，对生态修复项目的实施成效进行评价。通过对上述要素的监测管理，形成“前期科学规划 - 过程动态监测 - 修复效果评价”全生命周期监管体系。

我国生态保护修复缺乏一个完整的、自成体系的、全覆盖的、全过程的监测平台，大多数矿山企业等生态修复的主体也未开展自主监测，使得事中、事后监管缺乏依据。在生态修复工程实施和跟踪监管中，亟待解决的问题主要有多层级国土空间生态修复项目过程监督体系的建立和完善；生态功能区域系统性、整体性生态修复绩效评价体系的建立；多类别、跨时域生态修复项目档案资料的收集管理；生态修复领域多类型知识积累、分享与辅助决策等。从监管落实方面，当前迫切需要综合运用新型测绘地理信息技术等技术化手段为生态修复监管工作提供技术支撑。

3.2 矿山生态保护修复关键技术

3.2.1 矿山生态保护修复的历史沿革

我国的矿山生态环境修复名词和起源主要来自于国外，由于专业的角度不同以及政府管理职责不同，因而产生了多种翻译的中文专业名词，如“土地复垦”“生态重建”“生态修复”“生态恢复”“地质环境治理”“矿区环境治理”等，对于矿山开采导致的生态环境问题治理来说，这些名词的实质是一样的。长期以来，我国“重开发、轻保护”的不合理矿产资源开采利用方式产生了大量废弃矿山，遗留了大量矿山生态环境问题。我国矿业废弃地生态修复始于 20

世纪50年代，直到80年代才取得一定进展，《土地复垦规定》等一系列法规政策标志着我国矿业废弃地修复步入规范性阶段。为了加快解决历史遗留的废弃矿山问题，自2000年以来，中国地质调查局先后开展了两轮全国矿山环境摸底调查，基本摸清了我国废弃矿山状况，为开展废弃矿山生态修复奠定了基础。2001年以来，原国土资源部等相关部门相继采取一系列措施，推进矿山地质环境专项治理，开展矿山复绿行动，建设国家矿山公园，并建立矿山地质环境治理恢复保证金制度，初步构建起开发补偿保护的经济机制，一批资源枯竭型城市的矿山地质环境得到有效恢复。近年来，我国矿山生态修复工作越来越得到重视，特别是党的十八大以来，国家将生态文明建设提升到前所未有的高度，废弃矿山生态修复成为我国生态文明建设的重要任务。

3.2.2 我国矿业废弃地修复的阶段划分

根据时间尺度，我国的矿业废弃地修复可以分为三个阶段：初期发展阶段（1990—2000年）、中期发展阶段（2001—2010年）、后期发展阶段（2011—2020年）。在初期发展阶段，复垦技术方面多以工程复垦技术、生物复垦技术、土壤基质改良技术等人工措施对破坏土地进行生态修复。土壤改良、水土流失防治、植被恢复重建、矿井废水治理等措施常用于矿区受损生态系统的重建。在中期发展阶段，信息技术不断丰富了土地复垦的实践，RS、GIS等技术逐渐应用于矿业废弃地土地复垦沉陷预测、植被覆盖度变化及空间差异等研究。实践探索主要为土壤改良和植物修复两方面。土壤改良多用工程与生物措施相结合的土壤整治方案及土壤种子库技术等，植被修复主要从植被基质改良和植物种类选取两方面开展。在后期发展阶段，机载激光雷达测量系统、ENVI软件、无人机测绘技术、三维景观建模技术等新技术手段逐渐运用到矿区复垦研究和评价中。目前，我国矿山生态保护修复工作正处在有序而广泛的开展阶段，基于自然的解决方案探寻矿山修复新的工程技术方法是本阶段的主要任务，矿山修复工程由简单而纯粹的植被恢复向新兴的产业转变，由纯工程方案向基于自然的解决方案转变，已初步形成矿山生态修复新格局。

3.2.3 矿山生态修复技术相关规定和标准

在矿山开采过程中，大量土地因失去利用价值而成为废弃地，如露天采场、废石场、尾矿库、塌陷区等。矿山修复就是对矿业废弃地污染进行修复，实现对土地资源的再次利用。在自然条件下，矿山废弃地经过自然演替恢复环境需要上百年。因此，通过人工干预恢复矿山废弃地的生态环境显得尤为必要。矿山生态重建包括地貌重塑、土体再造和植被恢复与生产力提供的连续过程，涉及自然、社会、技术等方面。传统的废弃地复垦技术有松散体稳定技术、水土保持技术、沙化扬尘防治技术、覆盖保墒技术、生土熟化技术和植物栽培技术，黄土母质直接铺覆工艺，污染岩层包埋压埋工艺，堆状地面排土工艺，草、灌、乔合理配置模式等。现阶段，我国矿山地质环境治理中常采用的矿山复绿技术方法主要有覆土绿化、挡墙蓄坡绿化、开凿平台绿化、边坡钻孔绿化、鱼鳞坑蓄土绿化、挂网喷播绿化、生态袋绿化、生态草毯绿化、飘台绿化、植生混凝土绿化等。

2010 年，国土资源部发布实施《全国矿山地质环境保护和治理规划（2009—2015 年）》（国土资发〔2010〕44 号），提出制定矿山地质环境监测、影响评价以及治理恢复技术规范和标准，以及矿山地质环境治理恢复工程验收规范和矿山地质环境管理考核指标体系等系列技术标准。加强矿山地质环境调查、监测及预测预报技术研究，开展矿产资源勘查开发全程矿山地质环境保护及修复技术、生态环境脆弱条件下的矿山地质环境保护与重建技术和矿山废物循环利用实用技术研究。

2013 年，环境保护部发布《矿山生态环境保护与恢复治理技术规范（试行）》（HJ 651—2013）和《矿山生态环境保护与恢复治理方案（规划）编制规范（试行）》（HJ 652—2013）两项标准为国家环境保护标准，规定了矿产资源勘查与采选过程中，排土场、露天采场、尾矿库、矿区专用道路、矿山工业场地、沉陷区、矸石场、矿山污染场地等矿区生态环境保护与恢复治理的指导性技术要求。

2016 年，国土资源部联合工业和信息化部、财政部等 5 部委联合下发《关于加强矿山地质环境恢复和综合治理的指导意见》（国土资发〔2016〕63 号），意见指出，加强关键技术攻关，加快研究推广先进适用的开采技术，减轻矿产资源开发对地质环境的破坏，推动保护式开采。完善矿山地质环境调查、评价、监测、治理技术标准体系，推广应用国产卫星遥感等先进技术，依靠科技进步，推进矿山地质环境恢复和综合治理。

2018 年，自然资源部发布了 9 项行业标准，包括《非金属矿行业绿色矿山建设规范》（DZ/T 0312—2018）、《化工行业绿色矿山建设规范》（DZ/T 0313—2018）、《黄金行业绿色矿山建设规范》（DZ/T 0314—2018）、《煤炭行业绿色矿山建设规范》（DZ/T 0315—2018）、《砂石行业绿色矿山建设规范》（DZ/T 0316—2018）、《陆上石油天然气开采业绿色矿山建设规范》（DZ/T 0317—2018）、《水泥灰岩绿色矿山建设规范》（DZ/T 0318—2018）、《冶金行业绿色矿山建设规范》（DZ/T 0319—2018）、《有色金属行业绿色矿山建设规范》（DZ/T 0320—2018）。9 项标准从矿区环境、资源开发方式、资源综合利用、节能减排、科技创新与数字化矿山、企业管理与企业形象等六方面，根据各个行业的特点做出相应要求。

2019 年，自然资源部印发《矿山地质环境保护规定》，该文件提出国家鼓励开展矿山地质环境保护科学技术研究，普及相关科学技术知识，推广先进技术和方法，制定有关技术标准，提高矿山地质环境保护的科学技术水平。

2021 年，中国地质科学院编制完成《绿色矿山建设规范》并公开征求意见，规范对矿山地质环境保护与土地复垦进行了规定。

现行的矿山生态保护修复相关技术标准如表 3-1 所示。

表 3-1　矿山生态保护修复技术相关标准

序号	标准号	标准名称	发布日期	实施日期
1	DZ/T 0223—2011	矿山地质环境保护与恢复治理方案编制规范	2011-07-07	2011-08-31
2	HJ 651—2013	矿山生态环境保护与恢复治理技术规范（试行）	2013-07-23	2013-07-23
3	HJ 652—2013	矿山生态环境保护与恢复治理方案（规划）编制规范（试行）	2013-07-23	2013-07-23
4	LY/T 2356—2014	矿山废弃地植被恢复与重建技术规范	2014-08-21	2014-12-01

续表

序号	标准号	标准名称	发布日期	实施日期
5	LY/T 2770—2016	南方有色金属矿区废弃地植被生态修复技术规程	2016-12-21	2017-03-01
6	LY/T 2991—2018	煤矸石山生态修复综合技术规范	2018-12-29	2019-05-01

专栏 3-1　中国地质调查局矿山生态修复的“四大法宝”

自然资源部中国地质调查局“十三五”科技创新发展规划明确提出，将大型资源基地资源环境综合调查作为重要矿产资源领域 4 项主要任务之一，在重要矿产资源调查、地质灾害防治与地质环境保护、国土资源开发与保护、基础地质支撑等计划中，部署了一系列地质环境调查项目。

作为自然资源部中国地质调查局的直属单位，成都矿产综合利用研究所（以下简称“成都综合利用所”）扎根西南，先后深入 1 000 多个矿区开展矿产开采、矿物加工、尾矿处理、环境恢复等工作，积累了大量资料。近年来，成都综合利用所适应新时期新形势对矿山环境治理的新要求，发挥自身的专业技术优势，积极投入到推进生态文明建设大潮中，努力推进矿山生态修复和可持续利用。在不断的实践探索中，成都综合利用所逐渐形成了矿山生态修复的“四项法宝”。

1. 化“危”为“安”，边坡治理穿绿衣。边坡治理的主要工作是要稳定边坡。该过程的任务是清除危石、降坡削坡，使未形成台阶的悬崖尽量构成水平台阶，把边坡的坡度降到安全角度以下，以消除崩塌隐患。随后，要对已经处理的边坡进行复绿，使其进一步保持稳定。

2. 化“废”为宝，尾矿焕发新生机。对占用大量土地的尾矿进行二次开发，提高尾矿的综合利用率；对开发用量大、投资少、有销路的尾矿，以实现规模经营和多品种开发的资源化、商品化使其变废为宝，真正成为经济商品中的一部分；对尾矿坝中的废水进行处理以达到国家标准，实现浮选废水适度净化后全部回用和零排放。除此之外，对于未处理的采空区、废旧巷道和硐室的矿山，利用井下采空区排放尾矿。

3. 化“污”为良，加快矿山生态重建。土壤改良是矿山废弃地生态恢复重要的环节之一。可以采取的措施包括一是异地取土措施：在不破坏异地土壤的前提下，取适量土壤，移至矿山受损严重的部位，在土壤上种植植物，通过植物的吸收、挥发、根滤、降解、稳定等作用，对受损土壤进行修复；二是废弃地改造措施：进行表土改造之前，设法灌注泥浆，使其包裹废渣，然后再铺一层黏土压实，造成一个人工隔水层，减少地面水下渗，防止废渣中剧毒元素的释放；三是土壤增肥改良措施：添加有效物质，使土壤的物理化学性质得到改良，从而缩短植被演替过程，加快矿山废弃地的生态重建。

4. 化“贫”为“春”，植物修复展新颜。植物修复是矿山生态修复的常用技术。该技术可在稳定被污染土壤及防止地下水二次污染的同时修复污染土壤，既不破坏土壤结构，又减少了修复费用，因此已成为重金属污染修复技术的研究热点。

3.3 河湖湿地生态保护修复关键技术

3.3.1 河湖湿地生态保护修复的历史沿革

1978 年改革开放以来，我国工业化进程加快，大量废污水倾倒在江河中造成大量黑臭水体；在城市化过程中，土地利用方式发生改变，森林无度砍伐，河湖被围垦，引起水土流失。由于大规模的基础设施建设，特别是水利水电工程建设，改变了河流地貌景观和水文情势，过度的水资源开发利用，造成河流干涸或断流，对水生态系统产生了重大影响。

我国对河流生态修复技术的认知起始于 20 世纪 90 年代，其中比较有代表性的是刘树坤 1999 年提出的“大水利”的理论框架，这种理论认为河流的开发应强调流域的综合整治与管理，同时注重发挥水的资源功能、环境功能和生态功能，流域的开发目标是提高流域自身的舒适度和富裕度，流域的开发与管理应以可持续发展为指导原则。

我国生态河流治理的历程可分为 4 个阶段：第一阶段，探索阶段（1998—2001 年），一些亲水岸线、滨河景观河道改造工程开始出现；第二阶段，萌芽阶段（2002—2006 年），我国开始有了一些生态治河的案例和新理念，但存在防洪河道和生态治理的矛盾；第三阶段，发展阶段（2007—2015 年），我国治河工程蓬勃发展，一系列河道整治的规范、导则、指南、评价指标和验收办法等相关法规体系逐渐完善；第四阶段，完善阶段（2016 年至今），生态治河进入了在"绿水青山就是金山银山"理念指导下全面融入生态建设的完善巩固阶段。党的十八大以来，我国全面加强水生态保护修复，31 个省（自治区、直辖市）全部建立了河长湖长制，省、市、县、乡、村五级河长湖长达到 120 余万名，全国水功能区水质达标率由 2012 年的 63.5% 提高到 2020 年的 88.9%。

2016 年 11 月，国务院办公厅印发《湿地保护修复制度方案》，要求湿地基础和应用科学研究，突出湿地与气候变化、生物多样性、水资源安全等关系研究。开展湿地保护与修复技术示范，在湿地修复关键技术上取得突破。

2018 年 12 月，生态环境部、发展改革委印发《长江保护修复攻坚战行动计划》，要求加快开展长江生态保护修复技术研发，系统推进区域污染源头控制、过程削减、末端治理等技术集成创新与风险管理创新，尽快形成一批可复制可推广的区域生态环境治理技术模式，加强珍稀濒危物种保护及其关键生境修复技术攻关。

2020 年 12 月，《中华人民共和国长江保护法》颁布，国家加大对太湖、鄱阳湖、洞庭湖、巢湖、滇池等重点湖泊实施生态环境修复的支持力度，制定实施长江河口生态环境修复和其他保护措施方案，对长江流域江河源头和上游地区实施生态环境修复和其他保护措施给予支持，鼓励并支持长江流域生态环境保护和修复等方面的科学技术研究开发和推广应用。

2021 年 10 月，中共中央、国务院印发了《黄河流域生态保护和高质量发展规划纲要》，要求黄河上中下游遵循自然规律、聚焦三江源地区，甘南、若尔盖等主要湿地，渭河等重点支流河源区，黄河三角洲湿地、大汶河、东平湖等下游主要河湖，黄河滩区等重点区域的生态保护和修复。

3.3.2 河湖湿地生态修复的关键技术

在河湖湿地生态修复的实践方面，国内进行了很多理论和实践探索，根据不同的生态修复目标和河湖水生态问题，总结形成了多样化的生态修复技术。河流生态修复是一项复杂的系统工程，目前国内的修复技术多种多样，根据河流健康关键因素，可分为水量生态修复技术，河流连通性修复技术，水质生态修复技术，水生生物修复技术。湿地生态修复技术主要包括 3 个方面，湿地生境恢复技术，湿地生物恢复技术，湿地生态系统结构与功能恢复技术。

3.3.3 水土流失治理关键技术

水土流失是自然界的一种现象，由于地球表面受到外力的磨损导致地表土壤、母质和岩石及水本身受到极大的破坏，加上我国地理环境较为特殊，我国已经成为全球水土流失最严重的国家之一。采取生态修复技术做好水土保持工作，特别是水利工程导致的水土流失，需要对传统的水利工程施工技术进行改善，确保满足当前的生态修复要求，保证水利工程和社会经济的可持续发展。

水土保持工程的生态修复技术主要有生态退化修复技术、针对频繁开垦土地的生态系统修复技术、针对稀缺植被的生态修复技术、经济林生态修复技术、固碳释氧技术、水资源保护利用技术、边坡修复技术、土壤改良技术、植物品种筛选与种植搭配技术、水生动物治理技术、自然退化生态修复技术、小型水利水保工程配置技术等。

3.3.4 河湖湿地生态修复技术的相关规定和标准

2015 年，环境保护部制印发了《湖泊流域入湖河流河道生态修复技术指南（试行）》，内容涵盖了河流生态环境调查与问题诊断，河流生态修复总体设计，河道形态保持、基底及岸坡修复，河道缓冲带构建，河道生态多样性修复，河道水质净化，以及相关工程项目的维护与管理、投资估算方法等方面。

2021 年，生态环境部印发《人工湿地水质净化技术指南》，通过对人工湿地水质净化工程从设计、施工、验收到运维进行系统性全流程指导，预防和处置人工湿地常见问题，稳定人工湿地水质净化效果，实现长期有效运行。

2021 年，生态环境部印发《河湖生态缓冲带保护修复技术指南》，对河湖生态缓冲带范围确定、保护修复措施选择、后期维护等方面进行系统性全流程指导，并根据河湖岸带类型和存在的具体问题提出针对性的保护修复技术措施。

《全国湿地保护“十四五”实施规划》指出，当前我国依托高校及科研院所紧紧围绕我国湿地发展面临的一些亟待解决的重大科学难题，开展了许多基础性和应用性研究，先后完成两次全国湿地资源调查，连续开展国际重要湿地生态状况监测；颁布湿地国家标准 4 项，行业标准 19 项等。但在生态保护和修复标准体系建设、新技术推广、科研成果转化等方面还存在短板，如关键技术研发的系统性和长效性不足，科技服务平台和服务体系尚不健全。“十四五”期间，将开展湿地标准体系建设，包括湿地基本术语、湿地信息库建设技术规范、湿地生态监测规范、泥炭地调查技术规范、红树林湿地保护和修复技术规范、湿地修复综合评价技术规程等。制修订全国湿地分级认定技术规范、小微湿地保护管理规范等国标。制修订湿地生态状况评定规范、湿地碳汇计量技术规范、退化湿地评估规范、湿地生态修复技术规程等行标。

现行的河湖湿地生态保护修复相关技术标准如表 3-2 所示。

表 3-2 河湖湿地生态保护修复及水土保持技术相关标准

序号	标准号	标准名称	发布日期	实施日期
1	GB/T 16453.1—2008	水土保持综合治理技术规范　坡耕地治理技术	2008-11-14	2009-02-01
2	GB/T 16453.2—2008	水土保持综合治理技术规范　荒地治理技术	2008-11-14	2009-02-01
3	GB/T 16453.3—2008	水土保持综合治理技术规范　沟壑治理技术	2008-11-14	2009-02-01
4	GB/T 16453.4—2008	水土保持综合治理技术规范　小型蓄排引水工程	2008-11-14	2009-02-01
5	GB/T 16453.5—2008	水土保持综合治理技术规范　风沙治理技术	2008-11-14	2009-02-01
6	GB/T 16453.6—2008	水土保持综合治理技术规范　崩岗治理技术	2008-11-14	2009-02-01
7	GB/T 15772—2008	水土保持综合治理　规划通则	2008-11-14	2009-02-01

续表

序号	标准号	标准名称	发布日期	实施日期
8	GB/T 15773—2008	水土保持综合治理　验收规范	2008-11-14	2009-02-01
9	GB/T 15774—2008	水土保持综合治理　效益计算方法	2008-11-14	2009-02-01
10	SL 389—2008	滩涂治理工程技术规范	2008-11-10	2009-02-10
11	SL 461—2009	岩溶地区水土流失综合治理技术标准	2009-12-25	2010-03-25
12	SL 657—2014	南方红壤丘陵区水土流失综合治理技术标准	2014-03-19	2014-06-19
13	SL 665—2014	北方土石山区水土流失综合治理技术标准	2014-03-19	2014-06-19
14	SL709—2015	河湖生态保护与修复规划导则	2015-06-02	2015-09-02
15	SL/T 800—2020	河湖生态系统保护与修复工程技术导则	2020-09-25	2020-12-25
16	SL/T 778—2019	山洪沟防洪治理工程技术规范	2019-05-31	2019-08-31
17	LY/T 2639—2016	华北地区河溪植被缓冲带建设技术规程	2016-01-18	2016-06-01

专栏 3-2　水体污染控制与治理科技重大专项

“水体污染控制与治理科技重大专项”是根据《国家中长期科学和技术发展规划纲要（2006—2020 年）》设立的十六个重大科技专项之一，旨在为我国水体污染控制与治理提供强有力的科技支撑，为我国“十一五”期间主要污染物排放总量，化学需氧量减少 10% 的约束性指标的实现提供科技支撑。

针对解决制约我国社会经济发展的重大水污染科技瓶颈问题，重点突破工业污染源控制与治理、农业面源污染控制与治理、城市污水处理与资源化、水体水质净化与生态修复、饮用水安全保障以及水环境监控预警与管理等水污染控制与治理等关键技术和共性技术。将通过湖泊富营养化控制与治理技术综合示范、河流水污染控制综合整治技术示范、城市水污染控制与水环境综合整治技术示范、饮用水安全保障技术综合示范、流域水环境监控预警技术与综合管理示范、水环境管理与政策研究及示范，实现示范区域水环境质量改善和饮用水安全的目标，有效提高我国流域水污染防治和管理技术水平。

水专项管理办公室组织筛选了一批标准规范，印发了《水专项支撑长江生态环境保护修复推荐技术手册》，包括工业水污染全过程控制、城镇污水、流域面源、生态修复、水环境管理 5 个分册。形成了《水专项支撑长江生态环境保护标准规范成果汇编》（以下简称《成果汇编》），包括治理类 7 个分册，管理类 11 个分册。其中生态修复类河湖生态修复的标准规范类成果包括《湖泊河流环保疏浚工程技术指南》（已颁布）、《高原湖泊入湖河流旁路治理技术规范》（已立项）、《湖泊流域入湖河流河道生态修复技术指南》（已颁布）、《湖滨带生态修复工程技术指南》（已颁布）、《受损湖滨带防浪堤生态化处置及基底修复技术规范》（已立项）、《规模养殖低污染尾水生态净化技术导则》（建议稿）、《低污染水生态净化（人工湿地）技术指南》（建议稿）、《富营养化湖泊沉水植被生态修复的模式工程技术导则》（建议稿）、《湖荡引、布、排水优化技术指南》（建议稿）、《小流域水质改善与生态修复技术指南》（建议稿）、《受损河流生态修复技术导则》（建议稿）。

3.4 森林生态保护修复关键技术

3.4.1 森林保护和生态建设六大重点工程

从 20 世纪 80 年代起，我国持续开展全民义务植树运动，实施了“三北”防护林等重点生态工程，制订了《森林法》《野生动物保护法》《防沙治沙法》《野生植物保护条例》《中国 21 世纪议程林业行动计划》《全国生态环境建设规划》等一系列法律、法规和政策、措施，使林业保持了较快发展。但是，生态恶化的趋势没有根本扭转。森林资源总量不足、质量低下、分布不均，林业发展与维护生态安全的要求极不适应。进入新世纪，我国更加重视生态建设，决定投资几千亿元，实施六大林业重点工程，带动林业跨越式发展，缩短在常规状态下恢复和发展森林资源所需的时间，用 50 年完成在常规状态下需要 100 多年才能完成的生态建设任务，使我国林业早日跨入可持续发展的新阶段。

（1）天然林保护工程。

在我国改革开放的前20年，国内生产的木材绝大部分来自天然林，东北、西南、西北三大国有林区和华中、中南两大集体林区每年提供的木材约占全国木材总量的70%～80%。1997年，全国商品材产量中天然林占到61%，国有林区135个森工企业所提供的商品材，天然林占比为98%。1998年，长江、松花江、嫩江流域洪水肆虐。洪水刚退，党中央、国务院作出了停止对长江上游、黄河上中游地区天然林的采伐，有计划地对东北地区的天然林实行禁伐和限伐，同时采取飞播造林、封山育林和退耕还林等手段尽快恢复林草植被的决定，并在云南、四川、重庆、贵州、陕西、甘肃、青海、新疆、内蒙古、吉林、黑龙江和海南等12个省级行政区开始了天然林保护工程试点。2000年底，国务院批准天然林资源保护工程实施方案，工程全面启动。根据第八次全国森林资源清查，对比第七次清查，天保工程区天然林面积增加了2 835万亩，占全国天然林面积增加总量的88%；天然林蓄积增加了5.46亿m^3，占全国天然林蓄积增加总量的61%；全国生态功能等级为好的天然乔木林面积增加了4 920万亩，增幅达19%。天保工程对全国森林资源增长作出了突出贡献。

（2）退耕还林工程。

1999年8—10月，国务院主要领导先后视察陕西、云南、四川、甘肃、青海、宁夏6省级行政区，统筹考虑加快生态环境建设、实现可持续发展和解决粮食库存积压等多种目标，提出“退耕还林（草）、封山绿化、以粮代赈、个体承包”的政策措施。1999年，四川、陕西、甘肃3省率先开展了退耕还林试点，由此揭开了我国退耕还林的序幕。2002年1月10日，国务院西部开发办公室召开退耕还林工作电视电话会议，确定全面启动退耕还林工程。前一轮退耕还林还草历时15年（1999—2013年），共实施退耕地还林还草1.39亿亩、宜林荒山荒地造林2.62亿亩、封山育林0.46亿亩，造林总面积4.47亿亩。截至2020年底，中央财政投入补助资金4 445亿元。工程涉及25个省（区、市）和新疆生产建设兵团的287个地市（含地级单位）2 422个县（含县级单位），3 200万农户1.24亿农民直接受益。2014年开始实施新一轮退耕还林还草，截至2020年，

22 个工程省区和新疆生产建设兵团共实施新一轮退耕还林还草任务 7 550 万亩，其中退耕地还林还草 7 450 万亩、宜林荒山荒地造林 100 万亩。

（3）“三北”和长江中下游地区等重点防护林建设工程。

①“三北工程”。1978 年，在邓小平等老一辈中央领导同志的亲自倡导和关怀下，党中央、国务院站在中华民族生存和发展的战略高度作出建设三北防护林体系的重大决策，得到三北地区各族人民的热烈拥护，引起国内外的广泛关注，被誉为中国“绿色长城”“改造自然的伟大壮举”、世界“生态工程之最”。工程涉及 13 个省（区、市）的 725 个县（市、区、旗）和新疆生产建设兵团，土地总面积 435.8 万 km^2，占国土面积的 45.3%。工程规划从 1978 年到 2050 年，历时 73 年分 3 个阶段 8 期工程建设。三北工程预计造林 3 508.3 万 hm^2，三北地区的森林覆盖率由 5.05% 提高到 14.95%，工程建设 43 年来，特别是党的十八大以来，在党中央、国务院的正确领导下，在有关部门的大力支持下，三北地区各级党委、政府以及广大林业部门组织带领各族干部群众，艰苦奋斗、顽强拼搏，历经几代人的不懈努力，三北工程累计完成造林保存面积 3 174.29 万 hm^2，工程区森林覆盖率由 1977 年的 5.05% 提高到 2020 年的 13.84%，在祖国北疆筑起了一道抵御风沙、保持水土、护农促牧的绿色长城，并取得了巨大生态、经济、社会效益，成为全球生态治理的成功典范。

②长江流域防护林体系建设工程。我国 1989 年启动了长江流域防护林体系建设一期工程，规划造林任务 648.4 万公顷。二期工程（2001—2010 年）建设范围扩大到长江、淮河、钱塘江流域，涉及 17 个省（市）的 1 035 个县（市、区），规划造林任务 687.72 万 hm^2。三期工程（2011—2020 年）规划造林任务为 530.21 万 hm^2。工程实施 30 多年来，累计完成造林 1 184 万 hm^2。中国“长江流域防护林体系建设工程”（简称“长防林”）是全球第一个进行大江大河全流域治理的世界超级生态工程。1989 年，长江中上游防护林体系建设工程开始实施，这是继三北防护林体系建设工程之后，中国启动的又一大型重点林业生态工程，被列为世界八大生态工程之一。

（4）京津风沙源治理工程。2000 年，面对风沙逼近北京城的严峻形势，我国紧急启动京津风沙源治理工程。20 年来，通过对沙区植被依法实施“三禁”等保护措施，对沙化土地实施人工造林种草、封沙育林育草、退耕还林还草等生物措施和小流域综合治理、工程固沙等工程措施以及优化生产方式、实行生态移民等预防措施，保护和增加植被，修复生态，极大改善了京津周边地区的生态状况。20 年来，工程区累计营造林 902.9 万 hm^2，工程固沙 5.1 万 hm^2，草地治理 979.7 万 hm^2，森林覆盖率由 10.59% 增加到 18.67%，综合植被盖度由 39.8% 提高到 45.5%。北京市大气可吸入颗粒物年平均浓度从 2000 年的 162 $\mu g/m^3$ 下降到 2019 年的 68 $\mu g/m^3$，沙尘天气发生次数从工程实施初期的年均 13 次减少到近年来年均 2～3 次，空气质量明显改善。

（5）野生动植物保护及自然保护区建设工程。为进一步加大野生动植物及其栖息地的保护和管理力度，提高全民野生动植物保护意识，加大对野生动植物保护及自然保护区建设的投入，促进其持续、稳定、健康发展，并在全国生态环境和国民经济建设中发挥更大的作用。1999 年 10 月，国家林业局组织有关部门和专家对今后 50 年的全国野生动植物及自然保护区建设进行了全面规划和工程建设安排。2001 年 6 月，国家林业局组织编制的《全国野生动植物保护及自然保护区建设工程总体规划》得到正式批准，这标志着中国野生动植物保护和自然保护区建设新纪元的开始。总体规划分为三个阶段：近期为 2001—2010 年（其中 2001—2005 年与国家“十五”计划相衔接），中期为 2011—2030 年，远期为 2031—2050 年。到建设期末，使我国自然保护区数量达到 2 500 个（林业自然保护区数量为 2 000 个），总面积 1.728 亿 hm^2，占国土面积的 18%（林业自然保护区总面积占国土面积的 16%）。

（6）重点地区速生丰产用材林基地建设工程。该工程是一项兼具生态功能的林业产业基础工程，主要解决木材供应问题，同时减轻木材需求对森林资源的压力。工程布局于我国 400 mm 等雨量线以东的 18 个省区的 886 个县、114 个林业局、场，建设总规模为 133 万 hm^2，为期 15 年。计划 2001—2015 年，分三期建立速生丰产用材林基地近 1 333 万 hm^2。工程建成后，每年可提供木材 13 337 万 m^3。以生产木材为主的重点地区速生丰产林基地建设工程，在保障国家建设对木材需要的同时，依然发挥着巨大的生态功能，并且可以从根本上缓解经济快速发展给森林资源带来的压力，从而可为其他工程创造更好的发展条件，更好地保障以生态建设为主的落叶发展战略的实施。

3.4.2 森林生态保护修复的主要技术

退化森林生态系统的恢复和重建，首先要对修复的生态系统进行科学评估，详细了解森林生态系统的主要物种组成，从而采取多样化的修复策略，针对林区基本树种进行科学选择，从而借助多样性的生态系统，提高退化森林系统的防护能力，以科学的管理模式，制定行之有效的种植管理方案。如封山育林、补植补造、抚育（清除杂灌、修枝、清除非目的树种等）、低效林改造更新等措施，对一些病木、枯死木进行采伐，提升部分退化林的修复能力，及时剔除已经无法恢复的树木，有效实现退化森林系统的资源利用效率的提升和改善，退化森林系统的抚育工作，是针对水土保持林、农田防护林中的中幼林，以科学的养护模式与合理的管理策略，保障林木基本的生长营养。

森林生态保护修复主要以植被恢复为主，以生态系统和植物生长要素为基础，以植物的生长能力为依托，对裸露的地表土壤进行填充。从 2010 年开始，我国相关部门开始推行建设绿色矿山项目，将遥感监测技术广泛应用于矿区森林生态恢复监测，随着科学技术的发展，无人机逐渐运用到复垦林地的监测中。我国正在积极探索以生态保护优先，自然恢复为主，在充分借助自然演替与天然更新的前提下，实施针对性人工辅助措施，例如抚育择伐、林窗和保留木调控等方式加速目的树种的更新、生物多样性和生态功能的快速修复。

2019 年，中共中央办公厅、国务院办公厅印发了《天然林保护修复制度方案》，要求强化天然林修复科技支撑，组织开展天然林生长演替规律、退化天然林生态功能恢复、不同类型天然林保育和适应性经营、抚育性采伐等基础理论和关键技术科研攻关工作，加强对更替、择伐、渐进、封育尤其是促进复壮等天然林修复方式的研究和示范。加快天然林保护修复科技成果转移转化，开展技术集成与推广，加快天然林保护修复技术标准体系建设。

3.4.3 森林生态保护修复的相关规定和标准

2022 年，国家林草局组织制定了《退化林修复技术规程》，开展退化林修复的技术体系、判定指标和修复措施等内容的相关研究和标准制定。

现行的森林生态保护修复相关技术标准如表 3-3 所示。

表 3-3　森林生态保护修复技术相关标准

序号	标准号	标准名称	发布日期	实施日期
1	GB/T 38360—2019	裸露坡面植被恢复技术规范	2019-12-31	2019-12-31
2	LY/T 1749—2008	梭梭林保护与恢复技术规程	2008-03-31	2008-05-01
3	LY/T 1763—2008	沿海防护林体系工程建设技术规范	2008-09-03	2008-12-01
4	LY/T 2028—2012	西南山地退化天然林恢复规程	2012-02-23	2012-07-01
5	LY/T 2365—2014	大熊猫栖息地植被恢复技术规程	2014-08-21	2014-12-01
6	LY/T 2651—2016	退化森林生态系统恢复与重建技术规程	2016-07-27	2016-12-01
7	LY/T 2764—2016	西南亚高山退化森林恢复与可持续经营技术规范	2016-10-19	2017-01-01
8	LY/T 2771—2016	北方地区裸露边坡植被恢复技术规范	2016-12-21	2017-03-01
9	LY/T 2786—2017	三北防护林退化林分修复技术规程	2017-06-05	2017-09-01
10	LY/T 2964—2018	三峡库区消落带植被生态修复技术规程	2018-02-07	2018-06-01
11	LY/T 3179—2020	退化防护林修复技术规程	2020-03-30	2020-10-01
12	LY/T 3180—2020	干旱干热河谷区退化林地土壤修复技术规程	2020-03-30	2020-10-01

专栏 3-3　西南高山亚高山退化森林生态恢复技术体系

西南高山亚高山区主要指位于四川西部、云南西北部和西藏东南部一带的长江上游、澜沧江等源头的高海拔地区，一般海拔为 2 500～4 500 m 的区域内分布有以亚高山针叶林为主的森林生态系统，其是相关规划中青藏高原和黄土高原 - 川滇两大生态屏障的重要组成部分，也是长江上游重要的生态屏障和国家实施“天然林保护工程”的重要地区。特殊的高寒生态环境，叠加人为干扰和全球气候变化等因素的影响，使得大部分退化森林生态系统仍存在自然恢复困难、恢复进程缓慢和生态服务功能低下等问题。

2017年，国家重点研发计划重点专项“典型脆弱生态修复与保护研究”支持了“西南高山亚高山退化森林生态系统恢复重建技术研究”项目（2017YFC0505000）。该项目由中国科学院成都生物研究所牵头，中国林业科学研究院、四川农业大学、四川省林业科学研究院、中科院成都山地灾害与环境研究所、西南大学、电子科技大学和成都理工大学等单位参与。基于植被演替阶段和主体生态功能提升的总体思路，项目团队开展了长期的试验示范研究，包括森林退化演替地下生态过程基础理论研究和生态恢复、景观塑造、苗木繁育、功能评价技术研发及集成等。

在生态恢复促进技术方面，针对亚高山区广泛分布的次生灌丛水源涵养功能低、修复技术缺乏等问题，通过灌木层与根际微生境调控，创建了退化次生灌丛快速成林的恢复技术体系，包括灌丛冠幅调控、地被物调控、建群树种种子直播和栽植抚育技术等，使高山区建群树种萌发率提高了10%～20%，定植成功率提高了10%以上，有效促进了建群树种的更新、生长和恢复演替，可应用于天然林保护、经济林栽培和景观恢复工程。

3.5 草原生态保护修复关键技术

3.5.1 草原生态治理存在的问题

草原是地球的“皮肤”和“衣被”是我国面积最大的陆地生态系统，是国家安全的重要载体。我国是草地退化形势最为严峻的国家，草地开垦、过度放牧，导致草地生态功能衰退和丧失，气候灾害和鼠虫等生物灾害频率增高，牧草质量和生产能力下降。长期以来，由于重开发轻保护、不合理利用等原因，我国90%左右的天然草原出现不同程度的退化，对国家生态安全构成严重威胁，也直接影响牧区经济社会的可持续发展。改革开放40多年来，特别是党的十八大以来，我国草原保护修复工作不断强化，取得了明显成效，为保障国家生态安全、促进经济社会可持续发展、维护边疆稳定和民族团结，发挥了重要作用，也积累了许多宝贵的经验。但我国草原总体退化的趋势尚未完全遏制，草原生态依然十分脆弱，是生态文明建设的明显短板。草原科技支撑能力不足，特别是草原保护修复实用技术研发能力较弱，科技成果推广运用不足。草原保护修复科技贡献率不足30%，远远低于草业发达国家水平。

3.5.2 草原恢复的主要技术

自20世纪80年代我国草原大面积退化以来，草原工作者开展了大量天然草地恢复治理工作。概括起来可以分为两个方面：放牧管理制度的优化和人为辅助改良。前者主要包括围封禁牧、季节性休牧、划区轮牧、打草场轮刈和牧刈轮替等技术；后者主要包括草地浅耕和松耙、草地施肥和牧草补播等措施。针对草原生态保护修复技术的研究主要以植被恢复技术为主，一般的修复方式是按照草原植被情况、草原地形和草原土壤的情况进行综合考虑和分析。当草原植被覆盖面积能够达到50%及以上时，可以实行围栏封育的方式；当草原植被覆盖面积小于50%时，且草原的土质优良，厚度可达到10 cm、坡度小于30°时，可以实行围栏封育加上补播的方式；当草原植被覆盖面积小于50%，而且土质较差甚至贫瘠时，补种的效果不好，只能实行围栏封育的方式。

2015年，发展改革委会同有关部门启动实施了《农业环境突出问题治理总体规划（2014—2018年）》，规划将农牧交错带已垦草原治理工程作为7大工程之一，在河北、山西、内蒙古、甘肃、宁夏和新疆等6个省级行政区的农牧交错带弃耕已垦草原开展治理，采取“退、种结合”模式，推广种植多年生耐旱优良牧草品种，采用旱作技术恢复建设多年生人工草场，增加植被盖度，提高饲草生产储备和利用能力，补充区域草原畜牧业饲草料供应量，减轻天然草原承载压力。

2021年，国务院办公厅印发《关于加强草原保护修复的若干意见》，提出了12条工作措施和4条保障措施，为加强我国草原生态保护，推进草原生态恢复，促进草原合理利用提供了指引。

3.5.3 草原生态恢复相关规定及标准

“十三五”期间，我国草原保护修复进程明显加快，重大政策落地生根，重大工程成效显著，草原生态质量不断提高。我国草原实现质量、数量双增，草原生态持续恶化趋势得到初步遏制。2018年，农业农村部组织制定《退化草地修复技术规范》（GB/T 37067—2018），规定了温性草原退化草地诊断、退化草地修复方法等。

2021年，国家林草局组织制定了林业行业标准《草原生态修复技术导则》，规定了退化草原生态修复原则，草原退化类型、程度及原因诊断，退化草原生态修复技术，退化草原生态修复技术模式，退化草原修复后健康评价指标，退化草原生态修复后的利用等的基本要求。

2022年，国家林草局组织编制的《退化草原生态修复主要技术模式》出版发行，该书是我国退化草原生态修复的第一本技术模式集成，为我国退化草原的分区、分类和分级生态修复提供可复制、可推广、可应用的技术模式及实用性案例，首次涵盖了我国从北到南、从东到西不同区域所有类型草原的退化修复模式。从草原退化成因、退化状态、退化类型，到生态恢复的技术选择、管理模式、成效评价、推广区域等生态恢复的全要素、全方位系统介绍退化草原生态修复的技术模式。

专栏3–4　草原生态修复工程建设标准研究

各类草原标准是我国开展草原生态修复技术指南，目前，国内尚无草原生态修复工程建设标准研究。2020年4月，国家林业和草原局组织了《草原生态修复工程建设标准研究》编制。

研究从我国草原面积、种类、生态现状、退化原因、草原保护、修复工程开展情况等方面进行。未来草原生态修复及标准建设的主要任务四个方面系统分析了近20年来，中国草原保护历程，生态修复标准建设情况。依据对全国标准信息公共服务平台、中国标准服务网等标准网站统计，共收集各类涉及到草原生态修复类标准共计307项。按照适用范围分为国家标准15项，占总数的4.89%；行业标准23项，占总数的7.49%；地方标准265项，占总数的86.32%；其他标准4项，占总数的1.3%，国家和行业标准数量较少。从市场适应性分析，我国现行的草原生态修复标准标龄5年以上的占71.34%，平均标龄8.12年，标准老化严重。由于标准修订不及时，造成许多技术内容相对陈旧，市场适应性较差，不能较好地指导草原生态保护及修复。

依据我国草原生态建设总体要求，围绕“十四五”及未来我国草原生态建设重大部署，未来我国草原生态修复标准建设，要首先要摸清我国草原资源底数，加快“三化”级别判定类标准的制定；完善我国草原生态修复体系，鼓励涉草企业及行业组织参与相关标准的制定，加大草原生态修复标准投入力度，加快标准类人才培养。构建以国家标准、行业标准为基础，地方标准、企业标准为补充的全覆盖草原保护修复高质量发展标准体系，为我国开展草原生态修复提供技术支撑。

专栏3-5　北方草甸退化草地系统性修复技术体系

近年来，随着草地退化带来的生态灾难和生产损失逐渐增加，各级政府部门和科技界对草地生态退化机理、恢复治理技术十分关注，也取得了一系列研究进展。“十一五”以来，国家科技支撑计划、国家重点研发计划相继启动了“典型脆弱生态系统重建技术开发”“典型脆弱生态修复与保护研究”等重点专项，开展了退化生态系统修复保护的理论和技术探索。针对北方半湿润半干旱地区草甸和草原的退化机制、恢复技术及其原理等，大量学者开展了联合攻关，研发了区域差异化的恢复技术治理，重点突破群落优化配置、生态系统功能提升等关键共性技术，建立各区域生态恢复治理技术标准与配套模式。

我国北方草甸和草甸草原是北方牧区生产力最高、生物多样性最丰富、生态承载力最大的草场，在草原牧区乡村振兴和美丽中国建设中具有举足轻重的作用。当前气候变化、过度利用等因素导致北方草甸和草甸草原出现普遍退化倾向，而国内还缺乏针对性的退化评估标准和恢复理论，应用上没有形成相关治理技术体系与模式。“北方草甸退化草地治理技术与示范”是“十三五”国家重点研发计划生态专项第一批启动的任务之一，以我国北方半湿润半干旱区草甸和草甸草原生态系统为研究对象，着眼于生态文明建设和草原生态保护的战略需求，针对北方草甸和草甸草原退化机理、恢复机制和治理技术、后修复阶段生态产业技术创新等三个方面开展研究，创建系统性、可移植的退化草甸和草甸草原治理技术体系与模式，为我国草原畜牧业与生态环境和谐发展、牧民致富和稳定增收提供技术支撑。

本项目联合国内 18 家同行机构、主要技术骨干近百人，针对北方草甸和草甸草原的退化机制、恢复技术及其原理、后修复阶段生态产业发展进行了 5 年联合攻关，理论上探索了多元利用途径和气候变化共同作用下北方草甸及草甸草原的退化机理，建立了北方草甸和草甸草原退化等级评估体系，提出了我国草甸退化草地的系统性恢复理论及生态恢复治理的技术原理，技术上以呼伦贝尔、锡林郭勒、科尔沁、松嫩平原、寒地黑土区等典型区域草甸草地为对象，研发区域差异化的恢复治理技术，重点突破群落优化配置、生态系统功能提升等关键共性技术，建立各区域生态恢复治理技术标准与配套模式；应用上从修复后生态系统稳定性维持及替代产业持续发展的需求出发，构建生态富民的产业技术体系与优化模式，促进北方草甸草地区域新兴生态产业带的发展。

历经 5 年的联合攻关，项目取得了一系列重要成果，如天然割草场植被土壤定向修复技术、退耕地修复与快速重建技术、智慧生态牧场技术等。其中，天然割草场植被土壤定向修复技术，是针对研究区天然割草场退化影响冷季饲草供给的现状，集成了草原植被和土壤物理、化学、生物修复技术，研制了天然割草场植被修复、土壤培育与长效利用技术与模式。退耕地修复与快速重建技术，是针对天然草原退耕地快速修复，研制牧草高产栽培利用技术模式，包括乡土牧草品种选育、群落结构优化、水肥一体化管理、低损耗收获与牧草深加工等关键技术。智慧生态牧场技术，则是基于 3S、物联网、大数据等技术手段，开展天空地一体化牧场监测与智慧管理，实现牧场环境信息自动感知、草畜生产过程智能管控、全产业链智慧决策。通过搭建智慧牧场云平台，即时获取牧场植被生长、家畜放牧等信息，并通过互联网等实时推送给牧民，为草畜精准生产管理提供决策参考。

专栏 3-6　荒漠化退化草地治理技术体系

《荒漠化退化草地治理技术及示范》项目是科技部十三五国家重点研发专项“典型脆弱生态修复与保护研究”项目之一，由内蒙古大学牵头，联合 20 家高校、科研院所及地方草原站共同实施。项目已建立实验与示范区约 43 万亩，项目成果为荒漠化退化草地治理、北方生态安全屏障构建及生态畜牧业发展提供技术支撑，取得了良好的经济效益、社会效益和生态效益。

项目以内蒙古中西部干草原、荒漠草原及荒漠区天然草地为主要研究区，以荒漠化草地退化机制与生态系统服务评估为基础，以退化草地修复、生态畜牧业、草业发展技术研发与示范为重点，以生态产业技术集成与示范为主要创新，以技术示范与技术推广为主要成果转化机制进行项目研究。

项目研发了荒漠退化草地快速治理、恢复与稳定维持技术，去除针茅颖果危害的生物防控技术、草地资源与畜群结构时空优化配置及精准管理技术、草原放牧家畜载畜量精准管理系统、基于高光谱遥感技术的草地退化新监测方法、减少碳交易监测成本等 29 项关键技术；筛选出草木樨、黄花苜蓿、冰草等优质牧草品种并用于人工草地建设；构建了退化草原诊断标准与诊断方法、低碳密度生态系统碳交易模式、草地退化的综合监测框架体系。

专栏 3-7　青藏高原退化草地修复技术体系

针对青藏高原退化草地恢复问题，中国草地生态学科研人员开展了大量的研究并提出一系列的恢复措施，为中国草牧业与生态环境的和谐发展提供了技术支撑。2000—2019 年，Web of Science 核心数据库及中国知网中文数据库关于青藏高原退化草地生态修复的研究案例共计 169 个，针对青藏高原草地恢复措施共计 12 项，其中应用最为广泛是围栏封育（78 个案例）、其次为人工草地建植（35 个）、退耕还草（12 个）、免耕补播（11 个）、施肥（11 个）的研究案例数也在 10 个以上，而草方格沙障、草地灭鼠、划破草皮等修复措施案例也有研究[①]。

目前青藏高原退化草地恢复的主要措施中，围栏封育的研究相对较多，而利用火烧、刈割和控制杂草的研究相对较少。此外，中国缺乏利用干草覆盖和草皮移植技术方面的研究，但草方格沙障和草原灭鼠是中国特有的草地生态恢复技术。为切实解决青藏高原退化草地恢复的主要物源制约因子及应用技术上的难题，应该基于长期定位监测、野外调查、遥感影像和实验数据，对近 20 年来青藏高原典型区域高寒草地植被演变过程进行分析，判断草地退化程度及恢复潜力，明确限制不同退化类型高寒草地恢复的种源、土壤养分和微生物功能群，分析影响人工补播群落稳定性的因素，阐明退化草地恢复的关键生态学过程及限制因子。在此基础上，研发退化高寒草地恢复物源调控技术体系（包括植物种源调控、微生物调控、土壤养分调控），分析牧民对草地恢复物源调控技术的认知和响应方式，提出在藏区应用物源调控技术行之有效的草地恢复适应性管理模式，并进行推广。

① 贺金生，刘志鹏，姚拓，等. 青藏高原退化草地恢复的制约因子及修复技术 [J]. 科技导报，2020，38（17）：66-80.

3.6 沙（荒）漠化综合治理关键技术

3.6.1 沙（荒）漠化综合治理的历史沿革

荒漠化是全球性的重大生态问题，也是全人类共同面临的严峻挑战。据联合国估计，全球有四分之一的土地受到荒漠化的威胁，影响着100多个国家的超过10亿人口的生计。我国也是受荒漠化影响比较大的国家之一，其中风蚀荒漠化即沙化是主要表现形式，特别是在广袤的西北地区，风沙危害严重。我国每年因荒漠化问题造成的直接经济损失超过640亿元人民币，将近4亿人直接或间接受到荒漠化问题的困扰。防沙治沙、国土绿化是遏制我国北方土地退化的重大举措，是我国应对荒漠化的国家行动。按时间进程，我国治沙70年大致经历了“全民动员、进军沙漠的起步”“国家意志、工程带动的发展”“以外促内、提速增效的推进”三个阶段。近40年来，我国启动了包括“三北”防护林体系建设工程、京津风沙源治理、天然林保护、退耕还林还草等16项投资巨大、影响深远的生态修复工程。2000—2017年，我国通过一系列生态修复工程来进行绿地恢复，大地实现了“由黄变绿”，贡献了全球25%的绿色增加量。2019年八大沙漠、四大沙地的土壤风蚀总量较2000年下降约40%；风沙危害明显减轻，沙尘天气明显减少，近5年较常年减少24.43%。十多年来，中国土地净恢复面积占全球的18.24%，位列世界第一，对全球土地退化零增长作出了重要贡献。

“十三五”期间，我国全面实施省级政府防沙治沙目标责任考核工作，国家林草局代表国务院与12个省（区）人民政府和新疆生产建设兵团签订了《“十三五”防沙治沙目标责任书》，会同发改委、生态环境部、自然资源部等5部门完成了“十三五”防沙治沙目标责任中期督促检查，在全国范围内组织开展了防沙治沙法执法督查，并对内蒙古等8省（区）进行了专项督查。目前，我国已形成了以“宏观监测”为主，重点地区专题监测、定位监测、年度趋势监测等为辅的“1+N”荒漠化沙化监测体系，实现了“空-天-地-网”监测一体化。为使监督科学规范，5 年来相继制定完善了《防沙治沙标准化体系框架》《全国荒漠化和沙化监测技术规定》等相关技术规程。国家林草局荒漠化防治司组织制定了《全国防沙治沙规划 2011—2020 年》《京津风沙源治理二期工程规划（2013—2022 年）》《岩溶地区石漠化综合治理工程“十三五”建设规划》《国家沙漠公园发展规划（2016—2025 年）》等规划，推动全国荒漠化、石漠化综合治理工作有序开展。2020 年立足长远描绘新蓝图，组织力量编写《全国防沙治沙规划（2021—2035 年）》《全国沙产业发展规划纲要（2021—2035 年）》以及开展“十四五”石漠化综合治理工程规划思路研究工作，为“十四五”荒漠化防治工作谋好篇、布好局、起好步。2018 年，第十三届全国人民代表大会常务委员会第六次会议修正了《中华人民共和国防沙治沙法》，对防沙治沙规划、土地沙化预防、沙化土地治理等方面提出了明确要求。

《全国防沙治沙规划（2021—2035 年）》指出，随着防沙治沙进程的深入，我国逐步形成了较为完善的防沙治沙法律体系、政策体系、规划体系、考核体系，以及工程建设体系、科研技术推广体系、监测预警体系、履约与国际合作体系，有力推进了防沙治沙进程。尤其“十三五”以来，防沙治沙体系建设实现突破性进展。先后出台实施了一系列规划，对防沙治沙、国家沙漠公园建设等进行整体布局；经国务院同意，制定印发了《沙化土地封禁保护修复制度方案》，明确提出从实行严格的保护制度、建立沙化土地修复制度等五方面健全制度体系，治沙改革走向深入；启动实施了规模化防沙治沙试点项目，在中央财政开辟了新的防沙治沙资金渠道；实施了精准治沙重点县建设，推进沙化土地精准治理；首次以国土“三调”数据为底图，开展了第六次荒漠化和沙化调查监测工作。

2022 年，国家林草局加强顶层设计，做好系统科学规划和荒漠化治理工作。续建 9 个、组织申报 10 个国家沙化土地封禁保护区，修订《国家沙化土地封禁保护区管理办法》，研发沙化土地封禁保护区建设管理系统，加强封禁保护区建设活动监管。与中科院、中国气象局、中国水科院等开展联合研究，形成《中国荒漠化和沙化地区生态建设战略研究报告》等专题成果 8 项，出台《北方防沙带防沙治沙技术指南》，成立荒漠化防治标准委员会，印发《荒漠化防治领域标准体系》。

3.6.2 沙漠化综合治理的主要技术及标准

沙漠化地区干旱、风沙盛行，土壤贫瘠，植被种类稀少且覆盖度较小，恶劣的自然环境造成区域植被修复及治理任务难度较大。对于土地荒漠化的治理，在纯技术层面，我国早已建立了相对成熟的技术体系与工程模式，比如生态移民、开发水源、植树育林等。我国的防沙治沙工作在探索中不断前进，积累和总结了众多防沙治沙模式和典范，针对不同生物气候带沙区，建立多种类型的沙漠化治理模式和系统的沙漠化治理技术体系，推动了区域沙漠化的治理进程。目前，利用人工植被进行沙漠化（或沙害）防治也是国际上公认的沙区生态重建和沙害防治的有效方法及途径。此外，使用最广、效果最明显治理方式是半隐蔽式草方格沙障（简称草方格）流沙固定措施。近年来，人工生物土壤结皮固沙技术、环保化学固沙材料、生态垫和微生物固沙等快速治沙和生态修复技术发展迅速，成为沙化土地治理的新方法和新模式。

通过对中国知网和万方数据库 1980—2019 年沙化土地治理和生态修复相关研究[①]，我国沙化土地治理的关键技术措施可以分为五大类：生态建设措施、物理修复措施、生物修复措施、化学修复措施以及联合治理措施。这五类措施是我国主要的沙化治理措施，既是沙化土地治理研究的缩影，也是治理历程的时代见证。生态建设措施包括增加裸露地植被覆盖度、建设生态防护林涵养水源区、修复沙地植被、增种沙生植物、增加农业灌溉条件、意杨河坡造林、沙改田种植作物等。物理修复措施包括封山育林、设置机械沙障、引水冲沙、洪淤压沙、客土调剂压沙、小范围改变地貌状况等。生物修复措施包括保护性耕作、围栏封育、微生物分解、生物腐植酸应用技术等。化学修复措施包括植生带绿化技术和功能化高分子不织布植生带技术。联合治理措施主要包括物理 - 生态联合技术、生物 - 化学联合技术以及生态、物理、生物、化学等不同类别工程措施的结合和综合应用。

---

① 李芹芳，邓瑞丰，李文．基于文献定量分析的我国沙化土地治理研究 [J]. 农业科学研究，2021，42（03）：48-53.

现行的沙（荒）漠化综合治理相关技术标准表 3-4 所示。

表 3-4　沙（荒）漠化综合治理技术相关标准

序号	标准号	标准名称	发布日期	实施日期
1	GB/T 24255—2009	沙化土地监测技术规程	2009-07-08	2009-12-01
2	GB/T 28419—2012	风沙源区草原沙化遥感监测技术导则	2012-06-29	2012-11-01
3	LY/T 1758—2008	京津风沙源治理工程社会经济效益监测与评价指标	2008-09-03	2008-12-01
4	LY/T 1751—2008	荒漠胡杨林更新复壮恢复技术规程	2011-07-07	2011-08-31
5	LY/T 2540—2015	西北干旱荒漠区河岸植被恢复技术规程	2015-10-19	2016-01-01
6	LY/T 2997—2018	高寒区沙化土地综合治理技术标准	2018-12-29	2019-05-01

专栏 3-8　中国北方半干旱荒漠区沙漠化防治关键技术

2016 年，由中科院西北生态环境资源研究院牵头的国家重点研发计划项目“中国北方半干旱荒漠区沙漠化防治关键技术与示范”获得科技部批准。该项目分 9 个课题，共有 20 家单位参与实施，包括多家企业，兰州大学、北京大学、北京林业大学等 7 家高校，以及中科院政策所、中科院植物所、中国林科院、内蒙林科院等多家研究机构。

该项目以沙化土地稳定恢复为首要目标，在对沙漠化的生物过程和物理过程综合研究的基础上，建立“水文 - 土壤 - 植被 - 风蚀相耦合”的半干旱区沙地系统生态动力学模型，分析沙化土地发展和修复的生态学机制，构建中国北方半干旱荒漠区沙化土地动态数据库，阐明沙化土地演变趋势；评估半干旱荒漠生态系统保持稳定的土壤水分植被承载力，探讨稳定恢复的生物学过程和调节机制，识别不同沙化土地稳定恢复的生态阈值，形成基于承载阈值的半干旱荒漠生态系统健康评估技术体系，提出实现沙化土地稳定恢复的关键生物技术；构建“科技支撑 - 生态修复 - 产业发展 - 社会进步”为主线的半干旱荒漠区沙化土地治理产业化模式，在毛乌素沙地、库布齐沙漠东部、科尔沁沙地中西部和呼伦贝尔沙地建立适应区域特点的防沙治沙产业化应用示范基地，实现显著的生态、经济和社会综合效益。

2022年，项目发布数据成果，共13个数据集，包括半干旱区群落调查数据、不同固沙措施下植物群落和土壤性质调查数据、沙地造林树种生长量数据、小胡杨2号抗逆实验数据、沙米有机酸代谢数据以及土地稳定恢复的新材料、新物种和新技术等，推动了沙化土地持续、快速逆转为区域可持续发展和生态文明建设等提供环境保障。

3.7 海洋生态保护修复关键技术

3.7.1 海洋生态修复存在的问题

1990年以来，我国海洋环境污染一直比较严重。随着我国海洋经济的发展，开发利用海洋的活动日益增多，部分近岸海域、港湾污染逐年加剧，氮磷等富营养元素浓度严重超标，水体富营养化日趋严重，水域生态系统功能丧失赤潮频繁爆发，海域生物多样性急剧下降，部分近岸海域呈现荒漠化，许多优质鱼种无法形成鱼汛，而有害生物的种类和种群密度增加。滨海湿地是海洋生态系统和陆地生态系统的交错过渡地带，滨海红树林湿地是滨海滩涂湿地的重要组成部分，在食物供应、野生物种种质资源保存及种群存续维持、物种多样性保护、区域海洋环境净化、生态平衡维持、碳汇及气候调节维系等方面发挥着重要作用。

近年来，我国海洋生态环境问题日益突出，海洋生态系统的恢复与重建受到广泛关注，国内已经开展了大量的海洋生态修复研究和沿海生态修复工程项目，海洋生态环境有所改善，生态修复技术也取得了长足的进步。但由于我国海洋和海岸环境复杂，与陆地生态系统修复相比，海洋生态修复的研究起步较晚且相对薄弱，修复技术与修复工程不匹配，不利于指导我国海洋生态修复实践，修复工程项目采用的修复技术不规范性或技术不适用的情况时有存在。我国目前的海洋生态修复技术较为粗放，技术支撑相对薄弱，关键技术和措施的系统性与长效性不足。各地生态修复技术大多分散在相关部门或机构，且存在技术标准不协调、不衔接甚至相互矛盾的现象。海洋生态修复关键技术主要包括海洋藻类修复污染海水技术、红树植物修复污染海水技术等，但目前的研究主要集中在人工修复措施，缺少对生态系统自我修复能力及生态系统整体性的研究。

3.7.2 海岸带保护修复工程标准体系建设

2020 年，为贯彻落实习近平总书记“提升自然灾害防治能力，实施九大工程”重要指示精神，强化海岸带保护修复工程技术工作基础，突破现有海堤生态化、海岸带典型生态系统防潮御浪减灾功能评估等技术空白，规范海岸带生态系统调查评估、生态减灾修复、监管监测等技术环节，自然资源部组织有关直属单位和全国相关科研院所推动海岸带保护修复工程技术标准体系建设，编制了 21 项技术标准，包括（1）现状调查与评估类：红树林、盐沼、珊瑚礁、海草床、牡蛎礁、砂质海岸等典型生态系统现状调查和评估技术方法 10 项；（2）生态修复工程建设类：海堤生态化、围填海工程生态海堤建设、典型生态系统修复技术方法 10 项；（3）项目监管类：项目监管监测技术方法 1 项。可为摸清海岸带生态系统现状、科学优化修复布局、采取针对性修复措施及管控政策等提供技术支持，为沿海各省（自治区、直辖市）实施海岸带保护修复工程提供科学指导，有力推动基于自然的、更有韧性的海岸带生态与减灾协同增效的综合防护体系建设。

3.7.3 海洋生态系统修复相关技术标准

2021 年，自然资源部印发了《海洋生态修复技术指南（试行）》，明确了红树林、盐沼、海草床、海藻场、珊瑚礁、牡蛎礁等典型海洋生态系统，以及岸滩、河口、海湾和海岛等综合型生态系统的生态修复措施与基本要求，是海洋生态修复的整体规范性文件。旨在提高海洋生态修复工作的科学化、规范化水平，通过生态修复，最大程度地修复受损和退化的海洋生态系统，恢复海岸自然地貌，改善海洋生态系统质量，提升海洋生态系统服务功能。该指南具有以下特点：其一，涵盖了我国海洋生态修复的常见类型，既包括红树林、盐沼、海草床、海藻场、珊瑚礁、牡蛎礁等典型生态系统，还包括岸滩、海湾、河口、海岛等综合生态系统。其二，以问题为导向，通过开展生态修复，改善海洋生态系统质量，提高生物多样性，以全面提升海洋生态系统整体功能为目标。其三，侧重于修复方法的原则要求，未对修复技术上提出具体的指标要求。具体指标要求通过标准规范交叉引用的方式呈现。其四，既包括了修复技术的基本要求，也包括宏观政策原则性要求，主要用于指导项目管理部门和实施单位，保证项目实施的科学性，同时又可为设计、施工单位提供参考。

2021 年，自然资源部办公厅、国家林业和草原局办公室联合印发《红树林生态修复手册》，规定了红树林生态修复的原则、技术流程、工作内容、生态本底调查、退化诊断、修复目标与修复方式确定、修复措施选择、跟踪监测、效果评估和适应性管理等工作对应的技术要求和方法。

现行的海洋（岛）生态保护修复相关技术标准如表 3-5 所示。

表 3-5　海洋生态修复技术相关标准

序号	标准号	标准名称	发布日期	实施日期
1	GB/T 41339.1—2022	海洋生态修复技术指南　第 1 部分：总则	2022-03-09	2022-10-01
2	GB/T 41339.2—2022	海洋生态修复技术指南　第 2 部分：珊瑚礁生态修复	2022-03-09	2022-10-01
3	HY/T 214—2017	红树林植被恢复技术指南	2017-02-21	2017-06-01
4	HY/T 255—2018	海滩养护与修复技术指南	2018-07-30	2018-11-01
5	HY/T 0286—2020	海洋岸滩石油污染微生物修复指南	2020-05-29	2020-09-01
6	HY/T 0304—2021	海滩后滨沙地植被修复技术方法	2021-02-09	2021-08-09
7	HY/T 0330—2022	海滩养护与修复工程验收技术方法	2022-02-28	2022-02-28
8	LY/T 1938—2011	红树林建设技术规程	2011-06-10	2011-07-01
9	LY/T 2972—2018	困难立地红树林造林技术规程	2018-02-27	2018-06-01
10	T/CAOE 1—2020	围填海工程海堤生态化建设标准	2020-01-13	2020-01-13

续表

序号	标准号	标准名称	发布日期	实施日期
11	T/CAOE 21.1—2020	海岸带生态减灾修复技术导则　第 1 部分：总则	2020-07-21	2020-07-21
12	T/CAOE 21.2—2020	海岸带生态减灾修复技术导则　第 2 部分：红树林	2020-07-21	2020-07-21
13	T/CAOE 21.3—2020	海岸带生态减灾修复技术导则　第 3 部分：盐沼	2020-07-21	2020-07-21
14	T/CAOE 21.4—2020	海岸带生态减灾修复技术导则　第 4 部分：珊瑚礁	2020-07-21	2020-07-21
15	T/CAOE 21.5—2020	海岸带生态减灾修复技术导则　第 5 部分：海草床	2020-07-21	2020-07-21
16	T/CAOE 21.6—2020	海岸带生态减灾修复技术导则　第 6 部分：牡蛎礁	2020-07-21	2020-07-21
17	T/CAOE 21.7—2020	海岸带生态减灾修复技术导则　第 7 部分：砂质海岸	2020-07-21	2020-07-21
18	T/CAOE 21.8—2020	海岸带生态减灾修复技术导则　第 8 部分：海堤生态化建设	2020-07-21	2020-07-21
19	T/CAOE 21.9—2020	海岸带生态减灾修复技术导则　第 9 部分：连岛海堤和沿岸工程整治改造	2020-07-21	2020-07-21
20	T/CAOE 21.10—2020	海岸带生态减灾修复技术导则　第 10 部分：围填海工程海堤生态化建设	2020-07-21	2020-07-21
21	T/CAOE 21.11—2020	海岸带生态减灾修复技术导则　第 11 部分：监管监测	2020-07-21	2020-07-21

3.8　石漠化综合治理关键技术

在我国西南地区，石漠化已成为最严重的生态问题之一。石漠化引起的水土漏失、植被退化、岩石裸露以及每年约 30 万亩的耕地流失，导致了 4 200 万人缺水和 5 000 万贫困人口。喀斯特地区石漠化治理工程修复措施主要包括采取封山育林育草、人工植树造林、生态护坡、森林抚育、水土保持等，维护和保护区域生态环境。生态修复一直是脆弱的喀斯特石漠化地区治理的重点和难点，由于自然恢复过程非常漫长，需要辅以人工植被恢复措施，使得喀斯特地区的生态环境尽快得到改善。

2022 年，国家林草局加强顶层设计，组织编写《岩溶地区石漠化综合治理工程总结和典型技术模式》《岩溶地区石漠化综合治理效益监测评估报告》，印发实施《科学推进石漠化综合治理的指导意见》，积极推进在滇桂黔划定石漠化土地封禁区和建设石漠化综合治理示范区。

现行的石漠化综合治理相关技术标准如表 3-6 所示：

表 3-6　石漠化综合治理技术相关标准

序号	标准号	标准名称	发布日期	实施日期
1	GB/T 29391—2012	岩溶地区草地石漠化遥感监测技术规程	2012-12-31	2013-06-01
2	LY/T 2829—2017	喀斯特石漠化山地经济林栽培技术规程	2017-06-05	2017-09-01
3	LY/T 2994—2018	石漠化治理监测与评价规范	2018-12-29	2019-05-01
4	LY/T 1840—2020	喀斯特石漠化地区植被恢复技术规程	2020-03-30	2020-10-01

专栏 3–9　中国地质调查局石漠化生态修复技术体系

2001 年以来，在国土资源部的领导下，在科技部、财政部、国家发改委、水利部、林草局、国家自然科学基金委等部委的大力支持下，中国地质调查局会同省级人民政府及其国土资源与科技主管部门，组织岩溶地质研究所等直属单位以及中科院、相关大学和地勘单位 20 多个单位，以地球系统科学理论和岩溶动力学理论为指导，从岩石圈、水圈、生物圈和大气圈间的相互作用研究揭示石漠化，针对岩溶峰丛洼地石漠化严重、缺水少土、旱涝灾害频繁、生态环境脆弱、居民贫困等问题和特殊岩溶地貌结构特点造成的“土在楼上、水在楼下”水土格局开展联合攻关，从而形成了一套可供复制的治疗“地球癌症”的中国方案。

这一方案提出了以岩溶流域为单元、地质调查为基础、岩溶水开发为龙头，选择适生植物发展生态产业为突破口，人与自然协调发展的石漠化综合治理科学思路，试验先行—示范带动—辐射推广的行动方略，实现了重要理论创新和技术突破，建立了20余处石漠化综合治理示范区，实施了石漠化综合治理示范，形成可复制可推广的石漠化综合治理模式及关键技术体系。

在技术创新与集成上，以大比例尺岩溶水文地质环境调查为基础，获取岩溶地下水分布特征和地质环境条件，研究表层岩溶带结构功能，依托示范区开展表层岩溶水生态调蓄与开发利用试验，研发了石漠化生态修复的关键方法技术系列，包括表层岩溶水生态工程综合调蓄和开发利用模式与技术方法、岩溶包气带与地下河水资源开发利用技术、岩溶石山景观生态型土地整理技术、岩溶石山区水土保持技术、岩溶土壤改良技术、洼地内涝防治技术、岩溶水资源高效利用技术、名特优植物资源筛选与培育技术、岩溶山区牧草引进栽培技术、岩溶石漠化区养殖技术等10余项，解决了石漠化治理的一系列难题。

应用这些基础理论和方法技术创新成果，建立20余个石漠化治理示范区，构建了“科研单位＋政府＋公司＋农户＋市场”的运作方式，为实施石漠化综合治理、水土流失防治以及脱贫攻坚提供了经验。广西平果县果化镇应用这一系统成果实施综合治理后，示范区植被覆盖率增加60%、土壤侵蚀速率下降80%、水资源利用率增长5倍、土地利用率提高60%。中国方案还被新西兰、坦桑尼亚等6个国家引进应用于本国的生态保护修复工作中。

专栏3–10　广西平果喀斯特生态系统国家野外科学观测研究站

广西平果喀斯特生态系统国家野外科学观测研究站依托自然资源部中国地质调查局岩溶地质研究所建设，是我国首个研究岩溶生态系统与石漠化综合治理且处于国际领先地位的国家级野外站，重点聚焦岩溶生态系统、石漠化综合治理与生态修复等关键问题进行观测研究。

该野外站始建于 2001 年，由岩溶所岩溶生态与石漠化调查研究团队创建，是我国西南岩溶峰丛洼地生态系统与石漠化、南亚热带岩溶关键带的典型代表。20 年来，平果野外站面向国家重大战略和学科发展前沿，产学研合作，在岩溶生态系统与石漠化综合治理、岩溶关键带与水土漏失、表层岩溶水生态调蓄、石漠化治理碳汇效应等监测研究方面逐渐进入国际领先地位。据统计，广西平果喀斯特生态示范区，不但成功实现了石漠化治理，植被覆盖率由 21 世纪以前不足 10% 提高到现在的 80% 以上，目前已培育形成石山火龙果等特色生态产业，带动当地及周边 20 多万人脱贫致富，为我国喀斯特石漠化治理提供了“果化模式”和示范样板，积极推动科研成果转化应用，支撑服务岩溶地区应对气候变化和脱贫攻坚等工作。

4

实践案例

SHIJIAN ANLI

在总结分析目前已经实施的山水林田湖草沙生态保护修复工程试点进展与成效的基础上，统筹工程实施期限、针对的突出生态环境问题类型等，同时考虑工程所处的地域空间特征差异，分别选取了江西赣州、新疆额尔齐斯河流域和河北雄安新区 3 个工程，从区域概况、突出生态环境问题、总体思路、工程内容和主要经验做法等方面进行阐述，以期为各地开展山水林田湖草沙系统修复提供参考。

4.1 江西赣州

4.1.1 区域概况

赣州市位于赣江上游，江西南部，总面积 3.94 万 km^2，占江西省总面积的 23.6%，为江西省最大的行政区。“据五岭之要会，扼赣闽粤湘之要冲”，自古就是“承南启北、呼东应西、南抚百越、北望中州”的战略要地。赣州市地貌以丘陵、山地为主，周高中低。地处武夷山脉、南岭山脉与罗霄山脉的交会地带，呈典型的亚热带季风性湿润气候，年平均气温 19.1℃，年均降水量 1 586 mm，年均日照时数 1 622 h，平均无霜期 286 天。

赣州地势周高中低，南高北低，水系呈辐辏状向中心章贡区汇集。赣南山区为赣江发源地，也为珠江之东江的源头之一。千余条支流汇成上犹江、章水、梅江、琴江、绵江、湘江、濂江、平江、桃江 9 条较大支流。境内大小河流 1 270 条，多年年均水资源量为 335.7 亿 m^3，人均占有量为 3 900 m^3，比全国人均 2 300 m^3 高出 70%，基本属富水区。受亚热带气候条件等影响，赣州土壤类型多种多样。其主要成土母岩有花岗岩、砂岩、石灰岩等，主要土壤类型有红壤、紫色土、水稻土等。境内地带性土壤为红壤，pH5.0 左右。

赣州森林植被繁茂，水热条件充沛，地质历史古老，地理环境复杂，得天独厚的自然条件，孕育了丰富的野生动物资源，是华东地区生物多样性最为丰富的地区之一。据《江西省林业志（1991—2010）》（赣州市林业）记载，赣州市有陆生野生动物 441 种，森林昆虫 1 404 种。被列为国家保护的“三有”野生动物 280 种，列为《濒危野生动植物种国际贸易公约》附录的有 72 种。赣州也是中国商品林基地和重点开发的林区之一。植物区系具有种类繁多、成分复杂、起源古老等特点，也是中国特有植物珍贵树种较多的地区。境内森林野生有经济价值的植物 2 298 种。

赣州市辖 3 区 2 市 13 县，全市共有 283 个乡镇，市政府驻地为章贡区。2019 年末，全市户籍总人口为 983.07 万人，其中城镇人口 302.09 万人，乡村人口 680.98 万人，常住人口城镇化率为 51.85%。2015 年全年地区生产总值（GDP）为 1 973.87 亿元，其中第一产业增加值 295.56 亿元，第二产业增加值 870.46 亿元，第三产业增加值 807.85 亿元。2015 年，赣州市人均 GDP 23 201.5 元，全年农村居民人均可支配收入 7 786 元，城镇居民人均可支配收入 25 001 元。

4.1.2 突出生态环境问题

（1）生态修复的必要性

①赣水、东江之源

赣州处于赣江、东江、北江的源头区，是赣江和东江水源的根基和命脉所在。章贡两江在章贡区相会而成赣江，北入鄱阳湖，属长江流域赣江水系，纵贯江西全省。另有百条支流分别从寻乌、安远、定南、信丰流入珠江流域东江、北江水系和韩江流域梅江水系。作为赣水、东江之源，赣州市水源涵养和水质净化功能对江西省和珠三角区域都有重要的意义。

②华南生物多样性中心

赣州地处南岭山地、武夷山脉和罗霄山脉交会地带，中亚热带南缘，气候温和，热量丰富，雨量充沛，无霜期长，十分适宜各种生物的繁衍生息，动植物分布具有古老性、多样性、独特性和集中性等特点，是我国生物多样性富集区、古老植物种属的“避难所”，属我国生态安全屏障中的南岭山地森林生物多样性保护优先区、《中国生物多样性保护与行动战略（2011—2030）》中划定的35个生物多样性优先保护区域之列。此外，赣州市既是中亚热带与南亚热带植物区系的过渡区，也是华东与西南植物区系的过渡区，是我国生物多样性保护的关键地区。

③南方丘陵山地生态屏障组成部分

南岭是南亚热带和中亚热带的分界线以及珠江流域和长江流域的分界线，对阻挡寒流南侵起到了重要作用；是珠三角、厦漳泉地区的直接腹地和内地通向东南沿海的重要通道。同时赣州也是《全国生态脆弱区保护规划纲要》中南方红壤丘陵山地生态脆弱区的重要组成部分，是我国南方地区重要的生态安全屏障，位于南方山地丘陵带的核心区域。属于《全国主体功能区规划》中南岭山地森林及生物多样性生态功能区，《全国生态功能区划》中划定的南岭山地水源涵养与生物多样性保护重要区以及武夷山 - 戴云山生物多样性保护重要区。其中的大余县、上犹县、崇义县、龙南县、全南县、定南县、安远县、寻乌县等 8 县已列入国家生态安全战略格局中的“两屏三带”之中。

④原中央苏区与扶贫攻坚区

赣南等原中央苏区，是土地革命战争时期最大最重要的革命根据地，是中华人民共和国的摇篮和苏区精神的主要发源地。经济发展仍然滞后，民生问题仍然突出，贫困落后面貌仍然没有得到根本改变。赣州市有国家扶贫开发工作重点县 8 个，罗霄山集中连片特殊困难地区县 12 个。2012 年《国务院关于支持赣南等原中央苏区振兴发展的若干意见》出台，明确提出将赣州建设成为“全国革命老区扶贫攻坚示范区”和“我国南方地区重要的生态屏障”的战略定位。

（2）面临的主要生态环境问题

水土流失问题依然严重，仍是南方水土流失最严重地区之一。

赣州市是我国南方水土流失最严重的地区之一，尽管历经多期国家重点工程治理，取得了应有成效，但水土流失形势严峻的状况尚未得到根本改变。根据 2013 年全国第一次水利普查成果数据，全市水土流失面积 7 816.67 km^2，其中轻度 4 143.36 km^2，中度 2 232.84 km^2，强度 1 103.75 km^2，极强度 335.72 km^2，占全市国土面积的 19.85%。水土流失程度相比 2001 年江西省第三次土壤侵蚀遥感调查时有所降低，但分布依然广泛，主要分布在赣江源头的贡水、章水流域和东江源头的九曲河、寻乌河流域，这些流域多为人口密集区和农业生产区，水土流失常见于林下、坡耕地、老果园、废弃矿地等。目前赣州市水土流失面积仍然高达 7 000 多 km^2，占全市土地总面积的 23.57%，赣江源头尚有 275 条小流域亟需治理；崩岗灾害依旧严重，因崩岗侵蚀每年下泄泥沙 630 万 t，影响的流域面积达 1 000 多 km^2。“远看青山在，近看水土流”的现象较为普遍，水土流失问题比较严重，局部地区侵蚀甚至仍在加剧。

山洪地质灾害突出，属于江西省最为严重的地质灾害多发、频发区之一。

特殊的区位、地貌、气候决定了赣州是江西省最为严重的暴雨型山体滑坡、崩塌、泥石流等地质灾害多发、频发区之一。在全市国土总面积中，山地与丘陵占 83%，岗地与平原占 17%，强烈风化的岩浆岩、变质岩广泛分布，复杂的地质环境条件极易产生地质灾害。据不完全统计，2011—2015 年赣州市共发生规模以上地质灾害 2 428 起，共造成 13 人死亡，3 人受伤，倒塌房屋 1 632 间，毁坏房屋 4 788 间，直接经济损失达 8 692.72 万元。目前，赣州市现有各类地质灾害隐患点 9 392 处，受威胁户数达 2 万多户，受威胁人口 8 万多人，潜在经济损失 9 亿多元。赣州市地质灾害具有突发性、群发性、频发性、规模小、危害大等特点，主要发生在主汛期和台风影响期，地域上多分布在变质岩、花岗岩分布的山地丘陵地带。发生地质灾害的原因，除受地形地质环境条件控制外，多与降雨和工程切坡、采矿等自然与人为工程诱发因素有关。

矿山开发带来的污染问题依然严重，资源开发与生态保护的矛盾突出，区域生态环境风险压力长期存在。

赣州有“世界钨都”“稀土王国”之称，是我国重要的战略矿产资源开采地，矿产资源的长期、过度、无序开发带来了诸多生态破坏、水土流失和流域污染等环境问题。矿山企业废水排放量大，特别是选矿作业，废水水质呈酸性，含有重金属和其他有毒有害元素，一旦未经处理达标排入地表水体，可对流域水质造成严重污染。离子型稀土矿开采过程中使用硫酸铵作为浸矿液，硫酸铵大量进入土壤和水环境中，导致流域氨氮超标。全市有废弃稀土矿山 302 个、钨矿山 32 个，废弃矿体和尾砂中含有大量的重金属和有毒有害元素，随着降雨淋溶不断扩散至周围土壤、地下水和地表水环境中，造成严重的重金属和氨氮污染问题。矿业活动特别是矿山露天开采，破坏了矿区原有的水土保持设施和地表植被，矿石采选产生的大量废弃物也占用了大面积的堆置场地，破坏了堆置场所原有的生态系统，导致矿区周围土壤侵蚀程度增加，水土流失加剧。据计算，全市矿山采矿证总面积 72 305 hm^2，矿业活动占用和破坏的土地、山地面积约 4 763 hm^2，造成水土流失面积达 2 380 hm^2。如何协调“吃山”与“护林”之间的矛盾，是赣州市谋求绿色发展必须破解的首要难题。

部分地区饮用水源地存在安全隐患，影响赣江中下游地区和东江中下游地区水生态环境安全。

赣州市中心城区等饮用水源保护存在安全隐患。首先，上游来水不稳定，上游县市存在的有色金属加工企业，对章江水质也造成潜在威胁。其次，水源地单一，大多数县市只有一个水源地，中心城区虽然有三个水源地，但均在章江，为河流型水源，前后相距约 15 km，水源较单一。尽管有 1 个湖库型备用水源，但其水量较小，仅能满足中心城区临时应急需要，一旦水源地被污染，势必影响饮用水安全。再次，水源较为开放，赣州市大多数水源地为开放式水源地，保护区内有桥梁、道路通过或邻近，存在危险品运输事故的隐患，特别是保护区周边有居民区、农田，大量农村生活污水未经有效处理而经过地表径流进入河流，加之农药、化肥使用不合理等因素，雨季时在雨水冲刷作用下，入河污水量增大，面源污染对饮用水水源地水质将造成较大威胁。赣州市的水环境安全不仅仅是实现赣州经济和社会可持续发展的基础和环境保证，同时也是赣江中下游地区和东江中下游地区特别是东莞、深圳、香港的经济、社会安全的重要保障。

生态环境整体还比较脆弱，生态系统功能维护和生物多样性保护面临较大的压力。

赣州市处于我国南方红壤丘陵山地生态脆弱区，整体生态环境基础较差，生态系统脆弱，特别是森林质量低、结构不合理的问题仍然十分突出。乔木林分单位蓄积量只有 47.5 m^3/hm^2，低于全省 51.8 m^3/hm^2 的平均水平，仅相当于全国水平的 52.84%；龄组结构中，中幼龄林面积占 82.23%；树种结构中，针叶林面积占 73.77%。森林单位面积蓄积量低，中幼龄林面积比例高，针叶林面积比重大，致使森林涵养水源、保持水土等生态功能总体偏低。主体森林也存在树种结构单一、生物多样性差、病虫害频发、林地生产力低、水土保持与涵养水源能力弱等诸多缺陷。由于森林生态系统功能降低、水土流失、矿山开发、城镇化发展等多种人为和自然因素的影响，赣州市生物多样性保护面临较大的压力。

农村环境问题日益突出，成为推动苏区全面实现小康的重要短板。

赣州市农村环境保护工作当前还比较薄弱，大部分乡镇粪便没有得到有效收集和处理，垃圾就地焚烧的现象较为普遍，沿河沿路脏乱差现象和环境污染问题比较严重。畜禽养殖污染仍然比较严重，全市现有规模化畜禽养殖场 1 672 个，且规模逐渐扩大，养殖场粪便处理能力却严重不足，广大农村还有很多达不到规模化建设要求的零散养殖户，畜禽养殖粪便未采取任何处理措施直接排入自然环境中。种植业面源污染问题依然突出，赣州市大规模发展脐橙种植等果业的同时，也带来了农药和肥料使用量大幅度增加，果业使用的农药、化肥量约占全市使用总量的 30% 以上，加剧了土壤、水环境中的氨氮、总氮、总磷和重金属污染，特别是寻乌、安远等脐橙种植大县，流域氨氮超标现象尤为突出。2012 年赣州市环境监测站对基本农田土壤进行了抽样调查，结果表明，部分点位出现轻微污染，超标指标为无机指标，有机指标未出现超标。污染土壤中出现铜、镉、钒、铊、汞超标，超标倍数为 0.02～0.60 倍。近年来，较多的企业和矿点转移到农村，工业污染和城市污染有向农村延伸和扩散的趋势。

体制机制尚未健全，与山水林田湖草沙系统保护修复的理念存在一定差距。

赣州是赣江、东江源头，肩负着生态屏障的重要职责，源头保护任务艰巨。多年来，赣州市各级政府为确保赣江、东江下游人民群众能喝上干净、清洁的饮用水，在生态环境保护和建设方面做了大量工作。但是，一些生态保护修复工作主要以部门为单位进行实施，各部门之间协调沟通不足，各类工程项目缺乏系统性、整体性考虑，在项目设计和组织实施过程中存在各自为战的状况。同时，缺乏统一的监督管理，生态整治修复效果不尽理想。例如，寻乌石排废弃稀土矿矿山地质环境综合治理示范工程治理中没有考虑到废水处理工程，矿区小溪氨氮和铅浓度超标，地表水的污染问题未能解决。另一方面，各部门之间生态修复工作存在重复和交叉情况，财政资金使用绩效亟待进一步提高。目前赣州市矿区环境治理多采用行政手段治理生态环境的体制模式，企业参与治理污染的积极性和自觉性不足。因此，加强体制机制建设，以“山水林田湖草沙是一个生命共同体”的重要理念指导开展工作，充分集成整合资金政策，对山上山下、地上地下、陆地海洋以及流域上下游进行整体保护、系统修复、综合治理，可以真正改变治山、治水、护田各自为战的工作格局，也是推动赣江生态环境状况持续改善的重要保障。

4.1.3 设计思路与目标

（1）设计理念

以“山水林田湖草沙是一个生命共同体”的重要理念指导开展工作，可以充分整合资金、政策，对流域上下游进行整体保护、系统修复、综合治理，真正改变治山、治水、护田各自为战的工作格局，通过推进重点区域生态修复，全面提升各类自然生态系统稳定和生态服务功能，筑牢生态安全屏障。

在实地调研了解赣州市及管辖行政区内生态保护体制机制的基础上，分析其与流域“山水林田湖草沙生命体”系统保护理念和技术不适应、生态保护能力等方面的关键问题，明确体制机制改革方向。依据当前我国生态文明建设和生态保护体制改革的总体要求，从组织领导、干部绩效考核、资金筹措与投入、基础设施建设、监测预警、信息化管理、公众参与监督等方面，提出生态保护修复体制机制创新方向、任务和路径。

（2）生态保护修复分区

赣州市生态保护修复工程分区，贯彻“山水林田湖草沙是生命共同体”理念与生态系统理论，采用流域整体和生态系统服务功能管理作为分区的主要依据。

一是针对赣州市生态环境突出问题，根据财政部、国土资源部、环境保护部三部门印发的《关于推进山水林田湖生态保护修复工作的通知》，确定生态保护与修复的重点工程及内容。

二是贯彻“山水林田湖生命共同体”理念与生态系统理论，明确区域内各生态系统要素之间的相互关系及流域上下游、岸上岸下相互关系，确定产生生态环境问题的关键环节。

三是突出生态功能重要区域和生态脆弱敏感区域，开展生态系统服务功能重要性评估和生态系统敏感性评估，并通过梳理国家、江西省、赣州市相关规划、区域，识别影响区域生态安全、需要优先保护和修复的重点区域。

四是基于上述分析和评估，采用地理信息系统汇水区分析技术，考虑行政单元相对完整性，对赣州市生态保护修复空间进行片区划分，每个片区均成为独立的“从山岭到水体”的区域整体。结合生态保护修复工程内容，确定相应的工程部署区域。

构建以东北片区、西北片区、东南片区和西南片区 4 片区为主体，以水土流失敏感区、矿山资源及规划矿区、江河湖库、生物多样性保护重要区等区域为网点的生态保护与修复工程实施架构。重点推进流域水环境保护与整治、矿山环境修复、水土流失治理、生态系统与生物多样性保护、土地整治与土壤改良等 5 大生态建设工程。赣州市生态保护与修复分区见表 4-1。

表 4-1 赣州市生态保护与修复分区

生态保护与修复片区	面积 /km^2	占比 /%
东北片区	22 200.34	56.40
西北片区	5 093.11	12.94
东南片区	6 046.82	15.36
西南片区	6 022.68	15.30
赣州市域面积	39 413.61	100.00

（3）总体目标

通过 2016—2019 年生态保护修复重大工程实施，重点解决水土流失、矿山环境破坏、水环境污染等影响区域性生态安全问题，努力实现重点区域生态环境明显改善和区域生态环境的全面恢复，生态系统循环能力、生态产品生产能力和生态系统服务供给能力显著增强，构建起比较完善的生态系统保护、修复和管理的体制机制，形成一套可复制、可推广的生态保护修复技术模式，筑牢南方丘陵山地生态安全屏障，为赣州市全面建成小康社会奠定良好的生态环境基础。

①流域水质稳定达到或优于功能区标准，建成国家水源涵养生态功能示范区。

②森林覆盖率稳定在 76% 以上，改造低质低效林 280 万亩，生物栖息地得到有效保护。

③水土流失面积持续减少，完成小流域综合治理面积 3 000 km^2，完成崩岗治理座数 15 000 座，水土流失得到有效控制。

④废弃矿山环境得到全面改善，完成历史遗留矿山环境综合治理面积 20 km^2。

⑤沟坡丘壑土地得到有效整治，整理高标准农田 29 万亩，修复污染土壤 9 900 亩，农田土壤污染得到有效控制。

⑥形成一套科学可行、针对性强的生态保护修复技术模式，生态保护修复体制机制进一步完善。

4.1.4 工程内容

赣州市山水林田湖草沙生态保护修复工作围绕流域水环境保护、矿山环境修复、水土流失治理等五方面内容共设计了 15 类重点工程，涵盖水源地保护、城乡环境综合治理、地质灾害防治等多方面内容。

（1）流域水环境保护与整治工程

针对流域水环境存在的问题，计划开展 5 个重点工程。分别为饮用水源地保护工程、流域环境治理工程、河湖防洪减灾、城乡环境综合整治、水环境监测评价能力建设。投资共计约 106 亿元。

①饮用水源地保护工程

具体建设项目包括贡水上游日东水库、陈石水库水源地涵养与保护工程、濂水流域安远县上游河段缓冲带生态建设工程、南华水库水源地涵养与保护工程。建设内容为建立隔离防护网，设立公告、标识牌，建设水源涵养林，使贡水上游水生态环境得到保护和修复。采用人工湿地、生态护岸、岸边缓冲带等河滨带环境修复工程措施，使濂水流域安远县上游水生态环境得到保护和修复等。

②流域环境治理工程

具体建设项目为贡江流域水污染防治、桃江流域水污染防治、东江流域水污染防治、陡水湖湖泊生态环境保护项目。建设内容包括流域污染治理、流域生态修复和保护，兴国县长冈水库湖泊生态环境保护；开展源头水系系统的水生生态系统生态安全的综合调查；东江流域主干流、重点支流环境综合整治，实施重点整治工程；湖泊生态安全调查与评估、饮用水水源地环境保护与规范化建设、流域污染源治理、生态保护和修复等。

③河湖防洪减灾

具体建设项目有贡江于都县城段河岸整治工程、赣县赣江防洪工程、桃江河龙南县杨坊堤防工程灾害防护工程、信丰县桃江河防洪工程、大余县城防洪工程。对应建设内容主要包括抛石固岸、新建防洪堤、建设生态护坡、新建自动排涝站 5 座、河道综合治理、保护农田等工程。

④城乡环境综合整治

具体建设项目：农村环境综合整治、赣州市生活垃圾无害化资源化处理处置工程、赣南工业废物处置中心、生态搬迁扶贫项目。建设内容分别为生活垃圾处理、污水处理等基础设施建设，以及畜禽养殖污染防治；在赣州市区建设生活垃圾无害化资源化处理处置工程，推进生活垃圾、固体废物处置的减量化、无害化、资源化；在信丰县大塘工业园建设工业废物处置中心一座，规划年处理各类工业废物 5 万 t；原居住地恢复生态及搬迁安置点生态建设等。

⑤水环境监测评价能力建设

具体项目有全市地表水环境自动监测网络建设工程。建设内容：全市主要河流及重要饮用水水源地水质自动监测网络，在主要河流的市界断面、市级的重要饮用水水源地水质监测断面建设水质自动监测站。

（2）矿山环境修复工程

针对上述问题，计划开展3个重点工程，分别为废弃矿山环境综合治理、地质灾害防治项目、重点示范区域重金属污染防治。

①废弃矿山环境综合治理工程

具体建设项目按照分区进行布局，包括东北片区废弃矿山环境综合治理、西北片区废弃钨矿矿山环境综合治理、西南片区废弃稀土矿山环境综合治理、东南片区废弃稀土矿山环境综合治理等。建设地点包括赣县区、于都县、兴国县等11个县级行政区。建设内容包含矿山地质灾害隐患治理工程，地形地貌整治工程，废水治理及截排水工程、林草措施和矿山地质环境监测等工程全面治理现有的废弃稀土矿山，废水治理及截排水工程，复绿工程等措施。

②地质灾害防治项目

具体建设项目按照分区进行布局，包括东北片区地质灾害防治项目、东南片区地质灾害防治项目、西北片区地质灾害防治项目、西南片区地质灾害防治项目。建设内容包含以下几点：其一，对东北片区的16个急需治理的地质灾害隐患点进行工程治理或搬迁移民，确保受地质灾害威胁的人民群众生命财产安全；其二，贡江流域九二盐矿沉陷区综合治理项目。通过勘查，全面摸清塌陷区现状，有针对性对塌陷坑进行回填，消除塌陷区隐患，确保当地人民群众生命财产安全；其三，对西北片区的6个急需治理的地质灾害隐患点进行工程治理或搬迁移民，确保受地质灾害威胁的人民群众生命财产安全；其四，对西北片区的5个急需治理的地质灾害隐患点进行工程治理或搬迁移民，确保受地质灾害威胁的人民群众生命财产安全；其五，桃江流域赣州市煤矿沉陷区综合治理项目。耕地良田恢复、土地平整、截排水工程、植被恢复，对受沉陷区的受威胁群众实施搬迁移民；其六，对西北片区的7个急需治理的地质灾害隐患点进行工程治理或搬迁移民，确保受地质灾害威胁的人民群众生命财产安全。

③重点示范区域重金属污染防治工程

具体建设项目按照分区进行布局，包括赣州市东北片区重点示范区域重金属污染防治工程和西北片区重点示范区域重金属污染防治工程。建设地点为大余、崇义、章贡区等 5 个县。建设内容为实施大余、崇义等地开展重点示范区及历史遗留重金属污染防治等项目。主要包括产业淘汰退出、污染源综合治理、矿山环境综合整治等。实施章贡区、赣县区、南康区等地开展重点示范区及历史遗留重金属污染防治等项目。主要包括产业淘汰退出、污染源综合治理、矿山环境综合整治等。

（3）水土流失治理工程

针对水土流失存在的问题，分别在东北片区、西北片区、西南片区和东南片区开展两大重点工程，分别为水土保持综合治理工程和崩岗侵蚀防治工程。

①水土保持综合治理工程

重点以小流域综合治理模式开展水土保持综合治理工作，建设范围覆盖全市 18 个县（市、区）。

水土保持综合治理工程以四大片区为统计单位，以小流域为治理单元，优先对水土流失严重、治理程度低，项目相对集中连片、形成规模、每个项目区的水土流失治理面积原则上不小于 50 km^2，群众要求迫切、自愿投工投劳参与工程建设的区域进行综合治理。通过开展水土保持林，经果林，封禁，小型水保工程，沟渠，生产道路，护岸护坡等建设，在东北片区治理水土流失面积 1 867 km^2，在西北片区治理水土流失面积 294 km^2，在西南片区治理水土流失面积 404 km^2，在东南片区治理水土流失面积 435 km^2，建设总规模为 3 000 km^2 的治理面积。建设内容主要包括建设水土保持林 460 km^2、经果林 258 km^2、封禁林 2 282 km^2、小型水保工程 2 353 座，沟渠 768 km，护岸护坡 283 km 等。

②崩岗侵蚀防治工程

崩岗侵蚀防治工程以片区为统计单位，以崩岗为治理单元，优先对近水、近村、近路，对村庄、农田、基础设施产生直接威胁或造成较严重危害的活动型崩岗进行综合防治，建设规模为 15 000 座。建设内容主要为建设水土保持林、经果林、种草、种植攀岩植物、崩壁小台阶、小型水保工程等。

（4）生态系统与生物多样性保护工程

依托赣州市森林生态系统、湿地生态系统以及生物多样性的资源优势，以就地保护为主体、迁地保护为补充、资源管护为基础，构建以自然保护区为核心，湿地公园、森林公园、植物园、树木园等为辐射的生物多样性保护网络，强化区域内特殊生态系统和珍稀濒危物种保护，进一步充实“绿色宝库”、复兴“生态王国””，推进国家生态安全格局中的南岭山地森林生物多样性保护区的建设工作。生态系统与生物多样性保护重大工程主要包括低质低效林改造工程和自然保护区建设工程。

①低质低效林改造工程

赣州市低质低效林改造计划在四个片区统一开展。东北片区改造面积196.05万亩，西北片区改造面积14.68万亩，东南片区改造面积28.92万亩，西南片区改造面积40.35万亩，改造方式主要为更新改造、补植改造、抚育改造、综合改造。

②自然保护区建设工程

大力实施以森林、湿地生物多样性保护工程为主的生态廊道工程，构建和完善以自然保护区、森林公园、湿地公园、集中连片天然阔叶林为主体，自然保护小区为补充的生态保护网络，确保连通性和完整性，为野生动植物提供良好的生存繁衍空间，恢复和发展生物多样性，维护自然生态系统平衡稳定。在东北片区宁都县、石城县、瑞金市和会昌县开展4个保护区建设，建设内容是加强现有1个国家级和2个省级自然保护区建设，晋升1个省级自然保护区。在西北片区崇义县和上犹县开展4个保护区建设，建设内容是加强现有1个国家级和3个省级自然保护区建设。在西南片区全南县、龙南县和信丰县开展3个保护区建设，建设内容是加强现有1个国家级和1个省级自然保护区建设，晋升1个省级自然保护区。

（5）土地整治与土壤改良工程

针对赣州市土地整治和土壤改良存在的问题和重点任务，计划开展土壤改良工程、土地整理工程、耕地土壤环境治理工程3个重点工程。

①土壤改良工程

具体建设项目按照分区进行布局，包括东北片区、西北片区、西南片区和东南片区。建设规模与内容：东北片区测土配方施肥、水肥一体化、耕地保护与质量提升项目。每年推广测土配方施肥技术 160 万亩，推广配方肥 6 000 t；每年建立化肥减量增效核心示范区 1 000 亩以上，推广水肥一体化 1 万亩；每年增施有机肥 10 万亩。西北片区水肥一体化、耕地保护与质量提升项目。每年建立化肥减量增效核心示范区 2 000 亩以上，推广水肥一体化 2 万亩；每年增施有机肥 2.5 万亩。东南片区测土配方施肥、水肥一体化、耕地保护与质量提升项目。每年推广测土配方施肥技术 80 万亩，推广配方肥 3 000 t；每年建立化肥减量增效核心示范区 1 000 亩以上，推广水肥一体化 2 万亩；每年增施有机肥 1 万亩。西南片区水肥一体化、耕地保护与质量提升项目。每年建立化肥减量增效核心示范区 2 000 亩以上，推广水肥一体化 2 万亩；每年增施有机肥 2.5 万亩。

②土地整理工程

具体建设项目按照分区进行布局，包括东北片区、西北片区、西南片区和东南片区。建设规模与内容为通过沟渠、道路、土地平整及农田防护与生态环境保护工程，建设高标准农田 19 425 hm^2。其中，东北片区建设高标准农田 9 287 hm^2，西北片区建设高标准农田 3 379 hm^2，西南片区建设高标准农田 2 722 hm^2，东南片区建设高标准农田 4 037 hm^2。

③土壤环境治理工程

具体建设项目按照分区进行布局，包括东北片区、西北片区、西南片区和东南片区。建设规模与内容为引进先进技术，开展污染土壤物理修复、化学修复和生物修复工程建设等。建设土壤重金属污染监测体系、检验检测体系，开展污染调查。修复污染土壤 9 900 亩，其中，东北片区修复污染土壤 2 950 亩；西北片区修复污染土壤 1 650 亩；西南片区修复污染土壤 2 650 亩；和东南片区修复污染土壤 2 650 亩。

4.1.5 主要经验做法

（1）多方整合筹措资金

积极整合各级财政资金。在积极争取中央基础奖补资金的基础上，按照目标明确、项目具体、措施有力、优势明显的原则，优先支持生态环境保护修复需要迫切的重点区域，积极争取省、市财政资金，通过整合农村环境综合整治、环保类、农田水利类、水土保持类、东江源横向生态补偿资金等专项资金，打破资金使用的部门界限，改变现有项目资金使用管理方法，形成“多个渠道引水、一个龙头放水”的新格局。

拓宽社会筹融资渠道。在加大财政资金投入的同时，注重拓宽筹资渠道。创新投融资机制，通过整合上级和本级相关生态环保资金设立生态基金、发行绿色债券，探索山水林田湖草生态保护修复的市场化机制。创新投资主体，加强企业治理主体责任，利用特许经营合作、产业招商、PPP 模式及引导群众投工投劳等引进社会资本，发挥社会融资功能。

（2）创新生态保护修复新技术新模式

系统化统筹工程布局，科学化规划实施方案。以突出的生态环境问题和重点生态功能为导向，针对突出问题，科学规划生态保护修复工程实施的空间布局方案。按照“一块区域、一个问题、一种技术、一项工程”的思路，形成生态保护修复关键技术整体解决方案。

因地制宜、突出重点，采取相应工程措施。工程实施过程中因地制宜，突出项目实施区域生态环境问题的重点，采取多种治理模式，宜林则林、宜果则果、宜草则草、宜工程则工程，围绕山，突出“治”，治理水土流失；围绕水，突出“改”，改善提升水质；围绕林，突出“优”，优化林木结构；围绕田，突出“保”，保护提升农田；围绕湖，突出“修”，修复水域生态；围绕草，突出“种”，种育适宜草被。如寻乌县在推进文峰乡柯树塘废弃矿山环境综合治理与生态修复项目中，采取工程手段与生物措施相结合、人工治理与自然修复相结合方式，针对坡面种草、种松，在平地种油茶、精果林，既保证了生态环境治理的成效，又为区域的可持续发展注入了潜力。

探索“三同治”修复模式。寻乌县、赣县区等在推动废弃矿山修复和崩岗治理过程中，按照小流域综合治理的思路，探索出一套山上山下、地上地下、流域上下游同治的模式。通过种树、植草、固土、定沙、洁水、净流等生态工程和自然恢复措施，废弃矿山和崩岗的林草覆盖率大幅提高、水土流失得到有效控制，入河水质明显改善。

创新稀土尾水治理技术。在探索治理稀土矿区尾水过程中，充分考虑地质环境和地域污染因子，引进行业领先的单双级渗滤耦合稀土尾水治理创新技术，有效改善矿区水环境质量，为稀土矿区小流域尾水处理积累了经验。

建立流域生态补偿机制。与广东省签署东江流域上下游横向生态补偿协议，与全省共建共享省域内生态保护补偿机制，目前我市获得东江流域生态补偿资金 13 亿元、省域内流域生态补偿资金 28.3 亿元，推动东江和赣江源区生态修复治理。在首轮试点取得良好成效的基础上，与广东省正在协商建立多元化长效补偿机制，为源区可持续开展生态环境保护与修复提供保障。

创新生态环境综合执法体制。为破解生态执法领域职能交叉难题，将林业、水利、环保、国土、矿管等部门执法力量进行有效整合，安远、会昌、大余等县率先在全省成立了生态执法局，实行统一行政、统一执法。2018 年 7 月，江西省出台《关于全面加强生态环境保护坚决打好污染防治攻坚战的实施意见》，明确将生态环境保护综合执法机构列入政府行政执法机构序列，生态综合执法改革在全省推开。

（3）创新“生态 +”发展模式

探索生态 + 乡村振兴发展模式。通过统筹山水林田湖草系统治理，推进美丽宜居乡村建设，以生态保护修复引领乡村振兴，探索出一条适合宜居、宜业、宜游的发展模式，提升综合治理效益，达到生态治理与乡村振兴相统一。如瑞金市在推进农村环境综合整治过程中，围绕“一朵花、一篮菜、一体验、一桌饭、一台戏”的规划思路，完成村庄整治，发展了生态旅游产业，初步形成了集“农业观光、农事体验、农业科普、农家文化”于一体的生态旅游村，走出了一条生态宜居和经济发展相辅相成、相得益彰的新路子。

探索生态 + 精准扶贫模式。结合治理时间和区域特点，助力当地建档立卡农户脱贫攻坚，通过实施重大生态工程建设，发展生态产业等方式，推动扶贫开发与生态保护相协调、脱贫致富与可持续发展相促进。如宁都县大力推进农田整治和高标准农田建设，坚持农村产业发展与扶贫相结合的工作思路，采取贫困户以产业扶贫资金入股、股份分红的运作方式，发展大棚蔬菜及观光、采摘农业，促进贫困户兴业脱贫，创业致富；石城县、南康区将低质低效林改造与精准扶贫相结合，聘用吸纳贫困户参与低改劳作，提高贫困户收入水平。

探索生态修复 + 绿色发展模式。生态修复的成果创造经济效益，达到生态修复与绿色发展相结合。如信丰县通过山水林田湖草生态修复试点工程将 5 000 亩稀土尾矿及“黄龙病”灾毁土地修复后，流转给农夫山泉公司，农夫山泉建立高附加值的 17.5℃橙汁生产基地，并打造脐橙特色田园综合体，助推赣南脐橙产业发展转型升级。

4.2 新疆额尔齐斯河流域

4.2.1 区域概况

阿勒泰地区地处欧亚大陆腹地，全地区地势呈西高东低，从北部的阿尔泰山脊线到南部丘陵平原层层下降，具有明显的阶梯状地形特点，大致可分为北部山区、中部丘陵河谷平原区、南部荒漠（戈壁）沙漠区三个地貌单元。河谷地带土地肥沃，水源丰富，牧草肥美，两岸生长着茂密的河谷天然林，是本区主要粮油产区，也是良好的冬季牧场。阿勒泰地区属温带大陆性寒冷气候，降水量少，昼夜温差大，光照充足，年均气温 3.3℃，年均降水量 197.1 mm。

地表径流主要有额尔齐斯河、乌伦古河和吉木乃县诸小河三大水系，目前通过河湖水系连通等工程，乌伦古河已经与额尔齐斯河形成一个完整流域。额尔齐斯河发源于阿尔泰山东段南麓，注入北冰洋，总长 4 248 km，是一条国际河流，也是我国唯一属于北冰洋水系的外流河。额尔齐斯河是新疆的第二大河流，在我国境内干流长 593 km，流域面积约 9.72×10^4 km^2，年平均径流量为 1.19×10^{10} m^3。

阿尔泰额尔齐斯河流域和乌伦古河流域目前已通过河湖连通等成为一个完整的流域。两河流域不仅孕育了阿勒泰地区各族人民的生产生活、繁衍生息，随着“北水南调”工程的投入使用，额尔齐斯河河水调往乌鲁木齐、克拉玛依、哈密、吐鲁番等工业重地，滋养了 700 余万人，支撑了全疆超过二分之一的 GDP，是全疆的生命线，由此阿尔泰山生态系统发挥出更大的社会作用，在新疆国民经济发展中的战略地位显得越来越突出。

阿勒泰地区是高度富集的生物多样性基因库，区内野生动植物资源极为丰富，许多物种属国家或新疆特有，对保护生物多样性、拯救珍稀濒危物种、开展科学研究意义重大。阿勒泰地区野生植物资源极为丰富，全区野生植物有 1 378 种，药用植物种类 200 余种，有野生动物 466 种。

阿勒泰地区属于伊犁哈萨克自治州，下辖六县一市，由 39 个民族组成，全地区 2017 年年末总人口 67.16 万人。阿勒泰地区是一个以牧为主的边境、高寒、易灾、多灾地区，长期以来，由于受自然环境等多方面因素影响，经济社会等各项事业发展缓慢，贫困状况比较严重。2017 年阿勒泰地区 GDP 246.77 亿元，年人均地区生产总值分别为 36 742 元。

4.2.2 突出生态环境问题

（1）生态修复的必要性

①维护我国生态大国形象和生态环境权益的战略要求

额尔齐斯河发源于阿勒泰地区富蕴县阿尔泰山南坡，沿阿尔泰山南麓向西北流，在哈巴河县以西进入哈萨克斯坦国，流经中国、哈萨克斯坦和俄罗斯，是世界第六大河鄂毕河流域的上游部分。流域下游的哈萨克斯坦及俄罗斯西伯利亚地区的生态稳定和经济社会发展对额尔齐斯河具有较大的依赖性，是国际关注的跨境水安全问题焦点区域之一。额尔齐斯河上游水、土、草、林和矿产资源丰富，是一个古老牧区；中下游位于哈萨克斯坦和俄罗斯境内，从 20 世纪 50 年代以来，开发了农业、矿业和水能资源，建成哈萨克斯坦中部的煤炭、铜铁工业基地；下游为西西伯利亚重要的秋明油田。哈萨克斯坦前总理托卡耶夫指出“在额尔齐斯河流域的哈萨克斯坦一方有 250 万人，……哈萨克斯坦中部的水源主要来自额尔齐斯河，这一地区能源、工业和农业的持续发展与对这条河的资源的使用直接相关。”

额尔齐斯河流域也是我国唯一一个属于北冰洋流域的河流流域。额尔齐斯河中、下游进入哈萨克斯坦境内，主要支流有卡利吉尔河、布赫塔尔玛河、乌利巴河、乌巴河、恰尔河、鄂木河、塔拉河、奥沙河、伊希姆河、托博尔河等，在赛米巴拉金斯克以下进入俄罗斯的西西伯利亚草原地带，并以最大支流在俄罗斯汉特—曼西斯克附近汇入鄂毕河，最后注入北冰洋。当前围绕北极自然资源、航道控制权等方面成为各方争夺的焦点，维护好额尔齐斯河生态环境将为我国在北极权益划分中，提供重要的战略支点和有力支撑。

②确保丝绸之路经济带核心区生态安全国家战略的重要任务

额尔齐斯河流域是新疆乃至中亚地区的重要生态屏障，是直接影响国家生态安全格局的核心区域。额尔齐斯河河谷是大西洋水汽进入北疆的重要通道，发挥着重要的水源涵养与供给、水土保持、生物多样性维持和生态平衡作用，实施山水林田湖草生态保护修复是保障丝绸之路经济带核心区生态安全实现的必然要求。额尔齐斯河流域是新疆商贸物流通道南中北线战略中“北线”的重要支点，是亚欧大陆桥的重要通道，也是“丝绸之路经济带”北通道的重要组成部分，是丝绸之路经济带核心区的关键组成部分，建设绿色丝绸之路经济带必须保护好这一重要生态走廊。该区域自然资源丰富，具有重要的生态地位，是新疆乃至全国的重要生态屏障和重点生态功能区，同时与俄、哈、蒙生态系统具有密切联系，对于中亚生态系统稳定和生态安全也具有重要意义。

额尔齐斯河流域南部的古尔班通古特沙漠是我国沙尘暴的主要源区，加强生态环境保护对于维护国家生态安全具有重要意义。《新疆主体功能区规划》将阿尔泰山地森林生态屏障和以环准噶尔盆地边缘绿洲作为“三屏两环”为主体的生态安全战略格局的重要组成部分，并将阿尔泰山的冰川、永久积雪、高山冻原和山地针叶林以及山区的国家级和自治区级的各类生态保护地，作为构成新疆“三屏”的生态安全底线。流域生态环境脆弱，一旦遭到破坏就很难恢复，将有可能对新疆乃至全国生态安全产生重大影响，因此必须加强额河流域生态保护修复。

③落实中央治疆方略建设和谐美丽新边疆的必然选择

维护生态安全和改善生态环境质量是全面落实党中央治疆方略，实现新疆社会稳定和长治久安总目标的重要内容。阿勒泰地区我国重要牧区之一，是一个以牧为主的边境、高寒、易灾、多灾地区，有哈萨克、汉、维吾尔、回、蒙古等36个民族。长期以来，由于受自然环境、地理环境和社会环境等多方面客观因素影响，经济基础薄弱，经济社会等各项事业发展缓慢，农牧区生产生活条件差，贫困状况比较严重。辖区面积大，全地区尚有10余万人仍存在安全饮水的隐患，农牧区畜禽粪便乱堆现象严重，城镇供排水和垃圾处理、农牧区道路、牧民定居水电路饲草等生产生活配套设施建设滞后，无法满足人们日益增长的各种需求。水土流失、地质灾害、荒漠化等生态灾害严重影响各族人民的生产生活，生态环境民生亟待提升。

另一方面，阿勒泰地区丰富的生态资源孕育了多姿多彩的旅游资源，但是生态破坏、干旱缺水、气候变化等因素影响了旅游资源的品质。2017年新疆GDP总量在全国排在倒数第六位，而阿勒泰一般预算收入在全疆排名后三位，流域绿水青山转化为金山银山的实现程度较低，与全国同步全面实现小康仍然面临较大的压力。把绿水青山转变为金山银山是各族人民的热切期盼，更是阿勒泰实现跨越发展的重要战略路径，亟待通过实施山水林田湖草保护修复，落实总书记提出的环境就是民生的思想，提高农牧民生态福祉，改善环境民生，促进新疆社会稳定和长治久安的总目标。

④保障西北边疆水塔长久健康和新疆高质量发展的紧迫需求

区域内水资源丰富，是额尔齐斯河、乌伦古河和吉木乃山溪的发源地，地表径流总量为$1.237\times10^{10}\ m^3$，占全疆地表径流量的14.7%，是新疆北部重要的水源地和水资源战略储备区，是维系北疆水塔和新疆“生命河”的关键所在。一方面，区域内众多的冰川、河流、湖泊和库塘为额尔齐斯河流域居民生产生活用水提供了重要保障，滋养了河流谷地的荒漠绿洲，同时也为克拉玛依市、乌鲁木齐市及其周边地区提供了重要的水源，未来也将为哈密等部分地区供水，滋养了我国700余万人，支撑了全疆超过二分之一的GDP，是全疆的生命线。另一方面，流域内森林、草地和湿地起到了极为重要的涵养水源、调节径流、净化水质和调蓄洪水的作用。保障流域水生态环境安全对于维护区域生态系统功能、确保新疆水安全以及促进建立和谐国际环境关系具有重大意义。

⑤支撑国家资源生态安全和永续发展的客观现实

额尔齐斯河流域是全球生物多样性热点区域和生多优先区，也是国家重要生态功能区。额尔齐斯河流域是西伯利亚和新疆植物区系联通的重要通道，是我国反映欧洲 - 西伯利亚区系成分少有的地区，是全球气候变化最敏感的自然过渡带之一，是我国现代冰川最北端的集中分布区，也是我国山岳冰川雪线最低的区域。作为典型的干旱区流域，两河流域内的生态系统类型多样，冰川、森林、草原、湿地、荒漠、农田等生态系统类型均有分布，形成完整的山水林田湖草生命共同体。区内野生动植物资源极为丰富，其中阿尔泰山泰加林是西西伯利亚泰加林在我国的唯一分布，树种古老珍稀、群落原始独特，是我国寒温带物种的生物基因库。以杨柳科树种为建群种的河谷林是我国唯一的天然分布区，被誉为中国的野生杨树基因库。

从大的生态地理来看，本区属于亚欧大陆腹地的阿尔泰山——萨彦岭生态区，属于国家规划的必须保护和持续管理的 25 个关键生态功能区之一——阿尔泰山地森林草原重要生态功能区，也是环保部"国家生物多样性保护战略行动计划"35 个主要保护区域之一。近年来，随着当地经济的快速发展，过度放牧和采矿、不适当的旅游开发、水资源开发、农业开发以及气候变化，在一定程度上导致了阿尔泰山以及两河源流域生态系统的退化，威胁了野生动物的繁衍生息。

阿勒泰地区是国家战略资源保障区，区域内矿产资源丰富，铜、镍、铅、锌、铁等优势资源是国家急需的短缺战略性资源，是关系中华民族永续发展的重要区域。经过半个多世纪开采，矿区资源枯竭，经济下滑，自然环境急需加快修复，同时，生态环境破坏也给保障国家战略资源的供给提出了新的挑战，且可可托海等工矿区地处额尔齐斯河上游水源涵养区，生态功能特殊。同时，是我国西北边疆唯一与俄罗斯接壤的能源大通道，对于确保我国能源安全和资源安全具有重要意义。统筹实施山水林田湖草生态保护修复不仅是提升区域生态功能的需要，也是保障战略资源供给的内在要求。

⑥探索西北干旱地区生命共同体典型模式的有益实践

额尔齐斯河流域具有极其典型的山水林田湖草沙生命共同体特征，对于探索形成山水林田湖草沙保护修复技术模式具有重要示范意义。额尔齐斯河流域地处阿尔泰山南坡，整个区域具有极其典型的从山顶到湖泊的地形地貌特征，大致可分为北部山区、中部丘陵河谷平原区、南部荒漠（戈壁）沙漠区三个地貌单元。从高海拔到低海拔依次包括冰川 - 终年积雪、高山冰沼、泥炭沼泽、高寒草甸、亚高山草甸、草甸草原、亚高山 - 中山森林、森林草原、低山草原、干草原、低山丘陵荒漠草原、山前荒漠草原、河流高阶地荒漠、低阶地 - 河漫滩森林、低滩地草甸草原、农田以及贯穿和点缀其间的河流、湖泊、库塘、村镇 - 城市等生态系统类型。区内牧民逐水草而居、城镇人口分布相对集中，使得流域及其各子流域成为比较完整的“山水林田湖草沙”生命共同体，山上山下、地上地下、上中下游等联系密切，为山水林田湖草沙生态保护与修复提供了绝佳的天然试验场。

（2）面临的问题与挑战

①矿山治理修复任务重、难度大，两河源区生态风险持续高位

矿业开发造成大面积的裸地，对山体植被造成巨大破坏，非法采矿还造成河流改道，加剧了水土流失。据初步计算，仅采金造成的沙石裸露面积就达 4 000 hm^2，沙石量至少达 9.840×10^7 m^3，几十年无序开采使原有的自然景观被彻底破坏、水体环境恶化，土壤肥力下降，导致草场退化，草场退化反过来又加剧了水土流失。由于流域土质稀薄，降水量较少，矿山生态修复难度较大。破坏严重的区域主要分布在山区开采历史较长的矿区阿尔泰山诸河沟砂金、砂铁矿采区以及可可托海矿区。

②生态用水短缺与湿地萎缩交织，两河一湖生态健康极其脆弱

两河流域湿地众多，由于水资源的开发利用，湿地严重萎缩。2008 年乌伦古河断流达 167 天，目前断流成为常态；额尔齐斯河水量已呈现出明显的减少趋势，2007 年夏季历史性地出现了断流现象。阿勒泰地区境内分布有冰川、高山积雪，生态系统结构相对脆弱，对于气候变化非常敏感。同时由于水位的显著变化会使额尔齐斯河下游的鱼类产卵场退化。据统计，阿尔泰两河流域中生存的 23 种土著鱼类、160 个河狸族系、珍稀物种哲罗鲑等的繁衍都受到了严重影响，有些已接近灭绝。

科克苏湿地地处阿勒泰市西南部荒漠平原，是额尔齐斯河流域最重要的鱼类产卵场和鸟类栖息地，也是新疆北部戈壁荒漠中最大的沼泽湿地。区域内分

布有多科树种组成的天然河谷林，是我国极为珍贵的基因资源库，生态战略位置十分重要。科克苏湿地 2000 年湿地面积为 147 km^2，2010 年湿地面积为 107.1 km^2，2000—2010 年科克苏湿地面积共减少了 27.6%，达 40.6 km^2，湿地破碎度增加，连通性降低，趋于分散分布。使繁殖亲鱼和孵化育苗无法返回河道，导致了生物多样性减少。

③气候干旱与超载过牧压力叠加，草地生态功能严重退化

天然草原超载过牧，导致牧草品质降低，影响了畜牧业的可持续发展和生态安全。据阿勒泰地区草地资源调查数据，20 世纪 90 年代就已经出现草地退化、草地超载现象，2010 年前后达到峰值，近 20 年来，阿勒泰地区草原一直处于超载状态。由于过度放牧使水土流失、植被退化，植物滞留降水、涵养水源、蒸腾以提高空气湿度的功能丧失，造成空气湿度下降、下界面条件恶化而无法形成“细雨绵绵”的有效降水，同时与气温升高、气候干旱叠加，致使暴雨、冰雹类灾害性降水增加，如此则气候变化与过度放牧互为因果，形成了恶性循环。受气候变化、超载放牧和病虫害、天然灾害、无序开发等的影响，73% 的天然草场出现退化，其中严重退化的草地面积约占 40%，水土流失问题突出。

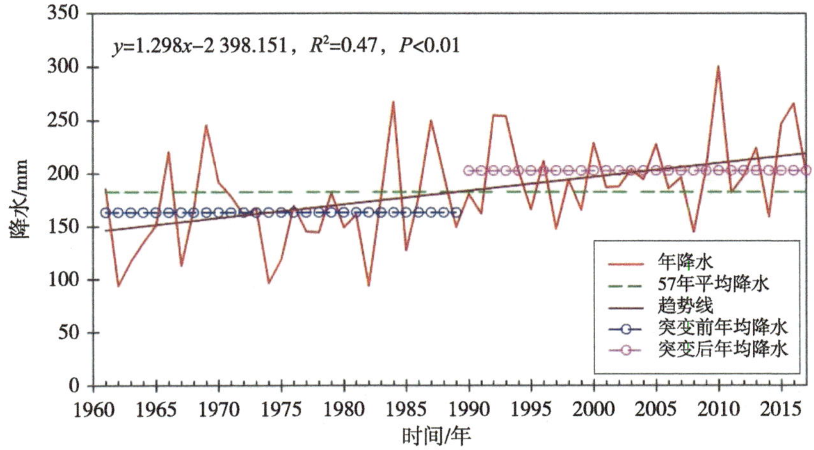

图 4-1　阿勒泰地区 1961—2015 年年平均气温、降水变化

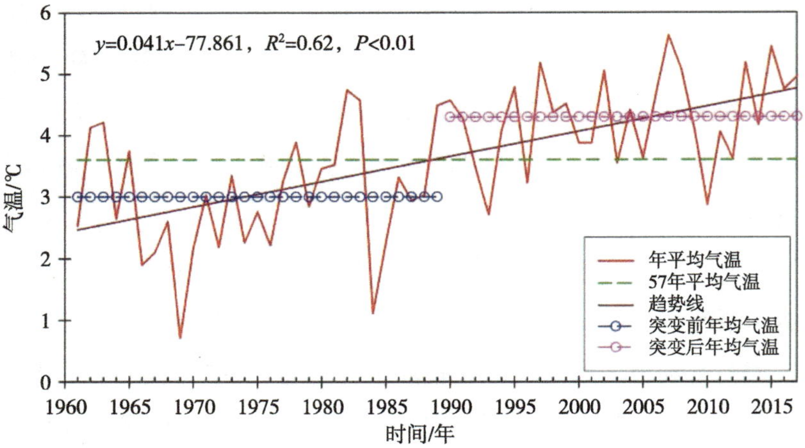

图 4-1　阿勒泰地区 1961—2015 年年平均气温、降水变化（续）

④森林老化、退化趋势加速，北疆水塔涵养调节功能明显下降

阿尔泰山森林广袤，草原广阔，湿地类型较多，是维系阿尔泰山发挥生态功能的重要组成部分。据 2010 年阿尔泰山森林二类调查资料，当前山区成熟林龄组面积、蓄积高达 76.8%、81.76%，受到超载放牧和无序砍伐等因素的影响，森林树龄的老龄化趋势加重，更替困难。另外，全地区现有河谷次生林 173 万亩[①]，主要分布在额尔齐斯河和乌伦古河干流及其一级支流沿岸，由于过度截流和乱砍滥伐、牲畜啃食，导致河谷林森林群落快速衰退，生态功能下降。阿尔泰山两河源自然保护区功能仍然脆弱，“两河”流域年径流量明显下降，下游河谷林生态受到一定影响，水源涵养功能下降。

⑤绿洲人类活动持续加剧，两河流域生态环境问题逐步凸显

近年来绿洲面积持续扩大，农村环境污染和面源污染严重。绝大多数农村缺乏生活垃圾和污水的收集与处理设施，污水和垃圾直接排放。大量使用化肥、农药和地膜，造成土壤板结，养分失调，造成土壤和环境污染；畜禽养殖规模化程度较低，畜禽粪便导致的环境污染还未能得到有效治理。农田农膜治理面积仅占耕地面积的 1%。农村饮水安全设施建设滞后，全地区尚有 10 万人还存在安全饮水隐患。

① 1 亩 ≈666.7 m^2

区域内地表水丰富，但是水资源分布不均，水土资源地域组合不平衡，额尔齐斯河以北土地面积占有三分之一，水量却占到十分之九，而额尔齐斯河以南土地面积占三分之二，而水量只有十分之一，河流径流量的年际变化大，年较差多数 CV 值在 0.3～0.5，是全疆的最高值，地表水年份也不均衡，主要集中在 5～8 月。由于过度截流，特别是大型引水设施的修建，使水量减少，水位降低，乌伦古湖等湖泊湿地萎缩、水质咸化、湖周土地沙化以及植被退化。克孜加尔、黄泥滩、东戈壁、阿魏等六大灌区，由于灌溉不善引起土壤次生盐渍化、沼泽化及等环境问题。部分河段水质有待提高，乌伦古湖水质为劣 V 类，主要污染物为 COD、氟化物。

⑥生态系统破碎化与人工化增强，部分珍稀特有物种濒临灭绝

由于人为建设，如道路、引水渠、围栏、水库大坝等各种设施，很多野生动物的生存与迁徙面临各种危险，生境的破碎化使生物多样性受到极大威胁。众多野生动物基因交流因人为建设被中断，“岛屿化”现象十分普遍，小种群因近亲繁殖最终难以生存，生态廊道的建设迫在眉睫。蒙新河狸是唯一乌伦古河分布的物种，目前已经面临灭绝的危险，其濒危的最大威胁就是种群隔离和栖息地丧失。此外，大量的草原围栏成为野生动物的“克星”，野生动物因此被刮伤、致死的事例已不鲜见，尤其是食草动物受到狼等猛兽追赶时无法逃生，给野生动物的正常生存造成了严重的影响；同时围栏造成野生动物种群交流的困难，条块分割后的草原已经难以容纳野生兽类。

⑦生态保护修复条块分割，整体性系统性亟待加强

目前阿勒泰地区的生态治理和保护修复工作仍存在条块分割现象，缺乏整体性和系统性，在项目建设和资金利用各方面缺乏全局统筹能力，无法从根本上消除生态威胁。例如草原部门的水源地禁牧补助、退牧还草，林业的退耕（牧）还湿（还林）、生态护林员，旅游部门的扶持政策，劳动部门的就业培训，以及其他方面的政策等。如果组合起来，完全有可能将湿地退化、草原过牧等问题解决好。由于资金缺乏导致投入严重不足，很多山区公路以通达为底线，没有路面和排水系统，尤其是沿溪流河谷的道路，往往地势较低，暴雨洪水冲毁的现象十分普遍，保留较好的道路也普遍存在边坡路基土壤裸露、废弃土石

方随意堆积、排水不畅、侵蚀冲刷的现象，造成严重的水土流失，影响生态系统的稳定性，威胁人类健康和安全。

⑧区域发展水平较低，山水林田湖草治理能力非常薄弱

山水林田湖草统筹管理往往涉及环保、国土、水利、住建、林业、草原、农业等多个部门机构，涉及到控源、截污、治河、治水、治土等污染治理与生态修复相关工程的运行情况及运行中往往问题突出。额河流域涉及阿勒泰市、北屯市、布尔津县等 6 县 1 市及 10 个兵团，综合监管统筹能力较为薄弱，亟需推进现有管理手段的优化与完善。一方面，环境监测体系不健全，信息化手段不足。监测网络范围和要素覆盖不全面，技术规范、评价方法不统一，缺乏实时、完整的生态环境监测网络，难以实现“环境 - 生态一体化实施监控和预警预报”，管理基础较弱。另一方面，资源环境市场配置机制有待健全。额河流域除通过政府征税收费的行政手段解决生态环境问题外，市场手段运用较少，山水林田湖草系统化、全视角、专业化、多元化的保护与治理亟待加强。

4.2.3 设计思路与目标

（1）设计理念

围绕山水林田湖草等要素，以问题为导向，以生态功能提升为目标，充分了解和认识流域内生态系统存在的主要问题以及面临的突出矛盾，建立区域山水林田湖草生命共同体分区治理格局，按照“一块区域、一个问题、一套目标、一种技术、一项工程”的思路，研究建立可定量、可考核的工程实施目标指标体系，形成额尔齐斯河流域生态保护修复关键技术整体解决方案。

统筹谋划，分区施策。坚持贯彻“山水林田湖草沙是一个生命共同体”的理念，按照生态系统的整体性、系统性及其内在规律，结合自然边界、行政边界，识别不同层级生命共同体，对额尔齐斯河流域空间进行片区划分。统筹考虑自然生态各要素、山上山下、地上地下、流域上下游，把修复河湖生态、治理水土流失、保护生物多样性、修复矿山环境、维护水源涵养功能、提升水环境质量等任务有机结合，进行整体保护、系统修复、综合治理，维护区域生态

安全。

突出重点，连线带面。紧紧围绕额尔齐斯河是新疆生命河和重要水源涵养区、绿色丝绸之路经济带核心区、新疆生态安全屏障、生物多样性基因库、战略资源储备区、民族和谐示范区等区域特点和重要地位，以增加优质生态产品供给和提升生态服务功能为导向，针对水土流失、矿山开采、水体污染、栖息地破碎化等突出问题和区域面积大等特点，坚持生态、经济和社会效益相统一，突出抓点、连线、带面，立足长远、科学规划、因地制宜，科学合理设计工程项目，增强区域可持续发展能力，促进人与自然和谐共生。

有限目标，自然为主。针对区域生态环境问题点多面广、治理难度大等特点，聚焦有限目标，有计划、有步骤、分阶段、分层次推进，既立足当前治标，又着眼长远治本，有序推进项目实施。优先解决人民群众关心和生态建设的最紧迫问题，避免撒“胡椒面”。坚持自然为主的修复方针，自然措施与人工措施相结合，发挥综合修复效应，实现生态系统的自我调节。注重生态修复的整体性、系统性、协同性、关联性，在遵循自然规律的基础上采用科学合理的手段进行生态保护与修复，实施差别化的修复与保护。切实做到因地制宜、多措并举、方法科学、成效显著。

创新机制，突出示范。突出项目实施在新疆、西北干旱区、丝绸之路沿线的生态文明示范作用。坚持以生态文明制度改革引领生态系统管理，借助丝绸之路经济带建设的重要机遇，以实施山水林田湖草生态保护修复工程为契机，探索干旱区山地 - 绿洲 - 荒漠复合生态系统保护修复与服务功能协同提升关键技术和绿水青山就是金山银山、冰天雪地也是金山银山的实践路径，创新生态保护修复的资金筹措与组织、实施、管护、考核、激励、责任追究等系列管理机制，形成责权明确、协同推进、务实有效的管理格局，建设丝绸之路经济带生态文明示范区。额尔齐斯河流域生态保护修复工程设计技术路线见图 4-2。

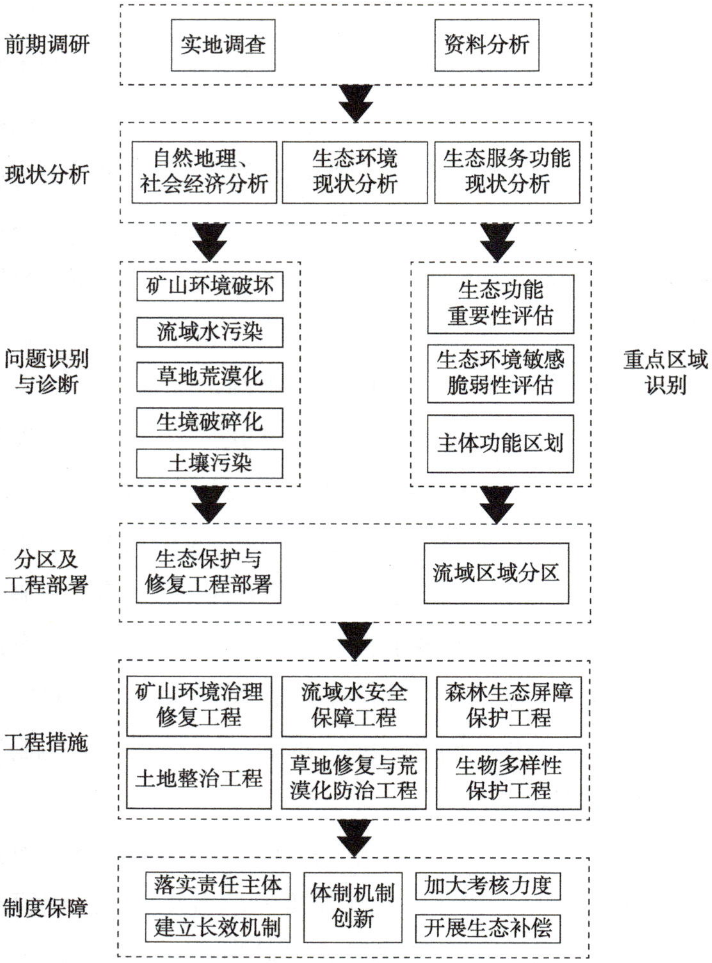

图 4-2　额尔齐斯河流域生态保护修复工程设计技术路线

（2）生态保护修复分区

贯彻“山水林田湖草沙生命共同体”的理念与生态系统理论，从生态系统整体性和生态服务功能管理角度出发，综合考虑流域不同要素间、不同空间区域间的生态联系与耦合过程，采用空间分析和地理信息系统技术，识别“生命共同体”生态保护修复重点区域空间分布和主要结构特征，依据区域突出生态环境问题与主要生态功能定位和保护管理需求等因素，对山水林田湖草生态保护修复工程实施范围进行实施区域划分，提出不同分区的治理策略，明确不同分区的重点任务。

一是针对流域生态环境突出问题，根据三部委印发的《关于推进山水林田湖生态保护修复工作的通知》，确定流域生态保护与修复的重点工程及内容方向。

二是贯彻“山水林田湖草沙生命共同体”理念与生态系统理论，明确区域内各生态系统要素之间的相互关系及山上山下、河湖内外、河流岸上岸下、左右岸的相互关系，确定产生生态环境问题的关键环节原因。

三是突出生态功能重要区域和生态脆弱敏感区域，开展生态系统服务功能重要性评估和生态系统敏感性评估，并通过梳理国家、额尔齐斯河流域相关规划、区域，识别影响区域生态安全、需要优先保护和修复的重点区域。

四是基于上述分析和评估，考虑额尔齐斯河流域及行政单元相对完整性，对新区生态保护与修复空间进行片区划分。结合生态保护与修复工程内容，明确重点任务，确定相应的工程部署区域，分层次、分区域开展保护修复，因地制宜采取加速、延缓、阻断、过滤、调控等管理和技术工程手段，实施系统性保护修复。

在重点生态区域识别和关键生态过程分析基础上，综合考虑流域内不同区域的生态类型和功能定位、关键生态过程和生态关联关系、面临的主要生态环境问题及其成因，紧紧围绕青山不老、银水长流、草原昌盛、绿洲常在的目标和水这一核心因子，坚持以生命共同体为导向，坚持“抚育山区、稳定荒漠、优化绿洲”方针，以矿山生态修复、流域水环境安全保障、湿地修复、天然草场恢复与荒漠化防治、天然林草保育、生物多样性保护等为重点，构建以提升山区源头产流区生态功能为重点的北部阿尔泰山生态功能涵养区、以维护清水产流区和河湖调蓄区生态安全为重点的中部两河一湖生态安全维护片区、以保障内流调节区生态安全为重点的南部荒漠草原生态保育区的生态保护与修复分区布局。额尔齐斯河流域生态保护与修复分区及其思路见表 4-2 和图 4-3。

表 4-2　额尔齐斯河流域生态保护与修复分区

片区	范围	面积 /km²	占比 /%
北部阿尔泰山生态功能涵养区	包括阿勒泰地区北部的山地丘陵区域，行政区划包括阿勒泰市、布尔津县、富蕴县、哈巴河县、青河县、福海县	43 182.66	36.68
中部两河一湖生态安全维护区	包括阿勒泰市、北屯市、布尔津县、福海县、富蕴县、哈巴河县、吉木乃县、青河县低山丘陵及冲积洪积平原	39 633.42	33.67
南部荒漠草原生态保育区	该片区主要包括阿勒泰地区南部的低山丘陵荒漠区，包括福海县、富蕴县、青河县	34 900.88	29.65

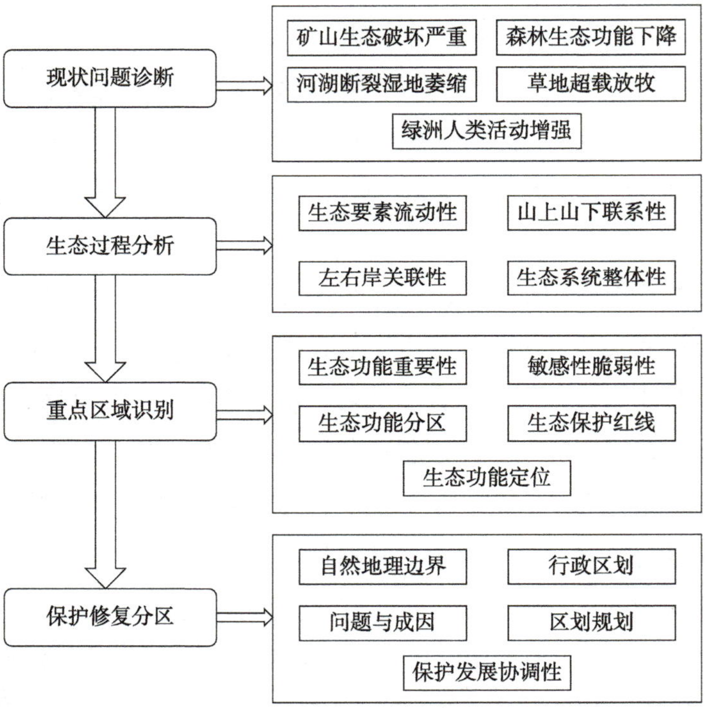

图 4-3　额尔齐斯河流域生态保护与修复分区思路

（3）总体目标

通过实施生态保护修复重大工程，重点解决矿山生态破坏严重和生态风险突出、两河一湖生态健康水平低、阿尔泰山生态涵养功能退化、农田草地承载力超载、生态系统人工化破碎化严重、生物多样性下降等重点问题，努力实现重点区域生态环境明显改善、区域生态安全显著提升以及区域生态产品供给和保障能力大幅提升，构建起比较完善的生态系统保护、修复和管理的体制机制，形成一套西北干旱地区可复制、可推广的生命共同体生态保护修复技术模式，筑牢祖国西北边疆生态安全格局体系，确保北疆水塔生态安全，打造丝绸之路经济带生态文明示范区，提升各族人民生态福祉，为谱写美丽中国新疆篇章、实现新疆社会稳定和长治久安提供生态支撑和示范引领。

2018 年，开展具有良好的前期准备基础的项目，重点打造示范项目，为区域生态环境质量的改善打下坚实的基础。2019—2021 年，全面推进以下工程目标。

①两河一湖生态健康水平显著提升。主要河流水质稳定达到或优于地表水Ⅲ类标准，乌伦古湖水质由劣 V 类提升为 IV 类，流域水生态风险得到有效控制；科克苏等重要湿地得到恢复，主要河湖实现系统的水系连通，主要土著鱼类生境和种群得到恢复，生态需水得到保障，水安全保障水平与水资源战略储备区要求相适应。

②阿尔泰山生态服务功能明显提高。完成矿山环境综合治理面积 50.46 km^2，地质灾害得到有效控制；森林覆盖率提高到 22.76%，森林蓄积量达到 1.17 亿 m^3 以上，水土流失治理率达到 16%，野生动植物栖息地质量和生态系统服务功能明显提高，阿尔泰山地森林草原国家重点生态功能区建设取得重大进展。

③农牧民生态福祉大幅增强。人居环境全面改善，完成农村人居环境整治村庄 190 个，农田废旧地膜回收率达到 80% 以上，新增退化草原改良修复 75 万亩，草原综合植被盖度达到 42.2%，农牧业综合生产能力稳定提高，农牧区生态环境质量与全面建成小康社会相适应，农牧民获得感和幸福感显著增强，成为全疆生态惠民典范。

④人类活动生态风险明显降低。额尔齐斯河入河断面达标率达到 100%；城镇污水集中处理率达到 98%；生活垃圾集中处置率达到 100%，城乡生态环境基础设施与污染治理能力得到明显改观；生态移民 413 户，生态系统破碎化、人工化得到明显改善，金山、银水、雪都、草原、绿洲相得益彰。

⑤丝路通道生态安全得到有效保障。自然湿地保护率达到55%，区域生态安全格局体系基本建立；两河一湖土著鱼类种群数量上升，额尔齐斯河出境断面水质稳定达到Ⅱ类，建成山水林田湖草生态云大数据平台，生态灾害防治、气候变化应对等生态环境治理能力显著提升，重点城镇、能源通道及丝路通道生态安全屏障基本建成。

⑥生态文明建设水平达到全疆领先水平。启动国家级生态文明建设示范区建设，形成荒漠河谷林、干旱区内陆湖泊湿地保护、独立工矿区生态治理、农牧区人居环境改善、生态系统功能协同提升等方面的典型生态保护修复技术模式；自然资源资产、山水林田湖草生态保护修复体制机制进一步完善；建成新疆首个国家生态文明示范区。

4.2.4 工程内容

新疆额尔齐斯河流域山水林田湖草沙生态保护修复工作围绕山地生态涵养功能保护修复、草地生态修复与持续利用、生物多样性保护等七方面内容共设计了52类重点工程，涵盖采矿遗留生态破坏、森林抚育保育、阿尔泰山两河源头区天然草原退牧还草等多方面内容。

（1）山地生态涵养功能保护修复示范工程

重点针对采矿遗留生态破坏问题、人为工程受损地质环境修复以及森林植被退化等问题，主要内容包括采矿遗留生态问题治理修复、工程受损地质环境恢复治理、森林抚育保育、防护林建设源头区项目等内容。具体包括阿尔泰山两河源头区受损地质环境治理、两河中下游区受损地质环境恢复治理、阿尔泰山两河源头区重点防护林建设、哈巴河流域老旧废弃矿山生态治理项目、两河源头区森林抚育、两河源头区中央财政森林生态效益补偿补助等6项重点工程。建设内容包括对阿尔泰山矿区的废弃矿区遗址和堆场、尾矿库、污染场地等进行回填平整、生态修复，治理水土流失，恢复本区自然生态环境；对额尔齐斯河中下游受损地质环境进行修复，包括回填平整、植被修复等。对额尔齐斯河源头区（一级支流头）的阿勒泰市、布尔津县、哈巴河县、吉木乃县开展防护林建设，加强喀纳斯、阿勒泰市、布尔津县、哈巴河县、富蕴县等天然林抚育，种植抚育中幼龄林、封山育林、低效林人工更新等，并实施森林生态效益补偿补助。

（2）草地生态修复与持续利用示范工程

草地生态修复与持续利用示范工程包括天然草原生态保护补助奖励、天然草原退牧还草、游牧民定居和草原生态保护等建设内容，具体建设包括阿尔泰山两河源头区天然草原生态保护补助奖励、南部荒漠区天然草原生态保护补助奖励、阿尔泰山两河源头区天然草原退牧还草、农牧交错带草原修复治理、山区草地游牧民定居与生态修复 5 个重点工程。具体措施包括对阿勒泰地区天然草原进行生态保护补助奖励，确保到 2020 年北部山区天然草原基本达到草畜平衡，各县市南部荒漠草原全面实施禁牧政策；对阿尔泰山两河源头区天然草原进行退牧还草，采取牧民定居、退化草原补播，毒草治理、休牧围栏、退化草原改良、天然草地生态移民等措施，推进退化天然草地的自我修复；对农牧交错带和山地草原进行人工修复治理，促进转变畜牧业发展方式，使得草原综合植被盖度到 2020 年达到 42.2%。

（3）绿洲生态功能提升与人居环境改善示范工程

包括绿洲城镇、乡村人居环境整治与提升、绿洲农用土地生态整治、绿洲生态扶贫等方面的建设内容，共计 13 个重点工程。具体包括绿洲荒漠交错带绿洲生态屏障建设（重点防护林）项目、绿洲荒漠交错带绿洲生态屏障建设（森林抚育与中央财政森林补偿培育）项目、绿洲区退耕还林与城镇生态屏障建设项目、农牧民转业安置与生态扶贫与（两河中部区）项目、农牧民转业安置与生态扶贫与（南部荒漠区）项目、绿洲城镇人居环境改善与提升（污水处理）项目、绿洲城镇人居环境改善与提升（垃圾处理工程）项目、喀纳斯区域人居环境改善与提升项目、绿洲乡村人居环境整治与提升（污染源治理）项目、绿洲乡村人居环境整治与提升（农村环境综合治理）项目、绿洲人居环境改善与提升（饮用水水源建设）项目、绿洲区农用地土地整理项目、绿洲城镇人居环境改善与提升（厕所革命）项目。重点是在青河县、富蕴县、福海县、吉木乃县、哈巴河县、等南部城乡与荒漠交接处加强防护林建设、森林抚育及森林资源培育和退耕还林，强化绿洲生态屏障功能；通过城乡水污染防治与基础设施、生活垃圾处理设施建设，城镇集中式饮用水水源地规范化建设，及其各类农业、养殖业、工业污染源的治理控制，大力开展厕所改造，极大提升绿洲城乡生活、污染治理能力，较大改善城乡人居环境；通过开展福海县阔克阿尕什乡阿克乌提克勒村生态扶贫村建设项目、阿勒泰市阿苇滩镇库布东村生态扶贫项目、青河县大果沙棘种植标准化示范区项目，及其对各县市受损农用土地整理治理，实现农牧民转业安置和脱贫致富。

（4）两河一湖生态保护与修复示范工程

两河一湖生态保护与修复工程包括河湖泊湿地生态治理与修复、河流湿地生态治理与修复、小流域生态治理项目、国家湿地公园修复与保护等10项工程，具体包括退耕（退牧）还湿、两河源头区湖泊湿地生态治理与修复、中部绿洲区湖泊湿地生态治理与修复、阿尔泰山两河源头区河流湿地生态治理与修复、两河中下游区河流湿地生态治理与修复、河湖湿地水系连通、阿尔泰山两河源头区小流域生态治理、乌伦古河河湖生态治理、富蕴县可可托海国家湿地公园保护与建设、福海县乌伦古湖国家湿地公园保护与建设工程。具体措施包括开展重要湿地生态移民，实现退耕还湿、退牧还湿，通过湿地补水和水系系统连通及调控等促进自然修复，辅以适当的人工治理和加强管护，实现湖泊湿地的修复和维持；对两河流域的中小河流湿地进行生态治理和修复，建设生态防洪堤、修建柔性护岸、山洪沟谷坊、滚水坝等，保护和修复河谷林草湿地，提升河流湿地的产汇流及污染隔离功能；强化乌伦古湖国家湿地公园、可可托海国家湿地公周边的生态条件，增强湿地功能。

（5）生物多样性保护与荒漠化防治示范工程

生物多样性保护与荒漠化防治工程，包括生物栖息地保护修复与重要生物物种保护、沙化土地治理、荒漠区受损地质环境治理7项工程，具体包括青河县南部荒漠区受损地质环境治理、沙化土地封禁保护、卡拉麦里山有蹄类自然保护区生态修复、福海县金塔斯自然保护区牧民生态搬迁、哈纳斯国家级自然保护区生物多样性保护与恢复建设、福海县乌伦古湖（吉力湖）土著渔繁育场建设与污水处理、福海县乌伦古湖国家湿地公园生物多样性宣传教育等重点工程。生物多样性保护措施包括设置保护站、增殖放流、建设繁育环道和厂房；

通过消除对保护区内人为干扰的影响，人工保护重要物种和加强生物多样性教育，实现自然保护区生境的良好维持和生物多样性的保护。荒漠化治理措施包括对沙化土地进行封育保护和治理，采用封山（沙）育林、人工抚育、人工建设沙棘林、合理灌溉等综合措施，及其加强大范围受损地质环境的合理恢复，加强荒漠生态系统的修复与保育。

（6）生命共同体治理能力提升示范工程

建设内容主要为阿尔泰山气候变化监测、预警，山水森田湖草系统监测平台构建，生命共同体关键科学问题研究，生命共同体管理能力提升项目等共计6项重点工程，具体包括阿尔泰山气候变化监测、预警与人工调控、阿勒泰地区山水林田湖草方案效益评估、新疆生态云（生态环境）大数据平台—阿勒泰子平台（山水森田湖草系统监测平台）、生命共同体关键科学问题研究、生命共同体管理能力提升项目（中部绿洲区）、生命共同体管理能力提升项目（阿尔泰山区）重点项目。主要措施为实施雪都工程及重点区域（富蕴县可可托海、贾登峪、禾木等）生态环境和气候变化监测预警，开展"两河"源无人机增水、阿尔泰山水源地人工增水等，合理开发空中云水资源，并开展气象监测预警、生态监测与预警；与现有新疆环境在线监测系统进行联网，在重点区域、重点项目建设千里眼高空远程瞭望监测系统，搭建大数据一体化服务平台，全面监测，形成全区域一张图；开展阿尔泰山生态保护管理规划、阿尔泰山山水林田湖草生命共同体机制机理与关键修复技术、疆阿勒泰福海县乌伦古河流域生态保护与修复等方面开展专项研究，增强对阿勒泰山水林田湖草生命共同体的科技支撑能力；增强流域、湖泊生态环境保护与管理能力，水环境应急能力和环境监测能力，加强宣传教育和长效机制构建。

（7）两山转化与资源枯竭型矿山转型示范工程

建设内容主要为可可托海镇资源枯竭型矿区的治理，及矿区农牧民转业安置与生态扶贫等5项重点工程，具体包括可可托海镇额尔齐斯河上游原工矿区矿渣废渣处置、富蕴县可可托海一矿三号脉（地质圣坑）周边生态综合治理、富蕴县可可托海陈列馆提升改造建设、农牧民转业安置与生态扶贫与、新疆阿勒泰草原生态基地育种等工程。主要措施为对可可托海一矿三号脉周边受损的区域进行修复，将工业固体废物进行清运，并对低品位矿石进行封存，关停碳化硅老厂区，进行污染物无害化处理、厂区生态恢复；对矿区农牧民进行转业安置与生态扶贫，建设草原生态基地育种基地，为矿区生态修复提供依据。

4.2.5 主要经验做法

（1）强化顶层设计，科学确定流域生态修复总体思路与目标

额尔齐斯河流域涵盖了“山水林田湖草沙”生命共同体所有的生态要素，是全球生物多样性热点区域和我国生物多样性保护优先区域，是国家重要生态功能区，“一带一路”核心区的重要生态屏障，也是探索山水林田湖草沙生命共同体治理模式的天然试验场。

随着经济社会发展，流域内自然资源开发、生活污染源排放加剧带来各类生态环境问题，扰乱了流域生态系统平衡。水资源约束趋紧、水土流失问题突出、环境保护基础设施建设滞后、农业农村面源污染尚未得到有效治理。额尔齐斯河流域生态系统特征和主要生态环境问题具有典型性和代表性，其生态保护与修复实践能够为西北干旱半干旱地区乃至全国提供经验模式，发挥示范带动作用。

额尔齐斯河流域生态保护修复遵循“山水林田湖草沙是一个生命共同体”理念，从生态系统整体性角度建立分区治理格局，构建以提升山区源头产流区生态功能为重点的北部阿尔泰山生态功能涵养区、以维护清水产流区和河湖调蓄区生态安全为重点的中部两河一湖生态安全维护片区、以保障内流调节区生态安全为重点的南部荒漠草原生态保育区等 3 大片区，合理确定不同片区的功能定位与生态修复方向。围绕流域生态系统健康和功能提升这一核心目标，从流域上下游左右岸山林区、林草区、绿洲区、河湖区、荒漠区不同保护修复定位出发，确定保护修复思路和目标。坚持问题导向，按照“抓点—连线—带面”策略，突出水生态保护这一关键点，维护额尔齐斯河、乌伦古河和乌伦古湖的“两河一湖”生态安全，着力修复流域以水为纽带的生态过程。

（2）打造样板工程，探索生态保护与修复实践模式

统筹流域山水林田湖草系统保护修复，推进实施包括山地生态涵养功能保护修复、草地生态修复与持续利用、两山转化与资源枯竭型矿山转型、两河一湖生态保护与修复、绿洲生态功能提升与人居环境改善、生物多样性保护与荒漠化防治、生命共同体治理能力提升示范共七大类工程，实施绿水青山、净化城镇、美丽乡村行动“一绿一净一美”三个专项行动，突出主体功能区、水资源战略储备区、生态补偿试点区、山水林田湖草生态保护与修复国家试点区“四区”建设，大力推动兵地生态保护协作，力争把试点项目打造成国家生态保护修复的样板工程。

阿勒泰地区通过额尔齐斯河流域生态保护修复工程实施，额尔齐斯河和乌伦古河水质达到Ⅱ类，自然湿地保护率达到53%，绿洲生产生活环境与新疆水安全保障水平大幅提升。退耕还林面积达到53万多亩，森林覆盖率为22.65%，水土流失治理率超过15%；新增草原修复面积累计约72万亩，草原综合植被盖度为42.2%。农村人居环境整治村庄超过300多个，城镇污水集中处理率和城镇生活垃圾集中处置率分别达到96%和98%，集中式饮用水水源地水质达标率达到100%。流域生态环境质量大幅度提升，人居环境明显改善。

（3）创新工作机制，着力推动制度化、规范化和精细化管理

阿勒泰地区坚持自上而下高位推动，专门成立了山水林田湖草生态保护修复工程实施项目指挥部，抽调生态环境、自然资源、水利等多个部门专职人员集中办公，下设项目执行办、财政绩效办、合规监察办、科技专家办、金融服务办等，具体统筹、协调、调度、监管项目实施。同时，制定出台了新疆额尔齐斯河流域山水林田湖草生态保护修复工程试点项目实施管理办法、绩效评价考核细则、督查通报制度、跟踪审计方案等制度，确保项目管理制度化、规范化。

强化考核与跟踪监督。项目指挥部对各项目实施主体进行定期考核、专项考核、现场考核，重点对规划目标、资金投入及重点工程的实施情况进行跟踪督导，将绩效考评结果与项目责任领导的评优评先、选拔任用、离任审计挂钩，与实施单位的年度考核相结合。制定了山水林田湖草生态保护修复工程全过程

跟踪审计方案，聘请第三方社会审计机构，加强跟踪审计，做到主动发现问题、主动解决问题，对项目和资金实施全过程监督。

（4）探索"三生融合"，实现生态、经济和社会效益有机统一

坚持生态、生活、生产"三生"融合理念，坚定不移走生产发展、生活富裕、生态良好的文明发展道路，从生态环境保护修复中获取"生态红利"。将项目与乡村振兴结合起来，加大当地百姓用工力度，通过机械合作社、羊粪合作社、草种合作社等专业合作社参与山水林田湖草生态工程的建设，让当地百姓树牢生态环保意识的同时，也起到增加收入、提高就业技能的作用。将项目与旅游发展结合起来，用更优美的生态环境带动当地旅游业的发展，实现生态保护和旅游发展相互促进、互利共赢，把"绿水青山"直接转化为"金山银山"。将项目与金融产业发展结合起来，通过市场化、社会化多途径多渠道筹措资金，逐步形成政府引导、市场推进、社会参与的生态保护投融资机制。

4.3 河北雄安新区

4.3.1 区域概况

雄安新区位于太行山东麓、冀中平原中部，地形以平原和洼淀为主。境内海拔西北较高，东南略低，平原区东部的白洋淀及其周围为洼淀区。白洋淀位于太行山东麓的永定河和滹沱河冲积扇相交汇的地区，地势自西北向东南倾斜。淀区面积约 360 km^2 主要由 143 个淀泊和 3 700 条沟壕组成，其中百亩以上大淀 99 个。新区地处中纬度地带，属暖温带大陆性季风气候，四季分明，夏热多雨，冬寒少雪。全年平均气温 11.9℃，年平均降水量 551.5 mm，降水季节分配极不平均。

白洋淀属海河流域大清河水系，流域水系呈扇形分布，其中南支诸河直接汇入白洋淀，主要河流有潴龙河、孝义河、萍河等，北支为南拒马河与白沟河汇流经白沟引河入淀。白洋淀区蓄水和排渠系统蓄水主要靠大清河上游地区降水在地表形成的径流，年入淀水量随降水量变化差异很大。为保证白洋淀上游

来水，引黄入冀补淀、南水北调中线一期等工程已建成通水，为新区水资源提供了良好的保障。白洋淀土壤类型复杂多样，以沼泽土为主，土质肥沃，分布于地势低洼、常年积水地区。土壤养分含量较高，土壤肥沃，但表层土质地较黏重。

雄安新区地处中国东部中低温地热田，地热、石油、矿泉水资源丰富，具有储量大、可回灌等特点，是华北地区具有代表性的地热田，拥有休闲旅游产业的良好发展基础。雄县年产石油 30 万 t，天然气 1 800 万 m^3，地热面积 320 km^2，储量 821.78 亿 m^3，具有埋藏浅、储量大、水温高、水质优的特点，1989 年被国家确定为全国中低温地热资源综合开发利用示范区，2011 年被原国土资源部命名为“中国温泉之乡”。其次，矿泉水资源总储量 4 亿 m^3，碘、锂、锶、偏硅酸和矿化度均达到国家矿泉水饮用标准。容城县已发现的矿产资源主要有砖瓦制造用黏土和建筑用沙。安新县境内蕴藏的地热资源储藏面积达逾 350 km^2，储量逾 150 亿 t。

雄安新区范围包括雄县、容城、安新三县行政辖区（含白洋淀水域），共 33 个乡镇，规划面积 1 770 km^2。截至 2018 年 3 月，雄安新区常住人口约 124 万人，雄安新区所辖三县经济发展水平不高，财力规模较小。2016 年，三县国内生产总值为 200.55 亿元，其中，第一产业增加值 30.42 亿元，第二产业增加值 131.18 亿元，第三产业增加值 56.7 亿元。

经过多年发展，雄安新区白洋淀周边已形成了以旅游业为主导，以水产养殖和芦苇制品等为特色的三大产业体系。旅游业发展方兴未艾，目前已开发建设了以生态文化、民俗文化、历史文化为主题的景点和 30 多项参与性项目，建成了旅游码头、旅游路、白洋淀温泉宾馆等一批配套基础设施；水产养殖业品牌效应初显，目前已培育了元鱼、青虾、河蟹等名优水产品，成为华北地区重要的淡水鱼生产基地和为京、津地区水产品的主要供应地；芦苇加工业已初具规模，年生产苇席、苇箔、苇帘 700 万片，约占全国总产量的 40%，是名副其实的“芦苇之乡”，特别是开发的芦苇工艺画，被指定为保定市第一个旅游纪念品，产品远销美国、日本、韩国、新加坡、马来西亚、爱尔兰等多个国家和地区。

4.3.2 突出生态环境问题

（1）生态修复的必要性

生态修复的必要性是落实习近平总书记有关保护白洋淀重要指示的有效途径。

白洋淀是华北平原最大、最典型的淡水浅湖型湿地，由 143 个淀泊组成，总面积 360 km^2 左右，素有“华北明珠”之称，被誉为“华北之肾”，在维护华北地区生态系统平衡、调节河北平原乃至京津地区气候、补充地下水源、调蓄洪水以及保护生物多样性和珍稀物种资源等方面发挥着不可替代的作用，在区域生态安全体系拥有极高的战略位置。白洋淀是新区的重要组成部分，也是新区生态环境保护的核心。保护修复好白洋淀，是建成水城共融新区和天蓝、地绿、水秀美丽雄安的重要任务。

党中央、国务院高度重视白洋淀生态环境治理和保护工作，习近平总书记在实地考察新区时强调，建设雄安新区一定要把白洋淀修复好、保护好。《河北雄安新区规划纲要》提出，要做好白洋淀生态环境保护，恢复“华北之肾”。当前，白洋淀生态环境仍然存在诸多生态环境问题，突出表现在水体严重污染、生态水文过程弱化、淀区沼泽化、水面面积萎缩、生物多样性退化等方面。造成这些问题的原因包括污染物输入、入淀水量不足、人为干扰强度大等。解决白洋淀生态环境问题是一项系统工程，必须从整体角度对白洋淀实施治理和保护。

实施山水林田湖草生态保护修复工程，并将解决白洋淀水资源、水生态、水环境问题作为主线，集中力量、集中资金进行统一保护、统一修复，有利于改善白洋淀生态环境质量，提升生态系统服务功能，增强优质生态产品供给能力，为保障华北地区生态安全提供重要支撑，为新区可持续发展奠定绿色屏障和生态之基，为京津冀一体化协同发展战略的实现发挥重要作用。

生态修复的必要性是雄安新区“千年大计、国家大事”深刻内涵的有力体现。

避免城市无序扩张，构建人与自然和谐的城市发展格局，对于城市建设和发展是一个永恒的课题。一方面，雄安新区的建设，正是为解决人口资源环境承载超限的城市发展之困、区域发展差距悬殊之困、吸纳创新要素资源培育新动能之困走出的一条疏解城市功能、带动区域协同发展的新路。另一方面，从国际新城和国内国家级新区建设的经验和教训来看，必须将优质生态环境作为城市建设的基础，为自然生态留足空间，在产业、人居、交通、生态环境等方面协同发展上取得突破。这就要求雄安新区的建设和发展必须坚持走生态优先之路，将生态保护和修复放在首位，避免再次出现“摊大饼”式扩张，严重挤占生态空间的城市发展老路。

伴随城市人口和产业的聚集，雄安新区对粮食供给、淡水供给、碳汇、防洪、空气净化和休憩等生态系统服务的需求将不断提高。因此，生态雄安建设的关键就是要在维护自然生态环境可持续性的基础上，加大生态保护修复和环境污染治理，构建和谐共荣的区域生态系统服务与人类福祉关系。

综上可见，以“世界眼光、国际标准、中国特色、高点定位”建设美丽雄安，必须要有健康绿色宜居的生态环境相适应，要有干净的水、清新的空气、稳定的自然栖息地、良好的生态产品供给能力和安全的自然生态系统，必须要有与美丽雄安要求相适应的现代化生态文明治理体系和治理能力。适时开展山水林田湖草生态保护修复，进行整体保护、系统修复、综合治理，探索建立具有示范意义的生态文明治理体系，推进新区人与自然和谐共生，建设美丽雄安，是雄安新区“千年大计、国家大事”深刻内涵的有力体现，对建设新时代生态文明典范城市，保障和维护华北平原生态安全，推动京津冀协同发展具有重大意义。

生态修复的必要性是打造全国生态保护修复创新高地的必要选择。

财政部、自然资源部、生态环境部印发《关于组织申报第三批山水林田湖草生态保护修复工程试点的通知》，以“山水林田湖草是一个生命共同体”的重要理念指导实施区域和流域生态保护修复工程，统筹各要素，充分整合资金、政策，对流域、区域进行整体保护、系统修复、综合治理，改变治山、治水、护田各自为战的工作格局，通过推进重点区域生态修复，全面提升各类自然生态系统稳定和生态服务功能，筑牢生态安全屏障。在试点地区深入探索有利于生态系统保护的体制机制，为其他区域提供可借鉴的经验。

雄安新区的发展定位包括绿色生态宜居新城、创新驱动发展引领区、协调发展示范区，将成为高质量发展的全国样板、全国创新驱动发展的新引擎。创新成为推进新区高质量发展的第一动力。实施创新驱动发展战略，推进以科技创新为核心的全面创新，不仅要在城市建设、产业发展等方面探索新的路径，更加重要的是要在生态系统保护和修复、环境污染治理等方面探索先进技术，并在生态环境保护和管理的体制机制、政策措施等方面大胆改革创新。

通过新区实施山水林田湖草生态保护修复工程，在生态保护修复的理念、思维、技术、制度、政策等诸多方面进行改革创新，大力探索白洋淀湿地修复技术、河流水环境污染治理技术、自然生境修复技术、芦苇和秸秆资源化利用技术、生态环境数字化监管技术等生态保护修复技术模式，探索建立环境污染第三方治理机制和生态保护修复市场机制，将新区打造成为山水林田湖草生态保护修复的创新示范区，为全国山水林田湖草生态保护修复树立典型样板。

生态修复的必要性是维护京津冀区域生态环境安全的迫切要求。

雄安新区位于京津冀腹地，白洋淀上承九河，下注渤海，是大清河水系重要的水量调节枢纽，是海河流域的蓄滞洪区，承受着上游 3.12 万 km^2 的洪沥水，承担着缓洪滞沥，保卫京津、华北油田和京广高铁、大广高速等重要交通干线及周边地区人民生命财产安全的重任，是淀区及周边 34.3 万人民赖以生存的主要物质生产来源之一。同时，新区生物多样性丰富，是白天鹅、大鸨等珍稀鸟类在华北地区中部最理想的栖息地，也是候鸟迁徙内陆通道途中的重要食物与能量补充栖息地。目前新区及其上游区域存在湿地功能退化、生态过程退化、淀区沼泽化三大主要生态环境问题，严重影响区域生态安全。

新区是“太行山脉—渤海湾”和“京南生态绿楔—拒马河—白洋淀”生态廊道关键生态节点和生态枢纽。新区位于农耕区，土地利用以耕地为主，植被覆盖率相对较低，生态系统单一且质量不高。新区所处区域水资源短缺、水资源供需矛盾突出、地下水超采严重，用水赤字逐年增加，水资源承载力已达到自然的上限，新区 3 县地下水已不同程度超采，容城县因严重超采而形成 20 m 深的漏斗。当前，华北平原区已形成世界最大的复合型地下水漏斗区，已引发地面沉降、海水倒灌、地陷地裂等地质灾害问题，以及湿地退化等问题。迫切需要统筹新区淀水林田草治理，维护京津冀区域生态环境安全。

（2）面临的主要生态环境问题

①白洋淀水生态环境质量下降

受人口快速增长、经济活动等因素影响，加之流域生态环境管理与行政区域管理不协调，导致白洋淀生态环境质量下降明显。

入淀水量保障不足。近年来随着降水量减少和水资源开发利用程度的提高，区域水资源短缺，入淀河流多数断流，入淀水量逐渐减少，使得白洋淀生态需水难以保障，水动力学过程逐步弱化，原有 9 条入淀河流的天然入淀水量逐年减少，淀区多次出现干淀现象。从成因分析来看，自然环境变化（如年均气温升高和降水量减少），人类活动的影响（如白洋淀上游生活生产用水的增加和拦蓄水工程的实施）以及监督管理水平低下（如产业的无序开发和资源的无序利用）等因素的叠加，共同导致了白洋淀入淀水量的不断萎缩。

淀区水质污染严重。20 世纪 50、60 年代，白洋淀流域水质优良，是周围居民的主要饮用水水源地，自 70 年代开始，入淀河流和淀区水环境质量呈逐步下降趋势。《2000—2015 年河北省环境质量公报》显示，白洋淀水质总体水平在 2000 年以后长期处于Ⅳ类以下，其中北部的烧车淀、枣林庄、光淀张庄水质相对较好，能维持在Ⅲ～Ⅳ类水平；东侧的圈头和采蒲台水质在Ⅳ～Ⅴ类之间；而西侧的端村和南刘庄水质基本在Ⅴ类以下，主要污染物为 COD、氨氮等。

从白洋淀污染源来看，造成白洋淀污染的主要原因有府河、孝义河接纳的上游生活污水和工业污水、纯水村及淀边村生活污染源的直排以及农业面源污染等。此外，随着近年来收割芦苇人工费与芦苇市场价值出现倒挂，芦苇因收割、管护不到位，退化严重，造成大量淤泥沉积在淀底，加剧了白洋淀水体的富营养化。

淀区沼泽化。沼泽化是目前白洋淀生态保护中的新难题。历史上的白洋淀水量丰富，但由于受到自然环境变化以及人为干扰等因素的影响，白洋淀水域面积不断萎缩，水陆破碎状况严重，其对白洋淀的影响超过了生态系统自身的调控能力，白洋淀沼泽化趋势加重，淀泊衰老加速。目前，白洋淀轻度、中度和严重沼泽化区域分别占总面积的13%、35%和22%，淀区淤泥平均厚度约1.5 m，最深处淤泥厚度为3 m，最浅处淤泥厚为0.5 m～0.6 m。沼泽化进程所带来的淀区生物群落退化和生境恶化日趋明显，生物栖息失去了原有的亲水空间。

生物多样性退化。水文特征的变化改变了白洋淀的水量和水质，进而使水生生物的种类、数量及群落结构发生了明显的改变。自上世纪80年代以来，由于受长期干淀缺水和水体污染的影响，淀区内生态系统遭到严重破坏，生物多样性持续衰减，珍稀物种几近绝迹。1989年淀区重新蓄水后，水生生物种类得到一定恢复，但生物种群发生了重大变化，鱼类由54种减少至30种，浮游植物和动物种类分别减少了约28%和18%，耐污种逐渐占据优势，个体数增加了约15%。栖息于淀区的野鸭、鹁鸪等近乎绝迹，直到2004年引岳济淀等工程补水实施后野生鸟类数量才有所恢复。

②河流外源输入型污染负荷大

府河、孝义河污水输入量较大，污染负荷较高。目前9条入淀河流中仅府河和孝义河常年有水入淀。其中，府河主要接纳上游保定市生活污水和工业废水，由于上游工业企业和城市生活排放的污水不能稳定达标，导致府河水质常年处于劣Ⅴ类水平，大量废水从“安州闸”直排入淀；孝义河主要接纳保定市高阳县、蠡县高污染行业排放的污水以及周边地区居民的生活污水，孝义河入淀的蒲口断面水质长期处于劣Ⅴ类水平。

新区内枯水河道存在污染隐患。唐河、瀑河、萍河、潴龙河等4条河流目前处于长期断流状态，河道及岸边的生活垃圾、建筑垃圾及工业固体废弃物等随意堆放，部分河段内仍有残留的工业废水。如唐河污水库多年来残留着工业废水、电线电缆拆解废弃物和周边的生活垃圾，一旦遭遇大汛或溃坝导致污染物外泄，将对白洋淀的生态环境造成严重威胁。此外，未来白洋淀将通过实施上游多水源补水等措施，恢复现有枯水河道的通水功能，以保障白洋淀的生态需水，如不对枯水河道采取垃圾清理、河道清淤等工程措施，河道内污染物将随调水工程的实施直接汇入淀区，导致白洋淀污染负荷加剧。

③人居环境质量亟待改善

城乡环境治理能力薄弱。目前，雄安新区内城镇污水收集处理率不高，仍有约三分之一的城镇生活污水未得到有效处理。生活垃圾处理能力不足，当前新区内仍有约 500 万 t 的存量生活垃圾未得到有效处置，雄县生活垃圾卫生填埋场仅能再接收 9 个月的新增生活垃圾，安新县、容城县生活垃圾卫生填埋场已封场或即将停运。此外，历史遗留的工业废弃物堆存较多，新区内约有 50 万 t 固体废弃物未得到处理。

纯水村、淀边村生活垃圾，生活污水污染严重。随着人口数量的增加，白洋淀纯水村由上世纪 60 年代的 1 万多人增加至目前的 10 万人左右，淀边村人口数量也增至约 24.3 万人，农村生活垃圾和污水产生量日益增加，对白洋淀造成了一定的污染压力。截至目前，淀区内共有 33 个纯水村和 15 个淀边村已建有污水处理设施，生活垃圾也已委托有资质的第三方进行收集、转运和处置。但由于生活与生产方式、治理技术及运行维护体系等原因，纯水村、淀边村生活垃圾、污水的收集和处理率仍有待提高。如要彻底根治纯水村、淀边村的环境污染顽疾，仍需开展进一步的治理。

区域内纳污坑塘、黑臭水体数量多。雄安新区内纳污坑塘分布广泛，数量众多。据统计，新区内共有 810 个纳污坑塘，包括有水坑塘 589 个，干坑 221 个，主要类型有与重点支干渠连通的纳污坑塘、生活类纳污坑塘、畜禽养殖类纳污坑塘、含酸含废油等工业类纳污坑塘等。截至 2017 年，已经完成 272 个纳污坑塘的整治，剩余 538 个纳污坑塘的整治工作计划在 2018 年内全部完成。

新区黑臭水体污染问题日益突出。以雁翎沟、大张庄排碱沟、龙王跑干渠、马庄干渠等为代表的黑臭水体污染严重，沟渠内部和周围垃圾积存较多，沟渠底部底泥累积严重，底泥混合垃圾成为严重的内源污染，造成沟渠水质污染及周围土壤污染，极大影响了生态环境质量，严重威胁周边居民的身体健康。

农业生产方式落后，生态农业发展缓慢。雄安新区下辖的雄县、容城和安新三县均为传统农业大县，种养殖规模大且农业经营方式较粗放，化肥、农药、农膜等的过量使用，导致其在土壤和水体中的大量残留，由此对土壤和水体均造成一定污染。畜禽养殖业污染物排放量较大，非规模化畜禽养殖户一般未采取任何污染防范措施，由此对区域空气、地表水和地下水均造成严重影响。此外，由于新区内从事传统农业生产的农民缺少必要的科学种养殖知识、技能和强有力的农业技术推广体系支持，导致生态农业、绿色农业发展缓慢，农业面源污染未从根本上得到控制。

④生态环境监管能力有待进一步加强

新区综合监管能力仍较为薄弱。新区涉及雄县、容城、安新3县环保、国土、水利、住建、林业、农业等多个部门，不同区域和水陆管理难以统筹，不同部门生态环境保护职能界限不清，难以协调，导致生态保护修复相关工程在实施、管理与运行过程中遇到的阻力较多。因此，亟需推进现有管理手段的优化与完善，建立基于白洋淀流域生态安全监控管理协调机制，提高监管能力，加大执法力度。探索生态农业、循环经济模式等方面的激励政策和管理对策，研究白洋淀流域生态补偿政策、资源合理开发与利用模式。

生态环境监测体系不健全，信息化手段不足。在生态环境监测方面，当前新区生态环境监测多以人工采样监测方式进行，缺乏实时性；生态环境监测体系缺乏规范化和系统化布局，技术规范、评价方法不统一，数据缺乏可比性；区域的生态环境监测体系不健全，监测网络范围和要素覆盖不全面，缺乏完整的生态环境监测网络。在大数据和信息化方面，区域间、部门间信息化水平和信息共享程度不高，区域内目前尚未建立规范化、系统化的数字管理平台，难以实现"资源—环境—生态一体化实施监控和预警预报"，管理基础较弱。

生态环境保护联动协同机制尚不完善。新区与北京、天津和周边地区生态环境保护上下游联动协作机制和统一协同的流域水环境管理机制尚不健全，京津冀及周边区域跨界水质断面监测，定期通报监测数据，开展监测信息共享、联合执法和水污染事故应急处理工作缺乏协同工作机制。

⑤森林生态系统总量不足且功能质量较低

一是雄安新区森林绿地资源总量不足，森林覆盖率不足11%，特别是城镇、村庄等人口密集区绿化水平较低，与生态宜居城市的标准存在较大落差。

二是新区森林生态系统呈零散分布状态，空间破碎化程度高，缺乏成规模的生态缓冲林带，森林生态系统的完整性、连通性不够，难以发挥生态防护、生物多样性保护等功能。

三是新区森林资源树种结构单一，质量不高，存在纯林多、混交林少的问题，原有城市绿化存在过度园林化倾向，植物配置结构不尽合理，绿地生态系统不能发挥应有的作用。

4.3.3 设计思路与目标

（1）设计理念

按照生态系统保护修复基础理论和关键技术，按照“厘清生态要素关系—梳理生态环境问题—分析问题成因—部署保护修复工程—提出预期目标指标”的路线进行设计。

统筹布局，分区实施。基于自然地理单元，考虑行政单元的相对完整性，对新区空间进行片区划分。进一步结合新区重点区域识别情况，针对水环境治理、水生态功能提升、绿色生态空间修复等生态保护修复重点内容，提出分区方案，谋划新区全域生态保护修复工程布局。

系统修复，整体推进。贯彻“山水林田湖草是一个生命共同体”的理念，按照整体性、系统性及其内在规律，统筹考虑自然生态各要素、地上地下、流域上下游，把提升水环境质量、维护水源涵养功能、提高土地生产力等任务有机结合，进行整体保护、系统修复、综合治理，维护新区生态安全。

突出特色，抓住重点。紧扣白洋淀为华北地区最大、最典型淡水浅湖型湿地的特点，以提升新区生态产品供给能力为导向，针对白洋淀以及入淀河流水资源短缺、水体污染、水生态功能退化、生境破碎等突出问题，立足长远、科学规划、因地制宜，科学合理设计工程项目，增强新区可持续发展能力，促进人与自然和谐共生。

创新机制，政策驱动。贯彻落实中共中央、国务院批复的《河北雄安新区规划纲要》，以实施山水林田湖草生态保护修复工程为契机，以世界眼光、国际标准探索建立数字化智慧管理平台等生态环境保护体制以及设立白洋淀生态环境治理基金等资金筹措机制。对生态保护修复工程的实施和推进，要及时总结提炼成功经验和技术模式，为其他地区提供示范。雄安新区生态保护修复工程设计技术路线如图 4-4 所示。

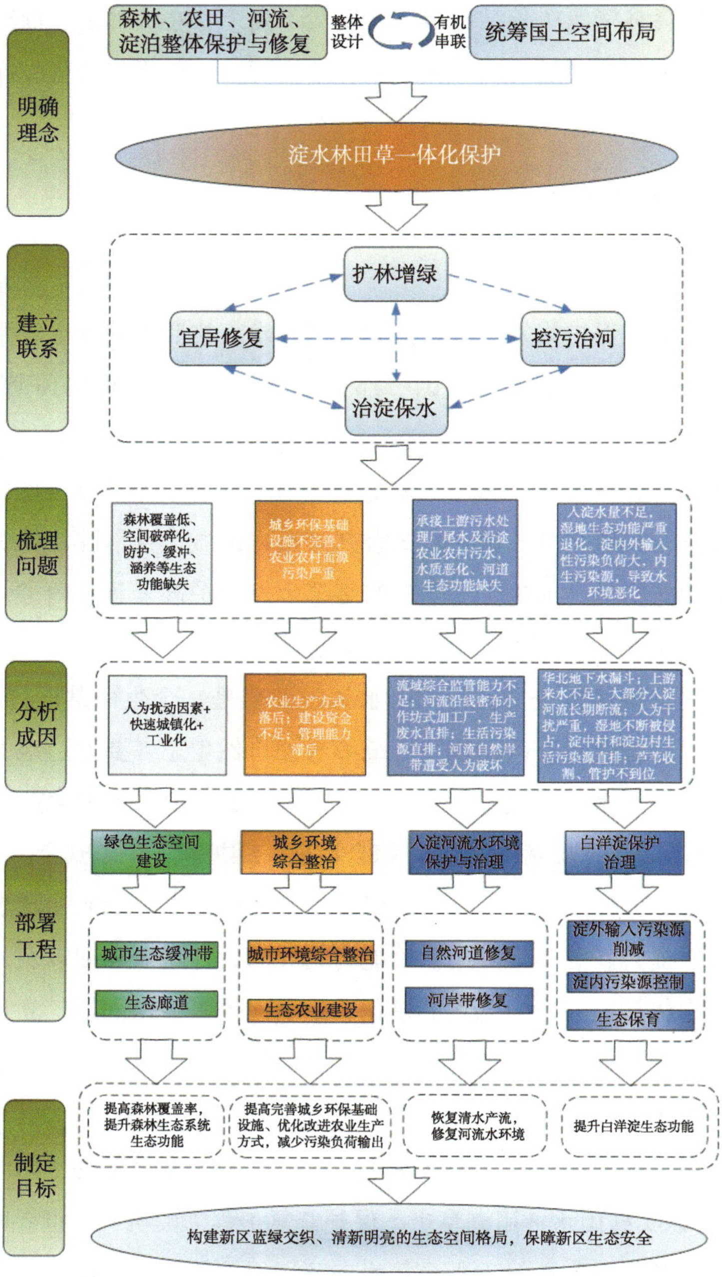

图 4-4　雄安新区生态保护修复工程设计技术路线

（2）生态保护修复分区

按照“山水林田湖草沙生命共同体”的理念与区域生态系统理论，以白洋淀为核心开展生态系统服务功能评价，并与《河北雄安新区规划纲要》进行充分衔接，依据“北城、中苑、南淀”的空间布局，识别生态、农业、城镇三类空间，“一淀、三带、九片、多廊”生态安全格局，湿地公园、水产种质资源保护区等重要保护地，自然生境、土壤保持、产水汇流、粮食供给等生态系统服务重要区域，植被指数分布区域等。以《白洋淀生态环境治理和保护规划》所明确的生态功能分区为基础，结合识别出的新区生态保护与修复重点区域、白洋淀淀区及周边生态环境问题及其相应的工程任务，以及行政区划完整性，对新区生态保护与修复空间进行划分，为新区生态保护修复工程统筹部署提供基础。雄安新区生态保护与修复工程分区思路见图 4-5。

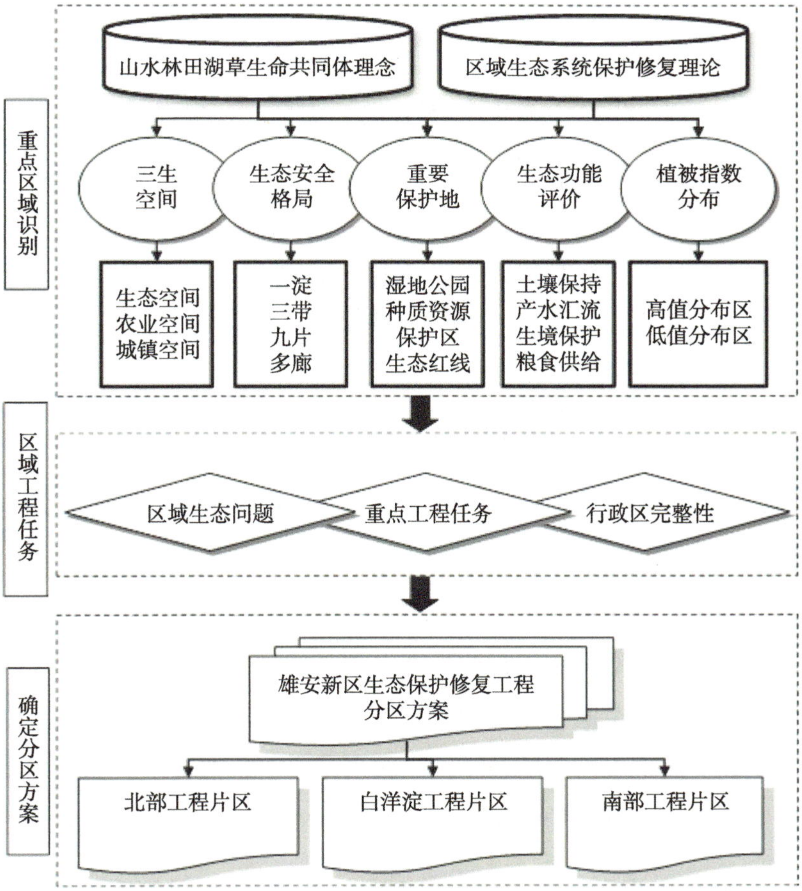

图 4-5 雄安新区生态保护与修复工程分区思路

在识别新区生态保护与修复重点区域的基础上，明确目标和问题导向，既紧紧围绕提升白洋淀水质这一核心，又做到因地制宜、各有侧重。构建以白洋淀整体生态功能提升为核心，控制白洋淀内源污染、维护和提升白洋淀生态功能为重点，近自然恢复为主要手段的白洋淀工程片区；以提升维护白洋淀周边绿色生态空间、保障新区起步区人居环境为重点的北部工程片区；以控河治污，削减并控制白洋淀外源污染输入为重点的南部工程片区，具体方案如表 4-3。

表 4-3　雄安新区生态保护与修复工程分区统计表

片区	重点任务	分布范围	面积 /km^2	占比 /%
白洋淀工程片区	淀区水环境以及水生态保护与治理	白洋淀淀区	360	20.34
北部工程片区	绿色生态空间修复、白沟引河综合治理和城乡污染控制	容城县北部、新区起步区、雄县大部分地区	906	51.19
南部工程片区	入淀河流清水通道恢复	安新县南部、鄚州镇、苟各庄镇、七间房乡及龙化乡	504	28.47
雄安新区			1 770	100.00

（3）总体目标

以提升白洋淀水质为核心，重点解决白洋淀湿地萎缩和生态功能退化、淀区及入淀河流水环境污染、生境破碎化等威胁白洋淀生态安全的突出问题。努力实现白洋淀及新区生态环境的全面改善，构建较为完善的生态保护、修复和管理的体制机制，创新科学可行的生态保护与修复技术模式。促进新区蓝绿交织、清新明亮的生态空间格局的形成，推进新区生态、农业、城镇共生模式的形成，为建设美丽雄安、保障和维护区域生态安全、推动京津冀协同发展国家战略目标的实现奠定良好的生态环境基础。雄安新区生态保护修复工程目标如图 4-6。

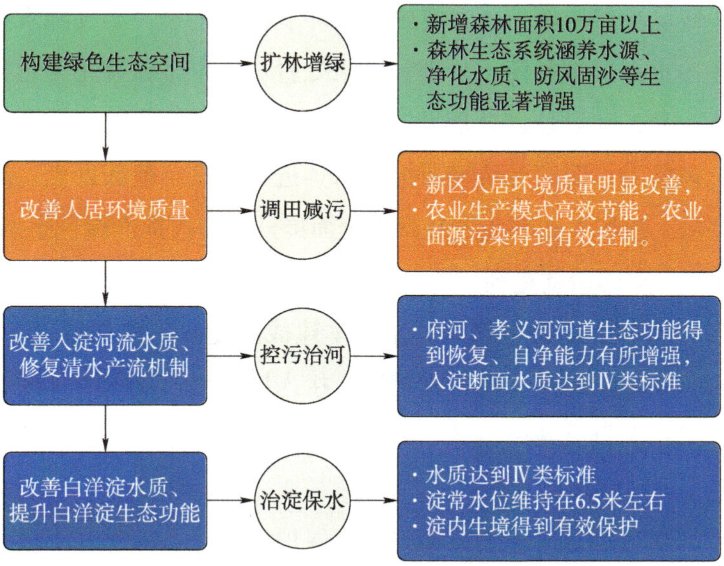

图 4-6 雄安新区生态保护修复工程目标

按照“每年有进展、三年见成效”的推进原则，第一年度首先开展具有良好前期准备基础的项目，重点打造一批标杆工程，为后两年度的项目实施提供示范和经验基础。后两年度，将全面推进各项生态保护修复工程。工程实施期末将实现以下目标。

1. 淀区生态功能显著回升。实施淀区生态功能提升工程，新增湿地面积约 12 km^2；白洋淀监测断面水质由Ⅳ～劣Ⅴ类提升至Ⅲ～Ⅳ类标准；年入淀水量稳定在 2 亿 m^3 左右，淀区正常水位恢复到 6.5～7.0 m；白洋淀生态功能显著回升，湿地及其生物多样性得到有效保护。

2. 入淀河流水质明显改善。实施入淀河流水环境保护与治理工程，通过控源截污、内源治理、入淀河流环境流量保障及河道生态治理，重构良好河流生态环境，确保入淀河流水质达标，府河、孝义河等河流入淀断面水质由劣Ⅴ类提升至Ⅳ类标准。

3. 森林覆盖大幅提高。实施绿色生态空间建设工程，构建流域 - 城镇 - 淀区三个层次的绿色生态空间体系，新增森林面积 10 万亩以上，森林覆盖率显著提高，森林生态系统结构稳定、功能完备。

4. 人居环境焕然一新。通过实施农村环境综合整治，实现纯水村、淀边村和临河村庄等重点区域的污水处理和垃圾处置设施全覆盖并正常运行，严控入淀入河污染；通过建设垃圾处理设施、提质改造现有污水处理厂，提升新区垃圾、污水处理能力；对纳污坑塘及黑臭水体进行治理，使新区点、线状污染源得到有效整治，新区人居环境质量得到全面提升；积极推广绿色生态农业模式，探索农业面源污染防治新途径。

5. 生态环境数字化智慧管理体系基本建成。建设集感知层、基础设施层、服务支撑层、业务应用层、综合管理层、接入层和展现层于一体的数字生态环境系统，形成一套具有新区特色、高效的生态环境数字化智慧管理体系，有力促进新区生态环境管理能力的提升。

6. 体制机制基本完善。通过实施生态保护修复试点工程，形成一套具备新区特色、科学可行、针对性强的生态保护修复技术模式，如草型湖泊的修复治理技术、"污水处理概念厂"、近自然森林构建技术等；建立健全生态环保法规与标准体系，建设生态环保管理制度，优化新区生态环保管理体制，建立生态环境执法与预警应急机制，进一步探索新区生态环境保护资金筹措新模式。

4.3.4 工程内容

按照财政部、自然资源部、生态环境部联合印发的《关于组织申报第三批山水林田湖草生态保护修复工程试点的通知》中的相关要求，依据生态保护修复的总体思路、重点任务和主要目标，以新区主要生态环境问题为导向，充分考虑工程项目的合理性和可行性，部署淀区生态功能提升、入淀河流水环境保护与治理、绿色生态空间建设、人居环境治理修复和新区生态环境数字化建设等五大类别工程。

（1）淀区生态功能提升工程

针对白洋淀存在的生态水源不足、生态功能退化、水环境污染等主要生态环境问题，统筹考虑淀内外的关联性，从生态水量补给、淀外输入型污染源削减、淀内自生污染源控制、生境修复等方面着手，采取人工治理与自然恢复相结合的方式，实施生态补水、湿地修复、芦苇和秸秆资源化利用、生物多样性保护与修复等 4 项重点工程，共 10 个项目，使白洋淀正常水位保持在 6.5～7.0 m，白洋淀水质达到Ⅲ～Ⅳ类标准，白洋淀生物多样性得到有效保护，生态功能显著提升。

①生态补水工程

作为华北地区最大的湿地生态系统，白洋淀承担着缓洪滞沥、调节气候、保护生物多样性、维护区域生态平衡的重要作用。白洋淀属浅碟形湿地，蓄水有限、蒸发量大，每年需要一定的入淀水量维持淀区的生态平衡。但近年来，白洋淀上游仅在丰水期有少量生态水入淀，淀区长期处于低水位状态，直接导致白洋淀湿地萎缩、水质恶化、生态功能不断下降。针对白洋淀生态水源不足引起的生态环境问题，实施生态补水工程，每年白洋淀入淀生态补水 1.6 亿 m^3 左右，并结合其他多源补水措施，可将白洋淀正常水位维持在 6.5～7.0 m，以有效改善白洋淀水环境质量，维持白洋淀生态系统平衡，提升白洋淀生态功能。

根据计算，白洋淀最低生态水位在 6.2 m 左右（85 高程），蓄水量为 1.2 亿 m^3 左右。在充分考虑生态补水的生态效益和经济性基础上，本工程统筹引黄入冀工程以及白洋淀流域上游王快、西大洋、安各庄水库联合调水，补给白洋淀，每年适时生态补水约 1.6 亿 m^3，其中引黄入冀补水约 1.1 亿 m^3，王快、西大洋、安各庄水库生态调水约 0.5 亿 m^3。

白洋淀引黄入冀补淀大树刘提升泵站项目位于引黄入冀补淀渠道末端，十二孔闸下游 70 m 处。主要建筑工程包括泵站及自流涵闸部分、上下游防护、十二孔闸改建、任文干渠渠道防护、清污闸、管理处及临时扬水站等。白洋淀引黄大树刘泵站施工主要工程量为土方开挖约 12.61 万 m^3，土方填筑约 11.66 万 m^3，混凝土约 15.65 万 m^3，钢筋约 1 661 t，混凝土载体夯扩桩约 9.78 km。

②湿地修复工程

府河承接保定市生活污水处理厂尾水后未经有效净化沿藻苲淀南缘进入主淀区，导致主淀区水质污染严重、水生态系统受到严重威胁。孝义河承接高阳的工业和生活污水处理厂尾水后未经有效净化沿马棚淀东侧进入主淀区，导致主淀区水质污染严重、水生态系统受到严重威胁。在府河入淀的藻苲淀和孝义河入淀的马棚淀实施湿地修复工程，可有效发挥湿地生态系统的水质净化功能，削减入淀污染负荷，为白洋淀水质达标提供保障。

本工程包含府河入淀口缓冲区综合治理项目和孝义河入淀口缓冲区综合治理项目。

府河新区段河道综合治理项目建设内容为府河入淀口约 7.6 km^2 湿地缓冲区建设，主要包括水系连通与循环利用、生物栖息地营造、湿地水质净化、驳岸生态修复，其中入淀口 7.6 km^2 功能性人工湿地利用芦苇“根孔结构”为框架组成独特的“土壤—植物—微生物”生态系统，并通过改变水流方式、延长水流路线，强化功能性人工湿地的净水作用。

孝义河入淀口缓冲区综合治理项目建设内容为孝义河入淀口约 4 km^2 湿地缓冲区建设，主要由水系连通、生物栖息地营造、湿地水质净化、驳岸生态修复组成，其中 4 km^2 人工强化湿地促进水中泥沙及颗粒污染物的物理性沉降，利用具有强化净化功能的湿地植物配置结构，构建基质、微生物、植物强化净化系统，促进入淀营养盐的去除，构建以芦苇“根孔结构”为框架的“土壤—植物—微生物”健康完善水生生态系统。

③芦苇和秸秆资源化利用工程

芦苇是白洋淀最主要的水生植物，也是白洋淀的重要标志，对白洋淀的生态保护、水质净化、自然景观和居民生活都起到重要作用。但是，由于经济社会的发展，近年来白洋淀芦苇的利用量和经济价值逐渐下降，苇农对芦苇的管理逐渐放松，造成芦苇面积缩减、产量下降、品种退化、杂草侵蚀，且因收割管控不及时不到位，秋冬季节芦苇倒伏水中，发霉腐烂，对白洋淀水体造成直接污染。因此，对白洋淀芦苇进行保护性开发利用，建立白洋淀芦苇收割、管护及资源利用长效机制是打造白洋淀优美自然生态环境的重要内容。实施芦苇和秸秆资源化利用工程，推进芦苇和秸秆的资源节约和循环利用，建设集能源开发、输送、转换、服务及终端消费于一体的资源综合能源利用体系，对白洋淀水质改善将起到促进作用。

芦苇和秸秆资源化利用工程包括芦苇和秸秆收储、生物质资源大数据管理平台和生物质能源综合服务等 3 个项目。主要建设内容包括对白洋淀约 7 万 t 芦苇以及秸秆建立科学完善的收储体系和加工收储站点。从当前白洋淀芦苇和秸秆管理的实际出发，采取企农合作等方式，建立科学合理、合作共赢的芦苇和秸秆收储体系；应用云计算、物联网、大数据等先进技术，开发建设信息化管理平台，为政府部门对芦苇和秸秆资源的全过程管理提供支撑和帮助；建设生物质联产机组，以白洋淀芦苇和其他农林废弃物为燃料，采用国际先进理念和技术，将芦苇等废弃物转化为可直接使用的清洁能源。

④生物多样性保护与修复工程

近年来，白洋淀湿地生态系统退化严重，水生植被种类、群落类型及分布面积、群落生物量与历史资料相比均大幅下降。加之水体污染和富营养化严重，藻类的大量繁殖，水体透明度降低，破坏了水生植物的生存环境，最终使水生植物尤其是沉水植物退化或消失，因此亟需加强生物多样性保护与修复。

本工程包括自然生境恢复、鱼类种质资源恢复和水生植物修复等 3 个项目。

自然生境恢复项目位于烧车淀、池鱼淀、小白洋淀内，主要建设内容为生境修复，包括对约 500 亩农田进行退田还湿生态补偿和工程修复，建立鸟类栖息地修复点 30 个、野生动物救护及疫源疫病监测中心 1 处、适应极端气候的鸟类投食点 100 个、关键生境生态功能监测固定样地（样线）3 个。

鱼类种质资源恢复项目位于白洋淀国家级水产种质资源保护区，主要建设内容为烧车淀、前塘、后塘、泛鱼淀等核心区营建鱼类繁殖场、开展人工繁育、建设鱼类洄游通道和防范外来物种入侵等。第一核心区位于烧车淀水域，面积约 600 hm^2，主要作为乌鳢、鳜鱼的天然繁殖孵化区和育肥区。第二核心区位于前塘、后塘、泛鱼淀水域，面积约 463 hm^2，主要作为日本沼虾、黄颡的天然繁殖孵化区和育肥区。每年人工放流本地珍稀鱼类约 10 万尾，分别在不同季节开展天然繁殖孵化区和育肥区的水生物种的年度调查与评估。

水生植物修复项目位于小白洋淀内，主要建设内容为开展约 2 000 亩水生植物恢复，移栽芦苇、香蒲、荷花等土著水生植物，并结合水生植物自然生长情况进行调整和扩增。同时在富营养化比较严重的地区，考察该区域内的水体污染程度、水生植物种类及覆盖度，并结合历年水质指标变化情况和植物种类差异，相机选择水生植物的最佳配比及种植的最佳位置。

（2）入淀河流水环境保护与治理工程

通过入淀河流的污染物输入是白洋淀最主要的污染负荷来源。入淀河流水环境按照系统性治理的原则，采取人工治理与自然修复相结合的方式，统筹考虑河道内外、岸上岸下的关键因素，通过源头截污、过程治理、功能优化、职能管控等措施实现入淀河流水环境系统性修复。从河水、河床、河岸三个方面着手，用生态方式改善河水、改良河床、修复河岸，改善入淀河流水环境和水生态。通过实施唐河污水库生态修复、有水河道与枯水河道综合治理等 3 项重点工程，共 5 个项目，实现入淀河流“水清、河畅、岸绿、景美”的目标，以大幅削减入淀污染负荷。

①唐河污水库生态修复工程

唐河污水库位于安新县境内西南部，是 1975 年国家第一次大规模治理白洋淀水污染问题的重点工程之一，用来存放保定市原西郊八大厂的工业废水。截至目前，已基本没有新增污水排入，但是唐河污水库中的大规模存量污水给白洋淀水生态安全和周边居民生活都带来不利影响，亟需对其进行综合整治。

工程实施地点为唐河污水库北库有水段堤坝内区域及南库。具体包括具有危险属性的废物处置、一般固体废物处置、地表水处理、绿地恢复等项目。其中具有危险属性的废物处置包括 283 m^3 含铅废物及 6 551 m^3 含砷废物的收集、包装、运输及处置；一般固体废物处置包含 11 万 m^3 拆卸废物、生活垃圾的焚烧及水泥窑协同处置、2.1 万 m^3 冶炼渣的金属固化及填埋；地表水处理水量不超过 15 万 m^3，待剩余污水处理完工后，视情况处理库内雨水；绿色恢复项目在库区内人工播种适宜的植物，对库区开展分段封育及自然恢复，恢复面积约为 7 876 亩。

②有水河道综合治理工程

目前主要入淀河流中仅府河和孝义河常年有水，白沟引河主要为淀区回溯水。其中府河为上游泄洪区，多年来一直接纳周边地区的居民生活污水和上游污水处理厂尾水，孝义河主要承接工业废水和生活污水，严重影响白洋淀水质安全，尤其在暴雨期，入淀污染负荷急剧增加，导致淀区水质压力巨大。白沟引河虽无上游来水，但长期被周围居民倾倒生活垃圾、生活污水，河道内淤积严重，污染负荷也较高。本工程以提升河道与河岸带水源涵养、水质净化等生态功能，提升河道水环境为目标，对府河（新区段）、孝义河（新区段）以及白沟引河河道进行综合整治。

本工程包括府河（新区段）河道综合治理项目、孝义河（新区段）河道综合治理、白沟引河河道综合治理等 3 个项目。

府河（新区段）河道综合治理项目建设内容为府河新区入口至安心新大桥 13 km 河道综合整治。府河河道进行生态治理主要包括河道内生活垃圾清运处理、生态清淤、府河周边居民生活污水收集处理、增设水体复氧设施及生物强化净水措施、岸边带修复等。

孝义河（新区段）河道综合治理项目建设内容为对孝义河入淀口上游 4 km 河道综合整治。孝义河河道综合整治主要包括河道内生活垃圾清运处理、生态清淤、孝义河周边居民生活污水收集处理等。

白沟引河河道综合治理项目主要对白沟引河 12 km 河道开展堤防工程建设、6.8 万 m^3 河道清淤以及满足水体、土体和生物体相互涵养、适合生物生长的偏自然状态生态护坡建设，构建多元互补、高效利用、优化配置的水资源循环系统，打造弹性平衡的蓝绿空间，同时选取水质净化与水生生境改善功能型物种和白洋淀本土物种合理搭配，对白沟引河水生态进行恢复与重建。

③枯水河道综合治理工程

新区枯水河道主要有萍河、瀑河、漕河、潴龙河等 4 条河流，存在的主要生态环境问题包括生活垃圾以及其他固体废弃物的堆积，需开展河道的综合治理，提升河道的生态功能及周边的生态环境质量。

工程内容主要是对萍河、瀑河、漕河、潴龙河等枯水河道进行综合治理，包括对入淀河道及岸边垃圾开展清理、清淤疏浚、修复岸带廊道、生态护坡建设和污染负荷截留等。

（3）绿色生态空间建设工程

针对新区森林覆盖率不高、空间分布不均、树种结构单一，以及水源涵养、水土保持、生态防护等功能低下的问题，根据新区“北城、中苑、南淀”的国土空间布局特点，按照“由点、及线、连片”的新区绿色生态空间布局思路，采取创新的近自然林建设方式，实施生态廊道建设和生态缓冲带建设等 2 项重点工程，共 6 个项目，将“淀、河、田、城”等要素进行有机串联，扩大绿色生态空间，显著提升新区森林覆盖率及其生态功能，为保障白洋淀生态环境质量和新区人居环境提供重要支撑。

①生态廊道建设工程

包括府河（新区段）生态廊道建设、孝义河（新区段）生态廊道建设、白洋淀生态缓冲林带建设等 3 个项目。主要建设内容为沿府河、孝义河岸线带两侧 100 m 范围内建设以森林生态系统为主的水源涵养林带，以及沿白洋淀大堤外 500～1 000 m 内建设生态缓冲林带。其中，府河森林生态廊道建设长度为 13 km，面积约 1 950 亩；孝义河森林生态廊道建设长度为 4 km，面积约 600 亩；白洋淀生态缓冲林带建设面积约 2.1 万亩。

根据因地制宜、突出特色的原则，选择适生性强的乡土植物为主，采用乔灌草立体搭配和组合的方式，适当强化乡土植物的景观效果，保证生态廊道的效益。

②城市生态缓冲带建设工程

包括新区 9 号地块一区植树造林、9 号地生态缓冲区建设和苗景兼用林建设等 3 个项目。

9 号地块一区植树造林项目总面积 9 934.6 亩，建设内容为苗木栽植和配套设施施工后的 3 年养护，主要位于保静公路沿线及其南部、温白快速路以西、白沟引河以东、安新北堤以北区域。

9 号地生态缓冲区建设项目位于 9 号地块的西南侧，东至白沟引河，西至保静公路支线，北至规划路，南至白洋淀大堤。主要建设内容包括场内移植、土壤改良、人工整理绿化用地、新植苗木等。其中，移植造林：项目 60% 地块为已造林地块，现状为片林种植，未预留场地，本次建设郊野公园，部分园路、活动广场等位于已造林区域，需要对现状苗木进行移植，经过估算，场内移植 497 亩，约为已造林区的 5%。

土壤改良项目现状有部分村庄房屋、构筑物等需要拆除，拆除之后的土壤不能满足苗木生长需要，对部分地块进行土壤改良，通过配比草炭土、腐殖质等改良土质，估算约 6.5 万 m^3。

人工整理绿化用地项目需要对已造林区域之外的新植绿地进行整理，共整理绿化用地约 5 130 亩。

新植苗木项目全园共新植苗木面积约 5 130 亩。

灌溉工程项目现状已造林区域已具有滴灌管，本项目仅对其中的景观节点周边绿地提升为喷灌；新增绿化区域主要采用浇灌，在重要景观节点采用喷灌，浇灌面积约 5 909 亩，喷灌面积约 1 650 亩。

苗景兼用林建设项目位于雄县境内，沿新盖房分洪道分布，规划用地总面积约 10 万亩，分 3 个地块开展苗景兼用林建设，新造林面积为 7.9 万亩，主要建设内容为成苗木栽植和配套设施施工及后期苗木 3 年养护。其中，1 号地块位于雄县昝岗东，新盖房分洪道左堤以北、固雄公路以南、友谊河南段以西、S043 省道以东，造林面积约 6.2 万亩。2 号地块位于雄县昝岗西，新盖房分洪道左堤以北、荣乌高速以南、北大阳—南刘庄—许庄—线以西，造林面积约 1.05 万亩。3 号地块位于白沟镇南，雄县县界以南、津保高铁以北、新盖房分洪道左堤以东、高铁站广场路以西，造林面积约 6 582 亩。

（4）人居环境治理修复工程

针对新区存在的生态环境保护基础设施建设不到位、农业农村面源污染等问题，以临河村、临水村为重点，实施人居环境治理修复工程，主要涉及农村环境综合整治、“两污”处理、黑臭水体整治、纳污坑塘治理和农业面源污染治理等 5 项重点工程共 11 个项目。通过上述工程的实施，可以完善新区生态环境保护基础设施，调节农田生态系统服务功能，转变农业生产方式，有效削减污染输出，缓解入河、入淀污染负荷，保护白洋淀水质，全面提升新区人居环境质量。

①农村环境综合整治工程

纯水村及淀边村生活污水和生活垃圾是白洋淀主要的污染源。目前白洋淀淀区内共有 40 个纯水村和 134 个淀边村。通过近年来的美丽乡村建设，部分村庄已建有生活污水处理设施，但因为疏于管理和资金不到位等问题，导致大部分污水处理设施无法正常运行，已有管网也存在破漏和损坏的情况。虽然纯水村已建立了垃圾收集清运体系，但因为人员和运营经费短缺等原因，垃圾收集清运并不彻底，纯水村和淀边村生活垃圾乱堆乱放、生活污水直排的现象仍较严重。

有水河道两侧村庄的农业农村面源污染是增加入淀河流污染负荷的主要因素，因污水处理和垃圾清理转运设施建设不到位，导致府河和孝义河污染负荷加剧，也直接影响到白洋淀水质。

针对纯水村、淀边村、府河及孝义河临河村生活污水和生活垃圾排放现状，分别实施纯水村环境综合整治项目、淀边村环境综合整治项目和临河村环境综合整治项目。

纯水村环境综合整治项目主要是在韩堡、王庄子、孙庄子、杨庄子、何庄子、北何庄、古庄头村等 7 个未建污水处理设施的纯水村因地制宜建设污水收集、处理设施，新增污水处理量 900 t/d；对已建污水处理站的淀中村进行污水处理站进行提升改造；设立管网维护专项资金，定期维护污水处理站及管网，加强污水处理站监管；对已有的垃圾清运体系升级改造。

淀边村环境综合整治项目主要是在未建设污水处理设施的淀边村因地制宜开展小型一体化污水处理设施、人工湿地污水处理系统，以及配套管网的建设。在已建设污水处理设施的淀边村进行设施的完善、维护和管理工作。

府河和孝义河临河村环境综合整治项目主要是沿府河、孝义河河道周边 1 km 范围选取膳马庙村、李庄村、建昌村、郝关村、同口一村、同口二村、同口三村、同口四村等 8 个村因地制宜建设污水处理设施及配套管网；在临河村建设生活垃圾转运站，购置分类垃圾桶、三轮保洁车及钩臂垃圾运输车等，对临河存量垃圾进行集中清理。

②“两污”处理工程

目前新区内还有存量垃圾约 200 万 t，固体废弃物约 50 万 t，给新区发展带来了一定的环境风险。此外新区污水处理基础设施匮乏，三县仅有几座污水处理厂，年污水处理能力不足，一方面导致当前污水处理能力不足，另一方面考虑未来企业迁入带来的人口提升和污染处理需求提高，中水回用能力不足等问题是影响新区未来发展的重要阻碍。

针对新区内存在的“两污”问题，实施垃圾固废综合处理设施建设项目和新区 5 座污水处理厂提质改造项目。

垃圾固废综合处理设施建设项目占地面积约 150 亩，位于总体规划中生态环境园用地范围内东南角位置，便于与未来生态环境园建设相协调。建设内容为生活垃圾焚烧发电厂，处理规模 1 500 t/d，配套建设污水处理厂、综合楼、环卫停车修理厂等辅助工程，可满足生产作业、员工办公住宿和环卫车辆停放、检修等必要功能。垃圾固废综合处理设施采用高标准建设，保障新区生态环境和社会稳定。焚烧主厂房采用地上设计，外观充分考虑与未来景观结合，与周边环境协调统一。焚烧烟气采用“SNCR+ 半干法 + 活性炭吸附 + 两级布袋除尘 + 湿法 +SCR”全两级工艺，采用全国产技术，保证烟气排放达到国内最好、超越欧盟标准。厂内臭气严格控制，污水零排放。

新区 5 座污水处理厂提质改造项目在原污水处理厂内新建部分污水处理设施，增加水解酸化池和沉淀池等构筑物，安装工艺、电气和自控等相应配套设备，以提升水质处理标准。

③黑臭水体整治工程

雁翎沟干渠总长 3 600 m，是刘李庄镇 4 个村生活污水及雨季防汛排涝功能的排干渠，水主要排放至白洋淀内，后由于周边洗化料企业废水直排，逐渐成为黑臭水体。大张庄排碱沟主要承接了大张庄及其周边多个羽绒制品加工厂的清洗污水，长期以来的污染严重影响当地居民生产生活，同时排碱沟紧邻白洋淀，对淀区水质造成了一定的影响。马庄干渠在雄县范围内全长约 27 km，沿途分布 3 个纳污坑塘，坑塘主要污染物为历年积存的垃圾、沿途部分村庄偷排污水及周边居民持续不断倒入的垃圾，导致干渠内水污染严重。

针对雁翎沟干渠、大张庄排碱沟、马庄干渠及温泉湖等污染环境状况，开展安新县雁翎沟综合治理项目、安新县大张庄排碱沟综合治理项目和马庄干渠、温泉湖黑臭水体治理项目。

雁翎沟综合治理项目主要建设内容为清理清运河道积存的 3.32 万 t 生活垃圾、治理底泥 12.54 万 m^3。建设 160 t/d 一体化设备污水处理站 3 座以及 500 t/d 污水处理站 1 座，敷设管网 12.9 km，收集处理沿线居民生活污水。

大张庄排碱沟综合治理项目主要建设内容包含河道垃圾的收集、排碱沟污水与底泥进行治理、沿线拦截污水管网的敷设及恢复河道生态环境。敷设管网12.9 km，建设160 t/d一体化设备污水处理站3座及500 t/d污水处理站1座。

马庄干渠、温泉湖黑臭水体治理项目建设内容为在马庄干渠内修建截污管道合计20 km，清除约7.68万 m^3 底泥及建设9 600组生态浮岛；在温泉湖内整治边坡及湖底，铺设黏土层和砂壤层，分别建设1.5 km引水暗渠和退水暗渠，将温泉湖溢流水引至大清河，并布设6 667组生态浮岛。

④纳污坑塘整治工程

伴随着工业化进程加快，新区农村经济迅猛发展，农村居民生产生活方式明显转变，农村工业废水和生活污水排放急剧增加，导致雄县、安新和容城县境内的支干渠及村庄周围坑塘水环境遭到严重破坏，并逐渐成为生活垃圾、部分工业和生活污水的受纳地，水环境质量状况日益恶化，部分支干渠及坑塘水已不能达到相关水质标准，生态功能下降，给新区生态环境和居民生活环境造成严重影响，亟需进行治理。

采用控源、截污、清运、生态修复等措施对安新县域内448个纳污坑塘、安新县留村纳污坑塘、容城县8个乡镇136个纳污坑塘及雄县干涸坑塘进行整治。

安新县域内448个纳污坑塘整治项目建设内容为清理坑塘内垃圾62万 m^3，处理水量257万 m^3；对污染坑塘建设围堰，稳定并封存黑臭底泥量86万 m^3；铺设截污纳管，避免外界污染水体流入；恢复生态系统约46万 m^3。

安新县留村北坑塘治理综合项目建设内容为清理并填埋现有坑塘周围的生活垃圾880 m^3 并平整半岛600 m^2，在隔离堤坝上建车间厂房245 m^2，安装污水处理设备及设施，铺设排水管道500 m，修建场内道路350 m并购买变压器；采用催化氧化工艺技术处理坑塘内废水约1.8万 m^3；底泥无害化处理。综合治理后，坑塘全部用新鲜干净土覆盖，将半岛上的应急处理设备及设施全部撤离，并最终实现半岛乔木化种植。

容城县纳污坑塘整治项目建设内容为对容城县8个乡镇136个纳污坑塘，清理清运垃圾21.1万 m^3，并进一步分选可燃垃圾4.2万 m^3 运输至焚烧厂处理，建筑垃圾及腐殖土 10.56 万 m^3 运至制砖厂，其他垃圾 6.33 万 m^3 运至垃圾填埋场，最终对治理后的纳污坑塘进行生态修复。

雄县干涸坑塘治理项目建设内容为对雄县 221 个干坑进行治理，清运垃圾 29.7 万 m^3，并运送至城镇垃圾填埋场进行填埋。对清理后的坑塘进行后期防污工作，截断污染源，在坑塘周围安装防护围栏，加强管护。

⑤农业面源污染治理工程

根据《河北雄安新区规划纲要》中的要求，耕地占新区总面积 18% 左右，其中永久基本农田占 10%。但在传统种植过程中，大量使用农药、化肥，化肥流失及作物秸秆腐烂后形成的对水质有污染的氮素和磷素等营养物、农药和其他有机或无机污染物，通过农田地表径流和农田渗漏大多直接或间接汇入白洋淀。因此，开展新区生态农业示范项目，减少农业种植中化肥和农药的使用，有利于防控农业面源污染，改善白洋淀水环境质量。

新区绿色生态农业示范项目在新区开展测土配方施肥、推广有机肥、病虫害绿色防控等生态农业示范。推广测土配方施肥技术 45 万亩，施用有机肥 5 万亩。

唐河多色生态田园综合示范项目在唐河开展总规模约 17 km^2 多色生态田园综合示范，具体内容为建设约 300 亩生态混种牧草实验示范区，约 2.5 万亩生态农场区，其中含有生态养殖区及生态轮种区。

（5）新区生态环境数字化建设工程

以完善新区生态环境保护和管理能力为目标，通过卫星遥感、无人机航拍、雷达扫描等地理信息技术手段，应用各类传感器及物联网技术，及时获取雄安新区自然生态的变化情况，发现并分析可能造成环境污染的相关信息，同时进行预警。依托生态环境数字化建设工程，力求进一步完善综合监管体系，创新管理机制，形成一套具有新区特色，高质、高效的数字生态环境管理体系，为新区生态环境保护决策、规划、建设和管理提供必要基础平台和技术支撑。主要包括新区生态环境智慧监测体系建设和流域水生态健康评估 2 项重点工程。

①新区生态环境智慧监测体系建设工程

本着“陆淀空统筹、上下协同、测管结合、信息共享”的要求，从物联网理念出发，将数字生态环境系统设计为感知层、基础设施层、服务支撑层、业务应用层、综合管理层、接入层和展现层七个层次结构。在七层次结构上，数字生态环境系统拓展成“一中心，两平台，四门户，多应用”的“1+2+4+N”数字生态环境总体架构。总体架构建议建构在政务云平台上，建设范围包含如下几部分。

a. 雄安新区总体规划及战略指引：项目以雄安新区总体规划及战略指引进行建设。

b. 生态标准规范体系：梳理雄安新区各部门的业务域，结合本地业务特色，制定和贯彻执行各类技术标准，从技术上、组织管理上把各方面有机联系起来，形成一个统一的整体，保证项目有条不紊进行，使数字生态环境平台能够顺利实施，同时满足“横向集成、纵向贯通”信息共享交互的先决条件。

c. 安全标准规范体系：根据对雄安新区数字生态环境的多个应用场景的等级保护安全分析，参照公安部等级保护基本要求进行等级保护安全体系设计，用于指导和促进生态大数据的等级保护建设工作。安全技术体系设计将从物理安全、网络安全、应用安全 3 个方面进行，以对应的安全保护标准进行建设。

d. 运营标准保障体系：是保障平台建成后能够持续运行，不断升级改进，产生更多社会和经济效益的基础。作为一个大数据平台，运维体系要达到“服务水平专业化、运维资源集约化、运维管理精细化、运维工具自动计划、治理能力现代化”的运维目标。并且要根据实际情况，选择合适的运维策略，明确运维范围、运维模式、运维管理要求等。

e. 孪生数据城市 CIM 标准：根据 CIM 平台数据标准提供相应数字生态环境标准化数据和接口。

f. 感知层：生态环境大数据平台的数据源泉，主要通过设备或者系统非人工干预的自动感知监测手段，利用任何可以随时随地感知、测量、捕获及传递环境信息的设备系统，涵盖管辖范围内的环境质量、污染源、生态等所有自然资源，为生态大数据平台提供各类生态要素“更加透彻的感知”的实时监测与管控数据。

g. 基础设施层：主要通过整合系统相关的网络与基础设施，实现硬件设施的统一管理，为系统提供硬件资源的支撑，同时整合平台所需的硬件资源实现统一管理与快速部署，缩短建设周期。

h. 服务支撑层：总体包含一个生态环境大数据中心、生态环境地理信息平台以及生态环境大数据平台。生态环境大数据中心主要采集汇聚环保、水利、林业、国土、农业等多个领域应用平台的数据，根据统一数据标准进行清洗转化，为上层提供强有力的数据支撑；生态环境地理信息系统基于现有城市的地理信息公共平台，整合环境保护局内部的地理信息相关资源数据、地理信息相关属性数据和基础测绘数据，并将各项环境业务数据与地理信息相结合，并提供环境地理信息集成组件，为各生态环境业务应用系统提供统一的地理信息支撑服务；生态环境大数据平台主要是为上层提供海量数据存储和分析服务，可视化界面以及建模分析等服务。

i. 业务应用层：包括生态大数据在监测监控、研判指挥、监督执法、公共服务以及协同办公五个方面的应用。监测监控应用主要有水、气、声、土壤等环境质量监测、污染源监测等；研判指挥主要提供指挥中心环境应急预警指挥平台以及辅助决策的大数据应用；监管执法主要是满足日常执法需求，包含移动执法、网格化管理以及针对污染源的精细化管理等；公共服务主要是服务于公众和企业的信息公开、网上办事以及环保教育等服务；协同办公是提供环保部门内部日常办公需求，包含联席会议、区县联动以及公文管理 /OA 等。

j. 综合管理层：主要利用大数据技术对包含大气环境、水环境、土壤环境、固废危废、机动车管理等场景进行综合关联分析和展现管理。

k. 接入层：将所有的应用通过政务外网、专网、互联网和移动网络接入，依据政府用户、资源管理单位用户、公众用户的使用权限，提供亲和的用户应用访问门户，让数字生态环境平台为更多的用户服务。

l. 展现层：CIM 平台针对数字生态环境的各类专题和数据综合展现，提供政府全局的可视化以及指挥调度。

②流域水生态健康评估工程

主要包括白洋淀流域水生态健康评估及流域生态环境保护方案。其中白洋淀流域水生态健康评估以收集调查范围内生态系统相关资料为基础，结合水质和水生态调查分析，分别开展白洋淀流域水生态环境压力、水生态系统健康、生态系统服务功能和生态风险四个专题的调查评估工作。基于水生态健康评估结果，正确诊断白洋淀主要的生态环境问题，识别生态健康受损症状，诊断受损原因及受损程度，建立生态健康受损症状及受损原因的诊断矩阵，结合受损原因清单，从而为白洋淀流域生态环境保护具体工程项目奠定科学基础。

4.3.5 主要经验做法

（1）加大技术研发，形成一套生态保护修复技术模式

积极邀请国内相关领域研究机构和专家团队，在工程设计、政策制定、监测评估等方面提供技术支持。针对湿地保护修复、水环境污染防治、物种栖息地保护与修复、森林生态系统保护修复、农村农业环境整治等方面，加大核心技术研发，凝练关键技术体系，推动科研成果与实用技术的转化应用，为其他区域开展生态保护修复提供借鉴。

（2）强化探索创新，形成可推广可复制的工作模式

通过工程项目申报、工程实施管理，突出“党委政府组织领导、部门统筹协作、跨区域协调推进、全社会共同参与”的体制机制新格局。通过定期召开中期总结、年度总结，及时总结工程实施见效快、运作好的区域和部门的经验，不断积累、集成形成一套完整、有效的生态保护修复工作管理模式，为其他区域生态文明建设和生态保护修复工程实施提供有益探索。

（3）发挥财政资金最大效应，形成资金筹措与使用的高效模式

通过山水林田湖草生态保护与修复工程实施，逐步构建“中央资金引导、地方资金配套、吸引社会资金投入”的多元化融资模式，生态保护修复工程投入由“政府买单”逐步向“谁破坏谁治理”“谁受益谁补偿”的市场化模式转变。加大对资金使用的监督和管理，减少重复投入，避免资金使用“碎片化”，提高财政资金使用效率，为全国生态环境保护资金管理与使用提供示范。

5

展望

ZHANWANG

生态保护修复是维护并提升生态系统功能和环境质量的重要手段，必须长期坚持，持续实施。生态保护修复工程实施需要深入贯彻落实“山水林田湖草沙是生命共同体”重要理念，推广试点工程成功经验和实践模式，全方位推进国土空间的生态保护修复。

5.1 将“山水林田湖草沙是生命共同体”理念贯穿生态保护修复全过程

深入贯彻落实“山水林田湖草沙是生命共同体”理念，要将“山水林田湖草沙是生命共同体”理念贯穿到生态保护修复工程的方案设计、实施监管、成效评价等各环节。

一是以调整和优化生态系统结构为手段统筹各要素保护修复。一个区域的生态系统包括森林、草原、湿地、河流、湖泊、滩涂、荒漠等各要素，是多要素的复合生态系统。因此，生态保护修复工程的设计和实施，首先需要摸清各类生态要素在区域复合系统中的作用，进而按照生态学的基本原理，强调格局与过程集成，通过优化各类生态要素、生态系统的格局，构建合理的斑块、基质、廊道，在流域、区域范围内进行集成，发挥最大的生态保护效应。

二是以提升生态系统服务功能和环境质量为目标谋划工程内容。生态系统服务是人类从生态系统中所获得的各种惠益，是联系生态系统过程与社会福祉的重要纽带。生态保护修复要优先解决影响人民群众生产、生活的突出生态环境问题，将良好生态环境提升到事关重大公共服务、重要民生福祉的高度，通过工程实施，提供更多优质生态产品，不断满足人民群众日益增长的优美生态环境需要。

三是以自然规律为准则开展保护修复。山水林田湖草沙各自然要素之间通过物质运动及能量转移，形成互为依存、互相作用的复杂关系，使之有机地构成一个生命共同体。对某一要素的破坏常常会引起其他要素的链锁式反应。生态系统本身具有抗干扰能力、自我恢复能力，但是如果人类社会对生态系统的破坏和干扰超出这一能力，生态系统将发生不可逆转的退化。生态保护修复要在研究判别生态系统关系的基础上，顺应自然规律，发挥自然力量，辅以限制人为开发、人工修复措施，实现良好生态系统的保护和受损生态系统的修复。

四是以实现人与自然和谐共生可持续发展为标准评定工程成效。山水林田湖草沙是一个生命共同体，人与自然也是一个生命共同体。生态环境具有生态价值和经济价值双重属性，人类社会的发展必须尊重自然、保护自然，并最终依赖自然实现发展。生态保护修复工程的实施，要协调生态环境保护修复与经济社会发展的关系，按照“生态优先、绿色发展”理念，破解发展难题，不断探索绿水青山转化成金山银山的路径方法，走出一条生产发展、生活富裕、生态良好的生态文明之路。

5.2 加强生态保护修复工程的顶层设计

生态保护修复是一项长期而复杂的系统工程，需要国家加强顶层设计，进行跟踪监督，完善体制机制，从而保障工程顺利实施，取得实效。

一是科学谋划国土空间生态保护修复工程布局，制定全面推进工程实施的整体格局。生态保护与修复尚处于历史欠账多、基础能力差的阶段，单靠国家试点工程难以达到预期成效，应建立多层次、大范围的立体推进格局，加快恢复和提升我国生态环境安全水平，按照国家和省级两个层级，制定生态保护修复工程推进格局和计划。国家应进一步聚焦跨区域性、重要性、综合性较突出的生态问题，加大“两屏三带”“三区四带”等事关国家生态安全的区域和长江经济带大保护、京津冀协同发展、黄河流域生态保护和高质量发展等国家区域战略的山水林田湖草生态保护修复力度，特别是对于跨省重大区域的保护修复工程，进行统一部署。各省（自治区、直辖市）也应尽快建立省级层面的山水林田湖草生态保护修复工程试点区域，优先开展生态保护红线和自然保护地区域生态保护修复。

二是加快制定出台山水林田湖草沙生态保护修复相关标准规范，确保工程设计实施科学规范。尽管我国已经在植树造林、水土流失治理、防风固沙、水源地建设、矿山修复治理等方面制定了相关的工程实施标准规范，但是这些标准规范主要是针对具体的工程措施提出了实施步骤、技术要求等，还不能体现山水林田湖草沙系统性保护修复的要求。将各类生态要素、各项生态措施统筹考虑，按照维护和提升区域整体生态系统功能的角度，研究制定区域山水林田湖草沙生态保护修复技术指南和标准规范，明确在区域、流域范围内实施山水林田湖草生态保护修复的技术路线、主要内容、标准方法等，能够推动山水林田湖草沙生态保护修复的科学性、针对性和有效性。还需要研究出台工程动态监测、成效评估、绩效考核的相关规范标准，推动山水林田湖草沙生态保护修复监督管理走向制度化、规范化。

三是进一步构建监测监控体系，切实加强工程实施监管。依托现有生态环境监测网络体系，并结合天地一体化生态环境监测体系，根据山水林田湖草沙生态保护修复工程的布局，优化监测体系布局。研究布设山水林田湖草沙生态保护修复工程监测点位，在现有资源保护和生态环境监测内容体系中增加山水林田湖草沙生态保护修复监测，最终搭建形成山水林田湖草沙生态保护修复监测预警大数据平台。对山水林田湖草沙生态保护修复工程实施进行全过程跟踪监督，及时发现工程实施成效，适时开展山水林田湖草沙生态保护修复专项督查，落实生态环境保护的党政主体责任。

四是完善体制机制，形成山水林田湖草沙生态保护修复长效机制。稳步推动机构改革，及时调整、落实相应职责定位，加快建立分工明确、统一协同的国土空间生态保护修复工作格局，避免政出多门、责任不明，导致新的职责交叉和碎片化管理。加强部门联动，形成管理合力，建立山水林田湖草沙生态保护修复协调机制和统一监管机制，落实生态保护与修复责任主体，建立“源头预防、过程控制、损害赔偿和责任追究”一体化机制。进一步统筹整合原有的财政资金来源渠道，并鼓励探索全社会资金筹措机制。更好发挥政府引导作用，让市场在资源配置中起决定性作用，加强与金融资本合作，吸引社会资本积极参与。

5.3 全面总结推广试点地区的经验做法

2016 年国家实施山水林田湖草沙生态保护修复试点工程以来，各地区深入贯彻落实“山水林田湖草是生命共同体”的理念，精心设计本区域生态保护修复工程项目，制定了可量化可考核的目标指标，并且在体制机制方面大力探索创新，为山水林田湖草生态保护修复工程的全面开展提供了许多可以借鉴的经验，需要进行系统总结与凝练，并加大宣传推广。

一是按照山水林田湖草沙各类生态要素之间的密切联系，按照“从山岭到河湖”的区域单元实施工程。依据生态系统的空间差异性，采用空间分析技术方法，识别“生命共同体”生态保护修复的重点区域空间分布和主要结构特征，对山水林田湖草沙生态保护修复工程实施范围进行区域划分，制定不同单元的工程实施方案，明确具体项目布局、优先示范区片、主要建设内容、实施计划安排等，科学确定保护修复的布局、任务与时序。

二是全面查清突出问题及其主导因素，针对问题设计工程。按照“聚焦核心区域、聚焦核心问题，理清核心问题，进一步增强区域主要生态功能”的原则和“一块区域、一个问题、一种技术、一项工程”的思路，形成生态保护修复关键技术整体解决方案。

三是统筹使用各类财政资金，重在探索市场化资金筹措机制，有力保障工程实施。山水林田湖草沙生态保护修复工程要求试点地区立足现有资金渠道，盘活存量资金，整合财政资金，形成资金合力，避免交叉重复，做到“预算一个盘子，支出一个口子”。项目的资金来源主要有中央和省级单位的各类专项补助、地方财政预算以及社会资金，政府资金来源涵盖财政、生态环境、自然资源、水利、农业、林草、城建等多部门的专项资金，项目包括退耕还林、湖泊生态环境保护、中小流域治理、生态林建设、大气污染治理、水污染治理、土壤污染治理、农村环境综合整治等等，需要按照“职责不变、渠道不乱、资金整合、打捆使用”的原则，优先支持山水林田湖草沙生态修复项目。对于社会资金，探索资金筹措机制，建立绿色融资平台，发展社会资本合作（PPP）模式，并不断创新支持方式和利益分配机制，以吸引更多的资本参与其中，发挥协同效应，合力推进工程实施。

四是创新管理体制机制，实现山水林田湖草生态保护修复统一管理。建立与“山水林田湖草沙是生命共同体”理念相适应的创新体制机制，打破“各自为战”的工作模式，建立统一协调机制，加强部门联动，实行长效管理，为工程顺利实施提供保障。各地应制定出台一系列制度政策，包括责任落实与考核、资金使用管理、工程实施监督等。

5.4 加强基础理论研究与科技支撑

加强生态保护修复基础理论研究，将生态保护修复技术纳入国家科技重点领域，组建稳定的技术团队，加大对生态保护修复关键技术攻关活动的支持力度，加快攻克一批关键共性技术，尽力解决技术瓶颈。加强生态保护修复技术模式的研发和应用，强化科技支撑作用。在以往技术实践的基础上，进一步引进国际上成熟的生态保护修复技术，加大对难点问题、生态环境新问题的研究，提出技术解决路径。

参考文献

[1] Ding Y，Zang R G. Effects of thinning on the demography and functional community structure of a secondary tropical lowland rain forest. Journal of Environmental Management，2021，279：111805.

[2] 白中科，王文英，李晋川，等．试析平朔露天煤矿废弃地复垦的新技术 [J]. 煤矿环境保护，1998，(6)：47-50.

[3] 常俊杰，刘乐．基于自然解决方案的矿山生态修复 [J]. 科技创新与应用，2022，(3)：107-109.

[4] 陈兴茹．国内外河流生态修复相关研究进展 [J]. 水生态学杂志，2011，32（5）：122-128.

[5] 陈义飞．巢湖流域山水林田湖草一体化保护和修复研究 [J]. 山东化工，2021，50（11）：260-261.

[6] 杜贵崙，邓剑峰．国土空间生态修复监管信息系统设计与实现 [J]. 测绘通报，2021（S2）：271-275.

[7] 杜越天．基于宜兴经验的矿山生态修复问题探析与启示 [J]. 中国国土资源经济，2021，34（06）：78-83.

[8] 傅伯杰．国土空间生态修复亟待把握的几个要点 [J]. 中国科学院院刊，2021，36（01）：64-69.

[9] 宫清华，张虹鸥，叶玉瑶，等．人地系统耦合框架下国土空间生态修复规划策略——以粤港澳大湾区为例 [J]. 地理研究，2020，39（09）：2176-2188.

[10] 关钊，谢红彬，罗琳，等．近 30 年中国矿业废弃地生态修复及再利用研究热点及趋势分析 [J]. 中国矿业，2022，31（297）：18-26.

[11] 黄剑坚，王保前．我国系统耦合理论和耦合系统在生态系统中的研究进展 [J]. 防护林科技，2012（05）：57-61.

[12] 霍艳哲．半干旱地区草原植被恢复技术要点 [J]. 养殖与饲料，2018（04）：95-96.

[13] 蒋文健．生态修复技术在水土保持工程的应用分析 [J]. 水利科学与寒区工程，2021，4（04）：64-66.

[14] 李红举，宇振荣，梁军，等．统一山水林田湖草生态保护修复标准体系研究．生

态学报，2019，39（23）：8771-8779.

[15] 李京梅，刘娟．海洋生态修复：概念、类型与实施路径选择 [J]. 生态学报，2022，42（04）：1241-1251.

[16] 李娜，陈丕茂，乔培培，等．滨海红树林湿地海洋生态效应及修复技术研究进展 [J]. 广东农业科学，2013，40（20）：157-160+167.

[17] 林圣玉，莫明浩，王凌云．赣州市山水林田湖草生态保护修复问题识别和技术探析 [J]. 中国水土保持，2021（01）：28-31+5.

[18] 刘昌明．加强水在自然资源要素耦合作用中的观测研究探究山水林田湖草生命共同体统一管理 [J]. 中国地质调查，2021，8（02）：1-3.

[19] 刘欢，杨少荣，王小明．基于河流生态系统健康的生态修复技术研究进展 [J]. 水生态学杂志，2019，40（02）：1-6.

[20] 刘毅虎．浅析矿区复垦林地生态修复无人机监测技术 [J]. 农业科技与信息，2021，（18）：15-16+19.

[21] 潘庆民，薛建国，陶金，等．中国北方草原退化现状与恢复技术 [J]. 科学通报，2018，63（17）：1642-1650.

[22] 宋晓娜，张峰．区域复合生态系统演化的耦合均衡解析——以泰安市为例 [J]. 泰山学院学报，2018，40（03）：21-31.

[23] 苏付刚．水土保持生态修复技术优化作用分析 [J]. 河南水利与南水北调，2021，50（02）：12-13.

[24] 唐伟，王英，梁东，等．构建新时代国土空间生态修复智慧监管平台系统 [J]. 智慧农业导刊，2021，1（16）：1-5+8.

[25] 王金爽．湿地生态修复技术研究进展 [J]. 农业科技与装备，2015，（09）：13-15.

[26] 王文奎，牟宇峰，蒋艳君，等．生命共同体理念下的浅山沿海地区生态保护修复顶层设计探析——以闽江流域（福州段）为例 [J]. 规划师，2020，36（23）：44-49.

[27] 夏超，齐宁林，王锐．国土空间生态修复监管信息化探索与实践 [J]. 规划师，2021，37（22）：55-59.

[28] 姚健．基于系统耦合及 3S 技术的区域水土资源耦合模式的研究进展 [J]. 农业技术与装备，2020，（08）：58-59.

[29] 宇振荣，杨新民，陈雅杰．河南省南太行地区山水林田湖草生态保护与修复 [J]. 生态学报，2019，39（23）：8886-8895.

[30] 詹长根，黄舟，刘若鹏，等．县级国土空间生态修复分区必要性分析——以建

始县为例 [J]. 特区经济，2022（03）：137-140.

[31] 张军民，张建龙，马玉香 . 玛纳斯河流域 - 绿洲生态耦合的理论、方法及机制研究 [J]. 干旱区资源与环境，2007（06）：7-11.

[32] 张毅敏，陈晶，杨阳，等 . 我国海洋污染现状、生态修复技术及展望 [J]. 科学，2014，66（03）：48-51+4.

[33] 张玉臣，朱铭祺，廖凯诚 . 粤港澳大湾区创新生态系统内部耦合时空演化及空间收敛分析 [J]. 科技进步与对策，2021，38（24）：38-47.

[34] 赵洋，潘颜霞，苏洁琼，等 . 中国干旱区沙化土地绿色环保治理技术综述 [J]. 中国沙漠，2021，41（01）：195-202.

[35] 周红珊 . 水利工程水土保持生态修复技术的应用研究 [J]. 科技风，2021（24）：190-192.

[36] 朱振肖，王夏晖，张箫，等 . 湖北省长江三峡地区山水林田湖草生态保护修复实践探索与思考 [J]. 环境工程技术学报，2020，10（5）：769-7

生态环境科技蓝皮书 2022

中国环境科学研究院

生态文明示范建设
理论与实践

Theory and Practice of Ecological Civilization Demonstration Construction

张惠远　刘煜杰 ◎ 主　编
冯丹阳　管梦鸾　崔腾宇　周美华　杨冉冉 ◎ 副主编

中国环境出版集团 · 北京

图书在版编目（CIP）数据

生态文明示范建设理论与实践 / 张惠远，刘煜杰主编 .
—北京：中国环境出版集团，2024.8
（生态环境科技蓝皮书 . 2022）
ISBN 978-7-5111-5377-7

Ⅰ. ①生… Ⅱ. ①张… ②刘… Ⅲ. ①生态环境建设—研究报告—中国—2022 Ⅳ. ① X321.2

中国版本图书馆 CIP 数据核字（2022）第 243897 号

审图号：GS 京（2024）1167 号

责任编辑 田 怡
封面设计 今亮后声

出版发行 中国环境出版集团
（100062 北京市东城区广渠门内大街 16 号）
网 址：http：//www.cesp.com.cn
电子邮箱：bjgl@cesp.com.cn
联系电话：010-67112765（编辑管理部）
发行热线：010-67125803，010-67113405（传真）
印 刷 北京中科印刷有限公司
经 销 各地新华书店
版 次 2024 年 8 月第 1 版
印 次 2024 年 8 月第 1 次印刷
开 本 787 × 1092 1/16
印 张 11
字 数 148 千字
定 价 1680.00 元（全 11 册）

丛书编写委员会

前言

生态文明建设是关系中华民族永续发展的根本大计。党的十八大以来，以习近平同志为核心的党中央把生态文明建设作为统筹推进“五位一体”总体布局和协调推进“四个全面”战略布局的重要内容，以前所未有的力度推进生态文明建设。党中央、国务院先后制定出台《关于加快推进生态文明建设的意见》《生态文明体制改革总体方案》《生态文明建设目标评价考核办法》等一系列政策文件，完善了几十项涉及生态文明建设的改革方案。2018年5月，全国生态环境保护大会正式确立了习近平生态文明思想，为我国生态文明建设提供了根本遵循和行动指南。2021年11月，《中共中央 国务院关于深入打好污染防治攻坚战的意见》明确提出要深入推进生态文明示范创建。生态环境部深入贯彻落实党中央、国务院有关决策部署，将生态文明示范建设作为践行习近平生态文明思想的重要平台和抓手，多措并举推进生态文明示范建设各项工作，扎实有力地支撑了全国生态文明建设。

生态文明示范建设已经成为贯彻落实习近平生态文明思想、深入打好污染防治攻坚战、建设美丽中国的有效载体。截至2022年底，生态环境部共命名468个生态文明建设示范区和187个“绿水青山就是金山银山”实践创新基地，在改善区域生态环境质量、推动绿色高质量发展、提高生态文明建设水平等方面发挥了典型示范引领作用。本书分为上中下三篇及结语，上篇主要是开展生态文明理论探析，中篇总结了生态文明示范建设进展与成效，下篇凝练了生态文明示范建设典型经验与实践模式。

目录

上篇　生态文明理论探析

中篇 生态文明实践探索

下篇 生态文明示范建设经验模式

上篇

SHANGPIAN

生态文明理论探析

SHENGTAI WENMING LILUN TANXI

1 生态文明建设时代背景

1.1 生态文明建设发展历程

生态文明建设功在当代、利在千秋。我国生态文明建设理念是在推进生态环境保护实践中，与马克思主义生态自然观、世界可持续发展理论和中国传统文化生态智慧相结合形成的，是以习近平新时代中国特色社会主义思想，特别是习近平生态文明思想为理论指引。中华人民共和国成立以来，我国生态文明建设的形成发展过程可以分为萌芽、孕育、发展、奠基、成型、深化提升 6 个历史阶段。

1.1.1 萌芽阶段

从中华人民共和国成立到改革开放前的近 30 年间，中国共产党在领导全国人民进行革命和武装斗争、社会主义改造及国民经济恢复的同时，还注重发展林业、兴修水利等生态建设，对环境保护工作已经有了自发的朴素认识。20 世纪 50 年代中期，毛泽东主席号召“绿化祖国”，实行“大地园林化”。1956 年，中国开始了第一个“12 年绿化运动”，通过植树造林改变荒山和村庄的面貌。毛泽东主席还号召治理黄河、淮河和海河的水患，建设大型水利工程，提出“一定要把淮河修好”“要把黄河的事办好”“一定要根治海河”。周恩来总理对整治经济建设中的环境污染问题多次作出重要指示批示，要求解决经济建设中的废水、废气、废渣问题。1972 年 6 月 5—16 日，中国代表团参加了在瑞典首都斯德哥尔摩召开的联合国人类环境会议，作为代表团重要成员的曲格平后来成为国家环境保护局首任局长。1973 年 8 月 5—20 日，第一次全国环境保护会议在北京召开，成为新中国开创环境保护事业的第一个里程碑。会议确定了“全面规划，合理布局，综合利用，化害为利，依靠群众，大家动手，保护环境，造福人民”的 32 字环境保护工作方针，讨论通过了《关于保护和改善环境的若干规定（试行草案）》，制定了《关于加强全国环境监测工作意见》和《自然保护区暂行条例》。这一阶段生态文明建设主要以自然灾害应对为主。

1.1.2 孕育阶段

1978 年 12 月召开了党的十一届三中全会，全会中心议题是讨论把全党工作的重点转移到社会主义现代化建设上来，并开始规划制定森林法、草原法、环境保护法等法律。党和国家对环境保护工作给予高度重视，明确提出保护环境是社会主义现代化建设的重要组成部分。1978 年修订的《中华人民共和国宪法》明确规定“国家保护环境和自然资源，防治污染和其他公害”，一系列环境相关的法律法规也相继出台。1979 年第五届全国人大常委会第十一次会议通过了新中国第一部环境保护基本法——《中华人民共和国环境保护法（试行）》。1981 年国务院发布了《关于在国民经济调整时期加强环境保护工作的决定》。1989 年《中华人民共和国环境保护法》正式公布施行。1992 年中国政府向联合国环境与发展大会提交《中华人民共和国环境与发展报告》，并率先提出环境与发展十大对策，第一次明确提出转变传统发展模式，走可持续发展道路。与此同时，1979 年 2 月第五届全国人大常委会第六次会议决定将每年的 3 月 12 日定为植树节，并决定在西北、华北、东北风沙危害大和水土流失重点地区建设三北防护林体系。1981 年《关于开展全民义务植树运动的决议》通过。1983 年 12 月第二次全国环境保护会议召开，确立环境保护为我国必须长期坚持的一项基本国策。会议制定了中国环境保护的总方针、总政策，即“经济建设、城乡建设和环境建设同步规划、同步实施、同步发展，实现经济效益、社会效益、环境效益相统一”。1987 年党的十三大提出了分“三步走”基本实现现代化的发展战略。这一时期，我国的环境保护事业发展迅速，在保护生态的同时，开始逐步加强污染防治工作，为生态文明建设奠定了良好的基础。

1.1.3 发展阶段

20 世纪 90 年代开始，我国生态文明建设进入可持续发展阶段。1992 年在巴西召开的联合国环境与发展大会上，来自 183 个国家和地区的代表签署了可持续发展的纲领性文件《21 世纪议程》。与此同时，1992 年党的十四大着重分析了经济、人口和资源的关系。1994 年 3 月，《中国 21 世纪议程——中国 21 世纪人口、环境与发展白皮书》发布，成为指导我国国民经济和社会发展中长期计划的纲领性文件，开启了我国可持续发展的进程。1996 年 7 月，第四次全国环境保护会议召开，提出保护环境的实质就是保护生产力。这次会议强调了环境保护和可持续发展的重要战略地位，把环境保护作为关系我国长远发展的全局性战略问题，把贯彻实施可持续发展战略始终作为一件关系社会经济发展的大事来抓。1997 年 9 月，可持续发展被写入党的十五大报告，并强调在现代化建设中必须实施可持续发展战略。2000 年 11 月，国务院印发了《全国生态环境保护纲要》，强调“通过生态环境保护，遏制生态环境破坏，减轻自然灾害的危害；促进自然资源的合理、科学利用，实现自然生态系统良性循环；维护国家生态环境安全，确保国民经济和社会的可持续发展”。2002 年，在约翰内斯堡通过的《可持续发展世界首脑会议实施计划》明确了可持续发展的三大支柱——

经济、社会与环境。这一阶段标志着中国可持续发展思想和战略的正式确立，污染防治、生态保护、资源能源节约等各项工作不断加强。

1.1.4 奠基阶段

2002 年开始，我国生态文明建设进入科学发展阶段。党的十六届三中全会提出，要坚持以人为本，树立全面、协调、可持续的发展观，促进经济社会和人的全面发展。2005 年召开的中央人口资源环境工作座谈会上，生态文明在国家层面被首次提出。2007 年，这一概念首次被写入党的十七大报告。也正是在党的十七大上，我国第一次把建设生态文明作为一项战略任务列入实现全面建设小康社会的目标之一，要求建设以资源环境承载力为基础、以自然规律为准则、以可持续发展为目标的资源节约型、环境友好型社会。胡锦涛同志在学习贯彻党的十七大精神研讨班开班仪式上提出了"全面推进经济建设、政治建设、文化建设、社会建设，积极推进生态文明建设"。可以说这是"五位一体"的雏形。党的十七届五中全会指出，要坚持把建设资源节约型、环境友好型社会作为加快转变经济发展方式的重要着力点，提高生态文明水平。在庆祝中国共产党成立 90 周年大会上，胡锦涛同志进一步强调，"不断在生产发展、生活富裕、生态良好的文明发展道路上取得新的更大的成绩"。这标志着中国共产党对人与自然和谐、生态文明建设的认识更加科学和深化，要求把大自然的优美和人的自身发展相结合，实现人与自然的和谐统一。这些认识的深化推动生态文明建设上升为中国特色社会主义事业总体布局的重要组成部分。

1.1.5 成型阶段

党的十八大以来，我国生态文明建设逐步走向成熟，进入建设美丽中国、实现中华民族永续发展的社会主义生态文明新时代。以习近平同志为核心的党中央高度重视生态文明顶层设计和制度体系建设，污染治理力度之大、制度出台频度之密、监管执法尺度之严、环境质量改善速度之快前所未有。中共中央、国务院就推进生态文明建设作出了一系列决策部署，不仅印发了《关于加快推进生态文明建设的意见》和《生态文明体制改革总体方案》，在《中华人民共和国国民经济和社会发展第十三个五年规划纲要》中也提出了实施生态文明建设的综合性方案。2016 年底，根据中共中央办公厅、国务院办公厅印发的《生态文明建设目标评价考核办法》的通知要求，国家发展改革委、国家统计局、环境保护部和中央组织部等部门共同制定印发了《绿色发展指标体系》和《生态文明建设考核目标体系》，作为生态文明建设评价考核的依据。生态文明建设的蓝图全面铺开。党的十八大报告把生态文明建设作为经济、政治、文化、社会和生态文明“五位一体”总体布局的重要组成部分。党的十八届五中全会提出了“创新、协调、绿色、开放、共享”五大发展理念，绿色发展是其中一大重要理念。党的十九大进一步强调“尊重自然、顺应自然、保护自然”，把“人与自然和谐共生”作为生态文明建设的基本原则，将“增强绿水青山就是金山银山的意识”写入了新修订的党章。中国生态文明建设开创了社会主义生态文明新时代。

1.1.6 深化提升阶段

2018 年 5 月召开的全国生态环境保护大会确立了习近平生态文明思想，充分体现了深邃历史观、科学自然观、绿色发展观、基本民生观、整体系统观、严密法治观、全民行动观、全球共赢观八个观的历史辩证和科学的发展理念，为中国生态文明建设提供了思想指引和根本遵循。《习近平生态文明思想学习纲要》系统全面阐释了习近平生态文明思想的核心要义、精神实质、丰富内涵、理论贡献和实践要求。2020 年 9 月 22 日，国家主席习近平在第七十五届联合国大会一般性辩论上庄严宣告，中国二氧化碳排放力争于 2030 年前达到峰值，努力争取 2060 年前实现碳中和，这充分体现了我国负责任的大国担当。党的十九届四中、五中全会强调坚持新发展理念、推动高质量发展，对深入实施可持续发展战略、完善生态文明领域制度体系建设和统筹协调机制、加快推动绿色低碳发展等作出了重要战略部署。党的十九届六中全会全面总结了我国深入推进生态文明建设以来，在生态环境保护领域取得的历史性、转折性、全局性变化。2022 年 10 月，中国共产党第二十次全国代表大会在京胜利召开，习近平总书记在大会报告中指出，促进人与自然和谐共生是中国式现代化的本质要求之一，要加快发展方式绿色转型，深入推进环境污染防治，提升生态系统多样性、稳定性、持续性，积极稳妥推进碳达峰碳中和。绿色低碳发展成为新时代中国特色社会主义发展的主基调。

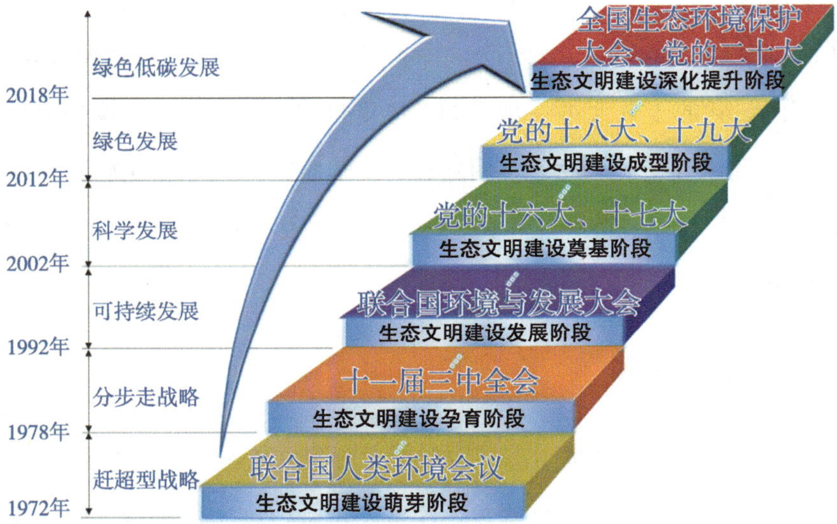

图 1-1　中国生态文明建设形成发展的历史阶段

1.2　新时代生态文明建设现实需求

我国生态文明建设正处于压力叠加、负重前行的关键期，已进入提供更多优质生态产品以满足人民日益增长的优美生态环境需要的攻坚期，也到了有条件、有能力解决生态环境突出问题的窗口期。深入打好污染防治攻坚战是生态文明建设基础，经济高质量发展是生态文明建设保障，满足人民日益增长的美好生活需要是发展目标，构建全球命运共同体是发展方向。

1.2.1 深入打好污染防治攻坚战的现实需要

深入打好污染防治攻坚战，持续改善生态环境质量。这是中共中央辩证分析当前我国发展与保护面临的形势、对标 2035 年美丽中国建设目标要求作出的重大决策部署。“十四五”时期是开启全面建设社会主义现代化国家新征程的第一个五年。我国发展仍然处于重要战略机遇期，生态环境保护处于关键期、攻坚期、窗口期，面临内外部压力叠加的巨大挑战。我国工业化、城镇化的历史任务尚未完成，以重化工为主的产业结构、以煤为主的能源结构和以公路货运为主的运输结构没有得到根本改变，污染排放和生态破坏的严峻形势没有得到根本改变，生态环境事件多发、频发的高风险态势没有得到根本改变，破解环境保护结构性、根源性、趋势性压力迫在眉睫。做好减污降碳协同增效，深入打好打赢污染防治攻坚战仍是当前和今后一段时期内需要面对的重点任务。

1.2.2 经济高质量发展的内在要求

党的十九大报告明确提出，我国经济已由高速增长阶段转向高质量发展阶段。2017 年 12 月，习近平总书记在中央经济工作会议上强调，中国特色社会主义进入了新时代，我国经济发展也进入了新时代，基本特征就是我国经济已由高速增长阶段转向高质量发展阶段。推动高质量发展是当前和今后一个时期确定发展思路、制定经济政策、实施宏观调控的根本要求。创新、协调、绿色、开放、共享这五大发展理念，是在深刻总结国内外发展经验教训的基础上形成的，也是在深刻分析国内外发展大势的基础上形成的，集中反映了中国共产党对经济社会发展规律认识的深化，也是针对我国发展中的突出矛盾和问题提出来的，是关系我国发展全局的一场深刻变革。“十四五”时期经济社会发展要用新发展理念引领推动高质量发展，必须把发展质量问题摆在更为突出的位置，着力提升发展质量和效益。

1.2.3 人民群众对美好生活的强烈愿望

党的十九大报告指出，当前我国社会的主要矛盾已经转化为人民日益增长的美好生活需要和不平衡不充分的发展之间的矛盾。我们要建设的现代化是人与自然和谐共生的现代化，既要创造更多物质财富和精神财富以满足人民日益增长的美好生活需要，也要提供更多优质生态产品以满足人民日益增长的优美生态环境需要。人民群众对美好环境的向往与日俱增，由“谋生计”“求温饱”，到“要生态”“盼环保”，与雾霾、黑臭水体、重金属污染作斗争的生态环境保护工作已经进入了关键期、攻坚期，只有坚持不懈地奋斗到底，不抱有丝毫松劲的心态，才能保证“蓝天白云、鸟语花香、清水绿岸、鱼翔浅底、繁星闪烁”的美丽画境成为百姓生活居住环境的新常态，才能确保青山常在、绿水长流、空气常新。提供更多优质生态产品是满足人民日益增长的美好生活需要的现实要求。

1.2.4 构建人类命运共同体的国际责任

生态环境是人类生存和发展的根基，生态环境变化直接影响文明兴衰演替。生态文明建设关乎人类未来，建设绿色家园是人类的共同梦想，保护生态环境、积极应对气候变化是世界各国共同的责任。世界上没有任何一位国家的领导人像习近平主席这样重视生态文明建设，他多次在国际讲台上阐述中国政府的态度和立场，多次向世界传达中国坚持走绿色、低碳、可持续发展道路的决心，呈现出承担“大国责任”的认真态度与有效行动。从“人类生活在同一个地球村里，生活在历史和现实交汇的同一个时空里，越来越成为你中有我、我中有你的命运共同体”到“世界各国人民一道努力，回应时代呼唤，加强全球治理，以创新引领发展，朝着构建人类命运共同体的方向不断迈进”，习近平主席多次表达了共建人类命运共同体的决心和立场。各国休戚与共，既是利益共同体，也是命运共同体。共建息息相关的人类命运共同体，推动实现生态文明建设全球化，是我国必须承担的国际责任。

1.3 生态文明建设取得新成效

党的十八大以来，以习近平同志为核心的党中央，着眼于世界文明形态的演进、中华民族的永续发展、人民群众的民生福祉以及构建人类命运共同体的宏大视野，从新的历史起点出发，提出建设生态文明是关系人民福祉、关乎民族未来的长远大计。中国生态文明建设已经进入了新发展阶段，未来需要构建新发展格局，坚定不移地贯彻新发展理念。

1.3.1 生态文明理念深入人心

2018 年 5 月召开的全国生态环境保护大会正式确立了习近平生态文明思想，“生态文明”写入宪法，“树立尊重自然、顺应自然、保护自然的生态文明理念，增强绿水青山就是金山银山的意识”写入《中国共产党章程》，充分彰显了生态文明理念已经成为新时代中国特色社会主义的治国方略。通过习近平生态文明思想的贯彻学习，我国坚决打赢蓝天、碧水、净土保卫战，实施天然林保护、退耕还林还草等生态保护重大工程，开展排污许可、河湖长制、垃圾分类，不断切实解决人民最关心最直接最现实的生态环境问题；通过“六五”环境日、世界地球日、世界水日、国际生物多样性日等国际环境节日中国主场活动的宣传，让公众不断树立保护生态、爱护环境、共建清洁美丽世界的环保理念；通过绿色环保进社区行动的提倡，让绿色学校、绿色家庭、生态文明教育基地等各类“绿色细胞”融入经济、政治、文化、社会、生态文明各个领域。“绿水青山就是金山银山”、人与自然和谐共生、节约资源和环境保护、绿色发展、生态系统保护等生态文明理念已经深入人心。

1.3.2 绿色低碳发展加快推进

全面推动绿色发展是生态文明建设的治本之策，力争实现“双碳”愿景是新时代的新方略和新任务。我国已实现了全面建成小康社会的第一个百年奋斗目标，在努力迈向第二个百年奋斗目标的新征程上，绿色低碳是践行习近平生态文明思想的重要内容，不仅是阶段性发展的新要求，也是实现美丽中国的根本发展新动能。2020 年 9 月 22 日，习近平主席在第七十五届联合国大会一般性辩论上首次提出，“中国将提高国家自主贡献力度，采取更加有力的政策和措施，二氧化碳排放力争于 2030 年前达到峰值，努力争取 2060 年前实现碳中和”。2021 年 3 月 15 日，习近平总书记主持召开中央财经委员会第九次会议时强调，实现碳达峰、碳中和是一场广泛而深刻的经济社会系统性变革，要把碳达峰、碳中和纳入生态文明建设整体布局。同年 12 月，习近平总书记在中央经济工作会议上指出，“推进碳达峰碳中和是党中央经过深思熟虑作出的重大战略决策，是我们对国际社会的庄严承诺，也是推动高质量发展的内在要求”。在十九届中央政治局第三十六次集体学习时，习近平总书记又指出，要将“双碳”工作相关指标纳入各地区经济社会发展综合评价体系，增加考核权重，加强指标约束。“双碳”目标已经成为未来一段时间甚至长期坚持的工作任务，“1+N”政策体系陆续出台，推进到各地区各单位，以加快形成节约资源和保护环境的产业结构、生产方式、生活方式、空间格局。

1.3.3 生态环境质量显著改善

在习近平新时代中国特色社会主义思想的指引下，生态文明建设全面发力，不断深入，在生态环境质量持续改善的同时生态文明建设成效显著。“十三五”时期我国生态环境保护取得历史性成就，是迄今为止发展最好的5年，认识程度之深、政策举措之实、投入力度之大、改善效果之好、群众满意度之高前所未有。蓝天、碧水、净土三大保卫战取得显著成效，蓝天保卫战、柴油货车污染治理、城市黑臭水体治理、渤海综合治理、长江保护修复、水源地保护、农业农村污染治理攻坚战七大标志性战役取得决定性成效，落实《禁止洋垃圾入境推进固体废物进口管理制度改革实施方案》、打击固体废物及危险废物非法转移和倾倒、垃圾焚烧发电行业达标排放、“绿盾”自然保护区监督检查四个专项行动取得突出进展。京津冀及周边地区、长三角地区、汾渭平原大气污染综合治理、长江经济带生态保护修复、黄河流域生态环境保护等生态环境治理重拳出击，使污染较重地区环境质量得到较大改善。“十三五”规划纲要确定的生态环境保护领域的9项约束性指标全面完成，生态环境质量获得显著改善。

1.3.4 生态文明制度体系更加健全

生态文明体制机制的建立健全是开展生态文明建设的基石，随着生态文明体制改革的不断深化，“大气十条”“水十条”“土十条”相继出台，自然资源资产产权制度、国土开发保护制度、空间规划体系、资源总量管理和全面节约制度、资源有偿使用和生态补偿制度、环境治理体系、环境治理和生态保护市场体系、生态文明绩效评价考核和责任追究制度（简称“八项制度”）不断建立完善，中央生态环保督察制度不断规范，生态环境损害赔偿制度稳步推进，生态文明体制建设取得了突出成效。党的十八大以来，中共中央、国务院先后印发了《关于加快推进生态文明建设的意见》《生态文明体制改革总体方案》，意见明确了生态文明建设的总体要求、主要目标、重点任务等；总体方案明确了40多项体制改革的“路线图”和“时间表”。我国在生态文明体制建设，尤其是制度建设、法治建设和法律实施方面取得了显著成就，共涉及生态文明建设和生态环境保护的改革任务与成果 80 多项，基本确立起以“四梁八柱”为支撑的中国生态文明制度体系，构成了源头严防、过程严管、后果严惩和多元参与、激励与约束并举、系统完备的生态文明治理体系。

1.3.5 全球环境治理贡献日益凸显

作为世界最大的发展中国家和负责任大国，中国在生态保护与环境治理方面有着坚定的立场，不断加大节能减排、生态环境保护力度，积极履行《巴黎协定》和可持续发展承诺，取得了巨大成就。中国积极履行《联合国气候变化框架公约》减排义务；提出了力争 2030 年前实现碳达峰、2060 年前实现碳中和的目标愿景，体现了大国的责任担当；生态系统和生物多样性保护成就显著。美国航天局（NASA）2000—2017 年卫星调查数据显示，全球绿化面积增加了 5%，其中中国贡献达到 25%。中国自然保护区面积约占陆地国土面积的 15%，超过世界平均水平。2021 年 10 月，中国成功以“生态文明：共建地球生命共同体”为主题举办了联合国《生物多样性公约》缔约方大会第十五次会议（COP15）。此外，中国深入打好污染防治攻坚战，环境质量取得明显改善；“十三五”规划纲要确定的生态环境保护领域的 9 项约束性指标均顺利完成。中国在应对国内空气污染方面表现出了无与伦比的领导力，在推动自身空气质量持续改善的同时，也致力于帮助其他国家加强行动力度。

2 习近平生态文明思想理论成果

2.1 习近平生态文明思想丰富内涵

马克思主义生态思想、古今中外优秀生态文化与哲学、科学思想以及可持续发展理论最新理念，为习近平生态文明思想的形成奠定了理论基础、丰富了思想源泉。习近平生态文明思想蕴含着扎实的理论功底、深邃的历史眼光、深厚的为民情怀和宽广的国际视野，不仅有着深刻的历史背景，而且有着丰富的理论根源。

2.1.1 习近平生态文明思想的“十个坚持”

坚持党对生态文明建设的全面领导体现了体制和制度优势。我们党历来高度重视生态文明建设。从把节约资源和保护环境确立为基本国策、把可持续发展确立为国家战略，到把生态文明建设纳入中国特色社会主义事业“五位一体”总体布局，将“中国共产党领导人民建设社会主义生态文明”“增强绿水青山就是金山银山的意识”等内容写入党章，充分彰显了生态文明建设在党和国家事业中的重要地位，表明我们党加强生态文明建设的坚定意志和坚强决心。新时期，党从思想、法律、体制、组织、作风上全面发力，全方位、全地域、全过程加强生态环境保护，推动划定生态保护红线、环境质量底线、资源利用上线，领导开展了一系列根本性、开创性、长远性工作，建立健全了生态文明制度和生态环境治理体系，明确了生态文明建设是关系党的使命宗旨的重大政治问题。坚持党对生态文明建设的全面领导是新时代社会主义生态文明建设的根本保证。

坚持生态兴则文明兴、生态衰则文明衰体现了唯物史观。人类经历了原始文明、农业文明、工业文明，生态文明是工业文明发展到一定阶段的产物，是实现人与自然和谐发展的新要求。习近平总书记站在人类文明发展兴衰的高度，深刻总结了古今中外几千年来人类社会正反两方面的经验教训，指出“生态环境是人类生存和发展的根基，生态环境变化直接影响文明兴衰演替”，阐明了生态环境以及人与自然关系在人类文明发展中的重要作用。从我国国情来看，虽然新中国成立以来，我国经济社会发展取得了巨大成就，但同时也付出了巨大的生态环境代价。党的十八大报告提出，面对资源约束趋紧、环境污染严重、生态系统退化的严峻形势，必须树立尊重自然、顺应自然、保护自然的生态文明理念。习近平总书记深刻地阐明了“生态兴则文明兴、生态衰则文明衰”的科学理念，站在人类发展的宏观历史视角思考生态与社会文明之间关系，从历史唯物主义角度回答了为什么建设生态文明这一重大问题，是习近平生态文明思想的重要逻辑起点和新时代社会主义生态文明建设的历史依据。

坚持人与自然和谐共生体现了人与自然对立统一的辩证关系。中华民族自古以来就有按照大自然规律活动并取之有时、用之有度的传统，表达了我们的先人对处理人与自然关系的重要认识。对于近代工业革命以来的生态破坏和环境污染，习近平总书记指出，“人类不能再忽视大自然一次又一次的警告，沿着只讲索取不讲投入、只讲发展不讲保护、只讲利用不讲修复的老路走下去”“人类对大自然的伤害最终会伤及人类自身，这是无法抗拒的规律”。要把天地人统一起来、把自然生态同人类文明联系起来，坚定地走生产发展、生活富裕、生态良好的文明发展道路，构建人与自然和谐发展的现代化建设新格局。习近平生态文明思想既着眼国内，又放眼全球，有着鲜明的民族性和世界性，以构建人与自然和谐共生的命运共同体为指向，不仅着眼于建设美丽中国，而且注重构建人类命运共同体，推进全球共建共享生态文明，充分展现了习近平主席深厚的为民情怀和高尚的世界情怀。环境就是民生，青山就是美丽，蓝天也是幸福。要像保护眼睛一样保护生态环境，像对待生命一样对待生态环境。坚持人与自然和谐共生是新时代社会主义生态文明建设的基本原则，要求牢固树立和切实践行"绿水青山就是金山银山"理念，动员全社会力量推进生态文明建设，共建美丽中国，让人民群众在绿水青山中共享自然之美、生命之美、生活之美，走出一条生产发展、生活富裕、生态良好的文明发展道路。

坚持绿水青山就是金山银山体现了发展与保护对立统一的辩证关系。习近平生态文明思想中的"绿水青山就是金山银山"理念是运用辩证思维方法提出的科学论断，生动形象地揭示了发展与保护二者之间的关系。中华人民共和国成立以来 70 多年的发展体现了这一辩证关系：第一发展阶段只重视金山银山，而忽视绿水青山；第二发展阶段既要金山银山也要绿水青山，在这一发展阶段已经开始意识到环境保护的重要性；第三发展阶段是绿水青山就是金山银山，这一阶段明确提出发展绿色经济、生态经济就是金山银山，深刻揭示了发展与保护的本质关系，更新了关于自然资源的传统认识，阐明了保护生态环境就是保护生产力、改善生态环境就是发展生产力的道理，指明了实现发展与保护内在统一、相互促进、协调共生的方法论和新路径。习近平总书记关于"绿水青山就是金山银山"的重要论述，是发展理念和方式的深刻转变，是执政理念和方式的深刻变革，是对原有发展观、价值观和财富观的全新洗礼，也是对当代社会经济发展理念和生态文化理念的时代诠释和生动刻画，旨在实现人与自然和谐共生、经济发展与环境保护相统一。"两山"理念内涵丰富、思想深刻、意境高远、形象生动，是当代中国马克思主义理论的重要创新成果，是习近平新时代中国特色社会主义思想的重要组成部分，为我们实现经济发展方式转型、推动生态文明和美丽中国建设提供了根本遵循，为中国树立正确发展思路、确立科学合理发展方式提供了清晰明确的方法论，引领着中国高质量发展迈向新境界，是新时代社会主义生态文明建设的核心理念。

坚持良好生态环境是最普惠的民生福祉丰富了对人类社会发展规律的认识。“环境就是民生，青山就是美丽，蓝天也是幸福”充分阐明了生态环境保护与人民福祉的关系，确定了“环境是民生福祉”的生态民生观。按照马克思主义立场，根据人民群众建设社会主义的宝贵经验，我们党创造性地提出了以人民为中心的发展思想，并要求将之贯穿到生态文明建设中。习近平总书记多次强调：“良好生态环境是最公平的公共产品，是最普惠的民生福祉”“建设生态文明，关系人民福祉，关乎民族未来”“以对人民群众、对子孙后代高度负责的态度和责任，真正下决心把环境污染治理好、把生态环境建设好，努力走向社会主义生态文明新时代，为人民创造良好生产生活环境”。与教育、医疗、就业、社会保障等民生福祉存在某些地域差别相比，良好的生态环境不会因人、因地、因事而改变受益的目标群体和受益等级。这种“最公平”与“最普惠”性并非局限于“代内”共享，而是可以很好地实现“代际”共享；并非局限于“国内”民众共享，而是可以很好地实现“全球”共享。同时，随着我国社会生产力水平明显提高和人民生活显著改善，人民群众期盼享有更优美生态环境的愿望更加强烈。因此，“良好生态环境是最普惠的民生福祉”的科学理念，蕴含并体现了习近平总书记深厚的为民情怀，丰富并发展了马克思主义民生观，扩充并提升了对人类社会发展规律的认识，成为新时代社会主义生态文明建设的根本价值取向和宗旨要求。

坚持绿色发展是发展观的深刻革命、是发展路径的战略考量。绿色是永续发展的必要条件和人民对美好生活追求的重要体现。绿色发展是生态文明建设的必然要求，是解决污染问题的根本之策，注重的是要解决好人与自然和谐共生问题。绿色发展是新发展理念的重要组成部分，与创新发展、协调发展、开放发展、共享发展相辅相成、相互作用，是要努力实现创新成为第一动力、协调成为内生特点、绿色成为普遍形态、开放成为必由之路、共享成为根本目的的高质量发展理念。坚持绿色发展是对生产方式、生活方式、思维方式和价值观念的全方位、革命性变革，是对自然规律和经济社会可持续发展一般规律的深刻把握，是要促进经济社会发展全面绿色转型。实现碳达峰碳中和是一场广泛而深刻的经济社会系统性变革。我国力争 2030 年前实现碳达峰、2060 年前实现碳中和是推动高质量发展的内在要求。进入新发展阶段，推进“双碳”工作是破解资源环境约束突出问题、实现可持续发展的迫切需要，也是满足人民群众日益增长的优美生态环境需求、促进人与自然和谐共生的迫切需要。

坚持统筹山水林田湖草沙系统治理体现了生命共同体的系统观念。习近平总书记提出的“山水林田湖草沙是生命共同体”原则，强调山水林田湖草沙是一个生命共同体，指出用途管制和生态修复必须遵循自然规律，要统筹山水林田湖草沙系统治理。其核心理论基础是生态系统管理理论，该理论运用系统工程思想和景观生态学理论解决资源环境生态问题，以维护和提升区域生态系统服务功能为核心，统筹管理自然资源与环境、污染治理与生态保护、水—气—土—生物要素管理等，实现保护生态系统原真性、完整性和生态服务功能，平衡生态环境保护与经济发展、资源利用的关系。山水林田湖草沙生命共同体是由山、水、林、田、湖、草、沙等多种要素构成的有机整体，具有复杂结构和多重功能的生态系统，各要素之间是普遍联系和相互影响的，不能实施分割式管理，否则将造成自然资源和生态系统的破坏。运用系统论的思想方法统筹山水林田湖草沙系统治理，就是要求在生态文明建设以及生态环境保护中必须按照生态环境系统的整体性、系统性及其内在规律，统筹考虑自然生态环境各要素，贯通生态保护与污染防治，通过生态保护扩大生态容量和承载力，通过治污减排减少生态压力，在污染防治上改变“九龙治水”的局面，在生态保护上实现统一监管，做到“一件事由一个部门负责”，最终实现生态环境治理的领域协同、要素协同、体制协同、机制协同和方法协同。

坚持用最严格制度最严密法治保护生态环境体现了马克思主义法治理论的时代创新。制度的生命力在于执行，关键在真抓，靠的是严管。生态文明体制机制的建立健全是开展生态文明建设的基石。习近平生态文明思想与习近平法治思想相辅相成，体现了马克思主义法治理论中国化时代化新的飞跃，使“用最严格制度最严密法治保护生态环境”成为社会主义生态文明建设的制度保障。习近平总书记高度重视制度建设在生态文明建设中的功能和地位，他指出，保护生态环境必须依靠制度，必须依靠法治。只有实行最严格制度最严密法治，才能为生态文明建设提供可靠保障。必须全面建立资源高效利用制度，实行最严格的生态环境保护制度，健全生态保护和修复制度，必须严明生态环境保护责任制度。用最严格制度最严密法治保护生态环境，表现在制度的不可缺失性、制度作用对象的公平性和对制度不折不扣的执行力，迫切需要把生态文明纳入制度化、法治化轨道，根据生态文明建设情况与时俱进地更新和完善相应制度体系，使生态文明建设真正做到有法可依、有章可循。让制度成为刚性的约束和不可触碰的高压线，为生态文明建设保驾护航。

坚持把建设美丽中国转化为全民自觉行动体现了人人有责的社会力量。习近平总书记强调，生态文明建设同每个人息息相关，每个人都应该做践行者、推动者，都是生态环境的保护者、建设者、受益者，没有哪个人是旁观者、局外人、批评家，谁也不能只说不做、置身事外。保护好生态环境离不开全社会的关心、参与和支持，需要在全社会形成人人、事事、时时崇尚生态文明的社会氛围，这充分说明了建设美丽中国、加强生态环境保护是每一个中国人的责任。目标责任体系是生态文明体系的价值导向，科学的目标责任体系可引导生态文明建设取得实效。中央环保督察、党政同责、一岗双责、严肃问责追责等制度实践反复证明，只有各地区各部门坚决维护党中央权威和集中统一领导，坚决担负起生态文明建设的政治责任；只有地方各级党委和政府主要领导成为本行政区域生态环境保护第一责任人，做到守土有责、守土尽责，分工协作、共同发力；只有建立科学合理的考核评价体系，将考核结果作为各级领导班子和领导干部奖惩和提拔使用的重要依据；只有对那些损害生态环境的领导干部，真追责、敢追责、严追责，做到终身追责；只有建立一支生态环境保护铁军，生态环境保护和生态文明建设才能取得实实在在的效果，实现党和人民预期的目标。

坚持共谋全球生态文明建设之路体现了人类命运共同体的全球倡议。建设生态文明关乎人类未来。国际社会应该携手同行，共谋全球生态文明建设之路。习近平生态文明思想着重强调了“人类命运共同体”的理念，在国际国内的各种场合，习近平主席多次强调了坚持推动构建人类命运共同体，共同维护和平与发展国际大环境的态度和决心，并系统、全面地提出构建“人类命运共同体”的“五个坚持”，即坚持对话协商，建设一个持久和平的世界；坚持共建共享，建设一个普遍安全的世界；坚持合作共赢，建设一个共同繁荣的世界；坚持交流互鉴，建设一个开放包容的世界；坚持绿色低碳，建设一个清洁美丽的世界。“五个坚持”清晰勾勒了中国方案和行动路径，为走向不确定的世界指明了和平发展的方向。中国在气候变化应对、生物多样性保护、荒漠化防治等领域取得了世人瞩目的成就，也积极推动了国际社会达成共识。深度参与全球环境治理，推动和引导建立公平合理、合作共赢的全球气候治理体系，推动构建人类命运共同体，充分展现了中国在生态环境保护领域的大国担当。

2.1.2 习近平生态文明思想的“五大体系”

先进的生态文化体系是生态文明建设的思想武器。“生态兴则文明兴、生态衰则文明衰”是一条亘古不变的规律，中华民族向来尊重自然、热爱自然，绵延 5 000 多年的中华文明孕育着丰富的生态文化，习近平生态文明思想深深根植于中华文明丰富的生态智慧和文化土壤中。习近平总书记在党的十九大报告中指出，人与自然是生命共同体，人类必须尊重自然、顺应自然、保护自然。这是习近平生态文明思想最为核心的生态价值观念。在处理人与自然的关系时，要坚守这一生态价值观念，坚持节约优先、保护优先、自然恢复为主的方针，像保护眼睛一样保护生态环境，像对待生命一样对待生态环境，从根本上减少人对自然环境的破坏，还自然以宁静、和谐、美丽。

发达的生态经济是生态文明建设的动力源泉。从辩证法的角度来看，发展和保护不是对立矛盾的关系，而是相互促进的关系，“绿水青山”和“金山银山”可以双赢。发展经济不能对资源和生态环境竭泽而渔，生态环境保护也不是舍弃经济发展而缘木求鱼，要坚持在发展中保护、在保护中发展，形成节约资源和保护环境的空间格局、产业结构、生产方式、生活方式。生态经济体系建设的关键就是要坚持绿色发展。应始终秉持“绿水青山就是金山银山”“保护生态环境就是保护生产力、改善生态环境就是发展生产力”的绿色发展观，以发展绿色、循环和低碳经济实现经济的生态化，以建立体现自然资源和生态环境价值的市场机制实现生态的经济化，推动更有质量、更有效益的发展。

明确的目标责任体系是生态文明建设的基本管理举措。良好的生态环境是最普惠的民生福祉，是生态文明建设的内在要求和立足点。生态文明建设的目标是“提供更多优质生态产品，不断满足人民群众日益增长的优美生态环境需要”。在2018年全国生态环境保护大会上，习近平总书记描绘的蓝天白云、繁星闪烁、清水绿岸、鱼翔浅底，吃得放心、住得安心、鸟语花香、田园风光等，生动直观地揭示了“优质生态产品”的本质内涵。建立健全以改善生态环境质量为核心的目标责任体系，是解决生态环境领域主要社会矛盾、满足人民群众优美生态环境需要的最为直接和有效的途径。以改善生态环境质量为核心就是要按照高质量发展要求，以解决人民群众反映强烈的突出生态环境问题为重点，做到“不欠新账、多还旧账”，加快补齐生态环境短板，不断增强人民群众的生态环境获得感、幸福感和安全感。

完善的生态文明制度体系是生态文明建设的根本保障。只有实行最严格的制度、最严密的法治，才能为生态文明建设提供可靠保障。党的十八大以来，以习近平同志为核心的党中央，坚定遵循发展规律、守护绿水青山，不断健全生态文明制度体系，生态文明制度的“四梁八柱”日益完善，为遏制环境违法行为提供了重要手段和有力武器。加快以治理体系和治理能力现代化为保障的生态文明制度体系建设，必须按照源头严防、过程严管、后果严惩的思路，构建产权清晰、多元参与、激励约束并重、系统完整的生态文明制度体系，把生态文明建设纳入法治化、制度化轨道。生态文明制度体系建设要把环境公平与正义贯穿到经济社会决策和管理的各个方面。

优良的生态安全体系是生态文明建设的物质基础。生态安全是国家安全的重要组成部分，是经济社会持续健康发展的重要保障。社会系统、经济系统和自然生态系统通过人类的活动耦合成为一个复合系统，各要素相互依存、相互制约、相互作用。人类的经济活动受到自然生态系统承载力的限制，而人类经济活动又反作用于自然生态系统。社会系统、经济系统和自然生态系统既有自身的运行规律，又受其他系统的影响与制约，只有当各个系统彼此适应，整个复合生态系统才能达到平衡，才能稳定、持续地良性循环下去。因此，构建生态安全体系，要统筹经济社会发展与环境保护关系，重构人与自然生命共同体。

2.1.3 习近平生态文明思想的“六个一”

2019 年全国两会期间，习近平总书记系统阐发了生态文明建设思想的重要发展过程，阐释了党中央对生态文明建设的战略部署，强调党的十八大以来，我们党关于生态文明建设的思想不断丰富和完善。在“五位一体”总体布局中生态文明建设是其中一位，在新时代坚持和发展中国特色社会主义基本方略中坚持人与自然和谐共生是其中一条基本方略，在新发展理念中绿色是其中一大理念，在三大攻坚战中污染防治是其中一大攻坚战。其内容之后又被进一步丰富，即在到本世纪中叶建成富强民主文明和谐美丽的社会主义现代化强国目标中，美丽是其中一个重要目标。党的二十大胜利召开，人与自然和谐共生的现代化成为中国式现代化的重要特征之一。这“六个一”凸显了生态文明建设在新时代中国特色社会主义事业发展中的重要地位，体现了我们党对生态文明建设规律的把握更加准确、对建设生态文明的部署和要求更加系统。把握好习近平生态文明思想的实践进展和战略方向，有助于推动我国生态文明建设迈上新台阶。

2.2 习近平生态文明思想理论贡献

习近平生态文明思想内涵、丰富博大精深，开辟了马克思主义人与自然关系理论的新境界，深刻回答了为什么建设生态文明、建设什么样的生态文明、怎样建设生态文明的重大理论和实践问题，是习近平新时代中国特色社会主义思想的重要组成部分。这一思想深刻阐释了人与自然、保护与发展、环境与民生、国内与国际等关系，为新时代坚持和发展中国特色社会主义锚定了价值坐标，为筑牢中华民族伟大复兴绿色根基提供了方向引领，为共谋全球生态文明建设厚植了中国智慧和中国方案。具体表现为以下五点。

2.2.1 对马克思主义中国化的再次升华

习近平生态文明思想强调“尊重自然、顺应自然、保护自然”，推动形成人与自然和谐发展现代化建设新格局，实现了马克思主义自然观的又一次历史性飞跃。马克思主义是生态文明思想理论基石，习近平总书记全方位地继承、发展和创新了马克思主义中的生态思想，提出建设社会主义生态文明的主张，并构建出一个科学系统的生态文明思想体系，集中体现了马克思主义哲学、马克思主义政治经济学和科学社会主义的立场、观点和方法，开辟了马克思主义中国化的新境界。同时，中国共产党以马克思主义为立党立国的指导思想，历来重视对马克思主义政治经济学的学习、研究和运用，坚持把马克思主义政治经济学基本原理与中国的具体实际相结合，特别是在改革开放后我们党把马克思主义政治经济学基本原理同改革开放和社会主义现代化建设的实践结合起来，形成了当代中国马克思主义政治经济学的许多重要理论成果，既指导我国的经济发展实践取得巨大成就，也丰富和发展了马克思主义政治经济学，形成了中国特色社会主义政治经济学。习近平生态文明思想是关于绿色发展的“真经”，本身就是马克思主义政治经济学，为我国作为生态文明建设的参与者、贡献者和引领者构建了话语体系、理论体系和学科体系。习近平总书记指出，“绿水青山就是金山银山”，这是对马克思主义劳动价值理论的重大创新。新时代，我国步入高质量发展阶段，习近平总书记反复强调的贯彻新发展理念、推进供给侧结构性改革、构建现代化经济体系，就是从马克思政治经济学视角对怎样建设生态文明、推动实现生态产业化和产业生态化提出的重大战略。

2.2.2 将保护与发展融入辩证唯物主义

习近平同志指出，辩证唯物主义是中国共产党人的世界观和方法论。实现中华民族伟大复兴的中国梦，必须更加自觉地坚持和运用辩证唯物主义世界观和方法论，增强辩证思维、战略思维能力，更好地指导实践。基于马克思辩证唯物主义的辩证法，习近平生态文明思想在发展中始终坚持辩证唯物主义，任何事情都从辩证角度考量，既看到好的一面，也正视问题，坚持问题导向。正是由于这一坚持，习近平总书记关于绿色发展、生态文明建设的一系列新思想、新论断都凸显辩证法，党的十八大以来，绿色发展理念作为与创新、协调、开放、共享理念并列提出的新发展理念，本身就体现了辩证思维，如习近平总书记曾经指出，我们既要绿水青山，也要金山银山。宁要绿水青山，不要金山银山，而且绿水青山就是金山银山。绿色发展打破了生态保护与经济发展的“二律背反”，实现了“绿水青山”与“金山银山”的有机统一。

2.2.3 深化了对社会主义建设规律的认识

改革开放以来，在中国共产党的领导下，我国的社会主义事业取得巨大成就，走出了一条生产发展、生活富裕、生态良好的社会主义发展道路，为那些欲走独立自主发展道路的发展中国家提供了中国方案。“五位一体”的总体布局是马克思主义社会发展理论的时代表现和现实要求，彰显着整体和部分之间的逻辑关系。“五位”是服务于“一体”的“五位”，“一体”是“五位”相互作用、相辅相成的“一体”。既应重视“一体”的整体作用，又要发挥好“五位”的局部功能，才能不断把中国特色社会主义现代化事业推向前进。习近平生态文明思想丰富发展了马克思主义把共产主义（社会主义）作为“人和自然界之间矛盾的真正解决者”的思想，提出要充分发挥中国特色社会主义的制度优势，从社会主义现代化事业发展总体布局出发，强调既要发展好社会主义政治、经济、文化、社会等各方面、各环节，又要建设好生态文明，统筹推进“五位一体”总体布局，从而实现部分和整体的有机统一。

2.2.4 传承发扬了中国优秀传统文化和哲学思想

习近平生态文明思想的形成和发展不是一蹴而就的，而是有着深厚的传统文化积淀。纵观中华生态文明发展史，人与自然的关系一直都是传统文化关切的核心问题，中国儒家、道家、佛家给出许多经典解释，告诫世人尊重自然、遵循人与自然的和谐统一。根据“天人合一”的观点，天地是万物和人的本源，与万物一体，通过与自然的互动，实现人与天地万物的和谐。按照孔子“践仁知天”和孟子“仁民爱物”的观点，一个人只有在生活实践中具有德性，在

“亲亲而仁民、仁民而爱物”中施行仁德，才能达到“天人合一”的境界。道家强调“道法自然”，即在本质上强调万事万物的繁衍生息都应顺应自然规律，实现人与自然的和谐相处。“无为而治”不是无所作为，而是要不妄为、不违反自然规律，就是要符合自然规律、符合道德要求。庄子主张“以道观之，物无贵贱”，认为万物齐一、平等，和人类一样具有内在价值并应获得同等的道德关怀。佛教主张“众生平等”，平等、慈悲、戒杀、放生等教义的基本内涵都体现了佛教的生态伦理观。习近平总书记指出：“要深入挖掘中华优秀传统文化蕴含的思想观念、人文精神、道德规范，结合时代要求继承创新，让中华文化展现出永久魅力和时代风采。”中华优秀传统文化中蕴含的生态智慧，经过数千年的传承和发展已经渗透到广大人民群众的生活实践之中，已然成为中华民族特有的生态文化基因，对当前生态文明建设具有重要的启迪价值。

2.2.5 有效促进可持续发展理论最新理念发展创新

习近平生态文明思想吸收了可持续发展理论的合理成分，并对可持续发展理论中有关发展方式和路径等有显著突破，依托中国共产党强有力的领导，充分发挥社会主义制度的优越性，真正实现了知行合一。生态文明作为可持续发展的中国方案和理念，正逐渐“走出去”，深化和丰富了世界可持续发展理论及最新理念。尽管可持续发展形成了不同视野的理论范式，这些理论范式从不同视角总结了可持续发展的规律，但仍存在着自身的局限性，还没有某一种范式获得社会各界的普遍认可和支持、从根本上解决可持续发展目标全面实现的难题，仍在争论和探索中的可持续发展道路充满了不确定性，需要加以集成提出新的范式来真正实现可持续发展的蓝图。反观之，生态文明理论在中国这片沃土中孕育成长，形成了具有广泛适用性的全新范式，这一范式作为传统可持续发展范式的承接和创新，为可持续发展目标的实现提供了新路径。习近平生态文明思想具有的范式特点，是对可持续发展的一种新的更高层面的探索，既是对可持续发展理论的有机承接，也是在文明形态、发展维度、生态向度、实践深度上的创新。

2.3 习近平生态文明思想实践意义

习近平生态文明思想是习近平总书记的深邃思想、科学认识、生动实践，高瞻远瞩、博大精深、科学系统、开拓创新，与中国特色社会主义事业伟大工程紧密结合、相辅相成，经历了从个人的认识实践到系统的生态文明思想的嬗变过程，具有深厚的理论基础和实践支撑，对于坚持和发展中国特色社会主义，实现“两个一百年”奋斗目标和中华民族伟大复兴的中国梦，坚持人与自然和谐共生，推进全球共建共享生态文明和清洁美丽健康世界具有重大实践意义。

2.3.1 为推进我国生态文明建设提供了根本遵循和行动指南

习近平生态文明思想内涵丰富博大精深，深刻回答了为什么建设生态文明、建设什么样的生态文明、怎样建设生态文明的重大理论和实践问题，开辟了当代中国马克思主义生态文明理论的新境界，深刻阐释了人与自然、保护与发展、环境与民生、国内与国际等关系，增强了习近平新时代中国特色社会主义思想的时代性、深刻性和战略性。习近平总书记站在坚持和发展中国特色社会主义、实现中华民族伟大复兴的中国梦的战略高度，对现阶段生态文明建设作出了“关键期”“攻坚期”和“窗口期”三期叠加的重大战略判断，深刻揭示人类发展历程中生态文明建设与人民美好生活之间的内在统一性，突出以人民为中心的发展思想的战略考量，明确建立健全生态文化、生态经济、目标责任、生态制度、生态安全五大生态文明体系，高屋建瓴地提出了新时代推进生态文明建设的原则和要求、途径和举措，把生态文明思想转化为党和国家加强新时代生态文明建设的决策部署、行动纲领、发展规划、法规制度和工作举措，为全面推进生态文明建设，保障中华民族的永续发展提供了科学系统的思想引领与行动指南。

2.3.2 为创新可持续发展理论和实践提供了解决方案

“五位一体”总体布局把生态文明建设提高到战略角度，进一步将可持续发展的经济、生态、社会三个维度拓展为政治、经济、文化、社会、生态文明五个维度。以生态价值观念为准则的生态文化体系、以生态产业化和产业生态化为主体的生态经济体系、以改善生态环境质量为核心的目标责任体系、以生态系统良性循环和环境风险有效防控为重点的生态安全体系、以治理体系和治理能力现代化为保障的生态文明制度体系，界定了生态文明体系的基本框架，为生态文明建设和永续发展提供了根本支撑。“绿水青山就是金山银山”理念摆脱了发展与保护相互对立的旧观念，深刻揭示了保护生态环境就是保护生产力，改善生态环境就是发展生产力的本质，是对可持续绿色发展理念的超越。同时，生态文明思想实践是运用系统思维和整体思维，以示范探索、细胞工程为基础，强调不同地区因地制宜探索，循序渐进、全方位、全地域、全过程开展生态文明建设，形成了具有广泛适用性和代表性的实践模式，承接和创新了可持续发展范式，为推动可持续发展向更高层面探索提供了中国方法和解决方案。

2.3.3 为共谋全球生态文明建设贡献中国智慧与中国经验

共谋全球生态文明建设是生态文明发展必须遵循的基本原则之一，共谋全球生态文明建设，共建清洁美丽世界，是中国和世界各国人民的共同追求。生态危机、环境危机成为全球挑战，面对全球气候变化、资源短缺、环境污染、人口膨胀、生态破坏的严峻形势，没有哪个国家可以置身事外，独善其身。习近平生态文明思想着重强调了“人类命运共同体”的理念，坚持共谋全球生态文明建设之路，立足国内，着眼全球，不仅为中国人民创造良好生产生活环境，还为全球生态安全作出贡献，中国成为全球生态文明建设的重要参与者、贡献者、引领者。同时，在全球抗击新冠肺炎疫情的关键时刻，习近平总书记首次提出人类卫生健康共同体的崭新倡议，围绕人人享有健康这一全人类共同愿景，深刻阐述了中国主张，进一步丰富、完善了人类命运共同体的理念和内涵。目前，具有中国特色、战略眼光、世界价值的习近平生态文明思想已在世界的生态环境保护、气候变化等领域得到广泛响应，在全球生态文明理论体系中正在逐步形成自己的学术体系、学科体系和话语体系，充分彰显出独特的中国智慧、中国经验。

3 新时代生态文明建设新特征新要求

新时代生态文明建设正面临着世界百年未有之大变局，需统筹把握中华民族伟大复兴战略全局，处于压力叠加负重前行的关键期、为人民群众提供更多优质生态产品的攻坚期和解决生态环境突出问题的窗口期三期叠加的特殊阶段，要以习近平生态文明思想为指导，坚持用全面、辩证、长远的眼光分析当前经济形势，在危机中育新机、于变局中开新局，把握新时代社会主义生态文明建设的新特征和新要求。

3.1 新时代生态文明建设新特征

3.1.1 以提高人民生态环境福祉为目标

中国共产党自建党以来，始终以人民群众的利益为最根本的利益指向。建设生态文明，关系人民福祉，关乎民族未来。中国特色社会主义进入新时代，社会主要矛盾已经转化为人民日益增长的美好生活需要和不平衡不充分的发展之间的矛盾。人民群众的美好生活需要不仅包含衣、食、住、行等日常基本需求，还包括了日益增长的优美生态环境需要。良好生态环境是最普惠的民生福祉，要着力解决突出生态环境问题，为人民群众提供更多优质生态产品，努力使人民群众生态环境获得感、幸福感和安全感不断增强。人民对美好生活的向往，就是我们奋斗的目标。生态文明成为实现人民美好生态环境需要的助推器，不仅提升了老百姓生活的收入水平，还提高了生活的自然品质。

3.1.2 以正确把握人与自然关系为核心

生态文明建设是关乎中华民族永续发展的根本大计，人与自然的关系是生态文明关注的核心问题。党的十八大以来，我国实现了从“形成人与自然和谐发展现代化建设新格局”到把“坚持人与自然和谐共生”作为习近平新时代中国特色社会主义思想和基本方略的飞跃提升。我们要建设的现代化是人与自然和谐共生的现代化。人与自然和谐共生的现代化是经济增长与生态优先相统一的现代化，是生态效益、经济效益和社会效益相统一的现代化，是代内公平和代际公平相统一的现代化，是民族复兴和世界大同相统一的现代化。坚持人与自然和谐共生是习近平新时代中国特色社会主义思想尤其是习近平生态文明思想的鲜明体现，也是新时代生态文明建设的基本原则和重要遵循。

3.1.3 以坚持绿色治国方略为根本

绿色是生态文明建设的最亮底色。进入新时代，中国共产党形成了以绿色发展理念为核心的“中国之治”这一国家治理现代化模式。尤其是党的十八大以来，生态环境也实现了“稳中向好”的历史性转变。我们党紧紧围绕建设“美丽中国”不断深化生态文明体制改革，实现自然资源资产确权登记、生态保护红线划定、自然资源有偿使用和生态保护补偿等制度保障。党的十九大首次将“绿水青山就是金山银山”理念写入报告、将“增强绿水青山就是金山银山的意识”写入党章，绿色发展作为新发展理念之一成为新时代治国方略。从坚持人与自然和谐共生的价值目标，尊重节约优先、保护优先、自然恢复为主的基本原则，到党的十九届五中全会提出“促进经济社会全面绿色转型”，一幅“中国之治”的现代化绿色图景逐渐显现，为新时代“绿色中国之治”的精准施策提供了行为准则和行动策略。通过坚持绿色富国、绿色惠民，推动政治、经济、生态、社会、文化各领域的绿色转型与高质量发展，共建人与自然和谐共生新格局。

3.1.4　以减污降碳协同增效为抓手

环境污染物和碳排放具有高度同根同源的特征。统筹推进减污降碳协同增效，是实现绿色低碳和可持续发展的迫切需要，也是从源头上、根本上改善生态环境质量的需要。“十四五”时期，我国生态文明建设进入了以降碳为重点战略方向、推动减污降碳协同增效、促进经济社会发展全面绿色转型、实现生态环境质量改善由量变到质变的关键时期，要协同推进降碳、减污、扩绿、增长，以高水平保护推动高质量发展、创造高品质生活。面对新时期我国生态文明建设的实现生态环境质量根本好转和碳达峰碳中和两大战略任务，必须立足实际，遵循减污降碳内在规律，强化源头治理、系统治理、综合治理，切实发挥好降碳行动对生态环境质量改善的源头牵引作用。以结构调整、布局优化为关键，以政策协同、机制创新为手段，围绕工业、交通运输、城乡建设、农业农村、生态建设等领域推动减污降碳协同增效，在区域、城市、产业园区、企业层面组织实施减污降碳协同创新探索，持续推进大气、水、土壤、固体废物污染防治与温室气体协同控制。

3.2　新时代生态文明建设新要求

3.2.1　坚持党的坚强领导

办好中国的事情，关键在党。习近平总书记指出：“中华民族近代以来 180 多年的历史、中国共产党成立以来100年的历史、中华人民共和国成立以来70多年的历史都充分证明，没有中国共产党，就没有新中国，就没有中华民族伟大复兴。”中国共产党领导是中国特色社会主义最本质的特征，是中国特色社会主义制度的最大优势，是党和国家的根本所在、命脉所在，是全国各族人民的利益所系、命运所系。党的十八大以来，我国生态文明建设之所以取得历史性成就，根本在于以习近平同志为核心的党中央的坚强领导，在于习近平生态文明思想的科学指引。当前，我们已经实现了第一个百年奋斗目标，正在意气风发向着全面建成社会主义现代化强国的第二个百年奋斗目标迈进。生态文明建设正处于压力叠加、负重前行的关键期，环境污染和生态破坏事件多发的严峻形势尚未彻底改观，还面临着诸多矛盾与挑战，面对复杂形势和艰巨任务，要最终实现美丽中国和中华民族伟大复兴的中国梦，最根本的保证还是党的领导。

3.2.2 坚持生态与民生统一

良好生态环境是最公平的公共产品，是最普惠的民生福祉。中国特色社会主义进入新时代，人们对清洁空气、干净饮水、清洁能源、宜居生态环境、生态安全等有着更高的需求，为人民群众提供更多优质生态产品，不断满足人民群众日益增长的优美生态环境需要成为与经济同等重要的发展要务。良好的生态环境关系到人民幸福生活的根本利益，与党的使命宗旨的重大政治问题和民生社会问题息息相关。坚持生态优先、绿色发展的生态文明观，不仅要给人民群众以清洁美丽的生活环境，而且也有利于实现人类的持续生存和永续发展。党的十八大以来，污染防治工作取得了显著成效，人民群众的生态环境获得感日益增强。开展生态省、模范城、生态文明建设示范区、“绿水青山就是金山银山”实践创新基地的建设，不断打造环境优美、生态宜居的“绿色城市”“美丽乡村”，初步彰显了以民生为本的政策优势。坚持生态惠民、生态利民、生态为民，是推进生态文明建设走向长远发展的根本宗旨。

3.2.3 深入打好污染防治攻坚战

良好生态环境是实现中华民族永续发展的内在要求，是增进民生福祉的优先领域，是建设美丽中国的重要基础。党的十八大以来，在以习近平同志为核心的党中央的坚强领导下，生态文明建设领域开展了根本性、开创性、长远性的工作，污染防治取得了前所未有的成效，生态环境明显改善，人民群众获得感显著增强，但我国生态环境保护结构性、根源性、趋势性压力总体上尚未能根本缓解，重点区域、重点行业污染问题仍然突出，实现碳达峰、碳中和任务艰巨，生态环境保护依然面临着困难和挑战。进入新时期，要保持战略定力，立足新发展阶段，全面贯彻新发展理念，构建新发展格局，以实现减污降碳协同增效为总抓手，以改善生态环境质量为核心，实施精准治污、科学治污、依法治污，在持续打好打赢蓝天、碧水、净土保卫战的基础上，进一步深入打好重污染天气消除、臭氧污染防治、柴油车货车污染治理、城市黑臭水体治理、长江保护修复、黄河生态保护治理、重点流域海域综合治理、农业农村污染治理八个标志性战役，坚定不移走高质量发展道路，努力建设人与自然和谐共生的美丽中国。

3.2.4 全面落实绿色发展理念

绿色是生态文明的底色。新时代生态文明建设需要全面落实绿色发展理念，绿色发展理念是习近平新时代中国特色社会主义思想的重要组成部分。推动绿色发展，是完整、准确、全面贯彻新发展理念的重要内容，必须全面理解和把握绿色发展的内涵、特征和规律，用绿色发展观指导生态环境保护和生态文明建设。绿色发展追求的根本目标是实现人与自然的和谐共生。绿色发展理念继承了马克思主义和中华传统文化中关于人和自然相协调统一的思想，为坚持和促进人与自然和谐共生保驾护航。绿色发展理念深刻阐释了发展与保护之间的关系。绿色发展理念与创新发展理念紧密相连。绿色发展是创新发展的目标，而创新发展则是绿色发展的保证，通过科技的不断创新努力解决发展和保护之间的矛盾，坚定不移地走生态优先、绿色发展的道路。

3.2.5 深度参与守护美丽世界

为人民谋幸福、为民族谋复兴、为世界谋大同是中国共产党的伟大使命。2013 年 3 月 23 日，习近平主席在莫斯科国际关系学院发表演讲，提出人类生活在同一个地球村里，生活在历史和现实交汇的同一个时空里，越来越成为你中有我、我中有你的命运共同体。这深刻阐释了人类只有一个地球、各国共处一个世界、我们是“人类命运共同体”的和谐共处理念，各国应同筑生态文明之基，同走绿色低碳发展之路。“以史为鉴，可以知兴替”，历经百年奋斗而初心不改，中国共产党领导的中国特色人与自然和谐共生实践为世界可持续发展提供了中国智慧、中国理念和中国方案。面向新时代，应该与时俱进、继往开来，充分发挥中国特色社会主义制度优越性，共建息息相关的人类命运共同体，必须深度参与全球环境治理，推动国际社会高度重视应对气候变化，积极引导国际秩序变革方向，形成世界环境保护、应对气候变化和可持续发展的解决方案，推动实现生态文明建设全球化，共建美丽家园、美丽中国、美丽世界。

中篇

ZHONGPIAN

生态文明实践探索

SHENGTAI WENMING SHIJIAN TANSUO

习近平总书记指出，试点是改革的重要任务，更是改革的重要方法。生态文明建设涉及的范围广、层次深，是一项系统性、长期性工程，不可能一蹴而就，需要运用习近平生态文明思想，聚集有利条件、聚焦重点任务、聚合各方力量，在实践中不断探索。生态文明示范建设就是把习近平生态文明思想的深刻内涵转化为具有区域特色的地方实践，把宏伟蓝图转变成人民群众可感知的阶段性目标的重要实践平台。2018 年 6 月，中共中央、国务院印发《关于全面加强生态环境保护　坚决打好污染防治攻坚战的意见》，将生态文明示范建设正式上升为国家生态文明建设战略任务。2021 年 11 月，中共中央、国务院印发《关于深入打好污染防治攻坚战的意见》，明确提出了要深入开展生态文明示范建设、推动生态文明建设实现新进步的重要目标和任务。多年来，以国家生态环境管理部门为代表的相关部委根据中央精神和要求，从不同层级组织开展生态文明示范建设活动，培育了一批践行习近平生态文明思想的示范样本，构建了点面结合、互有侧重的习近平生态文明思想实践体系，筑牢了美丽中国建设的细胞工程。

4 生态文明示范建设历程

作为生态文明建设的主阵地和主力军，自 20 世纪 90 年代以来，国家生态环境管理部门先后组织地方党委政府开展以省、市、县、乡镇、村、工业园区、生产基地等为基本单元的试点示范，初步形成以生态文明建设示范区（省、市、县，含国家生态工业示范园区）、国家环境保护模范城市、“绿水青山就是金山银山”实践创新基地、国家有机食品生产基地等为示范，以绿色中国年度人物、中国生态文明奖、中华环境奖、全国生态环境系统先进集体和先进工作者等为表彰的“五示范、四奖项”生态文明示范工作推进格局，涵盖生态环保、经济、社会、文化等各个领域，实现了生态文明示范建设与生态环境保护重点工作的有机结合。

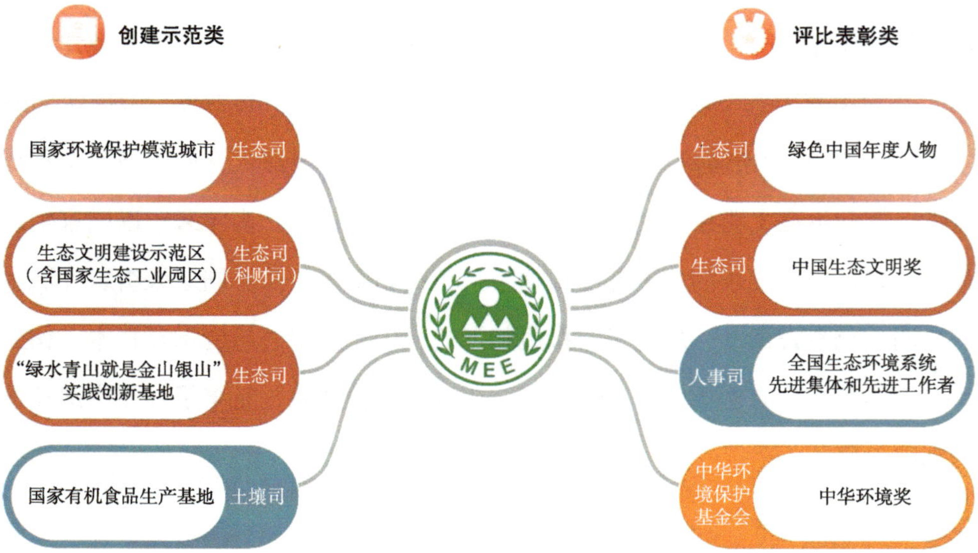

图 4-1　生态文明示范建设工作推进格局

4.1 生态文明建设示范区

生态文明建设示范区是贯彻落实习近平生态文明思想、筑牢美丽中国基础的有效载体平台。自 20 世纪 90 年代以来，生态环境部门以省、市、县基本单元为重点，先后组织开展了生态示范区阶段（1995—1999 年）、生态建设示范区阶段（2000—2013 年）、生态文明建设示范区阶段（2013 年 6 月至今）三个阶段的试点示范建设工作，逐步将生态环境保护融入地方“三位一体”“四位一体”“五位一体”建设各方面和全过程，取得了良好的效果。

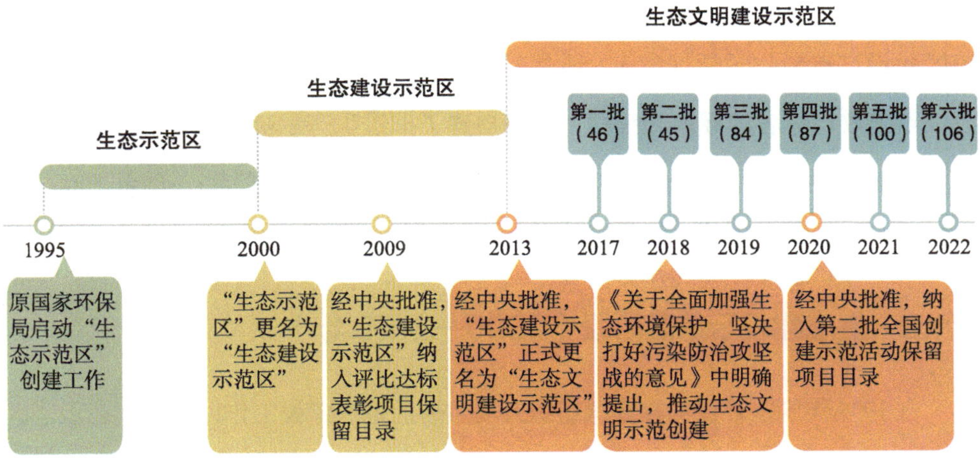

图 4-2 生态文明建设示范区建设历程图

4.1.1 生态示范区阶段（1995—1999 年）

生态示范区建设是推动区域社会经济可持续发展的重要举措，其根本目标是按照可持续发展的要求、生态经济学原理，合理组织、积极推进区域社会经济和环境保护的协调发展，建立良性循环的经济、社会和自然复合生态系统，确保在满足广大人民群众不断提高的物质文化生活需要的同时，实现自然资源的合理开发和生态环境的改善。1995 年，国家环境保护局启动了“生态示范区”

工作，在各地方开展生态村、生态乡、生态县、生态市试点建设的基础上，加快生态示范建设的步伐。

为规范指导创建工作，1995 年国家环保局印发《全国生态示范区建设规划纲要（1996—2050 年）》，明确了以乡、县、市域为基本单位和 20 世纪末至 21 世纪中叶生态示范区建设的任务，并提出“通过生态示范区建设，树立一批区域生态建设与社会经济发展相协调的典型，在全国广大地区推广生态示范区建设，到 2050 年使示范区的总面积达到国土面积的 50% 左右”的战略目标；1996 年印发的《生态示范区建设规划导则（试行）》（环办然字〔1996〕046 号）明确提出了编制生态示范区建设规划的建设要求；1998 年印发的《全国生态示范区建设试点验收暂行规定》（环办〔1998〕272 号）明确了全国生态示范区建设试点验收、命名的标准和程序，初步搭建了推进生态示范区建设的工作框架。

1995—2004 年，全国共有 528 个生态示范区建设试点；截至 2008 年，389 个被正式命名为“国家级生态示范区”。

4.1.2 生态建设示范区阶段（2000—2013 年）

自 1995 年国家环保局在全国组织开展生态示范区建设工作以来，生态示范区建设试点工作得到了各地的充分重视和积极响应，影响范围不断扩大，其建设领域和内涵也日益丰富。1999 年，国家环保总局在海南生态示范省建设的基础上，在全国范围内批准启动生态省建设试点工作，推动生态示范区建设试点工作逐步深化、拓展为生态省（市、县）建设。2000 年，经中央批准，“生态示范区”正式更名为“生态建设示范区”，包括生态省、生态市、生态县、生态乡镇、生态村和生态工业园 6 个层级，其中生态省、生态市、生态县是生态建设示范区建设的主要形式。

为规范指导生态建设示范区的建设工作，2003 年国家环保总局制定印发《生态县、生态市、生态省建设指标（试行）》（环发〔2003〕91 号），重点从经济发展、生态环境保护、社会进步 3 个方面制定量化指标，并明确提出“生态省须80%的地市达到生态市建设标准，生态市须80%的县达到生态县建设标准，生态县须80%的镇达到生态乡镇建设标准，生态乡镇须80%的村达到生态村建设标准”的基本条件，初步建立了“村—乡镇—县—市—省”层级递进的建设模式。2006年，我国印发《国家级生态村创建标准（试行）》（环发〔2006〕192号）；2007年，印发《国家生态工业示范园区管理办法（试行）》（环发〔2007〕188号）；2010年，印发《国家级生态乡镇申报及管理规定（试行）》（环发〔2010〕75号）；2012年，印发《国家生态建设示范区管理规程》（环发〔2012〕48号），建立了“规划—申报—评估—验收—公告—监督管理”的创建流程，并明确提出对积极开展国家生态建设示范区创建，达到相应标准并通过考核验收，在全国生态环境保护与建设方面发挥示范作用的市、县，授予相应的国家生态建设示范区称号。

此外，为贯彻落实“十二五”规划要求，进一步丰富和完善生态文明建设试点工作的方式和内容，2008年环境保护部启动生态文明建设试点工作，在国家生态市、县基础上继续探索生态文明建设的目标模式和推进机制，以引导和鼓励更多的地区参与到先行先试的行列，并明确提出“完成生态市、县建设以后可以直接转入生态文明建设的试点阶段”。2013年，环境保护部印发《国家生态文明建设试点示范区指标（试行）》（环发〔2013〕58号），进一步加强对建设试点工作的协调、指导和监督。由此，全国各地经由环境保护部命名的生态市、生态县建设逐渐转入生态文明建设的试点阶段。

专栏1　生态省

习近平同志在福建工作时，就极具前瞻性地提出建设生态省的战略构想，并亲自指导编制和推动实施《福建生态省建设总体规划纲要》。习近平主政浙江时又亲自部署推动浙江生态省建设，担任浙江生态省建设工作领导小组组长，并就创建生态省作出了一系列战略部署。

✧ 2002 年 8 月，亲自指导编制和推动实施《福建生态省建设总体规划纲要》；

✧ 2002 年 12 月，在浙江省委十一届二次全体（扩大）会议上提出“以建设生态省为重要载体和突破口，加快建设‘绿色浙江’”，并亲自担任浙江生态省建设工作领导小组组长；

✧ 2020 年 3 月，在浙江考察时，对浙江省 16 年一以贯之推进生态省建设表示充分肯定；

✧ 2021 年 3 月，在福建调研时再次强调，要把碳达峰、碳中和纳入生态省建设布局，科学制定时间表、路线图，建设人与自然和谐共生的现代化。

自 20 世纪 90 年代末以来，国家环保总局以海南生态省为起点，在全国范围开展生态省建设试点工作，为推进生态文明建设进行了有益探索、积累了丰富经验。

✧ 2004—2012 年，先后组织召开了七届生态省建设论坛；

✧ 2020 年 9 月，在北京组织召开生态省建设工作座谈会。

截至 2022 年，海南、吉林、黑龙江、福建、浙江、山东、安徽、江苏、河北、天津、四川、广西壮族自治区、辽宁、山西、河南和湖北 16 个省（区、市）开展了生态省试点建设。2019 年，浙江省成为全国第一个通过生态省试点建设验收的省。

4.1.3 生态文明建设示范区阶段（2013 年至今）

党的十八大强调必须把生态文明建设放在突出地位，将其融入经济建设、政治建设、文化建设、社会建设各方面和全过程，并对生态文明建设进行全面部署，推动生态文明建设从实践到认识发生历史性、转折性、全局性变化。2013年6月，经中央批准，“生态建设示范区”（包括生态省、市、县、乡镇、村、生态工业园区）正式更名为“生态文明建设示范区”。同年10月，环境保护部印发《关于大力推进生态文明建设示范区工作的意见》（环发〔2013〕121号），指出生态省（市、县）和生态文明建设试点是生态文明建设示范区在不同阶段的创建模式，要丰富生态文明建设示范区的内容，加快修订完善生态文明建设示范区的指标体系和管理规程，逐步实现由生态建设示范区向生态文明建设示范区的过渡；要适时启动重点行业生态文明建设工作，推动建立一批重点行业生态文明建设示范基地，为后续开展“绿水青山就是金山银山”实践创新基地、国家有机食品生态基地奠定坚实基础。

2000—2016年，全国有16个省（直辖市）开展生态省建设试点，环境保护部先后命名9批共计183个国家生态县（市、区），批准6批共计125个全国生态文明建设试点。其中，批准张家港市、安吉县、深圳市等6个市（县）作为全国第一批生态文明建设试点。生态建设示范区（生态文明试点）是在生态示范区基础上的一次提档升级，是最终建立生态文明建设示范区的过渡阶段。创建地区通过开展生态经济、生态环境、生态文化、生态人居的建设，初步形成了能有效促进环境、经济与社会发展良性互动、良性循环的区域发展模式。

2016年1月，环境保护部制定印发《国家生态文明建设示范县、市指标（试行）》《国家生态文明建设示范区管理规程（试行）》（环生态〔2016〕4号），围绕统筹推进“五位一体”总体布局，构建生态文明体系，从生态制度、生态安全、生态空间、生态经济、生态生活、生态文化六个方面制定指标体系，指导和推动各地以市、县为重点全面推进生态文明建设，并在按批次动态调整的基础上指导开展了第一批、第二批生态文明建设示范区遴选工作。

随着“生态文明”写入宪法、写入党章，全国生态环境保护大会召开正式确立习近平生态文明思想，深化国家生态环境和自然资源机构改革迈出重要步伐，为新时代生态文明建设和生态文明示范建设提供了根本遵循和最高准则。2018 年 6 月，《关于全面加强生态环境保护 坚决打好污染防治攻坚战的意见》中明确要求推动生态文明示范创建、绿水青山就是金山银山实践创新基地建设活动，将生态文明示范建设正式上升为国家战略任务，我国生态文明建设进入全面推进又重点攻坚突破的新时代。

2019 年，生态环境部根据党中央、国务院关于生态文明建设的最新要求，结合两批创建工作实践，制修定印发《国家生态文明建设示范市县建设指标》《国家生态文明建设示范市县管理规程》（环生态〔2019〕76 号），进一步提升示范建设的规范性、科学性和先进性，并在按批次动态调整的基础上指导开展了第三批、第四批、第五批和第六批生态文明建设示范区遴选工作。

2020 年 9 月，经中央批准，人社部将“生态文明建设示范区”纳入第二批全国创建示范活动保留项目目录，为开展生态文明建设示范区创建活动提供了坚实依据。

为进一步丰富生态文明建设示范区的内容，支持和规范副省级城市示范创建工作，2021 年 2 月，生态环境部办公厅印发《副省级城市创建国家生态文明建设示范区工作方案》。同年 11 月，《关于深入打好污染防治攻坚战的意见》中明确提出“深入推动生态文明建设示范创建、‘绿水青山就是金山银山’实践创新基地建设和美丽中国地方实践”。从“十三五”时期的“推动”到“十四五”时期的“深入推动”，充分表明生态文明示范建设已经成为贯彻落实习近平生态文明思想、深入打好污染防治攻坚战的重要平台和载体，生态文明示范建设要迈开步子、蹚出路子，发挥好示范、突破、带动作用。

截至 2022 年，生态环境部累计组织开展并命名了六批共 468 个生态文明建设示范区，培育了一批践行习近平生态文明思想的示范样本，取得了良好效果。

图 4-3　生态文明建设示范区（市、县）空间分布图

4.1.4　示范区建设要求

生态文明建设示范区采取规划先行、标准引领、达标创建、动态监管的建设模式，着力打造不同层级的习近平生态文明思想实践样板。

一是规划先行，统筹谋划。生态文明示范创建是一场包括发展方式、生活方式、治理体系等在内的深刻变革，需要系统化、有序化地推进。为引导地方统筹谋划、持续推进生态文明建设，生态环境部将编制生态文明建设规划作为申报基本条件，并突出监督考核和长效管理机制建设要求，引导创建地区加强顶层设计，有计划、有步骤地持续推进创建工作。

二是标准引领，达标创建。为突出示范性、先进性，一方面，在管理规程中设置了严格的准入条件，明确要求近三年出现未按计划完成中央生态环境保护督察和生态环境部组织的各类专项督查整改任务，未完成国家下达的生态环境质量、节能减排、排污许可证核发等生态环境保护重点工作任务，发生重/特大突发环境事件或生态破坏事件、未及时办结群众信访举报的生态环境案件、国家重点生态功能区县域生态环境质量监测评价与考核结果为“一般变差”“明显变差”情况的不得申报。另一方面，在指标设置上，建设指标按照生态制度、生态安全、生态空间、生态经济、生态生活和生态文化六大领域设置指标，基本涵盖了生态文明建设“五位一体”的各方面、全过程；结合全国的工作现状、阶段目标、区域差异提出了高于全国平均值的考核目标，并要求创建地区在落实生态文明重大部署等工作方面走在全国前列。

三是明确责任，各负其责。生态环境部在推进示范创建过程中注重明确各方责任，动员全社会力量参加生态文明建设，促进形成全社会合力。在国家监管层面，管理规程明确要求创建地区要加强组织领导，持续推进示范建设各项工作；同时强化动态监管机制，对出现问题的及时进行警告、撤销称号。从创建地区来说，示范创建相关建设内容涉及政府多个部门，要求建立党委政府统一领导、各部门协同推进的体制机制，形成各负其责、共同发力的建设格局。在社会公众层面，把满意度、参与度等作为重要指标，强调了示范建设为了群众、依靠群众、发动群众的工作路线。同时强调上下互动，要求省级生态环境主管部门履行好严格把关、加强监管、加大激励与宣传推广的责任。

4.2 “绿水青山就是金山银山”实践创新基地

“绿水青山就是金山银山”实践创新基地是贯彻落实习近平生态文明思想、“绿水青山就是金山银山”理念，筑牢美丽中国基础的有效载体平台。自2016年以来，环境保护部（2018年更名为生态环境部）认真贯彻落实党中央、国务院决策部署，在全国范围内组织开展“绿水青山就是金山银山”实践创新基地（以下简称“两山”基地）遴选活动，探索了一批“两山”转化的经验和模式，为践行习近平生态文明思想提供了生动实践样本。

4.2.1 示范建设历程

2016年，为贯彻落实党中央、国务院关于加快推进生态文明建设的决策部署，鼓励和指导各地以试点示范建设为载体，全面践行“绿水青山就是金山银山”理念，环保部将浙江省安吉县列为“绿水青山就是金山银山”理论实践试点县。2017年，环保部在总结“绿水青山就是金山银山”理论实践试点经验的基础上，决定命名浙江省安吉县等13个地区为第一批“两山”基地，指导其积极探索“绿水青山就是金山银山”实践路径的典型做法和经验。2018年，中共中央、国务院印发的《关于全面加强生态环境保护　坚决打好污染防治攻坚战的意见》明确提出“推动‘绿水青山就是金山银山’实践创新基地建设活动”，为开展“两山”基地建设活动提供了有力支撑。同年，生态环境部组织开展了第二批“两山”基地遴选活动，命名了16个“两山”基地。为规范“两山”基地建设工作，2019年9月，生态环境部制定印发《“绿水青山就是金山银山”实践创新基地建设管理规程（试行）》，进一步明确了建设主体、建设流程和建设要点，并在动态调整的基础上指导开展了第三批、第四批、第五批和第六批“两山”基地遴选建设活动。2021年，经中央批准，人社部将“两山”基地纳入全国第三批创建示范活动保留项目目录。同年11月，中共中央、国务院印发《关于深入打好污染防治攻坚战的意见》，再次明确提出深入推动“绿水青山就是金山银山”实践创新基地建设。

截至2022年，全国共187个地区获得“绿水青山就是金山银山”实践创新基地称号。建设地区积极开展“绿水青山就是金山银山”实践探索和典型经验模式总结凝练，在生态保护修复与生态产品供给、经济转型绿色发展、创新长效保障制度等方面取得了显著进展和成效，形成了典型引领、示范带动、整体提升的良好局面。

图 4-4 “绿水青山就是金山银山”实践创新基地空间分布图

4.2.2 “两山”基地建设要求

“绿水青山就是金山银山”实践创新基地采用“乡镇村小流域多点建设、县域统筹申报、省级预审推荐、三年组织评估”的工作方式，推动形成“一县一基地多实施主体”的“两山”基地创建模式，着力打造各具特色的精品基地。

一是鼓励多点探索，以生态环境优良、工作基础扎实、具有典型性和代表性的乡镇、村、小流域、功能区（企业）等为实施主体重点开展“两山”建设，创新探索生态产品价值实现机制。实施主体要以多个在空间上集中连片或不连续不相邻的乡镇、村为主，也可以是具有基础好、类型多样的小流域或功能区等。

二是明确县级职责，实施主体所在县域是“两山”基地的申报主体，负责整体谋划、组织协调、基地申报、方案实施、经验总结等工作，同时要建立健全基地建设的支撑保障长效机制，给予实施主体在政策资金、项目保障等方面的倾斜支持，充分发挥县域顶层设计、统筹协调、组织保障的作用。

三是强化评估管理，进一步完善管理规程，优化申报、遴选命名、建设实施、评估管理等流程，调整评估指标和实施方案大纲，并做好工作衔接，建设主体要因地制宜创新“两山”转化制度和行动实践，建设主体所在县级人民政府或相关管理机构要及时总结推广可持续、可复制、可推广的“两山”转化模式，省级生态环境部门要加强日常监督管理和跟踪指导。

4.3 国家环境保护模范城市

城市生态环境保护工作一直是我国生态环境保护工作主战场。国家环境保护模范城市是国家环保局根据《国家环境保护“九五”计划和2010年远景目标》提出的试点示范创建活动，是生态环境部推动城市环境保护与监管的重要抓手。自1996年以来，国家环境保护模范城市创建工作在改善城市环境质量、解决突出生态环境问题、推进经济发展方式转变等方面起到了积极示范作用。

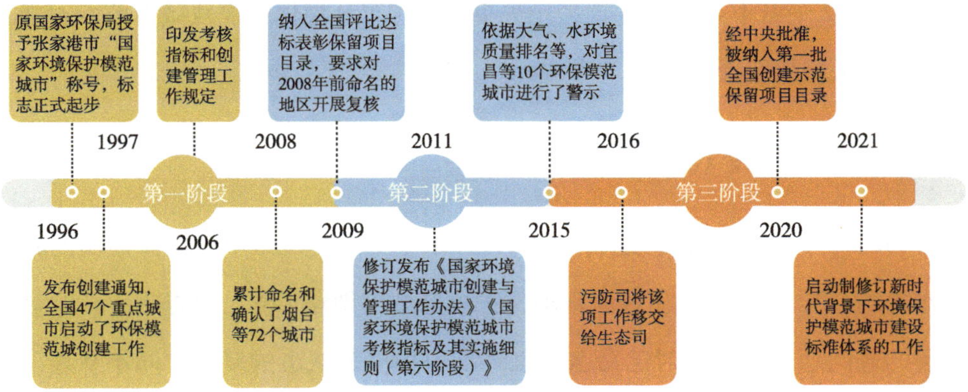

图4-5 国家环境保护模范城市建设历程图

4.3.1 第一阶段（1996—2009年）

1996年7月，国家环保局在第四次全国环境保护工作会上授予张家港市“国家环境保护模范城市”称号，标志着国家环境保护模范城市创建工作正式起步。1997年5月，发布《关于开展创建国家环境保护模范城市活动的通知》（环控〔1997〕349号），在全国范围开展国家环境保护模范城市创建活动。全国47个重点城市启动国家环境保护模范城市创建工作。

为规范指导国家环境保护模范城市创建工作，2001年，国家环保总局发布《关于对拟命名的国家环境保护模范城市实行公示制度的通知》（环发〔2001〕15号）；2003年，发布《创建国家环境保护模范城市工作若干问题的说明》（环办〔2003〕37号）、《国家环境保护模范城市规划编制纲要》（环办〔2003〕57号）、《关于对已命名的国家环境保护模范城市进行复查的通知》（环办函〔2003〕412号）；2006年，印发《“十一五”国家环境保护模范城市考核指标及其实施细则》和《国家环境保护模范城市创建与管理工作规定》（环办〔2006〕40号）。

该阶段通过制定出台相关标准规范，对国家环境保护模范城市的考核要求、创建流程、复查流程及结果应用进行了明确规定，初步形成了从规划到复核完整的国家环境保护模范城市创建工作管理体系。截至2008年，累计命名和确认了烟台等72个城市。2009年，经中央批准，国家环境保护模范城市被纳入全国评比达标表彰保留项目目录。

4.3.2 第二阶段（2010—2015年）

2010年4月，环保部在宜昌组织召开了“全国创建国家环境保护模范城市工作现场会”，重新启动了国家环境保护模范城市创建工作，并将重点转向解决遗留的老问题以及加强对已命名国家环境保护模范城市的复查。同年9月，发布《关于进一步做好创建国家环境保护模范城市复核和再评估工作的通知》（环办〔2010〕129号），要求对2008年前命名的国家环境保护模范城市进行复核。2011年1月，修订发布《国家环境保护模范城市创建与管理工作办法》（环办〔2011〕11号）和《国家环境保护模范城市考核指标及其实施细则（第六阶段）》（环办〔2011〕3号）。2011年8月，发布《关于进一步强化国家环境保护模范城市示范带头作用的通知》，就新形势下开展国家环境保护模范城市创建工作提出严格环境准入、持续改善城市环境质量、抓好环境安全保障、强化规划编制、统筹推动城乡区域创模工作等要求。2015年12月，中央城市工作会议指出“城市工作要把创造优良人居环境作为中心目标，努力把城市建设成为人与人、人与自然和谐共处的美丽家园”，为国家环境保护模范城市建设提出了更高要求。

该阶段将创建重点转向解决遗留的老问题及加强对已命名国家环境保护模范城市的复查方面。截至2012年，环境保护部共命名和确认了宜昌等82个城市。2011—2015年，环境保护部组织通过了浙江台州等11个城市的技术考核验收和江苏启东等11个城市的技术评估。2015年，依据“大气十条”“水十条”考核结果、大气环境质量排名等，对宜昌等10个国家环境保护模范城市进行了警示。

4.3.3 第三阶段（2016年至今）

受机构改革影响，2016年6月环境保护部污防司将国家环境保护模范城市创建工作移交到生态司。2016—2019年，国家环境保护模范城市创建工作基本处于停滞状态，部分地区创建模范城市机构已撤销。2020年3月，经中央批准，国家环境保护模范城市再次被纳入第一批全国创建示范保留项目目录。为贯彻落实习近平总书记关于“必须把保护城市生态环境摆在更加突出的位置”的指示精神和党中央、国务院关于生态文明建设的最新决策部署，2021年生态环境部启动制修订新时代背景下环境保护模范城市建设标准体系的工作，拟开展新一批次国家环境保护模范城市创建工作。

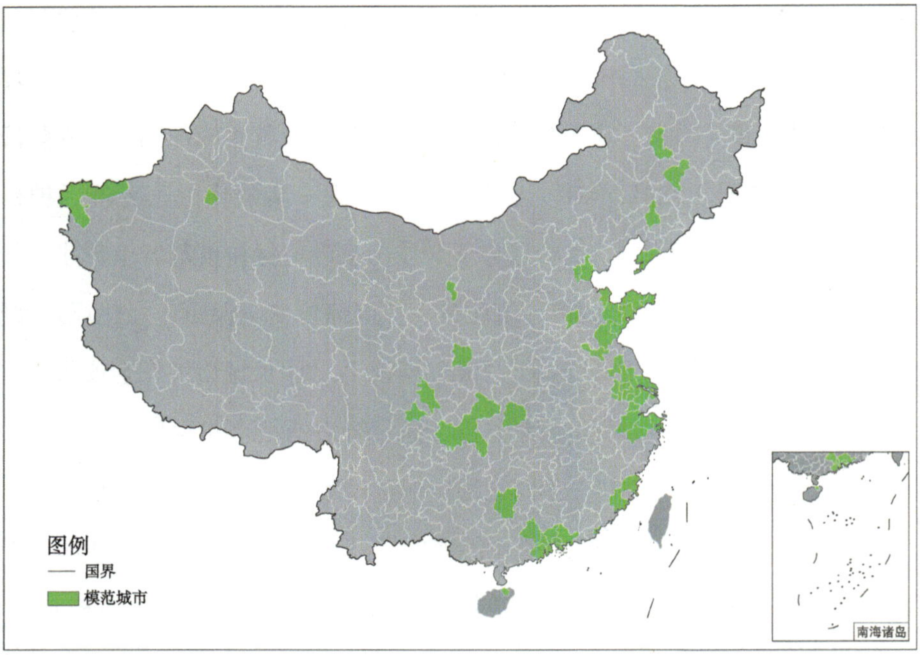

图 4-6　国家环境保护模范城市空间分布图

4.3.4　国家环境保护模范城市建设要求

国家环境保护模范城市采取规划先行、评比打分方式，着力建设和谐宜居、公众满意的城市生态文明建设典范。

一是规划先行。为引导地方统筹谋划、持续推进生态文明建设，生态环境部将编制国家环境保护模范城市建设规划作为申报基本条件，并突出监督考核和长效管理机制建设要求，引导创建地区加强顶层设计，有计划、有步骤地持续推进创建工作。

二是评比打分。与生态文明建设示范区类似，为突出示范性、先进性，一方面，在管理规程中设置了严格的准入条件，明确要求近三年出现未按计划完成中央生态环境保护督察和生态环境部组织的各类专项督查整改任务，未完成上级下达的生态环境质量、节能减排、应对气候变化、排污许可证管理等生态环境保护重点工作任务，发生重/特大突发环境事件或生态破坏事件、生态环境质量监测数据造假、违反已对我国生效的环境国际公约、群众信访投诉举报的生态环境案件按期办结率低于95%等情况的不得申报。另一方面，在指标设置上，围绕生态环境治理体系与治理能力建设、生态环境高水平保护、经济高质量发展三大测评领域设置了34项具体建设指标，并明确了“建设指标经自查得分高于70分，且生态环境高水平保护领域得分不低于50分、公众对城市生态环境满意率高于80%”等要求。

4.4 生态工业园区

生态工业园区是生态文明示范建设的重要内容之一，是由生态环境部、商务部和科技部联合推动的工业园区领域生态文明试点示范建设活动。自20世纪90年代末以来，国家环境保护总局引入生态工业理念，紧密结合我国可持续发展的需求，率先在我国开始了生态工业园区的探索。二十多年来，生态工业示范园区经历了试点探索、全面开展、创新发展三个阶段，逐步将循环经济理念、工业生态学原理纳入工业园区建设全过程，充分践行了“绿水青山就是金山银山”理念，已成为引领工业领域绿色发展的典范。

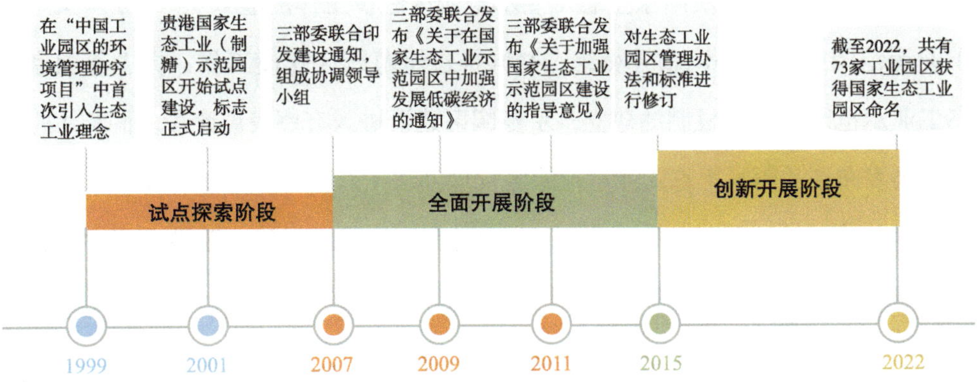

图4-7　国家生态工业园区建设历程图

4.4.1 试点探索阶段（1999—2006 年）

1999 年 10 月，国家环境保护总局和联合国环境规划署决定共同实施“中国工业园区的环境管理研究项目”，并在试点工业园区中首次引入生态工业理念。2001 年，我国第一个国家生态工业示范园区示范工程——贵港国家生态工业（制糖）示范园区开始试点建设，标志着我国开始了生态工业园区规划与建设的系统性探索。之后，在国家环境保护总局指导下，先后在山东鲁北、鞍钢、抚顺、包头等工业集中区和天津、烟台、大连、苏州等地区的国家经济技术开发区和高新技术产业园区开展生态工业示范园区的建设探索工作。试点不仅覆盖制糖、造纸、化工、水泥、冶金等传统行业，还有电子、环保、汽车、生物化工等高科技行业。为规范指导生态工业园区建设工作，2006 年 8 月国家环保总局首次发布了综合类、行业类、静脉产业类生态工业园区建设的试行标准，奠定了生态工业园区分类指导建设的原则，并进一步推动现有工业园区向生态化方向转型。

4.4.2 全面开展阶段（2007—2014 年）

2007 年 4 月，国家环境保护总局、商务部和科技部（以下简称“三部委”）联合发布了《关于开展国家生态工业示范园区建设工作的通知》，组成国家生态工业示范园区建设协调领导小组，共同推进示范园区建设工作，标志着国家生态工业示范园区管理机制的建立，示范园区建设进入有序发展阶段。同年 12 月，三部委发布了《国家生态工业示范园区管理办法（试行）》（环发〔2007〕188 号）等政策文件，规范了国家生态工业示范园区申报、创建、验收和管理工作。2008 年 3 月，苏州工业园区、苏州高新技术产业开发区、天津经济技术开发区通过验收批复，成为我国首批命名的国家生态工业示范园区。2009 年，三部委发布《关于在国家生态工业示范园区中加强发展低碳经济的通知》（环发〔2009〕1359号），首次将发展低碳经济的要求作为重点内容纳入国家生态工业示范园区建设和考核体系，积极探索园区内减少碳排放的有效途径。2011年12月，三部门发布了《关于加强国家生态工业示范园区建设的指导意见》，明确提出“十二五”期间着力建设50家特色鲜明、成效显著的国家生态工业园区。

4.4.3 创新发展阶段（2015年至今）

党的十八大报告将生态文明建设纳入“五位一体”的总体布局，对生态文明建设进行全面部署，明确要求“着力推进绿色发展、循环发展、低碳发展”“发展循环经济，促进生产、流通、消费过程的减量化、再利用、资源化”，推动生态文明建设从实践到认识发生历史性、转折性、全局性变化。作为引领工业园区绿色低碳循环发展的重要平台，党中央、国务院对生态工业园提出了更明确和更科学的建设要求，推动生态工业园区建设进入了新的深化发展阶段。2015年，三部委针对2006—2009年发布的管理办法和标准进行修订，印发《国家生态工业示范园区标准》（HJ 274—2015）；之后又编制印发系列规范文件，进一步健全生态工业示范园区管理制度体系。此后，三部委贯彻落实党中央、国务院关于生态文明建设的最新决策部署，结合污染防治攻坚战、美丽中国建设、碳达峰碳中和等国家重大战略，不断提档升级国家生态工业示范园区建设标准，丰富建设内涵，完善管理体系，使其在我国工业体系生态文明建设中发挥越来越重要的支撑作用。

截至2022年，全国共73家工业园区获得国家生态工业园区命名，覆盖全国19个省级行政区，其中东部地区的命名数量为60个，约占总命名数量的82.2%。国家生态工业园区为打好污染防治攻坚战、促进工业碳减排、提升环境治理能力和环境治理新技术及新机制“先行先试”提供了重要支撑。

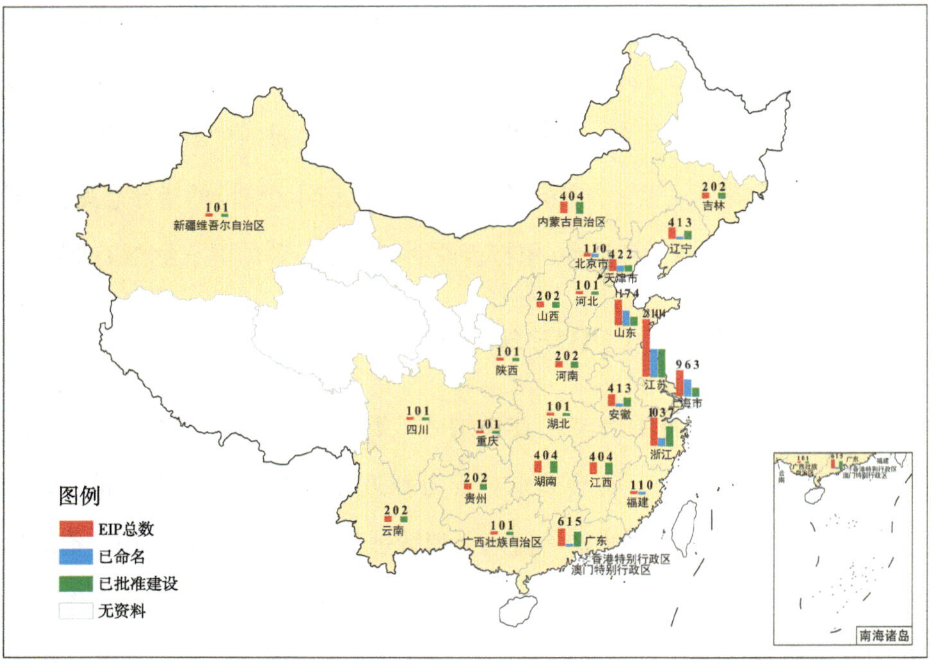

图 4-8　国家生态工业园区空间分布图

4.4.4　生态工业园区建设要求

国家生态工业园区采取规划先行、审查验收的建设模式，由生态环境部、商务部、科技部共同组织核查、验收、命名。

一是规划先行。要求开展创建活动的工业园区应编制国家生态工业示范园区建设规划和技术报告（以下统称“建设规划”）。示范园区建设规划通过论证后，领导小组成员单位联合发文批准工业园区开展示范园区建设。

二是审查验收。工业园区按照建设规划完成创建工作，符合《国家生态工业示范园区管理办法》的各项要求，达到《国家生态工业示范园区标准》和建设规划目标的工业园区，由园区管理机构按要求编制示范园区验收申请材料，报省级环境保护行政主管部门审查通过后，向国家生态工业示范园区建设协调领导小组下设的办公室（以下简称“办公室”）提出验收申请。对符合要求的申请，办公室于接到申请之日起 30 个工作日内组织核查组到工业园区进行技术核查，并在 60 个工作日内组织专家组对通过技术核查的工业园区进行验收。验收工作结束后，办公室将按程序进行公示、公告和命名。

4.5 国家有机食品生产基地

国家有机食品生产基地是推进乡村振兴和美丽乡村建设的重要载体。自 2002 年以来，国家环保总局深入贯彻落实党中央、国务院关于加强新阶段“菜篮子”工作的部署要求，结合有机食品认证职能，在全国率先开展国家有机食品生产基地试点建设活动。经过近二十多年的发展和提升，全国共有 5 批 176 个国家有机食品生产基地通过考核，在推动规模化有机农业生产基地建设，控制农业面源污染，保护农村生态环境，推动农业绿色发展方面发挥了积极作用。

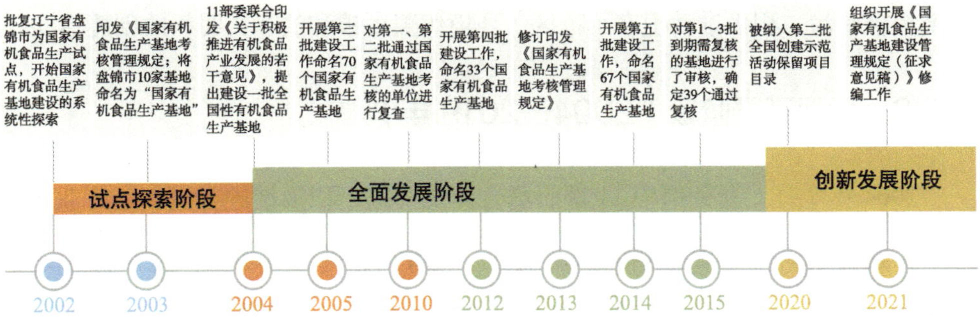

图 4-9 国家有机食品生产基地建设历程图

4.5.1 试点探索阶段（2002—2004 年）

2002 年 9 月，国家环保总局印发《关于贯彻〈国务院关于加强新阶段“菜篮子”工作的通知〉的意见》（环发〔2002〕124 号），明确提出，大力发展有机食品和绿色食品，高质量地发展和培育一批有机食品基地和绿色食品基地；各级环保部门要根据本地实际情况，筛选出一批基础条件好、生态环境符合标准，适宜开展有机食品基地建设的区域，确定为有机食品产品基地试点。同年 12 月，国家环保总局印发《关于将辽宁省盘锦市列为国家有机食品生产示范基地的批复》（环函〔2002〕338 号），标志着我国开始了国家有机食品生产基地建设的系统性探索。

2003 年 4 月，为规范国家有机食品生产基地建设的考核管理工作，国家环保总局印发《国家有机食品生产基地考核管理规定（试行）》（环发〔2003〕65 号），明确提出：对符合条件的，命名为“国家有机食品生产基地”，颁发证书、标牌，允许其使用专用标志。

2003 年 9 月，国家环保总局对盘锦市国家有机食品生产示范基地试点工作进行验收，对符合《国家有机食品生产基地考核管理规定（试行）》（环发〔2003〕65 号）的 10 家有机食品生产基地命名为“国家有机食品生产基地”。2004 年，国家环保总局又先后批复新疆维吾尔自治区、江苏省宝应县作为国家有机食品生产试点区和示范县（试点），要求其进一步加强农村环境保护工作，全面推进农村环境综合整治，积极推动生态示范区、环境优美乡镇和生态文明村的创建活动。

4.5.2 全面开展阶段（2004—2019 年）

2004 年 7 月，商务部等 11 部门联合印发《关于积极推进有机食品产业发展的若干意见》（商运发〔2004〕327 号），提出积极推进有机食品生产基地的建设，优先发展一批全国性有机食品生产基地，鼓励各地在生态环境现状调查和土壤环境状况调查的基础上，筛选出一批生态环境符合标准、适宜开展有机食品基地建设的区域，积极创造条件，使其逐步转换成为有机食品基地。

2005 年，国家环保总局在全国范围内开展第二批国家有机食品生产基地建设工作，得到了各地和各省环保部门的积极响应，共审定命名了上海万事发实业总公司屏东有机农场等 33 个“国家有机食品生产基地”。2006 年 10 月，国家环保总局印发《国家农村小康环保行动计划》，明确了开展有机食品生产基地环境调查与评估，编制有机食品生产基地发展规划，制定有机食品生产基地技术规范和管理办法等重点任务，并提出了到2010年，建设300个有机食品生产基地，创建2 000个环境优美乡镇，1万个生态村的建设目标，标志着国家有机食品生产基地建设进入了全面发展阶段。

2010年，环保部印发《关于开展国家有机食品生产基地复查的通知》（环办〔2010〕42号），对第一、第二批通过国家有机食品生产基地考核的单位进行复查；2012年，开展第四批国家有机食品生产基地建设考核工作，审定命名了北京市通州区西集镇和合站村有机水果基地等70个国家有机食品生产基地；2013年，结合近几年基地建设发展实际情况，对试行的考核管理规定进行了修订，印发了《国家有机食品生产基地考核管理规定》（环发〔2013〕135号）；2014年，开展第五批国家有机食品生产基地建设考核工作，审定命名了山西省晋中市左权县龙泉乡连壁村龙鑫有机杂粮基地等67个国家有机食品生产基地；2015年，对第1～3批到期需复核的基地进行了审核，确定内蒙古自治区赤峰市克什克腾旗达来诺日渔场有机鱼养殖基地等39个基地通过复核。

2015年以后，环保部未开展新的命名和复核工作。截至2015年，全国共有5批176个国家有机食品生产基地通过考核，有效地推动了创建地区农业绿色发展和农业农村生态环境质量改善，实现了环境、经济、社会效益的有机结合与相互促进。

专栏2　国家有机食品生产基地建设示范县（试点）

国家有机食品生产基地建设示范县是国家有机食品生产基地试点探索阶段开展的创建活动，采取先批复试点后验收命名的创建模式。2004年11月，国家环保总局批复江苏省宝应县为国家有机食品基地建设示范县试点，并于2006年12月正式授予江苏省宝应县“国家有机食品基地示范县”称号，标志着国家有机食品生产基地建设示范县（试点）创建活动正式起步。

> 2007 年，国家环保总局有机食品发展中心在全国范围内组织开展了“国家有机食品生产基地建设示范县（试点）”创建活动，得到了地方政府和各地生态环境部门的大力支持。截至 2021 年，全国已有 9 个省（自治区、直辖市）的 15 个县（市）被认定为“国家有机食品生产基地建设示范县（试点）”，其中浙江省武义县、安徽省岳西县、江西省婺源县、安徽省金寨县、吉林省抚松县 4 个县（市）于 2019 年通过验收列入国家有机食品生产基地建设示范县，在充分发挥有机食品开发对“两山”转化实践、农村生态环境综合整治和农业面源污染防治等方面具有重要支撑作用。

4.5.3 创新发展阶段（2020 年至今）

2020 年，经中央批准，国家有机食品生产基地被列入全国评比达标表彰工作协调小组办公室《第二批全国创建示范活动保留项目目录》（国评组办函〔2020〕1 号）。习近平总书记在 2020 年中央农村工作会议上明确指出“要以钉钉子精神推进农业面源污染防治”，从战略高度对农业面源污染防治提出了总体要求。7 月 30 日召开的中共中央政治局会议明确指出，我国已进入高质量发展阶段。《中华人民共和国国民经济和社会发展第十四个五年规划和 2035 年远景目标纲要》明确提出了二〇三五年“美丽中国建设目标基本实现”的社会主义现代化远景目标和“十四五”时期要深入实施可持续发展战略，促进经济社会发展全面绿色转型，建设人与自然和谐共生的现代化的重要任务。

为更好地开展国家有机食品生产基地评选和管理工作，落实全国评比达标表彰工作协调小组“建立健全科学规范、公正合理、与时俱进的考评指标体系”的要求，2021 年生态环境部组织开展《国家有机食品生产基地建设管理规定（征求意见稿）》修编工作，拟对国家有机食品生产基地创建主体、建设指标以及示范引领区域开展农业面源污染防治和农业生产方式绿色转型等方面的要求进一步予以明确，重启新发展阶段的国家有机食品生产基地建设工作。

4.5.4 有机食品生产基地建设要求

国家生态工业园区采取先遴选创建后验收命名的建设模式，并坚持自愿申报、达标命名，统筹推进、注重实效，因地制宜、突出特色，创新机制、示范推广等建设原则。

一是联动开展。国家有机食品生产基地建设应以具有较好基础的有机生产单元为核心，形成联动区开展农业绿色生产。有机生产单元指有机产品生产者依照《有机产品　生产、加工、标识与管理体系要求》（GB/T 19630—2019）实施管理的生产区域。联动区指有机生产单元所在乡（镇）级行政区域。

二是遴选创建。县级人民政府作为申报主体，不仅要组织本行政区域内从事有机食品生产的单位或组织进行申报，还要负责整体谋划、组织协调、方案编制和实施、经验总结等工作。省级生态环境部门负责对申报地区进行预审、推荐和跟踪指导创建工作。同时，省市级生态环境部门要建立健全基地建设的支撑保障长效机制，给予实施主体在政策资金、项目保障等方面的倾斜支持。

三是强化验收命名。创建期满后，省级生态环境主管部门负责向生态环境部推荐符合验收条件的创建县，生态环境部负责组织专家进行资料审核和现场核查，着重选择生态环境保持优良，有机食品发展优势突出；实施方案有效落实，至少形成一个“有机生产单元+联动区”体系；联动区农业绿色发展水平逐步提高，农业面源污染治理与监督指导成效显著的创建地区进行公告命名。同时，将通过开展综合评估，量化表征国家有机食品生产基地创建成效。

4.6 先进典范表彰

4.6.1 绿色中国年度人物

绿色中国年度人物是由全国人大环境与资源保护委员会、全国政协人口资源环境委员会、生态环境部、国家广电总局、共青团中央、军委后勤保障部军事设施建设局共同主办，联合国环境规划署特别支持的，生态环境保护领域设立的最高奖项。

2005 年 8 月 22 日，国家环保总局启动了首届绿色中国年度人物评选工作，经候选人提名—群众评选—社会调查—专家评选等流程，共评选出 5 名绿色中国年度人物，在社会上产生了广泛反响。2006—2009 年，绿色中国年度人物评选工作每年度开展一次，累计评选出 40 名获奖人物。2011 年 10 月 26 日，环保部以“低碳减排 · 绿色责任”为主题，启动了 2010—2011 绿色中国年度人物评选活动，评选周期改两年一次，主办部委增至 8 个。2012—2019 年，生态环境部先后组织开展了 4 届绿色中国年度人物评选工作，累计评选出 35 名获奖人物。

截至 2022 年，生态环境部联合相关部委开展了 11 届绿色中国年度人物评选表彰活动，累计评选出 95 名绿色中国年度人物（集体），通过表彰先进，树立典型，推动全社会形成保护生态环境的良好风尚，构建了绿色低碳的生产方式，培育了文明健康的生活方式，为美丽中国建设营造了良好社会氛围。

专栏 3　绿色中国年度人物

绿色中国年度人物主要面向学术界、文艺界、传媒界、民间组织、行政服务界在内的社会公众。

（一）评选类别

✧ 民间行动：长期关注并持续开展生态环境保护公益活动，推动形成公众参与生态环境保护的新机制；

✧ 公共服务：不断探索生态环境保护的方法和途径，推动建立绿色发展社会共治的新格局；

✧ 企业责任：严格遵守生态环境保护法律法规，积极实践绿色生产，自觉履行企业社会责任；

✧ 学术精神：深入研究生态文明理论，取得提升生态环境保护内在动力和创新力的学术成果；

✧ 传播影响：充分利用传媒平台弘扬环境保护理念，引导生态文明主流价值观在全社会形成；

✧ 艺术创新：潜心创作倡导生态文明的各类文化作品，用先进的生态文化提升公众的环境意识。

（二）评选周期：每两年评选一届。

（三）评选标准：以“公益”“行动”“影响”为三大评选标准。其目标符合社会主义核心价值观，具有鲜明的环境公共利益指向；其行动对生态环境保护事业产生了积极影响，有利于改善生态环境质量，有利于提升公众生态环境意识，有利于促进经济社会绿色化发展；其事迹具有先进性和典型性，对社会公众具有显著的带动、导向和示范作用。

（四）评选流程：包括评选启动、推荐提名、资格审查及初评、公示及复评五个阶段。评委由评选活动组委会邀请，参与评选初评及复评投票。

表 4-1　历届绿色中国年度人物获奖人数

批次	年份	获奖人物（共 95 个）
第一届	2005 年	5
第二届	2006 年	9
第三届	2007 年	10
第四届	2008 年	10
第五届	2009 年	6
第六届	2010—2011 年	10
第七届	2012—2013 年	8
第八届	2014—2015 年	10
第九届	2016—2017 年	7
第十届	2018—2019 年	10
第十一届	2020—2021 年	10

4.6.2　中国生态文明奖

中国生态文明奖是经中央批准设立的评选表彰项目，面向生态文明建设基层和一线，旨在表彰在生态文明实践探索、宣传教育和理论研究等方面作出突出成绩的集体和个人。

2014 年，全国评比达标表彰工作协调小组批复将中国生态文明奖列入评选表彰项目目录。2015 年，为贯彻落实《中共中央　国务院关于加快推进生态文明建设的意见》（中发〔2015〕12 号）精神，认真做好中国生态文明奖评选表彰工作，确保评选表彰活动公开、公平、公正，环保部制定印发《中国生态文明奖评选表彰办法（暂行）》（环发〔2015〕69 号）。2016 年，环保部组织开展第一届中国生态文明奖评选工作，共评选出 19 个先进集体和 33 名先进个人。2019 年，生态环境部组织开展第二届中国生态文明奖评选工作，共评选出 35 个先进集体和 54 个先进个人。2022 年，生态环境部开展第三届评选工作，共评选出 40 个先进集体和 60 名先进个人。

经过三届评选，生态环境部累计表彰了94个先进集体、147个先进个人，在各自的岗位上为守护青山绿水，蓝天白云，为全社会树立了榜样，充分调动了全社会参与生态文明建设的积极性，进一步弘扬了社会主义生态文明价值观，为美丽中国建设营造了良好的社会氛围。

专栏4　中国生态文明奖

（一）评选对象：中国生态文明奖主要面向生态文明建设基层和一线，重点表彰在生态文明实践探索、宣传教育和理论研究等方面作出突出成绩的集体和个人。

先进集体：从事生态文明建设的基层单位，主要包括基层政府或部门、企事业单位、社团和社区等。副司局级或者相当于副司局级及以上单位、县级（含）以上党委政府不在评选范围。

先进个人：从事生态文明建设的一线工作者，主要包括学者、教育工作者、新闻工作者、社会组织工作者、企业管理人员、工人、农民、公务员、军人等。副司局级或者相当于副司局级干部不在评选范围。

（二）评选周期：每三年评选表彰一次。

（二）评选流程：评选表彰工作遵循公开、公平、公正的原则，严格按照提名申报、资格审查、专家初评、评委会评审和表彰等程序执行，并邀请中央有关部委负责人和科研院所专家组成评选委员会。

表4-2　中国生态文明奖先进集体和先进个人列表

批次	年份	先进集体	先进个人
第一批	2016年	19	33
第二批	2019年	35	54
第三批	2022年	40	60

4.6.3 中华环境奖

中华环境奖是中国环境保护的社会性奖励，不受国籍、地区、种族和宗教信仰的限制，着重选择宣传环保、教育公众、向国际展示中国环保形象的个人或集体，旨在为全社会树立榜样，充分调动全社会参与生态文明建设的积极性，进一步弘扬社会主义生态文明价值观。

2000 年，中华环境保护基金会设立了“中华环境奖”。同年 6 月，国家环境保护总局发布《关于转发中华环境保护基金会〈中华环境奖奖励办法〉的通知》（环发〔2000〕128 号），标志着中华环境奖评选表彰工作正式启动。中华环境奖首届和第二届颁奖典礼在人民大会堂隆重举行，设立了五个中华环境奖，另设立若干提名奖。全国人大常委会副委员长邹家华为中华环境奖启动仪式发来贺信，将该奖定位为我国环境保护领域最高的社会性奖励。自第三届起，中华环境奖围绕城镇环境、环境管理、企业环保、生态保护、环保宣教五个方面设立五个奖项，每类奖项评选不超过五位获奖者，其中中华环境奖不超过一个，其余为中华环境奖优秀奖。2007—2017 年，宝山钢铁股份有限公司向中华环境保护基金会捐赠 5 000 万元人民币，专门用于开展“中华环境奖”相关评选活动，经组委会决定，从第四届至第九届，中华环境奖冠名为“中华宝钢环境奖”。2018 年，奖项名称恢复为“中华环境奖”。2020 年 12 月，第十一届中华环境奖评选推荐工作正式启动，以“人与自然和谐共生”为主题，在城镇环境、环境管理、企业环保、生态保护和环保宣教五个领域评选出 4 个中华环境奖获奖单位（个人）和 18 个中华环境优秀奖获奖单位（个人）。

截至 2022 年，中华环境奖已连续开展了十一届，共表彰在我国生态环境保护领域作出突出贡献的集体和个人 237 个。这些获奖者在推动环保工作，引领环保先进理念、技术和行为方式方面发挥了积极作用。

专栏 5　中华环境奖

（一）社会性：中华环境奖是中国环境保护领域最高的社会性奖励，强调社会的广泛参与，以及获奖者的环保自觉性、利他性、协作性等。

（二）先进性：每一位获奖者都是这个时代为中国环境保护事业作出重大贡献或取得优异成绩的集体或个人。

（三）广泛性：根据评选办法，中华环境奖的候选者不受国籍、地区、种族和宗教信仰的限制。只要符合条件的集体或个人，都可以参加评选。

（四）经常性：中华环境奖是一个常设奖项，每两年进行一次评选。

（五）公正性：评选工作严格按《中华环境奖评选与奖励办法》规定程序，聘请知名的专家、学者组成评选委员会，本着“公开、公平、公正”的原则进行。评选过程中，如果发现有营私舞弊、弄虚作假的行为，或在推荐材料中有严重失实的问题，一经查实，将严肃处理当事人，取消候选者的评选资格；已经授奖的，撤消荣誉证书，追回颁发的奖金。

4.6.4　全国环境保护系统先进集体和先进工作者

全国环境保护系统先进集体和先进工作者是由人力资源和社会保障部、生态环境部联合组织开展的全国生态环保系统内的最高政府奖项。

1996 年，为鼓励环境保护工作者的积极性和创造性，加强全国环境保护系统行政表彰工作管理，国家环保局印发《全国环境保护系统行政表彰管理规定》，明确提出“全国环境保护系统行政表彰（以下简称表彰），可对先进集体和先进个人进行表彰。其中，行政表彰分为全国环境保护系统表彰和全国环境保护系统专项业务表彰两个层次”。2001 年，人事部、国家环保总局在全国环境保护工作会议上联合表彰了首批全国环保系统先进集体和先进个人。其中，北京市朝阳区环保局等 116 个单位被授予“全国环保系统先进集体”荣誉称号，郑伟英等 38 名同志被授予“全国环保系统先进工作者”荣誉称号。2006 年，温家宝总理在第六次全国环境保护大会上为获得全国环保系统先进集体和先进工作者代表颁奖。2011 年 10 月，人社部印发《关于表彰全国环境保护系统先进集体和先进工作者的决定》，决定授予北京市机动车排放管理中心等 110 个单位“全国环境保护系统先进集体”荣誉称号；授予王大卫等 56 名同志“全国环境保护系统先进工作者”荣誉称号。同年，李克强总理在第七次全国环境保护大会上为获得全国环保系统先进集体和先进工作者代表颁奖。2017 年，人社部发文授予北京市环境监察总队等 119 个单位“全国环境保护先进集体”荣誉称号；授予李翔等 45 名同志“全国环境保护系统先进工作者”荣誉称号。

截至 2022 年，人社会联合生态环境部共组织开展了四届全国环境保护系统先进集体和先进工作者评选工作，累计表彰了 392 个全国环境保护系统先进集体和 174 名全国环境保护系统先进工作者，涌现出一批成绩显著、贡献突出的先进典型。

专栏 6　全国环境保护系统先进集体和先进工作者

（一）评选范围：

1. 全国环境保护系统先进集体的评选范围：各级环保部门及其内设机构和所属单位等。

2. 全国环境保护系统先进工作者的评选范围：全国环保系统在职工作人员。

（二）评选条件：

1. 全国环境保护系统先进集体评选条件

✧ 严格执行环保法律法规和政策规定，出色完成环保工作任务，顺利实现环境质量目标，本地区环境质量持续改善，得到广大群众的普遍认可；

◇ 积极推进环境管理改革创新，认真解决群众关心的突出环境问题，在提升环境管理水平和推动本地区绿色发展方面取得显著成绩的；

◇ 在重特大自然灾害、安全事故等发生后，及时妥善处理环境污染，积极防范环境风险，为保障环境安全、维护群众权益、促进社会和谐作出突出贡献的；

◇ 大力加强思想政治、领导班子、干部队伍、反腐倡廉等方面建设，深入开展文明创建活动等方面取得显著成绩的；

◇ 在其他方面取得显著成绩的。

2. 全国环境保护系统先进集体评选条件

◇ 在环境管理工作中，具有强烈的改革创新意识，锐意进取，真抓实干，为提高环境管理水平、改善环境质量作出突出贡献的；

◇ 在环境科研与技术工作中，紧紧围绕环保工作需求，创新进取，成果显著，为环境管理提供有力支撑的；

◇ 在环境监测工作中，始终坚守职业道德和底线，确保环境监测数据“真、准、全”的；在环境监察执法工作中，坚决同环境违法行为作斗争，出色完成环保督察和专项监督检查任务的；

◇ 在环境应急处置工作中，积极防范环境风险，及时妥善处置突发环境事件，为保障人民生命财产和环境安全作出突出贡献的；

◇ 在其他方面取得显著成绩的。

（三）评选周期：每五年评选表彰一次。

（四）评选流程：评选表彰工作坚持公开、公平、公正的原则，严格按照自下而上、逐级推荐、差额评选、民主择优的方式进行，严格执行“两审三公示”程序，即初审、复审两次审核，分别在本单位、省级范围和全国范围内三次公示。

5 生态文明示范建设成效

截至2022年，全国有16个省（市、自治区）开展生态省建设试点、468个县市（区）获得生态文明建设示范区称号、73个工业园区获得国家生态工业园区称号命名、187个地区获得“两山”实践创新基地称号、82个城市获得国家环境保护模范城市称号、176个国家有机食品生产基地通过考核。经过多年努力，在推动区域生态保护、改善环境质量、促进绿色发展等方面发挥了重要作用，京津冀、长三角、珠三角等重点区域生态环境质量改善明显，长江经济带发展、黄河流域生态保护和高质量发展、青藏高原生态文明高地建设等国家重大战略得到有力支撑。

5.1 推动“三个走在前列”

多年来，生态文明示范建设工作坚持高标准、严要求，在改善生态环境质量、推动绿色发展转型、带动城市环境基础设施建设以及落实生态文明体制改革方面走在区域和全国的前列，走出了一条生态良好、生产发展、生态富裕的发展道路。

5.1.1 有效带动区域生态环境质量改善

示范建设地区高度重视生态环境保护工作，积极推动打好污染防治攻坚战，大力开展生态保护修复，试点建设以来环境质量明显改善，生态保护成效显著。示范区（市、县）和“两山”基地创建地区环境空气质量、水环境质量均处于所在省（区、市）的前列，生态环境状况指数都达到优良以上，全面完成了“水十条”“大气十条”“土十条”的各项任务。如深圳市罗湖区、坪山区、大鹏新区，厦门市海沧区、思明区，贵阳市观山湖区、乌当区，温州市洞头区，南宁市邕宁区等示范市县和“两山”基地所在城市环境空气质量均位列全国前 20 名；内蒙古自治区杭锦旗库布其沙漠亿利生态示范区规模化治理沙漠 6 000 多平方千米，动植物种类由 100 多种增加到 500 多种，带动库布其及周边群众 10.2 万人脱贫受益，创造了巨大的生态财富，成为世界防沙治沙的样板和典范。生态省建设试点省份中，50% 的省份优良天数比例超过 87%，38% 省份地表水水质优良比例超过 90%，75% 的省份森林覆盖率超过全国平均水平。示范区（市、县）和国家环境保护模范城市在创建过程中无一例外地加强了城镇污水处理、生活垃圾无害化处理、有毒有害固体废弃物安全处置、燃气和供热等城市环境基础设施的建设，并进行大规模的城市环境综合整治。自 1997 年以来，44 个模范城市的环境基础设施建设和环境治理投入达 4 000 多亿元，大连、深圳、珠海、厦门等城市的生活垃圾无害化处理率、生活污水集中处理率、环境噪声达标区覆盖率、城市集中供热率、城市绿化覆盖率远高于全国平均水平。示范区（市、县）城镇污水处理率均≥85%、城镇生活垃圾无害化处理率均≥80%，危险废物利用处置率达 100%。安吉县、张家港市成为我国获得“联合国人居奖”的首个县和县级市。

5.1.2 有力促进各地绿色高质量发展

示范建设地区始终坚定不移走生态优先、绿色发展道路，大力推进经济社会发展全面绿色转型。示范区（省、市、县）能耗、水耗名列全国或所在省份前茅并保持持续降低，率先在市县层面开展碳排放强度控制。如福建厦门市单位 GDP 能耗位列全国第 6 名，辽宁省盘锦市大洼区、江苏省徐州市贾汪区等过去“一油独大”“一煤独大”“一矿独大”的地区从过去的资源依赖型逐步发展转变为生态依托型。75% 生态省试点的单位 GDP 能耗下降率超过 15%，100% 生态省试点的万元 GDP 用水量下降率均超过 28%。国家生态工业园区主要污染物排放强度比全国低 90%，固废综合利用率达到 90%，单位工业增加值二氧化碳排放年均削减率达 8%，为打好污染防治攻坚战、工业领域碳减排碳达峰发挥了重要作用。“两山”基地和国家有机食品生产基地通过打通“绿水青山就是金山银山”转化路径，推动一批生态优良、发展较为落后地区初步培育形成绿色增长点。如内蒙古阿尔山市围绕生态产业化、产业生态化，探索出生态建设和经济良性互动的绿色发展道路。国家环境保护模范城市增强了城市对外开放能力，提高了城市的运行效率和商务活动能力，城市经济、社会、环境实现持续稳定协调快速。如沈阳市曾经是中国 10 大污染城市之一，通过“创模”，推动城市环境质量实现了根本好转，财政收入（一般公共预算收入）由 2000 年的 62 亿元提高到 2020 年的 736 亿元，昔日污染最重的铁西区，如今已成为投资热点。

5.1.3 有效推动生态文明建设改革任务落地见效

示范建设地区以习近平生态文明思想理论创新推动试验区改革实践创新，在机制创新、制度供给、模式探索上大胆改革，率先推进落实生态文明目标责任制、自然资源资产负债表和领导干部自然资源资产离任审计等生态文明体制改革重点任务，建立起了较为完善的生态文明制度体系。在示范建设支撑下，福建省积极探索权属与分类标准并存的自然资源资产统一确权登记制度，将国土空间范围内各类自然资源统一到土地利用现状“一张图”，边界统一、分类管理，其中武夷山市、三明市在全国率先开展自然资源资产绩效评价、林票制度改革试点。江西省探索建立健全了生态补偿机制，其中靖安县探索形成了“一产利用生态、二产服从生态、三产保护生态”的发展模式，入围改革开放40年地方改革创新案例。海南制修订20余项省级地方性法规，覆盖“多规合一”、禁塑限塑、热带雨林国家公园建设、生活垃圾分类等生态文明领域。浙江省仙居县生态文明建设示范县建设入选中国改革年度案例，贵州省仁怀市成为全国首个跨多省流域横向生态补偿机制的重要试点地。

5.2 促进“三个显著提升”

生态文明示范建设通过大力推进生态文明宣教及细胞建设，率先推行城镇生活垃圾减量化行动、农村生活垃圾集中收集储运、一次性消费品使用量下降等绿色行动，显著提升了人民群众在生态文明建设方面的参与度、获得感与绿色消费意识。示范区（市、县）在售用水器具中节水型器具占比达100%，新建绿色建筑比例、公共交通出行分担率、节能家电市场占有率均达50%以上；获得命名的示范区（市、县）和“两山”基地生态文明建设群众满意度均达到80%以上，如浙江浦江县生态环境质量公众满意度从全省倒数第一跃升至全省第三。同时，生态文明示范建设把中央环保督察存在重大问题、未完成生态环境保护重点任务、群众环境信访未及时办结或办结率低等6种情况作为一票否决，把党委政府研究部署和落实生态文明情况作为重要指标，推动生态文明考核占党政实绩考核比例达到20%以上，显著提升了党政领导干部的绿色政绩观、绿色执政观、绿色发展观，企业依法治污排污、保护生态环境的法治意识、主体意识正在形成。如重庆璧山区、青海湟源县等获得命名的大部分地区都将“生态优先、绿色发展”作为区域发展的基本战略。此外，生态文明示范创建显著提升了中国特色社会主义建设的道路自信、理论自信、制度自信、文化自信。

5.3 支撑国家重大战略

示范区、“两山”基地和国家环境保护模范城市在我国东部、东北部、中部、西部四大经济片区的占比分别为37.3%、5.3%、24.4%、32.9%，中西部地区创建占比稳步提升，生态文明示范建设布局持续优化。同时，生态环境部对标国家重大战略，不断加强目标任务衔接和倾斜支持，推动示范建设由个体示范向区域整体提升推进，促进形成示范建设的“集群效应”，国家重大战略区域示范创建数量整体呈逐年增多的趋势。2022年目前，京津冀、长江经济带、黄河流域、青藏高原地区分别有18、227、128、33个地区成功获得生态文明建设示范区命名，有16、78、59、14个地区成功获得“绿水青山就是金山银山”实践创新基地命名，有力推动京津冀、长三角、珠三角等重点区域生态环境质量改善明显，有力支撑了长江经济带发展、黄河流域生态保护和高质量发展、青藏高原生态文明高地建设等国家重大战略。

5.4 探索“绿水青山就是金山银山”转化模式

经过六批创建，已命名“绿水青山就是金山银山”基地涵盖山区、平原、林区、海岛等不同资源禀赋，东、中、西不同区位条件，生态涵养、现代农业、全域旅游、科技创新等不同发展定位，在夯实绿水青山本底、壮大绿色发展动能、探索“绿水青山就是金山银山”转化机制、培育生态文化和推动生态惠民方面取得积极进展。同时，在边试点探索边建设，边挖掘特色边总结的基础上，各地依托“绿水青山就是金山银山”实践创新基地建设，探索形成了“守绿换金、添绿增金、点绿成金、绿色资本”4种转化路径、“生态修复、生态农业、生态旅游、生态工业、‘生态+’复合产业、生态市场、生态金融、生态补偿”8种实践模式，为全国“绿水青山就是金山银山”实践提供了经验借鉴和丰富多样的参考样本。

6 完善生态文明示范建设体系

当前“五示范、四奖项”生态文明示范建设格局仍较分散，缺乏系统设计和总体谋划，示范项目之间缺乏有效的互动、关联和支撑，示范工作推进粗细不均、深浅各异，未能发挥示范项目的整体合力。同时，有的示范项目建设主体存在一定的交叉、重叠，创建形式、任务和内容存在一定的雷同性，有的示范项目层级推进深浅不一，有的停滞不前，示范项目的建设目标任务设计仍需进一步优化提升。此外，进入新发展阶段，党中央、国务院对生态文明建设提出更高要求，人民群众对生态文明建设提出更高期盼，深入打好污染防治攻坚战、实现“双碳”目标、建设美丽中国等国家重大战略需要以示范建设为载体平台纵深推进，亟需进一步优化生态文明示范建设体系，充分发挥生态文明示范建设引领带动作用。

6.1 构建“五示范、四领域、四奖项”示范体系

围绕深入打好污染防治攻坚战、建设人与自然和谐共生的美丽中国要求，结合已有工作基础，构建点面结合，涵盖多层级、多区域、多产业、多主体的

"五示范、四领域、四奖项"生态文明示范建设体系。

五示范：以国家生态文明建设示范区（省、市、县）为全面示范，全方位、多层级推进"五位一体"生态文明建设；以"绿水青山就是金山银山"实践创新基地、国家环境保护模范城市、国家生态工业示范园区、国家有机食品生产基地等为重点示范，聚焦具体典型范例，围绕生态文明建设的核心理念、生态环境治理和生态经济体系建设等重点领域推进实践探索，多维度打造生态文明建设示范样板。

四领域：坚持分类指导、领域示范的原则，以探索生态产品价值实现机制、创新"两山"转化路径为重点，推进"绿水青山就是金山银山"实践创新基地建设；以改善城市人居环境为重点，重启国家环境保护模范城市建设；以实现工业园区碳达峰、碳中和、碳捕获为重点，推进国家生态工业示范园区建设；以推动有机食品产业全面健康发展为重点，推进国家有机食品生产基地建设。

四奖项：围绕树立生态文明建设和生态环境保护领域先进典型，持续开展中国生态文明奖、绿色中国年度人物、中华环境奖、全国生态环境系统先进集体和先进工作者评选工作，构建政府和社会组织共同推进的评比表彰工作体系。

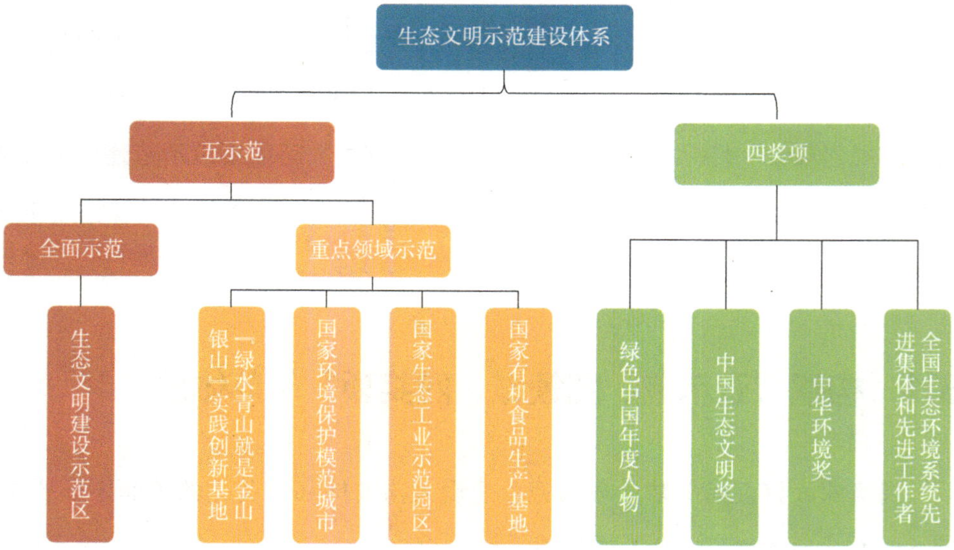

图 6-1　生态文明示范建设体系结构

6.2 打造生态文明全面示范样板

以碳达峰、碳中和为总抓手，以完善生态文明制度、提升生态安全水平、优化生态空间、发展生态经济、推广生态生活方式、繁荣生态文化等为重点任务，采用“层级推进、规划先行、达标创建、动态监管”的建设模式，统筹推进“五位一体”总体布局，构建生态文明建设体系的全面示范样板。充分发挥生态省统筹谋划和总体布局作用，重在开展各类试点示范探索、实验和制度创新，凝聚生态文明改革和绿色发展合力；筑牢市级生态文明建设示范区节点，夯实县级生态文明建设示范区细胞，并将示范区由单个市县为单元向区域整体示范推进，形成以市级为集群节点，以县级为细胞支点的建设格局。

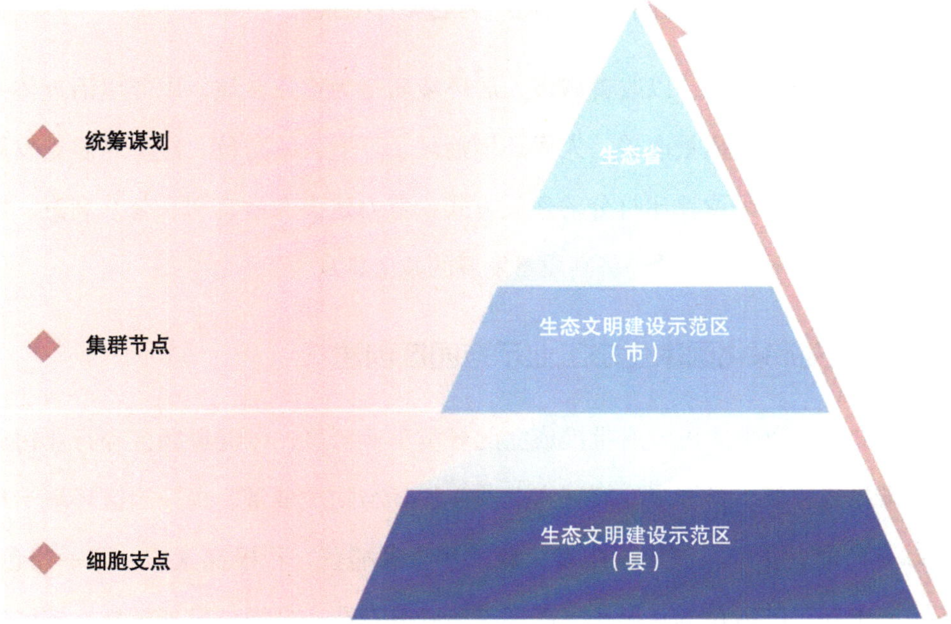

图 6-2　生态文明建设示范区层级

6.3 强化重点领域生态文明示范建设

6.3.1 多样化推进“绿水青山就是金山银山”实践创新基地建设

聚焦乡镇、村、小流域、功能区等基本建设单元，以提升优质生态产品供给能力、创新生态产品价值实现机制、探索“两山”转化路径、促进生态富民为民等为重点领域，多样化推进“绿水青山就是金山银山”实践创新基地建设。采取先遴选后评估的建设方式，着重选择生态环境优良、工作基础扎实、具有典型性的地区，探索覆盖山水林田湖草沙等不同资源禀赋以及东中西等不同发展阶段、不同发展定位的转化路径和典型案例，打造一批乡村生态振兴的样板。

6.3.2 评比式开展国家环境保护模范城市创建

聚焦城市建成区，以改善城市人居环境质量为重点领域，以环境治理体系与能力建设、环境质量改善、人居环境治理、环境风险防范、经济高质量发展等为重点任务，采取评比打分的建设方式，着力建设和谐宜居、公众满意、以生态环境高水平保护推动经济高质量发展的城市典范。

6.3.3 不断深化国家生态工业示范园区创建

面向省级以上人民政府批准成立的各类工业园区，以促进园区和行业污染物与碳排放控制、推进工业园区产业共生循环与物质减量、提升园区环境治理能力等为重点任务，突出碳中和、碳减排、碳捕获，积极探索“一园一特色、一园一主题”的绿色低碳循环发展模式，着力打造一批绿色发展标杆。按照规划先行、标准引领的方式，由各园区自愿申报、自主创建，生态环境部、商务部、科学技术部共同组织核查、验收、命名。

6.3.4 加快推进国家有机食品生产基地建设

以县为创建单元，以推动有机食品生产健康持续发展、保护和改善农村生态环境为重要任务，探索有机食品生产促进农村环境保护和农业面源污染治理新路径。采用“评选 + 监测”方式，重点选择高质量开展有机食品生产和生态环境保护的地区，探索优质生态产品供给的路径和模式，推动区域有机食品生产、面源污染防治和农业绿色发展的协同共促，打造以有机食品生产推动乡村振兴的乡村典范。

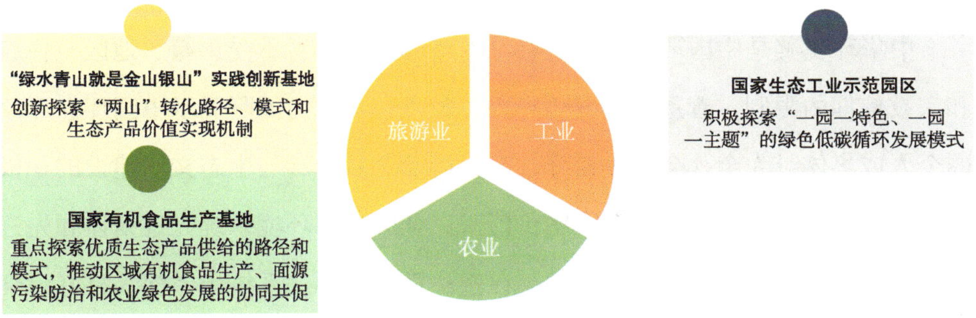

图 6-3　示范建设项目三次产业覆盖情况

6.4 持续推进先进典范表彰

6.4.1 重点推进中国生态文明奖

中国生态文明奖是我国生态文明建设领域的重要政府奖项，面向生态文明建设基层和一线，着重选择在生态文明实践探索、宣传教育和理论研究等方面做出突出成绩的集体和个人。

6.4.2 协调推进绿色中国年度人物

绿色中国年度人物是生态环境领域的重要政府奖项，面向学术界、文艺界、传媒界、民间组织、行政服务界在内的社会公众，着重选择为建设生态文明和资源节约型、环境友好型社会做出贡献的社会公众。通过表彰先进，树立典型，推动全社会形成保护生态环境的良好风尚，构建绿色低碳的生产方式，培育文明健康的生活方式，为美丽中国建设营造良好社会氛围。

6.4.3 持续组织中华环境奖及全国生态环境系统先进集体和先进工作者评选

中华环境奖是中国环境保护的社会性奖励，候选者不受国籍、地区、种族和宗教信仰的限制，着重选择宣传环保、教育公众、向国际展示中国环保形象的个人或集体，为全社会树立榜样，充分调动全社会参与生态文明建设的积极性，进一步弘扬社会主义生态文明价值观。全国生态环境系统先进集体和先进工作者是生态环境系统的政府奖项，评选注重全国环保系统内在深入打好污染防治攻坚战、持续改善生态环境质量、维护生态安全、推进生态文明建设等方面具有显著成绩、突出贡献的先进典型。

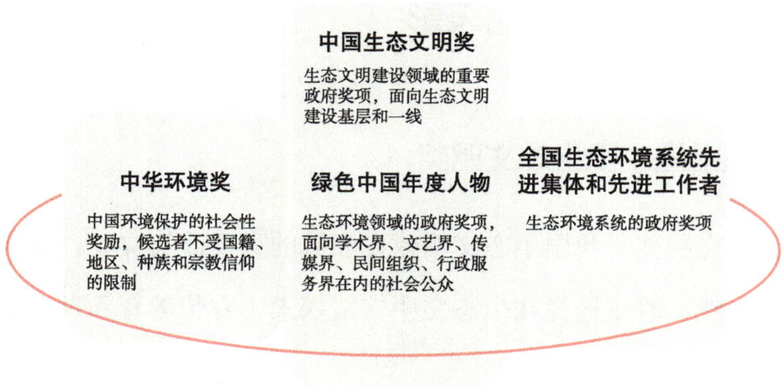

图 6-4 “四奖项”类型及表彰对象

下篇

XIAPIAN

生态文明示范建设经验模式

SHENGTAI WENMING SHIFAN JIANSHE JINGYAN MOSHI

党的十八大以来，党中央、国务院紧扣我国社会主要矛盾的历史性变化，对生态环境保护、生态文明建设、打好污染防治攻坚战等作出重大决策部署。部分地区根据自身区域特色开展一系列生态文明建设模式探索和“两山”实践创新，这些地区在贯彻落实习近平生态文明思想、推进生态文明实践探索中，在目标责任落实、生态制度创新、生态安全保障、生态经济发展、生态文化引领等五个方面走在区域和全国前列，支撑了打好污染防治攻坚战，推动了区域高质量发展，树立了生态文明建设的标杆样板。在总结地方实践经验基础上，归纳出五种可复制、可借鉴的典型经验模式：从“负面曝光”到“正面典型”的目标责任落实型，以“体制改革”激发“创新活力”的生态制度创新型，以环境提升促高质量发展的生态安全保障型，变“生态优势”为“发展优势”的生态经济发展型，让生态文化引领生态文明的生态文化引领型。

一、从“负面曝光”到“正面典型”——目标责任落实型

习近平总书记强调，要加快构建以改善生态环境质量为核心的目标责任体系。目标责任体系是生态文明体系的价值导向，是生态环境保护和生态文明建设的重要抓手。我们下大力气保护生态环境的出发点和最终目的就是改善生态环境质量，提供更多优质生态产品以满足人民日益增长的优美生态环境需

要，最终形成中华民族永续发展的根本基础。党的十八大以来，在以习近平同志为核心的党中央的坚强领导下，我国的生态环境保护发生了历史性、转折性、全局性变化。中央生态环境保护督察、党政同责、一岗双责、严肃问责追责等制度实践反复证明，只有各地区各部门坚决担负起生态环境保护和生态文明建设的政治责任，切实让生态环境问题“负面曝光”转变为生态文明示范探索的“正面典型”，方能推动生态环境保护和生态文明建设取得实实在在的效果。

案例 1：重庆市北碚区切实扛起生态文明建设政治责任

（一）案例背景

渝州之北，水石盟约，遂成“北碚”。北碚，地处缙云山麓、嘉陵江畔，山、水、林、泉、峡、寺浑然一体，自然资源得天独厚，被誉为“山水之城”“文化之城”。北碚区位于长江上游地区，是重庆主城都市区的重要森林保护区和生态屏障区，也是重庆的“后花园”。北碚区始终坚持生态优先、绿色发展，荣获了国家园林城区、国家环保模范城区、国家级生态示范区、森林城市建设标准化示范区、国家可持续发展先进示范区、国家生态文明建设示范区、“绿水青山就是金山银山”实践创新基地等 10 余项国家级殊荣。曾获中国人居环境范例奖和联合国人居环境署授予的迪拜国际改善人居环境良好范例奖。

2018 年 6 月，习近平总书记对反映重庆缙云山国家级自然保护区（北碚段）内违建问题作出重要批示，北碚区委、区政府高度重视，全面落实党中央和重庆市委、市政府整改要求，坚持“保护自然、保障民生”方针，坚决扛起生态文明建设的政治责任，全力推进缙云山国家级自然保护区生态环境综合整治的“铁腕治山行动”，推动中央生态环境保护督察问题整改落地落实，整改成果获得中央高度肯定。北碚区深学笃用习近平生态文明思想，学好用好“两山论”，走深走实“两化路”，以生态环境保护责任清单为抓手，压紧压实生态环境保护“担子”，建设高品质生活宜居地，在全市乃至全国生态文明建设中起到了良好的示范效应和带动作用。

▲缙云山国家级自然保护区（北碚段）（图片来源：北碚区生态环境局）

（二）主要做法与成效

1. 提高政治站位、深化思想认识，推进缙云山“铁腕治山行动”

2018 年 6 月，习近平总书记对缙云山国家级自然保护区违建突出问题作出重要批示。重庆市委、市政府领导第一时间赴缙云山调研部署整治工作，多次现场检查指导、作出指示批示。北碚区委、区政府把缙云山国家级自然保护区综合整治工作作为重大政治任务来抓，累计召开区委常委会和区政府常务会 97 次、综合整治领导小组会 35 次、专题会 284 次，形成了共抓缙云山整治的最大合力。采取“区领导包片、街镇领导包组、干部包户”，以及挂图作战、对标打表、清单销号等方式，全面推进问题整治。深入开展“习近平生态文明思想”“缙云山综合整治政策”等专题宣讲 300 余场，组织 90 余名人大代表和政协委员走村入户，发放缙云山综合整治宣传手册 1.5 万份，使“两山论”“两化路”深入人心，“生态优先、绿色发展”形成共识，保护生态环境成为自觉。

▲中国美丽休闲乡村——北碚区柳荫镇东升村（图片来源：北碚区生态环境局）

2. 实行清单管理、厘清责任，构建生态环境保护责任体系

实行清单管理，厘清责任。出台《重庆市北碚区有关单位生态环境保护责任清单》（以下简称《责任清单》），规定了 7 类 44 个主体的责任，包括 42 个区级有关部门、园城管委会（区属一级国有企业）以及镇党委、政府和街道党工委、办事处生态环境保护责任，构建了内容完善、边界清晰的生态环境保护责任体系，有效避免了责任多头、责任真空、责任模糊等现象。

开展监督检查，狠抓落实。以《责任清单》为牵引，北碚区生态环境局联合区纪委监委机关开展生态环境问题治理专项监督检查，针对生态环境履职尽责情况以及生态环境问题治理推进落实情况，对全区 49 个单位开展了自查自纠，对 19 个单位开展了实地检查，督促各相关单位严格落实生态环境保护“党政同责、一岗双责”，切实把各项生态环境保护相关工作落到实处。

严格考核追责，倒逼尽责。加强考核评价，将《责任清单》推进落实情况纳入生态环保业绩考核，并将生态环保业绩考核结果纳入区管领导班子和领导干部年度经济社会发展考核内容，作为干部选拔任用的依据。强化追责问责，对《责任清单》严重履职不到位的，纪检部门进行约谈问责，层层传导责任压力，形成了全区上下各司其职、主动履责、齐抓共管的生态环境保护工作格局。

▲花木产业——北碚区三圣镇天宫村（图片来源：北碚区生态环境局）

3. 坚持民生导向、问题导向，全面整治生态环境突出问题

坚持分类处置，采取“区领导包片、街镇领导包组、干部包户”以及挂图作战、对标打表、清单销号等方式，扎实推进问题整改。区领导带头深入一线，研究整治方案，解决具体问题。组成工作组、突击队、攻坚队 40 余支，全员参与缙云山综合整治。结合市委督查反馈问题和违建别墅整治工作要求，对保护区内 1 000 平方米以上的大体量建筑进行深入排查，逐一制定责任清单、任务清单和时限清单，由区领导包案，带头约谈业主，全力拆除 21 处大体量建筑，累计拆除违法建筑 8.8 万平方米。关停不符合经营条件的农家乐 150 余家。完成缙云山国家级自然保护区内的 53.2 万平方米建（构）筑物的拆除，为缙云山增加了数十万平方米的新绿地。

▲缙云山环境综合整治成效（图片来源：重庆市委宣传部）

4. 夯实绿色本底、全力修复，让缙云山颜值更高、气质更佳

推进山水林田湖草系统治理，编制《重庆市缙云山国家级自然保护区生态保护与修复规划》，邀请生态和植物学专家，制定核心区、缓冲区等5个生态修复方案，结合缙云山地理环境、气候、植物生长规律，加强林相、色相、季相设计，突出抓好原住居民退回集体的宅基地、承包地、撂荒地和解危安置房、黛湖等拆除区域修复工作。加强生态保护修复，“山上”露出绿色新容颜，累计栽种乔木、灌木、草本植物86种、65.6万株（棵），恢复水域1.79万平方米，修复生态22万平方米，缙云山的“绿肺”和天然屏障功能得到有效复苏。

▲生态搬迁后的缙云山生态环道（图片来源：重庆市委宣传部）

5. 创新工作举措、试点探索，推进生态搬迁试点改革

为减轻缙云山生态环境承载压力，促进自然恢复和长效保护，增强山林生态系统稳定性，出台《北碚区缙云山国家级自然保护区生态搬迁试点实施方案》，将核心区、缓冲区内原住居民全部纳入生态搬迁范围；围绕“搬得出、稳得住、能致富”，整合各类资金 1.1 亿元，通过搬迁补偿、异地迁建、生态赎买、纳入城镇社保体系、开通入学绿色通道、举办就业技能专题培训、增设公益服务岗位、建立利益联结机制等方式，引导帮助核心区和缓冲区 203 户、520 名居民搬出保护区，开创了生态搬迁的先河。获得国家发展改革委、国家林草局肯定，被中央电视台、新华社、人民日报、光明日报、经济日报、科技日报等多家中央媒体专题报道。

（三）案例特点及经验

在过去很长一段时间，因紧邻城区、多头管理、发展受限等影响，缙云山存在着一场生存和生态之间的拉锯战，缙云山国家级自然保护区内村民一度“靠山吃山”，农家乐无序粗放发展，私搭乱建、违规经营“蚕食”林地，由此带来不少管理难题和生态“顽疾”，是我国部分自然保护地保护与民生矛盾的缩影。北碚区全面实施围绕缙云山国家级自然保护区生态环境综合治理的“铁腕治山行动”，在环境综合整治的同时探索“生态美、百姓富”的高质量发展之路，以“作出示范、打造样板”和“形成可复制、可推广的经验”为要求，坚持“跳出缙云看困局”，以生态环境保护责任清单为抓手，压紧压实生态环境保护“担子”，从生态、民生、文化、产业全面升级打造，切实将“绿水青山”变成“金山银山”，实现生态美与百姓富有机统一。

案例 2：安徽省宣城市“三个最严格”推进扬子鳄保护区问题整改

（一）案例背景

宣城，长三角重要生态屏障，生态秀美，山灵水动，绿色宜居，既有山川

之胜，又兼海陆之丰，森林覆盖率达59.34%。宣城市是首批国家生态文明建设示范市，全省唯一省级生态文明创建全覆盖地市，辖区实现国家生态文明建设示范县全覆盖，成功创建了宣州区、宁国市、绩溪县3个生态文明建设示范区及旌德县“绿水青山就是金山银山”实践创新基地，首创郎溪县省级生态文明建设示范县。境内有华东第二高峰清凉峰、皖南最大天然淡水湖南漪湖、“古生物活化石”扬子鳄，是国家森林城市、国家园林城市、国家卫生城市、中国优秀旅游城市、中国文房四宝之城、中国扬子鳄之乡。

▲桃花潭（图片来源：宣城市人民政府）

安徽扬子鳄国家级自然保护区违规侵占是2017年中央生态环境保护督察、2018年“回头看”及2019年长江经济带（安徽）生态环境警示片披露问题。宣城严格按照中央生态环境保护督察要求，对照省、市两级整改方案，逐条逐项，用“改革发展”的办法进行整改，对破坏生态环境的行为零容忍。从违法违规用地整改，到居民搬迁、土地流转、规划调整，再到栖息地生态修复，加强生态核心载体保护，持续推动自然保护地规范管理，使扬子鳄国家级自然保护区生态环境保护督察问题得到彻底整改。2021年中央第三生态环境保护督察组对宣城扬子鳄国家级自然保护区问题整改效果给予充分肯定。2022年，史上最大规模的扬子鳄野外放归活动在宣城成功举办。

（二）主要做法与成效

1. 严格落实责任担当，提高政治站位，完善整改工作机制

一是强化责任落实。2017年中央生态环境保护督察以来，宣城严格落实“党政同责、一岗双责”的要求，先后成立了突出环境问题动态整改工作领导小组和中央环保督察宣城市整改工作领导小组，由市委书记、市长担任“双组长”，强化领导干部的责任担当。先后开展50余次实地督导问题整改，组织20余次专题会议，推进整改部署落实。强化“绿盾”行动自然保护地遥感监测问题核查处理，成立由市生态环境局、市自规局、市住建局等部门联合组成的复核组，确保核查工作质量。

▲安徽扬子鳄国家级自然保护区（图片来源：宣城政府网）

二是健全工作推进机制。建立了“市委常委包县市区、部门领导包问题”的包保责任制，实行突出生态环境问题建档立卡、动态管理。制定了《宣城市突出生态环境问题市级整改验收销号工作办法（试行）》，实施行业性验收销号。狠抓长江经济带生态环境突出问题整改，印发了《2020年纵深推进“三大一强”专项攻坚行动宣城市实施方案》。组织问题整改“回头看”督查，严格实施半月调度、每月通报，不定期开展会商、调度及“四不两直”检查。有效开展“绿盾”专项行动，印发《宣城市自然保护地遥感监测问题核查处理工作的通知》，强化遥感点位实地核查，组织对违法违规点位整改销号。

▲敬亭山（图片来源：宣城市人民政府发布）

三是建立目标责任考核机制。全力抓好突出生态环境问题整改，强化考核力度。实施《宣城市突出环境问题整改核查考核暂行办法》，将突出生态环境问题整改纳入年度目标考核及领导班子和领导干部个人综合考核内容。加强监督检查。印发《突出生态环境问题整改“回头看”督查工作方案》《关于开展第二轮突出生态环境问题专项督查的通知》等系列督查文件，分别对7个县（市、区）

和宣城经开区突出生态环境问题整改情况进行3轮督查，累计检查点位309个。

四是推深做实环境监督长制。为解决突出生态环境问题、打通生态环境监管“最后一公里”，印发《宣城市全面推行生态环境保护专项监督长制度实施方案（试行）》《关于贯彻落实我市生态环境保护专项监督长制度工作有关要求的通知》等文件。设立市级环境监督长制办公室，梳理8项任务清单，实行半月调度。突出点面结合，健全工作体系。全市建立县（市、区）、乡镇（街道）、行政村（社区）三级环境监督长，村（社区）级环境监督员的“三长一员”体系，设立环境监督员，明晰整改、销号、考核等职责。建立环境监督长与河湖长、林长“三长”联动机制，形成监督合力。

▲扬子鳄国家级自然保护区栖息地改造（图片来源：中国宣州网）

2. 严格落实整改方案，以林长制改革为契机，推进整改落地

一是聚焦“两手并用”抓整改。一手铁腕整改，建立健全以党政领导负责制为核心的林长责任体系，形成网格化的林长管理体系，各级林长深入15个乡镇41个行政村挂图作战。2019年市级总林长先后19次、相关县市区总林长先

后184次实地督导扬子鳄国家级自然保护区整改点，现场办公，解决问题，推动扬子鳄国家级自然保护区问题整改高效落实。一手生态修复，全力做好扬子鳄国家级自然保护区栖息地改造工作，全面完成4个现有核心栖息地和3个适宜扬子鳄生存繁衍栖息地土地流转9 086.7亩，108户居民19 262.7平方米房屋拆除、复绿工作。禁止天然林商业性砍伐，积极开展林业有害生物防治和森林防火等工作，深入推进“增绿增效行动”和“四旁四边四创”绿化提升行动，扬子鳄野外生存环境得到持续改善。

▲安徽马家溪国家森林公园（图片来源：宣城市人民政府发布）

二是聚焦“三员发力”抓整改。组建扬子鳄国家级自然保护区“一林一员”护林员队伍，聘用93名生态护林员在保护区内专职从事野外扬子鳄巡护工作。“一林一员”的林业技术员对保护区林情进行摸底分析，参与编制“一林一策”和生态修复方案，推广和执行林业技术标准，经常性深入责任区开展林业有害生物的监测，预防有害生物的侵入。宣传扬子鳄保护政策，严防违法建房、砍树、捕鱼等行为。“一林一警”的森林公安队伍，全面、准确掌握责任区域内的森林资源保护管理状况和林区治安动态，牵头组织核实、查处涉及破坏森林资源方面的案件线索。2019 年开展救护野生扬子鳄 3 次，查处用地笼猎捕扬子鳄案件 1 起。

▲核心区搬迁势在必行（图片来源：现代快报）

三是聚焦“四路联动”抓整改。市级林长、市级林长会议成员单位、相关县市区林长、扬子鳄管理局四路联动，坚持问题导向，按照整改时间节点，以最高的政治站位、最硬的工作举措、最严的工作标准、最强的责任担当抓重点、攻难点，逐一将整改要求落到实处，持续推动整改工作向整改销号迈进。加大力度推进扬子鳄国家级自然保护区总体规划调整、流转土地交接后的管理、核心栖息地改造、永久基本农田补划调整、“绿盾”行动问题点位整改提升、违法违规用地问题整改、扬子鳄野外放归、生态补偿机制建立等工作，确保扬子鳄国家级自然保护区问题整改工作按期验收销号，扬子鳄国家级自然保护区生态环境持续改善，野生扬子鳄种群数量稳中有升。

3. 严格落实监督管理，加强保护与修复，守好扬子鳄生存家园

完善保护区管理体制。扬子鳄国家级自然保护区是加强珍稀动物保护的重要载体，是保护生物多样性的重要依托。出台相关管理办法，强化红线意识和法治意识，理顺保护区管理体制，规范保护区规划和建设行为，落实日常巡护、生态修复和补偿等管理措施，保护好扬子鳄国家级自然保护区内的自然资源和生态环境。全面开展整改工作回头看工作机制。对问题整改进行全覆盖排查、网格化管理。

多手段开展栖息地生态修复。推动扬子鳄栖息地改造和新增栖息地土地流转、房屋搬迁、生态修复等工作。其中，宣州区积极开展扬子鳄国家级自然保护区生态修复，通过地形塑造、水系沟通、植被恢复、底栖生物培育等技术手段，对核心栖息地进行优化升级，使其更加适合扬子鳄生存繁衍。作为保护区3个片区之一的红星片区，截至2022年，已流转土地638.72亩，搬迁原住居民31户110人，拆除建筑面积5 143.80平方米。

▲栖息地地形塑造（图片来源：今日宣州）

科学规划，复壮野生种群规模。持续开展扬子鳄放归活动。加强扬子鳄繁

育和野外生存驯放，复壮野生种群规模，确保扬子鳄数量持续增加。从 2003 年起，安徽扬子鳄国家级自然保护区就开始了扬子鳄的野外放归工作。2019 年安徽省对扬子鳄野外放归进行了更为系统、科学的五年计划，当年放归扬子鳄 120 条，2020 年放归 280 条，2021 年放归 530 条。2021 年的放归是历年来扬子鳄野外放归规模最大的一次。其中，宣州区根据《2021 年扬子鳄野外放归候选栖息地现场考察报告》，按雄雌比例 1∶2 野外放归扬子鳄共计 90 条，红星片区核心栖息地放归 51 条、戚家冲水库放归 6 条、凤冲水库及立大群塘放归 27 条、杨林片区放归 6 条。

▲史上规模最大扬子鳄野外放归活动在宣城市成功举办（图片来源：宣城网）

强化监管执法，完善巡查机制。全力开展开发区环境大排查大整治。复工企业项目停建、涉水企业雨污管网排查整治、生产企业环保达标等，严格落实企业责任制。加强开发区停工企业监督管理，未经同意企业不得擅自施工。推进扬子鳄国家级自然保护区规划调整工作，落实与安徽国家级扬子鳄自然保护区管理局建立的“日巡查、周调度、半月会商、月汇总”工作制度。加强监督执法，完善巡查机制，加大对违法行为处罚力度，守护扬子鳄生存家园。

（三）案例特点及经验

国家级自然保护区是推进生态文明建设、构建国家生态安全屏障的重要载体，是建设绿色美好家园的重要依托。扬子鳄国家级自然保护区问题整改工作正是检验领导干部是否树牢“四个意识”、做到“两个维护”的“试金石”。宣城面对中央生态环境保护督察问题，坚决对破坏生态环境的行为零容忍，以“三个最严格”推进扬子鳄国家级自然保护区问题整改，全力推动整改措施落地见效。该案例对加强生态环境保护、推动生态文明建设有着积极的借鉴意义：一是抓生态文明建设必须提高政治站位，严格落实生态环境保护和生态文明建设责任；二是各地党政部门必须增强统筹推进生态文明建设的行动自觉；三是推动生态文明建设必须以完善目标责任制度为保障；四是解决重点难点问题必须探索行之有效的举措办法。

二、以“体制改革”激发“创新活力”——生态制度创新型

“新故相推，日生不滞”，改革是发展的动力之源。党的十八大以来，以习近平同志为核心的党中央把生态文明体制改革作为全面深化改革的重要内容，对加快生态文明制度建设作出部署，建立激励与约束相结合的生态文明体制，推进生态环境体系与治理能力现代化。制度建设是推动生态文明建设和生态环境保护事业发展的根本保障。新形势下，创新经济政策，激活绿色发展的内生动力，推动碳达峰碳中和，促进 GDP、GEP 双提升，成为持续深化生态文明体制改革的新方向。浙江省丽水市、广东省深圳市等地区围绕绿色采购、绿色金融、生态补偿、自然资源资产确权、生态产品价值实现、碳排放强度控制等绿色政策，持续深化体制机制改革，为推进生态环境保护与经济协调发展注入了强劲动力。

案例 3：浙江省丽水市生态产品价值实现机制改革的丽水实践

（一）案例背景

丽水，古名处州，地处浙江省西南部，以水为名，因水而美，被誉为“浙江绿谷”“六江之源”，是华东地区重要生态屏障。境内物种资源丰富，森林覆盖率高达 81.7%，生态环境状况指数连续 18 年全省第一，素有“中国生态第一市”美誉。丽水市是首批国家生态文明先行示范区、国家森林城市、中国气候养生之乡、中国天然氧吧城市、国家全域旅游示范区、“绿水青山就是金山银山”实践创新基地，全国首个生态产品价值实现机制试点市。

▲丽水风光（图片来源：丽水市人民政府网）

丽水市依托优质生态资源禀赋，先行先试，发布全国首份《生态产品价值核算指南》地方标准，构建市、县、乡、村四级 GDP 核算体系；首创“林权改革”“河权到户”“地役权改革”等生态产品价值实现机制，成功唤醒了森林、河道等“沉睡资产”，实现了农村产权抵押融资的突破，农民收入增幅多年位居全国前列，实现了生态文明建设、脱贫攻坚、乡村振兴的协同推进。2022 年 1 月发布实施全国首个地级市《丽水市生态产品价值实现“十四五”规划》，推动改革从先行试点走向先验示范，为推动形成具有中国特色的生态文明建设新模式提供了“丽水示范”。

（二）主要做法与成效

1. 建立了生态产品价值实现核算、评价和考核体系

建立生态产品价值核算体系。2019 年，作为全国首个生态产品价值实现机制试点市，丽水市制定了涵盖 3 大类、145 小项的生态产品目录清单，遂昌县大田村完成了全国首个村级生态产品价值核算。出台了全国首个市级《生态产品价值核算技术办法（试行）》《生态产品价值核算指南》地方标准，为浙江省《县域生态系统生产总值核算技术规范》提供了重要支撑，并与中科院生态环境研究中心合作推进国家标准制定工作。在试点过程中，逐步建立了市、县、乡、村四级生态系统产品价值核算体系。

▲ 2021 年生态产品实现机制试点示范现场会在丽水召开（图片来源：新华网）

建立生态产品价值实现绩效评价考核制度。2019 年，丽水市在对县（市、区）的综合考核指标体系中新增了 3 类、共 15 项与生态产品价值相关的指标，其中，GEP 转化为 GDP5 个相关指标的列入属全国首创。2020 年，在 2019 年指标基础上新增了 3 类、共 12 项指标。2020 年市考核办加大了对试点工作的考核权重，明确生态产品价值实现机制国家试点推进工作要在创新区（大花园）建设考核中单独表述，并写入综合考核办法。与中科院、浙江大学等国内著名科研单位、高校签署了合作协议，建立了由中国工程院院士、美国科学院院士等组成的专家智囊团，形成了专家参与咨询评价机制。

▲龙泉市“益林贷”发放仪式（图片来源：丽水市人民政府网）

建立融合了生态产品价值实现机制的领导干部自然资源资产离任审计制度。自 2015 年起，丽水市开展了领导干部自然资源资产离任审计试点工作。此后，陆续出台了《丽水市乡镇（街道）党政主要领导干部自然资源资产责任审计工作指导意见》《丽水市领导干部自然资源资产离任审计实施办法》《丽水市领导干部自然资源资产（水资源）离任审计指引》《全市生态产品价值实现机制试点审计工作指导意见》等多项制度规范，进一步明确了领导干部自然资源资产离任审计细则，初步建立融合了生态产品价值实现机制内容的领导干部自然资源资产离任审计制度。

2. 建立了生态产品市场交易体系

实施自然资源资产产权制度改革。一是开展了水流等自然资源资产确权试点。丽水市青田县开展了“河权到户”改革，对瓯江主干道的水域、岸线等水生态空间进行确权，倡导通过河道承包获取相应收益。二是推进农村产权融资创新。在全面总结林权抵押贷款工作经验基础上，建立了包含农民住房财产权、农房流转使用权、农村土地流转经营权、信托受益权、生态公益林补偿收益权、林地流转经营权、林地地役收益权、水利工程产权、村集体经济组织股权、河道经营权、茶园等农村产权的抵（质）押贷款服务体系，构建了覆盖农村产权确权、价值评估、交易流转、风险缓释、抵押物处置全链条配套机制，基本实现了农村基本产权全部可抵押。

建立健全生态产品市场交易平台。建立覆盖市、县、乡三级的农村产权交易平台，农村林地使用权、土地承包经营权等12类产权都可以交易、抵押和贷款。开展用能权、排污权有偿交易，出台了《丽水市排污权有偿使用和交易管理办法（试行）》，建立了市、县两级排污权储备和交易制度，推动企业间排污权二级市场交易和排污权抵押贷款实践。在全省率先开展了碳汇生态产品价值实现机制试点工作，制定全省首个地方性林业碳汇方法学，完成全省首个市域森林经营碳汇潜力调查研究报告，多个经济发达地区相继购买丽水碳汇资源用于抵消大型活动温室气体排放量，实现大型活动碳中和。

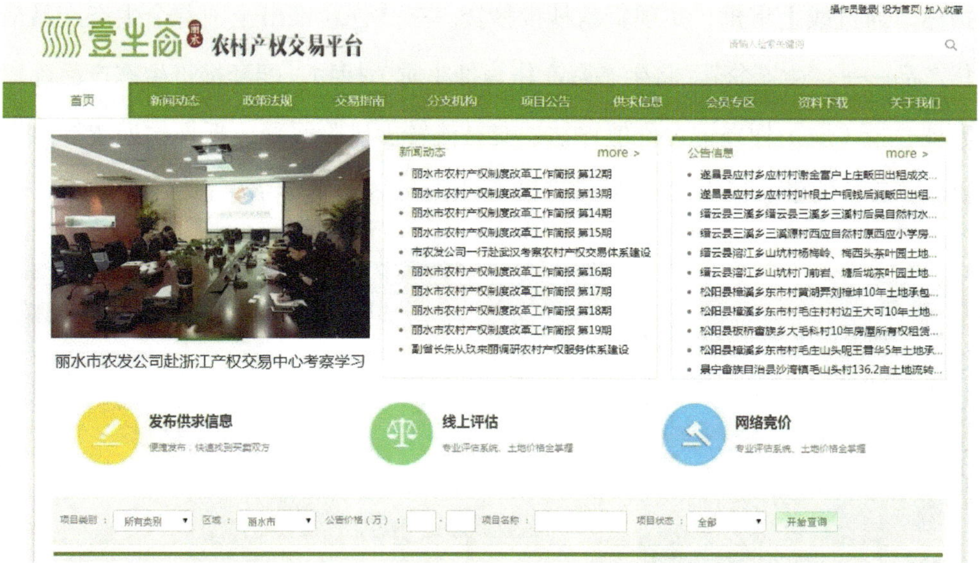

▲丽水市农村产权交易平台（图片来源：丽水新闻）

创新生态产品价格形成机制。景宁在全国率先推行民宿等产品“生态价”，创新性地将清新空气、优美风景等优质生态产品纳入定价范围进行“明码标价”，大均乡“宿叶民宿”成为全国首个生态产品旅游市场化定价案例。云和、缙云探索土地资源的生态溢价价值评估，以“经济产出价值+生态环境增值”评估出让地块价值，促进“美丽生态”向“美丽经济”转化。缙云在全国率先探索GEP核算交易，在项目协议中创新性推出“企业购买生态产品”协议，缙云大洋镇开创全国首例基于GEP核算的生态产品市场化交易落地。

创新生态产品价值实现的金融产品。一是创新推出了全国首个基于生态信用的信贷产品——“两山贷”。将生态信用积分作为贷款参考依据，引导金融机构对生态守信者提供金融激励。二是创新推出了全国首个生态产业区块链信贷产品——“茶商E贷”。运用区块链技术，将企业的支付交易数据作为授信核心指标，通过线上审批，实现贷款秒批秒贷。三是创新推出全国首个生态产品信贷产品——“生态贷”。将生态资产作为抵（质）押物，配套推进生态产品确权颁证、抵（质）押登记、价值评估、交易流转、风险缓释、抵押物处置等六大机制建设，有效激活生态产品金融属性、拓宽生态发展融资渠道。

▲“宿叶民宿”为绿水青山“明码标价”（图片来源：朱凌君 摄）

培育了生态产品市场经营主体。组建了“生态强村公司”，为利用农村闲置资源、促进集体经济发展提供了新的动力。设立了“两山银行”“两山基金”，为生态产品价值实现开拓了新的融资渠道。建立了“两山智库”，为生态产品价值实现提供了智力支持。发展了“两山邮政”，缓解了产品流通不畅、运输成本过高的问题。搭建了侨乡投资项目交易中心等，促进了从生态资源到产业项目的转化。

3. 建立了生态产品价值实现支撑体系

加大财政支持力度。一是探索发布了浙江省首个《生态产品政府采购试点暂行办法》，明确了生态产品政府采购目录。二是在全国率先试行与生态产品质量和价值相挂钩的省级财政奖补机制。三是设立丽水高质量绿色发展产业基金，探索政府主导、企业和社会各界参与、市场化运作、可持续发展的生态产品价值实现路径。四是健全了瓯江流域上下游生态补偿机制，按照“谁受益，谁补偿”的原则，根据交接断面水质和上游地区水量水效等考核指标确定综合补偿指数。

▲景宁农商银行成立全国首个“两山转化金融服务站”（图片来源：丽水银行界）

强化金融政策支撑。一是引导全市农信系统推动“生态通”贷款，强化GEP融合，推进全市生态信用体系建设。二是加大绿色项目资金要素保障，加快绿色金融标准化建设，制定并发布《绿色信贷实施指南》《基于生态产品价值实现的金融创新指南》市级地方标准，加大生态经济和涉农领域信贷支持；设立区域绿色产业发展基金、生态经济产业基金等，确立绿色项目、生态项目认定标准，对符合绿色生态标准的项目给予资金支持。三是加大对生态产品公共品牌的金融支持，为“丽水山耕”品牌旗下 843 家农业企业开展食品安全责任保险，为其溢价增值增添保险元素。

强化人才支撑。一是聘请了美国科学院院士格雷琴·戴利等 6 位国际顶尖专家担任丽水市绿色发展顾问。二是联合中科院生态环境研究中心、中国科学院大学、浙江省发展规划研究院和丽水学院组建中国（丽水）两山学院。三是与信息化百人会合作建立生态经济数字化工程（丽水）研究院，与浙江清华长三角研究院共建院地合作协同创新服务中心，有序推进生态价值交易系列研究项目。

强化数字化支撑。一是制定《花园云建设体系规划》，谋划“1654”建设思路，推进“花园云”智慧体系建设，全面支撑生态产品价值实现机制。二是打造“天眼守望”数字化服务平台和“地眼金睛”全域生态环境监测感知网络，形成全省领先的“天眼 + 地眼 + 人眼”一体化生态监控体系。三是围绕 GEP 核算交易、生态安全等方面谋划建设了 GEP 一键核算交易、应用场景。

（三）案例特点及经验

生态产品价值实现机制，是推进高水平生态文明建设和高质量绿色发展的关键改革。丽水深入践行“绿水青山就是金山银山”理念，推动绿水青山可量化，制度创新不停步。将 GDP 和 GEP 作为“融合共同体”，建立了生态产品价值实现核算、生态产品市场交易、生态产品价值实现支撑体系，为支撑生态产品价值实现提供了良好的政策环境，拓展了“绿水青山就是金山银山”转化通道，厚植了生态价值，让遂昌县大田村成为第一个“吃螃蟹”的行政村。为了让 GEP 核算和推广更深入人心，将 GEP 和 GDP 的双增长、GEP 向 GDP 的快转化等指标纳入领导干部综合考核，建立了生态产品价值实现考评体系。从 2019 年启动试点到 2021 年将生态产品价值实现纳入“十四五”规划，丽水在短短两三年的时间内推动生态产品价值实现机制改革从先行试点到先验示范，对其他生态环境良好地区构建生态产品价值高水平实现机制，具有可借鉴、可复制意义。

▲碳中和看丽水——绿色信贷 点绿成金（图片来源：丽水日报）

案例 4：广东省深圳市勇当生态文明体制机制改革先锋

（一）案例背景

深圳，又称鹏城，位于南海之滨，是粤港澳大湾区的核心引擎。建有全国唯一一个位于城市腹地、面积最小自然保护区——广东内伶仃 - 福田国家级自然保护区，森林覆盖率高达 41.2%，$PM_{2.5}$ 年均浓度 18 μg/m^3，实现环境质量新突破。深圳市是国家森林城市、全国首批低碳试点城市、可持续发展议程创新示范区、国家生态文明建设示范市，首个实现生态文明建设示范区全域创建，目前唯一创成生态文明建设示范区的副省级城市。

▲深圳风光（图片来源：深圳市人民政府网）

作为绿色城市，深圳市以习近平生态文明思想为指引，在生态环境等重点领域先行先试，创下多个“全国率先”：率先实现生态文明考核制度、推出完整的生态系统生态总值核算制度体系、建立国内最完整的碳交易法律制度、出台全国首部绿色金融法规、发布海洋碳汇核算指南、探索出一整套可复制的科学界定大气污染赔偿责任的审判经验等等，推动国家生态环境治理体系和治理能力的不断完善。

（二）主要做法与成效

1. 构建绿色发展奖惩激励机制

全国首创并持续实施生态文明考核制度。率先将生态文明建设作为党政干部任免奖惩的最大考核项，引导党政干部树立绿色政绩观，推动环保责任落实，被新华社称作“生态文明建设第一考”。2013 年印发实施《深圳市生态文明建设考核制度（试行）》以来，不断与时俱进，持续改革创新，覆盖 11 个区、

19 家市直部门及 12 家重点企业，对各区、市直部门以及重点企业的领导班子和党政正职落实生态文明建设责任情况进行评价。市委、市政府对年度生态文明建设考核评为优秀等次及获得进步奖的单位予以通报表扬；考核不合格的单位主要负责人在两年内不得提拔重用，连续两年不合格的，调整工作岗位或者转任非领导职务；对考核结果排名末位且未达到规定分数的单位主要领导和分管领导，由考核领导小组进行诫勉谈话。

构建绿色发展激励制度。印发实施《关于构建绿色金融体系的实施意见》《深圳经济特区绿色金融条例》，在产业发展政策、资金投入机制、公共财政支出上体现生态优先，树立生态环境也是生产力和竞争力的理念。督促辖区内金融机构加大绿色信贷投放力度，推动绿色金融便利化，形成了政府、金融机构、企业等各类主体共同推动，包括信贷、债券、股指、海外债和碳排放交易等在内的门类基本齐全的绿色金融产品和服务体系。截至 2021 年 6 月末，深圳银行业金融机构绿色贷款余额 3 882.9 亿元，占各项贷款余额 5.3%。

▲深圳授牌绿色金融机构（图片来源：深圳市地方金融监督管理局网）

2. 构建现代化的生态系统保护机制

创新铁腕治理污染模式。一是改革水环境治理体制机制，创新推行“全流域治理、大兵团作战”实施模式，将流域内河流综合整治、雨污分流管网建设等项目捆绑打包，采取“地方政府＋大企业”EPC治水模式，引进大企业实施全流域整治。二是推进“深圳蓝”行动改革，在全国率先划定高污染燃料禁燃区、禁止使用高排放非道路移动机械区域，最先全市限行黄标车、最早实施远洋船舶污染治理、第一个100%使用新能源公交车。三是建设国家“无废城市”，打造固体废物治理六大体系，2019年生态环境部在深圳市召开全国“无废城市”建设试点启动会，深圳市为11个“无废城市”建设试点之一，至2021年，建设试点通过评估验收，100项任务全面完成。

▲茅洲河新貌（图片来源：黄国才 摄）

强化国土空间管控。一是深圳在全国最早划定生态控制线，在城市用地紧缺的情况下划出近一半的陆域面积作为生态控制线，禁止开发利用。二是在全国最先开展环评制度改革，实行限批政策，提高环保准入门槛，实行环境影响登记表备案制度，对符合规划环评的建设项目简化环评程序，对部分服务行业豁免环评审批。三是制定《深圳经济特区生态环境保护条例》《深圳市区域空间生态环境评价管理办法（试行）》等文件，从法律层面上明确深圳实行区域空间生态环境评价分类管理制度。积极构建“三线一单”数据共享与应用系统，嵌入生态环境预测模型，实现综合展示、查询以及智能研判分析功能。

实施环境监管机制改革。以“信隆案”为试点，积极推进生态环境损害赔偿制度实施，推动广东省首批 3 家环境损害司法鉴定机构在深圳市挂牌。建立生态环境公益诉讼协作机制，创新建立驻点检察官和特邀检察官助理交流工作机制，共同建立维护生态环境安全的司法屏障。全面推行高风险领域环境污染强制责任保险制度，明确行业企业名单及强制保险条款，全市投保 774 家企业，保费近 2 000 万元，保额 11.48 亿元，居全国前列。

▲多福多田（图片来源：李新旺 摄）

3. 深化碳达峰碳中和机制建设

建立全国首个完整的 GEP 核算制度体系。2014 年，深圳以盐田区为试点，在国内率先开展城市 GEP 核算。2021 年，深圳建立了全国首个完整的 GEP 核算制度体系，即“1+3”制度体系，包括 GEP 核算实施方案、GEP 核算地方标准、GEP 核算统计报表制度、GEP 自动核算平台四个部分。同时，不断探索 GEP“四进”的管理应用体系，不断推进 GEP 核算成果在工作考核、城市规划、重大项目管理、城市生态环境监测等领域的应用，让 GEP 从“一把尺”变为城市生态环境管理的重要“信号灯和指路牌”。

▲宜居宜游（图片来源：李志强 摄）

深化碳市场建设。率先在全国启动碳市场试点，最早建立国内最完整的碳交易法律制度，为全国碳市场建设提供深圳方案。在全国首发碳债券、碳基金、绿色结构性存款、配额托管模式、纯配额碳质押、跨境碳资产回购交易等系列碳金融产品及服务，碳金融创新全国“七项第一”。在管控单位基数大、覆盖行业多且中小型制造业企业占比高的情况下，深圳碳市场履约率达 100%。在全国七个试点碳市场中，深圳以约 2.5% 的配额规模，实现了 12.98% 的成交量和 11.73% 的成交额占比，市场流动性居全国第一。

推出全国首个《海洋碳汇核算指南》。针对海洋生物和滨海湿地的碳汇总量构建了核算体系，并重点筛选出红树林、盐沼泽、贝类、藻类等 7 个可交易碳汇类型及 11 项碳汇指标，选取 17 项排放因子，明确了数据来源与途径，构建了质量控制指引，确定了统一的报告形式。《海洋碳汇核算指南》为海洋碳汇资源价值，推进海洋碳汇资源价值市场化提供了量化工具，为全国开展海洋碳汇核算提供试点经验。

▲美丽的华侨城湿地（图片来源：欧阳勇 摄）

推进近零碳排放区试点。印发实施《深圳市近零碳排放区试点建设实施方案》，在全市启动近零碳排放区试点工作。通过选取减排潜力较大或低碳基础较好的区域、园区、社区、校园、建筑及企业，总结形成可复制可推广经验，以点带面，多领域多层次有序推进近零碳排放区试点建设。龙岗区和前海合作区已作为全省第一批碳中和试点示范区开展碳中和示范试点建设。

启动深圳碳普惠体系建设。印发实施《深圳碳普惠体系建设方案》，将小微企业、社区家庭和个人的节能减碳行为量化转换为碳积分，号召全民形成绿色低碳生产生活方式，助力实现碳达峰与碳中和目标。发布《深圳市低碳公共出行碳普惠方法学》与“低碳星球”小程序，小程序上线以来，总曝光量达 5 400 万，总访问量 150 万，独立用户数 87 万人。

▲深圳发布“低碳星球”小程序（图片来源：生态中国网）

（三）案例特点及经验

作为我国改革开放的“试验田”和“窗口”，深圳始终把生态环境保护摆在与经济高质量发展同等重要位置，始终坚持绿色发展理念，通过实施绿色发展奖惩激励制度、构建现代化的生态系统保护机制、深化碳达峰碳中和机制建设等，全方位地构建了绿色引领、源头严控、过程严管、后果严惩、面向未来的生态文明建设制度体系，引领深圳绿色低碳发展，推动生态环境质量、GEP、GDP 稳步提升。在“美丽深圳”战略决策指引下，深圳在生态文明建设领域持续深化改革，多项机制体制改革全国领先，完善生态环境保护现代化治理体系，形成独具特色的生态文明体制改革“深圳模式”，为全国生态文明建设提供有益借鉴。

三、以生态环境高水平保护促进经济高质量发展——生态安全保障型

生态安全作为总体国家安全观的重要领域，是人类生存发展的基本条件，是国土安全的重要屏障，是资源安全的重要基础，是政治安全、文化安全、经济安全的基本保障。十九届五中全会将保障生态安全纳入生态文明建设总体布局，其所要实现的整体目标是构建一个具有能够支撑本国生存发展的较为完整、不受威胁的，且具备应对内外重大生态问题能力的生态系统。保障生态安全，坚持以改善生态环境质量为核心，推动生态环境综合治理、系统治理、源头治理。“把生态保护好，把生态优势发挥出来，才能实现高质量发展。”阿勒泰额尔齐斯河流域开展山水林田湖草生态保护修复工程试点，是集生态、社会、经济效益于一体的重要举措；平谷坚持突出精准治污、科学治污、依法治污，深入打好污染防治攻坚，实现以生态环境高水平保护促进经济高质量发展。

案例 5：新疆阿勒泰地区筑牢北疆绿色安全屏障

（一）案例背景

额尔齐斯河发源于新疆阿勒泰地区的阿尔泰山南坡，全长 4 248 公里，是中国、哈萨克斯坦、俄罗斯所依赖的重要水系和生态命脉，是全球生物多样性热点区域和我国生物多样性保护优先区域，是世界第六大河鄂毕河的重要支流，是“一带一路”核心区的重要生态廊道，是国际关注的跨境水安全问题焦点区域之一。额尔齐斯河流域作为北疆“水塔”，滋养了新疆 700 余万人，支撑了全

疆超过二分之一的 GDP，是新疆乃至中亚地区重要的生态屏障。2018 年，额尔齐斯河流域纳入了国家第三批山水林田湖草生态保护修复工程试点，统筹推进流域生态保护与修复，走出了一条经济发展和生态文明相得益彰的道路。

▲额尔齐斯河优美风光（图片来源：阿勒泰地区生态环境局）

（二）主要做法与成效

1. 科学确定流域生态保护修复总体思路

坚持“抚育山区、稳定荒漠、优化绿洲”方针，以流域清水产流、防风固沙、土壤保持、产品供给、生物多样性保护等关键生态系统服务协同提升为重点，按照“抓点—连线—带面”策略，突出水生态保护这一关键点，即两河一湖生态安全维护，着力修复流域以水为纽带的生态过程。坚持从生态系统整体性角度建立分区治理格局，科学把握额尔齐斯河流域物质流、能量流、信息流、服务流耦合体系，合理确定不同生态系统的功能定位与利用方向。坚持以有限目标为导向进行分类分区施策，按照统一性、系统性、整体性原则，从流域上下游左右岸山林区、林草区、绿洲区、河湖区、荒漠区不同保护修复定位出发，确定保护和修复思路。构建以提升山区源头产流区生态功能为重点的北部阿尔泰山生态功能涵养区、以维护清水产流区和河湖调蓄区生态安全为重点的中部两河一湖生态安全维护片区、以保障内流调节区生态安全为重点的南部荒漠草原生态保育区等 3 大片区。

2. 积极探索生态保护与修复实践模式

充分聚焦区域内面临的水土流失、矿山污染、流域水环境污染及生态脆弱等问题，考虑项目的重要性、科学性、可行性、效益性基础上，实施 7 大类工程项目：

序号	示范工程类型	生态保护与修复项目内容
1	山地生态涵养功能保护修复	包括采矿遗留生态问题治理修复、工程受损地质环境恢复治理、森林抚育保育、防护林建设源头区项目等
2	草地生态修复与持续利用	包括天然草原生态保护补助奖励、天然草原退牧还草、游牧民定居和草原生态保护等
3	绿洲生态功能提升与人居环境改善	包括绿洲城镇、乡村人居环境整治与提升、绿洲农用土地生态整治、绿洲生态扶贫等
4	两河一湖生态保护与修复	包括河湖泊湿地生态治理与修复、河流湿地生态治理与修复、小流域生态治理项目、国家湿地公园修复与保护等
5	生物多样性保护与荒漠化防治	包括生物栖息地保护修复与重要生物物种保护、沙化土地治理、荒漠区受损地质环境治理等
6	生命共同体治理能力提升	包括阿尔泰山气候变化监测预警、山水森田湖草系统监测平台构建、生命共同体关键科学问题研究、生命共同体管理能力提升等
7	两山转化与资源枯竭型矿山转型	主要为可可托海镇资源枯竭型矿区治理，矿区农牧民转业安置与生态扶贫等

▲实施 7 大类工程项目探索生态保护与修复

以实施绿水青山、净化城镇、美丽乡村行动“一绿一净一美”三个专项行动为切入点，突出主体功能区、水资源战略储备区、生态补偿试点区、山水林田湖草生态保护与修复国家试点区“四区”建设。截至 2020 年底，额尔齐斯河和乌伦古河水质保持或优于Ⅲ类；出境断面水质达标率 100%；集中式饮用水水源地水质达标率 100%；森林覆盖率提高至 22.65%；草原综合植被盖度增加至 42.2%；自然湿地保护率提升到 53.6%。额尔齐斯河河谷植物物种由 2013 年的 17 种增至 2020 年的 46 种，天然植被退化趋势得到有效遏制。

▲草原花海（图片来源：阿勒泰地区生态环境局）

3. 创新工程实施保障和制度体系建设

一是统一管理，创立项目指挥部。额河流域山水林田湖草工程坚持自上而下高位推动，形成了自治区统一领导、地区协同推进、县市具体落实、部门协作联动的高效管理运行体系。地委、行署成立额河流域山水林田湖草生态保护修复工程实施项目指挥部，抽调专职人员集中办公，整合多个部门资源及力量。地区指挥部下设项目执行办、财政绩效办、合规监察办、科技专家办、金融服务办等，具体统筹、协调、调度、监管项目实施。

二是科学管理，健全工作制度。制定出台新疆额尔齐斯河流域山水林田湖草生态保护修复工程试点项目实施管理办法、绩效评价考核细则、督查通报制度、跟踪审计方案等8项制度，确保项目管理制度化、科学化。

三是深化考核，强化结果运用。由地区指挥部执行办、合规监察办对各项目实施主体进行定期考核、专项考核、现场考核，重点对规划目标、资金投入及重点工程的实施情况进行跟踪督导。将绩效考评结果与项目责任领导的评优评先、选拔任用、离任审计相挂钩，与实施单位的年度考核相结合。

▲中水利用植树造林（图片来源：阿勒泰地区生态环境局）

四是强化监督，开展全过程跟踪审计。成立跟踪审计工作领导小组，制定《新疆额尔齐斯河流域山水林田湖草生态保护修复工程全过程跟踪审计方案》，通过公开招投标方式聘请第三方社会审计机构，对各项目主体单位前期准备、项目造价、项目实施、项目竣工决算等阶段实施现场全过程跟踪审计，做到主动发现问题、主动解决问题。对社会审计机构的审计质量进行全程监督、检查，指挥部抽调地区纪委监委、审计、律师等专业工作人员，对项目和资金实施全程监督。

4. 探索“三生融合”，实现生态、经济和社会效益有机统一

阿勒泰地区坚持生态、生活、生产“三生”融合理念，坚定不移走生产发展、生活富裕、生态良好的文明发展道路，从生态环境保护修复中获取“生态红利”，将额尔齐斯河流域生态修复工程建设与脱贫攻坚、乡村振兴和农村人居环境改善等工作深度融合、统筹推进，以“生态+”为抓手，实现了生态、经济、社会效益有机统一。

▲“万驼园”产业区——沙漠中的脱贫“绿洲”（图片来源：阿勒泰日报）

“生态+”脱贫攻坚。生态移民自然保护区核心区牧民 473 户，建设现代牧业集中养殖区，配套污水处理厂等设施，在保护生态环境中巩固了脱贫成果。青河县以租用农牧民机械、收集牛羊粪和组织贫困户参与工程建设的方式，为农牧民就近就业创造了机会，促进农牧民增收 2 151.8 万元。在新疆汪源集团“零成本投入、零风险经营、零距离就业”的“三零模式”的扶贫模式下，吉木乃县利用水源优势打造“万驼园”，帮助 1 500 户牧民定居，发展骆驼养殖，每

户可增入 5 000 元以上。

“生态 +”乡村振兴。全地区完成农村人居环境整治的村庄 316 个，完成绩效目标的 166%，进一步完善了农村生活污水、垃圾处理、卫生厕所等基础设施建设，有效改善了农牧区人居环境。布尔津县荣获“全国村庄清洁行动先进县”，“额河第一村”富蕴县可可托海镇塔拉特村累计实现旅游收入 230 余万元。

▲全国村庄清洁行动先进县——布尔津（图片来源：阿勒泰地区生态环境局）

“生态 +”产业发展。青河县利用地质环境治理和生态修复盘活的 1.4 万亩存量土地，发展壮大沙棘产业和驴产业，为下一步扩大养殖规模提供天然牧场；布尔津县围绕“河河联通”惠民项目，结合正在打造的七彩河休闲旅游度假区，带动周边旅游产业发展，现已累计带动社会投资 26 亿元。

“生态 +”旅游 + 教育。阿勒泰市利用切木尔切克镇花岗岩矿区遗迹建造迷宫、巨石阵，让千疮百孔的矿坑变为“网红打卡地”；利用中水库扩建及绿化工程，建设万亩苗圃基地，打造成集徒步、自行车运动、休闲观光、环保教育为一体的旅游基地。青河县、福海县和富蕴县打造地质环境修复、湿地系统修复与生物多样性、矿山修复生态文明实践基地，传承功勋矿山红色革命精神。

▲矿坑“变身”景点的缩影——切克镇花岗岩矿区治理（图片来源：阿勒泰新闻网）

（三）案例特点及经验

阿勒泰地区通过不断探索创新，坚持生态修复与惠及民生相结合，将山水林田湖草生态保护修复工程试点与脱贫攻坚、乡村振兴战略和农村人居环境改善等工作统筹推进，通过生态修复，形成了生态＋脱贫攻坚、生态＋产业发展、生态＋乡村振兴、生态＋教育＋旅游等“生态＋”发展模式，形成了一套山水林田湖草沙修复治理的实践模式，为推动生态保护和修复治理提供了经验借鉴。

案例 6：北京市平谷区持续提升环境质量 守好首都东大门

（一）案例背景

平谷区位于北京市东北部，地处燕山余脉，东、南、北三面环山，与津冀地缘相接，总面积 948 km^2，山区、浅山区、平原面积各占 1/3，森林覆盖率达

67.32%，是首都东部重要的生态屏障。平谷生态资源禀赋良好、农业基础雄厚、文化历史悠久，素有“山水平谷，森林城市，花果田园，人文胜地”之美称。

▲美丽平谷（图片来源：平谷区生态环境局）

作为北京市生态涵养区之一，平谷区坚定不移贯彻新发展理念，生态环境持续改善，位居北京市前列，空气质量优良，环城水系北段实现贯通，获评8个“北京市优美河湖”，建成北京市首个国家森林城市，获评国家全域旅游示范区，荣获“绿水青山就是金山银山”实践创新基地称号。创新基层治理的“生态桥”治理工程和“街乡吹哨、部门报到”的体制机制，有效解决了生态环境保护领域的各种乱象，推动生态环境保护与产业协同发展，有力促进平谷高质量发展。

（二）主要做法与成效

1. 坚持治标本同治，全力打通大气治理最后一公里

坚持精细化管理，科学制定实施方案。遵循“问题导向、重点突出、精准

施策、结果评价”原则，确定“5+61”试点，以“一、二级管控区”内5个镇街的61个村和社区为实施主体。聚焦“7+1”重点，有效解决烟花爆竹燃放、吊（土）炕复烧、锅炝复燃、扬尘污染、不文明祭奠、“三烧”、油烟等7项难点、痛点问题，形成1个可操作、可复制、可推广的精细化管控机制。实施“2+n”考核机制，通过“部门抽查、三方巡查”与“城市指挥中心监控平台、森林防火预警监测系统、热点网格、污染物在线监控、$PM_{2.5}$小微监测子站、无人机巡航等”相结合的人防＋技防手段，以奖促治，逐步提升全区大气精细化管理水平。2021年，平谷空气中细颗粒物（$PM_{2.5}$）平均浓度33 μg/m^3，达到了国家空气质量二级标准，连续两年实现“30+”。

▲平谷蓝天保卫战（图片来源：平谷区生态环境局）

突出“六治融合”，构筑崭新格局。一是将重点大气问题治理纳入村规民约、社区公约，规范行为，培育意识，强化德治；二是深化“街乡吹哨，部门报到”、执法下沉等监管机制，严格执法查处，强化法治；三是实施基层网格化监管，落格、落点、落人、落责，强化自治；四是建立“村居实施、属地指导、部门监督”机制，进一步压实责任，各司其职、凝心聚力，强化共治；五是推进大气污染防治“一村一策”“一街一策”“一源一策”，强化精治；六是构建“天地人技”一体化大气污染防治体系，充分依托科技赋能，织密覆盖全区的数据化、立体化溯源监测网络，强化智治。

聚焦八个“是否”，下足“绣花”功夫。重点聚焦乡镇街道是否履行属地监管责任，是否细化大气污染防治精细化管理实施方案，是否做到“一村一策”“一街一策”“一源一策”，是否制定对村（社区）级的管理要求、考核细则和资金管理等相关配套政策；重点核验参与创建的村（社区）是否明确村级环境监管工作人员工作职责与程序，是否建立辖区污染源档案并进行动态更新，是否在村规民约、社区文化等方面进行探索创新，加入符合自身特色的环境保护相关条款；重点核算村（社区）$PM_{2.5}$浓度同比是否有所改善，事无巨细、全面覆盖，下足评比“绣花”功夫，推进大气“绣花”治理。

2. 河长制——让“如何是好”到“洳河是好”

全面落实，从“河长制”到“全员治”。设立区、乡镇（街道）、村三级河长314名，明确20家河长制成员单位及职责分工，形成了网格化河长全覆盖组织体系，搭建了协调有序、运转高效、责任落实的河长制工作平台。实施地表水环境质量考核，围绕“测、溯、督、通、考”助推地表水环境质量持续改善。截流养殖污水、生活污水、企业污水，对水污染开展系统溯源，持续改善河湖水环境。大兴庄镇严格贯彻落实“河长制”，不折不扣执行“三污一垃圾”治理工作。从“要我治污”到“我要治污”，从“水源头”到“水龙头”，从“分散治”到“系统治”，从“人防”到“技防”，从“河长制”到“全员治”，全镇治水体系逐步完善。2021年，平谷区地表水国控断面水质优于Ⅲ类比例达到

100%，海子水库、黄松峪水库、泃河新城段等 8 个河湖先后获评北京市优美河湖，位居北京市第三位。

▲美丽河湖（图片来源：平谷区生态环境局）

源头管控，采取“三截流”应急措施。针对生活污水、养殖污水、企业废水问题，全区采取“三截流”应急措施，共建生活污水收集池 63 池，收集生活污水，全部抽运至污水处理厂处理，封堵养殖场排污口 799 个，规模养殖场粪污处理设施装备配套率达 100%。推进治污基础设施建设，新建 4 座污水处理厂，平谷区污水处理率提升至 93% 以上。严控城市面源污染，持续开展清管行动。有效降低了雨季污染物入河浓度，防止了杂物排入河道。实施“生态桥”治理工程，推进了种植枯枝、养殖粪污资源化利用，提升农村人居环境。

3. 多模式探索，强化“三地”保护，深入打好净土保卫战

预防为主、保护优先，遏制新增土壤污染。严格农用地污染预防，积极开展化肥农药减量增效行动，推进植保专业化统防统治 1 000 余亩，全面开展绿色

防控产品补贴工作。严格农田灌溉水质监督管理，建立农田灌溉用水水质管理机制。严格工业企业污染预防，督促全区土壤污染重点监管单位和中高风险企业开展隐患排查、监测、报告等义务，“一企一档”推动精细化管理。强化未利用地土壤保护，加强日常执法巡查工作，对新增违法项目做到早发现、早制止、早处理。2021 年累计开展土地巡查 24 000 千米，出动巡查人员 700 余次。

▲有机种植，确保百姓吃得更放心（图片来源：平谷区生态环境局）

多模式探索农用地安全利用，确保吃得放心。深化耕地分类管理，以农用地分类清单为抓手，编制《提高平谷区耕地环境质量的工作方案》，指导全区受污染耕地安全利用工作。进一步优化种植结构，通过种植结构调整 + 基质栽培等措施，推动农用地安全利用，实施耕地分类管理，农药利用率提高到 45% 以上，化肥利用率提高到 40% 以上。深化“生态桥”治理工程，与辖区内大型养猪场开展深入沟通，结合生态桥治理工程处理养殖场粪污。截至 2021 年 8 月，平谷区已初步生产高标准有机肥 0.5 万吨。

严格建设用地风险管控，保障住得安心。加强建设用地环境监管，建立建设用地开发利用联动监管机制，督促土地使用权人按要求完成土壤污染状况调查，严禁不符土壤环境质量地块进入用地程序。探索开展重点在产企业土壤污染防控项目，推动全区土壤污染防治工作水平。2021 年全区受污染耕地安全利用率、污染地块安全利用率均为 100%。

▲野生保护动物陆续重现（图片来源：平谷区生态环境局）

4. 探索区域共治模式，创新基层治理机制

探索跨区域协同生态环境保护治理。平谷区是首都东部重点生态保育及区域生态治理协作区。平谷区落实国家京津冀协同发展战略，会同天津蓟州区和河北廊坊北三县（三河、香河、大厂），共同开展国内首个跨行政区域的生态文明先行示范区，探索区域协同发展新模式，共同解决生态环境问题。平谷区为推进“五地”协同创建，健全“平蓟三”协同共建机制，牵头推动制度创新，

联合五地在生态环境保护、流域治理、环保产业对接、基础设施互联互通等领域开展协同探索，出台多项跨区域生态文明建设制度；推进五地重大项目建设。牢固树立绿水青山就是金山银山的发展理念，持续加大生态系统保护和治理力度，推动生态优势转化为绿色发展优势，不断提升生态保育功能、人居环境质量。

▲平谷农业中关村科技园区一期（图片来源：平谷区峪口镇政府）

创新“街乡吹哨、部门报到”基层治理机制。平谷区坚持以问题为导向，找准基层环境治理的薄弱环节，推行“街乡吹哨、部门报到”“一门主责、其他配合”“部门要求、街乡落实”三协同执法链模式，有效地解决了基层环境治理难题。平谷区在治理金矿盗采时开创的“乡镇吹哨，部门报到”机制，在随后的系统思考中升华为“党建引领，街乡吹哨，部门报到”，并且纳入 2018 年的 1 号改革，在全市推广并得到上级充分肯定。2019 年成功入选中央组织部攻坚克难案例，2020 年被中央全面依法治国委员会办公室命名为第一批法治政府建设示范项目。

（三）案例特点及经验

生态是平谷的立区之本，生态资源系统保护是实现绿色发展的前提。立足资源禀赋和生态优势，平谷始终坚持“生态立区、绿色发展”理念，以敢为人先的胆识和气魄，坚持及早谋划、铁腕治污、科学施策、精细管控，实现了生态更美、产业更兴、百姓更富。坚持目标管理，确立“截、堵、改、禁、控、限、改、优、查、罚、关、抓、拆”十三字方针，推进治污治水见实效。坚持问题导向，找准基层环境治理的薄弱环节，在挖山、挖河、挖金工作中逐渐形成“街乡吹哨、部门报到”管理机制，切实提高基层治理效率和质量。坚持协同发展，建立跨区域组织协调机制，创新区域生态治理联动机制，共同解决生态环境问题。持续在“治理”上下功夫，探索“精准治理＋源头治理＋系统治理＋生态治理”，建立生态环境保护长效机制，以环境质量全面提升，实现平谷高质量发展。

四、变“生态优势”为“发展优势”——生态经济发展型

习近平总书记的“两山论”是对如何把握经济社会快速发展与维持自然生态良好平衡的理性考量，为新时代正确处理经济发展与生态环境保护的关系指明了方向，提供了宝贵理论财富。“绿水青山就是金山银山”作为习近平生态文明思想的核心理念，已被干部群众普遍认同。如何找到绿水青山向金山银山转化的路径和模式依然是我们面临的现实课题。要加快构建以产业生态化和生态产业化为主体的生态经济体系，就是把生态优势转化为发展优势，让绿水青山源源不断地转化为金山银山，建设生态美、产业兴、百姓富的美丽中国。

案例 7：内蒙古阿尔山市将优美生态变为致富金山

（一）案例背景

阿尔山市地处内蒙古东北部中蒙边境，横跨大兴安岭西南山麓，是呼伦贝尔、科尔沁、锡林郭勒和蒙古四大草原交汇处，属于森林和草原过渡地带。阿尔山市自然环境优越，森林覆盖率 80% 以上，是国家后备林木资源宝库。旅游资源丰富，资源富集且组合度好，现有 1 个 5A 级旅游景区、1 个世界地质公园、2 个国家森林公园、3 个国家湿地保护区和 1 个国家重点风景名胜区。以良好的生态资源和绿色品牌等优势，获得中国气候生态市、中国天然氧吧、国家生态旅游示范区、全国森林旅游城市示范区、国家生态文明建设示范市、“绿水青山就是金山银山”实践创新基地等诸多殊荣。

▲阿尔山著名的驼峰岭天池（图片来源：阿尔山市人民政府网）

2014 年 1 月，习近平总书记视察阿尔山时指出，无论什么时候都要守住生态底线，保护好生态就是发展。近年来，阿尔山市深入贯彻习近平总书记指示精神，始终坚持生态优先、绿色发展，以“为旅而为”的发展思路，大力发展林下经济、休闲观光农业，充分挖掘生态农牧业的附加值，依托优质温泉矿泉资源，深入挖掘水文化，做好水文章。环境就是民生，绿水青山就是金山银山，阿尔山市牢牢把握生态优势，大力发展绿色经济，不断释放绿水青山的生态价值，摸索出了一条机制活、产业优、百姓富、生态美的绿色发展新路。

（二）主要做法与成效

1. 守护绿水青山，筑牢生态底线

阿尔山市深入贯彻习近平总书记指示精神，将生态保护列为“天字号”工程，全方位推进生态系统保护。始终坚持生态优先、绿色发展，努力在发展中保护，在保护中发展，像保护眼睛一样保护生态环境，像对待生命一样对待生态环境。

▲阿尔山国家森林公园（图片来源：兴安日报）

一是加大建设力度，倾力守护绿水青山。2014 年以来阿尔山市累计实施天保工程 1 650 万亩、封山育林 120 万亩、植树造林 40 万亩、退耕还林还草 25 万

亩。将国土面积的 85.62% 划入生态保护红线，实施禁伐禁采等生态保护政策，严守生态保护底线。多年以来的生态环境建设与保护，生态环境进一步改善，森林覆盖率达到 81.2%、绿色覆盖率达 95% 以上。《内蒙古兴安盟阿尔山市生态系统生产总值（GEP）及生态资产核算报告》显示，2014 年阿尔山市 GEP 为 544.44 亿元，约为当年 GDP 总值的 35.8 倍。

二是强化污染防治，提升生态环境质量。全面推进污染防治工作，深入推进河湖长制，严格河湖泊水域空间管控，强化河湖泊岸线管理保护，地表水水质全部达到Ⅲ类以上，全市集中式饮用水水源地水质达标率 100%。坚决落实"土十条"，建立农村垃圾集中处理机制，实现城镇垃圾处理设施全覆盖，全市无受污染耕地和污染地块。抓实抓好"气十条"，全面启动了"冬病夏治"环保设施升级改造工作，优良天数达标比例达 98.9%，年均负氧离子含量为 3 303 个 /cm^3，荣获"中国天然氧吧"称号。

▲"不冻河"景美如画（图片来源：阿尔山市人民政府网）

2. 用好绿水青山，做大金山银山

阿尔山市依托优质的自然环境，深入开发景区景点，逐步完善基础设施，打造节庆品牌，探索“旅游+”产业模式、论坛经济，大力发展全域旅游、四季旅游。“放下斧头当导游，小康生活不用愁”，入选2020年度旅游扶贫典型案例。

一是推进“旅游+林俗文化”，打造文化旅游品牌。挖掘林俗文化，培育和塑造白狼树皮画等一批富含林俗文化内涵的产品，对林俗村实行保护性开发利用，打造林俗生活体验区和林业生产体验区。持续开展杜鹃节、圣水节、国际森林音乐节、国际冰雪节等品牌活动，精心编排了《梦幻阿尔山》《敖鲁古雅》舞台剧和《阿尔山》音乐山谷实景剧，并贯穿推动体验类、互动类项目，四季旅游产品体系逐步完善。

二是推进“旅游+冰雪极限运动”，打造“原生态冰雪观赏运动目的地”。通过举办节庆文化活动以及冰雪极限运动不断加大冬季旅游宣传力度，培育旅游市场。把冰天雪地也打造成金山银山。目前已成功举办阿尔山市滚冰节、阿尔山市冬季冰雪趣味运动会、雪地汽车拉力赛、雪地摩托挑战赛等活动，成功吸引了全国各地游客前来体验。

▲白狼林俗树皮画（图片来源：阿尔山市人民政府网）

三是推进“旅游 + 矿泉资源”，打造绿色工业旅游品牌。依托得天独厚的矿泉资源优势，继续大力推进水知道矿泉水有限公司和蓝海望远山矿泉水厂的建设，提高生产能力，扩大产业规模，增强市场竞争力。改造水知道矿泉水有限公司参观通道，实现工业生产与旅游的高度融合。

四是推进“旅游 + 特色种植养殖”，打造特色种植养殖旅游品牌。立足林下经济发展优势，积极培育以食用菌研发、生产、销售为主导的特色产业，年产量达 400 万棒；阿尔山市黑木耳、卜留克获得国家级农产品地理标志。围绕发展旅游业，创新发展特色林果业，成功试种高寒矿泉水稻，建设一批以“林下野生植物采摘体验园”为代表的特色旅游项目。通过“旅游 +”模式，大力发展观光、休闲农业，实施“花海乐土”和特种动物综合养殖项目，丰富休闲观光农业内容。

▲阿尔山市鹿村（图片来源：光明网）

五是发展论坛、会展经济，提高绿色附加值。围绕贯彻绿色发展理念，在旅游业的基础上，大力发展论坛会展经济，以打造“阿尔山论坛”为核心，吸进各类论坛年会落户阿尔山，以此带动旅游业、旅游纪念品加工业，以及其他相关服务业快速发展。目前，阿尔山论坛已经成功举办两届，形成了一定的影响力和示范效应，阿尔山金融科技论坛等一大批论坛先后落户阿尔山，不仅对阿尔山市全域旅游、四季旅游发展战略产生积极影响，更对全市“吃住行游娱购”等产业链带来重大发展机遇。2021 年接待旅游游客 224.23 万人次，实现旅游收入 32.54 亿元，同比增长 22.2%，城镇常住居民人均可支配收入从 2015 年的 22 171 元增长至 33 435 元，农村牧区常住居民人均可支配收入从 2015 年的 7 906 元增长至 14 025 元。

（三）案例特点及经验

阿尔山市凭借得天独厚的良好生态资源，整合冰雪、矿泉、大山、林俗等优势资源，实施“拉长旺季，做热淡季、实现全季”战略，积极发展全域旅游、四季旅游，拓展“旅游 +”产业，构筑了以旅游业为主体，以环保型工业和特色农牧业为两翼的发展格局。阿尔山市以良好的生态环境支撑旅游业和特色农牧业发展，形成了良性互动局面，全域旅游与生态环境保护共赢发展，将“绿水青山”源源不断转化为“金山银山”。

案例 8：湖北省十堰市全力做好“两山”实践的十堰答卷

（一）案例背景

十堰市简称“堰”，别称“车城”，地处鄂西北、汉江中上游，是鄂、豫、陕、渝毗邻地区区域性中心城市，素称“川陕咽喉、四省通衢”。十堰是国家重点生态功能区、南水北调中线工程核心水源区，被誉为“华中绿肺”“华北大水井”，拥有武当山、丹江水、汽车城三张世界级名片。全境面积 2.3 万平方千米，2020 年常住人口 320 万，森林覆盖率 73.5%，空气优良天数比例 94.8%。先后荣获国家卫生城市、中国宜居城市、国家园林城市、国家森林城市、“绿水青山就是金山银山”实践创新基地、国家生态文明建设示范市等荣誉称号。

▲武当山（图片来源：十堰市人民政府网）

2013年习近平总书记视察湖北，要求加强丹江口库区的生态功能保护、强化汉江等重点流域水资源保护。2018年习近平总书记再次视察湖北，强调要突出抓好汉江等主要流域和丹江口库区等重点区域的生态保护修复。十堰最大的功能是生态功能、最大的价值是生态价值、最大的优势是生态优势、最大的责任是生态保护责任。近年来，十堰始终坚持生态立市战略，践行“绿水青山就是金山银山”理念，改革创新体制机制，推动经济结构转型升级，全力做好“两山实践”的十堰答卷。

（二）主要做法与成效

1. 改善环境质量，养护好绿水青山

一是创新生态环境保护工作机制。成立高规格的环境保护委员会，由市委书记任第一主任。在全省率先制定环境保护“一票否决”实施办法、“党政同责、一岗双责”责任规定和考核办法，聘请第三方对各县市区和市直相关部门进行环保目标责任制考核；率先探索建立生态补偿机制，率先推行环境污染第三方治理机制。十堰市财政每年安排 1 500 万元资金用于水、大气环境质量生态补偿和考核奖惩。生态环保体制机制创新被列为湖北省改革十大典型之一，十堰市生态文明体制改革项目入选湖北省第二届改革奖候选项目。

▲丹江水（图片来源：十堰市人民政府网）

二是全面加强生态环境综合治理。持续实施“大气十条”“水十条”“土十条”，全力攻坚“蓝天、碧水、净土”保卫战。细颗粒物（$PM_{2.5}$）年均浓度为 33 μg/m^3，优良天数比例 94.8%。在黑臭水体治理上，探索建立了“截污、清污、减污、治污、控污”综合治理体系，实现了“水清、河畅、岸绿、景美”的治理目标。为保“一库清水”北送，关停了年产值 14 亿元的黄姜加工企业 79 家，关停并转各类重污染企业近 500 家，淘汰 7 个行业 12 家企业的落后产能，化解煤炭过剩产能 36 万 t。目前，丹江口库区水质考核 109 项指标有 106 项常年保持在 Ⅰ 类标准，全市地表水断面达标率由 2015 年的 88.2% 上升为 97.1%，达到或好于Ⅲ类的水质比例 94.3%，“五河”治理被列入全国黑臭水体治理典型。

三是增绿地灭荒山，提升绿色质量。十堰实施“绿满十堰”行动，开展“绿盾”“精准灭荒”，创造性实施“四季挖窝、三季栽树”，完成精准灭荒42.3万亩，新增人工造林114万亩，森林面积2 611万亩、林地面积2 906万亩，位居全省市州第一，森林覆盖率73.5%、森林蓄积量10 490万 m^3，位居全省市州第二。实施生态系统保护和修复重点工程，优化生态安全屏障体系。实施天保、长防、新一轮退耕还林等工程，持续推进石漠化防治、水土保持、小流域综合治理等生态项目建设，做大绿色增量，护好绿色存量，提升绿色质量，实现生态价值保值增值。全市生态价值评估达到11.11万亿元，是同年GDP的100倍。绿色已成为十堰的城市底色、发展主色和鲜明特色。

▲一半山水一半城——生态宜居的十堰（图片来源：十堰日报）

2. 推动产业生态化，提质金山银山

转型升级汽车主导产业。十堰市以生态优先、绿色发展倒逼企业转型、产业升级。以绿色化、智能化、轻量化、网联化发展为主线，推动汽车与信息技术、新能源、新材料等新兴产业深度融合。滚动实施“千企千亿”技改工程，重点突破汽车电子系统、电机驱动系统等核心技术，推进传统制造业向先进制造业裂变升级。乘用车从小到大，商用车迈向中高端，新能源车快速成长，开创了“商乘并举、油电并重”新格局。东风小康空港工厂、东风轻型发动机、易捷特新能源乘用车等项目投产，全市新能源汽车年销售量达到50万辆，新能源汽车产业产值达到1 000亿元。

▲“东风车”的诞生之地（图片来源：《十堰年鉴（2021）》）

3. 推动生态产业化，筑就金山银山

一是巩固提升生态农业。深入实施“61”产业强农计划，突出茶叶、林果、草牧业、中药材、蔬菜、水产（饮）品等六大重点特色产业开发，武当道茶、道地中药材等特色农产品远销美国、欧盟、东南亚等国家和地区。特色农产品基地面积达600万亩，特色产业对农民收入贡献率达到60%以上。开展水产新品种、新技术、新模式试点，探索开展稻龟、稻虾、集装箱养殖、藕鳅等种养新模式。扶持种植大户开展标准研发攻关，神仙叶产业形势喜人。大力实施“一县一品”“一村一品”，打造武当道茶、丹江口翘嘴鲌、房县黑木耳、竹山绿松石等26个国家地理标志产品。打造乡村旅游主题路线和美景，6个景点入选了荆楚乡村旅游十大主题游线路。

▲武当道茶（图片来源：十堰市人民政府网）

二是突破性发展生态文化旅游业。推进“全域风景区、全域生态区、全域水源区”建设，整体改造提升“大武当”、十堰城区、汉水—堵河等重点区域。充分发挥十堰大山、大水、大人文优势，以武当山为龙头，打造“东方国际休闲养生旅游目的地”。目前，全市A级以上景区总数达85家，汉江休闲观光带、城郊生态游憩带、竹房绿色度假带、大武当健康养生区基本建成。2020年接待游客8 680.7万人次，比上年增长8.5%；旅游总收入897.2亿元，增长9.1%，服务业对经济增长贡献率达53.8%。

（三）案例特点及经验

十堰市立足建设“绿色生态市、现代新车城”的战略目标，着力构建以汽车产业为主导，以“大旅游、大健康、大生态”产业为重点，以数字经济、新型材料、智能装备、清洁能源、现代服务为支撑的“一主三大五新”现代产业体系，做好厚植绿水青山、绘就金山银山、夯实“两山”转化文章。通过推动经济社会发展全面绿色转型、产业生态化、生态产业化，实现了保护与发展、百姓富与生态美的有机统一，探索走出一条中西部地区、生态敏感区域、老工业基地的生态优先、绿色发展新路子，交出了“两山实践”的十堰答卷。

五、让生态文化引领生态文明建设——生态文化引领型

《中共中央 国务院关于加快推进生态文明建设的意见》提出，“坚持把培育生态文化作为重要支撑。将生态文明纳入社会主义核心价值体系，加强生态文化的宣传教育，倡导勤俭节约、绿色低碳、文明健康的生活方式和消费模式，提高全社会生态文明意识”。随着我国把“碳达峰、碳中和”首次写入政府工作报告，生态文化越来越备受关注，各地在生态文明实践探索中，涌现了一批以生态文化引领生态文明的典型案例，通过传承弘扬生态文化、创新生态文化产业、强化生态文化宣教等，推动生态文明理念深入人心，推进生态产品价值实现，推动生态文明建设与脱贫攻坚、乡村振兴互促共进。随着生态文化发展格局不断扩大，生态文化已成为新时代生态文明建设的强大支撑和内生动力。

案例 9：西双版纳州着力弘扬生态文化 增强生态文明建设内生动力

（一）案例背景

云南省西双版纳傣族自治州作为北回归线上的唯一一块绿洲，是我国热带生态系统保存最完整的地区，森林覆盖率高达 81.34%，自然资源得天独厚，是名副其实的“动物王国”“植物王国”“世界物种基金库”“森林博物馆”，是“植物王国桂冠上的一颗绿宝石”。长期以来，西双版纳州自觉践行习近平生态文明思想，确立了“保护生态环境、发展生态经济、弘扬生态文化、建设生态文明”的战略发展思路，成功创建全国首批、全省首个生态文明建设示范州，荣获全国“美丽山水城市”、山水林田湖草生命共同体试验示范基地等诸多殊荣。

▲美丽山水城市（图片来源：西双版纳傣族自治州人民政府网）

西双版纳傣族自治州始终围绕生态文明建设排头兵的战略定位，持续推动生物多样性保护与时俱进、创新发展，建设了622.8万亩国家级、州级自然保护区，保持西双版纳的天蓝、地绿、水清。景洪市荣获“国家森林城市”称号，勐腊县荣获“国家园林县城”称号，勐海县荣获“省级可持续发展试验区”称号，勐腊县曼龙代村、景洪市曼听村入选“省级美丽村庄”，8个村委会荣获“国家森林乡村”称号，17个村委会荣获“云南省森林乡村”称号，2个村民小组荣获“全国生态文化村”称号。2022年5月22日，国际生物多样性日以“守护吉象　为生命构建共同的未来”为主题，呼吁构建人象和谐生态，推动生态文明共建共享。

（二）主要做法与成效

1. 持续开展生态文明宣传教育

一是打造生态文明宣教示范阵地。为保护生物多样性，构建人象和谐共生，在野象谷景区设立国际生态环境教育示范基地，呼吁人们要尊重自然、顺应自然、保护自然，以感恩的心守护吉象、善待所有生物。积极开展好引领生态文明新风尚支部共建活动，在曼远村建设“支部共建·曼远村生态文明宣传长廊”，展示曼远村美丽乡村建设成就、普及生态环境保护和生物多样性资源可持续利用知识，共建和谐美丽乡村。实施少数民族传统文化保护传承和“双百工程”保护项目42个，建设了一批非遗项目传习基地和一批民族文化示范基地，全州“三馆一站”覆盖率达117.4%。

二是探索创新生态文化传播载体。多形式深入开展生态文明宣传教育普及活动，组织开展“保护热带雨林”“亚洲象保护与安全防范”等形式多样的自然教育主题活动。通过保护、传承、发展各民族优秀传统文化，铸牢中华民族共同体意识。以群众喜闻乐见的形式举办少数民族文艺汇演、歌舞乐展演、传统体育运动会等活动，讲好西双版纳民族团结故事，促进各民族文化交融创新发展。11项非物质文化遗产入选国家级非物质文化遗产保护名录，出版《中国贝叶经全集》等一批民族传统文化特色精品书籍。创作编印各族干部群众喜闻乐见的科普读物，大力宣传普及和传播推广西双版纳生态文化故事，促进多种文艺形式与生态文化相结合，让各族群众充分体验并广泛接受民族优秀生态文化理念。

▲西双版纳生态文明长廊（图片来源：西双版纳傣族自治州人民政府网）

三是引导生态文明观念深入人心。举办西双版纳傣族自治州生态文明建设专题文艺巡演，以“保护生态环境、弘扬生态文化、建设秀美傣乡”为主题，引导人民群众树立尊重自然、顺应自然、保护自然的生态文明理念。通过《生态文明布朗情》《江水清清》《绿水青山就是金山银山》《西双版纳好地方》等节目，把生态文明思想和河长制精神贯穿始终，深入浅出地讲清楚绿水青山就是金山银山的简单道理，用群众喜欢的歌舞讲明白了“有林才有水、有水才有田、有田才有粮、有粮才有人”的传统美德，让观众对绿水青山就是金山银山的环保意识有了更全面的理解，主动参与修复生态环境的愿望更加强烈。

▲ 5 · 22 国际生物多样性日主题活动——守护吉象 为生命构建共同的未来

2. 着力打造生态文化品牌

一是打造文化品牌。充分利用西双版纳丰富而独特的文化资源，处理好文化遗产保护、传承和推动经济社会发展的关系，在展示文化的过程中打造文化品牌，以品牌催生经济效益。通过举办“醉美勐遮”系列活动、“稻香勐遮”自行车越野赛、“勐遮杯”足球赛、“莎婉丽”评选节庆文化活动树立品牌形象。勐海县勐遮镇举办渔乐文化节，帮助群众体验农耕文化，“勐遮镇的稻田养鱼”已成为传承和弘扬农耕文化的重要载体。

二是提升民族文化。致力保护发展优秀民族文化，深入做好民族文化典籍的挖掘、收集、整理和提升工作，使各民族文化更加系统完整、更加特色鲜明，通过艺术、节庆、建筑、服饰、美食和社会生活中充分体现，形成独具特色的人文风情。

三是助推文化产业。将文化产业与旅游产业融合发展，培育一批民族文化名人，建设一批文化大项目，推出一批民族文化精品力作，塑造一批民族文化品牌，推动文化产业跨越发展，以旅游文化产业助推脱贫攻坚。

▲滇南粮仓——勐海县（图片来源：西双版纳报）

3. 广泛开展生态文明创建活动

一是广泛开展生态文明细胞工程，推行全域创建。持续推动全国文明城市、卫生城市、园林城市、节水型城市、环保模范城市和生态农业县的创建力度。截至目前，西双版纳傣族自治州勐罕镇、大渡岗乡、勐旺乡已被授予“国家级生态乡镇”称号；全州 31 个乡镇均获得“云南省生态乡镇”称号，成为云南省首个省级生态乡镇创建率达 100% 的州市。

二是推动绿色创建活动广覆盖。加快创建绿色机关，引导全社会深入开展绿色学校、绿色医院、绿色商场、绿色酒店、绿色社区、绿色家园等绿色创建活动，争取创建面覆盖 80% 以上，最大限度地调动各族群众参与共建生态文明，共享生态文明成果。

三是倡导全民参与环保行动。深入推进“全民环保行动”，多层次、多领域强化生态文明细胞工程建设，让环保走进社会的各个角落，走进每一个人的生活，夯实生态文明建设的基础。

▲傣族村寨（图片来源：云南省生态环境厅）

4. 强化多元生态文化交流

西双版纳傣族自治州全力配合办好联合国《生物多样性公约》第十五次缔约方大会相关活动，推动宣传生物多样性保护成果。推进“全球环境基金建立和实施遗传资源及其相关传统知识获取与惠益分享国家框架项目云南示范西双版纳试点”项目建设。开展与周边国家的生态文化交流，搭建开放多元、形式多样的交流平台，扩大对外文化传播交流的渠道，大力传播美丽、美丽云南、美丽西双版纳建设成效。

▲开展生物多样性保护公益活动（图片来源：西双版纳报）

（三）案例特点及经验

西双版纳傣族自治州传承和弘扬雨林文化、普洱茶文化、傣医药文化、水文化、农耕文化和民俗文化，持续引导生态文明理念深入人心。通过“艺术＋生态”“媒体+生态”“旅游+生态”等形式，创新生态文化传播载体。以多种文艺形式开展生态文明宣教，深入浅出讲述“绿水青山就是金山银山”的道理。从生态文化角度，把西双版纳美丽的风景、丰富的生态环境资源和生物多样性保护成果向全世界展示，让生态文明建设真正落地。充分发挥生态文化的重要支撑作用，把“有林才有水、有水才有田、有田才有粮、有粮才有人”的朴素传统民族生态观与现代生态文明建设相结合，走出一条生产发展、生活富裕、生态良好的文明发展道路。

案例10：黄南藏族自治州以“山水黄南”奋力打造生态文明高地

（一）案例背景

以黄河之南而得名的黄南藏族自治州，位于青、甘、川三省接合部，是“世界屋脊”青藏高原、“中华水塔”三江源的重要腹地，是我国重要的生态屏障和水源涵养区，也是黄河流域重要的水源涵养林地。黄南藏族自治州作为非物质文化遗产富集区，拥有青海省唯一的国家历史文化名城，是世界闻名的非物质文化遗产热贡艺术的故乡，被誉为“世界唐卡之都”，更有以热贡文化、黄河文化、蒙藏文化等构筑的绚丽多彩的草原生态文明。黄南藏族自治州全境地势南高北低，自然资源和人文资源非常丰富，境内有丹霞地貌著称的坎布拉国家公园，易地搬迁创举的“高原小三亚”—德吉景区，红色教育基地—昂拉千户府，热贡艺术创作基地—同仁市，黄南特色乡村旅游的花儿沟景区等。

近年来，黄南藏族自治州持续推进文化和旅游融合集约化、专业化、规模化发展，使文化旅游成为推动地区经济发展的支柱产业，有力促进了地方的经济发展和群众的脱贫增收。始终坚持以培育和弘扬生态文明为保障，全方位开展生态环保和绿色价值观教育，不断强化人与自然的共同体意识，聚力打造高原生态文明高地。

▲坎布拉景区（图片来源：黄南藏族自治州生态环境局）

（二）主要做法与成效

1. 开展全方位生态教育，树立生态文明意识

创新宣教平台，引导全民参与。打造美丽特色小镇、生态旅游景区与景点，依托自然保护地周边城镇、村庄、林场、牧场、社区等，设立公共服务和游客接待中心，将国家公园为主体的自然保护地打造成自然生态体验区、环境教育展示平台和爱国主义教育基地，广泛引导和吸纳当地群众通过参加生态保护建设增加收入。加大对文物古迹、古村落古建筑、农牧业遗迹等的保护力度，探索建立“村两委 +”模式的生态保护、宣传教育和民生发展生态保护机制，充分调动社会各界和当地群众参与生态文明建设的积极性。

创新宣传活动，树立文明理念。依托六五世界环境日，通过设置咨询台、摆放环保科普展板、发放宣传手册、受理环境污染投诉、发放《“保护蓝天碧水绿地　共建清洁美丽家园”倡议书》等形式，倡导进行绿色生产、生活方式。通过热贡艺术博物馆 LED 大屏循环播放当地生态保护成就宣传片，有效扩大绿色发展理念宣传覆盖面和社会影响力。六五环境日共发放各类宣传资料 8 000 份，《倡议书》2 500 份，宣传抽纸 500 盒、一次性纸杯 2 000 只、手提袋 1 500 个，解答各类业务咨询 70 余次，悬挂横幅 45 条，展出生态环境保护展板 30 块，群众受教育面达到了全覆盖，着力构建全社会共同参与、共同监督、共同守护生态环境保护的格局，使生态文明理念更加深入人心。

▲麦秀林场（图片来源：黄南藏族自治州生态环境局）

2. 深入挖掘特色文化优势，构建绿色产业新格局

创新“文化旅游 + 精准扶贫 + 乡村振兴”模式。黄河岸边的德吉村是黄南藏族自治州尖扎县易地扶贫搬迁村。为了实现“搬得出、稳得住、能致富”的目标，尖扎县采取“文化旅游 + 精准扶贫”的模式，依托搬入地独特优势的地理资源，发展乡村旅游产业，开发了水上游乐、露天沙滩、垂钓等娱乐项目，打造了百亩观赏性花海和蔬菜、果品农事体验园等。德吉村的文旅融合发展模式入选“全国乡村旅游扶贫示范案例”，荣获“中国美丽休闲乡村”“全国生态

文化乡村”“中国少数民族特色村寨”等多项称号。2021年德吉景区接待游客达20.5万人次，同比增长22.8%，旅游综合收入615万元，同比增长25%。

▲蒙旗草原（图片来源：黄南藏族自治州生态环境局）

探索从“单一发展”到“三产融合”模式。深入挖掘特色文化优势。黄南藏族自治州深度挖掘古村落特色景观、农耕文化、乡风民俗等特色优势，构建以文化同仁为核心，联动四县乡村的传统村落民俗、民宿体验旅游于一体的融合发展格局。从单一发展到三产融合，黄南藏族自治州特色产业发展成效显著。黄南藏族自治州创建省级产业融合发展示范园4个、示范乡镇产业基地4个、乡村振兴试点村17个、乡村旅游试点村6个、乡村产业车间提升工程12个，同仁、尖扎两县以休闲农牧业和乡村旅游为核心的一、二、三产业融合发展模式基本形成。

3. 整合文化资源，激活文旅融合发展新动能

推动景区和景点规模化建设。依托得天独厚的人文和自然资源，坚持从景区、景点的提升和乡村旅游业入手，成功打造“同仁县唐卡艺术风情小镇及自驾游营地”“泽库县湿地公园及幸福山景区”“河南县文化产业园区及白螺湖景

区”“尖扎县坎布拉体育小镇及德吉村景区”等一大批旅游“吸睛点”，尖扎县昂拉乡德吉村、泽库县和日镇和日村被评为第二批“全国乡村旅游重点村”，德吉村先后被评为“中国最美休闲乡村”“全国生态文化村”“中国少数民族特色村寨”“国家森林乡村”“全国‘十三五’美丽搬迁安置区”称号。同仁市验收通过全省全域旅游示范县创建目标。

▲易地扶贫搬迁村——德吉村（图片来源：黄南藏族自治州生态环境局）

文旅产业发展品牌化。全力提升“西域胜境·神韵黄南”品牌竞争力，组织召开黄南州旅游线路策划与设计座谈会，推出了以“乡村旅游、非遗展演、传统民俗、草原盛会、金秋魅力”为主题的28条精品旅游线路，并在全省率先开通了“青海人游黄南”专班，掀起青海人游黄南的热潮。相继组织举办“第二届青海·热贡文化旅游节”“5·19中国旅游日徒步游”“热贡民俗文化旅游节”“坎布拉‘五彩神箭’射箭邀请赛”“非遗进景区”“河南县‘那达慕’草原盛会”“第三届热贡文化论坛”“冬春文化旅游启动仪式”等系列文旅活动，形成了以“热贡文化旅游节”系列活动为代表的黄南文旅活动品牌，推动了黄南文旅品牌升级提档。

▲西域胜境、神韵黄南（图片来源：黄南藏族自治州生态环境局）

推动旅游示范区全域化。以建设全域旅游示范区、打造国家级热贡文化生态保护区为重要抓手。热贡文化生态保护区顺利通过国家验收，黄南藏族自治州入选“国家文化和旅游消费城市”，同仁市成功创建“省级全域旅游示范区”。2020年黄南藏族自治州文化旅游从业人员突破4万人，旅游人数及旅游综合收入连续保持20%以上的双增长，有力打响“西域胜境、神韵黄南”品牌。成功举办“热贡文化旅游节”“国际民族传统射箭邀请赛”等大型文化旅游活动，“世界唐卡之都”品牌进一步打响，文化旅游知名度不断提升，成功申报“热贡唐卡”为国家地理标志产品。

4. 注重人才培育，带动文化产业兴盛

以热贡文化产业发展，实现品牌带动就业。坚持把就业、创业工作融入“三区建设”的重大决策部署中，做大做强“热贡艺术”全省劳务品牌，以点带面、以面促扩，切实从政策、资金、培训、公共就业服务等方面不断加大对热贡文化实体的扶持力度，全面促进热贡文化产业发展扩面、提档、升级，有效提升热贡文化的品牌影响力及吸纳就业、创业的能力。“龙树画苑”创业项目在青海省第一届创新创业大赛中取得第一名的好成绩。截至 2020 年底，全州热贡文化产业经营主体达 594 家，从业人员达 4.17 万人，文化产业营业收入达 12.6 亿元，同比增长 10.7%。

▲开展热贡文化相关技能培训（图片来源：黄南报）

以传统文化技艺传承，实现技能促进就业。以国家非遗保护专项资金和职业技能培训为载体，广泛调动全州 465 名非遗传承人、493 名工艺美术大师、80 户非遗示范户、71 个非遗传习中心、21 所民办培训机构和职业学校的积极性，通过师傅带徒弟、订单式培训、培训 + 创业等方式，大力开展热贡文化相关技能培训，探索出了一条依托热贡文化产业发展，以技能促进就业的新模式。据统计，全州共培训各类热贡文化技能人才 8 100 余人，有效提升了就业、创业能力。

▲热贡文化生态保护区（图片来源：黄南报）

通过发展扶贫产业园，实现贫困劳动力脱贫致富，设立扶贫产业园、非遗扶贫工坊、非遗传习中心、扶贫车间等，广泛吸纳建档立卡贫困户学员进行非遗技艺的专项培训，为学员提供免费食宿，并按技能熟练程度发放劳动报酬，不断拓宽贫困群众的增收渠道。截至2020年底，全州共设立热贡文化产业园1个、非遗扶贫工坊2个，就业扶贫车间22个，吸纳贫困劳动力877人，实现劳务收入260余万元。黄南州泽库县和日村，同仁市年度乎村、尕沙日村等已成为文化技能增收致富和精准扶贫工作的先进典型，唐卡、堆秀、泥塑、石刻产品、民族工艺等销售已成为当地部分群众，特别是贫困劳动力主要家庭收入来源。

（三）案例特点及经验

黄南藏族自治州始终坚持以习近平生态文明思想为引领，坚持人与自然和谐共生、保护与发展并重，在构建全域旅游新格局的大背景下，依托当地独特的自然资源和少数民族人文资源，因地制宜、科学规划，使德吉村在易地搬迁的同时，实现了旅游扶贫的目标。在推动非遗文化保护和传承的同时，聚焦脱贫攻坚，将非遗文化产业与精准扶贫有机融合，以“文化产业＋扶贫”“非遗传承＋扶贫”模式实现了传承保护和经济发展的双丰收。黄南州依托区域特色生态文化资源优势，推动生态文明建设与脱贫攻坚、乡村振兴互促共进，构建“自然环境之美、景观风貌之美、文化特色之美、城乡协调之美、绿色产业之美”的美丽黄南新画卷。

结语

JIEYU

新时代生态文明示范建设展望

XINSHIDAI SHENGTAI WENMING SHIFAN JIANSHE ZHANWANG

深入贯彻习近平生态文明思想，按照党中央、国务院决策部署，统筹推进经济建设、政治建设、文化建设、社会建设、生态文明建设“五位一体”总体布局，以提升示范建设引领带动作用为主线，以筑牢美丽中国细胞基础为目标，坚持以创促建、质量为先、协同推进、持续发力，优化生态文明示范建设体系，完善示范建设激励和约束机制，推动形成系统集成、协同高效的示范建设工作体系，促进示范建设地区经济社会发展全面绿色转型，有力助推人与自然和谐共生的现代化建设。

一是充分发挥生态文明示范引领带动作用。将碳达峰、碳中和纳入生态文明建设总体布局，将碳达峰、碳中和目标指标纳入示范建设规划、建设、提升的全过程，明确时间表、路线图、施工图，以降碳为重点战略方向，推动减污降碳协同增效，促进经济社会发展全面绿色转型，助力实现生态环境质量根本改善。将深入打好污染防治攻坚战、完善生态文明统筹协调机制、建设人与自然和谐共生的现代化、推进生态文明治理体系和能力现代化等任务有机融入示范建设，结合区域实际和创建任务，加强示范探索。示范创建地区要及时将党中央、国务院关于生态文明建设的新理念、新要求、新部署及时纳入示范建设工作，推动习近平生态文明思想最新成果落地实践。逐步推进生态示范创建、低碳试点、适应气候变化试点等生态环境领域试点示范工作的融合与整合，形成政策合力和集成效应。

二是助推构建新发展格局。通过生态文明示范建设，加快构建生态文明体系，促进经济社会发展全面绿色转型。编制美丽中国建设生态环境保护规划纲要，指导各地持续深入推进生态文明示范建设，高水平建设美丽中国。结合京津冀、长江经济带、粤港澳大湾区、黄河流域、青藏高原等重大国家战略，谋划推进一批高起点规划、高水平建设的一体化生态文明示范建设集群，树立区域生态文明协同发展新样板，打造高质量一体化发展新引擎，促进构建新发展格局。逐步推进生态示范创建、低碳试点、适应气候变化试点等生态环境领域试点示范工作的融合与整合，形成政策合力和集成效应。持续加大示范建设力度，统筹优化东中西部示范建设布局，为美丽中国建设提供更多实践样本和坚实的示范基础。

三是凝练生态文明示范建设模式。结合生态文明建设示范区、“绿水青山就是金山银山”实践创新基地、国家环境保护模范城市、国家生态工业园区等建设工作，开展生态文明示范建设成效评估及成果凝练总结，不断丰富生态文明建设的有效模式，拓宽“绿水青山就是金山银山”转化的实现路径，为全国推进生态文明建设提供可复制、可推广的典型模式和成功案例。建设生态文明示范建设虚拟博物馆，全方位宣传习近平生态文明思想实践成果。加大生态文明示范建设成就的国际宣传，向世界讲好中国生态文明故事、展示生态文明建设成就。

参考文献

[1] 中共中央宣传部 / 中华人民共和国生态环境部 . 习近平生态文明思想学习纲要 [M]. 学习出版社 / 人民出版社，2022.
[2] 习近平 .《习近平谈治国理政》第一卷 [M]. 外文出版社，2014.
[3] 习近平 .《习近平谈治国理政》第二卷 [M]. 外文出版社，2017.
[4] 习近平 .《习近平谈治国理政》第三卷 [M]. 外文书版社，2020.
[5] 习近平 .《习近平谈治国理政》第四卷 [M]. 外文书版社，2022.
[6] 习近平 . 推动我国生态文明建设迈上新台阶 [J]. 求是 . 2019-02-01.
[7] 习近平 . 决胜全面建成小康社会　夺取新时代中国特色社会主义伟大胜利——在中国共产党第十九次全国代表大会上的报告 [R]. 2017-10-18.
[8] 习近平 . 高举中国特色社会主义伟大旗帜　为全面建设社会主义现代化国家而团结奋斗——在中国共产党第二十次全国代表大会上的报告 [R]. 2022-10-16.
[9] 习近平 . 之江新语 [M]. 浙江人民出版社 . 2007.
[10] 习近平 . 努力建设人与自然和谐共生的现代化 [J]. 求是 . 2022-06-01.
[11] 孙金龙，黄润秋 . 建设人与自然和谐共生的现代化 [J]. 环境保护，2021，49（05）：8-9.
[12] 孙金龙 . 肩负起新时代建设美丽中国的历史使命 [J]. 中国生态文明，2022，（01）：6-10.
[13] 黄润秋 . 把碳达峰碳中和纳入生态文明建设整体布局 [J]. 环境保护，2021，49（22）：8-10.
[14] 黄承梁 . 新时代生态文明建设思想概论 [M]. 北京：人民出版社 . 2018.
[15] 张云飞 . 建设人与自然和谐共生现代化的创新抉择 [J]. 思想理论教育导刊，2021，（05）：62-68.
[16] 潘家华 . 生态文明：一种新的发展范式 [J].China Economist，2015，10

（04）：44-71.

［17］卢风．生态文明：文明的超越 [M]. 中国科学技术出版社．2019.

［18］孙伟平．生态文明：以人为本的可持续发展观 [J]. 江西社会科学，2008，（09）：51-57.

［19］龙睿赟．中国特色社会主义生态文明思想研究 [M]. 北京：中国社会科学出版社．2017.

［20］王雨辰．生态文明的四个维度与社会主义生态文明建设 [J]. 社会科学辑刊，2017，（01）：11-18.

［21］王璐．习近平生态文明思想的理论创新及世界意义 [J]. 理论学习，2017，（04）：14-18.

［22］孙熙国．习近平生态文明思想对马克思主义的原创性贡献——兼论习近平生态文明思想对人类中心论和自然中心论的超越 [J]. 环境与可持续发展，2020，45（06）：49-51.

［23］黄润秋．以示范创建为抓手　深入推进生态文明建设 [J]. 中国生态文明，2019，（01）：6-9.

［24］崔书红．生态文明示范创建实践与启示 [J]. 环境保护，2021，49（12）：34-38.

［25］郇庆治．生态文明示范省建设的生态现代化路径 [J]. 阅江学刊，2016，8（06）：23-35+137.

［26］周宏春，江晓军．中国生态文明：从理论探索到试点示范建设 [J]. 鄱阳湖学刊，2020，（03）：5-18+2+124.

［27］王毅，苏利阳．加快改革经验“由点及面”推广　推动生态文明制度建设迈向新台阶 [J]. 中国经贸导刊，2020（23）：62-63.

［28］张强．国家生态文明建设示范市县的建设要义 [J]. 中国生态文明，2019，（05）：16-18.

［29］张惠远等编著．生态环境科技蓝皮书：“绿水青山就是金山银山”理论与实践 [M]. 中国环境出版集团，2021 年．

生态环境科技蓝皮书 2022

中国环境科学研究院

“十三五”中国生态产品价值转化成效

Value transformation of ecological products in China during the 13th Five-Year Plan period

雷 硕　高馨婷　韩永伟 ◎ 著

中国环境出版集团 · 北京

图书在版编目（CIP）数据

“十三五”中国生态产品价值转化成效 / 雷硕，高馨婷，
韩永伟著．—北京：中国环境出版集团，2024.8
（生态环境科技蓝皮书．2022）
ISBN 978-7-5111-5377-7

Ⅰ.①十… Ⅱ.①雷… ②高… ③韩… Ⅲ.①生态经
济—研究报告—中国—2016-2020 Ⅳ.① F124.5

中国版本图书馆 CIP 数据核字（2022）第 244322 号

审图号：GS 京（2024）1167 号

责任编辑 田 怡
封面设计 今亮后声

出版发行 中国环境出版集团
（100062 北京市东城区广渠门内大街 16 号）
网 址：http：//www.cesp.com.cn
电子邮箱：bjgl@cesp.com.cn
联系电话：010-67112765（编辑管理部）
发行热线：010-67125803，010-67113405（传真）
印　　刷 北京中科印刷有限公司
经　　销 各地新华书店
版　　次 2024 年 8 月第 1 版
印　　次 2024 年 8 月第 1 次印刷
开　　本 787 × 1092 1/16
印　　张 14
字　　数 211 千字
定　　价 1680.00 元（全 11 册）

丛书编写委员会

前言

生态产品是以自然生态系统产出的生态系统服务为核心、通过凝结人类劳动而形成的产品形式，是适应当前中国生态文明建设和经济高质量发展新阶段应运而生的全新概念。生态产品价值实现是践行“绿水青山就是金山银山”理念的关键路径，对推动经济社会发展全面绿色转型具有重要意义，亦被写入《中华人民共和国国民经济和社会发展第十四个五年规划和2035年远景目标纲要》，已成为党和国家制定国民经济发展和生态保护重大方针政策时的重要参考。

为践行“绿水青山就是金山银山”科学理念，探索建立科学、合理的生态产品价值实现机制，学者们进行了深入的理论研究，全国各地也相继开展了诸多相关实践活动，取得了一系列显著成果。从理论研究层面来看，学界辨析了生态产品及其价值实现的定义、内涵、分类及运行机理，从不同角度构建了生态产品分类目录体系，并探索其价值实现的具体模式。经过数年的研究与探析，基本形成了针对生态产品价值实现的理论共识，明确了生态产品价值实现的制度框架。同时，各地也纷纷开展生态产品价值实现实践探索，创新出各类不同的价值实现模式与路径，多地因地制宜打造出许多特色鲜明、亮点突出、成效卓著的“生态样板”，初步构建起相应的长效机制。

在理论研究的深入和全国各地富有成效的试点基础上，2021 年 4 月，中共中央办公厅、国务院办公厅印发《关于建立健全生态产品价值实现机制的意见》，正式从国家顶层设计层面推进生态产品价值实现。为进一步指导今后的顶层设计和政策安排，突破绿水青山转化为金山银山制约的“瓶颈”，十分有必要系统梳理过去数年我国生态产品价值实现的理论发展、转化模式与实践历程，总结凝练全国各地先进经验和有益实践，合理评估各地生态产品价值转化成效，进而探索提炼出一套行之有效的生态产品价值实现机制的制度框架，为全国生态文明建设和生态经济的耦合协调提供理论基础与实践参考。

“十三五”期间，我国进入新发展阶段，发展条件深刻变化，经济发展方式逐步转变，经济结构不断升级优化，对人与自然关系的认知也进入全新阶段。“十四五”时期是我国全面建成小康社会、实现第一个百年奋斗目标之后，乘势而上开启全面建设社会主义现代化国家新征程、向第二个百年奋斗目标进军的第一个五年。值此百年未有之大变局，更应系统总结“十三五”生态产品价值实现机制建设经验，为今后深入挖掘生态产品的内涵与价值、提高生态产品的供给能力、促进经济社会反哺生态产品，提供借鉴参考。

鉴于此，中国环境科学研究院生态研究所特编制本蓝皮书。在剖析生态产品价值实现的内在机理的基础上，探究生态产品价值实现的现实意义、转化模式与路径，进而对“十三五”期间全国生态产品价值实现的现状进展与转化成效进行了科学评估。本书的出版，不仅有利于突破制约生态产品价值实现的“瓶颈”，促进生态环保行业更加贴合与现实经济发展需求，更是为引领相关学科领域针对生态产品价值实现的研究、凝聚学界共识提供了有力支撑。

在本书编制过程中，孟晓杰研究员给予了全程指导和大力帮助，刘丽香、柴莹莹、熊向艳为本书的框架搭建与数据收集做出了巨大努力，邓渼丹、杨科、郑玉萍、张恩祥参与了本书的数据收集和部分数据计算工作，为本蓝皮书的顺利出版贡献了力量，在此一并表示感谢。

编　者

2021 年 7 月于北京

目录

1

生态产品价值实现的内在机理与现实意义

SHENGTAI CHANPIN JIAZHI SHIXIAN DE NEIZAI JILI YU XIANSHI YIYI

建立健全生态产品价值实现机制，是贯彻落实习近平生态文明思想的重要举措，是践行“绿水青山就是金山银山”理念的关键路径，是从源头上推动生态环境领域国家治理体系和治理能力现代化的必然要求，对推动经济社会发展全面绿色转型具有重要意义。推动实现生态产品使用价值和价值的统一、生态价值与经济社会价值的统一，实际上就是实现“绿水青山”与“金山银山”的统一，实现人与自然和谐共生，实现创新、绿色、协调的经济高质量发展，成为促进生态文明建设实现新进步、决胜全面建成小康社会的重要推手。生态产品价值实现机制设计的初衷，是以其内在机理为起点，结合当前中国特色社会主义发展新阶段的基本国情，构建以政府为主导、以市场为主体的自然生态产品价值转化通道，显化生态资源价值，通过买卖双方的自愿交易来实现生态资源的优化配置，从而代替行政性、管控性的强制措施，缓解当前生态保护财政投入渠道单一、转化效率低下的现实困境，达到生态、经济、社会可持续的多维目标。

1.1 生态产品价值实现的内在机理

1.1.1 生态产品的定义与内涵

早期的"生态产品"概念源自国外"生态系统服务"和"生态标签产品"，但随着中国生态文明建设和"绿水青山就是金山银山"实践活动不断深化，中国学者们为适应现实发展需要，赋予了"生态产品"更多的内涵和外延，经历了多年的演变过程，最终成为一个比较典型的中国化概念。

（1）早期的"生态产品"概念

"生态产品"（Ecological products）一词最早来源于国外。一部分学者将其指代为"生态标签产品"，如任耀武和袁国宝认为所谓"生态产品"，是指通过生态工农艺生产出的没有生态滞竭的安全可靠无公害的高档产品；孙磊认为生态产品又称绿色产品或环保产品，其含义泛指产品在选料、设计、生产、分配、流通和回收过程中能够保护社会、保护生态环境且对人类无害的产品；方子节和李东升认为生态产品是指遵循可持续发展原则，按特定生产方式生产，并经专门机构认证许可，使用生态产品标志，安全、优质、营养的产品；戴波与段海红认为生态消费的对象——生态产品就是有利于生态环境和身心健康的所有产品和服务，生态产品与普通产品的区别就是生态标志，即粘贴或印刷在产品包装上的标志，是权威机构依据有关的环境标准和规定，对产品的环境性能进行确认，然后以标志图案的方式告知。

另一部分学者则从生态系统对人类的有用性视角出发，将生态产品指代为涵养水源、净化水质、防风固沙、调节气候等生态系统服务，如尹伟伦提出生态差距是我国与发达国家的最大差距之一，生态产品成为我国最短缺、最急需大力发展的产品；高建中把森林向外界发挥的生态作用看作森林的生态产品，是经营森林生态系统为社会提供的能满足生态需求的无形产品的综合；2010 年发布的《国务院关于印发全国主体功能区规划的通知》提出生态产品指维系生态安全、保障生态调节功能、提供良好人居环境的自然要素，包括清新的空气、清洁的水源和宜人的气候等，生态产品同农产品、工业品和服务产品一样，都是人类生存发展所必需的。这一定义实际上与联合国千年生态系统评估（MA）提出的“生态系统服务”概念较为相似，是指人类从生态系统获得的各种惠益，包括供给服务（如提供食物和水）、调节服务（如控制洪水和疾病）、文化服务（如精神、娱乐和文化收益）以及支持服务（如维持地球生命生存环境的养分循环）（图 1-1）。

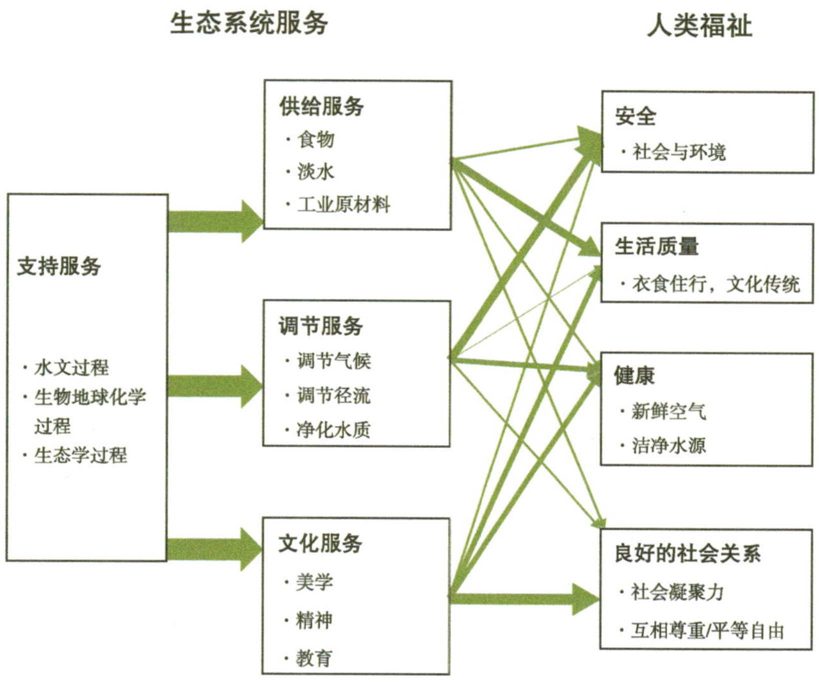

图 1-1　生态系统服务分类

在这一时期，无论是哪种生态产品的概念，均是单一的、明确的，其内涵也未能脱离国外相关概念的定义范畴。对于生态产品的研究，也仅限于生态学、经济学等学科内部，并未大范围涉及中国生态保护和经济社会发展的相关实践指导。

（2）“绿水青山就是金山银山”理念下的“生态产品”概念

2005 年，时任浙江省委书记的习近平同志在视察浙江省安吉县时首次提出“绿水青山就是金山银山”理念。时隔一年后，习近平在中国人民大学的一次演讲中深入剖析了"绿水青山"与"金山银山"的辩证关系，完整地表述了"绿水青山就是金山银山"理念的内容："在实践中对绿水青山和金山银山这'两座山'之间关系的认识经过了三个阶段：第一个阶段是用绿水青山去换金山银山，不考虑或者很少考虑环境的承载能力，一味索取资源。第二个阶段是既要'金山银山'，但也要保住'绿水青山'，这时候经济发展和资源匮乏、环境恶化之间的矛盾开始凸显出来，人们意识到环境是我们生存发展的根本，要留得青山在，才能有柴烧。第三个阶段是认识到'绿水青山'可以源源不断地带来'金山银山'，'绿水青山'本身就是'金山银山'，我们种的常青树就是摇钱树，生态优势变成经济优势，形成了浑然一体、和谐统一的关系，这一阶段是一种更高的境界。"2013 年，习近平在哈萨克斯坦纳扎尔巴耶夫大学发表演讲，在回答学生关于环境保护的问题时说："我们既要'绿水青山'，也要'金山银山'。宁要'绿水青山'，不要'金山银山'，而且'绿水青山就是金山银山'。"这三句话从不同角度诠释了经济发展与环境保护之间的辩证统一关系，自此，"绿水青山就是金山银山"理念初步形成，围绕习近平总书记的"绿水青山就是金山银山"理念，全国上下开启了探索"绿水青山"与"金山银山"和谐统一的新征程、新道路。

在这样的背景下，学界开始探索"生态产品"与"绿水青山就是金山银山"理念的共通之处，提出生态产品就是"绿水青山"的产物，通过"生态资源 - 生态产品 - 生态资产 - 生态资本"的价值实现链条，实现生态产品使用价值和价值的统一，本质上也是实现"绿水青山"与"金山银山"的统一。

首先，"生态产品"与生态标签及生态系统服务一样，是由自然生态系统产出的有形或无形的产品，具有"自然属性"。毫无疑问的是，生态产品是由自然生态系统通过一系列复杂的物理与化学反应过程生产出来并直接供给社会的，是以自然生态系统为核心的产出，这是生态产品区别于其他一般产品的根本属性，反映了自然力投入的结果，也体现着人与自然的互馈关系。生态产品是在某一时间段内生态资源资产依托存量产生的增量或流量部分，同样也是自然资源资产的重要组成部分。

其次，"生态产品"还凝结了人类生产要素投入，并以满足人的需求为目标，反映了人与人之间的社会关系，具有“人为属性”。优质的生态产品是自然力和人力共同投入和作用的结果，既体现了自然界对人类生存发展的恩赐，也蕴含着人类社会内部不同主体间利益关系。于丽瑶等将森林生态产品定义为一定时期内，森林生态系统通过生物与人类生产共同作用为人类福祉提供的最终产品和服务。黄如良提出生态产品是有益于人的健康的产品，是与人类福祉高度相关的产品。

最后，“生态产品”在当前的社会经济条件下，具备了“稀缺属性”，其价值内涵进一步丰富，因而从理论上产生了利用市场进行交换的可能性。可以看出，生态产品往往同时具有生态价值和社会经济价值，同时也具有存在价值和选择价值，同时也具有使用价值和价值。张英提出目前生态产品的交易必须是有形的产品，能够体现劳动价值，可交换，应当通过溯源的方法解决生态产品的市场化问题。黎元生认为一旦当生态要素成为稀缺性资源、成为产业资本投资获利的对象时，生态产品就具有了商品性质，成为使用价值和价值的统一体。如果人类不加节制地开发与消耗，杀鸡取卵、竭泽而渔，必将遭受大自然的反噬。因此，生态产品价值的实现，并非以牺牲生态价值换取经济价值，或以牺牲经济价值来维护生态价值，而是在科学的方式下，实现其生态价值、经济价值、社会价值的有机统一。王斌认为生态系统能为人类供给产品与服务，人类对其产品与服务形成需求和消费，供需双方共同构成生态系统服务从自然生态系统转向人类社会系统的动态过程。在这一过程中，生态服务功能就具备了可以度量为经济价值的可能。

由此可见，在这一时期，学者们适应当前中国社会经济发展的需要，以“绿水青山就是金山银山”理念为指导，不断深入发掘生态产品的内涵和外延，探索生态产品与传统意义上的生态标签产品和生态系统服务的联系与区别，最终形成了具有中国特色的“生态产品”概念。

（3）随着理论和实践不断深化后的“生态产品”概念

2015 年，中央政治局会议通过了《关于加快推进生态文明建设的意见》，正式把“坚持绿水青山就是金山银山”的理念写进中央文件。2017 年，党的十九大报告提出“必须树立和践行绿水青山就是金山银山的理念，坚持节约资源和保护环境的基本国策，像对待生命一样对待生态环境”，并将其写入党章。2018 年，在深入推动长江经济带发展座谈会上，习近平总书记明确要求：“要积极探索推广绿水青山转化为金山银山的路径，选择具备条件的地区开展生态产品价值实现机制试点，探索政府主导、企业和社会各界参与、市场化运作、可持续的生态产品价值实现路径。”为生态产品价值实现指明了发展方向、路径和具体要求。2020 年，党的十九届五中全会提出“坚持绿水青山就是金山银山理念，坚持尊重自然、顺应自然、保护自然，坚持节约优先、保护优先、自然恢复为主，”守住自然生态安全边界，并将“建立生态产品价值实现机制”列入《中华人民共和国“十四五”规划和二〇三五年远景目标纲要》。2021 年 4 月，中共中央办公厅、国务院办公厅印发《关于建立健全生态产品价值实现机制的意见》，提出建立完善的生态产品价值实现机制，全面形成具有中国特色的生态文明建设新模式。

此时，随着国内对生态产品实践和政策的不断丰富，“生态产品”的相关研究迅速引起了学者和专家们的重视，并从不同角度展开了富有成效的研究。“生态产品”的内涵定义开始与中国现实发展密切结合，并不断被应用于各类政策框架体系中，生态产品价值实现也由此成为全国各地制定国民经济发展和生态保护重大方针政策时的重要指导思想。

张林波等提出，我国政府文件用“生态产品”代替学术领域已经得到广泛接受的“生态系统服务”，并不是一个简单的用词问题，而是一项生态文明建设领域重大的创新性战略措施，是一个涉及经济、社会、政治等相关领域的系统性工程，表明我国生态文明建设理念的重大变革，为“绿水青山就是金山银山”理念提供实践抓手和物质载体，是我国强化经济手段保护生态环境的实践创举，也是将生态产品培育成为我国绿色发展新动能。虞慧怡等提出“绿水青山”与“金山银山”是辩证统一的关系，“绿水青山”供给的生态空间、环境容量与生态产品为经济发展提供坚实的生态基础，生态产品价值实现的关键是平衡好公共性生态产品和经营性生态产品的关系。王夏晖等提出无论是从政府提供公共服务的供给侧来看，还是从人民群众追求美好生活的需求侧来看，优质生态产品是属于供给短缺的稀缺产品，优质生态服务也是公共服务中的短板。张文明提出界定生态产品概念，应充分考虑技术可测算度及可量化性，明确生态产品的商品属性，兼具使用价值和价值，体现稀缺性，与国家有关政策相结合，体现现实性，特别是要能够开展确权登记，将其置于时空变化中，用发展的眼光认识生态产品及其价值。彭文英和尉迟晓娟提出国内对生态产品的研究更加强调在生态保护的基础上获取经济收益，以生态产品价值实现来破解生态环境和经济发展的内在矛盾。

由此可见，经过几十年的发展，特别是近年来我国对生态文明建设的高度重视，“生态产品”不断被重新定义，内涵和外延不断丰富，不仅成为理论研究中的新兴热点，也成为各地实践过程中不可或缺的指导思想。构建生态产品价值实现机制，也成为基于中国现实国情和远景目标的“中国道路”的必然选择。

1.1.2 生态产品的特征与类型

在早期的生态产品语义下，其类型较为单一，特征较为明确；然而，适用于中国特色的“生态产品”内涵和外延均较为丰富，覆盖范围很广，具有不同的特征、不同的表现形态及特点。在实践过程中，明晰生态产品的特征与类型是构建生态产品价值实现机制的基础和前提。对此，学界展开了大量的研究。

黄如良提出生态产品具有以下几个显著特征：一是生态产品是有益于人的健康的产品，是与人类福祉高度相关的产品；二是生态产品具有多维度的价值，不仅具有使用价值，还有非使用价值；不仅具有经济价值，还具有非经济价值；三是生态产品是具有正的外部性的产品，在很多时候是公共物品、自由物品。由此，依据市场化程度，生态产品可以分为 3 类，即已市场化的、准市场化的以及未市场化的。

张林波等将生态产品定义为，生态系统通过生物生产和与人类生产共同作用为人类福祉提供的最终产品或服务，是与农产品和工业产品并列的、满足人类美好生活需求的生活必需品。这个概念突出强调了 3 方面内涵：①市场交易，②人类消费，③终端产品。生态产品具有 4 个本质特征，包括生物生产性、人类收益性、经济稀缺性和保护成效性。根据生物生产、人类生产参与的程度以及服务类型，生态产品可划分为公共性生态产品和经营性生态产品两类（图 1-2）。

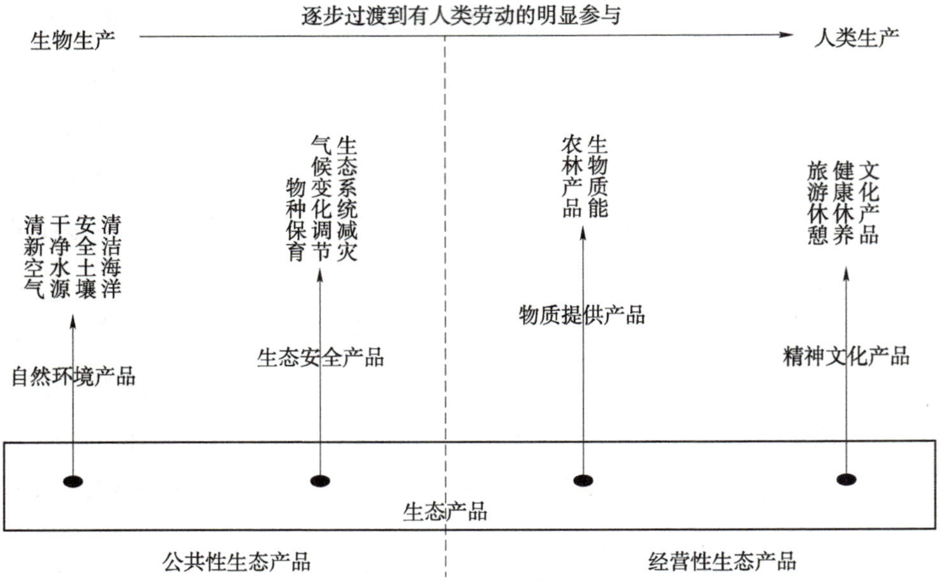

图 1-2　生态产品的内涵与分类

于丽瑶等认为森林生态产品具有 3 个属性特征：一是能够进行市场交易，森林生态产品是人类保护、恢复与经营的劳动成果，可以进行市场交换；二是产品能够供人类消费，森林生态产品具有有用性，能够满足人民日益增长的美好生活需要；三是终端产品，是由森林生态系统生产的与特定的人类收益直接关联的包含价值的最终产品和服务。由此，她认为森林生态产品是一个流量概念，并按照人类劳动在森林生态产品中的参与程度也将其划分为公共性生态产品和经营性生态产品两类。

王夏晖等认为优质生态产品是属于供给短缺的稀缺产品，优质生态服务也是公共服务中的短板。生态产品可分为物质供给类产品、文化服务类产品、生态调节服务类产品 3 种类型。

刘伯恩认为生态产品既包括生态系统提供的生命支持系统、气候调节系统以及舒适宜人的自然要素（如清新空气、清洁水源、舒适环境），同时也包括对物质与文化产品传统生产方式的改造与升级，即以绿色、低碳、循环的发展方式实现物质与文化产品的供给（图 1-3）。

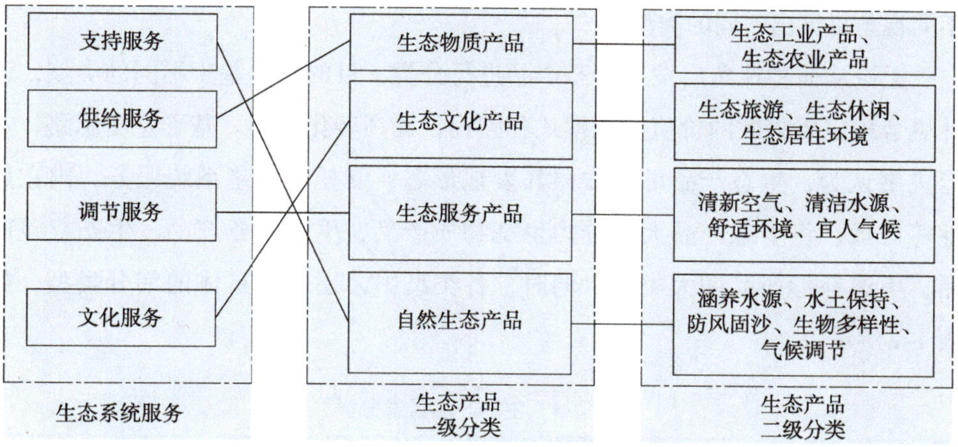

图 1-3 生态产品的主要内容及分类

彭文英和尉迟晓娟认为生态产品不是“生态”与“产品”的简单叠加组合，而是自然生态与经济社会相互作用的产物，是满足人民美好生活的生态环境产品，按照产品表现形态可分为自然环境产品、生态物质产品、生态文化产品和生态空间产品 4 种类型。

马晓妍等认为生态产品有 3 个显著特征：一是对人类的有用性，即具有使用价值；二是当前或者可预见的将来是稀缺的；三是能够进入人类经济活动中。由此，生态产品分为自然生态产品和劳动生态产品两类，而劳动生态产品可进一步细分为劳动生态产物和生态商品。

李宏伟等从生态产品的形成机理出发，认为生态产品可以分为纯公共产品型、准公共产品型、私人产品型。

综合学界观点，可以看出，生态产品是在山水林田湖草沙等各个自然生态系统产出的生态系统服务的基础上，通过凝结人类劳动而形成，其产品构成、表现形式、服务对象、核心价值等多种多样，涵盖了经济社会发展需要的各个要素。从具体形态来看，生态产品既包括有形的产品，也包括无形的服务；既可以是直接消费的最终产品，也可以是间接发挥生产要素作用的中间投入产品；既可以是发挥了巨大正外部性的公共物品，也可以是一般意义上的私人物品。从生态产品分类来看，由于生态产品本身具有较大的差异性，学界尚未提炼出一套具有普适性的分类标准和模式，学者多从生态产品的特征、属性出发，从不同视角提炼出不同的类型。

无论从何种视角出发对生态产品进行分类，目的都是基于不同的类型，设计更合理、更高效的价值实现模式和路径，提高转化效率。基于这个思路，本蓝皮书认为，生态产品可以按照其表现形态、依托的生态系统服务、内在属性等方面，将生态产品大致分为生态物质产品、生态服务产品、生态权益产品、生态补偿产品四大类型。同时，各类型中，还包括具体的细分类型，如表 1-1 所示。

表 1-1　生态产品目录分类

生态产品类型	表现形态	依托生态系统服务	产品描述
生态物质产品	有形产品	供给服务	指将优质的生态禀赋作为一种特殊的生产要素投入到生存经营当中，产出绿色、环保、健康的有形物质产品
生态服务产品	无形产品	调节服务 + 文化服务	指依托良好的生态环境要素，结合一定的人工建筑设施，提供人工服务，发展生态旅游、森林康养、自然教育、体育会展经济、清洁能源产品等，满足人们追求身心健康、放松游憩、美学享受、精神体验等方面的生态需求
生态权益产品	无形产品	供给服务 + 支持服务 + 调节服务	指在生态空间统一确权登记的基础上，针对特定的生态产品，设计权益指标，鼓励个人、集体和企业等通过市场配额及交易方式来取得权益指标，达到“谁保护、谁受益，谁污染、谁付费”的目的，具体包括排污权交易、水权交易、碳排放权交易、碳汇交易、森林指标交易、耕地指标交易、湿地银行等
生态补偿产品	无形产品	供给服务 + 支持服务 + 调节服务 + 文化服务	指将较大区域尺度内的发挥整体性的、长期的、全局性的生态系统服务作为整体设计成生态产品，由受益地区各级政府作为社会公众的代表，统一行使购买主体的权利，以期实现供给区域的生态经济价值统一

1.1.3　生态产品价值实现的内在机理

随着中国生态文明建设和绿色发展的深入开展，对生态产品的研究越来越着眼于指导实践，其落脚点最终要放在实现生态产品的价值上，进而推动生态经济协调发展。对生态产品价值实现的内在机理进行剖析，就显得尤为重要。基于此，有3个方面的问题亟须解决：第一，生态产品具有哪些价值；第二，从生态经济协调发展视角出发，生态产品的哪些价值值得我们重点关注；第三，对于这些重点关注的价值，能够通过何种方式得以高效实现。从这几个方面出发，学界对生态产品价值实现的内在机理进行了深入研究。

生态产品价值实现要以其价值判断为前提。毫无疑问的是，生态产品是具有多维使用价值的。生态系统是生命支持系统，它为人类提供食物、医药及其他生产生活原料，创造并维系人类生存所必需的环境，是人类社会进步和发展的基础。同时，生态系统还为人类提供休闲、娱乐及美学享受等服务。此外，生态产品还具有选择价值、存在价值等。然而，对于生态产品的价值问题，人们的认识从肤浅到深刻，经历了相当长时间的转变。从全球视角来看，在早期，人们认为生态环境和自然资源只有使用价值，而没有价值。西方经济学中将收益定义为土地、劳动力、资本和技术的函数，似乎是默认自然资源取之不尽用之不竭，像阳光、空气、山川、河流等，人类可以随意取用。在当时，人类生活生产活动造成的生态破坏和环境污染规模和程度都比较小，尚未达到生态系统的极限承载力，因而并未产生严重的后果，人们便认为生态资源不具有价值。然而，进入工业社会以来，社会生产力的发展速度远超以往任何时期，自然资源过度开采、生态环境破坏等一系列问题逐渐显现，自然资源和生态环境的稀缺属性日益增强，生态产品直接开发利用的后果不断加深，生态环境资源危机愈演愈烈。自然资源有价问题逐渐为人类所发觉。人们从事任何一项生产活动，都需要自然资源、劳动力和资本的投入。自然资源的丰裕程度、利用状况，都会给经济增长带来有利或不利的影响。有些地区自然资源很丰富，但由于缺乏自然资源开发技术和人才，经济仍然发展不起来；有些地区自然资源相对贫乏，却凭借其技术和人才有时成为发达地区。可见，自然资源的量和质对经济增长，不是起决定作用，而是起影响作用。为了从根本上解决这些问题，无论在任何阶段，都应该转变传统的经济增长模式，而代之以新的、可持续性的经济增长模式。其特点是以人与自然的和谐为基础，并在生态系统承载能力的许可下利用自然资源，实现经济的可持续发展。自此，自然资源有价论逐渐成为学界的共识。

对于生态环境资源的价值衡量问题，学界通常从马克思政治经济学的劳动价值论和西方古典经济学的效用价值论来进行剖析。从劳动价值论出发，生态产品的生产过程必定凝结一般的、无差别的人类劳动，具有商品性质，也就具有了实现使用价值向价值转化的可能，它的价格是围绕价值上下波动的。当人们对生态产品的维护和开发付出了更多的社会必要劳动时间时，生态产品的价格也将上升，进而通过价值变现，实现生态产品使用价值向价值的转化。从效用价值论出发，生态产品能够满足人们对美好生活环境的生态需求，因而是具有巨大的效用的，当生态要素成为稀缺性资源、成为产业资本投资获利的对象时，生态产品也就从理论上具备了市场交换的可能性。此时，生态产品的生产不仅是为自己消费，更是为他人和社会的消费，通过市场交换来实现其价值转化，才能真正提高供给效率，实现生态产业化的良性循环。无论从哪种理论出发，其落脚点均在于，生态系统服务的使用价值通过生态产品的形式拥有了价值，通过构建科学、合理的市场交换机制，实现生态产品使用价值和价值的统一，从而也就实现了“绿水青山”和“金山银山”的相互转化，实现了生态和经济的协调耦合。因此，在生态产品价值实现的内在机理中，人们往往更加关注其交换价值或者说经济价值的实现问题。

生态产品的价值是有其自身的特殊性的。李宏伟等总结了生态产品价值的特征，包括：第一，生态产品使用价值的多层次性，体现为生态产品既要满足人们的基本生存需求，又要满足更高层次更优品质的生态服务需求；第二，生态产品价值来源的复合性，体现为生态产品价值由“自然力”和人类劳动力共同作用形成；第三，生态产品价值构成的多样性，体现为生态产品具有市场价值（经济价值）和非市场价值（生态价值）；第四，生态产品价值量的动态性，体现为生态产品价值量随着生态环境条件的改变而增减；第五，生态产品价值的空间差异性，体现为不同功能区的生态产品价值数量和形态各异。生态产品供给的外部性也是影响其价值变现的重要方面。生态产品价值作为一种外部经济，往往不能通过市场交易直接体现，需要规制约束发挥其综合效益，获得完整价值回报是保障生态产品供给中外部性收益有效内部化的根本要求，没有足够的收入预期，成本投入也就无从说起。

综上所述，生态产品价值实现的内在机理，是要通过市场化的方式，将生态产品转化为具有使用价值和价值二重属性的“生态商品”，用市场这个“看不见的手”推动实现生态产品供给者得到合理回报、消费者满足合理需求。同时，由于生态产品的价值特殊性，市场在资源配置中往往面临失灵的现象，必须要经过政府的宏观调控和监管，最终达到生态产品生态、经济、社会价值的全方位实现的目的。此时，生态产品价值实现是“绿水青山”和“金山银山”的协调统一，是生态产品供给者利益和需求者利益的协调统一，也是当代人生态福祉和后代人生态福祉的协调统一。

在这样的内在机理下，如何完善政府主导、企业和社会各界参与、市场化运作、可持续的生态产品价值实现路径，如何构建“绿水青山”转化为“金山银山”的政策制度体系，如何提高生态产品价值转化效率，成为当前需要重点探索与研究的方向。

1.2 生态产品价值实现的现实意义

我国进入新发展阶段，发展基础更加坚实，发展条件深刻变化，进一步发展面临新的机遇和挑战。“十三五”时期是全面建成小康社会决胜阶段，以习近平同志为核心的党中央不忘初心、牢记使命，团结带领全党全国各族人民砥砺前行、开拓创新，奋发有为推进党和国家各项事业。“十三五”规划目标任务胜利完成，我国经济实力、科技实力、综合国力和人民生活水平跃上新的大台阶，全面建成小康社会取得伟大历史性成就。“十四五”时期是我国全面建成小康社会、实现第一个百年奋斗目标之后，乘势而上开启全面建设社会主义现代化国家新征程、向第二个百年奋斗目标进军的第一个五年。在中国特色社会主义新时代背景下，总结“十三五”建设经验及成效，展望“十四五”规划和二〇三五远景目标，探索未来如何构建科学合理的生态产品价值实现机制，如何提高生态产品价值转化效率，具有非常重要的现实意义。

1.2.1 生态产品价值实现与生态文明建设

生态文明建设是中华民族永续发展的千年大计。党的十八大首次把生态文明建设纳入中国特色社会主义事业“五位一体”总体布局，全面系统阐述了加强生态文明建设的总体要求、重点任务和实现路径，要求“把生态文明建设放在突出的位置，融入经济建设、政治建设、文化建设、社会建设的各方面和全过程。党的十九大将建设生态文明提升为“千年大计”。2020 年 10 月，党的十九届五中全会明确提出二〇三五年“美丽中国建设目标基本实现”的远景目标和“十四五”时期“生态文明建设实现新进步”的新目标、新任务。从生态文明建设和生态环境保护方面来看，在习近平生态文明思想的科学指引下，我国生态文明建设从认识到实践都发生了历史性、转折性、全局性变化，生态文明建设成效显著，人民群众的生态环境获得感幸福感安全感日益增强。“十三五”期间，国土空间开发保护格局更加优化，资源能源利用效率持续提升，绿色发展方式和生活方式进一步普及，区域绿色发展格局加速形成。截至 2019 年年底，单位 GDP 二氧化碳排放较 2005 年降低 48.1%，提前完成到 2020 年下降 40%～45% 的目标。

根据《中共中央关于制定国民经济和社会发展第十四个五年规划和二〇三五年远景目标的建议》，“十四五”期间，生态文明建设实现新进步。国土空间开发保护格局得到优化，生产生活方式绿色转型成效显著，能源资源配置更加合理、利用效率大幅提高，单位国内生产总值能源消耗和二氧化碳排放预计在 5 年内分别降低 13.5% 和 18%，主要污染物排放总量持续减少，森林覆盖率到 2025 年提高到 24.1%，生态环境持续改善，生态安全屏障更加牢固，城乡人居环境明显改善”；展望 2035 年，要“广泛形成绿色生产生活方式，碳排放达峰后稳中有降，生态环境根本好转，美丽中国建设目标基本实现”。

生态产品价值实现是生态文明建设的重要方面。通过构建生态产品价值实现机制，有利于全面推进经济建设、政治建设、文化建设、社会建设和生态文明建设“五位一体”总体布局，有利于推动经济社会绿色发展战略转型，有利于经济高质量发展与生态环境高水平保护协同共进。在这样的背景下，系统梳理“十三五”期间全国生态产品价值实现的现状进展与转化成效，必须深入挖掘生态产品的内涵与价值，明晰其实现模式和路径，提高生态产品的供给能力，并以价值实现反哺生态产品的进一步维护和功能提升，为未来政策方针的制定提供决策依据，也是我国生态文明建设的必然要求。

1.2.2 生态产品价值实现与“绿水青山就是金山银山”理念

“绿水青山就是金山银山”是习近平生态文明思想的重要内容，亦被写入国家的“十四五”规划和二〇三五年远景目标，成为党和国家制定国民经济发展和生态保护重大方针政策时的重要指导思想。2017 年，党的十九大报告提出“必须树立和践行绿水青山就是金山银山的理念，坚持节约资源和保护环境的基本国策，像对待生命一样对待生态环境”，并将其写入党章。2020 年，党的十九届五中全会提出“坚持绿水青山就是金山银山理念，坚持尊重自然、顺应自然、保护自然，坚持节约优先、保护优先、自然恢复为主，守住自然生态安全边界”，并将其列入“十四五”规划和二〇三五年远景目标。由此可见，“绿水青山就是金山银山”理念已经成为党和国家制定国民经济发展和生态保护重大方针政策时的重要指导思想，成为各地推进经济发展方式转变、建设生态文明、决胜全面建成小康社会所遵循的重要原则。

“绿水青山就是金山银山”的理念，指明了发展和保护协同共生的新路径。保护生态环境就是保护自然价值和增值自然资本，就是保护经济社会发展潜力和后劲，使绿水青山持续发挥生态效益和经济社会效益。而生态产品是基于“绿水青山”而产出的，通过构建生态产品价值实现机制，推动生态产品使用价值和价值的统一，本质上也是实现“绿水青山”与“金山银山”统一，体现出人与自然和谐共生的生态自然观。绿水青山既是自然财富、生态财富，又是社会财富、经济财富，而实现绿水青山多维使用价值的根本途径，就是构建“绿水青山 - 生态产品 - 金山银山”的价值转化链条，是适应我国社会主要矛盾变化和全面建成小康社会、全面建设社会主义现代化国家的必然要求。站在新的历史起点上，推进生态产品价值实现，是践行习近平总书记“绿水青山就是金山银山”理念的重要举措，也是绿色发展的内在要求。

在这样的背景下，系统梳理“十三五”期间全国各地践行“绿水青山就是金山银山”的实践进展，进一步提炼和创新生态产品价值实现的模式和一般规律，对“十四五”期间各地制定相关决策具有非常重要的现实指导意义。

1.2.3 生态产品价值实现与新发展理念

改革开放以来，我国经济快速发展的奇迹和大幅跃升的经济实力为实现更高目标奠定了雄厚的物质基础，新时代我国经济发展的基本特征，就是由高速增长阶段转向高质量发展阶段。2017 年 10 月，习近平总书记在党的十九大报告中明确提出，我国经济已由高速增长阶段转向高质量发展阶段。习近平总书记指出：“高质量发展就是能够很好满足人民日益增长的美好生活需要的发展是体现新发展理念的发展，是创新成为第一动力、协调成为内生特点，绿色成为普遍形态、开放成为必由之路、共享成为根本目的的发展。推动高质量发展，是保持经济持续健康发展的必然要求，是适应全面建设社会主义现代化国家的必然要求。”

根据《中共中央关于制定国民经济和社会发展第十四个五年规划和二〇三五年远景目标的建议》，“十四五”时期经济社会发展要“坚持新发展理念。把新发展理念完整、准确、全面贯穿发展全过程和各领域，构建新发展格局，切实转变发展方式，推动质量变革、效率变革、动力变革，实现更高质量、更有效率、更加公平、更可持续、更为安全的发展”。“十四五”期间的目标之一，就是经济发展取得新成效，国内生产总值年均增长保持在合理区间、各年度视情提出，全员劳动生产率增长高于国内生产总值增长，国内市场更加强大，经济结构更加优化，创新能力显著提升，全社会研发经费投入年均增长 7% 以上、力争投入强度高于“十三五”时期实际，产业基础高级化、产业链现代化水平明显提高，农业基础更加稳固，城乡区域发展协调性明显增强，常住人口城镇化率提高到 65%，现代化经济体系建设取得重大进展。

实际上，在经济快速发展过程中，传统的高投入、高消耗、高排放粗放型增长模式造成了大量生态环境问题，资源环境约束趋紧、生态系统退化等问题越来越突出。另外，生态资源禀赋丰富地区往往为“老、少、边、穷”地区，守着生态财富，经济社会发展却受到限制，发展速度往往落后于全国其他地区，生态保护正外部性效益明显，有着迫切的经济发展诉求。随着我国社会主要矛盾发生变化，人民群众对优美生态环境的需要成为这一矛盾的重要方面，探索生态经济协同发展的高质量发展路径，实现生态产品的价值，成为必然选择。

生态产品具有生态的、经济的、社会的等多维度的价值，要让生态环境与劳动力、土地、资本、技术等要素一样，成为现代经济体系构建的核心生产要素，让生态产品成为老百姓美好生活品质的重要组成，使生态产品进入生产、分配、交换、消费等社会生产全过程，逐步将生态产业培育成为“第四产业”。未来，随着生态产品供给和价值实现形成的新产业、新业态、新模式不断涌现，生态产品价值实现机制必将成为引领经济高质量发展的必由之路，成为推动高质量发展的新动能和新增长点，对促进生态与经济良性循环，实现生态资源的保值增值，构建经济高质量发展新格局具有重要意义。

1.2.4 生态产品价值实现与共同富裕

共同富裕是中国特色社会主义的本质要求。党的十八大以来，以习近平同志为核心的党中央顺应人民群众对美好生活的向往，坚持以人民为中心的发展思想，把逐步实现全体人民共同富裕摆在更加重要的位置上。习近平总书记指出：“我国现代化是全体人民共同富裕的现代化。共同富裕是中国特色社会主义的本质要求，我国现代化坚持以人民为中心的发展思想，自觉主动解决地区差距、城乡差距、收入分配差距，促进社会公平正义，逐步实现全体人民共同富裕，坚决防止两极分化。”根据《中共中央关于制定国民经济和社会发展第十四个五年规划和二〇三五年远景目标的建议》，2035 年远景目标之一就是要“人民生活更加美好，人的全面发展、全体人民共同富裕取得更为明显的实质性进展”；“十四五”期间，要“坚持居民收入增长和经济增长基本同步、劳动报酬提高和劳动生产率提高基本同步，持续提高低收入群体收入，扩大中等收入群体，更加积极有为地促进共同富裕”。

共同富裕的核心是全体人民共享发展成果。共同富裕要求全体人民共享国家经济、政治、文化、社会、生态各方面建设成果。在生态方面，实现全体人民共同富裕的重要途径之一，就是全面推进生产生活方式绿色转型，拓宽“绿水青山就是金山银山”转化通道，建立健全生态产品价值实现机制，广泛开展绿色创建行动，促进人与自然和谐共生。生态产品价值实现涉及多方利益主体，特别是优质的生态资源禀赋往往分布在广大乡村地区，可以说，如果没有当地社区民众的支持与配合，生态产品价值实现便举步维艰，难以形成良性发展。构建科学合理的生态产品价值实现利益协调机制，有利于缩小城乡差距，促进乡村振兴，最终实现共同富裕的目标，对全面决胜建成小康社会具有重要的现实意义。

总之，生态产品价值实现是生态文明实现新进步的必然要求，是“绿水青山就是金山银山”科学理念的进一步延伸和细化，并为我们处理经济发展与环境保护之间的关系提供了实践指南，是推动新时代经济高质量发展的最佳路径，也是促进全社会共同富裕的有效途径。对“十三五”期间全国生态产品价值实现进展及价值转化成效进行总结和评估，能够为今后深入挖掘生态产品的内涵与价值、提高生态产品的供给能力、促进经济社会反哺生态产品，提供借鉴参考。

2

生态产品价值实现的分类模式与路径

SHENGTAI CHANPIN JIAZHI SHIXIAN DE
FENLEI MOSHI YU LUJING

2.1 不同类型生态产品价值实现的模式

生态产品是适应新时代中国生态文明建设和经济高质量发展新阶段应运而生的全新概念，是在“绿水青山就是金山银山”理念的基础上，为了满足人类需求，依托自然过程形成的生态系统服务，通过凝结人类劳动而形成的可供市场交换的商品。如前所述，本蓝皮书认为，生态产品可以按照其表现形态、依托的生态系统服务、内在属性等方面，将生态产品大致分为生态物质产品、生态服务产品、生态权益产品、生态补偿产品四大类型。同时，各类型中，还包括具体的细分类型。生态产品的类型不同，其价值实现模式也有所差异，如表 2-1 所示。

表 2-1　生态产品类型与价值模式

生态产品类型	特点	细分产品类型	价值实现模式
生态物质产品	市场主导政府监管	生态农产品	生态认证、绿色认证、地理标志产品、绿色生产等
		生态林副产品	森林多功能经营、森林认证、生态认证、地理标志等
		生态畜牧产品	生态认证、绿色认证、地理标志产品等
		生态渔产品	生态认证、绿色认证、地理标志产品等
		生态工业品	环保型工业、清洁生产、生态认证等
		生态医药产品	生物医药产业、中药材全产业链等

续表

生态产品类型	特点	细分产品类型	价值实现模式
生态服务产品	市场主导 政府监管	生态旅游产品	以观赏自然为主的生态旅游、休闲旅游、观光旅游等
		生态康养产品	森林康养、生态疗养等
		生态文化产品	研学旅游、自然教育、环境教育等
		生态空间产品	城市绿地、生态公园等
		清洁能源产品	风电、水电、光伏、生物质能源等
生态权益产品	政府引领 市场参与	污染排放权益产品	碳排放、污染排放权交易等
		生态保护权益产品	碳汇、森林指标、耕地指标、清水增量指标交易等
生态补偿产品	政府主导	纵向生态补偿产品	森林生态效益补偿、湿地补偿等
		跨区域生态补偿产品	流域生态补偿等

2.1.1 生态物质产品的价值实现模式

生态物质产品是指将优质的生态禀赋作为一种特殊的生产要素投入到生存经营当中，产出绿色、环保、健康的有形物质产品，主要包括生态农产品、生态林副产品、生态畜牧产品、生态渔产品、生态工业品、生态医药产品等。由于这些产品往往具有明晰的产权，具有有形的形态和特定的用途，已经形成了完善的市场交易机制，因此，其价值实现的模式主要以市场主导为主，核心在于将生态要素投入的溢价体现在市场价格之中，以此实现生态产品外部性的内部化。基于这个思路，生态物质产品的价值实现路径主要包括各种形式的生态认证、绿色认证、地理标志、绿色生产、清洁生产等。通过投入产出方式的绿色化、清洁化，来提高最终生态产品的质量，使其更符合现代社会人们对环保、绿色、无污染产品的需求。

无公害产品、绿色食品和有机农产品是我国较为具有代表性的生态认证产品。

无公害农产品是指产地环境和产品质量均符合国家普通加工食品相关卫生质量标准要求，经政府相关部门认证合格、并允许使用无公害标志的食品。这类食品不会对人的身体健康造成任何危害，是无污染、无毒害、安全的食品。

绿色食品是指无污染、优质、营养食品，经国家绿色食品发展中心认可，许可使用绿色食品商标的产品。由于与环境保护有关的事物和我国通常都冠以“绿色”，为了更加突出这类食品出自良好的生态环境，因此称为绿色食品。

有机农产品是指根据有机农业原则，生产过程绝对禁止使用人工合成的农药、化肥、色素等化学物质和采用对环境无害的方式生产、销售过程受专业认证机构全程监控，通过独立认证机构认证并颁发证书，销售总量受控制的一类真正纯天然、高品位、高质量的食品。

经过这三类认证的生态产品，其良好的生态要素溢价已经体现在价格中，进而实现其价值转化。但就目前而言，这些认证产品与普通产品的市场接受度还有一定差距，如何能提高市场认可度，是未来需要探索的关键问题。

地理标志产品是指产自特定地域，所具有的质量、声誉或其他特性本质上取决于该产地的自然因素和人文因素，经审核批准以地理名称进行命名的产品。地理标志保护产品包括：一是来自本地区的种植、养殖产品；二是原材料来自本地区，并在本地区按照特定工艺生产和加工的产品。地理标志产品申请要素包括自然因素和人文要素，前者是指原产地的气候、土壤、水质、天然物种等，后者是指原产地特有的产品生产工艺、流程、配方等。因此，地理标志产品往往能体现出生态环境良好地区产出的独特生态产品，进而通过地理标志产品认证来体现生态产品的价值。目前，我国目前已经有超过 8 000 个地理标志产品，其中将近一半为蔬菜瓜果粮油类生态产品。

森林认证是较有代表性的林业类生态产品认证方式。森林认证包括两个基本内容，即森林经营认证和产销监管链认证。森林经营认证是根据所制定的一系列原则、标准和指标，按照规定的和公认的程序对森林经营业绩进行认证，而产销监管链认证是对木材加工企业的各个生产环节，即从原木运输、加工、流通直至最终消费者的整个链进行认证。森林认证的效益主要表现在环境效益、社会效益和经济效益 3 个方面。目前，中国森林认证范围涵盖了森林经营认证、产销监管链认证、非木质林产品认证、竹林认证、森林生态环境服务认证、生产经营性珍稀濒危物种认证、碳汇林认证和森林防火认证等领域。

第二产业通常被视为主要的能耗和污染来源，但如果利用优良的自然生态环境，采用清洁生产方式，产出绿色、无污染的环保型工业产品，也是一种重要的生态产品价值实现模式。例如，依托优质矿泉资源大力发展纯天然优质矿泉水，提取植物绿色成分研制安全无污染的洗护产品等，均可以体现出生态要素的溢价，进而以市场交易方式实现其价值。

生物医药产业由生物技术产业与医药产业共同组成，是以现代生命科学理论为基础，利用生物体及其细胞的、亚细胞的和分子的组成部分，结合工程学、信息学等手段开展研究及制造产品，或改造动物、植物、微生物等，并使其具有所期望的品质、特性，进而为社会提供商品和服务手段的综合性技术体系。应用生物技术生产出相应的商品，具有高科技含量、高附加值的特点，是一种方兴未艾的生态产品价值实现模式。

2.1.2 生态服务产品的价值实现模式

随着经济社会的发展，人民的物质生活水平有了巨大的提升，生活方式也发生了重大改变，人们开始追求衣食住行的全面升级，特别是精神文化需求高涨，对美好生活环境和生态文明的生活方式的追求也日益增加。无形的生态系统服务产品，越来越受到人们的重视和关注。该类生态产品是指依托良好的生态环境要素，结合一定的人工建筑设施，提供人工服务，发展生态旅游、森林康养、自然教育、体育会展经济、清洁能源等，满足人们追求身心健康、放松游憩、美学享受、精神体验等方面的生态需求。这类生态产品往往附着于相关生态产业，可通过产权明晰、可直接交易的商品服务，以市场供求机制来实现价值转化。目前，各地在实践当中，这类生态产品价值转化模式已被证明为是能够充分发挥地区生态环境优势、实现生态产品价值转化的高效路径，能够满足人民对美好生活环境的追求和需要，促进生态福祉的全民共享。

生态旅游是以有特色的生态环境为主要景观的旅游。是指以可持续发展为理念，以保护生态环境为前提，以统筹人与自然和谐发展为准则，并依托良好的自然生态环境和独特的人文生态系统，采取生态友好方式，开展的生态体验、生态教育、生态认知并获得心身愉悦的旅游方式。生态旅游的内涵：一是要回归大自然，即到生态环境中去观赏、旅行、探索，目的在于享受清新、轻松、舒畅的自然与人的和谐气氛，探索和认识自然，增进健康，陶冶情操，接受环境教育，享受自然和文化遗产等；二是要促进自然生态系统的良性运转。不论是生态旅游者，还是生态旅游经营者，抑或得到收益的当地居民，都应当在保护生态环境免遭破坏方面做出贡献。也就是说，只有在旅游和保护均有保障时，生态旅游才能显示其真正的科学意义。因此，生态旅游是最为典型的一种生态产品价值实现模式。

森林康养是林业与健康养生融合发展的新业态，是以丰富多彩的森林景观、沁人心脾的森林环境、健康安全的森林食品、内涵浓郁的生态文化为主要资源的依托，配备相应的养生、休闲及医疗、康体服务设施，开展以修身养心、调适机能、延缓衰老为目的的森林游憩、度假、疗养、保健、养老等活动。森林康养从改善气、光、热、声环境 4 个方面影响人们，是一种在生态保护中利用、在利用中保护的产业模式，是另一种比较典型的生态服务产品价值实现模式。

自然教育是以自然环境为背景，以人类为媒介，利用科学有效的方法，使儿童融入大自然，通过系统的手段，实现儿童对自然信息的有效采集、整理、编织，形成社会生活有效逻辑思维的教育过程。从教育形式上说，自然教育是以自然为师的教育形式，人只是作为媒介存在。自然教育应该有明确的教育目的、合理的教育过程、可测评的教育结果，实现儿童与自然的有效联结，从而维护儿童智慧成长、身心健康发展。从自然教育延伸出来的多种生态服务产品价值实现模式，如环境教育、研学旅游等，在近年来逐渐受到公众的关注和重视，在未来是一种市场潜力巨大的发展模式。

随着中国经济社会的发展和城市化程度的进一步加深，城市生态环境越来越受到人们的重视，以城市绿色空间和蓝色空间为主的生态空间产品的供给愈加重要，生态空间产品的价值实现亟须进行深入探索。城市绿色空间概念源于西方国家的景观城市开敞空间，是城市社会、经济、自然复合生态系统中非常重要的组成部分，能够固碳释氧，并有效缓解热岛效应，减少城市耗能，具有十分重要的生态效益和社会效益。同理，蓝色空间则是以水域为主的生态空间。由于具有明确的产权和空间界限，因此，可以采用市场化的方式来实现其价值。

清洁能源，是指不排放污染物、能够直接用于生产生活的能源，其包括核能和"可再生能源"，其中，可再生能源是指原材料可以再生的能源，如水能、风能、太阳能、生物能（沼气）、地热能（包括地源和水源）、海潮能这些能源，是典型的生态服务产品。

水能是指水体的动能、势能和压力能等能量资源，通常用于水力发电。

风能是指地球表面大量空气流动所产生的动能，通常用于风力发电。

生物能是太阳能以化学能形式贮存在生物中的一种能量形式，其直接或间接地来源于植物的光合作用，可转化成常规的固态、液态和气态燃料。

光能是光子运动对应的能量形式，光能是由太阳、蜡烛等发光物体所释放出的一种能量形式，光伏发电是利用半导体界面的光生伏特效应而将光能直接转变为电能的一种技术。

海洋能指海洋通过各种物理过程接收、储存和散发能量，这些能量以潮汐、波浪、温度差、盐度梯度、海流等形式存在于海洋中。

地热能是由地壳抽取的天然热能，这种能量来自地球内部的熔岩，并以热力形式存在。截至 2021 年 10 月底，我国可再生能源发电累计装机容量达到 10.02 亿 kW，与 2015 年年底相比实现了翻番，占比达全国发电总装机容量的 43.5%，比 2015 年年底提高 10.2 个百分点。其中，水电、风电、太阳能发电和生物质发电装机分别达到 3.85 亿 kW、2.99 亿 kW、2.82 亿 kW 和 3 534 万 kW，均持续保持世界第一。

2.1.3 生态权益产品的价值实现模式

由于历史和现实的原因，生态产品所依托的生态系统呈现条块分割的破碎化特点，其属地和产权分属于不同类型的利益主体。在生态空间统一确权登记的基础上，针对特定的生态产品，鼓励个人、集体和企业等通过市场配额及交易方式来取得权益指标，达到"谁保护、谁受益，谁污染、谁付费"的目的，可以有效提高生态产品的供给，促进经营者的保护积极性，实现生态产品的价值是构建生态权益产品的前提和基础，与有形和无形的生态物质和服务产品不同的是，该类生态产品并非实体交易，而仅仅是其所包含的产权束的让渡，其服务对象主要是各类企业。在交易市场中，由供给方保护或修复生态系统并出售给其他企业，以帮助后者履行其法定补偿义务的模式，或将法律法规规定的污染配额进行交易。具体的权益包括污染排放的权益，如排污权、碳排放权等，也包括生态保护的权益，如碳汇交易、水权、森林指标权益、耕地指标权益、清水增量指标权益等。目前，部分地方围绕生态产品权益指标交易及政策制度供给等方面进行了有益探索，取得了一些实践经验，但从总体来看，该类生态产品交易市场发展尚不充分，仍需进一步培育壮大。

排污权交易是指在一定区域内，在污染物排放总量不超过允许排放量的前提下，内部各污染源之间通过货币交换的方式相互调剂排污量，从而达到减少排污量、保护环境的目的。其主要思想就是建立合法的污染物排放权利即排污权（这种权利通常以排污许可证的形式表现），并允许这种权利像商品那样被买入和卖出，以此来进行污染物的排放控制。2007 年，浙江省嘉兴市建立国内首个排污权交易平台，在全国率先探索建立排污权交易制度；2014 年 8 月印发《国务院办公厅关于进一步推进排污权有偿使用和交易试点工作的指导意见》，意在发挥市场机制推进环境保护和污染物减排，标志着我国排污权交易逐步走向制度化、规范化、国际化。

碳排放权交易的概念源于 1968 年，美国经济学家戴尔斯首先提出的“排放权交易”概念，即建立合法的污染物排放的权利，将其通过排放许可证的形式表现出来，令环境资源可以像商品一样买卖。碳排放权是指能源消费过程中排放的温室气体总量，包括可供的碳排放权和所需的碳排放权两类。2011 年 10 月国家发展改革委印发《关于开展碳排放权交易试点工作的通知》，批准北京、上海、天津、重庆、湖北、广东和深圳七个省级行政区开展碳交易试点工作。2021 年 7 月 15 日，上海环境能源交易所发布公告，根据国家总体安排，全国碳排放权交易于 2021 年 7 月 16 日开市，标志着中国碳排放权交易从试点逐渐走向成熟，建立了全国统一市场，是各类生态产品权益交易中最早进行、也是最完善的价值实现模式。

碳汇交易是指基于《联合国气候变化框架公约》《京都议定书》对各国分配二氧化碳排放指标的规定，创设出来的一种虚拟交易，往往由发达国家出钱向发展中国家购买碳排放指标，将多余的碳排放指标转卖给需要的国家，以抵消这些国家的减排任务。这是通过市场机制实现森林生态产品价值的一种有效途径。

水权交易是指政府依据一定规则把水权分配给使用者，并允许水权所有者之间的自由交易。如此依据市场交易的水分配制度可以保证高价值用途的用水需求，以避免开发高成本的水源而破坏环境。水权交易市场的具体运作，首先要分配水权，其次是制定交易规则。我国于2005年1月颁布并实施了《水利部关于水权转让的若干意见》，标志着水权交易开始进入实践阶段。而2007年3月颁布的物权法的相关规定，是取水权作为一种可以由民事主体依法享有的用益物权第一次通过民事财产得以确立。2011年开始，中央推行“最严格水资源管理”，水的重要性被进一步提升。2021年，随着“十四五”规划的推动，中央层面针对促进建设水权交易市场密集推出多项政策，为水权市场的进一步规范发展注入新动力。地方层面，多地在其“十四五”水利发展等有关规划中提及，明确未来发展方向。

森林指标交易、耕地指标交易、湿地银行等生态产品价值实现模式的基本原理较为类似，都是基于“保护者受益”原则，将森林、耕地、湿地等生态系统的修复和治理进行市场化运作，由其他单位购买相应的占补平衡指标，来促进实现区域内生态资源总量不减少、质量不降低的总目标。2018年，重庆市率先开启森林覆盖率指标交易，2019年3月，位于重庆市主城区、绿化空间有限的江北区，为实现森林覆盖率55%的目标，与渝东南的国家级贫困县酉阳县签订了全国首个“森林覆盖率交易协议”，江北区向酉阳县购买7.5万亩①森林面积指标，交易金额1.875亿元。2001年，国土资源部下发《关于进一步加强和改进耕地占补平衡工作的通知》，第一次提出规范易地补充耕地工作，此后耕地占补平衡指标交易实践在全国各地陆续展开。2021年8月4日，江西省林业局、发展改革委、自然资源厅联合印发《江西省“湿地银行”建设试点实施方案》，

① 1亩≈0.666 7 hm^2。

“湿地银行”建设试点正式启动。江西“湿地银行”建设聚焦完善湿地总量管控机制、建立“湿地银行”运行保障机制、建立湿地占补平衡指标形成机制、健全湿地生态产品价值实现机制 4 个方面，在万年、进贤、都昌、资溪、南丰、上栗、崇义 7 个县开展试点，促进湿地生态产品价值实现。

2.1.4　生态补偿产品的价值实现模式

在大多数情况下，生态系统发挥的重要生态服务和功能是全局性、系统性的，其涵养水源、保持水土、净化空气、调节气候等不仅辐射到本地区，更是影响到了周边乃至全国、全世界，具有典型的公共物品特征。因此，维持良好的生态系统服务，受益者将会是社会全体公众，“付费者”也应是全体社会公众。由于生态系统服务具有整体性、不可测度性等特点，并在较大的区域尺度内发挥长期的、隐性的作用，既不像生态物质产品一样能获得实际物品，又不像生态服务产品一样可以从中获得享受，所以个人或机构是没有意愿花钱购买的。为此，各级政府往往作为社会公众的代表，统一行使购买主体的权利，即生态补偿型生态产品。对于这类生态产品的价值实现，传统的路径是中央和地方各级的纵向转移支付，这种补偿方式虽然覆盖面广，但标准不高，远低于生态系统本身发挥的巨大价值，且面临巨大的资金缺口。近年来，各地也在逐步探索基于生态系统服务完整性和连通性的跨区域生态补偿产品，以此实现其价值转化。

森林生态效益补偿机制是典型的生态补偿产品价值实现模式。森林生态效益补偿是指为提高森林生态效益、保护和改善生态环境、维护国土生态安全而给予的价值补偿措施。《中华人民共和国森林法》以法律的形式明确规定了森林生态效益补偿制度，其补偿对象为以空气净化、水源涵养、水土保持、防风固沙、农田牧场保护、护岸固堤、护路、护渠、美化环境，以及以国防、科研服务为主要目的的生态公益林。根据“谁受益谁负担，社会受益，政府投入”的原则，分级实施，补偿生态公益林（防护林和特种用途林）经营者，用于森林资源林木的营造、抚育、保护和管理等。

流域生态补偿机制则是另一类典型的生态补偿产品价值实现模式。2016 年，财政部、国家发展改革委、环境保护部、水利部出台《关于加快建立流域上下游横向生态保护补偿机制的指导意见》(财建〔2016〕928号),提出"到2020年,各省(区、市)行政区域内流域上下游横向生态保护补偿机制基本建立;在具备重要饮用水功能及生态服务价值、受益主体明确、上下游补偿意愿强烈的跨省流域初步建立横向生态保护补偿机制,探索开展跨多个省份流域上下游横向生态保护补偿试点。到2025年,跨多个省份的流域上下游横向生态保护补偿试点范围进一步扩大;流域上下游横向生态保护补偿内容更加丰富、方式更加多样、评价方法更加科学合理、机制基本成熟定型,对流域保护和治理的支撑保障作用明显增强"。2018年2月,云南、贵州、四川三省人民政府达成共识,签署《赤水河流域横向生态补偿协议》,率先在长江流域建立第一个跨省生态补偿机制。2021年4月,山东省人民政府与河南省人民政府签订了《黄河流域(豫鲁段)横向生态保护补偿协议》,建立了省际间横向生态补偿机制。

2.2 生态产品价值实现的路径与政策

随着生态产品的定义不断完善,价值内涵不断丰富,其价值实现模式也在实践中不断丰富、完善,价值实现路径体现出鲜明的中国特色。从生态产品价值实现机制设计来看,我国基本构建出政府主导、企业和社会各界参与、市场化运作、可持续的生态产品价值实现路径,其为:

首先,生态产品具有完整性、跨区域性、正外部性等特点,这就要求必须要以政府为主导,从顶层设计宏观把握生态产品价值实现的总体思路。2021年4月,中共中央办公厅、国务院办公厅印发了《关于建立健全生态产品价值实现机制的意见》,提出要"立足新发展阶段、贯彻新发展理念、构建新发展格局,坚持'绿水青山就是金山银山'理念,坚持保护生态环境就是保护生产力、改善生态环境就是发展生产力,以体制机制改革创新为核心,推进生态产业化和产业生态化,加快完善政府主导、企业和社会各界参与、市场化运作、可持续的生态产品价值实现路径,着力构建绿水青山转化为金山银山的政策制度体系,推动形成具有中国特色的生态文明建设新模式"。

其次，要想实现生态产品的价值转化，应当有相应的市场交易机制和交易平台。科学的价值交易机制对生态产品价值实现至关重要，既能降低交易成本，更能实现生态产品供给双方的平等协商、公平交易，逐步建立生态产品价值交易长效机制。目前，我国已经形成了比较完善的生态物质产品和生态服务产品市场化机制。此外，大量基于生态系统支持和调节服务的生态产品市场化交易机制也已经在全国多地试点实施，取得了显著成效。充分发挥市场配置资源的决定性作用，是成为生态产品价值实现的关键所在。

最后，在生态产品价值转化过程中，不同级别的政府扮演了至关重要的角色。政府不仅作为利益主体直接参与，同时也是监督者。我国拥有比西方国家更强大的控制、知情决策和管理平台，这决定了我国能够实行以中央政府为指导、地方政府主导和实践、多元有效参与的生态产品价值转化框架和模式。高效的管理机制与相应政策工具的合理运用是提升生态产品价值转化效率的关键。在中国特色社会主义新时代背景下，要想实现生态产品价值高效转化，最合理的政府治理总体模式是，中央政府从宏观角度制定法律和管理政策，具体的实践工作则应根据当地条件和生态产品具体情况，由地方政府主导并进行管理。生态产品价值转化的效率在很大程度上取决于地方政府的管理绩效。

具体到实践层面，各地应当因地制宜，结合本地区实际，合理选择生态产品的价值转化模式。一是聚焦于某种转化模式深度挖掘的单一型路径，适宜于生境环境简单、生态系统脆弱、经济实力不足的地区，或生态产品价值转化机制的发展初期；二是以某种转化模式为主、其他模式为辅的主导型路径，适宜某项资源具有突出特点、主导模式可以有效带动其他模式深度融合的地区；三是多种模式齐头并进的复合型路径，适宜自然资源禀赋优良、社会经济发展条件较好、市场区位优越的地区，多种模式能够相辅相成，互为补充，共同促进生态产品价值转化效率的提升。

3

“十三五”生态产品价值实现的实践进展与问题

“SHISANWU” SHENGTAI CHANPIN JIAZHI SHIXIAN DE SHIJIAN JINZHAN YU WENTI

3.1 "十三五"生态产品价值实现的实践进展

3.1.1 全国层面生态产品价值实现进展

自习近平总书记提出"绿水青山就是金山银山"科学理念开始，全国各地就围绕如何实现"绿水青山"和"金山银山"的协调统一进行了一系列理论与实践研究，围绕生态产品价值实现的机制构建和实践模式进行了深入的探索。特别是在"十三五"期间，"绿水青山就是金山银山"的理念深入人心，全国生态产品价值实现实践进入快速发展阶段。

2017年开始，生态环境部开展了"绿水青山就是金山银山"实践创新基地建设，旨在建设践行"绿水青山就是金山银山"科学理念的实践平台，创新探索"绿水青山就是金山银山"转化的制度实践和行动实践，选取生态环境优良、生态环境保护工作基础扎实、"绿水青山就是金山银山"转化成效突出，形成"绿水青山就是金山银山"转化典型案例、机制、体制、政策、做法等地区，总结推广典型经验模式。创建活动强调"绿水青山"保护和"金山银山"转化，重点是探索生态产品价值实现的路径方式和长效制度，引导各地正确处理保护和发展的关系，将生态资源优势转变为经济发展优势，实现绿色高质量发展与生态惠民。自创建活动开展以来，全国各地积极申报，努力探索，开展了一系列对生态产品价值实现的实践探索，涌现出诸多价值实现模式。截至 2021 年 11 月，已命名了 5 批共 136 个“绿水青山就是金山银山”实践创新基地。

2020 年，自然资源部为推进生态产品价值实现机制的理论和实践探索，发挥典型案例的示范作用和指导意义，梳理出两批共 21 个典型生态产品价值实现案例，持续推进生态产品价值实现机制的理论和实践探索，倡导加快建立政府主导、企业和社会各界参与、市场化运作、可持续的生态产品价值实现机制。2021 年开始，批复设立了多个自然资源领域生态产品价值实现试点，鼓励各地积极探索不同资源禀赋的生态产品价值实现路径。

2015 年开始，国家发展改革委、国家林业和草原局启动了国家公园体制试点。经历了数年探索创新，于 2021 年正式设立三江源、大熊猫、东北虎豹、海南热带雨林、武夷山等第一批 5 个国家公园，这标志着以国家公园为主体的自然保护地体系建设进入新阶段，同时也意味着要从生态资源挖掘生态产品，构建生态产品的价值转化机制，打通生态保护、生态产业转型和生态富民三大通道，实现生态环境保护、绿色发展、民生问题改善的共赢局面。

2021 年 4 月，在经历了全国上下持续多年的创新与探索后，中共中央办公厅、国务院办公厅印发了《关于建立健全生态产品价值实现机制的意见》，提出要“加快完善政府主导、企业和社会各界参与、市场化运作、可持续的生态产品价值实现路径，着力构建绿水青山转化为金山银山的政策制度体系，推动形成具有中国特色的生态文明建设新模式”。这标志着我国正式从国家制度层面推进生态产品价值实现机制建立健全。

3.1.2 区域层面生态产品价值实现进展

“十三五”期间，我国各地不同区域、不同层级纷纷开展生态产品价值实现相关的探索，从空间分布上看，总体呈现出“南方多、北方少；东、西部多，中部少”的格局，实践主体多以县域为主，体现出生态产品价值实现的多样性特征，因地制宜、分类施策特点明显。浙江省、福建省、江西省等省区对生态产品价值实现模式的创新探索走在全国前列，西部地区内蒙古、青海、重庆等省区则凭借丰富的生态资源本底，在生态产品价值转化方面卓有成效，其他各省区也纷纷开展相关实践活动。

浙江省安吉县作为“绿水青山就是金山银山”理念发源地，全县有林地面积 203 万亩，其中竹林面积 101 万亩，是中国著名竹乡，竹子立竹量、商品竹年产量、竹业年产值、竹制品年出口额、竹业经济综合实力五个指标均名列中国第一，“竹根做根雕、竹竿做地板、竹叶做饮料、竹屑做装饰板”，形成了从竹根到竹叶的一系列全产业链发展。通过“两山银行”率先试点，安吉县创新构建了全域生态资源资产统筹规划、县乡两级“两山银行”工作体系、项目分级开发运营等体制机制，转化模式从最初的纯生态资源类项目向全产业发展项目转变，推动绿色农业、高端旅游、精品民宿、生态康养、循环经济、物流仓储等第一、第二、第三产业项目加速落地。“两山银行”运行以来，已成功转化文旅融合、闲置资源盘活等项目 19 个，村集体经济增收 1 800 余万元。2019 年，推动长江经济带发展领导小组办公室正式印发《关于支持浙江丽水开展生态产品价值实现机制试点的意见》，浙江省丽水市成为全国首个生态产品价值实现机制试点市，通过生态系统生产总值（gross ecosystem product，GEP）核算来引导发展思路转变，重点在生态产品功能拓展、标准创设、机制创新、路径开发等方面先行先试，取得了一系列丰硕成果。以“生态有价、有偿使用”为原则，构建反映市场供求和资源稀缺程度、体现自然生态价值的市场交易制度，以约束创造市场需求，推动生态产品利用型企业对项目生态溢价付费。协议首次出现“企业购买生态产品”条款——企业通过向当地生态强村集体经济有限公司支付 279.28 万元，购买项目所在区域的调节服务类 GEP，成为丽水市首例基于 GEP 核算的市场化交易生态产品。2007 年，浙江省嘉兴市建立国内首个排污权交易平台，在全国率先探索建立排污权交易制度，开启了以经济手段治理污染的“嘉兴模式”。2007 年 9 月 27 日，《嘉兴市主要污染物排污权交易办法（试行）》由市政府正式印发，成为嘉兴市第一个推动排污权交易的规范性文件。同年 10 月，经市政府批准同意，嘉兴市排污权储备交易中心成立。11 月，嘉兴市排污权储备交易中心正式揭牌，成为全国首个从事排污权交易的专门机构。截至2018年8月底，嘉兴排污权有偿使用及交易累计金额达19.18亿元，约占全省交易金额的1/4。

福建省发展和改革委员会制定印发《关于建立健全生态产品价值实现机制的实施方案的通知》，将总体要求分为两个阶段：到2025年，生态产品价值实现试点示范建设和改革进一步深化，生态产品价值实现的制度框架初步形成，比较科学的生态产品价值核算体系初步建立，优质生态产品价值实现的途径更加畅通，力争培育一批具有山海特色，具有创新性、引领性、示范性的生态产品价值实现改革成果，打造全国生态产品价值实现机制先行示范区；到2035年，全面建立系统科学的生态产品价值实现机制，生态产品价值实现路径全面拓宽，生态优势、资源优势转化为经济优势，产业优势显著增强，形成可复制、可推广的生态产品价值实现"福建模式"。2019年11月，福建省三明市利用全国集体林区改革试验区这一政策优势，抓住林业融资这一关键环节，在全国率先开展以林权收益资产证券化为主要目标的林票制度改革试点，制定出台了《三明市林票管理办法》《三明林票基本操作流程》，全市在12个县（市）163个村开展试点，合作面积7 560.27 hm^2，制发林票总额11 220万元，惠及村民14 285户、59 905人，试点村每年村财政收入可增加5万元以上，实现国家、集体、林农三方共赢。充分发挥森林生态优势，大力培育孵化以森林康养产业为特色的新业态，实现生态产品价值高效转化。2017年，出台《三明市发展全域森林康养产业的意见》，成为全国首个出台全域森林康养产业发展实施意见的设区市。2019年，三明市被确定为2019年全国森林康养基地试点建设市。南平市于2018年在全国首创了"生态银行"平台机制，将丰富的自然资源整合利用，把森林、水、矿土、古厝、文物等碎片化、分散化资源规模化收储、整合、优化，再由政府搭台引入有实力、有社会责任感的龙头企业，导入新产业、新项目，搭建资源变资产为资本的转化平台，最终形成顺昌县"森林生态银行"、武夷山市五夫镇"文化生态银行"等多种运作模式，探索出一条生态产业化、产业生态化的绿色发展新路。龙岩市林业碳汇项目可分为4类，分别是造林碳汇、森林经营碳汇、竹林经营碳汇和竹子造林经营碳汇，在上杭县、长汀县、连城县、漳平五一国有林场开展林业碳汇项目试点，旨在通过以点带面的形式，引导林业碳汇发展，推进林业碳汇交易。2021 年 9 月，长汀楼子坝国有林场竹林经营碳汇项目经海峡股权交易中心挂网实现首次交易。该项目第一监测期减排量 148 993 t，实现总成交金额 1 639 708 元，是龙岩首个国有林场竹林经营碳汇成功交易的项目。

在江西省众多生态产品中，以森林和湿地为本底的碳汇资源、以山水林田湖为禀赋的生态旅游资源、以农业文明与生态属性为优势的生态农业资源最具有显著性代表，2021 年 6 月江西省出台的《关于建立健全生态产品价值实现机制的实施方案》将此三者作为生态产品产业化利用的重点。2021 年，江西省开展了湿地银行建设试点，鼓励湿地占用主体通过"湿地银行"购买与所占湿地面积和质量等级相当的湿地占补平衡指标，该银行与美国"湿地缓解银行"类似。湿地产权主体不仅可以获得指标转让收入，还可以在不改变湿地基本特征和生态功能的前提下，有序发展农牧渔复合经营等湿地生态环境友好型产业。进贤县、都昌县、万年县、南丰县、资溪县、崇义县、上栗县作为全省首批启动"湿地银行"建设试点地区。江西省井冈山市挖掘红色资源，将"星星之火"升级为"燎原之势"，把丰富的红色资源变成绿色发展优势，推进红色教育培训机构与乡镇场全覆盖结对帮扶，实现以红色教育培训为主要支撑的红色旅游业带动食材、农副产品等富民产业蓬勃发展，红色旅游业已成为井冈山市的主导产业，占 GDP 的比重超过 50%。江西省资溪县是全省首个创建"两山银行"的地区，借鉴商业银行"存""贷"理念，按照"标准化设计、实体化运作、产业化经营"思路打造，集山水林田湖草以及其他生态资源收储、评估、交易、运营和金融服务等功能于一体，是以推动"生态产业化、产业生态化"为目的的综合型平台。通过资源整合、资产运营、资本赋能等机制，构建"资源 - 资产 - 资本"的内生循环，截至 2020 年年末，生态产品价值实现贷款总额 20.08 亿元，占全县贷款余额的 32.77%，其中实现"两权"抵押贷款余额 8.06 亿元。农业银行在全省率先开展森林赎买抵押贷款，首笔贷款发放 9 800 万元。

内蒙古阿尔山市依托优质矿泉资源，大力发展以阿尔山矿泉水为代表的环保型工业，全市 2 家矿泉水企业年生产能力达 40 万 t。目前，"阿尔山矿泉水""AER"系列产品已经进入北京、上海等 29 个省级行政区市场，成为国家主席习近平参加印度尼西亚巴厘岛会、索契冬奥会、荷兰峰会等重大会议上会见各国国家元首的接待专用水。践行“冰天雪地也是金山银山”理念，发展冰雪旅游，结合体育经济、会展经济等，极大促进了旅游业向全域、全季、高端方向发展，有力推动了粗放旅游向集约旅游转变。位于内蒙古西南的鄂尔多斯市的库布其沙漠是中国第七大沙漠，在黄河“几”字内侧北端。在“治沙、生态、产业、扶贫”四轮驱动下，库布其沙漠实现了生态效益、经济效益和社会效益的有机统一。除了种植业和养殖业外，库布其沙漠还重点发展旅游业，目前有响沙湾、库布其、银肯塔拉、恩格贝、七星湖等旅游区，形成了沙漠产业集群，带动当地百姓就业增收。内蒙古兴安盟以其特有的生态、自然资源，政府、企业、农民合力打造“兴安盟大米”品牌，在水稻种植生产过程中，注重标准化生产、高质量发展，全环节集成绿色高质高效技术，包括整地、播种、管理、收获等各环节。截至本书成稿，兴安盟水稻产量占全自治区的 60%，全盟水稻种植面积达 130 万亩，水稻总产量达 70 多万 t，兴安盟大米“三品一标”认证企业达到 31 家，认证品种 58 个，认证面积 61.5 万亩，“兴安盟大米”已成功注册中国地理标识推广使用。

青海省新能源发展优势显著，可用于光伏发电和风电场建设的荒漠化土地 10 万 km^2 以上，光伏资源理论可开发量 35 亿 kW，风能技术可开发量 7 555 万 kW。截至 2021 年 3 月，青海省全网新能源总装机达 2 449 万 kW，占全网总装机容量的 60.8%，新能源装机占比居中国首位。其中，风电总装机 848 万 kW，占新能源总装机的 34.6%。青海省新能源发电量达 13 613 万 kW·h，其中风电发电量 9 318 万 kW·h，新能源及风电发电量均创历史新高。青海省河南县是全国面积最大的有机畜牧业生产基地，利用天然草原生态优势和牲畜品种优势，建立了完善的畜牧业产业、生产、经营、质量管理体系，探索出“园区 + 企业 + 合作社 + 牧户”的产业运行模式，园区入驻企业有 6 家，村生态畜牧业股份合作社 39 家，牧民专业合作社 92 家。采用直接投资、参股经营或签订长期收购合同等方式，企业与牧民合作社建立产销联合机制，以市场价格直接从合作社进行活畜收购，保障畜产品销售渠道。

除上述地区外，全国各地均开展了与之类似的生态产品价值实现实践活动，进行了富有成效的改革和探索，"绿水青山就是金山银山"的理念已经深入人心，生态产品价值实现机制的构建已经具备了现实条件和理论基础。

3.2 "十三五"生态产品价值实现的现实问题

在"十三五"之前，我国生态产品价值实现主要停留在理论研究和小规模试点层面。随着"绿水青山就是金山银山"科学理念的逐步完善和生态产品价值实现理论研究的逐步深入，生态产品的内涵不断明晰，"十三五"期间全国各地探索创新生态产品价值实现的步伐加快，各种创新模式不断涌现，取得了巨大成效。但与此同时，生态产品供给能力不足、转化模式单一、核算结果难以应用、转化成效难以评估、价值实现长效机制不健全等一系列现实问题也暴露出来。

3.2.1 生态产品供给能力有待提升

"十三五"期间，我国污染防治攻坚战成效显著，生态环境保护发生历史性转折性全局性变化，生态环境改善明显。大气污染防治成效显著，化学需氧量、氨氮、二氧化硫、氮氧化物等主要污染物排放总量分别累计减少 13.8%、15.0%、25.5%、19.7%，细颗粒物（$PM_{2.5}$）未达标地级及以上城市浓度累计下降 28.8%，地级及以上城市空气质量优良天数比率达到 87%。地表水达到或好于Ⅲ类水体比例提高到 83.4%。耕地资源得到有效保护，以国家公园为主体的自然保护地体系加快构建，森林蓄积量超过 175 亿 m^3，森林覆盖率超过 23%，生态廊道和生物多样性保护网络不断完善。能源消费总量控制在 50 亿 t 标准煤以内，单位 GDP 能源消耗累计下降 13.2%，非化石能源占一次能源消费比重提高到 15.9%，消费增量 60% 以上由清洁能源供应，单位 GDP 二氧化碳排放累计下降 18.8%，万元 GDP 用水量累计下降 25%。环境基础设施不断完善，城市污水处理率达到 96.8%、生活垃圾无害化处理率达到 99.2%，农村卫生厕所普及率超过 68%。

生态环境资源的改善极大地提高了生态产品的供给能力。但同时必须看到，以价值实现为目标的生态产品并不完全等同于生态环境资源，而是在优良的生态资源基础上，通过凝结人类劳动，有意识地改造自然，形成能够满足人类生态需求的、可供交易的、具有经济价值的产品。但从目前来看，大部分生态资源丰富、环境优良地区未能很好地挖掘生态潜力，生态要素的溢价未能得到充分体现，生态产品开发和设计未能与人们的生态需求充分匹配，人类劳动投入的主观能动性仍然不足，大部分生态产品都是初级产品，生态产品的供给能力还有待进一步提升。

3.2.2 生态产品价值转化模式有待挖掘和深化

随着各地生态产品价值实现实践的深入开展，各地涌现出多种多样的生态产品价值转化模式，如以夯实绿水青山根基为重点的“绿色银行型”、以靠山吃山、靠水吃水为主导的“山海经”型、以产业转型升级为核心的“腾笼换鸟型”、以实现保护者受益为根本的“生态补偿型”、以打造区域生态品牌为典型的“品牌塑造型”、以生态产品市场交易为牵引的“市场驱动型”、以发展本地循环经济为中心的“循环集约型”、以厚植生态本底带动土地增值的“溢出效应型”、以电商驱动生态产品供需对接的“数字赋能型”、以彰显特色生态文化为导向的“文化铸魂型”，各地践行生态产品价值实现取得实质性成效，为生态产品价值实现机制的构建提供了宝贵的经验借鉴。

但总体来看，大部分的生态产品价值转化模式仍然没有脱离传统产业的范畴，实际上是生态农业和生态旅游基础上的微创新，生态权益产品和生态补偿产品仍未能探索出符合各方利益的可持续运作机制。从大部分模式的实践进展来看，各类模式适用的地域范围尺度较小，往往以县域甚至是村、镇为单位进行试点，进行面上推广时则暴露出诸多问题：一是各地自然地理条件和文化差异较大，成功的模式往往根植于当地特色，应用于其他地区则容易“走样”；二是存在选择性偏差，即现有试点往往选择生态产品基础较好、在长期实践中已经积累了丰富经验的地区，而其他地区则不具备这样的条件，使得同样的生态产品开发模式在短期内难以推广；三是生态产品市场容量仍显不足，小尺度试点一旦铺开，容易形成内部竞争，难以打造各自产品的核心竞争力；四是生态产品价值转化的外延过于宽泛，未能从市场化的角度对生态产品价值转化进行定义，对"价值转化"的内涵界定不清晰，没有突出转化过程、机制和取得的实效；五是忽视了各类生态产品价值转化模式的共同性与异质性之间的联系，各类转化模式互有交叉重复，没有进行实质性创新。

3.2.3 生态产品价值核算与价值实现关联性不强

目前，我国对于生态产品的价值核算基本沿用生态系统服务核算方法，结合生态产品的特点，进行了一定程度的改进与创新。例如，由生态环境部环境规划院和中国科学院生态环境研究中心编制的《陆地生态系统生产总值（GEP）核算技术指南》，规定了陆地生态系统生产总值实物量与价值量核算的技术流程、指标体系与核算方法等内容，核算生态系统物质产品价值、调节服务价值和文化服务价值（不包括生态支持服务价值），并提出核算生态系统对人类福祉和经济社会发展支撑作用时，核算生态系统的物质产品价值、调节服务价值和文化服务价值之和；核算生态保护成效与生态效益时，核算生态系统的调节服务价值和文化服务价值。浙江省丽水市于2019年出台了全国首个地级市生态产品价值核算技术办法，并以景宁畲族自治县大均乡为试点，完成全国首个乡镇级GEP核算。2020年，深圳市出台《深圳市生态产品价值（GEP）核算统计报表制度（2019年度）》，是当时我国第一份正式批准实施的生态产品价值核算统计制度。该报表共有48张表单，200余项数据，涉及14个数据采集部门，规范了核算数据来源、调查频率及报送要求，确保了核算数据的稳定性和准确性，为深圳市GEP常态化核算提供了制度保障。2021年，南京市发布《生态系统生产总值（GEP）核算技术规范》地方标准，这一标准明确了GEP指标选取、数据来源和核算方法，为南京市摸清生态家底、盘活生态资源、推动生态产品价值实现，提供科学的技术规范、量化标准。

然而，各地在实践过程中，仍然遇到了生态产品价值核算难、应用难、与生态产品价值转化关联性不强的现实问题。一是价值核算方法过于复杂，相关数据难以获取，特别是不同类型的数据计算周期、统计口径、取样方法等只能在小尺度范围内统一，难以形成全国统一的依据和标准，不利于构建全国范围内的生态产品市场交易机制，导致价值转化范围受限。二是现有的生态产品价值核算方法受到自然要素的影响很大，如降水量较多的年份往往生态产品价值当量也会很高。然而就结果应用而言，我们理应更加关注人类生产要素投入增加的价值增值部分，以此来体现生态产品的经济价值，进而构建相应的市场化机制，但现有的核算体系未能将其很好地体现出来，导致核算结果在市场中认可度和接受度不高。三是现有的生态产品价值核算结果相对各地经济发展实力而言偏高，生态产品价值存量与流量混淆不清，部分地区生态产品价值远超出地区生产总值，甚至超出东部经济发达地区生产总值，因此从实际应用来看，难以形成针对生态产品的充足的购买力，最终导致生态产品的价值与核算出的价值关联性不强，价值核算的结果难以应用到生态产品市场化机制的构建当中去。

3.2.4 生态产品价值转化成效评估缺乏标准和依据

随着各地生态产品价值转化的深入探索，对其转化成效的科学评估也迫在眉睫。例如，王金南等提出生态产品第四产业核算指标体系构建，基于生态产品分类和生态产品总值核算，从生态产品第四产业的总量指标、生态产品第四产业的结构指标、生态产品价值实现程度指标、生态产品第四产业集聚度指标、生态产品第四产业关联度指标等不同方面，进行第四产业评价指标体系构建。彭文英和尉迟晓娟以京津冀地区为例，提出自然环境产品、生态物质产品、生态文化产品和生态空间产品 4 种类型生态产品供给能力的评估体系和具体指标。雷硕等从生态产品保护成效、转化成效、价值实现机制构建成效 3 个角度构建评估体系，对长江流域的生态产品价值转化成效进行了系统评估。

但总体来看，对生态产品价值转化成效仍然停留在学者理论探索阶段，评估结果尚未应用于实践，各地对于生态产品价值转化的评估往往流于形式，仍局限在传统产业的评估思路之内，没能体现生态产品价值转化的独特性。究其原因，第一是因为生态产品类型众多，各个类型特点不同，实现模式也多种多样，构建不出可以覆盖所有生态产品的评估体系，导致评估结果不够准确、全面。第二是各地发展情况不同，难以用统一的标准和尺度去衡量，适用于某些地区的标准往往不能用于其他地区，导致评估结果只能在小范围有效，地区之间缺乏横向可比性。第三则是因为既有的生态经济相关数据与新兴的生态产品评估指标不匹配，即使建立了相关指标体系，也会因为缺乏数据支撑而无法进行有效评估。

3.2.5 生态产品价值实现长效机制尚需健全

生态产品价值实现要想长期可持续地运作下去，必须进行制度化规范，从法律法规、生态治理、生态产品经营开发、利益协调等各个方面建立相应的长效机制，制定中长期规划，以此来保障生态产品价值的高效转化。2021 年 4 月，中共中央办公厅、国务院办公厅印发《关于建立健全生态产品价值实现机制的意见》，从建立生态产品调查监测机制、建立生态产品价值评价机制、健全生态产品经营开发机制、健全生态产品保护补偿机制、健全生态产品价值实现保障机制等六大方面出发，为突破"绿水青山"转化为"金山银山"制约的"瓶颈"，建立生态环境保护者受益、使用者付费、破坏者赔偿的利益导向机制指明了路径。这是我国第一次从顶层设计层面专门针对生态产品做出的指导性规划。此后，浙江、福建、江苏、江西等各个省份陆续出台建立健全生态产品价值实现机制的实施方案，并且大部分地区都将其纳入"十四五"规划，为后续相关实践活动提供了方向性建议。

即使全国各地已经发布了生态产品价值实现的相关制度设计和规划，但仍有一些根本性问题尚未解决。

首先，生态产品价值实现并不是简单的各类生态产品的叠加，而是对现有分散的、多样化的生态产品进行融合，也是生态环境保护领域和经济发展领域的高度交叉和重叠，这就必然会导致不同领域的现有法律、法规规范的冲突，也必然带来相应的调整。在《中华人民共和国宪法》和《中华人民共和国环境保护法》统领性规范的指引下，中国生态环境保护领域已经形成了"国家法律 - 专门行政法规（相关行政法规）- 部门规章 - 地方性法规"的法律法规体系，但在生态产品价值实现的试点示范过程中，出现了试点措施与其他现行法律政策之间衔接不畅的问题，生态产品价值实现模式不断创新，而基础法律法规制度相对固定，难以支持现实发展需要。例如生态权益产品的交易中，目前尚无法律法规对该类权益进行强制性保护，导致企业参与积极性不高，生态权益产品交易往往变成“一锤子买卖”，难以持续开展。

其次，生态产品价值实现不同于以往以部门为主体的管理机制，由于其包含了生态经济社会发展的方方面面，不可避免地涉及多部门沟通协调，出现了政出多门、职能交叉、职责分割、权责脱节、效能不高等问题，不同部门间各自规划、各自调度，遇到问题，则出现各部门责任不明、推诿扯皮、相互矛盾等现象，生态产品价值实现机制“九龙治水”问题突出。

再次，在中国特色社会主义市场经济下，如何处理好政府与市场角色分工关系，是生态产品价值实现的关键问题。政府对市场主体的开发、经营、交易、信贷活动过度干预，容易挫伤市场主体积极性，不利于市场主体拓展生态产品新业态、新模式，影响生态产品质量与服务体验的提升；对市场主体过于放任，则容易使市场主体为追求经济利润而有损于生态环境的长期维护，违背了生态产品经营开发的初衷。另外，政府为优化生态产品经营开发而投入的交通、物流、网络、环境治理等基础建设与管理费用，则又面临资金缺口巨大、资金使用效率低下、资金回报率偏低等问题，政府与市场收益如何共建共享仍需深入探索。

最后，生态产品价值实现涉及诸多利益主体，各利益主体关系复杂，生态产品价值实现利益分配与协调问题始终存在。如何加强各利益主体深度合作，强化利益联结，建立顺畅的利益诉求反馈机制，是今后必须重点解决的关键问题。

4

生态产品价值转化成效评估指标体系与方法

SHENGTAI CHANPIN JIAZHI ZHUANHUA CHENGXIAO PINGGU ZHIBIAO TIXI YU FANGFA

4.1 生态产品价值转化成效评估研究进展

目前学术界对于生态产品的研究主要集中在以下几个方面：一是生态产品的定义与内涵；二是生态产品价值核算研究；三是生态产品价值实现路径与模式探索；四是生态产品价值实现机制。与生态产品价值转化成效评估类似的研究目前主要有两类：一是生态环境部于2019年印发的《“两山指数”评估指标体系》；二是生态产品价值核算。

4.1.1 “两山指数”评估指标体系与评估方法

为贯彻落实习近平生态文明思想，2017年，生态环境部开展了“绿水青山就是金山银山”实践创新基地创建活动，截至2021年11月，已命名了5批136个“绿水青山就是金山银山”实践创新基地。为了指导各地区开展“绿水青山就是金山银山”实践创新基地创建，2019年，生态环境部印发了《“绿水青山就是金山银山”实践创新基地建设管理规程（试行）》和《“两山指数”评估指标体系》，以期通过“绿水青山就是金山银山”指数量化反映申报地区“绿水青山就是金山银山”建设水平，作为“绿水青山就是金山银山”基地后评估和动态管理的重要参考依据。

"两山指数"包括构筑绿水青山、推动"两山"转化、建立长效机制 3 个方面。构筑绿水青山包括环境质量和生态状况 2 个方面，其中环境质量从环境空气质量、水环境质量、土壤环境质量等方面设置了 6 项指标；生态状况从林草面积、生态系统质量、生物多样性等方面设置了 4 项指标。推动"两山"转化主要包括民生福祉、生态经济、生态补偿、社会效益 4 个方面，其中民生福祉从人均占有生态产品的角度设置了 1 项指标；生态经济从生态农业、生态加工业和生态旅游业方面设置了 3 项指标；生态补偿主要考察生态补偿类收入占财政总收入比重；社会效益从生态文化品牌和公众满意度的角度设定了 2 项指标。建设长效机制包括制度创新和资金保障 2 个方面，其中制度创新设置了"两山"基地制度建设和生态产品市场化机制 2 项指标；资金保障设置了生态环保投入占 GDP 比重 1 项指标（表 4-1）。

表 4-1 "两山指数"评估指标

目标	任务	序号	指标	目标参考值
构筑绿水青山	环境质量	1	环境空气质量优良天数比例	＞90%
		2	集中式饮用水水源地水质达标率	100%
		3	地表水水质达到或优于Ⅲ类水的比例	＞90%
		4	地下水水质达到或优于Ⅲ类水的比例	稳定提高
		5	受污染耕地安全利用率	＞95%
		6	污染地块安全利用率	＞95%
	生态状况	7	林草覆盖率	山区＞60% 丘陵区＞40% 平原区＞18%
		8	物种丰富度	稳定提高
		9	生态保护红线面积	不减少
		10	单位国土面积生态系统生产总值	稳定提高
推动"两山"转化	民生福祉	11	居民人均生态产品产值占比	稳定提高
	生态经济	12	绿色、有机农产品产值占农业总产值比	稳定提高
		13	生态加工业产值占工业总产值比重	稳定提高
		14	生态旅游收入占服务业总产值比重	稳定提高
	生态补偿	15	生态补偿类收入占财政总收入比重	稳定提高

续表

目标	任务	序号	指标	目标参考值
推动“两山”转化	社会效益	16	国际国内生态文化品牌	获得
		17	“两山”建设成效公众满意度	>95%
建立长效机制	制度创新	18	“两山”基地制度建设	建立实施
		19	生态产品市场化机制	建立实施
	资金保障	20	生态环保投入占 GDP 比重	>3%

2021 年 6 月，生态环境部印发《“绿水青山就是金山银山”实践创新基地评估技术导则（试行）》，明确了“两山指数”的计算方法。

$$\text{两山指数}=\sum_{i=1}^{20} d_i \omega_i \alpha_i \tag{4-1}$$

式中，i——指标序号；

d_i——指标得分；

ω_i——指标权重；

α_i——目标层权重。

指标权重采用专家打分法确定；指标得分采用双基准渐近法，通过下式得出指标得分。权重、基准值和目标值如表 4-2 所示。

$$\text{指标得分}=\begin{cases} 100 & \text{指标值}>\text{目标值} \\ \dfrac{\text{指标值}-\text{基准值}}{\text{目标值}-\text{基准值}}\times 100 & \text{基准值}\leqslant\text{指标值}\leqslant\text{目标值} \\ 0 & \text{指标值}<\text{基准值} \end{cases} \tag{4-2}$$

表 4-2 “绿水青山就是金山银山”指数评估指标权重及评分标准

序号	目标层	权重	任务层	指标层	单位	权重	基准值	目标值
1	绿水青山分指数	0.35	环境质量	环境空气质量优良天数比例	%	0.1	80	90
2				集中式饮用水水源地水质达标率①	%	0.1	—	—
3				地表水水质达到或优于Ⅲ类水的比例	%	0.1	80	90

续表

序号	目标层	权重	任务层	指标层	单位	权重	基准值	目标值
4	绿水青山分指数	0.35	环境质量	地下水水质达到或优于Ⅲ类水的比例	%	0.1	Δd=0	Δd=0.1
5				受污染耕地安全利用率	%	0.1	90	95
6				污染地块安全利用率	%	0.1	90	95
7			生态状况	林草覆盖率	%	0.13	40 18 10	60 40 18
8				物种丰富度②	个	0.07	—	—
9				生态保护红线面积③	km^2	0.08	—	—
10				单位国土面积生态系统生产总值	亿元 / km^2	0.12	Δd=0	Δd=0.02
11	金山银山分指数	0.35	民生福祉	居民人均生态产品产值占比	%	0.2	Δd=0	Δd=0.05
12			生态经济	绿色、有机农产品产值占农业总产值比重	%	0.15	Δd=0	Δd=0.1
13				生态加工业产值占工业总产值比重	%	0.15	Δd=0	Δd=0.1
14				生态旅游收入占服务业总产值比重	%	0.15	Δd=0	Δd=0.1
15			生态补偿	生态补偿类收入占财政总收入比重	%	0.15	Δd=0	Δd=0.04
16			社会效益	国际国内生态文化品牌	个	0.08	1	6
17				“绿水青山就是金山银山”建设成效公众满意度	%	0.12	80	100
18	长效保障分指数	0.3	制度创新	“绿水青山就是金山银山”基地制度建设	项	0.3	0	5
19				生态产品市场化机制	项	0.3	0	5
20			资金保障	生态环保投入占 GDP 比重	%	0.4	0	3

注：①达到 100% 得满分，否则不得分；②生态系统保持稳定，物种丰富度稳定或增加得满分，否则不得分；③保持稳定或增加得满分，降低不得分；④ Δd（指标变化值）=（本年度指标实际值 - 上年指标实际值）/ 上年指标实际值。

4.1.2 生态产品价值核算

目前学术界在生态产品价值核算领域的研究仍然集中在生态系统服务价值核算和生态系统生产总值（GEP）核算等方面。

在生态系统服务价值核算方面，学术界开展了大量研究，比较成熟的方法共有三大类：功能价格法、当量因子法和“生态元”法。功能价格法是通过模型计算出生态系统服务物质量，结合物质量的单位价格来核算生态系统服务的价值量，目前多数学者采用该方法进行生态系统服务价值核算研究，该方法计算结果较为准确，但其需要参数较多，部分参数获取难度较大。当量因子法是在区分全国不同类型生态系统服务功能的基础上，基于可量化的标准构建了不同类型生态系统各种服务功能的价值当量，再结合生态系统面积进行评估，最典型的为谢高地借鉴 Costanza 等对全球生态系统的研究成果，构建的“中国陆地生态系统服务价值当量因子表”，该方法简单易用，数据需求少，但计算结果精准度不高。“生态元”方法选择太阳能值作为核算量纲，将“生态元”作为核算基本单位，核算未受人类活动影响的初始状态下生态系统服务对应的“生态元”；然后分别考虑环境污染和生态环境治理对生态系统服务价值的影响，对“生态元”进行减值和增值调整；最后运用市场交易方式对核算的“生态元”进行货币化定价。该方法较新，但并未考虑到生态系统的质量，数据不够精确。

生态系统生产总值（GEP）核算是 2013 年由中国科学院生态环境研究中心欧阳志云研究员和原世界自然保护联盟（IUCN）中国代表处驻华代表朱春全博士首次提出的，随后其研究团队在内蒙古、青海、贵州和广东深圳、浙江丽水、云南普洱、吉林通化、海南海口、内蒙古阿尔山、浙江德清等不同地区开展生态系统生产总值核算，并编制了国家标准《生态系统评估　生态系统生产总值（GEP）核算技术规范》，目前该标准仍在征求意见中，具体核算方法如表 4-3 所示。

表 4-3　生态产品功能量和价值量核算方法

服务类别	核算项目		功能量指标	功能量核算方法	价值量指标	价值量核算方法
物质产品	农业产品	野生农业产品	野生农业产品产量	统计调查	野生农业产品产值	市场价值法
		集约化种植农业产品	集约化种植农业产品产量		集约化种植农业产品产值	
	林业产品	野生林业产品	野生林业产品产量		野生林业产品产值	
		集约化种植林业产品	集约化种植林业产品产量		集约化种植林业产品产值	
	畜牧业产品	放牧畜牧业产品	放牧畜牧业产品产量		放牧畜牧业产品产值	
		集约化养殖畜牧业产品	集约化养殖畜牧业产品产量		集约化养殖畜牧业产品产值	
	渔业产品	野生渔业产品	野生渔业产品产量		野生渔业产品产值	
		集约化养殖渔业产品	集约化养殖渔业产品产量		集约化养殖渔业产品产值	
	淡水资源		工业、农业、居民生活用水量		淡水资源产值	
	生态能源		秸秆、薪柴、水电发电、潮汐能量		生态能源产值	
	其他		其他物质产品产量		其他物质产品产值	
调节服务	水源涵养		水源涵养量	水量平衡法 水量供给法	水源涵养价值	替代成本法
	土壤保持		土壤保持量	修正通用土壤流失方程（RUSLE）	减少泥沙淤积价值	
					减少面源污染价值	
	防风固沙		固沙量	修正风力侵蚀模型（REWQ）	固沙价值	

续表

服务类别	核算项目	功能量指标	功能量核算方法	价值量指标	价值量核算方法
调节服务	海岸带防护	海岸带防护长度	统计调查	由于防护减少的损失价值	替代成本法
	洪水调蓄	植被：调蓄水量	水量平衡法	调蓄洪水价值	
		湖泊：可调蓄水量	湖泊调蓄模型		
		水库：防洪库容	水库调蓄模型		
		沼泽：滞水量	沼泽调蓄模型		
	空气净化	净化二氧化硫量	污染物净化模型	净化二氧化硫价值	
		净化氮氧化物量		净化氮氧化物价值	
		净化工业粉尘量		净化工业粉尘价值	
	水质净化	净化 COD 量	污染物净化模型	净化 COD 价值	
		净化总氮量		净化总氮价值	
		净化总磷量		净化总磷价值	
	碳固定	固定二氧化碳量	固碳机理模型	固定二氧化碳价值	
	氧气提供	氧气提供量	释氧机理模型	氧气提供价值	
	气候调节	植被蒸腾消耗能量	蒸散模型	植被蒸腾调节温湿度价值	
		水面蒸发消耗能量		水面蒸发调节温湿度价值	
	病虫害防治	森林病虫害防治面积	统计调查	森林病虫害防治价值	
		草地病虫害防治面积		草地病虫害防治价值	
	授粉服务	作物增产量	作物增产评估模型	作物增产价值	市场价值法
文化服务	休闲旅游	游客总人数	统计调查	休闲旅游价值	旅行费用法
	景观价值	受益土地与房产面积		受益土地与房产等的溢价价值	享乐价格法

4.2 生态产品价值转化成效评估指标体系构建

4.2.1 指标体系构建原则

4.2.1.1 系统性原则

各指标之间需要有一定的逻辑关系，从不同的侧面反映生态产品价值转化的要求，各指标之间相互独立，又彼此联系，共同构成一个有机统一体。指标体系的构建需要具有层次性，自上而下，从宏观到微观层层深入，形成一个不可分割的有机整体。

4.2.1.2 科学性原则

指标的选取应借鉴国内外的研究成果，充分反映国家在生态产品价值实现方面的决策部署，以及各地区生态产品价值实现的实践和成效。各指标选取时，需考虑其科学依据，各指标之间不能相互交叉重叠。

4.2.1.3 代表性原则

各评价指标应该具有典型代表性，不能过多过细，使指标过于烦琐，相互重叠，指标又不能过少过简，避免指标信息遗漏，出现错误、不真实现象，并且数据易获且计算方法简明易懂。同时考虑到不同区域自然资源禀赋、生态环境条件、经济社会发展等差异较大，各项指标的设置需要各个地区均适用。

4.2.1.4 可操作性原则

在选取指标时，尽量以权威机构发布的统计资料为基础，数据便于采集和计算，计算过程要方便、简洁，具有广泛的适用性，需要进行量化计算的尽可能选择具有广泛共识、相对成熟的公式和方法，公式中的参数易获取。

4.2.2 指标体系框架

生态产品是依托良好的生态环境，通过凝结人类投入而生产的用于满足人民群众日益增长的生态需求的商品。从投入产出的角度来看，生态产品价值转化投入的是生态环境和人类劳动，产出的是经济社会效益，因此，本节从生态环境投入、人类生产要素投入和经济社会效益 3 个方面，基于科学性、代表性和数据的可获取性，构建了生态产品价值转化成效评估指标体系框架（表 4-4）。具体框架如下：

领域层：包括生态环境投入、人类生产要素投入和经济社会效益 3 个领域。

指数层：包括环境质量指数、生态服务指数、人类生产要素指数、经济效益指数和社会效益指数 5 项指数。其中生态环境投入包括环境质量指数和生态服务指数 2 项指数；人类生产要素投入包括人类生产要素指数 1 项指数；经济社会效益包括经济效益指数和社会效益指数 2 项指数。

指标层：共包括 15 个指标，其中环境质量指数从空气环境质量和水环境质量方面设置了 2 项指标；生态服务指数根据生态系统提供的主要生态服务功能，设置了 4 项指标；人类生产要素指数从资金、人、土地和科技方面设置了 4 项指标；经济效益指数从农业、工业、旅游业和人均收入方面设置了 4 项指标；社会效益指数从城乡差距方面设置了 1 项指标。

表 4-4 生态产品价值转化成效评估指标体系

领域	指数	序号	指标	单位
生态环境投入	环境质量指数	1	环境空气质量优良天数比例	%
		2	地表水水质达到或优于Ⅲ类水的比例	%
	生态服务指数	3	物质生产功能	无
		4	水源涵养功能	亿 m^3
		5	土壤保持功能	t/（$hm^2 \cdot a$）
		6	碳汇功能	克碳 / 年

续表

领域	指数	序号	指标	单位
人类生产要素投入	人类生产要素指数	7	全社会固定资产投资	亿元
		8	地区就业人数	万人
		9	建设用地面积	万 hm^2
		10	R&D（研究与试验发展）经费支出	亿元
经济社会效益	经济效益指数	11	农林牧副渔总产值	亿元
		12	工业增加值	亿元
		13	旅游业总收入	亿元
		14	人均可支配收入	元
	社会效益指数	15	城乡居民收入比	—

4.2.3 指标解释与数据来源

4.2.3.1 环境空气质量优良天数比例

【指标解释】指行政区域空气质量达到或优于二级标准的天数占全年有效监测天数的比例。

【计算公式】

$$\text{环境空气质量优良天数比例} = \frac{\text{环境空气质量达到或优于二级标准的天数（天）}}{\text{全年有效监测天数（天）}} \times 100\% \quad (4\text{-}3)$$

【数据来源】各省生态环境状况公报。

4.2.3.2 地表水水质达到或优于Ⅲ类水的比例

【指标解释】指行政区域内国控、省控、市控监测断面水质达到或优于Ⅲ类标准的比例。

【计算公式】

$$\text{地表水水质达到或优于Ⅲ类水的比例}=\frac{\text{国控、省控、市控监测断面水质达到或优于Ⅲ类标准的数量（个）}}{\text{监测断面总数量（个）}}\times 100\% \quad (4\text{-}4)$$

【数据来源】各省生态环境状况公报。

4.2.3.3 物质生产功能

【指标解释】物质生产功能主要是指生态系统提供的农产品、林产品、牧产品、渔产品、淡水资源及生态能源产品。其中农产品包括谷物、薯类、豆类、油料、蔬菜、水果、麻类、甘蔗、甜菜、烟叶、蚕茧、茶叶等；林产品包括木材、竹笋干、橡胶、核桃、板栗、油茶籽；牧产品包括肉类、禽蛋类、绵羊毛、山羊粗毛、山羊绒、奶类、蜂蜜等；渔产品为鱼类、虾蟹类、贝类、藻类、其他水产品的总量。淡水资源包括工业、农业、居民生活用水量。生态能源产品包括水力发电、风力发电、太阳能发电、核能发电和潮汐发电等。

【计算公式】由于各物质产品单位不同，因此物质生产功能采用能值理论进行换算和分析。能值理论是以能值为共同基准，将生态经济系统内流动和储存的各种不同类别的能量和物质转换为同一标准的能值，进行定量分析研究。能值分析的基本原理，就是将各种形式的能量换算成同一量纲的太阳能值，能量和能值相互转化的桥梁是太阳能值转换率。计算公式如下：

$$W_p=\sum_{i=1}^{n}E_{Mi}=\sum_{i=1}^{n}(P_i\times S_{Ci}\times E_i) \quad (4\text{-}5)$$

式中，W_p——产品总能值，Sej；

E_{Mi}——第 i 种生态产品的能值，Sej；

P_i——第 i 种生态产品的产量，t（kW·h、m^3）；

S_{Ci}——第 i 种生态产品的太阳能值转换率，Sej/J；

E_i——第 i 种生态产品能量折算标准，J/t（kW·h、m^3）；

i——产品种类；

n——产品种类数量。

表 4-5 各类生态产品能量折算标准和能值转换率

项目	能量折算标准（10^{10} J/t）	能值转换率（10^5 Sej/J）
谷物	1.62	1.48
豆类	1.85	6.9
薯类	1.3	0.83
棉花	1.88	19
油料	3.86	6.9
蔬菜	0.246	0.27
水果	0.265	5.3
麻类	1.67	0.83
甘蔗	0.268	0.84
甜菜	0.279	0.849
烟叶	0.143	0.849
蚕茧	2.38	25.7
茶叶	1.43	2
木材 *	1.57	0.44
竹笋干	1.17	0.27
橡胶	4.3×10^{14} Sej/t	
核桃	1.18	6.9
板栗	0.968	6.9
油茶籽	3.86	0.86
肉类	0.459 8	40
绵羊毛	2.093	44
山羊粗毛	2.093	44
山羊绒	2.093	82.6
禽蛋类	0.459 8	20
奶类	0.459 8	17.1
蜂蜜	0.294 8	0.84
水产品	0.55	20
水源供给（10^8 m^3）	1.64×10^{11} Sej/m^3	
发电量（10^8 kW·h）	3.6×10^6 J/（kW·h）	1.59

* 注：木材原始单位为万 m^3，木材密度引用参考文献，为 0.7 t/m^3。

【数据来源】中国统计年鉴、各省统计年鉴、中国农村统计年鉴、中国林业统计年鉴。

4.2.3.4 水源涵养功能

【指标解释】水源涵养功能是指生态系统通过冠层、枯落物层和土壤层拦截滞蓄降水，从而有效涵蓄土壤水分、增强土壤下渗、补充地下水、调节河川流量的功能。

【计算公式】本研究采用水量平衡法，通过降水量、蒸发散量及土壤涵养能力关系来推算，蒸发散量用等价的径流系数来表达。计算公式为

$$W_i = \sum(10 \times A_i \times F_i \times K_i \times P_i \times \alpha) \quad (4\text{-}6)$$

式中，W_i——区域水源年涵养量，m^3；

A_i——土地类型面积，hm^2；

P_i——区域年降水量，mm；

F_i、K_i——该类型土地覆盖率及发育度指数；

α——径流系数。

各参数估算方法：

①土地类型面积（A）：通过遥感影像获取；

②植被覆盖度（F）：可通过实地样方获取，也可以通过归一化植被指数（NDVI）获取。

$$F = (\mathrm{NDVI} - \mathrm{NDVI_s}) / (\mathrm{NDVI_v} - \mathrm{NDVI_s}) \quad (4\text{-}7)$$

式中，$\mathrm{NDVI_v}$ 和 $\mathrm{NDVI_s}$ 分别是茂密植被覆盖和完全裸土像元的 NDVI 值，一般取值分别为 0.9 和 0.15。

③发育度（K）：与林草地成熟度和保护状态有关，原始森林约为 1.0，其他地区小于 1.0（表 4-6）。

表 4-6　各生态系统类型 K 值

森林	其他林地	优良草地	退化草地	耕地	水域	其他地类
1	0.9	1	0.95	1	1	1

④年降水量（P）：通过气象数据获取，单位 mm。

⑤径流系数（α）：一定汇水面积的地面径流与降水量的比值，表示降水量中形成径流的比例。α 是林区年径流总量 R 与年降水量 P 的比值，R 值可以通过水文数据获取（表 4-7）。

表 4-7　生态系统类型 α 值

森林	其他林地	优良草地	退化草地	耕地	水域	其他地类
0.73	0.6	0.5	0.5	0.5	0.99	0.01

【数据来源】土地类型面积通过遥感影像及《中国统计年鉴》计算获取；NDVI 数据通过遥感影像获取；年降水量数据通过《中国气象年鉴》获取。

4.2.3.5　土壤保持功能

【指标解释】土壤保持功能是指森林、草地等生态系统对土壤起到的覆盖保护及对养分、水分调节过程，以防止地球表面的土壤被侵蚀的功能，包括减少泥沙淤积和保持土壤养分 2 个方面。

【计算公式】自然生态系统的土壤保持量可以用潜在土壤侵蚀量与实际土壤侵蚀量之差来表征，研究采用通用土壤流失方程（$USLE$）计算各省土壤保持能力，具体公式为

$$USLE=R\times K\times LS\times (1-C\times P) \tag{4-8}$$

式中，R——降雨侵蚀力因子；

K——土壤可蚀性因子；

LS——地形因子；

C——植被覆盖因子；

P——水土保持因子。

①降雨侵蚀力因子 R

降雨是引起土壤侵蚀的主要驱动力，降雨侵蚀力表征了降雨引起土壤发生侵蚀的潜在能力。本研究将采用 Wischmeier 经验公式来计算土壤侵蚀的降水因子。

$$R=\sum_{i=1}^{12}1.735\times10^{\left(1.5\cdot\log\left(\frac{p_i^2}{p}\right)-0.8188\right)} \tag{4-9}$$

式中，R——降雨侵蚀力因子，(MJ · mm/m^2 · h · a)；

P_i——多年各月平均降水量，mm；

P——多年平均降水量，mm。

②土壤可蚀性因子 K

土壤可侵蚀因子 K 是指土壤颗粒被水力分离和搬运的难易程度，反映的是土壤的抗侵蚀能力，其大小受土壤质地、有机质含量、土体结构、渗透性等土壤理化性质的影响。采用 William 等用 EPIC 模型提出了基于土壤有机质和土壤颗粒分析的 K 值计算方法，计算公式如下：

$$\begin{aligned}K=&\{0.2+0.3\exp[-0.0256Sd(1-Si/100)]\}\times[Si/(Cl+Si)]^{0.3}\\&\times\{1-0.25C/[C+\exp(3.72\text{-}2.95C)]\}\\&\times\{1-0.7(1-Sd/100)/\{1-Sd/100+\exp[-5.51+2.29(1-Sd/100)]\}\}\end{aligned} \tag{4-10}$$

式中，Sd——砂粒含量，%；

Si——粉粒含量，%；

Cl——黏粒含量，%；

C——有机质含量，%。

③地形因子 LS

地形因子反映的是地形起伏对土壤侵蚀的影响，一般而言，坡长越长，坡度越大，土壤侵蚀量也越大。在本次研究中，坡度因子（S）的计算采用刘宝元等在黄土高原建立的坡度坡长因子计算公式。坡长因子（L）计算采用 W. H. 维希 · 迈尔等提出的计算公式计算：

$$S=\begin{cases}10.8sin\theta+0.03 & (\theta<5°)\\16.8sin\theta-0.50 & (5°\leqslant\theta<10°)\\21.91sin\theta-0.96 & (\theta\geqslant10°)\end{cases} \tag{4-11}$$

$$L=(\lambda/22.1) \tag{4-12}$$

$$m=\begin{cases}0.2 & (\theta\leqslant 1^\circ)\\0.3 & (1^\circ<\theta\leqslant 3^\circ)\\0.4 & (3^\circ<\theta\leqslant 5^\circ)\\0.5 & (\theta>5^\circ)\end{cases}\tag{4-13}$$

式中，S——坡度因子，量纲一；

θ——坡度值，（°）；

L——坡长因子，量纲一；

λ——坡长，m；

m——可变的坡长指数。

④植被覆盖因子 C

植被覆盖因子 C 是 USLE 方程中最重要的参数，纲量一，在特定情况下它可以决定土壤侵蚀强度的大小，其大小取决于植被类型、植被长势和植被覆盖度。MODIS 30 米分辨率植被覆盖度产品，取其每月中旬数据作为 C 因子参数，利用以下公式计算植被覆盖度因子；由此分别计算出每个月的植被覆盖度因子。

$$C=\begin{cases}1 & (f\leqslant 0.095)\\0.6508-0.3436\lg f & (0.095<f<0.783)\\0 & (f>0.783)\end{cases}\tag{4-14}$$

$$f=(\mathrm{NDVI}-\mathrm{NDVI_s})/(\mathrm{NDVI_v}-\mathrm{NDVI_s})$$

式中，C——作物管理及植被覆盖因子，量纲一；

f——植被覆盖度，%；

NDVI——归一化植被指数；

$\mathrm{NDVI_s}$——裸土或无植被覆盖区域的 NDVI 值，$\mathrm{NDVI_v}$ 则代表完全植被覆盖像元的 NDVI 值，即纯植被像元的 NDVI 值。

⑤水土保持因子 P

水土保持因子 P，指的是特定水土保持措施下的土壤流失量与相应未采取措施进行顺坡耕作的土壤流失比值，纲量一；取值为 0～1，值越低代表采取措施的水土保持效果越好，而 1 则代表没有采取任何保持措施（表 4-8）。

表 4-8　水土保持因子 *P* 取值

土地利用类型	耕地	林地	灌木	草地	水体	雪 / 冰	荒地	不透水面	湿地
P 值	0.031 6	1	1	1	0	0	1	1	0

【数据来源】土地类型面积、NDVI、坡长、坡度通过遥感影像获取；年降水量通过气象数据获取；砂粒、粉粒、黏粒和有机质含量通过世界土壤数据库获取。

4.2.3.6　碳汇功能

【指标解释】生态系统通过植物光合作用和呼吸作用与大气进行二氧化碳和氧气交换，固定大气中的二氧化碳，同时释放氧气，对维持地球大气中的二氧化碳和氧气的动态平衡、减缓温室效应具有重要的作用，同时也为百姓生存提供了最基本的条件。

【计算公式】本研究采用净生态系统生产力法计算碳汇功能。净生态系统生产力（NEP）是定量化分析生态系统碳源 / 汇的重要科学指标，生态系统碳汇量可以用 NEP 衡量。NEP 广泛应用于碳循环研究中，可根据 NPP 与 NEP 的相关转换系数换算得到，然后测算出陆地生态系统固定二氧化碳的质量：

$$
\begin{aligned}
Q_{tCO_2} &= M_{CO_2} / M_C \times \mathrm{NEP} \\
\mathrm{NEP} &= \alpha \times \mathrm{NPP} \times M_{C_6} / M_{C_6H_{10}O_5}
\end{aligned}
\quad (4\text{-}15)
$$

式中，Q_{tCO_2}——陆地生态系统固碳量，（tCO_2/a）；

NEP——净生态系统生产力，（t C/a）；

NPP——净初级生产力，（t 干物质 /a）；

α——NEP 和 NPP 的转换系数，量纲一；

M_{CO_2}——CO_2 的摩尔质量，44；

M_C——C 的摩尔质量，12；

M_{O_2}——O_2 的摩尔质量，32；

$M_{C_6} / M_{C_6H_{10}O_5}$=72/162，为干物质转化为 C 的系数。

【数据来源】NPP 通过遥感数据获取，α 通过查阅文献获取。

4.2.3.7 全社会固定资产投资

【指标解释】全社会固定资产投资是以货币形式表现的在一定时期内全社会建造和购置固定资产的工作量以及与此有关费用的总称。该指标是反映固定资产投资规模、结构和发展速度的综合性指标。全社会固定资产投资按登记注册类型可分为国有、集体、联营、股份制、私营和个体、港澳台商、外商、其他等。

【数据来源】中国统计年鉴、各省统计年鉴。

4.2.3.8 地区就业人数

【指标解释】地区就业人数指地区就业人员的总数量。就业人员指年满 16 周岁，为取得报酬或经营利润，在调查周内从事了 1 小时（含 1 小时）以上劳动的人员；或由于在职学习、休假等原因在调查周内暂时未工作的人员；或由于停工、单位不景气等原因临时未工作的人员。

【数据来源】中国统计年鉴、各省统计年鉴。

4.2.3.9 建设用地面积

【指标解释】建设用地面积指城市和农村用地面积中的各项建设用地面积的总和，以第三次全国土地调查为例，包括商业服务业设施用地、工矿仓储用地、住宅用地、公共管理与公共服务用地、特殊用地、交通运输用地、水工建筑用地和空闲地。

【数据来源】中国统计年鉴、各省统计年鉴、中国国土资源公报、各省国土资源公报。

4.2.3.10 R&D（研究与试验发展）经费支出

【指标解释】研究与试验发展（R&D）指为增加知识存量（也包括有关人类、文化和社会的知识）以及设计已有知识的新应用而进行的创造性、系统性工作，包括基础研究、应用研究和试验发展 3 种类型。国际上通常采用 R&D 活动的规模和强度指标反映一国的科技实力和核心竞争力。R&D 经费支出指报告期调查单位内部为实施 R&D 活动而实际发生的全部经费，按支出性质分为日常性支出和资产性支出。

【数据来源】中国统计年鉴、各省统计年鉴。

4.2.3.11 农林牧副渔总产值

【指标解释】农林牧渔业总产值指以货币表现的农、林、牧、渔业全部产品和对农林牧渔业生产活动进行的各种支持性服务活动的价值总量，其反映一定时期内农林牧渔业生产总规模和总成果。农林牧渔业总产值采用“产品法”进行计算，通常是按农、林、牧、渔业产品及其副产品的产量分别乘以各自单位产品价格求得；少数生产周期较长，当年没有产品或产品产量不易统计的，则采用间接方法匡算其产值；然后将四业产品产值及农林牧渔专业及辅助性活动产值相加即为农林牧渔业总产值。

【数据来源】中国统计年鉴、各省统计年鉴。

4.2.3.12 工业增加值

【指标解释】工业增加值是指工业企业在报告期内以货币形式表现的工业生产活动的最终成果；是工业企业全部生产活动的总成果扣除了在生产过程中消耗或转移的物质产品和劳务价值后的余额；是工业企业生产过程中新增加的价值。

【数据来源】中国统计年鉴、各省统计年鉴。

4.2.3.13 旅游业总收入

【指标解释】指游客在国内旅行、游览过程中用于交通、参观游览、住宿、餐饮、购物、娱乐等全部花费。

【数据来源】中国统计年鉴、各省统计年鉴、中国文化和旅游统计年鉴、各省旅游统计年鉴、统计公报等。

4.2.3.14 人均可支配收入

【指标解释】居民可支配收入指居民可用于最终消费支出和储蓄的总和，即居民可用于自由支配的收入。既包括现金收入，也包括实物收入。按照收入的来源，可支配收入包含 4 项，分别为工资性收入、经营净收入、财产净收入和转移净收入。

【计算公式】

$$人均可支配收入=\frac{居民可支配收入（万元）}{总人口（万人）}\times 100\% \tag{4-16}$$

【数据来源】中国统计年鉴、各省统计年鉴。

4.2.3.15 城乡居民收入比

【指标解释】城乡居民收入比指该地区城镇居民人均可支配收入与农村居民人均可支配收入之比，是衡量城乡收入差距的一个重要指标。

【计算公式】

$$城乡居民收入比=\frac{城镇居民人均可支配收入}{农村居民人均可支配收入}\times 100\% \tag{4-17}$$

【数据来源】中国统计年鉴、各省统计年鉴。

4.2.4 缺失数据处理

在数据获取过程中，不可避免地遇到部分数据缺失的问题，需要采用一定的方法进行处理。本蓝皮书主要采用两种方法对来补充缺失数据：

（1）对于一年内相对稳定、变化不大的数据，如有缺失，则沿用上一年数据来进行补充。例如，在收集建设用地面积数据时，由于 2018 年正在进行国土调查，未公布各地建设用地面积，考虑到该数据每年变化不大，因此，沿用 2017 年数据进行计算。

（2）对于一年内有稳定增长或下降趋势的数据，如有缺失，则采用趋势分析法进行补充，以其他年份数据为基础来估算缺失年份的数据。例如，在收集全社会固定资产投资数据时，由于部分省份未公布该项数据，仅公布增速，考虑到该数据每年均有相对稳定的变化，因此，以其余年份的数据为基础，采用趋势分析法得出缺失年份数据。

4.3 生态产品价值转化成效评估方法

4.3.1 指标标准化

由于各指标计量单位及指标类型不一致，为了使指标数据具有可比性，需要对数据进行标准化处理。常用的方法有“极差标准化法”“标准差标准化法”等，中国工程院咨询项目“中国生态文明建设重大战略研究”还创新性地采用了双基准渐近法对指标来进行标准化。

（1）极差标准化法

极差标准化法是最简单的方法，其公式为

正向指标：

$$X'_{ij}=\frac{X_{ij}-\min_{X_{ij}}}{\max_{X_{ij}}-\min_{X_{ij}}} \tag{4-18}$$

负向指标：

$$X'_{ij}=\frac{\max_{X_{ij}}-X_{ij}}{\max_{X_{ij}}-\min_{X_{ij}}} \tag{4-19}$$

式中，X'_{ij}——第 i 个系统第 j 项指标标准化后的值；

X_{ij}——第 i 个系统第 j 项指标的实际值；

$\max_{X_{ij}}$和$\min_{X_{ij}}$分别代表第 j 项指标的最大值和最小值。

其中，i=1，2，3，0<j≤m。

（2）标准差标准化法（Z-score 标准化法）

当某个指标的最大值和最小值未知，或有超出取值范围的离群数值时，无法采用极差法进行标准化，此时可采用标准差标准化法（Z-score 标准化法），其公式如下：

$$X'=\frac{(x-\bar{x})}{SD} \tag{4-20}$$

$$SD=\sqrt{\frac{1}{n-1}\sum_{i=1}^{n}(x-\bar{x})^2} \tag{4-21}$$

式中，$\bar{x}$——样本数据的均值；

SD——样本数据的标准差；

n——指标个数。

（3）双基准渐进法

双基准渐近法是对每个指标设定 A、C 两个基准值，其中 A 值为优秀值，即指标通过标准化后可获得 90 分对应的数值；C 值为达标或合格值，即指标通过标准化后可获得 60 分对应的数值。指标计算公式如下：

$$S_{ij}=\left[X_{ij}-X_{ij}(C)\right]\times\frac{(S_A-S_C)}{\left[X_{ij}(A)-X_{ij}(C)\right]}+S_C \tag{4-22}$$

式中，S_{ij}——第 j 年第 i 个评价指标标准化后的得分；

X_{ij}——第 j 年第 i 个评价指标的原始值；

$X_{ij}(A)$和$X_{ij}(C)$——第 j 年第 i 个评价指标的基准值 A 值与 C 值；

S_A——基准值 A 值所对应的得分 90 分；

S_C——基准值 C 值对应的得分 60 分。

由于双基准渐近法是将原始指标值标准化为 [0，100] 之间，因此，当$S_{ij}<0$时，S_{ij}取值为 0；当$S_{ij}>100$时，S_{ij}取值为 100（图 4-1）。

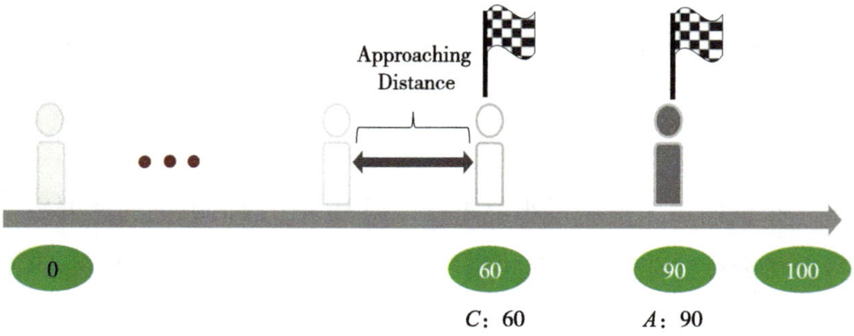

图 4-1 计算原理示意图

由于双基准渐进法中 A 值和 C 值的确定优先依据国家或部门行业标准、国家相关规划或其他要求、国内外城市的类比值。本研究的指标大多数没有国家或部门行业标准，由于地域不同，与国内外城市也无法类比，因此，本研究采用极差标准化法对数据进行标准化处理。

4.3.2 权重确定

指标权重是用来体现某个评价指标在整个评价指标体系中相对价值的高低以及其对总目标的影响程度。合理的评价指标权重可以直接影响到评价结果的可靠与否。权重的确定方法有很多，大体分为主观赋权法与客观赋权法两类。主观赋权法是依据评价者主观上对各指标的重视程度来决定权重的方法，主要包括德尔菲法、层次分析法。客观赋权法则依据于各指标的联系程度或各指标所提供的信息量来决定指标的权重，主要包括熵值法、主成分分析法、变异系数法等。

4.3.2.1 熵值法

利用熵值法确定各类指标的权重。

第一步，利用下列公式计算指标比重：

$$P_{ij} = \frac{X'_{ij}}{\sum_{i=1}^{n} X'_{ij}} \quad (4\text{-}23)$$

第二步，计算指标 j 的熵值：

$$e_j = -k\sum_{i=1}^{n} P_{ij}\ln P_{ij} \quad (4\text{-}24)$$

式中，$k=1/(\ln m)$，$e_j \in [0，1]$。e_j为第 j 项指标的信息熵，是对体系混乱或无序的度量，某项指标的信息效用价值取决于该指标的信息熵 e_j 与 1 之间的差值，它的值直接影响权重的大小。对于给定的指标 j，X_{ij}差异越小，e_j越大，即代表信息效用值越大，对评价的重要性就越大。

第三步，定义第 j 项指标权重 w_j：

$$w_j = \frac{g_j}{\sum_{j=1}^{m} g_i} \tag{4-25}$$

式中，g_j为第 j 项指标的差异系数，$g_j=1-e_j$；其本质是利用该指标信息的价值系数来计算，其价值系数越高，对评价的重要性就越大（或称权重越大，对评价结果的贡献大）。

4.3.2.2 层次分析法

层次分析法（AHP）是美国运筹学家萨蒂于 20 世纪 70 年代初，为美国国防部研究"根据各个工业部门对国家福利的贡献大小而进行电力分配"课题时，应用网络系统理论和多目标综合评价方法，提出的一种层次权重决策分析方法。层次分析法是一种解决多目标的复杂问题的定性与定量相结合的决策分析方法。该方法将定量分析与定性分析结合起来，用决策者的经验判断各衡量目标之间能否实现的标准之间的相对重要程度，并合理地给出每个决策方案的每个标准的权数，利用权数求出各方案的优劣次序，比较有效地应用于那些难以用定量方法解决的课题。

在确定各层次指标的权重时，通常采用专家打分法，即设计调查问卷，选取该领域具有权威性的专家，由其对各层次的重要性及各指标的重要性进行两两比较，形成重要性排序，根据专家综合意见得出各指标权重。具体步骤如下：

首先，将本研究的指标体系分为 3 个层次，分别为决策目标（生态产品价值转化成效指数）、中间层（领域层）、备选方案（准则层），针对每个层次，应用 yaahp 软件，设计出两两比较的专家调查问卷。

其次，邀请业内具有权威性的 8 位专家进行重要性排序。重要程度分为"同样重要、稍微重要 / 不重要、比较重要 / 不重要、十分重要 / 不重要、绝对重要 / 不重要" 9 个等级，9 分为绝对重要，8 分为绝对重要和十分重要的中间值，1 分为同样重要，1/9 分为绝对不重要，以此类推，共计 17 个等级。

最后，根据专家打分结果进行权重排序。本研究共设计 15 个备选方案指标，邀请 8 位专家来排序，其结果就是一个 15 行 8 列的数表，每一个因素排在第几位的序号数叫该因素的秩，把 8 个专家对该因素所评定的秩加起来的所得数叫该因素的秩和，用 R 来表示，第 j 个因素的秩和用 R_j 表示。若用 α_j 表示第 j 个因素的权重，则权重的计算公式见式（4-26）。

$$a_j=2[m(1+n)-R_j]/[mn(1+n)] \quad (j=1,2,\cdots,15)(m=1,2,\cdots,8) \qquad (4\text{-}26)$$

主观赋权法更多的是主要依据人们的经验来确定权重，受人为因素影响较大；但客观赋权法中广泛使用的熵值法依赖数据本身的离散性，离散程度越大，指标权重越大，这样对于数据差异明显但并不重要的指标也会赋予极大的权重，不适用于本研究。因此，本研究采用层次分析法来确定指标权重。最终得出本研究指标体系的权重如表 4-9 所示。

表 4-9 生态产品价值转化成效评估指标体系

领域	指数	序号	指标	权重
投入指数（1）	环境质量指数（0.558 4）	1	环境空气质量优良天数比例	0.279 2
		2	地表水水质达到或优于Ⅲ类水的比例	0.279 2
	生态服务指数（0.319 6）	3	物质生产功能	0.110 7
		4	水源涵养功能	0.110 7
		5	固碳 / 释氧功能	0.070 3
		6	土壤保持功能	0.027 9
	人类生产要素指数（0.122 0）	7	全社会固定资产投资	0.046 5
		8	地区就业人数	0.046 5
		9	建设用地面积	0.019 4
		10	R&D（研究与试验发展）经费支出	0.009 6
产出指数（1）	经济效益指数（0.922 7）	11	农林牧副渔总产值	0.297 8
		12	工业增加值	0.213 0
		13	旅游业总收入	0.173 8
		14	人均可支配收入	0.238 1
	社会效益指数（0.077 4）	15	城乡居民收入比	0.077 4

4.3.3 综合评估

从投入产出的角度，采用生态产品价值转化成效指数（Ecological Products Effectiveness Index，EPEI）评估区域生态产品价值转化成效。

$$\text{EPEI} = \left(\sum_{i=11}^{15} A_i \times W_i\right) / \left(\sum_{i=1}^{14} A_i \times W_i\right) \tag{4-27}$$

式中，EPEI——生态产品价值转化成效指数；

A_i——第 i 个指标分值；

W_i——第 i 个指标权重。

4.3.4 等级划分

基于生态产品价值转化成效指数计算结果，参考国内外相关研究，将中国生态产品价值转化成效水平分为优秀、良好、一般、较差 4 个等级，等级取值范围见表 4-10。

表 4-10 生态产品价值转化成效等级划分

等级划分	指数范围
优秀	EPEI≥1.5
良好	1≤EPEI<1.5
一般	0.5≤EPEI<1
较差	EPEI<0.5

5

“十三五”全国生态产品投入现状及价值转化成效

“SHISANWU” QUANGUO SHENGTAI CHANPIN TOURU XIANZHUANG JI JIAZHI ZHUANHUA CHENGXIAO

5.1 "十三五"全国生态产品投入现状

如前所述，生态产品是基于自然产出过程，凝结了人类劳动而形成的用于满足人类生态需求的产品。因此，生态产品的投入可以分为两部分，一部分是优良生态要素的投入，既包括优质的生态环境，也包括生态系统提供的优质生态服务；另一部分则是人类生产要素的投入，包括资本、劳动力、土地、技术等要素投入。基于此，本章将从全国层面出发，对"十三五"期间生态产品的投入现状进行分析，同时对计算所得的"十三五"期间生态产品价值转化成效指数评级进行分析，从投入—产出角度科学评估全国生态产品价值转化的进展与成效。

5.1.1 生态环境要素投入现状

5.1.1.1 环境质量要素投入现状

优良的空气质量对生态产品价值实现影响至关重要。清新、无污染的空气环境，有利于生态物质产品的生长，是一种长期的、隐性的生态福祉；同时，也有利于生态服务产品、生态权益产品和生态补偿产品的开发，呼吸新鲜空气是人们最基本的生态需求。因此，优良空气质量是优质生态产品的重要组成部分，维护优良空气质量所必需的投入，则是最重要的生态环境要素投入。

图 5-1 为我国"十二五"期末至"十三五"期末全国平均空气质量优良天数比例的变化趋势。可以看出，我国平均空气质量优良天数比例从 2015 年的 76.90% 升至 2020 年的 87.10%，在整个"十三五"期间上升了 10 个百分点，空气质量改善明显。特别是自 2018 年以来，随着蓝天保卫战 3 年行动计划的实施，主要大气污染物排放总量大量减少，温室气体排放协同减少，细颗粒物（$PM_{2.5}$）浓度明显降低，重污染天数明显减少，2018—2020 年我国空气质量提升十分明显。

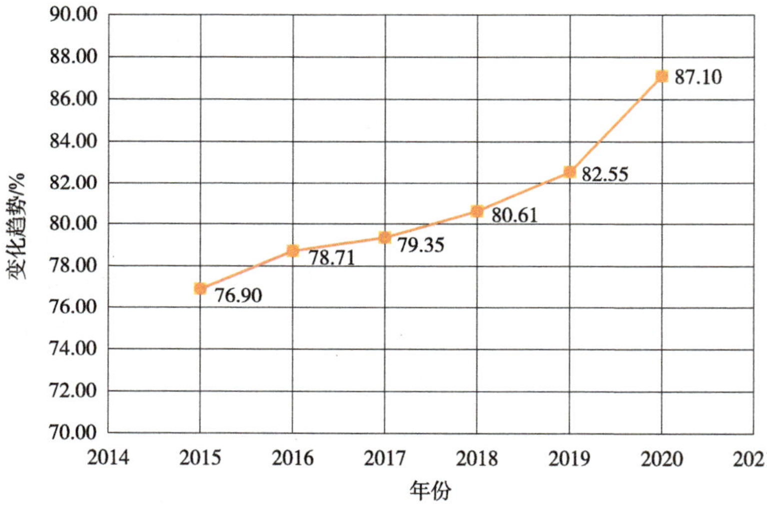

图 5-1 "十三五"（2015—2020 年）我国平均空气质量优良天数比例变化趋势

具体来看，如表 5-1 所示：从"十二五"期末到"十三五"期末，我国平均空气质量优良天数比例的最大值基本没有变化，均接近 100%，主要分布在西藏、福建、海南等西部和东南部地区，表明这些地区始终保持了极为优质的空气质量；最小值则从 2015 年的 51% 升至 2020 年的 66.7%，主要分布在京津冀及东北地区，这些地区受自然地理条件和产业基础影响，空气质量在全国处于较差水平，但经过"十三五"期间的系统治理，空气质量已经得到了极大改善。从分位数来看，"十二五"期末时，仅有 1/4 的省级行政区空气质量优良天数比例达到约 70%，有一半以上的省级行政区空气质量优良天数比例不足 80%，有 3/4 的省级行政区空气质量优良天数比例不足 90%。经过“十三五”系统规划治理，至 2020 年，全国 1/4 的省级行政区空气质量优良天数比例接近 80%，一半地区空气质量优良天数比例超过 90%，3/4 的省级行政区空气质量优良天数比例超过 96%，空气污染治理进步明显。同时，各年份、各省级行政区空气质量优良天数比例的标准差在不断缩小，表明各省级行政区的差距也在逐渐缩小，空气质量好的省级行政区继续巩固保持，空气质量较差的省级行政区改善明显。

综合来看，全国“十三五”期间空气污染治理力度明显加大，空气质量改善明显，为生态产品价值实现奠定了坚实的生态要素基础。

表 5-1 “十三五”（2015—2020 年）我国空气质量优良天数比例统计　　单位：%

年份	平均值	最大值	最小值	25% 分位数	中位数	75% 分位数	标准差
2015	76.90	99.50	51.00	69.50	77.90	88.50	13.94
2016	78.71	99.40	53.60	70.20	81.30	88.40	13.49
2017	79.35	98.30	56.60	68.00	82.20	89.40	13.82
2018	80.61	98.90	56.60	68.00	83.60	91.60	13.99
2019	82.55	99.60	52.70	71.40	87.90	93.10	13.70
2020	87.10	99.50	66.70	78.60	90.80	96.20	10.63

水是生命之源，优质的水资源是人类生存发展不可或缺的重要元素，亦是构成人类对美好生活环境需要的关键因素。地表水水质直接影响生态产品的经营开发，是人们“看得见、摸得着”的重要生态要素，清澈的地表水既有利于人体健康，也有利于人们放松精神、保持身心愉悦、获得美学享受，同时还发挥了重要的生态功能。维护优良的地表水水质是重要的生态要素投入。

图 5-2 为“十二五”期末至“十三五”期末我国平均地表水水质达到或者优于Ⅲ类比例变化趋势。由图 5-2 可知，我国平均地表水水质达到或者优于Ⅲ类比例在此期间呈直线式上升趋势，从 2015 年的不到 65% 增至 2020 年的 83.17%，增长了近 20 个百分点。这充分说明我国地表水水质得到了极大的改善，“碧水保卫战”效果明显。从“清澈见底”到“鱼翔浅底”，优质的地表水水质为生态产品价值实现奠定了重要基础。

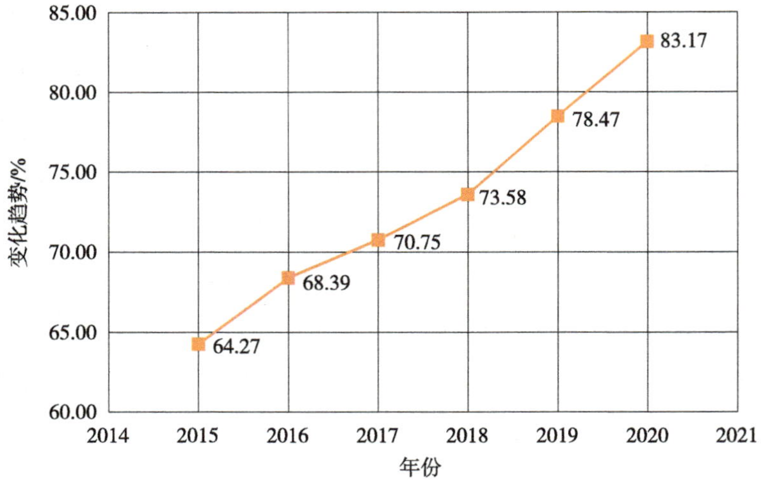

图 5-2 “十三五”（2015—2020 年）我国平均地表水水质达到或者优于Ⅲ类比例变化趋势

具体到各省级行政区而言，如表 5-2 所示：每年的最大值都是 100%，且都是西藏自治区，表明西藏的地表水水质极为优质，多年来一直保持 100% 的优良率，具有较好的生态产品经营开发条件。从最小值来看，2015 年最低值的天津市仅为 4.9%，2016 年便提升至 16.2%（上海市），2019 年更是快速提升至 48.3%（上海市），2020 年则是 55%，即 2020 年即使是最差的省级行政区（天津市）地表水水质优良率也已经超过了 50%，劣质地表水断面迅速减少，地表水治理取得了巨大成效。从分位数来看，2015 年全国 1/4 的省级行政区地表水水质优良率接近 50%，到 2020 年则超过了 70%；2015 年有一半的省级行政区地表水水质优良率超过 60%，2020 年则高达 90%，且中位数高于平均值将近 7 个百分点；2015 年有 3/4 的省级行政区地表水水质优良率超过 80%，2020 年则接近 95%；充分说明在“十三五”期间各省级行政区地表水水质不断趋好，整治力度远超以往，取得的成效也十分突出。最后，从标准差来看，2015—2020 年，各省级行政区地表水水质优良率的标准差不断缩小，表明各地水质差距不断缩小，水质较差的地区改善较快。

综合来看，“十三五”期间我国对地表水水质的投入力度巨大，通过生态修复、科学治污等一系列整治措施，地表水水质跃升，对于生态产品价值实现而言起到了巨大的促进作用。

表 5-2 "十三五"（2015—2020 年）我国地表水水质达到或者优于Ⅲ类比例统计

单位：%

年份	平均值	最大值	最小值	25% 分位数	中位数	75% 分位数	标准差
2015	64.27	100.00	4.90	48.20	61.30	83.67	24.59
2016	68.39	100.00	16.20	50.50	69.60	90.10	23.93
2017	70.75	100.00	27.20	52.26	71.90	90.70	22.12
2018	73.58	100.00	27.20	55.60	78.90	92.80	20.00
2019	78.47	100.00	48.30	58.65	84.50	94.49	17.56
2020	83.17	100.00	55.00	70.10	90.00	94.97	14.52

5.1.1.2 生态系统服务投入现状

生态产品区别于一般产品的核心竞争力，就在于能够提供优质的生态系统服务，满足人类的生态需求。因此，生态系统服务的投入对于生态产品价值能否顺利实现而言起到了至关重要的作用。从生态产品价值实现的角度出发，物质生产、水源涵养、土壤保持和碳汇量是支撑生态物质产品、生态服务产品、生态权益产品和生态补偿产品的最重要因素，基于此，对以上 4 种生态系统服务的投入现状进行分析。

从"十二五"期末到"十三五"期末，我国平均生态系统物质生产量变化趋势如图 5-3 所示。生态系统物质生产量包括生态系统提供的农产品、林产品、牧产品、渔产品、淡水资源及生态能源产品等。2015 年，我国平均生态系统物质生产量为 23.43×10^{22} sej，2016—2019 年逐年上升至 24.83×10^{22} sej，2020 年，受新冠疫情影响，相关的物质产品生产有所下降，导致生态系统产出的物质生产量略微下降至 24.26×10^{22} sej。刨除新冠疫情的特殊影响因素，可以看出，"十三五"期间生态系统物质生产量呈稳定上升趋势。

从各省级行政区数据来看，如表 5-3 所示：2015—2020 年，各省级行政区生态系统物质生产量最大值始终稳定在 58×10^{22} sej 到 61×10^{22} sej 左右，最大值出现在山东、河南等农业大省，最小值则稳定在 1×10^{22} sej 左右，最小值出现在北京、上海等经济发达城市。这表明生态系统相对稳定的前提下，提供的物质生产量相对稳定，难以大幅增加或减少，且各省级行政区自然地理条件不同，物质生产量差别巨大，由此也构成了生态产品的多样性和差异化。从分位数来看，25% 分位数值从 2015 年的 9.47×10^{22} sej 略微上升到 2020 年的 11.27×10^{22} sej，中位数则徘徊在 21×10^{22} sej 到 25×10^{22} sej，75% 分位数则徘徊在 32×10^{22} sej 到 37×10^{22} sej 左右，虽然略有增加，但增量较少。这表明，生态系统的增量投入是长期的、缓慢的，难以依靠短时间的生态治理快速提升生态系统的物质生产量。

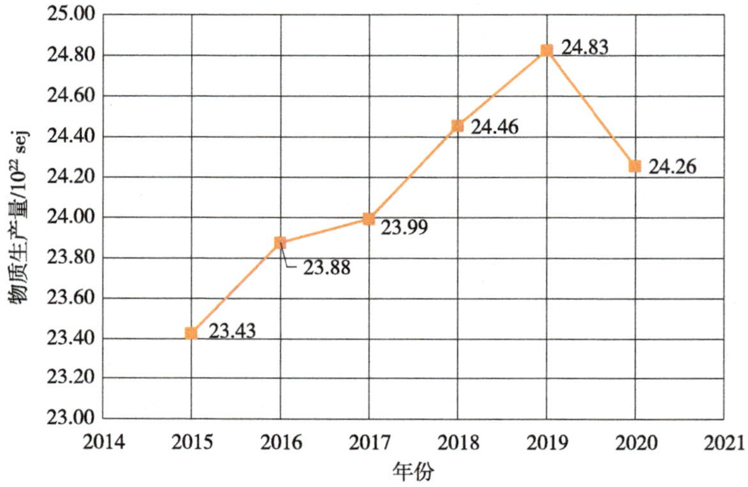

图 5-3 “十三五”（2015—2020 年）我国平均生态系统物质生产量变化趋势

综合而言，“十三五”期间生态系统物质生产量稳中有升，但难以快速发展，在相关生态产品的开发上面需要做好长期规划，以期达到科学、合理、可持续利用生态系统产生的物质量的目的。

表 5-3 “十三五”（2015—2020 年）我国生态系统物质生产量数据统计

单位：10^{22} sej

年份	平均值	最大值	最小值	25% 分位数	中位数	75% 分位数	标准差
2015	23.43	59.93	1.61	9.47	21.63	32.75	16.32
2016	23.88	60.55	1.46	9.63	23.96	33.22	16.60
2017	23.99	60.85	1.08	10.36	23.55	34.87	16.83
2018	24.46	61.09	1.08	10.83	23.71	35.66	17.00
2019	24.83	59.54	1.00	10.97	24.65	37.39	17.02
2020	24.26	58.59	0.99	11.27	21.12	35.79	16.89

水源涵养功能是最重要的生态系统服务功能，能够有效涵蓄土壤水分、增强土壤下渗、补充地下水、调节河川流量等。许多生态产品都基于水源涵养功能而开发，如以水域为主的生态服务产品，以森林指标交易为主的生态权益产品，以整体水源涵养功能为主的生态补偿产品等，因而水源涵养量的大小对生态产品价值实现至关重要。

如图 5-4 所示，"十二五"期末至"十三五"期末，全国平均水源涵养量经历了螺旋式上升过程。2015 年全国平均水源涵养量约为 36.76 亿 m^3，2016 年略微降至 36.74 亿 m^3，2017 年则升至 37.98 亿 m^3，2018 年略微下降至 37.40 亿 m^3，2019—2020 年升至 38.08 亿 m^3。总体来看，生态系统水源涵养量受自然条件影响较大，但由于"十三五"期间各大林业工程的深入推进，生态系统得到进一步保护，特别是森林生态系统恢复明显，使得水源涵养量保持了总体上升的势头，也为今后相关生态产品的开发设计奠定了坚实的基础，使得生态产品进一步增值。

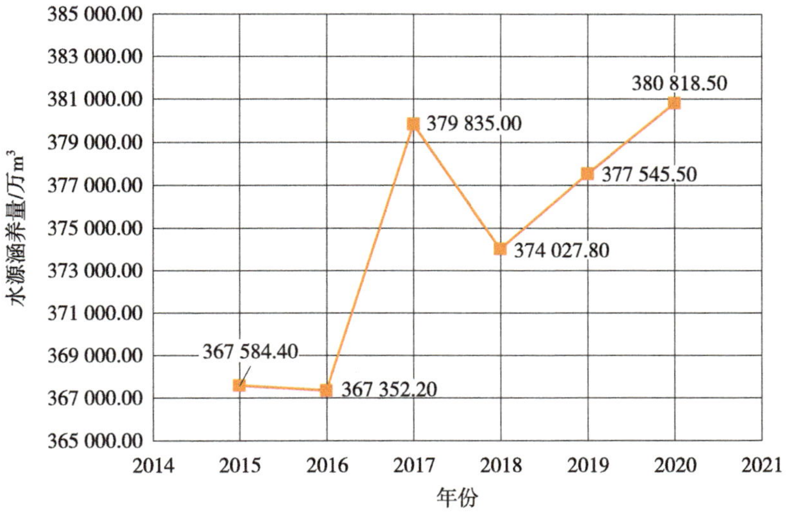

图 5-4 "十三五"（2015—2020 年）我国平均水源涵养量变化趋势

从各省级行政区汇总的数据来看（表 5-4），水源涵养量的最大值保持在 73 亿～80 亿 m^3，最大值出现在福建、广西、云南等亚热带雨水充足的省级行政区，最小值从 2.7 亿 m^3 左右升至 3 亿 m^3 左右，且全部出现在新疆地区。这说明各省级行政区雨热条件不同，生态系统发育程度不同，对水源涵养量的影响巨大，但通过一定的人为努力，如植树造林、生态治理等，亦能够有效提升水源涵养量，由此构建的生态产品则被赋予了人类劳动价值，有利于其价值实现。从分位数来看，25% 分位数从 2015 年的约 14.5 亿 m^3 上升至 2020 年的 16.78 亿 m^3，中位数则多位于 33 亿～36 亿 m^3，略低于平均值，75% 分位数则多位于 55 亿～60 亿 m^3。这表明全国大部分地区的水源涵养量还比较低，还有巨大的提升空间，少部分地区由于自然条件先天优势，水源涵养量远远超出其他地区。从标准差来看，基本稳定在 22.9 亿～25 亿 m^3，每年略有波动，表明水源涵养量的提升并非一朝一夕之事，仍需要长期持续的投入和努力，这也正是构成相关生态产品价值的基础，即人们为提升水源涵养功能而需要付出的价格，应当反映在生态产品的价值之中。

表 5-4 “十三五”（2015—2020 年）我国水源涵养量数据统计　单位：万 m^3

年份	平均值	最大值	最小值	25% 分位数	中位数	75% 分位数	标准差
2015	367 584.40	763 157.40	27 120.11	144 827.30	348 372.00	590 255.30	234 496.70
2016	367 352.20	734 055.90	31 548.40	142 566.10	363 354.20	556 451.50	229 535.00
2017	379 835.00	802 632.40	28 539.70	145 667.70	353 631.80	576 720.60	246 328.30
2018	374 027.80	776 600.10	28 539.70	161 735.70	349 142.90	568 171.90	231 346.00
2019	377 545.50	790 792.80	30 434.17	161 745.30	339 479.60	562 397.40	243 135.80
2020	380 818.50	809 937.40	30 434.17	167 837.10	339 423.90	578 113.30	247 316.50

土壤保持功能另一类重要的生态系统服务功能，能对土壤起到覆盖保护作用，调节土壤养分、水分等，以防止地球表面的土壤被侵蚀。土壤保持功能发挥良好，有利于生态物质产品的产出，同时也有利于生态服务产品的构建，也是生态权益产品和生态补偿产品的重要交易内容，因而土壤保持功能对生态产品价值的顺利实现至关重要。

图 5-5 为“十二五”期末至“十三五”期末我国平均生态系统土壤保持量的变化趋势。2015 年，我国平均生态系统土壤保持量约为 1 443.37 亿 t，2016 年

有所下降，为 1 342.26 亿 t，2017 年达到顶点的 1 497.99 亿 t，2018—2019 年略微下降，为 1 480.51 亿 t 和 1 461.11 亿 t，2020 年则降至 946.16 亿 t。土壤保持功能受区域地形、气候、土壤和植被等空间格局的影响较大，"十三五"期间土壤保持功能下降，形势不容乐观。从长远来看，土壤保持功能的恢复是一个系统性、全局性工程，同时也是投入巨大、见效较慢的工程，更需要以生态产品经济价值实现作为支撑，来保证长效的可持续投入，才能取得较为明显的效果。

图 5-5 "十三五"（2015—2020 年）我国平均生态系统土壤保持量变化趋势

表 5-5 为"十二五"期末至"十三五"期末各省级行政区生态系统土壤保持量统计。各省级行政区的生态系统土壤保持量最大值出现在 2018 年及 2015 年，均超过了 1 万亿 t，均在四川省，表明四川省生态系统维护得较好；最小值仅为 0.04 亿 t，均出现在上海市，上海市作为长江入海口，且地域面积较小，因而土壤保持功能较弱。最大值与最小值差异巨大，表明从全国来看，各地自然地理条件不同，土壤保持功能分化明显，客观上为生态产品的市场交易创造了条件。从分位数来看，2015—2019 年的 25% 分位数较为稳定，基本为 120 亿～150 亿 t，截至 2020 年降至不足 100 亿 t；中位数则从 500 亿 t 以上降至 300 多亿 t；75% 分位数从 1 400 亿 t 降至 800 亿 t 左右，全国土壤保持形势都比较严峻。从标准差来看，各年份的标准差都比较大，表明各省级行政区土壤

保持功能的差异性巨大。

综合来看，我国平均土壤保持量在“十三五”期间有所下降，为了保证长远的可持续投入，更应该建立以土壤保持增量为主体的生态产品价值实现机制，实现“保护者受益”，促进生态经济发展的协调统一。

表 5-5 “十三五”（2015—2020 年）各省级行政区生态系统土壤保持量数据统计

单位：亿 t

年份	平均值	最大值	最小值	25% 分位数	中位数	75% 分位数	标准差
2015	1 443.37	10 088.57	0.10	150.74	530.64	1 424.01	2 464.93
2016	1 342.26	9 782.30	0.04	122.41	492.40	1 041.89	2 398.48
2017	1 497.99	9 673.67	0.04	125.15	572.06	1 271.16	2 460.69
2018	1 480.51	10 387.56	0.04	122.62	510.93	1 168.46	2 504.88
2019	1 461.11	9 999.77	0.04	123.17	559.08	1 110.93	2 539.89
2020	946.16	7 297.28	0.13	98.41	315.16	807.57	1 708.77

碳汇是指通过植树造林、植被恢复等措施，吸收大气中的二氧化碳，从而减少温室气体在大气中浓度的过程、活动或机制。随着全球温室效应的加剧和极端天气的增加，生态系统的碳汇功能变得越发重要，基于碳汇功能而形成的碳汇交易更是一种重要的生态产品价值实现形式。

图 5-6 为 2015—2020 年全国平均生态系统碳汇量的变化趋势。总体来看，这些年全国生态系统碳汇量呈波动式上升趋势，2015 年为约 1.18 亿 t，2018 年增长为约 1.215 亿 t，2020 年增至约 1.218 亿 t。碳汇量主要由森林生态系统提供，特别是森林面积与蓄积量的增加，能够直接增加碳汇量。这充分说明“十三五”期间随着各大林业工程的实施，我国森林生态系统保护及修复取得了突出成效，为以碳汇为主体的生态产品市场化交易奠定了坚实基础。

如表 5-6 所示：全国历年最大值在 4 亿 t 左右徘徊，且均出现在云南省，表明云南省森林资源丰富，碳汇潜力巨大；最小值则仅为 300 万 t 左右，出现在上海、天津等平原城市，最大值与最小值差异巨大，表明全国各地碳汇资源分布不均衡性突出。从分位数来看，25% 分位数基本稳定在 6 000 万 t 左右，中位数稳定在 1 亿 t 左右，75% 分位数稳定在 1.6 亿 t 左右，“十三五”期间保持略微增长态势。全国碳汇量的标准差巨大，同样表明了各地碳汇资源分布不均衡性突出。

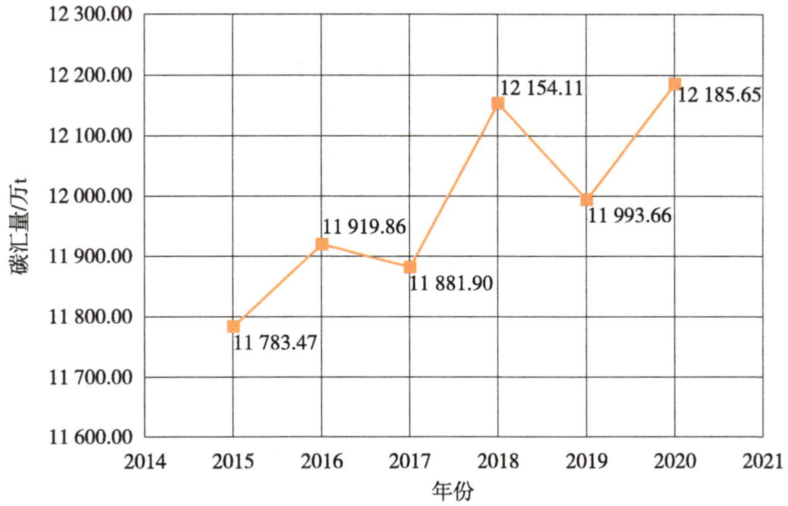

图 5-6 "十三五"（2015—2020 年）全国平均生态系统碳汇量变化趋势

表 5-6 "十三五"（2015—2020 年）全国生态系统碳汇量数据统计　　单位：万 t

年份	平均值	最大值	最小值	25% 分位数	中位数	75% 分位数	标准差
2015	11 783.47	39 914.13	322.76	5 707.54	9 620.01	16 004.67	9 526.71
2016	11 919.86	39 337.58	295.83	5 955.25	9 323.45	15 821.67	9 849.77
2017	11 881.90	39 859.59	336.23	5 695.21	9 365.23	16 664.29	9 709.88
2018	12 154.11	39 065.92	336.23	6 261.54	10 200.24	16 756.69	9 818.16
2019	11 993.66	40 416.29	316.33	5 766.59	9 422.25	16 531.70	9 992.03
2020	12 185.65	39 742.86	337.13	6 160.11	10 041.56	16 642.63	9 805.32

综合来看，得益于中国森林生态系统的保护与恢复，"十三五"期间全国碳汇资源潜力巨大，稳中有升，有利于以碳汇交易为主体的生态产品价值实现机制的进一步完善和健全。

5.1.2　人类生产要素投入现状

生态产品区别于纯自然产出过程的生态系统服务之处在于，生态产品必须凝结人类投入，主要包括资本、劳动力、土地、技术等生产要素的投入。人类投入的多少是决定其经济价值的大小的核心要素，进而影响了其市场价格和市场化机制的构建。由于专用于生态产品建设的人类生产要素在目前没有相关数据可以衡量，因此，本书用全社会固定资产投资、地区就业人数、建设用地面积、试验与发展（R&D）经费投入分别来进行替代。

图 5-7 为"十三五"（2015—2020 年）全国平均全社会固定资产投资的变化趋势，反映资本要素的投入现状。可以看出，在此期间我国平均全社会固定资产投资呈直线上升趋势，从 2015 年的约 1.8 万亿元逐年增加至 2020 年的约 2.33 万亿元，整个"十三五"期间增加了将近 30%。随着国家经济实力的不断增强，投资力度也在不断加大，同时随着生态产品相关政策的施行，越来越多的资本投入生态产品相关产业，特别是生态旅游、清洁能源、生态权益交易等蓬勃发展，资本要素在生态产品价值实现中发挥的作用也越来越重要。

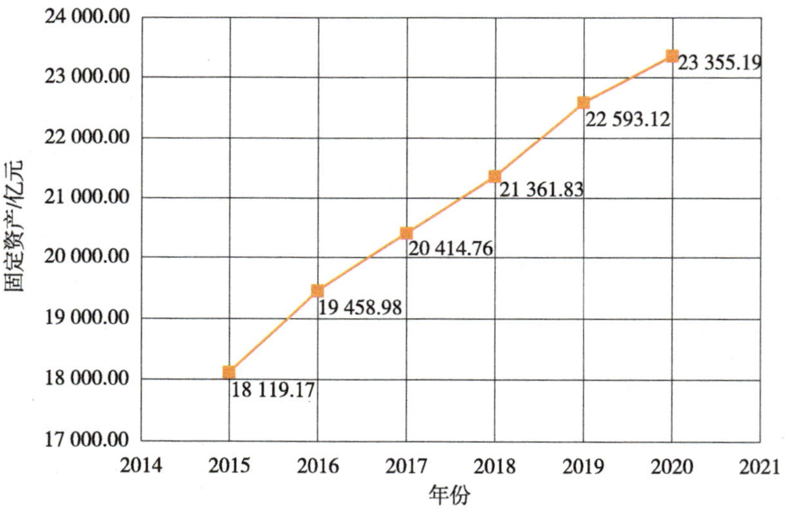

图 5-7 "十三五"（2015—2020 年）全国平均全社会固定资产变化趋势

如表 5-7 所示，全国 2015 年的最大值约 4.8 万亿元，此后直线上升，到 2020 年已经达到 5.89 万亿元；最小值从 2015 年的约 1 295 亿元升至 2020 年的约 2 236 亿元。这表明，虽然西部地区生态资源丰富，但开发程度仍然不够，资本投入较少。从分位数和标准差来看，25% 分位数所在的投资数额从 2015 年的

1 万亿元左右降至 2020 年的约 8 122 亿元，但中位数则从 2015 年的约 1.55 万亿元持续增至 2020 年的 1.8 万亿元，75% 分位数从 2015 年的 2.59 万亿元持续增至 2020 年的 3.85 万亿元，标准差也逐渐持续扩大，这表明全国大部分地区资本投资始终在增加，但经济社会落后地区，虽然生态资源丰富，但社会投资停滞不前，进而引起恶性循环。未来，需要在这些地区持续加大投资力度，促进生态产品价值实现。

表 5-7 "十三五"（2015—2020 年）全国全社会固定资产数据描述统计　单位：亿元

年份	平均值	最大值	最小值	25% 分位数	中位数	75% 分位数	标准差
2015	18 119.17	48 312.46	1 295.70	10 182.90	15 480.33	25 973.74	11 794.26
2016	19 458.98	53 322.49	1 596.00	9 534.10	15 662.49	29 126.03	13 105.03
2017	20 414.76	55 202.73	2 169.21	7 246.60	17 440.57	31 328.10	14 551.60
2018	21 361.83	57 466.04	2 169.21	7 623.42	17 703.52	34 460.91	16 096.65
2019	22 593.12	58 766.90	2 121.49	7 947.34	17 880.55	37 464.96	16 910.46
2020	23 355.19	58 943.20	2 236.05	8 122.19	18 452.73	38 511.44	17 382.75

图 5-8 为"十二五"期末至"十三五"期末全国平均地区就业人数的变化趋势，反映劳动力要素的投入现状。2015—2017 年，平均地区就业人数从约 2 480 万人增至约 2 512 万人，但在 2018—2019 年快速下降到约 2 324 万人，2020 年又回升至约 2 430 万人。

从具体数据来看（表 5-8），最大值出现在 2015 年约为 6 632 万人，此后逐渐降至 2019 年的约 6 290 万人，但 2020 年的最大值回升为约 7 000 万人；最小值则略微上升，2015 年为 181 万人，2020 年为 193 万人。由此可以看出，就业人数受到各省级行政区人口基数的影响最大，人口优势意味着劳动力投入优势，但同时，人口流入和流出因素也产生了重要影响。对于生态产品来说，劳动力要素的投入是生态产高水平开发的基础，人口基础则代表了巨大的需求群体，因此，劳动力投入对生态产品价值实现至关重要。从分位数来看，25% 分位数从 2015—2019 年一直稳定在 1 300 多万人，2020 年略降至约 1 261 万人；中位数则波动上升，从 2015 年的约 1 946 万人升至 2020 年的约 2 105 万人；但

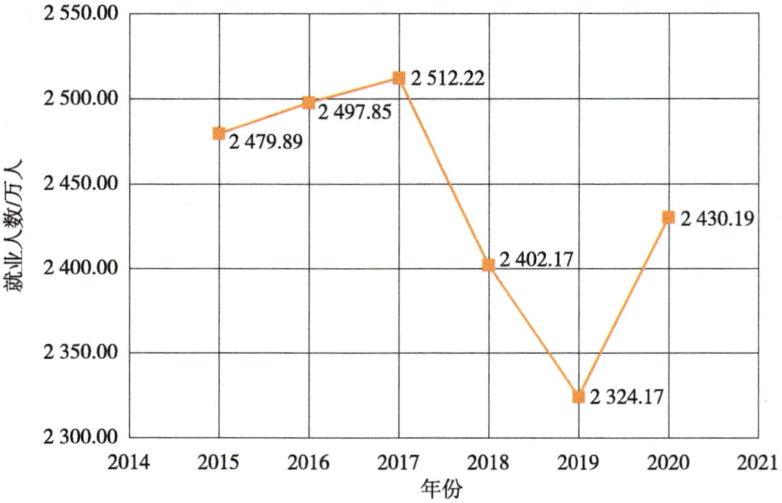

图 5-8 “十三五”（2015—2020 年）全国平均地区就业人数变化趋势

75% 分位数则从 2015 年的 3 927 万人降至 2020 年的 3 280 万人。这表明，近年来，劳动力投入大省面临人口流出的问题，但从全国平均水平来看，保持了相对稳定，随着中国出生人口的减少，劳动力投入总体呈下降趋势，人口红利渐趋消失。这意味着生态产品价值实现必须要走高科技、高附加值的路子，提升产品质量，不能依赖单纯的人工投入来扩大规模。

表 5-8 “十三五”（2015—2020 年）全国地区就业人数数据统计　　单位：万人

年份	平均值	最大值	最小值	25% 分位数	中位数	75% 分位数	标准差
2015	2 479.89	6 632.50	181.00	1 346.00	1 946.65	3 927.00	1 658.59
2016	2 497.85	6 649.70	185.00	1 332.66	1 859.00	3 871.00	1 691.26
2017	2 512.22	6 560.60	187.00	1 337.00	1 971.00	3 795.00	1 716.35
2018	2 402.17	6 579.30	187.00	1 314.00	1 886.00	3 656.60	1 629.44
2019	2 324.17	6 290.20	190.00	1 332.30	1 796.90	3 375.00	1 586.18
2020	2 430.19	7 039.00	193.00	1 261.00	2 105.00	3 280.00	1 674.95

虽然生态产品以自然生态景观为主，但涉及生态产品价值实现机制构建时，必定要进行一定的场所、设施投入，来满足人们的多样化生态需求，因此，建设用地面积投入可以在一定程度上反映生态产品土地要素的投入现状。

图 5-9 为"十二五"期末至"十三五"期末全国平均建设用地面积的变化趋势，反映了土地要素的投入。由图 5-9 可以看出，2015—2018 年，全国平均建设用地面积缓慢增长，从 2015 年的 124.49 万 hm^2 增至 2018 年的 127.66 万 hm^2。2019—2020 年由于全国第三次国土调查的原因，相关数据未公布，最终以全国第三次国土调查公布的数据为准，2020 年，全国平均建设用地面积为 145.94 万 hm^2。从总体情况来看，全国平均建设用地面积呈上升趋势，对生态产品价值实现起到了促进作用。

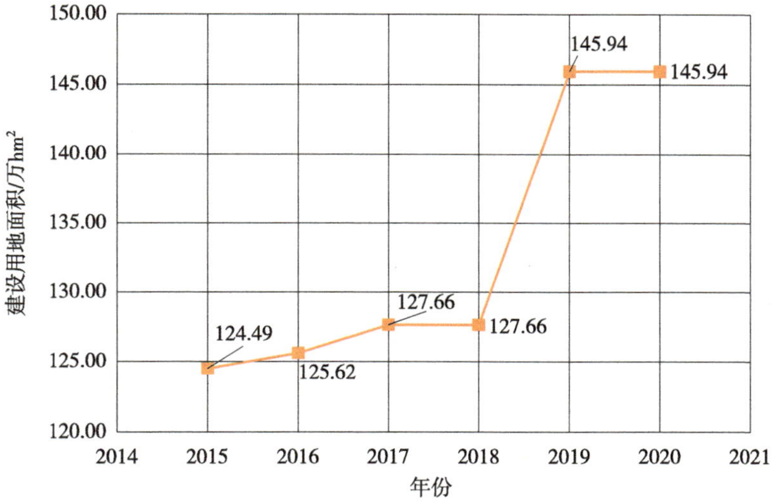

图 5-9 "十三五"（2015—2020 年）全国平均建设用地面积变化趋势

从具体数据来看，如表 5-9 所示：最大值从 2015 年的约 282 万 hm^2 升至 2020 年的约 334 万 hm^2；最小值从 2015 年的 14.5 万 hm^2 略微涨至 2020 年的 30.54 万 hm^2; 25% 分位数从 2015 年的约 66 万 hm^2 涨至 2020 年的近 80 万 hm^2; 中位数从 2015 年的约 122 万 hm^2 涨至 2020 年的约 142 万 hm^2; 75% 分位数从 2015 年的约 170 万 hm^2 涨至 2020 年 212 万 hm^2，排除统计口径变化误差，各年均有缓慢增加趋势。标准差有所扩大，表明各地用地规模发展差异明显。

综合而言，建设用地面积的增加有利于生态产品价值实现机制的构建，特别是对于需要修建一定场所、设施的生态服务产品来说，建设用地问题一直是该类生态产品经营开发面临的瓶颈问题，未来建设用地应当向这方面多倾斜，以此来构建多样化、差异化的产品形态，满足不同人群的不同生态需求。

表 5-9 "十三五"（2015—2020 年）全国建设用地面积数据描述统计　　单位：万 hm^2

年份	平均值	最大值	最小值	25% 分位数	中位数	75% 分位数	标准差
2015	124.49	282.01	14.50	65.98	121.77	169.60	72.51
2016	125.62	284.44	15.28	67.57	123.37	171.65	73.26
2017	127.66	288.37	15.72	68.46	125.28	173.72	74.05
2018	127.66	288.37	15.72	68.46	125.28	173.72	74.05
2019	145.94	334.16	30.54	79.74	141.84	212.19	83.57
2020	145.94	334.16	30.54	79.74	141.84	212.19	83.57

技术是一种无形的知识性投入，难以对其准确衡量，特别是对于生态产品的开发，技术投入是增加生态产品核心竞争力和高附加值的关键因素。但由于缺少相关数据统计，技术要素的投入大体可以用每年的试验与发展（R&D）经费投入来表征。图 5-10 为"十三五"（2015—2020 年）全国平均试验与发展经费投入的变化趋势。由图 5-10 可知，在此期间全国平均试验与发展经费投入呈直线上升趋势，从 2015 年的 346.45 亿元快速增至 2020 年的 543.56 亿元，增加

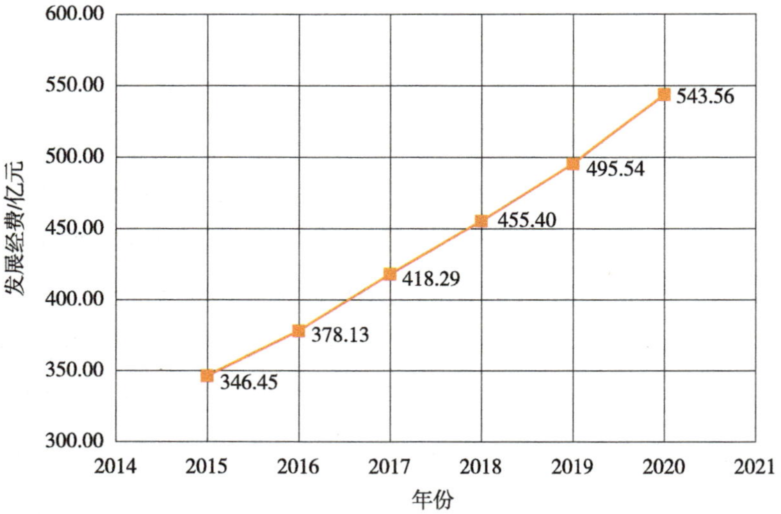

图 5-10 "十三五"（2015—2020 年）全国平均试验与发展经费投入变化趋势

了 56.89%，表明"十三五"期间国家对技术发展的高度重视，客观上有利于生态产品价值实现机制的加速构建。

从具体数据来看，如表 5-10 所示：最大值由 2015 年的约 1 520 亿元快速涨至 2020 年的接近 2 500 亿元；最小值则始终在 1 亿元以下；25% 分位数、中位数、75% 分位数均有所上涨，标准差在扩大。这表明，我国对技术投入加大了力度，但经济发达地区相较于经济落后地区，技术投入更大，差异更明显。然而，生态资源丰富地区往往正是这些经济落后地区，因此，技术要素投入的不足，制约着这些地区生态产品实现模式的创新，使其实现模式偏传统、偏单一。未来，要想健全和完善生态产品价值实现机制，必须加强中西部落后地区的技术投入，加大科技支撑力度。

表 5-10 "十三五"（2015—2020 年）全国试验与发展经费投入数据统计

单位：亿元

年份	平均值	最大值	最小值	25% 分位数	中位数	75% 分位数	标准差
2015	346.45	1 520.55	0.26	82.72	223.81	412.70	412.20
2016	378.13	1 676.27	0.40	86.99	242.06	468.80	453.50
2017	418.29	1 865.03	0.86	88.41	269.09	540.00	504.97
2018	455.40	2 107.20	0.86	97.05	299.21	554.88	544.72
2019	495.54	2 314.86	0.56	110.24	310.25	608.72	582.88
2020	543.56	2 499.95	0.89	109.64	335.32	685.58	633.86

5.1.3 生态产品价值产出现状

生态产品价值的顺利实现，不仅取得了相应的生态效益，更重要的是取得了巨大的经济效益和社会效益，促使生态资本反哺生态保护，进而形成"生态资源 - 生态产品 - 生态资本"的良性循环，形成"绿水青山"和"金山银山"的协调统一。基于此，从产出的角度，对生态产品产出的经济效益及社会效益进行分析。由于针对生态产品的经济社会效益数据目前尚未有精确统计，因此，用农林牧副渔总产值、工业增加值、旅游业收入、人均可支配收入、城乡收入比来进行替代表征。

生态系统自然形成并结合人类投入所产出的生态物质产品和生态服务产品，最终可以转化为农林牧副渔总产值，以此来实现经济社会价值。图 5-11 为“十二五”期末至“十三五”期末全国平均农林牧副渔总产值的变化趋势。2015—2018 年，全国平均农林牧副渔总产值缓慢增加，从 2015 年的约 3 381 亿元增至 2018 年的 3 663.86 亿元；2019—2020 年则快速增长，分别增至 2019 年的约 3 999 亿元和 2020 年的 4 444 亿元。这表明，在“十三五”后期，全国各地对生态物质产品和生态服务产品的重视程度日益增加，产量增加的同时，附加值也有所增加，进而使得其总产值快速增长。

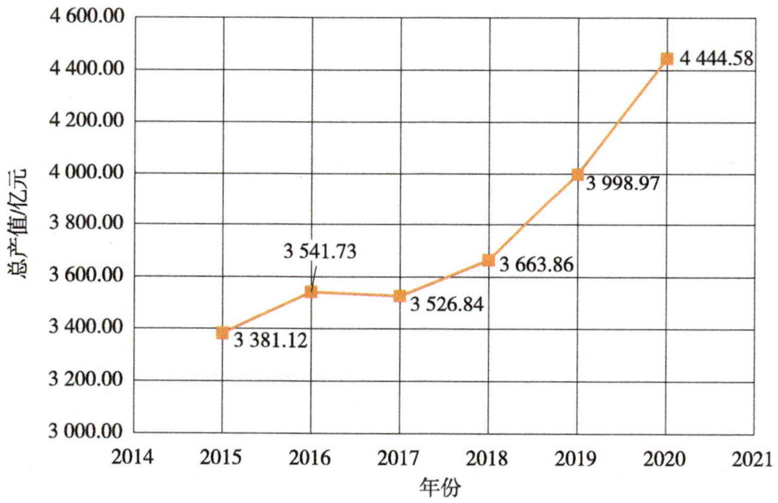

图 5-11 “十三五”（2015—2020 年）全国平均农林牧副渔总产值变化趋势

从具体数据来看，如表 5-11 所示：最大值从 2016 年的 9 000 亿元涨至 2020 年的超过 1 万亿元；最小值仅为 2015 年的 149 亿元左右至 2019 年的 213 亿元左右，全国各地农林牧副渔总产值进一步拉大。从分位数来看，25% 分位数从 2015 年的约 1 386 亿元增至 2020 年的 1 935.8 亿元，但中位数增加较多，从 2015 年的 2 880.6 亿元增至 2020 年的 4 315.6 亿元，75% 分位数从 2015 年的 5 030 亿元增至 2020 年的 6 742.5 亿元，各地差异进一步拉大。标准差亦反映出这一趋势。如何开发相对靠后的省级行政区的生态产品潜力，是未来亟须解决的重要问题。

表 5-11 "十三五"（2015—2020 年）全国农林牧副渔总产值数据统计

单位：亿元

年份	平均值	最大值	最小值	25% 分位数	中位数	75% 分位数	标准差
2015	3 381.12	9 283.92	149.50	1 386.18	2 880.60	5 030.10	2 380.07
2016	3 541.73	9 075.60	173.00	1 470.40	3 123.13	5 202.90	2 438.08
2017	3 526.84	9 140.36	195.50	1 488.90	3 326.60	5 373.40	2 437.99
2018	3 663.86	9 397.39	195.50	1 535.70	3 619.52	5 624.30	2 497.94
2019	3 998.97	9 671.67	212.80	1 689.40	3 850.60	6 061.50	2 692.85
2020	4 444.58	10 190.58	233.50	1 935.80	4 315.60	6 742.50	2 984.74

许多生态物质产品和生态服务产品，最终价值转化以工业增加值的形式出现。图 5-12 为"十二五"期末至"十三五"期末全国平均工业增加值的变化趋势。2015—2016 年，我国平均工业增加值缓慢增加，从 8 694.73 亿元增加至 8 921.80 亿元，2017—2019 年快速增至 1 万亿元以上，2020 年受新冠疫情影响，工业增加值几乎与上年持平。排除新冠疫情的特殊影响，"十三五"后期全国平均工业增加值是快速上升的，鉴于我国生态监管日渐趋严，工业结构不断升级优化，工业增加值中生态产品的增加值做出了重要贡献，且未来重要性还将进一步提升。

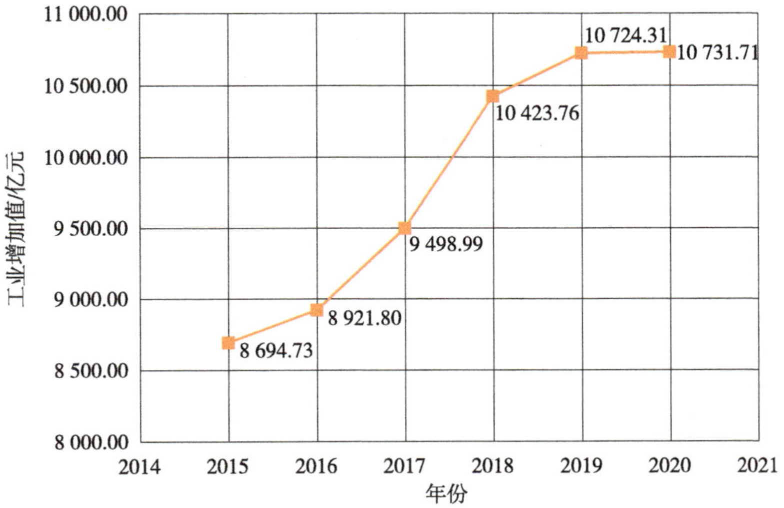

图 5-12 "十三五"（2015—2020 年）全国平均工业增加值变化趋势

从具体数据来看（表 5-12）：最大值从 2015 年的 3.02 万亿元涨至 2020 年的约 3.89 万亿元，最大值出现在广东、江苏等工业经济大省；最小值从 2015 年的 6.98 万亿元涨至 2020 年的约 14.52 万亿元，且均为西藏自治区；25% 分位数从 2015 年的约 3 594 亿元涨至 2020 年的约 4 188 亿元，中位数从 2015 年的约 7 000 亿元涨至约 7 675 亿元，75% 分位数从 2015 年的约 1.127 万亿元涨至 2020 年的约 1.575 万亿元，标准差也加速扩大。这表明，“十三五”期间各省级行政区工业经济进一步发展，大部分省级行政区工业增加值快速增加，但反而是生态资源丰富地区，受限于环保政策，工业增加值增速落后于全国平均水平。要想破解这种局面，基于生态产品的工业经济发展迫在眉睫。

表 5-12 “十三五”（2015—2020 年）工业增加值数据统计　　单位：亿元

年份	平均值	最大值	最小值	25% 分位数	中位数	75% 分位数	标准差
2015	8 694.73	30 259.49	69.88	3 593.90	7 026.22	11 270.82	7 524.05
2016	8 921.80	32 650.89	86.44	3 715.64	6 818.32	11 698.36	8 033.85
2017	9 498.99	35 291.83	126.97	4 260.48	6 863.98	12 674.89	8 713.13
2018	10 423.76	37 651.05	126.97	4 165.48	7 089.19	14 453.54	9 382.64
2019	10 724.31	39 398.46	131.72	4 134.82	7 453.09	14 946.98	9 912.46
2020	10 731.71	38 903.90	145.16	4 188.13	7 675.44	15 745.55	9 816.12

在旅游业诸多业态之中，绝大部分是要依靠自然风光或自然生态系统产出而兴起的，即生态旅游及其延伸出的各种高级旅游业态为旅游业的蓬勃发展做出了重要贡献，进而促进了生态服务产品、生态补偿产品等的价值顺利实现。由于专门针对生态旅游的收入数据在国内尚未进行完整统计，因此，可以用全国旅游业收入来进行替代表征。图 5-13 为“十二五”期末至“十三五”期末全国平均旅游业收入的变化趋势。由图 5-13 可以看出，2015—2019 年，全国的旅游业发展迅速，收入呈上升趋势，这主要得益于各地纷纷开展以生态旅游为核心的生态产品价值实现的各类实践活动。2020 年受新冠疫情影响，人口流动被大大限制，旅游业遭受了沉重打击，收入骤降，仅为 3 737.58 亿元。

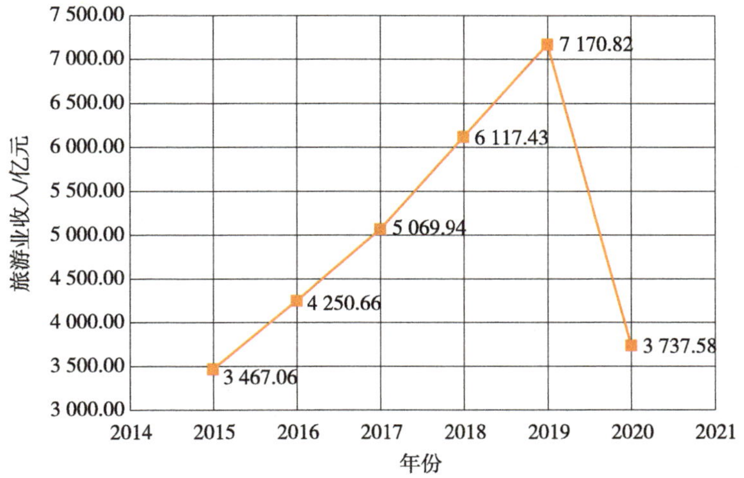

图 5-13 "十三五"（2015—2020 年）全国平均旅游业收入变化趋势

从具体数据来看，如表 5-13 所示：除 2020 年受新冠疫情影响，旅游业收入大幅下降以外，其他年份均保持了高速增长态势。最大值由 2015 年的约 9 000 亿元涨至 2019 年的约 1.5 万亿元；最小值由 2015 年的约 161 亿元涨至 2019 年的约 340 亿元；25% 分位数从 2015 年的约 2 182 亿元涨至 2019 年的约 4 318 亿元，中位数从 2015 年的约 3 282 亿元涨至 2019 年的 7 212 亿元，75% 分位数从 2015 年的 4 300 亿元涨至 2019 年的超过 1 万亿元；标准差也在持续扩大。从各项数据来看，都表明"十三五"期间旅游业的发展是十分迅速的，且主要是由于生态旅游收入持续增加、业态不断丰富，为今后进一步探索"生态+"融合业态奠定了坚实的基础。

表 5-13 "十三五"（2015—2020 年）全国旅游业收入数据统计　　单位：亿元

年份	平均值	最大值	最小值	25% 分位数	中位数	75% 分位数	标准差
2015	3 467.06	9 080.76	161.30	2 182.30	3 281.79	4 300.00	2 312.51
2016	4 250.66	10 433.81	210.02	2 645.21	4 247.10	5 027.54	2 642.93
2017	5 069.94	11 994.79	295.68	3 308.04	5 083.10	6 751.32	3 044.57
2018	6 117.43	13 610.61	295.68	3 914.27	6 344.33	8 355.73	3 541.79
2019	7 170.82	15 157.95	340.03	4 317.99	7 211.59	10 241.44	4 040.99
2020	3 737.58	8 275.00	199.07	1 454.86	2 920.10	5 785.09	2 540.68

生态产品价值实现产生的最直接的惠民效益即是增加了人们的收入。发展生态惠民产业，不仅直接增加了生态资源所有者的收入，亦可带动周边地区经济社会绿色发展，增加居民收入。由于目前缺乏专门针对生态产业带来的居民收入增加数据统计，因此，用全国平均人均可支配收入来替代表征。图 5-14 为“十二五”期末至“十三五”期末全国平均人均可支配收入的变化趋势。由图 5-14 可知，2015—2020 年，全国平均人均可支配收入呈高速增加态势，从 2015 年的约 2.19 万元增至 2020 年的约 3.20 万元，6 年增长了 46.43%。虽然 2020 年受新冠疫情影响，增幅不及之前几年，但总体来说，全国平均人均可支配收入保持了良好的增长势头。随着“十三五”期间中国经济发展的转型和经济结构优化，与生态产品相关的产业能够为居民收入增加做出更大的贡献。

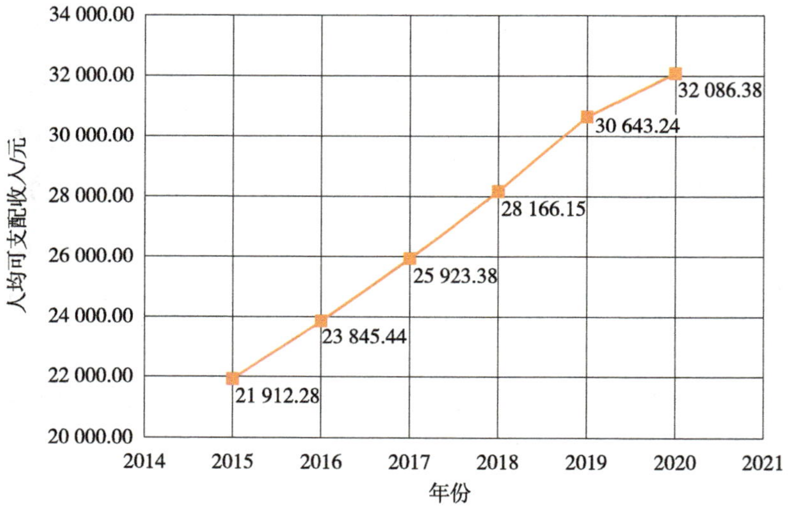

图 5-14 “十三五”（2015—2020 年）全国平均人均可支配收入变化趋势

从具体数据来看，如表 5-14 所示：最大值从 2015 年的约 5 万元涨至 2020 年的约 7.22 万元；最小值从 2015 年的约 1.23 万元涨至 2020 年的约 2 万元；25% 分位数从 2015 年的约 1.7 万元涨至 2020 年的约 2.48 万元；中位数从 2015 年的约 1.86 万元涨至 2020 年的约 2.79 万元；75% 分位数从 2015 年的约 2.46 万元涨至 2020 年的约 3.29 万元，标准差也在逐年扩大。这表明，虽然生态产品对居民收入的贡献巨大，但仍未起到决定性作用，经济发达地区居民收入较高，而生态资源丰富地区居民收入仍旧比较落后，生态资源的潜力还有待进一步挖掘。

表 5-14 “十三五”（2015—2020 年）全国人均可支配收入数据统计 单位：元

年份	平均值	最大值	最小值	25% 分位数	中位数	75% 分位数	标准差
2015	21 912.28	49 867.00	12 254.00	17 124.80	18 593.00	24 575.60	8 988.50
2016	23 845.44	54 305.00	13 639.00	18 808.00	19 998.00	26 039.70	9 717.63
2017	25 923.38	58 988.00	17 286.00	20 170.00	21 863.00	27 835.40	10 568.87
2018	28 166.15	64 183.00	17 286.00	21 963.50	23 984.00	29 701.40	11 465.45
2019	30 643.24	69 442.00	19 139.00	23 828.50	26 262.00	31 819.70	12 367.14
2020	32 086.38	72 232.00	20 335.10	24 810.10	27 881.00	32 886.00	12 661.02

生态资源丰富地区，往往也是“老少边穷”地区，生态产品价值实现的主战场在农村，发展生态产业，最大的利好也在农村。因此，生态产品价值实现发挥的社会效益之一，就是增加农村居民收入，进而缩小城乡收入差距。由于专门针对生态产品带来的收入对比相关数据尚未统计，因此，用城乡居民收入比来进行替代表征。图 5-15 为“十二五”期末至“十三五”期末全国平均城乡居民收入比的变化趋势。由图 5-15 可以看出，在此期间城乡居民收入差距一直在缩小，比值从 2015 年的 2.60 降至 2020 年的 2.43，特别是 2018 年以来，下降

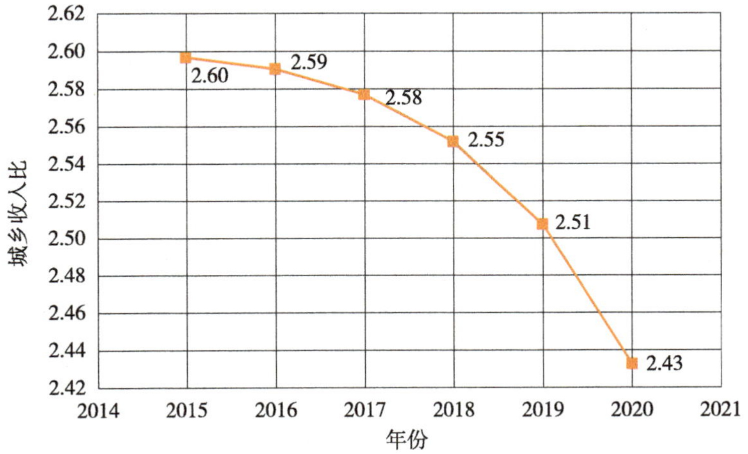

图 5-15 “十三五”（2015—2020 年）全国平均城乡居民收入差距变化趋势

速度更快。由此可见，构建生态产品价值实现机制，挖掘乡村地区的生态资源，增加农村居民收入，有利于乡村振兴战略的深入推进，有利于推动共同富裕，亦有利于促进城乡协调发展，发挥了巨大的社会效益。

从具体数据来看，如表 5-15 所示：最大值从 2015 年的约 3.43 降至 2020 年的 3.27；最小值则稳定在 1.85～1.86；25% 分位数从 2015 年的 2.36 降至 2020 年的 2.26；中位数从 2015 年的 2.57 降至 2020 年的 2.40；75% 分位数从 2015 年的 2.79 降至 2020 年的 2.51，标准差略微缩小。这表明，越是落后地区，城乡发展越不均衡，广大乡村地区迫切需要新的经济发展引擎。而随着这些地区对生态产品的利用和开发程度逐步加深，切实有效地发展了农村经济，缩小了城乡差异。在未来，更应进一步完善和健全生态产品价值实现机制，发挥更大的社会效益。

表 5-15 "十三五"（2015—2020 年）全国城乡收入比数据统计

年份	平均值	最大值	最小值	25% 分位数	中位数	75% 分位数	标准差
2015	2.60	3.43	1.85	2.36	2.57	2.79	0.38
2016	2.59	3.45	1.85	2.33	2.55	2.80	0.37
2017	2.58	3.44	1.86	2.32	2.55	2.79	0.36
2018	2.55	3.40	1.86	2.30	2.53	2.72	0.35
2019	2.51	3.36	1.86	2.29	2.46	2.67	0.34
2020	2.43	3.27	1.86	2.26	2.40	2.51	0.33

5.2 "十三五"全国生态产品价值转化成效

提升生态产品价值转化成效是当前各地迫切需要完成的任务，也是构建生态产品价值实现机制的重要环节。转化成效不断提升，意味着生态资源利用效率不断提高，产出水平不断提高，进而反哺生态保护的力度越大，形成良性循环，最终实现"绿水青山"与"金山银山"的统一。成效评估的方法有很多，其中，以投入产出比为核心的评估方法能够更加直观、简明地反映评估成效，因此，本蓝皮书构建了以生态产品价值转化成效指数为核心的评估体系，计算得出"十三五"期间全国生态产品价值转化成效指数结果，并对此进行深入分析。

图 5-16 为"十二五"期末至"十三五"期末全国平均生态产品价值转化成效指数的变化趋势。由图 5-16 可以看出，2015 年全国平均生态产品价值转化成效指数为 0.708 4，2016 年降至 0.675 4，此后又逐年上涨，2019 年升至 0.732 2，2020 年受新冠疫情影响，又降至 0.619 5。"十三五"是我国经济发展转型的关键阶段，在初期经历了转型的"阵痛"，对生态产品的经营开发也没有太多经验，因而在初期该指数有所下降。随着各地实践活动的深入和创新模式的探索，生态潜力被不断发掘，生态产品类型逐渐细化，实现模式不断丰富，转化成效逐年提高。但也应看到，目前投入产出比小于 1，表明投入产出效率整体较低，生态产品的开发力度还有待加强。此外，2020 年因新冠疫情，全国上下以抗疫为主线，经济社会发展受到重大影响，导致生态产品价值转化成效指数下降较快，但预计疫情过后，产业复苏加快，生态产品价值转化成效会回归正常水平，并持续增长。

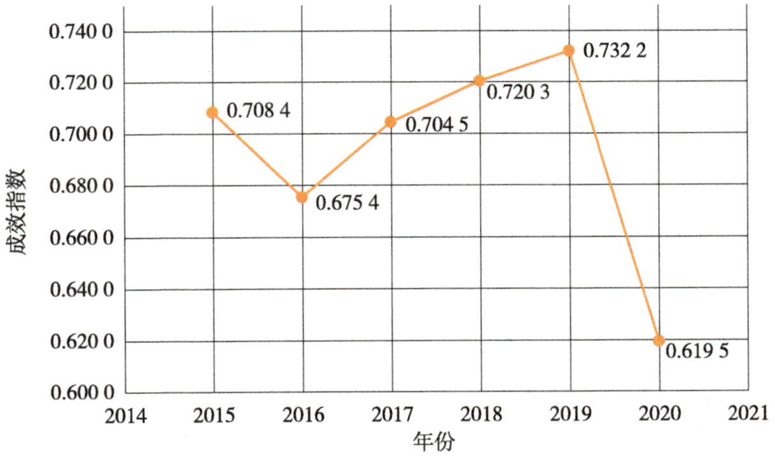

图 5-16 "十三五"（2015—2020 年）全国平均生态产品价值转化成效指数变化趋势

分年度来看，"十二五"期末（2015 年）全国生态产品价值转化成效指数如

图 5-17 所示。由图 5-17 可以看出，生态产品价值成效指数呈现从东部到西部逐渐降低的趋势。评级为“优秀”的省级行政区有 3 个；评级为“良好”的省级行政区有 5 个；评级为“一般”的省级行政区有 10 个，评级为“较差”的省级行政区有 13 个。一般来讲，西部地区生态资源比较丰富，环境优良，但生态产品价值实现机制不够完善，转化模式比较单一，坐拥“绿水青山”，却未能有效转化为“金山银山”，生态资源的丰富程度与转化成效反差明显。

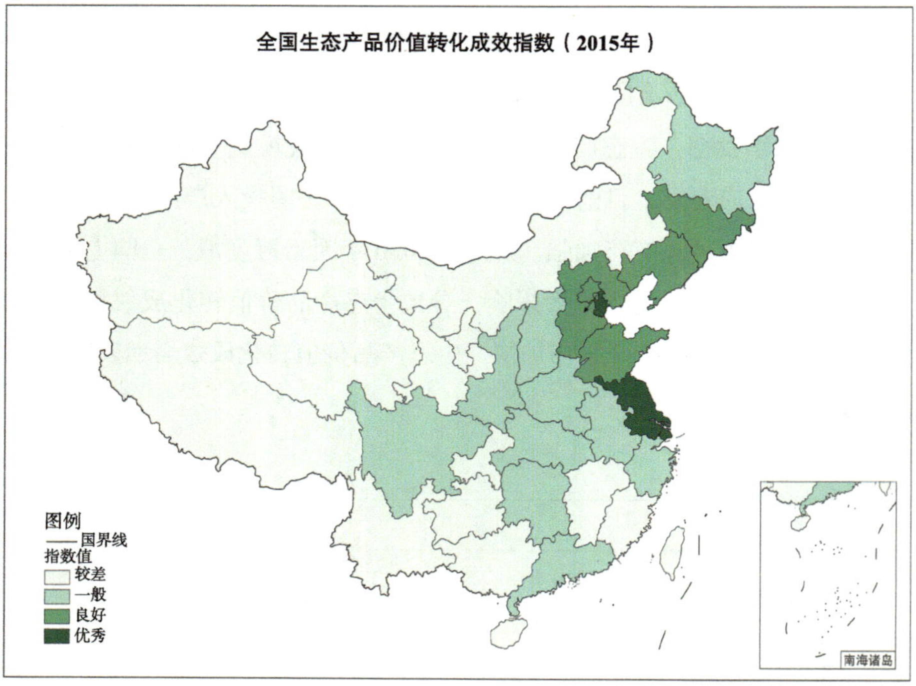

图 5-17　全国生态产品价值转化成效指数（2015 年）

“十三五”期初（2016 年），全国生态产品价值转化成效指数如图 5-18 所示。相较于 2015 年，全国生态产品价值转化成效指数总体略有降低，评级为“优秀”的省级行政区有 2 个；评级为“良好”的省级行政区有 4 个；评级为“一般”的省级行政区有 11 个，评级为“较差”的省级行政区有 14 个。特别是东北地区和西南地区，部分省级行政区从“一般”级别降到了“较差”级别。

2017 年，全国生态产品价值转化成效指数如图 5-19 所示。相较于 2016 年，评级为"优秀"的省级行政区有 2 个；评级为"良好"的省级行政区有 5 个；评级为"一般"的省级行政区有 10 个，评级为"较差"的省级行政区有 14 个。东北地区生态产品价值转化成效指数明显上升，中部地区有所下降。

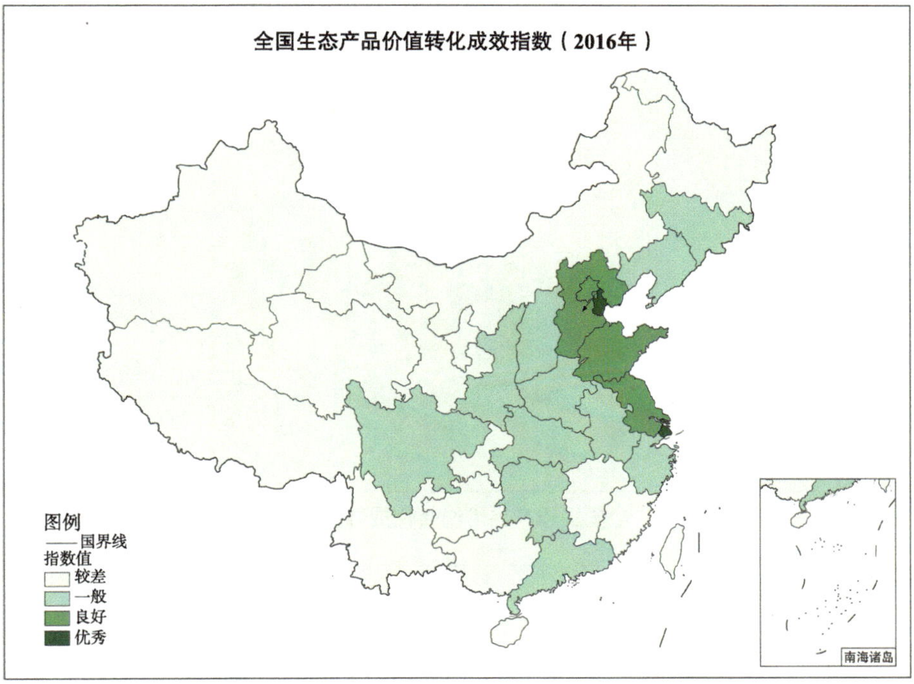

图 5-18　全国生态产品价值转化成效指数（2016 年）

2018 年，全国生态产品价值转化成效指数如图 5-20 所示。相较于 2017 年，评级为"优秀"的省级行政区有 3 个；评级为"良好"的省级行政区有 3 个；评级为"一般"的省级行政区有 15 个，评级为"较差"的省级行政区有 10 个。东部和中部地区指数上升明显，许多 2017 年评级为"较差"的省级行政区本年都晋升到"一般"级别，生态产品价值实现成效初显。

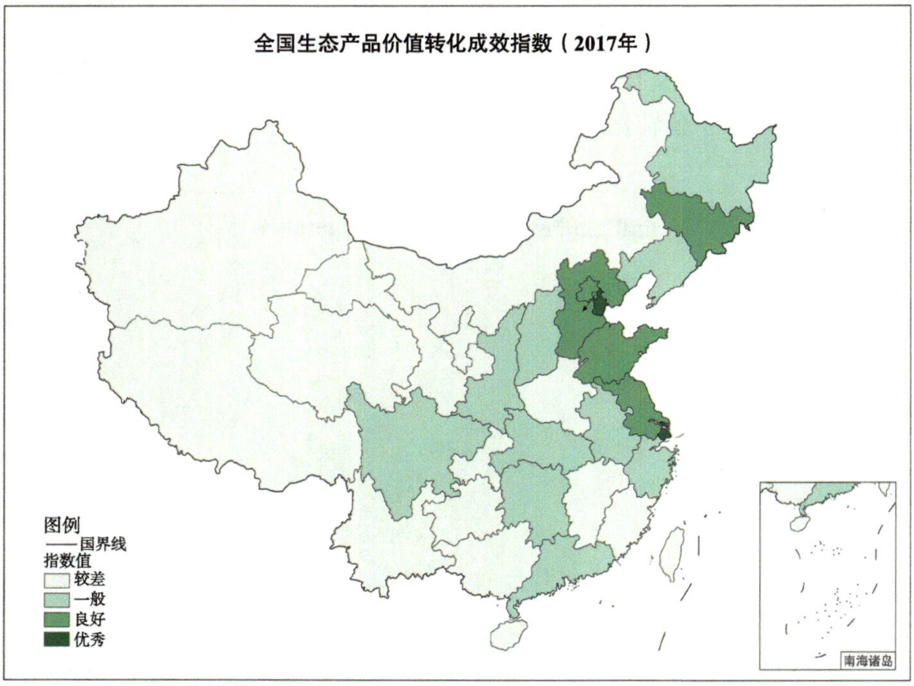

图 5-19　全国生态产品价值转化成效指数（2017 年）

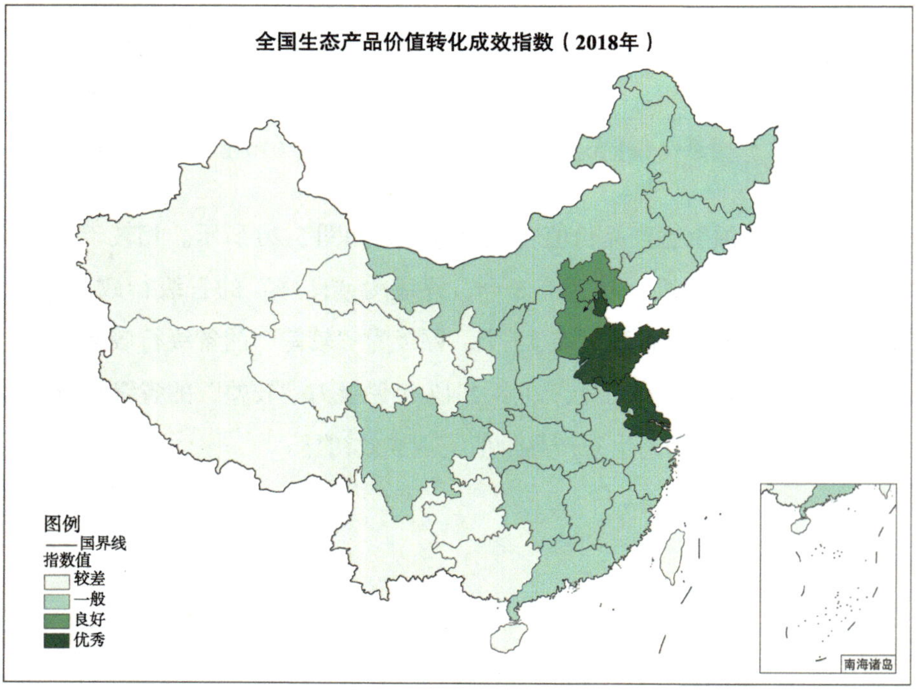

图 5-20　全国生态产品价值转化成效指数（2018 年）

2019年，全国生态产品价值转化成效指数如图5-21所示。相较于2018年，评级为"优秀"的省级行政区有1个；评级为"良好"的省级行政区有7个；评级为"一般"的省级行政区有14个，评级为"较差"的省级行政区有9个。中部和东部大部分地区都实现了"一般"及以上评级，"较差"仅存在于西北和西南部经济较为落后地区。但整体而言，全国整体评级再次提升。

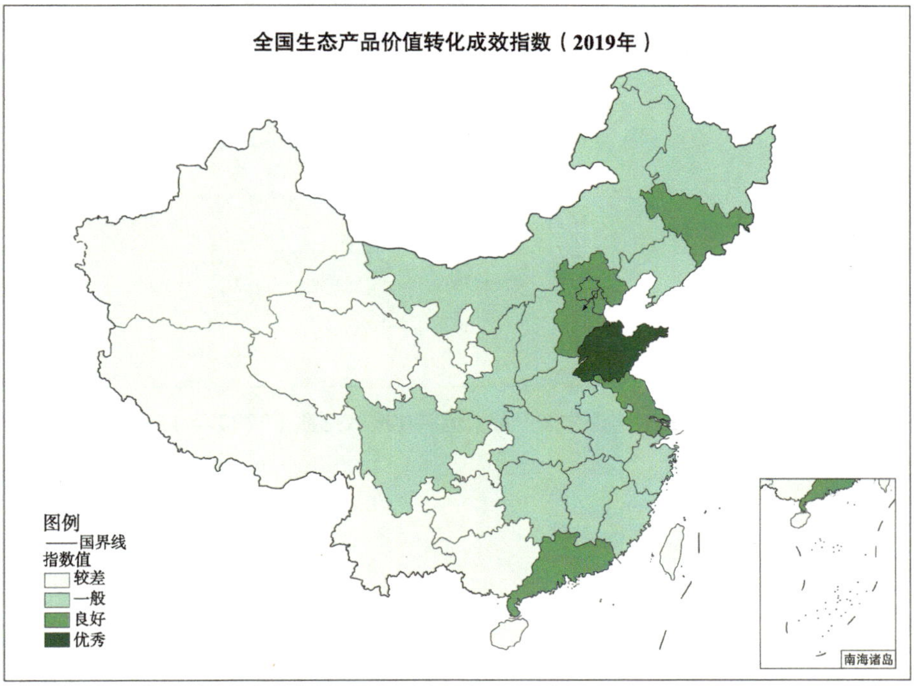

图5-21 全国生态产品价值转化成效指数（2019年）

到"十三五"期末的2020年，全国生态产品价值转化成效指数如图5-22所示。本年度受新冠疫情冲击，各地生态产品价值转化成效有所下降，但仍保持了基本的发展态势。相较于2019年，没有评级为"优秀"的省级行政区；评级为"良好"的省级行政区有2个；评级为"一般"的省级行政区有19个，评级为"较差"的省级行政区有10个。

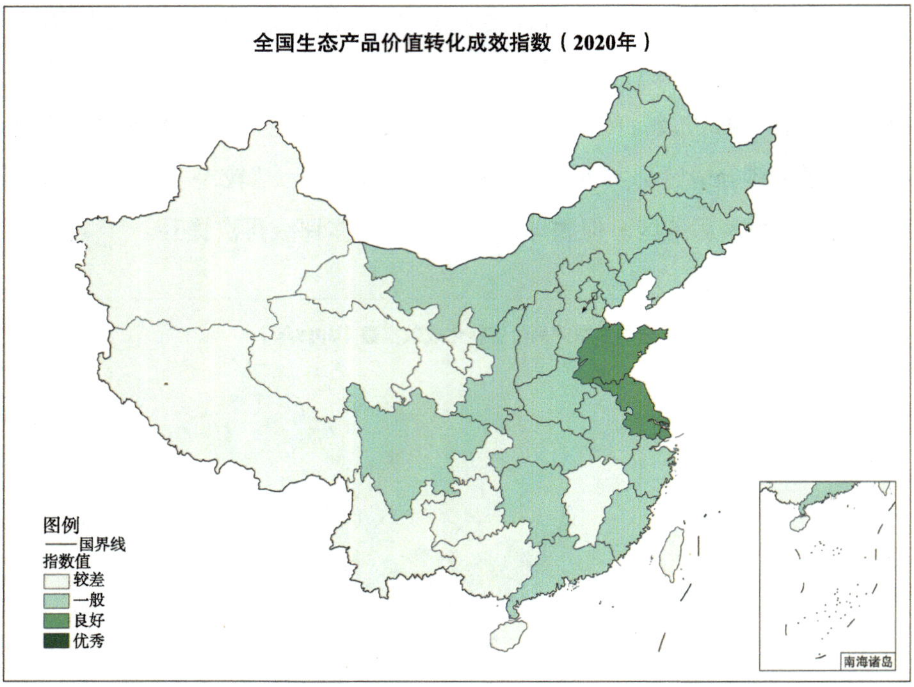

图 5-22　全国生态产品价值转化成效指数（2020 年）

6

“十三五”各区域生态产品价值转化成效

“SHISANWU” GEQUYU SHENGTAI CHANPIN JIAZHI ZHUANHUA CHENGXIAO

为科学反映我国不同区域的生态产品价值转化成效，项目组根据国家统计局于2011年发布的《东中西部和东北地区划分方法》，将我国划分为东部、中部、西部和东北四大地区。其中东部地区包括北京、天津、河北、上海、江苏、浙江、福建、山东、广东和海南10个省级行政区；中部地区包括山西、安徽、江西、河南、湖北和湖南6个省级行政区；西部地区包括内蒙古、广西、重庆、四川、贵州、云南、西藏、陕西、甘肃、青海、宁夏和新疆12个省级行政区；东北地区包括辽宁、吉林和黑龙江3个省级行政区。

6.1 东部地区生态产品价值转化成效

6.1.1 总体情况

2015—2020年，东部地区生态产品价值转化成效指数（EPEI）为0.86～1.22，平均值为1.08，处于良好水平。2015—2020年，东部地区EPEI指数总体呈下降趋势。2015年，东部地区EPEI指数平均值为1.22，2016年有所下降，为1.09；2016—2019年较为平稳，EPEI指数为1.07～1.12；2020年大幅下降，仅为0.86，处于一般水平（图6-1）。

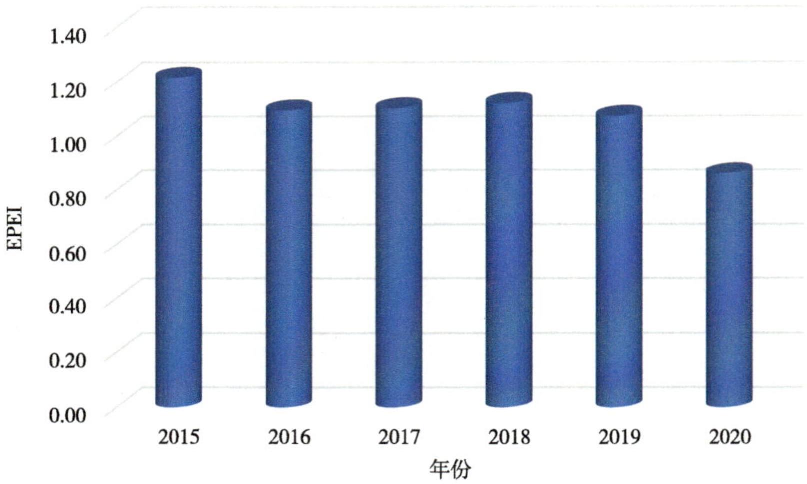

图 6-1 2015—2020 年东部地区生态产品价值转化成效指数（EPEI）变化趋势

从表 6-1 来看，天津市的生态产品价值转化成效较为突出，2015—2020 年 EPEI 指数平均值为 1.67；其次为山东省，6 年平均值为 1.46；第三为上海市，平均值为 1.40；海南省最低，为 0.23。其中天津市 6 年平均 EPEI 指数在 1.5 以上，等级为优秀；山东省、江苏省、上海市、北京市、河北省 5 个省级行政区的 EPEI 指数为 1～1.5，等级为良好；浙江省、广东省和福建省 EPEI 指数为 0.5～1，等级为一般；海南省的 EPEI 指数 6 年均在 0.5 以下，等级为较差。

表 6-1 2015—2020 年东部地区各省级行政区生态产品价值转化成效指数

	北京	天津	河北	山东	上海	江苏	浙江	福建	广东	海南
2015	1.47	2.78	1.12	1.44	1.72	1.51	0.74	0.42	0.77	0.18
2016	1.43	1.78	1.08	1.42	1.61	1.37	0.76	0.46	0.82	0.20
2017	1.25	1.66	1.19	1.48	1.60	1.45	0.77	0.49	0.91	0.21
2018	1.26	1.59	1.25	1.52	1.42	1.57	0.82	0.57	0.97	0.23
2019	1.26	1.30	1.17	1.61	1.17	1.49	0.84	0.62	1.01	0.26
2020	0.90	0.93	0.92	1.29	0.90	1.18	0.78	0.59	0.84	0.28
平均值	1.26	1.67	1.12	1.46	1.40	1.43	0.78	0.52	0.89	0.23

从变化幅度来看，东部地区10个省级行政区中，北京市、天津市、河北省、山东省、上海市、江苏省6个省级行政区的EPEI指数均有所下降，其中天津市降幅最大，由2.78降至0.93，下降了66.48%；其次是上海市，由1.72降至0.90，下降了47.82%；第三是北京市，由1.47降至0.90，下降了38.62%；江苏省、河北省和山东省相对较为平稳，下降率分别为21.88%、18.49%和10.42%，降幅较小。浙江省、福建省、广东省和海南省4个省级行政区的EPEI指数有所上升，其中海南省上升幅度最大，由0.18升至0.23，上升幅度达50.46%；其次是福建省，由0.42升至0.52，上升幅度为39.98%；广东省和浙江省上升幅度为较为平稳，上升率分别为9.42%和5.83%。

从EPEI等级来看，如表6-2所示，2020年，无等级为优秀的省级行政区，等级为良好的省级行政区共2个，为山东省和江苏省，占总数的20%；等级为一般的省级行政区共7个，分别为北京市、天津市、河北省、上海市、浙江省、福建省和广东省，占总数的70%；等级为较差的省级行政区共1个，为海南省，占总数的10%。分年度来看，等级为优秀和较差的省级行政区的数量有所下降，而等级为一般的省级行政区的数量有所上升，2015年各省级行政区EPEI等级集中在优秀和良好，天津市、上海市和江苏省3个省级行政区为优秀等级，北京市、河北省和山东省3个省级行政区为良好等级；2016年和2017年，江苏省EPEI指数降至良好等级，优秀等级的省级行政区数量降至2个，良好等级的省级行政区数量升至4个；2018年，江苏省EPEI指数重返优秀等级，优秀和良好等级的省级行政区数量与2015年持平，福建省的EPEI指数有所上升，从较差等级升至一般等级，一般等级的省级行政区数量达到3个；2019年，天津市、山东省和江苏省的EPEI指数有所下降，从优秀等级跌入良好等级，广东省的EPEI指数有所上升，从一般等级涨至良好等级，该年度EPEI等级集中在良好；2020年，由于旅游业的下滑，除山东省、江苏省保持良好等级，北京市、天津市、河北省、上海市、广东省均跌至一般等级，因此该年度东部地区各省级行政区EPEI指数集中在一般等级。

表 6-2　2015—2020 年东部地区生态产品价值转化成效等级划分

年份	优秀		良好		一般		较差	
	数量 / 个	比例 /%	数量 / 个	比例 /%	数量 / 个	比例 /%	数量 / 个	比例 /%
2015	3	30.00	3	30.00	2	20.00	2	20.00
2016	2	20.00	4	40.00	2	20.00	2	20.00
2017	2	20.00	4	40.00	2	20.00	2	20.00
2018	3	30.00	3	30.00	3	30.00	1	10.00
2019	1	10.00	6	60.00	2	20.00	1	10.00
2020	0	0.00	2	20.00	7	70.00	1	10.00

分指数来看，生态产品价值转化指数（EPEI）是由环境质量指数、生态服务指数、人类生产要素投入指数、经济效益指数、社会效益指数 5 个指数通过计算获得的，在 5 个指数中，社会效益指数和环境质量指数得分较高，2020 年分别为 0.76 和 0.72；人类生产要素指数和经济效益指数得分相对较低，2020 年分别为 0.45 和 0.43；生态服务指数得分最低，为 0.28。分析各项分指数年度变化情况可知，2015—2020 年，环境质量指数大幅上升，且逐年上升，6 年间增长了 46.23%；人类生产要素投入指数和社会效益指数也呈近年上升的趋势，但上升幅度不大，分别为 19.89% 和 8.71%；生态服务指数基本保持稳定；经济效益指数则呈现先上升后下降的趋势，2015—2019 年快速上升，上升幅度达 38.21%，但 2019—2020 年则呈下降趋势，下降了 7.58%（图 6-2）。

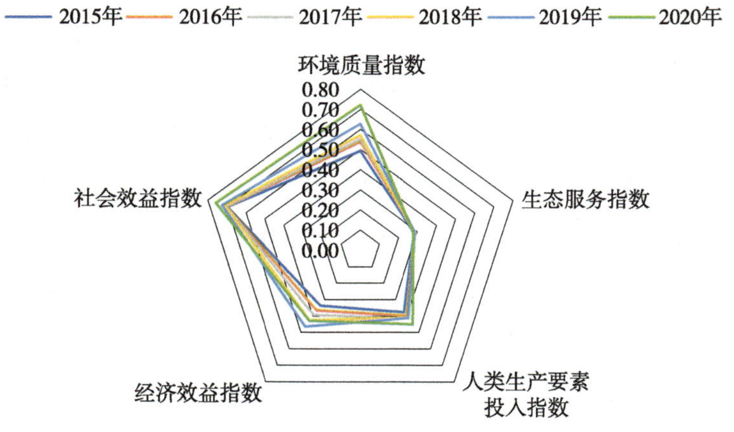

图 6-2　2015—2020 年东部地区各项指数得分

因此，造成部分省级行政区生态产品价值转化指数下降的根本原因有两个：一是各地积极践行习近平生态文明思想，大力推动生态环境保护，环境质量指数有了大幅上升，如北京市的环境质量指数从2015年的0.13提升至2020年的0.31，提升了147.44%；天津市的环境质量指数从2015年的0.05提升至2020年的0.24，提升了346.27%。二是近年来经济增速放缓，与环境质量指数相比，经济效益指数增长较为缓慢，如2015—2020年，北京市的经济效益指数增长率为28.58%，仅为环境质量指数增长率的1/5；天津市的经济效益指数增长率为11.98%，仅为环境质量指数增长率的1/29。

6.1.2 生态环境投入指数评估

生态环境投入指数是由环境质量指数和生态服务指数两个指数计算得到的。2015—2020年，东部地区生态环境投入指数呈现持续增加的趋势，其中2020年生态环境投入指数为0.56，较2015年（0.42）增加了34.50%（图6-3）。

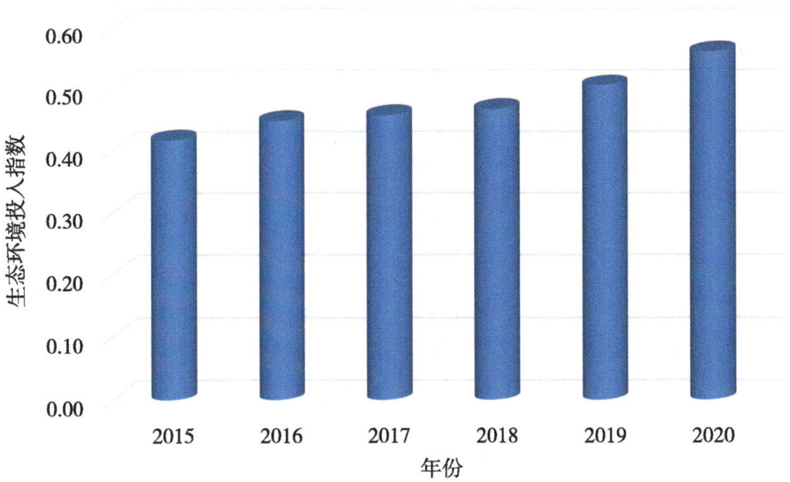

图6-3 2015—2020年东部地区生态环境投入指数变化趋势

分省级行政区来看（图6-4），福建省、广东省、海南省、浙江省4个省级行政区的生态环境投入指数均在0.7以上，远高于其他省级行政区，2020年分别达到0.80、0.76、0.73、0.72；北京市、河北省、山东省、上海市和江苏省的生态环境投入指数为 0.4～0.6；天津市则和其他地区有明显差距，2020 年生态环境投入指数仅为 0.28。从历年变化趋势来看，东部地区 10 个省级行政区的生态环境投入指数均呈持续上升趋势，福建省、广东省和海南省由于生态环境本底较好，上升空间有限，故上升幅度较小，分别为 2.44%、8.81% 和 0.93%；天津市、上海市、北京市由于本底值较差，经过 6 年的生态环境保护和治理，生态环境质量上升较快，2020 年生态环境投入指数较 2015 年分别提升了 281.67%、173.28% 和 112.67%。

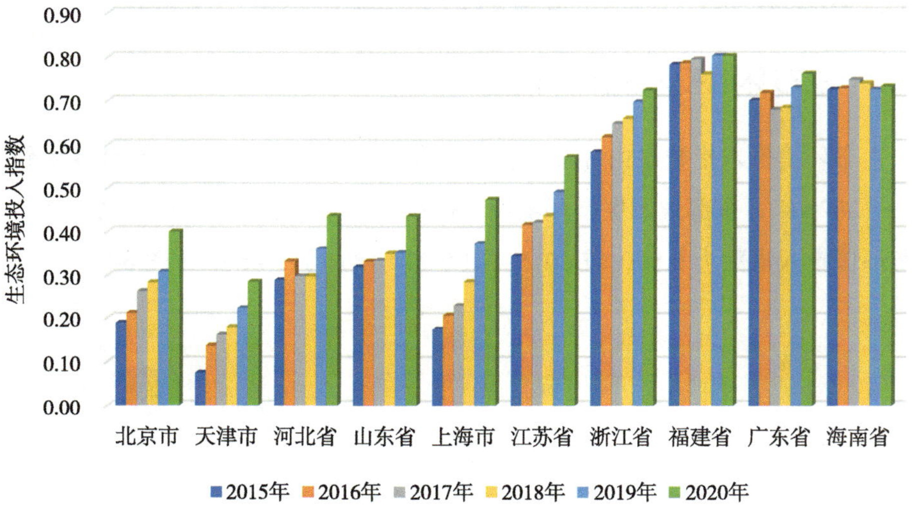

图 6-4　2015—2020 年东部地区 10 个省级行政区生态环境投入指数变化趋势

（1）环境质量指数

环境质量指数是由环境空气质量优良天数比例和地表水水质达到或优于Ⅲ类水的比例 2 个指标组成的，表征了地区的环境质量状况。2015—2020 年，东部地区环境质量指数呈快速增加趋势，由 2015 年的 0.49 增至 0.72，尤其是 2019 年之后，年增长幅度均超过 10%（图 6-5）。

分省级行政区来看（图 6-6），福建省和海南省 2 个省级行政区环境本底较好，2015—2020 年环境质量指数均在 0.95 以上；其中福建省 2020 年达到 0.98；浙江省和广东省 2 个省级行政区 2015 年环境质量指数均在 0.8 以下，经过多年的努力，2020 年均达到 0.85 以上，尤其是浙江省从 0.71 升至 0.94，上升幅度达

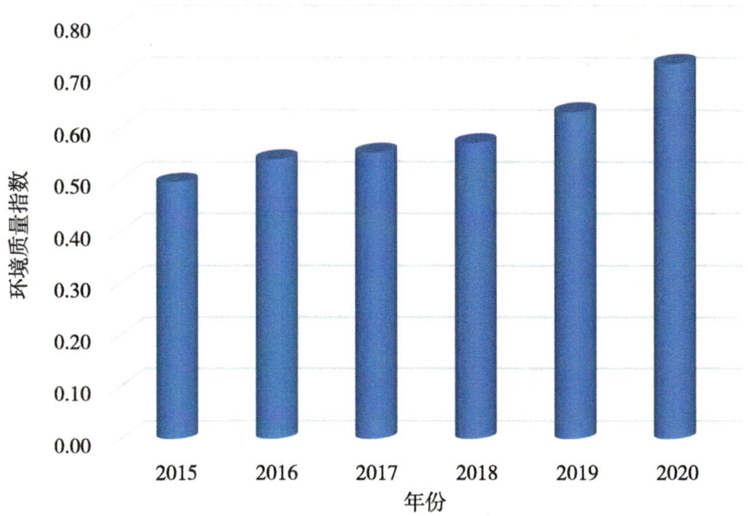

图 6-5　2015—2020 年东部地区环境质量指数变化趋势

32.42%。上海市和江苏省 2020 年环境质量指数为 0.7～0.8，这 2 个省级行政区环境质量改善程度是东部地区比较大的，其中上海由 2015 年的 0.25 升至 2020 年的 0.74，上升了 0.48；江苏由 2015 年的 0.39 升至 2020 年的 0.76，上升了 0.37。京津冀及周边区域一向是大气污染治理的重点区域，北京市、河北省、山东省和天津市 4 个省级行政区均以平原为主，且处于京津冀及周边重污染区域，环

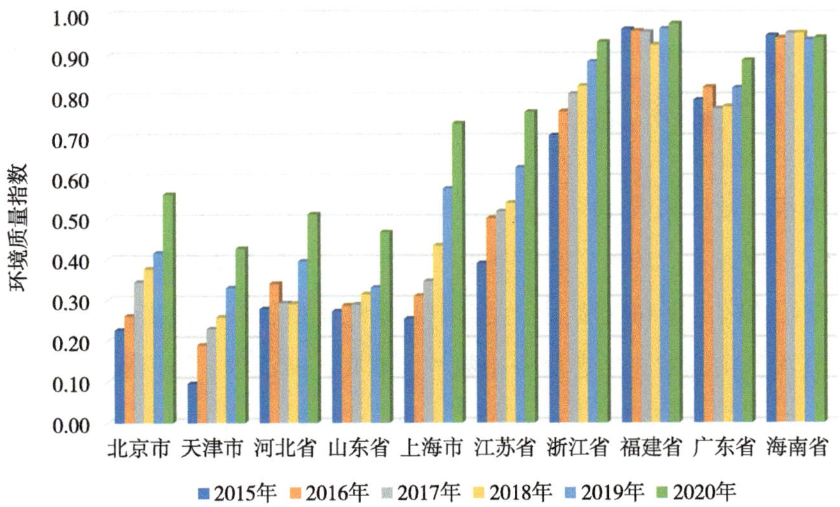

图 6-6　2015—2020 年东部地区各省级行政区环境质量指数变化趋势

境质量本底较差，2015 年均在 0.30 以下，尤其是天津市仅为 0.10，“十三五”期间，通过加强环境基础设施建设、全面推进大气污染和水污染综合防治，以上 4 个省级行政区的环境质量指数有了大幅提升，其中北京市由 0.23 升至 0.56，河北省由 0.28 升至 0.51，山东省由 0.27 升至 0.47，天津市由 0.10 升至 0.43。

（2）生态服务指数

生态服务指数包含了物质生产、水源涵养、土壤保持、碳汇 4 种生态系统服务功能，表征了某个地区生态系统提供的服务功能。2015—2020 年，东部地区生态服务指数基本保持稳定，指数区间为 0.28～0.29。

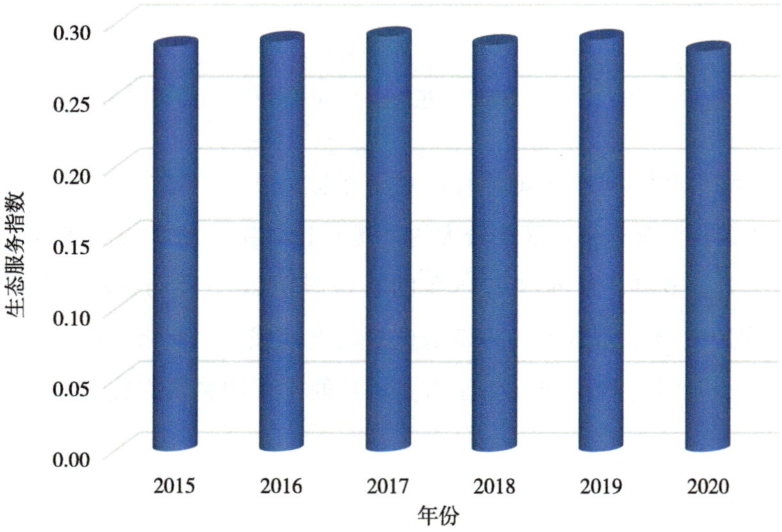

图 6-7　2015—2020 年东部地区生态服务指数变化趋势

分省级行政区来看（图 6-7），东部地区各省级行政区之间生态服务指数差别较大。福建省、广东省生态服务指数较高，生态服务指数集中在 0.45～0.55，2 个省级行政区山区和丘陵面积大，生态系统质量较好，提供的生态服务功能较强；其次为山东省，生态服务指数约为 0.40；浙江省、海南省、河北省为第三梯队，生态服务指数集中在 0.30～0.40；江苏省为第四梯队，生态服务指数为 0.25 左右；北京市、天津市和上海市 3 个直辖市由于面积较小，生态服务指数偏低，均位于 0.15 以下，尤其是上海市，2020 年生态服务指数仅为 0.01。从

2015—2020 年的变化来看，各省级行政区生态服务指数变化较小，变化幅度均为 0～0.03（图 6-8）。

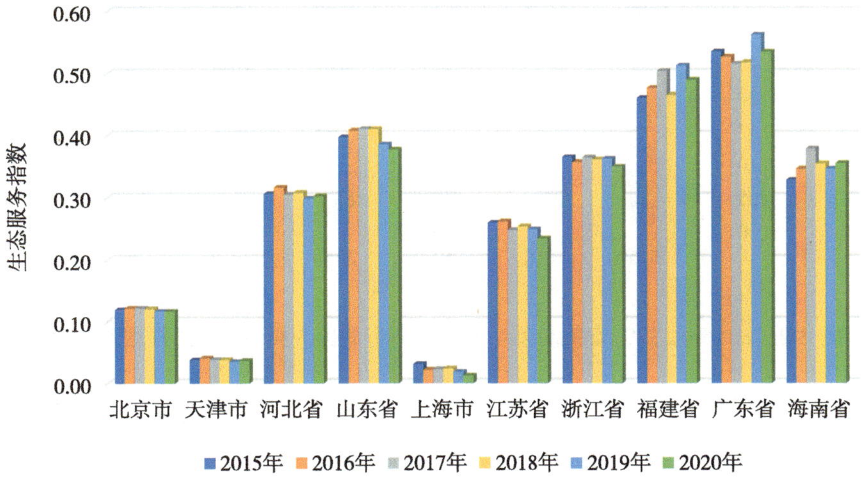

图 6-8 2015—2020 年东部地区各省级行政区生态服务指数变化趋势

6.1.3 人类生产要素投入指数评估

人类生产要素投入指数是由全社会固定资产投资、地区就业人数、建设用地面积和 R&D（研究与试验发展）经费支出组成的，表征了一个地区在推动生态产品价值转化过程中投入的人力、物力、财力和科技等情况。2015—2020 年，东部地区人类生产要素指数呈平稳上升趋势，由 2015 年的 0.38 增至 2020 年的 0.45，增长幅度达 19.89%，其中，2016 年和 2020 年增长较为迅速，分别较 2015 年和 2019 年增长了 5.91% 和 9.47%。这说明近些年各地区为了促进生态产品价值转化，投入的人力、物力和财力持续增长，对生态环境保护和生态产品价值转化的重视程度也越来越大（图 6-9）。

分省级行政区来看（图 6-10），山东省、江苏省和广东省的人类生产要素指数较高，2020 年分别为 0.85、0.84 和 0.88；其次为河北省和浙江省，2020 年分别为 0.57 和 0.56；福建省为第三梯队，2020 年为 0.37；第四梯队是北京市、天津市、上海市和海南省，2020 年分别为 0.12、0.13、0.15 和 0.04。

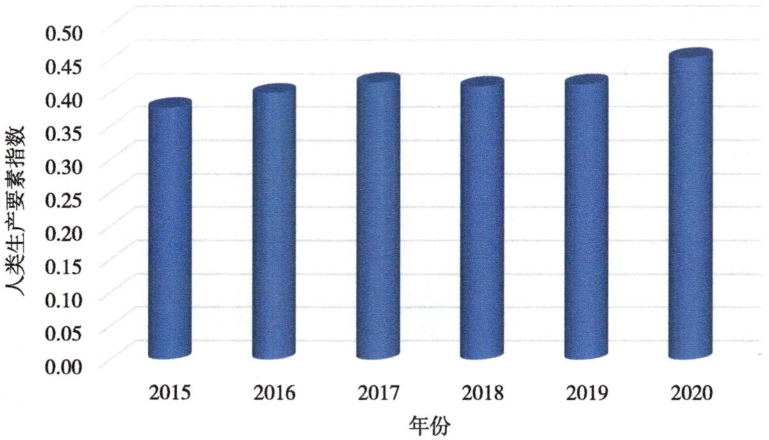

图 6-9　2015—2020 年东部地区 10 个省级行政区人类生产要素指数变化趋势

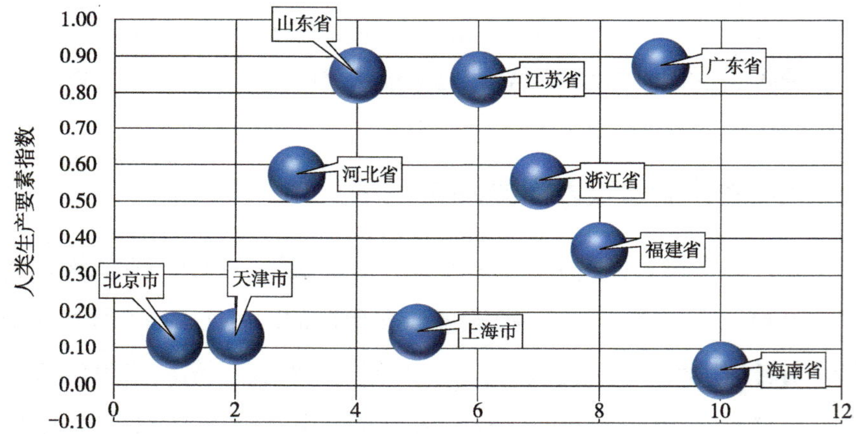

图 6-10　2020 年东部地区 10 个省级行政区人类生产要素指数气泡图

从年度变化趋势来看（图 6-11），除天津市外，其他 9 个省级行政区人类生产要素指数均呈上升趋势，其中上升幅度最大的为广东省，由 2015 年的 0.60 升至 2020 年的 0.88，上升幅度达 46.93%；其次为福建省，上升幅度为 44.06%；第三为浙江省，上升幅度为 28.21%；上海市、江苏省和河北省上升幅度为 10%～20%；北京市、山东省和海南省基本保持稳定，上升幅度为 0%～5%。天津市人类生产要素指数有所下降，下降幅度为 6.41%。

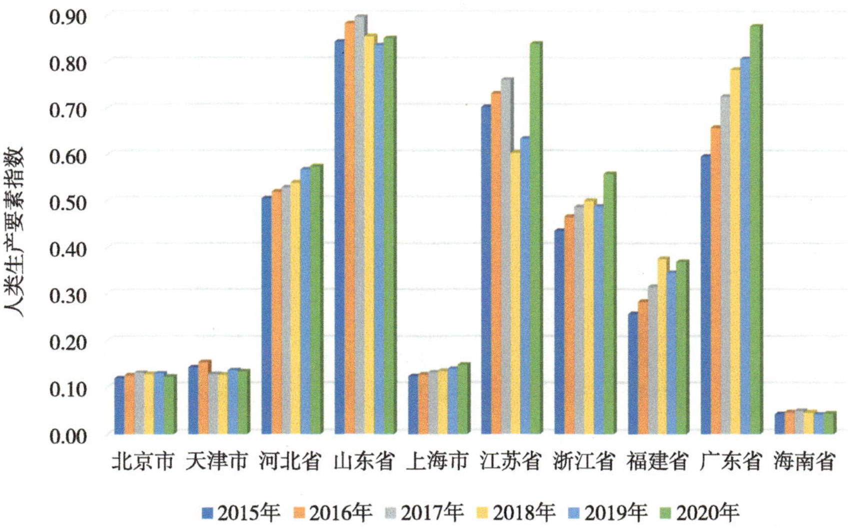

图 6-11　2015—2020 年东部地区各省级行政区人类生产要素指数变化趋势

6.1.4　经济社会效益指数评估

经济社会效益指数由经济效益指数和社会效益指数两个指数组成，反映了某个地区生态产品转化的效益。2015—2020 年，东部地区经济效益社会指数呈先上升后下降的趋势，2015—2019 年，东部地区生态产品价值转化效果逐渐显现，经济社会效益指数由 0.36 升至 0.48，而 2020 年因为新冠疫情的影响，各省级行政区农业、工业和旅游业均受到了较大的冲击，经济总量有所下滑，导致经济社会效益指数下降明显，降至 0.45（图 6-12）。

由于 2020 年经济社会数据受新冠疫情影响明显，因此本节仅分析 2019 年数据。具体到各省级行政区，2019 年经济社会效益省级行政区排名为江苏省＞广东省＞山东省＞浙江省＞福建省＞河北省＞上海市＞北京市＞天津市＞海南省。其中江苏省、广东省和山东省的经济社会效益较好，指数在 0.65 以上；浙江省、福建省、河北省、上海市中等，指数位于 0.4～0.6；北京市、天津市、海南省较差，指数在 0.4 以下（图 6-13）。

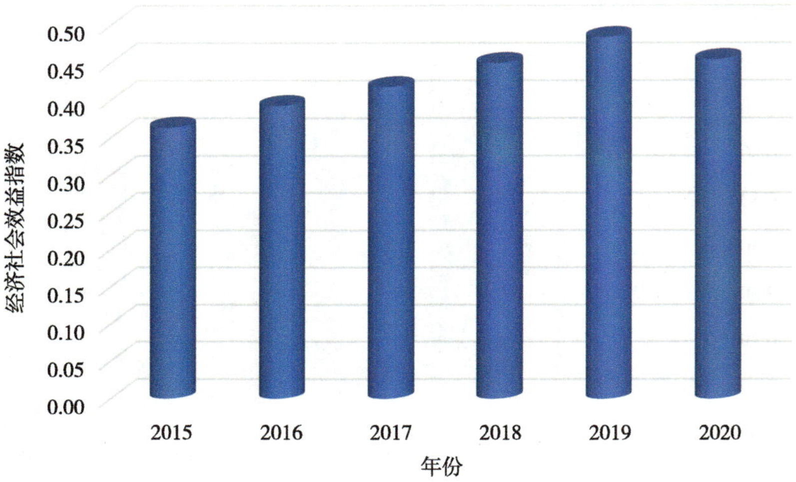

图 6-12　2015—2020 年东部地区经济社会效益指数变化趋势

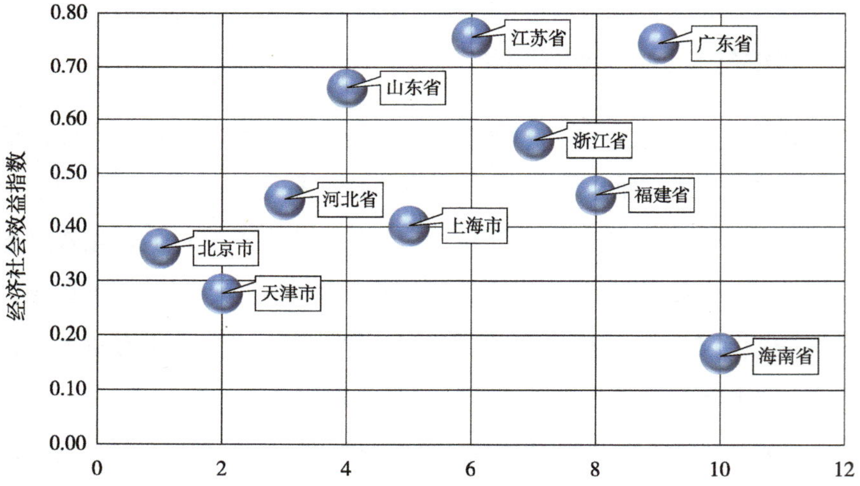

图 6-13　2019 年东部地区 10 个省级行政区经济社会效益指数气泡图

从年度变化来看，2015—2019 年，东部地区 10 个省级行政区经济社会快速发展，经济社会效益指数均显著上升，其中增速最快的是福建省，增速达 52.71%；海南省、广东省、上海市 3 个省级行政区的增速为 40%～50%；北京市、浙江省 2 个省级行政区的增速为 30%～40%；江苏省、河北省、天津市、山东省 4 个省级行政区增速相对较缓慢，在 30% 以下。2020 年，由于受新冠疫情影响，除海南省经济社会效益指数有所上升外，其他 9 个省级行政区均有所下降，下降幅度为 2%～13%，其中广东省受影响最大，下降幅度也最大，为 12.29%；其次是天津市、北京市、河北省、江苏省和山东省，下降幅度为 5%～10%；上海市、浙江省和福建省受新冠疫情影响相对较小，下降幅度在 5% 以下（图 6-14）。

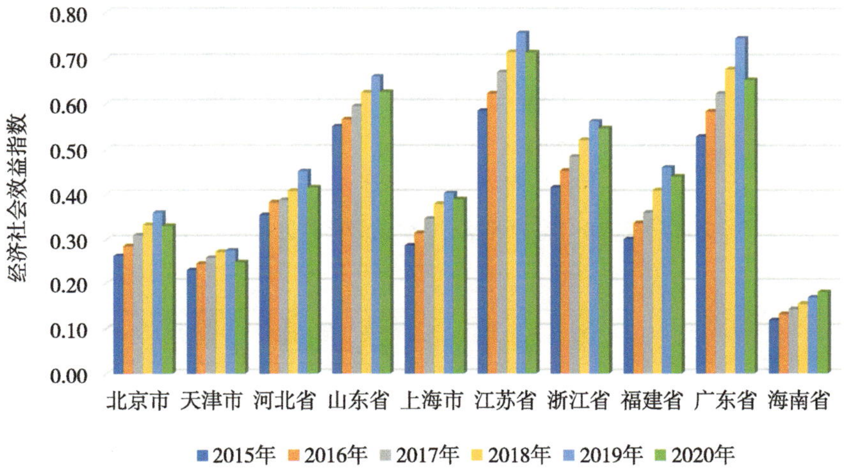

图 6-14　2015—2020 年东部地区 10 个省级行政区经济社会效益指数变化趋势

6.1.4.1　经济效益指数

经济效益指数由农林牧副渔总产值、工业增加值、旅游业总收入、人均可支配收入 4 个指标组成。经济效益指数在经济社会效益分数中占比较大，占比达 93.23%，其变化趋势与经济社会效益指数的变化趋势一致。2015—2019 年经济效益呈快速上升趋势，2020 年受新冠疫情影响呈下降趋势（图 6-15）。

2019 年，各省级行政区经济效益相差较大，排名基本和经济社会效益指数一致，为广东省＞江苏省＞山东省＞浙江省＞福建省＞河北省＞上海市＞北京市＞天津市＞海南省。其中广东省、江苏省、山东省的经济效益较好，指数均在 0.65 以上；浙江省、福建省、河北省中等，指数位于 0.4～0.6；上海市、北京市、天津市、海南省较差，指数在 0.4 以下（图 6-16）。

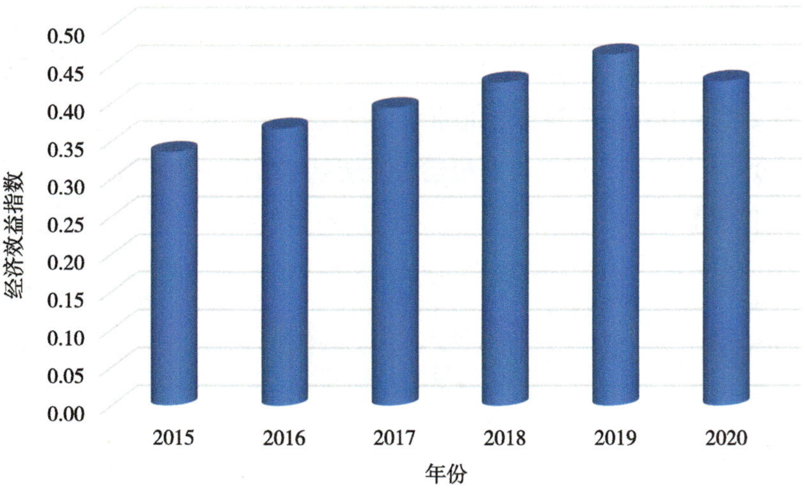

图 6-15　2015—2020 年东部地区 10 个省级行政区经济效益指数变化趋势

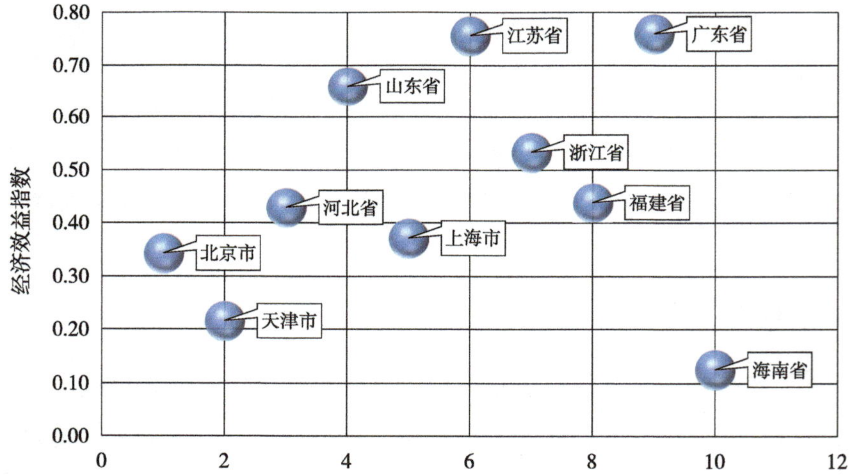

图 6-16　2019 年东部地区 10 个省级行政区经济效益指数气泡图

分析其年度变化，2015—2019 年，东部地区 10 个省级行政区经济效益指数均呈上升趋势，其中增速最快的是海南省，增幅达 69.43%；其次为福建省，增幅为 64.50%；上海市、广东省、北京市和浙江省 4 个省级行政区增幅为 40%～50%；江苏省、河北省、天津市 3 个省级行政区增幅为 30%～40%；山东省增幅最小，仅为 21.20%。2020 年，除海南省经济效益指数有所上升外，其他9个省级行政区均有不同程度的下降，下降幅度为3%～14%，其中天津市下降幅度最大，为13.99%；其次是广东省，下降幅度达13.47%；第三是北京市，下降幅度为10.06%；河北省、山东省、江苏省、福建省4个省级行政区的下降幅度也在5%～10%；上海市和浙江省下降幅度较小，低于5%（图6-17）。

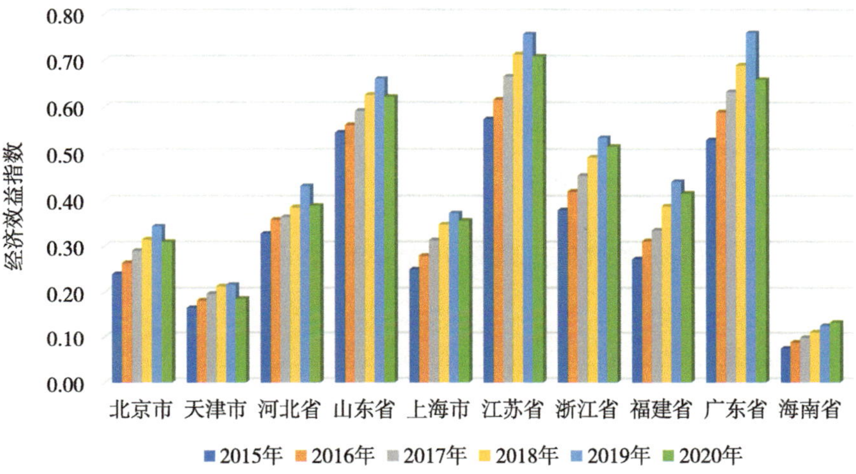

图6-17　2015—2020年东部地区10个省级行政区经济效益指数变化趋势

6.1.4.2　社会效益指数

社会效益指数在经济社会效益指数中占比较小，仅为7.74%，因此其对生态社会效益指数的影响较小。社会效益指数仅有城乡居民收入比一个指标，表征了城乡居民收入差距的程度和社会的公平性。2015—2020年，东部地区社会效益指数呈现平稳上升趋势，由2015年的0.70增至2020年的0.76（图6-18）。

从各省级行政区来看，2020年，东部地区10个省级行政区社会效益排名为天津市>浙江省>江苏省=上海市>福建省>河北省>海南省>山东省>广东省>北京市。其中，天津市和浙江省社会公平性高，社会效益指数均在0.9以上，天津市甚至达到0.99；江苏省、上海市、福建省、河北省、海南省、山东省6个省级行政区的社会公平性较高，社会效益指数为0.70～0.80；广东省和北京市贫富差距较大，社会效益指数较低，分别为0.60和0.58（图6-19）。

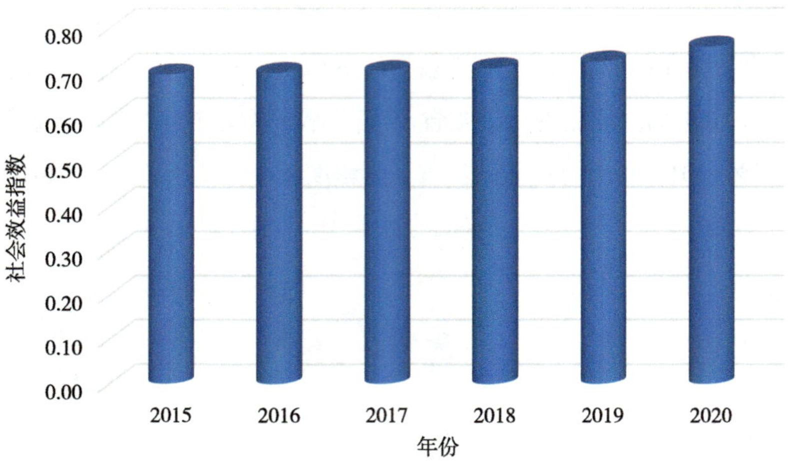

图 6-18　2015—2020 年东部地区 10 个省级行政区社会效益指数变化趋势

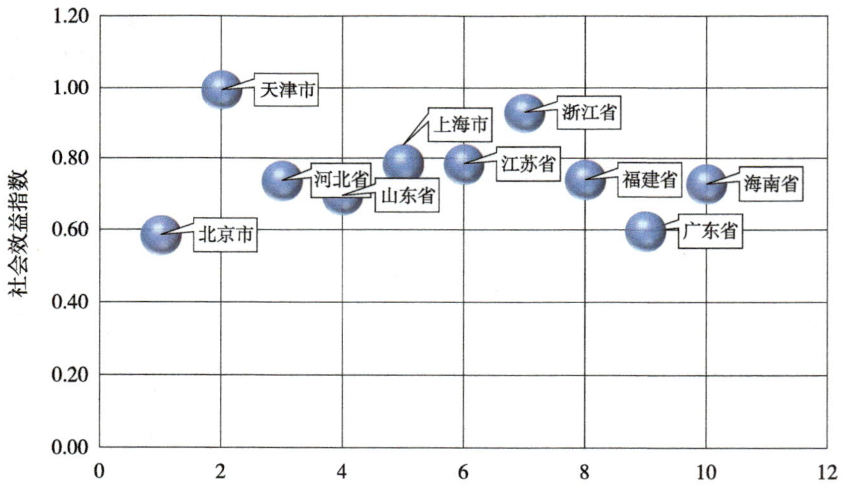

图 6-19　2019 年东部地区 10 个省级行政区社会效益指数气泡图

分年度来看，除天津市外，其他 9 个省级行政区社会效益指数基本呈现缓慢上升的趋势，上升幅度为 6%～15%。其中，海南省、福建省、广东省和山东省上升幅度较大，分别为 14.60%、14.48%、13.01% 和 10.94%；河北省、江苏省、浙江省、上海市、北京市上升幅度为 6%～10%（图 6-20）。

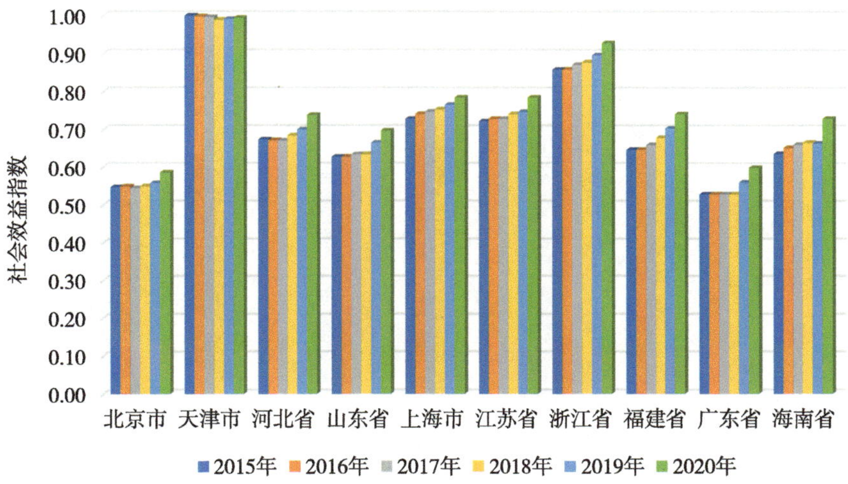

图 6-20　2015—2020 年东部地区 10 个省级行政区社会效益指数变化趋势

6.2 中部地区生态产品价值转化成效

6.2.1 总体情况

2015—2020 年，中部地区生态产品价值转化成效指数（EPEI）为 0.58～0.77，处于一般水平。从年度变化来看，2015—2019 年，EPEI 指数呈上升趋势，从 2015 年的 0.57 增至 2019 年的 0.77；2020 年由于受新冠疫情影响，EPEI 指数有所下降，降至 0.66（图 6-21）。

分省级行政区来看，2015—2020 年，中部地区 6 个省级行政区 EPEI 指数为 0.38～0.87，均为一般和较差水平。比较中部地区 6 个省级行政区的生态产品价值转化成效，2020 年 EPEI 指数排名为河南省＞湖南省＞安徽省＞湖北省＞山西省＞江西省（图 6-22）。相比而言，河南省较为突出，2020 年 EPEI 指数为 0.81；其次为湖南省，为 0.72；安徽省和湖北省相差不大，分别为 0.69 和 0.67；山西省为 0.60；江西省较差，为 0.49。除江西省为较差水平外，其他 5 个省级行政区均为一般水平。

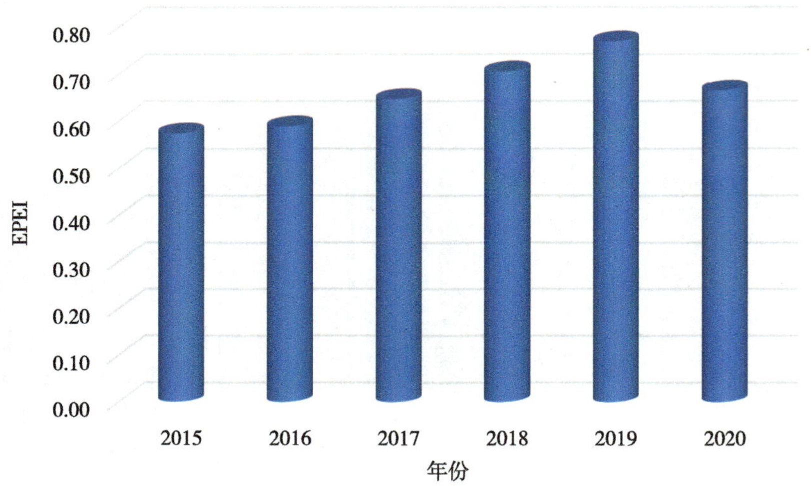

图 6-21　2015—2020 年中部地区 6 个省级行政区生态产品价值转化成效指数（EPEI）变化趋势

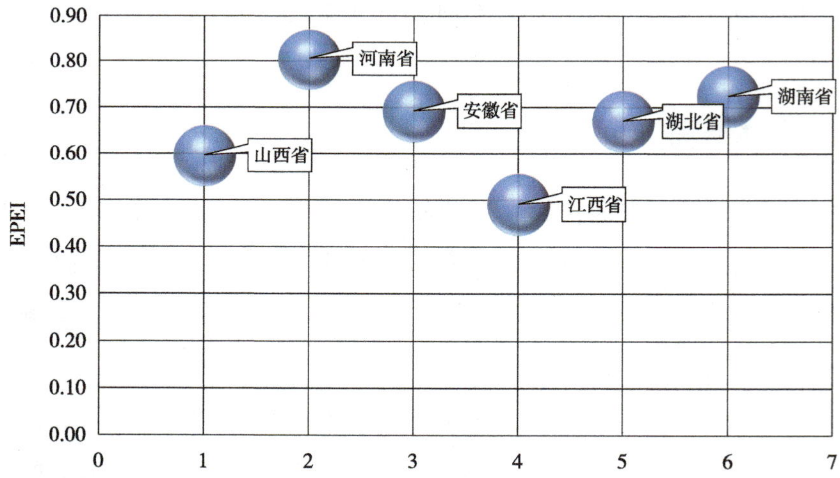

图 6-22　2020 年中部地区 6 个省级行政区生态产品价值转化成效指数（EPEI）

从年际变化来看，中部地区 6 个省级行政区的 EPEI 指数变化趋势和中部地区基本一致，2015—2019 年，EPEI 指数呈快速上升趋势，上升幅度为 17%～62%，其中，山西省上升幅度最大，达到 61.03%；湖北省上升幅度最小，为 17.93%。2019—2020 年，除湖南省保持稳定外，其他 5 个省级行政区均有不同程度的下降，下降幅度为 1%～32%，其中山西省下降幅度最大，达到 31.69%，河南省下降幅度最小，为 1.72%（图 6-23）。

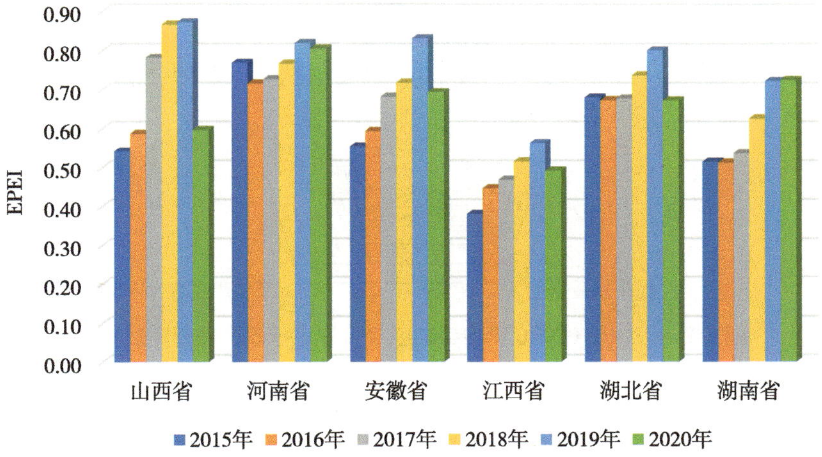

图 6-23　2015—2020 年中部地区 6 个省级行政区
生态产品价值转化成效指数（EPEI）变化趋势

分析各项分指数，中部地区环境质量指数和人类生产要素指数相对较高，2020 年分别为 0.78 和 0.68；人类生产要素投入指数、经济效益指数和生态服务指数则稍低，分别为 0.49、0.39 和 0.37。分析各项指数年度变化，环境质量指数大幅上升，2015—2020 年增长了 29.93%；社会效益指数也呈逐年增加趋势，增长幅度为 12.80%；经济效益指数和人类生产要素投入指数均呈先上升后下降的趋势，2015—2019 年快速上升，经济效益指数增长了 55.47%，人类生产要素投入指数增长了 17.13%；2020 年则呈下降趋势，分别下降了 4.43% 和 2.24%（图 6-24）。

造成 2020 年 EPEI 指数下降有两个原因：一是随着经济社会的发展，各级政府对生态环境保护越来越重视，生态环境质量大幅提高。二是 2020 年新冠疫情暴发，对各省级行政区经济社会产生了较大的影响，经济效益指数有所下滑。

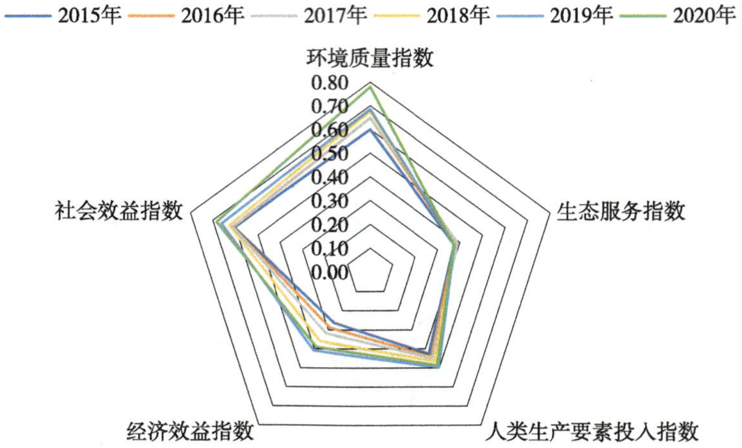

图 6-24　2015—2020 年中部地区 6 个省级行政区各项指数得分

6.2.2　生态环境投入指数评估

2015—2020 年，中部地区生态环境投入指数呈逐年上升趋势，由 2015 年的 0.52 增至 2020 年的 0.63，其中 2016 年和 2020 年增长较为迅速，分别比 2015 年和 2019 年增长了 6.18% 和 10.18%（图 6-25）。

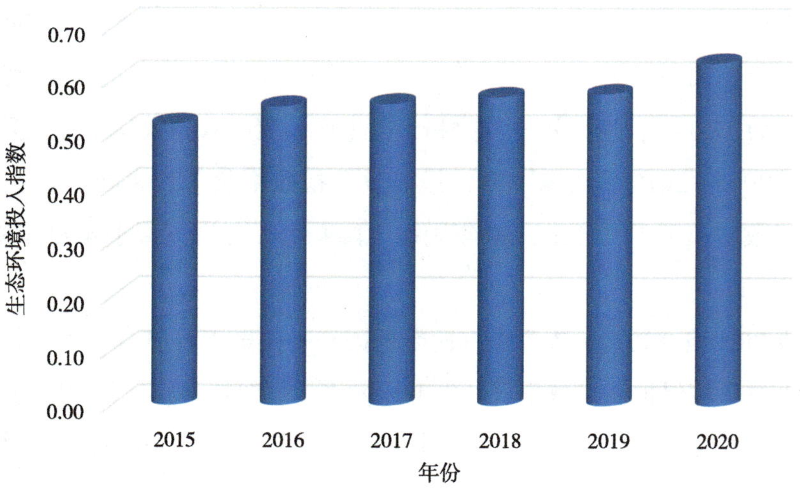

图 6-25　2015—2020 年中部地区 6 个省级行政区生态环境投入指数变化趋势

2020 年中部地区 6 个省级行政区生态环境投入指数排名为江西省＞湖南省＞湖北省＞河南省＞安徽省＞山西省。其中江西省、湖南省、湖北省和河南省的生态环境质量较好，生态环境投入指数分别为 0.73、0.73、0.69 和 0.68；安徽省的生态环境质量相对较差，生态环境投入指数为 0.57；由于山西省是资源型大省，空气环境质量和水环境质量相对较差，生态环境质量在中部地区最差，生态环境投入指数仅为 0.40（图 6-26）。

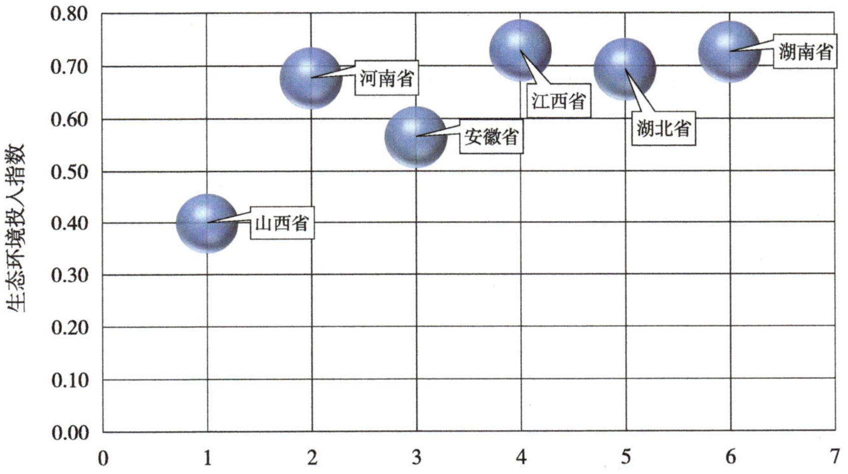

图 6-26　2020 年中部地区 6 个省级行政区生态环境投入指数

从年度变化来看，2015—2020 年，中部地区 6 个省级行政区生态环境质量总体呈上升趋势，其中增速最快的是河南省，2015—2020 年上升了 36.70%；其次是湖北省，增幅为 31.41%；山西省增幅为 27.96%，排名第三；湖南省、安徽省和江西省的增幅为 10%～20%（图 6-27）。

6.2.2.1　环境质量指数

环境质量指数变化趋势基本与生态环境投入指数变化趋势一致，2015—2020 年，中部地区环境质量呈逐年上升趋势，环境质量指数上升幅度达到 29.93%，其中以 2016 年和 2020 年增长最为明显（图 6-28）。

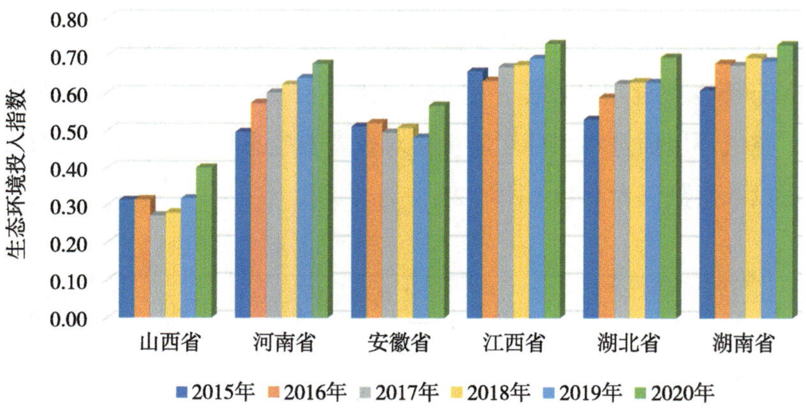

图 6-27　2015—2020 年中部地区 6 个省级行政区生态环境投入指数变化趋势

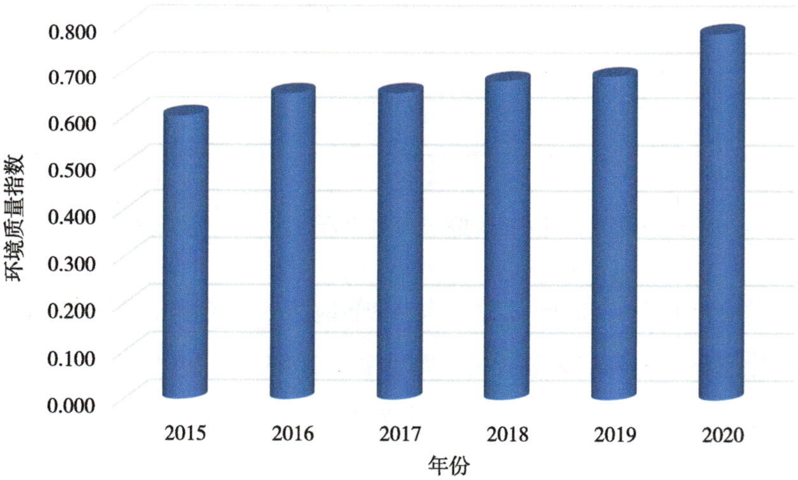

图 6-28　2015—2020 年中部地区 6 个省级行政区环境质量指数变化趋势

6 个省级行政区的环境质量指数排名也与生态环境指数投入排名一致，为江西省＞湖南省＞湖北省＞河南省＞安徽省＞山西省。江西省的环境质量最好，环境质量指数达到 0.92；湖南省、湖北省和河南省的环境质量较好，环境质量指数均为 0.8～0.9；安徽省的环境质量指数为 0.70；山西省的环境质量较差，仅为 0.53（图 6-29）。

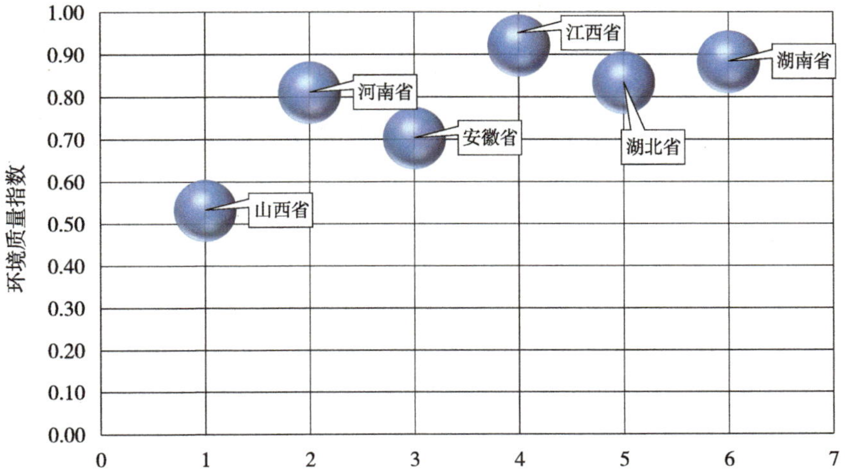

图 6-29　2020 年中部地区 6 个省级行政区环境质量指数

从年度变化来看，环境质量指数与生态环境投入指数变化趋势基本一致，环境质量总体呈上升趋势，其中增速最快的是河南省，2015—2020 年上升了 53.83%；其次是湖北省，增幅达到 45.79%；山西省、湖南省增幅分别为 31.45%、28.04%；安徽省和江西省增幅最小，分别为 15.33% 和 14.88%。江西省是中部地区环境质量最好的省，但因其增长空间较小，故增幅最小。山西省作为中部地区环境质量最差的省，由于其本底较差，改善难度较大，增幅也不大。河南省、湖北省 2 个省级行政区本底一般，2015 年环境质量指数均为 0.5～0.6，但"十三五"期间，大力推动环境保护治理工程，环境质量大幅提升且逐年提高，成为中部地区环境质量增长最快的 2 个省级行政区（图 6-30）。

6.2.2.2　生态服务指数

2015—2020 年，中部地区生态服务功能基本保持稳定，除了 2017 年生态服务指数达到 0.39，其他年份指数区间基本为 0.37～0.38（图 6-31）。

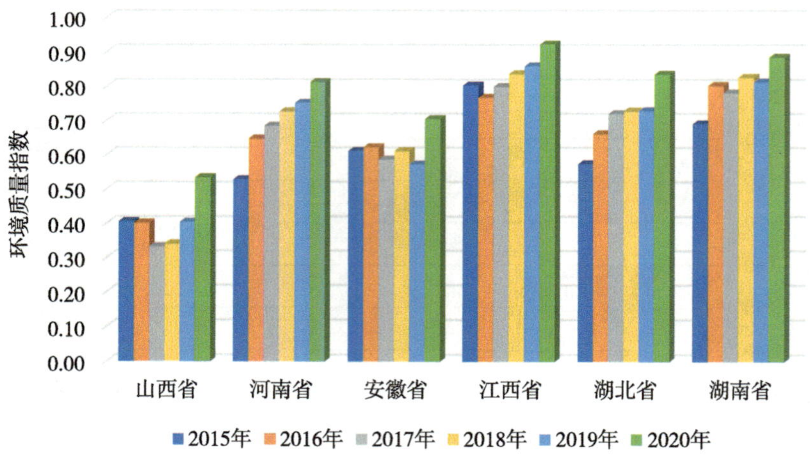

图 6-30 2015—2020 年中部地区 6 个省级行政区环境质量指数变化趋势

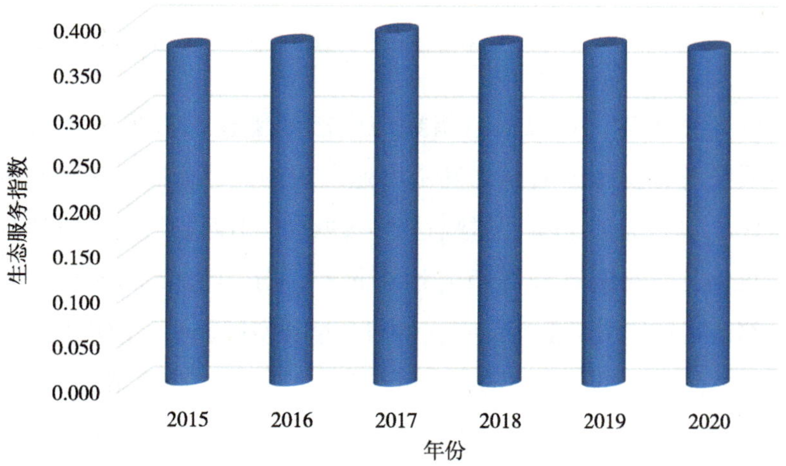

图 6-31 2015—2020 年中部地区 6 个省级行政区生态服务指数变化趋势

具体到各省级行政区，2020 年中部地区各省级行政区之间的生态服务功能差别较大，各省级行政区生态服务指数排名为湖南省＞湖北省＞河南省＞江西省＞安徽省＞山西省。湖南省、湖北省、河南省 3 个省级行政区生态服务指数相差不大，分别为 0.45、0.45 和 0.44；江西省和安徽省的生态服务指数为 0.30～0.40；山西省生态服务指数较差，仅为 0.17（图 6-32）。

分年度来看，除江西省和湖南省在 2017 年有个明显的高峰之外，其他年份变化均不明显，变化幅度均为 0～0.02（图 6-33）。

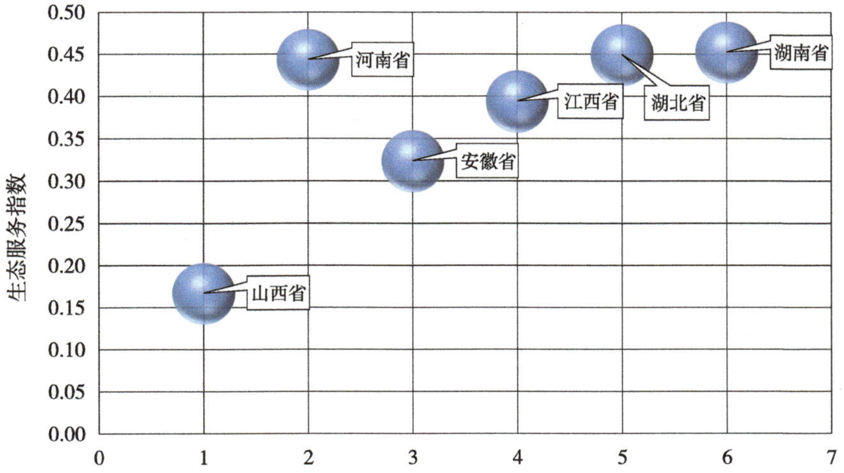

图 6-32　2020 年中部地区 6 个省级行政区生态服务指数

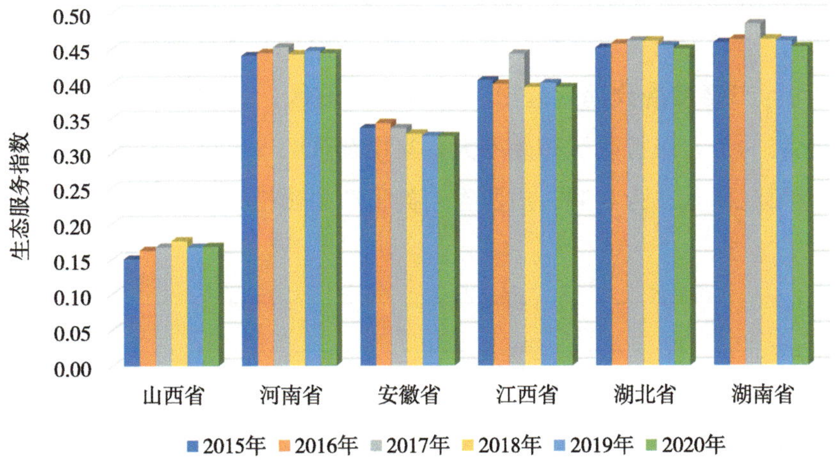

图 6-33　2015—2020 年中部地区 6 个省级行政区生态服务指数变化趋势

6.2.3 人类生产要素投入指数评估

2015—2020 年，中部地区人类生产要素投入指数呈先上升后下降的趋势，但总体较为平稳，2015—2019 年，由 0.42 升至 0.50，2020 年有了小幅的下降，降至 0.49（图 6-34）。

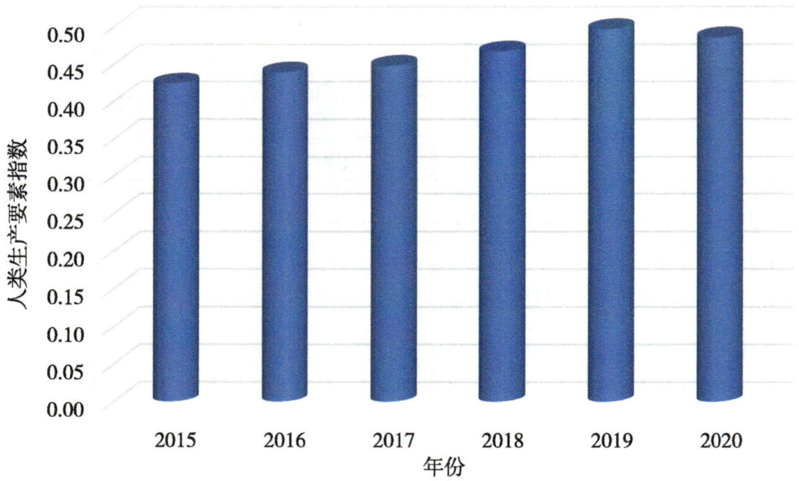

图 6-34　2015—2020 年中部地区人类生产要素指数变化趋势

分省级行政区来看，2020 年中部地区各省级行政区的人类生产要素指数相差较大，排名为河南省＞湖南省＞安徽省＞湖北省＞江西省＞山西省。河南省的人类生产要素指数远远超出其他省级行政区，达到 0.76；湖南省、安徽省、湖北省 3 个省级行政区相差不大，集中在 0.45～0.60；江西省人类生产要素指数为第三梯队，为 0.38；山西省人类生产要素指数仅为 0.19（图 6-35）。

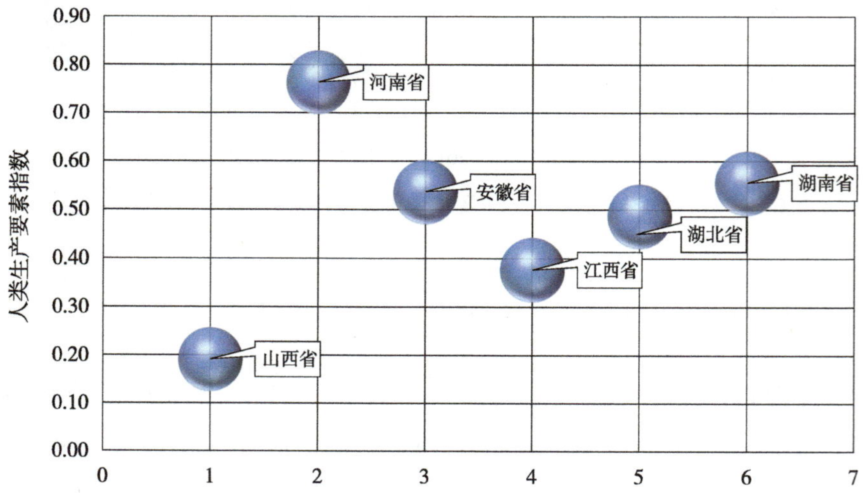

图 6-35　2020 年中部地区各省级行政区人类生产要素指数气泡图

从年度变化趋势来看，河南省、江西省、湖南省 3 个省级行政区呈逐年上升趋势；安徽省、湖北省 2 个省级行政区从 2015—2019 年呈逐年上升趋势，2020 年有所下降，安徽省下降的原因是 2020 年地区就业人数大幅下降，下降幅度达 26.03%，而湖北省则是全社会固定资产投资有了明显的下降，下降幅度达 18.8%；山西省 2017 年呈现明显下降趋势，后又逐年上升，究其原因，山西省 2017 年固定资产投资下降明显，仅为 2016 年的 42.29%。总体来看，除山西省呈下降趋势之外，其他省级行政区均呈上升趋势，上升幅度为 18%～26%（图 6-36）。

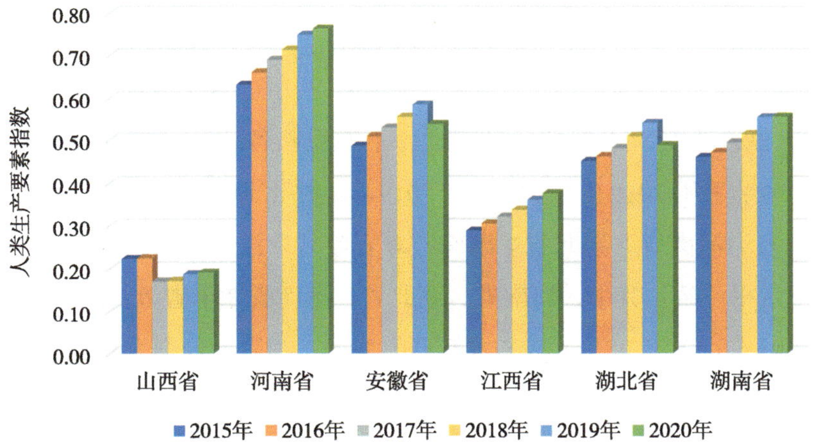

图 6-36 2015—2020 年中部地区 6 个省级行政区人类生产要素指数变化趋势

6.2.4 经济社会效益指数评估

2015—2020 年，中部地区经济社会效益指数呈先上升后下降的趋势。2015—2019 年，经济社会效益指数逐年上升，由 0.29 升至 0.43；2020 年受新冠疫情的影响，各地区经济社会发展均受到不同程度的冲击，经济社会效益指数呈下降趋势，由 0.43 降至 0.41（图 6-37）。

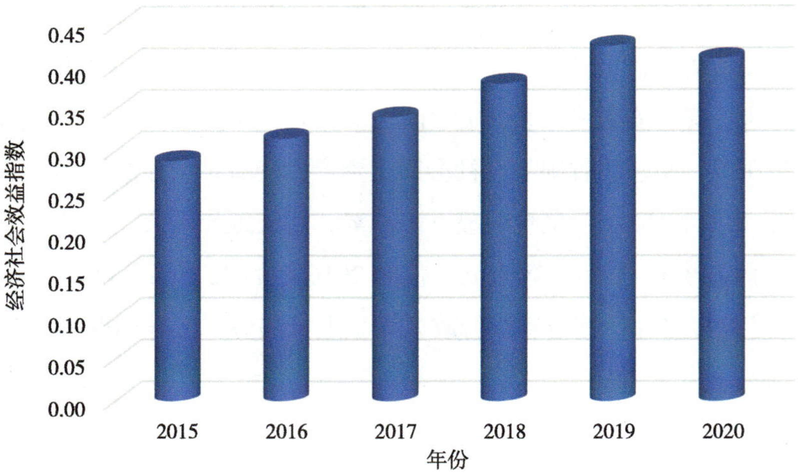

图 6-37　2015—2020 年中部地区 6 个省级行政区经济社会效益指数变化趋势

由于 2020 年受新冠疫情影响较大，不能反映各地区经济社会效益真实情况，因此本节采用 2019 年数据分析。2019 年，中部地区 6 个省级行政区经济社会效益排名为河南省＞湖北省＞湖南省＞安徽省＞江西省＞山西省，基本和其经济发展水平一致。其中，河南省、湖北省、湖南省 3 个省级行政区相差不大，分别为 0.54、0.49、0.48；安徽省和江西省为第二梯队，分别为 0.41 和 0.37；山西省经济社会效益仅为 0.22（图 6-38）。

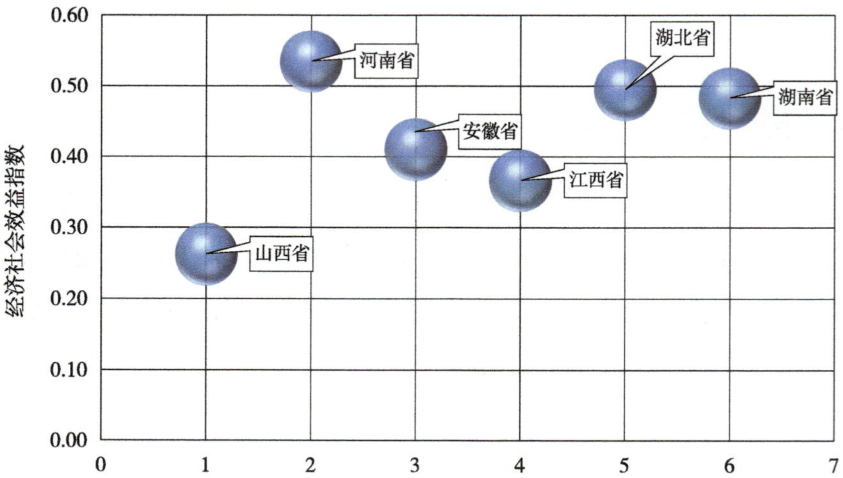

图 6-38　2019 年中部地区 6 个省级行政区经济社会效益指数

从各省级行政区年度变化来看，河南省、湖南省 2 个省级行政区受疫情影响相对较小，经济社会效益指数呈逐年增长趋势，2015—2020 年增长幅度分别达 40.70% 和 69.08%；而山西省、安徽省、江西省、湖北省 4 个省级行政区受疫情影响较大，2015—2019 年呈逐年上升的趋势，2020 年明显下降，降幅为 5%～16%（图 6-39）。

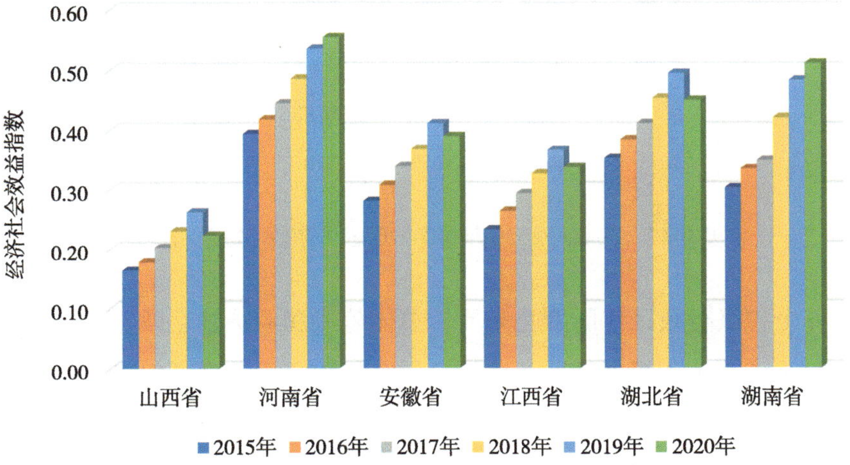

图 6-39　2015—2020 年中部地区 6 个省级行政区经济社会效益指数变化趋势

6.2.4.1　经济效益指数

经济效益指数是受新冠疫情影响最大的指数，2015—2019 年经济效益指数快速上升，但 2020 年却下降明显（图 6-40）。

2019 年，中部 6 个省级行政区经济效益指数排名基本和其经济发展水平一致：河南省＞湖北省＞湖南省＞安徽省＞江西省＞山西省。其中，河南省、湖北省、湖南省 3 个省级行政区为第一梯队，分别为 0.52、0.48、0.47；安徽省和江西省为第二梯队，分别为 0.39 和 0.34；山西省仅为 0.24（图 6-41）。

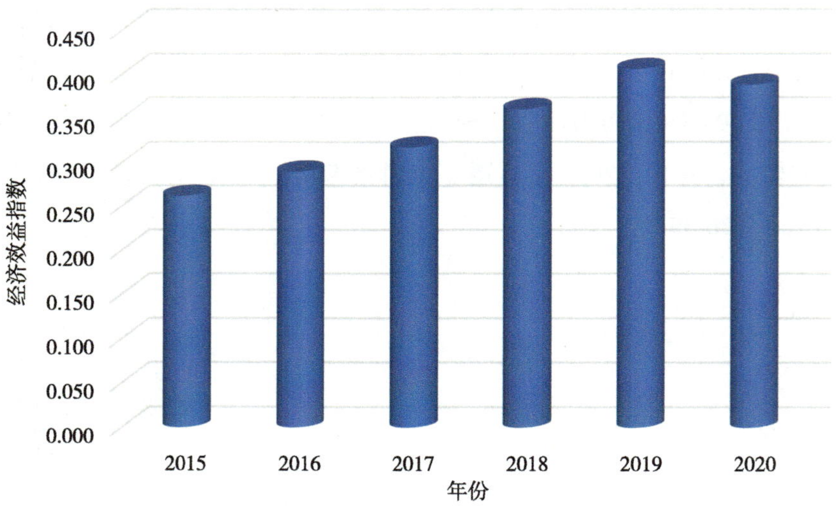

图 6-40　2015—2020 年中部地区经济效益指数变化趋势

从 6 个省级行政区年际变化来看，总体趋势和经济社会效益指数一致，河南省、湖南省 2 个省级行政区经济社会效益指数呈逐年增长趋势；山西省、安徽省、江西省、湖北省 4 个省级行政区因受疫情影响，2015—2019 年呈逐年上升趋势，2020 年有下降趋势（图 6-42）。

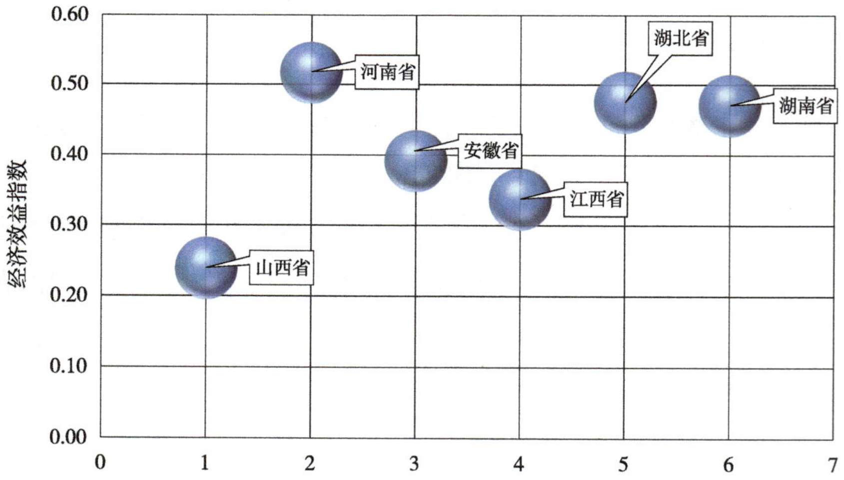

图 6-41　2019 年中部地区 6 个省级行政区经济效益指数气泡图

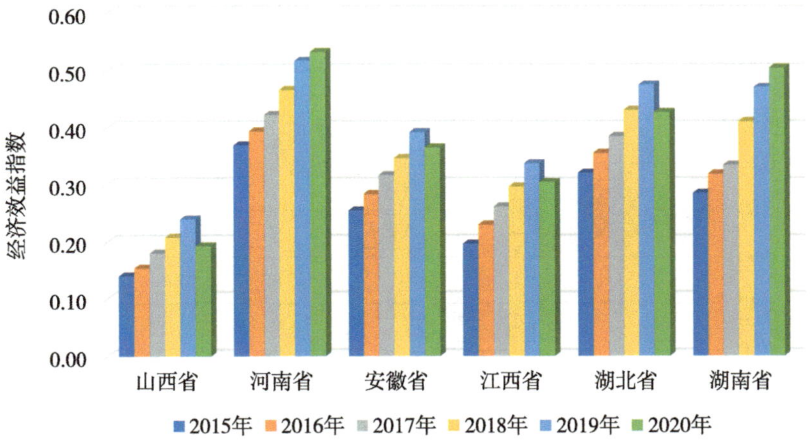

图 6-42　2015—2020 年中部地区 6 个省级行政区经济效益指数变化趋势

6.2.4.2　社会效益指数

2015—2020 年，中部地区社会效益指数呈平稳上升趋势，由 0.30 升至 0.45，上升幅度仅为 12.80%（图 6-43）。

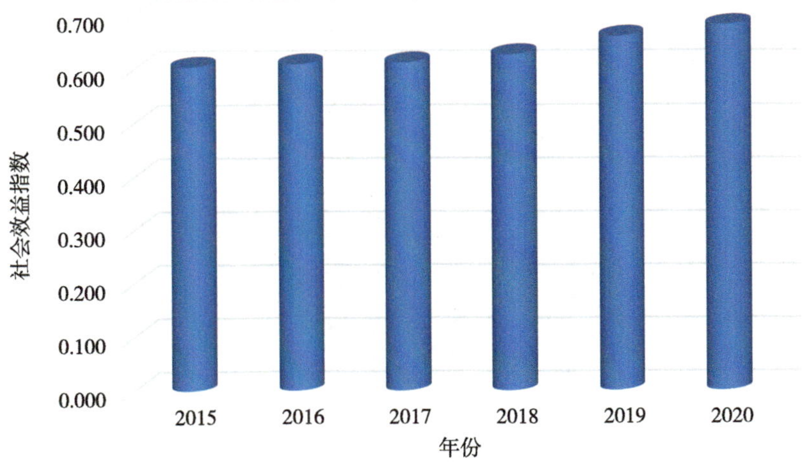

图 6-43　2015—2020 年中部地区 6 个省级行政区社会效益指数变化趋势

2020 年，中部地区 6 个省级行政区社会效益排名为河南省＞江西省＞湖北省＞安徽省＞山西省＞湖南省，但各省级行政区之间相差不大，均为 0.58～0.80（图 6-44）。

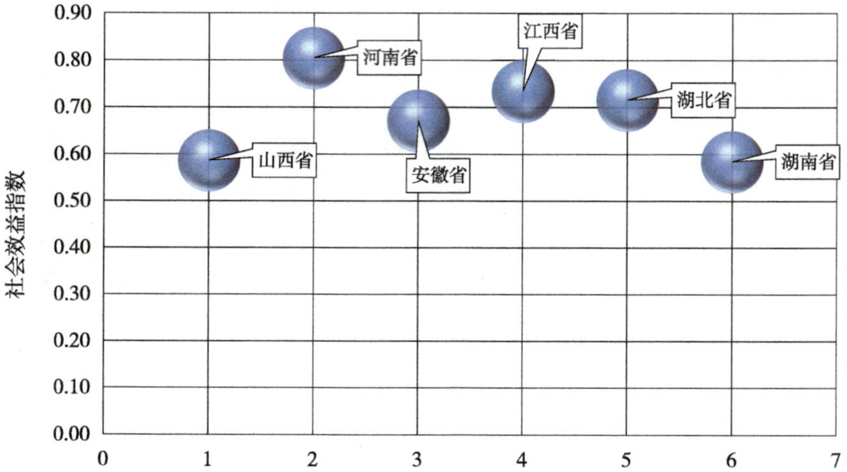

图 6-44　2019 年中部地区 6 个省级行政区社会效益指数气泡图

从 6 个省级行政区年际变化来看，山西省、河南省、安徽省、江西省 4 个省级行政区均呈逐年上升趋势，上升幅度分别为 31.52%、18.29%、12.56%、10.32%；湖北省 2015—2020 年基本保持稳定；湖南省 2019 年大幅上升，而 2020 年又明显下降（图 6-45）。

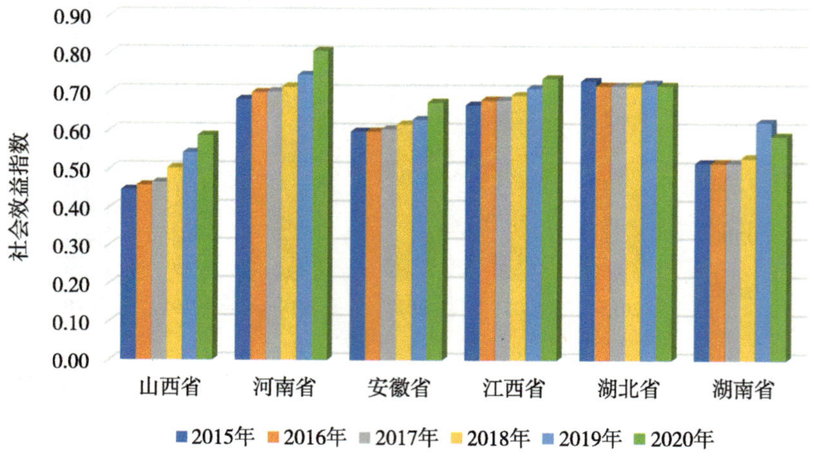

图 6-45　2015—2020 年中部地区 6 个省级行政区社会效益指数变化趋势

6.3 西部地区生态产品价值转化成效

6.3.1 总体情况

2015—2020 年，西部地区 12 个省级行政区生态产品价值转化成效指数（EPEI）为 0.29～0.39，处于较差水平。从年度变化来看，2015—2019 年，EPEI 指数呈上升趋势，由 0.29 增至 0.42；2020 年受新冠疫情影响，EPEI 指数有所下降，降至 0.39（图 6-46）。

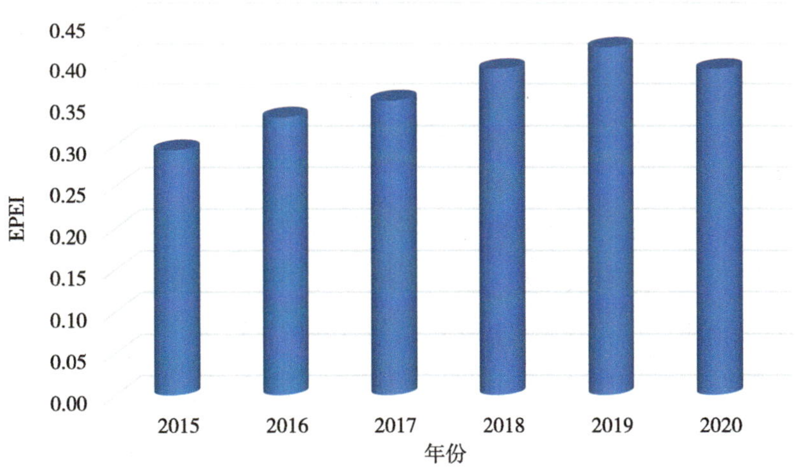

图 6-46　2015—2020 年西部地区生态产品价值转化成效指数（EPEI）变化趋势

分省级行政区来看，西部 12 个省级行政区间 EPEI 指数相差较大，EPEI 指数排名为四川省＞内蒙古自治区＞陕西省＞广西壮族自治区＞新疆维吾尔自治区＞云南省＞重庆市＞贵州省＞宁夏回族自治区＞甘肃省＞青海省＞西藏自治区，四川省的 EPEI 指数为西藏自治区的 5.47 倍。12 个省级行政区中，四川省 EPEI 指数远超其他省级行政区，达到 0.63，处于一般水平；内蒙古自治区、陕西省、广西壮族自治区 3 个省级行政区 EPEI 指数均在 0.5 以上，也处于一般水平。其他 8 个省级行政区均为较差水平，其中新疆维吾尔自治区、云南省、重庆市 EPEI 指数为 0.4～0.5，贵州省、宁夏回族自治区为 0.3～0.4，甘肃省为 0.2～0.3，青海省、西藏自治区为 0.1～0.2（图 6-47）。

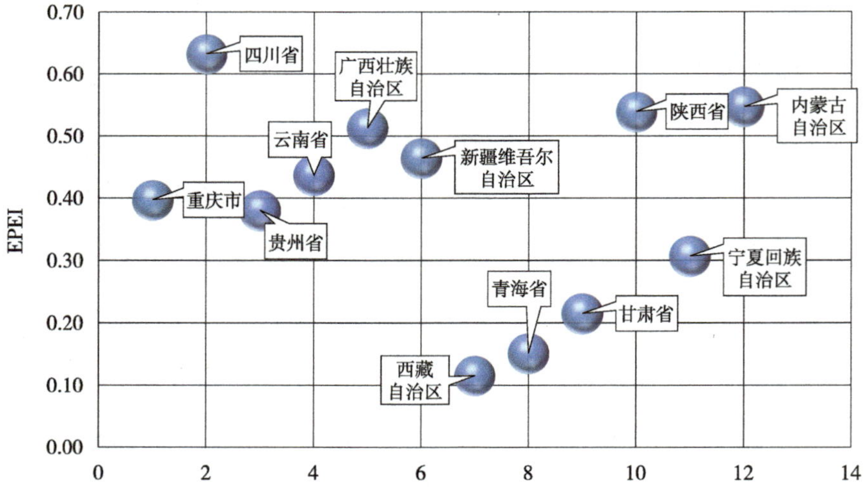

图 6-47　2020 年西部地区 12 个省级行政区生态产品价值转化成效指数（EPEI）

从年际变化来看，2015—2019 年各省级行政区 EPEI 指数呈上升趋势，其中西藏自治区上升幅度最大，达到 216.76%；其次为贵州省，上升幅度为 105.48%；云南省、广西壮族自治区、新疆维吾尔自治区、甘肃省 4 个省级行政区上升幅度为 50%～100%；四川省、青海省、陕西省、宁夏回族自治区、内蒙古自治区上升幅度低于 50%，其中宁夏回族自治区上升幅度仅为 12.59%。2020 年，除西藏自治区、青海省、甘肃省、宁夏回族自治区 4 个省级行政区有所上升外，其他 8 个省级行政区均有不同程度的下降，其中下降幅度最大的是陕西省，为 18.05%（图 6-48）。

西部地区环境质量较好，因此环境质量指数远优于其他各项指数，2020 年甚至达到 0.86。但其他各项指数值相对较差，为 0.2～0.4。从年际变化来看，环境质量指数、人类生产要素投入指数和社会效益指数呈逐年上升趋势，生态服务指数和经济效益指数则呈先上升后下降的趋势（图 6-49）。

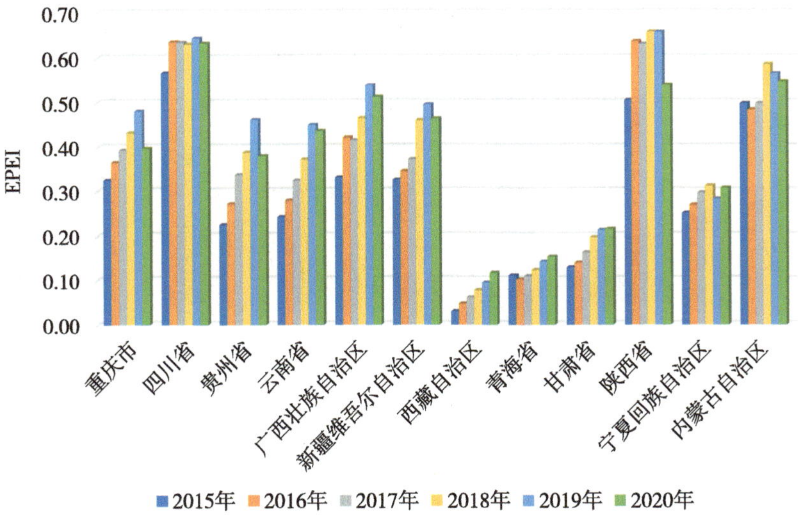

图 6-48　2015—2020 年西部地区 12 个省级行政区生态产品价值转化成效指数（EPEI）变化趋势

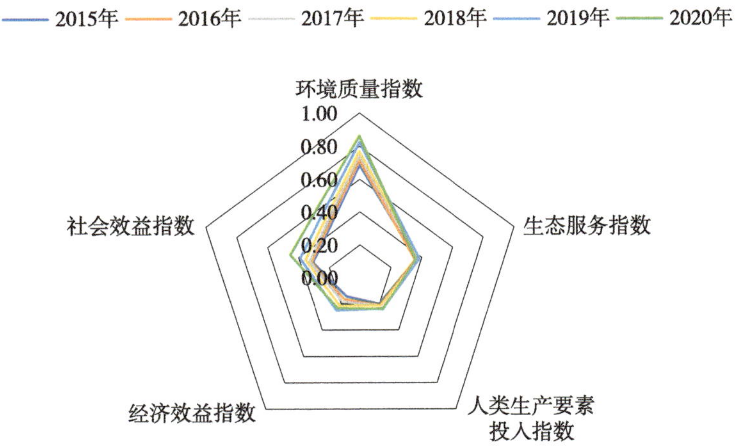

图 6-49　2015—2020 年西部地区 12 个省级行政区各项指数得分

6.3.2 生态环境投入指数评估

2015—2020 年，西部地区 12 个省级行政区生态环境投入指数呈逐年上升趋势，由 2015 年的 0.57 增至 2020 年的 0.68，增长了 19.51%（图 6-50）。

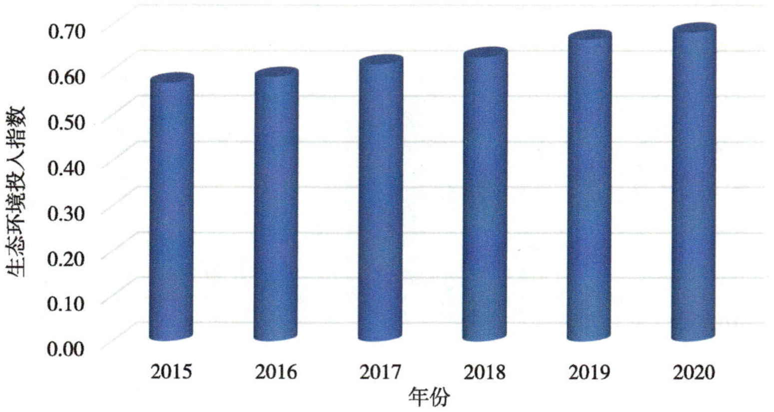

图 6-50　2015—2020 年西部地区 12 个省级行政区生态环境投入指数变化趋势

2020 年西部地区 12 个省级行政区生态环境质量总体较好，生态环境投入指数排名为四川省＞云南省＞广西壮族自治区＞贵州省＞西藏自治区＞重庆市＞青海省＞甘肃省＞新疆维吾尔自治区＞陕西省＞内蒙古自治区＞宁夏回族自治区。排名第一的四川省的生态环境投入指数（0.86）为最后一名宁夏回族自治区（0.44）的 1.94 倍。四川省、云南省、广西壮族自治区 3 个省级行政区的生态环境指数均在 0.8 以上；贵州省、西藏自治区 2 个省级行政区的生态环境投入指数为 0.7～0.8；重庆市、青海省、甘肃省 3 个省级行政区的生态环境投入指数为 0.6～0.7；新疆维吾尔自治区、陕西省、内蒙古自治区为 0.5～0.6；宁夏回族自治区低于 0.5（图 6-51）。

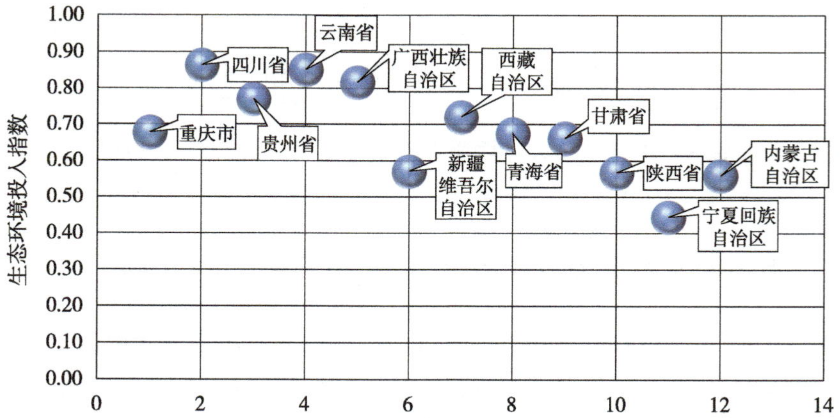

图 6-51　2020 年西部地区 12 个省级行政区生态环境投入指数

从年度变化来看，2015—2020 年大部分省级行政区生态环境投入指数呈逐年上升趋势，仅有部分省级行政区，如西藏自治区，由于生态环境质量较好，生态环境投入指数有所波动。其中增速最快的是青海省，2015—2020 年上升了 57.22%；其次是宁夏回族自治区和陕西省，分别增长了 45.92% 和 44.47%；甘肃省、四川省、内蒙古自治区 3 个省级行政区的增速为 20%～30%；重庆市、新疆维吾尔自治区 2 个省级行政区的增速为 10%～20%；广西壮族自治区、贵州省、云南省、西藏自治区增长最为缓慢，为 0%～10%，其中西藏自治区增速仅为 0.03%（图 6-52）。

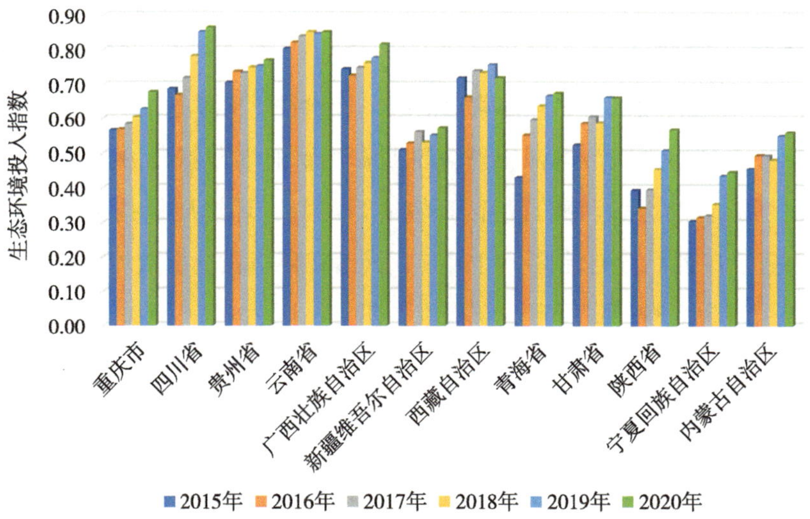

图 6-52　2015—2020 年西部地区 12 个省级行政区生态环境投入指数变化趋势

6.3.2.1　环境质量指数

环境质量指数变化趋势基本与生态环境投入指数变化趋势一致，2015—2020 年，西部地区环境质量呈逐年上升趋势，环境质量指数由 2015 年的 0.69 升至 2020 年的 0.86，上升幅度达到 25.41%（图 6-53）。

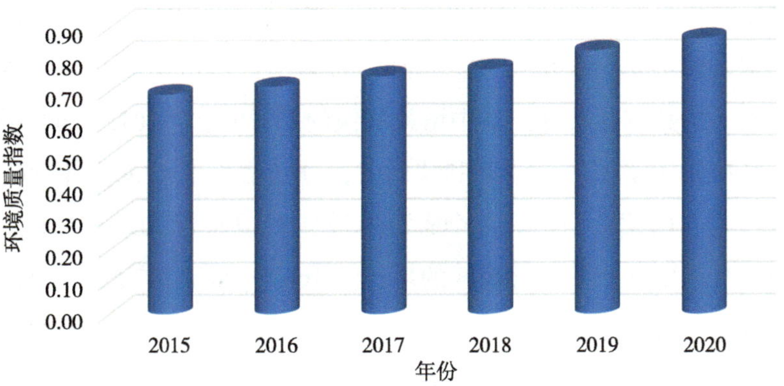

图 6-53　2015—2020 年西部地区 12 个省级行政区环境质量指数变化趋势

2020 年西部地区 12 个省级行政区环境质量总体较好，环境质量指数为 0.67～1。各省级行政区排名为西藏自治区＞贵州省＞青海省＞广西壮族自治区＞甘肃省＞云南省＞重庆市＞四川省＞陕西省＞新疆维吾尔自治区＞内蒙古自治区＞宁夏回族自治区。西藏自治区环境质量最好，环境质量指数达到 1；贵州省、青海省、广西壮族自治区、甘肃省、云南省环境质量指数均在 0.9 以上；重庆市、四川省为 0.89；陕西省、新疆维吾尔自治区为 0.7～0.8；内蒙古自治区、宁夏回族自治区为 0.6～0.7。环境质量指数在 0.85 以上的省级行政区达到 8 个，占西部地区生态环境质量总省级行政区的 2/3（图 6-54）。

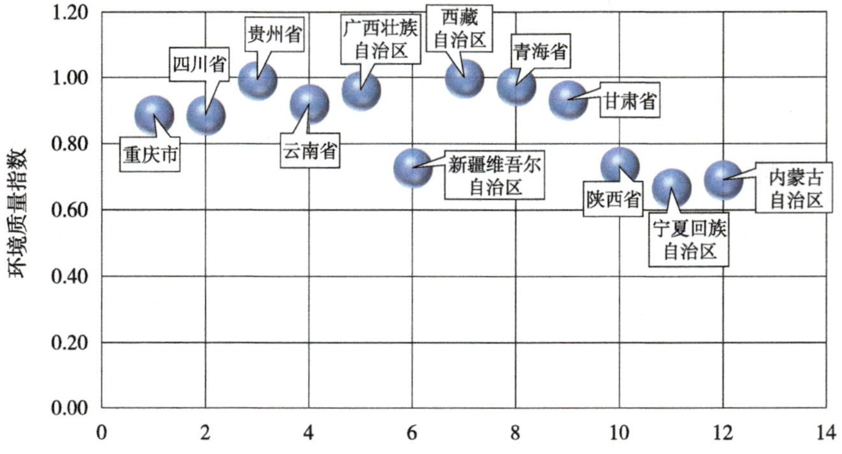

图 6-54　2020 年西部地区 12 个省级行政区环境质量指数

从年度变化来看，大部分省份环境质量指数均呈逐年上升趋势，部分省级行政区，如西藏自治区、新疆维吾尔自治区，环境质量指数有所波动，但总体仍呈上升趋势。其中增速最快的是青海省，2015—2020年由0.59增至0.98，增长了65.57%；其次是陕西省，由0.46增至0.73，增长了58.44%；四川省、宁夏回族自治区增速也较大，为40%～50%；甘肃省为30%～40%；内蒙古自治区、重庆市为20%～30%；其他省级行政区均在20%以下，西藏自治区由于环境质量最好，基本无增长空间，故增速最低，为3.93%（图6-55）。

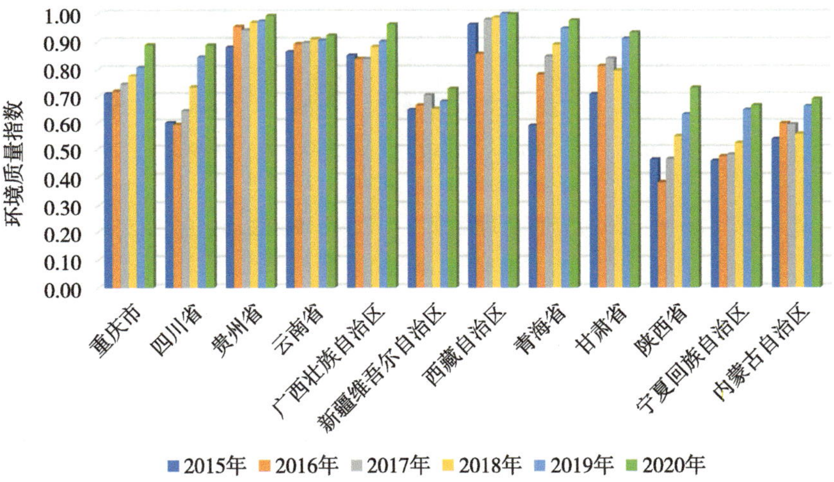

图6-55 2015—2020年西部地区12个省级行政区环境质量指数变化趋势

6.3.2.2 生态服务指数

2015—2020年，西部地区生态服务功能基本保持稳定，生态服务指数为0.36～0.39（图6-56）。

西部地区12个省级行政区生态服务指数差距较大，生态服务指数最高的是四川省，2020年为0.83，生态服务指数最低的是宁夏回族自治区，为0.06，二者相差14.65倍。各省级行政区排名如下：四川省＞云南省＞广西壮族自治区＞贵州省＞内蒙古自治区＞重庆市＞新疆维吾尔自治区＞陕西省＞西藏自治区＞甘肃省＞青海省＞宁夏回族自治区。除四川省、云南省、广西壮族自治区 3 个省级行政区生态服务指数在 0.5 以上外，其他 9 个省级行政区均在 0.5 以下，生态服务功能较弱（图 6-57）。

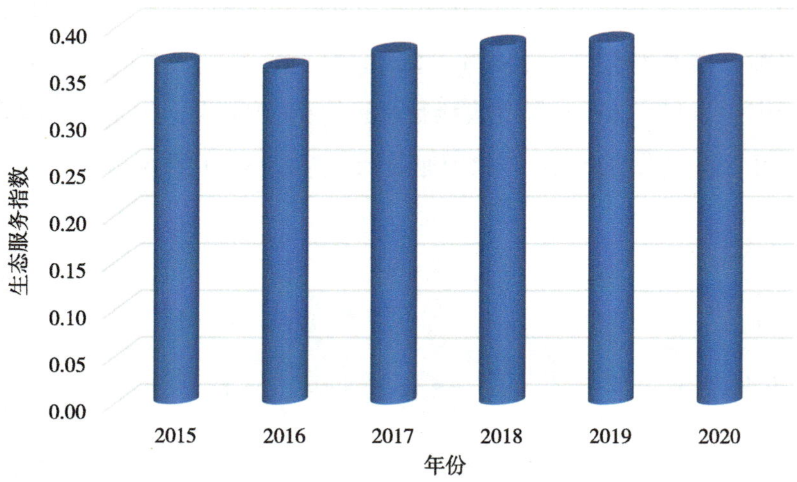

图 6-56　2015—2020 年西部地区 12 个省级行政区生态服务指数变化趋势

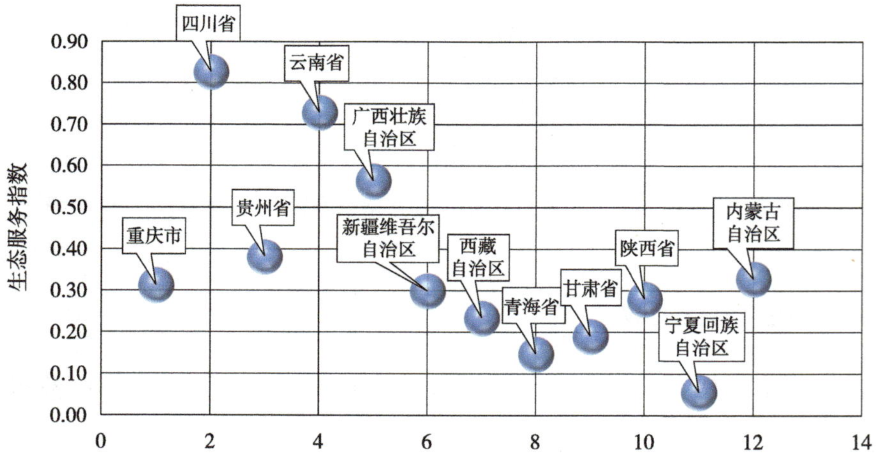

图 6-57　2020 年西部地区 12 个省级行政区生态服务指数

分年度来看，2015—2020 年各省级行政区生态服务指数年际变化均不明显，变化幅度为 0.01～0.04（图 6-58）。

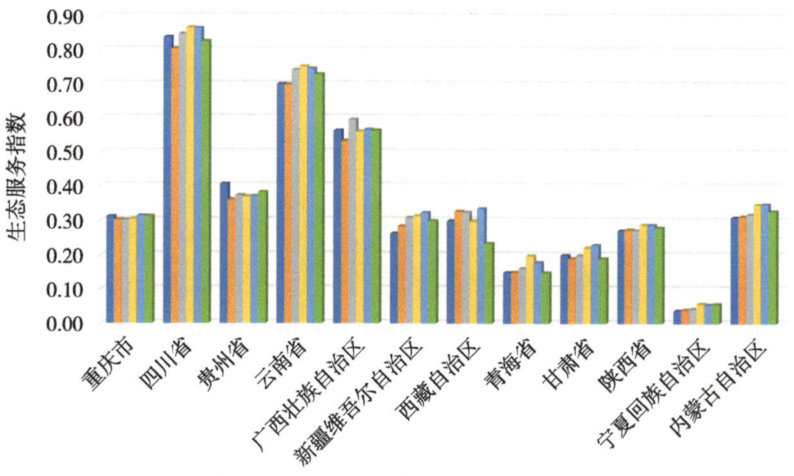

图 6-58　2015—2020 年西部地区 12 个省级行政区生态服务指数变化趋势

6.3.3　人类生产要素投入指数评估

2015—2020 年，西部地区人类生产要素指数呈平稳上升的趋势，由 0.20 升至 0.24，上升幅度为 20.69%（图 6-59）。

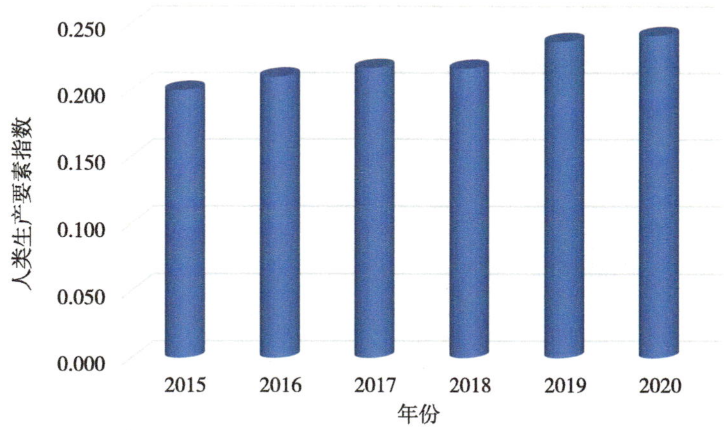

图 6-59　2015—2020 年西部地区 12 个省级行政区人类生产要素指数变化趋势

西部地区 12 个省级行政区可以分为三个梯队：第一梯队为四川省，人类生产要素指数达到 0.65；第二梯队为云南省、广西壮族自治区、陕西省、贵州省、内蒙古自治区、新疆维吾尔自治区、重庆市 7 个省级行政区，人类生产要素指数为 0.2～0.4；第三梯队为甘肃省、宁夏回族自治区、青海省、西藏自治区 4 个省级行政区，其中西藏自治区人类生产要素指数最低，为 0.02（图 6-60）。

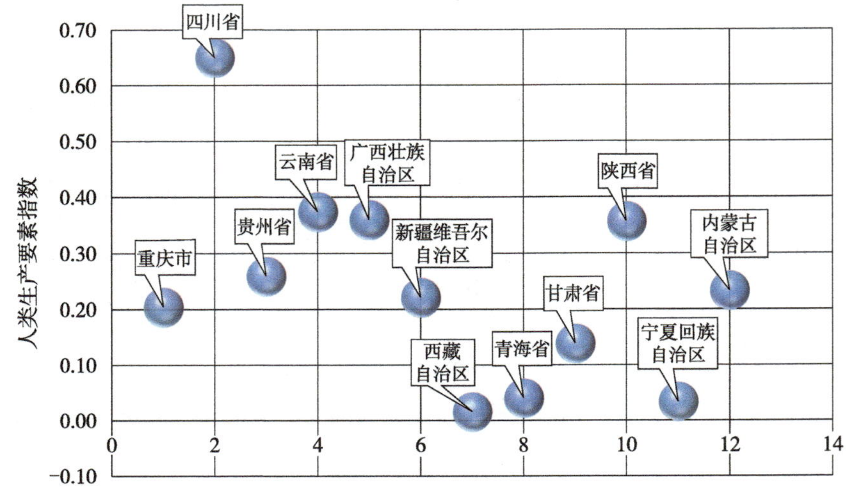

图 6-60　2020 年西部地区 12 个省级行政区人类生产要素指数气泡图

从年际变化来看，除甘肃省和重庆市外，其他省级行政区总体呈上升趋势，其中四川省由 2015 年的 0.51 增至 2020 年的 0.65，2015—2020 年增长了 0.14；云南省由 0.27 增至 0.37，增长了 0.10；贵州省、广西壮族自治区、陕西省增长了 0.07；其他省级行政区基本保持稳定，增长了 0～0.02（图 6-61）。

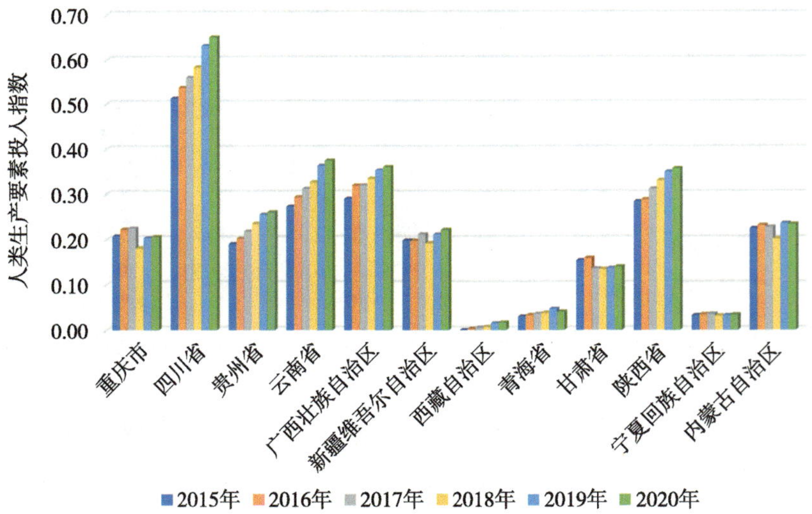

图 6-61　2015—2020 年西部地区 12 个省级行政区人类生产要素投入指数变化趋势

6.3.4 经济社会效益指数评估

与东部地区和中部地区相同，2015—2020 年，西部地区经济社会效益指数呈先上升后下降的趋势。2015—2019 年，经济社会效益指数呈快速上升趋势，由 0.15 升至 0.26，2020 年受新冠疫情影响，稍有下降，降至 0.25（图 6-62）。

由于 2020 年受新冠疫情影响，因此本节采用 2019 年数据进行分析。2019 年，西部地区 12 个省级行政区经济社会效益差距较大，经济社会效益最高的是四川省，为 0.53，最低的是西藏自治区，为 0.06，二者相差 8.49 倍。12 个省级行政区经济社会效益指数大致可分为三个梯队：第一梯队仅四川省经济社会效益指数大于 0.5；第二梯队有广西壮族自治区、云南省、陕西省、贵州省、内蒙古自治区、重庆市、新疆维吾尔自治区 7 个省级行政区，经济社会效益指数为 0.2～0.4；第三梯队有甘肃省、宁夏回族自治区、青海省、西藏自治区 4 个省级行政区，经济社会效益指数在 0.2 以下，其中西藏自治区经济社会效益指数最低（图 6-63）。

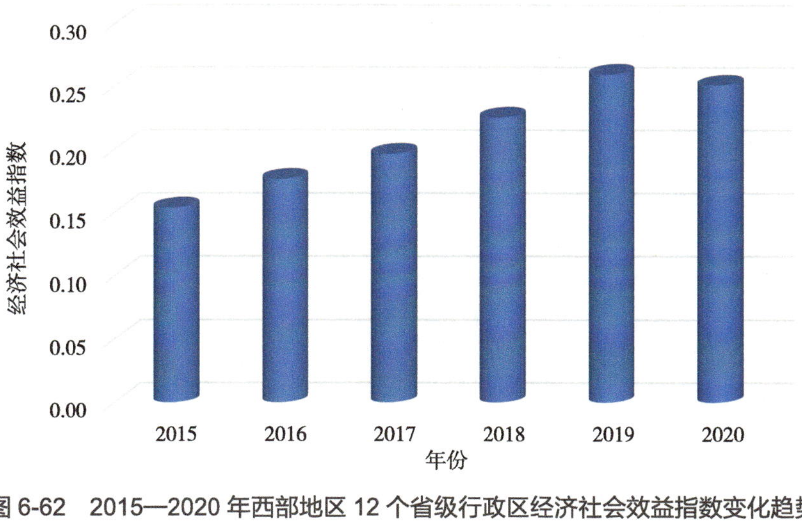

图 6-62　2015—2020 年西部地区 12 个省级行政区经济社会效益指数变化趋势

从年际变化来看，2015—2019 年各省级行政区经济社会效益指数均呈快速上升趋势，上升幅度为 0.04～0.18，其中贵州省、云南省上升得最快，均上升了 0.18；广西壮族自治区上升了 0.16；四川省上升了 0.15；西藏自治区、青海省、

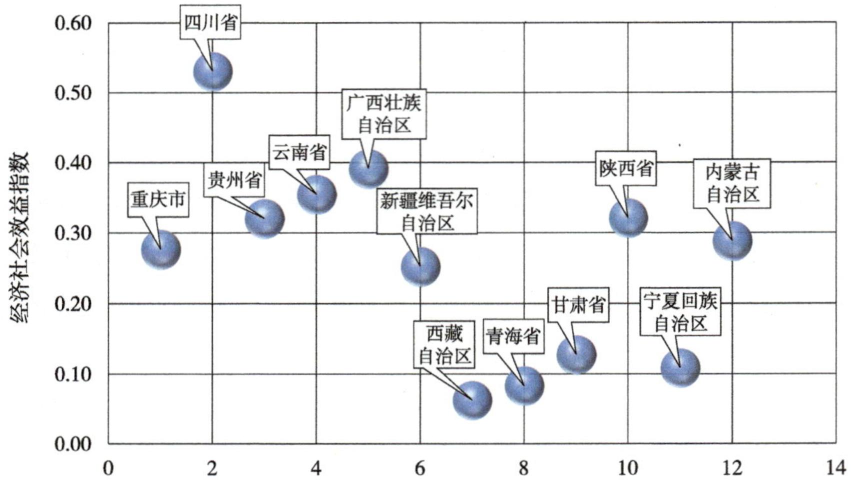

图 6-63　2019 年西部地区 12 个省级行政区经济社会效益指数气泡图

宁夏回族自治区上升得较为缓慢，仅上升了 0.04。2019—2020 年，西藏自治区、青海省、甘肃省、宁夏回族自治区 4 个省级行政区经济社会效益指数呈增长趋势，但其增长速度较为缓慢，大多为 0～0.01；其他 8 个省级行政区均有所下降，下降幅度为 0～0.05，其中贵州省、重庆市和陕西省下降幅度较大，分别下降了 0.05、0.03 和 0.03（图 6-64）。

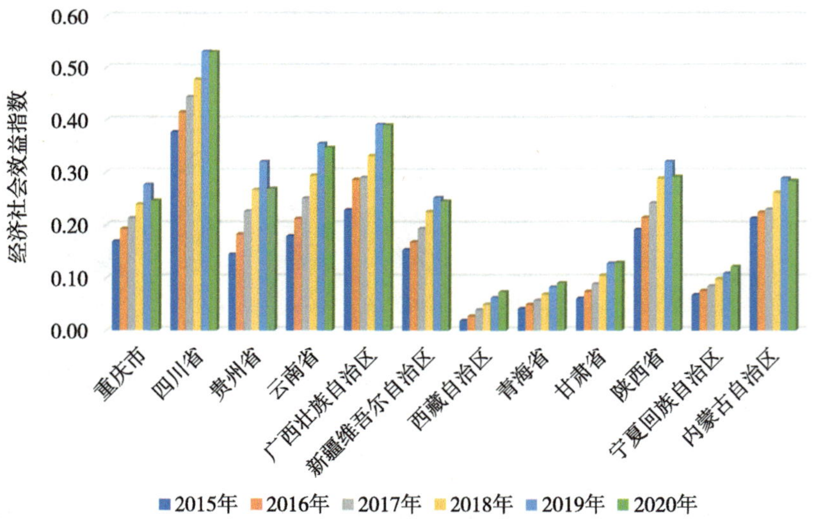

图 6-64　2015—2020 年西部地区 12 个省级行政区经济社会效益指数变化趋势

6.3.4.1 经济效益指数

2015—2019 年，西部地区经济效益指数呈快速上升趋势，由 0.14 增至 0.25，但受新冠疫情影响，2020 年经济效益指数有所下降，降至 0.24（图 6-65）。

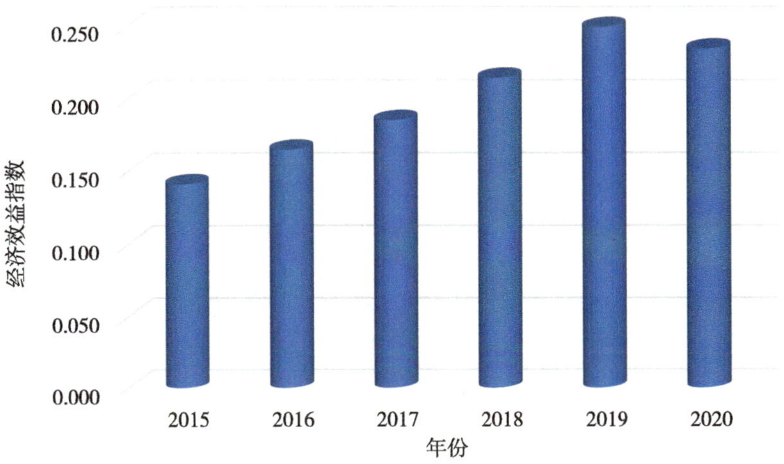

图 6-65　2015—2020 年西部地区 12 个省级行政区经济效益指数变化趋势

西部地区 12 个省级行政区经济发展差距较大，经济效益指数最高的四川省（0.52）是经济效益最低的西藏自治区（0.04）的 13 倍。与经济社会效益指数相同，经济效益指数大致可分为三个梯队：第一梯队仅四川省经济效益指数大于 0.5；第二梯队有广西壮族自治区、云南省、贵州省、陕西省、内蒙古自治区、重庆市、新疆维吾尔自治区 7 个省级行政区，经济效益指数为 0.2～0.4；第三梯队有甘肃省、宁夏回族自治区、青海省、西藏自治区 4 个省级行政区，经济效益指数在 0.2 以下（图 6-66）。

从年际变化来看，2015—2019 年西部 12 个省级行政区经济效益指数呈快速上升趋势，其中贵州省、云南省、广西壮族自治区和四川省上升较快，分别上升了 0.18、0.18、0.16 和 0.16，其他省级行政区上升幅度为 0.04～0.13，西藏自治区和青海省上升得较慢，仅上升了 0.04。2019—2020 年，西藏自治区、青海省、宁夏回族自治区 3 个省级行政区呈上升趋势，但上升幅度也较小，为 0～0.01；其他 9 个省级行政区均呈下降趋势，下降幅度为 0～0.06，其中贵州省下降得最快，下降了 0.06（图 6-67）。

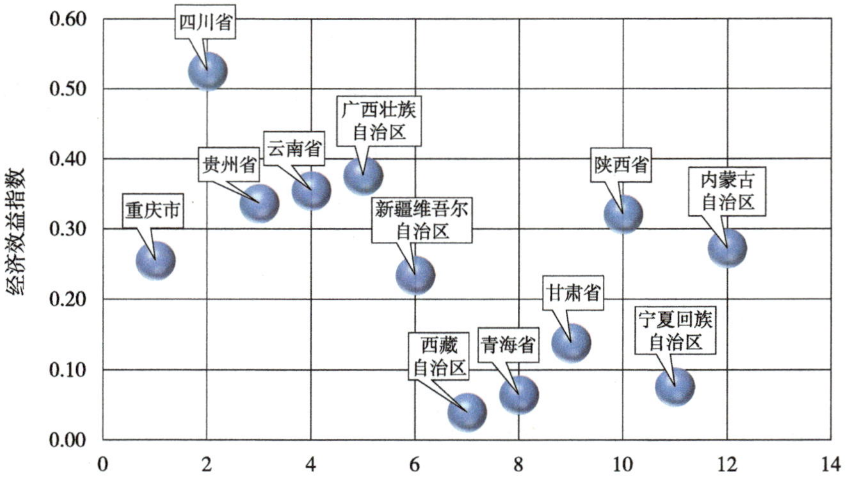

图 6-66　2019 年西部地区 12 个省级行政区经济效益指数气泡图

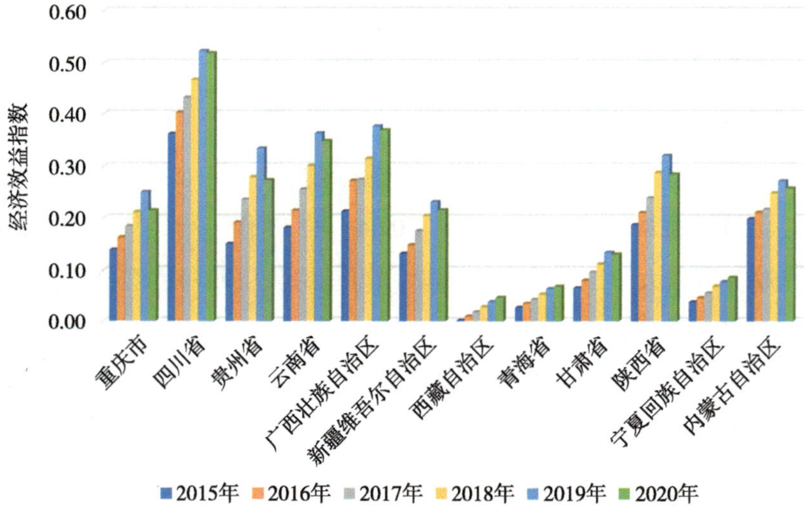

图 6-67　2015—2020 年西部地区 12 个省级行政区经济效益指数变化趋势

6.3.4.2　社会效益指数

2015—2020 年，西部地区社会效益指数呈平稳上升趋势，由 0.61 升至 0.68，上升了 48.99%，尤其是 2019 年和 2020 年，上升尤为迅速，分别上升了 10.00% 和 16.21%（图 6-68）。

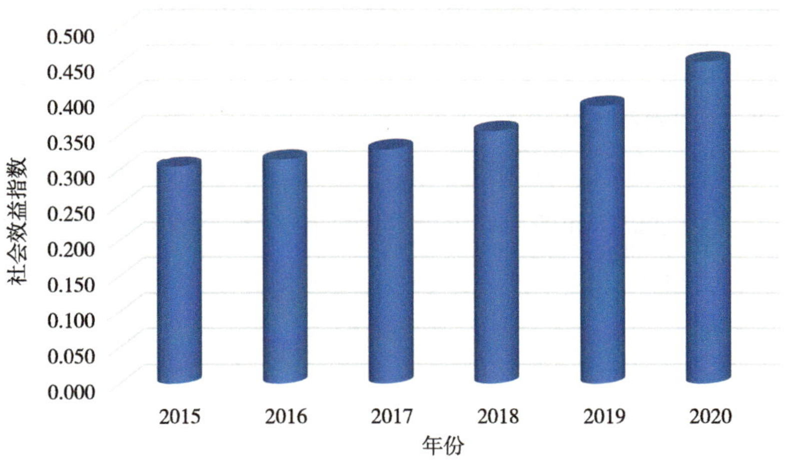

图 6-68　2015—2020 年西部地区社会效益指数变化趋势

西部地区 12 个省级行政区社会效益指数在 0.5 以上的省级行政区有四川省、广西壮族自治区、重庆市、新疆维吾尔自治区、内蒙古自治区、宁夏回族自治区 6 个省级行政区，其中四川省最高，为 0.65；社会效益指数为 0.2～0.4 的有西藏自治区、陕西省、青海省、云南省、贵州省 5 个省级行政区；甘肃省社会效益指数最低，为 0.11（图 6-69）。

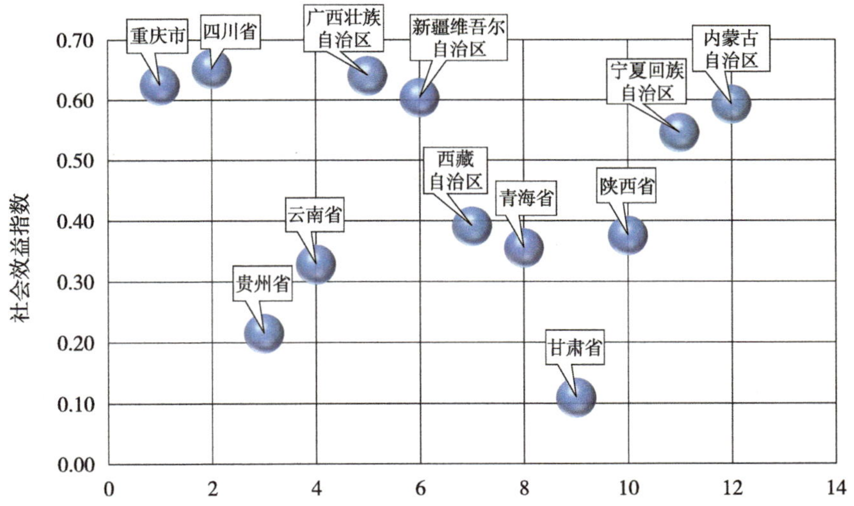

图 6-69　2020 年西部地区 12 个省级行政区社会效益指数气泡图

从年际变化来看，2015—2020 年各省级行政区社会效益指数均呈逐年上升趋势，且2020年增速远高于其他年份。12个省级行政区中，增速最快的是甘肃省，增长了822.86%；贵州省、云南省2个省级行政区的增幅也在100%以上，分别达到了192.13%、113.82%；西藏自治区、青海省、内蒙古自治区、广西壮族自治区4个省级行政区的增幅为50%～100%；其他5个省级行政区的增幅在50%以下，其中重庆市和四川省由于本底偏高，增幅最小，分别为17.33%和17.55%（图6-70）。

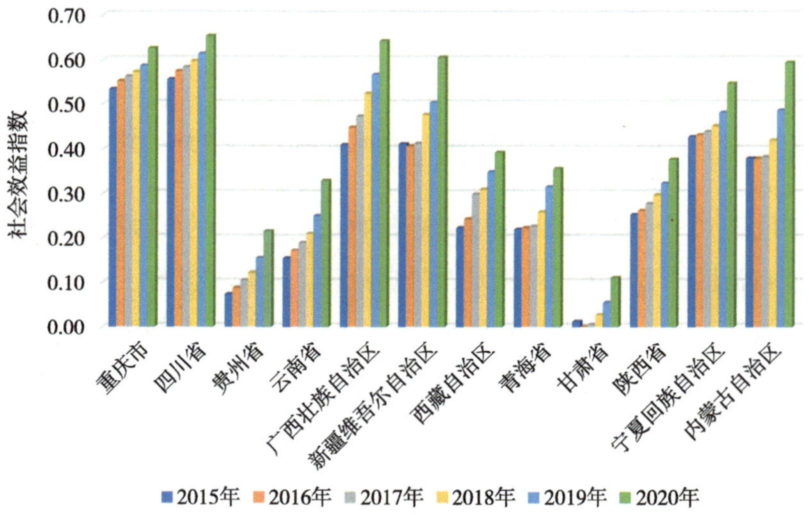

图6-70　2015—2020年西部地区12个省级行政区社会效益指数变化趋势

6.4　东北地区生态产品价值转化成效

6.4.1　总体情况

2015—2020年，东北地区生态产品价值转化成效指数（EPEI）为0.65～0.92，处于一般水平。从年度变化来看，EPEI指数呈现波动下降趋势，总体由2015年的0.92降至2020年的0.65，下降幅度达到29.66%（图6-71）。这说明，近年来，东北地区生态产品价值转化成效越来越低，亟须转变生态产品价值转化模式，探索新的生态产品价值转化路径，以提升生态产品价值转化成效。

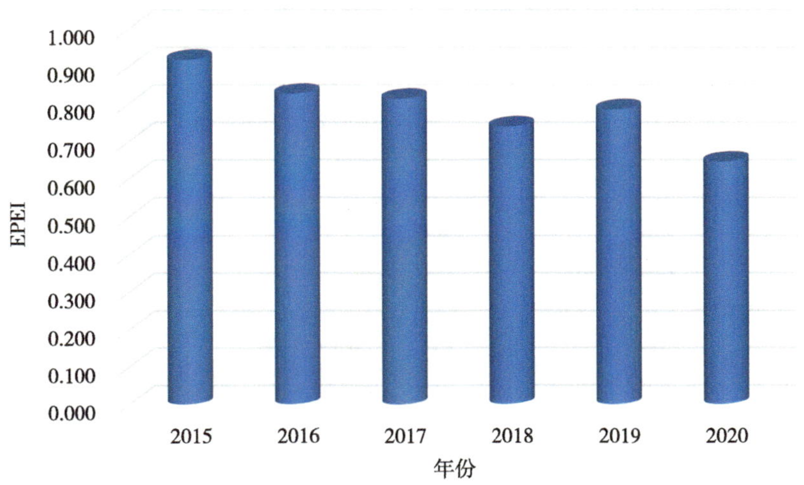

图 6-71　2015—2020 年东北地区 3 个省级行政区生态产品价值转化成效指数（EPEI）变化趋势

东北地区 3 个省级行政区间 EPEI 指数相差不大，排名为吉林省＞辽宁省＞黑龙江省，吉林省的 EPEI 指数在东北地区是最高的，为 0.69；其次是辽宁省，为 0.68；黑龙江省最差，为 0.57。3 个省级行政区均属于一般水平（图 6-72）。

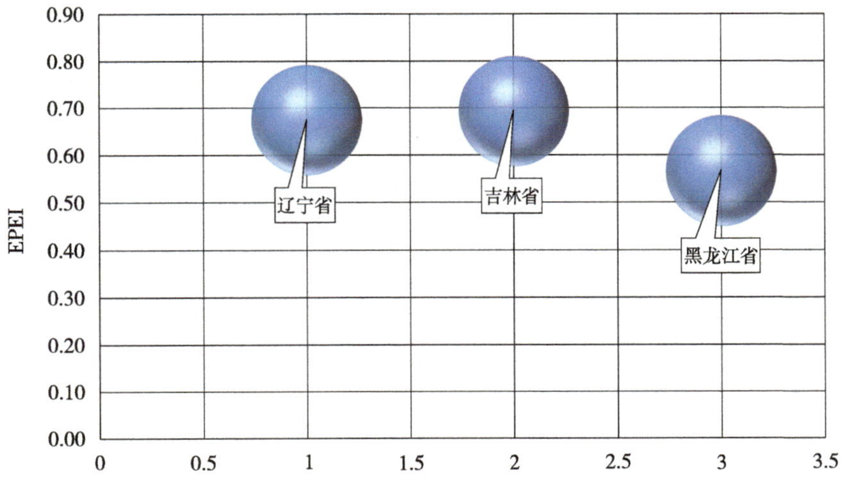

图 6-72　2020 年东北地区 3 个省级行政区生态产品价值转化成效指数（EPEI）

从年度变化来看，辽宁省 EPEI 指数呈逐年下降趋势，由 1.12 降至 0.68，降幅达 39.82%；吉林省也基本呈逐年下降趋势，由 1.11 降至 0.69，降幅达 37.63%；黑龙江省呈波动上升趋势，由 0.52 升至 0.57，增幅为 9.42%。除黑龙江省保持一般水平外，辽宁省和吉林省均由良好水平降至一般水平（图 6-73）。

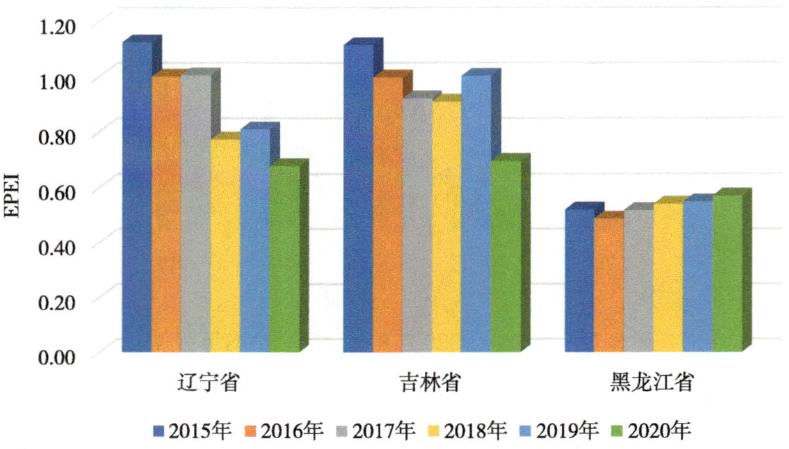

图 6-73　2015—2020 年东北地区 3 个省级行政区生态产品价值转化成效指数（EPEI）变化趋势

具体到各项分指数，与其他地区相同的是，东北地区环境质量指数较高，且逐年升高，2020 年达到 0.67，说明东北地区重视环境保护，环境质量逐年改善；但与其他地区不同的是，东北地区社会效益指数较高，2020 年达到 0.84，说明东北地区的社会公平性要远高于其他地区。从年度变化来看，除人类生产要素投入指数外，环境质量指数、生态服务指数、经济效益指数和社会效益指数均呈增加趋势，经济效益指数和社会效益指数的增长较为缓慢，2015—2020 年分别增长了 16.62% 和 14.44%，环境质量指数 2015—2020 年增长较为迅速，增长了 77.39%，总体来看，EPEI 指数呈下降趋势（图 6-74）。

6.4.2　生态环境投入指数评估

2015—2020 年，东北地区生态环境投入指数呈快速上升趋势，由 2015 年的 0.36 增至 2020 年的 0.55，增长了 54.39%。其中 2016 年、2018 年和 2020 年增长尤其迅速，增速分别为 13.79%、14.88% 和 11.55%（图 6-75）。

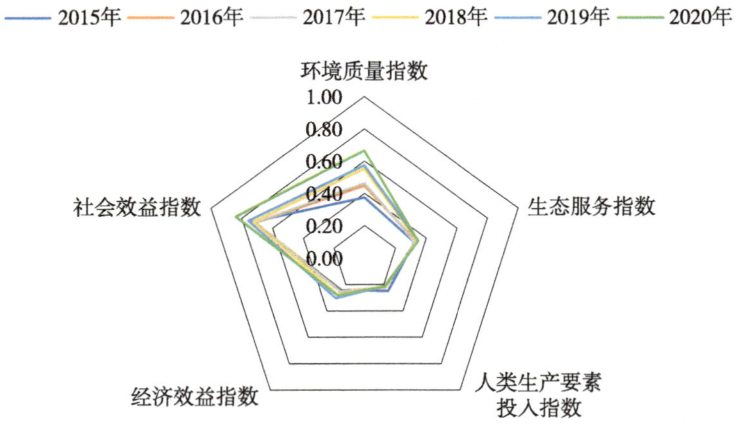

图 6-74　2015—2020 年东北地区 3 个省级行政区各项指数得分

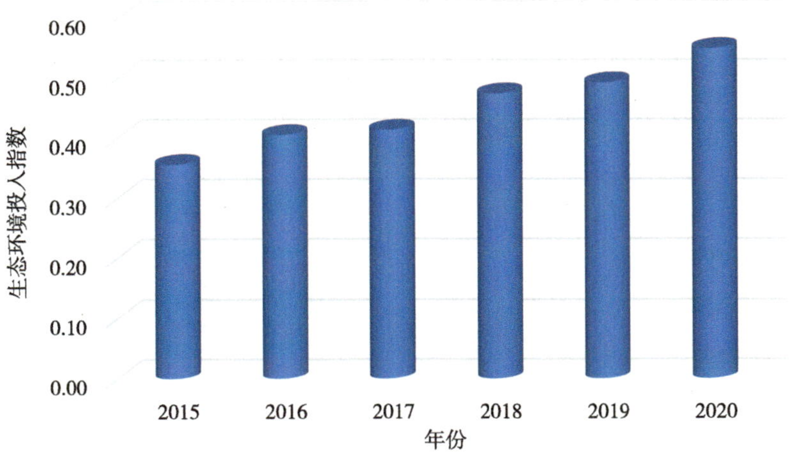

图 6-75　2015—2020 年东北地区生态环境投入指数变化趋势

具体到各省，黑龙江省的生态环境投入指数稍高于其他 2 个省级行政区，2015—2020 年生态环境投入指数为 0.56～0.66，但其增长较为缓慢，6 年增长了 17.58%；其次是辽宁省，生态环境投入指数由 0.27 增至 0.55，6 年增长了 104.05%，辽宁省是东北地区 3 个省级行政区中增速最大的省份；吉林省本底最差，2015 年生态环境投入指数仅为 0.24，经过 6 年的努力，增至 0.44，虽然本底与辽宁省相差无几，但其增幅低于辽宁省，为 85.18%（图 6-76）。

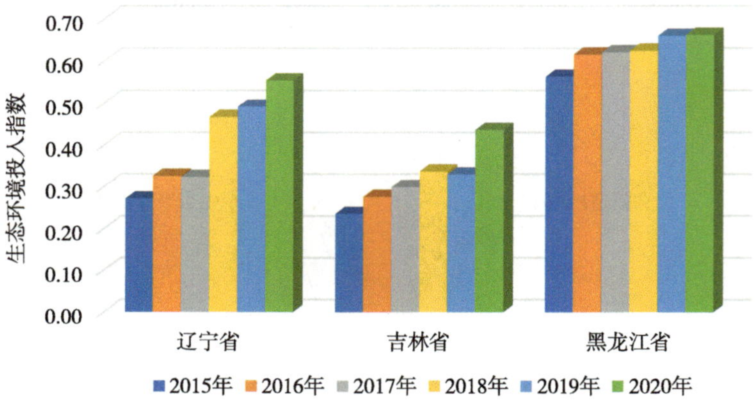

图 6-76　2015—2020 年东北地区 3 个省级行政区生态环境投入指数变化趋势

6.4.2.1　环境质量指数

近年来，东北地区环境质量指数快速上升，由 2015 年的 0.38 增至 2020 年的 0.67，增幅达 77.39%，其中，2016 年、2018 年和 2020 年增长最为快速（图 6-77）。

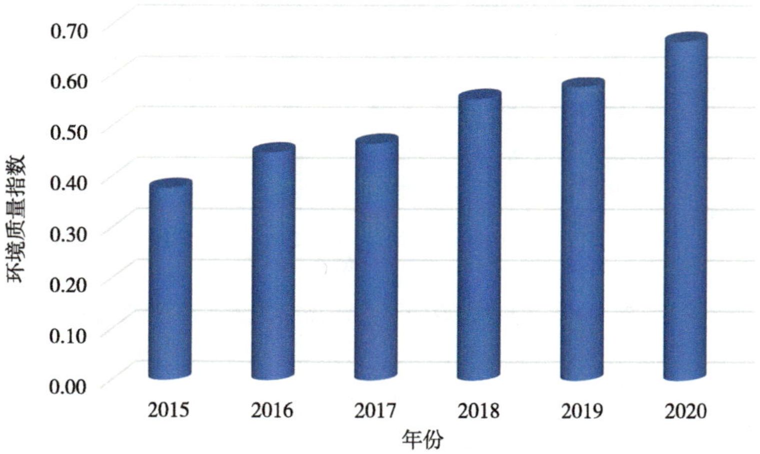

图 6-77　2015—2020 年东北地区环境质量指数变化趋势

黑龙江省是东北地区环境质量最好的省，2015—2020 年环境质量指数为 0.65～0.77，且环境质量基本呈逐年改善趋势。辽宁省和吉林省环境质量本底较差，2015 年环境质量指数分别为 0.27 和 0.21，但经过多年努力，辽宁省和吉林省环境质量有了很大提高，辽宁省 2020 年环境质量指数达到 0.70，吉林省达到

0.52，提升幅度分别为 162.31% 和 148.65%（图 6-78）。

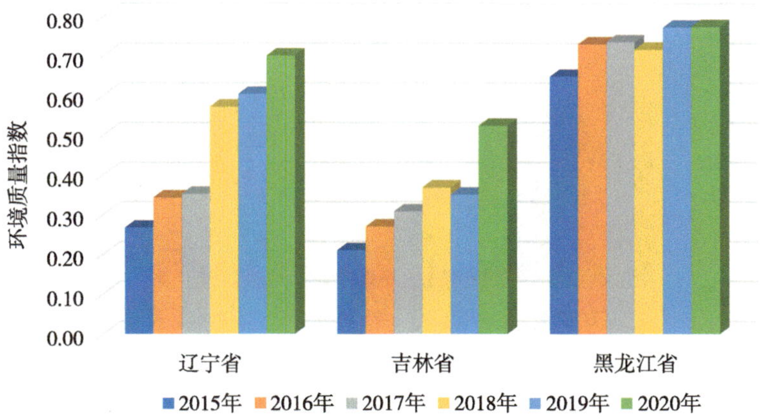

图 6-78　2015—2020 年东北地区各省环境质量指数变化趋势

6.4.2.2　生态服务指数

2015—2020 年，东北地区生态服务功能基本保持稳定，略有上升，生态服务指数为 0.32～0.35（图 6-79）。

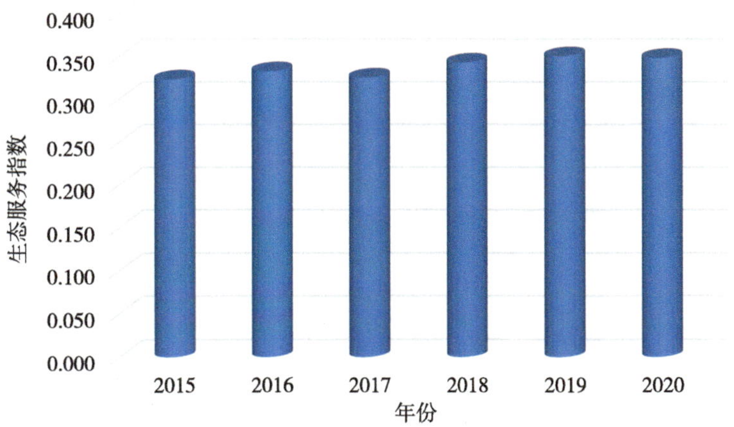

图 6-79　2015—2020 年东北地区生态服务指数变化趋势

东北地区 3 个省级行政区中，黑龙江省生态服务指数较大，生态服务指数为 0.4～0.5；辽宁省和吉林省差别不大，生态服务指数为 0.27～0.30，辽宁省总体略优于吉林省（图 6-80）。

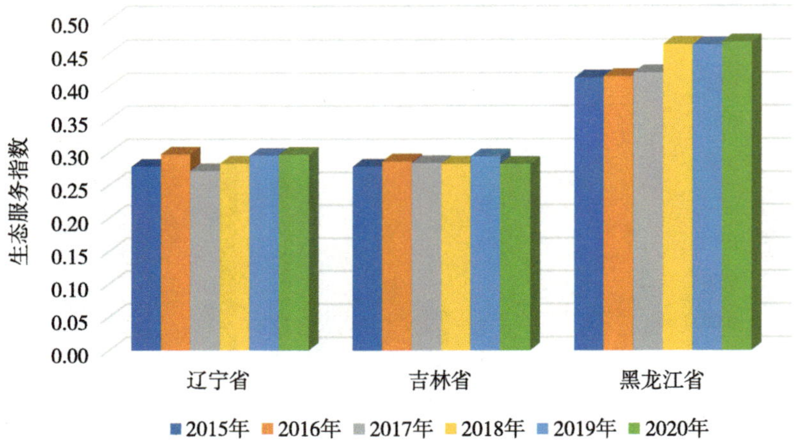

图 6-80　2015—2020 年东北地区 3 个省级行政区生态服务指数变化趋势

6.4.3　人类生产要素投入指数评估

2015—2016 年，东北地区人类生产要素投入指数快速下降，由 0.25 降至 0.22，这主要是由于 2016 年辽宁省全社会固定资产投资口径调整导致的；2016—2020 年，人类生产要素投入指数较为平稳，略有下降，由 0.22 降至 0.21，这是由于随着经济社会的发展，东北地区人口外流，地区就业人数有所减少导致（图 6-81）。

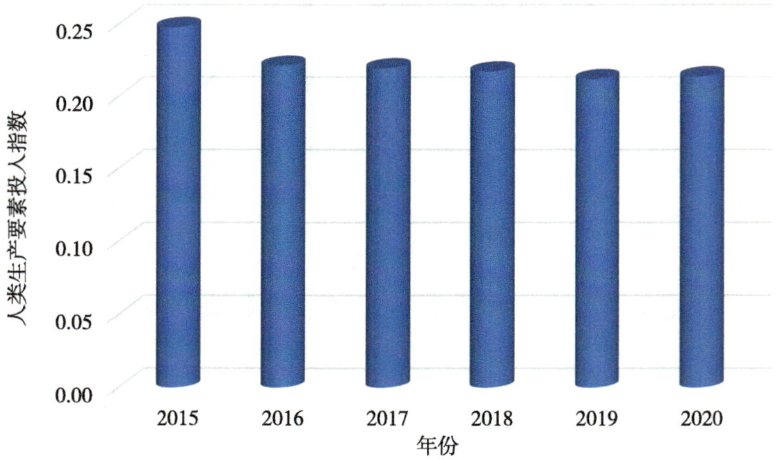

图 6-81　2015—2020 年东北地区人类生产要素投入指数变化趋势

东北地区 3 个省级行政区人类生产要素投入指数除 2015 年辽宁省较高外（由于辽宁省全社会固定资产投资口径调整导致），其他年份均较为平稳（图 6-82）。

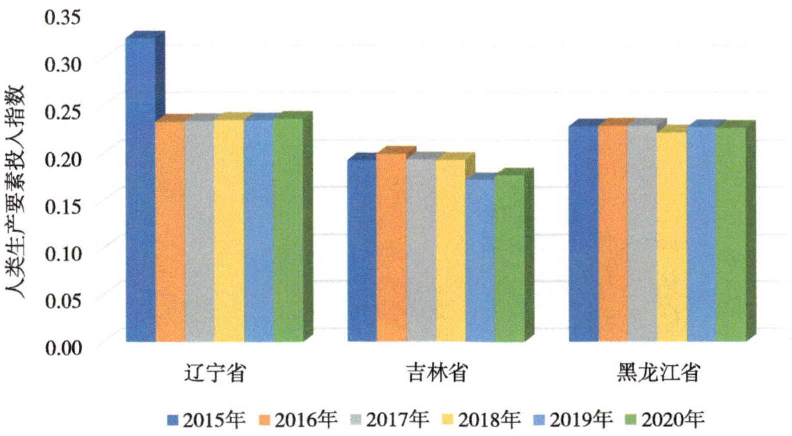

图 6-82　2015—2020 年东北地区 3 个省级行政区人类生产要素投入指数变化趋势

6.4.4　经济社会效益指数评估

与其他区域相同，2015—2020 年，东北地区经济社会效益指数呈先上升后下降的趋势，2015—2019 年，经济社会效益指数由 0.28 增至 0.34，2020 年降至 0.32（图 6-83）。

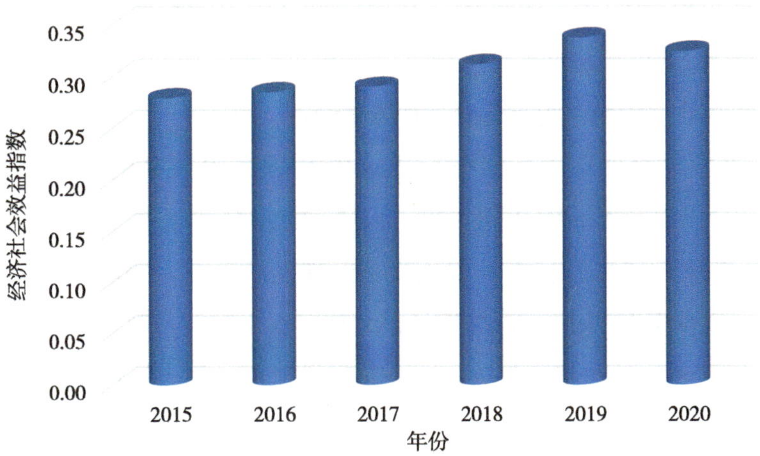

图 6-83　2015—2020 年东北地区经济社会效益指数变化趋势

辽宁省经济社会效益在东北地区3个省级行政区中属最好的，但其发展较为平缓，2015—2020年仅增加了11.71%；黑龙江省虽基础较弱，但发展迅速，2015—2020年呈逐年上升的趋势，6年增加了27.58%，2020年经济社会效益指数和辽宁省齐平，均为0.35。吉林省是东北地区3个省级行政区中较差的，2020年经济社会效益指数仅为0.28（图6-84）。

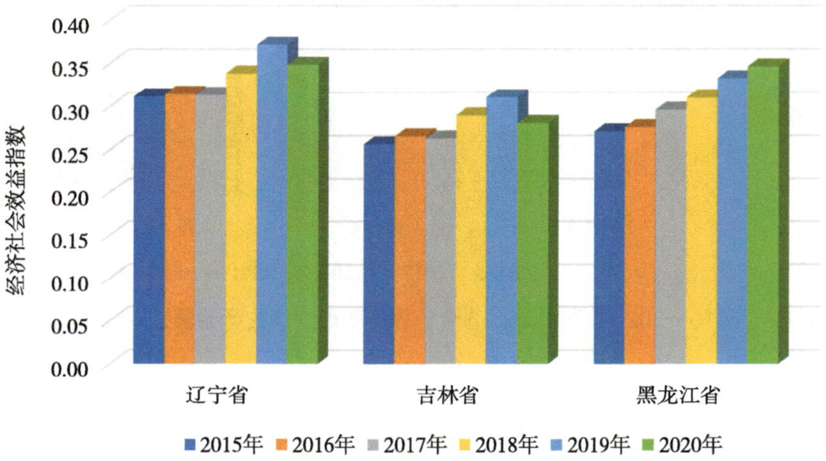

图6-84　2015—2020年东北地区3个省级行政区经济社会效益指数变化趋势

6.4.4.1　经济效益指数

2015—2020年东北地区经济效益指数也呈先上升后下降的趋势，2015—2019年，由0.24升至0.30，2020年又降至0.28，但总体来说，"十三五"期间，东北地区经济效益指数呈上升趋势（图6-85）。

辽宁省是东北地区3个省级行政区中经济实力最强的，经济效益也最好，2020年经济效益指数达到0.32，2015—2020年增长了8.72%；黑龙江省"十三五"之前经济实力和吉林省相当，但其发展迅速，2015—2020年从0.22增至0.29，增长了33.96%；吉林省是东北地区3个省级行政区中经济实力最弱的，2015年其经济效益指数仅为0.21，其发展速度也较为缓慢，2015—2020年仅增长了9.52%（图6-86）。

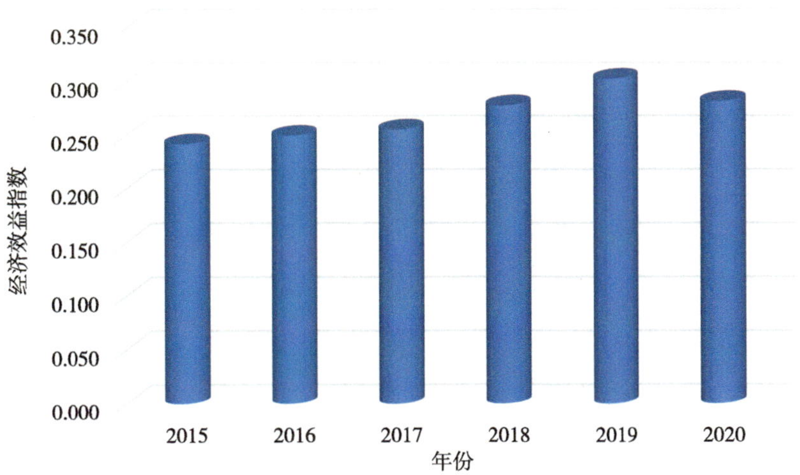

图 6-85　2015—2020 年东北地区经济效益指数变化趋势

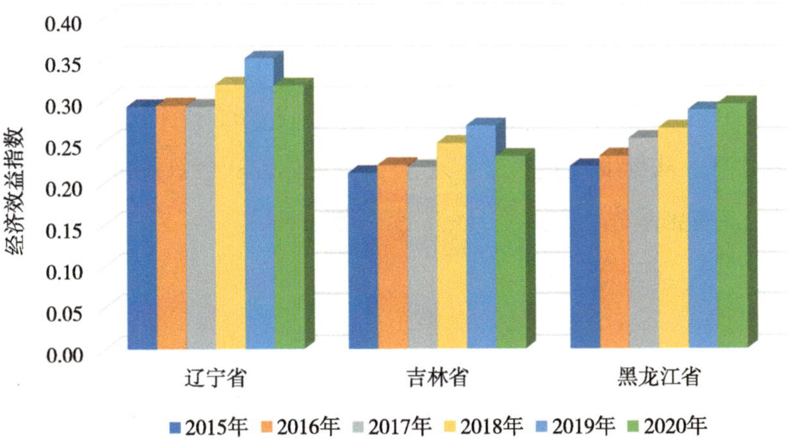

图 6-86　2015—2020 年东北地区 3 个省级行政区经济效益指数变化趋势

6.4.4.2　社会效益指数

2015—2020 年，东北地区社会效益指数呈先下降后上升的趋势，2015 年为 0.73，2016 年降至 0.71，后快速升至 0.84，6 年增长了 14.44%（图 6-87）。

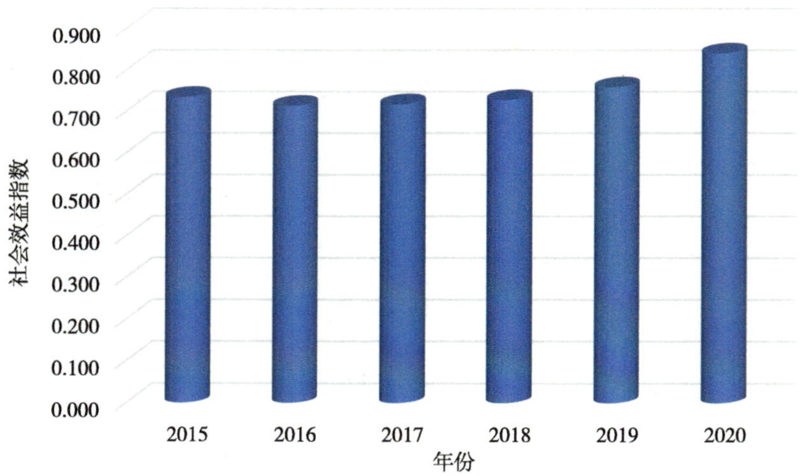

图 6-87　2015—2020 年东北地区社会效益指数变化趋势

总体来看，黑龙江省社会效益指数最高，2020 年达到 0.95；即黑龙江省是东北地区 3 个省级行政区中社会最为公平的省份；辽宁省社会效益指数最低，2020 年为 0.71。从年度变化来看，辽宁省和吉林省社会效益指数呈逐年上升的趋势，黑龙江省则呈先下降后上升的趋势（图 6-88）。

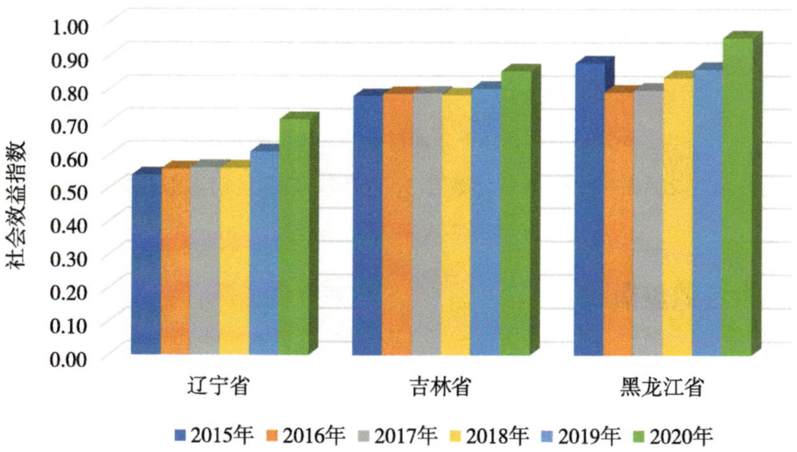

图 6-88　2015—2020 年东北地区 3 个省级行政区社会效益指数变化趋势

6.5 各区域生态产品价值转化成效差异分析

总体来看，东部、中部、西部、东北地区生态产品价值转化成效差异较为明显。东部地区的生态产品价值转化成效较为突出，其次是东北地区，再次是中部地区，西部地区生态产品价值转化成效最差。2020 年，东部地区 EPEI 指数（0.86）为西部地区（0.39）的 2.20 倍。但从年际变化来分析，EPEI 指数较高的东部地区和东北地区，其指数却呈下降趋势，而 EPEI 指数较低的中部地区和西部地区，其指数却呈明显增加趋势（图 6-89）。

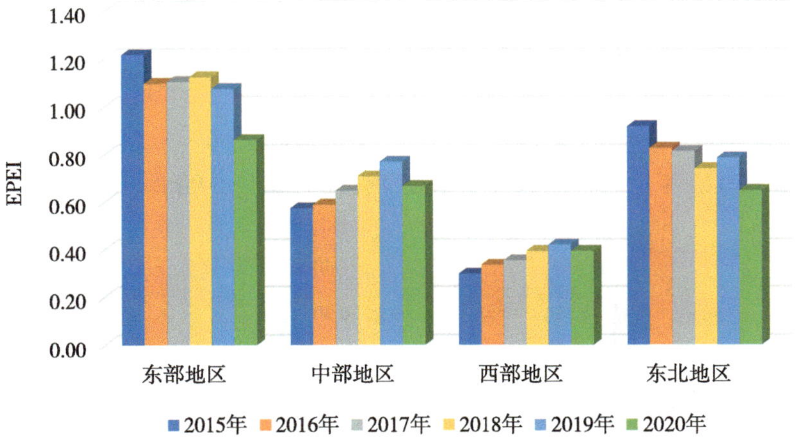

图 6-89　2015—2020 年全国各区域 EPEI 指数变化趋势

究其根本原因，东部地区经济发达，但生态环境质量相对较差，"十三五"期间，人民群众对优良生态环境的需求日益增长，各地政府也越来越重视生态环境保护，随着各地蓝天、碧水、净土三大保卫战及山水林田湖草系统保护治理修复工程的实施，生态环境质量有了较大幅度的提升，环境质量指数上升了 46.23%；然而与之相对的是，近年来经济增速放缓，经济增长的速度远远落后于环境质量改善的速度，经济效益指数仅增长了 27.74%。因此，东部地区 EPEI 指数较高，虽然生态环境质量和经济社会效益都在增长，但 EPEI 指数却呈逐年下降的趋势。

西部地区生态环境质量好，2020 年环境质量指数达到 0.86，上升潜力较小，“十三五”期间，西部地区环境质量指数仅上升了 25.41%；西部地区以生态环境保护为主，大部分地区位于重点生态功能区内，产业发展受限，经济欠发达，“十三五”期间，我国大力实施西部大开发战略，以共建“一带一路”为引领，大力推动基础设施建设，积极发展设施农业、现代制造业、战略性新兴产业、生态旅游业，推动大数据、“智能 +”“互联网 +”等新业态发展，经济实力逐渐增强，“十三五”期间，经济效益指数提升 66.04%。因此，EPEI 指数较低却逐年提升。

中部地区位于东部地区和西部地区之间，发展较为均衡，生态环境质量仅次于西部地区，强于东部地区和东北地区，经济效益仅次于东部地区，强于西部地区和东北地区，但其人类生产要素投入指数较高。

东北地区社会效益指数较高，即东北地区社会公平性较高，但其他各项指数表现均较差。

2015—2020 年全国各区域各项指数变化趋势如图 6-90 所示。

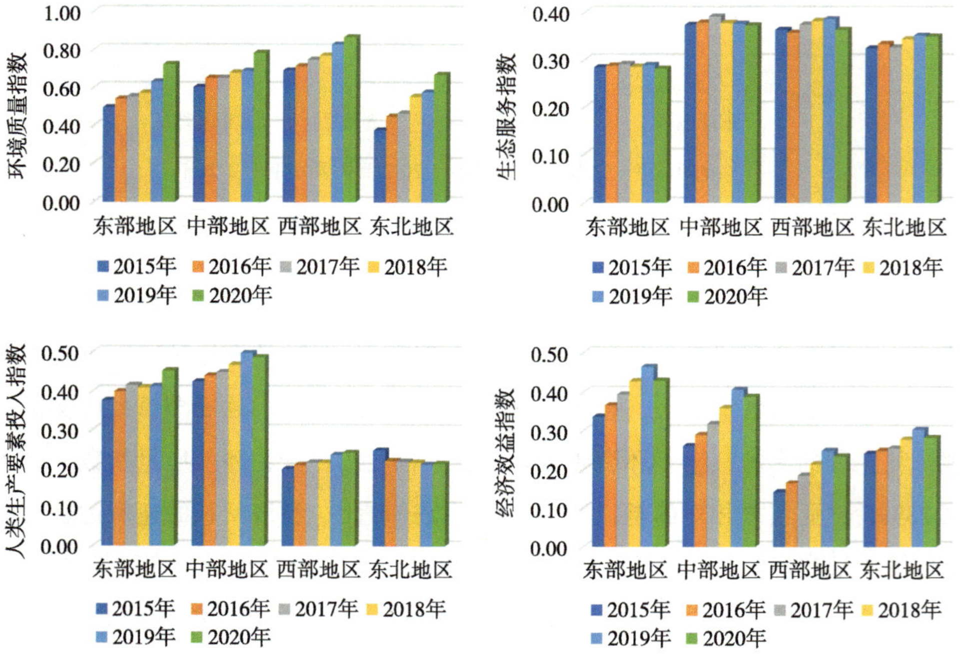

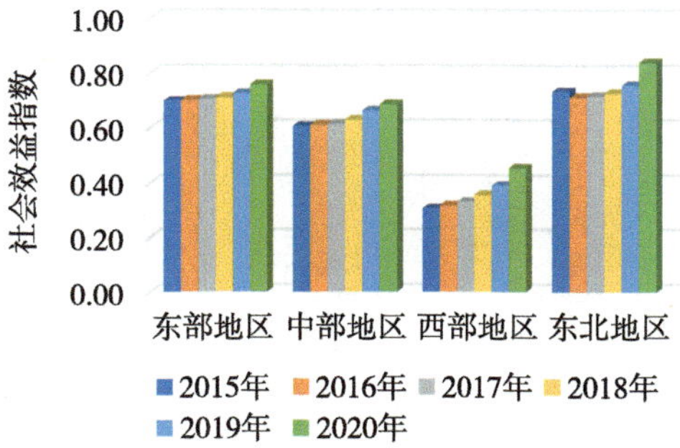

图 6-90　2015—2020 年全国各区域各项指数变化趋势

7

“十三五”重点流域生态产品价值转化成效

“SHISANWU” ZHONGDIAN LIUYU SHENGTAI CHANPIN JIAZHI ZHUANHUA CHENGXIAO

本节以省级行政区为基本单元，以干流流经的省级行政区作为流域范围来分析"十三五"期间重点流域的生态产品价值转化成效。其中长江流域包括青海省、四川省、西藏自治区、云南省、重庆市、湖北省、湖南省、江西省、安徽省、江苏省、上海市 11 个省级行政区；黄河流域包括青海省、四川省、甘肃省、宁夏回族自治区、内蒙古自治区、陕西省、山西省、河南省、山东省 9 个省级行政区。

7.1 "十三五"长江流域生态产品价值转化成效

7.1.1 总体情况

长江干流发源于青海省唐古拉山，经青海省、西藏自治区、四川省、云南省、重庆市、湖北省、湖南省、江西省、安徽省、江苏省、上海市 11 个省级行政区，数百条支流延伸至贵州省、甘肃省、陕西省、河南省、广西壮族自治区、广东省、浙江省、福建省 8 个省级行政区的部分地区，总计 19 个省级行政区，在上海市崇明岛附近汇入东海。该流域从西到东横跨青藏高原、横断山脉、云贵高原、四川盆地、江南丘陵、长江中下游平原等多个地貌单元，全长

6 300 km，流域面积达 180 万 km^2，约占中国陆地总面积的 1/5。由于长江流域和黄河流域省级行政区重合较多，本节仅以干流流经的省级行政区来分析长江流域生态产品价值转化成效指数（EPEI）。长江干流湖北宜昌以上为上游；湖北宜昌至江西湖口为中游；湖口至长江入海口为下游，因此，本节根据长江干流在省级行政区内的长度，确定上游地区包括青海、四川、西藏、云南和重庆 5 个省级行政区，中游地区包括湖北、湖南、江西 3 个省级行政区，下游地区包括安徽、江苏和上海 3 个省级行政区。

由图 7-1 可知，2015—2020 年长江流域 EPEI 指数呈先上升后下降的趋势。2015 年长江流域 EPEI 指数为 0.60，后逐年上升，2019 年达到最高点，为 0.67。2020 年受新冠疫情影响，经济社会发展受冲击较大，EPEI 指数快速降至 0.58。总体来看，“十三五”期间，长江流域 EPEI 指数为一般水平。

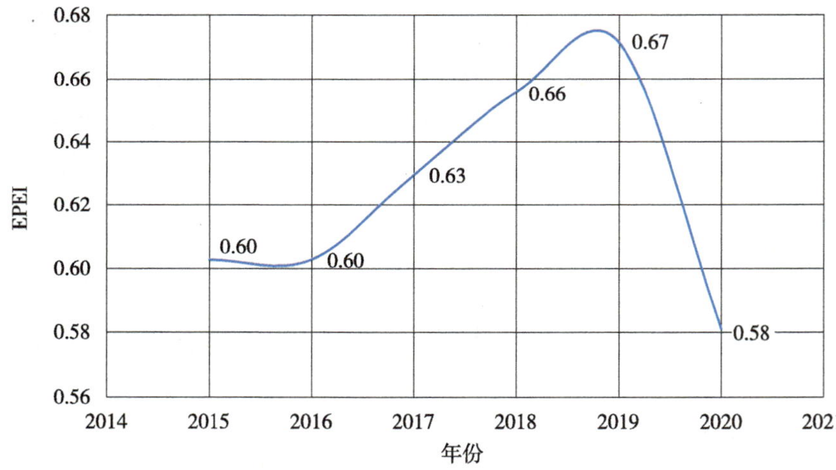

图 7-1　2015—2020 年长江流域 EPEI 指数变化趋势

为了较好地分析长江流域生态产品价值转化成效，本节从上游、中游、下游，对长江流域的 EPEI 指数进行分析。由图 7-2 可知，总体来看，EPEI 指数排名为下游地区＞中游地区＞上游地区。下游地区经济较发达，有较高的经济实力支撑生态产品价值转化路径和模式的探索，生态产品价值转化成效较为明显；上游地区“绿水青山”本底较好，但生态产品价值转化机制不健全，路径不完善，转化模式单一，基本是通过生态旅游的方式进行转化，"绿水青山"转化为"金山银山"的效率较低。

从年度变化来看，长江流域大部分省级行政区均呈现先上升后下降的趋势，"十三五"期间，各省级行政区不断探索生态产品价值转化路径，完善转化机制，生态产品转化成效不断提升，2015—2019年，EPEI指数逐年提升。2020年，随着新冠疫情的蔓延，各地经济社会发展受到较大影响，大部分省级行政区生态产品价值转化成效快速下降，尤其是下游经济发达地区受疫情影响更为明显。但预计疫情过后，产业复苏，生态产品价值转化成效将会回归正常水平，并持续增长。

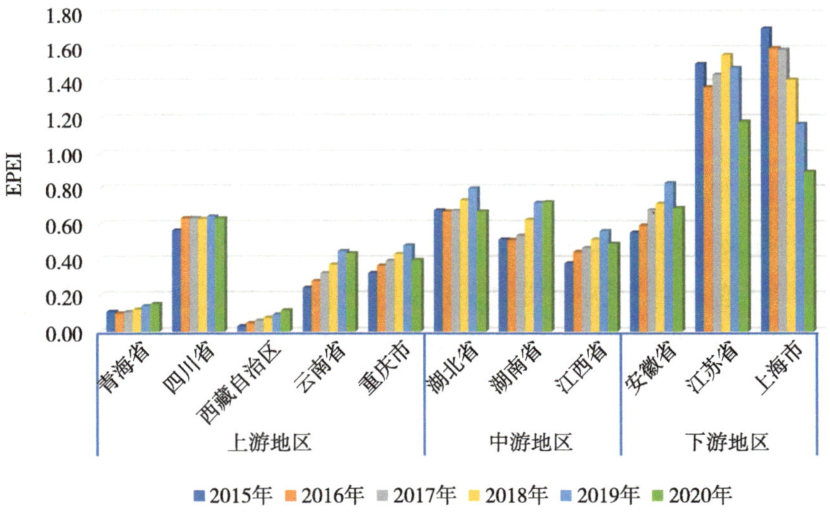

图7-2　2015—2020年长江流域各省级行政区EPEI指数变化趋势

同时，我们也应该看到，"十三五"期间长江流域下游地区，尤其是江苏省和上海市，生态产品价值转化成效是有所下降的，这可能与这两个地区投入大量的资金大力开展生态环境保护，生态环境质量改善的速度远远高于经济社会发展的速度，但却并未将"绿水青山"转化为"金山银山"有关，如上海市和江苏省建设了大量的郊野公园，来满足人民日益增长的对美好生活的需要，但并未对居民收取费用，无法产生经济价值，进而影响到上游地区生态产品价值转化成效年际变化趋势（图 7-3）。建议 2 个省级行政区下一步积极探索该类产品的生态产品价值转化路径，以有效提升生态产品价值转化成效。

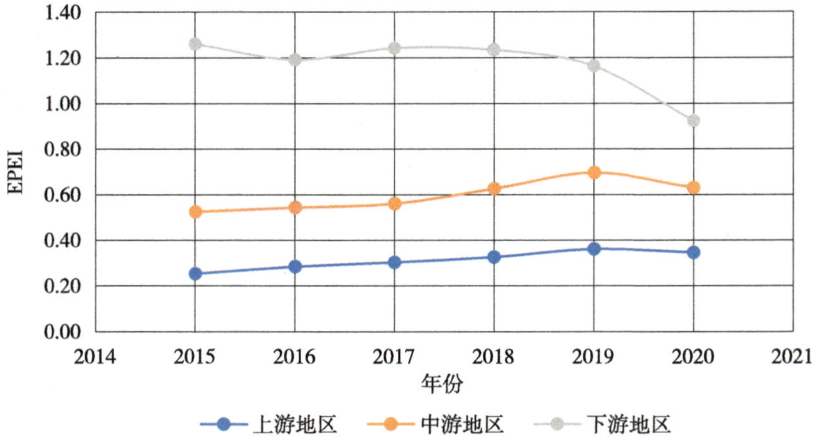

图 7-3　2015—2020 年长江流域上游、中游、下游 EPEI 指数变化趋势

由长江流域省级行政区 EPEI 指数进行分级可知（表 7-1），2015 年，评级为“优秀”的省级行政区有 2 个，均位于下游地区（江苏省和上海市）；评级为一般的省级行政区有 4 个，其中上游地区 1 个（四川省），中游地区 2 个（湖北省、湖南省），下游地区 1 个（安徽省）；评级为较差的省级行政区有 5 个，其中 4 个位于上游地区，1 个位于中游地区，2016 年，江苏省 EPEI 指数有所下滑，降至良好级别。2017 年，与 2016 年相比，长江流域省级行政区 EPEI 指数有小幅波动，但并未改变 EPEI 指数级别。2018 年，江苏省 EPEI 指数有所上升，达到优秀级别，江西省 EPEI 指数升至一般级别，但上海市 EPEI 指数持续降至良好水平，至此，中游和下游地区全部达到一般以上级别。2019 年，江苏省 EPEI 指数下降，长江流域级别为“优秀”的省级行政区数量下降为 0。2020 年，由于疫情原因，长江流域省级行政区生态产品价值转化成效受到较大影响，其中，上海市 EPEI 指数降至“一般”级别，江西省降至“较差”级别，本年度无级别为“优秀”的省级行政区，级别为“良好”的省级行政区仅有江苏省 1 个。

表 7-1 "十三五"长江流域省级行政区 EPEI 指数分级

年份	优秀		良好		一般		较差	
	数量 / 个	比例 /%	数量 / 个	比例 /%	数量 / 个	比例 /%	数量 / 个	比例 /%
2015	2	18.18	0	0.00	4	36.36	5	45.45
2016	1	9.09	1	9.09	4	36.36	5	45.45
2017	1	9.09	1	9.09	4	36.36	5	45.45
2018	1	9.09	1	9.09	5	45.45	4	36.36
2019	0	0.00	2	18.18	5	45.45	4	36.36
2020	0	0.00	1	9.09	5	45.45	5	45.45

7.1.2 指数层评估

从指数层来评估，环境质量指数是长江流域的优势所在，在 5 个分指数的评分中，环境质量指数最高，2020 年达到 0.86；其次是社会效益指数，2020 年达到 0.60；生态服务指数、人类生产要素投入指数和经济效益指数 3 个指数相差不大，2020 年分别为 0.37、0.38 和 0.35（图 7-4）。

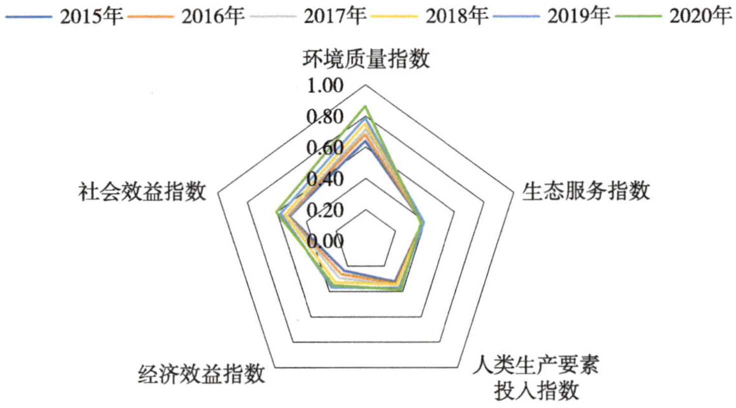

图 7-4 2015—2020 年长江流域各指数变化趋势

7.1.2.1 环境质量指数

长江流域环境质量指数 2020 年评估分值为 0.86，除下游地区 3 个省级行政区外，上游地区和中游地区 9 个省级行政区全部达到 0.8 以上，甚至有 4 个省级行政区环境指数达到 0.9 以上，其中 3 个分布在上游地区，1 个分布在下游地区，下游地区 3 个省级行政区环境指数也达到 0.7 以上（图 7-5）。

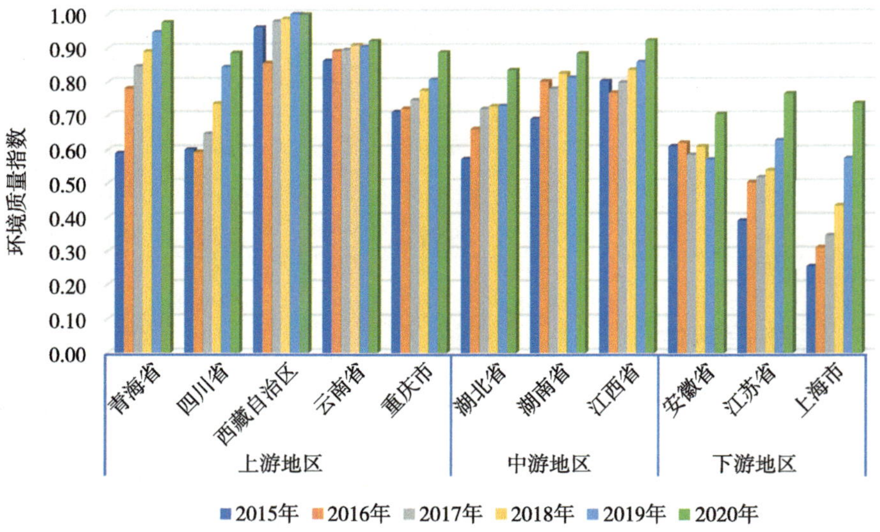

图 7-5　2015—2020 年长江流域各省级行政区环境质量指数变化趋势

从区位来分析，上游地区基本位于西部地区，环境质量较好，2015 年环境质量指数就高达 0.74，经过多年的生态环境保护和治理，2020 年环境质量指数达到 0.93，尤其是西藏自治区，2019—2020 年连续两年达到 1，青海省也连续两年在 0.95 以上；下游地区环境质量稍差，2015 年环境质量指数仅为 0.42，"十三五"期间，下游 3 个省级行政区大力推动环境治理，推动空气环境质量和水环境质量提升，环境质量有了很大程度的改善，2020 年，环境质量指数达到 0.73，提升了 75.67%（图 7-6）。

7.1.2.2　生态服务指数

长江流域生态服务指数 2020 年评估分值为 0.37，且"十三五"期间，该指数在 0.37～0.40 波动，变化幅度较小。从空间分布来看，上游地区呈现两级分化现象，以森林生态系统为主体，生态系统质量较好的四川省、云南省 2 个省级行政区，生态服务指数均在 0.7 以上；而以草原生态系统为主体，位于干旱和

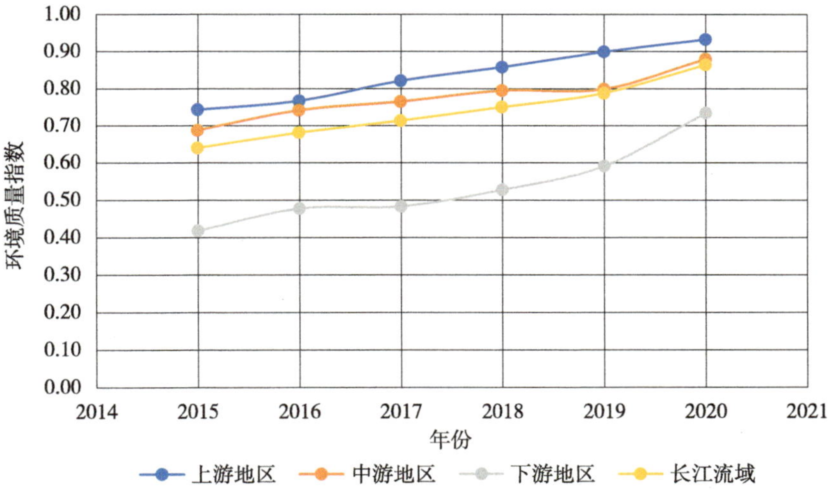

图 7-6　2015—2020 年长江流域上游、中游、下游地区环境质量指数变化趋势

半干旱区的青海省和西藏自治区，生态服务指数为 0.15～0.25；重庆市由于面积较小，提供的生态服务功能也较弱，生态服务指数为 0.31。中游地区生态系统服务功能相对较强，生态服务指数基本保持在 0.40～0.50。下游地区生态服务功能相对较弱，其中江苏省和安徽省生态服务指数基本保持在 0.25～0.35，上海市则最小，生态服务指数仅为 0.01（图 7-7）。

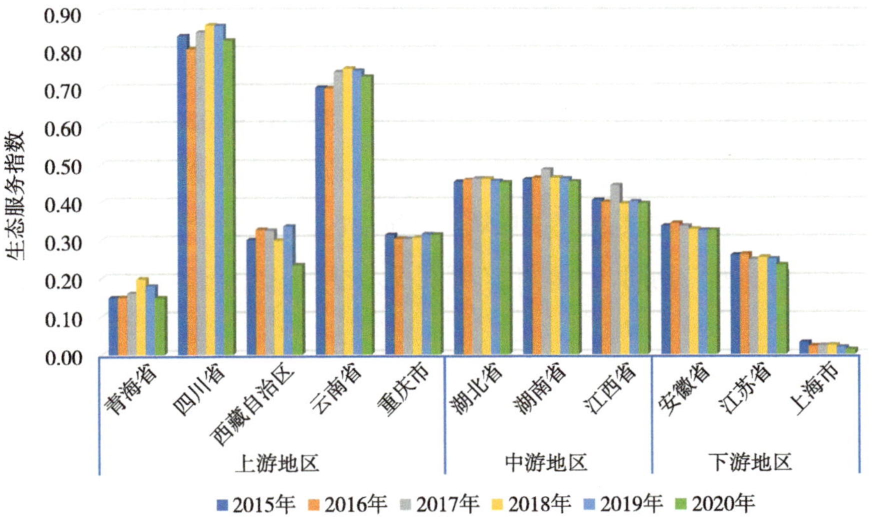

图 7-7　2015—2020 年长江流域各省级行政区生态服务指数变化趋势

从上游、中游、下游平均值来看，上游和中游地区生态服务指数较为接近，分别为 0.45 和 0.43，并远远大于下游地区（0.19）（图 7-8）。

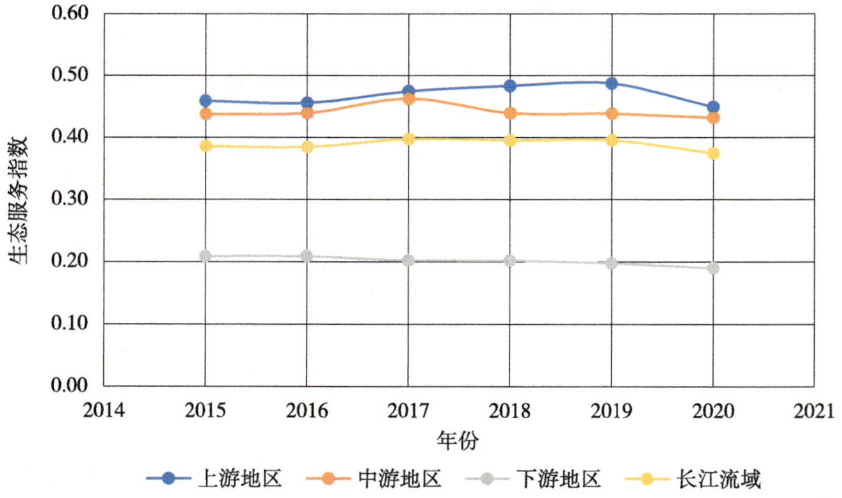

图 7-8　2015—2020 年长江流域上游、中游、下游地区生态服务指数变化趋势

7.1.2.3　人类生产要素投入指数

人类生产要素投入指数 2020 年评估分值为 0.38，“十三五”期间，该指数稳定上升，但上升幅度较小，由 0.32 升至 0.38，仅上升了 19.65%。

从年际变化来看，2015—2017 年，下游地区人类生产要素投入指数略高于中游地区，2018—2019 年，中游地区超过了下游地区；2020 年，受疫情影响，中游地区有所下降，下游地区有所上升，下游地区超过中游地区，位居长江流域人类生产要素投入指数最高的区域。上游地区由于经济较为落后，人口也相对较少，“十三五”期间，人类生产要素投入指数一直是长江流域最小的区域（图 7-9）。

具体到各省级行政区来看，除上海市外，下游地区人类生产要素投入指数较高，江苏省 2020 年达到 0.84；中游地区仅次于上游地区；西部地区除四川省经济相对较为发达，人类生产要素投入指数高之外，其他省级行政区均较低（图 7-10）。

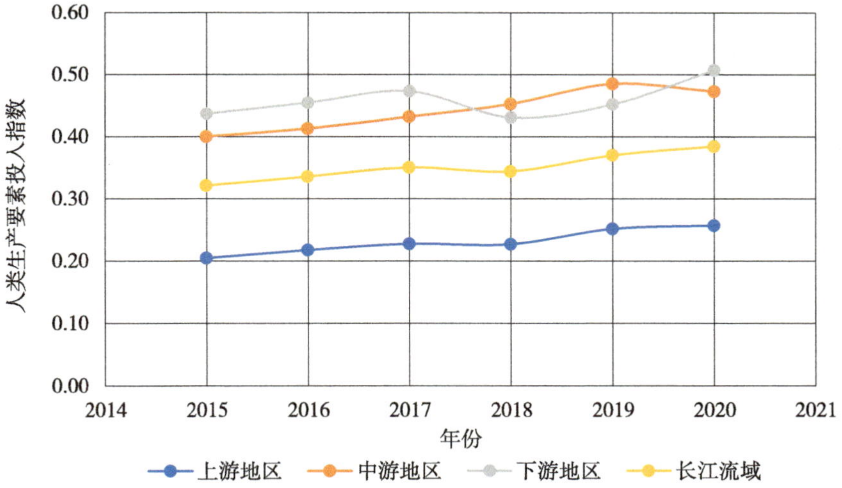

图 7-9　2015—2020 年长江流域上游、中游、下游地区人类生产要素投入指数变化趋势

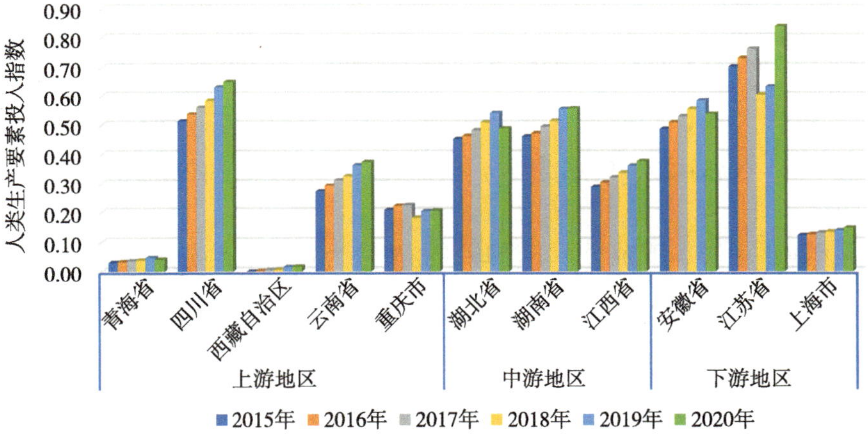

图 7-10　2015—2020 年长江流域省级行政区人类生产要素投入指数变化趋势

7.1.2.4　经济效益指数

经济效益指数是 5 个分指数的评估结果中评分最低的，2020 年仅为 0.35。在长江流域 11 个省级行政区中，仅有下游的江苏省、上游的四川省和中游的湖南省评分为 0.5 以上；评分为 0.3～0.5 的省级行政区有 5 个，其中上游地区 1 个，中游地区 2 个，下游地区 2 个；评分为 0.3 以下的省级行政区有 3 个，全部位于下游地区，其中，西藏自治区经济效益指数仅为 0.05。

从年际变化看，2015—2019 年各省级行政区大力推进生态产品价值实现，探索实现机制与实现模式，涌现了大量的典型案例，经济效益显著提升。2020 年，由于受疫情影响，各省级行政区经济整体呈下滑趋势，尤其是旅游业遭受了重大冲击，经济效益指数有所下降（图 7-11）。

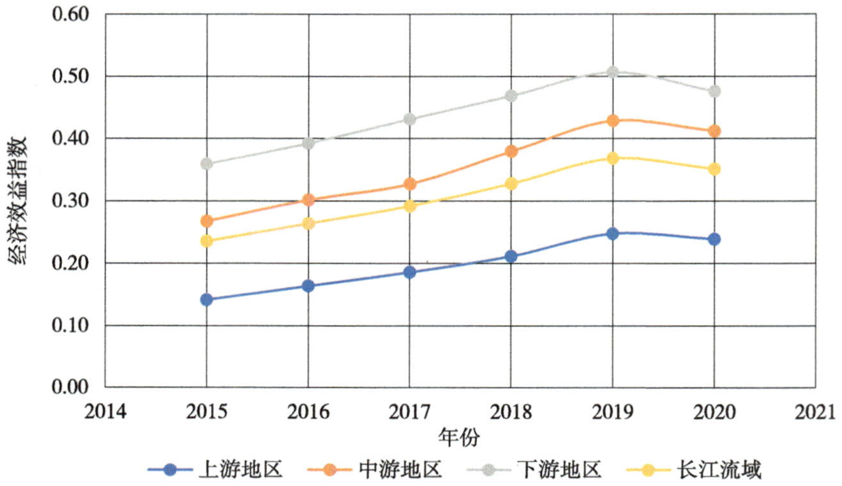

图 7-11　2015—2020 年长江流域上游、中游、下游地区经济效益指数变化趋势

从上游、中游、下游看，下游地区经济较为发达，生态产品价值转化探索较为成功，经济效益较高；上游地区大部分省级行政区均为欠发达地区，虽然生态资源丰富，但其转化模式单一，高端产业较少，经济效益较低。具体到各省级行政区，下游地区的江苏省在长江流域排名第一，其经济效益指数远高于其他省级行政区；排名第二的是上游地区的四川省，经济实力相对较强，经济效益较高；中游地区相对较为均衡；上游地区的青海省和西藏自治区，因经济实力较弱，生态产品价值转化产生的经济效益较弱（图 7-12）。

7.1.2.5　社会效益指数

社会效益指数是 5 个分指数中仅次于环境质量指数的，2020 年为 0.60，且近年来呈持续增长趋势。在长江流域的 11 个省级行政区中，有 4 个省级行政区社会效益指数为 0.70 以上，其中 2 个位于下游地区，2 个位于中游地区，且下

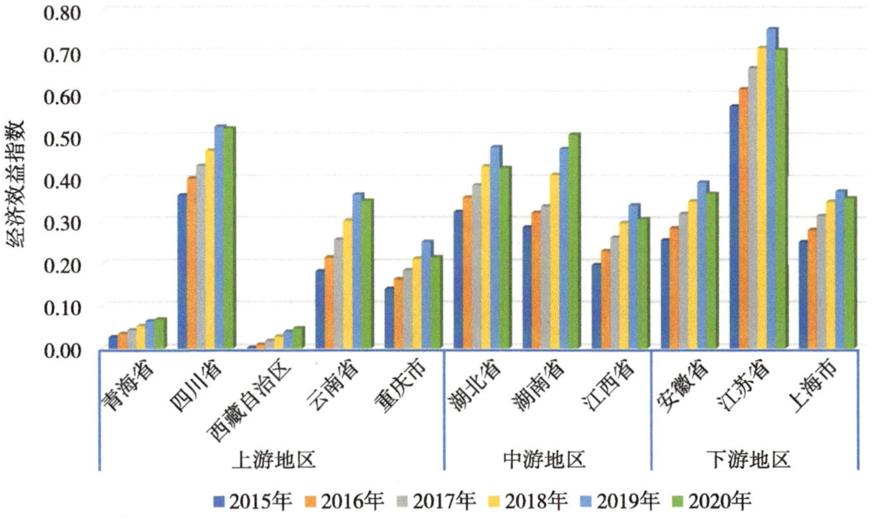

图 7-12　2015—2020 年长江流域各省级行政区经济效益指数变化趋势

游地区 2 个省级行政区的社会效益指数高于中游地区；有 4 个省级行政区社会效益指数为 0.5～0.7，其中 2 个位于上游地区，1 个位于中游地区，1 个位于下游地区；有 3 个省级行政区社会效益指数为 0.5 以下，均位于上游地区。由此可知，从社会公平性方面来说，下游地区社会更为公平，下游地区社会公平性最差，中游地区位于上游地区和下游地区之间（图 7-13）。

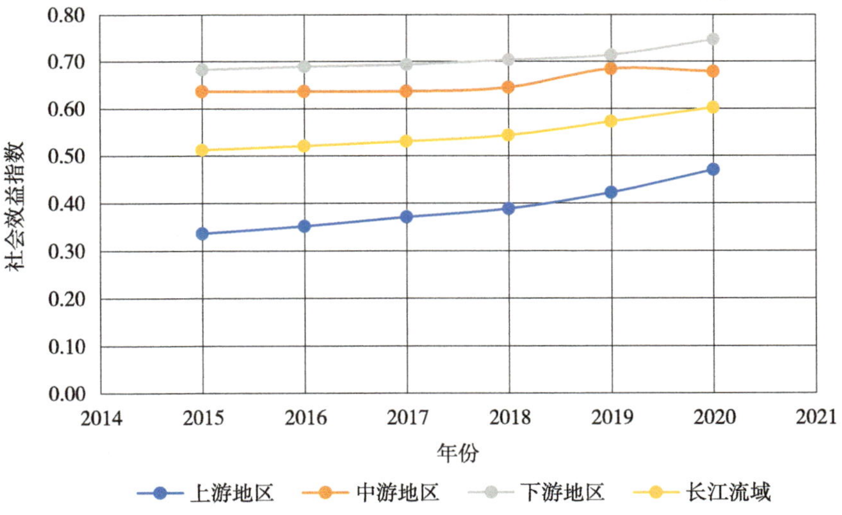

图 7-13　2015—2020 年长江流域上游、中游、下游地区社会效益指数变化趋势

具体到各省级行政区来看，下游地区的上海市、江苏省，中游地区的湖北省、江西省 4 个省级行政区城乡居民收入差距较小，社会公平性较高；其次为上游地区的四川省、重庆市，中游地区的湖南省，下游地区的安徽省；上游地区的青海省、西藏自治区、云南省由于经济欠发达，城市和乡村差距较大，城乡居民收入比较大，社会公平性较差（图 7-14）。

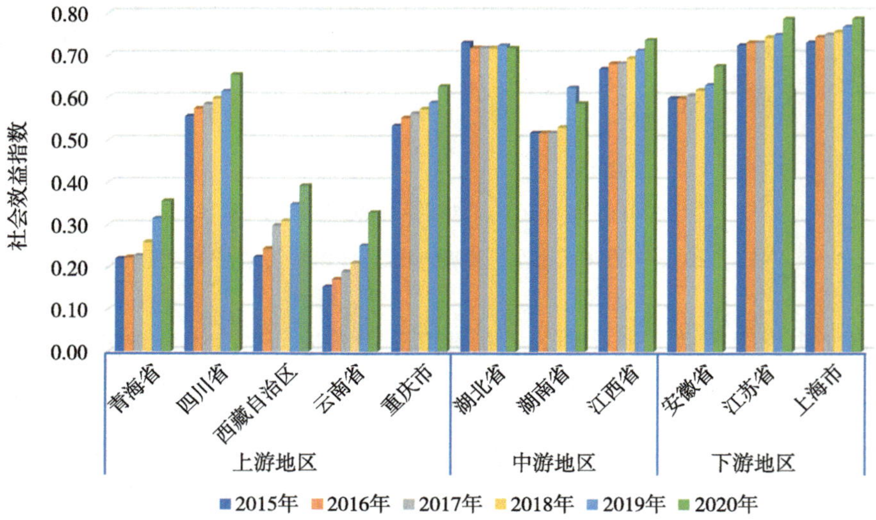

图 7-14　2015—2020 年长江流域各省级行政区社会效益指数变化趋势

7.2 “十三五”黄河流域生态产品价值转化成效

7.2.1 总体情况

黄河发源于青海省巴颜喀拉山脉，流经青海省、四川省、甘肃省、宁夏回族自治区、内蒙古自治区、陕西省、山西省、河南省、山东省 9 个省级行政区，最后于山东省东营市注入渤海。该流域从西到东横跨青藏高原、内蒙古高原、黄土高原和黄淮海平原 4 个地貌单元，流域面积达 79.5 万 km^2。黄河源头至内蒙古河口镇为黄河上游，河口镇至河南省桃花峪为中游，桃花峪至黄河入海口为下游。本节根据黄河干流在省内的长度，确定上游地区包括青海省、四川省、甘肃省、宁夏回族自治区、内蒙古自治区 5 个省级行政区，中游地区包括陕西省、山西省、河南省 3 个省级行政区，下游地区包括山东省 1 个省级行政区。

由图 7-15 可知，2015—2020 年，黄河流域 EPEI 指数也呈先上升后下降的趋势，2015 年黄河流域 EPEI 指数为 0.53，后逐年上升，至 2019 年到达最高点 0.65。2020 年，受疫情影响，EPEI 指数大幅下降，降至 0.56。从等级来看，"十三五"期间，黄河流域 EPEI 指数为一般水平。

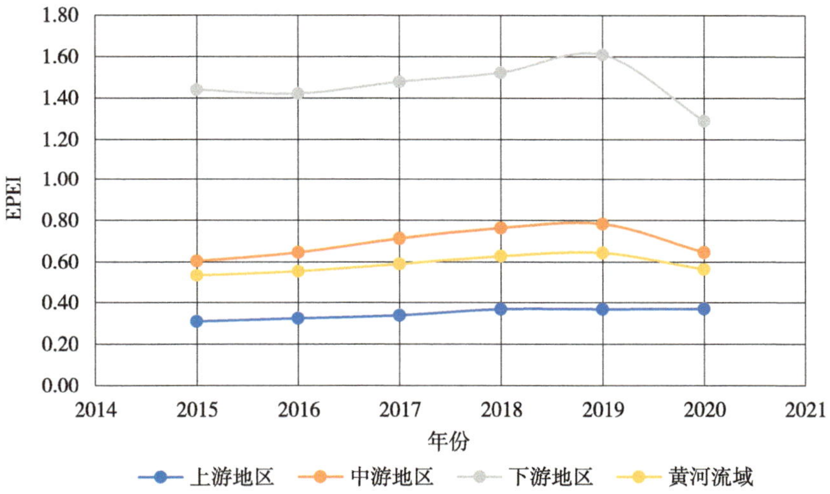

图 7-15　2015—2020 年黄河流域 EPEI 指数变化趋势

从区位来看，黄河流域生态产品价值转化成效指数排名为下游地区＞中游地区＞上游地区，下游地区的生态产品价值转化效果远远好于上游和中游地区。下游的山东省海洋、森林、湿地、农田等生态资源丰富，且经济发达，GDP 在全国稳居第 3 位，生态产品价值转化路径和模式多样，转化成效明显；上游地区"绿水青山"本底较好，生态资源丰富，但青海省、甘肃省、宁夏回族自治区、内蒙古自治区等地均属于不发达地区，生态产品价值转化机制不完善，转化路径单一，转化效率较低，因此，除四川省外，其他省级行政区远远落后于中游和下游地区（图 7-16）。

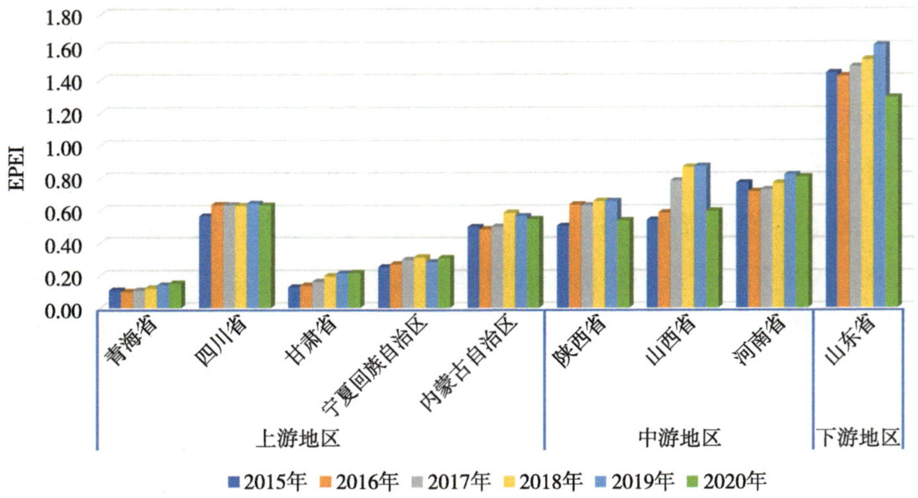

图 7-16　2015—2020 年黄河流域省级行政区 EPEI 指数变化趋势

从年度变化来看，黄河流域大部分省区均呈先上升后下降的趋势，2015—2019 年，生态产品价值转化成效持续上升，但 2020 年，受疫情影响，大部分省级行政区生态产品价值转化成效有所降低，其中受影响较严重的为山西省、山东省和陕西省，2020 年较 2019 年分别下降了 31.69%、19.86% 和 18.05%。

7.2.2　指数层评估

从指数层来评估，环境质量指数是 5 个指数中得分最高的，2020 年达到 0.74；其次是社会效益指数，2020 年为 0.52；人类生产要素投入指数评分为 0.36；生态服务指数和经济效益指数 2 个指数较小，分别为 0.31 和 0.30。这一趋势和长江流域相似，但是各项指数均比长江流域偏低（图 7-17）。

7.2.2.1　环境质量指数

2020 年，黄河流域环境质量指数达到 0.74，且“十三五”期间，环境质量指数均呈持续上升的趋势，2015—2020 年增长了 34.82%。4 个省级行政区环境质量指数达到 0.8 以上，其中 3 个位于上游地区，1 个位于中游地区；3 个省级行政区环境质量指数为 0.6～0.7，其中 2 个位于上游地区，1 个位于中游地区；仅山西省和山东省 2 个省级行政区在 0.6 以下。

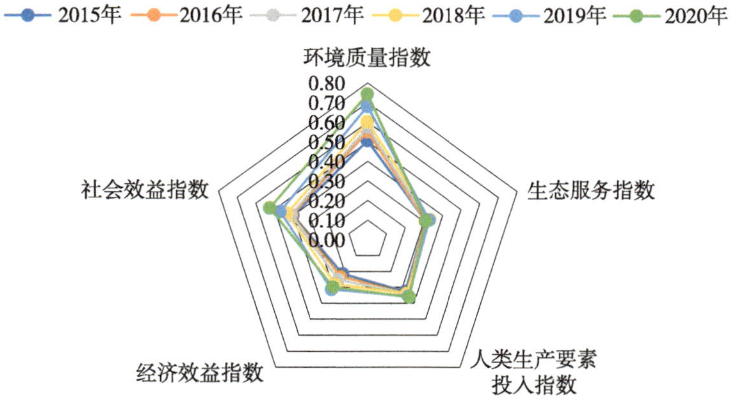

图 7-17　2015—2020 年黄河流域各指数变化趋势

从区位来分析，黄河流域上游的青海省、四川省、甘肃省 3 个省级行政区位于青藏高原和祁连山区，自然保护区多，大部分地区人迹罕至，环境质量较好，环境质量指数均在 0.85 以上。上游地区的宁夏回族自治区、内蒙古自治区和中游地区的陕西省等省级行政区大部分位于黄土高原，且属于干旱半干旱区，降水较少，生态环境相对恶劣，虽人迹也稀少，但与上游的青海省、四川省和甘肃省相比，环境质量稍差一些，环境质量指数为 0.65～0.75；山东省由于位于黄河的下游，水质状况受上游影响大，且山东省大多数为平原地区，农田较多，森林较少，不能很好地发挥生态系统对空气和水的净化作用，因此环境质量稍差，环境质量指数仅为 0.47（图 7-18）。

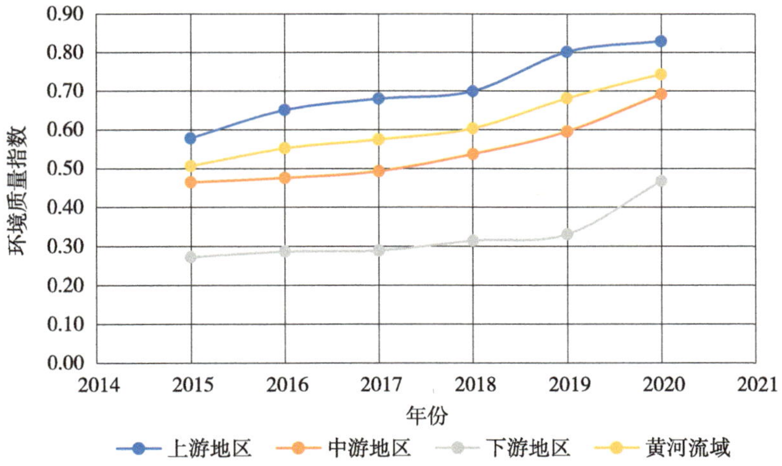

图 7-18　2015—2020 年黄河流域上游、中游、下游地区环境质量指数变化趋势

从年度变化来看，“十三五”期间，各省级行政区生态环境质量均有不同程度的提升，其中，山东省提升幅度最大，达到 71.22%；青海省其次，为 65.57%（图 7-19）。

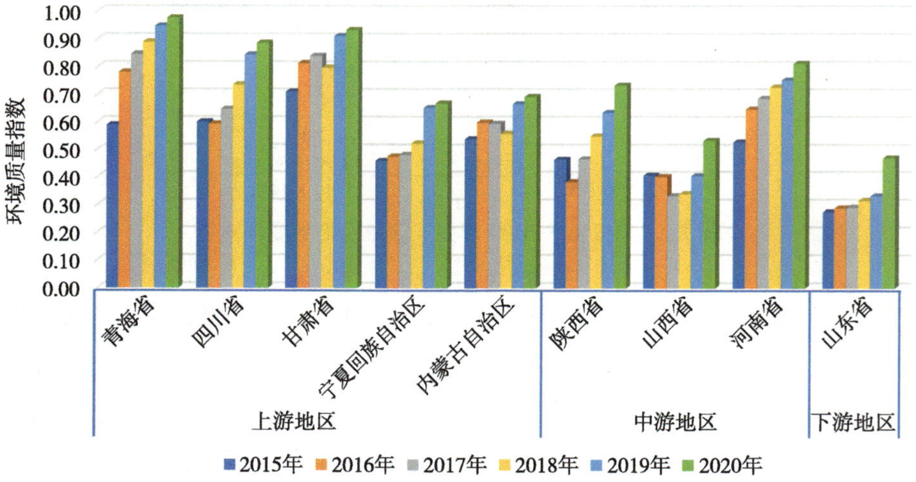

图 7-19　2015—2020 年黄河流域省级行政区环境质量指数变化趋势

7.2.2.2　生态服务指数

2020 年，黄河流域生态服务指数为 0.31，“十三五”期间，该指数较为平稳，仅在 0.31～0.33 波动，变化幅度较小。综合上游、中游、下游来看，下游地区由于只有山东省 1 个省级行政区，生态服务指数稍高，2020 年达到 0.38；上游和中游生态服务指数相差不大（图 7-20）。

分省级行政区来看，上游地区的四川省的生态服务指数远远超出黄河流域其他 8 个省级行政区，达到了 0.83；而排名第 2 位的河南省生态服务指数仅为 0.44，仅为四川省的一半左右；排名第 3 位的山东省 2020 年生态服务指数为 0.38。上游地区的青海省、甘肃省、宁夏回族自治区 3 个省级行政区由于降水稀少，且生态系统以草原、荒漠为主，生态服务指数在 0.2 以上，宁夏回族自治区仅为 0.06（图 7-21）。

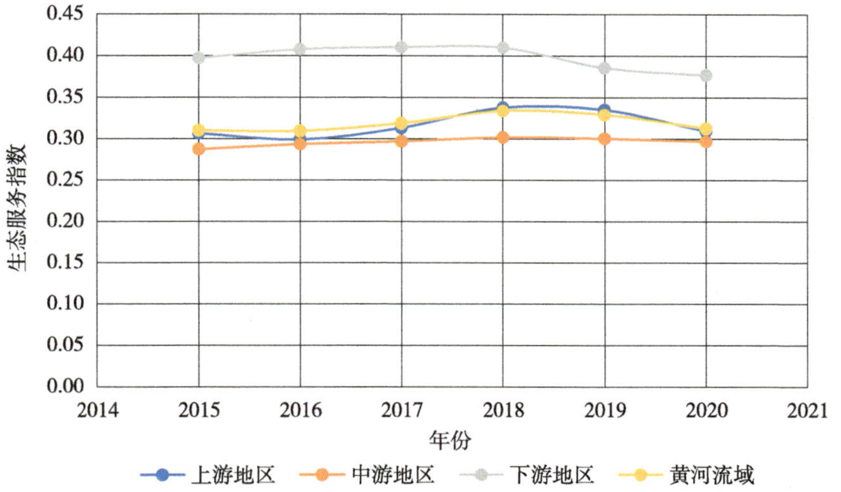

图 7-20　2015—2020 年黄河流域上游、中游、下游地区生态服务指数变化趋势

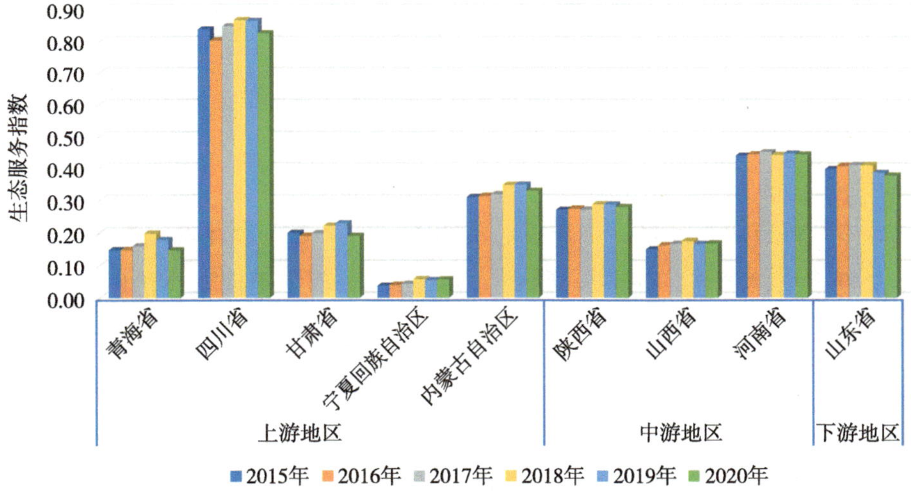

图 7-21　2015—2020 年黄河流域省级行政区生态服务指数变化趋势

7.2.2.3　人类生产要素投入指数

2020 年，黄河流域人类生产要素投入指数为 0.36，"十三五"期间，该指数呈小幅上升趋势，由 0.33 升至 0.36。从区位来看，上游、中游、下游呈现两级分化现象，其中下游地区人类生产要素投入指数高达 0.85，虽有波动，但基

本稳定在0.85～0.90；上游地区该指数仅为0.22，虽然逐年上升，但2015—2020年仅由0.19升至0.22，上升了0.03，涨幅较小。下游地区的人类生产要素投入指数是上游地区的3.87倍（图7-22）。

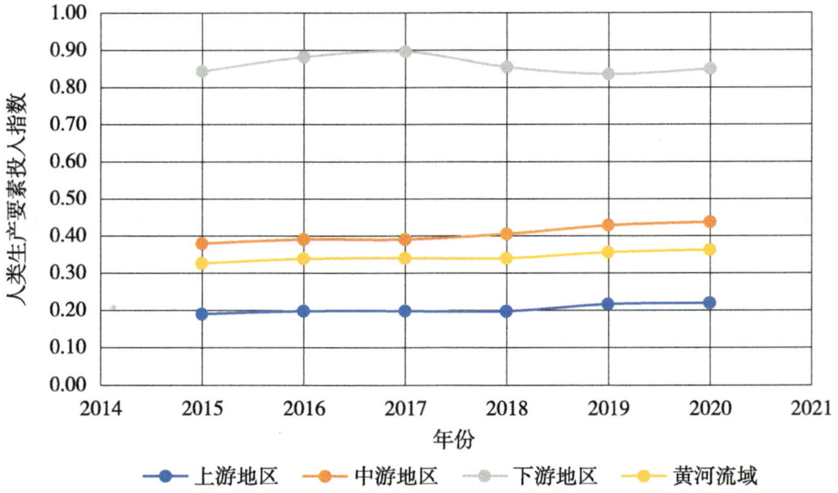

图7-22　2015—2020年黄河流域上游、中游、下游地区人类生产要素投入指数变化趋势

具体到各省级行政区，山东省、河南省、四川省3个省级行政区的人类生产要素投入指数较高，分别为0.85、0.76、0.65，而宁夏回族自治区、青海省、甘肃省3个省级行政区则较低，分别为0.03、0.04、0.14。分析其原因，该指数的大小与经济发展水平密切相关，经济实力较强的省级行政区才能投入更多的人力、物力和资金开展生态产品价值实现的研究和探索，下游地区的山东省、中游地区的河南省和上游地区的四川省，在黄河流域中均是经济实力相对较强的，同时，与其他省级行政区相比，这3个省级行政区也更重视生态环境保护和生态产品价值实现的探索，因此，这3个省级行政区人类生产要素投入指数较高。而宁夏回族自治区、青海省、甘肃省均属于落后地区，经济欠发达，人口也相对稀少，大部分财政收入均来源于中央转移支付，无法支撑更多的人类生产要素的投入（图7-23）。

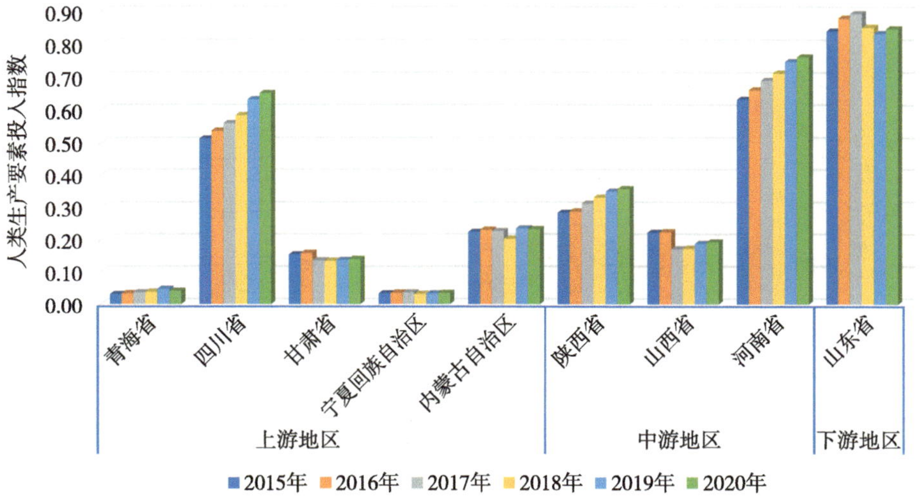

图 7-23 2015—2020 年黄河流域省级行政区人类生产要素投入指数变化趋势

7.2.2.4 经济效益指数

经济效益指数是 5 个分指数中评分最低的，2020 年仅为 0.30。在黄河流域的 9 个省级行政区中，仅有下游的山东省、中游的河南省和上游的四川省评分在 0.5 以上；其他地区均在 0.3 以下，其中青海省的经济效益指数仅为 0.07，严重拉低了上游地区的经济效益指数水平。

从年际变化来看，与长江流域类似，2015—2019 年，黄河流域大力推进生态产品价值实现，经济效益指数明显提高；2020 年，受疫情影响，经济效益指数有所下降。上游、中游和下游地区均表现出和黄河流域相同的趋势，但下游地区 2020 年下降较上游和中游地区更为明显（图 7-24）。

分区域来看，下游的经济效益指数要远高于中游和上游，2020 年下游地区的经济效益指数（0.62）约为上游地区经济效益指数（0.21）的 3 倍。分省级行政区来看，与人类生产要素投入指数相似，下游的山东省、中游的河南省和上游的四川省经济实力较强，生态产品转化模式和路径多样，转化效益较高。而青海省、甘肃省、宁夏回族自治区由于经济实力较弱，且大部分地区位于自然保护区和重点生态功能区内，转化模式受限，转化效益较低（图 7-25）。

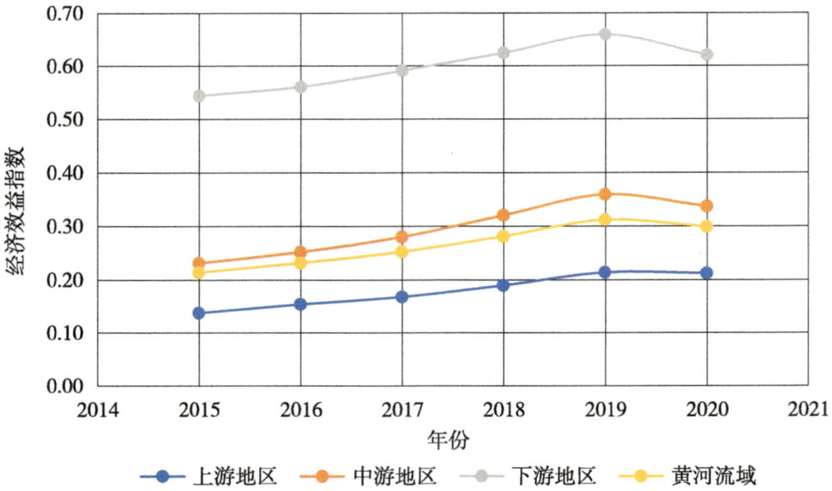

图 7-24　2015—2020 年黄河流域上游、中游、下游地区经济效益指数变化趋势

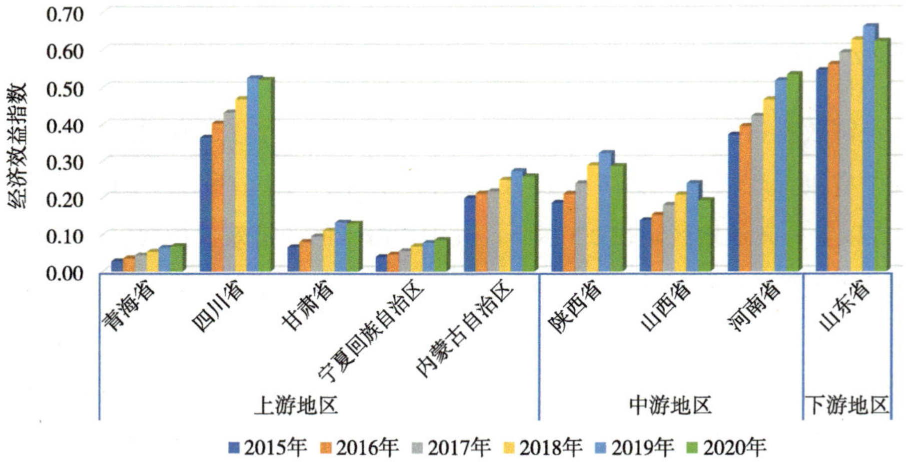

图 7-25　2015—2020 年黄河流域省级行政区经济效益指数变化趋势

7.2.2.5　社会效益指数

社会效益指数在 5 个分指数中仅次于环境质量指数，2020 年黄河流域为 0.52，且“十三五”期间呈持续增长趋势。在黄河流域的 9 个省级行政区中，有 2 个省级行政区的社会效益指数在 0.70 以上，分别为中游地区的河南省和下游地区的山东省；有 4 个省级行政区的社会效益指数为 0.5～0.7，其中上游地区 3 个，中游地区 1 个；社会效益指数在 0.5 以下的省级行政区有 3 个，其中上游

地区 2 个，中游地区 1 个。从上游、中游、下游地区的平均值来看，社会效益指数排名为下游地区（0.70）＞中游地区（0.59）＞上游地区（0.45），即下游地区社会公平性较强，上游地区社会公平性较差，中游地区居于二者之间（图 7-26）。

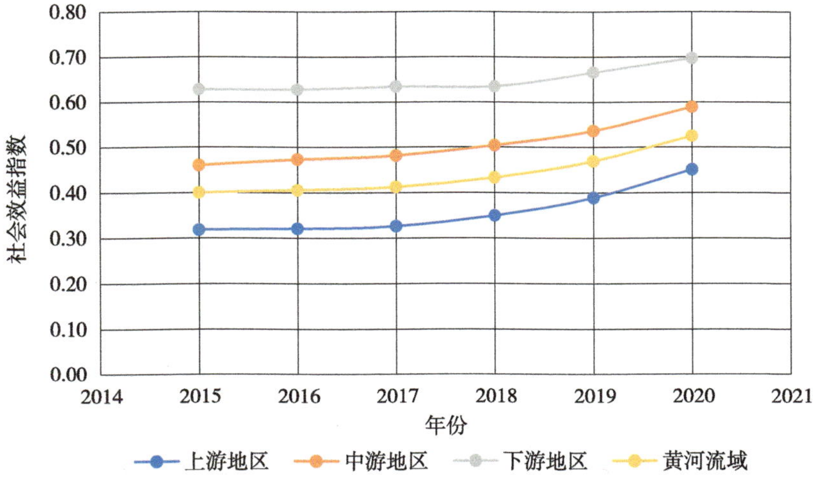

图 7-26　2015—2020 年黄河流域上游、中游、下游地区社会效益指数变化趋势

具体到黄河流域的省级行政区，中游地区的河南省、下游地区的山东省和上游地区的四川省城乡居民收入差距较小，社会公平性较高；其次为上游地区的宁夏回族自治区、内蒙古自治区和中游地区的山西省；上游地区的甘肃省社会效益指数最低，仅为 0.11，拉低了上游地区的社会效益指数水平（图 7-27）。

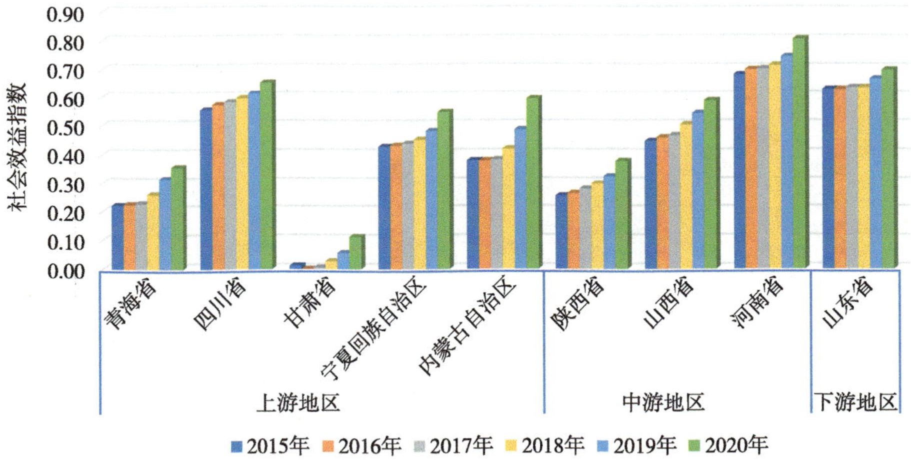

图 7-27　2015—2020 年黄河流域上游、中游、下游地区社会效益指数变化趋势

8

“十四五”提升生态产品价值转化成效的决策建议

“SHISIWU” TISHENG SHENGTAI CHANPIN JIAZHI ZHUANHUA CHENGXIAO DE JUECE JIANYI

8.1 构建空间匹配的生态产品供给能力提升机制

生态产品的供给不仅需要自然生态系统的产出，也需要人类生产要素投入。从"十三五"时期全国各地生态产品价值转化实践成效来看，西部地区生态环境资源丰富，但生态脆弱性大，开发难度高，同时经济社会发展落后，人类生产要素投入不足，对生态产品的潜力挖掘不够；中部、东部地区经济社会发达，对生态产品的需求旺盛，有雄厚的资本、劳动力和技术对生态产品价值转化模式进行大胆的探索创新，但生态底子薄，人口密度大，生态产品开发后劲不足。因此，未来应当着力构建空间匹配的生态产品供给能力提升机制，基于不同区域的不同特点，发挥长处，补足短板，守护好绿水青山的同时，挖掘自然价值，增值自然资本。

8.1.1 建立健全专门针对生态产品的调查与监测网络

生态产品不完全等同于生态环境资源，也不完全等同于生态系统服务。以往的调查监测机制往往集中在生态资源本底方面，忽略了人类投入，对价值的核算也仅集中于生态系统服务方面，导致核算结果落地难度大，与实际应用不匹配等问题，不利于生态产品供给能力提升。因此，应当在以往的生态环境资源和生态系统服务监测基础上，从生态产品的定义及内涵出发，基于山水林田湖草沙生命共同体理念，合理调整统计数据、各领域专项调查数据、市场调查数据、遥感监测等数据的口径与计算方法，建立健全专门针对生态产品的调查与监测网络，体现出生态产品的自然产出要素和人类投入要素的贡献。

8.1.2 强化利益联结，加强跨区域生态产品经营开发协调机制

生态环境资源在空间分布上的不均衡是不可忽视的现实情况，但生态产品的经营开发则可以取长补短，强化利益联结，加强跨区域协调与深度合作。中东部地区利用丰富的社会经济资源，探索创新生态产品价值转化模式，为西部地区提供先进经验和样板，并加大对西部地区的支持。西部地区则在保护好生态本底基础上，加强跨区域合作，通过飞地经济等方式，挖掘本底生态潜力，开发多样化生态产品，满足东部、中部地区的生态需求，最终实现利益高度联结，生态共建共享。

8.1.3 着力提升生态物质产品供给能力

在保障粮食安全的前提下，重点在“生态”二字上做文章，供给绿色、优质的生态物质产品。推行农林牧副渔绿色生产方式，减少农药、化肥等对生态环境的污染，实施农业节水工程，减少物质生产对资源的消耗，真正做到“生态、绿色、无污染”。加大生态要素在生态物质产品中的贡献，探索以生态环境质量为标准的农产品质量分级制度，对于不同生态环境质量的地区产出的产品，构建不同的价格体系，体现生态溢价。加强各类生态认证制度建设，在生态认证过程中，着重提出生态友好相关的标准和要求，倒逼各地供给绿色、优质的生态物质产品。

8.1.4 着力提升生态服务产品供给能力

通过“生态＋旅游”“生态＋文化”“生态＋研学”“生态＋体育”“生态＋会展”等多种不同形式的模式和业态，挖掘地区特色，推动生态服务产业融合，

赋予生态产品地区特色和文化内涵，积极探索高端业态、创新业态，提高产品附加值，解决生态产品低端、重复、同质化问题，增强本地区生态产品的不可替代性。同时，建立生态产品和服务的技术支持体系，对传统产业产品进行改造升级。

8.1.5 着力提升生态权益产品供给能力

根据不同的权益特点，扩大试点范围，搭建完善的交易平台，以"保护者受益、污染者付费"为基本原则，由政府主导制定交易规则，培育扩大市场交易主体，促进生态权益产品的可持续交易。

8.1.6 着力提升生态补偿产品供给能力

以区域生态产品价值核算结果为基础，加强核算结果在生态补偿产品中的应用，提高生态补偿产品价值，进而提高补偿标准、范围，提高生态补偿产品供给者积极性，实现利益互补，从而协调和平衡生态保护地区和生态受益地区之间的利益关系。

总之，生态环境没有替代品，用之不觉，失之难存，守护好绿水青山，提升生态产品供给能力，就是保护自然价值和增值自然资本，保护经济社会发展潜力和后劲。

8.2 构建供需匹配的生态产品市场化投入产出机制

生态产品使用价值向价值的高效转化，是生态产品价值实现机制构建过程中的关键环节。生态产品经营开发投入巨大，除自然生态系统投入外，更需要付出额外的人类生产要素投入，其产出效益却不尽如人意，长此以往，将影响生态产品供给者的主观能动性，不利于形成"生态资源—生态产品—生态资本"的良性循环。要想提高产出效率，一方面是在投入方面提高利用效率，另一方面是扩大产出，匹配生态需求。

8.2.1 加大生态产品的资本投入力度

今天的投资就是明天的供给，积极扩大生态产业有效投资，既对当前稳增长具有重要作用，又影响未来的产业结构和发展后劲。鼓励引导支持更多社会资本加大对生态产业投资力度，扩宽多元化投融资渠道，特别是西部生态资源丰富地区，改变由于资金有限、严重依赖财政投入而造成的生态产品开发不足问题。同时，对于投入的资金要着重用于将传统产业改造为生态产业和提升生态产业核心竞争力等方面，切实提高资金使用效率。给予生态产品供给者金融财政支持和补贴，解决供给者融资困难、抗风险能力差、盈利周期长的问题。采用相互保、企业保、信用保等创新模式，解决抵押难问题，对供给者进行一系列的税费减免或优惠措施，帮助供给者度过生态产品开发前期高投入低产出的困难期。

8.2.2 加大生态产品的劳动力投入力度

任何产业经济发展，都离不开人的劳动，劳动力是经济发展的基础推动。特别是生态产品所依附的产业，更需要人类劳动投入，改造和顺应自然。一方面，要扩大劳动力数量，发挥生态产业对地区就业的带动作用；另一方面，要提升劳动力素质，引进生态经济领域的专业技术人才，更好地助推生态产品价值实现。

8.2.3 加大生态产品的土地投入力度

虽然生态产品绝大部分都在自然生态系统内产生，但如果不施加人类改造，任其自由生长，则难以满足人类多样化的生态需求，也失去了市场交换的基础，无法体现经济价值。而施加人类场所、设施，必须要扩大建设用地供给，突破当前各地建设用地面积不足的现实“瓶颈”。提高土地集约利用率，在不破坏生态自然景观的前提下，增加区域特色，因地制宜，构建多样化、差异化的生态产品形态，进而促进生态产品价值转化效率提高。

8.2.4 加大生态产品的技术投入力度

科学技术是经济增长的重要引擎。特别是在生态产业，技术的发展推动了生态产品价值转化模式的创新，推动了生态产品的附加值提升，得益于技术能力的提升，许多传统产业实现了向生态产业的转型升级。因此，必须要加大生态产品的技术投入力度，特别是在西部地区，生态资源开发难度较大，要想挖掘生态资源潜力，必须持续加大科研力度，加强跨区域科研合作，促进科学技术与实践相结合，推动生态产品品质提升，提高转化效率。

8.2.5 深入挖掘生态产品细分市场需求，推动供需匹配

生态产品的使用价值是多功能、多方面的，当其变为商品时，能够满足不同消费群体的多样化需求。对需求满足得越充分，则其效用越大，价值越高。因此，为了提高生态产品价值转化效率，必须要全面识别需求者的深层次、差异性需求，包括物质需求、健康需求、精神文化需求、美好环境需求等，有针对性地设计不同形态、不同功能的生态产品，因地制宜、分类施策，充分挖掘不同主体的不同生态需求，促进供需匹配。

8.3 理顺生态产品分区分类转化模式与路径

生态产品既包括有形的产品，也包括无形的服务；既可以是直接消费的最终产品，也可以是间接发挥生产要素作用的中间投入产品；既可以是发挥了巨大正外部性的公共物品，也可以是一般意义上的私人物品。不同类型的生态产品之间差异巨大，意味着不能套用相同的转化模式与路径。同时，中国地大物博，生态系统类型丰富，不同地区有其自身特色，适宜发展不同类型的生态产品。基于此，必须从根本上理顺生态产品分区分类转化模式，明晰价值实现路径。

8.3.1 明确不同生态产品价值转化模式的尺度及范围

从目前实践来看，许多地区生态产品价值转化的实践主体以县域为主，因地制宜、分类施策特点明显，在进行面上推广时则面临一系列现实困难。因此，必须要明确不同生态产品价值转化的尺度及范围。对于生态物质产品和生态服务产品，其地域性较强，特色明显，适宜小尺度范围推广，增强特殊性；对于生态权益产品及生态补偿产品，其影响范围大，在小尺度上难以形成有效约束，容易造成"搭便车"行为，因此，适宜推广扩展到大尺度范围，着力构建全国统一的大市场。

8.3.2 进一步细化生态产品分类，形成产品目录

生态产品是基于山水林田湖草沙等各个自然生态系统产出的生态系统服务，通过凝结人类劳动而形成，其产品构成、表现形式、服务对象、核心价值等多种多样，涵盖了经济社会发展需要的各个要素。建立生态产品目录清单，界定生态产品价值实现范围，实际上就是要基于山水林田湖草沙生命共同体理念，针对生态产品的性质、功能、公共性程度等进行分类，从制度层面统筹推进山水林田湖草沙一体化保护与利用，实现保护与发展的协调统一。因此，未来应当尽快出台生态产品目录范围，进而根据其类型特征分类施策，选取不同的价值实现模式和路径，确定对应的政策管制范围和政府责任，制定差异化的核算、定价、交易和利益分配规则。

8.3.3 因地制宜，分类施策，进一步强化区域特色

我国幅员辽阔，地大物博，土地类型和生态系统复杂多样，自然资源种类众多，生物多样性丰富。不同地区适宜开发不同的生态产品，有着不同的价值转化模式。机械地照搬其他地区的实践经验，容易造成"水土不服"，结果适得其反。因此，必须要对生态产品价值实现机制进行分区规划，分类施策。省级生态产品分区应从满足国家经济社会发展和生态环境保护工作宏观管理的需要出发，进行中等尺度范围划分；地市级、县级生态产品分区应与省级生态产品

分区相衔接，在分区尺度上应更能满足市域、县域经济社会发展和生态环境保护工作微观管理的需要。

探索各地生态产品价值，实现短期、中期、长期实现路径，循序渐进。生态产品开发依托自然生态系统，而自然生态系统有其自身发展规律，其演变和改造绝不是一朝一夕的事情，并且受到自然要素的影响很大。生态产品的价值曲线往往是非线性的，很难说生态产品短期价值提升，长期就一定也会提升。因此，必须树立可持续发展理念，从短期、中期、长期不同的视角出发，规划不同的实现路径，循序渐进，避免为了短期效益而进行盲目开发。

8.4 构建生态产品价值转化成效评估与反馈机制

生态产品价值转化成效不仅体现了过去一段时期各地破解"绿水青山"转化为"金山银山"的实践成果，更影响了今后有关生态产品价值实现的政策安排。但就目前而言，国内仍缺少完善的生态产品价值转化成效评估机制，各地往往以自己的标准对生态产品价值转化进行评价，相互之间没有可比性，也不利于构建全国统一的价值实现机制。因此，必须要构建科学、合理、可行的生态产品价值转化成效评估机制，并畅通成效评估的反馈通道，加强评估结果在实践中的适用性。

完善生态产品价值转化成效评价体系，体现评估的系统性和科学性。目前国内尚未建立针对生态产品价值转化成效的评价体系，类似的仅有生态环境部提出的"两山指数"、生态系统生产总值（GEP）价值核算、生态产品第四产业评估等。在此基础上，要进一步针对生态产品的特点，结合自然产出过程和人类生产要素投入过程，从实际出发，构建科学、合理的生态产品价值转化成效评估体系。

调整生态产品价值转化成效评估所需指标和数据的统计口径，增强评估可行性。在现有生态环境监测基础上，基于生态产品的特殊需求，构建动态监测机制。一是更新技术手段，加大科研监测站、监测网络的布局优化，提高信息化、精细化、网格化管理水平。二是以不同类型生态产品的个性化需求为基准，扩大生态及环境监测指标体系，特别是在现有的资源类监测体系基础上，加大生态和环境要素的常态化监测，为生态产品的生态环境溢价提供量化数据支撑。三是加强动态监测，增强监测数据时效性，提高数据使用效率，使各项数据能够在不同时期具有延续性。四是构建不同区域间生态监测数据共享平台，统一指标体系与监测方法，使各项数据在不同区域间具有可比性，为生态产品不同区域间的供给和交易奠定坚实的数据基础。

理论联系实际，加强生态产品价值转化的实践调研，增强评估体系可应用性。目前，国内生态系统价值核算与评估结果往往与现实脱节，难以真正转化落地。因此，必须坚持从实际出发，不仅关注生态产品的纯生态价值，更要从经济学角度，用市场交换价值衡量生态产品价值转化成效，针对不同地区加强实践调研，进一步增强评估体系可应用性。

坚持特殊与一般相结合，确保生态产品价值转化成效评估体系能够体现典型性和代表性。生态产品类型多样，差异巨大，不仅要从整体上对其价值转化成效进行评估，同时，更应从中提炼一般规律，选择具有典型性、代表性的案例，打造一批"生态样板"，为其他地区提供可资借鉴的宝贵经验。

畅通生态产品价值转化成效反馈通道，重视相关主体利益诉求。对生态产品价值转化成效进行评估，本质上是要检验各地区生态产品经营开发成果，让"无形"的努力体现在"有形"的成效指标上，总结经验，发现不足，进而为下一步政策制定提供方向性指导，也为各地区横向对比提供实证参考。因此，仅有成效评估是不够的，还应当畅通生态产品价值转化成效的反馈通道，以此作为工作考核的重要参考。同时，建立健全生态产品价值实现利益协调机制，重视相关利益主体诉求，推动社会参与生态产品价值实现机制的构建，推动全民共建、共享生态产品价值实现成果。

结束语

JIESHUYU

生态环境事业事关人类生存和永续发展，从单纯利用大自然，到严格保护大自然，再到促进人与自然和谐共生，人与自然的关系正在不断被重塑。面对自然资源和生态系统，我们绝不能从一时一地来看问题，而应从全局观、整体观、系统观、长远观出发，遵循山水林田湖草沙生命共同体理念，全方位、全地域、全过程开展生态文明建设，构建生态产品价值实现长效机制。

"十三五"时期是我国生态产品价值实现理论研究与实践飞速进展时期，学术界基本达成了针对生态产品价值实现的理论共识，全国各地打造出一批特色鲜明、亮点突出、成效卓著的"生态样板"，初步构建起相应的长效机制。但与此同时，也暴露出投入产出效率不高、东中西部发展不均衡、生态资源与生态产品经营开发空间分布不匹配、抗风险能力较低、转化模式难以大规模推广等一系列现实问题。

为顺利实现"十四五"规划落地和2035年远景目标，未来必须坚定不移地践行习近平"绿水青山就是金山银山"理念，着力构建政府主导、企业和社会各界参与、市场化运作、可持续的生态产品价值实现政策制度体系。要进一步完善生态产品供给能力提升机制，健全生态产品市场化投入产出机制，理顺生态产品分类转化模式与路径，并持续对全国各地生态产品价值转化成效进行追踪与科学评估，通畅利益诉求与反馈渠道，为我国生态文明建设、美丽中国建设、决胜全面建成小康社会奠定坚实基础。

相信在不久的将来，我们将探索出一条符合人与自然和谐共生理念、符合生态经济协调耦合规律、符合发展中国家现实国情的绿色发展之路，以中国智慧为世界各国生态环境保护事业与生态经济学科交叉领域贡献出中国方案！

参考文献

[1] 戴波，段海红．生态标志及生态产品推广问题研究 [J]. 生态经济，2011（1）：128-130，138.

[2] 方子节，李东升．生态产品与我国畜牧业的可持续发展 [J]. 生态经济，2001（7）：64-65，79.

[3] 高建中，唐根侠．论森林生态产品的外在性 [J]. 生态经济，2007（2）：109-112.

[4] 高晓龙，林亦晴，徐卫华，等．生态产品价值实现研究进展 [J]. 生态学报，2020，40（1）：24-33.

[5] 顾城天，王恒，罗彬，等．可示范、可复制、可推广　践行“两山”理念有十大典型模式 [J]. 环境与生活，2021（4）：78-79.

[6] 黄如良．生态产品价值评估问题探讨 [J]. 中国人口·资源与环境，2015，25（3）：26-33.

[7] 蒋金荷，马露露，张建红．我国生态产品价值实现路径的选择 [J/OL]. 价格理论与实践：1-4[2021-09-18]. https: //doi.org/10.19851/j.cnki.CN11-1010/F.2021.07.127.

[8] 金铂皓，黄锐，冯建美，等．生态产品供给的内生动力机制释析——基于完整价值回报与代际价值回报的双重视角 [J]. 中国土地科学，2021，35（7）：81-88.

[9] 黎元生．我国流域生态服务供给机制改革的目标与路径研究 [J]. 环境保护，2018，46（24）：20-25.

[10] 李宏伟，薄凡，崔莉．生态产品价值实现机制的理论创新与实践探索 [J]. 治理研究，2020，36（4）：34-42.

[11] 刘伯恩．生态产品价值实现机制的内涵、分类与制度框架 [J]. 环境保护，2020，48（13）：49-52.

[12] 马晓妍，何仁伟，洪军．生态产品价值实现路径探析——基于马克思主义价值论的新时代拓展 [J]. 学习与实践，2020（3）：28-35.
[13] 彭文英，尉迟晓娟．京津冀生态产品供给能力提升及价值实现路径 [J]. 中国流通经济，2021，35（8）：49-60.
[14] 任耀武，袁国宝．初论“生态产品”[J]. 生态学杂志，1992（6）：50-52.
[15] 沈辉，李宁．生态产品的内涵阐释及其价值实现 [J]. 改革，2021（9）：145-155.
[16] 孙磊．试论生态意义上的产品设计 [J]. 中国包装，1997（4）：25-27.
[17] 王斌．生态产品价值实现的理论基础与一般途径 [J]. 太平洋学报，2019，27（10）：78-91.
[18] 王夏晖，朱媛媛，文一惠，等．生态产品价值实现的基本模式与创新路径 [J]. 环境保护，2020，48（14）：14-17.
[19] 谢高地，甄霖，鲁春霞，等．生态系统服务的供给、消费和价值化 [J]. 资源科学，2008（1）：93-99.
[20] 尹伟伦．提高生态产品供给能力 [J]. 瞭望，2007（11）：104.
[21] 于丽瑶，石田，郭静静．森林生态产品价值实现机制构建 [J]. 林业资源管理，2019（6）：28-31，61.
[22] 虞慧怡，张林波，李岱青，等．生态产品价值实现的国内外实践经验与启示 [J]. 环境科学研究，2020，33（3）：685-690.
[23] 张林波，虞慧怡，李岱青，等．生态产品内涵与其价值实现途径 [J]. 农业机械学报，2019，50（6）：173-183.
[24] 张文明．完善生态产品价值实现机制——基于福建森林生态银行的调研 [J]. 宏观经济管理，2020（3）：73-79.
[25] 张英，成杰民，王晓凤，等．生态产品市场化实现路径及二元价格体系 [J]. 中国人口·资源与环境，2016，26（3）：171-176.

生态环境科技蓝皮书 2022

中国环境科学研究院

“十三五”全国生态文明建设成效

Achievements in ecological conservation during the 13th Five-Year Plan period

主　编 ◎ 孟晓杰　刘丽香

副主编 ◎ 熊向艳　柴莹莹　侯春飞　雷硕
　　　　　高馨婷　高梦洋

中国环境出版集团 · 北京

图书在版编目（CIP）数据

“十三五”全国生态文明建设成效 / 孟晓杰，刘丽香主编 . —北京：中国环境出版集团，2024.8
（生态环境科技蓝皮书 . 2022）
ISBN 978-7-5111-5377-7

Ⅰ. ①十… Ⅱ. ①孟… ②刘… Ⅲ. ①生态环境建设—成就—中国—2016—2020 Ⅳ. ① X321.2

中国版本图书馆 CIP 数据核字（2022）第 244097 号

审图号：GS 京（2024）1167 号

责任编辑 田 怡
封面设计 今亮后声

出版发行 中国环境出版集团
（100062 北京市东城区广渠门内大街 16 号）
网 址：http：//www.cesp.com.cn
电子邮箱：bjgl@cesp.com.cn
联系电话：010-67112765（编辑管理部）
发行热线：010-67125803，010-67113405（传真）
印 刷 北京中科印刷有限公司
经 销 各地新华书店
版 次 2024 年 8 月第 1 版
印 次 2024 年 8 月第 1 次印刷
开 本 787 × 1092 1/16
印 张 11.25
字 数 168 千字
定 价 1680.00 元（全 11 册）

丛书编写委员会

前言

生态文明建设是中国特色社会主义事业的重要内容，关系到人民福祉，关乎民族未来，事关“两个一百年”奋斗目标和中华民族伟大复兴中国梦的实现。党中央、国务院高度重视生态文明建设，先后出台了一系列重大决策部署，推动生态文明建设取得了重大进展和积极成效。

党的十八大以来，以习近平同志为核心的党中央从坚持和发展中国特色社会主义、实现中华民族伟大复兴中国梦的高度，把生态文明建设摆在全局工作的突出位置，生态文明建设从认识到实践均发生了历史性、转折性、全局性的变化，创造了令世人瞩目的生态奇迹。进入新发展阶段，我国开启全面建设社会主义现代化国家新征程，对生态文明建设提出了新任务、新要求，成为建设人与自然和谐共生、满足人民群众对美好生活向往、推动高质量发展和构建人类命运共同体的必然选择。“十四五”时期，我国生态文明建设是以降碳为重点战略方向、推动减污降碳协同增效、促进经济社会发展全面绿色转型、实现生态环境质量改善由量变到质变的关键时期。生态文明建设迈入新阶段。

为系统总结全国不同地区生态文明建设进展，评价我国“十三五”期间生态文明建设成效，为下阶段生态文明建设提供经验借鉴，特编制本册蓝皮书。

在本书编制过程中，韩永伟研究员给予了全程指导和大力帮助，邓渓丹、杨科、郑玉萍、张恩祥、杜雨琪、胡宁参与了本书的数据收集和部分数据计算工作，为书籍的顺利出版贡献了力量，在此一并表示感谢。

目录

1

绪 论

XULUN

1.1 习近平生态文明思想的内涵和特征

1.1.1 习近平生态文明思想的科学内涵

（1）“人与自然和谐共生”的科学自然观

近现代自然科学的发展使得人类改造自然的能力空前提升，导致“人类中心论”的机械自然观长期占据主导地位，成为近现代生态危机频发的重要思想根源。马克思主义自然观承认自然界的客观性，重视人与自然物质交换的动态平衡。我国自古以来就有“天人合一”的思想，强调天与人、人与自然的和谐一致、互惠共存。中国儒家主要从“天人合一”“主客合一”的角度来论证“天人合一”。道家主要从人顺应自然、合人于天的角度讲“天人合一”，提出的“道法自然”强调人要以尊重自然规律为最高准则，将崇尚自然、效法天地作为人生行为的基本皈依，强调人必须顺应自然。

习近平生态文明思想以马克思主义自然观为基础，提出“人与自然和谐共生”的理念，强调人与自然构成休戚与共的生命共同体。人类在改造自然并让其服务于自身时，理应自觉地对自然持敬畏之心、行保护之举、怀感恩之情，尊重自然、顺应自然、保护自然，共同打造人与自然和谐发展的新格局，并最终还自然以"天蓝地绿水清"。同时需要指出，追求人与自然和谐共生并不是宣扬简单的"生态中心主义"，否定人的主导性、能动性，而是要走生态优先、绿色发展的高质量发展之路。因此，"坚持人与自然和谐共生"要求人类自觉承担责任，通过个体的绿色可持续的生活、生产方式，进而达到整个社会文明形态的飞跃，最终步入生态文明时代。

（2）"绿水青山就是金山银山"的绿色发展观

"绿水青山就是金山银山"理念最早于2005年由时任浙江省委书记的习近平同志在调研浙江省安吉县余村时提出。2013年9月，习近平在哈萨克斯坦纳扎尔巴耶夫大学发表演讲时指出"我们既要绿水青山，也要金山银山。宁要绿水青山，不要金山银山，而且绿水青山就是金山银山"，对"绿水青山就是金山银山"理念进行了全面、系统的阐述。"绿水青山就是金山银山"理念是习近平生态文明思想的重要组成部分，深刻阐明了生态环境保护与经济社会发展之间辩证统一的关系，指出保护生态环境就是保护生产力，两者存在协同共赢的路径，为推进绿色发展，建设美丽中国提供了根本遵循。

"绿水青山就是金山银山"理念实质上揭示了生态系统的双重价值属性，即生态价值和社会价值。生态环境本就具有其存在价值，如果生态环境与经济发展之间存在矛盾，我们绝不能破坏环境，相反，必须把生态保护放在更重要的位置。同时，自然资源在一定条件下可转化为经济价值，需要找准环境保护和经济发展结合点、平衡点。"绿水青山就是金山银山"理念强调"绿水青山"也是生产力，拓展了马克思主义的生产力范畴，将经济发展和环境保护、人与自然和谐共生这一"两难"问题转化为"双赢"，指明了经济发展和保护环境协同并进的路径。

（3）"生态兴则文明兴"的生态历史观

"生态兴则文明兴，生态衰则文明衰"，生态环境的变化直接影响文明的兴衰演替。据考证，古埃及、古巴比伦文明的败落可能与生态环境恶化有关。以"文明兴衰"为要义的生态历史观，揭示了古往今来自然生态环境对文明兴衰的影响。与生命共同体中的一些其他生命体相比，人类是最具有影响自然的能力的。如果人类将自然作为征服与“侵略”的对象，不能正确认识与处理人与自然的关系，人类文明也将随着最后一棵树的倒下而终结。

“欲知大道，必先为史”，历史是人类增进认识的重要源泉，习近平生态文明思想从人类文明发展的历史长河中深刻地揭示了人类文明的兴衰交替与生态环境变化密切相关，习近平生态文明思想深深地扎根于世界文明和五千年中华文明所构筑的深厚历史根基之中。人类社会经历了原始文明、农业文明、工业文明，生态文明是工业文明发展到一定阶段的产物，生态文明不是对过往文明的简单修复，而是超越了工业文明的新的文明形态，是人与自然关系在更高发展阶段上的新的平衡，这既遵循了文明发展的一般规律，又以“生态兴”冲破生态环境对经济发展的约束，从而持续解放和发展生产力。

（4）“山水林田湖草沙是生命共同体”的系统治理观

生态是统一的自然系统，是相互依存、紧密联系的有机链条。人的命脉在田，田的命脉在水，水的命脉在山，山的命脉在土，土的命脉在林和草，这个生命共同体是人类生存发展的物质基础。山水林田湖草沙是一个生命共同体，是人类生存发展的物质基础，需要按照生态系统的整体性、系统性及其内在规律，统筹考虑自然生态各要素，整体保护、系统修复、综合治理。推进生态文明建设，需要符合生态的系统性，坚持系统思维、协同推进。

“山水林田湖草沙是生命共同体”科学地吸收了可持续发展理论和生态系统管理理论的思想，可持续发展理念起源于20世纪人口的爆炸性增长和资源环境的高强度开发引发的环境污染问题。20世纪出现的几次重大环境污染事件唤起了人们对传统增长方式的反思，发展的质量和可持续性受到世界各国的重视。同时，人们的认识由单一追求生态系统持续供给产品的观点转变为寻求生态系统可持续的观点，融合生态学、管理学等理论的生态系统管理理论由此诞生，并迅速成为国际共识。在中国特色社会主义进入新时代的大背景下，“山水林田湖草沙是生命共同体”这个关于生态文明建设的系统观念包含了丰富的时代印记与科学内涵，形象地阐释了物质的普遍联系性，反映了自然生态中部分与整体的辩证统一性，体现了尊重、顺应、保护自然的基本理念。

1.1.2 习近平生态文明思想的主要特征

（1）超越性：世界生态伦理学发展的重大理论突破

习近平生态文明思想提出"生命共同体"理念的生态自然观，借鉴马克思辩证唯物主义认识论及中国传统哲学的整体性思维，从生命的本体与自然的本源出发，将人类与自然万物统一于"生命共同体"这个概念中，揭示了人与自然的本质关系，结合了人类中心主义与自然中心主义思想，并弥合了这两种思想长久以来的根本对立，是世界生态伦理学发展的重大理论突破，对中国乃至全世界的生态文明建设与生态环境保护都具有重大意义。习近平生态文明思想在承认人类具有改造自然能力的同时，强调了保护生态环境的义务。其倡导的生态自然观是人类生态文明的应有之义，也是人道主义和自然主义在更高层次上的融合。

（2）针对性：为"美丽中国"建设提供了根本遵循

习近平生态文明思想从中华民族永续发展的角度，对中国经济社会发展与生态环境矛盾进行正确判断，统筹考虑当前发展和长远发展的需要，倡导创新、协调、绿色、开放、共享的新发展理念，以实现人与自然、人与社会、人与人的和谐发展，为中国走向生态文明新时代、建设"美丽中国"提供了根本遵循。强调在推进"美丽中国"建设过程中，牢固树立"保护生态环境就是保护生产力，改善生态环境就是发展生产力"的理念，处理好经济发展与环境保护的关系，深刻践行"两山"的理念，通过探索实践，实现由"绿水青山"到"金山银山"的转化，做到既有绿水青山又有金山银山。在以习近平生态文明思想的指引下，我国将全力实现人与自然的和谐共存，推行绿色发展的生产与生活方式，推进经济、科技、文化与社会发展方式的系统性革命，让良好的生态成为最普惠的民生福祉，最终实现"美丽中国"建设目标。

（3）引领性：引领正确的生产生活方式和发展观

生态文明建设是对人民对良好生态环境向往的积极回应，体现出中国共产党人对国家、对民族、对人民的责任担当。习近平生态文明思想对于指导经济社会发展与生态环境保护的协同推进，在全社会范围树立正确的生态文明理念、养成绿色生产生活方式、最终建成“美丽中国”都具有非常重要的引领作用。生态问题是最大的民生问题，蓝天白云、绿水青山是人民群众最基本的诉求，环境问题的解决事关生态安全、发展空间及社会稳定。这既是重大经济问题，也是重大社会问题和政治问题。正确的价值观、发展观的树立，引领人们自觉、主动地承担起对自然应尽的道德义务和道德责任，自觉地推动绿色发展、循环发展、低碳发展，正确处理经济发展同生态环境保护之间的关系。习近平生态文明思想引导人民树立正确的发展观，强调决不能以破坏生态环境为代价换取一时的经济增长，要走出一条经济发展和生态文明相辅相成、相得益彰的新发展道路。

（4）综合性：集成马克思自然观及中国传统生态观

人与自然本质的同一性决定了人类是自然界的一部分，人类的实践活动必然受到自然界客观规律的制约。马克思认为人类大规模的无序生产打破了自然的平衡与自我修复，造成了人类与自然的冲突。他支持人类为了生存与发展对自然进行改造和利用，但强调不应以牺牲自然环境为代价，必须通过保持自然的生态平衡才能实现人与自然的和解。习近平生态文明思想的科学自然观和绿色发展观与马克思提出的人与自然关系高度契合，强调人类在寻求发展的过程中，应遵循“绿色发展、和谐共生”的原则，尊重自然、顺应自然、保护自然，既要金山银山，也要绿水青山。习近平生态文明思想借鉴了我国传统的“天人合一”思想。中国传统哲学中的儒道两家均认为天与人本源合一，同属自然这个大生命共同体的一部分，体现了中国传统哲学“万物同源，和谐共处”的思想观念，强调人类不应也无法凌驾于自然之上，而应该与自然亲和融洽、和谐共处。

1.2 生态文明建设的重大意义

（1）是建设人与自然和谐共生现代化的必然选择

习近平总书记指出，我国建设社会主义现代化具有许多重要特征，其中之一就是我国现代化是人与自然和谐共生的现代化，注重同步推进物质文明建设和生态文明建设。从理论和实践层面进一步丰富和拓展了现代化的内涵与外延。生态兴则文明兴，生态衰则文明衰。生态环境是人类生存和发展的根基，生态环境变化直接影响文明兴衰演替。人类发展活动必须尊重自然、顺应自然、保护自然，否则就会遭到大自然的报复，这个规律谁也无法抗拒。建设人与自然和谐共生现代化，必须站在人与自然和谐共生的高度来谋划经济社会发展，像保护眼睛一样保护生态环境，像对待生命一样对待生态环境，坚定走生产发展、生活富裕、生态良好的文明发展道路。

（2）是满足人民群众对美好生活向往的根本需求

习近平总书记指出，当前，我国生态文明建设仍然面临诸多矛盾和挑战，生态环境稳中向好的基础还不稳固，从量变到质变的拐点还没有到来，生态环境质量与人民群众对美好生活的期盼相比，与建设美丽中国的目标相比，与构建新发展格局、推动高质量发展、全面建设社会主义现代化国家的要求相比，都还有较大差距。习近平总书记强调，生态环境是关系党的使命、宗旨的重大政治问题，也是关系民生的重大社会问题。广大人民群众热切期盼加快提高生态环境质量。我们要积极回应人民群众所想、所盼、所急，大力推进生态文明建设，提供更多优质生态产品，不断满足人民群众日益增长的对优美生态环境的需要。随着我国社会主要矛盾发生的变化，人民群众对优美生态环境的需要成为这一矛盾的重要方面。人民群众对优美生态环境的期望值不断提高。必须践行以人民为中心的发展思想，集中攻克老百姓身边的突出生态环境问题，持续改善生态环境质量，不断增强人民群众的获得感、幸福感、安全感。

（3）是推动经济社会高质量发展的根本遵循

习近平总书记指出，生态环境保护和经济发展是辩证统一、相辅相成的，建设生态文明、推动绿色低碳循环发展，不仅可以满足人民日益增长的优美生态环境需要，而且可以推动实现更高质量、更有效率、更加公平、更可持续、更为安全的发展。习近平总书记强调，在我国经济由高速增长阶段转向高质量发展阶段过程中，污染防治和环境治理是需要跨越的一道重要关口。加强生态文明建设，是贯彻新发展理念、推动经济社会高质量发展的必然要求，也是人民群众追求高品质生活的共识和呼声。

这要求我们，必须完整、准确、全面贯彻新发展理念，保持加强生态文明建设的战略定力，促进经济社会发展全面绿色转型，推动经济发展质量变革、效率变革、动力变革，推动经济社会发展建立在资源高效利用和绿色低碳发展的基础之上。

（4）是构建人类命运共同体的必然需求

习近平总书记强调，要积极推动全球可持续发展，秉持人类命运共同体理念，积极参与全球环境治理，为全球提供更多公共产品，展现我国负责任大国形象。近年来，气候变化、生物多样性丧失、荒漠化加剧、极端气候事件频发，给人类生存和发展带来严峻挑战。面对生态环境挑战，人类是一荣俱荣、一损俱损的命运共同体。党的二十大报告明确提出，构建人类命运共同体是世界各国人民前途所在。万物并育而不相害，道并行而不相悖。作为负责任大国，我国建设生态文明，坚决摒弃损害甚至破坏生态环境的发展模式，在推动绿色发展中解决生态环境问题，这既是办好我们自己的事情，又为发展中国家改变传统发展路径提供了全新选择，为解决全球环境问题贡献了中国智慧、中国方案。

2

生态文明建设的发展历程

SHENGTAI WENMING JIANSHE DE FAZHAN LICHENG

2.1 国内外生态文明建设研究进展

2.1.1 生态文明建设理念的提出与发展历程

我国自古以来就有“天人合一”的思想，强调天与人、人与自然的和谐一致、互惠共存。儒家主要从“天人合一”“主客合一”的角度来论证“天人合一”，肯定了人与自然界的统一和天地万物的内在价值，主张以仁爱之心对待自然，要求人与自然之间应保持和谐，体现了人与自然和谐共生的思想，其生态智慧的核心是在爱护万物中追求解脱，启发人们通过参悟万物的本真来完成认知，提升生命。道家主要从人顺应自然、合人于天的角度讲“天人合一”，提出“道法自然”，强调人要以尊重自然规律为最高准则，将崇尚自然、效法天地作为人生行为的基本皈依，强调人必须顺应自然。习近平生态文明思想根植于中华优秀传统生态文化，实现了历史底蕴、时代主题和思想创新的完美结合。

改革开放以后，我国经济发展迅速，人民生活水平得到很大提高。但由于长期的粗放型经济增长方式和较大的人口压力，我国的生态环境问题曾一度比较严重，已逐渐成为制约我国经济发展的“瓶颈”。随着建设中国特色社会主义实践的不断发展，人们对客观规律的认识也在不断深化和扩展。特别是党的十八大以来，依据历史唯物主义原理，按照发展中国特色社会主义的总体布局，从经济建设、政治建设、文化建设“三位一体”的建设拓展为全面推进经济建设、政治建设、文化建设、社会建设、生态文明建设“五位一体”总体布局，推动物质文明、政治文明、精神文明、社会文明、生态文明协调发展，体现了我国对自然规律的认识和尊重。

2007 年 10 月，党的十七大把建设生态文明列为全面建设小康社会目标之一，作为一项战略任务确定下来，提出要基本形成节约能源资源和保护生态环境的产业结构、增长方式、消费模式，推动全社会牢固树立生态文明观念，并把生态文明建设定为基本国策，要求完善有利于节约能源资源和保护生态环境的法律和政策，加快形成可持续发展体制机制。这标志着，生态文明成为中国现代化建设的战略目标，成为中国特色社会主义事业的崇高追求。

2012 年 11 月，党的十八大首次把生态文明建设纳入中国特色社会主义事业“五位一体”总体布局，全面系统地阐述了加强生态文明建设的总体要求、重点任务和实现路径，要求“将生态文明建设摆在更加突出的位置，融入经济建设、政治建设、文化建设、社会建设的各方面和全过程”“坚持节约资源和保护环境的基本国策，坚持节约优先、保护优先、自然恢复为主的方针，着力推进绿色发展、循环发展、低碳发展，形成节约资源和保护环境的空间格局、产业结构、生产方式、生活方式，从源头上扭转生态环境恶化趋势”。

2013 年 9 月，为贯彻落实党的十八大和习近平总书记重要讲话精神，大力推进林业生态文明建设，国家林业局组织编制了《推进生态文明建设规划纲要（2013—2020 年）》。

2013 年 11 月，党的十八届三中全会将“紧紧围绕建设美丽中国，深化生态文明体制改革，加快建立生态文明制度”作为 6 个“紧紧围绕”之一进行统一部署，提出建立源头严防、过程严管、后果严惩的生态文明制度体系，实行最严格的源头保护制度、损害赔偿制度、责任追究制度，完善环境治理和生态修复制度，用制度保护生态环境。

2014 年 10 月，党的十八届四中全会提出加快生态文明制度建设，稳步推进健全自然资源资产产权制度和用途管制制度、划定生态保护红线、实行资源有偿使用制度和生态补偿制度、改革生态环境保护管理体制等工作。

2015 年 4 月，中共中央、国务院发布《关于加快推进生态文明建设的意见》，提出了“五位一体”“五个坚持”“四项任务”“四项保障机制”的总体脉络，明确了生态文明建设的时间表和路线图，这是国家生态文明建设专题部署的首个文件。同年 5 月，《中华人民共和国国民经济和社会发展第十三个五年规划纲要》将生态文明建设首次列入我国五年规划。同年 9 月，党中央、国务院印发《生态文明体制改革总体方案》和 6 个配套文件，提出了生态文明体制改革的六大理念、六个原则和八项生态文明制度体系，明确了生态文明领域改革的顶层设计和部署。同年 10 月，党的十八届五中全会将生态文明建设首次写入“十三五”时期我国发展的指导思想，将加强生态文明制度建设作为《中华人民共和国国民经济和社会发展第十三个五年规划纲要》的重点任务和目标之一，提出创新、协调、绿色、开放、共享的新发展理念，为人民提供更多优质生态产品，协同推进人民富裕、国家富强、中国美丽。

2016 年 6 月，国家林业局组织编制了《中国生态文化发展纲要（2016—2020 年）》，以中共中央、国务院生态文明建设顶层设计为统领，全面提升生态文化的引导融合能力和公共服务功能，推进生态文明制度体系和治理能力现代化。

2017 年 10 月，党的十九大将建设生态文明提升为“千年大计”，并提出“我们要建设的现代化是人与自然和谐共生的现代化，既要创造更多物质财富和精神财富以满足人民日益增长的美好生活需要，也要提供更多优质生态产品以满足人民日益增长的优美生态环境需要”，将提供更多“生态产品”纳入民生范畴。同时，将美丽中国纳入国家现代化战略目标，勾画了美丽中国的路线图，即到 2035 年基本实现社会主义现代化，生态环境根本好转，美丽中国目标基本实现；到 21 世纪中叶，建成富强、民主、文明和谐美丽的社会主义现代化强国，生态文明将全面提升。

2018 年 5 月，习近平在全国生态环境保护大会上，明确提出了新时代推进生态文明建设的六项原则（坚持人与自然和谐共生、“绿水青山就是金山银山”、良好生态环境是最普惠的民生福祉、山水林田湖草是生命共同体、用最严格制度最严密法治保护生态环境、共谋全球生态文明建设）和五大体系（加快建立健全以生态价值观念为准则的生态文化体系、以产业生态化和生态产业化为主体的生态经济体系、以改善生态环境质量为核心的目标责任体系、以治理体系和治理能力现代化为保障的生态文明制度体系、以生态系统良性循环和环境风险有效防控为重点的生态安全体系），习近平生态文明思想正式确立。

2019 年 10 月，党的十九届四中全会提出“坚持和完善生态文明制度体系，促进人与自然和谐共生”，进一步明确了建设美丽中国的一系列制度安排，反映了党中央对生态文明建设规律性的认识深化，旨在进一步发挥制度在生态文明建设中的硬约束作用，推动人与自然和谐发展，并将其作为国家治理体系和治理能力现代化的重要组成部分。

2020 年 10 月，党的十九届五中全会明确提出 2035 年“美丽中国建设目标基本实现”的远景目标和“十四五”时期“生态文明建设实现新进步”的新目标、新任务，并就“推动绿色发展，促进人与自然和谐共生”做出具体部署，推动污染防治攻坚战从坚决打好向深入打好发生重大转变。

2021 年 11 月，党的十九届六中全会肯定了党的十八大以来生态文明建设的成就，提出在生态文明建设上，党中央以前所未有的力度抓生态文明建设，美丽中国建设迈出重大步伐，我国生态环境保护发生历史性、转折性、全局性变化，并提出“立足新发展阶段、贯彻新发展理念、构建新发展格局、推动高质量发展，推进科技自立自强，保证人民当家作主，坚持依法治国，坚持社会主义核心价值体系，……坚持在发展中保障和改善民生，坚持人与自然和谐共生，协同推进人民富裕、国家强盛，中国美丽”的战略方针。

2022 年 10 月，党的二十大报告提出“我们要推进美丽中国建设，坚持山水林田湖草沙一体化保护和系统治理，统筹产业结构调整、污染治理、生态保护、应对气候变化，协同推进降碳、减污、扩绿、增长，推进生态优先、节约集约、绿色低碳发展”，对生态文明建设提出了新的目标和要求。

生态文明建设重在实践，成在坚持。既要立足当前，着力解决对经济社会可持续发展制约性强、群众反映强烈的突出问题，打好生态文明建设攻坚战，又要着眼长远，把国家层面的政策落实与鼓励基层实践创新结合起来，持之以恒地推进生态文明建设。党中央、国务院在生态文明建设方面先后做出了一系列重大决策部署，各有关部委和各地各级政府做了大量卓有成效的工作，积极探索生态文明建设的实践创新。

2.1.2 国外生态文明建设研究进展

20 世纪 60 年代末，人类开始关注环境问题。1962 年，美国生物学家蕾切尔·卡逊出版了《寂静的春天》（*Silent Spring*）一书，提示了工业繁荣背后人与自然的冲突，对传统“征服自然”的理念提出了挑战，使人类的环境意识开始觉醒。1972 年 6 月 5 日，联合国在斯德哥尔摩召开了人类环境会议，会上罗马俱乐部（The Club of Rome）发表了《增长的极限》（*The Limits to Growth*），提出了“人类环境”的概念，通过了人类环境宣言并成立了联合国环境规划署（UNEP），唤起了人类对环境与发展问题的极大关注。

1980 年，世界自然保护联盟（International Union for Conservation of Nature and Natural Resources，IUCN）牵头，与联合国环境规划署（United Nations Environment Programme，UNEP）以及世界野生生物基金会［World Wildlife Fund，WWF，现已更名为世界自然基金会（World Wide Fund for Nature）］等国际组织一起，发表了《世界保护策略》重要报告，并为这一报告加了一个副标题：可持续发展的生命资源保护（Living Resources Conservation for Sustainable Development），同时提出“必须研究自然的、社会的、生态的、经济的以及利用自然资源过程中的基本关系，以确保全球的可持续发展”。自此以后，各国致力于界定可持续发展的含义，现时已拟出的定义已有几百个之多，涵盖范围包括国际、区域、地方及特定界别的层面。1981 年，美国学者布朗（Lester R. Brown）撰写并出版了《建设一个可持续发展的社会》，提出以控制人口增长、保护资源基础和开发再生能源来实现可持续发展。1987 年，世界环境与发展委员会发布《我们共同的未来》报告，将可持续发展定义为“既能满足当代人的需要，又不对后代人满足其需要的能力构成危害的发展”，系统阐述了可持续发展的思想，在国际社会形成广泛共识。1989年，"联合国环境发展会议"专门为"可持续发展"的定义和战略通过了《关于可持续发展的声明》，认为可持续发展的定义和战略主要包括4个方面的含义：①走向国家和国际平等；②要有一种支援性的国际经济环境；③维护、合理使用并提高自然资源基础；④在发展计划和政策中纳入对环境的关注和考虑。

1991年，由世界自然保护联盟（IUCN）、联合国环境规划署（UNEP）和世界野生生物基金会（WWF）共同发表《保护地球——可持续生存战略》（*Caring for the Earth：A Strategy for Sustainable Living*），将可持续发展定义为"在生存于不超出维持生态系统涵容能力之情况下，改善人类的生活品质"，并提出了人类可持续生存的九条基本原则。1992年，根据当时的环境与发展形势需要，同时为了纪念联合国人类环境会议20周年，联合国在巴西里约热内卢召开了联合国环境与发展会议，会议通过了以可持续发展为核心的《里约环境与发展宣言》《21世纪议程》《联合国气候变化框架公约》与《生物多样性公约》等重要文件。根据形势需要，联合国在这次会议之后成立了联合国可持续发展委员会（Commission on Sustainable Development，CSD）。随后，中国政府编制了《中国21世纪人口、环境与发展白皮书》，首次把可持续发展战略纳入我国经济和社会发展的长远规划。1997年，在日本京都举办的《联合国气候变化框架公约》缔约方第三次大会上，通过了旨在限制发达国家温室气体排放量以抵制全球变暖，具有法律约束力的《京都议定书》，首次为发达国家设立强制减排目标，是人类历史上首个具有法律约束力的减排文件。

2002年，在南非召开了可持续发展世界首脑会议，通过了《可持续发展世界首脑会议实施计划》，确认经济发展、社会进步和环境保护共同构成可持续发展的三大支柱。2007年，联合国气候变化大会通过名为"巴厘路线图"的决议，目的在于针对气候变化全球变暖寻求国际共同解决措施。

2012年，"里约+20"峰会通过指导性文件《我们期望的未来》，重拾各国对可持续发展的承诺，明确了绿色经济在可持续发展中的作用，提出了可持续发展的体制框架。2015年9月，联合国可持续发展峰会在纽约联合国总部召开，通过了《改变我们的世界——2030年可持续发展议程》（*Transforming our*

World：*The 2030 Agenda for Sustainable Development*），该议程明确“我们决心阻止地球的退化，包括以可持续的方式进行消费和生产，管理地球的自然资源，在气候变化问题上立即采取行动，使地球能够满足今世后代的需求”，提出了17个全球可持续发展目标，开启了全球发展合作和生态文明建设的新篇章。2019年，联合国在纽约举行2030可持续发展目标峰会，会议通过“为可持续发展行动与成就的十年做好准备”政治宣言，共同呼吁国际社会在未来的十年内采取雄心勃勃的行动，力争按时实现可持续发展目标。

2021年，在中国昆明召开的《生物多样性公约》第十五次缔约方大会（COP15）上，将“生态文明：共建地球生命共同体”确定为大会的主题，这是“生态文明”首次成为国际大会的主题。

2.2 生态文明建设探索实践

2.2.1 生态文明试验区

2015年10月，党的十八届五中全会提出，设立统一规范的国家生态文明试验区，重在开展生态文明体制改革综合试验，规范各类试点示范，为完善生态文明制度体系探索路径、积累经验。

2016年8月，中共中央办公厅、国务院办公厅印发了《关于设立统一规范的国家生态文明试验区的意见》《国家生态文明试验区（福建）实施方案》，要求将中央顶层设计与地方具体实践相结合，集中开展生态文明体制改革综合试验，规范各类试点示范，完善生态文明制度体系，推进生态文明领域国家治理体系和治理能力现代化。

2017年10月，《国家生态文明试验区（江西）实施方案》《国家生态文明试验区（贵州）实施方案》相继印发，2019年5月，中共中央办公厅、国务院办公厅印发《国家生态文明试验区（海南）实施方案》。至此，我国已批复了福建、江西、贵州、海南4个国家生态文明试验区，试验区建设进入全面铺开和加速推进阶段。

2020 年 12 月，国家发展改革委印发《国家生态文明试验区改革举措和经验做法推广清单》，总结了福建、江西、贵州、海南 4 省在生态文明体制机制改革方面的 90 项改革举措和经验做法，包括自然资源资产产权、国土空间开发保护、环境治理体系、生活垃圾分类与治理、水资源水环境综合整治、农村人居环境整治、生态保护与修复、绿色循环低碳发展、绿色金融、生态补偿、生态扶贫、生态司法、生态文明立法与监督、生态文明考核与审计 14 个方面。要求各地区因地制宜开展复制推广工作，为全国生态文明建设和体制改革提供更多可复制、可推广的改革举措和经验做法。

2.2.2 国家生态文明建设示范区

生态环境部坚持以生态示范创建为抓手，持续推进生态文明建设。1995 年，国家环保局启动了生态示范区建设，目的在于落实国家可持续发展战略，探索区域经济发展与环境保护相协调路径。1996—1999 年，全国先后开展了 4 批 154 个国家级生态示范区建设试点。

1999 年开展了生态省（市、县）建设，根据环境、资源条件，统筹规划城乡经济、社会与环境，保障资源可持续利用，建立良性循环的生态环境、经济、人居和文化体系，逐步形成了以生态省、生态市、生态县、生态乡镇、生态村、生态工业园区 6 个层级建设为主要内容的生态示范创建工作体系。2009 年，根据中央的统一要求，将生态省（市、县）创建工作统称为生态建设示范区。2013 年，经中央批准，“生态建设示范区”正式更名为“生态文明建设示范区”。同年 5 月，环境保护部印发了《国家生态文明建设试点示范区指标（试行）》（环发〔2013〕58 号），启动了国家生态文明建设示范区试点工作。张家港、深圳、辽河保护区等 7 批 126 个市（县、区）被纳入生态文明建设试点名单，其中江苏省扬州市、浙江省德清县、山东省寿光市、广东省香洲区等 37 个市（县、区）被授予了“国家生态文明建设示范区”称号，形成了生态示范区、生态省（市、县）、生态文明建设试点，三个既相互联系，又循序渐进，标准逐级提高的生态创建氛围。2014 年 7 月，中央又批准在生态文明建设示范区项下设立“中国生态文明奖”。

2016年1月，环境保护部印发了《国家生态文明建设示范区管理规程（试行）》《国家生态文明建设示范县、市指标（试行）》（环生态〔2016〕4号），生态文明建设示范区创建工作在全国范围内全面开展。2019年，生态环境部印发了《国家生态文明建设示范市县建设指标》《国家生态文明建设示范市县管理规程》《“绿水青山就是金山银山”实践创新基地建设管理规程（试行）》（环生态〔2019〕76号）。2021年7月，生态环境部修订了《国家生态文明建设示范市县建设指标》《国家生态文明建设示范市县管理规程》，并与《关于开展第五批国家生态文明建设示范区和“绿水青山就是金山银山”实践创新基地遴选工作的通知》（环办生态函〔2021〕353号）一起印发。2017—2022年，生态环境部分六批命名了468个生态文明示范市县和187个“两山”实践创新基地，点面结合、多层次推进、东中西部有序布局的生态文明建设体系基本形成。

2.2.3 国家生态文明先行示范区

2013年8月，国务院印发《国务院关于加快发展节能环保产业的意见》（国发〔2013〕30号）要求，在全国范围内选择有代表性的100个地区开展国家生态文明先行示范区建设，探索符合我国国情的生态文明建设模式。

2013年12月，国家发展改革委、财政部、国土资源部、水利部、农业部、国家林业局6部门印发《国家生态文明先行示范区建设方案（试行）》（发改环资〔2013〕2420号），开展国家生态文明先行示范区建设，探索可复制、可推广的生态文明建设典型模式，并制定了《国家生态文明先行示范区建设目标体系》，以指导各地区建设国家生态文明先行示范区。

2014年7月，国家发展改革委、财政部、国土资源部、水利部、农业部、国家林业局6部门联合印发《关于开展生态文明先行示范区建设（第一批）的通知》，将北京市密云县、天津市武清区、河北省承德市等55个地区和福建省、浙江省湖州市纳入第一批生态文明先行示范区建设。

2015年12月，国家发展改革委、科技部、财政部、国土资源部、环境保护部、住房城乡建设部、水利部、农业部、国家林业局9部门将北京市怀柔区、天津市静海区、河北省秦皇岛市等45个地区纳入第二批生态文明先行示范建设地区。

2.2.4 全国水生态文明城市

2013 年 3 月，水利部印发《关于开展全国水生态文明建设试点工作的通知》（水资源〔2013〕145 号），拟选择一批基础条件较好、代表性和典型性较强的城市，开展水生态文明建设试点工作，探索符合我国水资源、水生态条件的水生态文明建设模式。

2013 年 8 月，水利部印发《关于加快开展全国水生态文明城市建设试点工作的通知》（水资源函〔2013〕233 号），确定了北京市密云县、天津市武清区、河北省邯郸市等 46 个城市作为全国首批水生态文明城市建设试点。

2014 年 5 月，水利部印发《关于开展第二批全国水生态文明城市建设试点工作的通知》（水资源函〔2014〕137 号），确定了北京市门头沟区、天津市蓟县、河北省承德市等 59 个城市作为全国首批水生态文明城市建设试点。

2016 年 3 月，水利部印发《全国水生态文明城市建设试点验收办法》（办资源〔2016〕48 号），同年 4 月，发布《水生态文明城市建设评价导则》（SL/Z 738—2016），开展水生态文明城市的验收工作。截至本书成稿，首批以及淮河流域全国水生态文明城市建设试点全部通过验收。

2.3 中国特色社会主义生态文明建设目标

《中华人民共和国国民经济和社会发展第十四个五年规划和 2035 年远景目标纲要》提出的 2035 年生态文明建设远景目标为“广泛形成绿色生产生活方式，碳排放达峰后稳中有降，生态环境根本好转，美丽中国建设目标基本实现”。“十四五”时期生态文明建设的主要目标是“生态文明建设实现新进步。国土空间开发保护格局得到优化，生产生活方式绿色转型成效显著，能源资源配置更加合理、利用效率大幅提高，单位国内生产总值能源消耗和二氧化碳排放分别降低 13.5%、18%，主要污染物排放总量持续减少，森林覆盖率提高到 24.1%，生态环境持续改善，生态安全屏障更加牢固，城乡人居环境明显改善。”

3

生态文明建设成效评估方法理论研究与实践

SHENGTAI WENMING JIANSHE CHENGXIAO PINGGU FANGFA LILUN YANJIU YU SHIJIAN

3.1 国内外生态文明建设指标体系研究进展

3.1.1 国内生态文明建设指标体系研究进展

目前生态文明建设指标体系按照目的和区域进行分类。按照生态文明建设指标体系构建的目的，可以将其分为评价摸底型指标体系、发展规划型指标体系和考核型指标体系。评价摸底型指标体系主要是为了对该地域当前的生态文明状况做摸底调查或基础性评价，其结论可以为地方政府制定未来生态文明发展规划提供政策建议；发展规划型指标体系是以当地生态文明发展规划为蓝本，将未来一段时期分为不同发展周期，为达到一定的生态文明建设目的，建立指标体系量化各项建设阶段的发展水平；考核型指标体系是以考核过去一段时期内生态文明建设水平为目的而建立的指标体系（表 3-1）。按照生态文明指标体系具体实施的区域，可以将其分为全国性生态文明指标体系和地方性生态文明指标体系，地方性生态文明指标体系又可分为省域生态文明指标体系、城市生态文明指标体系和农村生态文明指标体系（表 3-2）。

我国的生态文明建设指标体系根据实施主体，可以分为官方（政府）评价体系和学者评价体系两类，虽然两类评价体系有大量指标重叠，但整体来看依旧有所差别。

政府主导的评价体系建立在绩效考核需求之上，评价刚性较强。通过制度建设、治理成果的量化对地方的生态文明建设进行评价，以结果为导向，以政府治理效率为主要目的，带有一定的计划性色彩。指标设置从指标数量和指标权重上更偏向于生态经济文化建设、制度建设、生态安全以及环境保护等方面。例如，2013 年环境保护部发布的《国家生态文明建设试点示范区指标（试行）》，针对生态文明试点示范县（含县级市、区）建设指标和示范市（含地级行政区）设计的相关建设指标。国家发展改革委联合多部委制定的《国家生态文明先行示范区建设方案（试行）》，涉及的建设国家生态文明先行示范区建设目标体系中包含了经济发展质量、资源能源节约利用、生态文化培育、体制机制建设、生态建设与环境保护 5 个方面，下设具体指标多达 51 个，且又在每个指标值下设基本值、变化率和目标值 3 个项目。国家林业局曾在 2013 年发布了《推进生态文明建设规划纲要（2013—2020）》，主要指标体系由生态经济、生态安全、生态文化 3 个方面组成。2016 年，国家发展改革委、中组部、国家统计局、环境保护部等部门联合制定《绿色发展指标体系》《生态文明建设考核目标体系》作为生态文明建设评价考核的依据，其中，《生态文明建设考核目标体系》包含资源利用、生态环境保护、年度评价结果、公众满意程度、生态环境事件 5 个目标类别，下设 23 个具体考核指标。生态环境部在 2019 年出台了《国家生态文明建设示范市县建设指标》，该评价体系从生态制度、生态安全、生态空间、生态经济、生态生活、生态文化 6 个方面构建了 40 个具体的评价指标。

除政府主导的评价指标体系之外，学术界对生态文明建设评价指标体系构建的研究也较为广泛，随着生态立国理念的不断深入，社会民众对于生态文明建设的诉求更加强烈，这也为生态文明评价指标体系的研究提供了土壤。学术界所研究的评价体系强调以人类命运为目的的发展逻辑，不断寻求突破固有的评价体系框架，并与环境伦理相关联，实现科学性与价值性的统一。在实际操作上重视履行监督职能，使各地的生态文明建设发展情况更为透明，为政府决策提供有效依据。该类评价体系的评价单元和评价思路更为多元，指标更为细化和复杂。比如，梁文森构建的国家环境宏观测评指标体系是以自然生态构成要素为重点，细化为大气环境质量、水环境质量等 8 个层面，下设 36 项指标，在居民和企业环境影响方面，强调立足于微观角度制定相关指标；杨开忠利用生态效率（EEI）指标对不同地区生态文明发展程度进行对比，EEI 由生态足迹和 GDP 构成，方法简单有效。北京林业大学生态文明研究中心的严耕等构建的省域生态文明评价体系（ECCI）选取生态活力、环境质量、社会发展和协调程度 4 个考察领域，下设 22 项三级指标进行生态文明评价，按照评价结果采用聚类分析法将我国省级行政区分成均衡发展型、社会发达型、生态优势型、相对均衡型、环境优势型和低度均衡型 6 种，并从生产和生活两个维度进行进一步分析。蒋小平以河南省为例，提出了“生态文明度”的概念，将生态文明分解为自然生态环境、经济发展和社会进步 3 个目标层。王金南等在分析美丽中国建设历程和地方实践的基础上，提出了美丽中国建设目标指标体系及其主要指标目标值。

在生态文明评价中容易忽略区域差异性带来的决策风险，专家学者开展了大量针对性研究。成金华等首先运用聚类分析方法通过省域资源环境问题区域差异将我国 31 个省（自治区、直辖市）（不包含港、澳、台地区）分为 3 类。同样立足于环境问题的区域差异分析，成金华与冯银等在生态文明评价中又构建了东北、东南、西北、西南 4 个不同区域生态文明评价指标体系，指标体系涵盖了国土空间优化、资源能源节约、生态环境保护、经济发展质量和生态制度建设 5 个方面，并将生态制度建设维度的生态红线制度纳入生态文明评优的“一票否决”项来设计指标。吴未等提出了基于空间分区的土地生态安全动态评价法，通过采用生态用地和建设用地两种不同源空间扩张互侵过程的方法，以苏锡常地区为研究区域，将研究区划分为生态核心区、生态安全区、缓冲区以及建设区进行研究。刘军会等根据陆地生态系统现状以及固碳相关的最新研究成果，以森林、草原生态系统为主要研究对象，采用 GIS 空间叠置分析法，界定我国典型陆地生态系统固碳重要区。鲁春霞等对首都生态圈进行的综合分区，他们将京津保城市群分为了中心消费区、水源涵养功能区、防风固沙功能区、水土保持功能区、大气环境调节功能区以及滨海湿地生态功能区，并从生态资源、生态系统服务功能和主要生态环境问题 3 个方面对不同生态功能区进行评价。石玉林等在宏观方向依据生态环境系统组合的地带性特征，将我国陆地划分为10个大区，又将各个大区按照区域间差异划分出54个小区，从水、土、气、生4个角度立足于生态环境问题进行生态环境综合评价。张意翔等在能源区域差异分析的基础上构建了能源差异情形下区域生态文明评价指标体系。刘明等选择通过各地不同的资源环境承载能力进行土地利用分区，从资源环境约束系统和保障系统两个维度，运用多因素综合评价法，对重庆渝北区进行实证研究。严耕等另辟蹊径，在指标体系中采用协调指标用以弥补和平衡，充分考虑区域差异性所造成的指标不对等情况。

综上所述，政府和各界学者对生态文明建设的研究在不断推进，国内生态文明建设指标体系也在不断完善和进步，指标结构或框架、指标数量、主导主体等各不相同。

表 3-1　生态文明指标体系分类

<table>
<tr><th>分类标准</th><th colspan="2">类别</th><th>实例</th></tr>
<tr><td rowspan="3">功能</td><td colspan="2">评价摸底型指标体系</td><td>2020年北京林业大学生态文明研究中心发布《中国省域生态文明建设评价指标体系》</td></tr>
<tr><td colspan="2">发展规划型指标体系</td><td>2011年7月杭州市人民政府发布《杭州市生态文明建设指标体系》
2013年10月南京市人民政府发布《南京市推进生态文明建设指标体系》</td></tr>
<tr><td colspan="2">考核型指标体系</td><td>2013年8月深圳市人民政府发布《深圳市生态文明建设考核制度（试行）》</td></tr>
<tr><td rowspan="3">区域</td><td colspan="2">全国性生态文明指标体系</td><td>2013年5月环境保护部发布《国家生态文明建设试点示范区指标（试行）》</td></tr>
<tr><td rowspan="2">地方性生态文明指标体系</td><td>省域生态文明指标体系</td><td>2007年12月国家环境保护总局发布《生态省建设指标体系》
2010年北京林业大学生态文明研究中心发布《中国省域生态文明建设评价指标体系》</td></tr>
<tr><td>城市生态文明指标体系</td><td>2007年12月国家环境保护总局发布《生态县、生态市建设指标体系》
2008年7月国家编译局、厦门市委发布《生态文明建设（城镇）指标体系》
2018年10月贵阳市人民政府发布《贵阳市建设生态文明城市指标体系及监测方法》</td></tr>
</table>

国内生态文明建设指标体系发展情况见表 3-2。

表 3-2 国内生态文明建设指标体系发展情况

序号	指标体系名称	指标结构或框架	指标数/个	时间（年）	出处或作者	类型
1	国家级生态示范区考核指标体系	社会经济发展、区域生态环境保护、农村生态环境保护、城镇环境保护等	26	1996	国家环境保护总局	政府主导
2	海南省可持续发展评价指标体系	经济、社会、资源环境	77	1999	海南省人大	政府主导
3	生态城市的指标体系	城市生态系统结构、功能和协调度	30	1999	《生态城市的指标体系与评价方法》（宋永昌）	学术研究
4	中国生态区划方案	气候、地貌、地形、生态系统特点和人类活动等		2001	《中国生态区划方案》（傅伯杰）	学术研究
5	国家环保模范城市	社会、经济、环境、城建、卫生、园林等	26	2002	国家环境保护总局	政府主导
6	国家生态县评价指标体系	经济发展指数、生态环境保护可持续指数、社会可持续指数	36	2003	国家环境保护总局	政府主导
7	国家卫生城市评价指标体系	健康教育、市容卫生、环境保护、食品卫生、传染病防治等	79	2005	国家卫生部	政府主导
8	国家生态园林城市评价指标体系	城市生态环境、城市生活环境、城市基础设施	19	2007	建设部	政府主导
9	全国文明城市评价指标体系	政务环境、法制环境、市场环境、人文环境、生活环境、生态环境、创建活动	119	2008	中央文明办	政府主导

续表

序号	指标体系名称	指标结构或框架	指标数/个	时间（年）	出处或作者	类型
10	主体功能区生态支持系统指标体系构建	支持水平、发展协调性、发展能力等方面	49	2008	《主体功能区生态支持系统指标体系构建及评价》（陈炼）	学术研究
11	国家环境宏观测评指标体系	大气环境质量、水环境质量等 8 个层面	36	2009	《生态文明指标体系问题》（梁文森）	学术研究
12	生态功能评价指标体系	生态环境现状、生态敏感性、生态服务功能等	27	2010	《基于生态功能评价的小尺度生态功能区划研究》（甘彩丽）	学术研究
13	国家生态文明建设试点示范区指标（试行）	生态经济、生态环境、生态人居、生态制度、生态文化	30	2013	环境保护部	政府主导
14	国家生态文明先行示范区建设方案（试行）	经济发展质量、资源能源节约利用、生态建设与环境保护、生态文化培育、体制机制建设	51	2013	国家发展改革委联合多部委	政府主导
15	推进生态文明建设规划纲要（2013—2020）	生态经济、生态安全、生态文化 3 个方面	22	2013	国家林业局	政府主导
16	生态文明建设考核目标体系	资源利用、生态环境保护、年度评价结果、公众满意程度、生态环境事件 5 个目标	23	2016	国家发展改革委、中组部、国家统计局、环境保护部等部门联合制定	政府主导
17	国家生态文明建设示范市县建设指标	生态制度、生态安全、生态空间、生态经济、生态生活、生态文化 6 个方面	40	2019	生态环境部	政府主导
18	城市生态文明建设评价指标体系	生态文化文明、生态社会文明、生态经济文明、生态环境文明、生态制度文明	53	2020	《基于层次分析法的城市生态文明评价体系构建》（苏斌）	学术研究

续表

序号	指标体系名称	指标结构或框架	指标数 / 个	时间（年）	出处或作者	类型
19	美丽中国建设目标指标体系	空气清新、水体洁净、土壤安全、生态良好、人居整洁、应对气候变化	30	2022	《美丽中国建设目标指标体系设计与应用》（王金南）	学术研究
20	国家卫生城市和国家卫生县数据评价指标	组织管理、健康教育和健康促进、市容环境卫生、生态环境、重点场所卫生、食品和生活饮用水安全、疾病防控和医疗卫生服务	56	2022	国家卫健委	政府主导

3.1.2 国外生态文明指标体系研究进展

国外生态文明建设指标体系主要集中于可持续发展指标系统研究。可持续发展评价指标体系按指标信息浓缩程度或指标体系构成的复杂状况大致可分为综合性指标（包括单指标和复合指标）与系统性指标体系。典型综合性指标评价有人们所熟知的调整的人均国民生产总值、绿色国内生产总值、人类发展指数、生态足迹指数、环境可持续性指数与环境绩效指数等。典型系统性指标体系包括联合国提出的可持续发展评价指标体系、经济合作与发展组织的可持续发展指标体系、生态系统服务指标体系等。例如，联合国根据 2030 年议程（联合国 2030 年可持续发展议程）中可持续发展的目标和具体目标建立的可持续发展全球指标概念框架是一套系统型指标体系，联合国可持续发展委员会于 2017 年发布的包含 232 个指标的可持续发展目标指标体系，内容涵盖经济、社会和环境可持续发展的 3 个方面，其对全球各国完成 2030 年可持续发展议程目标和具体目标的量化考察，旨在客观测度各指标的现状水平、改善程度以及距离议程目标的差距。联合国环境规划署（UNEP）提出基于资源环境和绿色经济的系统指标体系，针对影响可持续发展的主要社会问题提出功能指标体系，例如，耶鲁大学和哥伦比亚大学的生态环境指数和联合国环境规划署（UNEP）的评价资源环境的指标体系。世界自然保护联盟（IUCN）以物种濒危为要素进行指标评价。可见，系统性指标体系依据指标构成又分为要素类型、功能类型，各种类型指标体系因研究目的各异（表 3-3）。

表 3-3　国外可持续发展指标体系

序号	分类	指标体系名称	指标结构或框架	指标数 / 个	时间（年）	出处或作者
1	综合性指标	调整的国民生产总值（ANP）	国民生产总值减去外部成本	—	—	莱佩特和克里斯蒂安
2	综合性指标	绿色国内生产总值（EDP/GGDP）	国民生产总值基础上扣除了资源损耗和环境成本	—	1993	联合国统计结构
3	综合性指标	净经济福利指标（NEW）	国民生产总值中加入了经济行为造成的正负成本	—	1972	詹姆斯·托宾和威廉·诺德豪斯
4	综合性指标	可持续经济福利指标（ISEW）	个人消费为基础，累加资产构成和非防护性支出，同时扣除防护性支出、环境损害费用及自然资产折旧	5	1989	戴利与科布
5	综合性指标	人类发展指数（HDI）	人类预期寿命、受教育水平和生活水平	3	1990	UNDP
6	综合性指标	国家财富（NW）	自然资本、人力资本、人造资本和社会资本	4	1995	世界银行
7	综合性指标	真实储蓄率（RGS）	自然资源的损耗、枯竭及环境成本	3	1997	世界银行
8	综合性指标	真实发展指标（GPI）	社会、经济和环境	3	1995	国际发展中心第一组织 Cobb 等
9	综合性指标	生态足迹指数（EFI）	耕地、草地、林地、建筑用地、矿产能源和水域（包括海洋）6 种	6	1992	Rees 等

续表

序号	分类	指标体系名称	指标结构或框架	指标数 / 个	时间（年）	出处或作者
10	综合性指标	环境可持续性指数（ESI）	ESI 环境系统、环境系统受到的压力、人类的脆弱性、社会和制度的抗压能力和国际环境保护合作	68	—	世界经济论坛与耶鲁大学环境法律与政策研究中心、哥伦比亚大学国际地球科学信息网络中心
11		环境绩效指数（EPI）	EPI 对 ESI 进行了决策上的优化	16	—	世界经济论坛与耶鲁大学环境法律与政策研究中心、哥伦比亚大学国际地球科学信息网络中心
12	系统性指标	IUCN 以物种濒危为重点的评价	IUCN 将受危动植物分为 9 个等级	9	2001	IUCN
13		UNEP 基于资源环境的评价指标	资源可持续利用和紧迫的环境问题	3	2019	UNEP
14		耶鲁和哥伦比亚大学的生态环境指数（Ecological Index，EI）	生物丰度、植被覆盖、水网密度、土地退化、环境质量	5	—	耶鲁和哥伦比亚大学
15		UNEP 测度绿色经济的指标体系	环境、政策、人类福祉和社会公平	40	2012	UNEP
16		OECD 监测绿色增长进展的指标体系	生产、消费、政策和环境	23	2011	OECD
17		联合国的可持续发展评价指标体系	经济、社会、环境、制度	58	1996	联合国
18		经济合作与发展组（OECD）的可持续发展指标体系	能用于资源环境经济核算	50	1996	经济合作与发展组织（OECD）

续表

序号	分类	指标体系名称	指标结构或框架	指标数/个	时间（年）	出处或作者
19	系统性指标	彼得·巴特尔穆茨提出的 FISD 框架	"环境统计的框架（FDES）"基础上对指标划分依据进行了修改	—	1994	彼得·巴特尔穆茨
20		环境问题科学委员会的指标体系	基于人类活动与环境相互作用概念模型指标体系	25	1996	环境问题科学委员会
21		生态系统服务指标体系（ES）	为人类提供广泛而必要的生态产品和服务	17	1997	Costanza 等
22		国家尺度的可持续发展指标体系	各个国家现实	14-132	—	美国、英国等
23		跨国自然区域的可持续发展指标体系	农业、能源、渔业、林业、工业、旅游和交通	—	—	波罗的海
24		企业可持续发展指标体系	道琼斯可持续发展指数：经济、社会及环境	3	—	道琼斯

3.1.2.1 IUCN 以物种濒危为重点的评价

世界自然保护联盟（IUCN）对物种濒危程度进行了分类评价。1960 年，IUCN 将受危植物分为灭绝、濒危和稀有 3 个等级。1991 年后，一些生物种群分类中开始尝试用 Mace-Lande 物种濒危等级。1994 年 11 月，IUCN 第 40 次理事会会议通过了修订的 Mace-Lande 物种濒危等级作为新的 IUCN 濒危物种等级系统。1996 年，IUCN 濒危物种红色名录应用 Mace-Lande 物种濒危等级作为物种濒危等级划分标准。2001 年，IUCN 将受危动植物分为 9 个等级。IUCN 评价方法和结果处于不断完善之中。

3.1.2.2 UNEP 基于资源环境的评价指标

联合国环境规划署（UNEP）采用一系列指标，对 20 世纪 70 年代以来自然资源变化及其消费模式进行审视。UNEP 从资源可持续利用和紧迫的环境问题角度，评价出人们生产和生活方式对地球产生的不可逆转影响，因而呼唤人们节约资源保护环境，该机构及其计算方式的权威性，值得各国及研究者引用。

3.1.2.3 耶鲁大学和哥伦比亚大学的生态环境指数（Ecological Index，EI）

耶鲁大学环境法律和政策中心和哥伦比亚大学国际地球科学信息网络中心联合开发并每年发布EI，该指数及其评价结果每年在达沃斯论坛期间发布。EI由生物丰度指数、植被覆盖指数、水网密度指数、土地退化指数和环境质量指数构成，各个分指数通过基础性数据计算，且同一项指标中基础性数据量纲一致并经归一化处理。该指数及其评价结果之所以得到很多国家重视，主要是因为不同研究者评价结果不会出现颠覆性差异，因而具有一定的权威性。

3.1.2.4 UNEP测度绿色经济的指标体系

联合国环境规划署（UNEP）还提出一套包括经济转型、资源效率、社会进步和人类福祉3方面的绿色经济衡量框架，通过构建多指标测度体系测算绿色发展指数来反映绿色发展状况，具体主要包括环境效率指数、绿色经济增长效率和绿色发展效率3种方式，测度对象方面分为国家层面和省级行政区层面，供各国制定相关绿色发展政策参考。2012年，UNEP从环境主题、政策干预、政策对更广泛的人类福祉和社会公平3方面构建，含14个二级指标40个三级指标，具有一定的标准化和可比性，用以衡量各国绿色经济转型情况，真实而灵活地满足各国需求。

3.1.2.5 OECD监测绿色增长进展的指标体系

2011年，经济合作与发展组织（Organization for Economic Co-operation and Development，OECD）发布的《迈向绿色增长：监测进展——经合组织指标》，涵盖了绿色经济增长的主要方面，包括效率、生产力、创新活动、政策工具等，以经济活动中的环境和资源生产率、自然资产基础、生活质量的环境因素、经济机遇和政策应对4类相互关联的核心要素为一级指标，共14个二级指标、23个三级指标，构建了生产、消费、政策和环境的综合衡量框架。指标体系适用不同国情的国家，在荷兰和捷克等国家得到应用，从而为建立监测绿色增长指标体系提供了坚实基础。

3.1.2.6　可持续发展的综合评价

指标体系按指标信息浓缩程度或指标体系构成的复杂状况大致可分为综合性指标体系（包括单指标体系和复合指标体系）与系统性指标体系；按大学科方向可划分为生态学（Ecology）方向、经济学（Economics）方向、社会学（Sociology）方向和系统学（Systematics）方向。

3.1.2.6.1　综合性指标

典型综合性指标评价包括调整的国民生产总值（ANP）、绿色国内生产总值（EDP/GGDP）、净经济福利指标（NEW）、可持续经济福利指标（ISEW）、人类发展指数（HDI）、国家财富（NW）、真实储蓄率（RGS）、真实发展指标（GPI）、生态足迹指数（EFI）、环境可持续性指数（ESI）与环境绩效指数（EPI）。

（1）调整的国民生产总值（ANP）

ANP 是由学者莱佩特（Leipert）和克里斯蒂安（Christian）共同提出的，是对 GNP 的修正。GNP 作为国民生产总值，其等于一个国家一年时间内的所有最终产出和服务的总价值。GNP 与 GDP（国内生产总值）最大的区别是，GNP 还包括国外的净要素收入，包括进口税、生产税等。ANP 则是减去外部成本的 GNP，外部成本包括由环境污染、城市化过程以及不友好的消费模式等所引起的成本。

（2）绿色国内生产总值（EDP/GGDP）

EDP/GGDP 是考虑了人类经济活动给环境带来的影响和消耗，在 GDP 的基础上扣除了资源损耗和环境成本，是 1993 年联合国统计结构发布的《综合环境与经济核算手册》中的核心指标，也叫作可持续收入（SI）。相较于传统 GDP，其充分体现了人们对于资源环境的关心和重视，符合可持续发展内涵的要求，计算方法虽简单，但各种成本的核算十分困难。

（3）净经济福利指标（NEW）

1972 年，美国学者提出净经济福利指标（NEW），它是从 GDP 中扣除了环境污染、国防开支和交通堵塞等经济行为造成的成本，并加入了休闲、家政、义工等经济行为的指标。该指标重视对保障居民福利和真正提高人民群众的生活水准的考量，但同样存在指标难以量化的问题。

（4）可持续经济福利指标（ISEW）

1989 年，美国经济学家戴利与科布共同提出可持续经济福利指标（ISEW），ISEW 基于衡量财富分配是否公平的角度提出了新的评价指标，以个人消费为基础，累加资产构成和非防护性支出，同时扣除防护性支出、环境损害费用及自然资产折旧加以计算。它为评价社会经济可持续发展水平提供了新的角度，但其中部分指标难以获取与计算。

（5）人类发展指数（HDI）

1990 年，联合国开发计划署（UNDP）创建了人类发展指数（HDI），它是以人类预期寿命、受教育水平和生活水平 3 项指标为基准，综合运算所得。它是典型的社会学方向代表指标，是对 GNP 的修正。该指数计算方法简单，且从评判人的角度入手为衡量社会发展水平提供了新思路，但 3 个基准指标不能全面反映人的发展问题且难以计算。

（6）国家财富（NW）

1995 年，世界银行提出的国家财富（NW），也叫作“国家人均资本”，解释为一个国家的财富可以用自然资本、人力资本、人造资本和社会资本的总和来表示。也可以认为是经济学方向的典型代表，企图以单一的货币尺度来衡量一个国家的可持续性。总体来说，NW 在 4 种资本的货币化过程都存在不同程度的困难，尤其是社会资本难以量化。因此，该指标并未进入实操过程，但是对人们研究可持续发展评价提供了经济学方向的新思路。

（7）真实储蓄率（RGS）

1997 年，世界银行首次提出的真实储蓄率（RGS），是从传统的 GDP 中除去总消费所得，总消费一般指自然资源的损耗、枯竭及环境成本。这个指标与绿色国内生产总值类似，但具体计算公式与方法不同。RGS 计算简洁、可操作性强，充分体现了可持续发展要求的一个国家可用于将来消费的能力，但同样在理论假设上和指标量化上存在局限。

（8）真实发展指标（GPI）

1995 年，国际发展中心第一组织 Cobb 等提出的真实发展指标（GPI），用于衡量一个国家或地区的真实经济福利，也叫作真实进步指数，也是典型的社会学方向代表指标。与 GDP 相比，GPI 细分为社会、经济和环境 3 个子账户，同时对造成福利增加或减少的活动进行了明确区分，增加了对经济活动中消耗的服务或价值的考量。尽管很多新考量的指标难以货币化，甚至不是很准确，但是扩展了传统 GDP 的内涵，GPI 的主要局限同样是难以核算。

（9）生态足迹指数（EFI）

1992 年，Rees 等提出生态足迹指数（EFI），经过发展的一个通过测算一个人、地区或国家生存所需要的地域面积或者是能够容纳这些人、地区或国家排放的废物所需要的地域面积，来衡量可持续发展状况的指标。EFI 把人类生存所必需的能源资源简化为耕地、草地、林地、建筑用地、矿产能源和水域（包括海洋）6 种，这样就大大简化了计算过程，并且使该指标在某种程度上的量化是可以实现的。EFI 的提出是在"环境承载力"概念的基础上，通过引入生产性土地这一理念实现了对各类自然资源的统一量化，为各国各地区之间生产性土地的比较与求和提供了可能，应用广泛。但同时在理论内涵、测算方法、权重的确定等方面还存在很多不足，有待进一步研究与优化。

（10）环境可持续性指数（ESI）与环境绩效指数（EPI）

ESI 与 EPI 两个指数都是由世界经济论坛与耶鲁大学环境法律与政策研究中心、哥伦比亚大学国际地球科学信息网络中心合作提出的，是综合性指标、集成化指数。ESI 是由环境系统、环境系统受到的压力、人类的脆弱性、社会和制度的抗压能力和国际环境保护合作 5 部分组成的，包括 20 个关键指标、68 个一般指标。EPI 对 ESI 进行了决策上的优化，EPI 针对提升生态系统活力、减少环境对人造成的压力两个基本环境保护目标，围绕决策者最关心的问题，创建了一个包含 6 个政策范畴、16 个指标的综合指标。ESI 被证实是可以测算的，尽管由于数据缺乏导致测算结果不能完全支持管理者做出决策的需要，但 ESI 仍是一个可以为国际上不同国家可持续发展的状况做出一个相对排名、指导制定管理评估政策和计划的有力工具，但需要在数据的可获取性、质量提升以及时间排序上做出优化。EPI 的突出价值在于可以为管理者、决策者提供一个改进政策措施的有力工具。

3.1.2.6.2 系统性指标

典型系统性指标体系包括联合国提出的可持续发展评价指标体系（1996 年）、经济合作与发展组织（OECD）的可持续发展指标体系（1994—1998 年）、彼得·巴特尔穆茨提出的 FISD 框架（1995 年）、环境问题科学委员会与联合国环境规划署共同提出的指标体系（1996 年）、生态系统服务指标体系（1997 年）、美国可持续发展指标体系（1998 年）、英国可持续发展指标体系（1999 年）等。

（1）联合国的可持续发展评价指标体系

1996 年，联合国的可持续发展评价指标体系由联合国可持续发展委员会（Commission on Sustainable Development，CSD）、联合国政策协调和可持续发展部（Department for policy Coordination and Sustainable Development，DPCSD）牵头，联合国统计局（UNSTAT）、开发计划署（UNDP）、环境规划署（UNEP）、儿童基金会（UNICEF）和亚太经社理事会（ESCAP）共同参与制定的。该体系是基于《21 世纪议程》、采用“驱动力—状态—响应”（DSR）模型制定的，起初共包含 134 个经济、社会、环境、制度指标。后经 22 个国家接受应用测试，结果显示体系中指标数量太多了，在应用中对每个方面都设置对应的驱动力—状态—响应指标是很困难且不实际的。因此，对原指标体系进行了删减，删减过后由 134 个指标减为 58 个，指标重复性、缺少实际意义、难以使用的问题都得到了很大程度的改善。

该指标体系是个国际化、普适性的评价指标体系，没有考虑世界上不同区域、不同社会制度、不同经济发展水平的国家之间的诸多差异，导致在使用中常常是不符合实际情况的。尽管如此，该指标体系依然是国外可持续发展指标体系中第一个代表性的、广为传播的系统性指标体系，它对于后续可持续发展指标体系研究的发展是具有巨大价值的。

（2）经济合作与发展组织（OECD）的可持续发展指标体系

OECD 是由包括美国、加拿大、英国、德国、澳大利亚、日本、韩国等国在内的 30 个成员国组成的国际组织，在可持续发展指标研究中一直处于国际领先水准。自 1989 年起，该组织便致力于开发能用于资源环境经济核算的指标体系，1994年发布了世界上第一套环境指标体系（初步体系）、1996年发布了其核心环境指标体系（包含约50个指标）、1998年发布了测算结果。该指标体系是基于PSR模型构成的，有助于跟踪监测环境变化的趋势、核算自然资源，并提高公众参与环境保护的意识和自觉性，应用广泛。该指标体系对于可持续发展内涵的理解与表述还不够深刻，但为后续研究奠定了良好的基础。

（3）彼得·巴特尔穆茨提出的FISD框架

1994年，彼得·巴特尔穆茨在联合国"环境统计的框架"（FDES）的基础上，对指标划分依据加以修改，不再用环境因素作为唯一依据，而是改用《21世纪议程》中可持续发展必须考虑的主要问题作为依据，由此形成了新的框架（FISD）。它们都是基于加拿大政府之前提出的"压力—状态—响应"（PSR）模型发展而来的，与联合国提出的可持续发展指标体系在构建上类似。但是，同样在指标设置的数目与类别方面显得十分缺少条理，指标与指标之间常常构成冲突，特别是对社会指标和经济指标而言。

（4）环境问题科学委员会的指标体系

1996年，环境问题科学委员会（SCOPE）与UNEP合作，共同提出了一套基于"人类活动与环境相互作用"概念模型的指标体系，共包含25个指标，相比前两个指标体系精简很多。这个指标体系没有沿用PSR或DSR模型，而是基于人与环境的相互作用加以构建：环境为人提供资源、资源被人转化为产品、产品使用后产生废物和污染物、废物和污染物回到自然环境、自然环境具备提供各种生态系统服务的能力、环境受到污染直接损害人类的福利。该指标体系采用的是层次分析法，需要人们对可持续发展关注的问题保持一致的意见，然而在不同国家和地区间，差异是难以避免且很大的。

（5）生态系统服务指标体系（ES）

Costanza等1997年提出的一种新评价指标体系——生态系统服务指标体系（ES），其最为重要的理论基础是"地球上所有生态系统能够为人类提供广泛而必要的生态产品和服务，没有生态系统的这种服务支持，人类文明就会陷入停滞或毁灭"。ES将全球生态系统划分为16种，并提出17种生态系统服务类型，在此基础上，对全球的生态系统服务价值进行定量评估。该指标体系开创了世界范围内对生态系统服务价值研究的先河，是生态学方向最为重要的指标研究，自此掀起了一个领域的研究热潮，对深刻理解人与自然之间的关系，具有很高的科学价值。但该指标体系最大的问题就是在对生态系统服务的估值上还有很大的进步空间，需要加强研究。

（6）国家尺度的可持续发展指标体系

在国家尺度的可持续发展指标体系构建中，不同国家关注的重点不同，也因此形成了各具特色的国家尺度的可持续发展指标体系。如德国、芬兰等国把重点放在项目上，英国却集中在社会方面；而瑞典等国是效率和公平及对后代人发展的关注等方面出发构建本国的指标体系；中国作为一个发展中国家，坚持从自己的实际情况出发，构建有中国特色的可持续发展指标体系。

美国可持续发展指标体系是在 1996 年制定的 10 项国家可持续发展目标包含的 450 项具体项目基础上缩减形成的，10 项目标主要包括环境与健康、经济繁荣、社会平等、公众参与、人口受教育、可持续发展社区、自然环境的管理与维护、国际责任与担当等，缩减后只有 40 个指标，分为经济、环境、社会三大维度。应用的也是 PSR 模型框架，该指标体系存在指标分布不均衡、过于侧重社会与环境指标，相对来说比较忽视经济指标问题，且仅适用美国，普适性差。

英国可持续发展指标体系是在 1999 年颁布的包括 15 个目标分类、132 个指标的体系（UKSDI）。英国 1994 年就已提出了自己的《可持续发展策略》，并希望尽快建立自己国家的可持续发展指标体系，经过 5 年的努力、两次修正。

瑞典可持续发展指标体系是 2001 年由瑞典统计局为瑞典环境保护机构（环境部）汇编而成的。瑞典选择了效率、公平和参与、适应性、价值和给后代的资源 4 个主题构建了 30 个主要指标。

芬兰 1998 年建立了国家可持续发展指标。1998 年 6 月芬兰公布了政府可持续发展项目作为“国家促进生态可持续性评估原则”，定义了可持续发展的战略目标和行动准绳及芬兰在国际合作的定位。2003 年经过修改后，芬兰可持续发展指标被分为 19 个主题，代表了可持续发展三大方面，即生态、经济和社会文化的横向问题。

德国的可持续发展指标体系主要围绕“政府和其他部门或行业的哪些贡献已达到国家战略中提出的目标，”“21个关键指标反映了哪些变化”“能得出哪些关于进一步发展战略的结论”等要点进行分析和探讨。

瑞士可持续发展指标将联邦政策分成了26个领域，并以MONET项目来开发这一测度工具，考虑到实效，MONET也尽可能采用这种分类方法，在确保MONET与国家努力目标一致性的基础上，简化指标的选择和产生，并根据需要不断进行调整，使可持续发展指标和项目紧密地结合起来。

丹麦的可持续发展指标体系由14个指标组成，详细具体的指标体系反映了每个行动领域，描述了一些与战略目标和行动相关的发展及其成果，数据每年都在更新。

（7）跨国自然区域的可持续发展指标体系

波罗的海21世纪议程（Baltic 21）所涵盖的自然地域范围包括丹麦、爱沙尼亚、芬兰、德国、冰岛、拉脱维亚、立陶宛、挪威、波兰、俄罗斯西北部和瑞典。其重点是地区合作和环境保护，也包括经济和社会可持续发展等方面。因此，波罗的海21世纪议程指标体系并没有覆盖可持续发展的所有方面，而是把重点集中在涉及地区经济和环境以及空间规划等重要问题的7个部分：农业、能源、渔业、林业、工业、旅游和交通。

（8）企业可持续发展指标体系

在企业层面，道琼斯可持续发展指数（Dow Jones Sustainability Indexes，DJSI）是一套评价企业可持续性的指标体系，其从经济、社会及环境3方面，从投资角度评价企业可持续发展的能力，颁布于1999年。

可持续发展指标体系的评价尺度是指可持续发展评价研究开展的空间范围。尺度依据其大小不同，可分为全球、国家、区域、城市、企业和产品尺度。国外可持续发展评价指标体系主要集中于国家、城市、企业和产品尺度，基于区域尺度的研究较少，基于全球尺度的研究主要由国际组织开展并建立了全球范围内的可持续发展指标体系。

从生态学方向评价可持续发展水平的指标主要有生态足迹、生命行星指数

[世界自然基金会（WWF），1997]、生态服务指标等。从经济学方向衡量可持续发展水平的指标主要有真实储蓄、调整的国民生产总值（ANP）、绿色国内生产总值等。从社会学方向评估可持续发展水平的指标主要有人类发展指数、人类活动强度指数等。

综上所述，国外一些国家对可持续发展指标体系的研究成果是十分丰富并且有巨大价值的，比较这些代表性成果的异同，所有的评价指标或评价指标体系，存在明显的共性问题，都是有关指标设置的合理性、指标之间相互的逻辑性与指标量化或货币化困境方面，这也是当前乃至未来可持续发展研究方面的重点突破与重要任务。

3.2 国内外生态文明建设水平评估方法研究进展

3.2.1 指标数据标准化

指标数据标准化的方法包括 min-max 标准化、*Z*-score 标准化、极大值标准化、总和标准化、极差法和双基准渐进法标准化等。其中，min-max 标准化方法是对原始数据进行线性变换，设定 minA 和 maxA 分别为属性 A 的最小值和最大值，将 A 的一个原始值 x 通过 min-max 标准化映射成在区间［0,1］中的值 x'。*Z*-score 标准化方法是基于原始数据的均值（mean）和标准差（standard deviation）进行数据的标准化。极大值标准化方法为使用原数据除以原数据中的最大值得到新数据的方法。总和标准化方法是采用原数据除以原数据之和得到新数据的方法。

3.2.2 权重确定

权重确定的方法大致可分为主观赋值法、客观赋值法及主客观相结合赋值法 3 类。主观赋值法包括德尔菲法、层次分析法、结构方程法、平均赋权法等，客观赋值法包括主成分分析法、熵值法、因子分析法等。

3.2.2.1 德尔菲法

德尔菲法（Delphi）又称专家调查法，预测的问题征得专家的意见之后，进行整理、归纳、统计，再匿名反馈给各专家，再次征求意见、再集中、再反馈，直至得到一致的意见。

3.2.2.2 层次分析法

在评价因子无量纲标准化处理以后，进一步使用了由 Satty 提出的层次分析法（AHP）对这些指标因子进行分析。层次分析法（AHP）是一种综合定性与定量的系统化、层次化分析方法（Satty，1980），是一种通过定性与定量相结合解决多目标的复杂性问题的分析方法，其依赖决策者的经验，确定各层指标值之间的相对重要程度，并确定每个决策方案的各标准的权重，利用权重求出各方案的优劣次序。较多地应用于评价指标体系的指标计算中。生命周期指数（Khan et al.，2004）、综合可持续发展指数、综合可持续发展绩效指数、环境质量指数等指标体系均采用 AHP 法为指标赋权重。

3.2.2.3 结构方程法

结构方程模型（SEM）是一种多变量统计分析手段，可以视为因子分析和回归分析的结合体，常用于分析多个观察变量之间的结构关系，通过使用多个已知的观察变量定义相关的潜变量，构建结构模型来分析各个潜变量与其观察变量之间的因果关系。

3.2.2.4 平均赋权法

平均赋权法虽不能体现指标的相对重要程度，但应用较为广泛。如生态足迹（Willian E. Rees，1992）、环境可持续性指数（World Economic Forum，2002）、人类发展指数（United Nations，2001）、环境脆弱性指数（南太平洋应用地球科学委员会 SOPAC，2005）等均采用了平均赋权法赋予了选取指标相同权重。

3.2.2.5 主成分分析法

主成分分析法（PCA）依据指标贡献率大小确定指标权重，过程相对客观。城市发展指数（HABITAT，1996）、环境绩效指数（耶鲁大学等，2002）等在赋予指标权重过程中均采用了主成分分析法（PCA）。主成分分析的原则是尝试将原始变量重组为一组新的不相关的综合变量。同时，根据实际需要，可以从中取出一些较小的总变量，并尽可能反映原始变量的统计量，该方法被称为主成分分析或主分量分析。可以用尽量少的综合指标代替众多的原始数据，并尽可能多地反映原始数据所提供的信息。该方法在很多领域进行了广泛应用，例如，符刚等为了评价出厂水水质卫生状况，掌握影响水质的主要指标，探索主成分分析法在水质综合评价中的应用，采用主成分分析法对某市两年集中式供水出厂水的水质进行综合评价，为水质监测提供理论依据。

3.2.2.6 客观赋权法

客观赋权法是常用于评估企业绩效的数学方法，在工程、经济、管理等领域得到了广泛的应用。利用数据的客观性，确定各评价指标的权重值，客观赋权法是将达到同一个目的的很多种方案量化，为它们在达到目的过程中所占的权重。其判断结果有较强的数学理论依据，而不依赖于人的主观判断。朱丽华等将客观赋权法中标的重要性相关法和标准离差法应用于结构构件重要性评估，确定各评价指标的权重系数。结果显示：结构中的关键构件在基于客观赋权法的评价方法更容易确定，同时弥补了单一评价指标的不足，具有较好的适用性。

3.2.2.7 TOPSIS 法

TOPSIS（Technique for Order Preference by Similarity to an Ideal Solution）法是 C.L.Hwang 和 K.Yoon 于 1981 年首次提出的，TOPSIS 法是根据有限个评价对象与理想化目标的接近程度进行排序的方法，是在现有的对象中进行相对优劣的评价。TOPSIS 法是一种逼近理想解的排序法，该方法只要求各效用函数具有单调递增（或递减）性即可。TOPSIS 法是多目标决策分析中一种常用的有效方法，又称为优劣解距离法。

3.2.2.8 熵值法

熵值法是一种客观赋权方法，在具体使用过程中，根据各指标的数据的分散程度，利用信息熵计算出各指标的熵权，再根据各指标对熵权进行一定的修正，从而得到较为客观的指标权重。根据信息熵的定义，对于某项指标，可以用熵值来判断某个指标的离散程度，其信息熵值越小，指标的离散程度越大，该指标对综合评价的影响（权重）就越大，如果某项指标的值全部相等，则该指标在综合评价中不起作用。因此，可利用信息熵这个工具，计算出各个指标的权重，为多指标综合评价提供依据。

3.2.2.9 ANP-Fuzzy 法

ANP-Fuzzy 法是一种综合评估方法，将层次分析法（ANP）与模糊多层次评价法（Fuzzy）相结合。ANP 法是一种反映指标之间相互关系的赋权方法，它可以通过网络结构（控制层和网络层）在复杂决策系统中反映系统各元素之间相互影响、相互反馈的关系。Fuzzy 法是一种精确界定模糊事物的评估方法，它可以用来通过模糊数学的隶属度理论定量评估复杂决策系统中的定性指标。从分类细化评估到综合评估，最终得到多级评估计算后的综合评估向量，并根据最大隶属度确定评估结果。

3.2.3 综合评估

3.2.3.1 模型法

模型法为常用的模型为压力—状态—响应—（PSR）模型。压力—状态—响应（PSR）模型最初由加拿大统计学家 A.Friend 提出，1993 年首次被经济合作与发展组织（OECD）应用于环境评价研究中并获得广泛支持，随后被扩展为驱动力—压力—状态—影响—响应（DPSIR）框架，为欧洲环境署采用（1999）。联合国可持续发展委员会（UNCSD）提出的可持续发展核心指标框架，联合国统计局提出的可持续发展指标体系（FISD），世界银行提出的可持续性矩阵等都建立在 PSR 模型基础上。

3.2.3.2 综合指数法

综合指数法将评价指标体系划分成若干个子系统，并逐步细分成各级子系统和功能模块，再用综合加权指数法计算，综合指数法广泛应用于生态文明建设成效评估中。

3.2.3.3 等级划分法

等级划分法一般在综合指数计算结果基础上，采用聚类分析等方法把生态文明或者可持续发展水平划分为优秀、良好、一般和较差等级别，明确生态文明或可持续发展建设成效的等级差异。

3.3 典型案例：《生态文明建设考核目标体系》

2016 年 12 月 22 日，中共中央办公厅、国务院办公厅印发的《生态文明建设目标评价考核办法》。根据办法要求，国家发展改革委、国家统计局、环境保护部、中央组织部等部门制定印发了《绿色发展指标体系》和《生态文明建设考核目标体系》，为开展生态文明建设评价考核提供依据。

资源环境生态问题是我国现代化进程中的“瓶颈”，也是全面建成小康社会的明显“短板”。党的十八大以来，党中央、国务院就推进生态文明建设做出一系列决策部署，提出了创新、协调、绿色、开放、共享的新发展理念，印发了《关于加快推进生态文明建设的意见》（中发〔2015〕12 号）、《生态文明体制改革总体方案》（中发〔2015〕25 号），《中华人民共和国国民经济和社会发展第十三个五年规划纲要》（以下简称《“十三五”规划纲要》）进一步明确了资源环境约束性目标，增加了很多事关系群众切身利益的环境质量指标。

生态文明建设的成效如何，党中央、国务院确定的重大目标任务有没有实现，老百姓在生态环境改善上有没有获得感，需要一把尺子来衡量、来检验。习近平总书记、李克强总理曾多次对生态文明建设目标评价考核工作提出明确要求，2016 年中央将《生态文明建设目标评价考核办法》列入改革工作要点和党内法规制订计划。

根据《生态文明建设目标评价考核办法》的规定，生态文明建设目标评价考核实行党政同责，采取年度评价和五年考核相结合的方式，在节能减排、大气污染防治、最严格耕地保护等现有专项考核的基础上综合开展。其中，年度评价按照《绿色发展指标体系》实施，主要评估各地区生态文明建设进展的总体情况，引导各地区落实生态文明建设相关工作，每年开展一次；五年考核按照《生态文明建设考核目标体系》实施，主要考核国民经济和社会发展规划纲要确定的资源环境约束性指标，以及党中央、国务院部署的生态文明建设重大目标任务完成情况，强化省级党委和政府生态文明建设的主体责任，每个五年规划期结束后开展一次。

《生态文明建设考核目标体系》以《中华人民共和国国民经济和社会发展第十三个五个规划纲要》确定的资源环境约束性目标为主，体现少而精、避免目标泛化，使考核工作更加聚焦。在目标设计上，按照涵盖重点领域和目标不重复、可分解、有数据支撑的原则，包括资源利用、生态环境保护、年度评价结果、公众满意程度、生态环境事件 5 个方面 23 项考核目标；在目标赋分上，对环境质量等体现人民获得感的目标赋予较高的分值，对约束性、部署性等目标依据其重要程度，分别赋予相应的分值；在目标得分上，体现“奖罚分明”“适度偏严”，对超额完成目标的地区按照超额比例进行加分，对 3 项约束性目标未完成的地区考核等级直接确定为不合格。

《生态文明建设考核目标体系》内容见表 3-4。

表 3-4 《生态文明建设考核目标体系》内容

目标类别	目标类分值	序号	子目标名称	子目标分值	目标来源	数据来源
一、资源利用	30	1	单位 GDP 能源消耗降低★	4	《中华人民共和国国民经济和社会发展第十三个五年规划纲要》	国家统计局、国家发展改革委
		2	单位 GDP 二氧化碳排放降低★	4		国家发展改革委、国家统计局
		3	非化石能源占一次能源消费比重★	4		国家统计局、国家能源局

续表

目标类别	目标类分值	序号	子目标名称	子目标分值	目标来源	数据来源
一、资源利用	30	4	能源消费总量	3	《中华人民共和国国民经济和社会发展第十三个五年规划纲要》	国家统计局、国家发展改革委
		5	万元 GDP 用水量下降★	4		水利部、国家统计局
		6	用水总量	3		水利部
		7	耕地保有量★	4		国土资源部
		8	新增建设用地规模★	4		国土资源部
二、生态环境保护	40	9	地级及以上城市空气质量优良天数比例★	5		环境保护部
		10	细颗粒物（$PM_{2.5}$）未达标地级及以上城市浓度下降率★	5		环境保护部
		11	地表水达到或好于Ⅲ类水体比例★	（3）[a] （5）[b]		环境保护部、水利部
		12	近岸海域水质优良（一类、二类）比例	（2）[a]		国家海洋局、生态环环境保护部
		13	地表水劣Ⅴ类水体比例★	5		环境保护部、水利部
		14	化学需氧量排放总量减少★	2		环境保护部
		15	氨氮排放总量减少★	2		环境保护部
		16	二氧化硫排放总量减少★	2		环境保护部
		17	氮氧化物排放总量减少★	2		环境保护部
		18	森林覆盖率★	4		国家林业局
		19	森林蓄积量★	5		国家林业局
		20	草原综合植被覆盖度	3		农业部
三、年度评价结果	20	21	各地区生态文明建设年度评价的综合情况	20	—	国家统计局、国家发展改革委、环境保护部等有关部门

续表

目标类别	目标类分值	序号	子目标名称	子目标分值	目标来源	数据来源
四、公众满意程度	10	22	居民对本地区生态文明建设、生态环境改善的满意程度	10	—	国家统计局等有关部门
五、生态环境事件	扣分项	23	地区重特大突发环境事件、造成恶劣社会影响的其他环境污染责任事件、严重生态破坏责任事件的发生情况	扣分项	—	环境保护部、国家林业局等有关部门

注：★为《中华人民共和国国民经济和社会发展第十三个五年规划纲要》确定的资源环境约束性目标。

3.4 典型案例：可持续发展指标体系

1992 年，联合国在巴西召开了联合国环境与发展会议。这次会议是根据当时的环境与发展形势需要，同时为了纪念联合国人类环境会议 20 周年而召开的。会议通过了《21 世纪议程》等重要文件。联合国在这次会议之后成立了联合国可持续发展委员会，根据《21 世纪议程》中关于制定可持续发展指标的要求，联合国可持续发展委员会同联合国政策协调和可持续发展部、联合国统计局、联合国开发计划署、联合国环境规划署、联合国儿童基金会和亚太经社会等机构研究提出了可持续发展指标体系研究的中期工作方案和指标体系。

联合国可持续发展委员会等机构于 1996 年提出的可持续发展指标体系，是在联合国《21 世纪议程》“经济、社会、环境和机构”四大系统框架下，应用“驱动力—状态—响应”概念模型，结合《21 世纪议程》内容而提出 17 个目标（图 3-1）和相应的指标体系。17 个目标包括无贫穷、零饥饿、良好健康与福祉、优质教育、性别平等、清洁饮水和卫生设施、经济适用的清洁能源、体面工作和经济增长、产业创新和基础设施、减少不平等、可持续城市和社区、负责任消费和生产、气候行动、水下生物、陆地生物、和平正义与强大机构、促进目标实现的伙伴关系。这套指标体系经过一些国家测试，可持续发展委员会的顾问智囊团，还有测试国家，建议采取领域—子领域方法，最终联合国确定了一套包括 15 个领域、58 个指标的新的指标体系，可供各国使用。联合国可持续发展指标体系包括社会指标、环境指标、经济指标和制度指标。社会指标包括平等、健康、教育、住房、安全、人口 6 个领域；环境指标包括大气、土地、海洋和海岸、淡水、生物多样性 5 个领域；经济指标包括经济结构、消耗和生产模式 2 个领域；制度指标包括制度框架和制度能力领域 2 个领域（表 3-5）。

图 3-1　联合国可持续发展目标

表 3-5　联合国可持续发展指标体系

社会指标		
领域	子领域	指标
平等	贫穷	处于贫困线以下的人
		基尼系数
		失业率
	性别平等	妇女平均工资与男性平均工资之比

续表

社会指标		
领域	子领域	指标
健康	营养状况	儿童的营养状况
	死亡率	5 岁以下的儿童存活率
		人口预期寿命
	卫生	拥有地下管道设备人口占总人口之比
	饮用水	饮用健康用水的人
	医疗保护	享有医疗设备的人口占总人口之比
		儿童传染病免疫
		避孕普及率
教育	教育水平	接受 5 年小学教育的孩子
		接受中学教育水平的成人
	识字率	成人识字率
住房	居住条件	人均可居住面积
安全	犯罪	每 100 000 人的犯罪人数
人口	人口变化	人口自然增长率
		城市正式和非正式住区人口
环境指标		
领域	子领域	指标
大气	气候变化	温室气体排放量
	臭氧层耗竭	臭氧层耗竭物质消费量
	空气质量	城市大气污染物量
土地	农业	耕地面积
		化肥施用量
		农药施用量
	森林	森林覆盖率
		木材采伐量
	沙漠化	受荒漠化影响的土地面积
	城镇化	城市正式和非正式住区面积

续表

环境指标		
领域	子领域	指标
海洋和海岸	海岸	海水中藻类量
		沿海人口
	渔业	年产量
淡水	水数量	年地表水及地下水量
	水质量	水体中的 BOD
		淡水中的粪大肠杆菌量
生物多样性	生态系统	有选择的关键生态系统的面积
		保护区面积
	物种	有选择性的关键微生物的分布量
经济指标		
领域	子领域	指标
经济结构	经济表现	人均 GDP
		投资占 GDP 的份额
	贸易	贸易货物平衡
	金融	债务支出占 GDP 比重
		无偿给予或接受的 ODA 占 GDP 的百分比
消耗和生产模式	原料消耗	原料使用密度
	能源使用	人年均能源消耗量
		能源使用强度
		能源使用密度
	废物排放和管理	工业固体废物排放量
		有害废物排放量
		放射性废物排放量
		废物循环和再利用量
	交通	人均运输线路长度

续表

制度指标		
领域	子领域	指标
制度框架	战略实施	国家可持续发展战略
	国际合作	国际协议的实施
制度能力	信息访问	每 1 000 人拥有互联网
	交通基础设施	每 1 000 人拥有电话机
	科学技术	研究与开发占 GDP 的百分比
	对灾害的预备	由于自然灾害的经济、人员损失

3.5 典型案例：中国工程院《国家生态文明建设指标体系研究与评估》

中国工程院《国家生态文明建设指标体系研究与评估》研究构建了国家生态文明发展水平评价指标体系与方法，从国家、省级、市级 3 个层次对我国生态文明状况进行了评价；同时，综合考虑国际经验与数据的可获取性，调整构建了生态文明建设国际比较指标体系，以 20 国集团（G20）为主要考察对象进行了比较；根据我国的统计制度基础和数据基础，结合环境经济核算体系中心框架内容，提出了我国生态文明统计体系的基本框架；在评价与评估的基础上，分析和总结我国生态文明建设的经验模式，以及面临的问题与挑战，提出新时代我国生态文明建设的重点任务与具体要求。

《国家生态文明建设指标体系研究与评估》构建了以生态环境质量改善为核心、突出主体功能区差异的中国生态文明指数（Eco-Civilization，ECC）评估方法（表 3-1），开展生态文明发展水平评估及变化分析，评估结果准确量化了我国生态文明发展的态势，客观反映了取得的成绩。

生态文明指数是以全国的地级市及以上城市为单元，采用综合加权指数法评估市生态文明指数，以各市生态文明指数平均值计算省和国家生态文明指数。得分大于 80 分为优秀，等级为 A，整体上能达到世界先进水平；得分 70～80 分为良好，等级为 B，整体上能达到国家良好水平；得分 60～70 分为一般，等级为 C，整体上能达到国家达标水平；得分小于 60 分为较差，等级为 D，整体上未能达到国家达标水平。

研究显示，2015—2017 年，我国生态文明指数得分提高了 2.98 分，全国各地生态文明发展水平普遍提升。其中，全国 325 个地级及以上行政区域中，仍有接近 45% 的城市生态文明发展水平属于 C 级及以下等级水平。具体来说，属于 A 级的城市个数占比为 0.62%；B 级的城市个数占比为 54.46%；C 级的城市个数占比为 42.46%；D 级的城市个数占比为 2.46%。A 级的国土面积占比为 0.17%；B 级的国土面积占比为 43.87%；C 级的国土面积占比为 47.96%；D 级的国土面积占比为 8.00%。

生态文明建设考核目标体系见表 3-6。

表 3-6 生态文明建设考核目标体系

领域	指数	序号	指标	单位
绿色环境	生态治理指数	1	生态用地质量	—
	环境质量指数	2	环境空气质量	—
		3	地表水环境质量	—
绿色生产	产业优化指数	4	人均 GDP	元
		5	第三产业增加值占 GDP 比重	%
	产业效率指数	6	单位建设用地 GDP	万元 /km^2
		7	主要水污染物排放强度	kg/ 万元
		8	主要大气污染物排放强度	kg/ 万元
		9	单位种植面积化肥施用量	t/hm^2
绿色生活	城乡协调指数	10	城镇化率	%
		11	城镇居民人均可支配收入	元
		12	城乡居民收入比例	%
	城镇人居指数	13	人居公园绿地面积	hm^2/ 万人
		14	建成区绿化覆盖率	%
	绿色消费指数	15	人均生态足迹	hm^2/ 万人

续表

领域	指数	序号	指标	单位
绿色治理	污染治理指数	16	城市生活污水处理率	%
		17	城市生活垃圾无害化处理率	%
	建设绩效指数	18	自然保护区面积占比	%
		19	单位 GDP 能耗下降率	%
	调节指标	20	突发环境风险指数	—

3.6 生态文明建设成效评估指标体系的优化建议

生态文明建设成效评估指标体系的优化设计与构建应遵循以下原则：

（1）适应性原则

生态文明建设成效评估指标体系内容应充分考虑我国幅员辽阔、生态本底各异、人文地理多样、经济水平不一、省市进程不同、规模性质和类型特色等因素的差异，兼顾共性和特性的需求，既要提高评价指标体系的普遍适应性，也要满足地方差异化发展和评价指标体系操作的灵活性与拓展性。

（2）系统性原则

生态文明建设成效评估指标体系是复杂的巨大系统，涉及环境、资源、经济、社会、人口多个领域，包含土地、空间、交通、产业、建筑、文化、基础设施、公共服务、生物多样和科技创新等诸多内容，对其建设成效评估在指标体系内容与指标结构方面需满足系统性与协调性原则，力求全面综合、协调平衡。

（3）科学性和可操作性

生态文明建设成效评估指标体系研究离不开城市学、生态学和系统学三大理论学科的支撑，在建设实践中必须遵循自然、经济和社会发展的客观科学规律，在生态文明建设成效评估指标的具体内容、定性与定量选择、强制与引导要求等方面要有客观判断与可靠依据，坚持科学性原则。此外，成效评估的目的是准确寻找自身定位，明确改进和发展方向，为省市生态文明建设管理者提供指引，评估指标体系必须强调可操作性，将评估的内容与目标要求融入现有省市生态文明管理，实现与省市各职能部门现有工作的衔接，使成效评估体系真正为管理者所用。

（4）前瞻性原则

城市的发展是动态的，对生态文明建设成效评估的认知也是逐渐提升和丰富的，生态文明建设成效评估指标体系的设计必须兼顾前瞻性，生态文明建设成效评估必须是动态的，对城市未来发展的方向和可能遇到的问题要做出预见性判断和引导。

4

“十三五”全国生态文明建设成效评估指标体系与方法

SHISANWU QUANGUO SHENGTAI WENMING JIANSHE CHENGXIAO PINGGU ZHIBIAO TIXI YU FANGFA

4.1 研究时限

本册蓝皮书研究时间为2015—2020年，研究时限在“十三五”时期的2016年至2020年的基础上，增加了2015年，主要是为了与“十二五”末进行对比分析。

4.2 生态文明建设成效评估指标体系

4.2.1 指标体系框架

本册蓝皮书基于科学性、代表性和数据的可获取性原则，参考生态环境部“生态文明示范区”建设指标及其他国内外相关指标体系，构建了生态文明建设成效评估指标体系框架，如下所示：

（1）决策层：生态文明建设成效指数。

（2）领域层：包括环境质量、生态状况、产业优化、资源效率、城乡协调、城镇人居、制度建设7个领域。

（3）指标层：在每个领域层下设置细分指标，共计27个。其中，环境质量指数从空气和水环境质量等方面设置了 5 项指标；生态状况指数从水土质量、林草保护方面设置了 2 项指标；产业优化主要从经济总量和结构方面设置了 2 项指标；资源效率指数主要从用地、用能、用水、废物处理等方面设置了 7 项指标；城乡协调指数主要从城镇化率及城乡差距方面设置了 2 项指标；城镇人居指数主要从人居环境、固体废物处理、人居绿地、文化等方面设置了 6 项指标；制度建设指数主要从法律法规、财政投入等方面设置了 3 项指标。

本书中设置的生态文明建设成效评估指标体系见表 4-1。

表 4-1 生态文明建设成效评估指标体系

决策层	领域层	指标层	单位
生态文明建设成效指数	环境质量指数	$PM_{2.5}$ 浓度	μg/m^3
		地表水水质达到或者优于Ⅲ类比例	%
		近岸海域水质优良比例	%
		空气质量优良天数比例	%
		污染负荷指数	—
	生态状况指数	水土流失治理率	%
		林草覆盖率	%
	产业优化指数	人均 GDP	元
		第三产业增加值占 GDP 比重	%
	资源效率指数	单位建设用地 GDP	万元 /km^2
		单位地区生产总值能耗	t 标准煤 / 万元
		单位地区生产总值用水量	m^3/ 万元
		一次电力发电量占总发电量比重	%
		一般工业固体废物综合利用率	%
		单位种植面积农药施用量	kg/hm^2
		单位种植面积化肥施用量	kg/hm^2
	城乡协调指数	城镇化率	%
		城乡居民收入比	—

续表

决策层	领域层	指标层	单位
生态文明建设成效指数	城镇人居指数	农村卫生厕所普及率	%
		集中式饮用水水源地水质优良比例	%
		城镇污水处理率	%
		城镇生活垃圾无害化处理率	%
		城镇人均公园绿地面积	m^2/人
		每万人拥有公共文化设施数	个/万人
	制度建设指数	颁布生态环境保护地方性法规件数	件
		节能环保经费支出占 GDP 比例	%
		教育经费支出占 GDP 比例	%

4.2.2 指标解释

（1）$PM_{2.5}$ 浓度

【指标解释】$PM_{2.5}$ 浓度是指行政区域内直径小于等于 2.5 μm 的尘埃或飘尘在环境空气中的浓度。

【测算方法】$PM_{2.5}$ 浓度按照《环境空气质量标准》（GB 3095—2012）和《环境空气质量评价技术规定（试行）》（HJ 663—2013）测算，以年平均浓度为准。

（2）地表水水质达到或优于Ⅲ类水的比例

【指标解释】地表水水质达到或优于Ⅲ类水的比例是指行政区域内国控、省控、市控监测断面水质达到或优于Ⅲ类标准的比例。

【计算公式】

$$\text{地表水水质达到或优于Ⅲ类水的比例}=\frac{\text{国控、省控、布控监测断面水质达到或优于Ⅲ类标准的数量（个）}}{\text{监测断面总数量（个）}}\times 100\%$$

（3）近岸海域水质优良比例

【指标解释】近岸海域水质优良比例是指按照《海水水质标准》（GB 3097—1997）对海水水质的分类，报告期内近岸海域水质监测点位达到Ⅰ类和Ⅱ类的数量占近岸海域全部监测点数量的比例。

【计算公式】

$$近岸海域水质优良（Ⅰ、Ⅱ类）比例=\frac{近岸海域海水水质达到Ⅰ类和Ⅱ类的监测点数量（个）}{近岸海域所有监测点数量（个）}\times 100\%$$

（4）空气质量优良天数比例

【指标解释】空气质量优良天数比例是指行政区域内空气质量达到或优于二级标准的天数占全年有效监测天数的比例。

【计算公式】

$$环境空气质量优良天数比例=\frac{环境空气质量达到或优于二级标准的天数（天）}{全年有效监测天数（天）}\times 100\%$$

（5）污染负荷指数

【指标解释】污染负荷指数是指评价区域内所受纳的环境污染压力，利用评价区域单位面积所受纳的污染负荷表示。当污染负荷指数小于0时，则取0。主要根据《生态环境状况评价技术规范》（HJ 192—2015）计算所得。

【计算公式】

$$\begin{aligned}污染负荷指数= & 0.20\times A_{COD}\times\frac{COD排放量}{区域年降水总量}+0.20\times A_{SO_2}\times\frac{SO_2排放量}{区域面积}\\ & +0.20\times A_{NH_3}\times\frac{氨氮排放量}{区域年降水总量}+0.10\times A_{YFC}\\ & \times\frac{烟（粉）尘排放量}{区域面积}+0.20\times A_{NO_x}\times\frac{氮氧化物排放量}{区域面积}\\ & +0.10\times A_{SOL}\times\frac{固体废物丢弃量}{区域面积}\end{aligned}$$

式中，A_{COD} 为COD的归一化系数，参考值为4.393 739 728 9；A_{NH_3} 为氨氮的归一化系数，参考值为40.176 475 498 6；A_{SO_2} 为 SO_2 的归一化系数，参考值为0.064 866 028 7；A_{YFC} 为烟（粉）尘的归一化系数，参考值为4.090 445 932 1；A_{NO_x} 为氮氧化物的归一化系数，参考值为0.510 304 927 8；A_{SOL} 为固体废物的归一化系数，参考值为0.074 989 428 3。

（6）水土流失治理率

【指标解释】水土流失治理率是指行政区域内某时段，水土流失治理面积占原水土流失面积的比例。

【计算公式】

$$水土流失治理率=\frac{水土流失治理面积（km^2）}{原水土流失面积（km^2）}\times100\%$$

（7）林草覆盖率

【指标解释】林草覆盖率是指行政区域内森林、草地面积之和占土地总面积的百分比。森林面积包括郁闭度 0.2 以上的乔木林地面积和竹林地面积、国家特别规定的灌木林地面积、农田林网以及村旁、路旁、水旁、宅旁林木的覆盖面积。草地面积指生长草本植物为主的土地，执行《土地利用现状分类》（GB/T 21010—2017）。若行政区域水域面积占土地总面积的 5% 以上，指标核算时的土地总面积应为扣除水域面积后的面积。

【计算公式】

$$林草覆盖率=\frac{森林面积（km^2）+草地面积（km^2）}{土地总面积（km^2）}\times100\%$$

（8）人均 GDP

【指标解释】人均 GDP 是将一个国家核算期内（通常是一年）实现的国内生产总值与这个国家的常住人口（或户籍人口）相比进行计算，得到人均国内生产总值。

【计算公式】

$$人均GDP=\frac{地区国内生产总值（万元）}{地区常住人口（万人）}\times100\%$$

（9）第三产业增加值占 GDP 比重

【指标解释】第三产业增加值占 GDP 比重是指除第一产业、第二产业外的其他行业（包括交通运输、仓储和邮政业，信息传输、计算机服务和软件业，批发和零售业，住宿和餐饮业，金融业，房地产业，租赁和商务服务业，科学研究、技术服务和地质勘察业，水利、环境和公共设施管理业，居民服务和其他服务业，教育，卫生、社会保障和社会福利业，文化、体育和娱乐业，公共管理和社会组织，国际组织等行业）的增加值占国内生产总值的比例。

【计算公式】

$$第三产业增加值占GDP比重=\frac{第三产业增加值（万元）}{地区国内生产总值（万元）}\times100\%$$

（10）单位建设用地 GDP

【指标解释】单位建设用地 GDP 是指单位建设用地面积所产出的国内生产总值，是反映经济发展水平和土地节约集约利用水平的重要指标。

【计算公式】

$$单位建设用地GDP=\frac{地区国内生产总值（万元）}{建设用地总面积（km^2）}\times100\%$$

（11）单位地区生产总值能耗

【指标解释】单位地区生产总值能耗是指行政区域内单位地区生产总值的能源消耗量，是反映能源消费水平和节能降耗状况的主要指标。其中能源消耗总量统一采用标准煤这一标准折算单位。

【计算公式】

$$单位地区生产总值能耗=\frac{地区能源消耗总量（t标准煤）}{地区国内生产总值（万元）}\times100\%$$

（12）单位地区生产总值用水量

【指标解释】单位地区生产总值用水量是指行政区域内单位地区生产总值所使用的水资源量，是反映水资源消费水平和节水降耗状况的主要指标。

【计算公式】

$$单位地区生产总值用水量=\frac{地区用水总量（m^3）}{地区国内生产总值（万元）}\times100\%$$

（13）一次电力发电量占总发电量比重

【指标解释】一次电力发电量占总发电量比重是指计入一次能源的电力发电量（如核电、水电、风电以及太阳能发电所发出的电力）占该地区总发电量的比重。

【计算公式】

$$一次电力发电量占总发电量比重=\frac{一次能源的电力发电量（万kW·h）}{总发电量（万kW·h）}\times100\%$$

（14）一般工业固体废物综合利用率

【指标解释】一般工业固体废物综合利用率是指区域内一般工业固体废物综合利用量占一般工业固体废物产生量（包括综合利用往年贮存量）的百分比。

【计算公式】

$$一般工业固体废物综合利用率=\frac{一般工业固体废物综合利用量（t）}{一般工业固体废物产生量（t）+综合利用往年贮存量（t）}\times100\%$$

（15）单位种植面积农药施用量

【指标解释】单位种植面积农药施用量是指区域内单位农作物播种总面积所使用的农药量。

【计算公式】

$$单位种植面积农药施用量=\frac{农药施用量（kg）}{农作物播种总面积（hm^2）}\times100\%$$

（16）单位种植面积化肥施用量

【指标解释】单位种植面积化肥施用量是指区域内单位农作物播种总面积所使用的化肥量。

【计算公式】

$$单位种植面积化肥施用量=\frac{化肥施用量（kg）}{农作物播种总面积（hm^2）}\times100\%$$

（17）城镇化率

【指标解释】城镇化率是城市化的度量指标，一般采用人口统计学指标，即城镇人口占总人口（包括农业与非农业）的比重。

【计算公式】

$$城镇化率=\frac{区域城镇人口数量（万人）}{区域总人口数量（万人）}\times100\%$$

（18）城乡居民收入比

【指标解释】城乡居民收入比是衡量城乡收入差距的一个重要指标，主要反映城乡居民的收入水平和富裕程度，是城镇居民人均可支配收入和农村居民人均纯收入的比例。其中：城镇居民人均可支配收入 =（调查户居民家庭总收入 - 缴纳个人所得税 - 个人缴纳社会保障支出 - 记账补贴）除以调查户家庭常住人口；农村居民人均纯收入 =（调查户居民家庭总收入 - 从事生产和非生产经营费用支出 - 缴纳税款 - 上交承包集体任务）除以调查户家庭常住人口。

【计算公式】

$$\text{城乡居民收入比} = \frac{\text{城镇居民人均可支配收入（元）}}{\text{农村居民人均纯收入（元）}} \times 100\%$$

（19）农村卫生厕所普及率

【指标解释】农村卫生厕所普及率是指行政区使用卫生厕所的农户占农户总数的比例。卫生厕所执行《农村户厕卫生规范》（GB 19379—2012）。

【计算公式】

$$\text{农村卫生厕所普及率} = \frac{\text{使用卫生厕所的农户数量（户）}}{\text{农户总数量（户）}} \times 100\%$$

（20）集中式饮用水水源地水质优良比例

【指标解释】集中式饮用水水源地水质优良比例是指行政区域内集中式饮用水水源地，其地表水水质达到或优于《地表水环境质量标准》（GB 3838—2002）Ⅲ类标准、地下水水质达到或优于《地下水质量标准》（GB/T 14848—2017）Ⅲ类标准的水源地个数占水源地总个数的百分比。

【计算公式】

$$\text{集中式饮用水水源地水质优良比例} = \frac{\text{集中式饮用水水源地水质达到或优于Ⅲ类的水源地个数（个）}}{\text{集中式饮用水水源地总个数（个）}} \times 100\%$$

（21）城镇污水处理率

【指标解释】城镇污水处理率是指城镇建成区内经过污水处理厂或其他污水处理设施处理，且达到排放标准的排水量占污水排放总量的百分比。要求污水处理厂污泥得到安全处置，污泥处置参照《城镇排水与污水处理条例》（国务院令　第641号）执行。

【计算公式】

$$\text{城镇污水处理率} = \frac{\text{污水厂达标排放量（t）+其他污水处理设施达标排放量（t）}}{\text{城镇污水排放总量（t）}} \times 100\%$$

（22）城镇生活垃圾无害化处理率

【指标解释】城镇生活垃圾无害化处理率是指城镇建成区内生活垃圾无害化处理量占垃圾产生量的比值。在统计上，由于生活垃圾产生量不易取得，可用清运量代替。有关标准参照《生活垃圾焚烧污染控制标准》（GB 18485—2014）和《生活垃圾填埋场污染控制标准》（GB 16889—2008）执行。

【计算公式】

$$\text{城镇生活垃圾无害化处理率} = \frac{\text{生活垃圾无害化处理量（t）}}{\text{城镇生活垃圾产生量（t）}} \times 100\%$$

（23）城镇人均公园绿地面积

【指标解释】城镇人均公园绿地面积是指城镇建成区内城镇公园绿地面积的人均占有量。公园绿地指向公众开放，具有游憩、生态、景观、文教和应急避险等功能，有一定游憩和服务设施的绿地。公园绿地的统计方式应以现行的《城市绿地分类标准》（CJJ/T 85—2017）为主要依据。

【计算公式】

$$\text{城镇人均公园绿地面积} = \frac{\text{公园绿地面积（}m^2\text{）}}{\text{建成区城区人口数量（人）}} \times 100\%$$

（24）每万人拥有公共文化设施数

【指标解释】每万人拥有公共文化设施数是反映公共文化服务供给能力的重要指标，指区域内每万人拥有的公共文化设施数量。其中，公共文化设施是指用于提供公共文化服务的建筑物、场地和设备，主要包括图书馆、博物馆、文化馆（站）、艺术表演场馆等。

【计算公式】

$$每万人拥有公共文化设施数=\frac{区域内公共文化设施数量（个）}{区域总人口（万人）}\times 100\%$$

（25）颁布生态环境保护地方性法规件数

【指标解释】颁布生态环境保护地方性法规件数是指区域内颁布的与生态环境保护相关的地方性法规和单行条例数量，涵盖空气、水、土壤、森林、湿地、湖泊、生物多样性保护等诸多方面，涉及自然资源保护、环境污染防治、绿色产业发展等。

（26）节能环保经费支出占 GDP 比例

【指标解释】节能环保经费支出占 GDP 比例是衡量政府在节能环保方面的财政支持力度的重要指标，是指各地区每年度一般公共预算支出中节能环保经费支出的数目占当地 GDP 总量的比例。

【计算公式】

$$节能环保经费支出占GDP比例=\frac{节能环保经费支出（万元）}{地区生产总值（万元）}\times 100\%$$

（27）教育经费支出占 GDP 比例

【指标解释】教育经费支出占 GDP 比例是指衡量政府在教育方面的财政支持力度的重要指标，是指各地区每年度一般公共预算支出中教育经费支出的数目占当地 GDP 总量的比例。

【计算公式】

$$教育经费支出占GDP比例=\frac{教育经费支出（万元）}{地区生产总值（万元）}\times 100\%$$

4.2.3 数据获取与处理

本册蓝皮书所用的各项指标数据主要来源如下：

（1）全国及各省级行政区统计年鉴数据，包括《中国统计年鉴（2016—2021）》《中国城市统计年鉴（2016—2021）》《中国城市建设统计年鉴（2016—2020）》《中国农村统计年鉴（2016—2021）》《中国环境统计年鉴（2016—2021）》《中国能源统计年鉴（2016—2020）》及各省级行政区统计年鉴（2016—2021）等。

（2）全国及各省级行政区发布的统计公报，包括全国及各省级行政区国民经济和社会发展统计公报（2015—2020）、生态环境状况公报（2015—2020）、水土保持公报（2015—2020）、第三次全国及各省级行政区国土调查主要数据公报（2021）等。

（3）全国及各省级行政区相关部门发布的权威统计数据，包括各省级行政区财政决算数据、环境统计数据、旅游业统计数据、能源统计数据、用地统计数据等。

4.2.4 缺失数据处理

在数据获取过程中，如遇到部分数据缺失时，需要采用一定的方法进行处理。本册蓝皮书主要采用两种方法补充缺失数据：

（1）对于一年内相对稳定、变化不大的数据，如有缺失，则沿用上一年数据来进行补充，例如，在计算单位建设用地 GDP 时，由于 2018 年正在进行国土调查，未公布各地建设用地面积，考虑到该数据每年变化不大，因此，沿用 2017 年数据进行计算。

（2）对于一年内有稳定增长或下降趋势的数据，如有缺失，则采用多项式插值法进行补充，以其他年份数据为基础来估算缺失年份的数据，例如，在计算单位 GDP 能耗时，由于部分省级行政区尚未公布 2020 年能源消耗数据，考虑到该数据每年均有相对稳定的变化，因此，以 2015—2019 年的数据为基础，采用多项式插值法得出 2020 年数据，然后进行计算。

4.3 生态文明建设成效评估方法

4.3.1 指标数据标准化

（1）极差法

由于各项指标计量单位以及指标类型的不一致，为消除这些差别对评价结果造成的影响，需对原始数据进行无量纲的标准化处理。具体标准化处理方式如下所示：

$$正指标：X'_{ij}=\frac{X_{ij}-\min\limits_{i}X_{ij}}{\max\limits_{i}X_{ij}-\min\limits_{i}X_{ij}}$$

$$负指标：X'_{ij}=\frac{\max\limits_{i}X_{ij}-X_{ij}}{\max\limits_{i}X_{ij}-\min\limits_{i}X_{ij}}$$

式中，X'_{ij} 为第 i 个系统第 j 项指标标准化后的值；X_{ij} 为第 i 个系统第 j 项指标的实际值；$\max\limits_{i}X_{ij}$和$\min\limits_{i}X_{ij}$分别为第 j 项指标的最大值和最小值。其中，i=1, 2, 3, 0<j≤m。

本册蓝皮书共有 26 项指标参与权重计算，共有 31 个省（自治区、直辖市）数据，即 i=31，m=26。

（2）双基准渐进法

本册蓝皮书参考中国工程院咨询项目“中国生态文明建设重大战略研究”研究方法，采用双基准渐近法对指标进行标准化。计算公式如下：

$$S_{ij}=\left[X_{ij}-X_{ij}(C)\right]\times\frac{(S_A-S_C)}{\left[X_{ij}(A)-X_{ij}(C)\right]}+S_C$$

式中，S_{ij} 为第 j 年第 i 个评价指标标准化后的得分；X_{ij} 为第 j 年第 i 个评价指标的原始值；$X_{ij}(A)$ 和 $X_{ij}(C)$ 分别为第 j 年第 i 个评价指标的基准值 A 值与 C 值；S_A 为基准值 A 值所对应的得分 90 分；S_C 为基准值 C 值对应的得分 60 分。由于双基准渐近法是将原始指标值标准化为［0, 100］，因此，当 S_{ij}<0 时，S_{ij} 取值为 0；当 S_{ij}>100 时，S_{ij} 取值为 100。

计算原理示意图如图 4-1 所示。

图 4-1 中，A 值和 C 值的确定优先依据国家或部门行业标准、国家相关规划或其他要求、国内外城市的类比值，对于没有明确参考依据的部分指标，采用统计学中百分位数法，选择 90% 分位的值为基准值。C 值优先依据国内基本达标值划定，对于没有明确参考依据的部分指标，采用统计学中百分位数法，

选择 60% 分位的值为基准值。

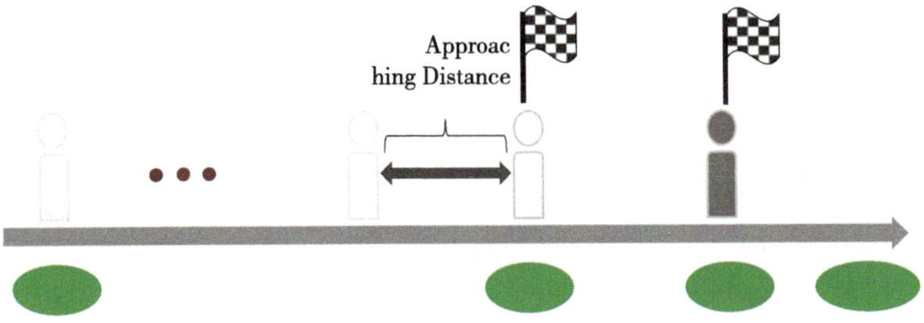

图 4-1　计算原理示意图

最终，各指标基准值划定见表 4-2。

表 4-2　指标基准及选取依据

序号	指标名称	单位	指标属性	基准值	
				A 值	*C* 值
1	$PM_{2.5}$ 浓度	μg/m³	负向	22.00	39.00
2	地表水水质达到或者优于Ⅲ类比例	%	正向	96.10	50.00
3	近岸海域水质优良比例	%	正向	96.60	30.00
4	空气质量优良天数比例	%	正向	92.00	60.00
5	污染负荷指数	—	负向	11.00	1.67
6	水土流失治理率	%	正向	30.00	5.52
7	林草覆盖率	%	正向	91.00	27.00
8	人均 GDP	元	正向	128 000.00	36 000.00
9	第三产业增加值占 GDP 比重	%	正向	78.00	40.00
10	单位建设用地 GDP	万元 /km²	正向	620 000.00	8 000.00
11	单位地区生产总值能耗	t 标准煤 / 万元	负向	0.20	1.69
12	单位地区生产总值用水量	m³/ 万元	负向	50.00	1 000.00

续表

序号	指标名称	单位	指标属性	基准值	
				A 值	*C* 值
13	一次电力发电量占总发电量比重	%	正向	87.22	32.02
14	一般工业固体废物综合利用率	%	正向	92.37	30.60
15	单位种植面积农药施用量	kg/hm^2	负向	12.84	370.00
16	单位种植面积化肥施用量	kg/hm^2	负向	200.00	401.00
17	城镇化率	%	正向	75.98	40.00
18	城乡居民收入比	—	负向	2.57	20.00
19	农村卫生厕所普及率	%	正向	98.45	40.00
20	集中式饮用水水源地水质优良比例	%	正向	100.00	65.00
21	城镇污水处理率	%	正向	97.70	50.00
22	城镇生活垃圾无害化处理率	%	正向	100.00	30.00
23	城镇人均公园绿地面积	m^2/ 人	正向	17.76	8.00
24	每万人拥有公共文化设施数	个 / 万人	正向	1.80	0.46
25	颁布生态环境保护地方性法规件数	件	正向	28.00	3.00
26	节能环保经费支出占 GDP 比例	%	正向	4.80	0.85
27	教育经费支出占 GDP 比例	%	正向	14.00	3.00

4.3.2 权重确定

指标权重是体现某个评价指标在整个评价指标体系中相对价值的高低及其对总目标的影响程度。合理的评价指标权重可以直接影响评价结果的可信度。权重的确定方法有很多，大致分为主观赋权法与客观赋权法。主观赋权法是依据评价者主观上对各指标的重视程度来决定权重的方法，主要包括德尔菲法、层次分析法等。客观赋权法则依据于各指标的联系程度或各指标所提供的信息量来决定指标的权重，主要包括熵值法、主成分分析法、变异系数法等。

（1）熵值法

熵值法是利用熵值法确定各类指标的权重。

①利用下列公式计算指标比重：

$$P_{ij}=\frac{X'_{ij}}{\sum_{i=1}^{n}X'_{ij}}$$

②计算指标 j 的熵值：

$$e_j=-K\sum_{i=1}^{n}P_{ij}\ln P_{ij}$$

式中，k=1/（ln$m$），$e_j \in [0, 1]$。e_j 为第 j 项指标的信息熵，是对体系混乱或无序的度量，某项指标的信息效用价值取决于该指标的信息熵 e_j 与 1 之间的差值，其值直接影响权重的大小。对于给定的指标 j，X_{ij} 差异越小，e_j 越大，即代表信息效用值越大，对评价的重要性就越大。

③定义第 j 项指标权重 w_j：

$$w_j=\frac{g_j}{\sum_{j=1}^{m}g_i}$$

式中，g_j 为第 j 项指标的差异系数，g_j=1−e_j，其本质是利用该指标信息的价值系数来计算，其价值系数越高，对评价的重要性就越大（或称权重越大，对评价结果的贡献大）。

（2）层次分析法

层次分析法（AHP）是美国运筹学家萨蒂于 20 世纪 70 年代初，为美国国防部研究“根据各个工业部门对国家福利的贡献大小而进行电力分配”课题时，应用网络系统理论和多目标综合评价方法，提出的一种层次权重决策分析方法。层次分析法是一种解决多目标的复杂问题的定性与定量相结合的决策分析方法。

该方法将定量分析与定性分析结合起来，用决策者的经验判断各衡量目标之间能否实现的标准之间的相对重要程度，并合理地给出每个决策方案的每个标准的权数，利用权数求出各方案的优劣次序，比较有效地应用于那些难以用定量方法解决的课题。

在确定各个层次指标的权重时，通常采用专家打分法，即设计调查问卷，选取该领域具有权威性的专家若干名，由专家对各层次的重要性及各指标的重要性进行两两比较，形成重要性排序，根据专家综合意见得出各指标权重。具体步骤如下：

首先，将本书的指标体系分为 3 个层次，分别为决策目标（生态文明指数）、中间层（领域层）、备选方案（准则层），针对每个层次，应用 yaahp 软件，设计出两两比较的专家调查问卷。

其次，邀请业内权威专家进行重要性排序。重要程度分为“同样重要、稍微重要 / 不重要、比较重要 / 不重要、十分重要 / 不重要、绝对重要 / 不重要”9 个评价等级，9 分为绝对重要，8 分为绝对重要和十分重要的中间值，7 分为十分重要，1 分为同样重要，1/9 分为绝对不重要，1/8 分为绝对不重要和十分不重要的中间值，1/7 分为十分不重要，依此类推，共计 17 个等级。

最后，根据专家打分结果进行权重排序。本书共有 26 个备选方案指标参与排序，每一个因素排在第几位的序号数叫作该因素的秩，把专家对该因素所评定的秩加起来的所得数叫该因素的秩和，用 R 来表示，第 j 个因素的秩和用 R_j 表示。若用 α_j 表示第 j 个因素的权重，则权重的计算公式：

$$a_j=2\left[m(1+n)-R_j\right]/\left[mn(1+n)\right]\ (j=1,2,\cdots,26)(m=1,2,\cdots,8)$$

此外，由于本册蓝皮书仅有部分省级行政区包含近岸海域，因此，在有近岸海域的省市，其和地表水水质达到或者优于Ⅲ类比例共享 1 个权重，各占该权重的 1/2；在没有近岸海域的省市，则仅计算地表水水质达到或者优于Ⅲ类比例权重，近岸海域水质优良比例权重为 0。

最终，得出本册蓝皮书指标体系的权重见表 4-3。

表 4-3　指标权重

<table>
<tr><th>决策目标</th><th>中间层</th><th>备选方案</th><th>单位</th><th>权重</th></tr>
<tr><td rowspan="28">生态文明指数</td><td rowspan="5">环境质量指数</td><td>$PM_{2.5}$ 浓度</td><td>μg/m^3</td><td>0.118 9</td></tr>
<tr><td>地表水水质达到或者优于Ⅲ类比例</td><td>%</td><td rowspan="2">0.069 9</td></tr>
<tr><td>近岸海域水质优良比例</td><td>%</td></tr>
<tr><td>空气质量优良天数比例</td><td>%</td><td>0.069 9</td></tr>
<tr><td>污染负荷指数</td><td>—</td><td>0.042 3</td></tr>
<tr><td rowspan="2">生态状况指数</td><td>水土流失治理率</td><td>%</td><td>0.206 8</td></tr>
<tr><td>林草覆盖率</td><td>%</td><td>0.103 4</td></tr>
<tr><td rowspan="2">产业优化指数</td><td>人均 GDP</td><td>元</td><td>0.081 9</td></tr>
<tr><td>第三产业增加值占 GDP 比重</td><td>%</td><td>0.041 0</td></tr>
<tr><td rowspan="7">资源效率指数</td><td>单位建设用地 GDP</td><td>万元 /km^2</td><td>0.016 7</td></tr>
<tr><td>单位地区生产总值能耗</td><td>t 标准煤 / 万元</td><td>0.033 7</td></tr>
<tr><td>单位地区生产总值用水量</td><td>m^3/ 万元</td><td>0.025 2</td></tr>
<tr><td>一次电力发电量占总发电量比重</td><td>%</td><td>0.009 7</td></tr>
<tr><td>一般工业固体废物综合利用率</td><td>%</td><td>0.012 3</td></tr>
<tr><td>单位种植面积农药施用量</td><td>kg/hm^2</td><td>0.009 5</td></tr>
<tr><td>单位种植面积化肥施用量</td><td>kg/hm^2</td><td>0.008 8</td></tr>
<tr><td rowspan="2">城乡协调指数</td><td>城镇化率</td><td>%</td><td>0.016 4</td></tr>
<tr><td>城乡居民收入比</td><td>—</td><td>0.032 8</td></tr>
<tr><td rowspan="6">城镇人居指数</td><td>农村卫生厕所普及率</td><td>%</td><td>0.012 2</td></tr>
<tr><td>集中式饮用水水源地水质优良比例</td><td>%</td><td>0.025 8</td></tr>
<tr><td>城镇污水处理率</td><td>%</td><td>0.013 2</td></tr>
<tr><td>城镇生活垃圾无害化处理率</td><td>%</td><td>0.010 6</td></tr>
<tr><td>城镇人均公园绿地面积</td><td>m^2/ 人</td><td>0.005 2</td></tr>
<tr><td>每万人拥有公共文化设施数</td><td>个 / 万人</td><td>0.002 6</td></tr>
<tr><td rowspan="3">制度建设指数</td><td>颁布生态环境保护地方性法规件数</td><td>件</td><td>0.015 5</td></tr>
<tr><td>节能环保经费支出占 GDP 比例</td><td>%</td><td>0.009 8</td></tr>
<tr><td>教育经费支出占 GDP 比例</td><td>%</td><td>0.006 2</td></tr>
</table>

4.3.3 综合评估

本册蓝皮书采用综合指标评价法构建生态文明建设成效评估指数，来对全国各个地区的生态文明建设成效进行全面、客观的评价。综合指标评价法是指运用多个指标对多个参评单位进行评价的方法，其基本思想是将多个指标转化为一个能够反映综合情况的指标来进行评价。综合评价法的特点为：评价过程不是逐个指标顺次完成的，而是通过一些特殊方法同时完成多个指标的评价；在综合评价过程中，一般根据指标的重要性进行加权处理；评价结果不再是有具体含义的统计指标，而是以指数或分值表示参评单位“综合状况”的排序。其基本的评价步骤如下：

（1）确定综合评价指标体系，即本册蓝皮书确定的生态文明建设成效指数，包括七大领域、27 项指标。这是综合评价的基础和依据。

（2）收集数据，并对不同计量单位的指标数据进行同度量处理，即进行标准化。

（3）确定指标体系中各指标的权重，以保证评价的科学性。

（4）对经过处理后的指标再进行汇总计算出综合评价指数或综合评价分值，并由此得出结论。

最终的指数计算方法如下所示：

$$Y_{ij}=\sum_{i=1}^{27}d_{ij}\omega_i$$

式中，Y_{ij} 为第 j 个地区的生态文明建设成效指数，i 为指标序号；d_{ij} 为指标得分；ω_i 为该指标权重。

5

“十三五”全国生态文明建设成效评估

SHISANWU QUANGUO SHENGTAI WENMING JIANSHE CHENGXIAO PINGGU

5.1 “十三五”时期全国生态文明建设成效整体状况

综合考虑国家西部大开发、中部崛起、振兴东北老工业基地等国家战略，将全国 31 个省级行政区按东部、中部、西部、东北地区进行划分，具体见表 5-1。

表 5-1　全国省级行政区区域划分

区域	包含省级行政区
西部地区	贵州省、重庆市、甘肃省、广西壮族自治区、宁夏回族自治区、青海省、陕西省、四川省、西藏自治区、新疆维吾尔自治区和云南省
中部地区	安徽省、湖北省、湖南省、河南省、江西省、内蒙古自治区和山西省
东部地区	北京市、福建省、广东省、河北省、海南省、江苏省、上海市、山东省、天津市和浙江省
东北地区	黑龙江省、吉林省、辽宁省

注：不包含港澳台地区。

5.1.1 “十三五”末全国生态文明建设整体状况

“十三五”末，2020 年生态文明建设成效综合指数达到了 72.28，总体属于一般水平。我国31个省级行政区中，生态文明建设成效综合指数在80以上的省级行政区仅1个，为福建省；生态文明建设成效综合指数为75～80的省级行政区有6个，其中2个位于东部地区（浙江、海南），4个位于西部地区（广西、西藏、青海、重庆），中部地区和东北地区无1个省级行政区综合指数在75以上；综合指数在70～75的省级行政区较多，共14个，占省级行政区总数的45.16%，其中西部地区6个，东部地区4个，中部地区3个，东北地区1个；综合指数在65～70的省级行政区有9个，其中东部地区3个，中部、西部和东北地区各2个；综合指数在65以下的省级行政区仅1个，为中部地区的河南省（表5-2）。

表5-2 2020年生态文明建设成效综合指数分级

指数	单位	东部地区	中部地区	西部地区	东北地区	全国
＞80	数量 / 个	1	0	0	0	1
	比例 /%	10.00	0.00	0.00	0.00	3.23
75～80	数量 / 个	2	0	4	0	6
	比例 /%	20.00	0.00	33.33	0.00	19.35
70～75	数量 / 个	4	3	6	1	14
	比例 /%	40.00	50.00	50.00	33.33	45.16
65～70	数量 / 个	3	2	2	2	9
	比例 /%	30.00	33.33	16.67	66.67	29.03
＜65	数量 / 个	0	1	0	0	1
	比例 /%	0.00	16.67	0.00	0.00	3.23

在空间上，我国31个省级行政区中（图5-1），福建省生态文明建设成效综合指数最高，达到了81.15，比最低的河南省（63.72）高17.43。从空间分布来看，生态文明建设成效综合指数表现出明显的分区特征，综合指数较高的省级行政区主要分布在东部地区的福建、浙江、海南及西部地区的重庆、广西、青海和西藏；而综合指数较低的省级行政区则主要分布在华北地区周边、东北的辽宁、吉林以及西部的新疆、宁夏。

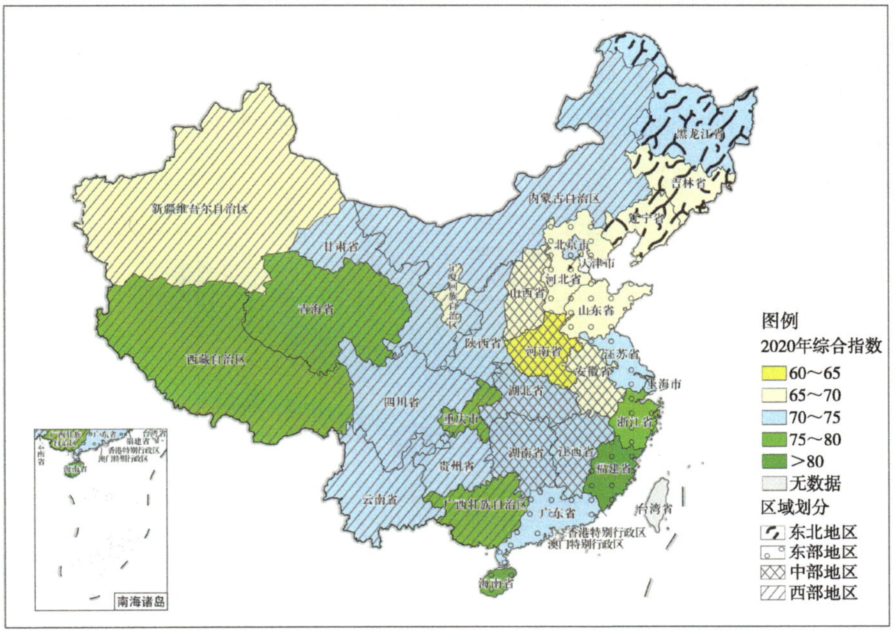

图 5-1　2020 年全国各省级行政区生态文明建设成效综合指数

在区域上，虽然京津冀周边生态文明建设成效综合指数较低，但浙江、福建、海南等地区综合指数远超其他省级行政区，因此，综合来看，东部和西部地区生态文明建设成效综合指数仍然较高，东部地区综合指数平均为 72.72，西部地区平均为 73.45；中部和东北地区相对较差，分别为 70.20 和 70.28。生态文明建设成效综合指数在 70 以上的省级行政区共有 21 个，占省级行政区总数的 67.74%，其中西部地区 10 个省级行政区综合指数均达到了 70 及以上，占西部地区省级行政区总数的 83.33%；东部地区 7 个省级行政区综合指数在 70 以上，占东部地区省级行政区总数的 70%；这一比例在中部地区和东北地区分别仅为 50% 和 33.33%（表 5-2）。

5.1.2 “十三五”时期全国生态文明建设时空变异

“十三五”期间，我国积极践行习近平生态文明思想，大力推进生态环境保护和生态文明建设，实施蓝天、碧水、净土三大保卫战，推进经济高质量发展，生态文明建设取得了显著成效。“十三五”时期，全国生态文明建设成效综合指数随时间呈线性增加（图 5-2，R^2=0.98），平均增速为 1.43 倍。2016—2020 年，全国生态文明建设综合指数具有一定的时间变异，平均变异系数为 6.81%，变异系数范围在 6.04%～7.45%，且随时间变化，变异系数随时间线性减少，2020 年降到最低 6.04%（图 5-3）。

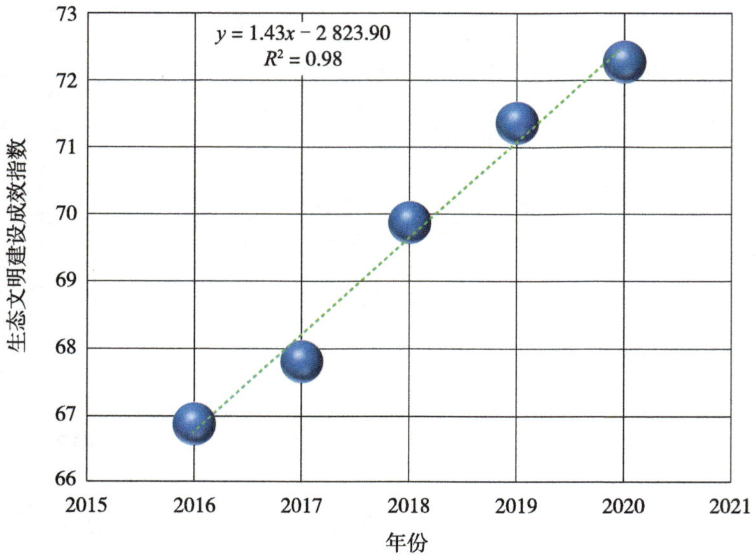

图 5-2　全国生态文明建设成效综合指数随时间变化

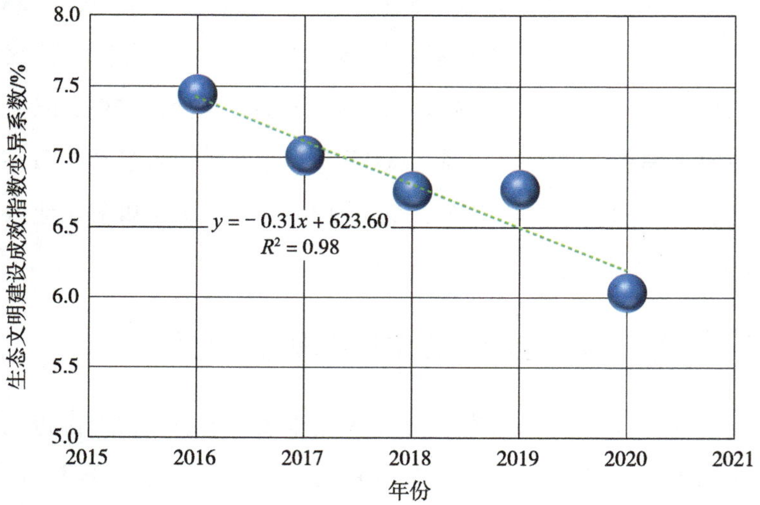

图 5-3　全国生态文明建设成效综合指数变异系数随时间变化

2019 年和 2020 年福建省生态文明建设成效综合指数均超过 80，为 31 个省级行政区中最大，可见福建省实施的各种生态环境保护工作在“十三五”末成效显著。生态文明建设成效综合指数最小的省级行政区是河南省，为 57.47，同时河北省 2016 年和 2017 年也均小于 60（图 5-4）。

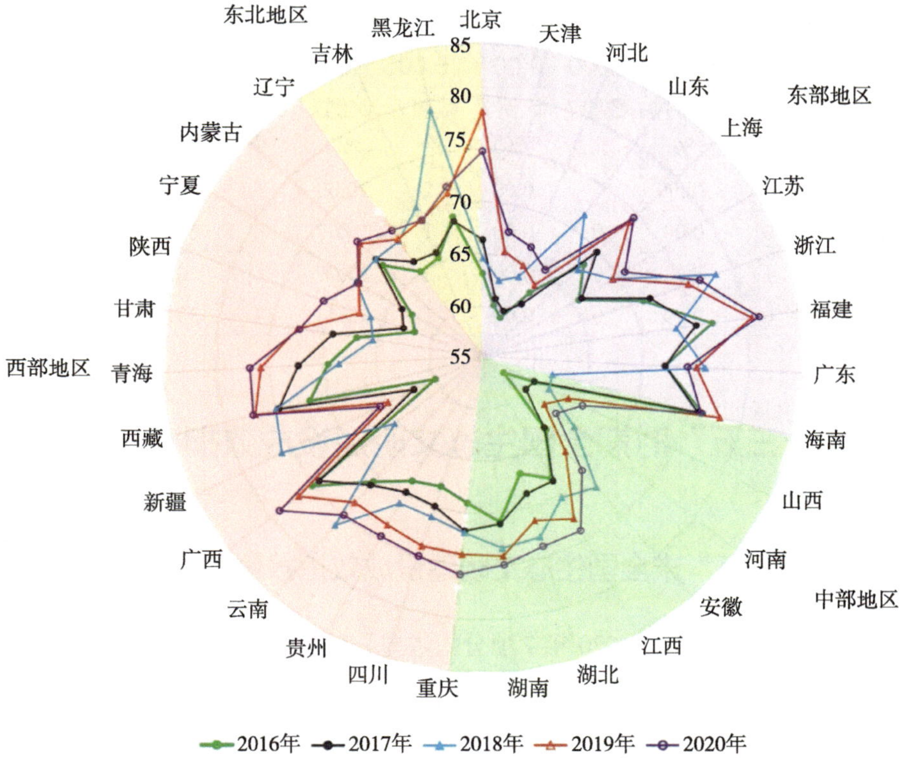

图 5-4　全国生态文明建设成效综合指数时空变化

在我国 31 个省级行政区中，各省级行政区生态文明建设成效综合指数随时间变异相对较小，平均变异系数为 4.69%。其中，北京市生态文明建设成效综合指数随时间变化最大，综合指数在 2016—2020 年为 63.13～74.73（图 5-4），变异系数为 9.73%，海南省和新疆维吾尔自治区变异系数均大于 9.00%；内蒙古自治区生态文明建设成效综合指数随时间变化最小，综合指数 2016—2020 年为 67.90～71.14，变异系数为 2.05%。

在区域上，各地区随时间变异主要集中在 3%～5%，包括 16 个省级行政区，约占全国省级行政区总数的 51.6%。其中，变异最大的在东部地区和西部地区，包括 3 个省级行政区；全国 4 个地区都有省级行政区变异最小，包括 5 个省级行政区（表 5-3）；4 个地区均没有省级行政区生态文明建设成效综合指数随时间变异系数在 7%～9%。

表 5-3　2016—2020 年区域生态文明建设成效综合指数随时间的变异系数分级

	>9.00		7.00～9.00		5.00～7.00		3.00～5.00		<3.00	
	数量 / 个	比例 / %	数量 / 个	比例 / %	数量 / 个	比例 / %	数量 / 个	比例 / %	数量 / 个	比例 / %
东部地区	2	20.00	0	0.00	2	20.00	5	50.00	1	10.00
中部地区	0	0.00	0	0.00	1	16.67	4	66.67	1	16.67
西部地区	1	8.33	0	0.00	3	25.00	6	50.00	2	16.67
东北地区	0	0.00	0	0.00	1	33.33	1	33.33	1	33.33

5.2 “十三五”时期全国生态文明建设成效指数层状况

5.2.1 “十三五”末全国生态文明建设成效指数层整体状况

从各项分指数来看，2020 年 7 项分指数差异较大，得分最高的是城镇人居指数，为 85.60；环境质量指数、产业优化指数和资源效率指数得分在 70～80；生态状况指数、制度建设指数较差，得分在 60～70。

5.2.1.1　环境质量指数

分段来看，我国 31 个省级行政区中，环境质量指数在 80 以上的共 11 个省级行政区（表 5-4），占省级行政区总数的 35.48%；其中东部地区 4 个，均为南方沿海地区，西部地区 6 个，分别为西藏、青海、甘肃、云南、贵州和广西，中部地区 1 个，为江西省；75～80 的省级行政区共 7 个，其中中部地区和东北地区各 2 个，西部地区 3 个；70～75 的省级行政区共 3 个，东部地区、西部地区、东北地区各 1 个；65～70 和 60～65 的省级行政区均为 4 个，东部地区 2 个，中部地区和西部地区均为 1 个；60 以下的省级行政区有 2 个，东部地区、中部地区各 1 个。

表 5-4　2020 年环境质量指数分级

指数	单位	东部地区	中部地区	西部地区	东北地区	全国
＞80	数量 / 个	4	1	6	0	11
	比例 /%	40.00	16.67	50.00	0.00	35.48
75～80	数量 / 个	0	2	3	2	7
	比例 /%	0.00	33.33	25.00	66.67	22.58
70～75	数量 / 个	1	0	1	1	3
	比例 /%	10.00	0.00	8.33	33.33	9.68
65～70	数量 / 个	2	1	1	0	4
	比例 /%	20.00	16.67	8.33	0.00	12.90
60～65	数量 / 个	2	1	1	0	4
	比例 /%	20.00	16.67	8.33	0.00	12.90
＜60	数量 / 个	1	1	0	0	2
	比例 /%	10.00	16.67	0.00	0.00	6.45

在空间上（图 5-5），2020 年，西藏自治区生态环境本底最好，环境质量指数最高，达到了 91.20，较环境质量指数最低的河南省（55.46）高出 35.73。从空间分布来看，环境质量指数与生态文明建设成效综合指数趋势类似，环境质

图 5-5　2020 年全国各省级行政区环境质量指数

量指数分区特征明显，得分较高的区域仍然集中在环境质量本底较好的省级行政区，如西藏、青海、甘肃、云南、贵州、广西等地，而华北地区、河南、安徽、陕西及新疆得分则较低。

分区域来看（表 5-4），东部地区、中部地区、西部地区和东北地区环境质量指数平均值分别为 73.72、69.45、78.58 和 74.98，总体来看西部地区＞东北地区＞东部地区＞中部地区。中部地区 6 个省级行政区中有 3 个环境质量指数在 70 以下，因此环境质量指数最低。大部分地区环境质量指数均达到了 70 及以上，共 21 个省级行政区，超过了全国省级行政区总数的 2/3。其中，西部地区在 70 以上的省级行政区共 10 个，占西部地区省级行政区总数的 83.33%；东北地区在 70 以上的省级行政区有 2 个，占 66.67%；而这一比例在东部地区和中部地区仅为 50%。

5.2.1.2 生态状况指数

分段来看（表 5-5），与环境质量指数相比，生态状况指数稍差，在 80 以上的省级行政区数为 0；在 75～80 的共有两个省级行政区，分别是广西和福建；在 70～75 的共 1 个，为湖南省；65～70、60～65 和 60 以下的省级行政区较多，分别为 11 个、7 个和 10 个，分别占全国省级行政区总数的 35.48%、22.58% 和 32.26%。

表 5-5　2020 年生态状况指数分级

指数	单位	东部地区	中部地区	西部地区	东北地区	全国
＞80	数量 / 个	0	0	0	0	0
	比例 /%	0.00	0.00	0.00	0.00	0.00
75～80	数量 / 个	1	0	1	0	2
	比例 /%	10.00	0.00	8.33	0.00	6.45
70～75	数量 / 个	0	1	0	0	1
	比例 /%	0.00	16.67	0.00	0.00	3.23
65～70	数量 / 个	2	2	7	0	11
	比例 /%	20.00	33.33	58.33	0.00	35.48
60～65	数量 / 个	2	1	2	2	7
	比例 /%	20.00	16.67	16.67	66.67	22.58
＜60	数量 / 个	5	2	2	1	10
	比例 /%	50.00	33.33	16.67	33.33	32.26

在空间上（图 5-6），各省级行政区生态状况指数差异较大，2020 年生态状况指数最大值为 79.63，为广西壮族自治区，最小值为 56.62，为吉林省。分区来看，东部地区、中部地区、西部地区和东北地区的生态状况指数分别为 62.58、63.57、66.76 和 60.42，总体而言，西部地区＞中部地区＞东部地区＞东北地区，南方的生态状况指数高于北方。

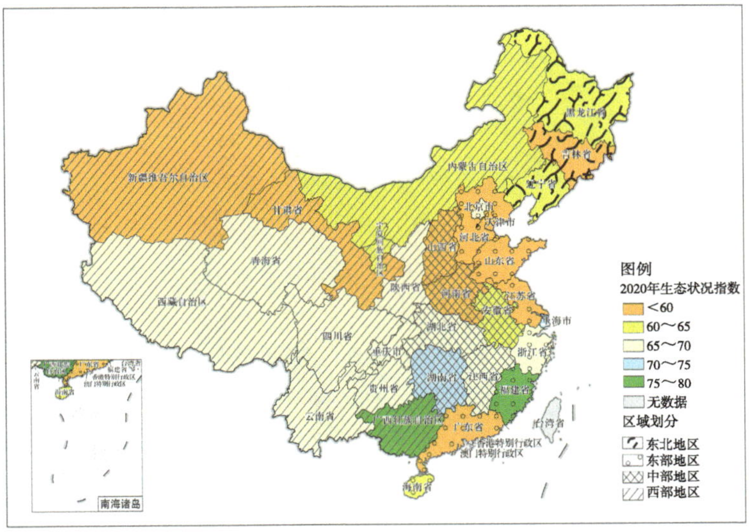

图 5-6　2020 年全国各省级行政区生态状况指数

5.2.1.3　产业优化指数

各省级行政区的产业优化指数与经济发展水平密切相关，经济发展水平较高的地区产业优化指数也较高。从空间分布来看，东南沿海及北京、天津等经济发达地区产业优化指数较高，均在 75 以上，北京市甚至达到了 98.19；重庆、山东、湖北、内蒙古为第二梯队，产业优化指数在 70～75；18 个省级行政区在 65～70，多分布在中部地区、西部地区及东北地区；黑龙江和甘肃两省级行政区产业优化指数在 60～65（图 5-7）。

分区域来看，东部地区、中部地区、西部地区和东北地区产业优化指数平均值分别为 79.38、67.90、67.29 和 66.30（表 5-6），中部、西部和东北地区没有明显差别，但东部地区的产业优化指数远高于其他区域。2020 年，全国仅有

7 个省级行政区产业优化指数在 75 以上，均位于东部地区。中部地区、西部地区和东北地区的产业优化指数集中在 65～70，分别占区域省级行政区总数的 83.33%、75.00% 和 66.67%，而这也是全国产业优化指数最为集中的分数段。

图 5-7　2020 年全国各省级行政区产业优化指数

表 5-6　2020 年产业优化指数分级

指数	单位	东部地区	中部地区	西部地区	东北地区	全国
＞80	数量 / 个	4	0	0	0	4
	比例 /%	40.00	0.00	0.00	0.00	12.90
75～80	数量 / 个	3	0	0	0	3
	比例 /%	30.00	0.00	0.00	0.00	9.68
70～75	数量 / 个	1	1	2	0	4
	比例 /%	10.00	16.67	16.67	0.00	12.90
65～70	数量 / 个	2	5	9	2	18
	比例 /%	20.00	83.33	75.00	66.67	58.06
60～65	数量 / 个	0	0	1	1	2
	比例 /%	0.00	0.00	8.33	33.33	6.45
＜60	数量 / 个	0	0	0	0	0
	比例 /%	0.00	0.00	0.00	0.00	0.00

5.2.1.4 资源效率指数

在空间上（图 5-8），全国资源效率指数空间分异较为明显。指数值较高的省级行政区集中在长三角、云贵川、重庆及湖南、湖北，其中湖南省最高，为 83.42；75～80 是全国资源效率指数最为集中的，共 15 个省级行政区，占省级行政区总数的 48.39%，各区域均有分布；指数在 70～75 的区域主要分布在北部的内蒙古、山西、河北及南部的海南省；而指数在 70 以下的区域则分布在西部地区的新疆、西藏及宁夏等经济不发达地区；无资源效率指数在 60 以下的区域。总体来看，我国资源效率指数较高，指数在 70 以上的省级行政区达到了 28 个，占全国的 90.32%。

图 5-8　2020 年全国各省级行政区资源效率指数

分区域来看，东部地区、中部地区、西部地区和东北地区资源效率指数平均值分别为 77.96、79.06、75.83 和 75.78，4 个区域之间的资源效率指数没有明显的差异（表 5-7）。

表 5-7　2020 年资源效率指数分级

指数	单位	东部地区	中部地区	西部地区	东北地区	全国
＞80	数量 / 个	3	2	4	0	9
	比例 /%	30.00	33.33	33.33	0.00	29.03
75～80	数量 / 个	5	3	4	3	15
	比例 /%	50.00	50.00	33.33	100.00	48.39
70～75	数量 / 个	2	1	1	0	4
	比例 /%	20.00	16.67	8.33	0.00	12.90
65～70	数量 / 个	0	0	3	0	3
	比例 /%	0.00	0.00	25.00	0.00	9.68

5.2.1.5　城乡协调指数

在空间上（图 5-9），全国城乡协调指数空间分异较为明显。其中，北京、天津、上海 3 个直辖市的城乡协调指数在 90 以上；指数在 85～90 的省级行政区最多，共 20 个，占省级行政区总数的 64.52%，主要集中在东部地区、中部地区和东北地区；指数在 80～85 的省级行政区共 7 个，集中在西部地区；指数在 80 以下的省级行政区仅 1 个，为西藏自治区。

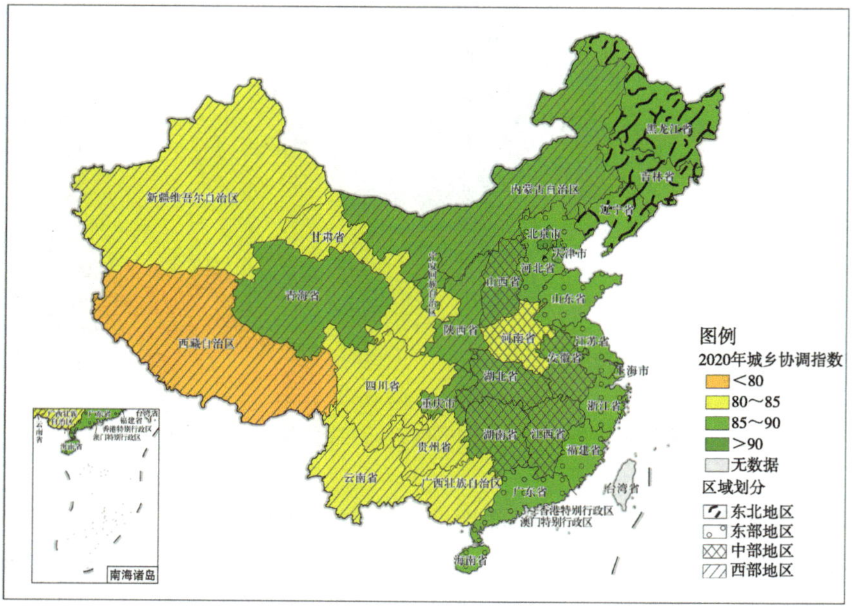

图 5-9　2020 年全国各省级行政区城乡协调指数

分区域来看，东部地区、中部地区、西部地区和东北地区城乡协调指数平均值分别为 89.56、85.73、84.47 和 87.98，总体来看，东部地区＞东北地区＞中部地区＞西部地区（表 5-8）。东部地区 10 个省级行政区和东北地区 3 个省级行政区的城乡协调指数均在 85 以上。

表 5-8　2020 年城乡协调指数分级

指数	单位	东部地区	中部地区	西部地区	东北地区	全国
＞90	数量 / 个	3	0	0	0	3
	比例 /%	30.00	0.00	0.00	0.00	9.68
85～90	数量 / 个	7	5	5	3	20
	比例 /%	70.00	83.33	41.67	100.00	64.52
80～85	数量 / 个	0	1	6	0	7
	比例 /%	0.00	16.67	50.00	0.00	22.58
＜80	数量 / 个	0	0	1	0	1
	比例 /%	0.00	0.00	8.33	0.00	3.23

5.2.1.6　城镇人居指数

总体来看（图 5-10），城镇人居指数主要集中在 85～90 的共有 22 个省级行政区，占全国省级行政区总数的 70.97%，其中东部地区 9 个，中部地区 5 个，西部地区 7 个，东北地区 1 个，广东省最高，达到了 88.77；城镇人居指数在 80～85 的共有 7 个省级行政区，其中西部地区 5 个，中部和东北各 1 个；在 75～80 的共有 2 个省级行政区，分别为吉林省和山东省。总体而言，城镇人居指数空间分异较为明显，南方的城镇人居指数明显高于北方。

分区域来看，东部地区、中部地区、西部地区和东北地区城镇人居指数平均值分别为 86.41、85.99、85.38 和 82.99，总体来看，东部地区＞中部地区＞西部地区＞东北地区（表 5-9）。东部地区 90% 的省级行政区城镇人居指数均在 85 以上，中部地区 83.33% 的省级行政区在 85 以上，而指数在 85 以上的西部地区和东北地区仅为 58.33% 和 33.33%。

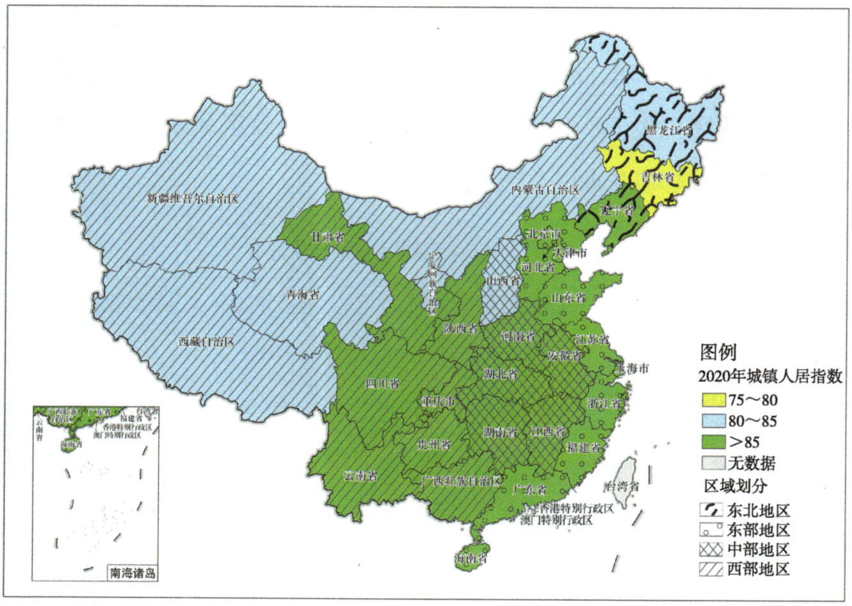

图 5-10　2020 年全国各省级行政区城镇人居指数

表 5-9　2020 年城镇人居指数分级

指数	单位	东部地区	中部地区	西部地区	东北地区	全国
85～90	数量 / 个	9	5	7	1	22
	比例 /%	90.00	83.33	58.33	33.33	70.97
80～85	数量 / 个	0	1	5	1	7
	比例 /%	0.00	16.67	41.67	33.33	22.58
75～80	数量 / 个	1	0	0	1	2
	比例 /%	10.00	0.00	0.00	33.33	6.45

5.2.1.7　制度建设指数

全国制度建设指数差异不大，在 65 以下的省级行政区共 27 个，占全国省级行政区总数的 87.10%，其中制度建设指数在 60 以下的省级行政区共 11 个，其中东部地区 5 个，中部地区 4 个，西部地区 2 个；在 60～65 的省级行政区共 16 个，其中东部地区 3 个，中部地区 2 个，西部地区 8 个，东北地区 3 个；在 65 以上的省级行政区仅有 4 个，且均在 70 以下，东部地区和西部地区各 2 个，其中青海省最高，为 69.04。总体来说，北方的制度建设指数高于南方（图 5-11）。

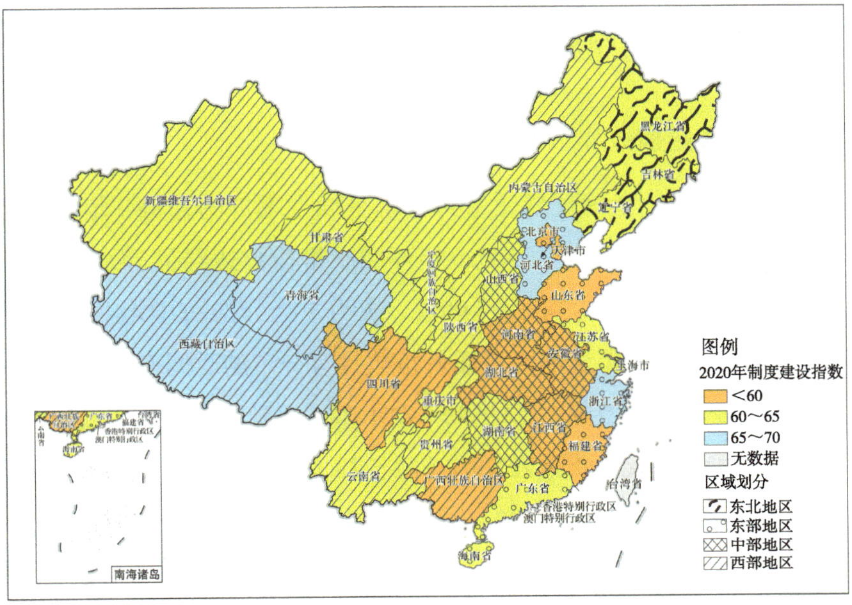

图 5-11　2020 年全国各省级行政区制度建设指数

分区域来看，东部地区、中部地区、西部地区和东北地区制度建设指数平均值分别为 61.23、59.94、62.33 和 62.01，总体来看，西部地区＞东北地区＞东部地区＞中部地区（表 5-10）。

表 5-10　2020 年制度建设指数分级

指数	单位	东部地区	中部地区	西部地区	东北地区	全国
＞75	数量 / 个	0	0	0	0	0
	比例 /%	0.00	0.00	0.00	0.00	0.00
70～75	数量 / 个	0	0	0	0	0
	比例 /%	0.00	0.00	0.00	0.00	0.00
65～70	数量 / 个	2	0	2	0	4
	比例 /%	20.00	0.00	16.67	0.00	12.90
60～65	数量 / 个	3	2	8	3	16
	比例 /%	30.00	33.33	66.67	100.00	51.61
＜60	数量 / 个	5	4	2	0	11
	比例 /%	50.00	66.67	16.67	0.00	35.48

5.2.2 “十三五”时期全国生态文明建设成效指数层时空变异

5.2.2.1 环境质量指数

“十三五”期间，全国环境质量指数也呈线性增加的趋势，增加趋势与生态文明建设成效综合指数类似。2020年环境质量指数达到了74.90，较2015年提升了16.34，提升幅度达到了27.90%，成为7个分指数中增长最快的指数（图5-12）。2016—2020年全国环境质量指数具有一定的时间变异，平均变异系数为17.41%，变异系数范围在12.99%～22.16%，且随时间变化，变异系数随时间线性减少，2020年降到最低12.99%（图5-13）。

“十三五”期间，2018—2020年西藏自治区环境质量指数均超过90，为31个省级行政区中最大，表明西藏自治区实施的各种改善环境质量工作成效显著。2016年环境质量指数最小的省级行政区是北京市，为34.70，同年天津市和河北省环境质量指数也均小于40（图5-14）。

在我国31个省级行政区中，各省级行政区环境质量指数随时间变异相对较小，平均变异系数为9.19%。其中，北京市环境质量指数随时间变化最大，环境质量指数2016—2020年为34.70～66.39（图5-14），变异系数为23.05%，天津市、河北省、河南省和陕西省变异系数均大于15.00%；海南省环境质量指数随时间变化最小，环境质量指数2016—2020年为89.23～90.44，变异系数为0.65%。

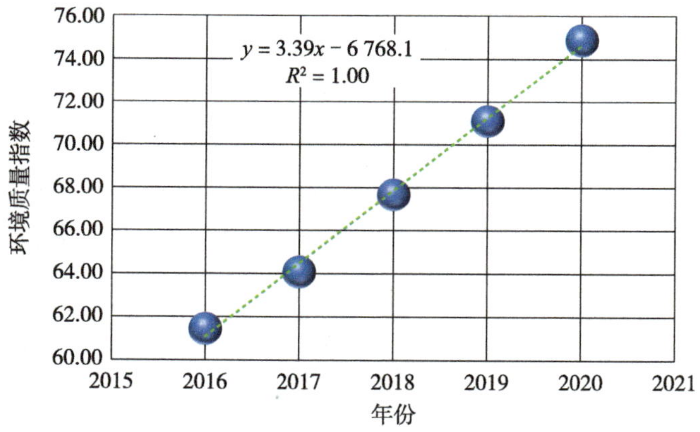

图5-12　环境质量指数年度变化

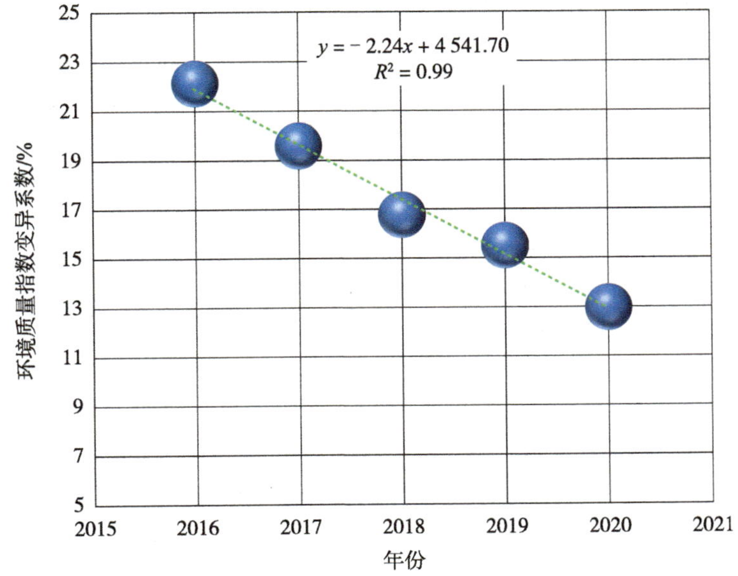

图 5-13 环境质量指数随时间变异

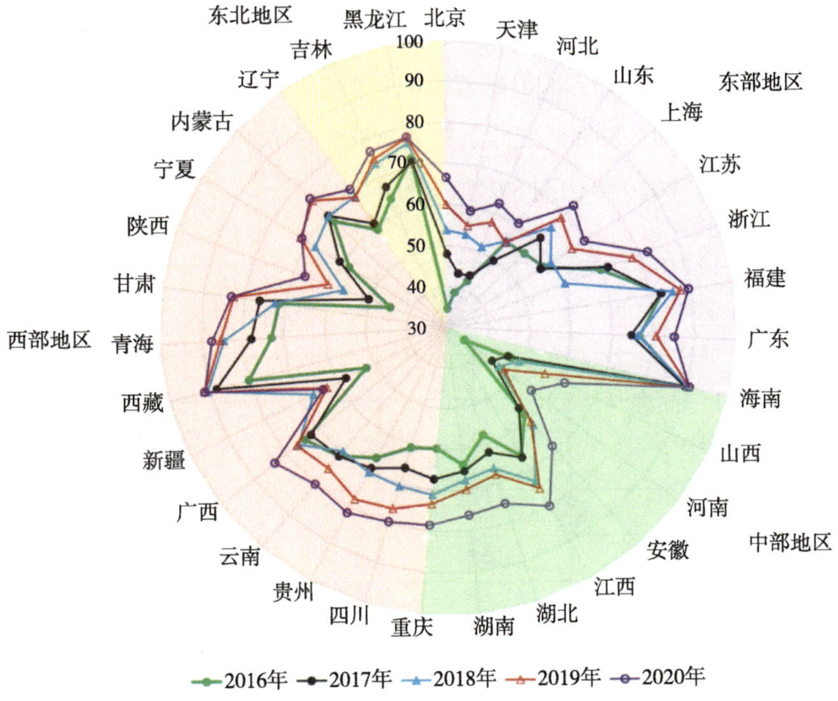

图 5-14 全国生态文明建设环境质量指数时空变化

在区域上，各地区随时间变异主要集中在5%～10%，包括19个省级行政区，约占全国各省级行政区的61.3%。其中，变异最大的在东部地区、西部地区和中部地区，包括5个省级行政区；只有东部地区变异最小，包括1个省级行政区（表5-11）；4个地区均没有省级行政区环境质量指数随时间变异系数为10%～15%。

表5-11 2016—2020年区域环境质量指数随时间的变异系数分级

区域	>15%		10%～15%		5%～10%		1%～5%		<1%	
	数量/个	比例/%	数量/个	比例/%	数量/个	比例/%	数量/个	比例/%	数量/个	比例/%
东部地区	3	30.00	0	0.00	4	40.00	1	10.00	1	10.00
中部地区	1	0.00	0	0.00	4	66.67	0	0.00	0	0.00
西部地区	1	8.33	0	0.00	9	75.00	1	8.33	0	0.00
东北地区	0	0.00	0	0.00	2	66.67	1	33.33	0	0.00

5.2.2.2 生态状况指数

“十三五”期间，全国生态状况指数变化较小，2015—2020年在62～66波动，2020年生态状况指数为64.18，仅较2015年增加了0.63，是7个分指数中最为稳定的指数（图5-15）。2016—2020年全国生态状况指数具有一定的时间变异，平均变异系数为8.89%，变异系数为7.88%～10.48%，且随时间变化，变异系数有增加趋势，2020年达到8.94%（图5-16）。

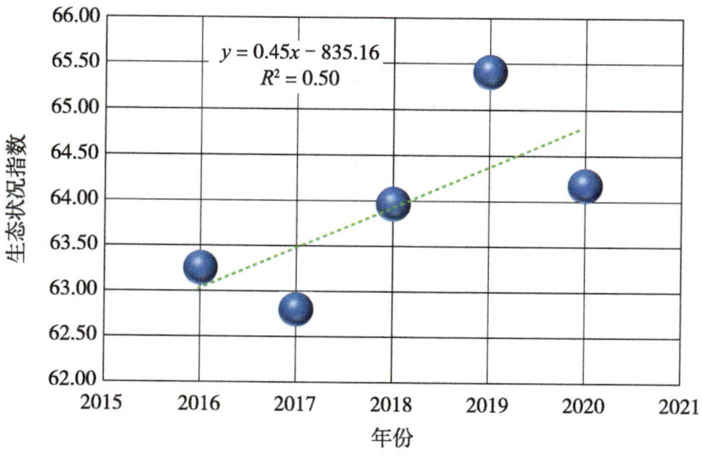

图5-15 生态状况指数年度变化

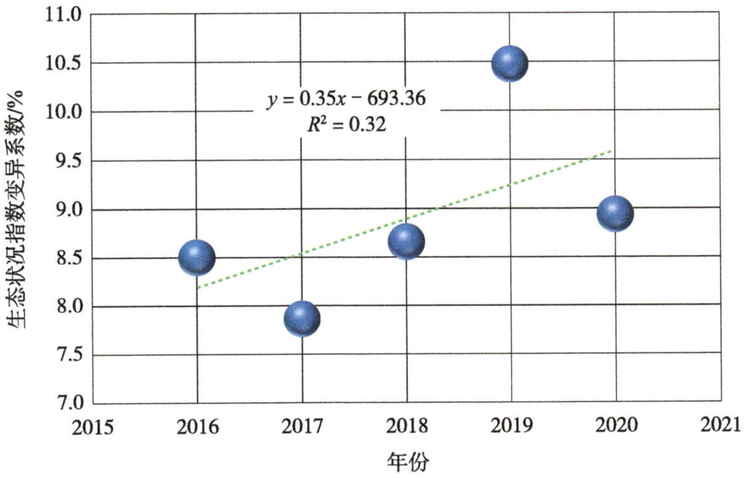

图 5-16　生态状况指数随时间变异系数

“十三五”期间，2019 年北京市生态状况指数为 31 个省级行政区中最大，为 87.37，表明北京市实施的各种改善生态状况工作成效显著。2017 年环境质量指数最小的是天津市，为 54.23（图 5-17）。

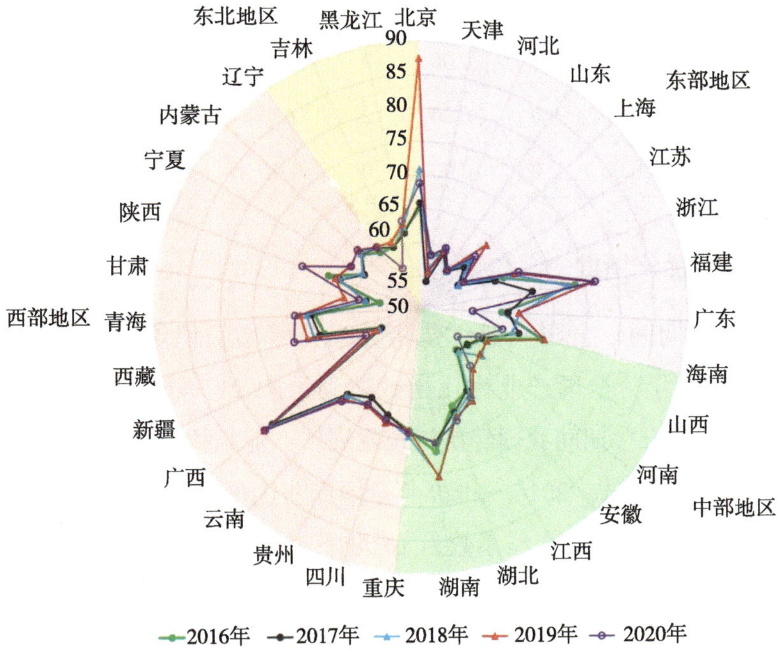

图 5-17　生态状况指数时空变化

在我国31个省级行政区中，各省级行政区生态状况指数随时间变异相对较小，平均变异系数为2.44%。其中，北京市生态状况指数随时间变化最大，生态状况指数2016—2020年为65.01～87.37（图5-17），变异系数为12.78%；山东省生态状况指数随时间变化最小，生态状况指数2016—2020年为56.80～57.15，变异系数为0.26%。

在区域上，各地区随时间变异主要集中在小于3%，包括21个省级行政区，约占全国各省级行政区总数的67.7%。其中，变异最大的在东部地区，包括1个省级行政区；只有东部地区包括1个省级行政区系数为5%～10%（表5-12）；生态状况指数变异在1%～3%和小于1%区间包括的省级行政区相对，分别为11个和10个。

表5-12　2016—2020年区域生态状况指数随时间的变异系数分级

区域	>10%		5%～10%		3%～5%		1%～3%		<1%	
	数量/个	比例/%	数量/个	比例/%	数量/个	比例/%	数量/个	比例/%	数量/个	比例/%
东部地区	1	10.00	1	0.00	3	30.00	2	20.00	3	30.00
中部地区	0	0.00	0	0.00	3	50.00	2	33.33	1	16.67
西部地区	0	0.00	0	0.00	2	16.67	5	41.67	5	41.67
东北地区	0	0.00	0	0.00	0	0.00	2	66.67	1	33.33

5.2.2.3　产业优化指数

"十三五"期间，全国产业优化指数呈持续增长但增速有所放缓的趋势（图5-18）。2020年，全国产业优化指数达到了71.21，较2015年提升了5.73。由此可见，"十三五"期间我国经济持续发展，产业结构也不断优化，经济高质量发展取得了显著成效。2016—2020年全国产业优化指数具有一定的时间变异，平均变异系数为11.40%，变异系数为10.73%～11.91%，且随时间变化，变异系数有增加趋势，2019年达到11.91%（图5-19）。

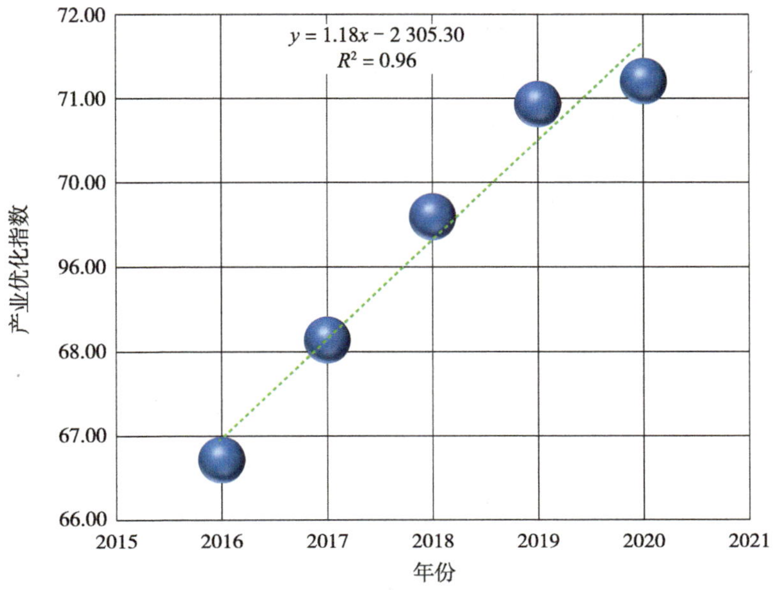

图 5-18　产业优化指数年度变化

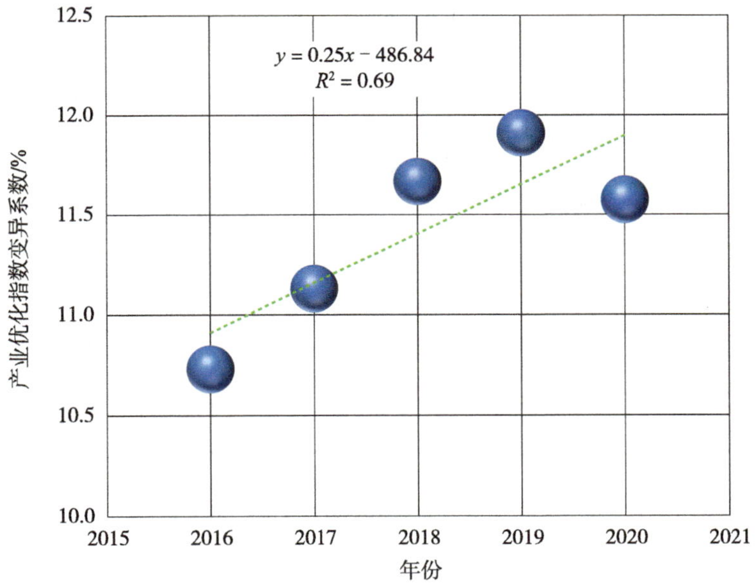

图 5-19　产业优化指数随时间变异系数

"十三五"期间，2016—2020年北京市产业优化指数均为31个省级行政区中最大，均超过90，范围为90.13～98.19，2020年达到98.19，表明北京市"十三五"期间一直在进行产业优化，且成效显著。2016年产业优化指数最小的是广西壮族自治区，小于60，为59.33（图5-20）。

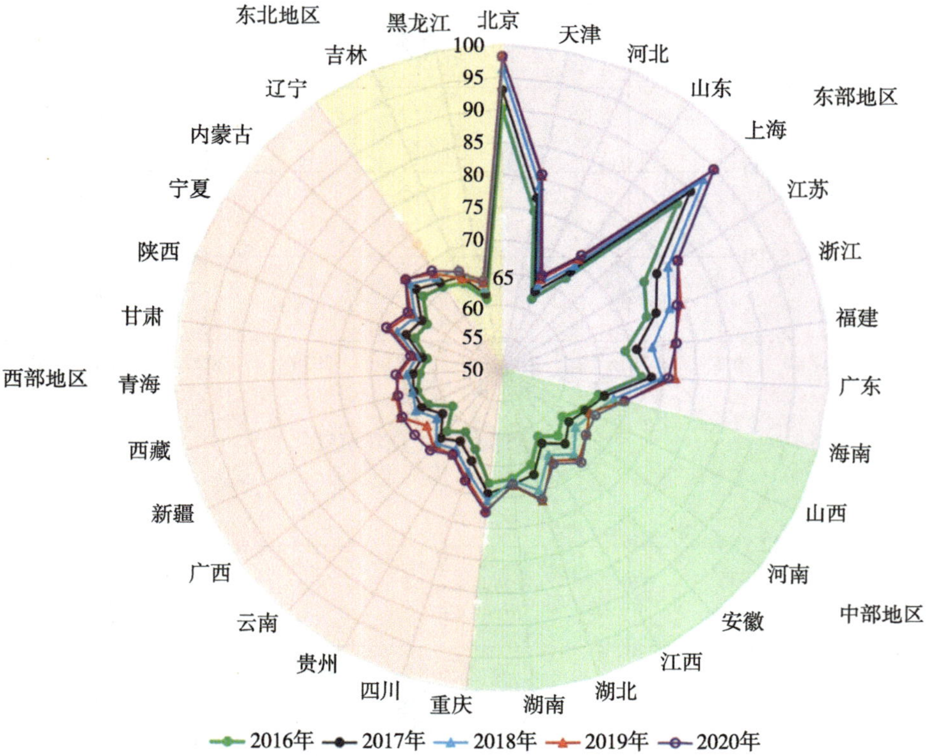

图5-20　产业优化指数时空变化

在我国31个省级行政区中，各省级行政区产业优化指数随时间变异相对较小，平均变异系数为2.76%。其中，福建省产业优化指数随时间变化最大，产业优化指数2016—2020年为69.18～77.14（图5-20），变异系数为4.79%；湖南省产业优化指数随时间变化最小，产业优化指数2016—2020年为66.98～68.16，变异系数为0.76%。

在区域上，各地区随时间变异主要集中在2%～4%，包括23个省级行政区，约占全国各省级行政区总数的74.2%。其中，变异最大的在东部地区和西部地区，分别包括1个省级行政区；只有中部地区包括1个省级行政区变异最小，小于

1%（表 5-13）；产业优化指数变异系数在 3%～4% 和 2%～3% 区间包括的省级行政区相对，分别为 11 个和 12 个。

表 5-13　2016—2020 年区域产业优化指数随时间的变异系数分级

区域	>4%		3%～4%		2%～3%		1%～2%		<1%	
	数量 / 个	比例 / %	数量 / 个	比例 / %	数量 / 个	比例 / %	数量 / 个	比例 / %	数量 / 个	比例 / %
东部地区	1	10.00	5	50.00	4	40.00	0	0.00	0	0.00
中部地区	0	0.00	4	66.67	0	0.00	1	16.67	1	16.67
西部地区	1	8.33	2	16.67	8	66.67	1	8.33	0	0.00
东北地区	0	0.00	0	0.00	0	0.00	3	100.00	0	0.00

5.2.2.4　资源效率指数

"十三五"期间，全国资源效率指数呈缓慢增加的趋势（图 5-21），2020 年资源效率指数达到了 77.14，较 2015 年提升了 2.12。虽然增长速率缓慢，但经过 5 年的努力，我国的资源能源利用效率仍不断提升。2016—2020 年全国资源效率指数具有一定的时间变异，平均变异系数为 5.79%，变异系数为 5.71%～5.93%，且随时间变化，变异系数线性减少，2019—2020 年稳定在 5.72% 左右（图 5-22）。

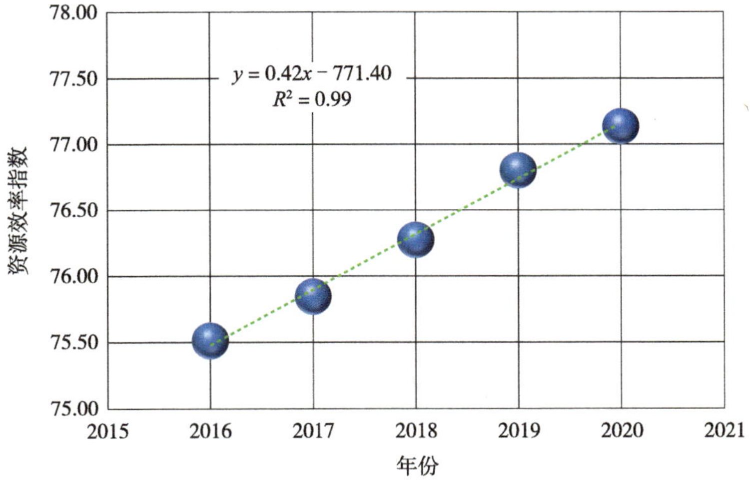

图 5-21　资源效率指数年度变化

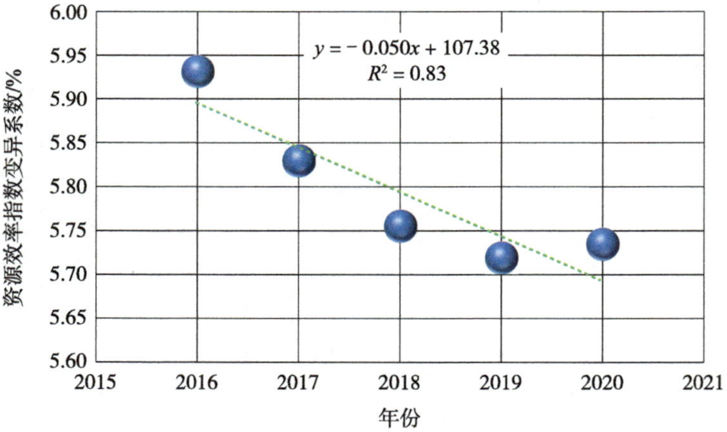

图 5-22　资源效率指数随时间变异系数

“十三五”期间，2019 年浙江省资源效率指数为 31 个省级行政区中最大，为 83.58，表明浙江省实施的各种提高资源利用效率的工作成效显著，2020 年湖南省资源效率指数大于 83。2017—2019 年资源效率指数最小的省级行政区是宁夏回族自治区，均小于 66，在 65.40 左右（图 5-23）。

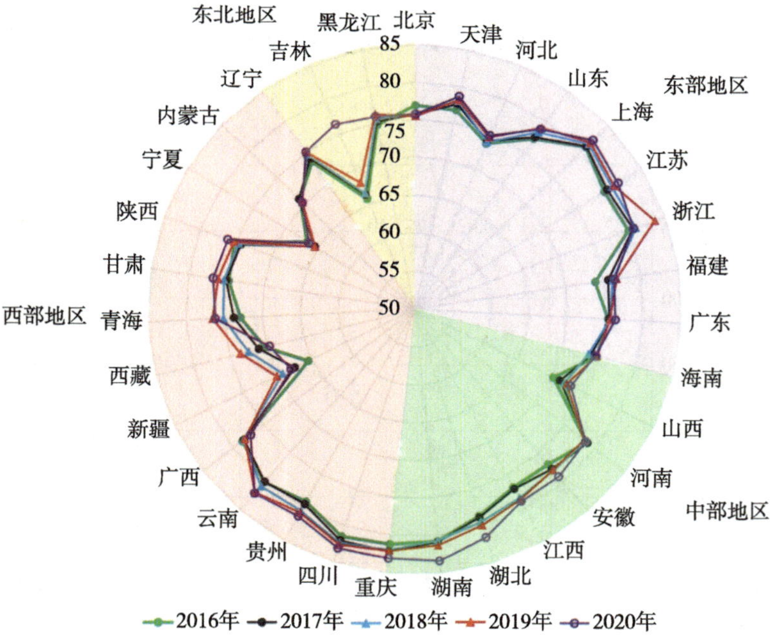

图 5-23　资源效率指数时空变化

全国31个省级行政区资源效率指数随时间变异相对较小，变异系数平均为1.26%。其中，吉林省资源效率指数随时间变化最大，资源效率指数2016—2020年为65.79～76.42（图5-23），变异系数为6.44%；河南省资源效率指数随时间变化最小，资源效率指数2016—2020年为78.18～78.77，变异系数为0.28%。

在区域上，各地区随时间变异主要集中在小于1%，包括17个省级行政区，约占全国各省级行政区总数的54.8%。其中，变异最大的在东北地区，包括1个；只有西部地区包括3个省级行政区变异在2%～3%（表5-14）；资源效率指数变异在1%～2%和小于1%区间包括的省级行政区相当，分别为10个和17个省级行政区。

表5-14　2016—2020年区域资源效率指数随时间的变异系数分级

区域	>3%		2%～3%		1%～2%		<1%	
	数量/个	比例/%	数量/个	比例/%	数量/个	比例/%	数量/个	比例/%
东部地区	0	0.00	0	0.00	3	30.00	7	70.00
中部地区	0	0.00	0	0.00	4	66.67	2	33.33
西部地区	0	0.00	3	25.00	3	25.00	6	50.00
东北地区	1	33.33	0	0.00	0	0.00	2	66.67

5.2.2.5　城乡协调指数

“十三五”期间，全国城乡协调指数呈缓慢增加的趋势（图5-24），2020年城乡协调指数达到了86.70，较2015年提升了2.02，增长幅度为2.39%。由此可见，我国的城乡收入差距越来越小，城市和乡村也越来越协调。2016—2020年全国产业优化指数具有一定的时间变异，平均变异系数为4.34%，变异系数为3.75%～5.54%，且随时间变化，变异系数有减少趋势，2020年达到3.75%（图5-25）。

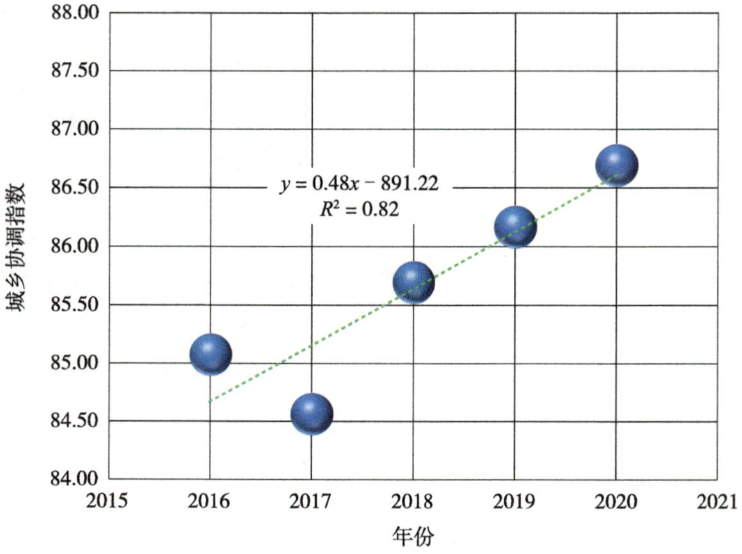

图 5-24　城乡协调指数年度变化

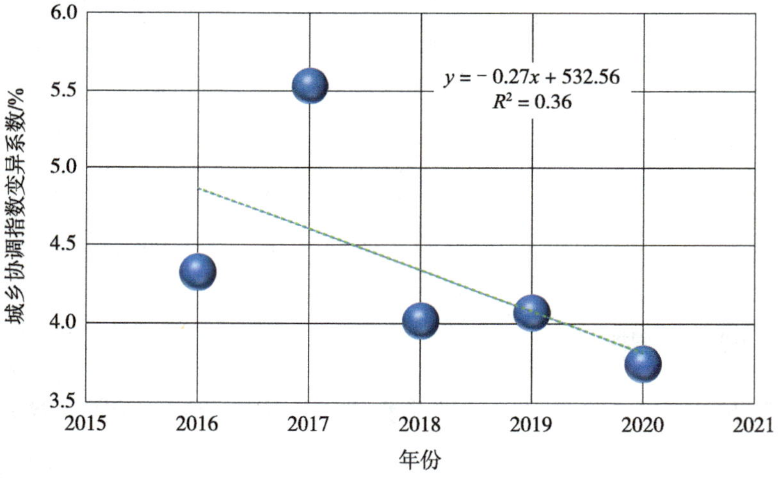

图 5-25　城乡协调指数随时间变异系数

"十三五"期间，2016—2020 年上海市城乡协调指数为 31 个省级行政区中最大，均超过 93，范围为 93.15～93.77，2020 年达到 93.77，表明上海市实施的各种改善城乡协调工作成效显著。2017 年城乡协调指数最小的省级行政区是北京市，为 66.45（图 5-26）。

全国31个省级行政区城乡协调指数随时间变异相对较小，变异系数平均为1.25%。其中，北京市城乡协调指数随时间变化最大，城乡协调指数2016—2020年为66.45～93.28（图5-26），变异系数为13.59%；天津市城乡协调指数随时间变化最小，城乡协调指数2016—2020年为92.93～93.24，变异系数为0.14%。

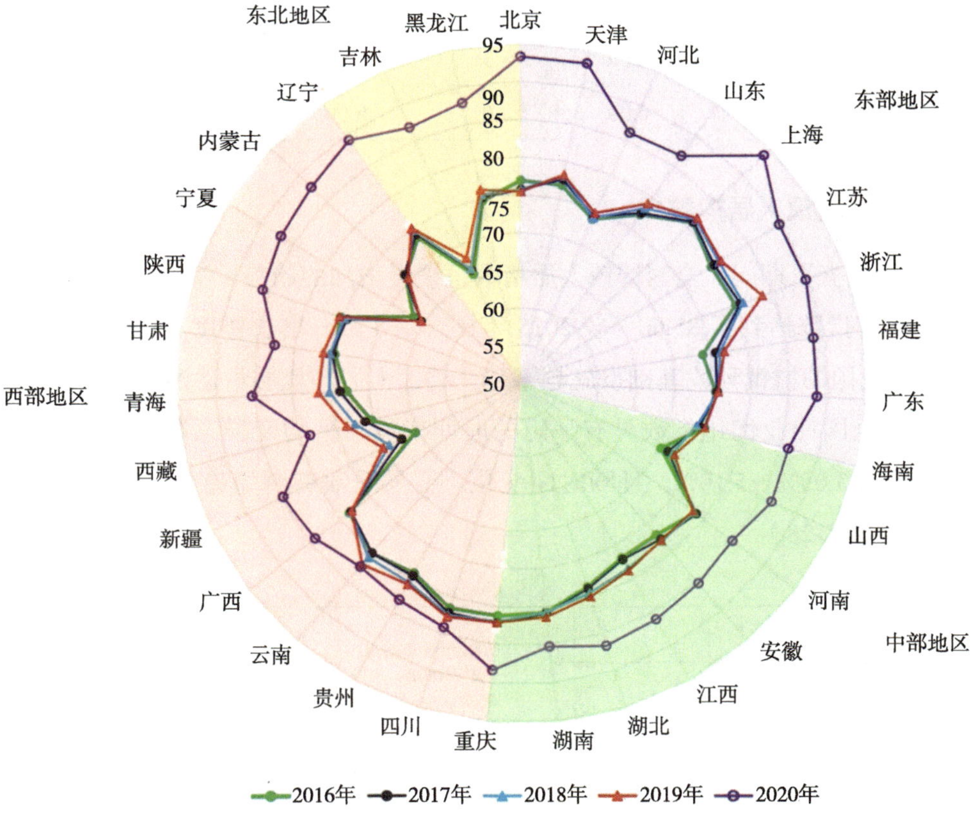

图5-26　城乡协调指数时空变化

在区域上，各地区随时间变异主要集中在小于1%，包括24个省级行政区，约占全国各省级行政区的77.4%。其中，变异最大在东部地区，包括1个省级行政区；只有东部地区和西部地区各包括3个省级行政区变异在1%～2%（表5-15）。

表 5-15　2016—2020 年区域城乡协调指数随时间的变异系数分级

区域	>2%		1%~2%		<1%	
	数量 / 个	比例 /%	数量 / 个	比例 /%	数量 / 个	比例 /%
东部地区	1	10.00	3	0.00	6	60.00
中部地区	0	0.00	0	0.00	6	100.00
西部地区	0	0.00	3	0.00	9	75.00
东北地区	0	0.00	0	0.00	3	100.00

5.2.2.6　城镇人居指数

“十三五”期间，全国城镇人居指数呈缓慢增加的趋势（图 5-27），2020 年城镇人居指数达到了 85.60，较 2015 年提升了 3.32，增长幅度为 4.03%。由此可见，我国的城镇环境基础设施越来越完善，人居环境质量逐渐改善。2016—2020 年全国产业优化指数具有一定的时间变异，平均变异系数为 3.90%，变异系数为 3.05%~5.10%，且随时间变化，变异系数有增加趋势，2020 年达到 3.05%（图 5-28）。

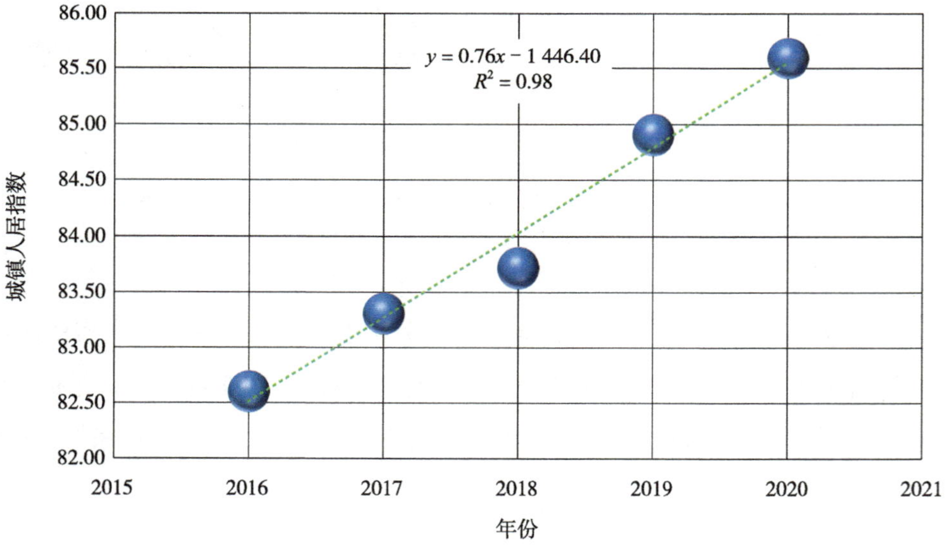

图 5-27　城镇人居指数年度变化

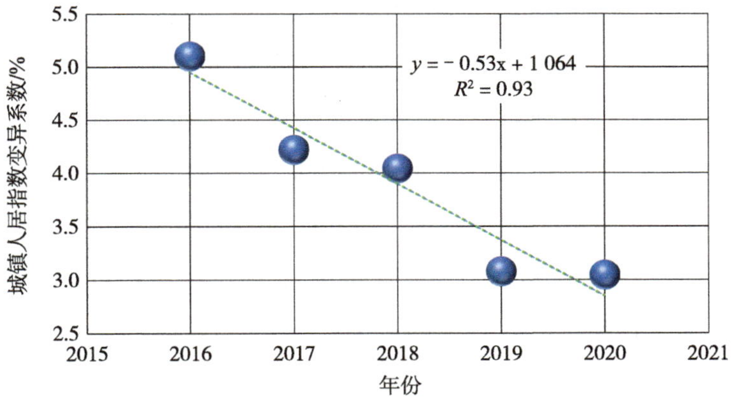

图 5-28 城镇人居指数随时间变异系数

"十三五"期间，2017—2020 年广东省城镇人居指数为 31 个省级行政区中最大，均超过 87，范围为 87.71～88.77，表明广东省实施的各种改善城镇人居工作成效显著。2016 年城镇人居指数最小的省级行政区是青海省，为 69.24（图 5-29）。

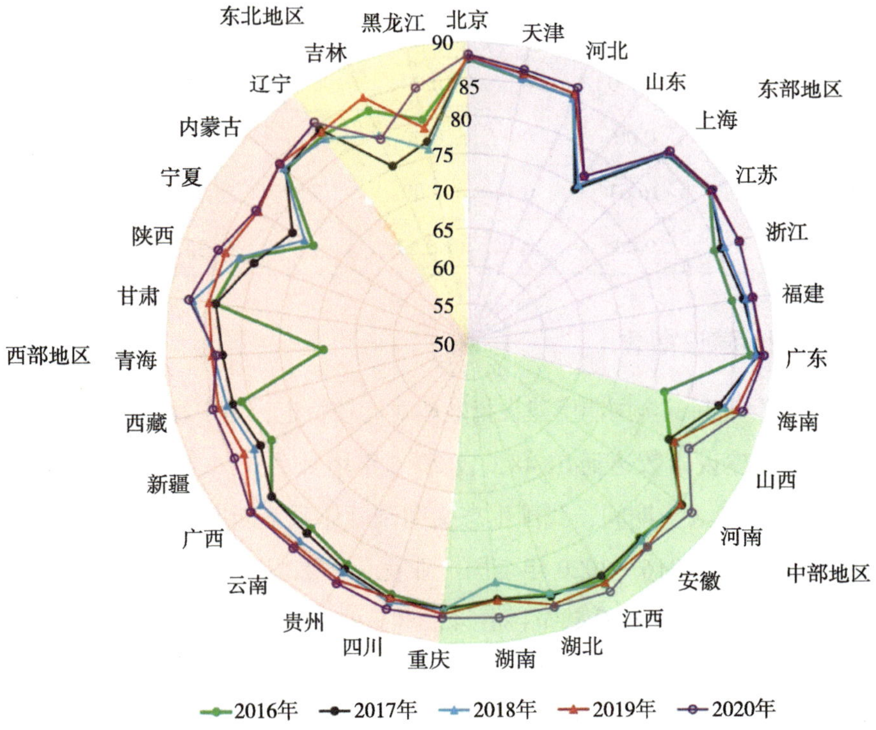

图 5-29 城镇人居指数时空变化

全国31个省级行政区城镇人居指数随时间变异相对较小，变异系数平均为1.91%。其中，青海省城镇人居指数随时间变化最大，城镇人居指数2016—2020年为69.24～83.92（图5-29），变异系数为7.86%；江苏省城镇人居指数随时间变化最小，城镇人居指数2016—2020年为87.35～87.78，变异系数为0.18%。

在区域上，各地区随时间变异主要集中在1%～3%，包括16个省级行政区，约占全国省级行政区总数的51.6%。其中，变异最大的在东部地区和西部地区，包括3个省级行政区；只有东北地区包括2个省级行政区变异在3%～5%（表5-16）；城镇人居指数变异最小的在东部地区、西部地区和中部地区，包括10个省级行政区。

表5-16　2016—2020年区域城镇人居指数随时间的变异系数分级

区域	>5%		3%～5%		1%～3%		<1%	
	数量/个	比例/%	数量/个	比例/%	数量/个	比例/%	数量/个	比例/%
东部地区	1	10.00	0	0.00	3	30.00	6	60.00
中部地区	0	0.00	0	0.00	5	83.33	1	16.67
西部地区	2	16.67	0	0.00	7	58.33	3	25.00
东北地区	0	0.00	2	66.67	1	33.33	0	0.00

5.2.2.7　制度建设指数

"十三五"期间，全国制度建设指数相对比较稳定，集中在60～64（图5-30），2020年，制度建设指数达到61.48，较2015年增长了0.76，增长幅度为1.25%。总体来看，"十三五"期间，我国生态文明制度体系不断完善，但仍是生态文明建设的薄弱环节。2016—2020年全国产业优化指数具有一定的时间变异，平均变异系数为5.05%，变异系数范围在4.33%～6.84%，且随时间变异系数先增加后减少，2018年达到6.84%（图5-31），可能新冠疫情影响了制度建设。

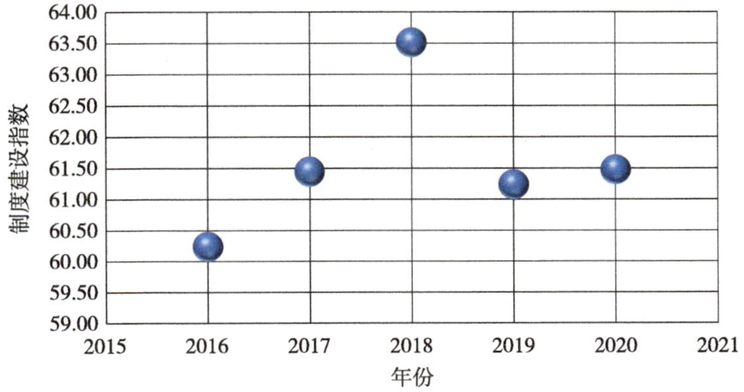

图 5-30　制度建设指数年度变化

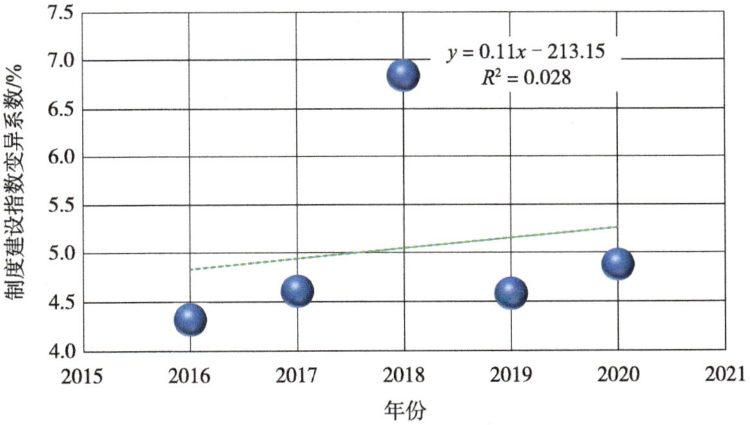

图 5-31　制度建设指数随时间变异系数

“十三五”期间，2018 年黑龙江省制度建设指数为 31 个省级行政区中最大，为 78.03，表明黑龙江省制度建设工作成效显著。2020 年制度建设指数最小的省级行政区是福建省，为 57.30（图 5-32）。

全国 31 个省级行政区制度建设指数随时间变异相对较小，变异系数平均为 3.53%。其中，黑龙江省制度建设指数随时间变化最大，制度建设指数 2016—2020 年为 60.82～78.03（图 5-32），变异系数为 11.66%；安徽省制度建设指数随时间变化最小，生态状况指数 2016—2020 年为 58.03～58.99，变异系数为 0.65%。

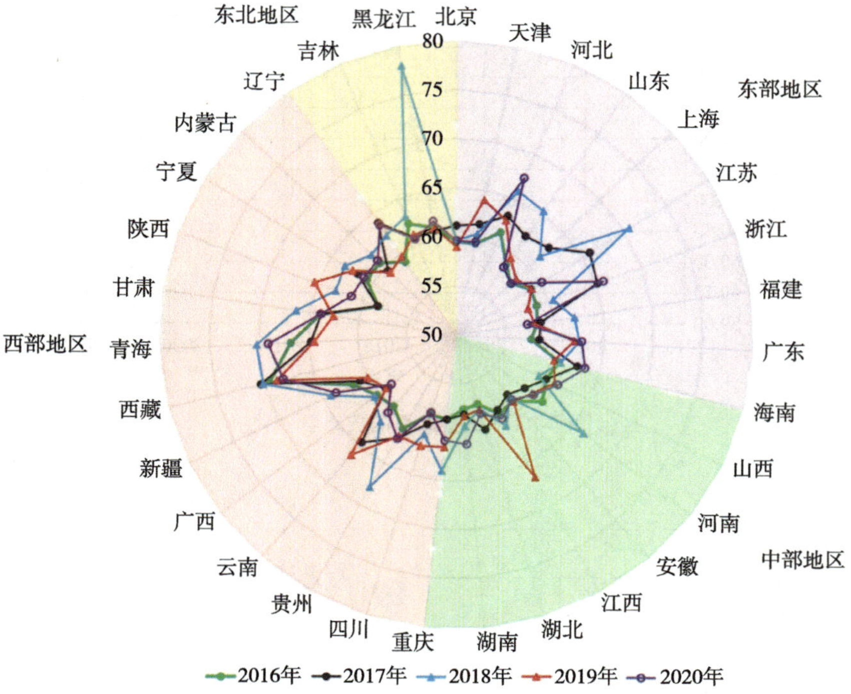

图 5-32 制度建设指数时空变化

在区域上，各地区随时间变异主要集中在 1%～5%，包括 26 个省级行政区，约占全国省级行政区总数的 83.9%。其中，变异大于 5% 的地区包括东部地区、中部地区和东北地区；只有中部地区包括 1 个省级行政区变异小于 1%（表 5-17）；制度建设指数变异在 1%～3% 和小于 3%～5% 包括的省级行政区相当，均为 13 个省级行政区。

表 5-17 2016—2020 年区域制度建设指数随时间的变异系数分级

区域	>5%		3%～5%		1%～3%		<1%	
	数量 / 个	比例 / %	数量 / 个	比例 / %	数量 / 个	比例 / %	数量 / 个	比例 / %
东部地区	2	20.00	6	60.00	2	20.00	0	0.00
中部地区	1	16.67	1	16.67	3	50.00	1	16.67
西部地区	0	0.00	5	41.67	7	58.33	0	0.00
东北地区	1	33.33	1	33.33	1	33.33	0	0.00

5.3 “十三五”末与“十二五”末全国生态文明建设成效比较

5.3.1 全国生态文明建设成效整体状况比较

“十三五”末和“十二五”末的生态文明建设成效综合指数平均值分别为72.28和65.87，2020年较2015年增加了6.41，增长了9.73个百分点，可见“十三五”时期生态文明建设成效显著，但目前总体水平整体情况不容乐观。

与“十二五”末相比，各省级行政区生态文明建设成效综合指数均有了较大幅的提升，23个省级行政区综合指数提升了5以上，其中北京市和青海省提升幅度最大，5年间分别提升了11.48和11.19。

5.3.2 全国生态文明建设成效指数层整体比较

与“十二五”末相比，7项分指数中，提升最快的是环境质量指数，5年间提升了16.34，提升幅度达27.90%（图5-33）。综合来看，全国“十三五”期间大气污染和水污染治理力度明显加大，空气环境质量和水环境质量大幅提升。

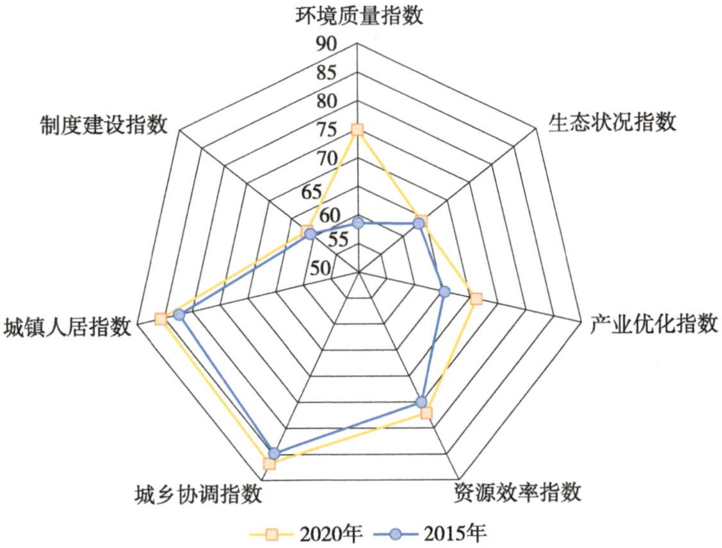

图5-33　2015年和2020年各项生态文明建设成效综合指数雷达图

从指数分级来看，2015年，生态文明建设成效综合指数达到70及以上的省级行政区仅有5个（表5-18），而2020年达到了21个；其中，2015年80以上的省级行政区数为0，但2020年福建省突破了80大关，成为唯一一个生态文明建设成效综合指数在80以上的省级行政区；综合指数在75～80的省级行政区数量也由2015年的2个增长到2020年的6个，增长了200%；在70～75的省级行政区数量由3个增长到了14个，增长了366.66%。2015年，生态文明建设成效综合指数在60～70的省级行政区数量是最多的，达到了省级行政区总数的74.19%，但随着各地大力推动生态文明建设，这一比例已经降至32.25%，而60以下的省级行政区数量已经由3个降为0个。与“十二五”末相比，“十三五”末，大部分省级行政区均提升了1个等级，其中东部地区的北京、河北、山东、江苏、浙江，中部地区的湖北，西部地区的重庆、青海、陕西等省级行政区甚至提升了2个等级。

表5-18　2015年生态文明建设成效综合指数分级及空间分布

指数	单位	东部地区	中部地区	西部地区	东北地区	全国
＞80	数量/个	0	0	0	0	0
	比例/%	0.00	0.00	0.00	0.00	0.00
75～80	数量/个	2	0	0	0	2
	比例/%	20.00	0.00	0.00	0.00	6.45
70～75	数量/个	1	0	2	0	3
	比例/%	10.00	0.00	16.67	0.00	9.68
65～70	数量/个	2	2	7	1	12
	比例/%	20.00	33.33	58.33	33.33	38.71
60～65	数量/个	3	3	3	2	11
	比例/%	30.00	50.00	25.00	66.67	35.48
＜60	数量/个	2	1	0	0	3
	比例/%	20.00	16.67	0.00	0.00	9.68

从空间分布来看（图5-34），呈现东部地区和西部地区生态文明建设成效增长迅速，而中部地区和东北地区增长稍显缓慢的态势。其中，东部地区70以上的省级行政区由2015年的3个增长到7个，西部地区由2个增长到10个，而中部地区和东北地区分别从0个增长到3个和1个。

图 5-34　2015 年全国各省级行政区生态文明建设成效综合指数

5.3.2.1　环境质量指数

与“十二五”末相比，各省级行政区的环境质量指数均有了较大幅度的提升，27 个省级行政区提升了 10 以上，其中 9 个省级行政区提升了 20 以上，尤其是北京市，由 2015 年的 34.24 提升至 2020 年的 66.39，提升了 32.15，提升幅度达 93.88%。

从指数分级来看，2015 年环境质量指数达到 70 及以上的省级行政区仅有 4 个（图 5-35 和表 5-19），而 2020 年达到了 21 个，即全国 67.74% 的省级行政区环境质量指数均提升到了 70 及以上，其中 2015 年达到及 90 以上的省级行政区数为 0，2020 年西藏和海南突破了 90 大关。2015 年，环境质量指数在 60 以下的省级行政区有 17 个，但 2020 年，仅有 2 个省级行政区未突破 60，其他 15 个省级行政区均通过努力达到了 60 及以上，其中重庆、吉林、湖南、湖北 4 个省级行政区达到了 75 及以上，重庆甚至达到了 78.48，提升了 4 个等级，环境质量改善明显；上海、宁夏、辽宁 3 个省级行政区也达到了 70 及以上，提升了 3 个等级，江苏、安徽、陕西、北京也达到了 65 及以上，提升了 2 个等级。

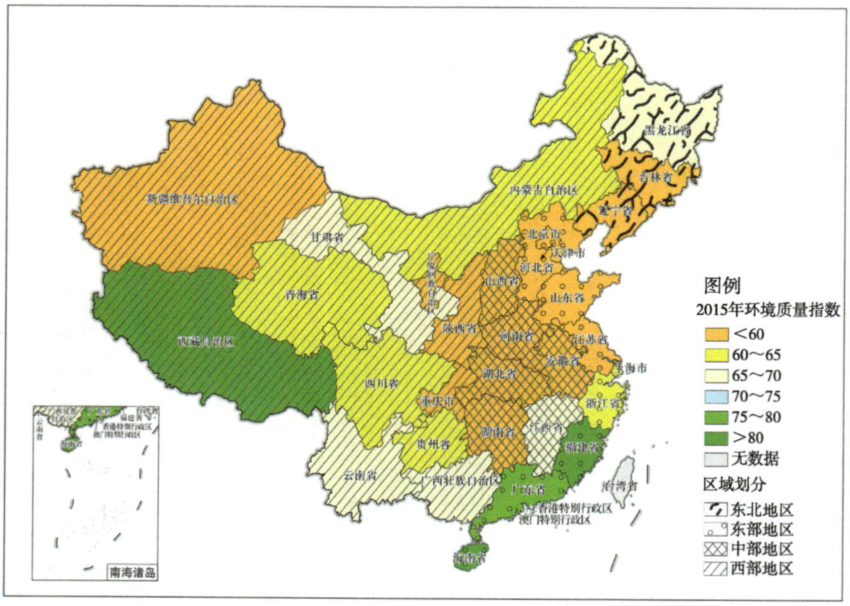

图 5-35　2015 年各省级行政区环境质量指数

表 5-19　2015 年环境质量指数分级及空间分布

指数	单位	东部地区	中部地区	西部地区	东北地区	全国
≥80	数量 / 个	2	0	1	0	3
	比例 /%	20.00	0.00	8.33	0.00	9.68
75～80	数量 / 个	1	0	0	0	1
	比例 /%	10.00	0.00	0.00	0.00	3.23
70～75	数量 / 个	0	0	0	0	0
	比例 /%	0.00	0.00	0.00	0.00	0.00
65～70	数量 / 个	0	1	3	1	5
	比例 /%	0.00	16.67	25.00	33.33	16.13
60～65	数量 / 个	1	0	4	0	5
	比例 /%	10.00	0.00	33.33	0.00	16.13
<60	数量 / 个	6	5	4	2	17
	比例 /%	60.00	83.33	33.33	66.67	54.84

5.3.2.2 生态状况指数

与“十二五”末相比，各省级行政区的生态状况指数有了小幅提升，增长最快的是青海省和福建省，分别增长了 4.45 和 4.23，大部分区域均在本级别内上下波动。

从指数分级来看（图 5-36 和表 5-20），生态状况指数在 75 以上的省级行政区数量由 2015 年的 1 个增至 2 个，在 65～70 的省级行政区数量由 9 个增至 11 个，在 60～65 的省级行政区由 11 个降至 7 个。但与此同时，生态状况指数在 60 以上的省级行政区数量与有所增加，由 8 个增至 10 个。综合来看，全国生态状况指数有了小幅增长，由 63.55 增至 64.18，增加了 0.63。

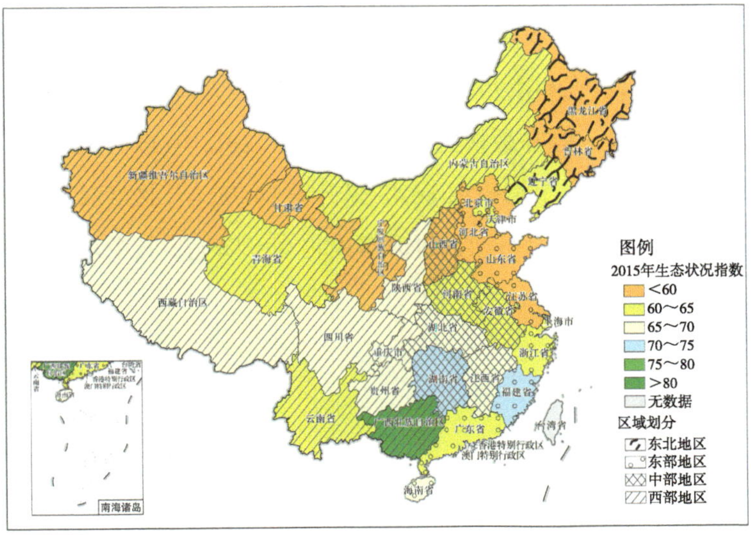

图 5-36　2015 年各省级行政区生态状况指数

表 5-20　2015 年生态状况指数分级及空间分布

指数	单位	东部地区	中部地区	西部地区	东北地区	全国
>80	数量 / 个	0	0	1	0	1
	比例 /%	0.00	0.00	8.33	0.00	3.23
75～80	数量 / 个	0	0	0	0	0
	比例 /%	0.00	0.00	0.00	0.00	0.00

续表

指数	单位	东部地区	中部地区	西部地区	东北地区	全国
70～75	数量 / 个	1	1	0	0	2
	比例 /%	10.00	16.67	0.00	0.00	6.45
65～70	数量 / 个	2	2	5	0	9
	比例 /%	20.00	33.33	41.67	0.00	29.03
60～65	数量 / 个	4	2	4	1	11
	比例 /%	40.00	33.33	33.33	33.33	35.48
<60	数量 / 个	3	1	2	2	8
	比例 /%	30.00	16.67	16.67	66.67	25.81

5.3.2.3 产业优化指数

与“十二五”末相比，各省级行政区的产业优化指数均有了较大幅度的提升，2015 年，各省级行政区的产业优化指数集中在 60～65（图 5-37 和表 5-21），占全国省级行政区总数的 61.29%；而 2020 年，大部分地区已经提升至 65～70，整体提升了 1 个等级。提升最快的是北京市，由 2015 年的 87.84 提升至 2020 年的 98.19，提升了 10.35；上海也由 86.48 提升至 94.75，与北京双双迈过 90 大关；除北京和上海外，14 个省级行政区提升幅度也在 5 以上，其中东部地区 6 个，中部地区 4 个，西部地区 4 个。

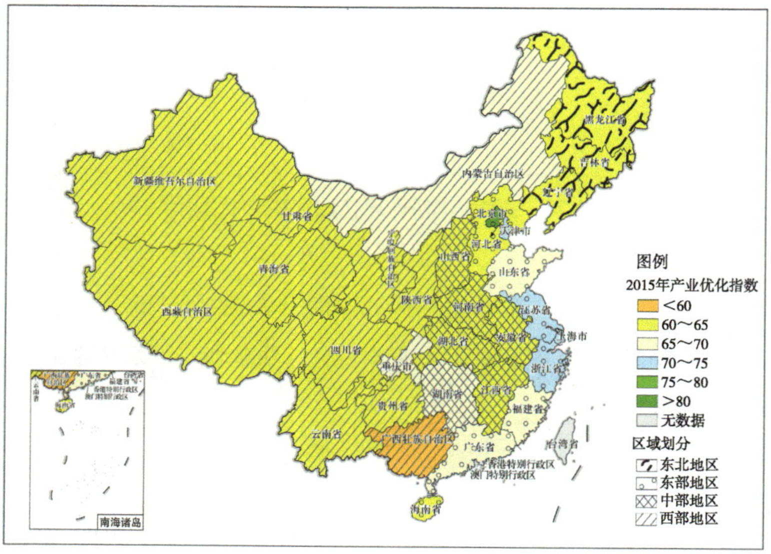

图 5-37　2015 年各省级行政区产业优化指数

表 5-21　2015 年产业优化指数分级及空间分布

指数	单位	东部地区	中部地区	西部地区	东北地区	全国
＞80	数量 / 个	2	0	0	0	2
	比例 /%	20.00	0.00	0.00	0.00	6.45
75～80	数量 / 个	0	0	0	0	0
	比例 /%	0.00	0.00	0.00	0.00	0.00
70～75	数量 / 个	3	0	0	0	3
	比例 /%	30.00	0.00	0.00	0.00	9.68
65～70	数量 / 个	3	1	2	0	6
	比例 /%	30.00	16.67	16.67	0.00	19.35
60～65	数量 / 个	2	5	9	3	19
	比例 /%	20.00	83.33	75.00	100.00	61.29
＜60	数量 / 个	0	0	1	0	1
	比例 /%	0.00	0.00	8.33	0.00	3.23

5.3.2.4　资源效率指数

与"十二五"末相比（图 5-38），部分省级行政区的资源效率指数有了较大幅度的提升，如吉林省由 65.25 提升至 76.42，提升了 11.17，湖南省由 72.96 提升至 83.42，提升了 10.45，分别提升了 2 个等级；青海省也由 71.06 提升至 76.16，提升了 5.10，提升了 1 个等级；其他各省级行政区的提升幅度均在 -2～3，相对较为稳定。但总体来看，我国的资源利用效率指数由 70～80 提升至 75～85（表 5-22），整体提升了 1 个等级。

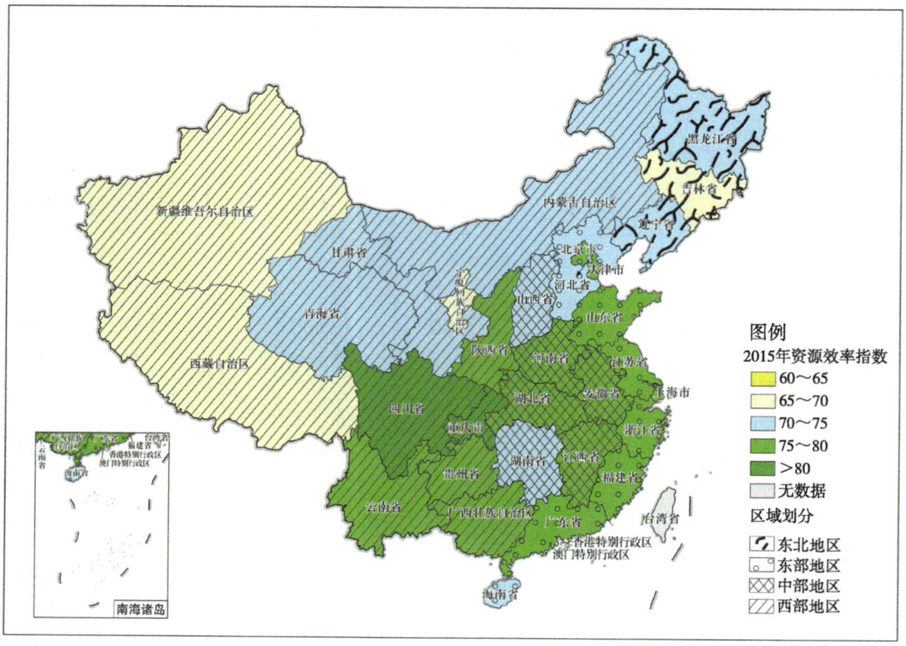

图 5-38　2015 年各省级行政区资源效率指数

表 5-22　2015 年资源效率指数分级及空间分布

指数	单位	东部地区	中部地区	西部地区	东北地区	全国
>80	数量 / 个	1	0	2	0	3
	比例 /%	10.00	0.00	16.67	0.00	9.68
75～80	数量 / 个	7	4	4	0	15
	比例 /%	70.00	66.67	33.33	0.00	48.39
70～75	数量 / 个	2	2	3	2	9
	比例 /%	20.00	33.33	25.00	66.67	29.03
65～70	数量 / 个	0	0	3	1	4
	比例 /%	0.00	0.00	25.00	33.33	12.90

5.3.2.5　城乡协调指数

与"十二五"末相比（图 5-39），各省级行政区的城乡协调指数均有所提升，提升幅度在0.3～3.36，2015年，各省级行政区的城乡协调指数集中在80～85（表5-23），共17个省级行政区，占全国省级行政区总数的54.84%，而2020年各省级行政区的城乡协调指数值集中在85～90，共20个省级行政区，占64.52%，整体提升了1个级别。分区域来看，提升较快的地区分布在西部地区和中部地区，增长幅度在2以上的18个省级行政区中，10个均位于西部地区，5个位于中部地区，3个位于东部地区。

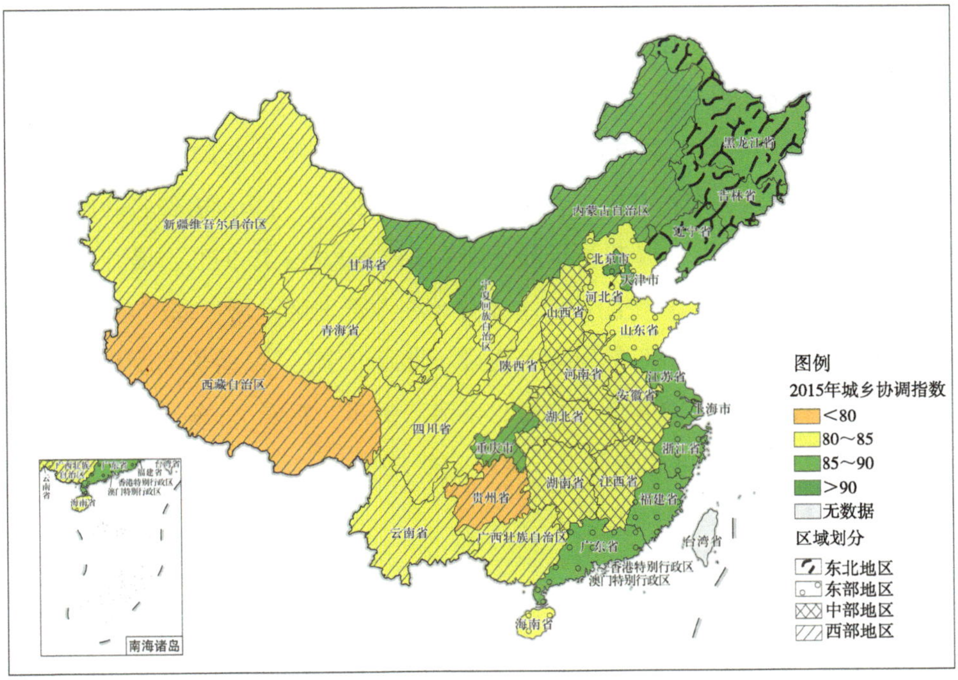

图5-39　2015年各省级行政区城乡协调指数

表5-23　2015年城乡协调指数分级及空间分布

指数	单位	东部地区	中部地区	西部地区	东北地区	全国
＞90	数量/个	3	0	0	0	3
	比例/%	30.00	0.00	0.00	0.00	9.68
85～90	数量/个	4	0	2	3	9
	比例/%	40.00	0.00	16.67	100.00	29.03

续表

指数	单位	东部地区	中部地区	西部地区	东北地区	全国
80～85	数量 / 个	3	6	8	0	17
	比例 /%	30.00	100.00	66.67	0.00	54.84
<80	数量 / 个	0	0	2	0	2
	比例 /%	0.00	0.00	16.67	0.00	6.45

5.3.2.6　城镇人居指数

与“十二五”末相比，各省级行政区的城镇人居指数均有所提升，2015 年，还有西藏、青海和宁夏 3 个省级行政区的城镇人居指数在 75 以下（图 5-40），但 2020 年这 3 个省级行政区已经全部提升至 80 以上。与此同时，2015 年，各省级行政区的城镇人居指数集中在 80～85（表 5-24），占全国省级行政区总数的 54.84%；但 2020 年，城镇人居指数集中在 85～90，占 70.97%，提升了 1 个级别。分区域来看，提升较快的地区主要分布在西部地区，增长幅度在 10 以上的 3 个省级行政区全部位于西部地区（西藏、青海、宁夏）；增长幅度在 5～10 的 6 个地区中，西部地区有 4 个（甘肃、云南、贵州、新疆），东部地区 1 个（浙江），东北地区 1 个（黑龙江）。

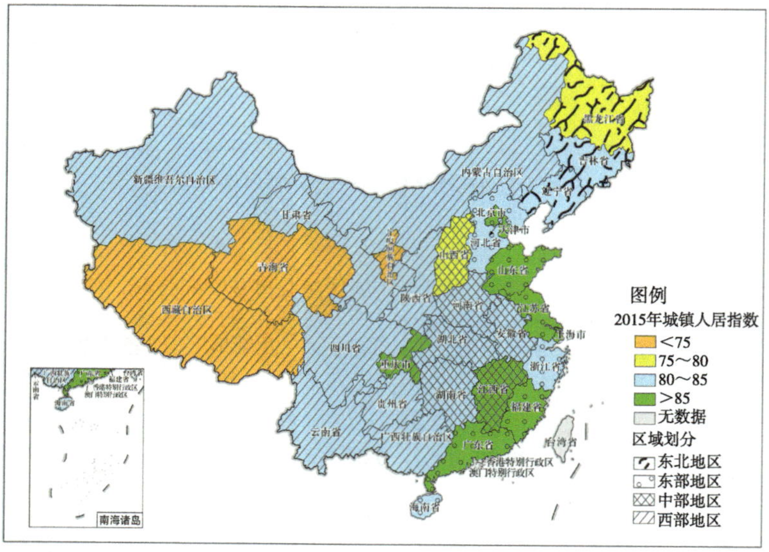

图 5-40　2015 年各省级行政区城镇人居指数

表 5-24　2015 年城镇人居指数分级及空间分布

指数	单位	东部地区	中部地区	西部地区	东北地区	全国
85～90	数量 / 个	7	1	1	0	9
	比例 /%	70.00	16.67	8.33	0.00	29.03
80～85	数量 / 个	3	4	8	2	17
	比例 /%	30.00	66.67	66.67	66.67	54.84
75～80	数量 / 个	0	1	0	1	2
	比例 /%	0.00	16.67	0.00	33.33	6.45
<75	数量 / 个	0	0	3	0	3
	比例 /%	0.00	0.00	25.00	0.00	9.68

5.3.2.7　制度建设指数

与“十二五”末相比（图 5-41 和表 5-25），部分省级行政区的制度建设指数提升幅度较大，其中浙江省由 2015 年的 58.30 提升至 2020 年的 65.84，提升了 2 个等级；河北省由 2015 年的 60.50 提升至 2020 年的 67.39，提升了 1 个等级；广东、新疆、湖南、重庆、山西、江苏、云南等省级行政区也提升了 1 个等级；而吉林和西藏制度建设指数则有所下降；其他各省级行政区基本均在同等级内上下波动。

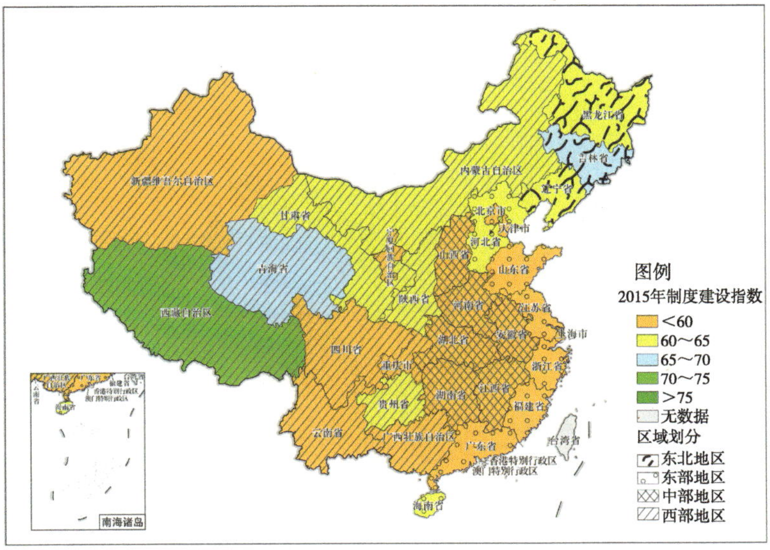

图 5-41　2015 年各省级行政区制度建设指数

表 5-25　2015 年制度建设指数分级及空间分布

指数	单位	东部地区	中部地区	西部地区	东北地区	全国
>75	数量 / 个	0	0	1	0	1
	比例 /%	0.00	0.00	8.33	0.00	3.23
70~75	数量 / 个	0	0	0	0	0
	比例 /%	0.00	0.00	0.00	0.00	0.00
65~70	数量 / 个	0	0	1	1	2
	比例 /%	0.00	0.00	8.33	33.33	6.45
60~65	数量 / 个	2	0	5	2	9
	比例 /%	20.00	0.00	41.67	66.67	29.03
<60	数量 / 个	8	6	5	0	19
	比例 /%	80.00	100.00	41.67	0.00	61.29

6

区域生态文明建设发展水平

QUYU SHENGTAI WENMING JIANSHE FAZHAN SHUIPING

6.1 生态文明建设发展水平整体状况

“十三五”期间，中国生态文明建设取得了显著成效，生态文明建设体制机制日益完善，生物多样性、森林、草地等均得到有效保护，生态环境质量和人居环境有了显著改善，生态文明建设成效显著。围绕我国实施西部大开发、振兴东北老工业基地、促进中部地区崛起等国家战略，“十三五”期间，我国生态文明建设取得较明显进步。从“十三五”期初到期末，除海南省外其余省级行政区生态文明综合指数均有不同程度的提升，其中东部地区的北京市生态文明综合指数提升幅度最高，达18.37%。具体来看，2016年，东部、中部、西部、东北地区生态文明综合指数分别为59.15～76.74、57.48～70.78、59.90～75.11、65.11～68.78，东部地区生态文明发展水平最高，中部地区、东北地区生态文明综合指数偏低。其中，东部地区的福建、浙江、海南生态文明发展水平位居全国前列，中部地区的山西、河南、山东及新疆生态文明发展水平排名较后。

到2020年，东部、中部、西部、东北地区生态文明综合指数分别提升至65.32～81.15、63.72～74.89、65.67～78.94、69.32～71.69。其中，东部地区的福建省生态文明综合指数达到 80 以上，22.58% 的省级行政区生态文明综合指数达到了 75 以上。“十三五”期初与期末各区域生态文明综合指数分布如图 6-1 所示。

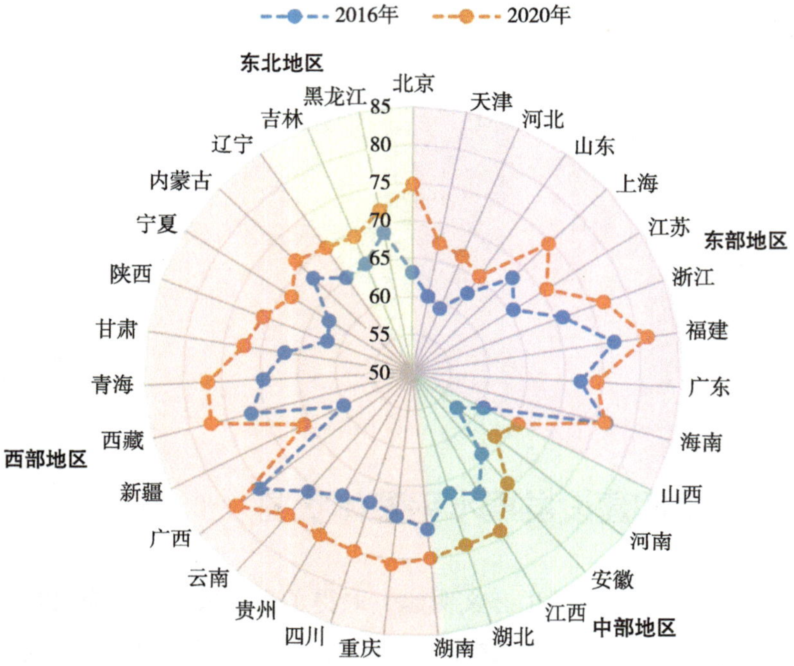

图 6-1　2016 年和 2020 年各区域生态文明综合指数分布

2016—2020 年各区域生态文明综合指数增长率如图 6-2 所示。总体来说，各区域生态文明综合指数基本呈现不同程度的增长。2018 年、2019 年，各区域生态文明综合指数增长率较高，海南省生态文明综合指数增长率达到 26.14%；2020 年各区域生态文明综合指数增速逐渐放缓。

2016 年，东北地区生态文明综合指数呈现较高的增长率，平均为 4.64%，其他地区增长速度较慢，部分中部地区及西部地区的西藏自治区、新疆维吾尔自治区呈现了负增长。截至 2017 年，各地生态文明综合指数增长率均不高，增长率大于 3% 的区域主要分布在西部地区及中部地区。2018 年，各地生态文明综合指数迅速增长，其中，中部地区、东北地区省级行政区增长率较高。2019 年，全国各省级行政区生态文明综合指数增长率开始降低，我国中东部省级行政区开始呈现负增长，增长率较高的地区主要集中在西部地区东侧及中部地区南侧。

2020 年，全国生态文明综合指数增长率变缓，全国大部分地区综合指数增长率为 0%～5%。

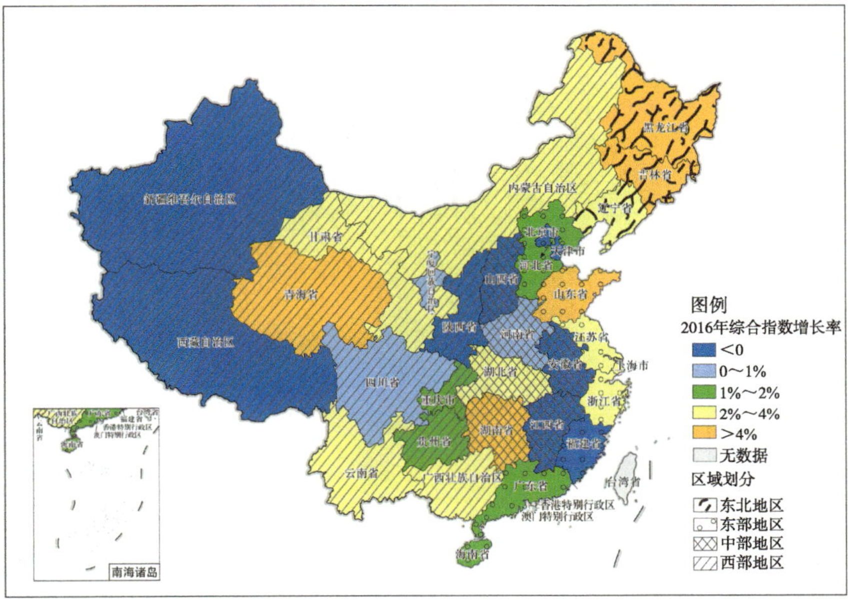

（a）2016年各区域生态文明综合指数增长率分布

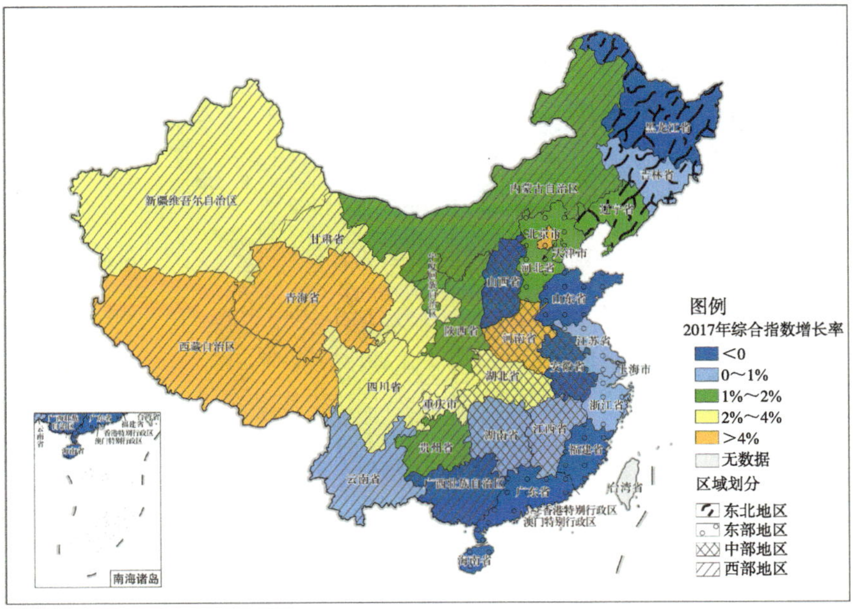

（b）2017年各区域生态文明综合指数增长率分布

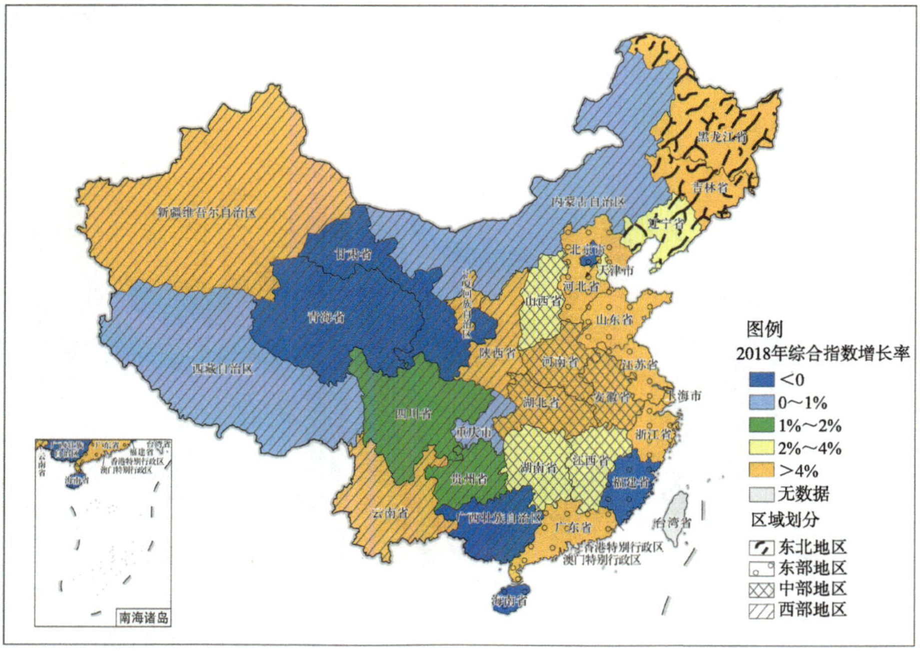

（c）2018年各区域生态文明综合指数增长率分布

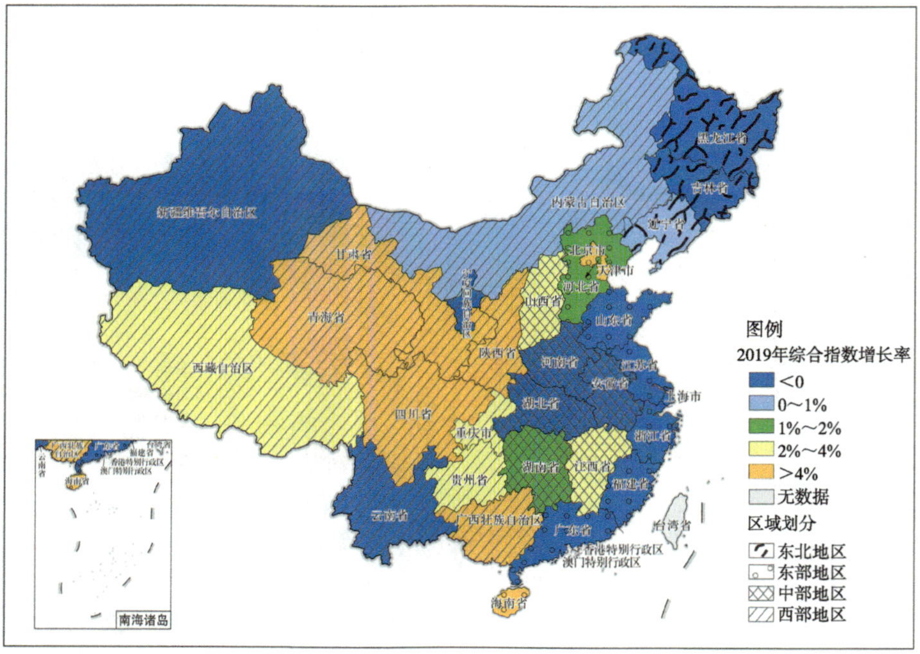

（d）2019年各区域生态文明综合指数增长率分布

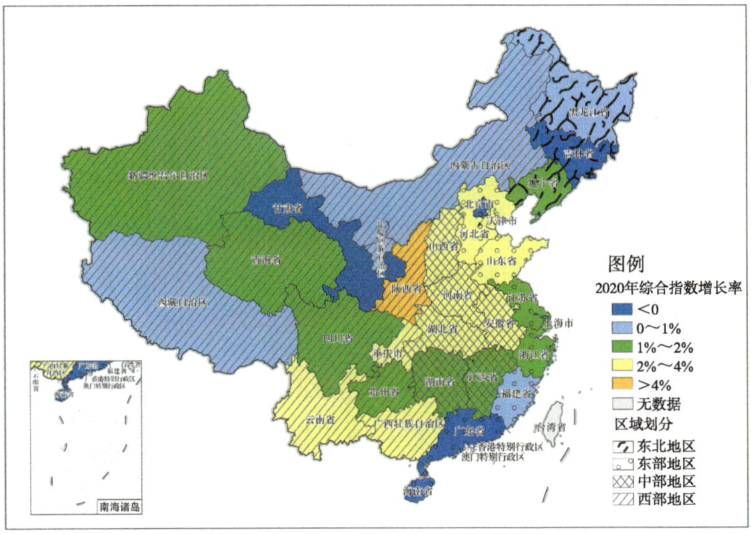

（e）2020年各区域生态文明综合指数增长率分布

图 6-2　2016—2020 年各区域生态文明综合指数增长率分布

6.1.1　东部地区生态文明发展状况分析

20 世纪 90 年代上海浦东新区的开发开放带动了长江三角洲和长江流域的改革发展。珠三角、长三角迅速跃升为中国经济最活跃的“两极”。我国东部地区更有能力支持推动西部开发、中部崛起和东北振兴，从而促进、形成东中西互动和全国协调发展良好局面。我国东部地区包括北京市、天津市、河北省、山东省、上海市、江苏省、浙江省、福建省、广东省和海南省 10 个省（直辖市），各省（直辖市）2015—2020 年生态文明综合指数和增长率如图 6-3 所示。

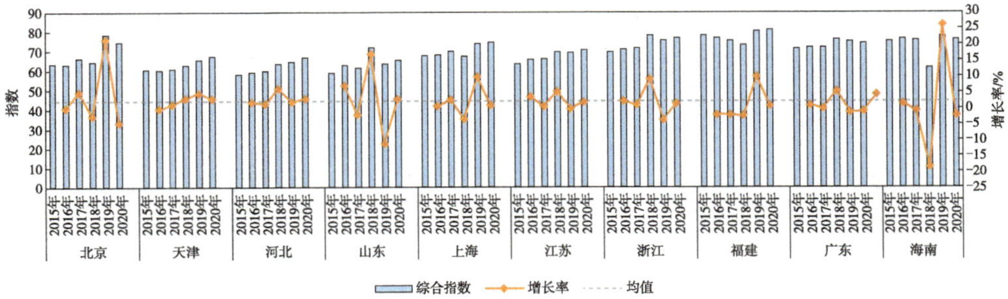

图 6-3　2015—2020 年东部地区生态文明综合指数和增长率

由图 6-3 可知，“十三五”期间东部各省（直辖市）生态文明综合指数基本呈上升趋势，生态文明综合指数为 58.03～81.15，年增长率为 -18.49%～26.14%，年平均增长率为 2.11%。天津市、河北省、广东省 $PM_{2.5}$ 浓度、地表水水质达到或者优于Ⅲ类比例、林草覆盖率、人均 GDP、城镇化率、城镇污水处理率等指标均呈逐年好转的趋势，生态文明指数基本呈稳步上升趋势。山东省、海南省“十三五”期间生态文明指数波动较大，山东省 2018 年 $PM_{2.5}$ 浓度、空气质量优良天数比例、农村卫生厕所普及率、颁布生态环境保护地方性法规件数等指标均优于其他年份，生态文明综合指数在 2018 年增长较快；海南省 2018 年水土流失治理率、单位种植面积农药施用量、单位种植面积化肥施用量、城镇生活垃圾无害化处理率、城镇人均公园绿地面积指标与其他年份相比，均稍显滞后，因此生态文明综合指数在 2018 年出现较大幅度的降低，2019 年各项生态文明指标恢复正常，综合指数呈现较大幅度的提升。上海市、江苏省、浙江省、福建省位于我国东部沿海，经济发达，产业结构合理，坚持绿色高质量发展，经济社会系统与生态环境系统呈和谐发展趋势，生态文明基础较好，发展较快。

6.1.2 中部地区生态文明发展状况分析

我国中部地区包括山西省、河南省、安徽省、江西省、湖北省和湖南省 6 个省。在中国区域发展总体战略中，中部省级行政区起着“承东启西”的作用，中部 6 省矿产资源丰富，是中国的能源基地和原材料基地、国家交通运输的交通枢纽，有深厚的中华历史文化底蕴。中部 6 省 2015—2020 年生态文明综合指数和增长率如图 6-4 所示。

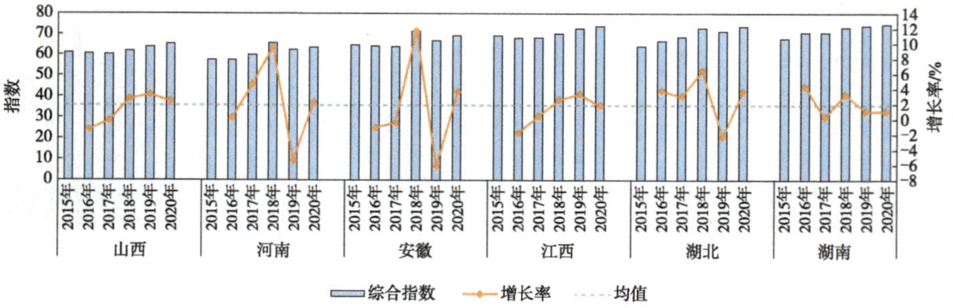

图 6-4　2015—2020 年中部地区生态文明综合指数和增长率

由图 6-4 可知，“十三五”期间中部 6 省生态文明综合指数基本呈上升趋势，生态文明综合指数为 57.39～74.89，年增长率为 -6.19%～11.73%，年平均增长率为 1.88%。“十三五”期间中部 6 省中江西省、湖北省、湖南省生态文明综合指数分别为 68.23～73.93、64.25～73.95、67.82～74.89，发展水平高于其他 3 省，城乡居民收入比、集中式饮用水水源地水质优良比例、城镇生活垃圾无害化处理率等指标基本优于其他省级行政区，其中江西省单位种植面积化肥施用量为 192.76 kg/hm^2、湖北省一次电力发电量占总发电量比重达 58.16%、湖南省城镇污水处理率达 97.79%，明显优于其他省级行政区。山西省、河南省、安徽省 2016 年生态文明综合指数分别为 60.46、57.48、64.13，在中部地区处于较低水平，但保持了较高的发展速度，到“十三五”末，3 省生态文明综合指数分别增长了 6.32%、9.95%、6.45%，达到 65.44、63.72、69.29，基本接近或高于中部地区“十三五”期间平均水平，其中，$PM_{2.5}$ 浓度、地表水水质达到或者优于Ⅲ类比例、城镇化率、城乡居民收入比、城镇生活垃圾无害化处理率、城镇人均公园绿地面积等指标发展迅速。中部各省级行政区生态文明综合指数增长率波动较大，河南省、安徽省、湖北省综合指数增长率呈先上升后下降再上升的趋势，山西省、江西省综合指数增长率呈先上升后下降趋势，湖南省综合指数增长率则呈先下降后上升再下降的趋势。

6.1.3 西部地区生态文明发展状况分析

我国西部地区包括重庆市、四川省、贵州省、云南省、广西壮族自治区、新疆维吾尔自治区、西藏自治区、青海省、甘肃省、陕西省、宁夏回族自治区和内蒙古自治区 12 个省（自治区、直辖市），西部 12 个省（自治区、直辖市）2015—2020 年生态文明综合指数和增长率如图 6-5 所示。西部地区疆域辽阔，土地面积为 678.158 9 万 km^2，占全国总面积的 70.6%；人口为 3.795 587 亿，占全国总人口的 27.2%，除四川盆地和关中平原以外，绝大部分地区是我国经济欠发达、需要加强开发的地区。

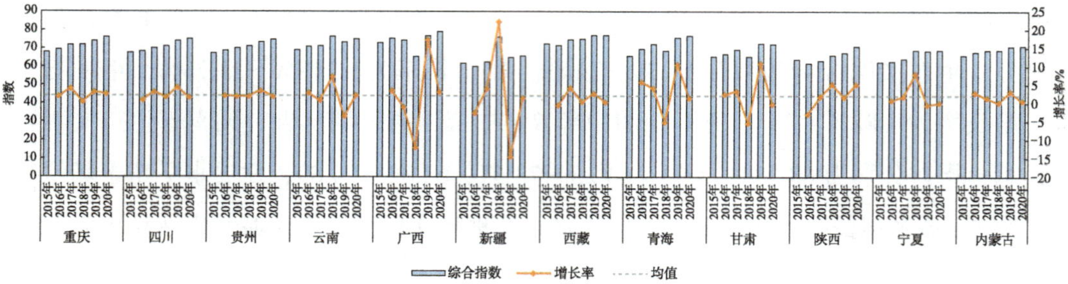

图 6-5　2015—2020 年西部地区生态文明综合指数和增长率

由图 6-5 可知，“十三五”期间西部各省（自治区、直辖市）生态文明综合指数基本呈上升趋势，生态文明综合指数为 59.90～78.94，整体生态文明发展水平低于东部地区，高于中部地区，年增长率为 -14.54%～22.09%，年平均增长率为 2.07%，高于东、中部地区。$PM_{2.5}$ 浓度、地表水水质达到或者优于Ⅲ类比例、空气质量优良天数比例等环境质量类指标普遍较优，人均 GDP、城乡居民收入比、一般工业固体废物综合利用率等社会经济类指标普遍偏低。

“十三五”期间，西南地区的重庆市、四川省、贵州省、云南省及广西壮族自治区等生态文明发展水平较高，生态文明综合指数分别为 67.81～75.79、67.48～74.91、67.23～74.59、68.85～74.88、72.76～78.94。各省（自治区、直辖市）生态文明综合指数和增长率普遍较高。2016—2020 年，重庆市、四川省、贵州省、西藏自治区、内蒙古自治区综合指数和增长率较稳定，各项指标呈稳定优化的状态。云南省、广西壮族自治区、新疆维吾尔自治区、青海省生态文明综合指数增长率呈现较大波动，但总体呈向好趋势。

自国家实施西部大开发战略以来，西部地区各省级行政区积极落实党中央有关部署，奋力实现高质量发展，积极融入“一带一路”建设，在快速发展中努力做好环境保护，西部大开发取得了显著成效。“十三五”期间，西部地区仍处于大有作为的重要战略机遇期，保持着较快发展势头，在多个方面展现出活力和动能（图 6-5）。

6.1.4 东北地区生态文明发展状况分析

东北地区是我国重要的工业和农业基地，对维护国家国防安全、粮食安全、生态安全、能源安全、产业安全的战略地位十分重要。东北地区包括辽宁省、吉林省、黑龙江省 3 个省级行政区，各省级行政区 2015—2020 年生态文明综合指数和增长率如图 6-6 所示。为了推动东北经济脱困向好，实现新一轮振兴，《东北振兴“十三五”规划》（国函〔2016〕177 号）由国务院批复原则同意通过，自 2016 年 11 月 7 日发布之日起实行，为“十三五”东北地区的全面振兴、全方位振兴指明了方向。

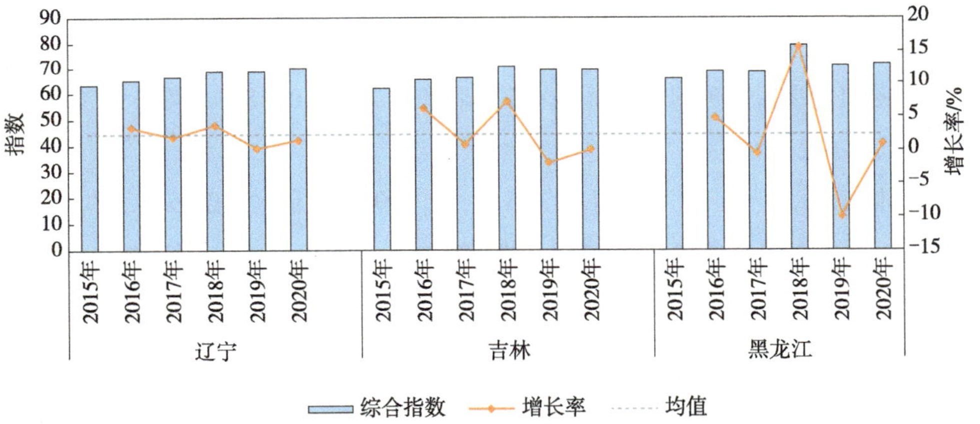

图 6-6 2015—2020 年东北地区生态文明综合指数和增长率

由图 6-6 可知，“十三五”期间辽宁省、吉林省生态文明综合指数呈逐年上升趋势，黑龙江省生态文明综合指数呈波动上升趋势，2018 年生态文明综合指数最高。辽宁省、吉林省、黑龙江省生态文明综合指数分别为 63.12～69.82、61.68～69.32、65.70～71.69，年增长率分别为 0.27%～3.61%、-1.94%～7.16%、-10.06%～15.67%，年平均增长率为 2.19%，略高于中部地区，与东、西部地区相当。其中，$PM_{2.5}$ 浓度、空气质量优良天数比例、集中式饮用水水源地水质优良比例等环境质量类指标较优，人均 GDP、第三产业增加值占 GDP 比重、单位建设用地 GDP、单位地区生产总值能耗、单位地区生产总值用水量、一次电力发电量占总发电量比重、一般工业固体废物综合利用率等社会经济类指标偏差，但东北地区对生态文明建设工作较为重视，不断加大生态文明制度建设与投资力度，颁布生态环境保护地方性法规件数和节能环保经费支出占 GDP 比例等指标较优，因此，东北地区生态文明综合指数增长较快。

6.2 生态文明建设成效指数层评估

6.2.1 环境质量指数分析

环境质量指数主要包括 $PM_{2.5}$ 浓度、地表水水质达到或者优于Ⅲ类比例、近岸海域水质优良比例、空气质量优良天数比例、污染负荷指数 5 个指标，是对区域生态环境质量优劣的评估指数，各指标权重分别为 0.118 9、0.069 9、0.069 9、0.069 9、0.042 3。

总体来看，“十三五”期间，东部、中部、西部、东北地区环境质量指数分别为 27.83～73.50、27.69～65.07、36.42～74.15、43.11～62.82。西部地区生态环境优于东部地区及东北地区，中部地区生态环境状况较差，中部地区环境质量指数增长率较高，截至 2020 年，环境质量指数已增长至 45.08～65.07。“十三五”期间，各地环境质量指数基本呈上升趋势，北京市、天津市、河北省、河南省、湖北省、陕西省、四川省、青海省、陕西省 9 个省（直辖市）2020 年环境质量指数与 2016 年相比增长率均超过 10%。“十三五”期间东部、中部、西部、东北地区环境质量指数趋势如图 6-7～图 6-10 所示。

“十三五”期间东部地区各省级行政区环境质量指数基本呈上升趋势，上海市、江苏省、浙江省、福建省、广东省、海南省等东南沿海省级行政区生态环境明显优于其他省级行政区，其中，福建省和海南省环境质量指数 5 年均达到 85 及以上，生态环境优良。与东部其他省级行政区相比，北京市、天津市、河北省生态环境质量本底较差，经过 5 年生态环境保护措施的实施，环境质量指数分别增长了 93.88%、57.19%、60.08%，生态环境大幅改善。

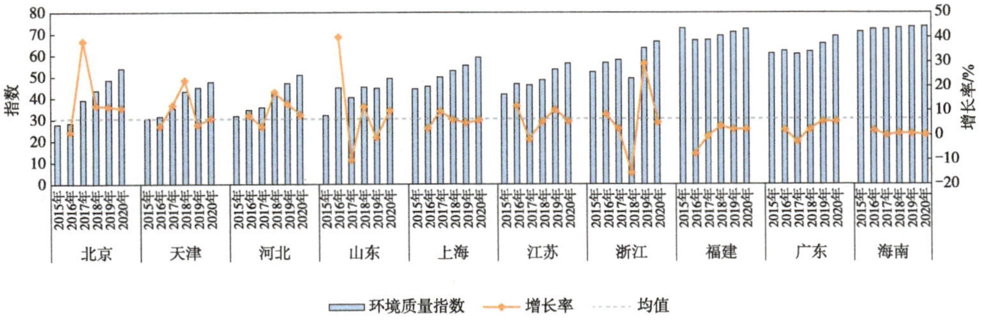

图 6-7　东部地区环境质量指数变化趋势

“十三五”期间中部地区各省级行政区环境质量指数呈波动上升趋势，江西省、湖北省、湖南省等中部偏南省级行政区环境质量指数优于偏北省级行政区。山西省、河南省环境质量指数明显低于其他省级行政区，但其指数增长率较高，分别达 32.79% 及 62.78%（2020 年与 2016 年相比增长率），环境质量改善明显。

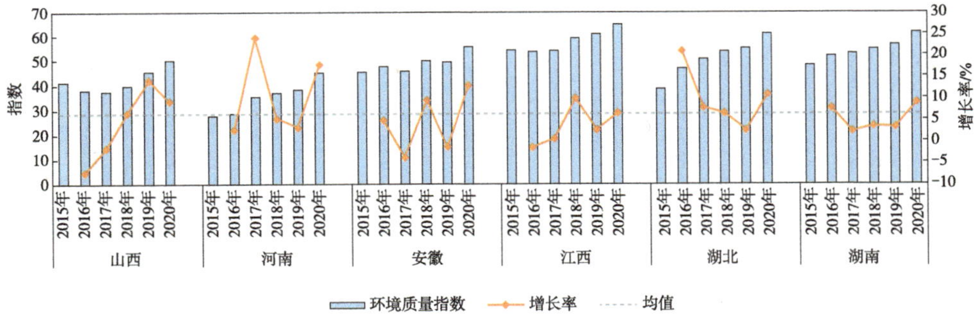

图 6-8　中部地区环境质量指数变化趋势

“十三五”期间西部地区各省级行政区（除陕西省外）环境质量指数均较高，生态环境质量良好，指数增长率较低。陕西省生态环境本底较差，但增长率最高，2020 年环境质量指数与 2016 年相比增长率达到 49.18%，环境质量改善明显。

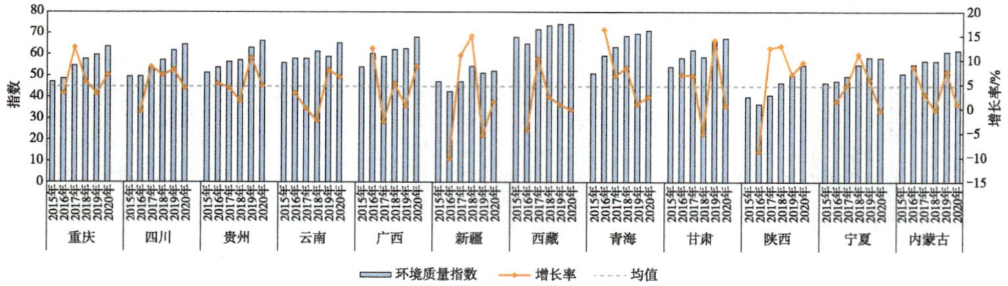

图 6-9　西部地区环境质量指数变化趋势

东北三省环境质量指数在四大区域中位例居中，"十三五"期间，各年度环境质量指数呈现稳定增长的状态。"十三五"期间 3 个省级行政区生态环境状况较均衡，环境质量指数为 43.11～62.82。

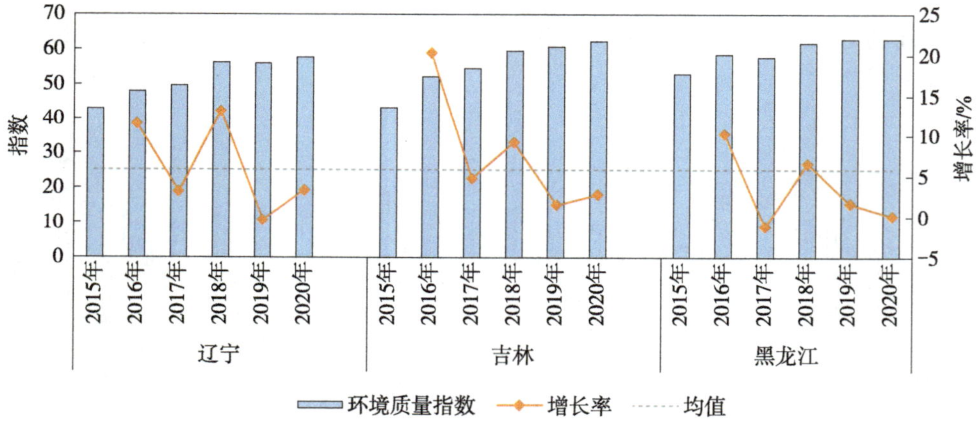

图 6-10　东北地区环境质量指数变化趋势

6.2.2　生态状况指数分析

生态状况指数主要包括水土流失治理率、林草覆盖率两个指标，是对生态状况的评估指数，各指标权重分别为 0.206 8、0.103 4。

总体来看，"十三五"期间，东部、中部、西部、东北地区生态状况指数分别为 54.23～89.27、56.97～75.43、56.12～80.05、56.62～63.37，各省级行政区间指数差异较大，不存在明显的区域特征。"十三五"期间东部、中部、西部、东北地区生态状况指数趋势如图 6-11～图 6-14 所示。

东部地区各省级行政区间生态状况指数差异较大，且变化发展趋势不明显，浙江省、福建省、广东省、海南省等沿海省级行政区及北京市生态状况较好，但变化趋势波动较大；河北省、山东省、江苏省生态状况较稳定，生态状况较好。

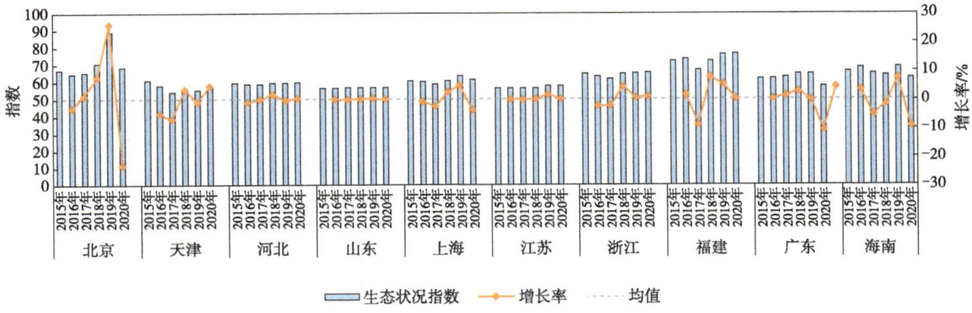

图 6-11　东部地区生态状况指数变化趋势

“十三五”期间，中部地区各省级行政区生态环境指数变化趋势不明显，江西省、湖北省、湖南省等中部偏南省级行政区生态状况指数优于偏北省级行政区。

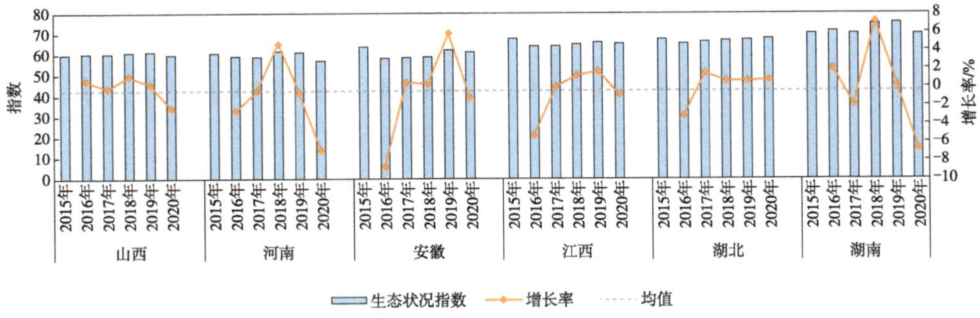

图 6-12　中部地区生态状况指数变化趋势

“十三五”期间，重庆市、四川省、贵州省、云南省、广西壮族自治区、西藏自治区、青海省等西部地区偏南省级行政区生态状况指数较好，尤其是广西壮族自治区，生态状况指数连续 6 年均为 100，其水土流失治理率为 15.15%～17.42%，林草覆盖率为 93.12%～96.78%，生态状况优良。

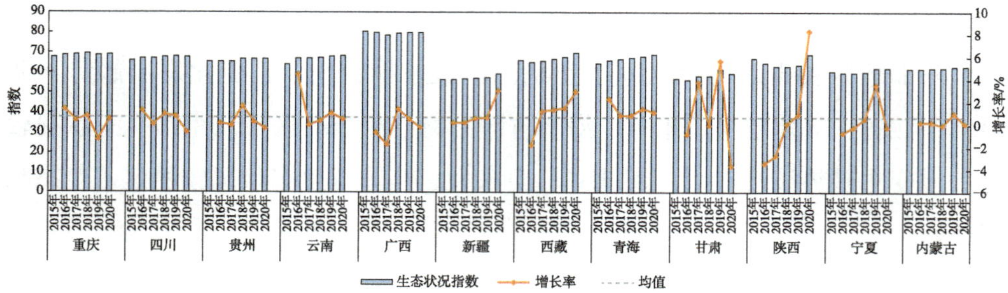

图 6-13 西部地区生态状况指数变化趋势

东北三省生态环境状况较相似，差别不大。"十三五"期间，辽宁省、吉林省、黑龙江省生态状况指数分别为 60.34～61.34、56.62～60.88、59.46～63.37。

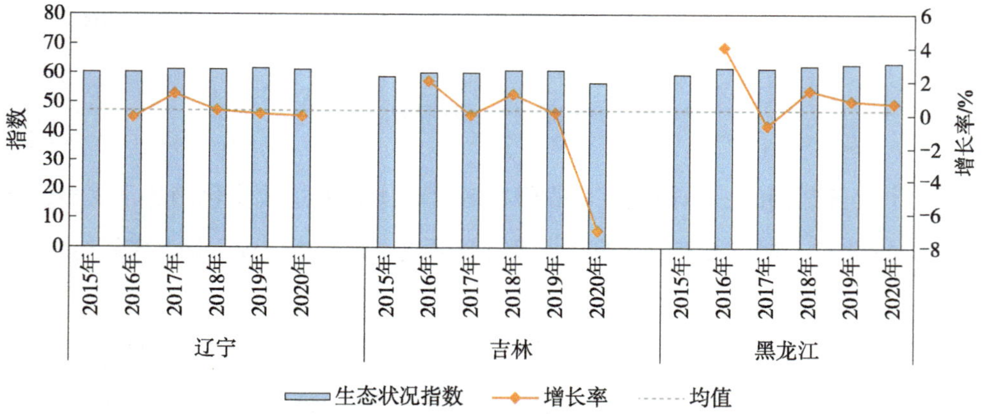

图 6-14 东北地区生态状况指数变化趋势

6.2.3 产业优化指数分析

产业优化指数主要包括人均 GDP、第三产业增加值占 GDP 比重 2 个指标，是对产业发展、经济发展水平的表征指数，各指标权重分别为 0.081 9、0.041 0。

总体来看，"十三五"期间，东部、中部、西部、东北地区产业优化指数分别为 60.98～98.19、60.29～71.54、58.60～72.54、60.14～68.53，东部地区产业优化指数优于中部、西部、东北地区，但中部、西部、东北地区增长率高于东部地区。"十三五"期间东部、中部、西部、东北地区产业优化指数趋势如

图 6-15～图 6-18 所示。

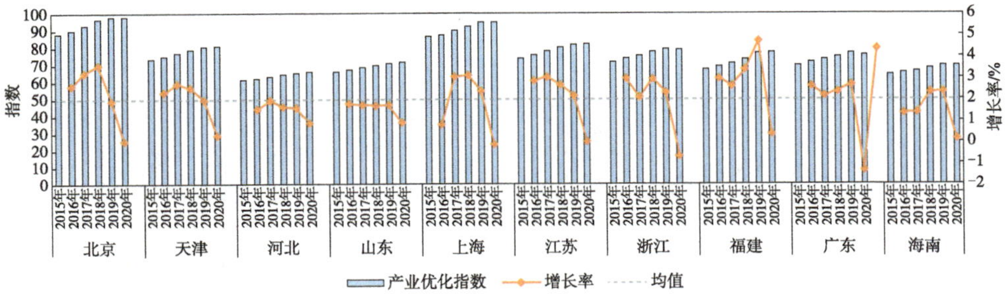

图 6-15　东部地区产业优化指数变化趋势

由图 6-15 可知，东部地区各省级行政区产业优化指数基本呈逐年上升趋势，除河北省、山东省外，北京市、天津市及东部沿海省级行政区产业优化指数均较高，河北省、山东省 2016—2019 年产业优化指数保持了较快的增长速度，2020 年有所降低。北京市、上海市作为全国的政治中心、经济中心产业优化指数达到 100，位居全国前列。

中部地区各省级行政区发展较平均，产业优化指数为 35.42～67.12，与东部地区相比较差，河南省、安徽省、江西省、湖北省产业优化指数逐年提高，呈稳定快速发展状态，2020 年较 2016 年产业优化指数增长率均在 1% 以上。

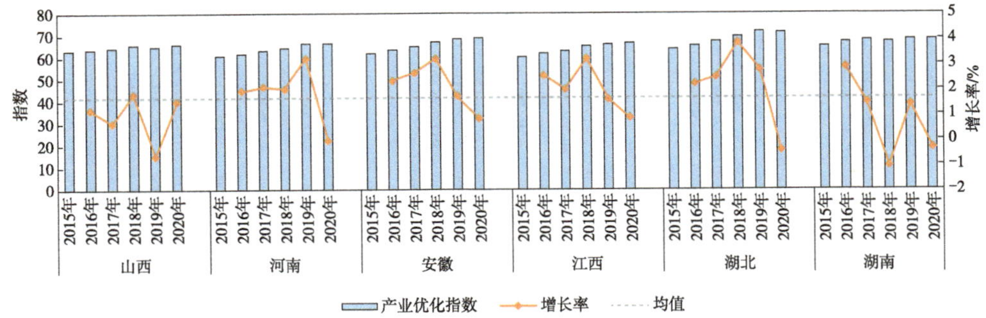

图 6-16　中部地区产业优化指数变化趋势

“十三五”期间，重庆市产业优化指数较高，经济较发达，产业结构合理，西部地区其余省级行政区产业优化指数相当。除西藏自治区出现波动外，西部地区其余省级行政区产业优化指数基本呈现逐年上升，但增长率逐年放缓。广西壮族自治区产业优化指数增幅最大，新疆维吾尔自治区、青海省也呈现较大增幅。

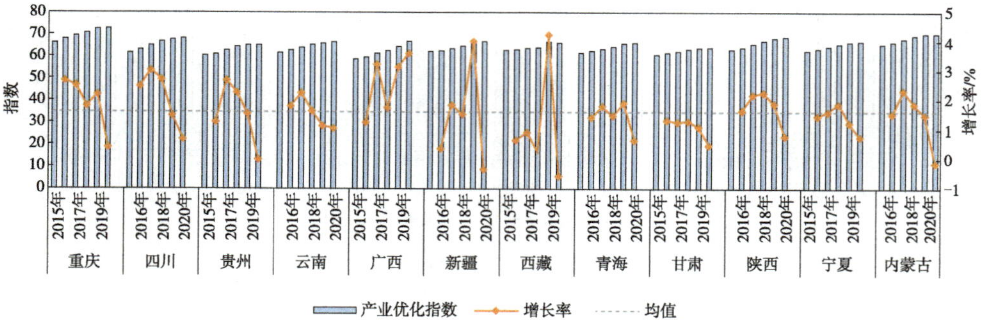

图 6-17　西部地区产业优化指数变化趋势

"十三五"期间，东北地区资源效率指数辽宁省＞吉林省＞黑龙江省，3 个省级行政区资源效率指数整体上升。截至 2020 年，辽宁省、吉林省、资源效率指数分别达 68.53、66.43、63.94，其中吉林省增长最快，增长率达 48.24%。

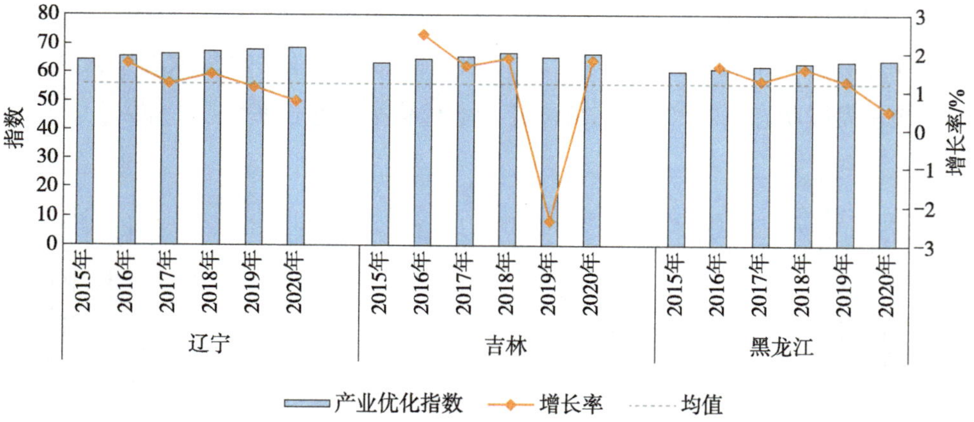

图 6-18　东北地区产业优化指数变化趋势

6.2.4　资源效率指数分析

资源效率指数主要包括单位建设用地 GDP、单位地区生产总值能耗、单位地区生产总值用水量、一次电力发电量占总发电量比重、一般工业固体废物综合利用率、单位种植面积农药施用量、单位种植面积化肥施用量 7 个指标，是对区域资源利用效率的表征指数，各指标权重分别为 0.016 7、0.033 7、0.025 2、0.009 7、0.012 3、0.009 5、0.008 8。

总体来看，“十三五”期间，东部、中部、西部、东北地区资源效率指数分别为 72.84～83.58、70.29～83.42、65.40～83.09、65.25～76.42。东部地区资源效率指数明显优于中部、西部地区，东北地区资源利用效率最低，东北地区资源利用效率增长率较高，截至 2020 年，资源效率指数已增长至 75.06～76.42。“十三五”期间，各地资源利用效率基本呈上升趋势，吉林省 2020 年资源效率指数与 2016 年相比增长率超过 15%。“十三五”期间东部、中部、西部、东北地区资源效率指数如图 6-19～图 6-22 所示。

“十三五”期间，东部地区各省级行政区资源效率指数基本呈上升趋势，北京市、上海市、山东省、江苏省、浙江省、福建省等经济发达省级行政区资源效率明显优于其他省级行政区，其中，上海市、江苏省、浙江省资源效率指数 2020 年均达到 80 及以上，资源利用效率较高。与东部其他省级行政区相比，天津市、河北省经济发展水平相对较低，经过 5 年的生态环境保护和高质量发展，资源效率指数分别增长率分别为 2.43%、1.56%。北京市、海南省资源利用效率增长率波动较大，整体呈略微下降趋势，资源利用效率指数增长率分别为 -1.55%、-0.22%。

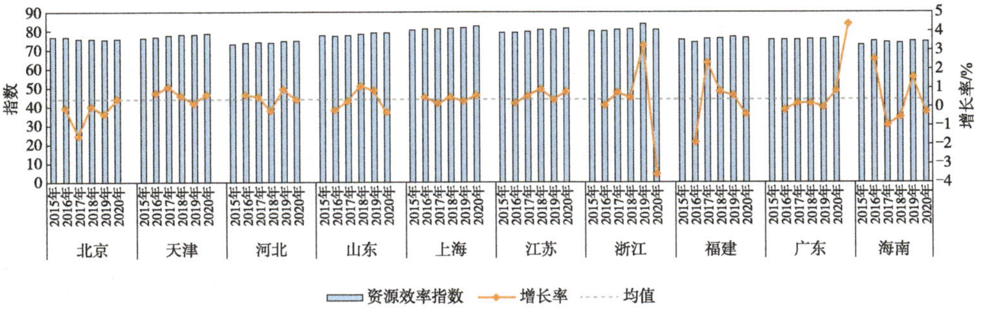

图 6-19　东部地区资源效率指数变化趋势

“十三五”期间，中部地区各省级行政区资源效率指数整体呈上升趋势，湖南省、湖北省等中部省级行政区资源效率指数优于其他省级行政区。湖北省、山西省资源效率指数增长率较高，分别为3.79%、3.59%（2020年与2016年相比增长率），资源利用效率明显改善。

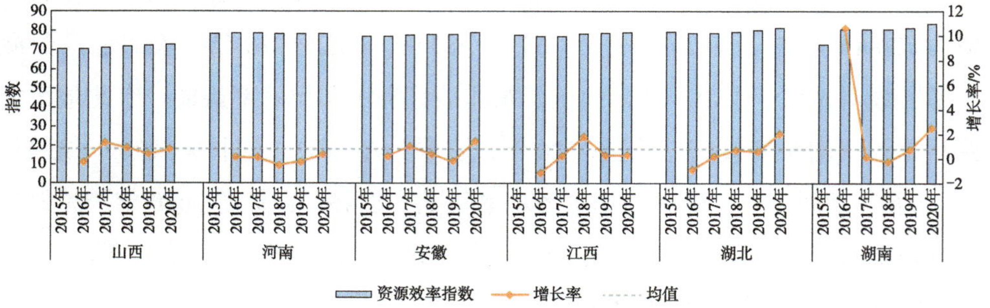

图 6-20　中部地区资源效率指数变化趋势

“十三五”期间，西部地区各省级行政区资源效率指数整体呈上升趋势，重庆市、四川省、云南省资源效率指数较高，均高于2%。新疆维吾尔自治区、青海省资源利用指数较低，增长率较高，分别为4.57%、3.91%（2020年与2016年相比增长率），资源利用效率明显改善。

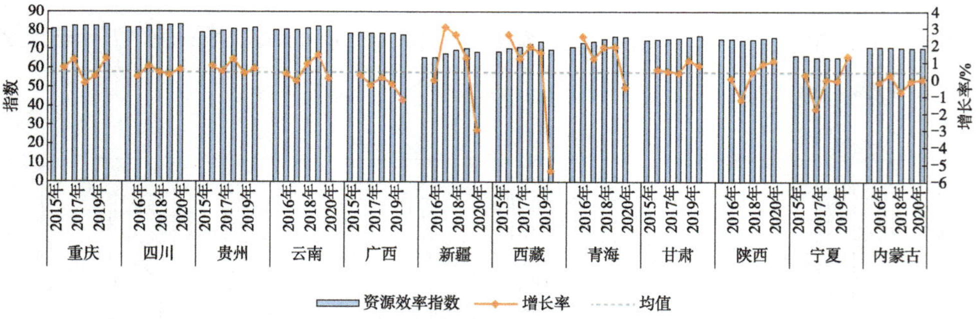

图 6-21　西部地区资源效率指数变化趋势

东北三省生态环境指数在四大区域中居中，“十三五”期间，各年生态环境指数呈相对稳定状态。“十三五”期间，东北3个省级行政区生态环境状况较均衡，生态环境指数为65.25～76.42。

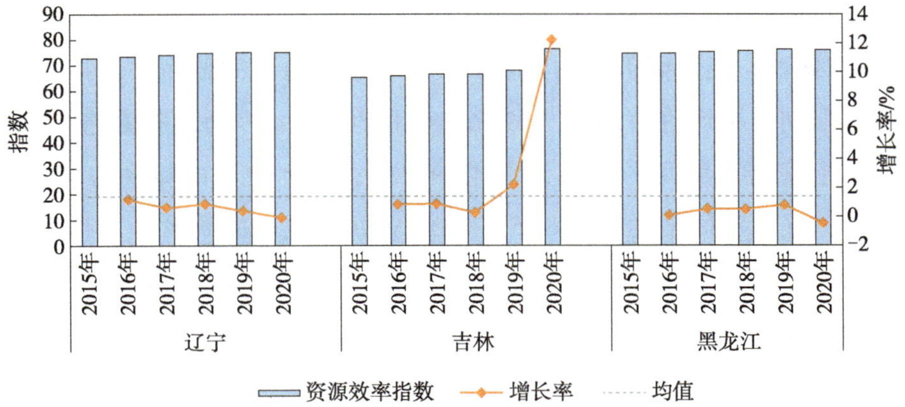

图 6-22　东北地区资源效率指数趋势

6.2.5　城乡协调指数分析

城乡协调指数主要包括城镇化率和城乡居民收入比两个指数，是对城乡协调程度的表征指数。城镇化率和城乡居民收入比的权重分别为 0.016 4 和 0.032 8。

2015—2020 年，我国 31 个省（自治区、直辖市）的城乡协调指数为 66.45～93.77，且每年的城乡协调指数平均值呈逐年增长趋势，由 2015 年的 84.68 增长至 2020 年的 86.70，增长了 2.39%，具体如图 6-23 所示。

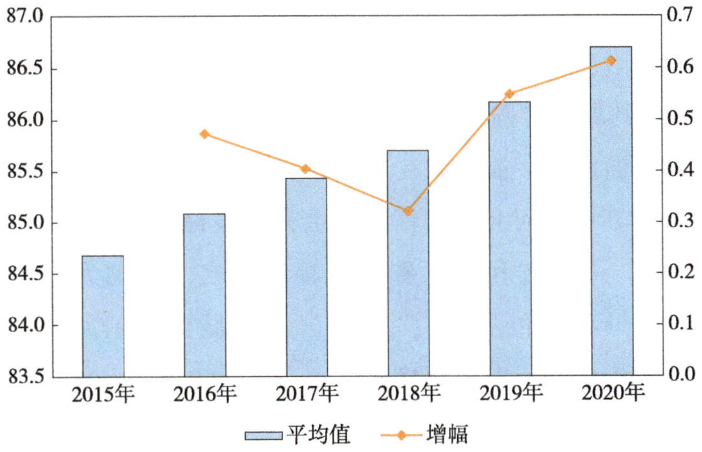

图 6-23　2015—2020 年城乡协调指数平均值

从空间区域来看，东部、中部、西部和东北地区的城乡协调指数均呈“从东向西，逐渐降低”的特点。其中，东部地区的城乡协调指数较高，“十三五”期间平均值为88.07～89.56；东北地区的城乡协调指数略低于东部地区，“十三五”期间平均值为86.47～87.98；中部地区的城乡协调指数较低，“十三五”期间平均值为83.52～85.73；西部地区的城乡协调指数最低，“十三五”期间平均值为81.99～84.47。东部、中部、西部和东北地区的城乡协调指数“十三五”期间呈逐年上升趋势，具体如图6-24所示。

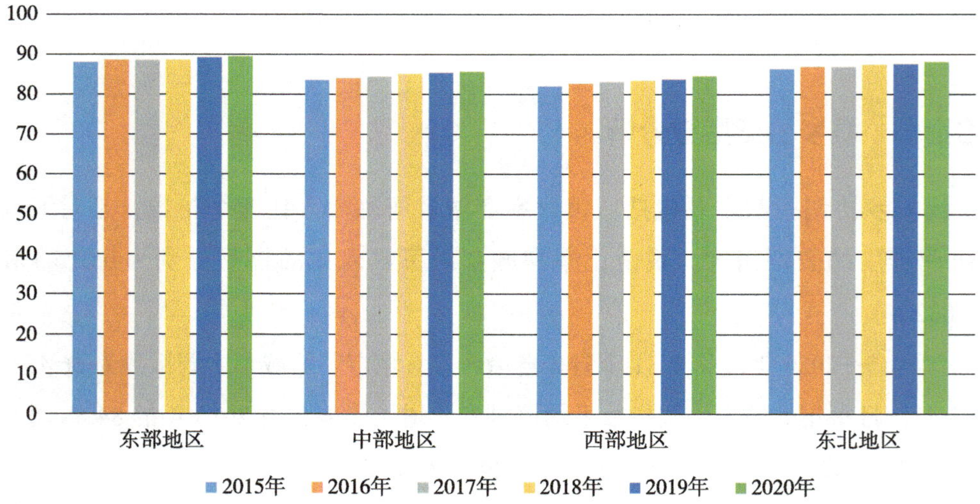

图6-24　东部、中部、西部和东北地区的城乡协调指数

从东部地区的城乡协调指数来看，北京市、天津市、河北省、山东省、上海市、江苏省、浙江省、福建省、广东省和海南省“十三五”期间城乡协调指数逐年上升。其中，河北省和江苏省上升幅度最大，分别上升了3.15%和3.21%；山东省、福建省和浙江省上升幅度次之，分别为2.16%、2.42%和2.16%；北京市、上海市和天津市“十三五”期间城乡协调指数均值较高，分别为93.10、93.30和93.00，上升幅度较小，分别为0.33%、0.67%和0.53%（图6-25）。

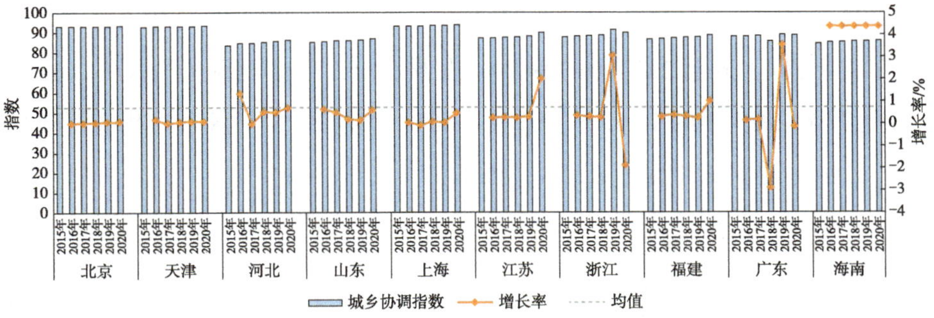

图 6-25　东部地区城乡协调指数变化趋势图

从中部地区的城乡协调指数来看，山西省、河南省、安徽省、江西省、湖北省和湖南省“十三五”期间城乡协调指数逐年上升。其中，河南省和江西省上升幅度较大，分别上升了 3.12% 和 2.86%；湖南省、安徽省上升幅度次之，分别为 2.79% 和 2.63%；山西省和湖北省上升幅度较小，分别为 2.50% 和 2.03%，但“十三五”期间城乡协调指数均值较高，分别为 85.26 和 85.79（图 6-26）。

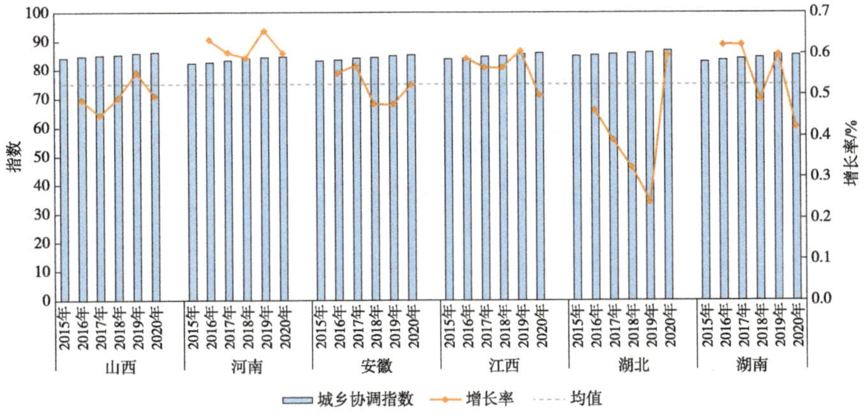

图 6-26　中部地区城乡协调指数变化趋势图

从西部地区的城乡协调指数来看，重庆市、四川省、贵州省、云南省、广西壮族自治区、新疆维吾尔自治区、西藏自治区、青海省、甘肃省、陕西省、宁夏回族自治区和内蒙古自治区“十三五”期间城乡协调指数逐年上升。其中，贵州省、青海省、新疆维吾尔自治区和西藏自治区城乡协调指数较低、上升幅度较大，贵州省从 2015 年的 79.69 上升至 2020 年的 83.05，上升了 4.21%；青海省从2015年的82.26上升至2020年的85.23，上升了3.61%；新疆维吾尔自治区从2015年的81.76上升至2020年的84.70，上升了65.77%；西藏自治区从2015年的76.00上升至2020年的78.53，上升了3.60%；内蒙古自治区和四川省上升幅度较小，分别上升了2.20%和2.35%（图6-27）。

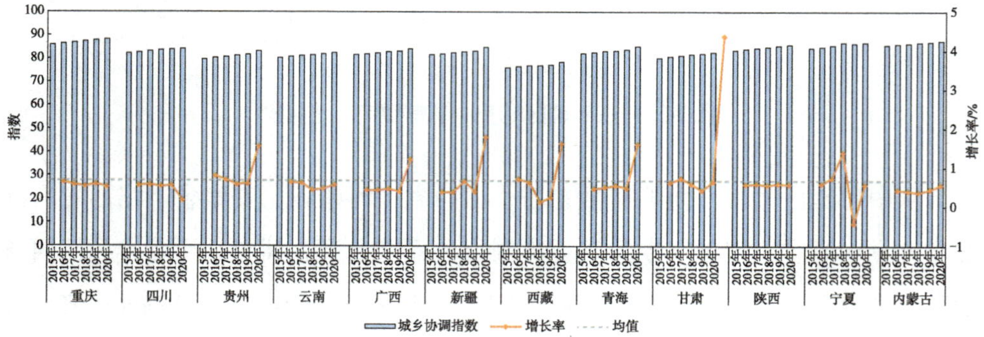

图6-27　西部地区城乡协调指数变化趋势图

从东北地区的城乡协调指数来看，辽宁省、吉林省和黑龙江省“十三五”期间城乡协调指数波动上升。其中，黑龙江省上升幅度较大，从2015年的86.31上升至2020年的77.14，上升了20.48%；吉林省上升幅度次之，从2015年的71.71上升至2020年的87.86，上升了1.80%；辽宁省上升幅度较小，从2015年的87.78上升至2020年的89.23，上升了1.65%（图6-28）。

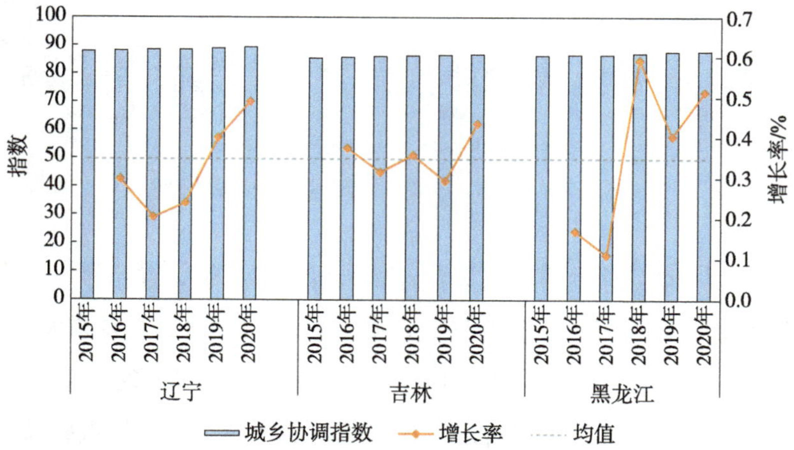

图6-28　东北地区城乡协调指数变化趋势图

6.2.6 城镇人居指数分析

城镇人居指数主要包括农村卫生厕所普及率、集中式饮用水水源地水质优良比例、城镇污水处理率、城镇生活垃圾无害化处理率、城镇人均公园绿地面积和每万人拥有公共文化设施数 6 个指数，是对城镇人居环境质量水平的表征指数，其中，各指标权重分别为 0.012 2、0.025 8、0.013 2、0.010 6、0.005 2 和 0.002 6。

2015—2020 年，我国 31 个省（自治区、直辖市）的城镇人居指数为 68.29～88.77，且每年的城镇人居指数平均值呈逐年增长趋势，由 2015 年的 82.28 增长至 2020 年的 85.60，增长了 4.03%，具体如图 6-29 所示。

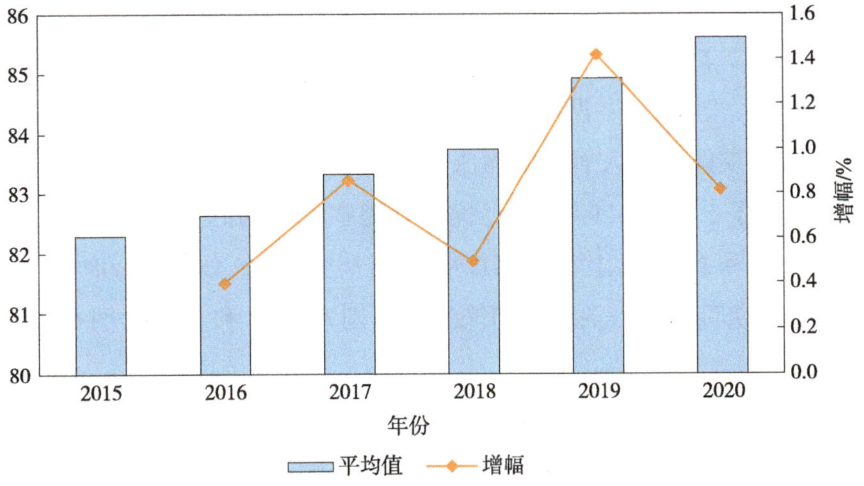

图 6-29　2015—2020 年城镇人居指数平均值

从空间区域来看，东部、中部、西部和东北地区的城镇人居指数均呈“东部、中部地区较高，西部次之，东北地区较低”的特点。其中，东部地区的城镇人居指数较高，“十三五”期间为 74.43～88.77，平均值为 85.33；中部地区的城镇人居指数也较高，“十三五”期间为 78.65～87.80，平均值为 84.28；西部地区的城镇人居指数次之，“十三五”期间为 68.29～87.29，平均值为 82.74；东北地区的城镇人居指数较低，“十三五”期间为 75.34～85.44，平均值为 81.36。东部、中部、西部地区的城镇人居指数“十三五”期间呈逐年上升趋势，东北地区的城镇人居指数“十三五”期间呈波动上升趋势，具体如图 6-30 所示。

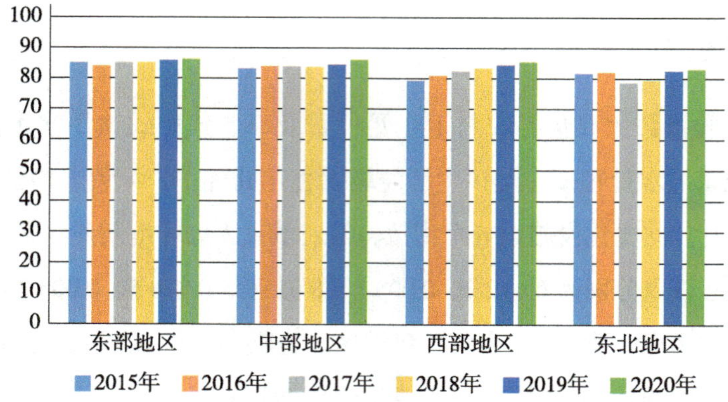

图 6-30　东部、中部、西部和东北地区的城镇人居指数

从东部地区的城镇人居指数来看，北京市、天津市、山东省、上海市、江苏省、浙江省、广东省“十三五”期间城镇人居指数逐年上升，河北省、福建省和海南省“十三五”期间城镇人居指数波动上升。其中，浙江省、海南省“十三五”期间城镇人居指数均值较低，分别为 85.82、83.55，上升幅度最大，分别上升了 5.32%、4.99%；河北省、福建省和北京市上升幅度次之，分别为 3.38%、3.15% 和 2.87%；上海市和江苏省上升幅度较小，分别为 1.08% 和 0.66%，但“十三五”期间城镇人居指数均值较高，分别为 86.11 和 87.49（图 6-31）。

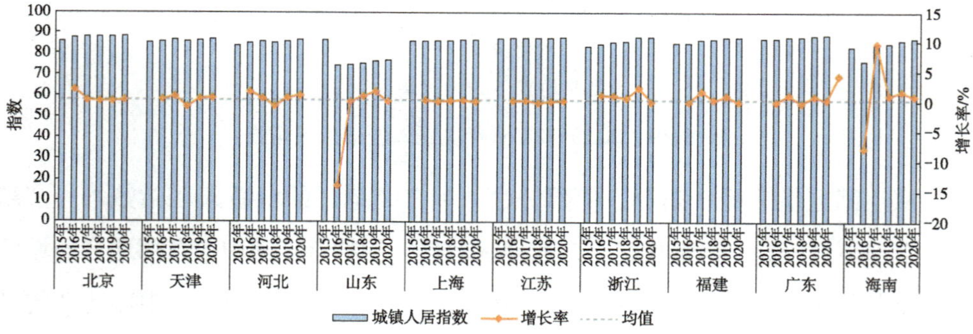

图 6-31　东部地区城镇人居指数变化趋势图

从中部地区的城镇人居指数来看，山西省、河南省、安徽省和江西省“十三五”期间城镇人居指数逐年上升，湖北省和湖南省“十三五”期间城镇人居指数波动上升。其中，山西省和湖南省上升幅度较大，分别上升了 4.37% 和

3.23%；河南省、湖北省上升幅度次之，分别为 3.14% 和 2.69%；江西省和安徽省上升幅度较小，分别为 2.50% 和 2.32%（图 6-32）。

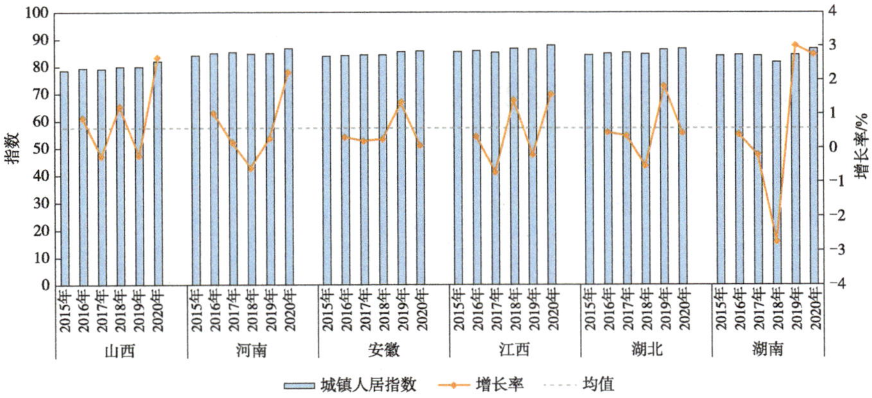

图 6-32 中部地区城镇人居指数变化趋势图

从西部地区的城镇人居指数来看，四川省、贵州省、云南省、宁夏回族自治区和内蒙古自治区“十三五”期间城镇人居指数逐年上升，重庆市、广西壮族自治区、新疆维吾尔自治区、西藏自治区、青海省、甘肃省和陕西省“十三五”期间城镇人居指数波动上升。其中，西藏自治区、青海省、宁夏回族自治区“十三五”期间城镇人居指数均值较低，分别为 80.62、78.48、77.21，上升幅度也较大，分别为 23.65%、22.01% 和 17.17%；云南省、四川省、贵州省和甘肃省“十三五”期间城镇人居指数均值分别为 83.67、85.53、84.47、84.74，上升幅度分别为 5.58%、3.19%、5.26% 和 6.34%；广西壮族自治区和重庆市“十三五”期间城镇人居指数上升幅度较小，分别为 2.45% 和 1.93%（图 6-33）。

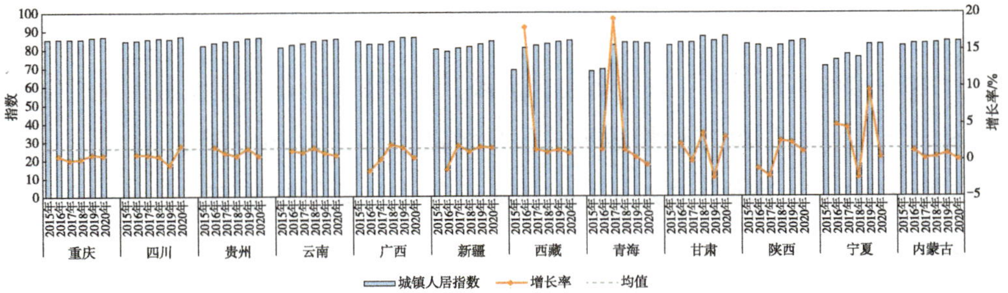

图 6-33 西部地区城镇人居指数变化趋势图

从东北地区的城镇人居指数来看，辽宁省"十三五"期间城镇人居指数逐年上升，吉林省和黑龙江省"十三五"期间城镇人居指数波动上升。其中，吉林省"十三五"期间城镇人居指数均值较低，为75.34，相对稳定；辽宁省"十三五"期间城镇人居指数均值81.36，上升幅度为2.14%；黑龙江省"十三五"期间城镇人居指数均值为85.44，上升幅度为8.16%（图6-34）。

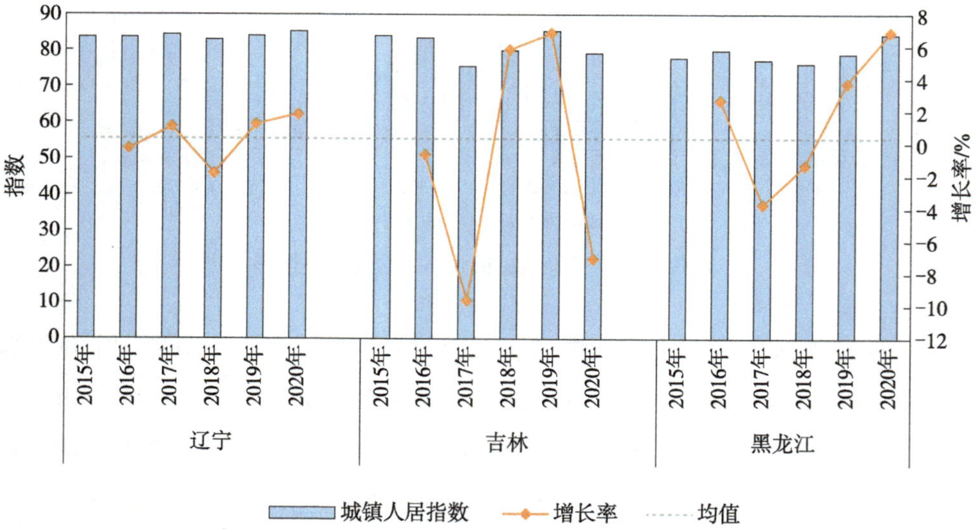

图6-34　东北地区城镇人居指数变化趋势图

6.2.7　制度建设指数分析

制度建设指数主要包括颁布生态环境保护地方性法规件数、节能环保经费支出占GDP比例和教育经费支出占GDP比例3个指数，该指数是生态制度建设水平的表征指数，指标权重分别为0.015 5、0.009 8和0.006 2。

2015—2020年，我国31个省（自治区、直辖市）的制度建设指数为60.24～63.52，且每年的制度建设指数平均值呈波动趋势，由2015年的60.72增长到2020年的61.48，增长了1.25%，其中2018年达到最大值63.52，具体如图6-35所示。

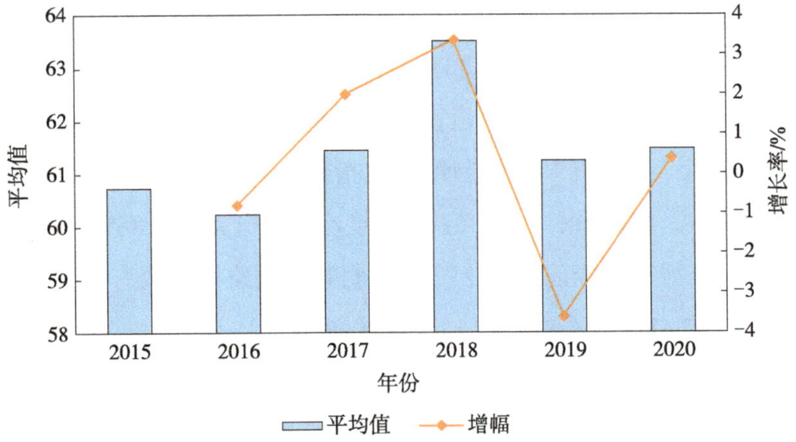

图 6-35　2015—2020 年制度建设指数平均值及增幅

从空间区域上看，东部、中部、西部和东北地区的制度建设指数均呈“东、中、西部和东北地区相差不大”的特点。其中，东北地区的制度建设指数较高，“十三五”期间为 60.62～67.84，平均值为 62.63；东部地区的制度建设指数也较高，“十三五”期间为 59.13～63.00，平均值为 60.81；中部地区的制度建设指数次之，“十三五”期间为 58.99～60.48，平均值为 59.64；西部地区的制度建设指数较低，“十三五”期间为 61.61～64.45，平均值为 62.57。东部、中部、西部地区的制度建设指数“十三五”期间呈逐年上升趋势，东北地区的制度建设指数“十三五”期间呈波动上升趋势，具体如图 6-36 所示。

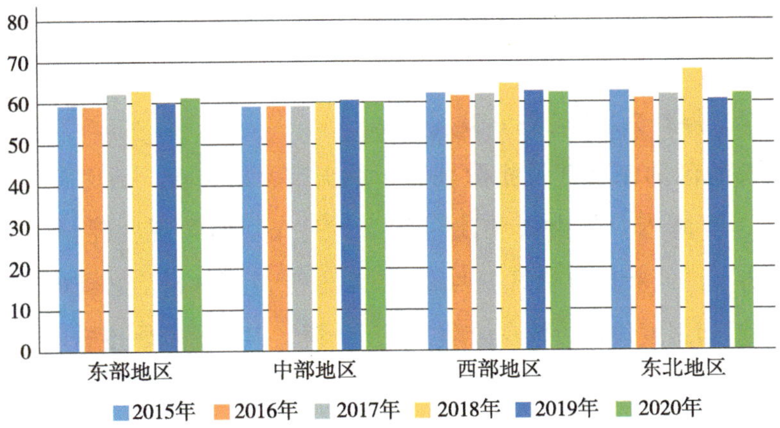

图 6-36　东部、中部、西部和东北地区的制度建设指数

从东部地区的制度建设指数来看，天津市、河北省、江苏省、浙江省、广东省和海南省"十三五"期间制度建设指数波动上升，北京市、山东省、上海市、福建省"十三五"期间制度建设指数在波动中有所下降。其中，河北省、浙江省和广东省"十三五"期间制度建设指数上升幅度较大，分别为 11.39%、12.93% 和 8.62%；江苏省、天津市上升幅度次之，分别为 1.88%、1.67%；北京市、山东省、上海市、福建省"十三五"期间制度建设指数有所下降，分别下降了 -0.54%、-2.48%、-0.84% 和 -1.58%（图 6-37）。

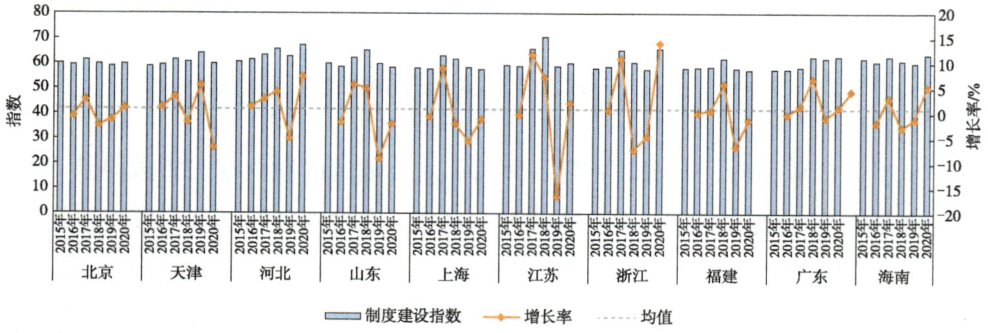

图 6-37　东部地区制度建设指数变化趋势图

从中部地区的制度建设指数来看，山西省、河南省、江西省和湖南省"十三五"期间制度建设指数波动上升，安徽省和湖北省"十三五"期间制度建设指数在波动中有所下降。其中，湖南省、山西省和江西省"十三五"期间制度建设指数上升幅度较大，分别为 6.40%、2.65% 和 2.37%；河南省上升幅度次之，为 1.06%；安徽省、湖北省"十三五"期间制度建设指数有所下降，分别下降了 -0.42% 和 -2.25%（图 6-38）。

从西部地区的制度建设指数来看，重庆市、贵州省、云南省、新疆维吾尔自治区、青海省、甘肃省和陕西省"十三五"期间制度建设指数波动上升，四川省、广西壮族自治区、西藏自治区、宁夏回族自治区和内蒙古自治区"十三五"期间制度建设指数在波动中有所下降。其中，新疆维吾尔自治区、重庆市"十三五"期间制度建设指数上升幅度较大，分别为 6.49% 和 3.07%；甘肃省、云南省、贵州省上升幅度次之，分别为 1.90%、1.72% 和 1.37%；西藏自治区和宁夏回族自治区“十三五”期间制度建设指数下降幅度较大，分别下降了 -9.75% 和 -2.08%（图 6-39）。

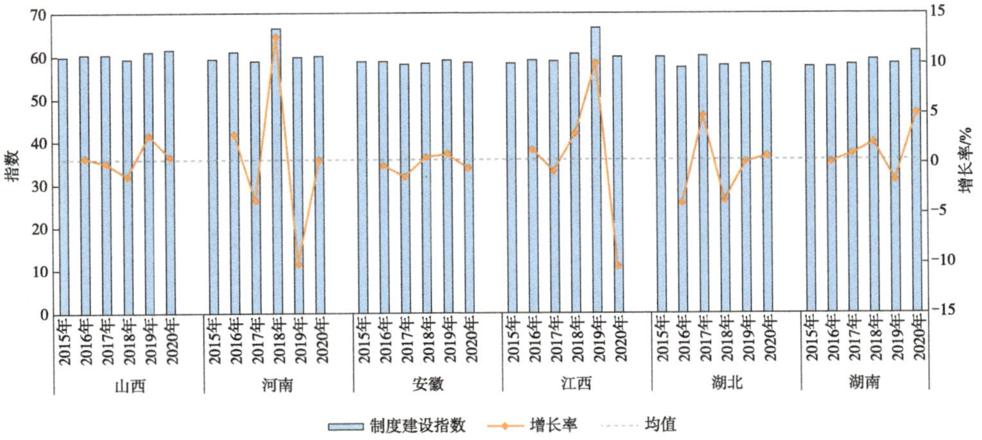

图 6-38　中部地区制度建设指数变化趋势图

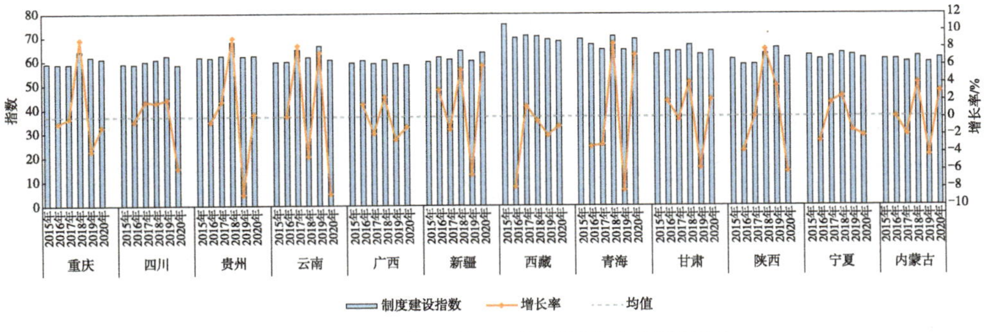

图 6-39　西部地区制度建设指数变化趋势图

从东北地区的制度建设指数来看，辽宁省和黑龙江省“十三五”期间制度建设指数波动上升，吉林省“十三五”期间制度建设指数在波动中有所下降。其中，辽宁省和黑龙江省“十三五”期间制度建设指数均值分别为 62.63 和 63.24，分别上升了 3.05% 和 2.53%；吉林省“十三五”期间制度建设指数均值为 62.93，下降了 7.95%（图 6-40）。

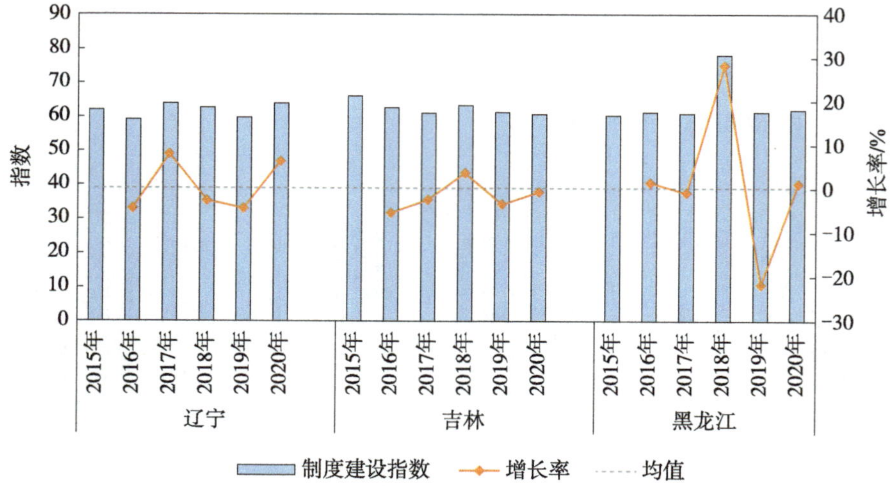

图 6-40 东北地区制度建设指数变化趋势图

6.3 区域生态文明建设亮点

6.3.1 环境质量方面

"十三五"期间，东部地区的福建省、海南省、西部地区的西藏自治区环境质量指数均大于 80，生态环境质量本底优良。"十三五"期间，福建省 $PM_{2.5}$ 浓度为 13.3～27.0 μg/m^3，空气质量优良天数比例为 94.90%～99.50%，地表水水质达到或者优于Ⅲ类比例达 94.00%～97.90%；海南省 $PM_{2.5}$ 浓度均低于 20 μg/m^3，空气质量优良天数比例则高于 97%，污染负荷指数维持在 0.42～0.61；西藏自治区地表水水质达到或者优于Ⅲ类比例常年为 100%，污染负荷指数更是低于 0.05。

从环境质量改善速度来看，北京市、河南省、湖北省表现突出，"十三五"期末与期初相比分别增长了 93.89%、62.78%、57.70%。"十三五"时期以来，北京市聚焦细颗粒物（$PM_{2.5}$）污染，深化"一微克"行动，以超常规的措施和力度治理大气污染，北京市大气污染治理被纳入联合国环境规划署"实践案例"，$PM_{2.5}$ 浓度由期初的 73 μg/m^3 降低至 38 μg/m^3，空气质量优良天数比例从期初的 54.10% 增长至期末的 75.40%。河南省深入开展"三散"治理、率先完成火电行业超低排放改造、完成非电行业、工业炉窑等治理项目，$PM_{2.5}$下降了34.6%；扎实推进碧水保卫战，地表水水质达到或者优于Ⅲ类比例提高了25.5%。湖北省坚持生态优先，不断转变经济发展方式，在增量和变量上下功夫，努力建设长江中游生态保护屏障和绿色发展增长极，地级以上城市空气质量优良天数比例达到80%及以上，较2015年提高25%；重污染天气比例控制在3%以内，比2015年减少10天以上；$PM_{2.5}$浓度较2015年下降20%，地表水质量好于Ⅲ类的比例达89%，较2015年提高5%；县城以上集中式饮用水水源地水质100%达标。

6.3.2 生态状况方面

“十三五”期间，东部地区的福建省、中部地区的湖南省、西部地区的广西壮族自治区生态状况指数均高于70，分别为72.18～76.42、70.24～75.43、78.20～80.05，林草覆盖率均高于60%。

从生态状况改善速度来看，青海省生态状况改善明显，其生态状况指数从“十三五”期初的64.37增长到期末的68.82，增长了6.91%。“十三五”期间，青海省稳步推进三江源二期等重大生态保护工程，推动实施祁连山山水林田湖草沙生态保护修复试点工程，重点生态功能区生态系统退化趋势得到初步遏制，生态系统服务功能稳定向好，全省蓝绿空间占比超过70%；围绕“蓝天、碧水、净土”目标任务，以打赢打好污染防治攻坚战为抓手，强力推动实施《青海省“十三五”环境保护规划》，确定的6个方面23项重点任务基本完成，11项约束性指标全部提前完成，地表水国控断面环境质量达到或好于Ⅲ类的比例达到94.7%，全面消除劣Ⅴ类水体，提前一年完成规划目标；长江、澜沧江出境水质稳定在Ⅰ类，黄河干流水质稳定在Ⅱ类，湟水河出境断面Ⅳ类水质达标率提升16.7%，其中Ⅲ类水质比例高于50%的规划目标；县级及以上集中式饮用水水源地水质总体保持优良稳定；空气质量优良天数比例达96.1%，较“十二五”末高1.7%，西宁市、海东市优良天数平均比例达95%，位居西北5省首位。

6.3.3 产业优化方面

“十三五”期间，产业优化指数较高的区域集中在东部地区，北京市和上海市产业优化指数均在85以上，分别为87.84～98.19、86.48～94.86。其次为江苏省、浙江省、广东省，产业优化指数分别为73.62～81.82、71.60～79.25、69.66～76.72。

从产业优化速度来看，福建省产业优化指数增长迅速，从“十三五”期初的67.18增长到期末的77.14，增长了14.82%。“十三五”期间，福建省以供给侧结构性改革为主线打造高质量，发挥经济特区、自由贸易试验区、综合实验区、“21世纪海上丝绸之路核心区”等“多区叠加”优势，加快建设开放型经济新体制，经济发展实现量、质双升，电子信息、石油化工、机械装备制造等三大主导产业增加值年均增长8.4%；数字经济增加值突破2万亿元、占GDP比重45%左右；第三产业高质量发展，占GDP比重从41.6%提高到47.5%；经济规模接连跃上3万亿元、4万亿元两个台阶，年均增长7.1%，持续保持东部沿海前列。

6.3.4 资源效率方面

“十三五”期间，资源效率指数较高的区域集中在东部地区，上海市、四川省、重庆市资源效率指数均在80以上，范围为80.47～83.09。其次为江苏省、浙江省、湖北省，产业优化资源效率指数分别为79.14～81.41、79.84～83.58、79.27～81.58。

从经济资源效率来看，吉林省经济增速高于全国平均水平，经济实力明显提升。“十三五”期间，吉林省全面深入贯彻落实国家、省各项节能政策措施，建立完善能耗“双控”目标责任体系和工作推进机制，加大产业和能源结构调整力度，扎实推进工业、建筑、交通、公共机构等重点领域节能工作，突出重点领域、完善工作措施、强化政策支持，能源资源利用效率显著提高，全省单位GDP能耗累计下降32.98%，连续10年完成国家下达的节能目标任务，节能降耗工作取得积极成效；加快现代服务业和战略性新兴产业发展，服务业对经济增长贡献率提高 28.7 个百分点，达到 60% 及以上，工业内部结构进一步优化，工业战略性新兴产业总产值占工业总产值比重达 14.5%；大力发展清洁能源，建设“陆上风光三峡”国家级清洁能源生产基地，建成并网风光发电装机 1 011 万 kW，在建项目装机 520 万 kW，能源结构逐步优化，非化石能源占一次能源消费总量的比重提高约 6 个百分点，资源利用效率稳步提升。

6.3.5 城乡协调方面

“十三五”期间，城乡协调指数较高的区域集中在东部地区，北京市、上海市和天津市的城乡协调指数较高，分别为 92.98～93.29、93.14～93.77 和 92.75～93.24，其对应的城镇化率均大于 90%，城乡居民收入比较为合理。

从城乡协调发展速度来看，贵州省城乡协调发展快速，城乡协调指数从“十三五”期初的 79.69 增长至期末的 83.05，增长了 4.22%。“十三五”期间，贵州省坚持把生态文明理念融入城镇化进程，大力实施城镇化带动战略，有力推动了城镇化快速发展，加快推进以高质量发展为统揽、以城市群为主体推进大中小城市和小城镇协调发展、以人为核心的新型城镇化，优化城镇空间布局，大力提升城镇品质，全力做强城镇经济，着力提高城镇治理水平，促进农业转移人口全面融入城市，推动城乡融合发展，不断增强城镇人口承载力、内需带动力、发展竞争力。2020 年，贵州省常住人口城镇化率达到 53.15%，较 2015 年提高了 10.19%。

6.3.6 城镇人居方面

“十三五”期间，城镇人居指数较高的区域集中在东部地区和中部地区，北京市、江苏省和广东省的城镇人居指数较高，分别为 85.73～88.19、87.20～87.78 和 -86.96-7-88.77，其对应的集中式饮用水水源地水质优良比例基本达到 100%，城镇污水处理率、城镇生活垃圾害化处理率和城镇人均公园绿地面积水平较高。

从城镇人居环境改善速度来看，青海省的城镇人居环境改善快速，城镇人居指数从“十三五”期初的 68.29 增长至期末的 83.32，增长了 22.01%。“十三五”期间，青海省推进农村生活污水分区治理，近郊村城乡一体，中心村集中处理，散居村厕污同治，全面消除农村黑臭水体；以美丽乡村建设为龙头，突出村庄村落布点、新村建设和旧村改造规划实施，加快农村各级实用性村庄规划编制，构建以自然村为单元的资源循环利用体系；结合美丽村庄建设、农村人居环境综合整治等项目，以点带面，梯次推进农村污水管网铺设和污水处理设施建设，加强农村污水治理设施管护，加大农村污水处理设施保护力度，2020 年集中式饮用水水源地水质优良比例达到 100%，较 2015 年提高了 53.14%。

6.3.7 制度建设方面

“十三五”期间，制度建设指数较高的区域集中在西部地区和东北地区，青海省、西藏自治区的制度建设指数较高，分别为 64.72～70.21、68.07～75.42，其对应的颁布生态环境保护地方性法规件数、节能环保经费和教育经费占 GDP 比重较高。

从制度建设速度来看，湖南省的制度建设发展快速，制度建设指数从“十三五”期初的 57.56 增长至期末的 61.25，增长了 6.41%。“十三五”期间，湖南省不断深化生态保护补偿制度改革，健全水流生态保护补偿制度，研究建立近海生态保护补偿制度，完善森林效益补偿制度，健全公益林补偿标准动态调整机制，完善天然林保护制度，全面落实草原生态保护补偿等政策，健全湿地生态保护补偿制度，完善湿地生态保护补偿机制，加强耕地生态保护补偿，健全耕地轮作休耕制度，截至 2020 年累计颁布生态环境保护地方性法规件数达到 16 件，节能环保经费和教育经费分别占 GDP 的 0.59% 和 3.17%。

7

全国生态文明建设成效评估存在问题与建议

QUANGUO SHENGTAI WENMING JIANSHE CHENGXIAO PINGGU CUNZAI WENTI YU JIANYI

7.1 存在问题

7.1.1 指标体系评价结果的滞后性

指标体系评价结果的滞后性，是指相应评价的参考年限的滞后性。如 2020 年中南财经政法大学所构建的中国省域生态文明评价指标体系仅对 2008—2017 年数据进行分析，西南大学地理科学学院 2016 年分析了 2014 年省域生态文明评价指标体系。而 2017 年以后没有对我国省域生态文明建设水平进行评价，至今已有 5 年。但在“十三五”时期，我国无论是社会经济，还是生态环境保护方面，均一直处于飞速发展状态，看似短暂的 5 年，对一个省级行政区来说，可能会发生本质性的变化，这种存在普遍滞后性的评价指标体系并不能相对公平地对各个省级行政区的生态文明建设做出评价。

但是我们又不可避免这种滞后性问题。在许多生态文明建设成效评估指标体系构建时，为了保证其相对的可靠性，都会引用国家或政府颁布或统计的权威数据作为数据来源，以避免数据争议问题。但国家统计的权威数据的滞后性问题也是不可避免的。

7.1.2 指标体系知名度有待提高

公众对生态文明非常熟悉，但对生态文明建设评价指标体系了解不够。生态文明建设评价指标体系在某种程度上来说，具有较强的专业性，在相关学术界无人不知、无人不晓，但对于公众来说，很少知晓此事。相关政府应采用各种手段来加大这方面的宣传力度，可以通过学校教育、新闻发布、信息公开、相关活动开展等手段。另外，还需加大执行力度，如加强指标体系这种指标的实时监测，并及时召开新闻发布会向公众汇报建设情况等。

7.1.3 学术界指标体系构建的百家争鸣

本册蓝皮书前面已经列举了国内外学者的相关指标体系，虽然理论很多，但实际践行的生态文明建设评价指标体系并不多，原因在于缺乏公认且统一适用的评价指标体系。目前，我国出现了多个实际执行省域生态文明建设水平评估的单位，包括北京林业大学生态文明研究中心、北京大学、中国地质大学、中国工程院等。但我国缺乏一个公认的、统一适用且连续发布的生态文明建设成效评估评价指标体系。应当看到这些方法仍存在一定缺陷，主观方法较多，尚未形成规范体系，需要学者们考虑使用成效指标或动态评估方法，更加关注评价的长期性和动态性，增加评价结果的时空对比性。

7.2 建议

虽然在研究时期内我国各省级行政区的生态文明建设水平呈不断提高的趋势，但是我国生态文明建设的发展过程中仍存在较多问题，根据问题和成效评估结果提出以下政策建议：

（1）加强各个省级行政区之间生态文明建设的联系，促进生态文明建设水平的健康发展。由本册蓝皮书的分析可知，不同区域间生态文明建设水平存在一定的差异性和空间相关性，各个省级行政区之间的生态文明建设水平存在相互影响，各个省级行政区之间应该相互联系，共同为生态文明建设付出努力，利用好生态优势，针对区域特点有效制订生态文明建设发展计划，推动地区间生态文明建设水平不断发展。

（2）推广生态文明理念和意识。生态文明理念一直以来都是广大群众所缺少的，在本册蓝皮书的研究中可以得到，社会因素对生态文明建设水平的影响非常大，而广大群众是社会的主体，人们有必要了解生态文明的相关理论知识和意识，因此希望政府可以通过网络平台或线下平台进行生态文明理念方面的相关推广活动，如生态文明科学知识的讲座、研讨会和培训等，或者通过网络课程、广告宣传和知识竞赛等形式进行普及，这些措施一定能够有效促进我国生态文明建设发展。

（3）不断加强生态文明制度建设。生态文明制度建设是不断发展的，在研究中发现，部分省级行政区总体生态文明建设水平较高，但在生态文明建设制度方面比较薄弱，这是政府部门需要加强的。为了保证生态文明建设的公平性，也可以将生态文明建设制度以法律的形式规定相应的指标考核制度和奖惩制度，并且将生态文明建设纳入地方政府的绩效考核，从而监督相关政府部门有效地执行生态文明建设制度。

8

结论与展望

JIELUN YU ZHANWANG

8.1 结论

（1）2016—2020 年，全国生态文明建设成效综合指数平均是 69.65，且指数均随时间线性增加，2020 年达到 72.28；“十三五”末全国生态文明建设成效综合指数较“十二五”末提高了 6.41，提高了 9.73%。

（2）2016—2020 年，全国生态文明建设指数的 7 个指数层都随时间线性增加，但生态状况指数和制度建设指数随时间略有波动，7 个指数层年增加的顺序是环境指数＞产业优化指数＞城镇人居指数＞城乡协调指数＞生态状况指数＞制度建设指数，环境质量指数年增加最高为 3.39；“十三五”末较“十二五”末增加最多的也是环境质量指数，增加了 32.15，提高了 93.88%。

（3）从空间上，生态文明建设成效综合指数具有明显的空间异质性，东部、西部地区高于中部地区和东北地区，东部、西部地区生态环境本底较好的省级行政区生态文明建设成效综合指数也相对较高。

（4）西部地区的环境质量指数高于其他地区；南方地区生态状况指数比北方稍高；东部地区的产业优化指数远高于中部、西部和东北地区；资源效率指数呈现明显的空间分布特征：东部＞中部＞西部＞东北；城乡协调指数呈现典型的空间分布特征：东部地区>东北地区>中部地区>西部地区。

（5）在区域生态文明建设中，西部地区、东北地区生态文明发展速度较东部和中部快，按发展速度排序为东北地区>西部地区>东部地区>中部地区。

8.2 展望

（1）指标体系方面，生态文明衡量的标准具有动态性、时代性，需要与时俱进、不断完善，缺乏更加全面深入的研究；一些能很好反映生态文明建设制度方面的指标，如生态红线执行率、居民生态环境满意度、“三同时”执行率等数据获取方面存在不完整性和不可获得性的制约因素，限制了指标体系的选择，因此后期可深入调研与探究。

（2）生态文明建设水平受产业结构、人口规模、对外开放水平和环境治理、技术创新、技术引进、能源结构等方面的影响，后期可选取这些因素的相关指标进行研究。

生态环境科技蓝皮书 2022

中国环境科学研究院

中国薯类淀粉加工行业绿色低碳发展实践

Green and low-carbon development of potato starch processing industry in China

苑喜男　潘涔轩　刘 刚 ◎ 著

中国环境出版集团 · 北京

图书在版编目（CIP）数据

中国薯类淀粉加工行业绿色低碳发展实践 / 苑喜男，潘涔轩，刘刚著 . —北京：中国环境出版集团，2024.8

（生态环境科技蓝皮书 . 2022）

ISBN 978-7-5111-5377-7

Ⅰ. ①中… Ⅱ. ①苑… ②潘… ③刘… Ⅲ. ①薯类淀粉—食品工业—无污染技术—产业发展—研究报告—中国—2022 Ⅳ. ① F326.11

中国版本图书馆 CIP 数据核字（2022）第 243892 号

审图号：GS 京（2024）1167 号

责任编辑 田 怡
封面设计 今亮后声

出版发行 中国环境出版集团
（100062 北京市东城区广渠门内大街 16 号）
网 址：http：//www.cesp.com.cn
电子邮箱：bjgl@cesp.com.cn
联系电话：010-67112765（编辑管理部）
发行热线：010-67125803，010-67113405（传真）
印 刷 北京中科印刷有限公司
经 销 各地新华书店
版 次 2024 年 8 月第 1 版
印 次 2024 年 8 月第 1 次印刷
开 本 787×1092 1/16
印 张 10
字 数 170 千字
定 价 1680.00 元（全 11 册）

丛书编写委员会

前言

薯类淀粉产业是关系粮食安全、食品安全、“兴边富民”战略的重要产业，也是我国实施精准扶贫的关键产业。2012年国务院扶贫开发领导小组办公室发布《国家扶贫开发工作重点县名单》，共592个贫困县，其中中部省份217个县，西部省份375个县。根据统计，全部592个贫困县中有549个以马铃薯作为主要作物，比例高达93%，成为推动广大农民群众脱贫致富的“牛鼻子”。习近平总书记先后四次考察西海固地区，表扬西吉县通过发展马铃薯产业实现年人均增收400元，是精准化扶贫的典型代表。截至2021年，全国马铃薯淀粉产量达到65.36万吨，其中“三北”地区占合计产能占比达到60%；甘薯淀粉产量为20.24万吨，已连续多年成为世界最大的甘薯加工国。木薯淀粉产量为34.86万吨，行业内龙头企业已广泛布局东南亚及非洲，积极响应和落实“一带一路”发展倡议。

从行业发展历程看，薯类淀粉加工行业已从早期作坊式散乱加工模式逐步走向了集中式清洁生产模式，行业吨产品废水产生量由超过20立方米下降至8立方米以下，淀粉加工废水由长期无法实现稳定达标排放，严重影响周边居民生活，转变为通过资源化利用实现“不让一滴废水入河”，薯类蛋白从遗弃的废物变成高附加值高营养的产品，薯类淀粉清洁生产已在行业内全面推动推广，装备、技术工艺水平已达到世界一流水平。

本书分析了薯类淀粉行业发展现状及存在的问题，梳理了国家及地方颁布的产业、环境保护及清洁生产方面的法规政策，深入阐述了全过程污染控制技术，收集了近年来行业内清洁生产技术典型成功案例。我们相信，《中国薯类淀粉加工行业绿色低碳发展实践》一书的出版，可以为薯类淀粉加工产业技术升级改造、清洁生产技术的应用推广，以及行业污染治理水平的整体提升提供重要参考，为行业绿色低碳可持续发展发挥重要作用。

本书由中国环境科学研究院清洁生产与循环经济中心潘涔轩、苑喜男、王雪婷、赵博超、朱克松以及中国科学院兰州化学物理研究所刘刚、曾凡逵等人共同编写，苑喜男负责全书通稿及整体修改工作。其中，第一章中国薯类淀粉加工行业发展现状，主要由宋丹娜、王雪婷编写；第二章薯类淀粉行业绿色发展主要问题，主要由罗岷编写；第三章薯类淀粉加工行业政策解读，主要由苑喜男编写；第四章薯类淀粉加工行业清洁生产及资源化利用技术，主要由曾凡逵编写；第五章薯类淀粉加工行业绿色发展典型案例，主要由朱克松、赵博超编写；第六章薯类淀粉加工行业绿色低碳发展展望，主要由苑喜男、窦广玉编写。同时由衷感谢中国环境出版集团的编辑田怡在本书出版过程中提供的诸多建议和指导。

受作者水平和其他条件限制，书中疏漏之处，恳请专家学者批评指正。

作　者

目录

1

我国薯类淀粉加工行业发展现状

WOGUO SHULEI DIANFEN JIAGONG HANGYE FAZHAN XIANZHUANG

薯类作物又称根茎类作物，主要包括甘薯、马铃薯、木薯等，是宜粮、宜菜、宜饲和宜作工业原料的粮食作物。我国是薯类作物种植大国，其中马铃薯和甘薯种植面积和产量均居世界首位。薯类淀粉加工是薯类作物高值转化的重要途径，也是我国非商品化小、残、次薯资源化利用的主要方式，更是我国部分地区的重要产业。

1.1 行业发展现状

1.1.1 马铃薯产业

马铃薯是继玉米、水稻和小麦之后的世界第四大粮食作物。联合国粮食及农业组织（FAO）统计数据显示，2017 年全世界马铃薯种植面积为 1 930.26 万 hm^2（28 954 万亩），总产量达 38 819.1 万 t，种植区集中分布在印度东北部、我国中西部和东北部、东欧、美国西北部、欧洲西北部和南美安第斯山区。

马铃薯产量高、营养价值高，粮菜兼用，既是经济作物又是粮食作物，还是高档工业淀粉的重要来源。20 世纪 90 年代初期，马铃薯淀粉产业的兴起为山区农民增收提供了新的增长点，有力地拉动了当地经济的增长，取得了良好的经济效益和显著的社会效益。马铃薯淀粉加工是拉动马铃薯种植业最重要的龙头产业，发达国家马铃薯加工比例相对较高，美国、荷兰、日本加工比例超过

50%，而发展中国家以鲜食、饲料用和种用为主，我国马铃薯加工比例非常低，不足 10%。

据农业农村部相关数据，2017 年全国马铃薯种植面积为 8 696 万亩，年总产量达 9 682 万 t，其中食用消费 5 895 万 t，加工消费 823 万 t，我国马铃薯种植面积及产量均占世界总量的 1/4。对我国来说，马铃薯产业是关系“粮食安全”“食品安全”“兴边富民”战略的重要产业，也是西北、东北、华北及西南、老少边穷地区的主栽作物和支柱产业，全国 592 个贫困县中有 549 个以马铃薯作为主要作物。在这些贫困区县发展马铃薯产业，可以带动种植、加工、购销、仓储等农工商多个领域的发展，产生大量的商机和工作岗位，使贫困户受益。

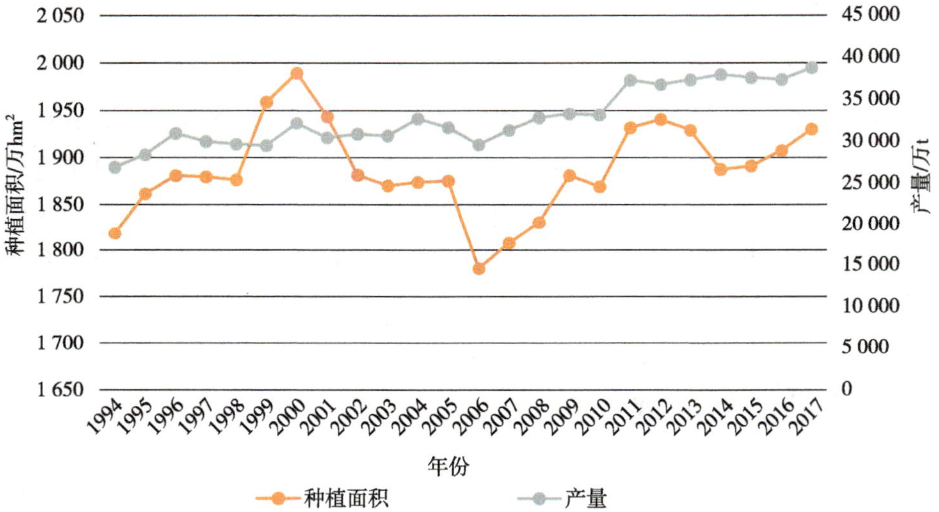

图 1-1　1994—2017 年世界马铃薯种植面积及产量变化（FAO）

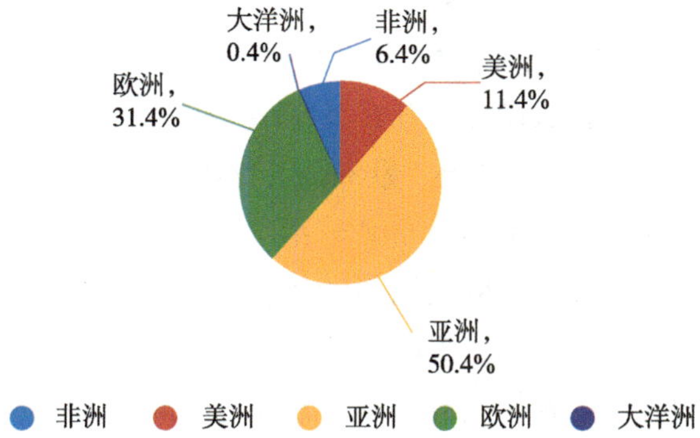

图 1-2　五大洲马铃薯产量分布（FAO）

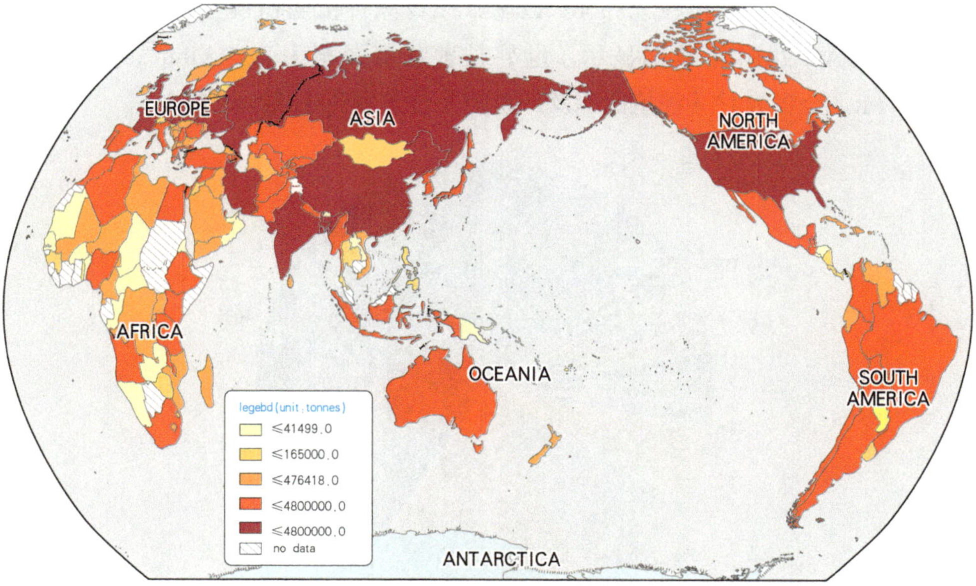

图 1-3　世界马铃薯产量分布（FAO）

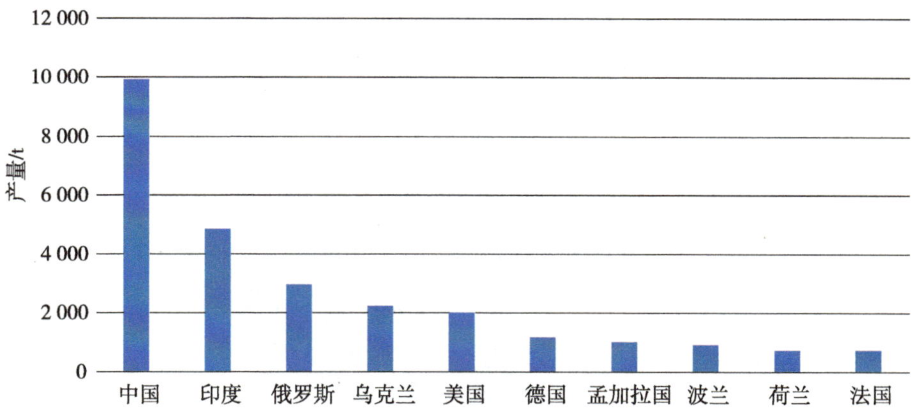

图 1-4　世界十大马铃薯主产国产量

1.1.2　甘薯产业

甘薯又名红薯、白薯、番薯、地瓜等，国际上被公认为多用途作物，既是重要的粮食、饲料、工业原料，又是新型能源用原料，还是现代社会优质的抗癌保健食品。甘薯因其具有投入少、产出多、抗灾能力强、耐寒、耐瘠薄等特性，成为全球种植的一种主要作物。

全球甘薯主要种植在北纬 40° 以南，以亚洲种植面积最大，非洲次之，美洲第三。FAO 2014 年数据显示，世界甘薯栽培面积为 8.35 Mhm^2，总产量为 106.60 Mt。全世界甘薯种植面积及产量前十位国家见图 1-5 和图 1-6。

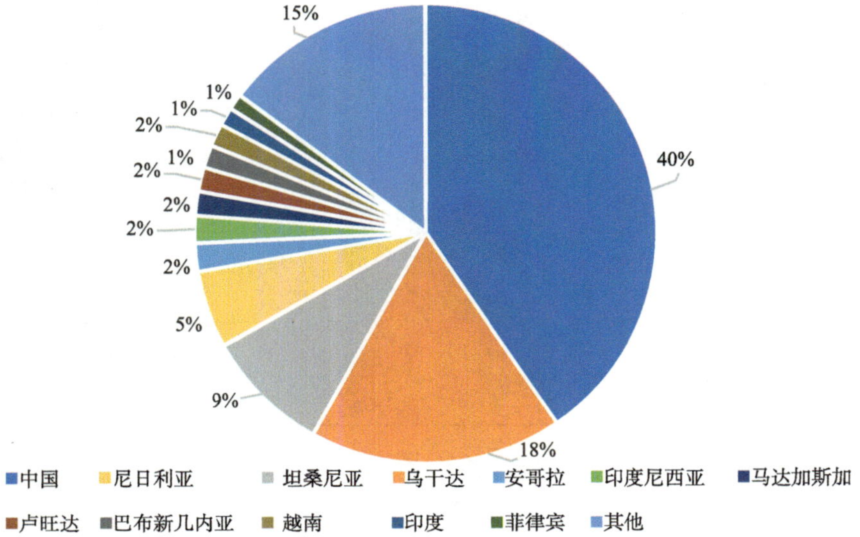

图 1-5　甘薯主要生产国种植面积比重

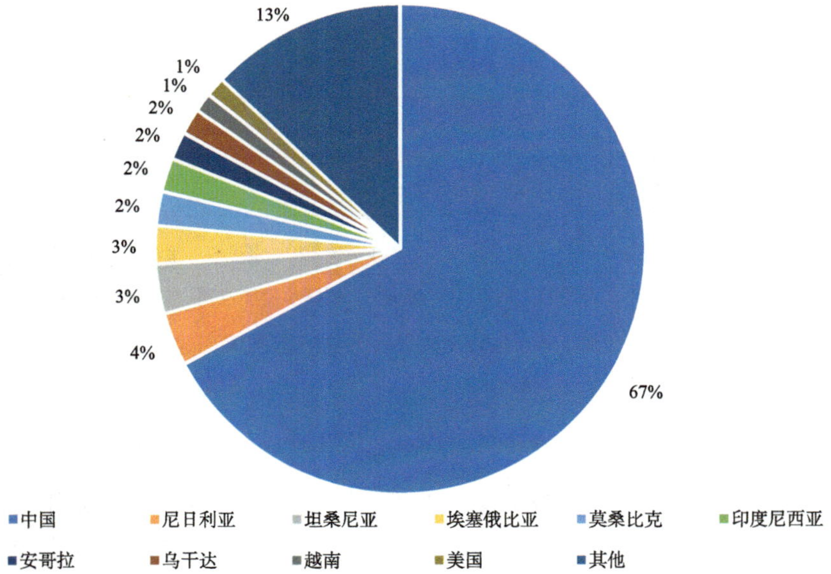

图 1-6　甘薯主要生产国产量比重

甘薯在我国种植分布较广，根据国家统计年鉴，全国各省（区、市）种植面积和产量见图 1-7～图 1-10。

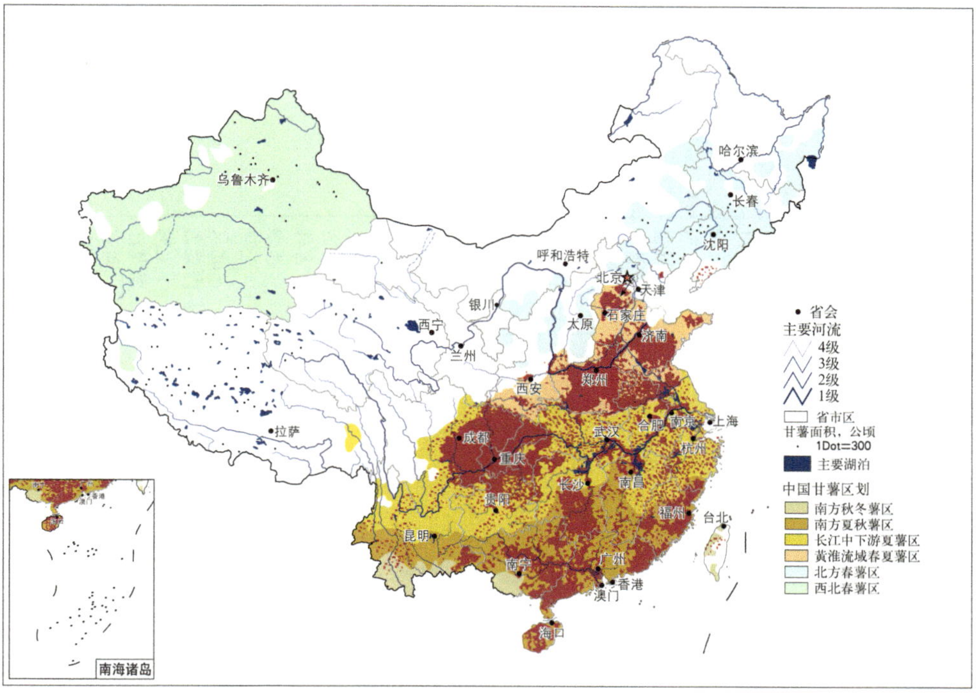

图 1-7　我国甘薯种植分布

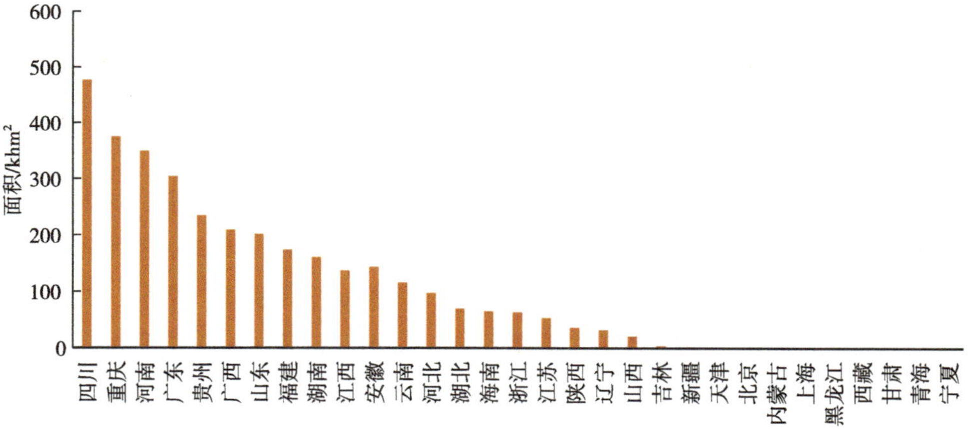

图 1-8　我国各省（区、市）甘薯种植面积

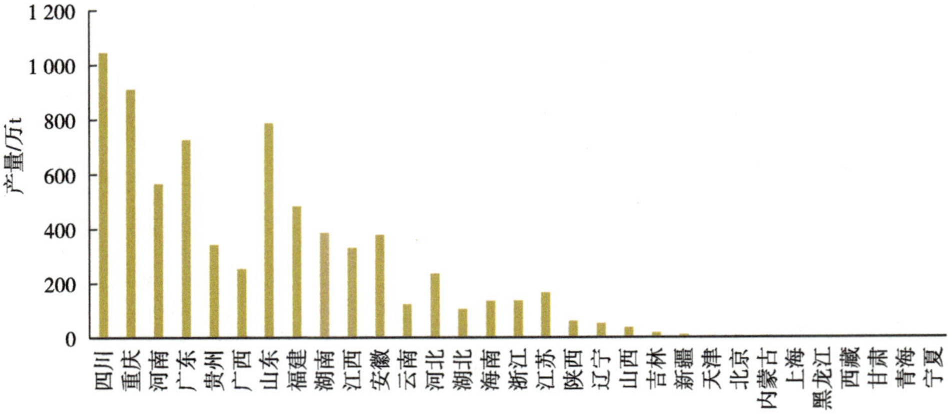

图 1-9　我国各省（区、市）甘薯产量

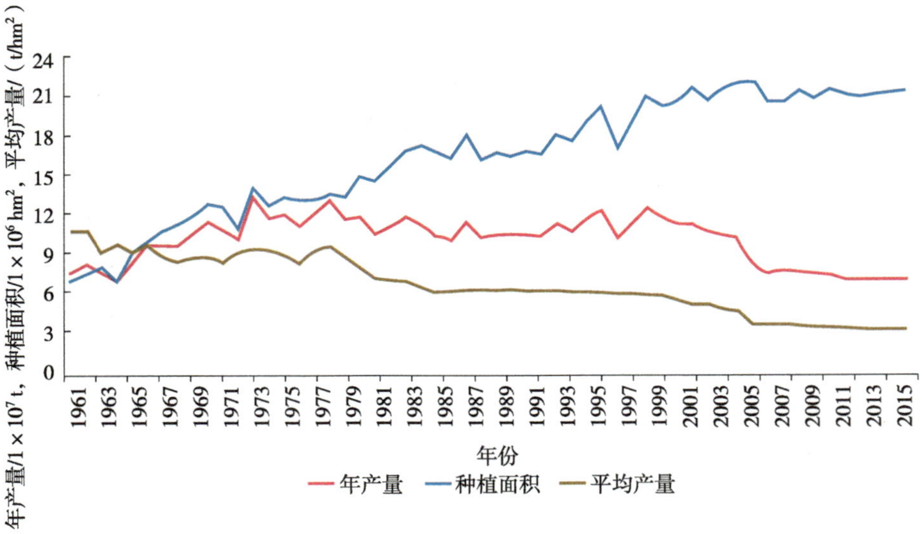

图 1-10　我国甘薯 1961—2015 年种植生产情况

甘薯具有高产、耐旱、耐瘠和广泛的适应性，除可作为粮食、饲料外，还可作为化工原料，如通过淀粉发酵工艺生产酒精能转化为 2 000 多种轻化工产品。甘薯淀粉加工是消化甘薯的主要渠道，甘薯淀粉在食用、医药、能源利用等行业有着广泛的用途，目前主要用于加工粉丝、粉条、粉皮制品以及淀粉类休闲食品。甘薯淀粉具有高黏特性，是理想的食用型粉丝、粉条原料，用其制成的粉丝等食品透明度、聚合度与成膜性均较好，且弹性较强、耐煮、口感筋道，受到我国乃至东南亚周边国家及世界各地华人的喜爱，有深厚而广泛的饮食文化根基，国内外市场需求较大。

据文献报道，全国获得食品生产许可证和卫生许可证的甘薯加工企业有 200 多家，主要分布在北方及长江中下游部分薯区，其中山东、河南、湖北、四川、河北和安徽等地集中了全国 60% 左右的企业，地域集中度较高。北方薯区淀粉加工用薯量占总消费量的 40% 以上，长江中下游部分薯区约占 30%。2015 年甘薯淀粉产品排名前两位的省份为山东和河南，2015 年两省的甘薯淀粉产量分别为 12.21 万 t 和 4.95 万 t，占统计总产量的 92.43%；其次为湖北和安徽两省，2015 年甘薯淀粉产量分别为 7 661 t 和 5 200 t，其中河南和安徽位于沙颍河流域。

1.1.3 木薯产业

木薯（Manihot esculenta Crantz）是大戟科木薯属植物，耐旱抗贫瘠，广泛种植于非洲、美洲和亚洲等 100 余个国家或地区，是三大薯类作物之一，热区第三大粮食作物，全球第六大粮食作物，被称为“淀粉之王”，是世界近 6 亿人的口粮。另外，木薯具有粗生易长、容易栽培、高产和四季可收获等优良特性。

我国于 19 世纪 20 年代首次引进木薯栽培，至今已有 200 多年的栽培历史，主要分布在海南、广东、广西、云南、福建、湖南省（区）的南部，四川和贵州南端的河谷地带，在这几个省级行政区之中，广西的木薯产业发展是最为迅速的，其无论是种植面积以及产量都排名全国第一，而木薯淀粉的产量更是占据了全国总产量的 70%。20 世纪七八十年代，我国粮食状况得到改善后，木薯逐渐转为饲料和淀粉原料的角色。20 世纪 90 年代，木薯成为华南地区最重要的淀粉和酒精工业原料。而国内对木薯食品加工较单一，多是在家庭小作坊里进行，一般通过蒸煮、煎炸、烘烤、发酵等方式，加工成熟食后直接食用，或是对木薯进行清洗、浸泡、剥皮，粉碎压浆，过筛获得湿淀粉后，加工成木薯食品。自 2010 年起，受环保的影响以及种植面积有限加上木薯种植的收益不高导致国内木薯淀粉产量呈现下降趋势，2020 年木薯淀粉加工企业基本已转移至东南亚国家。

木薯淀粉与其他淀粉不同之处在于，其杂质（脂肪、蛋白质和灰分）含量低，直链淀粉含量比其他品种淀粉的低，而且直链淀粉和支链淀粉的分子量较高。玉米淀粉与木薯淀粉相比存在很多的共性需求，但玉米淀粉由于指标以及性能上的差异，导致在一些领域无法完全替代木薯淀粉。例如，在一些高端的食品、造纸以及变性淀粉领域，木薯淀粉的刚性需求还是比较稳定的。即使玉米淀粉价格远低于木薯淀粉，价格并不是衡量两者替代关系的唯一因素。特别是在烘焙、油炸食品及婴幼儿食品加工领域木薯淀粉依然很难被替代。

我国对木薯的需求是很大的，在国内极少种植木薯的情况下，我国大部分的木薯粉都是依靠进口。我国木薯淀粉进口来源国主要以东盟国家为主，其中泰国 2010 年以来是我国最大的木薯淀粉进口来源地。2020 年我国自泰国进口了 169.06 万 t 木薯淀粉，占总进口量的 61.32%，自越南进口 98.25 万 t，占总量的 35.64%。

1.2　加工概况

1.2.1　马铃薯加工概况

（1）马铃薯淀粉加工工艺

我国马铃薯原淀粉加工企业主要分布在西北、华北、东北地区，加工能力普遍在 10 000 t 淀粉 /a，其加工工艺一般包括原料除草、除石、清洗、锉磨（打开马铃薯细胞壁、释放出淀粉颗粒），提取（淀粉与纤维分离）、浓缩（淀粉与薯汁分离）、精制（A 站、B 站）、脱水、干燥、包装等工序。

荷兰尼沃巴公司可制造全套淀粉生产设备，生产制造的旋流器管与旋流器一体，脱水机无真空管，提取水平式离心机无筛网，为其特色产品；该公司淀粉工艺自动化控制程度均较高，精制工序无 B- 淀粉系统设备，节省水及电耗，厂房占地面积相对较小。目前我国主要由北大荒九三薯业股份有限公司、黑龙江北大荒二龙山马铃薯产业有限公司等采用了该公司工艺设备。

荷兰豪威公司可制造全套淀粉生产设备，生产制造的新型提取水平离心筛的筛网板开孔率达到 30%，新型旋流站工作压力可达 20 bar，新型淀粉脱水机无真空管，为其特色产品；该公司淀粉工艺自动化控制程度均较高，精制工序无 B- 淀粉系统设备，节省水及电耗，厂房占地面积相对较小。

图 1-11 泥沃巴淀粉生产设备

瑞典拉尔森公司同样生产制造全套淀粉生产设备，错磨机和 1 050 直径水平离心筛是该公司明星产品；淀粉工艺精制工序采用 A（大颗粒）、B（小颗粒）站分开洗涤系统，淀粉回收率高（≥97%），品质好。目前，我国主要由内蒙古华欧淀粉工业股份有限公司采用了该公司工艺设备。

图 1-12 拉尔森淀粉生产设备

阿法拉伐公司则主要生产制造除砂、过滤、浓缩、精制设备。淀粉工艺精制工序采用A（大颗粒）、B（小颗粒）站分开洗涤系统，淀粉回收率高（≥97），品质好。目前我国主要由黑龙江北大荒马铃薯产业有限公司（克山淀粉公司）采用了该公司工艺设备。

图 1-13　阿法拉伐淀粉生产设备

我国马铃薯淀粉生产企业的加工工艺大部分是在荷兰豪威公司淀粉生产工艺的基础上改进得到。以宁夏固原市马铃薯淀粉生产企业为例，其生产工艺流程如图 1-14 所示。

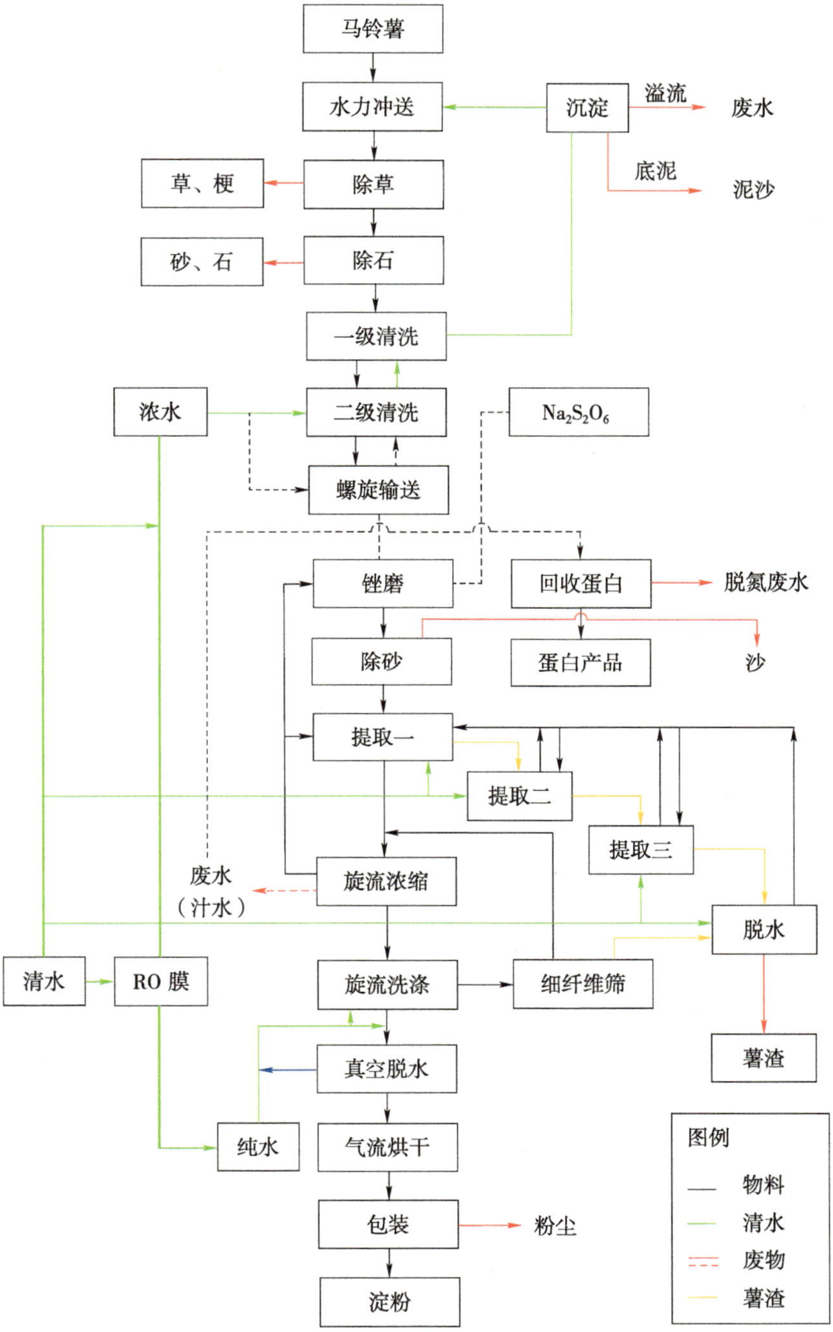

图 1-14　固原市马铃薯淀粉生产工艺流程

工艺流程描述：

①原料清洗

清洗工段包括原料冲送、除草、除石、清洗过程。首先用高压水枪将原料池中的马铃薯冲送至流送槽中，经流送槽水力输送到马铃薯泵前的缓冲分配池，再通过马铃薯泵将马铃薯提升至高位流送槽，依次经过除草、除石后进入两级或三级滚筒式（或鼠笼式）清洗机，清洗干净的马铃薯由螺旋输送到暂存料斗。部分企业为进一步提升清洗效果，在螺旋输送机加装喷淋管，对马铃薯再次进行喷淋清洗。

②锉磨

清洗干净后的马铃薯被输送到暂存料斗，采用螺旋式上料机将马铃薯输送到锉磨机（1 用 1 备或 2 用 1 备）进行破碎，部分企业同时添加纯水配置的约 0.6‰ 焦亚硫酸钠溶液，以防止淀粉氧化变色。锉磨工段采用一级破碎，破碎后得到的马铃薯浆料再由调压离心泵送入除沙工序。

③除砂

破碎得到的浆料泵入一级（或两级）除砂旋流器，将混入浆料中的细沙和铁屑除去。轻质的淀粉浆料从旋流器的上部溢流口排出，重质的沙、铁屑等收集于底部的集沙斗内，由自动控制的排沙气囊阀定期排除。

④提取

提取工序由四级离心分离筛组成，其中第一级、第二级、第三级为淀粉洗涤分离筛，主要作用是将浆料中的游离淀粉尽可能洗涤分离出来。第四级为薯渣脱水筛，主要起把关和薯渣脱水的作用。马铃薯浆料在该工序进行封闭式逆流洗涤，分离后得到 3.5～4.5°Be 的粗淀粉乳液，由消沫离心泵送往浓缩工序。

⑤浓缩精制

该工序是决定淀粉产品最终质量的重要工作，也是淀粉生产工艺最主要的工序之一，由 18 级水力旋流器与一级细纤维离心筛组成，主要作用是去除淀粉浆中含有的少量可溶性蛋白、糖类、色素以及细小的纤维和沙粒。18 级水力旋流器中的前三级为浓缩回收单元，后 15 级为提纯单元，粗淀粉乳经由 18 级水力旋流器浓缩精制后，底流（淀粉乳）浓度为 21～22°Be，泵送至纯净淀粉乳液罐，以备进行后续脱水工序。溢流（蛋白废液）一部分回用于锉磨、提取工序，剩余部分回收蛋白。

⑥真空脱水

该工序最主要的设备是真空转鼓脱水机，纯净的淀粉乳由离心泵输送至真空转鼓脱水机的液位槽，同时在输送过程中用软化水对淀粉乳液进行稀释，控制稀释后淀粉乳液在15～16°Be。待液位槽内的淀粉乳液的液位达到工序要求时，开启设备进行淀粉乳液脱水。脱水后的淀粉含水率一般为38%～41%（其中约35%为结合水分），在转鼓转到脱水去末端时由刮刀刮下，再经由螺旋输送机送至烘干工序。真空转鼓机脱下的清液返回用于淀粉乳液人的稀释以及前序淀粉洗涤工序使用。

⑦气流烘干

湿淀粉烘干采用一级负压气流干燥，脱水后湿淀粉由螺旋输送机送至干燥机粉乳干燥管入口与热空气混合，入口温度为130～135℃。湿淀粉在干燥机内依次经过热交换、汽化、扩散后达到干燥的目的。干燥后的淀粉含水18.5%～19.5%，再经过高方平筛（100目）筛分后去除不合格淀粉颗粒，筛下的淀粉即为合格的商品淀粉。湿淀粉脱出的水蒸气由引风机吸入后排入大气。

⑧包装

淀粉包装工序需要在洁净区进行。筛理后的商品淀粉应符合《食用马铃薯淀粉》（GB/T 8848—2017）质量要求，再采用电子称重包装机进行计量包装。

表1-1　食用马铃薯淀粉理化指标

项目		指标		
		优级品	一级品	二级品
水分 /%		≤20.00		
灰分（干基）/%	≤	0.30	0.40	0.50
蛋白质（干基）/%	≤	0.10	0.15	0.30
黏度（4% 干物质；700 cmg）/BU	≥	1 300	1 100	900
斑点 /（个 /cm^2）	≤	3.0	5.0	9.0
细度［150 μm（100 目）筛通过率（质量分数）］/%	≥	99.90	99.50	99.00
白度（457 nm 蓝光反射率）/%	≥	92.0	90.0	88.0
电导率 /（μS/cm）	≤	100	150	200
pH		6.0～8.0		

（2）马铃薯蛋白粉加工工艺

在马铃薯淀粉生产过程中，由旋流洗涤单元排出的工艺废水（汁水）中含有纤维、果胶、小颗粒淀粉及蛋白等物质，其中蛋白含量占废水干物质的50%

以上，具有很好的回收价值。同时，回收蛋白后还可以大量削减废水中的有机物含量，消除泡沫，有利于后续进一步的处理利用。回收蛋白可采用的方法有热絮凝分离技术、泡沫自分离法以及混凝沉淀法等。目前以热絮凝分离技术获得的产品中蛋白含量较高，颜色好，价值较高。此外，工艺废水经热絮凝分离回收蛋白后，脱氮的废水中不含有毒有害物质，可进一步进行资源化利用。

固原市马铃薯淀粉生产企业的蛋白回收工艺大部分由安徽瑞德华机电设备有限公司和湖北山洪食品机械有限公司提供，其工艺流程如图 1-15 所示。

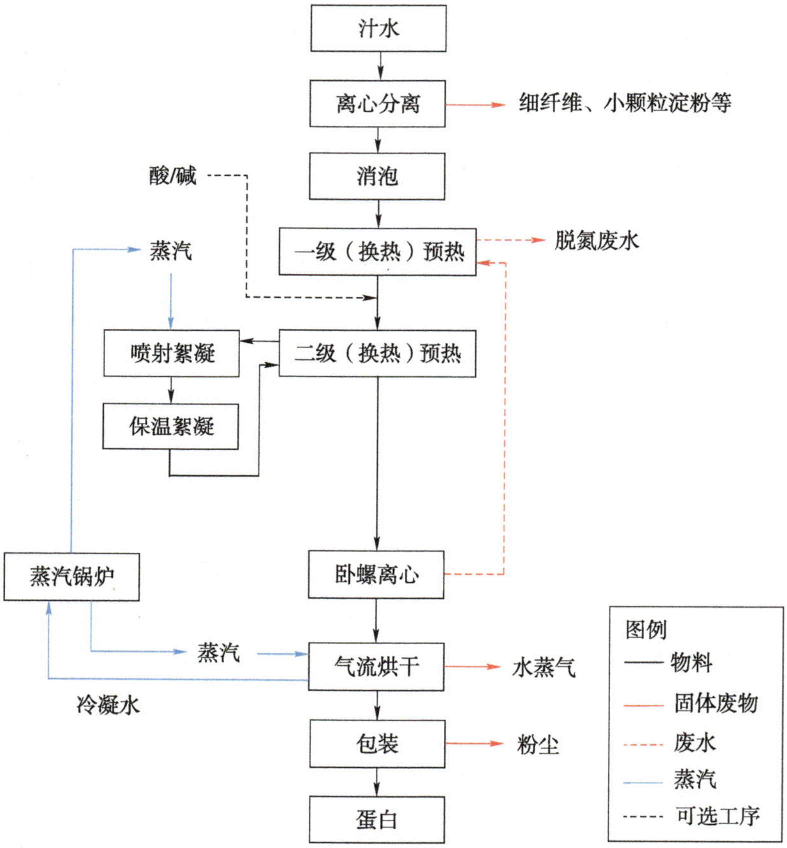

图 1-15　固原市马铃薯蛋白生产工艺流程

工艺流程描述：

①预处理单元

预处理单元由细纤维、小颗粒淀粉分离工序、工艺废水消泡工序组成。从淀粉旋流洗涤单元输送过来的工艺废水送到卧式螺旋离心机中，对小颗粒淀粉及细纤维等固形物进行分离，分离后的工艺废水打入消泡罐进行消泡。

②预热单元

预热单元由两级预热组成。消泡后工艺废水在该单元经两级预热，一级预热采用蛋白絮凝分离后的废水作为热源，预热后物料温度约达到 45℃；二级预热采用保温絮凝后的蛋白液作为热源，二级预热后物料温度约 65℃。一级预热后可在物料中加酸调节蛋白等电点以利于后续蛋白絮凝。

③絮凝单元

蛋白絮凝单元由喷射絮凝和保温絮凝组成，经两级预热后的物料在管道中与蒸汽混合，温度达到 112℃以上，物料中的蛋白得到絮凝，停留 6～8 min 后，物料进入保温管中继续絮凝，以便使蛋白絮凝充分，提高蛋白回收率。保温絮凝结束后的物料通过换热器对新物料进行二次预热，换热后的蛋白絮凝液温度降至 65℃，泵入后续的离心分离单元。

④分离脱水单元

分离脱水单元的主要设备为卧式螺旋离心机，这种卧式螺旋离心机是一种连续操作的水平式的沉降离心机，用来去除悬浮物中的固体。经换热后的蛋白液由进料管连续引入输料螺旋内筒，加速后进入转鼓，在离心力场作用下，较重的蛋白沉积在转鼓壁上形成沉渣层。输料螺旋将沉积的蛋白连续不断地推至转鼓锥端，经排料口连续不断排出。较轻的汁水物（脱氮废液）则形成内层液环，由转鼓大端溢流口连续溢出转鼓，经排液口排出后作为一级预热的热源，换热后最终排出。排出的废液相较蛋白回收前 COD 含量下降 50% 左右。

⑤烘干包装单元

从卧式螺旋离心机出来的蛋白含水量约 70%，经螺旋加料器连续定量地加入旋转闪蒸干燥机中，干燥的干品随同热空气自干燥机上部出口管带出机外，通过两级旋风分离器，将干品粉粒收集到料仓中，尾气经引风机抽出后排空。干燥后的蛋白进入料仓，直接进行计量包装，得到蛋白产品（饲料用）。

1.2.2 甘薯加工概况

目前，我国甘薯淀粉加工行业正处于转型期，多种生产方式并存，既有手工作业的家庭作坊，半机械化生产的中、小型淀粉企业，也有上规模的全程自动化流水线生产的大型淀粉加工企业。

（1）加工规模

①传统型手工作业的家庭作坊

传统型手工作业从事淀粉生产加工的家庭作坊按照投资规模、产量等，又可细分为农户家庭作坊和专业户粗制淀粉厂。

农户家庭作坊，总投资一般为 0.5 万～1 万元，投资小，主要以手工操作为主，辅之以简单的机械，每小时加工鲜薯 0.5～1 t，可提取淀粉 100～200 kg/h，若进行 8 小时每天作业，可生产 1 t/d 左右，获利 500～1 000 元 /d，一个季度加工作业 30～40 d 则可获利 3 万元左右。

专业户粗制淀粉厂较农户家庭作坊有一定经济实力，对于一些耗时、劳动强度大的生产环节以专业设备代替了手工作业，如粉碎机，每小时加工粉碎鲜薯 3～5 t，提取淀粉 0.6～1 t/h，若日加工 10 h，每日可生产粗淀粉 6～10 t。

螺旋式清洗机 + 鼠笼式清洗机

打浆分离机

淀粉提取

淀粉晾晒

薯渣晾晒

图 1-16　散户加工现场

②半机械化生产的中、小型淀粉加工企业

中、小型淀粉加工企业已实现半机械化作业，生产效率大大提高。根据机械化程度不同，其规模差别较大。

小型淀粉加工厂，即初级投资规模的淀粉加工企业，其投资额为 15 万～20 万元，拥有机械加工与净洗的全套设备，每小时粉碎鲜薯 5～10 t，日产淀粉 10～20 t。

中型淀粉加工企业，投资额为 50 万～100 万元，实行全机械化流程生产作业，拥有净化、加工、烘干成套设备，并以“酸浆”工艺代替传统净化流程。中型淀粉厂每小时加工鲜薯 10～15 t，日产淀粉 20～30 t。

甘薯清洗

甘薯破碎

甘薯破碎浆过滤

酸浆法淀粉提取

甘薯薯渣池

图 1-17　中型企业加工现场

③全程自动化流水线生产的大型淀粉加工企业

大型淀粉加工企业投资规模一般为 100 万～300 万元，加工设备先进，采用全旋流工艺，为机械化密闭式一条龙生产线。淀粉提取率一般可达 85%，日加工鲜薯达 200～500 t，淀粉产量 20 t/d 以上，有的甚至高达 100 t/d。近年来，随着甘薯加工产业化、集聚化，企业投资规模普遍在 1 000 万元以上。据文献报道，对 34 家企业投资总额数据分析，投资额 1 000 万元以下的仅有 1 家，1 000 万～5 000 万元的有 14 家，5 000 万～1 亿元的有 7 家，1 亿元以上的有 12 家。例如，山东泗水利丰食品有限公司总投资额为 8 亿元，年综合生产能力为 18 万 t。

甘薯清洗（除草、铁、石）

甘薯破碎（锉磨机）

甘薯破碎浆过滤（离心筛、圆筛）

淀粉精制（旋流站、碟片离心机）

图 1-18　大型企业加工现场

（2）加工工艺

国内甘薯淀粉加工工艺有两种：一是传统的酸浆法工艺生产粗淀粉，大部分粗淀粉再加工成“三粉”（粉条、粉丝、粉皮）出售，工艺简单，机械化程度低，用水量和废水排放量大，以中、小型企业和散户加工为主。二是旋流法工艺生产精淀粉，自动化水平高，用水量和废水排放量大幅降低，以大型企业为主。

①酸浆法工艺流程如下：鲜薯→洗涤→破碎磨浆→浆渣筛分→酸浆沉淀→提取淀粉→脱水干燥→粗淀粉，主要设备打浆分离机或者锉磨机 / 锤片破碎机、细滤机、六方微滤机、沉淀池等，以颍上县绿地食品公司为例（图 1-19）。

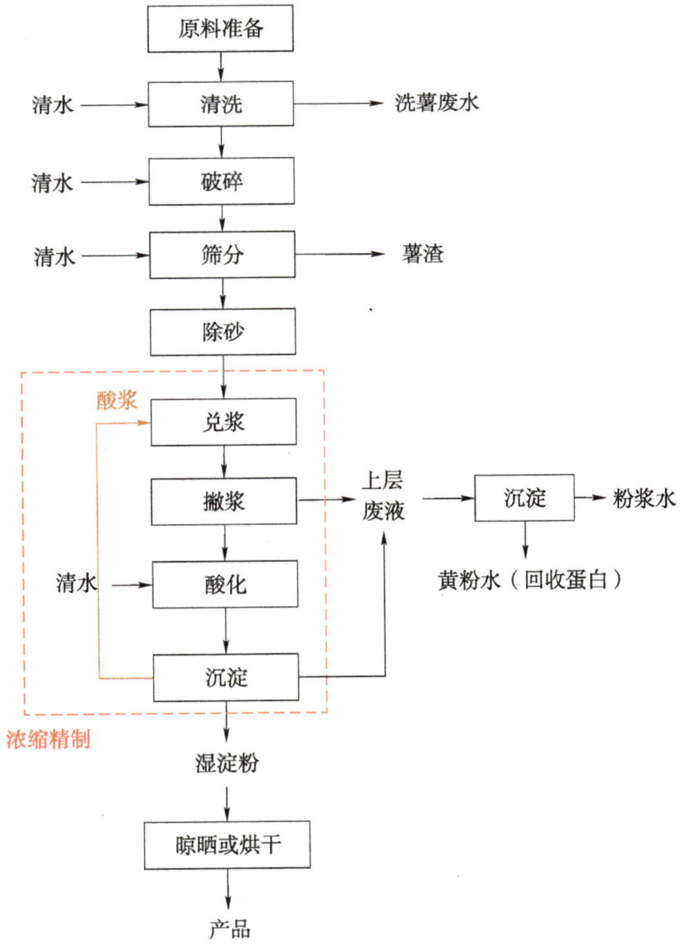

图 1-19　酸浆法甘薯淀粉加工工艺流程及产污节点

工艺流程简述如下：

①原料准备

原料收购后，及时去除泥土、根、须，堆放在原料堆场。

②清洗

鲜甘薯用铲车送至料斗，通过重力进入鼠笼式滚筒清洗机，原料随滚筒壁旋转滚翻，在做圆周运动的同时，沿轴线做直线运动，通过甘薯之间的碰撞清除掉甘薯表面的泥土等杂质，并部分去除甘薯的表皮，同时将甘薯提升到下一个工序。

③破碎

清洗干净的甘薯直接进入锤片式破碎机，破碎甘薯的细胞组织结构，使细小的淀粉颗粒能够顺利地从块根中解离出来。由两级粉碎组成，一级粉碎过程中加清水，一级过滤后的物料进入二级粉丝，经过两级粉碎后的淀粉初乳浆进入下一工序。

④筛分

经破碎后的淀粉初乳浆进入筛分设备（90 目罗筛）进行筛分，使淀粉乳与纤维分开，达到分离、提纯淀粉的目的。筛分工程中加入清水，清洗薯渣促使淀粉和纤维进一步分离。

⑤除砂

使用旋流除砂器对筛分后的淀粉乳浆进行除砂。

⑥浓缩精制

经过除砂后的淀粉乳浆，加入淀粉乳浆量 20% 左右的酸浆水，促使淀粉、蛋白、水进行分离。兑浆后静置 20～30 min，使沉淀完成，将上层清液及蛋白质、纤维和少量淀粉的混合液取出，留在底层的为淀粉。在底层淀粉中加水混合，调成淀粉乳浆，再进行酸化沉淀。沉淀完成后，排出酸浆水。一部分酸浆水作为下一次兑浆使用，剩余酸浆水作为废水排放。

⑦晾晒或烘干

将沉淀后的湿淀粉挖出，在空地上晾晒，或将湿淀粉进入气流干燥系统进一步烘干，将含水率降至 14%，达到产品要求。

（2）旋流法工艺流程如下：鲜薯→洗涤→破碎磨浆→浆渣筛分→浓缩精制→脱水干燥→精淀粉，主要设备包括鼠笼式清洗机、锉磨机、离心筛、多级旋流站、除砂器、真空脱水机等，以河北中薯农业科技集团股份有限公司为例（图 1-20）。

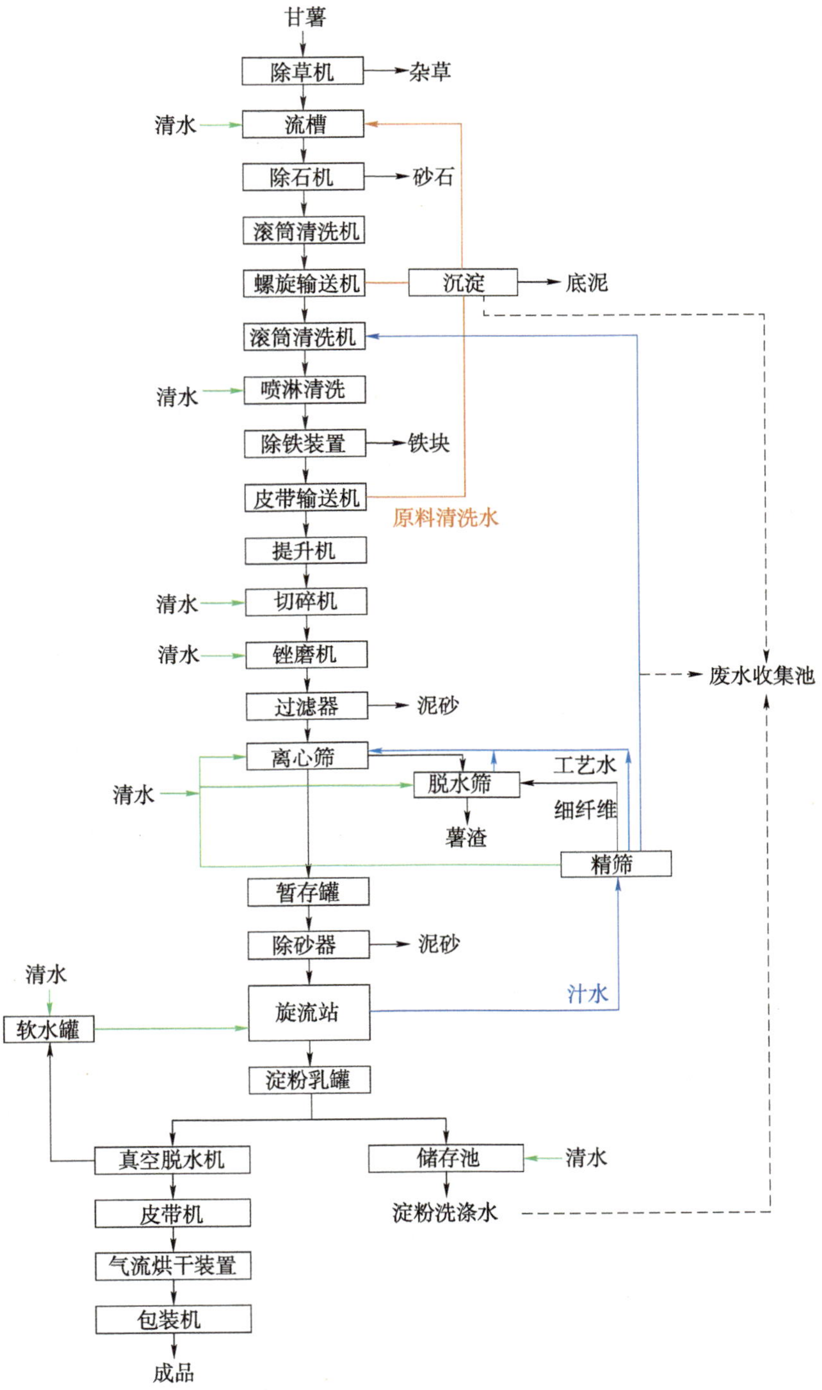

图 1-20　旋流分离法甘薯淀粉加工工艺流程及产污节点

工艺描述如下：

①原料准备

企业将收购的甘薯经干选机后统一存储于薯场。

②流槽输送

通过流槽水力输送，将甘薯输送至加工区。输送过程中，通过翻滚摩擦，能让甘薯上黏附的泥土剥落，起到很好的清洗效果。

图 1-21　流槽输送

③清洗

水力输送来的甘薯首先经过滚筒除石机去除泥石块，然后进入 1 级清洗机，在此加入汁水洗涤，接着通过筛网分离薯水，而后甘薯经螺旋输送机进入 2 级清洗机，在此也是加入汁水洗涤，薯水分离后，甘薯再通过清水喷洗，最后洗干净的甘薯通过除铁后经斗式提升机进入破碎工段。清洗机结构为卧式圆筒，依靠电动机带动齿轮转动圆筒，使原料靠边圆筒滚翻推进，以水为介质喷洒、冲洗、锉磨除去泥沙及部分表皮。

图 1-22　滚筒除石机

图 1-23　滚筒清洗机

图 1-24　皮带机 + 喷洗装置 + 除铁装置

图 1-25　斗式提升机

④破碎

破碎的目的是破坏甘薯的组织结构，使微小的淀粉颗粒能顺利地从块根中分离。破碎工段是鲜薯加工中重要的工序之一，关系到鲜薯的出粉分率和淀粉的质量。企业破碎环节的主要设备是切片机、锉磨机。甘薯通过切片机被切成小块后再通过锉磨机的锯条刨丝，锉刀磨碎，释放出游离淀粉。

图 1-26　切碎机（左）和锉磨机（右）

⑤过滤

锉磨得到的甘薯浆料通过纤维泵送入过滤器，去除部分杂质。

图 1-27　过滤器

⑥离心提取

过滤后的破碎浆进入离心提取单元，进行渣浆分离。一期生产线的提取单元是由三级离心筛组成的离心筛组，其中第一级 5 个离心筛、第二级 2 个离心筛、第三级 2 个离心筛。二期生产线的提取单元也是由三级离心筛组成的离心筛组，其中第一级 1 个离心筛、第二级 5 个离心筛、第三级 1 个离心筛。每个离心筛配备一台纤维泵和一台消沫泵。原浆进入第一级离心筛，浆料在高速旋转的离心力作用下，淀粉通过筛网，而薯渣等留在筛蓝表面被甩出。在筛蓝的正面时会有一定压力的冲洗水，从喷嘴中喷射出来让薯渣不断翻滚，使得薯渣里的淀粉能够充分分离出来。筛蓝背面也设计有冲洗水，只是背面反冲水是定期开启，确保果胶和薯渣不堵塞筛网。淀粉乳通过消沫泵被泵送到旋流站分离蛋白，薯渣通过纤维泵泵送到第二级离心筛。含有一定淀粉的薯渣在第二级离心筛中进一步提取淀粉，含有淀粉的水通过消沫泵进入提取系统的工艺水中，薯渣则继续经纤维泵泵送到第三级离心筛。同样第三级离心筛仍然进行淀粉提取，筛下物仍进入提取单元的工艺水中，而薯渣则被泵送到薯渣脱水单元。

图 1-28 离心分离筛组

⑦除砂

离心后得到的淀粉浆通过淀粉泵泵入除砂旋流器（除砂器），将混入其中的几乎肉眼看不到的细沙除去。带有一定压力的淀粉浆沿切线方向进入除砂器，在除砂器中淀粉浆料高速旋转，轻相的淀粉和薯渣匆匆顶部溢出，重相的沙粒等会从底部排出。

图 1-29　除砂旋流器

⑧浓缩精制

除砂后的淀粉乳液进入浓缩精制系统，进行淀粉和蛋白等杂质的分离。一期生产线浓缩精制单元采用 20 级旋流器组成，二期生产线浓缩精制单元采用 18 级旋流器组成，集浓缩、回收、洗涤和细渣分离等多种功能于一体，利用水、淀粉、蛋白的比重不同的原理实现淀粉乳液中的蛋白、细纤维和细胞液汁的分离。

图 1-30 精制旋流站

⑨淀粉乳储存

浓缩精制后的淀粉乳进入储存池，沉淀后排出上清液，加清水洗涤后再加清水封存，待后续加工粉丝和精制淀粉。

图 1-31 淀粉乳储存池

⑩干燥和包装单元

精制淀粉乳液输送到真空转鼓脱水机脱水，脱水后的淀粉经气流干燥机进一步干燥到商品淀粉所要求的水分含量。干燥后的淀粉在旋风分离器中与空气分离，收集的淀粉被螺旋输送到振动筛，去除精淀粉中粗的颗粒，使成品淀粉的细度能够满足标准。筛分后的淀粉直接输送到淀粉仓中暂存并冷却，之后输送到包装机包装。包装为成品后的淀粉由皮带输送机输送入成品库。

1.3 市场需求及供给

1.3.1 马铃薯行业市场需求

在国内，马铃薯淀粉主要应用于食品行业，几乎可以占到需求总量的 80% 以上。从它的应用领域来看，可以划分为烹饪、粉丝粉条、膨化食品、休闲食品、方便面、肉制品等方面。马铃薯淀粉及其衍生物除了在食品行业中使用外，还应用于造纸、染织、医药、建筑、石油勘探等。

中研普华产业研究院发布的《2021—2026 年版马铃薯淀粉产业政府战略管理与区域发展战略研究咨询报告》显示，马铃薯淀粉在世界市场上比玉米淀粉更有竞争力，马铃薯高产国家将大约总产量的 40% 用于淀粉加工，全世界淀粉产量的 25% 来自马铃薯。马铃薯淀粉是由马铃薯，包括马铃薯皮，煮熟后，干燥并精细磨碎而成。它可以被用来作为增稠剂，尽管用于勾芡不及太白粉，但是在一些烘焙食品，它能保持水分。主要可分为单粒淀粉、复粒淀粉以及半复粒淀粉三大类。

从马铃薯淀粉的人均消费量来看，欧洲、日本为 10 kg 以上，而中国只有 0.6 kg，人均水平还很低，增长潜力还很大，需求总量将进一步增加。从餐饮调查情况来看，中国现有旅游涉外酒店 8 000 多家，仅星级就有 3 000 多家，而每家星级酒店用马铃薯淀粉作西点的膨松剂和涂抹食品的胶凝剂，以及中餐菜肴的增稠剂、火腿、肉类制品的吸附剂的用量，每月就在 2 t 以上，仅此一项每年就需马铃薯淀粉 7 万～8 万 t，这还不包括其他非星级的酒店、饭店的用量，而这些酒店、饭店的数量极大，全国要以数百万计，均使用马铃薯淀粉作增稠剂，因为它的用量是玉米淀粉的 1/40。

据分析，全国餐饮业马铃薯淀粉的需求量在 60 万～80 万 t。发达国家 80% 的马铃薯淀粉用于医药、纺织、造纸及石油工业等领域，而中国目前 80% 以上的马铃薯淀粉用于食品加工，随着市场经济的发展和国际化的推进，食品工业以外的行业对马铃薯淀粉的需求量会不断增加，中国未来马铃薯淀粉市场将会有较大的发展空间。

1.3.2 甘薯产业市场需求

中国甘薯淀粉加工比例达到 70%～80%，城镇居民食用鲜薯及其淀粉制品 2 000 万 t 左右，人均年消费量约 2 kg。甘薯淀粉主要应用于粉丝、粉条和粉皮等食用加工品、食品包装纸袋等工业产品、西药片剂等医药产品、生物柴油原料应用等，其中以粉丝、粉条、粉皮等产品应用为主，占比约 80%。

近年来，由于甘薯淀粉加工过程当中出现的环保问题，甘薯深加工企业污水排放量大，是环保执法监控的重点行业，大量的小作坊式甘薯淀粉加工企业被关停并转，优势企业竞争力进一步增加。2021 年，因为疫情对消费造成一定不利影响，甘薯淀粉整体消费量有所下降。2021 年中国精制甘薯淀粉消费量约为 27 万 t，较 2020 年下降 3.57%。

1.4 行业在国民经济中的作用

薯类淀粉产业除了可加工成原淀粉，其淀粉还可延伸作为工业原料，通过发酵又可生产酒类、酒精、氨基酸等有机酸。另外还可生产粉条、粉丝、葡萄糖、膳食纤维及淀粉的衍生物，如交联淀粉、氧化淀粉等。此外，薯类淀粉加工是薯类作物高值转化的重要途径，也是我国非商品化小、残、次薯资源化利用的主要方式。薯类淀粉产业积极带动了周边农民尤其是土壤干旱贫瘠地区种植户的收入，为当地农民提供了更多的就业机会。由此可见，薯类淀粉产业是我国实施精准扶贫及乡村振兴的重要支柱产业。

2

薯类淀粉行业绿色发展面临的主要问题

SHULEI DIANFEN HANGYE LUSEFAZHAN
MIANLIN DE ZHUYAO WENTI

我国薯类淀粉加工起步较晚，工艺和设备水平相对落后，也导致行业加工废水大量产生，由此引发的环境问题逐渐凸显。“十一五”时期以来，环保越来越受到重视，受废水影响，甘薯和木薯淀粉加工企业，甚至马铃薯淀粉加工企业都在夹缝中生存。广西壮族自治区率先开展木薯淀粉加工废水整治工作，粗略统计，“十一五”期间仅南宁市在木薯淀粉加工废水治理上的投入就超过10亿元，但治理效果不理想，难以实现达标排放。薯类淀粉加工废水得不到有效治理，直接排至地表水体引发了严重污染事件，2015年宁夏固原市马铃薯淀粉加工废水污染下游水库，造成甘肃省静宁市10余万群众陷入“断水危机”，安徽颍上县的八里河、河北卢龙县的饮马河等，受甘薯淀粉加工废水污染，常年处于劣V类，薯类淀粉加工废水治理难题是阻碍行业绿色低碳发展的主要问题。

2.1 加工废水污染负荷高

目前，国内现有薯类淀粉加工企业主要是马铃薯淀粉企业和甘薯淀粉企业，废水普遍存在产生量大，污染负荷高的特点，因加工工艺和设备的不同废水有一定的差异。

2.1.1 马铃薯淀粉废水

国际上马铃薯淀粉加工生产设备，工艺技术比较先进的公司有荷兰尼沃巴公司（100 多年历史，制造提供成套工艺及设备），豪威公司（制造设备，提供设备及工艺），瑞典拉尔森公司（多年历史、制造提供成套及工艺设备），阿法拉伐公司（大集团公司，历史悠久，制造设备、提供设备及工艺）。国内马铃薯淀粉企业普遍是在荷兰豪威公司淀粉生产工艺的基础上改进得到，工艺水平较为先进，其淀粉加工工艺一般包括原料除草、除石、清洗、锉磨（打开马铃薯细胞壁、释放出淀粉颗粒）、提取（淀粉与纤维分离）、浓缩（淀粉与薯汁分离）、精制（A、B 站）、脱水、干燥、包装等工序。在马铃薯淀粉生产过程中，由旋流洗涤单元排出的工艺废水（细胞汁水）中含有纤维、果胶、小颗粒淀粉及蛋白等物质，其中蛋白含量占废水干物质的 50% 以上，具有很好的回收价值。同时，回收蛋白后还可以大量削减废水中的有机物含量，消除泡沫，有利于后续进一步的处理利用。回收蛋白可采用的方法有热絮凝分离技术、泡沫自分离法以及混凝沉淀法等。目前以热絮凝分离技术获得的产品中蛋白含量较高，颜色好，价值较高。

马铃薯淀粉废水主要来自两个部分：一为清洗工段清洗马铃薯产生的废水，称为洗薯废水。二为提取工段产生的废水，称为汁水（汁水经蛋白提取后称为脱蛋白水）。此外，还有少许淀粉车间设备冲洗及车间保洁产生的废水。据统计，吨马铃薯淀粉的原料消耗 6～8 t，原料清洗水用量 4～6 m^3，吨淀粉精制工序用水 1.5～3 m^3。根据水平衡测算，吨淀粉洗薯废水产生量 4～6 m^3，汁水 4～6.3 m^3（脱蛋白水量与汁水量相当）。设备及车间清洗废水水量较小，与洗薯废水及汁水（或脱蛋白水）相比，可忽略不计。

马铃薯淀粉加工废水水质特征，主要受马铃薯原料、加工用水及加工工艺的影响，具有以下几点特征：

（1）废水具有一定肥力。工艺设备正常运行状态下，马铃薯汁水 COD 约 35 000 mg/L，总氮约为 1 500 mg/L，总磷为 70～85 mg/L，总钾为 2 100～3 200 mg/L，每立方米汁水的肥力相当于氮肥 3.23 kg（以尿素计）、磷肥 0.44～0.53 kg（以过磷酸钙计）、钾肥 4.96～7.56 kg（以硫酸钾计）；增加蛋白提取工艺后，脱氮废水 COD 浓度可降低约 50%，约 18 000 mg/L，总氮、总磷浓度也有所降低；综合废水（脱蛋白水与洗薯水等的混合水）水质与洗薯水用量密切相关，COD 一般在 12 000 mg/L 以下，总氮一般在 650 mg/L 以下。

（2）废水呈酸性，pH 为 4.52～6.25，废水中重金属（汞、砷、铅、镉、铬、铜、锌）、硒、硼、石油类、阴离子表面活性剂等物质含量均较低，可以达到《农田灌溉水质标准》（GB 5084—2005）。

表 2-1 马铃薯淀粉加工废水水质情况

检测项目	单位	企业 1			企业 2			企业 3			企业 4		
		汁水	脱氮白废水	洗薯废水	汁水	脱氮白废水	洗薯废水	脱氮白废水	洗薯废水	综合废水	汁水	脱氮白废水	洗薯废水
pH	无量纲	4.91	5.33	5.46	5.07	4.89	4.52	未测	未测	6.25	4.56	5.12	5.05
汞	mg/L	ND	ND	ND	ND	ND	ND	未测	未测	ND	<0.000 2	<0.000 2	<0.000 2
砷	mg/L	ND	ND	0.008	ND	ND	0.007 6	未测	未测	ND	0.002 0	0.003 9	0.007 1
铅	mg/L	0.16	ND	ND	ND	ND	ND	未测	未测	0.16	<0.04	<0.04	<0.04
镉	mg/L	ND	ND	ND	ND	ND	ND	未测	未测	ND	0.008 6	0.005 7	0.002 5
总铬	mg/L	ND	ND	ND	ND	ND	ND	未测	未测	ND	未测	未测	未测
六价铬	mg/L	ND	ND	ND	ND	ND	ND	未测	未测	ND	<0.004	<0.004	<0.004
铜	mg/L	ND	ND	ND	0.16	ND	ND	未测	未测	ND	0.678	0.640	0.061
锌	mg/L	1.26	0.946	0.05	0.98	0.94	0.13	未测	未测	0.005	1.88	1.64	0.234
硒	mg/L	ND	ND	ND	ND	ND	ND	未测	未测	ND	<0.000 4	<0.000 4	<0.000 4
硼	mg/L	0.18	0.25	0.09	0.31	0.35	0.08	未测	未测	未测	0.71	0.95	0.36
石油类	mg/L	0.03	2.02	1.55	5.05	1.96	8.44	未测	未测	1.44	1.94	2.32	1.28
阴离子表面活性剂	mg/L	0.03	0.12	0.02	0.01	0.01	0.13	未测	未测	未测	<0.05	<0.05	<0.05

续表

检测项目	单位	企业 1			企业 2			企业 3			企业 4		
		汁水	脱氮白废水	洗薯废水	汁水	脱氮白废水	洗薯废水	脱氮白废水	洗薯废水	综合废水	汁水	脱氮白废水	洗薯废水
硫化物	mg/L	0.025	0.03	0.014	0.024	0.029	0.012	未测	未测	0.026	＜0.005	＜0.005	0.005
氯化物	mg/L	225	192	46.9	50.7	74.9	124	未测	未测	67	106	252	71.6
氟化物	mg/L	0.63	0.38	0.16	0.69	0.36	0.24	未测	未测	0.29	0.534	0.492	1.15
硝酸盐	mg/L	1.62	1.86	未测	0.85	4.99	未测	1.24	未测	0.39	未测	未测	未测
硫酸盐	mg/L	451	未测	未测	未测	未测	未测	未测	未测	未测	未测	未测	未测
钙	mg/L	2.14	3.61	148	3.27	4.91	4.71	2.23	245	12.8	59.3	46.2	96.4
钠	mg/L	28.2	57.1	51.8	106	99	141	82.5	84.7	72	34.9	34.4	42.3
镁	mg/L	120	107	42.5	105	85.6	4.56	94.0	111	77.2	163	132	30.3
化学需氧量	mg/L	35 200	18 900	未测	35 200	18 900	未测	12 800	355	6 820	未测	未测	未测
氨氮	mg/L	340	150	未测	268	89.0	未测	258	未测	242	未测	未测	未测
总氮	mg/L	1 490	918	未测	1 500	1 085	未测	926	139	502	2 520	1 380	70.2
总磷	mg/L	71.7	52.8	未测	84	59.8	未测	59.5	15.9	38.6	353	302	13.1
钾	mg/L	2 920	2 340	未测	3 200	3 180	未测	1 250	445	877	1 120	1 110	133

（3）废水全盐量这一指标检测值较高，略超过了《农田灌溉水质标准》（GB 5084—2005），但根据检测结果，各主要盐分（氯化物、氟化物、硫化物），均可达到《农田灌溉水质标准》（GB 5084—2005），硝酸盐指标可以达到《地下水质量标准》（GB/T 14848—2017）中的Ⅲ类水质标准，由于《农田灌溉水质标准》中无硫酸盐指标，调研中仅检测了一个企业汁水的硫酸盐浓度，其浓度约为 450 mg/L。

2.1.2 甘薯淀粉废水

传统酸浆法甘薯淀粉加工是物理加工与生物发酵相结合的工艺，酸浆是利用自然发酵形成的含有大量微生物、有机酸的液体（酸浆），将其加入淀粉浆中使淀粉与其他物质迅速分离。旋流法工艺是纯物理加工。无论是酸浆法工艺还是旋流法工艺，加工过程中均不加入化学品。

甘薯淀粉废水主要来自两个部分：一为清洗工段清洗甘薯产生的废水，称为洗薯废水。目前企业通常将这部分废水经简单的沉淀处理后循环使用，一般 1 t 鲜薯排放 1 m^3 废水，污染物主要是泥沙和薯皮等。二为提取工段的废水，称为汁水（或者为粉浆水）。自然沉淀法工艺一般 1 t 鲜薯排放 3～5 m^3 废水，旋流法工艺一般 1 t 鲜薯排放 1～2 m^3 废水。这部分废水由两个生产阶段产生：一是淀粉乳提取产生的废水，主要是甘薯自身的含水及破碎工段添加的水，该废水中的蛋白质含量较高。这部分废水不能循环使用，又因回收蛋白成本费用高，市场不佳，目前多数企业选择外排。二是淀粉洗涤精制产生的废水，蛋白含量不高。此外，还有少许淀粉车间设备冲洗及车间保洁产生的废水，污染物浓度低，与洗薯废水及汁水相比，可忽略不计。

甘薯洗薯废水 COD 为 100～7 000 mg/L，普遍在 3 000 mg/L 以下；总氮为 10～700 mg/L，普遍在 50 mg/L 以下；总磷为 1～50 mg/L，普遍在 20 mg/L 以下；钾为 10～350 mg/L，普遍在 100 mg/L 以下。洗薯废水 COD、氮、磷、钾含量跟洗薯用水关系密切，利用循环水的含量较高，只利用清水的含量较低。汁水（粉浆水）COD 为 4 000～55 000 mg/L，普遍在 7 000 mg/L 以下；总氮为 90～2 000 mg/L，普遍在 300 mg/L 以下；总磷为 25～400 mg/L；普遍在 50 mg/L 左右；总钾为 40～450 mg/L，普遍在 300 mg/L 以下。粉浆水 COD、氮、磷、钾含量跟加工过程耗水量关系密切，耗水量少的含量较高，耗水量多的含量较低。

表 2-2　河北省甘薯淀粉加工企业废水水质

项目类别	企业 1			企业 2			企业 3			企业 4		
	洗薯水	粉浆水	混合水	洗薯水	粉浆水	混合水	洗薯水	粉浆水	混合水	洗薯水	粉浆水	混合水
pH	4.14	3.57	3.83	5.30	3.67	4.77	4.54	4.51	3.60	5.67	3.80	3.41
镉 /（mg/L）	未检出	未检出	未检出	未检出	未检出	未检出	未检出	未检出	未检出	未检出	未检出	未检出
总砷 /（mg/L）	9×10^{-4}	7×10^{-4}	8×10^{-4}	1.5×10^{3}	1.6×10^{-3}	1.6×10^{-3}	5.1×10^{-3}	1.8×10^{-3}	2.2×10^{-3}	2×10^{-4}	2×10^{-4}	2×10^{-4}
六价铬 /（mg/L）	未检出	未检出	未检出	未检出	未检出	未检出	未检出	未检出	未检出	未检出	未检出	未检出
铅 /（mg/L）	未检出	未检出	未检出	未检出	未检出	未检出	未检出	未检出	未检出	未检出	未检出	未检出
氯化物 /（mg/L）	35	107	142	50	129	135	84	129	132	70	153	122
钙 /（mg/L）	56.2	68.3	89.7	67.1	77.8	66.4	73.6	90.6	64.8	178	135	81.3
镁 /（mg/L）	14.1	10.0	2.93	20.4	34.8	10.8	18.8	29.9	28.2	26.0	29.6	33.0
钠 /（mg/L）	70.3	69.3	154	22.6	45.0	34.3	91.4	186	144	63.4	64.3	70.7
硫化物 /（mg/L）	0.060	0.183	0.102	0.064	0.057	0.055	0.033	0.020	0.101	0.279	0.062	0.034
铜 /（mg/L）	未检出	未检出	未检出	未检出	未检出	未检出	未检出	未检出	未检出	未检出	未检出	未检出
锌 /（mg/L）	0.30	0.58	3.01	未检出	0.56	0.22	0.26	0.41	0.39	0.25	0.44	0.61
硒 /（mg/L）	9×10^{-4}	1.0×10^{-3}	1.0×10^{-3}	6×10^{-4}	9×10^{-4}	1.0×10^{-3}	6×10^{-4}	6×10^{-4}	8×10^{-4}	3×10^{-3}	2×10^{-3}	2×10^{-3}
氟化物 /（mg/L）	0.47	0.18	0.24	0.32	0.33	0.33	1.28	1.56	1.48	0.46	0.24	0.16
石油类 /（mg/L）	0.82	4.54	10.0	0.93	0.54	1.84	1.11	1.10	0.98	1.08	2.56	1.15
硼 /（mg/L）	未检出	未检出	未检出	未检出	未检出	未检出	未检出	未检出	未检出	未检出	未检出	未检出
阴离子表面活性剂 /（mg/L）	0.29	未检出	未检出	0.32	0.25	0.36	0.21	未检出	未检出	未检出	未检出	未检出
五日生化需氧量 /（mg/L）	6 765	55 081	8 985	745	1.19×10^{4}	5.81×10^{3}	2.37×10^{3}	8.35×10^{3}	6.71×10^{3}	5.29×10^{3}	6.79×10^{3}	5.52×10^{3}
总氮 /（mg/L）	109	1 919	1 307	21.8	259	162	60.9	177	217	49.4	195	151
总磷 /（mg/L）	48.2	364	71.5	5.10	95.6	51.4	20.4	46.5	57.8	8.26	102	39.9
总钾 /（mg/L）	156	169	110	75.8	419	132	146	367	341	93.6	176	227

在对全国约60家企业（覆盖约90%马铃薯淀粉产量及50%甘薯淀粉产量）调研后发现，行业吨淀粉产品废水产生量为10～20 m^3，COD产生量为200～300 kg。据估算，我国薯类淀粉加工废水年产生量超过1 500万 m^3，COD产生量超过15万t，总氮产生量超过6 800 t，总磷产生量超过1 000 t，污染物产生总量巨大。

2.2 加工废水末端治理达标排放难度大

薯类淀粉加工废水属高浓度有机废水，直接排放将导致周边地表水环境严重污染。多年来，行业普遍采取末端治理模式处理淀粉废水。当前我国执行《淀粉工业水污染物排放标准》（GB 25461—2010），其中规定，对于薯类淀粉废水，单位产品（淀粉）基准排水量为8 m^3/t，COD_{Cr} 直接排放限值为100 mg/L（相当于COD排放量0.8 kg/t淀粉），间接排放限值为300 mg/L；BOD_5 直接排放限值为20 mg/L（相当于 BOD_5 排放量0.02 kg/t淀粉），间接排放限值为70 mg/L。

表2-3 淀粉工业水污染物排放标准（GB 25461—2010）

单位：mg/L（pH除外）

序号	污染物项目	限值		污染物排放监控位置
		直接排放	间接排放	
1	pH	6～9	6～9	企业废水总排放口
2	悬浮物	30	70	
3	BOD_5	20	70	
4	COD_{Cr}	100	300	
5	氨氮	15	35	
6	总氮	30	55	
7	总磷	1	5	
8	总氰化物（以木薯为原料）	0.5	0.5	
单位产品（淀粉）基准排水量/（m^3/t）	以玉米、小麦为原料	3		排水量计量位置与污染物排放监控位置一致
	以薯类为原料	8		

为支撑该标准的实施，环境保护部发布了《淀粉废水治理工程技术规范》（HJ 2043—2014），自2015年1月1日起实施。技术规范中推荐的淀粉废水治理工艺是：预处理＋厌氧生物处理＋好氧生物处理＋深度处理。甘薯及马铃薯淀粉废水COD一般在10 000 mg/L以上，若要达到直排限值，废水处理效率要达到99%及以上，治理难度较高。

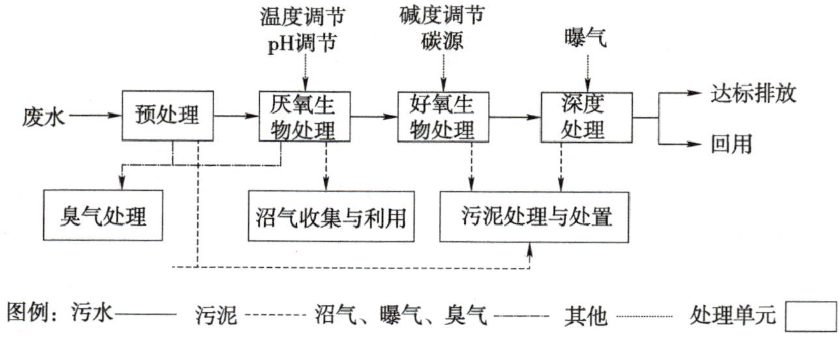

图2-1 淀粉废水处理工艺流程

薯类淀粉加工企业无法在经济可行情况下实现达标问题，具体分析主要存在以下五个方面原因：一是由于薯类作物的不易储藏性，每年生产周期只有2～3个月，薯类淀粉加工废水产生集中、量大且负荷高，需配套建设大型污水处理厂，建设和运营费用过高，污水处理设备投资就达到建厂投资的5倍，导致原本就长期处于微利甚至亏损状态的企业生产成本大幅升高，企业经济负担重。二是淀粉废水污染负荷高，且含有较高含量的细纤维，达标处理难度较高。三是薯类淀粉加工季节为每年的10—12月，生产时间因所在企业的地域和原料总量而不同，一般为40～60 d/a。这种间歇式生产运行形式十分不利于厌氧好氧生物处理的菌种连续工作条件。四是薯类淀粉废水产生泡沫现象严重，泡沫层体积占总体积的35%（静置90 min）至50%（静置5 min），泡沫稳定，会对处理单元如初沉池、气浮机、厌氧反应池、好氧反应池等的正常运行造成影响。五是薯类淀粉生产期环境温度为-1～19℃，低温环境导致生化处理单元中的微生物新陈代谢下降，使得废水中的有机物和营养物质去除效果变差，微生物菌群难以发挥作用，极不利于厌氧好氧生物工艺的运行（最适温度为25～35℃）。同时还要根据生产频繁安排生物处理设施启动，企业的污水处理设施即使建成也无法正常使用生化处理方法进行处理。

以一条 1 万 t/a 规模的甘薯淀粉自动化生产线为例，采用《淀粉废水治理工程技术规范》（HJ 2043—2014）推荐的“预处理＋厌氧生物处理＋好氧生物处理＋深度处理”工艺，设施投资高达千万元以上，甚至高于生产设备投资，且在此情况下，由于气温低等因素难以保障处理工艺正常运行，实现废水稳定达标排放难度大。若增加蛋白提取工艺，又增加设备投资和运行费用，而目前我国甘薯蛋白提取工艺设备尚在摸索阶段，甘薯蛋白市场不佳，经济效益低。有大型企业为实现废水处理设施常年运营，建设几万立方米甚至十几万立方米废水暂存池，淀粉生产 2 个月，而废水处理 1 年，淀粉企业俨然成了废水处理厂。

因此，当前在甘薯淀粉行业，大型企业在环保高压下生存甚是艰难，而小加工企业或散户加工由于监管能力有限，违规排放环保成本低，在利益驱使下难以杜绝，对环境造成巨大破坏。例如，河北卢龙县的甘薯淀粉废水问题，一直都是制约饮马河脱劣 V 类水质重要因素，也是多年难以解决的顽疾。为此，卢龙县压减甘薯种植面积，并于 2017 年投资 3 000 多万元建设 59 个甘薯淀粉废水收集池，覆盖 11 个乡镇，总容积达到 172.27 万 m^3，2017 年仅一年就收集废水约 84 万 m^3，但由于污染负荷高，即使在收集池中经过一年的自然降解，COD、BOD 等仍达不到《农田灌溉水质标准》（GB 5084—2005）的要求，废水不能用于灌溉，没有去处，产业仍难以持续发展。

此外，为了促进农产品加工废水处理后用作农田灌溉用水，我国还发布了《农田灌溉水质标准》（GB 5084—2005），将废水 COD 处理至 200 mg/L 及以下，BOD_5 处理至 100 mg/L 及以下，悬浮物处理至 100 mg/L 及以下可作为灌溉用水施用于农田。相较于《淀粉工业水污染物排放标准》（GB 25461—2010）直接排放限值要求，《农田灌溉水质标准》（GB 5084—2005）较为宽松，但对于薯类淀粉加工废水来说，同样较难达到。

2017 年原环境保护部科技标准司组织开展《淀粉工业水污染物排放标准》（GB 25461—2010）评估，由于薯类淀粉废水污染负荷高、废水产生量大、季节性生产、气温低等条件不利于生物处理工艺运行，结果显示薯类淀粉行业废水达标率仅为 6.62%，而且基本为薯类变性淀粉加工企业，无原淀粉加工企业。当前，薯类原淀粉加工中的多数企业将废水直接施用于农田，有的未经处理直接排入当地河流，此外，还有部分废水为间接排放，但多处于监管空白或协商排放状态，其污染物排放浓度远高于《淀粉工业水污染排放标准》（GB 25461—2010）中的间接排放标准。近 5 年来薯类淀粉加工废水在末端治理上没有显著性技术突破，仍根据《淀粉废水治理工程技术规范》（HJ 2043—2014）治理淀粉废水，可判断薯类淀粉执行达标排放仍存在较大困难，尚无经济可行的末端处理技术。

黄家村

马北寨村

尤大岭村

图 2-2　河北省卢龙县粉浆水收集池现场

2.3　行业加工资源利用率低

薯类淀粉加工行业整体资源利用率较低。薯类淀粉加工废水中含有氮、磷、钾等作物需要的营养物质，其中磷的 70%，氮和钾约 90% 进入废水中，因此薯类淀粉加工废水实际上是“肥水”，对于缺水的北方地区，薯类淀粉加工废水更是难得的资源。国内对薯类淀粉加工废水普遍采用厌氧好氧生物处理的末端治理方式，耗费大量的设施设备、能源及药剂对“肥水”进行处理，使原本富含营养的“肥水”变成“清水”，极大地浪费了丰富的水资源和营养物质。薯渣是薯类淀粉加工的副产物，平均每生产 1 t 薯类淀粉会产生 6.5～7.5 t 湿薯渣，主要包括水、残余淀粉颗粒和粗纤维等。因薯渣含有大量水分和多种微生物，水分活度大，储运困难，易于腐败变质。目前就近将薯渣销售至饲料厂，既节约资源，又减少污染，但是仍有部分企业因条件限制未对薯渣进行资源化开发利用。

图 2-3　甘薯薯渣

3

薯类淀粉加工行业政策解读

SHULEI DIANFEN JIAGONG HANGYE
ZHENGCE JIEDU

3.1 清洁生产标准及政策

3.1.1 清洁生产审核制度

清洁生产是推动企业可持续发展的重要抓手，也是从以末端治理为主的传统发展模式走向以污染预防为核心的新型工业化道路的重要途径。20 世纪 80 年代末清洁生产概念进入我国，1992 年《中国清洁生产行动计划（草案）》正式发布，标志着中国清洁生产相关工作全面启动。经过 40 余年的探索与发展，清洁生产已在我国落地生根，成为推动企业绿色转型升级的关键着力点，其中体制机制最完善、覆盖面最广、影响力最大的莫过于清洁生产审核制度。

2002 年，《中华人民共和国清洁生产促进法》（以下简称《促进法》）颁布，建立了中国清洁生产的政策框架和实施要求，明确提出“双超、双有”企业应当实施清洁生产审核。2004 年，《清洁生产审核暂行办法》明确清洁生产审核分为自愿性清洁生产审核和强制性清洁生产审核。环境保护部为了贯彻落实《促进法》，推进环境保护从末端治理向污染预防转变，自 2005 年起先后制定、发布了三个关键的技术文件和规范，明确“双超、双有”企业强制性清洁生产审核管理流程及程序，建立了重点企业清洁生产审核评估验收制度和监督检查制度，实现了强制性清洁生产审核制度与我国环境管理制度的初步协同推进的制度设计，逐步确立了基于“双超、双有”企业的重点企业清洁生产审核推进模式，形成了重点企业强制性清洁生产审核制度的闭环，指导着全国重点企业强制性清洁生产审核的实践。

薯类淀粉加工行业属纯物理加工，不添加有毒有害物质，因此国内各省（区、市）长期以来一般未将薯类淀粉加工行业列入强审名单。考虑到清洁生产审核主要是基于对企业现状调查，核定企业现状清洁生产水平，提出有针对性的清洁生产提升方案，并在方案实施阶段论证清洁生产方案的实施效果，环境绩效和经济绩效突出，目前我国广西、河北、安徽、山东等地均开展了薯类淀粉加工自愿性清洁生产审核工作，从而提升产业整体清洁生产水平。

根据 2019—2021 年统计情况，国内薯类淀粉加工行业未开展清洁生产审核工作。以河北省为例，河北省是我国主要的薯类加工大省。

表 3-1　2019 年河北省淀粉及淀粉制品行业清洁生产审核企业审核环境绩效表

序号	企业名称	COD	氨氮	一般固体废物	SO_2	NO_x
1	张家口富鑫农业开发有限公司	—	—	0.7	—	—
2	河北鑫华农业科技发展股份有限公司	—	—	0.7	—	—
3	秦皇岛鹏远淀粉有限公司	—	—	—	3.91	5.82
4	河北农辛食品股份有限公司	0.337	0.033	—	—	—
5	秦皇岛高成食品产业股份有限公司	—	—	5	—	—
6	河北中薯农业科技集团股份有限公司	—	—	53.49	—	—

表 3-2　2019 年河北省淀粉及淀粉制品行业清洁生产审核资源能源节约及经济效益表

序号	企业名称	节水	节电	节天然气	节蒸汽	经济效益
1	张家口富鑫农业开发有限公司	4 600	791 300	—	—	—
2	河北鑫华农业科技发展股份有限公司	1 170	—	5 000	120	14.52
3	秦皇岛鹏远淀粉有限公司	46 800	603 990	—	15 840	385.63
4	河北农辛食品股份有限公司	10 200	4 560	20 000	—	13.902
5	秦皇岛高成食品产业股份有限公司	576	19 032	—	—	1.600 2
6	河北中薯农业科技集团股份有限公司	290.41	201 300	9 930	—	23.43

3.1.2 清洁生产标准

清洁生产标准体系是评价行业清洁生产水平的最重要工具。2008 年，清洁生产评价指标体系的形成就是为了对企业的清洁生产水平进行客观的科学评价，它不仅能将企业的清洁生产状况与效果如实地反映出来，而且同时能帮助企业发现自身生产或管理等方面存在的不足，从而具有针对性地加以改进，进一步推动企业的清洁生产工作。自 2003 年起，国家环境保护总局、国家发展和改革委员会、工业和信息化部分不同时期已经开始着手清洁生产指标体系的构建工作。2003—2010 年，已经逐渐推出了 50 多部清洁生产标准，以及 2008 年推出的《清洁生产标准制订技术导则》和 2009 年推出的《清洁生产审核指南制订技术导则》，涉及多个行业，不仅指导了清洁生产标准的编写，而且指导了清洁生产审核的进行。2006 年 8 月 1 日，国家质量监督检验检疫总局、国家标准化管理委员会联合发布了由国家发展和改革委员会组织编制的《工业清洁生产评价指标体系编制通则》，这是我国的第一项专门为清洁生产指标体系的制定而颁布的国家标准。国家发展和改革委员会在 2005—2009 年，也逐步推出了 30 部清洁生产评价指标体系（试行）。与此同时，工业和信息化部也响应国家号召，推出了若干部行业清洁生产技术水平评价标准。另外，各种地方性文件如雨后春笋，可谓种类繁多。2012 年，国家修订了《促进法》，力图整治没有统一标准的清洁生产指标体系，于是三部委先 2013 年联合推出新指标体系的编制通则《清洁生产评价指标体系编制通则（试行）》，然后统一格式、统一方法，广泛征求各行业意见，推出新的行业清洁生产评价指标体系 14 部。就在 2016 年 5 月 16 日，国家发展和改革委员会、环境保护部联合推出《清洁生产审核办法》。清洁生产评价指标体系建立是现行清洁生产评价工作的需要，它明确了生产全过程控制的主要内容和目标，使企业和管理部门对清洁生产的实际效果和管理目标具体化，把清洁生产由抽象的概念变成直观的可操作、可量化、可对比的具体内容。通过定性和定量使企业看到清洁生产的绩效来提高企业自愿开展清洁生产的积极性。另外，清洁生产指标体系还可为科研部门的新技术研究与开发的选题，工程设计单位的企业技术改造或新、改、扩建项目的设计，环境影响评价单位的环境影响评价，清洁生产主管部门的企业清洁生产项目审批，提供必要的技术支持。

3.2 排污许可证制度

污染物排放许可制度是我国当前正在全面实施的一项重大环境保护制度，是我国推行依法治污的重要基础。环境保护主管部门依排污单位的申请和承诺，通过发放排污许可证的形式，规范排污单位的排污行为。企业获得排污许可后将合法获得向环境排放污染的许可，包括排污权和排污总量。

《排污许可证申请与核发技术规范　农副食品加工工业—淀粉工业》（HJ 860.2—2018）于2018年6月30日正式发布并实施。为便于深入全面理解本技术规范中关于马铃薯淀粉加工废水还田利用的相关规定和要求，现就其中的重点内容进行解读，供大家参考。

（1）加工废水还田利用的许可

技术规范首次提出了马铃薯加工废水可以实施还田利用。

技术规范“排放去向及排放规律（4.5.1.3）”中规定：“排放去向分为不外排；直接进入江河、湖、库等水环境；直接进入海域；进入城市下水道（再入江河、湖、库）；进入城市下水道（再入沿海海域）；进入城镇污水集中处理设施；进入其他单位废水处理设施；进入工业废水集中处理设施；其他（如土地利用）。”

（2）适用范围

技术规范规定薯类淀粉包括马铃薯、木薯、甘薯、山药、葛根等均可实施加工废水还田利用。

技术规范“关于适用范围（4.5.1.3）”限定了淀粉工业排污单位的废水排放去向，其中针对薯类淀粉，允许其通过“土地利用”方式消纳淀粉加工废水，即马铃薯淀粉加工废水还田利用是“合规合法”的水污染治理方式。

（3）加工废水还田的实施标准

如国家在未来出台了相关技术标准、指南或规范，遵照国家相关规定。在当前国家尚未发布相关规定前，加工企业所属地方政府可以参考国家相关规定、标准等发布适合本地环境管理要求的法律法规、标准或规范（指南、导则等）。

技术规范“参考标准（5.2.2.1）”中要求：“薯类淀粉生产废水被用于土地利用时，应符合国家或地方有关法律法规、标准及技术规范文件要求。”

（4）其他要求

技术规范中要求马铃薯淀粉加工企业应实施严格的环境管理，对加工废水进行预处理，消除臭味对周边环境的影响，并严格遵循国家或地方颁布的相关法律法规标准规范（指南、导则等）。

技术规范“运行管理要求（6.2.2）”中要求：“薯类淀粉生产废水还田时应进行前处理，消除异味，按国家和地方相关法律法规、标准及技术规范文件要求实施。”

（5）马铃薯淀粉加工废水还田的实施流程

根据国家相关环境管理要求，并结合排污许可制定的相关规定，马铃薯淀粉加工废水还田利用环境管理流程如下：

①发布指南

市级或以上地方政府或环境保护部门根据当地薯类加工废水污染治理要求，主持制定和发布符合当地环境保护要求的加工废水还田利用标准、指南或技术规范等。

②编制可行性研究报告

企业根据地方政府或环境保护部门发布的标准、指南或规范，结合企业加工工艺流程及周边环境特点，编制马铃薯淀粉加工废水还田利用可行性研究报告。

③编制环评

根据可行性研究报告，依据《中华人民共和国环境影响评价法》相关要求，企业委托第三方环评公司编制环境影响报告书。

④环评变更

企业向当地环境行政主管部门提交重新编制的环境影响报告书，并依据地方环境行政主管部门要求填写环评变更申请。

⑤申请排污许可证

企业依据《排污许可证申请与核发技术规范　农副食品加工工业—淀粉工业》相关要求，向当地环境保护主管部门提交排污许可证申请。

⑥发放排污许可证

环境保护主管部门依排污单位的申请和承诺，按照《排污许可证申请与核发技术规范　农副食品加工工业—淀粉工业》相关要求，对企业发放排污许可证证，允许企业在依法依规排污并对其实施监督执法。

3.3 环境影响评价制度

《中华人民共和国环境影响评价法》规定：环境影响评价，是指对规划和建设项目实施后可能造成的环境影响进行分析、预测和评估，提出预防或者减轻不良环境影响的对策和措施，进行跟踪监测的方法与制度。环境影响评价的基本内容包括：建设方案的具体内容，建设地点的环境本底状况，项目建成实施后可能对环境产生的影响和损害，防止这些影响和损害的对策措施及其经济技术论证。根据《中华人民共和国环境影响评价法》《国务院关于修改〈建设项目环境保护管理条例〉的决定》（国务院令　第682号）等相关规定，目前国内薯类淀粉加工企业须在项目建设前依法依规编制环评报告并提交相关主管部门。

2019年12月，生态环境部发布了《关于印发淀粉等五个行业建设项目重大变动清单的通知》（环办环评函〔2019〕934号）（以下简称《通知》），明确淀粉、水处理、肥料制造、镁钛冶炼、镍钴锡锑汞冶炼五个行业的重大变动情形，规定了上述行业建设项目发生何种变动情形需要重新报批环评文件。继2015年发布火电等九个行业建设项目的重大变动清单（环办〔2015〕52号文件）、2018年发布制浆造纸等十四个行业建设项目重大变动清单（环办环评〔2018〕6号文件）后，本次《通知》的发布旨在切实加强环境影响评价监督管理工作，解决当前部分行业建设项目重大变动内容界定缺乏量化指标、环境管理尺度难以统一、行政自由裁量权过大等问题，规范建设项目重大变动环境管理，保障环评制度有效执行，并配合排污许可证申领与核发工作。

为保持管理的连贯性和一致性，本《通知》在重大变动的界定原则上与环办〔2015〕52号文件、环办环评〔2018〕6号文件相同，依法将建设项目性质、规模、地点、生产工艺和环境保护措施五个因素中一项或一项以上发生变化且可能导致环境影响显著变化（特别是不利环境影响加重）的情形界定为重大变动。一是建设项目原辅料种类、产品方案、生产工艺等发生变动，导致新增污染项目、污染物排放量增加属于重大变动。二是建设项目规模增大导致污染物排放量增加、不利环境影响加重。三是建设地点发生变化引起的环境敏感目标、评价范围、防护距离范围等发生变化导致不利环境影响加重的界定为重大变动。四是排放方式及排放去向变动、间接排放调整为直接排放、环保措施发生重大变化（特别是弱化）界定为重大变动。清单进一步强化了环评与排污许可制的衔接，对排污许可管理的主要排气筒高度降低10%及以上的，纳入环评重大变动情形。淀粉行业建设项目重大变动清单强调了废水排放去向变化的情况，考虑淀粉生产企业存在将生产废水作为灌溉用水或直接进行土地利用的情况，明确规定了废水排放去向改为农田灌溉或满足国家或地方相关法律法规、标准、技术规范要求的土地利用的情形，列为重大变动。

本次发布的淀粉等五个行业重大变动清单突出了不同行业工艺及产排污特征差异，增强了重大变动判别的可操作性。

3.4 水污染物排放标准

环境保护标准是环境管理工作实施的依据和基础。2010 年 9 月 27 日，环境保护部和国家质量监督检验检疫总局联合发布了《淀粉工业水污染物排放标准》（GB 25461—2010），并于 2010 年 10 月 1 日起实施。该标准的实施解决了之前由于无淀粉行业排放标准而执行《污水综合排放标准》（GB 8978—1996）的混乱状况，并且该标准分级、分时段、分区域来明确淀粉工业主要的水污染物和排放标准要求，对现有企业和新建企业执行的水污染物排放浓度限值及单位产品基准排水量的限值，均有明确的规定，排放限值要求相当严格。

表 3-3　现有企业水污染物排放浓度限值及单位产品基准排放量

单位：mg/L（pH 除外）

序号	污染物项目	限值		污染物排放监控位置
		直接排放	间接排放	
1	pH	6～9	6～9	企业废水总排放口
2	悬浮物	50	70	
3	BOD_5	45	70	
4	COD_{Cr}	150	300	
5	氨氮	25	35	
6	总氮	40	55	
7	总磷	3	5	
8	总氰化物（以木薯为原料）	0.5	0.5	
单位产品（淀粉）基准排水量 /（m^3/t）	以玉米、小麦为原料	3		排水量计量位置与污染物排放监控位置一致
	以薯类为原料	8		

表 3-4 新建企业水污染物排放浓度限值及单位产品基准排放量

单位：mg/L（pH 除外）

序号	污染物项目	限值		污染物排放监控位置
		直接排放	间接排放	
1	pH	6～9	6～9	企业废水总排放口
2	悬浮物	30	70	
3	BOD_5	20	70	
4	COD_{Cr}	100	300	
5	氨氮	15	35	
6	总氮	30	55	
7	总磷	1	5	
8	总氰化物（以木薯为原料）	0.5	0.5	
单位产品（淀粉）基准排水量 /（m^3/t）	以玉米、小麦为原料	3		排水量计量位置与污染物排放监控位置一致
	以薯类为原料	8		

表 3-5 水污染物特别排放限值

单位：mg/L（pH 除外）

序号	污染物项目	限值		污染物排放监控位置
		直接排放	间接排放	
1	pH	6～9	6～9	企业废水总排放口
2	悬浮物	10	30	
3	BOD_5	10	20	
4	COD_{Cr}	50	100	
5	氨氮	5	15	
6	总氮	10	30	
7	总磷	0.5	1.0	
8	总氰化物（以木薯为原料）	0.1	0.1	
单位产品（淀粉）基准排水量 /（m^3/t）	以玉米、小麦为原料	1		排水量计量位置与污染物排放监控位置一致
	以薯类为原料	4		

2015年，国务院发布《水污染防治行动计划》，以改善水环境质量为核心，提出全面控制水污染物排放等十个方面的措施。我国是世界淀粉生产和消费大国之一，针对淀粉工业生产的污染物排放管理，我国已发布实施了《淀粉工业水污染物排放标准》（GB 25461—2010），对于控制淀粉生产的水污染物排放发挥了重要作用。而淀粉生产废水属于高浓度有机废水，可生化性较好，有毒有害物质少，按照现行排放标准《淀粉工业水污染物排放标准》（GB 25461—2010）中间接排放要求，其废水中污染物削减率要达到90%及以上，方可排入污水处理厂，此部分运行费用给淀粉加工企业造成了一定的负担。与此同时，一些工业园区或城镇污水处理厂本身面临脱氮除磷的要求，而由于进水中碳氮比较低，使用常规生物脱氮工艺时仍需补充一部分碳源，这无疑也加大了污水处理厂的运行成本。

针对淀粉工业废水水质特点，2021年生态环境部以《关于开展2021年度国家生态环境标准项目实施工作的通知》（环办法规函〔2021〕312号）下达了《淀粉工业水污染物排放标准》（GB 25461—2010）修改单制定任务，拟对《淀粉工业水污染物排放标准》（GB 25461—2010）进行修改，增加可协商约定间接排放限值等的要求。中国环境科学研究院作为主承担单位，组织北京市科学技术研究院资源环境研究所、昆明市生态环境科学研究院、宁夏环境科学研究院（有限责任公司）、广西壮族自治区环境保护科学研究院协作参与修改单的制定工作。修改单主要对以下内容有针对性地做出完善和修改。

（1）适用范围

随着环境保护要求的提升，目前企业园区化管理逐渐成为趋势。对于专门为淀粉工业企业提供污水处理服务（不收集处理其他工业废水及生活污水）的污水集中处理设施，也应执行淀粉工业排放标准的要求。因此应将淀粉工业污水集中处理设施纳入标准适用范围，在标准“适用范围”最后一段增加：本标准也适用于淀粉工业污水集中处理设施的水污染物排放管理。

（2）规范性引用文件

关于规范性引用文件的说法。GB 25461中规定“本标准内容引用了下列文件或其中的条款”，关于规范性引用文件的说法应予以完善，修改为“本标准引用了下列文件或其中的条款。凡是未注日期的引用文件，其最新版本（包括所有的修改单）适用于本标准”。GB 25461“规范性引用文件”中的标准均有年代号，考虑标准修订后一般仍使用原标准编号，且应引用修订后的最新版本，同时与目前新发布的标准写法保持一致，基于以上考虑，修改单增加“删除原引用文件中标准编号中的年代号”的规定。修改单中拟增加排污口规范化的相关要求，参照已发布了《环境保护图形标志——排放口（源）》（GB 15562.1）、《污水监测技术规范》（HJ 91.1）、《企业事业单位环境信息公开办法》（环境保护部令　第31号）、《关于印发排放口标志牌技术规格的通知》（环办〔2003〕95号）等标准和文件执行，因此上述标准和文件应在规范性引用文件中予以补充。

（3）术语和定义

本次修订过程中充分考虑了除淀粉企业本身的污水处理设施外，后续随着园区化管理的发展，行业类型污水处理厂会逐渐成为趋势，因此在本节最后一段新增了淀粉工业污水集中处理设施的术语定义，即将“淀粉工业污水集中处理设施”定义为“指专门为两家及两家以上淀粉工业企业提供污水处理服务（不收集处理其他工业废水及生活污水）的污水集中处理设施”。

（4）水污染物排放控制要求

由于淀粉工业排放废水可生化性较强，经过一定预处理后间接排放至污水处理厂，不会对下游污水处理厂产生较大冲击，且可在一定程度上提高污水处理厂进水的可生化性，有利于充分发挥污水处理厂的集中处理作用。因此，为鼓励和引导淀粉企业采用约定间接排放限值的形式优化废水间接排放管理，修改单规定：对于间接排放情形，若通过签订具备法律效力的书面合同，企业与公共污水处理系统约定排放至公共污水处理系统的某项水污染物排放浓度限值，则以该限值作为间接排放限值，不再执行表1、表2和表3中的限值。此外，薯类淀粉的原料包括马铃薯、红薯和木薯等，其生产与产排污具有以下特点：一是5～8 t薯类原料生产1 t淀粉，而玉米是1.4～1.5 t生产1 t淀粉，因此清洗水用量远大于谷类生产淀粉；二是废水中COD_{Cr}高达1万～3万mg/L，GB 25461要求一般地区企业废水直接排放达到100 mg/L，生化处理达标的难度较大；三是薯类淀粉生产属于季节性生产，一般在秋冬季，短短三四个月的生产时间和较低的气温不利于污水生化处理；四是薯类淀粉企业普遍生产规模偏小，年产量1万t淀粉以上的企业占比不到5%，难以承担较高的水处理成本投入；五是薯类淀粉多数分布在我国西部和东北地区，很多属于缺水地区，如能将淀粉废水进行土地利用将缓解农田缺水现状，且能利用废水中的营养物质。调研发现，目前薯类淀粉企业普遍仍采用二级生化处理，处理后COD_{Cr}约1 000 mg/L。

国内方面，黑龙江北大荒、内蒙古和林县、甘肃定西市、宁夏固原市和陕西定边县等地已开展薯类淀粉废水土地利用的实践，宁夏固原市已开展了马铃薯淀粉加工废水农田灌溉试点。目前，黑龙江省农垦总局、宁夏固原市、甘肃定西市和张掖市以及陕西定边县等多地已陆续组织编制马铃薯淀粉加工废水还田利用技术规范或技术指南，其中原黑龙江省环境保护厅垦区环境保护局制定发布了《马铃薯淀粉加工有机肥水还田技术指南》（试行）。国外方面，美国、丹麦、德国、英国、日本、澳大利亚等国家均发布了相关的工艺设计手册，开展脱蛋白质后马铃薯淀粉废水土地利用方面的实践，且农田肥力提升效果较好，农作物产量有所增加。对于薯类淀粉废水土地利用的情况，修改单规定“薯类淀粉废水进行土地利用时，应符合国家和地方有关法律法规、标准及技术规范文件要求”。

（5）水污染物监测要求

GB 25461 中规定“对企业排放水污染物浓度的测定采用表 4 所列的方法标准”，但是未考虑标准随后更新修订情况，如新发布的国家监测分析方法标准适用，也可采用新发布的标准。因此，应对 GB 25461 中 5.5 予以完善，即修改为“对企业排放水污染物浓度的测定采用表 4 所列的方法标准。本标准实施后国家发布的其他环境监测分析方法标准，如明确适用于本行业，也可采用该监测方法标准”。删除“表 4 水污染物浓度测定方法标准”中标准编号的年代号。

同时，为了落实执行协商间接排放限值企业的主体责任，加强信息公开，修改单规定“对执行 4.5 规定协商约定的污染物项目，企业自行监测数据应当及时共享至生态环境主管部门和公共污水处理系统运营单位”。

（6）污水排放口规范化要求

修改单新增“6 污水排放口规范化要求”一章，其规范化要求主要包括污水排放口和采样点的设置及标识牌的设置要求，均可执行现行标准及文件的规定，即增加两个条款“6.1 污水排放口和采样点的设置应符合 HJ 91.1 的规定”；“6.2 应按照 GB 15562.1 和《关于印发排放口标志牌技术规格的通知》或企业所在地生态环境主管部门的有关规定，在污水排放口或采样点附近醒目处设置污水排放口标志牌”。

（7）标准的实施与监督

为维护公民、法人和其他组织依法享有获取环境信息的权利，促进企业事业单位如实向社会公开环境信息，推动公众参与和监督环境保护，修改单新增了信息公开的相关要求，包括排污单位电子显示屏设置，与污水排放口有关的计量装置、监控装置、标志牌的监督管理要求等。原“6 实施与监督”改为“7 标准的实施与监督”，原“6.1”“6.2”分别修改为“7.1”“7.2”，并增加以下内容：“7.3 重点排污单位应在厂区门口等公众易于监督的位置设置电子显示屏，并按照《企业事业单位环境信息公开办法》向社会实时公布水污染物在线监测数据和其他环境信息。”“7.4 与污水排放口有关的计量装置、监控装置、标志牌、环境信息公开设施等，均按生态环境保护设施进行监督管理。企业应建立专门的管理制度，安排专门人员，开展建设、管理和维护，任何单位不得擅自拆除、移动和改动。”

3.5　污染防治技术规范

根据《排污许可证申请与核发技术规范　农副食品加工工业—淀粉工业》（HJ 860.2—2018）及环境保护相关管理规定，国家及地方应制定淀粉加工废水还田利用技术规范。截至目前，我国多个省（区、市）相继开展了马铃薯淀粉加工废水还田利用试点示范及地方标准的制定工作。

黑龙江省农垦总局于 2017 年发布了《马铃薯淀粉加工有机肥水还田技术指南（试行）》，该指南也是国内首个薯类淀粉还田利用技术指南。

宁夏回族自治区生态环境厅于 2017 年 12 月制定并发布了《马铃薯淀粉加工废水还田利用研究试点试验技术指南（试行）》，指导和规范固原市开展马铃薯淀粉加工废水试点示范，该试点也是生态环境部批准的国内首个薯类淀粉加工废水还田利用试点。

甘肃省地方标准《马铃薯淀粉加工中薯渣及蛋白质回收技术规范》（DB 62/T 2999—2019）于 2019 年 5 月 13 日发布并实施，该标准规定了马铃薯淀粉加工过程中马铃薯渣及马铃薯蛋白质回收的术语和定义、马铃薯渣回收和马铃薯蛋白质回收技术规范。

中国淀粉工业协会团体标准《马铃薯淀粉工业有机肥水农田利用技术规范》（T/SIACN 01—2018）于 2018 年 9 月 20 日开始实施，该标准规定了马铃薯淀粉工业（不含变性淀粉生产）有机肥水还田的术语和定义、基本要求、还田要求、环境质量检测要求、氮磷面源污染防治要求、预警机制及应急预案、运行管理要求、实施与监督要求。

中国淀粉工业协会团体标准《马铃薯淀粉汁水蛋白提取操作技术规范》（T/SIACN 04—2019）于2019年8月19日起实施，本标准规定了从马铃薯淀粉生产过程中产生的汁水进行蛋白提取的术语和定义、基本要求、工艺流程、操作步骤、汁水的处理要求、主要工艺设备和材料、质量管理。

安徽省地方标准《甘薯淀粉加工废水还田利用技术规范》（DB 34/T 4138—2022）于2022年3月29日发布，该标准界定了甘薯淀粉加工废水还田利用的基本要求、水质要求，并规定了还田利用工艺、预处理、输送、施用、应急设施、检测、评价、运行与管理等技术与要求。

另外，中国循环经济协会团体标准《薯类淀粉物理加工废水废渣资源化利用技术规范》、宁夏回族自治区地方标准《马铃薯淀粉加工废水还田利用技术规范》和国家标准《农业废弃物资源化利用——农产品加工废弃物再生利用》都已批准立项，经过专家评审形成了报批稿，将于近期发布实施。

图3-1 安徽省发布地方标准《甘薯淀粉加工废水还田利用技术规范》

黑龙江省环境保护厅垦区环境保护局
Department of Environmental Protection of Heilongjiang Kenqu

首页 | 行政体制 | 政务公开 | 政策法规 | 计财审计 | 自然保护 | 污染控制 | 总量控制 | 环境监察 | 环境监测 | 宣传教育
生态垦区建设 | 核与辐射安全 | 党风廉政建设 | 群众路线教育 | 污染源环境监管 | 企业自行监测信息

公告公示

> 当前位置：首页 > 公告公示 >

关于发布《马铃薯淀粉加工有机肥水还田技术指南》（试行）的公告

【来源：|作者：|发表时间: 2017-05-19】

为贯彻《中华人民共和国环境保护法》、《中华人民共和国清洁生产促进法》、《中华人民共和国循环经济促进法》，增强马铃薯淀粉加工有机肥水还田利用的科学性和规范性，我局组织制订了《马铃薯淀粉加工有机肥水还田技术指南》（试行），现予发布，请遵照执行。

附件：《马铃薯淀粉加工有机肥水还田技术指南》（试行）

黑龙江省环境保护厅垦区环境保护局

二〇一七年五月十九日

附件： 北大荒-马铃薯淀粉加工工艺水还田技术指南.docx

图 3-2 黑龙江省环境保护厅垦区环境保护局发布《马铃薯淀粉加工有机肥水还田技术指南》（试行）

4

加工行业清洁生产工艺及资源化利用技术

JIAGONG HANGYE QINGJIE SHENGCHAN GONGYI
JI ZIYUANHUA LI YONG JISHU

4.1 薯类蛋白资源化回收技术

马铃薯蛋白大约含有 71% 马铃薯球蛋白（tuberin）、7.6% 谷蛋白（glutein）、6.6% 白蛋白（albumin）、3% 球蛋白（globulin）、1.7% 醇溶蛋白（prolamin）和 8.8% 其他蛋白，马铃薯蛋白赖氨酸含量高，含硫氨基酸为限制性氨基酸。尽管马铃薯块茎是重要的淀粉来源，每千克马铃薯干物质中含有 30～35 g 缓冲液可提取的蛋白。将 1 t 马铃薯加工成淀粉，会产生 5～12 t 马铃薯淀粉加工分离汁水，这些汁水中蛋白质占总固形物含量的 30%～40%。估计每公顷种植面积的马铃薯含有蛋白 500～1 000 kg，从工业生产马铃薯淀粉分离汁水中提取的蛋白质，主要由 Patatin 蛋白和蛋白酶抑制剂组成。

目前，从马铃薯淀粉加工分离汁水中回收蛋白的方法包括酸热絮凝法，该方法也是已经实现产业化应用并在西方国家普遍推广的方法，缺陷是蛋白质已经发生变性，作为食品原料的许多功能特性（如溶解性和起泡性），因此在食品工业中的应用受到限制。

为了确保马铃薯蛋白的天然活性，目前已经尝试了很多种方法来进行回收，这些方法综合了离子强度、pH 和温度，使马铃薯蛋白原有的构象、活性和溶解性得以保持，van Koningsveld 等进行了这方面的研究。马铃薯蛋白在 55～75℃ 会发生变性，酶活性和溶解性都会降低。在中等酸性 pH 条件下，溶解性取决于离子强度和是否含有未变性的 Patatin 蛋白。使用有机溶剂同适当低的 pH 相结合得到的马铃薯蛋白沉淀在中性 pH 条件下溶解性很好。然而，乙醇会明显降低马铃薯蛋白的变性温度，这意味着为了得到溶解性较好的马铃薯蛋白，采用乙醇来沉淀蛋白需要在低温条件下进行操作。

传统酸热絮凝法制备的已发生变性的马铃薯浓缩蛋白售价大约为 1 欧元 /kg，而保留了天然活性的马铃薯蛋白售价大约为 100 欧元 /kg。但是，从马铃薯淀粉加工分离汁水中回收具有天然活性的蛋白的方法成本较高，因为这些方法需要考虑将糖苷生物碱和酚类物质进行分离并将抗营养因子进行灭活，如蛋白酶抑制剂，或者需要通过色谱分离技术将不同的蛋白组分进行分离。

近年来，在马铃薯蛋白的分离纯化方面，研究热点集中在如何采用较温和的方法代替热絮凝法以提高蛋白质的质量。扩张床吸附在大规模从马铃薯淀粉分离汁水中回收 Patatin 蛋白方面具有较好的前景。扩张床吸附所得到的马铃薯蛋白除了功能特性好以外，还可以去除大部分的生物碱苷类物质。提取后的干燥技术对于保持马铃薯蛋白的功能也非常重要，常压冷冻干燥与喷雾干燥和真空冷冻干燥相比，更适合马铃薯蛋白的干燥。另外，在某些应用领域，希望将酶的活性去除（特别是蛋白酶抑制剂的活性），以确保蛋白强化食品的消化率。

荷兰的马铃薯淀粉集团公司 AVBE 2007 年在其全资子公司 Solanic 采用混合配基化学吸附加工技术制备了适合食品工业和制药工业应用的高性能马铃薯蛋白。加工工艺将马铃薯蛋白分为两个部分：①主要由 Patatin 蛋白组成的高分子量蛋白组分，为蛋白含量 90%～95% 的粉末型食品原料。②主要由蛋白酶抑制剂组成的低分子量蛋白组分，为液体形态的制药工业原料。Solanic 公司宣称马铃薯蛋白优于大豆蛋白，可以同动物蛋白相媲美，这是首次大规模生产食品级（药品级）的马铃薯蛋白。

AVBE 子公司 Solanic 已经申请了天然活性马铃薯蛋白回收方法的相关专利，Solanic 公司回收的马铃薯蛋白拥有非常好的作为食品工业应用的功能特性，如起泡性、凝胶作用和乳化性质。Solanic 公司的产品：Patissionate 401P 是专门针对蛋白甜饼（meringues）开发出来的，用来替代鸡蛋，而且做出来的甜饼体积是用鸡蛋的两倍；Promish 204P 用于制作标准的法兰克福香肠（frankfurters）和馅饼（pate）。

马铃薯蛋白分离回收的主要挑战是在不变性或不影响其功能特性的情况下从马铃薯淀粉加工分离汁水中进行回收。

4.1.1 酸热絮凝法

酸沉淀法、热絮凝法或者将两者结合起来的酸热絮凝法用于回收马铃薯蛋白已经有很长的历史，以前这种技术用于去除马铃薯淀粉加工分离汁水中的蛋白质主要的主要目的是降低废水中的蛋白含量，从而降低废水的污染能力以及减少废水处理的经济成本。目前，由于酸沉淀法和热絮凝法会导致蛋白质变性，因此这两种方法都不是太理想。当蛋白质结构发生改变时，往往会导致其功能特性丧失，从而妨碍其在食品工业中的应用。

荷兰和德国的一些大型马铃薯淀粉厂对淀粉加工分离汁水中的蛋白质进行了回收，以便抵消一部分废水处理成本，采用的方法包括：反渗透膜预浓缩，然后进行热絮凝，最后再将絮凝的蛋白质进行分离并干燥。

酸热絮凝法从马铃薯淀粉加工分离汁水中回收蛋白的具体方法为：将汁水的 pH 调至 3.5～5.5，加热到超过 90℃，蛋白质变性絮凝，然后通过离心将蛋白质与水进行分离，最后干燥成蛋白质粉末。大部分马铃薯淀粉厂采用的酸热絮凝法获得的蛋白质纯度大于 80%，灰分含量 1.5%～3.0%，颜色比较浅。

尽管酸热絮凝法回收的蛋白存在诸多缺点，但目前全球进行工业化应用的马铃薯蛋白回收技术主要是酸热絮凝法。图 4-1 为宁夏回族自治区西吉县万里淀粉有限公司蛋白回收生产线。中国科学院兰州化学物理研究所科研人员历时 8 年的持续攻关，先后完成了两步法连续提取回收高纯度蛋白和超细纤维技术、脱蛋白水“太阳能集热保温网箱式固定化生物浮动滤池（IBA-FFN）处理达标排放技术”、脱蛋白水等“有机碳肥水”还田利用技术，解决了多年困扰马铃薯淀粉废水环保处理技术“瓶颈”问题。自 2013 年在宁夏固原建成全国第一套两步法不间断提取回收高纯度蛋白和超细纤维生产线以来，先后已为国内 6 家马铃薯淀粉企业建立了高纯度蛋白和超细纤维技术生产线。与中国环境科学院联合为 41 家企业完成了马铃薯淀粉废水肥水化还田利用技术可行性研究和“一企一策”实施方案的编制，并促进了生态环境部将马铃薯淀粉加工分离汁水提取蛋白技术和废水肥水化还田利用技术纳入 2018 年 6 月 30 日正式颁布的《排污许可证申请与核发技术规范　农副食品加工工业—淀粉工业》最新标准，为我国马铃薯等薯类淀粉废水排放处理技术开辟了一个新的资源化利用途径。

图 4-1　西吉县万里淀粉有限公司蛋白回收生产线

热絮凝法是马铃薯淀粉工业中常用的方法。温度常常超过 90℃，这是经济成本的主要缺点，在这种温度下土豆蛋白变得不溶，这反过来限制了它们在食品和制药工业的其他部门的应用。热絮凝法也分很多种。Strolle 等[10]研究了将蒸汽加入马铃薯淀粉加工分离汁水中进行加热，将汁水温度提高到 104.4℃。然后将汁水快速冷却，让蛋白质絮凝并收集起来。他们的研究得出的结论认为温度应高于 99℃以上，pH 调整为 5.5 时，蒸汽加热是一种非常高效而又简单的蛋白质回收方式。此外，蒸汽注入加热是一种高效、简便的去除 PFJ 蛋白的方法。这项技术也具有缺陷，在经济上运行成本高，因为能源消耗大，且需要先采用离子交换去除马铃薯淀粉加工分离汁水中的其他成分（如有机酸、氨基酸等）。

Waglay 等认为酸热絮凝法的蛋白质回收率高，但纯度极低，这是因为酸热絮凝法对马铃薯蛋白没有选择性，絮凝过程中会将汁水中其他成分一并絮凝沉淀下来。相反，酸沉淀的回收率较低，但所得蛋白质纯度较高。另外，酸热絮凝法回收的蛋白当中 Patatin 蛋白较多，蛋白酶抑制剂较少。事实上，由于热絮凝会导致蛋白质完全变性，因此所提取得到的 Patatin 的应用将会非常有限；酸沉降同样会对提取 Patatin 产生不利影响，但对提取高分子量马铃薯蛋白非常有利。

酸沉淀法常采用的酸包括 HCl、磷酸（H_3PO_4）或者 H_2SO_4。Knorr 等比较了酸沉淀法和热絮凝法从马铃薯淀粉加工分离汁水中回收蛋白，发现 $FeCl_3$ 回收蛋白的回收率与用 HCl 将 pH 调至 2～4 差不多，高于用 HCl 将 pH 调成 5～6。结果还表明，当采用酸沉淀法或者热絮凝法回收马铃薯蛋白时，所得蛋白产品的颜色均发黑，而且有一股煮熟的气味。因此，酸沉淀法或热絮凝法回收的蛋白质通常用作动物饲料。

酸热絮凝法获得的蛋白溶解性差，吸水和吸油能力低，失去了作为食品应用的很多功能性质（如起泡性和泡沫的稳定性），因此限制了其在人类食品工业中的应用。尽管马铃薯蛋白的营养价值高，但由于溶解性问题，马铃薯浓缩蛋白仍然是一种低附加值的淀粉加工副产物。酸热絮凝法制备的马铃薯蛋白主要用作动物饲料，传统应用是作为牛和猪的饲料，也有尝试代替鱼粉作为鱼饲料应用。2002 年，欧盟将絮凝法制备的马铃薯蛋白授权为新型食品原料，且需要符合的产品质量标准见表 4-1。

表 4-1　絮凝法制备的马铃薯蛋白及其水解物的产品质量标准

干物质含量 /（mg/g）	≥800
蛋白质含量（N×6.25）/（mg/g）	≥600（干基）
灰分 /（mg/g）	≤400（干基）
总糖苷生物碱 /（mg/kg）	≤150
总赖丙氨酸 /（mg/kg）	≤500
游离赖丙氨酸 /（mg/kg）	≤10

表 4-1 明确规定了马铃薯蛋白及其水解物中糖苷生物碱的含量，通常情况下马铃薯浓缩蛋白中含有苦味糖苷生物碱类物质（1.5～2.5 mg/g），但经过处理以后能将糖苷生物碱的含量降低。对虹鳟鱼的试验结果表明，生物碱苷类物质会降低虹鳟鱼的食欲。Refstie 和 Tiekstra 将马铃薯浓缩蛋白中的生物碱苷类物质全部去除后，替代 40% 鱼粉蛋白喂养大西洋鲑鱼，结果表明应用和消化效果良好。由于大马哈鱼的胰蛋白酶对蛋白酶抑制剂非常敏感，因此，有必要确保在生产浓缩蛋白时将蛋白酶抑制剂进行灭活。出于上述原因，马铃薯浓缩蛋白没有在食品工业中得到很好的应用。

表 4-1 还明确规定了赖丙氨酸（lysinoalanine，LAL）的含量，我国对赖丙氨酸的研究非常鲜见。1964 年，Bohak 在经碱（pH 为 13）处理后的牛胰脏核糖核酸 A（Rnase A）中首先发现了赖丙氨酸。赖丙氨酸作为一种新的氨基酸既可能在加热含蛋白质的食品中大量产生，也可能在用碱处理含蛋白质的食品时出现。赖丙氨酸被认为是一种有毒有害物质，会引起食品安全问题。

4.1.2 扩张床吸附色谱法

近年来，有许多报道关于采用离子交换色谱分离技术应用于天然活性马铃薯蛋白的回收，其中研究最多的是扩张床吸附（Expanded bed adsorption，EBA），它是一种特殊的离子交换色谱。

扩张床吸附色谱是一种比较理想的从马铃薯淀粉加工分离汁水中回收具有天然活性蛋白的方法，回收的蛋白不仅能保留其生物活性，而且采用不同的吸附填料和洗脱条件可以将具有不同性质的 Patatin 蛋白和蛋白酶抑制剂进行分离并分别回收。

扩张床吸附色谱是 1992 年由剑桥大学 Chase 教授等最先发展起来的，Chase 和 Draeger 发表了题为 "*Expanded-Bed Adsorption of Proteins Using Ion-Exchangers*" 的论文，首次报道了扩张床吸附技术在蛋白分离中的应用[13]。第二年 *Nature* 子刊 *Bio/Technologgy* 对该技术进行了高度评价，将扩张床吸附色谱技术誉为近几十年来出现的第一个新的单元操作。

扩张床吸附色谱是一种经过精心设计的、稳定的、返混很少的离子交换层析技术，把澄清、浓缩和纯化集成于一个单元操作中，减少了操作步骤，提高了产品收率，降低了纯化费用和资本投入，被誉为近几十年来出现的第一个新的单元操作。扩张床吸附装置如图 4-2 所示，离子吸附填料没有装载满整个层析柱（左），平衡及进样时物料从层析柱的底端进入，柱床体积发生膨胀（右），洗脱时洗脱液从层析柱顶端进入自上而下进行洗脱。

图 4-2　沉淀状态（左）和膨胀状态的扩张床（右）

扩张床吸附色谱将颗粒分离、澄清和浓缩三个步骤集中到一个步骤，与经典填充床色谱相比更适合工业化生产。邱家山和 Anspach 等对扩张床吸附层析技术的进展进行了综述，国内对该技术的研究始于 1996 年，现已有“均质型纤维素 / 钛白粉复合微球制备技术（编号：144844）”和“采用扩张床吸附技术从蛇毒中提取神经生长因子”两个项目获得“863”支持。浙江大学化学工程与生物工程学院林东强教授团队在扩张床吸附填料方面进行了较为深入的研究，中国科学院兰州化学物理研究所、中国科学院过程研究所等科研院所对扩张床吸附色谱技术在天然产物分离方面的应用进行了研究。国外从事该技术及装置研究的公司有瑞典 Pharmacia 公司、丹麦 UpFront Chromatography A/S 公司、美国的 Pall Life Science 公司。现在的商业化吸附剂和装置也主要由上述 3 家公司提供。

4.1.2.1　吸附剂

吸附剂开发是扩张床吸附色谱需要解决的核心技术之一，重点是开发载量高、具有选择性吸附作用的填料，另外，为了提高产能考虑到进料方向从下往上，通常会增加填料的密度以避免填料适应在较高的流速下运行。过去 20 多年来，开发出来的扩张床吸附填料可以分成三大类：第一类为核心型，用高密度的粒子作为核心，外面由凝胶包裹，这一类油分成单核型和多核型；第二类为分散型，高密度的粉末均匀地分布在聚合物或凝胶当中；第三类为坚硬的多孔玻璃粉外面没有聚合物包括层，叫整体型。

4.1.2.2 吸附装置

扩张床吸附装置的开发是扩张床吸附色谱需要解决的另一个核心技术，与传统填充床装置相比，扩张床需要解决液体在层析柱内流动方向切换的问题。瑞典 Amersham 公司对扩张床色谱分离技术进行了商业化应用研究，开发了相应的填料和配套的层析柱（2004 年，Amersham 公司被美国 GE 公司收购）。

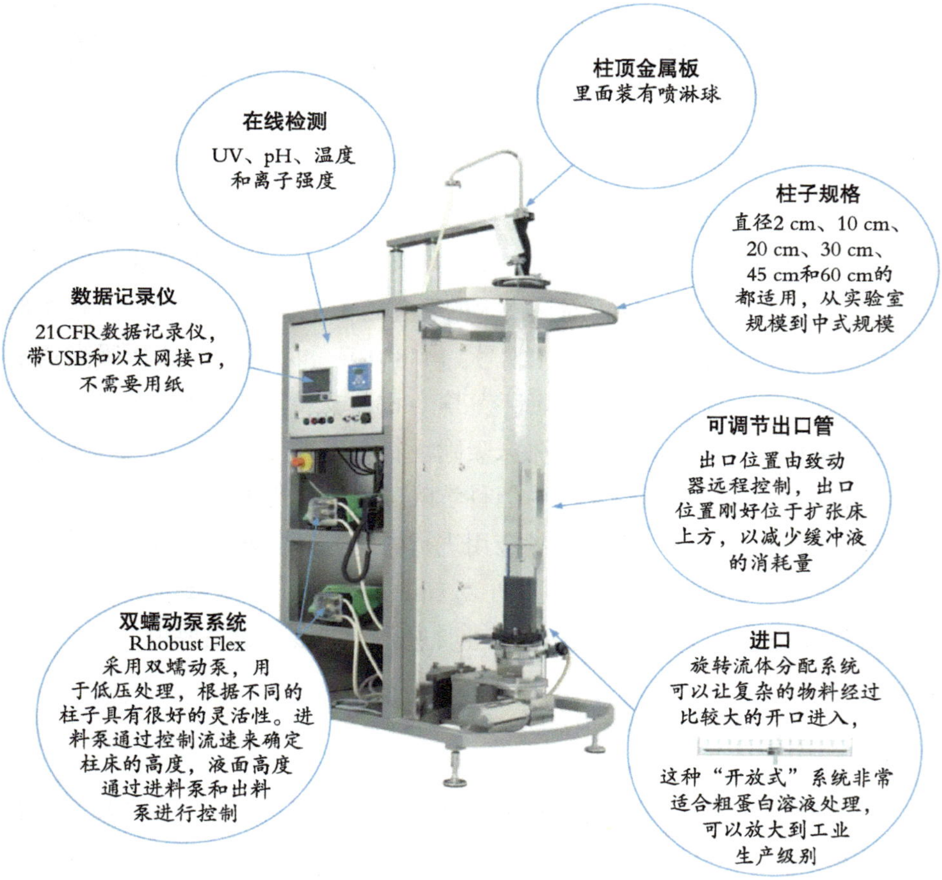

图 4-3　丹麦 UpFront 公司 RhobustTM Flex 型扩张床吸附装置

GE 公司的 STREAMLINE 扩张床吸附柱包括 STREAMLINE 50、100 和 200，对应的柱子直径分别为 50 mm、100 mm 和 200 mm。

丹麦的 UpFront Chromatography A/S 公司是一家专门从事扩张床吸附色谱技术研究及应用推广的公司，图 4-3 为该公司研发的 RhobustTM Flex 型扩张床吸附装置，该装置能同时满足实验室规模和中式规模的应用需求。

4.1.2.3 扩张床吸附回收蛋白的应用

Giuseppin 等对 EBA 回收具有天然活性的马铃薯蛋白进行了研究，回收的产品主要是 Patatin 蛋白。自 1999 年以来，Strætkvern、Løkra 等发表了一系列扩张床吸附回收天然马铃薯蛋白的报道，他们的研究目的主要是回收 Patatin 蛋白用于食品加工领域。

挪威海德马克大学学院农业与自然科学系的 Strætkvern 团队系统地研究了扩张吸附色谱技术在马铃薯淀粉加工分离汁水中回收蛋白的应用，1999 年与 UpFront Chromatography AS 公司合作发表了第一篇采用该技术回收 Patain 蛋白的论文采用的填料为 Mimo ES 和 Mimo ExF，均由 UpFront Chromatography AS 公司提供。

2003 年，Strætkvern 团队报道了中式规模的扩张床吸附色谱在马铃薯淀粉加工分离汁水中回收蛋白质的应用，图 4-4 为采用的层析柱，高 100 cm，直径为 20 cm，可以容纳 17 L 吸附填料。从酶活分析结果来看，采用扩张床吸附色谱能回收马铃薯淀粉加工分离汁水中可溶性蛋白的 2/3，Patatin 蛋白是主要成分。该扩张床吸附系统一次进料量为凝胶体积的 8～10 倍，可以从 150 L 汁水中回收大约 300 g 蛋白质。

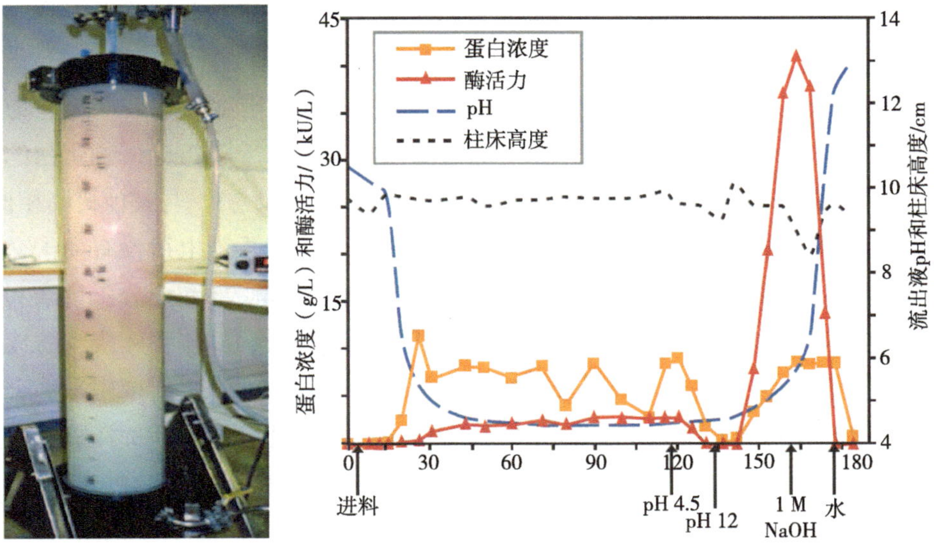

图 4-4 中式规模扩张床吸附色谱柱（左）及色谱图（右）

Løkra 等研究了扩张床吸附色谱技术从马铃薯淀粉加工分离汁水中分离回收蛋白质中的应用。与导致蛋白质功能特性丧失的热絮凝这种常规方法不同的是，吸附色谱法具有很多优点，包括能选择性收集马铃薯蛋白中的不同组分，很容易脱除非营养成分如糖苷生物碱以及干扰组分（低分子量物质）。扩张床吸附色谱技术在脱除杂质如纤维、矿物质和色素方面具有很好的效果。扩张床吸附回收的马铃薯蛋白经过干燥以后可以用于食品工业。大多数干燥方式采用热风，这种干燥技术的缺点是影响功能特性并导致蛋白质颜色很深，限制其在食品工业中的应用。因此需要采用较温和的干燥技术对扩张床吸附回收的蛋白进行脱水干燥。

2007 年，来自挪威科学技术大学的 Claussen 等与 Strætkvern 合作发表了干燥方法对天然活性马铃薯蛋白功能特性影响的论文，采用的干燥方法为常压冷冻干燥、真空冷冻干燥和喷雾干燥，待干燥的蛋白溶液原料为扩张床吸附色谱分离得到的马铃薯蛋白。该论文还对干燥的蛋白样品的理化性质、质量和功能特性（颜色、水含量、堆积密度、再水合性质、等温吸附线、酶活力、溶解性、蛋白变性）进行了分析，结果表明常压冷冻干燥是一种温和的干燥方式，与喷雾干燥和真空冷冻干燥相比更适合于马铃薯蛋白溶液的脱水干燥。热焓分析和等温吸附曲线都表明常温冷冻干燥能减少蛋白变性，三种干燥方式酶活力相当。研究人员将冷冻的马铃薯蛋白颗粒放入流化床箱内，-10℃的冷空气从流化床上吹过，使颗粒样品流化，蛋白颗粒表面的水被冷空气输送到蒸发器，再从干燥系统中抽出来。干燥的空气再重新进入干燥室之前，由冷凝器将温度调至设定值。

Stræetkvern 等研究了不同 pH 条件下，采用多种高密度吸附剂混合作为固定相，从马铃薯淀粉加工分离汁水中分离回收具有生物活性 Patatin 的蛋白的方法。从吸附剂材料上洗脱 Patatin 蛋白需要将 pH 调整到 2～3。与其他树脂相比，使用混合吸附树脂的优点包括能去除干扰物质如色素和不带电荷没有离子交换吸附作用的物质。这些混合树脂是在小玻璃珠上涂上琼脂糖和低分子量亲和配体制成的。这些配体由一个疏水的内核组成，由芳香族、异芳香族或脂肪族分子组成，能吸附多种亲水分子或带电荷的分子。在各种混合吸附剂中，混合树脂 ES 和混合树脂 ExF 对 Patatin 蛋白具有较高的结合性和特异性选择吸附。这些树脂的不同之处在于配体的浓度，其中 ExF 树脂属于低取代而 ES 属于高浓度取代。混合树脂 ES 在 pH 为 6.5～8.5 时结合能力较强，从色谱图上看，在

2～3 min 时开始洗脱。与混合树脂 ES 相比，混合树脂 ExF 中配体浓度较低，对马铃薯淀粉加工分离汁水中 Patatin 蛋白的选择性吸附作用更强。使用混合树脂 ExF 的优点是 pH 为 3.5～4.5，优于采用混合树脂 ES 洗脱时所需要的 pH 范围，从而能更好地保持回收蛋白的功能特性。树脂不能够区分 Patatin 蛋白的异构体，这表明洗脱不仅是基于电荷，也与基团对柱材料的亲和力有关。

2008 年，同样来自挪威海德马克大学学院的 Løkra 等与 Strætkvern 共同发表采用大规模扩张床吸附色谱分离技术从马铃薯淀粉加工分离汁水中回收蛋白的化学性质和功能特性的论文，采用的扩张床吸附填料及装置与他们前期报道的文献一致。作者采用了真空冷冻干燥（VF）、常压冷冻干燥（ATM）、流化床（FB）、90℃出风温度的喷雾干燥（SP90）、165℃出风温度的喷雾干燥（SP165）对马铃薯蛋白进行干燥，还将不同干燥方式所得马铃薯蛋白作为乳化剂在 pH 为 4 和 pH 为 6 乳化体系中的乳化性质进行了分析，发现 pH 为 6 的条件下乳化体系更均一，油滴颗粒比 pH 为 4 小。

2009 年，Løkra 等继续与 Strætkvern 合作发表了采用两种不同扩张床树脂从马铃薯淀粉浆果分离汁水中回收蛋白质，对回收蛋白的化学组成、颜色、酶活力、热力学性质和功能特性（溶解性和稳定性）进行了比较。他们获得的马铃薯蛋白粉见图 5-5，样品 B 和样品 D 制备的马铃薯蛋白粉颜色比样品 A 和样品 C 浅。

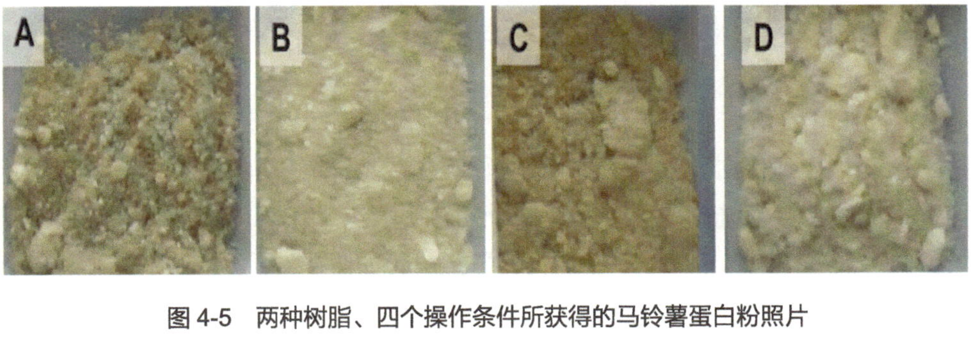

图 4-5　两种树脂、四个操作条件所获得的马铃薯蛋白粉照片

2012 年，Strætkvern 和 Schwarz 比较了扩张床吸附色谱法和超滤法从马铃薯淀粉加工分离汁水中回收蛋白质的应用，采用的扩张床吸附填料为 UpFront 公司提供的混合型树脂，采用的超滤膜分子截留量为 10 kDa MWCO（0.093 m^2）。结果表明，采用超滤法蛋白质得率（3.2 g/L 汁水）和酯酶活力（3.17 kU/L 汁水）更高，扩张床吸附色谱的蛋白得率和酯酶活力分别为 1.8 g/L

汁水和 1.21 kU/L 汁水。回收之后干燥的蛋白粉糖苷生物碱含量低，绿原酸含量低颜色浅（L*=73.8%）。在选用的填料和操作条件下，与超滤相比扩张吸附色谱回收 Patatin 蛋白组分更高，更适合用于食品工业。

中国科学院兰州化学物理研究所曾凡逵等和靳承煜等采用扩张床吸附色谱技术以 XAD 7HP 树脂为吸附剂对从马铃薯淀粉加工分离汁水中回收天然活性蛋白进行了研究，该研究将扩张吸附色谱与超滤浓缩相结合，先采用扩张床吸附色谱技术回收蛋白，再通过超滤浓缩将蛋白溶液进行浓缩并采用渗滤进行清洗。XAD 7HP 能选择性地吸附马铃薯蛋白酶抑制剂，回收的蛋白具有很高的胰蛋白酶抑制剂活力，还具有胰凝乳蛋白酶抑制剂活力，糖苷生物碱含量低。扩张床吸附及超滤浓缩过程蛋白的 SDS-PAGE 电泳图谱见图 4-6。

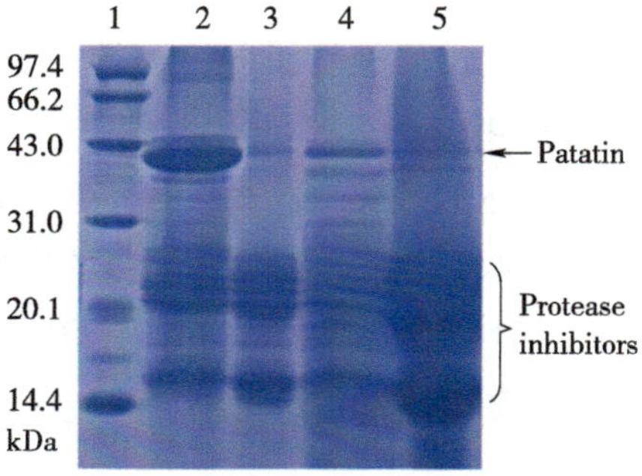

1—marker；2—马铃薯粗蛋白；3—洗脱液；4—穿过液；5—超滤（渗滤）浓缩液。

图 4-6　扩张床吸附回收马铃薯蛋白

NaOH 溶液从扩张床吸附色谱柱上洗脱下来的马铃薯蛋白溶液呈淡红色，这是色素结合到蛋白质分子上，经过超滤浓缩以后变色变深发黑，渗滤清洗过程也不能将色素清洗出来。曾凡逵等分别采用喷雾干燥和冷冻干燥对超滤浓缩的蛋白溶液进行脱水干燥，制备的马铃薯蛋白粉如图 4-7 所示。

虽然色谱分离技术具有良好的蛋白分离回收效果，但是缺点也非常明显：需要较高的投资成本，因此难以在工业规模上应用。扩张床吸附色谱分离技术在工业上应用非常困难，这种技术的限制包括需要采用非常规的高比重蛋白吸附树脂，且随着时间的推移，树脂上与蛋白发生结合的位点会损失，所以分离的效率会逐步降低。

（a）喷雾干燥蛋白　（b）冷冻干燥蛋白　（c）超滤浓缩蛋白溶液

图 4-7

4.1.3 膜分离法

Zwijnenberg 等报道了超滤法从马铃薯淀粉加工分离之水中回收天然活性蛋白，采用的超滤膜包括管状聚偏二氟乙烯（tubular PVDF）、管状聚砜（tubular PSF）、螺旋再生纤维素（spiral R-Cell）等。

除了超滤，研究者还对浓缩的蛋白溶液进行了渗滤清洗，获得了高品质的马铃薯蛋白。通过与鸡蛋蛋白、酪蛋白酸钠、乳清分离蛋白和大豆分离蛋白进行对比，分析了膜分离制备的马铃薯蛋白的乳化性质、起泡性质、热稳定性和感官性质，结果表明回收的马铃薯蛋白的乳化性和起泡性非常好，与上述商品蛋白相比甚至要好于部分蛋白产品，如大豆分离蛋白和鸡蛋蛋白。马铃薯蛋白形成的泡沫的热稳定性可以与鸡蛋蛋白相媲美，甚至更稳定，鸡蛋蛋白这方面的性能是上述几种蛋白中最好的。但是，膜分离得到的马铃薯蛋白的凝胶稳定性和持水能力不是太好，酪蛋白酸钠、鸡蛋蛋白和乳清分离蛋白这方面的性能更优。从经济成本上来考虑，制备天然活性马铃薯蛋白比较合适的方法是离子交换色谱，既可以通过经典床色谱法也可以通过膜吸附色谱技术（membrane adsorption chromatography，MA-IXE）来实现。

Schoenbeck 等[6]在 Steinhoff 的技术之上，报道了采用直接捕获膜吸附色谱（direct capture membrane adsorption chromatography）从含有颗粒的马铃薯淀粉加工分离汁水中回收高价值蛋白，膜包结构如图 4-8 所示。这个膜组件采用了切向流分离技术，可以避免马铃薯淀粉加工分离汁水的颗粒物（淀粉）对膜孔的堵塞造成膜的污染。分离膜上接有配基：季铵盐作为阴离子交换剂（Q- 膜），磺酸配体作为阳离子交换剂（S- 膜）。膜的材质为再生纤维素，孔径为 3～5 μm，厚度为 275 μm，配基密度为 2～5 μeq/cm^2。

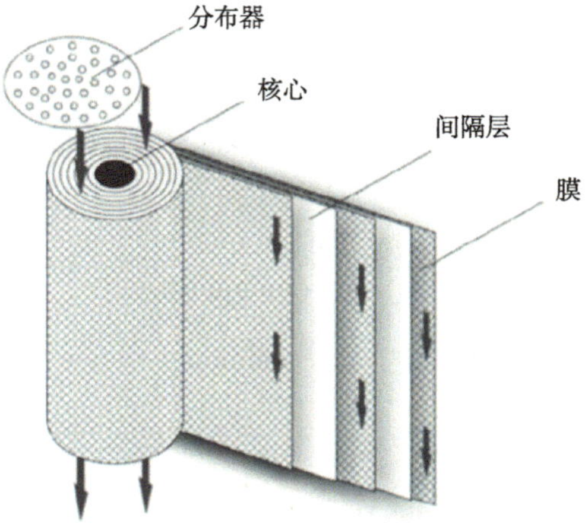

图 4-8 用于马铃薯蛋白回收的膜包

Schoenbeck 等的研究结果表明，回收的蛋白不仅具有活性，而且采用 S-膜和 Q-膜分别得到了马铃薯蛋白的不同组分，S-膜得到的是马铃薯蛋白酶抑制剂，Q-膜得到的是马铃薯 Patatin 蛋白。Schoenbeck 等还研究了垫片通道的尺寸对马铃薯蛋白结合到吸附膜上的影响及其膜组件长期运行的稳定性，发现垫片通道尺寸为 250 μm 时分离膜结合马铃薯蛋白的能力最高，对应的阴离子交换剂的量大约为 0.34 mg/cm，阳离子交换剂的量大约为 0.16 mg/cm^2。当垫片通道尺寸为 480 μm 时，膜组件长期运行的稳定性最佳，连续 23 次实验中间不需要清洗膜包。

4.1.4 沉淀法

4.1.4.1 盐析

盐析法从马铃薯淀粉加工分离汁水中回收蛋白质最常用的盐为 $FeCl_3$，这些盐在蛋白提取过程中所起的作用就是调节离子强度。Knorr 等发现 $FeCl_3$ 提取蛋白的效果跟酸热絮凝法是一样的。他们研究发现不同的方法提取的蛋白质成分有差异，酸热絮凝法、酸热处理和 $FeCl_3$ 沉淀，而单独的盐酸絮凝法与其他方法相比似乎能提取的蛋白质中总固形物更多。Knorr 等还发现单纯的酸热絮凝法

（不加热），沉淀中含有更多的 VC，并且用 $FeCl_3$ 提取时所得的蛋白质含有更多铁。这项研究还通过检测氮的溶解度比较了不同提取方法所得蛋白质的变性程度，溶解氮越多说明变性程度越低，因此蛋白的功能特性保持得越好。结果表明在不同的工艺中，$FeCl_3$ 沉淀法的氮溶解度最高，其次是 HCl 沉淀法，最后是酸热絮凝法。Waglay 等报道了絮凝剂的最小浓度取决于蛋白质的回收率，然而，絮凝剂的浓度与纯化因子存在很强的相关性，当使用 5 mmol/L 的低浓度时，纯化因子为 6。因此，低浓度的 $FeCl_3$ 对马铃薯蛋白质有很强的亲和力。$FeCl_3$ 提取的蛋白 Patatin 组分含量比例较高，蛋白酶抑制剂含量较少，没有高分子量蛋白。

$FeCl_3$ 沉淀法是一种简单的将蛋白质从溶液中析出的方法，蛋白质的回收率随着 $FeCl_3$ 浓度的增加而增加。然而，提取以后，该技术在测定蛋白质含量方面存在一定的缺陷，因为 $FeCl_3$ 沉淀的蛋白质需要螯合剂才能溶解。此外，高浓度的铁离子会干扰螯合剂，从而干扰用 Bradford 或 BCA 方法测定蛋白质含量。

4.1.4.2 乙醇沉淀

乙醇沉淀法与 $FeCl_3$ 沉淀法结果比较接近。Bártova 和 Bárta 对乙醇和 $FeCl_3$ 沉淀两种技术进行了比较，结果表明，要想提高蛋白质的提取率需要采用高浓度的乙醇或者 $FeCl_3$。他们还发现，提高乙醇或 $FeCl_3$ 浓度会导致蛋白沉淀中 Patatin 组分降低。他们分析认为，在 SDS 缓冲液中提取效果差，另一个原因是 Patatin 蛋白的热稳定性相对于蛋白酶抑制剂要差。与 Waglay 等的工作相比，当使用浓度为 20% 的乙醇进行沉淀时，蛋白质的回收率和纯化因子均达到峰值。20% 乙醇中 Patatin 蛋白组分的含量最高，蛋白酶抑制剂的含量也较高，高分子量蛋白的含量较低。

乙醇和 $FeCl_3$ 沉淀的蛋白质都具有很高的营养品质，这一点可以从必需氨基酸含量高可以看出来。当比较沉淀物的脂酰水解酶活性（LAHA）时，乙醇沉淀的蛋白质似乎具有更高的 LAHA 活性。$FeCl_3$ 沉淀法所得蛋白的 LAHA 较低是由于缓冲液中蛋白质的溶解性较差导致的。研究人员得出结论，与 $FeCl_3$ 沉淀法相比，乙醇沉淀法更容易，且可以得到营养价值高、LAHA 保留更好的蛋白质，说明蛋白质变性程度也是最小的。

4.1.4.3 硫酸铵沉淀

硫酸铵［$(NH_4)_2SO_4$］沉淀是一种常用的基于溶解度差异提取蛋白质的技术。这项技术通常用于回收未变性的马铃薯蛋白质。Van Koningsveld 等研究了酸性（pH 为 5.7）条件下采用饱和度为 60% 的硫酸沉淀法从马铃薯淀粉加工分离汁水中回收蛋白。$(NH_4)_2SO_4$ 沉淀法回收蛋白分离物中蛋白质的提取比例较大（75%），分子量差异也较大，常与未变性马铃薯蛋白进行比较。与其他蛋白提取方法相比，硫酸铵沉淀法同样提取了大量的 Patatin 蛋白。Waglay 等[11]报道，与其他沉淀技术相比，$(NH_4)_2SO_4$ 沉淀法获得的蛋白当中的 Patatin 组分具有最高的 LAHA。研究结果表明，60% 和 80% 的 $(NH_4)_2SO_4$ 饱和度和较好的纯化操作条件下，蛋白质的回收率较高。进一步研究蛋白组成发现 60% $(NH_4)_2SO_4$ 饱和度导致 Patatin 组分含量更高，含有各种不同分子量的蛋白酶抑制剂，高分子量蛋白质含量变低。

Van Koningsveld 等进一步研究了 $(NH_4)_2SO_4$ 沉淀马铃薯蛋白，发现跟马铃薯淀粉加工分离汁水一样，溶解度受离子强度的影响。当使用高离子强度时，最小溶解度出现在 pH 为 3 时，而当使用低离子强度时，更宽的可溶性曲线出现在 pH 为 5.0 左右。在考察温度的影响时，高离子强度会影响变性温度，会升高 5℃。

4.1.4.4 羧甲基纤维素络合

另一种提取方法使用多糖羧甲基纤维素（CMC）作为沉淀剂。添加 CMC 到马铃薯淀粉加工分离汁水中使蛋白质凝固，再通过简单离心就很容易收集到蛋白。CMC 沉淀法受到多种因素的影响：pH、蛋白质和 CMC 的离子强度、蛋白质的净电荷、分子量大小、形状和相互作用。CMC 络合剂沉淀法是一种潜在的从马铃薯淀粉加工分离汁水中回收蛋白的解决方案，可以降低马铃薯工业废水的污染。Vikelouda 和 Kiosseoglou 研究了 CMC 提取法对蛋白质的回收效果并对其功能特性的影响进行了分析，CMC 能用于沉淀蛋白质是由于阳离子与羧甲基纤维素的羧基之间发生静电相互作用。在酸性环境（pH 为 2.5）时，马铃薯蛋白会与 CMC 相互作用，导致分子的净电荷整体下降，因此蛋白质的等电点发生变化，从而导致絮凝沉淀。将 pH 调整到 2.5 会影响蛋白质的一些功能特性。但是，添加多糖 CMC 也有一些好处，因为它能提高一些功能性质，比如起泡性。CMC 络合法回收的马铃薯蛋白具有良好的溶解性和起泡性能。CMC 的存在会影响马铃薯蛋白的起泡性能，因为高表面活性的马铃薯蛋白质会与多糖相互作用，从而对起泡性能和泡沫的稳定性产生积极的影响。这一点与乳化性能密切相关，马铃薯蛋白与 CMC 络合形成复合物，形成空间位阻。

Gonzalez 等报道称 CMC 有助于在很宽的 pH 范围内形成稳定的沉淀，而不像单纯的马铃薯蛋白溶液，只有在 pH 为 3 左右时才会出现沉淀。他们的结论是，对于较低取代度的 CMC，沉淀蛋白质最理想的 pH 为 2.5，而对于取代度较高的 CMC，沉淀蛋白质最理想的 pH 为 3.5～4.0。CMC- 蛋白比也被报道为一个重要的参数，因为过多的 CMC 会导致沉淀物出现问题，导致上清液呈浑浊状。研究发现，CMC 与马铃薯蛋白的比例为 0.05：1 和 0.1：1（CMC 与马铃薯蛋白的比例，*w/w*）是不同取代度 CMC 的最佳量。事实上，当 CMC 的加入量大于沉淀所需的量时，絮凝过程会分为两个阶段：第一阶段是通过蛋白质聚集形成沉淀；第二阶段是聚合物的溶解。第二阶段发生在蛋白质与 CMC 排列形成稳定复合物时，这使得形成的絮凝无机颗粒更小，且 CMC 分子上能被水化的位点更多。

Waglay 等研究发现，CMC 对马铃薯蛋白的平均回收率和纯化因子为 0.1 和 0.3 CMC：马铃薯蛋白。采用 0.1 CMC：马铃薯蛋白所得马铃薯蛋白中含有较高比例的 Patatin 蛋白，同时还含有各种不同的蛋白酶抑制剂。然而，由于络合需要将 pH 调节至 2.5，提取的高分子量蛋白质比例很高，酸絮凝时也可以看到类似的现象。

Vikelouda & Kiosseoglou 等报道了采用 CMC 沉淀马铃薯蛋白并对回收蛋白的功能特性进行了研究，CMC 能与马铃薯蛋白通过静电相互作用，可以作为络合剂将马铃薯淀粉加工分离汁水中的蛋白质沉淀下来。由于 CMC 与蛋白质的静电相互作用，还能提高马铃薯蛋白的溶解度和强化相邻液滴或气泡的空间斥力。作者还对 CMC 沉淀的马铃薯蛋白的乳化性质进行了分析，研究了残留的没有与马铃薯蛋白发生结合的 CMC 对乳化体系的影响。

综上所述，CMC 络合技术用于 PFJ 蛋白的回收是有效且简单的。然而，缺点是必要的酸性环境，这可能导致蛋白质功能特性的丧失。

4.1.5 其他马铃薯蛋白回收方法

Wojnowska 等[28]比较了超滤、聚合电解质絮凝和低温浓缩从马铃薯淀粉加工分离汁水中回收蛋白质的性质，采用的聚合电解质包括 WF-1-Rokryzol（非离子型聚丙烯酰胺凝结剂，分子量 3×10^3），WF-2-Rokryzol（阴离子高分子量丙烯酰胺酸）及其甲基衍生物和 CMC- 甲基羧基纤维素和 Magnoflood（Allied Colloids Ltd.，England），三种方法中回收率最高的是超滤法。作者还对马铃薯蛋白的起泡性、乳化性、润湿性、溶胀性等进行了分析。

为了确保马铃薯蛋白的功能特性，回收马铃薯蛋白的关键问题是确保其生物活性，采用色谱法分离回收马铃薯蛋白最关键是成本问题。Ralla 等研究了黏土矿物作为离子交换剂从马铃薯淀粉加工分离汁水中分离回收 Patatin 蛋白和蛋白酶抑制剂，采用的三种黏土矿物 Puranit UF（蒙脱土）、EX M 1607（无定型硅胶与蒙脱土片符合黏土矿物）和 EX M 1753（滑石粉）均由 Süd-Chemie（Moosburg，Germany）提供。

2013 年，河北工业大学吴兆亮教授团队报道了两步泡膜分离技术从马铃薯淀粉加工分离汁水中回收蛋白，采用了内部带有螺杆的柱子进行分离。Waglay 等采用热 / 酸结合法、酸、$FeCl_3$、$MnCl_2$、乙醇、$(NH_4)_2SO_4$ 沉淀法和 CMC 络合法制备马铃薯分离蛋白，然后对其性质进行了分析，所采用的马铃薯品种为 Canadian，Patatin 蛋白、蛋白酶抑制剂和高分子量蛋白含量分别为 22.9%、53.3% 和 23.7%。实验结果表明 $(NH_4)_2SO_4$ 沉淀法制备的马铃薯分离蛋白的得率最高（98.6%），富含 Patatin 蛋白且溶解性非常好。$FeCl_3$ 沉淀法纯化因子最高（6.2），而且产品中高分子量马铃薯蛋白含量最低（<4.6%）。$FeCl_3$ 和 $MnCl_2$ 是分离分子量>15 kDa 蛋白酶抑制剂非常好的沉淀剂。研究结果表明，回收的马铃薯蛋白胰蛋白酶抑制剂活力远高于胰凝乳蛋白酶抑制剂的活力。用 p- 硝基苯基丁酸盐做底物时，酸沉淀法提取的蛋白中的 Patatin 蛋白其脂肪酰基水解酶活力最高；用 4- 硝基苯基月桂酸盐做底物时，$FeCl_3$ 沉淀的蛋白 Patatin 蛋白脂肪酰基水解酶活力最高。

4.2 薯渣资源化利用技术

马铃薯淀粉的加工过程是先将马铃薯清洗干净随后用锉磨机锉磨成浆，再经过旋转筛，将淀粉乳和纤维（薯渣）进行分离。淀粉乳除了含有淀粉，还含有可溶性的物质（糖、蛋白、有机酸和盐）和细纤维。这些物质可以通过进一步连续离心分离（水力旋流分离器）和细筛进行分离。分离出来的淀粉可直接用于生产变性淀粉，或者进行干燥。马铃薯淀粉加工的副产物主要是马铃薯淀粉加工分离汁水和薯渣，曾凡逵等对马铃薯渣的资源化利用进行了综述。

图 4-9 为马铃薯块茎粉碎以后的粒径分布，淀粉的粒径为 1～120 μm，纤维的粒径为 80～500 μm。纤维的粒径分布曲线由两条高斯曲线组成，第一条（左

边峰）为颗粒小的组分，由粉碎的细胞壁组成；第二条曲线（右边峰）为颗粒大的组分，由木质纤维和完整的细胞组成。当 5 050 g 马铃薯在水中的重量为 450 g 时，曲线下方的面积分别表示每吨马铃薯所含的淀粉（177 kg）和纤维（14 kg）。

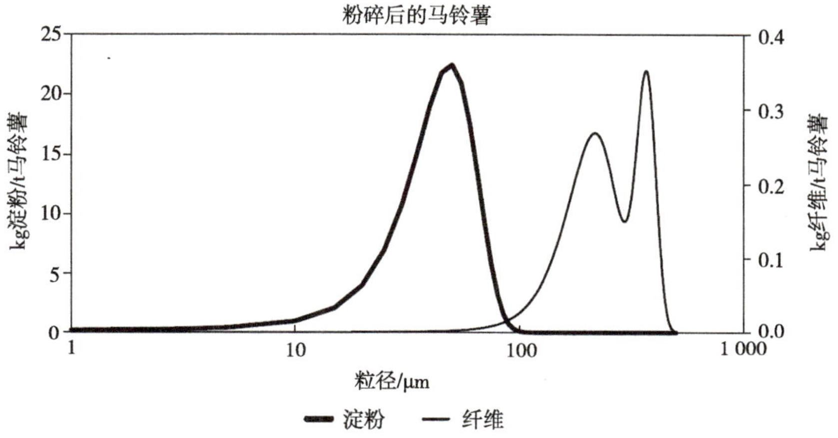

图 4-9　粉碎后马铃薯的粒径（直径）分布

薯渣是马铃薯淀粉加工的主要副产物之一，薯渣自带菌多达 33 种，不易储存、运输，腐败变质后产生恶臭气体，污染环境。若烘干则成本过高，增加企业负担，通常作为饲料或当作废渣掩埋处理，作为饲料由于薯渣蛋白质含量低，纤维含量高，所以饲料的适口性差，品质很低。如掩埋则会导致土壤和地下水污染，同时薯渣中的纤维素和果胶以及有机质等高价值的成分也被浪费了，因此薯渣的利用和开发越来越受到人们的关注。

鲜马铃薯渣含水量达 80% 以上，果胶含量高，呈现典型的胶体特性。因此，常温常压下，很难从中去除水分。加压条件下，可去除约 10% 的水分。薯渣不易储存和运输，变质后产生恶臭气味，严重污染环境。若做烘干处理，制作干饲料，则成本过高。因此，我国有不少企业的马铃薯渣无法利用，通常作为废渣丢弃或掩埋处理，造成了资源的浪费；大部分企业是将鲜薯渣以极低的价格卖给或是送给附近的农户，与其他饲料掺混后饲喂畜禽。但是，鲜薯渣含水量高，分散的、非专业运输设备“跑、冒、滴、漏”同样造成工厂周边环境污染；还有少部分企业将马铃薯渣晾干或在水泥池中密封发酵后直接作为禽畜饲料，但这种饲料的营养价值低，无法满足家畜的营养需求。

国内外许多学者做了多方面的尝试，力求通过低成本加工利用途径获得马铃薯渣高值化利用，同时解决环境污染问题。综合大致有三种处理方式：发酵法、理化法和混合法。发酵法是利用不同种类的微生物发酵马铃薯渣，制备出燃料酒精、氢气、乳酸、聚丁烯、果糖、普鲁蓝糖等发酵产品，利用马铃薯渣配合其他营养物质发酵生产单细胞蛋白饲料，利用木霉发酵马铃薯渣生产木聚糖酶、羧甲基纤维素酶等。理化法主要是通过物理化学的手段将马铃薯渣制备膳食纤维、提取果胶、制备高吸附性活性炭等。

4.2.1 发酵法生产高品质饲料

发酵是高值化利用薯渣一种非常有效的方法，薯渣中含有的淀粉和糖可以通过细菌转化成发酵产品，如乳酸、挥发性脂肪酸和酒精。发酵后的薯渣多汁，适口性得以改善，动物爱吃又因为含有益生菌能改善动物的消化道菌群，有利于动物的健康，能提高肉的品质。甘肃省农业科学院农产品贮藏加工研究所庞中存等对玉米秸秆与薯渣混合发酵进行了研究，采用的是产朊假丝酵母。发酵熟化后的马铃薯渣是优势饲料，具有清香味，猪和牛都喜欢吃，贮藏在棚里可以用到第二年6—7月。

图 4-10　薯渣与玉米秸秆混合发酵生产饲料

中国农业大学动物营养学国家重点实验室的学者研究了发酵薯渣用于商品猪和哺乳期母猪饲料，他们采用固态厌氧发酵法，菌种包括嗜热链球菌（CGMCC No. 1.2471）、枯草芽孢杆菌（MA 193）和啤酒酵母（CGMCC No. 2.1793），发酵过程为25℃发酵3 d，发酵产品的化学组成如表4-2所示。中国主要用的猪饲料原料为玉米、大豆粉和麦麸，作者的研究结果表明发酵薯渣可以用作猪饲料，能弥补这3种原料的不足。

表4-2 作为猪饲料的薯渣发酵产品的化学组成

项目	浓度
代谢能 /（Mcal/kg）	2.08
水分 /%	35.20
粗蛋白 /%	9.20
赖氨酸 /%	0.26
蛋氨酸 /%	0.17
苏氨酸 /%	0.33
色氨酸 /%	0.07
粗纤维 /%	8.60
乙醚提取物 /%	1.90
灰分 /%	2.40
钙 /%	0.05
磷 /%	0.37

目前，常用的薯渣发酵方法有固态发酵、半固态发酵。通常采用生料和熟料发酵两种方式。根据投放菌种不同，可以发酵获得不同的目标产品。以高蛋白饲料为目标的发酵工艺主要是通过接种真菌、酵母菌、霉菌、放线菌，对马铃薯渣进行发酵，能产生蛋白质含量15%～32.4%的蛋白饲料。还可以进行2次发酵，使得蛋白含量进一步提高。马铃薯渣蛋白质含量低，粗纤维含量高，直接作为饲料，适口性差，饲料品质低。通过微生物发酵技术，薯渣的蛋白含量和营养价值大大提高。同时，在发酵过程中也可以添加产生香味的菌种，如 *Rhizopus oryzae*、*Geotrichum candidum*，可以改善粗纤维的结构，产生清香味，使发酵生产的单细胞蛋白质饲料能更受畜禽欢迎。也可以将马铃薯淀粉渣与其他农副产品、青秸秆等贮存在一起进行青贮发酵，不仅可以改善饲料的适口性，而且可以扩大饲料资源，为动物常年提供青绿饲料。

Liu 等采用两步发酵处理马铃薯淀粉加工废弃物生产单细胞蛋白，作者先将薯渣挤压成水分含量为 60%，然后采用黑曲霉（Aspergillus niger H3）在 40℃进行固态发酵 4 d，检测结果表明薯渣中纤维素的降解率达到 80.54%。第二步是将第一步发酵的产品 105℃干燥至恒重，然后添加马铃薯淀粉加工分离汁水，采用地衣芽孢杆菌（*Bacillus licheniformis*）进行液态发酵，通过响应面实验方案优化出最佳发酵温度为 32.8℃，最佳 pH 为 6.67，最适宜的接种量为 1.78%。发酵前和发酵后产品的营养组成如表 4-3 所示，蛋白含量从原来的 6.24% 增加到 38.21%，作者认为他们的研究结果表明该两步发酵可用于薯渣的大规模转化，不过从文章内容来看还只是实验室发酵规模，且大规模生产也没有必要将第一步发酵好的产品进行烘干，另外液态发酵成本较高。

表 4-3　干薯渣和单细胞蛋白产品的营养组成

营养物质	干薯渣 /%	单细胞蛋白产品 /%
水分	10.35 ± 0.31	9.75 ± 0.68
干物质	89.65 ± 0.31	90.25 ± 0.68
粗蛋白	6.24 ± 0.10	38.21 ± 0.07
真实蛋白	2.83 ± 0.28	24.86 ± 0.76
纤维素	11.87 ± 0.11	2.19 ± 0.11
灰分	11.45 ± 1.96	10.94 ± 0.78
RNA	未检测出	0.31 ± 0.08

4.2.2 发酵生产酒精

生物酒精可作为石油衍生物的替代品，由于能源短缺和环境污染问题，生物酒精非常有前景。生物酒精的原料非常丰富，工业废弃物和农业废弃物都可以。纤维素是自然界分布最广、含量最多的一种多糖，纤维素是由葡萄糖组成的多糖，然而采用木质纤维素作为原料生产生物酒精的成本很高，工艺复杂，原因是木质纤维素很难糖化，但用淀粉作为原料却比较简单，因为淀粉分子中无定型区比较多，糖化比较容易。用薯渣作为原料来生产生物酒精在原料价格方面具有优势。

Gao等对采用薯渣作为原料发酵生产酒精进行了研究，分析了由真菌*Acremonium cellulolyticus*产生的酶将薯渣转化成酒精的效果。该微生物是1982年从日本东北部分离出来的，能产生纤维素酶和β-葡糖苷酶，其中纤维素酶对糖化木质纤维素生物质具有很好的效果。该真菌还能产生果胶酶和α-淀粉酶，作者试图仅通过该真菌将薯渣中的各种多糖进行糖化，以便于制备生物酒精。用微生物进行处理以前，作者研究了湿热处理对薯渣糖化的影响，以便提高糖化率。结果表明，经湿热处理以后，葡萄糖浓度达到114 g/L（得率为68%），相对于不进行湿热处理的葡萄糖浓度为47 g/L（得率为28%），翻了一番还要多。

4.2.3 制备膳食纤维

之前人们认为食品原料的品质取决于蛋白质、脂肪和碳水化合物含量，根本没有把不能被人类消化吸收的膳食纤维当回事，甚至1970年以前的营养学中没有膳食纤维（dietary fiber）这个词。膳食纤维是指一般不易被消化的食物营养素，主要来自植物的细胞壁，包含纤维素、木质素、半纤维素和果胶。纤维素能够吸水可以防止形成溃疡和平衡血液中葡萄糖的含量；木质素在肠道内作为阳离子交换体能够与胆酸结合，可以降低血清中胆固醇的含量防止大肠癌的发生；半纤维素能够与有害的重金属阳离子结合，还能防止体重过度增加；果胶能降低胆固醇含量防止胆道结石。当食物中缺乏膳食纤维时，通常容易出现冠心病、消化道溃疡和肥胖。谷物、马铃薯、蔬菜、苹果和梨当中膳食纤维含量都比较高。

马铃薯渣细胞壁中的主要成分纤维素、半纤维素和果胶赋予了它膳食纤维的功能特性，如降血糖和降血脂等。马铃薯渣中含有丰富的膳食纤维，约占干基重的50%。马铃薯渣膳食纤维还具有良好的生理活性和产品外观。持水力和膨胀力佳，高于西方国家常用的标准谷物麸皮纤维的相应值。因此，薯渣为膳食纤维的加工制备提供了充足的资源，具有广阔的开发前景。目前，制取马铃薯膳食纤维的主要方法有物理法（微波、超微粉碎技术）、化学法（酸解、碱解、酸碱结合）、生物法（酶法、发酵法）以及物理、化学、生物法相结合等。

从马铃薯淀粉厂的薯渣的化学成分可以看出，单纯的薯渣还不是真正意义上的膳食纤维，因为含有能被消化吸收的淀粉，另外，影响薯渣作为食品原料重要原因是其感官品质比较差，具有令人不愉快的风味。Nebesny 等研究了用薯渣制备膳食纤维并在焙烤面包中进行了应用，添加量为替代面粉用量的 5%～10%。作者采用四个步骤制备马铃薯膳食纤维：①蒸煮。将薯渣配制成 5% 的浆料悬浮液，采用在 1 个大气压（0.1 MPa）蒸煮 1 h。②液化。加入 α- 淀粉酶在 85℃水解薯渣中的淀粉 2 h，然后煮沸 10 min 进行灭酶。③糖化。加入葡糖糖化酶，60℃糖化 48 h。然后 85℃保温 5 min 将糖化酶灭活。④过滤。将料液过滤并用热水清洗，40℃干燥 2 h，然后再 105℃干燥 2 h 获得马铃薯膳食纤维。检测结果表明，样品中膳食纤维含量为 79%，检测方法为美国分析化学家协会标准方法（AOAC 985.29）。其他组分包括 12% 淀粉（0.28% 游离淀粉和 11.7% 结合淀粉）、8.1% 蛋白、0.6% 还原糖、0.3% 矿物质。

4.2.4 果胶提取

果胶主要成分为 D- 半乳糖醛酸，具有良好的胶凝性和乳化稳定作用。常用于食品包装膜、食品添加剂、生物培养基的生产等方面。马铃薯渣含有丰富的果胶，约占干基的 17%，是一种良好的果胶提取原料，马铃薯渣中的果胶乙酰化程度高、分子量小、分支度低。将其作为果胶原料不仅增加马铃薯加工的附加值，也丰富了果胶生产的原料来源。

目前，果胶的提取方法主要有酸水解法、离子交换树脂法、微生物提取法、微波提取法及超声波提取法等；沉析方法主要是直接浓缩法、乙醇沉淀法和盐析法等；干燥方法主要为常温干燥、真空干燥和喷雾干燥等。工艺条件不同，果胶的收率和性质均会有所差异。酸解乙醇沉淀法是果胶工业化生产中最常用的方法，其工艺简单，所得果胶纯度高、色泽好、产率高，但浓缩提取液能量消耗大，且乙醇用量多，回收处理困难，生产成本高。中科院兰州化学物理研究所对果胶酸抽提制备方法的改进，采用超滤法进行提取液浓缩的处理工艺，最后用喷雾干燥得到果胶产品，整个工艺简单，条件温和，生产成本低，易于工业化生产。马铃薯渣果胶提取率达到了 17%，含量达到了 61%。

Meyer 等同样对从马铃薯渣中提取的果胶进行了研究，作者采用复合多糖酶（*Viscozyme* L）对果胶进行了增溶处理，并通过响应面对提取过程进行了优化。通过分子大小和单体分析，发现酶促反应提取物富含半乳糖和糖醛酸，表明这些可溶特性的膳食纤维主要是支链为半乳聚糖的 I 型鼠李聚糖半乳糖醛酸（马铃薯果胶当中的一种，RG- I ）。作者还对提取物的生理效应和食品功能特性进行了研究，用老鼠做动物实验，发现这种可溶性的提取物比起复合多糖酶处理前的样品、复合多糖酶处理后的不溶性残渣以及作为空白对照的结晶纤维素都具有更好的降低体重作用。

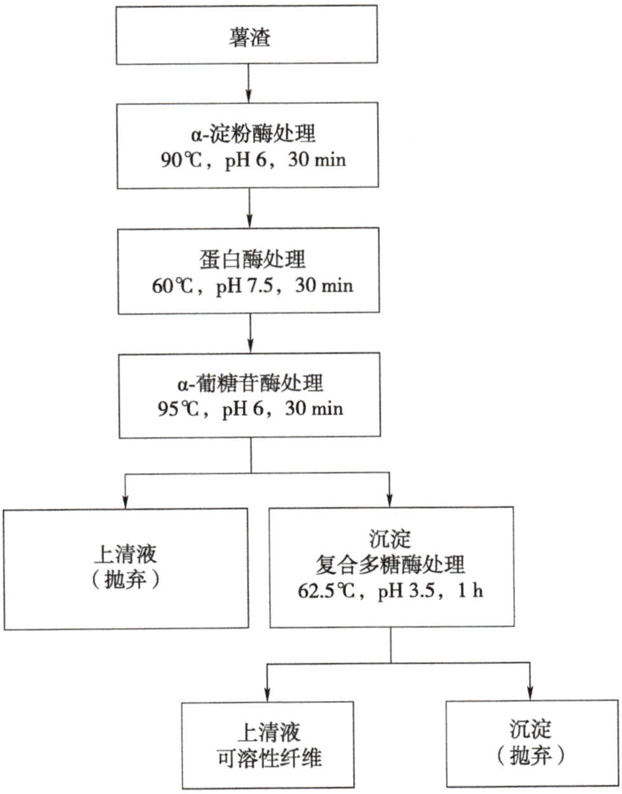

图 4-11 薯渣提取果胶膳食纤维流程

2013 年，来自同一个团队的 Ravn 等研究了马铃薯收获时间对酶法从薯渣中提取可溶性多糖的影响。丹麦的马铃薯淀粉加工从 9 月持续到 12 月，作者对 2011 年不同时间段提取的 7 个多糖样品进行分析，发现多糖提取率和样品的半乳聚糖含量随着月份增加逐渐增加。这种酶法提取的可溶性多糖为益生菌促生因子（双歧因子），说明后期淀粉生产形成的薯渣能提取到更多的双歧因子，提取方法见图 4-12。

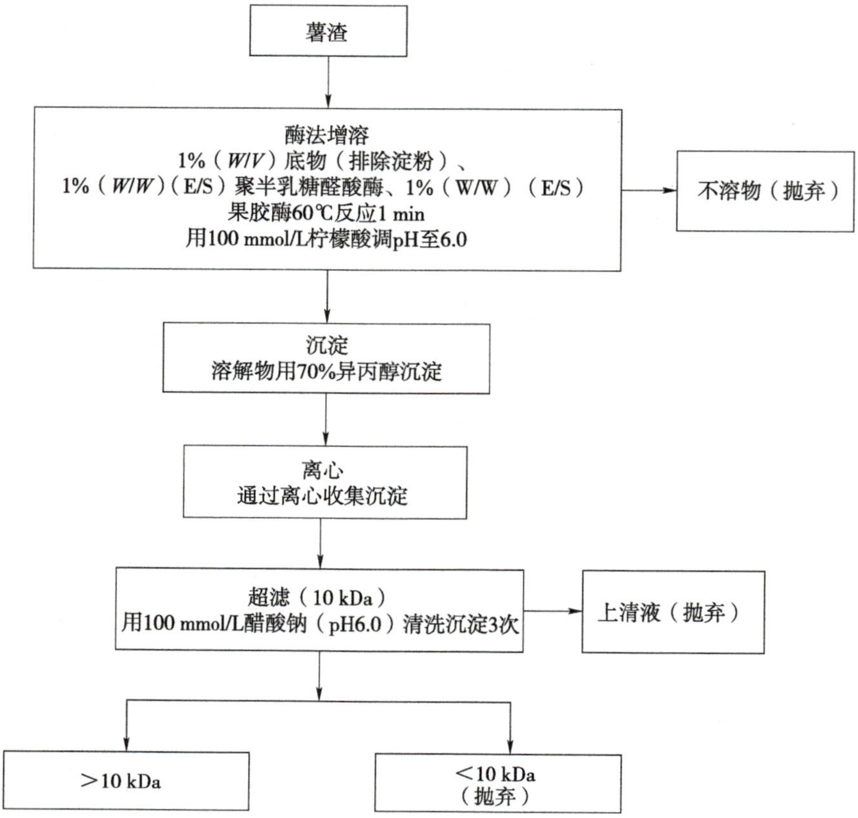

图 4-12　酶法从薯渣中提取可溶性果胶多糖

4.2.5　薯渣制备活性炭

中国科学院兰州化学物理研究所对马铃薯渣制备活性炭进行了研究。在惰性气体 N_2 氛围下，采用温度为 600℃，升温速率为 5℃ /min，保温时间为 1 h，后处理为水洗至中性后烘干，粉碎得到粒状活性炭产品。分别对活性炭的形貌、比表面积、孔融和孔径分布进行了分析。图 4-13 为薯渣和制备的活性炭的电镜扫描图，该活性炭的孔半径在 2 nm 左右，属于介孔活性炭。该介孔活性炭对亚甲基蓝的吸附评价实验结果为：在 pH 为 7、吸附时间为 24 h、室温条件下，对 500 mg/L 亚甲基蓝的最大吸附量为 175.16 mg/g，明显优于市售普通活性炭。

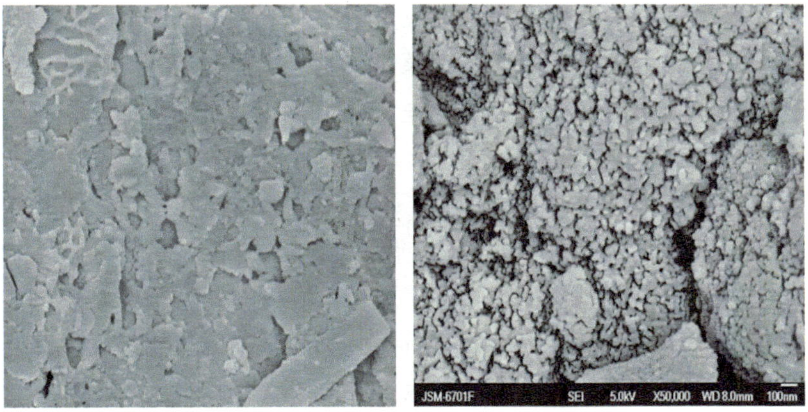

图 4-13 薯渣及介孔活性炭的扫描电镜图

4.2.6 甘薯渣的资源化利用

甘薯渣是提取淀粉之后残余的副产物，主要干物质为淀粉（34.42%～60.89%），其次为纤维（25.85%～36.26%）、果胶（15.28%～20%）、蛋白（3.38%～5.97%），由于甘薯原料品种、提取工艺及技术水平不同，不同企业产生的甘薯渣的具体成分略有差异。

甘薯渣可用作饲料原料、发酵生产酒精，还可以广泛应用于食品、保健品、医药及化工行业中，市场前景广阔。但相关研究成果从实验室走向生产实践，还有一些值得注意的问题，其中二次污染是最突出的问题。目前，针对甘薯渣的高值化利用研究虽然考虑到精深加工及附加值的提升，但其他未利用成分的二次污染问题鲜少顾及。例如，提取果胶后残余的纤维如不加以利用则仍然是环境污染物；提取纤维时常需要提前水解淀粉和蛋白质并通过水洗加以去除，水相溶解物的外排则会造成环境污染，而为了减少薯渣的环境污染导致新污染物的产生并不符合薯渣高值化利用的初衷。另外，缺乏高含水量鲜薯渣贮藏及利用技术也是影响甘薯渣高值化利用技术推广应用的“瓶颈”之一。为了推动甘薯渣高值化利用的产业化进程，提供以下三点建议供参考。

（1）开展全组分生物炼制。针对甘薯渣利用不完全产生的二次污染问题，建议根据其成分特点，开展生物质全组分逐级转化利用的生物炼制，通过分级利用实现甘薯渣的“吃干榨尽”。例如，以甘薯渣为原料制备寡糖，从制备寡糖残余的甘薯渣中提取纤维，再利用纤维吸附重金属，然后将纤维制备成生物炭，最后从生物炭燃烧后的残渣中回收重金属等。考虑到不同提取操作、分离方式对下一步物料的影响，需要基于原料结构、过程转化和产品特点三者的关联开展系统研究，从而推动甘薯渣的全面利用，减少二次污染，挖掘产品的多元价值。

（2）降低可溶性膳食纤维的损失。膳食纤维的保健功能已成为甘薯渣利用的一个热点，但现有技术一般通过酸、酶处理结合水洗获得不溶性膳食纤维加以利用，忽视了可溶性膳食纤维的价值。甘薯渣可溶性膳食纤维可以显著改变肠道菌群的结构，促进肠道益生菌的生长，同时抑制有害菌群的增殖。因此，在制备膳食纤维时值得关注。另外，减少可溶性膳食纤维的流失和外排也是降低膳食纤维提取过程产生二次污染的有效措施。

（3）重视鲜薯渣利用及配套技术的开发。从甘薯中提取淀粉时需要先水洗再分离，所以随之产生的甘薯渣含水量较高，基本在 75% 以上。但目前大多数文献开发的回收利用技术均以压滤脱水和 / 或烘干获得的干渣为原料，在水解糖、提取目标成分等操作时再重新加入水，不但增加了工序，而且增加了能耗及水耗，使得原本廉价的废弃物成本飙升。造成这一问题的根本原因是鲜薯渣在存放过程中极易滋生微生物，导致其腐败变质而损失利用价值，所以一般需要干燥存放才能持续加以利用。因此，有必要研发绿色、安全的甘薯渣贮藏方式，从根本上降低甘薯渣资源化利用的成本。

4.2.7 木薯渣的资源化利用

在我国，木薯广泛分布于广西、海南、广东等省区，作为一种非粮食作物已成为中国第六大热带作物。木薯渣是木薯加工淀粉、酒精等产品之后的下脚料，主要由木薯外部褐色的皮、内部的薄壁组织组成。在我国每年加工木薯淀粉所产生的木薯渣产量约有 30 万 t，加工酒精等其他产品的木薯渣总计约 150 万 t。大量的木薯渣如果不加以利用，不仅造成资源浪费，而且会对生态环境造成污染，其所含的废水还会对植被、土壤造成破坏，腐烂过程中产生的毒气还会污染大气，进一步给人和动物的健康带来危害。

木薯渣营养成分丰富，含有高达 78.7% 的非氮化合物，其主要成分是可溶性淀粉化合物（如糖、淀粉）和纤维类物质，淀粉含量为 40%～50%，是很好的碳源。木薯渣经加工处理后可作为良好的木薯渣饲料，不但可以缓解目前饲料资源紧缺的状况，还可降低饲料成本，提高养殖业的经济效益，同时又可减轻环境污染，具有很大的发展潜力。

然而，使用木薯渣作为饲料原料，一定要注意木薯中的抗营养因子——氢氰酸（HCN）。HCN 来源于木薯褐色皮中的亚麻苦苷（氰苷毒素）在亚麻苦苷酶或弱酸作用下分解产生。HCN 中的氰离子成分起主要毒副作用，能够抑制组织细胞内酶的活性，如脱羧酶、细胞色素氧化酶、过氧化物酶、乳酸脱氢酶及琥珀酸脱氢酶等，氰离子还能迅速结合氧化型细胞色素氧化酶中的三价铁，中断后者氧化为二价铁所发生的电子传递过程，最终使组织细胞因不能利用血液中的氧而造成内窒息。因此，将木薯渣直接饲喂动物，会引起 HCN 中毒，危害动物健康。因此，在使用木薯及木薯渣作为动物饲料时，有必要采取一些措施来降低其 HCN 含量，使其含量降至安全值。可以采用煮沸、蒸气、烘烤、酸解和干燥等一系列处理过程来降低 HCN 含量。研究表明，分别采用晒干、烘干、水煮和青贮方法对东莞红尾和印尼黄心两个品种的木薯叶及块根进行处理，HCN 的去除率分别为 95%、90%、68%、35%。

4.3 淀粉加工清洁生产技术

当今世界最先进的马铃薯淀粉加工无废料工艺，即在提取马铃薯中淀粉的同时，回收马铃薯中的纤维、蛋白、肥料（浓缩有机质）及马铃薯本身所含的水。该工艺还包含一些最先进的马铃薯淀粉加工设备，包括锯条可气动更换的刨丝机、无筛网锥筛、无管旋流器、环形曲筛、高效真空转鼓过滤器等，它们为优质、高效、低耗、稳定、连续地进行马铃薯淀粉的无废料生产提供了保证。这一工艺和设备均由具有 100 多年历史、专业从事马铃薯淀粉加工的荷兰尼沃巴公司独家提供，并已经在技术高度发达的美国 Aroostook 淀粉公司得到了应用。该项目的成功建设使得该企业当之无愧成为当今世界最现代化的马铃薯淀粉加工厂。

经过多年研究，荷兰尼沃巴公司已经找到这一代表世界最先进水平的马铃薯淀粉加工技术——马铃薯淀粉无废料工艺，具体工艺流程见图 4-14。该流程简图表示了如下的马铃薯淀粉加工理念：在提取马铃薯中所有成分的同时不给环境造成污染，既提高了马铃薯淀粉加工企业的经济效益，又解决了环保问题。从此流程图可以看出，马铃薯内部的所有有用成分（清洗后的杂物及排沙不在此列）全部变成了能带来经济效益的产品，真正成了“无废料马铃薯淀粉加工”。

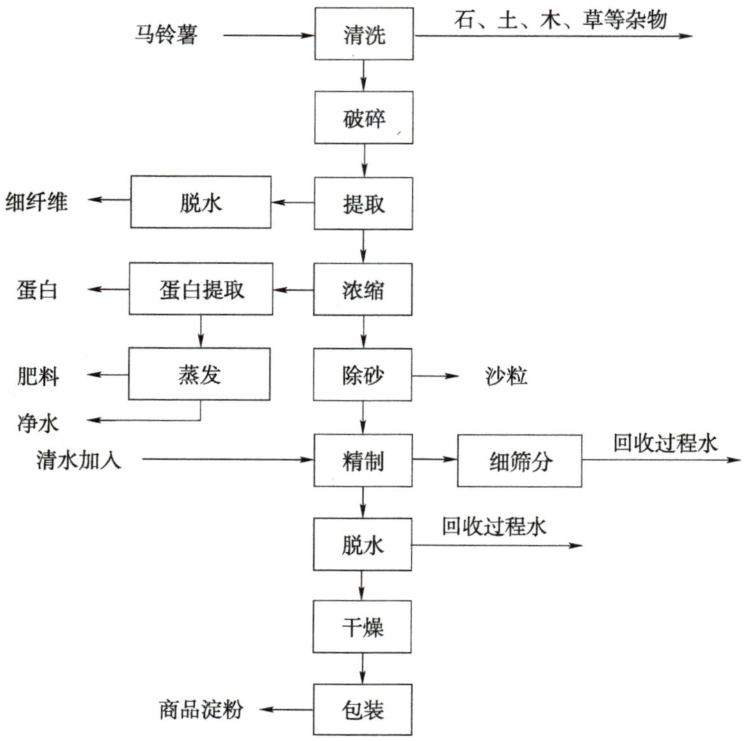

图 4-14　荷兰尼沃巴淀粉机械公司无废料马铃薯淀粉加工工艺流程

4.4　加工废水还田利用技术

2017 年 5 月 26 日，中共中央政治局就推动形成绿色发展方式和生活方式召开第四十一次集体学习，习近平总书记主持会议并发表讲话，提出 6 项重点任务，其中第四条指出“要全面促进资源节约集约利用。要树立节约集约循环利用的资源观，用最少的资源环境代价取得最大的经济社会效益”。习近平总书记在党的十九大报告中明确要求，推进资源全面节约和循环利用。为响应国家重大战略部署，全面推进资源节约与循环利用，薯类淀粉加工行业正全力以赴地投入到加工废水还田利用技术的深度探索与实践中。

4.4.1　国内废水还田利用政策基础及研究进展

目前，我国黑龙江、内蒙古、宁夏、河北、青海、山西、甘肃等地均已开展多年马铃薯淀粉加工废水还田利用的实践，研究人员也开展了针对废水还田利用的多项研究和探索。

①黑龙江

北大荒黑土薯业有限公司隶属于中国500强企业中排名农业企业首位的北大荒集团，是国内最大的马铃薯产业集团和国家级重点农业产业化龙头企业。下辖三家马铃薯淀粉公司，分别是位于黑龙江农垦九三管理局经济开发区的九三公司，产能3万t/a；二龙山农场的二龙山公司，产能3万t/a，以及克山农场的克山公司，产能5万t/a。黑龙江省秋、冬季气候干旱少雨，土壤以黑土地为主，土层较厚，且耕作层下方有一层较厚的黏土层，土壤渗水性较差，另外地下水位较深，一般为100 m左右，为马铃薯淀粉加工废水还田利用创造了条件。

九三公司、二龙山公司从瑞典引进国际先进水平的生产线，克山公司从荷兰引进世界领先水平的生产线，生产工艺清洁生产水平都较高（表4-4）。九三公司于2014年开始废水还田利用，目前还田土地面积累计达到9 500亩，还田施用量30～50 m^3/亩，种植作物主要有小麦、玉米、大豆、豌豆。二龙山公司于2015年开始废水还田利用，目前还田土地面积累计达到4 800亩，还田施用量30～50 m^3/亩，种植作物主要有小麦、玉米、大豆、马铃薯。克山公司于2012年开始废水还田利用，目前还田土地面积累计达到8 700亩，还田施用量20～50 m^3/亩，种植作物主要有小麦、玉米、大豆。

图4-15　施用现场

表 4-4　黑龙江北大荒集团马铃薯淀粉加工废水成分（仅列举部分重金属指标）

单位：mg/L

内容＼指标	参考《农田灌溉水质标准》（旱作）	九三公司		克山公司			二龙山公司	
		洗薯水、地面和设备冲洗水	马铃薯淀粉分离汁水	洗薯、地面和设备冲洗水	马铃薯淀粉分离汁水	脱蛋白水	洗薯、地面和设备冲洗水	脱蛋白水
总汞	0.001	0.000 5	0.000 6	0.000 8	0.000 7	0.000 6	0.000 5	0.000 5
总镉	0.01	<0.003	0.004 5	<0.003	0.009	0.005 3	<0.003	0.004
总砷	0.1	0.007 6	0.000 5	<0.003	0.002 3	0.001 6	0.007 1	0.001 1
六价铬	0.1	未检出	未检出	未检出	未检出	未检出	未检出	未检出
总铅	0.2	<0.05	<0.05	<0.05	<0.05	<0.05	<0.05	<0.05

施用以来，九三公司、二龙山公司及克山公司废水治理问题得以解决，显著减轻了企业环保压力，经测试，施用农田土壤均满足《土壤环境质量标准》（GB 15618—1995）Ⅱ级标准要求，地下水环境质量能够达到《地下水质量标准》Ⅲ类水标准要求，土壤和地下水并未受到污染，另外施用活动也并未对群众生活造成影响（表 4-5 和表 4-6）。

表 4-5　黑龙江北大荒集团克山公司施用废水 5 年后农田土壤环境质量情况

取样点		pH	镉 /（mg/L）	铜 /（mg/L）	铅 /（mg/L）	铬 /（mg/L）	锌 /（mg/L）	镍 /（mg/L）	汞 /（mg/L）	砷 /（mg/L）
克山三队 0～30 cm	1	7.41	<0.1	21.6	8.62	79.7	59.0	22.3	0.034 2	4.61
	2	7.07	<0.1	24.6	15.6	125	61.8	27.5	0.036 8	6.50
	3	7.51	<0.1	23.9	11.5	89.9	62.8	21.5	0.049 4	6.62
	4	6.89	<0.1	21.6	12.3	76.7	55.1	24.0	0.048 6	7.22
	5	7.01	<0.1	22.7	11.1	105	60.9	24.9	0.039 2	5.55
克山十七队 0～30 cm	2-3	7.95	<0.1	22.2	10.9	80.4	57.9	24.2	0.033 8	6.71
	2-4	6.77	<0.1	22.6	11.0	91.3	58.7	24.0	0.035 7	5.60
	2-5	7.00	<0.1	20.6	12.3	135	54.9	24.6	0.047 8	6.53
克山十七队 30～50 cm	2-3	7.96	<0.1	23.0	10.3	71.4	57.6	23.0	0.041 2	4.78
	2-4	7.44	<0.1	23.3	9.35	69.1	58.3	23.4	0.024 2	5.15
《土壤环境质量标准》Ⅱ级标准		6.5～7.5	≤0.3	≤100	≤300	≤200	≤250	≤50	≤0.5	≤30

表 4-6　黑龙江北大荒集团克山公司施用废水 5 年后地下水环境质量情况

单位：mg/L（pH 指标除外）

项目指标	《地下水质量标准》Ⅲ类水标准	克山三队地下水井	克山自来水厂水井	克山淀粉厂地下水井
pH	6.5～8.5	8.04	7.94	7.57
六价铬	0.05	<0.004	<0.004	<0.004
氨氮	0.2	0.049 6	0.038 1	0.048 8
亚硝酸盐氮	0.02	<0.001	<0.001	<0.001
总硬度	450	62.1	82.1	52.0
耗氧量	3.0	0.407	0.407	0.507
氟化物	1.0	0.235	0.210	0.187
氯化物	250	1.06	0.893	3.66
硝酸盐	20	0.742	0.524	1.78
硫酸盐	250	1.08	1.64	1.67
镉	0.01	<0.000 4	<0.000 4	<0.000 4
镍	0.05	<0.006	<0.006	<0.006
铜	1.0	<0.009	<0.009	0.010 0
锌	1.0	0.014 4	0.094 4	0.049 2
铅	0.05	<0.04	<0.04	<0.04
汞	0.001	0.000 3	0.000 2	0.000 3
砷	0.05	<0.001	<0.001	<0.001

施用马铃薯淀粉加工废水的农田，农作物长势良好，产量增产约 10%，节省化肥约 20%，并节省了灌溉用水，土壤中速效氮、速效磷及速效钾含量有所增加。

②内蒙古

内蒙古华欧淀粉工业股份有限公司自 1996 年起开始学习欧洲先进经验，建设马铃薯淀粉加工废水综合利用基地，目前已有 20 000 多亩。基地气候干旱少雨，土壤属沙质土，土层 6 m 以上，浅层地下水约 20 m，深层地下水 100～120 m。主要废水还田技术为：马铃薯淀粉加工废水经预处理（沉淀）后以不超过 1∶3 配比清水通过喷灌设施进行施用，施用量为 8～10 m^3 废水 / 亩，平地一次连续施用不超过 8 h，坡地一次连续施用不超过 2～3 h；施用时间为每年作物秋收后或春种前，施用后进行整地；施用后土地主要种植小麦、玉米、谷子、糜子、大豆等作物（图 4-16）。经过对比研究，发现相较于未施用（也未灌溉）的土地，施用后土地玉米增产 50%～60%，马铃薯增产 30%～50%，大豆增产 60%，此外，施用十余年后检测发现，该地块土壤肥力大大增加，有机质增加 59.45%，全氮增加 70.63%，速效磷增加 970.9%，有效钾增加 209.3%。按照《食用农产品产地环境质量评价标准》对施用地块土壤、空气进行评价，发现该地块土壤、环境空气属于清洁等级，废水还田过程未造成环境污染（表 4-7、表 4-8、图 4-17）。

图 4-16　未施用废水（左）及已施用废水（右）作物生长情况

表 4-7　马铃薯淀粉加工废水农田施用土壤肥力变化

监测项目	种植基地采样点均值	对照点均值	± %
pH	8.47	8.68	—
有机质 /%	0.692	0.434	59.45
全氮（N）/（g/kg）	0.918	0.538	70.63
速效磷（P）/（mg/kg）	28.7	2.68	970.9
有效钾（K）/（mg/kg）	315.8	102.1	209.3

表 4-8　施用废水后农作物产量变化

作物	马铃薯	玉米	籽麻	大豆	喷施量
不用废水 /kg	1 600～2 000	700～800	100～120	150	无
使用废水 /kg	2 500～3 500	1 250～1 280	200～240	240	80～95（m^3/hm^2）
增产 /%	30～50	50～60	100	60	

图 4-17　马铃薯淀粉加工废水还田

③ 宁夏

2016 年，经过宁夏回族自治区生态环境厅和固原市人民政府积极争取，生态环境部批准固原市开展马铃薯淀粉加工废水汁水还田利用研究试点项目，自治区生态环境厅下达“固原市马铃薯淀粉加工废水汁水还田利用研究项目”资金 100 万元，固原市配套 180 万元，由固原市生态环境局组织中国环境科学研究院、中国科学院兰州化学物理研究所、宁夏农业科学院和固原市环境监测站 4 家科研监测单位具体实施，通过 19 个试点示范区，开展了淀粉企业清洁生产审核、淀粉分离汁水回收蛋白和全程水质分析研究，以及不同农作物、不同浓度、不同施用量废水汁水还田利用以及土壤中氮磷钾与有机质迁移试验（图 4-18）。

图 4-18　专家在马铃薯淀粉废水还田利用现场察看

经过 3 年多的努力，建立了较为完善的马铃薯淀粉加工废水还田监测数据库，明确了废水汁水还田利用对土壤肥力、农作物产量与品质，以及周边生态环境质量的影响，完成了土壤、农作物、地表水、地下水、恶臭及废水还田适应性研究及跟踪评价；修改并完善了宁夏《马铃薯淀粉加工废水还田利用技术规范（送审稿）》和环保管理等政策和标准编制工作。

4.4.2　国外废水还田利用技术进展

国外农产品加工废水还田利用已有近百年的历史，其中美国、澳大利亚、日本和以色列等国家应用较多，技术比较成熟。

4.4.2.1　美国

美国已开展长达几十年的农产品加工废水还田利用，1972 年，美国颁布了清洁水法（Clean Water Act，CWA），竭力提倡并鼓励应用“零排放”的水资源回用技术。其中，废水土地处理被认为是一项投资少、耗能低且处理效率高的实用技术，因而得到了广泛的认同。为了指导、规范废水资源的土地利用，美国国家环境保护局及相关地方政府部门相继发布了超过 5 个废水还田利用技术指南和规范。美国国家环境保护局于 1981 年和 1984 年分别发布了废水土地处理工艺设计指南（Process Design Manual for Land Treatment of Municipal Wastewater）以及快速渗滤及地面水流补充要求（Supplement on Rapid Infiltration and Overland Flow），明确了食品加工废水可以土地利用，此后多次对指南进行更新，目前最新版于 2006 年发布（Process Design Manual for Land Treatment of Municipal Wastewater Effluents，EPA/625/R-06/016），其对土地利用机理、选址、废水预处理及储存、灌溉系统等进行了详细的阐述，在相关章节（第 11 章）中明确了马铃薯加工废水可以土地利用，并对目前利用情况进行了介绍：根据艾奥瓦州 J R Simplot Co. 自 1973 年起开始还田利用，将每日产生的马铃薯加工废水 2 650 m^3/d，全部通过喷灌设施施用于 190 hm^2 草场，取得了良好的经济、环境效益，已成为美国国家环境保护局关于马铃薯加工废水还田的经典案例。

目前美国国家环境保护局已经建立了详细的废水还田利用的风险评估方法和管理制度，并将其纳入排污许可制度。在其风险评估中，需有资质的单位或个人对淀粉生产企业基本情况、企业生产情况（包括生产工艺、化学品添加情况等）、水平衡情况、废水排放特征、废水成分、废水管理和施用计划、施用地区基本情况（土壤、地表水、地下水等）等进行详细评估后，制定详细的实施方案，经环保部门批准后予以实施。美国各州也相继颁布了具体的废水土地处理法规及指导条例。

以加利福尼亚州为例，加利福尼亚州是全美最大的农业州，拥有近 8 万个农场，总面积 2 540 万英亩。农牧产品超过 400 种，为全国提供了 51% 的水果和干果，32% 以上的蔬菜。2013 年加利福尼亚州农业产值达 464 亿美元。有统计数据表明，早在 1994 年，仅加利福尼亚州全年就已有超过 800 家食品加工企业对所排放的废水采取土地利用工艺进行处理。California League of Food Processors（CLFP）统计数据显示，目前加利福尼亚州已经有超过 70% 的食品加工 / 洗涤废水用于土地消纳，实现了有效再利用。主要适用的作物有玉米、大麦、小麦、棉花、大豆、马铃薯、甜菜、牧草、速生林木及苜蓿等。

与 CWA 相适应，加利福尼亚州颁布了水质控制法案（Porter-Cologne Water Quality Control Act），法案要求加利福尼亚州各地区制订为保护水质的流域规划，并以排污许可证的形式对水污染物排放进行管控，废水的土地利用也被纳入排污许可证管理中，要求企业在实施废水土地利用时提交相关申请，申请中须说明废水特征、生产工艺、地表水地下水情况、废水施用管理措施、监测计划等，获得排污许可证后可以按计划进行施用。同时，自 2002 年开始，CLFP 召集相关学者研究发布了食品加工 / 洗涤废水土地利用技术指南（Manual of Good Practice for land Application of Food Processing/Rinse Water），对该类废水的水质特征、还田土地、作物选择、还田量、施用技术、监测等方面进行了规定和指导。

①甜菜制糖有机水还田利用实例

位于美国爱达荷州的 Amalgamated 糖业是美国第二大制糖企业，产糖约 15 万 t/a，年排放有机废水量约为 150 万 m^3，每年还田规模约为 460 km^2。还田废水的平均水质为：pH 为 6.5、COD 5 000 mg/L、BOD_5 2 000 mg/L、氨氮 16 mg/L。废水还田利用时，水力负荷不超过农作物生长的需要，氮素的施用不超出作物年吸收量的 150% 或 340 kg（$hm^2 \cdot a$），COD 年均强度不高于 57 kg（$hm^2 \cdot d$）。

自 1995 年以来，Amalgamated 糖业一直严格按照爱达荷州环保署相关规定实施甜菜有机废水还田利用，且对土壤 pH、总氮、电导率、总磷、有机质等、作物品质及产量、施用区域地下水 pH、硝态氮、电导率等进行检测分析，结果表明，各项检测指标均稳定达标，作物品质未出现异常情况，作物产量有所增加。2007 年 10 月，美国农业部农业资源保护总署对该地的土壤各项指标进行了综合采样，结果显示，经 12 年废水施用，土壤未出现异常变化，土壤肥力显著提高。

②马铃薯淀粉加工废水还田利用实例

位于美国俄勒冈州的 MorStarch 公司是一家马铃薯淀粉加工企业，年产生废水约为 35 000 m^3，于 1995 年开始还田利用，种植苜蓿及牧草，至今未见不良影响。

以 2007 年为例，该企业共产生废水 33 000 m^3，共计氮素（凯氏氮 + 氨氮）6 130 kg、溶解性总固体（TDS）178 367 kg、COD 12 610 kg，折合到每亩的氮素、TDS、COD 分别为 15 kg、438 kg 和 309 kg。当年，补充清水量为 149 256 m^3，共计氮素 217 kg、TDS 49 189 kg、COD 405 kg，折合到每亩的氮素、TDS、COD 分别为 0.76 kg、120 kg 和 0.99 kg。考虑到当地作物生长需肥情况，MorStarch 公司在施用废水的农田未再施加任何化肥或其他类型的营养物。2007 年，全部施用废水的农田作物根区下方的地下水位均低于设计标准，未对地下水造成不良影响。土壤检测结果表明，土壤 pH、电导率、有机质等均满足农业耕作的要求。地下水检测结果显示废水还田利用未造成地下水中污染物超标。

综上分析，甜菜制糖有机废水及马铃薯淀粉加工废水在遵循美国联邦环境局以及隔周环保署的相关法规进行还田利用后，既可以大大减少废水的排放，减轻废水对环境的污染，又能改善土壤的性质，提高土壤肥力，增加作物产量，实现低投入、高产出的目标。同时，甜菜制糖有机废水及马铃薯淀粉加工废水还田利用未对当地地下水造成任何不利影响。总体来说，食品加工行业废水还田利用是相对安全可靠，易对环境产生积极影响的一种资源化方式。

4.4.2.2 欧盟

废水还田利用在欧盟尚未得到大规模应用。但是欧盟认为废水的再利用可以作为水资源的有利补充，其不会受气候、天气影响，可以实现平稳的农业灌溉，同时，其中的部分营养物质可以被农业利用，进而减少化肥的施用量、减轻化肥污染等。鉴于此，为了能进一步推进废水在农业灌溉等领域的再利用，欧盟于 2017 年提出“废水在农业灌溉及含水层补给的最低要求”。

目前可供借鉴的指令有硝酸盐指令（nitrate Directive 91/676/EEC），其中对于动物粪便等有机肥料的使用量规定每年不可超过 170 kg/hm^2，同时须定期进行评估，上报当地地下水、地表水监测情况，农业活动情况，相关环境保护措施等。

此外，欧盟通过综合污染防预与控制（IPPC）指令对工业污染源排放进行管理控制。该指令规定了工业源对空气、水和土壤的污染物排放的防治及事故预防等内容。2010 年，该指令升级为工业排放指令（IED），要求为行业制定最佳可行技术参考文件（BATBRFE），作为制定排污许可的重要参考，进而用于水污染物排放控制。目前欧盟已发布食品、饮料和牛奶行业最佳可行技术参考文件。该文件对淀粉行业的全过程污染控制技术进行了总结和建议，其中也提出了淀粉加工废水可以经过初级处理（沉淀处理）后用于灌溉，但是在使用时应注意符合欧盟相关法律规定（如硝酸盐指令），同时，在灌溉前，应从以下方面进行评估：

①灌溉过程中，废水中所含物质是否对植物（或作物）的营养有益，其包括改进土壤 pH 平衡，提供肥料元素，如磷、氮等。

②灌溉后相关物质对地理学的影响；对土壤学（研究土壤组成、性质、分类等的科学分支）的影响；对气候和水文地质学数据（如粮食、畜禽卫生及环境）的影响。

③在使用过程中，是否可以对其中物质从源头到终点进行追踪，依赖于废水产生企业及使用人（如农民等）的共同合作。

④对预期影响的监测需要，如对土壤和地下水的分析等。

在实际应用方面，目前将马铃薯淀粉加工工艺水变“肥水”用于农田灌溉的资源化利用、循环经济发展模式在北欧发达国家已经实施了多年。丹麦、德国、英国等国家淀粉生产企业将回收马铃薯蛋白后的脱蛋白水直接与农户进行工业废水交易，废水由农户用罐车直接运往农田进行均匀浇灌。马铃薯淀粉加工工艺水再利用，不仅实现了节水、节能和保护环境，而且极大地减轻了淀粉企业废水处理的经济负担。淀粉企业回收食品级马铃薯蛋白产生的经济效益也超过淀粉主产品利润。

4.4.2.3 其他

日本位于亚洲季风区，年均降水量高达 1 730 mm 左右，约是世界平均值的 2 倍，但由于其地形、地貌及气象特征，日本可重复利用的淡水资源却非常少，还不到美国人均占有量的 1/2。为减轻水资源危机和解决污水处理问题，日本关于废水回用相关研究和实践也开展较早。在马铃薯淀粉加工废水还田利用方面，日本科学家二国二郎在其所著的《淀粉科学手册》中曾提出，马铃薯中含氮 0.3%、磷酸（P_2O_5）0.1%、钾（K_2O）0.5%，在淀粉制造过程中这些成分的 70%～90% 均转移到废水中，因此可以将这些废水施加到旱地和草地作为肥料加以利用。

澳大利亚将阿德莱德市食品厂排出的废水灌溉葡萄，结果表明，采用废水灌溉后，对土壤和葡萄进行反复检测，没有查出任何有害成分，不仅较往年葡萄产量有所提高，而且产出的葡萄所酿造出来的葡萄酒质地优良、口感浓烈，深受广大消费者喜爱。当地还对其他一些农作物进行灌溉，结果表明此种灌溉对土壤及农作物无不良影响。

匈牙利曾报道过制糖厂排放的废水用于农田灌溉。与清水灌溉相比，制糖废水显著地提高了甜菜产量，进而增加了每公顷出糖量。

4.4.3 淀粉废水还田利用技术

甘薯淀粉加工企业应根据加工废水水质和水量、施用农田、种植模式及当地的自然地理条件等合理确定还田利用工艺，不新增水污染物的工艺和技术。甘薯淀粉加工企业应依据自身情况选择合适的工艺路线和单元技术，宜采用“预处理＋输送＋缓存＋施用＋农田”的工艺流程，工艺流程如图 4-19 所示。

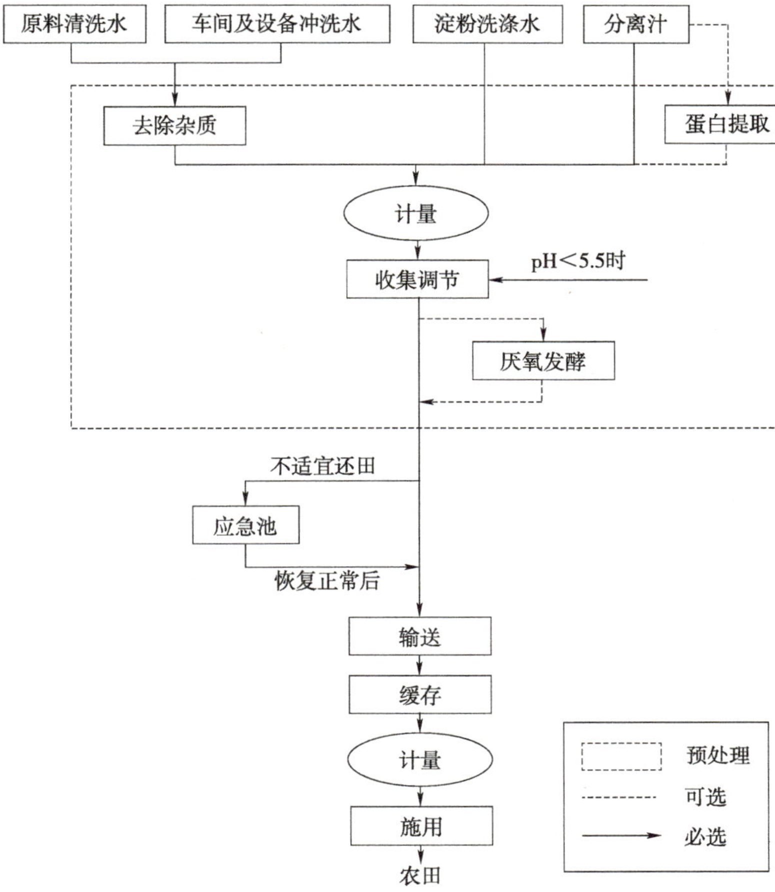

图 4-19　甘薯淀粉加工废水还田利用工艺流程

4.4.3.1　预处理

应根据废水来源和水质，进行分类处理。原料清洗水和车间及设备冲洗水应去除原料外皮、草根、泥砂等杂质后进入收集调节池。去除原料外皮、草根可采用格栅或筛网，去除泥砂宜采用沉淀池自然沉降。淀粉洗涤水可直接进入收集调节池。分离汁水可直接进入收集调节池，也可单独收集提取回收蛋白后再进入收集调节池。回收蛋白宜采用热变性法。收集调节池内的加工废水不符合 pH 要求时，应进行 pH 调节。调节剂宜选用含氨 25% 及以上的氨水。收集调节后的加工废水可输送到缓存池，也可厌氧发酵后再输送至缓存池。厌氧发酵宜采用红膜或黑膜沼气包，宜为半地埋式。收集调节池的有效容积宜按平均小时流量的 12 h 以上水量设计，应按 HJ 2043 的有关规定设计为封闭式，设置机械、空气搅拌或水力混合装置和排空集水坑。抗渗性应满足 GB 50069 的规定。

4.4.3.2 输送

将加工废水从收集调节池输送至缓存池应敷设专门的输水管网。宜选择污水泵、潜污泵等适宜输送加工废水的泵。输水管网须采用密闭管道，连接紧密，管道内壁光滑且水密性好，无“跑、冒、滴、漏”。管道的材质应具备一定的防腐、承压和荷载能力。地埋式管道宜选用塑料管，地面移动式管道可选择薄壁铝合金管以及涂塑软管。

4.4.3.3 缓存

应设置缓存池，用于加工废水的暂时贮存。缓存池容积、数量和位置应考虑加工废水进出水量、农田分布及可消纳量、当地年降水量，便于分散施用于不同区域、地势的农田。缓存池应建在环境敏感区以外区域，宜建在人类活动集中区（如村庄、居民区、旅游区、工业区等）主导风向下风向或侧风向。缓存池结构及抗渗性应满足 GB 50069 的规定，地下缓存池应进行渗漏监测。对于露天开放的缓存池，四周须安装防护栏及警示牌。

4.4.3.4 施用

应在加工季结束后 2 个月内全部完成施用，宜即产即施，避开降水时段。宜作为基肥。可采用小畦、喷施、小管出流等施用方式。在坡度大于 5%、地下水埋深小于 2 m、土层较薄及砂性土壤条件下，宜采用喷施。选择小畦施用时，畦田宽度以 1～2 m 为宜，畦长为 30 m 左右，畦埂高度以 0.2～0.3 m 为宜，底宽为 0.4 m 左右。流量以保证施用均匀、不产生冲刷或地表径流为原则。加工废水施用量采用年施用量与单次施用量双重限制。年施用量分别以氮负荷和 BOD_5 负荷为约束进行计算，取二者中的较小值。单次施用量以水力负荷为约束进行计算。当年施用量大于 1.5 倍单次施用量时，应分次施用，单次施用之间宜保持适当间隔。

4.4.3.5 农田耕种

施用加工废水后的农田，应及时翻耕土地。种植作物宜选择小麦、玉米、蔬菜、果树、牧草等喜氮作物。未经热变性法蛋白提取、厌氧发酵等消毒杀菌的加工废水施用的农田 2 年内不宜种植甘薯及其同科作物。

4.4.3.6 应急池

监测应设置应急池。还田利用设施设备维修维护期间或受降雨等影响不适宜还田时，加工废水应排入应急池，应急池容积应能容纳不少于 5 个生产日排放的废水量。

4.4.3.7 计量

应计量加工废水产生量和每块农田的施用量。宜选用电磁流量计计量。电磁流量计电极及衬里材料应具备一定的防腐能力。

4.4.3.8 监测

监测包括淀粉加工废水污染物监测和还田区域的土壤、地下水和大气环境监测。企业应依据 HJ 986 的规定对加工废水水质进行监测，应依据 GB 15618 和 HJ/T 332 的规定对土壤质量进行监测，应依据 GB/T 14848 的规定对地下水水质进行监测，应依据 GB 14554 的规定对大气中恶臭污染物进行监测。

4.5 其他技术

马铃薯淀粉加工废水处理是我国马铃薯淀粉加工行业所面临的最严重、最急迫的共性问题。马铃薯淀粉加工废水中有大量的蛋白质、小颗粒淀粉和粗纤维等有机质和氮、磷、钾等作物需要的矿物元素。国内外现在对马铃薯淀粉废水均采用分级利用和分类处理的办法，多级资源化利用，不再向环境水体排放，主要有两种模式：一是从马铃薯加工分离汁水（工艺水）中分别提取回收小颗粒淀粉、超细纤维和蛋白质，脱蛋白废水与原料冲洗废水混合后调配成肥水还田利用；二是将马铃薯加工分离汁水、薯渣和原料冲洗废水混合后，进行厌氧发酵生产沼气为企业生产、生活提供绿色能源，沼液作为有机肥水还田利用。

4.5.1 厌氧发酵沼液还田利用

马铃薯淀粉加工过程中生产的废弃物主要包括废渣、废水两个部分。废渣是马铃薯块茎经过锉磨机磨碎后，经分离筛筛出细胞液和淀粉后的皮渣纤维和部分未破碎的残渣，即薯渣。薯渣因含有大量的果胶，脱水非常困难，含水量在 89% 左右。吨淀粉可产生湿薯渣 1.5 t，每天产生 176 t 以上的废渣，其不能直接作为饲料或肥料，只能暂存在池子里，很快发臭污染环境。工艺废水主要产生于马铃薯清洗环节、浓缩环节和精制环节。废水主要包括 3 个部分：一是分离筛分离出来的细胞汁液提取淀粉后的淀粉分离汁水（工艺废水），产生于马铃薯淀粉浆浓缩精制过程。主要含有蛋白、细纤维、小颗粒淀粉、多糖、有机小分子和无机盐等。其特点是有机负荷高，COD 达到 40 000 mg/L 及以上。同时含有氮、磷、钾等肥力成分，钾含量较高。吨淀粉可产生分离汁水 7～8 t，每天产生 840 t 以上的分离汁水。二是马铃薯原料冲洗水，经过三级沉淀后重复利用 3～4 次。有机负荷不高，COD 在 1 000 mg/L 左右。三是车间地面和设备冲洗废水，有机负荷不高。两种冲洗废水混合后，吨淀粉产生量 3 t 左右，每天生产量 360 t 左右。

由此可见，马铃薯淀粉废渣废水，有机负荷很高，分类处理和分级利用，既可以实现废弃物资源化利用，也有利于资源化利用工艺阶段具有更好的使用效果。薯渣可以单独利用，通过发酵可以生产高蛋白饲料或优质有机肥；分离汁水可以提取回收小颗粒淀粉、超细纤维和蛋白质，分别作为饲料基料和饲料蛋白，也可以作为膳食纤维和食品级蛋白应用。脱蛋白水与冲洗废水混合调配有机肥水；薯渣、分离汁水和冲洗废水可以全部混合经过厌氧发酵生产沼气，为企业生产提供清洁能源，生产的沼液还是非常优质的液体肥料水，为农田提供有机肥和大量水分。实现节水、节肥和有机农业生产的多重目标。

马铃薯加工废弃物发酵产生的沼液有机肥水富含氮、钾、磷和小分子有机物，是非常好的低浓度有机肥水。有很好的可生化性，在土壤中有利于微生物利用，也有利于植物吸收。大量有机碳可以暂时储藏于土壤中，提高土壤有机质含量，改良土壤、提高肥力，同时还大幅减少了有机废弃物的“碳排放”。与传统简单的污水厌氧 + 好氧生化处理相比，厌氧生产沼气能源 + 沼液还田利用模式，具有大幅减排 CO_2、CH_4、NO 等温室气体的作用。可以为我国新时期“碳达峰、碳中和”的双碳行动做出新的贡献。2018 年 7 月生态环境部发布《排污许可证申请与核发技术规范　农副食品加工工业—淀粉工业》（HJ 860.2—2018）新标准，明确提出薯类淀粉废水可以用于土地利用，并在其编制说明 6.5 节中详细说明了薯类淀粉废水用于土地利用的相关要求。这是马铃薯淀粉加工废水资源化利用的政策指导方针。

此外，沼液还田可以有效减少化肥用量，响应农业农村部“减农药、减化肥”的“双减”行动，有利于改善土壤团粒，提高肥力，维护生态平衡，避免因过度施用化肥造成土壤板结和肥力下降的问题。同时，有机肥可以提高农产品品质，满足人民生活水平不断提高以后对农产品无公害→绿色→有机优质的更高要求。厌氧微生物可以将废水中的蛋白质、纤维、淀粉等大分子有机物分解成为小分子物质，提高了废水在沼液中的可生化性和植物吸收利用性。同时通过厌氧发酵还可以杀灭废水中的作物病菌，沼液做肥水更安全，解除了马铃薯淀粉废水不宜用于茄科作物（马铃薯等）还田的弊病。此外，沼液还田或有机肥水还田采用马铃薯淀粉企业自己流转土地，建立大农庄大农场生产模式，“以氮定量”沼液还田利用，将农业生产也由传统分散经营向集约化、规模化经营，有利于实现农业生产规模效应和产业化发展，工业＋农业循环经济发展，壮大农村经济和县域经济，带领周边广大农民脱贫致富奔小康。由此可见，马铃薯淀粉废水废渣发酵沼气和沼液还田利用的新模式是打通一个关节、走活“一盘棋”，实现企业发展、农民致富、生态恢复和“三农”等方面共同发展的科学之路。

4.5.2 厌氧发酵沼液还田利用的政策基础

沼液肥水还田技术主要参考《农用沼液》（GB/T 40750—2021），2011 年 9 月 1 日农业部发布了《沼肥施用技术规范》（NY/T 2065—2011）行业标准，2021 年 5 月 7 日农业农村部发布了《有机肥》（NY/T 525—2021）行业标准。

2016 年 12 月 21 日，习近平总书记主持召开中央财经领导小组第十四次会议，并发表重要讲话。会议上习近平总书记强调，要坚持政府支持、企业主体、市场化运作的方针，以沼气和生物天然气为主要处理方向，以就地就近用于农村能源和农用有机肥为主要使用方向，力争在“十三五”时期，基本解决大规模畜禽养殖场粪污处理和资源化问题。农业农村部和生态环境部全面落实《国务院办公厅关于加快推进畜禽养殖废弃物资源化利用的意见》，以农用有机肥为主要利用方向，强化政策支持引导，加强实用技术推广，推动建立市场化机制，畜禽粪肥还田利用取得了阶段性成效。2020 年农业农村部办公厅、生态环境部办公厅联合印发《关于进一步明确畜禽粪污还田利用要求强化养殖污染监管的通知》（农办牧〔2020〕23 号），推动养殖企业粪污、农业废弃物由达标排放变更为资源化利用，促进养殖场将粪污无害化处理和厌氧发酵沼液还田利用等。马铃薯淀粉加工废水是物理加工方式，不添加有毒、有害化学物质，是比养殖粪污更安全、营养更丰富、更干净和无臭的有机废水。同样，经过厌氧发酵处理后生产沼气能源的同时，还杀灭了农业微生物，降解了大分子有机物，提高了有机废水的可生化性，是非常优质的沼液有机肥水。2021 年颁布的国家标准 GB/T 40750—2021 明确定义，农用沼液：以畜禽粪污、农作物秸秆等农业有机废弃物为主要原料，通过沼气工程充分厌氧发酵产生，经无害化和稳定化处理，以有机液肥、水肥和灌溉水等方式用于农田生产的液态发酵残余物。定义沼肥为农业有机物经沼气工程厌氧消化产生的废弃物为原料，加工成的沼渣、沼液等肥料。

4.5.3 厌氧发酵沼液还田利用研究进展

2016 年张家口市沽源县环境保护局批复了《沽源县鑫华农业科技发展有限公司 1 万立方米大型沼气工程项目环境影响报告表》(沽环表〔2016〕003 号)，同意沽源县鑫华农业公司将马铃薯淀粉分离汁水 + 薯渣进行厌氧发酵生产沼气，沼液还田利用种植莜麦等作物，经过几年试验示范，沼液可以完全替代化肥促进农作物增产、土壤肥力提高，而且对环境无污染。自己生产的沼气在 9 月完全满足马铃薯淀粉生产、废水升温发酵和全厂供热用能的需要。项目于 2021 年 9 月通过阶段性验收。承德的地理位置介于东北的黑龙江和西北的宁夏中间，气候和温度也介于两者之间。企业所在地的降水量、地质情况、土壤厚度与宁夏固原六盘山区和张家口市坝上基本一致，所以有机肥水进行还田利用时，土壤微生物和作物消化吸收有机肥的机制和速度基本一致。

马铃薯淀粉加工废水厌氧发酵沼液肥水化利用根据农业生产“肥水一体化”的节水灌溉方式进行操作使用，同时具有施肥与灌溉的功能。根据马铃薯淀粉生产的季节性和时间，分为秋季和春季开展马铃薯淀粉加工废水厌氧发酵沼液肥水化利用工作。每年 8—11 月，农作物已收获，土地成为空闲地，淀粉加工废水以冬灌保墒形式利用。每亩还田量控制在 50 m^3 以下，也可以分 2～3 次分别还田，总量不超过额定计划总量。根据当地土壤润湿性和持水力，50 m^3 沼液水肥水均匀喷施或小管出流或小畦管灌时，水肥下渗不超过 35 cm，处于耕作层中，对地下水不产生影响。春季淀粉生产期为每年 3—5 月，针对上年秋季部分土地未施用沼液肥水或者是施用沼液肥水不足（“以氮定量”的原则，不超过当年化肥施用量。即沼液中有机氮施用在农田中，当年通过微生物和作物吸收后，全部消耗殆尽，除了保持土壤肥力外，肥料在土壤中不积累增加）的情况，春季沼液肥水还田利用主要采用底肥或部分追肥施用。秋季、春季总还田水量不高于当年还田计划水量。

沼液还田的地势应相对平整，沼液肥水还田时，主要采用喷灌、小管出流和小畦管灌，管道从企业暂存罐连接到农田地里，按照严格的水利输送管道施工，不能出现“跑、冒、滴、漏”情况。为了预防晚间放水管理员因疲劳或责任心出现意外，导致有机肥水还田量过量，企业在晚上 8 时以后到第二天早晨 5 时以前不进行沼液还田操作，晚上生产的有机肥水全部进入储罐。还田量以水表计量为准，同时田间以关闭水阀后，田间不积水为参考。此外，在靠近河沟的农地边沿留出 10～20 m 宽的土地不浇水，只种草，成为还田区域的自然保护隔离地带。以防操作过程中的“跑、冒、滴、漏”情况，确保本项目沼液肥水不进入旁边河道。每年监测土壤肥力及土壤、地表水、地下水环境质量指标。检测结果及时上报县生态环境局备案。

4.5.4 厌氧发酵沼液还田利用技术方案

基于企业厂区已有条件和中国环境科学研究院和中国科学院兰州化学物理研究所在薯类淀粉加工废水还田利用领域的技术积累，企业马铃薯淀粉加工废水还田利用工艺流程见图 4-20。

工艺流程简述：

（1）马铃薯淀粉生产工艺的原料清洗水、车间地面和设备清洗水经沉淀池去除泥沙后直接进入收集匀浆罐。

（2）收集混合好的马铃薯淀粉混合废水经过管道加热后，泵入全混合厌氧反应器或称连续搅拌反应器系统（continuous stirred tank reactor，CSTR），CSTR 是一种使发酵原料和微生物处于完全混合状态的厌氧处理技术。其原理是在一个密闭罐体内安装 2 组以上循环泵或连续搅拌槽，连续搅拌连续投料运行保证发酵原料和全部发酵液菌种处于均匀和传热，发酵底物浓度始终保持相对较低状态。利用自己生产沼气燃烧加热方式对新进废水加热，水温达到 38～40℃。CSTR 反应器外部进行保温，保证秋、冬季高浓度有机废水分解酸化，产生的沼气与后续 IC 系统产生的沼气一并进入燃气锅炉。

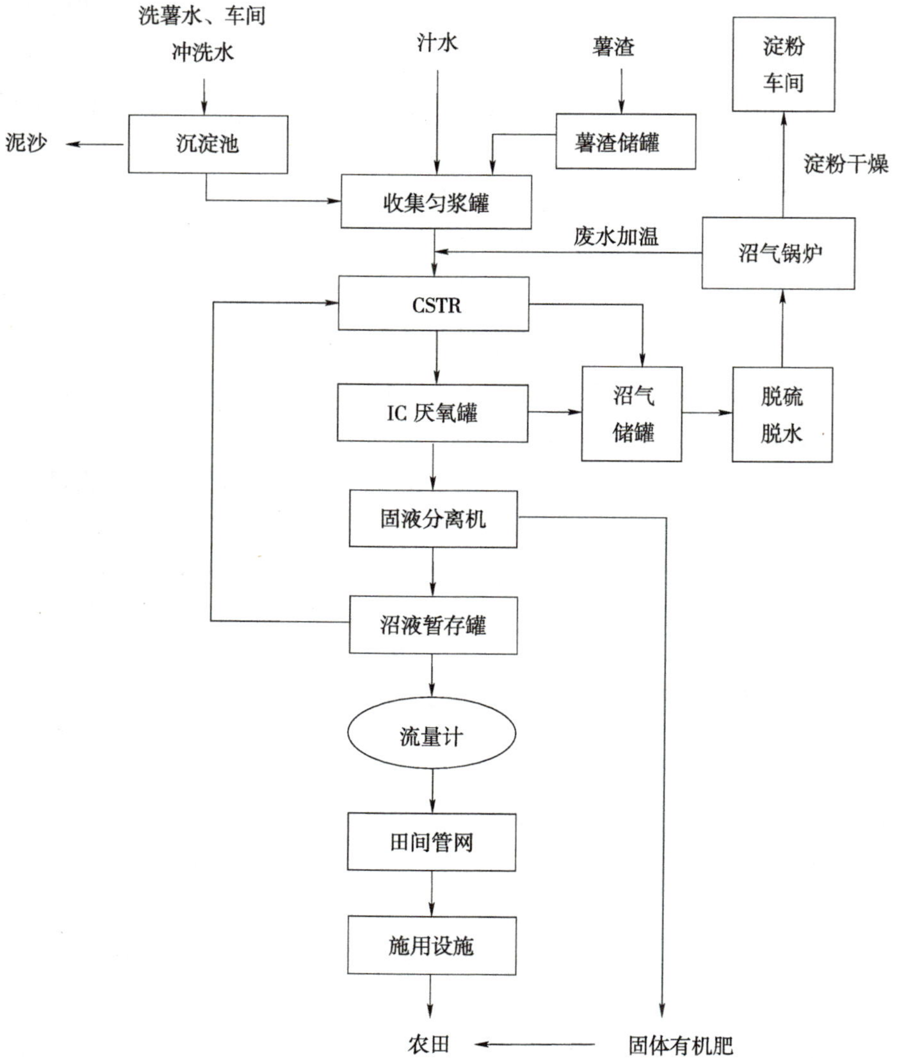

图 4-20 马铃薯淀粉加工废水废渣厌氧发酵沼液还田工艺路线

该项目改造现有 2 万 t 缓冲蓄水罐加盖、防锈和循环搅拌设施后作为 CSTR 反应器。每年 8 月淀粉生产启动前，利用容积 2 万 m^3 的 CSTR 反应器收集淀粉车间前期 20 d 产生废水、废渣，前期 20 d 每天加工 14 h，产生混合废水废渣 880 m^3，总计 17 766 m^3。每天以后续两个 IC 厌氧罐 30% 的处理能力的水量进入 IC 厌氧罐。20 d 后全部厌氧系统进入正常工作后，淀粉车间方可进入满负荷生产期，每天生产时间为 24 h。大型 CSTR 反应器作为缓冲启动和延后保持平衡前后系统调节作用。当两个IC厌氧罐装满后，沼液进入下一工艺阶段。

（3）CSTR反应器中水解后的废水顺序进入IC厌氧罐，IC反应器是新一代高效厌氧反应器，即内循环厌氧反应器，相似由2层UASB反应器串联而成。其由上下两个反应室组成。废水在反应器中自下而上流动，污染物被微生物吸附并降解，净化过的水从反应器上部流出，进入固液分离罐。收集IC和CSTR反应器上部的沼气进入储气罐，脱硫脱水以后，进入燃气锅炉，为加热废水和淀粉车间干燥提高热能。

（4）从IC厌氧罐中流出发沼液进入固液分离罐，经固液分离机分离后的沼液进入沼液暂存罐，固体菌泥可以作为有机肥料分散做基肥散入田间。

（5）沼液暂存罐中的沼液通过田间封闭管网系统，再由施用设备施用于农田。

（6）淀粉生产结束后CSTR反应器和IC厌氧罐中的废水继续进行厌氧处理，完全停产后CSTR反应器可以保留适当废水继续维持微生物直到下次系统启动。固液分离罐和沼液暂存罐中的沼液的液体在每年停产后，及时清理出来还田。

5

薯类淀粉加工行业绿色低碳发展典型案例

SHULEI DIANFEN JIAGONG HANGYE LUSE DITAN FAZHAN DIANXING ANLI

5.1 马铃薯淀粉加工废水蛋白回收与土地利用联合处理案例

5.1.1 概述

宁夏固原市某马铃薯原淀粉企业现有马铃薯处理量为 40 t/h 生产线一条（以淀粉计，约 6 t/h），每年加工期一般在 10 月初开始，12 月末结束，加工期约 90 d。企业生产过程中产生两种废水，即原料（马铃薯）清洗废水和马铃薯淀粉工艺废水（汁水），混合后形成综合废水。企业原采用传统生物厌氧好氧工艺处理加工废水，自 2017 年开始探索加工废水蛋白回收与土地利用联合处理工艺，2018 年全面采用该联合处理工艺替代传统生物厌氧好氧工艺。联合处理工艺蛋白回收系统马铃薯工艺废水（汁水）处理能力约 30 m^3/h，废水土地利用系统处理能力为 60 m^3/h。

5.1.2 废水特性

根据生产统计，淀粉综合废水产生量 50～60 m^3/h，其中马铃薯淀粉工艺废水（汁水）25～30 m^3/h。经检测，洗薯废水和工艺废水的数据见表 5-1。

表 5-1　洗薯废水和工艺废水的水质数据　　单位：mg/L

废水类别	pH	COD_{Cr}	SS	总氮	总磷
洗薯废水	6.3～7.1	4 352～6 855	4 352～6 855	61～126	15.3～43.6
工艺废水	5.6～6.6	35 110～37 735	7 028～8 107	2 040～2 380	207～242

5.1.3　工艺原理和流程

本项目处理工艺摒弃传统的末端治理达标排放思路，针对废水的成分特点，以清洁生产和循环经济为设计理念，采用马铃薯淀粉工艺废水（汁水）蛋白回收与综合废水土地利用联合处理工艺，流程如图 5-1 所示。

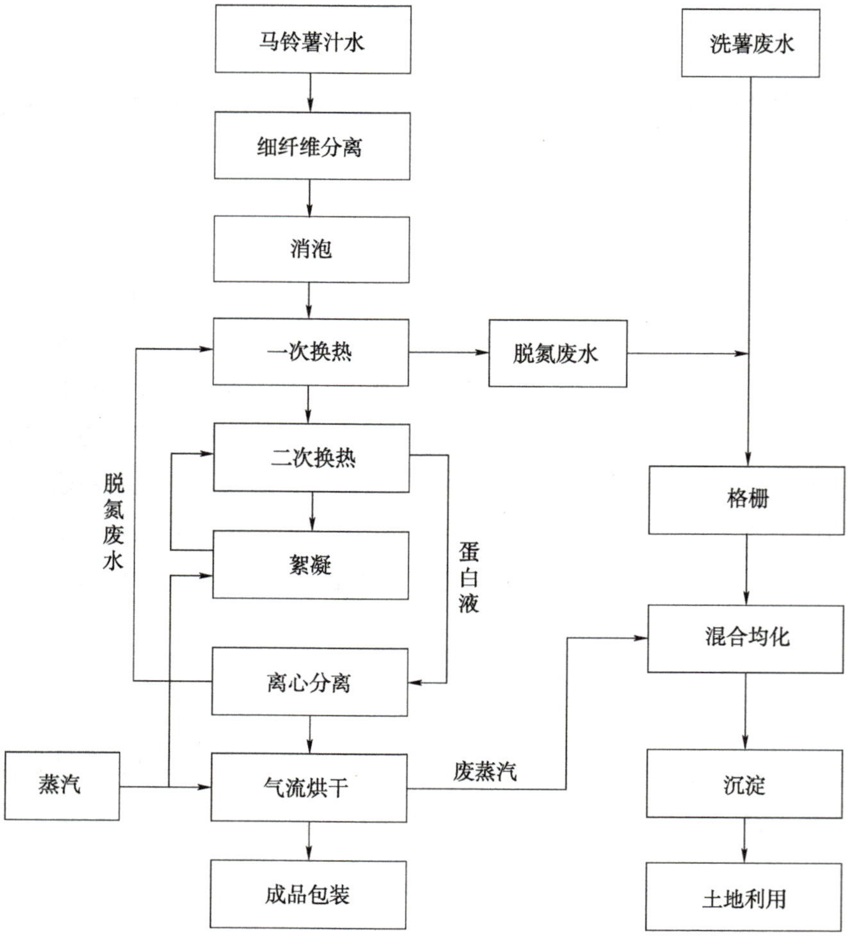

图 5-1　蛋白回收与土地利用工艺流程

蛋白回收利用蛋白质热变性原理。蛋白质遇热后化学键断裂，导致空间结构发生变化，使原本可溶的蛋白质析出，再通过分离、烘干即得到蛋白副产品。但马铃薯淀粉工艺废水（汁水）中由于含有大量的细纤维、小颗粒淀粉，在换热器中加热时会发生糊化堵塞换热器和管道，致使蛋白回收过程无法稳定运行。本项目在工艺设计时在马铃薯淀粉工艺废水（汁水）加热前增加细纤维分离工序，采用两级细纤维离心筛分离细纤维和小颗粒淀粉，避免加热过程堵塞换热器。此外，换热系统采用 1 用 1 备两套设备，每 3 d 切换使用，确保系统稳定运行。

该工序不仅从马铃薯工艺废水（汁水）中回收蛋白副产品出售，增加企业经济效益，同时还可以降低马铃薯工艺废水（汁水）中的固形物及 COD_{Cr} 负荷，对汁水进行热消毒，有利于后续废水土地利用。

土地利用系统其原理是利用土壤、微生物、植物生态系统的自净功能和自我调控机制，通过一系列物理、化学和生物化学过程，充分利用废水中水、氮、磷等资源，最终实现废水资源化处理的目标。马铃薯淀粉工艺废水（汁水）经蛋白回收处理后排出的脱氮废水与原料（马铃薯）清洗废水经过格栅、混合均化、沉淀后由泵站提升到缓冲池，随后根据当年使用废水施用计划喷施到农田。

废水于当年企业开产后即开始施用（投放）到空闲的农田上，一般为每年10—12 月。废水施用量按照土壤肥力及翌年种植农作物生长所需营养物质的量综合确定，为了避免废水施用不均匀影响作物生长，施用前用激光整地机对土地进行平整，并采用基于畦灌的新型小畦灌溉方式施用（图 5-2）。施用后及时进行土地翻耕，翌年耕种时根据《测土配方施肥技术规范》（NY/T 1118—2006）减少化肥施用量。

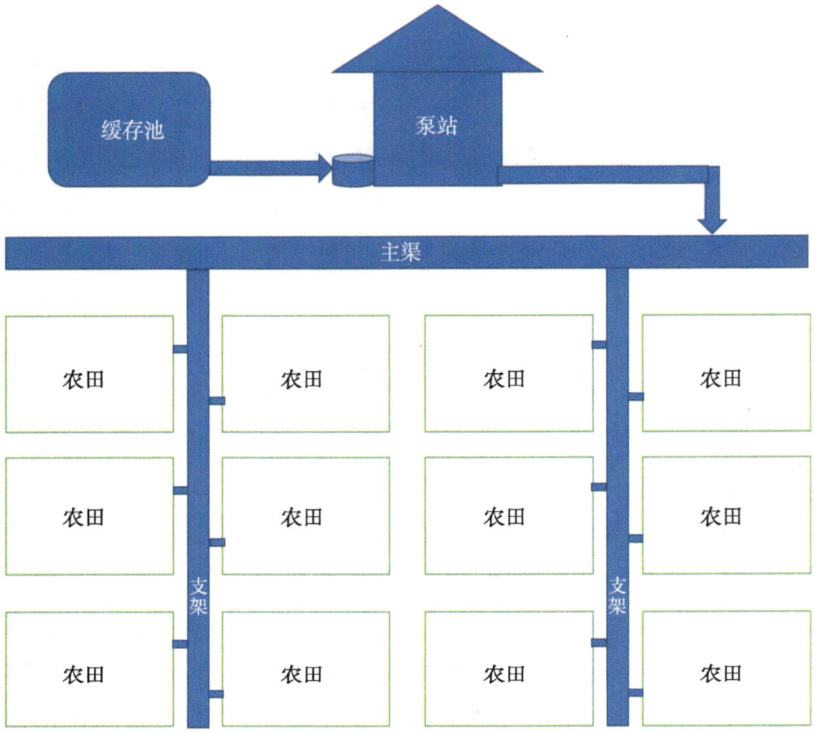

图 5-2　小畦施用示意图

5.1.4　核心单元设计参数

5.1.4.1　蛋白回收系统主要设备及设计参数

蛋白回收系统马铃薯工艺废水（汁水）处理能力约 30 m^3/h，工艺废水（汁水）蛋白回收率≥40%，COD_{Cr} 去除率≥25%，SS 去除率≥50%。蛋白回收主要包括细纤维分离单元、换热单元、絮凝单元、蛋白分离单元和烘干单元、各工序主要设备参数如下：

①纤维分离单元主要设备为 2 台 TCS-850-63 细纤维离心筛。转速 960～1 100 r/min，处理能力 30 t/h；

②换热单元主要设备为 3 台 KLS0.8-80-1220-18 型螺旋板式换热器，2 用 1 备。设计压力 0.8 MPa，设计温度 170℃，换热面积 80 m^2；

③絮凝单元主要设备为 1 台 QSH-12b-150 汽水混合加热器和保温絮凝罐，

设计压力 1.6 MPa，额定流量 10 m^3/h；

④蛋白分离单元主要设备为两台并联 LW530×2120Y 型卧罗离心机，分离因数最大为 3 630（无级可调），处理能力为 30～50 m^3/h；

⑤烘干单元设备型号为 FFD0.5，生产能力 500 kg/h，干燥管长 22.6 m，功率 15 kW。

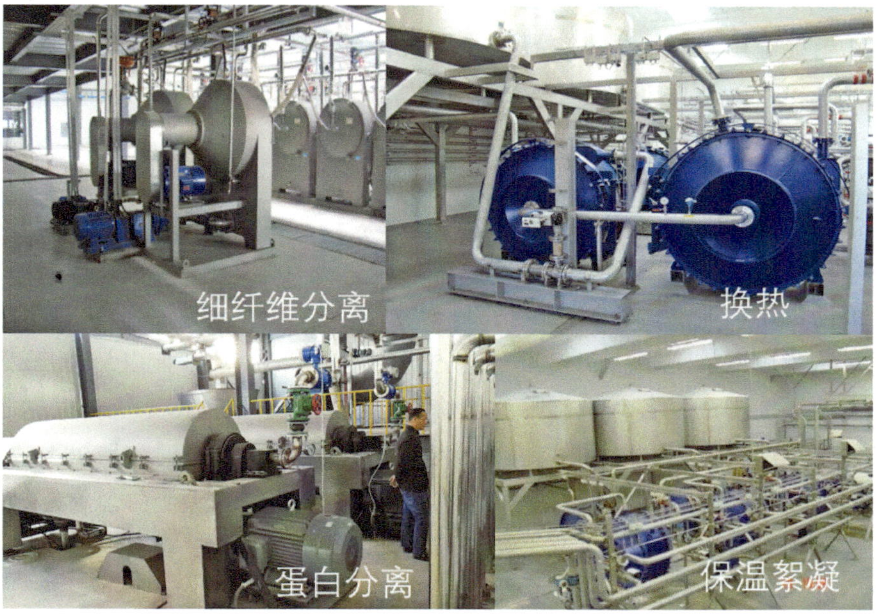

图 5-3　示范工程现场

5.1.4.2　土地利用系统核心单元设计

废水土地利用系统处理能力为 60 m^3/h，主要包括还田预处理和土地施用 2 个核心单元，主要设计参数如下：

①混合均化调节池 1 座，地上式钢筋混凝土（内部防腐），设计规模 1 440 m^3/d，有效容积为 90 m^3，HRT 为 1.5 h。配套设备：人工格栅 1 套（S304 材质），废水提升泵 2 台（1 用 1 备，Q=60 m^3/h，N=11.0 kW），浮球液位计 1 套，转子流量计 1 套，空气搅拌系统 1 套。

②斜管沉淀池 2 座，地上式钢筋混凝土（内部防腐），每座设计规模 720 m^3/d，尺寸为 6.0 m×5.0 m×4.5 m，有效水深 4.0 m，污泥沉至底部的污

泥斗内，由污泥泵提升至污泥池，上清液自流至缓冲池。斜管沉淀池表面负荷 0.59 m^3/（m^2·h），固体负荷 100 kg/（m^2·d）。配套设备：斜管填料 34 m^2（直径 35 mm，高 800 mm，乙丙共聚材质）；斜管支架 1 套；污泥泵 2 台（1 用 1 备，Q=20 m^3/h，N=5.5 kW）。

③缓冲池 1 座，地上式钢筋混凝土（内部防腐），有效容积为 1 440 m^3。配套设备：废水提升泵 3 台（2 用 1 备，Q=100 m^3/h，N=15.0 kW）。

④土地施用系统采用小畦灌溉方式，单个小畦面积≤160 m^2，小畦田面高差≤±3 cm，每公顷农田废水最大施用量≤1 500 m^3。

5.1.5 运行效果

5.1.5.1 蛋白回收情况

根据当年企业马铃薯加工量估算，共产生加工废水（汁水）约 36 700 m^3，实际进入蛋白回收工序约 31 200 m^3（占产生量的 85%），另有约 5 500 m^3 加工废水（汁水）由于设备调试和临时检修而直接进入土地利用系统。根据表 5-1 中工艺废水氮含量和蛋白回收系统设计指标测算可回收蛋白副产品 204～238 t。企业当年实际从工艺废水（汁水）中回收蛋白副产品 230 t（蛋白含量为 77.9%，水分含量为 11.7%），达到工艺设计目标，且回收的蛋白副产品作为饲料级蛋白全部出售。

2019 年 11 月 12—17 日，每日上午和下午分别采集蛋白回收工序的进出水水样分析，水质数据如表 5-2 所示。马铃薯淀粉工艺废水（汁水）经蛋白回收后 COD_{Cr} 浓度降低 19.2%，蛋白回收率（全氮浓度降低）40.93%，SS 浓度降低 54.76%。蛋白回收工序蛋白回收率、SS 去除率均达到设计指标，但 COD_{Cr} 去除率未达到设计要求。COD_{Cr} 去除率未达到设计要求的原因是随着生产进行，室外气温不断降低，马铃薯（露天堆场）中淀粉逐渐变成可溶性糖类有机物（糖化现象），导致汁水中可溶性有机物增加。后续生产中优化原料收储计划，并建设原料储存库，降低原料中淀粉糖化程度，减少汁水中可溶性有机物，提高 COD_{Cr} 去除率。

表 5-2　马铃薯汁水、脱氮废水水质

项目	COD_{Cr}	SS	总氮
马铃薯汁水 /（mg/L）	36 318 ± 820	7 560 ± 529	2 173 ± 112
脱氮废水 /（mg/L）	29 373 ± 2 332	3 420 ± 170	1 283 ± 113
去除率 /%	19.2	54.76	40.93

5.1.5.2　废水土地利用情况

废水水质数据显示（表 5-3），马铃薯淀粉加工综合废水 pH 为 6.2 ± 0.4，呈微酸性，有机质及全氮含量较高。示范工程所在地的土壤呈弱碱性，施用后有改善土壤理化性质和提升肥力的作用。2019 年企业由于缺少原料而未满负荷生产，当年共生产马铃薯淀粉 7 200 t，产生加工废水约 66 400 m^3。企业共流转农田 83.6 hm^2，根据废水的养分含量和当年土地养分情况，玉米田平均施用综合废水 900 m^3/hm^2，施用面积 56 hm^2；小麦田平均施用综合废水 600 m^3/hm^2，施用面积 24 hm^2；其他作物农田平均施用加工废水 450 m^3/hm^2，施用面积 3.6 hm^2，加工废水全部采用小畦方式施用，当年施用完毕。

表 5-3　土地利用工艺各工序水质　　单位：mg/L

项目	pH	COD_{Cr}	SS	总氮	总磷
脱氮废水	5.6 ± 0.4	29 373 ± 2 332	3 420 ± 170	1 283 ± 113	206 ± 12
洗薯废水	6.7 ± 0.5	5 394 ± 351	2 430 ± 150	84.7 ± 6.2	21.5 ± 1.6
综合废水 *	6.4 ± 0.4	19 340 ± 1 160	3 006 ± 210	781 ± 31	129 ± 5.2
综合废水 #	6.2 ± 0.4	18 187 ± 1 013	2 660 ± 154	742 ± 42	126 ± 4.7

注：* 表示混合均化池综合废水；# 表示沉淀池综合废水。

2020 年秋季，企业 2019 年马铃薯淀粉加工废水还田地块青贮玉米产量 59.4 t/hm^2，小麦产量 6.16 t/hm^2。相较于未施用加工废水的农田，马铃薯加工废水还田地块青贮玉米产量增产 10.41%（59.4 t/hm^2 还田地块，53.8 t/hm^2 对照地块）、小麦增产 6.94%（6.16 t/hm^2 还田地块，5.76 t/hm^2 对照地块），表明施用马铃薯淀粉加工废水有助于提高作物产量。

5.1.6 投资与效益情况

5.1.6.1 投资情况

据统计，蛋白回收与土地利用联合处理工艺厂房和设备投资 1 193.2 万元。其中工程投资，设备投资

5.1.6.2 环境、经济与社会效益

（1）环境效益

2019 年企业全部加工废水采用蛋白回收与土地利用联合处理工艺处理，减少排放废水量 6.64×10^4 m^3，以《淀粉工业水污染物排放标准》（GB 25461—2010）中污染物直接排放标准限值核算（表 2），减排 COD_{Cr} 6.64 t、SS 1.99 t、总氮 1.99 t、总磷 66.4 kg，实现废水污染物向周围水体零排放。

（2）经济效益

据统计，蛋白回收与土地利用联合处理工艺厂房和设备投资 1 193.2 万元。2019 年生产蛋白 230 t，施用废水 6.64×10^4 m^3，支付人工费用 55.3 万元，电、煤等能源费用 37.46 万元，土地租赁及农资费用 39.2 万元，蛋白销售收入 121.9 万元，农产品销售收入 100.8 万元。以企业 2019 年生产经营数据为基准，计算满负荷生产时蛋白回收与土地利用联合处理工艺运行费用和产品销售收入，并进行财务效益分析。示范工程财务数据参数选取如下：项目计算期为 10 年，农副食品加工行业基准收益率为 8%，厂房和设备残值按 10% 计，采用平均年限法计算折旧和摊销。

（3）社会效益

①增加农民收入。2019 年企业蛋白回收系统和土地系统用工 34 人次，合计支付工资 55.3 万元。企业周边农户将农田租给企业，户均 8.3 亩，获得农田流转费用 2 490 元，若企业再雇用该农户到企业打工（还田和农业种植），每年需支付约 32 000 元 / 人，合计该农户每年收入 34 490 元，相较于其单纯的种田收入，每年可增收约 2 万元 / 人。

②资源循环利用。该示范工程废水施用到农田后，增加土壤肥力，起到肥料作用。相较于周边没有施用马铃薯淀粉加工废水的农田，减少氮肥（尿素，N 含量 46.4%）施用量 405 kg/hm^2（玉米）、191 kg/hm^2（小麦）；减少磷肥（过磷酸钙，有效 P_2O_5 含量 16%）施用量 853 kg/hm^2（玉米）、862 kg/hm^2（小麦）。

③提升农业生产水平。企业流转农田后，对原来的小块、凹凸起伏的旱田进行改造，形成大块平整的适于机械化作用的灌溉农田，大幅提升农业生产水平。

5.2 甘薯淀粉加工废水资源化利用典型案例

5.2.1 概述

薯类淀粉加工利用技术在国内得到了广泛的利用，其中在河北省卢龙县河北中薯农业科技集团股份有限公司取得了良好的效果。河北省是我国甘薯的重要产区，根据河北省 2018 年统计年鉴，马铃薯及甘薯种植面积共为 21.16 万 hm^2，产量共为 66.96 万 t，其中甘薯种植面积占 34.16%，甘薯产量占 31.44%。河北省甘薯淀粉加工以秦皇岛市为主，且主要集中在卢龙县，甘薯淀粉加工是卢龙县的重要特色产业。河北中薯农业科技集团股份有限公司具备年 6 万 t 甘薯鲜薯加工能力占全县加工能力的 50%，年加工鲜薯 3.5 万 t，产生废水 37 700 m^3。废水经预处理沉淀，经管道输送至还田土地，采用旋转式喷灌机、喷灌带喷灌和小畦灌溉结合的方式适用于企业自有流转土地，还田土地面积 1 087 亩，采取人工操作、云端远程监管模式，取得了理想的还田效果，土壤、地下水、地表水环境质量良好，农田土壤得到改良，土壤颗粒结构改善，土壤肥力提升。

5.2.2 废水产生特性

河北中薯农业科技集团股份有限公司还田利用废水是甘薯淀粉加工过程中产生混合废水，甘薯淀粉加工过程包括原料准备、流槽输送、清洗、破碎、离心提取、除砂、浓缩精制、淀粉乳储存 8 个环节，生产过程产生的废水主要包括甘薯清洗废水、淀粉洗涤废水及车间设备及地面冲洗废水，废水排放量为 2.84 m^3/t 薯。

（1）甘薯清洗废水

产生于甘薯清洗工段，主要含有泥沙石、薯块、草皮等，经过沉淀后进行循环使用。企业吨甘薯的排水量为 1 m^3、pH 为 7 左右、COD 为 1 000 mg/L 左右。

（2）精淀粉生产废水

企业精淀粉生产过程产生的废水主要包括淀粉洗涤废水和真空转鼓离心机脱水，共计为 0.60 m^3/t 薯，其中淀粉洗涤废水排水量为 0.37 m^3/t 薯，真空转鼓离心机脱水为 0.23 m^3/t 薯。该部分废水 BOD、COD 等较低，COD 在 2 000 mg/L 左右。

（3）车间设备及地面冲洗废水

淀粉车间设备每天冲洗一次，每次用水 6 m^3，排放系数按照 0.95 计算，每天 5.7 m^3。

主要污染因子为 COD、BOD、总氮、总磷、氨氮和悬浮物等，主要来自废水中的碳水化合物、蛋白质、氨基酸、纤维素及脂肪等有机质。其富含氮、磷、钾及微量等，是优质的有机肥。废水中重金属含量低，无重金属污染。

5.2.3　还田利用流程

（1）原料清洗水、车间和设备清洗水、淀粉洗涤水及分离汁水均经管道输入到收集调节池中缓存；

（2）上述废水在收集调节池混合后沉淀，然后通过封闭管道输送到还田地块，再通过施用设备均匀施用于农田；

（3）在废水收集池与施用之间的管道上安装了电磁流量计，用以记录还田废水量。废水收集池利用企业原有的废水收集池 3.86 万 m^3，满足废水还田利用需求。

5.2.4　技术要求

（1）预处理

清洗废水、车间和设备清洗水、淀粉洗涤水及分离汁水需全部进入沉淀池进行沉淀，将部分泥沙、小颗粒淀粉、部分纤维素等悬浮物沉淀，以防止堵塞还田利用设备管道和出水口。

（2）施用时间

每年 10 月上旬至 11 月底。施用期间天气以晴为佳，2019—2020 年未出现暴雨，并且未出现多天连续降雨情况，每日还田施用时间为 7:00—19:00。

（3）施用方式

采取喷灌与畦灌结合方式。

（4）输水管道

企业地处北方，冬季温度低，为保障还田利用顺利开展，新建地埋式输水管管道 2.89 km，管道材质为聚乙烯 PE 管材，辐射还田土地面积 1 200 亩，管道敷设情况见图 5-4。

图 5-4　埋地输水管道布局及管道

主输水管道有 2 条，主进水口均设在 1# 收集池，图中上方的主管道在 3# 收集池还设有一个分进水口。为连接喷灌装置，输送管道上共安装给水栓 81 个，为未来新增还田区域预留管道接口 3 个。给水栓及管道接口均为镀锌管材，预防农业活动对接口伤害。

（5）喷灌设施

根据地块特点，分别采用喷灌带和旋转式喷灌机（图 5-5）。

图 5-5　喷灌带（左）和旋转式喷灌机（右）

（6）计量设备

还田废水存在部分悬浮物，采用 316 L 不锈钢电极的电磁流量计，并配备物联网数据传输装置。

图 5-6　电磁流量计、监控摄像

（7）监控设备

监控设备位于还田地块最高点及视野交叉点位，以太阳能为供电方式，驱动 360° 旋转夜视监控摄像头，并配备物联网数据传输装置。

5.2.5 案例特点

淀粉加工废水还田利用管理相较于一般的环境监管方式具备其特殊性，废水中的氮、磷、钾等转化、利用过程是在土壤系统中实现，管理重点在于废水进入土壤过程的管理，但由于还田土地涉及区域广、还田地块面积大、还田单元多、还田期间短，监管人员在所有还田现场难以开展细致的监督。为此企业开发了还田利用云端监管 App，通过采用流量计量、视频监控、物联网实现数据上传、云端服务器整理统计、互联网数据下发，移动 App 端数据呈现的方式，将企业的清水使用量、废水还田利用量、还田去向进行跟踪统计，还田管理人员、企业负责人以及环境管理部门可实时监控废水还田情况，实现还田利用过程的快速响应和对还田利用历史情况的追溯，使废水还田环境管理水平大幅提升，环境风险大幅降低。

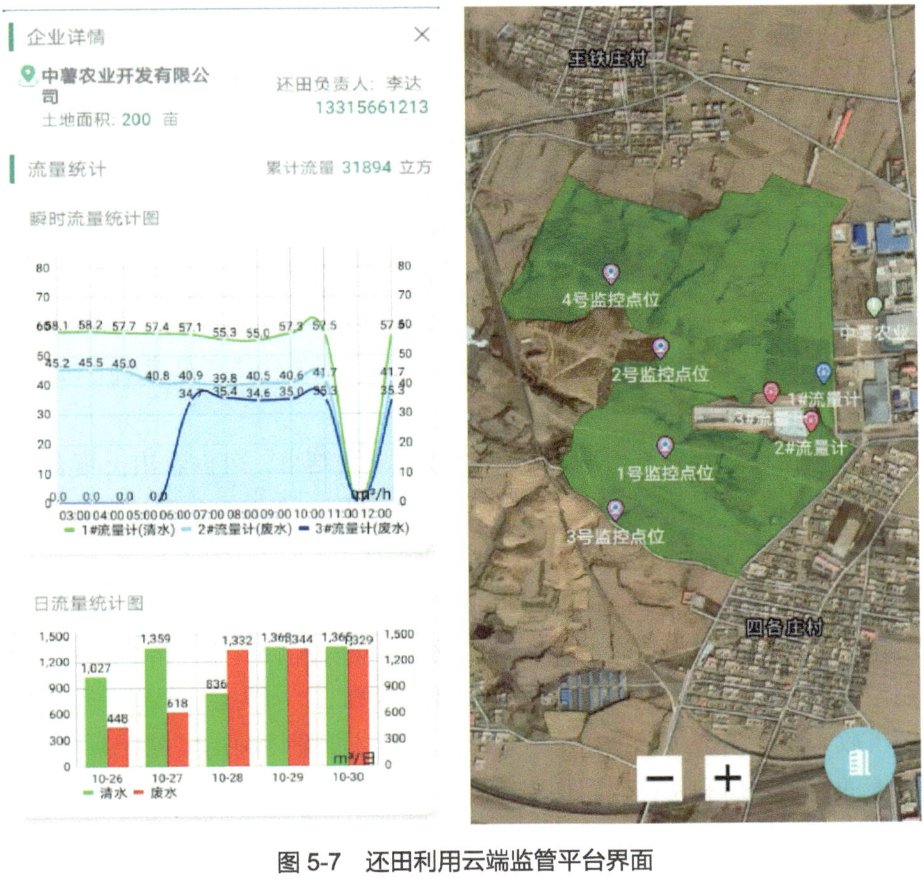

图 5-7　还田利用云端监管平台界面

5.2.6 运行效果

企业基本按照要求开展废水还田利用工作，使加工废水得到了充分利用，未发生环境污染情况，还田利用总体情况较好。具体评估结果如下：

（1）甘薯淀粉加工废水得到了充分的资源化利用

甘薯淀粉加工工艺为纯物理工艺，不添加有毒有害物质，废水中含有氮、磷、钾、有机质等农田所需的营养物质，具有较高的回收利用价值。企业生产7 000 t淀粉产生的废水全部进行了还田，通过有规划地施用及控制单位耕地面积施用量，保障废水被土壤全部吸收且未进入河流中，使加工废水得到充分的资源化利用。

（2）废水还田利用未对区域环境质量造成不利影响

通过对比还田利用前后土壤和地下水检测数据发现，土壤质量中各项检测指标均低于《土壤质量标准　农用地土壤污染风险管控标准（试行）》（GB 15618—2018）筛选值，部分重金属含量有下降的趋势；地下水质量的各项指标变化幅度较小且均符合《地下水质量标准》（GB/T 14848—2017）Ⅲ类标准。企业甘薯淀粉加工废水还田利用未造成土壤、地表水、地下水及大气环境污染。

（3）废水还田利用未对农作物造成不利影响

企业在还田地块上种植了玉米，并未施加化肥或其他肥料，农作物总体长势良好，单位面积产量与周边未施用废水的农田产量相比无明显差异，玉米中铅、镉、铬等各项检测指标均低于《食品安全国家标准食品中污染物限量》（GB 2762—2017）。说明甘薯淀粉废水还田利用未对农作物产量造成不利影响。

（4）废水还田利用可提高土壤肥力

通过对比还田利用前后农田土壤养分的检测结果，可以看出土壤有机质、全氮含量略有提升，土壤容重、水解性氮、速效钾、有效磷含量呈现部分上升、部分下降的无规律变化，土壤总体肥力有所提高。

企业废水还田利用的实施，不仅使废水得到了充分利用，基本实现废水“零排放”，为企业节省了大量末端治理设施投资及运行费用；减少了农田化肥施用量，促进了土壤改良；同时通过农田产出的玉米也为企业带来了一笔不菲的经济收入，还田利用总体情况较好。企业可依据还田利用实施计划，开展下一年度的废水还田利用，但需加强监管防止环境及农产品污染，并严格按照实施计划进行规范还田。

5.3 马铃薯和甘薯淀粉共线生产典型案例

5.3.1 概述

河北地区每年6—7月是马铃薯收获期，出现大量残次薯，残次薯主要用于淀粉加工。当地企业秦皇岛三力食品有限公司建设一条50 t/h的马铃薯淀粉加工生产线，年加工期仅有50 d，设备率低。每年10—11月是我国北方地区甘薯收获期，由于甘薯生物特性，出土后甘薯中淀粉会出现糖化现象，随贮藏时间延长，甘薯中可提取淀粉逐渐减少，因此大量淀粉性甘薯需要及时进行加工，整个加工期为60 d。该企业通过生产线技术改造更换离心筛网及旋流站旋流板，调整离心筛及旋流站工作参数，使原马铃薯淀粉加工线经调整后可适应于甘薯淀粉加工。该生产线实现了马铃薯淀粉、红薯淀粉共线生产，年加工周期延长至100 d，解决了原生产线利用率低、设备闲置的问题。同时减缓了红薯集中上市来的带来加工压力。

5.3.2 工艺流程和特点

马铃薯和甘薯淀粉加工采用“输送—清洗—粉碎—筛分—精制—烘干”的相关生产工艺，且使用的是同一套设备，加工过程的区别主要是离心筛、旋流站各设备参数的调整。

5.3.2.1 原料特性

企业周边有大量马铃薯，企业加工所用的马铃薯原料大部分来自本地食用马铃薯筛选后残次品，主要品种为中薯、荷兰15；甘薯原料主要来源于山东省，主要品种济薯25。

马铃薯淀粉含量10%左右，水分77%；甘薯淀粉含量18%左右，水分75%。

马铃薯淀粉颗粒粒径为35～105 μm，甘薯淀粉颗粒粒径为0.39～55.14 μm，粒径＜3.36 μm的淀粉粒数目占总数目的97.7%～99.1%。马铃薯淀粉颗粒远大于甘薯淀粉颗粒。

5.3.2.2 工艺流程

工艺描述：

（1）除石清洗单元

马铃薯和甘薯原料经流送槽输送到除草机，除草后薯水完全分离，然后马铃薯通过螺旋输送及提升泵输送到去石机，并在此过程中加入循环水，在此处石块和其他重物被分离。然后将原料输送到两级滚筒鼠笼清洗机，在一级鼠笼加入循环水清洗，在二级鼠笼加入纯水制备产生的浓水进行彻底清洗，滚筒鼠笼清洗过程中薯和水均完全分离，清洗之后螺旋输送到贮存料斗中。

（2）锉磨、旋流除砂单元

将清洗干净的原料经锉磨机破碎成薯浆液，之后输送到除砂旋流器中将砂粒除去。

（3）离心提取单元

从除砂单元出来的淀粉乳液被输送到离心筛，用逆流方式清洗并分离出纤维。薯渣洗涤的含淀粉水返回至锉磨机，薯渣经最后一级离心筛脱水后排出车间。

（4）浓缩精制单元

从第一级离心筛出来的淀粉浆首先经过浓缩旋流站脱汁浓缩，浓缩后的淀粉乳进入后面的一级回收站，而溢流出来的细胞液则直接外排；经过一级回收站后的浓缩淀粉乳继续进入后面的多级洗涤单元进行精制，进一步分离淀粉乳中的纤维、蛋白等杂质，而从一级回收出来的溢流则再次经过二级回收站进一步回收淀粉，其底流返回至前端与浓缩淀粉乳汇合，而溢流进入三级回收站；回收的淀粉液与二级回收底流汇合。从精制站出来的溢流（洗淀粉废水）一部分回至一级回收站，另一部分经离心筛去除纤维等杂质后与除砂后的淀粉乳汇合。

（5）干燥和包装单元

精制淀粉乳液输送到真空转鼓脱水机脱水，脱水后的淀粉经气流干燥机进一步干燥到商品淀粉所要求的水分含量。干燥后的淀粉在旋风分离器中与空气分离，收集的淀粉被螺旋输送到振动筛，去除精淀粉中粗的颗粒，使成品淀粉的细度能够满足标准。筛分后的淀粉直接输送到淀粉仓中暂存并冷却，之后输送到包装机包装。包装后的淀粉由皮带输送机输送入成品库。

5.3.2.3 工艺特点

利用马铃薯、甘薯生长周期时间差，使用同一生产线分别加工马铃薯、甘薯。考虑马铃薯淀粉颗粒与甘薯淀粉颗粒粒径的差异，在旋流站上选用不同旋流板，同时调整旋流站相应入料泵压力流量参数，实现淀粉乳的浓缩、回收、精制工序的稳定工作。

5.3.2.4 工艺参数

马铃薯加工能力 60 t 鲜薯 /h，总淀粉提取率≥95%，锉磨机破碎率≥98%，浓缩后淀粉乳浓度≥20 Be，精制洗涤后淀粉乳浓度≥22 Be，工艺水耗量 30 m^3/h，淀粉产量 6 t/h。

甘薯加工能力 30 t 鲜薯 /h，总淀粉提取率≥96%，锉磨机破碎率≥95%，浓缩后淀粉乳浓度≥20 Be，精制洗涤后淀粉乳浓度≥22 Be，工艺水耗量 30 m^3/h，淀粉产量 6 t/h。

5.3.2.5 主要建（构）筑物和工艺设备

企业在原有厂房进行技术技改，生产技改资金总投入 3 700 万元。

5.3.3 运行效果

5.3.3.1 运行时间

自 2019 年技改以来已经正常运行 2 年。每年 6 月下旬至 7 月底加工马铃薯淀粉；9 月底至 11 月底加工甘薯淀粉，年加工期 120 d。

5.3.3.2 加工量

企业周边有大量马铃薯，企业加工所用的马铃薯原料大部分来自本地食用马铃薯筛选后残次品，主要品种为中薯、荷兰 15，收购量为 35 300 t；甘薯原料主要来源于山东省，主要品种济薯 25，收购量为 20 277 t。

某年共计加工马铃薯淀粉产品约 3 553 t（含水率约 18%），甘薯淀粉产品约 3 650 t（含水率约 14%）。原料收购情况见表 5-5。

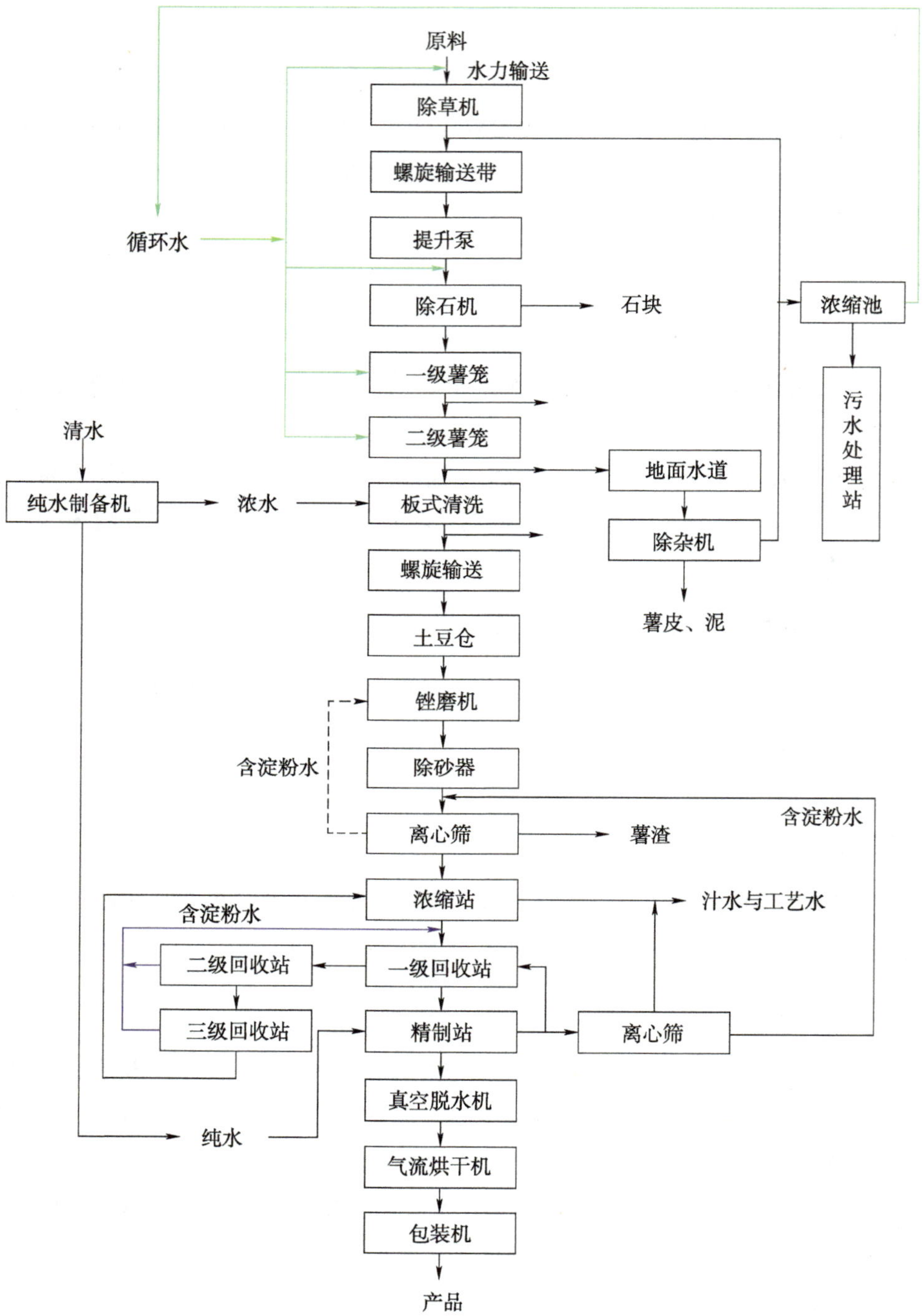

图 5-8 淀粉加工工艺流程

表 5-4　主要生产设备

序号	名称	规格 / 型号	数量
一、清洗设备			
1	冲送水枪	CSSQ	4 台
2	除石机	TQS180/240	1 台
3	洗薯机	SLQX-1910	2 台
4	竖流沉降罐	CJG-600	1 套
5	渣皮机	ZPJ-150	1 台
6	挑选皮带	TXPD-4400	1 台
7	原料储存池	35 m × 10 m × 2.5 m	1 个
二、磨碎设备			
1	锉磨机	FRS60	2 台
三、分离设备			
1	离心筛	FSC1100	3 台
2	除砂器	FDS-2-150	2 台
3	旋流站	FHCA550-7-500-13	1 套
四、脱水设施			
1	真空脱水机	FKTS-30	1 台
五、干燥设施			
1	气流干燥机	QLGZJ-10	1 套
2	空气热交换器	2 520 × 3 180 × 220	12 片
3	抛料器	PLQ-10-00	1 台
4	风机	G4-73-12D	1 台
六、包装设备			
1	斗提机	DTJ-10	1 台
2	三次元振动筛分过滤机	WL-1600	4 台
3	电子称重式定量自动填充机	Link-2 × 25DF	1 台
4	电子称重式定量自动填充机	Link-25DF	1 台

续表

序号	名称	规格 / 型号	数量
七、其他设备			
1	去土上料设备	20 m	2 组
2	输送泵	TDB300-800	1 台
3	蒸汽锅炉	WNS8-1.25-Y(Q)	1 台
4	空气压缩机	XL30A	1 台
5	反渗透水处理设备	SCL40T-ZJ	1 套
6	淀粉乳罐	DFRG-10	1 座
7	淀粉乳罐	DFRG-30	1 座
8	料仓	40 t	2 个
9	料仓	55 t	1 个
10	真空泵	SLDF-01	1 个
11	提升机	1 m × 1 m × 7 m	1 个
12	除尘器	SLDF-02	1 个
13	输送带	25 m × 0.8 m	1 个

表 5-5　原料收购情况

序号	品种		收购量 /t	淀粉含量 /%
1	马铃薯	中薯	22 000	9.5
2		荷兰 15	13 300	11
3	甘薯	济薯 25	20 277	18

5.3.3.3　产品品质

马铃薯淀粉产品达到一级品品级，甘薯淀粉产品达到二级品品级。

6

薯类淀粉加工行业绿色低碳发展展望

SHULEI DIANFEN JIAGONG HANGYE LUSE DITAN FAZHAN ZHANWANG

薯类淀粉加工行业与乡村振兴息息相关，也是污染防治的关键产业，推进行业清洁生产是打赢污染防治攻坚战、实现绿色发展的重要途径。结合行业特点和发展趋势，未来薯类淀粉加工行业有望在以下方向开展新的探索，取得新的突破。

6.1 推动薯类淀粉加工有机废弃资源综合利用

农副食品加工业产生大量有机废弃资源（包括有机废水、废渣等），应加快推进该行业有机废弃资源综合利用，主要方向包括：推进农副产品及其加工副产物循环利用、全值利用、梯次利用，采取先进的提取、分离与制备技术，加快推进秸秆、果蔬皮渣、水产品皮骨内脏等副产物综合利用，开展有机废水综合利用等。

（1）废水处理与再利用

薯类淀粉加工过程中会产生大量的含有淀粉和有机质的废水。废水的处理与再利用是一个重要的研究方向，包括采用生物处理技术将废水中的有机物质降解成稳定的无机物，产生沼气作为清洁能源使用；采用膜分离技术将废水中的大分子和小分子物质分离出来，处理后的废水可以用于农业灌溉、工业用水等，实现水资源的循环利用。

（2）薯渣综合利用

薯渣是薯类淀粉加工的主要固体废弃物，含有丰富的纤维素、蛋白质和其他营养成分。目前国内薯渣的综合利用主要途径包括饲料生产、有机肥料等初级产品，经济价值较低，且严重受限于生产和销售半径。未来可借鉴欧洲先进经验，推动薯渣生物燃料、生物基材料（如生物塑料、复合材料等）的研发和应用，减少化石燃料的依赖，减少环境污染和资源消耗。

（3）副产物的开发与利用

薯类淀粉加工过程中还会产生一些其他副产物，如蛋白质、纤维素等。提取薯渣中的蛋白质，制成高质量的蛋白饲料，用于家禽和牲畜的饲养，提高饲料的营养价值；从薯渣中提取的膳食纤维可以用于食品添加剂，改善食品的质地和营养成分，满足消费者对健康食品的需求；利用薯类淀粉加工副产物中的功能性成分，如抗氧化剂、免疫增强剂等，开发功能性食品添加剂，提升食品的保健功能，副产品的开发和利用将成为国内薯类淀粉加工行业在产业链延伸和附加值提升的关键。

6.2 研发农副食品精深加工新技术新装备

目前我国薯类淀粉加工企业以初级加工为主，深加工产业相对落后，产品增值效应较低，从而也导致了农民增产不增收，农业产业化进程缓慢。根据新时代经济高质量发展要求，未来薯类淀粉加工业将重点开发精深加工技术，增加产品附加值，提升相关企业、产品在国际市场的竞争力。同时，随着人们生活水平的提高和健康意识的增强，对高品质、多功能薯类淀粉产品的需求日益增长，加快现代化技术装备开发，特别是针对食品安全问题，促进物联网、云计算、大数据、人工智能、机器人、无线射频识别、无人机等现代化、智能化高新技术广泛应用，研发薯类淀粉精深加工的新技术和新装备，提升产品附加值和市场竞争力，具有重要的现实意义和广阔的发展前景。结合目前国内外行业发展现状和技术潮流，以下技术和装备有望成为新的热点。

（1）超高压加工技术（High Pressure Processing，HPP）

技术装备研发方向：超高压加工技术主要用于食品保鲜与杀菌，设备利用超高压力对薯类淀粉产品进行处理，可以在低温下实现对病原菌和腐败菌的有效杀灭，保留淀粉的营养成分和感官特性。未来的研发方向包括提高设备的压力范围和处理效率，降低设备成本，开发适用于不同薯类淀粉产品的加工工艺。

（2）酶解技术（Enzymatic Hydrolysis）

酶解技术利用特定的酶对薯类淀粉进行水解反应，生产出高附加值的糖类、低聚糖等产品。未来的研发方向包括开发高效、稳定的酶制剂，优化酶解工艺参数，提高酶解效率和产品质量，降低生产成本。

（3）流体萃取技术（Supercritical Fluid Extraction，SFE）

流体萃取技术主要用于特定有效成分提取利用超临界流体的特殊性质，从薯类淀粉中高效提取功能成分，如天然抗氧化剂、抗菌物质等。未来的研发方向包括优化工艺参数，提高提取效率和产品纯度，开发绿色环保的萃取介质，降低能耗和运行成本。

（4）膜分离技术（Membrane Separation Technology）

膜分离技术通过选择性膜的分离作用，将不同分子量的物质分离开来。未来的研发方向包括开发高性能膜材料，提高膜的通量和选择性，降低膜污染和运行成本，拓展膜分离技术在薯类淀粉加工中的应用范围，如蛋白质分离、糖类浓缩等。

（5）智能化加工装备（Smart Processing Equipment）

智能化加工装备利用物联网、大数据、人工智能等技术，实现薯类淀粉加工的自动化和智能化。未来的研发方向包括开发适用于不同加工环节的智能装备，提升设备的柔性化和适应性，建立智能化管理平台，实现全过程的优化控制和实时监控。

6.3 建立薯类淀粉加工行业绿色低碳政策支撑体系

随着全球对绿色、低碳、可持续产品需求的增加，薯类淀粉行业面临新的挑战，同时也迎来了新的发展机遇。要在激烈的市场竞争中立于不败之地，需要借助政策的支持和标准体系的完善，推动行业的高质量发展。

（1）政策支持

政府政策支持是行业发展的重要推动力。近年来，国家出台了一系列政策，鼓励发展现代农业，支持农业产业化和农副产品深加工，同时提高农产品附加值。通过财政补贴、税收优惠等政策，支持薯类淀粉加工企业引进先进技术和设备，提升生产效率和产品质量。地方政府通过规划和引导，推动薯类淀粉加工产业集群的发展，形成规模效应和产业链协同效应，提高整体竞争力。此外，地方政府可通过人才引进政策，吸引高层次专业技术人才和管理人才，增强企业的研发和管理能力。

（2）标准体系建设

标准体系的建设是行业规范化和高质量发展的基础。薯类淀粉加工行业应根据国内外市场需求和技术发展趋势，制定和完善各类产品的质量标准，保障产品质量，提高市场竞争力，包括制定薯类原料的质量标准，确保原料的品质和安全性，为加工生产提供优质原料；制定加工工艺标准，规范生产过程中的各项操作，确保生产的规范性和一致性，提高产品质量；制定薯类淀粉及其衍生产品的质量标准，包括理化指标、卫生指标等，确保产品的安全性和稳定性，满足消费者需求；建立和完善产品检测标准，确保产品质量的可控性和可靠性；制定生产管理标准，规范生产过程中的各项操作，确保生产的规范性和一致性，提高产品质量和生产效率。

参考文献

[1]赵晓燕，马越．中国马铃薯淀粉生产现状及前景分析［J］．粮油加工与食品机械，2004(11): 67-68，71.

[2]黄海胜，李杨，陈何潇，等．广西木薯淀粉行业清洁生产与环境保护标准管理的思考［J］．清洗世界，2021，37(03): 54-55，57.

[3]白艳英，周长波，周奇，等．重点企业清洁生产推行十年的现状与推进建议［J］．环境保护，2014，42(06): 42-44.

[4]庞中存，黄玉龙，张永茂，等．利用作物秸秆粉处理马铃薯薯渣废水模式的探讨．2012 年甘肃省“食品安全与健康生活”学术年会论文集粹［C］．中国甘肃兰州，2012-10-17.

[5]靳艳玲，赵海，曾凡逵．甘薯淀粉加工废渣的高值化利用研究进展［J］．农学学报，2021，11(11): 98-103.

[6]彭天沁，徐刚，高文瑞，等．木薯渣资源化利用的研究进展［J］．江苏农业科学，2013，41(11): 10-12.

[7]周庆锋．马铃薯淀粉产业现状及发展分析［C］// 马铃薯产业与小康社会建设．，2014: 66-71.

[8]王效瑜，李玉莲，吴林科，等．宁夏固原市马铃薯淀粉加工现状及对策［J］．内蒙古农业科技，2011(01): 18-19，34.

[9]周庆锋．马铃薯淀粉产业的现状与发展趋势［J］．农产品加工，2011(01): 16-17.

[10]田伟，杨宏志．黑龙江省马铃薯淀粉工业现状及发展方向［J］．黑龙江八一农垦大学学报，2007(02): 105-108.

[11]王国扣．马铃薯淀粉的生产现状与开发途径［C］//91' 全国包装和食品机械与食品加工学术讨论会 / 包装和食品机械专业学会第二届学术年会论文集（第一册）．［出版者不详］，1991: 82-88.

[12]甘克勤，汪滨，张明，等．马铃薯淀粉国内外法规 / 标准中安全指标比对分析［J］．标准科学，2021(01): 34-39.

[13]曾凡逵，刘刚．马铃薯加工技术及加工业发展［C］// 马铃薯产业与农村区域发展．2013，170-180.

[14]曾凡逵，周添红，刘刚．马铃薯淀粉加工副产物资源化利用研究进展［J］．农业工程技术：农业工程技术，2013(11): 33-37.

[15] 张磊，赵婷婷，何虎 . 食品加工废水处理技术研究进展 [J] . 水处理技术，2018，44(12): 8-13.

[16] 闫海红，年跃刚，周岳溪 . 预处理 - 水解酸化 - 厌氧 - 好氧工艺对玉米淀粉废水有机污染物的降解 [J] . 环境工程学报，2015，9(10): 4673-4679.

[17] 何强，丁文静，司马卫平 . 循环式活性污泥工艺协同处理榨菜废水与城镇污水脱氮效果 [J] . 环境工程学报，2013，7(4): 1331-1335.

[18] 于鹏飞，孙明，纪鑫奇，等 . 混凝沉淀 -UASB-MBR 耦合工艺处理屠宰废水 [J] . 环境污染与防治，2018，40(7): 737-742.

[19] 魏源送，郁达伟，曹磊 . 农副食品加工业高浓度废水的厌氧膜生物反应器技术 [J] . 环境科学，2014，35(4): 1613-1622.

[20] 李芳蓉，贺莉萍，王英，等 . 马铃薯淀粉生产废水资源化处理及综合利用 [J] . 粮食与饲料工业，2018(6): 31-37.

[21] 颜东方，贠建民 . 马铃薯淀粉废水生产微生物絮凝剂菌株筛选及其营养条件优化 [J] . 农业工程学报，2013，29(3): 198-206.

[22] 周添红 . 马铃薯淀粉加工废水资源化及尾水可见光催化深度净化研究 [D] . 兰州：兰州交通大学，2018.

[23] 刘凌，崔明学，吴娜，等 . 马铃薯淀粉工业废水的环境影响与资源化利用 [J] . 食品与发酵工业，2011，37(8):131-135.

[24] 方海军，杨晓明，刘秉义，等 . 宁夏南部山区马铃薯淀粉加工废水农业利用试验 [J] . 农业科学研究，2010，31(1): 36-43.

[25] 赵博超，王雪婷，窦广玉，等 . 马铃薯淀粉加工废水利用对土壤养分及重金属的影响 [J] . 农业资源与环境学报，2020，37(5): 666-671.

[26] 赵博超，窦广玉，王雪婷，等 . 长期施用马铃薯淀粉加工废水后土壤的氮磷累积与分配特征 [J] . 西北农林科技大学学报 (自然科学版)，2021，49(5): 81-87.

[27] 王秀蘅，郭晓琳，白舜文 . 马铃薯淀粉废水资源化利用案例的成本收益分析 [J] . 中国给水排水，2017，33(22): 29-32.

[28] 李亚峰，李志成 . 慢速渗滤土地处理技术处理甜菜制糖冲洗废水 [J] . 工业水处理，2014.34(5): 88-90.

[29] 徐亚幸，郑政伟，辛国荣，等 . 制糖工业废水处理后的灌溉生态效应 [J] . 中山大学学报 (自然科学版)，2003，42(6): 78-82.

[30] 杜银仓 . 马铃薯淀粉生产与工艺设计 [M] . 昆明：云南科技出版社，2011:

251-255.

[31] 唐占一 . 污水土地好氧生物过滤系统处理市政污水的中试试验研究 [D]. 青岛：青岛理工大学，2015.

[32] 王羽婷，张皓东，段小卫，等 . 土壤渗滤系统出水氨氮浓度不稳定的成因探究 [J] . 安全与环境学报，2016，16(1): 231-234.

[33] 国家环境保护总局 . 水和废水监测分析方法 [M] . 4 版 . 北京：中国环境科学出版社，2002.

[34] 侯娟 . 马铃薯低温糖化相关淀粉酶基因的功能鉴定及机制解析 [D]. 武汉：华中农业大学，2017.

[35] 中华人民共和国环境保护部，国家质量监督检验检疫总局 . 淀粉工业水污染物排放标准 GB 25461—2010 [S]：北京；中国环境科学出版社，2010.

[36] 廖原，刘刚，邵士俊，郭勇 . 马铃薯渣提取果胶的工艺条件研究 [J] . 安徽农业科学，2011，35.

[37] 我国制糖 (甘蔗) 生态工业模式及典型案例分析 .

[38] 邱家山，扩张床吸附层析技术的进展 . 天然产物分离，2005.

[39] 曾凡逵，周添红，刘刚 . 马铃薯淀粉加工副产物——薯渣的综合利用 [J] . 农业工程技术：农业工程技术，2014(12): 27-31.

[40] Process Design Manual for Land Treatment of Municipal Wastewater Effluents [S] , EPA/625/R-06/016,2016.

[41] Brown, Caldwell. Manual of Good Practice for land Application of Food Processing/ Rinse Water [S] . 2007.

[42] Kapoor, A., S. Desborough, P. Li, Potato tuber proteins and their nutritional quality [J] . Potato Research, 1975. 18(3): 469-478.

[43] Pots, A.M., et al., The effect of storage of whole potatoes of three cultivars on the patatin and protease inhibitor content; a study using capillary electrophoresis and MALDI - TOF mass spectrometry [J] . Journal of the Science of Food and Agriculture, 1999. 79(12): 1557-1564.

[44] van Koningsveld, G.A., et al., Effects of pH and heat treatments on the structure and solubility of potato proteins in different preparations [J] . Journal of Agricultural & Food Chemistry, 2001. 49(10): 4889.

[45] van Koningsveld, G.A., et al., Formation and stability of foam made with various potato protein preparations [J] . Journal of agricultural and food chemistry, 2002.

50(26): 7651-7659.

[46] van Koningsveld, G.A., et al., The solubility of potato proteins from industrial potato fruit juice as influenced by pH and various additives [J] . Journal of the Science of Food and Agriculture, 2002. 82(1): 134-142.

[47] Schoenbeck, I., et al., Purification of high value proteins from particle containing potato fruit juice via direct capture membrane adsorption chromatography [J] . Journal of biotechnology, 2013. 168(4): 693-700.

[48] Strætkvern, K.O., et al., Expanded bed adsorption for recovery of patatin from crude potato juice [J] . Bioseparation, 1999. 7(6): 333-345.

[49] Kärenlampi, S.O., P.J. White, Chapter 5–Potato Proteins, Lipids, and Minerals [J] . Advances in Potato Chemistry & Technology, 2009: 99-125.

[50] Knorr, D., G. Kohler, and A. Betschart, Potato protein concentrates: the influence of various methods of recovery upon yield, compositional and functional characteristics [J] . Journal of Food Processing and Preservation, 1977. 1(3): 235-247.

[51] Strolle, E.O., J. Cording Jr, N.C. Aceto, Recovering potato proteins coagulated by steam injection heating [J] . Journal of Agricultural and Food Chemistry, 1973. 21(6): 974-977.

[52] Waglay, A., S. Karboune, I. Alli, Potato protein isolates: Recovery and characterization of their properties [J] . Food Chemistry, 2014. 142(1): 373-382.

[53] Refstie, S., H.A. Tiekstra, Potato protein concentrate with low content of solanidine glycoalkaloids in diets for Atlantic salmon (Salmo salar) [J] . Aquaculture, 2003. 216(1-4): 283-298.

[54] Chase, H.A., N.M. Draeger, Expanded-bed adsorption of proteins using ion-exchangers [J] . Separation science and technology, 1992. 27(14): 2021-2039.

[55] Mccormick, D.K., Expanded bed adsorption [J] . Bio/technolgy, 1993. 11(9): 1059.

[56] Anspach, F.B., et al., Expanded-bed chromatography in primary protein purification [J] . Journal of Chromatography A, 1999. 865(1-2): 129-144.

[57] Giuseppin, M.L.F., et al., Native potato protein isolates. 2008.

[58] Løkra, S., et al., Chemical characterization and functional properties of a potato protein concentrate prepared by large-scale expanded bed adsorption chromatography [J] . LWT-Food science and Technology, 2008. 41(6): 1089-1099.

[59] Claussen, I., et al., Effects of drying methods on functionality of a native potato

protein concentrate [J] . Drying technology, 2007. 25(6): 1091-1098.

[60] Løkra, S., et al., Comparison of composition, enzyme activity and selected functional properties of potato proteins isolated from potato juice with two different expanded bed resins [J] . LWT - Food Science and Technology, 2009. 42(4): 906-913.

[61] Strætkvern, K.O., Recovery of Native Potato Protein Comparing Expanded Bed Adsorption and Ultrafiltration [J] . Food & Bioprocess Technology, 2012. 5(5): 1939-1949.

[62] Zeng, F.-K., et al., Recovery of native protein from potato root water by expanded bed adsorption with amberlite XAD7HP [J] . Biotechnology and Bioprocess Engineering, 2013. 18(5): 981-988.

[63] Jin, C.-y., F.-k. Zeng, and G. Liu, Recovery of Protease Inhibitors from Potato Fruit Water by Expanded Bed Adsorption Chromatography in Pilot Scale [J] . American Journal of Potato Research, 2017. 95(1): 1-8.

[64] Zwijnenberg, H.J., et al., Native protein recovery from potato fruit juice by ultrafiltration.

[65] Bártová, V. , J. Bárta, Chemical composition and nutritional value of protein concentrates isolated from potato (Solanum tuberosum L.) fruit juice by precipitation with ethanol or ferric chloride [J] . Journal of Agricultural and Food Chemistry, 2009. 57(19): 9028-9034.

[66] Vikelouda, M. , V. Kiosseoglou, The use of carboxymethylcellulose to recover potato proteins and control their functional properties [J] . Food hydrocolloids, 2004. 18(1): 21-27.

[67] Gonzalez, J., J. Lindamood, and N. Desai, Recovery of protein from potato plant waste effluents by complexation with carboxymethylcellulose [J] . Food Hydrocolloids, 1991. 4(5): 355-363.

[68] Wojnowska, I., S. POZNANSKI, and W. BEDNARSKI, Processing of Potato Protein Concentrates and Their Properties [J] . Journal of Food Science, 2010. 47(1): 167-172.

[69] Ralla, K., et al., Separation of patatins and protease inhibitors from potato fruit juice with clay minerals as cation exchangers.

[70] Liu, Z., et al., Two-stage foam separation technology for recovering potato protein from potato processing wastewater using the column with the spiral internal

component [J] . Journal of Food Engineering, 2013. 114(2): 192-198.

[71] Grommers HE, van der Krogt DA. Potato starch: production, modifications and uses, In: BeMiller J & Whistler R Eds. (Third Edition), Starch Chemistry and Technology [M] . 2009. Elsevier. 524.

[72] Li PF, Xue LF, Zhang RF, Piao XS, Zeng ZK, Zhan JS. Effects of Fermented Potato Pulp on Performance, Nutrient Digestibility, Carcass Traits and Plasma Parameters of Growing-finishing Pigs [J] . Asian-australasian Journal of Animal Sciences, 2011, 24(10): 1456-1463

[73] Xue LF, Li PF, Zhang RF, Piao XS, Han R, Wang D, Zhan ZJ. Use of fermented potato pulp in diets fed to lactating sows [J] . Journal of Animal and Veterinary Advances, 2011,10: 2032-2037.

[74] Liu B, Li Y, Song J, Zhang L, Dong J, Yang Q. Production of single-cell protein with two-step fermentation for treatment of potato starch processing waste [J] . Cellulose, 2014, 21: 3637–3645.

[75] Gao M-T, Yano S, Inoue H, Sakanishi K. Production of ethanol from potato pulp: investigation of the role of the enzyme from Acremonium cellulolyticus in conversion of potato pulp into ethanol [J] . Process Biochemistry, 2012, 47: 2110–2115.

[76] Nebesny E. Utilization of Potato Pulp for Baking of Bread [J] . Starch–Stärke, 1995, 47(1): 36–39.

[77] Meyer AS., Dam BP., Lærke HN. Enzymatic solubilization of a pectinaceous dietary fiber fraction from potato pulp: Optimization of the fiber extraction process [J] . Biochemical Engineering Journal, 2009, 43: 106–112.

[78] Ravn H, Sørensen OB, Meyer AS. Time of harvest affects the yield of soluble polysaccharides extracted enzymatically from potato pulp [J] . Food and bioproducts processing, 2013, online first.

[79] Fang C, Boe K, Angelidaki I. Biogas production from potato-juice, a by-product from potato-starch processing, in upflow anaerobic sludge blanket (UASB) and expanded granular sludge bed (EGSB) reactors [J] . Bioresource Technology, 2011, 102(10): 5734-5741.

[80] Murakami M,Sato N,Anegawa A, et al. Multiple Evaluations of the Removal of Pollutants in Road Runoff By Soil rapid infiltration [J] . Water Research, 2008, 42: 2745-2755.

生态环境科技蓝皮书 2022

中国环境科学研究院

电解金属锰渣污染防治及锰渣场环境风险管控

Pollution prevention and control of electrolytic manganese slag and environmental risk control of manganese slag field

潘涔轩　赵博超　岳 波 ◎ 著

中国环境出版集团 · 北京

图书在版编目（CIP）数据

电解金属锰渣污染防治及锰渣场环境风险管控 / 潘涔轩，赵博超，岳波著 .—北京：中国环境出版集团，2024.8

（生态环境科技蓝皮书 . 2022）

ISBN 978-7-5111-5377-7

Ⅰ. ①电… Ⅱ. ①潘… ②赵… ③岳… Ⅲ. ①电解锰—锰渣—污染防治—研究报告—中国—2022 ②锰渣—环境管理—风险管理—研究报告—中国—2022 Ⅳ. ① X756.05

中国版本图书馆 CIP 数据核字（2022）第 244319 号

审图号：GS 京（2024）1167 号

责任编辑 田 怡
封面设计 今亮后声

出版发行 中国环境出版集团
（100062 北京市东城区广渠门内大街 16 号）
网　　址：http：//www.cesp.com.cn
电子邮箱：bjgl@cesp.com.cn
联系电话：010-67112765（编辑管理部）
发行热线：010-67125803，010-67113405（传真）
印　　刷 北京中科印刷有限公司
经　　销 各地新华书店
版　　次 2024 年 8 月第 1 版
印　　次 2024 年 8 月第 1 次印刷
开　　本 787 × 1092 1/16
印　　张 10.5
字　　数 136 千字
定　　价 1680.00 元（全 11 册）

丛书编写委员会

前言

电解金属锰作为重要的冶金、化工原材料，是我国重要的战略资源之一。我国电解金属锰生产自1956年成立全国第一家电解锰厂，经过60多年的发展实现了从无到有，从弱到强的转变，产能、产量占全球的98%以上，成为当今世界电解锰生产大国、强国，但随之而来的行业环境污染问题也日益严重，其中最主要的、对环境和生态危害最大的污染物是锰渣。2021年，“锰三角”的环境问题再次引发社会广泛关注，习近平总书记针对“锰三角”锰污染治理做出重要批示，要求进行“污染治理、生态修复、生产方式和结构调整”。本书对电解金属锰渣的产生、污染特性做了深入的分析，梳理了国家及地方颁布的产业、环境保护及清洁生产方面的法规政策，介绍了包括减量化、无害化、资源化回收等全过程污染控制技术，深入阐述锰渣场环境管理模式思路。此外，本书还筛选了近年行业内多个清洁生产和污染控制典型案例，供相关专业人员和企业参考。

本书由潘涔轩、赵博超、岳波策划和构思，由潘涔轩、赵博超审阅和定稿。本书的编著人员为：第1章史菲菲、但志刚；第2章王雪婷、苑喜男；第3章宋丹娜、朱克松；第4章孟棒棒、何莉莉、岳波；第5章田祎、田向勤、赵虎；第6章赵博超、闭伟宁、沈天海。同时由衷感谢中国环境出版集团的编辑田怡在本书出版过程中提供的诸多建议和指导。

我们希望本书的出版可为我国电解金属锰渣污染防治有所贡献，对行业污染治理水平的整体提升有所帮助。受作者水平和其他条件限制，书中疏漏之处，恳请专家学者批评、指正。

作者

目录

1

电解金属锰行业概述

DIANJIE JINSHUMENG HANGYE GAISHU

1.1 电解金属锰行业发展概况

1.1.1 发展历程

电解锰作为重要的冶金、化工原材料，是国家重要的战略资源之一。全球电解锰生产始于1920年，英国的A.J.Allmand和A.N.Campbell用陶瓷隔膜槽制备出高纯度的电解金属锰。1935年，美国矿山局的R.S.Dean研究确定了电解金属锰工业制造方法，随后美国、日本、南非等国家也开始了电解锰工业化生产。

我国电解金属锰生产起步较晚，1956年成立全国第一家电解锰厂，经过60多年的发展，我国电解锰行业实现了从无到有、从弱到强的转变，产能、产量均占全球的98%以上，成为当今世界电解锰生产大国、强国。我国电解锰工业的发展历程如下。

（1）初步发展期（1956—1990年）

1956年，上海冶炼厂电解锰车间（后改为上海电解锰厂）成立，标志着我国电解锰工业的开始。20世纪70年代后，天津冶炼厂、湘潭锰矿、衡阳锰制品厂相继建成电解锰车间，全国总产能不超过4 000 t/a，规模小，主要为国内消费。80 年代，我国电解锰开始进入国际市场，刺激了电解锰工业发展。80 年代末，受国际形势影响，锰价下跌，大部分企业处于关闭、停产、半停产状态，刚起步的电解锰工业经历了严峻的考验。1990 年，我国电解锰企业发展到 40 家，生产能力达 5 万 t/a，产量 1.64 万 t/a。

（2）快速发展期（1993—1999 年）

1993 年后，随着钢铁和有色金属产量增加，我国电解锰需求以每年 10% 的速度增加，而国外企业生产能力不断下降，国外企业只剩下美国和南非在生产，总产能仅 6 万～7 万 t/a，掀起了电解锰工业的第二次大发展。1999 年，中国电解锰产能达 12.6 万 t/a，是 1992 年的 2 倍多，占世界总产量的 60%，出口量占世界总量的 43%。

（3）高速发展期（2000—2011 年）

2000—2004 年，由于电解锰的用途扩大，主要是特钢、200 系不锈钢以及软磁材料对金属锰的需求增加，锰价不断上涨，进一步刺激了我国电解锰工业更大的发展。2006 年，全国电解锰产能、产量分别占世界的 96%、92%，同时也是技术进步最快的一年，企业在节能、降耗、环境保护等方面成绩显著。2011 年，电解锰生产企业 200 多家，生产能力达到 240 万 t/a，产能年均增速 29.5%（与 2000 年相比）。

（4）整合优化发展阶段（2012 年至今）

电解锰行业高速发展带来的产能过剩等问题逐渐凸显，阻碍了电解锰行业的持续健康发展，2012 年，我国电解锰工业进入整合优化发展阶段。2013 年，工业和信息化部公布了淘汰落后产能企业名单，共淘汰落后产能 24.37 万 t/a，淘汰企业 29 家。电解锰行业加快产业结构调整步伐，完成由小型分散向大型集中方向发展。这一阶段，企业数量大幅降低，最低降至 49 家。在产业结构调整，企业规模大型化、集团化的同时，新技术、新装备的应用，也提升了整个行业的清洁生产水平。

1.1.2 发展现状

1.1.2.1 产能产量及布局

自 1956 年工业化生产以来，我国电解锰行业飞速发展，2000 年之后，我国已成为世界最大的电解锰生产国、消费国和出口国，历年电解锰产能、产量如图 1-1 所示。2021 年，我国电解锰产能达 250.7 万 t/a，产量为 130.38 万 t/a，均占全世界 98% 以上。

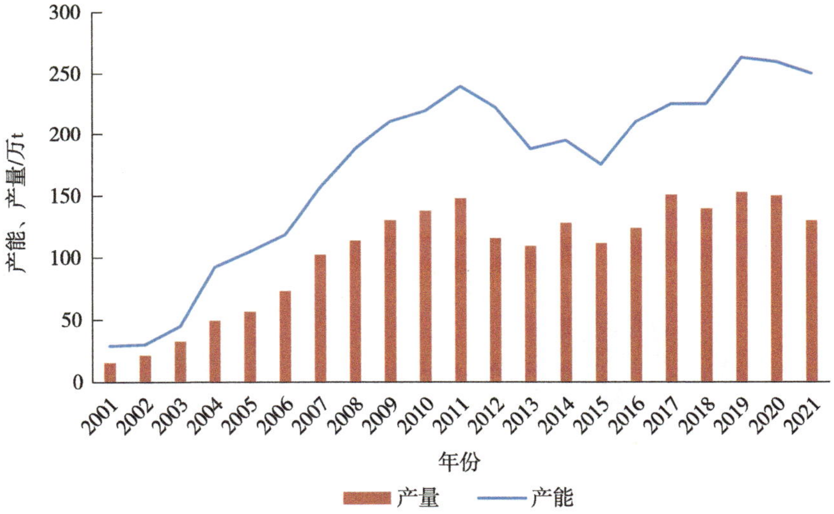

图 1-1　2001—2021 年电解锰行业产能、产量情况

截至 2021 年，我国存续电解锰企业共 56 家，企业数量及产能分布详见表 1-1、图 1-2，主要分布在湖南、贵州、重庆、宁夏、广西壮族自治区、新疆等省级行政区，其中宁夏产能占比最高，达 31.91%，其次是广西壮族自治区，电解锰在产企业 9 家，产能占比为 17.75%。产能最大的 5 个省级行政区分别为宁夏、广西壮族自治区、贵州、重庆、湖南，5 个省级行政区产能占总产能的 85%。

表 1-1　部分省级行政区电解锰企业数量及产能情况（2021 年）

省（区、市）	在产企业数 / 个	生产能力 /（万 t/a）
湖南	12	25.5
贵州	14	37.5
重庆	9	26.5
宁夏	1	80
广西壮族自治区	9	44.5
湖北	2	7
云南	4	15.5
四川	3	6.2
新疆	1	7.5
陕西	1	0.5
总计	56	250.7

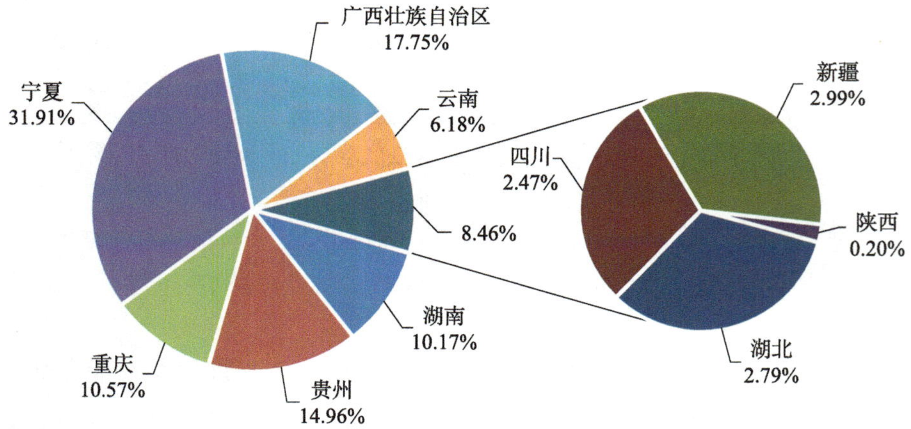

图 1-2　电解锰产能分布情况

1.1.2.2　技术发展现状

目前的电解锰生产工艺仍然沿用美国矿山局于 1935 年提出的酸浸电解的湿法冶金工艺，以菱锰矿为原料，经酸浸、净化、电解沉积后生产金属锰。自 1956 年我国建立第一个电解锰车间以来，主体工艺未做大的改动，但部分生产工艺参数有所调整，资源消耗水平在不断下降。如每生产 1 t 电解锰，电解过程的直流电耗由最初的 8 000 kW · h 下降到 5 600 kW · h，金属回收率≥85%，渣中含锰≤1.5%。

制粉工序，主要设备有雷蒙磨、球磨、立磨、辊压磨。立磨为目前行业主流设备，立磨制粉同时实现了制粉工段的全自动控制，提高了制粉效率，比球磨制粉减少 90% 左右的人力成本和 60% 的电耗成本。宁夏天元锰业采用立式磨，吨矿粉电耗为 20.1 kW · h，远优于清洁生产 I 级水平。

在浸出工序，连续浸出工艺在电解锰生产中取得重大突破。贵州武陵锰业首次成功将连续浸出工艺应用于电解锰生产，该工艺具有浸出率高、投资少、劳动生产率高、绿色环保等优点，较传统工艺提高浸出率 3%～4%、节约投资 30%、减少用工量约 70%。

在固液分离工序，压滤设备的升级大幅提升了锰资源回收率。电解锰行业固液分离已经完全淘汰分离效率低的板框压滤机和厢式压滤机。目前所使用的高压隔膜压滤机在普通厢式压滤机滤板两侧加装了两块弹性膜，运行过程中，可将高压流体介质注入隔膜板，从而实现滤饼的进一步脱水。目前，大企业多采用 300～400 m^2 的高压隔膜压滤机。

化合工序，2005 年前后，化合槽的容积多为 80～120 m^3，现在已经达到 380 m^3 及以上，最新设计的甚至达到 1 000 m^3，并实现了计算机控制的自动进料。

电解工序，环保节能型 RPP 电解槽和阴极板的广泛应用大幅降低了电解过程的能耗。RPP 节能型电解槽体采用电绝缘性能好、强度高、焊接性能优良的材料制作，克服了传统松木电解槽在强酸条件下易腐蚀、发生导电影响电解过程和增加电耗弊端；环保节能型阴极板采用巧妙的结构设计，使其机械强度、导电性能大幅提高，日常维护简易，效率高。

电解后续工段，清洁化、自动化水平不断提升。在出入槽方式上，自动化方式出入槽逐渐取代夹具吊装方式；无铬钝化剂已经在行业中得到普及；钝化 / 清洗装备，自动化流水线钝化、冲洗板以及超声波洗板等工艺得到应用；剥离工序也实现自动剥离流水线。

电解锰行业重金属水污染过程减排成套工艺平台的研发和应用，一次性、整体性地解决了电解过程中重金属废水污染问题。该平台集出槽及钝化过程极板挟带液原位刷沥减量、干法除铵及回收、针喷逆流清洗节水、高频振动锰片剥离抑尘等源头控制及过程减排等 10 余项先进的清洁生产技术于一体，实现了电解锰阴极板出槽、钝化重金属挟带液分别削减 77.8%、75.9%，削减重金属废水产生量 85.4%。该平台与同步研发的高选择性离子交换技术配套使用，可将电解锰行业废水中高浓度锰、铬与氨氮废水全部回用于主体工艺，实现废水的近零排放，并从根本上改善电解车间工人操作环境。除离子交换中小水量的三价铬预处理外，完全取消了传统的大水量四段式废水处理设施。

1.1.3 主要环境问题

电解锰行业环境污染问题主要包括水污染、工业废渣污染和大气污染，其中最主要的、对环境和生态危害最大的污染物是废水和锰渣。

1.1.3.1 废水污染

废水污染问题是制约电解猛行业可持续发展的关键问题之一。电解锰行业废水产生量大、污染物浓度高、成分复杂且水质水量波动大。废水 pH 较低，一般在 4.5 左右，呈酸性，废水中含有 Cr^{6+}、Mn^{2+} 等重金属离子，此外还有 Mg^{2+}、Ca^{2+}、色度、SS 等。

1.1.3.2 大气污染

电解锰生产产生的废气包括粉尘、硫酸雾及氨气等，这些污染物会对大气造成影响，从而造成气化条件恶化等。同时，目前对锰渣的处理主要依靠露天堆放，由于锰渣颗粒细小，阳光和风会使其进入大气，造成大气污染。

1.1.3.3 废渣环境污染

电解锰行业的废渣大多露天堆放，渣中夹杂的大量液体成分中含多种危险物质，易随雨水冲刷和渗漏造成地下水和地表水污染，极易导致突发性水污染事件。虽然目前绝大部分企业采用了建渣库堆放锰渣的处理方式，但因锰渣库选址、防渗等问题，潜在污染地下水和流域水环境的风险较大。目前，我国每年新增超 1 000 万 t 锰渣，数量巨大，在堆放过程中，锰渣中含有的各种污染物极易通过渗滤液等各种途径进入周边环境，对周边地表水、河流底泥、土壤造成严重污染，对当地人畜和环境构成严重而明显的环境风险和生态隐患。

1.1.4 发展趋势

经过 60 多年的发展，我国电解锰产业结构调整不断深化，企业实现了“从小而散”到“大型化、集团化”的转变；工艺技术和装备不断改进，自动化、清洁化水平大幅提升，技术经济指标明显改善，行业政策标准体系日趋完善。

1.1.4.1 企业大型化、集团化发展步伐继续加快

“十三五”期间，电解锰企业大型化、集团化发展取得了实效。宁夏天元锰业有限公司电解金属锰产能达到 80 万 t/a；南方锰业集团电解金属锰产能达到 20 万 t/a；湖南天雄锰业集团公司现有产能 5 万 t/a，已在文山建设 10 万 t/a 的电解金属锰企业，项目完成后，总产能将达到 15 万 t/a；湖南湘西自治州以锰矿资源为纽带，成立东方矿业集团公司，在花垣县工业园建设年生产能力为 15 万 t/a 的电解金属锰企业，用等量置换的原则淘汰原有的小型电解金属锰企业，目前已建成投产 6.5 万 t/a；新疆喀什阿克陶县也利用本地的优质锰矿资源和丰富的电力资源规划建设 15 万 t/a 的电解金属锰企业；内蒙古赤峰市充分发挥本地煤、电、锰资源优势，正筹建年产 20 万 t 的电解金属锰企业。

2021 年以来，为落实中央锰污染治理的工作要求，“锰三角”* 地区把整治锰污染和淘汰锰行业落后产能作为一项重大政治任务及重大民生工程，下大力气进行全面整治。截至 2022 年 2 月能正常生产的电解锰企业减少至 37 家，其中重庆市 9 家整体关停，湖南花垣关停 4 家，贵州松桃关停 6 家。湖南花垣县确定了严格的整治目标：原 1 万 t/a 以下电解金属锰单条生产线和电解金属锰生产总规模 3 万 t/a 以下（含 3 万 t/a）的企业关闭退出；2022 年年底前，将全县内 6 家电解锰企业整合减少至 1 家，电解锰产能控制在 15 万 t 金属量以内。随着原有企业的关停、退出，企业将进一步整合，大型化、集团化发展步伐将继续加快。

* “锰三角”：武陵山区渝、湘、黔交界的重庆市秀山土家族苗族自治县、湖南省湘西土家族自治州花垣县、贵州省铜仁市松桃苗族自治县，这里锰矿资源丰富，素有“锰三角”之称。

1.1.4.2 产能布局表现出典型的矿石、电力资源趋近性

新建电解锰企业向新发现锰矿资源产地转移。我国的电解锰产业多是依矿建厂，2010年以前，电解锰企业主要集中在湖南、广西壮族自治区、贵州、重庆等锰矿储量较高的地区，随着我国矿产资源开发力度的加大，先后在新疆阿克陶、内蒙古赤峰等地发现大规模高品质的锰矿资源，电解锰的生产开始向这些地区扩散。

电力资源优势突出地区的电解锰企业发展也十分迅速。目前，湖南电价约为0.72元/（kW·h），宁夏的电价仅为0.32元/（kW·h）左右，每吨电解锰可节约2 000元以上的电力成本。按照规划，宁夏天元将形成120万t/a的产能，生产能力占全国的50%。

1.1.4.3 行业清洁化、绿色化、低碳化发展是大势所趋

"十三五"时期以来，新设备、新工艺、新材料在电解锰行业得到不断应用，大大提高了生产效率，在线检测机器人已在部分企业使用，自动出板机、新型可洗压滤机、RPP电解槽等得到了大规模的应用，企业设备大型化、操作机械化、自动化、控制程序化水平不断提升。随着环保的要求不断提高，清洁化生产的理念得到了广泛认可，无硒电解、免钝化、无铬钝化等源头减量技术已经在行业中得到推广应用。

随着《关于加强锰污染治理和推动锰产业结构调整的通知》《锰渣污染控制技术规范》（HJ 1241—2022）等政策、规范的实施，进一步推进电解锰转型升级、绿色高质量发展。锰渣的减量化、无害化、资源化利用仍将是行业发展的首要任务。"双碳"背景下，二氧化碳气体捕获、封存、回收再利用技术在电解锰行业的应用也将成为行业技术进步的重点方向。

1.2 锰的性质和用途

1.2.1 锰的性质

1.2.1.1 锰的物理性质

金属锰的机械性能硬而脆，莫氏硬度为5～6，致密块状金属锰表面为银白

色，粉状呈灰色。锰的相对原子量为 54.938 0 ± 1，原子体积为 7.39 cm^3/mol。在大气压为 101.325 kPa 时，锰的熔点为 1 260 ℃，沸点为 1 900 ℃，汽化热为 219.7 kJ/mol。在 0～25 ℃时，锰的电阻率为 185 μΩ · cm，在 18 ℃锰的磁化率为 9.9×10^{-6} cm^3/g。

1.2.1.2　锰的化学性质

锰属于比较活泼的金属，易被氧化。细粉状金属锰在空气中易燃烧，但大块状金属锰在常温下不易受空气中的氧侵蚀，这是由于在空气中金属锰表面易生成一层氧化物膜，对内层金属锰起到了保护作用。在水中则易生成氢氧化物膜，可进一步阻止锰对水分子中氢的置换作用。但是，若把锰放入含有 NH_4Cl 的水溶液，则置换反应能顺利进行。

锰的主要氧化态有 +2、+3、+4、+6 和 +7。价态的变化导致离子性质的变化，其氧化物的酸碱性随价态增高由碱性向酸性变化。锰的氧化物及其水合物酸碱性递变规律是过渡元素中最典型的。它表现为随着锰的氧化态升高，碱性逐渐减弱，酸性逐渐增强。

锰易与强酸反应，生成二价锰盐：

$$Mn + 2H^+ \rightleftharpoons Mn^{2+} + H_2\uparrow \tag{1-1}$$

锰与冷浓硫酸反应缓慢。

锰与卤素直接化合生成卤化锰，如 $MnCl_2$ 等，锰与氟除生成 MnF_2 外，还可生成 MnF_3。在加热情况下，锰与 S、C、N、Si、B 等生成相应的化合物，如

$$3Mn + N_2 \xrightleftharpoons{>1\,200℃} Mn_3N_2 \tag{1-2}$$

锰与氢不能直接化合，锰可与氧形成各种氧化物，其中以 +2 氧化态的氧化物最为稳定，这与 Mn^{2+} 离子的 d 电子层只半充满有关。

锰的化合物以氧化数为 +2、+4 和 +7 的化合物最重要。

1.2.2　锰的用途

锰作为一种重要金属元素，在冶金、化工、食品、航天等多种工业领域均

有广泛应用。其中 90% 的金属锰被直接或间接用于钢铁生产，10% 则被用于有色冶金、化工、电子、电池、农业等部门。

1.2.2.1 锰在钢铁工业中的应用

锰是钢铁工业不可缺少的重要原料，常用作脱氧剂和脱硫剂，也可作为钢的合金元素。钢铁行业在锰的下游消费中占绝对主导地位。

（1）用作脱氧剂

在炼钢过程中，通常采用氧化的方法除去铁水中的碳、硫等有害杂质，提高钢的质量，可是有一部分铁和杂质元素一同被氧化，生成氧化亚铁（FeO），而 FeO 在钢液中溶解度大，使钢液中含氧量增高，可以达到 0.25%～0.45%。氧含量增高，对钢的性能产生不良影响，一般不准超过 0.02%，甚至更严。因此，炼钢过程必须脱去超标的氧。锰是活性好的金属，其化学性能较铁活泼，将锰加入钢液时形成不溶于钢水中的氧化物渣，漂浮于钢水液面，使钢中含氧量降低。锰在钢水中的脱氧能力与其他一些元素（如钙、铝、硅）相比较低，但由于价格低、易于生产，仍然深受钢铁企业的欢迎。

（2）用作脱硫剂

硫在钢液中以硫化铁形式存在，钢中含硫高容易产生热脆，降低钢的机械性能，因此，炼钢过程必须控制硫的含量。锰与硫的结合力大于铁与硫的结合力，当加入锰合金之后，钢水中的硫化铁易与锰生成熔点高的硫化锰而转入炉渣，从而降低了钢中的硫含量，提高了钢的可锻性和可轧性。

（3）用作合金元素

锰可以强化铁素体和细化珠光体，提高钢的强度，还可以提高钢的淬透性、硬度和耐磨性。钢的强度极限随锰的含量增加（≤7%）而增加，每增加 1% 的锰含量，强度极限提高 98 066.5 kPa，同时钢的塑性极限也得到提高。当钢中锰含量大于 10% 时，钢在大气中的抗腐蚀性大大增强，锰还能减轻氧和硫对钢的危害，从而提高钢的可锻性和可轧性。因此，锰是各种牌号钢的重要合金元素。

普通碳素结构钢一般含 Mn 0.25%～0.8%，优质碳素结构钢一般含 Mn 0.7%～1.2%，在低合金钢中加入 0.8%～1.7% 的 Mn 可以使钢的强度比普通碳钢提高 20%～30%，弹簧钢含 Mn 0.4%～1.3%，轴承钢含 Mn 0.3%～1.6%，工具钢含 Mn 0.4%～2%，耐磨钢含 Mn 11%～15%，耐热钢含 Mn 17%～21%，电工钢含 Mn 17%～19%。

1.2.2.2 锰在有色冶金工业中的应用

锰在有色冶金工业中主要有两种用途。

一是在铜、锌、镉、铀等有色金属的湿法冶炼过程中加入二氧化锰或高锰酸钾做氧化剂，使溶于酸溶液中的二价铁氧化成三价，调整溶液的 pH，使铁沉淀而除去：

$$2FeSO_4+MnO_2+2H_2SO_4 = Fe_2(SO_4)_3+MnSO_4+2H_2O \tag{1-3}$$

生产 1 t 锌要消耗含 MnO_2 60% 的矿石 8～10 kg。湿法生产 1 t 铜消耗含 MnO_2 60% 的矿石 20～25 kg。

二是锰可与铜、铝、镁生产许多有工业价值的合金如黄铜、青铜、白铜、铝锰合金、镁锰合金等。黄铜是应用非常广泛的铜合金，含 Mn 1%～4%。由于锰细化了晶粒，提高了强度、韧性、耐磨性和耐腐蚀性。因此，锰黄铜可以制成板、带、棒和线材，同时具有良好的机械性能和耐腐蚀性。青铜含 Mn 1.2%～5.5%，其特点是耐热性能好，在温度较高时，它的强度与耐腐性能仍然比较好。白铜是含镍低于 50% 的铜加入一定量锰后形成的铜镍合金。根据锰含量的不同，有考铜、康铜和锰铜之分，主要用于电器仪表。铝锰合金主要用于航空材料。含锰 0.5%～3% 的铝锰合金硬度大，抗蚀能力强，同时抗拉强度可达 186～235 MPa，质量又轻，因此在航空工业以及军民的日常装备中得到广泛应用。镁中加入 1.3%～1.5% 的锰后形成的合金具有良好的耐蚀性和耐温性能，在航空工业中也得到广泛应用。

1.2.2.3 锰在电池工业中的应用

锰在电池行业的应用包括锌 - 锰电池和锂离子电池正极材料，2021 年合计消费约 2%，其中锂离子电池用锰量占比为 0.5%。

锌 - 锰电池由于使用方便，价格低，至今仍是电池中使用最广，产值、产量最大的一种电池。MnO_2 是锌 - 锰电池的正极，电池放电时被还原。制备电池用 MnO_2 的原料主要有天然 MnO_2（NMD）、化学 MnO_2（CMD）和电解 MnO_2（EMD）。天然 MnO_2，由于纯度低，一般只应用于生产糊式锌 - 锰干电池，受技术进步、环境保护等因素影响，用 NMD 生产糊式锌 - 锰电池将会逐渐减少。碱性锌 - 锰电池的使用正在迅速增长。因此，EMD 在锌 - 锰干电池中的用量也将不断增加。尤其是生产无汞锌 - 锰电池用的高纯 EMD 的需求量会增加更快。用 EMD 或电解金属锰做原料生产锂锰尖晶石，可用作电池的正极生产锂锰动力电池，这种清洁能源目前发展比较迅速。

锰在锂电正极材料中的应用当前主要以锰酸锂和镍钴锰酸锂（三元材料）为主。近年来随着材料改性技术的进步，新型锰基正极材料的产业化进程加速，发展前景广阔，预计锂电池用锰量将出现激增，至 2035 年有望超过 130 万 t。

1.2.2.4 锰在电子工业中的应用

电子工业是全球经济发展最快的一个行业，带动了全球经济的发展。磁性材料，尤其是软磁材料是电子工业的基本原料。软磁材料中又以锰锌铁氧体为主，因其具有狭窄的剩磁感应曲线，可以反复磁化，在高频作用下具有高磁导率、高电阻率、低损耗等特点，同时价格低、来源广泛，已经取代了大部分镍锌铁氧体，在软磁材料中占到了 80% 以上。

用锰锌铁氧体磁芯制成的各种电感器件、变压器、线圈、扼流圈等，在通信设备、家电产品、计算机产品、工业自动化设备等方面都得到了广泛应用。

在锰锌铁氧体中，四氧化三锰用量占到了 21% 左右。

1.2.2.5 锰在建筑材料中的应用

锰在建筑材料方面的用途主要是在生产玻璃时用作褪色、着色和澄清剂等。用于生产玻璃的原料中多数含有钴、铁等杂质，影响了玻璃的颜色，适量加入 MnO_2 可以使玻璃变为无色，加入不同量的 MnO_2 又可以使玻璃具有不同的颜色。

锰在建筑材料中的另一用途是使陶瓷和砖、瓦表面着色，如着褐色、绿色、紫色、黑色等光彩鲜艳的颜色。西欧一些国家的楼房建筑装饰材料釉面砖、瓦表面着色主要是采用MnO做着色料，颜色鲜艳，持久不易褪色，很受人们青睐。

1.2.2.6　锰在农业中的应用

锰是植物正常生长不可缺少的微量元素之一，它参与光合作用和氮素的转化，参与许多酶的活动和氧化还原过程，能促进叶绿素的合成和碳水化合物的运转。当土壤中严重缺锰时，农作物出现枯黄，生长不良，产量下降。

中国科学院南京土壤研究所和江苏农业科学院的调查表明，我国缺锰土壤达亿亩以上，若以每年每亩施1 kg锰肥计，我国农业需含锰肥料就达10万t之多。硫酸锰和一氧化锰都是优质的锰肥。

除用于肥料之外，锰在农业上还有许多其他的应用，如做杀菌剂（乙撑双二硫代氨基甲酸锰）、饲料添加剂等。

1.3　电解金属锰生产工艺及产排污节点

1.3.1　我国电解锰生产工艺流程

1935年，美国矿山局用碳酸锰矿石加硫酸制取硫酸锰，以SeO_2为添加剂，在隔膜电解槽中低电流密度长时间电解（48 h）获得成功，从此确定了电解锰的工业制造方法。20世纪60年代，SeO_2电解添加剂用于电解过程，使电解电流效率大大提高，改善了电解环境。如今，这种方法仍然被电解锰生产企业普遍采用。

我国电解锰生产主要采用湿法冶金工艺，在该工艺中95%以菱锰矿为原料，经直接酸浸、净化、电解沉积后生产金属锰。典型的电解锰生产过程包括制粉、制液、电解、钝化、水洗、烘干、剥离等工艺过程。其主要工艺流程如图1-3所示。

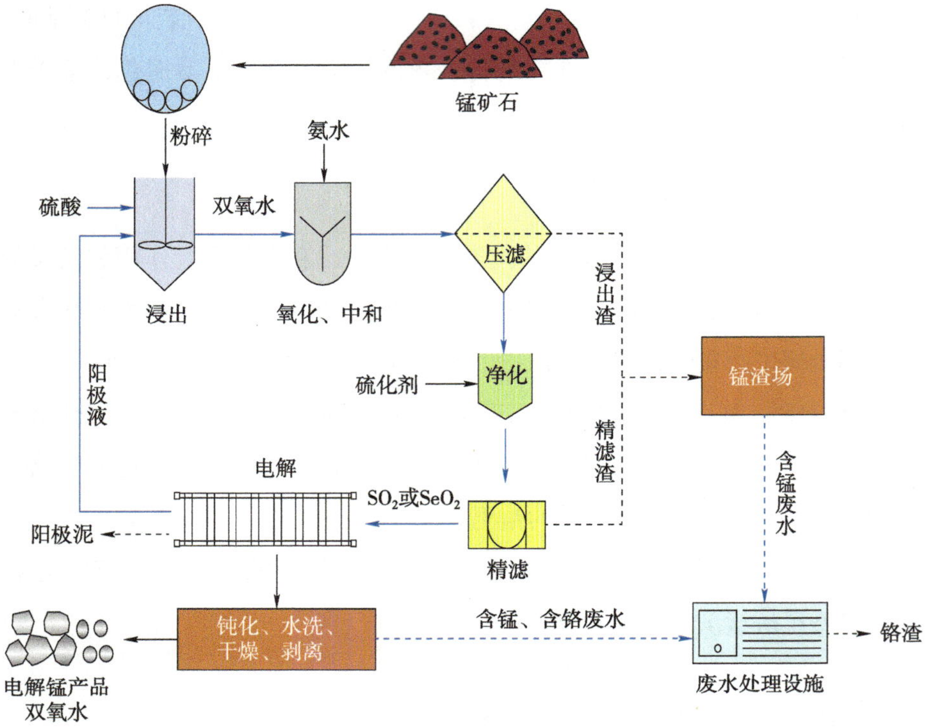

图 1-3　电解锰生产工艺流程

（1）制粉工序

制粉过程包括矿石粉碎、磨粉、运输三个部分，锰矿石由汽车运入原料库内堆存，经过装载机倒堆及整堆后送入电磁振动给料机，经振动筛筛分，筛下≤15 mm 的小块矿石由溜管进入磨机；筛上＞15 mm 的矿石重新进入颚式破碎机破碎；矿石经磨机磨碎，出料粒度为 80～120 目，从磨粉机排料口排出收集，轨道车运送至电子平台秤称量。制粉工序工艺流程如图 1-4 所示。

（2）制液工序

制液过程包括浸出、除铁、除重金属、压滤、净化等部分，其中浸出过程是湿法冶金的主要过程之一，其目的是利用适当的溶剂使矿石中有价成分优先溶出，与脉石分离。浸出、除铁、除重金属均在化合槽中进行，压滤在压滤机上进行，净化在硫化槽中进行。制液工序工艺流程如图 1-5 所示。

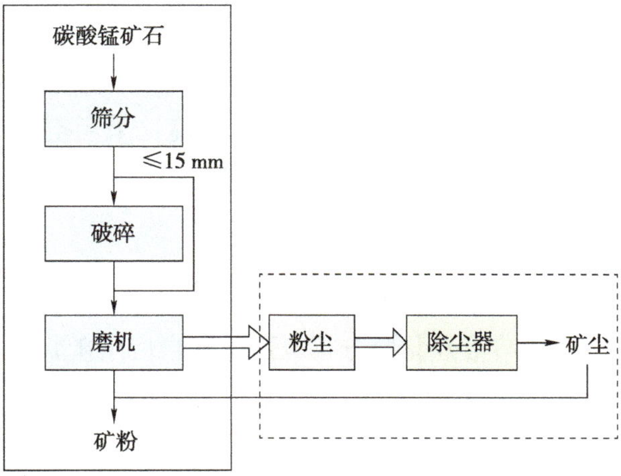

图 1-4 电解锰制粉工序工艺流程

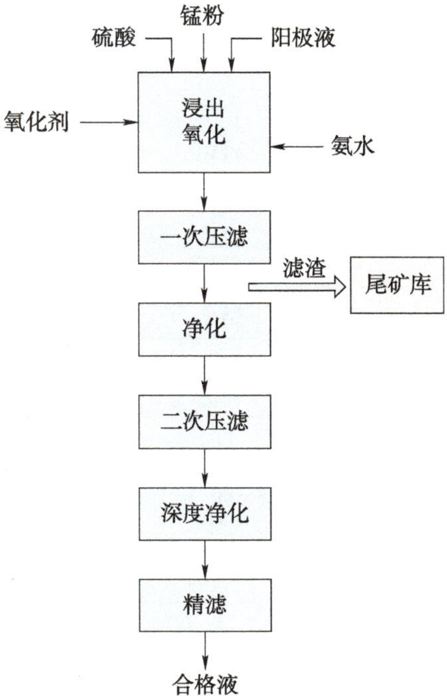

图 1-5 制液工序工艺流程

1）将锰粉（100 目左右）按比例由进料口加入装有浓硫酸的化合槽，矿酸比为 1∶0.29～1∶0.25，并配备一定比例的阳极液，液固比为 8∶1～10∶1。浸出在常温下进行，采用电动搅拌器均匀地搅拌，反应2～3 h。浸出过程中产生CO_2废气，携带少量硫酸酸雾。

2）当pH达到2～3时，测试溶液中Fe^{2+}浓度，采用空气氧化或酌量加入双氧水等，使溶液中的Fe^{2+}氧化成Fe^{3+}，反应1.5～2 h后，加入氨水中和，将Fe^{3+}沉淀，此时将溶液进行第一次压滤。

3）调节pH达到6.5及以上时，加入S.D.D，去除溶液中的Ni^{2+}、Co^{2+}等重金属，加入硫化剂后的溶液经化验分析，达到要求后用矿浆泵将溶液送入压滤机进行二次压滤。经二次压滤的溶液中还含有少量的金属离子，需加入硫化剂净化24～48 h去除剩余的重金属，静置后的溶液再经压滤机进行精滤，滤液即为合格电解液。

（3）电解及后序工序

电解及后续工序包括电解、钝化、漂洗、烘干、剥离等部分，电解及后续工序工艺流程如图1-6所示。

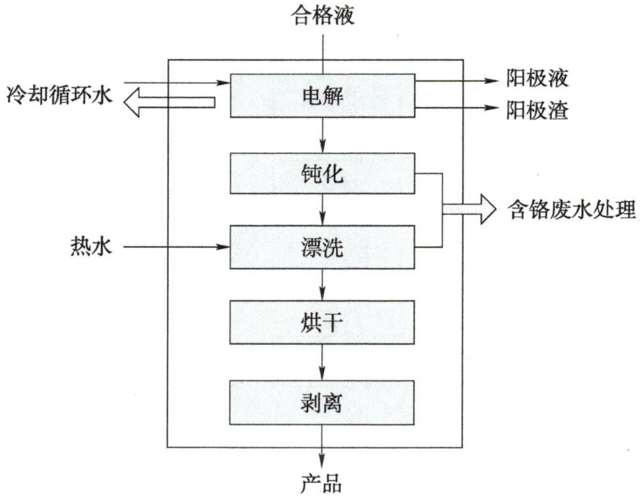

图1-6　电解及后续工序工艺流程

1）合格液根据成分补充适当的氨水和SeO_2，即电解液，由泵均匀流入隔膜电解槽。

2）通入直流电（槽电压4.2～4.6 V；电流密度，阴极200～360 A/m^2，阳极

600～700 A/m^2）；阴极析出周期 22 h。

3）将沉积了金属锰的阴极板从电解槽中取出，放入 0.5%～1% 低浓度重铬酸钾溶液中钝化。

4）将钝化后的阴极板用清水漂洗干净之后进行烘干。

5）对烘干后的阴极板上的金属锰进行剥离、包装。

6）阳极液回流浸出过程回用，电解槽中的 MnO_2 阳极泥定时清理，阴极板经洗液浸泡、抛光处理之后重复使用。

1.3.2　产排污节点

工业废水主要有电解钝化过程的极板清洗废水、钝化废水、板框清洗废水、渣库渗滤液、冷却水等；工业废气主要包括粉尘、有毒废气（硫酸雾、氨气）等，主要产生于粉碎、化合、酸浸、电解、干燥等工段；固体废物主要包括酸浸产生的锰渣、废水处理产生的含铬污泥、电解过程产生的阳极泥。其中，对环境和生态危害最大、最主要的污染物是废水和锰渣。电解锰行业主要工段及产污环节关键点如图 1-7 所示。

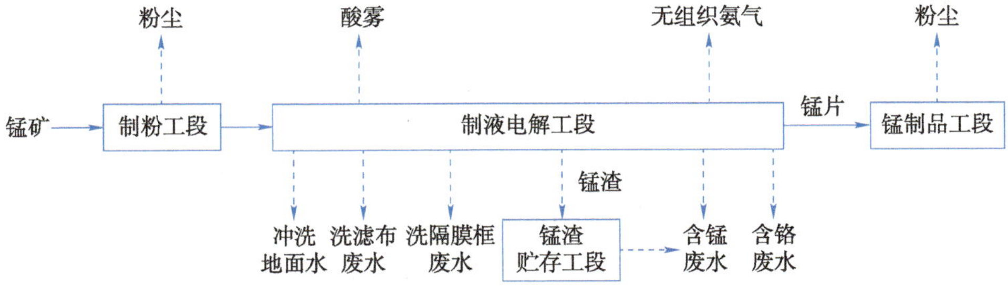

图 1-7　电解锰行业主要工段及产污关键节点

（1）废水

电解锰企业生产的废水主要有两种：一种是含铬废水，钝化处理后的阴极板进入水洗工段需使用自来水、将覆在金属锰表面的电解液和钝化液冲掉。由于钝化过程使用 $K_2Cr_2O_7$，所以废水中含 Cr，同时挟带电解液，所以废水又含 Mn。另一种是含锰废水，主要源于压滤板、滤布的清洗以及压滤车间地面冲洗。除工艺废水外，渣库会产生大量的渗滤液，渗滤液中含有大量的 Mn、氨氮等污染物。

电解锰工业生产过程中，产生大量的工业废水，大部分废水是电解液冷却用水，可以循环利用，真正意义上的废水主要源于废电解液、废钝化液、酸解压滤废水以及水洗净化废水，产生量为 1～3 m^3/t。

虽然含铬废水中污染物浓度高，Mn、Cr 等多种金属离子共存，成分复杂，但是部分企业可以通过含铬废水处理后，回电解车间循环使用；含锰废水经沉淀处理后也循环利用，不外排；电解废液全部于化合车间循环使用，不外排；硫酸雾喷淋废液，返回化合车间使用。

（2）工业固体废物

电解金属锰生产固体废物主要源于矿石酸浸后固液分离产生的锰渣和含铬废水处理过程中产生的含铬污泥，其他废渣有阳极泥、硫化渣等。锰渣浸出液中硫酸盐、NH_3-N、Mn 的浓度极高，可溶性污染物最高分别达到 38 378 mg/kg、2 987 mg/kg、34 762 mg/kg。

具体而言，锰渣主要含有锰、可溶性盐类及其他固态矿物成分，其中硫酸盐、NH_3-N、Mn 的浓度极高，属一般工业固体废物（Ⅱ类）。排放量较大，达 4～10 t/t 锰。锰渣成分复杂，NH_3-N、氟化物以及 Cd、Cu、Ni、Pb 等重金属离子含量相对较高，Mn 的含量达 1%～2%。

含铬废渣是废水处理过程中所产生的沉淀物，是一种有毒有害的固体废物。对含铬废渣必须进行无害化处理，杜绝二次污染。目前企业均建有铬渣临时堆放场所。

（3）废气污染

废气主要源于矿粉加工过程产生的含尘气体和矿石浸取过程中的硫酸雾、氨，对人体和环境均具有危害性。

2

锰渣的产生、特性和处置

MENGZHA DE CHANSHENG TEXING HE CHUZHI

2.1 锰渣的产生

锰渣产生于碳酸锰矿粉化合浸出（浸取氧化、中和）后的压滤阶段。由于锰渣的持水特性及压滤设备功能的限制，锰渣中残留 25%～30% 浸出液［Mn^{2+} 36～40 g/L，$(NH_4)_2SO_4$ 80～100 g/L］。

锰渣的产生量与锰矿石品位密切相关，我国电解金属锰企业使用的锰矿石主要来自国内及南非。国内锰矿石品位低，一般在 12% 左右，每生产 1 t 金属锰会产生 8～10 t 锰渣。南非锰矿石品位较高，一般在 25% 左右，每生产 1 t 金属锰会产生 4～5 t 锰渣。表 2-1、表 2-2 是我国典型地区典型企业电解金属锰生产锰渣产生情况，其中宁夏天元采用南非锰矿石，其余采用国内矿石。

表 2-1　我国主要锰产业地区锰渣产生量（2015—2019 年）　单位：万 t

省（区、市）	锰渣				
	2015 年	2016 年	2017 年	2018 年	2019 年
湖南	60.6	77.7	72.5	94.6	105.1
贵州	70.3	100.9	141.7	131.1	207.5
重庆	60.8	73.2	78.3	108.1	82.2
宁夏	88.7	133.2	179.0	175.0	132.1

续表

省（区、市）	锰渣				
	2015 年	2016 年	2017 年	2018 年	2019 年
广西壮族自治区	123.4	131.1	151.8	155.2	161.2
湖北	10.0	50.0	50.0	54.9	58.4
云南	5.0	5.6	9.4	15.4	19.0
四川	13.8	9.7	15.0	20.8	22.8
新疆	17.9	22.9	19.8	15.7	30.0
陕西	1.4	0.0	0.2	1.2	2.6
总计	452.0	604.4	717.7	771.9	820.8

表 2-2　我国典型地区典型企业电解金属锰生产锰渣产生情况

地区	代表性企业	锰矿石来源	锰矿石品位 /%	锰渣产生量 /（t/t 锰）
宁夏	宁夏天元	南非	27	4
“锰三角”	贵州武陵	“锰三角”	12	8～10
广西壮族自治区	南方锰业	广西壮族自治区	12	8～10
新疆	阿克陶科邦	新疆	25	5

2.2　锰渣的基本性质

2.2.1　锰渣的基本理化性质

锰渣为颗粒细小、粉状物质，因原料锰矿石的差异，“锰三角”及宁夏地区为黑色、广西地区为土色（图 2-1）。锰渣的粒径主要集中在 125 μm 以下，图 2-2 是重庆地区某电解金属锰生产企业锰渣的粒径分布情况（《典型区域电解锰渣的特性、环境风险及资源化利用前景分析》）。锰渣粒径的大小和电解金属锰生产工艺有关，一般锰矿石必须经过破碎、球磨，使粒径小于 150 μm，才能达到较好的浸出效果。

（a）重庆某企业锰渣　　（b）广西某企业锰渣

图 2-1　重庆某企业锰渣和广西某企业锰渣

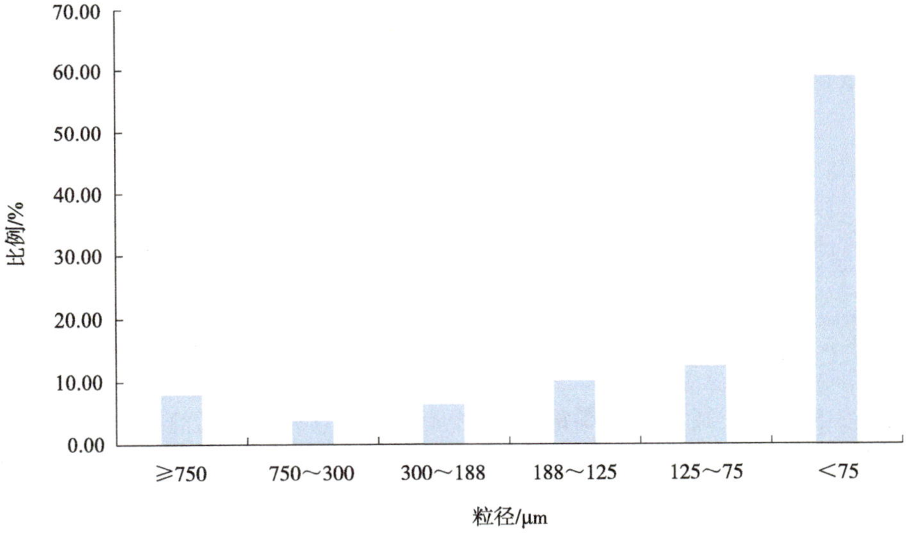

图 2-2　重庆地区典型电解金属锰企业锰渣的粒径分布情况

新鲜锰渣的含水率一般在 25% 以上。锰渣的 pH 小于 7，呈弱酸性。锰渣比表面积差异性较大，主要与锰渣细度相关，细度越细，比表面积越大。此外，随着锰渣堆存时间增加，锰渣比表面积增大（《不同堆存时间电解锰渣的理化特性分析》）。表 2-3 是某些电解金属锰生产企业锰渣的比表面积情况。

表 2-3　锰渣比表面积

锰渣来源	比表面积 / (m^2/g)
三和锰业新渣	6.602 1
三和锰业旧渣	9.500 1
广西大锰新渣	6.975 7
广西大锰旧渣	21.212 0

2.2.2　锰渣的元素组成

由于电解锰所用原料——碳酸锰矿石的产地、组成都有差别，因此锰渣的化学组成是比较复杂的。表 2-4 是重庆某电解金属锰生产企业锰渣的元素组成。锰渣的主要元素是 O、Si、Ca、Al、Fe、Mn 等，占全元素的 95% 以上，K、Mg 含量较高，Na、P、Ti 含量较低，此外还含有微量的 Zn、Cu、Mo 等元素。

表 2-4　重庆某电解金属锰生产企业锰渣的元素组成

元素	O	Si	S	Ca	Al	Fe	Mn	K	Mg	Na	P
含量 /%	47.34	11.23	14.89	13.56	3.04	2.53	3.35	1.50	1.26	0.33	0.46
元素	Ti	Sr	Mo	V	Zr	Ru	Au	Zn	Pt	Cu	
含量 /%	0.24	0.02	0.03	0.02	0.007	0.01	0.02	0.02	0.02	0.01	

表 2-5 是重庆某电解金属锰生产企业新鲜锰渣和堆存锰渣（两年以上）的主要元素组成，新鲜渣中 Mn、S 和 Mg 的含量高于堆存渣。表 2-6 是广西某渣场不同堆存时间锰渣的主要元素组成，相较于堆存 3 个月的锰渣，堆存 10 年的锰渣中元素 Mn、Ca、Mg 和 Se 质量分数分别下降了 58%、21%、55% 和 60%，说明这 4 种元素在堆存过程中发生了流失，其主要原因是锰渣中 Mn、Ca、Mg 和 Se 等可溶性金属离子在降雨淋溶作用下不断从锰渣中溶出。

表 2-5　重庆某电解金属锰生产企业新鲜锰渣和堆存锰渣的主要元素组成　　单位：%

名称	O	Si	S	Ca	Al	Fe	Mn	K	Mg	Na	P	Ti
新鲜渣含量	46.78	15.32	13.05	9.26	4.14	3.89	2.35	2.07	1.83	0.61	0.28	0.34
堆存渣含量	45.15	16.35	11.19	11.81	4.35	5.39	1.68	2.07	0.45	0.37	0.40	0.43

表 2-6　广西某渣场不同堆存时间锰渣的主要元素组成　　单位：mg/kg

堆存时间	Mn	Ca	Mg	Se	Cu	Cr	Cd	Pb	Zn	Fe	Al
3 个月	71 700	102 500	18 105	480	550	274	250	350	895	56 400	13 010
半年	58 150	90 600	14 955	340	535	295	150	345	1 020	56 600	14 905
1 年	51 200	74 100	9 960	305	521	240	120	380	695	59 100	19 790
3 年	37 505	83 250	8 615	290	512	225	135	362	562	56 650	16 275
5 年	34 960	96 600	8 165	260	523	230	110	350	600	68 550	18 145
10 年	29 865	81 350	8 205	190	518	200	115	341	553	73 850	22 255

2.2.3　锰渣的化学成分及矿物组成

锰渣的主要氧化物成分是 SiO_2、SO_3、CaO、Al_2O_3、MnO，其中 SiO_2、SO_3、CaO 含量占氧化物的 70% 以上，这说明锰渣与一般硅酸盐材料类似，主要以黏土矿物为主。但与一般的工业废渣相比，其中三氧化硫含量比较高，这主要是生产工艺中所添加的硫酸未完全利用所致，因此，锰渣是一种富含硫酸盐的硅铝质材料。不同地区锰渣的主要氧化物成分相同，但含量差异性较大，这与原料、生产工艺有关（表 2-7）。

表 2-7　锰渣的主要氧化物成分　　单位：%

地区	SO_3	SiO_2	CaO	Fe_2O_3	MnO	Al_2O_3	K_2O	MgO	P_2O_5	Na_2O
广西壮族自治区	43.04	21.28	18.27	7.67	5.97	3.21	—	—	—	—
贵州	30.65	30.87	13.1	4.402	3.818	9.73	2.37	3.47	0.5	0.598
重庆	37.20	24.01	18.96	3.61	4.33	5.74	1.80	2.08	1.05	0.45
湖南	—	36.82	9.64	10.24	5.82	8.34	1.89	1.39	0.536	0.179
宁夏	35.53	30.03	16.97	1.08	0.85	4.99	—	1.52	—	—

锰渣的物相成分主要以石英（SiO_2）和石膏（$CaSO_4 \cdot 2H_2O$）为主，两种矿物的特征谱线非常尖锐，说明矿物的结晶形态良好。不同地区锰渣的主要物相成分相同，说明了锰渣的主要物相成分与区域无关。石膏是酸浸过程中锰矿中的和 $CaCO_3$［或许还有 $CaMn(CO_3)_2$］与硫酸反应形成的物质。此外，不同地区锰渣均含有的还有 $(NH_4)_2SO_4$、复盐化合物铵镁矾 $(NH_4)_2$（Mn，Mg，Fe）$(SO_4)_2 \cdot 6H_2O$，

是锰渣中残留的硫酸锰、硫酸镁与硫酸铵形成的复盐。此外，贵州地区锰渣中还富含少量的白云母［$KAl_2Si_3AlO_{10}(OH)_2$］、斜方钙沸石（$CaAl_2Si_2O_8 \cdot 4H_2O$）。重庆地区锰渣中还含有钠长石（Na，Ca）$Al(Si, Al)_3O_8$、白云母［$KAl_2Si_3AlO_{10}(OH)_2$］、高岭石［$Al_4(OH)_8(Si_4O_{10})$］以及黄铁矿（$FeS_2$）。广西地区锰渣中还含有高岭石［$Al_4(OH)_8(Si_4O_{10})$］、铝碳酸镁［$Al_2Mg_4(OH)_{12}(CO_3) \cdot 3H_2O$］和铝钾矾［$KAl(SO_4)_2 \cdot 12H_2O$］等黏土矿物（图 2-3）。

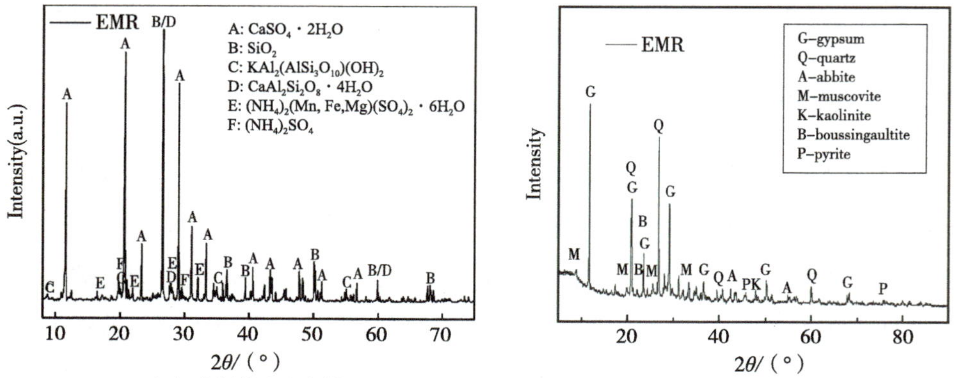

（a）贵州某企业渣样　　（b）重庆某企业渣样

图 2-3　锰渣主要矿物组成 XRD 衍射

邓亚玲等研究了不同堆存时间（3 个月～10 年）锰渣的主要氧化物组成及物相分析（表 2-8），不同堆存时间的锰渣中 SO_3、CaO、SiO_2 质量分数之和均高于 70%，不同堆存时间锰渣的 $CaSO_4 \cdot 2H_2O$ 特征峰强度差别大，且 $CaSO_4 \cdot 2H_2O$ 在 11.6°（020）、20.7°（−121）、23.4°（040）和 29.1°（−141）的衍射峰强度随着堆存时间的增加而逐渐增强，其原因是吸附在 $CaSO_4 \cdot 2H_2O$ 表面的易溶物相在雨水淋溶作用下被带走，$CaSO_4 \cdot 2H_2O$ 特征峰被暴露出来。另外，随着堆存时间的增加，SiO_2、Al_2O_3、K_2O 含量逐渐增加，MgO、MnO 含量逐渐减少，其中 $(NH_4)_2SO_4$ 等物相衍射峰消失，这说明雨水淋溶带走的易溶物相主要是可溶性锰、镁盐类。图 2-4 表明，电解锰渣中锰和氨氮主要以 $(NH_4)_2SO_4$、$MnCO_3$、$MnSO_4 \cdot H_2O$ 和（NH_4）（Mn，Ca，Mg）$PO_4 \cdot H_2O$ 等形式存在，且不同堆存时间的电解锰渣中含有 $Al_4(OH)_8(Si_4O_{10})$、$Al_2Mg_4(OH)_{12}(CO_3) \cdot 3H_2O$ 和 $KAl(SO_4)_2 \cdot 12H_2O$ 等黏土矿物。事实上，锰渣中的黏土矿物表面呈负电性，能吸附重金属类阳离子，这使得堆存锰渣中的部分锰、氨氮及重金属被吸附后以胶体形式存在，而这一部分胶体颗粒难以被雨水浸出。XRD结果进一步表明，不同堆存时间的锰渣中的（NH_4）（Mn，Ca，Mg）$PO_4 \cdot H_2O$衍射峰随着堆存时间的增加减弱，这说明含锰和氨氮的难溶物质还包含低溶解度的（NH_4）（Mn，Ca，Mg）$PO_4 \cdot H_2O$复盐物相。XRD分析表明，锰渣中含有FeS_2、FeOOH和Fe_2O_3等含铁物相。其主要原因是锰渣中$Fe(OH)_3$胶体在堆存过程中可能形成薄膜覆裹在矿物表面，或以无定形沉淀填充在裂隙之中；此外，锰渣中部分$Fe(OH)_3$胶体在堆存过程中也可以通过解离、缔合等作用形成可溶性$Fe(OH)_2^+$、$Fe(OH)_4^-$等形态，且带有一定量的表面电荷的可溶性Fe（Ⅲ）形态可形成FeOOH沉淀。这是因为Fe^{2+}和Fe^{3+}是易迁移流动的，能与OH^-或H_2O分子重新进行配位。另外，在合适的湿度、温度、pH环境下，$Fe(OH)_3$胶体也会转变成Fe_2O_3。上述分析结果表明，锰渣中含有的$Fe(OH)_3$胶体在长期堆存中逐渐转变成FeOOH、Fe_2O_3等含铁物相。

表2-8 广西某渣场不同堆存时间锰渣主要氧化物成分 单位：%

堆存时间	SO_3	SiO_2	CaO	Fe_2O_3	MnO	Al_2O_3	Al_2O_3	K_2O	P_2O_5
3个月	32.43	26.6	16.23	9.78	7.97	2.82	2.48	0.74	0.33
半年	31.72	25.24	17.31	10.4	8.76	2.69	2.03	0.78	0.35
1年	30.18	25.76	16.38	13.29	7.79	3.31	1.43	0.85	0.39
3年	31.29	28.07	17.52	10.37	5.95	3.32	1.65	0.89	0.35
5年	31.43	27.27	19.32	10.2	5.19	3.6	1.35	0.73	0.34
10年	28.29	33.12	16.98	9.8	4.02	4.5	1.32	1.03	0.3

2.2.4 锰渣的微观形貌特征

锰渣中针柱状外形规则晶体颗粒与其他物质混杂交织堆积在一起，各种特征颗粒之间主要是交错搭接，其间填充了大量不规则绒球渣状体，大颗粒表面附着了其他矿物，从而形成了无规则形貌、大量细小颗粒附着堆砌而成的疏松多孔结构。颗粒尺度变化幅度大，可从几微米至近百微米；颗粒间存在大量孔隙，物质间没有明显的胶结现象（图2-5）。

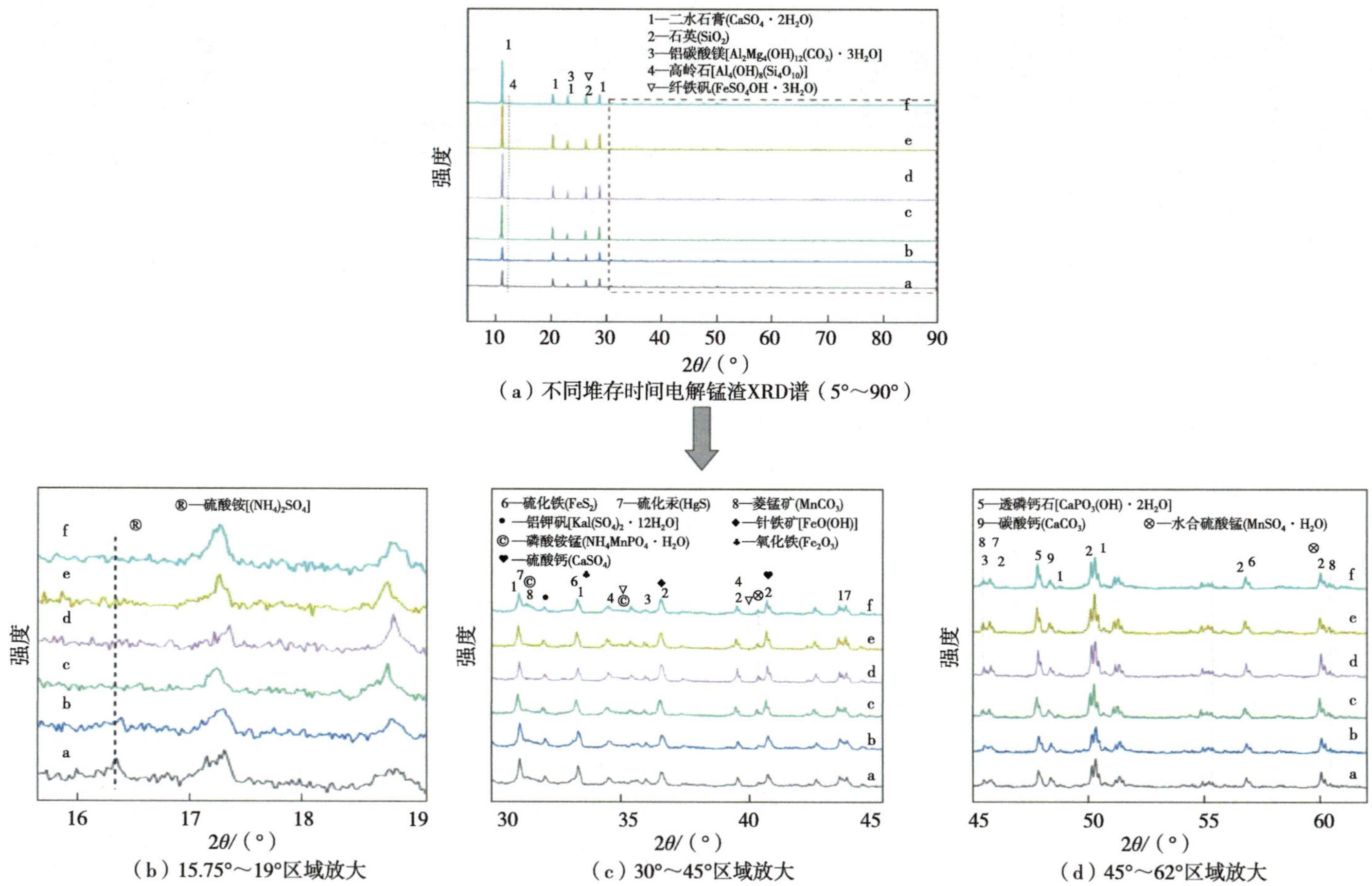

堆存时间：a（3 个月）；b（半年）；c（1 年）；d（3 年）；e（5 年）；f（10 年）

图 2-4　广西某渣场不同堆存时间电解锰渣 XRD 谱

（a）贵州某企业渣样　　　　（b）广西某企业渣样

图 2-5　锰渣的显微结构

根据段江飞分别对锰渣中的絮状与柱状晶粒进行的能谱分析（图 2-6 A2），块状晶粒的主要元素有 Al、Si、S 及少量的 Ca、Mg 元素，主要是 SiO_2 及硫酸镁铵、硫酸钙铵等硫酸类复盐化合物。而柱状晶粒主要元素为 S 元素与 Ca 元素主要是 $CaSO_4 \cdot 2H_2O$。

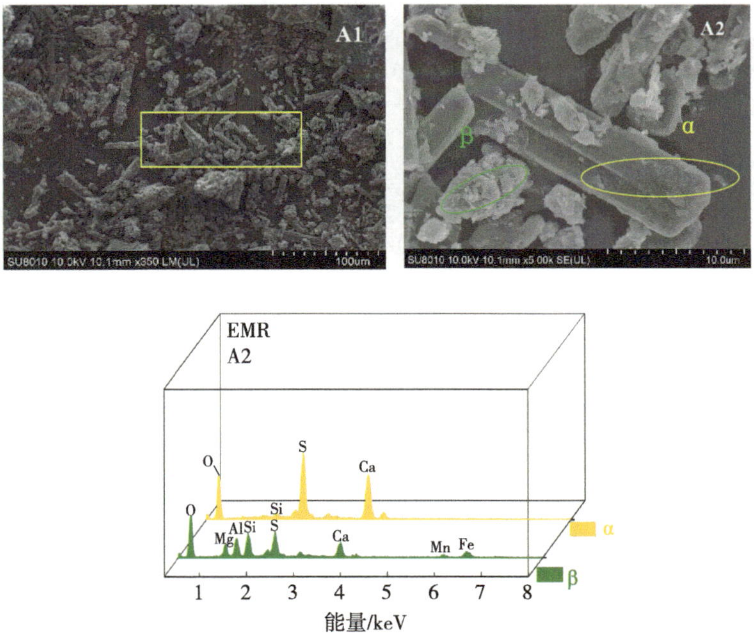

图 2-6　锰渣的显微结构与对应的能谱图

邓亚玲等研究了不同堆存时间（3 个月～10 年）锰渣的微观样貌，堆存 3 个月的锰渣中颗粒物形貌主要呈柱状和块状（图 2-7），随着堆存时间增加，块状、柱状和绒球形的锰渣颗粒交错包裹现象增加，Mn 等元素在堆存过程中主要被氧化或者碳化形成 MnO 或 $MnCO_3$ 后附着在其他颗粒表面；Zn、Pb 等重金属被黏土矿物或含铁锰化合物吸附，从而逐渐形成更大的包裹体。此外，随着堆存时间增加，锰渣的平均孔径减小，比表面积、孔容增大，说明随着堆存时间的增加，锰渣颗粒的吸附位点增加。

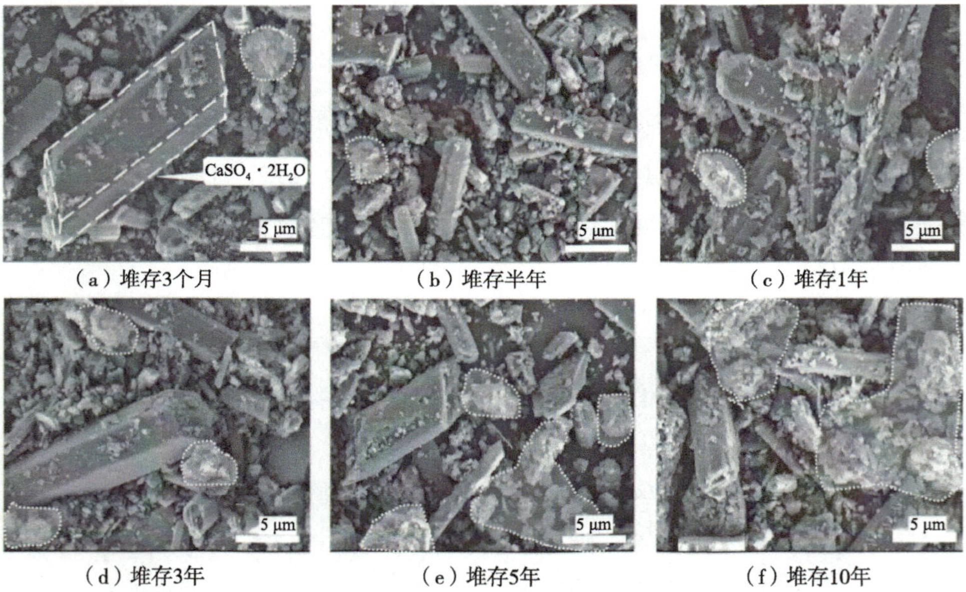

图 2-7　不同堆存时间锰渣的显微结构

2.3　锰渣的环境污染特性

2.3.1　锰渣的浸出毒性

锰渣中重金属一般有 Mn、Cr、Pb、Zn、Cd、Cu 等，其中 Mn 含量较高，其他较低。按照《固体废物　浸出毒性浸出方法　硫酸硝酸法》（HJ/T 299—

2007）（表 2-9），周亚武和史晓娟分别对广西某企业锰渣、重庆某企业锰渣进行浸出，浸出液的 Cr、Pb、Zn、Cd 浓度均低于《危险废物鉴别标准　浸出毒性鉴别》（GB 5085.3—2007）。

表 2-9　硫酸硝酸法锰渣浸出液中重金属浓度　　单位：mg/L

名称	Cd	总 Cr	Pb	Ni	Cu	Mn	Zn
广西某企业	0.04	55.20	0.32	未检出	未检出	1 015	0.18
重庆某企业	0.015 6	0.188 1	1.162 6	0.743 8	未检出	1 152.727 3	1.371 6
GB 5085.3—2007 限值	1	15	5	5	100	—	100

中国环境科学研究院按照《固体废物　浸出毒性浸出方法　硫酸硝酸法》（HJ/T 299—2007）对宁夏某企业锰渣进行浸出（表 2-10），浸出液 Cr、Pb、Zn、Cd 等 16 项无机元素及化合物的浓度均低于《危险废物鉴别标准　浸出毒性鉴别》（GB 5085.3—2007）。

表 2-10　宁夏某企业锰渣腐蚀性及浸出毒性鉴别

<table>
<tr><th>序号</th><th colspan="2">项目</th><th>锰渣 1 号</th><th>锰渣 2 号</th><th>锰渣 3 号</th><th>标准及标准限值</th></tr>
<tr><td>1</td><td colspan="5">腐蚀性鉴别</td><td>《危险废物鉴别标准　腐蚀性鉴别》（GB5085.1—2007）</td></tr>
<tr><td>1.1</td><td colspan="2">pH</td><td>3.6</td><td>3.33</td><td>3.83</td><td>pH≥12.5，或者 pH≤2.0</td></tr>
<tr><td>2</td><td colspan="5">浸出毒性鉴别（无机元素及化合物）</td><td>《危险废物鉴别标准　浸出毒性鉴别》（GB 5085.3—2007）</td></tr>
<tr><td>2.1</td><td colspan="2">铜 /（mg/L）</td><td>0.07</td><td>0.1</td><td>0.1</td><td>100</td></tr>
<tr><td>2.2</td><td colspan="2">锌 /（mg/L）</td><td>0.44</td><td>0.48</td><td>0.43</td><td>100</td></tr>
<tr><td>2.3</td><td colspan="2">镉 /（mg/L）</td><td>0.14</td><td>0.14</td><td>0.14</td><td>1</td></tr>
<tr><td>2.4</td><td colspan="2">铅 /（mg/L）</td><td>0.003 6</td><td>0.005 8</td><td>0.004 8</td><td>5</td></tr>
<tr><td>2.5</td><td colspan="2">总铬 /（mg/L）</td><td>0.18</td><td>0.24</td><td>0.21</td><td>15</td></tr>
<tr><td>2.6</td><td colspan="2">六价铬 /（mg/L）</td><td><0.004</td><td><0.004</td><td><0.004</td><td>5</td></tr>
<tr><td>2.7</td><td rowspan="2">烷基汞</td><td>甲基汞 /（ng/L）</td><td><10</td><td><10</td><td><10</td><td rowspan="2">不得检出</td></tr>
<tr><td>2.8</td><td>乙基汞 /（ng/L）</td><td><20</td><td><20</td><td><20</td></tr>
<tr><td>2.9</td><td colspan="2">汞 /（mg/L）</td><td>0.002 55</td><td>0.000 14</td><td>0.000 12</td><td>0.1</td></tr>
</table>

续表

序号	项目	锰渣 1 号	锰渣 2 号	锰渣 3 号	标准及标准限值
2.10	铍 /（mg/L）	0.012	0.015	0.014	0.02
2.11	钡 /（mg/L）	<0.06	<0.06	<0.06	100
2.12	镍 /（mg/L）	1.32	1.72	1.51	5
2.13	总银 /（mg/L）	<0.01	<0.01	<0.01	5
2.14	砷 /（mg/L）	2.7	3.87	3.83	5
2.15	硒 /（mg/L）	0.096 1	0.12	0.132	1
2.16	无机氟化物（不包括氟化钙）/（mg/L）	2.75	3.94	3.4	100
2.17	氰化物（以 CN^- 计）/（mg/L）	<0.000 1	<0.000 1	<0.000 1	5

按照《固体废物　浸出毒性浸出方法　硫酸硝酸法》（HJ/T 299—2007），邓亚玲等对广西某渣场不同堆存时间（3 个月～10 年）的锰渣进行浸出，浸出液中 Mn^{2+} 和 NH_4^+-N 的浓度逐渐减小，原因是锰渣在堆存过程中锰渣中可溶性 Mn^{2+} 和 NH_4^+-N 随着降雨不断进入渗滤液或形成了难溶的含锰氨氮物相。此外，堆存 10 年的电解锰渣浸出液中 Se^{4+} 的浓度超过 GB 5085.3—2007 标准限值的 11 倍，且随着堆存时间的增加 Se^{4+} 总量降低（表 2-6），说明 Se^{4+} 更容易从锰渣中迁移出来。不同堆存时间的锰渣浸出液中 Pb^{2+}、Cd^{2+}、总 Cr、Cu^{2+}、Zn^{2+}、Ni^{2+} 浓度都低于 GB 5085.3—2007 标准限值（表 2-11）。

表 2-11　广西某渣场不同堆存时间锰渣浸出毒性　　单位：mg/L

堆存时间	Mn^{2+}	Se^{4+}	Pb^{2+}	Cd^{2+}	总 Cr	Cu^{2+}	Zn^{2+}	Ni^{2+}
3 个月	1 533	8.7	0.73	0.12	0.32	45.3	38.1	3.5
半年	859.3	6.4	0.62	0.15	0.45	36.5	30.3	3.8
1 年	777.4	15.2	0.63	0.26	0.41	37.2	27.2	4.2
3 年	772.5	11.9	0.74	0.21	0.32	38.6	26.9	4.3
5 年	509.6	10.9	0.82	0.39	0.3	39.3	30.8	3.8
10 年	204.4	11.4	0.76	0.35	0.25	37.5	29.8	3.1
GB 5085.3—2007 限值	—	1	5	1	15	100	100	5

按照《固体废物 浸出毒性浸出方法 水平振荡法》（HJ 557—2010），对重庆某企业锰渣进行浸出，锰渣浸出液中主要含有 Mn、NH_3-N 以及一些微量元素如 Cu、Ni、Zn、Cr^{6+}、Pb 以及 Se，其中锰渣浸出液中 Cu、Ni、Zn、Cr^{6+}、Pb 以及 Se 的含量均低于《污水综合排放标准》（GB 8978—1996）最高排放浓度，而 Mn 和 NH_3-N 浓度分别是 GB 8978—1996 的 709 倍和 34 倍，因此，锰和氨氮是锰渣中的主要污染物（表 2-12）。

表 2-12 水平振荡法锰渣浸出毒性 单位：mg/L

名称	Mn	NH_3-N	Cu	Zn	Cr^{6+}	Cd	Se	Pb	Ni
重庆某企业	1 418.5	507.0	0.091	0.453	0.007	0.034	0.021	0.745	0.930
贵州某企业新鲜渣	1 040.0	565.0	0.006	1.43	0.004	0.000 5	0.003 4	0.000 6	0.033 3
贵州某企业渣场 4a	512.0	30.2	0.089 4	2.94	0.004	0.003 2	0.000 5	0.000 6	0.439
GB 8978—1996 限值	2.0	15.0	0.5	2.0	0.5	0.1	0.2	1.0	1.0

2.3.2 锰渣的属性

锰渣未被列入《国家危险废物名录》，但依据《一般工业固体废物贮存和填埋污染控制标准》（GB 18599—2020），按照 HJ 557—2010 规定方法获得的浸出液，Mn 和 NH_3-N 的浓度超过 GB 8978—1996 最高允许排放浓度，因此锰渣属于第Ⅱ类一般工业固体废物。

2.3.3 锰渣的特征污染物及环境危害

锰渣的特征污染物是锰和氨氮。锰渣的危害性主要是渣中含有的大量锰、氨氮通过自然淋溶极易随水体进入地表水体、土壤和地下水，对周边环境造成不利影响。

锰是国际公认的毒性较低的金属元素，其毒性远低于铅、砷、镉、汞、铬、镍等。锰是植物生长必需的微量元素和人体必需元素，然而过量的锰元素对人体和植物均有危害。成年人的锰的适宜摄入量为 3.5 mg/d，最高可耐受摄入量为 10 mg/d，若体内过高，可导致不可逆转的锰精神病，体内高浓度氨可导致胃癌、蓝婴综合征和肝损伤。锰引起的综合征有精神分裂症、精神迟钝、肌肉无力、头痛和失眠等症状。锰过量时，植物对钙、铁和镁等元素的吸收会受到抑制，引起叶片厚度减小、萎蔫，甚至坏死，降低植物的光合作用效率。对人体而言，锰的价态越低，则其化合物的毒性越强。锰摄入量过多时会影响人体的内分泌系统，抑制多种酶的活性，还会引起中枢神经系统细胞病变、心肌梗死等。程卫东通过锰暴露急性毒理实验发现草鱼和鲤鱼的死亡率随着水体中锰浓度的增加而升高，测得二价锰对草鱼、鲤鱼 96 h 半致死浓度（96 h LC_{50}）分别为 541.07 mg/L 和 577.27 mg/L。

氨氮进入水体后，会导致水体富营养化，引起水中水生植物大量生长；同时，游离氨毒性极强，受其影响容易导致鱼类等水生动物失去活性酶而引起死亡，使得地表体生态失衡。若饮用水中氨氮含量高，会损害人体健康，此外氨氮会被氧化成亚硝酸盐，进入人体时，会与人体蛋白质结合生成亚硝胺，从而致癌。

此外，锰渣堆存占用了大量的土地资源，而随着锰矿品位的下降，还需要不断地征用土地作为渣场，很多电解金属锰企业占用林地、建设用地，甚至是耕地，造成了大量土地资源的浪费。在长时间风化的条件下，灰分在空气中具有一定的流动性会造成周边居民住宅及田地表面积满锰渣的灰尘，使土地退化，植被破坏。此外，我国锰矿资源多集中在重庆、贵州、湖南、广西壮族自治区等地区，锰污染问题与群众对美好生活的诉求背道而驰，造成了企业和当地群众矛盾不断激化，已经严重影响社会稳定，阻碍了社会的稳定发展。

2.4 锰渣的处置

2.4.1 国外（南非）锰渣填埋处置

欧美等发达国家（地区）对电解金属锰生产环保及污染防治要求极其严格，技术准入门槛很高。正是在其严格技术政策限制下，除南非还有一家电解金属锰企业（MMC 公司）仍在生产外，发达国家的大部分电解金属锰企业已经关闭。南非 MMC 采用了填埋处置的方法来处理锰渣，要求很高，主要采取了如下污染防治技术措施：

（1）老锰渣库底部全部用混凝土进行防渗处理，建有各种配套设施，80%～90% 渗滤液可由渗透液回收装置回收；

（2）新锰渣库底部采用 4 层防渗膜及沙子进行防渗，渣场周围进行填筑护坡，实行水平堆放，对渣尘使用机械洒水防扬散并压实；

（3）锰渣运输车辆在出厂之前必须进行冲洗，对冲洗液进行回收，对运输路线定时进行洒水并清扫，防止倾撒的锰渣形成扬尘。

根据报道，每生产 1 t 电解锰，南非 MMC 公司污染治理费用可达 100 美元以上，远高于国内电解锰企业，不具有进一步推广的价值。

2.4.2 国内早期锰渣堆存处置

国内早期（2010 年以前），锰渣主要通过筑坝或利用露天废弃采坑、凹地、河谷进行堆存处置，随着锰渣越来越多，形成堆场（渣场）。由于这些渣场选址不合理，并且没有按照《一般工业固体废物贮存、处置场污染控制标准》（GB 18599—2001）的要求建设防渗、导排、雨污分流等设施，导致严重的安全事故、环境事故发生。

2009 年 5 月，湖南花垣县某锰渣场连续发生两次溃坝事故，造成人员伤亡以及 209 国道中断。2010 年 4 月 10 日，湖南花垣县某锰渣场发生溃坝事故，事故造成 6 人遇难。2011 年，四川岷江某锰渣场 6 000 余 m^3 锰渣被暴雨引发的泥石流卷走进入涪江，引发了涪江水体严重污染，导致沿岸绵阳市的饮用水受到污染而大面积停水，影响周边百万人。2017 年，中央环保督察组进驻贵州督察时发现并指出，松桃县 10 个渗漏渣场对松桃河水质造成污染（图 2-8）。

目前，仅“锰三角”地区就遗留 60 余个渗漏渣场，堆存锰渣 4 000 余万 t，对该地区水环境造成了极大危害。有些渣场临近河流，渣场底部低于 50 年一遇洪水水位，并且与河流存在强烈水力联系，常年持续向河流释放锰和氨氮等污染物。而有些渣场位于沟谷之间，上游汇水面积大，易受洪水冲击。还有些渣场地下溶洞、落水洞、岩溶管道发育，渗滤液极易进入地下水（图 2-9）。

（a）花垣峰云渣场溃坝　　（b）四川岷江受损渣场

图 2-8　锰渣场安全污染事故

图 2-9　典型临河锰渣场

2.4.3　国内近期锰渣填埋处置

2010 年后，国家对环境保护更加重视，在很大程度上推动了锰渣的规范化填埋处置，专门选址，并按照 GB 18599—2001 建设防渗系统、渗滤液收集处理系统、雨污分流系统，规范封场，开展环境监测，渣场环境风险显著降低。但由于填埋作业比较粗放，从高处直接倾倒，导致防渗衬层和渗滤液导排管道被破坏，渣场起不到很好的防渗效果。渣场截洪沟、表面导流沟等建设质量低，或不满足 50 年一遇防洪要求。渣场表面防渗膜破损、塌陷等现象也比较普遍，渣场维护管理不到位。由于渣场截排水工程效果不理想，导致地表径流、地下水和大气降水大量进入渣场，渗滤液产生量大，部分渣场丰水期时渗滤液日收集量高达到几千立方米，渗滤液处理成本非常高（图 2-10～图 2-12）。

图 2-10　渣场表面防渗膜受损

图 2-11　渣场导流沟破损

图 2-12　渣场塌陷

2020 年，国家出台了《一般工业固体废物贮存和填埋污染控制标准》（GB 18599—2020），对一般工业固体废物入场填埋提出了更高要求，对于锰渣来说，除满足第Ⅱ类一般工业固体废物之外，进入Ⅱ类场还应满足有机质含量和水溶性盐总量小于 5% 的要求。目前，新鲜锰渣水溶性盐总量普遍在 7% 以上，不满足Ⅱ类场入场要求，需先进行预处理，若锰渣经预处理后属于第Ⅰ类一般工业固体废物，且有机质含量和水溶性盐总量小于 2%，也可进入Ⅰ类场填埋。此外，GB 18599—2020 还要求锰渣应与其他工业固体废物分区填埋，分区填埋时，采用传送带输送、货车转运等形式，将锰渣直接转移到指定填埋区域，并采取机械摊平和逐层压实的填埋作业方式。

中国环境科学研究院对全国大部分电解金属锰企业进行了调研，大部分企业仍然直接将锰渣填埋入Ⅱ类场，并未对锰渣进行预处理。

3

电解锰生产及锰渣环境管理政策法规与标准

DIANJIEMENG SHENGCHAN JI MENGZHA HUANJING GUANLI ZHENGCE FAGUI YU BIAOZHUN

3.1 国家政策法规、标准

3.1.1 产业政策要求

3.1.1.1 《部分工业行业淘汰落后生产工艺装备和产品指导目录（2010年本）》

为加快淘汰落后生产能力，促进工业结构优化升级，按照《国务院关于进一步加强淘汰落后产能工作的通知》（国发〔2010〕7号）的要求，工业和信息化部于2010年10月印发了《部分工业行业淘汰落后生产工艺装备和产品指导目录（2010年本）》，该目录所列淘汰落后生产工艺装备和产品主要是不符合有关法律法规规定，严重浪费资源、污染环境、不具备安全生产条件，需要淘汰的落后生产工艺装备和产品。其中，对电解金属锰淘汰落后工艺设备和产品的要求如下：

1）电解金属锰一次压滤用除高压隔膜压滤机以外的板框、箱式压滤机。

2）电解金属锰用5 000 kV · A及以下的整流变压器、150 m^3 及以下的化合槽（2011年）。

3）电解金属锰用 5 000 kV·A 以上、6 000 kV·A 及以下的整流变压器；150 m^3 以上、170 m^3 及以下的化合槽（2014 年）。

3.1.1.2 《关于加强锰污染治理和推动锰产业结构调整的通知》

2021 年 7 月，国家发展改革委、工业和信息化部、自然资源部、生态环境部联合印发的《关于加强锰污染治理和推动锰产业结构调整的通知》提出，优化调整电解金属锰产业政策，研究修订《产业结构调整指导目录》，提高电解金属锰行业准入条件。制定完善行业强制性规范标准、规范条件、提高技术、环保等标准要求，逐步加快淘汰现有 1 万 t/a 以下电解金属锰单条生产线和电解金属锰生产总规模在 3 万 t/a 以下的企业，特别是“锰三角”地区要加快实施，对紧邻河流、环境风险隐患大的企业要坚决关停。引导推动“锰三角”地区企业兼并重组，逐步做到每个县最多保留 2 家电解金属锰企业，鼓励有条件的县逐步退出电解金属锰产业。

3.1.1.3 《限期淘汰产生严重污染环境的工业固体废物的落后生产工艺设备名录》

为贯彻落实《中华人民共和国固体废物污染环境防治法》，加快淘汰产生严重污染环境的工业固体废物的落后生产工艺、设备，持续提高工业绿色发展水平，2021 年 9 月，工业和信息化部发布《限期淘汰产生严重污染环境的工业固体废物的落后生产工艺设备名录》。该名录明确提出，2023 年 12 月 31 日前淘汰采用重铬酸盐钝化技术的电解锰工艺设备。

3.1.1.4 《产业结构调整指导目录（2019 年本）》

《产业结构调整指导目录》是由国家发展改革委颁布的。自 2007 年开始修订，随着行业的不断发展变化，《产业结构调整指导目录》内容也几经更新，目前使用的是 2019 年本。该文件将产业分为淘汰类、限制类和鼓励类 3 种。其中涉及电解锰行业的限制类和淘汰类主要内容见表 3-1。

表 3-1 《产业结构调整指导目录（2019 年本）》中电解锰行业的限制类和淘汰类目录

限制类	1. 间断浸出、间断送液的电解金属锰浸出工艺
	2.10 000 t/a 以下电解金属锰单条生产线（一台变压器）
	3. 电解金属锰生产总规模为 30 000 t/a 以下的企业
淘汰类	4. 电解金属锰用 6 000 kV · A 及以下的整流变压器
	5. 有效容积 170 m^3 及以下的化合槽
	6. 电解金属锰一次压滤用除高压隔膜压滤机以外的板框、箱式压滤机

3.1.2 电解锰生产要求

3.1.2.1 清洁生产相关标准及技术规范

（1）电解锰行业清洁生产评价指标体系

该文件将清洁生产评价指标分为九类，即生产工艺及装备、能源消耗、水资源消耗、原辅料消耗、资源综合利用、污染物产生与排放、温室气体排放、产品特征和清洁生产管理指标，对电解锰行业的清洁生产提出了要求。例如，对生产工艺中各个工序的设备选择提出了要求，在环保设施方面，规定安装酸雾吸收装置，设置强制通风设施；对各种资源能源消耗量做出了规定和分级；对污染物产生量如废水总锰产生量、废水六价铬产生量、锰渣产生量及锰渣无害化资源化等规定了评价标准值。该指标体系适用电解锰行业（不含锰矿开采）企业清洁生产审核、清洁生产潜力与机会的判断、清洁生产水平认证、清洁生产绩效评定和清洁生产绩效公告，也适用环境影响评价、排污许可证、环保领跑者、清洁生产提升改造等环境管理需求。

（2）电解锰行业清洁生产技术推行方案

2010 年 2 月，工业和信息化部发布了《电解锰行业清洁生产技术推行方案》，该方案将“电解锰电解后续工段连续抛沥逆洗及自控技术、电解锰锰粉酸浸液二段酸浸洗涤压滤一体化技术、电解锰行业锰渣制砖工艺技术、电解锰废水铬锰离子回收技术及低品位锰矿高效富集及矿渣综合利用技术”列入国家清洁生产应用示范项目，将“新型、环保、节能型电解槽”列入国家清洁生产推广技术。

3.1.2.2 其他相关政策和规范

（1）《关于印发加快推动工业资源综合利用实施方案的通知》（工信部联节〔2022〕9号）

该文件提出，针对部分固体废物成分复杂、有害物质含量多、性质不稳定等问题，分类施策，稳步提高综合利用能力。积极开展钢渣分级分质利用，扩大钢渣在低碳水泥等绿色建材和路基材料中的应用，提升钢渣综合利用规模。加快推动锰渣、镁渣综合利用，鼓励建设锰渣生产活性微粉等规模化利用项目。

（2）电解锰行业污染防治技术政策

该文件从原辅料选择与污染防治技术、生产过程污染控制技术、废水、废渣末端循环及处理处置技术、二次污染防治等方面对电解锰生产企业的规划、环评以及污染防治和污染防治设施的建设、管理做出了规定。为了控制电解锰生产过程的污染，技术政策中对于磨粉工序、化合工序、压滤工序、电解工序等过程中所使用的设备及工艺做出了规定。其中对于锰渣减量化提出选用总锰含量低于18%的贫锰矿作为电解锰生产原料时，一般应采用浮选或磁选等富集预处理技术。

（3）电解锰行业污染防治可行技术指南（试行）

该文件提出了电解锰工艺过程污染防治可行技术、末端循环利用技术等清洁生产技术，以及废水治理可行技术、大气污染治理可行技术、固体废物处理处置可行技术（方法）等污染治理可行技术，为电解锰行业污染防治工作提供技术参考。

（4）《排污许可证申请与核发技术规范　铁合金、电解锰工业》（HJ 1117—2020）

该标准规定了铁合金、电解锰排污单位排污许可证申请与核发的基本情况填报要求、许可排放限值确定、实际排放量核算、合规判定的方法以及自行监测、环境管理台账与排污许可证执行报告等环境管理要求，提出了污染防治可行技术参考要求。其中针对阳极泥，提出不得与其他一般工业固体废物一起堆存的要求。

（5）《电解锰金属锰企业环境监察工作指南》（2010 年）

该文件针对涉及锰渣库环境监察工作进行了规定。锰渣运输车辆应当密封运输，防止运输过程的洒落。运输车辆驶离压滤车间门前，应用清洗过渡带清洗轮胎。渣场应当修建围栏，设置警示标识。渣场必须修建渣场外截洪沟、导流渠。渣场下游应当建有防渗功能的渗滤液收集装置，收集后的渗滤液应进入处理站处理或就地处理达标排放。渣场底部有涵洞经过的企业，必须将渗滤废液单独收集、实现清污分流，并进行回收处理。渣场下游要设置水质监测井，对渣场要定期进行地下水监测，对发现造成地下水污染的渣场要立即停止使用，并采取补救措施消除污染。 渣场内不得有积水，若出现积水，企业应当增设导排设施，将积水引至废水处理站处理。渣场堆渣量不得超出设计容量，督促企业对已超容的部分及时采取措施进行整治；位于地表水体附近且污染整治无望的渣场要及时进行封场。

同时也对阳极泥暂存库防护提出要求，暂存库底部及周围须采取防渗措施，顶部要有防雨棚，并超出堆场边界 1 m 以上。

3.1.3 锰渣污染防治要求

（1）《锰渣污染控制技术规范》（HJ 1241—2022）

为防治锰渣造成的环境污染问题，生态环境部于 2022 年 3 月发布《锰渣污染控制技术规范》（HJ 1241—2022，以下简称《技术规范》），10 月 1 日正式实施，为锰行业在产企业预留半年整改完善期限。这是我国第一个专门针对锰渣污染控制技术制定的国家生态环境标准。

《技术规范》主要规定锰渣在收集、贮存、运输、预处理、利用、充填、回填和填埋过程中的污染控制技术要求，以及监测和环境管理要求，为推动锰行业绿色健康发展、强化锰渣全过程污染防治提供技术支撑。一是统一锰渣污染监管“一把尺”。《技术规范》出台之前，全国尚无对锰渣污染环境防治的专项标准，2020 年发布的《一般工业固体废物贮存和填埋污染控制标准》（GB

18599—2020）虽明确填埋入场要求，但锰渣作为Ⅱ类一般工业固体废物并未按标准严格执行，各地对锰渣的管理要求各异，标准脱节现象严重。《技术规范》进一步梳理强调锰渣相关全过程环境管理要求，明确锰渣的污染防治最低要求，推动企业提质增效，转型升级。二是贯穿锰渣污染控制“一条线”。《技术规范》对锰渣产生后的收集、贮存、运输、预处理、利用、充填、回填和填埋的所有环节，分别提出不同的污染控制技术要求，特别针对锰渣中含有的重金属、氨氮等特征污染物，提出科学的预处理技术路线；针对利用、充填、回填环节，分别提出相应环节的过程污染控制，而且对锰渣预处理产物、产品以及充填或回填后的土地复垦提出控制要求；锰渣的填埋则再次强调应满足《一般工业固体废物贮存和填埋污染控制标准》（GB 18599—2020）中的入场要求，不满足的应先进行预处理。三是筑造锰渣综合利用“一座桥”。《技术规范》首次提出了锰渣利用过程的污染控制要求及锰渣利用产物污染控制限值要求，为提升锰渣利用技术过程中的污染防治水平和综合利用水平提供了理论依据。此外，对锰渣及其预处理产物生产水泥或作为替代原料用于其他建筑材料产品的相关物化性质做出规定，为锰渣处理产物作为原料获得市场认可提供了可能，有利于进一步推动锰渣综合利用技术实现产业化。

（2）《一般工业固体废物贮存和填埋污染控制标准》（GB 18599—2020）

《一般工业固体废物贮存和填埋污染控制标准》（GB 18599—2020）规定了一般工业固体废物贮存场、填埋场的选址、建设、运行、封场、土地复垦等过程的环境保护要求，以及替代贮存、填埋处置的一般工业固体废物充填及回填利用环境保护要求，以及监测要求和实施与监督等内容。该标准适用新建、改建、扩建的一般工业固体废物贮存场和填埋场的选址、建设、运行、封场、土地复垦的污染控制和环境管理，已有一般工业固体废物贮存场和填埋场的运行、封场、土地复垦的污染控制和环境管理，以及替代贮存、填埋处置的一般工业固体废物充填及回填利用的污染控制及环境管理。

该标准规定，锰渣应满足相应入场要求才可以进行填埋。进入Ⅰ类场的应为第Ⅰ类一般工业固体废物（包括第Ⅱ类一般工业固体废物经处理后属于第Ⅰ类一般工业固体废物的），且有机质含量和水溶性盐总量小于2%；进入Ⅱ类场的应满足有机质含量和水溶性盐总量小于5%。锰渣无害化处理前通常为第Ⅱ类一般工业固体废物，如有机质含量和水溶性盐总量小于5%，可直接进入Ⅱ类场填埋，否则需先进行预处理。如锰渣经预处理后属于第Ⅰ类一般工业固体废物，且有机质含量和水溶性盐总量小于2%，也可进入Ⅰ类场填埋。

3.2 地方政策法规、标准

根据国家法律法规、相关政策和各地电解锰行业实际情况，地方政府也制定了一些环境政策。

3.2.1 历史锰渣场风险管控要求

历史锰渣库（场）指历史上形成的通过筑坝或利用露天废弃采坑、凹地、河谷贮存或填埋锰渣，并已停止生产使用或封场的场所。部分历史锰渣库（场）由于选址不合理、临近江河，或没有按照填埋场的有关标准要求建设防渗、导排、雨污分流等设施，加之后续运行管理及环境监测不到位，存在较大的渗滤液渗漏污染周边环境的风险。

2022年4月，重庆市生态环境局印发了《历史锰渣场环境风险管控技术指南（试行）》，其工作思路可作为其他地区开展历史锰渣场环境风险管控的参考。工作程序包括现状调查评估，制定环境风险管控方案，环境风险管控工程设计及施工、效果评估和后期环境管理阶段。

1）现状调查评估。通过收集资料、现场踏勘等，确定评估范围，从历史锰渣场环境隐患、区域水文地质、区域环境敏感目标、区域环境质量现状四个方面开展分析评估，确定历史锰渣场环境风险等级，可分为较小、一般、较大和重大环境风险4个等级。

2）制定环境风险管控方案。根据现状调查评估结果，确定历史锰渣场环境风险管控目标，选择风险管控模式，制定环境风险管控技术路线，编制方案。“重大环境风险”锰渣场应采取转场治理，“较大环境风险”锰渣场可采取原位治理，“一般环境风险”及“较小环境风险”的渣场可采取原位治理，或者实施制度管控措施。

3）环境风险管控工程设计及施工。根据环境风险管控方案，开展环境风险管控工程设计及施工。施工过程应同时制订并实施环境管理计划。

4）环境风险管控方案实施效果评估。环境风险管控工程稳定运行后，根据工程立项、设计、建设和运行等相关文件及其批复，评价工程建设的合规性和一致性，并根据工程运行管理记录、环境监测数据，必要时开展补充检测，评估风险管控是否达到预期效果。

5）后期环境管理。根据环境风险管控工程实施情况与效果评估结论，提出后期环境管理计划，实现常态化监管。

3.2.2 无害化资源化要求

2019 年 6 月，铜仁市人民政府印发了《关于加快电解锰渣无害化处理和资源化综合利用的意见》，该文件在结构上分为“深刻认识电解锰渣无害化处理和资源化综合利用的重要意义”“总体要求”“主要措施”“工作要求”四大部分。总体要求部分，除包括指导思想和基本原则以外，在目标任务中明确了电解锰渣无害化处理和资源化综合利用分两个阶段推进。一是“2019 年至 2020 年，重点针对电解锰渣中可溶性盐对水环境的影响进行技术攻关，实现原生电解锰渣无害化处理目标，使其类属由‘Ⅱ类工业固体废物’转变为‘Ⅰ类工业固体废物’；符合有关技术要求的处理工序应于 2019 年年底前完成工业性试验，2020 年年底前实现规模化应用并得到普遍推广，并将处理成本控制在 100 元 /t 以内，核算成本时可用附产品回收价值进行抵扣”。二是“2020 年至 2025 年，重点针对电解锰渣的资源化利用进行攻关，原则上每年电解锰渣综合利用率按照 20% 的速率实现逐年递增。至 2025 年，电解锰渣的消纳量超过当年新渣产生量，基本实现‘以消定产、杜绝增量’的要求。同时，大力推广电解锰渣无害化处理资源化综合利用的经验成果，持续开展历史堆存电解锰渣的处置利用，全面实现‘控制总量、消化存量’的要求，彻底消除或大幅减轻电解锰渣对生态环境的负面影响”。

在主要措施方面，提出了“强化源头精细化管理”“加快锰渣无害化处置”“加强贮运规范化监管”“探索多元化利用途径”四方面措施。其中“强化源头精细化管理”方面，要求一是重视源头减排，二是厘清产渣底数，三是强化贮存管理，四是规范管理制度；“加快锰渣无害化处置”方面，一是明确“支持鼓励有条件的高校、科研院所自行或者联合电解锰行业企业开展电解锰渣无害化处置技术、工艺研发和相关工程建设”；二是明确“除使用原生电解锰渣量≤10 000 t 的无害化处置小试、中试试验外，开展规模化电解锰渣无害化处置工程项目建设时，必须依法进行环境影响评价，并遵守国家有关建设项目环境保护管理的规定”；三是“针对电解锰渣产生者不能自行利用或者处置的，应当提供给符合环境保护要求的企业利用或者处置。受委托者应依据国家法律法规的规定和合同约定防治固体废物污染环境，并承担相应法律责任。委托者应当对受委托者进行延伸检查，保证受委托者的运输、利用、处置行为符合国家法律法规的规定和合同要求”。“加强贮运规范化监管”方面，一是规范运输管理，二是加强交接管理，确保电解锰渣转移安全可追溯。“探索多元化利用途径”方面，一是支持开展技术创新，鼓励涉锰企业围绕电解锰渣资源化综合利用创建技术中心，开展科技攻关。对被认定为国家级、省级涉及电解锰渣综合利用的企业技术中心，当年分别给予 100 万元、50 万元的一次性奖励；对获得国家知识产权局授予的涉及电解锰渣综合利用的相关发明专利，当年每件给予 3 000 元资助。二是加快推进成果转化。鼓励和引导各类市场主体投资电解锰渣资源化综合利用项目，加快成果转化。发展改革、自然资源、生态环境等部门要为电解锰渣资源化综合利用项目开辟“绿色通道”，在项目备案、土地征用、环境影响评价、生产许可等行政审批、许可上给予大力支持。并针对不同情况给予适当的经济补助或奖励。

第四部分“工作要求”就“落实党政主体责任，健全部门联动机制”“统筹推进锰渣规划，补齐基础设施短板”“健全信用退出机制，促进企业诚信守法”“积极营造舆论氛围，提升服务监管能力”分别提出细化要求。同时，还将《铜仁市无害化处置电解锰渣浸出液浓度需满足条件表》作为附件，进一步明确了电解锰渣水浸出液各污染物最高允许浓度，达到条件方可视为达到无害化处理要求。

3.2.3 污染物排放要求

2020年6月，重庆市发布了《锰工业污染物排放标准》(DB 50/996—2020)，该标准规定了锰矿开采企业、电解锰生产企业、锰渣场污染物排放的一般要求、污染物排放控制要求、污染物监测要求以及实施与监督要求。

4

锰渣污染防治技术发展

MENGZHA WURAN FANGZHI JISHUFAZHAN

电解锰渣堆存量巨大，含水率高，锰渣中含有大量可溶性 Mn^{2+} 和 NH_4^+-N，遇水极易浸出，环境风险大。目前，我国锰渣污染防治技术主要分为锰渣源头减量、无害化和资源化技术。从无害化和资源化角度看，电解锰渣处置首先要解决的问题是源头减量。锰渣源头减量化后，再进行无害化处理及资源化利用，能够最大限度地降低锰渣对环境造成的污染。

4.1 锰渣减量化技术

锰渣减量化技术又可细分为源头减量化技术和加工过程减量化技术，源头减量化技术即控制锰矿品质及锰矿选矿技术，加工过程减量化技术即在金属锰提取过程中，通过改变还原剂、浸出技术等方式减少锰渣产生量的技术。

4.1.1 锰渣源头减量化技术

一是通过采用选矿富集技术提高锰矿的品位，进而提高锰矿的回收率、降低锰渣的产生率；二是通过引进高品位锰矿，源头减少锰渣产生量。其中，选矿富集技术包括磁选、重选、化学药剂浮选和物理选矿等。目前最常用的选矿富集技术为强磁选和泡沫浮选技术。

4.1.1.1 锰矿强磁选技术

矿物分为强磁性矿物、弱磁性矿物和非磁性矿物。磁选是根据矿石中矿物磁性差异，在不均匀磁场中实现矿物分离的选矿方法。磁选多用于有磁性的黑色金属矿物氧化物矿物，如磁铁矿、钒钛磁铁矿、赤铁矿、钛铁矿，也用于磁黄铁矿选矿。磁选的原理：磁选是在磁选设备的磁场中进行的。被选矿石进入磁选设备的选分空间后，受到磁力和机械力（包括重力、离心力、水流动力等）的作用。磁性不同的矿粒受到不同的磁力作用，沿着不同的路径运动。由于矿粒运动的路径不同，所以分别接取时就可得到磁性产品和非磁性产品（或是磁性强的产品和磁性弱的产品）。

碳酸锰矿和氧化锰矿均属于弱磁性矿物，伴生的脉石大部分为无磁性的硅酸盐类矿物。因此，强磁选是分离富集锰的重要手段。磁选占地面积小、能耗低，属于低成本选矿手段，且磁选工艺经济环保。国内应用较多的是湿式强磁选机和高梯度磁选机。

湿式强磁选机广泛用于选矿、洗煤和化工等部门，用于湿式选别粒度为6～0 mm的强磁性矿物，并将矿物分为磁性物及非磁性物两种产品。张志强通过重选、干式强磁选、湿式强磁选3种方法对比，对川南某锰矿进行了试验研究。结果表明，在磨矿细度低于0.074 mm含量81.34%，磁场强度1.1T条件下，采用湿式强磁选，锰精矿品位为41.88%，回收率为89.70%。杨念钦等在研究桃江碳酸锰矿时，采用CS-2型磁选机替代原来使用的磁选机，选矿指标有明显提高。原矿锰品位15.44%，通过手选—洗矿—磁选联合流程，可得到锰含量19.13%，回收率75.83%的锰精矿。王珊等在广西大兴难处理低品位碳酸锰矿选矿试验中，通过重选、磁选、浮选对比试验，发现磁选试验指标最好。原矿品位14%，在磨矿细度低于0.074 mm含量90%条件下，经“一粗一扫”的试验流程，可获得品位19.06%，回收率82.00%的锰精矿。Wu等发现通过高强度磁选可以获得品位为22.75%的锰矿，锰矿回收率为89.88%。李国栋等对云南某低品位软锰矿进行强磁选工艺试验，在较佳的分选条件下，原矿经“一次粗选、一次精选”高梯度强磁选流程选别后，可获得品位为29.50%、锰回收率为83.45%的锰精矿。

湿式强磁选流程如图 4-1 所示。

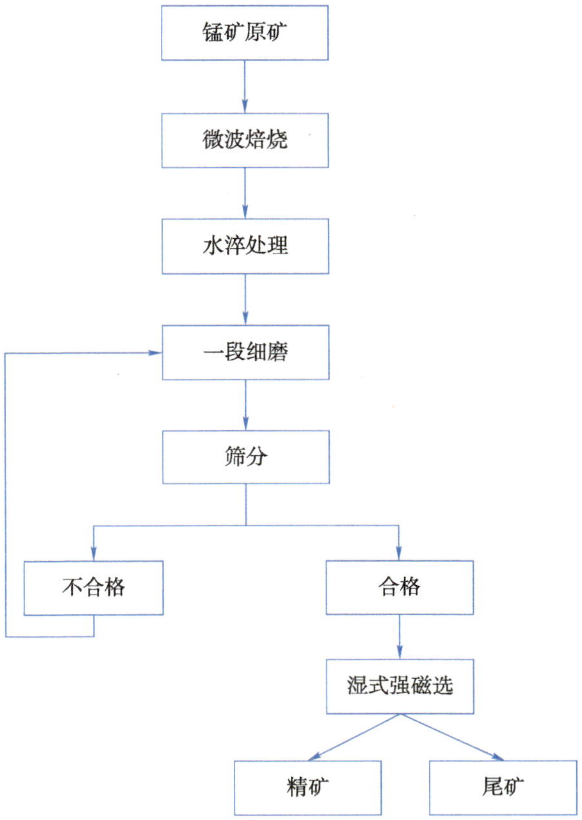

图 4-1　湿式强磁选流程示意

高梯度磁选机是新一代高强度磁选机，利用很高的磁场梯度产生的力来分选微细粒矿物。具有富集比大、对给矿料度、浓度和品位波动适应性强、工作可靠、操作维护方便等优点，能实现细粒级矿物的高效回收。目前，高梯度磁选是回收细粒碳酸锰矿的较好方法之一。

SLon 立环脉动高梯度磁选机由赣州有色冶金研究所研制，其下部装有一脉动机构，能使分选腔内的矿浆产生脉动，对磁选过程中的矿粒群产生松散作用，能有效地排除非磁性矿粒的机械夹杂，有利于提高精矿品位，并防止磁介质阻塞，对细粒级弱磁性矿物具有较强的捕收能力。近几年，SLon 型高梯度磁选机在选别细粒锰矿方面取得了新的进展。

花垣碳酸锰矿原矿锰含量 18.7%，磷含量 0.201%，为了降低磷的含量，潘其经等采用高梯度磁选机磁选，可得到锰含量 28.26%、磷含量 0.107% 的锰精矿，P/Mn 仅为 0.003 7，很好地实现了降磷的目标。SLon 立环脉动高梯度磁选机应用于广西木圭松软锰矿，取得了良好的效果。原矿锰品位 23%，经过“一粗一扫”的工艺流程，可得到 Mn 含量 30.38%，回收率 75.97% 的锰精矿。

锰矿高梯度磁选流程如图 4-2 所示。

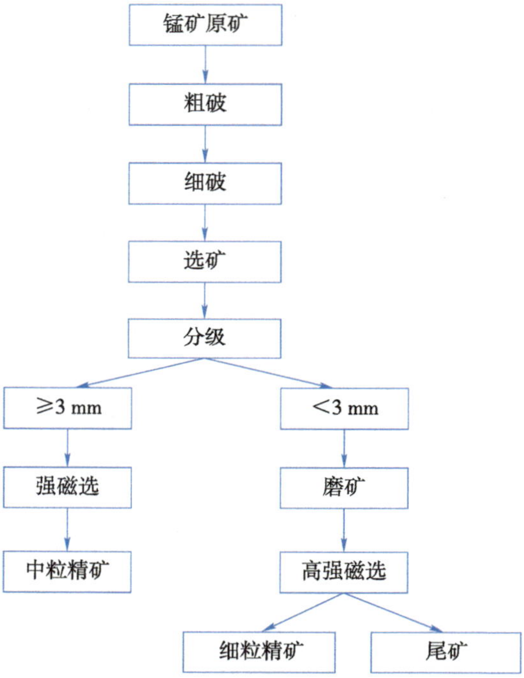

图 4-2　锰矿高梯度磁选流程示意

4.1.1.2　锰矿泡沫浮选技术

浮选法是指根据矿物表面物理、化学性质的差异从水的悬浮体（矿浆）中浮出固体矿物的选矿过程。浮选在选矿工业中得到广泛的应用，最适于分选品位低、颗粒细的浸染矿石。浮选的基本原理：浮选法主要是根据液体表面张力的作用原理，使污水中固体污染物黏附在小气泡上。当空气通入废水时，废水中的细小颗粒物共同组成三相体系。细小颗粒黏附到气泡上时，使气泡界面发生变化。颗粒能否黏附于气泡上与颗粒和液体的表面性质有关。亲水性颗粒易被水润湿，水对它有较大的附着力，气泡不易把水推开取而代之，这种颗粒不易黏附于气泡上而除去。而疏水性颗粒容易附着于气泡而被除去。

浮选是一种已知的对低品位矿石进行提纯的方法，浮选法对氧化锰矿物的提纯具有较理想的效果。浮选试剂在浮选分离过程中起着至关重要的作用。传统的捕收剂（包括油酸、妥尔油、氧化石蜡皂和其他阴离子有机化合物）已被用于菱锰矿浮选，但常规的碳酸锰捕收剂存在用量大、选择性差和泡沫发黏的缺陷，不能有效地回收目的矿物，并加大了后续作业难度。近些年国内诸多学者加大对新型碳酸锰捕收剂的研究，着力克服上述缺陷和提高锰精矿的质量，取得了不错的效果。Zhou 等发现以亚油酸异羟肟酸为浮选药剂可以获得品位为 18.30% 的锰矿，锰矿回收率为 97.00%。石朝军等对某地区低品位碳酸锰矿石浮选技术进行改进时，药剂采用自主研发的 QH015 型组合捕收剂和 HJ-01 矿泥调整剂，并选用“一粗三精六扫”的浮选流程进行碳酸锰矿工业化生产，经过 6 个班试产，获得的工业指标：碳酸锰精矿平均品位提高了 10%，回收率达 86% 以上。陈涛等研制选择性强的改性脂肪酸捕收剂 Dd-21，用于原矿品位 8%～12% 的碳酸锰矿浮选。采用“一粗一精一扫”闭路浮选流程，在不添加抑制剂的条件下，可获得的精矿品位＞20%，锰回收率＞85%。

锰矿浮选工艺流程如图 4-3 所示。

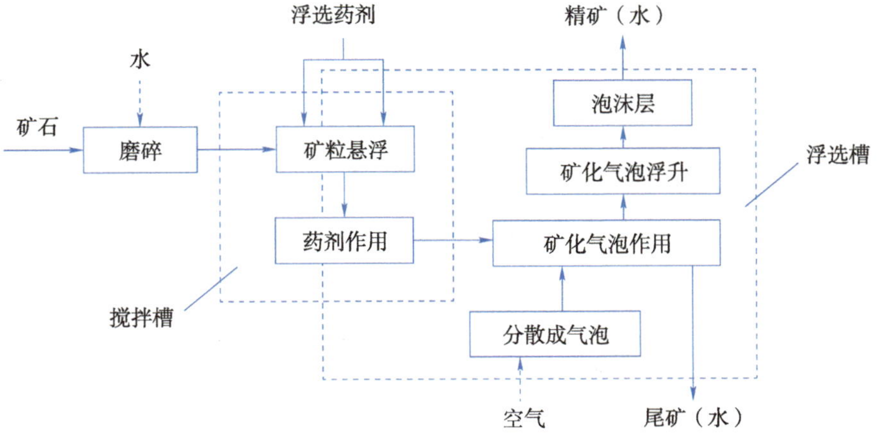

图 4-3 锰矿浮选工艺流程

4.1.1.3 引进国外高品位优质锰矿与国内低品位锰矿复配技术

通过使用高品位锰矿原料，减少吨产品锰渣产生量，从而实现锰渣源头减量。引进国外高品位优质锰矿与国内低品位锰矿复配，实现锰矿原料品位的优化。宁夏天元锰业、广西南方锰业和贵州部分锰生产企业通过引进南非和加纳等地的高品位优质锰矿，实现了锰矿原料的优化，降低了电解锰渣的排放量。

4.1.1.4 碳酸锰矿与氧化锰矿的选矿方法

（1）碳酸锰矿选矿

碳酸锰矿石中主要矿物是菱锰矿、钙菱锰矿、锰方解石和菱锰铁矿等；脉石矿物有硅酸盐和碳酸盐矿物，也常伴生硫和铁等杂质。矿石组成比较复杂，锰矿物嵌布粒度细到几微米，不易解离，难以获得较高精矿品位。

碳酸锰矿石中的锰与废石相对密度差接近，因此无法采用重选法分离，其主要选矿方法以浮选和强磁选为主。碳酸锰矿石的浮选工艺有破碎、磨矿、浮选等工序，矿石经破碎、筛分、洗矿并磨矿至低于200目占85%经旋流器脱泥后进入浮选，精矿产品分为3个等级。碳酸锰矿石的强磁选工艺有破碎、筛分、强磁选等工序，矿石经破碎、筛分后，5 mm以下粒级进入锰矿磁选机进行强磁选，一次获得合格精矿。

（2）氧化锰矿选矿

氧化锰矿石中锰矿物主要是硬锰矿、软锰矿和水锰矿等，脉石矿物主要是硅酸盐矿物，也有碳酸盐矿物，常伴生铁、磷和镍、钴等成分。氧化锰矿石的选矿方法以重选为主。风化型氧化锰矿石常含大量矿泥和粉矿，生产上采用洗矿—重选方法。原矿经洗矿除去矿泥所得的净矿，有的可以作为成品矿石，有的需要用跳汰和摇床等再选。洗矿溢流有时也需要用重选或强磁选等方法进一步回收。有的沉积原生氧化锰矿石，由于开采贫化，生产上采用重介质和跳汰选剔除脉石，得到块状精矿。

4.1.2 锰矿加工过程减量化技术

锰渣加工过程减量化技术一般是通过采用高效还原剂、高温高酸浸出、二段浸出等方式来提高锰的浸出效率，使锰矿中的锰得到最大限度的提取，进而减少锰渣的产生量。

4.1.2.1 碳酸锰矿高效浸出技术

（1）高效还原浸出

高效还原浸出是加入还原剂使被浸出固体物料中的有益组分在浸出过程中发生以还原反应为特征的浸出方法。菱锰矿与含高价态锰矿（如软锰矿、硅酸锰矿等）共生时，还原剂可将高价态的锰还原成低价态锰，因其易于浸取而获得较高的浸出率。很多学者对还原剂的种类进行大量的实验探索，目前使用的还原剂有苯胺、葡萄糖、纤维素、亚硫酸氢钠、亚硫酸盐、硫代硫酸盐、二氧化硫、硫酸亚铁、铁屑、黄铁矿、闪锌矿、方铅矿、抗坏血酸、羟基胺等。

有关专利公布了采用硫代硫酸盐、亚硫酸盐、黄铁矿、二氧化硫、抗坏血酸、羟基胺作为菱锰矿硫酸浸取中还原剂的专利，表明矿酸比为（1∶0.8）～（1∶0.3），还原剂的用量占矿石质量的1%～18%，锰的浸出率为96%～99%。曹渊等以葡萄糖、双氧水以及两者混合使用作为还原剂研究其对菱锰矿硫酸浸取中锰浸出率的影响，研究结果表明，用葡萄糖做单一还原剂可以获得较高的锰浸出率，使用葡萄糖和双氧水的混合物作为还原剂，可降低浸出反应的温度，在40℃浸出时，菱锰矿锰的浸出率为98.33%。龙炳清等对稻草粉、酒糟、玉米芯粉、椰子壳粉等农副产品做还原剂浸出菱锰矿做了大量研究，将82.40 mm（粒径低于180目）的碳酸锰矿粉、粒径低于1.5 mm的农副产品粉加入反应釜，第1阶段加硫酸溶液浸出2～3 h，排出产生二氧化碳；第2阶段加入硝酸溶液浸出2 h，再通入纯氧氧化0.5～1 h，此过程中锰的浸出较完全，浸出率为98.3%～99.6%。

（2）高温高酸浸出

高温高酸浸出是采用酸与碳酸锰矿直接作用浸出锰的过程。由于浸出过程简单，容易操作，并且成本较低，浸出率较高，使得此法在国内外被广泛应用于工业生产。就目前的研究而言，工业生产用酸仍是工业盐酸和硫酸。国内外学者对不同地区的碳酸锰矿进行了大量的深入研究，对反应温度、反应时间、反应体系液固比、搅拌速率、物料颗粒大小、酸的浓度等因素进行了大量的实验探索。在最佳工艺条件下，取得了较高的浸出率。

谭建红等对贵州某高铁碳酸锰矿制取硫酸锰做了工艺研究。针对高铁碳酸锰矿在用硫酸直接浸取过程中出现矿浆黏稠、中和反应困难以及过滤困难的现象，做了大量条件实验，获得最佳工艺条件：液固质量比为 5.5：1、浸取温度为 90℃、酸矿质量比为 0.69：1、浸取时间为 2 h、过滤温度约为 70℃。在此工艺条件下，生产得以顺利进行，锰的浸出率超过 85%，比传统工艺提高 5%～8%。刘亮对低品位碳酸锰矿分别采用盐酸和硫酸浸出工艺进行了实验研究。针对浸出时间、温度、液固比以及酸过量系数进行了单因素实验和正交实验。实验结果表明：两种酸浸出碳酸锰矿都是可行的，并且在最佳工艺条件下，锰的浸出率均能达到 90% 左右。张国才等对以工业废盐酸浸出低品位菱锰矿制取氯化锰的工艺进行了研究。用正交实验法考察了反应酸过量系数、液固比、浸出温度、浸出时间对锰浸出率的影响，并对生产流程进行了探讨和优化。结果表明：反应酸过量系数 1.3、液固比 4：1、浸出温度 80℃、浸出时间 50 min 时，浸出效果最好，浸出率可达 91.47%。

4.1.2.2 氧化锰矿高效浸出技术

（1）高温还原浸出

高温还原浸出是将软锰矿还原，在稀硫酸（或其他酸）溶液里直接浸出，将软锰矿还原为一氧化锰，再溶于硫酸得到硫酸锰溶液。通过选择高效的还原剂和浸出剂，在一定程度上能够提高锰矿中锰的浸出率。研究所用还原剂有硫铁矿、硫酸亚铁、金属铁、SO_2、甲醇等。

硫铁矿浸出法是将氧化锰矿、硫铁矿和硫酸按一定比例混合，反应后经过滤得到硫酸锰溶液。华毅超等应用 Fenton 试剂（Fe^{2+}+H_2O_2）改进了该浸出反应，在催化氧化作用下，使锰矿中锰的利用率提高到 91%。反应最佳参数条件：硫精矿和硫酸用量分别占锰矿质量的 70% 和 80%、反应体系 pH小于2、反应温度为 95℃、酸浸时间 4 h、搅拌转速为 300 r/min。硫铁矿浸出法具有原料便宜、流程简洁、操作简单、投资成本低等特点，但是该法要求稳定的软锰矿和黄铁矿矿源。

硫酸亚铁浸出法是利用 $FeSO_4$ 在酸性溶液中还原浸出氧化锰矿制备硫酸锰的过程。卢伟胜等利用钛白副产物硫酸亚铁作为还原剂浸出还原软锰矿生产硫酸锰，获得优化的浸出条件：软锰矿粒度为 45～52 μm、液固比为 3∶1、搅拌速度为 400 r/min、浸出时间为 2 h、浸出温度为 80℃，此条件下得到含水硫酸锰（$MnSO_4 \cdot H_2O$）99.29% 的硫酸锰粉末。该法可以有效利用钛白粉厂副产品硫酸亚铁和轧钢厂酸洗废液，具有成本低、反应条件温和、工艺简单等特点。

金属铁浸出法的机理是以铁作为还原剂，铁屑和硫酸反应生成硫酸亚铁后，硫酸亚铁再浸出还原软锰矿。施雯等以铁屑作为还原剂，在硫酸存在的条件下还原浸出软锰矿。确定软锰矿铁屑还原浸出的最佳工艺条件：铁屑与软锰矿质量比（铁矿比）为 0.25∶1，酸矿质量比为 1∶1，液固比为 5∶1，反应时间为 1 h，初始反应温度为 10℃。在最佳浸出工艺条件下，软锰矿中锰的浸出率达到 98% 及以上。

SO_2 吸收法的基本流程是将火电厂的 SO_2 或硫酸尾气通入氧化锰矿悬浮液与水形成 H_2SO_3，随后与 MnO_2 反应生成 $MnSO_4$ 和 MnS_2O_6，MnS_2O_6 通过加热分解、催化氧化等方法转变为 $MnSO_4$ 的方法。韩效钊等以软锰矿浆吸收二氧化硫，以吸收液为原料制备碳酸锰，进行了单因素实验和多因素正交实验。研究表明，在最佳工艺条件下，锰的转化率在 92% 以上，实验所得碳酸锰的质量符合 HG/T 2836—2011 指标要求。该法流程简单反应速率快，可实现锰的选择性浸出，含铁物相留在渣中，可减少杂质进入浸出液，浸出矿浆易于液固分离，矿渣量少。

碳水化合物也可作为直接浸出还原氧化锰矿的还原剂，并且在一定条件下能得到很高的锰浸出效率。Sahoo 等采用草酸作为还原剂在硫酸溶液中从低品位锰矿中浸出锰，在草酸浓度 30.6 g/L、硫酸浓度 0.543 mol/L、85℃硫酸溶液中浸出 105 min 后锰的浸出率可达 98.2%。杨幼等采用植物粉料（锯末屑、谷壳）直接浸出软锰矿，发现软锰矿中锰浸出率受浓硫酸用量的影响最大，其最佳工艺条件：酸矿比为（2～3）∶1，锰矿∶植物粉料比为（2.0～3.3）∶1，液固比为 3∶1，浸出温度为 90～95℃，此时锰的浸出率可达 95% 以上。李珞名等以木薯渣做还原剂，在硫酸溶液中浸出低品位软锰矿。结果表明，在温度 90℃、硫酸初始质量浓度 200 g/L、反应时间 4 h、固液质量体积比 1∶15、木薯渣与软锰矿质量比 1∶6.79 条件下，锰浸出率达 97.32%。

（2）超声、微波强化浸出

超声波是一种弹性机械振动波，频率为 20 kHz～50 MHz，能量密度高。在液体介质中，超声波以正负压交替的形式传播，产生大量的空化气泡在液体中生长直至破裂，随着空化气泡的破裂，液体中产生局部的高温高压和微射流，促进相界面的更新并产生界面扰动，加强传质过程。近年来，超声波在强化稀土矿、工业废渣和废锂离子电池中有价金属的浸出方面均有报道，而利用超声波辅助菱锰矿的浸出，在一定程度上能够强化锰的浸出效率。曾祥菲等以电解锰生产过程中的菱锰矿为研究对象，开展了常规和超声波浸出 Mn 的对比研究。结果表明，在超声波功率 60 W、液固比 5 L/g、酸矿质量比 0.58、浸出温度 50℃、浸出时间 2.5 h 的条件下，Mn 的浸出率为 94.09%，比相同条件下常规浸出提高约 7 个百分点。超声波在浸出过程中细化了 $CaSO_4 \cdot 2H_2O$ 钝化层，降低固液传质阻力，打开了矿物包裹体，促进新生反应界面的形成，提升了 Mn 的浸出效率。

微波加热是一种新型的绿色方法，近几年在锰资源综合利用方面有广泛应用。它可快速加热介电材料，通常用作热源或替代传导加热传统。叶乾旭采用微波加热还原低品位软锰矿，当软锰矿粉和 10% 还原剂（质量比）混合后，在 800℃下保温 40 min，锰的浸出率可达 97.2%，Fe_2O_3 绝大多数转化为 Fe_3O_4，没有 Fe^{2+} 产生。表明软锰矿采用微波加热进行碳热还原，温度较低，处理时间较短。Hen J 等研究了微波加热对锰矿石的热分解和解离行为的影响，发现微波加热可以有效地应用于锰矿石的煅烧过程。其热力学分析表明，通过调节焙烧温度和持续时间，锰矿石的分解反应是可行的。通过微波加热，锰矿石可在 17 min 内快速加热至 1 000℃，矿石中锰含量从 30% 增至 40%。微波加热具有可选择性加热、均匀性加热、加热速率快、能耗低、环境友好等优点，还能明显提高反应速度、缩短反应时间、降低反应温度、提高产品质量。

4.1.2.3 二段浸出技术

传统工艺压滤后的锰渣含锰和硫酸铵各 3.0%～4.0%，环境污染和资源浪费严重。国内外的主要研究方向是将滤饼分散搅拌洗涤，但电解液过多，导致漫槽和生产中断。为此，中国环境科学研究院清洁生产中心开发了锰粉酸浸液二段酸浸、洗涤、压滤一体化技术。二段酸浸技术在压滤机上原位同步实现滤饼中锰的二次浸出和洗涤，以隔膜压滤机为反应器进行阳极液穿流式反应及阳极液与清水的活塞式洗涤，控制了电解液量。可回收锰渣中 50% 可溶性锰、30% 硫酸铵，将我国电解锰行业锰资源利用率提高了 10 个百分点左右（图 4-4）。

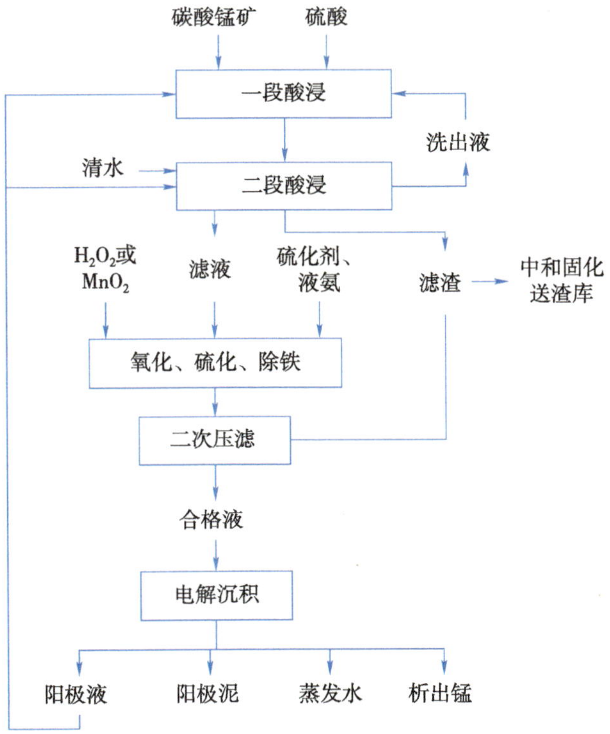

图 4-4　二段酸浸生产工艺流程

二段酸浸技术原理如下：

1）阳极液二段酸浸：在二段酸浸过程中，利用阳极液含酸高的特性，将锰渣中低残留的酸溶锰（包括碳酸锰等）转化为水溶性硫酸锰；

2）阳极液置换洗涤：利用阳极液含锰量低的特性，并配合少量清水，对高浓度的浸出液进行置换洗涤，降低锰渣中高含量的水溶硫酸锰；

3）碱液中和固化：利用碱液对酸性渣进行综合，并将其中有害金属固化。

二段酸浸技术特点：①提高末端浸出反应效率；②降低锰渣残留率，提高资源利用率 10～15 个百分点（浸出回收率≥90%）；③保障工艺水平衡；④简化工艺，降低运行成本；⑤采用清液净化技术，提高电解液质量；⑥提高电解锰产品质量。

4.2 锰渣无害化技术

4.2.1 电解锰渣的固化处理技术

电解锰渣固化处理的优点是利用其特性在锰渣中可以添加固化基材，使锰渣中的有害成分与惰性固化基材相互包容，来达到对电解锰渣的固化，以减小电解锰渣中有害成分对环境的污染。缺点就是处理效果虽然很好，但是如果用于大量堆积的锰渣，就会导致对水泥的大量消耗反而会造成处理成本的增加，并不太适合工业化的前景应用。

对危险废物来说，固化 / 稳定化处理是常用的一种处理废料的方法。因其效果好，如今固化 / 稳定化处理方法被国内外广泛使用。固化技术通常是使用处理剂或黏结剂将有害物质固定封闭在一定的惰性基材中，隔离污染物质与外界环境的联系，使废渣中的有害成分不易浸出，从而使污染物不能迁移到环境中。稳定化处理则是通过化学变化将废物的有毒成分引入某种稳定的晶格，将污染物转化成不易浸出、稳定性好、毒性小的物质，降低对生态环境系统的危害，以实现污染物稳定。

理想的固化 / 稳定化产物可以直接在安全场地做填埋处置，也可以加以利用为建筑的基础材料或路基材料。此外还要求在固化处理过程中有三低——耗材耗能低，固化体的增容比低，固化流程简单且费用低。在实际生产中没有一种固化 / 稳定化方法可以满足以上的要求，通常情况下是要求固化产物有一定的抗压强度，并且固化产物中有害元素不易被浸出，即有害元素的浸出率要低。

4.2.1.1 工艺流程

电解锰渣固化处理工艺流程如图 4-5 所示。

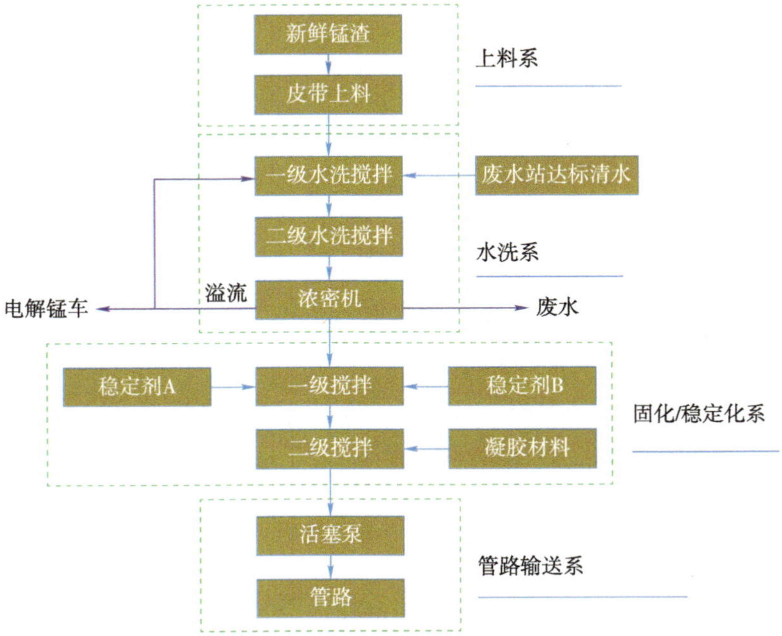

图 4-5 电解锰渣固化处理工艺流程

4.2.1.2 流程说明

1）新鲜锰渣通过铲运经皮带机进入一级水洗系统；

2）锰渣经过一级水洗后自流到二级水洗系统；

3）水洗后的锰渣浆经过渣浆泵输送至浓密机进行固液分离，其分离的洗渣液通过集水池收集，部分返回至硫酸浸出车间回收使用，部分返回至步骤 1）配浆使用，部分返回至废水处理站处理；

4）浓密机浓缩后的锰渣进入一级搅拌（卧式搅拌）过程，添加液态锰渣稳定剂 A（加入量为锰渣质量的 2%）、液态锰渣稳定剂 B（加入量为锰渣质量的 1%）进行初次搅拌；

5）初次搅拌后进入二次搅拌（活化搅拌），二次搅拌系统中添加胶凝材料，搅拌均匀；

6）搅拌均匀的料浆通过柱塞泵沿管路输送至指定区域。

4.2.1.3 技术原理

采用清水洗锰渣，将锰渣中残留的浸出液（主要是硫酸锰、硫酸铵）洗出，再利用氧化钙与洗出液中的硫酸锰、硫酸铵进行反应，反应式见式（4-1）和式（4-2），二价锰离子转化为氢氧化锰沉淀，铵根离子转化为氨气，从而实现锰和氨的分离。

$$CaO+MnSO_4+H_2O=CaSO_4\downarrow+Mn(OH)_2\downarrow \quad (4\text{-}1)$$

$$CaO+(NH_4)_2SO_4=CaSO_4\downarrow+2NH_3\uparrow+H_2O \quad (4\text{-}2)$$

反应后过滤得到沉淀物，主要是硫酸钙和氢氧化锰，采用硫酸将氢氧化锰溶成硫酸锰，再过滤实现锰和钙的分离。

$$Mn(OH)_2+H_2SO_4=MnSO_4+2H_2O \quad (4\text{-}3)$$

最后得到的固体物主要是硫酸钙，通过焙烧，硫酸钙发生分解反应，反应式：

$$2CaSO_4=2CaO+2SO_2\uparrow+O_2 \quad (4\text{-}4)$$

产生的氧化钙可以继续用于锰回收。烟气中的二氧化硫经净化、转化、吸收生产浓硫酸，回用于锰回收。水洗后的锰渣通过石灰固化，将残留的二价锰离子等转化为不易浸出、迁移的形态，固定在锰渣中，实现无害化处理。

湿法资源回收和无害化技术工艺流程如图 4-6 所示。

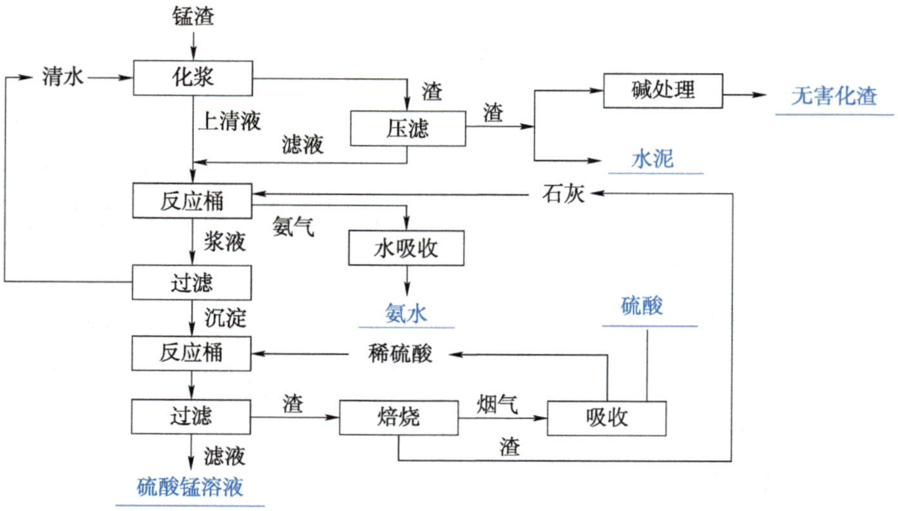

图 4-6　湿法资源回收和无害化技术工艺流程

4.2.2 电解锰渣高温煅烧处理技术

4.2.2.1 技术原理

锰渣中硫酸盐，经过高温煅烧就能使锰渣中的铵变成氨气释放出来，锰渣中的硫变成二氧化硫释放出来。锰及其他重金属等将被完全固定在致密的烧结体或熔融的玻璃体内，实现无害化处理。

电解锰渣中硫酸盐分解反应方程式见表 4-1。

表 4-1 电解锰渣中硫酸盐分解反应方程式

直接高温煅烧	
$2(NH_4)_2SO_4 = 4NH_3\uparrow+2SO_2\uparrow+2H_2O\uparrow+O_2\uparrow$	$T\geqslant600$℃
$4MnSO_4 = 2Mn_2O_3+4SO_2\uparrow+O_2\uparrow$	$T\geqslant970$℃
$3MnSO_4 = Mn_3O_4+3SO_2\uparrow+O_2\uparrow$	$T\geqslant980$℃
$MnSO_4 = MnO_2+SO_2\uparrow$	$T\geqslant1\,120$℃
$2MgSO_4 = 2MgO+2SO_2\uparrow+O_2\uparrow$	$T\geqslant1\,040$℃
$2CaSO_4 = 2CaO+2SO_2\uparrow+O_2\uparrow$	$T\geqslant1\,670$℃
加还原碳粉焙烧	
$2(NH_4)_2SO_4+C = 4NH_3\uparrow+2SO_2\uparrow+2H_2O\uparrow+CO_2\uparrow$	$T\geqslant240$℃
$4MnSO_4+C = 2Mn_2O_3+4SO_2\uparrow+CO_2\uparrow$	$T\geqslant420$℃
$3MnSO_4+C = Mn_3O_4+3SO_2\uparrow+CO_2\uparrow$	$T\geqslant530$℃
$2MgSO_4+C = 2MgO+2SO_2\uparrow+CO_2\uparrow$	$T\geqslant310$℃
$2CaSO_4+C = 2CaO+2SO_2\uparrow+CO_2\uparrow$	$T\geqslant850$℃

释放出的氨气，用稀硫酸吸收重新生成硫酸铵进入溶液，然后加入石灰，硫酸根离子与钙离子结合，生成硫酸钙沉淀，同时释放出游离氨，送氨气吸收塔，制取浓氨水。

$$2NH_3+H_2SO_4 = (NH_4)_2SO_4 \qquad (4\text{-}5)$$

$$CaO+(NH_4)_2SO_4 = CaSO_4\downarrow+2NH_3\uparrow+H_2O \qquad (4\text{-}6)$$

释放出的二氧化硫气体经净化、转化、吸收生产浓硫酸，尾气脱硫采用双氧水法达标排放，产生的稀硫酸返回吸收系统作为工艺补充水。

4.2.2.2 工艺流程

锰渣火法煅烧资源回收和无害化技术工艺流程如图 4-7 所示。

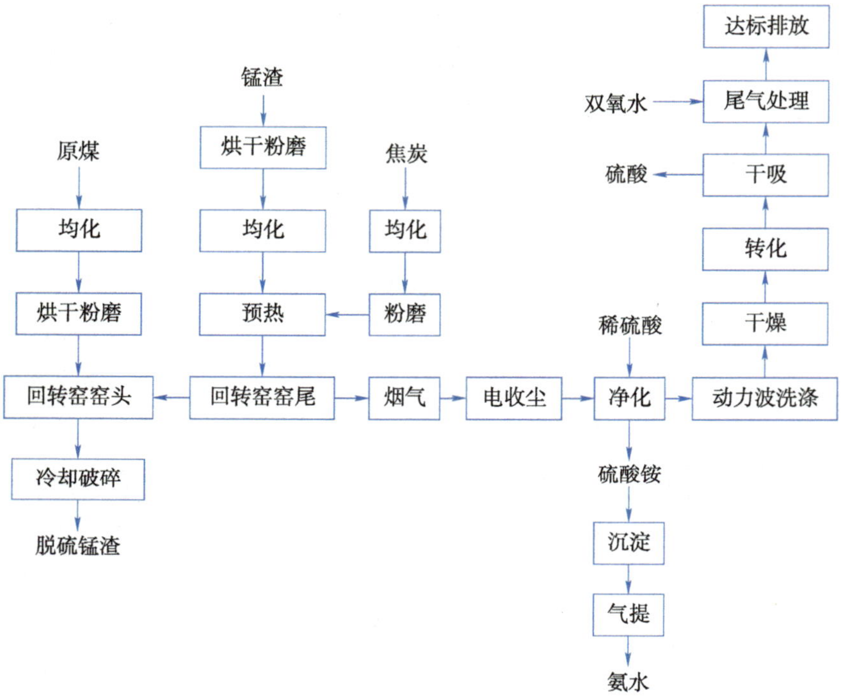

图 4-7　锰渣火法煅烧资源回收和无害化技术工艺流程

4.2.3 电解锰渣分选处理技术

分选处理的原理是利用物料某些性质方面的差异将其分开。早期的电解锰工艺回收率低，导致尾矿中含有较高的锰矿石，利用锰矿物与其他矿物的比磁化系数差别较大，可利用强磁选的方法对锰渣进行二次分选。左宗利采用 Shp 机对含锰 8.74% 的电解锰渣进行了选别试验，并进行了连续运转工业试验，结果获得了含锰 26.49% 的精矿，其产率为 16.23%，金属回收率为 49.72%。刘胜利以预先磨矿，后强磁粗选，再强磁扫选的方案，从电解锰渣中获得精矿含锰为 29.61%，产率为 19.18%，回收率为 60.81%，锰精矿再次成为电解锰的合格原料。

电解锰渣分选处理技术工艺流程如图 4-8 所示。

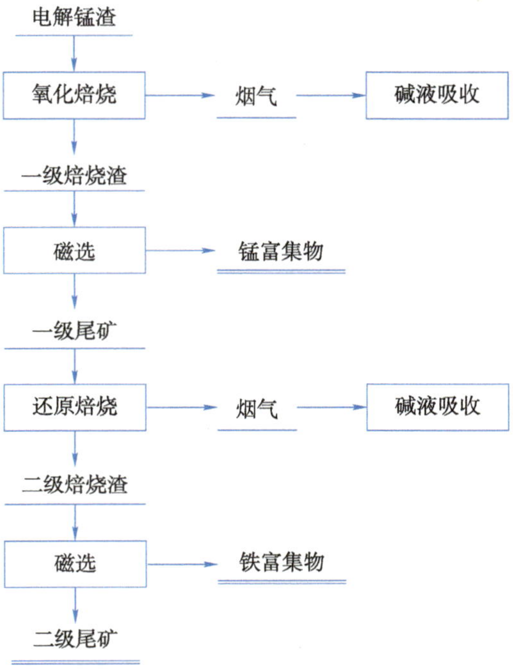

图 4-8 电解锰渣分选处理技术工艺流程

选取电解锰渣，将电解锰渣进行低温氧化焙烧，对氧化焙烧结束产生的一级焙烧渣进行收集备用；对收集的一级焙烧渣磨矿处理后采用磁选处理，并分别得到锰富集物和一级尾矿；对获得的一级尾矿进行还原焙烧处理，对还原焙烧结束产生的二级焙烧渣进行收集备用；对收集的二级焙烧渣磨矿后采用磁选处理，并得到富含铁的铁富集物以及二级尾矿；此时电解锰渣的处理完成。

4.2.4 电解锰渣化学处理技术

化学处理是采用化学方法破坏锰渣中的有害成分从而使其达到无害化。锰渣中的有害成分主要是可溶性重金属和氨氮。目前，大多数化学处理方法是在锰渣中添加石灰，将可溶态重金属转变为残渣态，将氨氮转变为氨气，实现有毒有害物质的去除或分离。有学者研究了灰渣比、氧化时间、堆放方式、浸出液种类等因素对锰渣中 Pb、Zn、Cd、As、Hg、Cu、Mn 等重金属浸出毒性的影响，结果表明石灰或生石灰处理后的锰渣浸出液中重金属含量达到《污水综合排放标准》（GB 8978—1996）一级标准。

4.2.5 电解锰渣中氨氮的回收技术

由于电解锰生产过程中需要加入氨水和硫酸铵，其中 40%～50% 的氨氮进入锰渣，导致锰渣中含有大量的氨氮污染物，在堆放过程中大量的氨氮通过渗滤进入地表水和地下水，极有可能导致水体富营养化等问题，有些学者也进行了锰渣中氨氮回收的尝试性研究。

孟小燕等利用蒸馏水和阳极液做提取剂，对从锰渣中二次提取氨氮进行了研究，考察了液固比、提取剂种类、提取时间、提取温度、超声波作用对氨氮提取效果的影响，结果表明，氨氮的最佳提取条件是以蒸馏水为提取剂，液固比为 10∶1，在 50℃下反应 50 min，提取率达 66.12%。李明艳研究了清水洗渣—铝盐沉淀法回收氨氮的方法，探讨了沉淀剂投加量、反应温度、pH 对氨氮回收率的影响。研究表明，在 $n_{[Al_2(SO_4)_3]}$：$n_{[(NH_4)_2SO_4]}$=1∶1，溶液 pH 2.5，反应温度 95℃，反应时间 2 h 的条件下，氨氮回收率可高达 95.2% 及以上。

电解锰渣中可溶性的锰和氨氮含量都非常低，可溶性锰含量低于 2%，氨氮含量低于 1%，回收锰和氨氮的工艺中控制的参数比较多，回收工艺不简单。除此之外，可能会带来一些其他问题，如回收造成清水用量增加，以及废水处理量增加，势必造成回收成本增加。

4.3 锰渣资源回收与资源化利用技术

4.3.1 锰渣资源回收技术

由于压滤设备不能彻底实现固液分离，电解锰渣中残留了约 30% 的浸出液，其含水溶性锰量 32～36 g/L，导致电解锰渣中硫酸锰残留占渣干质量的 1.5%～2.0%（以 Mn 计），锰资源损失达 9%～13%。对于锰的回收主要有生物法、酸性浸出法、水洗沉淀法等。

4.3.1.1 生物法

Duan Ning 等利用硫氧化和铁氧化细菌浸出锰渣中的锰，并对锰的生物浸出机制进行了研究，结果表明：锰的浸出仅取决于非接触性机制；硫氧化细菌诱导可溶性 Mn^{2+} 的酸性溶解，锰的浸出率可达 91.9%，铁氧化细菌对不可溶的 Mn^{4+} 的溶解浸出率仅有 5.8%；硫氧化和铁氧化细菌联合使用确保了锰的最大化浸出。李焕利等从锰渣土壤中筛选出 2 种锰抗性强的微生物 *Serratia* sp. 和 *Fusarium* sp. 来浸取电解锰渣中的锰，研究其浸出率和浸取前后锰的形态变化，考察了 3 种萃取剂（EDTA、HNO_3 和 $CaCl_2$）对锰的萃取效率及萃取后金属锰的形态变化。3 种萃取剂对锰的浸取效果为 EDTA＞HNO_3＞$CaCl_2$，平均萃取效率依次为 50.10%、28.18% 和 21.12%。浸取前后，酸溶解态锰所占比例变化较显著，说明酸溶解态锰是比较容易浸取的形态。

4.3.1.2 酸浸出法

李志平等在电解锰渣中掺入锰粉，探讨锰废渣中锰的硫酸法浸取回收效果。考察了矿渣比、液固比、浸取 pH、浸取温度和浸取时间等因素对锰浸取率的影响。结果表明，最佳浸取条件：矿渣质量比为 3∶1、液固比为 3∶1、浸取液 pH 为 2.0、温度为 60℃、浸取时间为 3 h，锰浸出率达 42.38%。欧阳玉祝等用 8- 羟基喹啉、黄原酸钾等 5 种物质做浸取助剂，考察了超声辅助浸取锰渣中锰的工艺条件，结果表明：用 1% 柠檬酸做浸取助剂，在固液比为 1∶4、酸矿比为 0.3∶1、温度为 70℃，超声浸取 15 min，锰浸出率平均可达 57.28%。Li Hui 等配制盐酸和硫酸混合浸出液，配合超声波浸出浸取锰渣中的锰，最佳浸取条件：当温度为 333 K，颗粒粒径为 0.2 mm，溶剂与锰渣之比为 4 mL/g，浸出时间 35 min，柠檬酸用量为 8 mg/g 时，锰的浸出率达到 90%。

采用硫酸溶浸电解锰渣，得到含有多种离子的 $MnSO_4$ 溶液，陈红冲采用硫酸回浸法回收电解锰渣中锰，结果表明：当固液比为 1∶3、硫酸浓度为 20%、酸浸温度为 90℃、酸浸时间为 3 h，锰的最高浸出率可达到 96%；经两步除杂法后，可得到纯度为 91% 的硫酸锰产品。彭铁锋采用两段氧化法，先加

碱氧化得到 $Mn(OH)_2$，而后采用液相常压下氧化法、焙烧法（500～700℃）由 $Mn(OH)_2$ 氧化得到 Mn_3O。结果表明，焙烧法所得的所有产物的总锰含量都相对较低，焙烧法很难得到均一相的 Mn_3O_4 产物，得到的产物带有其他杂质锰氧化物，如 Mn_2O_3。

刘闰华在隔膜压滤机中利用循环逆流洗涤技术对电解锰渣中可溶性锰回收进行了生产规模的试验研究。利用 11～14 g/L 低浓度含锰溶液对滤饼进行循环洗涤，并配合 40 L 清水一次性洗涤，可将锰渣中硫酸锰残留由原工艺的 1.85% 降至 0.8%，回收率超过 56%。蒋彬分别用蒸馏水和阳极液对锰渣中可溶性锰进行提取。以蒸馏水做提取剂时，50℃下，反应 60 min，锰提取率达 42.53%；以阳极液作为提取剂时，50℃下，反应 10 min 就能够将大部分可提取态锰提取出来，锰提取率为 67.76%。

4.3.1.3 水洗沉淀法

刘作华等采用清水洗渣—铵盐沉淀法从电解锰废渣中回收可溶性锰，探讨了沉淀剂用量、pH 及絮凝剂浓度对 Mn^{2+} 回收率的影响。结果表明：当 $n_{(CO_3^{2-})}$：$n_{(Mn^{2+})}$=1.3：1，pH 为 7，絮凝剂浓度为 0.4 mg/L，沉淀 60 min 时，锰的回收率可达 99.8% 以上，回收得到的含锰沉淀物中锰含量达 31% 以上。杜兵等研究了利用二氧化碳和氨水回收锰渣中可溶性锰的工艺，试验结果表明：当 $n_{(\text{氨水})}$：$n_{(\text{可溶性锰})}$ 为 2.5：1、二氧化碳曝气流速为 50 L/h、曝气时间为 5 min、振荡时间为 60 min 时，可溶性锰回收率达 75% 以上；对沉淀物进行 XRD 分析，碳酸锰纯度接近 100%。

4.3.2 锰渣资源化利用技术

4.3.2.1 电解锰渣的制肥技术

电解锰渣中富含有机质和作物所需的大量元素、中量元素、微量元素，这些元素是目前所有农家肥、市售商品肥所不具备的。废渣中残留的硫酸根离子，则为一般农作物生长所不宜，因此如何中和废渣中的残留硫酸根是关键所在。

专利创新了一种利用电解金属锰废渣经磷化处理制取全价肥的方法，其特征是在废渣中加入 5%～10% 的生磷矿粉，搅拌后放置 3～10 d 使其熟化后成为富含各种农作物所需营养成分的全价肥。其原理是废渣中的硫酸根与生磷矿粉反应，生成对农作物有用的水溶性磷酸二氢钙和不溶于水的中性盐硫酸钙。兰家泉等将电解锰渣加工成混配肥用于玉米和小麦的种植，还将电解锰渣配成富硒全价肥用于农作物的生长，结果表明：施用适量的电解锰渣混配肥可以促进农作物的生长，小麦、水稻和油菜在苗期生长旺盛，与对照组相比植株鲜质量分别增加了 41.19%～156.19%、7.2% 和 22.2%；同时，施用混配肥后，土壤理化性状得到了改善，有效养分增加，提高了农田肥力。

电解锰渣制全价肥虽可以增加一定肥效，但其肥效不如普通氮肥和磷肥迅速和显著，加之其本身为废渣，无法得到农民的认可。另外，施用电解锰渣的植株长势旺盛，但开花结果很少，在电解锰渣堆放场附近作物均出现此现象。

4.3.2.2 电解锰渣制备路基材料技术

电解锰渣是一种活性材料，它作为水泥砂浆和混凝土的掺合料，能提高混凝土的应用性能而用作路基材料，同时还能被固化在水泥混凝土中而减弱电解锰渣对环境的毒害。不同规格的电解锰渣可用于铁路道渣，代替土石料筑造公路路基、底基层及路面。徐风广用含锰废渣代替天然黏土与消石灰混合作为公路路基的回填土，结果表明：含锰废渣基本能够代替一般黏土作为公路路基的回填材料，其抗冻、抗水性能较好，膨胀率低。王朝成等研究了石灰、粉煤灰与磷石膏改性二灰对电解锰渣的稳定效果，证明了电解锰渣用作路面基层材料的可行性，电解锰渣用量达 55%～92%。当然，大规模地推广电解锰渣在公路路基材料方面的应用，还得考虑去除电解锰渣中重金属离子的“毒化”影响而降低其对环境的污染。因为电解锰渣中的重金属离子会通过雨水渗透到路基附近的土壤，从而影响其周边的作物生长。

虽然对电解锰渣资源化利用已开展多途径的研究，但电解锰渣的工业化推广利用进展缓慢。其原因主要为资源化利用成本高、附加值低，市场接受度低，电解锰渣消纳量有限。覃峰将水泥用量为 4% 的水泥稳定碎石基层掺入 2%、

4%、6% 的电解锰渣废弃物矿渣组成的电解锰渣水泥稳定基层和水泥用量为 5% 的水泥稳定基层的力学性能、抗冲刷和溶蚀性能进行试验对比分析，结果表明：在一定水泥用量基础上掺入电解锰渣废弃物矿渣能够提高基层的强度和抗冲刷、抗溶蚀性能，并且随着掺量的增加其路用性能也有所提高。但从经济方面考虑，电解锰渣水泥稳定基层中电解锰渣废弃物矿渣掺量不能无限增加，根据试验和经济性分析，最佳基层配合比为水泥：矿渣：碎石 =4：4：92。查进等设计出 3 个系列的磷渣电解锰渣路面基层材料：①石灰—粉煤灰—电解锰渣（磷渣）；②水泥—粉煤灰—电解锰渣（磷渣）；③石灰粉煤灰（水泥）—电解锰渣（磷渣）复合集料。

对其材料组成、力学性能和强度机理研究发现，磷渣、电解锰渣表面具有一定的潜在活性，能产生界面增强效应，有利于结合料水化物和集料之间的黏结力的提高，对磷渣电解锰渣路面基层材料的强度和整体性形成有利。

蒋艳宇等从环境保护和固体废物无害化、资源化处理的角度出发，在分析电解锰渣基本理化特性和浸出毒性的基础上，开展了固化 / 稳定化药剂对电解锰渣重金属污染物的固化效果，通过土工试验及柱浸试验分析电解锰渣固化 / 稳定化后用于道路填方的环境安全性。土工试验结果表明：固化 / 稳定化后的电解锰渣主要是粒径为 0.075 mm 的细颗粒，液限为 60.3%，塑性指数为 31.6，为高液限黏土，未经技术处理不宜直接用作道路填方材料，在做道路填方材料时宜搭配 30% 以上的沙土；固化 / 稳定化后的电解锰渣的透系数平均值为 1.02×10^{7} cm/s，渗透系数小，表明固化 / 稳定化后的电解锰渣作为道路填方材料后渣中重金属不易被雨水、地下水自然浸出；固化 / 稳定化后的电解锰渣作为道路填方材料时，其最佳含水率为 24.8%；固化 / 稳定化后的电解锰渣自由膨胀率为 29.5%；CBR2.5 时平均值为 6.57。

Dun Qiao 等利用电解锰渣—粉煤灰—电石泥制成不含熟料且具有黏结性的混合料，以这种混合料建成一条公路，该公路一年后抗压强度可到 10 MPa，满足交通道路建设的要求且对环境没有负面影响。

Zhang 等认为电解锰渣（EMR）是一种具有潜在危害性的工业固体废物。本研究以赤泥、电石渣和高炉渣为稳定 / 固化剂（S/S）制备 S/SMn^{2+}，同时将其作为原料用于制备道路基层材料。研究了锰的 S/S 行为、不同 Al/Si 道路基层材料的无侧限抗压强度（UCS）、浸出试验及 S/S 机理。结果表明：当 S/S 达到 20% 时，Mn^{2+} 能很好地凝固。道路基层材料 7 d 抗压强度为 6.1 MPa，Al/Si 为 0.48，符合公路标准，当 Al/Si=0.48 时，$CaAl_2Si_2O_8 \cdot 4H_2O$ 和钙矾石的生成量增加，促进了 Mn^{2+} 的吸附和包裹。S/S 后，活性 Al（Ⅳ）和 Al（Ⅵ）的含量增加，Mn_2SiO_4 和 $Ca_4Mn_4Si_8O_{24}$ 产生，并形成新的化学键。同时，Mn^{2+} 被氧化成更稳定的 MnO_2，实现 Mn^{2+} 的 S/S。本研究为 Mn^{2+} 的固化提供了一条有效的途径，解决了 EMR 等固体废物的大规模利用问题。

尽管制备路基材料和地聚物为电解锰渣建材资源化利用提供了新的思路，但目前的研究主要集中在强度等宏观性能上，浸出毒性、微观性能、耐久性和固化机理的研究相对较少。同时，由于重金属离子和 NH_4^+-N 的稳定和去除工艺不成熟，产品市场需求不足，使用相关产品可能会造成二次污染，上述研究难以实现工业化。

4.3.2.3 电解锰渣制备建筑材料技术

电解锰渣建材资源化利用方式包括水泥、混凝土、墙体材料、玻璃陶瓷、陶粒、路基和聚合物等。电解锰渣可用作水泥矿化剂、水泥混合材和特种水泥原料，掺量为 3%～5%；可用作混凝土复合掺合料、硫酸盐激发剂和硫黄混凝土填料，掺量＜10%；可制备免烧砖、蒸压砖、非烧结透水砖和蒸压加气混凝土等墙体材料，掺量为 30%～60%；可制备玻璃陶瓷和陶粒，掺量为 10%～40%；可协同粉煤灰等废渣制备路基材料，掺量＜30%；可协同垃圾飞灰等废渣制备地聚物，掺量为 10%～80%。但由于高含水率的电解锰渣氨氮和硫酸盐含量较高、脱氨脱硫工艺不成熟、处置成本较高，受市场等因素限制，其建材资源化利用并无可推广应用的成功案例。

（1）水泥和混凝土

电解锰渣硫酸盐含量较高，可用作水泥矿化剂，掺加 2%～8% 的电解锰渣时，水泥熟料煅烧温度可降低 100℃，熟料中 C_3S（硅酸三钙）含量有所增加。电解锰渣的主要氧化物与水泥一致，辅以黏土、石灰石、硅质和铝质校正原料，在适当的煅烧温度煅烧可生产水泥。雷杰等利用电解锰渣制备了高铁硫铝酸盐水泥，3 d 抗压强度达到 49.80 MPa。此外，电解锰渣中的石膏、石英、钠长石、白云母、高岭石等主要矿物在直接煅烧或改性煅烧时，会脱水或发生晶型转变，使其活性得到增强，电解锰渣中的石膏在水泥水化时起缓凝作用，因此电解锰渣可用作水泥混合材和缓凝组分。程淑君等发现电解锰渣经 1 200℃煅烧，活性指数可达 95%。此外，经碳、煤、焦炭等还原剂脱硫、NaOH 激发和灼烧生料陈化预处理的电解锰渣均具有良好的活性，可用作水泥混合材。金胜明等提出将电解锰渣与碳粉或铝粉混合，经 900～1 400℃煅烧 20 min，再与水泥熟料和石膏混合、球磨可制得水泥，28 d 抗压强度达到 53.63 MPa。蒋勇等研究发现利用灼烧生料对电解锰渣进行预处理，电解锰渣活性得到增强，可用作水泥混合材，灼烧生料掺量为 5% 时效果最佳。电解锰渣还可制备高炉矿渣水泥和 TiO_2 涂层水泥材料。

电解锰渣具有潜在火山灰活性，可与水泥中的 C_3S 和 C_2S（硅酸二钙）反应，改善混凝土性能。另外，电解锰渣中的硫酸盐对一些低活性矿物掺合料的活性有硫酸盐激发作用，可用作混凝土复合掺合料原料和硫酸盐激发剂。利用 5%～10% 的电解锰渣可制备具有良好的抗压强度、杨氏模量和抗氯离子侵蚀性的 C25/C30 混凝土。电解锰渣还可用作硫黄混凝土填料，当掺量为 30% 时，混凝土的抗压和抗弯强度分别达到 63.17 MPa 和 9.47 MPa，产品具有良好的耐酸碱腐蚀性能和致密性，浸出毒性满足 GB 8978—1996 的规定。然而，由于硫黄的价格高、聚硫橡胶的供应困难和生产成本高，此技术并未实现推广和应用。

限制电解锰渣在水泥中资源化利用的主要原因是高含水率电解锰渣中氨氮和硫酸盐含量较高、脱氨脱硫工艺不成熟、成本较高。掺加未进行脱氨脱硫处理或处理不完全的电解锰渣时，水泥水化形成的强碱性环境（pH 为 12～13）会使残留的铵盐以氨气形式逸出，污染环境，危害人体健康。为防止水泥中 SO_3 超标（≤3.5%）导致水泥安定性不良，电解锰渣掺量不宜过高。宁夏某企业投资 15 亿元建成了两条日产 4 500 t 的水泥熟料生产线，通过煅烧水泥协同处置电解锰渣，综合固体废物利用率达 51%，但投资成本高昂，电解锰渣掺量仅为 3%～5%。同时，所生产的水泥在使用时会释放氨气，影响建筑内空气质量，危害人体健康，市场接受程度不高。限制电解锰渣在混凝土中利用的原因是其活性低，缺乏低成本的高效活化技术。重庆秀山某企业利用回转窑煅烧电解锰渣，激发了活性，可用作水泥混合材和混凝土掺合料，但脱硫程度不高，同时由于氨回收系统投资成本高，目前尚未规模化生产。

（2）砖类等墙体材料

墙体材料是建筑工程中必不可少的一类材料，消耗量巨大。传统的墙材主要是黏土烧结砖，其生产过程会消耗大量土地资源和能源，造成环境污染，居住舒适度也较差。随着自然资源的日渐枯竭和国家生态环境保护政策的趋严，在可持续发展背景下，以工业、农业和建筑垃圾废弃物及河道淤泥等废弃物为原料生产墙体材料已成为墙体材料行业发展的趋势。利用电解锰渣可制备免烧砖、烧结砖、蒸压砖和蒸压加气混凝土等墙体材料。

郭盼盼等研究表明以电解锰渣 60%、石灰 10%、粉煤灰 20% 和水泥 10% 为胶凝材料，可以制备 28 d 抗压强度为 7.76 MPa 的免烧砖。杨洪友等利用经预处理的电解锰渣和硅矿制备了免烧砖，电解锰渣掺量为 80% 时，抗压强度达到 11.25 MPa，相关性能满足 JC/T 422—2007 和 JC/T 239—2014 的规定。蒋小花等发现以电解锰渣、粉煤灰、石灰和水泥为胶凝材料，电解锰渣掺量为 50% 时，掺入一定量的集料，免烧砖的 28 d 抗压强度可达 10 MPa 以上。王勇利用 60% 的电解锰渣制备了抗压强度达到 26.6 MPa 的蒸压砖，产品浸出毒性和放射性满足相关标准要求。Du Bing 等利用 30%～40% 的电解锰渣制备了抗压强度超过 50 MPa 的蒸压砖。余举学利用 35%～60% 的电解锰渣制备了加气混凝土，发现将其浇筑至空心砌块中，传热系数可降低 40%，且产品环保。Wang 等利用 30%～60% 的电解锰渣制备了非烧结透水砖，劈裂抗拉强度和渗透系数分别可达到 3.53 MPa 和 3.2×10^{-2} cm/s。他们还利用 15% 的电解锰渣制备了免烧透水砖，并利用工业 CT 研究了其孔结构。

上述研究指出利用电解锰渣可制备性能优良的墙体材料，但重金属固化机理、强度形成机理、氨氮脱除机理和耐久性还需进一步研究。某些企业利用电解锰渣生产了透水路面砖、蒸压砖和蒸压加气混凝土。但是，由于未对电解锰渣进行脱氨处理，相关产品在潮湿环境下返霜严重。同时，生产工艺过程未对逸出的氨进行回收，会造成环境污染，影响人体健康。而氨回收装置的设置会增加产品生产成本，同时当地建材市场不足以消耗所生产的产品，这些公司尚未实现真正的产业化生产。

（3）玻璃陶瓷和陶粒

目前，利用低价高硅质和高铝质工业固体废物制备玻璃陶瓷已成为资源化利用工业固体废物的研究热点。从化学组成来看，电解锰渣富含 SiO_2 和 Al_2O_3 等氧化物，可用于制备玻璃陶瓷。Qian 等发现，无须任何成分调整，电解锰渣研磨后与聚乙烯醇溶液混合，在 1 350℃下煅烧 1 h，经过成核和结晶，可制备 $CaO\text{-}MgO\text{-}Al_2O_3\text{-}SiO_2$ 系列玻璃陶瓷，结晶活化能仅为 429.00 kJ/mol。宋谋胜等利用电解锰渣、滑石、工业氧化铝和石英合成了性能良好的堇青石 / 钙长石复相陶瓷，电解锰渣掺量达 25%。冉岚等以电解锰渣和废玻璃粉为主要原料制备了陶瓷砖，结果表明：掺加 32% 的电解锰渣，900℃下可制备性能优良的陶瓷砖。此外，电解锰渣还可制备钙长石 / 顽辉石多相陶瓷、再生陶瓷砖和多孔陶瓷。

电解锰渣生产陶粒并进行相关产品的开发利用也是目前电解锰渣建材资源化利用的一个研究方向。黄川等利用 42.02% 的电解锰渣、54.63% 的粉煤灰和 3.35% 的木屑，制备了满足 GB/T 17431—2010 要求的 700 级轻集料。胡超超等以 12% 的垃圾飞灰、43% 的电解锰渣和 45% 的粉煤灰制备了陶粒。结果表明：颗粒强度为 769 N、堆积密度为 687 kg/m^3、1 h 吸水率为 6.44%。向晓东等发明了一种电解硫酸锰渣制备陶粒的方法，利用 50～70 份电解锰渣、20～30 份黏土、10～20 份粉煤灰和 5～15 份赤泥制备了颗粒抗压强度为 5.1 MPa、堆积密度为 546 kg/m^3、1 h 吸水率为 4.12% 的陶粒。

虽然利用电解锰渣制备玻璃陶瓷和陶粒技术可行、产品性能优良，但目前还停留在实验室阶段，未见工业化生产。这是因为相关产品生产成本较高，虽然部分生产工艺简单，但整体而言工艺复杂，氨的脱除和回收工艺不成熟。从产业化角度来看，电解锰渣产渣地并不是玻璃陶瓷和陶粒的主要产地，产业化示范和工业化生产缺乏市场助推力，同时电解锰渣掺量不高，并不能实现电解锰渣的规模化消纳。最后，所制备产品的后续开发利用尚不明确，未形成经济合理的产业链。

尽管制备路基材料和地聚物为电解锰渣建材资源化利用提供了新的思路，但目前的研究主要集中在强度等宏观性能上，浸出毒性、微观性能、耐久性和固化机理的研究相对较少。同时，由于重金属离子和 NH_4^+-N 的稳定和去除工艺不成熟，产品市场需求不足，使用相关产品可能会造成二次污染，上述研究难以实现工业化。

（4）电解锰渣制备水泥混合材和蒸压加气混凝土

综合市场和技术因素，电解锰渣制备水泥混合材可行。从市场容量来看，水泥和混凝土废渣消纳量大，可实现电解锰渣规模化利用，市场前景广阔。但混凝土掺合料主要是发挥粉体的火山灰效应、形态效应、微集料效应和界面效应，作用是改善混凝土的工作性能、耐久性能和抗腐蚀性能，活性要求较高，细度要求也高，有严格的标准《混凝土用复合掺合料》（JG/T 486—2015）；而水泥混合材只是水泥原材料之一，主要作用是改善水泥的性能、调节水泥强度等级和增加水泥产量，活性和细度要求相对较低，并无严格的标准要求，只需检测所生产水泥的性能。技术上，混凝土掺合料要求更高，普通Ⅲ型复合掺合料规定：细度（45 μm 筛余，质量分数）≤30%，流动度比≥95%，7 d 活性指数≥65%，28 d 活性指数≥70%，含水率≤1.0%，SO_3 含量≤3.5%，经过简单预处理的电解锰渣并不能达到标准要求，需与高活性矿物掺合料（如粉煤灰、矿粉和硅灰等）复配，并球磨至相应细度；水泥混合材活性要求低，经简单预处理和配方调整即可利用，同时水泥回转窑窑尾余热可以对电解锰渣进行干燥脱水，降低处置成本。混凝土掺合料主要供应到商品混凝土搅拌站，而混凝土生产过程中为了降低生产成本，需要掺加大量高活性、高性能的复合掺合料，以电解锰渣为主要原料难以生产满足实际生产需求的优质复合掺合料。水泥混合材主要用于生产水泥，活性要求低，电解锰渣经适当预处理即可利用。

综合市场和技术因素，电解锰渣制备蒸压加气混凝土可行。蒸压加气混凝土具有轻质、保温性能好、隔声效果佳、抗渗性能、耐火性能好和易施工等优势，随着装配式建筑的迅猛发展，蒸压加气混凝土市场机遇良好。技术上，蒸压加气混凝土中电解锰渣掺量可达 60%，脱硫脱氨措施得当的情况下，蒸压体系（0.5～0.8 MPa，175～205℃，10 h）可实现电解锰渣中低活性硅、铝、钙的活化，同时还可固化重金属离子。电解锰渣的高含水率、低活性、重金属离子多严重制约其在路基材料、免烧砖等建材产品中的资源化利用。但对于蒸压加气混凝土体系，高含水率和低活性不再是限制性因素，同时蒸压加气混凝土电解锰渣掺量高，可实现电解锰渣的规模化利用。

5

电解锰渣场环境管理

DIANJIE MENGZHACHANG HUANJINGGUANLI

5.1 我国锰渣场概述

5.1.1 我国锰渣场数量及分布

目前我国锰渣主要依靠填埋进行处置，不仅占用大量土地，处置费用较高，而且渣场、渣库渗漏引起的环境污染问题也时有发生。目前我国约有 250 座锰渣场，主要分布在湖南、广西壮族自治区、贵州、重庆、云南等地，其中湖南省约 91 座，广西壮族自治区约 75 座，贵州省约 44 座，重庆市约 29 座，云南省约 21 座（图 5-1）。

长期以来，锰渣主要以直接填埋的方式进行处置，锰渣安全处置与资源化利用的技术和环境管理水平还较低，对锰渣处理处置和资源化利用过程中的污染暴露途径及对不同处理环节的环境污染风险的研究尚待加强，因而管理部门较难掌握锰渣处置利用过程中生态环境安全性管理的关键要点。比如“锰三角”、广西壮族自治区等锰行业发达地区均处于“喀斯特”地貌，锰渣场选址、建设和运行不规范等直接导致当地锰污染问题。部分锰渣场周边河流锰、氨氮等超标严重，如贵州铜仁某河流段锰和氨氮含量分别超《地表水环境质量标准》（GB 3838—2002）最低限值的 354 倍和 76.5 倍。

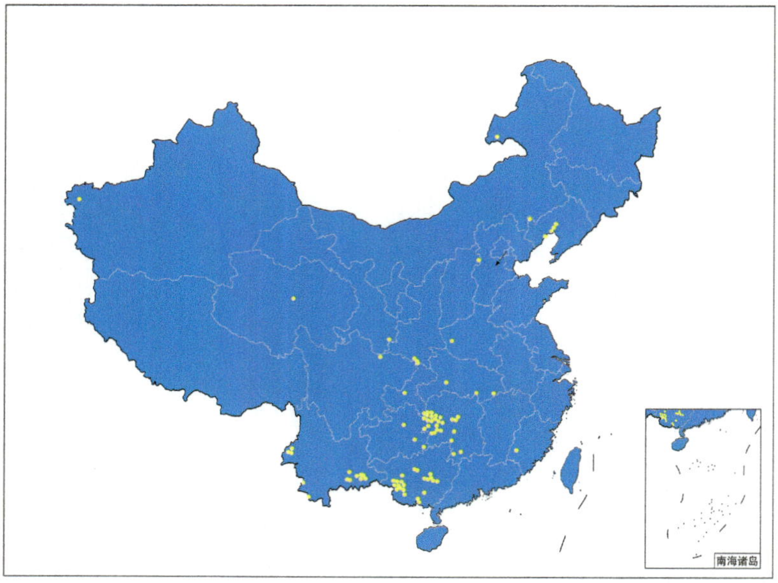

图 5-1　我国锰渣场分布

锰渣场在我国部分省级行政区分布情况如图 5-2 所示。

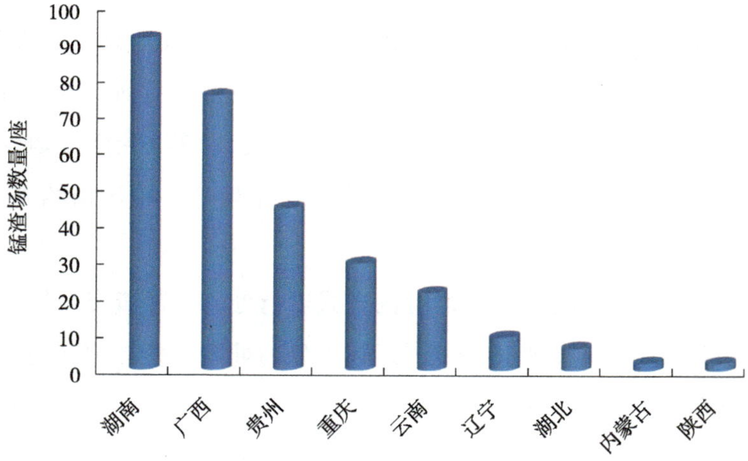

图 5-2　我国锰渣场分布主要省（区、市）情况

5.1.2　我国锰渣场环境影响概述

电解金属锰渣的主要环境污染物包括重金属、氨氮和可溶性硫酸盐等，属

于第Ⅱ类一般工业固体废物。典型地区锰渣污染现状如下。

（1）“锰三角”地区

地处湘黔渝三省市交界的湖南省花垣县、重庆市秀山县和贵州省松桃县统称中国“锰三角”。三县蕴藏丰富的锰矿资源，自20世纪80年代，“锰三角”锰冶炼就已经形成相当的规模，并迅速成为国内电解锰生产聚集区，但对于电解锰生产过程的环境污染并未进行过系统治理。进入21世纪以后，锰工业发展迅猛，“锰三角”地区曾存在过近千家大大小小的采矿企业、选矿作坊和电解锰生产企业，但由于缺乏合理规划且企业环保意识薄弱，致使三县涉锰企业周边环境受到严重污染。2005年后，“锰三角”环境问题引起国家领导和环境保护部门的高度重视，时任国家主席胡锦涛同志曾四次作出重要指示，要求抓好锰污染调查研究工作，提出合理整治方案，协调三省市联合行动，共同治理。在国家财政大力支持下，该地区开展了涉锰污染的系统治理，虽然治理取得了可观的成效，但是锰污染历史遗留问题并未得到根本解决，特别是电解锰渣问题。由于“锰三角”地区锰矿石品位逐渐从约20%降至10%左右，导致锰渣产生量逐年增加，环境风险逐步加大，当地电解锰企业新建的渣场和已闭场的历史渣场对周边河流水域及地下水造成长期污染。贵州、湖南交界处的国控出境断面经常出现锰离子、氨氮超标现象，但由于贵州松桃和湖南花垣两县在此断面的上游均建有电解锰生产企业，两省关于跨界水体锰污染责任纠纷时有发生。为深入贯彻落实习近平生态文明思想和习近平总书记视察贵州重要讲话精神，从污染治理、生态修复、生产方式、结构调整等方面综合施策。

湖南省花垣县共有16家电解锰企业，2014年至今有10家陆续关闭，目前6家在产企业总产能为12万t/a，均采用有铬钝化工艺，共建有渣场20座。2019年电解锰实际产量为6.8万t，锰渣产生量为64.6万t，含铬污泥产生量为130.7 t。重庆市秀山县共有18家电解锰生产企业，目前全部关停，共建有渣场23座。2019年电解锰实际产量为9.1万t，锰渣产生量为77.6万t，含铬污泥产生量为240.8 t。贵州省松桃县目前共有8家电解锰在产企业，总产能30万t/a，6家企业采用无铬钝化工艺，共建有渣场20座。2019年电解锰实际产量为16.8万t，锰渣产生量为117.7万t，含铬污泥产生量为126.4 t。三县历史堆存锰渣总量高达 3 600 万 t，约占全国的 50.9%。

对比三县电解锰行业数据可知，花垣、秀山和松桃三县的吨锰产渣量分别为 9.5 t、8.5 t 和 7.0 t，松桃县吨锰产渣量最少，其锰矿品位应相对高于其他两县。从清洁生产角度分析，“锰三角”地区大多数企业采用无铬钝化工艺，松桃县金属锰产量最高但含铬污泥产生量最少。综合分析，三县之中松桃县电解锰行业整体的企业规模、原料品位和技术水平较高。

（2）广西壮族自治区

广西壮族自治区锰矿保有量占全国的 20%，依托较为丰富的矿产资源，区内以中信大锰矿业有限责任公司为龙头的电解锰企业得以快速发展。广西壮族自治区共有 11 家企业在产，均采用无铬钝化或者无钝化工艺，生产能力共计 40.5 万 t/a，2019 年生产电解锰 32.9 万 t，产生锰渣 161.2 万 t、含铬污泥 13.8 t，平均吨锰产渣量为 5.0 t，低于其他地区。目前，广西全区历史堆存锰渣总量为 1 662.3 万 t，约占全国总量的 23.5%。

（3）宁夏回族自治区

宁夏天元锰业有限公司（以下简称天元锰业）是宁夏回族自治区唯一的电解锰生产企业，该企业于 2003 年由原中宁县金属锰厂改制后组建。目前天元锰业是世界最大的电解锰企业，生产能力为 80 万 t/a，占全国总产能的 31%。

天元锰业生产原料全部采用加纳进口的锰矿石，主要成分为二氧化锰和碳酸锰两类，加纳锰矿石品位相对较高，含锰量 22%～28%，再通过企业先进的生产工艺、资源化利用和精细化管理，使得天元锰业锰渣填埋量低于国内平均水平，生产 1 t 电解锰产生 2～3 t 需要填埋的锰渣。2019 年天元锰业电解锰产量为 61.8 万 t，填埋锰渣 132.1 万 t，产生含铬污泥 103.6 t。该企业建有容量 1 440 万 m^3 的渣场，目前共堆存了 1 165 万 t 锰渣。

（4）其他地区

除传统的电解锰产区之外，新疆、云南、四川等地也建有规模不一的电解锰企业。这些企业面临着相同的问题：一是历史锰渣存量大，处理难，维护费用高，锰渣对河流、土壤和地下水的污染较难根治；二是根据新修订的《一般工业固体废物贮存和填埋污染控制标准》（GB 18599—2020），早年建设的历史渣场和近年建设的新渣场都难以达到新标准的建设和管理要求；三是现有锰渣库消纳容量有限，新建渣库选址困难，新产生的锰渣很难找到出路。

5.2 新渣场环境管理

2020 年，生态环境部发布了《一般工业固体废物贮存和填埋污染控制标准》（GB 18599—2020），该标准规定了一般工业固体废物贮存场、填埋场的选址、建设、运行、封场、土地复垦等过程的环境保护要求，以及替代贮存、填埋处置的一般工业固体废物充填及回填利用环境保护要求，以及监测要求和实施与监督等内容。电解锰渣属于第Ⅱ类一般工业固体废物，应按照《一般工业固体废物贮存和填埋污染控制标准》（GB 18599—2020）管理。

2022 年 3 月，生态环境部发布了《锰渣污染控制技术规范》（HJ 1241—2022），10 月 1 日正式实施。该技术规范规定了锰渣在收集、贮存、运输、预处理、利用、充填、回填和填埋过程中的污染控制技术要求，以及监测和环境管理要求，为推动锰行业绿色健康发展、强化锰渣全过程污染防治提供技术支撑。

目前，大量含有水溶性盐的锰渣进入锰渣库填埋均未严格执行《一般工业固体废物贮存和填埋污染控制标准》（GB 18599—2020）中的入场要求，企业仅将锰渣场建设和锰渣运费纳入生产成本，未充分考虑锰渣渗滤液治理及锰渣污染环境治理、修复等费用。

5.2.1 锰渣收集、贮存、运输管控要求

锰渣的收集和贮存设施应具有防扬散、防流失、防渗漏等措施。

锰渣的运输工具，如传送带、运输车辆等，应具有防雨、防渗漏、防遗撒等措施，防止运输过程对环境造成二次污染。

锰渣的收集和贮存过程产生的无组织排放废气中氨气应符合《恶臭污染物排放标准》（GB 14554—1993）规定的排放限值要求，其他污染物应符合《大气污染物综合排放标准》（GB 16297—1996）规定的排放限值要求。

锰渣不应与阳极泥、含铬污泥及其他可能影响锰渣理化性质的固体废物混合收集、贮存和运输。

5.2.2 锰渣填埋要求

锰渣应满足《一般工业固体废物贮存和填埋污染控制标准》(GB 18599—2020)规定的入场要求才可以进行填埋，即第Ⅰ类一般工业固体废物（包括第Ⅱ类一般工业固体废物经处理后属于第Ⅰ类一般工业固体废物的）有机质含量和水溶性盐总量小于2%的进入Ⅰ类场；有机质含量和水溶性盐总量小于5%的一般工业固体废物进入Ⅱ类场。不满足入场要求的锰渣应先进行预处理以满足入场要求。

锰渣填埋作业应采取措施防止堆体位移的发生及其对防渗衬层的破坏。不应采用从高处直接倾倒的入场方式。锰渣应与其他工业固体废物分区填埋，分区填埋时，采用传送带或吊车等设施，将锰渣直接输送到指定填埋区域，并采取机械摊平和逐层压实的填埋作业方式。

5.2.3 锰渣的预处理污染控制要求

应根据锰渣利用、充填、回填和填埋方式对污染控制的要求，选择适当的预处理技术降低锰渣的危害性，控制环境风险。锰渣预处理产物中重金属、氨氮等污染物的含量和浸出浓度，含水率、水溶性盐含量等指标应满足锰渣利用、充填、回填和填埋的要求。

锰渣预处理设施宜具备对进料量、投加速率、处理时间等运行参数的自动控制功能。锰渣预处理设施应设置不合格处理产物的处理系统或者返料再处理装置。

在锰渣预处理过程中，因装卸、设备故障及检修等原因造成洒落的锰渣应及时收集，并返回锰渣贮存设施或预处理工艺过程。对锰渣预处理过程排放的废气应收集处理，达标排放；对废气中有价值的成分应尽可能进行回收利用。

5.2.3.1 水洗、固化/稳定化污染控制技术要求

锰渣水洗过程产生的废水应尽量返回工艺过程进行循环使用。废水排放应符合《污水综合排放标准》(GB 8978—1996)规定的排放限值要求。

锰渣水洗、固化 / 稳定化过程排放废气中颗粒物应符合《大气污染物综合排放标准》（GB 16297—1996）规定的排放限值要求，氨气应符合《恶臭污染物排放标准》（GB 14554—1993）规定的排放限值要求。

5.2.3.2 高温烧结或高温熔融污染控制技术要求

对锰渣预热及高温处理过程中产生的废气应配备收集和治理设施，治理后排放的废气中的颗粒物、二氧化硫、重金属等大气污染物应符合《工业炉窑大气污染物排放标准》（GB 9078—1996）规定的排放限值要求，其中氮氧化物、硫酸雾排放限值，参照执行《大气污染物综合排放标准》（GB 16297—1996）的规定；氨气应符合《恶臭污染物排放标准》（GB 14554—1993）规定的排放限值要求。

对锰渣预热及高温处理过程中产生的废气进行回收利用时，所产生的废水和废气中污染物排放应分别符合《污水综合排放标准》（GB 8978—1996）、《工业炉窑大气污染物排放标准》（GB 9078—1996）、《大气污染物综合排放标准》（GB 16297—1996）和《恶臭污染物排放标准》（GB 14554—1993）规定的排放限值要求；有所属行业相关污染控制标准或规范要求的，按所属行业的相关标准执行。

锰渣预处理过程中烟气净化系统的捕集物以及烟道和烟囱底部沉降的底灰等固体废物宜返回工艺过程处理。对于无法返回工艺过程的，应分类收集、贮存、利用和处置；属于危险废物且需要委托外单位利用处置的，应交由具有相应资质的企业利用处置。

5.2.4 锰渣场管理要求

锰渣场的选址、新建、运行、封场及土地复垦的污染控制和环境管理应符合《一般工业固体废物贮存和填埋污染控制标准》（GB 18599—2020）的要求。同时，应按照《地下水环境监测技术规范》（HJ 164—2020）等有关要求布设地下水监测井，定期对周边地下水、大气、土壤等环境介质开展监测。

《锰渣污染控制技术规范》（HJ 1241—2022）规定：锰渣场运行过程中，企业应采取措施减少渗滤液的产生，并对渗滤液进行收集处理。应采取措施防止锰渣浸泡。填埋区内产生的渗滤液以及积存的雨水应及时排除处理。达到填埋设计高度的分区应及时采用人工合成材料覆盖，并导排雨水。

锰渣场渗滤液应经处理后外排，执行相关排放标准。按照《污水综合排放标准》（GB 8978—1996）规定，总铬为 1.5 m/L、六价铬为 0.5 mg/L，总锰一级标准为 2.0 mg/L，氨氮一级标准为 15 mg/L。重庆市现有和新建锰渣渣场水污染物执行《锰工业污染物排放标准》（DB 50/996—2020）所规定的排放限值要求，对总铬、六价铬、pH、色度、悬浮物、化学需氧量、氨氮、总锰 8 项水污染物进行规定，其中总铬为 1.5 m/L、六价铬为 0.5 mg/L，总锰为 1.0 mg/L，氨氮为 15 mg/L。贵州省铜仁市松桃河流域现有和新建锰渣库渗滤液处理设施水污染物执行总锰特别排放限值（1.0 mg/L），并要求 2022 年 6 月底，在用锰渣场外排废水总锰、氨氮指标分别不高于 1 mg/L、10 mg/L，到 2023 年年底，所有锰渣场外排废水总锰、氨氮指标分别不高于 1 mg/L、10 mg/L。湖南省发布的《工业废水锰污染物排放标准》（DB 43/2426—2022）中规定，锰渣场水污染物总锰排放限值为 1.0 mg/L。

锰渣收集、贮存设施排放废气的监测按照《大气污染物无组织排放监测技术导则》（HJ/T 55—2000）规定的方法进行；对锰渣收集和贮存设施排放废气中氨气等的监测频次为至少每季度一次。

进行锰渣预处理、利用、充填、回填和填埋的单位应确定承担污染防治工作的部门和专职技术人员，负责锰渣预处理、利用、充填、回填和填埋过程中的环境保护及相关管理工作，并建立完善的管理制度。

应按照一般工业固体废物环境管理台账技术要求建立锰渣环境管理台账。对于锰渣预处理环节，还应记录每批锰渣的来源、数量、种类、预处理方式、时间、预处理过程中的进料量、各种添加剂的使用量、不合格锰渣预处理产物的再次处理情况记录、环境和污染物监测数据、环境事故等特殊情况的处理，以及锰渣预处理产物的流向等信息。

应对锰渣预处理、利用、充填、回填和填埋过程的所有作业人员进行培训，培训内容包括锰渣的危害特性、环境保护要求、环境应急处理等。

应建立污染预防机制和环境应急管理制度。

应按工矿用地土壤环境管理办法等相关要求开展与锰渣相关设备或设施泄漏、渗漏等情况的土壤和地下水污染隐患排查。

应保存的资料包括培训记录、环境管理台账、隐患排查、事故处理、环境监测记录等，保存时间不得少于5年，其中锰渣填埋作业相关档案应按《一般工业固体废物贮存和填埋污染控制标准》（GB 18599—2020）要求整理与归档，并永久保存。

锰渣跨省转移应执行固体废物跨省转移审批或者备案管理的相关要求。

5.3 历史渣场环境管理

5.3.1 概述

历史锰渣场治理应坚持问题导向、因地制宜，实施分级分类治理。首先要系统开展调查监测，查明问题根源。制定系统调查监测方案，组织开展锰渣场周边环境现状调查，对锰渣场渗滤液、周边地表水、地下水、土壤等进行采样监测，同步开展区域水文地质调查，掌握地下水流向，摸清楚锰渣场渗漏造成的环境影响，追根溯源，分析环境污染成因。环境风险高和渗滤液污染重的尽快治理，污染不重的做好风险防控。历史锰渣场环境风险管控应统筹考虑锰渣场所在流域环境质量需求，系统开展地下水、地表水和土壤风险管控，从风险管控效果、技术经济可行性、实施周期等方面综合考虑，因地制宜制定环境风险管控方案，使环境风险管控措施切实可行，确保历史锰渣场环境风险管控过程的规范性、客观性和科学性。

重庆市于2022年4月发布了《历史锰渣场环境风险管控技术指南（试行）》，其工作思路可作为其他地区开展历史锰渣场环境风险管控的参考。工作程序包括现状调查评估，制定环境风险管控方案，环境风险管控工程设计及施工、效果评估和后期环境管理等阶段，如图5-3所示。

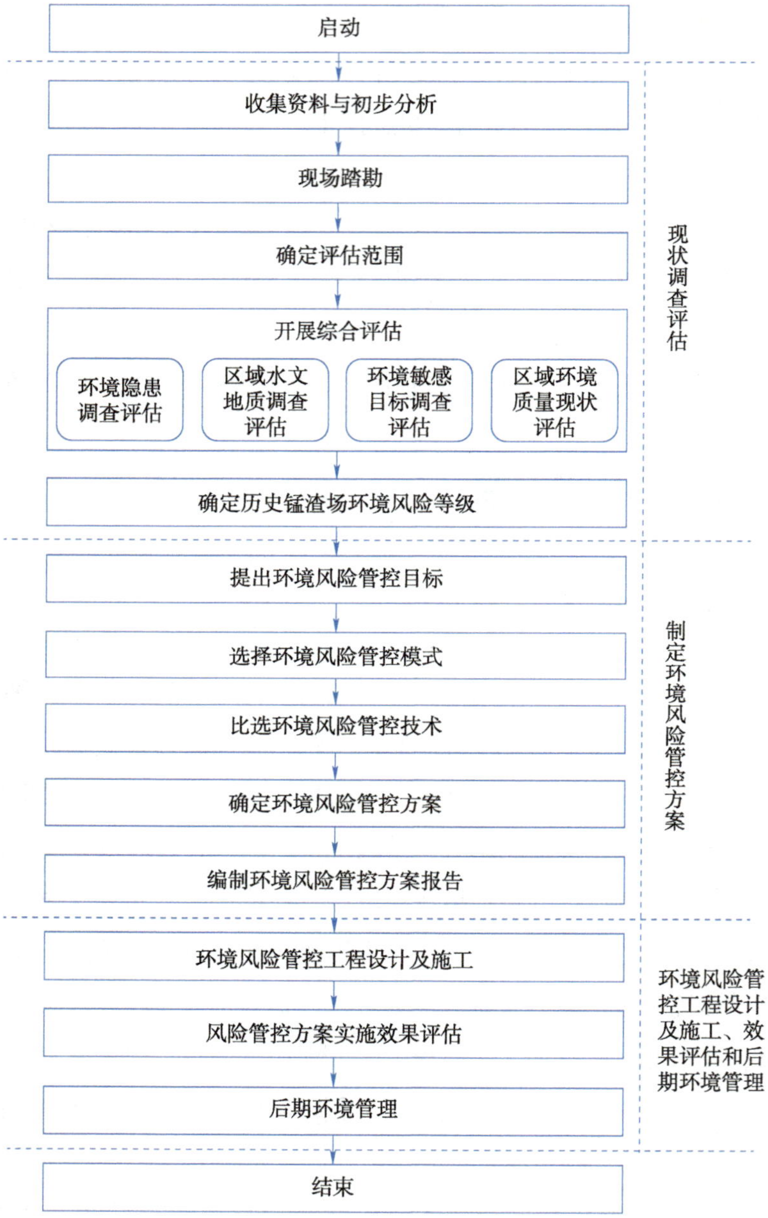

图 5-3 历史锰渣场环境风险管控工作程序

现状调查评估从历史锰渣场环境隐患、区域水文地质、区域环境敏感目标、区域环境质量现状 4 个方面开展分析评估。根据现状调查评估结果，历史锰渣场环境风险可分为较小、一般、较大和重大风险 4 个等级。“重大环境风险”锰渣场应采取“转场治理”，转场完成后，应进行风险评估，并根据评估结果及后续利用规划采取进一步针对性措施。“较大环境风险”锰渣场可采用“原位治理”模式，应综合考虑环境风险，实施针对性工程方案。“一般环境风险”及“较小环境风险”的渣场可采取原位治理，也可采用转场治理。如选择采用原位治理，须按照《一般工业固体废物贮存和填埋污染控制标准》（GB 18599—2020）采取相关污染防治措施。在相关工程治理措施基础上，还需要对环境风险管控方案实施效果评估，并进一步掌握锰渣场污染治理效果，实现常态化监管，制定运行维护方案、长期环境监测计划和应急方案，并进行风险防控年度评估。

5.3.2 现状调查评估

现状调查评估主要包括资料收集与初步分析、现场踏勘、评估范围确定、综合评估、评估结果五个步骤。

5.3.2.1 资料收集与初步分析

应通过信息检索、部门走访、电话咨询等途径，广泛收集历史锰渣场及周边区域的自然环境状况、环境污染历史、水文地质等信息。参照 HJ 25.1—2019 开展资料收集工作，资料包括但不限于历史锰渣场的环境影响评价报告及其批复、风险评估报告、安全评估报告、区域环境质量监测数据以及使用期间重大环境污染事故发生情况。调查人员应根据专业知识和经验判断资料的有效性，并整理历史锰渣场的基本情况信息，包括建成时间、建设标准、贮存渣量和种类，初步分析历史锰渣场的污染特征、主要环境问题和环境影响。

5.3.2.2 现场踏勘

通过对历史锰渣场场地、工程设施及其周边环境的现场调查，核实资料收集的准确性，获取与场地环境风险有关的线索，特别是与资料记录有较大差异的信息。场地环境调查人员应采用专业调查表格、GPS 定位仪、摄 / 录像设备等手段，仔细观察、辨别、记录场地及其周边重要环境状况。

5.3.2.3 评估范围确定

1）区域环境质量现状调查评估范围：地表水调查评价范围参照《环境影响评价技术导则 地表水环境》（HJ 2.3—2018）确定，地下水调查评价范围参照《环境影响评价技术导则 地下水环境》（HJ 610—2016）确定，土壤调查评价范围参照《环境影响评价技术导则 土壤环境（试行）》（HJ 964—2018）确定。

2）区域环境敏感目标与其他类型环境调查评估范围：

①山谷型、傍山型、截河型锰渣场：锰渣场下游不小于 80 倍坝高。

②其他类型锰渣场：锰渣场下游不小于 40 倍坝高。

3）评估范围外存在需要特别关注的评估事项，或发现历史锰渣场污染已经扩散到调查区外，可根据评估需要适当扩大调查评估范围。

5.3.2.4 综合评估

（1）锰渣场环境隐患调查评估

对历史锰渣场及其工程设施的建设和运行情况进行排查，分析可能存在的导致环境污染的隐患。

（2）区域环境敏感目标调查评估

基于实地调查，结合各种技术手段如高分辨率遥感影像技术，对历史锰渣场周边区域进行土地利用现状调查，提取环境敏感受体信息。根据污染物可能的影响途径，明确区域环境敏感目标，给出环境敏感目标区位分布图，列表明确调查对象、属性、相对方位及距离等信息。

（3）区域水文地质调查评估

调查历史锰渣场所在区域气象、水文情况。调查历史锰渣场所在区域水文地质条件，包括地质构造、地层分布、地下水补给、径流及排泄条件。调查历史锰渣场进水通道、汇水范围，计算锰渣场地表水、地下水进水量，分析锰渣浸泡风险。

（4）区域环境质量现状评估

地下水监测点应参考《地下水环境监测技术规范》（HJ 164—2020），在锰渣场上下游和侧向布设监测点位；地表水监测点应参考《环境影响评价技术导则　地表水环境》（HJ 2.3—2018）在锰渣场临近河流上下游、国家和地区设立的监测断面以及独立地表水体布设；土壤监测点应参考 HJ/T 166—2004 在锰渣场周边布设。

地下水、地表水监测因子为总锰、溶解态锰、氨氮、六价铬，土壤监测因子为总锰，根据调查情况可增加其他因子。

采样监测结果与国家和地方等相关标准以及清洁对照点浓度比较，分析地下水、地表水和土壤质量现状。相关标准可采用国家相关地下水、地表水和土壤标准，国内无标准限值的指标可参照国际上常用的筛选值或者当地背景值作为筛选值。当评估结果高于所在区域执行的相应环境保护标准时，应分析其原因。

5.3.2.5　评估结果

根据历史锰渣场环境隐患调查、区域水文地质调查、环境敏感目标调查和区域环境质量现状调查评估结果，综合分析大气降水、地表水、地下水向渣场进水通道管控，渣场底部防渗效果，渗滤液收集处理以及周边水环境质量，确定历史锰渣场环境风险等级。风险等级的确定可参考历史锰渣场环境风险等级划分表（表 5-1）。

表 5-1　历史锰渣场环境风险等级划分

风险等级	环境风险
较小	大气降水、地表水和地下水向渣场进水得到良好管控，渣场底部防渗膜（层）防渗效果良好，渗滤液全部收集并经处理后达标排放，周边地表水、地下水水质符合水体功能分区要求
一般	大气降水、地表水和地下水主要进水通道向渣场进水管控良好，且渗滤液得到有效收集和达标排放，周边地表水水质基本符合水体功能分区要求
较大	大气降水、地表水和地下水向渣场进水未得到有效管控，且渣场底部没有防渗膜（层）或防渗膜（层）破损严重；渣场渗滤液产生量较大，超过现有处理能力，对周边环境敏感目标造成严重影响
重大	大气降水、地表水和地下水向渣场进水无管控措施，且渣场底部没有防渗膜（层）或防渗膜（层）破损严重，对周边环境敏感目标造成严重影响；渣场临近河流，渣场底部低于河流洪水水位，与河水存在强烈水力联系

5.3.3 环境风险管控方案制定

5.3.3.1 环境风险管控目标确定

综合分析国家、地方法律、法规、标准、区域环境规划等文件要求，结合历史锰渣场突出环境风险和环境影响，确定历史锰渣场环境风险管控目标。

环境风险等级为较大和重大的锰渣场实施环境风险管控后，环境风险等级应降为较小或一般。

5.3.3.2 风险管控模式确定

根据历史锰渣场现状调查评估结果和环境风险管控目标，选择管理控制或工程控制措施中的任意一种或其组合，确定历史锰渣场的环境风险管控模式。风险管控模式确定可参考表 5-2。

表 5-2 历史锰渣场风险管控模式

<table>
<tr><th rowspan="3">环境风险等级</th><th colspan="3">管控模式</th></tr>
<tr><th rowspan="2">管理控制</th><th colspan="2">工程控制</th></tr>
<tr><th>原位治理</th><th>转场治理</th></tr>
<tr><td>较小</td><td>√</td><td></td><td></td></tr>
<tr><td>一般</td><td>√</td><td>√</td><td></td></tr>
<tr><td>较大</td><td>√</td><td>√</td><td></td></tr>
<tr><td rowspan="2">重大</td><td rowspan="2">√</td><td>√</td><td></td></tr>
<tr><td></td><td>√</td></tr>
</table>

转场治理的锰渣可直接转入满足《一般工业固体废物贮存和填埋污染控制标准》（GB 18599—2020）要求的锰渣场进行治理，转场后的场地仍需制订环境监测计划等管理控制措施。

5.3.3.3 管控技术筛选

针对关键环节的技术措施从技术成熟度、工程措施风险管控效果、工程措施成本等方面进行筛选，初步确定一种或多种风险管控技术。

5.3.3.4 技术路线制定

根据历史锰渣场环境风险管控目标和管控模式，针对历史锰渣场存在的突出环境风险和环境影响，制定历史锰渣场环境风险管控技术路线。

技术路线可以从制定运行管理制度、环境监测计划等管理控制措施或径流阻断、清污分流、渣场防渗改造等工程控制措施中选择一种或多种管控措施进行优化组合集成。

5.3.3.5 二次污染防治要求

针对施工、运输过程可能造成的地下水、土壤、地表水、环境空气、噪声等二次污染，应制定防治措施，并分析论证技术可行性、经济合理性、稳定运行和达标排放的可靠性。

对转场治理后的场地应根据其后续规划开展污染评估与治理工作。

5.3.3.6 环境风险管控方案效果预测

环境风险管控方案中应针对单项风险管控措施及整体方案的地下水、地表水污染风险管控效果进行预测分析，并与风险管控目标对比分析。

5.3.3.7 环境风险管控方案确定

采用对比分析或矩阵评分等对环境风险管控方案的技术指标、经济指标、风险管控效果、实施难度等进行分析，确定最优方案。

5.3.3.8 环境风险管控方案报告编制

环境风险管控方案报告要全面和准确地反映工作内容。报告中的文字应简洁和准确，并尽量采用图、表和照片等形式描述各种关键技术信息，以利于后续工程的设计与施工。

对历史锰渣场环境风险管控方案研究制定过程和结果进行分析、总结和评价。内容主要包括历史锰渣场基本信息、环境隐患调查评估、区域水文地质调查评估、环境敏感目标调查评估、区域环境质量现状评估、风险管控方案制定以及附件等相关内容。

5.3.4 环境风险管控工程设计及施工

5.3.4.1 一般要求

工程设计及施工应符合国家和地方环境保护的法律、法规及标准、规范要求。工程设计及施工充应分考虑历史锰渣场现有工程设施情况及周边环境，力求布局合理、施工方便、安全经济，满足环境风险管控要求。

5.3.4.2 工程设计

工程设计应满足历史锰渣场环境风险管控方案提出的目标和要求。设计深度应满足后续采购主要设备，编制工程预算、施工组织计划，控制工程建设投资及工程施工的需要，可参照 HJ 2050—2015 执行。

5.3.4.3 工程施工

施工过程应根据国家和地方环境管理法律法规，结合工程施工工艺特点以及工程周边环境，制订并实施环境管理计划，包括二次污染防治措施、环境监测计划、环境应急安全计划等，防范钻探建井、地面处理设备安装、阻隔墙建设等施工过程中造成的地下水、土壤、地表水、环境空气、噪声等二次污染。

5.3.5 环境风险管控方案实施效果评估

环境风险管控方案实施效果评估应在历史锰渣场环境风险管控工程稳定运行后 1 个月内启动，涉及样品监测的，应至少采集 2 个批次的样品，采样时间至少包含 1 个丰水期和 1 个平水期。

历史锰渣场环境风险管控方案实施效果评估应针对方案的主要内容和风险管控目标，对环境风险管控工程的合规性、工程建设内容与方案的一致性、管控方案实施效果进行评估。评估结果如未达到风险管控目标，应指出存在的主要环境问题以及影响程度，并提出优化方案。

1）合规性评价，是指对环境风险管控工程的立项、设计、施工、运行等相关事项的审批进行核查。

2）一致性评估，是指根据历史锰渣场环境风险管控方案、工程设计和工程建设等资料，核查历史锰渣场环境风险管控工程建设、运行情况，评估已建设的环境风险管控工程内容与环境风险管控方案、工程设计和工程施工等的一致性。

3）有效性评估，是指根据历史锰渣场环境风险管控方案、工程运行管理记录和地表水、地下水、土壤监测数据等，评估环境风险管控工程的有效性，以及风险管控目标的实现程度。

5.3.6 后期环境管理

5.3.6.1 一般要求

根据历史锰渣场环境风险管控工程，制定运行维护方案、长期环境监测计划和应急方案，并根据环境风险管控运行情况开展年度自评估，编制自评估报告。环境风险管控工程运行实行台账管理，相关记录保存期限不少于10年。

5.3.6.2 运行维护方案

环境风险管控工程应建立设备运行台账，并编制相关运行维护方案。内容包括设备设施运行记录，计量仪器仪表读数、材料使用情况等，记录应及时、准确、完整；设备设施检查及维护保养；设备设施运行不正常时，及时检修、更换或调整；对系统运行过程中可能产生环境和安全事故的单元进行定期检查。

5.3.6.3 长期环境监测计划

（1）监测计划制订

建立长期环境监测计划，定期对历史锰渣场所在区域河流监控断面、临近地表水体、区域地下水、土壤进行监测，持续监测历史锰渣场对周边环境的影响。

（2）监测点位选择

地下水监测点应充分利用锰渣场已有地下水监测井，参考《地下水环境监测技术规范》（HJ 164—2020）在历史锰渣场调查评估范围内地下水流场上游应至少选择 1 个监测点，下游应至少选择 1 个监测点，在可能出现污染扩散区域至少选择 1 个监测点。

地表水监测点，应参考《环境影响评价技术导则　地表水环境》（HJ 2.3—2018）在历史锰渣场调查评估范围内地表水体上游至少选择 1 个监测断面，下游应至少选择 1 个监测断面。

土壤监测点，应参考《土壤环境监测技术规范》（HJ/T 166—2004）在调查评估范围内锰渣场周边选择。

（3）监测频次

地表水、地下水监测频次：环境风险等级为较小的历史锰渣场每年不少于 1 次；环境风险等级为一般的历史锰渣场每半年不少于 1 次。土壤监测频次为每年不少于 1 次。

（4）监测因子

地表水、地下水监测因子为总锰、溶解态锰、氨氮、六价铬；土壤监测因子为总锰。根据实际情况可增加其他监测因子。

5.3.6.4　应急方案

（1）应急方案编制

应重点针对历史锰渣场渗滤液产生量急剧增加、渗滤液处理设施故障、渗滤液处理出水不达标等突发情况可能对周边环境造成的影响制定应急方案。应急方案应根据历史锰渣场周边环境敏感性、风险管控措施可靠性、重要应急资源变化等情况及时更新，确保应急方案的时效性。

（2）应急设施、物资要求

应根据百年一遇洪水标准设置渗滤液收集应急池。应根据渗滤液处理设施故障、渗滤液处理出水不达标等可能发生的突发情况准备备品备件，存储应急物资。

（3）风险管控年度评估

每年 3 月底前，历史锰渣场运行维护单位应向当地生态环境主管部门报送历史锰渣场上一年度环境风险管控运行情况自评估报告。自评估报告应说明本年度历史锰渣场各项管控工程设施运行维护情况，渗滤液收集处理情况，历史锰渣场周边地表水、地下水、土壤环境质量变化情况，突发情况的发生及处理情况等。

6

典型案例

DIANXING ANLI

6.1 碳酸锰选矿技术的应用

6.1.1 概述

我国已探明锰矿资源的 80% 以上为低品位碳酸锰矿，具有“贫、杂、细”等特点，硅、铁、钙、镁等元素与锰嵌布严密，属难选碳酸锰矿类型。国内碳酸锰矿目前主要用于电解金属锰生产，且大部分的企业没有经过选矿直接使用，产渣量大，存在极大的环境污染隐患和风险。南方锰业集团在国内拥有大新、天等和遵义三大矿山，总储量达到 2.2 亿 t，占全国锰矿总储量的 30%，其中大新锰矿碳酸锰储量超过 7 000 万 t。南方锰业联合多家研究机构对碳酸锰矿选矿进行了大量的试验研究并取得良好效果，成果成功应用到工业生产上，大新锰矿分公司选矿厂原有处理量为 120 万 t/a 的碳酸锰生产线，通过工艺优化技改，产能提升到 150 万 t/a，采用分级干湿联合梯次磁选工艺技术，精矿品位可从 12%～13% 提高到 17%～18%，回收率达到 92%，为后续电解锰加工提供更优质的原料，可降低电解锰生产成本，同时达到电解锰锰渣源头减量 30%～35%，减轻锰渣环境污染。

6.1.2 原料特性

6.1.2.1 矿石物理性质

大新锰矿碳酸锰矿，矿石密度 3.13 t/m^3，硬度 f=10～15，矿石松散系数 1.5，岩石密度 2.7 t/m^3，自然安息角 50°，采出矿石锰品位 Mn 为 11%～13%，属难选弱磁性矿石。

6.1.2.2 矿石物质组成和构造

矿石中主要的矿物为菱锰矿、钙菱锰矿、锰方解石，主要的脉石矿物有石英、方解石。矿石结构以微粒结构为主，次为细粒、显微鳞片、柱状结构。其构造以块状、豆状、鲕状、条带状、薄层状为主。矿石矿物组成见表 6-1，原矿多元素分析见表 6-2。

表 6-1　矿石物质组成

类别	矿石矿物	脉石矿物
主要矿物	菱锰矿、钙菱锰矿、锰方解石	石英、方解石
次要矿物	蔷薇辉石、锰帘石、锰铁叶蛇纹石、褐锰矿	绿泥石、黑云母、绢云母、阳起石、白云母、石榴石、白云石、黄铁矿、赤铁矿、磁铁矿
偶见矿物	黑镁铁锰矿、硅锰矿、胶状硅酸锰、氧化锰、含锰石榴石	金红石、电气石、梢石、锆石、磷灰石、钠长石、滑石、石膏、重晶石、高岭石、蒙脱石、菱铁矿、黄铁矿、褐铁矿

表 6-2　原矿多元素分析

元素	Mn	TFe	SiO_2	Al_2O_3	CaO	MgO	S	P	As	Ni	Co	烧损
含量 /%	13.02	6.28	26.83	1.56	10.21	2.90	0.69	0.113	0.005 1	0.016	0.008	23.23

6.1.3 工艺流程和特点

6.1.3.1 工艺流程

选矿厂目前主要生产工艺流程为破碎→筛分→选别，如图 6-1 所示。

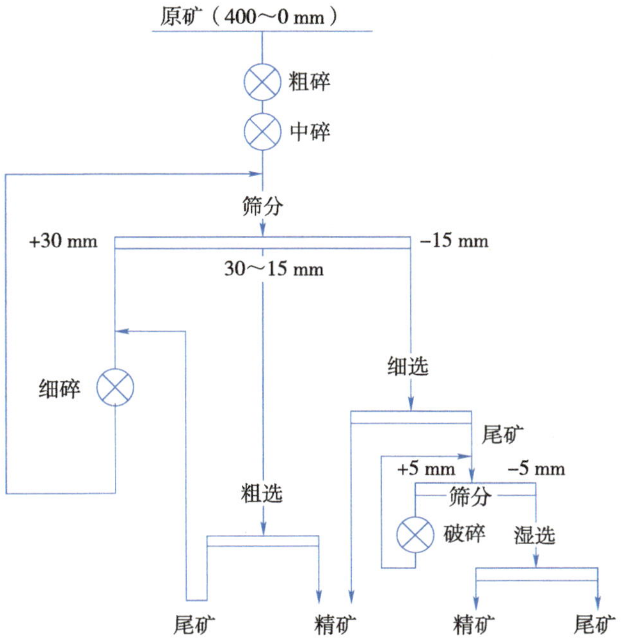

图 6-1　碳酸锰矿选矿工艺流程

大新锰矿分公司选矿厂目前共有两条碳酸锰生产线正常生产运行，每条设计原矿处理量为 60 万 t/a，实际处理量为每条 75 万 t/a。原矿经粗、中、细三段一闭路破碎后将物料筛分成 3 个粒度级别，大于 30 mm 矿物返回再破碎，30～15 mm 和 0～15 mm 矿物分别进入粗、细粒级永磁磁选机选别，细粒级磁选尾矿破碎至 5 mm 以下后进行再选。进厂原矿品位 Mn^{2+}：12%，经过选别后精矿品位为 Mn^{2+}：17%，尾矿品位 Mn：1.80%，精矿产率为 65%，精矿回收率达 92%。选别后精矿运输至锰粉厂进行磨粉，尾矿通过车辆运转至采空区进行回填，溢流产品通过脱水螺旋、带式真空过滤机、板框式压滤机进行干排回收，溢流产品作为配矿使用，除尾矿产品外，精矿产品、溢流产品均得到有效利用。

6.1.3.2　工艺特点

1）工艺流程简洁紧凑，厂房布置合理；

2）选矿分粗、中、细 3 个级别干湿联合进行磁选，同时粗、中粒级尾矿采用破碎再选工艺，可有效提高选矿回收率；

3）尾矿浓缩池沉砂通过压滤机过滤实现干渣排放，过滤水回生产循环利用，无矿浆排放至尾矿库，减轻旧尾矿库环境压力。

6.1.4 主要建（构）筑物和工艺设备

生产线主要由粗破室、中破室、细破室、筛分室、选别室组成，各设备厂房由皮带通廊连接。主要设备有美卓矿机生产的 C80 颚式破碎机、GP100s 圆锥破碎机、HP200 圆锥破碎机，山特维克生产的 LF2160 直线振动筛，永磁干式磁选机，永磁湿式磁选机等。主要建（构）筑物见表 6-3，主要设备见表 6-4。

表 6-3 碳酸锰选矿主要建（构）筑物一览

序号	名称	规格（一车间）（mm × mm）	规格（二车间）（mm × mm）	备注
1	粗破室	12 000 × 12 000	12 000 × 12 000	钢筋混凝土结构
2	中破室	19 000 × 10 000	18 000 × 6 000	钢筋混凝土结构
3	细破室		12 000 × 12 000	钢筋混凝土结构
4	筛分室	15 000 × 12 000	18 000 × 12 000	钢筋混凝土结构
5	选别室	12 000 × 6 000	12 000 × 12 000	钢筋混凝土结构

表 6-4 碳酸锰选矿主要设备

序号	名称	数量
1	C80 颚式破碎机	2
2	GP100s 圆锥破碎机	2
3	HP200 圆锥破碎机	3
4	LF2160 直线振动筛	2
5	永磁干式磁选机	8
6	永磁湿式磁选机	8

6.1.5 运行效果

1）通过流程优化技改，产能由原来的 120 万 t/a 提升到 150 万 t/a，原矿处理能力的提升满足深加工碳酸锰原料的供应。

2）选别效果好，精矿品位提高 5 个百分点以上，回收率达到 92%，抛尾率 30%～35%，达到锰渣源头减量的目的。

3）选矿加工成本控制在 30 元 /t 以下，选矿回水 100% 循环利用，尾渣实现干排。

4）经过选矿后提供优质的碳酸锰原料供给大新锰矿区域公司电解金属锰生产，可节约加工成本约 2 000 万元 /a，实现锰渣源头减量约 30 万 t，为电解锰清洁生产提供有利条件。

6.2 锰渣水洗回收及无害化技术

6.2.1 概述

南方锰业集团有限责任公司是全球锰系产品最齐全的公司，主要产品有电解金属锰、电解二氧化锰、硫酸锰、锰酸锂、镍钴锰酸锂、锰桃、硅锰合金等，其中电解金属锰产能 18 万 t，电解二氧化锰产能 15 万 t，年排放废渣 150 万 t。2015—2018 年，南方锰业与中国环境科学研究院联合开展电解锰渣中锰和硫酸铵回收及无害化处理一体化工艺研究与示范项目，该项目首次提出了电解锰渣原位洗涤回收无害化的方法，建设了一个年处理 2 万 t 电解锰渣的电解锰渣中的锰、硫酸铵回收及锰渣无害化处理一体化工艺示范工程，通过原位洗涤压滤，实现可溶锰回收率 90% 以上，硫酸铵回收率 90% 以上，锰渣含湿率从 24% 降到 20% 以内，锰渣中的锰含量下降 0.5%，碱洗后锰渣可达到一般工业固体废物 Ⅰ类标准。实践证明，使用该技术进行锰渣原位洗涤和强化过滤以后，提高资源利用率和锰渣减排效果都非常显著，在南方锰业已得到推广应用。

6.2.2 原料特性

南方锰业锰矿原料主要来自广西壮族自治区内碳酸锰矿，新鲜电解锰渣为灰暗色的泥糊状物质，含水量约 26%，颗粒细小（3～80 μm）、迁移性和流动性好，锰渣的成分如表 6-5 所示。

表 6-5 电解金属锰渣的成分分析 单位：%

检测项目	Mn	Mn^{2+}	Mn^{4+}	Fe	CaO	MgO
含量	5.24	3.66	0.35	5.84	5.05	0.85
检测项目	Al_2O_3	SiO_2	P	Co	Ni	Cu
含量	2.13	26.56	0.11	0.012	0.019	0.01
检测项目	Pb	Zn	S	Cl	K	Na
含量	0.009	0.014	12.64	0.014 3	0.156	0.032 7

电解金属锰渣组成结构复杂，一般无火山灰活性，按照《固体废物 浸出毒性浸出方法 水平振荡法》（HJ 557—2010）进行毒性浸出，锰渣的浸出液中污染物浓度检测结果见表 6-6。由表 6-6 可知，浸出液中二价锰离子和氨氮含量远超《污水综合排放标准》（GB 8978—1996）一级标准限值，其余污染物检测值均未超标。

表 6-6 水洗前锰渣浸出毒性检测结果 单位：mg/L

检测项目	检出值	GB 8978—1996 标准限值
Mn	1 359.8	2.0
NH_3-N	1 231.0	15
Cu	未检出	0.5
Pb	未检出	1.0
Ni	0.73	1.0
Co	0.17	1.0
Cr	未检出	1.5
Cd	未检出	0.1
Zn	0.07	2.0

6.2.3 工艺流程和特点

6.2.3.1 工艺流程

锰渣原位洗涤回收和无害化技术工艺是基于新型压滤洗涤设备将传统的湿

法冶金中的浸取、洗涤、压滤脱水几套设备的工序集成在一套一体化压滤反应器中连续完成，实现固液分离和残渣洗涤回收和无害化处理。工艺主要步骤包括：①固液分离；②原位循环浸洗；③原位分级加压循环洗涤；④浸渣加气吹饼脱水；⑤在线检测洗涤参数，智能控制洗涤水消耗；⑥循环碱洗。工艺流程如图 6-2 所示。原位洗涤反洗压滤设备如图 6-3 所示。

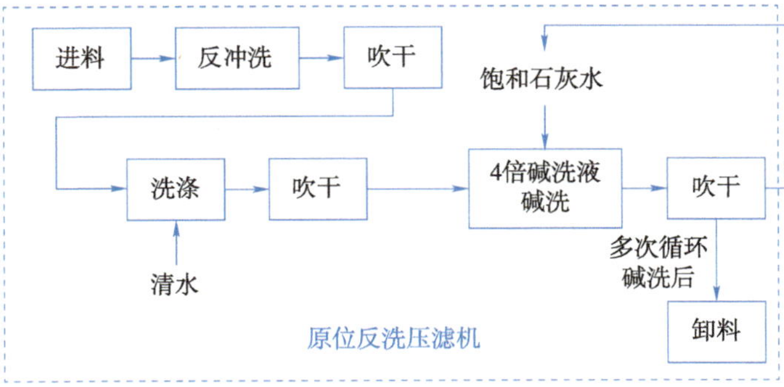

图 6-2　原位洗涤工艺流程

图 6-3　原位洗涤反洗压滤设备

工艺流程简述如下：

1）将待过滤浆液用渣浆泵打入原位洗涤压滤机，进料压力 0.5～1.0 MPa，时间约 15 min，待滤液管道无明显滤液流出，说明滤室基本给满，此时关闭渣浆泵；

2）打开反冲洗水泵，对给料通道进行冲洗，避免堵塞管道；

3）打开气罐进行短暂吹干，将滤液管道中残留的大部分滤液吹出，保证洗涤效率；

4）打开洗涤水泵进行洗涤，洗涤压力 0.5～1.0 MPa，洗涤时间约 10 min；

5）洗涤完成后，再次打开储气罐，对滤饼吹干 15 min，排气后卸料。

6.2.3.2　工艺参数

工艺控制参数包括进料时间、风干时间、洗涤时间、洗涤水量、滤饼含水率，洗涤水量由现场工艺决定，滤饼含水率通过工艺控制实现，各工序的时间见表 6-7。

表 6-7　各工序的时间　　单位：min

工序	入料	反吹	吹饼	洗涤	吹干	排气	排渣	合计
时间	15	1.5	13	10	15	1	6.5	62

6.2.3.3　工艺特点

普通板框式压滤机的浸洗是中心孔进溶剂，浸出溶剂从滤饼中心沿过滤脱水通道流出；滤饼不能完全浸在溶剂中，效果不明显，洗涤中滤饼边缘有死角，而且实际操作中压滤机中心孔浸洗所消耗的浸出溶剂量很大，洗涤滤饼均匀彻底，效率较低，能耗较大（图 6-4）。

新型一体化洗涤压滤机采用面洗方式：浸出溶剂从滤饼一侧滤布，均匀穿过滤饼横截面，穿透到另一侧，再经另一侧滤布由特殊通道流出，进行面洗时，滤饼通体由洗液穿流，均匀无死角，这种洗涤均匀，浸出效果更佳，循环面洗，保持了工艺水平衡，既节省时间，提高了效率，又简化了工序流程（图 6-5）。

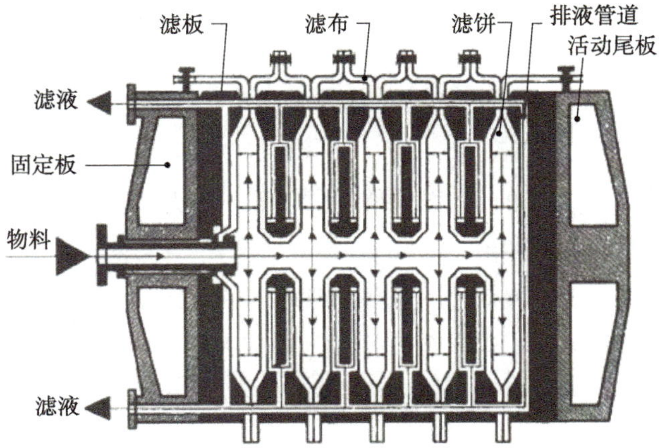

图 6-4 中心孔浸洗示意

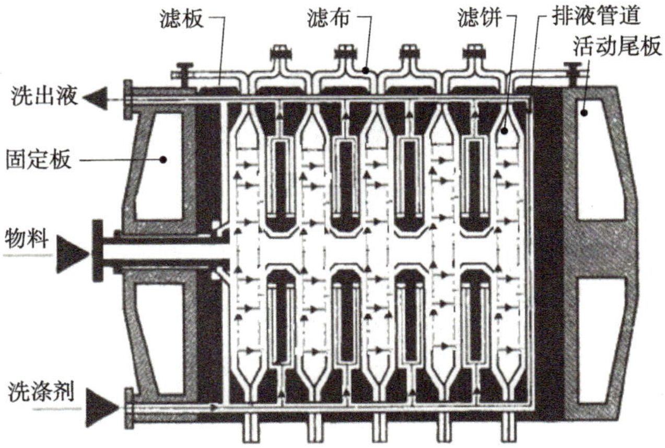

图 6-5 面浸洗示意

6.2.4 主要建（构）筑物和工艺设备

本技术生产建筑方案以年产 3 万 t 电解金属锰生产线为例，确定的原则是在满足生产工艺要求的前提下保证建筑物采光、通风、隔声、防尘、生产操作方便、安全合理等，建筑物力求经济合理，充分利用现有车间进行改造。

压滤车间为钢筋混凝土排架结构，基础采用独立柱基和墙下条形基础，屋面采用夹心钢板屋面，车间面积为 1 000 m^2，其他还包括临时堆放场、控制室等，主要构筑物见表6-8。

表6-8 主要构筑物一览表

序号	名称	规格	备注
1	压滤车间	800 m^2	利用原有压滤车间进行改造，新建平台，钢混排架结构
2	溶液溜槽	300 m	不同规格的RPP溜槽，架空设计
3	缓冲池	100 m^3	不同规格缓冲池，混凝土结构，露天设计
4	临时堆放区域	80 m^2	利用原有压滤车间进行改造
5	控制室	70 m^2	新建，砖混结构
6	班组休息室	50 m^2	利用原有压滤车间进行改造，砖混结构

工艺主要设备为新型一体化洗涤压滤机，还有相应的泵和管道等，主要工艺设备见表6-9。

表6-9 主要设备

序号	名称	数量
1	新型一体化洗涤压滤机	2台
2	空气压缩机	1台
3	储气罐及管道	1套
4	耐腐耐磨渣浆泵	4台

6.2.5 运行效果

6.2.5.1 锰渣水洗回收效果

受电解锰工艺水平衡限制，洗涤用水量为渣质量的30%。水洗与未水洗锰渣的水溶锰含量见表6-10。结果表明：锰渣中硫酸锰残留由普通压滤机的1.65%降低至原位反洗压滤机的1.07%，即下降了0.59个百分点，锰渣中硫酸锰回收率为36%。为了验证水洗试验结果，在进行渣样分析的同时，进行了水洗出液的游离锰分析，结果见表6-11。液样分析结果表明：锰的回收率为37.8%，与渣样数据计算的锰回收率基本吻合。

表 6-10 锰渣水溶锰含量 单位：%

编号	未水洗锰渣		水洗锰渣	
	水溶锰含量	平均值	水溶锰含量	平均值
1	1.76	1.65 ± 0.11	1.21	1.07 ± 0.14
2	1.69		1.06	
3	1.57		0.94	
4	1.55		0.95	
5	1.70		1.18	

表 6-11 液样结果 单位：g/L

试验批次	001	002	003	004	005
水洗液锰	18.21	15.11	16.03	16.50	17.72
	17.23	15.11	15.38	16.75	16.99
	16.02	14.90	14.73	16.50	15.53
	13.59	14.25	14.73	16.26	13.35
平均值	16.26	14.84	15.21	16.50	15.90
平均值	15.74				

注：通过计算，原位反洗前压滤机内游离 Mn 总量约为 124.92 kg。

原位反洗前后的锰渣如图 6-6 所示，锰渣外观色泽由洗涤前深灰色变为水洗后的灰色。

（a）原位反洗前的锰渣　　（b）原位反洗后的锰渣

图 6-6 水洗前后锰渣照片

6.2.5.2 碱洗无害化效果

经原位反洗压滤机水洗后可大幅降低渣中锰、硫酸铵含量，按照 HJ 557—2015 进行毒性浸出，见表 6-12。由表 6-12 可知，反洗后的锰渣仍未能达到《一般工业固体废物贮存和填埋污染控制标准》（GB 18599—2020）中 I 类一般工业固体废物的要求。

表 6-12 反洗压滤机水洗后毒性浸出情况

指标	pH	Mn/（mg/L）	氨氮 /（mg/L）	Co/（mg/L）	Ni/（mg/L）	Pb/（mg/L）	Zn/（mg/L）	Cu/（mg/L）	Cr/（mg/L）
数值	7.20	137.9	76.32	0.035	0.062	未检出	未检出	未检出	未检出

采用饱和石灰水作为碱洗液在水洗后的锰渣碱洗，碱洗液用量与碱洗效果见表 6-13，随着碱洗液倍数增大，碱洗后渣的毒性浸出液中 Mn、氨氮含量递减，pH 逐渐增大，其中在 4 倍碱洗液处理后锰渣达到 I 类固体废物要求，此时浸出液中 Mn 为 0.68 mg/L、氨氮为 5.00 mg/L、pH 为 8.31。

表 6-13 反洗渣在不同碱洗液碱洗后渣的毒性浸出情况

碱洗液倍数	pH	Mn/（mg/L）	氨氮 /（mg/L）	Co/（mg/L）	Ni/（mg/L）
1 倍	7.42	40.60	34.39	0.010	0.010
2 倍	7.65	16.47	17.45	未检出	未检出
3 倍	7.96	3.18	8.48	未检出	未检出
4 倍	8.31	0.68	5.00	未检出	未检出

按照 4 倍碱洗液进行循环碱洗反洗渣，结果见表 6-14。保持固液比不变，随着循环次数增加，毒性浸出液的 pH 基本不变，Mn、Co、Ni 含量变化不明显，氨氮略有升高但变化幅度不大，4 次循环碱洗后渣的毒性浸出液中 Mn 为 0.46～0.52 mg/L、氨氮为 5.12～6.69 mg/L、pH 为 8.47～8.52，表明碱洗无害化效果较为稳定，碱洗后锰渣可达到 I 类固体废物要求。

表 6-14 反洗渣在 4 倍碱洗液下循环碱洗后渣的毒性浸出情况

循环洗次数	pH	Mn/（mg/L）	氨氮 /（mg/L）	Co/（mg/L）	Ni/（mg/L）
第 1 次	8.47	0.49	5.12	0.013	未检出
第 2 次	8.48	0.49	5.99	0.011	未检出
第 3 次	8.52	0.46	6.20	0.011	未检出
第 4 次	8.51	0.52	6.69	0.010	未检出

综上所述，对反洗水洗后的锰渣继续在原位反洗压滤机上碱洗，可使得锰渣达到《一般工业固体废物贮存和填埋污染控制标准》（GB 18599—2020）中第 I 类一般工业固体废物的要求，采用循环碱洗可大幅降低碱洗用水量。

6.2.6 项目建设投资与效益

6.2.6.1 项目建设投资情况

项目按 3 万 t/a 生产线进行投资估算，改造新增建设总投资 435 万元，投资情况见表 6-15。

表 6-15 项目投资情况

序号	名称	数量	投资金额 / 万元
1	一体化压滤机	2 台	134
2	1m 皮带输送机	30 台	46
3	耐腐耐磨渣浆泵	4 台	8
4	600 mm × 800 mm RPP 溜槽	160 m	19.5
5	1 000 mm × 800 mm RPP 溜槽	140 m	22.5
6	钢材及零星配件		42
7	车间土建及防腐		110
8	设备安装及非标构件制作		48
9	其他		5
合计			435.0

6.2.6.2 效益分析

根据生产运行数据，1.5 万 t/a 生产线每日可补充 30 m^3 体积溶液，单台原位反洗压滤机每日运行 10 个循环，处理渣量 110 t（每循环可处理 11 t 湿渣），则

干渣量 =110×（1−20.22%）=87（t），渣锰下降 0.81%。

产生的效益：87 000×0.81%÷37×289.86=5 520（元 /d）。

年产生效益：5 520×330=182.16（万元）（以年运行 330 d 计）。

单台原位反洗压滤机每年运行可产生效益 182.16 万元，项目 3 万 t 配套 2 台，每年产生效益 364.32 万元，效益显著。

项目运行实践表明，原位锰渣原位洗涤技术提高了电解锰生产过程中的锰利用率，减少了锰矿粉及辅助材料的使用，从而减少了锰渣排放量，同时也降低了制液的成本。

6.3 锰渣焙烧活化与硫氨回收一体化工艺

6.3.1 概述

宁夏天元锰业有限公司是世界上最大的电解金属锰生产基地，电解金属锰总产能达到 80 万 t/a，年排放废渣 180 万～240 万 t。该公司 2013 年开始组织相关技术研发团队就锰渣的无害化与资源化综合利用进行研究，根据电解锰渣的特性提出了锰渣高温脱硫后用于水泥原料和混合材料，尾气二氧化硫制硫酸的技术路线，并取得试验室试验成功。而后又与天津水泥设计研究院、中国建筑材料科学研究总院、南京凯盛国际工程有限公司等单位合作进行中试研究和项目可行性研究。项目于 2021 年正式建成并投入运行，项目的实施可以实现电解锰废渣的综合利用，改变电解锰的生产路径，降低电解锰的生产成本，荣获 2020 年工业固体废物网“最具投资价值创新技术奖”。

6.3.2 原料特性

天元锰业锰矿来自南非，新产生的电解锰渣为灰黑色的泥糊状物质，含水

量约 25%，经烘干后为细小的颗粒状物质。表 6-16 为 3 个批次锰渣的化学成分分析数据，检测结果表明：锰渣的主要成分为 SiO_2、SO_3、CaO、Al_2O_3、Fe_2O_3、MgO 等，其中多数化学成分检测结果相近，部分成分有所差别，锰渣成分较为稳定。

表 6-16　锰渣的化学成分分析

名称	LOSS	SiO_2	Al_2O_3	Fe_2O_3	CaO	MgO	K_2O	Na_2O	MnO	SO_3	Cl
批次 1	18.84	31.26	6.54	3.54	13.91	3.03	0.64	0.80	2.47	29.16	0.010
批次 2	23.24	27.30	5.88	4.82	13.14	4.62	0.66	0.84	3.19	28.34	0.016
批次 3	20.40	33.24	6.30	1.10	18.26	1.80	0.64	0.64	0.75	25.04	0.023

6.3.3　工艺流程和特点

6.3.3.1　工艺流程

锰渣焙烧活化与硫氨回收一体化工艺流程主要包括锰渣焙烧工序、烟气净化制酸工序和制氨工艺，工艺流程如图 6-7 所示。

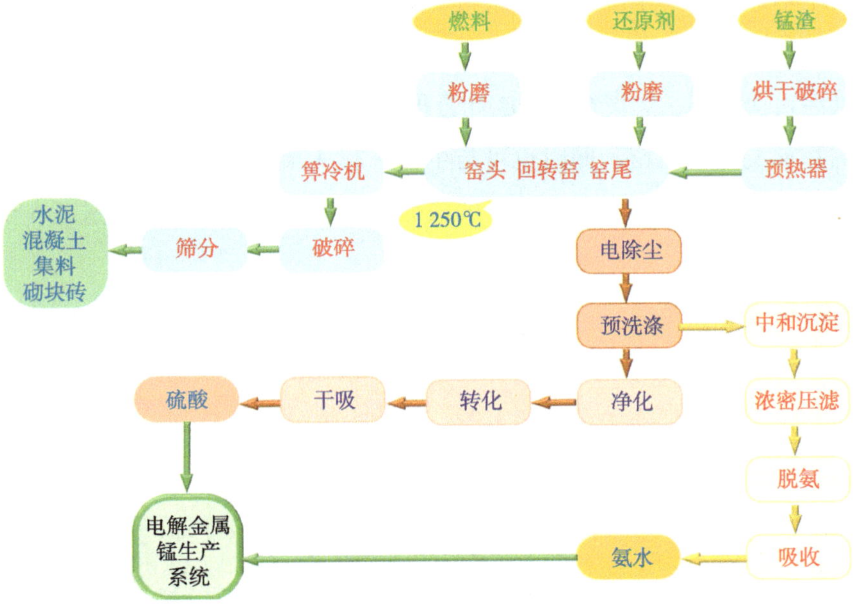

图 6-7　锰渣焙烧无害化技术工艺流程

工艺流程如下：

电解金属锰渣由车辆转运至电解锰渣堆棚专用卸料斗，卸料斗顶部设置钢格栅。电解锰渣经料斗底部链板秤计量后由带式输送机输送至烘干破碎机，烘干热源来自煤粉热风炉，经破碎烘干后，物料与废气一起进入旋风除尘器、袋收尘器；经旋风除尘器与袋收尘器收集后进入生料均化库，废气净化后排空。

焦炭及原煤由汽车运输进厂后卸至焦炭及原煤堆棚。焦炭经取料机取料后由带式输送机输送至煤粉制备车间的原煤仓。

原煤经原煤仓卸出后经定量给料机计量入原煤辊式磨，窑头用煤粉经仓底卸出后经煤粉计量秤计量后由气力输送系统输送至窑头燃烧器；烘干破碎机用煤粉经仓底卸出、煤粉计量秤计量后由气力输送系统输送至煤粉热风炉燃烧器。煤粉制备的烘干热源来自烧成窑头的废气。

焦炭经焦炭仓卸出后经定量给料机计量入焦炭立磨，粉磨后的物料经自带选粉机分选后，成品与废气一起进入袋收尘器，经袋收尘器收集后进入焦炭粉仓，废气净化后排空。焦炭粉经仓底卸出后由气力输送系统分别输送至生料均化库车间的焦炭粉。

烘干锰渣（生料）经库底卸出后由入窑提升机及空气输送斜槽组成的输送系统进入设置在预热器框架顶部的生料称重仓，生料由仓底卸出后经生料计量秤计量后入预热器。焦炭粉经仓底计量秤计量后可由机械输送系统输送后 C4 下料管的物料混合后入窑，同时也可与生料一起从预热器顶部入窑。预留的生石灰粉储存库主要用于调节入窑生料的成分，经仓底计量卸出后输送至入窑提升机进口，与烘干锰渣一起进入预热器。

生料经预热器预热后，与焦炭粉一起进入回转窑煅烧、脱硫；含硫废气经预热器排出后，经空气冷却器降温至≤250℃后由高温风机送至电收尘器，经电收尘器净化后输送至硫酸锰制备工段，电收尘器与空气冷却器收集的窑灰进入单独的窑灰仓，在烘干破碎机运行时与之一起搭配进入生料均化库。

经过煅烧、脱硫的锰渣由窑头卸出，经箅式冷却机冷却，由链斗式输送机输送至脱硫锰渣储存库储存，储存库库底设计汽车散装通道，脱硫锰渣由汽车运输至水泥厂、商混站或压砖车间。窑头废气经窑头风机抽出后一部分作为煤粉制备的热源，一部分作为烘干破碎机专用煤粉热风炉的热源，窑头不再设置废气处理装置。

锰渣烟气经动力波进行预洗涤，对烟气的降温、除尘、进入二级动力波进行烟气净化。

烟气经过净化和干燥后，烟气量为 117 435～133 526 Nm³/h，SO_2 浓度为 6.4%～8.1%，在绝大多数情况下，转化工段的 SO_2 浓度在 7% 左右。

经净化后的烟气选用Ⅳ、Ⅰ～Ⅲ、Ⅱ的换热流程和两次转化两级吸收工艺制备 98% 硫酸。

6.3.3.2 工艺参数

电解锰渣资源化综合利用技术主要包括锰渣高温脱硫、烟气制酸及脱硫锰渣的应用，其主要工段及设备参数如下：

（1）锰渣高温脱硫工段

1）环锤式破碎机

主要参数：进料粒度≤400 mm，出料粒度≤30 mm。

2）原料粉磨辊式磨机

主要参数：规格 TRM28.2；入磨粒度≤25 mm；入磨水分≤7%。

3）煤粉制备辊式磨机

主要参数：规格 TRMC20.3；能力 18 t/h。

4）回转窑

主要参数：规格型号 Φ5.2 m × 82 m；生产能力 1 800 t/d。物料煅烧温度 1 250℃。

5）箅式冷却机

主要参数：箅冷机生产能力 1 800 t/d；箅床有效面积 51.16 m²；出料温度 65℃ + 环境温度。

（2）烟气制酸工段

1）干燥塔

主要参数：入塔烟气量 184 230 Nm³/h；出塔烟气量 173 436 Nm³/h；上塔酸

浓度 93%。

2）中间吸收塔

主要参数：入塔烟气量 167 545 Nm^3/h；出塔烟气量 155 765 Nm^3/h；上塔酸浓度 98.5%；上塔酸温度 78℃；上塔酸流量 692 m^3/h；下塔酸浓度 99.3%；下塔酸温度 112℃；下塔酸流量 728 m^3/h。

3）最终吸收塔

主要参数：入塔烟气量 155 530 Nm^3/h；出塔烟气量 155 058 Nm^3/h；上塔酸浓度 98.5%；上塔酸温度 78℃；上塔酸流量 692 m^3/h；下塔酸浓度 98.53%；下塔酸温度 91℃；下塔酸流量 698 m^3/h。

4）浓酸脱吸塔

主要参数：入塔烟气量 8 668 Nm^3/h；出塔烟气量 8 350 Nm^3/h。

6.3.3.3 工艺特点

1）利用回转窑窑外分解煅烧电解锰渣工艺技术为国内首创，充分利用了热效能使电解锰无害化处理过程实现了大型化、智能化、简单化和清洁化生产，单条生产线可年处理锰渣 120 万～140 万 t，生产脱硫锰渣 50 万 t、硫酸 40 万 t、氨水 4.5 万 t，其中硫酸和氨水全部回用于电解锰生产。脱硫锰渣用于水泥原料、水泥混合材、水泥砖的生产，并可代替部分中细集料用于混凝土生产，有效降低生产原材料碳排放，同时实现了资源化循环利用实现电解锰渣 100% 循环利用。

2）利用回转窑煅烧电解锰渣工艺技术，脱硫率达到 98% 及以上，脱氨率 100%，锰渣高温煅烧工段产生的烟气，经过烟气收集系统处理后，含二氧化硫和少量氨气的混合气体经过脱氨、净化、干燥后采用“两转两吸”工艺生产硫酸，用于电解金属锰生产。净化工段产生的硫酸铵废水经气提脱氨生产氨水，尾气经处理后达标排放，从而可以有效降低碳排放量。制成氨水和硫酸又全部用于电解锰生产，使硫与氨在电解锰生产过程中实现了循环。

3）电解锰渣高温脱硫通过开展电解锰渣中重金属 Mn、Pb、Cr、Cd 的固化机理、电解锰渣成分调控机制等研究，发现在水泥和混凝土中应用脱硫锰渣，其品质和加入量等因素的变化对水泥和混凝土物理性能的影响是可预期的，产品质量是可控的，且已初步形成了脱硫锰渣利用产业链。

6.3.4 主要建（构）筑物和工艺设备

（1）煅烧系统

1）煅烧系统主要建筑物

①窑尾预热器塔架。本子项的窑尾塔架平面轴线尺寸为 14.0 m × 14.0 m，共分为 6 层，下部 1 层为钢筋混凝土结构，上部 5 层均为钢结构。

②原燃料堆棚与预均化堆场。原燃料堆棚与预均化堆场采用空间网架结构或轻钢门式钢架。

③破碎、配料站、原料粉磨、废气处理、烧成窑头、煤粉制备等一般主车间均采用钢筋混凝土框架结构。

④窑墩采用钢筋混凝土墙式基础。特点是减少混凝土浇筑量，造型美观。

⑤生料库、脱硫锰渣库为钢筋混凝土筒库，库顶采用钢梁加压型钢板的组合结构形式，该方案解决了顶板支模的问题，既减少了支模施工费用又可以加快工程进度。

⑥其他直径较小的物料储库一般采用现浇钢筋混凝土筒库，滑模施工。

⑦辅助生产车间等采用砖混结构或现浇钢筋混凝土结构（机电修、备品备件库、耐火材料库采用轻型钢屋架）。

2）煅烧系统主要工艺设备

煅烧系统主要设备见表 6-17。

表 6-17 煅烧系统主要设备

序号	项目名称	主机设备型号	台数	生产能力/［t/（h·台）］
1	原煤破碎	原煤破碎机	1	100
2	锰渣烘干破碎机	煤粉热风炉	1	—
		烘干破碎机	1	150
3	焦炭粉磨	立磨	1	13

续表

序号	项目名称	主机设备型号	台数	生产能力 / [t/（h·台）]
4	煅烧系统	四级单系列旋风预热器（无分解炉）	1	1 800 t/（24 h）
		ϕ 5.2 m × 82 m 回转窑	1	
		第四代新型箅冷机	1	
		窑尾电收尘器	1	
5	煤粉制备	辊式磨煤机	1	25
		煤磨袋式收尘器	1	

（2）制酸系统

1）主要构（建）筑物

制酸系统主要构（建）筑物见表 6-18。

表 6-18　制酸系统主要构（建）筑物

序号	构（建）筑物名称	建筑面积 /m^2	结构类型
1	硫酸配电所	838	框架结构
2	污水处理站	1 872/1 980	框架结构 / 钢结构
3	硫酸循环水	378	框架结构
4	除盐水站	162	框架结构
5	转化工序	196	钢结构
6	净化工序	440	框架结构
7	干吸工序	—	—

2）主要工艺设备

制酸系统主要工艺设备见表 6-19。

表 6-19　制酸系统主要工艺设备

序号			
一	干吸工段		
1	干燥塔	ϕ 6 700 mm/ ϕ 5 200 mm × 18 500 mm	1
2	一吸塔	ϕ 6 700 mm × 17 900 mm	1

续表

序号			
3	二吸塔	ϕ 6 000 mm × 16 400 mm	1
4	干燥塔循环泵	Q=1 100 m^3/h，H=24 m，N=185 kW	1
5	一吸塔循环泵	Q=1 100 m^3/h，H=24 m，N=185 kW	1
6	二吸塔循环泵	Q=800 m^3/h，H=24 m，N=132 kW	1
	转化工段		
1	SO_2 风机	Q=140 000 m^3/h，H=60 kPa，N=4 200 kW	1
2	转化器	ϕ 10 500 mm × 17 950 mm	1
3	Ⅰ热交换器	ϕ 4 760 mm × 14 120 mm	1
4	Ⅱ热交换器	ϕ 4 790 mm × 13 470 mm	1
5	Ⅲ热交换器	ϕ 5 940 mm × 19 030 mm	1
6	Ⅳ热交换器	ϕ 5 150 mm × 17 070 mm	1
7	1 号升温电炉	3 200 kW	1
8	2 号升温电炉	1 600 kW	1
	尾气脱硫		
1	脱硫塔	ϕ 5 500 mm × 3 000 mm	1
2	烟囱	ϕ 1 900 mm × 90 000 mm	1
二	净化工段		
1	一级动力波洗涤器	ϕ 1 800 mm × 15 500 mm/ ϕ 7 000 mm × 24 800 mm	1
2	二级动力波洗涤器	ϕ 1 600 mm × 13 500 mm/ ϕ 5 800 mm × 12 400 mm	1
3	气体冷却塔	ϕ 6 500 mm × 16 200 mm	1
4	一级电除雾器	34 m^2	1
5	二级电除雾器	34 m^2	1

6.3.5 运行效果

6.3.5.1 锰渣焙烧活化与无害化处理效果

将焙烧后的锰渣参考粉煤灰活性指数试验方法检测分析，结果表明：煅烧成品锰渣 28 d 活性分别为 73% 和 71%，达到了《用于水泥和混凝土中的粉煤灰》（GB/T 1596—2017）对材料活性的要求，实现了锰渣的活化。

6.3.5.2 设计指标与处理能力

锰渣脱硫制硫酸项目于2021年10月建成投产，试生产期间除对氨水回收系统进行局部消缺整改外总体运行情况良好，关键指标达到设计目标，见表6-20。

表6-20 项目设计指标与实际运行情况

序号	产品名称	指标		设计值	实际运行指标
1	脱硫锰渣	S	≤	1.20	0.59
2	尾气硫酸	酸浓度	≥	92.50	97.56
3	脱氨氨水	浓度	≥	15.00	15.88

根据生产统计，2022年上半年项目总计消化锰渣67.5万t，生产脱硫锰渣27.2万t，生产硫酸13.45万t，生产氨水4 256 m^3（氨水回收系统消缺期间未统计），基本达到设计处理能力（表6-21）。

表6-21 示范工程锰渣处理量统计

序号	产品名称	年生产累计/t	完成率/%
1	脱硫锰渣	272 436.49	82.67
2	锰渣脱硫尾气硫酸	134 475.56	66.70
3	锰渣脱氨氨水	4 256.62	37.62

6.4 历史锰渣场环境风险管控

6.4.1 概述

该锰渣场位于重庆市秀山县的一天然冲沟内，占地面积约为27 563 m^2（约合41.3亩），设计库容约40万m^3，目前储存锰渣约40万m^3。该渣场建于2003年，属于Ⅱ类一般工业固体废物简易处置场，由于建设时间较早，渣场底部和边坡没有做防渗，锰渣堆存后渣场对周边水体环境产生严重影响。渣场于2015年停用，2019年当地生态环境主管部门对该锰渣堆场实施环境整理及地下水治理工程，采取重点区域帷幕灌浆、修复截洪沟、重新整形和覆膜、新建导水涵洞、新建“竖琴式”导排管网、改建渗滤液处理站等措施对渣场“三水”（大气降水、地表水和地下水）进行管控，减少“三水”向渣场入渗量65%以上，有效管控渣场对周边水体环境的影响（图6-8）。

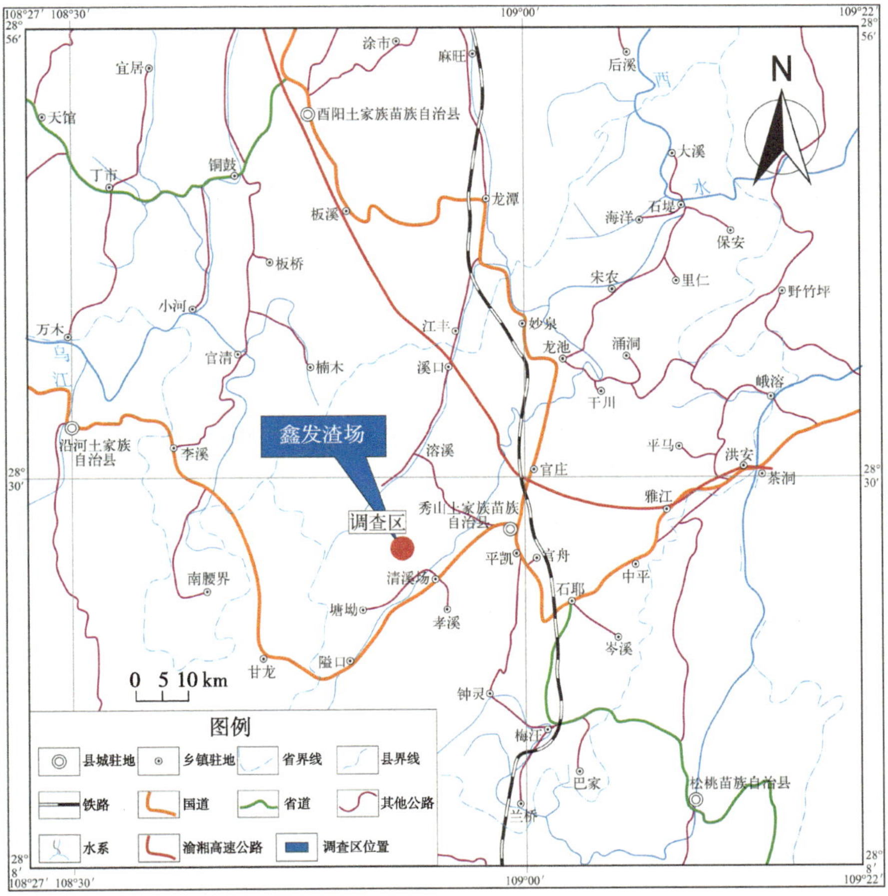

图6-8 渣场所在地理位置

6.4.2 环境风险和影响调查

6.4.2.1 渣场设施现状调查

通过文献资料、现场踏勘以及无人机和卫星影像资料，对渣场设施现状进行调查，包括上游截洪坝、下游拦渣坝、上游排水隧洞、环场截洪沟、堆体表面防渗膜和导流渠、渣场底部涵洞和渗滤液收集处理设施，结果如下。

1）上游截洪坝坝肩、坝基稳定性较好，下游拦渣坝曾于2014年发生过局部溃坝事故，后对拦渣坝进行修复并在外侧做两排简易支护。由于拦渣坝原干砌结构，局部区域有明显裂缝，渗滤液有明显渗漏情况，影响坝基、坝肩稳定性（图6-9）。

（a）截洪坝

（b）拦渣坝

图6-9　截洪坝和拦渣坝

2）上游排水隧洞不满足《防洪标准》（GB 50201—2014）对渣场防洪等级要求（50年一遇设计、100年一遇校核），隧洞洞身无衬砌，局部区域风化严重，隧洞围岩等级为Ⅳ、Ⅴ级，不满足水工隧洞安全要求（图6-10）。

（a）出口

（b）入口

图6-10　排水隧洞现场

3）环场截洪沟部分沟段严重开裂变形，局部沟段甚至出现垮塌等情况；部分沟段开裂变形严重，渗漏严重部分沟段，基本失去截洪导排功能。根据《防洪标准》（GB 50201—2014）对渣场防洪等级要求（50 年一遇设计、100 年一遇校核）复核，部分沟段过水能力不满足防洪要求（图 6-11）。

图 6-11　截洪沟现场

4）渣场底部涵洞局部垮塌损坏，造成涵洞堵塞；同时局部渣体与涵洞内导排地表水接触混合，导致流经的地表水大量污染，直接导致水体污染（图 6-12）。

（a）入口　　（b）出口

图 6-12　导流涵洞

5）渣场于 2009 年开展了封场整治工作。根据调查，现状堆体局部高差较大，渣场西南侧堆体区域边坡坡度绝大多数大于 1∶3，且无规律分布，临近厂房区域低洼处未填平，造成局部雨水淤积。覆膜覆土区域由于年久管理不善，部分区域出面防渗膜裸露且存在不同程度破损的情况。堆体西侧局部封场覆盖区域又进行了锰渣回填作业，锰渣裸露在外，二次回填区域面积约为 1.3 万 m^2（图 6-13、图 6-14）。

图 6-13　封场覆盖区域

图 6-14　渣场后期回填锰渣现状

6）根据《工程详细勘察报告》和现场踏勘：渣场库底无专用的渗滤液收集导排系统，现状渗滤液经渣体渗入库底导排涵洞，与上游进入的地表水混合后随库底导排涵洞排出渣体。下游拦渣坝后建设有两座渗滤液收集池，钢筋混凝土结构，收集池局部存在裂隙，存在渗漏情况，同时收集已基本失效，池中残留部分废水（图 6-15）。

图 6-15　渗滤液收集池

7）根据《工程详细勘察报告》钻探揭露和现场踏勘：渣场底部未设施防渗系统和地下水导排系统。

8）根据调查，该渣场渗滤液收集设施未正常使用，处于废置状态，无渗滤液处理设施，存在渣场渗滤液渗入渣场底部涵洞外排的现象。

6.4.2.2　渣场“三水”入渗分析

通过踏勘、钻探、物探、注水实验以及连通实验等手段对大气降水、地表水和地下水向渣场的入渗情况进行分析，结果如下。

（1）大气降水

现场调查发现，对体表面覆膜存在裸露、破损情况，且二次回填区域约 1.3 万 m^2 尚未封场覆盖，大气降水可通过未封场区域和覆膜破损处直接进入渣场堆体，入渗量可采用大气降水入渗补给公式分析：

$$Q=X\cdot a\cdot F\cdot 1\,000 \tag{6-1}$$

式中，Q——大气降水入渗渣场水量，m^3/a；

X——年降水量，mm；

a——堆体表面入渗系数，封场区取值 0.02，未封场区取值 1.0；

F——渣场堆体表面积，m^2。

选取该渣场所在县域 1980—2021 年长系列降雨资料，计算多年平均降水量和各降水频率降水量，并代入式（6-1）分别计算大气降水入渗补给量，大气降水直接入渗量多年平均为 18 660 m^3/a，计算结果见表 6-22 和表 6-23。

表 6-22　不同保证率降水量　　单位：mm/a

保证率	25% 降雨频率年份	50% 降雨频率年份	75% 降雨频率年份	95% 降雨频率年份
降水量	1 574.84	1 382.5	1 199.87	953.78

表 6-23　大气降水直接入渗量计算结果

分区	面积 / km^2	入渗系数	20% 降雨频率 /（m^3/a）	50% 降雨频率 /（m^3/a）	75% 降雨频率 /（m^3/a）	95% 降雨频率 /（m^3/a）	多年平均 /（m^3/a）
Ⅰ（未封场区）	0.013	1.00	20 475	17 973	15 600	12 415	18 103
Ⅱ（封场区）	0.020	0.02	630	553	480	382	557
合计	0.033	—	21 105	18 526	16 080	12 797	18 660

（2）地表水

大气降水在渣场周边形成地表径流，通过截洪沟的破损处或超过截洪沟排洪能力则进入渣场堆体，因此分析地表水入渗情况可通过对比渣场所在流域的洪峰流量和截洪沟的排洪能力获得。根据调查渣场四周区域可划分为上游及周边 7 条主要汇水区，如图 6-16 所示。

渣场所在流域内无洪峰流量实测资料，无法按数理统计方法计算设计洪峰流量。遵从有关规定，利用《四川省水文手册》和《四川省中小流域暴雨洪水计算手册》计算暴雨量，由计算暴雨量推求设计洪峰流量。

1）基本公式

采用推理公式：

$$Q_m = 0.278\varPsi \frac{S}{\tau^n} F \qquad (6\text{-}2)$$

$$\varPsi = 1 - \frac{\mu}{S}\tau^n \qquad (6\text{-}3)$$

$$\tau = 0.278 \frac{L}{m \cdot Q_m^{\frac{1}{4}} \cdot J^{\frac{1}{3}}} \qquad (6\text{-}4)$$

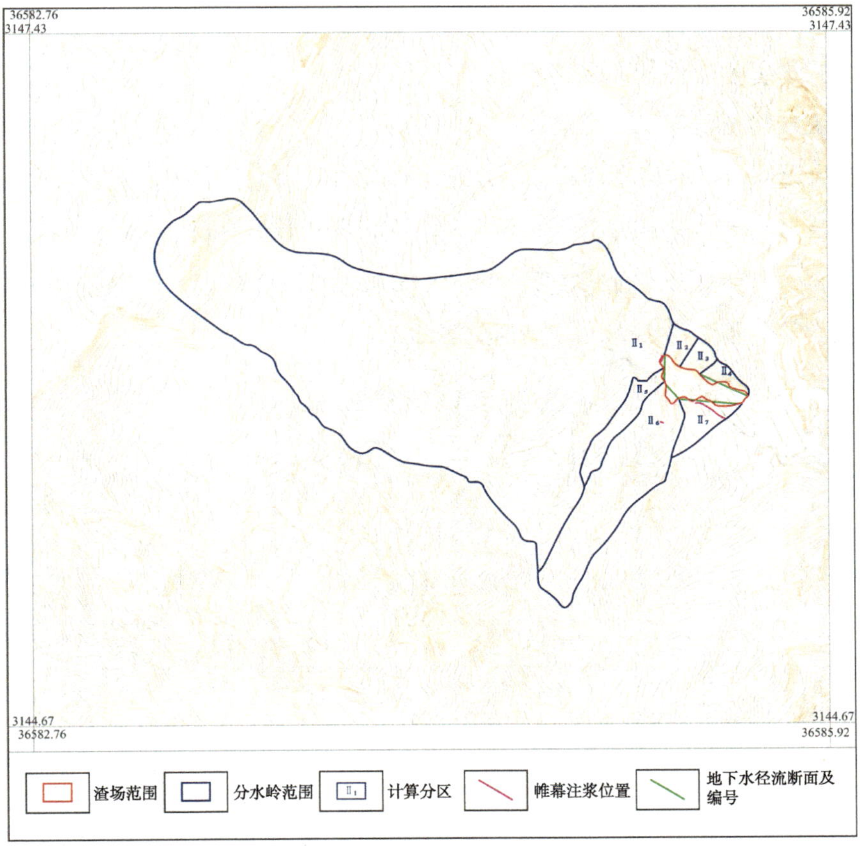

图 6-16 渣场四周汇水分区

式中，Q_m——设计洪峰峰量，m^3/s；

τ——洪峰汇流时间，h；

S——1 h 最大雨强，mm；

ψ——洪峰径流系数；

F——流域面积，km^2；

L——主沟长度，km；

J——主沟沟道平均坡度；

n——设计暴雨递减指数；

μ——平均入渗率，mm/h；

m——汇流参数。

2）参数选取

公式中各参数的计算取值如下。

①流域特征值 F、L、J

F 为设计流域的集水面积，L 为设计流域的主沟长度。集水面积和主沟长度通过对流域实地考察和分析，利用 1：10 000 的地形图勾画出流域范围后，直接量算而得。J 为主沟道的纵坡度，在 1：10 000 的地形图上，采用加权平均法量取计算而得。各个沟谷 F、L、J 值见表 6-24。

表 6-24　渣场四周汇水分区特征一览

沟谷编号	汇水面积 F/km^2	主沟长度 L/km	坡降 J
Ⅱ$_1$	1.395	2.07	0.28
Ⅱ$_2$	0.013	0.13	0.92
Ⅱ$_3$	0.011	0.11	0.83
Ⅱ$_4$	0.011	0.07	1.29
Ⅱ$_5$	0.034	0.54	0.33
Ⅱ$_6$	0.175	0.9	0.36
Ⅱ$_7$	0.028	0.23	0.39
合计	1.667	—	—

②暴雨雨力 S、暴雨参数 n

根据《四川省水文手册》和《四川省中小流域暴雨洪水计算手册》提供的等值线图及各有关计算公式，确定计算流域的暴雨特征值：$\overline{H}_1$、C_v、C_s，计算暴雨指数 n，查得 $\overline{H}_1$ 为 42 mm，C_v 为 0.39，C_s=3.5 C_v，n_1 为 0.4，由皮尔逊Ⅲ型频率表查出设计频率的 K_p 值为 1.75（p=5%），计算设计频率 S_p 值为 73.5 mm，K_p 值为 2.05（p=2%），计算设计频率 S_p 值为 86.1 mm，K_p 值为 2.27（p=1%），计算设计频率 S_p 值为 95.3 mm。

③产流参数 μ、汇流参数 m

根据《四川省水文手册》提供 μ 值计算分区，工作区位于青衣江—鹿头山暴雨区，μ 计算公式：

$$\mu=6\times F^{-0.19}$$

计算各个支沟产流参数，见表 6-25。

表 6-25 渣场各个支沟产流参数一览

沟谷编号	汇水面积 F/km²	产流参数 μ
$Ⅱ_1$	1.395	5.63
$Ⅱ_2$	0.013	13.69
$Ⅱ_3$	0.011	14.13
$Ⅱ_4$	0.011	14.13
$Ⅱ_5$	0.034	11.41
$Ⅱ_6$	0.175	8.36
$Ⅱ_7$	0.028	11.84

根据《四川省水文手册》提供 *m* 值计算分区，工作区位于青衣江—鹿头山暴雨区，*m* 计算公式：

$$m=0.318\times\theta^{0.204}$$

$$\theta=\frac{L}{J^{\frac{1}{3}}F^{\frac{1}{4}}}$$

计算各个支沟 θ 和 m 值，见表 6-26。

表 6-26 渣场各个支沟 θ 和 m 值一览

沟谷编号	汇水面积 F/km²	θ 值	m 值
$Ⅱ_1$	1.40	0.98	0.32
$Ⅱ_2$	0.01	0.40	0.26
$Ⅱ_3$	0.01	0.36	0.26
$Ⅱ_4$	0.01	0.20	0.23
$Ⅱ_5$	0.03	1.82	0.36
$Ⅱ_6$	0.18	1.96	0.36
$Ⅱ_7$	0.03	0.77	0.30

3）计算结果

洪峰流量即为地表水进入渣场水量。各个支沟 20 年一遇、50 年一遇和 100 年一遇设计洪峰流量计算结果见表 6-27。

表 6-27 渣场各个支沟进入渣场水量一览表

沟谷编号	汇水面积 *F*/km²	20 年一遇 /（m³/s）	50 年一遇 /（m³/s）	100 年一遇 /（m³/s）	统计		备注
					位置	占比	
$Ⅱ_1$	1.395	26.5	32.1	36.3	上游	79.75	导流涵洞引出
$Ⅱ_2$	0.013	0.49	0.6	0.68	左岸	4.39	
$Ⅱ_3$	0.011	0.43	0.52	0.59			
$Ⅱ_4$	0.011	0.54	0.66	0.74			
$Ⅱ_5$	0.034	0.71	0.87	0.99	右岸	15.86	
$Ⅱ_6$	0.175	3.73	4.54	5.14			
$Ⅱ_7$	0.028	0.83	1	1.14			
合计	1.667	33.23	40.29	45.58	合计	100	

综上所述，由于主沟地表水被导流涵洞引出，导流涵洞设计重现期为 50 年一遇，校核重现期为 100 年一遇，基本满足使用，故 $Ⅱ_1$ 分区不再计算地表水进入渣场水量。除 $Ⅱ_1$ 分区后，p=5% 时支沟进入渣场洪水量为 6.73 m³/s，p=2% 时支沟进入渣场洪水量为 8.19 m³/s，p=1% 时支沟进入渣场洪水量为 9.28 m³/s。

（3）地下水

渣场底部和边坡没有防渗设施，大气降水入渗后形成浅层地下水，沿地势由上游和两侧山体向渣场入渗。地下水入渗情况分析可采用大气降水入渗补给公式，汇水分区及面积如图 6-16、表 6-24 所示，入渗系数根据渣场周边地质情况取值 0.05，计算结果见表 6-28。

表 6-28 山区大气降水入渗补给量计算结果

分区		面积 /km²	入渗系数	25% 降雨频率 /（10^4 m³/a）	50% 降雨频率 /（10^4 m³/a）	75% 降雨频率 /（10^4 m³/a）	95% 降雨频率 /（10^4 m³/a）	多年平均 /（10^4 m³/a）
Ⅱ	$Ⅱ_1$	1.395	0.035	76 891.56	67 500.57	58 583.65	46 568.31	68 021.53
	$Ⅱ_2$	0.013	0.05	1 023.65	898.63	779.92	619.96	905.56
	$Ⅱ_3$	0.011	0.05	866.16	760.38	659.93	524.58	766.24
	$Ⅱ_4$	0.011	0.05	866.16	760.38	659.93	524.58	766.24
	$Ⅱ_5$	0.034	0.05	2 677.23	2 350.25	2 039.78	1 621.43	2 368.39

续表

分区		面积 / km^2	入渗系数	25% 降雨频率 / (10^4 m^3/a)	50% 降雨频率 / (10^4 m^3/a)	75% 降雨频率 / (10^4 m^3/a)	95% 降雨频率 / (10^4 m^3/a)	多年平均 / (10^4 m^3/a)
Ⅱ	$Ⅱ_6$	0.175	0.05	13 779.85	12 096.88	10 498.86	8 345.58	12 190.24
	$Ⅱ_7$	0.028	0.05	2 204.78	1 935.50	1 679.82	1 335.29	1 950.44
合计		1.667	—	98 309.39	86 302.59	74 901.89	59 539.73	86 968.64

本次暴雨情况下渣场地下充水量即为沟谷洪水期产生地下水量。本次计算 20 年一遇、50 年一遇和 100 年一遇暴雨情况下，各个支沟地下水进入渣场水量。

根据《四川省水文手册》和《四川省中小流域暴雨洪水计算手册》提供的等值线图及各有关计算公式，由皮尔逊Ⅲ型频率表查出设计频率的 K_p 值为 1.75（p=5%），计算设计频率 S_p 值为 73.5 mm；K_p 值为 2.05（p=2%），计算设计频率 S_p 值为 86.1 mm；K_p 值为 2.27（p=2%），计算设计频率 S_p 值为 95.3 mm。

p=5% 暴雨情况下渣场进水量为 6 126.25 m^3/h，p=2% 暴雨情况下渣场进水量为 7 176.44 m^3/h，p=1% 暴雨情况下渣场进水量为 7 943.28 m^3/h，计算结果见表 6-29～表 6-31。

表 6-29　p=5% 暴雨情况下各个支沟产生地下水量一览

分区		面积 / km^2	降水入渗系数 a	最大 1 h 设计降水量 /mm	产生地下水量 / (m^3/h)	统计	
						位置	占比 /%
Ⅱ	$Ⅱ_1$	1.395	0.05	73.5	5 126.63	上游	83.68
	$Ⅱ_2$	0.013			47.78	左岸	2.10
	$Ⅱ_3$	0.011			40.43		
	$Ⅱ_4$	0.011			40.43		
	$Ⅱ_5$	0.034			124.95	右岸	14.22
	$Ⅱ_6$	0.175			643.13		
	$Ⅱ_7$	0.028			102.9		
合计		1.667	—	—	6 126.25	—	100

表 6-30 p=2% 暴雨情况下各个支沟产生地下水量一览

分区		面积 / km^2	降水入渗系数 a	最大 1 h 设计降水量 /mm	产生地下水量 / (m^3/h)	统计	
						位置	占比 /%
	II_1	1.395			6 005.48	上游	83.68
	II_2	0.013			55.97		
	II_3	0.011			47.36	左岸	2.10
Ⅱ	II_4	0.011	0.05	86.1	47.36		
	II_5	0.034			146.37		
	II_6	0.175			753.38	右岸	14.22
	II_7	0.028			120.54		
合计		1.667	—	—	7 176.46	—	100

表 6-31 p=1% 暴雨情况下各个支沟产生地下水量一览

分区		面积 / km^2	降水入渗系数 a	最大 1 h 设计降水量 /mm	产生地下水量 / (m^3/h)	统计	
						位置	占比 /%
	II_1	1.395			6 647.18	上游	83.68
	II_2	0.013			61.95		
	II_3	0.011			52.42	左岸	2.10
Ⅱ	II_4	0.011	0.05	95.3	52.42		
	II_5	0.034			162.01		
	II_6	0.175			833.88	右岸	14.22
	II_7	0.028			133.42		
合计		1.667	—	—	7 943.28	—	100

6.4.2.3 环境影响分析

（1）地表水环境质量影响分析

重庆新天地环境检测技术有限公司于 2021 年 4 月和 11 月分别对该渣场周边地表水体开展采样监测工作，具体采样信息见表 6-32 和图 6-17。

表 6-32　地表水监测位置信息

监测时间	监测点位编号	经纬度		备注
		经度 / (°)	纬度 / (°)	
4 月、11 月	SW-XF-1	108.875 662	28.428 431	明溪河☆渣场上游
	SW-MY-1	108.880 269	28.422 916	明溪河☆渣场下游
11 月	SW-XF-2	108.869 894	28.427 903	渣场上游沟谷

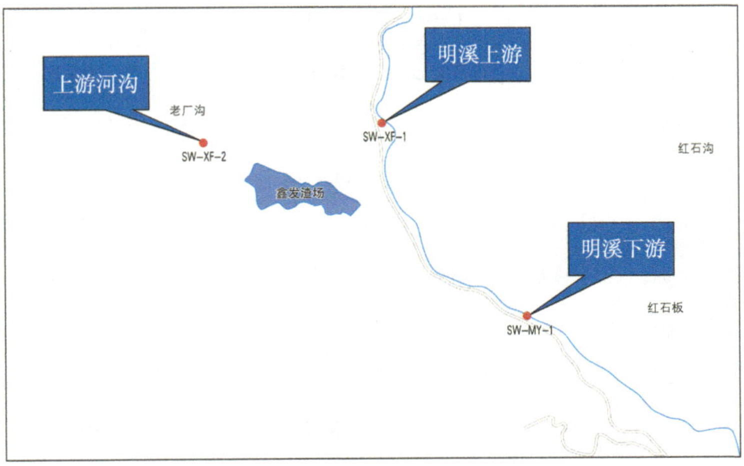

图 6-17　锰渣场地表水取样点位置

明溪河上下游水质监测数据见表 6-33，对比《地表水环境质量标准》（GB 3838—2002）中“Ⅲ类水限值”分析，明溪河上下游水体中总氮、锰和下游水体中氨氮分别超过《地表水环境质量标准》（GB 3838—2002）中“Ⅲ类水限值”，且明溪河下游水体中氨氮、总氮和锰含量较上游水体有所升高。

表 6-33　明溪河上下游点位监测结果

序号	检测项目	单位	第一次（4 月）		第二次（11 月）			GB 3838—2002（Ⅲ类）
			SW-XF-1	SW-MY-1	SW-XF-1	SW-MY-1	SW-XF-2	
1	pH	—	8.30	8.24	7.4	7.9	7.3	6～9
2	化学需氧量	mg/L	4 L	4 L	4 L	4 L	4 L	20

续表

序号	检测项目	单位	第一次（4月）		第二次（11月）			GB 3838—2002（Ⅲ类）
			SW-XF-1	SW-MY-1	SW-XF-1	SW-MY-1	SW-XF-2	
3	氨氮	mg/L	0.743	**2.20**	0.796	**2.26**	**1.53**	1.0
4	总磷	mg/L	0.03	0.02	0.01	0.01	0.02	0.2
5	总氮	mg/L	**5.35**	**10**	**4.89**	**25**	**2.84**	1.0
6	锰	mg/L	**0.438**	**3.49**	**1.65**	**4.41**	**110**	0.1
7	六价铬	mg/L	0.004L	0.004L	0.004 L	0.004 L	0.004 L	0.05
8	镉	mg/L	0.000 3 L	0.000 3 L	0.000 3 L	0.000 3 L	0.000 3 L	0.005
9	铅	mg/L	0.006 L	0.006 L	0.006 L	0.006 L	0.011	0.05
10	硒	mg/L	0.000 4 L	0.000 4 L	0.000 4 L	0.000 4 L	0.000 4 L	0.01
11	铜	mg/L	0.004 L	0.004 L	0.004 L	0.004 L	0.004 L	1.0
12	汞	mg/L	0.000 04 L	0.000 04 L	0.000 04 L	0.000 04 L	0.000 04 L	0.000 1
13	砷	mg/L	0.000 3 L	0.000 3 L	7.78×10^{-4}	4.36×10^{-4}	0.000 3 L	0.05
14	石油类	mg/L	0.01 L	0.01	0.01 L	0.01	0.01 L	0.05
15	硫化物	mg/L	0.005 L	0.005 L	0.005 L	0.005L	0.005 L	0.2
16	硫酸盐	mg/L	55.8	77.5	90.8	132	**1 560**	250
注：“L”表示项目未检出，报出结果为该项目的方法检出限								

（2）地下水环境质量影响分析

2021 年 8 月 17 日，重庆新天地环境检测技术有限公司对该渣场的地下水采样并检测，采样位置信息见表 6-34 和图 6-18。

表 6-34　地下水监测信息

监测时间	监测点位	经纬度	
		经度 / (°)	纬度 / (°)
8 月 17 日	渣场上游	108.875 509	28.424 313
	渣场下游	108.879 889	28.422 270

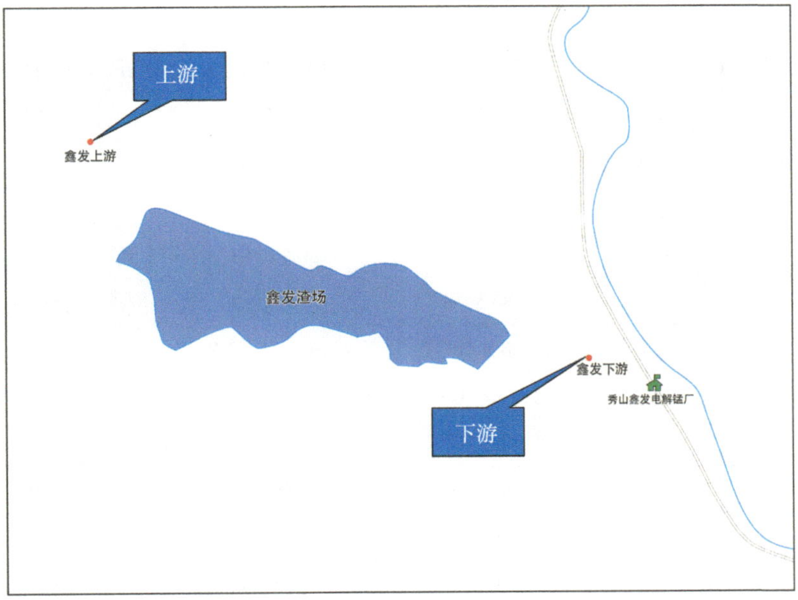

图 6-18　锰渣场地下水取样点位置

该渣场地下水上下游水质监测数据见表 6-35，参照《地下水质量标准》（GB/T 14848—2017）中“Ⅲ类水限值”要求对渣场区域地下水进行分析，渣场上游地下水体中化学需氧量、氨氮和下游水体中氨氮、锰超过《地下水质量标准》（GB/T 14848—2017）中“Ⅲ类水限值”要求，且下游水体中氨氮和锰含量较上游水体有所升高。集体为渣场地下水上游点位的化学需氧量为《地下水质量标准》（GB/T 14848—2017）Ⅲ类水标准限值的 1.89 倍，氨氮为 1.56 倍；下游水体中氨氮浓度为Ⅲ类水质标准限值的 3.4 倍，锰离子浓度为Ⅲ类水质标准限值的 12.2 倍。

表 6-35　锰渣场周边地下水监测结果

监测指标		地下水上游	地下水下游	GB/T 14848—2017
pH	量纲一	8	7.2	6.5≤pH≤8.5
耗氧量	mg/L	5.67	1.83	3
氨氮	mg/L	0.782	1.7	0.5
钴	mg/L	0.001 L	0.001 L	0.005

续表

监测指标		地下水上游	地下水下游	GB/T 14848—2017
锰	mg/L	0.005 L	1.22	0.1
六价铬	mg/L	0.004 L	0.004 L	0.05
铬	mg/L	0.001 L	0.009	—
镉	mg/L	4.41×10^{-4}	1.29×10^{-4}	0.005
铅	mg/L	6.35×10^{-4}	7.88×10^{-4}	0.01
硒	mg/L	4.00×10^{-4} L	4.00×10^{-4} L	0.01
汞	mg/L	1.00×10^{-4} L	1.00×10^{-4} L	1
砷	mg/L	1.00×10^{-3} L	1.00×10^{-3} L	0.001
铜	mg/L	0.004 L	0.004 L	0.01
镍	mg/L	0.001 L	0.001 L	0.02
锑	mg/L	0.007 L	0.007 L	0.005
钡	mg/L	0.052	0.042	0.7
硫化物	mg/L	0.005 L	0.005 L	0.02
硫酸盐	mg/L	25	87.7	250
注：“L”表示项目未检出，报出结果为该项目的方法检出限				

（3）环境敏感目标影响分析

该渣场位于重庆市秀山县清溪场镇长岗村，渣场位于山谷内，南侧、北侧和西侧与山体相毗邻；东侧下游 50 m 为原电解锰厂废弃老厂址和零散居民；下游 100 m 为 027 乡道和长岗河；下游东南侧 150 m 为长岗村集中居民点，居住人口约 50 户。周边居民目前饮用水来源至渣场南侧山区泉水（南侧 300 m，取水点高于本渣场约 50 m），渣场下游无其他饮用水取水点和水源保护区。渣场周边 1 km 范围内无其他饮用水保护区、自然环境保护区等环境敏感点。

6.4.3 管控方案

针对渣场环境风险和影响调查结果，采取原位管控思路，疏堵结合、以疏为主、综合治理，通过采取各种切实可行的管控措施，有效管控渣场对周边环境的影响。

6.4.3.1 工程措施

（1）大气降水工程管控措施

根据《一般工业固体废物贮存和填埋污染控制标准》（GB 18599—2020）对封场的规定进行整形和封场覆盖。封场覆盖层共计 3 层，自下而上依次如下。

1）防渗层：300 mm 防渗黏土层（渗透系数不大于 10^{-5} cm/s）+2.0 mm 厚双糙面 HDPE 膜；

2）排水层：5 mm 复合土工排水网；

3）绿化层：500 mm 厚种植土，渗透系数应大于 1×10^{-4} cm/s。

（2）地表水工程管控措施

1）周边截洪沟：拆除原截洪沟，根据当地水文资料和地形按暴雨重现期 50 年、校核重现期为 100 年对截洪沟进行设计。截洪沟采用普通梯形明渠，排出口设计成喇叭口形式，以便使水流顺畅排出。

2）上游导水隧洞和底部涵洞：采用帷幕灌浆方式对上游导水隧洞和底部涵洞入口进行封堵，出口接入渗滤液收集池。新建导流隧洞承接上游地表径流，隧洞过水能力满足暴雨重现期 50 年、校核重现期 100 年的要求。隧洞采用复合式衬砌，切断上游地表径流再通过隧洞导排过程与渣场的水力联系。

（3）地下水工程管控措施

根据物探和钻探结果，渣场上游沟谷和南岸是渣场地下水主要进水通道，根据地下水入渗特征，管控措施如下。

1）帷幕灌浆：在渣场上游截洪坝位置进行帷幕灌浆，帷幕深度插入相对不透水层厚度不小于 2.0 m，帷幕渗透系数小于 10^{-6} cm/s。

2）“竖琴式”导排网：针对渣场南岸地下水呈多点面状入渗特点，采用水平井和竖井组成“竖琴型”排水井网在渣场南岸重新构建地下水导流通道，强化地下水阻断和导排效果。“竖琴式”排水井网设计应满足以下要求：

①“竖琴式”排水井网的水平导流井应与渣场底部标高基本持平；

②“竖琴式”排水井网的水平导流井应采用自流方式由下游导出。

“竖琴式”排水井网平面布置如图 6-19 所示。

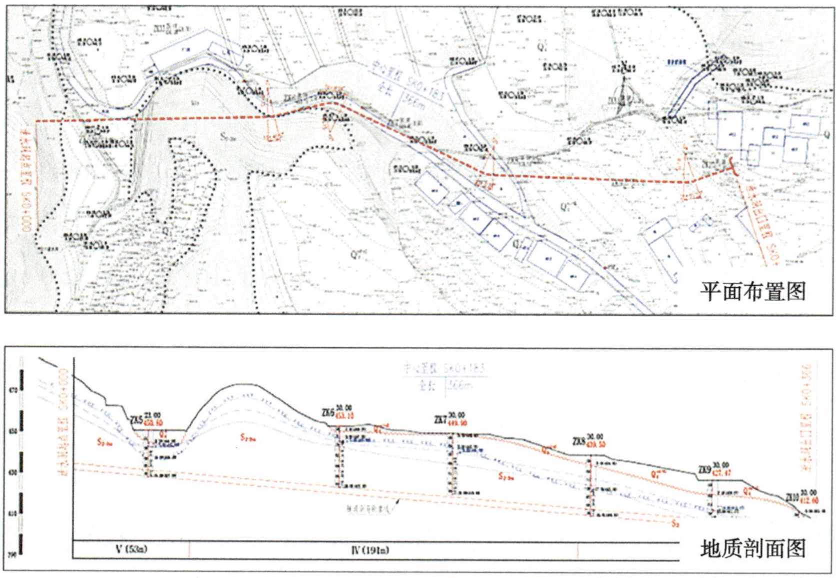

图 6-19 “竖琴式”排水井网平面布置

（4）渗滤液处理工程

渣场“三水”管控工程实施后，采用水量平衡法结合水文地质条件估算渗滤液产生量为 91.7 m³/d，考虑 1.5 的安全系数，渗滤液处理规模为 150 m³/d。

1）进水、出水水质

本项目渗滤液处理系统进水水质见表 6-36。

表 6-36 渗滤液水质预测

污染物名称	pH	锰 /（≤mg/L）	氨氮 /（≤mg/L）	SS/（≤mg/L）	COD/（≤mg/L）
水质	4～5	1 200	500	10	4

废水处理后出水排放达到《锰工业污染物排放标准》（DB 50/996—2020）的指标限制要求，见表 6-37。

表 6-37 渗滤液处理后出水水质

污染物名称	pH	锰 /（≤mg/L）	氨氮 /（≤mg/L）	SS/（≤mg/L）	COD/（≤mg/L）
水质	6～9	1	15	20	60

2）处理工艺

渗滤液处理工艺流程如图 6-20 所示。

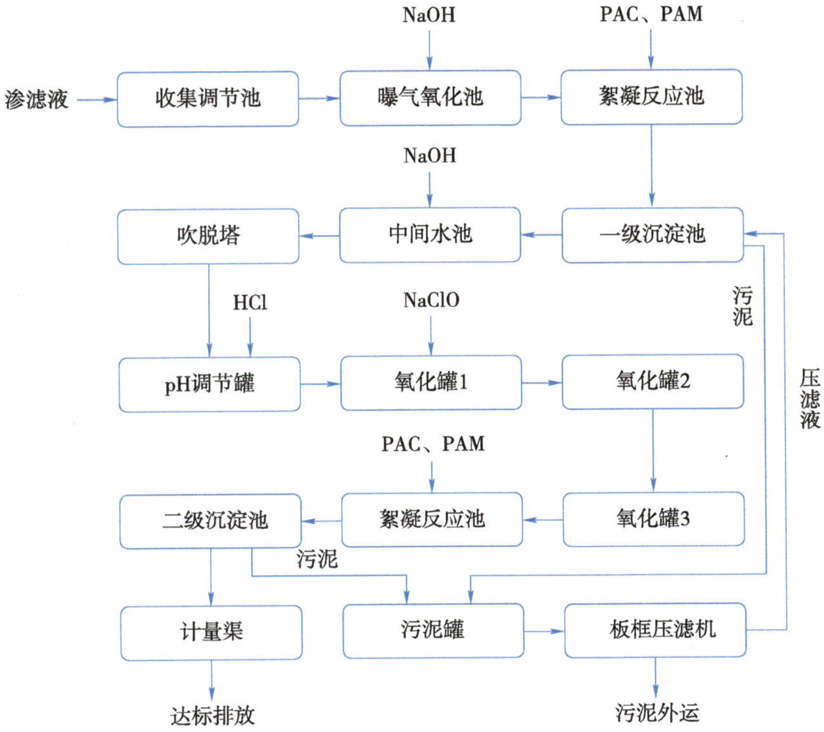

图 6-20　渗滤液处理工艺流程

6.4.3.2　管理措施

渣场风险管控工程建成运行后，锰渣场运行维护单位应制定运行维护方案、长期环境监测计划和应急方案，并根据环境风险管控运行情况开展年度自评估，编制自评估报告，向当地生态环境主管部门报送。

渣场风险管控工程运行、维护和监测数据实行台账管理，相关记录保存期限不少于 10 年。

若年度自评估发现渣场周边环境质量出现恶化趋势，应立即按照《历史锰渣场环境风险管控技术指南（试行）》重新启动环境风险管控调查评估，分析存在的环境问题，制定新的管控方案。

6.4.3.3 监测计划

（1）地表水

参考《环境影响评价技术导则　地表水环境》（HJ 2.3—2018）和《地表水环境质量监测技术规范》（HJ 91.2—2022）的原则和方法在渣场周边明溪河上下游设立监测点。

渣场周边地表水水质变化进行每个季度不少于一次常态化监测，监测因子为总锰、溶解态锰、氨氮、硫酸盐、六价铬。

（2）地下水

渣场风险管控工程建成运行后，参考《一般工业固体废物贮存和填埋污染控制标准》（GB 18599—2020）对地下水监测要求，根据渣场区域岩溶发育情况在地下水流场上游、下游以及可能出现污染扩散区域分别布置至少一个监测井。监测井的位置、深度应根据场区水文地质特征进行针对性布置。监测井的建设与管理应符合 HJ/T 164—2020 的技术要求。监测井布设应优先利用渣场区域已有地下水监测井，经调查确不适合利用的应新建监测井。

渣场周边地下水水质变化进行每个季度不少于一次常态化监测，监测因子为总锰、溶解态锰、氨氮、硫酸盐、六价铬。

6.4.4 建设投资

该渣场治理项目总投资 2 994.12 万元，主要包括建设投资、建设期利息及铺地流动资金。本建设项目总投资见表 6-38。

表 6-38　工程建设投资

序号	工程项目	金额 / 万元	投资 / （元 /m^2）	比例 /%
1	建设投资	2 994.12	889.97	100.00
	其中：建筑 / 市政工程费	2 489.23	739.90	83.14
	安装工程费	13.29	3.95	0.44
	设备及工器具购置费	135.00	40.13	4.51
	其他	0.00	0.00	0.00

续表

序号	工程项目	金额 / 万元	投资 / (元 /m^2)	比例 /%
1	工程建设其他费	269.39	80.07	9.00
	预备费	87.21	25.92	2.91
2	建设期利息	0.00	0.00	0.00
3	铺地流动资金	0.00	0.00	0.00
4	建设项目总投资	2 994.12	889.97	100.00

参考文献

[1] 谭柱中，梅光贵，李维健，等.锰冶金学 [M]. 长沙：中南大学出版社，2004.

[2] 梅光贵，张文山，曾湘波，等. 中国锰业技术 [M]. 长沙：中南大学出版社，2011.

[3]《中国电解锰工业年鉴》编委会. 中国电解锰工业年鉴 2016[M]. 北京：中国环境出版社，2017.

[4] 李维健.我国锰行业湿法产品发展趋势 [J]. 中国锰业，2021，39(6): 1-4.

[5] 周柳霞. 中国电解金属锰工业 50 多年发展回顾与展望 [J]. 中国锰业，2010，28(1): 1-6.

[6] 谭柱中，张丽云.中国电解金属锰工业研究进展 [J]. 中国锰业，2019，37(2): 1-2，21.

[7] 段宁，但智钢，宋丹娜.中国电解锰行业清洁生产技术发展现状和方向 [J]. 环境工程技术学报，2011，1(1): 75-81.

[8] 段宁，周长波，于秀玲.我国电解金属锰行业可持续发展探讨 [J]. 长江流域资源与环境，2007(6): 764-768.

[9] 张继勇.新材料应用将推进锰价上涨 [N]. 中国矿业报，2021-07-07.

[10] 谭柱中. 2013 年中国电解金属锰工业回顾和展望 [J]. 中国锰业，2014，32(3): 1-4.

[11] 王志增，史菲菲，但智钢，等.电解锰行业清洁生产评价指标体系修订建议 [J]. 环境工程技术学报，2016，6(2): 175-179.

[12] 何家欢.电解锰生产的环境污染及我国相关环境政策的研究 [J]. 环境与发展，2020，32(5): 65-66.

[13] 电解锰行业清洁生产评价指标体系（中华人民共和国国家发展和改革委员会、中华人民共和国环境保护部、中华人民共和国工业和信息化部公告，2016 年第 21 号）.

[14] 汪军，马洁晨，柏继松，等.典型区域电解锰渣的特性、环境风险及资源化利用前景分析 [J]. 中国锰业，2022，40(1): 1-8.

[15] 邓亚玲，舒建成，陈梦君，等 . 不同堆存时间电解锰渣的理化特性分析 [J]. 化工进展，2022，41(4): 2161-2170.

[16] 陈红亮 . 新鲜电解锰渣和长期堆存渣的矿物成分和毒性特征的差异分析 [J]. 贵州师范大学学报（自然科学版），2016，34(2): 32-36.

[17] 周亚武，陆谢娟，高明刚，等 . 电解锰渣固结体中重金属浸出毒性及其在模拟酸雨下的淋溶特性分析 [J]. 武汉科技大学学报，2018，41(2): 127-132.

[18] 覃远翠 . 松桃河流域电解锰渣的基本特征及其无害化资源化利用途径探究 [D]. 贵阳：贵州大学，2021.

[19] 蒋艳宇 . 电解锰渣固化 / 稳定化及其用于道路填方环境安全性研究 [D]. 衡阳：南华大学，2019.

[20] 宋正平，毛俊建，宋伟清 . 高温煅烧电解金属锰废渣制硫酸锰联产水泥原料或混合材的研究 [J]. 科技风，2015(16): 105.

[21] 段江飞 . 电解锰渣热解特性分析及其在陶粒支撑剂中的应用研究 [D]. 贵阳：贵州大学，2021.

[22] 舒建成 . 电解锰渣中锰和氨氮的强化转化方法研究 [D]. 重庆：重庆大学，2017.

[23] 周亚武，陆谢娟，高明刚，等 . 电解锰渣固结体中重金属浸出毒性及其在模拟酸雨下的淋溶特性分析 [J]. 武汉科技大学学报，2018，41(2): 127-132.

[24] 史晓娟 . 电解锰渣性质的研究及资源化利用 [D]. 重庆：重庆大学，2016.

[25] Gupta S K, Gupta R, Gupta A, et al. Recurrent acute respiratory tract infections in areas with high nitrate concentrations in drinking water [J]. Environmental Health Perspectives, 2000, 108(4): 363-366.

[26] Sharma Y, Singh S, Gode F. Fly ash for the removal of Mn (Ⅱ) from aqueous solutions and wastewaters [J]. Chemical Engineering Journal, 2007, 132(1-3): 319-323.

[27] 程卫东 . 水体中锰暴露对草鱼和鲤鱼的生态毒理学影响 [D]. 重庆：西南大学，2017.

[28] 蒙美福，周立强 . 电解金属锰渣库建设环境安全性问题初探 [J]. 中国锰业，2010，28(2): 51-53.

[29] 何家欢 . 电解锰生产的环境污染及我国相关环境政策的研究 [J]. 环境与发展 . 2020，32(5).

[30] 喻旗 . 中国电解金属锰生产环境政策与管理制度 [J]. 中国锰业，2010，29(4).

[31] 部分工业行业淘汰落后生产工艺装备和产品指导目录（2010 年本）.

[32] 关于加强锰污染治理和推动锰产业结构调整的通知 .
[33] 电解锰金属锰企业环境监察工作指南（2010 年）.
[34] 浅谈《锰渣污染控制技术规范》对行业发展的影响，蒋文博，https：//mp.weixin.qq.com/s?__biz=MjM5MTI3OTE0OQ==&chksm=b2aebca985d935bf9894f380a13978095a34d666bc17caf8041fd22b4e967f6c812206ff75dd&idx=4&mid=2448289259&sn=1c10899ce061e9e41b94b15f3f63bddb.
[35]《铜仁市人民政府关于加快电解锰渣无害化处理和资源化综合利用的意见》政策解读，http：//www.trs.gov.cn/jdhy/zcjd/wzjd/201907/t20190711_64281086.html.
[36] 张志强，胡慎仪 . 对川南锰矿资源的开发利用研究 [J]. 中国矿业，1998，7(3): 13-15.
[37] 杨念钦 . CS-2 感应辊式强磁选机在桃江锰矿的应用效果 [J]. 中国锰业，1996，14(3): 23-26.
[38] 杨念钦 . 桃江锰矿选矿分析 [J]. 矿业快报，2002(8): 16-17.
[39] 王珊，方建军，文娅，等 . 广西大新难处理低品位碳酸锰矿加工工艺研究 [J]. 中国锰业，2013，31(1): 7-10.
[40] Wu Y, Shi B, Ge W, et al. Magnetic separation and magnetic properties of low-grade manganese carbonate ore[J]. Journal of the Minerals Metals & Materials Society，2014，67(2): 361-368.
[41] 李国栋，魏志聪 . 云南某低品位软锰矿强磁选工艺研究 [J]. 中国锰业，2016，34(1): 29-31，36.
[42] 陈志友，黄会春，胡伟 . SLon 立环高梯度强磁选机应用现状及展望 [C]. 全国选矿学术会议论文集，1999: 361-364.
[43] 潘其经 . 花垣锰矿石机械选矿法研究的进展 [J]. 中国锰业，1989，7(3): 29-32.
[44] 廖国平，黄会春 . SLon 磁选机分选木佳松软锰矿的半工业试验 [J]. 矿业快报，2004(4): 20-22.
[45] Zhou Feng, Chen Tao, Yan Chunjie, et al. The flotation of low-grade manganese ore using a novel linoleate hydroxamic acid[J]. Colloids and Surfaces A: Physicochemical and Engineering Aspects, 2015, 466: 1-9.
[46] 石朝军，麻德立，谢勇，等 . 湖南花垣低品位碳酸锰矿石浮选生产实践 [J]. 中国锰业，2012，30(2): 36-38.
[47] 陈涛，梁欢，周凤，等 . 一种碳酸锰矿浮选剂及浮选方法 [P]. 中国专利：CN103721852B，2015-08-19.

[48] 邹兴. 一种改进的菱锰矿湿法提取锰的方法 [P]. 中国专利：CN02116945.4. 2003-11-05.

[49] 曹渊，白英豪，陶长元，等. 还原剂对菱锰矿锰浸取率的影响研究 [J]. 中国锰业，2008，26(1): 24-26.

[50] 龙炳清，李贵，林春. 碳酸锰矿的浸出方法 [P]. 中国专利: 201310736401.9. 2014-04-30.

[51] 谭建红，万邦江，李兵. 高铁菱锰矿制取硫酸锰的工艺研究 [J]. 无机盐工业，2014，46(8): 50-52.

[52] 刘亮. 低品位菱锰矿两种浸出工艺综合利用试验研究 [J]. 江西冶金，2010，30(5): 5-7，13.

[53] 张国才，李军旗，李铁韬，等. 废盐酸浸出低品位菱锰矿扩大实验研究 [J]. 有色金属（冶炼部分），2010(4): 18-21.

[54] 华毅超，陈国松，张红漫，等. 工业硫酸锰湿法还原生产工艺 [J]. 南京工业大学学报（自然科学版），2004(5): 50-53.

[55] 卢伟胜，黄炳龙，陈南雄，等. 利用钛白副产物浸出软锰矿生产硫酸锰的研究 [J]. 中国锰业，2015，33(3): 24-30.

[56] 施雯，颜文斌，熊邵锋. 铁屑还原浸出低品位软锰矿工艺研究 [J]. 矿冶工程，2012，32(1): 84-86.

[57] 韩效钊，朱艳芳，姚卫棠，等. 软锰矿吸收 SO_2 制备碳酸锰（Ⅱ）[J]. 矿冶工程，2003(3): 51-53，56.

[58] Sahoo R N, Naik P K, Das S C. Leaching of manganese from low-grade manganese ore using oxalic acid as reductant in sulphuric acid solution[J]. Hydrometallurgy, 2001, 62(3): 157-163.

[59] 杨幼平，黄可龙. 植物粉料—硫酸法直接浸出软锰矿的实践 [J]. 中国矿业，2001(5): 56-58.

[60] 李珞名，赵博超，王雪婷，等. 木薯渣—硫酸法浸出低品位软锰矿试验研究 [J]. 湿法冶金，2015，34(6): 461-465.

[61] 曾祥菲，舒建成，王继钦，等. 超声波强化菱锰矿中锰的浸出 [J]. 有色金属（冶炼部分），2022(2): 8-15.

[62] 叶乾旭. 微波强化碳热还原低品位软锰矿的研究 [D]. 昆明：昆明理工大学，2017.

[63] Jin Chen, et al. Rapid thermal decomposition of manganese ore using microwave

heating[J]. Journal of Alloys and Compounds, 2017, 699: 430-435.
[64] 王璠 . 清洁生产推动电解锰行业重金属污染物减排 [C]. 第八届环境与发展论坛论文集，2012: 256-260.
[65] 左宗利. 电解锰废渣回收利用的试验研究 [J]. 湖南冶金，1996(6):9-11.
[66] 刘胜利. 电解金属锰废渣的综合利用 [J]. 中国锰业，1998，16(4): 34-36.
[67] 胡南，周军媚，刘运莲，等 . 硫酸锰废渣的浸出毒性及无害化处理的研究 [J]. 中国环境监测，2007，23(2): 49-52.
[68] 刘闺华，潘涔轩，朱克松，等 . 电解金属锰渣滤饼循环逆流洗涤试验研究 [J]. 中国锰业，2010，28(2): 3-38.
[69] Duan N, Zhou C B, Chen B, et al. Bioleaching of Mn from manganese residues by the mixed culture of Acid thiobacillus and mechanism[J]. Journal of Chemical Technology & Biotechnology, 2011, 86(6): 832-837.
[70] 李焕利，李小明，陈敏，等. 生物浸取电解锰渣中锰的研究 [J]. 环境工程学报，2009，3(9): 1667-1672.
[71] 李志平，彭小伟，欧阳玉祝. 浸取环境对电解锰废渣中锰浸取的影响 [J]. 吉首大学学报：自然科学版，2006，27(2): 101-103.
[72] 欧阳玉祝，彭小伟，曹建兵，等 . 助剂作用下超声浸取电解锰渣 [J]. 化工环保，2007，27(3): 257-259.
[73] Li H, Zhang Z H, Tang S P, et al. Ultrasonically assisted acid extraction of manganese from slag[J]. Ultrasonics Sonochemistry, 2008, 15(4): 339-343.
[74] 陈红冲 . 电解锰渣回收锰及处理含铜废水的研究 [D]. 重庆：重庆大学，2008.
[75] 彭铁锋 . 电解锰渣制四氧化三锰及其结构性能表征 [D]. 重庆：重庆大学，2010.
[76] 蒋彬 . 电解锰渣二次提取研究 [D]. 天津：南开大学，2009.
[77] 刘作华，李明艳，陶长元，等 . 从电解锰渣中湿法回收锰 [J]. 化工进展，2009，28(S): 166-168.
[78] 杜兵，周长波，曾鸣，等 . 回收电解锰渣中的可溶性锰 [J]. 化工环保，2010，30(6): 526-529.
[79] 孟小燕，蒋彬，李云飞，等 . 电解锰渣二次提取锰和氨氮的研究 [J]. 环境工程学报，2011，5(4): 903-908.
[80] 李明艳 . 电解锰渣资源化利用研究 [D]. 重庆：重庆大学，2010.
[81] 湘西自治州富硒全价基开发有限责任公司 . 电解金属锰废渣作为肥料的应用

[P]. 中国专利：951125001. 2001-08-29.
[82] 兰家泉，王槐安 . 电解金属锰生产废渣为农作物利用的可行性 [J]. 中国锰业，2006，24(4): 23-25.
[83] 徐风广 . 含锰废渣用于公路路基回填土的试验研究 [J]. 中国锰业，2001(4): 5-7.
[84] 王朝成，查进，周明凯 . 磷石膏二灰稳定锰渣基层材料的研究 [J]. 武汉理工大学学报，2004(4): 39-41.
[85] 覃峰 . 锰渣水泥稳定基层路用性能的试验研究 [J]. 混凝土，2009(2): 84-86.
[86] Qiao D, Qian J S, Wang Q Z, et al. Utilization of sulfate- rich solid wastes in rural road construction in the Three Gorges Reservoir[J]. Resources, Conservation and Recycling, 2010, 54(12): 1368-1376.
[87] Zhang Yuliang, Liu Xiaoming, Xu Yingtang, et al. Preparation of road base material by utilizing electrolytic manganese residue based on Si-Al structure：Mechanical properties and Mn^{2+} stabilization/solidification characterization, 2020, 390: 122188.
[88] 雷杰，彭兵，柴立元，等 . 用电解锰渣制备高铁硫铝酸盐水泥熟料 [J]. 材料与冶金学报，2014，13(4): 257-261.
[89] 程淑君，陶宗硕，施学宝 . 锰渣作水泥混合材的应用研究 [J]. 中国建材科技，2019，28(4): 48-49.
[90] 金胜明，常兴华，崔葵馨 . 电解锰压滤渣的脱硫方法及使用该脱硫锰渣制水泥的方法 [P]. 中国专利：CN 201910829401.0，2019-09-03.
[91] 蒋勇，文梦媛，贾陆军 . 电解锰渣的预处理及对水泥水化的影响 [J]. 非金属矿，2018，41(3): 49-52.
[92] 郭盼盼，张云升，范建平，等 . 免烧锰渣砖的配合比设计、制备与性能研究 [J]. 硅酸盐通报，2013，32(5): 786-793.
[93] 王勇 . 利用电解锰渣制取蒸压砖的研究 [J]. 混凝土，2010（10）：125-128.
[94] Du Bing, Zhou Changbo, Duan Ning. Recycling of electrolytic manganese solid waste in autoclaved bricks preparation in China[J]. Journal of Material Cycles and Waste Management, 2014, 16(2): 258-269.
[95] Wang Yaguang, Gao Shuai, Liu Xiaoming, et al. Preparation of nonsintered permeable bricks using electrolytic manganese residue: environmental and NH_3-N recovery benefits[J]. Journal of Hazardous Materials, 2019, 378: 11.
[96] Qian Jueshi, Hou Pengkun, Wang Zhi, et al. Crystallization characteristic of glass-ceramic made from electrolytic manganese residue[J]. Journal of Wuhan University

of Technology (Materials Science), 2012, 27(1): 45-49.
[97] 宋谋胜，张杰，李勇，等 . 利用锰渣 / 钙长石复相陶瓷及其抗热震性能研究 [J]. 功能材料，2019，50(8): 8150-8155.
[98] 冉岚，刘少友，杨红芸，等 . 利用电解锰渣 - 废玻璃制备陶瓷砖 [J]. 非金属矿，2015，38(3): 27-29.
[99] 黄川，王飞，谭文发，等 . 电解锰渣烧制陶粒的试验研究 [J]. 非金属矿，2013(5): 14-16.
[100] 胡超超，王里奥，詹欣源，等 . 城市生活垃圾焚烧飞灰与电解锰渣烧制陶粒 [J]. 环境工程学报，2019，13(1): 177-185.
[101] 向晓东，王福君，李灿华，等 . 一种电解硫酸锰渣制备陶粒的方法 [P]. 中国专利：CN201410805873，2015-03-25.
[102] 沈华 . 湘西地区锰渣污染及防治措施 [J]. 中国锰业，2007，25(2): 46-49.
[103] 冯云，陈延信，刘飞，等 . 电解锰渣用于水泥缓凝剂的生产研究 [J]. 现代化工，2006，26(2): 57-60.
[104] 王志增，史菲菲，但智钢，等 . 电解锰企业环境影响评价存在的问题与改进研究 [J]. 环境科学与管理，2016，41(3): 170-173.
[105] 樊欣，罗静，杨梦，等 . 电解金属锰行业环境污染及合理防治建议解析 [J]. 中国锰业，2016，34(3): 136-137.
[106] 曾沛源，吴念，焦叶宏，等 . 贵州省铜仁市电解锰产业发展的现状与思考 [J]. 广州化工，2016，11(10): 31-32.
[107] 裴倩倩，周长波，李旭华，等 . 电解锰企业实施清洁生产审核实例 [J]. 环境保护科学，2015，(5): 95-98.
[108] 覃清亮，朱凡芊，詹海松，等 . 电解金属锰渣库建设运行隐患整治初探 [J]. 中国锰业，2016，(4): 31-34.
[109] 陈红亮，刘仁龙，李文生，等 . 电解锰渣的理化特性分析研究 [J]. 金属村科与冶金工程，2014，(1): 3-5.
[110] 刘唐猛，钟宏，尹兴荣，等 . 电解金属锰渣的资源化利用研究进展 [J]. 中国锰业，2012，30(1): 1-6.
[111] 朱志刚 . 2017 年中国电解锰工业回顾及未来展望 [J]. 中国锰业，2018，36(1): 1-4.
[112] 蒋宏国，罗琳 . 电解锰企业的环境风险评价研究 [J]. 湖南有色金属，2011，27(3): 60-64.

[113] 张汪生，周光华 . 我国锰矿资源及选矿进展评述 [J]. 中国锰业，2006，24(1): 1-5.

[114] 喻旗，罗洁，涂文忠 . 电解金属锰生产的污染及其治理 [J]. 中国锰业，2006，24(3): 42-45.

[115] 黄双双 . 深化重庆市“锰三角”地区锰污染治理的建议 [J]. 重庆行政，2021，22(3): 101-102.